（续表）

转换自	转换到	乘数
质量流量		
lb_m/h	kg/s	1.26×10^{-4}
lb_m/s	kg/s	0.4536
质量流率，质量速度		
$lb_m/h\cdot ft^2$	$kg/s\cdot m^2$	1.356×10^{-3}
功率		
$ft\cdot lb_f/h$	W=J/s=N·m/s	3.766×10^{-4}
$ft\cdot lb_f/s$	W=J/s=N·m/s	1.356
hp	W=J/s=N·m/s	745.7
Btu(IT)/h	W=J/s=N·m/s	0.2931
压力		
lb_f/ft^2	$Pa=N/m^2$	47.88
lb_f/in^2	$Pa=N/m^2$	6895
atm	$Pa=N/m^2$	1.013×10^5
bar	$Pa=N/m^2$	1×10^5
torr=mmHg	$Pa=N/m^2$	133.3
in. Hg	$Pa=N/m^2$	3386
in. H_2O	$Pa=N/m^2$	249.1
比热容		
$Btu(IT)lb_m\cdot °F$	J/kg·K=N·m/kg·K	4187
cal/g·℃	J/kg·K=N·m/kg·K	4187
表面张力		
lb_f/ft	N/m	14.59
dyne/cm	N/m	0.001
erg/cm^2	N/m	0.001
导热系数		
$Btu(I/T)\cdot ft/h\cdot ft^2\cdot °F$	W/m·K=J/s·m·K	1.731
$cal(IT)\cdot cm/s\cdot cm^2\cdot ℃$	W/m·K=J/s·m·K	418.7
速度		
ft/h	m/s	8.467×10^{-5}
ft/s	m/s	0.3048
黏度		
$lb_m/ft\cdot s$	kg/m·s	1.488
$lb_m/ft\cdot h$	kg/m·s	4.134×10^{-4}
cP	kg/m·s	0.001
体积		
ft^3	m^3	0.02832
L	m^3	1×10^{-3}
gal(US)	m^3	3.785×10^{-3}

分离过程原理

Separation Process Principles (2e)

原著：J.D. Seader [美]
Ernest J. Henley [美]

朱开宏　吴俊生　译

華東理工大學出版社
EAST CHINA UNIVERSITY OF SCIENCE AND TECHNOLOGY PRESS

图书在版编目(C I P)数据

分离过程原理/(美)西德尔(Seader, J.D.),(美)亨利(Henley, E.J.)著;朱开宏,吴俊生译. —上海:华东理工大学出版社,2007,11

书名原文:Separation Process Principles, 2e

ISBN 978-7-5628-2030-7

Ⅰ.分... Ⅱ.①西...②亨...③朱...④吴... Ⅲ.分离—化工过程 Ⅳ.TQ028

中国版本图书馆 CIP 数据核字(2007)第 014651 号

著作权合同登记号:"图字:09-2006-219 号"

分离过程原理

Separation Process Principles (2e)

原著 J.D. Seader[美] Ernest J. Henley[美]

译　　者 / 朱开宏　吴俊生
责任编辑 / 钱四海
责任校对 / 张　波　金慧娟　李　晔
出版发行 / 华东理工大学出版社
地　址:上海市梅陇路 130 号,200237
电　话:(021)64250306(营销部)
(021)64252718(编辑室)
传　真:(021)64252707
网　址:www.hdlgpress.com.cn
印　　刷 / 上海长阳印刷厂
开　　本 / 787mm×1092mm　1/16
印　　张 / 75
字　　数 / 1908 千字
版　　次 / 2007 年 11 月第 1 版
印　　次 / 2007 年 11 月第 1 次
印　　数 / 1—4000 册
书　　号 / ISBN 978-7-5628-2030-7/TQ·115
定　　价 / 180.00 元
(本书如有印装质量问题,请到出版社营销部调换。)

内 容 提 要

本书在介绍与分离过程相关的热力学和传递过程知识的基础上，采用理论与实践密切结合的方式，详细阐述了各类分离过程（精馏、吸收、解吸、萃取、膜分离、吸附、浸取、结晶和干燥等）的物理化学原理、工业应用、主要设备、数学模型、设计计算方法和计算机应用软件。本书反映了分离过程学科的发展历史和最新进展。可作为化学工程与工艺及相关专业本科生、研究生的教材或教学参考书，也可供从事化工过程研究、开发、设计及生产管理的工程技术人员参考。

译 者 的 话

本书原著第一版于1999年出版，当时化学工业出版社曾把该书作为国外名校名著的一种出版了影印本。时隔七年，作者在经过重大修改和补充后，于2006年又出版了第二版。与第一版相比，第二版最大的变化是增加了第四篇“涉及固相的分离”中的3章：浸取和洗涤；结晶、凝华和蒸发；固体干燥。此外，对间歇精馏、膜分离、吸附等章也有所更新和补充。

译完此书，有一种强烈的感觉：这是一本具有百科全书特征的教科书。此话包含两层含义：

第一，本书涵盖的内容极广。本书包括各种工业上常用的分离过程，如精馏、吸收、解吸、萃取、膜分离、吸附、浸取、结晶和干燥等。对每种分离过程，又包含其各子类。如精馏中除常规精馏外，还阐述了各种特殊精馏：萃取精馏、加盐精馏、均相恒沸精馏、非均相恒沸精馏、变压精馏、反应精馏；除连续精馏外，还讲述间歇精馏。对每种分离过程，均详细阐述其物理化学原理、工业应用、主要设备、数学模型、设计计算方法，直至计算机应用软件。

第二，本书所具的历史纵深感。许多分离过程的雏形可追溯到几千年前，现代分离过程的发展也已有一个多世纪的历史。本书在阐述各类分离过程及其设计计算方法的最新进展的同时，对在分离过程发展过程中曾起过作用，但现在已被新的、更有效的方法取代的方法也作了回顾。例如，在阐述精馏过程的严格计算方法时，除重点讲述目前广泛应用的Newton-Raphson法和内外层法外，也回顾了19世纪末最早出现的平衡级模型、20世纪30年代的Lewis-Mathson法和Thiele-Gedds法及60年代的θ法和Wang-Henke法，使读者能清楚了解基于平衡级模型的精馏算法发展的历史脉络。

基于上述特征，我们相信不论是初学者，还是多年从事分离过程教学、研究和设计的人士都能从本书中发现对他们有用的内容。

也正是由于本书的上述特征，故即便对于曾多年从事分离过程教学和研究的我们，仍不敢说对本书的所有内容都有透彻的理解。因此在翻译过程中虽经多方检索、相互探讨，但翻译得不太恰当甚至错误之处恐仍难完全避免，恳请同行不吝指正。

本书第1章至第5章、第14章、第15章及作者简介、前言、量纲和单位由吴俊生翻译，其余部分均由朱开宏翻译。

原著中涉及至今仍在国外沿用的许多非SI单位，可能与目前国内相关专著中所用的不尽一致，考虑到转换的复杂性和忠于原著的原则，译著中仍保留了原著所采用的单位。

译者

作者简介

J. D. Seader 是美国犹太大学化学工程荣誉退休教授。他从加利福尼亚大学伯克莱分校获得学士学位和硕士学位，从威斯康辛大学获得哲学博士学位。从 1952 到 1959 年，Seader为加利福尼亚州利兹曼(Richmond)市的 Chevron 研究所设计了工艺过程；从 1959 到 1965 年他为位于加利福尼亚州卡诺伽园(Canoga Park)的 Rocketdyne 公司主持了火箭引擎的研究。他在犹太大学执教共有 37 年；在到犹太大学任教前，他曾在爱达荷大学担任过教授。他共发表(包括与别人合作)过 110 篇科技论文，出版过 8 部著作并拥有 4 项发明专利，并且还是 *Perry's Chemical Engineers' Handbook* 第六版和第七版中蒸馏篇的参编者。Seader 曾担任美国化工计算机辅助教学协会(CACHE)理事 33 年，从 1980 到 1984 年担任常务主管。在 20 年中他主持了将孟山都公司的 FLOWTRAN 过程模拟计算机程序系统在各大学中的应用和推广工作。从 1983 到 1985 年 Seader 还担任了美国化学工程师学会(AIChE)的理事。1983 年他在美国化学工程师学会第 35 届年会上作了报告。1988 年他获得美国化学工程师学会计算机辅助和系统技术(CAST)分会的化工计算奖；2004 年美国工程教育协会(ASEE)授予他化工计算机辅助奖，表彰他在化学工程教育方面的卓越贡献；在 2004 年他还是美国化学工程师学会化工教育 Warren K. Lewis 奖的获奖者之一。他曾担任 *Industrial and Engineering Chemistry Research* 杂志的副主编共 12 年。

Ernest J. Henley 是休斯顿大学的化学工程教授。他从特拉华大学获得学士学位，从哥伦比亚大学获得工程科学博士学位，并从 1953 到 1959 年在哥伦比亚大学担任教授。Henley 还在 Stevens 工学院、Brazil 大学、斯坦福大学、剑桥大学和纽约城市大学拥有教授职位。他共发表(包括与别人合作)过科技论文 72 篇，出版过 12 本著作，最新的一本是 *Probabilistic Risk Managemant for Scientists and Engineers*。他曾担任化工计算机辅助教学协会理事 17 年，在 1975 到 1976 年间担任该协会会长，并指导了七卷本 Computer Programs for Chemical Engineering Education 和五卷本 AIChE Modular Instruction 的编撰工作。他是一位活跃的顾问，拥有 9 项发明专利，并在 Maxxim 医药公司、Procedyne 公司、Lasermedics 公司和 Nanodyne 公司的董事会担任董事。1998 年获得 McGraw-Hill 公司的化学工程个人杰出成就奖，2002 年美国工程教育协会(ASEE)授予他化工计算机辅助奖，褒奖其在化工教育中计算机应用方面的贡献。他是 Henley 基金会的会长。

第二版前言

本版新增内容

“岁月不等人”，对于工程技术教科书同样如此。*Separation Process Principles* 第一版出版以来的七年间，已经见证了这样的事实：(1)在质量、热量和动量传递的基本原理方面，以及在借助计算机编程使得复杂的传递问题的数学模型得以广泛应用方面，取得了各种进展；(2)在化工设计实践方面的变化；(3)化工教学计划的结构调整。鉴于我们已注意到的问题并根据各类出版物征求的一些有影响力的评论中指出的意见，我们在第二版中作了如下修订和增补：

- 新增了量纲和单位部分，以方便在分离过程应用中无所不在的 SI 制、AE 制和 CGS 制的使用。
- 每章增加了教学目的一览。
- 进一步强调化学混合物组成的多种表示方法。
- 新增了有关难处理混合物的热力学的内容，包括电解质、聚合物溶液、轻质气体混合物和极性有机化合物。
- 有代表性的扩散系数数据表。
- 无量纲数群的公式和意义的表格。
- 有关 Churchill 和 Zajic 的最新类似理论的一小节内容。
- 新增的关于混合系统和膜级联的段落。
- 第四代乱堆填料和高容量塔板的论述。
- 对于基于速率的多单元模型的简要讨论。
- 新增有关作为间歇蒸馏第三操作模式的最佳控制部分。
- 对浓差极化和积垢问题作了新的阐述。
- 新增超滤和微过滤的内容。
- 新增连续、逆流吸附系统一小节。
- 对用吸附进行主体分离的 McCabe-Thiele 方法一小节作了修改。
- 新增了关于模拟的(以及真实的)吸附移动床的一小节内容。

以下三章在本书第一版中未编入，但曾作为补充章节编入了供教师使用的硬拷贝中。现在这几章已正式编入本书第二版：

第 16 章　浸取和洗涤，并添加了蒸馏咖啡机一小节。

第 17 章　结晶、凝华和蒸发。

第 18 章　固体干燥，包括湿度测定法。

在第一版中，对每 1 个论题至少用 1 道详细的例题来说明，并至少配有 3 道课外习题。这一点在新增的论题和章节中继续保留。现在本书中有 214 道例题和 649 道课外习题，并引用了 839 条参考文献。

论题的编排

同第一版一样，本书第二版也阐述了基于平衡和基于速率的各种模型。本书内容经组织后分成四个篇：第一篇有五章，论述各种基本概念。第 1 章介绍用于分离化学混合物的各种方法，特别是用于工业中的方法。第 2 章是有关应用于分离问题中的溶液热力学的综述。第 3 章阐述扩散和传质的基本原理，这些原理应用于基于速率的模型。单个平衡级模型中相平衡方程和物料平衡方程的应用在第 4 章中阐述，在第 5 章论述平衡级的级联和复合分离系统。

本书的其余三个篇是按分离方法来组织的。第二篇从第 6 章到第 13 章，阐述靠加入或产生新相而实现的分离方法。第 6 章到第 8 章阐述稀溶液吸收和解吸、二元蒸馏及三元液-液萃取，重点在图解法。第 9 章到第 11 章阐述基于平衡的多元气（汽）-液和液-液分离模型的计算机计算方法，它们被广泛用于过程模拟程序系统，如 ASPAN PLUS，HYSYS，PRO-Ⅱ，CHEMCAD，BATCH PLUS 和 SUPERPRO DESIGNER。第 12 章论述多元基于速率的模型，而第 13 章则着重论述二元和多元间歇蒸馏。

第三篇包含第 14 和 15 章，论述利用阻挡层（膜）或固体介质的分离方法，它们在工业和实验室操作中的应用日渐增多。第 14 章阐述基于速率的膜分离模型，而第 15 章则论述吸附、离子交换和色谱的基于平衡和基于速率的模型，这些分离方法中均用到了固体或类固体的吸附剂。

涉及一个固相的化学成分发生变化的固体分离方法在第四篇中进行论述，该篇中包含了本书的最后三章。第 16 章阐述了物料从固相进入液相溶剂的选择性浸取。液体的结晶和蒸气的凝华将于第 17 章中讨论，该章中还包括了蒸发操作。第 18 章论述有关固体干燥的内容，还包括湿度测定的一节。

第 6、7、8、14、15、16、17 和 18 章的开头部分，均有对于被论述的分离过程的工业应用的详细描述，以帮助学生熟悉工业上用的实际设备。在这些内容中，必要时将理论的阐发与适当的历史回顾相结合。

网址

在本书中会偶尔提到那些能提供有用的补充资料的网站的网址，学生和教师要善于利用像 Google 那样的搜索引擎去查取有关老的和新的进展方面的补充资料。例如下面两个例子：(1)80 年前首次提出的 McCabe-Thiele 图解法；(2)有关塔填料的新进展。前者能搜索到 700 多个网站，它们以访问的次数为序列出；有关后者的资料也有几个参考的网址。

下面一些网站已被证明对于休斯顿大学的学生是有帮助的：

(1) www.chemspy.com——查取术语、定义、同义词、首字母缩写词和缩写词；提供与化工和化学有关的自学资料及新闻的链接，还能帮助查取安全信息、科学出版物和世界范围的专利信息。

(2) webbook.nist.gov——拥有 7000 多种化合物的热化学数据和 34 种流体的热物理数据。

(3) www.chemist.about.com/od/chemicalengineerin1/index.htm——拥有论文资料和

与化学工程课题有关的网站链接，这些课题包括建立模型、传质、膜分离和热力学。

（4）www.matche.com——提供许多种化学工艺过程装置的投资费用资料。

教师用的资料资源

一些教师用的资料能从网站www.wiley.com/college/seader上找到，包括：

（1）教师题解手册给出全部课外习题的详细题解。

（2）本书各个印次的勘误表。

（3）一份由本书作者之一成功地应用多年的预备（摸底）考试试卷，用以确定和确保选读分离过程、平衡级操作或/和传质课程的学生已具有的预备知识。这项50分钟的闭卷考试，于开课的第二天举行，内容覆盖学生已在前面学过的有关化学工程和传热基本原理的课程，共有10个简单试题：温度换算，压力换算，质量-摩尔间的换算，围绕一个普通分离器的物料衡算，流量换算，在容器中的平均停留时间，理想气体定律，换热器的热负荷，热传导，对流换热。学生必须重新考试，直至所有10道试题都答对。

这些网站资源用密码（Password）保护，仅供他们的课程采用本教材的老师使用，为访问本书网站的教师资源页面，需要注册来获取密码。

学生用的资料资源

学生用的资料也在网站www.wiley.com/college/seader上提供，内容有：

（1）为了鼓励学生阅读教科书，帮助他们恰当理解书本上叙述的材料，对于本书的每一章都开列了大量的问答题。

（2）经过挑选的奇数编号的课外习题的答案。

（3）解题技巧的讨论。

（4）对完成课外习题的建议。

（5）勘误表。

建议的课程教学大纲

在本科生的化学工程教学计划中，于化学工程基本原理、化学和工程热力学、流体力学和传热课程后，安排有分离过程方面的课程，包含分离过程的课程的名称是：分离，平衡级操作，基于传质和基于速率的操作或单元操作。按照下列建议的、不同的学分课时数的课程大纲，本书所包含的材料足以满足这四门课程中的任意一门课程的需要。

分离或单元操作

3学分课时：第1,3,4,5,6,7,8,(14,15或17)章。

4学分课时：第1,3,4,5,6,7,8,9,14,15,17章。

5学分课时：第1,3,4,5,6,7,8,9,10,13,14,15,16,17,18章。

平衡级操作

3学分课时：第1,4,5,6,7,8,9,10章。

4学分课时：第1,4,5,6,7,8,9,10,11,13章

基于传质和基于速率的操作

3 学分课时:第 1,3,6,7,8,12,14,15 章。

4 学分课时:第 1,3,6,7,8,12,14,15,16,17,18 章

致谢

在本书第一版和第二版的编写过程中,许多教师提出了各种宝贵的意见和建议。在此我们谨向下列各位致谢:堪萨斯州立大学的 Richard G. Akins 教授,田纳西大学的 Paul Bienkowski 教授,位于 Huntsville 的亚拉巴马大学的 C. P. Chen 教授,弗吉尼亚理工学院和州立大学的 William L. Conger 教授, Rice 大学的 Kenneth Cox 教授,位于奥斯汀的得克萨斯大学的 R. Bruce Eldridge 教授,Institut for Kemiteknik 的 Rafiqul Gani 教授,Auburn 大学的 Ram B. Gupta 教授,北卡罗来纳 A&T 州立大学的 Shamsuddin Ilias 教授,Kingsville 的得克萨斯 A&M 大学的 William A. Heenan 教授,衣阿华州立理工大学的 Kenneth R. Jolls 教授,亚拉巴马大学的 Alan M. Lane 教授,新墨西哥州立大学的 Richard L. Long 教授,Tufts 大学的 Jerry Meldon 教授,Brigham Young 大学的 John Oscarson 教授,Tufts 大学的 Timothy D. Placek 教授,基督教兄弟大学的 Randel M. Price 教授,俄亥俄大学的 Michael E. Prudich 教授,耶鲁大学的 Daniel E. Rosner 教授,Stevens 工学院的 Ralph Schefflan 教授,Clarkson 大学的 Ross Taylor 教授,南卡罗来纳大学的 Vincent Van Brunt 教授。

J. D. Seader

Ernest J. Henley

目　　录

符 号 表

大写和小写拉丁字母

A　状态方程中的常数；Margules 方程中的常数；传质面积；传热面积；面积；Freundlich 方程中的常数；吸收因子$=L/KV$；塔板总面积；频率因子

A_a　筛板的有效面积

A_b　塔板的有效鼓泡面积

A_d　塔板的降液管横截面积

A_{da}　降液管下方液体流动面积

A_h　筛板的开孔面积

A_{ij}　van Laar 方程中的二元交互作用常数

$\bar{A}_{ij}$　Margules 二常数方程中的二元交互作用常数

A_j, B_j, C_j, D_j　式(10－7)到式(10－11)定义的物料衡算参数

A_M　膜表面积

A_p　指前(频率)因子

A_w　颗粒的比表面积

a　活度；理想气体热容方程中的常数；单位体积的界面积；表面积；固体颗粒的特征尺寸；离子交换中的交换当量；每级的界面积

$\bar{a}$　塔板上单位体积当量清液的界面积

a_h　填料的比水力面积

a_{mk}　UNIFAC 法中的基团交互作用参数

a_v　单位体积的表面积

B　状态方程中的常数；塔底产物流量；二元恒沸物数

B^0　单位体积溶液的成核速率

b　摩尔有效能函数$=h-T^0 s$；状态方程中的常数；塔底产物中组分流量；表面周长

C　通用组成变量，如浓度、质量分数、摩尔分数或体积分数；组分数；常数；式(6－40)中的处理量参数；式(6－50)给出的塔板持液量表示式中的常数；晶体产量

C_1　式(6－126)中的常数

C_2　式(6－127)中的常数

C_D　曳力系数

C_F　图 6.24 和式(6－42)中的夹带液泛因子

C_L　式(6－132)和表 6.8 中的常数

C_V　式(6－133)和表 6.8 中的常数

C_h　表 6.8 中的填料常数

C_o　孔板系数

c_p, C_P　恒压比热容；表 6.8 中的填料常数

c_{pV}^o　恒压理想气体热容

c　摩尔浓度；BET 方程中的常数；光速

c^*　与主体分压下的气体成平衡的液体浓度

c'　临近膜表面的液体浓度

c_m　晶体的亚稳极限溶解度

c_s　湿比热容；晶体的正常溶解度

c_t　总摩尔浓度

Δc_{limit}　极限过饱和

D、$\mathscr{D}$　扩散系数；馏出液流量；馏出液量；解吸(排放)气流量；第 10 章内外层法中的偏差函数

D_B　气泡直径

D_E　式(6－36)中的涡流扩散系数

D_e、D_{eff}　有效扩散系数[见式(3－49)]

D_H　筛板的筛孔直径

D_i　叶轮直径
D_{ij}　i 在 j 中的相互扩散系数
D_K　Knudsen 扩散系数
D_L　纵向涡流扩散系数
$\overline{D}_N$　算术平均直径
D_o　式(3－51)中的扩散常数
D_P、D_p 有效填料直径；颗粒直径
$\overline{D}_P$　两相邻筛网筛孔孔径的平均值
D_s　表面扩散系数
$\overline{D}_S$　表面(Sauter)平均直径
D_T　塔或容器直径
$\overline{D}_V$　体积平均直径
$\overline{D}_W$　质量平均直径
d　馏出液中的组分流量
d_e　当量液滴直径；孔径
d_H　水力直径 $= 4r_H$
d_m　分子直径
d_p　液滴或颗粒直径；孔径
d_{vs}　式(8－35)定义的 Sauter 平均直径
E　活化能；式(3－80)中定义的无量纲浓度变化；式(4－24)中定义的萃取因子；萃取液的数量或流量；湍流扩散系数；伏特；波动能量；蒸发速率
E^0　标准电位
E_b　黑体发射的辐射能
E_D　聚合物中的扩散活化能
$E_{i,j}$　平衡方程式(10－2)的残差
E_{MD}　分数表示的 Murphree 分散相效率
E_{MV}　分数表示的 Murphree 气相效率
E_{OV}　分数表示的 Murphree 气相点效率
E_O　分数表示的总级(板)效率
E_p　活化能
　黑体发射的给定波长的辐射能
$E\{t\}dt$　出口物流中停留时间在 t 到 $t+dt$ 间的分数
　Gibbs 相律的独立方程数
ΔE^{vap}　摩尔汽化内能
e　夹带量；通过相边界的传热速率
F　法拉第常数＝96490 库仑/克当量；进料流量；力；式(6－67)定义的 F 因子
F_b　浮力
F_d　曳力
F_F　式(6－42)中的发泡因子
F_g　重力
F_{HA}　式(6－42)中的孔面积因子
F_{LV}、F_{LG}　图 6.24 中定义的动能比
F_P　表 6.8 中的填料因子
F_{ST}　式(6－42)中的表面张力因子
F_V　单位时间内经单位横截面积以体积表示的固体体积速率
$F\{t\}$　接触时间小于 t 的漩涡分数
　自由度数
f　纯组分逸度；Fanning 摩擦因子；函数；进料中的组分流量；残差
f_f　液泛速度的分数
f_i　混合物中组分 i 的逸度
f_v　体积形状因子
　分逸度
f_ω　SRK 方程和 PR 方程中的偏心因子函数
G　Gibbs 自由能；质量速度；塔板上的体积持液量；晶体尺寸生长速率
G_{ij}　NRTL 方程中的二元交互作用参数
g　摩尔 Gibbs 自由能；重力加速度
g_c　通用的
g_{ij}　NRTL 方程中的交互作用能
H　表 2.3 中定义的亨利定律系数；式(3－50)中定义的亨利定律常数；容器的高度或长度；摩尔焓
　偏摩尔焓
H　式(6－121)定义的亨利定律系数
H_j　能量衡算方程式(10－5)的残差
　吸附热
　冷凝热
　结晶热
　稀释热
　饱和积分溶解热
　无限稀释溶解热

摩尔汽化焓

H_G 气相传质单元高度

H_i 叶轮离釜底的距离

H_L 液相传质单元高度

H_{OG} 基于气相的总传质单元高度

H_{OL} 基于液相的总传质单元高度

湿度

摩尔湿度

百分比湿度

相对湿度

饱和湿度

温度 T_w 下的饱和湿度

HETP 理论板当量高度

HETS 理论级当量高度(与 HETP 相同)

HTU 传质单元高度

h 摩尔焓;传热系数;比焓;液体摩尔焓;通道高度;Planck 常数

h_d 用液柱表示的干板压降

h_{da} 降液管下液体流动的压头损失

h_{dc} 降液管中的清液柱高度

h_{df} 降液管中的泡沫层高度

h_f 塔板上的泡沫层高度

h_l 塔板上的清液当量压头

h_L 填料塔内的比持液量

h_t 用液柱表示的塔板总压降

h_w 堰高

用液柱表示的由表面张力引起的压降

I 电流

i 电流密度

J_i 相对于混合物摩尔平均速度的由正常分子扩散导致的 i 的摩尔通量

J_D Chilton-Colburn 传质 j 因子

J_H Chilton-Colburn 传热 j 因子

J_M Chilton-Colburn 动量传递 j 因子

j_i 相对于化合物摩尔平均速度的由正常分子扩散导致的 i 的质量通量

K 气-液平衡的平衡常数;式(3-53)中及用于某组分在液体和膜间分配的平衡分配系数;总传质系数;吸附平衡常数

K UM 扩散的总传质系数

K_a 基于活度的化学平衡常数

K_c 溶度积;用于结晶的总传质系数

K_D 用于液-液平衡的平衡常数

以摩尔或质量比表示的用于液-液平衡的平衡常数

K_G 用分压为推动力的气相总传质系数

K_{ij} 离子交换中的选择性系数

K_L 用浓度为推动力的液相总传质系数

K_s 式(6-53)定义的处理量参数

K_W 式(6-111)给出的壁因子

K_X 用摩尔比为推动力的液相总传质系数

K_x 用摩尔分数为推动力的液相总传质系数

K_Y 用摩尔比为推动力的气相总传质系数

K_y 用摩尔分数为推动力的气相总传质系数

K_r 孔内扩散的限制因子

k 导热系数;无主体流动影响的传质系数

k 如式(3-229)和式(3-330)中考虑的主体流动影响的传质系数

k_c 用浓度 c 为推动力的传质系数;晶体层的导热系数

k_{ij} 二元交互作用参数

k_i 结合进入晶格的传质系数

k_N 常数

k_p 用分压 p 为推动力的气相传质系数

k_x 用摩尔分数为推动力的液相传质系数

k_y 用摩尔分数为推动力的气相传质系数

提馏段的液体摩尔流量

L 液体;长度;高度;液体流量;底流流量;晶体大小

L 不含溶质的液体摩尔流量;塔的中间段的液体摩尔流量
L_B 吸附床层长度
L_e 进口长度
L_{pd} 占主导地位的晶体大小
L_S 侧线的液体摩尔流量
LES 吸附床层的平衡(失效)段长度
LUB 吸附床层的未使用段长度
L_w 堰长
l UNIQUAC 和 UNIFAC 方程中的常数;液体中的组分流量;长度
l_{ij} 二元交互作用参数
l_M 膜厚度
l_T 填料高度
M 相对分子质量;混合点的量或流量,摩尔持液量
M_i 间歇蒸馏釜中组分 i 的摩尔数
$M_{i,j}$ 组分物料衡算方程式(10－1)的残差
M_T 单位体积稠液中的晶体质量
M_t 总质量
m 平衡曲线的斜率;质量流量;质量
m_i 单位体积母液中的晶体质量
溶液中组分 i 的质量摩尔浓度
m_p 吸附剂或颗粒质量
m_s 干基固体质量;固体流量
m_v 汽化质量;汽化速率
m_x 图 3.22 中液膜摩尔分率区的气-液平衡曲线的切线斜率
m_y 图 3.22 中气膜摩尔分率区的气-液平衡曲线的切线斜率
MTZ 吸附床层的传质区长度
N 相数;摩尔数;摩尔通量$=n/A$;平衡(理论、理想)级数;转速;尺寸为 L 及以下的晶体的累计数;稳定节点数;摩尔流量
N_A 附加变量数;Avogadro 常数,分子数/摩尔
N_a 实际板数
N_{Bi} 传热 Biot 数
传质 Biot 数
N_D 自由度数
N_E 独立方程数
N_{Eo} 式(8－49)定义的 Eotvos 数
N_{Fo} 传热的 Fourier 数 $=\alpha t/a^2=$ 无因次时间
传质的 Fourier 数 $=Dt/a^2=$ 无因次时间
N_{Fr} Froude 数 =惯性力/重力
N_G 表 6.7 中定义的气相传质单元数
N_L 表 6.7 中定义的液相传质单元数
N_{Le} Lewis 数 $=N_{Sc}/N_{Pr}$
N_{Lu} Luikov 数 $=1/N_{Le}$
N_{min} 规定分离所需的最小级数
N_{Nu} Nusselt 数$=dh/k=$壁面或界面处的温度梯度/通过流体的温度梯度($d=$特性长度)
N_{OG} 表 6.7 中定义的总气相传质单元数
N_{OL} 表 6.7 中定义的总液相传质单元数
N_{Pe} 传热的 Peclet 数$=N_{Re}/N_{Pr}=$对流传递与分子传递之比
传质的 Peclet 数=对流传递与分子传递之比
N_{Po} 式(8－21)定义的功率数
N_{Pr} Prandtl 数=动量扩散系数/热扩散系数
N_R 冗余方程数
N_{Re} 雷诺数=惯性力/黏性力($d=$特性长度)
NRX 反应数
N_{Sc} Schmidt 数=动量扩散系数/质量扩散系数
N_{Sh} Sherwood 数=壁面或界面处的浓度梯度/通过流体的浓度梯度($d=$特性长度)
N_{St} 传热的 Stanton 数$=h/GC_P$
传质的 Stanton 数
NTU 传质单元数
N_T 单位体积母液的总晶体数;传热单元

数

N_t　平衡(理论)级数

N_V　变量数

N_{We}　式(8－37)定义的 Weber 数

摩尔数

n　摩尔流量;摩尔;Freundlich 方程中的常数;单位膜横截面积的孔数;单位尺寸单位体积的晶体数

n_c　单位体积母液的晶体数

n^0　单位尺寸单位体积的初始晶体数

n_+, n_-　分别为阳离子和阴离子的价数

P　压力;功率;电功率

P, P　差值点

等张比容;Gibbs 相律中的相数

P_c　临界压力

P_M　渗透率

渗透系数

p_r　对比压力,p/p_c

蒸气压

孔内蒸气压

p_0　试验条件下的吸附质蒸气压

p　分压

p　与液相主体浓度平衡的分压

p_j、q_j　用于第 10 章 Thomas 算法的物料衡算参数

Q　传热速率;液体体积;体积流量

Q_C　冷凝器的传热速率

Q_L　液体体积流量

Q_{ML}　母液体积流量

Q_R　再沸器的传热速率

Q_k　UNIFAC 法中基团 k 的面积参数

q　UNIQUAC 和 UNIFAC 方程中分子的相对表面积;热通量;吸附剂上吸附的吸附质量或浓度;精馏中的进料状态,定义为通过进料级的液体摩尔流量增加值与摩尔进料流量之比

对球形颗粒由式(15－103)定义的体积平均比吸附质量

q^e　液体吸附中的表面过量

q_L　通过塔板的液体流量

R　通用气体常数

1.987cal/(mol·K)或 Btu/(lbmol·R)

8315J/(kmol·K)或 Pa·m^3/(kmol·K)

82.06atm·cm^3/(mol·K)

0.7032atm·ft^3/(lbmol·R)

10.73psia·ft^3/(lbmol·R)

分子半径;萃余液数量或流量;溶剂与不溶性固体之比;回流比;干燥速率通量;式(12－31)和式(12－32)定义的倒数二元传质系数

R　单位质量骨架干固体的干燥速率

R_c　恒速阶段的干燥速率通量

R_f　降速阶段的干燥速率通量

R_k　UNIFAC 法中基团 k 的体积参数

R_L　式(10－80)中的液相抽出因子

R_{min}　规定分离的最小回流比

R_p　颗粒半径

R_V　式(10－81)中的气相抽出因子

r　UNIQUAC 和 UNIFAC 方程中每个分子的相对片段数;半径;膜的渗透压与进料压力之比;扩散方向上的距离;作为侧线离开某级的物流分率;单位体积填料层的摩尔传质速率

r_c　反应界面处的半径

r_H　水力半径＝流动横截面积/浸润周边

r_p　孔半径

r_s　颗粒表面处的半径

r_w　壁面处的半径

S　固体;熵变速率;总熵;溶解度,等于式(3－50)中的 H;流动横截面积;吸附剂质量;汽提因子＝KV/L;表面积;惰性固体流量;晶体流量;过饱和;弯曲速率;鞍点数

S_{ij}　离子交换中的分离因子

S_g　单位体积多孔颗粒的表面积

S_x　液相摩尔分数加和方程式(10－3)的

残差

S_y　气相摩尔分数加和方程式(10－3)的残差

s　摩尔熵;表面更新的分率;相对过饱和度

s_p　颗粒外表面积

SF　式(1－2)定义的分割分率

SP　式(1－4)定义的分离能力或相对分割比率;式(14－70)定义的盐通过率

SR　式(1－3)定义的分离比

T　温度

T_c　临界温度

T_g　聚合物的玻璃化温度

T_{ij}　UNIQUAC 和 UNIFAC 方程中的二元交互作用参数

T_m　聚合物的熔点温度

T_0　计算熵的基准温度;参考温度;无限源或汇温度

T_r　对比温度$=T/T_c$

T_s　热源或热汇温度

T_v　水分汽化温度

t　时间;停留时间

平均停留时间

t_b　吸附中的穿透时间

t_c　渗透理论中的接触时间

t_E　色谱中的洗脱时间

t_F　色谱中的进料脉冲时间

t_L　渗透理论中的液体接触时间;晶体达到尺寸 L 的停留时间

t_{res}　停留时间

U　表观速度;总传热系数;液体侧线摩尔流量;萃取因子的倒数

U_a　以塔板有效鼓泡面积为基准的表观速度

U_f　液泛速度

u　速度;空隙速度

主体平均速度;流动平均速度;相对或滑动速度

u_{all}　允许速度

u_c　吸附中浓度波的速度

u_{ij}　UNIQUAC 方程中的交互作用能量

u_L　表观液体速度

u_{mf}　最小流化速度

u_o　筛板的孔速;填料塔的表观气速

u_s　表观速度

u_V　气体速度

u_0　液滴的特征上升速度

V　气相;体积;蒸气流量;溢流流量

塔的中间段的气体摩尔流量;不含溶质的气体流量

V_B　蒸出比

V_H　作为干燥器体积分数的物料持有量

V_{LH}　体积持液量

V_{ML}　稠液中的母液体积

V_p　单位质量颗粒的孔体积

V_V　容器体积

提馏段的气体摩尔流量

Gibbs 相律中的变量数

v　摩尔体积;速度;气相的组分流量;吸附气体的体积

平均分子速度

v_i　相对于静止坐标的组分速度

相对于混合物摩尔平均速度的组分扩散速度

v_c　临界摩尔体积

v_H　湿体积

v_M　混合物的摩尔平均速度

v_p　颗粒体积

v_r　对比摩尔体积

v_s　晶体的摩尔体积

v_0　表观速度

式(3－36)中的原子和结构扩散体积之和

W　功;膜宽度;底部流量;吸附质数量;浸取中的洗涤因子$=S/RF_A$;挡板宽度;间歇蒸馏釜中的液体摩尔数;湿基湿含量;气相侧线摩尔流量;堰长

W_{min}　分离最小功

WES 吸附床层的平衡(失效)段重量

WUS 未使用吸附床层的重量

W_s 轴功

w 质量分数;通道宽度;式(10－90)中的加权函数

X 摩尔或质量比;底流中可溶物料与溶剂的质量比;干基湿含量;通用变量;式(9－34)中的参数

X 干基平衡湿含量

X_B 干基结合湿含量

X_c 临界自由结合湿含量

X_T 总干基湿含量

X_i 单位体积固体的溶质质量

X_m UNIFAC 法中基团 m 的摩尔分率

x 液相摩尔分数;任何相的摩尔分数;距离;萃余液的质量分数;底流的质量分数;颗粒的质量分数

x 归一化的摩尔分数＝1

x 液相摩尔分数向量

x_n 尺寸小于 L 的晶体的分数

Y 摩尔或质量比;溢流中可溶物料与溶剂的质量比;式(6－102)定义的填料塔的压降因子;溶液中溶质的浓度;式(9－34)中的参数

y 气相摩尔分数;距离;萃取液的质量分数;溢流的质量分数

y 气相摩尔分数向量

Z 压缩因子＝pV/RT;总质量;高度

Z_f 塔板上的泡沫层高度

Z_L 通过塔板的液体流道长度

z 任何相的摩尔分数;组合相的总摩尔分数;距离;进料的总摩尔分数;无量纲晶体尺寸;通过塔板的液体流道长度

z 整个混合物的摩尔分数向量

希腊字母①

α 导热系数;相对挥发度;每个吸附分子的表面积

α^* 膜的理想分离因子

α_{ij} 气-液平衡中组分 i 对组分 j 的相对挥发度;NRTL 方程中的参数

$\alpha_j, \beta_j, \gamma_j$ 式(10－23)到式(10－26)中的能量衡算参数

β_{ij} 液-液平衡中组分 i 对组分 j 的相对选择性

Γ 液膜流量/单位液膜宽度;式(12－37)定义的热力学函数

Γ_k UNIFAC 方程中基团 k 的剩余活度系数

γ 比热容比;活度系数

Δ 变化(最终一最初)

δ 溶解度参数;膜厚度;速度边界层厚度;Prandtl 类似律中层流底层的厚度

δ_c 浓度边界层厚度

δ_{ij} Kronecker 三角形

ε 式(3－40)中的指数参数;空隙率;允许误差;式(10－31)中的允差

ε_b 床层空隙率(外部空隙率)

ε_D 用于扩散的涡流扩散系数(传质)

ε_H 用于传热的涡流扩散系数

ε_M 用于动量传递的涡流扩散系数

ε_p 颗粒空隙率(内部空隙率)

η 式(10－73)中的 Murphree 气相板效率

θ UNIQUAC 和 UNIFAC 方程中的面积分数;式(3－80)中定义的无量纲浓度变化;Edmister 集合算法中的校正因子;分离膜的渗透物流率与原料流率比的分割比;接触角;Langmuir 方程中的覆盖分数;干燥器中的固体停留时间;Underwood 方程式(9－28)的根

θ_L 塔板上液体平均停留时间

κ 二元混合物中的 Maxwell-Stefan 传

① 原著中这部分符号均缺希腊字母,为译者所补。

质系数

Λ_{ij}　Wilson 方程中的二元交互作用参数

λ　mV/L;辐射波长

λ_+,λ_-　分别为阳离子和阴离子的极限离子导电率

λ_{ij}　Wilson 方程中的交互作用能量

μ　化学位或偏摩尔 Gibbs 自由能;黏度

ν　动量扩散系数(动力黏度),μ/ρ;波动频率;化学计量系数

$\nu_k^{(i)}$　UNIFAC 法中分子 i 内基团 k 的数目

ξ　分数电流效率;式(15－115)定义的吸附中无量纲距离;式(11－2)中的无量纲扭曲时间

π　渗透压;离子浓度积

ρ　质量密度

ρ_b　堆密度

ρ_c　晶体密度

ρ_p　颗粒密度

ρ_s　真实(晶体)固体密度

σ　表面张力;界面张力;Stefan-Boltzmann 常数＝$5.671\times10^{-8}\,W/m^2\cdot K^4$

σ_I　界面张力

$\sigma_{S,L}$　晶体和溶液间的界面张力

τ　曲折因子;剪切应力;式(15－115)定义的吸附中的无量纲时间;结晶器中母液的保留时间;式(10－32)中的收敛判据

τ_{ij}　NRTL 方程中的二元交互作用参数

τ_w　壁面上的剪切应力

υ　每个分子中的离子数

Φ,Φ'　体积分数;Underwood 方程式(9－24)和式(9－25)中的参数

$\bar{\Phi}_i$　Wilson 方程中的局部体积分数

$\phi\{t\}$　表面更新理论的概率函数

ϕ　纯组分逸度系数;Wilke-Chang 方程中的交互因子;吸收和汽提的回收因子;体积分数;式(15－125)定义的浓度比

$\bar{\phi}$　偏逸度系数

ϕ_{df}　泡沫密度

ϕ_e　式(6－51)定义的泡沫有效相对密度

ϕ_s　颗粒球形度

Ψ　UNIQUAC 方程中的片段分数;闪蒸计算中的 V/F;单级萃取液-液平衡计算中的 E/F;例 15.7 前定义的球形度

Ψ_0　式(6－113)给出的干填料阻力系数

ψ　夹带分数;式(15－126)定义的吸附量之比;球形度

ω　式(2－45)定义的偏心因子;UNIFAC 方程中的片段分数

下标

A　溶质

a,ads　吸附

avg　平均

B　底部

b　主体条件;浮力

bubble　泡点状态

C　冷凝器;载液;连续相

c　临界;对流;恒速阶段

cum　累计的

D　馏出液;分散相;置换

d　曳力;脱附

d,db　干球

des　脱附

dew　露点条件

ds　干固体

E　富集(吸收)段

e　有效的;元素

eff　有效的

F　进料

f　液泛;进料;降速阶段

G　气相

GM　两个数值 A 和 B 的几何平均值＝A 乘 B 的平方根

g　重力

gi 气体进
go 气体出
H,h 传热
I,I 界面条件
i 特定组分
in 进入
irr 不可逆
j 级数
k 特定分离器;关键组分
L 液相;浸取级
LM 两个数值 A 和 B 的对数平均值=$(A-B)/\ln(A-B)$
LP 低压
M 传质;混合点状态;混合物
m 混合物;最大值
max 最大值
min 最小值
N 级
n 级
O 总
o,o 参考状态;初始状态
out 离开
OV 塔顶蒸气
P 渗透
R 再沸器;精馏段;保留
r 对比;参考组分;辐射
res 停留时间
S 固体;提馏段;侧线;溶剂;级;盐
s 源或汇;表面状态;溶质;饱和
T 总
t 湍流贡献
V 蒸气
W 间歇蒸馏釜
w 湿固体-气体界面
w,wb 湿球
ws 湿固体
X 汽提段
x、y、z 方向
层流底层的边缘
0 环境;初始
无限稀释;挟点区

上标

E 过量;萃取相
F 进料
ID 理想混合物
(k) 迭代指数
LF 液体进料
o 纯组分;标准态;参考条件
p 特定相
R 萃余相
s 饱和状态
VP 气体进料
— 偏导数量;平均值
无限稀释
(1)、(2) 标记哪个液相
Ⅰ、Ⅱ 标记处于平衡的哪个液相

缩略语

Angstrom m
ARD 不对称转盘接触器
atm 大气压
avg 平均
BET Brunauer-Emmett-Teller
BP 泡点法
B-W-R Benedict-Webb-Rubin 状态方程
bar 0.9896 大气压或 100kPa
barrer 膜渗透单位,1barrer = 10^{-10} cm^3(STP)·cm/(cm^2·s·cmHg)
bbl 桶
Btu 英热单位
C_i 含 i 个碳原子的脂肪烃
$C_i^=$ 含 i 个碳原子的烯烃
C-S Chao-Seader 方程
℃ 摄氏温度,K−273.2
cal 卡
cfh 每小时立方英尺
cfm 每分钟立方英尺

cfs　每秒立方英尺
cm　厘米
cmHg 厘米汞柱
cP　厘泊
cw　冷却水
EMD 等分子反向扩散
EOS 状态方程
ESA 能量分离剂
ESS 误差平方和
eq　等价的
F　华氏温度,R－459.7
FUG Fenske-Underwood-Gilliland
ft　英尺
GLC-EOS　基团贡献状态方程
GP　气体渗透
g　克
gmol 克摩尔
gpd　每天加仑
gph　每小时加仑
gpm　每分钟加仑
gps　每秒加仑
H　高沸点化合物
HHK 比重关键组分重的组分
HK　重关键组分
hp　马力
h　小时
I　中间沸点组分
in.　英寸
J　焦耳
K　开尔文温度
kg　千克
kmol 千摩尔
L　升;低沸点组分
LHS 方程的左边
LLK 比轻关键组分轻的组分
L-K-P　Lee-Kessler-Plocker 状态方程
LM　对数平均
LW　损失功
lb　磅
lb_f　磅力
lb_m　磅质量
M　摩尔每升
MSMPR　混合悬浮,混合产物脱除
MSC 碳分子筛
MSA 质量分离剂
MW 兆瓦
m　米
meq　毫克当量
mg　毫克
min　分
mm　毫米
mmHg　毫米汞柱
mmol 毫摩尔(0.001 摩尔)
mol　克摩尔
mole 克摩尔
N　牛顿;法向
NLE 非线性方程
NRTL 非随机双液理论
nbp　常压沸点
ODE 常微分方程
PDE 偏微分方程
POD Podbielniak 萃取器
P-R　Peng-Robinson 状态方程
ppm　百万分之一(通常为质量)
PSA 变压吸附
psi　每平方英寸磅力
psia　每平方英寸磅力,绝对
PV　预蒸发
RDC 转盘接触器
RHS 方程右边
R-K　Redlich-Kwong 状态方程
R-K-S　Redlich-Kwong-Soave 状态方程(与 S-R-K 相同)
RO　反渗透
R　兰金温度
SC　联立校正法
SG　硅胶
S.G. 比重

S-R-K　Soave- Redlich-Kwong 状态方程
STP　温度和压力的标准状态(通常为 1 atm 和 0℃或 60 ℉)
s　秒
scf　标准立方英尺
scfd　每天标准立方英尺
scfh　每小时标准立方英尺
scfm　每分钟标准立方英尺
stm　蒸汽
TSA　变温吸附
UDM　单向扩散
UNIFAC　UNIQUAC 基团活度系数
UNIQUAC　通用拟化学理论
VOC　挥发性有机化合物
VPE　振动板萃取器
vs　对
VSA　变真空吸附
wt　重量
y　年
yr　年
μm　微米

数学符号

d　微分
e　指数函数
erf(x)　x 的误差函数
erfc(x)　x 的余误差函数 = 1－erf(x)
f　函数
i　复数的虚部
ln　自然对数
log　以 10 为底的对数
{ }　函数的定界
　绝对值的定界
　和
　积:pi = 3.1416

量纲和单位

化学工程师必须熟练掌握和应用三种单位制：(1)国际单位制(SI 制)，于 1960 年由第 11 届衡量和计量大会建立并被广泛采用；(2)美国工程单位制(AE 制)，它主要基于英制单位制，英制于 1215 年在英国大宪章签署后被采用，是在美国优先采用的单位制；(3)厘米-克-秒制(CGS 制)，由法国国民议会于 1790 年创立，是 SI 制的基础。一份有用的单位和单位制的索引载于网站http://www.sizes.com/units/index.htm。

为用数值表示大小，工程师必须处理量纲和单位。于是，10 加仑汽油，量纲是体积，单位是加仑，数值是 10。同 NIST(全国标准和技术学会)的特定出版物 811(1995 年版)一样详细的资料在网站http://physics.nist.gov/cuu/pdf/sp811.pdf 提供。单位分基本单位和导出单位。

基本单位

基本单位是这样一些单位，它们不能进一步细分，各自独立，各有严格定义。基本单位是用来表示长度、质量、时间、温度、摩尔量、电流和发光强度的大小的，它们全都能独立地测量。导出单位用基本单位或其他导出单位表示，包括用来表示体积、速度、密度、力和能量的因次。在本书中我们论述五个基本量纲。为此，基本单位是：

基本量纲	SI 制单位	AE 制单位	CGS 制单位
长度	米，m	英尺，ft	厘米，cm
质量	千克，kg	磅，lb_m	克，g
时间	秒，s	小时，h	秒，s
温度	开尔文，K	华氏，℉	摄氏，℃
摩尔量	克-摩尔，mol	磅-摩尔，lbmol	克-摩尔，mol

导出单位

化工中应用许多导出量纲和单位，下表中列出了其中一些：

导出量纲	SI 制单位	AE 制单位	CGS 制单位
面积＝长度^2	m^2	ft^2	cm^2
体积＝长度^3	m^3	ft^3	cm^3
质量流量＝质量/时间	kg/s	lb_m/s	g/s
摩尔流量＝摩尔量/时间	mol/s	lbmol/s	mol/s
速度＝长度/时间	m/s	ft/h	cm/s
加速度＝速度/时间	m/s^2	ft/h^2	cm/s^2
力＝质量×加速度	牛顿，$N=1kg\cdot m/s^2$	lb_f	$dyne=1g\cdot cm/s^2$

（续表）

导出量纲	SI 制单位	AE 制单位	CGS 制单位
压力＝力/面积	帕斯卡，$Pa = 1N/m^2 = 1kg/m \cdot s^2$	lb_f/in^2	atm
能量＝力×长度	焦耳，$J = 1N \cdot m = 1kg \cdot m^2/s^2$	$ft \cdot lb_f$，Btu	$erg = 1\ dyne \cdot cm = 1\ g \cdot cm^2/s^2$，cal
功率＝能量/时间＝功/时间	瓦特，$W = 1J/s = 1N \cdot m/s = 1kg \cdot m^2/s^3$	hp	erg/s
密度＝质量/体积	kg/m^3	lb_m/m^3	g/cm^3

可以与 SI 制单位并用的其他单位

SI 制的主要优点是导出单位与基本单位的一致性。但是，还有一些偏离此一致性的单位和一些其他的基本单位也是容许使用的，见下表：

量纲	基本的或导出的 SI 制单位	可以并用的 SI 制单位
时间	s	分(min)，小时(h)，天(d)，年(y)
体积	m^3	升(L)＝$10^{-3}\,m^3$
质量	kg	公吨或吨(t)＝$10^3\,kg$
压力	Pa	bar＝$10^5\,Pa$

词　　头

另外可以与 SI 制单位并用的是在 SI 制单位前面加 10 进制乘数或约数词头构成的单位。一些较常用的词头列于下表：

词头	因子	符号
giga	10^9	G
mega	10^6	M
kilo	10^3	k
deci	10^{-1}	d
centi	10^{-2}	c
milli	10^{-3}	m
micro	10^{-6}	μ
nano	10^{-9}	n
pico	10^{-12}	p

AE 单位制的应用

AE 单位制因其采用的力、能量和功率的单位，应用起来比 SI 制更困难。在 AE 制中，力的单位是磅力(lb_f)，它被定义成其数值与地球上同一海平面处的磅质量(lb_m)相同。相应地，可写出牛顿第二运动定律：

$$F = m \cdot g/g_c$$

式中：F 为力，lb_f；m 为质量，lb_m；g 为重力加速度，ft/s^2。为完整定义，$g_c=32.174\ lb_m \cdot ft/lb_f \cdot s^2$，此处 32.174 ft/s^2 是在地球海平面处的重力加速度。在 SI 制或 CGS 制中，由于 SI 制未定义 kg_f 和 CGS 制未用 g_f，不必用 g_c。因此，当采用 AE 制时，在一个方程式中包括力和质量时需用 g_c 来调整单位。

例

一个 500 磅质量的重物置于海拔 4000 英尺高(h)的位置，试采用三种单位制计算它相对于海平面所具有的势能(位能)P. E. $=mgh$。进行单位换算所需的转换因子见本书封二。

SI 制：

$$m=5.000\ lb_m=5.000\times 0.4536=2.268\ kg$$

$$g=9.807\ m/s^2$$

$$h=4.000\ ft=4.000\times 0.3048=1.219m$$

$$P.E.=2.268\times 9.807\times 1.219=27.11\ kg\cdot m^2/s^2=27.11\ J$$

CGS 制：

$$m=5.000\ lb_m=5.000\times 453.6=2268\ g$$

$$g=980.7\ cm/s^2$$

$$h=4.000\ ft=4.000\times 30.48=121.9\ cm$$

$$P.E.=2268\times 980.7\times 121.9=2.711\times 10^8\ g\cdot cm^2/s^2$$

$$=2.711\times 108\ erg$$

AE 制：

$$m=5.000\ lb_m$$

$$g=32.174\ ft/s^2$$

$$h=4.000\ ft$$

$$P.E.=5.000\times 32.174\times 4.000=643.5\ lb_m\cdot ft^2/s^2$$

然而，AE 制中采用的能量单位是 $ft\cdot lb_f$，需用 g_c除后得到。因此，P. E. $=643.5/32.17=200\ ft\cdot lb_f$。

AE 制应用中的另一个困难是作为功的能量单位与作为热能的能量单位不同。从上述表中可见，功的单位是 $ft\cdot lb_f$，而热量单位是 Btu。类似的情况在 CGS 制中也存在，对应的单位是尔格(erg)和卡(cal)。在较早的教科书中，功和热量间的换算因子(符号 J)通常包含在方程中，J 称为焦耳常数或热(的机械)功当量。其中

$$J=778.2\ ft\cdot lb_f/Btu=4.184\times 10^7\ erg/cal$$

因此，在上例中热当量是：

AE 制：

$$20.00/778.2=0.02570\ Btu$$

CGS 制：

$$2.711\times 10^8/(4.184\times 10^7)=6.479\ cal$$

在 SI 制中，词头 M(mega)代表百万。然而在美国石油和天然气行业中，当用 AE 制时，M 代表千，MM 代表百万，因此 MBtu 表示千 Btu，而 MMBtu 则为百万 Btu。

应注意在 AE 制中常用的压力和功率单位与基本单位是不一致的。其中，压力单位是磅每平方英寸 psi 或 lb_f/in^2，而不是用 lb_f/ft^2；功率的单位是马力(hp)，而不是 $ft\cdot lb_f/h$，此

处的转换因子是

$$1\text{hp}=1.980\times10^{6}\ \text{ft}\cdot\text{lb}_f/\text{h}$$

转换因子

各种物理常数可从本书封三中找到，而转换因子则可在封二找到。这些转换因子可以将 AE 制和 CGS 制单位的值直接换算到 SI 制单位的数值。下面是这种转换和逆转换的一个例子。

例

转换 50 psia(lb_f/in^2绝对)到 kPa：
从 lb_f/in^2到 Pa 的转换因子是 6 895，由此可得
50×6 895=345 000Pa 或 345kPa
转换 250kPa 到 atm：
250kPa=25 000Pa。从 atm 到 Pa 的转换因子是
1.013×10^5
因此，除以此转换因子得
$250\ 000/(1.013\times10^5)=2.47$ atm

有三个单位[加仑(gal)、卡(cal)和英热单位(Btu)]在换算因子表中有两个或多个定义，在此用的加仑是美加仑，它是英加仑的 83.3%；在此用的 cal 和 Btu 是国际(IT)的，在热化学中常用的 cal 和 Btu 是国际 cal 和 Btu 的 99.964%。

本书中习题的格式

在本书的数字习题中，对用于解题的单位制均有说明。当将给定数值代入方程中时，数字不必附上单位，而是在代入方程前，预先将给定数值转换到上述表中的基本单位或导出单位，或如下例所示那样在方程中直接转换。

例

利用本书封二的转换因子计算雷诺数 $Dv\rho/\mu$。给定 $D=4.0$ ft，$v=0.5$ ft/s，$\rho=\text{lb}_m/\text{ft}^3$ 和 $\mu=2.0$cP(厘泊)。

用 SI 制(kg-m-s)，

$$N_{Re}=\frac{Dv\rho}{\mu}=\frac{4.0\times0.3048\times4.5\times0.3048\times60\times16.02}{2.0\times0.001}=804\ 000$$

用 CGS 制(g-cm-s)，

$$N_{Re}=\frac{Dv\rho}{\mu}=\frac{4.0\times30.48\times4.5\times30.48\times60\times0.01602}{0.02}=804\ 000$$

用 AE 制(lb_m-ft-h)，

转换黏度 0.02g/cm·s 到 $\text{lb}_m/\text{ft}\cdot\text{h}$：

$$N_{Re}=\frac{Dv\rho}{\mu}=\frac{4.0\times4.5\times3600\times60}{0.02\times241.9}=804\ 000$$

第一篇

基本概念

在开头五章中，阐述用于分离化学混合物的各过程的基本概念，重点在于工业过程中用到的，但大多也适用于小规模分离的。在第1章中，阐明了分离操作在化学工艺过程中起的作用，列举了五项常用的分离技术，每一项技术均需用能量和/或加入物质，用来改变对实现分离起重要作用的性质。对每一项技术所用的装置作了简要描述，讨论了规定分离操作的多种途径，包括组分回收和产品提纯，并说明了这些规定在作物料衡算中的应用。对于特定分离操作问题可用装置的选择也作了简要论述。

分离能够达到的程度取决于混合物中各组分传质速率的差异，其极限则由热力学相平衡决定。第2章对分离操作中，特别是涉及流体相的操作中用到的热力学进行了综述。第3章对静止、层流流动和湍流流动状态下的两元混合物中单独组分的传质作了全面论述，并尽可能地与热传导和对流传热作类似讨论。

许多分离操作的设计是以达到热力学相平衡极限为基础的。第4章论述单级相平衡的物料衡算，此单级可以涉及气(汽)、液和/或固相。分离程度通常可采用多级而得到明显提高，其中每一级中接近相平衡，多级则设于级联或由两种或多种不同类型分离方法串联成的复合系统中。这些对于工业分离操作十分重要，在第5章中将对此作简要论述。在本书的后续各章中，每章将对特定的分离操作进行详细的论述和计算。在第5章中将对自由度分析进行详细讨论，自由度决定了级联或复合系统可以规定的变量数目。这种分析将贯穿全书，并广泛用于过程模拟系统，如ASPEN PLUS、CHEMCAD和HYSYS。

第1章　分离过程

将化学混合物分成其组分的分离操作作为一门技艺已实践了几千年，早期文明开发出了用于下列场合的工艺技术：(1)从矿物中萃取金属，从花卉中提取香料和从植物中提取染料，从燃烧植物的灰烬中获取草碱；(2)海水蒸发制盐；(3)沥青岩提炼；(4)蒸馏酒。人体如果没有肾就不能生存，肾是一个选择性除去血液代谢物的水和废物的膜。

包括富集、浓缩、提纯、精制和离析的分离对于化学家和化学工程师十分重要，化学家利用分析分离方法，例如层析法(色谱)，定量地确定复杂混合物的组成，也应用通常类似于分析分离方法的小规模制备分离技术回收和提纯化学品；化学工程师更关心利用经济性好的大规模分离方法生产化学品，这些分离方法可能与实验室技术有相当大差别。例如，在实验室中化学家用气-液相色谱分离和分析轻烃混合物，而在大的生产工厂，化学工程师则应用蒸馏来分离同样的烃类混合物。

本书论述大规模的组分分离操作的基本原理，重点放在化学工程师用来经济地生产有用化学产品的分离方法，内容包括对经典分离方法(例如蒸馏、吸收、液液萃取、浸取、干燥和结晶)和较新的分离方法(例如吸附和膜分离)的论述。用于分离气相、液相和固相的分离操作均有涉及。应用分离操作的原理，化学工程师能成功地开发、设计和操作工业过程。

要求化学工程师处理较小规模的工业分离问题的场合正日益增加，例如用间歇过程生产特殊化学品，生物溶质的回收，半导体晶体的生长，从废水中回收有用的化学品，包含化学混合物分离的产品(例如人工肾)的开发。这些较小规模问题的分离原理大多在本书中均有阐述，并在例题与课外作业中用实例说明。

1.0　本章教学目的

在学完本章后，你应该能够：

- 解释工业化学过程中分离操作的作用。
- 解释化学混合物分离操作的构成，并列举五个常见的分离操作。
- 解释如何利用生成新相或加入新相来实现分离的，并列出利用此两项技术的分离操作。
- 解释如何利用引入选择性的阻挡物实现分离的，并列出利用膜的几种分离操作。
- 解释如何利用引入固体介质实现分离的，并列出利用此技术的三种主要分离操作。
- 解释分离化学混合物的外势场应用。
- 根据给定的组分回收率(分离比率或分离分数)和/或产品纯度，进行围绕一个分离操作的组分物料衡算。

- 应用关键组分和分离能力的概念确定两个关键组分间的分离程度。
- 根据涉及的原料、产品、化学组分间的性质差异及不同分离操作的特点等诸因素，作出适宜的分离操作的选择。

1.1 工业规模的化学过程

化学工业制造出与过程的原料具有不同化学特征的产品，原料可能是：(1)天然原料，(2)植物或动物的有机物，(3)化学中间体，(4)化学商品，(5)废弃物。特别常见的是如图1.1所示的石油炼制厂[1]，能用来生产多种有用产品。譬如说用 150 000 桶/天的原油生产这些产品的相对数量取决于原油的组成和炼制过程的类型，蒸馏过程将原油分离成各种沸点的馏分或切割，烷基化过程使小的烃分子结合成较大分子，催化重整改变中等大小烃分子的结构，流体催化裂化裂解大的烃分子，加氢裂化裂解更大的烃分子，其他一些过程将原油残留物转化为焦炭和较轻组分。

一个化学过程或是间歇进行，或是连续进行，抑或半连续进行。操作可分为关键操作和辅助操作，前者在化工中是唯一的，它们将改变化学组成；后者对关键操作的成功进行是必需的，也可由化学工程师设计，但它们不会产生化学组成的变化。关键操作有(1)化学反应，(2)化学混合物的分离；辅助操作有相分离，热量的加入和移除（改变温度和相态），机械功的加入和移除（改变压力），物流的混合或分开或物料的分批，固体的团聚，固体破碎和按其大小的分开。将化学混合物分离成新的混合物和/或基本上是纯组分的关键操作很重要。一般化工厂中的大部分装置是用来提纯原料、中间产物和产品的，它们的分离技术将在本章作简要讨论，在后续章节中将作详细论述。

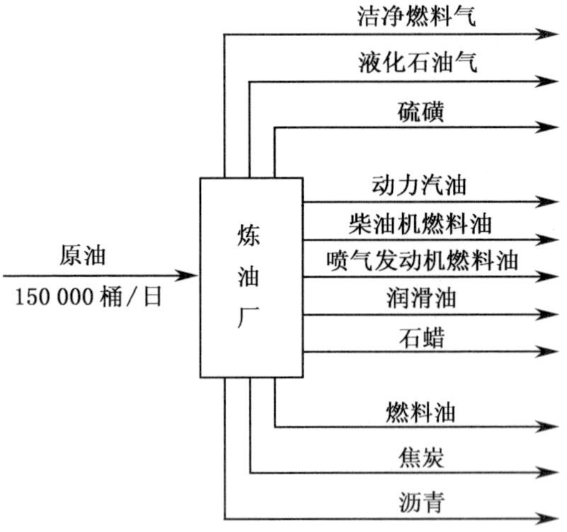

图 1.1 将原油转变为多种适销商品的炼油厂

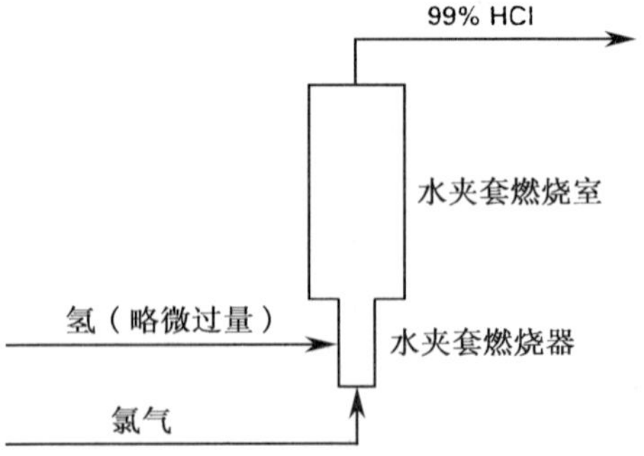

图 1.2 无水盐酸(HCl)的合成过程

方块流程图用来表示化学过程，正方或矩形块代表化学反应和分离步骤，连线标明主要过程物流由某一过程步骤到另一个步骤。更加详细的是工艺过程流程图，其中也包括了辅助操作，用能更形象地表示所用设备类型的符号表示设备。由汽化的氯气和电解氢气生产氯化氢气体的连续生产过程[2]的方块流程图示于图1.2，过程的核心是化学反应器，在其中发生高温气相燃烧反应 $H_2+Cl_2 \rightarrow 2HCl$。辅助设备仅需要输送原料到反应器和输送产品到仓库的泵和压缩机，以及冷却产品的换热器。此过程不需要分离操作，因为氯气在反应器中全部转化了，用稍微过量一点的氢气，得到了含 HCl 99%的产品，仅含少量的 H_2，N_2，H_2O，CO 和 CO_2，不必再提纯。这种不需要进行化学物质分离的简单工业过程是罕见的。

某些工业化学过程中不发生化学反应，仅有进行分离化学品和相的操作以及辅助设备，某个此类过程的方块流程图示于图1.3，其中湿的天然气经一系列分离器连续分离成六个轻质链烷烃组分和混合物[3]。由于一台分离设备通常不能得到多于两个产品，所以需用一系列或一串分离器。

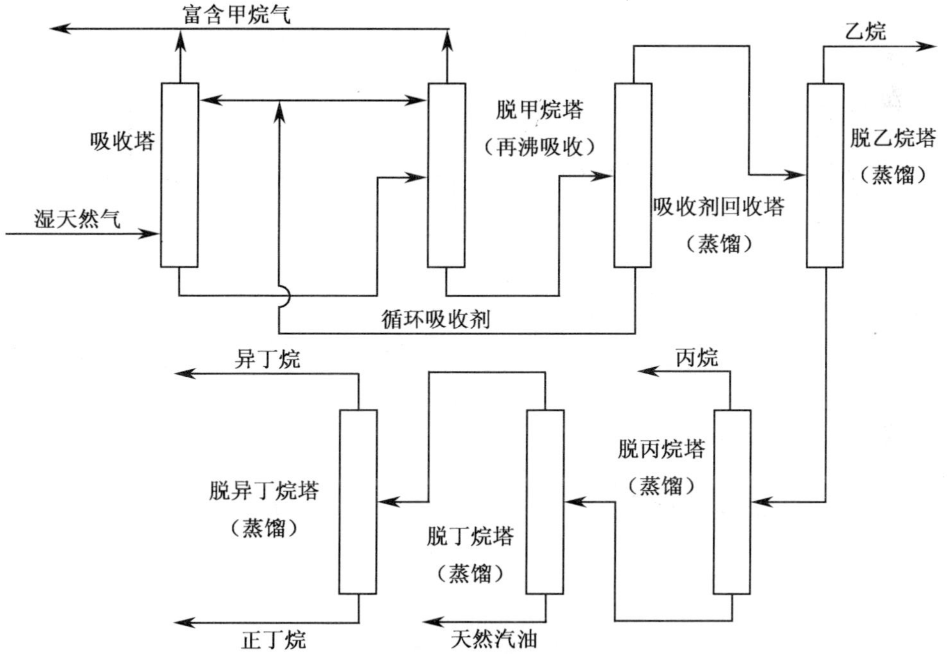

图1.3　从油田气回收轻烃过程

许多工业化学过程至少包含一个化学反应器，并配有一套或多套分离序列，由乙烯直接水合连续生产乙醇[4]的过程是一个例子。此过程的核心是一个催化剂颗粒的固定床反应器，操作温度572K(570℉)和压力6.72MPa(975psia)，在其中发生水合反应 $C_2H_4+H_2O \rightarrow C_2H_5OH$。由于热力学平衡所限制，乙烯经反应器的单程转化率仅5%，未反应的乙烯在分离操作中回收再回到反应器。这种物料循环技术在许多工业过程中采用，使过程可以达到乙烯原料基本上全部转化。如果用纯乙烯作为原料，并无副反应发生，则如图1.4所示的相当简单的过程就行，此时也产生两个副产物（轻质尾气和废水）。这个过程用一个反应器、一台用作乙烯回收的分凝器并通过蒸馏生产接近恒沸物的含水乙醇(93%（质量))产品。不幸的是，常有不少因素合在一起增加了过程的复杂性，特别对于分离设备提出了要求，这些因素包括乙烯原料中的杂质以及乙烯和原料中的杂质（例如丙烯）发生的副反应。因此，分

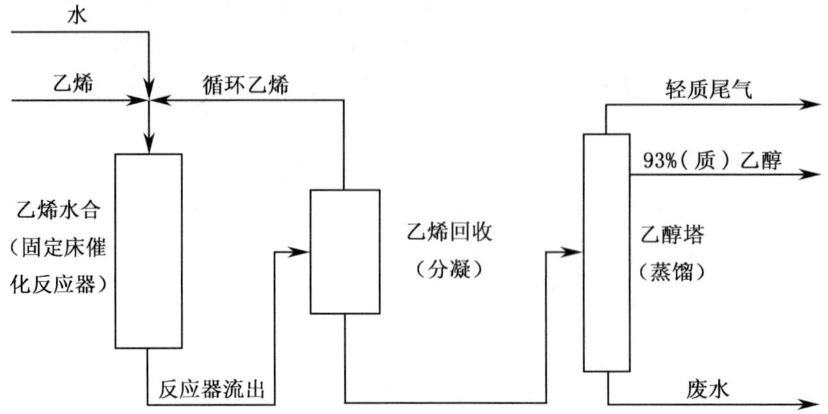

图 1.4　乙烯水合生产乙醇的假想过程

离系统还必须处理乙醚、异丙醇、乙醛和其他化学品，如此将导致工业过程更加复杂，如图1.5所示。在水合反应后，冷凝和高压水吸收用来回收未反应的乙烯供循环利用，从吸收塔

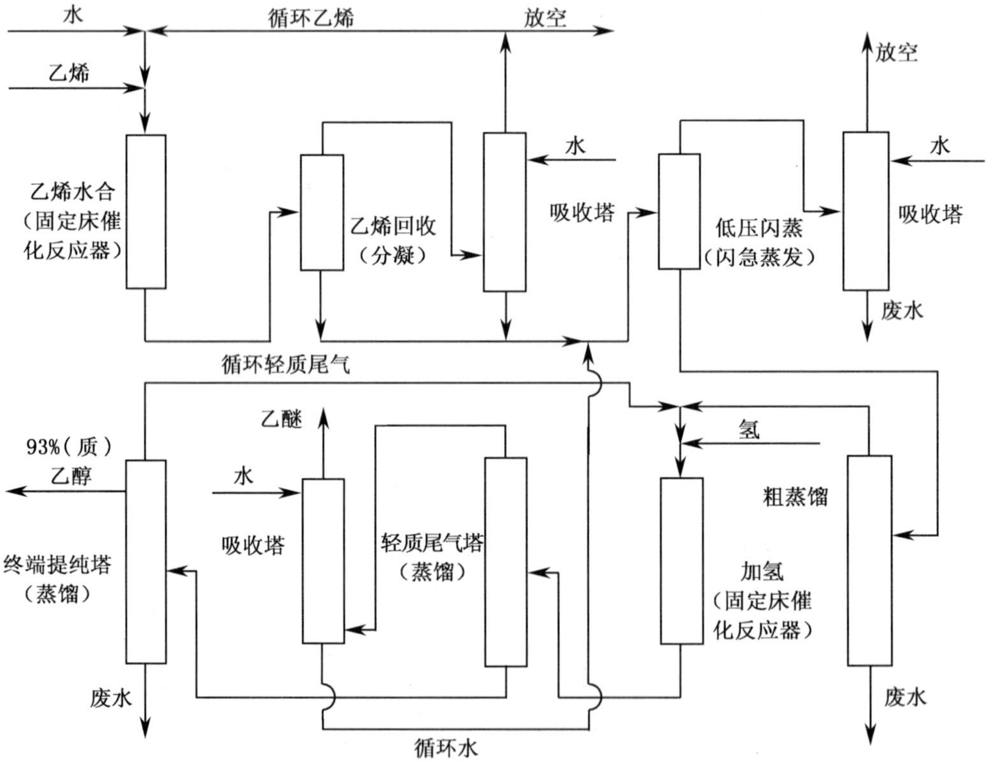

图 1.5　乙烯水合生产乙醇的工业过程

底流出的液体减压引起部分汽化，蒸气与低压闪蒸罐中的剩余液体分离，低压闪蒸产生的蒸气在吸收塔中经水洗涤，除去其中的乙醇，防止它排放损失。已浓缩的粗乙醇中含有乙醚和乙醛，进入粗馏塔(提馏塔)，塔顶产物经气相催化加氢使乙醛转化成乙醇，乙醚从蒸馏塔顶成轻质尾气移除，再在吸收塔中经水洗涤。在终端提纯塔中蒸馏生产出最终产品，此93%(质量)含水乙醇从塔顶以下几块塔板处抽出，轻质尾气在产品抽出塔板以上的称为巴氏杀

菌塔段得到浓缩，再循环回到催化加氢反应器，废水则从塔底排除。除了图中所示的分离设备外，可能还需要另外的分离设备用于提纯过程原料乙烯和除去对催化剂有毒的杂质。在从实验室阶段经中试到新过程的开发中，经验证明一般需要采用比最初阶段应用的分离操作步骤更多些。

上述实例表明了分离操作在工业化工过程中的重要性，分离操作不仅用来将混合物原料分离成另外的混合物和相当纯的组分、回收溶剂供循环使用以及除去废物，当它与反应器配合使用时，还用来提纯反应器的原料、回收反应产物中的反应物供循环利用、回收副产物以及回收和提纯产品使之达到所需要的规格。有时一个分离操作（例如用石灰浆吸收 SO_2）可能同时伴有能促进分离的化学反应，在本书中着重阐述不依赖于同时发生化学反应的分离操作，但在第 11 章对反应蒸馏进行了讨论。

化学工程师也设计产品，一个有意义的包含化学品分离的产品是蒸馏咖啡机，用它制得的一杯咖啡要优于用滴滤机所制得的。制取咖啡的目标是从咖啡豆中浸取优质油，而留下能使一杯咖啡产生酸味和苦味的成分。蒸馏咖啡机利用在高温和高压下的水在 20～30 秒内完成快速的浸取操作，如果仔细地控制操作，制得的一杯蒸馏咖啡如立刻饮用，则它具有(1)捕集了精华化学品的顶部乳脂泡沫层，(2)因乳化作用整杯充满，(3)香味四溢。典型的情况是咖啡豆的 25% 被浸取出来，蒸馏咖啡比滴滤咖啡含较少咖啡因。Cussler 和 Moggridge[13]以及 Seider、Seader 和 Lewin[14]讨论了其他许多由化学工程师设计的产品的例子，其中有些包含有化学品的分离操作。

1.2 分离机理

化学品的混合是自发的自然过程，并伴有熵或无序程度的增加；其相反过程，即将混合物分离成构成它的化学品的分离操作却不是一种自发过程，需要消耗能量。通常被分离的混合物是单相（固相、液相或气相）的，如原来存在两个或多个不互溶的相，一般最好先利用机械方法分离各相。机械分离方法应用重力、离心力、降压、电场和/或磁场完成分离。随后对每相采用适当的分离技术分离。

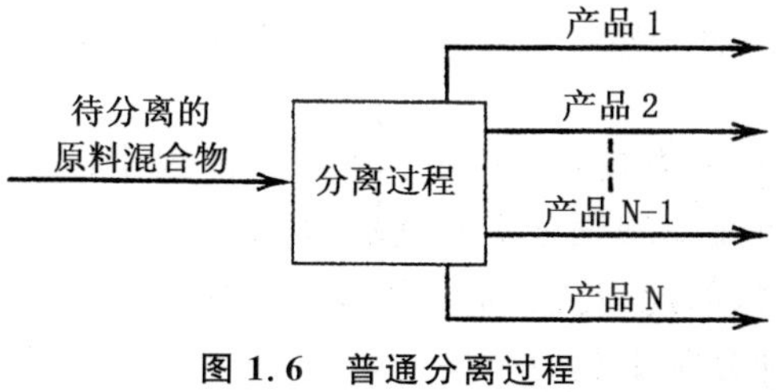

图 1.6 普通分离过程

图 1.6 所示为普通分离过程示意图，原料混合物可以是气体、液体或固体，两个或更多个产品可能在组成上互不相同，并与原料不一样，也可能在相态上互不相同，并/或与原料相态不同。借助图 1.7 所示的五种分离技术之一，或几种技术结合在一起，迫使原料中的不同化学品进入不同的空间位置而实现分离。最为常用的工业技术示于图 1.7(a)，它需要产生

一个与原料互不相溶的第二相(固相、液相或气相)。第二相的产生靠向过程传入或传出能量(热能和/或轴功)或靠降压实现。第二种分离技术示于图 1.7(b),靠向系统引入溶剂的方式产生第二相,此溶剂对于原料中的某(些)组分具有选择性的溶解能力。较不常用、但重要性正日益增加的分离技术利用阻挡物实现分离,如图 1.7(c)所示,阻挡物限制或增强了某些组分相对于其他组分的移动。还有正在变得日益重要的分离技术是利用加入固体颗粒的技术,如图 1.7(d)所示,固体颗粒直接作用于某些组分或作为其他组分的惰性载体从而实现分离。最后一种分离技术是利用各种外势场的技术,如图 1.7(e)所示,它们有时用于特定的分离场合。

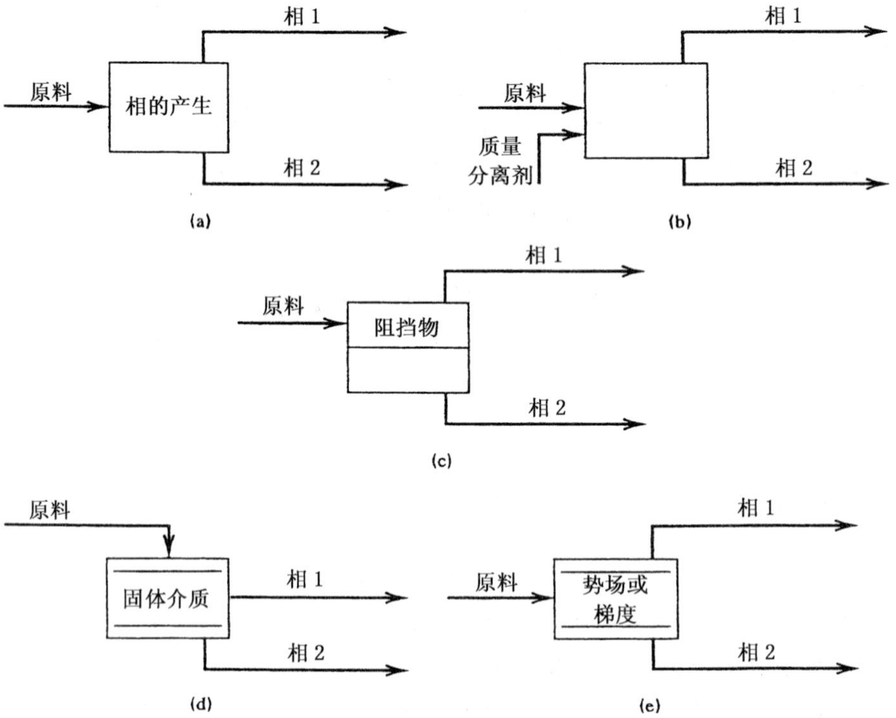

图 1.7　通用分离技术

(a) 靠产生新相的分离;(b) 靠加入新相的分离;(c) 用阻挡物的分离;

(d) 用固体介质的分离;(e) 靠势场或梯度的分离

对于图 1.7 所示的各种分离技术,相对于特定相内因主体运动而产生的全部组分的传质,某(些)组分的扩散传质速率增强使分离得以实现。扩散传质的推动力和方向受热力学控制,相平衡通常是其极限,因此,传质和热力学的考虑在分离操作中十分重要。分离速率由传质控制,而分离程度则受限于热力学平衡,这两个课题将在第 2、第 3 和第 4 章中讨论。流体力学和传热也起着重要作用,它们的应用原理将包含在适当的章节中,特别是有关相的分离、相变、降压、温度变化和夹带的内容。

原料中所含化学品的每一个在产品相内或在产品相间能达到的分离程度,取决于它们在不同相中的分子性质、热力学性质和传递性质间差异的利用。某些重要的性质列举如下:

（1）分子性质

分子量	极性
范德华体积	介电常数
范德华面积	电荷
分子形状(偏心因子)	回转半径
偶极矩	

（2）热力学性质和传递性质

蒸气压	吸附性
溶解度	扩散系数

许多物质的这些性质的数值载于手册、特定的参考书和杂志中，许多这些性质可以利用计算机过程模拟程序系统估算。如果适当的分离操作要能成功应用，而这些物性数据还没有时，它们必须进行估算或实验测定。

1.3　通过添加或产生新相实现的分离

如果原料混合物是均相溶液（气相、液相或固相），通常必须产生或加入一个与其不互溶的第二相，从而才能实现化学品的分离。此第二相可以利用能量分离剂（ESA）产生，或作为质量分离剂（MSA）加入。能量分离剂的应用可以向待分离混合物传入热量或/和轴功，或取走热量或/和轴功，此外，也可以将液相减压而产生气相。质量分离剂可以同原料混合物中的一个或几个组分部分地互不相溶，在这种情况下，质量分离剂常在加入相中保持最高浓度。此外，质量分离剂可以同待分离的液体混合物完全相溶，但能选择性地改变组分在气液相间的分布。当质量分离剂与能量分离剂一起使用时，如萃取蒸馏那样，能促使更完善的分离。

虽然采用能量分离剂的分离操作通常被优先选用，但质量分离剂能使仅用能量分离剂不能实现的分离有可能实现。质量分离剂的应用存在如下缺点：(1)需要额外的分离器来回收质量分离剂供循环使用；(2)需要不断补充质量分离剂；(3)质量分离剂可能污染产品；(4)设计步骤更困难。

当两个不互溶流体相接触时，两相的密切混合对于增加传质速率是重要的，可促使化学组分更快地趋近热力学的最大分离程度。在两相接触后，需利用重力和/或一个增强技术，例如离心力去分开两相，从而完成分离操作。表1.1汇编了比较常用的工业分离操作，它们依靠两相间的相际传质实现分离，两相中的一相用能量分离剂产生，或靠加入质量分离剂形成。表中包含有适用于过程流程图中用的图形符号，用V、L和S分别标注气相、液相和固相。在表1.1第一列中的分离操作带有的星号(*)表明它的设计步骤已相当常规了，设计步骤已建成数学模型，用于获得广泛应用的、适用于连续定态操作的商用计算机化工过程模拟和设计程序系统(CAPD)中，我们将在本书后续章节中进行相当详细的讨论。这些过程的间歇操作模式将在本书中的适当场合讨论。

当原料混合物中各组分的汽化和冷凝倾向存在相当大的差异时，可采用表1.1中的分离操作(1)，即部分冷凝或部分汽化，它们能达到特定组分所希望的分离或回收程度。从进料蒸气移除热能是部分冷凝，对进料液体加入热量能实现部分汽化。此外，应用节流阀将原料减压实现的闪蒸，即表 1.1 中的分离操作(2)也可以引发部分汽化。在这两种分离操作中，通过相际传质达到组分间的分离后，得到的气相中富含最易挥发的组分，而液相中富含最难挥发的组分。在单级接触后，除在临界区域外，两个相存在相当大的密度差，因此能靠重力分开。

通常由于原料中各组分间的挥发性差异不够大，经单级部分汽化或部分冷凝达到的组分分离程度是不充分的，此时采用表 1.1 中的分离操作(3)，即蒸馏，仍能使原料混合物中的组分达到希望的分离程度，而不必加入质量分离剂。蒸馏是应用最广的工业分离操作，其中逆流流动的气液两相间实现多级接触，在每一级接触中，两相混合促进传质从而加速组分的分离，随之相的分离。接触通常在布置于垂直塔中的水平塔板(作为级)上进行，塔的形状如表 1.1 中蒸馏的图形符号所示，蒸气在塔中向上流动中逐渐富集易挥发组分；相应地液体在向下流动中逐渐富集难挥发组分。原料进入蒸馏塔塔顶与塔底塔板间的某块塔板，通常是塔中部附近的塔板。原料进入处的上部塔段称为富集或精馏段，下部塔段则称为提馏段。进料中的蒸气在塔中向上流，液体则向下流，在进料板上部需要液体与蒸气接触，在进料板下部则需要蒸气与液体接触。通常塔顶排出的蒸气在冷凝器中被冷却水或冷冻剂冷凝，提供了塔中接触所需要的液体(称为回流)；与此类似，塔底液体在再沸器用水蒸气或其他加热剂加热沸腾，提供了塔中所需要的蒸气。

当被分离组分间的挥发度相差甚小，以至于蒸馏操作的塔中需要 100 块以上塔板时，常考虑应用萃取蒸馏(操作(4))，这里作为溶剂加入的分离剂(MSA)用来增加被选定组分间的挥发性差异，从而可以减少所需的塔板数。通常在整座塔中与液体互溶的溶剂其挥发度比原料混合物中任何组分的都小，它从塔顶附近加入，回到顶部塔板的回流用来减少溶剂在塔顶产品中的含量。一个后续的分离操作，一般是蒸馏，用来回收溶剂供循环回到萃取蒸馏塔中。

如果离开蒸馏塔顶的蒸气依靠传热给冷却水或冷冻剂实现冷凝不容易，一种称为吸收剂的液体分离剂可以加到塔顶以代替回流，这样的分离操作称为重沸吸收(5)；如果原料全都是蒸气，为达到所希望的分离，塔的提馏段不再需要，这种分离操作称为吸收(6)。此操作不需要能量分离剂(ESA)，且常在环境温度和高压下操作，原料中组分溶解在吸收剂中的程度随组分的溶解性而变，吸收剂的少量蒸发也常发生。

表1.1　基于新相的产生或加入的分离操作

分离操作	符号[a]	初始的或原料的相	产生的或加入的相	分离介质	工业实例[b]
部分冷凝或汽化*(1)	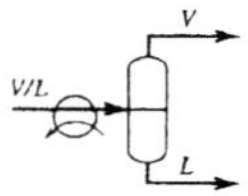	气相和/或液相	液相或气相	热传递（ESA）	用分凝和高压相分离从氨物流回收 H_2 和 N_2（卷2, pp. 494–496）
闪蒸*(2)	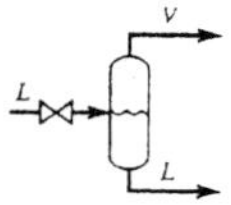	液相	气相	减压	从海水制取淡水（卷24, pp. 343–348）
蒸馏*(3)	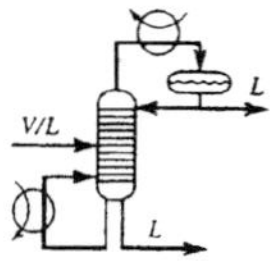	气相和/或液相	气相和液相	热传递（ESA），有时做功传递	苯乙烯提纯（卷21, pp. 785–786）
萃取蒸馏*(4)	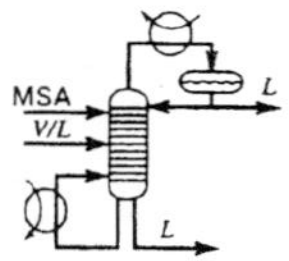	气相和/或液相	气相和液相	液体溶剂（MSA）和热传递（ESA）	丙酮和甲醇的分离分离（附卷pp.153–155）
重沸吸收*(5)	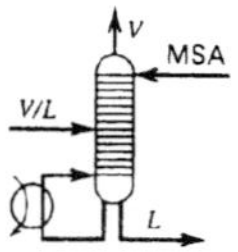	气相和/或液相	气相和液相	液体吸收剂（MSA）和热传递（ESA）	液化石油气生产中移除乙烷和更低分子量的烃（卷14, pp. 384–385）
吸收*(6)	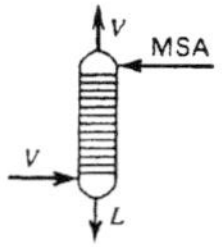	气相	液相	液体吸收剂（MSA）	用乙醇胺水溶液吸收从燃烧产物中分离 CO_2（卷4, pp. 730–735）
脱吸*(7)	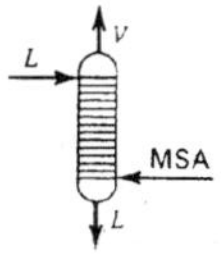	液相	气相	汽提蒸汽（MSA）	原油蒸馏装置的石脑油、煤油和粗柴油侧馏分脱吸除去轻组分（卷17, pp. 199–201）

（续）

表 1.1 （续）

分离操作	符号[a]	初始的或原料相的	产生的或加入的相	分离介质	工业实例[b]
回流脱吸（水蒸气蒸馏）*(8)	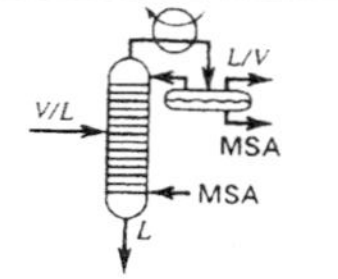	气相和 / 或液相	气相和液相	汽提蒸汽（MSA）和热传递（ESA）	延迟焦化产物的分离（卷 17, pp. 210–215）
重沸脱吸 *(9)	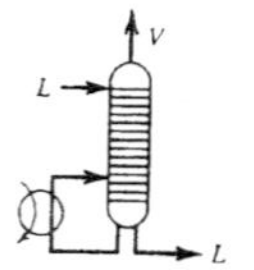	液相	气相	热传递（ESA）	胺吸收剂的回收（卷 17, pp. 229–232）
恒沸蒸馏 *(10)	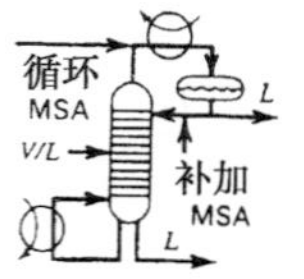	气相和 / 或液相	气相和液相	液体夹带剂（MSA）和热传递（ESA）	用乙酸正丁酯作为夹带剂，与水形成恒沸物，从水溶液中中回收醋酸（卷 3, pp. 365–368）
液液萃取 *(11)	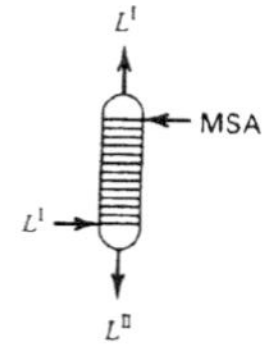	液相	液相	液体溶剂（MSA）	芳烃回收（卷 9, pp. 707–709）
液液萃取（双溶剂）*(12)	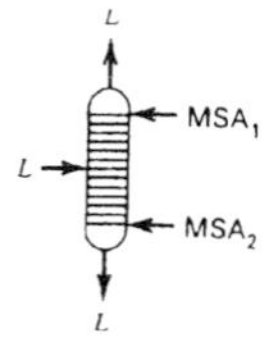	液相	液相	两种液体溶剂（MSA_1 和 MSA_2）	用丙烷和甲酚作为溶剂，从芳烃和环烷烃中分离烷烃（卷 17, pp. 223–224）
干燥 *(7)	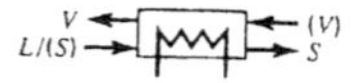	液相和常见的为固相	气相	气体（MSA）和 / 或热传递（ESA）	在流化床干燥器中用热空气除去聚氯乙烯中的水分（卷 23, pp. 901–904）

（续）

表 1.1 （续）

分离操作	符号[a]	初始的或原料的相	产生的或加入的相	分离介质	工业实例[b]
蒸发 (14)	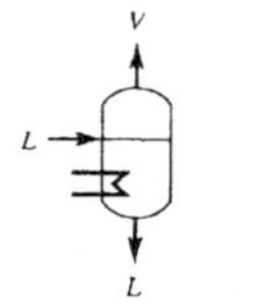	液相	气相	热传递 (ESA)	从尿素水溶液蒸发水分（卷23, pp. 555–558)
结晶 (15)	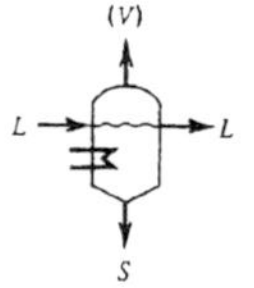	液相	固相（和气相）	热传递 (ESA)	从邻、对二甲苯混合物中结晶对二甲苯（卷24, pp. 718–723)
凝华 (16)	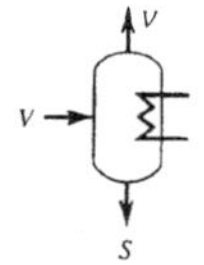	气相	固相	热传递 (ESA)	从不凝性气体中回收萘二甲酸酐（卷17, pp. 741–742)
浸取（液固萃取）(17)	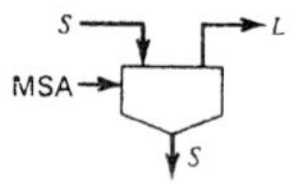	固相	液相	液体溶剂	用热水从制糖甜菜中萃取蔗糖（卷21, pp. 907–908)
泡沫分馏 (18)	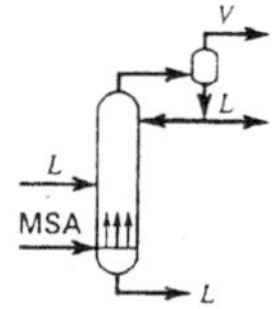	液相	气相	气体鼓泡 (MSA)	从废水中回收洗洁剂（卷10, pp. 544–545)

*设计步骤已被广泛接受。

[a] 塔中所示的为塔板，但也可以用填料。多股进料和侧线抽出经常被采用，可以加入图解符号中。

[b] 引用的卷和页指 Kirk–Othmer：化工工艺百科全书（第三版）, John Wiley and Sons, 纽约 (1978–1984)。

吸收的逆过程是脱吸，即表1.1中的分离操作(7)，它分离的是液体混合物，一般在较高温和常压下使液体混合物与脱吸剂接触而实现分离。采用脱吸剂(MSA)就不需要在塔底部重沸液体，这对于热敏的液体可能是重要的。为达到所希望的分离，如果需要在加料板上面设置供接触用的塔板，则可以采用回流脱吸塔(8)。如果脱吸塔底的产品是热稳定的，则可以不用MSA，而是使它重沸，这种塔称为重沸脱吸塔(9)。为回收吸收和脱吸操作用的MSA供循环使用，需要另一个分离操作。

利用恒沸物的形成开发出了恒沸蒸馏(10)，当蒸馏不能实现分离时，这是另一个有用的工具。在表1.1引述的工业实例中，用的MSA是乙酸正丁酯，它与水形成非均相(即呈现两个液相)最低恒沸物，这种夹带剂使乙酸和水的分离变得容易。恒沸物从塔顶馏出，随后冷凝分离成酯层和水层。MSA循环使用，馏出的水层和塔底的醋酸作为产品。

当被分离的混合物是热敏性的，或分离需要超过100块塔板的蒸馏塔时，分别利用一种或两种溶剂的液液萃取(11)和(12)得到了广泛应用。当应用一种溶剂时，它选择性地溶解混合物中一个组分或组分的一部分；在双溶剂系统中，每种溶剂对于原料混合物中的组分有各自特定的溶解选择性。因此，如果原料混合物由组分A和B组成，溶剂C优先溶解A，而溶剂D则优先溶解B。如同萃取蒸馏那样，为从离开萃取操作的物流中回收溶剂供循环使用，通常需要另外的分离操作。

超临界流体萃取是液液萃取的一个变种，其萃取温度和压力略高于溶剂的临界值，在此区域溶质在超临界流体中的溶解性将因温度和压力的较小改变而显著变化。在萃取之后，为释放溶剂萃取物的压力可以降低些，溶剂则循环使用。对于食品的加工，超临界流体是惰性物质，例如CO_2，这将不会污染产品。

由于许多化学品被加工成湿的固体，而销售的须是干的固体，所以干燥(13)是比较常用的加工步骤之一，它藉液体的汽化从固体中除去液体。虽然干燥的唯一基本要求是，待汽化液体的蒸气压高于它在气流中的分压，但干燥器的设计和操作却是个涉及传热、流体力学和传质的复杂问题，除了像温度、湿度、空气流率和固体粉碎程度等外部条件影响干燥速率外，对于液体和蒸气的扩散、毛细管流动、平衡湿含量和固体的热敏性等内部条件的影响必须加以考虑。虽然干燥是一个多相传质过程，但设备设计的步骤与本章中讨论的其他任一个过程都不同，因为热力学平衡概念难以用于典型的干燥情况，此时气体中的蒸气浓度远未达到饱和，且固体中浓度梯度的存在使传质推动力难以确定，再者，是传热而不是传质决定了过程的速率。为此，典型的干燥器设计步骤是，过程工程师送出数吨有代表性的湿的样品物料，由一位或两位可靠的干燥器制造商进行中试，再购买能以最低费用消耗生产出满意的干燥产品的干燥装置。商用干燥器的类型在Perry's Chemical Engineers' Handbook[5]中和本书第18章中作了详细的讨论。

表1.1中的分离操作(14)，即蒸发，一般定义为靠传热使液体中挥发组分汽化而传递进气体中的操作。增湿和蒸发在科学意义上是同义词，然而增湿或减湿意味着有目的地向气体加入蒸气或从气体中除去蒸气。蒸发的主要应用是增湿、空气调节、水的冷却和水溶液的浓缩。

在许多有机的和几乎所有无机的化学品的细粉产品的生产工厂中广泛应用结晶操作(15)。由于结晶本质上是一个提纯步骤，结晶器中的条件必须加以控制，使得杂质不会掺和到所需的产品中。在溶液结晶中，含有溶剂的混合物被冷却或溶剂被蒸发，从而引发结晶；

在熔融结晶中，用部分冷冻方法使不包含溶剂的两个或多个溶质结晶。一个特别通用的熔融结晶技术是区域熔融或精炼，它基于杂质在液相和固相间的选择性分布而实现分离，许多金属采用此技术的最简单方式而得到精炼。应用移动加热器或拖拉坯锭通过加热器的方法使坯锭中的熔融区域缓慢移动，从而实现精炼。在半导体工业中，单晶的生产得到了重要发展，在世界范围内应用 Czochralski 技术生产高纯度单晶硅是其一个典型的应用。此时单晶从熔融物中抽拉出来，经钻石抛光机切割，典型的单晶大小是 150mm 直径×1m 长的杆，由此再切割成厚度为 675 微米的薄片。

升华是物质从固态向气态的转移，不经过中间的液态，一般在高真空下进行，其主要应用是从不挥发的物体中除去挥发性的组分，例如从杂质中分离硫、苯甲酸的提纯和食品的冷冻干燥。升华的逆过程称为凝华(16)，从气相反应器的排除物中回收邻苯二甲酸酐是其应用实例。日常生活中升华最常见的应用是，发生在作为贮藏冰淇淋、蔬菜和其他易腐品用的冷冻剂干冰的利用中，升华的气体与水不同，不会污染物料。

液固萃取常被称为浸取(17)，广泛应用于冶金、天然产品和食品等工业，以间歇、半连续和连续方式操作。浸取的主要问题是促进溶质从固体溶解进溶剂，此最有效的办法是将固体粉碎到尽可能小的颗粒。对于大规模的应用，特别在冶金工业，采用大的敞口槽进行逆流操作。固液与液液系统间的主要差别在于固体或固体浆料难以在级间输送，为此，固体可以留在同一个槽中，仅液体从一个槽流到另一个槽。在医药、食品和天然产品工业中，固体的逆流输送靠复杂的机械装置实现。超临界流体有时用作为浸取的溶剂。

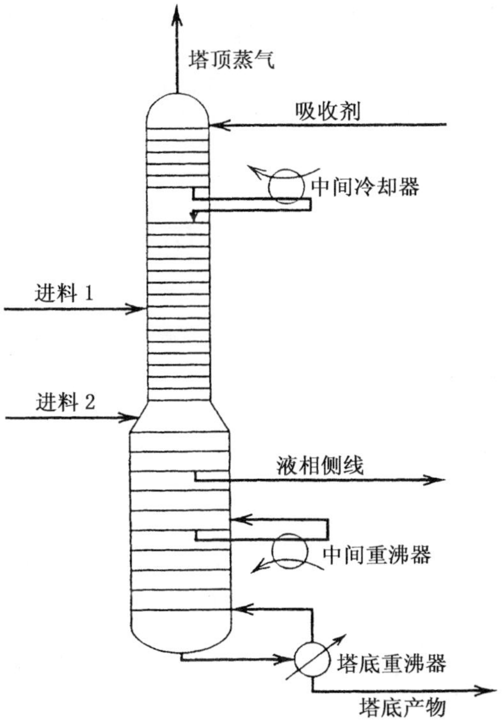

图 1.8 复杂的重沸吸收塔

在泡沫吸附分离方法中，表面活性物质集聚在溶液表面，溶质在主体与表面层之间建立起浓度梯度，如果很薄的表面层能够收集起来，就能从溶液中移除部分溶质。此现象的主要应用是矿石的浮选过程，在此固体粒子移动并附着于上升的气泡而浮出溶液，本质上这是个三相系统。泡沫分馏(18)是两相泡沫吸附分离方法，在此天然的或螯合诱导的表面活性剂引发溶质移动到上升的气泡，并作为泡沫移除。此方法本书未作讨论。

示于表 1.1 中的图解符号表示了该操作的最简单的结构，更复杂的变化是可能的，并常是所希望的。例如表 1.1 中的分离操作(5)的较复杂的重沸吸收塔示于图 1.8，该塔具有两股进料，一台中间冷却器，一股侧线以及塔中间和塔底两台再沸器。一个可以接受的设计步骤必须能处理这种情况，并还能处理在单塔中与分离操作一起同时发生化学反应的情况。Siirola[6]描述了用甲醇和乙酸进行酯化反应生产乙酸甲酯的先进工业过程的变革，包含三个反应区和三个分离区的集合过程在单一塔中进行。

1.4 采用阻挡物(膜)的分离操作

作为半透性阻挡物的微孔或无孔膜应用于困难又具高选择性的分离正得到很快发展，膜由天然纤维、合成聚合物、陶瓷或金属制造，也可以由液膜构成。固体膜加工成平板、管子、中空纤维或螺旋板，它们被组装进商用的组件或管壳中，通常仅有某几种尺寸。对于多孔膜，分离受组分经微孔的扩散速率差异的影响；而对于无孔膜，因组分在膜中的溶解性和通过膜的扩散速率的不同而得到分离。最复杂又具选择性的膜被发现存在于数以兆计的人体细胞中。

表 1.2　利用阻挡物的分离操作

分离操作	符号[a]	初始的或原料的相	分离介质	工业实例[b]
渗透(1)	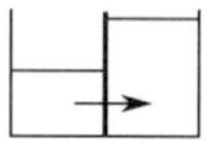	液相	无孔膜	
反渗透*(2)	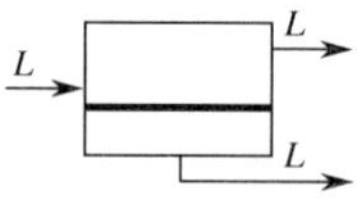	液相	带压力梯度的无孔膜	海水脱盐 (卷 24，pp. 349－353)
渗析(3)	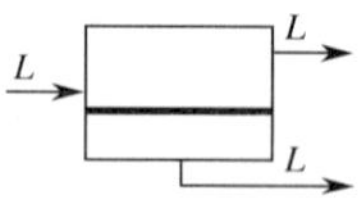	液相	带压力梯度的多孔膜	从半纤维素中回收碱 (卷 7，pp. 572)
微过滤(4)	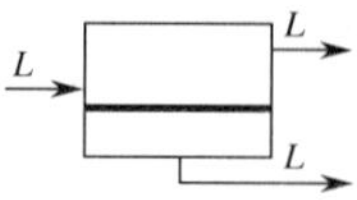	液相	带压力梯度的微孔膜	从饮用水中清除细菌 (卷 15，pp. 115)
超过滤(5)	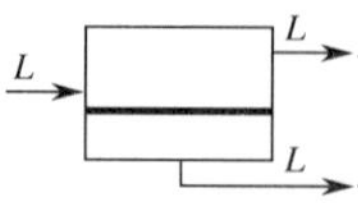	液相	带压力梯度的微孔膜	从干酪中分离乳清 (卷 15，pp. 562－564)
膜蒸发*(6)	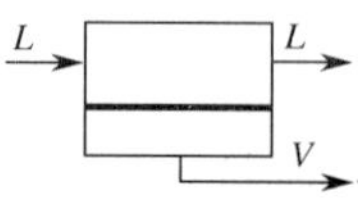	液相	带压力梯度的无孔膜	恒沸物分离 (卷 15，pp. 116－117)

（续表 1.2）

分离操作	符号[a]	初始的或原料的相	分离介质	工业实例[b]
气体渗透*（7）	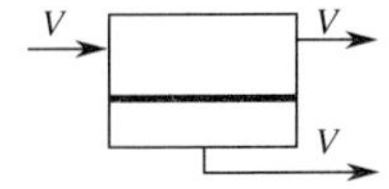	气相	带压力梯度的无孔膜	氢气富集（卷 20，pp. 709—716）
液膜（8）	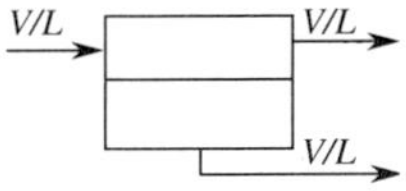	气相和/或液相	带压力梯度的液膜	清除 H_2S（卷 15，pp. 119）

* 设计步骤已广为接受。

a 所示为单级单元，多级单元可以是级联。

b 引用的卷和页指 Kirk-Othmer：化工工艺百科全书（第三版），John，Wiley and Sons，纽约（1978—1984）。

表 1.2 列举了得到较广泛应用的膜分离操作。表 1.2 中的分离操作（1），渗透，包含有溶剂的传递，溶剂因为浓度差通过膜进入由溶剂和溶质组成的混合液中，而溶质是几乎不能通过膜的。在反渗透（2）中溶剂受加压的推动以相反的方向传递，大于渗透压的压力加于原料液一侧。应用无孔膜反渗透成功地制取了淡水。渗析（3）包含有小溶质的分子（有时称为类晶体）的传递，由于存在浓度梯度，小溶质的分子通过了多孔膜，不能通过膜的分子是不溶解又不能扩散的小粒子，有时被称为胶体粒子。

微孔膜可以以反渗透相似的模式用以选择性地允许溶质分子和/或溶剂通过膜，并阻止溶解的大分子和悬浮固体通过。微过滤（4）截留这样的分子，其典型的大小为 0.02～10μm。超过滤（5）截留的分子大小为 1～20nm。为截留小至 0.1nm 的分子，反渗透（有时称为超细过滤）可以采用。

虽然反渗透可以用来分离有机的和含水有机液体混合物，但需要高压。另外，膜蒸发（渗透蒸发）（6）也可应用，此时被膜吸附并通过膜的组分被汽化，此方法仅需用比反渗透所需的低得多的压力，但是必须供给蒸发的热量，可用于分离恒沸物。

气体渗透（7）利用压力作为推动力，使气体混合物中组分选择性的通过膜而实现分离。它是个相当简单的过程，其第一次应用在 20 世纪 40 年代，利用多孔氟代烃阻挡物分离 $^{235}UF_6$ 和 $^{238}UF_8$，由于消耗大量电能，费用很大。较近代的工业应用是采用无孔高聚物膜浓集含氢的气体混合物，从气流中回收烃类和生产富氮和富氧的空气。

仅有几个分子厚度的液膜（8）可由含表面活性剂的混合物形成，位于两个流体相之间，应用这样的膜能从链烷烃中分离芳烃。另外，液膜还可以用液体浸透微孔膜而生成，此液体可用易于传过某种（些）溶质（例如 CO_2 和 H_2S）的添加剂增稠。

1.5　采用固体介质的分离操作

采用固体质量分离剂的分离操作列于表 1.3。固体通常是颗粒状物料或填料，它可以用作一薄层吸收剂的惰性支撑，也可能对原料混合物中的某（些）组分具有选择性的吸附能力，或与它(们)发生化学反应,从而直接参与了分离过程。吸附仅限于固体吸附剂的表面,不像吸收,它发生于吸收剂的整体。在所有情况中,活性分离剂最终将被溶质所饱和,必须周期性地再生或置换,因此,分离操作通常以间歇的或半连续的方式进行,然而装置却是以模拟连续操作的方式运行。

表 1.3　利用固体介质的分离操作

分离操作	符号[a]	初始的或原料的相	分离介质	工业实例[b]
吸附*(1)	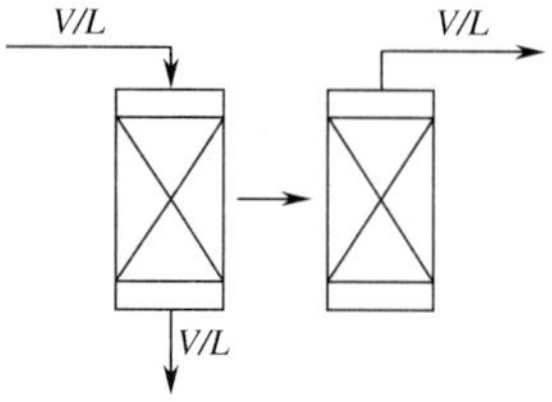	气相或液相	固体吸附剂	对二甲苯的提纯 (卷 24, pp. 723—725)
层析*(2)	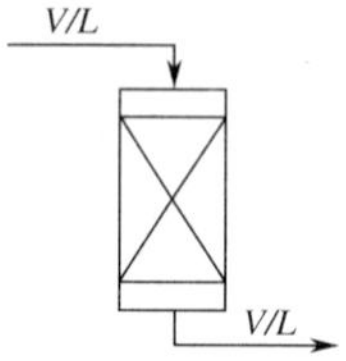	气相或液相	固体吸附剂或固体载体上的液体吸收剂	二甲苯异构体和乙苯的分离 (卷 24, pp. 726—727)
离子交换*(3)	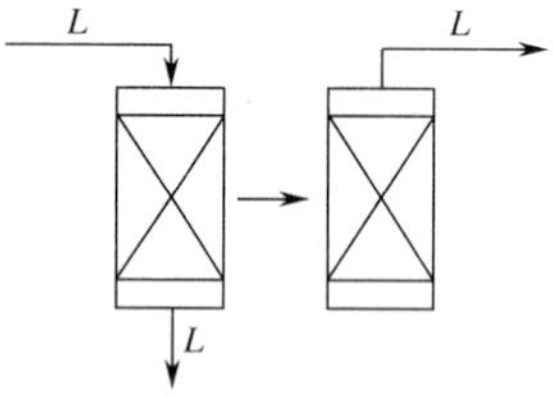	液相	具有离子活性点的树脂	水的软化 (卷 13, pp. 700—701)

* 设计步骤已广为接受。

a 所示为单级单元,多级单元可以是级联。

b 引用的卷和页指 Kirk-Othmer:化工工艺百科全书(第三版),John Wiley and Sons,纽约(1978—1984)。

表 1.3 中的分离操作(1),吸附,用来除去不能被吸附的溶剂或气体中含有的低浓度物质,或利用气体或液体混合物中各组分在固体介质上的选择性吸附能力实现分离,接下来需对吸附剂进行脱附再生。吸附剂有活性炭、氧化铝、硅胶和合成的钠或钙的硅铝酸盐沸石(分子筛),分子筛不同于其他吸附剂,它们是晶状的,具有固定尺寸的细孔,因此有很高的吸附选择性。一套简单的吸附装置包含一个圆柱形容器,其中充填固体吸附剂床层,气体或液体流经此床层,吸附剂的再生周期性地进行,所以可用两个或多个容器,一个在脱附时,其余的容器在进行吸附操作。如果容器垂直放置,一般让气体向下流动更好,向上流动的气体可能引起床层摇晃而造成颗粒摩擦,导致压降增加和固体物料损失,然而对于液体作向上流动,能够达到更均匀的分布。再生可以用如下四种方法中的一种完成:(1)用热的清扫气汽化吸附物(变温吸附);(2)降压汽化吸附物(变压吸附);(3)保持温度或压力不变,进行惰性清扫脱附;(4)用含有更强吸附性组分的流体进行置换脱附。

表 1.3 中的分离操作(2),层析是使原料气体或液体混合物流经填充床实现其中组分分

离的操作，原料可以汽化进入载气，填充床可以充填固体吸附剂（气固层析），也可以充填被很黏稠的液体吸收剂涂布的惰性固体支撑物（气液层析）。由于在固体吸附剂表面的选择性吸附或液体吸收剂的选择性吸收，再接着的脱吸（附），原料混合物中的不同组分以不同速率通过床层，由此实现分离。在亲和层析中，一类大分子（称为络合物）被配位体选择性吸附（例如配位化合物中的氨分子），即是被共价键键和到固体支撑颗粒上，配位体-络合物对有抑制剂-酶、抗原-抗体和抗体-蛋白质。各种形式的层析正在生物分离中得到利用。

离子交换(3)与吸附类似，应用固体颗粒，并需要再生，然而它包含有化学反应。水的软化是典型的离子交换应用，其中钠形态的有机或无机聚合物依靠钙与钠的交换除去水中钙离子，经长期应用后，聚合物被钙离子饱和，需同浓的盐溶液接触而再生。

1.6　应用外力场或梯度的分离操作

外力场可以利用分子和离子对于外力或梯度的不同响应程度。表1.4中列举了常用的技术，可以将这些技术互相结合，也可以与前面叙述的分离方法结合。

表1.4　应用外力场或梯度的分离操作

分离操作	初始的或原料的相	外力场或梯度	工业实例[a]
离心法(1)	气相	离心力场	铀的同位素分离（卷23，pp. 531—532）
热扩散(2)	气相或液相	热梯度	氯气的同位素分离（卷7，pp. 684）
电解(3)	液相	电力场	重水浓缩（卷7，pp. 550）
电渗析(4)	液相	电力场和膜	海水脱盐（卷24，pp. 353—359）
电泳(5)	液相	电力场	半纤维素回收（卷4，pp. 551）
外力场流动分离法(6)	液相	外力场中的层流流动	

a 引用的卷和页指 Kirk-Othmer：化工工艺百科全书(第三版)，John Wiley and Sons，纽约(1978—1984)

表1.4中的分离操作(1)，离心法，建立起一个压力场，使流体混合物按分子量大小实现分离。该技术用于从$^{238}UF6$中分离$^{235}UF6$和按分子量进行大的聚合物分子的分离。

如果将相当大的温度梯度作用于均相溶液，将建立起浓度梯度和引起热扩散(2)。它被用来增强气体渗透过程中铀同位素的分离。

天然水含有0.000 149氘的原子分率，当水被电解(3)时，从阴极得到氢和阳极得到氧，产得的氢气中氘的浓度低于它在水中的浓度，直到1953年，此过程是唯一的重水(D_2O)的商用来源。在电渗析(4)中，阴离子和阳离子渗透膜带有对应的电荷，阻止同类电荷的组分迁移，此操作可用于海水脱盐(除去盐)。一种有点相关的过程是电泳(5)，它利用带电胶体的或悬浮的组分在电场中的不同迁移速度实现分离，正电荷物质，如染料、氢氧化物溶胶和胶体向阴极迁移，而最小的、悬浮的负电荷粒子被吸到阳极。将溶剂从酸性变到碱性，迁移的方向有时会改变，特别对于蛋白质，生物化学产物电泳是相当通用的分离方法。

用于生物化学产物和难以分离的小分子物料和胶体物料构成的混合物分离的另一个技术是外力场流动分离法(6)。在待分离混合物流场的垂直方向施加电场、磁场或温度梯度，混合物中的组分将被推到物流中不同位置，于是它们以不同的速度沿流动方向移动，从而实现分离。

1.7 组分的回收率和产品的纯度

分离操作服从质量守恒定律，因此，如果分离过程连续定态操作，且不发生化学反应，对于含 C 个组分的混合物中的任一组分 i，其进料的摩尔（或质量）流率 $n_i^{(F)}$ 等于产品摩尔流率 $n_i^{(p)}$ 的加和，此处 $n_i^{(p)}$ 代表组分 i 在 N 股产品中的摩尔流率。对于图 1.6 过程可得：

$$n_i^{(F)} = \sum_{p=1}^{N} n_i^{(p)} = n_i^{(1)} + n_i^{(2)} + \cdots + n_i^{(N-1)} + n_i^{N} \tag{1-1}$$

对于指定的 $n_i^{(F)}$ 值，为解得式(1-1)中的 $n_i^{(p)}$ 值，还需要另外 $N-1$ 含有 $n_i^{(p)}$ 的独立方程，这样得到了总共含有 NC 个未知量的 NC 个方程式。例如，如果含有 C 个组分的原料混合物分离成 N 个产品，需要另外 $C(N-1)$个方程。这些处理分离程度的方程式的一般式将在本节和下一节讨论。如果多于一股的原料加入分离过程，则 $n_i^{(F)}$ 是全部原料的加和。

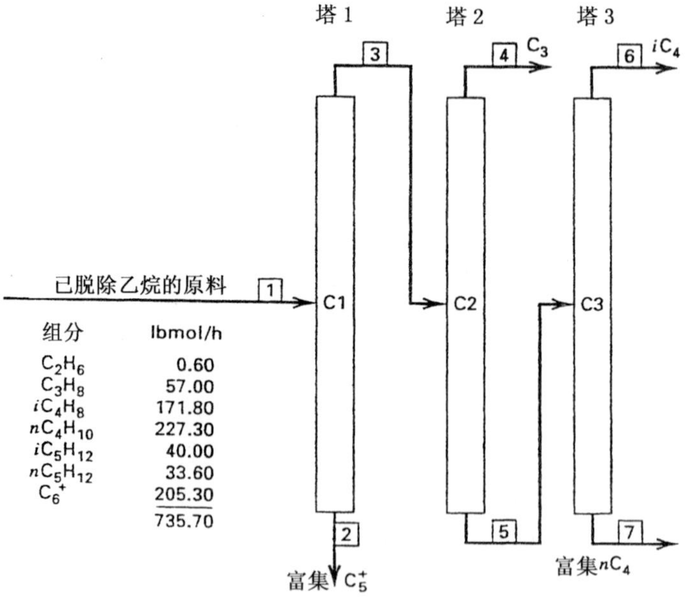

图 1.9 烃回收过程

分离混合物中组分的装置，其设计和操作是为了符合希望的或要求的规格，典型的规定是给定组分的回收率和/或产品纯度。图 1.9 所示为烃类分离系统的方块流程图，从炼厂气和液体的混合物中脱除乙烷(即脱除乙烷和更小分子量的组分)的重沸吸收塔的塔底产物,用作该分离系统的原料。本例中选用的分离过程是三座串联的多级蒸馏塔,进入过程的原料组成已在图1.9中标明,其组分按挥发性递减的次序排列,比正戊烷重、界于已烷(C_6)到十一烷(C_{11})的烃类合在一起统称为C_6^+馏分。图1.9中的三座蒸馏塔将已脱除乙烷的原料分成四股产品:富集C_5^+的塔底产物、富集C_3的馏出物、富集iC_4的馏出物和富集nC_4的塔底产物。在每一座塔中,原料中的每个组分按照唯一的分割分率或分割比率在馏出物和塔底产物间分开,如何分则取决于(1)气液相中组分的热力学性质和传递性质;(2)接触级数;(3)流经塔的相关的气体和液体流率。分离器k中组分i的分割分率SF是该组分在第一股产品中的分率,即:

$$SF_{i,k}=\frac{n_{i,k}^{(1)}}{n_{i,k}^{(F)}} \tag{1-2}$$

式中$n^{(1)}$和$n^{(F)}$分别代表在第一股产品中和原料中的组分摩尔流率。而分割比率SR是两股产品中的量之间的比率,可以定义为:

$$SR_{i,k}=\frac{n_{i,k}^{(1)}}{n_{i,k}^{(2)}}=\frac{SF_{i,k}}{1-SF_{i,k}} \tag{1-3}$$

式中$n^{(2)}$代表第二股产品中的组分流率。另外,SF和SR可以用组分质量流率来定义。

如果图1.9所示的过程是某个生产操作装置的一部分,其测定的物料平衡数据列于表1.5,列于表1.6中的分割分率和分割比率由式(1-2)和(1-3)算得。可从表1.5看出,仅如下两股产品比较纯:第二座塔的馏出物C_3和第三座塔的馏出物iC_4。C_3馏出物中C_3的摩尔纯度为(54.80/56.00)或97.86%,而iC_4馏出物纯度为(162.50/175.50)或92.59%,第三座塔的塔底富集nC_4的产物,其中nC_4的纯度仅(215.80/270.00)或79.93%。三座塔中每一座都被这样设计,使分离发生在以挥发性递减次序排列的组分表中的相邻组分(称为关键组分)间。由表1.6中的水平分割线可见,塔1、塔2和塔3各自的关键分割为nC_4H_{10}/iC_5H_{12},C_3H_8/iC_4H_{10}和iC_4H_{10}/nC_4H_{10}。从列于表1.6的分割分率可见,除塔1外,全部分割都是相当清晰的(轻关键组分的SF>0.95,重关键组分的SF<0.05),塔1的重关键组分(iC_5H_{12})的分割比率不清晰,最终导致第三塔的富集nC_4的塔底产品中nC_4相当不纯,即使该塔中关键组分间的分割比率已足够清晰。

表1.5　烃类回收过程的操作物料平衡表

组分	物流中的lbmol/h						
	1 C1塔原料	2 富集C_5^+产物	3 C2塔原料	4 C_3产物	5 C3塔原料	6 iC_4产物	7 富集nC_4产物
C_2H_6	0.60	0.00	0.60	0.60	0.00	0.00	0.00
C_3H_8	57.00	0.00	57.00	54.80	2.20	2.20	0.00
iC_4H_{10}	171.80	0.10	171.70	0.60	171.10	162.50	8.60
nC_4H_{10}	227.30	0.70	226.60	0.00	226.60	10.80	215.80
iC_5H_{12}	40.00	11.90	28.10	0.00	28.10	0.00	28.10
nC_5H_{12}	33.60	16.10	17.50	0.00	17.50	0.00	17.50
C_6^+	205.30	205.30	0.00	0.00	0.00	0.00	0.00
总计	735.60	234.10	501.50	56.00	445.50	175.50	270.00

表 1.6 烃类回收过程的分割分率和分割比率

组分	塔 1		塔 2		塔 3		总的回收百分率
	SF	SR	SF	SR	SF	SR	
C_2H_6	1.00	大	1.00	大	—	—	100
C_3H_8	1.00	大	0.961 4	24.91	1.00	大	96.14
iC_4H_{10}	0.999 4	1,717	0.003 5	0.003 5	0.949 7	18.90	94.59
nC_4H_{10}	0.996 9	323.7	0.00	0.00	0.047 7	0.050 1	94.94
iC_5H_{12}	0.702 5	2.361	0.00	0.00	0.00	0.00	29.75
nC_5H_{12}	0.520 8	1.087	0.00	0.00	0.00	0.00	47.92
C_6^+	0.00	小	—	—	—	—	100

对于每一座塔，表 1.6 中的 SF 和 SR 数值随组分在其列表中的序次而减小，从表 1.6 还发现，为定量度量分离程度，SF 比 SR 更好些，因为 SF 介于 0 和 1 之间，而 SR 则变化在 0 到很大数值之间。

另外两个分离程度的常用度量既可用于单塔座，也可用于整个分离系统。其中一个度量是进入系统原料中每个组分在某个指定的系统产品中的**回收百分率**。从表 1.5 数据算得的这些数值列于表 1.6 中的最末一列中，数据表明，除两个戊烷异构体外，其余组分的收率都相当高(>95%)。另外一个分离程度的度量是**产品纯度**，除了富含 C_5^+ 的产品外，这些主要组分的纯度全都作了计算，富含 C_5^+ 的产品中戊烷和更重组分的纯度是[(11.90+16.10+205.30)/234.10]或 99.66%，这是个**多组分产品**，一个最普通的多组分产品是汽油。

表 1.7 测得的产品纯度与规定值的比较

组分	产品中的 mol%					
	丙烷		异丁烷		正丁烷	
	测定值	规定值	测定值	规定值	测定值	规定值
C_2H_6	1.07	5 最大	0	—	0	—
C_3H_8	97.86	93 最小	1.25	3 最大	0	1 最大
iC_4H_{10}	1.07	2 最小	92.60	92 最小	83.11	80 最小
nC_4H_{10}	0	—	6.15	7 最大		
C_5^+	0	—	0	—	16.89	20 最大
总计	100.00		100.00		100.00	

产品杂质的等级和杂质的名称包含在商用化学品的产品规格中，在烃类回收过程的三个最终产品的每一个的纯度，已从过程操作的数据表 1.5 算得并列于表 1.7。由于杂质的最大允许百分率要同产品的规格作比较，表中数据很是重要的。C_5^+ 馏分因其是个送到异构化过程的中间产物，故未曾计及。从表 1.7 中的数据比较可见，两个产品很容易符合其规定，而 iC_4 产品则刚刚符合其规定。如果过程装备有有效的控制器，则有可能减少输入过程的能量，并仍能符合 C3 和富集 nC_4 产品的规定。虽然表 1.7 中的纯度用摩尔百分率表示，而这通常仅限于气体混合物，它们的体积百分率与摩尔百分率相等，而对于液体混合物，通常规定的是质量百分率，为符合环保标准，杂质在气体、液体和固体物流中的最大含量典型的规定是 ppm(百万分之几)或 ppb(十亿分之几)，对气体通常以体积(与摩尔同)计，液体和固体则以重量(质量)计，对于水溶液，特别是含酸和碱的，常用的组成指定是(体积)**摩尔浓度**(每升溶液中的溶质摩尔数，M)、**当量浓度**(每升溶液中溶质的当量数，N)和**质量摩尔浓度**(每千克溶剂中溶质的摩尔数)，对于某些化学产品，某个属性(例如颜色)可能被用来代替组成的纯度。

1.8 分离能力

表 1.1 中的某些分离过程通常不适用于原料混合中两个关键组分间的清晰分割，仅能达到某一关键组分的回收率，例如表 1.1 中的分离操作 1,2,6,7,8,9,11,13,14,15,16 和 17 就是这样。这些分离操作或是如同操作 1,2,13,14,15,16 和 17 那样仅用单一分离级，或是如同操作 6,7,8,9 和 11 那样原料进入多级分离器的一端（而不是中部区）。能达到的关键组分的分割比率 SR、分割分率 SF、回收率或纯度受许多因素影响，对于最简单的单级分离级，影响 SR 和 SF 值的因素有：(1)离开分离器的两个相的相对摩尔数；(2)关键组分的热力学性质、传递性质和其他性质；对于多级分离器，必须加入另外一个因素，即(3)级数及其结构。每一类分离器的含有这些因素的定量关系是唯一的，为此，对这些关系式的详细讨论将在后续章节中进行，那里每个分离操作将作详细论述。下面将对某些重要因素作一般性的简要讨论。

当采用多级分离器并将原料引入分离器的中部某处时，分离器则由两部分接触级构成，它们分别位于进料级的两侧，这样常能达到两个关键组分间的清晰分离，其中一部分用于脱除一个关键组分，而另一部则用于脱除另一个关键组分，表 1.1 中的分离操作 3,4,5,10 和 12 是这种例子。对于这些操作，表征两个关键组分 i 和 j 间的相对分离程度的方便度量是分离装置的**分离能力**（也被称为相对分割比率和分离因子）SP，它用达到的组分分割来定义，用两个产品(1)和(2)的组成来度量：

$$SP_{i,j}=\frac{C_i^{(1)}/C_i^{(2)}}{C_j^{(1)}/C_j^{(2)}} \tag{1-4}$$

式中 C 是某个组成的度量，例如摩尔分率、质量分率或单位体积中含有的摩尔或质量数，最常用的是摩尔分率或摩尔浓度，但在某种场合，分离能力被转换为用分割分率或分割比率表示的形式：

$$SP_{i,j}=\frac{SR_i}{SR_j} \tag{1-5}$$

$$SP_{i,j}=\frac{SF_i/SF_j}{(1-SF_i)/(1-SF_j)} \tag{1-6}$$

能达到的 SP 值取决于级数及组分 i 和 j 的有关热力学性质与传递性质。一般来说，当考虑两个关键组分时，选定组分 i 和 j 以及产品 1 和 2，于是 $SP_{i,j}>1.0$，大的数值对应于比较高的分离程度或高的分离能力，稍大于 1.0 的值对应于低的分离能力。例如，如果 SP=10 000 和 $SR_i=1/SR_j$，则由式(1-5)的 $SR_i=100$ 和 $SR_j=0.01$，这对应于一个清晰分割。然而，如果 SP=9 和 $SR_i=1/SR_j$，则 $SR_i=3$ 和 $SR_j=1/3$，对应于一个非清晰分割。

表 1.8 烃类回收过程的主要分离因子

关键组分的分割	塔	分离因子 SP
nC_4H_{10}/iC_5H_{12}	C1	137.1
C_3H_8/iC_4H_{10}	C2	7 103
iC_4H_{10}/nC_4H_{10}	C3	377.6

对于图 1.9 所示的烃类回收过程，其 SP 值列于表 1.8，它们从表 1.5 或 1.6 中有关三座塔的每一座的主要分割数据算得。由于塔 C1 中重关键组分 iC_5H_{12} 的分割不清晰，该塔的分离因子相对较小；塔 C2 的分离因子最大，由于该塔两个关键组分间的挥发性差异相当大，分离较容易；塔 C3 中丁烷和异丁烷间的分割要困难得多，仅达到中等清晰的分割。

当质量守恒原理应用于分离操作，并当组分的指定是其回收率时式(1-1)容易求解，而指定分割比率，特别是纯度时，式(1-1)的求解将比较困难些。这些将在下例中示明。

例 1.1

一股 100 kmol/h 的原料空气含有 21%(mol)氧和 79%(mol)氮，应用膜装置按照如下四组规定分别对其进行部分分离，对于每种情况计算两股产品（渗余物 R 和渗透物 P）的数量(kmol/h)和组成(mol%)。氧更容易透过膜。

情况 1：渗透物中氧的回收率 50%，渗余物中氮的回收率 87.5%。

情况 2：渗透物中氧的回收率 50%，渗透物中氧的纯度 50%。

情况 3：渗余物中氮的纯度 85%，渗透物中氧的纯度 50%。

情况 4：渗余物中氮的纯度 85%，渗透物对渗余物中氧的分割比率等于 1.1。

解

原料中

$$n_{O_2}^{(F)}=0.21\times 100=21\ \text{kmol/h}$$

$$n_{N_2}^{(F)}=0.79\times 100=79\ \text{kmol/h}$$

情况 1：由于给定两个回收率，计算最简单：

$$n_{O_2}^{(P)}=0.50\times 21=10.5\ \text{kmol/h}$$

$$n_{N_2}^{(R)}=0.875\times 79=69.1\ \text{kmol/h}$$

$$n_{O_2}^{(R)}=21-10.5=10.5\ \text{kmol/h}$$

$$n_{N_2}^{(P)}=79-69.1=9.9\ \text{kmol/h}$$

情况 2：利用给定的氧的回收率，计算它在两股产品中的分配：

$$n_{O_2}^{(P)}=0.50\times 21=10.5\ \text{kmol/h}$$

$$n_{O_2}^{(R)}=21-10.5=10.5\ \text{kmol/h}$$

利用氧在渗透物中的纯度，算得渗透物的总量是

$$n^{(P)}=10.5/0.5=21\ \text{kmol/h}$$

对渗透物的总物料衡算得

$$n_{N_2}^{(P)}=21-10.5=10.5\ \text{kmol/h}$$

对氮的总物料衡算得

$$n_{N_2}^{(R)}=79-10.5=68.5\ \text{kmol/h}$$

情况 3：利用给定的两个纯度，写出两个物料衡算方程，用总的渗余物和总的渗透物对每个组分写一个方程。

对氮，利用其在渗透物中的纯度分率=1.00-0.50=0.5，得

$$n_{N_2}=0.85n^{(R)}+0.50n^{(P)}=79\ \text{kmol/h} \tag{1}$$

对氧，利用其在渗余物中的纯度分率=1.00-0.85=0.15，得

$$n_{O_2}=0.50n^{(P)}+0.15n^{(R)}=21\ \text{kmol/h} \tag{2}$$

联立解两个方程得出两个产品的总量：

$$n^{(P)}=17.1\ \text{kmol/h} \qquad n^{(R)}=82.9\ \text{kmol/h}$$

于是组分流率为：

$$n_{N_2}^{(R)}=0.85\times82.9=70.5\ \text{kmol/h}$$

$$n_{O_2}^{(R)}=82.9-70.5=12.4\ \text{kmol/h}$$

$$n_{O_2}^{(P)}=0.50\times17.1=8.6\ \text{kmol/h}$$

$$n_{N_2}^{(P)}=17.1-8.6=8.5\ \text{kmol/h}$$

情况 4：利用氧的分割比率和对氧进行总物料衡算，首先算出氧的流率：

$$\frac{n_{O_2}^{(P)}}{n_{O_2}^{(R)}}=1.1 \qquad 21=n_{O_2}^{(P)}+n_{O_2}^{(R)}$$

联立解这两个方程得

$$n_{O_2}^{(R)}=10\ \text{kmol/h} \qquad n_{O_2}^{(P)}=21-10=11\ \text{kmol/h}$$

因为渗余物含有 85%(mol)氮，因此氧为 15%(mol)。氮的流率是

$$n_{N_2}^{(R)}=\frac{85}{15}\times10=56.7\ \text{kmol/h} \qquad n_{N_2}^{(P)}=79-56.7=22.3\ \text{kmol/h}$$

1.9　适宜分离过程的选择

最好的分离过程必须从许多可行的候选分离过程中选择。当原料混合物被分离成两个以上产品时，两个或更多分离操作的组合可能是最好的，甚至当仅被分离成两个产品时，用两个或更多不同类型的分离操作的复合过程也可能是最经济的。在此仅对分离过程的选择作初步介绍，更详细的论述可在 Seider、Seader 和 Lewin 一书[14]的第 7 章中找到。

影响可行分离操作选择的重要因素列于表 1.9 中，这些因素必然涉及原料和产品的条件以及可以利用的物性差异和后选分离操作的某些特性。最重要的原料条件是组成和流率，因为其他的条件(温度、压力和相态)可以用安装于后选分离过程的泵、压缩机和换热器来改变。然而，一般液体原料的蒸发需要大量汽化热，气相原料的冷凝要用冷冻剂和/或气相原料的压缩，两者可能均需要增加相当大的费用。某些分离操作，例如应用阻挡物或固体介质的分离操作，最好用于分离被回收组分的稀浓度原料。最重要的产品条件是要求的纯度，同样，所列举的其他的条件可以在分离操作后采用能量的传输来改变。

表 1.9 影响可行分离操作选择的因素

A. 原料条件
   1. 组成,特别是被回收或分离组分的浓度
   2. 流率
   3. 温度
   4. 压力
   5. 相态(固相、液相和/或气相)
B. 产品条件
   1. 要求的纯度
   2. 温度
   3. 压力
   4. 相态
C. 可被利用的特性差异
   1. 分子性质
   2. 热力学性质
   3. 传递性质
D. 分离操作的特性
   1. 放大的容易程度
   2. 分级的容易程度
   3. 温度、压力和相态要求
   4. 实体大小的限制
   5. 能量需要

一般说来,如同 Sherwood、Pigford 和 Wilke 的书[7]和 Keller[9]应用 Dwyer[8]提供的生物材料的数据所作的最近更新表明,回收和提纯包含在混合物中的化学品的费用与此化学品在混合中的浓度密切相关,Keller 的关联示于图 1.10 中,由图 1.10 可见化学品在混合物中越稀,它的销售价格越高。

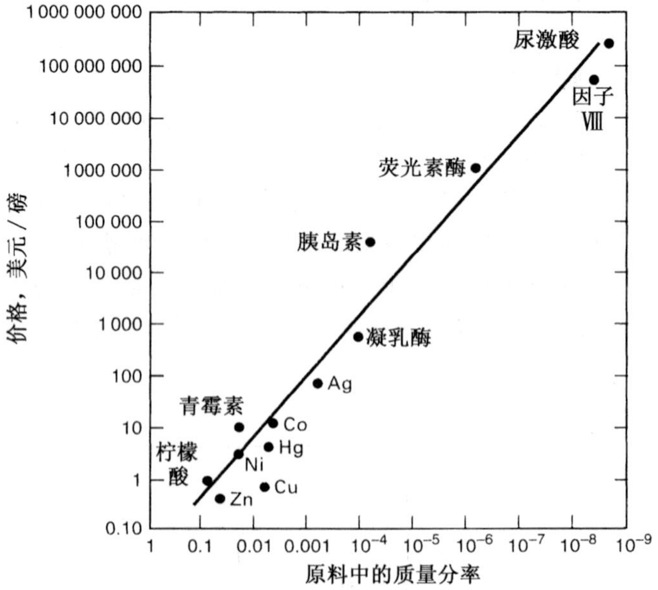

图 1.10 原料中产品的浓度对价格的影响[9]

当要求非常纯的产品时，或要求某(些)物性必须具有大的差异，或要求提供大量级数，对于分子的和整体的热力学性质和传递性质进行考虑是相当重要的，其中的某些性质列于第1.2小节的结尾附近。Poling，Prausnitz和O'Connell的书[10]中有许多整体物性的数据和估算方法，Daubert和Danner的书[11]中则有分子性质和整体性质的数据和估算方法。

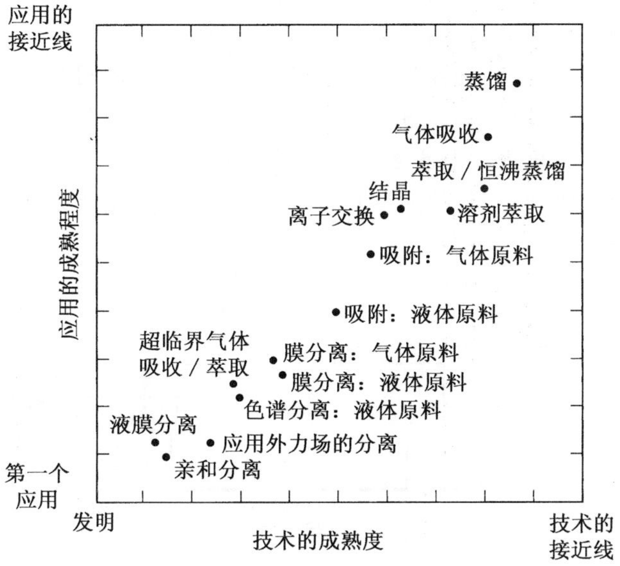

图1.11　分离过程的技术和应用成熟程度[9]

表1.10　最常用分离操作的放大难易程度

操作放大渐难	分级难易程度	是否需要并联装置
蒸馏	容易	不需要
吸收	容易	不需要
萃取蒸馏和恒沸蒸馏	容易	不需要
液液萃取	容易	有时需要
膜分离	级间需加压	几乎总是需要
吸附	容易	仅再生循环需要
结晶	不容易	有时需要
干燥	不容易	有时需要

有些分离操作已被充分认识，已能从数学模型进行设计和/或能从实验室资料放大到工业规模。Keller[9]进行调研的结果示于图1.11，它表明分离操作的技术成熟程度与其工业应用状况有关。基于阻挡物的分离操作分级比基于应用固体介质的操作或基于第二相的产生或加入的操作更昂贵。有的操作装置的最大处理能力是有限的，当处理量大于装置的最大处理能力时，就需要几套并联。选单一装置还是几套并联需作仔细考量，除受处理能力限制或因加工制造问题外，单套装置的处理能力翻倍仅需增加50%投资，而用两套装置并联则需增加投资100%。表1.10依据分离操作放大的难易程度列举了较常用的分离操作，列于表中靠近上端的那些操作，其设计一般不需要任何实验室数据或中试数据，列于表中部的操作一般需要实验室数据，而靠近表底端的那些操作的设计则需要对实际混合物进行的中试数据。表中还包括了操作实施多级的难易程度和为处理大处理量是否需要并联装置的内

容。Woods[12]一书中对于均相和非均相料液组分分离技术的选择进行了更详细的讨论，并有许多实例。最终需选出操作费用、维修费用和投资最少的分离过程。

例 1.2

重石油馏分用热裂解和催化裂化得到的轻烃产物中含有丙烯和丙烷。丙烷本身可用作燃料气，或是液化天然气(LPG)中的组分，也可作为生产丙烯和乙烯的原料。丙烯用于合成橡胶的丙烯腈单体，异丙醇，枯烯，丙烯氧化物和聚丙烯。虽然丙烯和丙烷的沸点相当接近，但通常用蒸馏方法分离，代表性的操作条件示于图 1.12。由图可见，分离需要大量的级数，相对于进料流率，回流和沸腾流率也相当大，为此，用更经济的和较少能耗的分离操作取代蒸馏的可能性受到了相当重视。基于表 1.9 中的因素、表 1.10 中的特性和第 1.2 小节尾部给出的可能被利用的性质列表，建议某些可能取代从图 1.12 中所示的原料生产产物的蒸馏的分离技术。

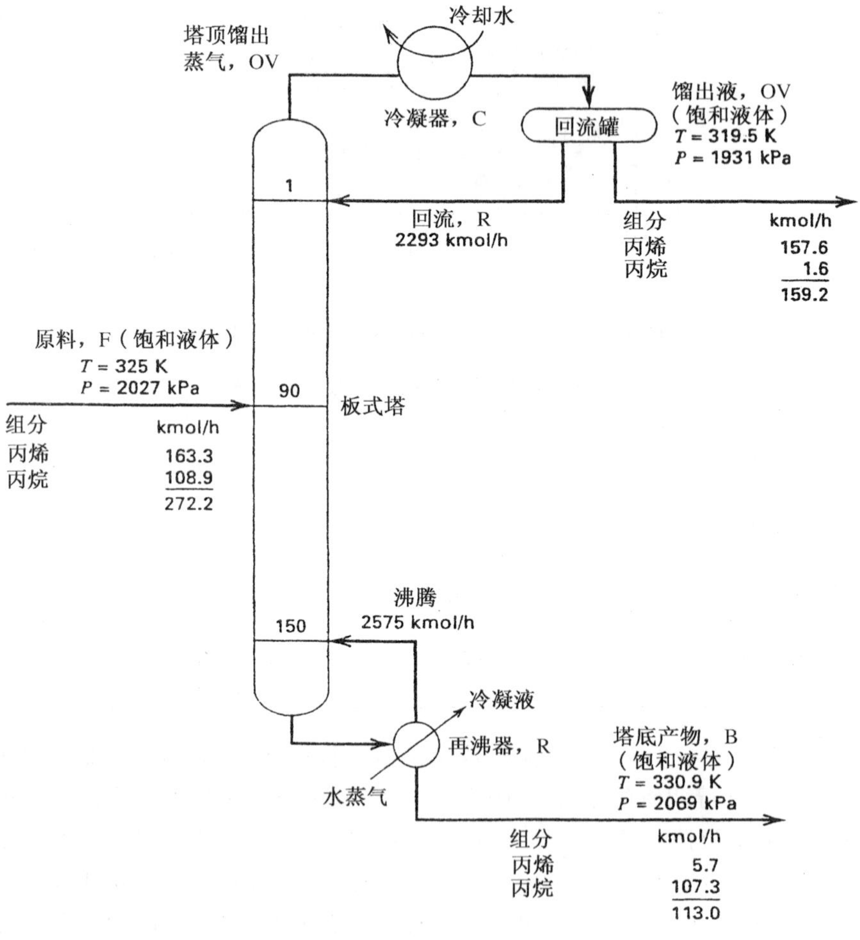

图 1.12　丙烯-丙烷混合物的蒸馏

解

首先需要注意，图 1.12 中原料和产物的组分流率要满足质量守恒式(1 - 1)。表 1.11 中比较了此两个组分的性质，它们主要取自 Daubert 和 Danner 一书[11]。由表 1.11 可见，可能被利用的列举性质仅仅是偶极矩。由于丙烯中双键的不对称位置，其偶极矩明显大于丙烷的，丙烯是一个极性化合物，虽然极性相当弱（有定义一个极性化合物的偶极矩需大于1 debye）。可能利用此性质差异的操作是：

表1.11　例1.2中组分性质的比较

性　质	丙　烯	丙　烷
相对分子质量	42.081	44.096
范德华体积/(m^3·$kmol^{-1}$)	0.034 08	0.037 57
范德华面积/(m^2·kmol×10^{-8})	5.060	5.590
偏心因子	0.142	0.152
偶极矩/debye	0.4	0.0
回转半径/(m×10^{10})	2.254	2.431
熔点/K	87.9	85.5
沸点/K	225.4	231.1
临界温度/K	364.8	369.8
临界压力/MPa	4.61	4.25

（1）采用像糠醛、脂肪族腈那样的极性溶剂的萃取蒸馏，将使丙烯的挥发性减小（参见美国专利2588056，1952年3月4日）；

（2）用硅胶或分子筛的吸附，将选择性吸附丙烯[参见J. Am. Chem. Soc.，72，1153—1157(1970)]；

（3）采用浸渍硝酸银促进传递的膜使丙烯选择性地透过[参见Recent Developments in Separation Science，Vol，Ⅸ，173—195(1986)]。

1.10　本章小结

（1）几乎所有的工业化学过程都具有分离化学品的设备，这些化学品是过程的原料中含有的和/或由过程中的反应器产生的。

（2）25种以上的不同的分离操作在工业上是重要的。

（3）一个特定的分离操作能达到的分离程度取决于这些化学品的某些性质的差异。

（4）最广泛应用的分离操作包含有化学品在两相间的传递，其中的一相是靠能量传递或减压而产生，或作为质量分离剂MSA而加入。

（5）较少应用的分离操作是基于采用阻挡物、固体介质或外力场的，借此引起待分离的化学品以不同速率扩散和/或被选择性地吸收或吸附。

（6）分离操作遵守质量守恒定律，一个组分在分离器中的分离程度用由式(1-2)定义的分割分率SF表示，和/或用式(1-3)定义的分割比率SR表示。

（7）对于分离系列（系统），总的组分回收率和产品纯度是最重要的，它们由物料衡算同系列中各分离器的各个SF和/或SR值相关联。

（8）某些分离操作，例如吸收仅能使单个化学品达到制定的分离程度；另一些分离操作，例如蒸馏，能在两个被称为关键组分间实现清晰分割。

(9) 一个特定分离操作在两关键组分间的分离程度能用式(1-4)定义的分离能力(分离因子)SP 表示,它与 SF 和 SR 值间用式(1-5)和式(1-6)相关联。

(10) 对于给定的原料和产品的规定,最佳分离过程通常需从许多可行的候选操作中选择,此选择取决于表 1.9 中列举的因素,一个化学品的回收和纯化的费用取决于它在原料混合物中的浓度,一种分离操作的工业应用的程度取决于它的技术成熟程度。

参考文献

1. *Kirk-Othmer Encyclopedia of Chemical Technology*, 3rd ed., John Wiley and Sons, New York, Vol. 17, pp. 183—256(1982).
2. Maude, A. H., *Trans. AIChE*, **38**, 865—882(1942).
3. Considine, D. M., Ed., *Chemical and Process Technology Encyclopedia*, McGraw-Hill, New York, pp. 760—763(1974).
4. Carle, T. C., and D. M. Stewart, *Chem. Ind.* (London), May 12, 1962, 830—839.
5. Perry, R. H., and D. W. Green, Eds., *Perry's Chemical Engineers' Handbook*, 7th ed., McGraw-Hill, New York(1997).
6. Siirola, J. J., *AIChE Symp. Ser.*, **91**(304), 222—233(1995).
7. Sherwood, T. K., R. L. Pigford, and C. R. Wilke, *Mass Transfer*, McGraw-Hill, New York(1975).
8. Dwyer, J. L., *Biotechnology*, **1**, 957 (Nov. 1984).
9. Keller, G. E., Ⅱ, *AIChE Monogr. Ser.*, **83**(17) (1987).
10. Poling, B. E., J. M. Prausnitz, and J. P. O'Connell, *The Properties of Gases and Liquids*, 5th ed., McGraw-Hill, New York(2001).
11. Daubert, T. E., and R. P. Danner, *Physical and Thermodynamic Properties of Pure Chemicals—Data Compilation*, DIPPR, AIChE, Hemisphere, New York(1989).
12. Woods, D. R., *Process Design and Engineering Practice*, Prentices-Hall, Englewood Cliffs, NJ(1995).
13. Cussler, E. L., and G. D. Moggridge, *Chemical Product Design*, Cambridge University Press, Cambridge, UK(2001).
14. Seider, W. D., J. D. Seader, and D. R. Lewin, *Product & Process Design Principles*, John Wiley & Sons, New York(2004).

习题

节 1.1

1.1 R. Norris Shreve 和 J. A. Brink, Jr. 合著的《化学过程工业(第四版)》(McGraw-Hill, New York, 1984 年)一书中包含有 38 个化学工业中应用的工业过程的过程说明、过程流程图和技术资料。对于下列过程画出仅包含反应和分离步骤的方块流程图,并对仅包含这些步骤的过程进行说明,并特别注意反应器中形成的、在每个分离操作中分离的特定的化学品:

(a) 煤化学:P72～74

(b) 天然气提纯:P84～86

(c) 乙炔:P115～117

(d) 镁的化合物:P174～177

(e) 氯气和苛性苏打:P214～219

(f) 氯化钾:P269～270

(g) 氨:P278～282

(h) 硫酸:P299～310

(i) 碳氟化合物:P321～323

(j) 尿素:P338～340

(k) 二氧化钛:P388～390

(l) 棉籽油:P468～471

(m) 甘油:P502～503

(n) 工业酒精:P530～534

(o) 聚乙烯:P587～588

(p) 甲醛:P596～598

(q) 苯乙烯:P630～635

(r) 液化天然气:P660～661

节 1.2

1.2　应用热力学原理详细说明为什么由纯化学品混合生成均相混合物是一个自发过程,而将此混合物分离成它的纯(或接近纯)的化学品则不是自发过程。

1.3　应用热力学第一和第二定律详细说明,为什么混合物分离成几乎纯的化学品或具有不同组成的其他混合物需要向混合物传递能量或其自身能量降级。

节 1.3

1.4　比较利用 ESA 和 MSA 实现分离的优缺点。

1.5　每隔一年《Hydrocarbon Processing》(石油加工)杂志出版一本石油炼制手册,书中给出 75 种以上工业过程的工艺流程图和资料。对在 1990 年 11 月出版的手册中的下列过程的每一个列出其属于表 1.1 中的分离操作类型,并指明什么化学品被分离:

(a) 加氢处理(雪弗龙), P114

(b) 酯类(菲利普),P128

(c) 烷基化(埃克森),P130

(d) 苯、甲苯、二甲苯馏分(GKT)的处理, P136

1.6　每隔一年《Hydrocarbon Processing》(石油加工)杂志出版一本石油化学手册,书中给出 50 种以上工业过程的工艺流程图和资料。对在 1991 年 3 月出版的手册中的下列过程的每一个列出其属于表 1.1 中的分离操作类型,并指明什么化学品被分离:

(a) 直链烷基苯(UOP 环球油品公司), P130

(b) 甲胺(酸-胺工艺), P133

(c) 丁烯-2(菲利普),P144

(d) 已内酰胺(SNIA),P150

(e) 乙二醇(科研设计),P156

(f) 苯乙烯(孟山都),P188

节 1.4

1.7　说明为何渗透未用作为一种分离操作。

1.8　海水的渗透压 π 可以近似地以方程 $\pi=RTc/M$ 表示，式中 c 为溶解的盐(溶质)浓度(g/cm^3)，M 为成为离子的溶质的平均相对分子质量。如果在 298K 下从盐浓度为 0.035 g/cm^3 和盐平均相对分子质量 $M=31.5$ 的海水制取纯水，则膜两侧的最小压差需多大(kPa)？

1.9　将亚铁乙二胺四乙酸水溶液挟持在两组微孔疏水的中空纤维间成的液膜，再填充进渗透器组件中，已经表明它能选择性地连续地让硫的氧化物和氮的氧化物从发电厂烟气中移除。试绘制可能进行此分离操作的设备，并注明进、出物流的位置和中空纤维的排列以及处理液膜的方法。膜液应保留在组件中还是做循环？为移除氧化物是否需要清扫流体？

节 1.5

1.10　说明吸附和气-固色谱的差异(如果有的话)。

1.11　在气-液色谱中，气流通过填充床成活塞流是否十分重要？试详细讨论。

节 1.6

1.12　说明在电泳中为何大多数悬浮细颗粒带负电荷。

1.13　在外力场流动分离法中，能否用湍流流场？为何？

节 1.7

1.14　进入图 1.9 所示蒸馏系列中的 C3 塔的原料列于表 1.5，但为得到 95%(mol)纯度的异丁烷馏出液分离做了改变，异丁烷在馏出液中的回收率(SF)为 96%。由于 C3 塔中异丁烷和正丁烷间的分离相当清晰，可以假定丙烷全部进入馏出液，而 C5 全部进入塔底产物。

(a) 计算每个组分在离开 C3 塔的两股产物中的流率(lbmol/h)。

(b) 塔底产物中正丁烷的百分浓度是多少？

(c) 如果馏出液中异丁烷的纯度固定为 95%，则异丁烷在馏出液中的回收率多大才能使塔底产物中正丁烷的百分浓度最大？

1.15　轻质醇的液体混合物 500 kmol/h 加入双塔蒸馏体系蒸馏，原料的摩尔百分组成是：甲醇(M) 40%，乙醇(E)35%，异丙醇(IP)15%，正丙醇(NP)10%。第一蒸馏塔馏出液中 M 的纯度 98%，回收率 96%；第二蒸馏塔馏出液中 E 的纯度 92%，回收率 95%。假设第一塔 C1 的馏出液中不含丙醇，第二塔 C2 的塔底产物中不含 M，且其馏出液中不含正丙醇。

(a) 假设忽略第一塔馏出液中的丙醇，用物料衡算计算进料中各组分分别在该塔馏出液和塔底产物中的流率(kmol/h)。绘制图 1.9 那样的带标注的方块流程图，将物料衡算的结果列成表 1.5 那样的表格，并将其置于绘制的方块流程图下方。

(b) 计算双塔系的第二塔塔底产物中丙醇混合物的摩尔百分浓度。

(c) 固定第二塔馏出液中乙醇的回收率为 95%，则乙醇在馏出液中可能达到的浓度是多少？

(d) 换过来，如果固定乙醇的浓度为 92%，则乙醇最大的回收率(基于进料)可达多少？

1.16　乙醇和苯的混合物在蒸馏和膜分离步骤的系列中分离。在一个中间步骤中，苯中含乙醇 23%(质量)、接近恒沸物的混合液 8 000 kg/h 加到膜蒸发的膜。该膜由全氟代磺酸聚合物浇铸在多孔特氟龙支撑上的高聚物薄膜，它对乙醇具有选择性，使蒸气渗透物含 60%(质量)乙醇，而渗余液含苯 90%(质量)。

(a) 从表 1.2 选取适当的图标符号绘制膜蒸发步骤的流程图，流程图中要包含全部给出的信息。

(b) 计算原料流和两股产品流中的组分流率，并将这些结果标注到流程图中。

(c) 何种分离操作能用来进一步提纯蒸气渗透物？

节 1.8

1.17 由孟山都公司开发的普里兹姆气体渗透过程具有对氢高度的选择性，采用被聚硅氧烷包涂的聚砜材料制取的中空纤维膜。在一个典型应用中，组分流率(kmol/h)为 42.4 H_2，7.0 CH_4 和 0.5 N_2 的气体混合物处于 40℃和 16.7 MPa 高压下，被分离成为 16.2 MPa 压力的渗余气和 4.56MPa 的渗透气。

(a) 如果氮不能够透过膜，普里兹姆膜的氢相对于甲烷的分离因子(以摩尔为基准的 SP)为 34.13，氢相对于渗透气的分割分率(SF)为 0.603 8，计算渗余气和渗透气的各个组分流率和总流率(kmol/h)。

(b) 计算渗透气中氢的百分浓度。

(c) 利用平均比热容比率 $\gamma=1.4$，并假定每股气流均为理想气体，进行可逆膨胀，两股排除气流间不发生热交换，估算两股气流的排出温度。

1.18 氮气注入油井可以提高原油的收率。通常，天然气随油产出，希望从中回收氮气供循环注入油井。进而，如果天然气引入管线，其中氮的含量必须小于 3%(mol)。总流率为 170 000 N ft^3/h 的天然气(以 60℉和 14.7psia 为标准态)含有 18%N_2，75%CH_4 和 7%C_2H_6，其温度为 100℉，压力为 800psia，为除去氮气而进行加工建议采用包含下列两个步骤的分离过程：(1)采用无空透明的聚酰亚胺膜的膜分离。随后(2)用渗透气体为原料进行变压吸附，分子筛作为吸附剂。膜分离器对 N_2 具有高的选择性($SP_{N_2,CH_4}=16$)，并完全不透过乙烷。变压吸附步骤选择性吸附甲烷，吸附物的甲烷产品纯度达 97%，吸附器原料中甲烷的回收率为 85%。膜分离步骤的渗余气和变压吸附的吸附物混合得到含 3.0% N_2 的甲烷物流。膜的压降为 760psia。20℉的渗透气经两级压缩升压至 275psia，冷却到 100℉后进入吸附步骤。吸附物气体在再生期间排出吸附器，温度为 100℉，压力为 15psia，经三级压缩升压至 800psia，再经冷却至 100℉后与渗余气体混合，得到最终的管道天然气。

(a) 利用表 1.2 和表 1.3 中适当的图标符号绘制分离过程的工艺流程图，要包括气体压缩机和热交换器，用上面给出的全部资料标注流程图，并对全部工艺物流编号。

(b) 利用上述资料，用物料衡算计算进出两步分离操作的所有工艺物流中 N_2，CH_4 和 C_2H_6 的组分流率，将物料衡算的结果列成与表 1.5 类似的表格。

节 1.9

1.19 乙苯和二甲苯的三种(邻、间和对)异构体的混合物在石油炼制厂广泛存在。

(a) 根据沸点差证明，间二甲苯与对二甲苯间用蒸馏分离远比乙苯与对二甲苯间的分离以及间二甲苯与邻二甲苯间的分离困难。

(b) 准备一个与表 1.11 类似的间二甲苯和对二甲苯性质表格，从此表中找出那个性质差异可能是用来分离此两个二甲苯混合物的最佳性质差异。

(c) 说明熔融结晶和吸附是工业上用来分离间、对二甲苯的方法的道理。

1.20 当乙醇和水的混合物进行常压蒸馏时，产品是接近乙醇和水的恒沸物[89.4%(mol)乙醇]的馏出液和几乎是纯水的塔底产物。根据乙醇和水的某些性质差异，解释为何下列那些分离操作有可能被用来从馏出液中回收几乎纯的乙醇：

(a) 萃取蒸馏；

(b) 恒沸蒸馏；

(c) 液液萃取；

(d) 结晶；

(e) 膜蒸发；

(f) 吸附。

1.21 一股温度为 350K、压力为 1bar、流率为 7 000 kmol/h 的物流是含有 3 000 ppm(质量)氨的水流，要求对它加工以除去 90%氨。你将应用哪一种分离操作？如采用质量分离剂的操作，试推荐一种分离操作。

1.22　一股轻烃原料物流中的组分流率为：丙烷 45.4 kmol/h，异丁烷 136.1 kmol/h，正丁烷 226.8 kmol/h，异戊烷 191.4 kmol/h，正戊烷 317.4kmol/h。该物流进入三座蒸馏塔序列（与图 1.9 类似）分离为四股产品：(1)富集丙烷；(2)富集异丁烷；(3)富集正丁烷；(4)富集混合戊烷。第一座塔的馏出液将是富集丙烷产品；第二座塔的馏出液将是富集异丁烷产品；第三座塔的馏出液将是富集正丁烷产品，塔底产物将是富集混合戊烷。每个主组分在其产品中的收率将达到 98%，例如，原料流中丙烷的 98%将转移到富集丙烷产品，原料流中混合戊烷的 98%将在第三座塔的塔底产物中出现。

(a) 绘制与图 1.9 类似的工艺流程图。

(b) 完成每座塔的物料平衡计算，将计算结果汇总到与表 1.5 类似的表格中。为完成物料平衡计算，需要对流率做一些假设：(1)第一和第三座塔馏出液中的异丁烷以及(2)第一和第二座塔的馏出液中的正丁烷满足指定的回收率。并假设第三座塔的馏出液中不含丙烷，第二座塔的馏出液中不含戊烷。

(c) 计算每个产品的百分摩尔浓度，并将计算结果汇总到与表 1.7 类似的表格中，但此表中不包含规定值。

1.23　在许多工业过程中经常需要从废水中除去有机污染物，可以考虑的分离方法是：(1)吸附；(2)蒸馏；(3)液液萃取；(4)膜分离；(5)气提；(6)汽提。试讨论采用这些方法各自的优缺点，必须考虑到有机物的最终归宿。

1.24　处理厂中许多废气流中含有挥发性有机化合物(VOC_s)，它们必须被清除。VOC_s的回收可以用几种分离方法完成，包括：(1)吸收；(2)吸附；(3)冷却；(4)冷冻；(5)膜分离。试讨论各种方法的优缺点，需特别注意 VOC 的最终归宿。对于一股空气中含 3%(mol)丙酮的案例，试绘制采用吸收操作的工艺流程图。要选出合适的吸收剂，并在流程图中包括丙酮回收和吸收剂循环的办法。

1.25　描述将空气分离成氧和氢的三种合适方法。

1.26　哪种分离方法能用于分离水和有机物（例如乙醇）的恒沸物？

1.27　有一股含有硫酸镁 5%(质量)的水溶液，为从此物流中生产几乎纯的硫酸镁，试设计一个过程，并完成工艺流程图。

1.28　说明含 10%(质量)乙酸水溶液的分离采用乙酸乙醋溶剂的液液萃取方法会比蒸馏方法更经济的原因。

第2章　分离操作的热力学

热力学性质和方程在分离操作中起着重要作用，特别是在能量需求、相平衡和确定设备大小方面。本章讨论分离过程的应用热力学，对能量平衡方程、熵和有效能平衡方程以及确定平衡态时的相密度和相组成方程作了演绎。这里包含的热力学性质有比容或密度、焓、熵、有效能以及逸度和活度及其系数，它们均作为温度、压力和相组成的函数；还对理想和非理想混合物性质的估算方法进行了汇总。然而，本章不是有关化学热力学课程的合适教材；而且，本章重点在流体相，对固体相涉及甚少。

2.0　本章教学目的

在学完本章后，你应能：

- 应用热力学第一和第二定律，作围绕分离过程的能量、熵和有效能平衡的计算。
- 计算分离过程的损失功和第二定律效率。
- 利用吉布斯自由能、化学位、逸度、逸度系数、活度和活度系数说明相平衡概念。
- 了解平衡常数（K 值）的概念及其在涉及平衡的液相和/或气相问题时的用途。
- 利用逸度系数和活度系数推导 K 值的表示式。
- 写出符合拉乌尔定律（理想的）、修正拉乌尔定律和亨利定律的 K 值表示式。
- 计算理想混合物的密度、焓和熵。
- 利用图解关联获取理想和接近理想混合物的热力学性质。
- 利用诺谟图估算非理想烃类和轻气体混合物的气液平衡 K 值。
- 说明计算机程序如何应用状态方程（例如 Soave-Redlich-Kwong 或 Peng-Robinson 方程）计算气相和液相混合物的热力学性质，包括 K 值。
- 说明计算机程序如何应用液相活度系数关联（例如威尔逊、NRTL、UNIQUAC 或 UNIFAC），计算相平衡时的非理想气液混合物的热力学性质，包括 K 值。

2.1　能量、熵和有效能平衡

大多数工业分离操作耗用大量的热能和/或轴功形式的能量，Mix 等[1]的研究指出，美国石油、化学和天然气加工厂的蒸馏分离操作在1976年耗费2quads(1quad=10^{15} Btu)能量,此数值占美国能量总消耗74.5quads的2.7%,约相当于一年中每天从100万桶石油取得的能量的总和,此石油量同美国1991前期炼油装置加工的石油数1 300万桶/天相当。以每桶石油价格40美元计算,在美国蒸馏的能耗量每年约2×10^{13}美元。因此,知道分离过程中能量消耗的程度和能量需求可以减少的数量是相当有意义的。这样的能量估算可用热力学第一和第二定律进行。

图2.1所示的一般分离过程被认为是个连续、定态的流动系统,进入系统的一股或多股物流被分离成两股或多股产物离开系统。对于各物流用n标记其摩尔流率,用z_i标记组分的摩尔分率,T代表温度,p代表压力,h代表摩尔焓,s代表摩尔熵,b代表摩尔有效能。如Felder和Rousseau[2]讨论的,若在过程中发生化学反应,则焓和熵以元素为基准,否则它们以化合物为基准。进出系统的热能以Q标记,经系统边界进出的轴功以W_s标记。当定态并假定动能、位能和表面能的变化可以忽略时,热力学第一定律(又称能量守恒或能量平衡)表明,进入系统的各种形式能量之和等于离开系统的能量之和:

(物流的焓+传递热量+轴动)$_{离开系统的}$-(物流的焓+传递热量+轴动)$_{进入系统的}$=0

用符号表示的能量平衡由表2.1的式(1)表示,式(1)中所有的流率、传递的热量和轴功均是正的,摩尔焓可以是正的或负的,这取决于所选基准态。

所有分离过程必须满足能量平衡,效率差的分离过程所需进出过程的传递热量和/或轴功都大;有效的分离过程则需要较小的传递热量和/或轴功。热力学第一定律不能提供能量效率的任何信息,但由表2.1中的式(2)表示的热力学第二定律(又称为熵平衡)能够提供。定态过程的熵平衡可用文字表述为:

(物流的熵+热量传递造成的熵流动)$_{离开系统的}$-(物流的熵+热量传递造成的熵流动)$_{进入系统的}$=分离过程造成的熵增加

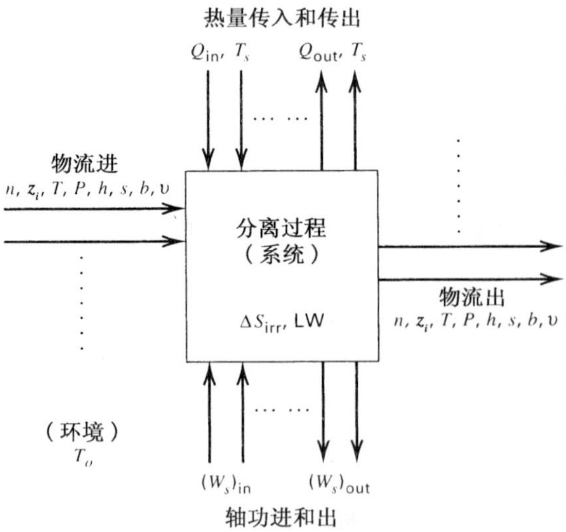

图2.1 一般分离系统

在熵平衡方程中,图2.1中热源和热阱的绝对温度为T_s。例如,如果水蒸气在150℃冷凝,提供给蒸馏塔再沸器热量为Q,则T_s=150+273=423K。如果冷却水在冷凝器中于平均温度 30℃移除热量 Q，则 $T_s=30+273=303K$。不像表明能量守恒的能量平衡，熵平衡预计熵的增加，ΔS_{irr} 代表不可逆过程造成的整体熵增，这一项必定是正的，它是过程热力学无效性的定量度量，当过程逼近可逆时，其极限是 ΔS_{irr} 趋近于零。需注意，熵平衡中不包含与轴功有关的项。

虽然 ΔS_{irr} 是能量无效性的度量，但因它不具有功率的单位(能量/时间)，难以建立其间关联。结合表 2.1 中的式(1)和(2)，可以得到结合热力学第一和第二定律的表述，这已由表 2.1 中的式(3)给出，如此导得了更有用的过程无效性的度量。在进行此推导时，首先需要为热量传递定义一个无限热源和热阱，其温度为 $T_s=T_0$(环境温度)，此温度的典型值约 300K，代表将对它进行分析的加工装置的最大冷却剂源，这可能是冷却水、空气或附近河流、湖泊、海洋温度的平均值。热量传递与此环境冷却剂有关，并对过程传出(或传入)热量为 Q_0，因此，表 2.1 的式(1)和(2)中的 Q 和 Q/T_s 分别包含 Q_0 和 Q_0/T_0 的贡献。

表 2.1　连续、定态流动系统的通用热力学定律

能量衡算：

(1) $\sum\limits_{出系统}(nh+Q+W_s)-\sum\limits_{进系统}(nh+Q+W_s)=0$

熵衡算：

(2) $\sum\limits_{出系统}\left(nS+\dfrac{Q}{T_s}\right)-\sum\limits_{进系统}\left(nS+\dfrac{Q}{T_s}\right)=\Delta S_{irr}$

有效能衡算：

(3) $\sum\limits_{进系统}\left[nb+Q\left(1-\dfrac{T_0}{T_s}\right)+W_s\right]-\sum\limits_{出系统}\left[nb+Q\left(1-\dfrac{T_0}{T_s}\right)+W_s\right]=LW$

最小分离功：

(4) $W_{min}=\sum\limits_{出系统}nb-\sum\limits_{进系统}nb$

第二定律效率：

(5) $\eta=\dfrac{W_{min}}{LW+W_{min}}$

式中　$b=h-T_0s=$ 有效能函数

$LW=T_0\Delta S_{irr}=$ 损失功

如 de Nevers 和 Seader[3]所表明的，表 2.1 中式(3)是由式(1)和(2)的结合并消去 Q_0 导出的，该式被称为有效能(或㶲)平衡方程，此处有效能意味着“可以完全转化为轴功的能量”。物流的有效能函数 b 定义如下：

$$b=h-T_0S \tag{2-1}$$

它是当物流被转变到参考状态时，其能量能转变为轴功的最大数量的度量，与吉布斯自由能 $g=h-TS$ 类似，但差异在于用无限环境温度 T_0 替代物流温度 T 而出现在式中。表 2.1 的式(3)中包含 Q 的项均乘以 $(1-T_0/T_s)$，如图 2.2 所示，这是可逆卡诺热机循环的效率，两者乘积则代表温度 T_s 下的热能 Q 能转换成轴功的最大数值，此处，$Q-W_s$ 的差值是传入温度 T_0 热阱的热量。在式(3)中轴功保持其全值。因此，虽然在表 2.1 的式(1)中，Q 和 W_s 具有相同热力学价值，但在式(3)中传递的热量则具有较小的价值，这是因为轴功能全部转变为热能(通过摩擦)，但是热能却不能全部转变成轴功，除非无限温度的热能是可用的。

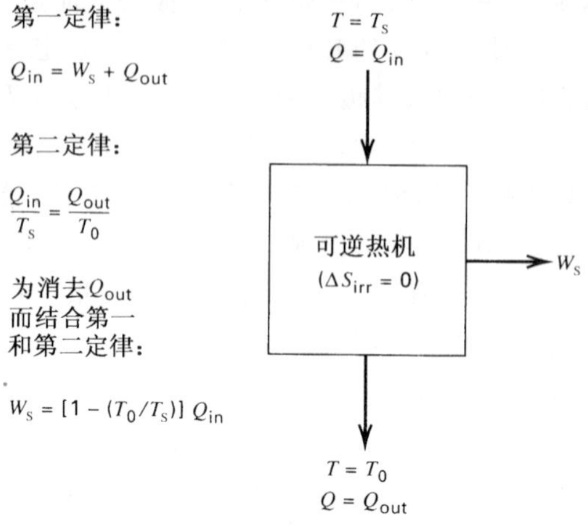

图 2.2　转换热能成轴功的卡诺热机循环

有效能像熵那样，在实际不可逆的过程中是不守恒的，进入系统的总的有效能（即产生轴功的能力）总是大于离开系统的总的有效能，因此，在表 2.1 的式(3)中将进入系统项写于首位，差值称为损失功 LW，也可称为有效能的损失，由下式定义：

$$\mathrm{LW} = T_0 \Delta S_{irr} \tag{2-2}$$

损失功总是正值，其值越大，能量的无效性越大，其下限，即可逆过程可达到的损失功趋近于零。损失功具有与能量相同的单位，因此易将其含义附加到其数值上。定态有效能平衡的文字表示为：

(物流的有效能＋热量的有效能＋轴功)$_{进入系统}$－(物流的有效能＋热量的有效能＋轴功)$_{离开系统}$＝有效能损失(损失功)

对于任一分离过程，损失功可用表 2.1 中的式(3)计算，其大小取决于过程的不可逆性程度，不可逆性包括流体摩擦、具有有限温差推动力的热量传递、具有有限浓度或活度差推动力的质量传递、与化学平衡具有有限偏离时进行的化学反应以及不同温度、压力和/或组成的物流的混合等等。因此，为减少损失功，必须减小动量传递、热量传递、质量传递和化学反应的推动力。此减小程度实际上是受到限制的，因为随着推动力的减小，设备尺寸将随之增大，随着推动力趋近于零，设备尺寸则趋向无限大。

对于不发生化学反应的分离过程，离开过程的物流有效能函数之和通常大于进入过程物流的有效能函数之和，在可逆过程极限时(LW＝0)，表 2.1 中的式(3)简化为式(4)，此处W_{min}是实现分离所需的最小轴功，相当于式(3)中的传递热量与轴功项之和的差。最小功与分离过程的性质(或途径)无关，实际不可逆过程的分离功总是大于由式(4)算得的最小功。

从表 2.1 中的式(3)可见，分离过程的不可逆程度越大，能量更加无效，损失功的增加引起所需的当量分离功也增加同样的数量。因此，不可逆过程的(当量)分离功等于损失功的增量与最小分离功之和。由此**第二定律效率**可以定义为：

(第二定律效率分率)＝(分离最小功/当量实际分离功)

用符号表示的效率示于表 2.1 中的式(5)。

例 2.1

对于图 1.12 所示的丙烯-丙烷分离，利用下列由 SRK 方程(于 2.5 节中讨论)算得的一些物流的热力学性质和表 2.1 中的方程，采用 SI 制单位计算：

(a) 冷凝器热负荷，Q_C；

(b) 再沸器热负荷，Q_R；

(c) 不可逆熵增，假设冷凝器冷却水热阱温度为 303K，再沸器水蒸气热源温度为 378K；

(d) 损失功，假设 $T_0=303K$；

(e) 分离最小功；

(f) 第二定律效率。

物流	相态	焓(h) kJ/kmol	熵(S) kJ/(kmol·K)
原料(F)	液相	13 338	−4.168 3
塔顶馏出蒸气(OV)	气相	24 400	24.260 9
馏出液(D)和回流(R)	液相	12 243	−13.806 8
塔底产物(B)	液相	14 687	−2.388 6

解

将冷凝器的冷却水和再沸器的水蒸气置于系统外面，于是 Q_C 和 Q_R 穿越系统边界。利用图 1.12 中的物流流率和上述性质进行以下计算。

(a) 由围绕冷凝器的能量平衡计算冷凝器的热负荷。塔顶蒸气的流率 $n_{OV}=n_R+n_D$，且 $h_R=h_D$，由表 2.1 中的式(1)计算冷凝器热负荷

$$
\begin{aligned}
Q_C &= n_{OV}(h_{OV}-h_R)\\
&=(2\ 293+159.2)\times(24\ 400-12\ 243)\\
&=29\ 811\ 000\ \mathrm{kJ/h}
\end{aligned}
$$

(b) 由围绕蒸馏操作的能量平衡计算再沸器的热负荷(由于沸腾的气体流率没有给出，围绕再沸器的能量平衡不能进行)。从表 2.1 中的式 (1)得

$$
\begin{aligned}
Q_R &= n_D h_D+n_B h_B+Q_C-n_F h_F\\
&=159.2\times12\ 243+113\times14\ 687+29\ 811\ 000-272.2\times13\ 338\\
&=29\ 789\ 000\ \mathrm{kJ/h}
\end{aligned}
$$

(c) 由围绕整个蒸馏系统的熵平衡计算熵增。从表 2.1 中的式 (2)得

$$
\begin{aligned}
\Delta S_{irr} &= n_D s_D+n_B s_B+Q_C/T_C-n_F s_F-Q_R/T_R\\
&=159.2\times(-13.806\ 8)+113\times(-2.388\ 6)+29\ 811\ 000/303\\
&\quad -272.2\times(-4.168\ 3)-29\ 789\ 000/378\\
&=18\ 246\ \mathrm{kJ/(h\cdot K)}
\end{aligned}
$$

(d) 根据表 2.1 底部损失功的定义计算

$$
\begin{aligned}
\mathrm{LW} &= T_0\Delta S_{irr}\\
&=303\times18.246=5\ 529\ 000\ \mathrm{kJ/h}
\end{aligned}
$$

此外，由围绕整个蒸馏系统的有效能平衡可计算损失功。有效能函数 b 的定义给出在表的近底部，从表 2.1 中的式(3)得

$$
\begin{aligned}
\mathrm{LW} &= n_F b_F+Q_R(1-T_0/T_R)-n_D b_D-n_B b_B-Q_C(1-T_0/T_C)\\
&=272.2\times[13\ 338-303\times(-4.168\ 3)]+29\ 789\ 000\times(1-303/378)
\end{aligned}
$$

$-159.2\times[12\ 243-303\times(-13.806\ 8)]-113\times[14\ 687-303\times(-2.388\ 6)]-29\ 811\ 000\times(1-303/303)$

$=5\ 529\ 000$ kJ/h(同样结果)

(e) 计算整个蒸馏系统的分离最小功。由表 2.1 中的式(4)得

$$W_{\min}=n_Db_D+n_Bb_B-n_Fb_F$$
$$=159.2\times[12\ 243-303\times(-13.806\ 8)]+113\times[14\ 687-303\times(-2.388\ 6)]-272.2\times[13\ 338-303\times(-4.168\ 3)]$$
$$=382\ 100\ \text{kJ/h}$$

(f) 计算整个蒸馏系统的第二定律效率。由表 2.1 中的式(5)得

$$\eta=\frac{W_{\min}}{\mathrm{LW}+W_{\min}}=\frac{382\ 100}{5\ 529\ 000+382\ 100}=0.064\ 6\ 或\ 6.46\%$$

这样低的第二定律效率对于困难的蒸馏分离是典型的,该蒸馏操作需要 150 块理论板和近乎 15 的回流比。

2.2 相平衡

分离设备的分析经常涉及相平衡的假定,它采用吉布斯自由能、化学位、逸度或活度表示。多相多组分系统中每一相的总吉布斯自由能为:

$$G=G(T,\ p,\ N_1,\ N_2,\ N_3,\ \cdots,\ N_c)$$

式中 N_i 为组分 i 的摩尔数。在平衡时,各相的总吉布斯自由能 G 最小,确定此最小值的方法称为自由能极小化技术。吉布斯自由能也是导出广泛应用的相平衡表达式的出发点,从经典热力学得到 G 的全微分为:

$$\mathrm{d}G=-S\mathrm{d}T+V\mathrm{d}p+\sum_{i=1}^{c}\mu_i\mathrm{d}N_i \tag{2-3}$$

式中 μ_i 是组分 i 的化学位或偏摩尔吉布斯自由能。当式(2-3)应用于包含两相或多相的平衡封闭系统时,系统中各相具有同样温度和压力,但每一相均是个敞开系统,能与另外的相发生质量传递,于是

$$\mathrm{d}G_{系统}=\sum_{p=1}^{N}\Big[\sum_{i=1}^{c}\mu_i^{(p)}\mathrm{d}N_i^{(p)}\Big]_{p,T} \tag{2-4}$$

式中角标(p)表示互相平衡的 N 相中的每个相。在不发生化学反应时,每个组分的摩尔数守恒要求

$$\mathrm{d}N_i^{(1)}=-\sum_{p=2}^{N}\mathrm{d}N_i^{(p)} \tag{2-5}$$

代入式(2-4)得

$$\sum_{p=2}^{N}\left[\sum_{i=1}^{c}(\mu_i^{(p)}-\mu_i^{(1)})\mathrm{d}N_i^{(p)}\right]=0 \tag{2-6}$$

式(2-6)中已消去了 $\mathrm{d}N_i^{(1)}$，每一个 $\mathrm{d}N_i^{(p)}$ 可以与任何其他的 $\mathrm{d}N_i^{(p)}$ 无关而独立地变化，这就要求式(2-6)中各 $\mathrm{d}N_i^{(p)}$ 前的系数为零。因此

$$\mu_i^{(1)}=\mu_i^{(2)}=\mu_i^{(3)}=\cdots=\mu_i^{(N)} \tag{2-7}$$

于是，在多相系统中一个特定组分的化学位在物理平衡的各相中是相同的。

2.2.1　逸度和活度系数

化学位不能用一个绝对数量表示，化学位的数值难以与更易理解的物理量关联，进而，当压力趋近零时，它将趋向负无限大。为此，在相平衡计算中不喜欢用化学位，而用 G. N. 路易斯于 1901 年首先采用的一个代替量，逸度。

组分 i 在混合物中的分逸度类似于一个虚拟压力，用化学位定义为

$$\bar{f}_i=C\exp\left(\frac{\mu_i}{RT}\right) \tag{2-8}$$

式中 C 是个与温度有关的常数。不管 C 值如何，Prausnitz、Lichtenthaler 和 Azevedo[4]示明式(2-7)可代之以下式

$$\bar{f}_i^{(1)}=\bar{f}_i^{(2)}=\bar{f}_i^{(3)}=\cdots=\bar{f}_i^{(N)} \tag{2-9}$$

因此，在平衡时一个特定组分在存在的每个相中具有相同的分逸度。此等式再加上相同的温度和压力等式

$$T^{(1)}=T^{(2)}=T^{(3)}=\cdots=T^{(N)} \tag{2-10}$$

和

$$P^{(1)}=P^{(2)}=P^{(3)}=\cdots=P^{(N)} \tag{2-11}$$

构成了相平衡的必要条件。对于一个纯组分，分逸度 $\bar{f}_i$ 变成纯组分的逸度 f_i。对于一个纯理想气体，逸度等于压力；对于理想气体混合物中的一个组分，其分逸度等于分压 $p_i=y_ip$。由于逸度与压力间的紧密关系，对一个纯组分定义二者的比值会是方便的：

$$\phi_i=\frac{f_i}{p} \tag{2-12}$$

式中 ϕ_i 是纯组分的逸度系数，对于理想气体，其值等于 1。对于混合物，分逸度系数的定义为

$$\bar{\phi}_{iV}\equiv\frac{\bar{f}_{iV}}{y_ip} \tag{2-13}$$

$$\bar{\phi}_{iL}\equiv\frac{\bar{f}_{iL}}{x_ip} \tag{2-14}$$

于是当趋近理想气体特性时，$\bar{\phi}_{iV}\to1.0$，而 $\bar{\phi}_{iL}\to p_i^s/p$，$p_i^s$ 为饱和蒸气压。

在某个给定温度下，一个组分的分逸度与其某个标准态逸度的比值称为活度。如果选择与混合物同样压力和相态下的纯组分为标准态，则

$$a_i\equiv\frac{\bar{f}_i}{f_i^0} \tag{2-15}$$

由于在相平衡时，各相的 f_i^0 是相同的，将式(2-15)代入(2-9)，得到另一个相平衡条件

$$a_i^{(1)}=a_i^{(2)}=a_i^{(3)}=\cdots=a_i^{(N)} \tag{2-16}$$

对于理想溶液，$a_{iV}=y_i$，$a_{iL}=x_i$。

为表示非理想溶液中活度与摩尔分率的偏差，基于摩尔分率浓度定义的活度系数为

$$\gamma_{iV}\equiv\frac{a_{iV}}{y_i} \tag{2-17}$$

$$\gamma_{iL}\equiv\frac{a_{iL}}{x_i} \tag{2-18}$$

对于理想溶液，$\gamma_{iV}=1.0$ 和 $\gamma_{iL}=1.0$。

为方便查阅，将相平衡计算中一些有用的热力学参数归总在表 2.2 中。

表 2.2　相平衡的热力学参数

热力学参数	定　义	物理意义	理想气体和理想溶液的极限值
化学位	$\mu_i\equiv\left(\frac{\partial G}{\partial N_i}\right)_{p,T,N_j}$	偏摩尔自由能 $\overline{g}_i$	$\mu_i=\overline{g}_i$
分逸度	$\overline{f}_i\equiv C\exp\left(\frac{\mu_i}{RT}\right)$	热力学压力	$\overline{f}_{iV}=y_ip$ $\overline{f}_{iL}=x_ip_i^s$
纯组分的逸度系数	$\phi_i\equiv\frac{f_i}{p}$	压力引起的逸度偏差	$\phi_{iV}=1.0$ $\phi_{iL}=\frac{p_i^s}{p}$
混合物中组分 i 的分逸度系数	$\overline{\phi}_{iV}\equiv\frac{\overline{f}_{iV}}{y_ip}$ $\overline{\phi}_{iL}\equiv\frac{\overline{f}_{iL}}{x_ip}$	压力和组成引起的逸度偏差	$\overline{\phi}_{iV}=1.0$ $\overline{\phi}_{iL}=\frac{p_i^s}{p}$
活度	$a_i\equiv\frac{\overline{f}_i}{f_i^o}$	对比热容力学压力	$a_{iV}=y_i$ $a_{iL}=x_i$
活度系数	$\gamma_{iV}\equiv\frac{a_{iV}}{y_i}$ $\gamma_{iL}\equiv\frac{a_{iL}}{x_i}$	组成引起的活度偏差	$\gamma_{iV}=1.0$ $\gamma_{iL}=1.0$

2.2.2　*K* 值

相平衡常数是一个组分在平衡的两相中的摩尔分率之比，对于气-液平衡此常数被称为 K 值(气-液平衡常数或 K 因子)：

$$K_i\equiv\frac{y_i}{x_i} \tag{2-19}$$

对于液-液平衡，此常数称为分配系数，或液-液平衡常数：

$$K_{Di}\equiv\frac{x_i^{(1)}}{x_i^{(2)}} \tag{2-20}$$

在包含两个或多个组分分离的平衡级计算中，式(1.4)定义的分离因子是两个平衡常数之比。对于气-液平衡，相对挥发度被定义为：

$$\alpha_{ij}\equiv\frac{K_i}{K_j} \tag{2-21}$$

对于液-液平衡，相对选择性为

$$\beta_{ij}=\frac{K_{Di}}{K_{Dj}} \tag{2-22}$$

平衡常数可用表 2.2 中的参数以多种严格计算式表示，然而下面仅对一个有实用意义的算式进行推导。对于气-液平衡，式(2－9)对每个组分变为：

$$\bar{f}_{iV}=\bar{f}_{iL}$$

为构成平衡常数，这些分逸度通常用包含摩尔分率的表示式替代，它们可从表 2.2 中的定义导出：

$$\bar{f}_{iL}=\gamma_{iL}x_i f^o_{iL} \tag{2-23}$$

或

$$\bar{f}_{iL}=\bar{\phi}_{iL}x_i p \tag{2-24}$$

和

$$\bar{f}_{iV}=\bar{\phi}_{iV}y_i p \tag{2-25}$$

如果将式(2－24)和(2－25)与式(2－19)结合，得到了被称为 K 值的状态方程形式：

$$K_i=\frac{\bar{\phi}_{iL}}{\bar{\phi}_{iV}} \tag{2-26}$$

此式得到了相当重视，采用 Starling 作修正的 Benedict、Webb 和 Rubin(B-W-R-S)状态方程[5]、Soave 作修正的 Redlich-Kwong(S-R-K 或 R-K-S)状态方程[6]、Peng-Robinson(P-R)状态方程[7]和 Plocker 等修正的 Lee-Kesler(L-K-P)状态方式[8]获得了重要应用。如果利用式(2－23)和(2－25)，得到了被称为 K 值的活度系数形式：

$$K_i=\frac{\gamma_{iL}f^o_{iL}}{\bar{\phi}_{iV}p}=\frac{\gamma_{iL}\phi_{iL}}{\bar{\phi}_{iV}} \tag{2-27}$$

从 1960 年起，式(2－27)得到了相当重视和重要的工业应用，采用包含 Grayson 和 Streed [10]修正的 Chao 和 Seader(C-S)[9]关联式。

计算气-液平衡 K 值的一些有用的计算式汇总于表 2.3 中，其中包括式(2－26)和(2－27)的两个严格算式和从它们导出的其他近似算式。所谓拉乌尔定律或理想 K 值可由式(2－27)导出，将表 2.2 中对理想气体及理想气体和理想液体的溶液的 $\gamma_{iL}=1.0$，$\phi_{iL}=p_i^s/p$，$\bar{\phi}_{iV}=1.0$ 代入其中得出。包含液相活度系数的修正拉乌尔定律放宽了理想液体溶液的假设。式(2－27)中的纯组分液体逸度系数 φ_{iL} 在中等压力范围内的波因丁近似校正式为

$$\phi_{iL}=\phi^s_{iV}\frac{p_i^s}{p}\exp\left(\frac{1}{RT}\int_{p_i^s}^{p}v_{iL}\,\mathrm{d}p\right) \tag{2-28}$$

式中 e 的指数项是波因丁因子或称校正因子，如果在设计的压力范围内，液体摩尔体积 v_{iL} 可以认为是常数，则其中积分项变为 $v_{iL}(p-p_i^s)$。对于轻质气体，其临界温度低于系统温度，用 K 值的亨利定律形式更方便，前提是经验的亨利系数值 H_i 能得到。对于一个特定组分 i，其 H_i 值与液相组成、温度和压力有关。如在其他章节中指出的，除表 2.3 中的形式外，还有其他的亨利定律形式。在表 2.3 中还包括每个气液平衡 K 值方程式的推荐应用场合。不管采用哪个计算 K 值的热力学算式，K 值的正确程度取决于计算式中所需的热力学参数(即蒸气压、活度系数和逸度系数)的具体关联式，在实际应用中，K 值算式的选择是综合考虑正确度、复杂性、方便性和以往应用经验的结果。

对于液-液平衡，式(2－9)变为

$$\bar{f}_{iL}^{(1)}=\bar{f}_{iL}^{(2)} \tag{2-29}$$

式中角标(1)和(2)表示不互溶的两液相。分配系数的严格算式由式(2-23)和式(2-20)结合得到，式中仅包含活度系数：

$$K_{D_i}=\frac{x_i^{(1)}}{x_i^{(2)}}=\frac{\gamma_{iL}^{(2)}f_{iL}^{o(2)}}{\gamma_{iL}^{(1)}f_{iL}^{o(1)}}=\frac{\gamma_{iL}^{(2)}}{\gamma_{iL}^{(1)}} \tag{2-30}$$

表 2.3　计算气-液平衡 $K(K_i=y_i/x_i)$ 值的有用方程式

	方程式	推荐的应用
严格式：		
(1) 状态方程	$K_i=\frac{\bar{\phi}_{i,L}}{\bar{\phi}_{i,V}}$	低温到临界的烃类和轻质气体混合物
(2) 活度系数	$K_i=\frac{\gamma_{iL}\phi_{iL}}{\bar{\phi}_{i,V}}$	常温到接近临界温度的所有混合物
近似式：		
(3) 拉乌尔定律(理想)	$K_i=\frac{p_i^s}{p}$	常压附近的理想溶液
(4) 修正的拉乌尔定律	$K_i=\frac{\gamma_{iL}p_i^s}{p}$	常压附近的非理想液体溶液
(5) 波因丁校正	$K_i=\gamma_{iL}\phi_{iV}^s\left(\frac{p_i^s}{p}\right)\exp\left(\frac{1}{RT}\int_{p_i^s}^{p}v_{i_L}dp\right)$	中等压力和低于临界温度的非理想溶液
(6) 亨利定律	$K_i=\frac{H_i}{p}$	超临界温度、低到中压的组分

对于气-固平衡，如果固相中仅含有一个蒸气相组分，能到得一个有用的算式。对此情况，由式(2-9)和(2-25)结合得

$$f_{iS}=\bar{\phi}_{iV}y_ip \tag{2-31}$$

低压下$\bar{\phi}_{iV}=1.0$，固体的逸度可用固体的蒸气压近似，于是得到了构成固相组分的蒸气相摩尔分率：

$$y_i=\frac{(p_i^s)_{固体}}{p} \tag{2-32}$$

对于液-固平衡，如果固相是纯组分，一个类似的有用算式能被导出。结合式(2-9)和式(2-23)得

$$f_{iS}=\gamma_{iL}x_if_{iL}^0 \tag{2-33}$$

低压下固体逸度可用蒸气压近似，得到固相组分的液相摩尔分率：

$$x_i=\frac{(p_i^s)_{固体}}{\gamma_{iL}(p_i^s)_{液体}} \tag{2-34}$$

例 2-2

计算由水和甲烷组成的气-液混合物的在下述条件下的 K 值：总压为 2 atm，温度分别为 20℃和 80℃。

解

在给定的温度和压力条件下，水主要在液相，并适用表 2.3 中示明的拉乌尔定律算式，由于甲烷的临界温度为－82.5℃，远低于给定的温度，它将主要在气相，并适用表 2.3 中示

明的亨利定律算式。从 Perry 主编的《化学工程师手册》(第六版)P3—237 和 P3—103 查得水的蒸气压和甲烷的亨利系数数据如下：

T,℃	水的 p^s, atm	甲烷的 H, atm
20	0.023 07	3.76×10^4
80	0.467 3	6.82×10^4

水和甲烷的 K 值分别用表 2.3 中的(3)和(6)计算，$p=2$ atm，结果如下：

T,℃	K_{H_2O}	K_{CH_4}
20	0.011 54	18 800
80	0.233 7	34 100

上述 K 值证明了两个组分在相间分布的假设。水的 K 值小，但随温度升高迅速增大。甲烷的 K 值极大，在本例中其值并不随温度迅速变化。

2.3　理想气体、理想液体溶液模型

分离设备的设计需要相的焓、熵、密度和相平衡常数的值，经典热力学提供了一套形式一致的从 p-V-T 关系出发计算这些参数的方法，常被称为状态方程模型。当液相和气相均是理想溶液(活度系数全等于 1)和气相是理想气体时，使用最简单的模型，混合物中每个组分的热力学性质可用表 2.4 中给出的相当简单的单参数方程式计算。一般说来，这些理想的方程式仅适用于常压到 50 psia(345 kPa)范围内的异构体或分子结构相似的组分组成的混合物。

表 2.4　理想混合物的热力学性质

理想气体和理想气体溶液：

$$(1)\ v_V=\frac{V}{\sum_{i=1}^{C}N_i}=\frac{M}{\rho_v}=\frac{RT}{p},\quad M=\sum_{i=1}^{C}y_iM_i$$

$$(2)\ h_V=\sum_{i=1}^{C}y_i\int_{T_0}^{T}(c_p^o)_{iV}\,\mathrm{d}T=\sum_{i=1}^{C}y_ih_{iV}^o$$

$$(3)\ s_V=\sum_{i=1}^{C}y_i\int_{T_0}^{T}\frac{(c_p^o)_{iV}}{T}\mathrm{d}T-R\ln\left(\frac{p}{p_0}\right)-R\sum_{i=1}^{C}y_i\ln y_i$$

式中第一项是 s_V^o

理想液体溶液：

$$(4)\ v_L=\frac{V}{\sum_{i=1}^{C}N_i}=\frac{M}{\rho_L}=\sum_{i=1}^{C}x_iv_{iL},\quad M=\sum_{i=1}^{C}x_iM_i$$

$$(5)\ h_L=\sum_{i=1}^{C}x_i(h_{iV}^o-\Delta H_i^{\text{vap}})$$

$$(6)\ s_L=\sum_{i=1}^{C}x_i\left[\int_{T_0}^{T}\frac{(c_p^o)_{iV}}{T}\mathrm{d}T-\frac{\Delta H_i^{\text{vap}}}{T}\right]-R\ln\left(\frac{p}{p_0}\right)-R\sum_{i=1}^{C}x_i\ln x_i$$

气-液平衡：

$$(7)\ K_i=\frac{p_i^s}{p}$$

对于蒸气的摩尔体积和密度，由表 2.4 中理想气体定律的式(1)计算，式中包含混合物的相对分子质量 M 和通用气体常数 R。对于混合物，理想气体定律假设道尔顿分压加和定律和阿伏伽德罗纯组分体积加和定律均适用。摩尔蒸气焓由式(2)先对每个组分的零压下的定压比热容 c_{pv}^0 积分计算，积分限从参考(基准)温度 T_0 到给定温度 T，再将算得的各组分的蒸气焓以摩尔分率为基础加和而得。T_0 取的典型值为 0 K 或 25℃。虽然参考压力为零，但压力对理想气体焓没有影响。温度对纯组分零压蒸气比热容影响的常用经验关联式为如下的四次方多项式：

$$c_{pv}^0 = [a_0 + a_1 T + a_2 T^2 + a_3 T^3 + a_4 T^4]R \tag{2-35}$$

式中常数 a_k 取决于组分，几百种化合物的常数(T 单位为 K)由 Poling、Prausnitz 和 O'Connell[11]汇集在表中。由于 $c_p = \mathrm{d}h/\mathrm{d}T$，式(2-35)可以对每个组分积分得到理想气体组分的摩尔焓：

$$h_V^o = \int_{T_0}^{T} c_{pv}^o \mathrm{d}T = \sum_{k=1}^{5} \frac{a_{k-1}(T^k - T_0^k)R}{k} \tag{2-36}$$

蒸气的摩尔熵计算由表 2.4 中的式(3)着手，先对每个组分的 c_{pv}^0/T 积分，积分限从 T_0 积到 T，然后以摩尔分率为基础加和，再加上以基准压力 p_0 为参照的压力 p 校正项，一般取 1 atm(101.3 kPa)为基准压力，还要再加上由于混合产生的熵变化一项。由于零压下的熵为负无限大，参考压力不取零压。如果比热容用式(2-35)计算，则

$$\int_{T_0}^{T} \left(\frac{c_{pv}^o}{T}\right) \mathrm{d}T = \left[a_0 \ln\left(\frac{T}{T_0}\right) + \sum_{k=1}^{4} \frac{a_k(T^k - T_0^k)}{k}\right]R \tag{2-37}$$

液体的摩尔体积和密度由纯组分的摩尔体积用表 2.4 中的式(4)和体积(不是密度)加和的假设进行计算。从冰点到临界点的范围内，温度对纯组分在饱和蒸气压下的密度的影响被 Rackett[12]的两常数经验式恰当地关联：

$$\rho_L = AB^{-(1-T/T_c)^{2/7}} \tag{2-38}$$

大约 700 种有机化合物的上式中的常数 A,B 和临界温度已由 Yaws 等[15]列成表格。从低于沸点到临界区域的广泛温度范围内，纯液体组分的蒸气压可由扩展的安妥因经验方程恰当地关联：

$$\ln p^s = k_1 + k_2/(k_3 + T) + k_4 T + k_5 \ln T + k_6 T^{k_7} \tag{2-39}$$

式中常数 k_k 取决于组分，数百种化合物的常数值已收进计算机辅助的过程模拟和设计程序系统的物性数据库中。数百种化合物的其他一些蒸气压经验方程式的常数已由 Poling 等[11]列成表格。低压下的汽化热可根据经典热力学关系用蒸气压计算：

$$\Delta H^{\mathrm{vap}} = RT^2 \left(\frac{\mathrm{d}\ln p^s}{\mathrm{d}T}\right) \tag{2-40}$$

如用式(2-39)计算蒸气压，式(2-40)变为：

$$\Delta H^{\mathrm{vap}} = RT^2 \left[-\frac{k_2}{(k_3 + T)^2} + k_4 + \frac{k_5}{T} + k_7 k_6 T^{k_7 - 1}\right] \tag{2-41}$$

理想液体混合物的焓由表 2.4 中的式(5)计算，即将由式(2-36)算得的各组分的理想蒸气摩尔焓减去摩尔汽化热，然后将它们加和得出，由式(6)给出的理想液体混合物的熵可用类似的方法算得，即从理想气体的熵减去摩尔汽化熵 $\Delta H^{\mathrm{vap}}/T$。

表 2.4 中最末一个方程式为理想 K 值的表示式，此式已列在表 2.3 中，它常被称为拉乌尔定律的 K 值。拉乌尔定律为

$$p_i = x_i p_i^s \tag{2-42}$$

还需要道尔顿定律的假定：

$$p_i = y_i p \tag{2-43}$$

结合式(2－42)和(2－43)得到拉乌尔定律 K 值的表示式。

$$K_i \equiv \frac{y_i}{x_i} = \frac{p_i^s}{p} \tag{2-44}$$

扩展的安妥因方程(2－39)(或某个其他合适的方程)可以用来计算蒸气压。注意，理想 K 值与相组成无关，但因蒸气压的关系它与温度成指数关系，且与压力成反比，用式(2－44)与相对挥发度定义式(2－21)得知，相对挥发度与压力无关。

例 2.3

苯乙烯由乙苯催化脱氢并经真空蒸馏从未反应的乙苯中分离得到[14]。进入蒸馏装置的原料的典型条件是，温度 77.5℃(350.6K)，压力 100 托(13.33kPa)，平衡的汽液相流率如下：

组分	n, kmol/h	
	气相	液相
乙苯(EB)	76.51	27.31
苯乙烯(S)	61.12	29.03

根据下列的物性常数，并假定表 2.4 的理想气体和理想液体溶液的模型适用于本低压系统，计算以 SI 制单位计的 v_V，ρ_V，h_V，s_V，v_L，ρ_L，h_L 和 s_L，以及 K 值和相对挥发度。

式(2－35)，(2－38)，(2－39)的性质常数(T 的单位均为 K)		
	乙苯	苯乙烯
M, kg/kmol	106.168	104.152
c_{pv}^o, J/(kmol·K)：		
a_0R	−43 098.9	−28 248.3
a_1R	707.151	615.878
a_2R	−0.481 063	−0.402 31
a_3R	$1.300\ 84\times10^{-4}$	$9.935\ 28\times10^{-5}$
a_4R	0	0
p^s, Pa：		
k_1	86.500 8	130.542
k_2	−7 440.61	−9 141.07
k_3	0	0
k_4	0.006 231 21	0.014 336 9
k_5	−9.870 52	−17.091 8
k_6	$4.130\ 65\times10^{-18}$	$1.837\ 5\times10^{-18}$
k_7	6	6
ρ_L, kg/m³：		
A	289.8	299.2
B	0.268	0.264
T_c, K	617.9	617.1
R=8.314 kJ/(kmol·K) 或 kPa·m³/(kmol·K)=8 314 J/(kmol·K)		

解

相的摩尔分率组成和平均相对分子质量：

由 $y_i=(n_{iV}/n_V)$，$x_i=(n_{iL}/n_L)$算得

	乙苯	苯乙烯
y	0.555 9	0.444 1
x	0.484 8	0.515 2

由表 2.4 中的式(1)得

$M_V=0.5559\times106.168+0.4441\times104.152=105.27$

$M_L=0.4848\times106.168+0.5152\times104.152=105.13$

气相摩尔体积和密度：

由表 2.4 中的式 (1)得

$$v_V=\frac{RT}{p}=\frac{8.314\times350.65}{13.332}=219.2\ \mathrm{m^3/kmol}$$

$$\rho_V=\frac{M_V}{v_V}=\frac{105.27}{219.2}=0.4802\ \mathrm{kg/m^3}$$

气相的摩尔焓(基准:298.15 K 和 0 kPa 的理想气体)：

由式(2-36)对乙苯进行计算得

$$\begin{aligned}h^0_{EB_V}&=-43\,098.9\times(350.65-298.15)+\left(\frac{707.151}{2}\right)\times(350.65^2-298.15^2)\\&\quad-\left(\frac{0.481\,063}{3}\right)\times(350.65^3-298.15^3)+\left(\frac{1.300\,84\times10^{-4}}{4}\right)\times(350.65^4-298.15^4)\\&=7\,351\,900\ \mathrm{J/kmol}\end{aligned}$$

类似可得

$h^0_{S_V}=6\,957\,700\ \mathrm{J/kmol}$

由表 2.4 的式(2)对混合物得

$h_V=\sum y_i h^0_{iV}=0.5559\times7\,351\,900+0.4441\times6\,957\,100=7\,176\,800\ \mathrm{J/kmol}$

气相的摩尔熵(基准:298.15 K 和 101.3 kPa 的气相纯组分)：

对每个组分由式(2-37)得

$\int_{T_0}^{T}\left(\frac{c^0_{p_V}}{T}\right)\mathrm{d}T=22\,662\ \mathrm{J/(kmol\cdot K)}$　　对乙苯

和$=21\,450\ \mathrm{J/(kmol\cdot K)}$　　对苯乙烯

对混合物由表 2.4 中的式 (3)得

$$\begin{aligned}s_V&=(0.5559\times22\,662.4+0.4441\times21\,450.3)-8\,314\times\ln\left(\frac{13.332}{101.3}\right)\\&\quad-8\,314[0.5559\times\ln(0.5559)+0.4441\times\ln(0.4441)]\\&=44\,695\ \mathrm{J/(kmol\cdot K)}\end{aligned}$$

注意，在本例中，压力影响和混合影响项相当重要。

液相的摩尔体积和密度：

由式(2-38)对乙苯得

$\rho_{EB_L}=(289.8)\times(0.268)^{-(1-350.65/617.9)^{2/7}}=816.9\ \mathrm{kg/m^3}$

$$v_{EB_L}=\frac{M_{EB}}{\rho_{EB_L}}=0.1300\ m^3/kmol$$

类似可得

$$\rho_{S_L}=853.0\ kg/m^3$$

$$v_{S_L}=0.1221\ m^3/kmol$$

对于混合物由表 2.4 中的式(4)得

$$v_L=0.4848\times0.1300+0.5152\times0.1221=0.1259\ m^3/kmol$$

$$\rho_L=\frac{M_L}{v_L}=\frac{105.13}{0.1259}=835.0\ kg/m^3$$

液相的摩尔焓(基准:298.15 K 的理想气体):

对于混合物按表 2.4 中的式(5)计算,对于乙苯的汽化热由式(2－41)计算。

$$\begin{aligned}\Delta H_{EB}^{vap}=&8314\times(350.65)^2\left[\frac{-(-7440.61)}{(0+350.65)^2}+0.00623121\right.\\&\left.+\frac{-(9.87052)}{350.65}+6(4.13065\times10^{-18})\times(350.65)^5\right]\\=&39589800\ J/kmol\end{aligned}$$

类似地

$$\Delta H_S^{vap}=40886700\ J/kmol$$

利用上面的 $h_{EB_V}^0$ 和 $h_{S_V}^0$,由表 2.4 的式(5)得

$$\begin{aligned}h_L=&[0.4848\times(7351900-39589800)+0.5152(6957700-40886700)]\\=&-33109000\ J/kmol\end{aligned}$$

液相的摩尔熵(基准:298.15 K 和 101.3 kPa 的气相纯组分):

利用上面 EB 和 S 的 $\int_{T_0}^{T}(c_{p_V}^0/T)dT$ 和 ΔH^{vap} 值,对于混合物由表 2.4 的式(6)得

$$\begin{aligned}s_L=&0.4848\left(22662-\frac{39589800}{350.65}\right)+0.5152\left(21450-\frac{40886700}{350.65}\right)\\&-8.314\times\ln\left(\frac{13.332}{101.3}\right)-8314\times[0.4848\times\ln(0.4848)+0.5152\times\ln(0.5152)]\\=&-70150\ J/(kmol\cdot K)\end{aligned}$$

K 值:

由于表 2.4 中的式 (7)将用来计算 K 值,所以首先需用式(2－39)计算乙苯的蒸气压,

$$\begin{aligned}\ln p_{EB}^s=&86.5008+\left(\frac{-7440.61}{0+350.65}\right)\\&+0.00623121\times350.65+(-9.87052)\times\ln(350.65)\\&+4.13065\times10^{-18}\times(350.65)^6\\=&9.63481\end{aligned}$$

$$p_{EB}^s=\exp(9.63481)=15288\ Pa=15.288kPa$$

类似可得

$$p_S^s=11.492\ kPa$$

由表 2.4 中的式 (7)得

$$K_{EB}=\frac{15.288}{13.332}=1.147$$

$$K_S=\frac{11.492}{13.332}=0.862$$

相对挥发度：

由式(2-21)得

$$\alpha_{EB,S}=\frac{K_{EB}}{K_S}=\frac{1.147}{0.862}=1.331$$

2.4 热力学性质的图解关联

为分离操作设计需作的热力学和其他物理性质的计算，通常应用计算机辅助过程设计和模拟程序系统进行，例如 Aspen Plus，HYSYS，ChemCad 和 Pro/II 进行，然而性质的标绘最能表明温度和压力的影响。易于用模拟程序生成的某些典型标绘将示于本小节。

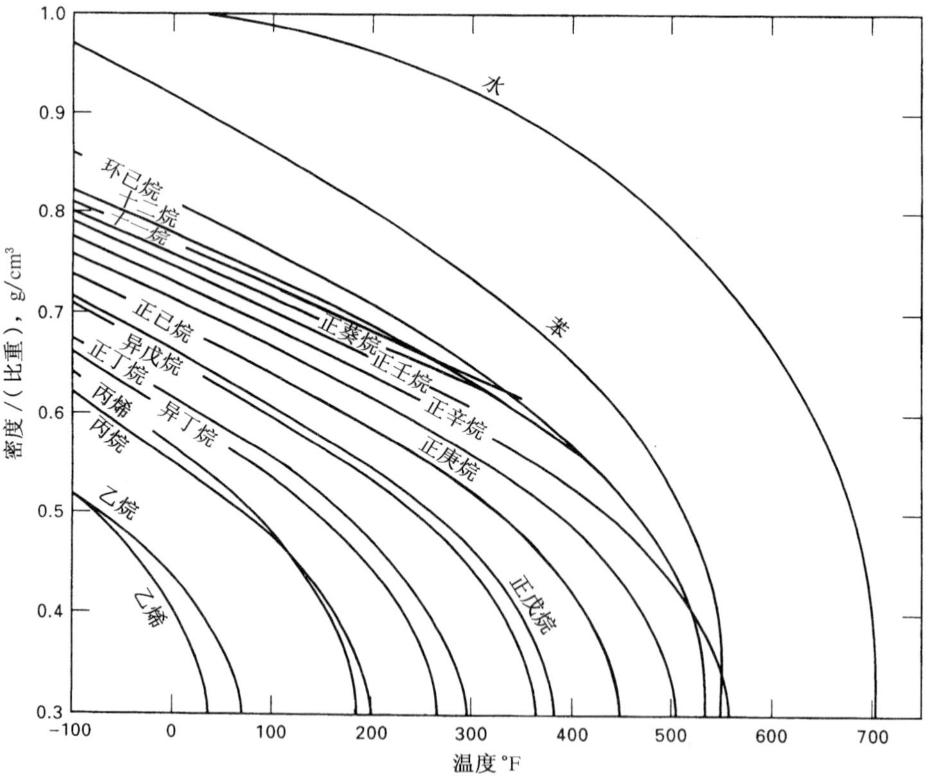

图 2.3 烃类流体密度

[取自 G. G. Brown，D. L. Katz，G. G. Oberfell，and R. C. Alden，*Natural Gasoline and the Volatile Hydrocarbons*，美国天然气协会，Tulsa，OK(1948).]

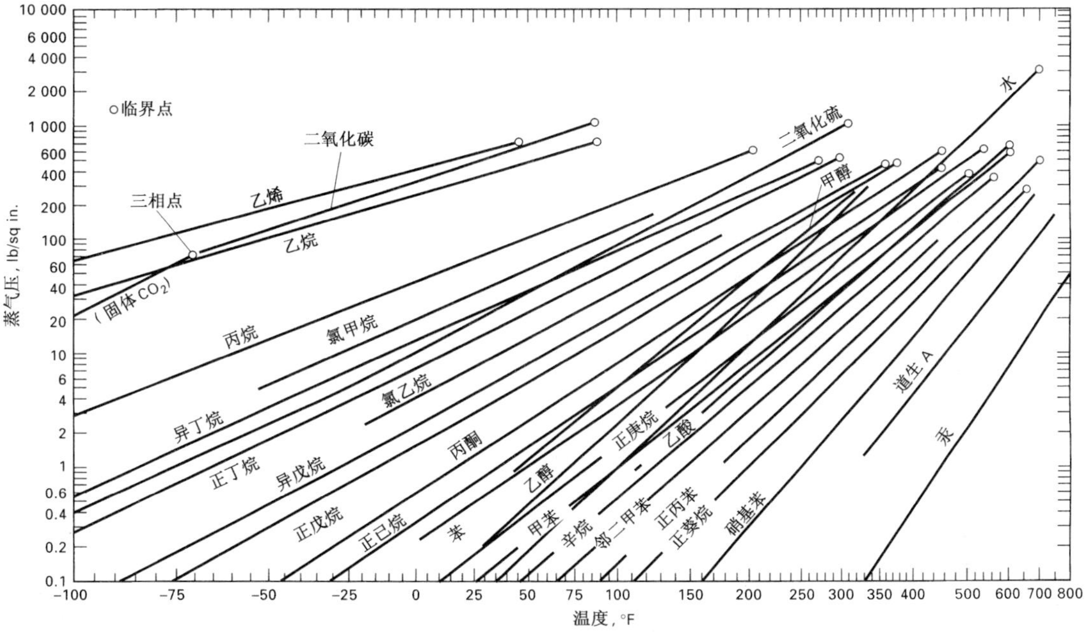

图 2.4　蒸气压和温度的关系

图 2.3 是某些烃类的饱和液体密度与温度关系的标绘。随着临界温度的接近，液体密度迅速减小，直至在临界点变得与蒸气密度相等。这些液体密度曲线能用修正的 Rackett 方程(2－38)恰当地关联。

图 2.4 是一些普通化学品的液态蒸气压标绘，温度涉及从沸点以下到临界温度的宽广范围，蒸气压在临界点终止。通常这些曲线能被扩展的安妥因方程式(2－39)恰当地表示。这种标绘对于确定纯组分的相态(液相或气相)以及用式(2－44)[或表 2.3 中的式(3)]计算拉乌尔定律的 K 值是有用的。

在广泛温度区间内轻质链烷烃的零压理想气体焓曲线示于图 2.5，焓的基准是 0℃ 液相，此时焓为零。这些曲线的导数与理想气体比热容的四次方多项式(2－35)相当符合。几种轻质气体的理想气体熵曲线示于图 2.6，覆盖了广泛的温度区间。

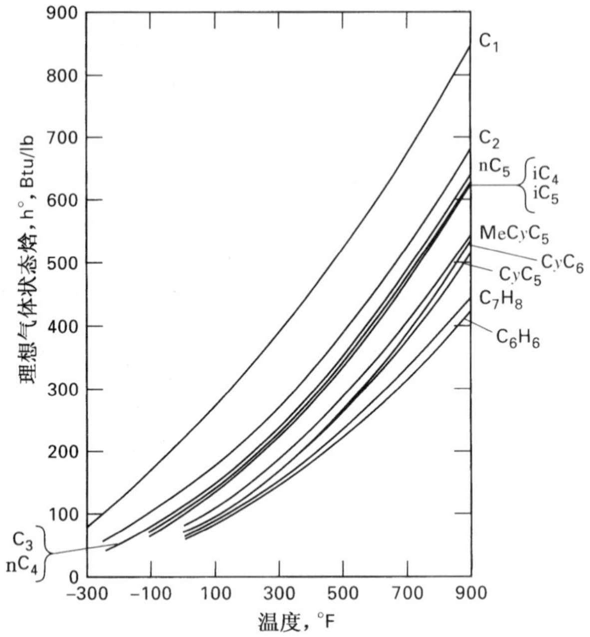

图 2.5　纯组分的理想气体状态焓

［取自 *Engineering Data Book*，9th ed.，Gas Processors Suppliers Association，Tulsa(1972).］

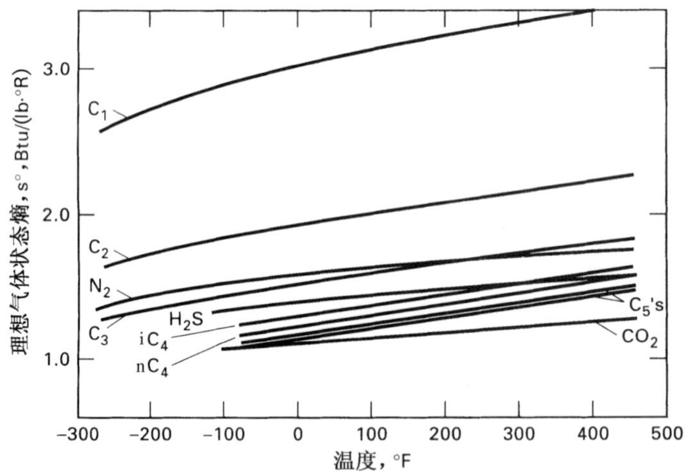

图 2.6　纯组分的理想气体状态熵

［取自 *Engineering Data Book*，9th ed.，Gas Processors Suppliers Association，Tulsa(1972).］

轻质链烷烃的汽化热与饱和温度间的关系曲线示于图 2.7。汽化热与压力无关，在临界点其值降为零，此时蒸气和液体已无区别。

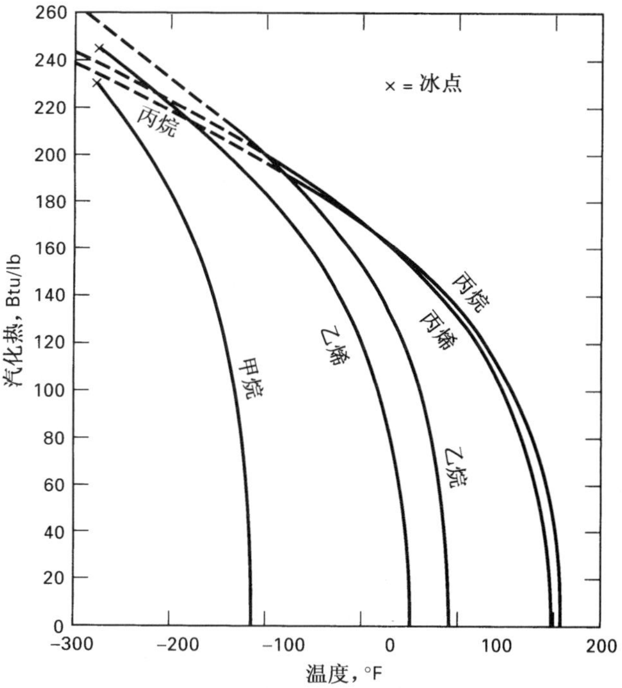

图 2.7　链烯烃和链烷烃的汽化热

[取自美国石油学会，技术数据手册，华盛顿特区(1963 年 8 月)]

决定温度和压力对烃类和轻质气体 K 值影响的列线图示于图 2.8 和图 2.9，它们从 Hadden 和 Grayson[15]的论文中摘录。在此两图中，当压力于 5 000psia(34.5MPa)时，全部 K 值会聚于 1。此压力称为会聚压，它与混合物中组分的沸腾区间有关。例如，图 2.10 中的混合物(含有 N_2 到 nC_{10})组分覆盖了很宽的沸点区间，其会聚压约为 2 500psia；对于窄沸程混合物，例如乙烷和丙烷的混合物，其会聚压一般小于 1 000psia。图 2.8 和 2.9 的 K 值图严格地适用于会聚压 5 000psia 的混合物，会聚压矫正的详细步骤在 Hadden 和 Grayson 的论文中有介绍。列线图的应用在例 2.4① 中示明。

液-液相平衡常数(分配系数)的计算没有简单的图可用，这是因为组成的影响相当显著。然而，对于稀溶质的三元系，且溶剂不相溶时，大量溶质分配系数的列表已由 Robbins[16]给出。

① 原文误为习题 2.4——译者注。

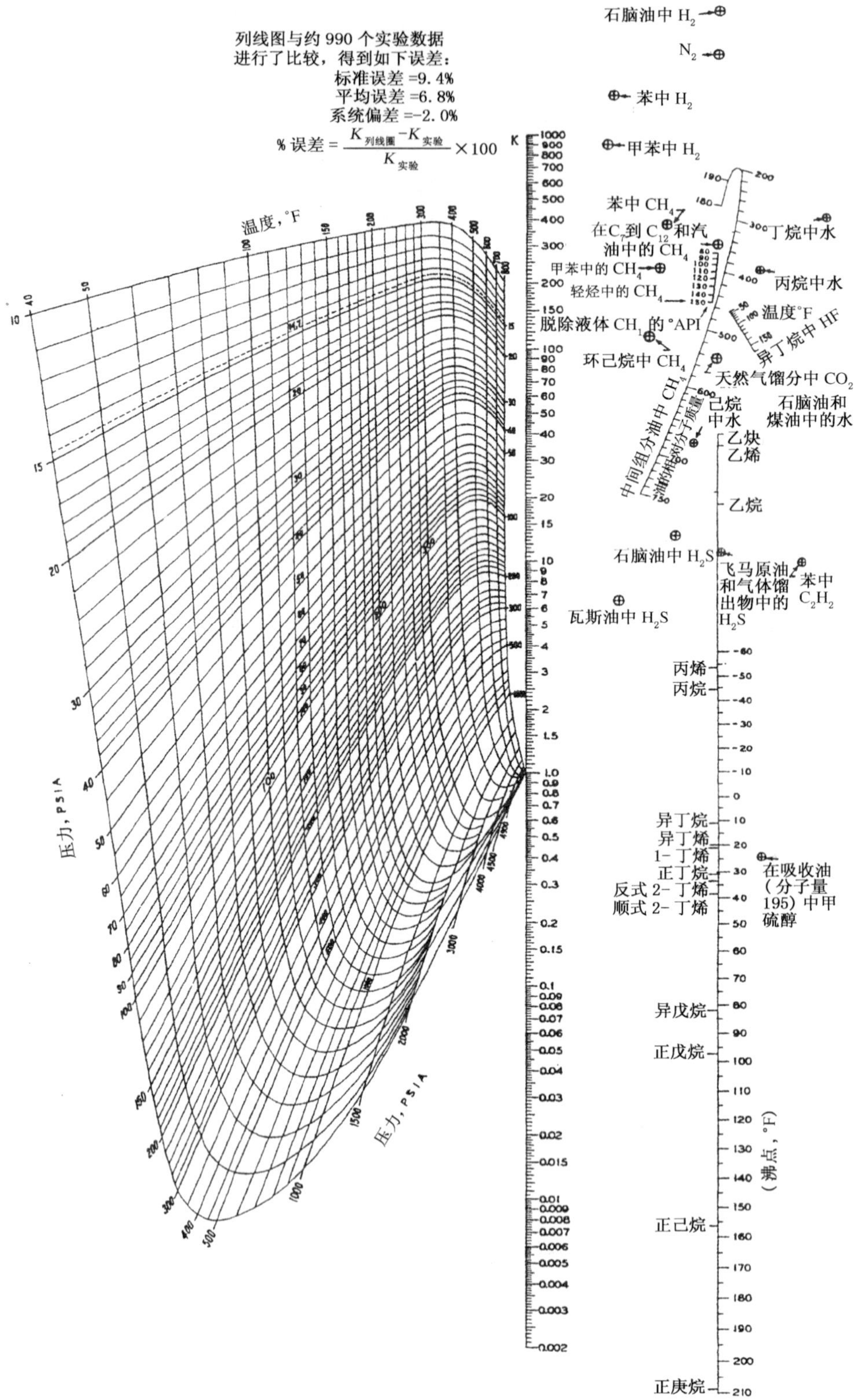

图 2.8　40 到 800°F 区间的气-液平衡

[获准摘自 S. T. Hadden and H. G. Grayson, *Hydrocarbon Proc. and Petrol. Refiner*, **40**, 207 (sept. 1961)]

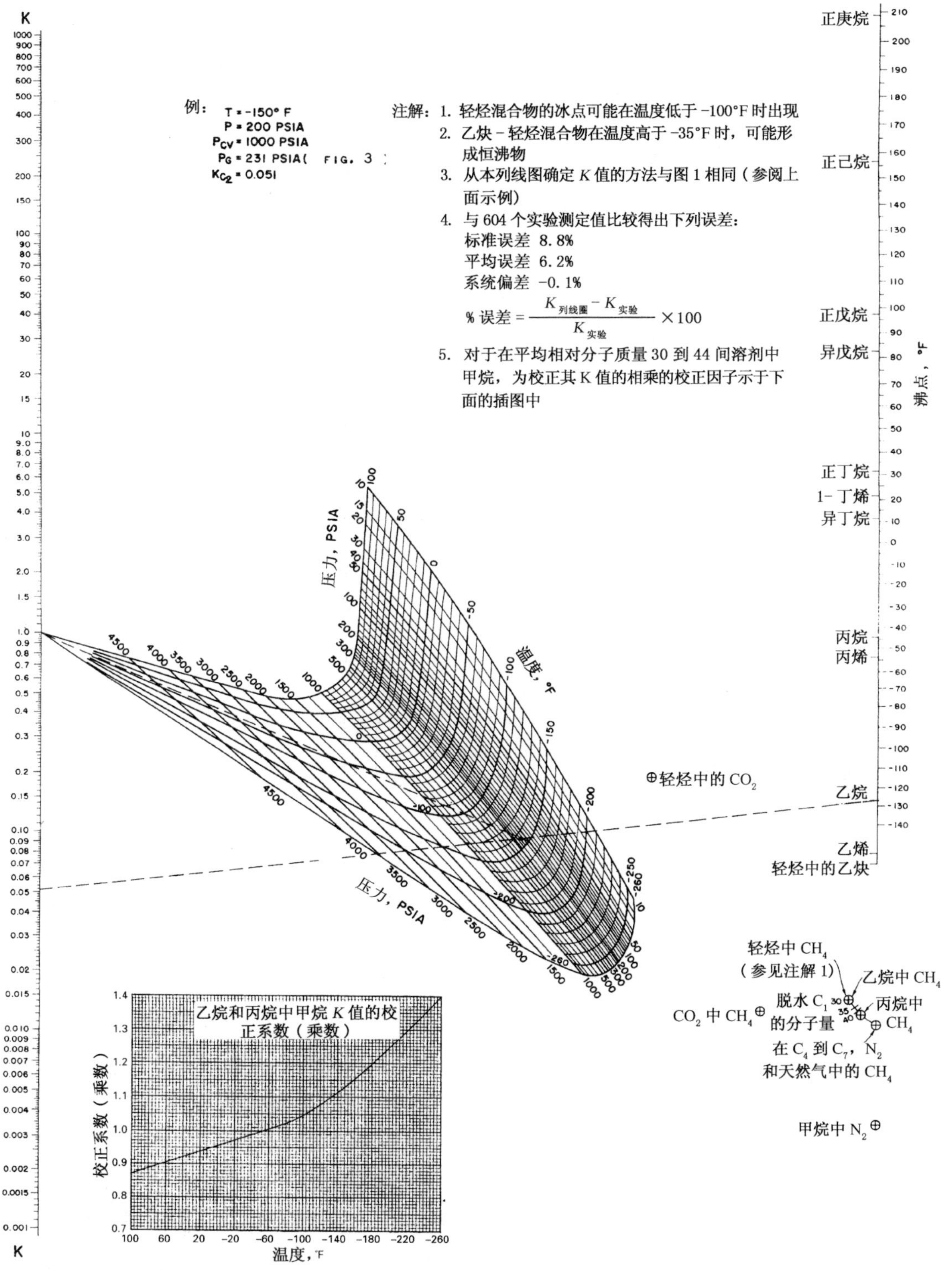

图 2.9　-260 到 100°F 区间的气-液平衡

［获准摘自 S. T. Hadden and H. G. Grayson, *Hydrocarbon Proc. and Petrol. Refiner*, **40**, 207(Sept. 1961)］

例 2.4

石油炼制从原油常压蒸馏开始，原油被分割成不同沸点区间的馏分，从 0 到 100℃沸点的馏分为轻石脑油，是汽油的混合物；从 100 到 200℃沸点的馏分为重石脑油，将作进一步的化学加工以获得更多有用的产品。水蒸气裂化是这样一个过程，为生产由乙烯、丙烯和许多其他化合物(其中有苯和甲苯)组成的气体。此气体送到蒸馏序列，将混合物分离成一打以上产品。在第一座塔中，用压力为 3.2MPa(464psia)的深冷蒸馏将氢和甲烷移除。试用合适的 K 值列线图估算蒸馏塔中温度为 40℉的塔板上 H_2，CH_4，C_2H_4 和 C_3H_6 的 K 值。

解

温度为 40℉时图 2.8 适用。氢的 K 值与混合物中其他化合物有关，由于其中苯和甲苯占有相当数量，在“苯中氢”和“甲苯中氢”两点间确定一点 A，再在 T-p 网格上由 40℉和 464psia 定出另一点 B，用直线连接两点 A 和 B，从它与 K 刻度线交点读得 $K=100$。

用类似的方法和用同一点 B，读得甲烷的 $K=11$。对于乙烯和丙烯，点 A 从沸点刻度线上定出，B 点仍相同。分别读得 K 值为 1.5 和 0.32。

表 2.5　有用的状态方程

名　　称	方　　程	方程的常数和函数
(1) 理想气体定律	$p=\frac{RT}{v}$	无
(2) 普遍化的	$p=\frac{ZRT}{v}$	$Z=Z\{p_r, T_r, Z_c$ 或 $\omega\}$ 由数据导出
(3) Redlich-Kwong(R-K)	$p=\frac{RT}{v-b}-\frac{a}{v^2+bv}$	$b=0.086\ 64RT_c/p_c$ $a=0.427\ 48R^2T_c^{2.5}/p_cT^{0.5}$
(4) Soave-Redlich-Kwong(S-R-K 或 R-K-S)	$p=\frac{RT}{v-b}-\frac{a}{v^2+bv}$	$b=0.086\ 64RT_c/p_c$ $a=0.427\ 48R^2T_c^2[1+f_\omega(1-T_r^{0.5})]^2/p_c$ $f_\omega=0.48+1.574\omega-0.176\omega^2$
(5) Peng-Robinson(P-R)	$p=\frac{RT}{v-b}-\frac{a}{v^2+2bv-b^2}$	$b=0.077\ 80RT_c/p_c$ $a=0.457\ 24R^2T_c^2[1+f_\omega(1-T_r^{0.5})]^2/p_c$ $f_\omega=0.374\ 64+1.542\ 26\omega-0.269\ 92\omega^2$

2.5　非理想热力学性质的模型

不像表 2.1 的方程，能对理想和非理想的纯物质和混合物普遍使用，现还没有通用方程能用来计算非理想混合物的热力学性质之值，密度、焓、熵、逸度和活度系数等均是温度、压力和相组成的函数。现采用如下两类模型：(1)p-V-T 状态方程模型和(2)活度系数或自由能模型。由于它们与混合物中组分的结构和性质有关，故是基本方程式的基础。

2.5.1 p-V-T 状态方程模型

第一类模型是摩尔体积(或密度)、温度和压力间的关系式,通常被称为 p-V-T 状态方程。已有大量这类方程被提出,大多适用于气相的。最简单的一个是理想气体定律,它仅适用于低压或高温气体,由于它忽略了分子占有的体积和分子间的作用力。所有其他的状态方程都试图去校正这两项缺陷。化学工程师最常用的一些状态方程列于表 2.5,Poling 等[11]对它们以及另一些状态方程作了相当详细的讨论。

表 2.5 中不包括范德华方程 $p=RT/(V-b)-a/V^2$,此处 a 和 b 是取决于组分的,可由临界温度和临界压力估算。范德华方程是状态方程式对非理想气体的第一个成功的逼近。由于它适用范围太窄,很少被化学工程师采用。然而从它做的演绎确实建议,各种物质的对比摩尔体积 $V_r=V/V_c$ 在同样的对比温度 $T_r=T/T_c$ 和对比压力 $p_r=p/p_c$ 下相同。这个被称作为对比态定律(原理或规则)的发现用来开发出了表 2.5 中式(2)给出的普遍化状态方程,此方程定义了压缩因子 Z,它是 p_r,T_r 和临界压缩因子 Zc 或偏心因子 ω 的函数,由 p-V-T 实验数据确定。偏心因子由 Pitzer 等[17]引进,用来考虑分子形状的差异,由蒸气压曲线确定:

$$\omega=\left[-\ln\left(\frac{p^s}{p_c}\right)_{T_r=0.7}\right]-1.00 \tag{2-45}$$

此定义式导致对称形状分子的 ω 值为零,某些典型的 ω 值分别是:甲苯 0.264,癸烷 0.490 和乙醇 0.649,它们摘自 Poling 等[11]的大量表格。

1949 年,Redlich 和 Kwong[18]发表了一个状态方程,它与范德华方程相似,仅包含两个均可由 T_c 和 p_c 决定的常数,只需应用临界点条件:

$$\left(\frac{\partial p}{\partial v}\right)=0 \quad 和 \quad \left(\frac{\partial^2 p}{\partial v^2}\right)=0$$

然而,示于表 2.5 中(3)的 R-K 方程,对范德华方程作了相当的改进。Shah 和 Thodos[19]的研究表明,当用于非极性化合物时,简单的 R-K 方程的精确度同包含更多常数的方程式相比相当满意,进而,R-K 方程能近似用于液相区。

如将 R-K 方程展开得出公分母,导出 V 的三次方程。另外,如将式 2.5 中的式(2)和(3)结合消去 V,得到了压缩因子 Z 形式的 R-K 方程:

$$Z^3-Z^2+(A-B-B^2)Z-AB=0 \tag{2-46}$$

式中:

$$A=\frac{ap}{R^2T^2} \tag{2-47}$$

$$B=\frac{bp}{RT} \tag{2-48}$$

Z 的三次方程式(2-46)能被解析解,得到三个根[参见 Perry 主编的手册(第七版)P4~20]。一般,在超临界温度下,仅可能有一个相存在,可以解得一个实根和一对共轭复数根;在低于临界温度时,能存在气相和/或液相,可以解得三个实根,其中 Z(即 V)的最大值对应于气相,即是 Z_v;而 Z(即 V)的最小值对应于液相,即是 Z_L;Z 的中间值没有实际意义。

为能将 R-K 方程用于混合物,需要用混合规则由混合物中每个组分的常数 a 和 b 算得平均值。对含 C 个组分的气相混合物，推荐的混合规则是：

$$a = \sum_{i=1}^{C}\left[\sum_{j=1}^{C} y_i y_j (a_i a_j)^{0.5}\right] \tag{2-49}$$

$$b = \sum_{i=1}^{C} y_i b_i \tag{2-50}$$

例 2.5

Glanville、Sage 和 Lacey[20]在宽广的温度和压力范围内，对丙烷和苯的气相和液相混合物的比容作了测定。应用 R-K 方程计算含 26.92%（质量）丙烷的气相混合物于 400 ℉（477.6K）和 410.3psia（2829kPa）饱和压力下的比容，并比较计算值和实验值。

解

用 P 标记丙烷、B 标记苯，摩尔分率为

$$y_P = \frac{0.2692/44.097}{(0.2692/44.097)+(0.7308/78.114)} = 0.3949$$

$$y_B = 1 - 0.3949 = 0.6051$$

丙烷和苯的临界常数由 Poling 等[11]给出：

	丙烷	苯
T_c，K	369.8	562.2
p_c，kPa	4 250	4 890

由表 2.5 中 R-K 方程的常数 a 和 b 的方程，用 SI 制单位得

$$b_P = \frac{0.08664 \times 8.3144 \times 369.8}{4250} = 0.06268\ \text{m}^3/\text{kmol}$$

$$a_P = \frac{0.42748 \times 8.3144^2 \times 369.8^{2.5}}{4250 \times 477.59^{0.5}} = 836.7\ \text{kPa} \cdot \text{m}^6/\text{kmol}^2$$

类似可得

$$b_B = 0.08263\ \text{m}^3/\text{kmol}$$

$$a_B = 2072\ \text{kPa} \cdot \text{m}^6/\text{kmol}^2$$

由式(2-50)

$$b = 0.3949 \times 0.06268 + 0.6051 \times 0.08263 = 0.07475\ \text{m}^3/\text{kmol}$$

由式(2-49)

$$\begin{aligned} a &= y_P^2 a_P + 2 y_P y_B (a_P a_B)^{0.5} + y_B^2 a_B \\ &= 0.3949^2 \times 836.7 + 2 \times 0.3949 \times 0.6051 \times (836.7 \times 2.072)^{0.5} \\ &\quad + 0.6051^2 \times 2072 = 1518\ \text{kPa} \cdot \text{m}^6/\text{kmol}^2 \end{aligned}$$

用 SI 制单位，由式(2-47)和(2-48)得

$$A = \frac{1518 \times 2829}{8.314^2 \times 477.59^2} = 0.2724$$

$$B = \frac{0.07475 \times 2829}{8.314 \times 477.59} = 0.05326$$

由式(2-46)得到 R-K 方程 Z 的三次方方程：

$$Z^3 - Z^2 + 0.2163Z - 0.01451 = 0$$

解此方程得到一个实根和一对共轭复根：

$$Z=0.7314,\quad 0.1314+0.04243i,\quad 0.1314-0.04243i$$

假定此实根是气相的，从表 2.5 中的式(2)，摩尔体积为

$$v=\frac{ZRT}{p}=\frac{0.7314\times 8.314\times 477.59}{2829}=1.027\ \mathrm{m^3/kmol}$$

算得混合物的平均相对分子质量为 64.68 kg/kmol，比容为

$$\frac{v}{M}=\frac{1.027}{64.68}=0.01588\ \mathrm{m^3/kg}=0.2543\ \mathrm{ft^3/lb}$$

Glanville 等报告的实验值为 $Z=0.7128$ 和 $v/M=0.2478\ \mathrm{ft^3/lb}$，与上面计算值之差不到 3%。

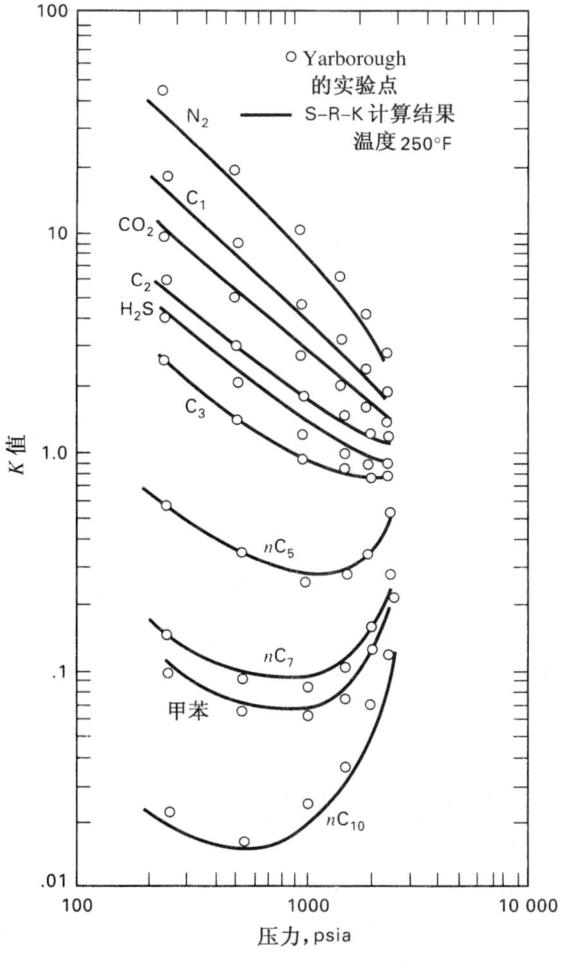

图 2.10　K 值的实验点与 S-R-K 计算结果的比较

遵循威尔逊[21]较早的工作成果，Soave[6]在 R－K 方程中增加了一个第三参数，即由式(2－45)定义的偏心因子 ω。所得方程被称为 S-R-K 或 R-K-S 方程，示明于表 2.5 的(4)，该方程立即在包含烃和/或轻质气体的混合物计算中得到应用，因为它既简单又正确。主要的改进是将参数 a 变为偏心因子和温度的函数，使它能相当符合烃类的蒸气压数据，因而大

大地改进了方程估算液相性质的能力。

在引入 S-R-K 方程后四年，Peng 和 Robinson[7]提出了对 R-K 和 S-R-K 方程进一步的改进，试图在临界区域和液体摩尔体积预算方面能与实验数据更吻合。P-R 状态方程列于表 2.5 的(5)中。S-R-K 和 P-R 方程在过程计算(特别对于饱和蒸气和液体)得到了广泛应用。当应用于烃类和/或轻质气体混合物时，混合规则示于式(2－49)和(2－50)，不过式(2－49)常被修正为包含二元交互作用系数 k_{ij}

$$a=\sum_{i=1}^{C}\left[\sum_{j=1}^{C}y_iy_j(a_ia_j)^{0.5}(1-k_{ij})\right] \tag{2-51}$$

k_{ij} 值通常从实验数据反算得到。对于 S-R-K 和 P-R 方程两者的 k_{ij} 值已有发表，Knapp 等[22]提供了范围广泛的表格。通常烃与氢对的和烃与其他烃对的 k_{ij} 值取为零。

虽然 S-R-K 和 P-R 方程并不试图用到含极性有机化合物的混合物，但发现在采用由实验数据反算得的 k_{ij} 大的数值(0.5 附近)后，它们在这种场合的应用正在增加。然而，对这种含有极性化合物的混合物更有吸引力的步骤是采用更有理论基础的混合规则，如 Wong 和 Sandler 的混合规则。此混合规则将在第 11 章进行详细讨论，它好比是架于三次方状态方程和活度系数方程间空隙上的桥梁。

极性和非极性物质的另一个理论基础是由 Thiesen[23]和 Onnes[24]开发的维里状态方程，它的常用表示式可从分子间力的统计力学导出，将 Z 表示为 $1/v$ 方次的级数：

$$Z=1+\frac{B}{v}+\frac{C}{v^2}+\cdots \tag{2-52}$$

维里方程的一个经验修正是 Benedict-Webb-Rubin(B-W-R)方程的 Starling 形式[5]，它适用于烃和轻质气体的气相和液相。Walas[25]对 B-W-R 类方程进行了广泛讨论，由于包含许多项和组分常数(至少 8 个)，除对低温状态下的纯组分外未能得到广泛应用。B-W-R 方程的一个更有用的修正是由 Lee 和 Kesler[26]提出的通用对比态形式，它还包括了 Plöcker 等[8]所做的用到混合物的重要推广。L-K-P 方程的全部常数均由偏心因子、对比温度和压力求得，这是由三种简单流体($\omega=0$)甲烷、氩和氪与参考流体($\omega=0.398$)正辛烷的 p-V-T 数据导出，利用虚拟临界性质的方程式、常数和混合规则由 Walas[25]给出。Lee-Kesler-Ploker(L-K-P)状态方程适用于广泛温度和压力范围内的烃和/或轻质气体的气相和液相混合物。

2.5.2 从 p-V-T 模型导出热力学性质

上一节介绍了几个有用的 p-V-T 方程，它们用来计算气相或液相的纯组分和混合物的摩尔体积(或密度)。如果有一个温度函数的理想气体比热容或焓的方程[例如式(2－35)或(2－36)]可用，则所有其他的气相和液相性质可以用一致性的形式导得，只需要利用示于表 2.6 中的经典热力学积分式。这些以偏差(与表 2.4 中的理想气体方程的偏差)形式表示的方程常称为剩余方程，适用于气相或液相。

当理想气体定律 $p=RT/v$ 代到表 2.6 中的式(1)到(4)，可以预料，对于气相的结果是

$$(h-h_V^0)=0 \qquad \varphi=1$$
$$(s-s_V^0)=0 \qquad \bar{\phi}=1$$

然而，将 R-K 方程代到表 2.6 的方程中时，在经过相当繁杂的演绎后，对气相得到了下述的结果：

$$h_V = \sum_{i=1}^{C}(y_i h_{iV}^o) + RT\left[Z_V - 1 - \frac{3A}{2B}\ln\left(1+\frac{B}{Z_V}\right)\right] \quad (2-53)$$

$$s_V = \sum_{i=1}^{C}(y_i s_{iV}^o) - R\ln\left(\frac{P}{P^o}\right) - R\sum_{i=1}^{C}(y_i \ln y_i) + R\ln(Z_V - B) \quad (2-54)$$

$$\phi_V = \exp\left[Z_V - 1 - \ln(Z_V - B) - \frac{A}{B}\ln\left(1+\frac{B}{Z_V}\right)\right] \quad (2-55)$$

$$\bar{\phi}_{iV} = \exp\left[(Z_V - 1)\frac{B_i}{B} - \ln(Z_V - B) - \frac{A}{B}\left(2\sqrt{\frac{A_i}{A}} - \frac{B_i}{B}\right)\ln\left(1+\frac{B}{Z_V}\right)\right] \quad (2-56)$$

表 2.6　经典的热力学偏差的积分方程式

在给定的温度和组成下，下面的方程给出了压力高于基准态'O'(理想气体)时的影响

混合物的焓：

$$(1)\ (h - h_V^0) = pv - RT - \int_{\infty}^{v}\left[p - T\left(\frac{\partial p}{\partial T}\right)_v\right]\mathrm{d}v$$

混合物的熵：

$$(2)\ (s - s_V^0) = \int_{\infty}^{v}\left(\frac{\partial p}{\partial T}\right)_v \mathrm{d}v - \int_{\infty}^{v}\frac{R}{v}\mathrm{d}v$$

纯组分的逸度系数：

$$(3)\ \phi_{i_V} = \exp\left[\frac{1}{RT}\int_0^p\left(v - \frac{RT}{p}\right)\mathrm{d}p\right]$$

$$= \exp\left[\frac{1}{RT}\int_v^{\infty}\left(p - \frac{RT}{v}\right)\mathrm{d}v - \ln Z + (Z-1)\right]$$

分逸度系数：

$$(4)\ \bar{\phi}_{iV} = \exp\left\{\frac{1}{RT}\int_V^{\infty}\left[\left(\frac{\partial p}{\partial N_i}\right)_{T,V,N_j} - \frac{RT}{V}\right]\mathrm{d}V - \ln Z\right\}$$

式中 $V = v\sum_{i=1}^{C} N_i$

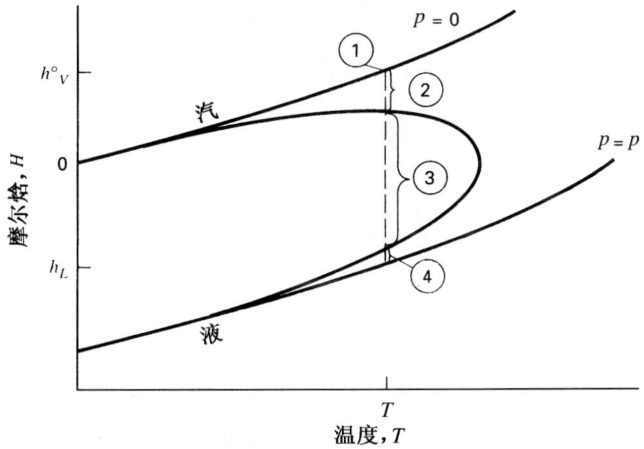

图 2.11　焓的分配

对于液相结果是一样的，只要分别将 y_i 和 Z_V(但不包括 h_{iV}^0)用 x_i 和 Z_L 替代。真有点吃

惊，液相的式(2－53)和(2－54)的形式恰好分别说明了汽化热(焓)和熵的构成，这是由于R-K方程以及S-R-K和P-R方程在气相和液相区域间通过时它们是连续函数，如图2.11中的烃所示。因此，低于临界温度的组分，其液体焓有下述四个效应决定。从表2.6中式(1)得知，图2.11中对焓的四项贡献如下：

$$h_L = h_V^0 + pv - RT - \int_{\infty}^{v}\left[p - T\left(\frac{\partial p}{\partial T}\right)_v\right]dv$$

$$= \underbrace{h_V^0}_{(1)\ 零压蒸气}$$

$$+ \underbrace{(pv)_{V_s} - RT - \int_{\infty}^{v_{V_s}}\left[p - T\left(\frac{\partial p}{\partial T}\right)_v\right]dv}_{(2)\ 蒸气变到饱和压力的压力校正}$$

$$\underbrace{- T\left(\frac{\partial p}{\partial T}\right)_S (v_{V_s} - v_{L_s})}_{(3)\ 汽化热}$$

$$+ \underbrace{[(pv)_L - (pv)_{L_s}] - \int_{v_{L_s}}^{v_L}\left[p - T\left(\frac{\partial p}{\partial T}\right)_v\right]dv}_{(4)\ 液体压力超过饱和压力的校正} \qquad (2-57)$$

式中下标S代表饱和压力。

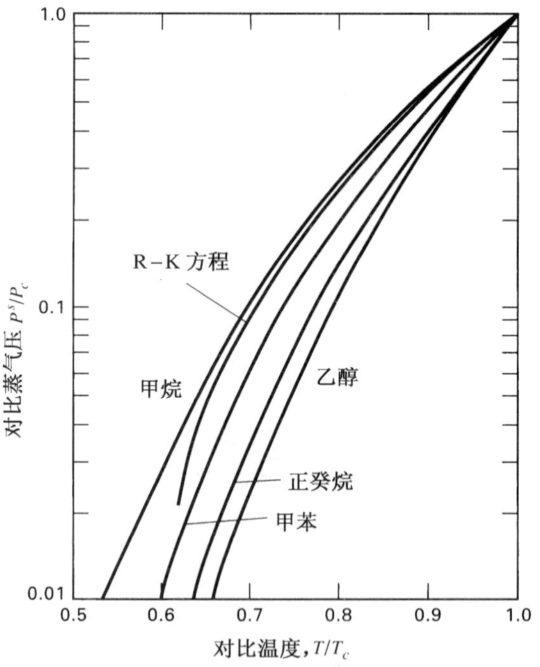

图2.12 对比蒸气压

计算温度为 T 和压力为 p 的纯组分的逸度系数 Φ 的算式由R-K方程导得，示于式(2－55)，当 $p<p_i^S$ 时，用来算蒸气的 Φ；当 $p>p_i^S$ 时，Φ 是液体的逸度系数。饱和压力相应于 $\Phi_V=\Phi_L$ 条件。因此，当温度 $T<T_c$ 时，饱和压力(蒸气压) p_i^S 可由R-K状态方程计算，只要令气相的式(2－55)与液相的式(2－55)相等，用压力迭代的步骤求解得出 p_i^S。Edmister

[27]所得结果的标绘以对比值形式示于图 2.12，R-K 曲线不能满意地代表众多分子形状物质的蒸气压，正如绘于同一图中的甲烷、甲苯、正癸烷和乙醇的实验曲线所证实。这一不足是 R-K 方程的主要缺点之一，也是 Soave 引进偏心因子改进 R-K 方程的主要原因，试图这样会大大地改进它与蒸气压实验数据的相符程度。因此，单单靠临界常数 T_c 和 p_c 在概括热力学行为上不够时，将一个代表对比蒸气压曲线普遍差异的第三参数结合进 p-V-T 方程中，能够取得显著改进。

从式(2－56)可见，分逸度系数与纯组分的性质 A_i 和 B_i 以及混合物性质 A 和 B 有关，一旦从式算得 $\bar{\phi}_{iV}$ 和 $\bar{\phi}_{iL}$，K 值即可从式(2－26)算出。

包括气相和液相的分离计算中用得最多的 p-V-T 状态方程是 S-R-K，P-R 和 L-K-P 方程。这些方程与表 2.6 所列的偏差积分式相结合，得到了计算气相和液相的焓、熵、逸度系数、分逸度系数以及 K 值的方程。积分的结果比式(2－53)到(2－56)更复杂，不适合手算，然而，用这些方程的计算机程序进行计算是既快又正确，还易于使用。这种程序已经结合进得到广泛应用的计算机辅助过程设计和模拟程序系统中，例如 Aspen Plus，HYSYS，chemCad 和 Pro/II。

由表 2.4 中式(7)算得的理想 K 值仅取决于温度和压力，与组成无关，理想 K 值最经常用于非极性化合物的混合物，特别是链烷烃和链烯烃类混合物。图 2.13 所示为轻烃乙烷在一些两元混合物中的 K 值。其中另一个组分具有较低挥发度，混合物的温度为 100℉，压力从 100psia(689.5kPa)到 720～780psia(4.964MPa 到 5.378MPa)间的会聚压。在会聚压下，包含有气-液平衡的操作已不能进行分离，因为全部 K 值变为 1。温度 100℉接近乙烷的临界温度 550R(305.6K)。图 2.13 表明，乙烷与其他各个组分(即使是链烷烃同系物)并未形成理想溶液，因为 K 值与另一组分有关。例如在 300psia 时，乙烷在苯中的 K 值比它在丙烷中的 K 值高出 80%。

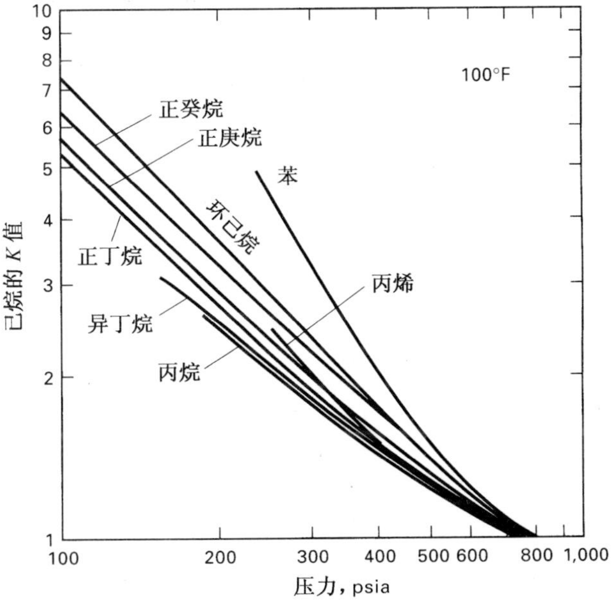

曲线代表凯等（俄亥俄州立大学）鲁宾逊等（阿尔伯达大学）、塞奇等（加州工学院）和索多斯（西北大学）的实验数据

图 2.13　100℉两元烃类混合物中乙烷的 K 值

状态方程,例如 S-R-K、P-R 和 L-K-P 方程预计多元烃和轻质气体混合物中的 K 值受组成温度和压力影响的能力示明于图 2.10 中,此混合物含有 10 个组分,其挥发性从氮到正癸烷,Yarborough[28]的实验数据点是在 250℉下的,压力变化范围达 10 倍,S-R-K 方程与其很吻合。

例 2.6

甲苯于高温高压下热加氢脱烃生成苯,为尽量减少芳烃裂解成轻质气体,使用过量氢气。实际上甲苯经反应器的单程转化率仅 70%,为了分离和循环利用氢,流率 5 597kmol/h、压力 500psia(3 448kPa)和温度 275 ℉(408.2K)的反应器产物蒸气于 120 ℉(322K)进行部分冷凝,于闪蒸罐作相分离。假设反应器产物组成如下面所列,闪蒸罐的压力为 485psia(3 344kPa),计算离开闪蒸罐的气液两相的平衡组成和流率以及必须传递的热量。计算用计算机辅助定态模拟程序系统执行,采用上面讨论的各个状态方程模型。计算的结果包括闪蒸罐的 K 值、焓变化和熵变化。

组　分	摩尔分率
氢 (H)	0.317 7
甲烷 (M)	0.589 4
苯 (B)	0.071 5
甲苯 (T)	0.021 4
	1.000 0

解

计算用计算机辅助过程模拟程序系统执行,采用 S-R-K、P-R 和 L-K-P 状态方程。于 120 ℉和 485 psia 下的计算结果如下:

	状态方程		
	S-R-K	P-R	L-K-P
气相流率/(kmol·h^{-1})			
氢	1 777.1	1 774.9	1 777.8
甲烷	3 271.1	3 278.5	3 281.4
苯	55.1	61.9	56.0
甲苯	6.4	7.4	7.0
总计	5 109.6	5 122.7	5 122.2
液相流率/(kmol·h^{-1})			
氢	1.0	3.3	0.4
甲烷	27.9	20.4	17.5
苯	345.1	338.2	344.1
甲苯	113.4	112.4	112.8
总计	487.4	474.3	474.8
K 值:氢	164.95	50.50	466.45
甲烷	11.19	14.88	17.40
苯	0.015 24	0.016 95	0.015 07
甲苯	0.005 37	0.006 10	0.005 75
焓的变化/(GJ·h^{-1})	35.267	34.592	35.173
熵的变化/[MJ/(h·K)$^{-1}$]	−95.255 9	−93.426 2	−95.028 7
冷凝得到的甲苯和苯中苯的百分率	88.2	86.7	87.9

由于 275 ℉和 500 psia 下的反应产物大多是氢和甲烷，与 120 ℉和 485 psia 下的平衡气相接近理想气体（$0.98<Z<1.00$），尽管压力是中等高压。因此，焓和熵的变化是有蒸气的比热容和潜热效应决定，与采用那个状态方程几乎无关，因而，三个状态方程算得的焓和熵的变化值的差异小于 2%。

氢和甲烷的 K 值存在显著差异，然而由于它们全都很大，对于平衡气相的数量影响却很小。根据实验数据，氢和甲烷的 K 值分别为 100 和 13。这三个方程算得的苯和甲苯的 K 值差异分别大到 11%和 13%，然而引起冷凝得到的苯和甲苯中苯的百分率之差却不到 2%。根据蒸气压的数据，苯和甲苯的拉乌尔定律 K 值分别为 0.010 31 和 0.003 50，它们比三个方程中的每一个算得的值小不少，这是因为压力引起液相，特别是气相中逸度的偏差是相当重要的。

注意，虽然三个方程算得的物料平衡正确度都相当满意，但计算机辅助设计和模拟程序系统的用户不应以此作为计算结果正确的一个标志。

2.6　液相的活度系数模型

在 2.3 和 2.5 节中，提供了以状态方程为基础计算气相和液相混合物的热力学性质的方法。在本节中，将演绎以吉布斯自由能模型为基础计算液相活度系数和其他超额函数（例如混合体积和焓）方法，首先提出的是：正规溶液理论，它仅仅需要纯组分的性质，能适用于非极性化合物的混合物。接下来讨论的几个模型能适用于含有极性化合物的混合物，只是要有用来确定这些模型中的二元交互作用参数的实验数据。如果没有实验数据，已取得长足进步的基团贡献法能用来做这种估算。讨论的各个模型都能用来预计气-液相平衡；有些能预计液-液平衡，甚至液-固和高聚物-液体的平衡。

除高压外，组分对 K 值的影响主要源于液相非理想溶液的特性。Prausnitz、Edmister 和 Chao[29]表明，Scatchard 和 Hildebrand[30]的相当简单的正规溶液理论可以用来计算烃-液体混合物非理想特性的偏差，他们采用式(2－27)，$K_i=\gamma_{iL}\phi_{iL}/\bar{\phi}_{iV}$ 作为 K 值的表示式。Chao 和 Seader[9]简化和推广此方程，以一组紧凑方程组形式作为烃类和某些轻质气体的一般关联应用，特别适合用计算机运算，是在 S-R-K 和 P-R 方程出现前广泛应用的方程。

仅以纯组分性质为基础的、简单的液相活度系数模型一般不精确，然而，对于烃类混合物，正规溶液理论是既方便又得到广泛应用的。此理论以这样一个前提为基础，即非理想性起源于不同的分子间存在的范德华引力的不同。这些溶液是正规的，其含义为假定分子是随机分散的。相同或不同分子对间不同的引力倾向于引发分子的离析，然而，作为正规溶液其分子水平的组分浓度与总体的溶液浓度相同。因此，源于离析的超额熵等于零，正规溶液的熵与理想溶液的熵相等，理想溶液中分子是随机分散的。

2.6.1 从吉布斯自由能导得活度系数

活度系数方程通常有吉布斯自由能模型作为基础。对于非理想溶液，其摩尔吉布斯自由能 g 是理想溶液的摩尔自由能与非理想效应的超额摩尔自由能 g^{E} 之和。对于液体溶液，

$$g = \sum_{i=1}^{C} x_i g_i + RT \sum_{i=1}^{C} x_i \ln x_i + g^{\mathrm{E}} = \sum_{i=1}^{C} x_i (g_i + RT \ln x_i + \bar{g}_i^{\mathrm{E}} \tag{2-58}$$

式中 $g = h - T_S$，超额摩尔自由能是偏摩尔超额自由能之和。偏摩尔超额自由能与液相活度系数间之关联由经典热力学给出

$$\frac{\bar{g}_i^{\mathrm{E}}}{RT} = \ln\gamma_i = \left[\frac{\partial(N_t g^{\mathrm{E}}/RT)}{\partial N_i}\right]_{p,T,N_j} = \frac{g^{\mathrm{E}}}{RT} - \sum_k x_k \left[\frac{\partial(g^{\mathrm{E}}/RT)}{\partial x_k}\right]_{p,T,x_r} \tag{2-59}$$

式中 $j \neq i$，$r \neq k$ ，$k \neq i$，以及 $r \neq i$。

超额摩尔自由能与超额摩尔焓和熵之间的关联式是

$$g^{\mathrm{E}} = h^{\mathrm{E}} - T_{\mathrm{s}}^{\mathrm{E}} = \sum_{i=1}^{C} x_i (\bar{h}_i^{\mathrm{E}} - T_{\mathrm{s}\,i}^{\ \mathrm{E}}) \tag{2-60}$$

2.6.2 正规溶液模型

对于多元正规溶液，超额摩尔自由能是基于由分子大小和分子间作用力的不同造成的非理想性。前者用液体摩尔体积表示，后者则用汽化热表示，所得的模型为：

$$g^{\mathrm{E}} = \sum_{i=1}^{C} (x_i v_{i\mathrm{L}}) \left[\frac{1}{2} \sum_{i=1}^{C} \sum_{j=1}^{C} \Phi_i \Phi_j (\delta_i - \delta_j)^2\right] \tag{2-61}$$

式中 Φ 是以摩尔体积相加假定而得的体积分率，由下式给出

$$\Phi_i = \frac{x_i v_{i\mathrm{L}}}{\sum_{j=1}^{C} x_j v_{j\mathrm{L}}} = \frac{x_i v_{i\mathrm{L}}}{v_{\mathrm{L}}} \tag{2-62}$$

δ 则是溶解度参数，由体积汽化内能定义

$$\delta_i = \left(\frac{\Delta E_i^{\mathrm{vap}}}{v_{i\mathrm{L}}}\right)^{1/2} \tag{2-63}$$

许多化合物的溶解度参数之值能从过程模拟程序系统得到。

应用式(2－59)到(2－61)得到正规溶液中活度系数的表示式：

$$\ln\gamma_{i\mathrm{L}} = \frac{v_{i\mathrm{L}} \left(\delta_i - \sum_{j=1}^{C} \Phi_j \delta_j\right)^2}{RT} \tag{2-64}$$

由于 $\ln\gamma_{i\mathrm{L}}$ 总是随绝对温度成相反的变化，$v_{i\mathrm{L}}$ 和 δ_j 常取某一方便的参考温度(例如 25℃)下的数值。因此，正规溶液理论的 γ_{L} 计算仅需要纯物质的常数 v_{L} 和 δ，且后者常被作为一个经验常数处理，从试验数据反算得到。对于临界温度低于 25℃ 的组分，25℃ 时的 v_{L} 和 δ 是个虚拟值，然而它们可以从相平衡数据反算得到。

当由液体摩尔体积反映出的分子大小差别相当大时，下面的 Flory-Huggins 的分子大小校正项可以加到正规溶液自由能的贡献中：

$$g^{E} = RT\sum_{i=1}^{C} x_i \ln\left(\frac{\Phi_i}{x_i}\right) \tag{2-65}$$

将式(2-65)代入(2-59)得

$$\ln\gamma_{iL} = \ln\left(\frac{v_{iL}}{v_L}\right) + 1 - \left(\frac{v_{iL}}{v_L}\right) \tag{2-66}$$

包括进 Flory-Huggins 校正项后正规溶液中一个组分的完整活度系数式为

$$\gamma_{iL} = \exp\left[\frac{v_{iL}\left(\delta_i - \sum_{j=1}^{C}\Phi_j\delta_j\right)^2}{RT} + \ln\left(\frac{v_{iL}}{v_L}\right) + 1 - \frac{v_{iL}}{v_L}\right] \tag{2-67}$$

例 2.7

Yerazunis，Plowright 和 Smola[31]测定了 1 atm 下正庚烷/甲苯系统的活度系数，涉及整个浓度区间。试用带或不带 Flory-Huggins 校正项的正规溶液理论对整个区间的活度系数进行计算，并将计算值与实测值进行比较。

解

实测 19 点中的 7 点的液相组成和温度如下，下标 H 代表庚烷，T 代表甲苯：

T，℃	x_H	x_T
98.41	1.000 0	0.000 0
98.70	0.915 4	0.084 6
99.58	0.747 9	0.252 1
101.47	0.509 6	0.490 4
104.52	0.268 1	0.731 9
107.57	0.108 7	0.891 3
110.60	0.000 0	1.000 0

25 ℃时液体的摩尔体积分别为 $v_{HL}=147.5\ cm^3/mol$，$v_{TL}=106.8\ cm^3/mol$。H 和 T 的溶解度参数分别为 7.43 和 8.914 $(cal/cm^3)^{1/2}$。取上面表中 104.52℃的摩尔分率作示例进行计算。由式(2-62)计算体积分率

$$\Phi_H = \frac{0.268\,1\times147.5}{0.268\,1\times147.5 + 0.731\,9\times106.8} = 0.335\,9$$

$$\Phi_T = 1 - \Phi_H = 1 - 0.335\,9 = 0.664\,1$$

将这些结果和溶解度参数一起代入式(2-64)得

$$\gamma_H = \exp\left[\frac{147.5(7.430 - 0.335\,9\times7.430 - 0.664\,1\times8.914)^2}{1.987\times377.67}\right] = 1.212$$

以这样方式对全部 7 个液相点算得 γ_H 和 γ_T 绘于图 2.14。

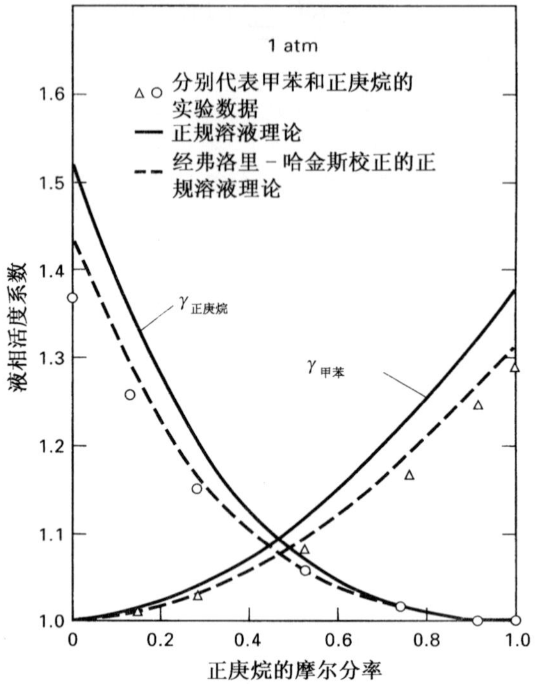

图 2.14　正庚烷/甲苯系统于 1atm 下的液相活度系数

采用带有 Flory-Huggins 校正项的式(2－67)对同一点计算

$$\gamma_{\mathrm{H}}=\exp\left[0.1923+\ln\left(\frac{147.5}{117.73}\right)+1-\left(\frac{147.5}{117.73}\right)\right]=1.179$$

以这样方式对全部 7 个液相点算得 γ_{H} 和 γ_{T} 已示于图 2.14 中。发现正规溶液理论与实验数据的偏差不大于 12%，而带有 Flory-Huggins 校正项的偏差不大于 6%。不幸的是这样良好的一致情况对于非极性烃类溶液并非总能得到，例如，Hermsen 和 Prausnitz[32]研究的环戊烷/苯系统。

2.6.3　非理想液体溶液

当液相含有不相似的极性组分，特别是那些会生成或破裂氢键的组分时，理想溶液的假设总是不适用，正规溶液理论也不能接受。Ewell、Harrison 和 Berg[33]提供了一个非常有用的分子分类方法，它是以氢键生成而发生缔合或溶剂化的倾向为基础的，如果一个分子含有接在一个施主原子(O，N，F 和某种场合下的 C)上的氢原子，此活性氢原子能与另一个含有施主原子的分子生成氢键。表 2.7 的分类结合表 2.8 能用来定性估计二元对对拉乌尔定律的偏差，正偏差相应于 $\gamma_{iL}>1$。非理想性导致 γ_{iL} 随组成变化的多样性，如图 2.15 所示的一些二元系情况，此处的罗马数字代表表 2.7 和 2.8 中的类型。从图 2.15(a)开始，依次与各图结合对非理想性作如下说明：正庚烷(Ⅴ)使乙醇(Ⅱ)的氢键破裂，引起强的正偏差。在图 2.15(b)中，当丙酮(Ⅲ)加入甲酰胺(Ⅰ)中时，引发类似但较小的正偏差。图 2.15(c)中的氯仿(Ⅳ)和甲醇(Ⅱ)将发生氢键的破裂和生成，导致氯仿非同寻常的、具有极大值的正偏差曲线。在图 2.15(d)中，氯仿(Ⅳ)提供的活性氢原子与丙酮(Ⅲ)中的氧原子生成氢键，导致负偏差。对于图 2.15(e)中的水(Ⅰ)和正丁醇(Ⅱ),两个分子之间的氢键都断裂,非理想性很强,在宽广的总组成区间形成两个不互溶的液相(相的分离)。

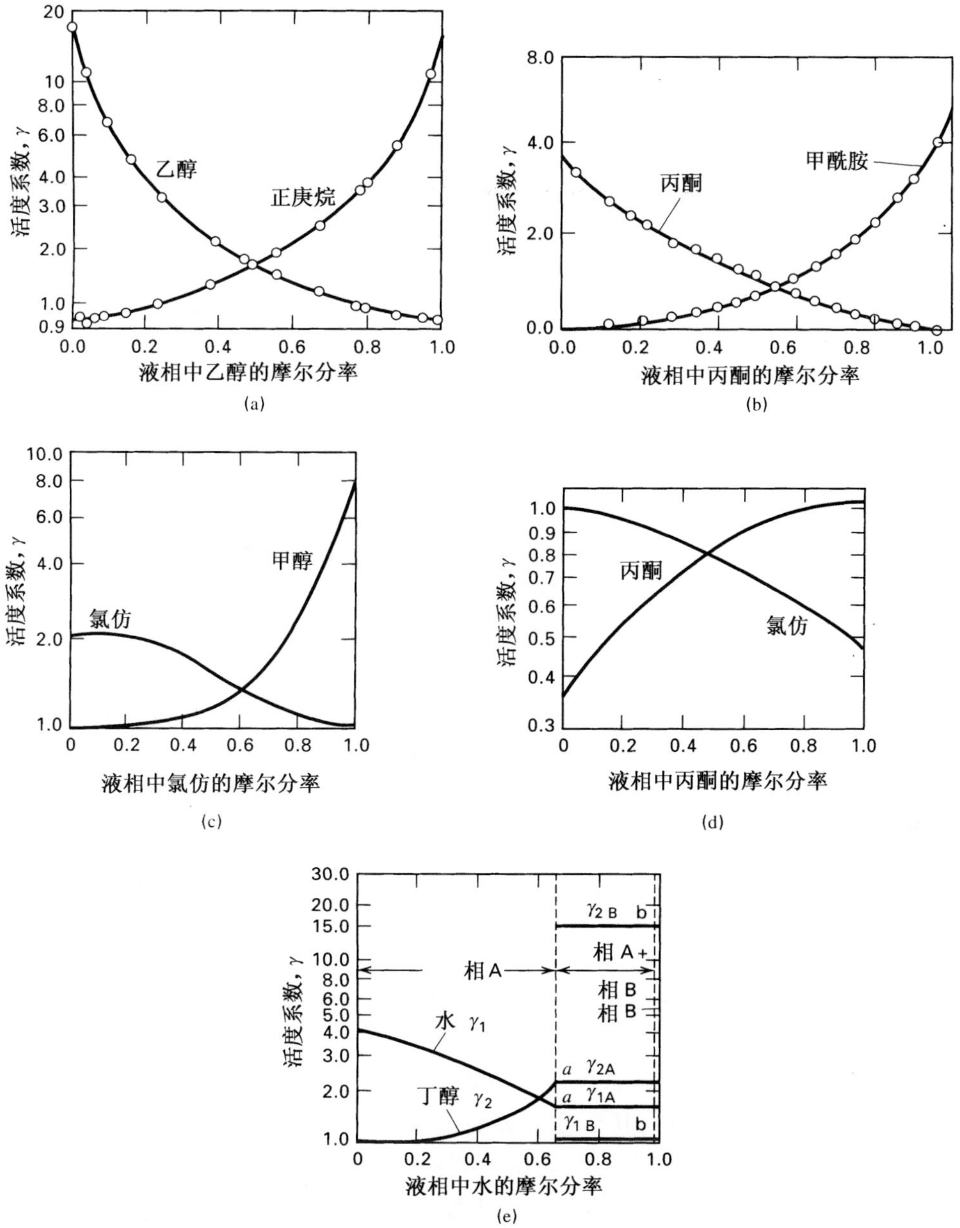

图 2.15　二元液相系统典型的活度系数偏差与组成间的关系

(a) 乙醇(Ⅱ)/正庚烷(Ⅴ);(b) 丙酮(Ⅲ)/甲酰胺(Ⅰ);(c) 氯仿(Ⅳ)/甲醇(Ⅱ);(d) 丙酮(Ⅲ)/氯仿(Ⅳ);(e) 水(Ⅰ)/正丁醇(Ⅱ)。

表 2.7 基于生成氢键倾向所得的分子分类

类型	说　明	例　子
Ⅰ	能形成三维强氢键网络的液体	水，乙二醇，甘油，氨基醇，羟胺，含氧酸，多酚和氨基化合物。
Ⅱ	同时含有活性氢原子和施主原子(O，N 和 F)的其他分子	醇，酸，酚，伯胺，仲胺，肟，含 α 原子的硝基和腈化合物，氨，联氨，氟化氢和氢氰酸。
Ⅲ	仅含有施主原子而不含活性氢原子的分子	醚，酮，醛，酯，叔胺(包括吡啶类)，不含 α 原子的硝基和腈化合物。
Ⅳ	分子仅含活性氢原子而不含施主原子，同一碳原子上有 2 个或 3 个氯原子，或在碳原子上有一个氢原子或一个氯原子以及这类分子在其相邻碳原子上有一个或多个氯原子	$CHCl_3$，CH_2Cl_2，CH_3CHCl_2，CH_2ClCH_2Cl，$CH_2ClCHClCH_2Cl$，$CH_2ClCHCl_2$.
Ⅴ	既无活性氢原子也无施主原子的其余分子	烃类，二硫化碳，硫化物，硫醇，未包括在Ⅳ类中的卤代烃

非理想溶液的效应可通过两种不同途径结合进 K 值的算式中。我们已经叙述了分逸度系数 $\bar{\phi}_i$ 结合状态方程和适当混合规则的应用，这是最经常用来处理气相非理想性的方法，然而，$\bar{\phi}_i$ 是反映非理想气体和非理想的气体溶液的组合效应。低压下两个效应均被忽略，中等压力下，即使气体混合物已不符合理想气体定律，但气相溶液仍可是理想的。液相中的非理想性，即使在低压下仍可以强烈的。在本节较前面部分，用 $\bar{\phi}_{iL}$ 来表示非极性组分的液相非理想性的，当极性组分存在时，混合规则可以修改为包含二元交互作用参数 k_{ij} 的，如式(2－51)那样。

处理溶液非理想性的另一个途径是在 K 值式中保留 $\bar{\phi}_{iV}$，但用 γ_{iL} 和 Φ_{iL} 的乘积代替 $\bar{\phi}_{iL}$，其中 γ_{iL} 是计及非理想溶液偏差的。式(2－26)变为

$$K_i=\frac{\gamma_{iL}\phi_{iL}}{\bar{\phi}_{iV}} \tag{2-68}$$

该式可用前面式(2－27)类似的方式导出。在低压下，由表 2.2 得 $\Phi_{iL}=p_i^S/p$ 和 $\bar{\phi}_{iV}=1.0$，于是式(2－68)变为修正拉乌尔定律的 K 值，它与式(2－44)仅差在 γ_{iL} 项上：

$$K_i=\frac{\gamma_{iL}p_i^S}{p} \tag{2-69}$$

在中等压力下，表 2.3 中的(5)比式(2－69)更好些。

正规溶液理论仅适用于计算非极性组分混合物的活度系数 γ_{iL}。然而，对于含有极性和/或非极性组分的二元混合物，其活度系数的计算有许多经验的和半理论的方程式，这些方程仅含有二元交互作用参数，它们需由试验数据反算得到。一些比较有用的方程以二元对形式列于表 2.9 中。对于一个给定的活度系数关联，表 2.10 中的方程能用来确定超额体积、超额焓和超额熵，然而，除非用于活度系数方程中的性质和参数与压力间关系已知，否则从表 2.10 中(1)不能直接确定超额液体体积。可庆幸的是，对于非电解质溶液超额体积相对于混合物的总体积一般是小的。例如，考虑 25℃下含 50%乙醇的乙醇-正庚烷溶液，由图 2.15(a)可见，这是个强非理想的但互溶的液体混合物，从 Van Ness，Soczek 和 Kochar[34]的数据得知其超额体积仅 0.465cm^3/mol，而其估算得到的理想溶液体积则是 106.3 cm^3/mol。一旦每个组分的分超额函数被计算出，混合物的超额函数就可由摩尔分率的加和算得。

表 2.8　因分子间交互作用引起与拉乌尔定律的偏差

偏差类型	分子类型	氢键影响
总是负偏差	Ⅲ＋Ⅳ	仅氢键形成
虚拟理想；总是正偏差或理想	Ⅲ＋Ⅲ Ⅲ＋Ⅴ Ⅳ＋Ⅳ Ⅳ＋Ⅴ Ⅴ＋Ⅴ	不涉及氢键
通常是正偏差，但有时会负偏差	Ⅰ＋Ⅰ Ⅰ＋Ⅱ Ⅰ＋Ⅲ Ⅱ＋Ⅱ Ⅱ＋Ⅲ	氢键断裂或生成
总是正偏差	Ⅰ＋Ⅳ（常部分互溶） Ⅱ＋Ⅳ	氢键断裂或生成，但类型Ⅰ和Ⅱ的离解是更重要的影响
总是正偏差	Ⅰ＋Ⅴ Ⅱ＋Ⅴ	仅氢键断裂

表 2.9　关联二元对液相活度系数的经验的和半理论的方程式

名　称	组分 1 的方程	组分 2 的方程
(1) 马古斯	$\ln\gamma_1=Ax_2^2$	$\ln\gamma_2=Ax_1^2$
(2) 马古斯(两常数)	$\ln\gamma_1=x_2^2[\bar{A}_{12}+2x_1(\bar{A}_{21}-\bar{A}_{12})]$	$\ln\gamma_2=x_1^2[\bar{A}_{21}+2x_2(\bar{A}_{12}-\bar{A}_{21})]$
(3) 范拉尔(两常数)	$\ln\gamma_1=\dfrac{A_{12}}{[1+(x_1A_{12})/(x_2A_{21})]^2}$	$\ln\gamma_2=\dfrac{A_{21}}{[1+(x_2A_{21})/(x_1A_{12})]^2}$
(4) 威尔逊(两常数)	$\ln\gamma_1=-\ln(x_1+\Lambda_{12}x_2)+x_2\left(\dfrac{\Lambda_{12}}{x_1+\Lambda_{12}x_2}-\dfrac{\Lambda_{21}}{x_2+\Lambda_{21}x_1}\right)$	$\ln\gamma_2=-\ln(x_2+\Lambda_{21}x_1)-x_1\left(\dfrac{\Lambda_{12}}{x_1+\Lambda_{12}x_2}-\dfrac{\Lambda_{21}}{x_2+\Lambda_{21}x_1}\right)$
(5) NRTL(三常数)	$\ln\gamma_1=\dfrac{x_2^2\tau_{21}G_{21}^2}{(x_1+x_2G_{21})^2}+\dfrac{x_1^2\tau_{12}G_{12}}{(x_2+x_1G_{12})^2}$ $G_{ij}=\exp(-\alpha_{ij}\tau_{ij})$	$\ln\gamma_2=\dfrac{x_1^2\tau_{12}G_{12}^2}{(x_2+x_1G_{12})^2}+\dfrac{x_2^2\tau_{21}G_{21}}{(x_1+x_2G_{21})^2}$ $G_{ij}=\exp(-\alpha_{ij}\tau_{ij})$
(6) UNIQUAC(两常数)	$\ln\gamma_1=\ln\dfrac{\Psi_1}{x_1}+\dfrac{\bar{Z}}{2}q_1\ln\dfrac{\theta_1}{\Psi_1}+\Psi_2\left(l_1-\dfrac{r_1}{r_2}l_2\right)-q_1\ln(\theta_1+\theta_2T_{21})+\theta_2q_1\left(\dfrac{T_{21}}{\theta_1+\theta_2T_{21}}-\dfrac{T_{12}}{\theta_2+\theta_1T_{12}}\right)$	$\ln\gamma_2=\ln\dfrac{\Psi_2}{x_2}+\dfrac{\bar{Z}}{2}q_2\ln\dfrac{\theta_2}{\Psi_2}+\Psi_1\left(l_2-\dfrac{r_2}{r_1}l_1\right)-q_2\ln(\theta_2+\theta_1T_{12})+\theta_1q_2\left(\dfrac{T_{12}}{\theta_2+\theta_1T_{12}}-\dfrac{T_{21}}{\theta_1+\theta_2T_{21}}\right)$

2.6.4　马古斯(Margules)方程

表 2.9 中的马古斯方程(1)和(2)的提出日期要回溯至 1895 年，两常数的形式因其简单，至今仍被广泛使用，这些方程用 g_i^E 的摩尔分率幂级数展开式，再由式(2－59)导出活度系数式。单个常数形式相当于对称的活度系数曲线，这在实验中难得出现。

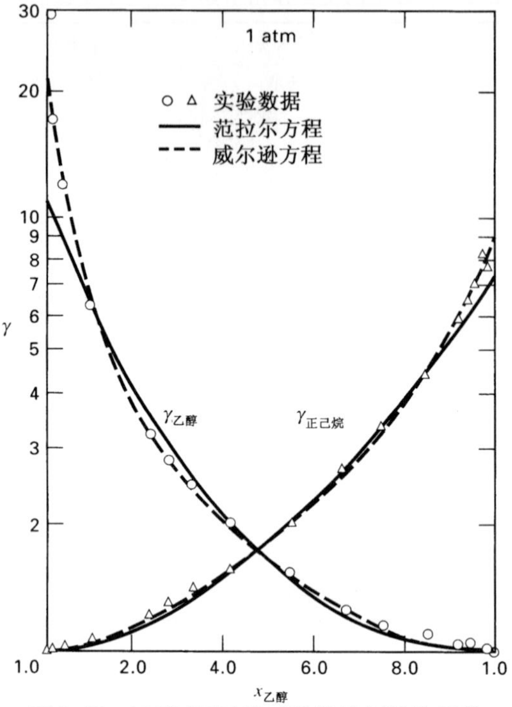

图 2.16　乙醇/正己烷系统的液相活度系数

[数据取自 J. E. Sinor and J. H. Weber, *J. Chem. Eng. Data*, 5, 243－247(1960).]

表 2.10　经典热力学的分摩尔超额函数

超额体积：
(1) $(\bar{v}_{iL}-\bar{v}_{iL}^{ID})\equiv\bar{v}_{iL}^{E}=RT\left(\dfrac{\partial\ln\gamma_{iL}}{\partial p}\right)_{T,x}$
超额焓：
(2) $(\bar{h}_{iL}-\bar{h}_{iL}^{ID})\equiv\bar{h}_{iL}^{E}=-RT^{2}\left(\dfrac{\partial\ln\gamma_{iL}}{\partial T}\right)_{p,x}$
超额熵：
(3) $(\bar{s}_{iL}-\bar{s}_{iL}^{ID})\equiv\bar{s}_{iL}^{E}=R\left[T\left(\dfrac{\partial\ln\gamma_{iL}}{\partial T}\right)_{p,x}+\ln\gamma_{iL}\right]$

ID＝理想混合物；E＝非理想造成的超额。

2.6.5　范拉尔方程

由于其灵活性和简单性，并能恰当地拟合许多系统，范拉尔方程得到了广泛应用。它由范拉尔状态方程导出，但表 2.9(3)中所示的常数最好从实验数据反算得到。理论上在给定温度下这些常数对特定二元对是常数，而实际上，它们常是从一定温度范围的等压数据算得。范拉尔理论的 A_{ij} 对温度的依赖关系式为：

$$A_{ij}=\frac{A'_{ij}}{RT} \tag{2-70}$$

如果

$$A_{ij}=\frac{v_{iL}}{RT}(\delta_i-\delta_j) \tag{2-71}$$

二元系的正规溶液理论与范拉尔方程相当。

范拉尔方程能拟合与拉乌尔定律正偏差和负偏差溶液的活度系数对组成的曲线，但不能对图 2.15(c)所示那样的具有最小值或最大值曲线拟合。

当数据是等温的，或在狭窄温度范围内是等压的，范拉尔常数的确定是以按步向前方式执行，最正确的步骤是采用非线性回归算法，得出对整个二元组成区间数据的最好拟合、并满足某个最小化目标函数的常数。当实验数据能外推到无限稀释条件时，可用稍不正确的快速手算法。已有快速确定无限稀释溶液的活度系数的现代实验技术可用。应用表 2.9 中的(3)到 $x_i=0$ 和随后 $x_j=0$ 的情况，得

$$A_{ij}=\ln\gamma_i^{\infty}, \qquad x_i=0$$

和

$$A_{ji}=\ln\gamma_j^{\infty}, \qquad x_j=0 \tag{2-72}$$

在实际应用中，范拉尔方程正确地预测恒沸物($x_i=y_i$, $K_i=1$)的形成是重要的。如果恒沸组成时的活度系数是已知的或能计算出——比方说用式(2 - 69)，($\gamma_{iL}=p/p_i^{S}$，因 $K_i=1.0$)——这些活度系数值可以直接用来确定范拉尔常数，由下列方程同时解得 A_{12} 和 A_{21}。

$$A_{12}=\ln\gamma_1\left(1+\frac{x_2\ln\gamma_2}{x_1\ln\gamma_1}\right)^2 \tag{2-73}$$

$$A_{21}=\ln\gamma_2\left(1+\frac{x_1\ln\gamma_1}{x_2\ln\gamma_2}\right)^2 \tag{2-74}$$

这些方程适用于任意单个组成点得到的活度系数数据。

由自缔合极性分子(表 2.7 中的类型Ⅱ)和非极性分子［例如烃类(类型Ⅴ)］组成的混合物能具有强的正偏差非理想性，如图 2.15(a)所示。图 2.16 所示的是 101.3 kPa 压力下这种类型的乙醇(1)/正己烷(2)混合液的实验数据(Sinor 和 Weber[35]提供)。Orye 和 Prausnitz[36]用范拉尔方程对这些数据进行了关联，得到 $A_{12}=2.409$ 和 $A_{21}=1.970$。在 $x_1=0.1$ 到 0.9 区间，范拉尔方程与这些数据相当吻合；然而，在稀溶液区域，偏差相当厉害，预测的乙醇活度系数偏低。对于这些强非理想性的混合物，范拉尔方程的一个更严重的问题是，当活度系数值超过 7 时，它可能错误地预测存在两个液相(相的分离)。

2.6.6 局部组成概念和威尔逊模型

示于表 2.9(4)中的二元系威尔逊方程自 1964 年提出后，受到了广泛注意，因它能适用于强非理想又互溶的系统。如图 2.16 所示，用由 Orye 和 Prausnits 确定的两个二元交互作用参数 $\Lambda_{12}=0.0952$ 和 $\Lambda_{21}=0.2713$，两参数的威尔逊方程与实验数据相当吻合，即使在稀浓度区域 γ_1 已变成指数关系变化也相当吻合，用威尔逊方程算得的无限活度系数分别为 $\gamma_1^{\infty}=21.72$ 和 $\gamma_2^{\infty}=9.104$。

威尔逊方程考虑了分子大小和分子间作用力不同的影响，这与基于 Flory-Huggins 关联(2 - 65)的半理论分析是一致的。总的溶液体积分率($\phi_i=x_iv_{iL}/v_L$)用局部体积分率 $\bar{\phi}_i$ 代替，此分率与分子对之间不同的交互作用能量引起的局部分子离析有关。与总组成不同的

局部组成概念以图解方式示于图 2.17 中，此图摘自 Cukor 和 Prausnitz[38]论文，图中所示为一个总体上等分子的二元溶液。在类型 1 中心分子周围，类型 2 分子的局部分子分率是 5/8，而总的分子分率是 1/2。

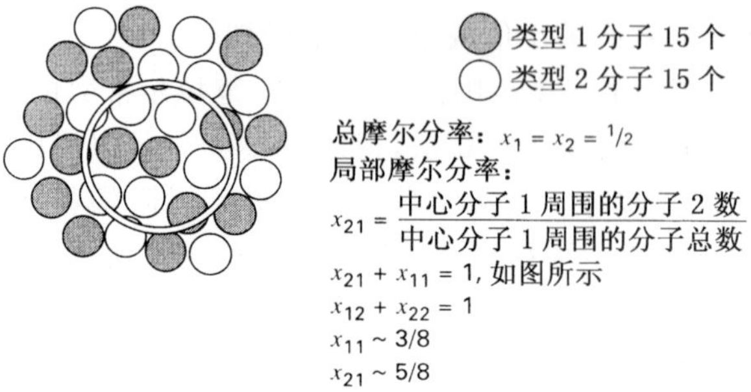

图 2.17 局部组成概念

[摘自 P. M. Cukor and J. M. Prausnitz, *Int. Chem. Eng. Symp. Ser. No.* 32, 3, 88(1969).]

威尔逊建议局部体积分率为

$$\bar{\Phi}_i = \frac{v_{i\mathrm{L}} x_i \exp(-\lambda_{ii}/RT)}{\sum_{j=1}^{C} v_{j\mathrm{L}} x_j \exp(-\lambda_{ij}/RT)} \tag{2-75}$$

式中交互作用能量 $\lambda_{ij} = \lambda_{ji}$，但 $\lambda_{ii} \neq \lambda_{jj}$。遵照 Orye 和 Prausnitz[36]的处理方法，将式(2-75)的二元系形式代入式(2-65)，并定义二元交互作用参数为：

$$\Lambda_{12} = \frac{v_{2\mathrm{L}}}{v_{1\mathrm{L}}} \exp\left[-\frac{(\lambda_{12} - \lambda_{11})}{RT}\right] \tag{2-76}$$

$$\Lambda_{21} = \frac{v_{1\mathrm{L}}}{v_{2\mathrm{L}}} \exp\left[-\frac{(\lambda_{12} - \lambda_{22})}{RT}\right] \tag{2-77}$$

得出下述二元系的方程

$$\frac{g^{\mathrm{E}}}{RT} = -x_1 \ln(x_1 + \Lambda_{12} x_2) - x_2 \ln(x_2 + \Lambda_{21} x_1) \tag{2-78}$$

对于稀的组成威尔逊方程十分有效，此时熵效应比焓效应大。表 2.9 中给出的威尔逊活度系数方程的 Orye-Prausnitz 形式是由式(2-59)和(2-78)的结合导出。$\Lambda_{ij} < 1$ 对应于与拉乌尔定律的正偏差，而 $\Lambda_{ij} > 1$ 则对应于负偏差，理想溶液源于 $\Lambda_{ij} = 1$。研究表明 λ_{ii} 和 λ_{ij} 是温度的函数，$v_{i\mathrm{L}}/v_{j\mathrm{L}}$ 之值也与温度有关，但与式(2-76)和(2-77)中温度的指数影响相比此变化可能要小。

如忽略三个和更多个分子间的交互作用，威尔逊方程容易推广到多组分混合物，下面的多组分威尔逊方程仅包含二元交互作用常数：

$$\ln\gamma_k = 1 - \ln\left(\sum_{j=1}^{C} x_j \Lambda_{kj}\right) - \sum_{i=1}^{C} \left(\frac{x_i \Lambda_{ik}}{\sum_{j=1}^{C} x_j \Lambda_{ij}}\right) \tag{2-79}$$

式中 $\Lambda_{ii} = \Lambda_{jj} = \Lambda_{kk} = 1$。

当混合物变成强非理想但仍互溶时，威尔逊方程变得明显地优于马古斯和范拉尔方程，对于多元系溶液威尔逊方程总是优秀的。许多二元系的威尔逊常数由 Gmehling 和 Onken[39]以列表形式收集于 DECHEMA 的数据集中。威尔逊方程有两条限制：它不能预计图

2.15(e)所示那样的不互溶情况，以及当活度系数-摩尔分率关系曲线出现图 2.15(c)所示那样的最大和最小的情况也不能预计。

当用对整个浓度区域的活度系数进行最佳拟合来确定二元威尔逊参数而无足够实验数据时，无限稀释的或单一点的值可以利用。在无限稀释时，表 2.9 种的威尔逊方程变为：

$$\ln\gamma_1^{\infty}=1-\ln\Lambda_{12}-\Lambda_{21} \tag{2-80}$$

$$\ln\gamma_2^{\infty}=1-\ln\Lambda_{21}-\Lambda_{12} \tag{2-81}$$

从这些非线性方程解得 Λ_{12} 和 Λ_{21} 需要采用迭代步骤。如果对应于 γ_1^{∞} 和 γ_2^{∞} 的温度不等或不相近，应将式(2-76)和(2-77)代入式(2-80)和(2-81)中，式中的$(\lambda_{12}-\lambda_{11})$和$(\lambda_{12}-\lambda_{22})$之值需要纯组分的液体摩尔体积的估算来确定。

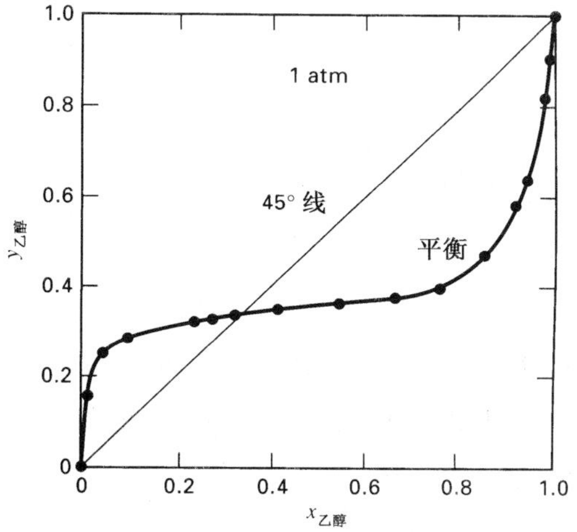

图 2.18　正己烷/乙醇系统的平衡曲线

Sinor 和 Weber[35]的正己烷/乙醇实验数据示于图 2.16，将它们如乙醇的图那样绘制成 $y-x$ 图(图 2.18)时，平衡曲线与 45°对角线相交于乙醇摩尔分率 $x=0.332$ 处，于此浓度相应温度的测定值为 58℃。乙醇的沸点 78.33℃，高于正己烷的沸点 68.75℃，然而在乙醇摩尔分率低于 0.322(最低恒沸物浓度)时，乙醇的挥发性高于正己烷的，这是因为两组分的沸点相当接近，在低浓度区乙醇具有高的活度系数。在恒沸组成处 $y_i=x_i$；因此 $K_i=1.0$。对两个组分分别应用式(2-69)

$$\gamma_1 p_1^S=\gamma_2 p_2^S \tag{2-82}$$

如果组分 2 在纯态时更易挥发($p_2^S>p_1^S$)，则形成最低恒沸物的标准是：
当 x_1 小于恒沸组成时，

$$\gamma_1\geqslant 1 \tag{2-83}$$

$$\gamma_2\geqslant 1 \tag{2-84}$$

和

$$\frac{\gamma_1}{\gamma_2}<\frac{p_2^S}{p_1^S} \tag{2-85}$$

这些标准在 $x_1=0$ 处最容易应用，例如，对于 1atm(101.3kPa)下的正己烷(2)/乙醇(1)系统，当乙醇的液相摩尔分率趋近于零时，温度趋近于纯正己烷的沸点 68.75℃(155.75℉)。在此温度下，$p_1^S=10$ psia(68.9 kPa)，$p_2^S=14.7$ psia (101.3kPa)。也是从图 2.16 得到，当

$\gamma_2=1.0$ 时，$\gamma_1^\infty=21.72$。于是，$\gamma_1^\infty/\gamma_2=21.72$，但 $p_2^S/p_1^S=1.47$，因此，将生成最低恒沸物。

最高恒沸物较少遇到，当沸点较接近的混合物与拉乌尔定律的偏差引起 $\gamma_i<1$ 时才会生成。最高恒沸物生成标准的导出与最低恒沸物标准的导出类似。在 $x_1=1$ 处，组分 2 更易挥发，

$$\gamma_1=1.0 \tag{2-86}$$

$$\gamma_2^\infty<1.0 \tag{2-87}$$

和

$$\frac{\gamma_2^\infty}{\gamma_1}<\frac{p_1^S}{p_2^S} \tag{2-88}$$

对于恒沸二元系，两个二元交互作用参数 Λ_{12} 和 Λ_{21} 可从表 2.9 中的式(4)求解得到，下例中将予以明示。

例 2.8

从 Sinor 和 Weber[35]对乙醇/正己烷系统于 1atm (101.3 kPa, 14.696 psia)下实测的恒沸条件计算 Λ_{12} 和 Λ_{21}。

解

令 E 代表乙醇和 H 代表正己烷。恒沸物于 $x_E=0.332$，$x_H=0.668$ 和 T=58℃产生。1 atm 下式(2-69)可以用来近似计算 K 值，于是在恒沸条件下 $\gamma_i=p/p_i^S$。58℃时的蒸气压 $p_E^S=6.26$ psia 和 $p_H^S=10.28$ psia，因此

$$\gamma_E=\frac{14.696}{6.26}=2.348$$

$$\gamma_H=\frac{14.696}{10.28}=1.430$$

将这些值和上面相应的 x_i 一起代入表 2.9 中的二元的威尔逊方程得

$$\ln 2.348=-\ln(0.332+0.668\Lambda_{EH})+0.668\left(\frac{\Lambda_{EH}}{0.332+0.668\Lambda_{EH}}-\frac{\Lambda_{HE}}{0.332\Lambda_{HE}+0.668}\right)$$

$$\ln 1.430=-\ln(0.668+0.332\Lambda_{HE})-0.332\left(\frac{\Lambda_{EH}}{0.332+0.668\Lambda_{EH}}-\frac{\Lambda_{HE}}{0.332\Lambda_{HE}+0.668}\right)$$

用迭代步骤解这两个非线性方程得 $\Lambda_{EH}=0.041$ 和 $\Lambda_{HE}=0.281$。用此两个参数，并忽略温度对它们的影响，则活度系数曲线可以算出，此结果标绘于图 2.19。由图可见，除了在无限稀释附近区域，计算得到的曲线与实验点相当符合，此时 $\gamma_E^\infty=49.82$ 和 $\gamma_H^\infty=9.28$，前者比前面 Orye 和 Prausnitz[36]采用拟合全部实验数据点得到的 21.72 大得多。然而，如果比较图 2.16 和 2.19，可见 γ_E^∞ 值的显著差别对组成 $x_E=0.15$ 到 1.0 区域中的 γ 影响甚小，在那里两组威尔逊曲线几乎一样。为了得到与威尔逊方程的预计能力相称的在整个组成区域的精确度，希望每对二元至少要有三个浓度有相当差异的液相数据。

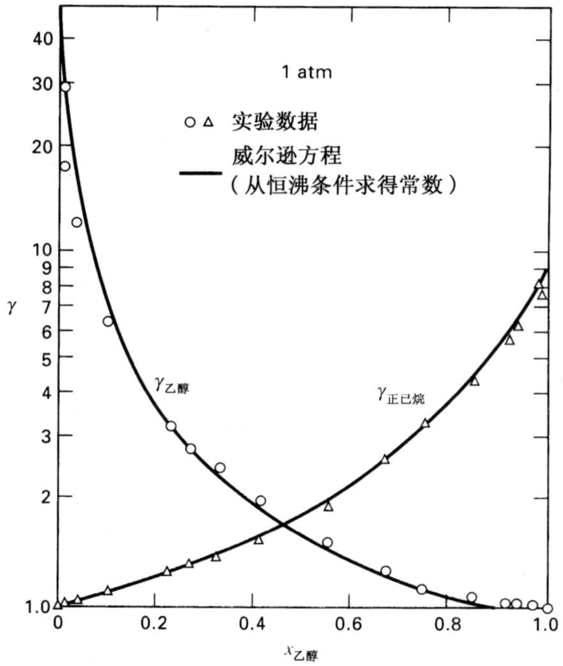

图 2.19　乙醇/正己烷系统液相活度系数

在式(2－78)的右侧乘以第三个二元对常数可以将威尔逊方程推广到液-液或气-液-液系统，该二元对常数需从实验数据求得[37]。然而，对于含三个和三个以上组分的多元系统，第三个二元对常数必须对所有构成的二元对相同。进而如 Hiranuma[4]所示，仅包含一个不互溶二元对的三元系的表现对于第三个二元对威尔逊常数极其敏感。为此，威尔逊方程在液-液系统的应用并不普遍。因威尔逊方程能成功地预计互溶系的活度系数，极大地激励人们进一步努力去开发威尔逊局部组成概念的应用，得出更加一般的液相活度系数的表示式。

2.6.7　NRTL 模型

表 2.9 中列举的有规双液(NRTL)方程由 Renon 和 Prausnitz[41,42]提出，它是威尔逊概念的可接受的推广的一个代表，NRTL 方程适用于多元气-液、液-液和气-液-液系统。而在多元气-液系统仅需要二元对常数，它们从相应的二元对的实验数据算得。多元活度系数的 NRTL 方程为

$$\ln\gamma_i = \frac{\sum_{j=1}^{C}\tau_{ji}G_{ji}x_j}{\sum_{k=1}^{C}G_{ki}x_k} + \sum_{j=1}^{C}\left[\frac{x_jG_{ij}}{\sum_{k=1}^{C}G_{kj}x_k}\left(\tau_{ij} - \frac{\sum_{k=1}^{C}x_k\tau_{kj}G_{kj}}{\sum_{k=1}^{C}G_{kj}x_k}\right)\right] \qquad (2-89)$$

式中

$$G_{ji} = \exp(-\alpha_{ji}\tau_{ji}) \qquad (2-90)$$

系数 τ 由下列方程给出

$$\tau_{ij}=\frac{g_{ij}-g_{jj}}{RT} \tag{2-91}$$

$$\tau_{ji}=\frac{g_{ji}-g_{ii}}{RT} \tag{2-92}$$

式中 g_{ij} 和 g_{jj} 等是分子对间的交互作用能量。在上列方程中，$G_{ji}\neq G_{ij}$，$\tau_{ij}\neq\tau_{ji}$，$G_{ii}=G_{jj}=1$ 和 $\tau_{ii}=\tau_{jj}=0$。$(g_{ij}-g_{jj})$和其他常数经常与温度呈线性关系。对于理想溶液，$\tau_{ji}=0$。

参数 α_{ji} 是组分 j 和组分 i 倾向有规形式分布的特性，当 $\alpha_{ji}=0$ 时，局部摩尔分率与溶液总摩尔分率相等，通常 α_{ji} 与温度无关，而是以与表 2.7 和 2.8 中分类类似的形式与分子性质有关。α_{ji} 之值一般在 0.2 和 0.47 之间，当 $\alpha_{ji}<0.426$ 时，将预计出相的不互溶性。虽然 α_{ji} 可以作为可调参数处理，由二元对实验数据确定，但更普遍的是按下面规则设定其值，这些规则偶尔有点含糊：

（1）对于饱和烃和不缔合的极性组分组成的混合物（例如正庚烷/丙酮），$\alpha_{ji}=0.20$。

（2）对于非极性化合物的混合物（例如苯/正庚烷），$\alpha_{ji}=0.30$。但碳氟化合物和链烷烃混合物、非极性的和不缔合的极性组分混合物（例如苯/丙酮）、呈现与拉乌尔定律负偏差的极性组分混合物（例如丙酮/氯仿）和中度正偏差混合物（乙醇/水）以及水和不缔合的极性组分混合物（例如水/丙酮）除外。

（3）对于饱和烃和同系物碳氟化合物的混合物（例如正己烷/氟正己烷），$\alpha_{ji}=0.40$。

（4）对于乙醇或其他强缔合组分和非极性组分混合物（例如乙醇/苯）、四氯化碳和乙腈或硝基甲烷的混合物以及水和丁醇或吡啶的混合物，$\alpha_{ji}=0.47$。

2.6.8 UNIQUAC 模型

试图使液相活度系数的计算是简单而更具有理论基础，Abrams 和 Prausnitz [43]用统计力学导出了一个超额吉布斯自由能方程式，被称为 UNIQUAC（通用拟化学）的模型，它一般化了 Guggenheim 早先所作的分析，并将其推广到组分分子大小和形状有显著差异的混合物。如同威尔逊和 NRTL 方程一样，也应用了局部组成概念，然而不是用局部体积分率或局部摩尔分率，UNIQUA 利用局部面积分率 θ_{ij} 为主要的浓度变量。

采用一个分子由一组相互键合的片断来表示的办法确定局部面积分率，每个分子用两个结构参数来表征，这两个参数由相对于标准片段来确定，一个标准片段看作是一个线形无限长聚亚甲基分子的单位当量球体。两个结构参数是单个分子的相对片段数 r（体积参数）和分子的相对表面积 q（面积参数）。许多组分的从键角和键距计算得出的这些参数值由 Abrams 和 Prausnitz[42]以及 Gmehling 和 Onken [39]给出，对于其他化合物，可用 Fredenslund 等[46]的基团贡献法确定。

对于多元液体混合物，UNIQUAC 模型给出的超额自由能如下：

$$\frac{g^{\mathrm{E}}}{RT}=\sum_{i=1}^{C}x_i\ln\left(\frac{\Psi_i}{x_i}\right)+\frac{\bar{Z}}{2}\sum_{i=1}^{C}q_ix_i\ln\left(\frac{\theta_i}{\Psi_i}\right)-\sum_{i=1}^{C}q_ix_i\ln\left(\sum_{j=1}^{C}\theta_iT_{ji}\right) \tag{2-93}$$

方程右侧前两项是计及分子大小和形状差异的组合效应，最末一项是分子间力差异的剩余贡献。式中

$$\Psi_i=\frac{x_ir_i}{\sum\limits_{i=1}^{C}x_ir_i}=\text{体积分率} \tag{2-94}$$

$$\theta_i = \frac{x_i q_i}{\sum_{i=1}^{C} x_i q_i} = \text{面积分率} \tag{2-95}$$

$\bar{Z}$＝点阵配位数，取 10

和

$$T_{ji} = \exp\left(\frac{u_{ji} - u_{ii}}{RT}\right) \tag{2-96}$$

式(2－93)中各二元对仅有两个可调参数($u_{ji}-u_{ii}$)和($u_{ij}-u_{jj}$)。Abrams 和 Prausnitz 示明 $u_{ji}=u_{ij}$ 和 $T_{ii}=T_{jj}=1$，通常($u_{ji}-u_{ii}$)和($u_{ij}-u_{jj}$)是温度的线性函数。

将式(2－59)与(2－93)结合，得出多元混合物中组分 i 的活度系数方程：

$$\begin{aligned}\ln\gamma_i &= \ln\gamma_i^C + \ln\gamma_i^R \\ &= \underbrace{\ln(\Psi_i/x_i) + (\bar{Z}/2)q_i\ln(\theta_i/\Psi_i) + l_i - (\Psi_i/x_i)\sum_{j=1}^{C} x_j l_j}_{C,\text{组合}} \\ &\quad \underbrace{+ q_i\left[1 - \ln\left(\sum_{j=1}^{C}\theta_j T_{ji}\right) - \sum_{j=1}^{C}\left(\frac{\theta_j T_{ij}}{\sum_{k=1}^{C}\theta_k T_{kj}}\right)\right]}_{R,\text{剩余}}\end{aligned} \tag{2-97}$$

式中

$$l_j = \left(\frac{\bar{Z}}{2}\right)(r_j - q_j) - (r_j - 1) \tag{2-98}$$

对于由组分 1 和 2 组成的混合物，取 $\bar{Z}=10$，式(2－97) 简约为表 2.9 中的式(6)。

2.6.9　UNIFAC 模型

即使没有实验测定的相平衡数据，或因极性组分的存在而不能采用正规溶液假设时，非理想混合物的液相活度系数还是需要估算。为进行这样的预计，威尔逊和 Deal[48]于 20 世纪 60 年代提出了一个方法。它的基础是将溶液处理成为由代替分子的基团组成的混合物。例如，在一个甲苯/丙酮溶液中，甲苯可以认为是由五个芳香 CH 基团、一个芳香 C 基团和一个芳香 CH_3 基团组成；丙酮则是由两个 CH_3 基团加一个 CO 基团组成。另外，可能采用较大的基团，甲苯由 5 个芳香 CH 基团和一个 CCH_3 基团组成；丙酮则由一个 CH_3 基团和一个 CH_3CO 基团组成。随着采用的基团越变越大，代表分子的正确程度随之增加，但因需要大量的基团数，基团贡献法的优越性随之减少。实际上约用 50 个基团能完全地代表数千种多元混合物。

为计算分摩尔超额吉布斯自由能 $\bar{g}_i^E$ 和随后的活度系数，则需要每个基团的尺度参数和每对基团间的交互作用参数。尺度参数可用理论计算，交互作用参数则从已有的相平衡数据倒算，随之用尺度参数去预计无数据可用的混合物的相平衡性质。

UNIFAC(UNIQUAC 基团活度系数)基团贡献法首先由 Fredenslund、Jones 和 Prausnitz[49]提出，并由 Fredenslund、Gmehling 和 Rasmussen[50]、Gmehling、Rasmussen 和 fredenslund[51]以及 Larsen、Rasmussen 和 Fredenslund[52]为其实际应用作了进一步

开发，与其他基团贡献法相比它具有几个优点：(1)理论方面它以 UNIQUAC 方法为基础；(2)参数基本上与温度无关；(3)对于大量基团类型，已有尺度和二元交互所用参数可用；(4)温度在 275～425K 和压力至数个大气压范围内可用它进行预计；(5)已同实验数据作过大量比较。混合物中的所有组分必须是可凝性的。

预计液相活度系数的 UNIFAC 方法是以 UNIQUAC 方程(2－97)为基础的，该式组合项中的分子体积参数和面积参数由下面方程代替：

$$r_i = \sum_k v_k^{(i)} R_k \tag{2-99}$$

$$q_i = \sum_k v_k^{(i)} Q_k \tag{2-100}$$

式中 $v_k^{(i)}$ 是分子 i 中 k 类基团的数目，R_k 和 Q_k 分别是 k 类基团的体积参数和面积参数。式(2－97)中以 $\ln\gamma_i^R$ 表示的剩余项用下式替换：

$$\ln\gamma_i^R = \underbrace{\sum_k v_k^{(i)} (\ln\Gamma_k - \ln\Gamma_k^{(i)})}_{\text{混合物中全部基团}} \tag{2-101}$$

式中 Γ_k 是实际混合物中基团 k 的剩余活度系数，$\Gamma_{k^{(i)}}$ 则是在仅含分子 i 的参考混合物中基团 k 的剩余活度系数。为当 $x_i \to 1.0$ 时，使 $\gamma_i^R \to 1.0$，上式中后面一项是必须的。Γ_k 和 $\Gamma_{k^{(i)}}$ 两者有与式(2－97)中剩余项同样形式的方程，于是

$$\ln\Gamma_k = Q_k\left[1 - \ln\left(\sum_m \theta_m T_{mk}\right) - \sum_m \frac{\theta_m T_{mk}}{\sum_n \theta_n T_{nm}}\right] \tag{2-102}$$

式中 θ_m 是基团 m 的面积分数，它由与式(2－95)类似的方程计算：

$$\theta_m = \frac{X_m Q_m}{\sum_n X_n Q_m} \tag{2-103}$$

式中 X_m 是溶液中基团 m 的摩尔分率，

$$X_m = \frac{\sum_j v_m^{(j)} x_j}{\sum_j \sum_n (v_n^{(j)} x_j)} \tag{2-104}$$

T_{mk} 是基团的交互作用参数，它由与式(2－96)类似的方程计算，

$$T_{mk} = \exp\left(-\frac{a_{mk}}{T}\right) \tag{2-105}$$

式中 $a_{mk} \neq a_{km}$，当 $m=k$ 时，$a_{mk}=0$，于是 $T_{mk}=1.0$。$\Gamma_{k^{(i)}}$ 也用式(2－102)计算，此时 θ 项为相应纯组分 i 的。虽则每个基团的 R_k 值和 Q_k 值不同，但是在主基团中包含的所有亚基团的 a_{mk} 值相同。例如主基团 CH_2 包含的亚基团有 CH_3，CH_2，CH 和 C，相应地

$$a_{CH_3,CHO} = a_{CH_2,CHO} = a_{CH,CHO} = a_{C,CHO}$$

因此，为得到 a_{mk} 和 a_{km} 之值需要的实验数据数量以及存放这些参数的数据库大小并不会像想象中的那么大。

基团贡献法预计液相活度系数的能力被 Gmehling[51]引入修整的 UNIFAC 方法[被称为 UNIFAC(多特蒙德)]而得到进一步改善。为了关联大小范围甚广的分子所组成的混合物的数据，他们修正了式(2－97)总的组合部分，为了更正确地处理对温度的依靠关系，他们用一个具有三个系数的方程代替式(2－105)。得到的修正结果允许较可靠地预计液相活

度系数(包括用于稀溶液和多个液相)、混合热和恒沸物组成。UNIFAC(多特蒙德)的 51 个基团的参数值可从一系列的文献中查到。这些文献始自 1993 年 Gmehling、Li 和 Schiller[53]的论文,更新的一篇是 Wittig、Lohmann 和 Gmehling[54]的论文。

2.6.10　液-液平衡

当组分明显地不相似且活度系数又大时,在平衡时可能存在两个或更多个液相。例如,考虑甲醇(1)和环己烷(2)在 25℃时的二元系,Takeuch1, Nitta 和 Katayama[55]测得其范拉尔常数分别是 $A_{12}=2.61$ 和 $A_{21}=2.34$,由式(2-72)算得无限稀释活度系数为 13.6 和 10.4。用这些 A_{12} 和 A_{21} 值,可以作出在恒温条件下 y_1 对 x_1 的平衡标绘。结合式(2-69)($K_i=y_i/x_i$)和

$$p=\sum_{i=1}^{C}x_i\gamma_{iL}p_i^S \tag{2-106}$$

得到从 x_i 计算 y_i 的下列关系式:

$$y_1=\frac{x_1\gamma_1 p_1^S}{x_1\gamma_1 p_1^S+x_2\gamma_2 p_2^S} \tag{2-107}$$

25℃时的蒸气压分别是 $p_1^S=2.452$psia(16.9kPa)和 $p_2^S=1.886$psia(13.0kPa)。活度系数可从表 2.9 中的范拉尔方程计算,算得的平衡标绘示于图 2-20。由图可见跨越大部分液相区域,有三个 y_1 值存在,这表明液相是不稳定的。实验发现仅在浓环己烷区($x_1=0.8249\sim1.0$)和浓甲醇区($x_1=0.0\sim0.1291$)能存在一个液相。由于共存的气相仅是同一组成,两个共存的液相示于图中虚线的两末端。这两个液相分别代表甲醇在环己烷中和环己烷在甲醇中的溶解极限。

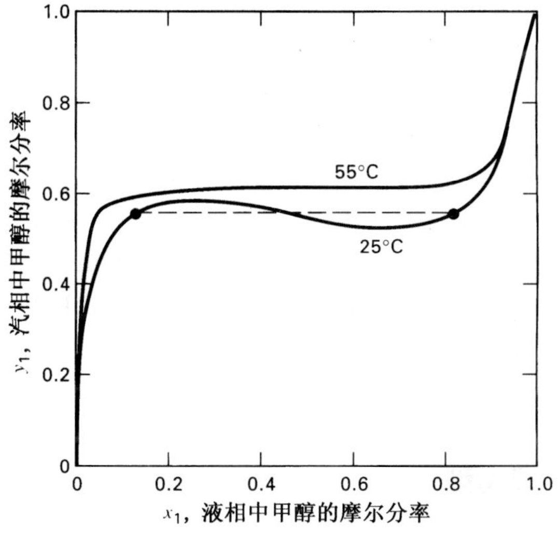

图 2.20　甲醇/环己烷系统的平衡曲线

[资料取自 K. Strubl, V. Svoboda, R. Holub, and J. Pick, *Collect. Czech. Chem. Commun.*, 35, 3004—3019(1970).]

两个共存液相必须保持 $\gamma_{iL}^{(1)}x_i^{(1)}=\gamma_{iL}^{(2)}x_i^{(2)}$ 关系,此关系能确定图 2.20 中的两相区域,活

度系数用范拉尔方程或其他适当的活度系数方程(其常数已知)算得。同样的二元系在55℃时的平衡曲线也示于图2.20中。它使用Strubl等[56]数据绘制。在这个较高温度下,甲醇和环己烷完全互溶。Kiser、Johnson和Shetlar[57]的数据表明,相的不稳性在临界溶解温度45.75℃消失。确定相不稳定性,也就是两个平衡液相共存的严格热力学方法一般是以自由能计算为基础的,正如Prausnitz等[4]所讨论的。列于表2.9中的经验和半理论的液相活度系数方程大都能用于液-液系统,威尔逊方程是众所周知的一个例外。

2.7 难处理的混合物

分别在节2.5和节2.6中论述了状态方程模型和活度系数模型,它们对于计算含有下列组分的混合物的K值并不合适:(1)极性的和超临界温度的(轻质气体)两种组分;(2)电解质;(3)高聚物和溶剂两者。对于这些难处理的混合物,已开发了特定的模型,其中一些将在下面小节中作简要论述。Prausnitz、Lichtenthaler和de Azevedo[4]对下列三个论题作了更详细地论述。

2.7.1 预测性的Soave-Redlich-Kwong(PSRK)模型

状态方程模型,例如S-R-K和P-R,适用于非极性和弱极性化合物的混合物;吉布斯自由能模型则适用于低于临界温度的非极性和极性化合物的混合物。当一个混合物中同时含有极性化合物和超临界温度(轻质气体)组分(例如氢、一氧化碳、甲烷、乙酸甲酯和乙醇)时,没有一个合适的方法可用。为计算这种混合物的气-液相平衡,已开发了许多更有理论基础的混合规则与S-R-K和P-R状态方程结合应用。Holderbaum和Gmehling[58]开辟了另一条途径,构建了基团贡献状态方程,它被称为预测性的Soave-Redlich-Kwong(PSRK)模型,它由修整的S-R-K方程与UNIFAC模型结合得出。为改善S-R-K方程预测极性化合物的蒸气压能力,他们提出了对表2.5中的纯组分参数a的改进温度依赖关系式。为处理非极性、极性和超临界温度组分的混合物,他们应用了一个a的混合规则,此规则包括进了UNIFAC模型去更正确地处理非理想影响。一些增加的和修改过的纯组分的和基团的交互作用参数已由Fischer和Gmehling[59]给出,它们被用于PSRK模型中。需特别提出,除了UNIFAC的50个基团的参数外,[58]和[59]提供了9种气体(Ar,CO,CO_2,CH_4,H_2,H_2S,N_2,NH_3和O_2)的参数。

2.7.2 电解质溶液模型

弱电解质和/或强电解质溶液在化学过程中相当普遍,例如,酸性污水在许多石油厂中存在,它可能由溶剂(水)和五种溶解气体(CO,CO_2,CH_4,H_2S和NH_3)组成。溶液的表观组成是以六种分子为基础的,但是由于此时存在弱的电离现象,水溶液的真实成分既有离子又有分子。对于酸性水,化学平衡是存在的,离子有H^+,OH^-,HCO_3^-,$CO_3^=$,HS^-,$S^=$,

NH_4^+ 和 NH_2COO^-，它们的正负电荷总数是电中性的。例如当 NH_3 在溶液中的表现浓度为 2.46 mol/kg H_2O 时，如计及电离作用，摩尔浓度仅为 0.97，而 NH_4^+ 的摩尔浓度达 1.49。上述八种离子全不挥发，而六种分子却有一定挥发性，要正确计算多组分电解质溶液的气-液平衡，必须同时考虑化学平衡和物理平衡，两者均涉及液相活度系数。

为估算多组分电解质溶液的活度系数，已提出了多个模型，其中特别重要的是 Pitzer[60]和 Chen 及其同事[61,62 和 63]的模型，两者均已用于模拟程序中，都能处理稀的和浓的溶液，但仅仅 Chen 及其合作者的模型能处理混合溶剂，例如水和乙醇。

2.7.3 高分子溶液模型

在聚合物加工中，经常处理由溶剂、单体和非晶体聚合物溶液，需要进行气-液相平衡计算，有时还需要进行液-液相平衡计算，为此，混合物中各组分的活度系数需要计算。通常聚合物不挥发，但溶剂和单体是挥发性的。当溶液是稀的聚合物溶液时，在第 2.6 节中的活度系数计算方法，例如 NRTL 可以采用。而更有意义的是含聚合物相当浓度的溶液，此时在第 2.5 和 2.6 节中的方法已不适用。为此，特定目的的经验的和理论的模型得到了开发。一个已用到模拟程序的方法是 Chen[64]的修正 NRTL 模型，它将适用于分子大小范围广的 Flory-huggins 方程(12－65)的修正式与 NRTL 局部组成概念相结合，Chen 提出了聚合物作为片段的概念，为此需要溶剂-溶剂、溶剂-片段和片段-片段间的二元交互作用参数，这些常可从文献中查到，可以认为它们与温度、聚合物链长度和聚合物浓度无关，使模型相当灵活。

2.8 合适模型的选择

本章的前三节已讨论了得到较广泛应用的一些模型，它们用于计算混合物中组分逸度、活度系数和 K 值，这些模型和一些其他模型已应用在计算机辅助过程模拟程序系统中。为解决具体的分离问题，必须选择合适的模型，本节至少对初步选择提供一些建议。

这里的选择步骤包括了本章中未涉及的一些模型，它们的参考文献已给出。从判定混合物的化学类型开始：轻质气体(LG)，烃类(HC)，极性有机化合物(PC)以及含电解质(E)或不含电解质的水溶液(A)。

如果混合物是不含(PC)的水溶液(A)，但含有电解质，选修正的 NRTL 方程；否则选特定的模型，例如酸性水(含有 NH_3，H_2S，CO_2 等)的或氨水的模型。

如果混合物含有烃类(HC)和含或不含轻质气体(LG)，并覆盖宽广的沸点区间，选择 Lee-Kesler-Plocker(LKP)[8,65]的对比态方法。如果烃类(HC)混合物的沸点区间不宽，则选择取决于压力和温度。对于各种温度和压力，Peng-Robinson (P-R)方程适用。对于各种压力和非深冷温度，Soave-Redlich-Kwong(S-R-K)方程适用。对于各种温度和压力不在临界区，Benedict-Webb-Rubin-Starling (BWRS)[5,66,67]方程适用。

如果混合物含有极性化合物(PC)，则选择取决于是否含有轻质气体(LG)，如含有，建议采用 PSRK 方法；如果不含有，则按如下步骤选择一个合适的活度系数方法：如果缺乏二元交互作用参数，选 UNIFAC 方法，但这是一个初步近似的方法；如果有二元交互作用参数，且不会出现分离的两个液相，则选择威尔逊或 NRTL 方程；否则，如可能出现液相分离，选择 NRTL 或 UNIQUAC 方程。

2.9 本章小结

（1）分离过程通常是高能耗的，所需的能量用热力学第一定律确定，而最小能量的计算需由热力学第二定律的熵平衡或有效能平衡确定。

（2）相平衡用气-液和液-液相平衡的 K 值表示，它的算式用逸度和活度系数构建。

（3）对于包含理想气体混合物和理想液体溶液的分离系统，所需的全部物性可用理想气体定律、气相比热容方程、蒸气压方程和作为温度函数的液体密度方程计算。

（4）纯组分热力学性质的图解关系被广泛应用，对于常压附近理想溶液的快捷手算有用。

（5）对于含有非极性组分的非理想气、液相混合物，某些 p-V-T 状态方程模型，例如 S-R-K，P-R 和 L-K-P 方程，可以用来计算密度、焓、熵、逸度系数和 K 值。

（6）对于含有非极性和/或极性组分的非理想液体溶液，一些吉布斯自由能模型，例如马古斯、范拉尔、威尔逊、NRTL、UNIQUAC 和 UNIFAC 模型，可以用来计算活度系数、混合体积和焓以及混合超额熵和 K 值。

（7）对于聚合物溶液，电解质溶液和含极性与超临界组分的混合物可用特定的模型。

参考文献

1. Mix, T. W., J. S. Dweck, M. Weinberg, and R. C. Armstrong, *AIChE Symp. Ser.*, *No.* 192, Vol. 76, 15—23(1980).
2. Felder, R. M., and R. W. Rousseau, *Elementary Principles of Chemical Processes*, 3rd ed., John Wiley & Sons, New York(2000).
3. de Nevers, N., and J. D. Seader, *Latin Am. J. Heat and Mass Transfer*, **8**, 77—105(1984).
4. Prausnitz, J. M., R. N. Lichtenthaler, and E. G. de Azevedo, *Molecular Thermodynamics of Fluid-Phase Equilibria*, 3rd ed., Prentice-Hall, Upper Saddle River, NJ(1999).
5. Starling, K. E., *Fluid Thermodynamic Properties for Light Petroleum Systems*, Gulf Publishing, Houston, TX(1973).
6. Soave G., *Chem. Eng. Sci.*, **27**, 1197—1203(1972).
7. Peng, D. Y., and D. B. Robinson, *Ind. Eng. Chem. Fundam.*, **15**, 59—64(1976).
8. Plöcker, U., H. Knapp, and J. M. Prausnitz, *Ind. Eng. Chem. Process Des. Dev.*, **17**, 324—332(1978).
9. Chao, K. C., and J. D. Seader, *AIChE J.*, **7**, 598—605(1961).
10. Grayson, H. G., and C. W. Streed, Paper 20—P07, Sixth World Petroleum Conference, Frankfurt, June

1963.

11. Poling, B. E., J. M. Prausnitz, and J. P. O'Connell, *The Properties of Gases and Liquids*, 5th ed., McGraw-Hill, New York(2001).
12. Rackett, H. G., *J. Chem. Eng. Data*, **15**, 514—517(1970).
13. Yaws, C. L., H.-C. Yang, J. R. Hopper, and W. A. Cawley, *Hydrocarbon Processing*, **71**(1), 103—106 (1991).
14. Frank, J. C., G. R. Geyer, and H. Kehde, *Chem. Eng. Prog.*, **65**(2), 79—86(1969).
15. Hadden, S. T., and H. G. Grayson, *Hydrocarbon Process., Petrol. Refiner*, **40**(9), 207—218(1961).
16. Robbins, L. A., Section 15, "Liquid-Liquid Extraction Operations and Equipment," in R. H. Perry, D. Green, and J. O. Maloney, Eds., *Perry's Chemical Engineers' Handbook*, 7th ed., McGraw-Hill, New York(1997).
17. Pitzer, K. S., D. Z. Lippman, R. F. Curl, Jr., C. M. Huggins, and D. E. Petersen, *J. Am. Chem. Soc.*, **77**, 3433—3440(1955).
18. Redlich, O., and J. N. S. Kwong, *Chem. Rev.*, **44**, 233—244(1949).
19. Shah, K. K., and G. Thodos, *Ind. Eng. Chem.*, **57**(3), 30—37(1965).
20. Glanville, J. W., B. H. Sage, and W. N. Lacey, *Ind. Eng. Chem*, **42**, 508—513(1950).
21. Wilson, G. M., *Adv. Cryogenic Eng.*, **11**, 392—400(1966).
22. Knapp, H., R. Doring, L. Oellrich, U. Plöcker, and J. M. Prausnitz, *Vapor-Liquid Equilibria for Mixtures of Low Boiling Substances*, Chem. Data. Ser., Vol. VI, DECHEMA(1982).
23. Thiesen, M., *Ann. Phys.*, **24**, 467—492(1885).
24. Onnes, K., *Konink. Akad. Wetens*, p. 633(1912).
25. Walas, S. M., *Phase Equilibria in Chemical Engineering*, Butterworth, Boston(1985).
26. Lee, B. I., and M. G. Kessler, *AIChE J.*, **21**, 510—527(1975).
27. Edmister, W. C., *Hydrocarbon Processing*, **47**(9), 239—244(1968).
28. Yarborough, L., *J. Chem. Eng. Data*, **17**, 129—133(1972).
29. Prausnitz, J. M., W. C. Edmister, and K. C. Chao, *AIChE J.*, **6**, 214—219(1960).
30. Hildebrand, J. H., J. M. Prausnitz, and R. L. Scott, *Regular and Related Solutions*, Van Nostrand Reinhold, New York(1970).
31. Yerazunis, S., J. D. Plowright, and F. M. Smola, *AIChE J.*, **10**, 660—665(1964).
32. Hermsen, R. W., and J. M. Prausnitz, *Chem. Eng. Sci.*, **18**, 485—494(1963).
33. Ewell, R. H., J. M. Harrison, and L. Berg, *Ind. Eng. Chem.*, **36**, 871—875(1944).
34. Van Ness, H. C., C. A. Soczek, and N. K. Kochar, *J. Chem. Eng. Data*, **12**, 346—351(1967).
35. Sinor, J. E., and J. H. Weber, *J. Chem. Eng. Data*, **5**, 243—247(1960).
36. Orye, R. V., and J. M. Prausnitz, *Ind. Eng. Chem.*, **57**(5), 18—26(1965).
37. Wilson, G. M., *J. Am. Chem. Soc.*, **86**, 127—130(1964).
38. Cukor, P. M., and J. M. Prausnitz, *Inst. Chem. Eng. Symp. Ser. No.* 32, **3**, 88(1969).
39. Gmehling, J., and U. Onken, *Vapor-Liquid Equilibrium Data Collection*, DECHEMA Chem. Data Ser., 1—8,(1977—1984).
40. Hiranuma, M., *J. Chem. Eng. Japan*, **8**, 162—163(1957).
41. Renon, H., and J. M. Prausnitz, *AIChE J.*, **14**, 135—144(1968).
42. Renon, H., and J. M. Prausnitz, *Ind. Eng. Chem. Process Des. Dev.*, **8**, 413—419(1969).
43. Abrams, D. S., and J. M. Prausnitz, *AIChE J.*, **21**, 116—128(1975).
44. Abrams, D. S., Ph. D. thesis in chemical engineering, University of California, Berkeley, 1974.

45. Prausnitz, J. M., T. F. Anderson, E. A. Grens, C. A. Eckert, R. Hsieh, and J. P. O'Connell, *Computer Calculations for Multicomponent Vapor-Liquid and Liquid-Liquid Equilibria*, Prentice-Hall, Englewood Cliffs, NJ(1980).

46. Fredenslund, A., J. Gmehling, M. L. Michelsen, P. Rasmussen, and J. M. Prausnitz, *Ind. Eng. Chem. Process Des. Dev.*, **16**, 450—462(1977).

47. Wilson, G. M., and C. H. Deal, *Ind. Eng. Chem. Fundam.*, **1**, 20—23(1962).

48. Derr, E. L., and C. H. Deal, *Inst. Chem. Eng. Symp. Ser. No.* 32, **3**, 40—51(1969).

49. Fredenslund, A., R. L. Jones, and J. M. Prausnitz, *AIChE J.*, **21**, 1086—1099(1975).

50. Fredenslund, A., J. Gmehling, and P. Rasmussen, *Vapor-Liquid Equilibria Using UNIFAC, A Group Contribution Method*, Elsevier, Amsterdam(1977).

51. Gmehling, J., P. Rasmussen, and A. Fredenslund, *Ind. Eng. Chem. Process Des. Dev.*, **21**, 118—127(1982).

52. Larsen, B. L., P. Rasmussen, and A. Fredenslund, *Ind. Eng. Chem. Res.*, **26**, 2274—2286(1987).

53. Gmehling, J., J. Li, and M. Schiller, *Ind. Eng. Chem. Res.*, **32**, 178—193(1993).

54. Wittig, R., J. Lohmann, and J. Gmehling, *Ind. Eng. Chem. Res.*, **42**, 183—188(2003).

55. Takeuchi, S., T. Nitta, and T. Katayama, *J. Chem. Eng. Japan*, **8**, 248—250(1975).

56. Strubl, K., V. Svoboda, R. Holub, and J. Pick, *Collect. Czech. Chem. Commun.*, **35**, 3004—3019(1970).

57. Kiser, R. W., G. D. Johnson, and M. D. Shetlar, *J. Chem. Eng. Data*, **6**, 338—341(1961).

58. Holderbaum, T., and J. Gmehling, *Fluid Phase Equilibria*, **70**, 251—265(1991).

59. Fischer, K., and J. Gmehling, *Fluid Phase Equilibria*, **121**, 185—206(1996).

60. Pitzer, K. S., *J. Phys. Chem.*, **77**, No. 2, 268—277(1973).

61. Chen, C.-C., H. I. Britt, J. F. Boston, and L. B. Evans, *AIChE Journal*, **28**, 588—596(1982).

62. Chen, C.-C., and L. B. Evans, *AIChE Journal*, **32**, 444—459(1986).

63. Mock, B., L. B. Evans, and C.-C. Chen, *AIChE Journal*, **28**, 1655—1664(1986).

64. Chen, C.-C., *Fluid Phase Equilibria*, **83**, 301—312(1993).

65. Lee, B. I., and M. G. Kesler, *AIChE Journal*, **21**, 510—527(1975).

66. Benedict, M., G. B. Webb, and L. C. Rubin, *Chem. Eng. Progress*, **47**(8), 419(1951).

67. Benedict, M., G. B. Webb, and L. C. Rubin, *Chem. Eng. Progress*, **47**(9), 449(1951).

习题

2.1 节

2.1　石油炼制厂中的一股烃类物流于 1 500 kPa 下被分离成两股产物，有关条件列于下面表中，利用给定数据，计算在 $T_0=298.15\text{K}$ 以 kJ/h 表示的分离最小功。

组分	kmol/h	
	原料	产物 1
乙烷	30	30
丙烷	200	192
正丁烷	370	4
正戊烷	350	0
正己烷	50	0

	原料	产物 1	产物 2
相态	液相	气相	液相
温度/K	364	313	394
焓/($kJ \cdot kmol^{-1}$)	19 480	25 040	25 640
熵/[$kJ \cdot (kmol \cdot K)^{-1}$]	36.64	33.13	54.84

2.2　在石油炼制厂中，链烷烃和环烷烃混合物通常在固定床催化反应器中进行重整，为生产汽油和供制取石油化学品用的芳烃母体混合料。催化重整的典型多元产物是乙苯和三种对二甲苯异构体的混合物，如将它分离，可对此四个化学品进一步加工以制取苯乙烯、邻苯二甲酸酐、间苯二甲酸和对苯二甲酸。如果下列混合物于 20 psia 下分离成三股产物，应用下列数据计算最小分离功(Btu/h，$T_0=560°R$)

组分	原料 lb mol/h	分割分率(SF) 产物 1	产物 2	产物 3
乙苯	150	0.96	0.04	0.000
对二甲苯	190	0.005	0.99	0.005
间二甲苯	430	0.004	0.99	0.006
邻二甲苯	230	0.00	0.015	0.985

	原料	产物 1	产物 2	产物 3
相态	液相	液相	液相	液相
温度/°F	305	299	304	314
焓/($Btu \cdot lbmol^{-1}$)	29 290	29 750	29 550	28 320
熵/[$Btu \cdot (lbmol \cdot °R)^{-1}$]	15.32	12.47	13.60	14.68

2.3　示于图 1.9 中的蒸馏塔 C3 将物流 5 分离成物流 6 和 7，分离按表 1.5 中的物料平衡规定进行。如果分离在 700 kPa 下进行，一座合适的分离塔具有 70 块塔板，冷却负荷为 27 300 000 kJ/h，利用下面的数据，且取无限环境温度 $T_0=298.15K$，计算：

(a) 再沸器热负荷，kJ/h；

(b) 假设冷凝器中冷却水的标称温度为 25℃，再沸器用的饱和水蒸气温度为 100℃，计算不可逆熵增，kJ/(h·K)；

(c) 损失功，kJ/h；

(d) 分离最小功，kJ/h；

(e) 第二定律效率。

假设回流泵的轴功可忽略。

	原料 (物流 5)	馏出液 (物流 6)	塔底产物 (物流 7)
相态	液相	液相	液相
温度/K	348	323	343
压力/kPa	1 950	700	730
焓/($kJ \cdot kmol^{-1}$)	17 000	13 420	15 840
熵/[$kJ \cdot (kmol \cdot K)^{-1}$]	25.05	5.87	21.22

2.4　一台螺旋式盘绕的醋酸纤维素膜分离器用来分离含有 H_2，CH_4 和 C_2H_6 的气体混合物，透过物将是纯度达 95%(mol)的 H_2，并不含乙烷。水对甲烷的相对分割比(分离能力)SP 为 47。利用下面的数据，并取无限环境温度为 80℉，计算：

(a) 不可逆熵增，Btu/(h・R)；

(b) 损失功，Btu/h；

(c) 分离最小功，Btu/h，并说明其负值的原因。

还有什么其他方法可用来实现分离？

原料流率	H_2	CH_4	C_2H_6
/(lbmol・h^{-1})	3 000	884	120

物流性质：

	原料	渗透物	渗余物
相态	气相	气相	气相
温度/℉	80	80	80
压力/psia	365	50	365
焓/(Btu・$lbmol^{-1}$)	8 550	8 380	8 890
熵/[Btu・(lbmol・°R)$^{-1}$]	1.520	4.222	2.742

2.2 节

2.5　下面 K 值表示式哪一个(些)是严格的(如有的话)？对于那些不严格的表示式，指明其有关假设。

(a) $K_i=\bar{\phi}_{iL}/\bar{\phi}_{iV}$

(b) $K_i=\phi_{iL}/\phi_{iL}$

(c) $K_i=\phi_{iL}$

(d) $K_i=\gamma_{iL}\phi_{iL}/\bar{\phi}_{iV}$

(e) $K_i=p_i^S/p$

(f) $K_i=\gamma_{iL}\phi_{iL}/\gamma_{iV}\phi_{iV}$

(g) $K_i=\gamma_{iL}p_i^S/p$

2.6　丙烷和异戊烷系统于 167℉和 147psia 下的 Vaughan 和 Collins[Ind. Eng. Chem, 34, 885 (1942)]实验数据表明：与液相丙烷摩尔分率为 0.290 0 相平衡的气相摩尔分率为 0.665 0。计算：

(a) 由实验数据计算 C_3 和 iC_5 的 K 值；

(b) 假设 C_3 和 iC_5 在 167℉时的蒸气压分别为 409.6 和 58.6 psia，用拉乌尔定律计算它们的 K 值。

比较(a)和(b)的结果。如假设的实验值是正确的，如何能算得更准确些的 K 值？为回答此问题，请比较严格表示式 $K_i=\gamma_{iL}\phi_{iL}/\bar{\phi}_{iV}$ 和拉乌尔定律表示式 $K_i=p_i^S/p$。

2.7　异辛烷(1)/糠醛(2)于 25℃下的互溶性数据为[Chem,Eng, Sci, 6, 116 (1957)]

	液相Ⅰ	液相Ⅱ
x_1	0.043 1	0.946 1

计算：

(a) 异辛烷和糠醛的分配系数；

(b) 异辛烷对糠醛的相对选择性；

(c) 假设 $\gamma_2^{(\mathrm{I})}=1.0$ 和 $\gamma_1^{(\mathrm{II})}=1.0$，计算异辛烷在液相Ⅰ中的活度系数和糠醛在液相Ⅱ中的活度系数。

2.8　石油炼制厂中，富含烷基苯和烷基萘的物流由催化裂化操作制得，这样的物流可用来加氢脱烷基化生产苯和萘这样更有价值的产品。在 25℃下，固体萘(熔点 80.3℃)在一些液体溶剂中(包括苯)的溶解度[萘，API 出版物 707，华盛顿特区(1978.10)]：

溶剂	萘的摩尔分率
苯	0.294 6
环己烷	0.148 7
四氯化碳	0.259 1
正己烷	0.116 8
水	0.18×10^{-5}

对于每一种溶剂，计算萘在液体溶剂相中的活度系数。固体和液体奈的蒸气压分别用下列方程计算：

$$\ln p^{S}_{固}=26.708-8.712/T$$

$$\ln p^{S}_{液}=16.142\ 6-3\ 992.01/(T-71.29)$$

式中 T 单位为 K，p^{S} 的单位为托。

2.3 节

2.9　由 A 和 B 组成的二元理想气体混合物，于无限环境温度 T_0 下经受等温、等压分离。从表 2.1 中的式(1)开始，利用原料和两股产物的摩尔分率，推导分离最小功 W_{min} 的方程式。采用导出的方程，将无量纲数群 $W_{min}/(RT_0n_F)$ 对原料中 A 的摩尔分率进行标绘：

(a) 完全分离；

(b) $SF_A=0.98$ 和 $SF_B=0.02$ 的分离；

(c) $SR_A=9.0$ 和 $SR_B=1/9$ 的分离；

(d) $SF_A=0.95$ 和 $SP_{A,B}=361$ 的分离。

W_{min} 对产品纯度的敏感性怎样？W_{min} 是否取决于所采用的特定分离操作？通过演算证明 W_{min} 的最大值出现在对等量组分 A 和 B 构成的原料分离时。

2.10　用蒸馏将异戊烷从正戊烷中分离是困难的(约需 100 块塔板)，但也是工业上常用的。应用扩展的安妥因蒸气压方程(2－39)(常数列于下)和拉乌尔定律，计算异戊烷/正戊烷系的相对挥发度，并与用下面已经过平滑处理的实验数据[J, Chem,Eng, Data, 8, 504,(1963)]作标绘得到的数值进行比较：

温度℉	α_{iC_5,nC_5}
125	1.26
150	1.23
175	1.21
200	1.18
225	1.16
250	1.14

对于此二元系于此温度区间的拉乌尔定律适用性怎样？

式(2－39)中的蒸气压常数如下(p^{S} 的单位为 kPa, T 的单位为 K)

	iC_5	nC_5
k_1	13.610 6	13.977 8
k_2	－2 345.09	－2 554.60
k_3	－42.212 8	－36.252 9
k_4, k_5, k_6	0	0

2.11　用来分离乙苯和苯乙烯的减压蒸馏塔塔顶条件如下：塔顶馏出蒸气在空冷器中冷凝得冷回流和馏出液。利用例 2.3 中的性质常数，计算冷凝器的热传递速率(热负荷)(kJ/h)，假设理想气体以及理想的气体和液体溶液。

	塔顶馏出蒸气	回流	馏出液
相态	气相	液相	液相
温度/K	331	325	325
压力/kPa	6.69	6.40	6.40
组分流率/($kg \cdot h^{-1}$)			
乙苯	77 500	66 960	10 540
苯乙烯	2 500	2 160	340

2.12 甲苯可经加氢脱烷基化得到苯，但经反应器的单程转化率约 70%，因此，甲苯必须回收和循环利用。进入工业蒸馏单元的原料的典型条件是：100℉，200 psia 以及苯流率 415 lbmol/h 和甲苯131 lbmol/h。基于下面的性质常数，并假设理想气体和理想液体溶液模型（表 2.4）适用于此低压蒸馏，证明原料混合物是液体，并以美国工程单位制计算 v_L 和 ρ_L。

式(2-38)和(2-39)中的性质常数如下（此处 T 的单位是 K）：

	苯	甲苯
M, kg/kmol	78.114	92.141
p^S，托：		
k_1	15.900 8	16.013 7
k_2	−2 788.51	−3 096.52
k_3	−52.36	−53.67
k_4, k_5, k_6	0	0
ρ_L，kg/m^3：		
A	304.1	290.6
B	0.269	0.265
T_c	562.0	593.1

2.4 节

2.13 对一家小炼油厂的脱丙烷蒸馏单元的塔底产物测得的条件示于下面。利用图 2.3 中的数据，并假设理想溶液（混合体积等于零）适用，计算液体密度，分别以 lb/ft^3，lb/gal 和 lb/bbl（1 bbl =42 gal）和 kg/m^3 单位表示。

相态	温度/℉	压力/psia	流率 lbmol/h	C_3	iC_4	nC_4	iC_5	nC_5
液相	229	282		2.2	171.1	226.6	28.1	17.5

2.14 含水 13%（质量）的异丁醇可用恒沸蒸馏脱水得到几乎纯的异丁醇，用苯为溶剂，回收率为90%。当被冷凝时，塔顶馏出蒸气分割为不互溶的两液相。应用表 2.4 中的方程和 Perry 主编的《化学工程师手册》中的数据以及给出的下面的操作条件，计算冷凝器的传热速率（热负荷）(kJ/h)。

	馏出物	富含水相	富含有机物相
相态	气相	液相	液相
温度/℃	76	40	40
压力/bar	1.4	1.4	1.4
流率/($kg \cdot h^{-1}$)：			
异丙醇	6 800	5 870	930
水	2 350	1 790	560
苯	24 600	30	24 570

2.15 一个于 250℉和 500 psia 的气-液烃类混合物含有 N_2，H_2S，CO_2和从甲烷到庚烷的正构链烷烃，应用图 2.8 估算混合物中每个组分的 K 值。哪些组分倾向于以较大的程度出现在平衡的气相中？

2.16 丙酮是一种有价值的溶剂，可以用吸收方法从空气中将它回收到水中，或用活性炭吸附回收它。如果用吸收方法，进入和离开吸收器的物流条件列于下面，假定吸收为绝热操作，利用模拟程序系统计算离开吸收器的液相温度。

	原料气	吸收剂	排出气体	离开的液体
流率/($lbmol \cdot h^{-1}$)：				
空气	687	0	687	0
丙酮	15	0	0.1	14.9
水	0	1733	22	1711
温度/℉	78	90	80	—
压力/psia	15	15	14	15
相	气相	液相	气相	液相

已注意到原料气可能有发生爆炸的危险，丙酮在空气中燃烧的下限和上限分别是 2.5%和 13%，试问原料混合物是否在爆炸区域？如果是，如何纠正这情况？

2.5 节

2.17 不合格的天然气含有过量的杂质氮气，可用作氮气分离的过程有深冷蒸馏、膜分离和变压吸附。对于后一过程，一组典型的原料和产品的条件如下面所示。假设移除含 90%N_2和含 97%甲烷的产品，应用常数列于下面的 R-K 状态方程，计算以每小时数千立方英尺表示的三股物流的每一股流率。

	N_2	CH_4
原料流率/($lbmol \cdot h^{-1}$)	176	704
T_C/K	126.2	190.4
p_C/bar	33.9	46.0

物流的条件是：

	原料(不合格天然气)	产品(天然气)	废气
温度/℉	70	100	70
压力/psia	800	790	280

2.18 应用 R－K 状态方程分别计算例 2.5 中的气相混合物中丙烷和苯的分逸度系数。

2.19 应用计算机辅助定态模拟程序系统计算由两个丁烷异构体和四个丁烯异构体组成的混合物的 K 值，混合物的温度为 220℉和压力 276.5 psia，采用 P-R 和 S-R-K 状态方程。将计算值与下列实验值[J,Chem, Eng. Data, 7, 331 (1962)]进行比较：

组分	异丁烷	异丁烯	正丁烷	1-丁烯	反式-2-丁烯	顺式-2-丁烯
K 值	1.067	1.024	0.922	1.024	0.952	0.876

2.20 制取苯和二甲苯的甲苯歧化在催化反应器中进行，反应条件为 500 psia 和 950℉。为回收热量反应产物经一系列换热器冷至 235℉，压力为 490 psia，随后在最终换热器被冷却水进一步冷却和部分冷凝，得到平衡的两相混合物条件为 100℉和 485 psia，进入闪蒸罐中进行分离。反应产物的组成列于下面，应用计算机辅助定态模拟程序系统进行计算，采用 S-R-K 和 P-R 状态方程。要求计算得到的气、液两股物流中的组分流率 (lbmol/h)、相平衡混合物中各组分 K 值和传给冷却水的传热速率，并比较计算结果。

组分	H_2	CH_4	C_2H_6	苯	甲苯	对二甲苯
反应产物/($lbmol \cdot h^{-1}$)	1900	215	17	577	1349	508

2.6 节

2.21 一个在环境条件下的分离过程，其原料和产物全都是无限环境温度 T_0 下的非理想液体溶液，表 2.1 中式(4)的分离最小功方程简约为

$$\frac{W_{\min}}{RT_0}=\sum_{\text{out}}n\left[\sum_i x_i\ln(\gamma_i x_i)\right]-\sum_{\text{in}}n\left[\sum_i x_i\ln(\gamma_i x_i)\right]$$

环境条件(298 K，101.3kPa)下的液相分离操作使丙酮(1)/水(2)混合物中含丙酮 35%(mol)的原料分离为分别含丙酮 99%(mol)和水 98%的两股产物。计算最小功(kJ/kmol 原料)。环境条件下的液相活度系数被范拉尔方程恰当地关联，方程常数 $A_{12}=2.0$ 和 $A_{21}=1.7$。假设丙酮和水组成理想液体溶液，则最小功率为多大?

2.22 用常压蒸馏不可能对苯和环己烷混合物清晰分离，这是因为在 77.6℃时形成了恒沸物。Chao [Ph. D. 论文，威斯康辛大学(1956 年)]测得 1atm 下苯(B)/环己烷(CH)系统的气-液相平衡数据如下：

T,℃	x_B	y_B	γ_B	γ_{CH}
79.7	0.088	0.113	1.300	1.003
79.1	0.156	0.190	1.256	1.008
78.5	0.231	0.268	1.219	1.019
78.0	0.308	0.343	1.189	1.032
77.7	0.400	0.422	1.136	1.056
77.6	0.470	0.482	1.108	1.075
77.6	0.545	0.544	1.079	1.102
77.6	0.625	0.612	1.058	1.138
77.8	0.701	0.678	1.039	1.178
78.0	0.757	0.727	1.025	1.221
78.3	0.822	0.791	1.018	1.263
78.9	0.891	0.863	1.005	1.328
79.5	0.953	0.938	1.003	1.369

蒸气压用式(2－39)计算，式中苯的常数已列在习题 2.12 中，环己烷的常数为：$k_1=15.752\,7$，$k_2=-2\,766.3$和 $k_3=-50.50$。

(a) 利用给出的数据计算苯对环己烷的相对挥发度和标绘相对挥发度与液相组成间关系曲线。注意在恒沸物附近的相对挥发度发生了什么?

(b) 由苯/环己烷系统的恒沸物组成计算范拉尔方程中的常数。利用这些常数用范拉尔方程计算整个浓度区间的活度系数，并作图 2.16 那样的标绘，与上列实验数据进行比较，范拉尔方程预计活度系数正确度如何?

2.23 苯可以用来破解乙醇/水的恒沸物，生产几乎纯净的乙醇。45℃时乙醇(1)/苯(2)系统的威尔逊常数 $\Lambda_{12}=0.124$ 和 $\Lambda_{21}=0.523$。利用这些常数用威尔逊方程计算该系统在整个浓度区间的液相活度系数，作图 2.16 那样的标绘，将计算值与下列实验结果[Austral. J. Chem. **7**,264(1954)]进行比较：

x_1	$\ln\gamma_1$	$\ln\gamma_2$
0.037 4	2.093 7	0.022 0
0.097 2	1.615 3	0.051 9
0.314 1	0.709 0	0.259 9
0.519 9	0.313 6	0.539 2
0.708 7	0.107 9	0.864 5
0.919 3	0.000 2	1.317 7
0.959 1	−0.007 7	1.399 9

2.24　乙醇(1)/异辛烷(2)二元系于 50℃下的无限稀释液相活度系数为 $\gamma_1^\infty=21.17$ 和 $\gamma_2^\infty=9.84$。

(a) 计算范拉尔方程中的常数 A_{12} 和 A_{21}。

(b) 计算威尔逊方程中的常数 Λ_{12} 和 Λ_{21}。

(c) 利用(a)和(b)中得到的常数，计算整个浓度区间的 γ_1 和 γ_2，将计算值用 $\log\gamma$ 对 x_1 作标绘。

(d) 范拉尔方程和威尔逊方程的预测值与恒沸点值($x_1=0.594$，$\gamma_1=1.44$ 和 $\gamma_2=2.18$)符合程度如何？

(e) 对一部分浓度区间计算和标绘图 2.20 所示那样的 $y-x$ 图，示明范拉尔方程错误地预示液相的分离(分成两个液相)。

第3章　传质和扩散

传质是混合物中某个组分从一处向该组分具有不同浓度的另一处的净的移动。在许多分离操作中，传质发生在两相间，穿越相界面。在运载气体中的溶质被液体溶剂吸收时，包含有溶质从气体到气-液界面、穿越界面和进入液体的过程。传质模型描述这种过程以及其他的传质过程，例如某一组分通过气体到达多孔吸附剂颗粒的外表面，再进入吸附剂孔道被吸附在孔道表面。传质也控制着气体混合物中某组分选择性地透过无孔高聚物。这里谈的传质不是流体经管道的流动，然而传质可以叠加在流体流动上，传质也不是传送带上固体的运送。

传质的发生基于两种传质机理：(1)分子扩散，是由气体、液体和固体中各分子的热运动，即无序自发的微观运动造成的；(2)涡流（湍流）扩散，是流体的无序宏观运动造成的。分子扩散和/或涡流扩散经常包含有不同组分在相反方向的运动，当在某个方向上有净流动发生时，个别分子的总传质速率将因主体流动或对流效应得到增大或减少，主体流动或对流效应或许可认为是传质的第三种机理。分子扩散极慢，而涡流扩散要快几个数量级，因此，如果工业分离过程在一个适当大小的设备中进行时，流体必须被搅动，要尽量增大相界面积。如果传质发生在固体中，采用小的颗粒来减少传质的距离将能增大速率。

当分离涉及两个或更多个相时，分离程度受限于相平衡，因为随时间推移，相互接触的相因相际间的传质而趋向平衡。当传质快时，平衡在分秒之间即能达到，分离设备的设计可能由相平衡决定，而不是传质。对于含有阻挡物（例如膜）的分离，使各组分通过膜的传质速率不同控制着设备设计。

在二元混合物中，组分A相对于组分B的扩散因不同的势或推动力而发生，这包括浓度差（梯度）（普通扩散）、压力差（压力扩散）、温度差（热扩散）和外力场（外力扩散），外力场对不同的化学品作用不同。压力扩散需要大的压力梯度，对于气体混合物可用离心机产生。热扩散塔或级联利用建立起来的温度梯度能实现液体或气体混合物的分离。被较广采用的是电场中的强制扩散，它使不同电荷的离子在不同方向以不同速率移动。

本章仅讨论由浓度梯度引起的分子扩散，因为这是分离过程中最常发生的分子扩散类型，而且重点在二元系，因其扩散理论相对简单些，且应用也相对简明些。多元扩散在许多应用中是重要的，本章中仅作简要讨论，因其理论比二元系的复杂得多，是一个深一步研究的恰当课题，可用Tarylor和Krishna[1]的著作作为教科书。

分子扩散发生在固体中，也发生在静止的、作层流运动的和作湍流运动的流体中，涡流扩散仅发生在湍流运动的流体中。当分子扩散和涡流扩散同时发生时，它们是相互并行的，作用相互叠加，进而，它们是因同样的浓度差（梯度）而发生的。当传质在湍流条件下发生时，在穿越界面或到固体表面时，在界面或固体表面附近的运动情况可能是层流的或几乎静止的，于是，即使涡流扩散在流体主体中是起主导作用的机理，但总的传质速率可能由分子扩散控制，这是因为当趋近界面或固体表面时，涡流扩散机理受到了抑制或者甚至消失了。

一个或更多个组分的传质导致流体主体相对于一个固定面或静止坐标系的总净流率或在某一方向的净物流，当净物流发生时，使得所有组分移动，因此一个单独组分的摩尔速率是所有三种机理各自引发的速率之和。混合物中组分 i 的摩尔分率为 x_i，其摩尔速率为 N_i，N 为总摩尔速率，两者均为单位时间内经单位传质面积（垂直于传质穿越的静止平面方向上的面积）传递摩尔数，则有

$$N_i = x_i N + \text{组分 } i \text{ 的分子扩散速率} + \text{组分 } i \text{ 的涡流扩散速率} \tag{3-1}$$

式中 $x_i N$ 为主体流动的速率。式(3-1)中每一项的正负取决于速率方向相对于所选正向间的关系，当分子扩散和涡流扩散速率在同一方向，而 N 在相反方向，即使存在组分 i 的浓度差或梯度，而组分 i 的净传质速率 N_i 可能是零。

在本章中，传质和扩散主题分为七个方面：(1)静止介质中的定态扩散；(2)扩散系数的估算；(3)静止介质中的不定态扩散；(4)层流运动中的传质；(5)湍流运动中的传质；(6)流体-流体界面处的传质；(7)穿越液-液界面的传质。

3.0　本章教学目的

学完本章，你应该能够：

- 说明传质和相平衡间关系；
- 说明传质分离和相平衡的模型为什么是有用的；
- 讨论传质机理，包括主体流动的影响；
- 详细阐述二元混合物的费克定律，并讨论它同一维热传导中的傅里叶定律的类似；
- 为包含主体流动影响而修正费克定律；
- 计算等分子反向扩散和单向扩散的传质速率和浓度梯度；
- 在没有数据时估算气体和液体混合物中的扩散系数，并知道固体中扩散系数数据的一些来源；
- 用与热传导类似方法计算多维不定态分子扩散；
- 计算下面三种场合的层流运动中由分子扩散造成的传质速率：(1)下降液膜，(2)流经平板的边界层，(3)圆形直管中已充分发展了的流动；
- 定义传质系数，并解释它与传热系数的类似和它作为费克定律的替代在解决传质问题时的用途；
- 了解常用于传质系数关联式中的无量纲数群（雷诺数，休伍德数，希密德数，传质彼克列数）；
- 应用类似律，特别是 Chilton 和 Colburn 的类似律，和更有理论基础的方程式，例如 Churchill 等的那些方程，去计算湍流运动中的传质速率；
- 应用双膜理论和溶质渗透理论计算穿越液-液界面的传质速率。

3.1 定态(普通)分子扩散

设想一个圆柱形玻璃容器中部分充满溶有红色染料的水，小心地加些清水到红色水的顶部，使底部染料溶液不受到扰动。一开始在两层水中存在明显的界面，但过了一段时间后，上面一层水变得有颜色了，下层水颜色变淡了，界面附近的上层液体颜色更红些。在此颜色变化期间，每个染料分子无序运动，主要与水分子，有时也与染料分子发生碰撞，先沿一个方向移动，然后向另一方向移动，并没有在某一方向上的移动占优些，这种运动有时被称为随机游动过程，导致在一个给定时间间隔中移过一个均方根距离，但并无确定的移动方向。因此，对于在圆柱容器溶液中设定的一个水平面，在某一给定的时间间隔中不能确定一个指定的分子是否将穿越它。然而，平均来说，平面以下溶液中的全部分子中的一部分将穿越它进入上部区域，而同样数量的分子将沿相反方向穿越平面。因此，假如染料分子在下部区的浓度大于上部区的，则将产生染料分子的净的传质速率，从下面部分传入上面部分，经过一长段时间后，将达到动态平衡，染料的浓度在整个溶液中变为均匀。基于这些观察，业已探明：

(1) 普通分子扩散的传质是由于存在浓度差或梯度而发生，一个组分沿着它浓度减小的方向扩散；

(2) 传质速度与垂直于传质方向的面积(而不是混合物的体积)成正比，因此速度可用速率表示；

(3) 当浓度均一时，净的传质停止。

3.1.1 扩散的费克定律

上面的观察被费克在 1863 年量化了，他的提议是 1822 年傅里叶热传导理论的推广。热传导的傅里叶第一定律为

$$q_z = -k\frac{\mathrm{d}T}{\mathrm{d}z} \tag{3-2}$$

式中：q_z 为热传导引起的沿 z 轴正方向的导热速率；k 为介质的热传导系数；$\mathrm{d}T/\mathrm{d}z$ 为温度梯度，它指向热传导的负方向。费克分子扩散第一定律也以速率与梯度间的正比关系为特征，对于 A 和 B 的二元混合物

$$J_{Az} = -D_{AB}\frac{\mathrm{d}c_A}{\mathrm{d}z} \tag{3-3a}$$

和

$$J_{Bz} = -D_{BA}\frac{\mathrm{d}c_B}{\mathrm{d}z} \tag{3-3b}$$

式(3-3a)中：J_{Az} 为普通分子扩散造成的 A 的摩尔速率，是相对于 z 轴方向混合物的摩尔平均速度的；D_{AB} 为 A 在 B 中的交互扩散系数，这将于下一节讨论；c_A 是 A 的摩尔浓度；$\mathrm{d}c_A/\mathrm{d}z$

为 A 的浓度梯度，指向普通分子扩散的负方向。类似的定义适用于式(3－3b)。A 和 B 的摩尔速率方向相反。如果在其中发生扩散的气体、液体或固体混合物是均质的，则 k 和 D_{AB} 之值与方向无关。非各向同性材料包括纤维状的和薄片状的固体以及非立方形的单晶，扩散系数也称为扩散率和传质扩散率(为了与热扩散率和动量扩散率区别)。

式(3－3a)和(3－3b)另有许多种形式可用，这取决于推动力或梯度中的势的选择，例如，式(3－3a)可表示为

$$J_A = -cD_{AB}\frac{dx_A}{dz} \tag{3-4}$$

式中为了简便起见，J 的下标 z 略去了，c 是总摩尔浓度或摩尔密度($c=1/v=\rho/M$)；x_A是组分 A 的摩尔分率。

式(3－4)还可写成下面相当的质量形式，那里 j_A是组分 A 的质量速率，也是相对于混合物沿 z 正向的质量平均速度的；ρ 是质量密度；w_A是 A 的质量分率。

$$j_A = -\rho D_{AB}\frac{dw_A}{dz} \tag{3-5}$$

3.1.2　传质速度

建立混合物中各化学组分的速度表示式是有用的，如果这些速度是基于摩尔速率 N 和摩尔扩散速率 J_A的，则混合物的摩尔平均速度 v_M是相对于静止坐标系的，对于二元混合物为

$$v_M = \frac{N}{c} = \frac{N_A + N_B}{c} \tag{3-6}$$

与此类似，混合物中组分 A 相对于静止坐标系的速度 v_i用 N_i来定义

$$v_i = \frac{N_i}{c_i} \tag{3-7}$$

因 $x_i = c_i/c$，结合式(3－6)和(3－7)得

$$v_M = x_A v_A + x_B v_B \tag{3-8}$$

另外，各组分相对于摩尔平均速度的扩散速度 v_{iD}用 J_i来定义，它是各组分的速度与混合物的摩尔平均速度之差

$$v_{iD} = \frac{J_i}{c_i} = v_i - v_M \tag{3-9}$$

在求解包含混合物净移动的传质问题时，应用基于参考框架 v_M的速率和流率不方便，而喜欢采用观察者所在空间的固定坐标系为参照的传质速率。于是由式(3－9)得到组分 i 的总速度为：

$$v_i = v_M + v_{iD} \tag{3-10}$$

结合式(3－7)和(3－10)得

$$N_i = c_i v_M + c_i v_{iD} \tag{3-11}$$

结合式(3－11)，(3－4)，(3－6)和(3－7)得

$$N_A = \frac{n_A}{A} = x_A N - cD_{AB}\left(\frac{dx_A}{dz}\right) \tag{3-12}$$

和

$$N_B=\frac{n_B}{A}=x_B N-cD_{BA}\left(\frac{dx_B}{dz}\right) \tag{3-13}$$

式(3－11)和(3－12)中，n_i为摩尔流率(单位时间的摩尔数)；A 为传质面积。方程右侧第一项是由主体流动产生的速率，第二项则是普通扩散速率。下列两个极端情况是重要的：

(1) 等分子反向扩散(EMD)；

(2) 单向扩散(UMD)。

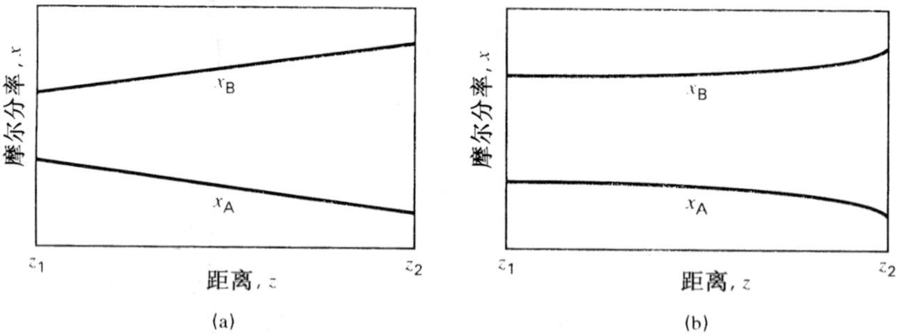

图 3.1　二元混合物在静止膜中的两种普通分子扩散极端情况时的浓度分布
(a) 等分子反向扩散(EMD)；(b) 单向扩散(UMD)

3.1.3　等分子反向扩散

在等分子反向扩散(EMD)中，式(3－12)和(3－13)表示的组分 A 和 B 的摩尔速率数值相等，但方向相反，因此

$$N=N_A+N_B=0 \tag{3-14}$$

由式(3－12)和(3－13)得知，扩散速率数值也相等，但方向相反：

$$J_A=-J_B \tag{3-15}$$

在蒸馏中接近此理想情况。从式(3－12)和(3－13)可知，当只有分子扩散速率而无其他速率时，

$$N_A=J_A=-cD_{AB}\left(\frac{dx_A}{dz}\right) \tag{3-16}$$

和

$$N_B=J_B=-cD_{BA}\left(\frac{dx_B}{dz}\right) \tag{3-17}$$

如果总浓度、压力和温度恒定，z_1 和 z_2 间的静止膜两侧摩尔分率保持恒定(但不同)，则式(3－16)和(3－17)可以积分，积分限从 z_1 到 z_1 和 z_2 间的任一 z，得

$$J_A=\frac{cD_{AB}}{z-z_1}(x_{A_1}-x_A) \tag{3-18}$$

和

$$J_B=\frac{cD_{BA}}{z-z_1}(x_{B_1}-x_B) \tag{3-19}$$

因此，在定态时摩尔分率与距离呈线性关系，如图 3.1(a)所示。进而，由于膜中 c 是常数，

$$c = c_A + c_B \tag{3-20}$$

微分得

$$dc = 0 = dc_A + dc_B \tag{3-21}$$

于是

$$dc_A = -dc_B \tag{3-22}$$

由式(3-3a)、(3-3b)、(3-15)和(3-22)得

$$\frac{D_{AB}}{dz} = \frac{D_{BA}}{dz} \tag{3-23}$$

因此，$D_{AB} = D_{BA}$。

在恒定摩尔密度的二元系统中，扩散系数总是相等的。

例 3.1

两个球泡用一段直管连接，管径 0.001 m，管长 0.15 m。开始时，末端 1 的球泡中含有 N_2，末端 2 的球泡中含 H_2，压力和温度保持 1 atm 和 25℃的恒定值。在准许两个球泡间发生扩散后的某一时刻，管的末端 1 处气体中 N_2 的含量为 80%(mol)，末端 2 处是 25%(mol)，如果二元扩散系数是 0.784 cm^2/s，计算：

(a) 氢和氮的传质速率(mol/s)和方向。

(b) 各组分相对于静止坐标系的速度(cm/s)。

解

(a) 由于是一个封闭的恒压恒温系统，连接管中的传质是等分子反向扩散。

管中传质面积 $A = 3.14 \times 0.1^2/4 = 7.85 \times 10^{-3}\ cm^2$。总的气体浓度(摩尔密度) $c = \frac{p}{RT} = \frac{1}{82.06 \times 298} = 4.09 \times 10^{-5}\ mol/cm^3$。取参考平面在管子末端 1 处，对氮将式(3-18)用于整个连接管得

$$\begin{aligned} n_{N_2} &= \frac{cD_{N_2 \cdot H_2}}{z_2 - z_1}[(x_{N_2})_1 - (x_{N_2})_2]A \\ &= \frac{(4.09 \times 10^{-5})(0.784)(0.80 - 0.25)}{15}(7.85 \times 10^{-3}) \\ &= 9.23 \times 10^{-9}\ mol/s \quad \text{沿 } z \text{ 的正方向} \end{aligned}$$

$$n_{H_2} = 9.23 \times 10^{-9}\ mol/s \quad \text{沿 } z \text{ 的负方向}$$

(b) 对于等分子反向扩散，混合物的摩尔平均速度 $v_M = 0$。因此，由式(3-9)得知，组分速度等于组分扩散速度。于是

$$\begin{aligned} v_{N_2} &= (v_{N_2})_D = \frac{J_{N_2}}{c_{N_2}} = \frac{n_{N_2}}{Acx_{N_2}} \\ &= \frac{9.23 \times 10^{-9}}{[(7.85 \times 10^{-3})(4.09 \times 10^{-5})x_{N_2}]} \\ &= \frac{0.0287}{x_{N_2}} \quad \text{沿 } z \text{ 的正方向} \end{aligned}$$

类似地

$$v_{H_2}=\frac{0.028\ 7}{x_{H_2}}\quad 沿\ z\ 的负方向$$

因此，组分速度取决于组分的摩尔分率，如下面所示：

z, cm	x_{N_2}	x_{H_2}	v_{N_2}, cm/s	x_{H_2}, cm/s
0(末端 1)	0.800	0.200	0.035 1	−0.143 5
5	0.617	0.383	0.046 5	−0.074 9
10	0.433	0.567	0.066 3	−0.050 6
15(末端 2)	0.250	0.750	0.114 8	−0.038 3

可以看到，组分扩散速度随连接管道长度而变化，但在任一位置 z，其 $v_M=0$。例如在 $z=10$ cm 处，由式(3-8)得：

$$v_M=0.433\times0.066\ 3+0.567\times(-0.050\ 6)=0$$

3.1.4 单向扩散

在单向扩散(UMD)中，组分 A 通过静止(不动)组分 B 发生传质，于是

$$N_B=0 \tag{3-24}$$

和

$$N=N_A \tag{3-25}$$

因此，由式(3-12)得

$$N_A=x_AN_A-cD_{AB}\frac{dx_A}{dz} \tag{3-26}$$

该式重新整理成费克定律的形式为

$$N_A=-\frac{cD_{AB}}{(1-x_A)}\frac{dx_A}{dz}=-\frac{cD_{AB}}{x_B}\frac{dx_A}{dz} \tag{3-27}$$

因子$(1-x_A)$是计及主体流动效应的，对于 A 含量很少的混合物，主体流动效应可以忽略或小的；而对于 A 较浓的混合物，主体流动的效应可能相当显著。例如在 A 和 B 等分子的混合中，$(1-x_A)=0.5$，组分 A 的摩尔传质速率是普通分子扩散速率的两倍。

对于静止组分 B，式(3-13)变为

$$0=x_BN_A-cD_{BA}\frac{dx_B}{dz} \tag{3-28}$$

或

$$x_BN_A=cD_{BA}\frac{dx_B}{dz} \tag{3-29}$$

因此，组分 B 的主体流动速率与它的扩散速率数值相等，但方向相反。

在拟定态条件下，即无积累和摩尔密度恒定时，式(3-27)的积分形式为

$$\int_{z_1}^{z}dz=-\frac{cD_{AB}}{N_A}\int_{x_{A_1}}^{x_A}\frac{dx_A}{1-x_A} \tag{3-30}$$

积分得

$$N_A=\frac{cD_{AB}}{z-z_1}\ln\left(\frac{1-x_A}{1-x_{A_1}}\right) \tag{3-31}$$

重新整理，得到摩尔分率随 z 变化的函数式

$$x_A=1-(1-x_{A_1})\exp\left[\frac{N_A(z-z_1)}{cD_{AB}}\right] \tag{3-32}$$

此关系示于图 3.1(b)中，摩尔分率与距离间是非线性关系。

式(3-31)一种更加有用的形式可以从对数平均的定义导得。当 $z=z_2$ 时，式(3-31)变为

$$N_A=\frac{cD_{AB}}{z_2-z_1}\ln\left(\frac{1-x_{A_2}}{1-x_{A_1}}\right) \tag{3-33}$$

在静止层两侧的$(1-x_A)$的对数平均(LM)为

$$(1-x_A)_{LM}=\frac{(1-x_{A_2})-(1-x_{A_1})}{\ln[(1-x_{A_2})/(1-x_{A_1})]}=\frac{x_{A_1}-x_{A_2}}{\ln[(1-x_{A_2})/(1-x_{A_1})]} \tag{3-34}$$

与式(3-33)结合得

$$N_A=\frac{cD_{AB}}{z_2-z_1}\frac{(x_{A_1}-x_{A_2})}{(1-x_A)_{LM}}=\frac{cD_{AB}}{(1-x_A)_{LM}}\frac{(-\Delta x_A)}{\Delta z}=\frac{cD_{AB}}{(x_B)_{LM}}\frac{(-\Delta x_A)}{\Delta z} \tag{3-35}$$

例 3.2

如图 3.2 所示，一只敞开的烧杯高 6cm，充 25℃液体苯到离顶部 0.5cm 处。25℃和 1atm 的干空气借助风扇微风吹过杯口，使得汽化的苯传递通过杯口的静止空气层后即被吹散。苯在 25℃时的蒸气压为 0.131atm，苯在 25℃和 1atm 空气中的(交互)扩散系数为 0.090 5cm^2/s。计算：

(a) 苯汽化的初始速率，mol/(cm^2·s)；

(b) 静止空气层中初始摩尔分率分布；

(c) 由分子扩散引起的占传质速率的初始分率；

(d) 静止层中初始扩散速度和组分速度(相对于静止坐标系)；

(e) 如果液体苯的比重为 0.874，计算苯在烧杯中的液位从初始液位下降 2cm 所需的时间，h，忽略苯和空气在静止层中的积累(随其厚度的增加而产生)。

解

用 A 表示苯，B 表示空气。

$$c=\frac{p}{RT}=\frac{1}{82.06\times298}=4.09\times10^{-5}\,\text{mol/cm}^3$$

(a) 取 $z_1=0$，则 $z_2-z_1=\Delta z=0.5$ cm。假设在液体苯和空气的界面达到平衡，由道尔顿定律

$$x_{A_1}=\frac{p_{A_1}}{p}=\frac{0.131}{1}=0.131 \quad x_{A_2}=0$$

$$(1-x_A)_{LM}=\frac{0.131}{\ln[(1-0)/(1-0.13)]}=0.933=(x_B)_{LM}$$

由式(3-35)

$$N_A=\frac{4.09\times10^{-5}\times0.0905}{0.5}\times\frac{0.131}{0.933}=1.04\times10^{-6}\mathrm{mol/(cm^2\cdot s)}$$

(b) $$\frac{N_A(z-z_1)}{cD_{AB}}=\frac{1.04\times10^{-6}\times(z-0)}{4.09\times10^{-5}\times0.0905}=0.281z$$

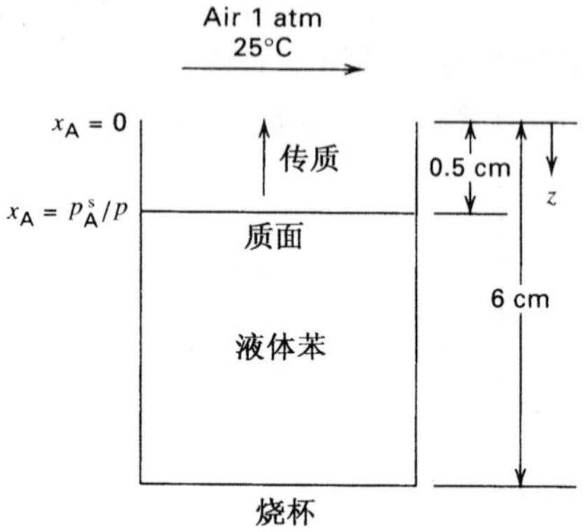

图 3.2 苯从烧杯中汽化——例 3.2

由式(3-32)

$$x_A=1-0.869\exp(0.281z) \tag{1}$$

由式(1)算得下列结果：

z, cm	x_A	x_B
0.0	0.131 0	0.869 0
0.1	0.106 0	0.894 0
0.2	0.080 8	0.919 2
0.3	0.054 6	0.945 4
0.4	0.027 6	0.972 4
0.5	0.000 0	1.000 0

这是个略有弯曲的分布。

(c) 由式(3-27)和式(3-29)可以算得主体流动项 x_AN_A 和 x_BN_B，由此算得分子扩散项。

	x_iN 主体流动流率 $\mathrm{mol/cm^2\cdot s\times10^6}$		J_i 分子扩散流率 $\mathrm{mol/cm^2\cdot s\times10^6}$	
z, cm	A	B	A	B
0.0	0.136 0	0.904 0	0.904 0	−0.904 0
0.1	0.110 0	0.930 0	0.930 0	−0.930 0
0.2	0.084 0	0.956 0	0.956 0	−0.956 0
0.3	0.056 8	0.983 2	0.983 2	−0.983 2
0.4	0.028 7	1.011 3	1.011 3	−1.011 3
0.5	0.000 0	1.040 0	1.040 0	−1.040 0

可以看到，分子扩散速率数值相等，但方向相反；B 的主体流动速率与分子扩散速率数值相等而方向相反。因此 B 的摩尔速率 N_B 为零，它是静止不动的。

(d) 由式(3-6)得

$$v_M=\frac{N}{c}=\frac{N_A}{c}=\frac{1.04\times10^{-6}}{4.09\times10^{-5}}=0.025\ 4\ \text{cm/s} \tag{2}$$

由式(3-9)算得扩散速度

$$v_{iD}=\frac{J_i}{c_i}=\frac{J_i}{x_i c} \tag{3}$$

相对于静止坐标系的组分速度由式(3-10)得

$$v_i=v_{iD}+v_M \tag{4}$$

由式(2)到(4)算得

	v_{id} 分子扩散速度 cm/s		J_i 组分速度 cm/s	
z, cm	A	B	A	B
0.0	0.168 7	−0.025 4	0.194 1	0
0.1	0.214 5	−0.025 4	0.217 1	0
0.2	0.289 3	−0.025 4	0.314 7	0
0.3	0.440 3	−0.025 4	0.465 7	0
0.4	0.895 9	−0.025 4	0.921 3	0
0.5	∞	−0.025 4	∞	0

可以看到，各处 $v_B=0$，这是因为分子扩散速度被摩尔平均速度抵消了。

(e) 苯汽化的传质速率应等于单位烧杯横截面积的液体苯摩尔数的减少速率。令 z 为从烧杯口向下的距离，$\Delta z=z$，由式(3-35)得

$$N_A=\frac{cD_{AB}}{z}\frac{(-\Delta x_A)}{(1-x_A)_{LM}}=\frac{\rho_L}{M_L}\frac{dz}{dt} \tag{5}$$

分离变量并积分

$$\int_0^t dt=t=\frac{\rho_L(1-x_A)_{LM}}{M_L cD_{AB}(-\Delta x_A)}\int_{z_1}^{z_2} z\,dz \tag{6}$$

式(6)右侧积分项前的系数是常数

$$\frac{0.874\times0.933}{78.11\times4.09\times10^{-5}\times0.090\ 5\times0.131}=21\ 530\ \text{s/cm}$$

$$\int_{z_1}^{z_2} z\,dz=\int_{0.5}^{2.5} z\,dz=3\text{cm}^2$$

由式(6)$t=21\ 530\times3=64\ 590$ s 或 17.94 h，这是一个长时间，因为不存在湍流。

3.2 扩散系数

二元混合物的扩散系数由式(3－3)到式(3－5)定义，其测定必须考虑进主体流动的校正，它应用相对于无净主体摩尔流动的参考平面的式(3－12)和式(3－13)计算。

二元扩散系数 D_{AB} 和 D_{BA} 是共同的，或称为二元扩散率。其他的扩散系数包括：D_{iM} 是组分 i 在多元混合物中的扩散系数；D_{ii} 是自身扩散系数；以及示踪剂或相互扩散(interdiffusion)系数。在本章和本书中的重点是共同扩散系数，它将被称为扩散率或扩散系数。

3.2.1 气体混合物中的扩散系数

正如 Poling，Prausnitz 和 O'Conell[2]所论述的，有许多理论的和经验的方程式用来计算低压到中等压力的气体混合物中的 $D_{AB}=D_{BA}$。理论方程式以波尔兹曼的气体运动论、对比态原理和一个适当的分子间势能函数为基础，例如由 Chapman 和 Enskog 开发的方程式，它预测 D_{AB} 与压力成反比，而与组成几乎无关。下面 Fuller，Schettler 和 Giddings[3]的经验方程具有使用方便和较好的正确性，该方程保留 Chapman-Enskog 理论的形式，但采用从实验数据得来的经验常数：

$$D_{AB}=D_{BA}=\frac{0.001\,43T^{1.75}}{pM_{AB}^{1/2}[(\sum_V)_A^{1/3}+(\sum_V)_B^{1/3}]^2} \tag{3-36}$$

式中：D_{AB} 的单位为 cm^2/s，p 的单位为 atm，T 的单位为 K。

$$M_{AB}=\frac{2}{(1/M_A)+(1/M_B)} \tag{3-37}$$

以及 $\sum_V$ 为原子的和结构的扩散体积之和，表 3.1 中列出了某些简单分子的扩散体积值。在 1atm 和常温附近的二元气体扩散系数的实验值约在 0.10 到 10.0cm^2/s 之间。Poling 等[2]选了 51 组处于低压和 195～1 068K 温度区间的不同二元气体混合物，并对这些混合物将式(3－36)与实验数据进行了比较，平均误差仅 5.4%，最大误差为 25%，69 点中仅 9 点的计算值偏离实验值超过 10%。当有温度 T 和压力 p 下的扩散系数实验值，但此 T、p 不是所需要的条件时，式(3－36)表明 D_{AB} 与 $T^{1.75}/p$ 成正比，用此关系可得到需要的扩散系数值。一些有代表性的二元气体扩散系数的实验值列于表 3.2。

表 3.1　Fuller，Ensley 和 Giddings 的扩散体积

（供 Fuller 等[3]的估算二元气体扩散系数方法用）

［J. Phys. Chem，73，3679－3685(1969)］

原子扩散体积和结构扩散体积增量			
C	15.9	F	14.7
H	2.31	Cl	21.0
O	6.11	Br	21.9
N	4.54	I	29.8
芳烃环	－18.3	S	22.9
杂环	－18.3		
简单分子的扩散体积			
He	2.67	CO	18.0
Ne	5.98	CO_2	26.7
Ar	16.2	N_2O	35.9
Kr	24.5	NH_3	20.7
Xe	32.7	H_2O	13.1
H_2	6.12	SF_6	71.3
D_2	6.84	Cl_2	38.4
N_2	18.5	Br_2	69.0
O_2	16.3	SO_2	41.8
空气	19.7		

例 3.3

利用 Fuller 等的方法计算氧(A)/苯(B)系统在 38℃和 2atm 条件下的扩散系数。

解

由式(3－37)得

$$M_{AB}=\frac{2}{(1/32)+(1/78.11)}=45.4$$

由表 3.1 得$(\sum_v)_A=16.3$ 和 $(\sum_v)_B=6\times15.9+6\times2.31-18.3=90.96$

于 2atm 和 311.2K 下，由式(3－36)得

$$D_{AB}=D_{BA}=\frac{0.001\,43\times311.2^{1.75}}{2\times45.4^{1/2}\times(16.3^{1/3}+90.96^{1/3})^2}=0.049\,5\ \mathrm{cm^2/s}$$

一个大气压下的扩散系数计算值是 0.099 0 cm^2/s，比表 3.2 中的实测值 0.101 cm^2/s 约低 2%。可以应用式(3－36)的温度依赖关系由 38℃的实测值预测 200℃下的值

$$\text{在 200℃和 1 atm，}\quad D_{AB}=0.102\left(\frac{200+273.2}{38+273.2}\right)^{1.75}=0.212\ \mathrm{cm^2/s}$$

表 3.2　某些气体二元对在 1 atm 下的扩散系数实测值

气体对,A-B	温度/K	$D_{AB}/(cm^2 \cdot s^{-1})$
空气-二氧化碳	317.2	0.177
空气-乙醇	313	0.145
空气-氦	317.2	0.765
空气-正己烷	328	0.093
空气-水	313	0.288
氩-氨	333	0.253
氩-氢	242.2	0.562
氩-氢	806	4.86
氩-甲烷	298	0.202
二氧化碳-氮	298	0.167
二氧化碳-氧	293.2	0.153
二氧化碳-水	307.2	0.198
一氧化碳-氮	373	0.318
氦-苯	423	0.610
氦-甲烷	298	0.675
氦-甲醇	423	1.032
氦-水	307.1	0.902
氢-氨	298	0.783
氢-氨	533	2.149
氢-环己烷	288.6	0.319
氢-甲烷	288	0.694
氢-氮	298	0.784
氮-苯	311.3	0.102
氮-环己烷	288.6	0.0731
氮-二氧化硫	263	0.104
氮-水	352.1	0.256
氧-苯	311.3	0.101
氧-四氯化碳	296	0.0749
氧-环己烷	288.6	0.0746
氧-水	352.3	0.352

摘自 Marrero, T. R., and E. A. Mason, J. Phys. Ref. Data, 1, 3－118 (1972).

对于轻质气体的二元混合物,在压力直到 10atm 左右的范围内,扩散系数与压力间的关系可以用式(3-36)的简单反比关系正确预测,也即对于给定的温度和混合物 pD_{AB}＝常数。在较高压力下与此关系的偏离可以用这样的方法来处理,它有点类似于用基于对比态原理的压缩因子来修正理想气体定律的方法。虽然高压下只有很少可靠实验数据,但 Takahasi[4]发表了一个尝试性的对比态关联,如图 3.3 所示,他在形式上参照了 Slattery[5]对自身扩散系数的较早的关联。在 Takahashi 的标绘中,$D_{AB}p/(D_{AB}p)_{LP}$是作为对比温度和对比压力的函数的,此处$(D_{AB}p)_{LP}$是式(3-36)适用的低压下的值。混合物的临界温度和压力是个摩尔平均值,因此,高压时组成的有限影响是被预测了。高压对扩散系数的影响对于在第 11 章中讨论的超临界萃取是重要的。

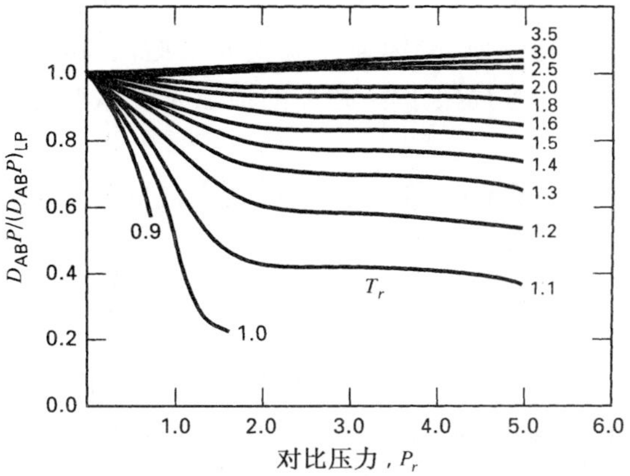

图 3.3　高压对二元气体扩散系数影响的 Takahashi[4]关联

例 3.4

计算氩和氙摩尔比为 25/75 的混合物在 200atm 和 378K 条件下的扩散系数。在该温度和 1atm 下的扩散系数是 0.180 cm^2/s。临界常数如下

	T_c/K	p_c/atm
氩	151.0	48.0
氙	289.8	58.0

解

计算对比条件：

$T_c=0.25\times151+0.75\times289.8=255.1$ K；

$T_r=T/T_c=378/255.1=1.48$；

$p_c=0.25\times48+0.75\times58=55.5$；

$p_r=p/p_c=200/55.5=3.6$

由图 3.3 得到 $D_{AB}p/(D_{AB}p)_{LP}=0.82$。

$$D_{AB}=\frac{(D_{AB}p)_{LP}}{p}\left[\frac{D_{AB}p}{(D_{AB}p)_{LP}}\right]=\frac{0.180\times1}{200}\times0.82=7.38\times10^{-4}\ cm^2/s$$

3.2.2　液体混合物中的扩散系数

由于缺乏液态的严格模型，二元液体混合物中的扩散系数计算是困难的，一个例外是，一个刚性球形大分子的稀溶质(A)扩散通过静止的小分子溶剂(B)，在溶质分子的表面并无溶剂的滑移。基于描述曳力的蠕变流动的流体动力学，导得被称为斯托克斯-爱因斯坦方程的关系式：

$$(D_{AB})_\infty=\frac{RT}{6\pi\mu_B R_A N_A} \tag{3-38}$$

式中 R_A 是球形溶质分子的半径，N_A 为阿伏伽德罗数。虽然式(3－38)对于液体混合物的应用是非常有限的，但长期以来它一直是推导获得更广泛应用的一些经验关系式的起点，这些关系式用于计算溶质 A 在溶剂 B 中的扩散系数，且 A 和 B 近乎是同样大小的分子。不幸的

是情况不同于二元气体混合物，二元液体混合物中 $D_{AB}(=D_{BA})$ 可能随组成变化非常大，这如例 3.7 所示那样。由于斯托克斯-爱因斯坦方程并未提供将稀溶质情况推广到较浓溶质情况的基础，式(3－38)的推广被局限于溶质 A 的稀二元液体混合物，浓度可达 5%，或许到 10%(mol)。

一个这样的推广是 Wilke-Chang[6]的经验关联式，它可以较好地预测小分子溶质的扩散系数：

$$(D_{AB})_{\infty}=\frac{7.4\times10^{-8}(\phi_B M_B)^{1/2}T}{\mu_B v_A^{0.6}} \tag{3-39}$$

式中 D_{AB} 的单位为 cm^2/s；溶剂黏度 μ_B 单位为厘泊(cP)；T 的单位为 K；溶质在其沸点时的液体摩尔体积 v_A 为 cm^3/mol。参数 ϕ_B 是溶剂的缔合因子，水是 2.6，甲醇是 1.9，乙醇是1.5，像烃类那样不会缔合的溶剂则为 1.0。可以注意到此式中温度和黏度的影响与斯托克斯-爱因斯坦方程的相同，而溶质分子半径的影响被 v_A 替换了，v_A 则由原子体积加和而得，原子体积和一些轻质气体的 v_A 值列于表 3.3 中。溶质在二元溶液中的扩散系数的一些有代表性的实验值列于表 3.4。

表 3.3　溶解轻质气体的分子体积和沸点下其他分子的原子体积

	原子体积/($m^3\cdot kmol^{-1}\times10^3$)		原子体积/($m^3\cdot kmol^{-1}\times10^3$)
C	14.8	环	
H	3.7	三元素，如乙烯氧化物	－6
O(不包括以下情况)	7.4		
羰基中的双键	7.4	四元素	－8.5
与两个其他元素结合		五元素	－11.5
在醛、酮中	7.4	六元素	－15
在甲酯中	9.1	萘环	－30
在甲醚中	9.9	蒽环	－47.5
在乙酯中	9.9		
在乙醚中	9.9		分子体积/
在更高酯中	11.0		$[m^3\cdot (kmol)^{-1}\times10^3]$
在更高醚中	11.0	空气	29.9
在酸(—OH)中	12.0	O_2	25.6
与 S, P, N 结合	8.3	N_2	31.2
N		Br_2	53.2
双键	15.6	Cl_2	48.4
在伯胺中	10.5	CO	30.7
在仲胺中	12.0	CO_2	34.0
Br	27.0	H_2	14.3
RCHClR'中的 Cl	24.6	H_2O	18.8
RCl(末端)中的 Cl	21.6	H_2S	32.9
F	8.7	NH_3	25.8
I	37.0	NO	23.6
S	25.6	N_2O	36.4
P	27.0	SO_2	44.8

源自：G. Le Bas, The Molecular Volumes of Liquid Chemical Compounds, David McKay, New York (1915).

表 3.4　低浓度的溶质 A 在溶剂 B 中的二元液体扩散系数的实测值

溶剂/B	溶质/A	温度/K	扩散系数 $D_{AB}/(cm^2 \cdot s^{-1} \times 10^5)$
水	醋酸	293	1.19
	苯胺	293	0.92
	二氧化碳	298	2.00
	乙醇	288	1.00
	甲醇	288	1.26
乙醇	烯丙醇	293	0.98
	苯	298	1.81
	氧	303	2.64
	吡啶	293	1.10
	水	298	1.24
苯	醋酸	298	2.09
	环己烷	298	2.09
	乙醇	288	2.25
	正庚烷	298	2.10
	甲苯	298	1.85
正己烷	四氯化碳	298	3.70
	甲乙酮	303	3.74
	丙烷	298	4.87
	甲苯	298	4.21
丙酮	醋酸	288	2.92
	甲酸	298	3.77
	硝基苯	293	2.94
	水	298	4.56

摘自 Poling et al. [2].

例 3.5

采用 Wilke-Chang 的方程式计算苯胺(A)在其 20℃的、0.5%(mol)的水溶液中的扩散系数。在此温度下，苯胺在水中的溶解度约 4g/100g(水)或 0.77%(mol)苯胺。在无限稀释混合物中的扩散系数的实验值是 $0.92\times10^{-5}\ cm^2/s$。

解

$\mu_B=\mu_{H_2O}=1.01$　cP(20℃时)

v_A=苯胺在其沸点 457.6 K 下的液体摩尔体积=$107\ cm^3/mol$

水的 $\phi_B=2.6$，　水的 $M_B=18$，　$T=293$ K

由式(3-39)，

$$D_{AB}=\frac{7.4\times10^{-8}\times(2.6\times18)^{0.5}\times293}{1.10\times107^{0.6}}=0.89\times10^{-5}\ cm^2/s$$

此值约比苯胺在无限稀释水溶液中的实测值小 3%。

更现代的扩散系数方程式由 Hayduk 和 Minhas[7]给出，对于非水溶液这些方程式比 Wilke-Chang 式更符合实验数据值。对于稀的正链烷烃(C_5 到 C_{32})溶质在另一正链烷烃(C_5 到 C_{16})中的溶液：

$$(D_{AB})_{\infty}=13.3\times10^{-8}\frac{T^{1.47}\mu_{B}^{\varepsilon}}{v_{A}^{0.71}} \tag{3-40}$$

式中

$$\varepsilon=\frac{10.2}{v_{A}}-0.791 \tag{3-41}$$

其他变量的单位与式(3－29)中的相同。

对于一般的非水溶液：

$$(D_{AB})_{\infty}=1.55\times10^{-8}\frac{T^{1.29}(\mathscr{P}_{B}^{0.5}/\mathscr{P}_{A}^{0.42})}{\mu_{B}^{0.92}v_{B}^{0.23}} \tag{3-42}$$

式中 $\mathscr{P}$ 是等张比容，其定义为：

$$\mathscr{P}=v\sigma^{1/4} \tag{3-43}$$

当液体的摩尔体积单位为 cm^3/mol 和表面张力 σ 为 g/s^2(即 dynes/cm)，等张比容的单位为 $cm^3\cdot g^{1/4}/(s^{1/2}\cdot mol)$。通常在常温常压附近，$\mathscr{P}$ 当作常数处理。Quayle[8]提供了等张比容的大量表格，对表中未列入的化合物，他还提供了计算等张比容的基团贡献法。表 3.5 列出了一些代表性化合物等张比容，表 3.6 中列举有结构贡献，供在没有等张比容数据时作估算用。

式(3－42)有下列限制：

(1) 溶剂黏度不应超过 30cP。

(2) 对于有机酸溶质和非水、乙醇和丁醇溶剂，有机酸应作二聚物处理，$\mathscr{P}_A$ 和 v_A 值应加倍。

(3) 对于一元醇中的非极性溶质，v_B 和 $\mathscr{P}_B$ 之值应乘以 $8\mu_B$(单位为 cP)。

溶质在稀的二元系中的液体扩散系数约在 10^{-6} 到 $10^{-4}\ cm^2/s$ 区间，此处溶质的相对分子质量可达到 200，溶剂的黏度可到 10cP 左右，因此，液相的扩散系数约比 1atm 下的二元气体混合物的扩散系数小 5 个数量级。然而，对于给定的摩尔分率浓度梯度液体中的扩散速率却不一定比气体中的小 5 个数量级，这是因为决定扩散速率的是浓度(摩尔密度)和扩散系数的乘积(由式(3－5)示明)。在 1atm 时，液体的摩尔密度的数量级是气体的三倍①，因此，液体的扩散速率仅比 1atm 下气体扩散速率低两个数量级。

表 3.5　一些代表性化合物的等张比容

	等张比容/$cm^3\cdot g^{1/4}\cdot(s^{1/2}\cdot mol)^{-1}$		等张比容/$cm^3\cdot g^{1/4}\cdot(s^{1/2}\cdot mol)^{-1}$		等张比容/$cm^3\cdot g^{1/4}\cdot(s^{1/2}\cdot mol)^{-1}$
醋酸	131.2	氯苯	244.5	甲胺	95.9
丙酮	161.5	联苯	380.0	甲酸甲酯	138.6
乙腈	122	乙烷	110.8	萘	312.5
乙炔	88.6	乙烯	99.5	正辛烷	350.3
苯胺	234.4	丁酸乙酯	295.1	1-戊烯	218.2
苯	205.3	乙醚	211.7	1-戊炔	207.0
氰苯	258	乙硫醇	162.9	酚	221.3
正丁酸	209.1	甲酸	93.7	正丙醇	165.4
二硫化碳	143.6	异丁苯	365.4	甲苯	245.5
环己烷	239.3	甲醇	88.8	三乙胺	297.8

源于：Meissner, Chem. Eng. Prog., **45**, 149—153 (1949)

① 原文为：液体的摩尔密度是气体的三倍——译者注。

表 3.6　计算等张比容中结构的贡献值

碳-氢：		R—[—CO—]—R'(酮)	
C	9.0	R+R'=2	51.3
H	15.5	R+R'=3	49.0
CH_3	55.5	R+R'=4	47.5
CH_2(在—$(CH_2)_n$中)		R+R'=5	46.3
$n<12$	40.0	R+R'=6	45.3
$n>12$	40.3	R+R'=7	44.1
		—CHO	66
烷基：			
1—甲基乙基	133.3	O(前面未提及的)	20
1—甲基丙基	171.9	N(前面未提及的)	17.5
1—甲基丁基	211.7	S	49.1
2—甲基丙基	173.3	P	40.5
1—乙基丙基	209.5	F	26.1
1,1—二甲基乙基	170.4	Cl	55.2
1,1—二甲基丙基	207.5	Br	68.0
1,2—二甲基丙基	207.9	I	90.3
1,1,2—三甲基丙基	243.5	烯键：	
C_6H_5	189.6	末端	19.1
		2,3—位	17.7
特殊基团：		3,4—位	16.3
—COO—	63.8		
—COOH	73.7	三键	40.6
—OH	29.8		
—NH_2	42.5	闭环：	
—O—	20.0	三元素	12
—NO_2	74	四元素	6
—NO_3(硝酸盐)	93	五元素	3
—CO(NH_2)	91.7	六元素	0.8

源自：Quale [8]。

例 3.6

应用 Hayduk 和 Minhas [7]的适当关联式，计算甲酸(A)在苯(B)的 25℃无限稀释溶液中的扩散系数。实测值是 $2.28\times10^{-5}\ cm^2/s$。

解

应用式(3－42)，T=298 K，

$\mathscr{P}_A=98.7\ cm^3\cdot g^{1/4}/(s^{1/2}\cdot mol)$　　$\mathscr{P}_B=205.3\ cm^3\cdot g^{1/4}/(s^{1/2}\cdot mol)$

$\mu_B=0.6cP(25℃)$　　$v_B=96\ cm^3/mol(80℃)$

然而，由于甲酸是有机酸，$\mathscr{P}_A$需加倍至 187.4。

由式(3－42)

$$(D_{AB})_\infty=1.55\times10^{-8}\left[\frac{298^{1.29}\times205.3^{0.5}/187.4^{0.42}}{0.6^{0.92}\times96^{0.23}}\right]=2.15\times10^{-5}\ cm^2/s$$

计算值与实测值的误差在 6%以内。

斯托克斯-爱因斯坦方程和 Wilke-Chang 的方程预测扩散系数和黏度成反比。从黏度变化范围达几个数量级范围的扩散系数数值看，发现液体扩散系数随黏度成相反变化，黏度的指数在 0.5～1 之间。斯托克斯-爱因斯坦方程还预测，在窄的温度区间 $D_{AB}\mu_B/T$ 是常数，这是因为 μ_B 随温度成指数形式减小，而 D_{AB} 被预测随温度成指数形式升高。例如，对于水在乙醇中的稀溶液，当绝对温度增高 50% 时，水的扩散系数几乎增大 20 倍（似应为增加 20%——译注）。在宽广的温度区间内，温度对 D_{AB} 的影响宜用阿伦尼乌斯形式的方程表示，

$$(D_{AB})_\infty = A\exp\left(\frac{-E}{RT}\right) \tag{3-44}$$

式中，液体扩散系数的活化能 E 的典型值不大于 6000 cal/mol。

估算二元液体混合物的扩散系数方程式(3-39)、(3-40)和(3-42)仅适用于溶质 A 在溶剂 B 中的稀溶液，与二元气体混合物的扩散系数几乎与组成无关不同，组成对液体扩散系数的影响是复杂的，有时显现出与摩尔分率的线性关系明显的正偏差或负偏差。

根据费克定律的非理想形式，Vigens[9]已示明，除了像氯仿/丙酮那样强缔合的二元混合物（它们存在罕见的与拉乌尔定律的负偏差）外，无限稀释二元扩散系数$(D)_\infty$可以与混合物的活度系数数据或关联式组合，由此去预测整个浓度区间的二元液相活度系数 D_{AB} 和 D_{BA}，Vigens 方程为

$$D_{AB} = (D_{AB})_\infty^{x_B}(D_{BA})_\infty^{x_A}\left(1+\frac{\partial \ln\gamma_A}{\partial \ln x_A}\right)_{T,p} \tag{3-45}$$

$$D_{BA} = (D_{BA})_\infty^{x_A}(D_{AB})_\infty^{x_B}\left(1+\frac{\partial \ln\gamma_B}{\partial \ln x_B}\right)_{T,p} \tag{3-46}$$

例 3.7

在 298 K 和 1 atm 下，甲醇(A)/水(B)系统的无限稀释扩散系数值分别是 $D_{AB}=1.5\times 10^{-5}\,cm^2/s$ 和 $1.75\times10^{-5}\,cm^2/s$。

在同样条件下的活度系数用 UNIFAC 方法算得：

x_A	γ_A	x_B	γ_B
0.0	2.245	1.0	1.000
0.1	1.748	0.9	1.013
0.2	1.470	0.8	1.044
0.3	1.300	0.7	1.087
0.4	1.189	0.6	1.140
0.5	1.116	0.5	1.201
0.6	1.066	0.4	1.269
0.7	1.034	0.3	1.343
0.8	1.014	0.2	1.424
0.9	1.003	0.1	1.511
1.0	1.000	0.0	1.605

采用 Vignes 方程计算整个浓度区域的扩散系数。

解

应用电子表格计算式(3－45)和(3－46)中的导数，发现任意浓度的导数值几乎相同。再用同样的方程计算各个浓度的扩散系数，算得的 $D_{AB}=D_{BA}$ 结果列于下面。计算表明在摩尔分率 0.3 时扩散系数最小。

x_A	D_{AB}，cm^2/s	D_{BA}，cm^2/s
0.20	1.10×10^{-5}	1.10×10^{-5}
0.30	1.08×10^{-5}	1.08×10^{-5}
0.40	1.12×10^{-5}	1.12×10^{-5}
0.50	1.18×10^{-5}	1.18×10^{-5}
0.60	1.28×10^{-5}	1.28×10^{-5}
0.70	1.38×10^{-5}	1.38×10^{-5}
0.80	1.50×10^{-5}	1.50×10^{-5}

如果假定扩散系数与摩尔分率呈线性关系，则在摩尔分率 $x_A=0.5$ 处的扩散系数是 1.625×10^{-5}，比上面的计算值几乎高 40%。

3.2.3　电解质的扩散系数

在电解质溶液中，溶解的盐、酸或碱的扩散系数与离子有关，因为它们是一个扩散整体，然而，在没有电势情况下，仅是电解质分子的分子扩散有意义。在水溶液中单个盐的无限稀释扩散系数(cm^2/s)可用 Nernst-Haskell 方程式计算：

$$(D_{AB})_\infty=\frac{RT[(1/n_+)+(1/n_-)]}{F^2[(1/\lambda_+)+(1/\lambda_-)]} \tag{3-47}$$

式中：n_+ 和 n_- 分别为阳离子和阴离子的化合价；

λ_+ 和 λ_- 为极限离子导电率(A/cm^2)(V/cm)(克当量/厘米^3)，此处 A 的单位为安培，V 的单位为伏特；

F 为法拉第常数＝96500 库仑/克当量；

T 为温度，K；

R 为通用气体常数＝8.314 J/(kmol・K)

25℃时的 λ_+ 和 λ_- 值列于表 3.7，其他温度下的值需用表中之值乘以 $T/334\mu_B$ 校正，此处 T 和 μ_B 的单位为 K 和 cP。随着电解质浓度的增大，扩散系数先减小约 10%到 20%，之后升至浓度 2N 时值，此值与无限稀释的值相近。从国际临界性质表(International Critical Tables)第五卷中摘录了一些有代表性的实测值列于表 3.8 中。

例 3.8

估算 KCl 在 18.5℃的稀水溶液中的扩散系数，其实测值是 1.7×10^{-5} cm^2/s。在浓度达 2 mol/L 时，此值仅从 1.5×10^{-5} 变到 1.75×10^{-5} cm^2/s。

解

表 3.7　在 25℃ 水中离子的极限导电率

(A/cm²)(V/cm)(g·equiv/cm³)

阴离子	λ_-	阳离子	λ_+
OH^-	197.6	H^+	349.8
Cl^-	76.3	Li^+	38.7
Br^-	78.3	Na^+	50.1
I^-	76.8	K^+	73.5
NO_3^-	71.4	NH_4^+	73.4
ClO_4^-	68.0	Ag^+	61.9
HCO_3^-	44.5	Tl^+	74.7
HCO_2^-	54.6	$(\frac{1}{2})Mg^{2+}$	53.1
$CH_3CO_2^-$	40.9	$(\frac{1}{2})Ca^{2+}$	59.5
$ClCH_2CO_2^-$	39.8	$(\frac{1}{2})Sr^{2+}$	50.5
$CNCH_2CO_2^-$	41.8	$(\frac{1}{2})Ba^{2+}$	63.6
$CH_3CH_2CO_2^-$	35.8	$(\frac{1}{2})Cu^{2+}$	54
$CH_3(CH_2)_2CO_2^-$	32.6	$(\frac{1}{2})Zn^{2+}$	53
$C_6H_5CO_2^-$	32.3	$(\frac{1}{3})La^{3+}$	69.5
$HC_2O_4^-$	40.2	$(\frac{1}{3})Co(NH_3)_6^{3+}$	102
$(\frac{1}{2})C_2O_4^{2-}$	74.2		
$(\frac{1}{2})SO_4^{2-}$	80		
$(\frac{1}{3})Fe(CN)_6^{3-}$	101		
$(\frac{1}{4})Fe(CN)_6^{4-}$	111		

源自:Poling, Prausnitz, and O'Connell[2].

表 3.8　电解质在水溶液中的扩散系数实测值

溶质	浓度 mol/L	温度/℃	扩散系数 D_{AB}, cm²/s×10⁵
HCl	0.1	12	2.29
HNO_3	0.05	20	2.62
	0.25	20	2.59
H_2SO_4	0.25	20	1.63
KOH	0.01	18	2.20
	0.1	18	2.15
	1.8	18	2.19
NaOH	0.05	15	1.49
NaCl	0.4	18	1.17
	0.8	18	1.19
	2.0	18	1.23
KCl	0.4	18	1.46
	0.8	18	1.49
	2.0	18	1.58
$MgSO_4$	0.4	10	0.39
$Ca(NO_3)_2$	0.14	14	0.85

在 18.5℃时，$T/334\mu=291.7/(334\times1.05)=0.832$。从表 3.7 查得 25℃时的离子极限的导电率，算得校正的离子极限的导电率是

$$\lambda_+=73.5\times0.832=61.2 \quad 和 \quad \lambda_-=76.3\times0.832=63.5$$

由式(3-47)，

$$D_\infty=\frac{8.314\times291.7\times[(1/1)+(1/1)]}{96.500^2[(1/61.2)+(1/63.5)]}=1.62\times10^{-5}\text{cm}^2/\text{s}$$

此值与实测值相近。

3.2.4 生物溶质在液体中的扩散系数

对于液体摩尔体积直至 500cm³/mol 的小分子溶质(相应的相对分子质量约为 600)，在稀的非电解质水溶液中的扩散系数可以用 Wilke-Chang 的方程式(3-39)计算。在生物应用中，相对分子质量大于 1 000 的水溶蛋白质大分子的扩散系数是有意义的。一般来说，相对分子质量大于 500 000 的大分子 25℃时的扩散系数在 1×10^{-7} 到 $8\times10^{-7}\text{cm}^2/\text{s}$ 之间，比相对分子质量小于 1 000 的分子的扩散系数值小两个数量级。许多球形和纤维状蛋白质大分子的扩散系数的数据已被 Sorber[10]列成表格，表 3.9 中列举了一些。在没有数据时，可采用 Geankoplis[11]提出的、形式似斯托克斯-爱因斯坦方程的半经验方程计算：

$$D_{AB}=\frac{9.4\times10^{-15}T}{\mu_B(M_A)^{1/3}} \tag{3-48}$$

式中变量的单位与式(3-39)中的相同。

在生物应用中同样有意义的是非电解质小分子在水溶胶中的扩散系数，水溶胶中分子(例如某些多糖类，琼脂)的质量百分数可达 10%，它们具有较大的溶胀倾向。Friedman 和 Kraemer[12]给出了扩散系数值。一般说来，小分子溶质在胶体中的扩散系数不小于它在水中之值的 50%，其值随胶体的质量百分数增加而减小。

表 3.9　生物蛋白大分子在水溶液中的扩散系数实测值

蛋白质	M_W	结构	温度/℃	扩散系数 $D_{AB}/(\text{cm}^2\cdot\text{s}^{-1})\times10^5$
牛血清清蛋白	67 500	球形的	25	0.068 1
人体 γ 球蛋白	153 100	球形的	20	0.040 0
大豆蛋白	361 800	球形的	20	0.029 1
尿素酶	482 700	球形的	25	0.040 1
人体血纤维蛋白源	339 700	纤维状的	20	0.019 8
脂氧合酶	97 440	纤维状的	20	0.055 9

3.2.5 固体中的扩散系数

固体中扩散的发生依据不同机理，这与扩散的是原子、分子还是离子以及固体结构的性质和固体物料的类型有关。固体结构可以是多孔的或非多孔的；是晶体或是无定形的。固体物料的类型有金属的、陶瓷的、高聚物的，生物的或细胞质的。结晶物料根据键的类型可以进一步分为分子的、共价的、离子的或金属的，大多数无机物晶体是离子键的，然而陶瓷材

料可以是离子的、共价的或最常见的是两者结合的。分子的结晶体在原子或分子间的引力是相当弱的;在像石英硅石那样的共价键固体中,两个原子均等共享两个或更多电子;在像无机盐那样的离子型固体中,一个原子失去的一个或多个电子转移到另一个或多个原子中,于是生成离子;在金属中,正电荷的离子通过自由运动的电子场而键合。气体和低分子量液体中的扩散系数值变化范围仅一到两个数量级,固体中的扩散系数值的变化范围与它们不一样,要达许多数量级。尽管固体中的扩散十分复杂,但只要有实测的扩散系数值,还是可以用费克第一定律进行描述。然而当扩散的溶质是气体时,它在固体中的溶解度也要知道;如果气体离解取决于固体中的离解作用,那么被离解的组分的浓度必须用在费克定律中。在本节中,将提到固体中扩散的许多种机理,但由于要做定量分析太复杂,对机理只能做些定性讨论。对固体中扩散的一些例子进行了讨论,并给出了用于费克第一定律的扩散系数的实测值,重点在气体和液体溶质进出固体的扩散,但对于固体的原子、分子或离子经过其自身的运动也作了讨论。

多孔性固体

当固体是多孔性的时,气体和液体溶质在孔中的扩散计算可以做,这些方法在此仅作简要讨论,更详细地论述将推迟到第14、15和16章中进行,在那里是应用于膜分离、吸附和浸取中的。这类扩散对于应用多孔性固体催化剂的反应器的分析和设计也是很重要的。在这里提及以下四种传质机理中的任一种或它们的结合可能会发生已足够了。

(1) 经小孔的普通分子扩散,其通道曲折,并对分子直径大于孔径10%的大分子移动产生阻碍。

(2) 努森扩散,当孔径和压力是这样的,以至于分子平均自由程比孔径大时,扩散的气体分子与孔壁发生碰撞。

(3) 表面扩散,包含有被吸附在表面的分子的跳跃,这是基于表面浓度的推动力分子从一个吸附点到另一个吸附点的跳跃。

(4) 通过或进入小孔的主体流动。

当处理溶质在多孔性物料中扩散,而认为扩散仅发生在孔道中的流体中时,通常喜欢用有效扩散系数 D_{eff},它是基于:(1)用多孔性固体的总横截面积,而不是用孔道的横截面积;(2)用直的路径,而不是孔中可能曲折的路径。如果孔中的扩散仅是普通分子扩散,费克定律(3-3)可以采用,但需用有效扩散系数。二元混合物的有效扩散系数可由普通扩散系数 D_{AB} 计算:

$$D_{\text{eff}}=\frac{D_{AB}\varepsilon}{\tau} \tag{3-49}$$

式中 ε 是固体的孔隙率(典型值为0.5),τ 是孔中路径的弯曲度(典型值是2到3),它是孔道长度与孔在扩散方向的直线路径长度之比。有效扩散系数或可以由实验测定,不必知道孔隙率和弯曲度;也可以根据孔隙率和弯曲度的测定以及用预测方法算出普通分子扩散系数,再用式(3-49)算得。作为实验测定的一个例子,Boucher, Brier 和 Osburn[13]对加工大豆油(120℉时黏度20.1cP)的浸取测取了有效扩散系数,所用溶剂为四氯乙烯,多孔饼厚1/16英寸。浸取速率受豆油在饼中的扩散速率控制,测到的 $D_{\text{eff}}=1.0\times10^{-6}\,\text{cm}^2/\text{s}$。从孔隙和弯曲度的影响可以预料,有效扩散系数值将比预期的油在溶剂中的普通分子扩散系数小一个数量级。

结晶固体

非多孔结晶体中的扩散明显地取决于晶格结构和扩散的整体。如在第 17 章结晶中讨论的，仅可能有 7 种不同的晶格结构，对于立方体晶格结构（简单的、体心的和面心的），各方向的扩散系数相同（各向同性），而在其他六种晶格结构中（包括六角晶和四角晶），在各方向的扩散系数可能不同（各向异性）。许多金属，包括 Ag，Al，Au，Cu，Ni，Pb 和 Pt 等的结晶是面心立方晶格结构的晶体，其他金属，包括 Be，Mg，Ti 和 Zn 则生成各向异性的六角晶格结构晶体。在结晶固体中的扩散机理有：

（1）两个原子或离子在晶格中位置的直接交换。可能是靠三个或更多个原子或离子的环形回转造成；

（2）小分子溶质通过晶格间空间（被称为间隙部位）迁移；

（3）向晶格中空位的迁移；

（4）沿晶格缺陷（位错）或增益边界（晶体界面）迁移。

有关前三种机理的扩散系数可能变化范围很广，总比低黏度液体中的扩散系数至少小一个数量级，而可以预料第四种机理的扩散将比其他三种机理的快些。主要摘自 Barrer [14]的典型实测扩散系数值列于表 3.10 中，这些扩散系数涉及气体、离子和金属溶质，数值变化范围高达 26 个数量级。温度的影响可能极大。

表 3.10　溶质在金属和盐晶体中的扩散系数

金属/盐	溶质	T/℃	D/($cm^2 \cdot s^{-1}$)
Ag	Au	760	3.6×10^{-10}
	Sb	20	3.5×10^{-21}
	Sb	760	1.4×10^{-9}
Al	Fe	359	6.2×10^{-14}
	Zn	500	2×10^{-9}
	Ag	50	1.2×10^{-9}
Cu	Al	20	1.3×10^{-30}
	Al	850	2.2×10^{-9}
	Au	750	2.1×10^{-11}
Fe	H_2	10	1.66×10^{-9}
	H_2	100	1.24×10^{-7}
	C	800	1.5×10^{-8}
Ni	H_2	85	1.16×10^{-8}
	H_2	165	1.05×10^{-7}
	CO	950	4×10^{-8}
W	U	1 727	1.3×10^{-11}
AgCl	Ag^+	150	2.5×10^{-14}
	Ag^+	350	7.1×10^{-8}
	Cl^-	350	3.2×10^{-16}
KBr	H_2	600	5.5×10^{-4}
	Br_2	600	2.64×10^{-4}

金属

轻质气体通过金属的扩散有着重要的实际应用。气体要扩散通过金属，首先需要溶解于金属。Barrer[14]的讨论指出，所有轻质气体并不能在所有金属中溶解，例如，氢溶解于Cu，Al，Ti，Ta，Cr，W，Fe，Ni，Pt和Pd，但不溶解于Au，Zn，Sb和Rh；氮溶解于Zr，但不溶解于Cu，Ag和Au；惰性气体不溶解于任何普通金属；当H_2，N_2和O_2溶解于金属后，它们被离解，并可能与金属反应生成氮化物和氧化物，更加复杂的分子如氨、CO_2、CO和SO_2也发生离解。下面的例题示明了加压氢气如何能够缓慢地经小的薄壁压力容器的壁而泄漏的。

例 3.9

200 psia和300℃的氢气被储存在一个直径10 cm的钢制小压力容器中，容器壁厚0.125in。氢在钢中的溶解度与气体中氢气的分压开方成正比，在14.7 psia和300℃时其值是3.8×10^{-6} mol/cm^3，300℃时氢在钢中的扩散系数是5×10^{-6} cm^2/s。假设器壁内表面被当时的氢分压饱和，容器外表面的氢分压为零，计算因氢气溶解和扩散通过金属壁而损失使其压力降到100 psia所需要的时间(h)。

解

令A代表H_2，B代表金属，假设壁中的浓度梯度是线性的，积分费克定律得出容器中氢损失的速率式

$$-\frac{\mathrm{d}n_A}{\mathrm{d}t}=\frac{D_{AB}A\Delta c_A}{\Delta z} \tag{1}$$

由于容器外表面的$p_A=0$，$\Delta c_A=c_A=$A在内壁面的溶解度(mol/cm^3)$=3.8\times10^{-6}(p_A/14.7)^{0.5}$，此处$p_A$是容器内A的分压(psia)。令$p_{A0}$和$c_{A0}$分别代表容器中A的初始压力和浓度，假设是等温和理想气体定律适用，

$$n_A=n_{A0}p_A/p_{A0} \tag{2}$$

式(2)对时间微分得

$$\frac{\mathrm{d}n_A}{\mathrm{d}t}=\frac{n_{A0}}{p_{A0}}\frac{\mathrm{d}p_A}{\mathrm{d}t} \tag{3}$$

结合式(1)和(3)得

$$\frac{\mathrm{d}p_A}{\mathrm{d}t}=\frac{D_AA\times3.8\times10^{-6}\times p_A^{0.5}p_{A0}}{n_{A0}\Delta z\times14.7^{0.5}} \tag{4}$$

积分并解出t

$$t=\frac{2n_{A0}\Delta z\times14.7^{0.5}}{3.8\times10^{-6}D_AAp_{A0}}(p_{A0}^{0.5}-p_A^{0.5})$$

假设理想气体定律适用

$$n_{A0}=\frac{(200/14.7)\times(3.14\times10^3)/6}{82.05(300+273)}=0.1515\text{ mol}$$

平均球壁传质面积A为

$$A=\frac{3.14}{2}(10^2+10.635^2)=336\text{ cm}^2$$

压力降到 100 psia 所需的时间为

$$t=\frac{2\times 0.1515\times 0.125\times 2.54\times 14.7^{0.5}}{3.8\times 10^{-6}\times 5\times 10^{-6}\times 336\times 200}(200^{0.5}-100^{0.5})=1.2\times 10^{6}\text{s}=332\text{h}$$

硅石和玻璃

另一个具有重大意义的领域是轻质气体经各种形式硅石的扩散。硅石由硅和氧两元素组成，约占地壳的 60%，固体硅石以三种主要结晶形式(水晶、鳞石英和方晶石)和包括硅石(一种非结晶态的硅酸盐玻璃或熔石英)在内的各种无定形态存在。表 3.11 中包含 1atm 的氦和氢在熔石英中的扩散系数和作为亨利定律常数 H 的溶解度数据，它们分别由 Swets，Lee 和 Frank[15]及 Lee[16]的实验数据关联式算得。扩散系数和溶解度的乘积被称为渗透率 P_M

$$p_M=DH \tag{3-50}$$

表 3.11　1atm 下气体在非晶硅石中的溶解度和扩散系数

气体	温度/℃	扩散系数/(cm² · s)	溶解度 mol/(cm³ · atm)
He	24	2.39×10^{-8}	1.04×10^{-7}
	300	2.26×10^{-6}	1.82×10^{-7}
	500	9.99×10^{-6}	9.9×10^{-8}
	1 000	5.42×10^{-5}	1.34×10^{-7}
H_2	300	6.11×10^{-8}	3.2×10^{-14}
	500	6.49×10^{-7}	2.48×10^{-13}
	1 000	9.26×10^{-6}	2.49×10^{-12}
O_2	1 000	6.25×10^{-9} (分子的)	
	1 000	9.43×10^{-15} (网状)	

与金属中氢通常以原子态扩散不同，在玻璃中氢看来以分子态扩散，对于氢和氦，两者的扩散系数随温度升高增加甚快。常温附近的扩散系数比在液体中的要低三个数量级，增高温度扩散系数可以接近液体中观察到的数值。溶解度随温度变化相当慢，氢在玻璃中溶解度的数量级要比氦的小。对于氢，其扩散系数比金属中的要小些。表 3.11 中还包括了氧的扩散系数值，它们是由 Williams[17]和 Sucov[18]测定，在 1 000℃时两者数值差很大，Kingery，Bowen 和 Uhlmann[19]分析了其中的原因。在前者研究中，传递是以分子扩散方式进行；而在后者的研究中，传递是以较慢的网状扩散方式进行，氧从硅酸盐网格中一个位置跳到另一个位置。后者的活化能比前者大许多(71 000cal/mol 对 27 000cal/mol)。在高真空操作中，玻璃的选择很重要，因为扩散系数之值范围很广。

陶瓷

轻质气体和元素在结晶陶瓷中的扩散速率很重要，因为扩散必须先于化学反应和会引起微观结构的改变。因此，陶瓷中的扩散是许多研究的课题，其中许多数据汇总示于图 3.4 中，该图由 Kingery 等[19]给出，扩散系数在高温区作为温度倒数的函数进行标绘，图中曲线的斜率与扩散系数的活化能 E 成正比，此处

$$D=D_0\exp\left(-\frac{E}{RT}\right) \tag{3-51}$$

图 3.4 的中右区域中有一个插图，它关联了斜率和活化能。图中扩散系数曲线覆盖从 10^{-6} 到 $10^{-15}\,cm^2/s$ 的九个数量级范围，最大值相应于钾在 β-Al_2O_3 中的扩散，最小者则相应于碳在石墨中的扩散，一般说来，扩散系数越低，活化能则越高。如 Kingery 等[19]的详细讨论指出，结晶氧化物中的扩散不仅与温度有关，还与氧化物是否符合化学计量（例如 FeO 和 $Fe_{0.95}O$）关系和杂质有关。通过非化学计量关系氧化物的空位的扩散常分为金属不足的或氧不足的两类。杂质可能会因充填了空晶格或隙间部位而阻碍扩散。

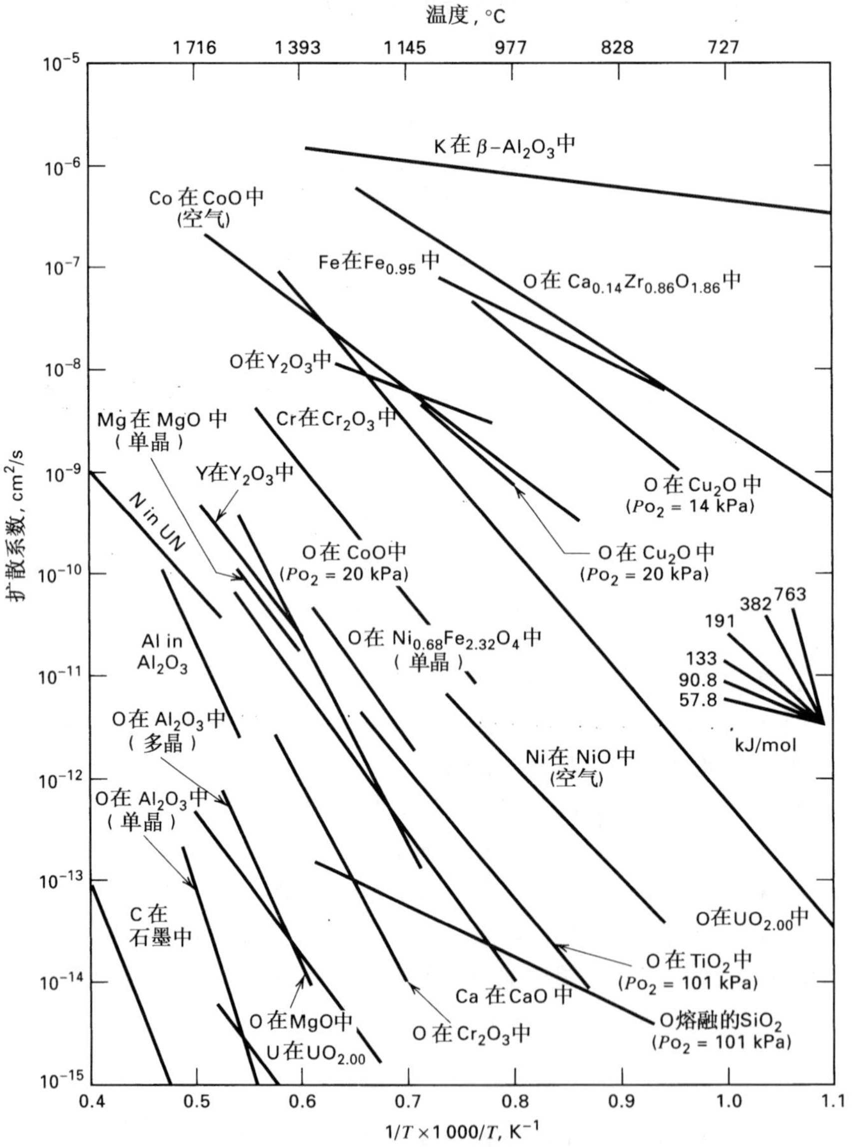

图 3.4　单晶和多晶陶瓷中的扩散系数

［获准摘自 W. D. Kingery, H. K. Bowen, and D. R. Uhlmann, *Introduction to Ceramics*, 2nd ed., Wiley Interscience, New York(1976)］

聚合物

薄又致密的非多孔性聚合物膜广泛用于气体和液体混合物的分离中。将如第 14 章详细论述的，气体或液体组分通过聚合物的扩散与聚合物的类型密切相关。聚合物类型有晶体的和非晶体的，后者又有玻璃态的和橡胶态的。商用晶体聚合物中约有 20%是非晶体，而扩散主要经非晶体区域进行。如同气体通过金属的传递，气体组分通过聚合膜的传递通常具有式(3 - 50)的溶解-扩散机理特征，费克第一定律的下列积分式用来计算传质速率。

气体组分：

$$N_i = \frac{H_i D_i}{z_2 - z_1}(p_{i1} - p_{i2}) = \frac{P_{Mi}}{z_2 - z_1}(p_{i1} - p_{i2}) \tag{3-52}$$

式中 p_i 是气体组分在聚合物表面的分压。

液体组分：

$$N_i = \frac{K_i D_i}{z_2 - z_1}(c_{i1} - c_{i2}) \tag{3-53}$$

式中 K_i 为平衡分配系数，它等于聚合物中的浓度对邻近聚合物表面的液体中浓度 c_i 的比值，$K_i D_i$ 的乘积是液体的渗透率。

轻质气体在四种聚合物中的扩散系数值列于表 14.6 中，其值在 1.3×10^{-9} 到 1.6×10^{-6} cm^2/s 之间，在数量级上要小于同样组分在气体中扩散系数之值。

表 3.12　溶质在橡胶状聚合物中的扩散系数

聚合物	溶质	温度/K	扩散系数/($cm^2\cdot s^{-1}$)
聚异丁烯	正丁烷	298	1.19×10^{-9}
	异丁烷	298	5.3×10^{-10}
	正戊烷	298	1.08×10^{-9}
	正十六烷	298	6.08×10^{-10}
三叶胶树橡胶	正丁烷	303	2.3×10^{-7}
	异丁烷	303	1.52×10^{-7}
	正戊烷	303	2.3×10^{-7}
	正十六烷	298	7.66×10^{-8}
聚丙烯酸甲酯	乙醇	323	2.18×10^{-10}
聚乙烯基乙酸酯	正丙醇	313	1.11×10^{-12}
	正丙醇	313	1.34×10^{-12}
	氯乙烷	343	2.01×10^{-9}
	溴乙烷	343	1.11×10^{-9}
聚二甲基硅氧烷	正十六烷	298	1.6×10^{-6}
聚 1,4－丁二烯	正十六烷	298	2.21×10^{-7}
苯乙烯－丁二烯橡胶	正十六烷	298	2.66×10^{-8}

液体在橡胶状聚合物中的扩散系数作为确定黏弹性参数的手段而得到了广泛研究。在摘自 Ferry[20]的表 3.12 中，给出了在环境状态附近不同溶质在七种橡胶状聚合物中的扩散系数，数值遍及六个数量级，最大扩散系数是正十六烷在聚二甲基硅氧烷中的，最小的扩散系数相应于这种状况，其温度接近玻璃化转变温度，聚合物在结构上已变成玻璃态，这种更加刚性的结构阻碍扩散。正如预料的，通常较小的分子有较高的扩散系数。Rhee 和 Ferry[21]对于正十六烷于 25℃时在无序的苯乙烯/丁二烯共聚物中的扩散系数作了更加详

细的研究，研究表明聚合物中的自由体积的分率对扩散系数有显著影响。

晶体聚合物中的扩散系数和渗透率取决于聚合物的结晶度。100%晶体的聚合物只准许有很少的或没有气体和液体的扩散。例如，25℃时甲烷在聚氧乙烯氧间苯二酰中的扩散系数当结晶度从 0%（完全非晶体）升到 40%时将从 0.30×10^{-9} 减到 $0.13\times10^{-9}\ cm^2/s$[22]。聚合物的密度是结晶度的一个度量，25℃甲烷在聚乙烯中的扩散系数当聚乙烯的比重从 0.914（低密度）增至 0.964（高密度）时将从 0.193×10^{-6} 降至 0.057×10^{-6}。增塑剂能引起扩散系数增大，例如，当聚氯乙烯用 40%三甲苯三磷酸酯增塑后，在 27℃下 CO 的扩散系数从 0.23×10^{-8} 升至 $2.9\times10^{-8}\ cm^2/s$[22]。

例 3.10

25℃下氢扩散经过非多孔性的聚乙烯三甲基硅烷的膜，膜两侧的压力为 3.5MPa 和 200kPa，扩散系数和溶解度数据列举在表 14.9 中，假设氢的速率将达 0.64 kmol/($m^2\cdot h$)，则膜的厚度该是多少微米？

解

式(3－52)适用。从表 14.9 查得：$D=160\times10^{-11}\ m^2/s$　　$H=S=0.54\times10^{-4}$ mol/($m^3\cdot Pa$)

由式(3－50)

$$P_M=DH=160\times10^{-11}\times0.54\times10^{-4}=86.4\times10^{-15}\ mol/(m\cdot s\cdot Pa)$$

$$p_1=3.5\times10^6\ Pa\quad p_2=0.2\times10^6\ Pa$$

膜的厚度$=z_2-z_1=\Delta z=P_M(p_1-p_2)/N$

$$\Delta z=\frac{86.4\times10^{-15}(3.5\times10^6-0.2\times10^6)}{0.64\times1\,000/3\,600}=1.6\times10^{-6}\ m=1.6\mu m$$

如第 14 章讨论表明，为达到适当的气体渗透速率，聚合物膜必须非常薄。

细胞质固体和木材

Gibson 和 Ashby[22]的论述表明，细胞质固体由形成细胞棱和面的柱或板构成，细胞是一个舱室或封闭的空间，在自然界中存在的细胞质固体有木材、软木、海绵和珊瑚等，合成的细胞结构包括由聚合物、金属、陶瓷和玻璃制成的泡沫状物（带有一些敞开的细胞）和蜂窝状物。“纤维素”一词的意思是“充满小的细胞”。

得到广泛应用的细胞质固体是木材，它的世界年产量为 10^{12} kg，可与钢铁产量相比。从化学角度看，木材由木质素、纤维素、半纤维素和少量有机化学品或元素组成，后者是可萃取的，前三者全都是聚合物，形成了木材的结构。鲜活的木材在其细胞壁和腔中有高达 25%的湿含量，木材中水分的吸着或脱除会引起不均匀的膨胀或收缩。木材的结构通常包含：(1) 在软质木材（针叶类，例如云杉、松树和冷杉）中被称为管胞的、高度拉长了的六角形或矩形细胞和硬质木材（落叶性的或阔叶类，例如橡树、桦树和胡桃树）中的纤维；(2) 被称为射髓的矩形状放射排列的细胞，在软质木材中它窄而短，而在硬质木材中则宽而长；(3) 被称为树浆管的、具有大的孔道和薄壁并被展开了的细胞，它们导流液体上树，在软质木材中占不到 3%体积，但在硬质木材中则可高达 55%的体积。

由于木材的结构具有方向性，所以其许多性质是各向异性的。例如坚硬性和强度，管胞和纤维在轴向的值比树干在径向或切向的值大 2 到 20 倍，因此，树干沿径向或切向切割。这个各向异性沿伸到木材渗透剂(例如水分和防腐剂)的渗透性，其轴向的值将比横向的大到 10 倍。

在木材和木材产品的干燥、防腐剂处理、防火剂处理和其他化学品的处理中，液体和气体在其中的移动很费时间，此移动靠毛细管作用、压力渗透性和扩散进行。由于细胞空穴大都隔离而稍有相互连通的，所以木材不是容易渗透的，细胞间的交流主要是通过被具有亚微米尺寸孔道(称为纹孔)的薄膜覆盖的圆形孔道，也有少量的是通过细胞壁的，射髓给木材提供了一些径向渗透性。气体或液体在木材中移动的全部三种机理由 Stamm[24]提出，在此仅讨论扩散。最简单的扩散形式是：水溶性溶质通过被水饱和的木材，而不会引起木材尺寸的变化。对于尿素、甘油和乳酸进入硬木的扩散，Stamm[24]列举了它们的轴向扩散系数，其值约为普通液体扩散系数的 50%，径向扩散系数约为轴向值的 10%。例如，26.7℃时硫酸锌在水中的扩散系数是 $5\times10^{-6}\,cm^2/s$，如果火炬松边材用硫酸锌沿径向进行浸渍，扩散系数为 $0.18\times10^{-6}\,cm^2/s$。

水在木材中的扩散更为复杂，湿含量决定了木材的膨胀或收缩程度。水以不同的方法存在于木材中，它可能是由物理吸附作用吸附在单分子层的细胞壁上，或被冷凝于原已存在的或暂时性的细胞毛细孔中，或被吸附在细胞壁而形成固体溶液。

由于木材干燥速率具有现实的重要性，大多数扩散系数是在干燥条件下测取穿越纤维的径向之值。此值与温度和溶胀体积比重有关。Sherwood[25]和 Stamm[24]给出了典型的测取结果，例如溶胀比重 0.4 的山毛榉，当温度由 10℃升至 60℃，扩散系数则由约 $1\times10^{-6}\,cm^2/s$升到 $10\times10^{-6}\,cm^2/s$。

3.3　通过静止介质的一维定态和不定态分子扩散

对于静止介质中的热传导，可用傅里叶定律推导定态和非定态的传热速率方程式，介质的形状有板、圆柱和圆球等。许多结果以绘成通用的图表。对于传质，采用一些简化假设可以导出类似的方程式。

A 在与 B 形成的二元混合物中的一维传质摩尔流率由式(3 - 12)的修正式给出，该式中包括主体流动和扩散：

$$n_A = x_A(n_A + n_B) - cD_{AB}A\left(\frac{dx_A}{dz}\right) \tag{3-54}$$

如 A 是发生传质和溶解的溶质，而 B 是静止的，$n_B=0$。通常假设 c 是个常数，x_A 是小的数值，于是主体流动项忽略，式(3 - 54)仅考虑扩散作用，变为费克第一定律：

$$n_A = -cD_{AB}A\left(\frac{dx_A}{dz}\right) \tag{3-55}$$

式(3 - 55)可以写成浓度梯度的形式，即：

$$n_A = -D_{AB}A\left(\frac{dc_A}{dz}\right) \tag{3-56}$$

此式与热传导速率 Q 的傅里叶定律类似：

$$Q=-kA\left(\frac{dT}{dz}\right) \tag{3-57}$$

3.3.1 定态

对于 D_{AB}是常数的定态一维扩散，式(3－56)可对各种几何形状进行积分，最一般性的结果与热传导的类似。

(1) 厚度为 z_2-z_1的平壁：

$$n_A=D_{AB}A\left(\frac{c_{A_1}-c_{A_2}}{z_2-z_1}\right) \tag{3-58}$$

(2) 中空圆柱体，内径和外径分别为 r_1 和 r_2，扩散沿径向向外：

$$n_A=2\pi L\frac{D_{AB}(c_{A_1}-c_{A_2})}{\ln(r_2/r_1)} \tag{3-59}$$

或

$$n_A=D_{AB}A_{LM}\left(\frac{c_{A_1}-c_{A_2}}{r_2-r_1}\right) \tag{3-60}$$

式中：A_{LM}是面积 $2\pi rL$ 在 r_1 和 r_2处的对数平均值；L 是中空圆柱体的长度。

(3) 内径为 r_1和外径为 r_2的球形壳体，扩散沿径向向外：

$$n_A=\frac{4\pi r_1r_2D_{AB}(c_{A_1}-c_{A_2})}{r_2-r_1} \tag{3-61}$$

或

$$n_A=D_{AB}A_{GM}\left(\frac{c_{A_1}-c_{A_2}}{r_2-r_1}\right) \tag{3-62}$$

式中 A_{GM}是面积 $4\pi r^2$在 r_1和 r_2处的几何平均值。

当 $r_2/r_1<2$①时，算术平均值比对数平均值略大(小于 4%)。当 $r_2/r_1<1.33$ 时，算术平均值比几何平均值略大(不超过 4%)。

3.3.2 非定态

考虑到扩散的溶质在单位体积内随时间的积累或减少，式(3－56)适用于非定态分子扩散。如图 3.5 所示，考虑组分 A 在 B 中的一维非定态扩散，取进行着扩散的微分控制体。扩散仅在 z 方向进行。假设恒定的总浓度 $c=c_A+c_B$和扩散系数，则组分 A 在 z 平面处的扩散摩尔流率为：

① 原文误为 $r_1/r_2<2$——译者注。

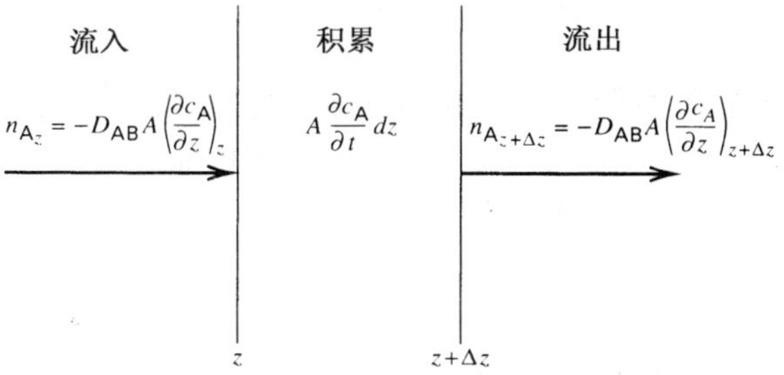

图 3.5 通过微分体积 Adz 的非定态扩散

$$n_{A_z} = -D_{AB}A\left(\frac{\partial c_A}{\partial z}\right)_z \tag{3-63}$$

在平面 $z=z+\Delta z$ 处，扩散速率为：

$$n_{A_{z+\Delta z}} = -D_{AB}A\left(\frac{\partial c_A}{\partial z}\right)_{z+\Delta z} \tag{3-64}$$

组分 A 在控制体中的积累：

$$A\frac{\partial c_A}{\partial t}\Delta z \tag{3-65}$$

由于流入流率－流出流率＝积累

$$-D_{AB}A\left(\frac{\partial c_A}{\partial z}\right)_z + D_{AB}A\left(\frac{\partial c_A}{\partial z}\right)_{z+\Delta z} = A\left(\frac{\partial c_A}{\partial t}\right)\Delta z \tag{3-66}$$

重新整理和简化得

$$D_{AB}\left[\frac{(\partial c_A/\partial_z)_{z+\Delta z} - (\partial c_A/\partial_z)_z}{\Delta z}\right] = \frac{\partial c_A}{\partial t} \tag{3-67}$$

取 $\Delta z \to 0$ 的极限

$$\frac{\partial c_A}{\partial t} = D_{AB}\frac{\partial^2 c_A}{\partial z^2} \tag{3-68}$$

式(3－68)称为一维扩散时的费克第二定律。三维直角坐标的更一般的形式是：

$$\frac{\partial c_A}{\partial t} = D_{AB}\left(\frac{\partial^2 c_A}{\partial x^2} + \frac{\partial^2 c_A}{\partial y^2} + \frac{\partial^2 c_A}{\partial z^2}\right) \tag{3-69}$$

对于仅沿径向的一维扩散，以柱坐标和球坐标表示的费克第二定律分别为：

$$\frac{\partial c_A}{\partial t} = \frac{D_{AB}}{r}\frac{\partial}{\partial r}\left(r\frac{\partial c_A}{\partial r}\right) \tag{3-70}$$

和

$$\frac{\partial c_A}{\partial t} = \frac{D_{AB}}{r^2}\frac{\partial}{\partial r}\left(r^2\frac{\partial c_A}{\partial r}\right) \tag{3-71}$$

式(3－68)～式(3－71)与热传导的傅里叶第二定律类似，只要将式中 c_A 的代之以 T，将扩散系数 D_{AB} 代之以热扩散系数 $\alpha = k/(\rho c_p)$。对于具有恒定又各向同性性质的状况三个类似的热传导方程式分别为：

$$\frac{\partial T}{\partial t} = \alpha\left(\frac{\partial^2 T}{\partial x^2} + \frac{\partial^2 T}{\partial y^2} + \frac{\partial^2 T}{\partial z^2}\right) \tag{3-72}$$

$$\frac{\partial T}{\partial t} = \frac{\alpha}{r}\frac{\partial}{\partial r}\left(r\frac{\partial T}{\partial r}\right) \tag{3-73}$$

$$\frac{\partial T}{\partial t}=\frac{\alpha}{r^2}\frac{\partial}{\partial r}\left(r^2\frac{\partial T}{\partial r}\right) \tag{3-74}$$

这些费克定律或傅里叶定律的偏微分方程对于多种边界条件的分析解已得到，Carslaw 和 Jaeger[26]和 Crank[27]对这许多分析解进行了讨论和推导，在此仅提供几个较有用处的解。

半无限介质

考虑图 3.6 所示的半无限介质，它在 z 方向从 $z=0$ 延伸到 $z=\infty$，在 x 和 y 方向则从 $-\infty$ 延伸到 $+\infty$，但因扩散仅在 z 向发生，x 和 y 方向无意义。于是式(3-68)适用的区间是 $z\geqslant 0$。在 $t\leqslant 0$ 时，$z\geqslant 0$ 处浓度为 c_{A_0}；当 $t=0$ 时，半无限介质的表面 $z=0$ 处瞬间浓度变为 $c_{A_s}>c_{A_0}$，并在 $t>0$ 时一直保持此浓度。因此，将发生进入介质的扩散，然而由于介质在 z 向是无限的，扩散不可能达到 $z=\infty$ 处，因此当 $z\to\infty$，对所有 $t\geqslant 0$ 的 $c_A=c_{A_0}$。由于偏微分方程(3-68)和它的一个时间边界(初始)条件和两个距离边界条件是独立变量 c_A 的线性关系，可以得到严格解。或是变量组合的方法[28]，或是拉普拉斯变换的方法均可利用，以已完成的浓度变化分率表示的结果为：

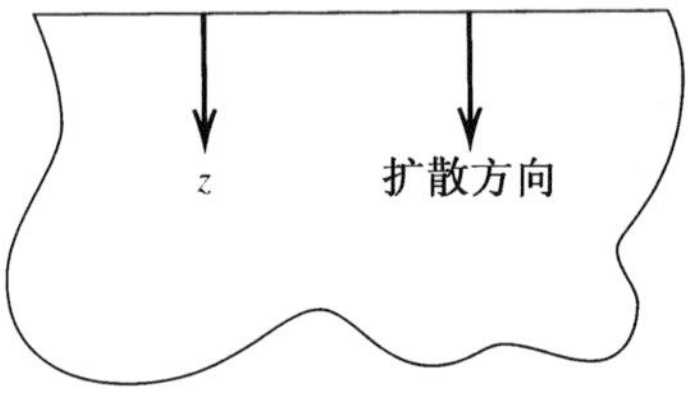

图 3.6 进入半无限介质的一维扩散

$$\theta=\frac{c_A-c_{A_0}}{c_{A_s}-c_{A_0}}=\operatorname{erfc}\left(\frac{z}{2\sqrt{D_{AB}t}}\right) \tag{3-75}$$

式中余误差函数 erfc 与误差函数 erf 有如下关系

$$\operatorname{erfc}(x)=1-\operatorname{erf}(x)=1-\frac{2}{\sqrt{\pi}}\int_0^x e^{-\eta^2}\,d\eta \tag{3-76}$$

误差函数被列在大多数电子数据表程序和手册中，例如数学函数手册[30]。erf 和 erfc 的变化如下：

x	erf(x)	erfc(x)
0	0.000 0	1.000 0
0.5	0.520 5	0.479 5
1.0	0.842 7	0.157 3
1.5	0.966 1	0.033 9
2.0	0.995 3	0.004 7
∞	1.000 0	0.000 0

在没有主体流动的假设下，式(3-75)用来计算半无限介质中的浓度，它是时间和位置的函数，因此它最严格地适用于固体中的扩散，当介质是扩散溶质的稀混合物时，它也适用于静止的液体和气体。

当式(3-75)中的($z/2\sqrt{D_{AB}t}$)=2 时，余误差函数仅 0.0047，这意味着 $z=z$ 处的浓度

变化对 $z=0$ 的浓度变化之比值小于 1%。因此，通常取 $z=4\sqrt{D_{AB}t}$ 为渗透深度，且只要介质的厚度大于渗透深度，就可采用适用于无限厚介质的式(3-75)。

穿越介质表面($z=0$)的瞬时传质速率可以这样算得，先将式(3-75)对距离求导数，再将它代入用于介质表面的费克第一定律。为此，应用莱布尼茨兹规则对积分式(3-76)微分，并令 $x=z/2\sqrt{D_{AB}t}$，

$$n_A=-D_{AB}A\left(\frac{\partial c_A}{\partial z}\right)_{z=0}=D_{AB}A\left[\frac{c_{A_S}-c_{A_0}}{\sqrt{\pi D_{AB}t}}\right]\exp\left(-\frac{z^2}{4D_{AB}t}\right)\bigg|_{z=0} \qquad (3-77)$$

于是

$$n_A|_{z=0}=\sqrt{\frac{D_{AB}}{\pi t}}A(c_{A_S}-c_{A_0}) \qquad (3-78)$$

进入半无限介质的溶质总摩尔数可以通过式(3-78)对时间积分而求得：

$$N_A=\int_o^t n_A|_{z=0}\mathrm{d}t=\sqrt{\frac{D_{AB}}{\pi}}A(c_{A_S}-c_{A_0})\int_o^t\frac{\mathrm{d}t}{\sqrt{t}}=2A(c_{A_S}-c_{A_0})\sqrt{\frac{D_{AB}t}{\pi}} \qquad (3-79)$$

例 3.11

计算半无限介质中 $z=1\text{m}$ 处的无量纲浓度变化 $\theta=(c_A-c_{A_0})/(c_{A_s}-c_{A_0})$ 达到 0.01 所需的时间。此半无限介质的初始浓度为 c_{A_0}，随后 $z=0$ 处的界面浓度增大到 c_{A_s}，扩散系数是代表溶质扩散通过静止气体、静止液体或固体的。

解

假设气体的 $D_{AB}=0.1\ \text{cm}^2/\text{s}$，已知 $z=1\text{m}=100\ \text{cm}$。由式(3-75)和(3-76)得

$$\theta=0.01=1-\text{erf}\left(\frac{z}{2\sqrt{D_{AB}t}}\right)$$

因此

$$\text{erf}\left(\frac{z}{2\sqrt{D_{AB}t}}\right)=0.99$$

从误差函数表查得

$$\left(\frac{z}{2\sqrt{D_{AB}t}}\right)=1.821\ 4$$

解得

$$t=\left[\frac{100}{1.821\ 4(2)}\right]^2\frac{1}{0.10}=7\ 540\ \text{s}=2.09\ \text{h}$$

以类似的方式计算，得到对典型的气体、液体和固体介质所需的时间：

半无限介质	$D_{AB}/(\text{cm}^2\cdot\text{s}^{-1})$	在 1m 处达到 $\theta=0.01$ 所需时间
气体	0.10	2.09 h
液体	1×10^{-5}	2.39 年
固体	1×10^{-9}	239 世纪

这些结果表明分子扩散是很慢的，特别在液体和固体中。在气体和液体中，传质速率可以通过搅拌引起湍流运动而得到很大提高。对于固体，最好是减小固体尺寸使得扩散路径

尽可能地缩短。

侧面封闭的有限厚度介质

考虑一个矩形平行六面体介质，它在 z 方向的有限厚度为 $2a$，在 x 和 y 方向或无限长，抑或有限长度分别为 $2b$ 和 $2c$。假设在图 3.7(a)中平行于 z 方向的侧面是被封闭的，因此扩散仅发生在 z 方向，并假设溶质在介质中初始浓度均匀，其值为 c_{A_0}。在 $t=0$ 时，介质两个未密封的表面($z=\pm a$)处的浓度增高到 $c_{A_s}>c_{A_0}$，并维持不变。由于对称性，$z=0$ 处的 $\frac{\partial c_A}{\partial z}=0$。假设 D_{AB} 为常数，再次采用式(3-68)，由于式(3-68)和边界条件均是 c_A 的线性关系，可以得到严格解。应用分离变量方法[28]或拉普拉斯变换方法[29]，Carslaw 和 Jaeger[26]得到了用未完成浓度变化分率 E 表示的结果为

$$E=1-\theta=\frac{c_{A_s}-c_A}{c_{A_s}-c_{A_0}}=\frac{4}{\pi}\sum_{n=0}^{\infty}\frac{(-1)^n}{(2n+1)}$$
$$\times\exp[-D_{AB}(2n+1)^2\pi^2t/4a^2]\cos\frac{(2n+1)\pi z}{2a}\tag{3-80}$$

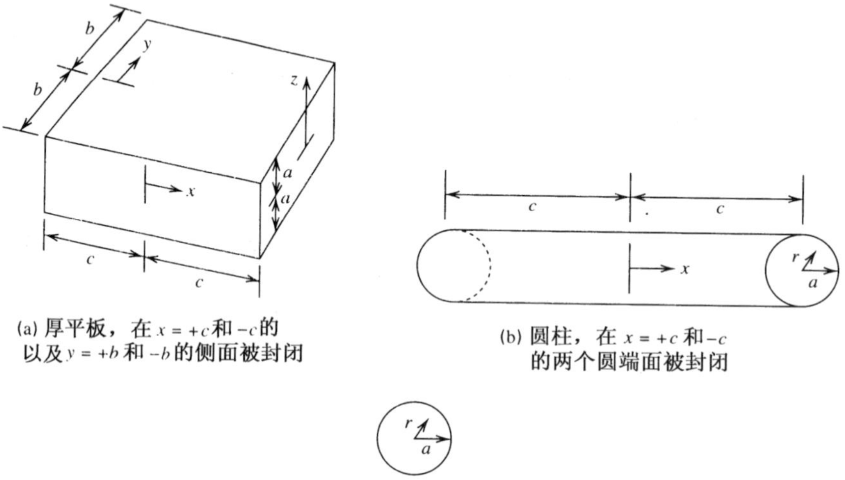

(a) 厚平板，在 $x=+c$ 和 $-c$ 的以及 $y=+b$ 和 $-b$ 的侧面被封闭

(b) 圆柱，在 $x=+c$ 和 $-c$ 的两个圆端面被封闭

(c) 球

图 3.7　有限尺寸介质中的非定态扩散

或采用余误差函数得

$$E=1-\theta=\frac{c_{A_s}-c_A}{c_{A_s}-c_{A_0}}=\sum_{n=0}^{\infty}(-1)^n$$
$$\times\left[\operatorname{erfc}\frac{(2n+1)a-z}{2\sqrt{D_{AB}t}}+\operatorname{erfc}\frac{(2n+1)a+z}{2\sqrt{D_{AB}t}}\right]\tag{3-81}$$

对于被称为传质傅里叶数 $D_{AB}t/a^2$ 的大数值，式(3-80)和(3-81)的无限级数解收敛相当快，但对于小数值(即短的时间)，无限级数解不收敛。然而，对于这后一种情况，半无限介质的解对 $D_{AB}t/a^2<\frac{1}{16}$ 适用。严格解的简便标绘示于图 3.8 中。

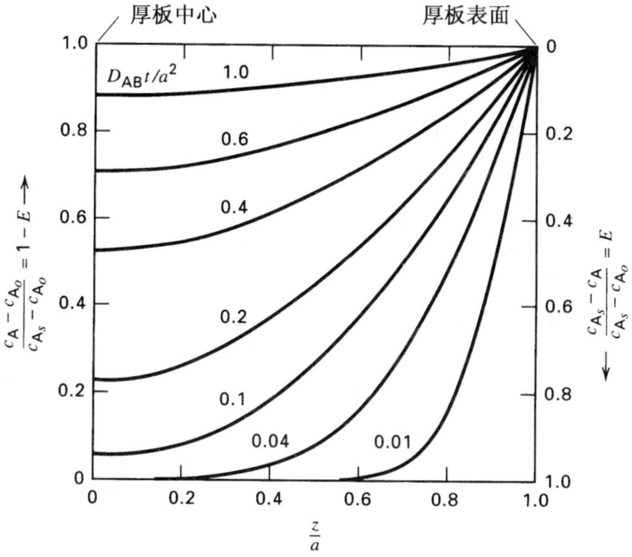

图 3.8　平板中非定态扩散的浓度分布

[摘自 H. S. Carslaw and J. C. Jaeger, *Conduction of Heat in Solids*, 2nd ed., Oxford University Press, London(1959)]

穿越介质任一未封闭的表面(即在 $z=\pm a$ 处)的瞬时传质速率可这样求得：先将式(3-80)对 z 微分，计算其在 $z=a$ 的值，再代入费克第一定律即得。

$$n_A\big|_{z=a} = \frac{2D_{AB}(c_{A_s} - c_{A_0})A}{a} \times \sum_{n=0}^{\infty} \exp\left[-\frac{D_{AB}(2n+1)^2\pi^2 t}{4a^2}\right] \tag{3-82}$$

穿越任一未封闭的表面传递的总摩尔数也能由式(3-82)对时间积分求得，即

$$N_A = \int_0^t n_A\big|_{z=a}\,dt = \frac{8(c_{A_s} - c_{A_0})Aa}{\pi^2} \times \sum_{n=0}^{\infty} \frac{1}{(2n+1)^2}\left\{1 - \exp\left[-\frac{D_{AB}(2n+1)^2\pi^2 t}{4a^2}\right]\right\} \tag{3-83}$$

此外，溶质在介质中的平均浓度 $c_{A\text{avg}}$ 是时间的函数，对于平板情况的计算式如下：

$$\frac{c_{A_s} - c_{A_\text{avg}}}{c_{A_s} - c_{A_0}} = \frac{\int_0^a (1-\theta)\,dz}{a} \tag{3-84}$$

将式(3-80)代入式(3-84)，接着进行积分得

$$E_{\text{avg}_\text{slab}} = (1-\theta_\text{avg})_{\text{厚板}} = \frac{c_{A_s} - c_{A_\text{avg}}}{c_{A_s} - c_{A_0}} = \frac{8}{\pi^2}\sum_{n=0}^{\infty}\frac{1}{(2n+1)^2}\exp\left[-\frac{D_{AB}(2n+1)^2\pi^2 t}{4a^2}\right] \tag{3-85}$$

该式的标绘示于图 3.9。必须注意到浓度的单位是(溶质质量)/(干固体的质量)或(溶质质量/体积)，这就假定在扩散发生期间固体不会发生收缩或膨胀，使得湿固体的单位体积中干固体的质量保持常数。于是可以用(溶质质量或摩尔)/(干固体的质量)的浓度单位，也即是干基湿含量代入。

当图 3.7(a)所示的平板侧面未封闭时，可用 Newman[31]的方法求解式(3-69)得到平

板内浓度的变化，该法中分别对每一坐标方向采用式(3-69)的解。从而得到 E 或 E_{avg}，

$$E=E_xE_yE_z \tag{3-86}$$

Carslaw 和 Jaeger[26]给出了有限长圆柱和圆球的相应解，并分别标绘于图 3.9、图 3.10 和图 3.11。对于短圆柱且端面未封闭的情形，E 或 E_{avg} 用 Newman 的方法确定：

$$E=E_rE_x \tag{3-87}$$

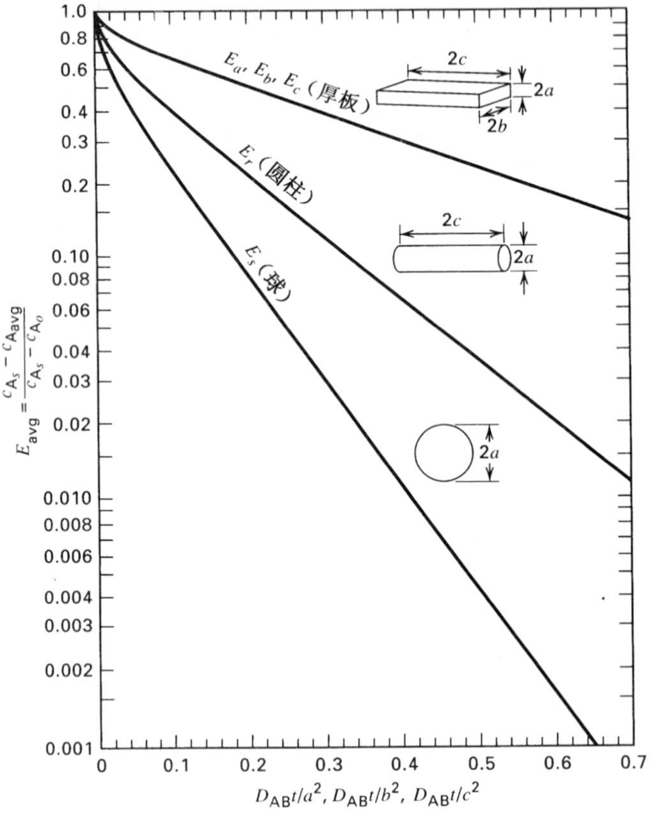

图 3.9　非定态扩散时的平均浓度

[摘自 R. E. Treybal, *Mass-Transfer Operations*, 3rd ed., McGraw-Hill, New York(1980).]

像晶体和木材那样的一些物料，它们的热导率和扩散系数随方向变化而明显改变，对于这些各向异性的物料，式(3-69)形式的费克第二定律不再适用。虽然一般的各向异性个案十分复杂，但如下例所示，当扩散主轴与坐标系相一致时，它的数学处理相当简单。

例 3.12

一块尺寸为 5×10×20 cm 的木材初始湿含量为 10%(质量)。在 $t=0$ 时，全部六个面均具有 2%(质量)平衡湿含量。25℃时沿着纤维的 z 轴向的扩散系数是 2×10^{-5} cm²/s，而垂直于纤维的两个方向的值为 4×10^{-6} cm²/s。计算 25℃时平均湿含量降到 5%(质量)所需的时间(h)，并确定此时在木材中心的湿含量。所有湿含量均是干基。

解

本例中的固体是各向异性的，$D_x=D_y=4\times10^{-6}\ \mathrm{cm^2/s}$，$D_z=2\times10^{-5}\ \mathrm{cm^2/s}$，在 x，y 和 z 方向的尺寸 $2a$、$2b$ 和 $2c$ 分别是 5、10 和 20cm。各向同性的费克第二定律式(3－69)对此各向异性物料必须如 Carslaw 和 Jaeger[26]讨论的那样改写为

$$\frac{\partial c_A}{\partial t}=D_x\left[\frac{\partial^2 c_A}{\partial x^2}+\frac{\partial^2 c_A}{\partial y^2}\right]+D_z\frac{\partial^2 c_A}{\partial z^2} \tag{1}$$

为了将式(1)转换成式(3－69)形式，令

$$x_1=x\sqrt{\frac{D}{D_x}}\qquad y_1=y\sqrt{\frac{D}{D_y}}\qquad z_1=z\sqrt{\frac{D}{D_z}} \tag{2}$$

式中 D 是任意选择的变量。在变量作这样的改变后，式(1)变为

$$\frac{\partial c_A}{\partial t}=D\left(\frac{\partial^2 c_A}{\partial x_1^2}+\frac{\partial^2 c_A}{\partial y_1^2}+\frac{\partial^2 c_A}{\partial z_1^2}\right) \tag{3}$$

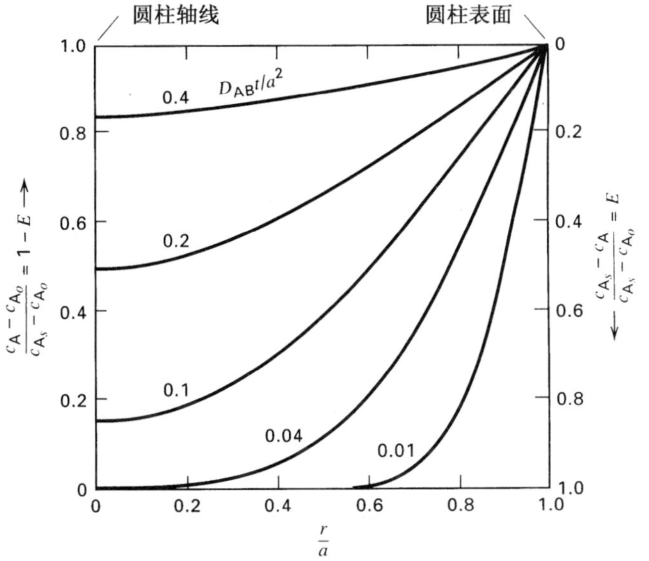

图 3.10　圆柱中非定态扩散时的浓度分布

[摘自 H. S. Carslaw and J. C. Jaeger, *Conduction of Heat in Solids*, 2nd ed., Oxford University Press, London(1959).]

由于此方程与式(3－69)形式一样，且边界条件中并不含扩散系数，Newman 的方法可以采用，利用图 3.9，此处浓度 c_A 用干基质量百分数湿含量代替。

由式(3－86)和(3－85)得

$$E_{\mathrm{avg}_{厚板}}=E_{\mathrm{avg}_x}E_{\mathrm{avg}_y}E_{\mathrm{avg}_z}=\frac{c_{A_{\mathrm{avg}}}-c_{A_s}}{c_{A_0}-c_{A_s}}=\frac{5-2}{20-2}=0.167$$

令 $D=1\times10^{-5}\mathrm{cm^2/s}$.

z_1 方向(轴向)：

$$a_1=a\left(\frac{D}{D_z}\right)^{1/2}=\frac{20}{2}\left(\frac{1\times10^{-5}}{2\times10^{-5}}\right)^{1/2}=7.07\mathrm{cm}$$

$$\frac{Dt}{a_1^2}=\frac{1\times10^{-5}t}{7.07^2}=2.0\times10^{-7}t,\mathrm{s}$$

y_1 方向：

$$b_1=b\left(\frac{D}{D_y}\right)^{1/2}=\frac{10}{2}\left(\frac{1\times10^{-5}}{4\times10^{-6}}\right)^{1/2}=7.906\text{cm}$$

$$\frac{Dt}{b_1^2}=\frac{1\times10^{-5}t}{7.906^2}=1.6\times10^{-7}t,\text{s}$$

x_1方向：

$$c_1=c\left(\frac{D}{D_x}\right)^{1/2}=\frac{5}{2}\left(\frac{1\times10^{-5}}{4\times10^{-6}}\right)^{1/2}=3.953\text{cm}$$

$$\frac{Dt}{c_1^2}=\frac{1\times10^{-5}t}{3.953^2}=6.4\times10^{-7}t,\text{s}$$

反复假设时间(s)，利用图 3.9 得到三个坐标轴中每个轴向的 E_{avg}，直至式(3－86)等于 0.167。

t，h	t，s	$E_{avg_{z_1}}$	$E_{avg_{y_1}}$	$E_{avg_{x_1}}$	E_{avg}
100	36 000	0.70	0.73	0.46	0.235
120	432 000	0.67	0.70	0.41	0.193
135	486 000	0.65	0.68	0.37	0.164

因此，大约需要 136 h。

对于 t=136 h=490 000 s，传质的傅里叶数为

$$\frac{Dt}{a_1^2}=\frac{(1\times10^{-5})(490\ 000)}{7.07^2}=0.098\ 0$$

$$\frac{Dt}{b_1^2}=\frac{(1\times10^{-5})(490\ 000)}{7.906^2}=0.078\ 4$$

$$\frac{Dt}{c_1^2}=\frac{(1\times10^{-5})(490\ 000)}{3.953^2}=0.313\ 6$$

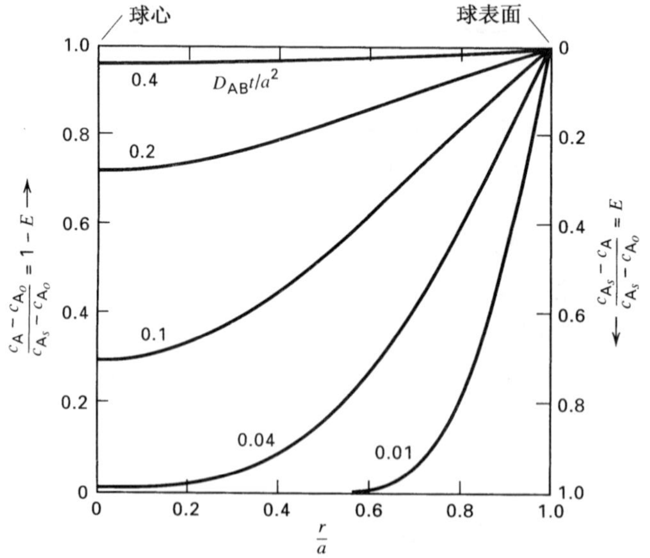

图 3.11　球体中非定态扩散时的浓度分布

[摘自 H. S. Carslaw and J. C. Jaeger, *Conduction of Heat in Solids*, 2nd ed., Oxford University Press, London(1959).]

在平板的中心处，由图 3.8 得

$$E_{中心}=E_{z1}E_{y1}E_{x1}=0.945\times 0.956\times 0.605=0.547$$

$$=\frac{c_{A_s}-c_{A_{中心}}}{c_{A_s}-c_{A_0}}=\frac{2-c_{A_{中心}}}{2-20}=0.547$$

解得

在中心处的 $c_A=11.8\%$(质量)湿度

3.4　层流流动中的分子扩散

许多传质操作包含有层流流动的流体中的扩散，流体可能是沿垂直的或倾斜表面缓慢降落的液膜，或是流体缓慢流过薄板时形成的层流边界层，或是流过小管的流体，或是缓慢流过大管道的流体，传质可能发生在气体和液膜之间、固体表面与流体之间或流体与膜片表面之间。

3.4.1　下降液膜

考虑图 3.12 所示的一层薄的液膜，它是挥发性组分 A 和不挥发性组分 B 的混合物，沿着垂直板的一侧成定态层流状降落，膜的另一侧则暴露在纯气体 A 中，膜的表面在 x 方向(垂直于纸面)无限宽。在不发生组分 A 进入液膜的传质时，液体在 z 向的流速 u_z 等于零。在不受端末影响下液膜以充分发展的层流沿指向下的 y 方向流动时，其运动方程为

$$\mu\frac{\mathrm{d}^2u_y}{\mathrm{d}z^2}+\rho g=0 \tag{3-88}$$

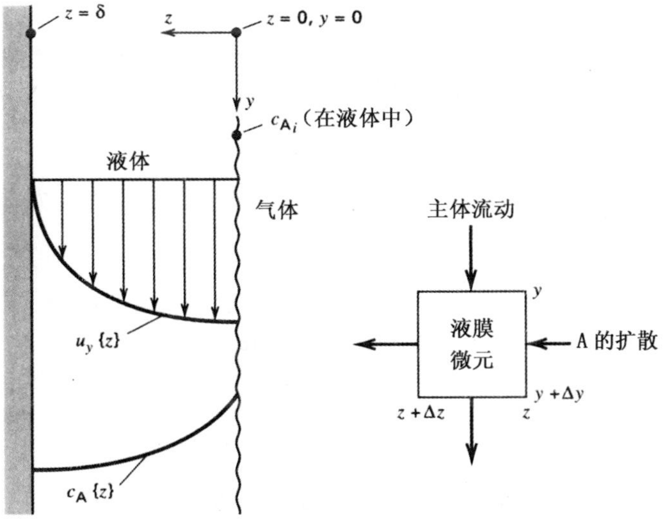

图 3.12　从气体进入下降层流液膜的传质

通常充分发展的流动建立甚快，其时 u_y 与距离 y 无关，如果膜的厚度为 δ，边界条件是在 $z=$

δ 处，$u_y=0$(在固体表面无滑动的条件)。式(3－88)易积分得到抛物线速度分布：

$$u_y=\frac{\rho g\delta^2}{2\mu}\left[1-\left(\frac{z}{\delta}\right)^2\right] \tag{3-89}$$

因此，最大液体速度在 $z=0$ 处，其值由下式计算：

$$(u_y)_{\max}=\frac{\rho g\delta^2}{2\mu} \tag{3-90}$$

液膜的主体平均流速是：

$$\bar{u}_y=\frac{\int_0^\delta u_y \mathrm{d}z}{\delta}=\frac{\rho g\delta^2}{3\mu} \tag{3-91}$$

于是，充分发展流动时的液膜厚度与位置 y 无关，其值为

$$\delta=\left(\frac{3\bar{u}_y\mu}{\rho g}\right)^{1/2}=\left(\frac{3\mu\Gamma}{\rho^2 g}\right)^{1/3} \tag{3-92}$$

式中 Γ 为经单位膜宽度(W)的液膜流率。

液膜流动的雷诺数(为惯性力与黏性力之比)为

$$N_{\mathrm{Re}}=\frac{4r_H\bar{u}_y\rho}{\mu}=\frac{4\delta\bar{u}_y\rho}{\mu}=\frac{4\Gamma}{\mu} \tag{3-93}$$

式中 r_H＝水力半径＝(流动截面积)/(润湿周边)＝$W\delta/W=\delta$。由连续性方程得 $\Gamma=\bar{u}_y\rho\delta$。

如 Grimley[32]报道，当 $N_{\mathrm{Re}}<8\sim25$(取决于表面张力和黏度)时，膜中流动为层流，且液膜与气体间的界面是平的，对于水此 N_{Re}值为 25。当 $8\sim25<N_{\mathrm{Re}}<1\ 200$ 时，流动仍为层流，但在界面上可能出现皱纹和波浪，除非增加湿的介质对液体加以抑制。

对于平的液体界面和 A 进入液膜的小的传质速率，式(3－88)到式(3－93)仍适用，膜的速度分布由式(3－89)给出。取图 3.12 所示的恒定密度液膜的微元体积，考虑对其作 A 的摩尔平衡，忽略 z 方向的主体流动和 y 方向的轴向扩散，略去定态时微元体积中的累积或消耗得：

$$\begin{aligned}&-D_{\mathrm{AB}}(\Delta y)(\Delta x)\left(\frac{\partial c_{\mathrm{A}}}{\partial z}\right)_z+u_y c_{\mathrm{A}}\big|_y(\Delta z)(\Delta x)\\&=-D_{\mathrm{AB}}(\Delta y)(\Delta x)\left(\frac{\partial c_{\mathrm{A}}}{\partial z}\right)_{z+\Delta z}+u_y c_{\mathrm{A}}\big|_{y+\Delta y}(\Delta z)(\Delta x)\end{aligned} \tag{3-94}$$

对式(3－94)进行重新整理和简化得

$$\left[\frac{u_y c_{\mathrm{A}}\big|_{y+\Delta y}-u_y c_{\mathrm{A}}\big|_y}{\Delta y}\right]=D_{\mathrm{AB}}\left[\frac{(\partial c_{\mathrm{A}}/\partial z)_{z+\Delta z}-(\partial c_{\mathrm{A}}/\partial z)_z}{\Delta z}\right] \tag{3-95}$$

当 $\Delta z\to0$ 和 $\Delta y\to0$ 的极限时

$$u_y\frac{\partial c_{\mathrm{A}}}{\partial y}=D_{\mathrm{AB}}\frac{\partial^2 c_{\mathrm{A}}}{\partial z^2} \tag{3-96}$$

将式(3－89)代入(3－96)得

$$\frac{\rho g\delta^2}{2\mu}\left[1-\left(\frac{z}{\delta}\right)^2\right]\frac{\partial c_{\mathrm{A}}}{\partial y}=D_{\mathrm{AB}}\frac{\partial^2 c_{\mathrm{A}}}{\partial z^2} \tag{3-97}$$

此方程结合下列边界条件由 Johnstone 和 Pigford[33]以及稍后的 Olbrich 和 Wild[34]求得解。

$c_{\mathrm{A}}=c_{\mathrm{A}_i}$　　在 $y>0$ 和 $z=0$ 处

$c_{\mathrm{A}}=c_{\mathrm{A}_0}$　　在 $0<z<\delta$ 和 $y=0$ 处

$$\partial c_A/\partial z=0 \quad 在\ 0<y<L\ 和\ z=\delta\ 处$$

此处 L 是垂直面高度。Olbrich 和 Wild 的解是 c_A 作为 z 和 y 函数的无穷级数，然而更有意义的是在 $y=L$ 处的平均浓度，可由下式积分得

$$\bar{c}_{A_y}=\frac{1}{\bar{u}_y\delta}\int_0^\delta u_y c_{A_y}\,dz \tag{3-98}$$

在 $y=L$ 处，其结果是

$$\frac{c_{A_i}-\bar{c}_{A_L}}{c_{A_i}-c_{A_0}}=0.785\,7e^{-5.121\,3\eta}+0.097\,26e^{-39.661\eta}+0.036\,093^{-106.25\eta}+\cdots \tag{3-99}$$

式中

$$\eta=\frac{2D_{AB}L}{3\delta^2\bar{u}_y}=\frac{8/3}{N_{Re}N_{Sc}(\delta/L)}=\frac{8/3}{(\delta/L)N_{Pe_M}} \tag{3-100}$$

$$N_{Sc}=希密特数=\frac{\mu}{\rho D_{AB}}=\frac{动量扩散系数,\mu/\rho}{传质扩散系数,D_{AB}} \tag{3-101}$$

$$N_{Pe_M}=N_{Re}N_{Sc}=传质彼克列数=\frac{4\delta\bar{u}y}{D_{AB}} \tag{3-102}$$

希密德数与用于传热中的普朗特数类似：

$$N_{Pr}=\frac{c_P\mu}{k}=\frac{(\mu/\rho)}{(k/\rho c_p)}=\frac{动量扩散系数}{热扩散系数}$$

传质彼克列数与传热中的彼克列数类似：

$$N_{Pe_H}=N_{Re}N_{Pr}=\frac{4\delta\bar{u}_y c_p\rho}{k}$$

两个彼克列数均是对流传递与分子传递之比。

A 从气体吸收进液膜（高为 L，宽为 W）的总流率为

$$n_A=\bar{u}_y\delta W(\bar{c}_{A_L}-c_{A_0}) \tag{3-103}$$

传质系数

解决包含流体的传质问题通常应用传质系数，它与传热系数类似。在传热中，由牛顿冷却定律定义了传热系数 h

$$Q=hA\Delta T \tag{3-104}$$

式中：Q＝传热速率，A＝垂直于传热方向的传热面积，ΔT＝传热的温度推动力。

对于传质需用组成推动力代替 ΔT。如在本章后面的讨论示明，由于组成可用多种方式表示，就有多种传质系数的定义。如选取 Δc_A 为传质推动力，可以写出

$$n_A=k_cA\Delta c_A \tag{3-105}$$

此式定义了一个以浓度为推动力的传质系数 k_c（摩尔/时间－面积－推动力），遗憾的是式(3－105)并无一个通用的名称。

对于下降的层流液膜，取 $\Delta c_A=c_{Ai}-\bar{c}_A$，它将随垂直位置 y 而变，因为即使 c_{Ai} 与 y 无关，但膜的平均浓度 $\bar{c}_A$ 将随 y 增大。为推导 k_c 的表示式，将式(3－105)与气液界面处的费克第一定律相等：

$$k_cA(c_{A_i}-\bar{c}_A)=-D_{AB}A\left(\frac{\partial c_A}{\partial z}\right)_{z=0} \tag{3-106}$$

虽然这是个最广泛用来确定传质系数的处理方法，但对降膜个案却不成功，因为 $z=0$

处的($\partial c_A/\partial z$)未确定。为此对降膜个案采用如下的另一种处理方法，对于一个微分高度宽度为 W 的膜可以建立

$$n_A = \bar{u}_y \delta W \mathrm{d}\bar{c}_A = k_c (c_{A_i} - \bar{c}_A) W \mathrm{d}y \tag{3-107}$$

此式定义了一个 k_c 的当地值，因为 $\bar{c}_A$ 随 y 变化，导致 k_c 也随 y 而变。整个高 L 的 k_c 平均值可用分离变量和积分式(3-107)来定义，

$$k_{c_{avg}} = \frac{\int_0^L k_c \mathrm{d}y}{L} = \frac{\bar{u}_y \delta \int_{c_{A_0}}^{c_{A_L}} [\mathrm{d}\bar{c}_A/(c_{A_i} - \bar{c}_A)]}{L} = \frac{\bar{u}_y \delta}{L} \ln \frac{c_{A_i} - c_{A_0}}{c_{A_i} - \bar{c}_{A_L}} \tag{3-108}$$

一般说来式(3-108)中自然对数的变量是由式(3-99)的倒数得出。对于式(3-100)中的 $\eta > 0.1$ 时，仅式(3-99)中的第一项是重要的(误差小于 0.5%)，此时

$$k_{c_{avg}} = \frac{\bar{u}_y \delta}{L} \ln \frac{e^{5.1213\eta}}{0.7857} \tag{3-109}$$

因为 $\ln(e^x) = x$，

$$k_{c_{avg}} = \frac{\bar{u}_y \delta}{L}(0.241 + 5.1213\eta) \tag{3-110}$$

在大的 η 的极限情况，利用式(3-100)和(3-102)，式(3-110)变为

$$k_{c_{avg}} = 3.414 \frac{D_{AB}}{\delta} \tag{3-111}$$

仿照传热努塞尔特数($N_{Nu} = h\delta/k$，δ 为特征长度)的形式，定义一个传质休伍德数，对于特征长度为 δ 的降膜

$$N_{Sh_{avg}} = \frac{k_{c_{avg}} \delta}{D_{AB}} \tag{3-112}$$

由式(3-111)的 $N_{Sh_{avg}} = 3.414$，这是下降液膜休伍德数的最小值。

A 的平均速率由下式给出

$$N_{A_{avg}} = \frac{n_{A_{avg}}}{A} = k_{c_{avg}} (c_{A_i} - \bar{c}_A)_{mean} \tag{3-113}$$

对于式(3-100)中 $\eta < 0.001$ 的情况，且当液膜仍保持层流和无波纹时，气体和液体的接触时间短，传质仅局限在气-液界面附近，于是液膜就似无限厚度的。在此极端情况下，传质区域中液膜的下降速度就是 $u_{y_{max}}$，式(3-96)变为

$$u_{y_{max}} \frac{\partial c_A}{\partial y} = D_{AB} \frac{\partial^2 c_A}{\partial z^2} \tag{3-114}$$

因为从式(3-90)和(3-91)导得 $u_{y_{max}} = 3\bar{u}_y/2$，式(3-114)可以变为

$$\frac{\partial c_A}{\partial y} = \left(\frac{2D_{AB}}{3\bar{u}_y}\right) \frac{\partial^2 c_A}{\partial z^2} \tag{3-115}$$

此时的边界条件为

$c_A = c_{A_0}$　　当 $z > 0$ 和 $y > 0$ 时；

$c_A = c_{A_i}$　　当 $z = 0$ 和 $y > 0$ 时；

$c_A = c_{A_0}$　　对于大的 z 值和 $y > 0$。

式(3-115)和边界条件与半无限介质的情况相当，后者已在前面作了演绎。因此，用与式(3-68)，(3-75)和(3-76)类似的办法得到解为

$$E=1-\theta=\frac{c_{A_i}-c_A}{c_{A_i}-c_{A_0}}=\operatorname{erf}\left(\frac{z}{2\sqrt{2D_{AB}y/3\bar{u}_y}}\right) \tag{3-116}$$

假设膜中传质的推动力是 $c_{A_i}-c_{A_0}$，应用气-液界面处的第一费克定律可以定义一个传质系数

$$N_A=-D_{AB}\frac{\partial c_A}{\partial z}\bigg|_{z=0}=k_c(c_{A_i}-c_{A_0}) \tag{3-117}$$

误差函数的定义是

$$\operatorname{erf} z=\frac{2}{\sqrt{\pi}}\int_0^z e^{-t^2}\,dt \tag{3-118}$$

对式(3-116)应用莱布尼茨规则去微分此积分函数

$$\frac{\partial c_A}{\partial z}\bigg|_{z=0}=-(c_{A_i}-c_{A_0})\sqrt{\frac{3\bar{u}_y}{2\pi D_{AB}y}} \tag{3-119}$$

将式(3-119)代入(3-117)，并引入式(3-102)定义的传质彼克列数，得到了局部传质系数的表示式，传质系数是从壁顶端向下的距离的函数：

$$k_c=\sqrt{\frac{3D_{AB}^2N_{Pe_M}}{8\pi y\delta}}=\sqrt{\frac{3D_{AB}\Gamma}{2\pi y\delta\rho}} \tag{3-120}$$

将式(3-120)对 y 积分得到整个膜高度 L 的 k_c 平均值。

$$k_{c_{avg}}=\sqrt{\frac{6D_{AB}\Gamma}{\pi\delta\rho L}}=\sqrt{\frac{3D_{AB}^2}{2\pi\delta L}N_{Pe_M}} \tag{3-121}$$

式(3-121)与(3-112)和(3-102)结合得

$$N_{Sh_{avg}}=\sqrt{\frac{3\delta}{2\pi L}N_{Pe_M}}=\sqrt{\frac{4}{\pi\eta}} \tag{3-122}$$

此处应用式(3-108)，得到与 $k_{c_{avg}}$ 一起用的适当平均是对数平均，即

$$(c_{A_i}-\bar{c}_A)_{mean}=(c_{A_i}-\bar{c}_A)_{LM}=\frac{(c_{A_i}-c_{A_0})-(c_{A_i}-c_{A_L})}{\ln[(c_{A_i}-c_{A_0})/(c_{A_i}-\bar{c}_{A_L})]} \tag{3-123}$$

当有波纹出现时，$k_{c_{avg}}$ 和 $N_{Sh_{avg}}$ 之值可能相当显著地大于这些方程预计的值。

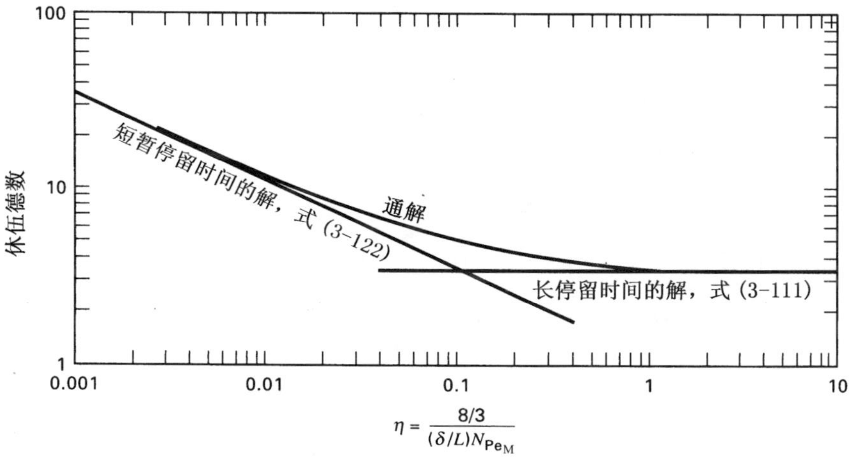

图 3.13　层流下降液膜传质的局限性解和通解

在上面演绎中，对大和小的 η(由式 3—100 定义)值相当容易地得到了渐近的闭合形式的解。对此两极端情况的结果，用平均休伍德数示于图 3.13，而对于 η 中间值的通解还没有闭合形式的可用。如 Churchill[35]的讨论示明，对于大量传递和运动现象在适当参数的大值和小值场合，已得到相似的局限性的解，且通常用无量纲数群表示。如果已有参数的某一中间值时解的实测值或数值解，则将两个局限性的解搭接在一起，可以给出中间部分解的合理估计，其步骤已由 Churchill 和 Usagi[36]作了讨论。Emmert 和 Pigford[37]给出的层流下降液膜问题的通解已在图 3.13 中示明。

例 3.13

25℃的水(B)沿 1 m 宽和 3 m 高的垂直壁成膜向下流动，雷诺数为 25，并与 1 atm 的纯 CO_2 接触，利用下列性质计算 CO_2 被水吸收的速率 kmol/h：

$D_{AB}=1.96\times10^{-5}\ cm^2/s$；　　$\rho=1.0\ g/cm^3$；

$\mu_L=0.89\ cP=0.000\ 89\ kg/(m\cdot s)$

1 atm 和 25℃时 CO_2 在水中的溶解度$=3.4\times10^{-5}\ mol/cm^3$。

解

由式(3 - 93)

$$\Gamma=\frac{N_{Re}\mu}{4}=\frac{25\times0.89\times0.001}{4}=0.005\ 56\ kg/(m\cdot s)$$

由式(3 - 101)

$$N_{Sc}=\frac{\mu}{\rho D_{AB}}=\frac{0.89\times0.001}{1.0\times1\ 000\times1.96\times10^{-5}\times10^{-4}}=454$$

由式(3 - 92)，

$$\delta=\left[\frac{3\times0.89\times0.001\times0.005\ 56}{1.0^2\times1\ 000^2\times9.807}\right]^{1/3}=1.15\times10^{-4}\,m$$

由式(3 - 90)和式(3 - 91)得出 $\bar{u}_y=(2/3)u_{y_{max}}$。因此

$$\bar{u}_y=\frac{2}{3}\left[\frac{1.0\times1\ 000\times9.807\times(1.15\times10^{-4})^2}{2\times0.89\times0.001}\right]=0.048\ 6\ m/s$$

由式(3 - 100)

$$\eta=\frac{8/3}{25\times454\times(1.15\times10^{-4})/3}=6.13$$

因此，式(3 - 111)适用，给出

$$k_{c_{avg}}=\frac{3.41\times1.96\times10^{-5}\times10^{-4}}{1.15\times10^{-4}}=5.81\times10^{-5}\ m/s$$

为确定吸收速率，必须算出 $\bar{c}_{A_L}$。由式(3 - 103)和(3 - 111)得

$$n_A=\bar{u}_y\delta W(\bar{c}_{A_L}-c_{A_0})=k_{c_{avg}}A\frac{(\bar{c}_{A_L}-c_{A_0})}{\ln[(c_{A_i}-c_{A_0})/(c_{A_i}-c_{A_L})]}$$

于是

$$\ln\left(\frac{c_{A_i}-c_{A_0}}{c_{A_i}-\bar{c}_{A_L}}\right)=\frac{k_{c_{avg}}A}{\bar{u}_y\delta W}$$

解出 $\bar{c}_{A_L}$

$$\bar{c}_{A_L}=c_{A_i}-(c_{A_i}-c_{A_0})\exp\left(-\frac{k_{c_{avg}}A}{\bar{u}_y\delta W}\right)$$

$$L=3\ \text{m},\quad W=1\ \text{m},\quad A=WL=1\times3=3\ \text{m}^2$$

$$c_{A_0}=0,\quad c_{A_i}=3.4\times10^{-5}\ \text{mol/cm}^3=3.4\times10^{-2}\ \text{kmol/m}^3$$

$$\bar{c}_{A_L}=3.4\times10^{-2}\left\{1-\exp\left[-\frac{5.81\times10^{-5}\times3}{0.0486\times1.15\times10^{-4}\times1}\right]\right\}=3.4\times10^{-2}\ \text{kmol/m}^3$$

可见排出的液膜已被 CO_2 饱和，这意味着达到在气-液界面处的平衡。由式(3－103)得

$$n_A=0.0486\times1.15\times10^{-4}\times3.4\times10^{-2}=1.9\times10^{-7}\ \text{kmol/s}。$$

3.4.2　平板上的边界层流动

考虑图 3.14 所示的流体(B)在一块薄板上流动，该平板与平板上游流体流动的方向平行。另一组分 A 进入 B 的传质存在多种可能：(1)平板可由微溶于 B 中的 A 组成；(2)惰性固体的孔道中可能持有组分 A，它由此汽化或溶解进 B 中；(3)板可能是惰性的致密聚合物膜，组分 A 能通过它进入流体 B 中。设平板上游流体速度的分布是均匀的，是自由系统的速度 u_0。当流体流过平板时，在板面处流动方向的速度 u_x 减为零，并由于曳力作用形成了速度分布。在垂直于板面方向离板面某一距离住处的速度为 $99\%u_x$，此距离被人为地定义为速度边界层的厚度 δ，它随着离开平板前缘的距离 x 的增加而增厚。如普朗特[38]最初建议的，原则上边界层内的全部流动都受到了阻滞。边界层的建立、层内的速度分布和曳力，对于层流运动可以通过 x 方向的连续性和运动方程(奈维斯托克斯方程)的求解而解决，对于恒定密度和黏度的牛顿型流体且在 x 和 y(垂直于 $x-z$ 平面)方向不存在压力梯度时，边界层区域内的这两个方程简化为

$$\frac{\partial u_x}{\partial x}+\frac{\partial u_z}{\partial z}=0 \tag{3-124}$$

$$u_x\frac{\partial u_x}{\partial x}+u_z\frac{\partial u_x}{\partial z}=\frac{\mu}{\rho}\left(\frac{\partial^2 u_x}{\partial z^2}\right) \tag{3-125}$$

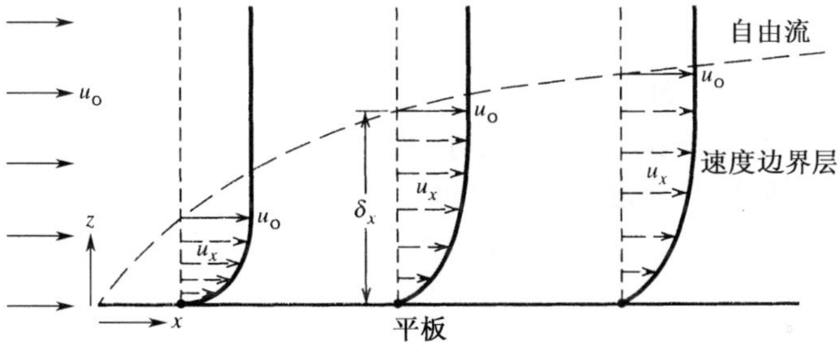

图 3.14　流经平板时的边界层发展

边界条件是：

$u_x=u_0$，　在 $z>0$ 的 $x=0$ 处；　$u_x=0$，　在 $x>0$ 的 $z=0$ 处；

$u_x=u_0$，　在 $x>0$ 的 $z=\infty$处；　$u_z=0$，　在 $x>0$ 的 $z=0$ 处。

式(3－124)和(3－125)在没有传热传质并具有这些边界条件时，它首先被 Blasius[39]解出，并由 Schlichting[40]作了详细说明，用局部摩擦因子 f_x，壁面处的局部剪应力 τ_{w_x} 和壁

面处的局部曳力系数 C_{D_x} 表述的解是

$$\frac{C_{D_x}}{2}=\frac{f_x}{2}=\frac{\tau_{w_x}}{\rho u_0^2}=\frac{0.322}{N_{Re_x}^{0.5}} \tag{3-126}$$

式中

$$N_{Re_x}=\frac{xu_0\rho}{\mu} \tag{3-127}$$

由此可见平板前缘的曳力最大，因为此处的雷诺数最小。曳力系数的平均值可以通过对式(3-126)从 $x=0$ 到 L 积分求得：

$$\frac{C_{D_{avg}}}{2}=\frac{f_{avg}}{2}=\frac{0.664}{(N_{Re_L})^{0.5}} \tag{3-128}$$

速度边界层的厚度随着沿板流过的距离增大而增厚：

$$\frac{\delta}{x}=\frac{4.96}{N_{Re_L}^{0.5}} \tag{3-129}$$

一个相当正确的速度分布表示式由 Pohlhausen[41]得到，它假设了一个经验形式 $u_x=C_1z+C_2z^3$。

假如边界层条件：

$$u_x=0,\ 在\ z=0\ 处；\quad u_x=u_0,\ 在\ z=\delta\ 处；\quad \frac{\partial u_x}{\partial z}=0,\ 在\ z=\delta\ 处。$$

被用来确定 C_1 和 C_2，结果是

$$\frac{u_x}{u_0}=1.5\left(\frac{z}{\delta}\right)-0.5\left(\frac{z}{\delta}\right)^3 \tag{3-130}$$

此解仅对层流边界层有效，实验确定 N_{Re} 达 5×10^5 前保持层流。

当发生 A 进入边界层的传质时，下面的组分连续性方程在恒定扩散系数时适用：

$$u_x\frac{\partial c_A}{\partial x}+u_z\frac{\partial c_A}{\partial z}=D_{AB}\left(\frac{\partial^2 c_A}{\partial x^2}\right) \tag{3-131}$$

假如传质从平板的前缘开始，并假定流体－固体界面处流体中的浓度是常数，附加的边界条件是

$$c_A=c_{A_0},在\ x=0,和\ z>0\ 处；$$
$$c_A=c_{A_i},在\ z=0,和\ x>0\ 处；$$
$$和\quad c_A=c_{A_0},在\ z=\infty,和\ x>0\ 处.$$

假如传质速率低，速度分布不被干扰，对于 $N_{Pr}>0.5$ 情况与传热问题类似的解首先由 Pohlhausen[42]得出，Schlichting[40]对此作了详细说明。传质的结果是

$$\frac{N_{Sh_x}}{N_{Re_x}N_{Sc}^{1/3}}=\frac{0.332}{N_{Re_x}^{0.5}} \tag{3-132}$$

式中

$$N_{Sh_x}=\frac{xk_{c_x}}{D_{AB}} \tag{3-133}$$

且传质的推动力是 $c_{A_i}-c_{A_0}$。

浓度边界层几乎是全部传质阻力的所在，它被下式定义为

$$\frac{c_{A_i}-c_A}{c_{A_i}-c_{A_0}}=0.99 \tag{3-134}$$

浓度边界层厚度 δ_c 对速度边界层厚度 δ 之比是

$$\delta_c/\delta = 1/N_{Sc}^{1/3} \tag{3-135}$$

于是，对于 $N_{Sc}>1$ 的液体边界层，浓度边界层的建立比速度边界层慢；对于 $N_{Sc}\approx 1$ 的气体边界层，两个边界层的建立几乎是同样速率。与式(3-130)的类似，浓度分布如下：

$$\frac{c_{A_i}-c_A}{c_{A_i}-c_{A_0}} = 1.5\left(\frac{z}{\delta_c}\right) - 0.5\left(\frac{z}{\delta_c}\right)^3 \tag{3-136}$$

式(3-132)给出的是局部休伍德数，如将该式沿板的整个长度 L 积分，得出平均休伍德数是

$$N_{Sh_{avg}} = 0.664\ N_{Re_L}^{1/2} N_{Sc}^{1/3} \tag{3-137}$$

式中

$$N_{Sh_{avg}} = \frac{Lk_{c_{avg}}}{D_{AB}} \tag{3-138}$$

例 3.14

100℃和 1atm 的空气以 5 m/s 自由流速度流过一块 3 m 长的萘质薄板并引起它的升华。

(a) 确定保持层流流动的长度；

(b) 确定此段薄板的萘进入空气的传质速率；

(c) 确定在边界层转向湍流的转变点处的速度边界层和浓度边界层的厚度。

假设物性数据如下：

萘的蒸气压=10 托；

空气黏度=0.021 5 cP；

空气的摩尔密度=0.032 7 kmol/m^3；

萘在空气中的扩散系数=0.94×10^{-5} m^2/s。

解

(a) 当 $N_{Re_x} = 5\times10^5$ 时发生转变，由式(3-127)

$$x = L = \frac{\mu N_{Re_x}}{u_0\rho} = \frac{0.0215\times0.001\times5\times10^5}{5\times0.0327\times29} = 2.27\text{m}$$

在此处将开始转向湍流。

(b) $c_{A_0}=0$　$c_{A_i} = \frac{10\times0.0327}{760} = 4.3\times10^{-4}$ kmol/m^3

由式(3-101)

$$N_{Sc} = \frac{\mu}{\rho D_{AB}} = \frac{0.0215\times0.001}{0.0327\times29\times0.94\times10^{-5}} = 2.41$$

由式(3-137)

$$N_{Sh_{avg}} = 0.664\times(5\times10^{-5})^{1/2}\times(2.41)^{1/3} = 630$$

由式(3-138)

$$k_{c_{avg}} = \frac{630\times0.94\times10^{-5}}{2.27} = 2.61\times10^{-3}\text{m/s}$$

对于 1 m 宽度

$A=2.27\ m^2$

$n_A=k_{c_{avg}}A(c_{A_i}-c_{A_0})=2.61\times10^{-3}\times2.27\times4.3\times10^{-4}=2.55\times10^{-6}$ kmol/s

(c) 由式(3-129),在 $x=L=2.27$ m 处,

$$\delta=\frac{3.46\times2.27}{(5\times10^5)^{0.5}}=0.0111\ \text{m}$$

由式(3-135)

$$\delta_c=\frac{0.0111}{(2.41)^{2/3}}=0.0083\ \text{m}$$

3.4.3 圆形直管中已充分发展的流动

图 3.15 所示为流体从一个容器流入圆形直管时层流边界层的产生和建立,在进口平面 a 处速度均匀,边界层开始建立,如在平面 b, c 和 d 所示。在此区域,边界层外的管中心区的速度仍是均匀的,且流动从进口速度上得到加速,最终在平面 e 处边界层充满圆管。此后速度分布不再变化,流动被称为已充分发展。从平面 a 到平面 e 这段距离为入口段。

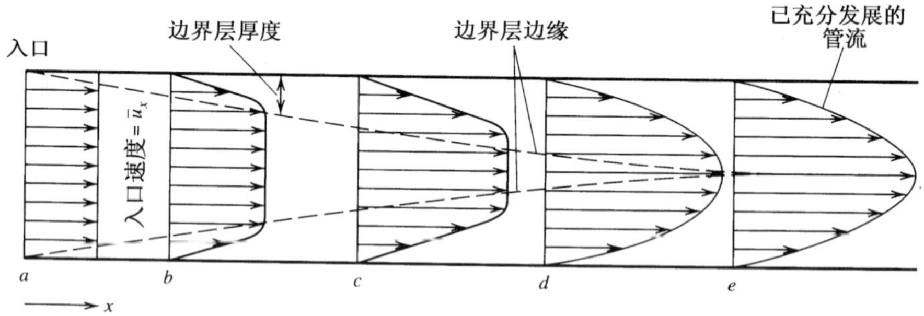

图 3.15 圆形直管中流动的层流速度边界层的建立

实验测定圆形直管中已充分发展的层流流动,其雷诺数 N_{Re} 必定小于 2100。$N_{Re}=D\bar{u}_x\rho/\mu$,此处 $\bar{u}_x$ 为轴向(x 方向)平均流速,D 为圆管内径。当物性恒定和水平层流运动时,其轴向的运动方程式为

$$\frac{\mu}{r}\frac{\partial}{\partial r}\left(r\frac{\partial u_x}{\partial r}\right)-\frac{\mathrm{d}p}{\mathrm{d}x}=0 \tag{3-139}$$

此处的边界条件是

$$r=0(\text{管轴}),\quad \partial u_x/\partial r=0$$

和

$$r=r_x(\text{管壁}),\quad u_x=0$$

Hagen 于 1839 年和 Poiseuille 于 1841 年先后对式(3-139)进行了积分,导得的速度分布方程式以平均速度形式表示为

$$u_x=2\bar{u}_x\left[1-\left(\frac{r}{r_x}\right)^2\right] \tag{3-140}$$

或以管轴处的最大速度表示为

$$u_x = u_{\max}\left[1-\left(\frac{r}{r_w}\right)^2\right] \tag{3-141}$$

由式(3－141)可见速度分布本质上是抛物线形的。

剪应力、压降和 Fanning 摩擦因子可从式(3－139)的解得到，

$$\tau_w = -\mu\left(\frac{\partial u_x}{\partial r}\right)\bigg|_{r=r_w} = \frac{4\mu\bar{u}_x}{r_w} \tag{3-142}$$

$$-\frac{\mathrm{d}p}{\mathrm{d}x} = \frac{32\mu\bar{u}_x}{D^2} = \frac{2f\rho\bar{u}_x^2}{D} \tag{3-143}$$

以及

$$f = \frac{16}{N_{Re}} \tag{3-144}$$

达到充分发展流动的入口段长度被定义为这样一段轴向距离 L_e，它是从入口到中线速度为已充分发展速度的 99％的截面处的距离。由 Langhaar[43]对入口区域的分析得到

$$\frac{L_e}{D} = 0.057\,5N_{Re} \tag{3-145}$$

于是，在层流的上限 $N_{Re}=2\,100$，$L_e/D=121$，这是一个相当大的比值。对 $N_{Re}=100$，此比值仅 5.75。从 Langhaar 的分析得知，入口段的摩擦因子比已充分发展流动区的值[式(3－144)给出]高得多，在入口处 f 无限大，随后随 x 成指数关系下降，逐步趋近在 L_e 处的已充分发展流动时的值。例如，对于 $N_{Re}=1\,000$，式(3－144)给出 $f=0.016$，此时的 $L_e/D=57.5$，从入口到 $x/D=5.35$ 的区间，Langhaar 给出其平均摩擦因子是 0.048 7，大约是已充分发展流动处的三倍。

Graetz[44]于 1885 年得到了已充分发展的层流流动流体与温度保持恒定的圆管壁之间传热问题的理论解。假定物性恒定和忽略轴向的热传导，在 u_x 的式(3－140)代入后，能量方程为

$$2\bar{u}_x\left[1-\left(\frac{r}{r_w}\right)^2\right]\frac{\partial T}{\partial x} = \frac{k}{\rho C_p}\left[\frac{1}{r}\frac{\partial}{\partial r}\left(r\frac{\partial T}{\partial r}\right)\right] \tag{3-146}$$

边界条件是

$x=0$(传热从此处开始)，$T=T_0$(对所有 r)

$x>0$，　$r=r_w$，　$T=T_i$；　$x>0$，　$r=0$，　$\partial T/\partial r=0$

在忽略径向主体流动和轴向扩散条件下，类似的传质的组分连续性方程为

$$2\bar{u}_x\left[1-\left(\frac{r}{r_w}\right)^2\right]\frac{\partial c_A}{\partial x} = D_{AB}\left[\frac{1}{r}\frac{\partial}{\partial r}\left(r\frac{\partial c_A}{\partial r}\right)\right] \tag{3-147}$$

具有类似的边界条件。

Graetz 给出的式(3－147)的浓度分布解或[式(3－146)的—译者加]温度分布解是无穷级数，它们是对式(3－146)应用 Frobenius 方法作变量分离解得，详细的解被 Sellars，Tribus 和 Klein[45]给出。由浓度分布能得出传质系数和休伍德数的表示式，当 x 大时，浓度分布已充分发展，局部休伍德数 N_{Sh_x} 趋近一个极限值 3.656。在另一个极端，即 x 是如此地小，以至边界层很薄和局限于这样一个区域，那里充分发展的速度分布是线性的，局部休伍德数由 Knudsen 和 Katz [47]从经典的 Leveque[46]解得出：

$$N_{Sh_x} = \frac{k_{c_x}D}{D_{AB}} = 1.077\left[\frac{N_{Pe_M}}{(x/D)}\right]^{1/3} \tag{3-148}$$

式中

$$N_{Pe_M}=\frac{D\bar{u}_x}{D_{AB}} \tag{3-149}$$

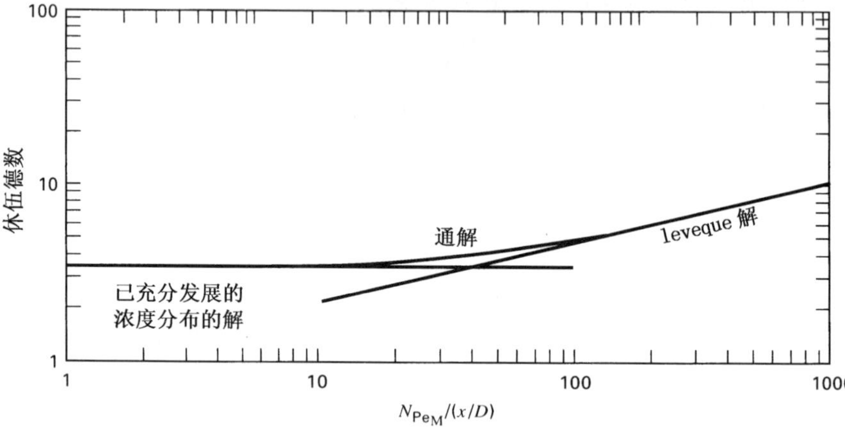

图 3.16　向圆形直管中层流流动的流体传质的局限性解和通解

图 3.16 中示明了这些局限性解和 Graetz 的通解，由图可见，$N_{Sh_x}=3.656$ 适用于 $N_{Pe_M}/(x/D)<4$ 的场合，而式(3-148)则适用于 $N_{Pe_M}/(x/D)>100$ 的场合。如果在两个局限性解的相交处有通解的一个点，此两个解可以界接在一起。

发生传质的整个管长的平均休伍德数能通过局部休伍德数的通解积分导得，Hausen[48]对此提出的一个经验式是

$$N_{Sh_{avg}}=3.66+\frac{0.0668\times[N_{Pe_M}/(x/D)]}{1+0.04\times[N_{Pe_M}/(x/D)]^{2/3}} \tag{3-150}$$

它是以浓度的对数平均推动力为基础的。

例 3.15

Linton 和 Sherwood[49]进行了一个传质实验研究，水(B)成层流流过用苯甲酸(B)铸造的圆管，苯甲酸向水中溶解。他们的实测值与用 Graetz 和 Leveque 的方程算出的值相当符合。考虑一根内径 5.23 cm 和长 32 cm 的苯甲酸管，在其上游连接一根同样内径、长 400 cm 的金属直管，为了能使充分发展的速度分布建立。25℃纯水以与雷诺数 100 相应的速度进入系统。基于下列 25℃的性质，计算在苯甲酸管直径因溶解而造成显著增大前离开该管的水中苯甲酸的平均浓度。

苯甲酸在水中的溶解度=0.003 4 g/cm³；

水的黏度=0.89 cP=0.008 9 g/(cm·s)；

苯甲酸在无限稀释的水中的扩散系数=9.18×10⁻⁶ cm²/s。

解

$$N_{Sc}=\frac{0.0089}{1.0\times9.18\times10^{-6}}=970$$

$$N_{Re}=\frac{D\bar{u}_x\rho}{\mu}=100$$

由此得

$$\bar{u}_x=\frac{100\times 0.0089}{5.23\times 1.0}=0.170\ \text{cm/s}$$

由式(3－149)，

$$N_{Pe_M}=\frac{5.23\times 0.170}{9.18\times 10^{-6}}=9.69\times 10^4$$

$$\frac{x}{D}=\frac{32}{5.23}=6.12$$

$$\frac{N_{Pe_M}}{(x/D)}=\frac{9.69\times 10^4}{6.12}=1.58\times 10^4$$

由式(3－150)，

$$N_{Sh_{avg}}=3.66+\frac{0.0668\times(1.58\times 10^4)}{1+0.04\times(1.58\times 10^4)^{2/3}}=44$$

$$k_{c_{avg}}=N_{Sh_{avg}}\left(\frac{D_{AB}}{D}\right)=44\times\frac{9.18\times 10^{-6}}{5.23}=7.7\times 10^{-5}\,\text{cm/s}$$

应用对数平均推动力

$$n_A=\bar{u}_xS(\bar{c}_{A_x}-c_{A_0})=k_{c_{avg}}A\frac{[(c_{A_i}-c_{A_0})-(c_{A_i}-\bar{c}_{A_x}]}{\ln[(c_{A_i}-c_{A_0})/(c_{A_i}-\bar{c}_{A_x})]}$$

式中 S 是流动的横截面积。简化得

$$\ln\left(\frac{c_{A_i}-c_{A_0}}{c_{A_i}-\bar{c}_{A_x}}\right)=\frac{k_{c_{avg}}A}{\bar{u}_xS}$$

$$c_{A_0}=0\ \text{和}\ c_{A_i}=0.0034\ \text{g/cm}^3$$

$$S=\frac{\pi D^2}{4}=\frac{3.14\times 5.23^2}{4}=21.5\ \text{cm}^2\ \text{和}$$

$$A=\pi Dx=3.14\times 5.23\times 32=526\ \text{cm}^2$$

$$\ln\left(\frac{0.0034}{0.0034-\bar{c}_{A_x}}\right)=\frac{7.7\times 10^{-5}\times 526}{0.170\times 21.5}=0.0111$$

$$\bar{c}_{A_x}=0.0034-\frac{0.0034}{e^{0.0111}}=0.000038\ \text{g/cm}^3$$

因此，离开管子的水中苯甲酸的浓度远低于饱和值。

3.5　湍流流动中的传质

在前面两节考虑了静止介质中和层流流动中的扩散，在这两种场合可以应用费克定律推得传质速率。工程中更常发生的是湍流流动，此时伴随着高得多的传质速率，但其理论尚在发展中，传质速率的计算更多地依赖于实验数据的经验关联及同热量传递和动量传递的类似。用于这些关联式和类似中的无量纲数群汇总列于表 3.13 中。

如同 1883 年奥斯本・雷诺[50]著名的颜色水实验示明，层流流动的流体呈流线形作平行于固体边界的运动，流体的每个粒子以相同的速度沿流线运动，没有垂直于这些流线的速度分量。对于层流运动中的牛顿型流体,其中的动量传递、热量传递和质量传递分别受牛顿黏性定律、傅里叶热传导定律和费克分子扩散定律控制。

表 3.13 一些有用的无量纲数群

名称	公式	物理意义	类似
		流体力学	
曳力系数	$C_D=\frac{2F_D}{Au^2\rho}$	曳力/(投影面积×速度头)	
Fanning 摩擦因子	$f=\frac{\Delta p}{L}\frac{D}{2\bar{u}^2\rho}$	管壁的剪切应力/速度头	
弗鲁德数	$N_{Fr}=\frac{\bar{u}^2}{gL}$	惯性力/重力	
雷诺数	$N_{Re}=\frac{L\bar{u}\rho}{\mu}=\frac{L\bar{u}}{v}=\frac{LG}{\mu}$	惯性力/黏性力	
韦伯数	$N_{We}=\frac{\bar{u}^2\rho L}{\sigma}$	惯性力/表面张力	
		传热	
传热 j 因子	$j_H=N_{StH}(N_{Pr})^{2/3}$		j_M
努塞尔特数	$N_{Nu}=\frac{hL}{k}$	对流传热/传导传热	N_{Sh}
传热彼克列数	$N_{PeH}=N_{Re}N_{Pr}=\frac{L\bar{u}\rho c_p}{k}$	主体流传热/传导传热	N_{PeM}
普朗德数	$N_{Pr}=\frac{c_p\mu}{k}=\frac{\nu}{\alpha}$	动量扩散率/热扩散率	N_{Sc}
传热斯坦顿数	$N_{StH}=\frac{N_{Nu}}{N_{Re}N_{Pr}}=\frac{h}{c_pG}$	热量传递/热容	N_{StM}
		传质	
传质 j 因子	$j_M=N_{StM}(N_{Sc})^{2/3}$		j_H
路易斯数	$N_{Le}=\frac{N_{Sc}}{N_{Pr}}=\frac{k}{\rho c_pD_{AB}}=\frac{\alpha}{D_{AB}}$	热扩散率/质量扩散系数	
传质彼克列数	$N_{PeM}=N_{Re}N_{Sc}=\frac{L\bar{u}}{D_{AB}}$	主体流传质/分子扩散	N_{PeH}
希密特数	$N_{Sc}=\frac{\mu}{\rho D_{AB}}=\frac{\nu}{D_{AB}}$	动量扩散率/质量扩散系数	N_{Pr}
休伍德数	$N_{Sh}=\frac{k_cL}{D_{AB}}$	对流传质/分子扩散	N_{Nu}
传质斯坦顿数	$N_{StM}=\frac{N_{Sh}}{N_{Re}N_{Sc}}=\frac{k_c}{\bar{u}\rho}$	质量传递/质量容量	N_{StH}

L=特性长度　　G=质量速度=$\bar{u}\rho$

下标:M=传质　　H=传热

在湍流流动中，动量、热量和质量传递速率在数量级上大于分子传递，这是由于流线不再存在，尺度大于流体分子平均自由程的流体粒子或涡旋因脉动运动从一个区域流向另一个区域而互相混合，这种涡旋混合不仅发生在流动方向，而且也在垂直于流动的方向发生，而后者是更有意义的。动量、热量和质量传递现靠两条平行的机理发生：(1)分子运动，相当慢；(2)湍流或涡旋运动，除在固体壁面附近外它相当快，伴有湍动的流动速度在壁面附近减小而趋于零。由式(3-1)给出的主体流动造成的质量传递也可能发生。

在 1877 年 Boussinesq[51]用修改牛顿黏性定律方法来考虑涡旋运动影响，随后对于湍流时的动量、热量和质量传递的类似的表示式相继提出。对于沿 x 方向流动而传质发生在与流动垂直的 z 方向的情形，在 z 方向不存在主体流动时的这些表示式写成如下形式：

$$\tau_{zx}=-(\mu+\mu_t)\frac{\mathrm{d}u_x}{\mathrm{d}z} \tag{3-151}$$

$$q_z=-(k+k_t)\frac{\mathrm{d}T}{\mathrm{d}z} \tag{3-152}$$

$$N_{\mathrm{A}_z}=-(D_{\mathrm{AB}}+D_t)\frac{\mathrm{d}c_{\mathrm{A}}}{\mathrm{d}z} \tag{3-153}$$

式中：剪应力 τ 的双下标 zx 代表 z 方向的 x 动量(在垂直于 z 轴的平面中 x 方向的剪应力——译者注)。分子贡献的 μ，k 和 D_{AB}是流体的分子性质，取决于化学组成、温度和压力；而湍流贡献的 μ_t、k_t和 D_t则与流动方向的平均流速和在流体中相对于固体边界的位置有关。

Prandtl 于 1925 年试图对湍流传递进行定量分析，提出了用涡旋混合长 l 对 μ_t的表示式，l 是位置的函数。涡旋混合长是这样一个涡旋移动的平均距离的度量，涡旋经过此距离后将与别的涡旋混合而失去其特性，它与气体分子的平均自由程类似，那是一个分子移动的平均距离，经过此距离后分子将与另一个分子发生碰撞。根据类似，湍流传热和传质具有相同的混合长。为应用此类似，将式(3-151)至式(3-153)改写成扩散系数的形式：

$$\frac{\tau_{zx}}{\rho}=-(\nu+\varepsilon_{\mathrm{M}})\frac{\mathrm{d}u_x}{\mathrm{d}z} \tag{3-154}$$

$$\frac{q_z}{c_p\rho}=-(\alpha+\varepsilon_{\mathrm{H}})\frac{\mathrm{d}T}{\mathrm{d}z} \tag{3-155}$$

$$N_{\mathrm{A}_z}=-(D_{\mathrm{AB}}+\varepsilon_{\mathrm{D}})\frac{\mathrm{d}c_{\mathrm{A}}}{\mathrm{d}z} \tag{3-156}$$

式中：ε_{M}，ε_{H}和 ε_{D}分别代表动量、热量和质量的涡流扩散系数(扩散率)；ν 是动量扩散率(运动黏度)，即 μ/ρ；α 是热扩散率，即 $k/\rho c_p$；作为初步近似，可以假定三个涡流扩散系数相等，这个假设对于 ε_{H} 和 ε_{D} 相当合理，但实验数据表明 $\varepsilon_{\mathrm{M}}/\varepsilon_{\mathrm{H}}$ 和 $\varepsilon_{\mathrm{M}}/\varepsilon_{\mathrm{D}}$有时小于 1，对于自由射流的湍流则低至 0.5。

3.5.1　雷诺类似

如果将式(3-154)到式(3-156)用到固体边界，则可以得到基于传递系数的传递速率，推动力从 $z=0$ 的边壁处(以 i 标记)到流体主体(以一标记)：

$$\frac{\tau_{zx}}{\bar{u}_x}=-(\nu+\varepsilon_{\mathrm{M}})\frac{\mathrm{d}(\rho u_x/\bar{u}_x)}{\mathrm{d}z}\bigg|_{z=0}=\frac{f\rho}{2}\bar{u}_x \tag{3-157}$$

$$q_z = -(\alpha+\varepsilon_{\mathrm{H}})\frac{\mathrm{d}(\rho c_p T)}{\mathrm{d}z}\bigg|_{z=0} = h(T_i - \overline{T}) \tag{3-158}$$

$$N_{\mathrm{A}_z} = -(D_{\mathrm{AB}}+\varepsilon_{\mathrm{D}})\frac{\mathrm{d}c_{\mathrm{A}}}{\mathrm{d}z}\bigg|_{z=0} = k_c(c_{\mathrm{A}_i} - \bar{c}_{\mathrm{A}}) \tag{3-159}$$

定义下面的无量纲速度、温度和溶质浓度

$$\theta = \frac{u_x}{\bar{u}_x} = \frac{T_i - T}{T_i - \overline{T}} = \frac{c_{\mathrm{A}_i} - c_{\mathrm{A}}}{c_{\mathrm{A}_i} - \bar{c}_{\mathrm{A}}} \tag{3-160}$$

将式(3－160)代入式(3－157)到式(3－159)得

$$\frac{\partial\theta}{\partial z}\bigg|_{z=0} = \frac{f\bar{u}_x}{2(\nu+\varepsilon_{\mathrm{M}})} = \frac{h}{\rho c_p(\alpha+\varepsilon_{\mathrm{H}})} = \frac{k_c}{(D_{\mathrm{AB}}+\varepsilon_{\mathrm{D}})} \tag{3-161}$$

此方程定义了动量、热量和质量传递间的类似。假设三个涡流扩散系数相等，分子扩散系数或假定相等，或可以忽略，则

$$\frac{f}{2} = \frac{h}{\rho c_p \bar{u}_x} = \frac{k_c}{\bar{u}_x} \tag{3-162}$$

式(3－162)定义了传热斯坦顿数

$$N_{\mathrm{StH}} = \frac{h}{\rho c_p \bar{u}_x} = \frac{h}{Gc_p} \tag{3-163}$$

式中 G 是质量速度$=\bar{u}_x\rho$，传质斯坦顿数为

$$N_{\mathrm{St_M}} = \frac{k_c}{\bar{u}_x} = \frac{k_c\rho}{G} \tag{3-164}$$

两个斯坦顿数均已列入表 3.13 中。

式(3－162)被称为雷诺类似，它可以用来从实验测定的 Fanning 摩擦因子估算传热和传质系数，但仅适用于 $N_{Pr}=N_{Sc}=1$ 的场合。因此，雷诺类似仅有有限的实际价值，少有实际应用。雷诺于 1874 年[53]假设存在类似，于 1883 年[50]推导出了上述结果。

3.5.2 Chilton-Colburn 类似

雷诺类似向普朗特数和希密特数不等于 1 的场合的推广得到了广泛应用，对传热的推广由 Colburn[54]提出，对传质的推广则由 Chilton 和 Colburn[55]提出。他们示明，将 N_{Pr} 和 N_{Sc} 结合进式(3－162)中，能够使湍流流动的雷诺类似得到校正而用于速度、温度和浓度分布不同的场合，他们定义了下面三个已列于表 3.13 中的 Chilton-Colburn j 因子：

$$j_{\mathrm{M}} \equiv \frac{f}{2} = j_{\mathrm{H}} \equiv \frac{h}{Gc_p}(N_{Pr})^{2/3} = j_{\mathrm{D}} \equiv \frac{k_c\rho}{G}(N_{Sc})^{2/3} \tag{3-165}$$

式(3－165)是 Chilton－Colburn 类似或 Colburn 类似，用来估算湍流流动的平均传递系数。当 $N_{Pr}=N_{Sc}=1$ 时，式(3－165)简约成式(3－162)。

一般说来，j 因子由几何结构和雷诺数唯一地确定。基于多年来对动量、热量和质量传递的实验数据的分析，适用于湍流流动流体与光滑平壁间相互传递的下列一些代表性的关联式开发出来了。其他的关联式将在其他章节给出。当 N_{Pr} 和 N_{Sc} 在 0.5 到 10 之间时，这些关联式能给出合理的结果，但超出此范围时使用须小心。

(1) 流过内径为 D 的圆形直管：

当 $10\ 000 < N_{Re} = DG/\mu < 1\ 000\ 000$ 时

$$j_M = j_H = j_D = 0.023(N_{Re})^{-0.2} \tag{3-166}$$

(2) 流过长度为 L 平板的平均传质系数：

当 $5\times10^5 < N_{Re} = Lu_0\rho/\mu < 5\times10^8$ 时

$$j_M = j_H = j_D = 0.037(N_{Re})^{-0.2} \tag{3-167}$$

(3) 垂直流过直径为 D 的圆柱时的平均传递系数，此时曳力系数包括形体曳力和表面摩擦，但仅表面摩擦的贡献用于类似中：

当 $4\ 000 < N_{Re} < 40\ 000$ 时，则

$$(j_M)_{\text{表面摩擦}} = j_H = j_D = 0.193(N_{Re})^{-0.382} \tag{3-168}$$

当 $40\ 000 < N_{Re} < 250\ 000$ 时，则

$$(j_M)_{\text{表面摩擦}} = j_H = j_D = 0.0266\ (N_{Re})^{-0.195} \tag{3-169}$$

式中　$N_{Re} = DG/\mu$

(4) 流过直径为 D 的单个圆球时的平均传递系数：

当 $20 < N_{Re} < 100\ 000$ 时，则

$$(j_M)_{\text{表面摩擦}} = j_H = j_D = 0.37(N_{Re})^{-0.4} \tag{3-170}$$

(5) 流过由大小均匀直径为 D_P 的圆球充填的床层时的平均传递系数：

当 $10 < N_{Re} = D_P G/\mu < 2\ 500$ 时，则

$$j_H = j_D = 1.17(N_{Re})^{-0.415} \tag{3-171}$$

上面这些关联式的标绘示于图 3.17，图中那些曲线并不重合，这是因为各个雷诺数的定义不同，然而它们并不分得很开。当这些关联式用到有显著温度和/或组成差异的场合时，Chilton 和 Colburn 建议在计算 N_{Pr} 和 N_{Sc} 时，用表面和主体流的平均条件。

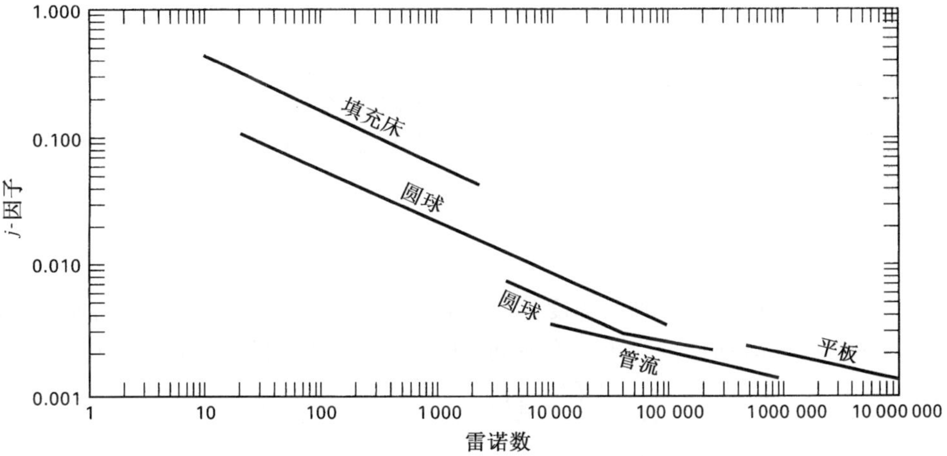

图 3.17　Chilton-Colburn j 因子关联

3.5.3　其他类似

新的湍流理论导致雷诺类似的改进和推广，得到了 Fanning 摩擦因子及传热和传质的斯坦顿数，它们比 Chilton－Colburn 类似更少些经验性。1910 年 Prandtl[56]提出了第一个

较重要的改进，他将流动分成两个区域：(1)壁面附近厚度为 δ 的一薄层层流底层，其中仅发生分子传递；(2)涡流传递为主的湍流区，此区 $\varepsilon_M=\varepsilon_H=\varepsilon_D$。

对雷诺类似的进一步重要的理论改进由 Von Karman，Martinelli 和 Deissler 提出，Knudsen 和 Katz[47]对此进行了详细讨论。前两位研究者在层流底层和湍流核心之间嵌入了过渡区，Deissler 将涡流扩散系数处理成向壁趋近而逐渐减小。

其他的改进有：Van Driest[64]应用了修正的 Prandtl 混合长；Reichardt[65]不采用分区的概念，而准许涡流扩散系数从最大值连续性地减小到壁面处的零；Friend 和 Metzner [57]修正了 Reichardt 的处理方法，使得在很高普朗特数和希密特数时(高达 3 000)的预测精度得到改进。他们对于圆形直管中的湍流流动的结果是：

$$N_{St_H}=\frac{f/2}{1.20+11.8\sqrt{f/2}(N_{Pr}-1)(N_{Pr}{}^{-1/3})} \tag{3-172}$$

$$N_{St_M}=\frac{f/2}{1.20+11.8\sqrt{f/2}(N_{Sc}-1)(N_{Sc}{}^{-1/3})} \tag{3-173}$$

在很广的雷诺数范围内(从 10 000 到 10 000 000)，Fanning 摩擦因子可以从 Drew，Koo 和 MaAdams[66]的显式经验关联计算：

$$f=0.001\,40+0.125(N_{Re})^{-0.32} \tag{3-174}$$

该式与 Nikuradse[67]的实验数据很符合，优于仅能用至 $N_{Re}=1\,000\,000$ 的式(3-165)和(3-166)的组合。对于两维和三维的湍流流动问题，应用 Lander 和 Spalding[68]的 k(湍流动能)-ε(耗散速率)模型已取得一些成果，该模型广泛应用于计算流体动力学(CFD)的计算机程序中。

3.5.4 Churchill 和 Zajic 的理论类似

另一个开发湍流流动传递方程式的方法是从牛顿、傅里叶和费克的时均方程式开始的，不同于从式(3-151)到式(3-153)或它们的当量扩散系数形式式(3-154)到式(3-156)的处理方法。作为例子，让我们推导分子和湍流动量传递同时存在时的牛顿黏性定律的表示式。在 x 轴向的湍流场中，瞬间速度分量 u_x 和 u_z 为

$$u_x=\bar{u}_x+u'_x$$

$$u_z=u'_z$$

式中带上标“—”的分量是局部时均速度，带上角标“′”的分量代表与局部时均速度的瞬间偏差。垂直的 z-方向的时均速度为零。在时间 θ 的长期间内的时均局部速度由下式给出：

$$\bar{u}_x=\frac{1}{\Theta}\int_0^{\Theta}u_x\,\mathrm{d}\theta=\frac{1}{\Theta}\int_0^{\Theta}(\bar{u}_x+u'_x)\,\mathrm{d}\theta \tag{3-175}$$

脉动分量 u'_x 和 u'_z 的时均值等于零。

x 方向的湍流动量依靠湍流在 z 方向经单位面积的瞬间局部动量传递速率在密度恒定时为

$$\rho u'_z(\bar{u}_x+u'_x) \tag{3-176}$$

此湍流动量传递速率的时均值等于剪应力 τ_{zx_t} 的湍流分量，

$$\tau_{zx_t}=\frac{\rho}{\Theta}\int_0^{\Theta}u'_z(\bar{u}_x+u'_x)\,\mathrm{d}\theta=\frac{\rho}{\Theta}\left[\int_0^{\Theta}u'_z(\bar{u}_x)\,\mathrm{d}\theta+\int_0^{\Theta}u'_z(u'_x)\,\mathrm{d}\theta\right] \tag{3-177}$$

由于第一项的时均值等于零，式(3－177)简化为

$$\tau_{zx_t}=\rho(\overline{u'_z u'_x}) \tag{3-178}$$

此剪应力被称为雷诺应力。式(3－178)结合分子动量传递分量得出牛顿黏性定律的湍流表示式，

$$\tau_{zx}=-\mu\frac{\mathrm{d}u_x}{\mathrm{d}z}+\rho(\overline{u'_z u'_x}) \tag{3-179}$$

如将式(3－179)与式(3－151)比较可见，湍流的另一条处理方法将导得雷诺应力的关联式$(\overline{u'_z u'_x})$，它由 Churchill 和 Chan[73]第一个提出，与湍流黏度 μ_t 的表示式不一样。雷诺应力是位置和流量的复杂函数，对于圆形直管中已充分发展的湍流已由 Heng，Chan 和 Churchill[69]进行了相当正确的关联，其一般形式，在以 a 为圆管的半径、$y=(a-z)$为从管壁到管中心的距离时，方程为

$$(\overline{u'_z u'_x})^{++}=\left(\left[0.7\left(\frac{y^+}{10}\right)^3\right]^{-8/7}+\left|\exp\left\{\frac{-1}{0.436y^+}\right\}-\frac{1}{0.436a^+}\times\left(1+\frac{6.95y^+}{a^+}\right)\right|^{-8/7}\right)^{-7/8} \tag{3-180}$$

式中

$$(\overline{u'_z u'_x})^{++}=-\rho\overline{u'_z u'_x}/\tau$$

$$a^+=a(\tau_w\rho)^{1/2}/\mu$$

$$y^+=y(\tau_w\rho)^{1/2}/\mu$$

式(3－180)是湍流流动的一个十分正确的定量表示式，因为它以实验数据与 Churchill 和 Zajic[70]的数值模拟为基础，Churchill[71]对此作了相当详细的论述。由式(3－142)和式(3－143)得到壁面处的剪应力 τ_w 与 Fanning 摩擦因子间的如下关联：

$$f=\frac{2\tau_w}{\rho\bar{u}_x^2} \tag{3-181}$$

式中 $\bar{u}_x$ 是轴向的平均流速。将式(3－179)和(3－181)结合并进行所需的积分(数值的和分析的)，得到下面的作为雷诺数($N_{Re}=2a\bar{u}_x\rho/\mu$)隐函数的 Fanning 摩擦因子方程：

$$\left(\frac{2}{f}\right)^{1/2}=3.2-227\times\frac{\left(\frac{2}{f}\right)^{1/2}}{\frac{N_{Re}}{2}}+2\,500\times\left[\frac{\left(\frac{2}{f}\right)^{1/2}}{\frac{N_{Re}}{2}}\right]^2+\frac{1}{0.436}\times\ln\left[\frac{\frac{N_{Re}}{2}}{\left(\frac{2}{f}\right)^{1/2}}\right] \tag{3-182}$$

在雷诺数 4 000 到 3 000 000 区间，或许可以用到雷诺数 100 000 000，此式与实验数据十分一致，表 3.14 提供了一个对 Churchill 和 Zajic 方程(3－182)、Drew 等的方程(3－174)以及 Chilton 和 Colburn 方程的比较，式(3－174)在雷诺数 10 000 到 10 000 000 区间能给出满意的结果，而式(3－166)则仅适用于雷诺数 100 000 到 1 000 000 的区间。

Churchill 和 Zagic[70]示明，如果能量守恒方程是时均的，则可以得到用脉冲项$(\overline{u'_z T'})$表示的热传导傅里叶定律的湍流形式。类似地能导得用$(\overline{u'_z c'_A})$表示的扩散费克定律的湍流形式。为得到圆形直管中湍流对流传热的努塞尔特数的表示式，将式(3－180)和(3－182)作推广，Churchill 和 Zajic 采用了一个已排除了经验主义但又不严格的类似，对普朗特数大于 1 的结果是

$$N_{Nu}=\frac{1}{\left(\frac{N_{Pr_t}}{N_{Pr}}\right)\frac{1}{N_{Nu_1}}+\left[1-\left(\frac{N_{Pr_t}}{N_{Pr}}\right)^{2/3}\right]\frac{1}{N_{Nu_\infty}}} \tag{3-183}$$

此式来源于 Yu，Ozoe 和 Churchill[72]。

表 3.14 光滑圆形直管中充分发展湍流流动的 Fanning 摩擦因子的比较

N_{Re}	f，Drew 等 (3-174)	f，Chilton-Colburn (3-166)	f，Churchill-Zajic (3-182)
10 000	0.007 960	0.007 291	0.008 087
100 000	0.004 540	0.004 600	0.004 559
1 000 000	0.002 903	0.002 902	0.002 998
10 000 000	0.002 119	0.001 831	0.002 119
100 000 000	0.001 744	0.001 155	0.001 573

式中：

$$N_{Pr_t}=\text{湍流普朗特数}=0.85+\frac{0.015}{N_{Pr}} \tag{3-184}$$

该式由 Churchill[74]引入，用来代替($\overline{u'_z T'}$)。

$$N_{Nu_1}=(N_{Pr}=N_{Pr_1})\text{时的努塞尔特数}=\frac{N_{Re}\left(\frac{f}{2}\right)}{1+145\times\left(\frac{2}{f}\right)^{-5/4}} \tag{3-185}$$

$$N_{Nu_\infty}=(N_{Pr}=\infty)\text{时的努塞尔特数}=0.073\ 43\left(\frac{N_{Pr}}{N_{Pr_t}}\right)^{1/3}N_{Re}\left(\frac{f}{2}\right)^{1/2} \tag{3-186}$$

式(3-183)的正确性源于式(3-185)和(3-186)是理论的思考结果，而式(3-184)的影响可以忽略，虽然它有一些不确定性。

Churchill 等的关联式(3-183)与 Friend 和 Metzner 的努塞尔特关联式(3-172)以及 Chilton 和 Colburn 的式(3-166)(由表 3.13 得 $N_{Nu}=N_{St}N_{Re}N_{Pr}$)的比较列于表 3.15，此比较分别在普朗特数 1 和 1 000 时涉及很广的雷诺数范围。

在表 3.15 中，普朗特数等于 1 是典型的低黏度液体，大多数气体也与此相近，在此场合并在雷诺数直至 1 000 000 范围内，得到广泛应用的 Chilton-Colburn 关联与更有理论基础的 Churchill-Zajic 方程间的差异在 10%以内，然而，当雷诺数超出此范围时，将产生严重偏差(当 $N_{Re}=10\ 000\ 000$ 时，偏差 27%；$N_{Re}=100\ 000\ 000$，偏差近 50%)。在表 3.15 涉及的雷诺数整个区间 Friend-Metzner 关联与 Churchill-Zajic 方程间的差异在 15%到 30%之间变化。在各个雷诺数下 Churchill-Zajic 方程的预计值均偏高，因此将预计出较高的传热系数。

普朗特数等于 1 000 是典型的高黏度液体，Friend-Metzner 关联与 Churchill-Zajic 方程间相当吻合，其预计值高出 6%～13%。Chilton-Colburn 关联在整个雷诺数区间均产生严重误差，其预计值是 Churchill-Zajic 方程预计值的 74%到 27%，随雷诺数增加而变。显然 Chilton-Colburn 关联不适用于高普朗特数流体的传热，或根据类似它也不适用于高希密特数流体的传质。

表 3.15　光滑圆形直管中已充分发展的湍流的努塞尔特数的比较

普朗特数，$N_{Pr}=1$			
N_{Re}	N_{Nu}，Friend-Metzner (3-172)	N_{Nu}，Chilton-Colburn (3-166)	N_{Nu}，Churchill-Zajic (3-183)
10 000	33.2	36.5	37.8
100 000	189	230	232
1 000 000	1 210	1 450	1 580
10 000 000	8 830	9 160	11 400
100 000 000	72 700	57 800	86 000
普朗特数，$N_{Pr}=1\ 000$			
N_{Re}	N_{Nu}，Friend-Metzner (3-172)	N_{Nu}，Chilton-Colburn (3-166)	N_{Nu}，Churchill-Zajic (3-183)
10 000	527	365	491
100 000	3 960	2 300	3 680
1 000 000	31 500	14 500	29 800
10 000 000	267 800	91 600	249 000
100 000 000	2 420 000	578 000	2 140 000

预测努塞尔特数的 Churchill-Zajic 方程提供了与雷诺数依赖关系的有效幂指数，它随雷诺数增加而增加。这与典型的指数参考常数 0.8（如 Chilton-Colburn 关联的）不同，在普朗特数等于 1 时，Churchill-Zajic 方程的指数随雷诺数增加从 0.79 到 0.88；等于 1 000 时，指数从 0.87 增至 0.93。

Churchill-Zajic 方程向低普朗特数（液态金属是典型）和其他几何形状（例如平板）的推广由 Churchill[71]作了讨论，他还讨论了在低到中等普朗特数时边界条件（例如恒定壁温和均匀的热流率）的重要影响。

对于气体和液体在光滑圆形直管中湍流流动时的对流传质系数 k_c 的计算，推荐采用传热和传质间的类似的 Churchill-Zajic 方程。因此，如下例所示，式(3-183)和(3-186)中努塞尔特数 N_{Nu} 代之以休伍德数 N_{Sh}（见表 3.13）；普朗特数 N_{Pr} 代之以希密特数 N_{Sc}。

例 3.16

Linton 和 Sherwood[49]进行了一个肉桂酸(A)溶解于水(B)的实验，肉桂酸铸成圆管，水成湍流流过直管。在一次试验中，管子内径是 5.23 cm，$N_{Re}=35\ 800$，$N_{Sc}=1\ 450$，测得传质斯坦顿数 $N_{St_M}=0.000\ 035\ 1$。将实验值与雷诺、Chilton-Colburn 和 Friend-Metzner 类似以及 Churchill-Zajic 方程的预计值进行比较。

解

由式(3-174)或(3-182)得到 Fanning 摩擦因子是 0.005 76。

雷诺类似：

由式(3-162)，$N_{St_M}=f/2=0.003\ 762/2=0.002\ 88$。正如预期的，由于希密特数不可忽略的影响，计算值与实验值相距甚远。

Chilton-Colburn 类似

由式(3-165)，

$$N_{St_M}=\left(\frac{f}{2}\right)/(N_{Sc})^{2/3}=\left(\frac{0.005\ 76}{2}\right)/(1\ 450)^{2/3}=0.000\ 022\ 5,$$

与实验值相差64%。

Friend-Metzner 类似

由式(3-173)得 $N_{St_M}=0.000\ 035\ 0$，几乎与实验值一样。

Churchill-Zajic 方程

采用传质类似：

式(3-184)得 $N_{Sc_t}=0.850$

式(3-185)得 $N_{Sh_t}=94$

式(3-186)得 $N_{Sh_\infty}=1\ 686$

式(3-183)得 $N_{Sh}=1\ 680$

由表3.13

$$N_{St_M}=\frac{N_{Sh}}{N_{Re}N_{Sc}}=\frac{1\ 680}{35\ 800\times1\ 450}=0.000\ 032\ 4$$

这是实验值得92%,可以接受。

3.6 流体-流体界面处传质的模型

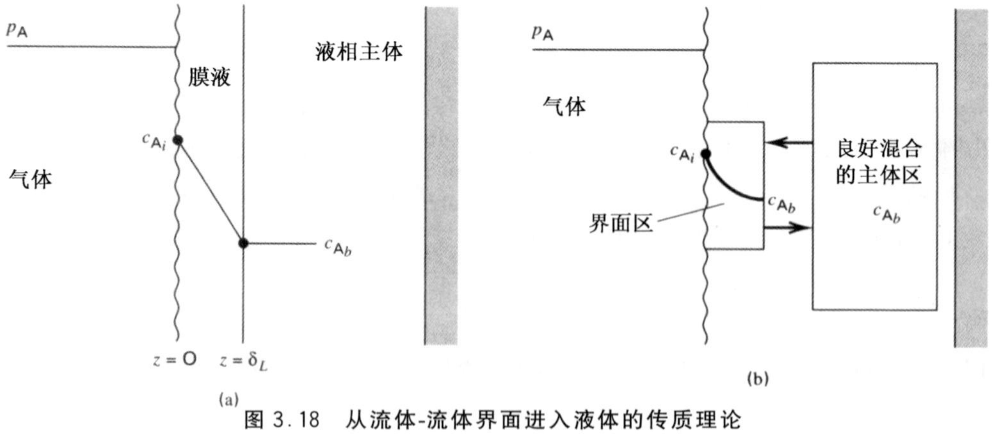

图3.18 从流体-流体界面进入液体的传质理论

(a) 膜理论；(b) 渗透和表面更新理论

在前三节中,讨论的是固体和液体内的扩散和传质,那里的界面是平滑的固体壁面。穿越气体和液体间或两个液相间界面的传质在分离过程中更有意义,这种界面在吸收、蒸馏、萃取和脱吸操作中存在，在流体-流体界面湍流可能仍保持着。下面一些理论模型是用来描述流体与这种界面间的传质。

3.6.1 膜理论

1904 年 Nernst[58]提出了这个简单的进或出流体相边界的湍流传质理论模型，他认为一个给定的湍流相中的整个传质阻力存在于该相界面处的一薄层静止膜中，此膜与流体以湍流状平行流过平板时形成的层流底层类似。图 3.18(a)所示是气-液界面的情况，气体是纯组分 A，它扩散进入不挥发性的液体 B。因此，这里发生的是 A 进入液体 B 中的吸收过程，而不存在 B 进入气体 A 中的解吸。由于气体是总压为 $p=p_A$的纯组分 A，气相中没有传质阻力，假设界面达到相平衡，所以 A 的界面浓度 c_{A_i} 与 A 的分压 p_A间存在某种亨利定律形式的关联，例如 $c_{A_i}=H_A p_A$。在厚度为 δ 的一薄层静止液膜中，仅发生分子扩散，推动力为 $c_{A_i}-c_{A_b}$。因为膜很薄，扩散通过膜的全部 A 进入液相主体，此外，假如 A 的主体流动可以忽略，则浓度梯度是线性的，如图 3.18(a)中所示。相应地由费克第一定律式(3-3a)积分得到扩散速率

$$J_A=\frac{D_{AB}}{\delta}(c_{A_i}-c_{A_b})=\frac{cD_{AB}}{\delta}(x_{A_i}-x_{A_b}) \tag{3-187}$$

如果液相是 A 的稀溶液，则主体流动的影响可以忽略，式(3-187)可用作为总速率：

$$N_A=\frac{D_{AB}}{\delta}(c_{A_i}-c_{A_b})=\frac{cD_{AB}}{\delta}(x_{A_i}-x_{A_b}) \tag{3-188}$$

如果主体流动效应不能忽略，则由式(3-31)得

$$N_A=\frac{cD_{AB}}{\delta}\ln\left[\frac{1-x_{A_b}}{1-x_{A_i}}\right]=\frac{cD_{AB}}{\delta(1-x_A)_{LM}}(x_{A_i}-x_{A_b}) \tag{3-189}$$

式中

$$(1-x_A)_{LM}=\frac{x_{A_i}-x_{A_b}}{\ln[(1-x_{A_b})/(1-x_{A_i})]}=(x_B)_{LM} \tag{3-190}$$

在实际使用时式(3-188)中的 D_{AB}/δ 和式(3-199)中的 $D_{AB}/\delta(1-x_A)_{LM}$ 比率分别用传质系数 k_c 和 k'_c 替换，δ 取决于流动状况，是未知的，下标 c 指明浓度是推动力。

膜理论易于理解和应用，但因其显示出传质速率与分子扩散系数成正比而常受到批评。实验数据表明此依赖性是不固定的 D^n，n 的变化区间为 0.5～0.75。然而用 k_c 替换 D_{AB}/δ，k_c 则由 Chilton-Colburn 类似式(3-165)估计，得出 k_c 与 $D_{AS}^{2/3}$ 成正比，这与实验数据比较相符。不管批评膜理论是否有效，它在传质分离设备的设计中已经并仍将继续得到广泛应用。

例 3.17

空气中的二氧化硫在填料塔中被水吸收，在塔中某一位置的传质速率是 0.027 0 kmol $SO_2/(m^2\cdot h)$，在两相界面和液相主体的摩尔分率分别是 0.002 5 和 0.000 3。如果 SO_2 在水中的扩散系数是 1.7×10^{-5} cm^2/s，在忽略主体流动效应的条件下，确定传质系数 k_c 和膜的厚度。

解

$$N_{SO_2}=\frac{0.027\times 1.000}{3\,600\times 100^2}=7.5\times 10^{-7}\,\text{mol/(cm}^2\cdot\text{s)}$$

因是稀溶液，水的浓度是

$$c=1/18.02=5.55\times 10^{-2}\ \text{mol/cm}^3$$

由式(3－188)

$$k_c=\frac{D_{AB}}{\delta}=\frac{N_A}{c(x_{A_i}-x_{A_b})}=\frac{7.5\times 10^{-7}}{5.55\times 10^{-2}\times(0.002\,5-0.000\,3)}=6.14\times 10^{-3}\,\text{cm/s}$$

于是

$$\delta=\frac{D_{AB}}{k_c}=\frac{1.7\times 10^{-5}}{6.14\times 10^{-3}}=0.002\,8\ \text{cm}$$

此值很小，是湍流传质过程的典型值。

3.6.2 渗透理论

对于从流体-流体界面进入液流主体的传质，Higbie[59]提出了一个更加合理的物理模型，如图 3.18(b)所示，静止膜概念被 Boussinesq 旋涡替代，此旋涡在一个循环中：(1)从主体移动到界面；(2)在界面停留一个固定的短暂时间，其间它保持静止，于是在界面的垂直方向发生分子扩散；(3)离开界面与物流主体混合。当一个旋涡移动到界面，它替换了另一个静止旋涡，因此，旋涡在静止和移动间交替，湍动延伸到界面。

在渗透理论中，在旋涡静止停留于界面期间发生的是非定态扩散，它受费克第二定律式(3－68)控制，边界条件是：

$c_A=c_{A_b}$，　对于 $0\leqslant z\leqslant\infty$ 和 $t=0$ 时；

$c_A=c_{A_i}$，　对于 $z=0$ 和 $t>0$ 时；

$c_A=c_{A_b}$，　对于 $z=\infty$ 和 $t>0$ 时。

这些边界条件与半无限介质中的非定态扩散的一样，因此其解可以由式(3－75)重新整理而得：

$$\frac{c_{A_i}-c_A}{c_{A_i}-c_{A_b}}=\text{erf}\left(\frac{z}{2\sqrt{D_{AB}t_c}}\right)\tag{3-191}$$

式中 t_c是旋涡在一个循环中静止停留在界面的“接触时间”。在没有主体流动时，相应的 A 的平均传质速率由式(3－79)的下列形式给出：

$$N_A=2\sqrt{\frac{D_{AB}}{\pi t_c}}(c_{A_i}-c_{A_b})\tag{3-192}$$

或

$$N_A=k_c(c_{A_i}-c_{A_b})\tag{3-193}$$

因此，渗透理论给出

$$k_c=2\sqrt{\frac{D_{AB}}{\pi t_c}}\tag{3-194}$$

该式表明 k_c与分子扩散系数的平方根成正比，是实验数据值的下限。

当传质包含气泡或液滴，或流过散装填料时，渗透理论特别有用。气泡与其周围液体的

接触时间 t_c 可以取气泡直径与气泡上升速度的比值，例如，直径 0.4 cm 气泡以约 20 cm/s 的速度上升通过水层，于是估计的接触时间 $t_c=0.4/20=0.02$ s。对于液体喷洒，当液滴内无液体循环发生时，接触时间是液滴降落通过气体的总时间。对于填料塔，那里液体成膜流过散装填料颗粒，可以假设每次液膜从一颗填料流向另一颗填料时发生混合，得到的接触时间约一秒。在没有任何方法估算接触时间时，液相传质系数有时用 $D_{AB}^{0.5}$ 的经验式关联，含有接触时间的式(3-194)被几何形状、液体速度、密度和黏度的函数式代替。

例 3.18

对于例 3.17 给出的条件，估算 Higbie 渗透理论的接触时间。

解

从例 3.17 得到：$k_c=6.14\times10^{-3}$ cm/s 和 $D_{AB}=1.7\times10^{-5}$ cm^2/s。由式(3-194)重新整理，得

$$t_c=\frac{4D_{AB}}{\pi k_c^2}=\frac{4\times(1.7\times10^{-5})}{3.14\times(6.14\times10^{-3})^2}=0.57\ \text{s}$$

3.6.3　表面更新理论

渗透理论因其假定漩涡在界面的短暂停留接触时间是常数的不合理而不满意，特别对于搅拌槽、散装填料接触器及鼓泡塔和喷洒塔，这些塔中的气泡和液滴大小覆盖相当大的区间。1951 年 Danckwerts[95]对渗透理论提出了改进，将恒定的接触时间改为停留时间分布的假定，而界面处的旋涡被新鲜旋涡替换的概率与其年龄无关。

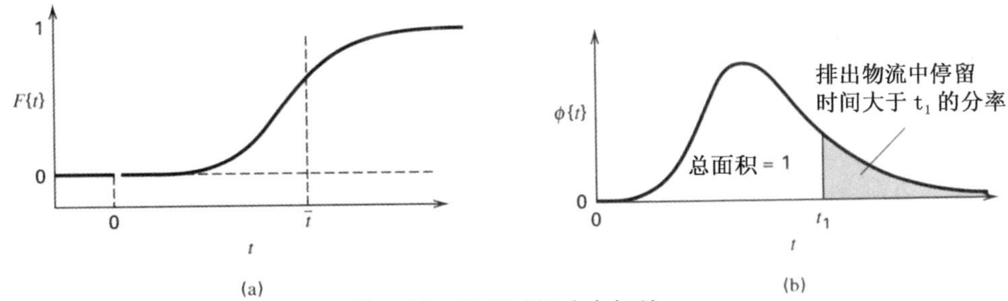

图 3.19　停留时间分布标绘

(a) 典型的 F 曲线；(b) 典型的年龄分布

[摘自 O. Levenspiel, *Chemical Reaction Engineering*, 2nd ed., John Wiley and Sons, New York(1972).]

遵照 Levenspiel[61]处理停留时间分布的办法，令 $F(t)$ 是接触时间小于 t 的旋涡所占分率，对于 $t=0$，$F\{t\}=0$，以及当 t 趋近无限大时，$F\{t\}$ 趋近 1。图 3.19 所示的 $F\{t\}$ 对 t 的标绘被称为停留时间分布或年龄分布。将 $F\{t\}$ 对 t 微分，得到另一个函数：

$$\phi\{t\}=\mathrm{d}F\{t\}/\mathrm{d}t$$

此处 $\phi\{t\}\mathrm{d}t$ 为一个给定表面旋涡具有停留时间为 t 的概率。概率之和是

$$\int_0^\infty \phi\{t\}\mathrm{d}t = 1 \tag{3-195}$$

典型的 $F\{t\}$ 和 $\phi\{t\}$ 的标绘示于图 3.19，由图可见，$\phi\{t\}$ 类似于正态分布曲线。

对于进出一个良好混合容器的定态流动，Levenspiel 示明

$$F\{t\}=1-\mathrm{e}^{-t/\bar{t}} \tag{3-196}$$

式中 $\bar{t}$ 是平均停留时间。在反应工程中，此函数构成了连续搅拌反应器（CSTR）的理想模型的基础。Danckwerts 为他的表面更新理论选择了同样的模型，采用相应的 $\phi\{t\}$ 函数：

$$\phi\{t\}=s\mathrm{e}^{-st} \tag{3-197}$$

式中 $s=1/\bar{t}$=表面更新的分数速率，像下面例 3.19 所示，式（3－196）和（3－197）的标绘与图 3.19 中的曲线相差甚大。

年龄为 t 的旋涡的瞬时传质速率由渗透理论的速率表示式（3－192）给出

$$N_{A_t}=\sqrt{\frac{D_{AB}}{\pi t}}(c_{A_i}-c_{A_b}) \tag{3-198}$$

积分平均速率是

$$(N_A)_{avg}=\int_0^\infty \phi\{t\}N_{A_t}\mathrm{d}t \tag{3-199}$$

结合式（3－197），式（3－198）和式（3－199）并积分得

$$(N_A)_{avg}=\sqrt{D_{AB}s}(c_{A_i}-c_{A_b}) \tag{3-200}$$

因此，

$$k_c=\sqrt{D_{AB}s} \tag{3-201}$$

更加合理的表面更新理论预测传质系数对分子扩散系数的依赖关系与渗透理论的一样，遗憾的是表面更新分数速率 s 如同恒定接触时间一样是个难以捉摸的参数。

例 3.19

对例 3.17 给定的条件，估算 Danckwerts 理论的表面更新分数速率以及停留时间和概率分布。

解

由例 3.17 得

$$k_c=6.14\times10^{-3}\ \mathrm{cm/s} \quad 和 \quad D_{AB}=1.7\times10^{-5}\mathrm{cm^2/s}$$

由式（3－201）得

$$s=\frac{k_c^2}{D_{AB}}=\frac{(6.14\times10^{-3})^2}{1.7\times10^{-5}}=2.22\mathrm{s}^{-1}$$

因此，一个旋涡在表面的平均停留时间为 1/2.22=0.45 s

由式（3－197）得

$$\phi\{t\}=2.22\mathrm{e}^{-2.22t} \tag{1}$$

因此，由式（3－196）得到停留时间分布为

$$F\{t\}=1-\mathrm{e}^{-t/0.45} \tag{2}$$

式中 t 的单位是 s。式（1）和（2）的标绘示于图 3.20，这些曲线与图 3.19 中的曲线相差较大。

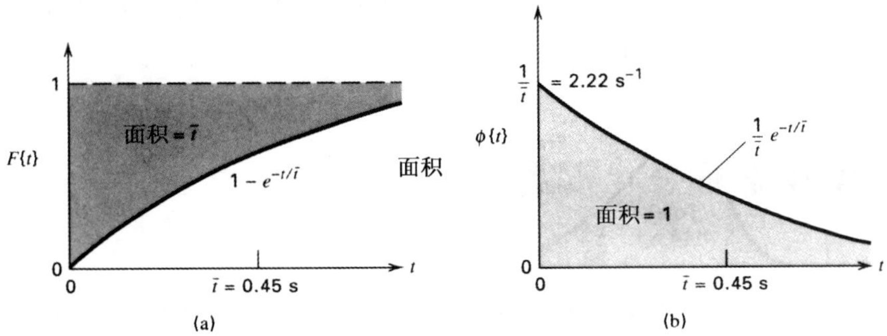

图 3.20　例 3.19 的年龄分布曲线：(a) F 曲线；(b) $\phi\{t\}$ 曲线

3.6.4　膜-渗透理论

1958 年 Toor 和 Marchello[62]组合了膜理论、渗透理论和表面更新理论的特点，开发出了膜-渗透模型，它预计传质系数 k_c 对扩散系数的依赖关系从 $\sqrt{D_{AB}}$ 变到 D_{AB}。他们的理论假定传质的整个阻力存在于厚度固定的膜中，旋涡在流体主体与该膜之间移动，在膜中的年龄分布用 Higbie 或 Danckwerts 类型的。

费克第二定律[式(3－68)]仍然适用，但现在的边界条件是

$$c_A = c_{A_0},\quad 于\ 0 \leqslant z \leqslant \infty\ 和\ t=0\ 时;$$
$$c_A = c_{A_i}\quad 于\ z=0\ 和\ t>0\ 时;$$
$$c_A = c_{A_b}\quad 于\ z=\delta\ 和\ t>0\ 时。$$

应用 Laplace 变换法得到了无穷级数解。传质速率采用一般的方式于流体-流体界面应用费克第一定律[式(3－117)]导出，对于小的 t，其解为

$$N_{A_t} = (c_{A_i} - c_{A_b})\left(\frac{D_{AB}}{\pi t}\right)^{1/2}\left[1 + 2\sum_{n=1}^{\infty}\exp\left(-\frac{n^2\delta^2}{D_{AB}t}\right)\right] \tag{3－202}$$

该式收敛性很好。对于大的 t，其解为

$$N_{A_t} = (c_{A_i} - c_{A_b})\left(\frac{D_{AB}}{\delta}\right)\times\left[1 + 2\sum_{n=1}^{\infty}\exp\left(-n^2\pi^2\frac{D_{AB}t}{\delta^2}\right)\right] \tag{3－203}$$

利用式(3－197)的 $\phi\{t\}$，可由式(3－199)得出平均传质速率，我们能再次写出两个相当的级数解，它们以不同的速率收敛。式(3－202)和式(3－203)分别变成

$$\begin{aligned} N_{A_{avg}} &= k_c(c_{A_i} - c_{A_b}) \\ &= (c_{A_i} - c_{A_b})(sD_{AB})^{1/2}\times\left[1 + 2\sum_{n=1}^{\infty}\exp\left(-2n\delta\sqrt{\frac{s}{D_{AB}}}\right)\right] \end{aligned} \tag{3－204}$$

$$\begin{aligned} N_{A_{avg}} &= k_c(c_{A_i} - c_{A_b}) \\ &= (c_{A_i} - c_{A_b})\left(\frac{D_{AB}}{\delta}\right)\times\left[1 + 2\sum_{n=1}^{\infty}\frac{1}{1 + n^2\pi^2\frac{D_{AB}}{s\delta^2}}\right] \end{aligned} \tag{3－205}$$

在高的表面更新速率($s\delta^2/D_{AB}$大)的极端情况，式(3－204)简约为表面更新理论式(3－200)；对于低的更新速率的极端情况，式(3－205)简约成膜理论式(3－188)；对于中间情况，k_c正比

于 D_{AB}^n，n 在 0.5 到 1.0 之间。由于缺乏 δ 和 s 的数据，膜-渗透理论难以应用，但它对分子扩散系数影响的预测有实验数据的依托。

3.7 双膜理论和总传质系数

包含有相互接触的两个流体相的分离过程需要考虑存在于两相中的传质阻力。1923 年 Whitman[63]建议将膜理论向相互串联的两层流体膜推广，每层膜存在传质阻力，但界面处两个液体的浓度假设成相平衡，也就是说界面不存在另外的传质阻力。这个概念在定态气-液和液-液分离过程的模型化中得到了广泛应用。

相界面处相平衡的假设虽得到了广泛应用，但当在两流体间的传质期间建立起表面张力梯度时此假设不一定成立。表面张力梯度将导致界面湍动，大多数情况下能相当程度地增加传质系数，这个现象被称作 Marangoni 效应，Bird、Stewart 和 Lightfoot[28]对此作了相当详细的讨论，并引述了另外的资料。该效应能在气-液和液-液界面发生，而后者受到了更多重视。如加入表面活性剂，它将集聚在界面，由于界面的稳定，Marangoni 效应将被抑制，甚至会到界面存在阻力的程度，引起总传质系数的减小。在本书中，除非另加说明，Marangoni 效应将被忽略，在相界面处相平衡的假设总是成立。

3.7.1 气-液系统

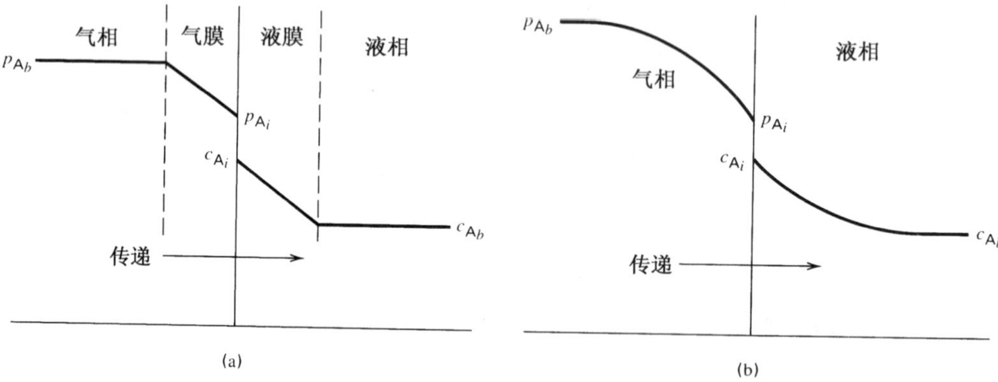

图 3.21 双阻力理论的浓度梯度

(a) 膜理论；(b) 更加实际的梯度

考虑组分 A 从气相穿越界面进入液相的定态传质。如图 3.21(a)所示，可以假设在界面一侧存在一薄层气膜，在另一侧存在一薄层液膜，每层膜中控制因素是分子扩散。然而，这样的假设并非必要，因为下式

$$N_A = \frac{(D_{AB})_G}{\delta_G}(c_{A_b} - c_{A_i})G = \frac{(D_{AB})_L}{\delta_L}(c_{A_i} - c_{A_b})L \qquad (3-206)$$

可以用传质系数的传质速率替换，传质系数则可结合图 3.21(b)所示的更加实际的浓度梯

度由适当的理论确定。此外，可以应用任意数量的传质系数，这取决于传质推动力的选择。对于气相，在稀的或等分子反向扩散（EMD）的条件下，写出分压的传质速率式：

$$N_A = k_p(p_{A_b} - p_{A_i}) \tag{3-207}$$

式中 k_p 是基于分压推动力的气相传质系数。

对于液相，采用摩尔浓度：

$$N_A = k_c(c_{A_i} - c_{A_b}) \tag{3-208}$$

在相界面，假定 c_{A_i} 和 p_{A_i} 成相平衡，采用与表 2.3① 形式不同的亨利定律

$$c_{A_i} = H_A p_{A_i} \tag{3-209}$$

式(3－207)至式(3－209)通常合并用于气-液相传质。传质计算一般从已知的主体浓度进行，在此为 p_{A_b} 和 c_{A_b}。为了得到用总的传质推动力的 N_A 表示式，将式(3－207)至式(3－209)按下面的方式结合，消去界面浓度 c_{A_i} 和 p_{A_i}。由式(3－207)解得 p_{A_i}：

$$p_{A_i} = p_{A_b} - \frac{N_A}{k_p} \tag{3-210}$$

由式(3－208)解得 c_{A_i}：

$$c_{A_i} = c_{A_b} + \frac{N_A}{k_c} \tag{3-211}$$

式(3－211)与式(3－209)结合消去 c_{A_i}，再将结果与式(3－210)结合消去 p_{A_i} 得：

$$N_A = \frac{p_{A_b} H_A - c_{A_b}}{(H_A/k_p) + (1/k_c)} \tag{3-212}$$

通常定义：(1)虚拟的液相浓度 $c_A^* = p_{A_b} H_A$，这是与气相主体中 A 的分压成平衡的浓度；(2)总传质系数 K_L。为此式(3－212)改写成

$$N_A = K_L(c_A^* - c_{A_b}) = \frac{(c_A^* - c_{A_b})}{(H_A/k_p) + (1/k_c)} \tag{3-213}$$

式中

$$\frac{1}{K_L} = \frac{H_A}{k_p} + \frac{1}{k_c} \tag{3-214}$$

式中 K_L 是液相总传质系数。量 H_A/k_p 和 $1/k_c$ 分别是气相和液相的传质阻力的度量，当 $1/k_c \gg H_A/k_p$ 时，式(3－214)变为

$$N_A = k_c(c_A^* - c_{A_b}) \tag{3-215}$$

由于气相的阻力可以忽略，气相的推动力 $p_{A_b} - p_{A_i} \approx 0$，$p_{A_b} \approx p_{A_i}$。

此外，式(3－207)到式(3－209)可以结合来定义气相总传质系数，结果是

$$N_A = \frac{p_{A_b} - c_{A_b}/H_A}{(1/k_p) + (1/H_A k_c)} \tag{3-216}$$

此时通常定义：(1)虚拟的气相分压 $p_A^* = c_{A_b}/H_A$，这是与液相主体浓度成平衡的分压；(2)基于分压推动力的气相总传质系数 K_G。为此，式(3－216)可以改写成

---

① 在文献中能发现多种亨利定律的形式，其中包括 $p_A = H_A x_A$，$p_A = \frac{c_A}{H_A}$ 和 $y_A = H_A x_A$。当给出的亨利常数 H_A 未说明方程的形式时，可以根据常数的单位确定其方程的形式。例如，假如常数的单位是 atm 或 atm/摩尔分率，则亨利定律的形式为 $p_A = H_A x_A$。假如单位为 mol/(L・mmHg)，则亨利定律为 $p_A = c_A/H_A$。

$$N_A=K_G(p_{A_b}-p_A^*)=\frac{(p_{A_b}-p_A^*)}{(1/k_p)+(1/H_Ak_c)} \tag{3-217}$$

式中

$$\frac{1}{K_G}=\frac{1}{k_p}+\frac{1}{H_Ak_c} \tag{3-218}$$

此处阻力是 $1/k_p$ 和 $1/H_Ak_c$，当 $1/k_p \gg 1/H_Ak_c$ 时，

$$N_A=k_p(p_{A_b}-p_A^*) \tag{3-219}$$

由于液相的阻力可以忽略，液相的推动力 $c_{A_i}-c_{A_b}\approx 0$，$c_{A_i}\approx c_{A_b}$。

在式(3-213)和式(3-217)间的选择是任意的，但一般根据那个相的传质阻力为最大而定，如果是液相，选式(3-213)；如果是气相，选式(3-217)。另一个常用的结合是用摩尔分率推动力，由此定义一组传质系数：

$$N_A=k_y(y_{A_b}-y_{A_i})=k_x(x_{A_i}-x_{A_b}) \tag{3-220}$$

此时界面的相平衡常用相平衡常数 K 的表示式，于是

$$K_A=y_{A_i}/x_{A_i} \tag{3-221}$$

结合式(3-220)和式(3-221)消去 y_{A_i} 和 x_{A_i} 得

$$N_A=\frac{y_{A_b}-x_{A_b}}{(1/K_Ak_y)+(1/k_x)} \tag{3-222}$$

这次定义了虚拟浓度量和基于摩尔分率推动力的总传质系数，即 $x_A^*=y_{A_b}/K_A$ 和 $y_A^*=K_Ax_{A_b}$。如果两个 K_A 值相等，得出

$$N_A=K_x(x_A^*-x_{A_b})=\frac{x_A^*-x_{A_b}}{(1/K_Ak_y)+(1/k_x)} \tag{3-223}$$

和

$$N_A=K_y(y_{A_b}-y_A^*)=\frac{y_{A_b}-y_A^*}{(1/k_y)+(K_A/k_x)} \tag{3-224}$$

式中 K_x 和 K_y 是基于摩尔分率推动力的总传质系数，且

$$\frac{1}{K_x}=\frac{1}{K_Ak_y}+\frac{1}{k_x} \tag{3-225}$$

和

$$\frac{1}{K_y}=\frac{1}{k_y}+\frac{K_A}{k_x} \tag{3-226}$$

当应用关联式去估算用于上述方程中的传质系数时，确定那一个系数(k_p，k_c，k_y或 k_x)被关联了是重要的。这一般可以根据单位或休伍德数、斯坦顿数的形式而定，被 Chilton-Colburn 类似关联的系数是液相或气相的 k_c。不同的系数被下面的式子关联，这些式子汇总在表 3.16 中。

液相：

$$k_x=k_cc=k_c\left(\frac{\rho_L}{M}\right) \tag{3-227}$$

理想气体相：

$$k_y=k_pp=(k_c)_g\frac{p}{RT}=(k_c)_gc=(k_c)_g\left(\frac{\rho_G}{M}\right) \tag{3-228}$$

典型的单位是：

	SI 制	美国工程制
k_c	m/s	ft/h
k_p	kmol/(s·m^2·kPa)	lbmol/(h·ft^2·atm)
k_y，k_x	kmol/(s·m^2)	lbmol/(h·ft^2)

当单向扩散(UMD)在不稀的混合物中发生时，主体流动的效应在上面方程中必须加以考虑，对于二元系，计及此效应的一个方法是定义修正传质系数，如下所示，加上角标“′”以资区别。

对于液相，用 k_c 或 k_x

$$k'=\frac{k}{(1-x_A)_{LM}}=\frac{k}{(x_B)_{LM}} \tag{3-229}$$

对于气相，用 k_p，k_y 或 k_c

$$k'=\frac{k}{(1-y_A)_{LM}}=\frac{k}{(y_B)_{LM}} \tag{3-230}$$

当传质速率受两个阻力中的一个控制时，k'的表示式最易应用。文献中报道的传质系数实验数据通常是用 k 而不是用 k'关联的，从 Chilton - Colburn 类似[即式(3-166)到式(3-171)]估算的传质系数是 k 而不是 k'。

表 3.16　传质系数间的关系

等分子反向扩散(EMD)
气相：$N_A=k_y\Delta y_A=k_c\Delta c_A=k_p\Delta p_A$ $k_y=k_cp/RT=k_pp$(如是理想气体) 液相：$N_A=k_x\Delta x_A=k_c\Delta c_A$ $k_x=k_cc$　此处 c 为总摩尔浓度(A+B)
单向扩散(UMD)
气相：与 EMD 的方程相同，只需用 $k'=k/(y_B)_{LM}$ 替换 k； 液相：与 EMD 的方程相同，只需用 $k'=k/(x_B)_{LM}$ 替换 k
当对两相使用浓度单位时，可以方便地利用： $k_G(\Delta c_G)=k_c(\Delta c)$，对于气相 $k_L(\Delta c_L)=k_c(\Delta c)$，对于液相

3.7.2　液-液系统

对于两液相间的传质，再次假设界面处成相平衡。用 $L^{(1)}$ 和 $L^{(2)}$ 标注两相，式(3-223)和式(3-224)可以改写为

$$N_A=k_x^{(2)}(x_A^{(2)*}-x_{A_b}^{(2)})=\frac{x_A^{(2)*}-x_{A_b}^{(2)}}{(1/K_{D_A}k_x^{(1)})+(1/k_x^{(2)})} \tag{3-231}$$

和

$$N_A=k_x^{(1)}(x_{A_b}^{(1)}-x_A^{(1)*})=\frac{x_{A_b}^{(1)}-x_A^{(1)*}}{(1/k_x^{(1)})+(K_{D_A}/k_x^{(2)})} \tag{3-232}$$

式中

$$K_{D_A}=\frac{x_{A_i}^{(1)}}{x_{A_i}^{(2)}} \tag{3-233}$$

3.7.3 大的传质推动力系统

当传质存在大的推动力时，像 H_A，K_A 和 K_{D_A} 等相平衡常数在穿越两相时可能不是常数，特别当一相或两相不是扩散溶质 A 的稀的混合物时容易产生这种情况，此时传质速率式必须修正。

例如，如果采用摩尔分率推动力，由式(3－220)和式(3－224)得

$$N_A=k_y(y_{A_b}-y_{A_i})=K_y(y_{A_b}-y_A^*) \tag{3-234}$$

因此，

$$\frac{1}{K_y}=\frac{y_{A_b}-y_A^*}{k_y(y_{A_b}-y_{A_i})} \tag{3-235}$$

或

$$\frac{1}{K_y}=\frac{(y_{A_b}-y_{A_i})+(y_{A_i}-y_A^*)}{k_y(y_{A_b}-y_{A_i})}=\frac{1}{k_y}+\frac{1}{k_y}\left(\frac{y_{A_i}-y_A^*}{y_{A_b}-y_{A_i}}\right) \tag{3-236}$$

由式(3－220)

$$\frac{k_x}{k_y}=\frac{(y_{A_b}-y_{A_i})}{(x_{A_i}-x_{A_b})} \tag{3-237}$$

结合式(3－234)和式(3－237)得

$$\frac{1}{K_y}=\frac{1}{k_y}+\frac{1}{k_x}\left(\frac{y_{A_i}-y_A^*}{x_{A_i}-x_{A_b}}\right) \tag{3-238}$$

以类似的方式得

$$\frac{1}{K_x}=\frac{1}{k_x}+\frac{1}{k_y}\left(\frac{x_A^*-x_{A_i}}{y_{A_b}-y_{A_i}}\right) \tag{3-239}$$

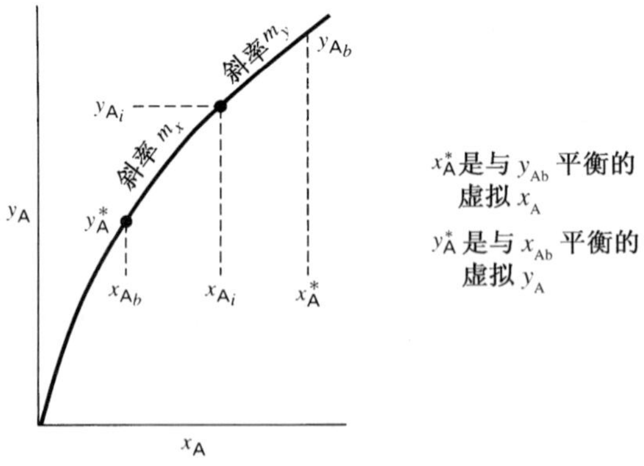

图 3.22 弯曲的平衡线

一条典型的平衡曲线示于图 3.22，图中指明了代表性的数值 y_{A_b}，y_{A_i}，y_A^*，x_A^*，x_{A_i} 和 x_{A_b}。由于线是弯曲的，气-液相平衡常数 $K_A=y_A/x_A$ 在穿越两相时不再是常数，如图所示，曲线的斜率(即 K_A)随 A 的浓度增加而减小。平衡线上标注了两个斜率：

$$m_x=\left(\frac{y_{A_i}-y_A^*}{x_{A_i}-x_{A_b}}\right) \tag{3-240}$$

和

$$m_y=\left(\frac{y_{A_b}-y_{A_i}}{x_A^*-x_{A_i}}\right) \tag{3-241}$$

将式(3－240)和式(3－241)分别代入式(3－238)和式(3－239)得

$$\frac{1}{K_y}=\frac{1}{k_y}+\frac{m_x}{k_x} \tag{3-242}$$

和

$$\frac{1}{K_x}=\frac{1}{k_x}+\frac{1}{m_y k_y} \tag{3-243}$$

例 3.20

二氧化硫(A)在填料塔中被水吸收，在塔中某一个位置的主体条件是：50℃，2 atm，$y_{A_b}=0.085$ 和 $x_{A_b}=0.001$，SO_2 在 50℃空气和水之间的平衡数据是

p_{SO_2}/atm	c_{SO_2}/(lbmol·ft^3)
0.038 2	0.001 93
0.060 6	0.002 90
0.109 2	0.004 83
0.170 0	0.006 76

传质系数的实验值如下：

液相：$k_c=0.18$ m/h

气相：$k_p=0.040$ kmol/(h·m^2·kPa)

应用摩尔分率推动力计算下列情况的传质速率：

(a) 假定一个平均亨利定律常数，并忽略主体流动效应；

(b) 利用实际的平衡曲线，并忽略主体流动效应；

(c) 利用实际的平衡曲线，并考虑主体流动效应；另外，

(d) 确定两个阻力的相对大小，并从(c)的结果算出界面上的摩尔分率值。

解

假定气相适用道尔顿定律 $y_A=p_A/p$ 和液相 $x_A=c_A/c$，将平衡数据转换为摩尔分率，液相总浓度接近纯水的，或 3.43 lbmol/ft^3，或 55.0 kmol/m^3。转换得的平衡摩尔分率如下：

y_{SO_2}	x_{SO_2}
0.019 1	0.000 563
0.030 3	0.000 846
0.054 6	0.001 408
0.085 0	0.001 971

将这些数据进行了拟合，平均和最大偏差分别为 0.91%和 1.16%，拟合得的二次方多项式为

$$y_{SO_2}=29.74x_{SO_2}+6\ 733x_{SO_2}^2 \tag{1}$$

该式求导得到平衡曲线得斜率方程为

$$m=\frac{\mathrm{d}y}{\mathrm{d}x}=29.74+13\ 466x_{SO_2} \tag{2}$$

由式(3-227)和式(3-228)将给定的传质系数转换到 k_x 和 k_y：

$$k_x=k_c c=0.18\times55.0=9.9\mathrm{kmol/(h\cdot m^2)}$$

$$k_y=k_p p=0.040\times2\times101.3=8.1\mathrm{kmol/(h\cdot m^2)}$$

(a) 对于 $x_{A_b}=0.001$，由(1)算得 $y_A^*=29.74\times0.001+6\ 733\times0.001^2=0.036\ 5$。

对于 $y_{A_b}=0.085$，解(1)的二次方方程得 $x_A^*=0.001\ 975$。

此区间的平均斜率为

$$m=\frac{0.085-0.036\ 5}{0.001\ 975-0.001}=49.7$$

从对式(3-242)和式(3-243)的检测得知，k_x 项比 k_y 项大得多，故是液相阻力控制。因此，式(3-243)中的 $m_y=m$①，得

$$\frac{1}{K_x}=\frac{1}{9.9}+\frac{1}{49.7\times8.1}=0.101\ 0+0.002\ 5=0.103\ 5$$

或　$K_x=9.66\mathrm{kmol/(h\cdot m^2)}$

由式(3-223)

$$N_A=9.66\times(0.001\ 975-0.001)=0.009\ 42\mathrm{kmol/(h\cdot m^2)}$$

(b) 由(a)得知，气相阻力几乎可以忽略，因此，$y_{A_i}\approx y_{A_b}$ 和 $x_{A_i}\approx x_A^*$。

由式(3-241)得知，斜率需取平衡曲线上 $y_{A_b}=0.085$ 和 $x_A^*=0.001\ 975$ 点的。由(2)得 $m_y=29.74+13\ 466\times0.001\ 975=56.3$。由式(3-243)得

$$K_x=\frac{1}{1/9.9+[1/(56.3\times8.1)]}=9.69\mathrm{kmol/(h\cdot m^2)}$$

得出 $N_A=0.009\ 45\ \mathrm{kmol/(h\cdot m^2)}$，与(a)的结果仅仅相差一点点。

(c) 现校正主体流动的影响。由(a)和(b)的结果得：

$$y_{A_b}=0.085,y_{A_i}=0.085,x_{A_i}=0.197\ 5,x_{A_b}=0.001$$

$$(y_B)_{LM}=1.0-0.085=0.915 \text{ 和 } (x_B)_{LM}\approx0.998\ 6$$

由式(3-229)，

$$k'_x=\frac{9.9}{0.998\ 6}=9.9\mathrm{kmol/(h\cdot m^2)} \text{ 和 } k'_y=\frac{8.1}{0.915}=8.85\mathrm{kmol/(h\cdot m^2)}$$

由式(3-243)，

$$K_x=\frac{1}{(1/9.9)+[1/56.3(8.85)]}=9.71\mathrm{kmol/(h\cdot m^2)}$$

由式(3-223)，

$$N_A=9.71(0.001\ 975-0.001)=0.009\ 47\mathrm{kmol/(h\cdot m^2)}$$

此值与忽略主体流动影响的(a)和(b)的结果相差无几，因为主体流动效应仅对气相是重要的，但此处是液相阻力控制，所以其影响很小。

(d) 传质阻力的相对大小可被写成

① 原文为 $m=m_y$——译者注。

$$\frac{1/m_y k'_y}{1/k'_x}=\frac{1/(56.3\times 8.85)}{1/9.9}=0.02$$

因此，气相阻力仅是液相阻力的 2%。界面蒸气的摩尔分率可由式(3-223)计算，在考虑主体流动效应后得

$$y_{A_i}=y_{A_b}-\frac{N_A}{k'_y}=0.085-\frac{0.009\,47}{8.85}=0.084$$

类似地，

$$x_{A_i}=\frac{N_A}{k'_x}+x_{A_b}=\frac{0.009\,47}{9.9}+0.001=0.001\,96$$

3.8　本章小结

(1) 传质是混合物中某个组分从一处向另一不同浓度处的净的移动，经常发生在界面两边的两相间。传质靠分子扩散、涡流扩散和主体流动而进行，分子扩散因多种推动力而发生，包括浓度(最重要)、压力、温度和外力场。

(2) 定态条件下的费克第一定律表明，普通分子扩散的传质速率等于扩散系数(扩散率)和负的浓度梯度的乘积。

(3) 传质的两个极端情况是等分子反向扩散(EMD)和单向扩散(UMD)，前者也是稀的混合物的很好近似，后者必须包括主体流动效应。

(4) 当没有实验数据时，气相和液相混合物中的扩散系数可以估算，固体(包括多孔性固体、结晶体固体、金属、玻璃、陶瓷、聚合物和细胞质固体)中的扩散系数最好测定，某些固体，例如木材的扩散系数是各向异性的。

(5) 扩散系数值成数量级变化，一个溶质在气体、液体和固体中的扩散系数典型值分别是 0.10、1×10^{-5} 和 1×10^{-9} cm^2/s。

(6) 非定态的费克第二定律易用于半无限和有限尺度的介质，包括某些各向异性材料。

(7) 层流流动条件下的分子扩散，只要知道速度分布，就可以应用费克第一和第二定律确定，普通的实例包括层流降落液膜、平板上的边界层流动和圆形直管中的已充分发展的流动。结果常用组合进无量纲数(称作为休伍德数)中的传质系数来表示。传质速率由传质系数和浓度推动力的乘积给出。

(8) 湍流中的传质常根据与传热的类似来估计，其中特别重要的一个是 Chilton-Colburn 类似，它应用经验的 j 因子关联式和无量纲传质斯坦顿数。一个比较正确的 Churchill-Zajic 方程应该能用于管流，特别在高的希密特数和雷诺数场合。

(9) 对于穿越两个流体相界面而进入液体的传质已开发了许多模型，其中包括膜理论、渗透理论、表面更新理论和膜渗透理论。这些理论预计传质系数与扩散系数的某个幂次方成正比，次数从 0.5 变到 1.0，大多数实验数据提供的次数在 0.5 到 0.75 之间。

(10) Whitman 的双膜理论(称为双阻力理论更合适)广泛用于预计传质速率，此时物质从一个流体相穿越界面进入另一个流体相，并假设在相界面上达到相平衡。经常一个阻力

起控制作用。该理论定义了总传质系数,它由两相中的每一相的传质系数和界面相平衡关系确定。

参考文献

1. Taylor. R. , and R. Krishna. *Multicomponent Mass Transfer*. John Wiley and Sons. New York (1993).
2. Poling. B. E. , J. M. Prausnitz. and J. P. O'Connell, *The Properties of Liquids and Gases*. 5th ed. , McGraw-Hill. New York (2001).
3. Fuller. E. N. , P. D. Schettler and J. C. Giddings. *Ind. Eng. Chem.* , **58**(5). 18—27(1966).
4. Takahashi. S. , J. *Chem. Eng. Jpn.* **7**,417—420 (1974).
5. Slattery. J. C. , M. S. thesis. University of Wisconsin. Madison (1955).
6. Wilke. C. R. , and P. Chang. *AIChE J.* , **1**,264—270 (1955).
7. Hayduk. W. , and B. S. Minhas. *Can. J. Chem. Eng.* , **60**, 295—299 (1982).
8. Quayle. O. R. , *Chem. Rev.* , **53**,439—589 (1953).
9. Vignes. A. , *Ind. Eng. Chem. Fundam.* , **5**, 189—199 (1966).
10. Sorber. H. A. , *Handbook of Biochemistry*, *Selected Data for Molecular Biology*. 2nd ed. , Chemical Rubber Co. , Cleveland. OH (1970).
11. Geankoplis. C. J. , *Transport Processes and Separation Process Principles*. 4th ed. , Prentice - Hall. Upper Saddle River. NJ (2003).
12. Friedman. L. , and E. O. Kraemer. *J. Am. Chem. Soc.* , **52**,1298—1304. 1305—1310,1311—1314 (1930).
13. Boucher. D. F. , J. C. Brier, and J. O. Osburn. *Trans. AIChE*, **38**, 967—993(1942).
14. Barrer, R. M. , *Diffusion in and through Solids*. Oxford University Press. London (1951).
15. Swets. D. E. , R. W. Lee. and R. C. Frank. *J. Chem. Phys.* , **34**, 17—22 (1961).
16. Lee. R. W. , *J. Chem. Phys.* , **38**,44—455 (1963).
17. Williams. E. L. , *J. Am. Ceram. Soc.* , **48**, 190—194 (1965).
18. Sucov. E. W. , *J. Am. Ceram. Soc.* , **46**,14—20 (1963).
19. Kingery. W. D. , H. K. Bowen. and D. R. Uhlmann, *Introduction to Ceramics*. 2nd ed. , John Wiley and Sons. New York (1976).
20. Ferry. J. D. , *Viscoelastic Properties of Polymers*. John Wiley and Sons. New York (1980).
21. Rhee. C. K. , and J. D. Ferry. *J. Appl. Polym. Sci.* , **21**,467—476 (1977).
22. Brandrup. J. , and E. H. Immergut. Eds. , *Polymer Handbook*. 3rd ed. , John Wiley and Sons. New York (1989).
23. Gibson, L. J. , and M. F. Ashby, *Cellular Solids. Structure and Properties*. Pergamon Press. Elmsford. NY (1988).
24. Stamm, A J. , *Wood and Cellulose Science*. Ronald Press. New York (1964).
25. Sherwood, T. K. , *Ind. Eng. Chem.* , **21**,12—16 (1929).
26. Carslaw. H. S. , and J. C. Jaeger. *Heat Conduction in Solids*. 2nd ed. , Oxford University Press. London (1959).
27. Crank. J. , *The Mathematics of Diffusion*, Oxford University Press. London (1956).

28. Bird. R. B. , W. E. Stewart. and E. N. Lightfoot. *Transport Phenomena*. 2nd ed. , John Wiley and Sons. New York (2002).
29. Churchill. R. V. , *Operational Mathematics*. 2nd ed. , McGraw-Hill. New York (1958).
30. Abramowitz. M. , and LA. Stegun Eds. , *Handbook of Mathematical Functions*. National Bureau of Standards. Applied Mathematics Series 55. Washington. DC (1964).
31. Newman. A. B. , *Trans. AlChE*. **27**. 310—333 (1931).
32. Grimley. S. S. , *Trans, Inst. Chem. Eng* (London). **23**. 228—235 (1948).
33. Johnstone. H. F. , and R. L. Pigford. *Trans. AIChE*. **38**,25—51 (1942).
34. Olbrich. W. E. , and J. D. Wild. *Chem. Eng. Sci.* , **24**,25—32 (1969).
35. Churchill. S. W. , *The Interpretation and Use of Rate Data: The Rate Concept*. McGraw-Hill. New York (1974).
36. Churchill. S. W. , and R. Usagi. *AIChE J.* , **18**,1121—1128 (1972).
37. Emmert. R. E. , and R. L. Pigford. *Chem. Eng. Prog.* , **50**, 87—93 (1954).
38. Prandtl, L. , *Proc. 3rd Int. Math. Congress*, Heidelberg (1904); reprinted in *NACA Tech. Memo* 452 (1928).
39. Blasius. H. , *Z. Math Phys.* , 56,1—37 (1908); reprinted in *NACA Tech. Memo* 1256.
40. Schlichting. H. , *Boundary Layer Theory*. 4th ed. , McGraw-Hill. New York (1960).
41. Pohlhausen. E. , *Z. Angew. Math Mech.* , **1**,252 (1921).
42. Pohlhausen. E. ,*Z. Angew. Math Mech.* , **1**,115—121(1921).
43. Lanchaar. H. L. , *Trans. ASME*. **64**, A—55 (1942).
44. Graetz. L. , *Ann. d. Physik*. **25**,337—357 (1885).
45. Sellars. J. R. , M. Tribus. and J. S. Klein. *Trans. ASME*, **78**,441—448 (1956).
46. Leveque. J. , *Ann. Mines*. [12]. **13**,201,305,381 (1928).
47. Knudsen. J. G. , and D. L. Katz. *Fluid Dynamics and Heat Transfer*. McGraw-Hill, New York (1958).
48. Hausen. H. , *Verfahrenstechnik Beih. z. Ver. Deut. Ing.* , **4**,91 (1943).
49. Linton. W. H. Jr. , and T. K. Sherwood. *Chem. Eng. Prog.* , **46**,258—264 (1950).
50. Reynolds. O. , *Trans. Roy. Soc.* (LONDON). **174A**, 935—982 (1883).
51. Boussinisq. J. , *Mem. Pre. Par. Div. Sav.* , XXIII. Paris(1877).
52. Prandtl. L. , *Z. Angew. Math Mech.* , **5**, 136 (1925); reprinted in *NACA Tech. Memo*, 1231 (1949).
53. Reynolds. O. , *Proc. Manchester Lit. Phil. Soc.* , **14**,7 (1874).
54. Colburn. A. P. , *Trans. AIChE*. **29**,174—210 (1933).
55. Chilton. T. H. , and A. P. Colburn. *Ind. Eng. Chem.* , **26**, 1183—1187 (1934).
56. Prandtl. L. , *Physik. Z.* , **11**. 1072(1910).
57. Friend,W. L. , and A. B. Metzner. *AIChE J.* , **4**,393—402(1958).
58. Nernst,W. , *Z. Phys. Chem*,**47**,52(1904).
59. Higbie. R. , *Trans AIChE*. **31**,365—389(1935).
60. Danckwerts, P. V. , *Ind. Eng. Chem.* ,**43**,1460—1467(1951).
61. Levenspiel,O. ,*Chemical Reaction Engineering*. 3rd ed. ,John Wiley and Sons,New York(1999).
62. Toor, H. L. , and J. M. Marchelio. *AIChE J.* , **4**,97—101(1958).
63. Whitman. W. G. , *Chem. Met. Eng.* ,**29**,146—148(1923).
64. Van Driest. E. R. , *J. Aero Sci.* ,1007—1011 and 1036(1956).
65. Reichardt, H. , *Fundamentals of Tarbulent Heat Transfer*. NACA Report TM-1408(1957).

66. Drew, T. B., E. C. Koo, and W. H. Mcadams. *Trans. Am. Inst. Chem. Engrs.* **28**, 56(1933).
67. Nikuradse, J., *VDI-Forschungsheft*. p. 361(1933).
68. Launder. B. E., and D. B. Spalding, *Lecture in Mathematical Models of Turbulence*. Academic Press, New York(1972).
69. Heng, L., C. Chan. and S. W. Churchill. *Chem. Eng. J.*, **71**, 163(1998).
70. Churchill. S. W., and S. C. Zajic, *AIChE J.*, **48**, 927—940(2002).
71. Churchill. S. W., "Turbulent Flow and Convection: The Prediction of Turbulent Flow and Convection in a Round Tube." in *Advmces in Heat Transfer*. J. P. Hartuett, and T. F. Irvine. Jr., Ser. Edv. Academic Press. New York. **34**, 255—361(2001).
72. Yu. B., H. Ozoe. and S. W. Chcrchill. *Chem. Eng. Sci.*, **56**, 1781(2001).
73. Churchill, S. W., and C. Chan. *Ind. Eng. Chem. Res.*, **34**, 1332(1995).
74. Churchill. S. W., *AIChE J.*, **43**, 1125(1997).

习　题

节 3.1

3.1　一只烧杯中装有乙醇和乙酸乙酯的等分子混合物，它在0℃时向总压101 kPa (1atm)的静止空气中汽化。假设拉乌尔定律适用和每个组分的汽化互不影响，试确定当初始乙醇汽化掉一半时剩余液体的组成，还需假定液体总是充分混合的。提供下列数据：

	0℃时的蒸气压	空气中的扩散系数
	kPa	m^2/s
乙酸乙酯(AC)	3.23	6.45×10^{-6}
乙醇(AL)	1.62	9.26×10^{-6}

3.2　一只直径10 ft的敞口贮槽存有25℃的苯，在暴露于空气的表面覆盖一层静止的空气膜，其厚度估计为0.2 in.，如果总压1 atm和温度25℃，试问从该贮槽每天要损失多少磅物料？苯在60 ℉时的比重是0.877，膜外侧苯的浓度低到可以忽略，25℃苯的蒸气压是100托，扩散系数是0.08 cm^2/s。

3.3　一个隔离的玻璃管和冷凝器装在含有苯和甲苯的再沸器上，冷凝器返回的液相回流沿玻璃管壁下降。在管子的某一点温度为170 ℉，气相含甲苯30%(mol)，液相回流含甲苯40%(mol)，有效的静止蒸气膜厚度估计是0.1 in.，苯和甲苯的摩尔汽化潜热相等。试计算苯和甲苯以等分子反向扩散在管子的这一点相互交换的速率[lbmol/(h·ft^2)]。

甲苯在苯中的扩散系数=0.2 ft^2/h；

压力=1 atm总压(管内)；

甲苯在170 ℉的蒸气压=400托。

3.4　露点为0℃的25℃空气流过垂直管的开口端，管内充有25℃的水，管内径为0.83 in.，开始液位在管顶下0.5 in.处。25℃时水在空气中的扩散系数是0.256cm^2/s。

(a) 管中液位下降3 in.需要多长时间？

(b) 绘制这期间管中液位与时间的函数关系。

3.5　两个球泡用直径0.002 m和长度0.20 m的管子相连，开初球泡1充有氩，球泡2充氙，压力和温度分别维持在1 atm和105℃，此时扩散系数为0.180 cm^2/s，在时间 $t=0$ 时刻允许两球泡间发生扩散。在此后某时刻，在管子一端的气体中氩的摩尔分率为 0.75，而另一端为 0.20，试确定在该时刻：

(a) 氩和氙的传质速率和方向；

(b) 每个组分的传递速度；

(c) 混合物的平均摩尔速度。

节 3.2

3.6 实验测定甲苯在空气中的扩散系数，采用直径 3 cm 的垂直管，管中一部分充有的甲苯向空气中等温汽化。在 39.4℃时液位从敞开管子的顶端下的 1.9 cm 降到 7.9 cm 耗时 96×10^4 s。39.4℃时甲苯的密度是 0.852 g/cm^3，蒸气压是 57.3 托，气压计的读数是 1 atm。试计算扩散系数，并将它与式(3－36)的计算值比较。忽略空气的反向扩散。

3.7 一根直径 1 mm 和长度 6 in. 的敞开管子，其一端吹过纯氢气，另一端吹过纯氮气，温度 75℃。

(a) 对于等分子反向扩散，氢进入氮气流的传递流率(mol/s)多大？用式(3－36)估算扩散系数。

(b) 用(a)的计算结果，绘制氢的摩尔分率对离开吹过氮气管端的距离的曲线。

3.8 某 HCl 气体于 20℃扩散穿过厚度 0.1 in. 的空气膜，HCl 在膜的一侧的分压是 0.08 atm，另一侧为零，对下列情况分别计算扩散速率 mol $HCl/(s\cdot cm^2)$：如果总压为(a)10 atm；(b)1 atm；(c)0.1 atm。HCl 在 20℃和 1 atm 空气中的扩散系数为 0.145 cm^2/s。

3.9 应用 Fuller 等的方法估算氮(A)/甲苯(B)的气相二元系的扩散系数，温度为 25℃，压力为 3 atm。

3.10 如果例 3.3 中的混合物压力升高到 100 atm，应用 Takahashi 的方法估算扩散系数。

3.11 采用 Wilke－Chang 和 Hayduc－Minhas 方法估算四氯化碳在下列组分的稀溶液中于 25℃时的扩散系数：(a)甲醇；(b)乙醇；(c)苯；(d)正己烷。将估算值与下列实验值比较：

溶剂	D_{AB}实验值/$(cm^2\cdot s^{-1})$
甲醇	1.69×10^{-5}，在 15℃时；
乙醇	1.50×10^{-5}，在 25℃时；
苯	1.92×10^{-5}，在 25℃时；
正己烷	3.70×10^{-5}，在 25℃时。

3.12 估算 25℃时苯(A)在甲酸(B)中无限稀释的扩散系数，并与例 3.6 中甲酸在苯中无限稀释时的值比较。

3.13 应用适当的方法估算 25℃时乙酸在下列组分的无限稀释溶液中的扩散系数：(a)苯；(b)丙酮；(c)乙酸乙酯；(d)水，并将估算值与下列实验值进行比较：

溶剂	D_{AB}实验值/$(cm^2\cdot s^{-1})$
苯	2.09×10^{-5}，在 25℃时；
丙酮	2.92×10^{-5}，在 25℃时
乙酸乙酯	2.18×10^{-5}，在 25℃时；
水	1.19×10^{-5}，在 20℃时。

3.14 敞开盘子中的水暴露在 25℃的干空气中，得知其恒定的汽化速率为 0.04 $g/(h\cdot cm^2)$。假设水的表面是湿球温度 11.0℃，计算有效气膜厚度(即具有与水表面蒸气扩散实际存在阻力一样的静止空气膜的厚度)。

3.15 异丙醇在 35℃、2atm 和稀浓度条件下，发生通过水、穿越相边界和再通过氮气的传质，根据下面给出的数据对异丙醇计算：

(a) 应用 Wilke－Chang 的方程计算在水中的扩散系数；

(b) 应用 Fuller 等的方程计算在氮气中的扩散系数；

(c) 水中 $D_{AB}\rho_M$ 乘积。

(d) 空气中 $D_{AB}\rho_M$ 乘积。

此处 ρ_M 是混合物的摩尔密度。

应用上面的计算结果比较：

(e) (a)和(b)中的扩散系数；

(f) (c)和(d)中的扩散系数-摩尔密度乘积。

最后：

(g) 对比液体中的分子扩散和气体中的分子扩散，你能得到什么结论？

数据：

组分	T_c/°R	p_c/psia	Z_c	v_L, cm^3/mol
氮	227.3	492.9	0.289	—
异丙醇	91.5	691	0.249	76.5

3.16 乙醇/苯系统于 45℃时的液相活度系数实测值给在习题 2.23 中，计算和标绘乙醇和苯在整个浓度区间的扩散系数。

3.17 计算 25℃时 NaOH 在 1 mol/L 水溶液中的扩散系数。

3.18 计算 18℃时 NaCl 在 2 mol/L 水溶液中的扩散系数，并将计算值同实验值 1.28×10^{-5} cm^2/s 进行比较。

3.19 计算 300℃和 20atm 时 N_2 在多孔催化剂中的 H_2 中的扩散系数，如果空隙率和弯曲度分别是 0.45和 2.5，并假设小孔中是普通分子扩散。

3.20 150 psia 和 80 ℉的气态氢存于一只钢制球形压力容器中，容器内径 4 in.，壁厚 0.125 in.。此时氢在钢中的溶解度和扩散系数分别为 0.094 lbmol/ft^3 和 3.0×10^{-9} cm^2/s，假设容器的内表面被容器内当时的氢气压力饱和，容器外表面的氢气分压认为是零。计算：

(a) 氢通过金属壁的初始传质流率；

(b) 容器内压力降低的初始速率；

(c) 假定温度维持 80 ℉，压力降到 50psia 所需的小时数。

3.21 应用厚度 0.8μm 的聚异戊二烯膜分离甲烷和 H_2 的混合物，利用表 14.9 的数据和下列组成，计算每个组分的传质速率。

	分压/MPa	
	膜侧 1	膜侧 2
甲烷	2.5	0.05
氢	2.0	0.20

节 3.3

3.22 0.1 in. 厚的盐层顶部存有 25℃、3ft. 深的静止水层，在时间<0 时，水层是纯水；当时间=0 时，盐开始溶解并扩散进入水层。如果固-液界面处水中盐的浓度保持饱和值(36 NaCl/100g H_2O)，盐在水中的扩散系数是 1.2×10^{-5} cm^2/s，与浓度无关。假设水层是半无限介质，估算当

(a) 10%盐被溶解；

(b) 50%盐被溶解；

(c) 90%盐被溶解

所需的时间与水中盐浓度分布。

3.23 一块 4 in. 厚的干木板暴露在相对湿度 40%的空气中，木板侧面封闭。假设木板未封闭的两面瞬间达到平衡湿含量 10 lb H_2O/100 lb 干木材，试确定湿度渗透到木板中心(距每面 2 in.)所需的时间。设

水在木板中的扩散系数为 $8.3\times10^{-6}\,cm^2/s$。

3.24　一块大小为 2×4×6 in. 的湿黏土砖初始含有均匀湿含量 12%(质量),在时间=0 时,砖的各个侧面暴露于空气中,以至于表面的湿含量保持在 2%(质量),5 小时后砖的平均湿含量为 8%(质量)。试估算：

(a) 水在黏土中的扩散系数 cm^2/s；

(b) 平均湿含量降到 4%,再需要多少时间。全部湿含量均是干基。

3.25　直径 2 in. 的黏土球初始湿含量为 10%(质量),水在黏土中的扩散系数为 $5\times10^{-6}\,cm^2/s$,在时间=0 时,将黏土球的表面与空气接触,以至于表面的湿含量保持在 3%(质量)。试估计平均湿含量降到 5%(质量)所需的时间。全部湿含量均为干基。

节 3.4

3.26　10 atm 和 25℃的纯氧进入沿垂直壁面下降的水膜中,壁高 1 m,宽 6cm,水流的雷诺数 50,膜表面无波纹。氧在水中的扩散系数为 2.5×10^{-5},氧在上述温度和压力下的水中饱和摩尔分率为 2.3×10^{-4}。试估算氧被吸收的速率。

3.27　对于例 3.13 的条件,估算在距壁顶多高处,其 CO_2 的平均浓度会是饱和浓度的 50%。

3.28　1 atm 的空气以 2m/s 的速度流过一个 2 in. 长的表面,该表面覆盖一薄层水膜。如果空气和水保持 25℃,此条件下水在空气中的扩散系数是 0.25 cm^2/s,假设表面是层流边界层流动,估算表面中间水汽化的质量速率。层流边界层的假设合理吗?

3.29　1 atm 和 100℃的空气流过一块长 1 m 的萘质薄平板,造成萘的升华。在板的末端处的雷诺数是层流边界层的上限值。试估算：

(a) 升华的平均速率 $kmol/(s\cdot m^2)$；

(b) 距平板前缘 0.5 m 处萘升华的局部速率。

物性数据在例 3.14 中给出。

3.30　1 atm 和 100℃的空气流过一根直径 5 cm 的圆形直管,管子用萘铸成,雷诺数为 1 500,空气以已建立的层流速度分布进入管子。物性数据在例 3.14 中给出。如果流过管子的压降忽略,估算萘在排出空气中的平均摩尔分率达到 0.005 时所需的管子长度。

3.31　一个球形水滴悬挂在静止干空气中的细线上。试说明：

(a) 从水滴表面传入周围空气中的传质休伍德数是 2,此处特性长度是水滴直径。如果初始水滴直径是 1 mm,空气温度 38℃,水滴温度 14.4℃,压力为 1 atm,试计算

(b) 水滴的初始质量 g；

(c) 初始汽化流率 g/s；

(d) 水滴直径减小到 0.2 mm 所需要的时间 s；

(e) 传向水滴的初始传热速率。如果努塞尔特数也是 2,传热量是否够供给水汽化所需的汽化热和显热?如果不够,将发生什么情况?

节 3.5

3.32　25℃水以 5 ft/s 的速度流经圆形直管,该管用苯甲酸铸成,内径 2 in.。如果管长 10 ft,水以已充分发展的湍流速度分布流过管子,估算流出管子的水中苯甲酸的平均浓度。物性已在例 3.15 中给出。

3.33　1 atm 的空气垂直流过一根直径为 1 in. 的长圆柱,该柱用萘铸成,流动的雷诺数为 50 000,应用例 3.14 中 100℃的物性数据,计算萘的平均升华速率[$kmol/(s\cdot m^2)$]。

3.34　对于习题 3.33 的条件,计算 1 in. 初始直径的球形粒子的初始平均升华速率 $kmol/(s\cdot m^2)$,将此结果与用萘球充填的床层(空隙率为 0.5)结果进行比较。

节 3.6

3.35 在湿壁塔中用空气将水中的 CO_2 解吸。在塔中某个部位压力和温度分别是 10 atm 和 25℃，CO_2 的传质速率是 1.62 lbmol/(h·ft²)，界面和气流主体的 CO_2 分压分别是 8.2 atm 和 0.1 atm。在这些条件下 CO_2 在空气中的扩散系数是 1.6×10^{-2} cm²/s；假设气相成湍流，应用膜理论计算气相传质系数 k_c 和膜厚度。

3.36 在鲍尔环填料塔中用水从空气中吸收 CO_2，在塔中某个区间，界面处 CO_2 分压为 150 psia，液相主体的 CO_2 浓度可以忽略，吸收速率为 0.017 lbmol/(h·ft²)，CO_2 在水中的扩散系数是 2×10^{-5} cm²/s，CO_2 的亨利定律是 $p=Hx$，$H=9\ 000$ psia。试计算：

(a) 液相的传质系数和膜厚；

(b) 渗透理论的接触时间；

(c) 表面更新理论的平均旋涡停留时间和概率分布。

3.37 从下面用水的层流射流在 20℃吸收 H_2S 的数据，应用渗透理论确定 H_2S 在水中的扩散系数：射流直径＝1cm，射流长度＝7cm，H_2S 在水中的溶解度＝100 mol/m³。
吸收的平均速率随射流的流率起如下的变化：

射流流率，cm³/s	0.143	0.568	1.278	2.372	3.571	5.142
吸收速率，mol/s×10⁶	1.5	3.0	4.25	6.15	7.20	8.75

节 3.7

3.38 在湿壁塔中进行的水向空气汽化的试验中得到如下数据：

管径 1.46 cm，湿壁长度 82.7 cm；

24℃和 1 atm 的空气流经管子的流率 720 cm³/s；

水的进和出的温度分别为 25.15 ℃和 25.35℃；

水在进入和排出空气中的分压分别为 6.27 和 20.1 托。

0℃和 1atm 时水蒸气在空气中的扩散系数为 0.22 cm²/s；空气的质量速度取相对于管壁的。

试计算：

(a) 水进入空气的传质速率；

(b) 湿壁塔的 K_G。

3.39 下列关于氨吸收的数据是由 Chamber 和 Sherwood[Ind. Eng. Chem.,29, 1415(1937)]得到的：

在湿壁塔中用强酸从氨-空气系统吸收氨，塔径和长度分别为 0.575 in. 和 32.5 in.；

进口酸(2-N① H_2SO_4)的温度＝76 ℉；

出口酸的温度，81 ℉；

进口空气温度，77 ℉；

出口空气温度，84 ℉；

总压，1.0 atm；

氨在进口气体中的分压，0.080 7 atm；

氨在出口气体中的分压，0.020 5 atm；

空气流率，0.260 lbmol/h；

逆流操作，气体从垂直塔的底部进入，酸在塔内壁成薄膜下降。酸的强度发生显著变化，因为用强酸吸收，液面上的氨分压可以被忽略。

从上述数据计算传质系数 k_p。

① 2-N 即为 1mol/L——译者注。

3.40　一种新型冷却塔填料在试验塔中进行实验，从塔中相距 0.7 ft 的两点取得了以下数据。计算总体积传质系数 $K_y a$，它可以用于大的填料冷却塔的设计，a 是塔的单位体积(V)具有的传质面积(A)。

	底	顶
水温/°F	120	126
水的蒸气压/psia	1.69	1.995
水在空气中的摩尔分率	0.001 609	0.088 2
总压/psia	14.1	14.3
空气流率/(lbmol · h^{-1})	0.401	0.401
塔面积/ft^2	0.5	0.5
水的流率/(lbmol · h^{-1})(近似值)	20	20

第4章　单个平衡级和闪蒸计算

最简单的分离过程是使两相进行接触达到相平衡，随后实施相分离。如果两相中的两个组分间的分离因子很大，单级接触可能足以达到它们之间所希望的分离；如果分离因子不是很大，则需要多级。例如，气相如果同液相成平衡，分离因子是被称为轻关键的挥发性组分(LK)对较难挥发的被称为重关键组分(HK)间的相对挥发度 α，即 $\alpha_{LK,HK}=K_{LK}/K_{HK}$。如果分离因子是10 000，则单级能实现几乎完善的分离；但如果分离因子仅是1.10，要达到近乎完善的分离就需要数百级。在本章中仅讨论单个平衡级，而不是多种多样的分离操作。在各种场合计算均将物料衡算与相平衡结合在一起进行，而当发生如蒸发那样的相变化，或混合热效应相当大时，还必须加上能量衡算。在下一章将讨论被称为级联的多级装置。

4.0　本章教学目的

在学完本章后，你应能：

- 解释平衡级是什么，为什么它不足以达到所希望的分离。
- 应用吉布斯相律确定必须指定的强度变量的数目，从而确定相平衡系统的其余强度变量。
- 将相律推广到可包括广度变量，于是能确定连续分离过程的自由度数(变量数减变量间的独立关系式数)。
- 解释和应用二元气-液平衡数据的表示方法。
- 定义气-液混合物中两组分间的相对挥发度。
- 应用 $T-y-x$ 和 $y-x$ 图并结合 q 线的概念，确定平衡相的组成。
- 熟悉最低和最高恒沸(点混合)物的不同和它们如何形成。
- 应用多元混合物的组分物料衡算和 K 值计算泡点、露点和平衡闪蒸。
- 应用三元系的三角形相图并结合组分物料衡算，确定液-液混合物的平衡组成。
- 应用平衡图并结合组分物料衡算，对固体-流体系统(浸取、结晶、升华、凝华和吸附)和轻质气体-液体系统(吸收)确定平衡相的数量和组成。
- 对多元气-液-液系统计算相的数量和组成。

4.1　吉布斯相律和自由度

相平衡单级系统的描述用强度变量和广度变量，前者与系统的大小无关，而后者则取决于系统的大小。强度变量是温度、压力和相组成(摩尔分率、质量分率和浓度等)，广度变量包括分批系统的摩尔或质量和能量以及流动系统的质量或摩尔流率和传递的能量流率。

不管是否只考虑强度变量还是考虑强度和广度变量两种，仅有几个变量是独立的，它们可以被指定，而其余各个变量也随之定了。这些独立变量数被称为系统的自由度 F。

吉布斯相律仅适用于平衡时的强度变量，用来确定自由度 F。相律规定

$$F=C-\mathscr{P}+2 \tag{4-1}$$

式中 C 是组分数，$\mathscr{P}$ 是平衡时的相数。式(4－1)是从计算平衡时的强度变量数和关联它们的独立方程数导出。独立变量数 $\mathscr{V}$

$$\mathscr{V}=C\mathscr{P}+2 \tag{4-2}$$

式中 2 是温度和压力变量，$C\mathscr{P}$ 是分布在 $\mathscr{P}$ 个平衡相中的各个组分的组成变量(例如摩尔分率)总数。关联强度变量的独立方程数 $\mathscr{E}$

$$\mathscr{E}=\mathscr{P}+C(\mathscr{P}-1) \tag{4-3}$$

式中第一项 $\mathscr{P}$ 是各相摩尔或质量分率加和等于 1 的方程数，第二项 $C(\mathscr{P}-1)$是独立的 K 值一般式数，

$$K_i=(\text{相 1 中 } i \text{ 组分的摩尔分率})/(\text{相 2 中 } i \text{ 组分的摩尔分率})$$

式中相 1 和相 2 是互相平衡的两相。对于两个相有这样的 C 个独立表示式；对于三个相有 $2C$ 个；四个相有 $3C$ 个，以此类推。例如，对于三个相(V, $L^{(1)}$, $L^{(2)}$)，可以写出 $3C$ 个 K 值方程：

$$K_i^{(1)}=y_i/x_i^{(1)} \qquad i=1 \text{ 到 } C$$

$$K_i^{(2)}=y_i/x_i^{(2)} \qquad i=1 \text{ 到 } C$$

$$K_{D_i}=x_i^{(1)}/x_i^{(2)} \qquad i=1 \text{ 到 } C$$

然而，这些方程中仅 $2C$ 个是独立的，因为

$$K_{D_i}=K_i^{(2)}/K_i^{(1)}$$

为此，独立的方程数是 $C(\mathscr{P}-1)$个，而不是 $C\mathscr{P}$ 个。

4.1.1　自由度分析

自由度是强度变量数 $\mathscr{V}$ 与方程数 $\mathscr{E}$ 之差。于是由式(4－2)和(4－3)得

$$\mathscr{F}=\mathscr{V}-\mathscr{E}=(C\mathscr{P}+2)-[\mathscr{P}+C(\mathscr{P}-1)]=C-\mathscr{P}+2$$

式(4－1)的推导到此完成。当 $\mathscr{F}$ 个强度变量被指定后，其余 $\mathscr{P}+C(\mathscr{P}-1)$ 个强度变量由 $\mathscr{P}+C(\mathscr{P}-1)$个方程确定。

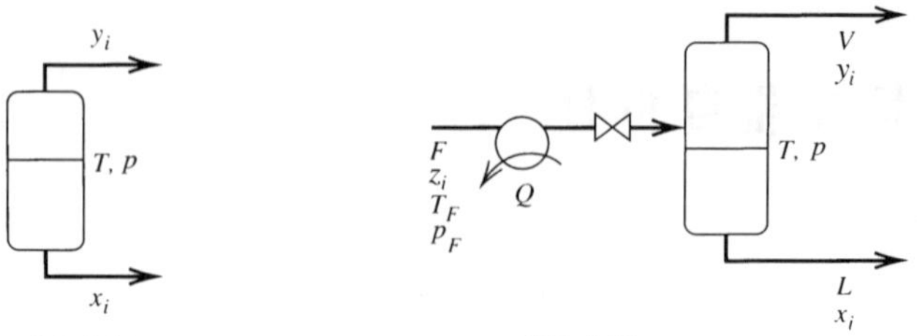

独立方程：

$$\sum_{i=1}^{C} y_i = 1$$

$$\sum_{i=1}^{C} x_i = 1$$

$$K_i = \frac{y_i}{x_i},\ i = 1 \text{ 到 } C$$

(a)

独立方程：

与 (a) 同样方程，再加

$$Fz_i = Vy_i + Lx_i \qquad i = 1 \text{ 到 } C$$

$$Fh_F + Q = Vh_V + Lh_L$$

(b)

图 4.1　对气-液相平衡自由度的不同处理方法

(a) 吉布斯相律(仅考虑平衡的强度变量)

(b) 一般分析(考虑全部强度和广度变量)

作为一个示例，考虑图 4.1(a)所示的气-液平衡($\mathscr{P}=2$)，此处平衡的强度变量标注于示意图中，关联这些变量的独立方程列于图下。假设组分数 $C=3$，由式(4－1)得，$\mathscr{F}=3-2+2=3$。平衡的强度变量有 T，p，x_1，x_2，x_3，y_1，y_2 和 y_3，如果指定 T，p 和一个摩尔分率，其余五个摩尔分率也定了，可以从列于图 4.1(a)下面的五个独立方程算出。不合理的指定将导致不现实的结果，例如，如果组分是 H_2O，O_2 和 N_2，指定 $T=100$ ℉和 $p=15$ psia，再指定 $x_{N_2}=0.90$ 是不切合实际的，因为氮几乎不溶解于水。

在应用吉布斯相律时，需注意 K 值不是变量，而是热力学函数，取决于第 2 章中讨论的一些变量。

吉布斯相律有其局限性，因为它既不处理进入平衡级的原料流，也不处理在设计或分析分离操作时用到的广度变量。然而，相律可以推广到过程应用，只需增加原料流和广度变量以及关联原料变量和广度变量的独立方程，而强度变量已在相律中考虑了。

考虑图 4.1(b)所示的单级气-液平衡($\mathscr{P}=2$)分离过程，与图 4.1(a)比较，另外增加的变量有 z_i，T_F，p_F，F，Q，V 和 L，即 $C+6$ 个变量，这些全部标注在图中。一般说来，对于 $\mathscr{P}$ 个相，增加的变量数是 $C+\mathscr{P}+4$。另外增加的独立方程列于图下，包括 C 个组分物料衡算和能量衡算，即 $C+1$ 个方程。注意，像 K 值一样，物流的焓也不作为变量，因为它们是热力学函数，取决于强度变量。

对于含有 C 个组分、$\mathscr{P}$ 个相和一个原料相的相平衡的一般性的自由度分析，式(4－2)和(4－3)将以增加变量数和方程数获得推广，分别为

$$\mathscr{V}=(C\mathscr{P}+2)+(C+\mathscr{P}+4)=\mathscr{P}+C\mathscr{P}+C+6$$

$$\mathscr{E}=[\mathscr{P}+C(\mathscr{P}-1)]+(C+1)=\mathscr{P}+C\mathscr{P}+1 \qquad (4-4)$$

$$\mathscr{F}=\mathscr{V}-\mathscr{E}=C+5$$

例如，如果自由度 $C+5$ 用来指定各个 z_i 和 F，T_F，p_F，T 和 p，余下的变量由示于图 4.1 中的

方程计算①。为了应用相律式(4－1),相的数目必须知道;当应用式(4－4)时,相的数目 $\mathscr{P}$ 是隐含在计算步骤中的,这将在本章后面部分示明。

在下面几节,吉布斯相律式(4－1)和流动系统自由度数方程(4－4)将用于:(1)列表平衡数据;(2)图解平衡数据;(3)平衡的汽-液、液-液、固-液、气-液、气-固、汽-液-固和汽-液-液系统的 K 值和焓的热力学方程。

4.2　二元汽-液系统

含有组分 A 和 B 的二元系的实测汽-液平衡数据可查到很多,Perry 的手册[1]及 Gmehling 和 Onken[2]的数据集是这方面数据的重要来源。因为 $y_B=1-y_A$ 和 $x_B=1-x_A$,提供的数据只要用四个强度变量 T, p, y_A 和 x_A。最一般的情况是在 p 固定,T, y_A 和 x_A 列成表格,y_A 和 x_A 的变化范围从 0 到 1,此处 A 是易挥发组分($y_A>x_A$)。然而,当恒沸物形成时(参见节 4.3),在恒沸点一侧 B 变成了易挥发组分。根据吉布斯相律(4－1),$F=2-2+2=2$,因此,当压力固定时,如果温度也定了,那么,相的组成全都定了,分离因子,即汽-液平衡系统的相对挥发度也定了。

表 4.1　三对普通二元系于 1atm 下的汽-液平衡数据

a. 水(A)-甘油(B)系统
$p=101.3$kPa
Data of Chen and Thompson. *J. Chem. Eng. Data*. 15,471(1970)

温度,℃	y_A	x_A	$\alpha_{A,B}$
100.0	1.000 0	1.000 0	
101.7	0.999 8	0.953 4	250
104.6	0.999 6	0.884 6	333
109.8	0.999 1	0.773 1	332
122.0	0.998 2	0.561 0	440
128.8	0.998 0	0.474 2	544
140.4	0.997 4	0.362 2	683
148.2	0.996 4	0.307 7	627
158.6	0.994 0	0.246 0	507
175.2	0.989 8	0.175 6	456
207.0	0.980 4	0.094 5	481
244.5	0.934 1	0.049 1	275
282.5	0.830 8	0.025 0	191
290.0	0.000 0	0.000 0	

b. 甲醇(A)-水(B)系统
$p=101.3$kPa
Data of J. G. Dunlop, M. S. thesis, Brooklyn Polytechnic Institute(1948)

① 在式(4－4)的推导中,假设原料的摩尔分率加和等于 1。另外,$\sum_{i=1}^{C} z_i=1$ 可以加到独立方程数中(于是强制原料的摩尔分率之和等于 1),那么,自由度少了一个,即为 $C+4$。

续表

温度,℃	y_A	x_A	$\alpha_{A,B}$
64.5	1.000 0	1.000 0	
65.0	0.979	0.950	2.45
66.0	0.958	0.900	2.53
67.5	0.915	0.800	2.69
69.3	0.870	0.700	2.87
71.2	0.825	0.600	3.14
73.1	0.779	0.500	3.52
75.3	0.729	0.400	4.04
78.0	0.665	0.300	4.63
81.7	0.579	0.200	5.50
84.4	0.517	0.150	6.07
87.7	0.418	0.100	6.46
89.3	0.365	0.080	6.61
91.2	0.304	0.060	6.84
93.5	0.230	0.040	7.17
96.4	0.134	0.020	7.58
100.0	0.000	0.000	

c. 对二甲苯(A)-间二甲苯(B)系统

p=101.3kPa

Data of Kato, Sato, and Hirata, *J. Chem. Eng. Jpn.*, 4,305(1970)

温度,℃	y_A	x_A	$\alpha_{A,B}$
138.335	1.000 0	1.000 0	
138.414	0.901 9	0.900 0	1.002 1
138.491	0.803 3	0.800 0	1.004 1
138.568	0.704 3	0.700 0	1.006 1
138.644	0.604 9	0.600 0	1.008 2
138.720	0.505 1	0.500 0	1.010 2
138.795	0.404 9	0.400 0	1.012 3
138.869	0.304 2	0.300 0	1.014 0
138.943	0.203 2	0.200 0	1.016 0
139.016	0.101 8	0.100 0	1.018 0
139.088	0.000 0	0.000 0	

$$\alpha_{A,B}=\frac{K_A}{K_B}=\frac{(y_A/x_A)}{(y_B/x_B)}=\frac{(y_A/x_A)}{(1-y_A)/(1-x_A)} \tag{4-5}$$

工业上重要的三对二元系在 1 atm 下的 $T-y_A-x_A$ 形式的汽-液平衡数据列于表 4.1 中,从式(4－5)计算得到的相对挥发度也列于表中。如第 2 章讨论的,相对挥发度 α_{AB} 取决于 T,p 和平衡的相组成。在 1atm 下,α_{AB} 可以用 $\gamma_A p_A^S/\gamma_B p_B^S$ 相当好地近似,α_{AB} 仅与 T 和 x_A 有关,由于气相的非理想性小。由于 α_{AB} 与 x_A 有关,它不是常数,而是从一点到一点发生变化。对于表 4.1 中的三对二元系,随着温度的升高,难挥发组分 B 在气相和液相中的含量变得更多。对于 $x_A=1$ 处,此温度就是 A 的沸点;对于 $x_A=0$ 处,温度是 B 的沸点。对于此三对二元系,所有其余数据点的温度均介于两个沸点之间。除了纯组分外,$y_A>x_A$ 和 $\alpha_{AB}>1$。

对于水-甘油系统,两者沸点相差 190℃,因此,相对挥发度相当大,采用单个平衡级能达到相当好的分离。工业上,分离通常在蒸发器中进行,产生近乎纯的水蒸气和富含甘油的液体。例如，从表 4.1 得知，在 207℃时与甘油含量大于 90%(mol)的液相相平衡的气相含水 98%(mol)。

对于甲醇-水系统，两者沸点差 35.5℃，因此其相对挥发度在数量级上比水-甘油系统的小，在单级中不能得到清晰分离。为得到馏出液含 99%(mol)甲醇和含 98%(mol)水的塔底产物(一个可以接受的工业分离)，大约需要 30 块板的蒸馏。

对于芳香族对二甲苯-间二甲苯异构体系统，沸点差只有 0.8℃，因此，相对挥发度很接近于 1.0，用蒸馏分离它们是不现实的，因为需要 1 000 块塔板左右才能生产出几乎纯净的产品。代之以用具有高得多分离因子的结晶和吸收实现工业规模的分离。

甲醇-水系统的气-液平衡实验数据列于表 4.2 中，它们是以在指定温度 50℃、150℃和 250℃下的 $p-y_A-x_A$形式给出。这三组数据覆盖的压力范围从 1.789 到 1 234 psia，较高的压力对应于较高的温度。在 50℃下具有中等大小的相对挥发度，整个浓度区间的平均值为 4.94；在 150℃下，平均相对挥发度仅 3.22；而在 250℃下则降至 1.75。因此，相对挥发度随着温度和压力的增加而明显地减小。从表 4.2 中的 250℃的一组数据可以看到，随甲醇浓度的增加，达到压力 1 219psia 附近的一点，其甲醇摩尔分率为 0.772，该点的相对挥发度是 1.0，已不可能用蒸馏实现分离，因为气相和液相的组成相同，两个相像一个相。这是这个组成混合物的一个临界点，它在纯甲醇和纯水的临界点之间：

$y_A=x_A$	T_c,℃	p_c,psia
0.000	374.1	3 208
0.772	250	1 219
1.000	240	1 154

每对二元混合物组成存在一组临界条件，在工业上，蒸馏塔在远低于待分离混合物的临界压力下操作，以避免相对挥发度接近 1.0。

图 4.2 所示为表 4.1 和 4.2 中的甲醇-水系统数据的三种形式标绘：(a)在 $p=1$ atm 下的 T 对 y_A或 x_A的标绘；(b)在 $p=1$atm 下 y_A对 x_A的标绘；(c)在 $T=150$℃下 p 对 x_A的标绘。这三种标绘均满足吉布斯相律，即两个强度变量被指定后，其余所有变量由控制平衡的方程和摩尔分率加和等于 1 的方程确定。图 4.2 中的三种图仅(a)包含完整的数据，(b)中没有温度，而(c)中没有气相摩尔分率。虽然质量分率可以用来代替摩尔分率，但由于理论的相平衡方程是基于摩尔分率性质的，故更愿意用摩尔分率。

图 4.2(a)那样的标绘是有用的，对于组成已知的原料，可以用它确定相态、相的转变温度、平衡相的组成和平衡相的数目。考虑正己烷(H)-正辛烷(O)系统在 101.3 kPa 下的图 4.3 中的 $T-y-x$ 标绘，由于正己烷是易挥发组分，用它的摩尔分率标绘。标注有“饱和蒸气”的上面一根曲线给出了露点温度与蒸气摩尔分率 y_H间关系；标注有“饱和液体”的下面一根曲线给出了泡点温度和液体摩尔分率 x_H间的关系。这两根曲线在 $x_H=0$ 和纯正辛烷的沸点(258.2 ℉)处以及在 $x_H=1$ 的纯正己烷的沸点(155.7 ℉)处会聚。要两相共存，在给定温度下代表两个相的二元混合物的总组成点必须位于两根曲线间的两相区。如果该点位于饱和蒸气线上方，仅存在过热蒸气；如果该点位于饱和液体线下方，则仅存在过冷液体。

表 4.2 甲醇-水系统于 50,150 和 250℃时的汽液平衡数据

a. 甲醇(A)-水(B)系统

T=50℃

Data of McGlashan and Williamson. *J. Chem. Eng. Data.* 21,196(1976)

压力,psia	y_A	x_A	$\alpha_{A,B}$
1.789	0.000 0	0.0000	
2.373	0.266 1	0.045 3	7.64
2.838	0.405 7	0.086 3	7.23
3.369	0.522 7	0.138 7	6.80
3.764	0.589 8	0.185 4	6.32
4.641	0.708 7	0.313 7	5.32
5.163	0.768 4	0.417 7	4.63
5.771	0.821 2	0.541 1	3.90
6.122	0.852 0	0.616 6	3.58
6.811	0.909 0	0.759 8	3.16
7.280	0.945 5	0.852 5	3.00
7.800	0.981 7	0.951 4	2.74
8.072	1.000 0	0.000 0	

b. 甲醇(A)-水(B)系统

T=150℃

Data of Griswold and Wong, *Chem. Eng. Prog. Symp. Ser.*, 48(3),18(1952)

压力,psia	y_A	x_A	$\alpha_{A,B}$
73.3	0.060	0.009	7.03
79.0	0.135	0.022	6.94
85.7	0.213	0.044	5.88
93.9	0.286	0.079	4.67
114.9	0.459	0.186	3.71
139.7	0.610	0.374	2.62
148.6	0.662	0.459	2.31
160.4	0.731	0.578	1.98
177.4	0.832	0.748	1.67
193.5	0.929	0.893	1.57
194.5	0.943	0.913	1.58
196.5	0.960	0.936	1.64
197.7	0.972	0.953	1.71
199.2	0.982	0.969	1.75

c. 甲醇(A)-水(B)系统

T=250℃

Data of Griswold and Wong, *Chem. Eng. Prog. Symp. Ser.*, 48(3),18(1952)

压力,psia	y_A	x_A	$\alpha_{A,B}$
681	0.163	0.066	2.76
764	0.280	0.132	2.56
818	0.344	0.180	2.39
889	0.423	0.254	2.15
949	0.487	0.331	1.92
994	0.542	0.404	1.75
1 049	0.596	0.483	1.58
1 099	0.643	0.553	1.46
1 159	0.698	0.631	1.35
1 204	0.756	0.732	1.13
1 219	0.772	0.772	1.00
1 234	0.797	0.797	1.00

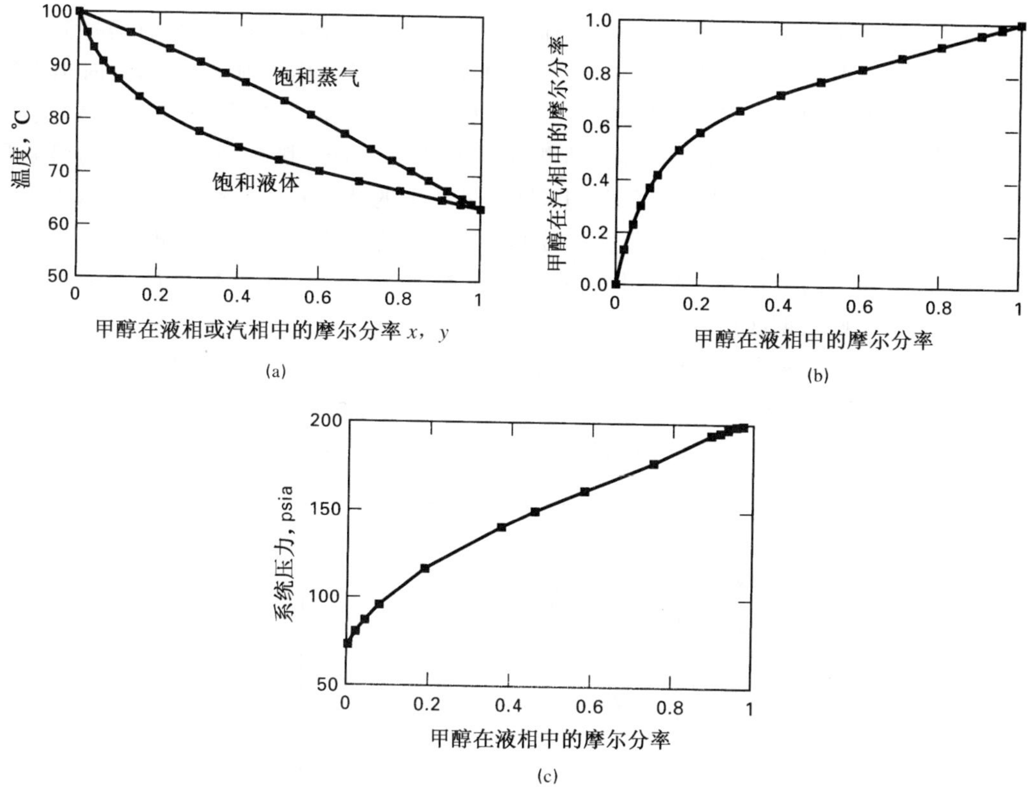

图 4.2　甲醇-水系统的汽-液平衡状况

(a) 1atm 下的 $T-y-x$ 相图；(b) 1atm 下的 $y-x$ 图；(c) 150℃下的 $p-x$ 图

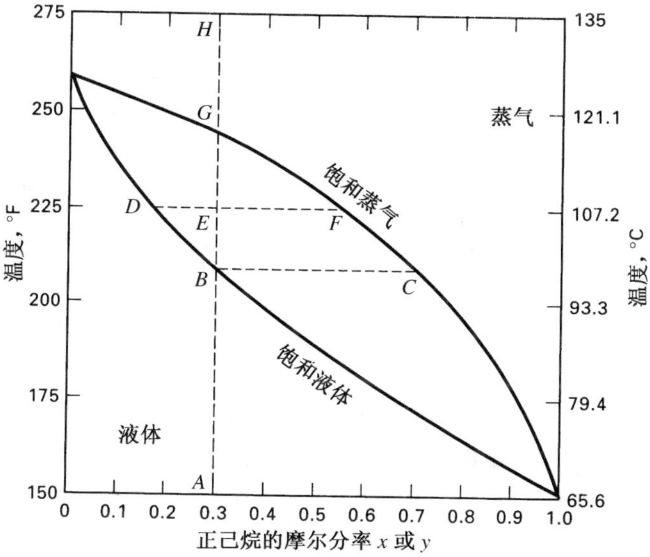

图 4.3　正己烷-正辛烷系统于 1atm 下的 $T-y-x$ 相平衡图的应用

设想我们有一个含 30%(mol) H 的混合物处于 150 ℉条件下,由图 4.3 中的点 A ($x_H=0.3, x_O=0.7$)可见,这是过冷液体。当此液体在 1atm 恒压下被加热时,直至达到 210 ℉前始终保持液态。210 ℉点对应于饱和液体线上的点 B,该点被称为泡点,因为此时出现第一个蒸气泡。此汽泡是饱和蒸气,与同温度下的液体相平衡,其组成沿结线 BC 确定。结线从 $x_H=0.3$ 到 $y_H=0.7$ ($y_O=0.3$),由于两相温度相同,结线是水平线。随着两相混合物的温度升高到点 E,该点位于 225 ℉的水平结线 DEF 上,H 在液相中的摩尔分率降到 $x_H=0.17$(由于它比 O 易挥发,更容易汽化),H 在气相中的摩尔分率相应地升为 0.55。在整个两相区,气相在其露点,液相则在其泡点,两个相的总组成保持在正己烷的摩尔分率 0.30。在点 E,两个平衡相的相对数量由杠杆定则依据线段 DE 和 EF 的长度确定,参照图 4.1(b)和 4.3,$V/L=DE/EF$ 或 $V/F=DE/DEF$。当温度升到 245 ℉的点 G,即到达 $y_H=0.3$ 的露点,此时仅剩余一滴平衡液体,其组成由结线 FG 的 F 点定[①],即 $x_H=0.06$。进一步升高温度,譬如说到 275 ℉的 H 点,得到 $y_H=0.30$ 的过热蒸气。步骤可以反过来从点 H 开始,向下移动到点 A。

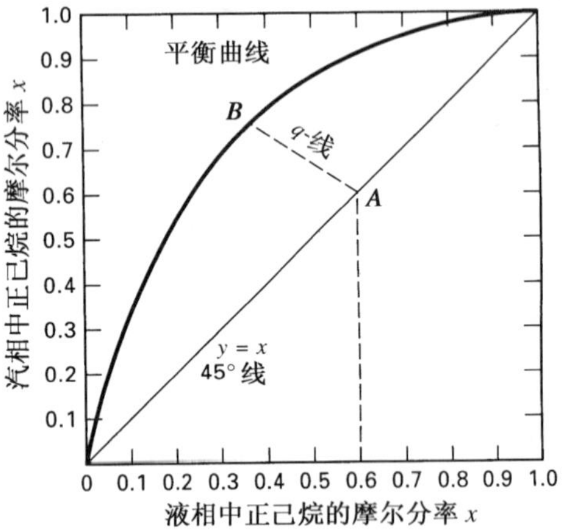

图 4.4　正己烷-正辛烷系统于 1atm 下的 $y-x$ 相平衡图的应用

图 4.2(b)那样的恒压 $x-y$ 标绘也是有用的,因为平衡的气相和液相组成由气相上的一个点表示,然而它没有包括相的温度信息,这种标绘中通常包含一根 $y=x$ 的 45°参照线。考虑图 4.4 中对 H—O 在 101.3 kPa 下的 $y-x$ 标绘,这种标绘对于给定组成的原料混合物在汽化任意数值的摩尔百分率时,用作图法确定平衡的相组成时是方便的。

设想示于图 4.1(b)中的原料混合物 F 具有总组成 $z_H=0.6$,为了确定平衡的相组成,譬如说它汽化了 60%(mol),在图 4.4 中作一根虚线,在 45°线上的点 A 代表 z_H,再作被称为 q 线的一根线,向左上方延长到平衡线上的点 B,q 线的斜率$=[(V/F)-1]/(V/F)$,于是对于 60%(mol)的汽化率,斜率$=(0.6-1)/0.6=-2/3$,从线 AB 和平衡线的交点 B 得到平衡相的组成为 $y_H=0.76$ 和 $x_H=0.37$。如果用图 4.3 来确定这个组成,则需要用试差办法设置水平线。图 4.4 中 q 线斜率可由图 4.1(a)的组分摩尔衡算式

$$Fz_H=Vy_H+Lx_H$$

结合总摩尔衡算式

① 应是由过 G 点的结线与饱和液体线的交点确定(图中未画出)——译者注。

$$F=V+L$$

消去 L 得到 q 线的方程：

$$y_{\mathrm{H}}=\left[\frac{(V/F)-1}{(V/F)}\right]x_{\mathrm{H}}+\left[\frac{1}{(V/F)}\right]z_{\mathrm{H}}$$

因此，通过平衡点(y_{H}，x_{H})q 线斜的率为$[(V/F)-1]/(V/F)$。

图 4.2 的三种标绘中图 4.2(c)是用得最少的，然而此标绘却能示明在恒定温度下二元混合物偏离拉乌尔定律的程度。如果拉乌尔定律适用，液体上面的总压是

$$p=p_{\mathrm{A}}^{\mathrm{s}}x_{\mathrm{A}}+p_{\mathrm{B}}^{\mathrm{s}}x_{\mathrm{B}}=p_{\mathrm{A}}^{\mathrm{s}}x_{\mathrm{A}}+p_{\mathrm{B}}^{\mathrm{s}}(1-x_{\mathrm{A}})=p_{\mathrm{B}}^{\mathrm{s}}+x_{\mathrm{A}}(p_{\mathrm{A}}^{\mathrm{s}}-p_{\mathrm{B}}^{\mathrm{s}}) \tag{4-6}$$

因此，p 对 x_{A}的标绘是一根交于 B 的蒸气压($x_{\mathrm{A}}=0$ 处)和 A 的蒸气压($x_{\mathrm{A}}=1$ 处)的直线。偏离直线越大，则偏离理想气体和/或理想液体溶液的假设越远。如果压力足够低，平衡的气相是理想的，假如曲线是凸的，则表明与拉乌尔定律是正偏差，各组分的液相活度系数均大于 1；假如曲线是凹的，则表明与拉乌尔定律是负偏差，各组分的液相活度系数均小于 1。在任何情况下，总压是

$$p=\gamma_{\mathrm{A}}p_{\mathrm{A}}^{\mathrm{s}}x_{\mathrm{A}}+\gamma_{\mathrm{B}}p_{\mathrm{B}}^{\mathrm{s}}x_{\mathrm{B}} \tag{4-7}$$

如果气相确实不符合理想气体定律，式(4-7)则不适用。如果图 4.2(c)中的压力相当高，与理想气体定律存在某些偏差，但曲线的凸起主要是因活度系数大于 1 而造成的。

对于具有理想或接近理想特性的、沸点相当接近(窄沸程)的二元混合物，相对挥发度随压力的变化小，如果在整个浓度区间 α_{AB}可以当作常数，则 $y-x$ 的相平衡曲线可以从式(4-5)的重新排列得到和标绘：

$$y_{\mathrm{A}}=\frac{\alpha_{\mathrm{A,B}}x_{\mathrm{A}}}{1+x_{\mathrm{A}}(\alpha_{\mathrm{A,B}}-1)} \tag{4-8}$$

对于理想溶液，α_{AB}可以用拉乌尔定律近似得到

$$\alpha_{\mathrm{A,B}}=\frac{K_{\mathrm{A}}}{K_{\mathrm{B}}}=\frac{p_{\mathrm{A}}^{\mathrm{s}}/p}{p_{\mathrm{B}}^{\mathrm{s}}/p}=\frac{p_{\mathrm{A}}^{\mathrm{s}}}{p_{\mathrm{B}}^{\mathrm{s}}} \tag{4-9}$$

于是，只要知道两个组分在某一温度(例如在给定压力下两个沸点的中间)的蒸气压，仅应用一个 α_{AB}值就可以近似地作出 $y-x$ 相平衡曲线。图 4.5 所示的曲线族在缺乏详细的实验数据时可以用于初步计算，式(4-8)和式(4-9)对于宽沸程或非理想的混合物不推荐使用。

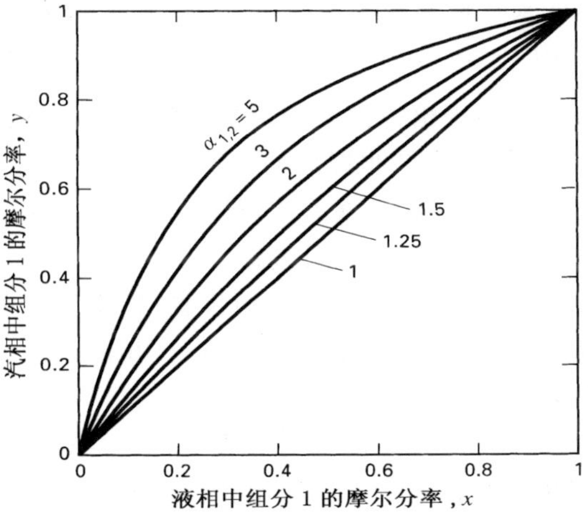

图 4.5　恒定相对挥发度的汽-液相平衡曲线

4.3 恒沸系统

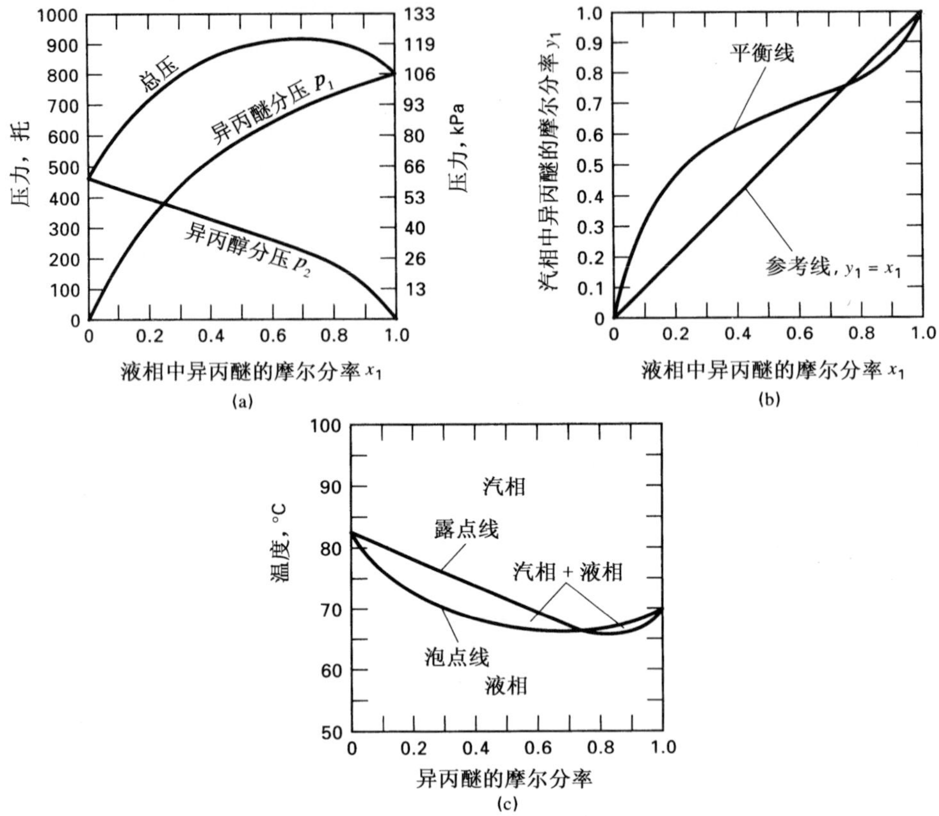

图 4.6　最低恒沸物异丙醚-异丙醇系统

(a) 70℃时的分压和总压；(b) 101kPa 下的汽-液平衡；(c) 101kPa 下的相图

[摘自 O.A. Hougen. K.M. Watson. and R.A. Ragatz. *Chemical Process Principles*. *Part II*. 2nd ed., John Wiley and Sons. New York(1959).]

与拉乌尔定律的偏离经常表现出恒沸物的形成，特别是由不同类型化学品的沸点相近组分组成的混合物，它们的液体溶液是非理想的。液体混合物因存在最高或最低沸点而形成恒沸物，它们与拉乌尔定律分别存在负偏差或正偏差，在恒沸组成时气相和液相的组成相同，因此，各个 K 值都是 1，不能产生组分的分离。

假如只存在一个液相，混合物形成的是均相恒沸物；如果存在两个以上液相，恒沸物则是非均相的。根据吉布斯相律，两组分系统在恒压下，气相能与两个以下的液相共存，而三组分化合物，气相能与多达三个液相共存。

图 4.6、图 4.7 和图 4.8 示明了二元混合物常遇到的三类恒沸物，到目前为止，最普通的类型是最低恒沸点的均相恒沸物，如图 4.6 中所示的异丙醚-异丙醇系统，图 4.6(a)是在 70℃时的，最大总压大于任一组分的蒸气压，因为活度系数大于 1。图 4.6(b)中的 $y-x$ 相

图表明，1atm 压力下恒沸混合物发生在异丙醚 78%(mol)处。图 4.6(c)是 101.3 kPa 压力下的 $T-x$ 相图，此图示明恒沸物在 66℃ 沸腾。图 4.6(a)示明恒沸物的压力为 123 kPa (923 托)，含异丙醚 72%(mol)，因此，恒沸组成是随压力而变化的。在蒸馏操作中，最低恒沸物是塔顶产物。

图 4.7(a)所示为丙酮-氯仿系统的最高沸点的均相恒沸物，最低总压低于纯组分的蒸气压，因为活度系数小于 1。在蒸馏操作中此恒沸物在塔底产物中得到增浓。

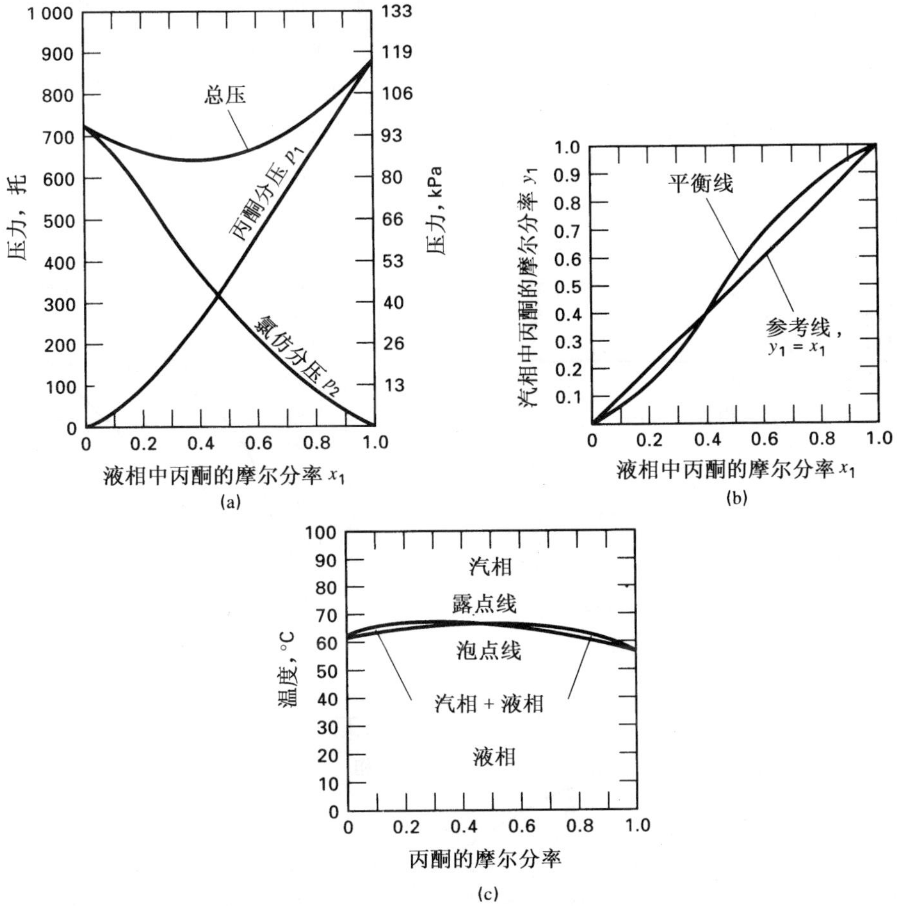

图 4.7　最高恒沸物丙酮-氯仿系统

(a) 60℃的分压和总压；(b) 101kPa 下的汽-液平衡；(c) 101kPa 下的相图

[摘自 O.A. Hougen. K.M. Watson. and R.A. Ragatz. *Chemical Process Principles*. *Part II*. 2nd ed., John Wiley and Sons. New York(1959).]

非均相恒沸物总是最低沸点混合物，因为只有活度系数明显大于 1 才会引起液体分割成两个液相。图 4.8(a)所示是水-正丁醇系统，图中的 $a-b$ 区间是两相区，此区中随两相相对数量的改变分压和总压保持恒定，相的组成也不变。图 4.8(b)中的 $y-x$ 相图示明不溶解区的一段水平线，而图 4.8(c)相图示明一个最低恒定温度。

恒沸物限制了普通蒸馏可能达到的分离程度，用充分地改变压力能破解恒沸物或将它移出所需分离必须涉及的区域。例如，乙醇和水形成均相最低恒沸物，在 78.15℃ 和 101.3 kPa 下的恒沸组成是 95.6%(质量)，但在低于 9.3 kPa 绝对真空下恒沸物消失了。三元恒沸物也会生成,它对于完全分离也会产生与二元恒沸物产生的同样阻碍。

通常恒沸物的生成和特殊场合下非均相恒沸物的生成能被用来实现困难的分离,如在第1章中讨论的,为了与原料中的一个或多个组分结合形成最低恒沸物而加入夹带剂,恒沸物作为馏出物被回收。

图4.9所示是用非均相恒沸蒸馏制取纯乙醇的关键过程。水与乙醇形成二元最低恒沸物,在101.3 kPa下的沸点78.15℃,含乙醇95.6%(质量),因此,在1 atm下用普通蒸馏不可能得到纯乙醇(沸点=78.40℃)。向乙醇一水混合物中加入苯,导致非均相三元最低恒沸物的生成,其质量百分率组成为:18.5%乙醇,74.1%苯和7.4%水,沸点64.85℃。一旦它冷凝后,三元恒沸物分离成两个液层:顶层含14.5%乙醇、84.5%苯和1%水;底层含53%乙醇、11%苯和36%水(均是质量百分率)。富含苯的一层作为回流回入塔中,另一层送到另一座蒸馏塔回收乙醇和供循环用的苯,具有沸点高于三元恒沸物的纯乙醇从该塔底部得到。

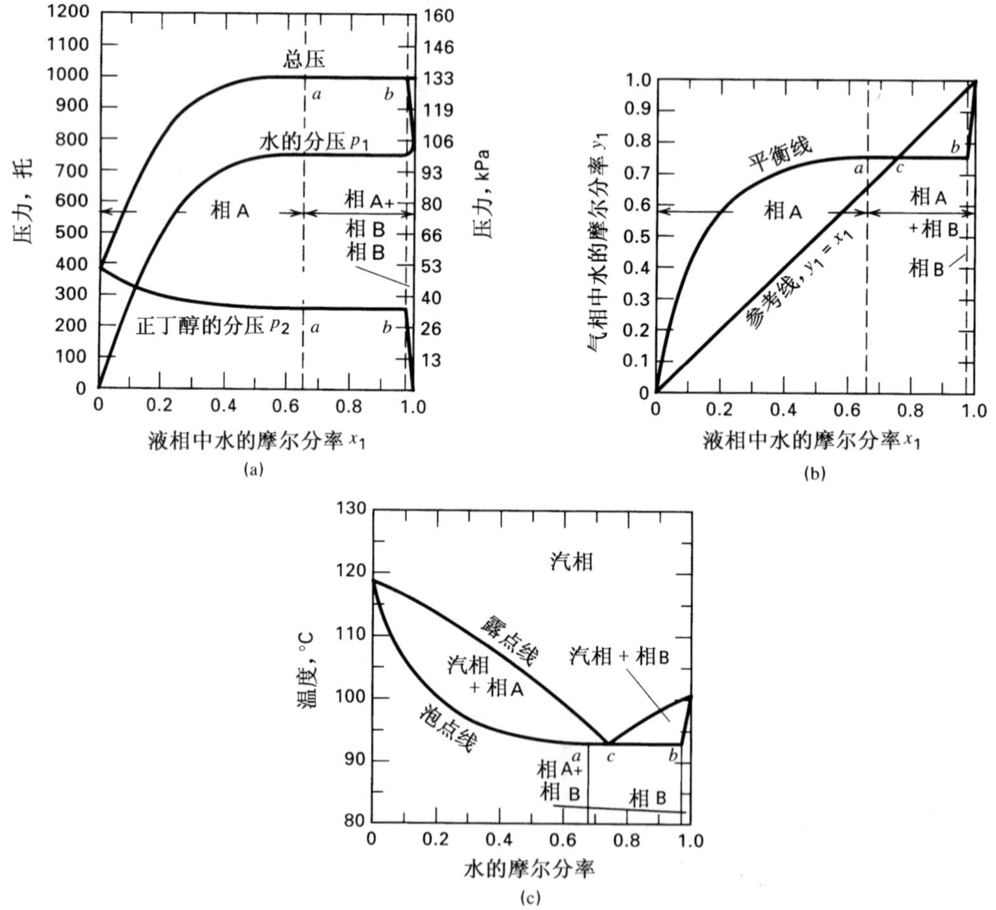

图4.8 最低恒沸物(两液相)水/正丁醇系统

(a) 100℃时的分压和总压;(b) 101kPa下的汽-液平衡;(c) 101kPa下的相图

[摘自 O.A. Hougen. K.M. Watson. and R.A. Ragatz. *Chemical Process Principles*. *Part II*. 2nd ed., John Wiley and Sons. New York(1959).]

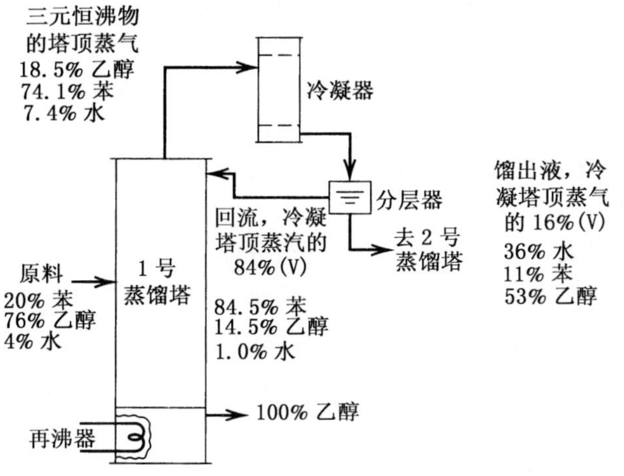

图 4.9　纯乙醇生产的关键过程

在第 1 章讨论到的萃取蒸馏中，加入溶剂（通常在近塔顶处加入）是为了选择性地改变活度系数以增加待分离的两个组分间的相对挥发度，溶剂常是极性的高沸点组分，例如苯酚、苯胺或糠醛，它们在塔底浓集。

4.4　多组分闪蒸、泡点和露点的计算

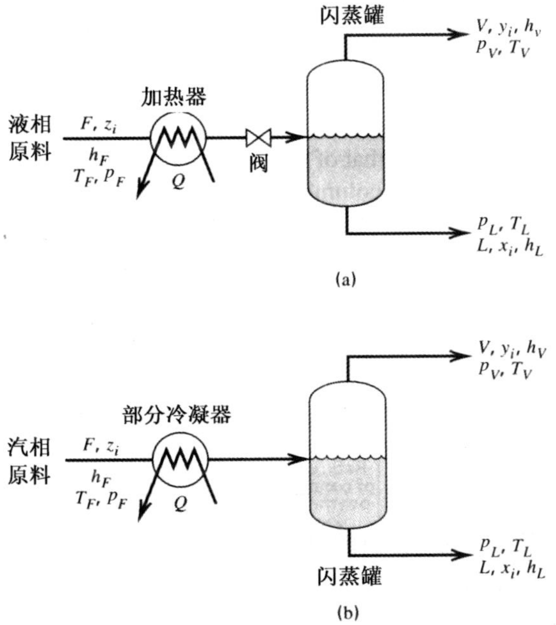

图 4.10　连续单级平衡分离

(a) 闪蒸（用阀的绝热闪蒸，T_V 指定、不用阀的等温闪蒸）

(b) 部分冷凝（当 T_V 指定时，与等温闪蒸类似）

闪蒸是单个平衡级蒸馏，在此料液部分汽化，得到比剩余液体富含易挥发性组分的气相。在图 4.10(a)中原料液在压力下被加热，经阀绝热闪蒸到较低压力，在闪蒸罐实现生成的蒸气和剩余的液体分离。如果不用阀，液体在低压下于加热器部分汽化，再在闪蒸罐实现两相的分离。另外，如图 4.10(b)所示，气相原料可以被冷却和部分冷凝，在闪蒸罐分离成两个相，得到的液相富含难挥发性组分。在上述两种场合，如果设备设计合理，离开闪蒸罐的气相和液相达到平衡[4]。

除非相对挥发度很大，单个平衡级中两个组分间能达到的分离程度是差的，因此，闪蒸(部分汽化)和部分冷凝通常是一种辅助操作，用来为进一步的加工准备物流。典型的情况是，气相送到气相加工系统，液相送到液相加工系统。单级闪蒸计算的计算方法是很重要的，因为这种计算不仅用于图 4.10 所示的操作，还用来确定过程中任意一股物流或已知组成、温度和压力的物料的相态。

对于图 4.10 所示的、具有一股进料和两股产物的单级平衡操作，应用表 4.3 中所列的 $2C+5$ 个方程(在图 4.10 中，气相和液相产物的温度与压力是分别给定的，为的是强调接下来需要假设机械的和热的平衡)，它们关联 $3C+10$ 个变量(F, V, L, z_i, y_i, x_i, T_F, T_V, T_L, p_F, p_V, p_L, Q)，留下 $C+5$ 个自由度。假定 $C+3$ 个进料变量(F, T_F, p_F 和 C 个 z_i)已知，还有两个变量可以指定。最常用的指定组合是：

T_V, p_V	等温闪蒸	$V/F=0$, p_L	泡点温度
$V/F=1$, p_V	露点温度	T_L, $V/F=0$	泡点压力
T_V, $V/F=1$	露点压力	$Q=0$, p_V	绝热闪蒸
Q, p_V	非绝热闪蒸	V/F, p_V	指定百分率的闪蒸

表 4.3 单级闪蒸和部分冷凝操作的方程式

方程式		方程数
(1) $p_V=p_L$	(机械平衡)	1
(2) $T_V=T_L$	(热平衡)	1
(3) $y_i=K_i x_i$	(相平衡)	C
(4) $Fz_i=Vy_i+Lx_i$	(组分物料衡算)	C
(5) $F=V+L$	(总物料衡算)	1
(6) $h_F F+Q=h_V V+h_L L$	(热量衡算)	1
(7) $\sum_i y_i-\sum_i x_i=0$	(加和)	1
		$\mathscr{E}=2C+5$
$K_i=K_i\{T_V, p_V, y, x\}$	$h_F=h_F\{T_F, p_F, z\}$	
$H_V=h_V\{T_V, p_V, y\}$	$h_L=h_L\{T_L, p_L, x\}$	

下面将对这些情况进行讨论，它们的计算步骤是众所周知的，并得到了广泛应用，在此全都假定原料的摩尔分率 z_i 加和等于 1。

4.4.1 等温闪蒸

如果多元混合物的平衡温度 T_V(或 T_L)和平衡压力 p_V(或 p_L)被指定，余下的 $2C+5$ 个变量由表 4.3 中同样数量的方程确定。被称为等温闪蒸的计算步骤是不简单的，因为表 4.3 中的式(4)是未知变量 V，L，y_i 和 x_i 的非线性方程。已开发出了许多解的策略，但当 K 值与平衡相的组成无关(或几乎无关)时，通常乐意用的步骤是列于表 4.4 中的，它由 Rachford 和 Rice[5]提出。

首先求解仅含有一个未知变量的方程。因此表 4.3 中的式(1)和式(2)分别对 p_L 和 T_L 求解。未知量 Q 仅出现在式(6)中，因此，它在其余方程求解后再计算。这样余下的方程(3)，(4)，(5)及(7)对 V，L 与全部 y 和 x 值求解。可以对这些方程分块，采用序贯方式求解未知量。将式(5)代入式(4)消去 L，再将所得结果与式(3)结合得到表 4.4 中的式(5)和式(6)，这里的式(5)是 x_i 的，而不是 y_i 的；而式(6)则是 y_i 的，不是 x_i 的。将这两个方程加和，并组合到 $\sum y_i - \sum x_i = 0$ 中，消去 y_i 和 x_i 后得到表 4.4 中的式(3)，这仅是个 V(或 V/F)的非线性方程。一旦此方程用迭代法数值解解得 ψ 后，随后由表 4.4 中的式(4)得出 V，其余的未知量可由表 4.4 中的式(5)到式(8)简单地求出。当 T_F 和/或 p_F 未指定时，表 4.3 中的式(6)不能算出 Q。应用这个等温闪蒸的步骤，在已知温度($T_V = T_L$)和压力($p_V = p_L$)的条件下，混合物的平衡相条件确定了。

表 4.4 中的式(3)可以用迭代解，在 0 到 1 之间假设 ψ 值，直至函数 $f\{\psi\}=0$。典型的函数形式示于图 4.11 中，它将在例 4.1 中进行计算。对表 4.4 中的式(3)最广泛采用的数值解法是牛顿法[6]，第 $k+1$ 次迭代用的 ψ 根的预测值从递推式计算：

表 4.4　当 K 值与组成无关时的 Rachford - Rice 的等温闪蒸计算步骤

指定变量：$F, T_F, p_F, z_1, z_2, \ldots, z_C, T_V, p_V$

步骤

(1) $T_L = T_V$

(2) $p_L = p_V$

(3) 解

$$f\{\psi\} = \sum_{i=1}^{C} \frac{z_i(1-K_i)}{1+\psi(K_i-1)} = 0$$

得到 $\psi = V/F$，式中 $K_i = K_i\{T_V, p_V\}$

(4) $V = F\psi$

(5) $x_i = \dfrac{z_i}{1+\psi(K_i-1)}$

(6) $y_i = \dfrac{z_i K_i}{1+\psi(K_i-1)} = x_i K_i$

(7) $L = F - V$

(8) $Q = h_V V + h_L L - h_F F$

$$\psi^{(k+1)} = \psi^{(k)} - \frac{f\{\psi^{(k)}\}}{f'\{\psi^{(k)}\}} \tag{4-10}$$

式中上角标是迭代次数，$f\{\psi\}$ 对 ψ 的导数由表 4.3 中的式(3)导出

$$f'\{\psi^{(k)}\} = \sum_{i=1}^{C} \frac{z_i(1-K_i)^2}{[1+\psi^{(k)}(K_i-1)]^2} \tag{4-11}$$

迭代可以从假设 $\psi=0.5$ 开始，当 $|\psi^{(k+1)} - \psi^{(k)}|/\psi^{(k)} < 0.0001$ 时，已达到足够精度而结束迭代。

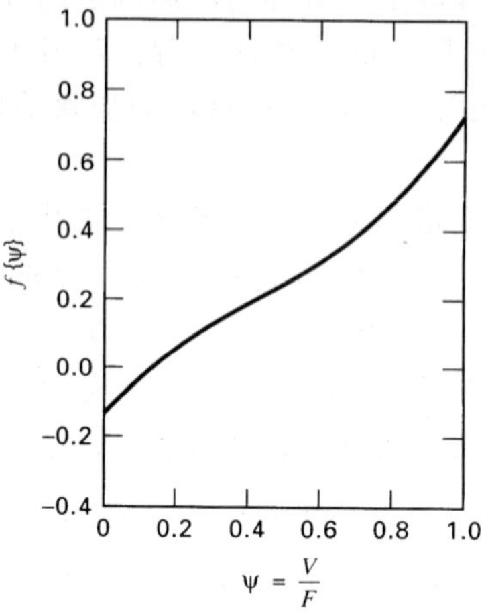

图 4.11　例 4.1 的 Rachford－Rice 函数

在开始执行表 4.4 中的步骤前，首先应该校验是否存在有效根($0\leqslant\psi\leqslant1$)，这只要检验给出的平衡条件是否与过冷液体或过热蒸气相对应，而不是与部分汽化或部分冷凝相对应。对于多元混合物原料在给定的温度和压力下闪蒸是否会给出平衡的两相的初步估计可以检验各个组分的 K 值：如果全部 K 值都大于 1，则存在的相是高于露点的过热蒸气；如果全部 K 值都小于 1，则存在的相是低于泡点的冷液；如果一个或多个 K 值大于 1 和一个或多个 K 值小于 1，再按下面的步骤来判别：首先由式(3)计算 $\psi=0$ 时的 $f\{\psi\}$ 值，如果 $f\{0\}>0$，混合物为低于泡点的冷液；此外，如果 $f\{1\}<0$，混合物为高于露点的过热蒸气。

例 4.1

由浓度分别为 10%，20%，30%和 40%(mol)的丙烷(3)、正丁烷(4)、正戊烷(5)和正己烷(6)组成的 100kmol/h 原料加入 100 psia (689.5 kPa)和 200 ℉ (366.5 K)下的蒸馏塔，假设达相平衡，计算原料的多少摩尔分率成液体进入？液相和气相的组成怎样？

解

由图 2.8 查得闪蒸条件下的 $K_3=4.2$，$K_4=1.75$，$K_5=0.74$，$K_6=0.34$，它们与组成无关。由于某些 K 值大于 1 和某些小于 1，首先需要计算表 4.4 中的式(3)的 $f\{0\}$ 和 $F\{1\}$，以确定混合物是否在泡点和露点之间

$$f\{0\}=\frac{0.1\times(1-4.2)}{1}+\frac{0.2\times(1-1.75)}{1}+\frac{0.3\times(1-0.74)}{1}+\frac{0.4\times(1-0.34)}{1}=-0.128$$

由于 $f\{0\}$ 不大于 0，混合物温度在泡点以上。

$$f\{1\}=\frac{0.1\times(1-4.2)}{1+(4.2-1)}+\frac{0.2\times(1-1.75)}{1+(1.75-1)}+\frac{0.3\times(1-0.74)}{1+(0.74-1)}+\frac{0.4\times(1-0.34)}{1+(0.34-1)}=0.720$$

由于 $f\{1\}$ 不小于 0，混合物温度在露点以下。因此，混合物部分是气相。将 z_i 和 K_i 值代入表 4.4 中的式(3)得

$$0=\frac{0.1\times(1-4.2)}{1+\psi(4.2-1)}+\frac{0.2\times(1-1.75)}{1+\psi(1.75-1)}+\frac{0.3\times(1-0.74)}{1+\psi(0.74-1)}+\frac{0.4\times(1-0.34)}{1+\psi(0.34-1)}$$

设初值 $\psi=0.5$，用牛顿法解此方程，得出下列迭代进程：

k	$\psi^{(k)}$	$f\{\psi^{(k)}\}$	$f'\{\psi^{(k)}\}$	$\psi^{(k+1)}$	$\left\lvert\dfrac{\psi^{(k+1)}-\psi^{(k)}}{\psi^{(k)}}\right\rvert$
1	0.500 0	0.251 5	0.625 9	0.098 2	0.803 7
2	0.098 2	−0.020 9	0.911 1	0.121 1	0.233 5
3	0.121 1	−0.000 7	0.853 9	0.121 9	0.006 5
4	0.121 9	0.000 0	0.852 1	0.121 9	0.000 0

本例收敛很快，得到解 $\psi=V/F=0.1219$。由表 4.4 中的式(4)得到平衡的气相流率为 0.121 9×100＝12.19 kmol/h，平衡的液相流率则由式(7)得 (100－12.19)＝87.81 kmol/h。从式(5)和(6)算出气相和液相的组成如下：

	x	y
丙烷	0.071 9	0.302 1
正丁烷	0.183 3	0.320 7
正戊烷	0.309 8	0.229 3
正己烷	0.435 0	0.147 9
	1.000 0	1.000 0

$f\{\psi\}$作为 ψ 的函数所作的标绘示于图 4.11。

4.4.2　泡点和露点

常希望将一个混合物变到其泡点或露点状态。在泡点，$\psi=0$ 和 $f\{0\}=0$，因此，由表4.4中的式(3)得

$$f\{0\}=\sum_i z_i(1-K_i)=\sum z_i-\sum z_iK_i=0$$

然而，$\sum z_i=1$，因此，泡点方程是

$$\sum z_iK_i=1 \tag{4-12}$$

在露点，$\psi=1$ 和 $f\{1\}=0$，因此，由表 4.4 中的式(3)得

$$f\{1\}=\sum_i \frac{z_i(1-K_i)}{K_i}=\sum \frac{z_i}{K_i}-\sum z_i=0$$

于是露点方程是

$$\sum_i \frac{z_i}{K_i}=1 \tag{4-13}$$

对于给定的原料组成 z_i，式(4－12)或式(4－13)能从指定 p 算得 T 或从指定 T 算得 p。

由于 K 值的关系，泡点和露点方程对 T 是高度非线性的，但对压力仅是中等程度非线性，除非在会聚压区域，那里非常轻或非常重的组分的 K 值随压力急剧变化，如图 2.10 所示。为此，解泡点和露点方程需要迭代步骤，一个例外是当拉乌尔定律的 K 值适用时，此时将 $K_i=p_i^S/p$ 代入式(4－12)得到泡点压力的简单算式：

$$p_{泡点}=\sum_{i=1}^{C} z_ip_i^S \tag{4-14}$$

式中 p_i^S 是组分 i 的蒸气压,是温度的函数。类似地得到露点压力的算式:

$$p_{露点} = \left(\sum_{i=1}^{C} \frac{z_i}{p_i^S} \right)^{-1} \tag{4-15}$$

对泡点混合物另一个有用的例外是 K 值能用修正的拉乌尔定律 $K_i = \gamma_i p_i^S / p$ 表示时,将此式代入式(4-12)得

$$p_{泡点} = \sum_{i=1}^{C} \gamma_i z_i p_i^S \tag{4-16}$$

液相活度系数可从已知的温度和组成计算,因为泡点时 $x_i = z_i$。

泡露点计算分别用来确定液相和气相物流的饱和条件。注意到这点是重要的:当气-液平衡建立时,气相在它的露点,而液相则在它的泡点。

例 4.2

从图 1.9 中 C_3 塔产出塔底富集 nC_4 产物,其组成列于表 1.5 中,假如塔底压力是 100psia(689 kPa),估计混合物的温度。

解

塔底产物是泡点液体,其组成是:

组分	kmol/h	$z_i = x_i$
异丁烷	8.60	0.031 9
正丁烷	215.80	0.799 2
异戊烷	28.10	0.104 1
正戊烷	17.50	0.064 8
	270.00	1.000 0

利用图 2.8 查取 K 值,寻找满足式(4-12)的温度可以作为求得的泡点温度。由于塔底产物富含 nC_4,假定它的 K 值等于 1,由图 2.8 查得与 100psia 对应的温度 $T=150$ ℉。在用图 2.8 查取其他三个烃类在此温度下的 K 值,将这些值和 z_i 值代入式(4-12)得

$$\begin{aligned} \sum z_i K_i &= 0.031\,9 \times 1.3 + 0.799\,2 \times 1.0 + 0.104\,1 \times 0.47 + 0.064\,8 \times 0.38 \\ &= 0.042 + 0.799 + 0.049 + 0.025 = 0.915 \end{aligned}$$

由于加和不是 1,必须假定另一个温度重复加和计算。由于要提高加和值,K 值需增大,因此温度需升高。因为加和值受 nC_4 控制,假设它的 K 值为 1.000 0(1.00/0.915)=1.09,此相应的温度为 160 ℉,这将导致加和值为 1.01,由线性内插得 $T=159$ ℉。

例 4.3

在 25℃下用液-液萃取从环己烷中分离环戊烷,甲醇作为萃取剂。萃取中使操作压力大于泡点压力对于保持混合物于液态是重要的。应用下面平衡液相的组成、活度系数和蒸气压计算泡点压力。

	甲醇	环己烷	环戊烷
蒸气压/ psia	2.45	1.89	6.14
富含甲醇液层:			
x	0.761 5	0.149 9	0.088 6

γ	1.118	4.773	3.467
富含环己烷液层：			
x	0.173 7	0.540 2	0.286 1
γ	4.901	1.324	1.074

解

由于泡点压力很可能低于常压，式(4－16)形式的修正拉乌尔定律对于两个液相都适用。如果应用富含甲醇的液层数据：

$$p_{泡点}=1.118\times0.761\ 5\times2.45+4.773\times0.149\ 9\times1.89$$
$$+3.467\times0.088\ 6\times6.14=5.32\text{psia}(36.7\text{kPa})$$

用富含环己烷的液层数据进行类似的计算，得到同样的结果，因为数据同相平衡理论一致：$\gamma_{iL}^{(1)}x_i^{(1)}=\gamma_{iL}^{(2)}x_i^{(2)}$。在萃取过程中的这个位置，压力高于 5.32 psia 将防止气相的生成，为此常压操作是一个好的选择。

例 4.4

用蒸馏使丙烯(P)同 1－丁烯(B)分离，气相馏出物中丙烯的浓度为 90％(mol)。假设从分凝器排出的温度是 100 ℉(37.8℃)，这是用冷却水可能到达的最低温度，计算回流液的组成。采用 Redlich－Kwong 状态方程计算气相的逸度系数，由表 2.3 中的式(5)计算得到的 K 值标绘于图 4.12 中，并与实验数据和拉乌尔定律的 K 值进行了比较。

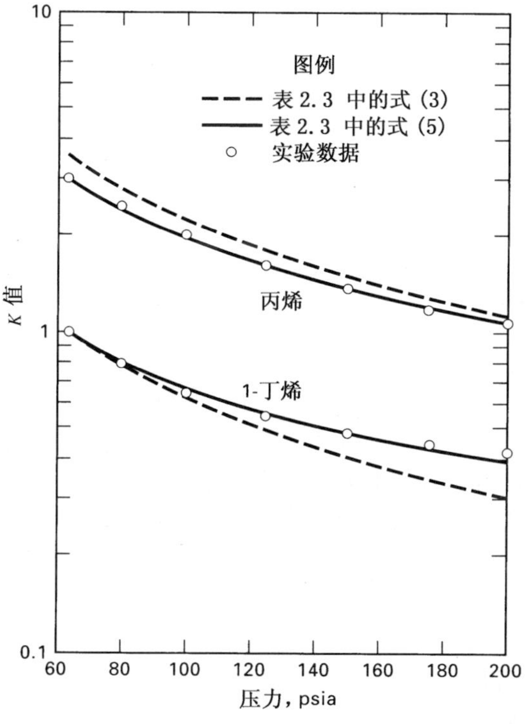

图 4.12 丙烯－1－丁烯系统于 100 ℉时的 *K* 值

解

操作压力相应于气相馏出物组成的露点条件，回流液组成对应于与露点的气相馏出物平衡的液相。虚位法[8]适用于这里的迭代计算，式(4-13)改写成

$$f\{p\}=\sum_{i=1}^{C}\frac{z_i}{K_i}-1 \tag{1}$$

虚位法的递推关系式是在 $f\{p\}$ 与 p 呈线性关系的假设下得出

$$p^{k+2}=p^{k+1}-f\{p^{k+1}\}\left[\frac{p^{k+1}-p^k}{f\{p^{k+1}\}-f\{p^k\}}\right] \tag{2}$$

在低压下这个线性假设是合理的，因为此式(2)中的 K 值几乎与压力成反比。为此方程初始化需要两个 p 值，选 100 psia 和 190 psia。在 100 psia 时，从图 4.12 的实线读得 K 值后得

$$f\{p\}=\frac{0.90}{2.0}+\frac{0.10}{0.68}-1.0=-0.40$$

依次迭代得

k	p^k, psia	K_p	K_B	$f\{p^k\}$
1	100	2.0	0.68	−0.40
2	190	1.15	0.42	+0.02
3	186	1.18	0.425	−0.002 0

当 $|p^{k+2}-p^{k+1}|/p^{k+1}<0.005$ 时迭代结束。

得到分凝器出口处的操作压力为 186 psia (1 282 kPa)。回流液的组成 $x_i=z_i/K_i$，结果如下：

组分	平衡摩尔分率 气相馏出物	平衡摩尔分率 回流液
丙烯	0.90	0.76
1-丁烯	0.10	0.24
	1.00	1.00

4.4.3 绝热闪蒸

如图 4.10(a)所示，已知组成、流率和温度(或焓)的液流绝热经过阀门压力降低，绝热闪蒸的计算是，在指定阀门下游压力的条件下确定得到的温度及平衡的液流和汽流的组成和流率。对于绝热闪蒸，等温闪蒸的计算步骤将用于下面的迭代过程中。先猜测一个闪蒸温度 T_V，随之按照等温闪蒸的步骤(表 4.4 中的步骤 3 到 7)使 ψ, V, x, y 和 L 被确定，接下来检验所猜测的温度 $T_V(=T_L)$，应用表 4.4 中的式(7)和(8)结合得到的能量平衡方程，且 $Q=0$

$$f\{T_V\}=\frac{\psi h_V+(1-\psi)h_L-h_F}{1\ 000}=0 \tag{4-17}$$

式中被 1 000 除是为了使得数值大小是个位数。如果计算得到的 $f\{T_V\}$ 不是 0，上述整个步骤对第二个或更多个猜测温度重复进行，再将 $f\{T_V\}$ 对 T_V 进行标绘，用内插方法确定准确的 T_V。这个计算步骤有点烦琐，因为它包含内层对 ψ 的迭代和外层对 T_V 的迭代。

当表 4.4 中的式(3)对 T_V 不敏感时，外层对 T_V 的迭代很成功，这是宽沸程混合物的情况；对于窄沸程混合物(例如同系物)上述算法因对 T_V 十分敏感而可能失败。对此情况宜用

外层对 ψ 迭代，而在内层从表4.4中的式(3)求解 T_V，采用猜测的 ψ 值开始迭代过程：

$$f\{T_V\}=\sum_{i=1}^{C}\frac{z_i(1-K_i)}{1+\psi(K_i-1)}=0 \tag{4-18}$$

随后用表4.4中的式(5)和(6)分别求解 x 和 y，再由式(4-17)直接解出 ψ，因为

$$f\{\psi\}=\frac{\psi h_V+(1-\psi)h_L-h_F}{1\ 000}=0 \tag{4-19}$$

解得

$$\psi=\frac{h_F-h_L}{h_V-h_L} \tag{4-20}$$

如果由式(4-20)得到的 ψ 与用来求解式(4-18)的 ψ 猜测值不同，新的 ψ 值用来重新从式(4-18)开始的外层迭代。

多元等温闪蒸、泡点、露点和绝热闪蒸的计算因其迭代的特性可能变得烦琐，对于非理想的气相和液相混合物不适宜于手算，因为热力学性质 K，h_V 和 h_L 的表示式的复杂性。然而，成熟的算法使得这种计算结合进了获得广泛应用的定态模拟计算机程序系统中，例如ASPEN PLUS，CHEMCAD，HYSYS和PRO/Ⅱ。

例4.5

例2.6中从闪蒸罐来的平衡液相的温度和压力分别是120 ℉和485psia，将它加入蒸馏塔以脱除剩余的氢和甲烷，该塔通常被称为稳定塔，其进料板处的压力是165psia(1 138kPa)。如果压力被阀门和管路阻力从485psia绝热降到165psia，计算料液汽化的百分率。

解

这个问题用定态模拟程序系统解最方便，如果采用CHEMCAD程序系统，K 值和焓用P-R状态方程计算，所得结果如下：

组分	kmol/h		
	120 ℉和485 psia下的料液	112 ℉和165 psia下的气相	112 ℉和165 psia下的气相
氢	1.0	0.7	0.3
甲烷	27.9	15.2	12.7
苯	345.1	0.4	344.7
甲苯	113.4	0.04	113.36
总计	487.4	16.34	471.06
焓，kJ/h	−1 089 000	362 000	−1 451 000

本例是个宽沸程料液，所以用包含式(4-17)的步骤是最佳选择。上述结果表明绝热闪蒸仅仅产生少量气相($\psi=0.003\ 5$)，且主要是氢和甲烷。计算得到的闪蒸温度112 ℉比料液温度低8 ℉。原料的焓等于气相和液相产物焓之和，因为是绝热操作。

4.5 三元液-液系统

经受相分离成为两个液相的三元混合物因其三个组分在两个液相中的溶解度不同而情况可能不一样，最简单的情况示于图 4.13(a)，此时仅溶质(组分 B)能在原溶剂 A 或溶剂 C 中有可观的溶解度，而 A 与 C 相互间的溶解度可以忽略(虽然不会是零)。这种情况的单个平衡级方程可以导出，应用分别代表原料、溶剂、产出的萃取相和萃余相流率(或数量)的 F，S，$L^{(1)}$ 和 $L^{(2)}$ 等变量。定义萃取相是由溶剂和被萃取溶质组成的产出的液相，萃余相则是原料的原溶剂 A 和未被萃取的溶质 B 组成的产出的液相。虽然示于图 4.13(a)中的萃取相从平衡级的顶部离开，但这仅当萃取相是轻(低的密度)的产出相时才这样。假设加入的溶剂中不含溶质 B，则对溶质 B 写出物料衡算和相平衡方程是简单的，这两个方程可以用摩尔或质量流率来写。为了得到最简单的结果，溶质组成的表示采用比率，而不用质量或摩尔分率。

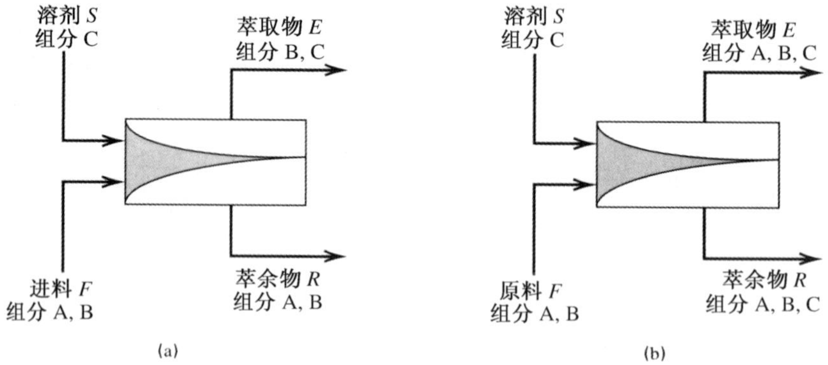

图 4.13　三元混合物的相分离

(a) 组分 A 与 C 不互溶；(b) 组分 A 和 C 部分互溶

令：

F_A=原料中原溶剂 A 的流率

S=溶剂 C 的流率

X_B=原料、萃取相或萃余相中的溶质 B 质量(或摩尔)对其他组分的质量(或摩尔)的比率

于是，溶质的物料衡算式是

$$X_B^{(F)} F_A = X_B^{(E)} S + X_B^{(R)} F_A \tag{4-21}$$

平衡时溶质的分配是

$$X_B^{(E)} = K'_{D_B} X_B^{(R)} \tag{4-22}$$

式中 K'_{D_B} 是用质量(或摩尔)比率定义的分配系数。将式(4-22)代入式(4-21)消去 $X_B^{(E)}$ 得

$$X_B^{(R)} = \frac{X_B^{(F)} F_A}{F_A + K'_{D_B} S} \tag{4-23}$$

对溶质定义萃取因子 E_B会是方便的：

$$E_B = K'_{D_B} S/F_A \tag{4-24}$$

E 越大，溶质被萃取的程度越大，大的分配系数或大的溶剂对原溶剂的比将导致大的 E 值。将式(4-24)代入式(4-23)得到 B 的未被萃取的分率为

$$X_B^{(R)}/X_B^{(F)} = \frac{1}{1+E_B} \tag{4-25}$$

显然，萃取因子越大，B 的未被萃取的分率越小。

质量比率 X 与质量分率间的关系是

$$X_i = x_i/(1-x_i) \tag{4-26}$$

基于质量比率的分配系数 K_D'与由式(2-20)给出的、基于质量分率的分配系数 K_D间的关系式是

$$K_{D_i}' = \frac{x_i^{(1)}/(1-x_i^{(1)})}{x_i^{(2)}/(1-x_i^{(2)})} = K_{D_i}\left(\frac{1-x_i^{(2)}}{1-x_i^{(1)}}\right) \tag{4-27}$$

当 x 值小时，K_D'趋近于 K_D。如第 2 章中讨论时指出，分配系数由其活度系数的表示式 $K_{D_B} = \gamma_B^{(2)}/\gamma_B^{(1)}$ 可从活度系数确定。当用摩尔分率时，它强烈地依赖于平衡相的组成和温度。然而，当萃余相和萃取相两者均是溶质的稀溶液时，溶质的活度系数可以用无限稀释活度系数近似，于是，在给定温度下 K_{D_B} 可以当作为常数。各种三元系的基于质量分率的大量 K_{D_B} 值的列表给出于 Perry 的手册[9]中。如果 F_B，$X_B^{(F)}$，S 和 K_{D_B} 给出，可从式(4-25)解出 $X_B^{(R)}$。

例 4.6

一股流率为 13 500 kg/h 的原料是含 8%(质量)醋酸(B)的水(A)溶液，采用甲基异丁基酮为溶剂(C)于 25℃下进行液-液萃取以移除醋酸，因为用蒸馏将要汽化大量水分。如果萃余相仅含 1%(质量)醋酸和用单个平衡级，计算所需溶剂量 kg/h。

解

假设原溶剂(水)与溶剂互不相溶，从 Perry 的手册中查得本系统基于质量分率的 $K_D = 0.657$，对于本例中醋酸浓度相当低，假定 $K_D' = K_D$。

$$F_A = 0.92 \times 13\,500 = 12\,420\text{kg/h}$$

$$X_B^{(F)} = (13\,500 - 12\,420) \div 12\,420 = 0.087$$

萃余相含 B 1%(质量)，因此

$$X_B^{(R)} = 0.01 \div (1-0.01) = 0.010\,1$$

从式(4-25)解出 E_B，

$$E_B = \frac{X_B^{(F)}}{X_B^{(R)}} - 1 = (0.087 \div 0.010\,1) - 1 = 7.61$$

从萃取因子的定义式(4-24)得

$$S = \frac{E_B F_A}{K_D'} = 7.61 \times 12\,420 \div 0.657 = 144\,000\text{kg/h}$$

相对于原料流率这是个很大的溶剂流率——大 10 倍！为了减少溶剂流率需用多级或选更大分配系数的溶剂，采用 1-丁醇作溶剂的话，$K_D = 1.613$。

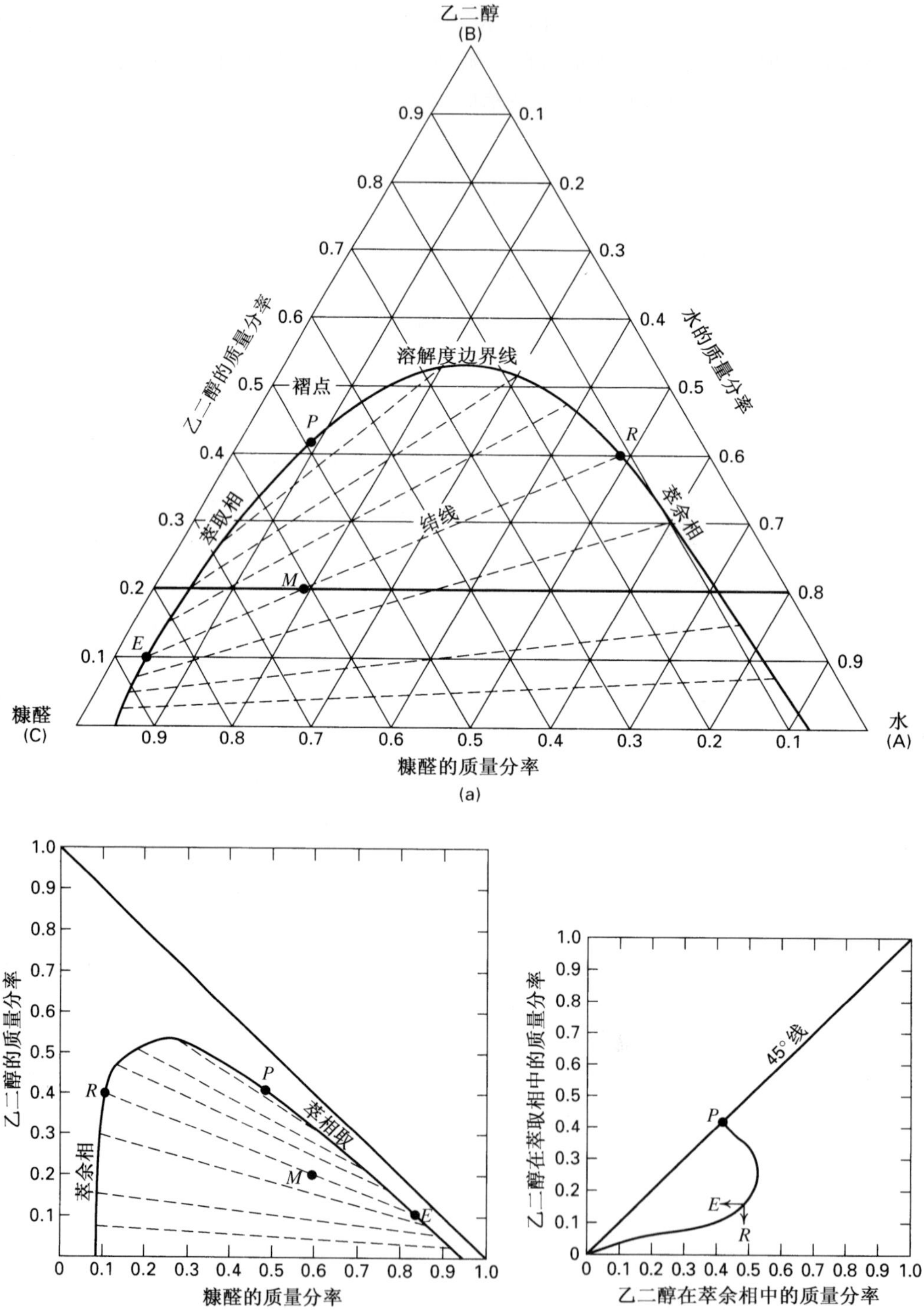

图 4.14　乙二醇-糠醛-水在 25℃，101.3kPa 下的液-液平衡

(a) 等边三角形；(b) 直角三角形；(c) 以质量分率表示的溶质平衡相图(待续)

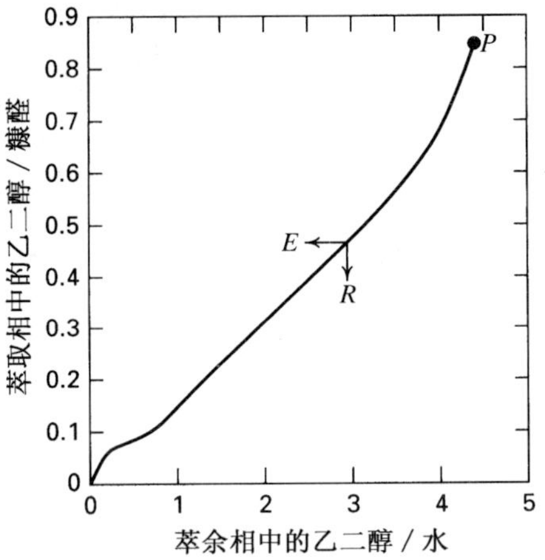

(d)

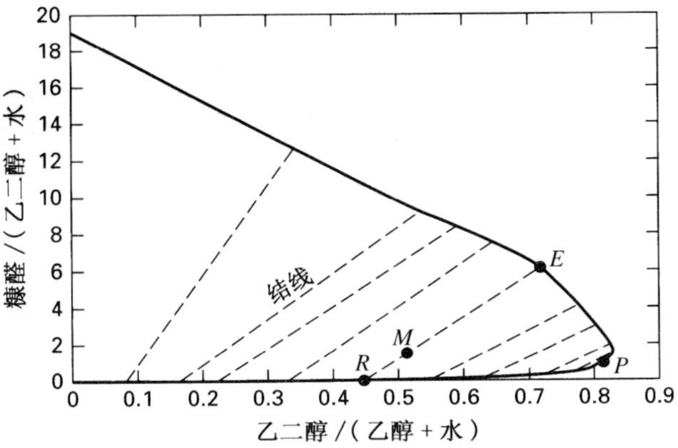

(e)

图 4.14(续)　(d)以质量比表示的溶质平衡相图；(e)Janecke 相图

在图 4.13(b)所示的三元液-液系统中，组分 A 与 C 互相部分互溶，组分 B 仍在萃取相和萃余相之间分配，这些产出的相都包含原料和溶剂中的所有组分。这是经常遇到的情况。为了确定平衡组成，已开发了许多相图和计算方法。对于水(A)-乙二醇(B)-糠醛(C)系统在 25℃和 101 kPa 压力下的相图例子示于图 4.14 中，此压力大于该系统的泡点压力，所以不存在气相。该系统的实验数据由 Conway 和 Norton[18]给出，水-乙二醇二元对和糠醛-乙二醇二元对是完全互溶的，仅糠醛-水是部分互溶对。糠醛可以作为溶剂从水中移除溶质乙二醇，富含糠醛的相为萃取相，富含水的相为萃余相。

图 4.14(a)是个等边三角形相图，在化学文献中最常用来表示三元液-液平衡数据。位于三角形中或边上的任一点代表一个混合物的组成，此图有这样的特点，即从任一点到各边画的垂直线的长度之和等于三角形的高度，因此，如果三个高度都刻上 0 到 100 刻度，则如点 M 那样的任一点代表的糠醛的百分率，就是简单地向对着糠醛顶角(此处代表 100%糠醛)的底边作的垂直线长度。图 4.14(a)是基于质量分率构作的(有时也用摩尔分率或体积分率)，在此图中的点 M 代表原料和溶剂的混合物(在相分离前)，含水 18.9%(质量)、乙二醇 20%(质量)和糠醛 61.1%(质量)。

糠醛-水二元对的溶解度极限在 D 和 G 处，溶解度边界线（饱和或双结点曲线）DEPRG 可以应用浊点滴定方法实验测得。例如将水滴加到含糠醛和乙二醇各 50%（质量）的透明溶液中，注意到当混合物的组成为 11%水、44.5%糠醛和 44.5%乙二醇时，因第二相的生成而开始发生混浊。其他溶解度数据列于表 4.5 中，图 4.14(a)中的溶解度曲线是用这些数据画的。

表 4.5　糠醛-乙二醇-水系统于 25℃ 和 101 kPa 压力下的溶解度数据（以质量百分数表示）

糠醛	乙二醇	水	糠醛	乙二醇	水
95.0	0.0	5.0	27.5	52.5	20.0
90.3	5.2	4.5	13.9	47.5	38.6
86.1	10.0	3.9	11.0	40.0	49.0
75.1	20.0	4.9	9.7	30.0	60.3
66.7	27.5	5.8	8.4	15.0	76.6
49.0	41.5	9.5	7.7	0.0	92.3
34.3	50.5	15.2			

图 4.14(a)中溶解度边界线下方的虚线称为结线，它连结溶解度边界线 DEPRG 上代表平衡相组成的两个点。为得到构作结线（例如 ER）的数据，必须配制一个混合物，例如 M（乙二醇 20%、水 18.9%和糠醛 61.1%），使其达到平衡，再对得到的萃取相 E 和萃余相 R 进行化学分析（本例分别为乙二醇 10%、水 3.9%和糠醛 86.1%及乙二醇 40%、水 49%和糠醛 11%）。在褶点 P，两个液相组成相同，于是结线缩为一个点，两相变为一相。本系统的结线数据列于表 4.6 中。

表 4.6　糠醛-乙二醇-水系统于 25℃ 和 101 kPa 压力下互相平衡（结线）的数据

水层中的乙二醇%（质量）	糠醛层中的乙二醇%（质量）	水层中的乙二醇%（质量）	糠醛层中的乙二醇%（质量）
41.5	41.5	40.0	10.0
50.5	32.5	30.0	7.5
52.5	27.5	20.0	6.2
51.5	20.0	15.0	5.2
47.5	15.0	7.3	2.5

当有了两相间的相互溶解度数据时，规定平衡系统所需要的热力学变量是温度、压力和每相中的组分浓度，根据相律式(4-1)，对于三元两相系统的自由度是 3，在恒定温度和压力下，指定任一相中一个组分的浓度就足以确定系统了。如图 4.14(a)所示，在溶解度边界线上一个乙二醇百分率值就确定了相应相的组成，同时利用结线也就确定了另一平衡相的组成。

图 4.14(b)是同一系统在直角三角形上的重新表示，在此图中三个组分中的两个（通常是溶质和溶剂）的质量百分率浓度给出，第三个浓度由与 100%（质量）的差值确定，这样的相图比等边三角形相图易于构作和读取。

然而，等边三角形相图能用计算机程序 CSpace 方便地构作，该程序可以从网站 www.ugr.es/～cspace 下载。

图 4.14(c)和图 4.14(d)是同一系统分别用溶质的质量分率和质量比率的重新表示。图 4.14(c)只是简单地应用溶质的质量分率将表 4.6 的平衡（结线）数据进行标绘。在图 4.14(d)中，对萃取相和萃余相分别用了溶质（乙二醇）对糠醛和水的质量比率，这样的曲线可以用于结线的内插，由于在三角形相图中仅示明有限的几根结线，正因为这样，这种相图

被称为分配相图。当在图 4.14(c)那样的相图中应用摩尔(不是质量)分率时,在原点附近常是接近直线,其斜率是溶质无限稀释时的分配系数 K_D。

1906 年 Janecke[10]建议了示于图 4.14(e)的平衡数据表示法,图中应用单位脱溶剂物料中的溶剂质量,即糠醛/(水+乙二醇)为纵坐标和基于脱溶剂基的质量比率乙二醇/(水+乙二醇)为横坐标,此两个坐标适用于两相,平衡条件由结线关联。也可以应用摩尔比率构作 Janeck 相图。

图 4.14 中五种相图的任一种均可以用来解决受到液-液平衡约束的物料衡算问题,如以下例题将证明的。

例 4.7

含乙二醇(B)45%(质量)和水(A)55%(质量)的溶液与两倍其质量的纯糠醛溶剂(C)在 25℃和 101.3 kPa 下接触。应用图 4.14 中五种相图的每一个(只要可能)确定平衡的萃取相和萃余相的组成。

解

取 100g 45%乙二醇-水原料为基准,于是在图 4.13(b)中,原料(F)包含 55g A 和 45g B,溶剂(S)是 200g。令 E 代表萃取相和 R 代表萃余相,

(a) 应用等边三角形相图图 4.15:

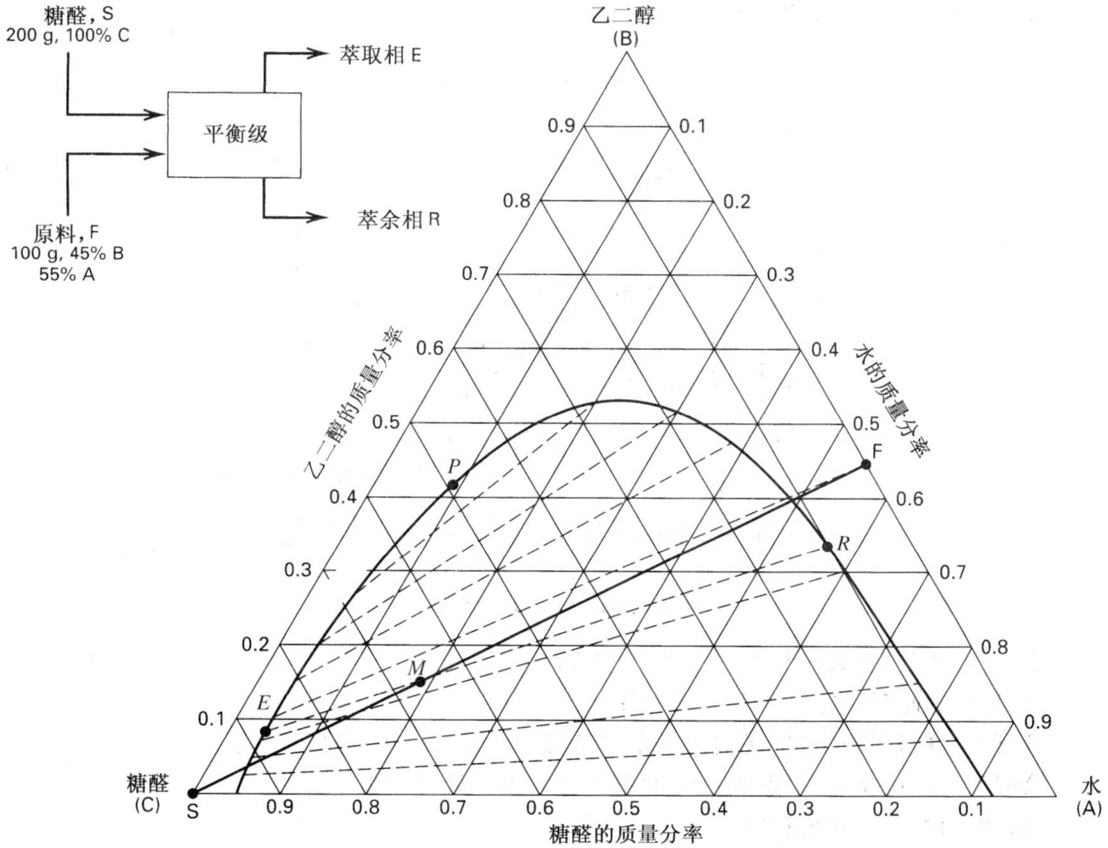

图 4.15　例 4.7(a)的解

第一步　分别定出原料和溶剂组成的位置点 F 和 S；

第二步　确定混合点 M，因为 $M=F+S=E+R$；

第三步　在等边三角形相图中应用杠杆规则。令 $w_i^{(1)}$ 代表组分 i 在萃取相中的质量分率，$w_i^{(2)}$ 代表组分 i 在萃余相中的质量分率，$w_i^{(M)}$ 代表组分 i 在原料和溶剂相混的混合物中的质量分率。

溶剂 C 的物料衡算：$(F+S)w_C^{(M)}=Fw_C^{(F)}+Sw_C^{(S)}$

因此

$$\frac{F}{S}=\frac{w_C^{(S)}-w_C^{(M)}}{w_C^{(M)}-w_C^{(F)}} \tag{1}$$

为此，点 S，M 和 F 在一条直线上，由杠杆规则得

$$\frac{F}{S}=\frac{SM}{MF}=\frac{1}{2}$$

点 M 的组成是：A 18.3%，B 15.0%和 C 66.7%。

第四步　由于点 M 在两相区，混合物必须沿内插得的虚线结线分成萃取相 E(B 8.5%，A 4.5%和 C 87.0%)和萃余相 R (B 34.0%，A 56.0%和 C 10%)。

第五步　对点 E，M 和 R 应用杠杆规则得 $E=M(\overline{RM}/\overline{ER})$。$M=100+200=300$g，并结合线段测量得 $E=300\times147\div200=220$g，$R=M-E=300-220=80$g。

(b) 应用直角三角形相图图 4.16：

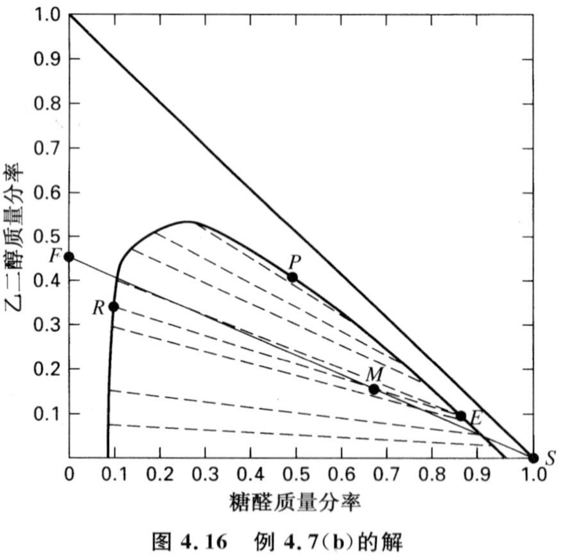

图 4.16　例 4.7(b)的解

第一步　定出两股原料的位置点 F 和 S；

第二步　确定混合点 M，$M=F+S$；

第三步　杠杆规则同样适用于直角三角形相图，因此 $MF/MS=1/2$；

第四步　E 和 R 位于通过点 M 的内插得的虚线结线末端。

(b)和(a)的计算结果相同。

(c) 应用溶质平衡相图图 4.14(c)：乙二醇 B 的物料衡算

$$Fw_B^{(F)}+Sw_B^{(S)}=45=Ew_B^{(E)}+Rw_B^{(R)} \tag{2}$$

此式必须同相平衡关系一起解，除非溶剂(C)与原溶剂不互溶，否则不可能应用图 4.14(c)以任何简单的方式解。然而，产出物流的组成能用下面的迭代步骤解得。

第一步　猜测一个 $w_B^{(E)}$ 值，从图 4.14(c)读取平衡值 $w_B^{(R)}$；

第二步　将式(2)与总物料衡算式($E+R=300$)结合消去 R，再把上一步得到的两值代入解得 E，随后得 R；

第三步　利用从图 4.14(a)、4.14(b)或 4.14(e)读得的平衡数据检验糠醛(或水)的物料衡算式是否满足，如果不满足，用新的猜测值 $w_B^{(E)}$ 重复步骤 1 到 3，这一步将导致与上面(a)和(b)同样的结果。

应用溶质质量分率的平衡相图图 4.14(d)：这个标绘具有与图 4.14(c)同样的局限性，必须采用迭代步骤才能得到解。

(d) 应用 Janecke 相图图 4.17：

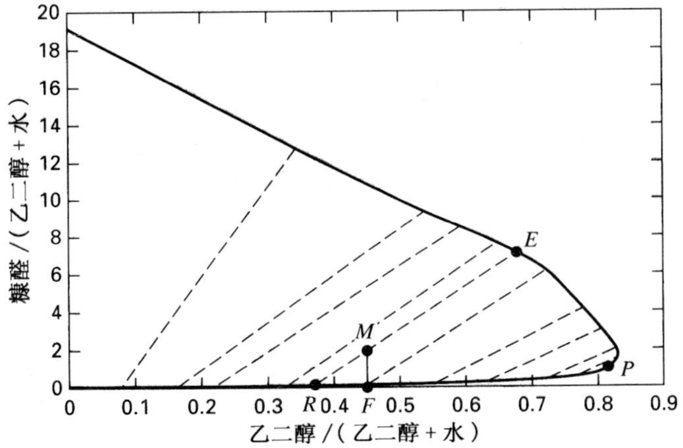

图 4.17　例 4.7(c)的解

第一步　定出原料混合物的点 F，加入纯糠醛溶剂 200 g，定出图中示明的混合后的混合物点 $M=F+S$，因为乙二醇/(乙二醇+水)比值没有变；

第二步　利用内插的虚线结线，定出点 M 混合物分离成点 E 和 R 表示的两相，它们的坐标为 $E(7.1,\ 0.67)$ 和 $R(0.10,\ 0.37)$；

第三步　令 Z^E 和 Z^R 分别等于组分 A 和组分 B 在萃取相和萃余相中的总质量，则下列的物料衡算式适用：

糠醛：$7.1Z^E+0.10Z^R=200$

乙二醇：$0.67Z^E+0.37Z^R=45$

联立解此两式得到 $Z^E=27\text{g}$，$Z^R=73\text{g}$。

因此，糠醛在萃取相中的量$=7.1\times27=192\text{g}$ 和在萃余相中的量$=200-192=8\text{g}$。乙二醇在萃取相中的量$=0.67\times27=18\text{g}$ 和在萃余相中的量$=45-18=27\text{g}$。水在萃余相中的量$=73-27=46\text{g}$ 和在萃取相中的量$=27-18=9\text{g}$。萃取相总量$=192+27=219\text{g}$，则与上面(a)的结果相近。萃余相的组成和量可以容易算得。

应该注意，在 Janecke 相图中$\overline{ME}/\overline{MR}$ 不等于 R/E，而是等于脱溶剂基的 R/E 之比值。

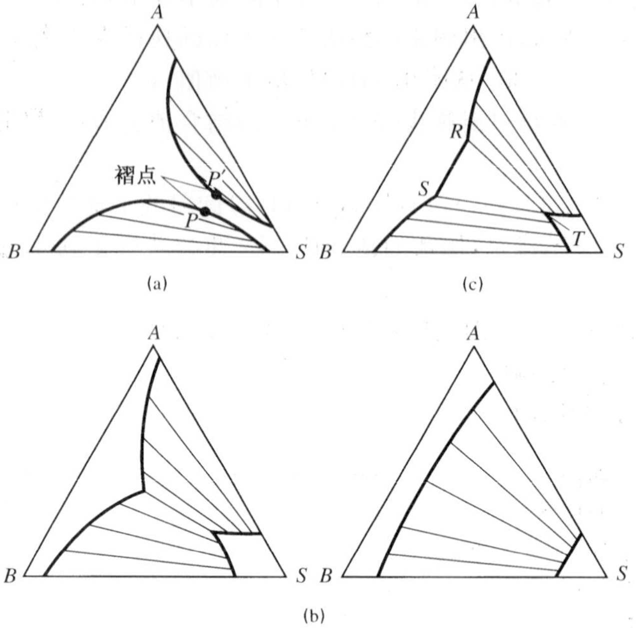

图 4.18　3/2 系统的平衡相图

(a) 溶解度边界线相互分开；(b) 溶解度边界线和平衡结线相互合并；

(c) 结线未合并且形成三相区 RST

在图 4.14 中两对组分是互溶的，仅有一对是部分互溶。三元系中两对、甚至是全部三对都仅是部分互溶的情况也相当普通。图 4.18 中所示的四种不同情况取自 Francis[11]和 Findlay[12]的著作，其中有两对组分仅部分互溶。

在图 4.18(a)中形成两个分开的两相区，而在图 4.18(c)中除了两相区外，还形成了三相区 RST，在图 4.18(c)中两个分开的两相区合并了。对于三元混合物，随温度的降低相的行为将从图 4.18(a)经图 4.18(b)变到图 4.18(c)。在图 4.18(a)，图 4.18(b)和图 4.18(c)相图中，结线都斜向同一个方向，在某些重要的系统，结线的斜向会发生反转。

4.6　多元液-液系统

在液-液萃取过程中常遇到四个和更多个组分的混合物，特别对用两个溶剂的液-液萃取。如第 2 章中的讨论指出的，多元液液平衡是非常复杂的，没有简洁的图解法能表示实验相平衡数据。为此，相平衡组成的计算最好用计算机辅助的算法，采用第 2 章中那些计及组成影响的活度系数方程(例如 NRTL，UNIQUAC 或 UNIFAC)，有一个这样的算法是对表 4.3 和表 4.4 中给出的、适用于汽-液平衡的 Rachford－Rice 算法的修正。为了将这些表能用于多元液-液平衡，必须进行如下的符号转换，那里的流率和组成全都是基于摩尔的：

汽-液平衡(表 4.3,表 4.4)	液-液平衡
原料,F	原料,F+溶剂,S
平衡气相,V	萃取相,E ($L^{(1)}$)
平衡液相,L	萃余相,R ($L^{(2)}$)
原料摩尔分率,z_i	F 和 S 组合的摩尔分率
气相摩尔分率,y_i	萃取相的摩尔分率,$x_i^{(1)}$
液相摩尔分率,x_i	萃余相的摩尔分率,$x_i^{(2)}$
K 值,K_i	分配系数,K_{D_i}
$\psi=V/F$	$\psi=E/F$

绝大多数液-液平衡是在绝热条件下达到的,这就需要考虑能量衡算。然而,如果进入平衡级的原料和溶剂两者是同样温度,那么仅有的能量效应是混合热,而这一般是相当小的,仅会引起温度小量的变化,于是,计算常当作等温的。

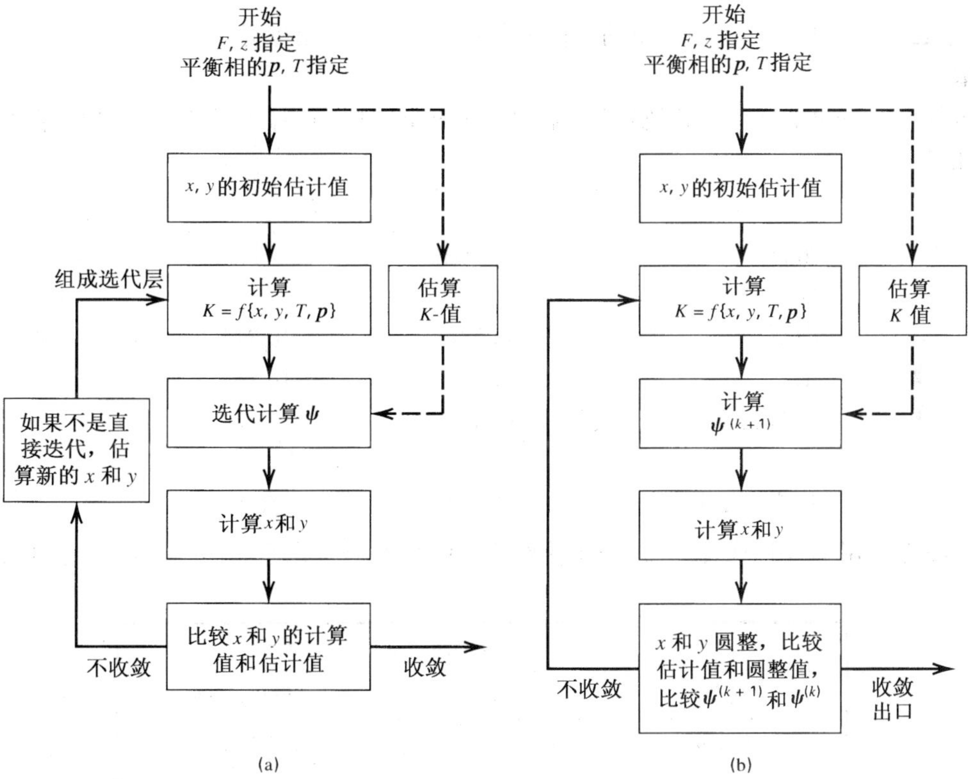

图 4.19　当 K 依赖组成时的等温闪蒸算法

(a) ψ 和(x,y)分层匹配迭代;(b) ψ 和(x,y)同时迭代

修正 Rachford－Rice 算法的框图示于图 4.19,此算法既适用于 K 值强烈依赖于组成时的汽-液($V-L$)平衡级计算,也适用于 K_D值强烈依赖于组成时的液-液($L-L$)平衡级计算。对于 $L-L$ 平衡级,算法假设原料和溶剂的流率和组成是指定的,平衡的温度和压力也给定。需要对相组成 $x_i^{(1)}$ 和 $x_i^{(2)}$ 作初始估计,相应地分配系数则用式(2－30)由活度系数计算,活度系数可用第 2 章中讨论的方程,例如 NRTL 或 UNIQUAC 计算。随后对表 4.4 中的式(3)

进行迭代解出 $\psi=E/(F+S)$，再由表 4.4 中的式(5)和(6)分别计算 $x_i^{(2)}$ 和 $x_i^{(1)}$。一般说来，算得的 $x_i^{(1)}$ 和 $x_i^{(2)}$ 分别对各个液相加和将不会等于 1，为此需进行圆整，圆整值 $x_i'=x_i/\sum x_j$，这样强制 $\sum x_j'=1$。用圆整值代替由式(5)和式(6)得的计算值，重新进行迭代计算，直至相邻两次迭代计算得到的组成 $x_i^{(1)}$ 和 $x_i^{(2)}$ 值在小数点的第三位或第四位(譬如说)不再变化为止。液-液平衡计算最好用定态模拟计算机程序系统计算。

例 4.8

异丙醇-丙酮-水的恒沸物用乙酸乙酯在双塔蒸馏系统脱水。以前用苯作为脱水剂，但新的法规不希望使用苯，因为它是致癌物质。乙酸乙酯的毒性小得多。从第一座塔得到的塔顶蒸气在压力 20 psia 和温度 80℃下冷凝并冷却到 35℃(压力降可以忽略)，得到平衡的两个液相，塔顶蒸气的组成如下所列。计算两相的数量(kg/h)和组成(质量百分率)。

组分	kg/h	组分	kg/h
异丙醇	4 250	水	2 300
丙酮	850	乙酸乙酯	43 700

注意，本题的给定与式(4-4)得出的自由度相符，$C=4$ 的自由度是 9。

解

本例用 ChemCAD 程序系统计算，采用 UNIFAC 基团贡献法计算液相活度系数，计算结果如下：

	质量分率	
组分	有机相	水相
异丙醇	0.084 3	0.061 5
丙酮	0.016 9	0.011 5
水	0.001 9	0.888 8
乙酸乙酯	0.896 9	0.038 2
	1.000 0	1.000 0
流率，kg/h	48 617	2 483

比较上面用 UNIFAC 得到的分配系数计算值与 Perry 手册[1]给出的实验值是有意义的：

	分配系数[基于%(质量)]	
组分	UNIFAC	Perry 手册
异丙醇	1.37	1.205(20℃)
丙酮	1.47	1.50 (30℃)
水	0.002 1	—
乙酸乙酯	23.5	—

对于异丙醇和丙酮在相当稀释状态下的计算结果是相当符合的，不需要考虑温度的校正。

4.7　固-液系统

固-液分离操作包括浸取、结晶和吸附。在浸取操作(固-液萃取)中,溶剂与多元固体混合物接触,选择性地溶解其中某些(但不是全部)组分。虽然此操作与液-液萃取相当相似,但有两方面原因使其操作实际上要困难得多:固体中的扩散比液体中的慢许多,因此它难以达到平衡;还有固相与液相几乎不可能完全分离,清澈的液相能够得到,但固体中总是含有一些液体,与此相比,两个液相相当容易实现分离。

第二种固-液系统是结晶,液体混合物中的一个或更多个组分被结晶出来。此操作类似于蒸馏,虽能达到平衡,但清晰的相分离还是几乎不可能的。

第三种固-液系统的应用是吸附,它利用自身不发生相和组成变化的多孔性固体介质,在其外表面和内表面选择性地吸附液体混合物中的某些组分,随后被吸附的组分脱吸,固体吸附介质得到再生而重复使用。吸附的变种包括离子交换和层析,固-液系统在膜分离操作中用到,那里固体是膜,它选择性地吸附和传递某些组分,从而实施分离。

固-液分离操作,例如浸取和结晶,几乎总需要相分离操作,例如重力沉降、过滤和离心分离。本书中不讨论这些操作,但在 Perry 手册[1]第 18 章对它们进行了讨论。

4.7.1　浸　　取

图 4.20 所示是三元系的浸取级,待分离的固体混合物由含不溶组分 A 和溶质 B 的颗粒构成,溶剂 C 选择性地溶解 B,该级的溢流是不含固体的液相,由溶剂 C 和溶解的 B 组成,底流是由固体 A 和液相构成的潮湿固体或泥浆。在理想的浸取级中全部溶质都被溶剂溶解,而固体 A 却一点也不溶解;此外,底流中持有的液相具有液相溢流同样的组成,且溢流中不含固体。

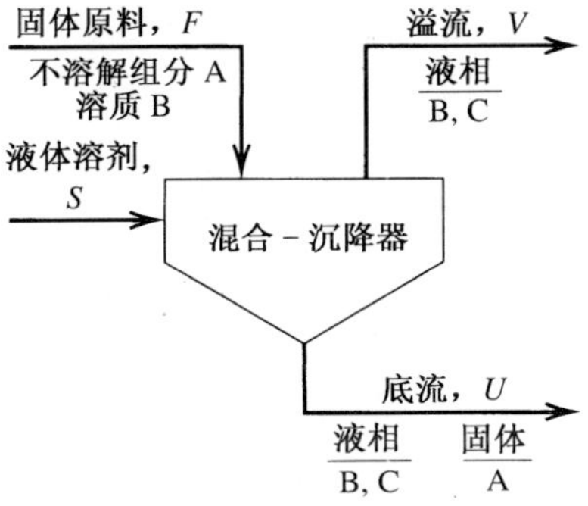

图 4.20　浸取级

在底流中固体对液相的质量比取决于两相的性质和采用的设备类型,最好由经验或用模型设备试验确定。一般说来,如果液相黏度随溶质浓度增加而升高,底流中固体对液相的质量比将减小,因为固体将挟持更多液相。

理想浸取可以结合图 4.21 所示的相图用代数法或图解法进行计算,采用下面质量单位的命名：

F=待浸取原料的总质量流率。

S=进级溶剂的总质量流率。

U=包括固体在内的底流的总质量流率。

V=溢流的总质量流率。

X_A=在原料流 F 或底流 U 中的不溶解固体 A 对(溶质 B+溶剂 C)的质量比。

Y_A=在进入溶剂流 S 或溢流 V 中的不溶解固体 A 对(溶质 B+溶剂 C)的质量比。

X_B=在原料流 F 或底流 U 中的溶质 B 对(溶质 B+溶剂 C)的质量比。

Y_B=在进入溶剂流 S 或溢流 V 中的溶质 B 对(溶质 B+溶剂 C)的质量比。

图 4.21(a)所示是这样的理想浸取条件，那里底流中的不溶解固体对液相的质量比 X_A 是常数，与溶质在脱固体的液相中的浓度 X_B 无关，这导致结线是垂直线(似应是底流的 X_A 线——译注)，这个情况被称为恒定溶液底流。图 4.21(b)是这样的理想浸取条件，那里 X_A 随 X_B 而变，这个情况被称为变溶液底流。在这两种理想情况中，均假设：(1)进入原料 F 中不含溶剂，所以 $X_B=1$；(2)溶剂 S 中既不含固体，也不含溶质，所以 $Y_A=0$ 和 $Y_B=0$；(3)在底流 U 和溢流 V 中的排出液相溶液间成平衡，所以 $X_B=Y_B$；(4)溢流中不含固体，所以 $Y_A=0$。

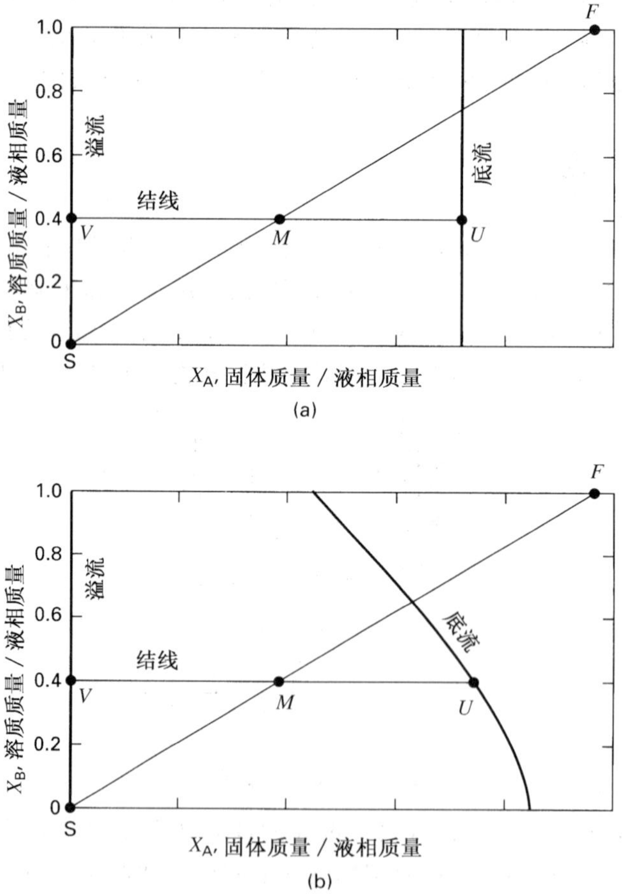

图 4.21 理想浸取的底流-溢流状况

(a) 恒定的底流溶液；(b) 变化的底流溶液

像在节 4.5 中讨论的三元液-液萃取计算那样，一个混合点可以定义成$(F+S)$，它等于离开浸取级的两股产物之和$(U+V)$，典型的混合点和进出组成已示于图 4.21(a)和 4.21(b)中，如下一个例题所示，在这两种情况中杠杆规则适用于线 UMV，由此可以得到底流 U 和溢流 V 的流率。

例 4.9

大豆是世界上主要的含油种子作物，下面依次是棉籽、花生和葵花籽，它们可以用来加工生产有价值的产品。在美国大豆的大规模生产始于二次世界大战后，近年来产量已增至 1 400亿磅/年，绝大部分大豆用于生产供人类消费的大豆油和维生素(如烟碱酸和卵磷脂)以及脱脂牲畜饲料。与其他植物油相比，大豆油更经济、稳定和健康，典型的数据是 100 磅大豆生产 18 磅大豆油和 79 磅脱脂饲料。

为了回收油，首先对大豆清洗，再破裂大豆使皮松脱、去皮和干燥至湿含量 10%～11%，然后用已烷溶液浸取以移除大豆油。但在浸取前需将大豆压成薄片，为的是缩短大豆油从大豆中浸出并进入已烷中所需的传递时间。浸取得到的溢流用蒸发操作使已烷同油分离和回收供循环使用，而底流经脱除已烷处理后用高温空气烘烤制得脱脂饲料。现代化的大豆浸取装置每天能压碎 3 000 吨大豆。本例仅仅关心浸取步骤。

100 000kg/h 大豆薄片在单级浸取设备中用 100 000kg/h 已烷溶剂浸取大豆油，大豆含油 19%(质量)，实验数据表明大豆薄片的油含量将降低到 0.5%(质量)。对于所用的装置类型，底流中预期的含量如下：

β，底流中固体的质量分率	0.68	0.67	0.65	0.62	0.58	0.53
X_B，底流液相中溶质的质量比	0.0	0.2	0.4	0.6	0.8	1.0

假设理想浸取级，用图解法和代数法计算底流和溢流的组成和流率，原料中的油在溢流中的收率是多少百分率?

解

大豆薄片含油 0.19×100 000＝19 000 kg/h，不溶解物 100 000－19 000＝81 000 kg/h。然而，并非全部油都被浸取出来，为方便起见，将未被浸出的油与不溶物合在一起称为有效 A。未被浸出的油＝81 000×0.5/99.5＝407 kg/h，因此，A 的流率取为 81 000＋407＝81 407 kg/h。被浸出的原料中的油数量仅是 19 000－407＝18 593 kgB/h，因此，在原料 F 中

$$Y_A=81\ 407/18\ 593=4.38$$

$$X_B=1.0$$

在底流和溢流中的溶液总和包括已烷 100 000 kg/h 和被浸出的油 18 593 kg/h，因此，对于底流和溢流

$$X_B=Y_B=18\ 593/(100\ 000+18\ 593)=0.157$$

本例是变溶液底流情况，利用上面表中的数据，转换 β(底流中固体的质量分率)值到 X_A(底流中不溶物对液相的比率)，这根据物料衡算进行

$$X_A=\frac{\text{kg/h A}}{\text{kg/h (B+C)}}=\frac{\beta U}{(1-\beta)U}=\frac{\beta}{1-\beta} \tag{1}$$

利用上面的表由式(1)算得如下 X_A：

X_A	2.13	2.03	1.86	1.63	1.38	1.13
X_B	0.0	0.2	0.4	0.6	0.8	1.0

图解法

图 4.22 是 X_A 作为 X_B 函数的标绘，数据取自上表。由于无固体随溢流离开，所以是一条 $X_A=0$ 的水平线。在图上定原料薄片组成点 F 和进级溶剂己烷点 S，在两点之间连一条直线。由 $X_A=0$ 和 $X_B=0.157$（前面算得）定出溢流点 V，由于 $Y_B=X_B=0.157$，底流的 X_A 值从通过溢流点 V 画的垂直线与底流线的交点得到，其值 $X_A=2.05$。两根线 $\overline{FS}$ 和 $\overline{UV}$ 交于混合点 M。

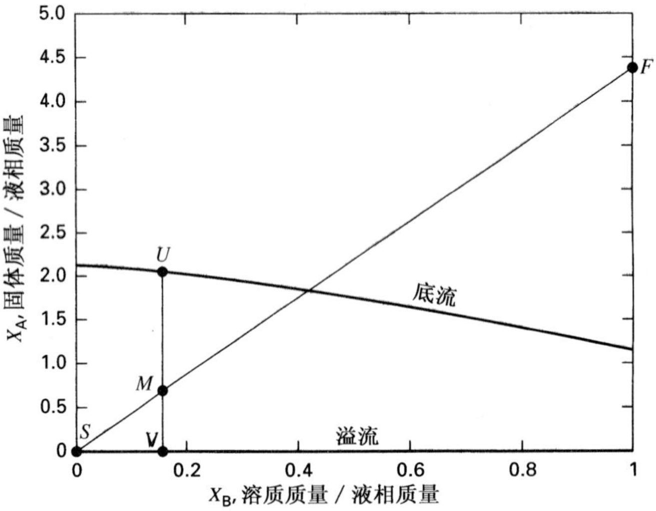

图 4.22 例 4.9 的标绘

现在计算底流和溢流的组成：在溢流中，由 $X_B=0.157$ 得知，溶质 B 和溶剂 C 的质量分率分别是 0.157 和 1－0.157＝0.843。在底流中，从 $X_A=2.05$ 和 $X_B=0.157$ 得知，固体、B 和 C 的质量分率分别是 2.05/(1＋2.05)＝0.672，0.157×(1－0.672)＝0.051 5 和(1－0.672－0.051 5)＝0.276 5。

杠杆规则可以用来计算底流和溢流的数量。这里杠杆规则仅对两股排出物流中的液相适用，因为图 4.22 的坐标是脱固体基的组成。底流中的液相流率对溢流的液相流率间的质量比由线段 $\overline{MV}$ 对 $\overline{MU}$ 的比值给出。因点 M 位于 $X_A=0.69$ 处，此比值＝(0.69－0.0)/(2.05－0.69)＝0.51。于是，底流中的液相流率＝(100 000＋18 593)×0.51/(1＋0.51)＝40 054 kg/h，再加上前面算得的载体（固体）和未被浸出的油量得到 U＝40 054＋81 407＝12 146 kg/h，或取 121 000kg/h。溢流流率＝V＝200 000－121 000＝79 000 kg/h。

原料中油的流率是 19 000 kg/h，溢流中油的流率＝Y_BV ＝0.157×79 000＝12 400 kg/h，因此溢流中回收到原料中油的百分率＝12 400/19 000＝0.653 或 65.3%。再加上于第 5.2 节中论述的洗涤级，油的收率可以提高。

代数法

代替在图 4.22 中应用杠杆规则可以应用物料衡算方程。如同图解法，$X_B=0.157$，再从前面的表得 $X_A=2.05$。由于底流中固体的流率＝81 407 kg/h，底流中液相流率＝81 470/

2.05=39 711 kg/h，底流总流率 U=81 407+39 711=121 118 kg/h。由物料衡算得，溢流流率=200 000−121 118=78 882 kg/h。这些结果与图解法的接近。油的回收百分率及底流和溢流的组成计算与图解法的一样。

4.7.2 结　　晶

结晶可以从水溶液或非水溶液中生成，最简单的情况是两个有机化学品的混合物，例如萘和苯，它们 1atm 下的溶解度或固-液平衡相图示于图 4.23，图中的点 A 和 B 分别是纯苯的熔点（冰点，5.5℃）和纯萘的熔点（80.2℃）。当苯溶于液体萘中或萘溶于液体苯中时，溶剂的冰点将下降，点 E 是共熔（eutectic）点，相应的温度和组成分别是 −3℃ 和 80%（质量）苯。词"eutectic"来源于希腊词，意思是"易熔"，在图 4.23 中它代表具有最低冰点（熔点）的、由独立固相苯和萘组成的二元混合物。

位于曲线 AEB 上方的温度-组成点相应于均相液体溶液；曲线 AE 是苯在萘中的溶解度曲线，例如，0℃时苯的溶解度很高，达 87%（质量）苯，或 6.7 kg 苯/kg 萘；曲线 EB 是萘的溶解度曲线，25℃时萘的溶解度为 41%（质量）萘，或 0.7 kg 萘/kg 苯，在 50℃时萘的溶解度高得多，达 1.9 kg 萘/kg 苯。如同绝大多数混合物那样，此混合物的溶解度随温度升高而增加。

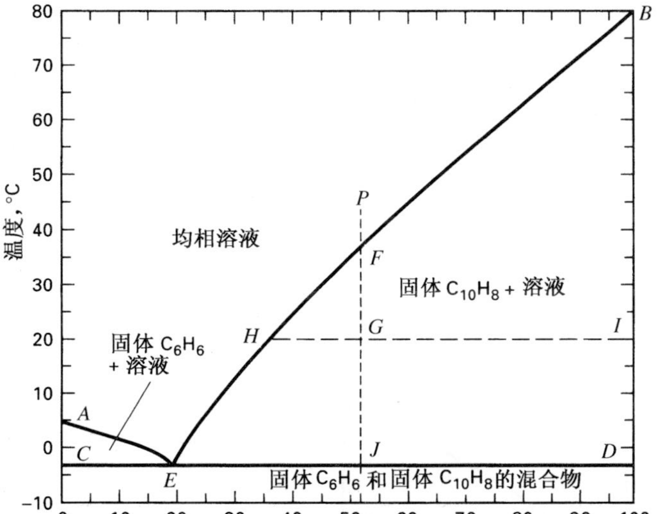

图 4.23　萘在苯中的溶解度

［摘自 O. A. Hougen. K. M. Watson. and R. A. Ragatz. *Chemical Process Principles. Part* 1，2nd ed.，John Wiley and Sons. New York(1954).］

如果由点 P 代表的组成和温度的液相溶液沿垂直虚线冷却，它将保持液态，直至与溶解度曲线的交点 F。如果温度进一步降低，萘结晶产生，被称为母液的剩余液相变得含苯更多，例如当到达点 G 时，纯萘的晶体与母液平衡共存，由溶解度曲线上的点 H 代表的母液的组成是 37%（质量）萘。这与吉布斯相律式（4-1）相符，因为 C=2 和 $\mathscr{P}$=2，F=2，给定 T 和 p，相的组成就定了。晶体占溶液的分率可以用杠杆定则确定，因此，图 4.23 中萘晶体千克数/原始溶液千克数=线段 GH 的长度/线段 HI 的长度=(52−37)/(100−37)=0.238。

当温度进一步降低直至 CED 线上的点 J，此时相当于共熔温度，得到的两相系统由萘晶体和点 E 代表的共熔组成母液构成。再进一步移除热量将引起共熔溶液固化。

例 4.10

含萘 80%(质量)和苯 20%(质量)的液相溶液总流率 8 000 kg/h，为结出萘晶体从 70℃冷到 30℃。假定达到平衡，确定生成晶体的数量和平衡母液的组成。

解

由图 4.23 得知 30℃时萘的溶解度是 45%(质量)，对于原始浓度 80%(质量)的溶液，应用杠杆定则得

$$\frac{\text{萘晶体的千克数}}{\text{原始混合物的千克数}}=\frac{80-45}{100-45}=0.636$$

萘晶体的流率=0.636×8 000=5 090 kg/h。

剩余 2910 kg/h 的母液组成为 55%(质量)苯和 45%(质量)萘。

盐从水溶液中结晶经常被盐和水按某个确定的摩尔比形成的水合物复杂化，这些水合物在某个温度区间可以是稳定的，这由固-液平衡相图给出。一个相当极端又一般的例子是 $MgSO_4$，它可能形成的稳定水合物有 $MgSO_4\cdot 12H_2O$，$MgSO_4\cdot 7H_2O$，$MgSO_4\cdot 6H_2O$ 和 $MgSO_4\cdot H_2O$，高水合物在低温下稳定，而低水合物在较高温度时稳定生成。

一个比较简单的例子是 Na_2SO_4 与水的混合物中的水合物，由图 4.24 的相图可见，仅有一个常称为 Glauber 盐的稳定水合物 $Na_2SO_4\cdot 7H_2O$(应该是 $10H_2O$——译注)生成，亚稳水合物 $Na_2SO_4\cdot 7H_2O$ 未在图 4.24 中标明。由于 Na_2SO_4 的相对分子质量是 142.05 和水的相对分子质量是 18.016，Na_2SO_4 在十水合物中的质量百分数是 44.1%，这对应于垂直线 BFG。

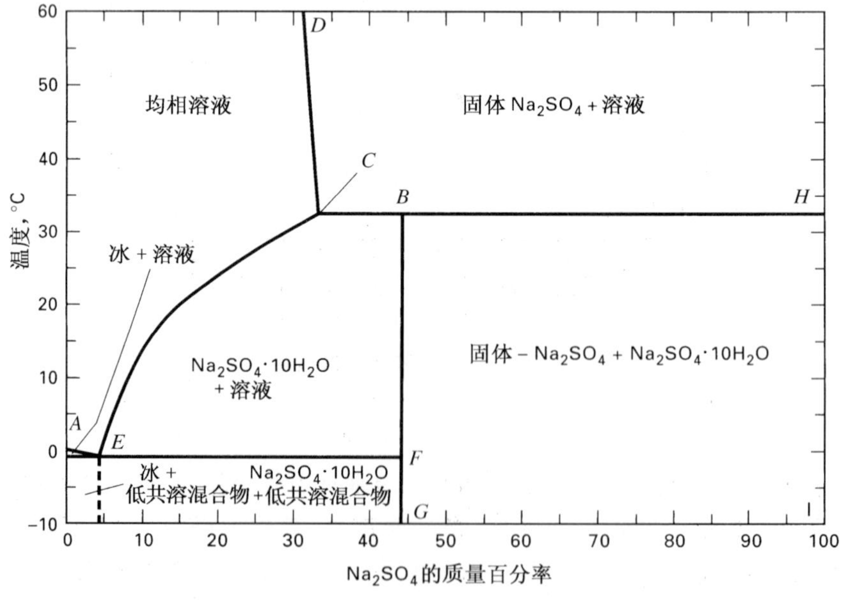

图 4.24 硫酸钠在水中的溶解度

[摘自 O. A. Hougen, K. M. Watson, and R. A. Ragatz. *Chemical Process Principles*. *Part* 1, 2nd ed., John Wiley and Sons, New York(1954).]

水的冰点 0℃是图 4.24 中的点 A，但 Na_2SO_4 的熔点 884℃不能在图上标出，因为温度坐标的刻度只到 60℃。十水合物在 32.4℃的点 B 熔化，生成固体 Na_2SO_4 和含 Na_2SO_4 32.5%(质量)的母液点 C。随 Na_2SO_4 溶解于水中，冰点沿 AE 线慢慢降低，直至达到共熔点 E。

曲线 EC 和 CD 分别表示十水合物晶体和无水 Na_2SO_4 在水中的溶解度，可以注意到 Na_2SO_4 的溶解度随温度升高仅稍微减小。

每个区域的共存相均已注明，例如，在 $GFBHI$ 下面的区域，无水的和十水合物的形式共存，共存相的数量可以用杠杆规则确定。

例 4.11

一股含 Na_2SO_4 30%(质量)的水溶液 5 000 lb/h 进入 50℃的冷却型结晶器。试问在什么温度下开始结晶？结晶是十水合物型的还是无水型的？冷到什么温度混合物将结晶出 50% Na_2SO_4？

解

从图 4.24 看见，原始 30%(质量)的 Na_2SO_4 溶液在 50℃时与均相液体溶液区的一点相对应，如果从该点向下作垂直线，将与溶解度曲线 EC 交于 31℃，低于此温度将生成十水合物晶体。原料中含 Na_2SO_4 0.30×5 000＝1 500 lb/h 和水(5 000－1 500)＝3 500 lb/h，因此，混合物将结晶出 Na_2SO_4 0.5×1 500＝750 lb/h。十水合物晶体中的水合作用水量根据相对分子质量比率确定

$$750\times\frac{10\times18.016}{142.05}=950\ \text{lb/h}$$

于是，十水合物的总量是 750＋950＝1 700 lb/h，母液中剩余的水量是 3 500－950＝2 550 lb/h。母液的组成是，含 Na_2SO_4[750/(2 550＋750)]×100%＝22.7%(质量)。从图 4.24 可得，在溶解度曲线 EC 上与 Na_2SO_4 22.7%(质量)的混合物对应的温度是 26℃。

结晶的数量可以用杠杆规则进行校核，即 5 000×[(30－22.7)/(44.1－22.7)]＝1 700 lb/h。

4.7.3　液相吸附

当液相混合物与微孔型固体相接触时，混合物中的某些组分将被固体的内表面吸附，最大的吸附量在平衡时达到。基本上不溶于液相的固体是吸附剂，液相中被吸附的组分称为溶质，一旦被吸附在固体上构成吸附质。一般说来，溶质的浓度越高，在吸附剂上吸附质的平衡浓度越高。液相混合物中除了溶质以外的组分称为原溶剂，假定它们不被吸附。

一般认为，还没有基于溶质和固体分子性质来预计吸附平衡曲线的任何理论，为提供标绘被称为吸附等温曲线的数据，必须在给定温度下对每个液相混合物和吸附剂进行实验室实验，图 4.25 是水溶液中酚被活性炭吸附的 20℃等温吸附曲线，其数据来源于 Fritz 和 Schuluender[13]。粉状或粒状活性炭是微水晶、非石墨型的炭，它的微孔结构使其单位质量具有十分大的内表面积，因此，其吸附能力高。当活性炭与溶解有有机化合物的水溶液接触时，它选择性地吸附有机化合物而不是水。如图 4.25 所示，随水溶液中酚的浓度增加，开始

吸附量增加很快，随后变得慢得多。当酚的浓度是 1.0 mmol/L (0.001 mol/L 水溶液或 0.000 001 mol/g 水溶液)时，活性炭上酚的浓度比 2.16 mmol/g (0.002 16 mol/g 活性炭或 0.203 g 酚/ g 活性炭)高那么一点，所以该活性炭对酚的亲和力极高。活性炭的吸附量与加工活性炭过程的特性密切相关。图 4.25 那样的等温吸附线可以用来确定为了选择性地从液相中移除给定数量的溶质所需要的吸附剂量。

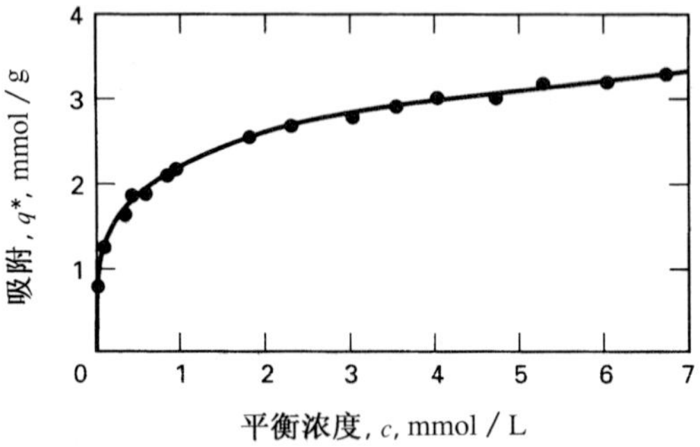

图 4.25　20℃下活性炭从水溶液中等温吸附酚

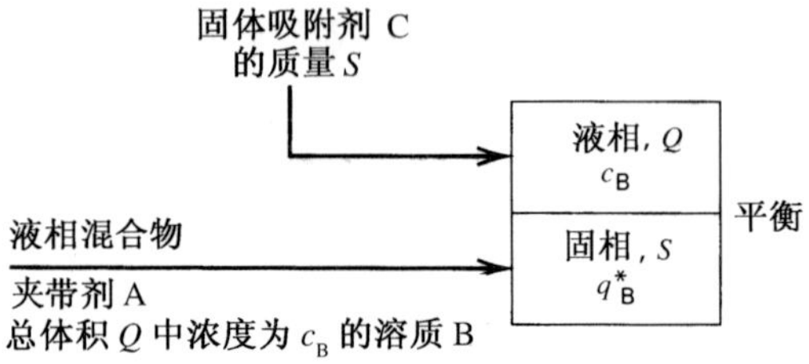

图 4.26　液体吸附的平衡级

考虑图 4.26 所示的单个理想级吸附过程，图中 A 为原溶剂，B 是溶质，C 是固体吸附剂。令

c_B＝原溶剂中溶质的浓度，mol/单位体积

q_B＝吸附质浓度，mol/单位质量吸附剂

Q＝液相体积(假设在吸附过程中保持常数)

S＝吸附剂质量(脱溶质基准)

假设加入的吸附剂不含溶质和吸附已达平衡(用 q 的上角标 * 表示)，对溶质进行物料衡算得，

$$c_B^{(F)}Q = c_B Q + q_B^* S \tag{4-28}$$

为了用图解法得到平衡的 c_B 和 q_B^* 的解，上式可以重新整理成线性形式，在图 4.25 那样的吸附等温曲线图上予以标绘，为此，对 q_B^* 解式(4-28)得

$$q_B^* = -\frac{Q}{S}c_B + c_B^{(F)}\frac{Q}{S} \tag{4-29}$$

在 c_B 轴上的截距为 $c_B^{(F)}Q/S$，斜率等于 $-Q/S$。该式与吸附等温线交于平衡条件 c_B 和 q_B^*。

另外，用代数法也可以求得解。组分 i 液相平衡吸附的吸附等温线通常可以用第 15 章讨论的 Freundlich 经验方程拟合，

$$q_i^* = Ac_i^{(1/n)} \tag{4-30}$$

式中 A 和 n 取决于溶质、稀释剂和特定的吸附剂，常数 n 大于 1，A 是温度的函数，Freundlich 应用木炭从水溶液中吸附有机溶质的实验数据提出了他的方程。将式(4－30)代入式(4－29)得

$$Ac_B^{(1/n)}=-\frac{Q}{S}c_B+c_B^{(F)}\frac{Q}{S} \tag{4-31}$$

这是一个 c_B 的非线性方程，需用迭代方法进行数值解，如下面例题所示。

例 4.12

一升含 0.010 mol 酚的水溶液与 5g 活性炭在 20℃接触达到平衡，它们的吸附等温曲线示于图 4.25，用下列方法确定酚的吸附百分率和酚在活性炭上的平衡浓度：

(a) 图解法；

(b) 代数数值解法。

为了后一解法，图 4.25 中的曲线用 Freundlich 方程进行了相当好的拟合，得到

$$q_B^*=2.16c_B^{(1/4.35)} \tag{1}$$

解

由给定数据得：$c^{(F)}=10$ mmol/L，$Q=1$ L 和 $S=5$ g。

(a) 图解法。由式(4－29)$q_B^*=-(1/5)c_B+10\times1/5=-0.2c_B+2$。

此方程的斜率为－0.2，截距为 2，当它标绘在图 4.25 上时，它与平衡曲线交于 $q_B^*=1.9$ mmol/g 和 $c_B=0.57$ mmol/L，因此，酚的吸附百分率为

$$\frac{c_B^{(F)}-c_B}{c_B^{(F)}}=\frac{10-0.57}{10}=0.94 \text{ 或 } 94\%$$

(b) 代数数值解法。 应用本例说明部分的式(1)和式(4－31)得

$$2.16c_B^{0.23}=-0.2c_B+2 \tag{2}$$

或

$$f\{c_B\}=2.16c_B^{0.23}+0.2c_B-2=0 \tag{3}$$

此非线性方程可以用许多数值迭代解法求解，例如，对式(3)应用牛顿法，其迭代规则是

$$c_B^{(k+1)}=c_B^{(k)}-f^{(k)}\{c_B\}/f'^{(k)}\{c_B\} \tag{4}$$

式中 k 为迭代次数。对于本例，$f\{c_B\}$ 由式(3)给出，$f'\{c_B\}$ 则由式(3)对 c_B 求导得

$$f'^{(k)}\{c_B\}=0.497c_B^{-0.77}+0.2$$

为猜测 c_B 的初值，可以方便地假设酚的吸附百分率为 100%，得到 $q_B^*=2$，再由式(4－30)得

$$c_B^{(0)}=(q_B^*/A)^n=(2/2.16)^{4.35}=0.72 \text{ mmol/L}$$

式中上角标(0)表明是初始猜测值。现应用牛顿法迭代规则式(4)，得到下列结果：

k	$c_B^{(k)}$	$f^{(k)}\{c_B\}$	$f'^{(k)}\{c_B\}$	$c_B^{(k+1)}$
0	0.72	0.146 8	0.840 0	0.545
1	0.545	−0.012 2	0.992 8	0.558
2	0.558	−0.000 09	0.979 3	0.558

这些结果表明，仅三次迭代后已达到 $f\{c_B\}=0$ 的收敛解 $c_B=0.558$。由式(1)得

$$q_B^*=2.16\times(0.558)^{(1/4.35)}=1.89 \text{ mmol/g}$$

数值解法的结果在图解法的精度范围内。

4.8 气-液系统

气-液系统已在节 4.2、节 4.3 和节 4.4 中进行了讨论，此处蒸气是指这样一些组分的混合物，它们的绝大多数或全部是可凝性的。虽然汽和气经常可以交换使用，但气体一词是指这样的混合物，其中绝大部分或全部组分的临界温度低于混合物的温度，于是，混合物中的组分是不容易冷凝成液体的。在本节将讨论气-液系统的平衡。

虽然气体混合物中的组分所处的温度高于它们的临界温度，但是它们能够溶解在溶剂中，溶解的程度取决于温度和它们在混合物中的分压。应用充分的混合，两相之间能在短时间内达到平衡，除非液体非常黏。

不像在第 2 章中讨论的气-液混合物平衡，那里有许多理论的关联式能从分子性质来计算 K 值。而对于气-液混合物并没有普遍接受的理论存在，代之用实验数据、实验数据的标绘或经验关联式。

13 种普通气体于 0℃到高达 100℃的温度区间内在水中的溶解度实验数据示于图4.27，其纵坐标是气体(溶质)在 1 atm 下于液体中的平衡摩尔分率。该图的曲线结合溶质分压的亨利定律可用来计算其他压力下气体混合物在水中的溶解度，只要摩尔分率溶解度是低的，且在气体组分之间及与水之间不发生化学反应。在第 2 章中作了简要讨论并列于表 2.3 中的亨利定律在此为了应用图 4.27 改写为

$$x_i=\left(\frac{1}{H_i}\right)y_i p \tag{4-32}$$

式中 H_i是亨利(定律)常数，atm

对于高溶解度的气体，例如氨，亨利定律可能不适用，此时，在实际压力和温度条件下的实验数据是必需的，正如例 4.14 所示。无论在那一种情况，平衡状态的计算均以本章前面部分所示明的方式进行，即将物料衡算与平衡关系或数据结合在一起计算，以下两个例题示明了单级气-液平衡计算的方法。

例 4.13

位于 300ft(91.44 m)高的山脚下的合成氨工厂采用唯一的吸收系统处理副产物 CO_2，CO_2 被水吸收到其分压为 10 psia，高于此分压的水需升举到山顶，CO_2在此放空到大气中，水如图 4.28 所示循环使用。计算在 25℃处理 1000 ft^3 STP(28.31 标准 m^3)CO_2所需的水量。

解

计算基准：在 0℃和 1 atm 状态(标准态 STP)下的 CO_2 1 000 ft^3。从图 4.27 查到 25℃时 CO_2的亨利常数倒数是 6×10^{-4} mol 分率/atm，吸收塔(位于山脚下)中 CO_2的分压为

$$p_{CO_2}=\frac{10}{14.7}+\frac{300\text{ft H}_2\text{O}}{34\text{ft H}_2\text{O/atm}}=9.50\ \text{atm}=960\ \text{kPa}^{①}$$

此分压下 CO_2在水中的平衡浓度是

① 此式概念似有误——译者注。

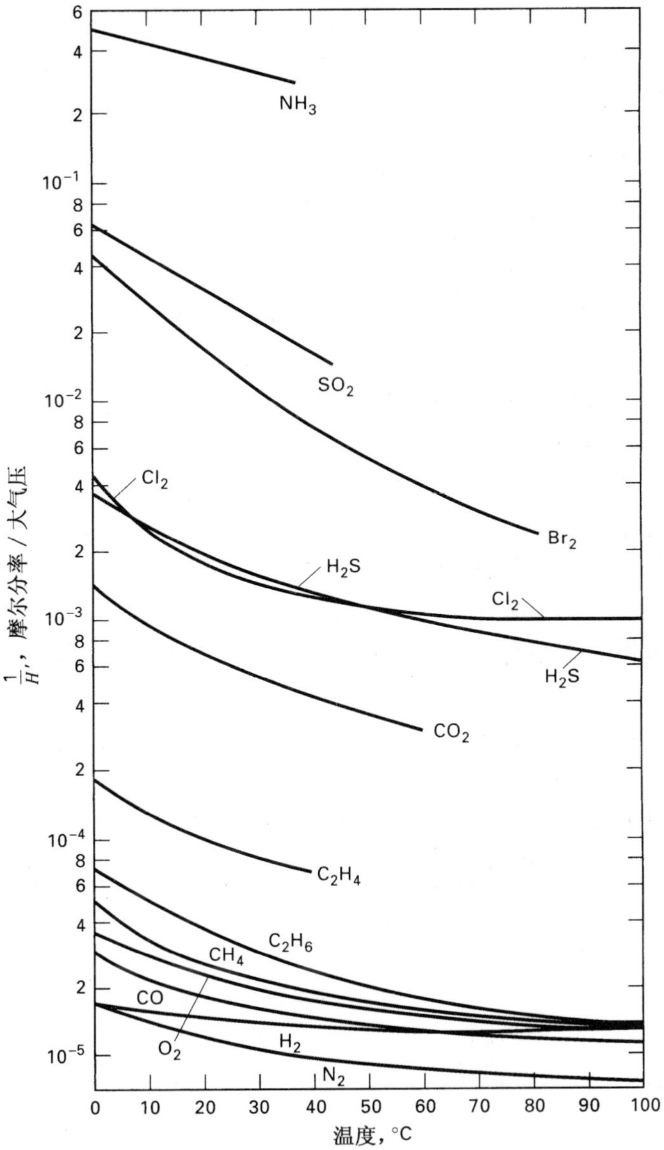

图 4.27　气体在水中溶解度的亨利常数

[取自 O. A. Hougen. K. M. Watson. and R. A. Ragatz. *Chemical Process Principles*. *Part* 1，2nd ed.，John Wiley and Sons. New York(1954).]

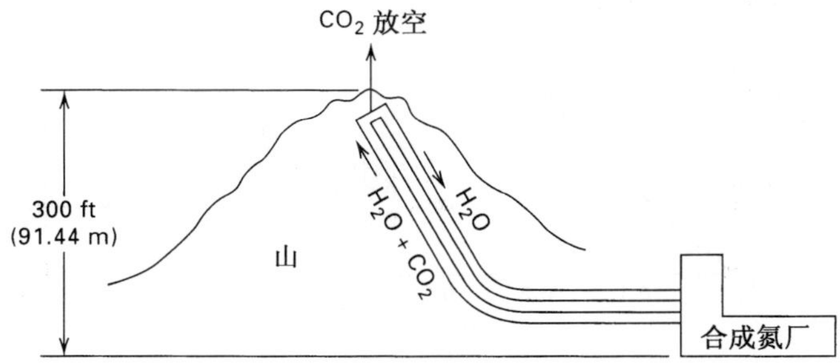

图 4.28　例 4.13 的流程图

$x_{CO_2}=9.50\times(6\times10^{-4})=5.7\times10^{-3}$，$CO_2$ 在水中的摩尔分率

相应的溶解 CO_2 对水的比值是

$$\frac{5.7\times10^{-3}}{1-5.7\times10^{-3}}=5.73\times10^{-3}\ \text{mol}\ CO_2/\text{mol}\ H_2O$$

被吸收的 CO_2 摩尔总数是

$$\frac{1\ 000\ \text{ft}^3}{359\ \text{ft}^3(\text{STP})/\text{lbmol}}=\frac{1\ 000}{359}=2.79\ \text{lbmol}$$

或 $$2.79\times44\times0.545=55.73\ \text{kg}。$$

假设被吸收的 CO_2 在山顶全部放空，则所需的水的摩尔数是 $2.79/(5.73\times10^{-3})=458$ lbmol=8 730 lb=3 963 kg。

如果考虑到山顶压力是 101 kPa 事实，所以需对 CO_2 在山顶不能全部放空而进行校正，则所需的水量是 4 446 kg(9 810 lb)。

例 4.14

氨-空气混合物与水溶液在 20℃达平衡时的氨(A)分压数据列于表 4.7，忽略水的蒸气压和空气在水中的溶解度，利用表 4.7 数据构作在 101 kPa 条件下用摩尔比 Y_A(mol NH_3/mol 空气)和 X_A(mol NH_3/mol H_2O)为坐标的平衡相图。以下略去下标 A，如果组成 $Y=0.3$ 的 10 mol 气体与组成 $X=0.1$ 的 10 mol 溶液相接触，最终平衡相的组成是多少？假定过程是在大气压下的等温过程。

解

将表 4.7 的平衡数据转换成比摩尔单位后列于表 4.8，并标绘于图 4.29 中。

进入气体中 NH_3 的 mol 数 $=10[Y/(1+Y)]=10\times(0.3/1.3)=2.3$

进入液体中 NH_3 的 mol 数 $=10[X/(1+X)]=10\times(0.1/1.1)=0.91$

表 4.7　20℃时氨-水溶液表面的氨分压

NH_3 分压/kPa	g NH_3/g H_2O
4.23	0.05
9.28	0.10
15.2	0.15
22.1	0.20
30.3	0.25

表 4.8　20℃时氨-水系统的 $Y-X$ 数据

Y mol NH_3/mol 空气	X mol NH_3/mol H_2O
0.044	0.053
0.101	0.106
0.176	0.159
0.279	0.212
0.426	0.265

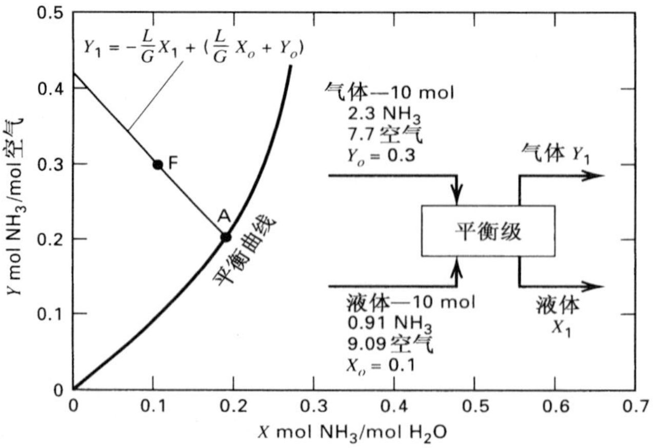

图 4.29　在 20℃，1atm 下空气-NH_3-H_2O 的平衡数据(例 4.14 中用)

对平衡级进行摩尔物料衡算得

$$GY_0+LX_0=GY_1+LX_1 \tag{1}$$

式中 G=空气的摩尔数，L=H_2O 的摩尔数。因此，$G=10-2.3=7.7$ mol，$L=10-0.91=9.09$ mol。由式(1)解得 Y_1

$$Y_1=-\frac{L}{G}X_1+\left(\frac{L}{G}X_0+Y_0\right) \tag{2}$$

此物料衡算关系是一条直线，斜率 $-(L/G)=-9.09/7.7=-1.19$，截距 $(L/G)(X_0)+Y_0=0.42$。

如图 4.29 所示，物料平衡线与相平衡曲线的交点给出了离开平衡级的气相和液相组成 $Y_1=0.195$ 和 $X_1=0.19$。此结果可以用氨的物料衡算校核，因为离开的氨量 $=0.195\times7.70+0.19\times9.09=3.21$，与进入的氨的总摩尔数相等。

认识式(2)物料平衡线相当重要，它被称为操作线，将在第 5 和第 8 章中对它进行十分详细的讨论，是全部通过物流对的轨迹。因此，X_0，Y_0(点 F)也在此操作线上。

4.9　气-固系统

由趋向平衡的气相和固相构成的系统存在于升华、凝华和吸附分离操作中。

4.9.1　升华和凝华

升华是固体不通过液态而直接汽化成气相，凝华则是气相中的一个或多个组分不通过液态而直接凝结成固相。在低压下，升华和凝华两者由溶质固体蒸气压控制，当气相中溶质的分压小于系统温度下固体的蒸气压时，将发生固体的升华；当气相中溶质的分压大于固体的蒸气压时，凝华将发生。在平衡时，作为固体的组分蒸气压等于气相中的溶质组分的蒸气压，这将于下面的例题中示明。

例 4.15

邻二甲苯在 370℃左右和 780 托下操作的催化反应器中于气态同空气发生部分氧化而生产邻苯二甲酸酐 PA。为了避免形成爆炸混合物，必须采用极度过量的空气以保证进反应器原料中的二甲苯含量低于 1%(mol)。在一台典型的装置中，8 000 lbmol/h 的反应器排出气流中含有 67 lbmol/h PA 及 N_2，O_2，CO，CO_2 和水蒸气，为了分离 PA 将它们冷却，在总压 770 托下 PA 凝华成固体。如果将气流冷却到 206 ℉，这时固体 PA 的蒸气压是 1 托，假设达到平衡，计算每小时凝出的 PA 磅数和从气流中回收 PA 的百分率。

解

在这些条件下仅 PA 冷凝，平衡时，PA 的分压等于固体 PA 的蒸气压，即 1 托，因此，冷却气流中的 PA 量由道尔顿分压定律给出

$$(n_{PA})_G=\frac{p_{PA}}{p}n_G \tag{1}$$

式中

$$n_G=(8\,000-67)+(n_{PA})_G \tag{2}$$

n 的单位是 lbmol/h。结合式(1)和(2)得

$$(n_{PA})_G=\frac{p_{PA}}{p}[(8\,000-67)+(n_{PA})_G]=\frac{1}{770}\times[(8\,000-67)+(n_{PA})_G] \tag{3}$$

解此线性方程得

$$(n_{PA})_G=10.3\ \text{lbmol PA/h}$$

PA 凝华出的数量是 67－10.3＝56.7 lbmol/h，PA 的回收百分率是 56.7/67＝0.864 或 86.4％。留在气流中的 PA 数量相当大，在典型的装置中，气流被冷却到更低的温度，或许是 140 ℉，此时 PA 的蒸气压不到 0.1 托，回收率可达 99％。

4.9.2 气相吸附

如同液相混合物，气相混合物中的一个或多个组分被固体吸附剂的表面吸附，单个溶质的数据可以用图 4.25 所示那样的吸附等温线或与其类似的相图表示，此处用气相中的溶质分压代替浓度。但当气相混合物中的两个组分被吸附且吸附的目的是分离这两个组分时，则宁可采用其他方法表示实验数据，图 4.30 就是这样一种表示方法，图中数据取自 Lewis 等的论文[15]，它是丙烷(P)-丙烯(A)气相混合物在 25℃和 101 kPa 下用硅胶吸附的数据。在 25℃时，丙烯-丙烷混合物开始冷凝(露点)的压力至少是 1 000 kPa，然而，当有硅胶存在时，在 101 kPa 下气相中会有相当数量被吸附。

图 4.30(a)与节 4.2 中讨论的二元汽-液平衡的标绘类型类似，对于吸附平衡，用吸附质中的摩尔分率代替液相摩尔分率。对于丙烯-丙烷混合物，丙烯被更强力地吸附，例如，一个等摩尔的气相混合物，吸附质中仅含丙烷 27％(mol)。图 4.30(b)将气相和吸附质中平衡的摩尔分率与单位吸附剂吸附的吸附质数量结合在一起，摩尔分率从结线两端的横坐标读得，例如，与 $y_P=y^*=0.50$ 平衡的数据从图 4.30(b)读得 $x_P=x^*=0.27$ 和 2.08 mmol 吸附质/g 吸附剂。因此，$y_A=0.50$ 和 $x_A=0.73$。与蒸馏的相对挥发度类似的分离因子是

$$(50/0.27)/(0.50/0.73)=2.7$$

此值比蒸馏的 α 值大得多，在 25℃和 1 100 kPa 时的 α 由图 2.8 得，其值为 1.13，为此，丙烯和丙烷用吸附分离受到了某些注意。利用如图 4.30 所示的数据，按通常的方式将这些数据与物料衡算相结合而进行的平衡计算示于下例。

例 4.16

丙烯(A)和丙烷(P)的分离优先考虑在 25℃和 101 kPa 下用硅胶吸附。

含 A 50％(mol)和 P 50％(mol)的气体混合物 2 mmol 在 25℃和 101kPa 下与硅胶成平衡。压力计测定测得 1mmol 气体被吸附，如果采用图 4.30 的数据，试问平衡的气体和吸附质中丙烯的摩尔分率是多少？用了多少克硅胶？

解

分离过程的图示包含在图 4.30(a)中，图中 W＝吸附质的 mmol，G＝离开气体的 mmol，z_F＝原料中丙烷的摩尔分率。

丙烷的物料衡算式

$$Fz_F = Wx^* + Gy^* \tag{1}$$

给定 $F=2$，$z_F=0.5$ 和 $W=1$，且 $G=F-W=1$，代入式(1)得 $1=x^*+y^*$。

操作(物料平衡)线 $y^*=1-x^*$ 是物料衡算式全部解的轨迹，已示于图 4.30(a)中，它与平衡线交于 $x^*=0.365$，$y^*=0.635$。从图 4.30(b)得知，在 x^* 处，是 2.0 mmol 吸附质/g 吸附剂，因此，系统中硅胶的数量是 1.0/2=0.50 g。

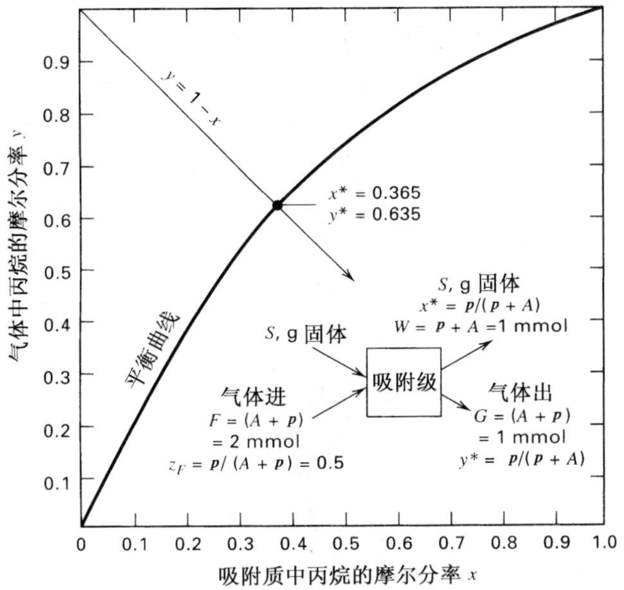

(a)

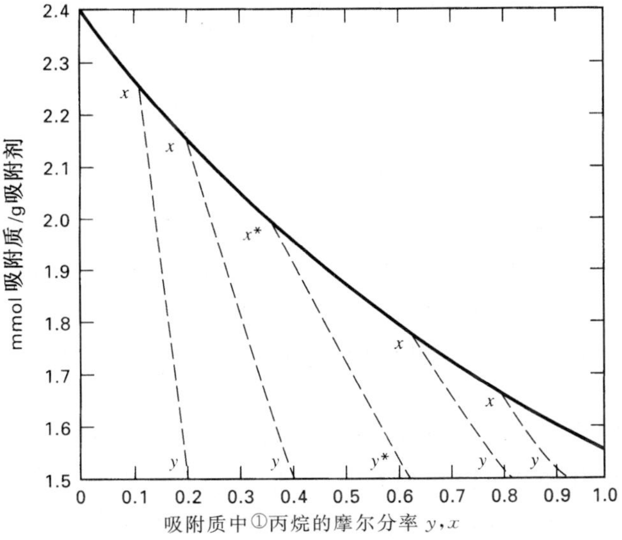

(b)

图 4.30　在 25℃和 101.3kPa 下丙烷和丙烯在硅胶上的吸附平衡

[摘自 W. K. Lewis, E. R. Gilliland. B. Chertow, and W. H. Hoffman. *J. Am. Chem. Soc.*, 72, 1153(1950).]

① 似应为“气相和吸附质中的……”——译者注。

4.10 多相系统

在本章的前面部分仅考虑成平衡的两相。在多相系统的某些应用中，有三相或更多相共存。图 4.31 取自 Hildebrand[16]的一个实验室设想的色谱示意图，图中示明了常温附近成平衡的七个相：顶部是空气相，接下来是六个密度依次增加的液相：富集正己烷的、富集苯胺的、富集水的、三价磷的、镓的和汞的液相。每个相含有七个相混合物中的所有组分，但在许多相中有些摩尔分率很小，例如，在富集苯胺相中含正己烷 10%(mol)量级、水 20%(mol)量级，但含溶解的空气、三价磷、镓和汞每个都远低于 1%(mol)量级。注意，即使富集正己烷相也不直接与富集水相接触，其中平衡含水量[约 0.06%(mol)]却存在，因为每一个相与其他各相成平衡，需确保组分的逸度系数相等

$$f_i^{(1)}=f_i^{(2)}=f_i^{(3)}=f_i^{(4)}=f_i^{(5)}=f_i^{(6)}=f_i^{(7)}$$

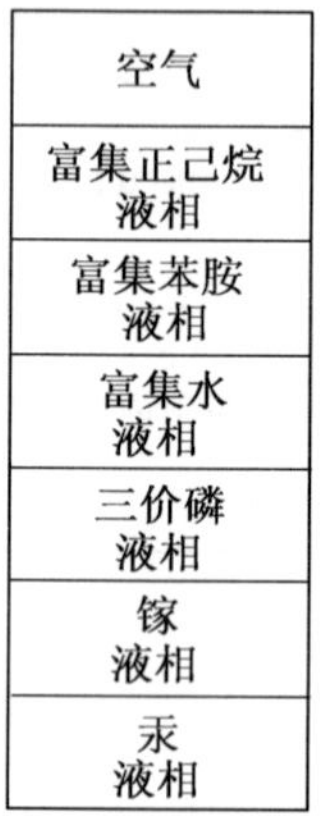

图 4.31　七个平衡相

更加实际的多相系统包括存在于蒸发结晶和膜蒸发中的气-液-固系统，以及当水和烃类或和水仅部分互溶的有机化合物组成的混合物蒸馏时遇到的气-液-液系统。实际上，本章前面部分讨论的所有两相系统都包含一个第三相，即容器，然而，容器材料的选择是以它对储存其中的相是惰性且不互溶为基础的，因此，容器材料通常在相平衡计算中不加以考虑。

虽然，多相平衡计算的基本原理(物料衡算、能量衡算和如逸度系数相等的相平衡准则)与两相系统的相同，但其计算可以相当复杂，除非采用一些简化假设，可是此时只能得到近似结果，严格的计算最好应用计算机算法。本节将示明此两类算法。

4.10.1 气-液-固系统的近似算法

多相平衡最简单的情况是在蒸发结晶中遇到的，此时存在从有机化合物 B 的水溶液中结出来的有机化合物晶体，结晶在溶液气相存在下的泡点进行。假设仅有 B 和水两个组分，

此时一般假定 B 没有蒸气压，固相是纯 B，于是，B 在水中的溶解度不受蒸气存在的影响，在给定温度下的系统压力可以对液相中的水应用拉乌尔定律近似确定：

$$p = p^{s}_{H_2O} x_{H_2O} \tag{4-33}$$

式中 x_{H_2O} 可从 B 的溶解度确定。

例 4.17

一批含 $MgSO_4$ 20%(质量)的水溶液 5 000 lb 加入于 160 ℉下操作的真空蒸发结晶器中，在此温度下稳定的固相是单分子水合物，$MgSO_4$ 的溶解度是 36%(质量)。如果 75%的水分被蒸发掉，计算：

(a) 被蒸发水分的磅数；

(b) 单分子水合物晶体 $MgSO_4 \cdot H_2O$ 的磅数；

(c) 结晶器的压力。

解

(a) 原料溶液中含 $MgSO_4$ 0.20×5 000＝1 000 lb 和水 5 000－1 000＝4 000 lb。被蒸发水分的数量是 0.75×4 000＝3 000 lb。

(b) 令 W 代表剩余在溶液中的 $MgSO_4$ 的数量，则 $MgSO_4$ 晶体的量＝1 000－W。

水的相对分子质量 18 和 $MgSO_4$ 的相对分子质量 120.4。

单分子水合物中的结晶水量＝(1 000－W)×(18/120.4)＝0.15(1 000－W)

剩余在溶液中的水量＝4 000－3 000－0.15×(1 000－W)＝850＋0.15W。

剩余溶液的总量＝850＋0.15W＋W＝850＋1.15W。

从 $MgSO_4$ 的溶解度得

$$0.36 = \frac{W}{850 + 1.15W}$$

解得：溶解的 $MgSO_4$ W＝522 lb。

结晶的 $MgSO_4$＝1 000－552＝478 lb。

结晶水量＝0.15×(1 000－W)＝0.15×(1 000－552)＝72 lb

单分子水合物晶体总量＝478＋72＝550 lb。

(c) 结晶器压力用式(4－33)计算。在 160 ℉时水的蒸气压是 4.74 psia，剩余在溶液中的水量＝(850＋0.15W)/18＝51.6 lbmol。

剩余在溶液中的 $MgSO_4$ 量＝522/120.4＝4.3 lbmol。

于是

$$x_{H_2O} = 51.6/(51.6 + 4.3) = 0.923$$

由拉乌尔定律算得

$$p_{H_2O} = p = 4.74 \times 0.923 = 4.38 \text{ psia}$$

4.10.2　气-液-液系统的近似算法

另一个适合用近似算法的情况是由水和烃类(HCs)组成的混合物，此时气相和两个液相即富集 HC 相和富集水相共存。通常水在富集 HC 液相中的溶解度和 HCs 在富集水液相中的溶解度小于 0.1%(mol)而可以忽略，在这种情况下如果液体 HC 相服从拉乌尔定律，则系统的总压由独立存在相的压力加和得到：

$$p=p^{s}_{H_2O}+\sum_{HCs}p^{s}_{i}x_{i}^{(1)} \tag{4-34}$$

对于更一般的情况，在低压下气相是理想的，但是液体 HC 相可能是非理想的，

$$p=p^{s}_{H_2O}+p\sum_{HCs}K_{i}x_{i}^{(1)} \tag{4-35}$$

上式可以重新整理得

$$p=\frac{p^{s}_{H_2O}}{1-\sum_{HCs}K_{i}x_{i}^{(1)}} \tag{4-36}$$

式(4-34)和(4-36)可以直接用于计算给定温度时的压力，或用迭代法计算给定压力时的温度。计算的一个重要方面是，从全部六种可能的情况，即 V，$V-L^{(1)}$，$V-L^{(1)}-L^{(2)}$，$V-L^{(2)}$，$L^{(1)}-L^{(2)}$ 和 L 中确定存在的特定相。多少相和那些相可能存在并非总是清楚的，实际上，如果对于一个问题存在 $V-L^{(1)}-L^{(2)}$ 的解，那么，$V-L^{(1)}$ 和 $V-L^{(2)}$ 的解也几乎总是存在的，此时，三相的解才是正确解。因此，重要的是首先寻找三相解。

例 4.18

一份含水 75%(mol)和正辛烷 25%(mol)的混合物 1 000kmol，在恒压 133.3 kPa(1 000 托)平衡条件下从初始温度 136℃冷却到最终温度 25℃。试确定：

(a) 初始相的条件；

(b) 当每个相发生变化时的温度、相数和组成。

假设水和正辛烷是不互溶的，辛烷的蒸气压已包含在图 2.4 中。

解

(a) 初始的相条件是 $T=136$℃$=276.8$ ℉和 $p=133.3$ kPa$=19.34$ psia。276.8 ℉时的蒸气压 $p^{S}_{H_2O}=46.7$ psia 和 $p^{S}_{nC_8}=19.5$ psia。由于初始压力小于每个组分的蒸气压，初始相态全部是气相，组分的分压是

$$p_{H_2O}=y_{H_2O}p=0.75\times19.34=14.5 \text{ psia}$$

$$p_{nC_8}=y_{nC_8}p=0.25\times19.34=4.8 \text{ psia}$$

(b) 随着温度的降低，当温度达到或使 $p^{S}_{H_2O}=p_{H_2O}=14.5$ psia，或使 $p^{S}_{nC_8}=p_{nC_8}=4.8$ psia 时，发生第一次相变。达到这些蒸气压数值的相应温度对水是 211 ℉和对 nC_8 是 194 ℉，此处采用最高的一个温度，即当温度冷至 211 ℉时，水相发生水的冷凝，这是初始混合物在系统压力下的露点温度。随温度进一步降低，气相中水的摩尔数减少，引起水的分压降至 14.5 psia 以下，而 nC_8的分压超过 4.8 psia，于是 nC_8开始冷凝，在高于 194 ℉但低于 211 ℉间的某个温度处形成第二个液相，此温度被称为第二个露点，它必须由迭代计算确定。如果混合物的泡点首先计算，此计算被简化。

由式(4-34)

$$p=19.34 \text{ psia}=p^{S}_{H_2O}+p^{S}_{nC_8} \tag{1}$$

为此需搜索一个温度满足式(1)，搜索过程如下：

T/℉	$p^{S}_{H_2O}$/psia	$p^{S}_{nC_8}$/psia	p/psia
194	10.17	4.8	14.97
202	12.01	5.6	17.61

206	13.03	6.1	19.13
207	13.30	6.2	19.50

由线性内插得到压力为 19.34 psia 的 $T=206.7$ ℉。低于此温度时气相消失，仅存在两个不互溶的液相。

为了确定两个液相中的一个消失的温度（此与第二液相开始出现，即第二个露点的条件一样），需注意到本例中仅存在纯水和纯 HC，因此，在恒定压力下汽化从泡点开始，并保持温度恒定直至完全汽化，所以第二个露点温度与泡点温度相同为 206.7 ℉。在第二露点，分压分别是 $p_{H_2O}=13.20$ psia 和 $p_{nC_8}=6.14$ psia，且 nC_8 全在气相中，于是相的量和组成是

	气相		富集水的液相
组分	kmol	y	kmol
H_2O	53.9	0.683	21.1
nC_8	25.0	0.317	0.0
	78.9	1.000	21.1

如果需要，对于露点和第二露点间的条件可以进行闪蒸计算，算得的闪蒸曲线示于图 4.32(a)。如果由多个 HC 组分存在，液体 HC 相的汽化不是恒定组成的，第二露点温度将高于泡点温度，此时的闪蒸曲线示于图 4.32(b)。

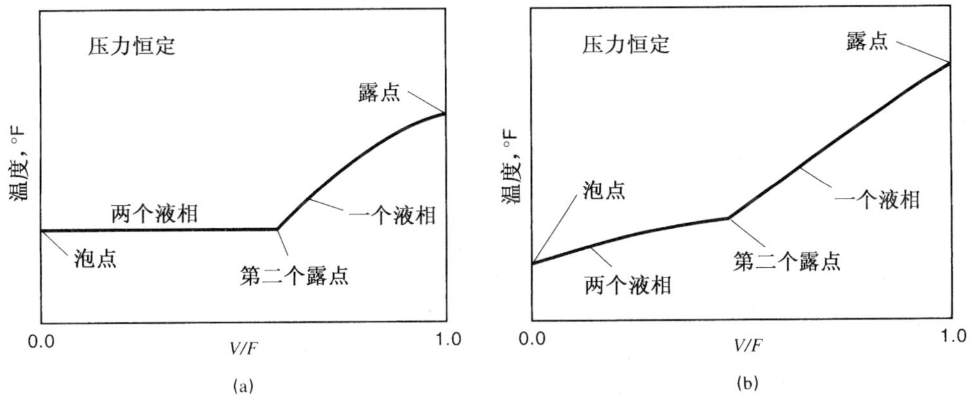

图 4.32　恒压下水和烃类的不互溶液体混合物典型的闪蒸曲线

(a) 仅有一个烃类组分；(b) 含有多个烃类组分

4.10.3　气-液-液系统的严格算法

处理在给定温度和压力下汽-液-液系统的严格算法被称为三相等温闪蒸，最初由 Henley 和 Rosen[17]提出的算法与节 4.4 中讨论的两相等温闪蒸的算法类似。此系统的示意图示于图 4.33。对于每个组分应用物料衡算和相平衡关系：

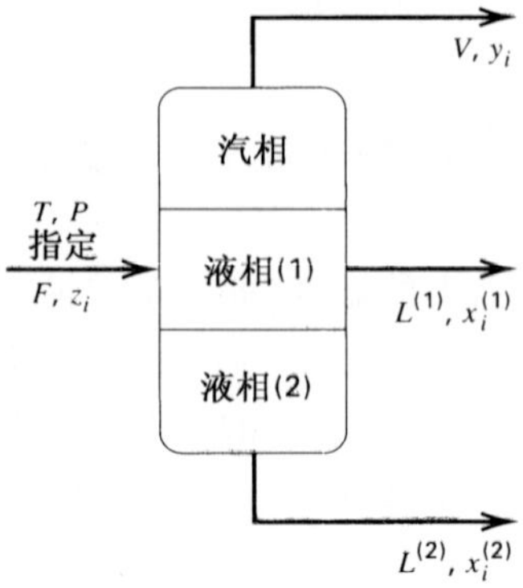

图 4.33　三相等温闪蒸的条件

$$Fz_i = Vy_i + L^{(1)}x_i^{(1)} + L^{(2)}x_i^{(2)} \tag{4-37}$$

$$K_i^{(1)} = y_i / x_i^{(1)} \tag{4-38}$$

$$K_i^{(2)} = y_i / x_i^{(2)} \tag{4-39}$$

此外，下面的关系式可以代入式(4-38)和式(4-39)：

$$K_{D_i} = x_i^{(1)} / x_i^{(2)} \tag{4-40}$$

如果令 $\psi = V/F$ 和 $\xi = L^{(1)}/(L^{(1)} + L^{(2)})$，显然，$0 \leqslant \psi \leqslant 1$ 和 $0 \leqslant \xi \leqslant 1$，上述那些方程可以用修正的 Richford-Rice 步骤解。式(4-37)、式(4-38)和式(4-39)与下列两式结合：

$$\sum x_i^{(1)} - \sum y_i = 0 \tag{4-41}$$

和

$$\sum x_i^{(1)} - \sum x_i^{(2)} = 0 \tag{4-42}$$

消去 y_i，$x_i^{(1)}$ 和 $x_i^{(2)}$，得到 ψ 和 ξ 变量的两个联立方程：

$$\sum_i \frac{z_i(1 - K_i^{(1)})}{\xi(1-\psi) + (1-\psi)(1-\xi)K_i^{(1)}/K_i^{(2)} + \psi K_i^{(1)}} = 0 \tag{4-43}$$

和

$$\sum_i \frac{z_i(1 - K_i^{(1)}/K_i^{(2)})}{\xi(1-\psi) + (1-\psi)(1-\xi)K_i^{(1)}/K_i^{(2)} + \psi K_i^{(1)}} = 0 \tag{4-44}$$

Ψ 和 ξ 的值通过联立解非线性方程式(4-43)和式(4-44)得到，这可以采用适当的数值方法，例如牛顿法。随后三相的量和组成用以下各式确定：

$$V = \psi F \tag{4-45}$$

$$L^{(1)} = \xi(F - V) \tag{4-46}$$

$$L^{(2)} = F - V - L^{(1)} \tag{4-47}$$

$$y_i = \frac{z_i}{\xi(1-\psi)/K_i^{(1)} + (1-\psi)(1-\xi)/K_i^{(2)} + \psi} \tag{4-48}$$

$$x_i^{(1)} = \frac{z_i}{\xi(1-\psi) + (1-\psi)(1-\xi)(K_i^{(1)}/K_i^{(2)}) + \psi K_i^{(1)}} \tag{4-49}$$

$$x_i^{(2)} = \frac{z_i}{\xi(1-\psi)(K_i^{(2)}/K_i^{(1)}) + (1-\psi)(1-\xi) + \psi K_i^{(2)}} \tag{4-50}$$

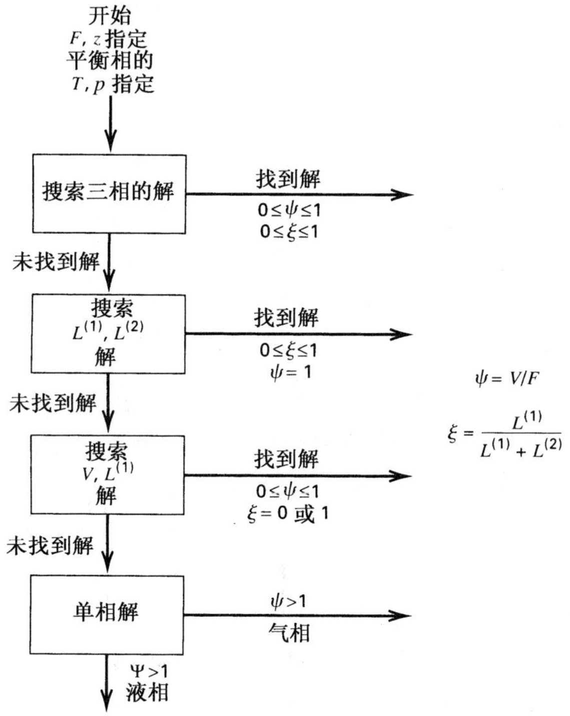

图 4.34　三相等温闪蒸的算法

当两个不互溶的液相存在时，K 值必强力地依赖于液相的组成，所以三相等温闪蒸的计算是困难又繁复的。此外，是否将存在三个相通常是不清楚的，可能需要对其他的相组合进行计算。一个确定相条件的典型算法示于图 4.34，由于三相等温闪蒸计算的复杂性，计算最好用定态过程模拟计算机程序系统执行。这种程序系统还可以执行绝热或非绝热三相闪蒸计算，采用温度迭代直至以下焓衡算式得到满足：

$$h_F F + Q = h_V V + h_{L^{(1)}} L^{(1)} + h_{L^{(2)}} L^{(2)} = 0 \tag{4-51}$$

例 4.19

在用甲苯和甲醇生产苯乙烯的过程中，从气相反应器排出的物流组成如下：

组分	氢	甲醇	水	甲苯	乙苯	苯乙烯
kmol/h	350	107	491	107	141	350

如果这股物流在 38℃和 300 kPa 下达到平衡，计算存在相的数量和相的组成。

解

由于混合物中存在水、烃类和轻质气体，因此，存在一个气相和两个液相的可能性是存在的。应用 ChemCAD 模拟程序系统的三相等温闪蒸模型，对氢选取亨利定律和对其余组分选用 UNIFAC 方法计算液相活度系数，所得结果如下：

组分	kmol/h V	$L^{(1)}$	$L^{(2)}$
氢	349.96	0.02	0.02
甲醇	9.54	14.28	83.18
水	7.25	8.12	475.63
甲苯	1.50	105.44	0.06
乙苯	0.76	140.20	0.04
苯乙烯	1.22	348.64	0.14
总计	370.23	616.70	559.07

如所预料的，氢溶于两个液相中的量很小，其余组分留在气相的量也少。富集水的液相仅含很少的烃类，但含有许多甲醇。富集有机物的液相含有绝大部分的烃类以及少量水和甲醇。

在 300 kPa 下的另外计算表明，有机相首先冷凝，其露点是 143℃，第二个露点是 106℃。

4.11 本章小结

(1) 吉布斯相律适用于平衡时的强度变量，用来确定可以被指定的独立变量数。该相律可以推广到考虑进广度变量的流动系统，能对其更一般性地确定自由度（允许指定的变量数）。强度和广度变量通过物料和能量衡算并结合相平衡数据相互关联，相平衡数据可用方程、表格和/或图像的形式表示。

(2) 二元系的汽-液相平衡条件可以方便地用 $T-y-x$、$y-x$ 和 $p-x$ 相图表示和确定。二元系的相对挥发度随临界点的趋近而趋近 1.0。

(3) 沸点接近的非理想液相混合物生成的最低和最高恒沸物能用二元非恒沸物所用的同样类型的相图方便地表示，高度非理想的液相混合物可能形成包含两液相的非均相恒沸物。

(4) 对于多元混合物，汽-液平衡相的组成和量可以通过等温闪蒸、绝热闪蒸以及泡、露点的计算确定，但混合物是非理想时，计算最好用过程模拟计算机程序系统执行。

(5) 三元系液-液平衡条件最好用等边三角形相图和其他平衡相图的图解法确定，除非三个组分中仅有一个组分（被称为溶质）溶解在两个液相中，且是溶质的稀溶液系统，此时，利用溶质的相分配比率能容易地用代数法确定平衡条件。

(6) 四个或更多组分混合物的液-液平衡条件最好用过程模拟计算机程序系统确定，特别当系统不是溶质的稀溶液时。

(7) 固-液平衡通常发生在浸取、结晶和吸附中。浸取计算一般假定溶质完全溶解在溶剂中，剩余的固体在底流中与已知分率的液相相伴而离开。结晶计算最好用固-液相平衡图进行。对于无机盐从水溶液中的结晶，必须考虑水合物的生成。平衡吸附可以用代数式或吸附等温线相图表示。

(8) 仅少量溶解于液相中的气体溶解度由亨利（定律）常数确当表示，该常数与温度有关。

(9) 对于气-固系统，固体蒸气压能用来确定升华和凝华的条件。对于与固体吸附剂接触的气体混合物，吸附等温线和 y - x 相图在确定吸附平衡条件时是有用的。

（10）当多于两相存在时，平衡计算最好用计算机模拟程序系统执行，然而，对于汽-液-固系统当没有一个组分在所有三个相中发现时，以及对于汽-液-液系统当仅有一个组分在全部三个相中分布时，可以采用近似的手算步骤进行计算。

参考文献

1. Perry, R. H., D. W. Green, and J. O. Maloney, Eds., *Perry's Chemical Engineers' Handbook*, 7th ed., McGraw - Hill. New York, Section 13(1997).
2. Gmehling, J., and U. Onken, *Vapor - Liquid Equilibrium Data Collection*, DECHEMA Chemistry Data Series, **1—8**(1977—1984).
3. Keyes, D. B., *Ind. Eng. Chem.*, **21**, 998—1001(1929).
4. Hughes, R. R., H. D. Evans, and C. V. STERNLING, *Chem. Eng. Progr.*, **49**, 78—87(1953).
5. Rachford, H. H., Jr., and J. D. Rice, *J. Pet. Tech*, **4**(10), Section 1, p. 19, and Section 2, p. 3(Oct. 1952).
6. Press, W. H., S. A. Teukolsky, W. T. Vetterling, and B. P. Flannery, *Numerical Recipes in FORTRAN*, 2nd ed., Cambridge University Press, Cambridge, chap, 9(1992).
7. Goff, G. H., P. S. Farrington, and B. H. Sage, *Ind. Eng. Chem.*, **42**, 735—743(1950).
8. Constantiondes. A., and N. Mostoufi, *Numerical Methods for Chemical Engineers with MATLAB Applications*, Prentice Hall PTR, Upper Saddle River, NJ(1999).
9. Robbins, L. A., in R. H. Perry, D. H. Green, and J. O. Maloney, Eds., *Perry's Chemical Engineers' Handbook*, 7th ed., McGraw - Hill, New York, pp. 15—10 to 15—15(1997).
10. Janeckf, E., Z. *Anorg. Allg. Chem.*, **51**, 132—157(1906).
11. Francis, A. W., *Liquid - Liquid Equilibriums*, Interscience, New York(1963).
12. Findlay, A., *Phase Rule*, Dover, New York(1951).
13. Fritz. W., and E. - U. Schuluender, *Chem. Eng. Sci.*, **29**, 1279—1282(1974).
14. Felder, R. M., and R. W. Rousseau, *Elementary Principles of Chemical Processes*, 3rd ed., John Wiley and Sons, New York, pp. 613—616(1986).
15. Lewis, W. K., E. R. Gilliland, B. Cherton, and W. H. Hoffman. *J. Am. Chem. Soc.*, **72**, 1153—1157(1950).
16. Hildebrand, J. H., *Principles of Chemistry*, 4th ed., Macmillan, New York(1940).
17. Henley, E. J., and E. M. Rosen, *Material and Energy Balance Computations*, John Wiley and Sons, New York, pp. 351—353(1969).
18. Conway, J. B., and J. J. Norton, *Ind. Eng. Chem.*, **43**, 1433—1435(1951).

习题

节 4.1

4.1　考虑示于图 4.35 的平衡级，按照以下步骤进行自由度分析：

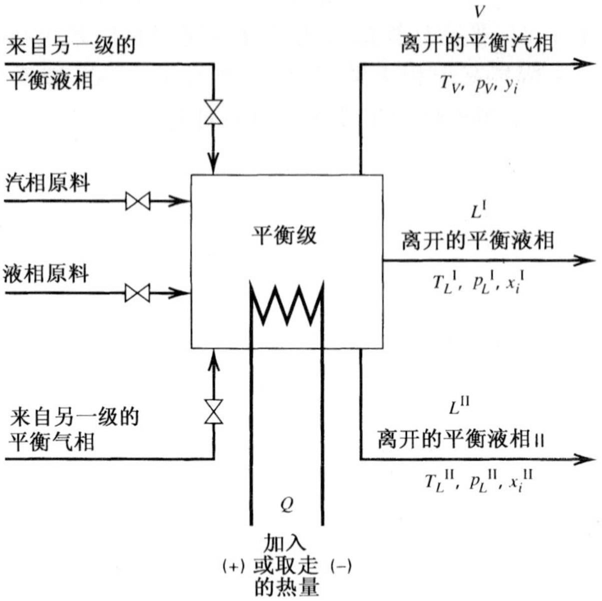

图 4.35 习题 4.1 的条件

(a) 列出变量和计算变量数；

(b)写出变量间关系式并计数；

(c) 计算自由度；

(d) 列出一组合适的设计变量。

4.2 以下问题是否能有唯一解?

(a) 进入绝热闪蒸级的原料包含气相和液相两股物流，它们的组成、流率、温度和压力已知，给定该级的(出口)温度和压力，计算离开该级的平衡的汽、液相的组成和数量。

(b) 除了不是绝热外，其余与(a)相同。

(c) 一股已知温度、压力和组成的蒸气在冷凝器中进行部分冷凝，冷凝器的出口压力和冷却水的进口温度固定，计算所需冷却水量。

4.3 考虑绝热平衡闪蒸，全部变量均在图 4.36 中注明，

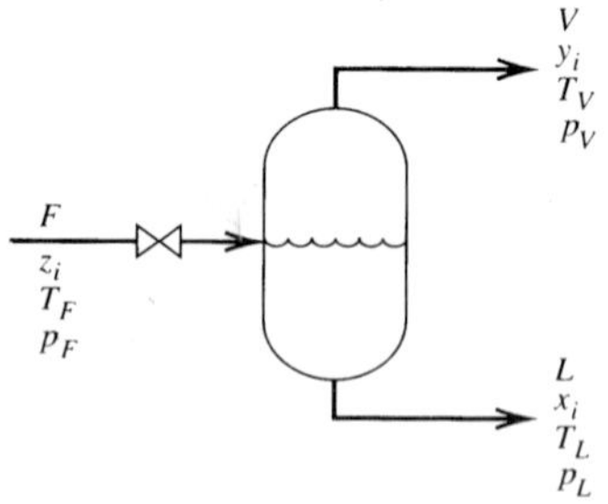

图 4.36 习题 4.3 的条件

(a) 确定变量数；

(b) 写出关联这些变量的独立方程；

(c) 确定方程数；

(d) 确定自由度数；

(e) 为解一个典型的绝热闪蒸问题，你愿意指定哪些变量?

4.4　确定非绝热闪蒸的自由度数，该闪蒸示于图 4.33，具有一股液相进料及一股气相产物和两股不互溶的液相产物。

4.5　考虑示于图 4.31 的七相平衡系统。假设空气含有 N_2、O_2 和氩，根据吉布斯相律计算自由度数是多少？为了确定系统哪些变量会被指定？

节 4.2

4.6　含苯 25%(mol)和乙醇 75%(mol)的液相混合物(能以任何比例互溶)在恒定 1 atm(101.3 kPa，760 托)下从 60℃加热到 90℃。利用下列 $T-x-y$ 实验数据计算确定(a)到(f)的解答。

苯-乙醇系于 1 atm 下的 $T-x-y$ 实验数据

温度/℃：

78.4　77.5　75　72.5　70　68.5　67.7　68.5　72.5　77　77.5　80.1

气相中苯的摩尔百分率：

0　7.5　28　42　54　60　68　73　82　88　95　100

液相中苯的摩尔百分率：

0　1.5　5　12　22　31　68　81　91　95　98　100

(a) 汽化在什么温度开始？

(b) 生成的第一个平衡气泡组成是多少？

(c) 当汽化 25%(mol)时剩余液相的组成是多少？假设汽化的蒸气全都留在设备中，并完全混合与剩余的液相达到平衡。

(d) 当汽化 90%(mol)时，重复(c)的计算。

(e) 如(c)中汽化的 25%(mol)蒸气移除后，再按照(c)同样的技术汽化 35%(mol)，重复(d)的计算。

(f) 将温度对(c)和(e)中的汽化百分率进行标绘。

(g) 利用下面的蒸气压数据，结合拉乌尔定律构作 $T-x-y$ 图，再将用它对(a)到(f)得出的答案与用实验数据得到的答案进行比较。你能够对拉乌尔定律对此二元系的适用性做出什么结论？

蒸气压数据

蒸气压/托：

20　40　60　100　200　400　760

乙醇/℃：

8　19.0　26.0　34.9　48.4　63.5　78.4

苯/℃：

−2.6　7.6　15.4　26.1　42.2　60.6　80.1

4.7　于 200℃下用直接火加热的釜中对硬脂酸进行水蒸气蒸馏，水蒸气成小气泡通入熔融的硬脂酸中，以气态离开釜的硬脂酸具有其在 200℃时的纯蒸气压的 70%分压。算出在 200℃下总压从 101.3 kPa 降到 3.3 kPa 时加入每千克水蒸气能蒸出的硬脂酸千克数，再将它对总压标绘。200℃时的硬脂酸蒸气压为 0.40 kPa。

4.8　1 atm 下苯对甲苯的相对挥发度 α 为 2.5，对该系统构作 $x-y$ 相图。利用习题 4.6 中给出的苯的蒸气压数据和下面给出的甲苯蒸气压数据，结合拉乌尔定律重新构作 $x-y$ 相图，并构作 $T-x-y$ 相图。

(a) 含有苯 70%(mol)和甲苯 30%(mol)的液相在 1 atm 的釜中加热，直至初始液相的 25%(mol)被汽化，试确定此温度。随之进行相的机械分离，气相被冷凝，确定冷凝的气相和剩余液相的组成。

(b) 计算和标绘 1 atm 下作为温度函数的 K 值。

甲苯的蒸气压

蒸气压/托：

20　40　60　100　200　400　760　1 520

温度/℃：

18.4　31.8　40.3　51.9　69.5　89.5　110.6　136

4.9　甲苯的蒸气压在习题 4.8 中给出，正庚烷的蒸气压列于下面表中。

正庚烷的蒸气压

蒸气压/托：

20　40　60　100　200　400　760　1 520

温度/℃：

9.5　22.3　30.6　41.8　58.7　78.0　98.4　124

(a) 应用拉乌尔定律绘制 1 atm 下该系统的 $x-y$ 平衡相图。

(b) 绘制 1 atm 下 $T-x$ 泡点曲线。

(c) 绘制 α 和 K 值对温度的曲线。

(d) 利用 α 的两个极端值的算术平均值重复(a)的作业。

(e) 将上面得到的 $x-y$ 和 $T-x-y$ 相图与下面 Steinhauser 和 White[Ind. Eng. Chem., 41,2912 (1949)]的实验数据进行比较。

1 atm 下正庚烷/甲苯的气-液平衡数据

$x_{n-正庚烷}$	$y_{n-正庚烷}$	T/℃	$x_{n-正庚烷}$	$y_{n-正庚烷}$	T/℃
0.025	0.048	110.75	0.692	0.742	99.73
0.129	0.205	106.80	0.843	0.864	98.90
0.250	0.349	104.50	0.940	0.948	98.50
0.354	0.454	102.95	0.994	0.993	98.35
0.497	0.577	101.35			

4.10　含 A 和 B 各 50%(mol)的饱和液体原料 $F=40$ kmol/h 连续加入图 4.37 所示的设备。冷凝器的凝液分成两半，其中一半回入蒸馏罐。

(a) 如果热量以这样的流率加入，使得 $W=30$ mol/h，并接着规定 $\alpha=2$。试确定馏出液和塔底产物的组成。

(b) 如果改变操作，没有凝液回入蒸馏罐，仍如前面一样保持 $W=3D$，那么产物的组成将怎么样？

$$\alpha=\frac{p_A^s}{p_B^s}=\frac{y_A x_B}{y_B x_A}$$

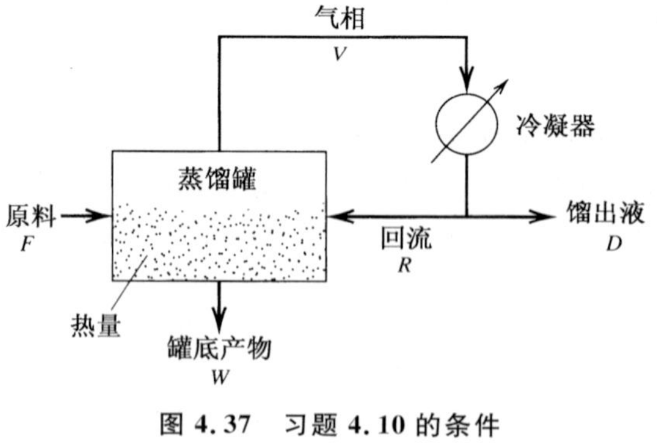

图 4.37　习题 4.10 的条件

4.11　设计一座于 101.3 kPa 下操作的分馏塔。它的馏出物含丙酮(A)95%(mol)和水 5%(mol)，残液含 A 1%(mol)。料液温度和压力分别为 125℃和 687 kPa，含有 A 57%(mol)，它经过膨胀阀后进入塔中，此时已于 60℃部分汽化。利用下面的数据，确定料液在部分汽化中产生的液相对气相的摩尔比。焓和平衡数据如下：

A 的摩尔汽化潜热＝29 750 kJ/kmol（常数）

水的摩尔汽化潜热＝42 430 kJ/kmol（常数）

A 的摩尔比热容＝134 kJ/(kmol · K)（常数）

水的摩尔比热容＝75.3 kJ/(kmol · K)（常数）

高压热料液在绝热膨胀前的焓＝0

膨胀后两相的焓：h_V＝ 27 200 kJ/kmol，h_L＝－5 270 kJ/kmol

101.3 kPa 下丙酮-水的汽-液平衡数据

	T/℃						
	56.7	57.1	60.0	61.0	63.0	71.7	100
液相中 A 的%(mol)	100	92.0	50.0	33.0	17.6	6.8	0
气相中 A 的%(mol)	100	94.4	85.0	83.7	80.5	69.2	0

4.12　应用习题 4.6 和习题 4.8 中给出的蒸压数据及下面给出的焓数据：

(a) 基于拉乌尔定律构作苯-甲苯系统在 1atm 下的 $h-x-y$ 相图。

(b) 计算含苯 30%(mol)的苯-甲苯溶液汽化 50%(mol)所需的能量，该溶液开始处在饱和温度。如果随后气相冷凝成饱和液体及过冷 10℃的冷液，冷凝器的热负荷分别是多少 kJ/kg 溶液。

	饱和态焓，kJ/kg			
	苯		甲苯	
T/℃	h_L	h_V	h_L	h_V
60	79	487	77	471
80	116	511	114	495
100	153	537	151	521

节 4.3

4.13　氯仿-甲醇系统在 101.3 kPa 时的汽-液平衡数据给出在 Perry 的化学工程师手册(第六版)p. 13～11。利用这些数据准备一份图 4.6(b)和图 4.6(c)那样的标绘，由此标绘确定 101.3 kPa 下的恒沸组成和温度。是最低还是最高恒沸物？

4.14　水-甲酸系统在 101.3 kPa 时的汽-液平衡数据给出在 Perry 的化学工程师手册(第六版)p. 13～14。利用这些数据准备一份图 4.7(b)和图 4.7(c)那样的标绘，由此标绘确定 101.3 kPa 下的恒沸组成和温度。是最低还是最高恒沸物？

4.15　水和异丙醇混合物在 1 atm (101.3 kPa，760 托)时的汽-液平衡数据给出如下：

异丙醇-水系统在 1 atm 下的汽-液平衡数据

	异丙醇%(mol)			异丙醇%(mol)	
T/℃	液相	气相	T/℃	液相	气相
93.00	1.18	21.95	80.62	45.25	59.26
89.75	3.22	32.41	80.32	60.30	64.22
84.02	8.41	46.20	80.16	67.94	68.21
83.85	9.10	47.06	80.21	68.10	68.26
82.12	19.78	52.42	80.28	76.93	74.21
81.64	28.68	53.44	80.66	85.67	82.70
81.25	34.96	55.16	81.51	94.42	91.60

注：恒沸组成 $x=y=68.54\%$

恒沸物的沸点 80.22℃

纯异丙醇的沸点 82.5℃

(a) 准备 $T-x-y$ 和 $x-y$ 相图。

(b) 当含异丙醇 40%(mol)的溶液慢慢汽化时,最初生成的气相组成怎么样?

(c) 如果同样含 40%的混合物在平衡条件下加热直至 75%(mol)汽化,那么生成的气相和液相的组成将会是怎么样的?

(d) 计算 80℃和 89℃时的 K 值和 α 值。

(e) 基于下面的蒸气压数据和拉乌尔定律,构作 $T-x-y$ 和 $x-y$ 相图,将上面(a),(b)和(c)的结果与从上面构作的相图上得到的结果进行比较。

关于拉乌尔定律对本系统的适用性能得到什么结论?

异丙醇和水的蒸气压

蒸气压/托	200	400	760
异丙醇/℃	53.0	67.8	82.5
水/℃	66.5	83	100

节 4.4

4.16 对于在 101 kPa 下 100 kmol 的 nC_6(H)和 nC_8(C)混合物,应用示于图 4.3 和4.4中的 $y-x$ 和 $T-y-x$相图,确定在下列条件下平衡汽、液相的温度、数量和组成:

(a) $z_H=0.5, \psi=V/F=0.2$

(b) $z_H=0.4, y_H=0.6$

(c) $z_H=0.6, x_C=0.7$

(d) $z_H=0.5, \psi=0$

(e) $z_H=0.5, \psi=1.0$

(f) $z_H=0.5, T=200$℉

4.17 对于由组分 1 和 2 组成的二元混合物,说明应用下列表 4.4 中的式(5)、式(6)和式(3)的简化形式能直接计算的平衡相的组成和数量:

$$x_1=(1-K_2)/(K_1-K_2)$$

$$x_2=1-x_1$$

$$y_1=(K_1K_2-K_1)/(K_2-K_1)$$

$$y_2=1-y_1$$

$$\psi=\frac{V}{F}=\frac{z_1[(K_1-K_2)/(1-K_2)]-1}{K_1-1}$$

4.18 考虑闪蒸方程的 Rachford - Rice 形式

$$\sum_{i=1}^{C}=\frac{z_i(1-K_i)}{1+(V/F)(K_i-1)}=0$$

试问在什么条件下能满足该式?

4.19 含甲苯 60%(mol)和苯 40%(mol)的料液常压下在单个平衡级设备中连续蒸馏,如果进料中甲苯的 90%随液相离开,试问进料中苯的多少百分率应随气相离开?假设相对挥发度 2.3,用图解法求解。

4.20 假设理想溶液和利用图 2.4 给出的蒸气压数据求解习题 4.19,并确定温度。

4.21 含七个组分的混合物在指定温度和压力下进行闪蒸,

(a) 应用下面给出的 K 值和原料组成,绘制 Rachford - Rice 的闪蒸函数式

$$f\{\psi\}=\sum_{i=1}^{C}\frac{z_i(1-K_i)}{1+\psi(K_i-1)}$$

取 ψ 的间距为 0.1,从绘得曲线估计 ψ 的根值。

(b) 闪蒸函数的另一种形式是

$$f\{\psi\}=\sum_{i=1}^{C}\frac{z_iK_i}{1+\psi(K_i-1)}-1$$

同样取 ψ 的间距为 0.1 对该式作标绘，并解释为什么愿意采用 Rachford - Rice 闪蒸函数的原因。

组分	z_i	K_i	组分	z_i	K_i
1	0.007 9	16.2	5	0.058 9	0.91
2	0.132 1	5.2	6	0.132 1	0.72
3	0.084 9	2.6	7	0.315 1	0.28
4	0.269 0	1.98			

4.22　含正丁烷 25%(mol)、正戊烷 40%(mol)和正己烷 35%(mol)的原料 100 kmol 在定态条件下进行闪蒸，如果正己烷的 80%在 240 ℉的液相中回收，试问所需压力是多少？汽、液相的组成怎样？K 值从图 2.8 查取。

4.23　由等摩尔乙烷、丙烷、正丁烷和正戊烷组成的原料在 150 ℉和 205 psia 条件下进行闪蒸，试问预期的汽、液相产物的数量和组成怎样？应用在其他条件下的单级闪蒸，且 nC_4 在气相中的损失不超过 5%，达到乙烷在气相中的收率 70%是否可能？K 值从图 2.8 查取。

4.24　示于图 4.38 的系统用来冷却反应器产物和从较重烃类中分离轻质气体。在 500 psia 和 100 ℉下组分的 K 值如下：

组分	K_i	组分	K_i
H_2	80	苯	0.010
CH_4	10	甲苯	0.004

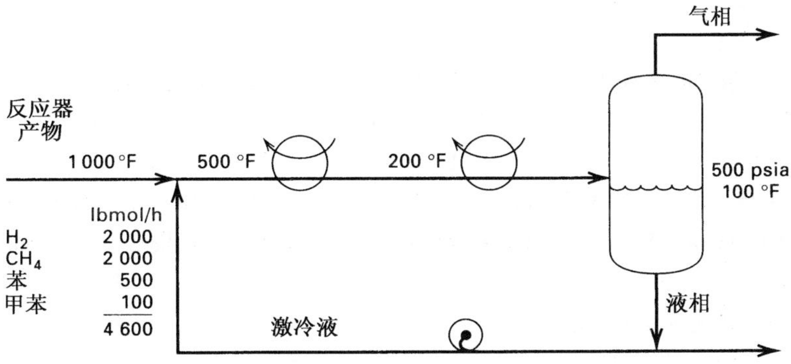

图 4.38　习题 4.24 的条件

(a) 计算离开闪蒸罐的气相组成和流率；

(b) 激冷液的流率是否影响结果？给出你的分析结果。

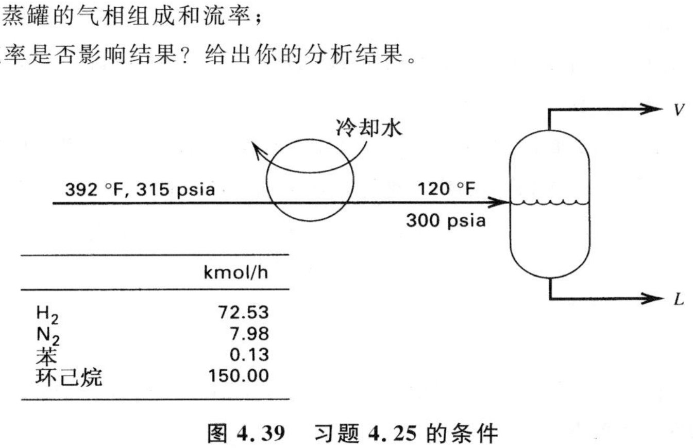

图 4.39　习题 4.25 的条件

4.25　示于图4.39的混合物进行部分冷凝而分离成两相，计算平衡相V和L的数量和组成。

4.26　下列物流处在200 psia和200 ℉的条件下，不用闪蒸计算确定它是冷液、过热蒸气还是已部分汽化。

组分	lbmol/h	K 值	组分	lbmol/h	K 值
C_3	125	2.056	nC_5	175	0.520
nC_4	200	0.925			

4.27　图4.40所示为蒸馏塔的馏出物系统，总的馏出物组成示明于图中，其10%作为气相产物，如果回流罐的温度是100 ℉，确定其压力。利用下面的K值，并假设K值与压力成反比。

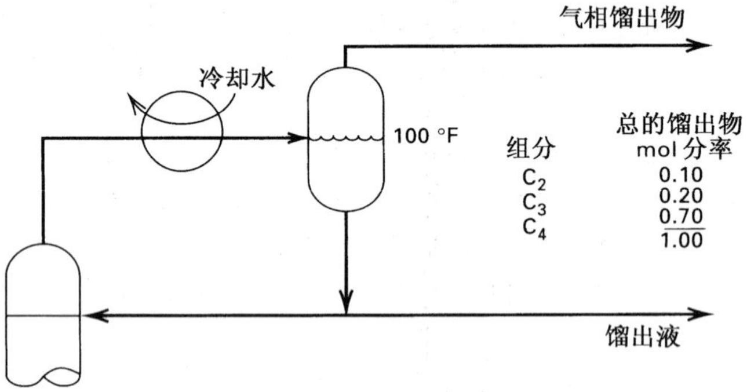

图4.40　习题4.27的条件

组分	100 ℉、200psia下的K值	组分	100 ℉、200psia下的K值
C_2	2.7	C_4	0.34
C_3	0.95		

4.28　具有下面组成的物流处于7.2℃和2 620 kPa条件下，试确定其相条件。

组分	N_2	C_1	C_2	C_3	nC_4	nC_5	nC_6
kmol/h	1.0	124.0	87.6	161.6	176.2	58.5	33.7

对K值至少采用三种不同的选择，应用计算机模拟程序系统进行计算。K值的选择是否影响结果？

4.29　由苯60%(mol)、甲苯25%(mol)和邻二甲苯15%(mol)组成的混合液在1 atm和100℃条件下闪蒸，

(a) 计算气、液相产物的量和组成；

(b) 对100℃和2 atm条件重新计算；

(c) 对105℃和0.1 atm条件重新计算；

(d) 对150℃和1 atm条件重新计算。

假设理想溶液，利用图2.4中的苯和甲苯的蒸气压曲线，对于邻二甲苯，通过点(100.2℃和200托)和点(144℃和760托)画一条蒸气压线。

4.30　证明离开平衡闪蒸的气相温度是其露点，离开平衡闪蒸的液相温度则是其泡点。

4.31　下列混合物作为1.72 MPa下的饱和液体加入蒸馏塔，应用图2.8的K值计算其泡点温度。

组分	kmol/h	组分	kmol/h
乙烷	1.5	正戊烷	17.5
丙烷	10.0	正己烷	3.5
正丁烷	18.5		

4.32　等摩尔的苯和甲苯溶液在90℃恒温下全部汽化，试问蒸发过程开始和结束时的压力是多少？假设是理想溶液，应用图2.4的蒸气压。

4.33　水(W)-乙酸(A)系统的液相活度系数由下列 Sebastiani - Lacquaniti[Chem. Eng. Sci.,22, 1155 (1967)]的方程给出,

$$\ln\gamma_W = x_A^2[A+B(4x_W-1)+C(x_W-x_A)(6x_W-1)]$$

$$\ln\gamma_A = x_W^2[A+B(4x_W-3)+C(x_W-x_A)(6x_W-5)]$$

$$A=0.1182+\frac{64.24}{T(\mathrm{K})}$$

$$B=0.1735-\frac{43.27}{T(\mathrm{K})}$$

$$C=0.1081$$

计算组成为 $x_W=0.5$ 和 $x_A=0.5$ 的混合物在 1 atm 下的泡点和露点温度。在泡点和露点的中间温度闪蒸此混合物。

4.34　计算含甲苯(1)0.4 摩尔分率和正丁醇(2)0.6 摩尔分率的混合物在 101.3 kPa 下的泡点和露点温度。K 值从修正的拉乌尔定律式(2-72)应用蒸气压和活度系数计算,γ_1 和 γ_2 用表 2.9 中的范拉尔方程计算,相应的系数 $A_{12}=0.855$ 和 $A_{21}=1.306$。如果同样的混合物在泡点和露点间的中间温度及 101.3 kPa 下进行闪蒸,试问汽化分率是多少?两相的组成又如何?

4.35　(a) 计算含乙酸乙酯(A)80%和乙醇(E)20%摩尔组成的混合物在 101.3 kPa 下的泡点温度和相应的气相组成。K 值从式(2-72)应用蒸气压和活度系数计算,活度系数用表 2.9 中的范拉尔方程计算,相应的系数 $A_{AE}=0.855$ 和 $A_{EA}=0.753$。

(b) 计算该混合物的露点温度。

(c) 此混合物是否形成恒沸物?如果形成,预计温度和组成。

4.36　温度 107℃下含水(W)50%(mol)和甲酸(F)50%(mol)的二元溶液,K 值从式(2-72)应用蒸气压和活度系数计算,活度系数用表 2.9 中的范拉尔方程计算,相应的系数 $A_{WF}=-0.2935$ 和 $A_{FW}=-0.2757$。试计算:

(a) 泡点压力;

(b) 露点压力。

还需确定此混合物是否形成最低或最高恒沸物。如果形成,预计 107℃下的恒沸压力和恒沸组成。

4.37　对于 1atm 下含正己烷 45%(mol)、正庚烷 25%(mol)和正辛烷 30%(mol)的混合物,应用计算机模拟程序系统:

(a) 计算泡点和露点温度;

(b) 如果此混合物在 1atm 下进行闪蒸,原料的 50%(mol)被汽化,计算闪蒸温度及产生的液、气相的组成和相对值;

(c) 如果 90%的正己烷进入气相离开,计算正辛烷进入气相的量。

在 5atm 和 0.5atm 下重复上面(a)和(b)的计算。

4.38　在图 4.41 中,压力为 758 kPa、摩尔组成为丙烷 10%、正丁烷 40%和正戊烷 50%的饱和液体 L_1 以 150 kmol/h 的流率从级 1 进入再沸器,试问 V_B 和 B 的组成和数量是多少?再沸器的热负荷 Q_R 是多少?应用计算机模拟程序系统执行计算。

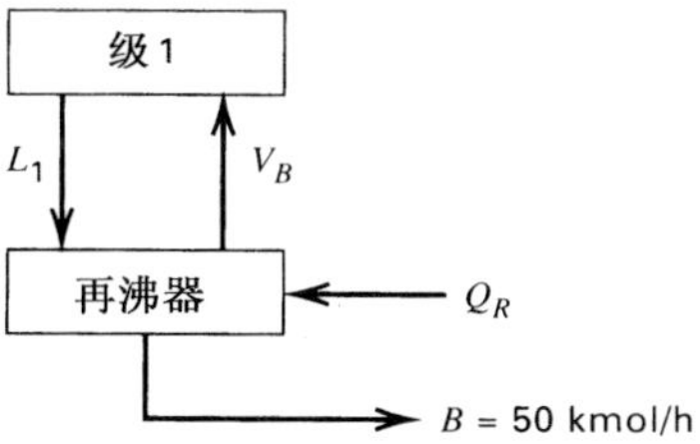

图 4.41　习题 4.38 的条件

4.39 (a) 求取下列混合物在 50 psia 时的泡点温度。从图 2.8 或图 2.9 查取 K 值。

组分	z_i	组分	z_i
甲烷	0.005	正丁烷	0.400
乙烷	0.595		

(b) 求取在上述压力下导致混合物 25%汽化的温度，并确定液、气相的组成。

4.40 如图 4.42 所示，一股烃类混合物经加热和膨胀后进入蒸馏塔。应用计算机模拟程序系统计算其中气相的百分率以及图上标明指定压力的三个位置处的气相和液相组成。

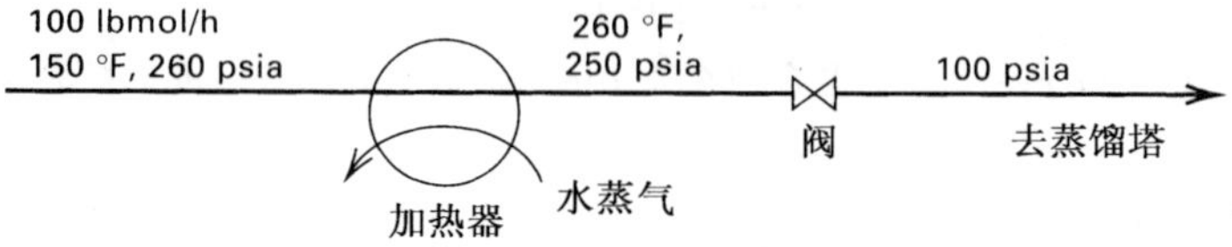

组分	摩尔分率
C_2	0.03
C_3	0.20
nC_4	0.37
nC_5	0.35
nC_6	0.05
	1.00

图 4.42 习题 4.40 的条件

4.41 进入蒸馏塔级 F 的物流示于图 4.43 中，如果该处全部物流的压力都是 785 kPa，级 F 的温度以及 V_F 和 L_F 的组成和数量各是多少？用计算机模拟程序系统算得答案。

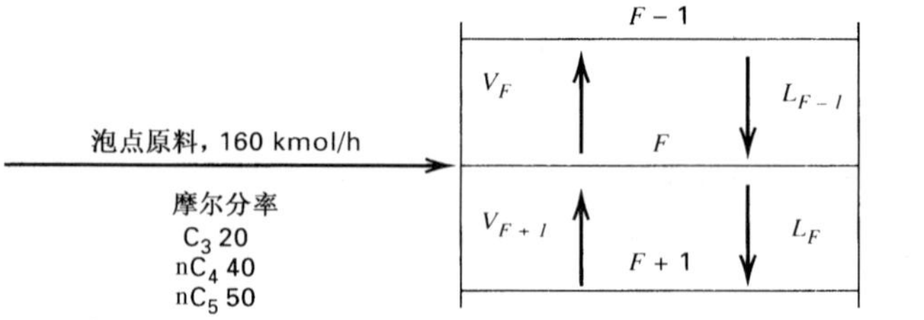

物流	总流率 kmol/h	组成，mol% C_3	nC_4	nC_5
L_{F-1}	100	15	45	40
V_{F+1}	196	30	50	20

图 4.43 习题 4.41 的条件

4.42 一股由六个烃类组分组成的物流如下所示，它流经阀门产生绝热闪蒸。阀上游原料的温度和压力分别是 250 ℉和 500 psia，阀下游的压力是 300 psia。

组分	z_i	组分	z_i
C_2H_4	0.02	C_3H_8	0.10
C_2H_6	0.03	iC_4	0.20
C_3H_6	0.05	nC_4	0.60

应用计算机模拟程序系统计算：

(a) 阀上游物流的相条件；

(b) 阀下游物流的温度；

(c) 阀下游物流被汽化的摩尔分率；

(d) 阀下游气相和液相物流的摩尔分率组成。

4.43　建议一个像图 4.19(a)和表 4.14 那样的闪蒸的详细算法，此时汽化的百分率和闪蒸压力被指定。

4.44　假设已有 K 值和焓的表示式，确定进行下列各种闪蒸计算的算法：

给定	求取	给定	求取
h_F, p	ψ, T	ψ, T	h_F, p
h_F, T	ψ, p	ψ, p	h_F, T
h_F, ψ	T, p	T, p	h_F, ψ

节 4.5

4.45　一股含乙酸(B) 8%(质量)的水(A)溶液原料 13 500 kg/h，采用在 25℃下的液-液萃取移除乙酸，萃余相中仅含 1%(质量)乙酸。考虑下列四种萃取剂(表中还列有它们的分配系数)，可以认为水和每种溶剂(C)互不相溶，如果采用单个平衡级，估计每小时所需的溶剂千克数。

溶剂	甲酸乙酯	异内醚	十七烷醇	氯仿
K_D	1.273	0.429	0.312	0.178

4.46　含乙二醇 30%(质量)的水溶液 45 千克用糠醛萃取。应用图 4.14(a)和 4.14(b)计算：

(a) 最少溶剂用量；

(b) 最大溶剂用量；

(c) 用 45 千克溶剂时所得萃取相和萃余相的脱溶剂基的质量以及乙二醇被萃取的百分率；

(d) 对于单个平衡级所得的最终萃取相中可能达到的乙二醇最高纯度以及萃余相中水的最高纯度。

4.47　证明在一个每个顶角代表一个纯组分的三角形中，其中的任意一点代表系统的组成，某一组分的浓度正比于从该点向其顶角的对边所作垂直线的长度，而不必作特殊假定(即直角三角形或等边三角形)。

4.48　氯仿($CHCl_3$)和乙酸的混合物在 18℃和 1atm 下用水进行萃取以回收乙酸。

(a) 含 $CHCl_3$ 35%(质量)和乙酸 65%(质量)的混合物 45 千克，在 18℃下用 22.75 kg 的水以简单的单级分批操作的方式对其处理，试问产生的萃余相层和萃取相层的组成和质量怎样？

(b) 如果对上面处理得到的萃余相层再用其一半质量的水进行萃取，试问新得的两液层的组成和质量如何？

(c) 如果从上面最终得到的萃余相层中把水除净，其最终的组成怎样？

解题时应用下面的平衡数据绘制图 4.14 中的一种或多种相图。

重相[%(质量)]			轻相[%(质量)]		
$CHCl_3$	H_2O	CH_3COOH	$CHCl_3$	H_2O	CH_3COOH
99.01	0.99	0.00	0.84	99.16	0.00
91.85	1.38	6.77	1.21	73.69	25.10
80.00	2.28	17.72	7.30	48.58	44.12
70.13	4.12	25.75	15.11	34.71	50.18
67.15	5.20	27.65	18.33	31.11	50.56
59.99	7.93	32.08	25.20	25.39	49.41
55.81	9.58	34.61	28.85	23.28	47.87

4.49　异丙醚(E)用来分离水(W)与乙酸(A)，25℃和 1atm 下的液-液平衡数据列于下面：

25℃和 1atm 下乙酸(A)、水(W)和异丙醚(E)的液-液平衡数据

水层			醚层		
%(质量)A	%(质量)W	%(质量)E	%(质量)A	%(质量)W	%(质量)E
1.41	97.1	1.49	0.37	0.73	98.9
2.89	95.5	1.61	0.79	0.81	98.4
6.42	91.7	1.88	1.93	0.97	97.1
13.30	84.4	2.3	4.82	1.88	93.3
25.50	71.1	3.4	11.4	3.9	84.7
36.70	58.9	4.4	21.6	6.9	71.5
45.30	45.1	9.6	31.1	10.8	58.1
46.40	37.1	16.5	36.2	15.1	48.7

(a) 含 A 30%(质量)的水溶液 100 kg 与 120 kg 的异丙醚在单个平衡级中接触,得到的萃取相和萃余相的组成和质量是多少?如果把富含异丙醚的萃取相中的醚全部除去,此时的乙酸浓度是多少?

(b) 含 52 kg A 和 48 kg W 的混合物与 40 kg E 接触,所得萃取相和萃余相的组成和数量是多少?

节 4.6

4.50 在 UDEX 液-液萃取过程[H. W. Grote, Chem. Eng. Progr., 54(8), 43(1958)]中用二甘醇(DEG)作为溶剂从芳烃中分离石蜡油,如果含正己烷 42.86%(mol)、正庚烷 28.57%(mol)、苯 17.86%(mol)和甲苯 10.71%(mol)的混合物 280 lbmol/h 与含二甘醇(DEG)90%(mol)的水溶液 500 lbmol/h 在 325 ℉和 300 psia 下接触。应用计算机模拟程序系统和 UNIFAC L/L 方法计算液相活度系数,计算所得两个液相的流率和摩尔组成。DEG 是对石蜡油还是对芳烃更有选择性?

4.51 一股分别含有甲酸、乙酸和丙酸 5、3 和 2 lbmol/h 的水溶液 110 lbmol/h,如果在单个平衡级中用乙酸乙酯(EA) 100 lbmol/h 进行萃取回收酸,采用 UNIFAC 方法由计算机模拟程序系统执行计算,确定所得两相的流率和组成。EA 对于三种酸的选择性次序怎样?

节 4.7

4.52 对于己烷 200 000 kg/h 重复例 2.9 的计算。

4.53 在单个平衡级中用水从 3 750 kg/h 的固体中溶解 Na_2CO_3 1 350 kg/h,固体中其余部分是不溶解的氧化物。如果用水 4 000 kg/h,平衡级的底流以脱溶质基计是溶剂的 40%,计算溢流和底流的流率和组成。

4.54 如果停留时间只够浸取 80%碳酸盐,重复习题 4.53 的计算。

4.55 50℃下萘中含苯 40%(质量)的溶液总流率为 6 000 lbmol/h,它被冷却到 15℃。假设已达平衡,用图 4.23 确定生成结晶的量以及母液的流率和组成,结晶出的是苯还是萘?

4.56 除了确定结晶出萘的 80%晶体所需的温度外,重复例 4.10 的计算。

4.57 苯中含萘 10%(质量)的溶液总流率为 10 000 kg/h,从 30℃冷却到 0℃。假设已达平衡,用图 4.23确定生成结晶的量以及母液的流率和组成,结晶出的是苯还是萘?

4.58 除了指定初始溶液中 Na_2SO_4 的含量为 20%(质量)外,重复例 4.11 的计算。

4.59 在 20℃下含 $Na_2SO_4 \cdot 10H_2O$ 50%(质量)和 Na_2SO_4 晶体 50%(质量)的混合物有 1 000 kg,假设保持 20℃和平衡,应用图 4.24 确定使此混合物刚巧完全溶解需要水的千克数。

4.60 除了确定达到下列结果需要的活性炭克数外,重复例 4.12 的计算:

(a) 酚被吸附 75%;

(b) 酚被吸附 90%;

(c) 酚被吸附 98%。

4.61 在 25℃下用白土颗粒吸附从矿物油中脱除有色物质(B)。初始矿物油的颜色指数为 200 单位/

100 kg 油，脱色后油的指数必须降到 20 单位/100 kg 油。在实验室中测取了如下的吸附平衡实验数据：

c_B，颜色单位/100kg 油	200	100	50	40	10
q_B，颜色单位/100kg 白土	10	7.0	5.4	4.4	2.2

(a) 用 Freundlich 方程拟合实验数据；

(b) 如果采用单个平衡级，计算处理 500 kg 油所需的白土千克数。

节 4.8

4.62　1 atm(101.3 kPa)下丙酮-空气-水系统用摩尔分率单位计的气-液平衡数据如下：

y，空气中的丙酮	0.004	0.008	0.014	0.017	0.019	0.020
x，水中的丙酮	0.002	0.004	0.006	0.008	0.010	0.012

(a) 将数据按以下要求标绘：(1) mol 丙酮/mol 空气对 mol 丙酮/mol 水；(2) 丙酮分压对 g 丙酮/ g 水；(3) y 对 x。

(b) 如果在单个平衡级中含有 0.015 摩尔分率丙酮的气体 20mole 与 15 mole 水接触，排出物流的组成会是怎样的？采用图解法，忽略水和空气的分解。

4.63　用空气在水中的吸收和解吸从氮中分离氧的方法已被提出，将采用的压力从 101.3 到 10 130 kPa，温度在 0 到 100℃之间。

(a) 假设空气是 79%(mol)氮和 21%(mol)氧组成，设计一个能实现分离的方案。

(b) O_2和 N_2的亨利常数给于图 4.27 中，为了制取 90%(mol)纯度的氧需要多少次分批吸收步骤？氧的收率(以原料中氧的总数为基准)将是多少？

4.64　含等体积 NH_3和 N_2的气体混合物在 20℃和 1atm(760 托)下与水接触，为了吸收其中的 NH_3。如果 14m^3的此气体混合物与 10m^3的水接触并假定达到平衡，计算此混合物中 NH_3将被吸收的百分率。在吸收操作中温度和压力保持不变，20℃时 NH_3在水面上的分压如下：

空气中氨的分压/托	溶解氨 g/100g 水	空气中氨的分压/托	溶解氨 g/100g 水
470	40	50.0	7.5
298	30	31.7	5.0
227	25	24.9	4.0
166	20	18.2	3.0
114	5	15.0	2.5
69.6	10	12.0	2.0

节 4.9

4.65　对于与下列固体 PA 的蒸气压相对应的温度重复例 4.15 的计算：

(a) 0.7 托；

(b) 0.4 托；

(c) 0.1 托。

在固体蒸气压 0.1 到 1.0 托区间将 PA 回收的百分率对固体蒸气压作标绘。

4.66　760 托和 300℃的氮气中含有 10%(mol)蒽醌(A)，如果将其冷却到 200℃，计算 A 凝华的百分率。固体 A 的蒸气压数据如下：

T/℃	190.0	234.2	264.3	285.0
蒸气压/托	1	10	40	100

这些数据可以用仅含前三个常数的 Antonie 式(2－39)拟合。

4.67　在 25℃和 101 kPa 条件下，含丙烯 35%(mol)的丙烯-丙烷气相混合物 2mol 与硅胶吸附剂 0.1 kg 接触并达到平衡，利用图 4.30 的平衡数据计算被吸附气体的摩尔数和组成以及未被吸附气体的平衡组成。

4.68 含丙烯 50％(mol)的丙烯-丙烷气相混合物用硅胶进行分离，其平衡特性示于图 4.30。最终两个产品将分别含丙烯 90％(mol)和丙烷 75％(mol)，如果应用小于或等于 1 000 lb 硅胶/lbmol 原料气，试问在一个平衡级中能否达到所希望的分离？如果不能，则能达到怎样的分离？

节 4.10

4.69 对于水 90％汽化重复例 4.17 的计算。

4.70 一股含 Na_2SO_4 20％(质量)的水溶液 5 000 kg/h 进入于 60℃操作温度下的蒸发结晶器，其平衡数据给出在图 4.24 中。如果 80％ Na_2SO_4 被结晶出来，计算：

(a) 每小时必须蒸发的水量(kg)；

(b) 结晶器压力(托)。

4.71 计算下列混合物在 50℃时的露点压力、第二个露点压力和泡点压力，假设芳烃和水不互溶：

(a) 苯和水各 50％(mol)；

(b) 甲苯和水各 50％(mol)；

(c) 40％(mol)苯、40％(mol)甲苯和 20％(mol)水。

4.72 除了计算 2atm 下的温度外，重复习题 4.71 的计算。

4.73 含甲苯 30％(mol)、乙苯 40％(mol)和水 30％(mol)的混合液在总压 0.5atm 下进行连续闪蒸。假设乙苯和甲苯混合物服从拉乌尔定律，烃类和水之间完全不互溶，计算泡点温度及此时的气相组成。

4.74 如图 4.8 所示，水(W)和正丁醇(B)在 101 kPa 下能形成三相系统，对于总组成为 W 60％(mol)和 B 40％(mol)的混合物，应用计算机模拟程序系统和 UNIFAC 方法计算：

(a) 露点温度和第一滴液滴的组成；

(b) 泡点温度和第一个气泡的组成；

(c) 当 50％(mol)汽化时，三相各自的组成以及它们间的相对量。

4.75 对于温度 25℃重复例 4.19 的计算。变化是否显著？

第 5 章　级联和复合系统

在前一章，单个平衡级被用来分离混合物，实际上，单级很少能够达到所希望的分离。本章引入分离级联，它是接触级的集合，在工业过程中级联用来(1)实现单级不能达到的分离和/或(2)减少所需的质量分离剂或能量分离剂的量。

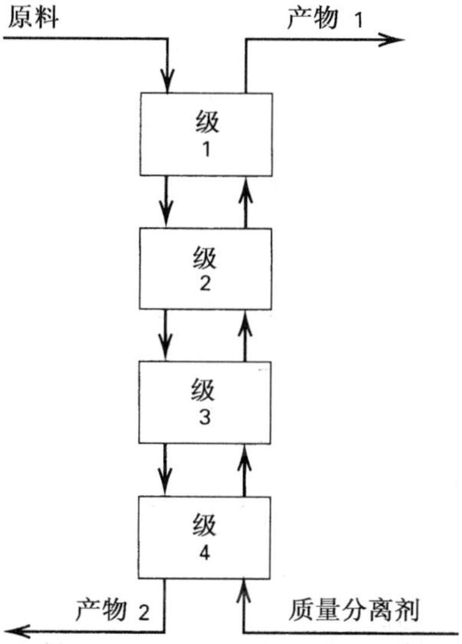

图 5.1　接触级的级联

一座典型的级联示于图 5.1，其中的每一级都试图使两股或多股不同相态和组成的过程物流密切接触，促进快速的质量和热量传递从而趋近相平衡，所得各相的组成和温度更接近或达到平衡，随之各相分离和送往级联中的另一级或作为产品排出。虽然在每一级中可能未达到平衡状态，但在级联的设计和分析中通常采用平衡级模型。另外，在膜分离场合不考虑相平衡，由通过膜的传质速率决定分离，膜的级联能对原料混合物实现单个膜分离器接触不能达到的分离。

在单元操作中级联是普遍的，例如蒸馏、吸收、脱吸和液-液萃取。当分离程度受到单种分离操作限制时，或所需能量太多时，考虑采用两种分离操作的复合系统是值得的，例如，蒸馏和膜蒸发的结合用来分离恒沸物。在最近十年来，随着节省能量意识的提高，对复合系统给予了更多注意。本章引入级联和复合系统两者，为了示明级联的益处，计算以简单模型为基础，严格模型最好用计算机计算，它们将在第 10 到第 12 章讨论。

5.0 本章教学目的

在学完本章后，你应能够：

- 解释多个平衡级逆流级联如何能够比单个平衡级达到好得多的分离。
- 解释单段级联和两段级联的差别以及每种级联能够达到怎样的极限。
- 计算逆流浸取和洗涤级联中关键组分的回收率。
- 计算三种液-液萃取级联中关键组分的回收率。
- 定义和说明吸收和脱吸因子的意义。
- 应用 Kremser 方法计算单段逆流级联中各个组分的回收率。
- 应用 Kremser 对 Kremser 算法的扩充方法计算双段逆流级联中各个组分的回收率。
- 配置一套膜分离级联用以改善膜分离。
- 解释复合系统的优点并举例。
- 对于分离过程及其中包含的组件确定自由度并给出一组指定变量。

5.1 级联的结构

级联能以多种方式配置，如图 5.2 示例所示。级可用如图 5.1 中那样的方块表示，或如图 5.2(d)、(e)中用水平线表示，取决于级的机械设计，级联可以是垂直或者水平安排。待分离的原料用 F 标明，如用质量分离剂，则以 S 标明，产物用 P_i 标明。

在图 5.1 和图 5.2 所示的逆流级联中，级间两相互成逆流流动。如例题中将示明的那样，这种配置是非常有效的，它被广泛地应用于吸收、脱吸、液-液萃取和洗涤操作。示于图 5.2(b)的错流级联在绝大多数场合没有逆流级联那样有效，但它易于应用在分批操作中，与逆流级联不同，此时溶剂被分成多份，分别加入各级。

错流级联的复杂菱形变种示于图 5.2(c)，与前两个线形的或一维的级联不同，菱形配置是两维的。其应用之一是分批结晶，原料在级 1 中分成结晶和母液两部分，结晶流到级 2，而母液流到级 4，在其余每一级中发生部分结晶或重结晶，对晶体、母液或两者进行加工，最终产品是提纯了的晶体和承载杂质的母液。

图 5.2 的前三个级联由一段构成，物流仅从其两端进出，这种级联用来从原料流中回收组分，一般不能实现原料中选定的两个组分(称为关键组分)间的清晰分离。为实现这种清晰分离，最好采用由两段构成的级联，图 5.2(d)的逆流级联是常用的，它的一段在原料级上面，另一段则在其下面。如果用双溶剂，其中之一 S_1 选择性地溶解原料中的某些组分，而另一个 S_2 对其他组分更能选择性地溶解，这个被称之为分馏液-液萃取过程的能实现清晰分离。如果加入图示级联的 S_1 是液体吸收剂，S_2 是蒸气脱吸剂，或者依靠塔顶的冷凝传热产生液体回流和塔底的沸腾传热产生再沸蒸气，这过程是普通(简单)蒸馏，如果两个关键组分间具有适当大小的相

对挥发度以及回流、再沸蒸气和级数足够，则能实现关键组分间的清晰分离。

图5.2(e)所示的是两座蒸馏塔的耦合系统，包含六段逆流级联，第一座塔的回流和再沸蒸气由第二座塔提供，此系统能将三元（三个组分）原料分离成三个相当纯的产品 P_1，P_2 和 P_3。

为了定量地示明级联的能力和优点，本章中推导了理想模型级联的代数方程式。首先考虑用于固-液浸取和/或洗涤过程的简单逆流单段级联，随后对用于液-液萃取过程的并流、错流和逆流单段级联以简化的组分分配系数为基础进行比较，接着对两段逆流级联开发成汽-液蒸馏操作，最终讨论膜分离级联。在前三种场合，由一组线性代数方程简化得到一个计算分离程度的单一方程，它被表示成级联中级数、分离因子和质量或能量分离剂对原料比的函数。设计和分析用的更严格的模型将在后续章节中开发，并将看到，对于严格模型不可能得到单一关系式，这是由严格模型的非线性特性确定的，为此必须用计算机计算。

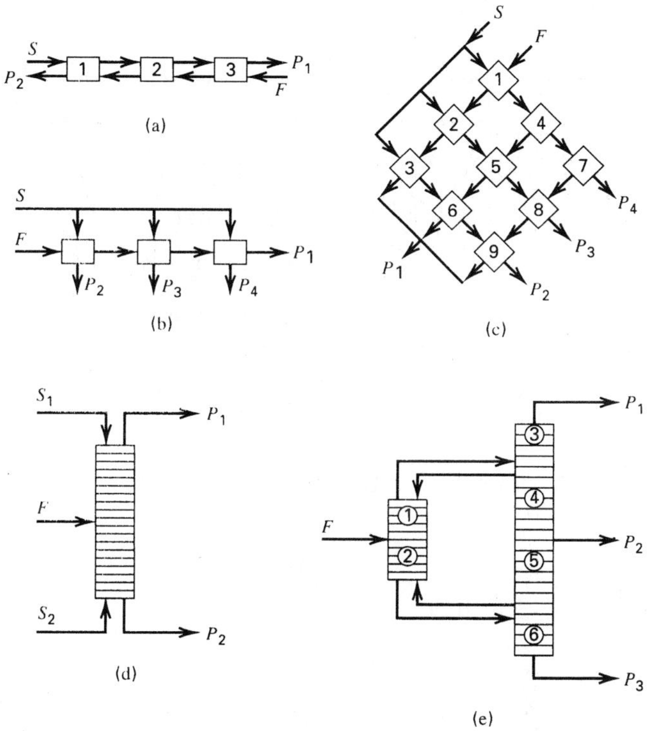

图5.2　级联结构示例

(a) 逆流级联；(b) 错流级联；(c) 两维菱形级联；

(d) 两段逆流级联；(e) 逆流级联的耦合系统

5.2　固-液相级联

考虑示于图5.3的 N 级逆流浸取-洗涤过程，此级联是节4.7中讨论的单级系统的扩充。含有两个组分A和B的固体原料进入级1，其组分质量流率分别为 F_A 和 F_B，纯液体溶剂 C 以质量流率 S 进入级 N，它与组分 B 完全互溶，但与组分 A 互不相溶，因此，A 作为惰性固体通过级联。溶质 B 在液相中的浓度用溶质对溶剂的质量比表示是方便的，离开级 j 的溢流液中含有可溶物质量对脱溶质基的溶剂质量之比为 Y_j，且无不溶物；离开每一级的底流是含有不溶固体质量流率 F_A 的泥浆，其中溶剂质量对不溶固体质量之比保持常数 R，可溶物质量对脱溶质基的溶剂质量之比为 X_j。对于给定的固体原料，溶质组分在排出底流中的浓度 X_N 与溶剂加入流率和级数之间的关系式作如下推导。

如果在每一级中都达到平衡，溢流的溶质浓度 Y_j 等于底流液相中（这是被底流中固体夹带的液相）溶质的浓度 X_j，假设可溶物 A_j 在级 1 中全部被溶解和浸出，其余各级都是洗涤级，用来减少可溶物在离开最后一级 N 的底流中的损失，从而增加可溶物在离开第一级的溢流中的数量。根据溶剂的物料平衡，对于 R 等于常数的情况易于得到：离开级 2 到级 N 的溢流中溶剂流率是 S，离开级 1 到级 N 的底流中溶剂流率是 RF_A，因此，离开级 1 的溢流中溶剂流率是 $S-RF_A$。

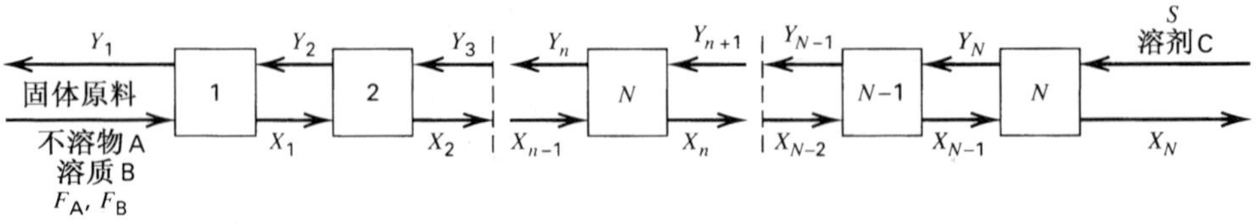

图 5.3　逆流浸取或洗涤系统

围绕任何中间级 n(n=2 到 $N-1$)作可溶物的物料衡算得

$$Y_{n+1}S+X_{n-1}RF_A=Y_nS+X_nRF_A \tag{5-1}$$

对于两端的级 1 和级 N，它们的可溶物物料衡算分别为

$$Y_2S+F_B=Y_1(S-RF_A)+X_1RF_A \tag{5-2}$$

$$X_{N-1}RF_A=Y_NS+X_NRF_A \tag{5-3}$$

假设达到平衡，可溶物在离开各级的溢流中的浓度等于它在离开各级的底流中的液相部分中的浓度，所以

$$X_n=Y_n \tag{5-4}$$

另外，定义一个洗涤因子 W 是有用的

$$W=\frac{S}{RF_A} \tag{5-5}$$

如将式(5-1)、式(5-2)和式(5-3)各自与式(5-4)结合消去 Y，并将所得结果重新整理以便引入式(5-5)，导出了下列方程：

$$X_1-X_2=\left(\frac{F_B}{S}\right) \tag{5-6}$$

$$\left(\frac{1}{W}\right)X_{n-1}-\left(\frac{1+W}{W}\right)X_n+X_{n+1}=0,n=2\text{ 至 }N-1 \tag{5-7}$$

$$\left(\frac{1}{W}\right)X_{N-1}-\left(\frac{1+W}{W}\right)X_N=0 \tag{5-8}$$

式(5-6)至式(5-8)构成了 n 个未知变量 X_n(n=1 至 N)的 N 阶线性代数方程组，具有三对角稀疏矩阵形式，例如，$N=5$ 的矩阵为

$$\begin{bmatrix} 1 & -1 & 0 & 0 & 0 \\ \left(\frac{1}{W}\right) & -\left(\frac{1+W}{W}\right) & 1 & 0 & 0 \\ 0 & \left(\frac{1}{W}\right) & -\left(\frac{1+W}{W}\right) & 1 & 0 \\ 0 & 0 & \left(\frac{1}{W}\right) & -\left(\frac{1+W}{W}\right) & 1 \\ 0 & 0 & 0 & \left(\frac{1}{W}\right) & -\left(\frac{1+W}{W}\right) \end{bmatrix} \times \begin{bmatrix} X_1 \\ X_2 \\ X_3 \\ X_4 \\ X_5 \end{bmatrix} = \begin{bmatrix} \left(\frac{F_B}{S}\right) \\ 0 \\ 0 \\ 0 \\ 0 \end{bmatrix} \quad (5-9)$$

式(5－9)类型的方程组可用高斯消去法求解，从顶端开始依次消去 X_1，X_2等，为了得到

$$X_N = \left(\frac{F_B}{S}\right)\left(\frac{1}{W^{N-1}}\right) \quad (5-10)$$

再进行回代，中间级的 X 值由下式给出

$$X_n = \left(\frac{F_B}{S}\right)\left[\frac{\sum_{k=0}^{N-n} W^k}{W^{N-1}}\right] \quad (5-11)$$

例如，当 $N=5$ 时

$$X_1 = Y_1 = \left(\frac{F_B}{S}\right)\left(\frac{1+W+W^2+W^3+W^4}{W^4}\right)$$

对于给定的 S，采用级联的目的是使 Y_1 最大和 X_N 最小，即使离开级 1 溢流中的溶剂中溶解可溶物的数量最大和离开级 N 底流中的溶剂中溶解可溶物的数量最小。式(5－10)指明，对于给定的可溶固体原料流率，这可以通过指定大的溶剂流率 S、大的级数 N 和/或采用大的洗涤因子来达到，大的洗涤因子可通过使底流中的液相数量相对于溢流量而言最小来达到。需指出，所需最小溶剂量与离开级 1 的溢流量为零相对应，或

$$S_{\min} = RF_A \quad (5-12)$$

对于此最小溶剂量，由式(5－5)得 $W=1$，不管级数是多少，此时全部可溶物从最末级 N 的底流中离开，因此，最好指定一个 S 值要明显大于 $S_{\min}$。式(5－10)和式(5－5)表明，X_N之值随级数 N 增加呈指数关系减小，因此，逆流级联非常有效；对于两级以上的级联，X_N之值也随溶剂流率 S 的增加呈指数关系减小；对于三级以上的级联，X_N之值随底流比值 R 的增加成指数关系减小。

例 5.1

纯水用来从 3 750 kg/h 的固体中溶解 1 350 kg/h 的 Na_2CO_3，其中的其余部分是不溶的氧化物。如果用 4 000 kg/h 的水作为碳酸钠的溶剂以及从每一级离开的总底流(以脱溶质为基准)中含 40%的溶剂，计算和标绘单级和如图 5.3 所示那样的两到五级逆流级联的溢流产物中碳酸钠的回收百分率。

解

原料中可溶固体流量$=F_B=$1 350 kg/h

原料中不可溶固体流量$=F_A=$3 750－1 350＝2 400 kg/h

溶剂流量$=S=$4 000 kg/h

底流比率 $R=40/60=2/3$

洗涤因子 $W=S/RF_A=4\ 000/[(2/3)(2\ 400)]=2.50$

可溶固体的总回收分率$=Y_1(S-RF_A)/F_B$

对级 N 进行可溶固体的物料衡算得

$$F_B=Y_1(S-RF_A)+X_NRF_A$$

解 Y_1 并应用式(5－5)引入洗涤因子得

$$Y_1=\frac{(F_B/S)-(1/W)X_N}{(1-1/W)}$$

从给定的数据得

$$Y_1=\frac{(1\ 350/4\ 000)-(1/2.50)X_N}{(1-1/2.50)} \tag{1}$$

或

$$Y_1=0.562\ 5-0.666\ 7X_N$$

由式(5－10)

$$X_N=\left(\frac{1\ 350}{4\ 000}\right)\times\frac{1}{2.50^{N-1}}=\frac{0.337\ 5}{2.50^{N-1}} \tag{2}$$

可溶物的回收百分率是

$$Y_1(S-F_A)/F_B=Y_1[4\ 000-(2/3)\times(2\ 400)]/1\ 350\times100\%=177.8\%Y_1 \tag{3}$$

由式(1)到(3)对 1 到 5 级的计算结果是

级联中级的编号,N	X_N	Y_1	溶解固体的回收百分率
1	0.337 5	0.337 5	60.0
2	0.135 0	0.472 5	84.0
3	0.054 0	0.526 5	93.6
4	0.021 6	0.548 1	97.4
5	0.008 64	0.556 7	99.0

可溶固体的回收百分率作为级数的函数标绘于图 5.4,虽然一级的回收百分率仅 60%,但五级的回收百分率达到了 99%。为使一级的回收百分率达到 99%,所需的水流率则是 160 000 kg/h,这是五级所需值的 40 倍。因此,为了增加可溶物的回收率,应用逆流级联中的多级可以比用单级靠增加质量分离剂有效得多。

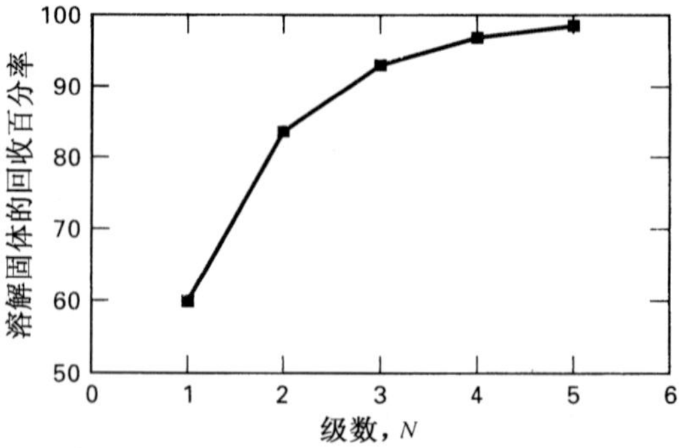

图 5.4　例 5.1 中级数对回收百分率的影响

5.3　单段液-液萃取级联

如图 5.5 所示，两级单段液-液萃取级联的三种可能配置是并流、错流和逆流，逆流配置是通常愿意采用的，将如本节示明的，因为逆流配置在给定溶剂量和平衡级数的条件下将得到较高的萃取程度。

在节 4.5 中，对于溶质 B 在组分 A 和 C 中溶解的单个液-液平衡级，在应用纯溶剂和恒定的溶质 B 分配系数 K'_{DB}的假定下，导出了溶质 B 的未被萃取分率关系式(4－25)，此式现将被推广到图 5.5 所示的各种多级级联。

5.3.1　并流级联

如果增加的接触级是以图 5.5(a)所示的并流配置方式加入，对于第一级的方程就是单个平衡级方程，以质量比率为单位的形式是

$$X_B^{(1)}/X_B^{(E)}=\frac{1}{1+E} \tag{5-13}$$

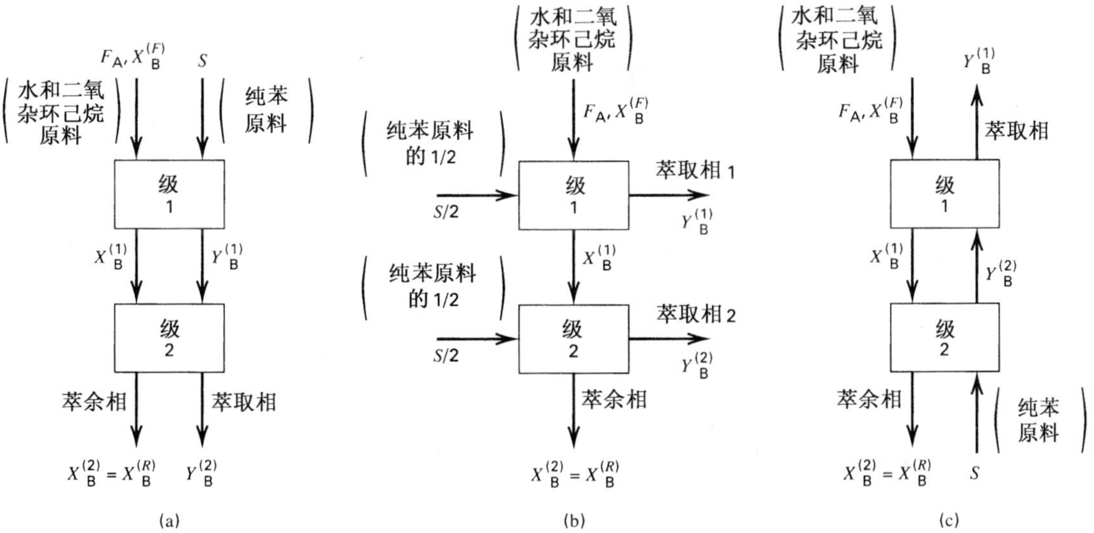

图 5.5　两级配置：(a) 并流级联；(b) 错流级联；(c) 逆流级联

式中 E 是萃取因子，由下式定义

$$E=K'_{D_B}S/F_A \tag{5-14}$$

由于 $Y_B^{(1)}$ 与 $X_B^{(1)}$ 成平衡，根据定义

$$K'_{D_B}=Y_B^{(1)}/X_B^{(1)} \tag{5-15}$$

式(5－15)和(5－13)结合得

$$Y_B^{(1)}/X_B^{(F)}=K'_{D_B}/(1+E) \tag{5-16}$$

对第二级进行 B 的物料衡算得

$$X_B^{(1)}F_A+Y_B^{(1)}S=X_B^{(2)}F_A+Y_B^{(2)}S \tag{5-17}$$

及

$$K'_{D_B}=Y_B^{(2)}/X_B^{(2)} \tag{5-18}$$

将式(5－17)与(5－18)、(5－13)和(5－16)结合，消去 $X_B^{(1)}$、$Y_B^{(1)}$ 和 $Y_B^{(2)}$ 得

$$\frac{X_B^{(2)}}{X_B^{(F)}}=\frac{1}{1+E}=\frac{X_B^{(N)}}{X_B^{(F)}} \tag{5-19}$$

比较式(5－19)和(5－13)得 $X_B^{(2)}=X_B^{(1)}$，所以在第二级中并未发生额外的萃取。这是在意料之中的，因为离开第一级的两股物流已成平衡，当它们在第二级再接触时，不会发生 B 额外的净传质。为此，平衡级的并流级联除了增加停留时间外并无什么优点。

5.3.2 错流级联

对于图 5.5(b)所示的错流级联，原料从第一级开始相继通过各级，最终到级 N，而溶剂流率 S 被分成几部分分别送到各级。如果各份溶剂相等，则将式(5－13)中的 S 代之以 S/N，所以 E 被 E/N 代替，得到了下列的质量比率式：

$$\begin{aligned}X_B^{(1)}/X_B^{(F)}&=1/(1+E/N)\\X_B^{(2)}/X_B^{(1)}&=1/(1+E/N)\\&\vdots\\X_B^{(N)}/X_B^{(N-1)}&=1/(1+E/N)\end{aligned} \tag{5-20}$$

结合式(5－20)中的各式，消去所有中间级的变量，得到的最终萃余相的质量比率式为

$$X_B^{(N)}/X_B^{(F)}=X_B^{(R)}/X_B^{(F)}=\frac{1}{(1+E/N)^N} \tag{5-21}$$

中间级的 $X_B^{(n)}$ 由类似的方式得到

$$X_B^{(n)}/X_B^{(F)}=\frac{1}{(1+E/N)^n} \tag{5-22}$$

因此，与并流级联不同，X_B之值是逐级减小的。对于无限多平衡级，式(5－21)变为

$$X_B^{(\infty)}/X_B^{(F)}=1/\exp(E) \tag{5-23}$$

可见即使无限多级 $X_B^{(R)}=X_B^{(\infty)}$ 也不会减到零。

5.3.3 逆流级联

在图 5.5(c)的两级逆流配置中，原料液与溶剂成逆流方式流经级联。对于两级系统，对每一级的溶质 B 的物料衡算式和平衡式如下：

级 1：

$$X_B^{(F)}F_A+Y_B^{(2)}S=X_B^{(1)}F_A+Y_B^{(1)}S \tag{5-24}$$

$$K'_{D_B}=\frac{Y_B^{(1)}}{X_B^{(1)}} \tag{5-25}$$

级 2：

$$X_B^{(1)}F_A=X_B^{(2)}F_A+Y_B^{(2)}S \tag{5-26}$$

$$K'_{D_B}=\frac{Y_B^{(2)}}{X_B^{(2)}} \tag{5-27}$$

将式(5-24)到(5-27)与(5-14)结合，消去 $Y_B^{(1)}$，$Y_B^{(2)}$ 和 $X_B^{(1)}$ 得

$$X_B^{(2)}/X_B^{(F)}=X_B^{(R)}/X_B^{(F)}=\frac{1}{1+E+E^2} \tag{5-28}$$

如果逆流级数扩展到 N 级，结果是

$$X_B^{(N)}/X_B^{(F)}=X_B^{(R)}/X_B^{(F)}=1\Big/\sum_{n=0}^{N}E^n \tag{5-29}$$

中间级的 $X_B^{(n)}$ 值以类似的方式得

$$X_B^{(n)}/X_B^{(F)}=\sum_{k=0}^{N-n}E^k\Big/\sum_{k=0}^{N}E^k \tag{5-30}$$

如错流配置那样，X_B之值逐级减小，逆流配置的减小量大于错流配置的，此差值随萃取因子 E 的增加呈指数关系增加，因此，逆流级联是三种类型级联中最有效的。

对于无限多级数，式(5-28)给出两个极限结果：

$$X_B^{(\infty)}/X_B^{(F)}=0,\qquad 1\leqslant E\leqslant\infty \tag{5-31}$$

$$X_B^{(\infty)}/X_B^{(F)}=(1-E),\qquad E\leqslant 1 \tag{5-32}$$

所以在逆流级联中能达到完全萃取，但仅当萃取因子 E 大于 1 时才可能。

例 5.2

乙二醇按照反应 $2HOCH_2CH_2HO \rightarrow H_2CCH_2OCH_2CH_2O + H_2O$ 经催化脱水能完全转化为对-二氧杂环己烷(环二醚)。水和对-二氧杂环己烷的沸点分别是 100℃ 和 101.1℃，不能用蒸馏经济地实现分离，然而，在 25℃(298.15 K)下用苯作溶剂能相当有效地进行液-液萃取。假设有含对-二氧杂环己烷 25%(质量)的水溶液 4 536 kg(10 000 lb/h)，将采用 6 804 kg/h (15 000 lb/h)纯苯进行连续分离，假定苯和水不互溶，确定级数和配置对于对-二氧杂环己烷的萃取百分率的影响。流程图示于图 5.6。

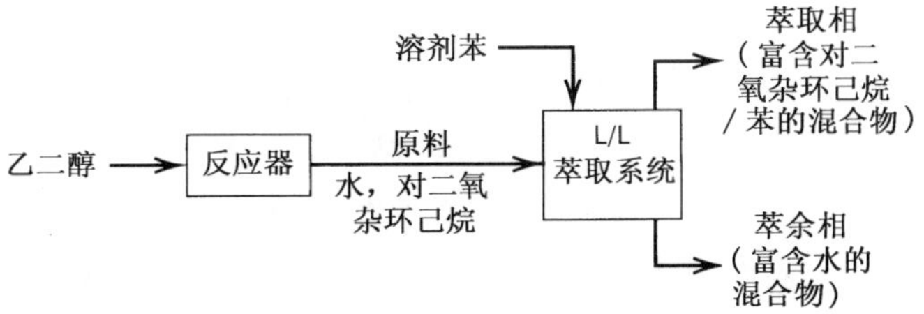

图 5.6 例 5.2 的流程图

解

将对三种不同的级配置作检查：(a) 并流；(b) 错流；(c) 逆流。由于水和苯几乎不互溶的，式(5-13)、式(5-21)和 式(5-29)可以分别用来计算 $X_B^{(R)}/X_B^{(F)}$，此对二氧杂环己烷的未被萃取分率是级数的函数。从 Berdt 和 Lynch[1]的平衡数据可得，在涉及的浓度范围内对二氧杂环己烷的分配系数 K'_{D_B} 从 1.0 变到 1.4，此处 $K'_{D_B}=Y_B/X_B$，Y 代表苯相的浓度，X 则代表水相的浓度。在本例中，假定分配系数 K'_{D_B} 为常数 1.2。从给定的数据得：$S=$ 6 804 kg 苯/h，$F_A=4\ 536\times 0.75=3\ 402$ kg 水/h，$X_B^{(F)}=0.25/0.75=1/3$。由式(5-14)得

$$E=1.2\times 6\ 804/3\ 402=2.4$$

单个平衡级

对于单级三种配置全都给出同样的结果，由式(5-13)得

$$X_B^{(1)}/X_B^{(F)}=1/(1+2.4)=0.294$$

相应的萃取分率是

$$1-X_B^{(1)}/X_B^{(F)}=1-0.294=0.706 \text{ 或 } 70.6\%$$

两个以上平衡级

(a) 并流。对于任何级数，其萃取分率与单级相同，即为70.6%。

(b) 错流。式(5-21)适用于任何级数，例如，对于两级假设每一级具有同样的溶剂流率，则

$$X_B^{(2)}/X_B^{(F)}=1/(1+E/2)^2=1/(1+2.4/2)^2=0.207$$

即萃取百分率是79.3%。其他级数的结果可按同样的方式得到。

(c) 逆流。式(5-29)适用于任何级数，例如，对于两级

$$X_B^{(2)}/X_B^{(F)}=1/(1+E+E^2)=1/(1+2.4+2.4^2)=0.109$$

即萃取百分率是89.15。其他级数的结果可按同样的方式得到。

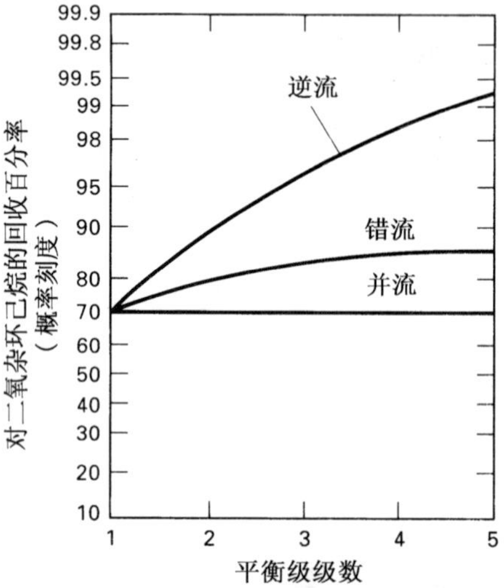

图5.7 多级级联配置对萃取效率的影响

对于三种配置的萃取百分率对级数的标绘示于图5.7，图中级数取到5。由于逆流萃取百分率在$E>1$时，当级数趋于无限大时将趋近1，所以纵坐标用概率刻度方便。对于错流配置，从式(5-23)算得其最大萃取百分率是90.9%，而对于逆流级联，由图5.7可见五级的萃取百分率已达99%。

5.4 多元气(汽)-液相级联

逆流级联在包括吸收、脱吸和蒸馏的气(汽)-液相分离操作中得到广泛应用，对于吸收和脱吸，单段级联用来从原料中回收某个选定的组分；对于蒸馏，两段级联对于实现两个选

定的关键组分间的分离是有效的。对于上述两种情况的近似算法建立了进出级联的多元气、液相的组成与所需平衡级数间的关系式，这种近似算法称为集合算法（文献中常称其为吸收因子法——译注），由于它们仅对级联中的级的集合作总的处理，而不考虑从一级到另一级的温度、相组成和流率的详细变化。

5.4.1　单段级联的集合算法

Kremser[2]最早提出集合算法，他推导出了多级逆流吸收塔用液体吸收剂从气相中吸收一个组分的吸收分率方程式，他的方法也适用于脱吸。这里的处理方法与 Edmister[3]对气-液分离操作一般应用的处理方法相似，另一种处理方法由 Smith 和 Bringley[4]给出。

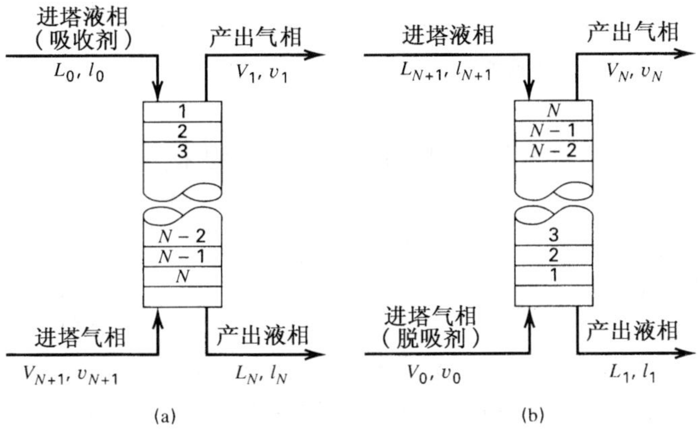

图 5.8　N 绝热级逆流级联

(a) 吸收塔；(b) 脱吸塔

首先考虑示于图 5.8 的具有 N 个绝热平衡级的级联，它用来吸收气相进料中的组分。假设被吸收组分在进入的液体溶剂中不存在，级的编号从顶到底，分别用气相和液相的组分摩尔流率 v_i 和 l_i 来表示物流的组成，但在下面的推导中略去下标 i。围绕包括级 1 到级 $N-1$ 的吸收塔顶段对任何被吸收组分进行物料衡算得

$$v_N = v_1 + l_{N-1} \tag{5-33}$$

式中

$$v = yV \tag{5-34}$$

$$l = xL \tag{5-35}$$

以及 $l_0 = 0$。对于级 N 的相平衡，根据气-液平衡常数或 K 值的定义得

$$y_N = K_N x_N \tag{5-36}$$

结合式(5-34)、(5-35)和(5-36)得到 v_N

$$v_N = \frac{l_N}{L_N/(K_N V_N)} \tag{5-37}$$

定义给定级和组分的吸收因子 A

$$A = \frac{L}{KV} \tag{5-38}$$

它与萃取因子 E 相似。结合式(5-37)和(5-38)得

$$v_N=\frac{l_N}{A_N} \tag{5-39}$$

将式(5-39)代入(5-33)得

$$l_N=(l_{N-1}+v_1)A_N \tag{5-40}$$

内部流率 l_{N-1} 可以用围绕后继较小的级联顶段的物料衡算式的相继代入而消去。对于级1到级 $N-2$ 顶段,

$$l_{N-1}=(l_{N-2}+v_1)A_{N-1} \tag{5-41}$$

将式(5-41)代入(5-40)得

$$l_N=l_{N-2}A_{N-1}A_N+v_1(A_N+A_{N-1}A_N) \tag{5-42}$$

继续此过程直至顶端级1,此处 $l_1=v_1A_1$,最终将式(5-42)转变为

$$l_N=v_1(A_1A_2A_3\cdots A_N+A_2A_3\cdots A_N+A_3\cdots A_N+\cdots+A_N) \tag{5-43}$$

将式(5-43)与下列总物料衡算式结合,

$$l_N=v_{N+1}-v_1 \tag{5-44}$$

可以得到更有用的方程。用进入气流和回收分率(似应为未回收的分率——译注)可以给出排出气流的方程:

$$v_1=v_{N+1}\phi_A \tag{5-45}$$

式中回收分率(同上译注)根据定义得

$$\phi_A=\frac{1}{A_1A_2A_3\cdots A_N+A_2A_3\cdots A_N+A_3\cdots A_N+\cdots+A_N+1}$$
$$=\text{进入气流中组分未被吸收的分率} \tag{5-46}$$

在集合算法中,采用平均有效吸收因子 A_e 代替各级的吸收因子,于是式(5-46)变成

$$\phi_A=\frac{1}{A_e^N+A_e^{N-1}+A_e^{N-2}+\cdots+A_e+1} \tag{5-47}$$

上式用 (A_e-1) 乘和除后得到

$$\phi_A=\frac{A_e-1}{A_e^{N+1}-1} \tag{5-48}$$

应注意,每个组分有各自的 A_e 值,因此有各自的 ϕ_A 值。摘自 Edmister 的图 5.9 是式(5-48)的图解,ϕ_A 用的概率刻度,A_e 是对数刻度,级数 N 作为参数。Kremser[2]第一个在线性坐标上作了此标绘。

下面接着考虑示于图 5.8(b)的逆流脱吸级联。假设进塔气体中不含有从液相中脱吸的组分,且忽略脱吸介质的冷凝或吸收,此处级的编号从底向顶,这样能方便推导。有关的脱吸方程形式上与吸收方程相似,结果是

$$l_1=l_{N+1}\phi_S \tag{5-49}$$

式中

$$\phi_S=\frac{S_e-1}{S_e^{N+1}-1}=\text{进入液体中的组分未被脱吸的分率} \tag{5-50}$$

$$S=\frac{KV}{L}=\frac{1}{A}=\text{脱吸因子} \tag{5-51}$$

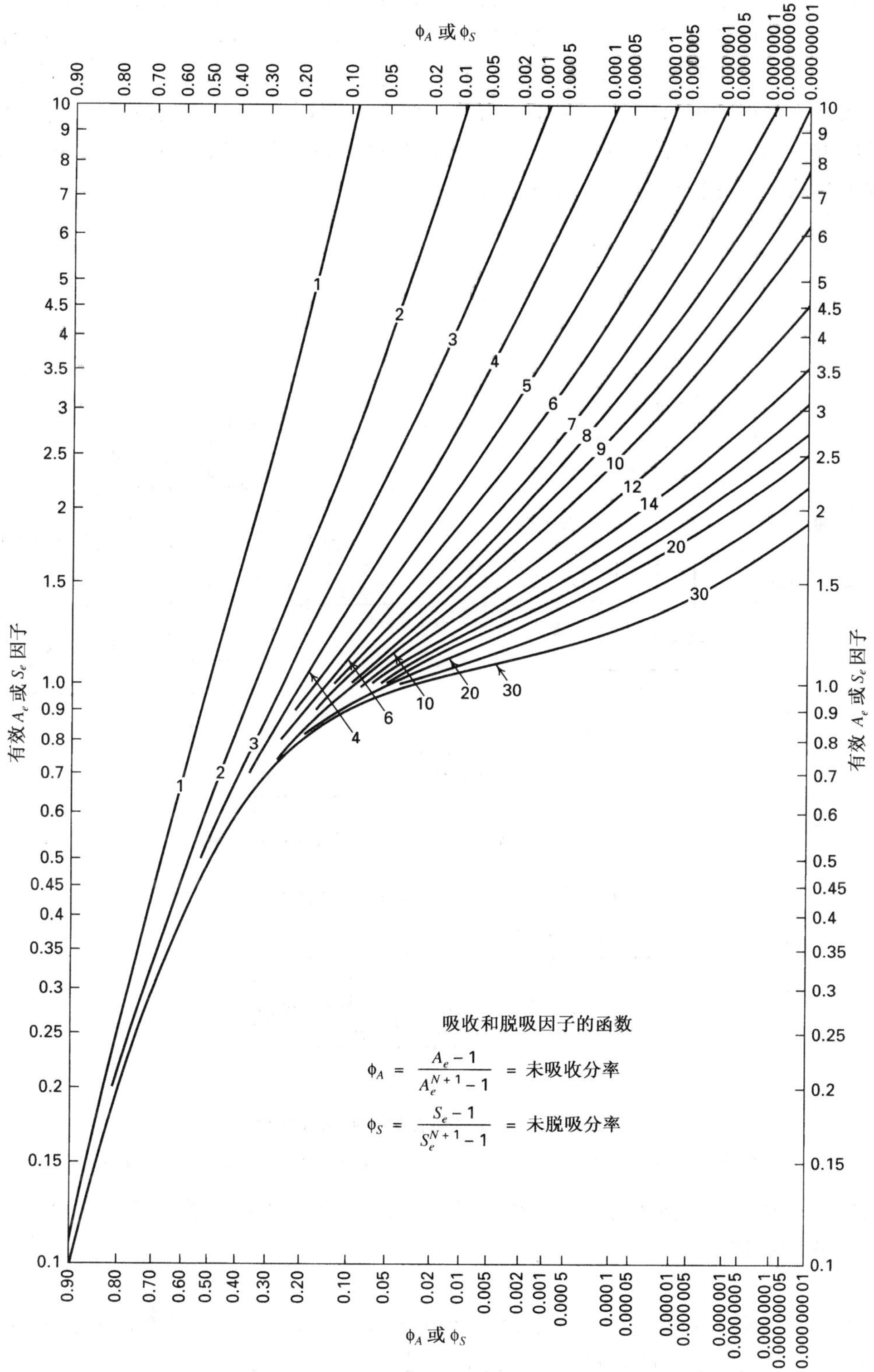

图 5.9　单段逆流级联的 Kremser 方程图解

图 5.9 也适用于式(5-50)。如图 5.10 所示,吸收塔经常与脱吸塔或蒸馏塔耦合,为了使吸收剂再生和循环使用。由于脱吸操作是不完全的,进入吸收塔的循环溶剂中含有存在于进入吸收塔气体中的组分,气体在向上通过吸收塔时脱除这些组分以及被吸收的组分进入补加的吸收剂中。可以将进入气体中组分的吸收方程(5-45)与进入液体中的同样的组分的脱吸方程(5-49)的修正形式结合导出通用的吸收塔方程。对于如图 5.8(a)所示那样的级数编号从顶到底情况,式(5-49)变成

$$l_N = l_0 \phi_S \tag{5-52}$$

或因

$$\begin{aligned} l_0 &= v_1 + l_N \\ v_1 &= l_0 (1 - \phi_S) \end{aligned} \tag{5-53}$$

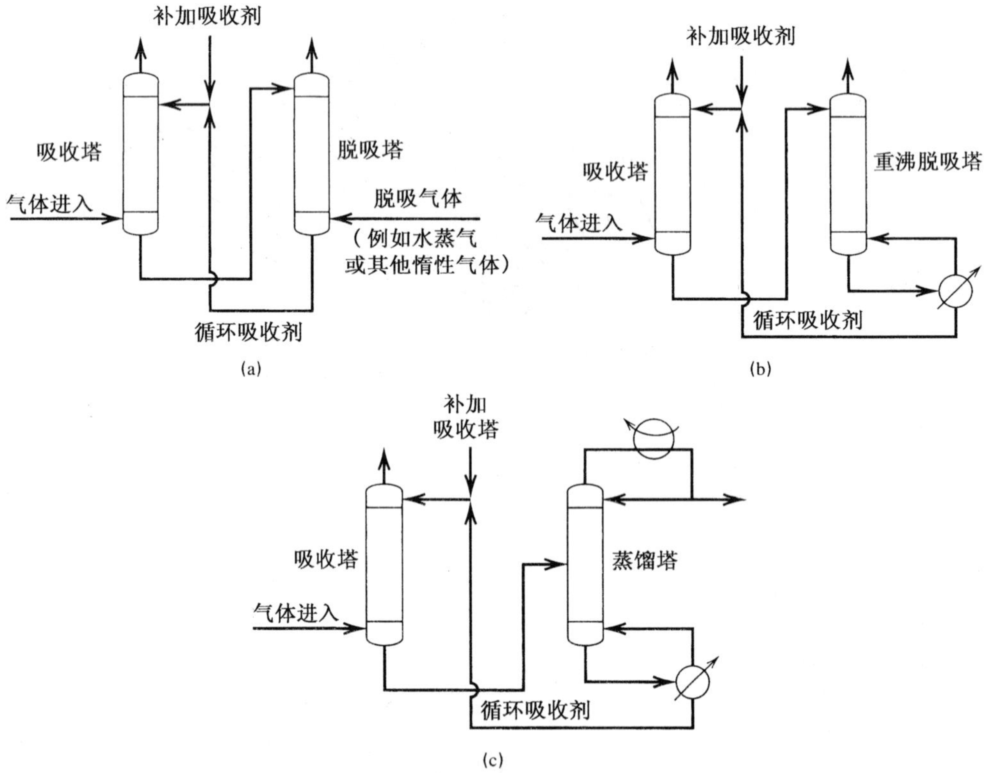

图 5.10 吸收剂回收的各种耦合流程

(a) 水蒸气或惰性气体脱吸塔的应用;(b) 重沸脱吸塔的应用;(c) 蒸馏的应用

对于同时出现在进入气体和进入液体中的某个组分,其吸收塔的总物料衡算可由式(5-45)和式(5-53)加和得到

$$v_1 = v_{N+1} \phi_A + l_0 (1 - \phi_S) \tag{5-54}$$

该式一般适用于进入吸收塔的气体中的每个组分,式(5-52)仅适用于在进塔液体中存在的组分,对于图 5.8(b)所示的脱吸塔类似的方程是

$$l_1 = l_{N+1} \phi_S + v_0 (1 - \phi_A) \tag{5-55}$$

例 5.3

在图 5.11 的过程中，稍微过热的烃类气体中的较重组分用吸收方法除去，采用高分子量的油作为吸收剂，操作压力是 400 psia(2 760 kPa)。应用 Kremser 的近似集合算法计算产出气相和液相的流量和组成，假设每个组分的有效吸收因子和脱吸因子由进入的 L,V 和组分的 K 值计算，K 值列于表中，这是平均温度(90+105)/2=97.5 ℉下的值。

组分	97.5 ℉和 400psia 时的 K 值	A	S	ϕ_A	ϕ_S	v_1	l_6
C_1	6.65	0.031 0	—	0.969	—	155.0	5.0
C_2	1.64	0.126	—	0.874	—	323.5	46.5
C_3	0.584	0.353	—	0.647	—	155.4	84.6
nC_4	0.195	1.06	0.946	0.119	0.168	3.02	22.03
nC_5	0.071 3	2.89	0.346	0.001 12	0.654	0.28	5.5
油	0.000 1	—	0.000 5	—	0.999 5	0.075	164.095
						637.275	327.725

解

由式(5－38)和式(5－51)得

$$A_i = L/K_iV = 165/[K_i(800)] = 0.206/K_i$$

$$S_i = 1/A_i = 4.85K_i$$

$$N=6 \text{ 级}$$

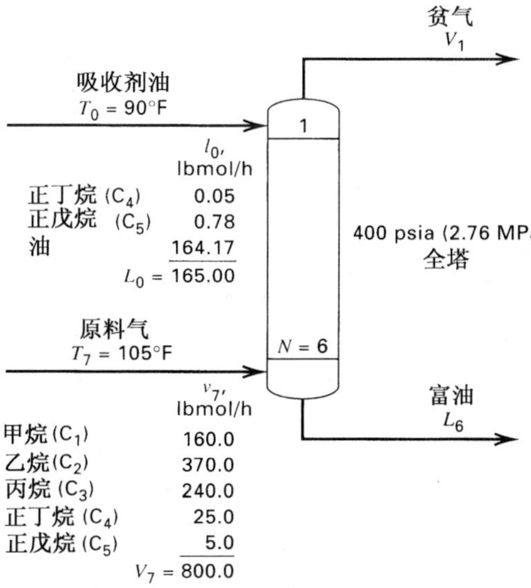

图 5.11　例 5.3 吸收塔的指定条件

ϕ_A和 ϕ_S之值由式(5－48)和式(5－50)或图 5.9 得到，产出气相中的组分流率 $(v_i)_1$由式(5－54)计算，产出液相中的组分流率 $(l_i)_6$由图 5.8(a)所示塔的总物料衡算式计算：

$$(l_i)_6 = (l_i)_0 + (v_i)_7 - (v_i)_1 \tag{1}$$

组分计算最好用电子数据表计算程序以列表的形式进行，其结果已列于上面的表中。

5.4.2 两段级联

单级闪蒸产生的气相中较低沸点组分的浓度将比它在原料中的浓度高一些，进一步的增浓可以通过一系列的闪蒸达到，此时从每级闪蒸产生的气相冷凝后再闪蒸。原则上，应用多级闪蒸能够得到任何希望的产品纯度；然而，实际上产品的收率是小的，加热和冷却的需要是大的，还产生相当大数量的各种液体产物。

考虑图 5.12(a)所示的例子，此处用 1 atm 下的三级逐级闪蒸使正己烷(H)与正辛烷分离(忽略压降和泵的需要)。进入第一级的料液是等摩尔的泡点液体，流率为 100 lbmol/h，算得的泡点温度是 192.3 ℉。如果级 1 产生的蒸气流率等于原料中的正己烷量，则产生的平衡相计算结果如下所示：气相 V_1 中正己烷增浓到 0.690 摩尔分率，所需的加热量 751 000 Btu/h，离开级 1 的平衡气相冷却成泡点液相，冷却热负荷 734 000 Btu/h。重复级 2 和级 3 的闪蒸计算结果表明，对于每一级产生的气相摩尔流率令其等于进入该级原料中的正己烷摩尔数，正己烷的纯度从原料中的 50%(mol)增浓到最终冷凝气相产品中的 86.6%(mol)，但正己烷的收率仅 27.7(0.866)/50 或 48%，总的热量需要是 1 614 000 Btu/h，液体产物总量 72.3 lbmol/h。

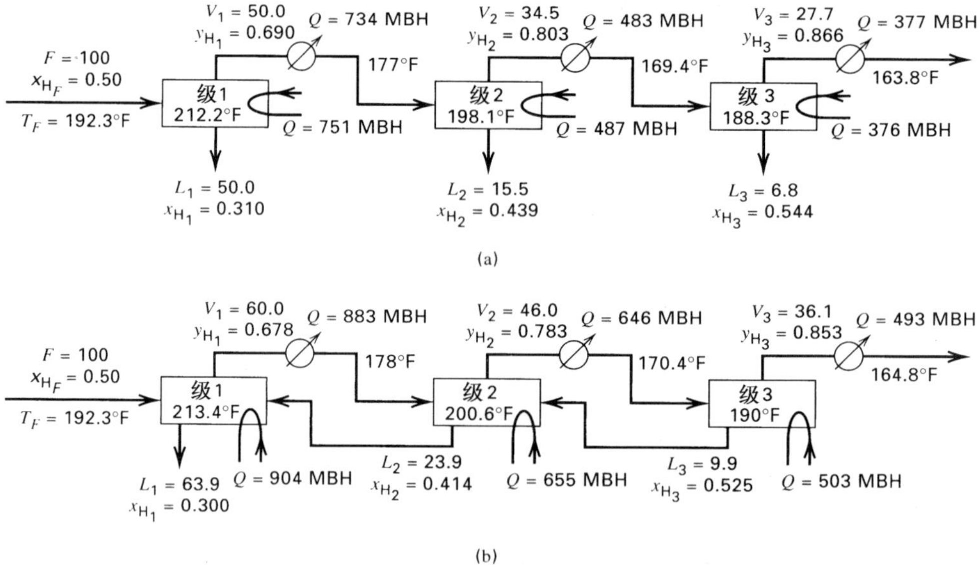

图 5.12 从辛烷中回收己烷的逐级闪蒸

(a) 无循环；(b) 带有循环

流率单位 lbmol/h，MBH＝1 000 Btu/h

在比较相邻两级的原料和液相产物中注意到，后一级的液相产物和前一级原料中的正己烷(易挥发组分)浓度均比后一级的原料中的低，因此，如将中间物流循环，正己烷的中间收率得到改善。这样的流程图示于图 5.12(b)，这时每级的摩尔汽化分率仍等于进入各级的组合原料中的正己烷的摩尔分率，最终气相冷凝产品中的正己烷摩尔分率是 0.853，仅比无循环逐级闪蒸达到的结果低一点，然而，循环的采用使正己烷的收率从 48% 提高到了

61.6%。如图 5.12(b)所示，正己烷收率的增加伴有所需加热和冷却量的近 28%的增大。如果无循环流程(示于图 5.12(a))使用的加热和冷却量和带循环流程(示于图 5.12(b))的一样，则最终的正己烷摩尔分率从 0.866 减到 0.815，但正己烷的收率增至 36.1(0.815)/50 或 58.8%。

图 5.12 中的两种逐级闪蒸配置需要相当数量的换热器和泵，如果两台级间全凝器改成热负荷分别为 734－487＝247 MBH(1MBH＝1 000 Btu/h)和 483－376＝107 MBH 的分凝器，则除了级 1 的加热器外，图 5.12(a)中的其余加热器可以省略，总的热负荷现仅为 751 000 Btu/h，总的冷却负荷则为 731 000 Btu/h。与此相似，如果图 5.12(b)中级 2 和级 3 的加热器也用两台分凝器代替全凝器而被省去，总的热负荷为 904 000 Btu/h(比无循环的大 20%)，总的冷却负荷为 864 000 Btu/h(比无循环的大 18%)。

带循环的逐级闪蒸技术的相当大的简化示于图 5.13(a)，总的热负荷由级 1 前原料蒸发器提供，总的冷却负荷在另一端被用来全部冷凝离开级 3 的气相。超过馏出液量的凝液作为回流回到顶级，从此依次通过各级与气流成逆流。绝热级的垂直配置免去了级间泵的需要，所有各级都设置在一件较便宜的设备中，这一组级被称为精馏段。如第 2 章讨论所示，这样的配置热力学上是低效的，因为热量在最高温位加入，而从最低温位移除。

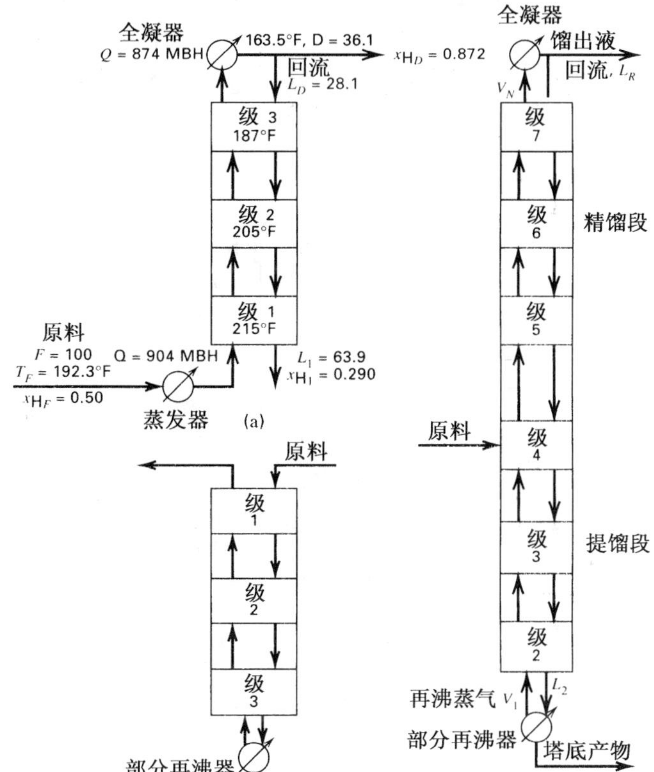

图 5.13　逐级绝热闪蒸的配置

(a) 精馏段；(b) 提馏段；(c) 多级蒸馏

图 5.13(a)配置的自由度数由第 4 章的方法确定为$(C+2N+10)$，如果原料的全部独立

变量、级数(3)、各级的压力(1 atm)、离开冷凝器的泡点液体和各个绝热级被指定,还余下两个自由度,选择指定蒸发器的热负荷和馏出液流率等于图 5.13(b)给出的,算得馏出液中己烷的摩尔分率为 0.872,比图 5.12(b)所示值高一些。

导致绝热、多级、逆流配置对于轻组分在馏出物中的增浓是有利的结论的原理,同样可以适用于重组分在塔底产物中的增浓,如图 5.13(b)所示。这样的一组级被称为提馏段。

由图 5.13(a)和图 5.13(b)结合得到的图 5.13(c)是带有液相进料的一座完整塔,对原料实施精馏和提馏,使它在所选的较易挥发组分(称为轻关键组分)和较难挥发组分(称为重关键组分)间实现比提馏段或精馏段单独可能达到的更清晰的分离。绝热闪蒸级设置在原料的上下方,循环的液相回流 L_R 由冷凝器产生,再沸蒸气则由再沸器产生,在设备顶端和底端的回流比分别是 L_R/V_N 和 L_2/V_1,所有级间流动成逆流。两段级联广泛地应用于多级蒸馏工业中。

原料进入点上方的精馏各级通过上升气流相继同富含轻组分的液相回流接触使轻组分产品得到提纯,原料进入点下方的提馏各级使轻组分产品的收率得到提高,因为含挥发性组分相对低的气相使轻组分从液相中脱吸。对于重组分产品,作用恰好相反:提馏段增加其纯度,精馏段则提高其收率。

Edmister[3]应用 Kremser 的吸收塔和脱吸塔的集合算法到蒸馏操作,此时两个级联与冷凝器、再沸器和加料级耦合。在图 5.14 中显示有五个分离区:(1)分凝器 C;(2)吸收或精馏级联(增浓段)E;(3)原料闪蒸级 F;(4)提馏(脱吸)级联(提净段)X;(5)部分再沸器 B。

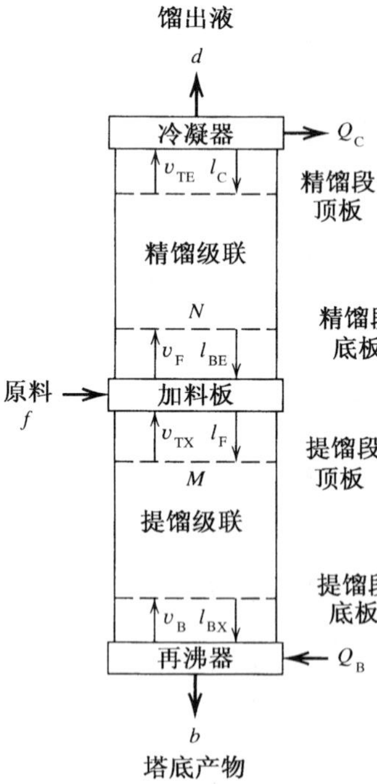

图 5.14　逆流蒸馏级联

在图 5.14 中,精馏段的 N 级从顶向下编号,塔顶产物是馏出液;而对于提馏段 M 级是从底向上编号。加入精馏段的组分流率有从原料闪蒸级来的气流 v_F 和从冷凝器来的液流

l_C;加入提馏段的组分流率有从原料闪蒸级来的液流 l_F 和从再沸器来的气流 v_B。离开精馏段的流率有从顶级 1 离开的气流 v_{TE} 和底级 N 离开的液流 l_{BE};离开提馏段的流率有从顶级 M 离开的气流 v_{TX} 和从底级 1 离开的液流 l_{BX}。精馏段的回收率方程可以从式(5－54)推得，需要从物料衡算和相平衡考虑得到的方程作下面的代入。对原料中的每个组分,

$$v_{TE}=l_C+d \tag{5-56}$$

$$v_F=l_{BE}+d \tag{5-57}$$

和

$$l_C=dA_C \tag{5-58}$$

式中

$$A_C=\frac{L_C}{DK_C}\quad（对于分凝器） \tag{5-59}$$

$$A_C=\frac{L_C}{D}\quad（对于全凝器） \tag{5-60}$$

导得的每个组分的回收率方程是

$$\frac{l_{BE}}{d}=\frac{A_C\phi_{SE}+1}{\phi_{AE}}-1 \tag{5-61}$$

或

$$\frac{v_F}{d}=\frac{A_C\phi_{SE}+1}{\phi_{AE}} \tag{5-62}$$

式中 ϕ 上另外的下标 E 表明是精馏(增浓)段的。

提馏段的回收率方程以类似的方式得到,

$$\frac{v_{TX}}{b}=\frac{S_B\phi_{AX}+1}{\phi_{SX}}-1 \tag{5-63}$$

$$\frac{l_F}{b}=\frac{S_B\phi_{AX}+1}{\phi_{SX}} \tag{5-64}$$

式中

$$S_B=K_BV_B/B$$

是部分再沸器的,ϕ 上的下标 X 表明是提馏段的。

精馏段或提馏段的 ϕ_A 和 ϕ_E 分别由前面的式(5－48)和式(5－50)计算,或查图 5.9。

为了耦合精馏段和提馏段,采用了加料级,此处吸收因子与离开该级的流率关联

$$A_F=\frac{L_F}{K_FV_F}=\frac{L_F}{(v_FL_F/V_Fl_F)V_F}=\frac{l_F}{v_F} \tag{5-65}$$

对于图 5.14 的蒸馏塔,将式(5－62)、式(5－64)和式(5－65)结合消去 l_F 和 v_F,导得的结果是

$$\frac{b}{d}=A_F\frac{[(A_C\phi_{SE}+1)/\phi_{AE}]}{[(S_B\phi_{AX}+1)/\phi_{SX}]} \tag{5-66}$$

为了采用式(5－66)计算组分的分割比 d/b,必须确定吸收因子 A_F 和 A_C 以及脱吸因子 S_B 之值。为了确定两段相应的 ϕ 值,各个组分的因子 A_E,A_X, S_E 和 S_X 的平均值也需要得到。为了确定这些值,需要估计温度和汽、液相的摩尔流率 V 和 L,进行这些估计的一个近似方法给出于下面例题中。

例 5.4

例 5.3 的烃类气体在 400 psia (2.76 MPa)下蒸馏，为了从丙烷中分离乙烷，分离的指定条件示于图 5.15 中。应用式(5－66)估算馏出物和塔底产物的组成，本例最好用电子数据表计算程序解。

解

假设原料级的温度等于原料温度 105 ℉，为了估计冷凝器和再沸器的温度，假定指定馏出液流率 530 lbmol/h 下的完全分割，因此，全部甲烷和乙烷进入馏出物，全部丙烷和更重的组分进入塔底产物中。于是，初步的物料平衡为：

组分	lbmol/h		
	原料，f	假定的馏出产物，d	假定的塔底产物，b
C_1	160	160	0
C_2	370	370	0
C_3	240	0	240
nC_4	25	0	25
nC_5	5	0	5
	800	530	270

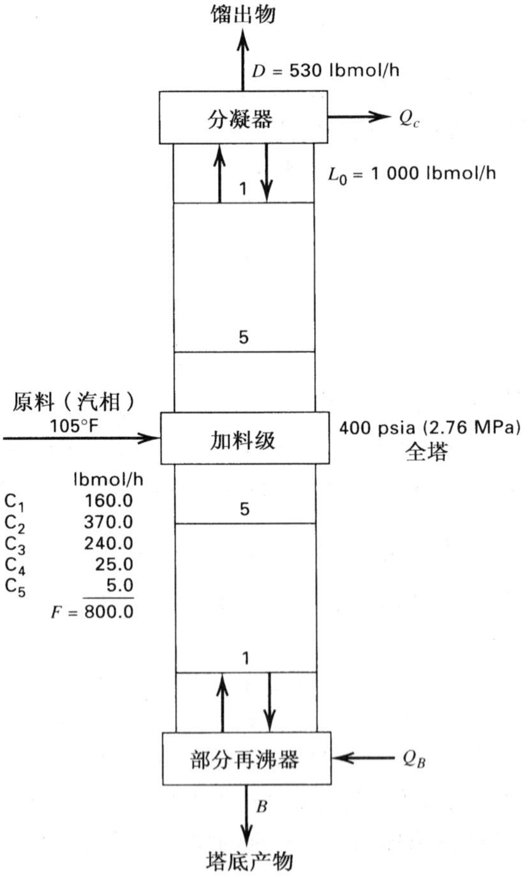

图 5.15　例 5.4 精馏塔的指定条件

对于这些假设的产物应用节 4.4 中的计算步骤，由露点计算得到馏出物的温度是 12 ℉，由泡点计算得到塔底产物的温度是 165 ℉。对于精馏段和提馏段的平均温度分别估计为(12＋105)/2＝59 ℉和(105＋165)/2＝135 ℉。假设总摩尔流率在每一段中是常数，下面的汽、液相流率从塔顶开始向下估算，塔顶的回流是指定的。

		平均流率/$(lbmol \cdot h)^{-1}$	
级或段	平均温度/℉	气相	液相
冷凝器	12	530	1 000
精馏段	59	1 530	1 000
加料级	105	1 530	1 000
提馏段	135	730	1 000
再沸器	165	730	270

根据塔压和估计的温度从图 2.8 查得 K 值，据此计算五部分的吸收因子和脱吸因子，结果如下：

	组分				
	C_1	C_2	C_3	nC_4	nC_5
A_C	0.356	2.45	10.48	43.9	172
A_E	0.131	0.511	1.72	5.78	18.7
$S_E=1/A_E$	7.65	1.96	0.581	0.173	0.053 6
A_F	0.111	0.363	1.108	3.19	9.08
A_X	0.205	0.652	1.73	4.72	12.5
$S_X=1/A_X$	4.89	2.26	0.577	0.212	0.080
S_B	19.5	7.03	2.78	1.08	0.433

由 A_E，A_X，S_E和 S_X的数值及图 5.15 中给定的理论级数，从式(5－48)和式(5－50)或图 5.9 得到下列 ϕ 值：

	组分				
	C_1	C_2	C_3	nC_4	nC_5
ϕ_{AE}	0.869	0.498	0.028 9	0.000 1	0.000
ϕ_{AX}	0.796	0.377	0.028	0.000 34	0.000
ϕ_{SE}	0.000 0	0.017 3	0.435	0.827	0.946
ϕ_{SX}	0.000 3	0.044 4	0.439	0.788	0.920

由上述两表的数值，对每个组分应用式(5－66)计算(b/d)值，结合每个组分的全塔物料衡算式 $f=d+b$，d 和 b 之值可从下列两式算得：

$$d=\frac{f}{1+(b/d)} \tag{1}$$

$$b=f-d \tag{2}$$

所得结果如下：

	(b/d)	1lbmol/h	
		d	b
C_1	0.000 002	160	0
C_2	0.009 24	366.6	3.4
C_3	86.8	2.7	237.3
nC_4	937 000	0	25
nC_5	非常大	0	5
总计		529.3	270.7

总的馏出物流量数值比指定值 530.0 lbmol/h 稍小一点，可以应用 Lyster 等[5]的方法对 d_i 和 b_i 进行调整，迫使馏出物总流量等于 530.0 lbmol/h。该方法需要解得下式的 θ 正根

$$D=\sum_i \frac{f_i}{1+\theta(b_i/d_i)}$$

接着用下式重新计算 d_i 值

$$d_i=\frac{f_i}{1+\theta(b_i/d_i)}$$

b_i 则由 f_i-d_i 算得。本例的 $\theta=0.897\ 3$，重新算得的 $d_{C2}=367$，$b_{C2}=3$ 及 $d_{C3}=3$，$d_{C3}=237$，其余组分的值不变。

蒸馏达到的分离程度比起例 5.3 中吸收达到的分离程度得到了明显改善。虽然塔顶气相流率在本例和例 5.3 中近乎相同(530 lbmol/h)，但蒸馏因其具有两塔段，在乙烷和丙烷间实现了相当清晰的分割，而吸收塔仅具有单个塔段，使得乙烷和丙烷两者均有相当数量进入塔顶汽流和塔底液流中，即使例 5.3 中的吸收剂流率增加一倍，可使丙烷在塔底排出的液相产物中的收率接近 100%，但超过 50%的乙烷也将出现在塔底产物中。

5.5 膜分离级联

膜分离系统经常由多个膜单元或组件构成，其原因之一是现有的单个组件的最大尺寸不能满足处理原料流率所需的大小，此时就需要将同样大小的组件并联起来，如图 5.16(a) 所示，分别从各个组件得到的渗余物和渗透物混合起来得到最终的渗余物和渗透物。例如，一个从甲烷中分离氢的膜分离系统需要膜面积 9 800 ft^2，如果现有最大膜组件的膜面积是 3 300 ft^2，就需要用三个组件并联。示于图 5.16(a)的并联单元构成了膜分离的单级。此外，如果原料的大部分将成为渗透物，它可能需要经两级或更多级膜分离，如图 5.16(b)所示的四级那样，随着膜的原料—渗余物侧的流率减少，每个后继级的组件数将减少，从前级每个组件得到的渗余物汇合在一起作为后一级的原料，从每一级得到的渗透物组成不一样，它们可以如图 5.16(b)所示那样汇合在一起成为总的渗透物，或不是这样，而是产出两个或更多个组成不同的渗透物产品。

应用多个组件的另一个原因是，单级膜分离能达到的分离程度通常是有限的，在某些场

合，高纯度的得到是以低的回收率为代价的，在其余场合，既不能得到高纯度，又不能得到高回收率。下面两个表给出了单级气体渗透达到的分离程度的两个例子，它们应用的是工业使用的膜。

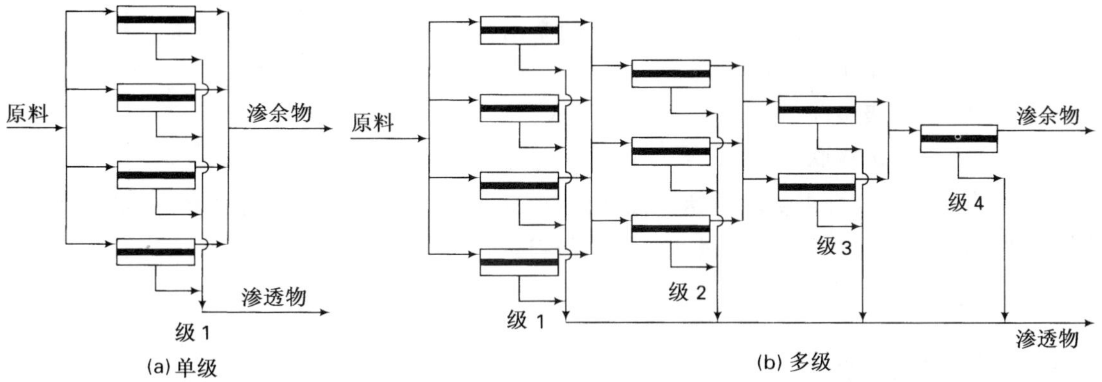

图 5.16　膜分离器的并联单元

原料的摩尔组成	易渗透组分	产物的摩尔组成	回收百分率
85% H_2，15% CH_4	H_2	99% H_2，1% N_2（渗透物）	原料中 H_2 的 60%
80% CH_4，20% N_2	N_2	97% CH_4，3% N_2（渗余物）	原料中 CH_4 的 57%

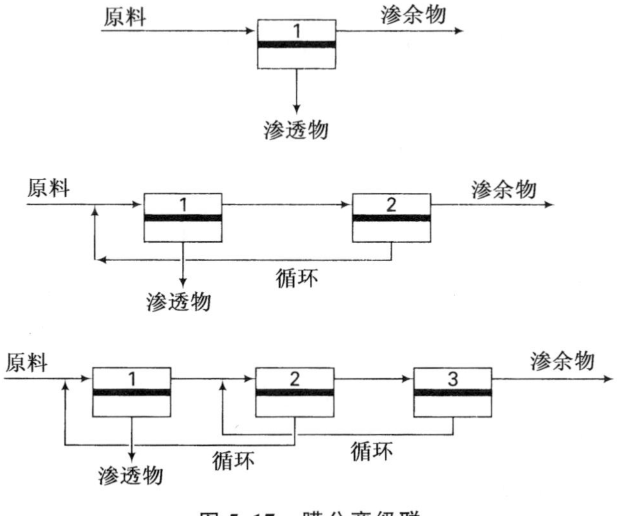

图 5.17　膜分离级联

在第一个例子中，原料中百分率最大的组分是最易渗透的组分，渗透物纯度相当高，但回收率不高。在第二个例子中，原料中浓度最大的组分不是最易渗透的组分，渗余物的纯度比较高，但同样是回收率不高。为了进一步提高一个产品的纯度和此产品中主要组分的回收率，膜分离级组成带循环的级联。考虑将空气分离成高纯度氮的渗余物和富氧渗透物，Prasad 等[6]研究了示于图 5.17 的三级膜分离系统，他们采用氧更易透过的膜由空气来生产高纯度的氮。第一个系统仅是单级；第二个系统是两级级联，带有第二级得到的渗透物到第一级的循环；第三个系统是三级级联，带有渗透物从级 3 到级 2 和从级 2 到级 1 的循环。

这两个级联与图 5.8(b)所示的单段逆流脱吸级联相似，其膜分离原料、渗透物和渗余物分别与脱吸塔的进入液相、排出气相和液相相对应，但膜分离级联没有与脱吸塔的进入气相相对应的东西，图 5.17 中并未示明循环气体用的压缩机。Parsad 等[6]的典型计算结果列于下面：

膜分离系统	渗余物中 N_2 的摩尔百分率	N_2 的回收百分率
单级	98	45
两级级联	99.5	48
三级级联	99.9	50

这些结果表明单段膜分离级联能达到高纯度，但回收率并未得到长足的改善，为了得到高纯度和高回收率，采用两段膜分离级联是必须的，这将于节 14.3 中讨论。

5.6 复合系统

为了减少费用（特别是能耗费用）、使困难的分离成为可能和/或改善分离程度，由两种以上不同类型的分离操作串联而成的复合系统得到了应用，虽然由膜分离器与其他分离操作的组合最普通，但已发现其他的组合有时更有利。表 5.1 部分列举了得到工业应用的或受到相当关注的一些复合系统，对某些复合系统还包括了应用实例。未列入表 5.1 的一些复合系统是由蒸馏与萃取蒸馏、恒沸蒸馏和/或液-液萃取组成的，它们很是普通，将于第 11 章作详细讨论。

表 5.1 复合系统

复合系统	分离实例
吸附-气体渗透	氮-甲烷
模拟移动床吸附-蒸馏	间、对二甲苯与乙苯共熔
层析-结晶	—
结晶-蒸馏	—
结晶-膜蒸发	—
结晶-液-液萃取	碳酸钠-水
蒸馏-吸附	乙醇-水
蒸馏-结晶	—
蒸馏-气体渗透	丙烯-丙烷
蒸馏-膜蒸发	乙醇-水
气体渗透-吸收	天然气脱水
反渗透-蒸馏	羧酸-水
反渗透-蒸发	废水浓缩
脱吸-气体渗透	从酸性水中回收氨和硫化氢

表 5.1 中的第一个例子是变压吸附(PSA)与气体渗透膜分离操作的复合系统，变压吸附优先移除甲烷，气体渗透则优先移除氮，渗透物（图中所示是渗余物——译注）循环回到吸附步骤，图 5.18 示明了此复合系统，并与单纯的单级气体渗透膜分离操作和单级变压吸附操作的应用作了比较，只有复合系统才能实现甲烷和氮之间相当清晰的分离，这三个过程得

到的典型产品在表 5.2 中作了比较。

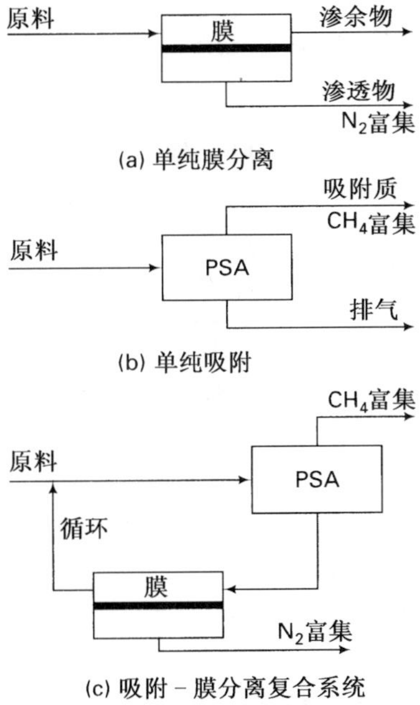

图 5.18　甲烷和氮的分离

原料中含有甲烷 80%(mol)和氮 20%%(mol)，流量为 100 000 ft^3(标准)/h (scfh)。对于三个过程的全部甲烷富集产品均含有甲烷 97%(mol)，然而仅复合系统的氮富集产品含氮超过 90%(mol)，并有甲烷高的回收率(98%)，单纯膜分离的甲烷回收率仅仅 57%，而单纯吸附的达 86%，复合系统显然优于单纯膜分离或吸附。

表 5.2　图 5.18 中各过程的典型产品

	流量，Mscfh	CH_4%(mol)	N_2%(mol)
原料气	100	80	20
单纯膜分离：			
渗余物	47.1	97	3
渗透物	52.9	65	35
单纯 PSA：			
吸附质	70.6	97	3
排气	29.4	39	61
复合系统：			
CH_4富集产品	81.0	97	3
N_2富集产品	19.0	8	92

在表 5.1 中对结晶和蒸馏复合系统未列举出应用实例，然而，Berry 和 Ng[7]示明这种系统能够克服结晶中的共熔和蒸馏中的恒沸对分离的限制，所以对它很感兴趣，进而，虽然加工含有固体的物流比流体的更加困难，但是结晶操作仅需要一级就能得到高纯度的晶体。图 5.19 示明的是 Berry 和 Ng[7]讨论的许多蒸馏与结晶复合系统结构中的一种，其原料是 A 和 B 的混合物，如它们的相图所示，此混合物既在气-液相区域有恒沸点，又在较低温度的液-固相区域存在共熔点。对组分 B 而言，图 5.19 中的原料组成位于共熔和恒沸组成之间，

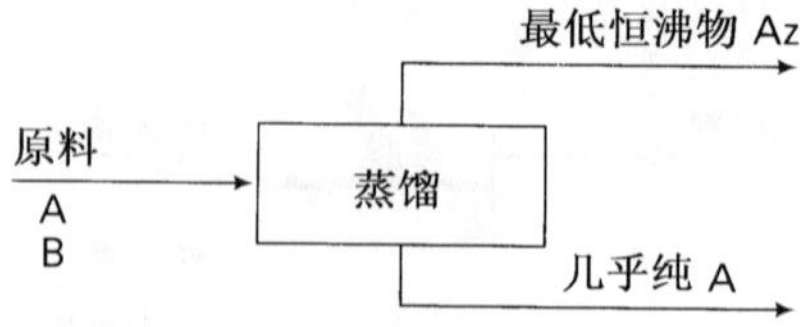

(a) 单纯蒸馏

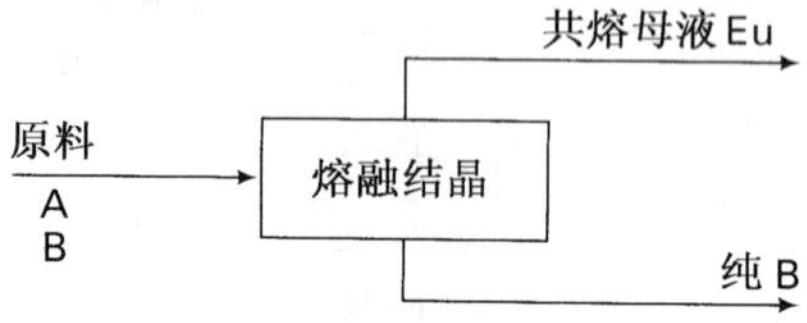

(b) 单纯熔融结晶

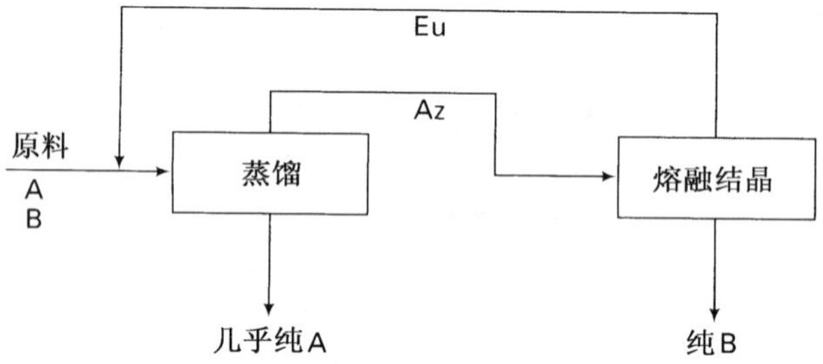

(c) 蒸馏－结晶复合系统

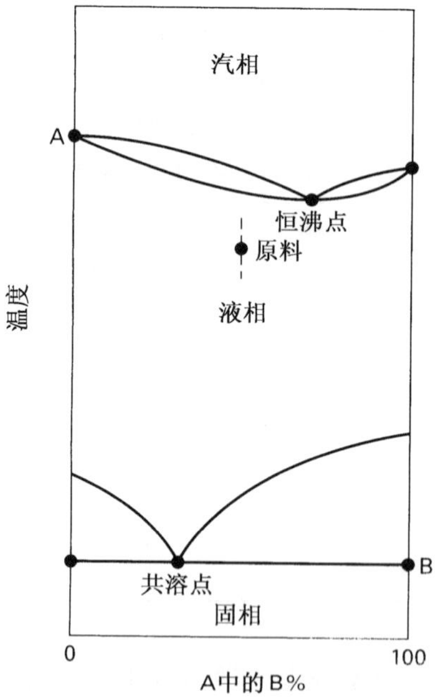

(d) 蒸馏－结晶复合系统相图

图 5.19　形成恒沸和共熔混合物的分离

如果单纯的蒸馏使用足够多的级数，馏出物的组成则接近最低恒沸物 Az，塔底产物接近纯 A。如果应用单纯熔融结晶操作，其两个产品将是纯 B 晶体和接近共熔组成的母液 Eu。图

5.19 所示的蒸馏与结晶的复合系统将生产纯 B 和接近纯 A 的产品，原料进入蒸馏塔，产生组成接近恒沸物的馏出物送去熔融结晶，此处产生的组成接近共熔物的母液得以回收和循环回到蒸馏操作，净的结果是，原料被分离成接近纯 A 的蒸馏塔塔底产物和从结晶得到的纯 B 产品。

另一个受到相当注意的复合系统是蒸馏与膜蒸发的组合，它用来分离恒沸物，特别是乙醇-水的恒沸物，将如节 14.7 讨论所示，蒸馏产生接近纯水的塔底产物和接近恒沸物的馏出物，馏出物送去膜蒸发，得到几乎纯的乙醇渗余物和富含水的渗透物，渗透物循环回到蒸馏操作。

5.7　逆流级联的自由度和指定

多元、多相和多级分离问题的解由物料衡算、能量衡算和相平衡方程的联列解求得，这意味着要指定足够数量的设计变量，使得剩余未知(输出)变量数恰好等于独立方程数。本节将把节 4.1 中对单个平衡级的讨论扩展到单段和多段逆流级联。

一个直觉上简单而做起来复杂的求取独立设计变量即过程自由度 N_D 的方法是，计点全部有关的变量数 N_V 减去关联这些变量的独立方程或关联式的总数 N_E：

$$N_D = N_V - N_E \tag{5-67}$$

对分离过程设计的这种处理方法由 Kwauk[8]提出，该套方法的修正是这里讨论的基础。

通常，组成、温度和压力等分离过程变量是强度变量；流量和传热流率是广度变量；平衡级数则是设备变量，如焓和 K 值等物性是不计入变量的，因为它们是强度变量的函数。计点变量相对比较容易，但要正确算出独立方程数 N_E 就需要细心搜索基于物料和能量守恒、相平衡限定、过程指定和设备结构方面的所有独立关联式。

分离设备由实体上可识别的组件(平衡级、冷凝器、再沸器等)以及物流分配器和物流混合器组成，在合成完整系统前，分别单独审视每个组件是有帮助的。

5.7.1　物流变量

对于每个含有 C 个组分的单相物流，其强度变量的完整指定包括 C 个摩尔分率(或其他浓度变量)加上温度和压力，即 $C+2$ 个变量，但仅有 $C+1$ 个原料的摩尔分率是独立的，因为另外一个变量必须满足摩尔分率的限制：

$$\sum_{i=1}^{C} 摩尔分率 = 1.0$$

所以仅有 $C+1$ 个物流强度变量可以指定。这是与相律相符的，对于单相系统相律给出能被指定的强度变量 $= C - \mathscr{P} + 2 = C + 1$。能加到此数中的是一个广度变量，即物流的总流量。虽然上述消去的摩尔分率常被不言明地处理，但为了完整性将消去的摩尔分率包括到物流变量之中更妥当些，随之需将上述摩尔分率限制式计入方程数中。为此，对于每股物流有关的变量数是 $C+3$，例如对于液相物流，这些变量是液相摩尔分率 $x_1, x_2, \cdots\cdots, x_C$；总摩尔流量；温度 T 和压力 p。

5.7.2 绝热和非绝热平衡级

对于单个绝热和非绝热平衡级具有两股进入物流和两股离开物流，如图 5.20 所示，涉及变量是四股物流有关的变量加上进出该平衡级的传热流率，所以

$$N_V = 4(C+3)+1 = 4C+13$$

离开物流 V_{OUT} 和 L_{OUT} 成相平衡，所以这里存在相平衡限定以及组分物料衡算、总物料衡算、能量衡算和摩尔分率限制。关联这些变量的方程和 N_E 是

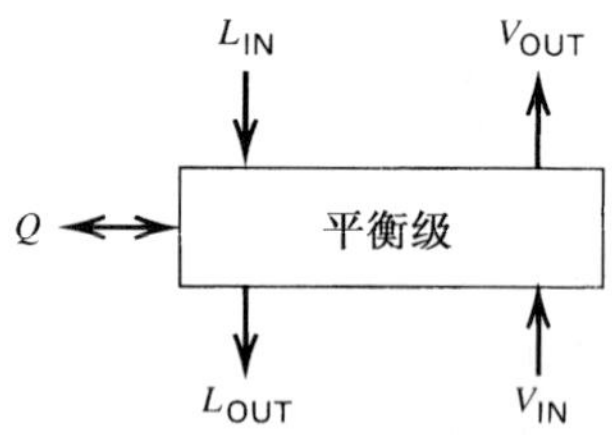

图 5.20　带有热量加入的平衡级

方程	方程数
压力相等	1
$p_{VOUT} = p_{LOUT}$	
温度相等	1
$T_{VOUT} = T_{LOUT}$	
相平衡关系式	C
$(y_i)_{VOUT} = K_i(x_i)_{LOUT}$	
组分物料衡算	$C-1$
$L_{IN}(x_i)_{LIN} + V_{IN}(y_i)_{VIN} = L_{OUT}(x_i)_{LOUT} + V_{OUT}(y_i)_{VOUT}$	
总物料衡算	1
$L_{IN} + V_{IN} = L_{OUT} + V_{OUT}$	
能量衡算	1
$Q + h_{LIN}L_{IN} + h_{VIN}V_{IN} = h_{LOUT}L_{OUT} + V_{OUT}h_{VOUT}$	
进、出物流的摩尔分率限制	4
例如 $\sum_{i=1}^{C}(x_i)_{LIN} = 1$	$N_E = 2C+7$

此外，如果列出 C 个，而不是 $C-1$ 个组分物料衡算式，则总物料衡算式不是独立的，它可由组分物料衡算式相加并应用摩尔分率限制式消去摩尔分率得到。由式(5－67)得

$$N_D = (4C+13)-(2C+7) = 2C+6$$

注意到 C 的系数乘了 2，即进入平衡级的物流数。

可以指定数种设计变量组，典型的一组包括两股进入物流的全部变量及平衡级的压力

和传热流率。

指定变量	变量数
组分摩尔分率，$(x_i)_{\mathrm{LIN}}$	$C-1$
总流量，L_{IN}	1
组分摩尔分率，$(y_i)_{\mathrm{VIN}}$	$C-1$
总流量，V_{IN}	1
L_{IN} 的温度和压力	2
V_{IN} 的温度和压力	2
级压力，(p_{VOUT} 或 p_{LOUT})	1
传热流率，Q	1
	$N_{\mathrm{D}}=2C+6$

指定这$(2C+6)$个变量就能计算出未知变量 L_{OUT}，V_{OUT}，$(x_C)_{\mathrm{LIN}}$，$(y_C)_{\mathrm{VIN}}$，全部$(x_i)_{\mathrm{LOUT}}$和全部$(y_i)_{\mathrm{VOUT}}$，此处下标 C 代表两个进入物流中被消去的摩尔分率。

5.7.3　单段逆流级联

考虑图 5.21 所示的具有 N 级的单段逆流级联单元，该级联由示于图 5.20 的 N 个绝热或非绝热平衡级组件构成。开发一个计点这种由组件构成单元的变量、方程和自由度的算法是容易的，该单元的设计变量数可以这样得到：由与各组件有关的变量相加得到总变量数，再减去多余的、互相连接的物流 N_{R}股中每股 $C+3$ 个变量，这是由于一个组件的输出物流成为另一组件的输入而造成多余的，另外，如果在单元中有任意类型组件发生重复的未被指定数，则每组重复增加一个变量数，如此得出因总的重复次数需额外增加的变量数 N_{A}。与此类似地得到单元的独立方程数，先将各个组件的独立方程数相加，再减去多余的 N_{R} 个摩尔分率限制式。自由度数则仍如前面那样由式(5－67)得出。于是

$$(N_{\mathrm{V}})_{\mathrm{unit}}=\sum_{\text{全部组件},e}(N_{\mathrm{V}})_{\mathrm{e}}-N_{\mathrm{R}}(C+3)+N_{\mathrm{A}} \tag{5-68}$$

$$(N_{\mathrm{E}})_{\mathrm{unit}}=\sum_{\text{全部组件},e}(N_{\mathrm{E}})_{\mathrm{e}}-N_{\mathrm{R}} \tag{5-69}$$

由式(5－67)与(5－68)和(5－69)结合得

$$(N_{\mathrm{D}})_{\mathrm{unit}}=\sum_{\text{全部组件},e}(N_{\mathrm{D}})_{\mathrm{e}}-N_{\mathrm{R}}(C+2)+N_{\mathrm{A}} \tag{5-70}$$

或

$$(N_{\mathrm{D}})_{\mathrm{unit}}=(N_{\mathrm{V}})_{\mathrm{unit}}-(N_{\mathrm{E}})_{\mathrm{unit}} \tag{5-71}$$

对于图 5.21 所示的 N 级级联单元，参照前面对单个绝热或非绝热级的自由度分析，由式(5－68)得到总的变量数是

$$\begin{aligned}(N_{\mathrm{V}})_{\mathrm{unit}}&=N(4C+13)-[2(N-1)](C+3)+1\\&=7N+2NC+2C+7\end{aligned}$$

由于其中存在 $2(N-1)$股互相连接的物流，额外增加的变量是总级数(即 $N_{\mathrm{A}}=1$)。

由式(5－69)得到独立方程数

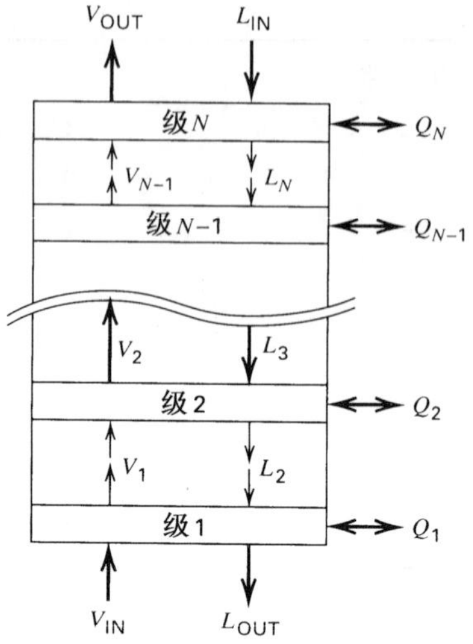

图 5.21　N 级级联

$$(N_E)_{unit}=N(2C+7)-2(N-1)=5N+2NC+2$$

由于存在 $2(N-1)$个多余摩尔分率限制式。

由式(5－71)得到的自由度数是

$$(N_D)_{unit}=N_V-N_E=2N+2C+5$$

再次注意到 C 前的系数是 2，即是进入级联的物流数。对于级联，N 前的系数总是 2(相应于各级的 p 和 Q)。

一组可能的设计变量是

指定变量	变量数
各级传热流率(或绝热)	N
级压	N
物流 V_{IN} 的变量	$C+2$
物流 L_{IN} 的变量	$C+2$
级数	1
	$2N+2C+5$

这组指定的输出变量有 V_{IN} 和 L_{IN} 的被消去的摩尔分率、各级温度、与 V_{OUT} 和 L_{OUT} 有关的变量以及级间物流的有关变量。这个 N 级级联可以代表简单吸收塔、脱吸塔和液-液萃取塔。

5.7.4　两段逆流级联

两段逆流级联不仅可以由绝热或非绝热的平衡级组件构成，还可以由表 5.3 中所示的其他类型的组件构成，包括全部和部分再沸器、全部和部分冷凝器、带有进料 F 或侧线 S 的平衡级及物流的混合器和分配器，这些不同的组件可以结合进许多复杂级联的任何一种级联，它们适用于式(5－68)到式(5－71)中的 N_V，N_E 和 N_D 给出于表 5.3 中。

表 5.3　分离操作的组件和单元的自由度

	示意图	组件和单元的名称	变量总数 N_V	独立关系式数 N_E	自由度 N_D
(a)	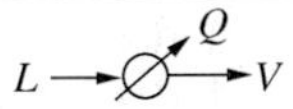	全蒸发器(再沸器)	$(2C+7)$	$(C+3)$	$(C+4)$
(b)	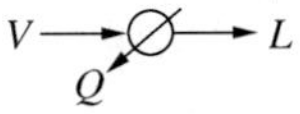	全凝器	$(2C+7)$	$(C+3)$	$(C+4)$
(c)	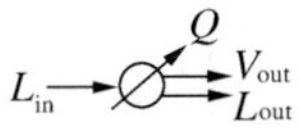	部分(平衡)蒸发器(再沸器)	$(3C+10)$	$(2C+6)$	$(C+4)$
(d)	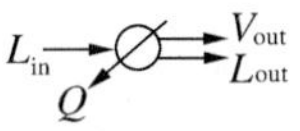	部分(平衡)冷凝器	$(3C+10)$	$(2C+6)$	$(C+4)$
(e)	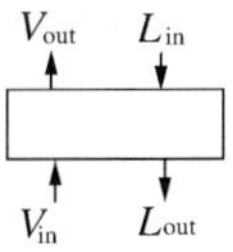	绝热平衡级	$(4C+12)$	$(2C+7)$	$(2C+5)$
(f)	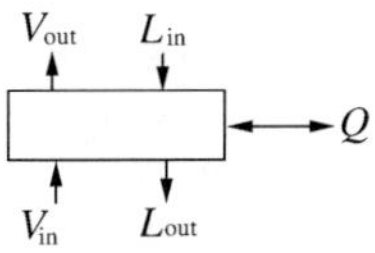	带有换热的平衡级	$(4C+13)$	$(2C+7)$	$(2C+6)$
(g)	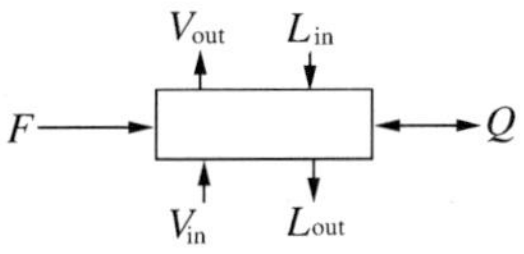	带有换热和进料的平衡原料级	$(5C+16)$	$(2C+8)$	$(3C+8)$
(h)	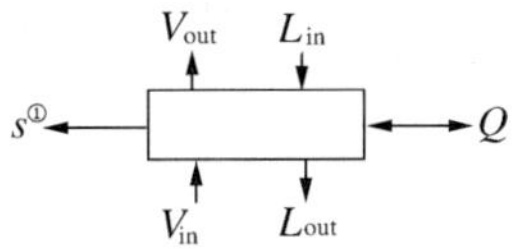	带有换热和侧线的平衡级	$(5C+16)$	$(3C+9)$	$(2C+7)$
(i)	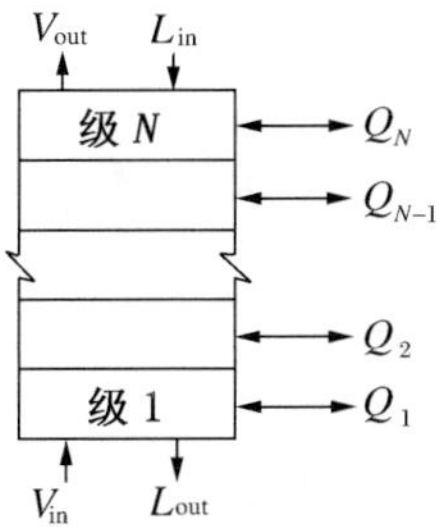	N 个带有换热的相互连接的平衡级	$(7N+2NC+2C+7)$	$(5N+2NC+2)$	$(2N+2C+5)$
(j)	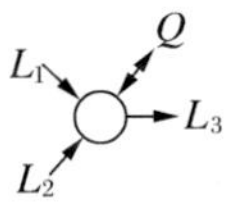	物流混合器	$(3C+10)$	$(C+4)$	$(2C+6)$
(k)	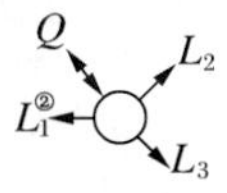	物流分配器	$(3C+10)$	$(2C+5)$	$(C+5)$

① 侧线可以是气相或液相；

② 也可以全部物流都是气相。

表 5.4 设计案例的典型变量指定

单元操作		N_D	变量指定[①] 情况Ⅰ 组分回收率被指定	变量指定[①] 情况Ⅱ 平衡级数被指定
(a) 吸收(两股进入物料)	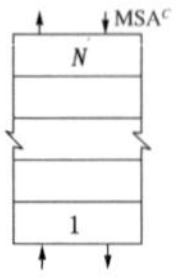	$2N+2C+5$	1. 一个关键组分的回收率	1. 级数
(b) 蒸馏(一股进入物流,全凝器,部分再沸器)	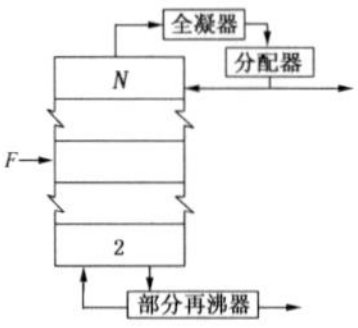	$2N+C+9$	1. 饱和温度的凝液 2. 轻关键组分回收率 3. 重关键组分回收率 4. 回流比(>最小值) 5. 最佳进料级[②]	1. 饱和温度的凝液 2. 进料级上方的级数 3. 进料级下方的级数 4. 回流比 5. 馏出物流量
(c) 蒸馏(一股进入物流,分凝器,部分再沸器,仅气相馏出物)	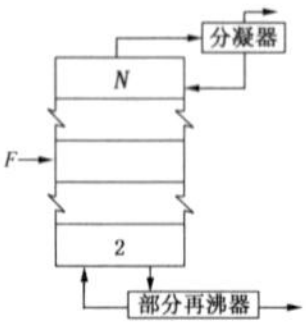	$2N+C+6$	1. 轻关键组分回收率 2. 重关键组分回收率 3. 回流比(>最小值) 4. 最佳进料级[②]	1. 进料级上方的级数 2. 进料级下方的级数 3. 回流比 4. 馏出物流量
(d) 双溶剂液-液萃取(三股进入物流)	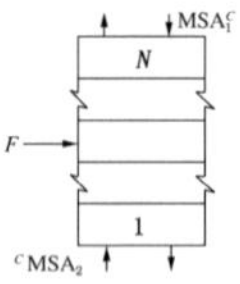	$2N+3C+8$	1. 关键组分 1 的回收率 2. 关键组分 2 的回收率	1. 进料上方级数 2. 进料下方级数
(e) 重沸吸收(两股进入物流)	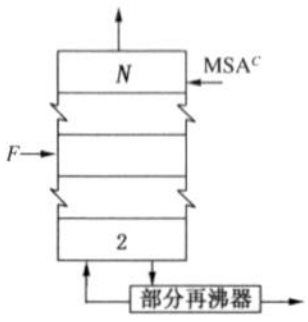	$2N+2C+6$	1. 轻关键组分回收率 2. 重关键组分回收率 3. 最佳进料级[②]	1. 进料上方级数 2. 进料下方级数 3. 塔底产物流量
(f) 重沸脱吸(一股进入物流)	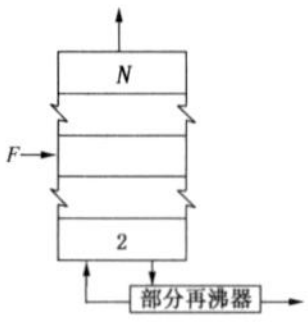	$2N+C+3$	1. 一个组分的回收率 2. 再沸器的热负荷[④]	1. 级数 2. 塔底产物流量
(g) 蒸馏(一股进入物流,分凝器,部分再沸器,液相和气相两股馏出物)	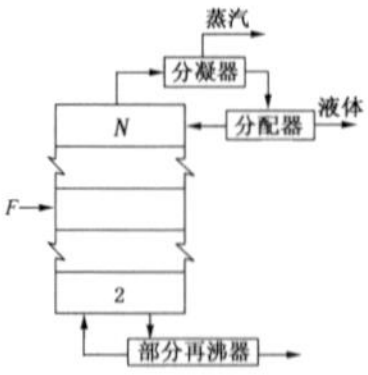	$2N+C+9$	1. 汽相馏出物对液相馏出物之比 2. 轻关键组分回收率 3. 重关键组分回收率 4. 回流比(>最小值) 5. 最佳进料级[②]	1. 汽相馏出物对液相馏出物之比 2. 进料级上方的级数 3. 进料级下方的级数 4. 回流比 5. 液相馏出物流量

(待续)

表 5.4(续)

单元操作		N_D	变量指定① 情况Ⅰ 组分回收率被指定	变量指定① 情况Ⅱ 平衡级数被指定
(h) 萃取蒸馏(两股进入物流,全凝器,部分再沸器,单相凝液)	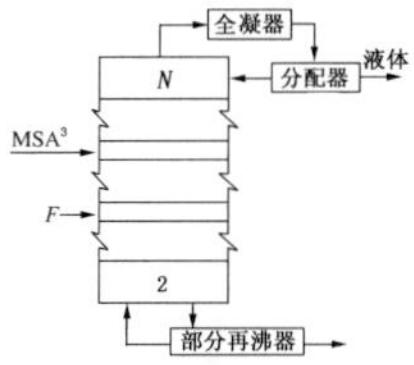	$2N+2C+12$	1. 饱和温度的凝液 2. 轻关键组分回收率 3. 重关键组分回收率 4. 回流比(>最小值) 5. 最佳进料液 6. 最佳 MSA 料级②	1. 饱和温度的凝液 2. MSA 级上方的级数 3. MSA 级与原料级间的级数 4. 原料级下方的级数 5. 回流比 6. 馏出物流量
(i) 液-液萃取(两股进入物流)	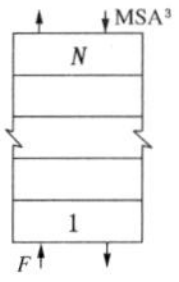	$2N+2C+5$	1. 一个关键组分的回收率	1. 级数
(j) 脱吸(两股进入物流)	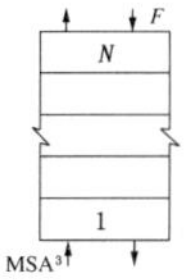	$2N+2C+5$	1. 一个关键组分的回收率	1. 级数

① 不包括下述已假设指定的变量:所有进入物流的变量(每股物流 $C+2$ 个变量);所有组件和单元的压力;除冷凝器和再沸器外所有组件和单元的传热流率;

② 进入物流的最佳级与最少总级数对应;

③ 对情况Ⅰ的变量指定,MSA 流量必须大于指定回收率的最小值;

④ 对情况Ⅰ的变量指定,再沸器的热负荷必须大于给定回收率的最小值。

多级分离操作的设计和模拟是在满足自由度的设计变量值指定后,为输出变量求解变量间的关联式。有两种情况是经常遇到的:在情况Ⅰ,即设计案例中,一个或两个关键组分的回收率被指定,要求确定所需的平衡级数;在情况Ⅱ,即模拟案例中,平衡级数被指定,而组分间的分离由计算得到。对于多元原料的严格计算更多采用的是模拟型的,由于级数指定后较少计算的复杂性。对于第 1 章中讨论并示于表 1.1 中的多种分离类型的设计和模拟计算可能采用的变量指定汇总于表 5.4 中,对于表 5.4 中的所有分离器,假定全部进入物流是被完全指定的(即 $C-1$ 个摩尔分率、总流量、温度和压力),所有组件和单元的压力和传热流率(除了冷凝器和再沸器的)也是指定的,因此,表中仅列举满足自由度所需的剩余变量指定。

例 5.5

考虑一座多级蒸馏塔,带有一股进料、一股侧线、一台全凝器、一台部分再沸器和出入各级的热量传递。确定自由度数和一组合理的指定。

解

此分离设备如图 5.22 所示,它由被圈出来的组件和小单元组装而成,这些组件和小单元全都能从表 5.3 中找到。总的变量数由表 5.3 中的有关的各个组件的变量$(N_V)_e$加和减去因物流连接造成的多余变量而得。如前面所述,多余的摩尔分率限制式需从每个组件的独立关联式$(N_E)_e$的加和中减去。这个问题首先由 Gilliand 和 Reed[9]处理,而更近一些是由 Kwauk[8]讨论,各个作者得到的 N_D差异部分缘于他们的级的编号方法,这里令部分再沸器是第一级。从表 5.3 得到各个组件的变量和关联式如下：

组件或单元	$(N_V)_e$	$(N_E)_e$
全凝器	$(2C+7)$	$(C+3)$
回流分配器	$(3C+10)$	$(2C+5)$
$(N-S)$级	$[7(N-S)+2(N-S)C+2C+7]$	$[5(N-S)+2(N-S)C+2]$
侧线物流级	$(5C+16)$	$(3C+9)$
$(S-1)-F$ 级	$[7(S-1-F)+2(S-1-F)C+2C+7]$	$[5(S-1-F)+2(S-1-F)C+2]$
进料级	$(5C+16)$	$(2C+8)$
$(F-1)-1$ 级	$[7(F-2)+2(F-2)C+2C+7]$	$[5(F-2)+2(F-2)C+2]$
部分再沸器	$(3C+10)$	$(2C+6)$
	$\sum(N_V)_e=7N+2NC+18C+59$	$\sum(N_E)_e=5N+2NC+4C+22$

根据式(5－68)，需减去 13 股级间物流的多余变量，且 $N_A=0$，于是

$$(N_V)_{unit}=\sum(N_V)_e-13(C+3)=7N+2NC+5C+20$$

根据式(5－69)，需减去 13 个多余摩尔分率限制式，得

$$(N_E)_{unit}=\sum(N_E)_e-13=5N+2NC+4C+9$$

由式(5－71)的

$$N_D=(7N+2NC+5C+20)-(5N+2NC+4C+9)=2N+C+11$$

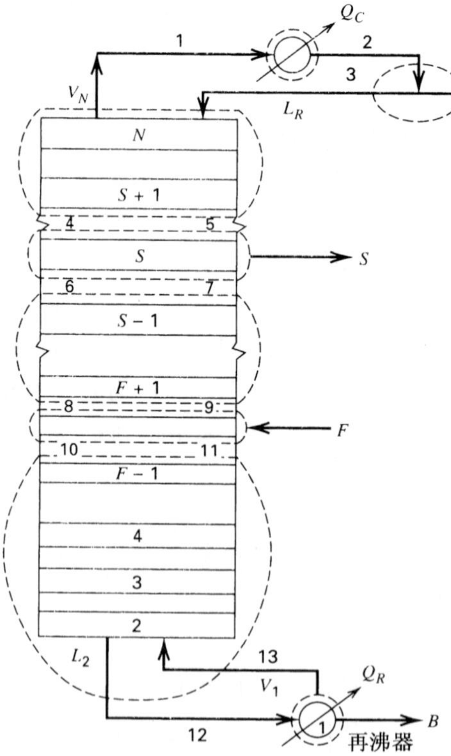

图 5.22　复杂蒸馏塔

指定变量	变量数
1. 各级压力(包括部分再沸器)	N
2. 回流分配器出口压力	1
3. 全凝器出口压力	1
4. 各级的传热流率(不包括部分再沸器)	$(N-1)$
5. 分配器的传热流率	1
6. 原料的摩尔分率和总流量	C
7. 原料温度	1
8. 原料压力	1
9. 凝液温度(例如饱和液体)	1
10. 总的级数,N	1
11. 原料级位置	1
12. 侧线级位置	1
13. 侧线总流量,S	1
14. 总的馏出物流量,D 或 D/F	1
15. 回流流量 L_R 或回流比 L_R/D	1
	$N_D=(2N+C+11)$

在绝大多数分离操作中,有关原料条件、级的传热流率和级的压力是已知的或是被指定的,余下来的指定是可以替代的,只要这些变量数学上是互相独立且是已知的,因此,上述表中的前面 9 项几乎总是已知或被指定的,而 10 到 15 个变量是可以替换的,用来替换的某些变量是

16. 冷凝器热负荷,Q_C;

17. 再沸器热负荷,Q_R;

18. 塔底产物中一个组分的回收率或摩尔分率;

19. 馏出物中一个组分的回收率或摩尔分率。

热负荷 Q_C 和 Q_R 不是恰当的设计变量,因为它们难以指定,例如,冷凝器热负荷 Q_C 必须被指定时,要使凝液的温度处于相应的凝液饱和温度与冰点之间,否则,可能得到不合理的(或没有)解。与此类似,从已知的塔底物流流量和焓计算 Q_R 比倒过来计算容易。一般说来,Q_R 和 Q_C 之间关联密切,指定两者是不明智的。

其他替代是可能的,例如级的温度、离开级的流量或任一过程特性变量。变量的独立性问题需要仔细考虑,例如,馏出物流量、Q_C 和 L_R/D 间不是互相独立的。对于设计案例,应该注意不能指定多于两个组分的回收率(第 18 和 19 项)被指定,这两个组分被认为是关键组分,试图指定三个和四个组分的回收率,一般将导致不成功的方程解。

图 5.22 所示的复杂蒸馏单元的自由度可以应用修正表 5.4 中的相似单元操作的方法较快确定,与图 5.22 单元最接近的是(b),差仅在侧线。从表 5.3 可见,带有换热但无侧线[组件(f)]的平衡级 $N_D=(2C+6)$,而带有换热和侧线的平衡级[组件(h)]$N_D=(2C+7)$,即多了一个自由度。此外,当这个带侧线的平衡级置于级联中时,增加一个侧线级位置的额外自由度。因此,两个自由度加到表 5.4 中的单元操作(b)的 $N_D=2N+C+9$ 上,得到 $N_D=2N+C+11$,这与上例得到的结果一样。

以类似的方式，上例能方便地修改成带两股进料的单元，比较表5.3中组件(f)和(g)的N_D发现，一股进料增加$C+2$个自由度，此外，还要增加一个这股进料级在级联中位置的自由度，因此，总共增加$C+3$个自由度，得到$N_D=2N+2C+14$。

5.8 本章小结

(1) 接触级集合的级联用来：(a)完成单级不可能实现的分离和/或(b)减少质量分离剂或能量分离剂的用量。

(2) 级联可以是单段或多段的，可以按并流、错流或逆流配置。当组分分割比率的控制方程成线性时，级联容易计算。

(3) 具有恒定底流和单个组分传质的逆流固-液浸取和/或洗涤级联，其所需级数由式(5-10)给出。

(4) 对于单段液-液萃取，在假定分配系数是常数和溶剂与原溶剂不互溶的条件下，并流、错流和逆流配置的级联所需的级数分别由式(5-19)、式(5-22)和式(5-29)给出。逆流级联最有效。

(5) 吸收和脱吸的单段逆流级联所需的级数可以用Kremser方程(5-48)、式(5-50)、式(5-54)和式(5-55)计算。单段逆流级联对于两个组分间能达到的分离能力是有限的。

(6) 对于两段级联，Kremser方程可以组合得到式(5-66)，该式适用于蒸馏组分分割的近似计算。两段逆流级联能达到两个关键组分间的清晰分割，精馏段起提纯轻关键组分和提高重关键组分回收率的作用，提馏段则起着相反的作用。

(7) 平衡级联方程含有被称为洗涤因子W、萃取因子E、吸收因子A和脱吸因子S的参数，这些因子包含分配系数(如K，K_D和R)和相间的流量比(如S/F和L/V)。

(8) 单段膜分离级联能增加一个产品的纯度和该产品中主要组分的回收率。

(9) 不同类型分离操作构成的复合系统可减少能耗、使别的方法难以实现的分离有可能实现和/或改善分离程度。

(10) 一个级联的数学模型的自由度数(可指定变量数)等于独立变量数与关联这些变量的独立方程数之差。对于单段逆流级联，一个组分的回收率可以被指定，对于双段逆流级联，可以指定两个组分的回收率。

参考文献

1. Berdt, R. J., and C. C. Lynch, *J. Am. Chem. Soc.*, **66**, 282—284(1944).
2. Kremser. A., *Natl. Petroleum News*, **22**(21). 43—49(May 21, 1930).
3. Edmister, W. C., *AIChE J.*, **3**, 165—171(1957).
4. Smith, B. D., and W. K. Brinkley, *AIChE J.*, **6**, 446—450(1960).

5. Lyster, W. H., S. L. Sullivan, Jr., D. S. Billingsley, and C. D. Holland. *Petroleum Refiner*, **38**(6), 221—230 (1959).
6. Prasad, R., F. Notaro, and D. R. Thompson, *J. Membrance Science*. **94**, Issue 1, 225—248(1994).
7. Berry, D. A., and K. M. Ng, *AIChE J.*, **43**, 1751—1762(1997).
8. Kwauk, M., *AIChE J.*, **2**, 240—248(1956).
9. Gilliand, E. R., and C. E. Reed, *Ind. Eng. Chem.*, **34**, 551—557(1942).

习题

节 5.1

5.1　设计一套如图 5.2(e)所示的耦合级联，但它包含三座塔，将四元原料分离成四个产品。

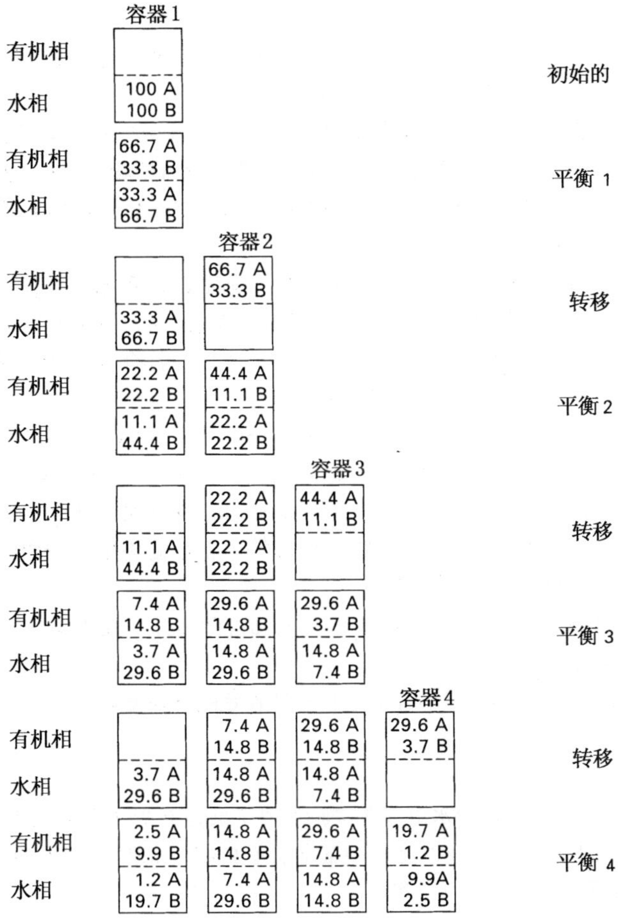

图 5.23　例 5.2 的液-液萃取过程

5.2　一个液-液萃取过程按照图 5.23 所示分批进行。过程在容器 1(初始的)中开始，其中组分 A 和 B 各 100 mg 溶于 100 mL 水中，在加入对 A 具有比对 B 更好选择性的有机溶剂 100 mL 后，A 和 B 的分配变成标记有平衡 1 的容器 1 所示。有机相转移到容器 2(转移)，水相留在容器 1(转移)中，假定水和有机溶剂不互溶。接着向容器 2 中加入 100 mL 水，所得的分配示于容器 2(平衡 2)。同样向容器 1 中加入 100 mL 有机溶剂，得到的相间分配示于容器 1(平衡 2)。分批操作以增加容器 3 和随后的容器 4 而继续，直至得到所示的结果为止。

(a) 在细心研究图 5.23 中的过程后，画出图 5.2(b)那样的相应的级联，并作相似的标注。

(b) 这是并流、错流还是逆流类型的级联?

(c) 与单个分批平衡步骤达到的分离程度进行比较。

(d) 对过程怎样修改才能使其变成逆流级联[参阅 O. Post and L. C. Craig, Anal. Chem., 35, 641 (1963)]。

5.3 氮和甲烷的气相混合物用气体渗透技术(参见表 1.2)移除氮气，采用对氮具有选择渗透性的玻璃态聚合物膜。然而单级不能达到所希望的分离程度，试画出两个不同的两级级联，它们被认为能实现所希望的分离。

节 5.2

5.4 在例 4.9 中，大豆在单个平衡级中用苯为溶剂进行浸取，其中油的回收率为 83.25%。计算下列情况的油回收百分率：

(a) 如果大豆 5 000 kg/h 利用 5 000 kg/h 苯的浸取过程采用两级逆流平衡级；

(b) 与(a)同样流量的过程采用三级逆流平衡级；

(c) 如果采用溶剂流量一倍于最小用量，确定油被浸取出 98%所需的逆流平衡级数。

5.5 对于碳酸钠与不溶解氧化物分离的例 5.1，计算最小溶剂流量(lb/h)。实际溶剂流量与最小溶剂流量的比率是多少? 确定和标绘采用五个平衡级逆流级联和溶剂流量是最小流量的 1.5 倍到 7.5 倍时的可溶固体的回收百分率。

5.6 俗称明矾的硫酸铝是从矾土矿生产的，矾土矿与硫酸反应后，接着应用三级逆流洗涤操作从不溶的矾土矿物中分离出硫酸铝，随后蒸发得到浓缩的硫酸铝水溶液。在一个典型的过程中，含 Al_2O_3 50%(质量)和 50%惰性物的固体矾土矿处理量 40 000 kg/天，经粉碎后与符合化学计量关系量的浓度为 50%(质量)硫酸一起加入反应器，Al_2O_3 经反应完全转化为硫酸铝

$$Al_2O_3 + 3H_2SO_4 \rightarrow Al_2(SO_4)_3 + 3H_2O$$

从反应器(浸煮器)排出的泥浆含有不溶的惰性矿物和硫酸铝水溶液，它被加入三级逆流洗涤单元，实现硫酸铝水溶液与惰性物分离。如果溶剂即水的流量是 240 000 kg/天和从每级洗涤级离开的底流中含水以脱溶质基计为 50%(质量)，试计算离开级联的两股产物的每一股中硫酸铝、水和惰性固体的流量 kg/天，硫酸铝的回收百分率是多少? 再加一级是否值得?

5.7 (a) 当用给定数量的水漂洗衣服时，将水分成几份漂洗几次是否会更加有效? 或者还是用全部水漂洗一次更好? 试解释原因。

(b) 设计一台洗衣机，在给定的水量条件下它具有最有效的漂洗循环。

节 5.3

5.8 浓度为 6 mol 乙酸/L 的乙酸水溶液在实验室中用氯仿于 25℃下进行萃取以回收乙酸(B)，水溶液中含有与氯仿不互溶的杂质。水(A)和氯仿(C)基本上不互溶。如果 10 升水溶液在 25℃下萃取，计算采用 10 升氯仿在下述条件下的酸的回收百分率：

(a) 应用整个溶剂在单级中进行分批萃取；

(b) 每批用总溶剂的 1/3 进行三批萃取；

(c) 分别用 5 升、3 升和 2 升溶剂进行三批萃取。

假设，原料和溶剂的体积数量在萃取过程中不会发生变化，且酸的分配系数 $K''_{DB} = (c_B)_c/(c_B)_A = 2.8$，此处 $(c_B)_c$ 是氯仿中酸的浓度，$(c_B)_A$ 是水中酸的浓度，两者单位均是 mol/L。

5.9　含硝酸双氧铀(UN)20%(质量)的水溶液用磷酸三丁酯(TBP)进行萃取，要求移除硝酸双氧铀 90%，全部操作在间歇式平衡级中进行。假设水和 TBP 不互溶，如果平衡时(g UN/g TBP)=5.5(g UN/g TBP)，计算如下操作时对于 100 g 溶液需要多少 TBP：

(a) TBP 一次全部用于一级中；

(b) 在两个串联级中每次用 1/2；

(c) 采用两级逆流；

(d) 采用无限多错流级；

(e) 采用无限多逆流级。

5.10　含硝酸二氧铀(UN)20%(质量)的水溶液 2 kg 用磷酸三丁酯 500 g 进行萃取，应用习题 5.9 中的平衡数据，计算和比较操作中的回收百分率：

(a) 单级间歇式萃取；

(b) 每级用总溶剂量的 1/3 进行三级间歇式萃取(溶剂与整个 UN 相接触后排出)；

(c) 两级并流萃取；

(d) 三级逆流萃取；

(e) 无限多级逆流萃取；

(f) 无限多级错流萃取。

5.11　含二氧杂环己烷 30%(质量)的水溶液 1 000 kg 用苯在 25℃进行萃取，以移除二氧杂环己烷 95%，苯中不含二氧杂环己烷，可以应用例 5.2 中的平衡数据，对下列操作计算所需的苯量：

(a) 单级间歇式萃取；

(b) 应用等量苯进行两级错流萃取；

(c) 两级逆流萃取；

(d) 无限多级错流萃取；

(e) 无限多级逆流萃取。

5.12　应用氯仿从排出废水中萃取苯甲酸，苯甲酸在废水中的浓度是 0.05 mol/L，以 1 000 L/h 的流量排放。在过程条件下苯甲酸的分配系数由下式给出

$$c^{\mathrm{I}} = K_{\mathrm{D}}^{\mathrm{II}} c^{\mathrm{II}}$$

式中 $K_{\mathrm{D}}^{\mathrm{II}}=4.2$，$c^{\mathrm{I}}$ =溶剂中溶质的摩尔浓度，c^{II} =水中溶质的摩尔浓度。氯仿和水可以认为不互溶，如果应用 500 L/h 氯仿，比较下列操作中的苯甲酸移除分率：

(a) 单个平衡级；

(b) 用等量氯仿进行三级错流接触；

(c) 三级逆流萃取。

5.13　用萃取因子 $E=0.90$ 的溶剂，重新计算例 5.2，在图 5.7 那样的标绘中表示计算结果。是否逆流仍有显著优于错流的优点？是否希望选择一个溶剂和溶剂流量使 $E>1$？请说明原因。

节 5.4

5.14　对于 $N=$ 1,3,10 和 30 级重复例 5.3 的计算，绘制五个烃类的每一个和总的原料气的吸收百分率以及油的脱吸百分率对级数的曲线。关于级数对每个组分的影响你能得到什么结论？

5.15　对于吸收剂流量 330 lbmol/h 和三个理论级求解例 5.3，将你的结果与例 5.3 的结果比较并讨论吸收剂流量对权衡级数时的影响。

5.16　计算例 5.3 中算得的分离所需的最小吸收剂流量，假设关键组分是丙烷，它在排出气流中的流率为 155.4 lbmol/h。

5.17　在每一级增加换热器，使吸收塔保持恒定在下列温度，求解例 5.3：

(a) 125 ℉；

(b) 150 ℉。

在 100 到 150 ℉温度区间,温度对吸收有何影响?

5.18 1 000 000 lb mol/天处理量的气体组成如下所列,应用正庚烷作吸收剂在具有 10 个理论级的吸收塔中进行吸收,操作温度和压力分别是 −30 ℉和 550 psia,要求乙烷被吸收 50%,计算吸收剂流量和各个组分在排出气流和液流中的分布。

组分	原料气的摩尔百分率	−30 ℉和 550psia 下的 K 值
C_1	94.9	2.85
C_2	4.2	0.36
C_3	0.7	0.066
nC_{4+}	0.1	0.017
nC_5	0.1	0.004

5.19 一座具有三个平衡级的脱吸塔操作于 50 psia 压力下,用来对 300 ℉、流率 1 000 kmol/h 的液体进行脱吸,该液体的摩尔组成是:C_1 0.03%, C_2 0.22%, C_3 1.82%, nC_4 4.47%, nC_5 8.59%, nC_{10} 84.87%,脱吸介质是 300 ℉和 50 psia 的过热水蒸气 1 000 kmol/h。应用 Kremser 方程计算脱吸后的液体和排出气体的组成。

假设 C_{10} 的 K 值是 0.20 和水蒸气不被吸收,计算 50 psia 下排出富气的露点。如果此温度高于 300 ℉,你有什么建议?

5.20 在图 5.12 中,是否用离开各级气相的全凝器就能得到任何东西?为了除去级 2 和级 3 的热量加入而仍需达到同样的分离程度,试改变图 5.12(a)和 5.12(b)的过程。

5.21 对于外回流流率 L_0 分别为如下值而重新计算例 5.4:

(a) 1 500 lbmol/h;

(b) 2 000 lbmol/h;

(c) 2 500 lbmol/h。

在 L_0 从 1 000 到 2 500 lbmol/h 区间,将 d_{C3}/b_{C3} 作为 L_0 的函数进行标绘。在计算中,假定例 5.4 中得到的各级温度未变。讨论回流比对分离的影响。

5.22 对于下列平衡级数重复例 5.4 的计算(参见图 5.15):

(a) M=10,N=10;

(b) M=15,N=15。

在 10 到 30 级范围内,将 d_{C3}/b_{C3} 作为 $M+N$ 的函数进行标绘。在计算中,假定例 5.4 中得到的各级温度和总流率未变。讨论级数对分离的影响。

5.23 应用 Edmister 集合算法确定图 5.24 所示蒸馏操作的馏出物和塔底产物的组成。在塔条件下原料约有 23%(mol)气相。

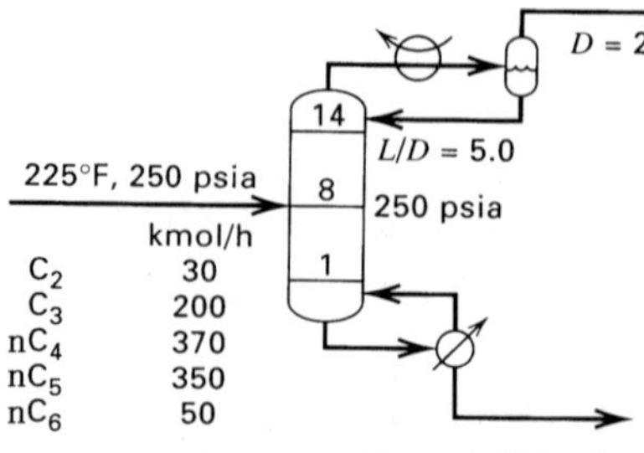

图 5.24 例 5.23 的条件

5.24 一股泡点液体原料在图 5.25 所示的塔中蒸馏,应用 Edmister 集合算法计算馏出物和塔底产物的组成。假设塔顶和塔底的温度初值分别为 150 ℉和 250 ℉。

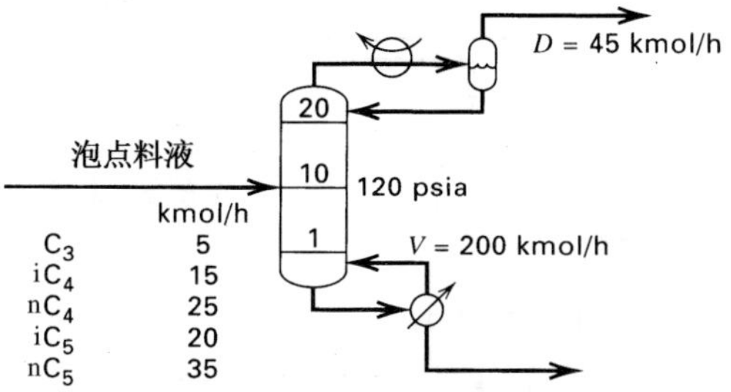

图 5.25　例 5.24 的条件

节 5.7

5.25　证明表 5.3 中部分再沸器和全凝器的 N_V，N_E 和 N_D 值。

5.26　证明表 5.3 中物流混合器和物流分配器的 N_V，N_E 和 N_D 值。

5.27　顺丁烯二酸酐和苯甲酸的混合物含酸 10%(mol)，它是邻苯二甲酸酐生产中的产物。此混合物在蒸馏塔中连续蒸馏，该塔设置有全凝器和部分再沸器，在 13.2 kPa 下操作，所用回流比是最小回流比的 1.2 倍，要求生产 99.5%(mol)的顺丁烯二酸酐产品和酸酐含量 0.5%(mol)的塔底产物。试问该题的指定是否完整？

5.28　证明表 5.4 中的(b)，(c)和(g)单元操作的 N_D。如果用两股进料代替一股进料，N_D将怎样变化？

5.29　证明表 5.4 中的(e)和(f)单元操作的 N_D。如果拉掉位于原料级和塔底级之间某级的气相侧线，N_D将怎样变化？

5.30　证明表 5.4 中的(h)单元操作的 N_D。如果在位于原料级和级 2 之间的某级加上液相侧线，N_D将怎样变化？

5.31　以下变量未列作表 5.4 中蒸馏单元操作的设计变量：

(a) 冷凝器热负荷；

(b) 级温度；

(c) 中间级的气相流率；

(d) 再沸器热负荷。

在什么条件下这些变量会成为设计变量？如果是这样，列于表 5.4 中的哪个变量你会删除它？

5.32　对于蒸馏，如果全凝器代之以分凝器且只有气相馏出物，请示明自由度数将减少三个。

5.33　表 5.4 中的单元操作(b)用来分离乙醇和水的混合物，采用向塔底板喷注直接水蒸气的方法加热来替代所用的再沸器，假设给定原料、绝热操作、全塔大气压和塔顶乙醇浓度指定：

(a) 对于一般结构，设计变量总数是多少？

(b) 为完成设计，需要多少设计变量？你建议哪些变量？

5.34　(a) 对于图 5.26 所示的蒸馏塔，确定独立设计变量数。

(b) 由摩尔组成 A 30%，B 20% 和 C 50% 组成的原料在图 5.26 所示的塔中蒸馏，该塔操作条件是 37.8℃和 689 psia，塔中有 15 块板，塔径 3 m。它的设计汽速 0.3 m/s，$L/V=1.2$，该条件下每块板的压降是 373 Pa，冷凝器用 15.6℃的生产用水冷却。

用馏出物中 A 的浓度和塔底产物中 C 的浓度表示的产品规格由工艺部门指定，装置经理要你指定该塔的原料流率，试写一份备忘录给你的装置经理说明不能这样指定的原因，并提出某些替代建议。

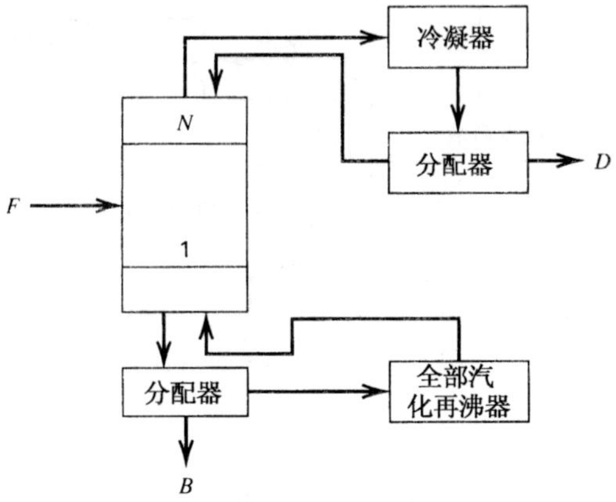

图 5.26　习题 5.34 的条件

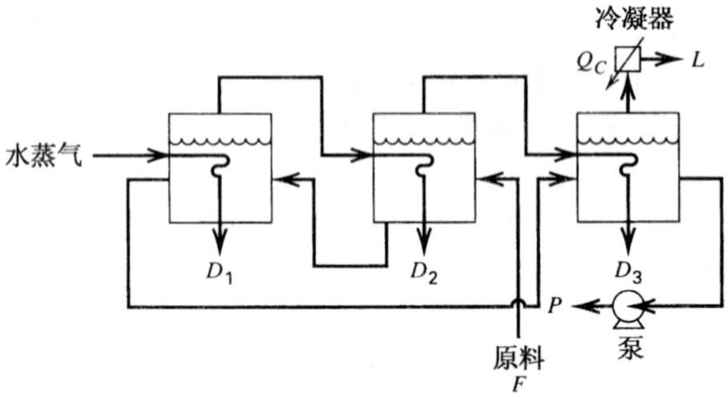

图 5.27　习题 5.35 的条件

5.35　计算图 5.27 所示的混合原料三效蒸发器的自由度数。假设水蒸气和所有排出物流是饱和状态的，原料是溶有有机固体的水溶液，还假设馏出物流是纯水蒸气，没有任何夹带。如果此蒸发系统用来浓缩原料液，使含有机物 2%(质量)的原料浓缩到含有机物 25%(质量)，采用 689 kPa 的饱和加热水蒸气，计算未指定的设计变量数和建议可能采用的候选变量。假定每效绝热完善以防止热损失。

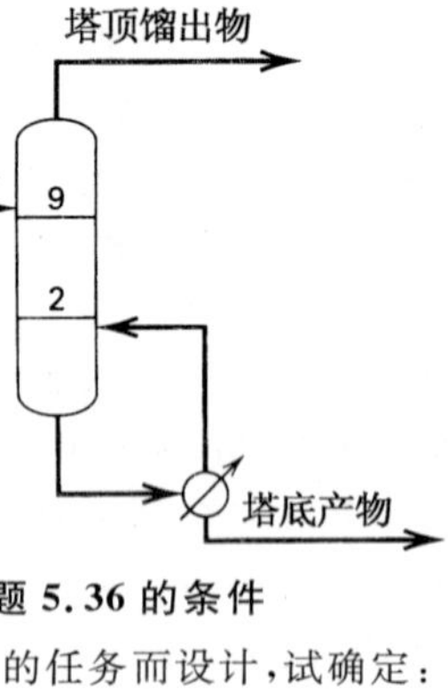

组分	kmol/h
N_2	1.0
C_1	54.4
C_2	67.6
C_3	141.1
C_4	154.7
C_5	56.0
C_6	33.3

图 5.28　习题 5.36 的条件

5.36　图 5.28 所示的重沸脱吸塔为了完成示明的任务而设计，试确定：

(a) 变量数；

(b) 关联这些变量的方程数；

(c) 自由度数并指明它们；

(d) 如果有，哪个额外变量需要指定？

5.37　图 5.29 所示的热耦合蒸馏系统用来将三元混合物分离成为三个产品。试确定该系统的

(a) 变量数；

(b) 关联这些变量的方程数；

(c) 自由度数和建议；

(d) 一组合理的设计变量。

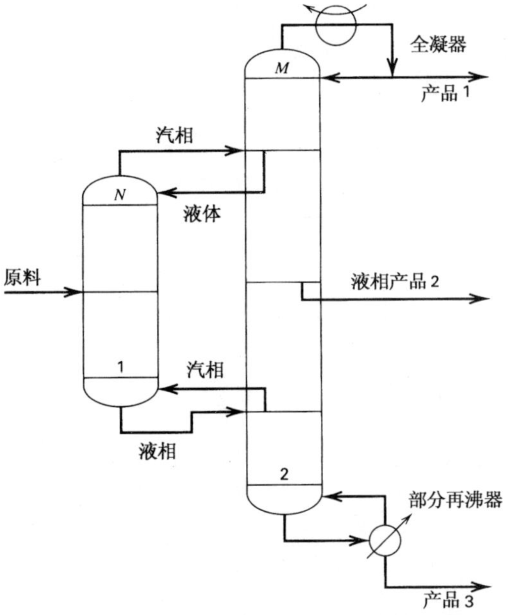

图 5.29　习题 5.37 的条件

5.38　当加入蒸馏塔的原料中含有少量挥发性比所希望得到的馏出物更大的杂质时，采用从塔顶板下面几块板处抽出液相侧线作为馏出物的办法，可以从馏出物中移除易挥发杂质。如图 3.30 所示，这个增加的塔顶段被称为巴氏杀菌段。

(a) 确定单元的自由度数；

(b) 确定合理的设计变量组。

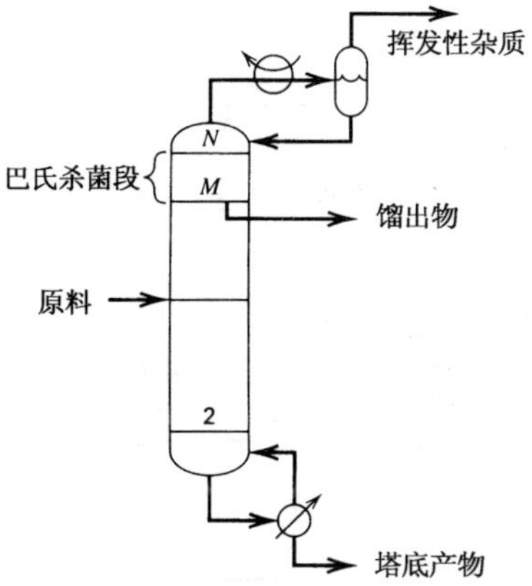

图 5.30　习题 5.38 的条件

5.39　将混合物分离成三个产品的系统示于图 5.31，试确定该系统的

(a) 变量数；

(b) 关联这些变量的方程数；

(c) 自由度数和建议；

（d）一组合理的设计变量。

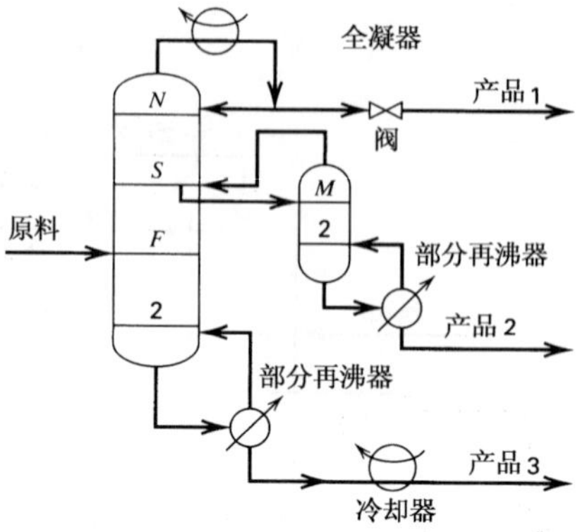

图 5.31　习题 5.39 的条件

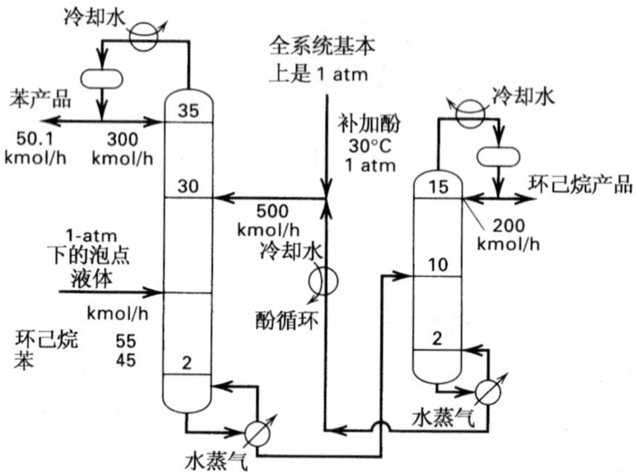

图 5.32　习题 5.40 的条件

5.40　图 5.32 所示为用萃取蒸馏分离二元混合物及后继用普通蒸馏回收和循环溶剂的系统，所示的设计变量对问题的完全指定是否充分？如果不够，你将选另外哪个(些)设计变量？

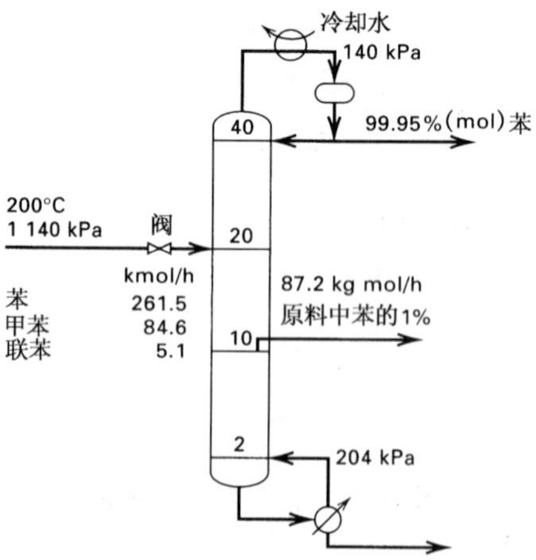

图 5.33　习题 5.41 的条件

5.41　分离三元混合物成三个产品的单座蒸馏塔示于图 5.33，所示的设计变量对于完全指定问题是否充分？如果不够，你将选另外哪个(些)设计变量？

第二篇　通过添加或产生新相实现的分离

应用最广泛的工业分离过程是吸收、汽提、各种类型的精馏和液-液萃取，所有这些过程均涉及组分由一个流体相向另一个流体相的选择性传质。可通过输入热能（能量分离剂）或加入质量分离剂创造另一个相。在大多数情况中，这些操作以利用多级逆流级联为基础。将在第 6 章到第 13 章中详细讨论这些气-液和液-液操作的设计及分析计算。将考虑两类数学模型：(1)达到热力学相平衡的级；(2)未达到相平衡但由传质速率控制的级。不太复杂的考虑级效率的平衡级模型应用更广泛，但由于利用快速和价廉的数值计算已较方便，这样就促使人们正在更多地应用更繁复、但也更精确的传质模型。

在第 6 章中讨论吸收（气相进料）和汽提（液相进料）。这两种操作通常以加入质量分离剂（分别为液体吸收剂和气体汽提剂）为基础，但也可能利用热量传递产生另一相。一般说来，这些操作不能用于进行清晰分离，但可通过向另一相的质量传递达到进料中某关键组分的高回收率。吸收和汽提的设备往往由设有供两相接触和流体连续流动的塔板和填料的塔组成；对上述两类接触，都提供了图解和代数计算方法。并介绍了估计板效率、塔高和塔径的方法。

在第 7 章中讨论多级板式或填料塔中二元混合物的连续精馏，重点为经典的 McCabe - Thiele 图解法和平衡级模型。通常，这类分离操作利用能量达到分离，并采用两段（精馏段和提馏段）能将不形成共沸物的二元混合物分离成两股接近纯组分的产物。第 6 章中计算设备尺寸的方法一般也适用于第 7 章中的精馏。

当用精馏分离二元液相混合物不可行或代价太高时，可考虑如第8章中所讨论的利用选择性溶剂的液-液萃取。虽然,可获得多种多样的设备结构,但当需要多级以达到要求的回收率时,最常用的设备是采用机械辅助搅拌的塔和容器。第8章的重点为将三角形相图用于三元系统的图解平衡级法。

多元混合物的平衡级模型及计算比精馏中二元混合物的模型和吸收、汽提及液-液萃取中三元混合物的模型要复杂得多。在第9章中介绍了近似的代数方法,而在第10章中则阐述了严格的代数方法。这些方法由过程模拟软件执行,并获得广泛应用。

第11章考虑用于常规精馏和液-液萃取难以分离的混合物的所谓特殊精馏的平衡级计算方法。特殊精馏的一个重要方面是可行产物的确定,这将采用残余曲线图。萃取、恒沸和加盐精馏除了热能输入,还采用物料添加实现分离。变压精馏则涉及采用在不同压力下操作的两个塔。反应精馏力求将化学反应与产物分离相互耦合。超临界萃取也包括在第11章内,这种操作利用临界点附近区域的良好性能实现分离。

在几种过程模拟软件中可获得用于多元、多级气-液分离操作的传质模型。这些模型在级效率低或不确定的情况下特别有用,这将在第12章中讲述。

随着专用化学品生产的发展,间歇精馏的应用变得越来越普遍。在第13章中讨论了过程模拟软件中广泛采用的用于二元和多元混合物的计算方法,并介绍了确定操作步骤优化组合的方法。

第6章　低浓度混合物的吸收和汽提

在吸收(也称为气体吸收、气体洗涤)中,气体混合物与液体(吸收剂或溶剂)接触,通过从气体到液体的传质选择性地溶解一种或几种组分。传递到液体的组分称为溶质或吸收质,吸收用于分离气体混合物,从气体中除去杂质、污染物或催化剂的毒物,或回收有价值的化合物。于是,对气体混合物中感兴趣的组分可以是所有组分、也可以只是不被传递的组分,或只是传递的组分。

与吸收相反的操作是汽提(也称为解吸),在这种操作里,液体混合物与气体接触,通过由液体到气体的传质选择性地脱除某些组分。如第5章中所讨论的,吸收塔与汽提塔往往联合操作,以便进行吸收剂的再生(或回收)和循环利用。因为汽提不完全,循环返回吸收塔的吸收剂中将含有某些进塔气体中的组分。当用水作为吸收剂时,用精馏而不是用汽提将溶质与吸收剂进行分离更为常见。

6.0　本章教学目的

学习本章后,你应该能够:

- 说明吸收和汽提的差别。
- 说明物理吸收和化学吸收的差别。
- 说明为什么吸收塔最好在高压、低温下操作,而汽提塔最好在低压、高温下操作。
- 列举不同类型的工业吸收和汽提设备,说明哪类设备是最常用的。
- 说明板式塔内气体和液体物流如何从一块塔板流到另一块塔板。
- 比较三种不同类型的塔板。
- 说明乱堆填料和规整填料间的区别,并举例说明每类填料。
- 说明填料塔内液体分布器和再分布器对液体流动的重要性。
- 由物料衡算出发,导出用于图解法中的"操作线方程"。
- 计算在单段、逆流级联中达到某关键组分规定回收率的最小质量分离剂(MSA)流量。
- 采用画梯级的图解法或代数法确定在给定的大于最小值的MSA流量下在逆流级联中某关键组分达到要求回收率所需的平衡级数目。
- 定义总效率,并说明为什么吸收塔效率较低,而汽提塔效率为中等数值。
- 对吸收塔和汽提塔的总效率进行初步估计。

- 说明为什么在中等到大直径的板式塔中必须采用多程液体流动。
- 定义 Murphree 点和板气相效率及它们与总板效率的关系。
- 说明由小型实验室 Oldershaw 塔获得的板效率数据如何放大到大直径塔。
- 说明板式塔液泛的两种机理。
- 列举板式塔内的压降构成。
- 估算板式塔的直径和板压降。
- 由利用双膜理论的传质系数关联式估算板效率。
- 估算板式塔中的漏液、夹带和降液管阻塞。
- 对填料塔，定义“等理论(平衡)级(板)高度”HTPE，说明它和平衡级数与“传质单元高度”HTU 和“传质单元数”NTU 分别有何区别。
- 说明填料塔的“载点”和“液泛点”的区别。
- 估算填料高度、填料塔直径和通过填料的压降。
- 由传质系数关联式估算 HTU。
- 说明对平衡线和操作线为曲线的高浓度溶液如何计算理论级数。

6.0.1 工业实例

典型的吸收操作如图 6.1 所示。含有空气($21\%O_2$、$78\%N_2$和 $1\%Ar$)、水蒸气和丙酮蒸气的进料是干燥被水和丙酮润湿的固体乙酸纤维素膜的干燥器的出口气体。有 30 块塔板(相当于 10 个平衡级)的吸收塔的目的是通过与适量的溶剂水接触脱除丙酮。通过在多级设备内气体和液体的逆流接触，如图 6.1 所示的物料衡算所指出的，将吸收99.5%的丙酮。

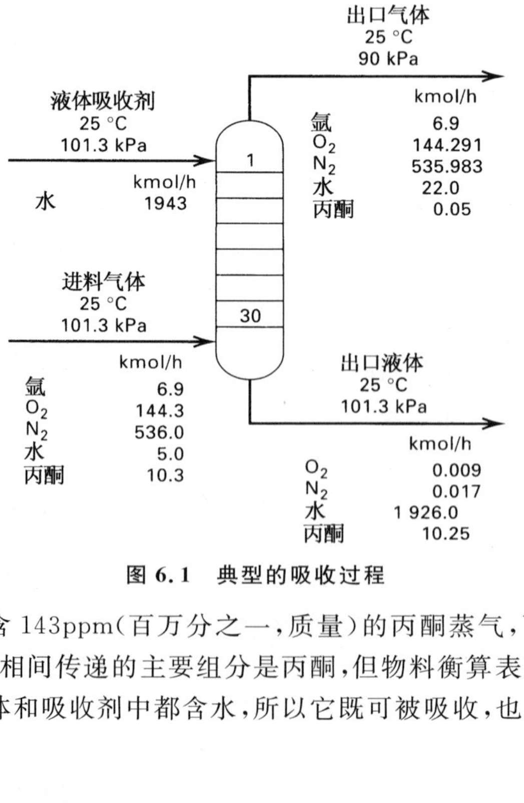

图 6.1 典型的吸收过程

离开吸收塔的气体将只含 143ppm(百万分之一，质量)的丙酮蒸气，可循环返回干燥器或排放到大气中。虽然，在两相间传递的主要组分是丙酮，但物料衡算表明少量氧和氮也会被溶剂水吸收。因为进料气体和吸收剂中都含水，所以它既可被吸收，也可被汽提。如图 6.1 中所见，净效应是水被汽提，因为出口气体所含的水比进料气体多。出口气体几乎被水饱和，而出口液体几乎被空气饱和。吸收剂的温度降低3℃，以提供汽提水所需的蒸发热，在本例中水的蒸发热大于吸收丙酮释放的冷凝热。

如前一章中图5.9中所示，在逆流级联中某组分被吸收的分率取决于平衡级的数目和该组分的吸收因子，$A=L/(KV)$。对图6.1中的条件，采用$L=1\ 943$ kmol/h和$V=703$ kmol/h，估计的各组分的K值和吸收因子相差几个数量级，如下所列：

组分	$A=L/(KV)$	K值	组分	$A=L/(KV)$	K值
水	89.2	0.031	氮	0.000 03	90 000
丙酮	1.38	2.0	氩	0.000 08	35 000
氧	0.000 06	45 000			

对丙酮，K值系根据表2.3中的式(4)，即修正的拉乌尔定律计算，$K=\gamma p^s/p$，在25℃和101.3kPa下，丙酮在低浓度水溶液中$\gamma=6.7$。对氧和氮，K值系根据表2.3中的式(6)，即亨利定律计算，$K=H/p$，采用图4.27中25℃时的各常数。对水，K值由表2.3中的式(3)即拉乌尔定律获得，$K=p^s/p$，因为水在液相中的摩尔分率接近1，所以此定律适用。对氩，25℃时的亨利定律常数可由International Critical Table[1]获得。

图5.9说明如果A的数值大于1，可达到任何程度的吸收：A的数值越大，吸收一定分率的溶质所需的级数越少。但是，非常大的A值可能对应于吸收剂流量超过必需的数值。从经济的观点来看，对要被吸收的主要(关键)组分，A的数值应在1.25到2.0之间，而通常的推荐值为1.4。于是，对丙酮为1.38的上述数值是合适的。

对给定的进料气体流量和吸收剂选择，影响A的数值的因素有吸收剂流量、温度和压力。因为$A=L/(KV)$，吸收剂流量越大，A的数值将越大。减小溶质的K值可减少需要的吸收剂流量。因为许多溶质的K值随温度呈现指数函数变化，而与压力成反比，所以降低温度和/或提高压力可使K值减小。对给定的气体通量，提高压力还可减小设备的直径。但是，通过进料气体冷冻和/或吸收剂冷冻调节温度，和/或通过气体压缩调节进料气体压力可能代价高昂。因此，图6.1中的吸收塔在接近周围环境条件下操作。

对汽提塔，汽提因子$S=1/A=KV/L$是至关重要的。为减少所需的汽提剂流量，汽提塔需要在高温和/或低压下操作，最优汽提因子在1.4左右。

吸收和汽提都是技术上成熟的分离操作。设计方法已被成功开发，工业过程也是相当普遍的。表6.1列出了吸收的若干有代表性的工业应用。在大多数情况下，溶质包含在化学反应器的气相出口物流中。在过去十年间，通过了许多限制那些导致污染的有毒气体排放的严格的环境标准，这大大增加了气体吸收装置的应用。

当用水和烃油作为吸收剂时，吸收剂和溶质间不发生明显的化学反应，这种过程通常称为**物理吸收**。当用氢氧化钠(强碱)水溶液作为吸收剂溶解酸性气体时，吸收伴有液相中的快速、不可逆中和反应，这种过程称为**化学吸收**或**反应吸收**。化学吸收的更复杂的例子是用单乙醇胺(MEA)或二乙醇胺(DEA)水溶液吸收CO_2和H_2S，在这种过程中在液相中发生可逆化学反应。化学反应可增加吸收速率，增加溶剂的吸收容量，增加优先溶解气体中的某种组分的选择性，并将有害化合物转化为安全的化合物。

表 6.1 吸收的有代表性的工业应用

溶质	溶剂	吸收类型	溶质	溶剂	吸收类型
丙酮	水	物理	萘	烃油	物理
丙烯腈	水	物理	二氧化碳	NaOH 水溶液	不可逆化学
氨	水	物理	盐酸	NaOH 水溶液	不可逆化学
乙醇	水	物理	氢氰酸	NaOH 水溶液	不可逆化学
甲醛	水	物理	氢氟酸	NaOH 水溶液	不可逆化学
盐酸	水	物理	硫化氢	NaOH 水溶液	不可逆化学
氢氟酸	水	物理	氯	水	可逆化学
二氧化硫	水	物理	一氧化碳	铜氨盐水溶液	可逆化学
三氧化硫	水	物理	CO_2 和 H_2S	单乙醇胺(MEA)或二乙醇胺(DEA)水溶液	可逆化学
苯和甲苯	烃油	物理	CO_2 和 H_2S	二甘醇(DEG)或三甘醇(TEG)	可逆化学
丁二烯	烃油	物理	氮氧化物	水	可逆化学
丁烷和丙烷	烃油	物理			

在本章中将讨论进行吸收和汽提操作的板式塔和填料塔，并对主要为低浓度混合物的吸收和汽提提出基于平衡和基于速率(传质)的基本模型，及其图解和代数计算方法。这些方法也可用于伴有溶质在液相中的不可逆和完全化学反应的反应吸收。高浓度混合物和伴有可逆化学反应的反应吸收的计算最好用计算机辅助计算处理，这将在第 10 章和第 11 章讨论。对填料塔中高浓度混合物计算的介绍，将在本章最后一节提供。

6.1 设 备

吸收和汽提主要在板式塔和填料塔内进行，偶尔也可在喷洒塔、鼓泡塔和离心接触器内进行，这些设备的示意图如图 6.2 所示。板式塔是立式圆筒形压力容器，塔内逆流流动的气体和液体在一块块塔盘或塔板上相互接触，板式塔的一个例子如图 6.3 所示。液体横向流过每块塔板，越过溢流堰，进入降液管，在重力的作用下流到下一块塔板。气体向上通过每块塔板上的开孔，鼓泡通过塔板上的液体。当开孔为圆孔时，可能发生图 6.4 所示，并由 Lockett 等[2]作了详尽讨论的五种两相流动区域中的任何一种。最常见和易发生的区域是泡沫区，在这种区域中液相是连续相，而气体采取射流或连串气泡的形式通过液体。在低堰高(低液体深度)和高气速时可能发生喷雾区，在这种区域中气相是连续相。对低气速，可能发生鼓泡区，在这种区域中液体相当平静，而气泡成群上升。在高液速时，小气泡可能发生不希望的乳化。如果气泡的聚结被阻止，将会形成不希望的泡沫。在理想情况下，液体不应夹带气泡(吸留)到下一层塔板，气体也不将携带液滴(夹带)到上一层塔板，液体也不应通过塔板上的小孔发生**漏液**。借助充分的接触，离开每块塔板的气相和液相将接近平衡。

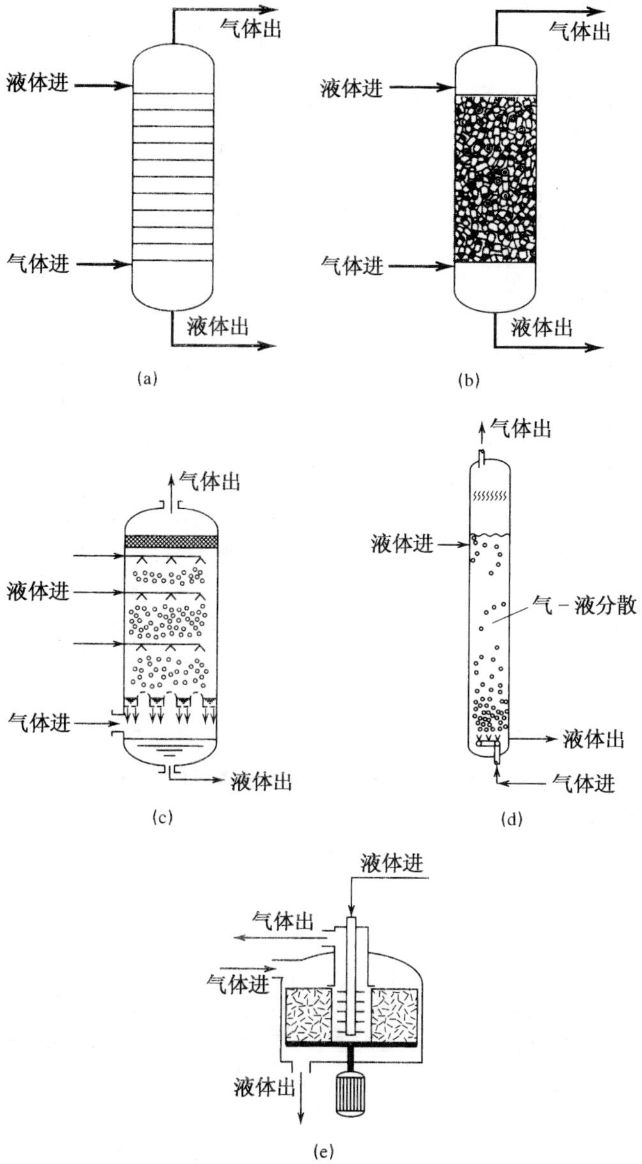

图 6.2　吸收和汽提的工业设备

(a) 板式塔；(b) 填料塔；(c) 喷洒塔；

(d) 鼓泡塔；(e) 离心接触器

如图 6.5 所示，最常见的用作气体通道的塔板上的开孔是筛孔、浮阀和/或泡罩。最简单的是用于所谓**筛板**(也称为**穿流塔板**)中的筛孔，直径通常为$\frac{1}{8}$到$\frac{1}{2}$in.。**浮阀塔板**的开孔大得多，直径通常为 1 到 2 in.。每个孔安装有由盖住孔的阀帽和在保持阀帽的水平位置的同时限制其上升的阀腿或阀篚组成。当没有气体流动时，每个阀都静置于塔板上盖住开孔。随着气体流量增加，阀逐渐上升，提供越来越大的圆周孔道供气体流进液体造成泡沫。泡罩塔板上设有泡罩，泡罩由安装在直径为 2 到 3 in. 的同心升气管上的直径为 3 到 6 in. 的固定罩盖组成。泡罩的侧面上开有矩形或三角形的窄缝切口。气体通过塔板上的开孔进入升气管，再转向通过泡罩的侧缝进入液体形成泡沫。一座直径为 11ft 的塔板上可能有 50 000 个直径为$\frac{3}{16}$in. 的筛孔，或 1 000 个直径为 2in. 的浮阀，或 500 个直径为 4in. 的泡罩。

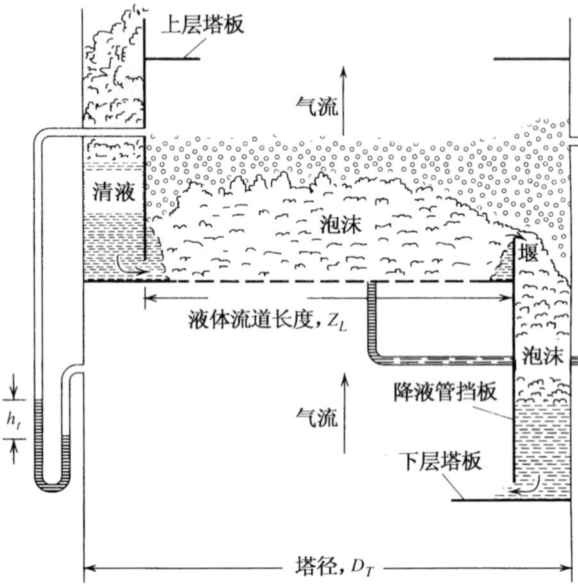

图 6.3　板式塔中气-液接触塔板的细节

［取自 B. F. Smith，*Design of Equilibrium Stage Processes*，McGraw－Hill，New York (1963)］

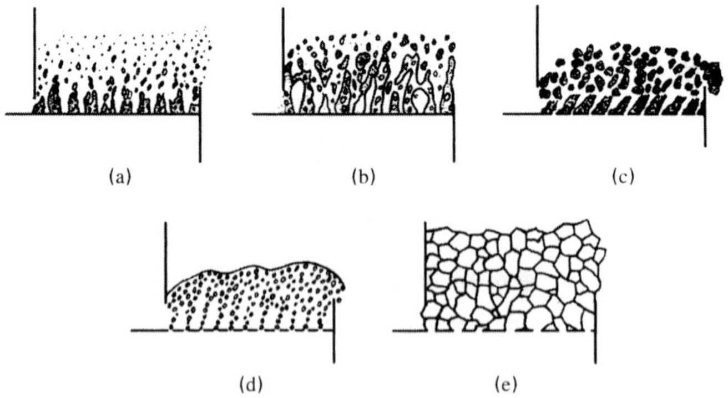

图 6.4　接触塔板上可能的气-液流动区域

(a) 喷雾；(b) 泡沫；(c) 乳化；(d) 鼓泡；(e) 多孔泡沫

［经允许复制自 M. J. Lockett，*Distillation Tray Fundamentals*，Cambridge University Press，London (1986)］

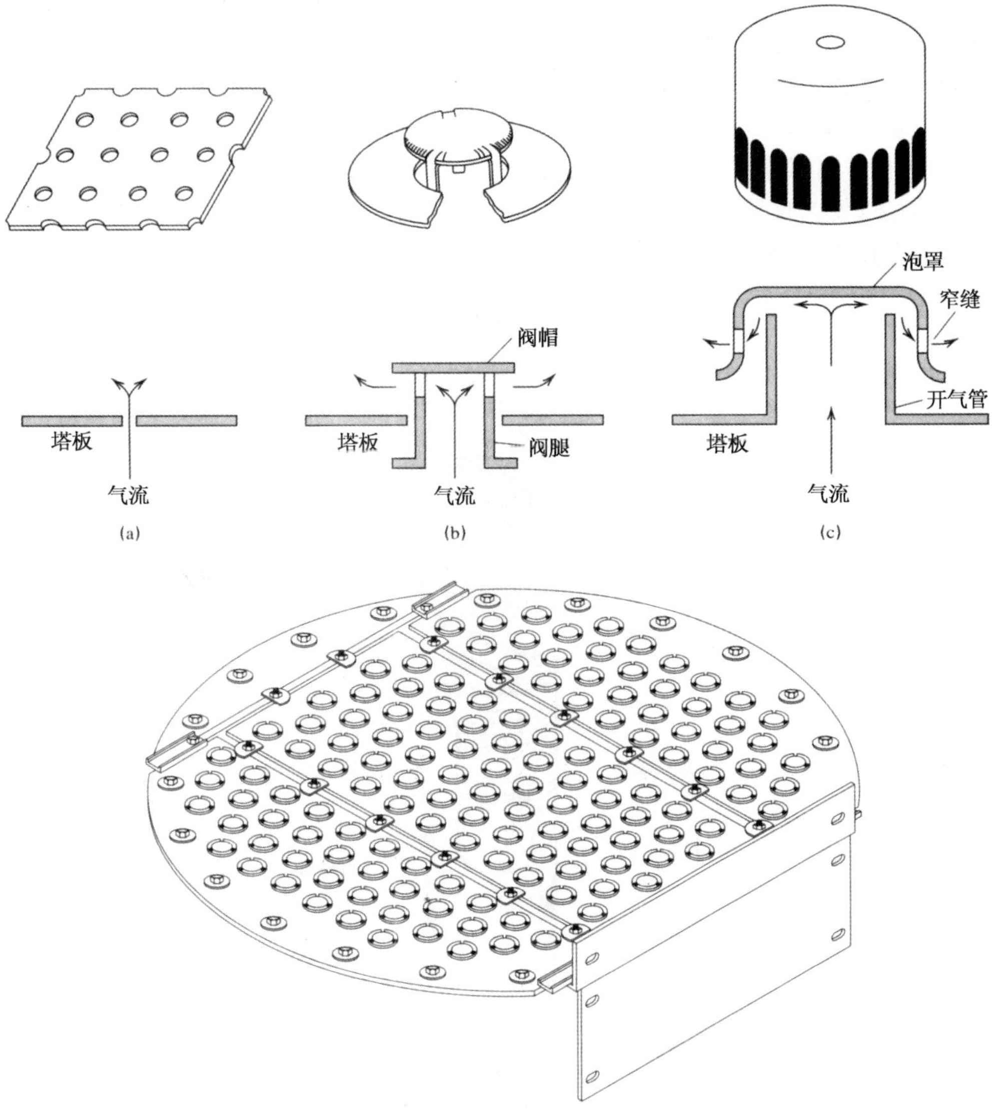

图 6.5　三类用作气体通过液体的通道的塔板开孔

(a) 筛孔;(b) 浮阀;(c) 泡罩;(d) 浮阀塔板

表 6.2　各种塔板的比较

	筛板	浮阀板	泡罩板
相对费用	1.0	1.2	2.0
压降	最低	中等	最高
效率	最低	最高	最高
气体处理量	最高	最高	最低
典型负荷比	2	4	5

如表 6.2 所列，可根据费用、压降、传质效率、气体处理量和用负荷比（最大与最小气体处理量的比值）表示的操作弹性对各种塔板进行比较。在极限气体处理量下，因为气体夹带过量液滴导致液体流量超过降液管的能力，使液体反转向上通过塔，这时会发生塔的液泛。在低气体流量下，通过塔板开孔的漏液和气体脉动会变得过大。因为费用低廉，筛板塔往往被优先考虑，除非对操作弹性有要求，在这种情况中，浮阀板将是最合适的。当必须控制塔板上的液体量以便为化学反应提供足够的停留时间或必须防止漏液时，优先考虑泡罩塔板，这种塔板曾存在于 20 世纪 50 年代以前的许多装置中。

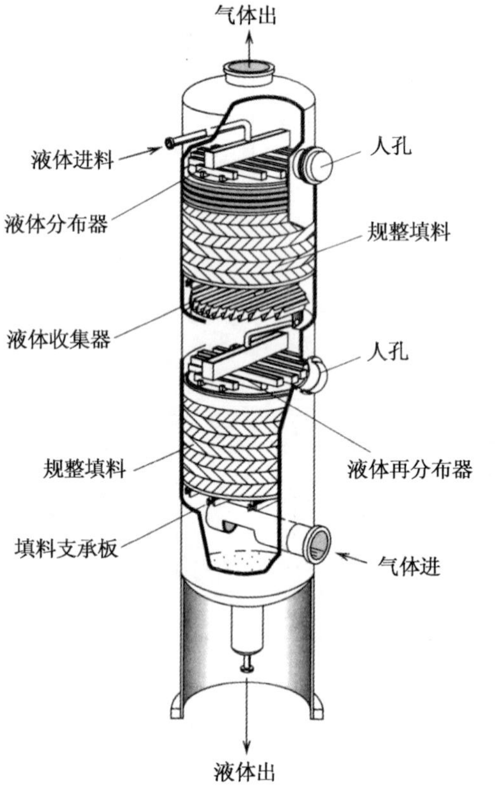

图 6.6　填料塔内所用的内部构件

如图 6.6 所示的填料塔是包含一段或几段填料的直立式压力容器，液体作为填料间隙中的液膜或液滴借助重力沿填料表面向下流动。气体通过被润湿的填料向上流动，并与液体接触。填料段位于下部气体进口上方的填料支承板和上部的防止填料移动的格栅或筛网固定板之间。位于填料固定板上方的液体分布器保证在进入填料段时液体均匀分布于塔的整个横截面。如果填料高度超过 20ft，可能发生液体的沟流，导致液体主要在塔壁附近向下流动，而气体主要在塔的中心向上流动，于是大大降低了气-液接触的效率。在这种情况下，应安装液体再分布器。

工业填料包括乱堆（散装）填料，某些乱堆填料如图 6.7(a) 所示，和规整填料，某些规整填料如图 6.7(b) 所示。陶瓷拉西环和贝尔鞍形填料属于倾倒入塔的老式乱堆填料（1895—1950 年），在新装置中这些填料已很少采用。它们大多已被金属和塑料的鲍尔环、金属的 Bialecki 环和陶瓷的 Intalox 鞍形填料代替，这些新型填料能提供更大的传质表面积、更高的

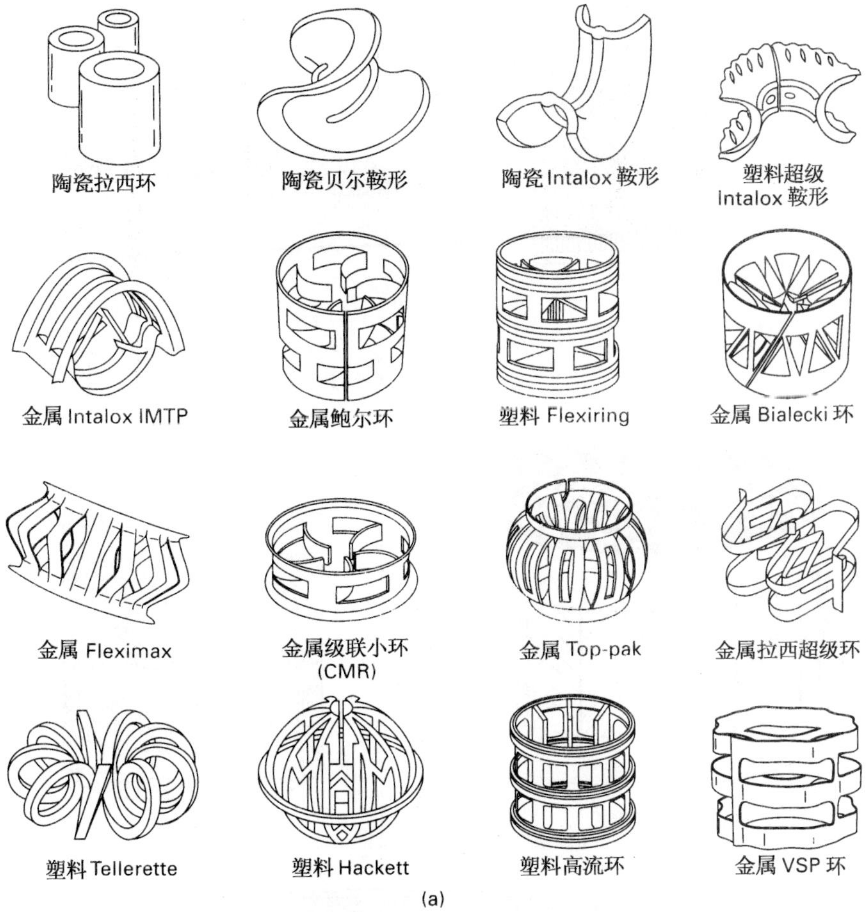

图 6.7　用于填料塔的典型填料：(a) 乱堆填料(后续)

流体处理量和更低的压降。近年来，已开发了具有点阵结构设计的通流式填料，这类填料包括金属的 Intalox IMTP；金属、塑料和陶瓷的级联小环(Cascade Mini - Rings)；金属的 Levapak；金属、塑料和陶瓷的高流环(Hiflow rings)；金属的 tri - Packs 和塑料的 Nor Pac 环，这些填料表现出更低的单位填料高度压降和更高的单位填料体积传质速率。因此，被称为“高效”乱堆填料。大多数乱堆填料可按公称直径从市场上购买，公称直径为 1in. 到3.5 in. 。随着填料尺寸增大，其传质效率和压降均可能减小。因此，对一定直径的塔，存在某种折衷了这两个因素的最优填料尺寸，因为低压降和高传质效率都是需要的。但是，为了尽可能减少液体沟流，填料的公称直径应小于塔径的八分之一。最近，还开发了“第四代”乱堆填料，包括 VSP 环、超级 Fleximax 环和超级拉西环，其特征为具有非常开放的波浪形几何结构，可促进润湿和湍流。结果为更低的压降，但传质效率的下降将随塔径的增大而变得不引人注目，而且在必须设置液体再分布器前允许更大的填料高度。因为其卓越的强度和良好的润湿性能，通常优先考虑采用金属填料。陶瓷填料具有优越的润湿性能，但其强度很差，所以仅用于高温下不能采用塑料而需耐腐蚀的场合。通常采用聚丙烯的塑料填料价格低廉，具有足够的强度，但润湿性能较差，尤其在低液体流量时。

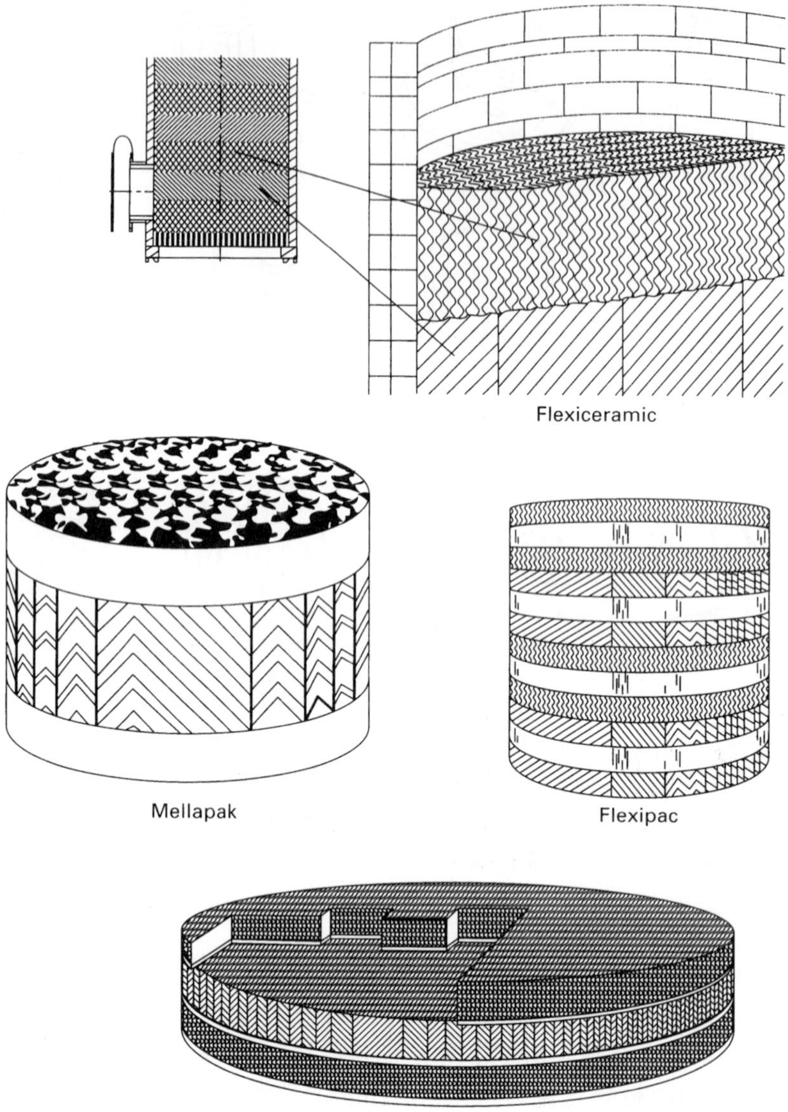

(b)

图 6.7(续前) (b) 规整填料

有代表性的规整填料包括较老式的金属丝网波纹板，如 Sulzer BX、Montz A、Gempac 4BG 和 Intalox 高性能丝网填料。用金属板和塑料板制造的，可能有也可能没有穿流孔、凹凸纹或粗糙处理表面的较新型而又不太昂贵的规整填料包括金属和塑料的 Mellapak 250Y、金属的 Flexipac、金属和塑料的 Gempac 4A、金属的 Montz B1 和金属的 Intalox 高性能规整填料。规整填料在相邻的波纹层之间有不同尺寸的开孔，并被叠放在塔内。虽然单位体积的规整填料比乱堆填料要贵得多，但是每个理论级的规整填料的压降要低得多，而且具有更高的效率和处理能力。

如表 6.3 所示，用于比较不同类型塔板的相同因素，通常也用于对填料进行比较。但是，乱堆填料和规整填料间的差距比表 6.2 所列的三种塔板要大得多。

表 6.3　各种填料的比较

	乱堆填料		规整填料
	拉西环和鞍形	“通流(Through Flow)”	
相对费用	低	中等	高
压降	中等	低	很低
效率	中等	高	很高
气体处理量	相当高	高	高
典型负荷比	2	2	2

如果只需要 1 到 2 个理论级，并且只允许很低的压降，而溶质又是非常容易溶于液相的，采用喷洒塔可能具有优越性。如图 6.2 所示，喷洒塔由充满气体的直立圆筒形容器组成，将液体喷洒在气体中。也如图 6.2 所示，鼓泡塔由充满液体的直立圆筒形容器组成，气体鼓泡进入液体。鼓泡塔中气体压降较高，而且只能达到 1 到 2 个理论级。这种设备的气体通过量低，除非溶质在液体中的溶解度非常低，和/或在液相中发生缓慢的化学反应，于是，需要足够的停留时间，不应考虑采用这种设备。离心接触器是一种新颖设备，其一个例子如图 6.2 所示，由一圆环形外壳和一互相啮合的旋转部件组成。液相由填料中心进料，在离心力的作用下向外流动。气相则在压力推动下向内流动。只用不太高的转速即可达到很高的传质速率。在非常紧凑的设备内即可达到几个平衡级。当不能获得板式塔或填料塔所需的净空高度，或当要求短停留时间时，可考虑采用这类接触器。

在大多数应用中，在板式塔和填料塔之间选择接触设备。当塔径小于 2 ft，填料高度小于 20 ft 时，采用乱堆填料的填料塔几乎总是有利的。此外，对有腐蚀性的应用场合，应考虑采用填料塔，而且陶瓷和塑料填料优于金属填料，在采用板式塔会发生严重发泡和要求低压降，如在负压或接近环境压力下操作的应用中，也应考虑采用填料塔。除此之外，应优先考虑能更可靠地进行设计和放大的板式塔。规整填料虽然相当昂贵，但对压降必须非常低的新装置，或当要求现有塔达到更高的处理量或分离程度，而要用填料代替塔板时(改造)，规整填料可能是最佳选择。当液体速度低时，优先考虑板式塔，而对高液体速度，乱堆填料是最佳选择。Kister [33]建议，在高压(>200 psia)和高液体流量(>10 gpm/ft^2)时，应避免采用规整填料。一般说来，如果传质控制在液相，需要连续湍流的液体流动，而如果传质控制在气相，则需要连续湍流的气体流动。

6.2　一般设计考虑

吸收塔(或汽提塔)的设计或分析需要考虑许多因素，包括：

(1) 进口气体(液体)的流量、组成、温度和压力；

(2) 一种或多种溶质的要求回收率；

(3) 吸收剂(汽提剂)的选择；

(4) 操作压力和温度，及允许的气体压降；

(5) 完成分离所需的最小吸收剂(汽提剂)流量和作为最小流量倍数的实际吸收剂(汽提剂)流量；

(6) 平衡级数和级效率；

(7) 热效应和冷却(加热)需求；

(8) 吸收(汽提)设备类型；

(9) 吸收塔(汽提塔)高度；

(10) 吸收塔(汽提塔)直径。

理想的吸收剂应该：(a)对溶质具有高溶解度，以尽可能减少吸收剂的需要量；(b)挥发度低，以减少吸收剂损失和便于将吸收剂与溶质分离；(c)稳定性好，延长吸收剂的寿命并减少吸收剂的补充需求；(d)无腐蚀性，允许采用普通结构材料；(e)低黏度，以实现低压降和高传质、传热速率；(f)与气体接触时不发泡，以免不必要地增加吸收塔的尺寸；(g)无毒性，不可燃，以便安全使用；(h)来源方便，如果可能，最好在过程内部提供，以免必须由外部来源提供吸收剂，或者价格低廉。如本章开始曾经指出的，应用最广泛的吸收剂是水、烃油及酸和碱的水溶液。最常用的汽提剂是蒸气、空气、惰性气体和烃类气体。

一般说来，对吸收塔，操作压力应高，而操作温度应低，以尽量减少需要的平衡级和/或吸收剂流量，并减小适应气体流动所需的设备体积。遗憾的是，气体的压缩和冷冻都是代价高昂的。因此，大多数吸收塔在可能高于环境压力的进料气体压力和可通过用冷却水冷却进料气体和吸收剂达到的环境温度下操作，除非某一股或几股物流已低于环境温度。对汽提塔，操作压力应低，而操作温度应高，以尽量减少需要的平衡级或汽提剂流量。但是，因为维持真空代价高昂，所以汽提塔通常在略高于环境压力下操作。可以采用高温操作，但温度不应高到可能引起不希望的化学反应。当然，操作温度和压力应与相互接触的物流所需的相态匹配。例如，吸收塔不应在会使进料气体冷凝的压力和/或温度下操作，而汽提塔不应在会使进料液体汽化的压力和/或温度下操作。如第 4 章中所讨论的，可通过泡点计算和露点计算校核发生这类情况的可能性。

对给定的气体(液体)流量、溶质吸收(汽提)程度、操作压力和温度，及吸收剂(汽提剂)组成，存在一最小吸收剂(汽提剂)流量，该流量对应于无限多个气相和液相逆流接触平衡级。在每个涉及吸收剂(汽提剂)流量和级数的设计问题中，均存在平衡级数和大于最小值的吸收剂(汽提剂)流量之间的折衷。下面各节中将对溶质的低浓度混合物讨论计算此最小流量和进行上述折衷的图解法和解析法。对这类基本上为等温的情况，能量衡算可忽略。如第 10 章和第 11 章中将讨论的，对相平衡和传质影响可能变得复杂的多组分系统，及必须考虑能量衡算的高浓度混合物的情况，最好采用各种计算机辅助算法。

6.3 用于板式塔的图解平衡级法

考虑如图 6.8 所示的在等压、等温、连续定态条件下操作的逆流板式吸收塔(汽提塔)。

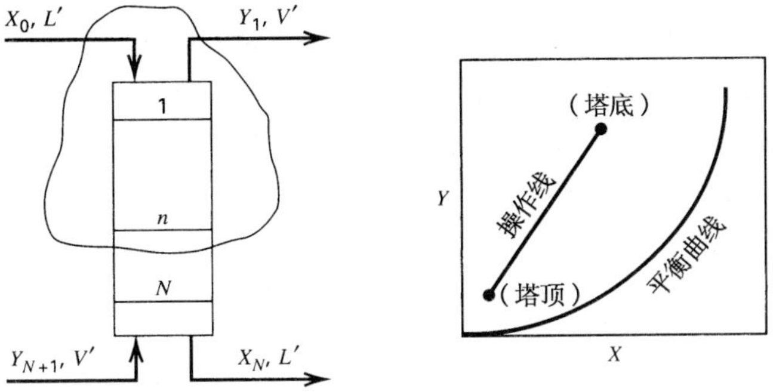

(a)

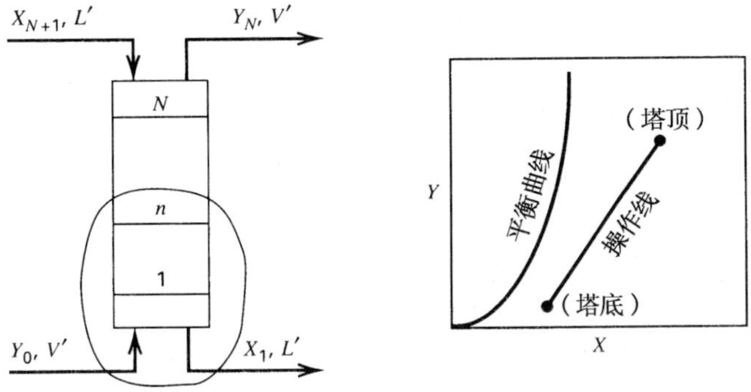

(b)

图 6.8　有多个平衡级的逆流级联中的连续定态操作

(a) 吸收塔；(b) 汽提塔

为了方便，对吸收塔，各级由塔顶到塔底进行编号，而对汽提塔，各级由塔底到塔顶进行编号。假定离开 N 块塔板中每一块的气体和液体物流之间均达到相平衡。即每块塔板可处理为一个平衡级。假定从一相传递到另一相的唯一组分为溶质。对吸收塔的应用，令：

L' = 不含溶质的吸收剂摩尔流量；

V' = 不含溶质的气体(载气)摩尔流量；

X = 液体中溶质与不含溶质的吸收剂的摩尔比；

Y = 气体中溶质与不含溶质的气体的摩尔比。

注意利用上述定义，假定没有吸收剂蒸发进入载气，也没有载气被液体吸收，整个塔内 L' 和 V' 的数值保持为常数。对任何一个平衡级 n 上的溶质，K 值由 X 和 Y 定义为：

$$K_n = \frac{y_n}{x_n} = \frac{Y_n/(1+Y_n)}{X_n/(1+X_n)} \tag{6-1}$$

式中 $Y = y/(1-y)$，$X = x/(1-x)$。

对固定温度和压力及一系列 x 值，以不含溶质的吸收剂和不含溶质的气体形式表示的平衡值 y，可由第 2 章中讨论的各种方法估算。由这些数值可计算作为 X 的函数的 Y 的平衡曲线，并标绘如图 6.8。一般说来，该曲线不是直线，但将通过原点。如果溶质在液体中经化学反应完全、不可逆的转化为不挥发的溶质，那么平衡曲线为通过原点的斜率为零的直线。

在图6.8所示的塔的任一端，进入和离开物流流量及溶质摩尔比均是配对的。对吸收塔，塔顶的配对为(X_0、L'和Y_1、V')，而塔底的配对为(X_N、L'和Y_{N+1}、V')；对汽提塔，塔顶的配对为(X_{N+1}、L'和Y_N、V')，而塔底的配对为(X_1、L'和Y_0、V')。通过对图6.8所示的包线的溶质物料衡算，这些终端配对可与级间物流的中间配对相关联。围绕塔的一端和任一中间级n写出物料衡算方程，如下所列：

对吸收塔，

$$X_0L'+Y_{n+1}V'=X_nL'+Y_1V' \tag{6-2}$$

解得Y_{n+1}，

$$Y_{n+1}=X_n(L/V')+Y_1-X_0(L'/V') \tag{6-3}$$

对汽提塔，

$$X_{n+1}L'+Y_0V'=X_1L'+Y_nV' \tag{6-4}$$

解得Y_n，

$$Y_n=X_{n+1}(L'/V')+Y_0-X_1(L'/V') \tag{6-5}$$

称为**操作线方程**的式(6-3)和(6-5)标绘在图6.8中。操作线的终点表示塔顶和塔底状态。对吸收塔，操作线位于平衡线上方，因为对给定的液相溶质浓度，气相溶质浓度总是大于平衡值，于是，提供了溶质从气相到液相的传质推动力。对汽提塔，因为相反的理由，操作线位于平衡线下方。对图6.8中的坐标系，操作线为斜率为L'/V'的直线。

对吸收塔，如果进口吸收剂中含有溶质，塔顶的操作线终点位于被此溶质量固定的X_0，和规定的溶质吸收程度固定的离塔气体的Y_1处。塔底的操作线终点取决于Y_{N+1}和操作线的斜率，即不含溶质的吸收剂流量。

6.3.1 最小吸收剂流量

图6.9表示四种不同吸收剂流量的操作线，图中每条操作线都通过位于塔顶的终点(Y_1，X_0)，但对应于不同的液体吸收剂流量和相应的斜率L'/V'。对给定的Y_{N+1}、X_0和V'，为达到要求的Y_1值，不含溶质的吸收剂流量必须在∞(操作线1)到$L'_{\min}$(操作线4)范围内。出口液体中的溶质浓度X_N取决于L'，可由整个吸收塔的溶质物料衡算确定，对$n=N$，

$$X_0L'+Y_{N+1}V'=X_NL'+Y_1V' \tag{6-6}$$

或

$$L'=\frac{V'(Y_{N+1}-Y_1)}{(X_N-X_0)} \tag{6-7}$$

注意操作线可能终止于平衡线，如操作线4，但不可能穿过平衡线，因为这将违反热力学第二定律。

$L'_{\min}$值对应于与进料气体中溶质浓度Y_{N+1}平衡的(离开塔底的)X_N值。为达到此平衡值，需要无限多级。吸收塔的$L'_{\min}$的表示式可由式(6-7)推导如下。

对级N，对最小吸收剂流量，式(6-1)变成，

$$K_N=\frac{Y_{N+1}/(1+Y_{N+1})}{X_N/(1+X_N)} \tag{6-8}$$

求解式(6-8)得到 X_N，并将结果代入式(6-7)，给出

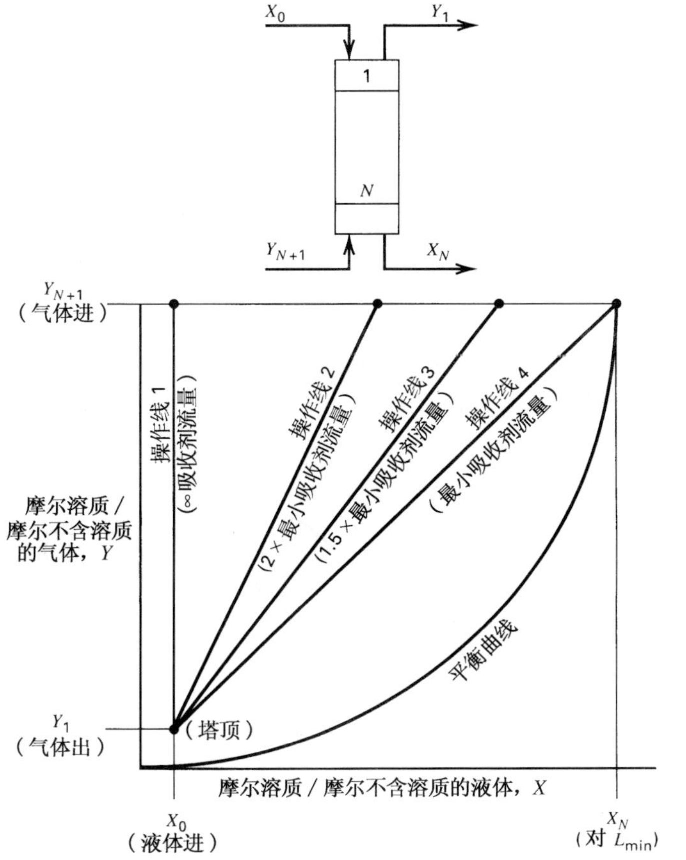

图 6.9　吸收塔的操作线

$$L'_{\min}=\frac{V'(Y_{N+1}-Y_1)}{\{Y_{N+1}/[Y_{N+1}(K_N-1)+K_N]\}-X_0} \tag{6-9}$$

对低溶质浓度条件，上式中 $Y\approx y$ 和 $X\approx x$，式(6-9)趋近

$$L'_{\min}=V'\left(\frac{y_{N+1}-y_1}{\dfrac{y_{N+1}}{K_N}-x_0}\right) \tag{6-10}$$

而且，如果进料液体不含溶质，即 $X_0\approx 0$，变为

$$L'_{\min}=V'K_N(\text{被吸收的溶质分率}) \tag{6-11}$$

上式是合理的，因为它预期 $L'_{\min}$将随 V'、K 值和被吸收的溶质分率增加而增加。

实际操作的吸收剂流量的选择以 $L'_{\min}$的某个倍数为基础，通常为 1.1 到 2 倍。数值1.5 对应于前面提到的最优吸收因子值 1.4。在图 6.9 中，操作线 2 和 3 分别对应于 2.0 和 1.5 倍 $L'_{\min}$。当操作线由 1 变化到 4 时，需要的平衡级数 N 由零增加到无限大。于是，需要 L'与 N 之间的折衷，并存在一 L'的最优值。

对图 6.8 中的汽提塔，$V'_{\min}$的类似推导导致类似于式(6-11)的表示式：

$$V'_{\min}=\frac{L'}{K_N}(\text{被汽提的溶质分率}) \tag{6-12}$$

6.3.2 平衡级数

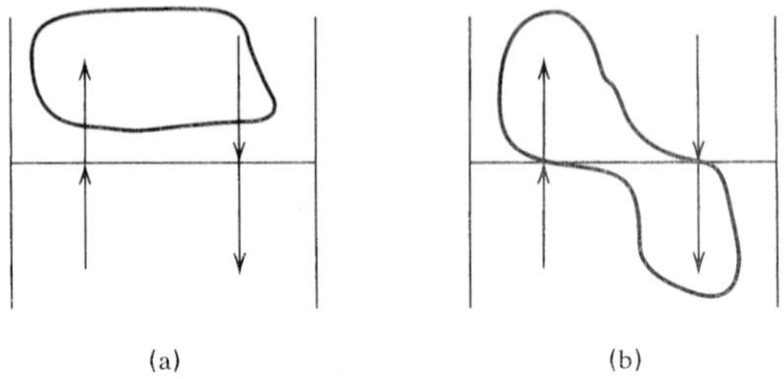

图 6.10 气-液物流的关系

(a) 操作线(级间物流);(b) 平衡曲线(离开同一级的物流)

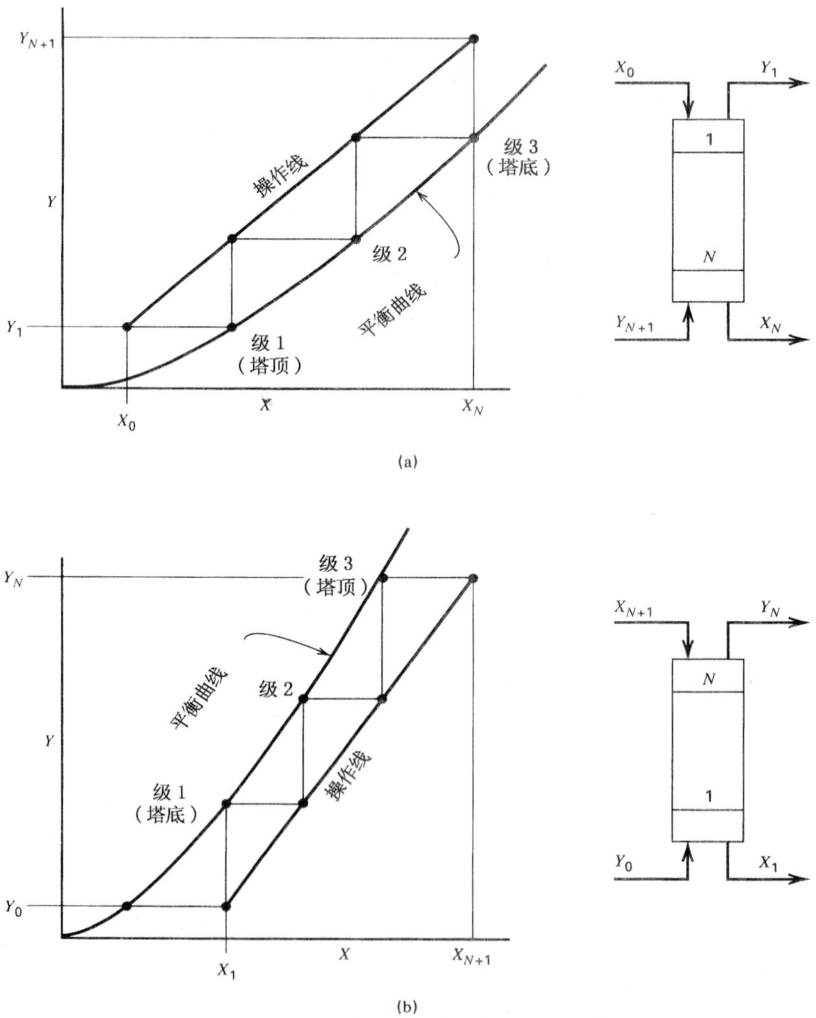

图 6.11 图解确定平衡级数

(a) 吸收塔;(b) 汽提塔

如图 6.10(a)所示，操作线关联了相邻两级中自下一级上升的气相和自上一级下降的液相的溶质浓度。图 6.10(b)说明平衡曲线关联了离开同一平衡级的气相和液相溶质浓度。就吸收塔而言，如图 6.11(a)所示，这使得由塔顶开始($Y-X$ 图的下部)，在操作线和平衡线之间画阶梯至塔底($Y-X$ 图的上部)成为可能。对应于图 6.11(a)中的操作线斜率$(L'/V')=1.5(L_{min}/V')$的特定吸收剂流量所需的平衡级数可通过向上画阶梯确定，阶梯由操作线上的点(Y_1, X_0)开始向右画水平线至平衡曲线上的点(Y_1, X_1)。再由点(Y_1, X_1)开始向上画垂直线到操作线上的点(Y_2, X_1)。继续这种作图方式，直至阶梯上升到达操作线上的终点(Y_{N+1}, X_N)。

如图 6.11(a)所示，平衡级数可通过计算阶梯在平衡曲线上的点确定。随着斜率(L'/V')增加，需要的平衡级数将减少。随着斜率(L'/V')减小，需要的平衡级数将增加，直到达到(L'_{min}/V')，这时操作线与平衡曲线相交于所谓挟点，需要无限多级。图 6.9 中的操作线 4 有位于(Y_{N+1}, X_N)的挟点。如果(L'/V')减小为低于(L'_{min}/V')，规定的溶质吸收程度将无法达到。

汽提溶质所需的平衡级数可用类似于吸收的方法确定。说明参照图 6.8(b)和图 6.11(b)。对规定的Y_0、X_{N+1}和对应于X_1值的溶质汽提程度，V'_{min}可由通过点(Y_0, X_1)和平衡曲线上的点(Y_N, X_{N+1})的操作线斜率确定。图 6.11(b)中的操作线系对$V'=1.5V'_{min}$或$(L'/V')=(L'/V'_{min})/1.5$画出。

图 6.11 中，吸收塔和汽提塔的平衡级数正好都为 3 级。这种整数结果是巧合。如下面的例题所见，结果一般为某个分数。实际上，通常将结果圆整为相邻的较大整数。

例 6.1

糖蜜发酵生产含乙醇的液体时，释放出含少量乙醇的富 CO_2 气体。可通过在筛板塔内用水吸收回收乙醇。对下列条件，确定气、液逆流所需的平衡级数，假定塔内等温、等压操作，并可忽略除乙醇外所有组分的传质。

进口气体：

180 kmol/h；98% CO_2，2%乙醇；30℃，110kPa

进口液体吸收剂：

100%水；30℃，110kPa

要求的乙醇回收(吸收)率：97%

解

由 5.7 节知，单段逆流级联的自由度数为 $2N+2C+5$。所有级均在约 1atm 下绝热操作，占用 $2N$ 个自由度。进口气体被完全规定，占用 $C+2$ 个自由度。进口液体流量未规定；于是，进口液体只占用 $C+1$ 个自由度。乙醇回收率占用另一个自由度。于是，问题规定占用的自由度总数为 $2N+2C+4$ 个。还剩下一个规定，在本例中可规定为进口液体流量，例如为最小值的 1.5 倍。

上述第 5 章中的自由度分析已假定应用了每一级的能量衡算。假定的能量衡算导致在 30℃下等温操作。

假定出口吸收剂中乙醇浓度很低，其 K 值可由修正的拉乌尔定律 $K=\gamma p^s/p$ 确定。30℃时乙醇的蒸气压为 10.5kPa。在 30℃时，在无限稀释的水溶液中，乙醇的活度系数可取为 6。因此，$K=6\times10.5/110=0.57$。由式(6-11)给出最小不含溶质的吸收剂流量，式中

不含溶质的气体流量 V' 为 0.98×180=176.4 kmol/h。于是，

$$L'_{min}=176.4\times0.57\times0.97=97.5\ \text{kmol/h}$$

实际的不含溶质的吸收剂流量比最小值高 50%，为

$$L'=1.5\times97.5=146.2\ \text{kmol/h}$$

从气相传递到液相的乙醇量为进料气体中乙醇量的 97%，即

$$0.97\times0.02\times180=3.49\ \text{kmol/h}$$

留在出口气体中的乙醇量为

$$(1.00-0.97)\times0.02\times180=0.11\ \text{kmol/h}$$

现在，参考图 6.8(a)，计算操作线两端的乙醇摩尔比：

塔顶：$X_0=0$，　　$Y_1=\dfrac{0.11}{176.4}=0.000\,6$

塔底：$Y_{N+1}=\dfrac{0.11+3.49}{176.4}=0.020\,4$，$X_N=\dfrac{3.49}{146.2}=0.023\,9$

由式(6-3)得 $X_0=0$ 的操作线方程为

$$Y_{N+1}=\left(\frac{146.2}{176.4}\right)X_N+0.000\,6=0.829X_N+0.000\,6 \tag{1}$$

显然，我们现在处理的是稀溶液系统。乙醇的平衡曲线可用上面计算得到的 $K=0.57$ 由式(6-1)确定。由式(6-1)，

$$0.57=\frac{Y/(1+Y)}{X/(1+X)}$$

由上式求解 Y，我们得到

$$Y=\frac{0.57X}{1+0.43X} \tag{2}$$

为涵盖全塔，标绘 Y 对 X 所需的 X 范围为 0 到约 0.025。由 $Y-X$ 方程式(2)，

Y	X	Y	X
0.000 00	0.000	0.008 50	0.015
0.002 84	0.005	0.011 30	0.020
0.005 69	0.010	0.014 10	0.025

对此乙醇的稀溶液系统，如果直接取 $Y=0.57X$，Y 的最大误差为 1.0%。

在本例中，平衡曲线几乎为直线，通过端点 (Y_1, X_0) 和 (Y_N, X_{N+1}) 所画的操作线如图 6.12 中所示。操作线和平衡线上各点的确定及这些点的标绘，可利用式(1)和(2)由计算机上的电子表格程序方便地完成。可由位于图 6.12 左下角的塔顶级 (Y_1, X_0) 开始画阶梯确定理论级。达到 97% 乙醇吸收率所需的理论级数略大于 6。因此，最好取 7 个理论级。

6.4 确定平衡级数的代数法

确定平衡级数的图解法具有很大的教学价值，因为可方便地跟踪和理解相当复杂的多

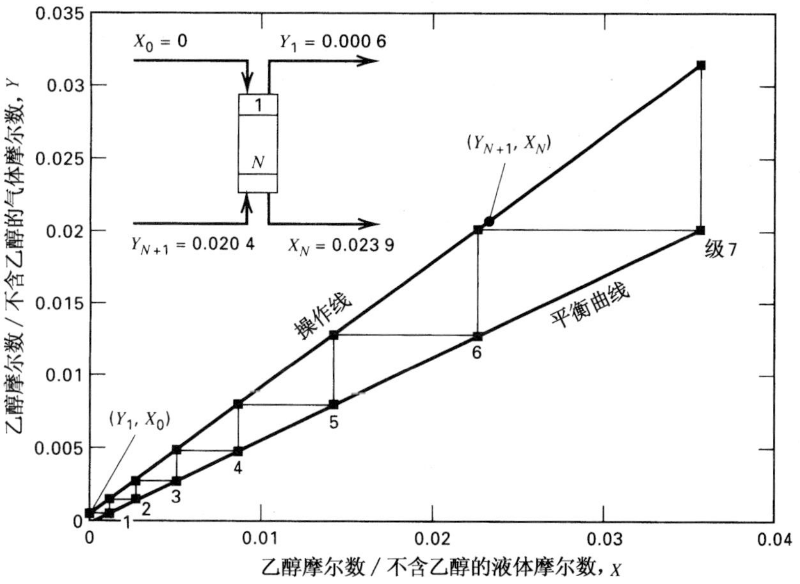

图 6.12　图解确定吸收塔的平衡数目

级问题。而且能迅速获得有关现象的直观了解。但是，(1)当问题规定固定级数而不是溶质回收率时；(2)当吸收或汽提一种以上的溶质时；(3)当需要确定最优操作温度和压力，于是平衡曲线的位置未知时；(4)如果非常低或非常高的浓度必须作图到图的角落，以至需要多张不同大小和标度的 $y-x$ 图时，采用图解法可能变得非常繁复。此时，采用代数法更为可取。

5.4 节中提出的用于单段级联的 Kremser 法，对低浓度混合物的吸收和汽提是一种理想的方法。例如，式(5－48)和式(5－50)可利用被吸收或汽提的溶质的分率写成

$$\text{溶质 } i \text{ 被吸收的分率} = \frac{A_i^{N+1} - A_i}{A_i^{N+1} - 1} \tag{6-13}$$

和

$$\text{溶质 } i \text{ 被汽提的分率} = \frac{S_i^{N+1} - S_i}{S_i^{N+1} - 1} \tag{6-14}$$

上两式中溶质吸收和汽提因子分别为

$$A_i = L/(K_i V) \tag{6-15}$$

$$S_i = K_i V/L \tag{6-16}$$

以单位时间摩尔数表示的 L 和 V 的数值可取为进口值。K_i 的数值主要取决于温度、压力和液相组成。第 2 章已对估算 K 值的方法作了详尽讨论。在接近环境压力下，对低浓度混合物，某些常用的关系式为

$$K_i = p_i^s / p \quad \text{（拉乌尔定律）} \tag{6-17}$$

$$K_i = \gamma_{iL}^{\infty} p_i^s / p \quad \text{（修正拉乌尔定律）} \tag{6-18}$$

$$K_i = H_i / p \quad \text{（亨利定律）} \tag{6-19}$$

$$K_i = p_i^s / x_i^* p \quad \text{（溶解度）} \tag{6-20}$$

第一个关系式适用于涉及次临界温度下的溶质的理想溶液。当无限稀释条件下的活度系数

已知时，第二个关系式可用于中等非理想溶液。对超临界温度下的溶质，可优先采用亨利定律。对次临界温度下的难溶溶质，当可获得以摩尔分率 x_i^* 表示的溶解度数据时，优先采用第四个关系式。该关系式可通过考虑由含溶质、载气和溶剂的理想气体；作为液体的纯或接近纯的溶剂(1)；和溶解有溶质的溶剂液体(2)组成的三相系统导出。在这种情况下，当两个液相平衡时，对溶质 i 有

$$x_i^{(1)}\gamma_{iL}^{(1)}=x_i^{(2)}\gamma_{iL}^{(2)}$$

但是，

$$x_i^{(1)}\approx 1,\qquad \gamma_{iL}^{(1)}\approx 1,\qquad x_i^{(2)}\approx x_i^*$$

因此，

$$\gamma_{iL}^{(2)}\approx 1/x_i^*$$

并由式(6－18)，

$$K_i^{(2)}=\gamma_{iL}^{(2)}p_i^s/p=p_i^s/(x_i^*p)$$

式(6－13)和式(6－14)的优点是，当理论级数 N 和吸收因子或汽提因子已知时，可直接求解它们获得溶质的百分吸收率或汽提率。

例 6.2

如 Okoniewski[3]曾讨论的，可用空气从废水中汽提挥发性有机化合物(VOCs)。在有 20 块塔板的汽提塔中，用 3 400 scfm 空气(60 ℉和 1 atm 的标准状态)在 70 ℉和 15 psia 下从 500 gpm 废水中汽提这类化合物。废水的化学分析表明三种有机化合物的含量如下表所列。在美国石油学会 1996 年的 *Technical Data Book—Petroleum Refining* 中包含必要的热力学性质。废水中这三种有机化合物的浓度低于溶解度数值。

有机化合物	废水中的浓度/(mg/L)	70 ℉时水中的溶解度/摩尔分率	70 ℉时的蒸气压/psia
苯	150	0.000 40	1.53
甲苯	50	0.000 12	0.449
乙苯	20	0.000 035	0.149

要求汽提 99.9%的总 VOCs，但该塔的板效率不确定，估计在 5%到 20%之间，即 20 块塔板相当于 1 到 4 个理论级。对 1、2、3 和 4 个理论级计算并标绘这三种有机化合物中每一种的百分汽提率。在什么条件下，我们可期望达到要求的汽提程度？出口空气应如何处理？

解

因为废水中 VOCs 浓度很低，Kremser 方程可独立用于三种有机化合物中的每一种。我们将忽略水吸收的空气和空气汽提的水。每种化合物的汽提因子为 $S_i=K_iV/L$，式中 V 和 L 取为进口条件。K 值可由修正拉乌尔定律 $K_i=\gamma_i^s p_i^s/p$ 计算，对微溶的化合物取 $\gamma_{iL}=1/x_i^*$，这里 x_i^* 为以摩尔分率表示的溶解度。于是，由式(6－20)得 $K_i=p_i^s/x_i^*p$

$V=3\ 400(60)/(379\ \text{scf/lbmol})$　　即 538 lbmol/h

$L=500(60)(8.33\ \text{lb/gal})/(18.02\ \text{lb/lbmol})$　　即 13 870 lbmol/h

相应的 K 值和汽提因子为

组分	70 ℉、15psia 下的 K 值	S
苯	255	9.89
甲苯	249	9.66
乙苯	284	11.02

由式(6－14)

$$汽提分率=\frac{S^{N+1}-S}{S_{N+1}-1}$$

用电子表格程序完成计算，给出下列结果：

组分	百分汽提率			
	1 级	2 级	3 级	4 级
苯	90.82	99.08	99.91	99.99
甲苯	90.62	99.04	99.90	99.99
乙苯	91.68	99.25	99.93	99.99

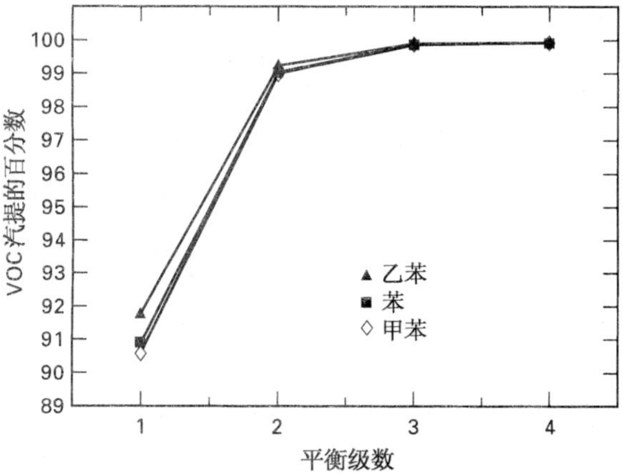

图 6.13　例 6.2 中用空气汽提水中的 VOCs 的结果

如图 6.13 所示，结果对理论级数相当敏感。为达到脱除 99.9%的总 VOCs 的目标，需要 3 个理论级，相当于有 20 块塔板的塔中级效率必须达到 15%。

最好对出口空气进行处理，脱除或破坏 VOCs，尤其是苯，这是一种致癌物[4]。被汽提的苯的数量为

(500 gpm)×(60 min/h)×(3.785 L/gal)×(150 mg/L)＝17 030 000 mg/h　即 37.5 lb/h

如果苯的单价为＄0.30/lb，那么一年的价值约为＄100 000。是否应采用回收技术，如活性炭吸附回收是值得怀疑的。或许宁可通过煅烧破坏 VOCs。例如，可将出口空气送进公用工程锅炉、废热锅炉或催化燃烧器。随便给定的空气量 3 400 scfm 也是值得注意的。为完成设计步骤，应考察各种空气流量。在选择空气流量时，还必须用本章后面将讨论的各种方法确保塔内不会发生液泛和漏液。

6.5 级效率

确定吸收和汽提所需平衡级的图解法和解析法均假定每一级的热量和质量传递达到平衡。因而采用这类方法时确定或规定的是平衡级(理论级、理想级或理想板)的数目。除了各级间温度有显著变化的情况,离开某一级的气体和液体具有相同温度的假定通常是合理的。但是传质平衡的假定通常是不合理的,而且对离开某一级的两股物流,气相摩尔分率也不能用热力学 K 值直接与液相摩尔分率关联。为确定实际板数,必须用级效率(板效率)对平衡级数进行调整。

级效率的概念适用于两相接触然后分离的设备,即能识别各离散级的情况。填料塔或连续接触设备不属这种情况。对这类设备,效率被结合进与设备和系统有关的参数,其例子之一是 HETP(相当于一块理论板的填料高度)。

在初步设计研究和现有塔的性能评价中,对分级塔最简单的方法是采用总级(或全塔)效率,Lewis[5]将其定为

$$E_o = N_t / N_a \tag{6-21}$$

式中 E_o 为分数总级效率,其值通常小于 1.0;N_t 为计算得到的平衡(理论)级数目;而 N_a 为需要的接触板的实际数目(通常大于 N_t)。根据六十余年广泛研究的结果,发现总级效率是下列因素的复杂函数:

(1) 接触板的几何特征和设计;

(2) 气相和液相物流的流量和流动途径;

(3) 气相和液相物流的组成和性质。

对设计良好的塔板和接近处理量极限的流量,E_o 主要取决于气相和液相物流的物理性质。

E_o 的数值可用下列四种方法之一预测:

(1) 与相同或类似系统的工业塔的性能数据比较;

(2) 采用由工业塔数据导出的经验效率模型;

(3) 采用以传质和传热速率为基础的半理论模型;

(4) 由实验室塔或中试装置塔获得的数据进行放大。

在下面四小节中将详细讨论的这些方法,除吸收和汽提外,也可用于其他汽液分离操作,如精馏。在讨论塔板的处理能力后,推荐用于板式塔的传质系数关联式将在 6.6 节中讨论。

6.5.1 性能数据

由设有塔板的工业吸收和汽提塔获得的性能数据通常包括气体和液体进料和产物的流量与组成、平均塔压和温度或塔底和塔顶的压力和温度、实际塔板数 N_a、塔板类型,或许还有塔板设计的某些细节。利用这些数据,尤其如果系统对溶质为低浓度的,可用 6.3 节和 6.4节中分别讲述的图解法和解析法估计所需的平衡级数 N_t。然后,可用式(6-21)确定总级效率 E_o。吸收塔和汽提塔的 E_o 值较小,通常小于 50%。

表 6.4 提供了取自 Drickamer 和 Bradford[6]的研究的五组泡罩塔的工业吸收和汽提操作的性能数据。对三个吸收塔，级效率系根据以正丁烷作为关键组分的吸收操作。对两个汽提塔，均以蒸气为汽提剂，关键组分未给定，但可能是正庚烷。虽然，这些数据覆盖了相当宽的平均压力和温度范围，范围从 10.4%到 57%的总级效率似乎主要取决于摩尔平均液体黏度，这是影响液体中传质速率的一个关键因素。

表 6.4 用于烃类系统的吸收塔和汽提塔的性能数据

用途	塔板类型	塔径/ft	塔板数	板间距/in.	平均压力/psia	平均温度/℉	摩尔平均液体黏度/cP	总级效率/%
丁烷吸收	泡罩	4	24	18	260	120	0.48	36
丁烷吸收	泡罩	5	16	30	254	132	0.31	50
丁烷吸收	泡罩	4	16	24	94	117	1.41	10.4
煤油蒸气汽提	泡罩	5	4	30	68	448	0.205	57
柴油蒸气汽提	泡罩	5	6	30	60	507	0.250	49

来源：H. G. Drickamer 和 Bradford[6]

烃类吸收塔的气体进料含有各种轻烃，如例 5.3 所说明的，每种烃根据其 K 值以不同的程度被吸收。如 O'Connell[8]所分析并汇总于表 6.5 的 Jackson 和 Sherwood[7]关于装有 19 块泡罩塔板，板间距为 30in.，在 92 psia 和 60 ℉下操作的直径 9ft 的烃类吸收塔的数据表明，每个被吸收组分具有不同的总级效率，而且级效率似乎随 K 值的减小（在液体吸收剂中的溶解度增加）而增加。对相同的摩尔平均液体黏度（1.90cP），可以看到级效率从挥发度最高的组分乙烯的 10.3%增加到挥发度最低的组分丁烯（主要为正丁烯）的 33.8%。

表 6.5 采用泡罩塔板的直径 9 ft 的工业吸收塔内组分对总级效率的影响

组　分	总级效率/%	组　分	总级效率/%
乙烯	10.3	丙烷	26.8
乙烷	14.9	丁烯	33.8
丙烯	25.5		

来源：H. E. O'Connell[8]

表 6.6 实验室泡罩塔中的吸收性能数据

用　途	塔径/in.	塔板数	板间距/in.	平均压力/psia	平均温度/℉	总级效率/%
水吸收氨	18	1	—	14.7	57	69
重石脑油吸收异丁烯	2	1	—	66	78.8	36.4
柴油吸收丙烯	2	1	—	66	118.4	13.1
气体润滑油吸收丙烯	2	1	—	66	105.8	4.7
水吸收二氧化碳	18	1	—	14.7	50.4	20
从 43.7%（质量）的甘油水溶液中解吸二氧化碳	5	4	11	14.7	77	0.65

来源：J. F. Walter 和 T. K. Sherwood[9]。

由表 6.6 可看到组分在吸收剂中的溶解度对总级效率的更强影响，该表数据来自 Walter 和 Sherwood[9]用直径从 2 到 18in. 的小型泡罩塔的实验室研究。级效率在从 0.65%到 69%的宽范围内变化。比较水吸收氨(一种溶解度很大的气体)和水吸收二氧化碳(一种微溶气体)的数据，显然可见气体的溶解度(即 K 值)对级效率有很大的影响。于是，当液体黏度高和/或气体溶解度低(K 值大)时，级效率可能低；当液体黏度低和/或气体溶解度高(K 值小)时，级效率可能高。

6.5.2 经验关联式

利用包括表 6.4 的数据的 20 组工业烃类吸收和汽提塔的性能数据，Drickamer 和 Bradford [6]在 0.19 到 1.58cP 的黏度范围内，将被吸收或汽提的关键组分的总级效率与平均塔温下富油(离开吸收塔的液体或进入汽提塔的液体)的摩尔平均黏度相关联。经验方程为

$$E_o = 19.2 - 57.8\log\mu_L, \qquad 0.2 < \mu_L < 1.6\text{cP} \tag{6-22}$$

式中 E_o 为百分数，而 μ 为厘泊，数据拟合的平均和最大偏差分别为 10.3%和 41%。Drickamer 和 Bradford 的关联与性能数据比较的标绘如图 6.14 所示。式(6-22)不应用于非烃类液体的吸收，并限于在导出该关联式时所用液体黏度数据范围内应用。

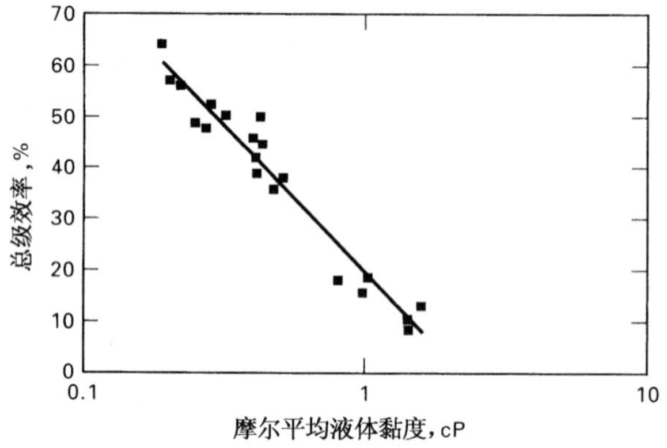

图 6.14 烃类吸收塔和汽提塔板效率的 Drickamer 和 Bradford 关联式

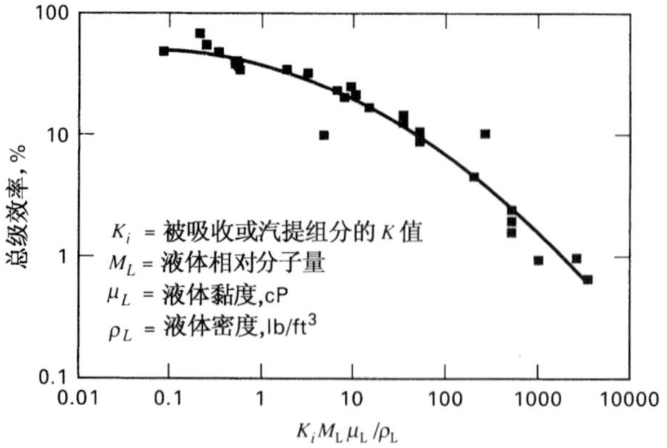

图 6.15 吸收塔和汽提塔板效率的 O'Connell 关联

传质理论指出当被吸收或汽提组分的挥发度覆盖范围宽时，液相和气相传质阻力的相对重要性可能改变。于是，O’Connell[8]发现，Drickamer 和 Bradford 的关联式式(6－22)在应用于挥发度或 K 值覆盖范围宽的组分时，对吸收塔和汽提塔都是不合适的。表 6.5 和表 6.6 中的性能数据清楚地说明了这种附加的影响，不能仅用液体黏度关联这些数据。O’Connell采用不仅包括液体黏度，而且包括液体密度和被吸收或汽提组分的亨利定律常数的参数，获得了更通用的关联式。Edmister[10]和 Lockhart 与 Leggett[11]建议对 O’Connell关联式略作修改，以允许采用 K 值(而不是亨利定律常数)。泡罩塔内吸收或汽提总级效率的一种 O’Connell 标绘如图 6.15 所示。Edmister 建议的关联参数为 $K_iM_L\mu_L/\rho_L$，其中：

K_i＝被吸收或汽提组分的 K 值

M_L＝液体的相对分子质量，lb/lbmol

μ_L＝液体黏度，cP

ρ_L＝液体密度，lb/ft^3

于是，关联参数的单位为 cP·ft^3/lbmol。如下经验方程对 O’Connell 所用的 33 个数据点提供了适当的拟合

$$\ln E_o = 1.597 - 0.199\ln\left(\frac{KM_L\mu_L}{\rho_L}\right) - 0.896\left[\ln\left(\frac{KM_L\mu_L}{\rho_L}\right)\right]^2 \qquad (6-23)$$

式(6－23)对图 6.15 中 33 个数据点的平均和最大偏差分别为 16.3％和 157％。对包括最高和最低实测效率的 50％以上的数据点预测误差在 10％以内。

图 6.15 中的 33 个数据点覆盖了很宽的范围：

塔径：	2in. 到 9ft	液体黏度：	0.22 到 21.5cP
平均压力：	14.7 到 485psia	总级效率：	0.65 到 69％
平均温度：	60 到 138 ℉		

吸收剂包括烃类和水。对一种以上组分的吸收或汽提，因为组分 K 值的影响，如由表 6.5 所列的性能数据所看到的，将预测得到不同的级效率。将 K 值包括在内还允许将关联式用于表 6.6 中所包括的水溶液系统，在这类系统中溶质将表现出相差悬殊的溶解度(例如氨对二氧化碳)。在应用图 6.15 或式(6－23)时，最好对液相中溶质浓度最高的塔端估计 K 值和吸收剂物性。谨慎的设计采用最低的预测效率。

用于导出图 6.15 的关联式的大多数数据针对液体通过塔板活动区域的流动途径为 2 到 3ft 的塔。理论和实验数据都表明较长的流动途径可达到较高的效率。对短流动途径，流过塔板的液体通常为完全混合。对较长的流动途径，可能存在相当于串联的两个或两个以上完全混合的液相区域。结果为具有较大的平均传质推动力，于是具有较高的效率，或许可能大于 100％。例如，液体流动途径为 10 ft 的塔的效率可能比式(6－23)的预测值高 25％。但是，高液体流量、长液体流动途径并不是希望的，因为这会导致过大的水力梯度。当流入侧塔板上的实际液体高度明显高于溢流堰时，气体可能倾向于在靠近溢流堰的区域穿过塔板，这将导致不均匀的鼓泡行为。图 6.16(a)所示的多流程塔板用于防止过大的液体梯度。可用图 6.16(b)估计需要的流程数，例如液体流量为 1 000gpm 的直径为 10 英尺的塔应采用三流程塔板。

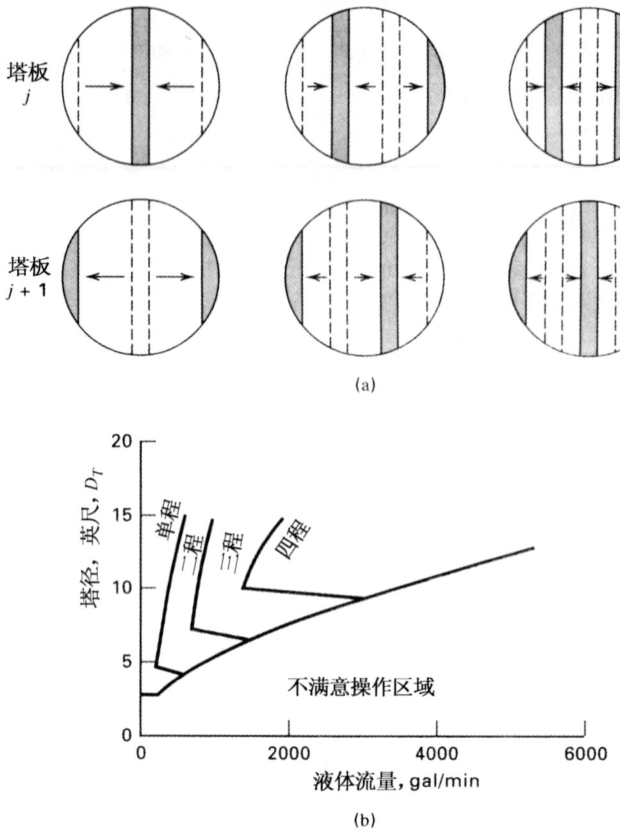

图 6.16　需要的液体流程数的估计

(a) 多流程塔板：(1) 二流程；(2) 三流程；(3) 四流程。(b) 流程的选择

(取自 *Koch Flexitray Design Handbook*，*Bulleton* 960，

Koch Engineering Co.，Inc.，Wichita，KA，1960.)

根据对实际塔板数的估计和板间距，可计算塔顶板和塔底板之间的高度。另外再在塔顶板以上加 4ft 除去夹带的液体，在塔底板以下加 10ft 作为塔底储存容量，可估算塔的总高度。如果此高度超过 212ft(相当于 100 块塔板，板间距为 24in.)，宁可安排两个或两个以上串联的塔，而不采用单塔。世界上最高的塔或许位于德克萨斯州 Deer Park 的壳牌化学公司的联合企业，其高度达 338 ft[*Chem. Eng.*，84(26)，84 (1977)]。

例 6.3

下面给出的位于德克萨斯炼油厂的泡罩吸收塔的性能数据是由 Drickamer 和 Bradford [6]报道的。根据这些数据，反算正丁烷的总级效率，并与 Drickamer－Bradford 关联式和 O'Connell 关联式的结果进行比较。贫油和富气进入该塔；富油和贫气离开该塔。

性能数据		性能数据	
塔板数	16	贫油流量/($lbmol \cdot h^{-1}$)	368
板间距/in.	24	富油流量/($lbmol \cdot h^{-1}$)	525.4
塔径/ft	4	富气流量/($lbmol \cdot h^{-1}$)	946
塔压/psig	79	贫气流量/($lbmol \cdot h^{-1}$)	786.9

贫油温度/℉	102	贫油相对分子质量	250
富油温度/℉	126	116 ℉时的贫油黏度/cP	1.4
富气温度/℉	108	贫油密度/°API	121
贫气温度/℉	108		

组分	物流组成/%(mol)			
	富气	贫气	富油	贫油
C_1	47.30	55.90	1.33	
C_2	8.80	9.80	1.16	
$C_3^=$	5.20	5.14	1.66	
C_3	22.60	21.65	8.19	
$C_4^=$	3.80	2.34	3.33	
nC_4	7.40	4.45	6.66	
nC_5	3.00	0.72	4.01	
nC_6	1.90		3.42	
油吸收剂			70.24	100
总计	100.00	100.00	100.00	100

解

计算正丁烷的总级效率之前，通过核对总物料衡算和每个组分的物料衡算检查装置数据的一致性是值得的。由上面的物流组成数据，显然组成已被归一为总和为100%。

总物料衡算为

进塔总流量＝368＋946＝1 314 lbmol/h

出塔总流量＝525.4＋786.9＝1 312.3lbmol/h

这两个总流量的误差仅为0.13%。这已是极为一致的数据。

油吸收剂的组分物料衡算为

总进塔油＝368 lbmol/h

总出塔油＝0.702 4×525.4＝369 lbmol/h

这两个总流量的误差仅为0.3%。这也是极为一致的数据。

由电子表格计算得到的其他烃类组分的物料衡算如下所列。

组分	lbmol/h			
	贫气	富油	总出	总进
C_1	439.9	7.0	446.9	447.5
C_2	77.1	6.1	83.2	83.2
$C_3^=$	40.4	8.7	49.1	49.2
C_3	170.4	43.0	213.4	213.8
$C_4^=$	18.4	17.5	35.9	35.9
nC_4	35.0	35.0	70.0	70.0
nC_5	5.7	21.1	26.8	28.4

续表

组分	lbmol/h			
	贫气	富油	总出	总进
nC_6	0.0	18.0	18.0	18.0
总计	786.9	156.4	943.3	946.0

我们再次看到了极为一致的数据。最大偏差为戊烷的 6%。

为由性能数据反算级效率，用 Kremser 方程计算达到实测的正丁烷吸收率所需的平衡级数。

$$\text{正丁烷吸收率}=\frac{35}{70}=0.50$$

由式(6-13)，

$$0.50=\frac{A^{N+1}-A}{A^{N+1}-1}$$

式中 $A=\text{吸收因子}=\dfrac{L}{KV}$

因为 L 和 V 在塔内有很大变化，令

$$L=\text{平均液体流量}=\frac{368+525.4}{2}=446.7\ \text{lbmol/h}$$

并令

$$V=\text{平均气体流量}=\frac{946+786.9}{2}=866.5\ \text{lbmol/h}$$

假定平均塔温=进口和出口温度的平均值=(102+126+108+108)/4=111 ℉。再假定 116 ℉时贫油的黏度等于 111 ℉时富油的黏度。因此，$\mu=1.4$cP。

假定环境压力为 14.7 psia。那么

$$\text{塔压}=79+14.7=93.7\ \text{psia}$$

由图 2.8 查得，93.7 psia 和 111 ℉时 $K_{nC_4}=0.7$。于是，

$$A=\frac{446.7}{0.7\times 866.5}=0.736$$

因此

$$0.50=\frac{0.736^{N+1}-0.736}{0.736^{N+1}-1}$$

解得

$N=N_t=1.45$

由性能数据，$N_a=16$

由式(6-21)，

$$E_o=\frac{1.45}{16}=0.091\quad \text{或 } 9.1\%$$

式(6-22)适用于正丁烷，因为该组分的吸收率约为 50%，于是可将其视为关键组分之一。其他可能的关键组分为丁烯和正戊烷。

由式(6-22)，

$$E_o=19.2-57.8\log(1.4)=10.8\%$$

为由 O'Connell 关联式估算级效率，采用由模拟程序获得的 126 ℉、93.7psia，和 30%(mol)轻烃和 70%(mol)相对分子质量为 250 的油的下列物性。

对正丁烷 $K=0.77$

$M_L=195$

$\mu_L=0.9\text{cP}$

$\rho_L=44.1\text{lb/ft}^3$

因此，

$$\frac{KM_L\mu_L}{\rho_L}=\frac{0.77\times195\times0.9}{44.1}=3.1$$

由式(6-23)

$$\log E_o=1.597-0.199\log(3.1)-0.0896[\log(3.1)]^2=1.48$$

$$E_o=10^{1.48}=30.2$$

对此烃类吸收塔，Drickamer - Bradford 关联式(10.8%)给出的结果比 O'Connell 关联式(30.2%)更接近装置性能数据(9.1%)。

6.5.3　半理论模型

预测总级效率的第三种方法涉及应用基于传质和传热速率的半理论塔板模型。用这种模型，对塔内每块塔板上混合物的每种组分估算称为板效率的对平衡的趋近分率。然后，利用这些效率数值确定每块塔板的状态，或对全塔平均求得总级效率。

按复杂性增加的顺序，已有 Holland[12]、Murphree[13]、Hausen[14]和 Standart[15]提出各种塔板效率模型。所有这四种模型都基于进入每块塔板的气体和液体物流具有均匀组成的假定。最老、也是应用最广的Murphree 气相板效率由下列附加的假定导出：(1)流过塔板的液体完全混合，板上液体具有均匀的组成，并等于离开该塔板进入下一块塔板的液体组成，和(2)如塔板 n 的图 6.17 所示，气体按活塞流通过液体。考虑组分 i，令

n=从气相到液相的吸收传质速率

K_G=基于分压推动力的总气相传质系数

a=塔板上单位体积气体和液体组合持有量(泡沫或分散体)的气-液界面积

A_b=塔板的活动鼓泡面积(总横截面积减去降液管面积)

Z_f=塔板上气体和液体组合持有量的高度

p=总绝对压力

y_i=上升通过液体的气体中组分 i 的摩尔分率

y_i^*=与塔板上完全混合的液相平衡的组分 i 的摩尔分率

那么，对由塔顶向下编号的塔板 n 上持有物料的微分高度的微分传质速率为

$$dn_i=K_Ga(y_i-y_i^*)pA_b dZ \qquad (6-24)$$

式中 K_G 考虑了气相和液相两侧的传质阻力。假定通过塔板时 V 的变化可忽略，由物料衡算，

$$dn_i=-Vdy_i \qquad (6-25)$$

式中 V=通过塔板上液体的上升气体摩尔流量。

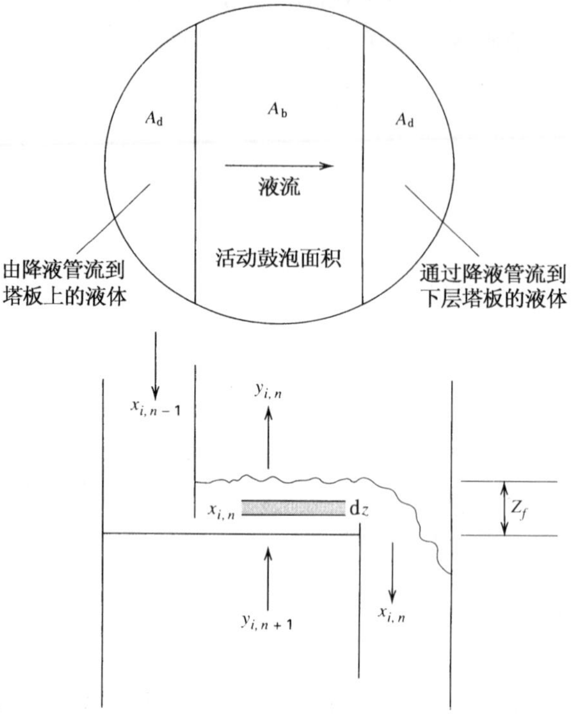

图 6.17　导出 Murphree 气相板效率的塔板顶视和侧视示意图

将式(6－24)与式(6－25)相结合消去 dn_i，分离变量，并转化为积分形式，

$$A_b\int_0^{Z_f}\frac{K_G a p}{V}dZ=\int_{y_{i,n+1}}^{y_{i,n}}\frac{dy_i}{y_{i,n}^*-y_i}=N_{OG} \tag{6－26}$$

式中表示塔板编号的第二个下标 n 已被加到气相摩尔分率上。进入塔板 n 的为 $y_{i,n+1}$，而离开该塔板的为 $y_{i,n}$。此方程定义

$$N_{OG}=\text{总气相传质单元数}$$

K_G、a、p 和 V 的数值可能在气体上升通过塔板上的液体的过程中发生变化，但如果将它们和 y_i^* 视为常数，可积分式(6－26)给出

$$N_{OG}=\frac{K_G aPZ_f}{(V/A_b)}=\ln\left(\frac{y_{i,n+1}-y_{i,n}^*}{y_{i,n}-y_{i,n}^*}\right) \tag{6－27}$$

利用 y_i 趋近平衡的分率整理式(6－27)，将 Murphree 气相板效率定义为

$$E_{MV}=\frac{y_{i,n+1}-y_{i,n}}{y_{i,n+1}-y_{i,n}^*}=1-e^{-N_{OG}} \tag{6－28}$$

或

$$N_{OG}=-\ln(1-E_{MV}) \tag{6－29}$$

假定测量给出

$$\text{进入塔板 } n \text{ 的 } y_i=y_{i,n+1}=0.64$$

$$\text{离开塔板 } n \text{ 的 } y_i=y_{i,n}=0.61$$

并由热力学或相平衡数据得到与离开塔板 n 的 x_i 平衡的 $y_i^*=0.60$。
那么，由式(6－28)，

$$E_{MV}=(0.64-0.61)/(0.64-0.60)=0.75$$

或对平衡的趋近程度达 75%。由式(6-29)，

$$N_{OG}=-\ln(1-0.75)=1.386$$

当 $N_{OG}=1$ 时，$E_{MV}=1-e^{-1}=0.632$。

Murphree 气相板效率的推导没有考虑出口物流的温度。但是，它隐含有完全混合的液相处于泡点温度，所以可计算平衡气相摩尔分率 $y_{i,n}^*$。

对多组分混合物，E_{MV}的数值与组分相关，而且逐板变化；但是可以证明对每一级独立的 E_{MV}数值的个数比组分数少一。E_{MV}的因变值由必须满足 $\sum y_i=1$ 确定。于是，对多组分混合物某个组分的 E_{MV}可能为负值。因为多组分混合物中浓度梯度间的传质耦联，这种负系数是可能的，这一问题将在第 12 章讨论。但是，对二元混合物，E_{MV}的数值总是正的，而且两个组分的 E_{MV}数值相同。

只有当液体在塔板上的流动距离小时，塔板上的液体才接近推导式(6-27)所用的完全混合假定。为了处理液体不完全混合的更一般的情况，通过假定液相组成随塔板上的流动距离而变，但在垂直方向上是均匀的，定义Murphree 气相点效率。于是，如图 6.18 所示，对塔板 n 上的组分 i，在液体流到塔板 n 的离降液管的任何水平距离处，

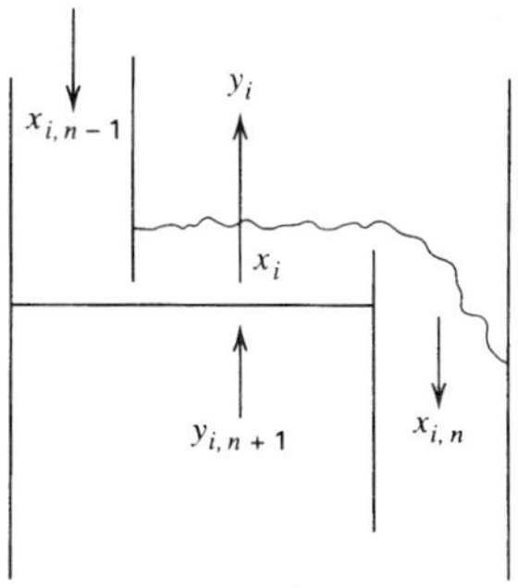

图 6.18　定义 Murphree 气相点效率的塔板示意图

$$E_{OV}=\frac{y_{i,n+1}-y_i}{y_{i,n+1}-y_i^*} \tag{6-30}$$

因为流过塔板时 x_i逐渐变化，所以 y_i^* 和 y_i 也逐渐变化。但是，然后假定出口气相完全混合，进入上一层塔板前给出均匀的 $y_{i,n}$。因为 E_{OV}是比 E_{MV}更基本的量，所以用 E_{OV}作为板效率和全塔效率半理论估计的基础。

Lewis[16]对几种情况积分获得整块塔板的 E_{OV}。对塔板上液相完全混合，给出均匀的组成 $x_{i,n}$，显然有

$$E_{OV}=E_{MV} \tag{6-31}$$

当液相按活塞流通过塔板，没有纵向扩散(液相没有水平方向的混合)时，Lewis 导出

$$E_{MV}=\frac{1}{\lambda}(e^{\lambda E_{OV}}-1) \tag{6-32}$$

而

$$\lambda=mV/L \tag{6-33}$$

式中 V 和 L 分别为气相和液相摩尔流量，而 $m=dy/dx=$采用关系式 $y=mx+b$ 的某组分

平衡线的斜率。如果 b 为零,那么 m 为 K 值,而对被吸收的关键组分 k,

$$\lambda=K_k V/L=1/A_k$$

如果关键组分吸收因子 A_k 给定为典型值 1.4,则有 $\lambda=0.71$。假定实测或预测的点效率 $E_{OV}=0.25$,由式(6-32),

$$E_{MV}=1.4(e^{0.71\times0.25}-1)=0.27$$

这仅比 E_{OV} 高 9%。但是,如果 $E_{OV}=0.9$,则 $E_{MV}=1.25$,这明显高于 E_{OV},并相当于高于一个理论级。这令人惊奇的结果是由于塔板上液相流过的距离上存在浓度梯度,这使得与气相接触的液相中组分 k 的平均浓度明显低于离开该塔板的液相。

式(6-31)和式(6-32)分别代表了液相完全混合和完全不混合的两种极端情况。一种更符合实际,但复杂得多的考虑塔板上液体部分混合的模型,如 Gerster 等[17]所开发的,为

$$\frac{E_{MV}}{E_{OV}}=\frac{1-e^{-(\eta+N_{Pe})}}{(\eta+N_{Pe})\{1+[(\eta+N_{Pe})/\eta]\}}+\frac{e^{\eta}-1}{\eta\{1+[\eta/(\eta+N_{Pe})]\}} \tag{6-34}$$

式中

$$\eta=\frac{N_{Pe}}{2}\left[\left(1+\frac{4\lambda E_{OV}}{N_{Pe}}\right)^{1/2}-1\right] \tag{6-35}$$

用作部分混合参数的无量纲 Peclet 数 N_{Pe} 定义为

$$N_{Pe}=Z_L^2/D_E\theta_L=Z_L u/D_E \tag{6-36}$$

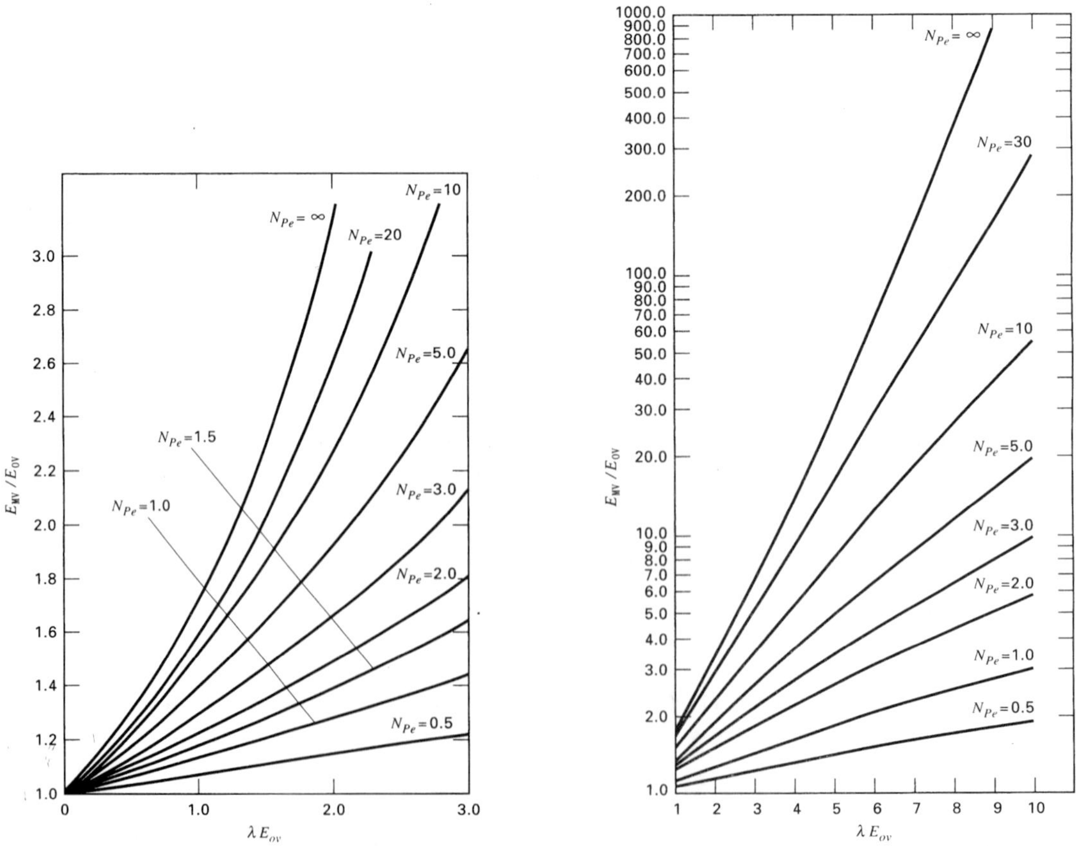

图 6.19　纵向混合对 Murphree 气相板效率的影响

式中 Z_L 为如图 6.3 所示的塔板上液体流道的长度，D_E 为液体流动方向上的涡流扩散系数，θ_L 为塔板上液体的平均停留时间，而 $u=Z_L/\theta_L$ 为液体流过塔板的平均速度。图 6.19 为对很宽范围的 N_{Pe} 和 λE_{OV} 标绘的式(6－34)。当 $N_{Pe}=0$ 时，式(6－31)适用；当 $N_{Pe}=\infty$ 时，式(6－32)适用。

由式(6－36)可知，Peclet 数可看作平均液相主体速度与涡流扩散速度之比。当 N_{Pe} 小时，涡流扩散是重要的，液相趋近完全混合状态。当 N_{Pe} 大时，主体流动占主导地位，液相趋近活塞流状态。泡罩塔和筛板塔中实验测定的 D_E 值范围为 0.02 到 $0.20ft^2/s$。u/D_E 的范围通常为 3 到 $15ft^{-1}$。根据式(6－36)的第二种形式，N_{Pe} 随 Z_L 的增加，即随塔径的增加成正比地增加。对直径 2 ft 的塔，N_{Pe} 的典型数值为 10；对直径 6 ft 的塔，N_{Pe} 可能为 30。对此数量级的 N_{Pe}，图 6.19 表明对大的 λ 值，E_{MV} 的数值可能明显高于 E_{OV}。

Lewis[16]证明当平衡线和操作线均为直线，但不一定平行时，式(6－21)定义的总级效率可由下式与 Murphree 气相效率关联：

$$E_O=\frac{\log[1+E_{MV}(\lambda-1)]}{\log\lambda} \qquad (6-37)$$

当两条线不仅为直线，而且平行时，$\lambda=1$，式(6－37)变成 $E_O=E_{MV}$。还有，当 $E_{MV}=1$ 时，不管 λ 为何值，$E_O=1$。

6.5.4　根据实验室数据放大

当无法获得或清楚知道系统的气-液平衡数据时，尤其是如果系统为可能形成恒沸物的强非理想的液体溶液，需要进行实验室研究准确估计所需塔板数，并证实达到要求的分离程度的可行性。一种特别有用的设备是 Oldershaw[22]开发的设有中心到侧面降液管的小型玻璃或金属筛板塔，其示意图见图 6.20。Oldershaw 塔的直径通常为 1 到 2 英寸，可安装数目几乎不受限制的孔径为 0.035 到 0.045 英寸的筛板，筛板的开孔面积约为 10%。Fair、Null 和 Bolles[23]进行的一项详尽的研究证明在 3 到 165psia 压力下操作的 Oldershaw 塔的总板效率与由直径为 14in. 到 4ft，以液泛速度的 40%到 90%操作的中试装置或工业塔获得的精馏数据相当一致，并可假定对吸收和汽提将具有类似的一致性。

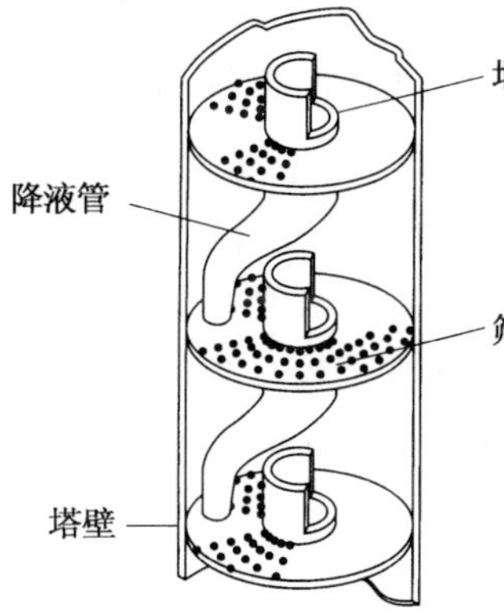

图 6.20　Oldershaw 塔

可以认为小直径 Oldershaw 塔的每块塔板上液体基本上可达到完全混合，于是允许测定点效率。如上所述，在某些大直径塔中，因为塔板上液体不完全混合，可观察到比较高的效率，这导致了较高的 Murphree 板效率和较高的总板效率。

Fair 等[23]对 Oldershaw 塔推荐如下审慎的放大步骤：

(1) 确定液泛点；

(2) 在约 60%液泛速度下进行操作(但以 40%到 90%液泛速度操作似乎均可接受)；

(3) 运转该系统寻找能提供要求的分离程度的板数和流量的结合；

(4) 假定对相同的液相和气相摩尔流量比，工业塔需要的塔板数相同。

如果能获得可靠的气-液平衡数据，那么可将这些数据与 Oldershaw 塔的数据结合确定总塔效率 E_O。然后，可用式(6-37)和式(6-34)估计平均点效率。对工业规模的塔，可用考虑了液相不完全混合的式(6-34)由 Oldershaw 塔的点效率确定 Murphree 气相效率。一般说来，取决于液流长度的工业塔板效率将高于在相同液泛百分数下操作的 Oldershaw 塔。

例 6.4

假定用于例 6.1 的吸收操作的塔的直径为 3ft。如果对乙醇吸收总级效率 E_O 为 30%，估计平均 Murphree 气相效率 E_{MV}，和可能的 Murphree 气相点效率 E_{OV} 的范围。

解

对例 6.1，该系统对进行传质的主要组分乙醇是低浓度的。因此，平衡线和操作线基本上为直线，并可采用式(6-37)。由例 6.1 中的数据，$\lambda = KV/L = 0.57 \times 180/151.5 = 0.68$。

用 $E_O = 0.30$ 求解式(6-37)得到 E_{MV}，

$$E_{MV} = (\lambda^{E_O} - 1)/(\lambda - 1) = (0.68^{0.30} - 1)/(0.68 - 1) = 0.34$$

对直径 3ft 的塔，液相混合程度可能位于完全混合与活塞流之间的中间区域。对前者，由式(6-31) $E_{OV} = E_{MV} = 0.34$。对后者 $E_{OV} = \ln(1 + \lambda E_{MV})/\lambda = \ln(1 + 0.68 \times 0.34)/0.68 = 0.31$。于是，$E_{OV}$ 在 31% 到 34% 范围内，可能更接近完全混合的 34%。但是，对本例 E_O、E_{MV} 和 E_{OV} 之间的差别几乎是可以忽略的。

6.6 塔板直径、压降和传质

在图 6.21 所示的板式塔中，气体垂直向上流动，与错流流过每块塔板的液体接触。当塔板设计合理时，可按如下方式达到稳定操作：(1)气体仅从降液管之间的塔板开孔区通过；(2)液体仅通过降液管由一块塔板流到下一块塔板；(3)液体既不经塔板上的孔漏液，也不被气体夹带到上一块塔板；(4)气体既不被降液管中的液体夹带(吸留)到下一块塔板，也不鼓泡通过降液管中的液体。塔板设计包括塔板直径的确定，和如图 6.21 所示的，将塔板横截面积区分为活动气体鼓泡区 A_a 和降液管区 A_d。利用确定的塔径，可估算气体压降和传质系数。

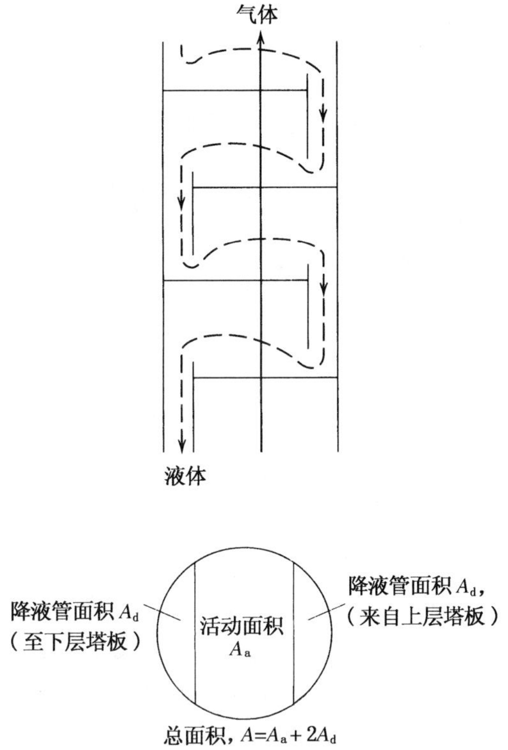

图 6.21　气体和液体通过板式塔的流动

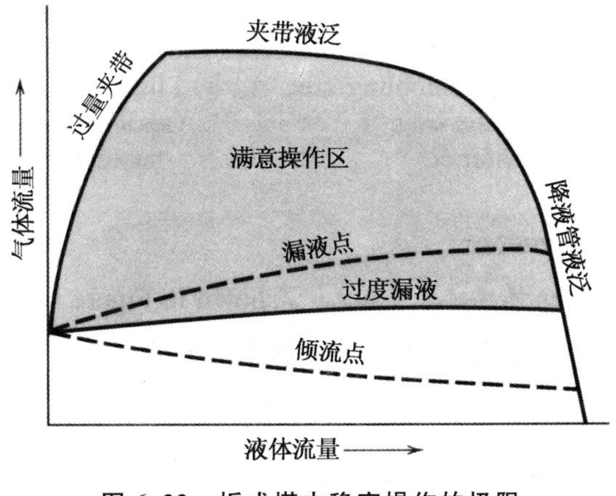

图 6.22　板式塔中稳定操作的极限

［经允许复制自 H. Z. Kister，*Distillation Design*，McGraw－Hill，New York (1992)］

6.6.1　塔板直径

对给定的液体流量，对图 6.22 所示的筛板塔，存在一最大气体流量，超过此流量将发生因为降液管内的液体反向上升导致的初始塔液泛。如果这种状态持续，将导致离开塔的塔顶气体带出液体。当没有夹带，而由横截面积 A_d 不适当的降液管引起液体反向上升时，发生降液管液泛。如果降液管横截面积大于塔横截面积的10%和板间距大于24in.，很少会发生降液管液泛。通常的设计限制是夹带液泛，这是由气体夹带过多的流量为 e 的液体至上一层塔板引起的。在液泛开始时，$(e+L)\gg L$，而降液管横截面积不能适应过大的液体负荷 $(e+L)$。塔板直径应按下述方法确定以避免夹带液泛。

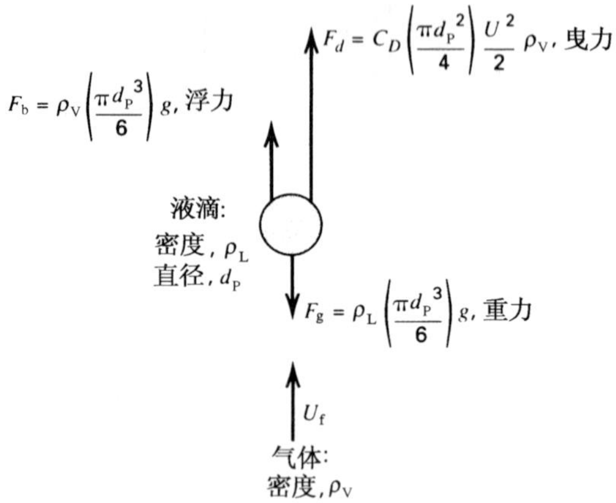

图 6.23　作用在悬浮液滴上的各种力

夹带液体的原因是上升气体携带悬浮液滴，或在塔板的开孔、浮阀或泡罩的窄缝处形成的气体射流抛掷液滴。Souders 和 Brown[24]通过假定夹带由携带悬浮液滴控制，成功关联了10座工业板式塔的夹带液泛数据。在低气速时，液滴被沉降分离；而在高气速时，液滴被夹带。在液泛或夹带开始速度 U_f 时，如图6.23所示，作用在液滴上的重力、浮力和曳力的向量和为零，液滴开始悬浮。于是，

$$\sum F = 0 = F_g - F_b - F_d \tag{6-38}$$

利用液滴直径 d_p，式(6-38)右边的各项分别变为

$$\rho_L\left(\frac{\pi d_p^3}{6}\right)g - \rho_V\left(\frac{\pi d_p^3}{6}\right)g - C_D\left(\frac{\pi d_p^2}{4}\right)\frac{U_f^2}{2}\rho_V = 0 \tag{6-39}$$

式中 C_D 为曳力系数。解得液泛速度为

$$U_f = C\left(\frac{\rho_L - \rho_V}{\rho_V}\right)^{1/2} \tag{6-40}$$

式中 C = Souders 和 Brown 的处理量参数。根据上述理论，

$$C = \left(\frac{4 d_P g}{3 C_D}\right)^{1/2} \tag{6-41}$$

如果已知液滴直径 d_p，可由式(6-41)计算参数 C。但是，实际上，d_p 是分布在一宽范围内的，而 C 也被处理为利用由操作设备获得的实验数据确定的经验参数。Souders 和 Brown 考虑了所有可能影响 C 的数值的重要变量，并获得了适用于工业规模泡罩塔的关联式。数据覆盖范围为：塔压从10mmHg到465psia，板间距从12到30in.，液体表面张力从9到60 dyne/cm。根据式(6-41)，C 的数值随表面张力增加（这会使 d_p 增加）而增加。此外，C 随板间距的增加而增加，因为这将使液滴有更长的时间凝聚成较大的 d_p。

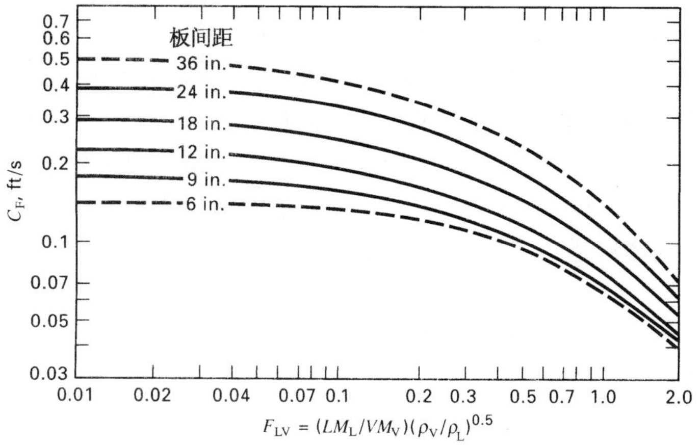

图 6.24　板式塔的夹带液泛处理量

利用其他工业操作数据，Fair[25]提出了图 6.24 的更通用的关联，此图适用于泡罩塔和筛板塔。不同于 Souders 和 Brown 采用基于整个塔横截面积的气速，Fair 采用等于总塔横截面积减去降液管面积，即图 6.21 中的 $A-A_d$的净气相流动面积。图 6.24 中的 C_F取决于板间距和横坐标比 $F_{LV}=(LM_L/VM_V)(\rho_V/\rho_L)^{0.5}$(其中流量用摩尔单位)，此参数为首先被 Sherwood、Shiply 和 Holloway[26]用于关联填料塔液泛数据的动能比。利用如下经验关联式

$$C=F_{ST}F_F F_{HA}C_F \tag{6-42}$$

可通过对表面张力、发泡倾向和气体孔面积 A_h与活动面积 A_a之比对 C_F进行校正，由图6.24 获得式(6-41)中的 C 的数值。式(6-42)中，

F_{ST}＝表面张力因子＝$(\sigma/20)^{0.2}$

F_F＝发泡因子

F_{HA}＝对 $A_h/A_a\geqslant 0.10$ 为 1.0，而对 $0.06\leqslant A_h/A_a\leqslant 0.10$ 为 $5(A_h/A_a)+0.5$

σ＝表面张力，dyne/cm

对不发泡系统，$F_F=1.0$；对许多吸收塔，F_F可取为 0.75 甚至更小。量 A_h为气体穿过进入塔板上液体的开孔面积。对泡罩塔，这为总泡罩窄缝面积，而对筛板塔，这为开孔面积。

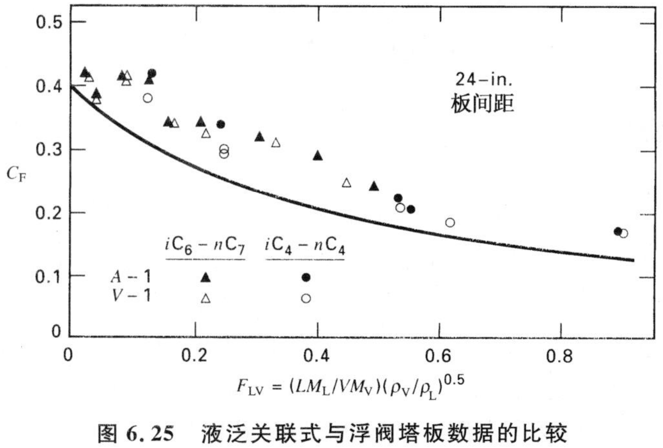

图 6.25　液泛关联式与浮阀塔板数据的比较

对浮阀塔，图 6.24 似乎是保守的。这如图 6.25 所示，此图为精馏研究公司[Fractionation Research, Inc. (FRI), 27, 28]对直径为 4ft，板间距为 24in.，装有 Glitsch A-1 和 V-1 型浮阀的浮阀塔的夹带液泛数据与图 6.24 的关联的比较。对浮阀塔板，窄缝面积 A_h 取为阀全开时气体以垂直于塔的轴线的方向进入泡沫液层的开孔面积。

塔径 D_T 是根据液泛速度 U_f 的某个分率 f 确定的，U_f 则利用根据图 6.24 得到的 C_F，再由式(6-42)获得的 C 由式(6-40)计算。根据流体力学的连续性方程(流量＝速度×流动面积×密度)，摩尔气体流量与液泛速度可用下式关联

$$V=(fU_f)(A-A_d)\frac{\rho_V}{M_V} \tag{6-43}$$

式中 A＝塔的总横截面积＝$\pi D_T^2/4$。于是，

$$D_T=\left[\frac{4VM_V}{fU_f\pi(1-A_d/A)\rho_V}\right]^{0.5} \tag{6-44}$$

通常，液泛分率 f 取为 0.8。

Oliver[29]建议由图 6.24 中的 F_{LV} 由下式估计 A_d/A

$$\frac{A_d}{A}=\begin{cases}0.1 & F_{LV}\leqslant 0.1\\ 0.1+\dfrac{(F_{LV}-0.1)}{9} & 0.1\leqslant F_{LV}\leqslant 1.0\\ 0.2 & F_{LV}\geqslant 1.0\end{cases}$$

计算塔顶和塔底的塔径，取其大者作为整个塔的塔径，除非两者相差悬殊。因为需要对塔板进行内部检修，所以如果由式(6-44)计算的塔径小于 2ft，通常采用将在后面讨论的填料塔。

利用图 6.24 计算塔径时，必须规定板间距。随着板间距增大，塔高将增加，但塔径可减小。便于检修的 24in. 的板间距对许多情况都是最合适的；但是对级数很多的小直径塔，可能需要采用较小的板间距；对级数很少的大直径塔，往往采用较大的板间距。

如图 6.22 所示，存在一最小气体流量，当低于此流量时将发生通过塔板上的开孔或升气管的漏液，即液体不是全部流过活动区域再进入降液管。在此最小值以下，液体与气体的接触程度将减小，导致塔板效率下降。液泛时的气体流量与最小气体流量之比为**操作弹性**(极限负荷比)，对泡罩塔大约为 8，对浮阀塔大约为 5，对筛板塔只有 2 左右。

当各板间的气体流量有显著变化时，塔径、板间距或开孔面积可变化，以降低塔的费用和保证在高板效率下稳定操作。变化板间距特别适用于筛板塔，因为其操作弹性低。

6.6.2 高处理量塔板

自 20 世纪 90 年代以来，已出现了多种高处理量塔板，并安装在数百座塔中。通过对图 6.3 中的传统塔板设计的各种改变，对筛板塔和浮阀塔，已实现处理量比图 6.24 的预测值增大 20%以上。Sloley[71]对这些改变作了比较详尽的讨论，包括：

(1) 降液管倾斜或成阶梯状，使塔底的降液管面积小于塔顶，以增加活动流动面积；

(2) 除通常的活动流动面积外，气体流动通过塔板位于降液管下方的部分；

(3) 采用分级、百叶窗型降液管溢流塔板，为离开降液管的液体提供横向速度，增强降

液管下方气体的流动能力；

(4) 采用双向固定浮阀，消除浮阀板上相邻浮阀间的气体撞击；

(5) 采用多降液管塔板，提供更长的出口堰以降低堰顶高度和泡沫层高度。降液管终止于下一层塔板的活动气相空间内；

(6) 筛板的导向窄缝向上升气体提供横向速度分量，强化液体通过塔板的活塞流并消除死区。

如 Stupin 和 Kister[72]所说明的，对逆流气-液接触设备存在一个与板间距无关的极限处理量，这时塔内的表观气速将超过大液滴的沉降速度。根据 FRI 的数据，他们的关联式采用式(6-40)的如下形式：

$$U_{S,ult}=C_{S,ult}\left(\frac{\rho_L-\rho_V}{\rho_V}\right)^{1/2} \tag{6-45}$$

式中 $U_{S,ult}$是根据塔的横截面积计算的表观气速，单位为 m/s。在临界值以下，单位为 m/s 的极限处理量参数 $U_{S,ult}$与单位为 m/s 的表观液速 L_S无关；但是，在临界值以上。它将随 L_S的增大而减小。$C_{S,ult}$将由 C_1和 C_2中的较小者给定，C_1和 C_2的单位均为 m/s，它们分别为

$$C_1=0.445(1-F)\left(\frac{\sigma}{\rho_L-\rho_V}\right)^{0.25}-1.4L_S \tag{6-46}$$

$$C_2=0.356(1-F)\left(\frac{\sigma}{\rho_L-\rho_V}\right)^{0.25} \tag{6-47}$$

式中

$$F=\frac{1}{\left[1+1.4\left(\frac{\rho_L-\rho_V}{\rho_V}\right)^{1/2}\right]} \tag{6-48}$$

ρ 的单位为 kg/m^3，σ 为表面张力，单位为 dyne/cm。

例 6.5

(a) 估算例 6.1 中的吸收塔所需的塔径，假定板间距为 24in.，发泡因子 $F_F=0.90$，液泛分率 $f=0.80$，和表面张力 $\sigma=70$ dynes/cm；(b) 估计极限表观气速。

解

因为塔顶和塔底状态几乎相同，仅对气体流量最高的塔底计算塔径。由例 6.1，

$$T=30℃ \qquad p=110\ \text{kPa}$$

$$V=180\ \text{kmol/h}, \qquad L=151.5+3.5=155.0\ \text{kmol/h}$$

$$M_V=0.98\times44+0.02\times46=44.0$$

$$M_L=\frac{151.5\times18+3.5\times46}{155}=18.6$$

$$\rho_V=\frac{pM}{RT}=\frac{110\times44}{8.314\times303}=1.92\ \text{kg/m}^3$$

$$\rho_L=0.986\times1\,000=986\ \text{kg/m}^3$$

$$F_{LV}=\frac{155\times18.6}{180\times44.0}\times\left(\frac{1.92}{986}\right)^{0.5}=0.016$$

(a) 对板间距=24in.，由图 6.24 得 $C_F=0.39$ft/s，

$$F_{ST}=\left(\frac{\sigma}{20}\right)^{0.2}=\left(\frac{70}{20}\right)^{0.2}=1.285, \qquad F_F=0.90$$

因为 $F_{LV}< 0.1$，$A_d/A=0.1$ 及 $F_{HA}=1.0$。然后，由式(6－42)，

$$C=1.285\times0.90\times1.0\times0.39=0.45\ \text{ft/s}$$

由式(6－40)，

$$U_f=0.45\times\left(\frac{986-1.92}{1.92}\right)^{0.5}=10.2\ \text{ft/s}$$

由式(6－44)，采用 SI 单位，而时间单位为秒，

$$D_T=\left[\frac{4\times(180/3\,600)\times44.0}{0.80\times(10.2/3.28)\times3.14\times(1-0.1)\times1.92}\right]^{0.5}=0.81\text{m}=2.65\text{ft}$$

(b) 由式(6－48)，

$$F=\frac{1}{\left[1+1.4\times\left(\dfrac{986-1.92}{1.92}\right)^{1/2}\right]}=0.030\,6$$

由式(6－47)，

$$C_2=0.356\times(1-0.030\,6)\times\left(\frac{70}{986-1.92}\right)^{0.25}=0.178\ \text{m/s}=0.584\ \text{ft/s}$$

如果 C_2 为 C_1 和 C_2 中数值较小者，那么由式(6－45)，

$$U_{S,ult}=0.178\times\left(\frac{986-1.92}{1.92}\right)^{1/2}=4.03\ \text{m/s}=13.22\ \text{ft/s}$$

为用式(6－46)计算 C_1，需要 L_S 的数值。此数值与表观气速 U_S 有如下关系

$$L_S=U_S\frac{\rho_V LM_L}{\rho_L VM_V}=U_S\frac{1.92\times155\times18.6}{986\times180\times44.0}=0.000\,709U_S$$

用此 L_S 的关系式，式(6－46)变成

$$\begin{aligned}C_1&=0.445\times(1-0.030\,6)\times\left(\frac{70}{986-1.92}\right)^{0.25}-1.4\times0.000\,709U_S\\&=0.223-0.000\,993U_S,\ \text{m/s}\end{aligned}$$

如果 C_1 较小，那么用式(6－45)，

$$U_{S,ult}=(0.223-0.000\,993U_S)\left(\frac{986-1.92}{1.92}\right)^{1/2}=5.05-0.022\,5U_{S,ult}$$

解得 $U_{S,ult}=4.94$ m/s，这给出 $C_1=0.223-0.000\,993\times4.94=0.218$ m/s。于是，C_2 为较小值，而 $U_{S,ult}=4.94$ m/s$=13.22$ ft/s。此终极速度较(a)计算的液泛速度高 30%。

6.6.3 塔板气相压降

塔内气流的典型板压降为 0.05 到 0.15 psi/板。参考图 6.3，筛板塔的压降(压头损失)是由于气流通过筛孔时的摩擦、塔板上存在的液层和由表面张力引起的损失：

$$h_t=h_d+h_l+h_\sigma \tag{6-49}$$

式中

h_t＝总压降/板，英寸液柱；

h_d＝干板压降，英寸液柱；

h_l＝板上当量清液压头，英寸液柱；

h_σ＝表面张力引起的压降，英寸液柱。

干筛板压降由修正的孔板方程给出，适用于塔板上的各种孔，

$$h_d=0.186\left(\frac{u_O^2}{C_O^2}\right)\left(\frac{\rho_V}{\rho_L}\right) \tag{6-50}$$

式中 u_O＝孔速(ft/s)，而 C_O取决于百分比孔面积和塔板厚度与孔径之比。对典型的厚度为0.078in.、孔径为3/16in.，而孔面积百分数(以塔的横截面积为基准)为10%的塔板，C_O可取为0.73。对其他情况，C_O在0.65到0.85之间。

塔板上的当量清液高度，如Bennett、Agrawal和Cook[30]根据实验数据开发的下列经验关联式所给出的，取决于堰高、液体和气体的密度及流量，及降液管堰的长度：

$$h_l=\phi_e\left[h_w+C_l\left(\frac{q_L}{L_w\phi_e}\right)^{2/3}\right] \tag{6-51}$$

式中

h_w＝堰高，in.；

ϕ_e＝有效相对泡沫密度(清液高度/泡沫层高度)＝$\exp(-4.257K_s^{0.91})$；　(6-52)

K_s＝处理量参数，ft/s＝$U_a\left(\frac{\rho_V}{\rho_L-\rho_V}\right)^{1/2}$；　(6-53)

U_a＝以活动鼓泡面积为基准的表观气速；

A_a＝塔板的$(A-2A_d)$，ft²①；

L_w＝堰长，in.；

q_L＝流过塔板的液体流量，gal/min。

$$C_l=0.362+0.317\exp(-3.5h_w) \tag{6-54}$$

对直弓形堰，式(6-51)中的第二项与Francis堰方程有关，考虑堰上溢流液体的泡沫特性。对 $A_d/A=0.1$，L_w 为塔径的73%。

当气体穿出塔板上的孔时必须克服表面张力。根据理论关系式，与表面张力相关的压降由气泡内的压力与液体压力之差确定

$$h_\sigma=\frac{6\sigma}{g\rho_L D_{B(\max)}} \tag{6-55}$$

除非塔板孔径远小于$\frac{3}{16}$in.，式中的最大气泡尺寸 $D_{B(\max)}$ 可取为孔径 D_H。

Smith[31]和Klein[32]分别提供了估算泡罩塔板和浮阀塔板气体压降的方法，Kister[33]和Lockett[34]对这些方法作了讨论。

例6.6

估算例6.1中的吸收塔的塔板气体压降。假定采用塔板直径为1m、堰高为2in.、孔径为$\frac{3}{16}$in.的筛板。

解

由例6.5，

$$\rho_V=1.92\text{kg/m}^3 \qquad \rho_L=986\text{kg/m}^3$$

在塔底，以塔的总横截面积为基准的气体速度为

① 原文误为ft/s——译者注。

$$\frac{(180/3\ 600)\times 44}{1.92\times[3.14(1)^2/4]}=1.46\ \text{m/s}$$

对以塔的总横截面积为基准的10%的孔面积

$$u_O=\frac{1.46}{0.10}=14.65\ \text{m/s 或 } 47.9\ \text{ft/s}$$

利用上述密度，式(6－50)给出

$$h_d=0.186\times\frac{47.9^2}{0.73^2}\times\frac{1.92}{986}=1.56\text{in. 液柱}$$

取堰长为73%塔径和 $A_d/A=0.10$。那么

$$L_w=0.73\times 1=0.73\text{m 或 } 28.7\text{in.}$$

$$\text{液体流量}=\frac{(155/60)\times 18.6}{986\times 0.003\ 785}=12.9\ \text{gpm}$$

由于

$$A_d/A=0.10 \qquad A_a/A=(A-2A_d)/A=0.8$$

因此

$$U_a=1.46/0.8=1.83\ \text{m/s}=5.99\ \text{ft/s}$$

由式(6－53)，

$$K_s=5.99\times[1.92/(986-1.92)]^{0.5}=0.265\ \text{ft/s}$$

由式(6－52)，

$$\phi_e=\exp[-4.257\times(0.265)^{0.91}]=0.28$$

由式(6－54)，

$$C_l=0.362+0.317\times\exp[-3.5(2)]=0.362$$

由式(6－51)，

$$\begin{aligned}h_l&=0.28\times[2+0.362\times(12.9/28.7/0.28)^{2/3}]\\&=0.28\times(2+0.50)=0.70\ \text{in. 液柱}\end{aligned}$$

由式(6－55)，单位采用米制，利用 $D_{B(max)}=D_H=\frac{3}{16}\text{in.}=0.004\ 76\text{m}$，

$$\sigma=70\ \text{dynes/cm}=0.07\text{N/m}=0.07\text{kg/s}^2$$

$$g=9.8\text{m/s}^2,\rho_L=986\text{kg/m}^3$$

$$h_\sigma=\frac{6\times 0.07}{9.8\times 986\times 0.004\ 76}=0.009\ 13\text{m}=0.36\text{in. 液柱}$$

由式(6－45)，塔板总压头损失为 $h_L=1.56+0.70+0.36=2.62$in. 液柱。

因为 $\rho_L=986\text{kg/m}^3=0.035\ 6\text{lb/in.}^3$，

塔板气相压降 $=h_l\rho_L=2.62\times 0.035\ 6=0.093$psi/板

6.6.4 传质系数和传质单元

确定塔径和塔板布置的主要细节后，可利用以实验数据为根据的经验关联式估计式(6－30)定义的 Murphree 气相点效率。对从塔板鼓泡区域中某点向上通过泡沫层的气流垂直通道，式(6－29)适用于 Murphree 气相点效率：

$$N_{OG}=-\ln(1-E_{OV}) \tag{6-56}$$

式中

$$N_{OG}=\frac{K_G a p Z_f}{(V/A_b)} \tag{6-57}$$

通过将各传质阻力相加,可将总体积传质系数 $K_G a$ 与各相的体积传质系数相关联,由 3.7 节中的方程,这可表示为

$$\frac{1}{K_G a}=\frac{1}{k_G a}+\frac{(KpM_L/\rho_L)}{k_L a} \tag{6-58}$$

式中右边两项分别为气相和液相传质阻力,第 3 章中对气相和液相用的符号 k_p 和 k_c 分别用 k_G 和 k_L 代替。各相传质单元定义为

$$N_G=\frac{k_G a p Z_f}{(V/A_b)} \tag{6-59}$$

和

$$N_L=\frac{k_L a \rho_L Z_f}{M_L(L/A_b)} \tag{6-60}$$

由式(6-57)和式(6-58)可得

$$\frac{1}{N_{OG}}=\frac{1}{N_G}+\frac{(KV/L)}{N_L} \tag{6-61}$$

AIChE[35]发表了泡罩塔板的重要的传质经验关联式,Chan 和 Fair[36,37]与 Scheffe 和 Weiland[38]分别发表了筛板和浮阀板(Glisch V-1)的传质经验关联式。对气相或液相,利用 N_L、N_G、k_L、k_G、a 和 N_{Sh} 导出这些关联式。在本节中,我们仅讨论如 Chan 和 Fair[36]对二元系统提供的筛板的关联式,他们采用以 AIChE[40]报道的 Foss 和 Gerster[39]的工作为基础的液相关联式,并利用直径为 2.5 到 4.0ft,操作压力为 100mmHg 到 400psia 的塔的包括 143 个点的相当广泛的实验数据库导出了气相关联式。

筛板的实验数据已经证实传质由气相和液相间的界面积及在气相和液相泡沫层中的停留时间直接确定的假定。据此,Chan 和 Fair 提供了式(6-59)和式(6-60)的下列修正形式:

$$N_G=k_G\bar{a}\bar{t}_G \tag{6-62}$$

$$N_L=k_L\bar{a}\bar{t}_L \tag{6-63}$$

此两式中,$\bar{a}$ 为单位当量清液体积的界面积,$\bar{t}_G$ 为气体在泡沫层中的平均停留时间,而 $\bar{t}_L$ 为液体在泡沫层中的平均停留时间。

对塔板上的当量清液头用式(6-51),而对泡沫层有效相对密度用式(6-52),平均停留时间由下列量纲一致的理论连续性方程估算:

$$\bar{t}_L=\frac{h_l A_a}{q_L} \tag{6-64}$$

和

$$\bar{t}_G=\frac{(1-\phi_e)h_l}{(\phi_e U_a)} \tag{6-65}$$

式中 $(1-\phi_e)h_l/\phi_e$ 为泡沫层中持气量的当量高度,而停留时间通常以秒计。

单位为 s^{-1} 的 $k_G\bar{a}$ 和 $k_L\bar{a}$ 的经验式为

$$k_G\bar{a}=\frac{1\,030D_V^{0.5}(f-0.842f^2)}{(h_l)^{0.5}} \tag{6-66}$$

和

$$k_L \bar{a} = 78.8 D_L^{0.5}(F + 0.425) \tag{6-67}$$

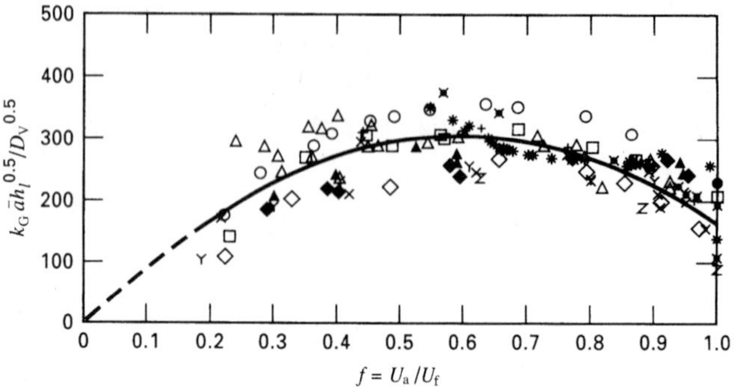

图 6.26　实验数据与 Chan 和 Fair 气相传质关联式的比较

［经允许取自 H. Chan and J. R. Fair, *Ind. Eng. Chem. Process Des. Dev.*, 23, 817 (1984)］

上两式中各变量及其单位为

D_V, D_L = 扩散系数, cm^2/s

h_l = 清液高度, cm

$f = U_a/U_f$, 趋近液泛速度的分率

F = F 因子 = $U_a \rho_V^{0.5}$, $(kg/m)^{0.5}/s$

由式(6-66)可见,影响 $k_G\bar{a}$ 数值的重要因子是趋近液泛速度的分率 $f = U_a/U_f$。其影响如图 6.26 所示,图中将式(6-66)与实验数据作了比较。与趋近液泛速度分率大于0.60对应的气相速度,传质因子随 f 的增加而减小。这可能是由于下一小节中讨论的夹带。在消除夹带的基础上,由图 6.26 中的曲线可预期,对 f=0.60 以上的条件,传质因子至少保持在其峰值。

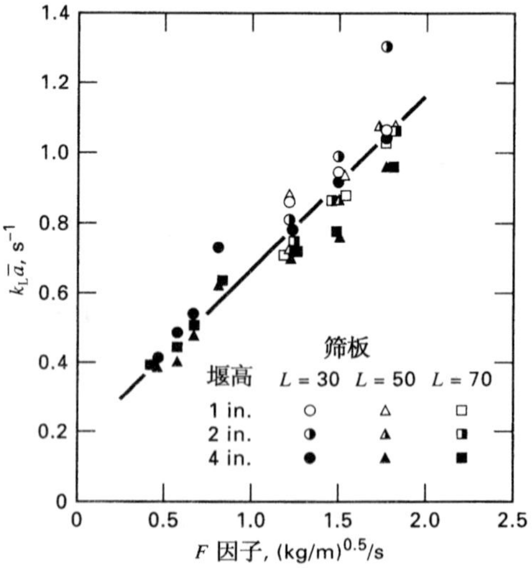

图 6.27　F 因子对用 1atm 和 25℃ 的空气从水中解吸氧的液相体积传质系数的影响,图中 L=gal/(min)/(ft 平均流道宽度)

由式(6－67)可见，F 因子是影响液相传质的重要因素。支持这一结论的实验数据如图 6.27 所示，由图可见，F 对 $k_L\bar{a}$ 有重大影响，而 $k_L\bar{a}$ 与液相流量和堰高几乎无关。式(6－56)、(6－61)、(6－64)、(6－65)、(6－66)和(6－67)的 Murphree 气相点效率模型关联了 Chan 和 Fair[36]数据库中的 143 个实验点，平均绝对偏差为 6.27%。Lockett[34]曾指出式(6－67)隐含 $k_L\bar{a}$ 与板间距有关，这似乎不合理。但是，上述数据库包括板间距从 6 到 24in. 的数据。

例 6.7

利用例 6.5 和例 6.6 的结果，对例 6.6 中的塔板估计例 6.1 中吸收塔的 Murphree 气相点效率。此外，确定传质的控制阻力。

解

两相的相关数据如下所列。

	气相	液相
摩尔流量/($kmol \cdot h^{-1}$)	180.0	155.0
相对分子质量	44.0	18.6
密度/($kg \cdot m^{-3}$)	1.92	986
乙醇扩散系数/($cm^2 \cdot s^{-1}$)	7.86×10^{-2}	1.81×10^{-5}

由例 6.6 知相关的塔板尺寸为 $D_T=1m$，和 $A=0.785\ m^2$；$A_a/A=0.80$，$A_a=0.628\ m^2$①$=6\ 280cm^2$；$L_w=28.7in.=0.73m$。

由例 6.6，

$$\phi_e=0.28;\quad h_l=0.70in.=1.78cm;$$

$$U_a=5.99ft/s=183cm/s=1.83m/s$$

由例 6.5，

$U_f=10.2ft/s$；$f=U_a/U_f=5.99/10.2=0.59$；

$$F=1.83\times(1.92)^{0.5}=2.54(kg/m)^{0.5}/s$$

$$q_L=\frac{155.0\times18.6}{986}\times\left(\frac{10^6}{3\ 600}\right)=812cm^3/s$$

由式(6－64)，

$$\bar{t}=1.78\times6\ 280/812=13.8s$$

由式(6－65)，

$$\bar{t}=(1-0.28)\times1.78/(0.28\times183)=0.025s$$

由式(6－67)，

$$K_L\ \bar{a}=78.8\times(1.81\times10^{-5})^{0.5}\times(2.54+0.425)=0.99s^{-1}$$

由式(6－66)，

$$K_G\ \bar{a}=1\ 030\times(7.86\times10^{-2})^{0.5}[0.59-0.842\times(0.59)^2]/(1.78)^{0.5}=64.3s^{-1}$$

由式(6－63)，

① 原文误为 $A_a=0.80$，$A=0.628m^2$——译者注。

$$N_L = 0.99 \times 13.8 = 13.7$$

由式(6-62),

$$N_G = 64.3 \times 0.025 = 1.61$$

由例 6.1,$K=0.57$。因此,$KV/L = 0.57 \times 180/155 = 0.662$。

由式(6-61),

$$N_{OG} = \frac{1}{(1/1.61)+(0.662/13.7)} = \frac{1}{0.621+0.048} = 1.49$$

可见乙醇传质由气相阻力控制。由式(6-56)解得 E_{OV},

$$E_{OV} = 1-\exp(-N_{OG}) = 1-\exp(-1.49) = 0.77 = 77\%$$

6.5.5 漏液、夹带和降液管阻塞

对以高效率操作的塔板:(1)与越过溢流堰进入降液管的液体量相比,通过塔板上的开孔的漏液量必定是很小的;(2)气体夹带的液体必定不会过量;(3)为防止降液管液泛,降液管中的泡沫高度必定不会接近板间距。塔板必将在图 6.22 中所示的稳定区内操作。漏液是和气速的下限相关的,而夹带则与气速的上限相关。

当塔板上的清液高度超过气体流动造成的干(无液体流动)板压降和表面张力压降之和时,会在低气速和/或高液体流量下发生漏液。于是,为防止漏液,塔板活动区域上的每一点必须满足

$$h_d + h_\sigma > h_l \tag{6-68}$$

如果整个塔板活动区域发生均匀漏液,或主要在降液管附近发生漏液,高达 0.1 的漏液量与降液管液体流量比尚不会导致塔板效率不可接受地降低。Kister[33]曾对漏液量的估算方法作过讨论。

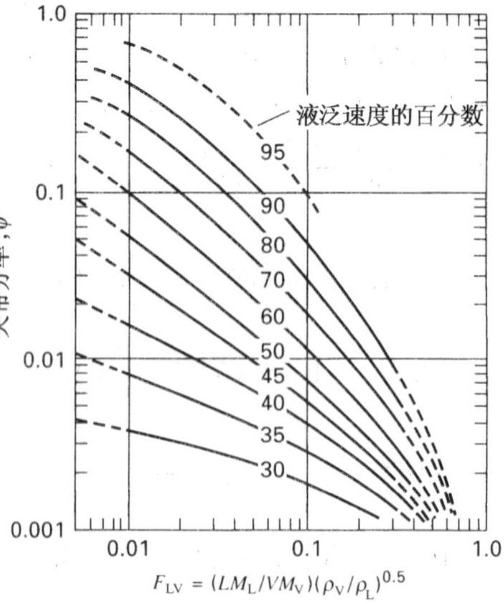

图 6.28 筛板夹带分率的 Fair 关联

[经允许复制自 B. D. Smith, *Design of Equilibrium Stage Process*. McGraw-Hill, New York (1963)]

定义为 $\psi=e/(L+e)$ 的液体被气体夹带分率的预测可采用图 6.28 所示的 Fair[41]的关联。由图可见，在高液泛速度分率 $f=U_a/U_f$ 下操作时，可能导致过度夹带，对小动能比 F_{LV} 尤其如此。夹带对 Murphree 气相效率的影响可用 Colburn[42]导出的如下关系式估算，式中 E_{MV} 为通常的"干"效率，而 $E_{MV,wet}$ 则为"湿"效率：

$$\frac{E_{MV,wet}}{E_{MV}}=\frac{1}{1+eE_{MV}/L}=\frac{1}{1+E_{MV}[\psi/(1-\psi)]} \tag{6-69}$$

式(6-69)假定 $\lambda=KV/L=1$ 和塔板上液体完全混合，以至夹带液体的组成与流向下一块塔板的液体组成相同。对给定的夹带比 ψ，E_{MV} 的数值越大，夹带的影响也越大。对 $E_{MV}=1.0$ 和 $\psi=0.1$，"湿"效率为 0.90。无法获得类似于式(6-69)的考虑漏液影响的方程，因为这种影响在很大程度上取决于塔板上液体的混合程度和在整个塔板活动区域上的漏液分布。如果留液只发生在降液管附近，将观察不到 E_{MV} 数值的下降。

降液管中的清液高度总是大于塔板上的清液高度，因为参考图 6.3 可知，降液管内整个泡沫层的压差等于液体进入降液管的塔板的总压降加上降液管挡板下液体流动的压头损失。于是，降液管中的清液压头为

$$h_{dc}=h_t+h_l+h_{da} \tag{6-70}$$

式中 h_t 由式(6-49)计算，而 h_l 由式(6-51)计算，并假定水力梯度可忽略。以英寸液柱表示的液体在降液管下流动的压头损失 h_{da} 可用经验的孔板方程估算：

$$h_{da}=0.03\left(\frac{q_L}{100A_{da}}\right)^2 \tag{6-71}$$

式中 q_L 为以 gpm 表示的液体流量，而 A_{da} 为以 ft^2 表示的降液管挡板下的液体流动面积。如果挡板下的开口高度(通常为 0.5in.，小于 h_w)为 h_a，那么 $h_{ad}=L_wh_a$。降液管内的泡沫层高度为

$$h_{df}=h_{da}/\phi_{df} \tag{6-72}$$

式中泡沫密度 ϕ_{df} 可保守地取为 0.5。

例 6.8

利用例 6.5、例 6.6 和例 6.7 的数据，估计夹带量、降液管内的泡沫层高度和是否会发生漏液。

解

漏液判据：由例 6.6，

$$h_d=1.56\ \text{in.}\qquad h_\sigma=0.36\text{in.}\qquad h_l=0.70\text{in.}$$

由式(6-68)，

$$1.56+0.36>0.70$$

因此，如果活动区域的液面是均匀的，不会发生漏液。

夹带：由例 6.5，

$$F_{LV}=0.016$$

由例 6.7，

$$f=0.59$$

由图 6.28，$\psi=0.06$。因此，对由例 6.7 得到的 $L=155$，夹带量为 $0.06\times155=9.3$kmol/h。假定对由例 6.7 得到的 $\lambda=0.662$ 和 $E_{MV}=0.78$，式(6-69)是足够精确的，ψ 对 E_M 的影响由下式给出

$$\frac{E_{MV,wet}}{E_{MV}}=\frac{1}{1+0.78\times0.06/0.94}=0.95$$

或

$$E_{MV,wet}=0.95\times0.78=0.74$$ [1]

降液管阻塞：

由例 6.6，$h_t=2.26$in.

由例 6.7，$L_w=28.7$in.

由例 6.6，$h_w=2.0$in.

假定 $h_a=2.0-0.5=1.5$in.，那么

$$A_{da}=L_w h_a=28.7\times1.5=43.1\text{in.}^2=0.299\text{ft}^2$$

由例 6.6，$q_L=12.9$gpm

由式(6－71)，

$$h_{da}=0.03\times\left[\frac{12.9}{100\times0.299}\right]^2=0.006\text{in.}$$

由式(6－70)，

$$h_{dc}=2.62+0.70+0.006=3.33\text{in. 清液高度}$$

由式(6－72)，

$$h_{dt}=\frac{3.33}{0.5}=6.66\text{in. 降液管泡沫层高度}$$

根据上述结果，对本问题既不会发生漏液，也不会发生降液管阻塞。估计板效率将由于夹带损失 5%。

6.7 用于填料塔的以速率为基础的方法

常在填料塔内进行吸收和汽提，尤其当：(1)需要的塔径为 2ft 或以下；(2)压降必须低，如对真空操作；(3)腐蚀考虑倾向采用陶瓷或高分子材料；(4)要求低持液量。为克服板式塔的处理量限制进行的改造往往倾向于采用规整填料，而不用乱堆填料。

填料塔是连续微分接触设备，塔内没有板式塔中物理性质存在显著区别的级。于是，对填料塔最好根据传质考虑进行分析，而不采用本章前几节对板式塔讨论的平衡级概念。

尽管如此，实际上，还是经常根据称为 HETP 或 HETS 的相当于一块理论板(一个平衡级)的填料高度的当量平衡级概念对填料塔的性能进行分析，HETP 定义为

$$\text{HETP}=\frac{\text{填料高度}}{\text{当量平衡级数}}=\frac{l_T}{N_T} \tag{6-73}$$

遗憾的是，HETP 的概念没有理论基础。因此，虽然 HETP 的数值可与传质系数相关联，但是最好利用实验室或工业规模塔的实验数据由式(6－73)反算获得此数值。为了说明 HETP 概念的应用，考虑涉及用水吸收回收富 CO_2 气体中的乙醇的例 6.1。已求得需要的平衡级数略大于 6，例如为 6.1。假定经验表明，如果在填料塔内采用直径为 1.5in. 的金属

[1] 原文误为 $E_{MV}=0.95\times0.78=0.74$——译者注。

鲍尔环，平均 HETP 将达到 2.25ft。由式(6－73)可知，需要的填料高度 l_T 为 $l_T=2.25\times 6.1=13.7$ft。如果采用 Intalox IMTP ＃40 乱堆填料，HETP 可能为 2.0ft，给出 $l_T=12.3$ft。如果采用 Mellapak 250Y 波纹金属板规整填料，HETP 可能只有 1.2ft，给出 $l_T=7.3$ft。

对填料塔，最好用涉及液相和气相传质系数的更有理论基础的方法确定填料高度。对平衡级级联，气相和液相逆流通常优于并流。考虑图 6.29 所示的类似于图 6.8 中的板式塔的填料高度为 l_T 的逆流填料塔。对填料吸收塔和汽提塔，可利用摩尔分率和总摩尔流量导出与 6.3 节相似的操作线方程。于是，对图 6.29(a)中的填料塔，由上部曲线包围部分的溶质物料衡算给出

$$x_{in}L_{in}+yV_l=xL_l+y_{out}V_{out} \tag{6-74}$$

或假定为稀溶液使 $V_l=V_{in}=V_{out}=V$ 和 $L_l=L_{in}=L_{out}=L$，求解得到 y

$$y=x\left(\frac{L}{V}\right)+y_{out}-x_{in}\left(\frac{L}{V}\right) \tag{6-75}$$

类似地，对图 6.29(b)中的汽提塔有

$$y=x\left(\frac{L}{V}\right)+y_{in}-x_{out}\left(\frac{L}{V}\right) \tag{6-76}$$

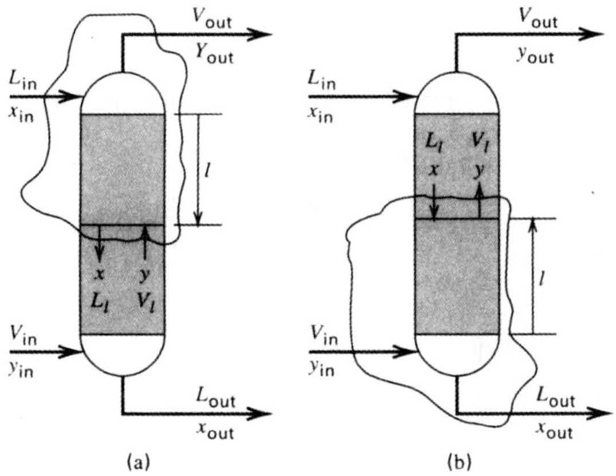

图 6.29　逆流填料塔

(a) 吸收塔；(b) 汽提塔

式(6－74)到式(6－76)中，摩尔分率 x 和 y 分别表示在塔的填料段的任何高度上相互接触的气相和液相物流的主体组成。就吸收而言，由于溶质从气相物流传递到液相物流，可如图 6.30 所示，应用 3.7 节中讨论的双膜理论。在每层膜内均存在浓度梯度。在两相界面上，假定达到物理平衡。于是，如对板式塔，在填料塔内操作线和平衡线也具有重要意义。对给定的问题规定，这两条线位置的确定与该塔为板式塔还是填料塔无关。于是，确定填料塔内最小吸收剂液体或汽提剂气体流量的方法，与 6.3 节中讨论，并用图 6.9 说明的用于板式塔的方法相同。

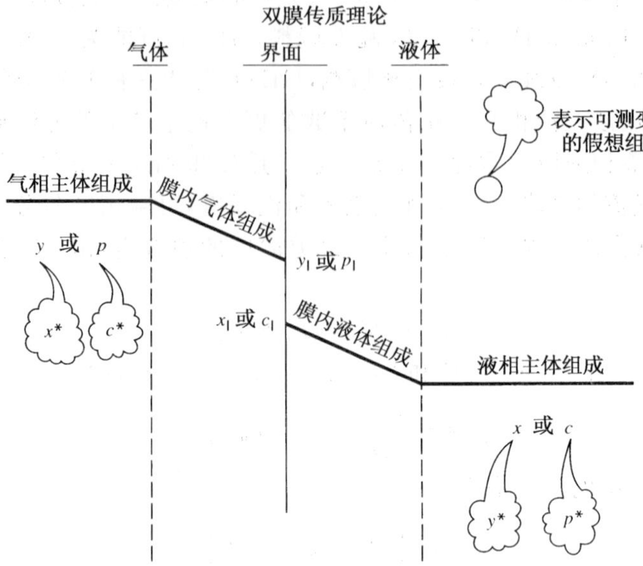

图 6.30　用主体性质表示界面性质

填料塔内吸收或汽提的传质速率可用各相的传质系数表示。虽然可采用基于单位传质面积的系数 k，但填料层的传质面积是很难确定的。因此，如同板式塔泡沫层内的传质，通常均采用体积传质系数 ka，这里数量 a 表示单位体积填料层的传质面积。在没有化学反应的吸收塔定态操作时，因为各组分摩尔数守恒，通过气膜的溶质传质速率必定等于通过液膜的传质速率。如果系统对溶质为低浓度，单分子扩散(UMD)可用第 3 章中讨论的用于等摩尔逆向扩散(EMD)的比较简单的方程近似处理。如图 6.30 所示，单位体积填料层的传质速率 r 可用两相中任一相的摩尔分率推动力，或气相分压推动力和液相浓度推动力表示。对于吸收，采用前者时，用下标 I 表示界面，有：

$$r = k_y a(y - y_{\mathrm{I}}) = k_x a(x_{\mathrm{I}} - x) \tag{6-77}$$

界面组成取决于体积传质系数的比值 $k_x a / k_y a$，因为式(6-77)可整理为

$$\frac{y - y_{\mathrm{I}}}{x - x_{\mathrm{I}}} = -\frac{k_x a}{k_y a} \tag{6-78}$$

于是，从操作线上的点(y, x)画一条斜率为$-k_x a/k_y a$ 的直线与平衡线交于点$(y_{\mathrm{I}}, x_{\mathrm{I}})$。结果如图 6.31 所示。

斜率$-k_x a/k_y a$ 确定两相的相对传质阻力。在图 6.31 中距离 AE 是气相推动力$(y - y_{\mathrm{I}})$，而 AF 是液相推动力$(x_{\mathrm{I}} - x)$。如果气相传质阻力很小，y_{I} 近似等于 y。那么，阻力全部在液相内。对溶质仅微溶于液相(即溶质具有大的 K 值)的吸收，将发生这种情况，并称为液膜阻力控制的过程。另一种情况是，如果液相阻力很小，x_{I} 近似等于 x。对溶质易溶于液相(即溶质具有小的 K 值)的吸收，将发生这种情况，并称为气膜阻力控制的过程。知道两相阻力之一是否为控制阻力具有重要意义。如果是这种情况，可通过促进控制相的湍流和/或增大控制相的分散提高传质速率。

为避免确定两相界面组成的要求，可利用气相或液相的总推动力定义总体积传质系数。于是，对摩尔分率推动力，

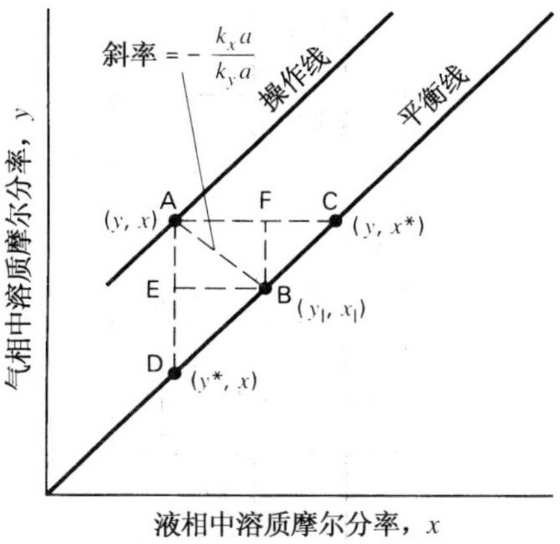

图 6.31　利用传质系数比确定界面组成

$$r=K_ya(y-y^*)=K_xa(x^*-x) \tag{6-79}$$

如图 6.31 所示，式中 y^* 为与液相主体摩尔分率 x 平衡的虚拟气相摩尔分率；而 x^* 为与气相主体摩尔分率 y 平衡的虚拟液相摩尔分率。将式(6－77)到式(6－79)相结合，可用两相的分传质系数表示总传质系数。于是，

$$\frac{1}{K_ya}=\frac{1}{k_ya}+\frac{1}{k_xa}\left(\frac{y_I-y^*}{x_I-x}\right) \tag{6-80}$$

和

$$\frac{1}{K_xa}=\frac{1}{k_xa}+\frac{1}{k_ya}\left(\frac{x^*-x_I}{y-y_I}\right) \tag{6-81}$$

但是，由图 6.31 可知，对稀溶液当平衡曲线近似为通过原点的直线时，

$$\frac{y_I-y^*}{x_I-x}=\frac{\overline{ED}}{\overline{BE}}=K \tag{6-82}$$

和

$$\frac{x^*-x_I}{y-y_I}=\frac{\overline{CF}}{\overline{FB}}=\frac{1}{K} \tag{6-83}$$

式中 K 为溶质的 K 值。将式(6－80)与式(6－82)相结合，式(6－81)与式(6－83)相结合，得：

$$\frac{1}{K_ya}=\frac{1}{k_ya}+\frac{K}{k_xa} \tag{6-84}$$

和

$$\frac{1}{K_xa}=\frac{1}{k_xa}+\frac{1}{Kk_ya} \tag{6-85}$$

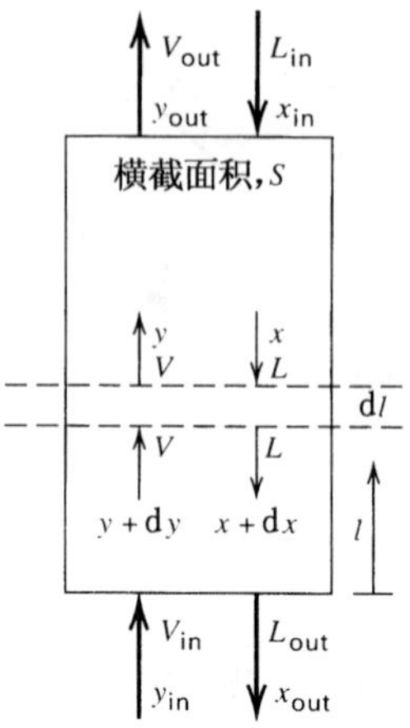

图 6.32　逆流填料吸收塔内的微分接触

塔内填料高度的确定通常涉及总气相传质系数 K_ya，因为液相通常对溶质具有强亲和力，所以传质阻力主要在气相。这与板式塔类似，由传质考虑的板效率通常以 $K_{OG}a$ 和 N_{OG} 为依据。考虑图 6.32 中的逆流吸收塔。对低浓度系统，对微分填料高度 dl 所作的被吸收溶质的微分物料衡算给出

$$-V\mathrm{d}y = K_ya(y-y^*)S\mathrm{d}l \tag{6-86}$$

式中 S 为塔的内横截面积。采用积分形式，将常数项放在积分号外，式(6-86)变为

$$\frac{K_yaS}{V}\int_0^{l_T}\mathrm{d}l = \frac{K_yaSl_T}{V} = \int_{y_{out}}^{y_{in}}\frac{\mathrm{d}y}{y-y^*} \tag{6-87}$$

求解填料高度给出

$$l_T = \frac{V}{K_yaS}\int_{y_{out}}^{y_{in}}\frac{\mathrm{d}y}{y-y^*} \tag{6-88}$$

Chilton 和 Colburn[43]建议将式(6-88)的右边写成两项的乘积：

$$l_T = H_{OG}N_{OG} \tag{6-89}$$

其中

$$H_{OG} = \frac{V}{K_yaS} \tag{6-90}$$

和

$$N_{OG} = \int_{y_{out}}^{y_{in}}\frac{\mathrm{d}y}{y-y^*} \tag{6-91}$$

如果将式(6-89)与式(6-73)相比，可见 H_{OG} 相当于 HETP，而 N_{OG} 相当于 N_T。

H_{OG} 项称为基于气相的总传质单元高度(HTU)。实验数据表明 HTU 随 V 的变化小于随 K_ya 的变化。HTU 越小，接触越有效。N_{OG} 项称为基于气相的总传质单元数(NTU)。它表示摩尔分率的总变化除以平均摩尔分率推动力。NTU 越大，需要的接触程度越大。

首先由 Colburn[44]对式(6-91)进行积分。利用线性平衡条件 $y^*=Kx$ 估算 y^*，再利用线性的溶质物料衡算操作线消去 x，结果为

$$\int_{y_{out}}^{y_{in}}\frac{\mathrm{d}y}{y-y^*} = \int_{y_{out}}^{y_{in}}\frac{\mathrm{d}y}{(1-KV/L)y+y_{out}(KV/L)-Kx_{in}} \tag{6-92}$$

令 $L/(KV)=A$ 为吸收因子，积分式(6 - 88)给出

$$N_{OG}=\frac{\ln\{[(A-1)][(y_{in}-Kx_{in})/(y_{out}-Kx_{in})]+(1/A)\}}{(A-1)/A} \tag{6-93}$$

利用式(6 - 93)和式(6 - 90)，可由式(6 - 89)确定需要的填料高度 l_T。但是，当 $A<0.9$ 时，式(6 - 93)是非常灵敏的。

NTU(如 N_{OG})和 HTU(如 H_{OG})不应与平衡(理论)级数 N_t 和 HETP 混淆。但是，当操作线和平衡线不仅均为直线，而且相互平行时，NTU = N_t 和 HTU = HETP。否则，如图 6.33所示，对吸收而言，NTU 可大于或小于 N_t。当操作线和平衡线为直线，但不平行时，那么

$$\text{HETP}=H_{OG}\frac{\ln(1/A)}{(1-A)/A} \tag{6-94}$$

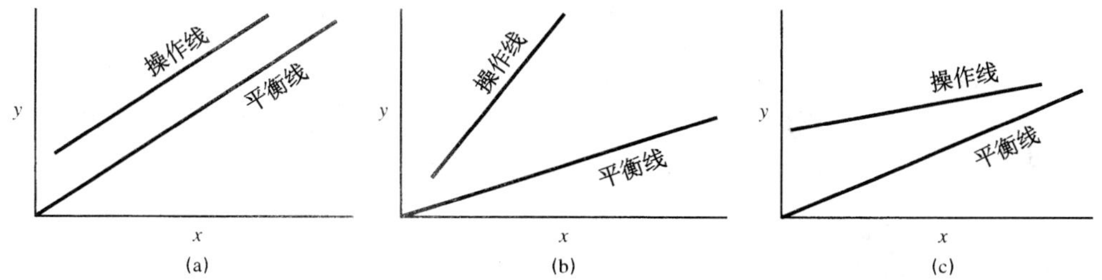

图 6.33　NTU 和理论级数 N_t 之间的关系

(a) NTU = N_t；(b) NTU > N_t；(c) NTU < N_t

以及

$$N_{OG}=N_t\frac{\ln(1/A)}{(1-A)/A} \tag{6-95}$$

虽然 HTU 和 NTU 最常见的应用是基于式(6 - 89)到式(6 - 91)和式(6 - 93)，但根据选用的传质推动力，和总基准为如上所述的气相，还是采用 H_{OL} 和 N_{OL} 的液相，还可采用其他多种可供选用的组合。这些组合汇总在表 6.7 中。表中的推动力包括基于分压 p；摩尔比 X、Y；浓度 c 和摩尔分率 x、y。为供本章最后一节参考，表 6.7 中还包括当溶质不是低浓度时单分子扩散(UMD)的各种组合。常常需要将基于一类推动力的传质系数转化为基于另一类推动力的传质系数。表 3.15 列出了不同传质系数之间的关系。这些关系包括基于浓度和摩尔分率推动力的系数。此外，对气相还包括分压推动力。

例 6.9

对采用 1.5in. 金属鲍尔环的填料塔中的吸收，重做例 6.1。如果 $H_{OG}=2.0$ft，计算需要的填料高度。

解

由例 6.1 得 $V=180$ kmol/h，$L=151.5$ kmol/h，$y_{in}=0.020$，$x_{in}=0.0$ 和 $K=0.57$。对乙醇回收率 97%，由物料衡算得

表 6.7 各种可供选用的传质系数组合

推动力	传质单元高度,HTU			传质单元数,NTU		
	符号	EM 扩散或低浓度 UM 扩散	UM 扩散	符号	EM 扩散①或低浓度 UM 扩散	UM 扩散
1. $(y-y^*)$	H_{OG}	$\frac{V}{K_y aS}$	$\frac{V}{K'_y a(1-y)_{LM}S}$	N_{OG}	$\int\frac{dy}{(y-y^*)}$	$\int\frac{(1-y)_{LM}dy}{(1-y)(y-y^*)}$
2. $(p-p^*)$	H_{OG}	$\frac{V}{K_G aPS}$	$\frac{V}{K'_G a(1-y)_{LM}PS}$	N_{OG}	$\int\frac{dp}{(p-p^*)}$	$\int\frac{(P-p)_{LM}dp}{(P-p)(p-p^*)}$
3. $(Y-Y^*)$	H_{OG}	$\frac{V'}{K_Y aS}$	$\frac{V'}{K_Y aS}$	N_{OG}	$\int\frac{dY}{(Y-Y^*)}$	$\int\frac{dY}{(Y-Y^*)}$
4. $(y-y_I)$	H_G	$\frac{V}{k_y aS}$	$\frac{V}{k'_y a(1-y)_{LM}S}$	N_G	$\int\frac{dy}{(y-y_I)}$	$\int\frac{(1-y)_{LM}dy}{(1-y)(y-y_I)}$
5. $(p-p_I)$	H_G	$\frac{V}{k_p aPS}$	$\frac{V}{k'_p a(P-p)_{LM}S}$	N_G	$\int\frac{dp}{(p-p_I)}$	$\int\frac{(P-p)_{LM}dp}{(P-p)(p-p_I)}$
6. (x^*-x)	H_{OL}	$\frac{L}{K_x aS}$	$\frac{L}{k'_x a(1-x)_{LM}S}$	N_{OL}	$\int\frac{dx}{(x^*-x)}$	$\int\frac{(1-x)_{LM}dx}{(1-x)(x^*-x)}$
7. (c^*-c)	H_{OL}	$\frac{L}{K_L a(\rho_L/M_L)S}$	$\frac{L}{k'_L a(\rho_L/M_L-c)_{LM}S}$	N_{OL}	$\int\frac{dc}{(c^*-c)}$	$\int\frac{(\rho_L/M_L-c)_{LM}dx}{(\rho_L/M_L-c)(c^*-c)}$
8. (X^*-X)	H_{OL}	$\frac{L'}{K_X aS}$	$\frac{L'}{K_X aS}$	N_{OL}	$\int\frac{dX}{(X^*-X)}$	$\int\frac{dX}{(X^*-X)}$
9. (x_I-x)	H_L	$\frac{L}{K_x aS}$	$\frac{L}{k'_x a(1-x)_{LM}S}$	N_L	$\int\frac{dx}{(x_I-x)}$	$\int\frac{(1-x)_{LM}dx}{(1-x)(x_I-x)}$
10. (c_I-c)	H_L	$\frac{L}{K_L a(\rho_L/M_L)S}$	$\frac{L}{k'_L a(\rho_L/M_L-c)_{LM}S}$	N_L	$\int\frac{dc}{(c_I-c)}$	$\int\frac{(\rho_L/M_L-c)_{LM}dc}{(\rho_L/M_L-c)(c_I-c)}$

① 代入 $K_y=K_y^* y_{B_{LM}}$ 或相当量。

$$y_{out}=\frac{0.03\times0.02\times180}{180-0.97\times0.02\times180}=0.000\ 612$$

$$A=\frac{L}{KV}=\frac{151.1}{0.57\times180}=1.477$$

$$\frac{y_{in}}{y_{out}}=\frac{0.020}{0.000\ 612}=32.68$$

由式(6－93)得

$$N_{OG}=\frac{\ln\{[(1.477-1)/1.477]\times32.68+(1/1.477)\}}{(1.477-1)/1.477}=7.5\text{ 个传质单元}$$

由式(6－89)得填料高度为

$$l_T=2.0\times7.5=15\ \text{ft}$$

注意对本例 N_t 已在例 6.1 中确定为 6.1。因为操作线斜率 L/G 大于平衡线斜率 K,所以图 6.33(b)适用,N_{OG} 为 7.5 大于 N_t。

例 6.10

已获得在横截面积为 1.5m^2,填料高度为 3.5m 的填料塔内用清水吸收含 1.6 %(vol)SO_2 的空气的实验数据。气体和液体的进口流量分别为 0.062 和 2.2kmol/s。如果出口气体中 SO_2 的摩尔分率为 0.004,而该塔的操作温度接近环境温度,有 $K_{SO_2}=40$,由这些数据计算:

(a) SO_2 吸收的 N_{OG}

(b) 以米为单位的 H_{OG}

(c) SO_2 的体积总传质系数 $K_y a$,单位为 kmol/[m^3 · s · (Δy)]

解

(a) 因为本系统对 SO_2 为低浓度,假定操作线为直线,

$$A=\frac{L}{KV}=\frac{2.2}{40\times 0.062}=0.89, y_{in}=0.016$$

$$y_{out}=0.004, x_{in}=0.0$$

由式(6－93)得，

$$N_{OG}=\frac{\ln\{[(0.89-1)/0.89](0.016/0.004)+(1/0.89)\}}{(0.89-1)/0.89}=3.75$$

(b) $l_T=3.5\text{m}$，由式(6－89)得，$H_{OG}=l_T/N_{OG}=3.5/3.75=0.93\text{m}$

(c) $V=0.062\ \text{kmol/s}$，$S=1.5\ \text{m}^2$

由式(6－90)得，$K_ya=V/H_{OG}S=0.062/(0.93\times 1.5)=0.44\text{kmol}/[\text{m}^3\cdot \text{s}\cdot(\Delta y)]$

例 6.11

在 30℃和 20atm 下用水吸收由含 2%(mol)环氧乙烷的惰性气体组成的反应器气相出口物流。总气体进口流量为 2500 lbmol/h，而进入吸收塔的水流量为 3500 lbmol/h。塔径为 4ft，塔内设两段高度均为 12ft，装有 1.5in. 金属鲍尔环的填料层。在两段填料层间设有液体再分布器。在该吸收塔的操作条件下，环氧乙烷的 K 值为 0.85，而 k_ya 和 k_xa 的估计值分别为 200 lbmol/[ft³·s·Δy]和 165 lbmol/[ft³·s·Δx]。

计算：(a) K_ya；(b) H_{OG}。

解

由式(6－84)得

$$K_ya=\frac{1}{(1/k_ya)+(K/k_xa)}=\frac{1}{(1/200)+(0.85/165)}$$

$$=98.5\ \text{lbmol}/[\text{ft}^3\cdot \text{s}\cdot \Delta y]$$

(b) $S=3.14(4)^2/4=12.6\ \text{ft}^2$

由式(6－90)得 $H_{OG}=V/K_ya\ S=2\,500/(98.5\times 12.6)=2.02\ \text{ft}$

注意在本例中气相和液相阻力都是重要的。

H_{OG}的值也可用表 6.7 中的方程由 H_G 和 H_L 的值计算：

$$H_G=V/k_ya\ S=2\,500/(200\times 12.6)=1.0\ \text{ft}$$

$$H_L=V/k_xa\ S=2\,500/(165\times 12.6)=1.68\ \text{ft}$$

将这两式和式(6－90)代入式(6－84)给出如下用 H_G 与 H_L 表示的 H_{OG} 的关系式：

$$H_{OG}=H_G+H_L/A \tag{6-96}$$

$$A=L/KV=3\,500/(0.85\times 2\,500)=1.65$$

$$H_{OG}=1.0+1.68/1.65=2.02\ \text{ft}$$

6.8　填料塔的效率、处理量和压降

体积传质系数和相应的 HTU 的数值取决于填料塔中单位横截面积的气相和/或液相流量。因此，在确定需要的填料高度前，必须估算塔径。对给定系统、填料和操作条件，适当塔径的估算需要考虑持液量、液泛和压降。

6.8.1 持液量

直径为0.15m，装有高度为1.5m的1in.金属Bialecki环填料，在25℃和1bar下操作的填料塔，作为表观气速和表观液(水)速函数的以每米填料高度米水柱压头表示的比压降，和以每立方米填料层立方米表示的比持液量的典型实验曲线分别如图6.34和图6.35所示，这些曲线取自Billet[45]的著作，并为Stichlmair、Bravo和Fair[46]采用。在图6.34中，最下面的曲线对应于零液体流量，即为干填料压降。在约10倍表观空气速度(无填料时空气的速度)的范围内，空气向上流动通过填料的压降正比于空气速度的1.86次方。随着通过填料向下流动的液体流量的增加，对给定空气速度、气相压降也增加。但是，在某极限气速以下，每种液速的曲线是平行于干填料压降曲线的直线。在此区域内，如图6.35所示，每种液速的持液量为常数。于是，对液速40m/h，知道表观气速达到1.0m/s①，比持液量始终为0.08m^3/m^3填料层。气体通过的填料塔空隙率ε不是0.94(对应于零液体流量)，实际空隙率因持液量而减小为0.94－0.08＝0.86，这导致压降增加。对给定液体速度，保持恒定持液量的气速的上限称为**载点**。在载点以下，气相为连续相。在载点以上，液体开始积累或代替气体占据填料层，这将导致压降急剧上升。最后，气速增加到使填料层顶端的液体形成连续表面，塔发生液泛。在**液泛点**，逆流气体的曳力已足以带走全部液体。图6.35中还包括了载点和液泛点的近似轨迹。

载点和泛点之间的区域为**负载区**，在此区域内可观察到明显的液体夹带、持液量急剧增大，传质效率下降，而塔的操作是不稳定的。按照Billet[45]的著作，载点气速通常约为泛点气速的70%。虽然填料塔可以在负载区操作，但大多数填料塔被设计成在载点以下的**预负载区**操作。

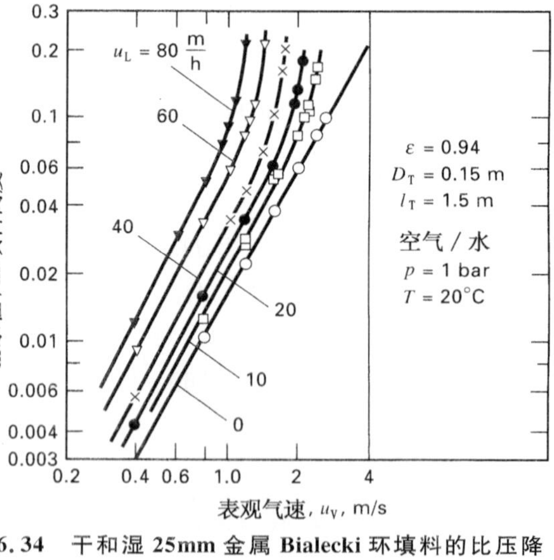

图6.34 干和湿25mm金属Bialecki环填料的比压降

[经允许取自R. Billet, *Packed Column Analysis and Design*, Ruhr－University Bochum (1989)]

① 原文误为1.0m/h——译者注。

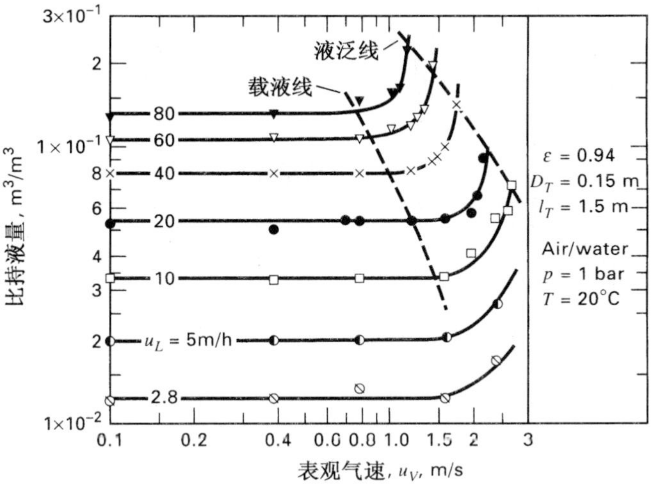

图 6.35　干和湿的 25mm 金属 Bialecki 环填料的比持液量

［经允许取自 R. Billet, *Packed Column Analysis and Design*, Ruhr - University Bochum (1989)］

对各种乱堆和规整填料及许多气-液系统，已由 Billet 和 Schultes[47,69]的广泛实验求得取决于填料特性及液体黏度、密度和表观液体速度 u_L 的预负载区的比持液量，其无量纲表示式为

$$h_L = \left(12 \frac{N_{Fr_L}}{N_{Re_L}}\right)^{1/3} \left(\frac{a_h}{a}\right)^{2/3} \tag{6-97}$$

式中

$$N_{Re_L} = \text{液体雷诺数} = \frac{\text{惯性力}}{\text{黏性力}} = \frac{u_L \rho_L}{a \mu_L} = \frac{u_L}{a v_L} \tag{6-98}$$

其中 v_L 为动力黏度。

$$N_{Fr_L} = \text{液体 Froude 数} = \frac{\text{惯性力}}{\text{重力}} = \frac{u_L^2}{g} \tag{6-99}$$

填料的比水力面积 a_h 与比表面积 a 之比由下列两式给出

$$a_h/a = C_h N_{Re_L}^{0.15} N_{Fr_L}^{0.1} \quad \text{对 } N_{Re_L} < 5 \tag{6-100}$$

$$a_h/a = 0.85 C_h N_{Re_L}^{0.25} N_{Fr_L}^{0.1} \quad \text{对 } N_{Re_L} \geqslant 5 \tag{6-101}$$

a_h/a 的数值大于 1 是合理的，因为除覆盖填料表面的液流外，还会产生液滴和射流[70]。

a 和 C_h 的数值是特定类型和尺寸填料的特性，与填料空隙率 ε 及其他填料常数一起列于表 6.8。因为如图 6.35 中所看到的，在预负载区内比持液量为常数，所以式(6 - 97)未包括气相性质或气体速度。

低液体速度时，持液量可能变得非常小，以至填料不能完全润湿。当发生这种情况时，填料效率将急剧降低，尤其对高表面张力的水溶液系统。为保证填料被适当润湿，应采用经证明有效的液体分布器和再分布器，而且表观液体速度应大于下列数值：

填料材料类别	u_{Lmin}，m/s	填料材料类别	u_{Lmin}，m/s
陶瓷	0.000 15	光亮的金属	0.000 9
氧化或浸蚀的金属	0.000 3	塑料	0.001 2

表 6.8 填料特性

填　料	取自 Billet 著作的特性										
	材料	尺寸	F_P,ft^2/ft^3	a，m^2/m^3	ε，m^3/m^3	C_h	C_P	C_L	C_V	C_s	C_{Fl}
乱堆填料											
贝尔鞍形	陶瓷	25mm	110	260.0	0.680	0.620		1.246	0.387		
贝尔鞍形	陶瓷	13mm	240	545.0	0.650	0.833		1.364	0.232		
Bialecki 环	金属	50mm		121.0	0.966	0.798	0.719	1.721	0.302	2.916	1.896
Bialecki 环	金属	35mm		155.0	0.967	0.787	1.011	1.412	0.390	2.753	1.885
Bialecki 环	金属	25mm		210.0	0.956	0.692	0.891	1.461	0.331	2.521	1.856
DIN－PAK 环	塑料	70mm		110.7	0.938	0.991	0.378	1.527	0.326	2.970	1.912
DIN－PAK 环	塑料	47mm		131.2	0.923	1.173	0.514	1.690	0.354	2.929	1.991
Envi Pac 环	塑料	80mm，no.3		60.0	0.955	0.641	0.358	1.603	0.257	2.846	1.522
Envi Pac 环	塑料	60mm，no.2		98.4	0.961	0.794	0.338	1.522	0.296	2.987	1.864
Envi Pac 环	塑料	32mm，no.1		138.9	0.936	1.039	0.549	1.517	0.459	2.944	2.012
Glitsch 环	金属	30PMK		180.5	0.975	0.930	0.851	1.920	0.450	2.694	1.900
Glitsch 环	金属	30P		164.0	0.959	0.851	1.056	1.577	0.398	2.564	1.760
Glitsch CMR 环	金属	1.5”		174.9	0.974	0.935	0.632			2.697	1.841
Glitsch CMR 环	金属	1.5”，T		188.0	0.972	0.870	0.627			2.790	1.870
Glitsch CMR 环	金属	1.0”		232.5	0.971	1.040	0.641			2.703	1.996
Glitsch CMR 环	金属	0.5”		356.0	0.952		0.882	2.038	0.495	2.644	2.178
Cascade 微型环	金属	30PMK		180.2	0.975	0.930					
Cascade 微型环	金属	30P		168.9	0.958	0.851					
Cascade 微型环	金属	1.5”CMR，T		188.0	0.972	0.870					
Cascade 微型环	金属	1.5”CMR	29	174.9	0.974	0.935					
Cascade 微型环	金属	1.0”CMR	40	232.5	0.971	1.040					
Cascade 微型环	金属	0.5CMR		356.0	0.955	1.338					
Hackettes	塑料	45mm		139.5	0.928	0.643					
Hiflow 环	陶瓷	75mm	15	54.1	0.868						
Hiflow 环	陶瓷	50mm	29	89.7	0.809						
Hiflow 环	陶瓷	38mm	37	111.8	0.788						
Hiflow 环	陶瓷	20mm，6stg.		265.8	0.776	0.958					
Hiflow 环	陶瓷	20mm，4stg.		261.2	0.779	1.167	0.628	1.744	0.465		
Hiflow 环	金属	50mm	16	92.3	0.977	0.876	0.421	1.168	0.408	2.702	1.626
Hiflow 环	金属	25mm	42	202.9	0.962	0.799	0.689	1.641	0.402	2.918	2.177
Hiflow 环	塑料	90mm	9	69.7	0.968		0.276				
Hiflow 环	塑料	50mm，hydr.		118.4	0.925		0.311	1.553	0.369	2.894	1.871
Hiflow 环	塑料	50mm	20	117.1	0.924	1.038	0.327	1.487	0.345		
Hiflow 环	塑料	25mm		194.5	0.918		0.741	1.577	0.390	2.841	1.989
Hiflow 环，超级	塑料	50mm，S		82.0	0.942		0.414	1.219	0.342	2.866	1.702
Hiflow 鞍形	塑料	50mm		86.4	0.938		0.454				
Intalox 鞍形	陶瓷	50mm	40	114.6	0.761		0.747				
Intalox 鞍形	塑料	50mm	28	122.1	0.908		0.758				
NORPAC 环	塑料	50mm	14	86.8	0.947	0.651	0.350	1.080	0.322	2.959	1.786
NORPAC 环	塑料	35mm	21	141.8	0.944	0.587	0.371	0.756	0.425	3.179	2.242

续表

填　料	取自 Billet 著作的特性										
	材料	尺寸	F_P,ft^2/ft^3	a, m^2/m^3	ε, m^3/m^3	C_h	C_P	C_L	C_V	C_s	C_{Fl}
乱堆填料											
NORPAC 环	塑料	25mm,B 型		202.0	0.953	0.601	0.397	0.883	0.366	3.277	2.472
NORPAC 环	塑料	25mm,10stg		197.9	0.920		0.383	0.976	0.410	2.865	2.903
NORPAC 环	塑料	25mm	31	180.0	0.927	0.601					
NORPAC 环	塑料	22mm		249.0	0.913		0.397				
NORPAC 环	塑料	15mm		311.4	0.918	0.343	0.365				
鲍尔环	陶瓷	50mm	43	155.2	0.754	1.066	0.233	1.278	0.333	3.793	3.024
鲍尔环	金属	50mm	27	112.6	0.951	0.784	0.763	1.192	0.410	2.725	1.580
鲍尔环	金属	35mm	40	139.4	0.965	0.644	0.967	1.012	0.341	2.629	1.679
鲍尔环	金属	25mm	56	223.5	0.954	0.719	0.957	1.440	0.336	2.627	2.083
鲍尔环	金属	15mm	70	368.4	0.933	0.590	0.990				
鲍尔环	塑料	50mm	26	111.1	0.919	0.593	0.698	1.239	0.368	2.816	1.757
鲍尔环	塑料	35mm	40	151.1	0.906	0.718	0.927	0.856	0.380	2.654	1.742
鲍尔环	塑料	25mm	55	225.0	0.887	0.528	0.865	0.905	0.446	2.696	2.064
Raflux 环	塑料	15mm		307.9	0.894	0.491	0.595	1.913	0.370	2.825	2.400
Ralu 流动	塑料	15		165	0.940	0.640	0.485	1.486	0.360	3.612	2.401
Ralu 流动	塑料	1		100	0.945	0.640	0.350	1.270	0.320	3.412	2.174
Ralu 环	塑料	2		94.3	0.939	0.439		1.481	0.341		
Ralu 环	塑料	50mm,hydr		95.2	0.983	0.640	0.468	1.520	0.303	2.843	1.812
Ralu 环	塑料	50mm		150	0.930	0.640	0.672	1.320	0.333	2.843	1.812
Ralu 环	塑料	38mm		190	0.940	0.719	0.800	1.320	0.333	2.841	1.989
Ralu 环	金属	25mm		105	0.975	0.784	0.763	1.192	0.345	2.725	1.580
Ralu 环	金属	50mm		135	0.965	0.644	1.003	1.277	0.341	2.629	1.679
Ralu 环	金属	38mm		215	0.960	0.714	0.957	1.440	0.336	2.627	2.038
拉西环	碳素	25mm		202.2	0.720	0.623		1.379	0.471		
拉西环	陶瓷	25mm	179	190.0	0.680	0.577	1.329	1.361	0.412		
拉西环	陶瓷	15mm	380	312.0	0.690	0.648		1.276	0.401		
拉西环	陶瓷	10mm	1000	440.0	0.650	0.791		1.303	0.272		
拉西环	陶瓷	6mm	1600	771.9	0.620	1.094		1.130			
拉西环	金属	15mm	170	378.4	0.917	0.455					
拉西环	陶瓷	25		190.0	0.680	0.577	1.329	1.361	0.412	2.454	1.899
拉西超级环	金属	0.3		315	0.960	0.750	0.760	1.500	0.450	3.560	2.340
拉西超级环	金属	0.5		250	0.975	0.620	0.780	1.450	0.430	3.350	2.200
拉西超级环	金属	1		160	0.980	0.750	0.500	1.290	0.440	3.491	2.200
拉西超级环	金属	2		97.6	0.985	0.720	0.464	1.323	0.400	3.326	2.096
拉西超级环	金属	3		80	0.982	0.620	0.430	0.850	0.300	3.260	2.100
拉西超级环	塑料	2		100	0.960	0.720	0.377	1.250	0.337	3.326	2.096
Tellerettes	塑料	25mm	40	190.0	0.930	0.588	0.538	0.899		2.913	2.132
Top - Pak 环	铝	50mm		105.5	0.956	0.881	0.604	1.326	0.389	2.528	1.579
VSP 环	金属	50mm,no. 2		104.6	0.980	1.135	0.773	1.222	0.420	2.806	1.689
VSP 环	金属	25mm,no. 1		199.6	0.975	1.369	0.782	1.376	0.405	2.755	1.970
规整填料											
Euroform	塑料	PN - 110		110.0	0.936	0.511	0.250	0.973	0.167	3.075	1.975
Gempak	金属	A2 T - 304		202.0	0.977	0.678	0.344			2.986	2.099
Impulse	陶瓷	100		91.4	0.838	1.900	0.417	1.317	0.327	2.664	1.655
Impulse	金属	250		250.0	0.975	0.431	0.262	0.983	0.270	2.610	1.996
Koch - Sulzer	金属	CY	70								

续表

填 料	取自 Billet 著作的特性										
	材料	尺寸	F_P,ft²/ft³	a, m²/m³	ε, m³/m³	C_h	C_P	C_L	C_V	C_s	C_{Fl}
规整填料											
Koch – Sulzer	金属	BX	21								
Mellapak	塑料	250Y	22	250.0	0.970	0.554	0.292			3.157	2.464
Montz	金属	B1 – 100		100.0	0.987	0.626					
Montz	金属	B1 – 200		200.0	0.979	0.547	0.355	0.971	0.390	3.116	2.339
Montz	金属	B1 – 300	33	300.0	0.930	0.482	0.295	1.165	0.422	3.098	2.464
Montz	塑料	C1 – 200		200.0	0.954		0.453	1.006	0.412		
Montz	塑料	C2 – 200		200.0	0.900		0.481	0.739		2.653	1.973
Ralu Pak	金属	YC – 250		250.0	0.945	0.650	0.191	1.334	0.385	3.178	2.558

例 6.12

一吸收塔设计采用动力黏度为 20℃的水的动力黏度三倍的油吸收剂。表观液体速度为 0.01m/s,此值已可靠地高于完全润湿所需的最低值。表观气速将使该塔在预负载区内操作。考虑两种填料:(1)乱堆填料,50mm 的金属 Hiflow 环;(2)金属 Montz B1 – 200 规整填料。估计每种填料的比持液量。

解

由表 6.8

填料	$a/(m^2\cdot m^{-3})$	ε	C_h
50mm 的金属 Hiflow 环	92.3	0.977	0.876
金属 Montz B1 – 200	200.0	0.979	0.547

20℃时水的动力黏度 $v=\mu/\rho=1\times10^{-6}\,m^2/s$。因此,对油 $\mu/\rho=3\times10^{-6}\,m^2/s$。由式(6 – 98)和式(6 – 99),

$$N_{Re_L}=\frac{0.01}{3\times10^{-6}a}\qquad N_{Fr_L}=\frac{(0.01)^2a}{9.8}$$

因此,

填料	N_{Re_L}	N_{Fr_L}
Hiflow	36.1	0.000 942
Montz	16.67	0.002 04

由式(6 – 101),因为 $N_{Re_L}>5$,对 Hiflow 填料,$a_h=0.85\times0.876\times36.1^{0.25}\times0.000\,942^{0.1}=0.909$。对 Montz 填料,$a_h=0.85\times0.547\times16.67^{0.25}\times0.002\,04^{0.1}=0.506$。

由式(6 – 97),对 Hiflow 填料,

$$h_L=\left[\frac{12\times0.000\,942}{36.1}\right]^{1/3}\times0.909^{2/3}=0.063\,7\ m^3/m^3$$

对 Montz 填料,

$$h_L=\left[\frac{12\times0.020\,4}{16.67}\right]^{1/3}\times0.506^{2/3}=0.072\,2\ m^3/m^3$$

注意对 Hiflow 填料,液体流动将气体流动可获得的空隙率由 $\varepsilon=0.977$(表 6.8)减小为 $0.977-0.064=0.913\ m^3/m^3$。对 Montz 填料,则由 0.979 减小为 $0.907\ m^3/m^3$。

6.8.2　塔径和压降

大多数填料塔由圆筒形直立容器组成。塔径的确定应能可靠地避免液泛和在每英尺填料高度的压降不大于 1.5in. 水柱(相当于 0.054psi/ft 填料)的预负载区操作。此外，对乱堆填料，应选择公称直径不大于塔径的八分之一的填料；否则可能导致整个塔横截面上液体和气体流动分布不均，而且液体可能偏流至塔壁。

Sherwood 等[26]首先成功关联了气相和液相逆流的填料塔的液泛数据，他们采用与分别如图 6.24 和图 6.28 中讨论板式塔的液泛和夹带相同的液相对气相动能比 $F_{LV}=(LM_L/VM_V)(\rho_V/\rho_L)^{0.5}$。表观气相速度 u_V 被结合进无量纲项 $u_V^2a/g\varepsilon^3$，该无量纲项考虑了实际气速的平方 u_V^2/ε^2、可获得的流动体积除以填料润湿表面积的水力半径 $r_H=\varepsilon/a$ 和重力加速度 g，给出无量纲表示式 $u_V^2a/g\varepsilon^3=u_V^2F_P/g$。比值 a/ε^3 仅为填料的函数，并被称为填料因子 F_P。a、ε 和 F_P 的数值都包括在表 6.8 中。在某些情况下，F_P 是处理为经验常数的修正的填料因子，可由通用关联式拟合实验数据获得。Sherwood 等还添加了其他因子以考虑液体密度和黏度及气体密度。

1954 年，Leva[48]利用环形和鞍形填料的实验数据推广了 Sherwood 等[26]的液泛关联式以包括恒定压降线，所得到的曲线图称为通用压降关联(GPDC)。

现代版的 GPDC 曲线图为如图 6.36(a)所示的 Leva[49]曲线图。其横坐标为相同的 F_{LV} 参数，但纵坐标为下式

$$Y=\frac{u_V^2F_V}{g}\left(\frac{\rho_P}{\rho_{H_2O(L)}}\right)f\{\rho_L\}f\{\mu_L\} \tag{6-102}$$

式中 H_2O 的密度取为 62.4 lb/ft³，ρ_V 的单位相同。函数 $f\{\rho_L\}$ 和 $f\{\mu_L\}$ 为液体性质校正项，分别由图 6.36(b)和图 6.36(c)给出。

对给定的流体流量和物性，及给定的填料，GPDC 曲线图被用于计算液泛时的表观气速 u_{Vf}。然后选定液泛分率 f(通常为 0.5 到 0.7)，再由类似于式(6-44)的下式计算塔径：

$$D_T=\left(\frac{4VM_V}{fu_{V,f}\pi\rho_V}\right)^{0.5} \tag{6-103}$$

例 6.13

总流量为 40 lbmol/h 含 5%(mol)NH_3 的空气进入在 20℃ 和 1atm 下操作的填料塔，在塔内用流量为 3 000 lb/h 的水逆流吸收 90% 的氨。利用图 6.36 的 GPDC 曲线图估计表观气体液泛速度、以液泛速度的 70% 操作时塔的内径和对下列两种填料每英尺填料的压降：

(a) 1 英寸的陶瓷拉西环($F_P=179\ ft^2/ft^3$)

(b) 1 英寸的金属 IMTP 填料($F_P=41\ ft^2/ft^3$)

解

因为塔底的表观气速最高，按该处的条件进行计算。

进口气体：

$$M_V=0.95\times29+0.05\times17=28.4,\qquad V=40\ \text{lbmol/h}$$

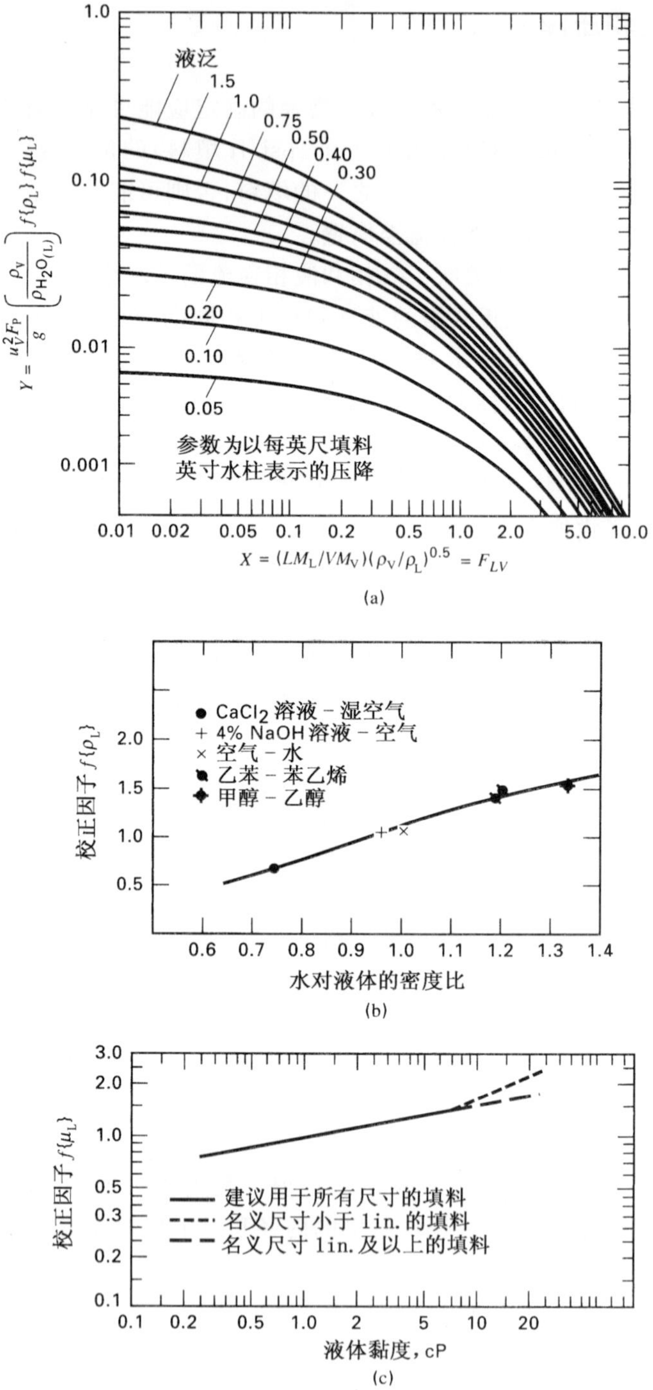

图 6.36 (a) Leva的填料塔通用压降关联式；(b) 液体密度校正因子；(c) 液体黏度校正因子

［经允许取自 M. Leva, *Chem. Eng. Prog.*, 88 (1), 65－71 (1992)］

$$\rho_V=pM_V/RT=1\times 28.4/(0.739\times 293\times 1.8)=0.0738\ \mathrm{lb/ft^3}$$

出口液体：

$$被吸收的氨=0.90\times 0.05\times 40\times 17=30.6\ \text{lb/h}\ 即\ 1.8\ \text{lbmol/h}$$

$$水的流量(忽略气体的汽提)=3\,000\ \text{lb/h}\ 即\ 166.7\ \text{lbmol/h}$$

$$氨的摩尔分率= 1.8/(166.7+1.8)=0.010\,7$$

$$M_L=0.010\,7\times 17+0.989\,3\times 18=17.9$$

$$L=1.8+166.7=168.5\ \text{lbmol/h}$$

取 $\rho_L=62.4\ \text{lb/ft}^3$ 和 $\mu_L=1.0\ \text{cP}$

现有

$$X=F_{LV}[图\ 6.36(a)中的横坐标]$$

$$=\frac{168.5\times 17.9}{40\times 28.4}\left(\frac{0.073\,8}{62.4}\right)^{0.5}=0.092$$

由图 6.36(a)得液泛时 $Y=0.125$

由图 6.36(b)得 $f\{\rho_L\}=1.14$

由图 6.36(c)得 $f\{\mu_L\}=1.0$

由式(6－102)得

$$u_V^2=0.125\left(\frac{g}{F_P}\right)\frac{62.4}{0.073\,8\times 1.14\times 1.0}=92.7g/F_P$$

采用 $g=32.2\ \text{ft/s}^2$

填料	$F_P/(\text{ft}^2\cdot\text{ft}^3)$	$u_O/(\text{ft}\cdot\text{s}^{-1})$
拉西环	179	4.1
IMTP 填料	41	8.5

对 $f=0.7$，利用式(6－103)

填料	$fu_{V,f}/(\text{ft}\cdot\text{s}^{-1})$	$D_T/\ \text{in.}$
拉西环	2.87	16.5
IMTP 填料	5.95	11.5

由图 6.36(a)得，对 70%液泛速度时的 $F_{LV}=0.092$ 和 $Y=0.70^2\times 0.125=0.061\,3$，对这两种填料，每英尺填料高度的压降为 0.88in. 水柱。

根据上述结果，IMTP 填料的处理能力大于拉西环，因为其所需的塔横截面积约小 50%。

各种填料的实验液泛点数据与图 6.36 的 GPDC 曲线图中上部的曲线相当一致。遗憾的是，对压降并不总能获得如此满意的一致，尤其当以超过 50%液泛速度的表观气速操作时，这时每英尺填料高度的压降大于 0.50in. 水柱。Kister[33]详细讨论了获得压降测定的简单通用表示的困难。作为可能相差悬殊的一个例子，例 6.13 中以 70%液泛速度操作的 IMTP 填料，预测的压降为每英尺填料高度 0.88in. 水柱，与填料制造商提供的数据每英尺填料高度压降为 0.63in. 水柱明显不一致。

如果图 6.36(a)系将压降对恒定 F_{LV}值的 Y 进行标绘，可以发现对所有填料在液泛条件下预测的压降为 2.5 到 3in. 水柱。但是，Kister 和 Gill[33,50]对乱堆填料和规整填料所作的研究表明液泛时的压降强烈取决于填料因子 F_P，可用经验关联式表示为

$$\Delta p_{液泛}=0.115F_P^{0.7} \tag{6-104}$$

式中 $\Delta p_{液泛}$ 的单位为每英尺填料高度英寸水柱，F_P的单位为 ft^2/ft^3。由表 6.8 可见，F_P的范

围大致为 10 到 100。于是，式(6－104)①预测的液泛时的压降最低为每英尺填料高度0.6英寸水柱，最高为每英尺填料高度 3 英寸水柱。Kister 和 Gill 还提供了估计压降的内插方法，该法采用将实验数据于 GPDC 型的标绘相结合。

Stichlmair 等[46]提出了预测气-液逆流的填料层的压降的基于理论的模型，他们采用颗粒模型，而 Billet 和 Schultes[51,69]采用沟流模型。两种模型均将已被满意地接受的干填料层压降方程推广到考虑持液量的影响。Billet 和 Schultes[69]的模型还包括预测泛点表观气速 $u_{V,l}$ 的半理论模型，该模型提供了可供选用的，或许更精确的估算塔径的方法。他们的模型以泛点时相界面上液体速度为零为基础，给出

$$u_{V,l}=\left(\frac{g}{\psi_l}\right)^{1/2}\left[\frac{\varepsilon}{a^{1/6}}-a^{1/2}\xi_l^{1/3}\right]\xi_l^{1/6}\left(\frac{\rho_L}{\rho_V}\right)^{1/2} \tag{6-105}$$

这里 $u_{V,l}$ 的单位为 m/s。

$$g=\text{重力加速度}=9.81\text{m/s}^2$$

$$\psi_l=\frac{g}{C^2}\left[F_{LV}\left(\frac{\mu_L}{\mu_V}\right)^{0.4}\right]^{-2n_s} \tag{6-106}$$

ε 和 a 可由表 6.8 获得。

F_{LV}＝图 6.24 和图 6.36(a)中的动能比

$$\xi_l=\left(12\frac{\mu_L}{g\rho_L}u_{L,l}\right) \tag{6-107}$$

μ_L 和 μ_V 的单位为 kg/(m·s)

ρ_L 和 ρ_V 的单位为 kg/m^3

$u_{L,l}$＝泛点时的表观液速＝$u_{V,l}\dfrac{\rho_V LM_L}{\rho_L VM_V}$，单位为 m/s

n_s和 C 的数值取决于动能比的数值，如下所列：

如果 $F_{LV}\leqslant 0.4$，液体作为分散相越过填料向下滴流，$n_s=-0.326$，而由表 6.8 得 $C=C_s$。

如果 $F_{LV}>0.4$，塔内持液量将达到填料层的空隙被液体充满，液体作为连续相向下流动，而气体以气泡形式上升，这时 $n_s=-0.723$，与

$$C=0.695\left(\frac{\mu_L}{\mu_V}\right)^{0.1588}C_s\text{（取自表 6.8）} \tag{6-108}$$

Billet 和 Schultes[69]也提出了包括表 6.8 中的液泛常数 C_{Fl} 的预测液泛点表观气速 $u_{V,f}$ 的模型，但适合的表示式为

$$u_{V,f}=\frac{u_{V,l}}{0.7} \tag{6-109}$$

当气体在没有液体流动的条件下流动通过填料塔时，可以类似于通过空直管的流动的方式获得压降关联，修正的摩擦因子对修正的雷诺数的标绘如图 6.37 所示，该图来自被广泛应用的 Ergun[52]的研究。在此标绘中，D_P 为有效填料直径，由图可见，在低表观气速（修正 $N_{Re}<10$）下为典型的层流，单位填料高度的压降正比于表观气速 u_V。在高表观气速下为典型的湍流，单位填料高度的压降接近正比于表观气速的平方。大多数用于分离的填料塔

① 原文误为式(6－103)——译者注。

在湍流区操作(修正 $N_{Re}>1\ 000$)。于是,图 6.34 所示的 Bialecki 环的干填料压降数据说明气速的幂指数约为 1.86。图 6.34 还表明,当气体和液体逆流时,在预负载区,上述幂指数依旧适用,但压降较高,因为液体减小了气体的流动空间。

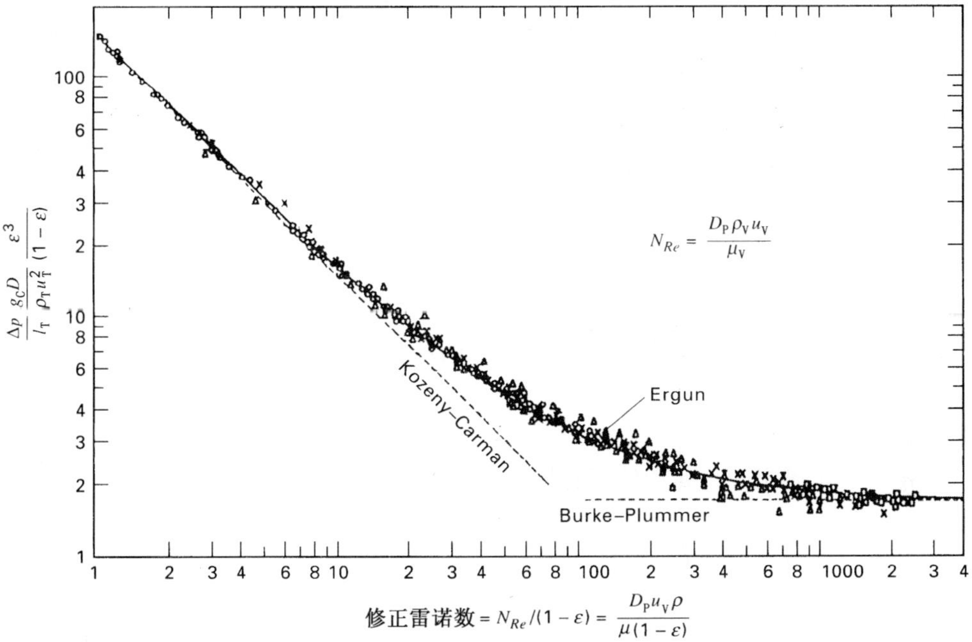

图 6.37　干填料层压降的 Ergun 关联

[经允许取自 S. Ergun, *Chem. Eng. Prog.*, 48 (2), 89—94 (1952)]

根据采用 50 种以上填料(包括规整填料)的广泛的实验研究,Billet 和 Schultes[51,69]导出了形式上类似于图 6.37 的干填料气体压降 Δp_O 的关联式。它们的量纲一致的关联式为

$$\frac{\Delta p_O}{l_T}=\psi_o\frac{a}{\varepsilon^3}\frac{u_V^2\rho_V}{2}\frac{1}{K_W} \tag{6-110}$$

式中

l_T=填料高度

K_W=壁因子

对有效填料直径和塔内径之比不适当的塔,K_W 可能有重要影响,并可由下式给出

$$\frac{1}{K_W}=1+\frac{2}{3}\left(\frac{1}{1-\varepsilon}\right)\frac{D_P}{D_T} \tag{6-111}$$

式中有效填料直径 D_P 由下式确定

$$D_P=6\left(\frac{1-\varepsilon}{a}\right) \tag{6-112}$$

干填料阻力系数(修正的摩擦因子)ψ_O 由如下经验关联式给出

$$\psi_O=C_p\left(\frac{64}{N_{Re_V}}+\frac{1.8}{N_{Re_V}^{0.08}}\right) \tag{6-113}$$

式中

$$N_{Re_V}=\frac{u_V D_P \rho_V}{(1-\varepsilon)\mu_V}K_W \tag{6-114}$$

而 C_P 为由实验数据确定的填料常数，许多填料的数值已列于表 6.8 中。在式(6－113)中，$64/N_{Re_V}$ 项描述层流区，而后一项描述更常见的湍流区。

当填料塔被向下流动的液体润湿时，气体流动的横截面积将因持有液体而减小，暴露于气体的表面结构也将由于在填料上覆盖了液膜而发生变化。这时压降将取决于持液量和两相流动阻力，Billet 和 Schultes[69]发现对载点以下的流量，压降取决于液体流动的佛鲁德数，如下式所示：

$$\frac{\Delta p}{\Delta p_O}=\left(\frac{\varepsilon}{\varepsilon-h_L}\right)^{3/2}\exp\left[\frac{13\ 300}{a^{3/2}}(N_{Fr_L})^{1/2}\right] \tag{6-115}$$

式中

h_L 由式(6－97)给出，单位为 m^2/m^3；

ε 和 a 已在表 6.8 中给出，式(6－115)中 a 的单位必须采用 m^2/m^3；

N_{Fr_L} 由式(6－99)给出。

例 6.14

采用 25mm 金属 Bialecki 环的填料塔被设计用于下列气体和液体条件：

	气体	液体
质量流量/($kg\cdot h^{-1}$)	515	1361
密度/($kg\cdot m^{-3}$)	1.182	1000
黏度/($kg\cdot m^{-1}\cdot s^{-1}$)	1.78×10^{-5}	1.00×10^{-3}
相对分子质量	28.4	18.02
表面张力/($kg\cdot s^{-2}$)		2.401×10^{-2}

采用 Billet 和 Schultes 方程确定载点和泛点的表观气速和表观液速，载点时的比持液量和在载点操作的塔径。

解

由表 6.8 获得适用于 Bialecki 环的下列常数：

$a=210\ m^2/m^3$

$\varepsilon=0.956$

$C_h=0.692$

$C_p=0.891$

$C_s=2.521$

首先，计算载点的表观气速。由图 6.36(a)的横坐标定义，

$$F_{LV}=\frac{1\ 361}{515}\left(\frac{1.182}{1\ 000}\right)^{1/2}=0.090\ 8$$

因为 $F_{LV}<0.4$，$n_s=-0.326$ 和式(6－106)中的 $C=C_s=2.521$。

由式(6－106)，

$$\psi_l=\frac{9.807}{2.521^2}\left[0.090\ 8\times\left(\frac{0.001}{0.000\ 017\ 8}\right)^{0.4}\right]^{-2\times(-0.326)}=0.923$$

$$u_{L,l}=u_{V,l}\frac{\rho_V LM_L}{\rho_L LM_V}=u_{V,l}\frac{1.182\times1\ 361}{1\ 000\times515}=0.003\ 12u_{V,l}$$

由式(6－107)，

$$\xi_l=\left(12\times\frac{0.001}{9.807\times1\ 000)}\times0.003\ 12u_{V,l}\right)=3.82\times10^{-9}u_{V,l}$$

由式(6－105)，

$$u_{V,l}=\left(\frac{9.807}{0.923}\right)^{1/2}\times\left[\frac{0.956}{210^{1/6}}-210^{1/2}\times(3.82\times10^{-9}u_{V,l})^{1/3}\right]$$

$$\times(3.82\times10^{-9}u_{V,l})^{1/6}\times\left(\frac{1\ 000}{1.182}\right)^{1/2}$$

$$=3.26(0.392\times0.022\ 7u_{V,l}^{1/3})\times u_{V,l}^{1/6}$$

$$=(1.47-0.085\ 1u_{V,l}^{1/3})u_{V,l}^{1/6}$$

求解此 $u_{V,l}$ 的非线性方程给出 $u_{V,l}$＝载点时的表观气速 ＝1.46m/s。

相应的表观液速＝ $u_{L,l}=0.003\ 12u_{V,l}=0.003\ 12\times1.46=0.004\ 57$m/s。

表观气相泛点速度＝ $u_{L,f}=\dfrac{u_{V,l}}{0.7}=\dfrac{1.46}{0.7}=2.09$ m/s。

相应的表观液速＝$u_{L,f}=\dfrac{0.004\ 57}{0.7}=0.006\ 53$ m/s。

接着计算载点时的比持液量。

由式(6－98)和式(6－99)，

$$N_{Re_L}=\frac{0.004\ 57\times1\ 000}{210\times0.001}=21.8$$

和

$$N_{Fr_L}=\frac{0.004\ 57^2\times210}{9.807}=0.000\ 447$$

因为 $N_{Re_L}>5$，式(6－101)适用：

$$a_h/a=0.85\times0.692\times21.8^{0.25}\times0.000\ 447^{0.1}=0.588$$

由式(6－97)得载点时的比持液量为

$$h_L=\left(12\times\frac{0.000\ 447}{21.8}^{1/3}\right)\times0.588^{2/3}=0.044\ 0\ \text{m}^3/\text{m}^3$$

计算载点时的比压降前，必须计算在载点下操作的塔径。应用式(6－103)，

$$D_T=\left(\frac{4\times515/3\ 600}{1.46\times3.14\times1.182}\right)=0.325\ \text{m}$$

由式(6－112)，

$$D_P=6\times\left(\frac{1-0.956}{210}\right)=0.001\ 26\ \text{m}$$

由式(6－111)，

$$\frac{1}{K_W}=1+\frac{2}{3}\times\left(\frac{1}{1-0.956}\right)\times\frac{0.001\ 26}{0.325}=1.059，于是\ K_W=0.944$$

由式(6－114)，

$$N_{Re_V}=\frac{1.46\times0.001\ 26\times1.182}{(1-0.956)\times0.000\ 017\ 8}\times0.944=2\ 621$$

由式(6－113)，

$$\psi_o = 0.891 \times \left(\frac{64}{2\ 621} + \frac{1.8}{2\ 621^{0.08}} \right) = 0.876$$

由式(6－110),比干填料压降为

$$\frac{\Delta p_O}{l_T} = 0.876 \times \frac{210 \times 1.46^2 \times 1.182}{0.956^3 \times 2} \times 1.059 = 281\ \mathrm{kg/(m^2 \cdot s^2)} = 281\ \mathrm{Pa/m}$$

由式(6－115),载点的比压降为

$$\frac{\Delta p}{l_T} = 281 \times \left(\frac{0.956}{0.956 - 0.044\ 0} \right)^{3/2} \exp\left[\frac{13\ 300}{210^{3/2}} (0.000\ 447)^{1/2} \right] = 311\ \mathrm{kg/(m^2 \cdot s^2)}$$

或 0.406in. 水柱/ft。

6.8.3 传质效率

填料塔的传质效率被结合进 HETP 或更有理论根据的 HTUs 和体积传质系数。虽然 HETP 概念缺乏坚实的理论基础,但这种方法简单,能比较方便地与可用计算机辅助模拟程序完成的平衡级计算相结合,使它成为广泛应用的估计填料高度的方法。在预载液区和气体与液体保持均匀分布的场合,HETP 的数值主要取决于填料类型和尺寸、液体黏度和表面张力。对粗略估计,可采用取自 Kister[33]的专著的下列关系式。

(1) 鲍尔环和类似的高效乱堆填料,对低黏度液体:

$$\mathrm{HETP,ft} = 1.5D_P\mathrm{,\ in.} \tag{6-116}$$

(2) 低压到中压条件下使用的规整填料,对低黏度液体:

$$\mathrm{HETP,ft} = 100/a\mathrm{,ft^2/ft^3} + 4/12 \tag{6-117}$$

(3) 采用黏性液体的吸收:

$$\mathrm{HETP} = 5 \text{ 到 } 6\ \mathrm{ft}$$

(4) 真空条件下的应用:

$$\mathrm{HETP,ft} = 1.5D_P\mathrm{,\ in.} + 0.5 \tag{6-118}$$

(5) 高压(＞200psia)条件下的应用:

规整填料的 HETP 可能大于式(6－117)的预测值

(6) 小直径塔,$D_T < 2$ ft:

HETP,ft=D_T,ft,但不小于 1 ft。

一般说来,采用尺寸较小的乱堆填料,尤其对小直径塔,和采用规整填料,尤其是单位填料体积具有较大填料表面积 a 的规整填料,可达到较小的 HETP 数值。图 6.38 中取自 Kunesh[53]论文的 2 号(直径 2in.)Nutter 环的实验数据说明,只要随着 u_V 增加比值 L/V 保持不变,在预载液区 HETP 与气相流动的 F 因子几乎无关,F 因子为

$$F = u_V (\rho_V)^{0.5} \tag{6-119}$$

超过载点后,在趋近泛点的过程中,HETP 可能像压降和持液量一样急剧增大。

填料塔的实验传质数据通常用体积传质系数和/或 HTUs 关联,而不用 HETP 关联。由可忽略液相或气相传质阻力的实验获得数据,以便单独研究和关联一相阻力。对可能两相阻力都不能忽略的实际应用,可按照第 3 章中讨论的 Whitman[54]的双膜理论将两相阻力相加得到总阻力。该理论假定在气相和液相间的界面上没有传质阻力。于是,在界面上

两相处于平衡状态。

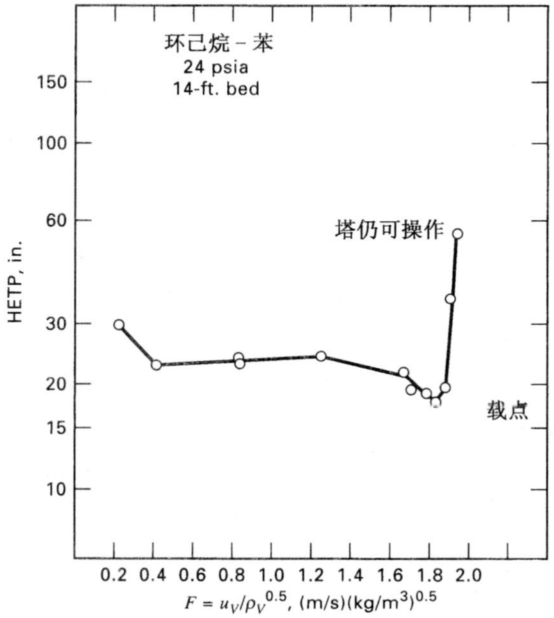

图 6.38　F 因子对 HETP 的影响

双膜理论利用 6.7 节中讨论的用单相体积传质系数定义总传质系数。最常见的可采用式(6－84)的总气相阻力，

$$\frac{1}{K_y a}=\frac{1}{k_y a}+\frac{K}{k_x a}$$

式中 K 为气-液平衡常数。对采用式(6－77)用摩尔分率推动力表示的传质速率，为

$$r=k_y a(y-y_{\mathrm{I}})=k_x a(x_{\mathrm{I}}-x)=K_y a(y-y^*)$$

作为另一种选择，如表 6.7 所汇总的，传质速率可用液相浓度和气相分压表示

$$r=k_{\mathrm{P}} a(p-p_{\mathrm{I}})=k_{\mathrm{L}} a(c_{\mathrm{I}}-c)=K_{\mathrm{G}} a(p-p^*) \tag{6－120}$$

如果用下式定义两相平衡界面上的亨利定律常数

$$p_{\mathrm{I}}=H' c_{\mathrm{I}} \tag{6－121}$$

并令

$$p^*=H' c \tag{6－122}$$

那么

$$\frac{1}{K_{\mathrm{G}} a}=\frac{1}{k_{\mathrm{P}} a}+\frac{H'}{k_{\mathrm{L}} a} \tag{6－123}$$

作为另一种选择，也可导出 $K_x a$ 和 $K_{\mathrm{L}} a$ 的表示式。

应该注意各种传质系数所用单位的区别：

	SI 单位制	美国工程单位制
r	mol/(m³·s)	lbmol/(ft³·s)
$k_y a$、$k_x a$、$K_x a$、$K_y a$	mol/(m³·s)	lbmol/(ft³·s)
$k_{\mathrm{P}} a$、$K_{\mathrm{G}} a$	mol/(m³·s·kPa)	lbmol/(ft³·s·atm)

$k_L a$、$k_G a$、$k_c a$	s^{-1}	h^{-1}
k_L、k_G、k_c	m/s	ft/h

对塔的设计，往往不直接利用传质系数，而采用 Chilton 和 Colburn[43,44]的传质单元概念，因为 HTUs：(1)只有一维(长度)；(2)随塔的条件的变化通常小于传质系数；(3)与较易理解的几何量，即每个理论级的填料高度相联系。对低浓度情况，单相和总 HTUs 的定义已包括在表 6.7 中。将这些定义代入式(6-84)，

$$H_{OG}=H_G+(KV/L)H_L \tag{6-124}$$

作为另一种选择，可导出 H_{OL}的表示式。在非常难溶的气体的吸收或汽提中，溶质的 K 值或式(6-121)①中的亨利定律常数 H'是很大的，这使得式(6-84)、式(6-123)和式(6-124)的最后一项很大，于是气相传质阻力可忽略，而传质速率由液相控制。这类数据可用于研究各变量对体积液相传质系数和 HTU 的影响。如 Sherwood 和 Holloway[55]的早期研究中所报道的，在内径为 20in.、在接近环境温度和压力下在预载液区内操作的填料塔中，用三种不同尺寸的贝尔鞍形填料对空气汽提溶解于水中的氧进行研究，典型的数据如图 6.39 所示。可以看出液体速度对 $k_L a$ 的影响是很明显的，$k_L a$ 大约按液体流量的 0.75 次方增大。并可观察到在预载液区内气体速度对 $k_L a$ 没有影响。图 6.39 中还包括利用 H_L标绘的数据，这里

$$H_L=\frac{M_L L}{\rho_L k_L a S} \tag{6-125}$$

如图中所见，液体质量速度 $M_L L/S$ 对 H_L的影响不如对 $k_L a$ 的影响显著。

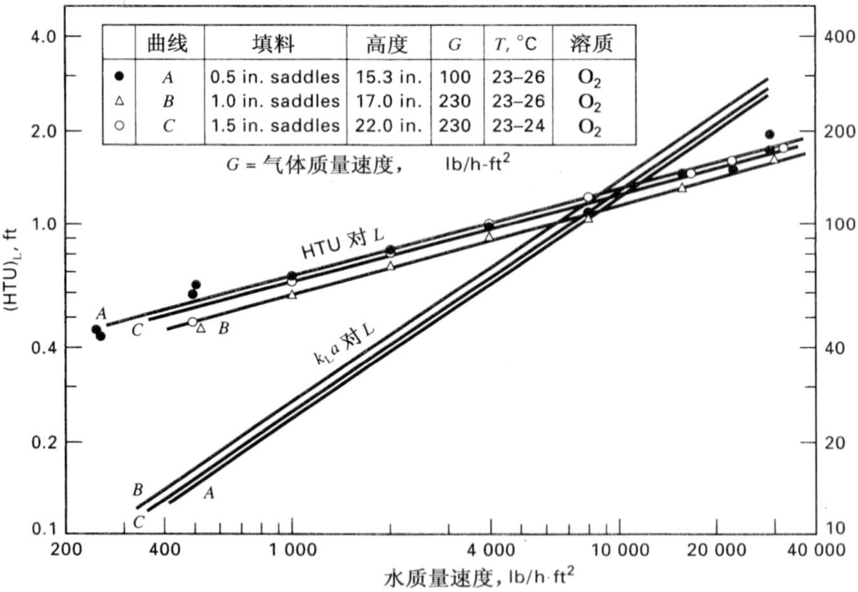

图 6.39 液体流量对 O_2 的液相传质的影响

[经允许取自 T. K. Sherwood and F. A. L. Holloway, *Trans. AIChE.*, 36, 39—70 (1940)]

传质速率由液相控制的另一个系统是 CO_2-空气-H_2O，该系统中 CO_2可被吸收或汽提。Billet[45]报道了用各种现代金属、陶瓷和塑料填料对该系统所作的测定。对两种不同尺寸

① 原文误为式(6-112)——译者注。

的陶瓷 Hiflow 环，在预载液区内液体负荷对 $k_L a$ 的影响的数据如图 6.40 所示。对相同系统，但采用 50mm 的塑料鲍尔环和 Hiflow 环时，在恒定液相流量下用 F 因子表示的气体速度对 $k_L a$ 的影响的数据如图 6.41 所示。在预载液区内，直到 F 因子的数值达到 $1.8 m^{-1/2} \cdot s^{-1} \cdot kg^{1/2}$，没有观察到气体速度的影响。在负载极限以上，$k_L a$ 随气体速度的增加而增加，因为持液量增加增大了传质表面积。虽然在图 6.39 到图 6.41 中未予说明，影响液相传质速率的另一重要因素是溶质分子在溶剂中的扩散系数。对给定的填料，不同系统在预载液区内的实验数据可用如下经验式令人满意地关联，该式只包括液体速度和液体扩散系数：

$$k_L a = C_1 D_L^{1/2} u_L^n \tag{6-126}$$

不同研究人员已观察到 n 的数值在 0.6 到 0.95 之间，典型的数值为 0.75。扩散系数上的指数与第 3 章中讨论的渗透理论一致。

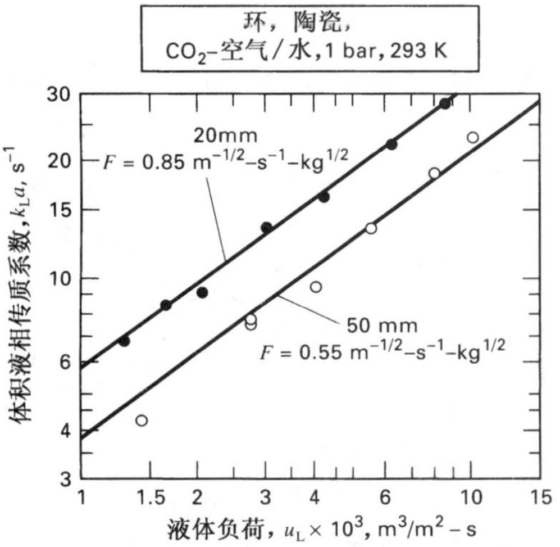

图 6.40　液体负荷对 CO_2 的液相传质的影响

［经允许取自 R. Billet, *Packed Column Analysis and Design*, Ruhr - University Bochum (1989)］

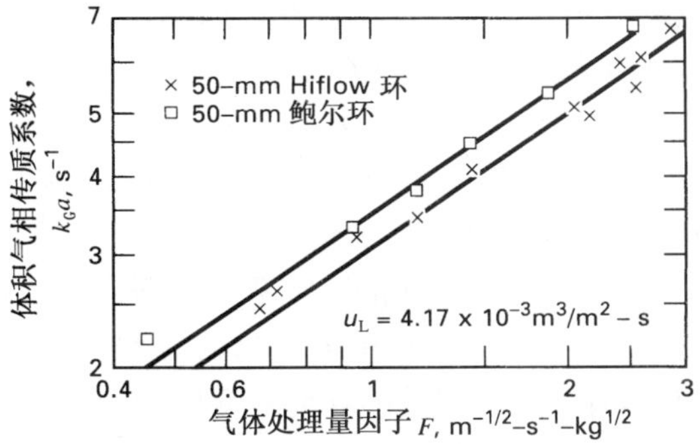

图 6.41　气体流量对 CO_2 的液相传质的影响

［经允许取自 R. Billet, *Packed Column Analysis and Design*, Ruhr - University Bochum (1989)］

一个便于研究气相传质的系统是 NH_3-空气-H_2O。NH_3 在 H_2O 中的高溶解度对应于较小的 K 值。因此，式(6-84)、式(6-123)和式(6-124)中的后一项可忽略，于是气相阻力控制传质速率。利用如式(6-126)的关联式可判断液相阻力的微小影响。对相同液体速度下的两种不同的塑料填料，在预负载区内，利用式(6－119)的 F 因子表示的表观气速对体积气相传质系数的影响如图 6.42 所示。该系数正比于 F 的 0.75 次方。图 6.43 说明液相速度也会影响气相传质系数，或许是因为液相速率增加，持液量增加，创造了更多的相表面积。

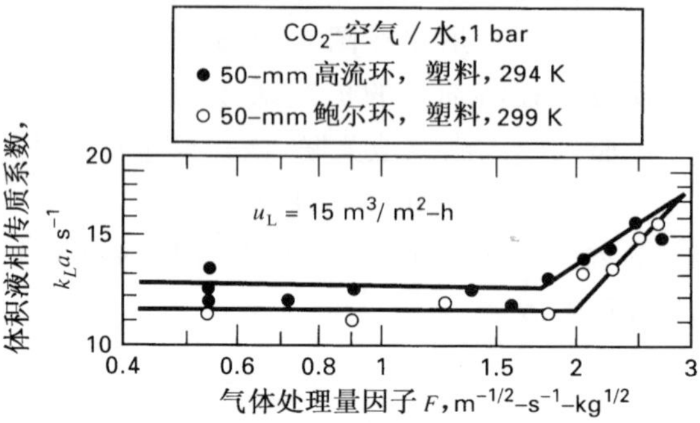

图 6.42　气相流量对 NH_3 的气相传质的影响

［经允许取自 R. Billet, *Packed Column Analysis and Design*, Ruhr－University Bochum (1989)］

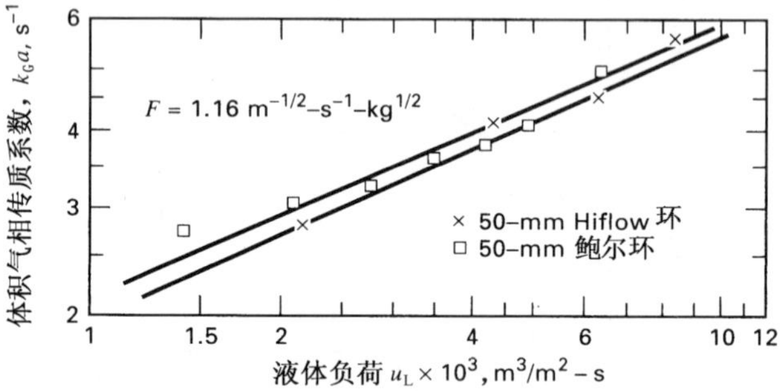

图 6.43　液相流量对 NH_3 的气相传质的影响

［经允许取自 R. Billet, *Packed Column Analysis and Design*, Ruhr－University Bochum(1989)］

图 6.42 和图 6.43 中的体积气相传质系数 k_Ga 是以气相摩尔浓度为基准的。于是，它们具有与 k_La 相同的单位。对给定填料，对预负载区内不同系统的 k_Pa 和 k_Ga 的实验数据可用如下形式的经验关联式令人满意地进行关联

$$k_Pa = C_2 D_G^{0.67} F^{m'} u_L^{n'} \tag{6-127}$$

式中 D_G 为溶质的气相扩散系数，而不同的研究人员观察到 m' 和 n' 的数值分别在 0.65 到 0.85和 0.25 到 0.50 之间，m' 的典型数值为 0.80。

由 Sherwood 和 Holloway[55]关于液相传质系数的研究开始的气相和与 HTUs 的单独通用关联式的开发已导致了许多经验的和半理论的方程，这些方程中的大多数是基于 Fair 及其合作者[56－63]和其他研究人员[64,65]对双膜理论的应用。在某些研究中，k_G 和 k_L 与 a 分别关联；在其他研究中则采用结合形式 k_Ga 和 k_La。一部分这类关联式的重要特征汇总于表 6.9。由实验数据导出这些关联式是相当困难的，因为如 Billet[66]在金属鲍尔环的综合研究中所指出的，将填料装入塔内所用的方法，和当液体分布点数小于 10 点/ft^2 时单位塔横截面积上液体进料分布点的数目，对传质系数的数值有显著影响。但采用 25 点/ft^2，而且 $D_T/D_P > 10$ 时，对高达 20 ft 的填料高度，塔径对传质系数的影响即使有，也很小。

表 6.9　填料塔内传质的通用关联

研究人员	年份	参考文献	关联类型	填料
Shulman 等	1955	64	k_P、k_L、a	拉西环、贝尔鞍形
Cornell 等	1960	56,57	H_G、H_L	拉西环、贝尔鞍形
Onda 等	1968	65	k_P、k_L、a	拉西环、贝尔鞍形
Bolles 和 Fair	1979,1982	58,59	H_G、H_L	拉西环、贝尔鞍形、鲍尔环
Bravo 和 Fair	1982	60	a	拉西环、贝尔鞍形、鲍尔环
Bravo 等	1985	61	k_G、k_L	Sulzer
Fair 和 Bravo	1987	62	k_G、k_L、a	Sulzer、Gempak、Mellapak、Montz、Ralupak
Fair 和 Bravo	1991	63	k_G、k_L、a	Flexipac、Gempak、Intalox 2T、Montz、Mellapak、Sulzer
Billet 和 Schultes	1991	67	k_Ga、k_La	14 种乱堆填料和 4 种规整填料
Billet 和 Schultes	1999	69	k_Ga、k_La	19 种乱堆填料和 6 种规整填料

在一项广泛的研究中，Billet 和 Schultes[67]在塔径为 2.4in. 到 4.6ft 的塔内，对 31 个二元和三元化学系统，及 67 种不同类型和尺寸的填料测定并关联了体积传质系数和 HTUs。Billet 和 Schultes[69]还报道了其他数据，尤其是关于 Hiflow 环和超级拉西环的数据。所用系统中，有些传质阻力主要在液相，另一些则气相传质阻力占主导地位。他们假定在塔的整个横截面积上气体和液体均匀分布，并且采用第 3 章中讨论的传质的双膜理论。对液相阻力，他们假定液体以薄膜形式通过填料间的不规则通道流动，液体在与填料接触点上的连续重新混合使第 3 章中提出的 Higbie 的扩散渗透理论[68]可以适用。于是，对扩散组分，当采用浓度单位时，体积传质系数定义为

$$r=(k_L a_{Ph})(c_{L_1}-c_L) \tag{6-128}$$

由 Higbie 的渗透理论式(3-194)，

$$k_L=2(D_L/\pi t_L)^{0.5} \tag{6-129}$$

式中 t_L = 重新混合前液膜的暴露时间。Billet 和 Schultes 假定此时间由等于填料水力直径的迁移长度控制：

$$t_L=h_L\, d_H/u_L \tag{6-130}$$

这里水力直径 d_H 等于 $4r_H$ 或 $4\varepsilon/a$。于是，利用一个液体传质单元的高度，式(6-129)和(6-130)给出

$$H_L=\frac{u_L}{k_L a_{Ph}}=\frac{\sqrt{\pi}}{2}\left(\frac{4h_L\varepsilon}{D_L a u_L}\right)^{1/2}\frac{u_L}{a_{Ph}} \tag{6-131}$$

对式(6-131)进行修正，对每种填料由拟合实验数据反算获得的经验常数 C_L 将被包括在内。由 Billet 和 Schultes 提供的最终预测方程为

$$H_L=\frac{1}{C_L}\left(\frac{1}{12}\right)^{1/6}\left(\frac{4h_L\varepsilon}{D_L a u_L}\right)^{1/2}\frac{u_L}{a}\left(\frac{a}{a_{Ph}}\right) \tag{6-132}$$

C_L 的数值已包括在表 6.8 中。

Billet 和 Schultes 对气相阻力作了类似的推导，除了两次混合间的气体暴露时间由经验确定，给出

$$H_G=\frac{1}{C_V}(\varepsilon-h_L)^{1/2}\left(\frac{4\varepsilon}{a^4}\right)^{1/2}(N_{Re_V})^{-3/4}(N_{Sc_V})^{-1/3}\left(\frac{u_V a}{D_G a_{Ph}}\right) \tag{6-133}$$

式中 C_V的数值已包括在表 6.8 中，而

$$N_{Re_V}=\frac{u_V\rho_V}{a\mu_V} \tag{6-134}$$

$$N_{Sc_V}=\frac{\mu_V}{\rho_V D_V} \tag{6-135}$$

式(6－132)和式(6－133)包括面积比 a_{Ph}/a，这是相界面积与填料表面积之比，根据 Billet 和 Schultes[69]的论述，这不同于式(6－100)和式(6－101)给出的水力面积比 a_h/a。他们提出了如下关联式：

$$\frac{a_{Ph}}{a}=1.5(ad_h)^{-1/2}(N_{Re_L,h})^{-0.2}(N_{We_L,h})^{0.75}(N_{Fr_L,h})^{-0.45} \tag{6-136}$$

式中

$$d_h=\text{填料水力直径}=4\ \frac{\varepsilon}{a} \tag{6-137}$$

而下列液相无量纲数组采用作为特征长度的填料水力直径：

$$\text{雷诺数}=N_{Re_L,h}=\frac{u_L d_h \rho_L}{\mu_L} \tag{6-138}$$

$$\text{韦伯数}=N_{We_L,h}=\frac{u_L^2\rho_L d_h}{\sigma} \tag{6-139}$$

$$\text{佛鲁德数}=N_{Fr_L,h}=\frac{u_L^2}{g d_h} \tag{6-140}$$

在分别由式(6－132)和式(6－133)估算 H_L和 H_G后，可由式(6－124)确定总 HTU 的数值，然后由下式确定填料高度

$$l_T=H_{OG}N_{OG} \tag{6-141}$$

式中 N_{OG}的确定已在 6.7 节中讨论。

例 6.15

对例 6.1 中所考虑的用水从 CO_2中吸收乙醇，采用一内径为 2.5ft 装 1.5in. 金属鲍尔环的塔。估计该塔将在预负载区内以每英尺填料高度约为 1.5in. 水柱的压降操作。由例 6.9 知，所需的基于气相的总传质单元数为 7.5。采用下列填料层底部的流动状况和物理性质估计值，估计 H_G、H_L、H_{OG}、HETP 和需要的填料高度(英尺)：

	气相	液相
流量/($lb \cdot h^{-1}$)	17 480	6 140
相对分子质量	44.05	18.7
密度/($lb \cdot ft^{-3}$)	0.121	61.5
黏度/cP	0.014 5	0.63
表面张力/($dynes \cdot cm^{-1}$	—	101
乙醇扩散系数/($m^2 \cdot s^{-1}$)	7.75×10^{-6}	1.82×10^{-9}
动力黏度/($m^2 \cdot s^{-1}$)	0.75×10^{-5}	0.64×10^{-6}

解

塔的横截面积＝3.14×2.5²/4＝4.91ft²

液体体积流量＝6 140/61.5＝99.8ft³/h

u_L＝表观液体速度＝99.8/(4.91×3 600)＝0.005 6 ft/s 即 0.001 7 m/s

由 6.8 节知，$u_L > u_{L,min}$，但该速度是在低侧。

u_V＝表观气体速度＝17 480/(0.121×4.91×3 600)＝8.17 ft/s＝2.49 m/s

令 1.5in.金属鲍尔环的填料特性如下所列(略为不同于表 6.8 中鲍尔环的数值)：

$a=149.6\ \mathrm{m^2/m^3}$　　$\varepsilon=0.952$　　C_h＝约为 0.7　　$C_L=1.227$　　$C_V=0.341$

比持液量 h_L 的估计：

由式(6-98)，

$$N_{Re_L}=\frac{0.001\,7}{0.64\times10^{-6}\times149.6}=17.8$$

由式(6-99)，

$$N_{Fr_L}=\frac{0.001\,7^2\times149.6}{9.8}=4.41\times10^{-5}$$

由式(6-101)，

$$\frac{a_h}{a}=0.85\times0.7\times17.8^{0.25}\times(4.41\times10^{-5})^{0.10}=0.045$$

$$a_h=0.045\times149.6=6.73\mathrm{m^2/m^3}$$

由式(6-97)，

$$h_L=\left[\frac{12\times4.41\times10^{-5}}{17.8}\right]^{1/3}\times0.045^{2/3}=0.012\,8\ \mathrm{m^2/m^3}$$

H_L 的估计：

由式(6-137)，

$$d_h=4\times\frac{0.952}{149.6}=0.025\,5\ \mathrm{m}$$

由式(6-138)，

$$N_{Re_L,h}=\frac{0.001\,7\times0.025\,5}{0.64\times10^{-6}}=67.7$$

由式(6-139)，

$$N_{We_L,h}=\frac{0.001\,7^2\times61.5\times16.02\times0.025\,5}{101\times0.001}=0.000\,719$$

由式(6-140)，

$$N_{Fr_L,h}=\frac{0.001\,7^2}{9.807\times0.025\,5}=1.156\times10^{-5}$$

由式(6-136)，

$$\frac{a_{Ph}}{a}=1.5\times149.6^{-1/2}\times0.025\,5^{-1/2}\times67.7^{-0.2}\times0.000\,719^{0.75}\times(1.156\times10^{-5})^{-0.45}=2.42$$

由式(6-132)，采用一致的 SI 单位：

$$H_L=\frac{1}{1.227}\left(\frac{1}{12}\right)^{1/6}\left(\frac{4\times0.012\,8\times0.952}{1.82\times10^{-9}\times149.6\times0.001\,7}\right)^{1/2}\times\frac{0.001\,7}{149.6}\times\frac{1}{0.242}$$
$$=0.26\ \mathrm{m}=0.85\ \mathrm{ft}$$

H_G的估计：

由式(6-134)，

$$N_{Re_V}=2.49/(149.6\times0.75\times10^{-5})=2\ 220$$

由式(6-135)，

$$N_{Sc_V}=0.75\times10^{-5}/(7.75\times10^{-6})=0.968$$

由式(6-133)，采用一致的 SI 单位：

$$H_G=\frac{1}{0.341}\times(0.952-0.012\ 8)^{1/2}\left(\frac{4\times0.952}{149.6^4}\right)^{1/2}\times(2\ 220)^{-3/4}\times(0.968)^{-1/3}\left(\frac{2.49}{7.75\times10^{-6}\times0.242}\right)$$

$=1.03$ m，即 3.73 ft

H_{OG}的估计：

由例 6.1 得乙醇的 K 值$=0.57$

$$V=17\ 480/44.05=397\ \text{lbmol/h}$$

$$L=6\ 140/18.7=328\ \text{lbmol/h}$$

和

$$1/A=KV/L=0.57\times397/328=0.69$$

由式(6-124)，

$$H_{OG}=3.37+0.69\times0.85=3.96\ \text{ft}$$

气相传质阻力远大于液相。

填料高度的估计：

由式(6-141)，

$$l_T=3.96\times7.5=29.7$$

HETP 的估计：

由式(6-94)，对直操作线和平衡线，由 $A=1/0.69=1.45$，

$$\text{HETP}=3.96\left[\frac{\ln(0.69)}{(1-0.45)/1.45}\right]=4.73\ \text{ft}$$

6.9 填料塔中的浓溶液

当气相和/或液相中溶质浓度高，以至使操作线和平衡线明显弯曲时，6.7 节中提出的确定 l_T和 N_{OG}的方法不能使用，因为不能通过式(6-91)的解析积分给出式(6-93)。作为替代，可采用其他各种可供选择的方法或采用将在第 10 章和第 11 章中讨论的计算机辅助方法。

对浓溶液，采用表 6.7 中标记为 UM(单分子)扩散的两列。为由标记为 EM(等摩尔)扩散的两列获得这些 UM 扩散列，令

$$L'=L(1-x)\text{和}V'=V(1-y)$$

式中 L'和 V'分别为恒定的不计溶质的惰性(溶剂)液体和(载气)气体的流量。那么

$$d(Vy)=V'd\left(\frac{y}{1-y}\right)=V'\frac{dy}{(1-y)^2}=V\frac{dy}{(1-y)} \qquad (6-141)$$

$$d(Lx)=L'd\left(\frac{x}{1-x}\right)=L'\frac{dx}{(1-x)^2}=L\frac{dx}{(1-x)} \tag{6-142}$$

式(6-88)现变为

$$l_T=\int_{y_2}^{y_1}\left(\frac{V}{K'_y aS}\right)\frac{dy}{(1-y)(y-y^*)}=\frac{V}{K'_y aS}\int_{y_2}^{y_1}\frac{dy}{(1-y)(y-y^*)} \tag{6-143}$$

式中 1 指进口条件，而 2 指出口条件。以液相为基准，

$$l_T=\int_{x_1}^{x_2}\left(\frac{L}{K'_x aS}\right)\frac{dx}{(1-x)(x^*-x)}=\frac{L}{K'_x aS}\int_{x_1}^{x_2}\frac{dx}{(1-x)(x^*-x)} \tag{6-144}$$

式中总传质系数加上标“′”表示 UM 扩散。

如果将式(6-143)和式(6-144)的分子和分母分别乘以$(1-y)_{LM}$和$(1-x)_{LM}$，这里$(1-y)_{LM}$是$(1-y)$和$(1-y^*)$的对数平均值，而$(1-x)_{LM}$是$(1-x)$和$(1-x^*)$的对数平均值，我们现在可获得表 6.7 中第 4 列和第 7 列的第 1 行和第 6 行的表示式：

$$l_T=\int_{y_2}^{y_1}\left[\frac{V}{K'_y a(1-y)_{LM}S}\right]\frac{(1-y)_{LM}dy}{(1-y)(y-y^*)}=\frac{V}{K'_y a(1-y)_{LM}S}\int_{y_2}^{y_1}\frac{(1-y)_{LM}dy}{(1-y)(y-y^*)} \tag{6-145}$$

$$l_T=\int_{x_1}^{x_2}\left[\frac{L}{K'_x a(1-x)_{LM}S}\right]\frac{(1-x)_{LM}dx}{(1-x)(x^*-x)}=\frac{L}{K'_x a(1-x)_{LM}S}\int_{x_1}^{x_2}\frac{(1-x)_{LM}dx}{(1-x)(x^*-x)} \tag{6-146}$$

在这些方程中$K'_y(1-y)_{LM}$等于与浓度无关的K_y，而$K'_x(1-x)_{LM}$等于与浓度无关的K_x。如果发生明显的吸收，由吸收塔底到塔顶气相流量V将逐渐减小。但是，Ka的数值也是流量的函数，这使得V/Ka近似为常数，而 HTU 数组$[L/K'_x a(1-x)_{LM}S]$和$[V/K'_y a(1-y)_{LM}S]$往往可取出积分号外，而不会导致误差大于Ka的实验测定的固有误差。通常采用V、L和$(1-y)_{LM}$的平均值。

另一种方法是将式(6-145)和式(6-146)中的所有项留在积分号内，而用分步或图解积分估算l_T。不管在哪种情况中，要获得$(y-y^*)$或$(x-x^*)$项，都必须确定平衡线和操作线。平衡曲线可由适当的热力学数据或关联式确定。要确定对浓溶液不为直线的操作线，必须导出适当的物料衡算方程。参考图 6.29，对吸收塔上部的物料衡算给出

$$V+L_{in}=V_{out}+L \tag{6-147}$$

类似地，假定采用纯组分吸收剂，对被吸收组分，吸收塔上部的物料衡算给出：

$$Vy=V_{out}y_{out}+Lx \tag{6-148}$$

吸收塔上部吸收剂的物料衡算为：

$$L_{in}=L(1-x) \tag{6-149}$$

将式(6-147)到式(6-149)相结合消去V和L，给出

$$y=\frac{V_{out}y_{out}+[L_{in}x/(1-x)]}{V_{out}+[L_{in}x/(1-x)]} \tag{6-150}$$

式(6-150)允许仅由两个终端状态的知识计算$y-x$操作线。

求解高浓度气体或液体混合物问题的一种较简单的方法是，用摩尔比表示所有浓度，并采用不含溶质基准的气体和液体流量，即$V'=(1-y)V$和$L'=L(1-x)$，将操作线线性化。那么，代替式(6-145)和式(6-146)，得

$$l_T=\int_{Y_2}^{Y_1}\left(\frac{V'}{K_YaS}\right)\frac{dY}{(Y-Y^*)}=\frac{V'}{K_YaS}\int_{Y_2}^{Y_1}\frac{dY}{(Y-Y^*)} \tag{6-151}$$

$$l_T=\int_{X_1}^{X_2}\left(\frac{L'}{K_XaS}\right)\frac{dX}{(X^*-X)}=\frac{L'}{K_XaS}\int_{X_1}^{X_2}\frac{dX}{(X^*-X)} \tag{6-152}$$

这组方程已列于表 6.7 第 3 行和第 8 行。

例 6.16

为从含 40%(vol)氨的空气流中脱除 95%的氨，每 100 lbmol/h 进口气体用488 lbmol/h 吸收剂，此流量大于所需的最小吸收剂流量。

平衡数据由图 6.44 给出。操作压力为 1atm，而温度假定为常数 298K。用下述方法计算传质单元数：

(a) 式(6－145)采用由式(6－150)确定的曲操作线；

(b) 式(6－151)采用摩尔比。

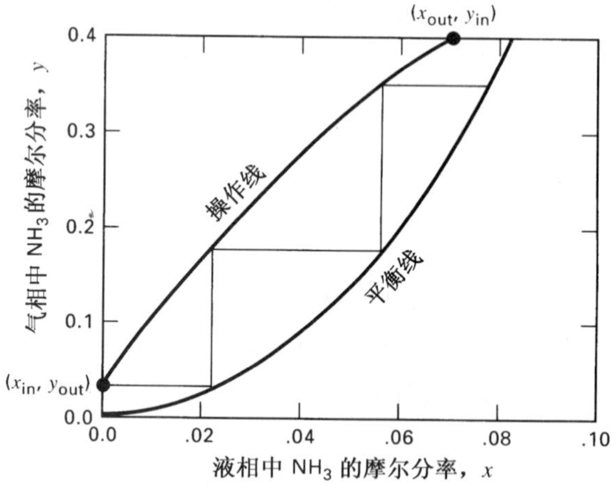

图 6.44　例 6.16 的平衡级数的确定

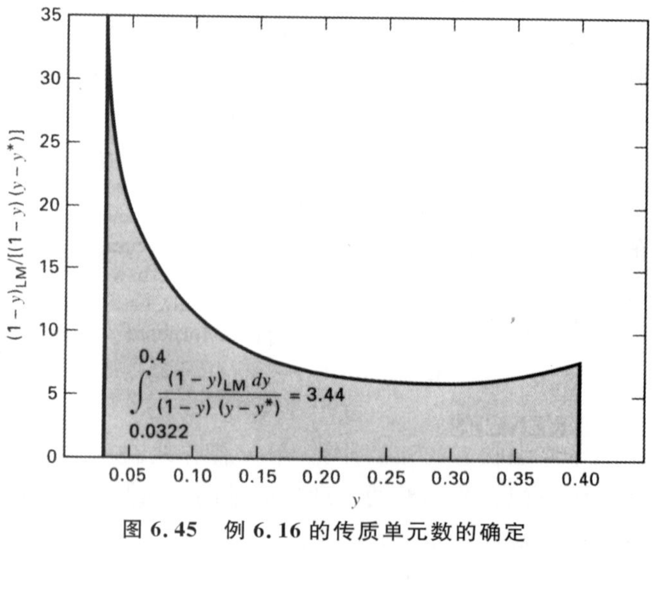

图 6.45　例 6.16 的传质单元数的确定

解

(a) 取 $L_{in}=488$ lbmol/h 为基准。那么，$V_{out}=100-40\times0.95=62$ lbmol/h，和 $y_{out}=0.05\times40/62=0.0323$。利用式(6－150)可画出图 6.44 中的操作曲线。例如，如果 $x=0.04$，

$$y=\frac{62\times0.0323+[488\times0.04/(1-0.04)]}{62+[488\times0.04/(1-0.04)]}=0.27$$

现在可计算用于式(6－145)的下列数值：y、y^*、$(1-y)_{LM}=[(1-y)-(1-y^*)]/\ln[(1-y)/(1-y^*)]$和$(1-y)_{LM}/[(1-y)/(y-y^*)]$。例如，在图 6.44 中，对 $x=0.044$，y(操作线上)$=0.30$，和 y^*(平衡线上)$=0.12$，由此可计算得到下表中的其他四个量。

y	y^*	$(y-y^*)$	$(1-y)$	$(1-y)_{LM}$	$\dfrac{(1-y)_{LM}}{(1-y)(y-y^*)}$
0.03	0.002	0.028	0.97	0.99	36.47
0.05	0.005	0.045	0.95	0.97	22.68
0.10	0.01	0.09	0.90	0.94	11.60
0.15	0.025	0.125	0.85	0.91	8.56
0.20	0.04	0.16	0.80	0.89	6.95
0.25	0.08	0.17	0.75	0.85	6.66
0.30	0.12	0.18	0.70	0.82	6.51
0.35	0.17	0.18	0.65	0.73	6.24
0.40	0.26	0.14	0.60	0.67	7.97

注意因为$(1-y)\approx(1-y)_{LM}$，往往可从 NTU 方程中消去这两项，尤其当 y 小时。

图 6.45 为确定 N_{OG}的$(1-y)_{LM}/[(1-y)(y-y^*)]$对 y 的标绘。式(6－145)右边由 $y=0.4$ 到 $y=0.0322$ 的积分给出 $3.44=N_{OG}$。这大约比由图 6.44 中的阶梯看到的平衡级数 2.6 大 1。

(b) 获得 $Y=y/(1-y)$、$Y^*=y^*/(1-y^*)$、$(Y-Y^*)$和$(Y-Y^*)^{-1}$的下列数值是轻而易举的。

y	Y	y^*	Y^*	$(Y-Y^*)^{-1}$
0.03	0.031	0.002	0.002	34.48
0.05	0.053	0.005	0.005	20.83
0.1	0.111	0.01	0.010	9.9
0.15	0.176	0.025	0.026	6.66
0.20	0.250	0.04	0.042	4.8
0.25	0.333	0.08	0.087	4.06
0.30	0.43	0.12	0.136	3.40
0.35	0.54	0.17	0.205	2.98
0.40	0.67	0.26	0.310	2.78

通过确定在 $Y=0.67$ 和 $Y=0.033$ 之间 Y 对$(Y-Y^*)^{-1}$曲线下的面积可完成式(6－151)右边的图解积分。结果为 $N_{OG}=3.46$。作为另一种选择，也可在计算机上用电子表格进行数值积分。

必须指出，对浓溶液等温假定可能是不正确的，并可能导致大的误差。如果总能量衡算表明可能发生导致平衡曲线明显变化的温度变化，那么最好采用包括能量衡算的计算机辅助方法。这类方法将在第10章讨论。

6.10 本章小结

(1) 可用液体选择性地吸收气体混合物中的一种或几种组分。也可用气体选择性地解吸或汽提液体混合物中的一种或几种组分。

(2) 组分在逆流级联中被吸收或汽提的分率取决于平衡级数和吸收因子 $A=L/(KV)$ 或汽提因子 $S=KV/L$。

(3) 吸收和汽提通常在设有筛板或浮阀塔板的板式塔或装有乱堆或规整填料的填料塔内进行。

(4) 在高压和低温条件下吸收塔可非常有效地操作。在相反条件下可有效地进行汽提。但是气体压缩、冷冻和抽真空的高昂费用往往会放弃在热力学上最有利的条件下操作。

(5) 对给定的气体流量和组成、一种或几种组分的要求吸收程度、选用的吸收剂和操作温度与压力，存在一由式(6-9)至式(6-11)给出的对应于采用无限多平衡级的最小吸收剂流量。对有限和合理的平衡级数，通常采用为最小流量1.5倍的吸收剂流量。类似判据式(6-12)适用于汽提塔。

(6) 对低浓度溶液的吸收或汽提，对选定的吸收剂或汽提剂流量所需的平衡级数可采用图解、代数或数值法，由平衡线式(6-1)和操作线式(6-3)或式(6-5)确定。如图6.11所示的图解法对气相和液相物流组成的逐级变化提供了相当直观的了解。

(7) 利用 Drickamer 和 Bradford 关联式式(6-22)和 O'Connell 关联式式(6-23)和图6.15可进行由式(6-21)定义的总级效率的粗略估算。更精确和可靠的估算方法包括采用小型 Oldershaw 塔或基于传质考虑的半理论方程，如 Chan 和 Fair 的方程，以确定式(6-30)定义的 Murphree 气相点效率，然后可用式(6-31)至式(6-34)由点效率估算 Murphree 气相板效率，再用式(6-37)将板效率与总效率关联。

(8) 可利用图6.24根据夹带液泛考虑由式(6-44)确定塔板直径。塔板压降、漏液限制、夹带和降液管堵塞可分别由式(6-49)、式(6-68)、式(6-69)和式(6-70)估算。

(9) 填料塔的高度可由式(6-73)定义的 HETP 或式(6-89)定义的 HTU/NTU 等概念估算，后一种概念具有双膜传质理论的比较基本的理论基础。对平衡线和操作线为直线的情况，HETP 和 HTU 可用式(6-94)关联，而平衡级数和 NTU 可用式(6-95)关联。

(10) 在所谓载点以下，即在预负载区，填料塔内的持液量与气速无关。载点通常约为泛点的70%，大多数填料塔设计在为泛点速度50%到70%的预负载区操作。泛点可利用图6.36的 GPDC 曲线图估计，然后可据此由式(6-102)确定塔径。载点可由式(6-105)确定。

(11) 与板式塔相比，填料塔的显著优点是单位填料高度的压降较低。填料塔的压降可由图6.36进行粗略估算，或用式(6-106)或式(6-115)进行比较精确的估算。

(12) 可获得许多经验规则估计填料塔的 HETP。但是，更优先采用的方法是由基于

Billet 和 Schultes 的广泛实验研究的气相和液相的单独的半理论的传质关联式估算 H_{OG}。

（13）因为平衡线和/或操作线为曲线，浓溶液理论级数的确定涉及数值积分。

参考文献

1. Washburn, E. W., Ed. - in - Chief, *International Critical Tables*. McGraw - Hill, New York, Vol. Ⅲ, p. 255 (1928).
2. Lockett, M., *Distillation Tray Fundamentals*, Cambridge University Press. Cambridge, UK, p. 13 (1986).
3. Okoniewski, B. A., *Chem. Eng. Prog.*, **88** (2), 89—93 (1992).
4. Sax, N. I., *Dangerous Properties of Industrial Materials*. 4th ed., Van Nostrand Reinhold, New York, pp. 440—441 (1975).
5. Lewis. W. K., *Ind. Eng. Chem.*, **14**,492—497 (1922).
6. Drickamer, H. G., and J. R. Bradford. *Trans. AIChE*, **39**, 319—360(1943).
7. Jackson, R. M., and T. K. Sherwood, *Trans. AIChE*, **37**, 959—978(1941).
8. O'Connell, H. E., *Trans. AIChE*, **42**, 741—755 (1946).
9. Walter, J. F., and T. K. Sherwood, *Ind. Eng. Chem.*, **33**, 493—501(1941).
10. Edmister, W. C., *The Petroleum Engineer*, C45—C54 (Jan. 1949).
11. Lockhart, F. J., and C. W. Leggett, in K. A. Kobe and J. J. Mcketta, Jr., Ed., *Advances in Petroleum Chemistry and Refining*. Vol. 1, Interscience, New York, Vol. **1**, pp. 323—326 (1958).
12. Holland, C. D., *Multicomponent Distillation*, Prentice - Hall. Englewood Cliffs. NJ(1963).
13. Murphree, E. V., *Ind. Eng. Chem.*, **17**. 747 (1925).
14. Hausen, H., *Chem. Ing. Tech.*, **25**,595 (1953).
15. Standart, G.. *Chem Eng. Sci.*, **20**,611 (1965).
16. Lewis. W. K., *Ind. Eng. Chem.*, **28**, 399 (1936).
17. Gerster. J. A., A. B. Hill, N. H. Hochgraf, and D. G. Robinson. "Tray Efficiencies in Distillation Columns," Final Report from the University of Delaware, American Institute of Chemical Engineers, New York (1958).
18. *Bubble - Tray Design Manual*, AIChE, New York (1958).
19. Gilbert. T. J., *Chem. Eng. Sci.* **10**, 243 (1959).
20. Barke P. E., and M. F. Self, *Chem. Eng. Sci.*, **17**,541 (1962).
21. Bennett, D. L., and H. J. Grimm, *AIChE J.*, **37**,589 (1991).
22. Oldershaw. C. F., *Ind. Eng. Chem. Anal. Ed.*, **13**, 265 (1941).
23. Fair, J. R., H. R. Null, and W. L. Bolles, *Ind. Eng. Chem. Process Des. Dev.*, **22**,53—58(1983).
24. Souders, M., and G. G. Brown, *Ind. Eng. Chem.*, **26**,98—103 (1934).
25. Fair, J. R., *Petro/Chem. Eng.*, **33**,211—218 (Sept. 1961).
26. Sherwood. T. K., G. H. Shipley, and F. A. L. Holloway, *Ind. Eng. Chem.*, **30**,765—769 (1938).
27. *Glitsch Ballast Tray. Bulletin No.* 159, Fritz W. Glitsch and Sons, Dallas, TX (from FRI report of Sept. 3, 1958).
28. *Glitsch V - l Ballast Tray*, *Bulletin No.* 160, Fritz W. Glitsch and Sons, Dallas. TX (from FRI report

of Sept. 25, 1959).
29. Oliver. E. D., *Diffusional Separation Processes. Theory, Design, and Evaluation*, John Wiley and Sons, New York, pp. 320—321 (1966).
30. Bennett, D. L., R. Agrawal, and P. J. Cook, *AIChE J.*, **29**, 434—442(1983).
31. Smith, B. D., *Design of Equilibrium Stage Processes*, McGraw-Hill, New York (1963).
32. Klein, G. F., *Chem. Eng.*, **89** (9), 81—85 (1982).
33. Kister. H. Z., *Distillation Design*, McGraw-Hill, New York (1992).
34. Lockett, M. J., *Distillation Tray Fundamentals*, Cambridge University Press, Cambridge, UK. p. 146 (1986).
35. American Institute of Chemical Engineers (AIChE), *Bubble-Tray Design Manual*. AIChE, New York, (1958).
36. Chan. H., and J. R. Fair, *Ind. Eng. Chem. Process Des. Dev.*, **23**,814—819(1984).
37. Chan, H., and J. R. Fair, *Ind. Eng. Chem. Process Des. Dev.*, **23**,820—827(1984).
38. Scheffe, R. D., and R. H. Weiland, *Ind. Eng. Chem. Res.*, **26**, 228—236(1987).
39. Foss. A. S., and J. A. Gerster, *Chem. Eng. Prog.*, **52**, 28-J to 34-J Jan. 1956).
40. Gerster, J. A., A. B. Hill, N. N. Hochgraf. and D. G. Robinson. "Tray Efficiencies in Distillation Columns," Final Report from University of Delaware, American Institute of Chemical Engineers (AIChE), New York (1958).
41. Fair, J. R., *Petro./Chem. Eng.*, **33** (10), 45 (1961).
42. Colburn, A. P., *Ind. Eng. Chem.*, **28**, 526 (1936).
43. Chilton, T. H., and A. P. Colburn, *Ind. Eng. Chem.*, **27**, 255—260,904(1935).
44. Colburn, A. P., *Trans. AIChE*, **35**,211—236. 587—591 (1939).
45. Billet, R., *Packed Column Analysis and Design*, Ruhr-University Bochum(1989).
46. Stichlmair, J., J. L. Bravo, and J. R. Fair, *Gas Separation and Purification*, **3**,19—28(1989).
47. Billet, R., and M. Schultes, *Packed Towers in Processing and Environmental Technology*, translated by J. W. Fullarton, VCH Publishers, New York (1995).
48. Leva, M., *Chem. Eng. Prog. Symp. Ser.*, **50** (10), 51 (1954).
49. Leva. M., *Chem. Eng. Prog.*, **88** (1), 65—72 (1992).
50. Kister, H. Z., and D. R. Gill, *Chem. Eng. Prog.* **87** (2), 32—42(1991).
51. Billet, R., and M. Schultes, *Chem. Eng. Technol.*, **14**, 89—95(1991).
52. Ergun, S., *Chem. Eng. Prog.*, **48** (2), 89—94 (1952).
53. Kunesh, J. G., *Can. J. Chem. Eng.*, **65**,907—913 (1987).
54. Whitman. W. G., *Chem. and Met. Eng.*, **29**, 146—148 (1923).
55. Sherwood. T. K., and F. A. L. Holloway. *Trans. AIChE.*, **36**, 39—70(1940).
56. Cornell, D., W. G. Knapp, and J. R. Fair, *Chem. Eng. Prog.*, **56** (7),68—74(1960).
57. Cornell, D., W. G. Knapp, and J. R. Fair, *Chem. Eng. Prog.*, **56** (8),48—53 (1960).
58. Bolles, W. L., and J. R. Fair, *Inst. Chem. Eng. Symp. Ser.*, **56**, 3/35(1979).
59. Bolles, W. L., and J. R. Fair, *Chem. Eng.*, **89** (14), 109—116 (1982).
60. Bravo, J. L., and J. R. Fair, *Ind. Eng. Chem. Process Des. Devel.*, **21**,162—170(1982).
61. Bravo, J. L., J. A. Rocha, and J. R. Fair, *Hydrocarbon Processing*, **64**(1), 56—60 (1985).
62. Fair, J. R., and J. L. Bravo, *I. Chem. E. Symp. Ser.*, **104**, A183—A201(1987).
63. Fair, J. R., and J. L. Bravo, *Chem. Eng. Prob.*, **86** (1), 19—29 (1990).
64. Shulman, H. L., C. F. Ullrich, A. Z. Proulx, and J. O. Zimmerman, *AIChE J.*, **1**,253—258 (1955).

65. ONDA, K., H. TAKEUCHI, and Y.J. OKUMOTO. *J. Chem. Eng. Jpn.*, **1**, 56－62 (1968).
66. BILLET, R., *Chem. Eng. Prog.*, **63** (9), 53－65 (1967).
67. BILLET, R., and M. SCHULTES, *Beitrage zur Verfahrens - Und Umwelt - technik*, Ruhr - Universitat Bochum. pp. 88－106 (1991).
68. HIGBIE, R., *Trans. AIChE.* **31**, 365－389 (1935).
69. BILLET, R., and M. SCHULTES, *Chem. Eng. Res. Des.*, *Trans. IChemE*, **77**A, 498－504 (1999).
70. M. SCHULTES, Private Communication (2004).
71. SLOLEY, A. W., *Chem. Eng. Prog.*, **95** (1), 23－35 (1999).
72. STUPIN, W. J., and H. Z. KISTER, *Trans. IChemE.*, **81**A, 136－146(2003).

习　　题

6.1 节

6.1　在任何吸收操作中，吸收剂被汽提的程度取决于吸收剂的 K 值；在任何汽提操作中，汽提剂被吸收的程度取决于汽提剂的 K 值。在图 6.1 中可见吸收和汽提将同时发生。以每小时千摩尔为单位，哪种操作发生的程度最大？该操作应称为吸收还是汽提？为什么？

6.2　1950 年以前，普遍使用的工业乱堆填料只有两类：拉西环和贝尔鞍形填料。20 世纪 50 年代起，各种工业乱堆填料开始出现。这些新型填料有什么优点？这些优点是通过填料设计和制造技术上的哪些进步取得的？为什么要引进规整填料？

6.3　20 世纪 60 年代以前的板式塔设计中广泛采用泡罩塔板。现在则流行筛板和浮阀塔板。但泡罩塔板仍偶有采用，尤其对需要高操作弹性或长液体停留时间的操作。什么特点使泡罩塔板能在低气相和液相流量下令人满意地操作？

6.2 节

6.4　在例 6.3 中，相对分子质量为 250 的贫油被用作吸收剂。正在考虑选用新吸收剂。可获得的物流为：

	流量/gpm	密度/(lb・gal^{-1})	M_w
C_5 s	115	5.24	72
轻油	36	6.0	130
中油	215	6.2	180

你将选择哪股物流？哪股物流是不可采用的？——如果有这样的物流的话。

6.5　可通过在填料塔中进行汽提除去水中的挥发性有机物(VOCs)。可能的汽提剂为蒸汽和空气。作为另一种可供选择的方案，也可用活性炭吸附除去 VOCs。美国环保署(EPA)认为从经济的观点空气汽提是最适用的技术。与蒸汽相比，以空气作为汽提剂的优点和缺点是什么？

6.6　用方程证明为什么一般说来吸收塔应在高压和低温下操作，而汽提塔应在低压和高温下操作。再用方程证明为什么级数和分离剂流量间需要协调。

6.3 节

6.7　乙醇发酵罐的出口气体为含 10%(mol)CO_2 的空气－CO_2 混合物，可用每摩尔胺溶液含 0.04 摩尔 CO_2 的 5.0N 三乙醇胺吸收 CO_2。如果该吸收塔在 25℃下等温操作，如果出口液体中含有吸收塔进料气体中 74.8%的 CO_2，且如果在有 6 个理论级的塔内完成此吸收操作，计算：

(a) 每摩尔进料气体需要的胺溶液的摩尔数；

(b) 出口气体组成。

平衡数据

Y	0.003	0.008	0.015	0.023	0.032	0.043	0.055	0.068	0.083
X	0.01	0.02	0.03	0.04	0.05	0.06	0.07	0.08	0.09
Y	0.099	0.12							
X	0.10	0.11							

Y=摩尔 CO_2/摩尔空气，X=摩尔 CO_2/摩尔胺溶液

6.8 通过在浮阀塔内与纯水逆流接触吸收 85%(vol)空气流中 95%的丙酮，预期总板效率为 50%。该塔将在温度 20℃和压力 101kPa 下操作。在此条件下丙酮-水的平衡数据为：

水中丙酮的摩尔百分数	3.30	7.20	11.7	17.1
空气中丙酮的分压，托	30.00	62.80	85.4	103.0

计算：

(a) 摩尔水对摩尔空气的比值 L'/V' 的最小值。

(b) 当 L'/V' 采用最小值的 1.25 倍时，需要的平衡级数目。

(c) 出口水中丙酮的浓度。

由表 5.2 知，对 N 个平衡级有 $2N+2C+5$ 个自由度。在本问题中，规定的变量为

级压(101kPa)	N
级温(20℃)	N
气体进料组成	$C-1$
水进料组成	$C-1$
气体进料 T,p	2
水进料 T,p	2
丙酮回收率	1
L/V	1
	$2N+2C+4$

余下的规定为气体进料流量，可以 100 lbmol/h 为基准。

6.9 溶剂回收装置由板式吸收塔和板式汽提塔组成。在吸收塔内回收气体物流中 90%的苯(B)。进口气体中苯的浓度为 0.06 mol B/mol 不含 B 的气体。进入吸收塔顶的油中含 0.01 mol B/mol 纯油。在出口液体中，X=0.19 mol B/mol 纯油。操作温度为 77 ℉(25℃)。

在 110℃温度下，用直接过热蒸气汽提富苯油中的苯。进口和出口油中苯的浓度分别为 0.19 和 0.01 (摩尔比)。油(纯)与蒸气(不含苯)的流量比为 2.0。蒸气被冷凝、分离然后排放。

油的相对分子质量=200　　苯的相对分子质量=78　　气体的相对分子质量=32

塔压下的平衡数据

油的 X	气体的 Y,25℃	蒸气的 Y,110℃
0	0	0
0.04	0.011	0.1

0.08	0.021 5	0.21
0.12	0.032	0.33
0.16	0.042	0.47
0.20	0.051 5	0.62
0.24	0.060	0.795
0.28	0.068	1.05

计算：

(a) 吸收塔中不含 B 的油与不含 B 的气体的摩尔流量比；

(b) 吸收塔的理论板数；

(c) 在给定的最终条件下，从 1mol 油脱除苯所需的最小蒸汽流量，假定塔板数为无限多。

6.10　常压下在筛板塔内用蒸气对用于吸收焦炉煤气中的苯的草黄油进行汽提以回收溶解的苯。操作温度下的平衡状态可用亨利定律近似，当油相含 10%(mol)C_6H_6时，油上方 C_6H_6分压为 5.07kPa。可认为油是不挥发的。进料油含 8%(mol)苯，其中的 75%被回收。出口蒸气含 3%(mol) C_6H_6。(a) 需要多少理论级？(b) 每 100 mol 油-苯混合物需要多少摩尔蒸气？(c) 如果对相同的油和蒸气流量要回收 85%的苯，需要多少理论级？

6.4 节

6.11　在板式塔内用空气汽提流量为 1 500gpm 的含有三种挥发性有机化合物(VOCs)的地下水，以生产满足 EPA 标准的饮用水。相关数据如下所列。确定最大空气流量(60 ℉，1atm 单位采用 csfm)和当采用最小值两倍的空气流量及在 25℃ 和 1atm 下操作时，所需的理论级数目。并确定得到的饮用水中每种 VOC 的 ppm 含量。

组分	*K* 值	浓度/ppm 地下水	浓度/ppm 饮用水中的最大值
1,2 二氯乙烷(DCA)	60	85	0.005
三氯乙烯(TCE)	650	120	0.005
1,1,1 三氯乙烷(TCA)	275	145	0.200

ppm＝按质量计百万分之一

6.12　用氮气从图 6.46 所示的液体物流中汽提二氧化硫和丁二烯(B3 和 B2)，使丁二烯砜(BS)产物中 SO_2的含量小于 0.05%(mol)，丁二烯的含量小于 0.5%(mol)。估算氮气流量和需要的平衡级数。在 70℃时，SO_2、B2、B3 和 BS 的 *K* 值分别为 6.95、3.01、4.53 和0.016。

6.13　对下列组合条件，用 Kremser 法确定图 6.47 所示的吸收操作能实现的分离：(a) 六个平衡级和 75psia 的操作压力；(b) 三个平衡级和 150psia 的操作压力；(c) 六个平衡级和 150 psia 的操作压力。在 90 ℉和 75psia 时，nC_{10}的 *K* 值＝0.0011。

6.14　在操作压力为 4atm 的吸收塔中用 500 kmol/h 温度为 90 ℉的 nC_{10}来吸收流量为1 000 kmol/h，组成为 25%C_1、15%C_2、25%C_3、20%nC_4和 15%nC_5，温度为 70 ℉的富气。对 4、10 和 30 个理论级，用 Kremser 法计算每个组分的百分吸收率。你将由计算结果得出什么结论？(注：80 ℉和 4atm 下，nC_{10}的 *K* 值为 0.001 4。)

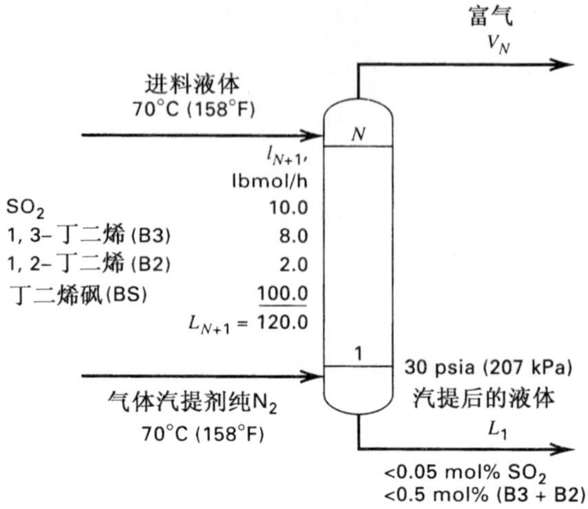

图 6.46　习题 6.12 的数据

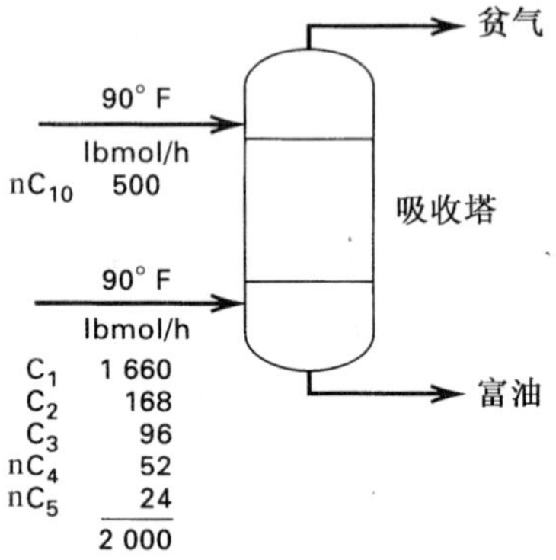

图 6.47　习题 6.13 的数据

6.5 节

6.15　利用例 6.3 的性能数据，反算丙烷的总级效率，并与 Drickamer 和 Bradford 关联式和 O'Connell 关联式估算的结果进行比较。

6.16　正在考虑几个需要纯度为 95%的氢气的加氢过程。炼油厂内有一股流量为 800 000scfm(32 ℉和 1atm)的物流目前被用作燃料，含 72.5% H_2、25% CH_4 和 2.5% C_2H_6。为使这股物流达到要求的纯度，考虑采用油吸收、活性炭吸附和膜分离。对油吸收，一股现成的正辛烷物流可用作吸收剂。因为纯度为 95%的 H_2 必须以不低于 375psia 的压力送到加氢过程，建议吸收塔在 400psia 和 100 ℉下操作。如果吸收塔进料中至少有 80%的氢将留在出口气体中，确定：

(a) 吸收剂最小流量，单位为每分钟加仑；

(b) 吸收剂实际流量，如果采用最小流量的 1.5 倍；

(c) 理论级数；

(d) 进料气体中三种组分每一种的级效率，采用 O'Connell 关联式；

(e) 需要的实际塔板数；

(f) 出口气体的组成，考虑辛烷的汽提；

(g) 如果不回收出口气体中的辛烷，以及如果该过程年操作时间为 7 900 小时，而辛烷价格为 \$1.00/gal，估算这种损失的年度费用。

6.17　将例 6.1 和例 6.4 的吸收操作放大 15 倍，将需要直径为 11.5ft 的塔。此外，因为原操作的效率仅为 30%，已开发了一种新型的塔板设计，并在 Oldershaw 塔中进行了试验。对此新塔板设计及其应用体系，得到的 Murphree 气相点效率 E_{OV} 为 55%。估算 E_{MV} 和 E_O。（为估计液体流道长度 Z_L，利用图 6.16。另外，假定 $u/D_E=6\text{ft}^{-1}$。）

6.6 节

6.18　某再沸汽提塔的塔底状态如图 6.48 所示。如果采用浮阀板，板间距为 24in.，估算以液泛速度的 80%操作时所需的塔径。

6.19　对设有浮阀塔板的氢吸收塔的下列塔顶板条件确定液泛速度和塔径：

压力	400 psia
温度	128 ℉
气体流量	530 lbmol/h
气体相对分子质量	26.6
气体密度	1.294 lb/ft³
液体流量	889 lbmol/h
液体相对分子质量	109
液体密度	41.1 lb/ft³
液体表面张力	18.4 dynes/cm
发泡因子	0.75
板间距	24in.
液泛速度的分率	0.85
浮阀塔板	

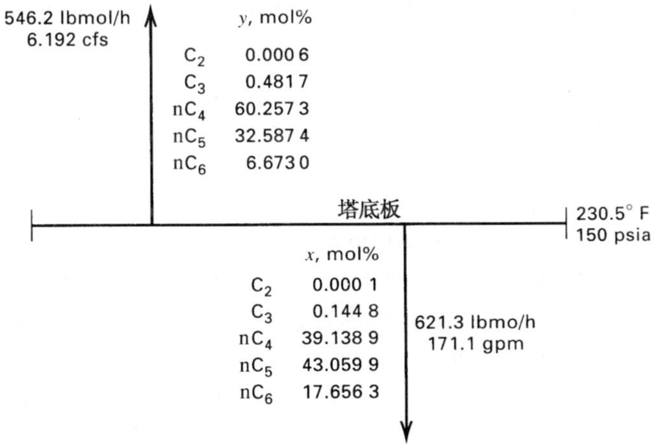

图 6.48　习题 6.18 的数据

6.20　对习题 6.16，如果采用辛烷流量 40 000gpm，在板间距为 24in.、溢流堰高为 2.5in. 和孔径为 $\frac{1}{4}$in. 的筛板塔内进行吸收操作，对于发泡因子 0.80 和液泛速度分率 0.70，确定：

(a) 基于塔底附近条件的塔径；

(b) 每块塔板的气相压降；

(c) 是否会发生漏液；

(d) 夹带量；

(e) 由夹带导致的 E_{MV} 减小的分率。

(f) 降液管内的泡沫层高度。

6.21 对相对于40%液泛速度的塔径,重新计算例6.5、例6.6和例6.7。

6.22 对图6.1的丙酮吸收塔,假定采用开孔面积为10%和孔径为$\frac{3}{16}$in.的筛板,而板间距为18 in.,估算:

(a) 发泡因子为0.85和液泛速度分率为0.75时的塔径;

(b) 每块塔板的气相压降;

(c) 分别由式(6-62)和(6-63)计算的传质单元数N_G和N_L;

(d) 由式(6-61)计算的N_{OG};

(e) 传质控制阻力;

(f) 由式(6-56)计算的E_{OV}。

根据你的计算结果,确定30块实际塔板是否合适。

6.23 除废水和空气流量为原设备的2倍外,针对例6.2规定的流动和分离状况设计一个VOC汽提塔。为展开该设计,确定:

(a) 需要的平衡级数;

(b) 筛板塔的塔径;

(c) 每块塔板的气相压降;

(d) 用Chan和Fair法计算的Murphree气相点效率;

(e) 需要的实际塔板数。

6.7节

6.24 在横截面积为1.5m^2,2号Intalox超级鞍形填料高度为3.5m,操作压力为1atm的填料塔内用纯水吸收含1.6%(vol)二氧化硫的空气。总气体流量为0.062 kmol/s,液体流量为2.2 kmol/s,而出口气体SO_2浓度为$y=0.004$。在该塔的操作温度下,平衡关系为$y^*=40x$。

(a) L/L_{min}为多少?

(b) 计算N_{OG},并将你的答案与所需的理论级数进行比较;

(c) 由操作数据确定H_{OG}和HETP;

(d) 以如表6.7中项2的分压推动力为基准,由数据计算K_Ga。

6.25 在20℃和1atm下操作的逆流填料塔中用水吸收空气-SO_2混合物。由塔顶进入的不含溶质的水的流量恒定为1 000 lb/h,并被均匀分布在填料上。出口液体浓度为0.6 lbSO_2/100 lb不含溶质的水。离开塔顶的贫气中SO_2的分压为23托。水与空气的摩尔流量比为25。必要的平衡数据如下所列。

(a) 进口气体中的SO_2在塔内被吸收的百分率为多少?

(b) 发现在该塔操作过程中,速率系数k_p和k_L在整个塔内基本上保持为下列数值:

$$k_L=1.3\ \text{ft/h}$$

$$k_p=0.195\ \text{lbmol/(h·ft}^2\text{·atm)}$$

在塔内某点液相浓度为每lbmol水含0.001lbmol SO_2,在气-液界面上液相浓度为多少lbmol/ ft^3?假定溶液密度与水相同。

20℃时SO_2在H_2O中的溶解度

$\frac{\text{lbSO}_2}{100\text{lbH}_2\text{O}}$	空气中SO_2的分压/托	$\frac{\text{lbSO}_2}{100\text{lbH}_2\text{O}}$	空气中SO_2的分压/托
0.02	0.5	0.30	14.1
0.05	1.2	0.50	26.0
0.10	3.2	0.70	39.0

0.15	5.8	1.0	59
0.20	8.5		

6.26　流量为 600gpm，含 10ppm 苯（质量）的废水在操作温度和压力分别为 25℃和 2atm 的填料塔内用空气汽提生产苯含量为 0.005ppm 的水。填料为聚丙烯制的 2in. Flexirings。25℃时苯的蒸气压为 95.2 托。25℃时苯在水中的溶解度为 0.180g/100g。一位空气汽提 VOC 的专家建议采用空气（60 ℉，1atm）流量为 1 000scfm，在此条件下苯的体积传质系数应达到：

$$k_L a = 0.067 s^{-1} \text{ 和 } k_G a = 0.80 s^{-1}$$

确定：

(a) 单位为 scfm 的最小空气汽提流量。这是否小于专家建议的流量？如果不小于，则采用你的计算流量的 1.4 倍为空气实际流量；

(b) 根据专家建议的空气流量的汽提因子；

(c) 需要的传质单元数 N_{OG}；

(d) 单位为 mol/(m³·s·kPa) 和 s⁻¹ 的传质总系数 $K_G a$。传质由哪一相控制？

(e) 单位为立方米的填料体积。

6.8 节

6.27　四氯化锗（$GeCl_4$）和四氯化硅（$SiCl_4$）被用于制造光导纤维。这两种氯化物在高温下氧化为玻璃状颗粒。但是 $GeCl_4$ 的氧化是相当不完全的，必须用稀碱液在操作温度和压力分别为 25℃和 1atm 的填料塔内吸收空气中未反应的 $GeCl_4$。在此条件下溶解的 $GeCl_4$ 没有蒸气压，而传质由气相控制。于是，平衡曲线为斜率为零的直线。为什么？进料气体为含 288kg $GeCl_4$/天，流量为 23 850 kg/天的空气。空气还含有 540 kg Cl_2/天，在溶解状态下 Cl_2 也没有蒸气压。两个液相反应为

$$GeCl_4 + 5OH^- \rightarrow HGeO_3^- + 4Cl^- + 2H_2O$$

$$Cl_2 + 2OH^- \rightarrow ClO^- + Cl^- + H_2O$$

要求在现有的直径为 2ft、装有高度为 10ft 的 $\frac{1}{2}$in. 的陶瓷拉西环的塔内吸收 90%的 $GeCl_4$ 和 Cl_2。液体流量应设定为使该塔在液泛速度的 75%下操作。对该填料：$\varepsilon = 0.63$，$F_P = 580 ft^{-1}$，和 $D_P = 0.017\ 74 m$。

$GeCl_4$ 和 Cl_2 的气相传质系数可用下列由实验研究获得的经验方程估算，式中 μ、ρ 和 D_i 为气体性质：

$$K_y a = k_y a$$

$$\frac{k_y}{(V/S)} = 1.195\left[\frac{D_P V'}{\mu(1-\varepsilon_O)}\right]^{-0.36}(N_{Sc})^{-2/3}$$

$$\varepsilon_O = \varepsilon - h_L$$

$$h_L = 0.035\ 9(L')^{0.331}$$

$$a = \frac{14.69(808V'/\rho^{1/2})^n}{(L')^{0.111}}$$

$$n = 0.011\ 14L' + 0.148$$

式中

S=塔横截面积，m²；

k_y=kmol/(m²·s)；

V=气体摩尔流量，kmol/s；

D_P=当量填料直径，m；

μ=气体黏度，kg/(m·s)；

ρ=气体密度，kg/ m³；

N_{Sc}=施密特数=$\mu/\rho D_i$；

D_i=气体中组分 i 的分子扩散系数,m^2/s;

a=填料的传质界面积,m^2/m^3;

L'=液体质量速度,$kg/(m^2 \cdot s)$;

V'=气体质量速度,$kg/(m^2 \cdot s)$

对两个扩散组分,取

$$D_{GeCl_4}=0.000\,006\ m^2/s$$
$$D_{Cl_2}=0.000\,013\ m^2/s$$

确定:

(a) 稀碱液的流量,单位为每秒公斤;

(b) 根据控制组分($GeCl_4$ 和 Cl_2)需要的填料高度,单位为英尺,10ft 填料是否足够?

(c) 根据现有的 10ft 填料 $GeCl_4$ 和 Cl_2 的百分吸收率,如果 10ft 填料不够,选择一种合适的填料替换。

6.28　对习题 6.26 中的 VOC 汽提任务,专家建议采用直径 0.80m 的塔,预期该塔的压降为每米填料 $500N/m^2$(0.612in. 水柱/ft 填料)。通过下列计算证实专家的建议:

(a) 利用图 6.36 的 GPDC 曲线图,用 $F_P=24ft^2/ft^3$ 确定操作的液泛分率;

(b) 液泛时的压降;

(c) 用 GPDC 曲线图确定习题 6.26 的操作条件下的压降;

(d) 假定 2in. 的塑料 Flexirings 填料具有与 2in. 的塑料拉西环相同的特性,用 Billet 和 Schultes 的关联式估算操作条件下的压降。

6.29　对习题 6.26 中的 VOC 汽提任务,专家建议了特定的传质系数。假定 2in. 的塑料 Flexirings 填料具有与 2in. 的塑料拉西环相同的特性,用 Billet 和 Schultes 的关联式估算这些传质系数,以核对专家的上述建议。

6.30　在装有 1.5in. 陶瓷贝尔鞍形填料的塔内用空气吸收温度和压力分别为 68 ℉ 和 1atm 的空气中含 2%(mol)NH_3的混合物。水的进口质量流量为 2 400 lb/(h · ft^2),而气体的进口质量流量为 240 lb/(h · ft^2)。假定该塔的温度恒定为 68 ℉,在此温度下气体的溶解度关系遵循亨利定律,$p=Hx$,式中 p 为溶液上方气体中氨的分压,x 为液体中氨的摩尔分率,而 H 为亨利定律常数,等于 2.7atm/摩尔分率。

(a) 计算吸收 90% NH_3需要的填料高度;

(b) 计算为吸收 98% NH_3需要的最小的水质量流量,lb/(h · ft^2);

(c) 建议采用 1.5in. 的陶瓷 Hiflow 环,而不用贝尔鞍形填料,这将导致 K_Ga、压降、最小液体流量、K_La、塔高、塔径、H_{OG} 和 N_{OG} 如何变化?

6.31　你将设计一用新鲜稀碱溶液吸收空气中的 CO_2 的填料塔。进料空气含 3%(mol) CO_2,要求的 CO_2 回收率为 97%。60 ℉ 和 1atm 下气体流量为 5 000ft^3/h。假定在操作范围内,平衡曲线为 $Y^*=1.75X$,这里 Y 和 X 分别为 CO_2 与载气和液体的摩尔比。假定初始设计采用 30in. 塔径和 2in. Intalox 鞍形填料。假定稀碱溶液具有水的物理性质。计算:

(a) 碱液对空气的最小摩尔比;

(b) 碱液中 CO_2 的最大可能浓度;

(c) $L/V=1.4$ 倍最小液气比时的理论级数;

(d) 碱液流量;

(e) 每英尺塔高的压降,这提示了什么?

(f) 总气相传质单元数,N_{OG};

(g) 填料高度,采用 K_Ga 为 2.5 lbmol/(h · ft^3 · atm)。

6.9 节

6.32　在吸收剂和塔的操作压力、温度均为 101.3kPa 和 20℃ 的用水吸收氨的吸收塔内的某点,气相主体含 10%(vol)NH_3。在界面上 NH_3 的分压为 2.26kPa。液相主体中氨的浓度为 1%(质量)。该点氨的吸收速率为 0.05kmol/(h·m²)。

(a) 给定上述数据和图 6.49 的平衡曲线后，计算 X、Y、Y_I、X_I、X^*、Y^*、K_Y、K_X、k_Y 和 k_X；

(b) 每一相中传质阻力所占的百分数为多少？

(c) 依据这些数据，证明 $1/K_Y = 1/k_Y + H'/k_X$。

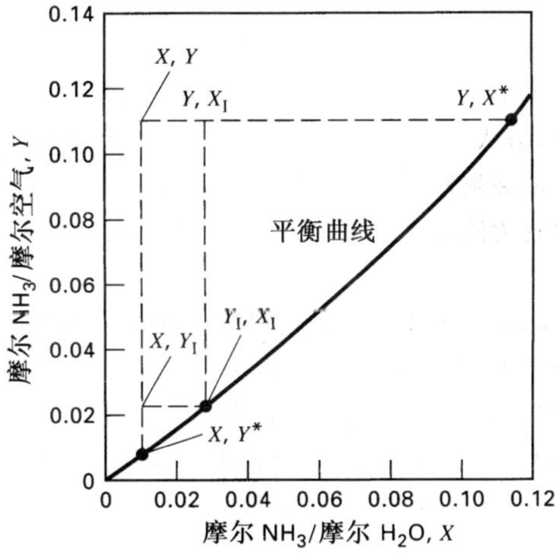

图 6.49　习题 6.32 的数据

6.33　要求用每小时 1 000 立方英尺的含 10%(mol)NH_3 的空气混合物来生产氮氧化物。该混合物是通过在 20℃下用空气解吸 NH_3 浓度为 20%(质量)的水溶液得到的。解吸后的溶液 NH_3 浓度应小于 1%(质量)。

计算该解吸塔需要的填料体积。可采用习题 6.32 的气-液平衡数据，而 $K_G a = 4$ lbmol/(h·ft³·atm 分压)。

6.34　68 ℉和 1atm 的空气中氨的分压为 12 托，并被水蒸气饱和，需要用相同温度和压力的水吸收除去 99.6%的氨。每小时处理的干空气量为 2 000 磅。

(a) 利用习题 6.32 中图 6.49 的平衡数据计算所需的最小水量；

(b) 假定以最小水量的两倍和液泛气速的一半操作，计算采用 38mm 的陶瓷贝尔鞍形填料的填料塔尺寸；

(c) 改用 50mm 的鲍尔环重新计算(b)；

(d) 你推荐采用哪种填料？

6.35　氯化反应器的出口气体为空气中含 20%(mol)氯的混合物。在操作温度和压力分别为 20℃和 1atm 的填料塔内用水吸收使空气中的氯浓度减少为 1%。采用下列 $x-y$ 数据，对 100kmol/h 进料气体计算：

(a) 最小水流量，单位为每小时千摩尔；

(b) 采用两倍最小水流量时的 N_{OG}。

20℃时的 $x-y$ 数据(以氯的摩尔分率表示)

x	0.000 1	0.000 15	0.000 2	0.000 25	0.000 3
y	0.006	0.012	0.024	0.04	0.06

6.36　如果塔内采用 1.5in. 金属鲍尔环填料，计算例 6.15 中塔的直径和高度。假定吸收剂溶液具有水的物理性质，并采用流量最高的塔底状态。

6.37　要求你设计一个填料塔，用 60 ℉的水连续从空气中回收丙酮。空气含有 3%(mol)丙酮，要求的回收率为 97%。在 60 ℉和 1atm 下气体流量为 50ft³/min。塔内最大允许表观气速为 2.4ft/s。在操作

范围内可假定 $Y^*=1.75X$，这里 Y 和 X 为丙酮的摩尔分率。

计算：

(a) 最小水与空气的摩尔流量比；

(b) 水溶液中可能的最大丙酮浓度；

(c) 当流量比为最小值的 1.4 倍时的理论级数；

(d) 相应的总气相传质单元数；

(e) 填料高度，假定 $K_Y a=12.0$ lbmol/(h·ft^3·摩尔比差)；

(f) 作为摩尔流量比函数的填料高度，假定 V 和 HTU 保持为常数。

6.38 要求逆流操作的填料塔从含 6%(mol) NH_3 的空气混合物中回收 99% 的氨，确定塔径和填料高度。该塔采用 1in. 的金属鲍尔环，必须处理的气体流量在 68 ℉和 1atm 下为 2 000ft^3/min。水吸收剂进口流量为最小理论值的两倍，而气速为液泛速度的 50%。假定操作温度和压力也为 68 ℉和 1atm。平衡数据已在图 6.49 中给出。

6.39 设计一个采用 Montz B1－200 金属规整填料的填料塔，用水吸收空气中的 SO_2。按不含 SO_2 计，气体进口流量为 6.90 lbmol/(h·ft^2 填料层横截面积)，含 80%(mol)空气和 20%(mol) SO_2。水的进料流量为 364 lbmol/(h·ft^2 填料层横截面积)。出口气体仅含 0.5%(mol) SO_2。假定两相间无空气和水的传递，且该塔在 2 atm 和 30℃下操作。在 30℃和 2 atm 下，以 SO_2 在水中的溶解度(摩尔分率)表示的平衡数据(*Perry's Chemical Engineers' Handbook*, 4th ed., Table 14.31, p. 14～6)已用最小二乘法拟合成如下方程

$$y=12.697x+3\,148.0x^2-4.724\times10^5x^3+3.001\times10^7x^4-6.524\times10^8x^5$$

(a) 导出如下用 SO_2 摩尔分率表示的物料衡算操作线：

$$x=0.018\,9\left(\frac{y}{1-y}\right)-0.000\,10$$

(b) 编写计算机程序或利用电子表格，根据总气相阻力计算所需的传质单元数。

第7章　二元混合物的蒸馏

在蒸馏中，两个或多个组分的一股进料混合物被分离成两股或多股产物，包括(通常也限于)一股塔顶馏出物和一股塔底产物，其组成均不同于进料组成。最为常见的进料是液体和汽-液混合物。塔底产物几乎总是液体，而塔顶馏出物可能为液体、气体或二者皆有。该分离要求：(1)形成第二相，使液相和气相共存于分离塔中并能在每一级互相接触；(2)各组分具有不同的挥发度，使它们能以不同程度在两相之间分配；(3)可借助重力或其他机械方法使两相分离。蒸馏与吸收和汽提的区别在于第二流体相通常是利用热方法(蒸发或冷凝)创造的，而不是引入可能含有添加的或进料混合物中不存在的其他组分的第二相。

据 Forbes[1]的考证，蒸馏技术至少可追溯到公元1世纪。到第11世纪在意大利蒸馏已被用于生产酒精饮料。在当时，蒸馏可能是以只用一级的蒸馏器为基础的间歇过程。要进行分离的进料，某种液体被放入进行加热的容器，导致部分液体被汽化。蒸气离开该加热容器，再进入另一个容器，通过容器壁将热量传递给水而被冷却，产生滴入产品储罐的冷凝液。蒸馏(distillation)这个词来源于拉丁文的 *destillare*，其原意为滴下或滴流。最迟到16世纪，已经知道在所谓蒸馏器中提供多次汽-液接触(级)能改善分离的程度。蒸馏(rectification)这个词来源于拉丁文的 *recte facere*，其原意为改善。现代蒸馏已具有利用多级接触生产几乎纯的产物的能力。

在整个20世纪中，多级蒸馏到目前一直是分离化学组分的液体混合物的最广泛应用的工业方法。遗憾的是，蒸馏是需要消耗大量能源的技术，尤其是当要分离的组分的相对挥发度 α 较低时(<1.5)。Mix 等[2]报道1976年美国用于蒸馏的能源消耗总计达到 2×10^{15} Btu (2夸德①)，几乎为全国能源消耗量的3%。蒸馏能耗的约三分之二为石油炼制所消耗，在该工业部门中，蒸馏被广泛用于将原油分离成各种石油馏分，轻烃(C2到C5)和芳香化合物。往往在存在水的条件下进行的其他有机化合物的分离，在化学工业中也被广泛实施。

7.0　本章教学目的

学习本章后，你应该能够：

- 说明蒸馏与吸收和汽提的区别。
- 说明在蒸馏中为产生回流而需要冷凝器及为产生蒸出物而需要再沸器。

① 夸德为能量单位，等于 10^{15} Btu，相当于24亿吨石油——译者注。

- 列举影响蒸馏塔设计的各种因素。
- 对连续二元蒸馏，区分 McCabe - Thiele 法需要的规定和能得到的结果。
- 利用物料衡算和相平衡关系确定 McCabe - Thiele 法中所用的五条作图线。
- 说明“恒摩尔流”的概念，此概念有效所需要的假定，以及为什么此概念可消除对各级进行能量衡算的需求。
- 区分五种可能的进料相状态。
- 给定要求的两个进料组分间的分离要求后，用 McCabe - Thiele 法确定最小回流比、最小平衡级数、对大于最小回流比的规定回流比的平衡级数和最优进料位置。
- 选择适当的冷凝器和蒸馏分离的适当的操作压力。
- 说明三类最常用的再沸器的区别。
- 计算冷凝器和再沸器的热负荷，并考虑进料预热器的应用。
- 确定最优回流比。
- 利用 Murphree 气相级效率由平衡级数确定实际级(板)数。
- 将 McCabe - Thiele 法推广应用于多股进料、侧线出料和直接蒸汽(代替再沸器)。
- 由关联式和实验室蒸馏塔的数据估计二元蒸馏的总级效率。
- 确定板式塔的直径和回流罐的大小。
- 确定填料高度和填料塔的直径。
- 当“恒摩尔流”假定不适用时焓浓图的应用。

7.0.1 工业实例

通过分离二组分混合物的二元蒸馏的学习，能最清晰地理解蒸馏的原理，这就是本章的主题。更一般和困难得多的多组分混合物的情况在第 10 章和第 11 章中讨论。一个有代表性的二元蒸馏操作如图 7.1 所示，该操作分离 620 lbmol/h(0.0781 kmol/s)组成为 46%(mol)苯(易挥发组分)和 54%(mol)甲苯的二元混合物。有 25 块筛板(相当于 20 个理论级加起一个附加理论级作用的部分再沸器)的蒸馏塔将进料分离为 99%(mol)苯的液体馏出物和 98%(mol)甲苯的塔底液体产物。该塔在略高于环境压力的回流罐压力 18psia(124kPa)下操作。因为通过冷凝器的压降可忽略，气相压降为 0.1psi/板(0.60kPa/板)，所以再沸器压力为 18+0.1×25=20.5 psia(141kPa)。在此压力范围内，苯和甲苯近似为理想混合物，如式(2 - 44)的拉乌尔定律所确定的，相对挥发度由塔底板条件下的 2.26 到塔顶板条件下的 2.52。回流比(回流量与馏出量之比)为 2.215。如果采用无限多级，需要的回流比为最小回流比 1.708。于是，对本案例回流比与最小回流比之比为 1.297。大多数蒸馏塔按最优回流比与最小回流比之比为 1.1 到 1.5 设计操作。如果采用无限大回流比，则只需要 10.7 个理论级。于是，对本案例理论级与最小理论级之比为 21/10.7=1.96。对大多数蒸馏塔，这个比值近似为 2。级效率为 20/25=80%。这接近实测的蒸馏级效率的平均值。

图 7.1 的分离操作的进料是 55psia(379kPa)压力下的饱和液体。泡点计算给出温度为 294 ℉(419K)。当该进料通过进料阀绝热闪蒸到进料板压力 19.25psia(133kPa)时，进料温度降低到 220 ℉(378K)，导致 23.4%(mol)的进料汽化。采用全凝器获得 18 psia(124 kPa)压力下泡点温度为 189 ℉(360K)的饱和液体回流和液体馏出物。冷凝器热负荷为

11 820 000 Btu/h(3.46 MW)。在塔底，采用部分再沸器产生蒸出蒸气和液体塔底产物。假定蒸出蒸气和塔底产物处于物理平衡，部分再沸器起一个附加理论级的作用，给出总理论级数为 21。因为塔底产物是饱和液体，其温度为 251 ℉(395K)，对应于塔底压力 20.5psia (141kPa)下的泡点温度。再沸器热负荷为 10 030 000Btu/h(2.94 MW)，与冷凝器热负荷的差值在 15%之内。

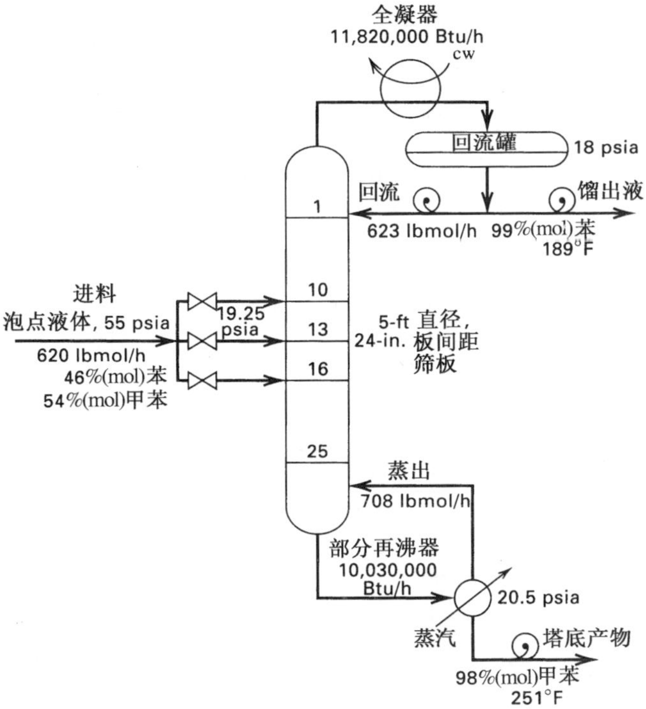

图 7.1　苯和甲苯二元混合物的蒸馏

图 7.1 的蒸馏塔的内径为常数 5ft(1.53m)。在顶部塔板，此直径相当于按液泛气速的 84%操作，而在底部塔板，则相当于按液泛气速的 81%操作。如图中所示，该塔可在三块板中的任何一块进料。对设计条件，最优进料位置在第 12 块板和第 13 块板之间。但是，如果进料组成或产物规定改变，其他两个进料位置之一可能成为最优。

已经建造了直径至少达到 30ft(9.14m)的类似于图 7.1 的蒸馏塔。对于 24in.(0.61m)的板间距，单塔的最大板数通常不超过 150。一般说来，对于相对挥发度小于 1.05 的二元混合物的清晰分离，用蒸馏可能需要几百块塔板，所以应探索效率更高的分离技术。即使蒸馏为最经济的分离技术，利用第 2 章中阐述的计算程序，其第二定律效率可能也低于 10%。

在技术上，蒸馏已是非常成熟的分离操作。设计和操作方法均已完全确立，例如，可参阅 Kister[3,4]的著作。只有当汽-液平衡或其他数据不确定时，在进行工业装置的设计前，实验室和/或中试研究才是必要的。部分取自 Mix 等[2]的研究的表 7.1，按分离难度递减的次序列出了某些比较常见的工业二元蒸馏操作。表中还包括有代表性的名义相对挥发度、塔板数、塔的操作压力和回流比与最小回流比之比值。虽然表 7.1 中的数据是对板式塔而言的，但是蒸馏也可在填料塔中完成。很常见的是，用乱堆填料或规整填料取代现有板式塔中的全部或部分塔板，可达到额外的蒸馏处理能力。

表 7.1　代表性的工业二元蒸馏操作[2]

二元混合物	平均相对挥发度	塔板数	典型操作压力/psia	回流比与最小回流比之比值
1,3-丁二烯/乙烯基乙炔	1.16	130	75	1.70
乙烯基乙酸酯/乙酸乙酯	1.16	90	15	1.15
邻二甲苯/间二甲苯	1.17	130	15	1.12
异戊烷/正戊烷	1.30	120	30	1.20
异丁烷/正丁烷	1.35	100	100	1.15
乙苯/苯乙烯	1.38	34	1	1.71
丙烯/丙烷	1.40	138	280	1.06
甲醇/乙醇	1.44	75	15	1.20
水/乙酸	1.83	40	15	1.35
乙烯/乙烷	1.87	73	230	1.07
乙酸/乙酐	2.02	50	15	1.13
甲苯/乙苯	2.15	28	15	1.20
丙烷/1,3-丁二烯	2.18	40	120	1.13
乙醇-水恒沸物/水	2.21	60	15	1.35
异丙醇/水	2.23	12	15	1.28
苯/甲苯	3.09	34	15	1.15
甲醇/水	3.27	60	45	1.31
异丙苯/苯酚	3.76	38	1	1.21
苯/乙苯	6.79	20	15	1.14
HCN/水	11.20	15	50	1.36
环氧乙烷/水	12.68	50	50	1.19
甲醛/甲醇	16.70	23	50	1.17
水/乙二醇	81.20	16	4	1.20

在本章中，将讨论进行蒸馏操作的设备，并将对二元混合物提出基本的基于平衡和基于速率的计算方法。板式蒸馏塔和填料蒸馏塔在大多数方面与前一章讨论的吸收和汽提塔是相同的。因此，在适当场合可参考第 6 章，本章只讨论重要的差别。

7.1　设备和设计考虑

工业蒸馏操作通常在板式塔中进行，但填料塔也正在发现日益增多的用武之地。偶尔，蒸馏塔内可能既有塔板，又有填料。塔板和填料的类型与如 6.1 节中描述的吸收和汽提中所用的相同，如图 6.2 到图 6.7 所示，并在表 6.2 和表 6.3 中作了比较。

影响二元蒸馏操作设计或分析的因素包括：

(1) 进料流量、组成、温度、压力和相状态；

(2) 两组分间需要的分离程度；

(3) 操作压力(必须低于混合物的临界压力)；

(4) 气相压降，尤其对真空操作；

(5) 最小回流比和实际回流比；

(6) 最小平衡级数和实际平衡级数(级效率)；

(7) 冷凝器类型(全凝、分凝或混合)；

(8) 液体回流的过冷度，如果有的话；

(9) 再沸器类型(部分或完全)；

(10) 接触类型(塔板或填料或二者皆有)；

(11) 塔高；

(12) 进料级；

(13) 塔径；

(14) 塔的内部构件。

进料的相状态(也称为热状态)由进料板压力下通过进料阀的绝热闪蒸计算确定。随着进料中气相摩尔分数的增加，需要的回流比(L/D)将增加，但相应的蒸出比(V/B)将减小。回流罐中的操作压力应使对应的馏出液温度稍高于用作塔顶冷凝器冷却剂的冷却水的供应温度(例如 10 ℉到 50 ℉，或 6℃到 28℃)。但是，如果此压力趋近易挥发组分的临界压力，那么必须采用较低的操作压力，并需要用冷冻剂作为冷却介质。例如，在表 7.1 中，乙烯/乙烷的分离在 230psia(1 585kPa)下进行，给出塔顶温度为－40℃(233K)，这就需要用冷冻剂。冷凝器中不能用 80 ℉(300K)的水，因为乙烯的临界温度为 48.6 ℉(282K)。如果估计的压力低于大气压，塔顶操作压力往往设定在略高于大气压，以避免真空操作，除非发现塔底温度超过分解、聚合、过度腐蚀或其他化学反应限制的塔底温度。在这些情况下，真空操作是必需的。在表 7.1 中，为保持足够低的塔底温度以防止苯乙烯聚合，乙苯与苯乙烯的分离需要采用真空操作。

对给定的(1)进料，(2)要求的分离程度和(3)操作压力，存在一个对应于无限多理论板的最小回流比；还存在一个对应于无限大回流比的最少理论级数。设计时通常在级数和回流比之间进行权衡。下一节讨论确定进行这种权衡所需的数据和确定最优进料级位置的一种图解法。

7.2　用于板式塔的 McCabe－Thiele 图解平衡级法

考虑如图 7.2 所示的一般的逆流多级二元蒸馏操作。操作包括由 N 个理论级组成的塔；离开塔顶级的蒸气在全凝器中完全冷凝提供液体馏出产物和返回塔顶级的液体回流；来自塔底级的液体在部分再沸器中部分汽化提供液体塔底产物和返回塔底级的蒸出蒸气，并有一个中间进料级。如 5.4 节中所讨论的，利用两段级联内安排的多个逆流接触级，能达到进料中两个组分间的清晰分离，除非它们形成恒沸物，在形成恒沸物的情况下，两个产物中有一个将趋近恒沸组成。

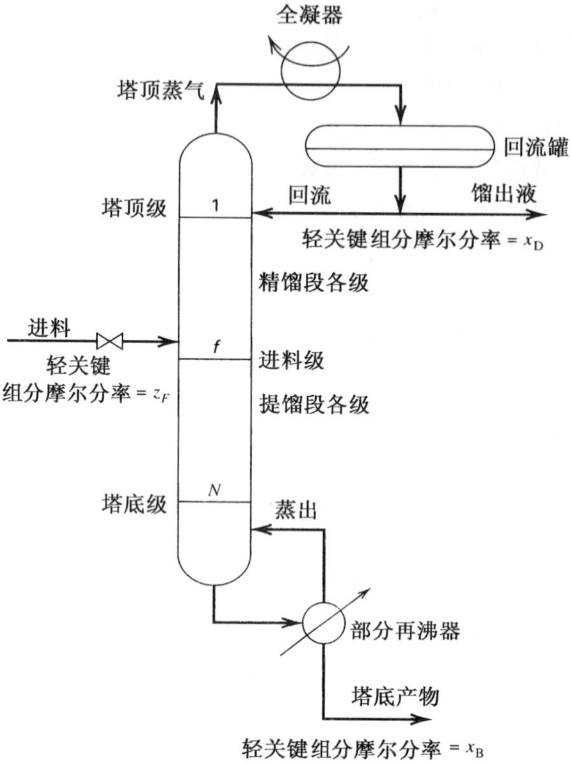

图 7.2　采用全凝器和部分再沸器的蒸馏操作

含有易挥发(轻)组分(轻关键，LK)和难挥发(重)组分(重关键，HK)的进料在进料级 f 进塔。在进料级压力下，进料可以为液体、气体或液体和气体的混合物，其轻组分的总摩尔分数组成标记为 z_F。馏出液中轻关键组分的摩尔分数为 x_D，而塔底产物中轻关键组分的摩尔分数为 x_B。相应的重关键组分的摩尔分数为 $1-z_F$、$1-x_D$和 $1-x_B$。

蒸馏的目的是由进料产生一股富集轻关键组分(即 x_D趋近 1.0)的馏出液和一股富集重关键组分(即 x_B趋近 0.0)的塔底产物。达到这种分离的难易取决于两个关键组分(LK=1 和 HK=2)的相对挥发度 α，这里

$$\alpha_{1,2}=K_1/K_2 \tag{7-1}$$

估计 K 值的方法已在第 2 章中讨论过。

如果两个组分形成理想溶液，而且气相服从理想气体定律，则拉乌尔定律适用并给出

$$K_1=p_1^s/p \qquad 和 \qquad K_2=p_2^s/p$$

而根据式(7-1)，相对挥发度可直接由蒸气压之比给出 $\alpha_{1,2}=p_1^s/p_2^s$，于是仅为温度的函数。如 4.2 节中所讨论的，随着温度(并因此压力)升高，$\alpha_{1,2}$减小。在混合物的收敛压力处 $\alpha_{1,2}=1.0$，因此在该压力或更高的压力下，不能实现分离。

由 K 值的定义 $K_i=y_i/x_i$，可用平衡气相和液相组成表示相对挥发度。对二元混合物，

$$\alpha_{1,2}=\frac{y_1/x_1}{y_2/x_2}=\frac{y_1(1-x_1)}{x_1(1-y_1)} \tag{7-2}$$

求解式(7－2)得到 y_1，

$$y_1=\frac{\alpha_{1,2}x_1}{1+x_1(\alpha_{1,2}-1)} \tag{7-3}$$

对沸点接近的组分的理想二元混合物，塔内温度变化不大，$\alpha_{1,2}$几乎为常数。在任何情况下，对给定压力和液相组成 x_1，第 4 章中讨论的 Gibbs 相律确定了温度和平衡气相组成。苯-甲苯系统的平衡曲线如图 7.3 所示，图中 y 和 x 对应轻关键组分苯，而压力为 1atm，在此压力下纯苯和纯甲苯的沸点分别为 176 ℉和 231 ℉。于是，这两个组分不是近沸点的。将式(7－3)用于此图，α 由曲线底部的约 2.6 变化到曲线顶部的约 2.35。某些 α 平均值的代表性的平衡曲线如图 4.5 所示。α 的平均值越大，越容易达到要求的分离。表 7.1 中的蒸馏操作的 α 的平均值从 1.16 到 81.2。

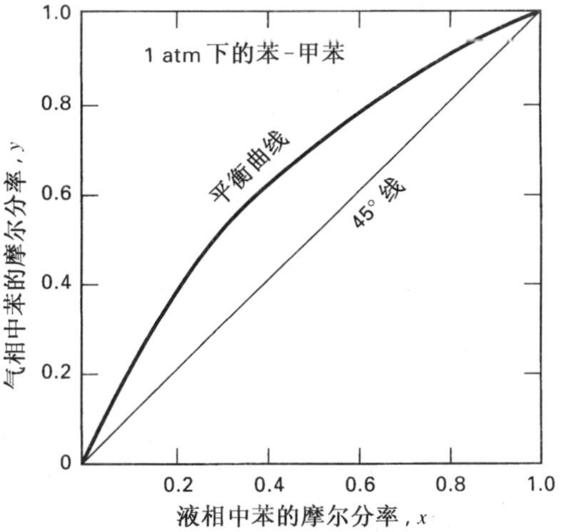

图 7.3　1atm 下苯-甲苯的平衡曲线

1925 年，McCabe 和 Thiele[5]发表了一种将图 7.3 中的平衡曲线与操作曲线相结合的图解法，对给定的二元混合物进料和塔的操作压力，可用该法估算为使进料达到要求的分离程度所需的平衡级数和回流量。虽然将在后面的第 10 章中讨论的计算机辅助算法更加精确和便于应用，但 McCabe－Thiele 的图解法非常容易将多级蒸馏的许多重要概念形象化，因此为学习这种方法所作的努力将会证明是值得的。

McCabe－Thiele 法的典型问题规定和结果汇总在表 7.2 中。该表适用于如图 7.2 所示的一股进料和两股产物的简单二元蒸馏。馏出液可能是如图 7.2 所示的来自全凝器的液体，或来自分凝器的气体。塔压下的进料热状态必须已知，对 McCabe－Thiele 法可假定全塔压力均匀。冷凝器和再沸器的类型及回流比与最小回流比的比值必须规定。由轻关键组分的 x_D和 x_B的规定，可通过物料衡算固定馏出液和塔底产物的流量 D 和 B，因为

$$Fz_F=x_DD+x_BB$$

但是，$B=F-D$，因此

$$Fz_F=x_DD+x_B(F-D)$$

或

$$D=F\left(\frac{z_F-x_B}{x_D-x_B}\right)$$

表 7.2　二元蒸馏的 McCabe – Thiele 法的规定和结果

规定	
F	总进料流量
z_F	进料的摩尔分数组成
p	塔的操作压力(假定全塔均匀) 塔压下进料的相状态 塔压下二元混合物的汽-液平衡曲线 塔顶冷凝器的类型(全凝或分凝) 再沸器的类型(通常为部分沸腾)
x_D	馏出液的摩尔分数组成
x_B	塔底产物的摩尔分数组成
R/R_{min}	回流与最小回流的比值
结果	
D	馏出液流量
B	塔底产物流量
N_{min}	最小平衡级数
R_{min}	最小回流比 L_{min}/D
R	回流比 L/D
V_B	蒸出比 V/B
N	平衡级数 最优进料位置 各级气相和液相组成

此结果要求 $x_B < z_F < x_D$。

McCabe – Thiele 法不仅确定了平衡级数 N，而且确定了 N_{min}、R_{min} 和最优进料级。应用 McCabe – Thiele 法后，接着可用能量衡算估计冷凝器和再沸器的热负荷。

除了平衡曲线，McCabe – Thiele 法还涉及 45°的参考线、分别对塔上段精馏(富集)段和塔下段提馏(耗尽)段的操作线和表示进料的相或热状态的第五条线(q 线或进料线)。一组典型的这些线如图 7.4 所示。这些线的方程将在下面各小节中导出。

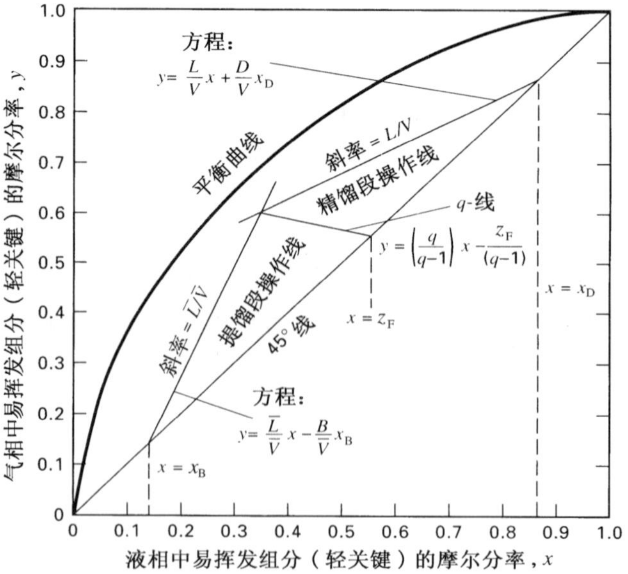

图 7.4　绘制 McCabe – Thiele 法所用的各线段

7.2.1　精馏段

如图 7.2 所示，平衡级的精馏段从塔顶的级 1 延续到进料级 f 以上。考虑包括全凝器的精馏段上部。对图 7.5(a)的包线内的全凝器和级 1 到级 n 进行如下轻关键组分的物料衡算，下式中的 y 和 x 分别为轻关键组分的气相和液相摩尔分数：

$$V_{n+1}y_{n+1}=L_n x_n+Dx_D \tag{7-4}$$

解得 y_{n+1}：

$$y_{n+1}=\frac{L_n}{V_{n+1}}x_n+\frac{D}{V_{n+1}}x_D \tag{7-5}$$

式(7-5)关联了两股级间物流 V_{n+1} 和 L_n 的组成 y_{n+1} 和 x_n。对式(7-5)的标绘为形式为 $y=mx+b$ 的直线，该直线是精馏段内所有级间物流的组成轨迹，但各级的总摩尔流量 L 和 V 必须保持不变。如果符合下列条件，将为这种情况：

(1) 两个组分具有相等并恒定的摩尔汽化焓(潜热)。

(2) 与潜热变化相比，组分的显热($c_p\Delta T$)变化和混合热可以忽略。

(3) 塔绝缘良好，所以热损失可忽略。

(4) 全塔压力均匀(无压降)。

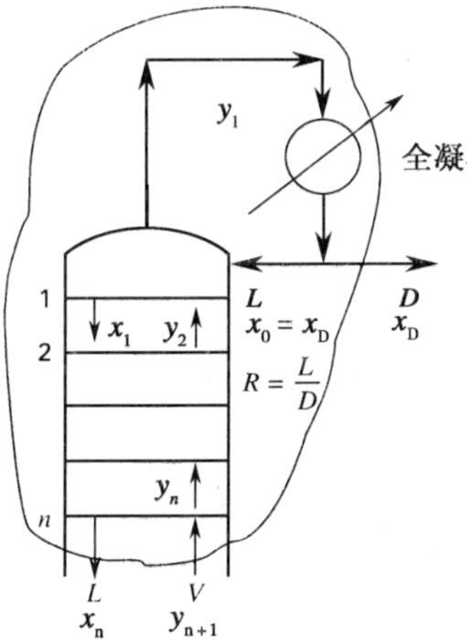

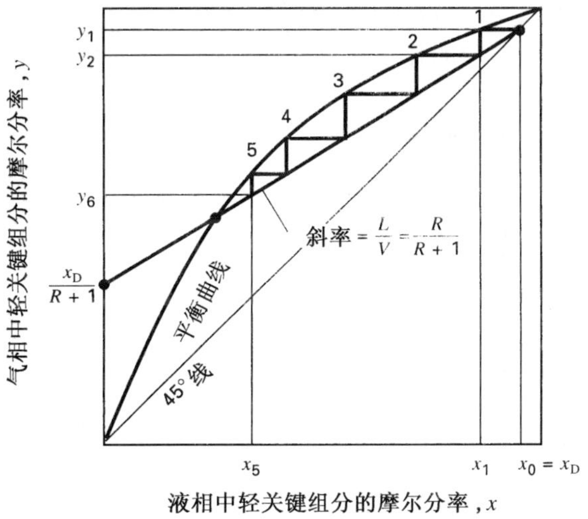

图 7.5　McCabe - Thiele 法的精馏段操作线

这些假定称为McCabe - Thiele 假定，将导致精馏段的恒摩尔流条件，该条件指从每一级的溢流堰溢流到下一级的摩尔液体流量保持恒定。因为图 7.5(a)的精馏段的总物料衡算给出 $V_{n+1}=L_n+D$，所以如果 L 为常数，则对特定的 D 值 V 也为常数。于是，如图 7.4 所示，式(7-5)可改写为

$$y=\frac{L}{V}x+\frac{D}{V}x_D \tag{7-6}$$

于是，操作线的斜率为常数 L/V。因为 $V>L$，所以如图 7.5(b)所示，对精馏段 $L/V<1$。

对恒摩尔流，在精馏段或提馏段内均没有必要考虑能量衡算；只需要物料衡算和汽-液平衡曲线。但是如下所述，若要确定冷凝器和再沸器的热负荷，则需要能量衡算。

进入顶端级的液体是外部回流流量 L_0，它与馏出液流量之比 L_0/D 是回流比 R。因为恒摩尔流假定，在蒸馏段内 R 是常数，等于 L/D。因为 $V=L+D$，所以容易将操作线斜率与回流比关联：

$$\frac{L}{V}=\frac{L}{L+D}=\frac{L/D}{L/D+D/D}=\frac{R}{R+1} \tag{7-7}$$

类似地有，

$$\frac{D}{V}=\frac{D}{L+D}=\frac{1}{R+1} \tag{7-8}$$

将式(7-6)、式(7-7)和式(7-8)相结合，给出蒸馏段操作线方程的最有用形式：

$$y=\left(\frac{R}{R+1}\right)x+\left(\frac{1}{R+1}\right)x_{\mathrm{D}} \tag{7-9}$$

如果规定 R 和 x_{D}，如图 7.5(b)所示，式(7-9)标绘为一条直线，与 45°线相交于 $y=x_{\mathrm{D}}$，斜率为 $L/V=R/(R+1)$，与 $x=0$ 线相交于 $y=x_{\mathrm{D}}/(R+1)$，图 7.5(b)中还包括 45°线和平衡曲线。平衡级可按 6.3 节中对吸收所述的方法画阶梯确定。由操作线和 45°线上的点 $(y_1=x_{\mathrm{D}}, x_0=x_{\mathrm{D}})$ 开始，向左画水平线直到与平衡曲线交于点 (y_1, x_1)，该点即为离开顶端平衡级的平衡相组成。现在画一垂直线至它与操作线交于点 (y_2, x_1)，该点即为级 1 和级 2 间的两个级间相组成。继续在整个精馏段内以图 7.5(b)所示的方法向下画水平线和垂直线，给出图中所示的任意终结于级 5 的阶梯。最优终结级将在下文考虑。

7.2.2 提馏段

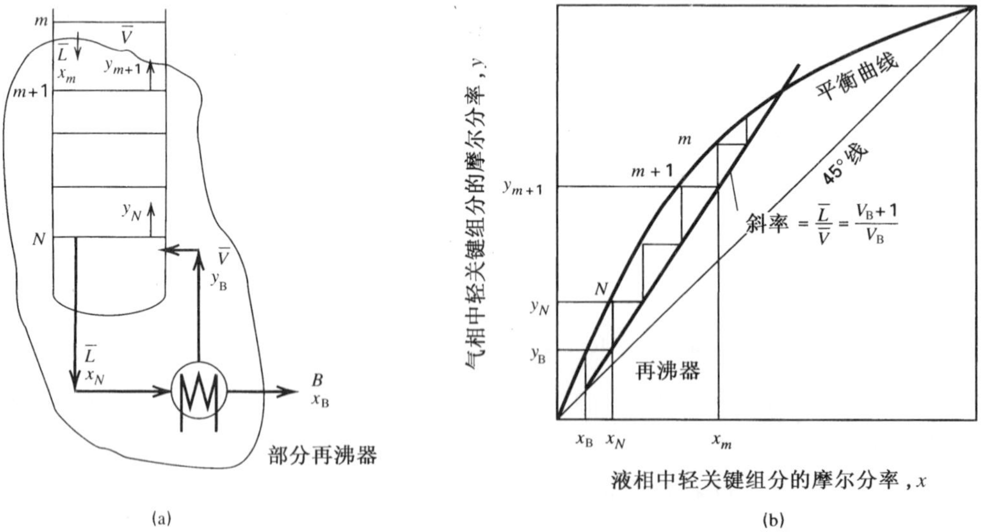

图 7.6　McCabe-Thiele 法的提馏段操作线

如图 7.2 所示，提馏段的平衡级从进料级延续到塔底级。在图 7.6(a)中，考虑提馏级的底部，包括部分再沸器和从 N 级延续到位于进料以下某处的 $m+1$ 级。对图 7.6(a)包线内

的轻关键组分进行物料衡算导致

$$\overline{L}x_m=\overline{V}y_{m+1}+Bx_B \tag{7-10}$$

解得 y_{m+1}：

$$y_{m+1}=\frac{\overline{L}}{\overline{V}}x_m-\frac{B}{\overline{V}}x_B$$

或

$$y=\frac{\overline{L}}{\overline{V}}x-\frac{B}{\overline{V}}x_B \tag{7-11}$$

式中$\overline{L}$ 和$\overline{V}$ 为总摩尔流量，根据恒摩尔流假定，它们在各级间保持为常数。由上式可见，表示提馏段内各级间流组成的该操作线的斜率为$\overline{L}/\overline{V}$。因为$\overline{L}>\overline{V}$，由图 7.6(b)可见，$\overline{L}/\overline{V}>1$。这与精馏段中的情况正好相反。

假定离开部分再沸器的气相与塔底液相产物平衡。于是，部分再沸器起一个附加平衡级的作用。离开部分再沸器的气相流量称为**蒸出量**$\overline{V}_{N+1}$，它与塔底产物流量的比值 $V_B=\overline{V}_{N+1}/B$ 为**蒸出比**。因为恒摩尔流假定，在提馏段内 V_B为常数。因为$\overline{L}=\overline{V}+B$，

$$\frac{\overline{L}}{\overline{V}}=\frac{\overline{L}+B}{\overline{V}}=\frac{V_B+1}{V_B} \tag{7-12}$$

类似地有，

$$\frac{B}{\overline{V}}=\frac{1}{V_B} \tag{7-13}$$

将式(7-11)、式(7-12)和式(7-13)相结合，提馏段操作线方程变为

$$y=\left(\frac{V_B+1}{V_B}\right)x-\left(\frac{1}{V_B}\right)x_B \tag{7-14}$$

如果 V_B和 x_B值已知，式(7-14)可与平衡曲线和 45°线一起标绘，如图 7.6(b)所示，式(7-14)标绘为一条直线，与 45°线相交于 $y=x_B$，斜率为$\overline{L}/\overline{V}=(V_B+1)/V_B$。以类似于精馏段的方法，由操作线和 45°线上的点($y=x_B$，$x=x_B$)开始画阶梯确定平衡级，向上画一垂直线直到与平衡曲线交于点($y=y_B$，$x=x_B$)，这代表离开部分再沸器的气相和液相平衡摩尔分数。如图 7.6(b)所示，由该点开始，在操作线和平衡曲线间画水平线，再画垂直线构成阶梯，在此图中阶梯任意终止于级 m。下面，我们将确定两根操作线应终止于何处。

7.2.3　进料级考虑

至此，McCabe-Thiele 图解法尚未考虑塔的进料。在确定精馏段和提馏段操作线时，重要的是注意虽然 x_D和 x_B可独立选择，但 R 和 V_B是与进料相的状态有关的。

考虑图 7.7 所示的五种进料状态，该图假定进料已绝热闪蒸到进料级压力。如果进料为泡点液体，将它加到来自上一级的回流上，给出$\overline{L}=L+F$。如果进料为露点蒸气，将它加到来自下一级的蒸出蒸气上，给出 $V=\overline{V}+F$。对图 7.7(c)所示的部分汽化进料，$F=L_F+V_F$，以及$\overline{L}=L+L_F$ 和 $V=\overline{V}+V_F$。如果进料为过冷液体，将引起部分蒸出蒸气$\overline{V}$ 冷凝，给出$\overline{L}>L+F$ 和 $V<\overline{V}$。如果进料为过热蒸气，将引起部分回流 L 汽化，给出$\overline{L}<L$ 和 $V>\overline{V}+F$。

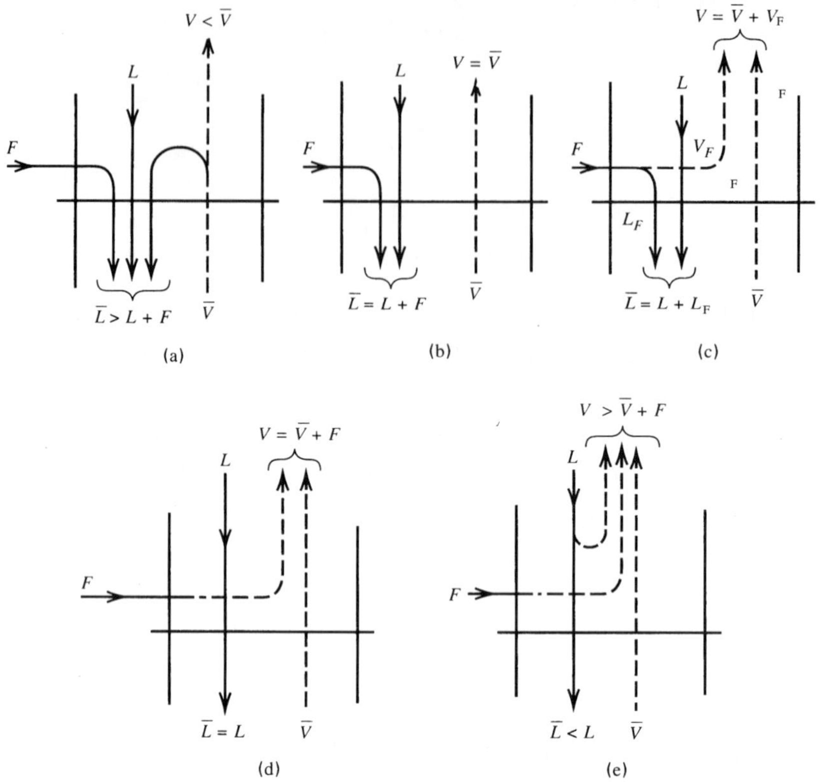

图 7.7　可能的进料状态

(a) 过冷液体进料;(b) 泡点液体进料;(c) 部分汽化进料;(d) 露点蒸气进料;(e) 过热蒸气进料

[经允许,从 W. L. McCabe, J. C. Smith, and P. Harriott, *Unit Operations of Chemical Engineering*, 5th ed., McGraw Hill, New York (1993)复制]

对涵盖了从饱和液体到饱和蒸气进料状态的图 7.7 中的情况(b)、(c)和(d),可由物料衡算获得蒸出量$\bar{V}$ 和回流量 L 的关系:

$$\bar{V}=L+D-V_F \tag{7-15}$$

而蒸出比 $V_B=\bar{V}/B$ 为

$$V_B=\frac{L+D-V_F}{B} \tag{7-16}$$

作为另一种选择,也可由蒸出量确定回流量

$$L=\bar{V}+B-L_F \tag{7-17}$$

虽然,蒸馏操作可用回流比 R 或蒸出比 V_B规定,但传统上采用 R 或R/R_{min},因为馏出液产物往往是更重要的产物。

对图 7.7 中的另外两种情况(a)和(e),V_B和 R 不能仅通过简单的物料衡算相联系。必须通过能量衡算将显焓转化为相变的潜焓。通过将参数 q 定义为通过进料级后增加的摩尔回流量与摩尔进料量之比值,可非常方便地完成这种转化,

$$q=\frac{\bar{L}-L}{F} \tag{7-18}$$

或根据对进料级的物料衡算,

$$q=1+\frac{\overline{V}-V}{F} \tag{7-19}$$

对五种进料状态的 q 值为

进料状态	q
过冷液体	>1
泡点液体	1
部分汽化	$L_F/F=1-$汽化摩尔分数
露点蒸气	0
过热蒸气	<0

为确定过冷液体和过热蒸气的 q 值，采用更一般化的 q 的定义：

$q=$使进料达到露点蒸气状态的焓变除以进料的汽化焓(露点蒸气焓减泡点液体焓)，即

$$q=\frac{(h_F)_{\text{饱和蒸气温度}}-(h_F)_{\text{进料温度}}}{(h_F)_{\text{饱和蒸气温度}}-(h_F)_{\text{饱和液体温度}}} \tag{7-20}$$

对过冷液体进料，式(7-20)变成

$$q=\frac{\Delta H^{\text{vap}}+c_{p_L}(T_b-T_F)}{\Delta H^{\text{vap}}} \tag{7-21}$$

对过热蒸气进料，式(7-20)变成

$$q=\frac{c_{p_V}(T_d-T_F)}{\Delta H^{\text{vap}}} \tag{7-22}$$

上两式中 c_{p_L} 和 c_{p_V} 分别为液体和蒸气的摩尔热容，ΔH^{vap} 为由泡点到露点的摩尔焓变，而 T_F、T_d 和 T_b 分别为进料、在塔的操作压力下的露点和泡点温度。

不用式(7-14)确定 McCabe-Thiele 图中提馏段操作线的位置，更常见的是采用一种涉及 q 线(进料线)的替代方法，q 线也包括在图 7.4 中。q 线上的一点为精馏段操作线和提馏段操作线的交点，可由下述方法导出。将式(7-11)与式(7-6)结合得出

$$y(V-\overline{V})=(L-\overline{L})x+Dx_D+Bx_B \tag{7-23}$$

但是，

$$Dx_D+Bx_B=Fz_F \tag{7-24}$$

对进料级的物料衡算给出

$$F+\overline{V}+L=V+\overline{L} \tag{7-25}$$

将式(7-23)至式(7-25)与式(7-18)结合得出

$$y=\left(\frac{q}{q-1}\right)x-\left(\frac{z_F}{q-1}\right) \tag{7-26}$$

这就是 q 线的方程。注意当 $x=z_F$ 时，式(7-26)简化为位于 45°线上的点 $y=z_F=x$，于是可确定 q 线在 McCabe-Thiele 图中的位置。由式(7-26)可见，该线的斜率为 $q/(q-1)$。对部分汽化进料，$0<q<1$，而 $-\infty<q/(q-1)<0$，其 q 线的绘制如图 7.4 中所示。在确定精馏段操作线和 q 线的位置后，如图 7.4 所示，可由 45°线上的点($y=x_B$，$x=x_B$)到精馏段操作线和 q 线的交点间画一直线得到提馏段操作线。上述交点必位于平衡曲线和 45°线之间某一位置。

随着 q 从大于 1 的数值(过冷液体)变化到小于 0 的数值(过热蒸气)，如图 7.8 所示，q 线的斜率 $q/(q-1)$ 由正值变负值，再回到正值。对饱和液体进料 q 线为垂直线，而对饱和蒸气进料 q 线为水平线。

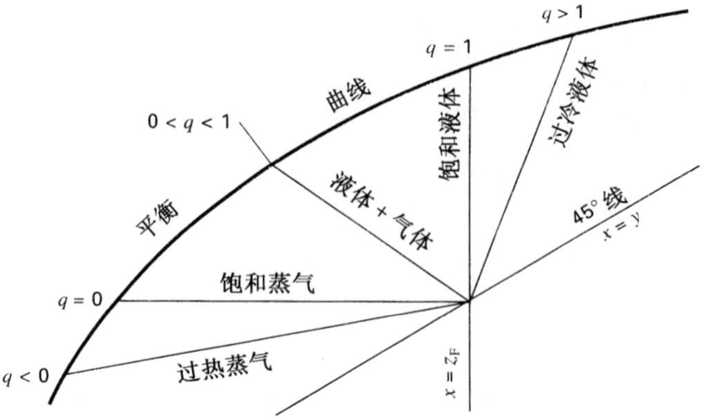

图 7.8　进料热状态对 q 线斜率的影响

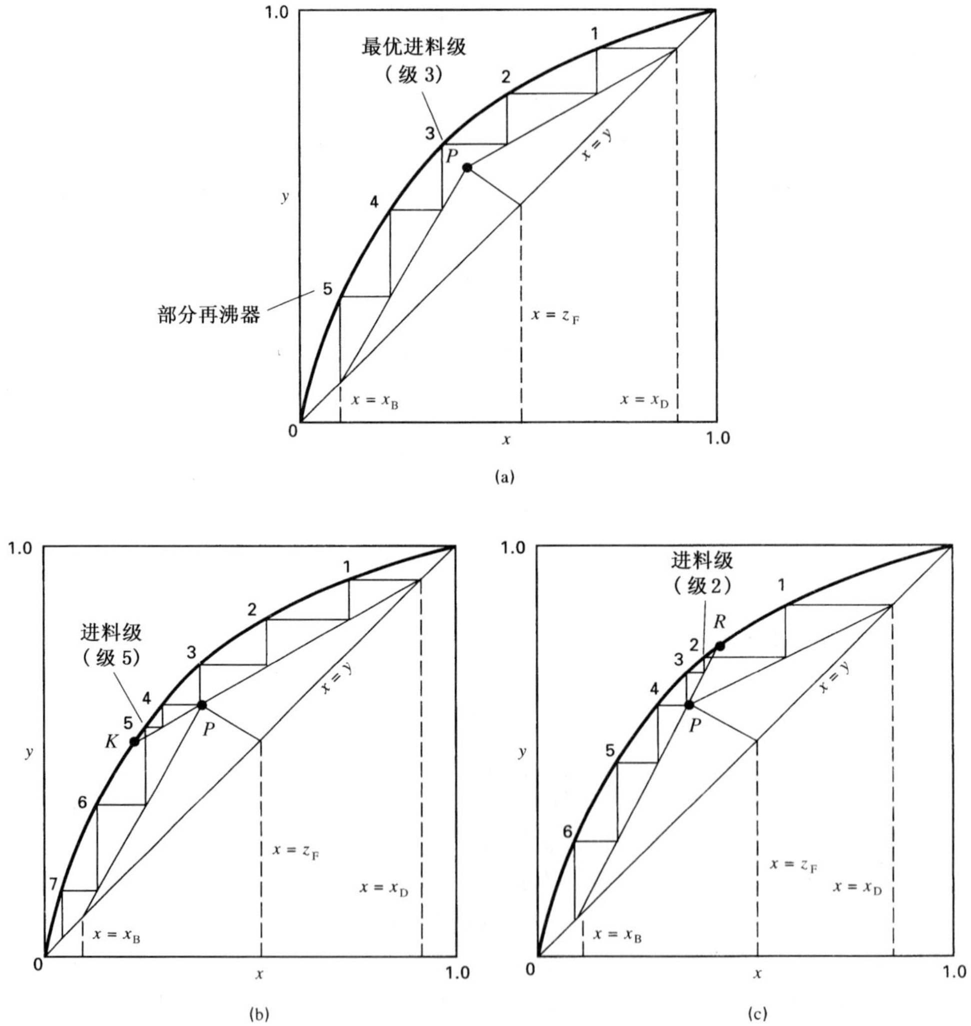

图 7.9　最优和非最优进料级位置

(a) 最优进料级位置；(b) 进料级位置低于最优级；(c) 进料级位置高于最优级

7.2.4　平衡级数和进料级位置的确定

绘制图 7.4 中的五条线后，整个塔的平衡级数和进料级位置可用几种方法中的任何一种画阶梯确定。如上所述，可首先由顶端向下画阶梯，然后由底端向上画阶梯，直到找到作为进料级的合并点。另一种方法是一直由底部向上画阶梯或反之。几乎不可能获得整数级的结果，但宁可让分数级出现在中部附近、顶部或底部。通常，对部分汽化进料，如图 7.9 所示，从 45°线上的点($y=x_D$，$x=x_D$)开始，由顶端一直向下画阶梯。在该图中点 P 是 q 线与两条操作线的交点。在精馏段操作线和平衡曲线间画阶梯到在提馏段操作线和平衡曲线间画阶梯的转折点发生在进料级。在图 7.9(a)中，进料级为从塔顶开始的第 3 级，而需要的总级数恰好为 5 级，最后一级为部分再沸器。在图 7.9(b)中，进料级为第 5 级，而需要的总级数为 6.4 级。在图 7.9(c)中，进料级为第 2 级，而需要的总级数为 5.9 级。在图 7.9(b)中，在精馏段画阶梯可无限持续，最终将趋近点 K，但永远不能到达该点。在图 7.9(c)中，如果由再沸器所在的点($y=x_B$，$x=x_B$)开始向上画阶梯，提馏段内的阶梯可无限持续，最终将趋近点 R，但永远不能到达该点。由图 7.9 可见，当阶梯的水平线第一次越过点 P 后即完成上述转折，如图 7.9(a)所示，将导致最少总级数。该进料级位置是最优的。

7.2.5　极限状况

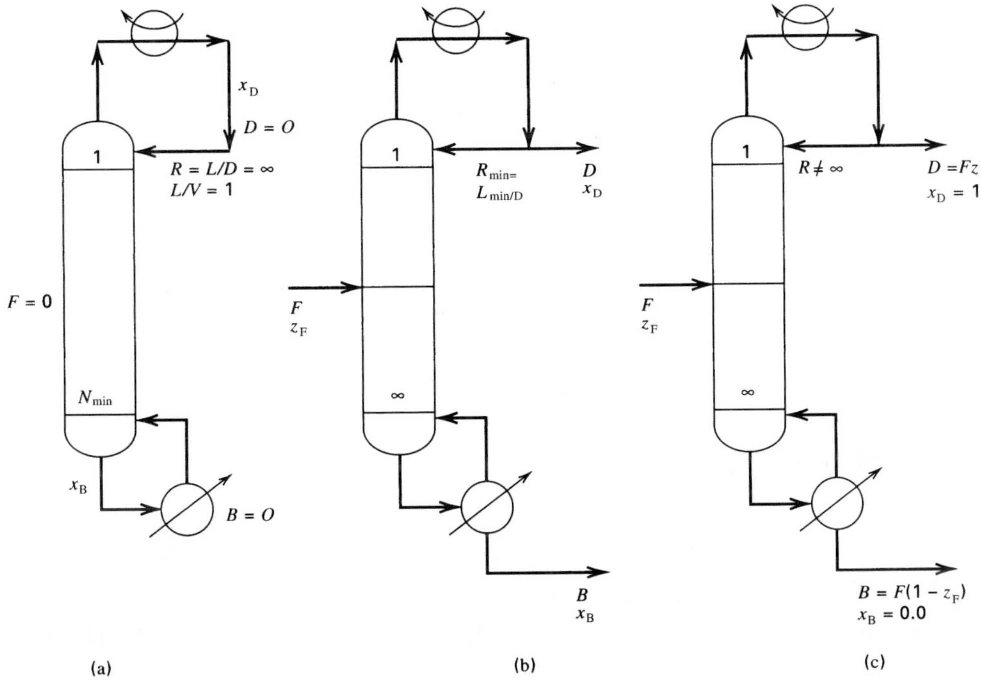

图 7.10　蒸馏的极限状况

(a) 全回流，最少级数；(b) 最小回流，无限大级数；(c) 非恒沸系统的完全清晰分离

对给定的规定(表 7.2),回流比可在最小回流比 R_{min} 到无限大回流比(全回流)之间任意选择,无限大回流比指塔顶蒸气被全部冷凝并返回塔顶级(于是,没有馏出液抽出)。如图7.10(b)所示,最小回流比对应于无限多级,而在图7.10(a)中,无限大回流比对应于最少平衡级数。McCabe - Thiele 图解法可迅速确定这两种极限状况 N_{min} 和 R_{min}。然后,对实际操作,$N_{min}<N<\infty$ 和 $R_{min}<R<\infty$。

7.2.6 平衡级的最小数目

随着回流比的增加,由式(7-7)给出的精馏段操作线的斜率由 $L/V<1$ 增加到极限值 $L/V=1$。与此对应,蒸出比增加,而由式(7-12)给出的提馏段操作线的斜率由 $\bar{L}/\bar{V}>1$ 减小到极限值 $\bar{L}/\bar{V}=1$。于是,在此极限状况下,精馏段操作线和提馏段操作线都与 45°线重合,而不论进料组成 z_F,还是 q 线对阶梯的绘制均无影响。这是全回流的情况,因为 $L=V$,$D=B=0$,而完全冷凝的塔顶蒸气全部作为回流返回塔内。而且,离开塔底级的液体被全部汽化并作为蒸出物流返回塔内。如果馏出液和塔底产物的流量均为零,那么塔的进料也将为零,这与进料状态没有影响是一致的。在全回流条件下操作塔是可能的,而且这种操作可方便地用于板效率的实验测定,因为容易达到定态操作状态。

对这种极限状况 McCabe - Thiele 图的绘制如图 7.11 所示,得到平衡级数为 2。因为操作线的位置已尽可能地远离平衡线,所以需要的级数最少。

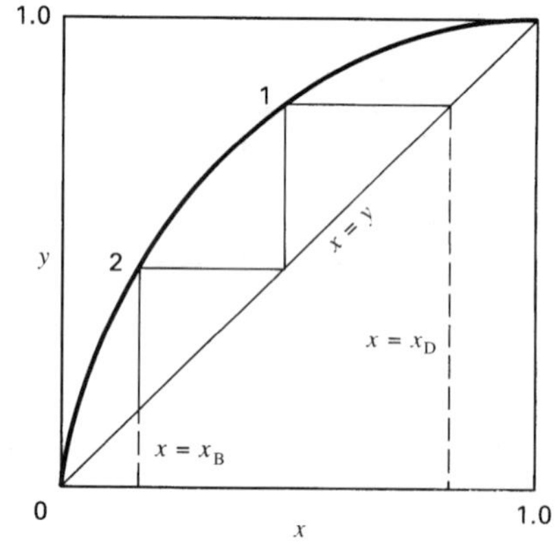

图 7.11 全回流条件下最少级数的确定

7.2.7 最小回流比

随着回流比从无限大的极限状况(即全回流)减小,两根操作线和 q 线的交点逐渐离开 45°线,趋近平衡曲线。因为操作线越来越靠近平衡曲线,于是从塔顶到塔底需要越来越多的阶梯,即需要的平衡级数目不断增加。最后如图 7.12 所示,当交点位于平衡曲线上时达到极限状态。对不是高度非理想的二元混合物,典型情况如图 7.12(a)所示,图中交点 P 位于进料级。要从精馏段或提馏段到达该级,需要无限多平衡级。点 P 称为**挟点**,因为两条操作线都夹紧平衡曲线。

对高度非理想的二元系统,挟点可能存在于进料级之上或之下的某一级。前者如图

7.12(b)所示,图中精馏段操作线在到达进料级之前与平衡曲线相交,该操作线的斜率不能进一步减小,因为这将导致它与平衡曲线相交,从而因传质方向逆转而违反热力学第二定律。这将要求自发的从低浓度区域向高浓度区域的传质。这类似于换热器中冷热流体温度交叉导致的对第二定律的违反。现在,挟点完全存在于精馏段内,此段需要无限多平衡级;但提馏段只有有限的平衡级。

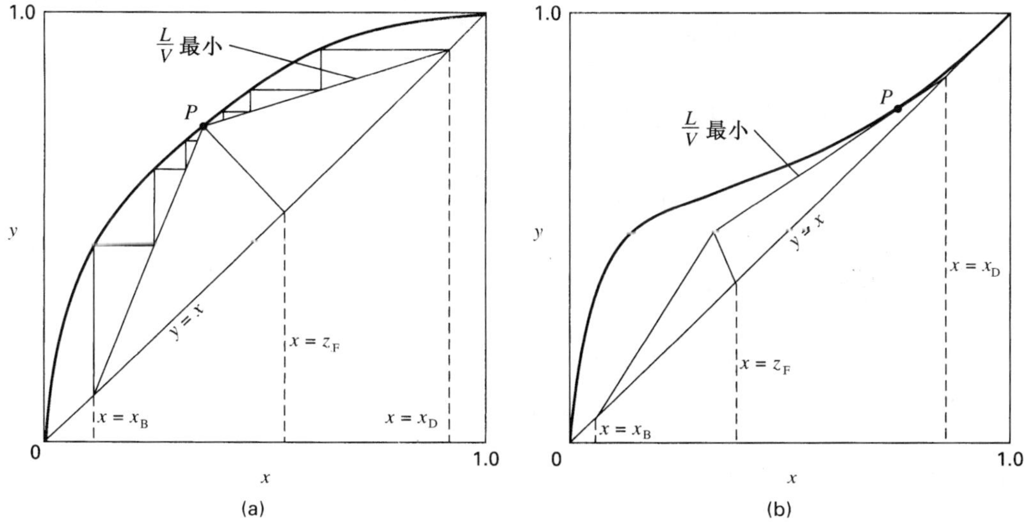

图 7.12　无限多级时最小回流操作线的绘制

(a) 典型的理想或接近理想系统,挟点位于进料级;(b) 典型的非理想系统,挟点位于进料级以上

由精馏段极限操作线的斜率可确定最小回流比。由式(7－7),最小可行斜率为

$$(L/V)_{\min}=R_{\min}/(R_{\min}+1)$$

或

$$R_{\min}=(L/V)_{\min}/[1-(L/V)_{\min}] \tag{7-27}$$

作为另一种选择,无限多平衡级的极限状况对应于最小蒸出比$(\bar{L}/\bar{V})_{\max}$。由式(7－12)得,

$$(V_B)_{\min}=1/[(\bar{L}/\bar{V})_{\max}-1] \tag{7-28}$$

7.2.8　清晰分离

令人感兴趣的第三种极限状况涉及分离程度。当趋近清晰分离($x_D=1$,$x_B=0$)时,对等于或大于最小值的回流比,塔顶附近或塔底附近需要的级数迅速增加,而且在 $x_D=1$ 和 $x_B=0$ 处遇到挟点前级数均没有限制。于是,不会形成恒沸物的二元混合物的清晰分离在塔的这两段均需要无限多级数。但是,并不需要无限大回流比。在图 7.12(a)中,当 x_D从例如 0.9 向 1.0 移动时,操作线斜率在开始时增加,但在 x_D从例如 0.99 到 1.0 的范围内此斜率仅略有变化。而且,对清晰分离斜率值和回流比 R 的数值是有限的。例如,如果进料是饱和液体,利用式(7－4)和式(7－7)给出如下清晰二元分离的最小回流比:

$$R_{\min}=\frac{1}{z_F(\alpha-1)} \tag{7-29}$$

式中相对挥发度 α 按进料状况估算。

例 7.1

设计一板式塔，连续蒸馏 450 lbmol/h(204 kgmol/h)由 60%(mol)苯和 40%(mol)甲苯组成的二元混合物。生产的液体馏出物和液体塔底产物分别含 95%(mol)苯和 5%(mol)苯。对进料进行预热使它按与馏出液-进料比相等的摩尔百分汽化率进塔。假定全塔压力均匀，为 1atm，用 McCabe - Thiele 法计算：(a) 最小理论级数 $N_{\min}$；(b) 最小回流比 $R_{\min}$；(c) 对回流比-最小回流比之比值(即 $R/R_{\min}$)为 1.3 所需的平衡级数和最优进料位置。

解

计算 D 和 B。对苯的总物料衡算给出

$$0.60\times450=0.95D+0.05B \tag{1}$$

$$\text{总物料衡算给出 } 450=D+B \tag{2}$$

将式(1)和式(2)相结合消去 B，然后求解得到的方程得到 D，再由式(2)求得 B，给出 $D=275$ lbmol/h，$B=175$ lbmol/h 和 $D/F=0.611$。

计算 q 线的斜率：

$V_F/F=D/F=0.611$，而对部分汽化进料的 q 为

$$\frac{L_F}{F}=\frac{(F-V_F)}{F}=1-\frac{V_F}{F}=0.389$$

由式(7-26)，

$$q\text{ 线的斜率为}\frac{q}{q-1}=\frac{0.389}{0.389-1}=-0.637$$

(a) 在图 7.13 中，y 和 x 均指易挥发组分苯的摩尔分率，于是 $x_D=0.95$ 和 $x_B=0.05$，最小平衡级数在平衡曲线与 45°线之间画阶梯，给出 $N_{\min}=6.7$。

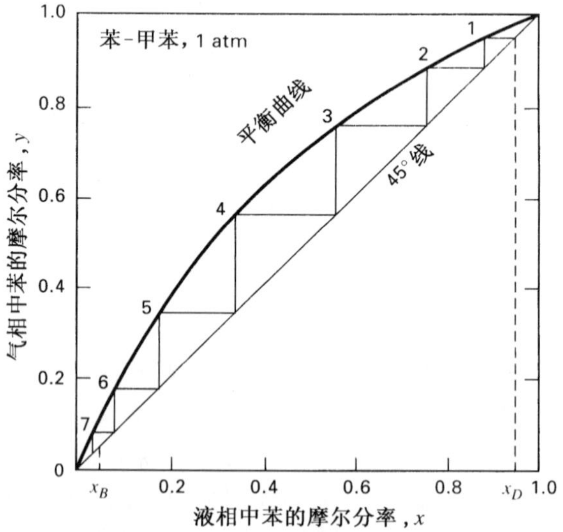

图 7.13　例 7.1 的最少级数的确定

(b) 在图 7.14 中，画出斜率为 −0.637 并通过 45°线上的进料组成($z_F=0.60$)的 q 线。对最小回流比条件，精馏段操作线通过 45°线上的 $x=x_D=0.95$ 和 q 线与平衡曲线的交点($y=0.684$，$x=0.465$)。该操作线的斜率为 0.55，由式(7-9)知这等于 $R/(R+1)$。因此，$R_{\min}$

$=1.22$。

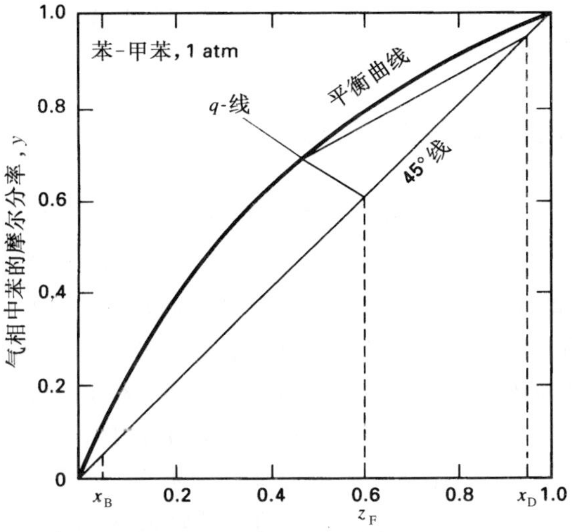

图 7.14　例 7.1 的最小回流比的确定

(c) 操作回流比为 $1.3R_{min}=1.3\times1.22=1.59$

根据式(7-9)，蒸馏段操作线斜率为

$$\frac{R}{R+1}=\frac{1.59}{1.59+1}=0.614$$

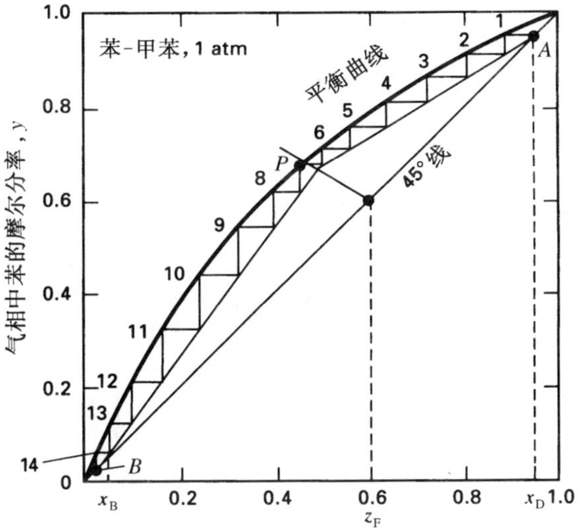

图 7.15　例 7.1 中平衡级数和进料级位置的确定

得到的两条操作线和 q 线的绘制如图 7.15 所示，图中提馏段操作线通过 45°线上的 $x=x_B=0.05$ 的点和 q 线与提馏段操作线的交点绘制。平衡级数目由点 $A(x=x_D=0.95)$ 开始通过首先在精馏段操作线和平衡曲线间作阶梯，然后在提馏段操作线和平衡曲线间作阶梯，最后终止于点 $B(x=x_B=0.05$ 左边)。为获得最优进料位置，精馏段操作线到提馏段操作线的

转折发生在点 P。结果为 $N=13.2$ 个平衡级，进料级为从塔顶开始计算的第 7 级。于是，对本例，$N/N_{min}=13.2/6.7=1.97$。塔底级为部分再沸器，所以塔内共有 12.2 个平衡级。如果板效率为 0.8，则需要 16 块板。

7.2.9 塔的操作压力和冷凝器类型

对初步设计，塔的操作压力和冷凝器类型的确定可按图 7.16 所示的程序进行，如果可能，按最低温度 120 ℉(49℃)(对应于用水作为冷凝器的冷却介质)计算获得在 0 到 415psia (2.86MPa)之间的回流罐压力 p_D。压力和温度的限制仅为代表性的，将取决于经济因素。塔可在高于 415psia 的压力下操作，如果未达到混合物的临界或会聚压力。可假定冷凝器的压降为 0 到 2 psi(0 到 14kPa)，塔的压降为 5psi(35kPa)。但是，当已知塔板数时，更精确的计算对常压和高压操作的塔压降应采用约 0.1psi/板(0.7kPa/板)，而对负压操作的塔应采用约 0.05psi/板(0.35kPa/板)的压降。塔底温度必须不会导致塔底产物分解或接近临界状态。因此，在根据回流罐压力确定塔底压力后，可计算塔底压力下的泡点温度。如果此温度超过塔底分解温度或临界温度，那么应重新计算在塔底分解温度或临界温度下或低于这些温度时的塔底压力。然后，回流罐压力也应降低，并根据假定的塔和冷凝器压降重新计算回流罐压力和馏出液温度。这往往会导致负压操作。如果重新计算的馏出液温度低于 120 ℉(49℃)，那么冷凝器应采用冷冻剂而不是冷却水。

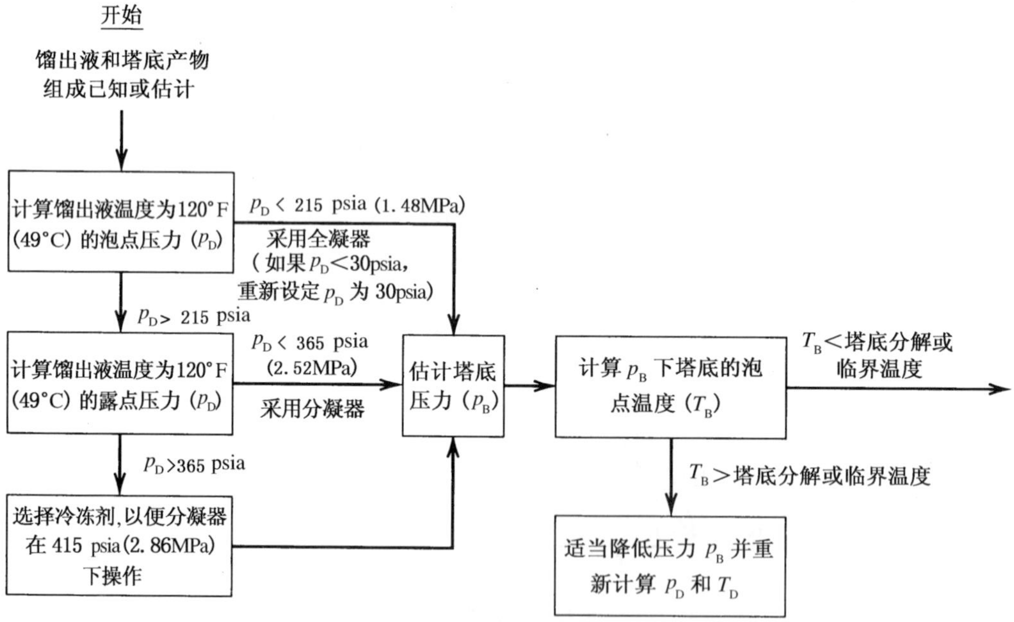

图 7.16 确定精馏塔压力和冷凝器类型的算法

当回流罐压力低于 215psia (1.48MPa)时推荐采用全凝器。压力从 215psia 到 365 psia (2.52MPa)分凝器可能是合适的。但是，当压力低于 215psia 时，如果需要气相馏出物，也可采用分凝器。混合冷凝器可同时提供气相和液相馏出物。三类冷凝器的构型如图 7.17 所示。如果压力可能超过 365 psia，往往采用冷冻剂作为冷凝器的冷却介质。

当规定采用分凝器时，如例 7.2 所说明的，用于全凝器的 McCabe－Thiele 阶梯画法必须进行修改，以考虑如下事实：由塔顶向下计数的第一个平衡级现在是分凝器。这系基于离开回流罐的液体回流与气相馏出物处于平衡状态的假定。

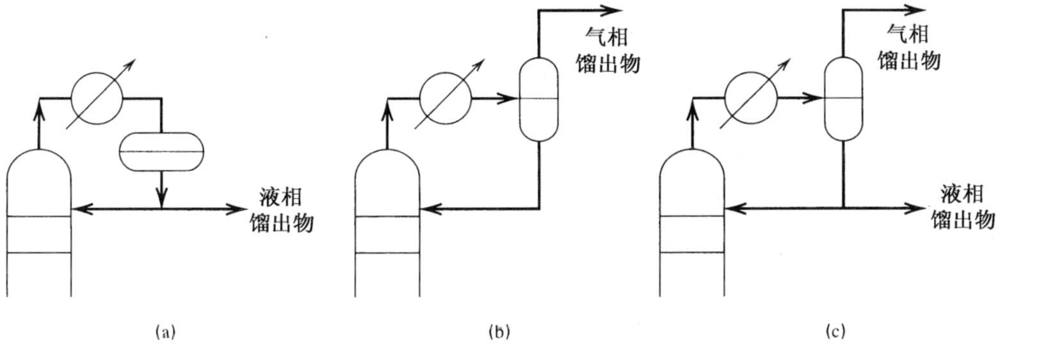

图 7.17　冷凝器类型

(a) 全凝器；(b) 分凝器；(c) 混合冷凝器

7.2.10　过冷回流

虽然大多数蒸馏塔按回流是饱和(泡点)液体设计，但对正在操作的塔并非总是如此。如果冷凝器为分凝器或混合冷凝器，回流总是饱和液体，除非热损失引起了回流液的温度下降。但是，对全凝器，操作回流往往是塔压下的过冷液体，尤其当冷凝器设计裕量大和馏出液温度显著高于冷却水进口温度时。如果冷凝器出口压力低于塔顶板压力，那么对三类冷凝器中的任何一类回流都是过冷的。

当过冷回流进入塔顶板时，其温度将升高并导致进入该塔板的蒸气冷凝。蒸气冷凝的潜热提供将过冷回流加热到泡点的显热。在这种情况下，塔的蒸馏段的内回流高于来自回流罐的外回流。McCabe－Thiele 法作图时应根据内回流，可根据由塔顶板的近似能量衡算导出的下式估计内回流：

$$R_{内部}=R\left(1+\frac{c_{p_L}\Delta T_{过冷}}{\Delta H^{vap}}\right) \tag{7-30}$$

式中 c_{p_L} 和 ΔH^{vap} 以一摩尔为基准，$\Delta T_{过冷}$ 为过冷度。用内回流代替式(7－9)中的外回流 R。如果不进行过冷回流校正，计算得到的平衡级数将略多于需要的级数。

例 7.2

1 000 kmol/h 含 30%(mol)正己烷和 70%(mol)正辛烷的进料在由部分再沸器、一块平衡(理论)板和分凝器组成的塔内进行蒸馏，全塔在 1atm(101.3kPa)下操作。于是，己烷是轻关键组分，而辛烷是重关键组分。泡点液体进料进入再沸器，并从再沸器连续排出液体塔底产物。泡点回流从分凝器返回塔板。与回流平衡的气相馏出物含 80%(mol)正己烷，而回流比 L/D 等于 2。假定部分再沸器、塔板和分凝器都起一个平衡级的作用。

(a) 用 McCabe－Thiele 法计算塔底产物组成和产生的馏出物流量(kmol/h)。

(b) 假定在整个组成范围内相对挥发度 α 为常数 5(实际上，相对挥发度由再沸器中的约 4.3 变化到冷凝器中的约 6.0)，用解析法计算塔底产物组成。

解

首先判断问题是否完全规定。由表 5.4(c)知，我们有 $N_D=C+2N+6$ 个自由度，这里 N 包括部分再沸器和塔内的平衡级，但不包括分凝器。由于 $N=2$ 和 $C=2$，因此 $N_D=12$。本问题中已规定的是

进料物流变量	4
塔板和再沸器压力	2
冷凝器压力	1
塔板的 $Q(=0)$	1
级数	1
进料级位置	1
回流比 L/D	1
馏出物组成	1
总计	12

于是问题被完全规定并可求解。

(a) 图解求解。当采用 McCabe－Thiele 图解法时给出如图 7.18 所示的分离器图，此图用如下方法绘制。

(1) 冷凝器中的点 $y_D=0.8$ 位于 $x=y$ 线上。

(2) 冷凝器状态被固定，因为 x_R(回流组成)与 y_D 平衡。因此，点(x_R，y_D)位于平衡曲线上。

(3) 注意$(L/V)=1-1/[1+L/D)]=2/3$，通过 45°线上的 $y_D=0.8$ 点画斜率 L/V 为 2/3的操作线直到与平衡曲线相交。因为进料进入再沸器，所以没有提馏段。

(4) 画三个理论级阶梯(分凝器、板 1 和部分再沸器)，读得塔底组成 $x_R=0.135$。

馏出物数量可由总物料衡算确定。对已烷 $z_F F=y_D D+x_B B$。因此，$0.3\times1000=0.8D+0.135B$。对总流量，$B=1000-D$。联立求解这两个方程得 $D=248$ kmol/h。

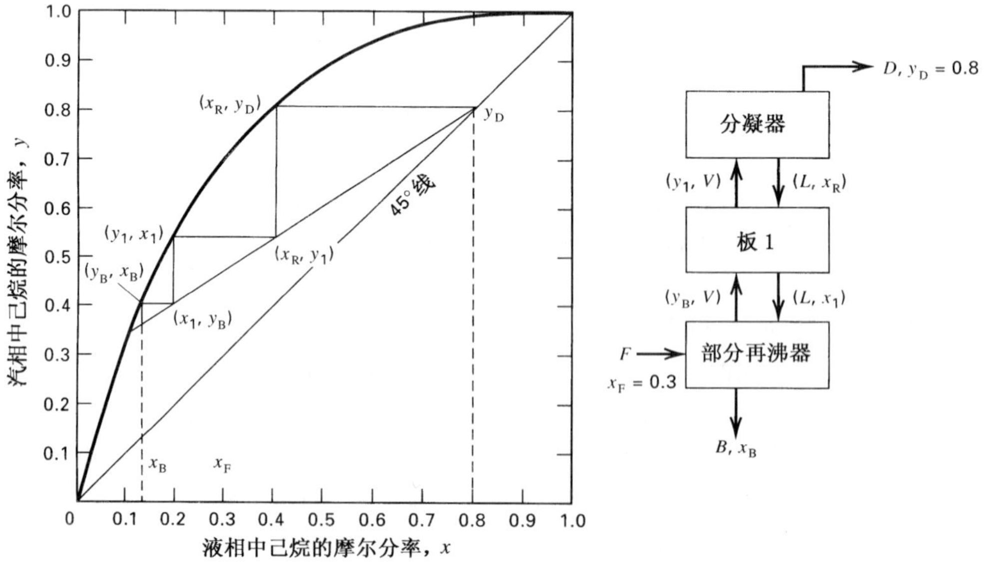

图 7.18　例 7.2 的解

(b) 解析求解。对恒定的 α，利用 α 和 y 计算的轻关键组分平衡液相组成可通过重排式(7-3)给出：

$$x=\frac{y}{y+\alpha(1-y)} \tag{1}$$

式中 α 假定为常数 5。

求解步骤如下所述：

(1) 对 $y = y_D=0.8$，由式(1)计算离开分凝器的液体组成 x_R：

$$x_R=\frac{0.8}{0.8+5\times(1-0.8)}=0.44$$

(2) 然后由分凝器的物料衡算确定 y_1：

由 $Vy_1=Dy_D+Lx_R$ 和 $D/V=1/3$ 及 $L/V=2/3$，得

$$y_1=(1/3)\times0.8+(2/3)\times0.44=0.56$$

(3) 对板 1 由式(1)得 $x_1=\dfrac{0.56}{0.56+5\times(1-0.56)}=0.203$

(4) 由板 1 和分凝器的物料衡算

$$Vy_B=Dy_D+Lx_1$$

和

$$y_B=(1/3)\times0.8+(2/3)\times0.203=0.402$$

(5) 由式(1)，对部分再沸器

$$x_B=\frac{0.402}{0.402+5\times(1-0.402)}=0.119$$

由于用 $\alpha=5$ 近似平衡曲线，得到的答案是 0.119，而不是(a)得到的 x_B 为 0.135。注意对较大的理论板数，(b)可用电子表格程序方便地进行计算。

例 7.3

考虑例 7.2。(a) 假定在板 1 而不是再沸器进料，图解求解；(b) 确定完成分离所需的最少级数；(c) 确定最小回流比。

解

(a) 可按如下步骤获得图 7.19 给出的流程图和解。

(1) 在平衡线上确定 x_R、y_D的位置。

(2) 画出通过点 $y=x=0.8$ 而斜率为 $L/D=2/3$ 的精馏段操作线。

(3) q 线 $x_F=0.3$(对饱和液体，该线为垂直线)与精馏段操作线的交点位于点 P。提馏段操作线必须通过该点，但其斜率和 x_B点开始时未知。

(4) 通过试差求得提馏段操作线的斜率，并给出该塔由三个平衡接触级，中间级涉及由一根操作线到另一根操作线的切换。如果中间级是最优进料位置，如图 7.19 所示，结果为 $x_B=0.07$。将总物料衡算和己烷全塔物料衡算相结合给出 $0.3\times1000=0.8D+0.07\times(1000-D)$。解得 $D=315$ kmol/h。

将此结果与例 7.2 的结果相比较，我们发现改为由板 1 而不是再沸器进料改善了塔底产物纯度和馏出物产量。如果在图 7.18 中画出 q 线，这种改善是可以预期的。即部分再沸器不是最优进料位置。

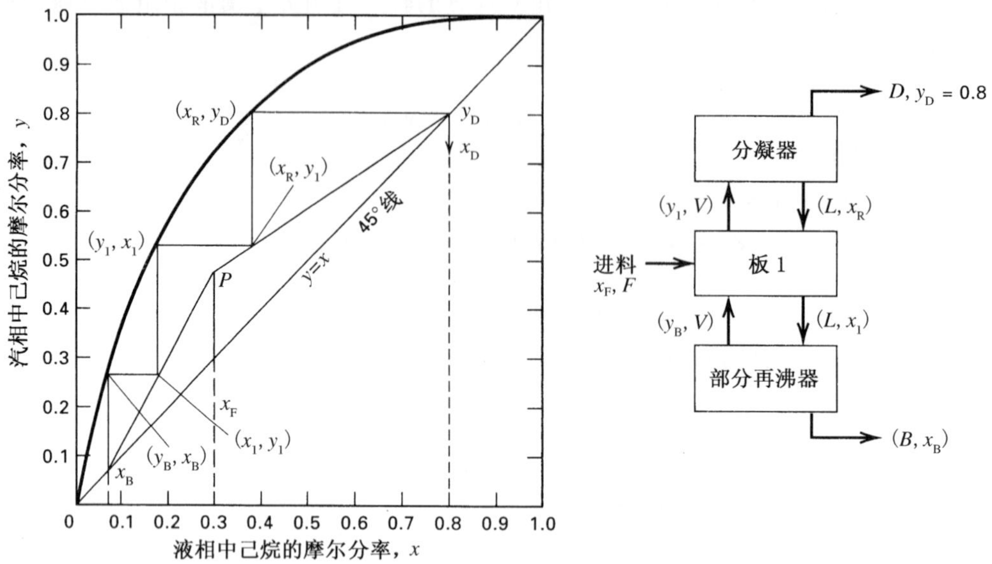

图 7.19　例 7.3 的解

(b) 对应全回流($L/V=1$,无产物、无进料、最少平衡级)的图如图 7.20 所示。对 $x_B=0.07$,与原先需要三级相比,现在需要的级数略大于二级。

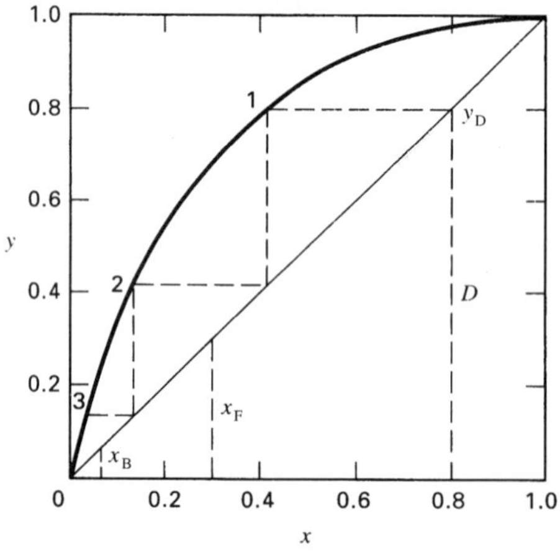

图 7.20　例 7.3 中全回流的解

(c) 为确定最小回流比,将图 7.19 中垂直的 q 线从点 P 延长到与平衡曲线相交,交点被确定为点(0.71, 0.3)。将该点与 45°线上的(0.8,0.8)点相连接的精馏段操作线的斜率 $(L/V)_{min}$ 为 0.18。于是,$(L/D)_{min}=(L/V_{min})/[1-(L/V_{min})]=0.22$。这大大小于规定的 $L/D=2$。

7.2.11　再沸器类型

不同类型的再沸器被用于提供蒸馏塔提馏段的蒸出蒸气。对实验室和中试规模的塔,再沸器由位于塔底板下方的用下述方式提供热量的容器组成:(1)用电流或发生冷凝的蒸汽提供热量的夹套或环壳；(2)通过液体容器的输送冷凝蒸气的管子。这两类容器都只有有限的传热表面，因此不适合工业应用。

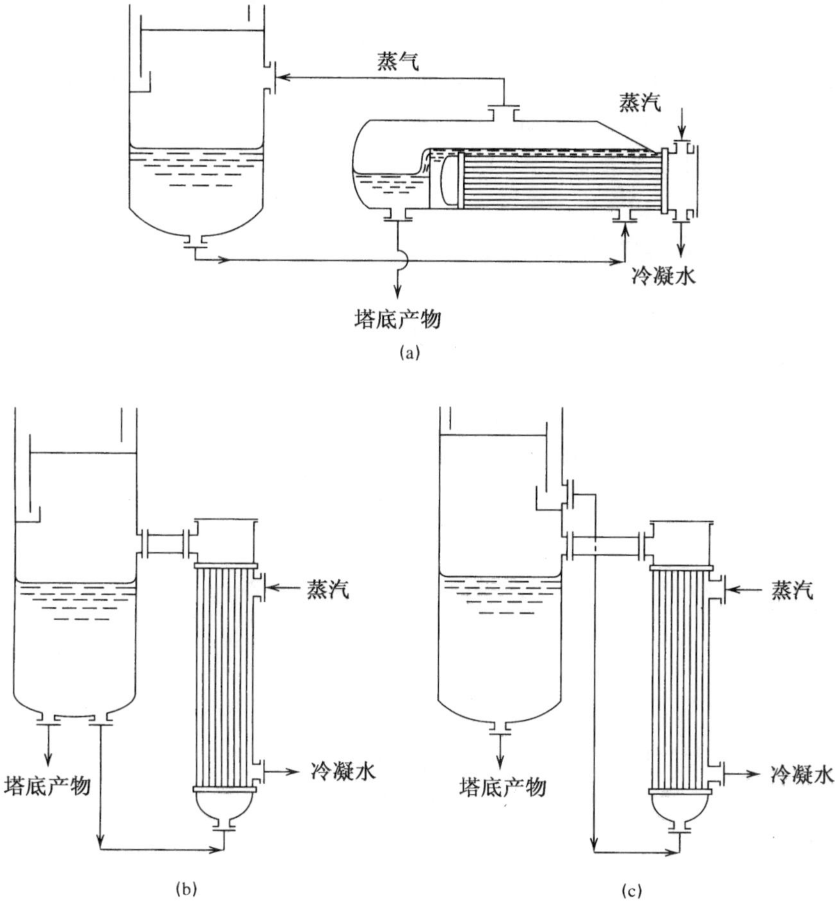

图7.21　用于工业蒸馏塔的再沸器

(a) 釜式再沸器；(b) 直立热虹吸式再沸器，由塔底集液槽抽出再沸器液体；
(c) 直立热虹吸式再沸器，由塔底板的降液管抽出再沸器液体

对工业规模的蒸馏塔，再沸器通常为一个如图7.21所示的外部换热器，可为釜式或直立的热虹吸式。二者均可提供大型装置所需的传热表面。对前者而言，离开塔底集液槽的液体进入釜，在釜中被输送冷凝蒸气或其他加热介质的管子传递的热量部分汽化。假定离开再沸器的液体与返回塔底板的蒸气平衡。于是，釜式再沸器是相当于一个平衡级的部分再沸器。釜式再沸器有时就位于塔底以避免管道输送。

直立热虹吸式再沸器可为图7.21(b)或图7.21(c)所示的型式。在前一种中，塔底产物和再沸器进料均由塔底集液槽抽出。因为提供的液体和通过再沸器管子的部分汽化液体的静压头差，发生通过再沸器管子的循环。部分汽化使易挥发组分富集于出口蒸气中。但随后出口液体将与来自塔底板的易挥发组分含量较高的液体混合。结果是这种再沸器安排只能提供小于一个平衡级的作用，最好不要过高估计其作用。

一种更复杂但不太常见的直立热虹吸式再沸器如图7.21(c)所示，在这种再沸器中液体

从塔底板的降液管抽出。部分汽化的液体返回塔内，而从塔底集液槽抽出塔底产物。这类再沸器可起一个平衡级的作用。

釜式再沸器是常见的，但对下列几种情况将优先考虑热虹吸式再沸器：(1)塔底产物含有热敏性化合物；(2)高塔底压力；(3)只能获得小 ΔT 用于传热；(4)会发生严重的结垢。当循环只需小的静压头、而需要非常大的传热表面积、并预期将经常清洗管子时，有时用水平热虹吸式再沸器代替直立式。对这两种热虹吸式再沸器都可加设一台泵以改善循环。塔底集液槽中液体的停留时间至少为 1 分钟，或许可达到 5 分钟或更长时间。

7.2.12 冷凝器和再沸器热负荷

用 McCabe－Thiele 法确定进料状态、回流比和理论级数后，进行冷凝器和再沸器热负荷的估计。对整个塔的能量衡算给出

$$Fh_F + Q_R = Dh_D + Bh_B + Q_C + Q_{loss} \tag{7-31}$$

除了小型和/或未绝热的精馏设备，Q_{loss} 可以忽略不计。我们可利用 McCabe－Thiele 法的假定近似处理式(7－31)的能量衡算。全凝器的能量衡算为

$$Q_C = D(R+1)\Delta H^{vap} \tag{7-32}$$

式中 ΔH^{vap} 为被分离的两个组分的平均摩尔蒸发热。对分凝器，

$$Q_C = DR\Delta H^{vap} \tag{7-33}$$

对部分再沸器，

$$Q_B = BV_B\Delta H^{vap} \tag{7-34}$$

当进料为泡点并采用全凝器时，式(7－16)可整理为

$$BV_B = L + D = D(R+1) \tag{7-35}$$

将此式与式(7－34)和式(7－32)进行比较，注意 $Q_R = Q_C$。当进料为部分汽化并采用全凝器时，再沸器需要的热量小于冷凝器热负荷并可由下式给出

$$Q_R = Q_C\left[1 - \frac{V_F}{D(R+1)}\right] \tag{7-36}$$

如果再沸器的加热介质是饱和蒸汽，可由能量衡算给出需要的蒸汽流量：

$$m_s = \frac{M_s Q_R}{\Delta H_s^{vap}} \tag{7-37}$$

式中

m_s——蒸汽质量流量；

Q_R——再沸器热负荷(传热速率)；

M_s——蒸汽相对分子质量；

ΔH_s^{vap}——蒸汽的摩尔蒸发热。

冷凝器的冷却水流量为

$$m_{cw} = \frac{Q_C}{c_{pH_2O}(T_{out} - T_{in})} \tag{7-38}$$

式中

m_{cw}——冷却水质量流量；

Q_C——冷凝器热负荷(传热速率)；

c_{pH_2O}——水的比热容；

T_{out}，T_{in}——分别为冷凝器冷却水的出口和进口温度。

因为再沸器蒸气的年度费用可能比冷却水的年度费用高一个数量级，所以常对精馏塔进料进行预热和部分汽化，如式(7-36)所指出，与 Q_C 相比，这将减少 Q_R。

7.2.13　进料预热

精馏塔的进料通常为过程进料、反应器的出料或另一个分离器的液体产物。进料压力必须大于进料板位置的塔内压力。如果是这样，将通过阀门降低过多的进料压力，这可能导致进料在进塔前的部分汽化；如果不是这样，将由泵提供额外的压力。

进塔时进料温度不一定等于进料板位置的塔内温度。但是，如果二者相等将提高第二定律效率。通常最好避免过冷液体或过热蒸气进料，而提供部分汽化进料。这可通过在换热器中预热进料实现，可利用塔底物流或其他具有适当高温度的过程物流进行预热，以保证合理的 ΔT 推动力和足够的可利用的焓。

7.2.14　最优回流比

工业精馏塔必须在最小回流比和全回流这两种极限情况间操作。如表7.3所示，对取自 Peter 和 Timmerhaus[6]专著的典型情况，随着回流比由最小值增大，板数将减少，而塔径将增大，再沸器蒸汽和冷凝器冷却水需要量将增加。当将塔、冷凝器、回流罐、回流泵和再沸器的年度化固定投资费用与蒸汽和冷却水的年度费用相加后，对表7.3所示的条件将确定一如图7.22所示的最优回流比。对此案例最优的 R/R_{min} 为1.1。表7.3中的数据表明虽然对一定的回流比再沸器和冷凝器的热负荷是几乎相同的，但再沸器的蒸汽费用几乎为冷凝器冷却水费用的8倍。除了最小回流比的情况，总年度费用主要由蒸汽费用决定。在最优回流比时，蒸汽费用占总年度费用的70%。因为蒸汽费用占主导地位，最优回流比对蒸汽价格是很敏感的。例如，在蒸汽价格为零的极限情况，对本例最优的 R/R_{min} 由1.1变为1.32。本例假定冷凝器中被冷却水除去的热量是没有价值的。

表7.3　回流比对蒸馏操作年度费用的影响

R/R_{min}	实际 N	塔径，ft	再沸器热负荷/($Btu \cdot h^{-1}$)	冷凝器热负荷/($Btu \cdot h^{-1}$)	年度费用/($\$ \cdot y^{-1}$)			总年度费用/($\$ \cdot y^{-1}$)
					设备	冷却水	蒸汽	
1.00	无限	6.7	9510160	9416000	无限	17340	132900	无限
1.05	29	6.8	9776800	9680000	44640	17820	136500	198960
1.14	21	7.0	10221200	10120000	38100	18600	142500	199200
1.23	18	7.1	10665600	10560000	35480	19410	148800	204690
1.32	16	7.3	11110000	11000000	35640	20220	155100	210960
1.49	14	7.7	11998800	11880000	35940	21870	167100	224910
1.75	13	8.0	13332000	13200000	36870	24300	185400	246570

(取自 Peter 和 Timmerhaus[6]提供的例子)

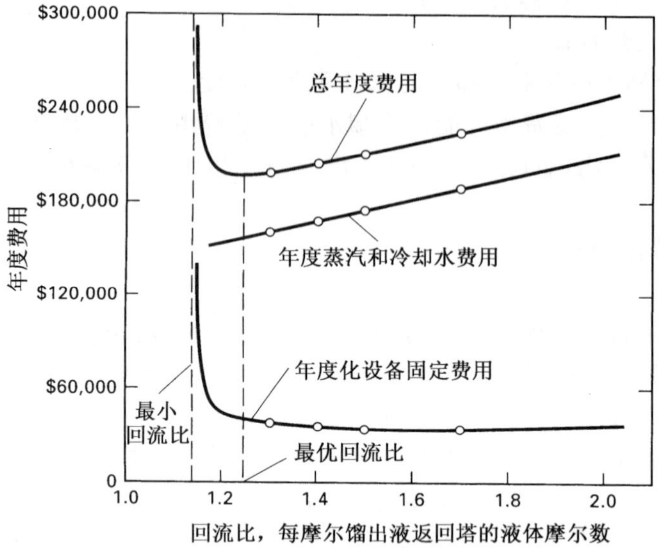

图 7.22　代表性蒸馏操作的最优回流比

[取自 M. S. Peter and K. D. Timmerhaus, *Plant Design and Economocs for Chemical Engineers*, 4th ed. McGraw Hill, New York (1991)]

回流比对最小回流比的最优比值的范围为 1.05 到 1.50，较小的值适用于困难的分离（例如 $\alpha=1.2$），而较大的值适用于容易的分离（例如 $\alpha=5$）。但是，如图 7.22 中所见，最优回流比并非清晰地规定。因此，为获得较大的操作弹性，塔往往按回流比大于最优值设计。

7.2.15　大级数

当相对挥发度和/或产物纯度导致必须由画阶梯确定大的级数时，McCabe－Thiele 图解法将遇到困难。对这类情况，可用下列方法之一确定级数。

(1) 在画 $x-y$ 图两端的阶梯时，放大尺度分别标绘和/或采用较大尺寸的图。例如，附加标绘可能仅覆盖下列区域：(1) 0.95 到 1.0；(2) 0 到 0.05。

(2) 如 Horvath 和 Schubert[7]所述和图 7.23 所示，对 $x-y$ 图的低端（塔底）采用基于双对数坐标的标绘，而对高端（馏出液）双对数坐标被倒置并旋转 90°。遗憾的是，如图 7.23 所见，操作线变成弯曲的，但可用由式(7－9)和式(7－14)计算的几个点进行标绘。45°线依旧保持为直线，而通常为曲线的平衡线则在两端变成近似为直线。

(3) 两端的平衡级用例 7.2(b)的代数方法计算。利用电子表格计算机程序，这是容易实现的。

(4) 如果平衡数据用解析形式提供，可利用作为商品化软件的 McCabe－Thiele 计算机程序。

(5) 将在塔中间的适当区域应用 McCabe－Thiele 图解法和在吸收和汽提因子几乎为常数的低端和/或高端采用 5.4 节中的 Kremser 方程相结合确定级数。如下面的例子所说明，这种方法往往被优先采用。

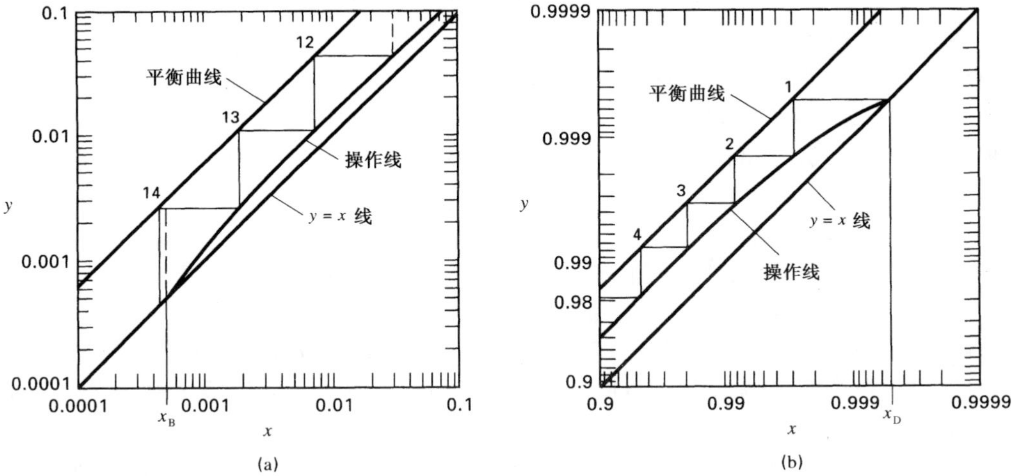

图 7.23　用于 McCabe－Thiele 图解法的双对数坐标

(a) 塔的底端；(b) 塔的馏出端

例 7.4

对馏出物和塔底产物苯的摩尔百分数分别为 99.9%(mol)和 0.1%(mol)重做例 7.1(c)，回流比采用 1.88，这比新纯度要求的最小回流比 1.44 约大 30%。在塔的顶部 $\alpha=2.52$；在塔的底部 $\alpha=2.26$。

解

图 7.24 为 x 从 0.028 到 0.956 区域的 McCabe－Thiele 图解法，该图从进料级开始向两个方向画阶梯。在该中间区域，进料级以上为 7 级，进料级以下为 8 级，包括进料级总共为 16 级。现在可用 Kremser 方程确定为达到要求的高纯度馏出物和塔底产物需要的剩余级数。

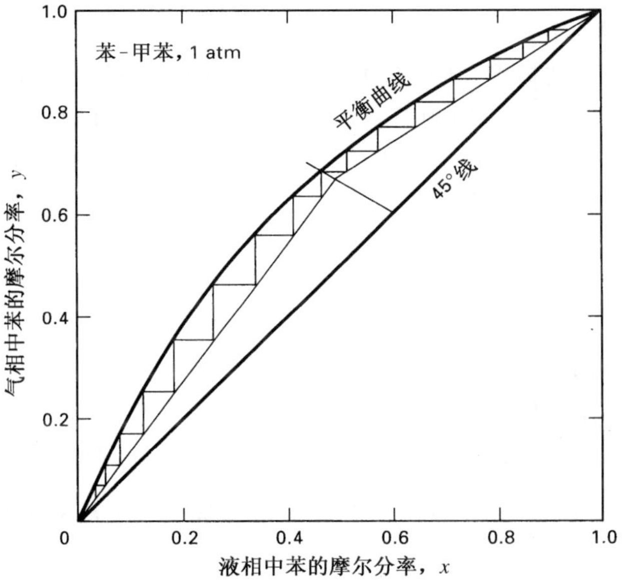

图 7.24　例 7.4 中由 $x=0.028$ 到 $x=0.956$ 的 McCabe－Thiele 图解法

精馏段的附加级数。就图 5.8(a)而言，根据图 7.24 由上而下计算级数：

由式(7-3)，对$(x_N)_{苯}=0.956$，

$(x_{N+1})_{苯}=0.982$ 和$(x_{N+1})_{甲苯}=0.018$，

并有$(x_0)_{苯}=(y_1)_{苯}=0.999$ 和$(x_0)_{甲苯}=(y_1)_{甲苯}=0.001$，

将式(5-55)、式(5-34)、式(5-35)、式(5-48)和式(5-50)相结合，进行一系列代数运算：

$$N_R=\frac{\log\left[\frac{1}{A}+\left(1-\frac{1}{A}\right)\left(\frac{y_{N+1}-x_0K}{y_1-x_0K}\right)\right]}{\log A} \tag{7-39}$$

式中 N_R＝精馏段的附加平衡级数。对类似于吸收段的该段，最好对重关键组分甲苯应用式(7-39)。因为在塔的顶端 $\alpha=2.52$，而 $K_{苯}$ 接近 1，所以取 $K_{甲苯}=1/2.52=0.397$。因为 $R=1.88$，所以 $L/V=R/(R+1)=0.653$。

因此，甲苯的吸收因子为 $A_{甲苯}=L/(V\,K_{甲苯})=0.653/0.397=1.64$，在精馏段的最上端假定此值为常数。因此，由式(7-39)，对甲苯有

$$N_R=\frac{\log\left[\frac{1}{1.64}+\left(1-\frac{1}{1.64}\right)\left(\frac{0.018-0.001\times0.397}{0.001-0.001\times0.397}\right)\right]}{\log 1.64}=5.0$$

提馏段的附加级数。就图 5.8(b)而言，根据图 7.24 由下而上计算级数，从图 7.24 可得：$(x_{N+1})_{苯}=0.048$。还有$(x_1)_{苯}=(x_B)_{苯}=0.001$。将提馏段的各 Kremser 方程相结合给出

$$N_S=\frac{\log\left[\frac{1}{\bar{A}}+\left(1-\frac{1}{\bar{A}}\right)\left(\frac{x_{N+1}-x_1/K}{x_1-x_1/K}\right)\right]}{\log(1/\bar{A})} \tag{7-40}$$

式中

N_S——提馏段的附加平衡级数；

$\bar{A}$——提馏段的吸收因子$=\bar{L}/K\bar{V}$。

因为在提馏段中苯被提馏，所以最好对苯应用式(7-40)。在塔底 $K_{甲苯}$ 接近 1，$\alpha=2.26$，因此，$K_{苯}=2.26$。通过物料衡算，流量单位采用 lbmol/h，$D=270.1$。对 $R=1.88$，$L=507.8$，而 $V=270.1+507.8=777.9$。由例 7.1，$V_F=D=270.1$ 和 $L_F=450-270.1=179.9$。因此，$\bar{L}=L+L_F=507.8+179.9=687.7$ lbmol/h 和$\bar{V}=V-V_F=777.9-270.1=507.8$ lbmol/h。

$$\bar{L}/\bar{V}=687.7/507.8=1.354;$$
$$\bar{A}_{苯}=\bar{L}/K\,\bar{V}=1.354/2.26=0.599$$

代入式(7-40)给出

$$N_S=\frac{\log\left[\frac{1}{0.599}+\left(1-\frac{1}{0.599}\right)\times\left(\frac{0.028-0.001/2.26}{0.001-0.001/2.26}\right)\right]}{\log(1/0.599)}=5.9$$

此值包括部分再沸器。因此，由塔底开始计算的平衡级总数为部分再沸器＋5.9＋8＋进料级＋7＋5.0＝26.9。

7.2.16　Murphree 效率的应用

McCabe－Thiele 法假定离开每一级的两相处于热力学平衡状态。在工业逆流多级设备中，提供趋近平衡所需的停留时间和密切接触的结合一般是不现实的。因此，一给定级的浓度变化通常小于平衡所预测的。

如 6.5 节中所讨论的，通常对单个组分用于描述单块塔板性能的级效率是 Murphree 板效率。该效率可根据任何一相定义，而对某给定组分，该效率为该相中实际的组成变化除以平衡预测的组成变化。适用于气相的上述定义可以类似于式(6－28)的方式表示为：

$$E_{MV}=\frac{y_n-y_{n+1}}{y_n^*-y_{n+1}} \tag{7-41}$$

式中 E_{MV} 为级 n 的 Murphree 气相效率，$n+1$ 是下面一级，而 y_n^* 是与离开级 n 的与液相平衡的虚拟气相的组成。E_{MV} 的值可能小于或略大于 100%。式(7－41)中省略了组分下标，因为对二元混合物的两个组分，E_{MV} 的值相等。

在画阶梯时，如果 Murphree 气相效率已知，可将它用于确定由操作线到平衡线的距离的百分比；只跨越总垂直距离的分率 E_{MV}。对基于气相的 Murphree 效率，如图 7.25(a)所示。图 7.25(b)表示 Murphree 效率基于液相的情况。实际上，对一组特定操作线，用表示离开相实际组成的虚线代替了热力学平衡曲线。在图 7.25(a)中，对塔底级 $E_{MV}=\overline{EF}/\overline{EG}=0.7$。

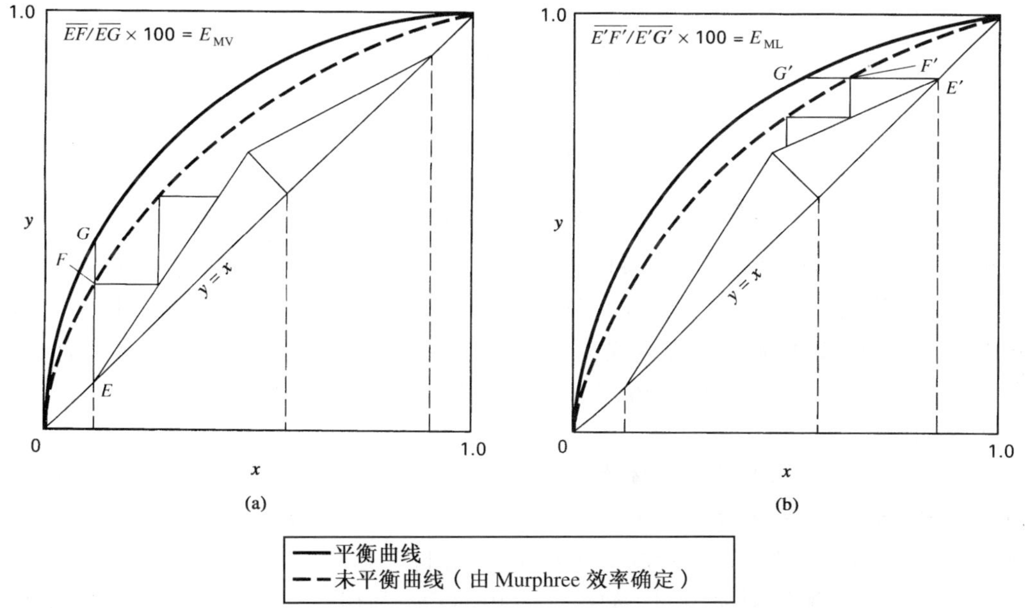

图 7.25　McCabe－Thiele 图解法中 Murphree 板效率的应用

7.2.17　多进料、侧线和直接蒸汽

对每股额外的进料或侧线物流，容易通过添加一根附加的操作线，将单股进料和两股产物的 McCabe－Thiele 法推广到多股进料和/或侧线出料的情况。多进料的一种安排如图

7.26所示。在侧线物流 L_S不存在时，这种安排对上进料点 F_1以上的精馏段的物料衡算没有影响。上进料点与下进料点 F_2之间的塔段（如进料 F 不存在）可用斜率为 L'/V'的操作线表示，此线将与提馏段操作线相交。类似的论证也适用于提馏段。因此，可采用图 7.27(a)所示的 McCabe - Thiele 图解法，图中进料 F_1是露点蒸气，而进料 F_2是泡点液体。图7.26中的进料 F 和侧线物流 L_S不存在。于是，在本例的两个进料点之间，摩尔气相流量为 $V'=V-F_1$和$\bar{L}=L'+F_2=L+F_2$。对给定的 x_B、z_{F1}、z_{F2}、x_D和 L/D，可方便的画出图 7.27(a)中的三条操作线。

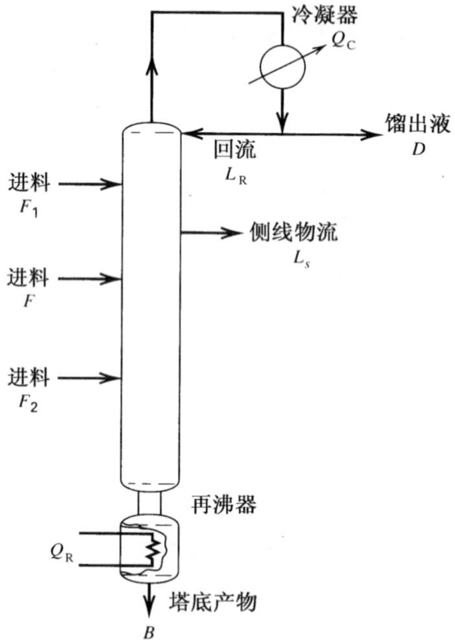

图 7.26　有多股进料和侧线物流的复杂精馏塔

侧线物流可作为饱和蒸气或饱和液体从精馏段、提馏段或多个进料点之间抽出。在物料衡算约束范围内，L_S和 x_S均可规定。图 7.27(b)中组成为 x_S，流量为 L_S的饱和液体侧线从进料 F 以上的精馏段抽出。在侧线抽出级和进料级之间的塔段，$L'=L-L_S$，而 $V'=V$。McCabe - Thiele 图解法确定侧线物流级的位置。但是，如果侧线位置的组成不高于 x_S，则必须改变回流比，直到组成高于 x_S。

对某些类型的精馏，热惰性气体直接进入塔底。例如，如果混合物中的一个组分是水，或如果水能形成第二液相，从而降低沸点，可采用直接蒸汽，如在脂肪的蒸汽蒸馏中，由直接过热蒸气提供热量，而不采用再沸器。更常见的，进料含有将从塔底除去的水。在这种应用中，用组成 $y=0$ 的物流（纯蒸汽）代替图 7.26 中的 Q_R，利用 $x=x_B$，该物流成为操作线上的一个点，因为该点的级间物流实际上存在于塔底。由于采用直接蒸汽，塔底流量增加了直接蒸汽流量。对 $F_1=F_2=L_S=0$ 的操作条件，用直接蒸汽而不用再沸器如图 7.27(c)所示。

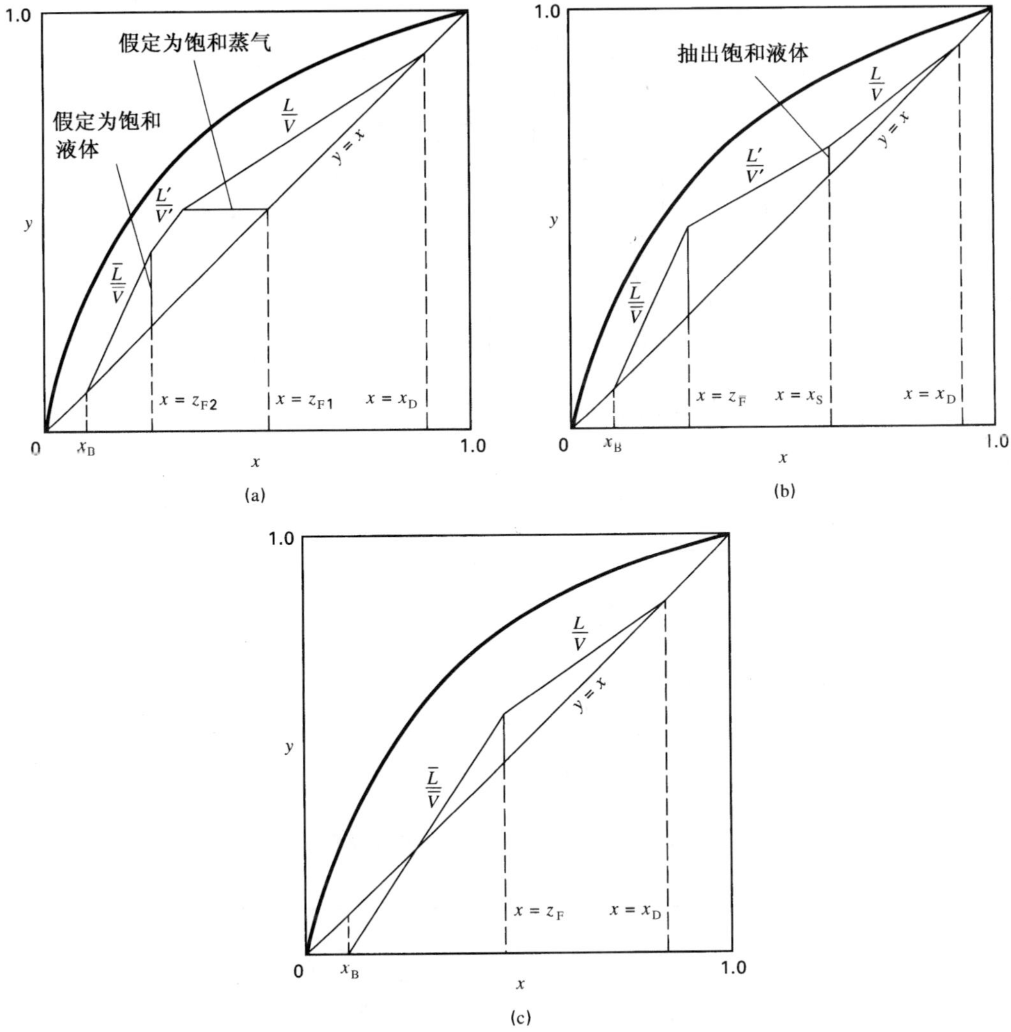

图 7.27　用于复杂塔的 McCabe－Thiele 图解法

(a) 两股进料(饱和液体和饱和蒸气)；(b) 一股进料，一股侧线物流(饱和液体)；

(c) 直接蒸汽的应用

例 7.5

一设置部分再沸器和全凝器的定态操作的复杂蒸馏塔，进料为饱和液体，在精馏段抽出一股液相侧线。利用 McCabe－Thiele 法通常的简化假定：(a) 导出精馏段的两根操作线的方程；(b) 求取这两根操作线的交点；(c) 求取 F 和 L_S 间的操作线与对角线的交点；(d) 在 $y-x$ 图上表示以上结果。

解

(a) 通过图 7.28 中第一段的物料衡算，$V_{n+1}y_{n+1}=L_n x_n+Dx_D$。对第二段，$V_{s-2}y_{s-2}=L'_{s-1}x_{s-1}+L_s x_s+Dx_D$。对恒摩尔流量的情况，这两条操作线变成：

$$y=\frac{L}{V}x+\frac{D}{V}x_D \qquad 和 \qquad y=\frac{L'}{V}x+\frac{L_s x_s+Dx_D}{V}$$

(b) 令两条操作线相等，交点位于$(L-L')x=L_s x_s$处，和因为$L-L'=L_s$，交点变为$x=x_s$。

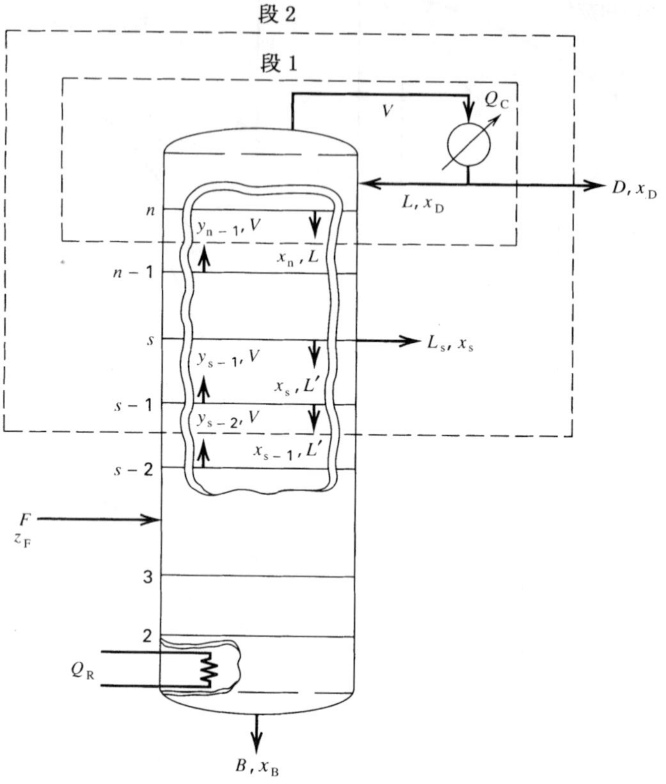

图 7.28　例 7.5 中有侧线的蒸馏塔

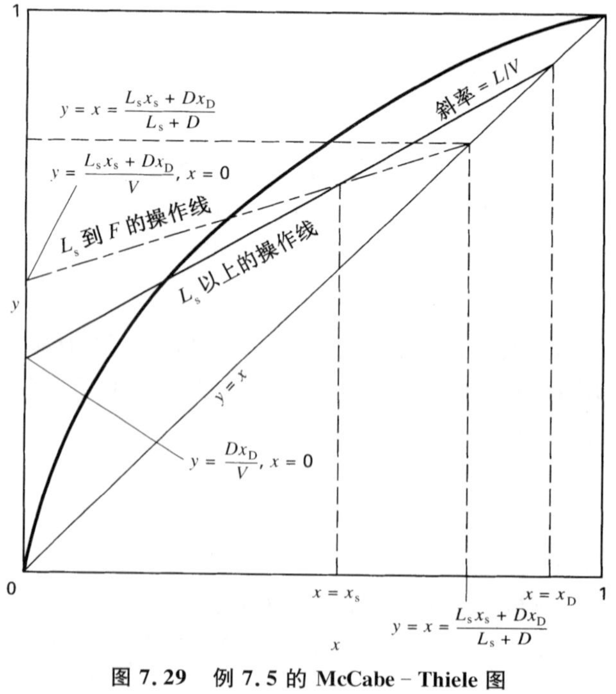

图 7.29　例 7.5 的 McCabe－Thiele 图

(c) 下列两线

$$y=\frac{L'}{V}x+\frac{L_s x_s+Dx_D}{V}$$

和

$$y=x$$

的交点位于 $x=\frac{L_s x_s+Dx_D}{L_s+D}$处。

(d) $y-x$ 图如图 7.29 所示。

7.3 级效率的估计

估计二元蒸馏级效率的方法与 6.5 节中阐述的吸收和汽提所用的方法类似。级效率是塔板设计、流体性质和流动模式的复杂函数。但是，在烃类吸收和汽提中，液体往往富集重组分，所以液体黏度高，而传质速率较低。这导致级效率低，通常小于 50%。与此相反，对二元精馏，尤其对近沸点混合物，液体黏度低，导致对设计良好的塔板和优化操作条件，级效率往往在 70%以上，对存在错流作用的大直径塔级效率甚至可高于 100%。

7.3.1 性能数据

表 7.4　二氯甲烷和二氯乙烯混合物精馏的性能数据

公　　司	伊斯曼柯达
地点	纽约州罗彻斯特市
塔径	5.5ft(内径 65.5in.)
塔板数	60
板间距	18in.
塔板型式	10 行直径 3in. 的泡罩，三角形排列，中心间距 $4\frac{7}{8}$in.，每板 115 个泡罩
鼓泡面积	20ft^2
液流长度	49in.
出口堰高	2.25in.
降液管余隙	1.5in.
液体流量	24.5gal/(min·ft)=1115.9 lb/min
气相 F 因子	1.31ft/s(lb/ft^3)$^{0.5}$
液泛速度的百分数	85
压力，塔顶板	33.8psia
压力，塔底板	42.0psia
液体组成，二氯甲烷的摩尔百分数	
板 33	89.8
板 32	72.6
板 29	4.64

来源：J. A. gerster, A. B. Hill, N. H. Hochgrof and D. B. Robinson, *Tray Efficiencies in Distillation Column, Final report from the University of Delaware*, AIChE, New York (1958).

如“AIChE 设备试验方法(*AIChE Equipment Testing Procedure*)”[8]中所讨论的，最好在全回流(无进料和产物)条件下获取工业精馏塔的性能数据，以避免塔进料的可能波动，简化操作线的定位和避免进料与进料板之间的组成偏差。但是，如 Williams，Stigger 和 Nichols[9]所说明的，全回流条件下测定的效率可能明显不同于设计回流比下的效率。理想的方法是，使塔在液泛速度的 50%到 85%的范围内操作。如果从塔顶和塔底取液体样品，那么可由式(6-21)确定总板效率 E_0，这时如图 7.11 所示，可在全回流条件下用 McCabe-Thiele法确定需要的理论级数。如果液体样品取自中间塔板的降液管，那么可由式(6-28)确定 Murphree 气相效率 E_{MV}。如果液体样品取自同一塔板的不同地点，那么可由式(6-30)获得点效率 E_{OV}。这些效率的可靠数值要求能获得精确的汽液平衡数据。因此，优先考虑形成理想溶液的二元混合物的效率数据。

取自 Gerster 等的报告[10]的表 7.4 列出了由位于纽约州罗彻斯特市的伊斯曼柯达公司的装置数据，该数据为在直径 5.5ft，设有 60 块板间距为 18in. 的泡罩塔板的蒸馏塔内，在相当于 85%液泛速度的全回流条件下精馏分离二氯甲烷(MC)-二氯乙烯(EC)混合物。MC 是轻关键组分。

例 7.6

利用表 7.4 的性能数据估算：(a) 从板 35 到板 29 的塔段的总板效率；(b) 板 32 的 Murphree 气相效率。假定如下相对挥发度数值：

x_{MC}	$\alpha_{MC,EC}$	式(7-3)计算的 y_{MC}
0.00	3.55	0.00
0.10	3.61	0.286
0.20	3.70	0.481
0.30	3.76	0.617
0.40	3.83	0.719
0.50	3.91	0.796
0.60	4.00	0.857
0.70	4.03	0.904
0.80	4.09	0.942
0.90	4.17	0.974
1.00	4.25	1.00

解

(a) 将上述 $x-\alpha-y$ 数据标绘在图 7.30 中。在全回流条件下从 $x_{33}=0.898$ 到 $x_{29}=0.0464$画阶梯求得 4 个理论级。因为实际级数也为 4，所以由式(6-21)知总级效率为 100%。

(b) 在全回流条件下，级间气相和液相物流具有相同组成。即操作线为 45°线。利用此

结果与上述性能数据和图 7.30 中的平衡曲线，采用从塔底开始计数的板号，对二氯甲烷我们得到

$$y_{32}=x_{33}=0.898 \qquad 和 \qquad y_{31}=x_{32}=0.726$$

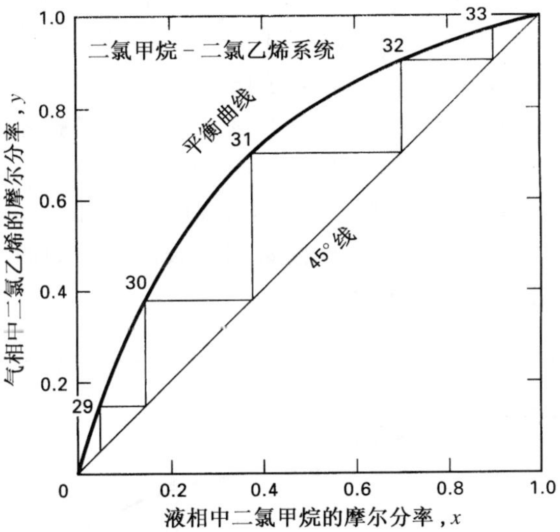

图 7.30　例 7.6 的 McCabe－Thiele 图

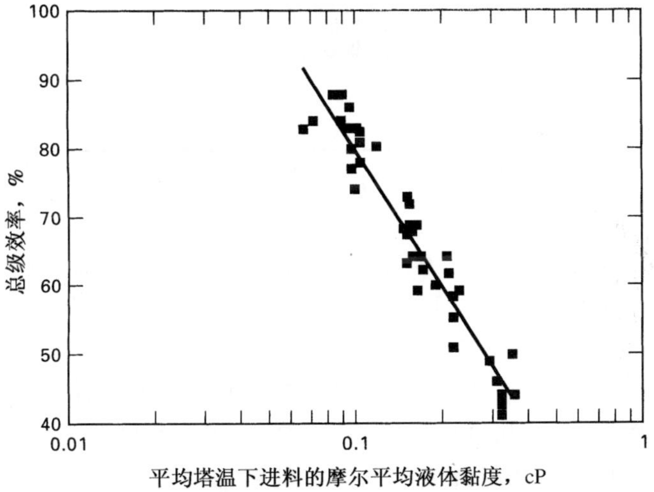

图 7.31　蒸馏塔板效率的 Drickamer 和 Bradford 关联式

从式(6－28)得，

$$(E_{MV})_{32}=\frac{y_{32}-y_{31}}{y_{32}^{*}-y_{31}}$$

由图 7.30，因为 $x_{32}=0.726$，$y_{32}^{*}=0.917$，

$$(E_{MV})_{32}=\frac{0.898-0.726}{0.917-0.726}=0.90 \qquad 或\ 90\%$$

7.3.2 经验关联式

根据 41 组主要为烃类混合物，还有水和互溶有机物的混合物精馏分离的泡罩塔和筛板塔的性能数据，Drickamer 和 Bradford[11]利用平均塔温下等摩尔平均液体黏度关联了分离两个关键组分的总级效率。数据涵盖的温度为 157 到 420 ℉，压力为 14.7 到 366psia，进料液体黏度为 0.066 到 0.355cP，而总级效率为 41％到 88％。经验方程为

$$E_0 = 13.3 - 66.8 \log\mu \qquad (7-42)$$

式中 E_0 为百分数，而 μ 为厘泊，数据拟合的平均和最大百分偏差分别为 5.0％和 13.0％。Drickamer 和 Bradford 关联式，及与蒸馏性能数据比较的标绘如图 7.31 所示。式(7－42)的有效性限制于所用数据，主要用于烃类混合物。

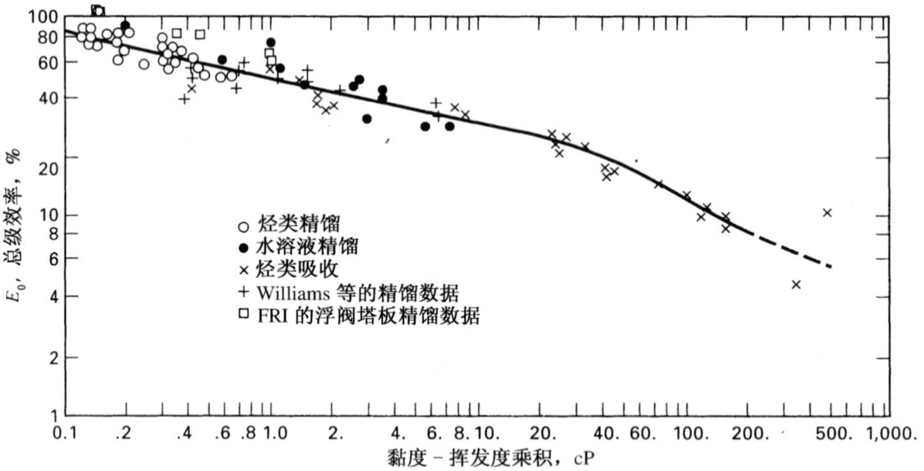

图 7.32 精馏塔、吸收塔和汽提塔总板效率 O'Connell 关联式的 Lockhart 和 Leggett 形式

［取自 F. J. Lockharl and C. W. Leggett, in *Advances in Petroleum Chemistry and Refining*, Vol. 1 Eds., K. A. Kobe and John J. McKetta., Interscience, New York, pp. 323－326 (1958)］

6.5 节中讨论的传质理论指出，当相对挥发度涵盖的范围宽时，液体和气体传质阻力的相对重要性可能改变。于是，如可以预期的，O'Connell[12]发现 Drickamer 和 Bradford 关联式不适合关联分离具有大相对挥发度的组分的精馏塔。O'Connell 对精馏塔、吸收塔和汽提塔提出了利用黏度-挥发度乘积的各种不同的关联式。但是，如图 7.32 所示，Lockhart 和 Leggett[13]得到了利用液体黏度和适当的挥发度的乘积作为关联变量的单一关联式。对精馏塔，采用轻关键组分的相对挥发度；对烃类吸收塔，挥发度取为选定的关键组分 K 值的 10 倍，所选的关键组分必须在塔顶和塔底产物间合理分配。O'Connell 的数据涵盖的相对挥发度范围为 1.16 到 20.5。Wllliams 等[9]报道了在直径 10in. 的泡罩塔内对八个不同的二元系进行的液相对气相摩尔流量比 L/V 对 E_0 的影响的综合研究。这些系统包括水、烃类和其他有机化合物。虽然 L/V 确实有影响，但无法进行关联。对 L/V 几乎等于 1.0(即全回流)的精馏塔，包括在图 7.32 中的他们的精馏数据与 O'Connell 关联式相当一致。对直径为0.45m 的塔内的烃类精馏，Zuiderweg，Verburg 和 Gilissen[14]发现在 85％液泛速度

下操作时，泡罩塔、筛板塔和浮阀塔之间 E_0 的差别是无关紧要的。因此，可假定图 7.32 适用于所有三种塔板型式，但对设计良好的塔板可能略为保守。例如，图 7.32 中包括了精馏研究公司(FRI)用环己烷/正己烷和异丁烷/正丁烷系统操作的浮阀板数据，表明实测数据比关联式高 10%到 20%。

对图 7.32 中标绘的精馏数据，其黏度-相对挥发度乘积范围为 0.1 到 10cP，O'Connell 关联式拟合的经验方程为

$$E_0 = 50.3(\alpha\mu)^{-0.226} \tag{7-43}$$

式中 E_0 为百分数，而 μ 为厘泊。相对挥发度在平均塔状态下对两个关键组分确定。

用于开发图 7.32 的关联式的大多数数据是取自通过活动塔板区域的液体流动距离为 2ft 到 3ft 的塔。Gautreaux 和 O'Connell[15]利用理论和实验数据证明液体流动距离越长能获得的效率越高。对短流动距离，通过塔板流动的液体通常为完全混合。对较长的流动距离，可能存在等价于两个或两个以上串联的完全混合的液体区域。结果是具有较大的传质平均推动力，于是可达到较高的效率，有时甚至可能超过 100%。只要黏度-相对挥发度乘积在 0.1 到 1.0 之间，当液体流动距离大于 3ft 时，Lockhart 和 Leggett[13]推荐对图 7.32 中的 E_0 值添加表 7.5 中的增量。但是，对大液体流量，长液体流动距离是不希望的，因为这可能导致过大的液体梯度，引起气体流动的分布不均。在 6.5 节中已讨论过采用如图 6.16 所示的多降液管塔板防止过大的液体梯度。

表 7.5　长液体流动距离的总板效率校正($0.1 \leqslant \mu\alpha \leqslant 1.0$)

液体流动长度/ft	图 7.32 的 E_0 值的增加值/%	液体流动长度/ft	图 7.32 的 E_0 值的增加值/%
3	0	8	23
4	10	10	25
5	15	15	27
6	20		

[取自 F. J. Lockharl and C. W. Leggett, *Advances in Petroleum Chemistry and Refining*, Vol. 1 Eds., K. A. Kobe and John J. McKetta., Interscience, New York, pp. 323～326 (1958)]

例 7.7

对图 7.1 的苯-甲苯蒸馏，采用 Drickamer - Bradford 和 O'Connell 关联式估计总级效率和需要的实际塔板数。假定板间距为 24in.，塔顶板之上有 4ft 空间除去夹带的液体，而塔底板之下有 10ft 集液空间，计算塔的高度。分离需要 20 个平衡级加起一个平衡级作用的部分再沸器。

解

为估计总级效率，确定 220 ℉的进料级条件的黏度，假定液体组成为 50%(mol)苯。

苯的 $\mu = 0.10$cP；甲苯的 $\mu = 0.12$cP；平均 $\mu = 0.11$cP

由图 7.3 取平均相对挥发度为

$$平均\ \alpha = \frac{\alpha_{顶} + \alpha_{底}}{2} = \frac{2.52 + 2.26}{2} = 2.39$$

由 Drickamer - Bradford 关联式式(7-42)$E_0 = 13.3 - 66.8 \times \log(0.11) = 77\%$

这接近问题描述中给出的数值。因此，需要 26 个实际级，而塔的高度$=4+2\times(26-1)+10=64$ft。

由 O'Connell 关联式式(7-43),

$$E_0=50.3\times(2.39\times0.11)^{-0.226}=68\%$$

对 5ft 直径的塔,单降液管塔板的液体流动距离约为 3ft,双降液管塔板的液体流动距离则更短。由表 7.5 知效率校正为零。因此,需要的实际塔板数为 20/0.68=29.4,可取为 30 块塔板。塔的高度=4+2(30-1)+10=72 ft。

7.3.3 半理论模型

在 6.5 节中,以 Murphree 气相效率和 Murphree 气相点效率为基础的半理论塔板模型被用于吸收和汽提。这些关系式对蒸馏同样有效。但是,因为对蒸馏平衡线是曲线,λ 必须取为 mV/L(而不是 $KV/L=1/A$),这里 m=平衡曲线的当地斜率=$\mathrm{d}y/\mathrm{d}x$。在 6.6 节中,Chan 和 Fair[16]的方法被用于从传质考虑估计 Murphree 气相点效率。然后可估计 Murphree 气相效率。Chan 和 Fair 的关联式对二元蒸馏特别适用,因为它是根据包括六个不同的二元系的实验数据开发的。

7.3.4 根据实验室数据放大

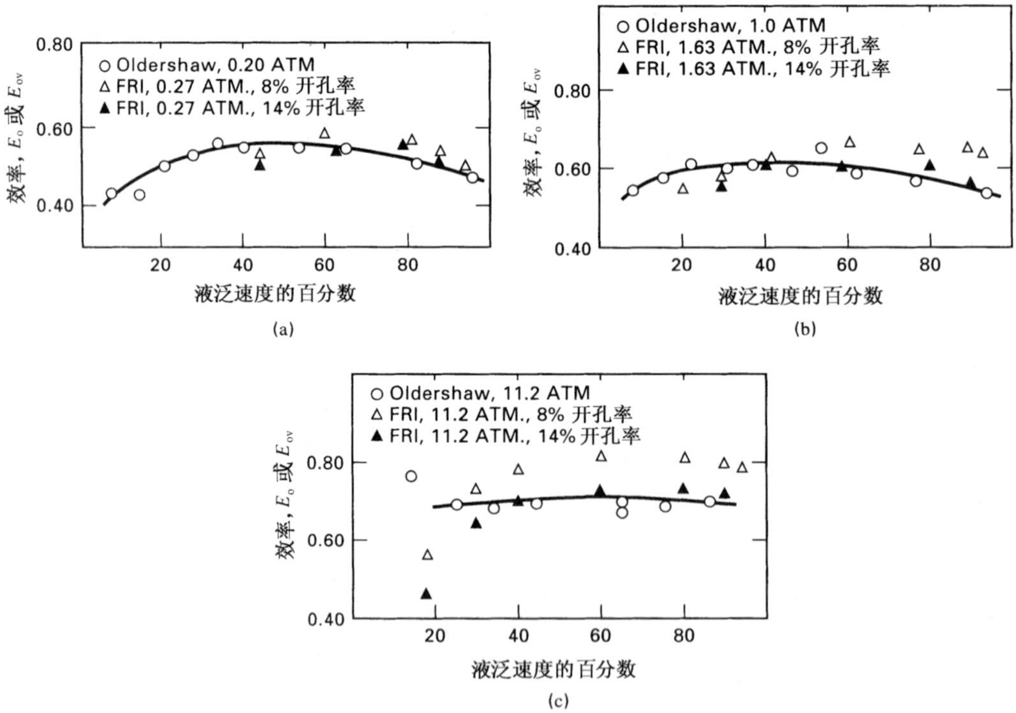

图 7.33 Oldershaw 塔的效率与直径 4ft 的 FRI 筛板塔的点效率的比较

(a) 环己烷/正庚烷系统;(b) 环己烷/正庚烷系统;(c) 异丁烷/正丁烷系统

当二元混合物形成理想或接近理想的溶液时,几乎没有获取实验室蒸馏数据的需要。

当形成非理想溶液和/或存在形成恒沸物的可能性时，将利用 6.5 节中讨论过的小型实验室 Oldershaw 型塔检验要求的分离程度和获得 Murphree 气相点效率的估计值。根据 Fair、Null 和 Bolles 的工作[17]的图 7.33，说明用直径 1in. 的玻璃 Oldershaw 塔和直径 2in. 的金属 Oldershaw 塔的测定数据能够预测工业规模筛板塔的效率。测定系对下列系统进行：真空条件下的环己烷/正庚烷系统[图 7.33(a)]和接近常压条件下的环己烷/正庚烷系统[图 7.33(b)]及 11.2atm 下的异丁烷/正丁烷系统[图 7.33(c)]。用实线关联 Oldershaw 数据。蒸馏研究公司(FRI)的 Sakata 和 Yanagi[18]与 yanagi 和 Sakata[19]用直径为 4ft 的筛板塔分别获取了开孔面积为 8.3% 和 13.7% 时的数据。假定 Oldershaw 塔用于测定点效率。FRI 的塔测定总效率，但可用 6.5 节中的关联式将 FRI 数据转换为图 7.33 所示的点效率。数据涵盖的范围从液泛速度的 10% 到 95%。除液泛百分比较低的区域，Oldershaw 塔与开孔面积 14% 的 FRI 塔的数据相当一致。在图 7.33(b)和图 7.33(c)中，开孔面积 8% 的 FRI 塔的数据确定的效率比点效率高 10%。

7.4　板式塔的塔径和回流罐

在 6.6 节中提出了估计吸收塔和汽提塔直径和压降的方法。这些方法同样可用于蒸馏塔。塔径的计算通常按塔顶板和塔底板的条件进行。如果二者的塔径差为 1ft 或以下，对整个塔采用较大的塔径。如果塔径差大于 1ft，采用变径塔通常是更经济的，即对进料板以上和以下的塔段采用计算得到的不同直径。

7.4.1　回流罐

如图 7.1 所示，几乎所有工业塔均设有圆筒形的回流罐。此罐通常位于接近地面的高度，需要用泵将回流输送到塔顶。如果采用分凝器，回流罐往往为直立式，以方便汽液分离——回流罐实际上起闪蒸罐的作用。直立式回流闪蒸罐通过计算最小直径 D_T 确定其尺寸，利用式(6-44)结合图 6.24 中板间距为 24in. 的曲线及式(6-42)中的 $F_{HA}=1.0$ 确定最小直径以防止夹带液体。还有，采用 $f=0.85$ 和 $A_d=0$。为减轻扰动的影响和易于控制，根据液体停留时间 t 确定容器体积 V_V，停留时间至少应为 5 分钟，于是，对液体半充满的容器体积为

$$V_V=\frac{2LM_L t}{\rho_L} \tag{7-44}$$

式中 L 为离开容器的摩尔液体流量。假定容器为直立圆柱形，并忽略与封头相关的体积，容器的高度为

$$H=\frac{4V_V}{\pi D_T^2} \tag{7-45}$$

但是，如果 $H>4D_T$，通常宁可增加 D_T 并减小 H，使 $H=4D_T$。那么

$$D_T=\frac{H}{4}=\left(\frac{V_V}{\pi}\right)^{1/3} \tag{7-46}$$

为便于进料进入和使液滴与蒸气分离，液面以上的高度必须至少为 4ft。在此空间内，通常将安装一个丝网垫用于消除雾沫。

当蒸气全凝时，通常采用圆筒形的水平回流罐收集冷凝液。假定 H/D_T 的最优值为 4，用式(7－44)和式(7－46)估计回流罐直径 D_T 和高度 H，并建议采用与直立回流罐相同的停留时间。当液体流量明显大于气体流量时，分凝器后也可采用水平回流罐。

例 7.8

由分凝器提供的离开闪蒸罐的平衡气相和液相物流如下所列：

组分	气相	液相
每小时磅摩尔		
HCl	49.2	0.8
苯	118.5	81.4
一氯苯	71.5	178.5
总计	239.2	260.7
每小时磅	19110	26480
T/℉	270	270
p/psia	35	35
密度/(lb・ft³)	0.371	57.08

确定闪蒸罐的尺寸。

解

利用图 6.24，

$$F_{LV}=\frac{26480}{19110}\times\left(\frac{0.371}{57.08}\right)^{0.5}=0.112$$

板间距为 24in. 时的 C_F 为 0.34。假定式(6－24)中 $C=C_F$。由式(6－40)，

$$U_f=0.34\times\left(\frac{57.08-0.371}{0.371}\right)^{0.5}=4.2\ \text{ft/s}=15120\ \text{ft/h}$$

采用 $A_d/A=0$，由式(6－44)，

$$D_T=\left(\frac{4\times19110}{0.85\times15120\times3.14\times1\times0.371}\right)^{0.5}=2.26\ \text{ft}$$

对 $t=5\text{min}=0.0833\text{h}$，由式(7－44)，

$$V_V=\frac{2\times26400\times0.0833}{57.08}=77.3\ \text{ft}^3$$

由式(7－43)，

$$H=\frac{4\times77.3}{3.14\times2.26^2}=19.3\ \text{ft}$$

但是，$H/D_T=19.3/2.26=8.54>4$。因此，对 $H/D_T=4$，重新确定尺寸。

由式(7－46)，

$$D_T=\left(\frac{77.3}{3.14}\right)^{1/3}=2.91\ \text{ft}\quad 和\quad H=4\times2.91=11.64\ \text{ft}$$

液面以上的高度为 11.64/2=5.82 ft，这是合适的。

另一种选择方案是，高度取为两倍最小分离高度，$H=8$ ft 和 $D_T=3.5$ft。

7.5　用于填料塔的以速率为基础的方法

随着可获得更有效的液体分布器和经济高效的填料，填料塔正在新蒸馏过程和现有板式塔的改造方面获得日益增加的应用。6.8节中估计用于吸收的填料塔的效率、直径和压降的方法同样适用于精馏。确定填料高度的方法类似于6.7节中所讨论的，并在这里扩展与McCabe-Thiele图结合应用。将对HETP和HTU两种方法进行讨论和说明。与在整个填料高度内HETP和HTU的数值可能为常数的稀溶液吸收和汽提的情况不同，在蒸馏塔的填料高度中HETP和HTU的数值可能变化，尤其在越过气相和液相流量可能发生显著变化的进料位置时。还有，因为对精馏平衡线为曲线而非直线，6.8节中的传质方程必须用

$$\lambda=\frac{mV}{L}=\frac{\text{平衡曲线斜率}}{\text{操作线斜率}}$$

代替$\lambda=KV/L=1/A$进行修正，上式中$m=\mathrm{d}y/\mathrm{d}x$随塔内位置而变。修正后的效率和传质关系式汇总于表7.6。

表7.6　二元蒸馏的修正效率和传质方程

$\lambda=mV/L$	(7-47)
$m=\mathrm{d}y/\mathrm{d}x=$平衡曲线的斜率	
效率：	
如果λ由式(7-47)定义，式(6-31)至式(6-36)适用。	
传质：	
$\dfrac{1}{N_{OG}}=\dfrac{1}{N_G}+\dfrac{\lambda}{N_L}$	(7-48)
$\dfrac{1}{K_{OG}}=\dfrac{1}{k_Ga}+\dfrac{mPM_L/\rho_L}{K_La}$	(7-49)
$\dfrac{1}{K_ya}=\dfrac{1}{k_ya}+\dfrac{m}{k_xa}$	(7-50)
$\dfrac{1}{K_xa}=\dfrac{1}{k_xa}+\dfrac{1}{mk_ya}$	(7-51)
$H_{OG}=H_G+\lambda H_L$	(7-52)
$\mathrm{HETP}=H_{OG}\ln\lambda/(\lambda-1)$	(7-53)

7.5.1　HETP法

在HETP法中，首先在McCabe-Thiele图上画阶梯确定平衡级数。等摩尔逆向扩散(EMD)假定适用于蒸馏。在每一级中注明温度、压力、相流量比和相组成。选择适当的填料，并按例如70%液泛速度操作，用6.8节中的方法之一估算塔径。根据每一级的条件，由也在6.8节中讨论过的关联式估算每一相的传质系数。由这些系数，估算每一级的H_{OG}和

HETP 值。然后将 HETP 值相加得到精馏段和提馏段的填料高度。如果能获得 HETP 的实验值，可直接使用这些数值。在由 H_G 和 H_L 计算 H_{OG}，或由 k_y 和 k_x 计算 K_y 时，必须对式(6－92)和式(6－80)进行修正，因为对二元蒸馏，轻关键组分的摩尔分数由塔底的几乎等于 0 变化到塔顶的几乎等于 1，所以式(6－76)中的比值 $(y_1 - y^*)/(x_1 - x)$ 不再是等于 K 值的常数，但 dy/dx 等于平衡曲线的斜率 m。这些修正方程被包括在表 7.6 中。

例 7.9

对例 7.1 的苯-甲苯蒸馏，根据塔径和具有下列 HTU 数值的填料确定精馏段和提馏段的填料高度。由例 7.1，各段的 L/V 值如下所列。

	H_G，ft	H_L，ft	L/V
精馏段	1.16	0.48	0.62
提馏段	0.90	0.53	1.40

解

平衡曲线的斜率 dy/dx 可由图 7.15 获得，而 λ 值可由式(7－47)获得。每一级的 H_{OG} 由表 7.6 中的式(7－52)确定。结果列于表 7.7，表中级 13 仅需要 0.2，而级 14 为部分再沸器。

根据表 7.7 中的结果，两个塔段的每一段均应使用高度为 10 ft 的填料。

表 7.7　例 7.9 的结果

级	m	$\lambda=\frac{mV}{L}$ 或 $m\frac{\bar{V}}{\bar{L}}$	H_{OG}，ft	HETP，ft
1	0.47	0.76	1.52	1.74
2	0.53	0.85	1.56	1.70
3	0.61	0.98	1.62	1.64
4	0.67	1.08	1.68	1.62
5	0.72	1.16	1.71	1.59
6	0.80	1.29	1.77	1.56
精馏段总计：				9.85
7	0.90	0.64	1.32	1.64
8	0.98	0.70	1.28	1.52
9	1.15	0.82	1.34	1.47
10	1.40	1.00	1.43	1.43
11	1.70	1.21	1.53	1.40
12	1.90	1.36	1.62	1.38
13	2.20	1.57	1.73	1.37×0.2＝0.27
提馏段总计：				9.11
总填料高度：				18.96

7.5.2　HTU 法

在 HTU 法中，不是在 McCabe－Thiele 图上画阶梯确定平衡级数。反之，该图提供的数据被用于利用传质系数或传质单元对每一段填料高度进行积分。

考虑图 7.34 中的填料蒸馏塔示意图及附属的 McCabe－Thiele 图。假定 V、L、$\bar{V}$ 和 $\bar{L}$ 在各相应段内为常数。对等摩尔逆向扩散(EMD)，轻关键组分从液相到气相的传质速率为

$$n=k_xa(x-x_1)=k_ya(y_1-y) \tag{7-54}$$

整理后有：

$$-\frac{k_x a}{k_y a}=\frac{y_1-y}{x_1-x} \tag{7-55}$$

于是，如图 7.34(b)所示，对操作线上的任意点(x, y)，可以从该点画一条斜率为$(-k_x a/k_y a)$的直线与平衡线相交，得到平衡曲线上的相应界面点(x_1, y_1)。

通过对填料高度某一增量段的物料衡算，并假定恒摩尔流，

$$V\mathrm{d}y=k_y a(y_1-y)S\mathrm{d}l \tag{7-56}$$

$$L\mathrm{d}x=k_x a(x-x_1)S\mathrm{d}l \tag{7-57}$$

式中 S 为填料段的横截面积。对精馏段进行积分，

$$(l_{\mathrm{T}})_{\mathrm{R}}=\int_0^{(l_{\mathrm{T}})_{\mathrm{R}}}\mathrm{d}l=\int_{y_{\mathrm{F}}}^{y_2}\frac{V\mathrm{d}y}{k_y aS(y_1-y)}=\int_{x_{\mathrm{F}}}^{x_{\mathrm{D}}}\frac{L\mathrm{d}x}{k_x aS(x-x_1)} \tag{7-58}$$

或

$$(l_{\mathrm{T}})_{\mathrm{R}}=\int_{y_{\mathrm{F}}}^{y_2}\frac{H_{\mathrm{G}}\mathrm{d}y}{(y_1-y)}=\int_{x_{\mathrm{F}}}^{x_{\mathrm{D}}}\frac{H_{\mathrm{L}}\mathrm{d}x}{(x-x_1)} \tag{7-59}$$

对提馏段进行积分，

$$(l_{\mathrm{T}})_{\mathrm{S}}=\int_0^{(l_{\mathrm{T}})_{\mathrm{S}}}\mathrm{d}l=\int_{y_1}^{y_{\mathrm{F}}}\frac{V\mathrm{d}y}{k_y aS(y_1-y)}=\int_{x_1}^{x_{\mathrm{F}}}\frac{L\mathrm{d}x}{k_x aS(x-x_1)}\text{①} \tag{7-60}$$

或

$$(l_{\mathrm{T}})_{\mathrm{R}}=\int_{y_1}^{y_{\mathrm{F}}}\frac{H_{\mathrm{G}}\mathrm{d}y}{(y_1-y)}=\int_{x_1}^{x_{\mathrm{F}}}\frac{H_{\mathrm{L}}\mathrm{d}x}{(x-x_1)} \tag{7-61}$$

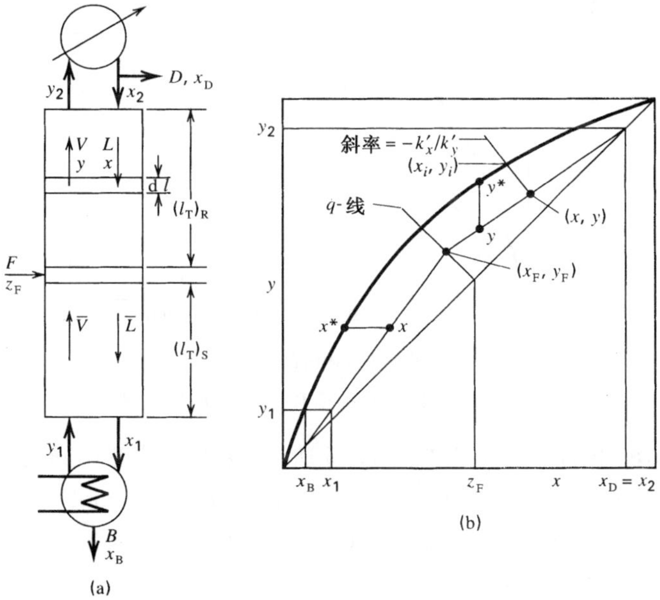

图 7.34　填料塔内的蒸馏

一般说来，k_y 和 k_x 将沿填料高度变化，并引起斜率$(-k_x a/k_y a)$的变化。如果 $k_x a>k_y a$，

① 原文误为$(l_{\mathrm{T}})_{\mathrm{S}}=\int_0^{(l_{\mathrm{T}})_{\mathrm{S}}}\mathrm{d}l=\int_{y_1}^{y_{\mathrm{F}}}\frac{V\mathrm{d}y}{k_y aS(y_1-y)}=\frac{L\mathrm{d}x}{k_x aS(x-x_1)}$——译者注。

主要传质阻力在气相，计算对 y 的积分将更精确。对 $k_ya > k_xa$，应采用对 x 计算的积分。通常，在每一段内只需估计三个点的 k_y 和 k_x 就足够了，可由此确定它们随 x 的变化。然后计算并标绘由式(7-55)得到的它们的比值，可以求得点 P 的轨迹，由此轨迹可读得用于积分式(7-58)到式(7-61)的任一 y 值的 (y_1-y) 和任一 x 值的 $(x-x_1)$。可采用图解或数值方法计算这些积分确定填料高度。

例 7.10

假定在操作压力为 1atm 的填料塔内蒸馏 250 kmol/h 含 40%(mol)异丙醚的异丙醇，获得异丙醚含量为 75%(mol)的馏出物和异丙醇含量为 95%(mol)的塔底产物。进料混合物为饱和液体。采用回流比为最小回流比的 1.5 倍，而该塔设有全凝器和部分再沸器。对所用填料和塔径，已由 6.8 节中讨论的经验关联式估计下面给出的传质系数。计算精馏段和提馏段所需的填料高度。

解

由异丙醚的总物料衡算计算馏出液和塔底产物流量：

$$0.40\times250=0.75D+0.05(250-D)$$

解得 $D=125$ kmol/h 和 $B=125$ kmol/h。

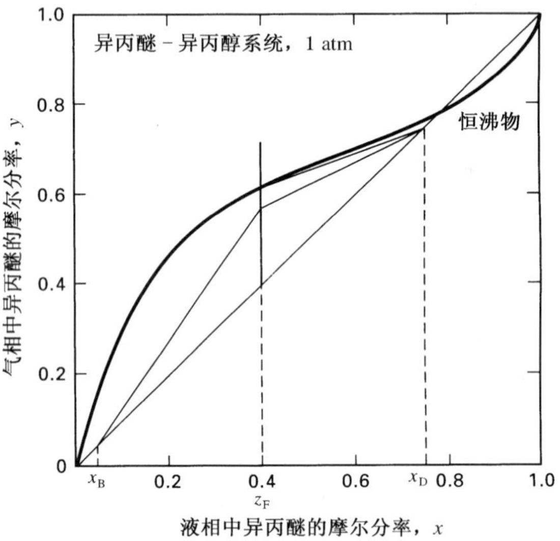

图 7.35　例 7.10 的操作线和最小回流线

该混合物在 1atm 下的平衡曲线如图 7.35 所示，由图可注意到异丙醚为轻关键组分，并在异丙醚含量为 78%(mol)处形成恒沸物。馏出液组成 75%(mol)安全地低于恒沸组成。图 7.35 中还画出了 q 线和最小回流条件下的精馏段操作线。测量获得该操作线的斜率为 $(L/V)_{\min}=0.39$，由式(7-27)，

$R_{\min}=0.39/(1-0.39)=0.64$ 和 $R=1.5R_{\min}=0.96$

$L=RD=0.96\times125=120$ kmol/h

和　$V=L+D=120+125=245$ kmol/h

$\overline{L}=L+L_F=120+250=370$ kmol/h

和　$\overline{V}=V-V_F=245-0=245$ kmol/h

精馏段操作线的斜率 $=L/V=120/245=0.49$

此线和提馏段操作线被标绘在图 7.35 中。在图 7.36 中画阶梯到部分再沸器 R 给出用于确定两段填料高度的下列终点，图中符号可参考图 7.34(a)。

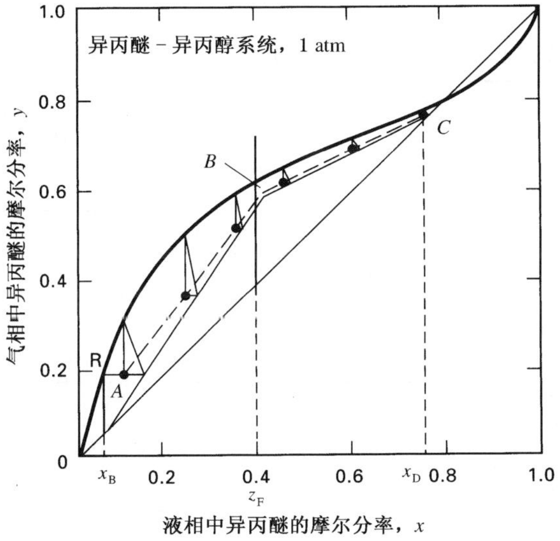

图 7.36　例 7.10 的传质推动力

	提馏段	精馏段
顶端	($x_F=0.40$，$y_F=0.577$)	($x_2=0.75$，$y_2=0.75$)
底端	($x_1=0.135$，$y_1=0.18$)	($x_F=0.40$，$y_F=0.577$)

每一段内三个 x 值处的传质系数如下所列：

x	k_ya kmol/m³·h·(摩尔分数)	k_xa kmol/m³·h·(摩尔分数)
提馏段		
0.15	305	1680
0.25	300	1760
0.35	335	1960
蒸馏段		
0.45	185	610
0.60	180	670
0.75	165	765

用式(7－55)对操作线上的每个 x 值计算上述传质系数的斜率，并如图 7.36 所示，由操作线向平衡线画直线。这些线通常称为连接线，因为它们连接了操作线和平衡线。如图 7.36 所示，利用连接线作为直角三角形之斜边，画出直角三角形。然后，通过三角形直角所在的点画出轨迹虚线 AB 和 BC。当需要时，利用这些轨迹线，可将其他连接线迅速添加在每一段的三个标绘点上，以提供足够的精度。利用这些连接线，可对操作线上的各 y 值列表表示相应的(y_1-y)值。因为未给出塔径，利用式(7－58)和式(7－60)的如下重新整理形式确定填

料体积，式中 $V = Sl_T$：

$$V_R = \int_{y_F}^{y_2} \frac{V\mathrm{d}y}{k_y a(y_1 - y)} \tag{7-62}$$

$$V_S = \int_{y_1}^{y_F} \frac{V\mathrm{d}y}{k_y a(y_1 - y)} \tag{7-63}$$

当需要时对 $k_y a$ 值进行内插。结果如下表所列。

y	$(y_1 - y)$	$k_y a$	$\frac{V(或\bar{V})}{k_y a(y_1 - y)}$, m^3
提馏段：			
0.18	0.145	307	5.5
0.25	0.150	303	5.4
0.35	0.143	300	5.7
0.45	0.103	320	7.4
0.577	0.030	350	23.3
精馏段：			
0.577	0.030	187	43.7
0.60	0.033	185	40.1
0.65	0.027	182	49.9
0.70	0.017	175	82.3
0.75	0.010	165	148.5

由数值积分得，$V_S = 3.6\ m^3$ 和 $V_R = 12.3\ m^3$。

7.6 用于板式塔的 Ponchon－Savarit 图解平衡级法

7.2 节中用于二元蒸馏的 McCabe－Thiele 法假定每一塔段内的气相和液相流量为常数。这一假定(恒摩尔流量)消除了对每一级进行能量衡算的需要。对非理想二元混合物，这一假定不适用，McCabe－Thiele 法可能不精确。除物料衡算和相平衡关系外，还包括能量衡算的一种图解法是 Ponchon－Savarit 法[21,22]，该法利用如图 7.37 所示的焓-组成图，该图系对 1atm 下的正己烷-正辛烷系统。该图包括饱和气相和液相焓的曲线。连接这两条曲线的连接线的终点代表给定温度下的平衡气相和液相组成及气相和液相焓。饱和气相线上方的等温线代表过热蒸气焓，而饱和液相线下方的等温线代表过冷液体焓。在图 7.37中，温度为 100 ℉，组成为 30%(mol)正己烷和 70%(mol)正辛烷的混合物(点 A)是过冷液体。将此混合物加热到 204 ℉，则成为泡点液体(点 B)。当温度为 100 ℉，组成为 20%(mol)正己烷和 80%(mol)正辛烷的混合物(点 G)加热到 243 ℉(点 E)时，分裂为相互平衡的位于点 F 的气相和位于点 D 的液相。液相含有 7%(mol)正己烷，而气相含有 29%(mol)正己烷。

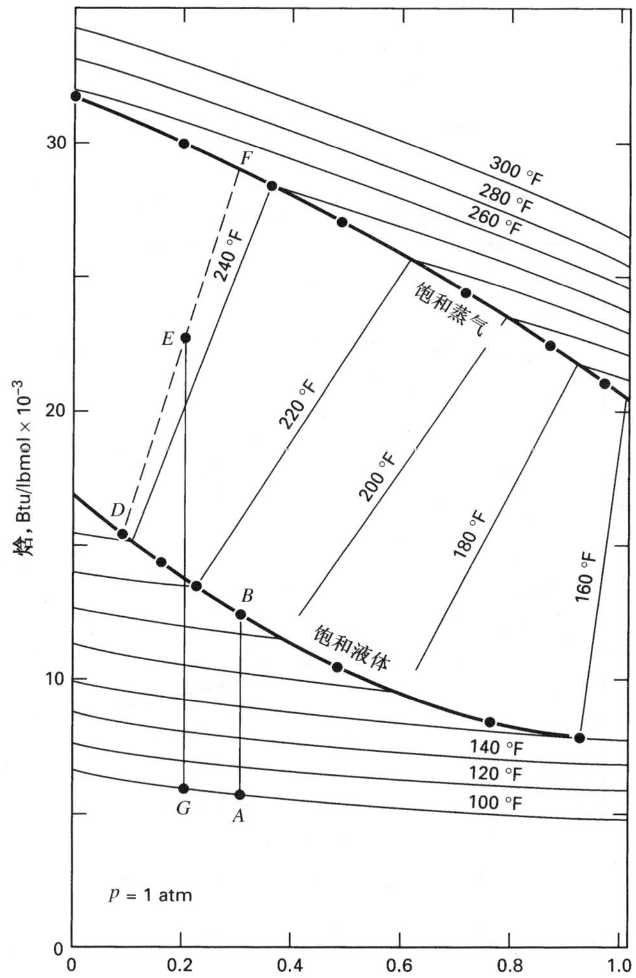

图 7.37　正己烷-正辛烷的焓-浓度图

焓-浓度图在平衡级计算中的应用可通过考虑一个平衡级 $n-1$ 予以说明，在该级内来自下方 $n-2$ 级的蒸气与来自上方 n 级的液体绝热混合给出总摩尔分数标记为 z 的混合物，然后达到平衡。此过程可用图 7.38 顶部的示意图表示为两个步骤：先混合再达到平衡。级 $n-1$ 的能量衡算方程为

混合：

$$V_{n-2}H_{n-2}+L_nh_n=(V_{n-2}+L_n)h_z \tag{7-64}$$

平衡：

$$(V_{n-2}+L_n)h_z=V_{n-1}H_{n-1}+L_{n-1}h_{n-1} \tag{7-65}$$

式中 H 和 h 分别为气相和液相摩尔焓。控制轻组分物料衡算的方程为

混合：

$$y_{n-2}V_{n-2}+x_nL_n=z(V_{n-2}+L_n) \tag{7-66}$$

平衡：

$$z(V_{n-2}+L_n)=y_{n-1}V_{n-1}+x_{n-1}L_{n-1} \tag{7-67}$$

联立求解式(7-64)和式(7-66)给出

$$\frac{H_{n-2}-h_z}{y_{n-2}-z}=\frac{h_z-h_n}{z-x_n} \tag{7-68}$$

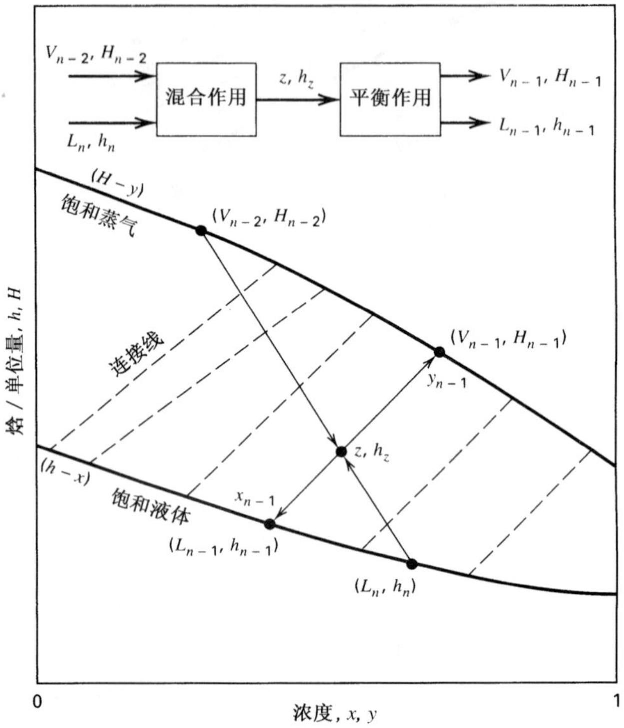

图 7.38　焓-浓度图上的两相混合和平衡

这是图 7.38 中标绘的直线的三点式。类似地，联立求解式(7-65)和式(7-67)给出

$$\frac{H_{n-1}-h_z}{y_{n-1}-z}=\frac{h_z-h_{n-1}}{z-x_{n-1}} \tag{7-69}$$

这也是直线方程。但是，在此方程中，y_{n-1} 和 x_{n-1} 处于平衡状态，因此，如图 7.38 所示，点 (H_{n-1}, y_{n-1}) 和 (h_{n-1}, x_{n-1}) 必定位于通过混合点 (h, z) 的连接线的两端。

求解二元精馏的 Ponchon-Savarit 法是将图 7.38 的作图法推广到进料级以上和以下的逆流级联，并考虑冷凝器和再沸器。这里不提供这种方法的详细描述，因为这种方法已被将在第 10 章中讨论的严格的计算机辅助计算程序取代，计算机程序包括能量衡算，而且既可用于二元混合物，也可用于多元混合物。Henley 和 Seader 的专著[23]提供了二元精馏的 Ponchon-Savarit 法的详细描述。

7.7　本章小结

(1) 只要两个组分的相对挥发度足够高，通常为大于 1.05，可用精馏将二元液体和/或二元气体混合物经济地分离成两个接近纯的产物(馏出物和塔底产物)。

（2）精馏是最成熟和应用最广的分离操作，其设计方法和操作实践已被令人满意地确定。

（3）精馏获得的产物的纯度取决于进料位置以上的精馏段和进料位置以下的提馏段的平衡级数目以及回流比。级数和回流比必须大于分别对应于全回流和无限多级数的最小值。最优回流比与最小回流比之比值通常在 1.10 到 1.50 范围内。

（4）精馏通常在设有筛板或浮阀塔板的板式塔或装有乱堆或规整填料的填料塔内进行。许多较老式的塔设有泡罩塔板。

（5）大多数精馏塔设有用冷却水冷却并提供回流的冷凝器和用蒸气加热并提供蒸气的再沸器。

（6）当恒摩尔流假定在精馏塔的精馏段和提馏段内均有效时，McCabe－Thiele 图解法可方便地用于确定级数和回流要求。这种方法便于使蒸馏的许多概念形象化，并提供了确定最优进料级位置的方法。

（7）在精馏塔设计中涉及的各种考虑包括操作压力、冷凝器类型、回流过冷度、再沸器类型和进料过热度的选择。

（8）McCabe－Thiele 法可推广处理 Murphree 级效率、多进料、侧线物流、直接蒸汽，及中间再沸器和中间冷凝器的应用。

（9）可利用 Drickamer 和 Bradford 关联式式(7－42)和 O'Connell 关联式式(7－43)，进行式(6－21)定义的总级效率的粗略估计。更精确可靠的方法需利用取自小型 Oldershaw 塔的数据或利用与第 6 章中用于吸收和汽提的相同的半经验传质方程。

（10）可利用第 6 章中的方法估计塔板直径、压降、漏液、夹带和降液管堵塞。

（11）可根据避免夹带和提供适当的停留时间的要求确定回流闪蒸罐的尺寸。

（12）填料塔的直径和压降可用第 6 章中吸收和汽提所用的相同方法确定。

（13）填料塔的高度可用 HETP 法或更优先的 HTU 法确定。后一种方法的应用与第 6 章中用于吸收塔和汽提塔时类似，差别仅在于必须对弯曲的平衡线进行处理，如式(7－47)所说明。

（14）Ponchon－Savarit 法用借助焓-浓度图进行的能量衡算取消了 McCabe－Thiele 法中的恒摩尔流假定。但是，Ponchon－Savarit 法基本上已被严格的计算机辅助方法替代。

参考文献

1. Forbes, R. J., *Short History of the Art of Distillation*, E. J. Brill, Leiden(1948).
2. Mix, T. W., J. S. Dweck, M. Weinberg, and R. C. Armstrong, *Chem. Eng. Prog.*, **74** (4). 49—55 (1978).
3. Kister, H. Z., *Distillation Design*, McGraw－Hill, New York (1992).
4. Kister, H. Z., *Distillation Operation*, McGraw－Hill, New York (1990).
5. Mccabe, W. L., and E. W. Thiele, *Ind. Eng. Chem.*, **17**, 605—611(1925).
6. Peters, M. S., and K. D. Timmerhaus, *Plant Design and Economics for Chemical Engineers*, 4th ed., McGraw－Hill, New York (1991).

7. Horvath, P. J., and R. E Schubert, *Chem. Eng.*, **65** (3), 129—132(1958).
8. *AIChE Equipment Testing Procedure*, *Tray Distillation Columns*, 2nd ed., AIChE, New York (1987).
9. Williams, G. C., E. K. Stigger, and J. H. Nichols, *Chem. Eng. Progr.*, **46**(1). 7—16(1950).
10. Gerster, J. A., A. B. Hill, N. H. Hochgrof, and D. B. Robinson, *Tray Efficiencies in Distillation Columns*, *Final Report from the University of Delaware*. AIChE. New York (1958).
11. Drickamer, H. G., and J. R. Bradford, *Trans. AIChE*, **39**, 319—360(1943).
12. O'Connell, H. E., *Trans. AIChE*, **42**,741—755 (1946).
13. Lockhart, F. J., and C. W. Leggett, in K. A. Kobe and John J. McKetta. Jr., Eds., *Advances in Petroleum Chemistry and Refining*, Vol. 1,Interscience, New York, pp. 323—326 (1958).
14. Zuiderweg, F. J., H. Verburg, and F. A. H. Gilissen, *Proc. International Symposium on Distillation*, Institution of Chem. Eng., London,202—207(1960).
15. Gautreaux, M. F., and H. E. O'Connell, *Chem. Eng. Prog.*, **51**(5),232—237(1955).
16. Chan, H., and J. R. Fair, *Ind. Eng. Chem. Process Des. Dev.*, **23**,814—819(1984).
17. Fair. J. R., H. R. Null, and W. L. Bolles, *Ind. Eng. Chem. Process Des. Dev.*, **22**,53—58 (1983).
18. Sakata,M., and T. Yanagi, *I. Chem. E. Symp Ser.*, **56**,3. 2/21 (1979).
19. Yanagi, T, and M. Sakata, *Ind. Eng. Chem. Process Des. Devel.*, **21**,712(1982).
20. Younger, A. H., *Chem. Eng.*, **62** (5), 201—202(1955).
21. Ponchon, M., *Tech. Moderns*, **13**,20. 55 (1921).
22. Savarit, R., *Arts et Metiers*, pp. 65, 142, 178. 241, 266. 307 (1922).
23. Henley, E. J., and J. D. Seader, *Equilibrium-Stage Separation Operations in Chemical Engineering*, John Wiley and Sons, New York (1981).
24. Glitsch Ballast Tray, Bulletin 159, Fritz W. Glitsch and Sons, Dallas (from FRI report of September 3, 1958).

习　　题

除非另有说明,饱和液体回流、最优进料级位置、无热损失、定态和恒摩尔液相和气相流等通常的简化假定适用于下面每一道习题。

7.1 节

7.1　尽可能列出吸收和精馏间的差别。尽可能列出汽提和精馏间的差别。

7.2　1980 年代以前,填料塔很少用于精馏,除非塔径小于 2.5ft。说明为什么近年来某些现有的板式塔被改造为填料塔,以及某些大直径的新塔被设计成填料塔而不是板式塔。

7.3　用精馏分离甲烷和乙烷混合物。说明为什么不能用水作为冷凝器的冷却剂。你会选择什么作为冷却剂?

7.4　用精馏分离乙烯和乙烷混合物。确定该塔的最高操作压力。你建议采用多高的操作压力?为什么?

7.5　在什么情况下将建议对将进行的精馏分离进行实验室或中间试验?

7.6　说明为什么在塔板数和回流比之间存在经济上的权衡。

7.2 节

7.7 根据 1894 年 Sorel 开发的连续、定态、平衡级精馏的数学模型，在数字计算机出现前，在 1920 到 1938 年的 18 年间曾提出了多种用图解法或代数法求解这些方程的方法。今天，那个年代的方法中唯一保存下来并获得广泛应用的是 McCabe - Thiele 法。使这种方法持续流行的是它的什么特征？

7.8 (a) 对图 7.39(a)所示的级联，计算物流 V_4 和 L_1 的组成。假定常压、饱和液体和蒸气进料，以及如下所列的汽-液平衡数据。组成为摩尔百分数。

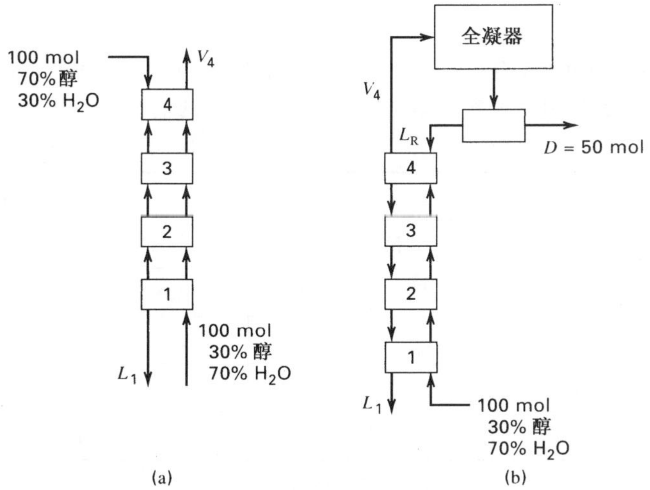

图 7.39 习题 7.8 的数据

(b) 给定级联(a)的进料组成后，为生产含 85%(mol)醇的 V_4，需要多少个平衡级？

(c) 对图 7.39(b)所示的级联，如 D=50mol，D 和 L_1 的组成是什么？

(d) 对图 7.39(b)所示的级联，为生产含 50%(mol)醇的 D，需要多少个平衡级？

平衡数据，醇的摩尔分数

x	0.1	0.3	0.5	0.7	0.9
y	0.2	0.5	0.68	0.82	0.94

7.9 液态空气进入基本上在常压下操作的穿流板式再沸汽提塔的塔顶。进料中 60%的氧从蒸馏釜的塔底气相产物中抽出。该产物含 0.2%(mol)氮。根据下列数据和假定，计算：

(a) 离开塔顶板的气体中氮的摩尔百分数。

(b) 每 100 摩尔进料在蒸馏釜中产生的蒸气的摩尔数。

(c) 需要的理论板数。

注意：为使问题简化，假定恒摩尔流量等于进口摩尔流量。液态空气含 20.9%(mol)氧和 79.1%(mol)氮。常压下的平衡数据[*Chem. Met. Eng.*，35，622 (1928)]为

温度/K	液体中 N_2 的摩尔百分数	气体中 N_2 的摩尔百分数
77.35	100.00	100.00
77.98	90.00	97.17
78.73	79.00	93.62
79.44	70.00	90.31
80.33	60.00	85.91

81.35	50.00	80.46
82.54	40.00	73.50
83.94	30.00	64.05
85.62	20.00	50.81
87.67	10.00	31.00
90.17	0.00	0.00

7.10　在板式精馏塔中分离组分A(易挥发)和B的混合物。在用含40%(mol)A的饱和液体进料进行的两次独立试验中,对进料和塔顶冷凝器之间的三个串联级的液相和气相样品,获得如下以A的%(mol)表示的组成:

级	%(mol)A			
	试验1		试验2	
	气相	液相	气相	液相
$M+2$	79.5	68.0	75.0	68.0
$M+1$	74.0	60.0	68.0	60.5
M	67.9	51.0	60.5	53.0

假定塔的级数大于3,确定每种情况的回流比和塔顶组成。

7.11　在常压下精馏含有70%(mol)苯和30%(mol)甲苯的饱和液体混合物,生产含80%(mol)苯的馏出物。考虑下面描述的五种方法。对每种方法进行计算并列表表示下列结果:

(a) 每100摩尔进料馏出物的摩尔数。

(b) 每摩尔馏出物产生的蒸气总摩尔数。

(c) 残液中苯的摩尔百分数。

(d) 对上述每一小题,画出 $x-y$ 图。在此基础上说明塔顶产物、回流的组成和残液组成。

(e) 如果目标是使苯的回收率达到最大,优先采用这些方法中的哪一种?

注意:假定相对挥发度为2.5。

五种方法如下所述:

(1) 采用分凝的连续精馏。进料进入直接加热的蒸馏釜,并从蒸馏釜连续排出残液。蒸气进入蛇管分凝器顶部,通过汽液分离器采出。液体(回流)返回蒸馏釜,而残余蒸气作为含80%(mol)苯的产物冷凝。回流与产物的摩尔比为0.5。

(2) 在有一个平衡级的塔内连续精馏。进料进入直接加热的蒸馏釜,并从蒸馏釜连续排出残液。离开塔板的蒸气进入蛇管分凝器,通过汽液分离器排出。离开汽液分离器的液体返回塔板,而未冷凝的蒸气冷凝成为含80%(mol)苯的馏出物。回流与产物的摩尔比为0.5。

(3) 在有两个平衡级的塔内连续精馏。进料进入直接加热的蒸馏釜,并从蒸馏釜连续排出残液。离开塔顶板的蒸气进入蛇管分凝器,通过汽液分离器排出。离开汽液分离器的液体返回塔顶板,而未冷凝的蒸气冷凝成为含80%(mol)苯的馏出物。回流与产物的摩尔比为0.5。

(4) 除离开汽液分离器的液体返回塔底板外,操作与方法3所述相同。

(5) 在与有一个平衡级相当的塔内连续精馏。进料在沸点温度进入该板。从直接加热的蒸馏釜连续排出残液。离开塔板的蒸气进入蛇管分凝器顶部,通过汽液分离器排出。离开汽液分离器的液体返回塔板,而未冷凝的蒸气冷凝成为含80%(mol)苯的馏出物。回流与产物的摩尔比为0.5。

7.12　在由蒸馏釜、一块理论板和全凝器组成的装置中精馏含50%(mol)苯的苯-甲苯混合物。蒸馏釜相当于一个理论级，而操作压力为 101kPa。

假定该精馏装置生产含 75%(mol)苯的馏出物。如果可能，对下列每种方法计算每 100 摩尔进料得到的馏出液摩尔数。假定相对挥发度为 2.5。

(a) 没有回流，进料进入蒸馏釜。

(b) 进料进入蒸馏釜，回流比 $L/D=3$。

(c) 进料进入塔板，回流比 $L/D=3$。

(d) 进料进入塔板，回流比 $L/D=3$。但在此案例中，采用分凝器。

(e) 小题(b)采用最小回流比。

(f) 小题(b)采用全回流。

7.13　在 101kPa 下操作的精馏塔将 30kg/h 含 0.60 摩尔分数甲苯的苯和甲苯的溶液分离成含 0.97 摩尔分数苯的塔顶产物和含 0.98 摩尔分数甲苯的塔底产物。采用回流比为 3.5。进料是处于沸点的液体，进料进入最优塔板，而回流液处于饱和温度。

(a) 确定塔顶和塔底产物的数量。

(b) 确定需要的级数。

以苯的摩尔分数表示的平衡数据，101kPa

y	0.21	0.37	0.51	0.64	0.72	0.79	0.86	0.91	0.96	0.98
x	0.1	0.2	0.3	0.4	0.5	0.6	0.7	0.8	0.9	0.95

7.14　氯苯中含 54.5%(mol)苯的混合物连续进入有两块理论板的塔的塔底板。该塔设有一个部分再沸器和一个全凝器。向再沸器提供足够的热量给出$\overline{V}/F=0.855$，而塔顶的回流比 L/V 保持为常数 0.5。在这些条件下，预期塔顶和塔底产物质量(x_D，x_B)将如何？

塔压下的平衡数据，苯的摩尔分数

x	0.100	0.200	0.300	0.400	0.500	0.600	0.700	0.800
y	0.314	0.508	0.640	0.734	0.806	0.862	0.905	0.943

7.15　回流比(L/D)为 3.5 的连续精馏操作产生含 97%(质量)B(苯)的馏出液和含 98%(质量)T(甲苯)的塔底产物。由于焊接缺陷，该塔塔底段的 10 块塔板损坏，但上部的 14 块塔板完整无缺。建议依旧使用该塔，进料(F)为处于露点的蒸气，进料流量为 13 600 kg/h，组成为 40%(质量)B 和 60%(质量)T。假定板效率保持不变，为 50%：(a)该塔是否依旧能生产含 97%(质量)B 的馏出液；(b)可获得多少馏出液；(c)以摩尔百分数计，残液将为什么组成？

汽-液平衡数据见习题 7.13。

7.16　有 8 个理论级(塔内 7 级＋部分再沸器＋全凝器)的精馏塔用于将 100kmol/h 含 50%(mol)A 的饱和液体进料分离成含 90%(mol)A 的产物。塔顶板的液-汽摩尔比为0.75。饱和液体进料从由塔顶开始计算的第 5 板进入。确定：(a) 塔底组成，(b) 提馏段的$\overline{L}/\overline{V}$ 比；(c)每小时的塔底产物摩尔数。

在操作人员不知道的情况下，原用于固定第 5、第 6 和第 7 块塔板的螺栓锈蚀了，这些塔板跌落到蒸馏釜中。如果未对操作进行调节，新的塔底组成将是什么？

建议不将回流返回塔顶板，而将另一个塔的相当数量的液体产物用作回流。如果该产物含 80%(mol)A。下列物流的新组成将为什么：(a)馏出液，(b)塔底产物。

平衡数据，A 的摩尔分数

y	0.19	0.37	0.5	0.62	0.71	0.78	0.84	0.9	0.96
x	0.1	0.2	0.3	0.4	0.5	0.6	0.7	0.8	0.9

7.17　蒸馏装置由部分再沸器、设有 7 块平衡板的塔和全凝器组成。进料组成为甲苯中含 50%(mol)苯的混合物。要求生产含 96%(mol)苯的馏出液，操作压力为 101kPa。

(a) 采用饱和液体进入由塔顶开始计算为第五块塔板，计算：(1)最小回流比$(L_R/D)_{min}$，(2)采用为最小回流比两倍的(L_R/D)时的塔底产物组成；(3)每 100 摩尔进料的产物摩尔数。

(b) 采用饱和蒸气进入由塔顶开始计算为第五块塔板，重新计算(a)中的各项。

(c) 采用饱和蒸气进入再沸器，而回流比(L/V)为 0.9，计算：(1)塔底产物组成；(2)每 100 摩尔进料的产物摩尔数。

平衡数据由习题 7.13 给出。

7.18　有 8 块理论板和相当于 1 块理论板的部分再沸器和全凝器组成的浮阀塔，在 101kPa 操作压力下分离含 36%(mol)苯的苯-甲苯混合物。在正常操作条件下，再沸器每小时产生 100 kmol 蒸气。要求生产高纯度的甲苯，并建议作为汽提塔操作该塔，作为饱和液体的进料由塔顶板进入，在蒸馏釜内采用相同的蒸出蒸气，没有回流返回该塔。平衡数据由习题 7.13 给出。

(a) 建议条件下的最小进料流量为多少，在最小进料流量下相应的再沸器液相组成是什么？

(b) 当进料流量比最小进料流量高 25%时，甲苯产量为多少，且塔底产物和馏出液的摩尔百分组成为多少？

7.19　压力为 101kPa，含 50%(mol)甲醇的甲醇水溶液在有 7 块理论板的穿流板塔中连续精制，该塔设有全凝器和用蒸气加热的部分再沸器。

在正常操作过程中，100kmol/h 进料在由塔底开始计数的第三块塔板进入。塔顶产物含 90%(mol)甲醇，而塔底产物含 5%(mol)甲醇。对每一摩尔塔顶产物，有一摩尔液体回流返回塔内。

近段时间来，尽管增加了回流比，也不能维持产物纯度。获得下列实验数据：

物流	kmol/h	甲醇%(mol)
进料	100	51
废液	62	12
产物	53	80
回流	94	—

导致性能恶化的最可能原因是什么？你应该进行什么进一步的试验以确定故障产生的原因？保持气相流量不变的条件下，通过进一步增大回流比能否获得部分甲醇浓度为 90%(mol)的产物？

以甲醇的摩尔分数表示的 1atm 下的汽-液平衡数据[*Chem. Eng. Prog.* 48, 192 (1952)]是

x	0.0321	0.0523	0.075	0.154	0.225	0.349	0.813	0.918
y	0.1900	0.2940	0.352	0.516	0.593	0.703	0.918	0.963

7.20　如图 7.40 所示，设有蒸气加热的部分再沸器和全凝器的蒸馏塔连续将含 50%(mol)A 和 50%(mol)B 的混合物分离为含 90%(mol)A 的塔顶产物和含 20%(mol)A 的塔底产物。该塔有三块理论板和相当于一块理论板的再沸器。当该塔以 $L/V=0.75$ 操作，并让饱和液体进料进入塔底板时，可获得要求的产物。系统设置的控制仪表如图所示。进入再沸器的蒸气用流量控制器控制，所以可保持恒定。塔的回流也用流量控制器控制，所以回流量也为常数。该塔的正常进料量为 100kmol/h，但无意中被减少为 25 kmol/h。在这种新条件下，回流组成将如何变化，离开再沸器的蒸气组成又将如何变化？假定离开再沸器的蒸气不是过热的。系统的相对挥发度为 3.0。

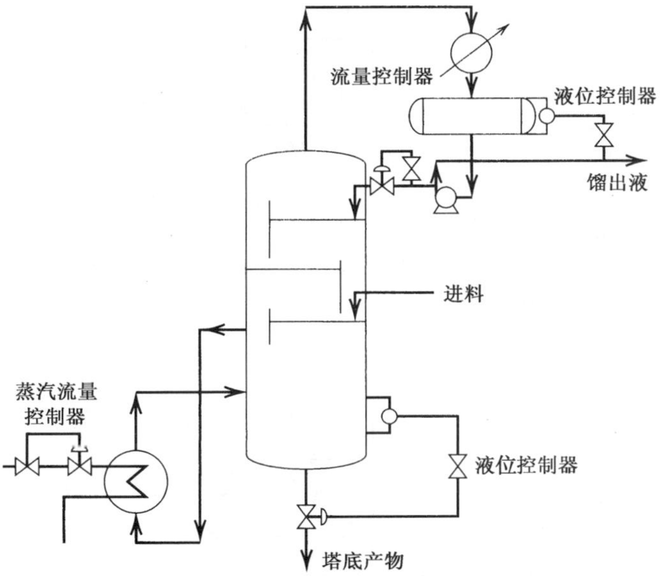

图 7.40　习题 7.20 的数据

7.21　含 10%(mol)苯甲酸的马来酸酐和苯甲酸的饱和蒸气混合物是制造邻苯二甲酸酐的副产物。此混合物在 13.3kPa 下连续蒸馏提供含 99.5%(mol)马来酸酐的产物和含 0.5%(mol)马来酸酐的塔底产物。利用下列数据，计算当 L/D 为最小回流比的 1.6 倍时需要的理论板数。

蒸气压/托	10	50	100	200	400
温度/℃					
马来酸酐	78.7	116.8	135.8	155.9	179.5
苯甲酸	131.6	167.8	185.0	205.8	227

7.22　B 中含 5%(mol)A 的泡点二元混合物精馏提供含 95%(mol)A 的馏出液和含 0.2%(mol)A 的塔底产物。如果相对挥发度为常数 6，假定该塔设有部分再沸器和分凝器，用代数法计算下列各项。

(a) 最小平衡级数。

(b) 离开再沸器的最小蒸出比$\bar{V}/B$。

(c) 当蒸出比等于 1.2 倍最小蒸出比时的实际平衡级数。

7.23　用图 7.41 所示的精馏塔分离甲醇(M)和水(W)。进料为过冷液体，致使 $q=1.12$。确定进料位置和需要的理论级数。汽-液平衡数据由习题 7.19 给出。

7.24　含 69.4%(mol)苯(B)的苯和甲苯(T)的饱和液体混合物，在常压下连续蒸馏生产含 90%(mol)苯的馏出液，每 100 摩尔进料的馏出液产量为 25 摩尔。进料进入蒸汽加热的蒸馏釜(再沸器)，残液由塔釜连续排出。离开蒸馏釜的蒸气直接进入分凝器。回流由冷凝器后的液体分离器返回蒸馏釜。离开液体分离器与液体回流平衡的蒸气进入全凝器，作为馏出液连续排出。平衡时，气相中 B 和 T 摩尔比可取为液相中 B 和 T 摩尔比的 2.5 倍。用解析法和图解法计算每 100 摩尔进料在蒸馏釜中产生的蒸气的摩尔数。

7.25　某工厂有一批 100kmol 含 20%(mol)苯和 80%(mol)氯苯的液体混合物。要求在 1atm 下精制该混合物获得仅含 0.1%(mol)苯的塔底产物。相对挥发度可假定为常数 4.13。可获得一个适当的蒸馏釜用于汽化该进料，一个相当于有 4 块理论板的塔、1 个全凝器和 1 个用于收集塔顶冷凝液的回流罐。操作在全回流条件下进行。在趋近定态的过程中，一定数量的馏出液储存在回流汽液分离器中。当达到定态时，塔底含 0.1%(mol)苯。利用该装置，能获得多少塔底产物？与蒸馏釜和回流罐的持液量相比，塔内持液量可忽略不计。

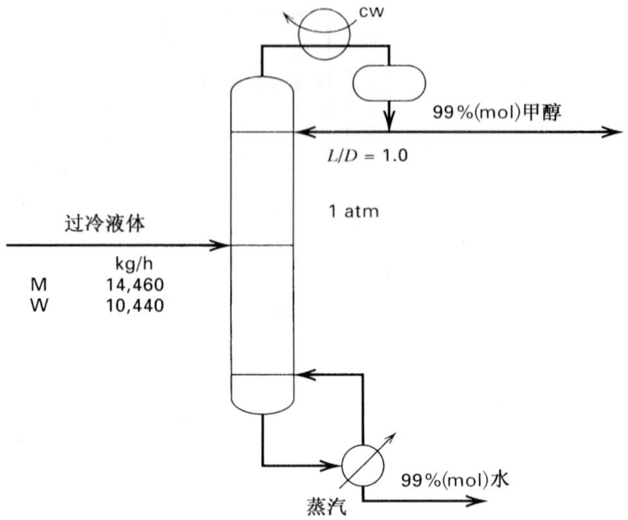

图 7.41 习题 7.23 的数据

7.26 含 50%(mol)丙酮的丙酮和异丙醇混合物被连续蒸馏生产含 80%(mol)丙酮的塔顶产物和含 25%(mol)丙酮的塔底产物。如果采用饱和液体进料，而且以回流比 0.5 操作，假定 Murphree 气相效率为 50%，将需要多少塔板？假定采用全凝器、部分再沸器、饱和液体回流和最优进料位置。该系统的汽-液平衡数据为

平衡数据，丙酮的摩尔百分数

液体	0	2.6	5.4	11.7	20.7	29.7	34.1	44.0	52.0
蒸气	0	8.9	17.4	31.5	45.6	55.7	60.1	68.7	74.3
液体	63.9	74.6	80.3	86.5	90.2	92.5	95.7	100.0	
蒸气	81.5	87.0	89.4	92.3	94.2	95.5	97.4	100.0	

7.27 四氯化碳(CCl_4)中含 40%(mol)二硫化碳(CS_2)的混合物被连续精馏。进料的 50%被汽化($q=0.5$)。全凝器的塔顶产物含 95%(mol)的 CS_2，而再沸器的塔底产物含 5%(mol)的 CS_2。

该塔在回流比 L/D 为 4 条件下操作。Murphree 气相效率为 80%。

(a) 图解法计算最小回流比，再沸器的最小蒸出比$\overline{V}/B$ 和最小级数(包括再沸器)。

(b) 对 80%的效率，用 McCabe - Thiele 法确定实际塔需要多少塔板。

用 CS_2 的摩尔分数表示，该混合物在塔的操作压力下的汽-液平衡数据为

x	0.05	0.1	0.2	0.3	0.4	0.5	0.6	0.7	0.8	0.9
y	0.135	0.245	0.42	0.545	0.64	0.725	0.79	0.85	0.905	0.955

7.28 一精馏装置由部分再沸器、泡罩塔和全凝器组成。总板效率为 65%。进料是泡点温度下的液体混合物，由 50%(mol)的苯和甲苯组成。该液体由最优进料板进入。该塔生产含 95%(mol)苯的馏出液和含 95%(mol)甲苯的塔底产物。对操作压力 1atm 计算：(a)最小回流比$(L/D)_{min}$；(b)完成要求分离的最小实际板数；(c)采用比最小回流比大 50%的(L/D)，需要的实际板数；(d)如果进料流量为 907.3kg/h，每小时塔顶产物和残液的千克数；(e)利用下列焓数据和任何需要的假设，确定为提供再沸器的热量每小时需要的 273.7kPa 饱和蒸气的数量；(f)利用下列焓数据，并假定为理想溶液，对再沸器进行严格的焓衡算。再沸器温度下，以 Btu/lbmol 表示的焓：

	h_L	h_V
苯	4900	18130
甲苯	8080	21830

汽-液平衡数据由习题 7.13 给出。

7.29　由穿流板塔和部分再沸器及全凝器组成的精馏装置按在常压下操作设计，用于分离乙醇和水。该塔的进料为泡点下的液体，含 20%(mol)乙醇。馏出液含 85%(mol)乙醇，乙醇回收率为 97%。

(a) 塔底产物的摩尔浓度为多少？

(b) 下列各项的最小值为多少：

(1) 回流比 L/V?

(2) 回流比 L/D?

(3) 再沸器的蒸出比 $\overline{V}/B$?

(c) 最小理论级数为多少，及当总级效率为 55%时的实际级数为多少？

(d) 如果采用的回流比 L/V 为 0.8，将需要多少实际板？

利用乙醇的摩尔分数，1atm 下乙醇-水的汽-液平衡数据为[*Ind. Eng. Chem.*，24，881 (1932)]：

x	y	T/℃	x	y	T/℃
0.0190	0.1700	95.50	0.3273	0.5826	81.50
0.0721	0.3891	89.00	0.3965	0.6122	80.70
0.0966	0.4375	86.70	0.5079	0.6564	79.80
0.1238	0.4704	85.30	0.5198	0.6599	79.70
0.1661	0.5089	84.10	0.5732	0.6841	79.30
0.2337	0.5445	82.70	0.6763	0.7385	78.74
0.2608	0.5580	82.30	0.7472	0.7815	78.41
			0.8943	0.8943	78.15

7.30　用精馏从水溶液中回收溶剂 A。要求生产含 95%(mol)A 的塔顶产物和回收进料中 95%的 A。进料可从装置现场的两股物流获得，一股含 40%(mol)A，而另一股含 60%(mol)A。每股物流每小时都可提供 50kmol A，而且两股物流都作为饱和液体进塔。因为难挥发组分为水，建议以直接蒸气的形式提供所需的热量。对初步设计，操作回流比 L/D 为最小回流比的 1.33 倍。将采用全凝器。对该系统，估计总板效率为 70%。将需要多少塔板，及塔底组成将如何？相对挥发度可假定为常数 3.0。用解析法确定操作线定位所需的点。每股进料应在其最优位置进塔。

7.31　含 40%(mol)正己烷(H)和 60%(mol)正辛烷的饱和液体进料进入板式塔。在塔顶保持等于 0.5的回流比 L/D。要求 H 的摩尔分数为 0.95 的塔顶产物，而塔底产物 H 的摩尔分数为 0.05。冷却蛇管浸没在由塔顶开始计数的第二块塔板的液体中，足以移走使第三块板上升的 50%(mol)蒸气冷凝的热量。

(a) 推导确定操作线位置所需的方程。

(b) 如果采用最优进料位置，确定操作线位置和需要的理论板数。

7.32　每小时 100kmol 水中含 12%(mol)乙醇的饱和液体混合物在 1atm 下用直接进入塔底板的蒸气连续精馏。要求馏出液含 85%(mol)乙醇，进料中乙醇的回收率为 90%。回流是 $L/D=3$ 的饱和液体。进料在最优板进入。汽-液平衡数据由习题 7.29 给出。计算：

(a) 蒸气需要量，kmol/h；

(b) 理论级数；

(c) 进料板位置(最优)；

(d) 最小回流比，$(L/D)_{\min}$。

7.33　泡点温度下的含 10%(mol)异丙醇的水-异丙醇混合物在常压下连续精制，生产含 67.5%(mol)异丙醇的馏出液。必须回收进料中 98%的异丙醇。如果采用的回流比 L/D 为最小回流比的 1.5 倍，对下列情况，将需要多少理论板：(a)如果采用部分再沸器；(b)如果不用再沸器，而在塔底板下方引入 101kPa 的蒸气；(c)全回流条件下需要多少级？

101kPa下用异丙醇的摩尔分数表示的汽-液平衡数据为

T/℃	93.00	84.02	82.12	81.25	80.62	80.16	80.28	81.51
y	0.2195	0.4620	0.5242	0.5686	0.5926	0.6821	0.7421	0.9160
x	0.0118	0.0841	0.1978	0.3496	0.4525	0.6794	0.7693	0.9442

注意:恒沸物组成为 $x=y=0.6854$。恒沸物沸点=80.22℃

7.34 含10%(mol)异丙醇的水溶液在泡点温度下进入连续汽提塔的塔顶,塔在常压下操作,生产含40%(mol)异丙醇的蒸气。考虑两种方法,二者均采用 V/F(产生蒸气的摩尔数/进料摩尔数)=0.246,因此热量消耗相同。方案1在板式汽提塔底采用部分再沸器,用在蛇管内冷凝的蒸汽产生蒸气。在方案2中,省略再沸器,而在底部塔板下直接注入蒸汽。确定每种情况需要的级数。

异丙醇-水系统的平衡数据在习题7.33中给出。通常的简化假定均适用。

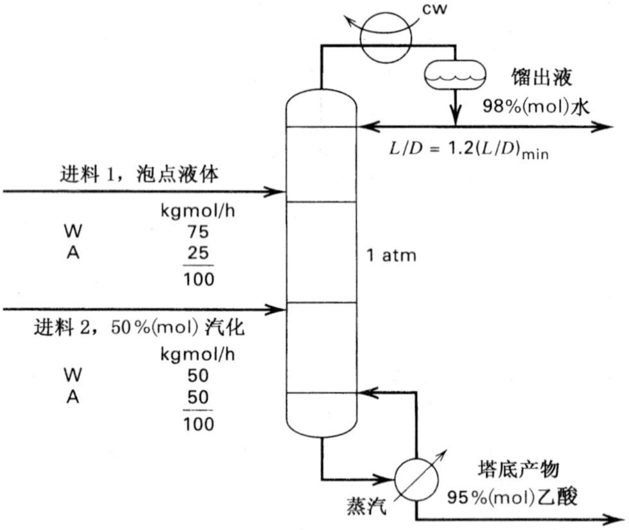

图 7.42 习题 7.35 的数据

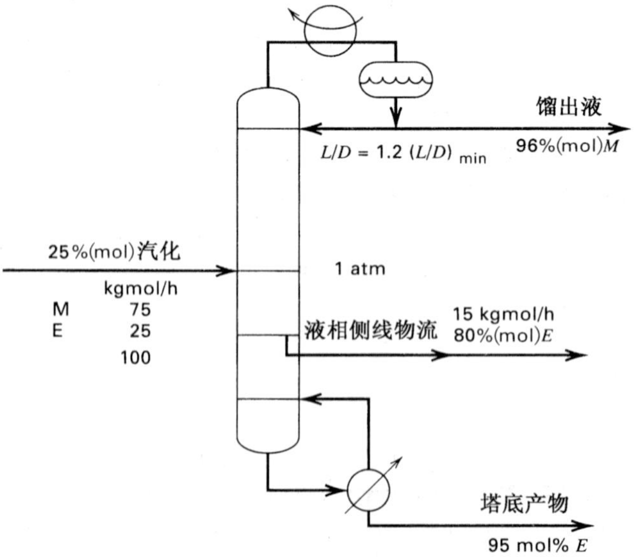

图 7.43 习题 7.36 的数据

7.35　采用下列以摩尔分数表示的平衡数据，确定图 7.42 所示的精馏分离过程中每股进料的最优位置和需要的理论级数。

水(W)/乙酸(A)，1atm

x_W	0.0055	0.053	0.125	0.206	0.297	0.510	0.649	0.803	0.9594
y_W	0.0112	0.133	0.240	0.338	0.437	0.630	0.751	0.866	0.9725

7.36　对图 7.43 所示的精馏过程，确定所需的理论级数和进料及液相侧线的最优位置，假定甲醇(M)和乙醇形成理想溶液。

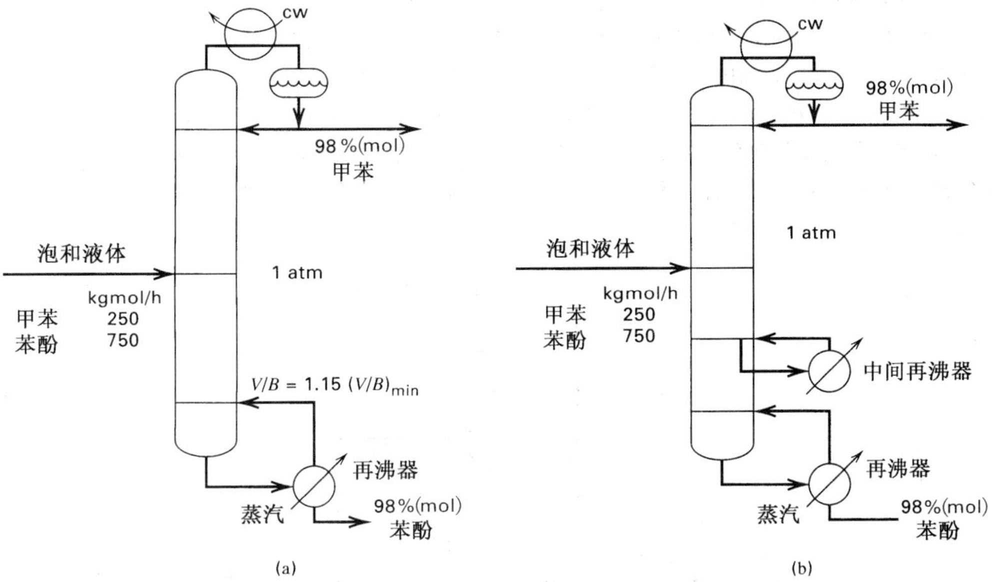

图 7.44　习题 7.37 的数据

7.37　利用苯酚(P)用萃取精馏分离正庚烷(H)和甲苯(T)的混合物。如图 7.44(a)所示，然后用蒸馏回收苯酚再循环使用，该塔进料中的少量正庚烷可忽略不计。对图 7.44(a)所示的条件，确定所需的理论级数。注意因为苯酚的高沸点，必须在高温下向再沸器提供热量。

因此，考虑图 7.44(b)中的替代方案，在该方案中采用位于塔底板和进料板之间的中间再沸器提供图 7.44(a)中 50%的蒸出量。其余蒸出量由再沸器提供。确定采用中间再沸器方案需要的理论级数和中间再沸器级的温度。1atm 下未作平滑处理的汽-液平衡数据为[*trans. AIChE*, 41, 555 (1945)]：

x_T	y_T	T/℃	x_T	y_T	T/℃
0.0435	0.3410	172.70	0.6512	0.9260	120.00
0.0872	0.5120	159.40	0.7400	0.9463	119.70
0.1186	0.6210	153.80	0.7730	0.9536	119.40
0.1248	0.6250	149.40	0.8012	0.9545	115.60
0.2190	0.7850	142.20	0.8840	0.9750	112.70
0.2750	0.8070	133.80	0.9108	0.9796	112.20
0.4080	0.8725	128.30	0.9394	0.9861	113.30
0.4800	0.8901	126.70	0.9770	0.9948	111.10
0.5898	0.9159	122.20	0.9910	0.9980	111.10
0.6348	0.9280	120.20	0.9939	0.9986	110.50
			0.9973	0.9993	110.50

7.38 在某炼油厂，分离正丁烷和正戊烷的精馏塔最近投入运行。显然，在设计中存在错误，因为该塔不能完成如下表要求的分离[*Chem. Eng. Prog.*, 61(8), 79 (1965)]：

	设计规定	实际操作
馏出液中 nC_5 的%(mol)	0.26	13.49
塔底产物中 nC_4 的%(mol)	0.16	4.28

为了改正这种情况，建议在精馏段增加一个中间冷凝器以提供更多的回流，而在提馏段增加一个中间再沸器以产生额外的蒸出量。用 McCabe - Thiele 图说明建议的改动将如何改进操作。

7.39 在苯氯化生产氯苯的过程中，用精馏分离两种沸点接近的异构体对二氯苯(P)和邻二氯苯(O)。塔的进料由 62%(mol)对位异构体和 38%(mol)邻位异构体组成。假定塔底和塔顶压力分别为 20psia (137.9kPa)和 15psia(103.4kPa)。馏出液是含 98%(mol)对位异构体的液体。塔底产物含 96%(mol)邻位异构体。在塔压下，进料以 $q=0.9$ 被略微汽化。计算当回流比等于 1.15 倍最小回流比时需要的理论级数。利用适当的蒸气压数据和拉乌尔定律与道尔顿定律的假定计算塔顶和塔底的相对挥发度，并以它们的算术平均值获得的恒定的相对挥发度作为你的计算的基础。如例 7.4 所说明的，在塔的两端应以 Kremser 方程补充 McCabe - Thiele 图解法。

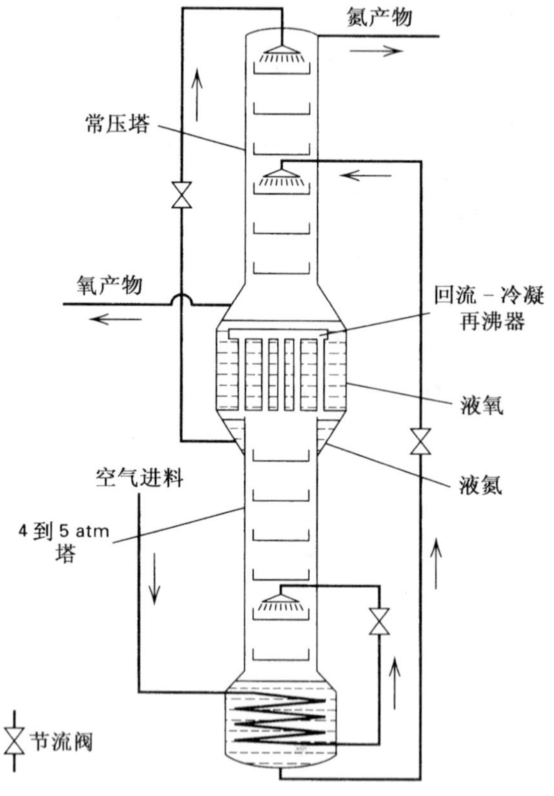

图 7.45 习题 7.40 的数据

7.40 可用如图 7.45 所示的 Linde 双塔通过空气精馏获得比较纯的氧和氮，Linde 双塔由高压操作的下塔和在其顶上的常压塔组成。上塔的再沸器同时为两塔的回流冷凝器。气态空气和处理漏进塔内热量的足够液体(当然，如果抽出液态氧产物，需要更多液体)进入下塔底部的换热器，并冷凝放出热量使液体沸腾，于是提供该塔的蒸气流。如图 7.45 所示，液态空气自中间位置进入该塔。该塔内的上升蒸气被部分冷凝成为回流，而未冷凝的蒸气通过外面的一排管子而被全部冷凝，如图所示液态氮被收集在环形空间内。

该塔在 4 到 5atm 下操作，1atm 下沸腾的液态氧的低温足以使纯氮冷凝。收集在下塔底部的液体含 45%(mol)O_2，并成为上塔的进料。这种双塔能以高氧回收率生产非常纯的氧和比较纯的氮。在一张 McCabe-Thiele 图上——利用平衡线、操作线、q 线、45°线、阶梯和其他说明性的辅助工具——定性说明如何计算双塔需要的级数。

7.3 节

7.41　对分离重量百分数为 50 对 50 的甲醇和水的混合物的精馏塔，已获得下列性能数据：

进料流量＝45438lb/h，进料状态＝进料板压力下的泡点液体，馏出液中甲醇的质量百分数为 95.04%，塔底产物中甲醇的质量百分数为 1.00%；

回流比＝0.947；回流状态＝饱和液体；

蒸出比＝1.138；回流罐压力＝14.7psia；

冷凝器类型＝全凝；再沸器类型＝部分；

冷凝器压降－0.0psia；塔压降－0.8psi；

进料板以上塔板数＝5；进料板以下塔板数＝6；

塔板总数＝12；塔板直径＝6ft；

塔板类型＝单降液管筛板；流道长度＝50.5in.；

溢流堰长度＝42.5in.；开孔面积＝10%；孔径＝3/16 in.；

堰高＝2 in.；板间距＝24 in.；

液体黏度＝0.34cP；

馏出液的表面张力＝20dyne/cm；塔底产物的表面张力＝58dyne/cm；

塔顶板温度＝154 ℉；塔底板温度＝207 ℉。

常压下以甲醇的摩尔分数表示的汽-液平衡数据

y	0.0412	0.156	0.379	0.578	0.675	0.729	0.792	0.915
x	0.00565	0.0246	0.0854	0.205	0.315	0.398	0.518	0.793

根据上述数据：

(a) 假定再沸器相当于一个理论级，根据上述数据确定总板效率；

(b) 由 Drickamer 和 Bradford 关联式估算总板效率；

(c) 考虑流道长度，由 O'Connell 关联式估算总板效率；

(d) 利用 Chan 和 Fair 法，估算 Murphree 气相板效率。

7.42　对习题 7.41 中的条件，实验室 Oldershaw 型塔测得 Murphree 气相点效率为 65%。估算 E_{MV} 和 E_0。

7.4 节

7.43　精馏塔塔顶板的状态如图 7.46 所示。如果采用浮阀塔板，确定对应于 85%液泛速度时的塔径。可采用任何需要的假定。

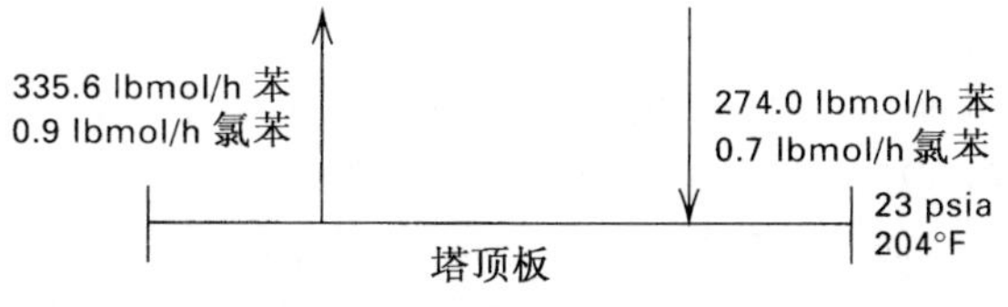

图 7.46　习题 7.43 的数据

7.44　如图 7.47 所示，用精馏分离丙烯和丙烷，因为单个塔太高，图中两个塔串联使用。图中的塔板数指平衡级数。确定塔径、采用 O'Connell 关联式的板效率、实际板数和塔高，如果采用穿流塔板。

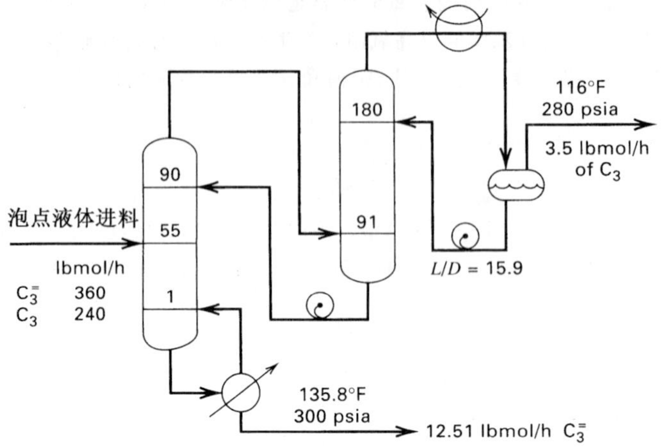

图 7.47　习题 7.44 的数据

7.45　对图 7.48 所示的条件，确定直立式闪蒸罐的直径和高度。

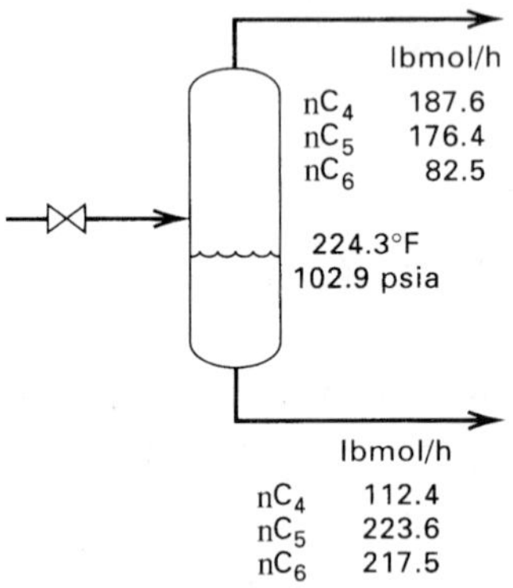

图 7.48　习题 7.45 的数据

7.46　对图 7.49 所示的条件，确定水平式闪蒸罐的直径和长度。

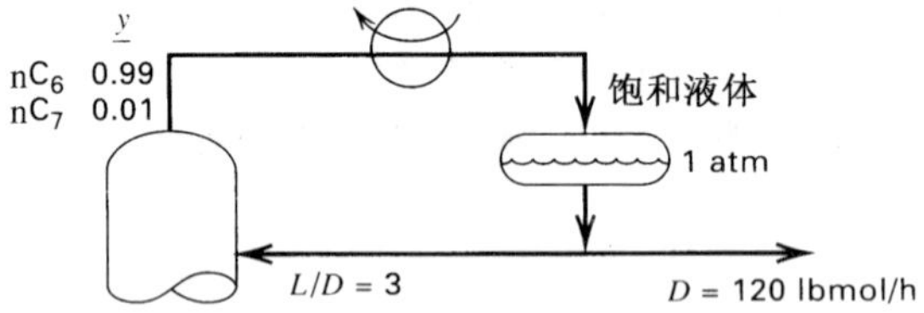

图 7.49　习题 7.46 的数据

7.47　图 7.50 给出甲醇-水精馏操作的设计计算结果。

(a) 对筛板塔，计算塔顶板和塔底板的直径。该塔是否应采用变径塔？

(b) 计算水平式闪蒸罐的长度和直径。

7.48　对习题 7.41 给出的条件，对塔顶板和塔底板估算：(a)液泛速度的百分数；(b)塔板压降，以 psi 为单位；(c)是否会发生漏液；(d)夹带速度；(e)降液管中的泡沫高度。

7.49　如果将习题 7.41 中的进料流量增加 30%，除塔的压降外，其他条件保持不变，对塔顶板和塔底板估计：(a)液泛速度的百分数；(b)塔板压降，以 psi 为单位；(c)夹带量；(d)降液管中的泡沫高度。新的操作是否可接受？如果不能接受，你是否应考虑改造为填料塔？如果决定进行改造，是否两个塔段都应采用填料，或只需一个塔段改用填料，即可实现可接受的操作？

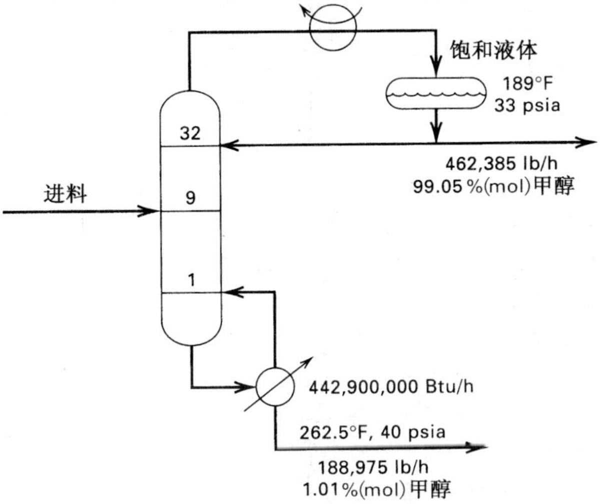

图 7.50　习题 7.47 的数据

7.5 节

7.50　用苯和二氯乙烷的混合物试验装有 10ft 填料并在常压下绝热操作的填料塔的效率。液体加入再沸器，塔在全回流条件下操作直至达到平衡。在平衡条件下，对再沸器和馏出液的液体样品进行折射率分析，给出如下苯浓度：$x_D=0.653$，$x_B=0.298$。

以英寸为单位计算这种填料的 HETP 值。将此计算值用于设计有什么限制？

1atm 下的 $x-y$ 数据（苯的摩尔分数）为

x	0.1	0.2	0.3	0.4	0.5	0.6	0.7	0.8	0.9
y	0.11	0.22	0.325	0.426	0.526	0.625	0.720	0.815	0.91

7.51　考虑在 1atm 下分离乙醇与水的精馏塔。设定下列规定：

进料：10％(mol)乙醇（泡点液体）

塔底产物：1％(mol)乙醇

馏出液：80％(mol)乙醇（饱和液体）

回流比：最小回流比的 1.5 倍

可假定为恒摩尔流量，而汽-液平衡数据在习题 7.29 中给出。

(a) 如果采用板式塔，进料板以上和以下各需要多少理论板？

(b) 如果采用填料塔，进料以上和以下各需要多少传质单元？

(c) 假定板效率约为 80％，而板间距为 18in.，板式塔为多高？

(d) 采用 H_{OG} 值为 1.2ft，填料塔为多高？

(e) 假定你可获得苯-甲苯系统的 HTU 数据，你将如何利用这些数据获得乙醇-水系统的 HTU？

7.52　将习题 7.41 中甲醇-水精馏装置的处理能力加倍。不是建设第二座与原塔一样的板式塔，而是考虑用填料塔作为新装置。该塔的进料位置与现有的板式塔相同，并期望以相同的塔压和回流比达到相同的产物纯度。考虑两种填料：

(1) 50mm 的塑料 NOR PAC 环（一种乱堆填料）；

(2) Montz 金属 B1－300（一种规整填料）。

对这两种填料中的每一种，通过对每一塔段进行计算，设计以 70％液泛速度操作的填料塔：(a)持液量，(b)塔径，(c)H_{OG}，(d)填料高度，(e)压降。相比于第二座板式塔，两种填料塔设计各有什么优点？优先采用哪种填料？

7.53　对例 7.1 中的规定条件，通过对每一塔段进行计算，设计采用 50mm 的金属 Hiflow 环并以 70% 液泛速度操作的填料塔：(a)持液量，(b)塔径，(c) H_{OG}，(d)填料高度，(e)压降。

与用于这一任务的板式塔相比，填料塔有什么优点和缺点？

7.6 节

7.54　图 7.37 是压力为 101kPa 的正己烷(H)-正辛烷(O)混合物的焓-浓度图。利用此图确定下列各项：

(a) 当将含 30%(mol)H 的液体从点 A 加热到点 B 的泡点温度时，气相的摩尔分数组成。

(b) 使 60%(mol)初始温度为 100 ℉，含 20%(mol)H(点 G)的混合物汽化需要的能量。

(c) 由(b)得到的平衡气相和液相组成。

7.55　利用图 7.37 的焓-浓度图，对 1atm 下的正己烷(H)-正辛烷(O)混合物确定下列各项：

(a) 将 950lb/h 温度为 180 ℉的 O 中含 30%(mol)H 的混合物，与 1125lb/h 温度为 240 ℉的 O 中含 80%(mol)H 的混合物绝热混合，得到的平衡气体和液体的温度和组成。

(b) 将 O 中含 60%(mol)H 的混合物由初始温度 260 ℉冷却到 200 ℉而部分冷凝所需的能量。对每磅摩尔原混合物得到的气相和液相的组成和数量为多少？

(c) 如果(b)中的平衡气相被进一步冷却到 180 ℉，确定得到的气相和液相的组成和相对数量。

7.56　每小时 100 磅摩尔温度为 30℃，压力为 1atm，甲醇在水中的含量为 60%(mol)的混合物，在相同压力下用蒸馏分离成含 98%(mol)甲醇的馏出液和含 96%(mol)水的塔底液体产物。1atm 下这种混合物的焓和平衡数据如表 7.8 所列。这种进料混合物的焓为 765Btu/lbmol。

(a) 利用所提供的数据，标绘焓-浓度图。

(b) 根据(a)得到的图，设计一种确定全回流和要求的分离条件下的最小平衡级数的方法。

(c) 根据(b)提出的方法，确定 N_{min}。为什么此数值与进料位置无关？

(d) 馏出液和塔底产物的温度为多少？

表 7.8　1atm 下甲醇-水的气-液平衡和焓数据(MeOH＝甲醇)

%(mol) MeOH y 或 x	0℃以上的焓，Btu/lbmol 溶液				气-液平衡数据		
	饱和蒸气		饱和液体		%(mol)MeOH		温度，℃
	T/℃	h_V	T/℃	H_L	液体	蒸气	
0	100	20720	100	3240	0	0	100
5	98.9	20520	92.8	3070	2.0	13.4	96.4
10	97.7	20340	87.7	2950	4.0	23.0	93.5
15	96.2	20160	84.4	2850	6.0	30.4	91.2
20	94.8	20000	81.7	2760	8.0	36.5	89.3
30	91.6	19640	78.0	2620	10.0	41.8	87.7
40	88.2	19310	75.3	2540	15.0	51.7	84.4
50	84.9	18970	73.1	2470	20.0	57.9	81.7
60	80.9	18650	71.2	2410	30.0	66.5	78.0
70	76.6	18310	69.3	2370	40.0	72.9	75.3
80	72.2	17980	67.6	2330	50.0	77.9	73.1
90	68.1	17680	66.0	2290	60.0	82.5	71.2
100	64.5	17390	64.5	2250	70.0	87.0	69.3
					80.0	91.5	67.6
					90.0	95.8	66.0
					95.0	97.9	65.0
					100.0	100.0	64.5

来源：J. G. Dunlop, "Vapor — Liquid Equilibrium Data," M. S. thesis, Brooklyn Polytechnic Institute, NY (1948).

第 8 章　三元系统的液-液萃取

在液-液萃取中，要被分离的两组分或多组分液体进料与称为溶剂的第二液相接触，溶剂与液体进料中的一个或多个组分不互溶或仅为部分互溶，而与液体进料中的其他一个或多个组分完全互溶或部分互溶。于是，作为单一化学组分或混合物的溶剂部分溶解液体进料中的某些组分，至少实现进料的部分分离。液-液萃取有时被称为萃取、溶剂萃取或液体萃取。这些术语还和术语固-液萃取一起用于通过与液体溶剂接触从固体中回收物质，例如用有机溶剂从种子中回收植物油。固-液萃取（浸取）在第 16 章讨论。

根据 Derry 和 Williams[1]的考证，至少从罗马时代开始，液体萃取已被实际应用，罗马人用熔融的铅作为溶剂从熔融的铜中分离黄金和白银。接着又发现了硫黄能从金-银合金中选择性地溶解银。但是，直到 20 世纪 30 年代初，才有第一个大规模的液-液萃取过程开始运转。在这个以它的发明者 L. Edeleanu 的名字命名的工业过程中，借助 10 ℉到 20 ℉的液体二氧化硫通过液-液萃取从煤油中选择性地脱除芳香化合物和硫化物。芳香化合物的脱除产生了清洁燃烧的煤油。因为对热敏性产品日益增长的需求、更高的纯度要求、更高效的设备和能获得具有更高选择性的溶剂，近年来液-液萃取的重要性不断增长。

最简单的液-液萃取仅涉及三元系统。进料由两种互溶组分，载液 C 和溶质 A 组成。溶剂 S 为一种纯化合物。组分 C 和 S 最多仅为部分互溶。在萃取过程中，发生 A 从进料到溶剂的传质，而较少发生 C 到溶剂或 S 到进料的传质。但是，如第 4 章中所讨论的，在一级内很难实现全部或接近全部的 A 被传递到溶剂。实际上，如第 5 章中所讨论的，将在一段或两段逆流级联中采用许多级。

8.0　本章教学目的

学习本章后，你应该能够：

- 说明液-液萃取、汽提和精馏间的区别。
- 列出液-液萃取可能优于精馏的各种情形。
- 说明为什么有如此多种不同类型的设备用于液-液萃取。
- 列出用于液-液萃取的主要设备类型，并比较它们的优点和缺点。
- 列出萃取设备选择涉及的主要因素。
- 列出影响液-液萃取的因素。
- 列出理想溶剂的特征。

- 定义分配系数，并说明它与活度系数和溶质在载液和溶剂间的相对选择性间的关系。
- 利用基团相互作用规则进行溶剂的初步选择。
- 对三元混合物，区分类型Ⅰ和类型Ⅱ系统。
- 对规定的溶质回收率，借助三角形相图用 Hunter 和 Nash 法计算逆流级联中三元液-液萃取的最小溶剂需要量和平衡级数。
- 明确萃取液回流的效用，并用 Maloney - Schubert 图解法完成采用萃取液回流的两段萃取级联的计算。
- 根据传质考虑设计混合-沉降槽单元的级联。
- 确定多室萃取塔的尺寸，包括考虑轴向分散的影响。

8.0.1 工业实例

用甲醇羰基化或乙醛氧化，或作为乙酸纤维素制备的副产物生产乙酸。在这三种情况中，乙酸（常压沸点＝118.1℃）和水（常压沸点＝100℃）的混合物必须被分离提供冰乙酸[含量至少为 99.8%（质量）]。当混合物中乙酸含量低于 50%时，精馏分离代价高昂，因为需要蒸发大量汽化热非常高的易挥发组分水。因此，往往会考虑作为替代方案的液-液萃取过程。一种典型的实施方案如图 8.1 所示。在该过程中，重要的是注意需要两个附加的精馏分离步骤回收溶剂供萃取器循环使用。对几乎所有萃取过程，普遍采用这类附加分离步骤。

在图 8.1 的过程中，水中含 22.8%（质量）乙酸，流量为 30260 lb/h 的进料进入在接近环境条件下操作的单段萃取塔，在塔内进料与流量为 71100 lb/h 的被水饱和的乙酸乙酯溶剂（常压沸点＝77.1℃）逆流接触。萃取液（富溶剂的产物）为低密度液相，从萃取器顶部排出，含有进料中所含乙酸的 99.8%（质量）。萃余液（富载液的产物）为高密度液相，从萃取器底部排出，仅含 0.05%（质量）乙酸。萃取液送入精馏塔，冰乙酸为该塔的塔底产物。塔顶蒸气富含乙酸乙酯，但也含有适量的水蒸气，经冷凝分裂为两个液相。这两个液相借助重力在倾析器中分离。较轻的富乙酸乙酯相被分成两股物流。一股用作精馏塔操作的回流，而另一股用作循环返回萃取器的溶剂。

离开倾析器的富水相与萃取器的萃余液一起送往第二精馏塔，从该塔塔底排放废水，而富乙酸乙酯的塔顶馏出液循环返回倾析器。补充的乙酸乙酯溶剂用于补偿冰乙酸和废水中损失的乙酸乙酯。

在平均萃取温度 100 ℉下，用按质量基准为 2.35 的溶剂-进料比，将 99.8%（质量）的乙酸从进料传递到萃取液需要 6 个平衡级，在此过程中循环溶剂被水饱和。对 6 个理论级，优先采用机械促进传质的萃取器，而塔结构内的转盘接触器（RDC）如图 8.1 中所示。富有机相被转盘分散成液滴，而富水相在整个塔内为连续相。因为在萃取器的操作条件下，液相黏度小于 1cP，相密度差大于 0.08g/cm^3，而且两相间的表面张力大于 30dyne/cm 也是适当的，所以很容易发生分散及随后的凝并和沉降。

该塔内径为 5.5ft，而由塔顶封头切线到塔底封头切线的总高度为 28ft。塔被分为 40 个室，每个室高 7.5in.，每个室内在一对直径为 46in. 的固定环间设有一个直径为 40in. 的转盘。顶部固定环以上和底部固定环以下为沉降区。因为轻液相是分散相，所以液-液界面保持在塔的顶部附近。转动部件安装在中心轴上，中心轴转速为 60r/min，用 5 hp 的电动机驱动，并设有变速器，可在装置操作过程中确定转盘的最优转速。萃取器的 HETP 为 50in.，相当于每个理论级为 6.67 个室。如果没有轴向(纵向)混合，HETP 仅为 33in.。因为乙酸水溶液的腐蚀性，该萃取器用不锈钢制造。自 1948 年以来，已建造了数百座类似于图 8.1 中所示的萃取器，最大直径至少已达到 25ft。如 8.1 节中将讨论的，许多其他萃取设备也可用于图 8.1 中的过程。

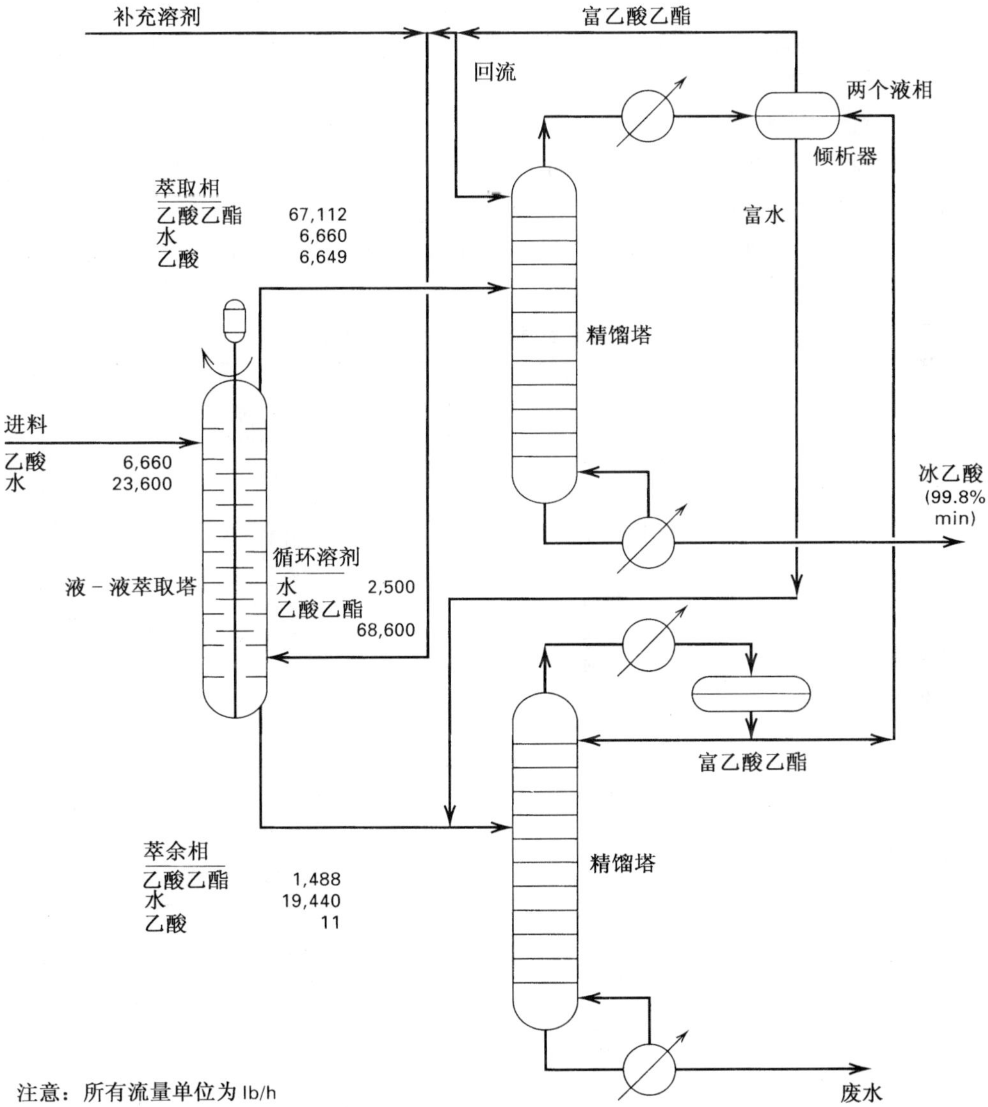

图 8.1　典型的液-液萃取过程

虽然不如精馏、吸收和汽提那样成熟和应用广泛，液-液萃取也是相当成熟的分离操作。自 20 世纪 30 年代以来，已建立了 1 000 多座实验室、中试和工业萃取装置，也建立了确定为达到要求的溶质回收率的理论级数的方法。但是，在液-液萃取的热力学中，尚没有一种如用于汽-液平衡的理想溶液的简单的极限理论。在许多情况下，往往是对实验平衡数据比基于活度系数关联式的预测值更优先采用。但是，这些数据常能利用半理论的活度系数方程，如第 2 章中讨论的 NRTL 或 UNIQUAC 方程令人满意地关联。另外，为找到可接受的和有效的溶剂可能需要相当大的实验工作量。而且，如下一节将讨论的，可获得多种多样的工业萃取设备，在做出最后选择前，必须考虑多种可供选择的方案。遗憾的是，尚不是对所有设备都能获得通用的处理能力和效率的关联式。通常，为决定设备尺寸，必须依靠设备供应商或进行中间试验，然后应用供应商推荐或来自如本教科书之类来源的放大方法。

自从引入工业液-液萃取过程以来，已提出和开发了许多应用。炼油工业代表了液-液萃取最大规模的应用。到 20 世纪 60 年代后期，用选择性溶剂进行物理处理的规模已超过 100 000m^3/天[2]。萃取过程非常适合炼油工业，因为需要按照化学类型(例如，脂肪烃、芳香烃、环烷烃)而不是分子量或蒸气压分离热敏性的液体原料。表 8.1 所示为某些有代表性的工业萃取过程。其他重要应用存在于生物化学工业中，在这种工业中重点是从天然物质中回收抗生素和蛋白质；在金属的回收中，例如从氨浸取液中回收铜，和在与从废燃料元素中回收稀有金属和放射性同位素有关的分离中；以及在无机化学工业中，需要从水溶液中回收高沸点组分，如磷酸、硼酸和氢氧化钠。

表 8.1　有代表性的工业液-液萃取过程

溶　质	载　液	溶　剂
乙酸	水	乙酸乙酯
乙酸	水	乙酸异丙酯
丙烯三甲酸	糖蜜	甲乙酮
氨	丁烯	水
芳烃	烷烃	二甘醇
芳烃	烷烃	糠醛
芳烃	煤油	二氧化硫
芳烃	烷烃	二氧化硫
沥青	烃油	糠醛
苯甲酸	水	苯
丁二烯	1-丁烯	乙酸铜铵水溶液
3-羟基丙腈	甲乙酮	盐水
脂肪酸	油	丙烷
甲醛	水	异丙醚
甲酸	水	四氢呋喃
丙三醇	水	高级醇
过氧化氢	蒽氢醌	水
甲乙酮	水	三氯乙烷
硼酸甲酯	甲醇	烃
萘	馏出油	硝基苯
萘/芳烃	馏出油	酚
苯酚	水	苯
苯酚	水	氯苯
青霉素	肉汤培养基	乙酸丁酯
氯化钠	氢氧化钠水溶液	氨
香草	氧化液	甲苯
维生素 A	鱼肝油	丙烷
维生素 E	植物油	丙烷
水	甲乙酮	氯化钙水溶液

一般说来，在下列应用场合优先采用萃取而不是精馏：

(1) 在有机溶液或水溶液中溶解或络合无机物质的情况。

(2) 脱除以低浓度存在的组分，如动物脂中的成色剂或动物油中的激素。

(3) 当高沸点组分以相当小的数量存在于废水物流中时，如从乙酸纤维素中回收乙酸。萃取成为能与精馏竞争，因为蒸发大量具有高汽化热的水是代价高昂的。

(4) 热敏性物料的回收，对这类应用萃取可能比真空精馏节省。

(5) 按照化学类型而不是相对挥发度分离混合物。

(6) 近熔点或近沸点液体的分离，这时可利用溶解度的差别。

(7) 形成恒沸物的混合物。

有效的萃取过程的关键是发现一种适合的溶剂。除了稳定、无毒性、价格低廉和便于回收外，优良的溶剂与溶质以外的进料组分应是不互溶的，而且其密度应与进料不同以便发生相分离。还有，它必须对溶质具有非常高的亲和力，并能方便地用精馏、结晶或其他方法与溶质分离。在理想情况下，溶质在两个液相中的分配系数应大于 1；不然将会要求大的溶剂-进料比。当溶质的萃取程度不是特别高和/或当能达到大的萃取因子时，萃取器将不会需要很多级。这是幸运的，因为液-液系统往往具有高传质阻力，而在工业接触装置中的级效率往往很低，除非提供机械搅拌。

在本章中，将讨论进行液-液萃取操作的设备，并主要对三元系统中的萃取提出基于平衡和基于速率的基本计算方法。对图解法的应用将予以强调。除了低浓度溶质系统，高阶的多组分系统的计算最好用将在第 10 章中讨论的计算机辅助方法进行。

8.1　设备

给出多种多样的应用后，可能会期望有相应的多种多样的液-液萃取设备。实际上正是如此。有时采用类似于用于吸收、汽提和精馏的设备，但除非液体黏度低或相密度差高，这类设备是低效率的。因此，往往优先采用离心和机械搅拌设备。不管采用哪种设备，都要计算需要的理论级数。然后根据特定设备的 HETP 或传质性能的实验数据获取用于连续、逆流过程的设备的尺寸。在萃取过程中，有些作者采用首字母缩写词 HETS，等理论级数高度 (Height Equivalent to a Theoretical Stage)，而不是 HETP。还有，分散相有时称为非连续相，而另一相称为连续相。

8.1.1　混合-沉降槽

在混合-沉降槽中，两个液相首先被混合(图 8.2)，然后通过沉降进行分离(图 8.4)。可将任意数目的混合-沉降装置连接在一起形成多级逆流级联。在混合过程中，一种液体被分散，以液滴形式存在于另一液相中。分散相可以为两相中的轻相或重相。混合步骤通常在搅拌容器内进行，借助充分的搅拌和足够的停留时间达到对平衡的适当的趋近(例如，一个理论级的 80%到 90%)。如图 8.2 所示，容器可以分室，而且通常用图 8.3 所示的各种搅拌器进行搅拌。如果容易实现分散和能很快趋近平衡，如对低表面张力和黏度的液体，那么混合步骤可用下述方式完成：在喷射混合器内通过撞击；在喷嘴混合器、孔板混合器或其他在线混合装置中借助湍流；如果两相同时进入离心泵借助剪切作用；采用注射器，用一种液体诱导另一种流体的流动。

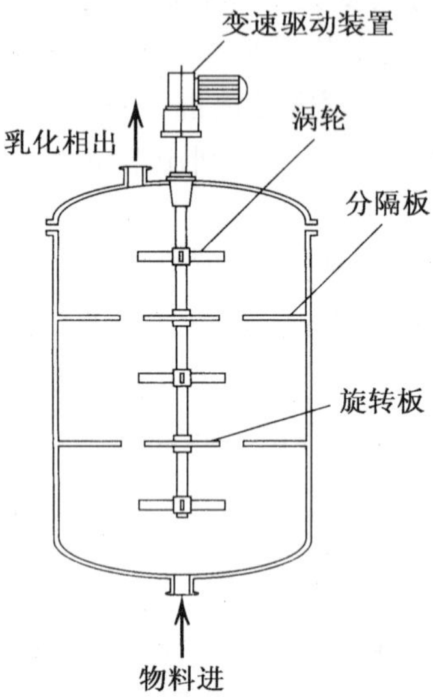

图 8.2　设有变速透平搅拌器的分室混合容器

［取自 R. E. Treybal. *Mass Transfer*, 3rd ed., McGraw Hill, New York (1980)］

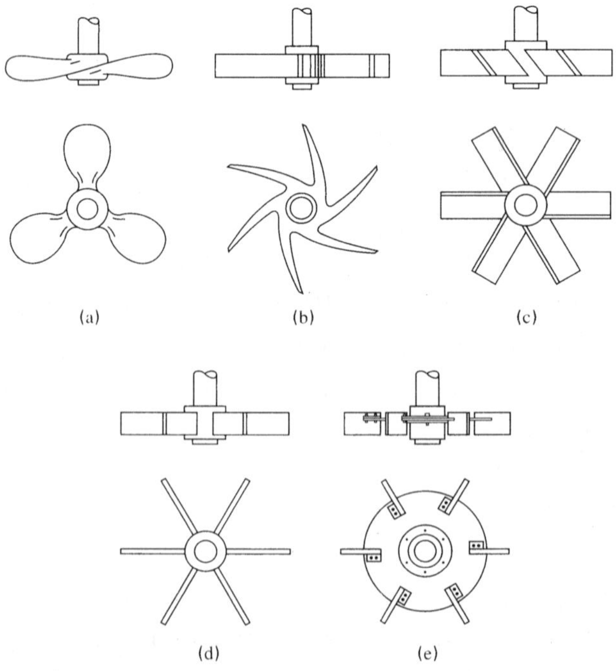

图 8.3　某些常用的混合搅拌器型式

(a) 船用推进器；(b) 离心透平；(c) 斜桨透平；(d) 平桨叶轮；(e) 平桨透平

［经允许取自 R. E. Treybal. *Mass Transfer*, 3rd ed., McGraw Hill, New York (1980)］

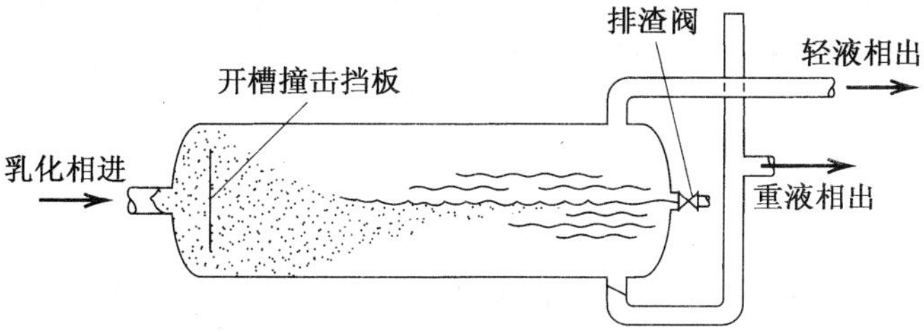

图 8.4　水平重力沉降容器

[取自 R. E. Treybal. *Mass Transfer*, 3rd ed., McGraw Hill, New York (1980)]

沉降步骤在称为沉降器或倾析器的第二个容器内借助重力完成。在如图 8.4 所示的结构中，采用一个设有撞击挡板的水平容器，挡板的作用是防止进入的两相分散(乳化)射流干扰重力沉降过程。也可采用直立或倾斜容器。沉降器中的主要问题是混合器中的乳化，如果搅拌非常强烈以至形成了小于 1 到 1.5 微米的分散液滴，可能发生这种问题。当发生这种情况时，为加速沉降可能需要聚结剂、分离器膜、筛网、静电、超声波、化学处理或其他措施。也可用离心力代替重力增加沉降速度。当相密度差小时，这可能是必需的。

可获得多种工业用的单级或多级混合一沉降装置，Bailes、Hanson 和 Hughes[3]及 Lo、Bailes 和 Hanson [4]对其中许多装置进行了描述。特别值得一提的是 Lurgi 萃取塔[4]，这种装置最初是为从烃类混合物中萃取芳烃而开发的。在这种装置中，用垂直叠放在塔外并用轴驱动的离心混合器使两相混合。沉降发生在塔内，两相在级间的流动由位于沉降区内的复杂的挡板设计引导。

8.1.2　喷洒塔

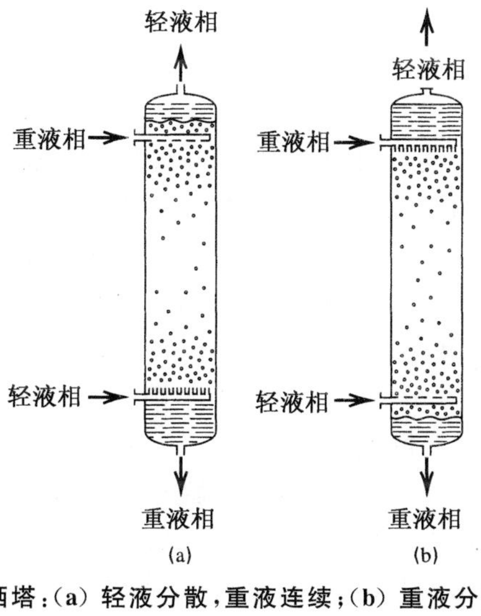

图 8.5　喷洒塔：(a) 轻液分散，重液连续；(b) 重液分散，轻液连续

最简单和最古老的萃取装置之一是喷洒塔。如图 8.5 所示，可对重相或轻相进行分散。分散相的液滴通常仅在进口处由喷洒喷嘴产生。因为没有塔内构件，这种设备产量大，并由相密度差和相黏度确定。如同气体吸收，连续相的轴向分散(返混)将限制这种装置在只需要一级或二级的场合应用。对直径-长度比大的塔，严重的轴向分散可能导致连续相为全混流。因此，喷洒塔现已很少使用，尽管其造价低廉。

8.1.3 填料塔

采用填料塔可使喷洒塔中的轴向混合显著减轻，但不能完全消除。填料还能通过使大液滴破裂增加相界面积和通过使液滴变形促进液滴内部的混合而改善传质。除了拉西环[5]，用于精馏和吸收的相同填料也可用于液-液萃取。但是，填料材质的选择更为重要。优先选择能被连续相优先润湿的材质。图 8.6 为对用于萃取的 Intalox 鞍形填料，用作为连续相表观速度 U_C 和分散表观速度 U_D 的函数的 HTU 表示的性能数据。因为返混，HETP 一般大于分级装置。因此，填料塔仅用于只需几级的场合。

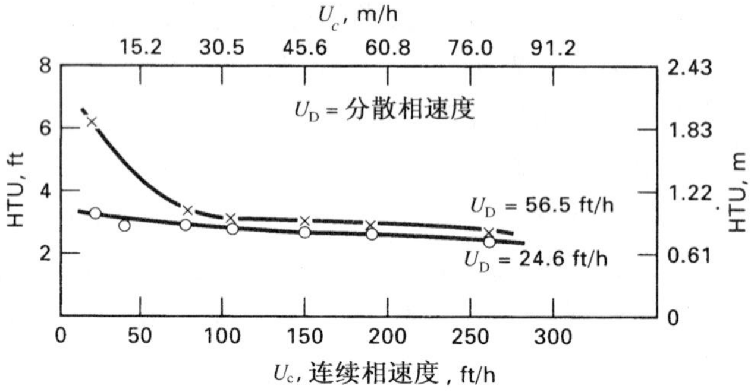

图 8.6 对甲乙酮-水-煤油系统，在高度为 60 in. 的塔内 1 in. 的 Intalox 鞍形填料的效率

[经允许取自 R. R. Neumaits, J. S. Eckert, E. H. Foote, and L. R. Rollinson, *Chem. Eng. Prog.*, 67 (1), 60 (1970)]

8.1.4 板式塔

塔内的筛板也能减轻轴向混合并实现更具分级特征的接触。分散相可以为轻相或重相。对前一种情况，分散相类似于精馏中的气泡，垂直向上通过塔，并在每块板上重新分散。重相为连续相，经过降液管流到每一级上，再以板式精馏塔中液体的方式流过塔板。如果重相为分散相，那么升液管被用于轻相。已建成直径大于 4.5m 的塔并成功操作。通常采用直径从 0.64 到 0.32cm，孔间距从 1.25 到 1.91cm 的孔。板间距比精馏塔小得多，对有关低界面张力液体的大多数应用，为 10 到 15cm。简单筛板塔的一种变形是 Koch Kascade 塔，穿流塔板按设计复杂的垂直排列设置。

如果在适宜的流体力学区域内操作，因为分散相液滴在每块板上凝并和分裂，筛板塔可达到高萃取速率。这有助于破坏如果液滴不受干扰地通过整个塔时将会形成的浓度梯度。用于萃取的筛板塔将受到与精馏塔相同的局限性：液泛、夹带和较小程度的漏液。其他问题，如由于少量杂质在界面上形成的泡沫，在各种萃取设备中都常会遇到。

8.1.5　设有机械辅助搅拌的塔

如果表面张力大和/或两液相间的密度差小，和/或液体黏度大，重力不足以形成适当的相分散和造成湍流，在这些情况下，必须用某种机械搅拌增加单位体积的界面积和/或减少传质阻力。对填料塔和板式塔，借助机械方式或气动方式，用对液体的振动脉冲提供搅拌。在 20 世纪 50 年代，脉冲穿流板塔在核工业中发现了广泛的应用，但因为机械问题和通过大体积传播脉冲的困难，它们已不再被普遍应用[6]。最重要的机械搅拌塔是应用旋转搅拌器的塔，搅拌器由轴向延伸通过塔的轴驱动。搅拌器造成了将和塔内的沉降区交换的剪切混合区。各种搅拌塔之间的区别主要在于所用的混合器和沉降室。比较常见的九种安排如图 8.7 所示。也可用往复运动中板的前后移动在塔内造成搅拌[图 8.7(j)]，或在新颖的水平接触器内造成搅拌[图 8.7(k)]。这类装置也包括在图 8.7 中。这类装置答复了 Fenske、Carlson 和 Quiggle[7]在 1947 年对设备提出的要求，不用多台泵、电动机和广泛分布的管路，而能在紧凑的设备内提供许多平衡级。他们指出，"尽管……液-液分离过程的优点，在小型紧凑和比较简单的逆流操作中提供累计达到 20 个或更多理论级的问题尚未完全解决。"确实，在 1946 年设计多于 7 个理论级的设备还被认为是不现实的，这提供了当时只在大型工业液体萃取过程中使用的混合器-沉降器单元的数目。

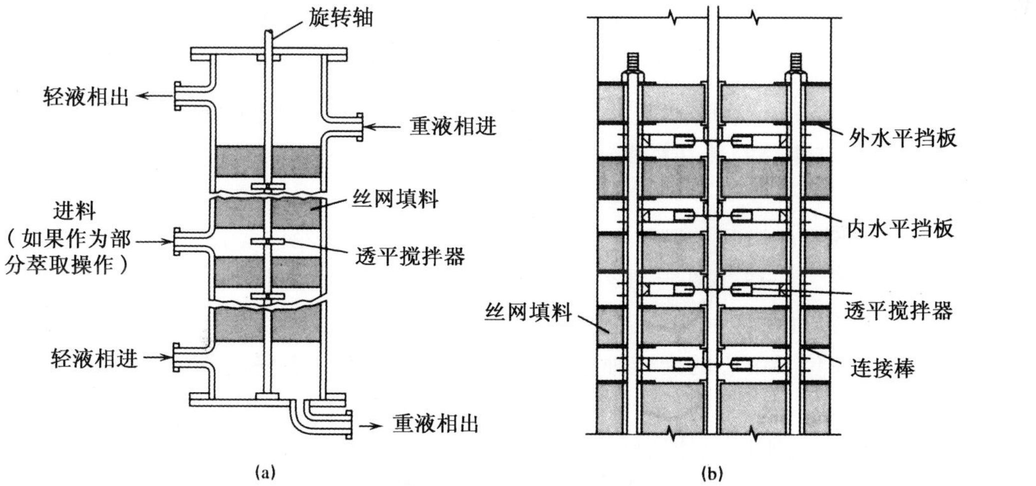

图 8.7　设有机械辅助搅拌的工业萃取器

(a) Scheibel 塔——第一种设计；(b) Scheibel 塔——第二种设计

Scheibel 塔[图 8.7(a)]或许是第一种重要的机械搅拌塔，在该设备内逆流的两个液相借助不设挡板的安装在垂直轴上的若干平桨透平型搅拌器(图 8.3)在固定的间隔内相互接触。在位于两个混合区之间的无挡板分割区或平静区内，安装编织丝网填料防止混合区之间的返混，并促进液滴的凝并和沉降。丝网的材质必须能为分散相润湿。对较大直径(＞1m)装置的更经济的设计，Scheibel[9][图 8.7(b)]添加了外侧和内部水平环形挡板使混合区内两相的垂直流动转向，以保证完全混合。对高表面张力和黏度的系统，取消丝网。最早的两种 Scheibel 塔设计不允许取下搅拌轴进行检查和维修，而必须将整个内部集成(称为柱体)取下。为了允许只取下搅拌器集成的轴，尤其对大直径塔(例如，＞1.5m)，以及允许设一个进入塔内进行必要的检查、清洗和维修的通道，Scheibel[10]提供了如图 8.7(c)所示的第三种设计。在这种设计里，可取下搅拌器集成的轴，因为其直径小于内部挡板的开孔。

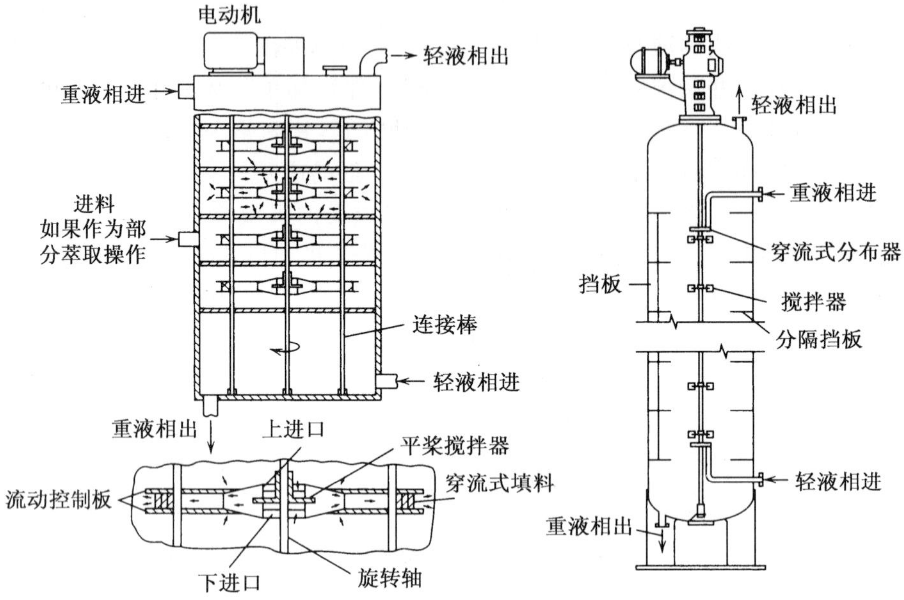

(c) (d)

图 8.7(续)　设有机械辅助搅拌的工业萃取器

(c) Scheibel 塔——第三种设计；(d) Oldshe - Rushton(Mixco)塔

Oldshe - Rushton 萃取器[11][(图 8.7(d)]有一系列被外侧环形固定挡板分开的小室组成，每个小室有四块安装在塔壁上的垂直挡板。从中心安装的垂直轴驱动每个小室中的平桨透平搅拌器。

几乎与 Scheibel 塔和 Oldshe - Rushton 塔同时出现的第三类设有旋转搅拌器的塔是转盘接触塔(RDC)[12,13][图 8.7(e)]，这种设备的一个例子在本章开头作了介绍，并如图8.1所示。在世界范围内，这可能是应用最广泛的液-液萃取设备，到 1983 年已有几百台设备投入使用。安装在位于中心的旋转轴上的圆盘是搅拌元件。塔壁上安装有固定圆环，其开孔直径大于搅拌器圆盘的直径。于是，搅拌器集成的轴很容易从塔内取出。因为搅拌器的转速可控制液滴大小，所以搅拌器转速可在大范围内连续变化。

RDC 概念的一种修正是不对称转盘接触器(ARD)[14]，自 1965 年以后，这种设备已在工业上应用。如图 8.7(f)所示，这种接触器由塔、固定挡板和偏心的装有圆盘的多级搅拌器组成。如图 8.7(g)更详细表示的不对称安排，提供了被一块垂直挡板分开的接触区和传递区。与 RDC 相比，这种设计保留了有效剪切作用，但减轻了返混，因为混合室和沉降室已被分开。

基于 Scheibel 概念的另一种萃取器是 Kuhni 萃取塔。如图 8.7(h)所示，这种塔被一系列由穿流板组成的固定圆盘分成许多室。在中心轴上安装了一系列双进口、径向流动的闭式透平混合器，如图 8.7(i)所示，这种混合器能促进每个室内的循环作用。对直径大于 3m 的塔，通常提供在平行轴上的三根透平混合器轴维持放大后的性能。到 1983 年，投入使用的这种萃取器已有 300 台，主要在欧洲[4]。

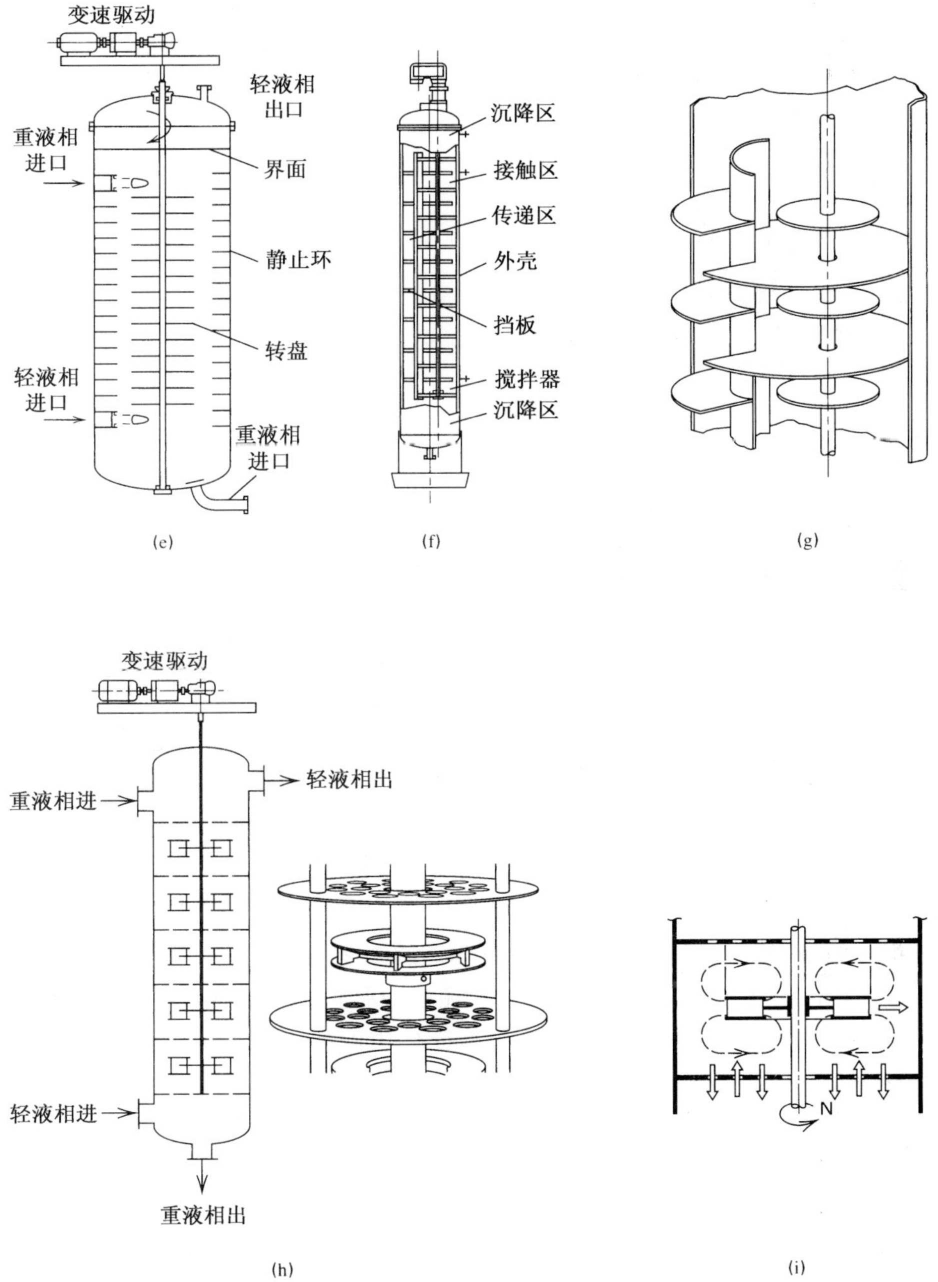

图 8.7(续)　设有机械辅助搅拌的工业萃取器

(e) 转盘接触器(RDC)；(f) 不对称的转盘接触器(ARD)；

(g) ARD 接触器的剖面；(h) Kuhni 塔；(i) Kuhni 塔的流动模式

不采用由安装在垂直轴上的旋转搅拌器或脉冲的液相提供搅拌，Karr[16,17]发明创造了一种往复式穿流板萃取器，也称为 Karr 塔，在这种设备内塔板以大约为每秒钟 2 次的速度和 0.75 英寸的冲程上下移动。如图 8.7(j)所示，在一叠塔板间按一定间距设置环形挡板以减少轴向混合。穿流塔板采用大孔(典型的直径为 9/16in.)和大开孔面积(典型的为 58%)。位于塔顶部的驱动机构使支撑两组板的中心轴往复运动。Karr 塔的一种修改是

Prochazka 等[18]的振动板萃取塔(VPE),该塔采用孔径和开孔面积均小于 Karr 塔的穿流塔板。小孔提供了分散相的通道,而每块塔板上的一个或多个大孔提供连续相的通道。某些 VPE 塔的操作与 Karr 塔类似,所有塔板均匀运动;另有一些 VPE 塔设两根轴,交替的塔板反向运动。

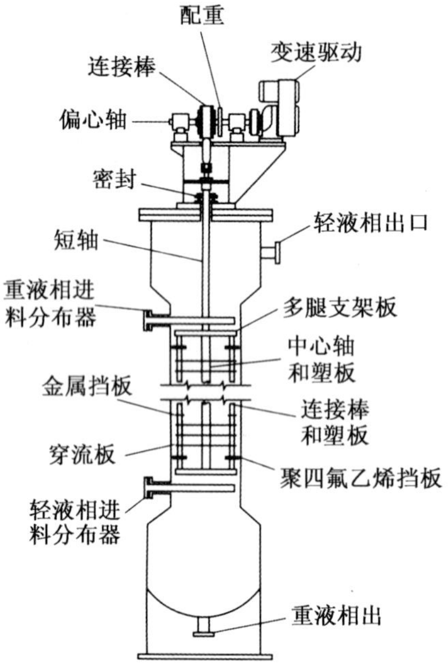

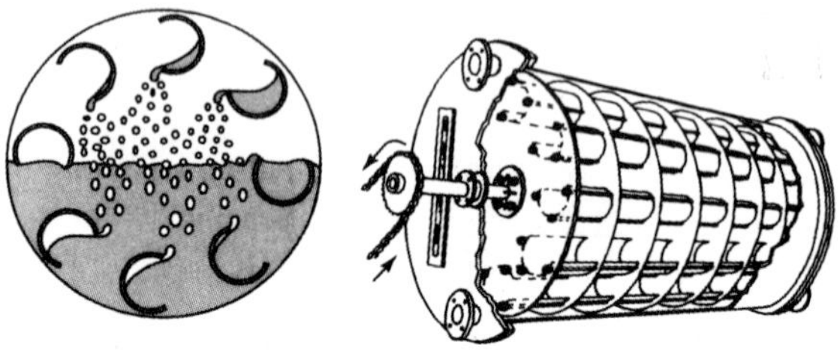

图 8.7(续)　设有机械辅助搅拌的工业萃取器

(j) Karr 往复板塔(RPC);(k) Graesser 雨斗(RTL)萃取器

提供搅拌的另一种新颖设备是 Graesser 雨斗接触器(RTL),这种设备是在 20 世纪 50 年代后期开发的[4],主要用于涉及小密度差、低表面张力和有形成乳浊液倾向的液体的萃取过程。如图 8.7(k)所示,一系列圆盘安装在壳体内的中心水平旋转轴上,在圆盘间沿圆周设有一系列水平的 C 形斗。各圆盘和壳体的内壁间的环形间隙允许两相逆向、纵向流动。分散作用是非常温和的。每一相以与两相界面相反的方向串联通过另一相,两相界面保持接近平伏位置。

自 1944 年短停留时间的 Podbielniak(POD)萃取器成功用于青霉素萃取以来,已可获得多种工业离心萃取器[19]。在 POD 中,围绕水平轴排列几块同心筛板,通过萃取器的两个液相逆流流动。需要 4 到 7atm 的液体进口压力以克服压降和离心力。在一个装置中可达到多达 5 个理论级。

上述各种工业萃取器中有多种已发现了许多工业应用。如 Reissinger 和 Schroeter [5,20]及 Lo 等[4]所提供的,塔式设备的最大负荷和尺寸列于表 8.2 中。由表可见,Lurgi 塔、RDC 和 Graesser 萃取器都已建立了尺寸非常大的装置。Karr 萃取器单位横截面积的产量最高,而 Graesser 萃取器单位横截面积的产量最低。

合适的萃取器的选择要根据许多因素。表 8.3 列出了各种萃取器的优点和缺点。图 8.8所示为工业萃取器的选择程序。例如,如果只需数目很少的级,可选择混合-沉降装置。

如果需要超过 5 个的理论级、高产量和大负荷范围[$m^3/(m^2 \cdot h)$]，而且占地面积有限，应考虑 RDC 或 ARD 萃取器。

表 8.2　工业液-液萃取塔的最大尺寸和负荷

塔　　型	近似的最大液体通过量/($m^3 \cdot m^{-2} \cdot h^{-1}$)	最大塔直径/m
Lurgi	30	8.0
脉冲填料	40	3.0
脉冲筛板	60	3.0
Scheibel	40	3.0
RDC	40	8.0
ARD	25	5.0
Kuhni	50	3.0
Karr	100	1.5
Graesser	<10	7.0

上述数据适用系统：

(1) 高表面张力(30 到 40dyne/cm)；

(2) 黏度近似为 1cP；

(3) 相体积比 1∶1；

(4) 相密度差约为 0.6g/cm^3。

表 8.3　各种萃取设备的优点和缺点

设备类型	优　　点	缺　　点
混合-沉降槽	良好的接触 处理宽流量比 低净空高度 高效率 可获得很多级 可靠的放大	大持液量 高动力费用 高投资 大占地面积 可能需要级间泵
连续、逆流接触器 (无机械驱动)	低投资费用 低操作费用 最简单的结构	对低密度差通过量有限 不能处理高流量比 高净空高度 有时效率低 放大困难
连续、逆流接触器 (机械搅拌)	良好的分散 合理的费用 可获得很多级 比较容易放大	对低密度差通过量有限 不能处理乳化系统 不能处理高流量比
离心萃取器	处理两相间低密度差 低持液体积 短停留时间 低空间需求 溶剂量小	高投资费用 高操作费用 高维修费用 在单个设备内级数有限

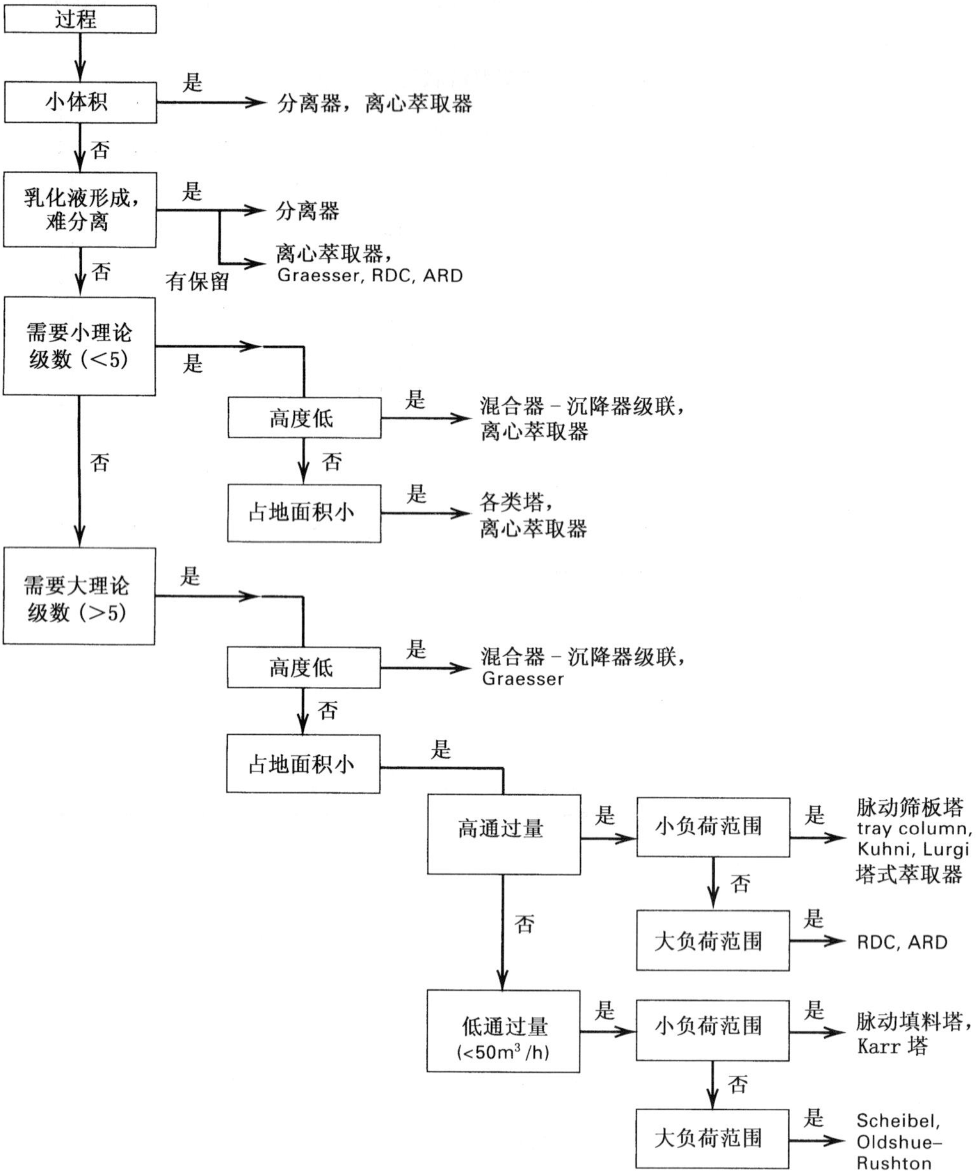

图 8.8　萃取器的选择程序

［取自 K.－H. Reissinger and J. Schroeter,
I. Chem. E. Symp. Ser. No. 54, 33—48 (1978)］

8.2　一般设计考虑

因为两个液相导致的复杂性，液-液萃取器的设计和分析涉及的因素多于气-液操作。必须对图 8.9 中的三种不同的级联安排或更复杂的安排进行选择。图 8.9(a)的单段级联类

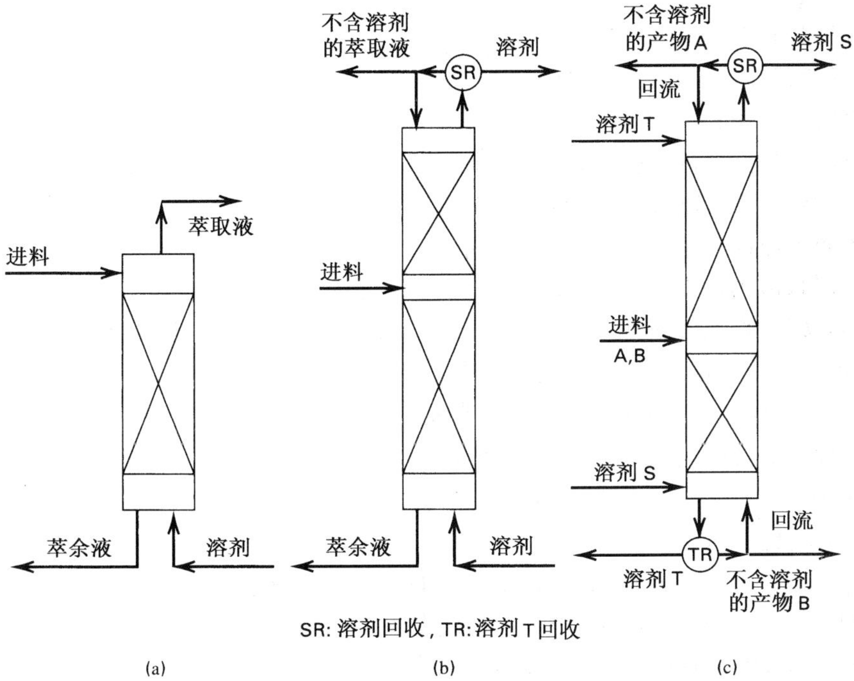

图 8.9　常用液-液萃取级联结构

(a) 单段级联；(b) 两段级联；(c) 双溶剂两段级联

似于用于吸收和汽提的级联。它按将进料中一定百分比的溶质传递到溶剂进行设计。图 8.9(b)的两段级联类似于精馏。溶剂从一端进入，而来自萃取液的回流从另一端进入。进料则在两段之间进入。由于采用两段，取决于溶解度的考虑，这种安排有时能使各进料组分达到相当清晰的分离；如果不能达到清晰分离，图 8.9(c)的两段双溶剂安排可能具有优越性，这种安排在两端可能有也可能没有回流。对最后一种安排，至少涉及四个组分(进料中的两个组分和两种溶剂)，将优先采用在第 10 章讨论的计算机辅助计算。虽然图 8.9 中的结构都用填料段表示，但 8.1 节中讨论的任何一种萃取器均可考虑。影响萃取的因素包括：

(1) 进料流量、组成、温度和压力；

(2) 级结构的类型(一段或两段)；

(3) 一段级联中一种或多种溶质要求的回收率；

(4) 两段级联中进料的分离程度；

(5) 液体溶剂的选择；

(6) 操作温度；

(7) 操作压力(大于系统的泡点压力)；

(8) 一段级联中的最小溶剂流量与作为最小流量倍数的实际溶剂流量，或二段级联中的回流量和最小回流量；

(9) 平衡级数目；

(10) 乳化和形成泡沫的倾向；

(11) 表面张力；

(12) 相密度差；

(13) 萃取器类型；

(14) 萃取器尺寸和功率需求。

理想的溶剂具有下列性质：

(1) 溶质相对于载液的高选择性，使需要从溶剂中回收的载液量最小；

(2) 对溶质的溶解度高，使溶剂-进料比最小；

(3) 载液的溶解度小；

(4) 回收溶剂的挥发度与溶质有足够大的差别，能用精馏回收溶剂，但溶剂的蒸气压不应过高，以免需要采用高萃取器压力，但也不应过低，以免在用精馏回收溶剂时需要高温；

(5) 稳定性，以尽量延长溶剂的使用寿命和减少溶剂的补充需求；

(6) 无腐蚀性，允许采用普通的结构材料；

(7) 低黏度，可促进相分离，减小压降和提供高溶质传递速率；

(8) 使用安全所要求的无毒性和不燃性；

(9) 能以较低价格购买；

(10) 适当的表面张力，以兼顾容易分散和促进相分离；

(11) 与载液有大的密度差，以实现萃取器的高处理量；

(12) 与溶质和载液的兼容性，以避免污染；

(13) 不会在相界面上形成稳定的泡沫层；

(14) 萃取器内部构件需要的润湿特性。

溶剂选择通常是上述所有性质之间的权衡。但是，初始考虑往往首先是考虑选择性和与环境有关的问题，其次为处理能力。由第 2 章的式(2－20)可知，溶质 A 在溶剂 S 和载液 C 之间的分配系数为：

$$(K_A)_D=(x_A)^{\mathrm{II}}/(x_A)^{\mathrm{I}}=(\gamma_A)^{\mathrm{I}}/(\gamma_A)^{\mathrm{II}} \tag{8-1}$$

式中上标Ⅱ指富 S 的萃取相，而Ⅰ指富 C 的萃余相。类似的，对载液和溶剂分别有，

$$(K_C)_D=(x_C)^{\mathrm{II}}/(x_C)^{\mathrm{I}}=(\gamma_C)^{\mathrm{I}}/(\gamma_C)^{\mathrm{II}} \tag{8-2}$$

$$(K_S)_D=(x_S)^{\mathrm{II}}/(x_S)^{\mathrm{I}}=(\gamma_S)^{\mathrm{I}}/(\gamma_S)^{\mathrm{II}} \tag{8-3}$$

由式(2－22)知，溶质对载液的相对选择性可取式(8－1)与式(8－2)的比值获得，

$$\beta_{AC}=(K_A)_D/(K_C)_D=\frac{(x_A)^{\mathrm{II}}/(x_A)^{\mathrm{I}}}{(x_C)^{\mathrm{II}}/(x_C)^{\mathrm{I}}}=\frac{(\gamma_A)^{\mathrm{I}}/(\gamma_A)^{\mathrm{II}}}{(\gamma_C)^{\mathrm{I}}/(\gamma_C)^{\mathrm{II}}} \tag{8-4}$$

对高选择性，β_{AC}值应高，即在平衡时溶剂中 A 的浓度应高，而 C 的浓度应低。β_{AC}的第一次估计利用可获得的活度系数$(\gamma_A)^{\mathrm{I}}$、$(\gamma_A)^{\mathrm{II}}$和$(\gamma_C)^{\mathrm{II}}$的数值或它们的预测值，在无限稀释条件下$(\gamma_C)^{\mathrm{I}}=1$，或利用第 4 章中讨论的三角形相图上最低联结线的液-液平衡数据进行估算。如果 A 和 C 形成近似理想溶液，式(8－4)中的$(\gamma_A)^{\mathrm{I}}$也可取为 1。

对高溶剂处理能力，$(K_A)_D$ 值应高。由式(8－2)可见，如果 A 和 C 形成近似理想溶液使$(\gamma_A)^{\mathrm{I}}=1.0$，这将是难以达到的，除非 A 和 S 具有大的相互亲和力，导致对拉乌尔定律的负偏差给出$(\gamma_A)^{\mathrm{II}}<1$。遗憾的是，这种系统颇为少见。

为使溶剂容易回收，$(K_A)_D$ 应尽可能大，而$(K_C)_D$ 应尽可能小，使萃余液中溶剂量尽可能少，而萃取液中载液量尽可能少。如果在无限稀释状态下活度系数$(\gamma_C)^{\mathrm{I}}$和$(\gamma_C)^{\mathrm{II}}$大，通常为这种情况。

如果要分离富水进料，通常选择有机溶剂；对富有机物进料，往往选择水性溶剂。在这两种情况中，都要求选择能降低溶质活度系数的溶剂。考虑分子基团中的相互作用，可能有助于在估算活度系数或查找液-液平衡数据前，缩小溶剂的搜索范围。由 Cusack 等[21]根据对 Robbins[22]工作的修正而提供的用于溶剂筛选的相互作用表如表 8.4 所示，表中溶质和溶剂均属于九种不同的化学基团之一。在此表中，给定的溶质－溶剂对的减(－)号表示，与进料溶液中溶质的活度系数相比，溶剂将如需要地降低其活度系数。例如，假定需要从水溶液中萃取丙酮。于是，在表 8.4 中，基团 3 适合这种溶质，而符合要求的溶剂为基团 1 和 6 给出的类型。尤其是，已知三氯乙烷，一种基团 6 化合物在宽组成范围内对丙酮都具有高选择性和高处理能力。但是，如果这种化合物是对环境有害的，则必须放弃。Naser 和 Fournier[23]已以估算活度系数的 UNIFAC 基团贡献法为基础，并利用计算机辅助约束最优化方法开发了一种更完善的溶剂选择方法。

表 8.4　溶剂筛选的基团相互作用

基团	溶　质	溶剂								
		1	2	3	4	5	6	7	8	9
1	酸、芳烃 OH(酚)	0	－	－	－	－	0	＋	＋	＋
2	脂肪烃 OH(醇)，含活性 H 的酰亚胺或氨基化合物	－	0	＋	＋	＋	＋	＋	＋	＋
3	酮，芳香硝基化合物，叔胺，嘧啶，砜，磷酸三烷基酯，或氧化膦	－	＋	0	＋	＋	－	0	＋	＋
4	酯，醛，碳酸酯，磷酸酯，亚硝酸酯或硝酸酯，不含活性 H 的氨基化合物；分子内键合，如邻硝基苯酚	－	＋	＋	0	＋	－	＋	＋	＋
5	醚，氧化物，硫化物，亚砜和仲胺或仲亚胺	－	＋	＋	＋	0	－	0	＋	＋
6	含活性 H 的多卤代烷烃	0	＋	－	－	－	0	0	＋	0
7	芳烃，卤代芳烃，烯烃	＋	＋	0	＋	0	0	0	0	0
8	烷烃	＋	＋	＋	＋	＋	＋	0	0	0
9	单卤代烷烃或烯烃	＋	＋	＋	＋	＋	0	0	＋	0

(＋)加号表示列基团中的化合物会提高行基团中的化合物的活度系数。

(－)减号表示将降低活度系数。

(0)零表示没有影响。

选择一种降低活度系数的溶剂。

来源：Cusack, R. W., P. Fremeaux and D. Glate, *Chem. Eng.*, 98(2), 66－76 (1991).

在第 4 章中，已介绍了用于表示恒温下三组分系统的液-液平衡数据的三元相图。如 Humphrey 等[6]所论述的，对许多系统都可获得这种相图。对三元系统的液-液萃取，最常用的相图是图 8.10(a)所示的类型Ⅰ；图 8.10(b)所示的类型Ⅱ要少见得多。类型Ⅱ系统的例子是(1)正庚烷/苯胺/甲基环己烷，(2)苯乙烯/乙苯/乙二醇，和(3)氯苯/水/甲乙酮。对类型Ⅰ系统，溶质和溶剂可以任何比例互溶，而在类型Ⅱ系统中它们并非如此。对类型Ⅰ系统，$\overline{CS}$ 线上的两相区域越大，载液和溶剂的不互溶性将越大。两相区域的顶部越靠近顶点 A，可被溶剂 S 分离的沿 $\overline{AC}$ 线的进料组成范围将越大。在图 8.11 中，不管加入溶剂的数量，能分离的进料溶液仅在由 C 到 F 的组成范围内，在进料组成范围 $\overline{FA}$ 内，不会形成两个液相(即 $\overline{FS}$ 不通过两相区)。图 8.11(a)的系统的进料组成范围比图 8.11(b)的系统宽。对类型Ⅱ系统，S 在 C 中和 C 在 S 中的高度不互溶将产生需要的高相对选择性，但将以溶剂的处理能力为代价。于是，导致对类型Ⅰ系统的溶剂更符合需要。

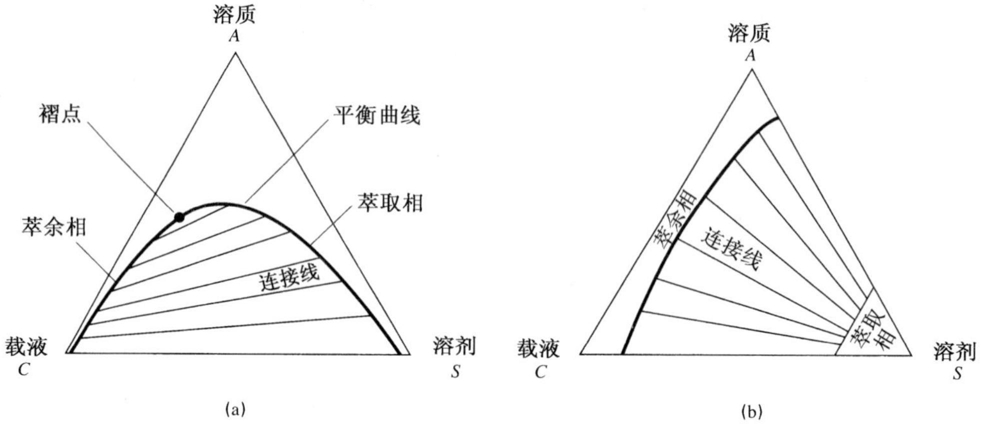

图 8.10　最常见的三元系统的类型

(a) 类型Ⅰ，一个不互溶对；(b) 类型Ⅱ，两个不互溶对

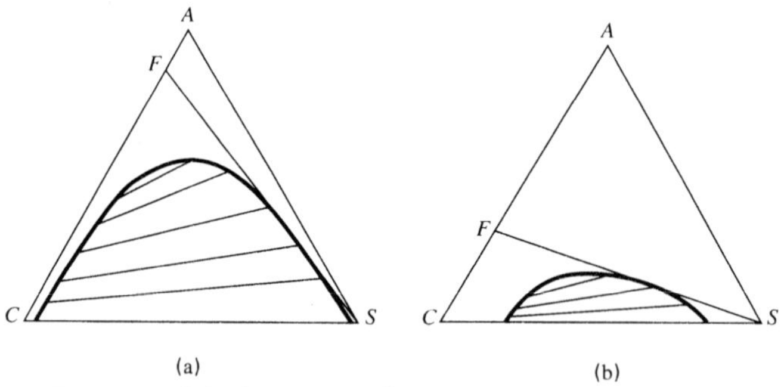

图 8.11　溶解度对可进行萃取的进料组成范围的影响

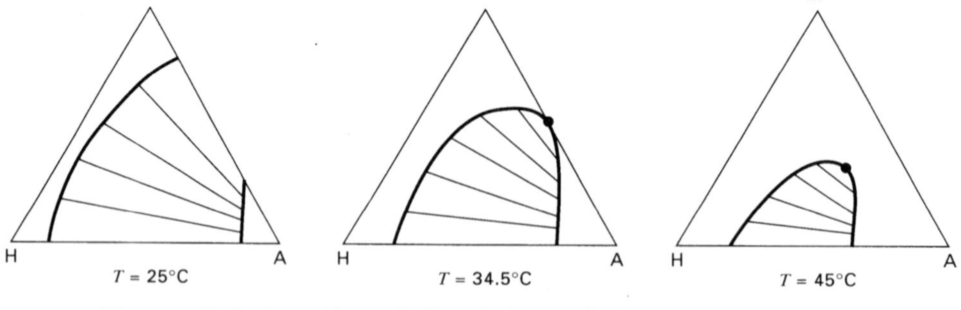

图 8.12　温度对正己烷(H)/甲基环戊烷(M)/苯胺(A)系统溶解度的影响

三元系统为类型Ⅰ还是类型Ⅱ往往取决于温度。例如，Darwent 和 Winkler[24]关于正己烷(H)/甲基环戊烷(M)/苯胺(A)三元系统在温度为 25℃、34.5℃和 45℃时的数据如图 8.12 所示，因为 H 和 M 在苯胺溶剂中只是部分互溶，我们有类型Ⅱ系统。随着温度升高，直到达到 M 在苯胺中的临界溶液温度 34.5℃以前，H 在苯胺中的溶解度比 M 在苯胺中的溶解度增加得快。在 34.5℃下，系统处于类型Ⅰ和类型Ⅱ的交界处。在 45℃时，该系统显

然属于类型Ⅰ,苯胺对 M 的选择性高于 H。类型Ⅰ系统具有褶点[图 8.10(a)中的 P];类型Ⅱ系统则没有。

除了在接近临界区域处,压力对液相活度系数即使有影响,也很小,因此对液-液平衡的影响也很小。只需选择操作压力不低于环境压力,而且在萃取器内的任何位置均高于两个液相混合物的泡点压力。大多数萃取器在环境温度左右操作。如果进料和溶剂以相同温度进入萃取器,操作将近似为等温,因为仅有混合的热效应,而这通常是很小的。

为了确定液-液系统的分散和凝并性质,用实际的或预期的装置进料和溶剂进行实验室或中试研究几乎总是必要的。虽然液滴的快速凝并是希望的,但这会减小界面积,并导致传质速率减小。于是,权衡是必需的。当溶剂相为连续相,而溶质由液滴向连续相传质时,将强化凝并。这种现象称为马兰各尼效应,是由于溶质显著存在于界面膜内减小了表面张力。当溶剂是分散相时,界面膜耗尽溶质,将导致表面张力增加而阻碍凝并。

对给定的(1)进料液体,(2)溶质萃取的程度,(3)操作压力和温度,和(4)为单段级联选择的溶剂,存在一个对应于无限多逆流、平衡接触的最小溶剂-进料流量比。与吸收和汽提一样,存在平衡级数和溶剂-进料流量比之间的权衡。对两段级联,如同精馏,权衡涉及回流比和级数。类似于第 6 章中讨论的用于吸收和汽提的代数方法可快速计算最小流量比和进行权衡,但这种方法仅对非常稀的溶液才有效,因为在这种情况下溶质的活度系数基本上为无限稀释条件下的活度系数。当载液和溶剂不互溶时,可采用 5.3 节和 5.4 节中的代数方法。对更一般的应用,对三元系统将优先采用本章描述的图解法。对更高阶的多元系统,必须采用将在第 10 章中讨论的计算机辅助方法。

8.3 Hunter-Nash 图解平衡级法

类型Ⅰ和类型Ⅱ三元系统(图 8.10)的分级萃取计算可用平衡相图最方便地完成[25]。在本节中,将利用三角形相图对方法进行研究和说明。其他形式相图的应用在下一节讨论。

考虑如图 8.13 所示的逆流、有 N 个平衡级的三元液-液萃取系统,该系统在足以防止汽化的压力下,在等温、连续、定态流动条件下进行操作。从进料端开始对各级进行编号。于是,最后的萃取液为 E_1,而最后的萃余液为 R_N。假定每一级均达到平衡,所以对任何一级 n,萃取液 E_n 和萃余液为 R_n 的所有三个组分均处于平衡状态。所有三个组分在每一级均发生传质。进料 F 含有载液 C 和溶质 A,而且还可能含有高达溶解度极限的溶剂 S。进口溶剂可能含有 C 和 A,但即使有,最好二者含量都不高。因为大多液-液平衡数据以质量浓度而不是摩尔浓度提供,令:

F——进入级联的进料质量流量;

S——进入级联的溶剂质量流量;

E_n——离开 n 级的萃取液质量流量;

R_n——离开 n 级的萃余液质量流量;

$(y_i)_n$——离开 n 级的萃取液中组分 i 的摩尔分数;

$(x_i)_n$——离开 n 级的萃余液中组分 i 的摩尔分数。

虽然图 8.13 中似乎隐含着萃取相是轻相，但实际上轻相可以是任何一相。如第 4 章中所讨论的，相平衡可如 Hunter 和 Nash[26]所建议的表示在等边三角形相图上，或如 Kinney[27]所建议的表示在直角三角形相图上。为便于说明，假定三元系统为特定温度下的 A（溶质）、C（载液）和 S（溶剂），使液-液平衡数据可表示在图 8.14 所示的等边三角形相图上，图中粗线为平衡曲线，而虚线为连结平衡曲线上的平衡相的联结线（也称为双结点曲线，因为褶点将曲线分为萃取相和萃余相）。平衡联结线从相图的 C 边到 S 边向上倾斜。因此，在平衡时，A 在 S 中的浓度高于在 C 中的浓度。于是，对于从与 C 的混合物中萃取 A，S 是有效溶剂。另一方面，因为从相图的 S 边到 C 边平衡联结线向下倾斜，对于从 S 中萃取 A，C 不是有效溶剂。

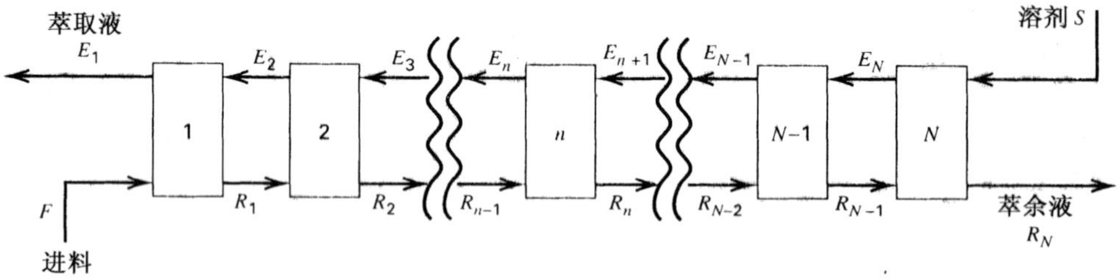

图 8.13　逆流、有 N 个平衡级的液-液萃取级联

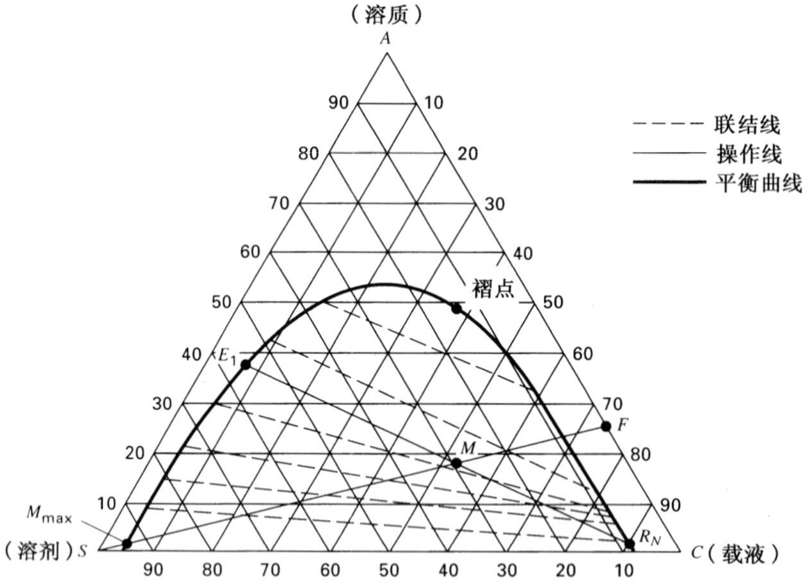

图 8.14　作图法 1：产物点位置的确定

某些三元系统，如异丙醇-水-苯系统，表现出所谓向溶混合现象，在其中从褶点开始移动时，联结线首先向一个方向倾斜。但是，斜率逐渐减小，直到某中间联结线变成水平线。在此联结线以下，其余联结线向另一方向倾斜。有时如果采用摩尔分率坐标而不是质量分率坐标，向溶混合现象会消失。

8.3.1 平衡级数

由第 4 章和第 5 章中的自由度讨论，对图 8.13 中的三元系统级联，可作出下列各组规定，所有这些规定都包括 F、$(x_i)_F$、$(y_i)_F$和 T 的规定：

规定组 1	S 和$(x_i)_{R_N}$	规定组 4	N 和$(x_i)_{R_N}$
规定组 2	S 和$(y_i)_{E_1}$	规定组 5	N 和$(y_i)_{E_1}$
规定组 3	$(x_i)_{R_N}$和$(y_i)_{E_1}$	规定组 6	S 和 N

各组规定中，$(x_i)_{R_N}$ 和$(y_i)_{E_1}$和所有出口相的数值都必须位于平衡曲线上。

对涉及要确定 N 的规定组 1 到 3，必须利用三角形相图直接进行计算。对涉及已确定 N 的规定组 4 到 6，则需要迭代程序。我们首先考虑规定组 1 的计算程序，稍作修改，该程序即可用于规定组 2 和 3。这种程序有时称为Hunter 和 Nash 法[26]，涉及三角形相图上的三类作图法，这种方法比用于精馏的 McCabe－Thiele 法略微困难。虽然，仅对类型Ⅰ系统说明这种方法，但其原理可方便的推广到类型Ⅱ系统。这些作图法如图 8.14 所示，图中 A 为溶质，C 为载液，而 S 为溶剂。在双结点曲线上，所有萃取相组成均在平衡曲线褶点左边，而所有萃余相组成均在平衡曲线褶点右边。为确定级数，给定进料和溶剂的流量和组成和要求的萃余相组成，作图法如下所述。

作图法 1（各产物点）

在图 8.14 上，我们首先确定混合点 M 的位置，它代表进料 F 和进入的溶剂 S 结合后的总组成。假定如下进料和溶剂规定，如图 8.14 中所标绘的，图中 S 是纯溶剂：

进料	溶剂
$F=250\text{kg}$	$S=100\text{kg}$
$(x_A)_F=0.24$	$(x_A)_S=0.00$
$(x_C)_F=0.76$	$(x_C)_S=0.00$
$(x_S)_F=0.00$	$(x_S)_S=1.00$

可从如下物料衡算得到将 F 和 S 结合的总组成 M：

$$M=F+S=250+100=350\text{kg}$$

$$(x_A)_M M=(x_A)_F F+(x_A)_S S=0.24\times250+0\times100=60\text{kg}$$

$$(x_A)_M=60/350=0.171$$

$$(x_C)_M M=(x_C)_F F+(x_C)_S S=0.76\times250+0\times100=190\text{kg}$$

$$(x_C)_M=190/350=0.543$$

$$(x_S)_M M=(x_S)_F F+(x_S)_S S=0\times250+1\times100=100\text{kg}$$

$$(x_S)_M=100/350=0.286$$

如图 8.14 所示，由这些$(x_i)_M$值中的任两个，可确定点 M 的位置。根据第 4 章中提出的三角形相图的性质，点 M 必定位于连结 F 和 S 的直线上。因此，只要已知一个$(x_i)_M$值，例如$(x_S)_M$，点 M 的位置即可确定。还有，比值 S/F 可由逆杠杆规则给出

$$S/F=\overline{MF}/\overline{MS}=100/250=0.400$$

或

$$S/M=\overline{MF}/\overline{SF}=100/350=0.286$$

于是，利用这些比值中的任一个，点 M 的位置可由两个点或尺度确定。

利用确定的点 M 的位置，逆流多级萃取器出口的萃取液 E_1 的组成可由总物料衡算确定：

$$M = R_N + E_1 = 350\text{kg}$$

$$(x_A)_M M = 60\text{kg} = (x_A)_{R_N} R_N + (x_A)_{E_1} E_1$$

$$(x_C)_M M = 190\text{kg} = (x_C)_{R_N} R_N + (x_C)_{E_1} E_1$$

$$(x_S)_M M = 100\text{kg} = (x_S)_{R_N} R_N + (x_S)_{E_1} E_1$$

因为假定萃余液 R_N 处于平衡状态，所以其组成必定在图 8.14 的平衡曲线上。因此，如果我们规定 $(x_A)_{R_N} = 0.025$，我们可确定点 R_N 的位置，并可由图 8.14 中读得 $(x_C)_{R_N}$ 和 $(x_S)_{R_N}$。从点 R_N 开始画一条通过点 M 的直线，将由该直线与平衡曲线的交点确定点 E_1 的位置，在图 8.14 中可由该点读得 E_1 的组成。然后，利用本例的 $M = 350\text{kg}$，可由上述总物料衡算或由图 8.14 利用逆杠杆规则确定 R_N 和 E_1 的流量：

$$E_1/M = \overline{MR_N}/\overline{E_1R_N}$$

$$R_N/M = \overline{ME_1}/\overline{E_1R_N}$$

利用上述任何一种方法，我们求得：

萃余相产物	萃取相产物
$R_N = 198.6\text{kg}$	$E_1 = 151.4\text{kg}$
$(x_A)_{R_N} = 0.025$	$(x_A)_{E_1} = 0.364$
$(x_C)_{R_N} = 0.90$	$(x_C)_{E_1} = 0.075$
$(x_S)_{R_N} = 0.075$	$(x_S)_{E_1} = 0.561$

图 8.14 中还包括点 $M_{\max}$，该点为于平衡曲线和和连接 F 到 S 的直线的交点。$M_{\max}$ 对应于可能的最大溶剂加入量。如果加入更多溶剂，将不能存在两个液相。

作图法 2(操作点和操作线)

在第 6 章和第 7 章中我们已知道操作线是级联中各级间物流的轨迹。参考图 8.13，对从进料端开始的若干级的总物料衡算为

$$F - E_1 = \cdots = R_{n-1} - E_n = \cdots = R_N - S = P \tag{8-5}$$

因为级间物流被相减，所以 P 定义的是相减点而不是混合点。根据与用于混合点相同的几何学考虑，相减点也位于通过相关点所画的直线上。但是，混合点总是位于三角形相图内部和两个端点之间，而相减点通常位于三角形相图之外，并在通过两个点，如 F 和 E_1、R_N 和 S 等的直线的外推部分。

如图 8.15 所示，为确定相减点的位置，画两条分别通过由作图法 1 确定的点(E_1、F)和点(S、R_N)的直线。将这两条直线外推，直至它们相交于相减点 P。图 8.15 上画出了这些直线和相减点 P。由式(8－5)可见，在三角形相图上对任何两股级间物流，如(E_n、R_{n-1})画的直线必定也通过相减点 P。于是，我们称相减点为操作点，而通过两股级间物流并延伸到点 P 的直线称为操作线。

相减点具有类似于混合点的性质。如果将 $F - E_1 = P$ 改写为 $F = E_1 + P$，我们知道 F 可内插为 P 和 E_1 的混合点。因此，利用逆杠杆规则，直线 $\overline{E_1P}$ 的长度与直线 $\overline{FP}$ 的长度的比值由下式给出

$$\frac{\overline{E_1P}}{\overline{FP}}=\frac{E_1+P}{E_1}=\frac{F}{E_1} \tag{8-6}$$

于是,如果需要,可通过用尺测量任意一对进料-产物级间物流的长度确定点 P 的位置。

如图 8.15 所示,操作点 P 位于三角形相图的进料侧或萃余相侧。取决于进料和溶剂的相对数量,以及联结线的斜率,点 P 也可以位于三角形相图的溶剂侧或进料侧,以及在三角形相图内部或外部。

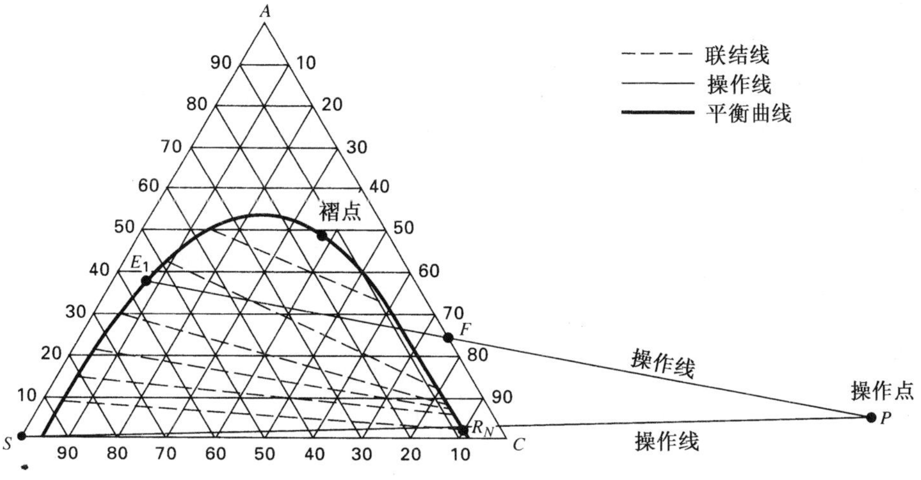

图 8.15　作图法 2:操作点位置的确定

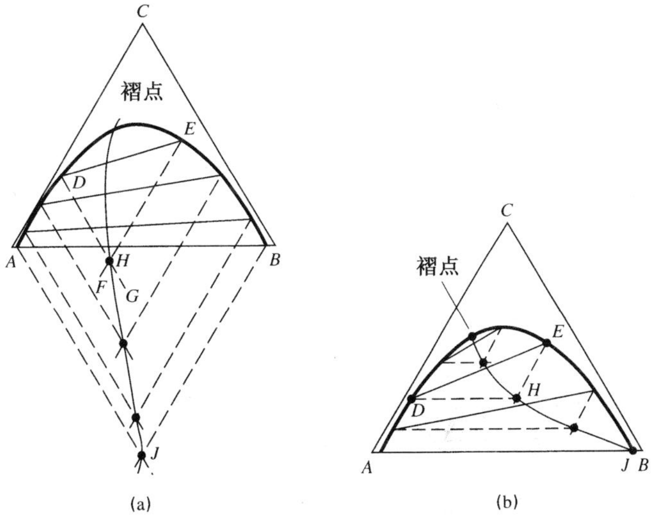

图 8.16　利用共轭曲线内插联结线

(a) 国际临界数据表法,*International Critical Table*. Vol III, McGraw Hill, New York, p. 393(1928);

(b) T. K. Sherwood 法,*Absorption and Extraction*, McGraw Hill, New York, p. 242 (1937).

[经允许复制自 R. E. Treybal, *Liquid Extraction*, 2nd ed., McGraw Hill, New York(1963)]

作图法 3(平衡线)

第三种作图法涉及联结平衡曲线相反两侧的用虚线表示的联结线,平衡曲线被褶点分成两部分,对类型 Ⅰ 系统的相图褶点是两个平衡相变成一相的点。对任何 n 个级,三个组分

中任何一个的物料衡算为

$$(x_i)_{n-1}R_{n-1}+(y_i)_{n+1}E_{n+1}=(x_i)_nR_n+(y_i)_nE_n \tag{8-7}$$

因为 R_n 和 E_n 是平衡的，在三角形相图上，它们的组成点在一条联结线的两端。通常，相图上将不会包含所有需要的联结线。可在已有的两条实验或预测联结线之间居中添加联结线，或利用图 8.16 说明的两种内插方法之一添加联结线。在图 8.16(a)中，由四条联结线和褶点确定从褶点到点 J 的共轭线。从联结线 $\overline{DE}$ 的两端开始，分别画出平行于三角形的 $\overline{CB}$ 和 $\overline{AC}$ 边的直线 $\overline{DG}$ 和 $\overline{EF}$。两线的交点 H 给出共轭线的第二个点。利用其他联结线，重复上述步骤，后续交点确定了共轭线上的其他点，于是可画出共轭线。然后可利用共轭线通过相反的步骤画出其他联结线。如果希望将共轭线保持在三角形相图的两相区域内，那么可采用图图 8.16(b)说明的方法，图中画出的直线平行于三角形的 $\overline{AB}$ 和 $\overline{AC}$ 边。

画阶梯确定级数

如图 8.17 所示，可通过交替利用联结线和操作线在三角形相图上画阶梯确定平衡级数，图中已用作图法 1 和 2 确定点 F、E、S、R_1 和 P 的位置。我们由进料端的 E_1 开始。参考图 8.13，我们知道 R_1 与 E_1 平衡。因此，由作图法 3 图 8.17 中的 R_1 必位于联结线(图中表示为虚线)的相反端。由图 8.13 知，R_1 通过 E_2。因此，由作图法 2 知 E_2 必位于通过点 R_1 和 P 画的直线与平衡曲线萃取相侧的交点。由 E_2 可用作图法 3 由联结线确定 R_2 的位置；由 R_2 又可由作图法 2 确定 E_3 的位置。交替利用平衡曲线和操作线继续这种方法，最终可到达或越过规定点 R_N。如果为后一种情况，最后一级取为分数。在图 8.17 中，大约需要 2.8 个平衡级，这里级数是按所用的联结线数目计算的。

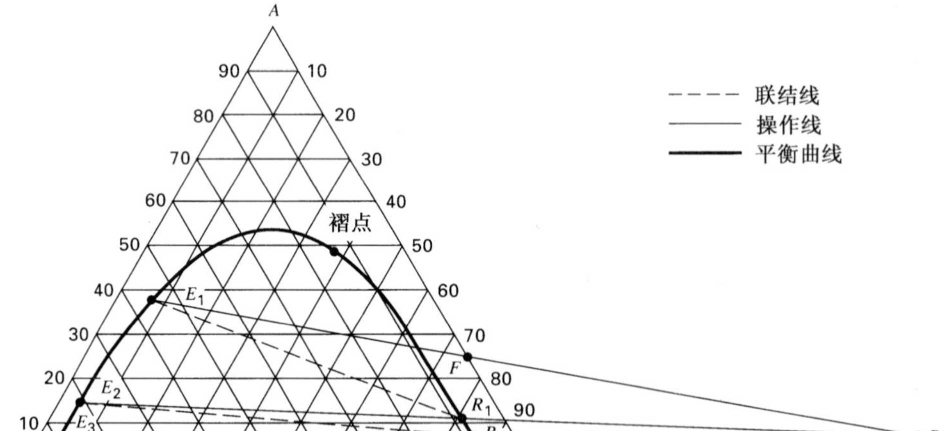

图 8.17　平衡级数的确定

用于问题规定组 2 和 3 的方法与问题规定组 1 非常类似。问题规定组 4 和 5 可在假定 S 值后再用上述问题规定组 1 的方法进行迭代计算。问题规定组 6 也可通过对 E_1 进行迭代利用问题规定组 1 的方法。

由式(8-6)我们知道如果比值 F/E_1 趋近 1，操作点 P 将位于距三角形相图很远处。在这种情况中，采用任意的添加在三角形相图上的矩形坐标系统，P 的坐标可利用在作图法 2 中确定的两个直线方程由式(8-6)计算。然后可在三角形相图上确定各中间级的操作线位置，使它们通过点 P。这种方法的细节已由 Treybal[25]在其专著中提供。

8.3.2　最小和最大溶剂-进料流量比

上述对给定溶剂-进料流量比确定为达到要求的溶质萃取率所需的平衡级数目的图解法，预先假定该比值大于对应于无限多级数所需的最小比值，但小于会妨碍第二液相形成的最大比值。实际上，在求解规定组 1 或 2 的问题前，通常要确定最小溶剂-进料流量比。实质上，我们必须对 $N=\infty$ 求解问题规定组 4，这时如同在精馏、吸收和汽提中，在平衡曲线与操作线的挟点处将需要无穷多级。在三元系统中，当联结线与操作线重合时发生挟点；计算略为复杂，因为挟点位置并非总在级联的进料端。如图 8.18 所示，考虑前面的 $A-C-S$ 系统。点 F、S 和 R_N 已规定，但 E_1 未规定，因为溶剂比尚未规定。通过点 S 和 R_N 画出操作线 $\overline{OL}$，并延长到三角形相图的左边和右边。该线是由将 S 加到 R_N 上确定的所有可能的物料衡算的轨迹。然后，通过将每条联结线延长到与 $\overline{OL}$ 线相交判断是否形成挟点。用这种方法可求得一系列交点 P_1、P_2、P_3 等。如果如图 8.18 所示，这些点均位于三角形相图的萃余相侧，那么对应于点 $P_{\min}$ 的挟点位于离 R_N 最大距离处。如果三角形相图没有足够的联结线供精确确定该点位置，那么可通过前述并用图 8.16 表示的方法添加其他联结线。如果我们假定在图 8.18 中没有别的联结线能提供比 P_1 离 R_N 更远的点 P_i，那么 $P_1=P_{\min}$。

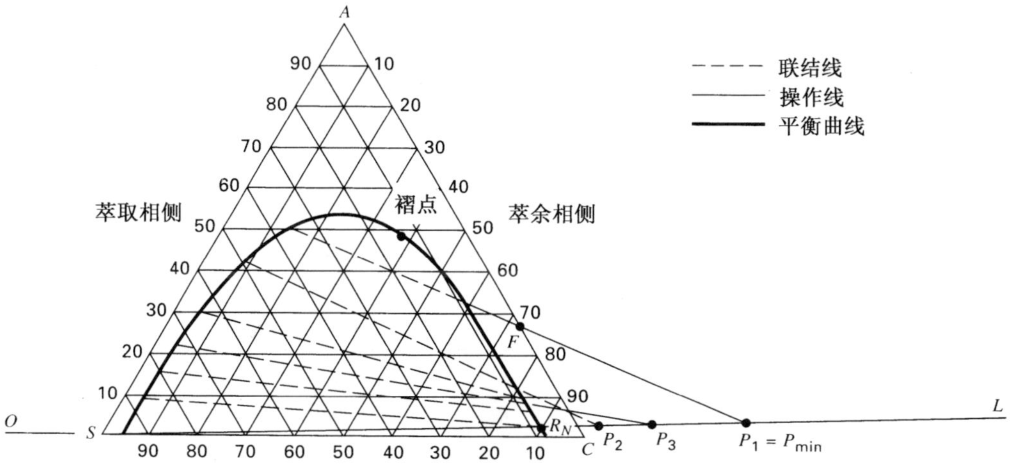

图 8.18　最小溶剂一进料流量比的确定

利用已知的 $P_{\min}$，可通过点 F 画出操作线再延长到与平衡曲线萃取相侧的交点 E_1。由 S、R_N、F 和 E_1 四点的组成，可求得混合点 M，然后可用如下物料衡算求解 $S_{\min}/F$：

$$F+S_{\min}=R_N+E_1=M \tag{8-8}$$

$$(x_A)_F F+(x_A)_S S_{\min}=(x_A)_M M \tag{8-9}$$

由上式得

$$\frac{S_{\min}}{F}=\frac{(x_A)_F-(x_A)_M}{(x_A)_M-(x_A)_S} \tag{8-10}$$

对有限级数中进行的萃取操作必须选择大于 $S_{\min}$ 的溶剂流量。在图 8.18 中，这种溶剂流量导致位于 $P_{\min}$ 右边的操作点，即在离 R_N 更远处。合适的 S 值可能为 $1.5S_{\min}$。由图 8.18 我们可求得$(x_A)_M=0.185$，由此用式(8-10)得到$S_{min}/F=0.30$。在图8.17的例子中，我们采用$S/F=0.40$，给出$S/S_{min}=1.33$。

在图8.18中，联结线向三角形相图萃余相侧下倾。如果联结线向三角形相图萃取相侧下倾，上述求取S_{min}/F的方法必须修改。点P_1、P_2、P_3等现在必须在三角形相图的另一侧求取。但是，现在挟点将对应于最靠近点S的点P_{min}，而操作点P必须在点P_{min}和S之间选择。对表现出溶质奇异切面的系统，将在三角形相图的两侧求得P_1、P_2等点。将用位于萃取相侧的点确定最小溶剂-进料流量比。

在图8.14中，混合点M位于两相区。当该点沿直线$\overline{SF}$向S点移动时，按逆杠杆规则比值S/F将增加。在极限处，当在平衡曲线的萃取相侧达到$M=M_{max}$时，达到S/F的最大值。在该点，全部进料溶解在溶剂中，不能获得萃余液，因而只需一级。为避免这种不实际的情况和无限级数的极端情况，必须选择溶剂比，使$(S/F)_{min}<(S/F)<(S/F)_{max}$。在图8.14中，混合点$M_{max}$的位置被确定，可由此确定$(S/F)_{max}$约为16。

例8.1

用纯水作为溶剂，以图8.19下部的级联从温度为30℃含30%(质量)丙酮和70%(质量)乙酸乙酯的混合物中萃取丙酮。最终的萃余液按无水基准含5%(质量)丙酮。确定最小和最大溶剂-进料比和对两个中间S/F比需要的平衡级数。取自Venkataranam和Rao的论文[28]，并如图8.19所示的平衡数据对应于类型Ⅰ系统，但具有向三角形相图的萃取相向下倾斜的联结线。于是，虽然水是一种方便的溶剂，但相对于乙酸乙酯，水不具备高度溶解丙酮的能力。图8.19的流程图表示了本例所用的符号。另外，确定可进入该萃取器的最大丙酮质量百分比。本例和后面的例8.2主要取自Sawistowski和Smith著作[29]中的分析。

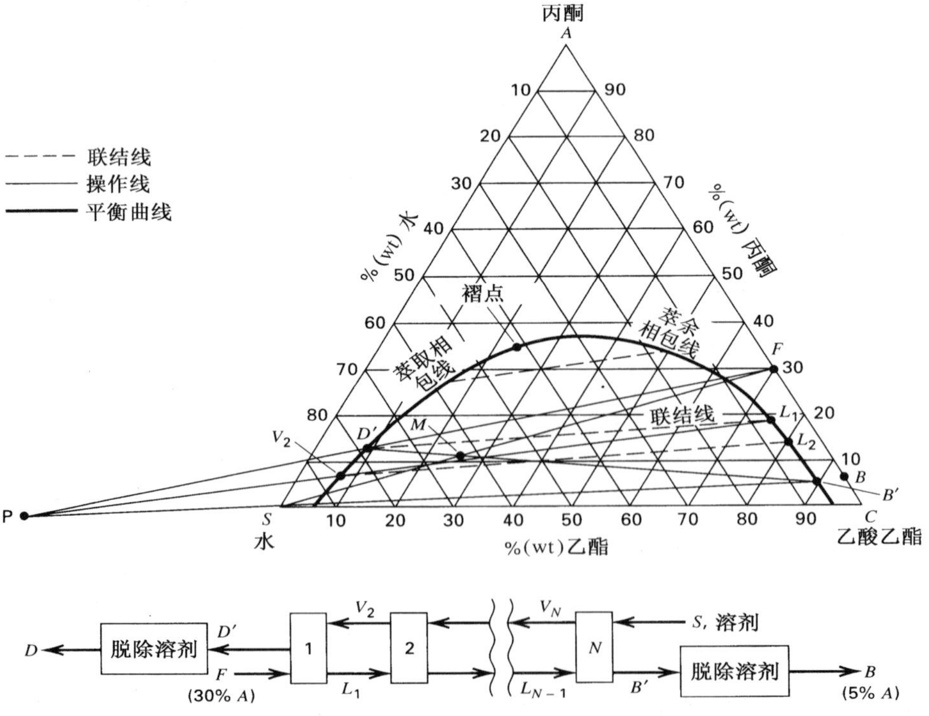

图8.19　采用$S/F=1.75$确定例8.1的级数

解

点 B 代表不含溶剂的最终萃余液。从 B 到 S 画一直线，与平衡曲线萃余相侧的交点 B' 是离开级 N 的实际萃余液组成。

最小 S/F。因为联结线向三角形相图的萃取相向下倾斜，我们寻找最接近 S 的联结线延长线与 $\overline{SB}$ 线的延长线的交点。导致 P_{min} 的联结线如图 8.20 所示。图中未表示上述交点，因为它位于三角形相图左侧很远处。因为该连接线在萃取器进料端，所以萃取液组成 D'_{min} 的确定如图 8.20 所示。对 $(S/F)_{min}$ 的混合点 M_{min} 是直线 $\overline{B'D'_{min}}$ 和 $\overline{SF}$ 的交点。利用逆杠杆规则 $(S/F)_{min}=\overline{FM_{min}}/\overline{SM_{min}}=0.60$。

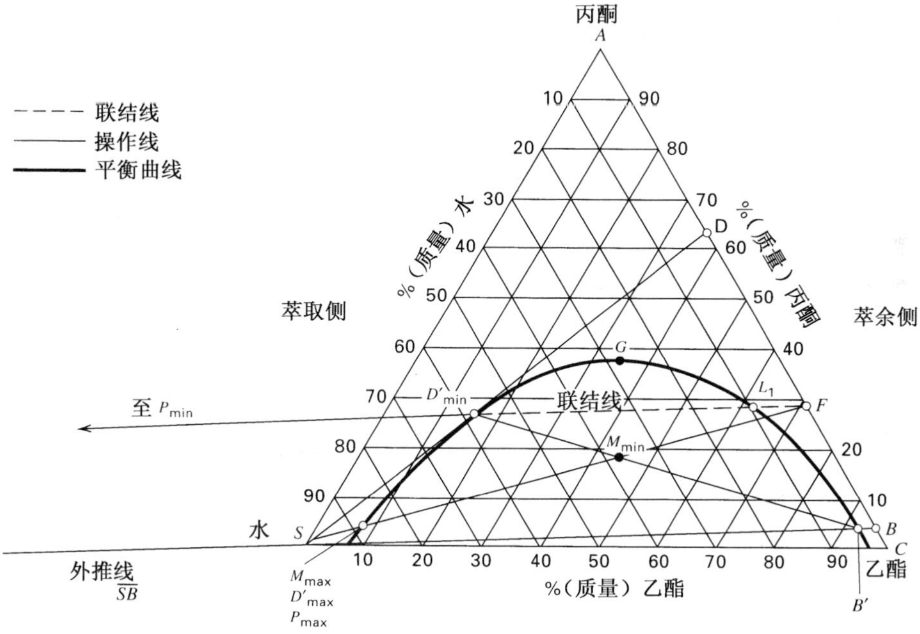

图 8.20　例 8.1 的最小和最大 S/F

最大 S/F。如果将图 8.20 中的点 M 沿直线 $\overline{FS}$ 向 S 移动，交点 $(S/F)_{max}$ 发生在双结点曲线的萃取相侧。利用逆杠杆规则，由直线 $\overline{FS}$，$(S/F)_{max}=\overline{FM_{max}}/\overline{SM_{max}}=12$。

对其他 S/F 比的平衡级数。首先考虑 $S/F=1.75$。在图 8.19 中可由萃取器的物料衡算获得饱和萃取液 D' 的组成，

$$S+F=D'+B'=M$$

对 $S/F=1.75$，可确定点 M 的位置使 $\overline{FM}/\overline{SM}=1.75$。一条直线还必须通过点 D'、B' 和 M。因此，可将 $\overline{B'M}$ 延长到萃取相包线确定 D' 的位置。

流量差点 P 位于三角形相图的左侧。因此，$P=S-B'=D'-F$。这位于直线 $\overline{FD'}$ 和 $\overline{B'S}$ 延长线的交点。

画阶梯确定级数不会产生问题。由点 D' 开始，沿联结线到达 L_1，然后由操作线 $\overline{L_1P}$ 与相平衡包线的交点确定 V_2，其余级可由交替应用联结线和操作线按相同方法确定。为了清晰，图中只表示了第 1 级；总共需要 4 级。

对 $S/F=5(S/F)_{min}=3.0$，用类似方法确定点 M 和画阶梯确定级数给出需要两个平衡级。

汇总之，对逆流级联，我们有

S/F(溶剂/进料比)	0.60	1.75	3	12
N(平衡级数)	∞	4	2	1
x_D(丙酮的质量百分数，不含溶剂)	64	62	50	30

如果进料中丙酮的%(质量)从基准值30%开始增加，进料组成将达到不能萃取的区域，因为不能形成两个平衡液相(不发生相分裂)。该进料组成可由 S 点出发作平衡曲线的切线并与 $\overline{AC}$ 边相交确定。在图8.20中这由点 D 表示。进料组成为64%(质量)丙酮。具有更高丙酮含量的进料不能用水萃取。

8.3.3 直角三角形相图的应用

如第4章中所讨论的，不是等边三角形的相图也可用于进行有关三元液-液系统的计算。如Kinney[27]所说明的，直角三角形相图也可用于进行三元逆流萃取计算；这并不涉及新的原理。缺点是只能标绘两种组分的质量百分组成；在需要时根据总和为100%，通过计算确定第三种组分的百分浓度。直角三角形相图的优点是可采用普通的矩形坐标纸，而且如果需要任何一个坐标均可延长以提高计算精度。

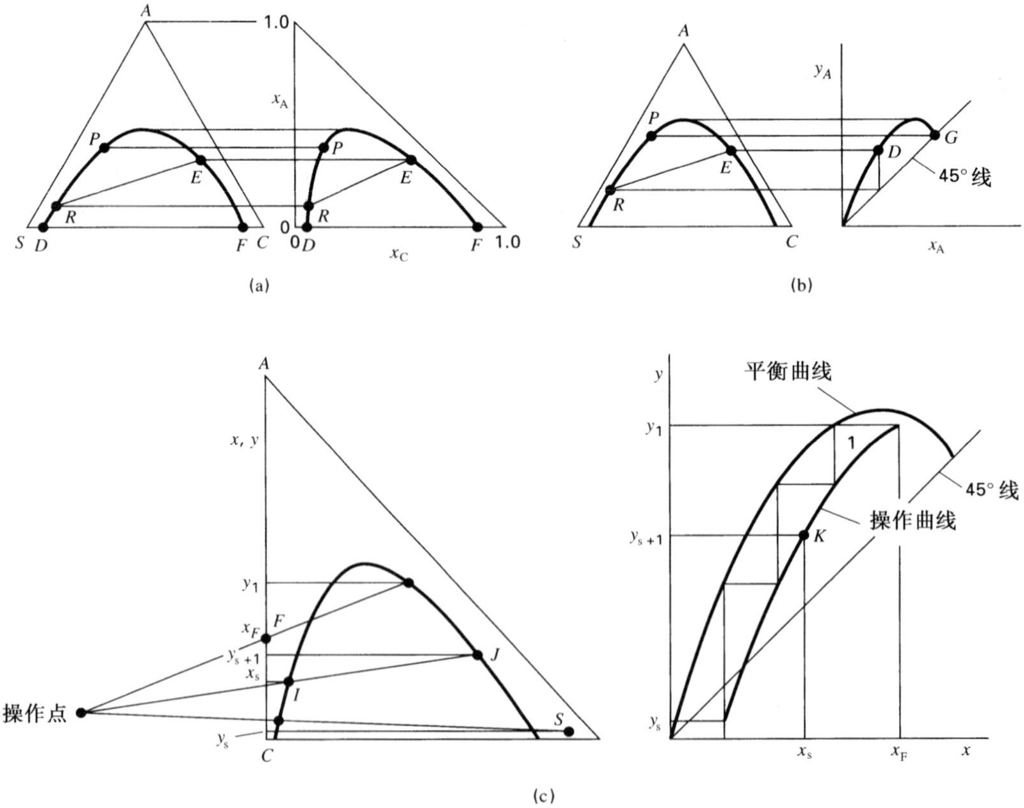

图8.21 由等边三角形相图到其他坐标系的变换

(a) 到直角三角形相图；(b) 到辅助分配曲线；(c) 在辅助McCabe-Thiele图中操作线位置的确定

[经允许复制自R.E. Treybal, *Liquid Extraction*, 2nd ed., McGraw Hill, New York(1963)]

如图 8.21(a)所示，直角三角形相图可由等边三角形相图变换得到，这里两种相图中的坐标均为质量分率或摩尔分率。在等边三角形的平衡曲线上的点 P 和联结线$\overline{RE}$ 变为采用矩形坐标 x_A 和 x_C 的直角三角形相图中的点 P 和联结线$\overline{RE}$，这里 A 为溶质，C 为载液。

对图 8.14 的 $A-C-S$ 系统，考虑图 8.22 的直角三角形相图。S(溶剂)和 A(溶质)用重量(质量)分数 x_i 标绘。例如，点 M 代表液体混合物的总组成($x_A=0.43$，$x_S=0.28$)。通过减法，未表示在相图中的载液浓度 x_C 为 $1-0.43-0.28=0.29$。虽然 x_C 恒定的线包括在图 8.22 中，但通常将这些线略去，因为它们使相图变得杂乱。如同在等边三角形相图中，直角三角形的图 8.22 中也包括双结点曲线，分萃取相和萃余相两侧，以及连结平衡相组成的联结线，而褶点在 $x_A=0.49$。

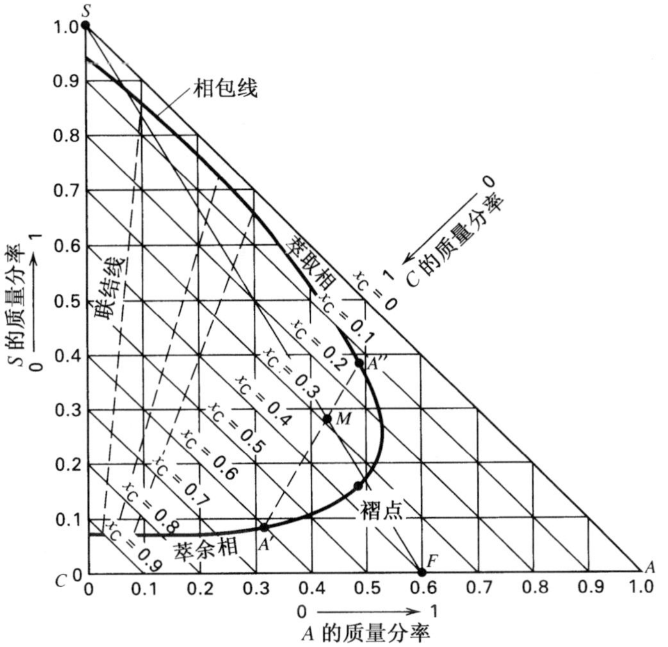

图 8.22　图 8.14 中三元系统的直角三角形相图

因为点 M 落在相平衡包线内，混合物将分成两个液相，其组成由通过点 M 的两个端点 A' 和 A''给出。在本案例中，在 A''的萃取液富含溶质(A)，而溶剂(S)含量交于在 A'的萃余液。

点 M 可能是位于 F 点的流量为 26 100 kg/h 载液 C 中含 60%(质量)A($x_A=0.60$，$x_S=0$)的进料和位于 S 点的流量为 10 000 kg/h 的纯糠醛混合的结果。在达到平衡时，混合物分裂为 A'和 A''表示的两相。点 M 的位置和萃取相及萃余相的数量由与等边三角形相图中相同的混合规则和逆杠杆规则给出。该混合物自发分裂为 11 600 kg/h 萃余相($x_S=0.08$，$x_A=0.32$)和 24 500 kg/h 萃余相($x_S=0.375$，$x_A=0.48$)。

图 8.23 表示一个 n 级逆流级联的一部分，图中 x 和 y 分别为溶质 A 在萃余相和萃取相中的质量分数，而 L 和 V 分别为萃余相和萃取相的总量。级 N 的进料为 $L_{N+1}=180$ kg 在 C 和 S 中含 35%(质量)A($x_{N+1}=0.35$)的饱和混合物，而进入级 1 的溶剂为 $V_W=100$kg 纯 S($y_W=0.0$)。于是，溶剂-进料比为 $100/180=0.556$。这两点被表示在图 8.24 中的直角三角形相图中。L_{N+1}和 V_W的混合点表示为点 M_1，由逆杠杆规则确定。假定离开级 1 的最终

萃余液 L_W 含 0.05 质量分数的丙二醇($x_W = 0.05$)。由总衡算,

$$M_1 = V_W + L_{N+1} = V_N + L_W \tag{8-11}$$

应用混合规则,因为 V_W、L_{N+1} 和 M_1 位于同一直线上,V_N、L_W 和 M_1 必位于同一直线上。而且,因为 V_N 在平衡状态下离开级 N 和 L_W 在平衡状态下离开级 1,这两股物流必定分别在平衡曲线的萃取相侧和萃余相侧。最终得到的点如图 8.24 所示,由图可见最终萃取相中丙二醇的质量分数为 $y_N = 0.34$。

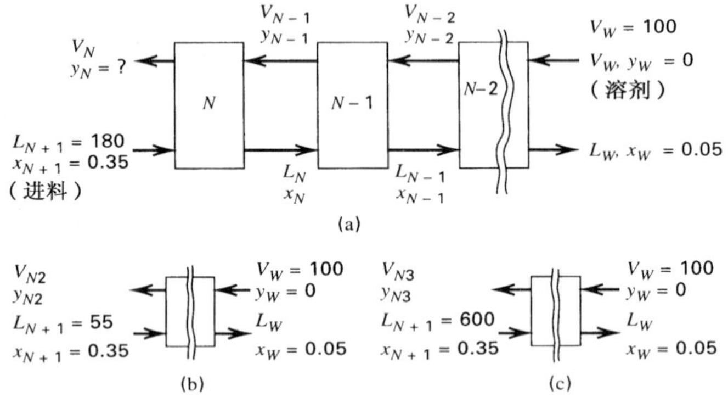

图 8.23　多级逆流接触器

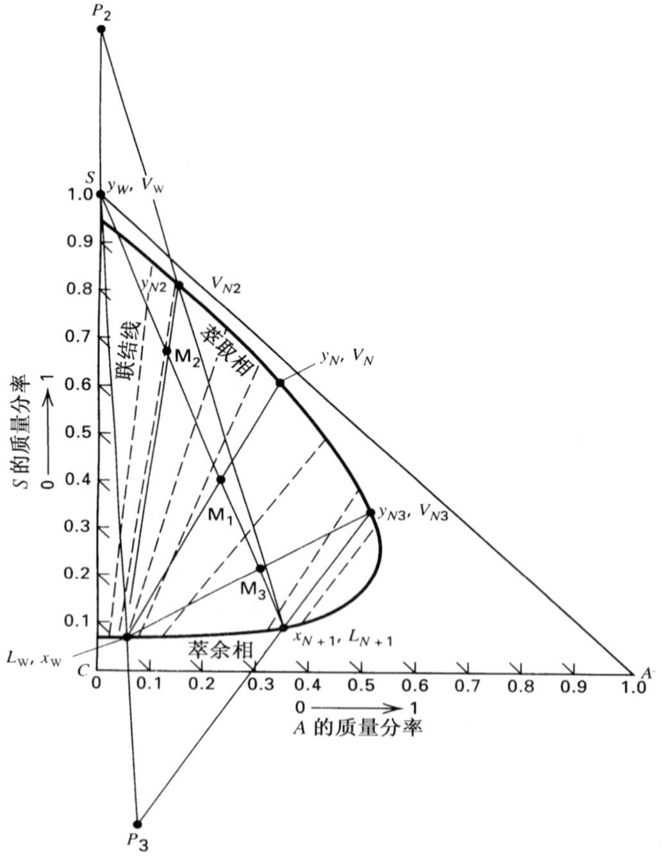

图 8.24　用于图 8.23 中级联的直角三角形相图解法

图 8.23(b)和图 8.23(c)及图 8.24 包括溶剂-进料比的两个附加案例,每个具有相同的溶剂和进料及相同的 x_W 值;

案例	进料 L_{N+1},kg	溶剂 V_W,kg	溶剂-进料比	萃取液符号	混合点
1	180	100	0.556	V_N	M_1
2	55	100	1.818	V_{N2}	M_2
3	600	100	0.167	V_{N3}	M_3

对案例 2,如同在等边三角形相图中,可利用通过物流将差值点 P_2 定义为

$$P_2 = V_{N2} - L_{N+1} = V_W - L_W \tag{8-12}$$

在图 8.24 中该点位于图的顶部,为直线 $\overline{L_W V_W}$ 和 $\overline{L_{N+1} V_{N2}}$ 的交点。对案例 3,差值点 P_3 位于图的底部,为直线 $\overline{L_W V_W}$ 和 $\overline{L_{N+1} V_{N3}}$ 的交点。

以与等边三角形相图相似的方法,交替利用平衡联结线和通过差值点的操作线画阶梯确定图 8.24 的平衡级数。例如,考虑采用高溶剂-进料比 1.818 的案例 2,由级 N 开始画阶梯确定级数,由点 y_{N2} 开始的联结线给出 x_N 的值=0.04。但这已小于 x_W 的规定值 0.05。因此,需要的平衡级数小于一级。

如果对案例 3 画阶梯确定级数,由点 y_{N3} 开始,联结线和操作线重合。即我们遇到了挟点。于是,对该案例溶剂-进料比 0.167 为对应于无限多平衡级的最小溶剂-进料比。

对溶剂-进料比在案例 2 和 3 之间的案例 1,需要的平衡级数在 1 和∞之间。图 8.24①中未画出该案例的差值点和阶梯。发现该差值点位于离三角形很远的地方,因为直线 $\overline{L_W V_W}$ 和 $\overline{L_{N+1} V_N}$ 几乎是平行的。当利用平行于 $\overline{L_W V_W}$ 的操作线画阶梯确定级数时,发现需要的级数在 1 到 2 级之间。

8.3.4 借助 McCabe - Thiele 图的辅助分配曲线的应用

当在一种或两种三角形相图上画阶梯确定的平衡级数较多时,该图将变得杂乱。在这种情况下,将三角形相图与 McCabe - Thiele 法结合使用变得有吸引力。这是由 Varteressian 和 Fenske[30]发明的方法。曾在 4.5 节中讨论,并用图 8.21(b)说明的 $y-x$ 图就是利用萃取相(y_A)和萃余相(x_A)中溶质的质量分数(或摩尔分数)表示的联结线数据标绘的曲线。该曲线由原点开始,终止与该曲线与 45°线交点即褶点。三角形相图中的一条联结线,如 $\overline{RE}$ 成为图 8.25 的平衡曲线上的一个点。

如果将操作线添加到图 8.21(b)的平衡曲线上,第 7 章中 McCabe - Thiele 法所用的画阶梯方法可迅速确定平衡级数。但是,与精馏中因为恒摩尔流假定操作线为直线不同,除了低溶质浓度区域外,三元系统液-液萃取的操作线总是曲线。幸运的是,利用 Varteressian 和 Fenske [30]的下述方法,很容易画出该操作曲线。在等边三角形相图图 8.19 中和直角三角形相图图 8.24 中,平衡曲线与通过差值(操作)点所画直线的交点代表级间物流的组成。于是,对三角形相图中每一条这样的操作线均可确定 $y-x$ 标绘的操作线上的一个点。可随机画出通过差值

① 原文误为图 8.14——译者注。

点的各操作线;它们不需与实际平衡级操作线的通过物流一致。通常有能覆盖预期的萃取级联组成范围的5到6个这种虚拟的操作线交点就足以在 $y-x$ 标绘中确定操作线。例如,在图8.21(c)中,在直角三角形相图中操作线与平衡曲线的交点 I 和 J 变成 $y-x$ 图中操作线上的点 K。图8.25对 $A-C-S$ 系统的 $y-x$ 标绘包括根据图8.24中的数据用这种方法确定的操作线,但所用溶剂-进料比为0.208(比最小值0.167大25%),即 $V_W=100$,$L_{N+1}=480$。在McCabe-Thiele法中由进料端开始画阶梯。可看到结果为几乎正好3个平衡级。

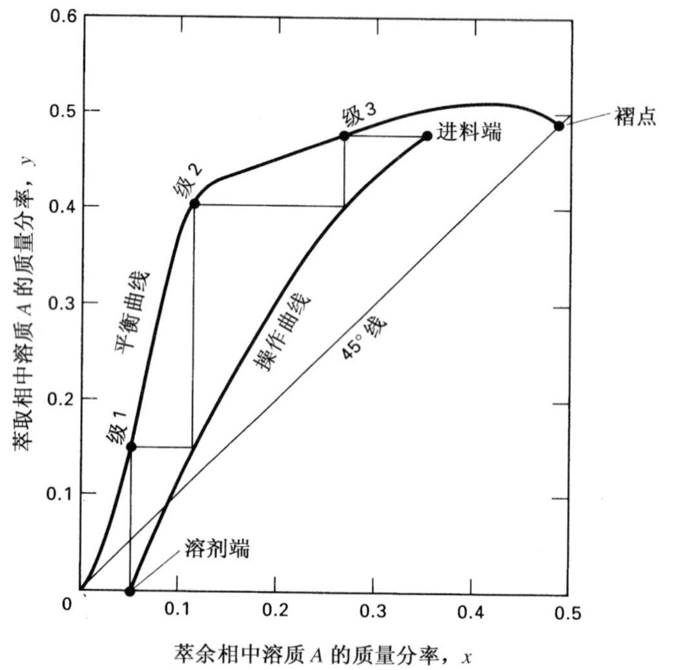

图8.25 对A-C-S系统用McCabe-Thiele法画阶梯确定级数

8.3.5 萃取液和萃余液回流

类似于精馏,图8.13所示的简单单段逆流平衡级级联可进行回流,如图8.26(a)所示。在图8.26(a)中,L 为萃余液流量,而 V 为萃取液流量,从过程的溶剂端开始对各级进行编号。通过将萃取液 V_N 送到溶剂回收级提供萃取液回流 L_R,这将除去大部分溶剂给出富溶质的溶液 L_R+D,再将此溶液分成返回级 N 的萃取液回流 L_R 和溶质产物 D。在级联的另一端,萃余液 L_1 的一部分 B 从物流分流器抽出,再作为萃余液回流 V_B 加入新鲜溶剂 S。其余萃余液 B 送到溶剂脱除级(图中未画出)产生富载液的萃余液产物。当采用萃取液回流时,对应于无限多级数和最小级数的最小回流和全回流状态界定了最优萃取液回流比。萃余液回流不通过溶剂脱除装置,因为新鲜溶剂在级联的这一端加入。但是,必须在级联的富集端从萃取液回流中脱除溶剂。

Randall和Longtin[32]详细考虑了进料在中间级进入的两段液-液萃取和精馏之间的类似性。这种类似性的各个方面列于表8.5。最重要的类似性是萃取中的溶剂(质量分离剂)和精馏中的热量(能量分离剂)起相同作用。

表 8.5　精馏和萃取间的类似

精　　馏	萃　　取	精　　馏	萃　　取
加入热量	加入溶剂	改变压力	改变温度
再沸器	溶剂混合器	D＝馏出液	D＝萃取产物（不含溶剂基准的溶质）
移除热量	回收溶剂	B＝塔底产物	B＝萃余液（不含溶剂基准）
冷凝器	溶剂分离器	L＝饱和液体	L＝饱和萃余液（不含溶剂）
沸点下的蒸气	被溶剂饱和的富溶剂溶液	V＝饱和蒸气	V＝饱和萃取液（不含溶剂）
过热蒸气	溶剂含量超过饱和需要的富溶剂溶液	A＝易挥发组分	A＝回收溶质
低于沸点的液体	溶剂含量低于饱和需要的贫溶剂溶液	C＝难挥发组分	C＝从中萃取 A 的载液
沸点下的液体	被溶剂饱和的贫溶剂溶液	F＝进料	F＝进料
液体和蒸气的混合物	两相液体混合物	x＝液相中 A 的摩尔分数	X＝A 的摩尔或质量比（不含溶剂），$A/(A+C)$
相对挥发度	相对选择性	y＝气相中 A 的摩尔分数	$Y=S/(A+C)$

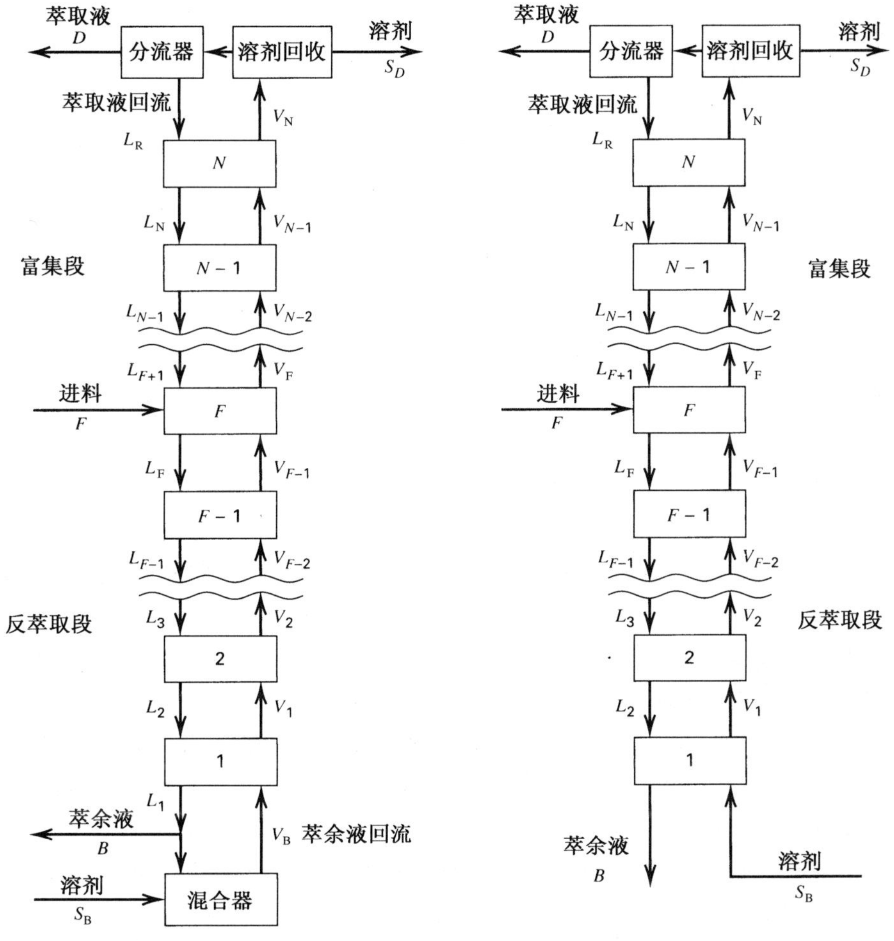

(a)　　　　(b)

图 8.26　有回流的液-液萃取

(a) 萃取液和萃余液同时回流；(b) 只有萃取液回流

Skelland[31]证明萃余液回流的数量不会影响需要的级数，他还断定萃余液回流即使有影响，作用也不大。因此，我们将考虑如图 8.26(b)所示的只有萃取液回流的两段逆流级联。

如图 8.26(b)所示的回流萃取器的分析涉及已开发的方法的比较简单的扩展。但是，如将要说明的，类型Ⅰ系统的结果决定性地取决于进料组成和平衡相图的性质，因此很难得出关于回流影响(甚至可行性)的普遍结论。

对如图 8.26(b)所示的具有萃取液回流的两段级联，可进行第 5 章中曾讨论的自由度分析。当采用的单元为两个逆流级联、一个进料级、一个分流器和一个分离器时，结果为 $N_D=2N+3C+13$。除了四个规定外，其余自由度通常为

变量规定	变量数
每级压力	N
每级温度	N
进料物流流量、组成、温度和压力	$C+2$
溶剂组成、温度和压力	$C+1$
每个组分在分流器中的分流比 (溶剂回收步骤)	C
离开分流器的两股物流的温度和压力	4
分离器的温度和压力	2
	$2N+3C+9$

四个附加规定可取为下列三组之一：

组 1	组 2	组 3
溶剂流量	回流比	溶剂流量
萃取液中的溶质浓度(不含溶剂)	萃取液中的溶质浓度(不含溶剂)	回流比
萃余液中的溶质浓度(不含溶剂)	萃余液中的溶质浓度(不含溶剂)	级数
最优进料级位置	最优进料级位置	进料级位置

在设计一个新的萃取器时对规定组 1 和组 2 特别感兴趣，因为这两组规定处理将进料分成两个具有规定的不含溶剂基准的纯度的产物。规定组 2 类似于用 McCabe - Thiele 图解法设计一个二元精馏塔，在二元精馏塔设计中规定馏出液和塔底产物的纯度、回流比和最优进料位置。对单段级联，对两个关键组分规定进料的分离度是不可行的。与此相反，如同在吸收和汽提中，进料中只有一个组分的回收率被规定。

这将使我们回想起，由于形成恒沸物，对二元精馏产物之一的纯度将受到限制。当采用有萃取液回流的两段级联时，对类型Ⅰ系统可能受到类似的限制，因为褶点将均相的单相区域分成了两个液相区域。这种限制可由三角形相图确定，但它最容易在第 4 章中讨论并表示在图 4.14(e)中的 Janecke 相图中观察到。在图 8.27 中，重复表示了图 8.14 的 $A-C-S$ 系统的液-液平衡数据，图中 A 是溶质，S 是溶剂。在图 8.27(a)的三角形相图中，在有萃取液回流的逆流级联中不含溶剂的最大溶质浓度，可由从纯溶剂点 S 画的双结点曲线的切线$\overline{SE'}$与不含溶剂的组成线$\overline{AC}$的交点确定，在本案例中给出溶质浓度为 83%(质量)。可从图8.27(b)

的 Janecke 相图的双结点曲线上，由作为曲线最右边的点 E' 的横坐标读得同样的数值。

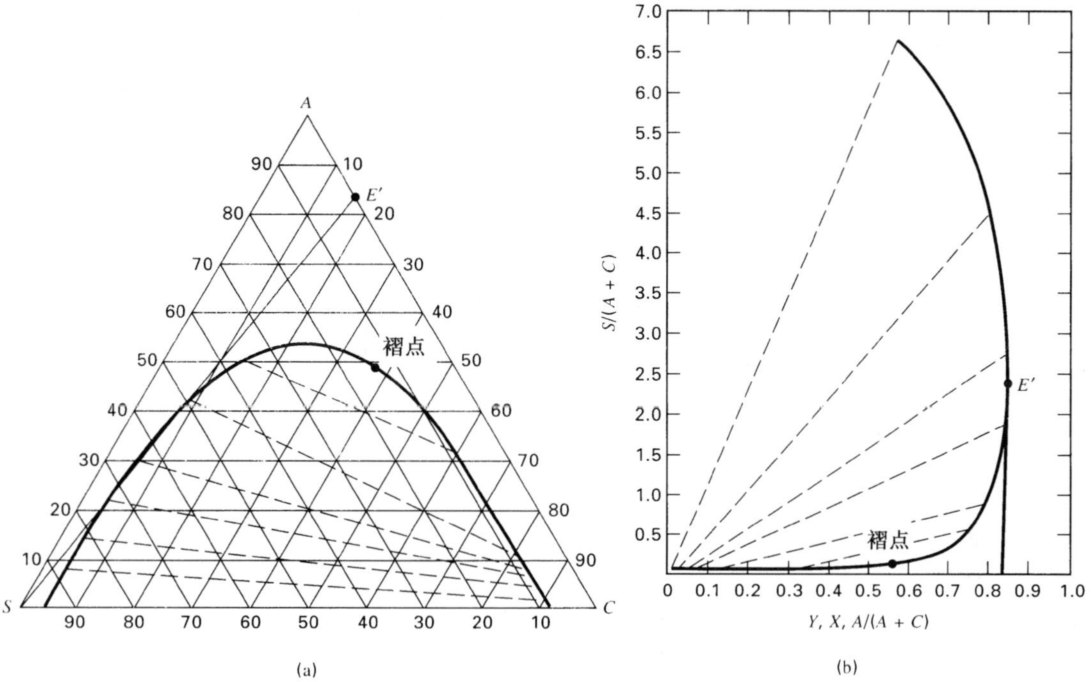

图 8.27　产物纯度的限制

(a) 利用等边三角形相图；(b) 利用 Janecke 相图

没有萃取液回流时，饱和萃取液可达到的不含溶剂的最大溶质浓度对应于与进料平衡的萃取液组成。如果此最大值接近图 8.27 确定的最大值，那么采用萃取液回流将没有多少价值。如下面的例题所说明的，对类型Ⅰ系统往往是这种情况。

例 8.2

例 8.1 中，在单段逆流级联中用纯水作为溶剂从含 30%(质量)丙酮和 70%(质量)乙酸乙酯的混合物中萃取丙酮，获得的萃余液按无水基准含 5%(质量)丙酮。如图 8.20 中的点 D 所示，对应于无限级数的最小 $S/F=0.60$，萃取液中无水基准的最大溶质浓度为 64%(质量)。对四个平衡级的实际 $S/F=1.75$，按无水基准萃取液含 62%(质量)丙酮。于是，对给定的相平衡关系和进料组成，为生产纯度更高(按无水基准)的萃取液而采用萃取液回流是完全没有吸引力的。但是，为说明这种方法，对萃取液回流进行计算。此外，还请确定全回流条件下的平衡级数和最小回流比。

解

对单段逆流级联的情况，如图 8.20 中的点 $D'_{\min}$ 所示，萃取挟点为 57%(质量)水、27%(质量)丙酮和 16%(质量)乙酸乙酯。如果在进料点以上增加平衡级成为如图 8.26(b)中的两段回流级联，如图 8.20 中的点 G 所示，将萃取液中的水含量降低为 28%(质量)左右，在理论上是可能的。但是，不含溶剂(水)的萃取液将不是富含丙酮的[51%(质量)]，这可由通过点 S 和 G 画一直线再延长到与无溶剂线 $\overline{AC}$ 相交确定。

为使本例变得更有兴趣，假定含 50%(质量)水的饱和萃取液是本过程的其他地方所需要的。于是，萃取级联如图 8.28 所示，此级联不同于图 8.26(b)中的级联。二者的差别在于溶剂回收步骤的位置。在图 8.28 中，饱和萃取液产物由点 D'表示。假定 S/F 比为 1.43，这超过例 8.1 中确定的最小溶剂比的两倍。按无水基准，要求的萃余液组成依旧是含 5%(质量)丙酮(图 8.28 中的点 B)，在连接点 B 和 S 的线上的双结点曲线萃余相侧上，这变换为点 B'。

如同对单段级联，在图 8.28 中进入级联的两股物流 S 和 F 的混合点 M 可用逆杠杆规则，或计算 M 的总组成确定，在本案例中为为 59%(质量)水、29%(质量)丙酮和 12%(质量)乙酸乙酯。

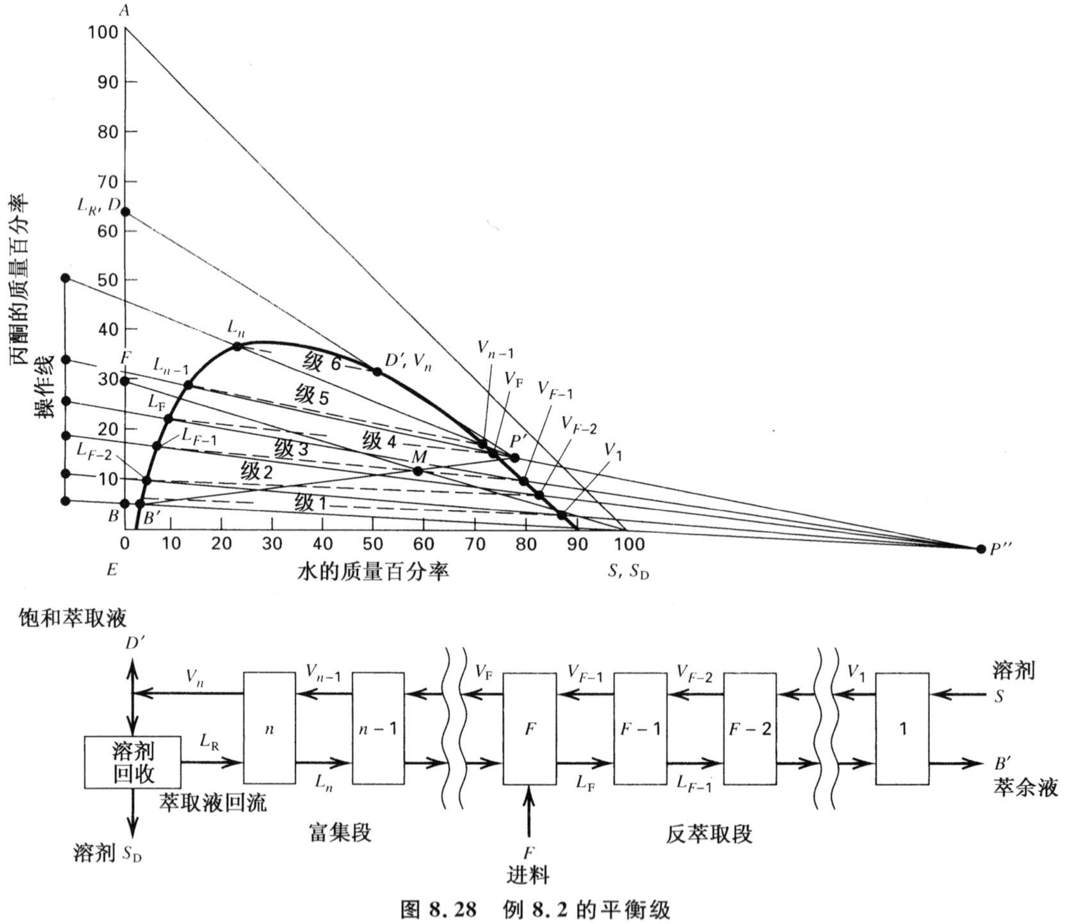

图 8.28 例 8.2 的平衡级

图 8.28 中的级联由进料点左边的富集段和进料点右边的反萃取段组成，萃取液和萃余液分别富集和脱除溶质。每一段都需要差值点或操作点。对富集段和反萃取段这些点分别为 P'和 P''。在图 8.28 级联中的富集段，$P'=V_n-L_R=V_{n-1}-L_n$。但是，由物料衡算，$V_n-L_R=D'+S_D$。因此，$P'=D'+S_D$，即离开级联萃取段的总流量。另外，由总物料衡算，$M=F+S=B'+D'+S_D=B'+P'$。于是，P'必位于通过点 B'和 M 的直线上。为确定该线上点 P'的位置，我们注意到 V_n 具有与 D'相同的组成，而 L_R 即为脱除溶剂后的 D'(点 D)。但是，由上所述，$P'=V_n-L_R$ 或 $V_n=P'+L_R$。于是，点 P'必位于通过点 $V_n(D')$和 $L_R(D)$ 的直线上。于是，如图 8.28 所示，P'为$\overline{B'M}$ 和$\overline{D'D}$ 延长线的交点。

如果注意到 $P''=B'-S=F-D'-S_D=F-P'$，可用类似的方法确定反萃取段的差值点 P'' 的位置。于是，如图 8.28 三角形相图的右边所示，P'' 必为 $\overline{FP'}$ 和 $\overline{B'S}$ 延长线的交点。

现在可用通常的方法由点 V_n 开始，并利用差值点 P' 画阶梯直到操作线越过进料线 $\overline{FP'}$ 确定级数。再由此开始，利用差值点 P'' 画阶梯直到达到或超过萃余相组成确定级数。在图 8.28 中，可见需要 6 个平衡级，富集段为 2 个平衡级，而反萃取段为 4 个平衡级。进料由从左边开始计数的第 3 级进入。

在本例中回流比被定义为 $(V_n-D')/D'=(L_R+S_D)/D'$，可确定如下。由上所述可知，$P'=D'+S_D$。因此，利用混合规则，$S_D/D'=\overline{D'P'}/\overline{S_DP'}$。通过物料衡算，$V_n-D'=L_R+S_D$。因此，

$$\frac{V_n-D'}{S_D}=\frac{L_R+S_D}{S_D}=\frac{\overline{L_RS_D}}{\overline{L_RD'}}$$

和

$$\frac{V_n-D'}{D'}=\left(\frac{S_D}{D'}\right)\left(\frac{V_n-D'}{S_D}\right)=\left(\frac{\overline{D'P'}}{\overline{S_DP'}}\right)\left(\frac{\overline{L_RS_D}}{\overline{L_RD'}}\right)$$

通过对图 8.28 进行测量 $(V_n-D')/D'=1.2\times2.0=2.4$。该回流比仅对选择的溶剂-进料比 1.43 有效。

接着，我们考虑对应最小级数的全回流情况。参考图 8.29 的等边三角形相图，出口物流组成如前述规定或计算。对于丙酮，我们已有在 F 中为 30%(质量)，在 B' 中为 4.9%(质量)，在 D' 中为 33%(质量)，和在 L_R 中为 62%(质量)。如同在图 8.20 中单段级联的情况，随着溶剂-进料比增加，混合点 $M=F+S$ 向纯溶剂顶点移动。在达到最大溶剂加入量时，M 位于通过 F 和 S 的直线与双结点曲线萃取相侧的交点处。差值点 P' 和 P'' 也向 S 移动，因为 $P'=D'+S_D$，在全回流条件下趋近 S_D 和 $P''=F-P'$，回想在全回流条件下 $F=D'=0$，所以 P'' 趋近 P'。如图 8.29 所示，从顶点 S 开始画阶梯最小平衡级数为 3。

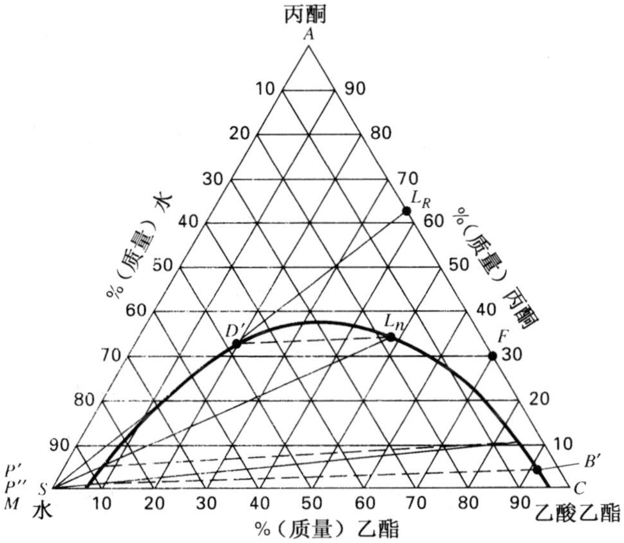

图 8.29　例 8.2 的全回流和最小级数

最后，我们考虑无限多级数时的最小回流比，这对应于最小溶剂比。随着溶剂比减小，点 M

向进料点 F 移动，而点 P'' 则离开双结点曲线。还有，点 P' 向 V_n 移动。最后，S/F 比达到使富集段或反萃取段的操作线与联结线重合，给出挟点，因此需要无限多级。通常，这发生在通过进料点的联结线的延长线上。在本案例中，给出最小回流比为 0.6，相当于最小 S/F 比为 0.75。

8.4 Maloney - Schubert 图解平衡级法

对如图 8.10(b)所示的类型Ⅱ三元系统，特别需要采用有萃取液回流的两段级联。如果不存在褶点，两相区域将扩展跨越整个溶质浓度。于是，虽然对类型Ⅰ系统如图 8.27 所示，萃取液中不含溶剂的溶质浓度有限制，但对类型Ⅱ系统，则没有这种限制。因此，利用萃取液回流在溶质(A)和载液(C)之间达到要求的清晰分离是可能的。

当采用回流时，可能需要很多级，应用三角形相图往往是不方便的。与此相反，可应用 McCabe - Thiele 图。另一种选择是，前面在图 4.14(e)中所示的，通常与分配图相结合的 Janecke 图，则已被证明是有用的。在采用方便的矩形坐标的 Janecke 图中，以无溶剂基准的溶剂浓度，即 $\%S/(\%A+\%C)$ 为纵坐标，和以无溶剂基准的溶质浓度，即 $\%A/(\%A+\%C)$ 为横坐标进行标绘。Janecke 图类似于焓-浓度图，这与表 8.5 中精馏-萃取的类似性是一致的，在该表中用溶剂浓度代替焓，因为质量分离剂代替了能量分离剂。Maloney 和 Schubert[33]对这种图在采用回流的类型Ⅱ系统的液-液萃取中的应用作了详尽考虑，他们采用了无溶剂基准的 McCabe - Thiele 型的辅助分配图，以帮助清楚呈现各平衡级。这种方法也称为用于萃取的 Ponchon - Savarit 法。不同于第 7 章结尾简略提及的用于精馏的需要焓和汽-液平衡数据的类似方法，用于萃取的这种方法只需要三元系统的液-液溶解度数据，这类数据远比汽-液相焓和平衡结合的数据常见。因此，尽管已开发了严格的计算机辅助方法，用于萃取的 Ponchon - Savarit 法依旧有用，而用于精馏的类似方法则迅速退出流行。Janecke 图虽然也可用于类型Ⅰ系统，但当载液和溶剂高度不互溶时其应用将变得困难，因为得到的纵坐标值可能变得非常大。

利用 Janecke 图，以类似于三角形相图所用的方法画出联结线、混合点、操作点和操作线[33]。考虑如图 8.26(b)所示的有回流的类型Ⅱ系统萃取的情况。代表性的 Janecke 图如图 8.30 所示，图中所有流量均为不含溶剂基准的，而下列萃取相和萃余相的无溶剂浓度均以 Janecke 坐标为基准：

$$Y=\frac{\text{溶剂质量}}{\text{不含溶剂的液相质量}}$$

$$X=\frac{\text{溶质质量}}{\text{不含溶剂的液相质量}}$$

纵坐标 Y 的值，根据溶质和载液在溶剂中的溶解度可在宽范围内变化，尤其对饱和萃取相。横坐标 X 的值在 0 到 1 之间变化（纯载液到纯溶质）。平衡联结线关联饱和萃取相和饱和萃余相的浓度。进料 F 的 Y 位置在零与饱和萃余曲线之间。离开级 N 脱除溶剂前的萃取液 V_N 富集溶质，位于饱和萃取曲线上。脱除溶剂后，萃取液 D 和萃取液回流 L_R 具有相同组成，位于 $Y=0$ 的水平线上。从级联中除去的溶剂 S_D 假定为纯的。离开级 1 的萃余液 L_1 富集载液，位于饱和萃余曲线上。进入级联的溶剂 S_B 假定为纯的。

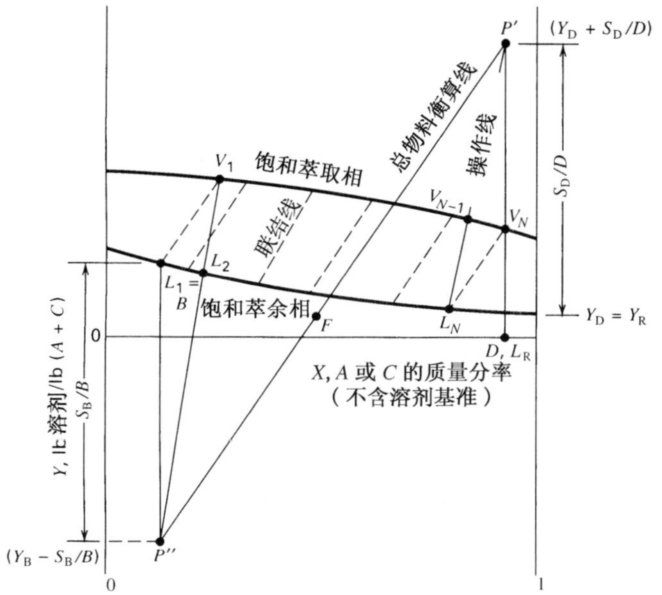

图 8.30　Janecke 图图解确定平衡级

点 P' 和 P'' 分别为富集段和反萃取段的差值点或操作点。P' 和 P'' 的位置可如下确定：参考图 8.26(b)，利用级间物流，对溶剂回收步骤分别进行不含溶剂的物流和溶剂的物料衡算，

$$V_N - L_R = D \tag{8-13}$$

$$Y_{V_N} V_N - Y_L L_R = S_D + Y_D D \tag{8-14}$$

对位于图 8.26(b)中进料级 F 以上的从顶部级到级 n 的级联段的溶剂差值衡算，我们得到，

$$Y_{V_n} V_n - Y_{L_{n+1}} L_{n+1} = S_D + Y_D D \tag{8-15}$$

于是，进料级以上富集段中任何两股级间物流间的溶剂流量差为 $S_D + Y_D D$。如果将式(8-13)和式(8-14)结合消去 V_N，我们得到

$$\frac{L_R}{D} = \frac{(Y_D + S_D/D) - Y_{V_N}}{Y_{V_N} - Y_D} \tag{8-16}$$

在图 8.30 中$(Y_{V_N} - Y_D)$是点 V_N 和(D, L_R)间的垂直距离。图 8.30 中的差值点 P' 变成$(S_D + Y_D D)$除以 D 给出$(Y_D + S_D/D)$，即

$$P' = Y_D + S_D/D \tag{8-17}$$

和

$$L_R/D = \overline{P'V_N}/\overline{V_N L_R} \tag{8-18}$$

类似的，对反萃取段可表示为

$$P'' = Y_B - S_B/B \tag{8-19}$$

$$D/B = \overline{FP''}/\overline{P'F} \tag{8-20}$$

以类似于三角形相图的方法，从萃取液 D 或萃余液 B 开始，交替使用操作线和联结线画阶梯确定级数。例如，在图 8.30 中，我们可由级联顶端的萃取液 D 开始，画阶梯确定富集段的级数。D、L_R 和 V_N 的无溶剂基准的溶质组成是相同的。于是，通过物流 L_R 和 V_N 的操作线是通过差值点 P' 的垂直线。由饱和萃取液曲线上的点 V_N 开始，循向下的联结线到萃余

相 L_N。联结 P' 和 L_N 的操作线与萃取液曲线相交于级间物流 V_{N-1}。可以类似的方法画阶梯直到加料级确定富集段的后续各级。加料级的最优位置可用类似于 McCabe－Thiele 法中精馏段和提馏段操作线交点的方法确定。在 Janecke 图上，如图 8.30 所示，该交点是通过进料点的直线 $\overline{P'P''}$。于是，当某一级的平衡联结线越过直线 $\overline{P'P''}$，从富集段(利用差值点 P')转到反萃取段(利用差值点 P'')。在确定进料级位置以后，再画阶梯确定反萃取段的其余各级，直到达到或超过要求的萃余液产物的不含溶剂浓度。

Janecke 图也可用于确定全回流(最小级数)和最小回流(无限级数)这两种极限情况。对全回流，因为 $F=D=B=0$，差值点 P' 和 P'' 分别位于 $Y=+\infty$ 和 $-\infty$。于是，所有操作线成为垂直线，而可用图 8.31(a)说明的方法画阶梯确定最小级数。

对最小回流的情况，可在进料级或其他某一级的位置搜索到挟点条件。在假定挟点位于进料级的图 8.31(b)中，画出与通过进料点 F 的联结线重合的操作线确定点 P' 和 P''。为确定进料级是否存在挟点，将进料级联结线右边的联结线延长到与通过 D 的垂直线相交。如果存在较高处的交点，那么 P' 可能是最小回流比的正确的差值点 $P'_{\min}$。用类似的方法，将进料级联结线左边的联结线延长到与通过 B 的垂直线相交。如果存在较低处的交点，那么 P'' 可能是确定最小回流比的因子。前一种情况如图 8.31(c)所示，图中 P' 高于 P'_1。于是，$P'=P'_{\min}$。在任何情况中，一旦控制的 P' 或 P'' 被确定，通过 F 的直线将确定另一个差值点，并可用 $P'_{\min}$ 由式(8－18)计算最小回流比。

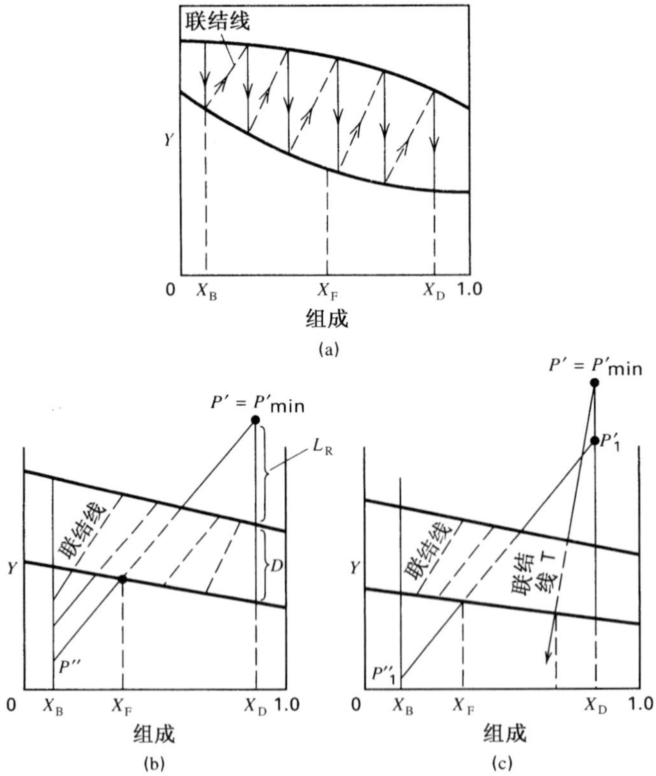

图 8.31　Janecke 图上的极限情况

(a) 全回流时的最小级数；(b) 由通过进料点的联结线确定的最小回流；

(c) 由进料点右边的联结线确定的最小回流

例 8.3

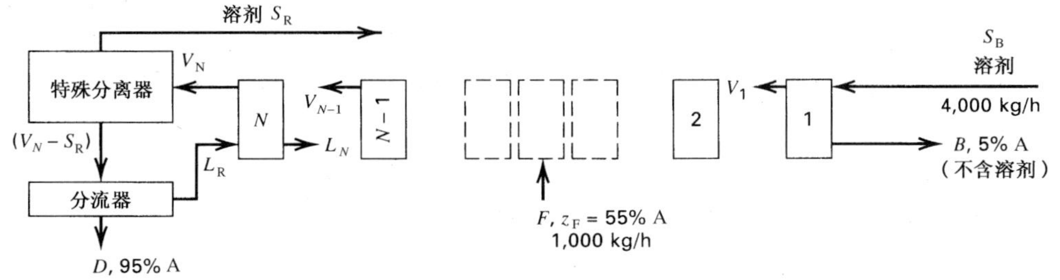

图 8.32　例 8.3 的有萃取液回流的逆流萃取级联

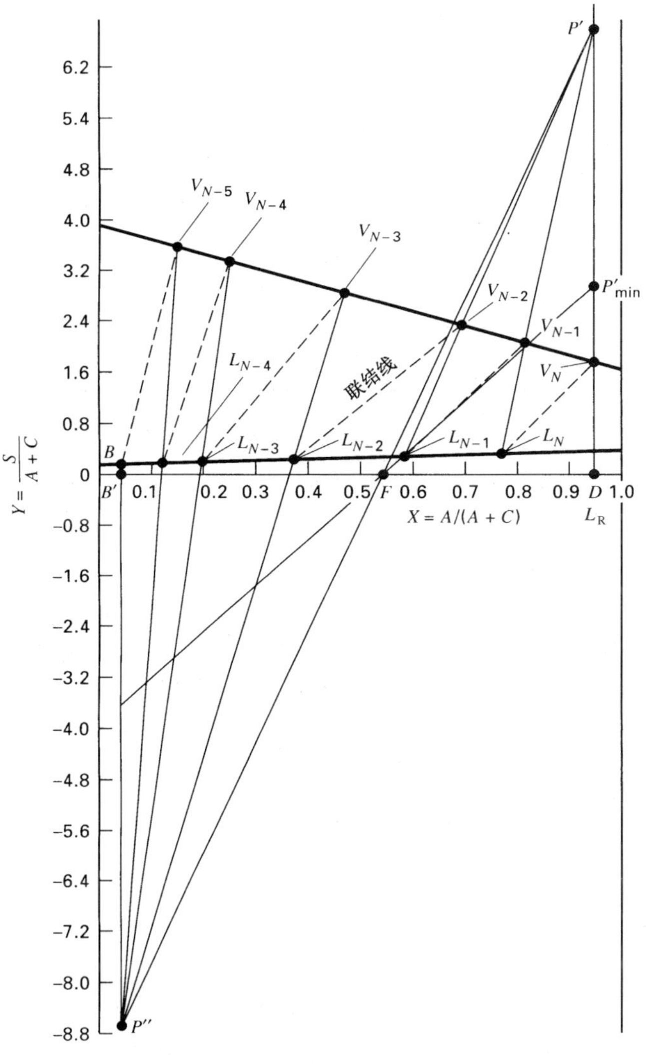

图 8.33　Janecke 图上求解例 8.3 的 Maloney - Schubert 图解法

如图 8.32 所示，一个设有提供萃取液回流的溶剂清晰分离器的逆流萃取级联，用于将甲基环戊烷(A)和正己烷(C)分离成按无溶剂基准分别含 95%(质量)和 5%(质量)A 的萃取液和萃余液，所用溶剂为苯胺(S)。进料流量为 1000kg/h，含 55%(质量)A，而溶剂与进料的质量比为 4.0。进料中不含苯胺，而新鲜溶剂是纯的。循环溶剂也假定为纯的。平衡曲线和联结线在图 8.33 中给出。

(a) 确定回流比和级数。萃取器温度和压力下的平衡数据以质量单位表示在图 8.33 的 Janecke 图上。

(b) 对规定的不含溶剂萃取液和萃余液组成，确定最小级数。

(c) 对规定的进料和产物组成，确定最小回流比。

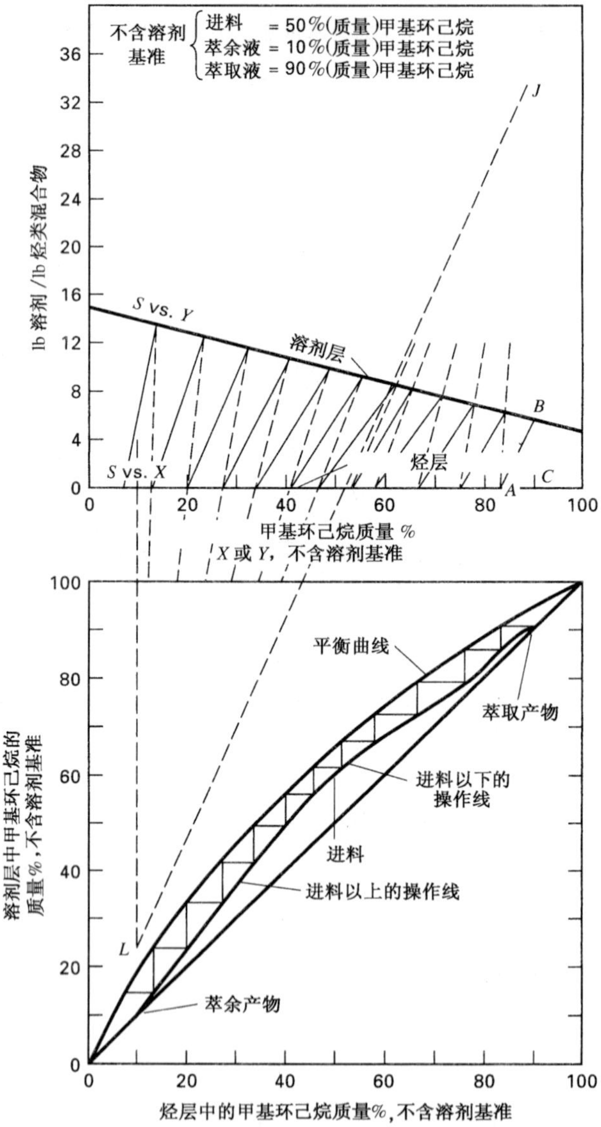

图 8.34　借助辅助分配图的 Janecke 图的应用

[取自 *Chemical Engineers' Handbook*，5th ed.，R. H. Perry and C. H. Chilton，Eds.，McGraw Hill，New York (1973)]

解

(a) 首先，通过物料衡算确定所有产物流量。溶质加载液的总物料衡算给出 $D+B=1000$ kg/h，溶质衡算给出 $0.95D+0.05B=0.55\times1000=550$kg/h

联立求解上述两个方程给出 $D=556$kg/h 和 $B=444$kg/h。因为 $S_B=4000$ kg/h，所以 $S_B/B=9.0$。在图 8.30 中，点 P'' 的位置被确定在点 B 的萃余液组成 X_B 以下距离 S_B/B 处。因为由图 8.33 知点 B 的 Y 为 0.3，确定点 P'' 的位置为 $0.3-9.0=-8.7$。

画出通过 P'' 和 F 的直线，并延长到与通过 D 的垂直线相交，给出 $P'=6.7$。通过图 8.33的测量，利用式(8-16)得 $L_R/D=3.7$。

在图 8.33 中，由点 D 开始画阶梯确定级数。在第 3 级($N-2$)处，联结线越过 $\overline{P''FP'}$。于是，这是最优进料级。要达到 B 还需要 3 级，给出总平衡级数为 6。

(b) 如果将图 8.31(a)所示的确定最小级数的作图法用于图 8.33，确定最小级数恰好小于 5 级。

(c) 如果将图 8.31(b)所示的确定最小回流比的作图法用于图 8.33，获得 $P'=2.90$。在任何一段都没有其他联结线给出更大的数值。因此，$P_{min}=2.9$。通过测量，由式(8-18)得 $(L_R/D)_{min}=0.83$。采用图 8.30 所示的作图法，求得相应的 $(S_B/B)_{min}$ 为 4.2。于是，$(S_B)_{min}=4.2\times444=1865$ kg/h 或 $(S_B/F)_{min}=1865/1000=1.865$。

对本例，采用较高的回流比和相应的溶剂-进料比以使需要的平衡级数较少。当平衡级数多时，Janecke 图由于操作线和联结线多而变得混杂。在这种情况中，如上所述，可由 Janecke 图上的辅助操作线，利用已确定的富集段和反萃取段操作线上的各点，在辅助的 McCabe - Thiele 图中将萃取液层中溶质的质量分率对萃余液层中溶质的质量分率(二者均为不含溶剂的)进行标绘。可用 McCabe - Thiele 法的方式画阶梯确定级数。利用这种辅助的 McCabe - Thiele 图的 Janecke 图的例子如取自 Maloney 和 Schubert 论文[33]的图 8.34 所示。

8.5　萃取器性能的理论和放大

用 8.3 节和 8.4 节所述的方法估计平衡级数后，可利用图 8.8 所述的方法选择合适的萃取设备。通常，在混合器-沉降器级联和有机械搅拌的多室塔型萃取器之间进行选择，主要考虑是需要的级数，可获得的占地面积和净空高度。下面介绍估算这两类通用萃取器尺寸和所需功率的方法。没有机械搅拌的塔设备也将予以考虑。

8.5.1　混合-沉降装置

由实验室或中试设备的间歇或连续运转进行放大可最精确地确定混合-沉降装置的尺寸。但是，也可利用现有理论和经验关联式进行初步尺寸计算。Flynn 和 Treybal[34]的实验数表明当液相黏度小于 5cP，而且两个液相的比重差大于 0.10 时，当单位混合器体积采用的搅拌功率输入达到 1 000ft・lbf/(min・ft^3)(4hp/1000gal)时，混合容器中两个液相达到至少 90%的级效率所需的平均停留时间可短到 30s，通常不会超过 5min。

根据 Ryan、Daley 和 Lowrie[35]报道的实验，沉降器的处理能力可以每平方英尺相分离面积的萃取液和萃余液的综合流量 C gal/min 表示。对水平的长度为 L、直径为 D_T的圆筒形容器，L 对 D_T的经济比例约为 4。于是，如果确定相界面位于容器中部，分离面积为 $D_T L$ 或 $4D_T^2$。Happel 和 Jordan[36]给出的典型 C 值为 5 左右。通常，沉降容器将大于混合容器，如下面的例题就是这种情况。

例 8.4

在一系列逆流操作的离散式混合-沉降器中，用甲苯为溶剂从稀水溶液中连续萃取苯甲酸。进料和溶剂的流量分别为 500 和 750gal/min。假定在每个混合器中的停留时间 t_{res} 为 2min，而沉降容器的能力为 5gal/(min・ft^2)，估算：

(a) 混合器的直径和高度，假定 $H/D_T=1$；

(b) 混合器的搅拌功率；

(c) 沉降器的直径和长度，假定 $L/D_T=1$；

(d) 沉降器的停留时间，以分钟表示。

解

(a) Q＝总流量＝$500+750=1250$ gal/min，

V＝体积＝$Qt_{res}=1250\times2=2500$ gal 或 $2500/7.48=334\text{ft}^3$，

$V=\pi D_T^2 H/4$，$H=D_T$，于是 $V=\pi D_T^3/4$，

$D_T=(4V/\pi)^{1/3}=[(4\times334)/3.14]^{1/3}=7.52\text{ft}$ 和 $H=7.52\text{ft}$，

(b) 功率＝$4\times2500/1000=10\text{hp}$，

(c) $D_T L=1250/5=250\text{ft}^2$；$D_T^2=250/4=62.5\ \text{ft}^2$，

$D_T=7.9\text{ft}$；$L=4D_T=4\times7.9=31.6\text{ft}$，

(d) 沉降器体积＝$\pi D_T^2 L/4=3.14\times7.9^2\times31.6/4=1548\ \text{ft}^3$ 或 1548×7.48
$=11580\text{gal}$，

$t_{res}=V/Q=11580/1250=9.3\text{min}$。

一种典型的单室液-液萃取混合容器如图 8.35 所示。容器是密闭的，设有位于底部的两液相进口和位于顶部的以两液相的乳浊液形态离开的出口。虽然，图 8.35 所示为平底封头，但为消除静止液体区域，图 8.2 所示的圆形封头被优先采用。必须从容器中抽空空气或其他气体，以避免存在气-液界面。

采用位于中心的从图 8.3 所示的各种形式的搅拌器中选择的适当的搅拌器实现混合。例如，可如图 8.35 所示选择平桨涡轮。单个涡轮是适当的，除非容器高度大于容器直径，在这种情况中可采用装有两个或两个以上涡轮的分室容器。当容器为敞口时，必须采用垂直的侧挡板，以防止在气-液界面处形成涡流。对装满液体的密闭容器，不会发生涡流。尽管如此，即使在密闭容器中通常也设置挡板，以尽量减小涡流和改善循环方式。虽然没有关于容器和涡轮几何尺寸的标准，下列参考图 8.35 的比例可为液-液搅拌提供良好的分散性能：

涡轮的桨叶数＝6

垂直挡板数＝4

$$H/D_T=1;\ D_i/D_T=1/3;$$

$$W/D_T=1/12 \quad \text{和} \quad H_i/H=1/2$$

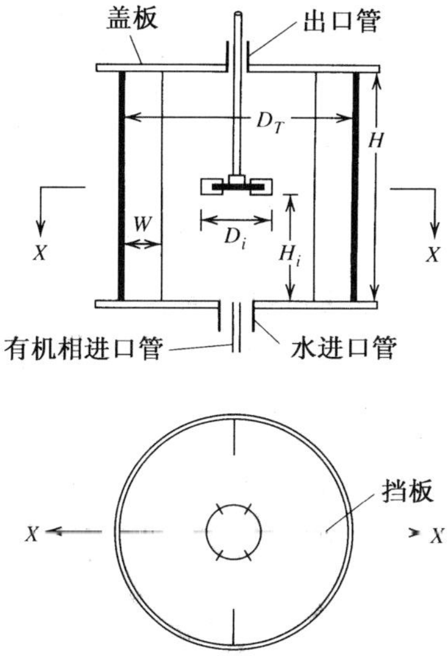

图 8.35　设有平桨涡轮和挡板的搅拌容器

为在混合容器中达到高萃取级效率——例如，在 90%和 100%之间——必须提供相当强烈的搅拌。对给定的搅拌器形式和容器-搅拌器几何尺寸，可用利用功率数 N_{Po} 的经验关联式估计搅拌器的功率 P，而功率数取决于搅拌器的雷诺数 N_{Re}，这里

$$N_{Po}=\frac{Pg_c}{N^3D_i^5\rho_M} \tag{8-21}$$

$$N_{Re}=\frac{D_i^2N\rho_M}{\mu_M} \tag{8-22}$$

搅拌器雷诺数是惯性力与黏性力之比：

$$惯性力\propto(ND_i)^2\rho_M D_i^2$$

$$黏性力\propto\frac{\mu_M(ND_i)D_i^2}{D_i}$$

式中 N＝搅拌器转速。于是，搅拌器雷诺数中的特征长度为搅拌器直径，而特征速度是 ND_i＝搅拌器圆周速度。

搅拌器功率正比于由搅拌器产生的液体体积流量与单位体积液体的外加动能。结果为

$$P\propto(ND_i^3)[\rho_M(ND_i)^2/2g_c]$$

此式可改写为式(8－21)，这里比例常数为 $2N_{Po}$。搅拌器雷诺数和功率数(也称为牛顿数)都是无量纲数组。于是，可采用任何一致的单位组。搅拌容器的功率数用于与流体通过管道的摩擦因子相同的目的。对取自 Rushton 和 Oldshue 论文[37]的图 8.36(a)中的典型混合搅拌器，可对宽范围的搅拌器雷诺数对此予以说明。上面的曲线 $ABCD$ 属于有挡板的容器，而下面的曲线 ABE 属于没有挡板的容器。在低雷诺数区域 AB 内，黏性力占主导地位，搅拌器功率正比于 $\mu_M N^2 D_i^3$。如果没有挡板和功率数关联由曲线 BE 给出，在雷诺数超过约 200 的某处，将会出现涡流。在此区域内，作为惯性力与重力的比值的佛鲁特数，$N_{Fr}=N^2D_i/g$，也可成为一个因素。当有挡板存在，而雷诺数大于约 1000 时，达到存在充分发展的湍流的区域 CD。现在，惯性力占主导地位，而功率正比于 $\rho_M N^3 D_i^5$。显然，在湍流区

域添加挡板大大增加了功率需求。

在采用六桨平桨涡轮的有挡板容器里，液-液混合的实验数据的关联，如取自 Laity 和 Treybal 研究[38]的图 8.36(b)所示。搅拌器雷诺数的范围只覆盖湍流区域，在该区域中可达到有效的液-液混合。实线表示单相液体的间歇混合。数据点表示液-液混合，可见用下两式计算两相混合物的性质，实验数据与单相曲线高度一致：

$$\rho_M = \rho_C \phi_C + \rho_D \phi_D \tag{8-23}$$

$$\mu_M = \frac{\mu_C}{\phi_C}\left(1 + \frac{1.5\mu_D \phi_D}{\mu_C + \mu_D}\right) \tag{8-24}$$

式中 ϕ 是容器中某液相的体积分数，而下标 C 指连续相，D 指分散相，于是 $\phi_C + \phi_D = 1$。当对从容器底部的进口到容器顶部的乳浊液出口间的连续流动进行测量，而搅拌器位于静止时的液-液界面上方时，数据可用图 8.36(b)中的曲线关联。

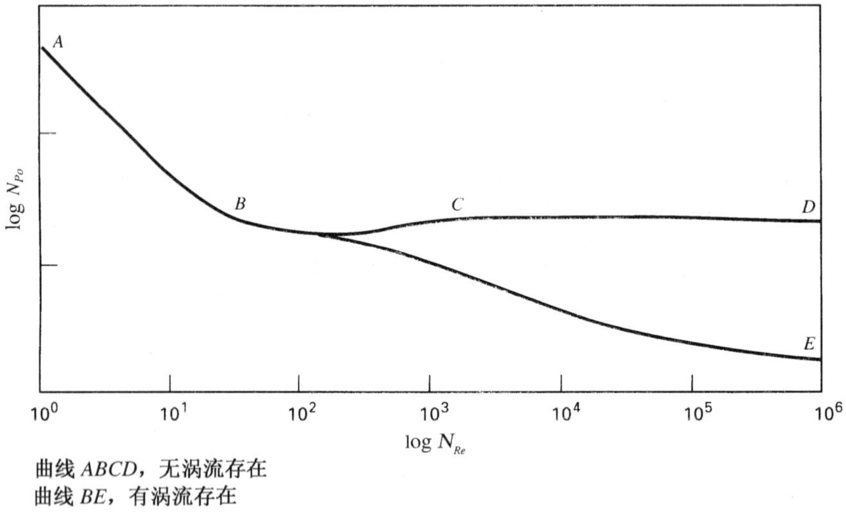

(a)

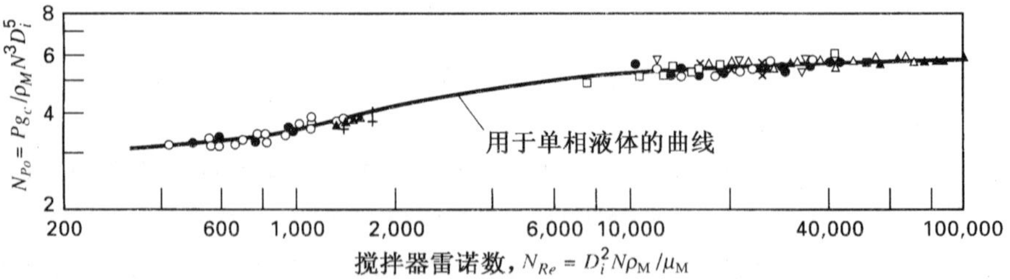

(b)

图 8.36 搅拌容器的功率消耗

(a) 典型功率特性[取自 J. H. Rushton and J. Y. Oldshue. *Chem. Eng. Prog.*, 49, 161—168 (1953)]

(b) 六桨平桨涡轮无涡流时的功率关联[取自 D. S. Laity and R. E. Treybal, *AIChE J.*, 3, 176—180 (1957)]

对于充分发展的湍流，容器中分散相的体积分数接近进料中该相的体积分数；不然该体积分数可能不同于容器总进料中该相的体积分数。即容器中两相的停留时间可能不同。极限时，大小均匀的球体可能紧密堆积给出空隙率为 0.26。因此，$\phi_C>0.26$ 和 $\phi_D<0.74$ 有时被引用。但是，某些实验证明了 ϕ_C 的范围为 0.20～0.80。对连续流动，首先用连续相充满容器。接着启动搅拌，按要求的体积比将两种进料液体送入容器。

根据 Skelland 和 Ramsay[39]以及 Skelland 和 Lee[40]的工作，为使一种液体完全并均匀地分散在另一种液体中，需要达到最小的搅拌转速。对上面讨论的有挡板容器内的平桨涡轮，该最小转速可用下式估计

$$\frac{N_{\min}^2\rho_M D_i}{g\,\Delta\rho}=1.03\left(\frac{D_T}{D_i}\right)^{2.76}\phi_D^{0.106}\left(\frac{\mu_M^2\sigma}{D_i^5\rho_M g^2(\Delta\rho)^2}\right)^{0.084} \tag{8-25}$$

式中 $\Delta\rho$ 是密度差的绝对值，而 σ 是两液相间的界面张力。式(8－25)左边的无量纲数组是两相的佛鲁特数。式(8－25)最右边的无量纲数组是力的比值：

$$\frac{(\text{黏性力})^2\times(\text{界面张力})}{(\text{惯性力})\times(\text{重力})^2}$$

例 8.5

在如图 8.35 所示的搅拌容器中，在 25℃下用甲苯连续萃取稀水溶液中的糠醛。进料流量为 20 400 lb/h，而溶剂流量为 11 200 lb/h。容器内的停留时间为 2min，对任一相为分散相估算：

(a) 混合容器的尺寸和平桨涡轮搅拌器的直径；

(b) 为达到完全和均匀的混合所需的搅拌转速；

(c) 在最小搅拌转速时搅拌器所需的功率。

解

进料质量流量＝20 400 lb/h；进料密度＝62.3lb/ ft^3，

进料体积流量＝Q_F＝20 400/62.3＝327ft^3/h，

溶剂质量流量＝11200lb/h，

溶剂密度＝54.2lb/ ft^3；溶剂体积流量＝Q_S＝11200/54.2＝207ft^3/h。

因为进料中溶质浓度低和能达到完全和均匀混合的足够搅拌，假定容器中萃余液和萃取液的体积分率等于进入混合器的综合进料(萃余液，R)和溶剂(萃取液，E)的相应体积分率：

$$\phi_R=327/(327+207)=0.612;\quad \phi_E=1-0.612=0.388。$$

(a) 混合器体积＝$(Q_F+Q_S)t_{res}=V=(327+207)\times(2/60)=17.8$ft^3。假定为 $D_T=H$ 的圆筒形容器，并忽略底部和顶部封头体积，及搅拌器和挡板占据的体积。那么

$$V=(\pi D_T^2/4)H=\pi D_T^3/4,$$

$$D_T=[(4/\pi)V]^{1/3}=[(4/3.14)\times17.8]^{1/3}=2.83\text{ft},$$

$$H=D_T=2.83\text{ft}。$$

使容器为 3ft 直径和 3ft 高，给出体积为 $V=21.2$ ft^3＝159gal。假定

$$D_i/D_T=1/3;D_i=D_T/3=3/3=1\text{ft}。$$

(b) 案例 1—萃余相为分散相：

$\phi_D=\phi_R=0.612$；$\phi_C=\phi_E=0.388$，

$\rho_D=\rho_R=62.3$lb/ft^3；$\rho_C=\rho_E=54.2$ lb/ft^3

$\mu_D=\mu_R=0.89$cP＝2.16lb/(h·ft)

$\mu_C=\mu_E=0.59cP=1.43lb/(h\cdot ft)$

$\Delta\rho=62.3-54.2=8.1\ lb/ft^3$

$\sigma=25dyne/cm=719000lb/h^2$

由式(8-23)，

$$\rho_M=54.2\times0.388+62.3\times0.612=59.2\ lb/ft^3$$

由式(8-24)，

$$\mu_M=\frac{1.43}{0.388}\times\left(1+\frac{1.5\times2.16\times0.612}{1.43+2.16}\right)=5.72lb/(h\cdot ft)$$

由式(8-25)，采用美国工程单位，有 $g=4.17\times10^8ft/h^2$，

$$\frac{\mu_M^2\sigma}{D_i^5\rho_M g^2(\Delta\rho)^2}=\frac{5.72^2\times719000}{1^5\times59.2\times(4.17\times10^8)^2\times8.1^2}=3.47\times10^{-14}$$

$$N_{min}^2=1.03\left(\frac{g\Delta\rho}{\rho_M D_i}\right)\left(\frac{D_T}{D_i}\right)^{2.76}\phi_D^{0.106}(3.47\times10^{-14})^{0.084}$$

$$=1.03\times\left[\frac{4.17\times10^8\times8.1}{59.2\times1}\right]\left(\frac{3}{1}\right)^{2.76}(0.612)^{0.106}(0.0740)$$

$$=8.56\times10^7(r/h)$$

$$N_{min}=9250r/h=155r/min$$

案例2—萃取相为分散相：计算类似于案例1，结果为 $N_{min}=8820rph=147rpm$

(c) 案例1—萃余相为分散相：

由式(8-22)，$N_{Re}=\dfrac{1^2\times8250\times59.2}{5.72}=9.57\times10^4$

由图8.36(b)可见存在充分发展的湍流，由渐近线给出的功率数 $N_{Po}=5.7$。

由式(8-21)，

$$P=N_{Po}N^3D_i^5\rho_M/g_c=5.7\times9250^3\times1^5\times59.2/(4.17\times10^8)$$

$$=640\ 000\ ft\cdot lbf/h=0.323hp$$

$$P/V=0.323\times1000/159=2.0hp/1000gal$$

案例2—萃取相为分散相：

计算类似于案例1，结果为 $P=423\ 000\ ft\cdot lbf/h=0.214hp$

$$P/V=0.214\times1000/159=1.4hp/1000gal$$

传质效率

当分散完全而且均匀时，容器内的两相物料被完全混合。在这种情况下，混合器两相中每一相的溶质浓度是均匀的，并等于离开混合器的两相乳浊液中的浓度。这就是所谓的理想CFSTR或CSTR(连续流动搅拌釜反应器)模型，有时也称为完全返混或理想混合模型，MacMullin和Weber[41]首先对这种模型进行了讨论，并被广泛用于反应器设计中。以萃余相为分散相的液-液萃取Murphree分散相效率可表示为趋近平衡级的分数。利用溶质的主体摩尔浓度，

$$E_{MD}=\frac{c_{D,in}-c_{D,out}}{c_{D,in}-c_D^*}\tag{8-26}$$

式中 c_D^* 是与出口连续相的溶质主体浓度 $c_{D,out}$ 平衡的溶质浓度。从分散相到连续相的溶质传递速率 n 可表示为

$$n = K_{OD}a(c_{D,out} - c_D^*)V \quad (8-27)$$

这里传质的浓度推动力在整个理想混合容器内是均匀的，并等于根据出口浓度表示的推动力，a 为单位体积液相的传质界面积，V 为容器中的总液相体积，K_{OD} 为基于分散相的总传质系数，可根据分散相和连续相各自的阻力给出总传质系数

$$\frac{1}{K_{OD}} = \frac{1}{k_D} + \frac{1}{mk_C} \quad (8-28)$$

上式假定在两相界面处达到平衡，而 m 为以 c_C 对 c_D 标绘的平衡曲线的斜率：

$$m = dc_C/dc_D \quad (8-29)$$

对稀溶液，萃余相和萃取相体积流量的变化均小，于是以分散相溶质浓度变化为基准的传质速率可由物料衡算给出：

$$n = Q_D(c_{D,in} - c_{D,out}) \quad (8-30)$$

式中 Q_D 为分散相体积流量。

为获得利用 $K_{OD}a$ 表示的 E_{MD}，按下述方式将式(8-26)、式(8-27)和式(8-30)相结合。由式(8-26)，

$$\frac{E_{MD}}{1-E_{MD}} = \frac{c_{D,in} - c_{D,out}}{c_{D,out} - c_D^*} \quad (8-31)$$

使式(8-27)和式(8-30)相等，并注意到式(8-31)右边为具有 $c_D = c_{D,out}$ 的理想混合容器的分散相传质单元数，

$$N_{OD} = \int_{c_{D,out}}^{c_{D,in}} \frac{dc_D}{c_D - c_D^*} = \frac{c_{D,in} - c_{D,out}}{c_{D,out} - c_D^*} = \frac{K_{OD}aV}{Q_D} \quad (8-32)$$

将式(8-31)和式(8-32)相结合，并解得 E_{MD}，

$$E_{MD} = \frac{K_{OD}aV/Q_D}{1+K_{OD}aV/Q_D} = \frac{N_{OD}}{1+N_{OD}} \quad (8-33)$$

当 $N_{OD} = (K_{OD}a/V) \gg 1$ 时，$E_{MD} = 1$。

液滴尺寸和界面积

由式(8-33)和式(8-28)可见，E_{MD} 的估算需要传质界面积 a 以及分散相和连续相传质系数 k_D 和 k_C 的实验数据的通用关联式。搅拌容器中分散相的人口将覆盖一定范围的尺寸和形状。对每个液滴，利用 Lewis、Jones 和 Pratt[42]的方法定义球形液滴当量直径 d_e 是有益的，

$$d_e = (d_1^2 d_2)^{1/3} \quad (8-34)$$

式中 d_1 和 d_2 分别为椭圆体液滴的主轴和副轴。对球形液滴，d_e 就是液滴直径。对液滴总体来说，定义平均液滴直径是有用的。根据适用的是质量平均、平均体积、表面平均、平均表面、长度平均还是平均长度，可获得许多不同的定义[43]。对传质计算，表面平均直径 d_{vs}（也称为Sauter 平均直径）是最适用的，因为这是能对相同质量的液滴群提供具有与整个液滴总体相同的界面积的平均液滴直径。根据定义，它可由对 N 个液滴的液滴大小分布实验数据确定：

$$\frac{\pi d_{vs}^2}{(\pi/6)d_{vs}^3} = \frac{\pi \sum_N d_e^2}{(\pi/6)\sum_N d_e^3}$$

对上式求解 d_{vs}，给出

$$d_{vs}=\frac{\sum_{N} d_e^3}{\sum_{N} d_e^2} \tag{8-35}$$

利用此定义，单位体积两相混合物的界面积为

$$a=\frac{\pi N d_{vs}^2 \phi_D}{\pi N d_{vs}^3/6}=\frac{6\phi_D}{d_{vs}} \tag{8-36}$$

式(8-36)被用于从 d_{vs} 的测量值估算 a，或进行相反的估算。早期的实验研究，例如 Vermeulen、Williams 和 Langlois[44]的研究发现 d_{vs} 与韦伯数

$$N_{We}=\frac{\text{惯性力}}{\text{界面张力}}=\frac{D_i^3 N^2 \rho_C}{\sigma} \tag{8-37}$$

有关。高韦伯数将给出小液滴和高界面积。Degaleesan 和 Laddha[45]在宽 N_{We} 范围内关联了 d_{vs}。在临界值 $N_{We}=10\ 000$ 以下，因为凝并的影响，d_{vs} 取决于分散相分率 ϕ_D。对 $N_{We}>10\ 000$，惯性力占主导地位，所以凝并的影响大为减弱，直到 $\phi_D=0.5$，d_{vs} 几乎与分散相分率无关。推荐的关联式为

$$\frac{d_{vs}}{D_i}=0.052(N_{We})^{-0.6}e^{4\phi_D},\ N_{We}<10\ 000 \tag{8-38}$$

$$\frac{d_{vs}}{D_i}=0.39(N_{We})^{-0.6},\ N_{We}>10\ 000 \tag{8-39}$$

工业萃取器的典型 N_{We} 值小于 10 000，所以式(8-38)适用。d_{vs}/D_i 值通常在 0.0005 到0.01之间。

实验研究，例如 Chen 和 Middleman[46]以及 Sprow[47]的研究表明搅拌容器中产生的分散是一种动态现象。在搅拌桨附近的区域，湍流压力波动导致的液滴破碎占主导地位，而在离开搅拌器后，对适当的分散相持有率，由碰撞引起的液滴凝并将占主导地位。于是，在容器中可发现液滴大小分布，在搅拌器附近液滴较小，而在其他地方液滴较大。通常，当液滴破碎和凝并都发生时，液滴大小分布范围为 $d_{min}\approx d_{vs}/3$ 和 $d_{max}\approx 3d_{vs}$。于是，液滴大小在约 10 倍的范围内变化，而且该分布近似为正态高斯分布。

例 8.6

对例 8.5 的条件和结果，以萃取相为分散相，估计 Sauter 平均液滴直径、液滴大小范围和界面积。

解

$D_i=1\text{ft};N=147\text{r/min}=8\ 820\ \text{r/h}$，

$\rho_C=62.3\ \text{lb/ft}^3;\sigma=718\ 800\ \text{lb/h}^2$。

由式(8-37)，

$$N_{We}=1^3\times 8\ 820^2\times 62.3/718\ 800=6\ 742;\phi_D=0.388,$$

由式(8-38)，

$$d_{vs}=1\times 8\ 820^2\times 6\ 742^{-0.6}\exp(4\times 0.388)=0.00124\text{ft},$$

或

$$0.00124\times 12\times 25.4=0.38\text{mm},$$

$$d_{min}=d_{vs}/3=0.126\text{mm},d_{max}=3d_{vs}=1.14\text{mm},$$

由式(8-36)，

$$a=6\times 0.388/0.00124=1\ 880\ \text{ft}^2/\text{ft}^3。$$

传质系数

自 20 世纪 40 年代初开始进行的实验研究表明机械搅拌的液-液系统中的传质是非常复杂的。对发生在(1)分散相液滴内部,(2)连续相中和(3)界面上的传质,都是这样。造成这种复杂性的原因是多种多样的。k_D的大小取决于液滴直径、溶质的扩散系数和液滴内部流体的运动。当液滴直径小(按 Davies[48]的意见为小于 1 mm),界面张力高(例如高于 15dyne/ cm)和有微量表面活性剂存在时,液滴是刚性的(内部静止),它们的行为如同固体。随着液滴变大,界面张力减小,表面活性剂变得比较不起作用,由连续相的黏性曳力引起的内部超环形流体循环出现在液滴内部。对直径更大的液滴,液滴形状可能在球形、椭球形或其他形状间来回变化。

连续相传质系数 k_C取决于液滴和连续相之间的相对运动,以及液滴是形成,还是破碎或凝并。由于界面张力梯度,会发生称为Marangoni 效应的界面运动或湍流。这种效应可能引起传质速率的显著增加。

可通过在假定液滴为刚性,不存在 Marangoni 效应和液滴大小稳定(即没有液滴形成、破碎和凝并)的条件下估算 k_D和 k_C,对式(8－28)中的总传质系数 K_{OD}作比较保守的估计。对 k_D,Treybal[25]提供了忽略周围阻力的刚性球内传质的渐近定态解为

$$(N_{Sh})_D=\frac{k_D d_{vs}}{D_D}=\frac{2}{3}\pi^2=6.6 \tag{8－40}$$

式中 D_D为液滴内部溶质扩散系数。N_{Sh}为休伍德数。第 3 章中的习题 3.31 求解从球表面到无限大静止流体的扩散,对连续相休伍德数给出如下结果:

$$(N_{Sh})_C=\frac{k_C d_{vs}}{D_C}=2 \tag{8－41}$$

式中 D_C为连续相中溶质的扩散系数。但是,如果其他等直径的球位于考察的球附近,根据 Cornish 的研究[49],$(N_{Sh})_C$ 可能减小为 1.386。在搅拌容器内,连续相休伍德数通常将远大于 1.386。可用 Skelland 和 Moeti[50]的半理论关联式进行适当的估算。他们对三种不同溶质、三种不同的分散有机溶剂,并以水作为连续相,拟合了 180 个数据点。传质由分散相到连续相,但仅对 $\phi_D=0.01$。Skelland 和 Moeti 假定方程形式为

$$(N_{Sh})_C \propto (N_{Re})_C^y (N_{Sc})_C^x \tag{8－42}$$

式中

$$(N_{Sh})_C=k_C d_{vs}/D_C \tag{8－43}$$

$$(N_{Sc})_C=\mu_C/\rho_C D_C \tag{8－44}$$

对雷诺数,他们假定特征速度为该液滴附近局部脉动速度的均方根,根据 Batchelor 的局部各向同性湍流理论[51]:

$$\bar{u}^2 \propto \left(\frac{Pg_c}{V}\right)^{2/3}\left(\frac{d_{vs}}{\rho_C}\right)^{2/3} \tag{8－45}$$

于是,

$$(N_{Re})_C=\frac{(\bar{u}^2)^{1/2} d_{vs}\rho_C}{\mu_C} \tag{8－46}$$

将式(8－45)与式(8－46)相结合,消去比例常数:

$$(N_{Re})_C=\frac{d_{vs}^{4/3}\rho_C^{2/3}(Pg_c/V)^{1/3}}{\mu_C} \tag{8－47}$$

如前面湍流区域中结合图 8.36 所作的讨论，

$$Pg_C \propto \rho_M N^3 D_i^5 \qquad \text{或对低 } \phi_D, Pg_C/V \propto \rho_C N^3 D_i^5 / D_T^3$$

于是，

$$(N_{Re})_C = \frac{d_{vs}^{4/3} \rho_C N D_i^{5/3}}{\mu_C D_T} \tag{8-48}$$

Skelland 和 Moeti 用下式关联了他们的传质系数

$$k_C \propto D_C^{2/3} \mu_C^{-1/3} N^{3/2} d_{vs}^0$$

在此比例式中的指数被用于确定式(8-42)中的指数 y 和 x，它们分别为$\frac{2}{3}$和$\frac{1}{3}$。此外，根据上述研究者的工作，液滴 Eotvos 数，

$$N_{Eo} = \rho_D d_{vs}^2 g/\sigma \tag{8-49}$$

这里 N_{Eo} =(重力)/(表面张力)，并将分散相持有率 ϕ_D结合进下列最终关联式，下式以平均绝对偏差 19.71%预测 180 个实验数据：

$$(N_{Sh})_C = \frac{k_C d_{vs}}{D_C} = 1.237 \times 10^{-5} \left(\frac{\mu_C}{\rho_C D_C}\right)^{1/3} \times \left(\frac{D_i^2 N \rho_C}{\mu_C}\right)^{2/3} \phi_D^{-1/2} \left(\frac{D_i N^2}{g}\right)^{5/12} \times \left(\frac{D_i}{d_{vs}}\right)^2 \left(\frac{d_{vs}}{D_T}\right)^{1/2} \left(\frac{\rho_D d_{vs}^2 g}{\sigma}\right)^{5/4} \tag{8-50}$$

例 8.7

对例 8.5 和例 8.6 中的系统、条件和结果，以萃取相为分散相，估算

(a) 分散相传质系数 k_D；

(b) 连续相传质系数 k_C；

(c) Murphree 分散相效率 E_{MD}；

(d) 糠醛的萃取分率。

低浓度条件下糠醛在甲苯(分散相)和水(连续相)中的分子扩散系数分别为

$$D_D = 8.32 \times 10^{-5}\,\text{ft}^2/\text{h} \qquad \text{和} \qquad D_C = 4.47 \times 10^{-5}\,\text{ft}^2/\text{h}$$

低浓度条件下的分配系数为

$$m = dc_C/dc_D = 0.0985$$

解

(a) 由式(8-40)，$k_D = 6.6(D_D)/d_{vs} = 6.6 \times (8.32 \times 10^{-5})/0.00124 = 0.44\,\text{ft/h}$

(b) 为用式(8-50)估算 k_C，首先计算方程中的每个无量纲数组：

$$N_{Sc} = \mu_C/\rho_C D_C = 2.165/(62.3 \times 4.47 \times 10^{-5}) = 777$$

$$N_{Re} = D_i^2 \rho_C/\mu_C = 1^2 \times 8\,820 \times 62.3/2.165 = 254\,000$$

$$N_{Fr} = D_i N^2/g = 1 \times 8\,820^2/(4.17 \times 10^8) = 0.187$$

$$D_i/d_{vs} = 1/0.00124 = 806; \qquad d_{vs}/D_T = 0.001\,24/3 = 0.000\,413$$

$$N_{Eo} = \rho_D d_{vs}^2 g/\sigma = 54.2 \times 0.001\,24^2 \times 4.17 \times 10^8/718\,800 = 0.048\,3$$

由式(8-50)，

$$N_{Sh} = 1.237 \times 10^{-5} \times 777^{1/3} \times 254\,000^{2/3} \times 0.388^{-1/2} \times 0.187^{5/12} \times 806^2 \times 0.000\,413^{1/2} \times 0.048\,3^{5/4} = 109$$

这远大于静止流体的值 2。

$$K_C=N_{Sh}D_C/d_{vs}=109\times4.47\times10^{-5}/0.00124=3.93\ \mathrm{ft/h}$$

（c）由式(8－28)和例 8.6 的结果

$$K_{OD}a=\left\{\frac{1}{1/0.44+1/(0.0985\times3.93)}\right\}\times1880=387\ \mathrm{h^{-1}}$$

由式(8－32)，有 $V=\pi D_T^2H/4=3.14\times3^2\times3/4=21.2\mathrm{ft}^3$①

$$N_{OD}=K_{OD}aV/Q_D=387\times21.2/207=39.6$$

由式(8－33)，

$$E_{MD}=N_{OD}/(1+N_{OD})=39.6/(1+39.6)=0.975=97.5\%$$

（d）通过物料衡算

$$Q_C(c_{C,in}-c_{C,out})=Q_Dc_{C,out} \tag{1}$$

由式(8－26)，

$$E_{MD}-c_{D,out}/c_D^*-mc_{D,out}/c_{C,out} \tag{2}$$

将式(1)和式(2)结合消去 $c_{D,out}$，给出

$$\frac{c_{C,out}}{c_{C,in}}=\frac{1}{1+Q_DE_{MD}/(Q_Cm)} \tag{3}$$

和

$$f_{萃取}=\frac{c_{C,in}-c_{C,out}}{c_{C,in}}=1-\frac{c_{C,out}}{c_{C,in}}=\frac{Q_DE_{MD}/(Q_Cm)}{1+Q_DE_{MD}/(Q_Cm)}$$

$$\frac{Q_D}{Q_C}\frac{E_{MD}}{m}=\frac{207\times0.975}{327\times0.0985}=6.27$$

于是，

$$f_{萃取}=\frac{6.27}{1+6.27}=0.862\ 或\ 86.2\%$$

8.5.2　多室塔

确定可能包括或不包括机械搅拌的萃取塔的尺寸涉及塔径和塔高的确定。塔径必须足够大以允许两相逆流通过塔，而不致发生液泛。塔高必须足够高以达到对应于要求的萃取程度的平衡级数。

对小直径塔，直径和高度的粗略估算可利用 Stichlmair[52]在 $Q_D/Q_C=1.5$ 条件下甲苯-丙酮-水系统的研究结果。对许多萃取器类型，1/HETS 的典型范围和表观两相速度之和如表 8.6 所列。

因为重要变量数目众多，液-液接触设备塔径的精确估算比汽-液接触设备困难得多，因而更不确定。这些变量包括两相流量、两相的密度差、表面张力、传质方向、连续相的黏度和密度、旋转和互换速度及内构件的几何特征。塔径最好根据在直径为 1in. 或 1in. 以上的标准实验室或中试装置的运转试验放大确定。在试验装置中两个液相的表观速度之和可假定适用于更大的工业装置。此速度和往往表示为每小时、每平方英尺横截面积通过的总加仑数。

① 原文误为 21.2ft²——译者注。

表 8.6　几类塔式萃取器的性能

萃取器类型	1/HETS, m^{-1}	U_D+U_C, m/h
填料塔	1.5～2.5	12～30
脉冲填料塔	3.5～6	17～23
筛板塔	0.8～1.2	27～60
脉冲筛板塔	0.8～1.2	25～35S
Scheibel 塔	5～9	10～14
RDC	2.5～3.5	15～30
Kuhni 塔	5～8	8～12
Karr 塔	3.5～7	30～40
RTL 接触器	6～12	1～2

来源:J. Stichlmair, *Chemie－Ingenieur－Technik*,52, 253 (1980).

在缺乏实验数据时,可用 Logsdail、Thornton 和 Pratt[53]理论的简化进行某些塔直径的初步估算,该理论可与 Landau 和 Houlihan[54]提出的转盘接触器设计方法进行比较。因为涉及分散相液滴与连续相之间的相对运动,该理论以与第 6 章中关于气相中液滴分散相似的概念为基础。

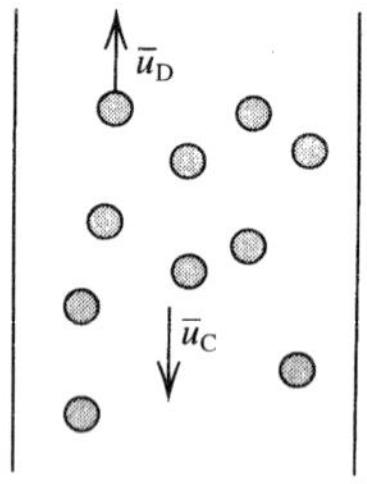

图 8.37　塔内分散和连续液相的逆流流动

如图 8.37 所示,考虑低密度相的液滴通过高密度的向下流动的连续液相的上升。如果分散相(液滴)和连续相的平均表观速度分别为向上的 U_D,和向下的 U_C(即这两个速度都是正的),那么相应的相对于塔壁的平均实际速度为

$$\bar{u}_D=\frac{U_D}{\phi_D} \tag{8-51}$$

和

$$\bar{u}_C=\frac{U_C}{1-\phi_D} \tag{8-52}$$

相对于连续相的平均液滴上升速度为式(8－51)和式(8－52)之和

$$\bar{u}_r=\frac{U_D}{\phi_D}+\frac{U_C}{1-\phi_D} \tag{8-53}$$

此相对速度(也称为滑动速度)可以用式(6－40)的修正形式表示,该式浮力项中的连续相密度用两相混合物的密度 ρ_M 代替。于是,考虑到在目前的情况中曳力 F_d 和重力 F_g 的作用方向向下,而浮力 F_b 的作用方向向上,我们得到

$$\bar{u}_r=C\left(\frac{\rho_M-\rho_D}{\rho_C}\right)^{1/2} f\{1-\phi_D\} \tag{8-54}$$

式中 C 是与式(6－41)中相同的参数，而 $f\{1-\phi_D\}$ 是一个允许考虑临近液滴对上升的阻碍的因子。密度 ρ_M 为体积平均密度，由下式给出

$$\rho_M=\phi_D\rho_D+(1-\phi_D)\rho_C \tag{8-55}$$

$$\rho_M-\rho_D=(1-\phi_D)(\rho_C-\rho_D) \tag{8-56}$$

将式(8－56)代入式(8－54)得到

$$\bar{u}_r=C\left(\frac{\rho_C-\rho_D}{\rho_C}\right)^{1/2}(1-\phi_D)^{1/2}f\{1-\phi_D\} \tag{8-57}$$

根据实验数据，Gayler、Robert 和 Pratt[55]发现对给定的液-液系统，式(8－57)的右边可用经验形式表示为

$$\bar{u}_r=u_0(1-\phi_D) \tag{8-58}$$

式中 u_0 为单个液滴的特征上升速度，它取决于上面讨论的所有变量，但不包括式(8－53)右边的变量。于是，对给定的液 液系统、塔的设计和操作条件，式(8－53)与式(8－58)结合给出

$$\frac{U_D}{\phi_D}+\frac{U_C}{1-\phi_D}=u_0(1-\phi_D) \tag{8-59}$$

式中 u_0 为常数。式(8－59)为 ϕ_D 的立方型方程，对 $U_C/u_0=0.1$，其典型解如图 8.38 所示。

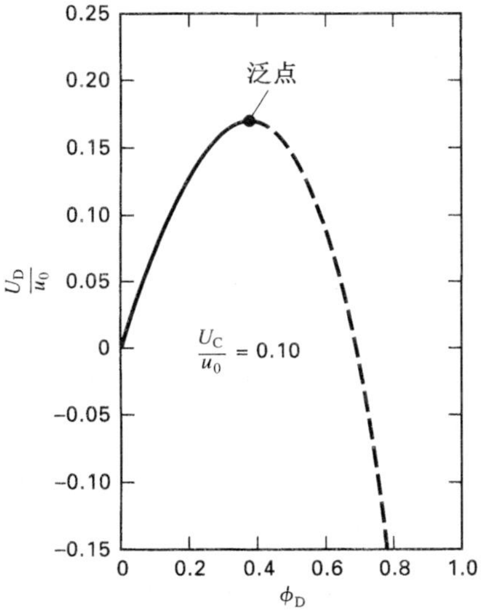

图 8.38　液-液萃取塔的典型分散相占有率曲线

Thornton[56]指出对固定的 U_C，U_D的增大将导致持有率 ϕ_D 的增大，直至达到液泛点，在液泛点$(\partial U_D/\partial\phi_D)_{U_C}=0$。于是，在图 8.38 中，只有 $\phi_D=0$ 到$(\phi_D)_f$ 的这部分曲线，泛点的分散相占有率是实际上可实现的。另一种选择是，对固定的 U_D，在泛点$(\partial U_C/\partial\phi_D)_{U_D}=0$。如果将这两个偏导数用于式(8－59)，我们分别得到，

$$U_C=u_0[1-2(\phi_D)_f][1-(\phi_D)_f]^2 \tag{8-60}$$

$$U_D=2u_0[1-(\phi_D)_f](\phi_D)_f^2 \tag{8-61}$$

式中下标 f 表示液泛。将式(8－60)与式(8－61)结合消去 u_0 给出如下确定$(\phi_D)_f$ 的表达式：

$$(\phi_D)_f=\frac{[1+8(U_C/U_D)]^{0.5}-3}{4[(U_C/U_D)-1]} \tag{8-62}$$

此方程预示$(\phi_D)_f$的数值在$U_D/U_C=0$时的0与$U_C/U_D=0$时的0.5范围内。在$U_D/U_C=1$时，$(\phi_D)_f=\frac{1}{3}$。联立求解式(8－59)和式(8－62)得到图8.39，表示作为相流量比函数的总处理能力的变化。如可以预期的，当分散相流量与连续相流量之比值为最小时，可达到最大的总处理能力。

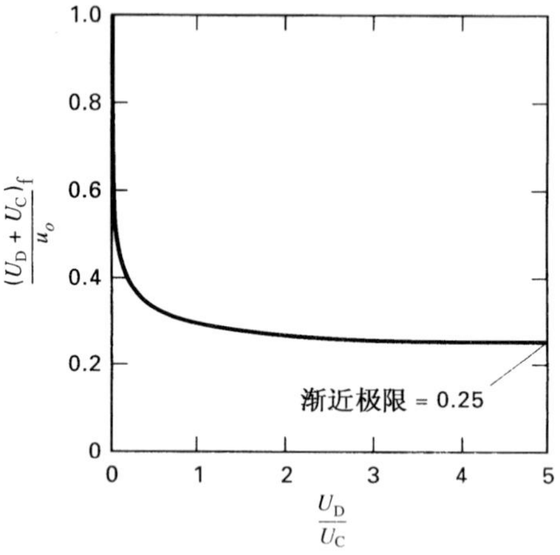

图8.39 相比率对液-液萃取塔总处理能力的影响

对固定的塔几何尺寸和转速，Logsdail等[53]对实验室规模的RDC的实验数据指出，无量纲数组$(u_0\mu_C\rho_C/\sigma\Delta\rho)$几乎为常数。Roman和Olney[57]及Strand、Olney和Ackerman[58]对设计良好并有效操作的直径为8到42in.的工业RDC塔的数据指出，对涉及水作为连续相或分散相的系统该无量纲数组的数值约为0.01。当实际表观相速度之和取为液泛条件下估算的速度和的50%时，此数值适用于RDC和Karr塔直径的初步计算。

例8.8

估计在20℃下将低浓度甲苯-丙酮溶液中的丙酮萃取到水中的RDC的直径。分散有机相和连续水相的流量分别为27 000和25 000lb/h。

解

需要的物性数据为

$\mu_C=1.0$cP(0.000 021 lbf·s/ft^2)和$\rho_C=1.0$g/cm^3

$\Delta\rho=0.14$ g/cm^{3}和$\sigma=32$dyne/cm (0.002 19 lbf/ft)

$$\frac{U_D}{U_C}=\frac{27\ 000}{25\ 000}\times\frac{\rho_C}{\rho_D}=\frac{27\ 000}{25\ 000}\times\frac{1.0}{0.86}=1.26$$

由图8.39，$(U_D+U_C)_f/u_0=0.29$。

假定$u_0\mu_C\rho_C/\sigma\Delta\rho=0.01$，

因此，

$$u_0=\frac{0.01\times0.00219\times0.14}{0.000021\times1.0}=0.146\text{ft/s}$$

$$(U_D+U_C)_f=0.29\times0.146=0.0423\text{ft/s}$$

$$(U_D+U_C)_{液泛的50\%}=\frac{0.0423}{2}\times3600=76.1\text{ft/h}$$

$$总\ ft^3/h=\frac{27\ 000}{0.86\times62.4}+\frac{25\ 000}{1.0\times62.4}=904\ ft^3/h$$

$$塔横截面积=A_c=\frac{904}{76.1}=11.88ft^2$$

$$塔直径=D_T=\left(\frac{4A_c}{\pi}\right)^{0.5}=\left(\frac{4\times11.88}{3.14}\right)^{0.5}=3.9ft$$

由表 8.6 可注意到，对 RDC 典型的(U_D+U_C)为 15 到 30m/h 或 49 到 98.4ft/h。

尽管被划分成不同区域，有机械搅拌装置的液-液萃取塔，例如 RDC 和 Karr 塔的操作更像微分接触设备而不是分级接触设备。因此，对这类塔通常利用 HETS(等理论级高度)，或作为传质参数的某种函数，如 HTU(传质单元高度)，考虑其级效率。虽然其理论基础不如 HTU 可靠，这里还是优先采用 HETS，因为它可用于由理论级数直接确定塔高。

因为液-液系统非同寻常的复杂性和有数目众多的变量会影响接触效率，开发 HETS 的通用关联式始终是困难的。但是，对设计良好和有效操作的塔，现有实验数据指出，影响 HETS 的主要物理性质是表面张力、两相黏度和两相间的密度差。此外，Reman[59]对 RDC，及 Karr 和 Lo[60]对 Karr 塔已观察到，因为下节将讨论的轴向混合作用，HETS 将随塔径的增大而增加。

利用所研究的系统进行小规模的实验室研究获得 HETS 被优先考虑。利用 HETS 数值将随塔径 D_T增加按幂指数函数增加的假定，可将实验数据放大应用于工业规模的萃取塔，对不同系统，指数数值在 0.2 到 0.4 之间。

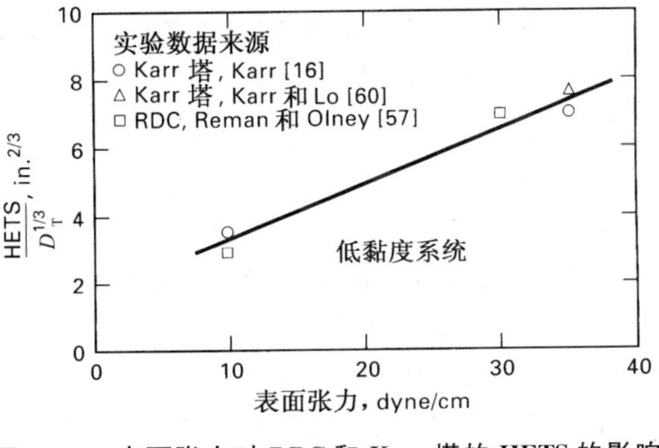

图 8.40 表面张力对 RDC 和 Karr 塔的 HETS 的影响

在缺乏实验数据时，如果两相的黏度均不大于 1cP，图 8.40 的粗略关联可用于初步设计。对应于 RDC 和 Karr 装置报道的最小 HETS 值的这些数据点将塔径上的幂指数任意设定为$\frac{1}{3}$。这些点表示的 HETS 值从最低的 3in. 到最高的 25in.，前者对应于低表面张力/低黏度系统，如甲基-异丁基酮/乙酸/水操作的直径为 6in. 的实验室规模的塔，后者对应于高表面张力/高黏度的系统，如二甲苯/乙酸/水操作的直径为 36in. 的工业规模的塔。对具有一个高黏度相的系统，即使在小型实验室规模的塔中，HETS 值也可能达到 24in. 或更高。

例 8.9

用例 8.8 的条件估算 HETS。

解

因为甲苯的黏度约为0.6cP,所以这是一个低黏度系统。由例8.8,表面张力为32dyne/cm。由图8.40,$HETS/D_T^{1/3}=6.9$。对$D_T=3.9$ft,$HETS=6.9\times(3.9\times12)^{1/3}=24.8$in.。注意由表8.6可知,小型RDC塔的HETS为0.29到0.40m,即11.4in.到15.7in.。

Lo等[4]和Thornton[61]对液泛速度和HETS的更精确估算作了详尽讨论。Strigle[62]考虑了填料塔的设计。

8.5.3 轴向分散

在讨论液-液和汽-液逆流接触器的本章和前几章中,每一相都被假定为活塞流。假定各相中的每一个微元在接触器中具有相同的停留时间,而各相则可能具有不同的停留时间。因为在主体流动方向上形成了各相的浓度梯度,所以组分扩散将叠加在该相中各组分的主体流动上。轴向扩散降低了多级分离设备的效率,而且在极限情况下,多级分离器的性能如同单个理想混合级。在图8.41中,表示了活塞流(虚线)和两相中每一相都有显著的轴向扩散(实线)时液-液萃取塔内萃取相和萃余相的溶质浓度分布。连续相为在顶部($z=0$)进入接触器的进料/萃余相(下标x)。分散相为在底部($z=H$)进入接触器的溶剂/萃取相(下标y)。溶质由连续相向分散相传递。可看出轴向扩散的两个作用为:(1)存在轴向扩散时两条浓度曲线比活塞流时更接近;(2)这种接近部分是由于不同于初始进料和溶剂浓度的两端浓度。这种差别称为跳跃,而这是由于两液相相互接触的接触器区域外的轴向扩散。顶部的跳跃是由进入接触器前叠加在进料液体主体流动上的轴向扩散引起的。这导致了刚进入接触器,进料中的溶质浓度就跌落到低于原始进料的溶质浓度。类似的,向进入的溶剂的溶质扩散导致刚进入接触器底部的溶剂中的溶质浓度高于原始溶剂中的溶质浓度,在图8.41中原始溶剂中的溶质浓度为零。轴向扩散的总效应是降低了两相间溶质的传质推动力,导致为完成要求的分离需要更高的塔。

除了扩散,图8.41所示的效应实际上是由许多因素造成的,这些因素被概括为一个通常称为轴向分散、轴向混合、纵向分散或返混的总效应。这些因素包括:

(a) 连续相沿浓度梯度的分子和湍流扩散;

(b) 由分散相液滴引起的连续相的循环运动;

(c) 附着在分散相液滴后面的尾迹中的连续相的传递和分散;

(d) 机械搅拌塔内连续相和分散相的循环;

(e) 沟流和不均匀速度分布导致的两相的停留时间分布。

一般说来,对下列情况轴向分散的影响是最明显的:(1)要求达到溶质高回收率,(2)接触器高度小,(3)发生大规模的循环,(4)存在宽范围的液滴大小分布;(5)进料-溶剂比非常小或非常大。虽然,在级间发生相分离的萃取器,如混合-沉降器级联和有降液管的筛板塔中,轴向分散的影响通常可忽略,但是在喷洒塔、填料塔和RDC中,轴向分散可能是显著的。虽然,在填料吸收塔、填料汽提塔和填料精馏塔中也可能存在轴向分散,但只有在非常高的液-气比下操作时,它才是显著的。但在用于吸收的喷洒塔和鼓泡塔中,轴向分散可能是显著的。

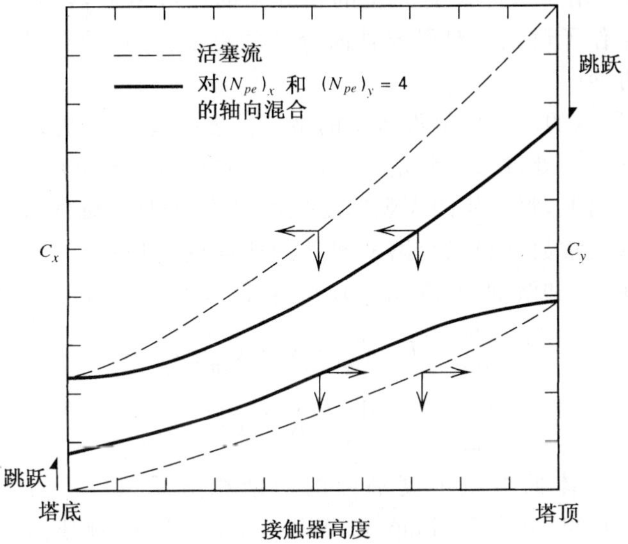

图 8.41　有和没有轴向混合时连续逆流萃取的溶质浓度分布

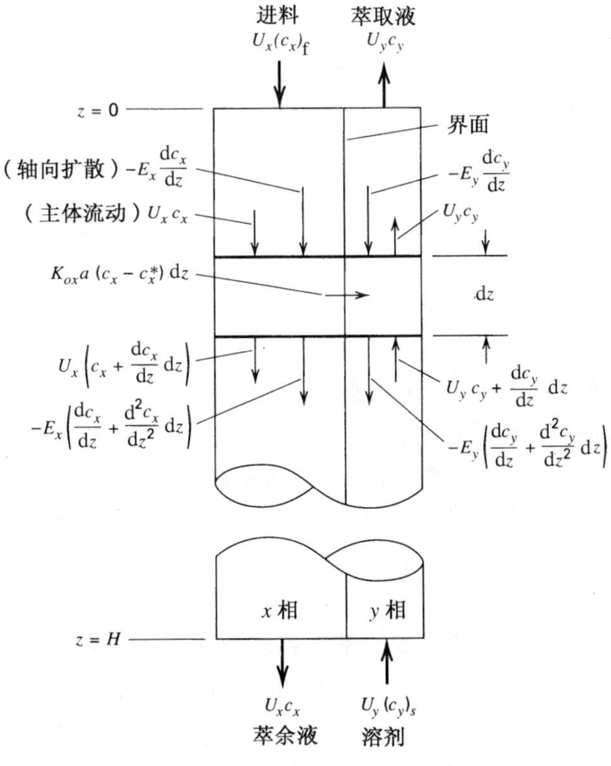

图 8.42　萃取塔内的轴向分散

[经允许取自 J. D. Thornton, *Science and Practice of Liquid-Liquid* Extraction, Vol. 1, Clarendon Oxford, (1992)]

为预测轴向分散的程度和影响已发展了两类模型:(1)由 Sleicher[63]及 Miyauchi 和 Vermeulen[64]提出的用于微分接触设备的扩散模型;(2)由 Sleicher[65]及 Miyauchi 和

Vermeulen[66]提出的用于级间没有完全的相分离的分级萃取器的回流模型。Vermeulen等[67]对这两类模型作了讨论。对研究轴向分散的复杂性质，受到最广泛注意并被更经常应用的扩散模型是方便的。

考虑如图 8.42 所示的微分接触设备中的微元高度 dz。进料在塔的顶部 $z=0$ 处进入，而溶剂在塔的底部 $z=H$ 处进入。假定：(1)每一相的轴向分散可用恒定的湍流扩散系数 E 表征；(2)在整个横截面上，每一相的表观速度是均匀的，而且在轴线方向为常数；(3)溶质的体积总质量传递系数是常数；(4)只有溶质经历两相间的传质；(5)溶质的相平衡比为常数。那么，对进料/萃余相(x)和溶剂/萃取相(y)的物料衡算方程分别为

$$E_x \frac{d^2 c_x}{dz^2} - U_x \frac{dc_x}{dz} - K_{Ox} a (c_x - c_x^*) = 0 \tag{8-63}$$

$$E_y \frac{d^2 c_y}{dz^2} - U_y \frac{dc_y}{dz} + K_{Ox} a (c_x - c_x^*) = 0 \tag{8-64}$$

式中 c_x^* 是与萃取相主体的溶质浓度平衡的萃余相溶质浓度。对这两个微分方程，由 Danckwerts[68]首先提出，并由 Wehner 和 Wilhelm[69]进一步阐明的边界条件是

在 $z=0$ 处

$$U_x c_{xf} - U_x c_{x0} = -E_x \frac{dc_x}{dz} \tag{8-65}$$

和

$$dc_y/dz = 0 \tag{8-66}$$

在 $z=H$ 处

$$U_y c_{xH} - U_y c_{ys} = E_y \frac{dc_y}{dz} \tag{8-67}$$

和

$$dc_x/dz = 0 \tag{8-68}$$

式中：

c_{xf}——原始进料中的溶质浓度；

c_{x0}——$z=0$ 处进料中的溶质浓度；

c_{yH}——$z=H$ 处溶剂中的溶质浓度；

c_{ys}——原始溶剂中的溶质浓度。

式(8-65)和式(8-67)的左边两项为图 8.41 所示的跳跃。

通常利用相关的无量纲数组将式(8-63)和式(8-64)转化为另一种形式。通过定义下列无量纲数组可方便地完成这种转化

$$Z = z/H \tag{8-69}$$

$$N_{Pe_y} = U_y H / E_y = \text{萃取相的轴向湍流塔彼克列数} \tag{8-70}$$

$$N_{Pe_x} = U_x H / E_x = \text{萃余相的轴向湍流塔彼克列数} \tag{8-71}$$

$$N_{Ox} = K_{Ox} a H / U_x = K_{Ox} a V / Q_x \tag{8-72}$$

那么，式(8-63)和式(8-64)变为

$$\frac{d^2 c_x}{dZ^2} - N_{Pe_x} \frac{dc_x}{dZ} - N_{Ox} N_{Pe_x} (c_x - c_x^*) = 0 \tag{8-73}$$

$$\frac{d^2 c_y}{dZ^2} - N_{Pe_y} \frac{dc_y}{dZ} - \left(\frac{U_x}{U_y}\right) N_{Ox} N_{Pe_y} (c_x - c_x^*) = 0 \tag{8-74}$$

边界条件也可以类似方式转化。当平衡线为直线时 $c_x^* = mc_y$。于是，我们有一组耦联的常

微分方程，它们对 c_y 和 c_x 的解是 c_{xf}、c_{ys}、m、N_{Pe_x}、N_{Pe_y}、N_{Ox}、U_x/U_y 和 Z 的函数。

涉及无量纲溶质浓度替代的进一步代数运算可将变量数由 10 减少为 7。在不论哪种情况中，如由 Sleicher[65]及 Miyauchi 和 Vermeulen[66]获得的轴向分散方程的解都很难用表格或图形的形式表示。但是，轴向分散的可能影响通常可用彼克列数的大小判别。彼克列数为 0 对应于完全返混，达到只有一个平衡级；整个塔的作用好像一个混合器级。彼克列数为无穷大对应于没有轴向分散。几种不同类型的液-液萃取塔的实验数据表明，对分散相 N_{Pe} 通常大于 50，而对连续相 N_{Pe} 可能在 5 到 30 之间。于是，作为一级近似，分散相的轴向分散大多可以忽略。Geankoplis 和 Hixson[70]在喷洒萃取塔中及 Gier 和 Hougen[71]在喷洒和填料萃取塔中实验观察到了轴向分散的影响。他们报道在连续相进口端浓度有显著的变化，但在分散相进口端浓度则没有显著的变化。

已发表了轴向分散方程式(8－63)至式(8－68)的多种近似解，包括 Sleicher[63]的一种解。作为一种可能的选择，如果原始溶剂不含溶质，可用 Watson 和 Cochran[72]的方法，根据塔效率的经验关联式，对轴向分散的影响作快速但略为保守的估计：

$$\begin{aligned}\frac{H_{\text{活塞流}}}{H_{\text{实际}}}&=\frac{(\mathrm{HTU}_{Ox})(\mathrm{NTU}_{Ox})}{H}\\&=1-\frac{1}{1+N_{Pe_x}(\mathrm{HTU}_{Ox}/H)-E+(1/\mathrm{NTU}_{Ox})}\\&\quad-\frac{E}{N_{Pe_y}(\mathrm{HTU}_{Ox}/H)-1+E+(1/\mathrm{NTU}_{Ox})}\end{aligned}\tag{8-75}$$

式中

$H_{\text{实际}}$——H＝考虑轴向分散的塔高；

HTU_{Ox}——对活塞流以萃余相为基准的总传质单元高度；

NTU_{Ox}——对活塞流以萃余相为基准的总传质单元数；

E——萃取因子＝mU_x/U_y；

m——dc_x/dc_y。

HTU_{Ox} 和 NTU_{Ox} 的乘积是活塞流的塔高，其值小于 H。于是，式(8－75)左边的比值为塔效率。NTU_{Ox} 可用下式近似：

$$\mathrm{NTU}_{Ox}=\ln\left(\frac{X}{XE+1-E}\right)/(E-1)\tag{8-76}$$

式中

$$X=(c_x)_{\text{out}}/(c_x)_{\text{in}}\tag{8-77}$$

HTU_{Ox} 定义为

$$\mathrm{HTU}_{Ox}=U_x/K_{Ox}a\tag{8-78}$$

对给定的 HTU_{Ox}、NTU_{Ox}、E、N_{Pe_x} 和 N_{Pe_y}，可由式(8－75)求解 H。因为其经验性质，在利用式(8－75)时必须小心。该方程限于 $\mathrm{NTU}_{Ox}\geqslant 2.0$，$E>0.25$，$(\mathrm{HTU}_{Ox}/H)>1.5$，和塔效率的计算值 $H_{\text{活塞流}}/H_{\text{实际}}$ 必须不小于 0.2。在这些限制条件下，Watson 和 Cochran 与式(8－63)到式(8－68)的精确解作了广泛的比较，给出的偏保守的效率值的偏差不超过 0.07(即 7%)，当估计的效率大于 0.5(即 50%)时具有最高精度。

例 8.10

在近似活塞流的实验室条件下对低浓度系统进行的实验给出 $\mathrm{HTU}_{Ox}=3\text{ft}$。如果工业

塔设计为 $NTU_{Ox}=4$，而 N_{Pe_x} 和 N_{Pe_y} 估计分别为 19 和 50，确定 $E=0.5$ 时所需的塔高。

解

对活塞流，塔高为$(HTU_{Ox})(NTU_{Ox})$。将数据代入式(8－75)给出

$$\frac{12}{H}=1-\frac{1}{(57/H)+0.75}-\frac{0.5}{(180/H)-0.25}$$

这是 H 的非线性代数方程。用迭代法求解得到

$$H=17\ \text{ft}$$

效率$=(HTU_{Ox})(NTU_{Ox})/H=12/17=0.706$(即 70.6％)

8.6 本章小结

(1) 可用溶剂从液体混合物中萃取一种或几种组分。

(2) 虽然液-液萃取是相当成熟的分离操作，但为寻找合适的溶剂和确定需要的停留时间或 HETS、NTU 和传质系数的数值，往往还是需要大量的实验研究。

(3) 与气-液分离操作相比，萃取具有较高的总传质阻力。塔的级效率通常较低。

(4) 如图 8.2 至图 8.7 所示，可获得多种多样的工业萃取装置，从没有机械搅拌的简单的塔到转速达到每分钟几千转的离心装置。对给定的分离过程，为选择最适合的萃取器，表 8.3 给出的选择方法是有用的。

(5) 考虑表 8.4 给出的多种化学因素和 8.2 节讨论的各种物理因素，可方便地进行溶剂的选择。

(6) 对三元混合物的液-液萃取，等边三角形或直角三角形可方便地用于表示类型Ⅰ(溶质和溶剂完全互溶)和较少见的类型Ⅱ(溶质和溶剂不完全互溶)系统的相平衡。

(7) 为确定三元系统单段逆流级联所需的平衡级，如 8.3 节所述，可采用 Hunter 和 Nash(等边三角形)图解法、Kinney(直角三角形)图解法或 Varteressian 和 Fenske 图解法(McCabe－Thiele 型分配图)。这些方法还可用于确定最小和最大溶剂需要量。

(8) 具有萃取相回流的两段逆流级联可用于使类型Ⅱ三元系统实现二元进料混合物的清晰分离。采用 8.4 节讨论的利用 Janecke 平衡图的 Maloney 和 Schubert 图解法可方便地完成这种两段级联所需的级数计算。对这种级联添加萃余相回流作用不大。Maloney 和 Schubert 图解法也可用于单段级联。

(9) 当只需要几个平衡级时，混合器-沉降器单元的级联可能是有吸引力的，因为每个混合器可设计成非常接近一个平衡级。对许多三元和更高阶的系统，采用 4hp/1000gal 左右的搅拌器功率输入，达到 90％平衡趋近率所需的停留时间可能只有几分钟。可根据每分钟、每平方英尺分离面积 5gal 萃取液和萃余液组合流量来估算适当的沉降器相分离面积。

(10) 对采用如图 8.35 所示的设有侧面垂直挡板的密闭容器内采用六桨平桨涡轮的混合器，对给定的萃取过程，可获得有用的萃取器设计关联式用于估算混合容器的尺寸、为达到完全、均匀分散所需的最小搅拌器转速、搅拌器功率、平均液滴大小、液滴大小范围、单位体积的界面积、分散相和连续相传质系数和 Murphree 效率。

（11）对有和没有机械搅拌的塔式萃取器,用于确定塔径以避免液泛和塔高的关联式仅适用于非常初步的计算。对萃取器的最终选择和设计,非常需要设备供应商根据中试规模设备的实验数据所作的推荐。

（12）塔式萃取器尺寸的确定必须考虑轴向分散,这可能显著减小传质推动力,于是需要增加塔高。连续相的轴向分散往往是非常显著的。

参考文献

1. Derry, T. K., and T. I. Williams, *A Short History of Technology*, Oxford University Press, New York (1961).
2. Bailes, P. J., and A. Winward, *Trans. Inst. Chem. Eng.*, **50**, 240—258(1972).
3. Bailes, P. J., C. Hanson, and M. A. Hughes, *Chem. Eng.*, **83** (2), 86—100(1976).
4. Lo, T. C., M. H. I. Baird, and C. Hanson, Eds., *Handbook of Solvent Extraction*, Wiley-Interscience, New York (1983).
5. Reissinger, K.-H., and J. Schroeter, "Alternatives to Distillation," *I. Chem. E. Symp. Ser. No.* **54**, 33—48 (1978).
6. Humphrey, J. L., J. A. Rocha, and J. R. Fair, *Chem. Eng.*, **91** (19), 76—95(1984).
7. Fenske, M. R., C. S. Carlson, and D. Quiggle, *Ind. Eng. Chem.*, **39**, 1932(1947).
8. Scheibel, E. G., Chem. *Eng. Prog.*, **44**, 681 (1948).
9. Scheibel, E. G., *AIChE J.*, **2**, 74 (1956).
10. Scheibel, E. G., U. S. Patent 3,389,970 (June 25, 1968).
11. Oldshue. J., and J. Rushton, *Chem. Eng. Prog.*, **48** (6), 297 (1952).
12. Reman. G. H., *Proceedings of the 3rd World Petroleum Congress*, The Hague, Netherlands, Sec. Ⅲ, 121 (1951).
13. Reman, G. H., *Chem. Eng. Prog.*, **62** (9), 56 (1966).
14. Misek, T., and J. Marek, *Br. Chem. Eng.*, **15**, 202 (1970).
15. Fischer, A., *Verfahrenstechnik*, **5**, 360 (1971).
16. Karr, A. E., *AIChE J.*, **5**, 446 (1959).
17. Karr, A. E., and T. C. Lo, *Chem. Eng. Prog.*, **72** (11). 68 (1976).
18. Prochazka, I., J. Landau, F. Souhrada, and A. Heyberger, *Br. Chem. Eng.*, **16**, 42(1971).
19. Barson, N., and G. H. Beyer, *Chem. Eng. Prog.*, **49** (5), 243—252(1953).
20. Reissinger, K.-H., and J. Schroeter, "Liquid-Liquid Extraction, Equipment Choice," in J. J. McKetta and W. A. Cunningham, Eds., *Encyclopedia of Chemical Processing and Design*, Vol. 21, Marcel Dekker, New York (1984).
21. Cusack, R. W., P. Fremeaux, and D. Glatz, *Chem. Eng.*, **98** (2), 66—76(1991).
22. Robbins, L. A., *Chem. Eng. Prog.*, **76** (10), 58—61 (1980).
23. Naser, S. F., and R. L. Fournier, *Comput. Chem. Eng.*, **15**, 397—414(1991).
24. Darwent, B., and C. A. Winkler, *J. Phys. Chem.*, **47**, 442—454(1943).
25. Treybal, R. E., *Liquid Extraction*, 2nd ed., McGraw-Hill, New York(1963).
26. Hunter, T. G., and A. W. Nash. *J. Soc. Chem. Ind.*, **53**, 95T—102T(1934).

27. Kinney, G. F., *Ind. Eng. Chem.*, **34**, 1102—1104 (1942).
28. Venkataranam, A., and R. J. RAO, *Chem. Eng. Sci.*, **7**, 102—110(1957).
29. Sawistowski, H., and W. Smith, *Mass Transfer Process Calculations*, Interscience, New York (1963).
30. Varteressian, K. A., and MR. Fenske, *Ind. Eng. Chem.*, **28**, 1353—1360(1936).
31. Skelland, A. H. P., *Ind. Eng. Chem.*, **53**, 799—800 (1961).
32. Randall, M., and B. Longtin, *Ind. Eng. Chem.*, **30**, 1063, 1188, 1311(1938); **31**, 908, 1295 (1939): **32**, 125 (1940).
33. Maloney, J. O., and A. E. Schubert, *Trans. AIChE*, **36**, 741 (1940).
34. Flynn, A. W. and R. E. Treybal, *AIChE J.*, **1**, 324—328(1955).
35. Ryon, A. D., F. L. Daley, and R. S. Lowrie. *Chem. Eng. Prog.*, **55** (10), 70—75 (1959).
36. Happel, J., and D. G. Jordan, *Chemical Process Economics*, 2nd ed., Marcel Dekker, New York (1975).
37. Rushton, J. H., and J. Y. Oldshue, *Chem Eng. Prog.*, **49**, 161—168(1953).
38. Laity, D. S., and R. E. Treybal, *AIChE J.*, **3**, 176—180 (1957).
39. Skelland, A. H. P., and G. G. Ramsey. *Ind. Eng. Chem. Res.*, **26**, 77—81 (1987).
40. Skelland, A. H. P., and J. M. Lee, *Ind. Eng. Chem. Process Des. Dev.*, **17**, 473—478(1978).
41. Macmullin, R. B., and M. Weber. *Trans. AIChE*, **31**, 409—458(1935).
42. Lewis, J. B., I. Jones, and H. R. C. Pratt. *Trans. Inst. Chem. Eng.*, **29**, 126(1951).
43. Coulson, J. M., and J. F. Richardson. *Chemical Engineering*. Vol. 2. 4th ed., Pergamon, Oxford (1991).
44. Vermuelen, T., G. M. Williams, and G. E. Langlois, *Chem. Eng. Prog.*, **51**, 85F (1955).
45. Gnanasundaram, S., T. E. Degaleesan. and G. S. Laddha. *Can. J. Chem. Eng.*, **57**, 141—144 (1979).
46. Chen, H. T., and S. Middleman. *AIChE J.*, **13**, 989—995(1967).
47. Sprow F. B., *AIChE J.*, **13**, 995—998 (1967).
48. Davies, J. T., *Turbulence Phenomena*. Academic Press, New York. p. 311(1978).
49. Cornish, A. R. H., *Trans. Inst. Chem. Eng.*, **43**, T332—T333 (1965).
50. Skelland, A. H. P., and L. T. Moeti. *Ind. Eng. Chem. Res.*, **29**, 2258—2267 (1990).
51. Batchelor, G. K., *Proc. Cambridge Phil. Soc.*, **47**, 359—374 (1951).
52. Stichlmair, J., *Chemie-Ingenieur-Technik*, **52**, 253 (1980).
53. Logsdail, D. H., J. D. Thornton, and H. R. C. Pratt, *Trans. Inst. Chem. Eng.*, **35**, 301—315 (1957).
54. Landau, J., and R. Houlihan, *Can. J. Chem. Eng.*, **52**, 338—344 (1974).
55. Gayler, R., N. W. Roberts, and H. R. C. Pratt, *Trans. Inst. Chem. Eng.*, **31**, 57—68(1953).
56. Thornton, J. D., *Chem. Eng. Sci.*, **5**, 201—208 (1956).
57. Reman, G. H., and R. B. Olney, *Chem. Eng. Prog.*, **52** (3), 141—146(1955).
58. Strand, C. P., R. B. Olney, and G. H. Ackerman, *AIChE J.*, **8**, 252—261 (1962).
59. Reman, G. H., *Chem. Eng. Prog.*, **62** (9). 56—61 (1966).
60. Karr, A. E., and T. C. Lo. "Performance of a 36-inch Diameter Reciprocating-Plate Extraction Column," paper presented at the 82nd National Meeting of AIChE, Atlantic City, NJ (Aug. 29—Sept. 1, 1976).
61. Thornton, J. D., *Science and Practice of Liquid-Liquid Exiraction*. Vol. 1, Clarendon Press, Oxford (1992).
62. Sirigle, R. F., Jr., *Random Packings and Packed Towers*. Gulf Publishing Company, Houston, TX (1987).
63. Sleicher, C. A., Jr., *AIChE J.*, **5**, 145—149(1959).

64. Miyauchi, T., and T. Vermeulen. *Ind. Eng. Chem. Fund.*, **2**, 113—126(1963).
65. Sleicher, C. A., Jr., *AIChE J.*, **6**, 529—531 (I960).
66. Miyauchi, T., and T. Vermeulen. *Ind. Eng. Chem. Fund.*, **2**, 304—310(1963).
67. Vermeulen, T., J. S. Moon, A. Hennico, and T. Miyauchi, *Chem. Eng. Prog.*, **62**(9), 95—101(1966).
68. Danckwerts. P. V., *Chem. Eng. Sci.*, **2**, 1—13(1953).
69. Wehner, J. F., and R. H. Wilhelm, *Chem. Eng. Sci.*, **6**, 89—93(1956).
70. Geankoplis, C. J., and A. N. Hixson, *Ind. Eng. Chem*, **42**, 1141—1151(1950).
71. Gier, T. E., and J. O. Hougen, *Ind. Eng. Chem.*, **45**, 1362—1370(1953).
72. Watson, J. S., and H. D. Cochran, Jr., *Ind. Eng. Chem. Process Des. Dev.*, **10**, 83—85(1971).

习　　题

8.1 节

8.1　说明为什么分离低浓度的苯甲酸水溶液优先采用液-液萃取而非精馏。

8.2　为什么优先采用液-液萃取而非精馏分离甲酸和水的混合物？

8.3　根据表 8.3 的信息和图 8.5 的选择方法，RDC 是否适用于本章引言中说明并用图 8.1 表示的用乙酸乙酯从水中萃取乙酸的过程？还可考虑其他哪种萃取设备？

8.4　ARD 超过 RDC 的主要优点是什么？与 RDC 相比，ARD 的主要缺点是什么？

8.5　在什么条件下，混合-沉降器单元的级联可能是萃取设备的最佳选择？

8.6　流量为 4 000 bbl/天的重整油物流与二甘醇接触，以从烷烃中萃取芳烃。溶剂与重整油的体积比为 5。估计将需要 8 个理论级。利用表 8.2 和表 8.3 及图 8.8，哪种萃取设备可能是最合适的？

8.2 节

8.7　利用表 8.4，对下列混合物的分离选择可能的液-液萃取溶剂：(a)水-乙醇，(b)水-苯胺，和(c)水-乙酸。对每个案例，明确指出两个组分中哪个应为溶质？

8.8　利用表 8.4，为在下列案例中从载液中除去溶质，选择可能的液-液萃取溶剂：

	溶质	载液
(a)	丙酮	乙二醇
(b)	甲苯	正庚烷
(c)	乙醇	丙三醇

8.9　对 25℃下，将低浓度水(C)溶液中的乙酸(A)萃取到乙酸乙酯(S)中的过程，估算或查找下列数据：$(K_A)_D$、$(K_C)_D$、$(K_S)_D$和 β_{AC}。该系统是否表现出：(a)高选择性，(b)高溶剂处理能力，(c)容易回收溶剂？你能否选择一种比乙酸乙酯性能更好的溶剂？

8.10　表面张力可能是液-液萃取的一个重要因素。非常低的表面张力可能导致形成难以分离的稳定乳浊液，而非常高的表面张力又可能需要高能量输入以形成分散相。最好对所研究的两相混合物测定其表面张力。但是，在缺乏实验数据时，提出一种仅利用平衡相组成和三个组分中每一个在空气中的表面张力数值估计三元系统表面张力的方法。

8.3 节

8.11　在一个连续逆流系统中在 25℃下，用 1,1,2-三氯乙烷从流量为每小时 1 000kg、丙酮浓度为

45%(质量)的水溶液中萃取丙酮,得到含10%(质量)丙酮的萃余液,利用下列平衡数据,借助等边三角形相图确定:

(a) 最小溶剂流量;

(b) 当溶剂流量为1.5倍最小溶剂流量时需要的级数;

(c) 离开每一级的每股物流的流量和组成。

	丙酮,质量分率	水,质量分率	三氯乙烷,质量分率
萃取相	0.60	0.13	0.27
	0.50	0.04	0.46
	0.40	0.03	0.57
	0.30	0.02	0.68
	0.20	0.015	0.785
	0.10	0.01	0.89
萃余相	0.55	0.35	0.10
	0.50	0.43	0.07
	0.40	0.57	0.03
	0.30	0.68	0.02
	0.20	0.79	0.01
	0.10	0.895	0.05

联结线数据为

萃余相,丙酮质量分率	萃取相,丙酮质量分率
0.44	0.56
0.29	0.40
0.12	0.18

8.12 用直角三角形相图求解习题8.11。

8.13 从异丙醇精制装置的精制塔获得含45%(质量)异丙醇、50%(质量)二异丙醚和5%(质量)水的馏出液。公司要求在塔内用水为溶剂通过液-液萃取从该物流中回收二异丙醚,溶剂由塔顶进入,进料由塔底进入,产生醇含量不超过2.5%(质量)的醚,并获得浓度至少为20%(质量)的醇萃取液。装置在25℃和1atm下操作。采用 Varteressian 和 Fenske 法,由 McCabe - Thiele 相图求取需要多少理论级。是否可能获得浓度为25%(质量)的醇萃取液?平衡数据如下所列:

25℃和1atm下的相平衡数据

醚相			水相		
%(质量)醇	%(质量)醚	%(质量)水	%(质量)醇	%(质量)醚	%(质量)水
2.4	96.7	0.9	8.1	1.8	90.1
3.2	95.7	1.1	8.6	1.8	89.6
5.0	93.6	1.4	10.2	1.5	88.3
9.3	88.6	2.1	11.7	1.6	86.7

24.9	69.4	5.7	17.5	1.9	80.6
38.0	50.2	11.8	21.7	2.3	76.0
45.2	33.6	21.2	26.8	3.4	69.8

相边界的其他点

%(质量)醇	%(质量)醚	%(质量)水
45.37	29.70	24.93
44.55	22.45	33.00
39.57	13.42	47.01
36.23	9.66	54.11
24.74	2.74	72.52
21.33	2.06	76.61
0	0.6	99.4
0	99.5	0.5

8.14　用水作为溶剂在一个三级液-液萃取塔中分离苯和三甲胺(TMA)。如果脱除溶剂的萃取液和萃余液分别含 70%(质量)和 3%(质量)TMA,用直角三角形相图求取原始进料组成和水进料比。没有回流,溶剂为纯水。平衡数据如下:

相边界上三甲胺-水-苯组成

萃取相,%(质量)			萃余相,%(质量)		
TMA	H_2O	苯	TMA	H_2O	苯
5.0	94.6	0.4	5.0	0.0	95.0
10.0	89.4	0.6	10.0	0.0	90.0
15.0	84.0	1.0	15.0	1.0	84.0
20.0	78.0	2.0	20.0	2.0	78.0
25.0	72.0	3.0	25.0	4.0	71.0
30.0	66.4	3.6	30.0	7.0	63.0
35.0	58.0	7.0	35.0	15.0	50.0
40.0	47.0	13.0	40.0	34.0	26.0

联结线数据为

萃取相,%(质量)TMA	萃余相,%(质量)TMA
39.5	31.0
21.5	14.5
13.0	9.0
8.3	6.8
4.0	3.5

8.15　二十二烷-二苯基己烷(DPH)-糠醛系统是在润滑油溶剂精制中遇到的有代表性的比较复杂的系统。在逆流系统中用流量为 500kg/h 含 98%(质量)糠醛和 2%(质量)DPH 的溶剂连续萃取 500kg/h 二十二烷中含 40%(质量)DPH 的混合物,产生的萃余液仅含 2%(质量)DPH。用直角三角形相图计算需要的理论级数和在 45℃及 80℃下每小时萃取液中 DPH 的千克数。平衡数据如下所列:

平衡数据：二十二烷-二苯基己烷-糠醛系统的双结点曲线

[Ind. Eng. Chem., 35, 711 (1943)]

45℃时的%(质量)			80℃时的%(质量)		
二十二烷	二苯基己烷	糠醛	二十二烷	二苯基己烷	糠醛
96.0	0.0	4.0	90.3	0.0	9.7
84.0	11.0	5.0	50.5	29.5	20.0
67.0	26.0	7.0	34.2	35.8	30.0
52.5	37.5	10.0	23.8	36.2	40.0
32.6	47.4	20.0	16.2	33.8	50.0
21.3	48.7	30.0	10.7	29.3	60.0
13.2	46.8	40.0	6.9	23.1	70.0
7.7	42.3	50.0	4.6	15.4	80.0
4.4	35.6	60.0	3.0	7.0	90.0
2.6	27.4	70.0	2.2	0.0	97.8
1.5	18.5	80.0			
1.0	9.0	90.0			
0.7	0.0	99.3			

二十二烷-二苯基己烷-糠醛系统的联结线为：

二十二烷相组成，%(质量)			糠醛相组成，%(质量)		
二十二烷	DPH	糠醛	二十二烷	DPH	糠醛
温度为45℃时：					
85.2	10.0	4.8	1.1	9.8	89.1
69.0	24.5	6.5	2.2	24.2	73.6
43.9	42.6	13.3	6.8	40.9	52.3
温度为80℃时：					
86.7	3.0	10.3	2.6	3.3	94.1
73.1	13.9	13.0	4.6	15.8	79.6
50.5	29.5	20.2	9.2	27.4	63.4

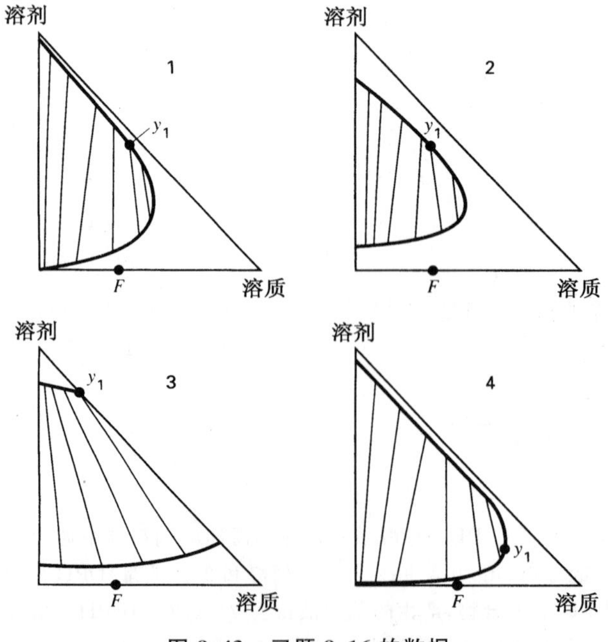

图 8.43　习题 8.16 的数据

8.16　对图 8.43 所示的各个三元系统，指出(a)简单逆流萃取，还是(b)有萃取液回流的逆流萃取，还是(c)有萃余液回流的逆流萃取，还是(d)同时有萃取液回流和萃余液回流的逆流萃取，将预期会产生经济效益最好的过程。

8.17　两种溶液，进料 F 流量为 7 500kg/h，含 50%(质量)丙酮和 50%(质量)水，而进料 F' 流量为 7500 kg/h，含 25%(质量)丙酮和 75%(质量)水，将在逆流系统中用 5 000kg/h 温度为 25℃的 1,1,2-三氯乙烷萃取，给出含 10%(质量)丙酮的萃余液。利用直角三角形相图计算需要的平衡级数，并确定每种进料应在哪一级进入。平衡数据已在习题 8.11 中给出。

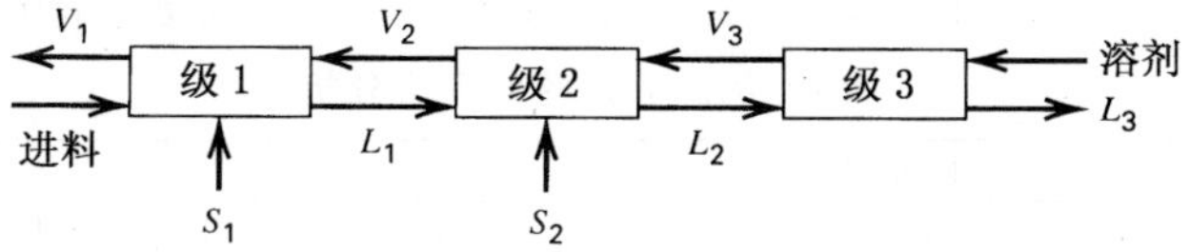

图 8.44　习题 8.18 的数据

8.18　图 8.44 所示的三级萃取器用于从由 40%(质量)苯(B)和 60%(质量)三甲胺(T)组成的液体中萃取胺。进入级 3 的溶剂(水)流量为 5 185kg/h，而进料流量为 10 000kg/h。脱除溶剂基准的 V_1 含 76%(质量)T，而 L_3 含 3%(质量)T。利用等边三角形相图确定需要的溶剂流量 S_1 和 S_2。平衡数据已在习题 8.14 中给出。

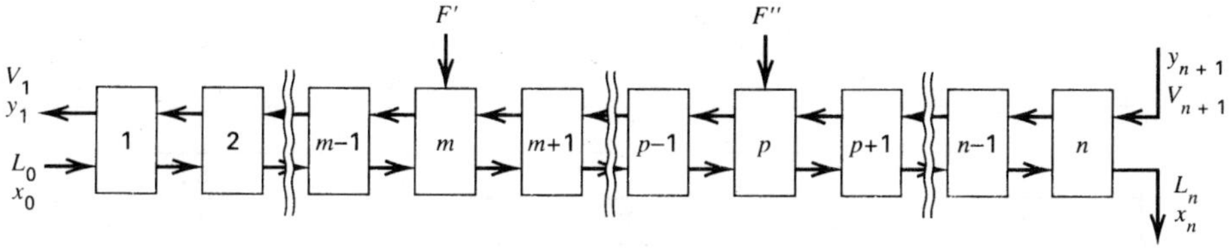

图 8.45　习题 8.19 的数据

8.19　图 8.45 所示的萃取过程在没有萃取液回流和萃余液回流的多进料逆流装置中进行。进料 F' 由溶剂和溶质组成，并且是萃取相进料。进料 F'' 由未萃取的萃余液和溶质组成，并且是萃余相进料。导出确定画阶梯求取萃取塔的理论级所需的三个参考点的方程。在直角三角形相图上表示确定这些点的图解法。

8.20　正庚烷中含 50%(质量)甲基环己烷(MCH)的混合物进入操作温度为 25℃的逆流级式萃取器。用苯胺作为溶剂。在塔的两端采用回流。

萃取液含 95%(质量)MCH，而萃余液含 5%(质量)MCH。最小萃取液回流比为 3.49。利用下面习题 8.22中的平衡数据，用直角三角形相图计算：(a)萃余液回流比，(b)必须在塔顶分离器中脱除的苯胺量，和(c)塔底的溶剂混合器中必须加入的溶剂量。

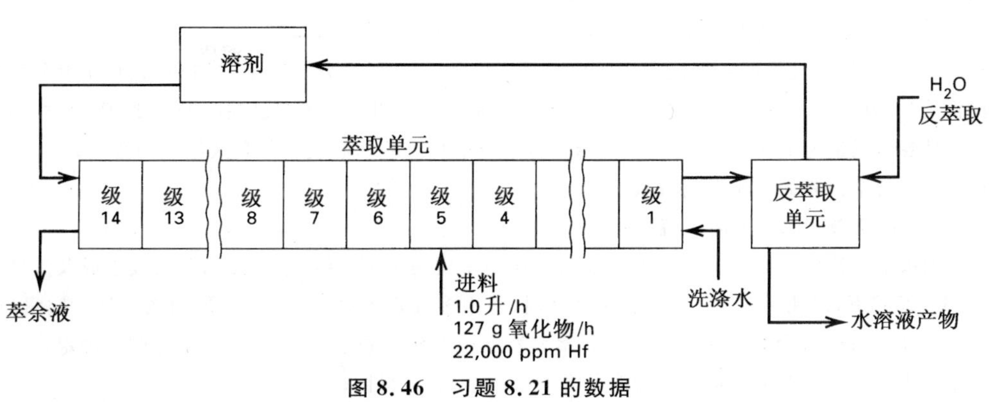

图 8.46　习题 8.21 的数据

8.21　在自然状态中，建造核反应器的重要材料锆与具有异常高的质子吸收横截面的铪共生，在锆能使用前必须除去铪。参考图 8.46 建议的液-液萃取过程，在该过程中用磷酸三甲酯(TBP)作为溶剂从锆中分离铪。

每小时一升含 127g 溶解的 Hf 和 Zr 的 5.10N 的 HNO_3 从 14 级萃取装置的第 5 级进入。进料中每 100 万克 Zr 含 22 000 克 Hf。新鲜 TBP 在第 14 级进入，而洗涤水在第 1 级进入。萃余液在第 14 级排出，而离开第 1 级的有机萃取液相进入脱除装置。脱除操作由新鲜水和有机相之间的一次接触组成。下表给出了实验数据。(a)利用这些数据进行该过程的完整的物料衡算。(b)用你能采用的多种方法对这些数据的一致性进行校核。(c)图中所示的萃取器运行时将有何优点？你是否推荐所有级全部使用？

混合-沉降器运转的逐级分析

级	有机相			水　相		
	g 氧化物/升	N HNO_3	(Hf/Zr)×(100)	g 氧化物/升	N HNO_3	(Hf/Zr)×(100)
1	22.2	1.95	<0.010	17.5	5.21	<0.010
2	29.3	2.02	<0.010	27.5	5.30	<0.010
3	31.4	2.03	<0.010	33.5	5.46	<0.010
4	31.8	2.03	0.043	34.9	5.46	0.24
5	32.2	2.03	0.11	52.8	5.15	3.6
6	21.1	1.99	0.60	30.8	5.15	6.8
7	13.7	1.93	0.27	19.9	5.05	9.8
8	7.66	1.89	1.9	11.6	4.97	20
9	4.14	1.86	4.8	8.06	4.97	36
10	1.98	1.83	10	5.32	4.75	67
11	1.03	1.77	23	3.71	4.52	110
12	0.66	1.68	32	3.14	4.12	140
13	0.46	1.50	42	2.99	3.49	13072
14	0.29	1.18	28	3.54	2.56	
反萃取器		0.65		76.4	3.96	<0.01

[数据取自 R. P. Cox, H. C. Peterson, and C. H. Beyer, *Ind. Eng. Chem.* 50(2), 141 (1958)。习题取自 E. J. Henley and H. Bieber, *Chemical Engineering Calculation*, McGraw-Hill, New York, p. 298 (1959)。]

8.22　45℃下在连续逆流多级液-液萃取系统中用纯糠醛萃取流量为 5 000kg/h 的含 65%(质量)二十二烷、7%(质量)糠醛和 28%(质量)二苯基己烷的混合物，得到的萃余液含 12%(质量)二苯基己烷。该三元系统的相平衡数据已在习题 8.15 中提供。确定：

(a) 最小溶剂流量；

(b) 最小溶剂流量时萃取液的流量和组成；

(c) 如果溶剂流量为最小流量的 1.5 倍，需要的平衡级数。

8.23　45℃下，用纯糠醛萃取流量为 1 000kg/h 的含 0.80 质量分率二十二烷和 0.20 质量分率二苯基己烷的混合物，从进料中除去部分二苯基己烷。该三元系统的相平衡数据已在习题 8.15 中提供。确定：

(a) 对溶剂流量为 100、1 000 和 10 000kg/h，单个平衡级的萃取液和萃余液组成和流量；

(b) 形成两个液相的最小溶剂流量；

(c) 形成两个液相的最大溶剂流量；

(d) 如果溶剂流量为 2 000kg/h，并在逆流系统中采用两个平衡级，萃取液和萃余液组成及流量。

8.24　25℃下，以纯 1,1,2-三氯乙烷为溶剂，采用多级定态逆流液-液萃取将含 27%(质量)丙酮和 73%(质量)水的液体混合物分离为萃余液和萃取液。相平衡数据已在习题 8.11 中提供。确定：

(a) 为获得基本上不含丙酮的萃余液所需的最小溶剂-进料比；

(b) 最小溶剂-进料比下的萃取液组成；

(c) 如果以最小溶剂流量,并采用大平衡级数,离开第 2 级(见图 8.13)的萃取液组成。

8.4 节

8.25　含 50%(质量)正庚烷和 50%(质量)甲基环己烷(MCH)的进料混合物用液-液萃取分离成一个含 92.5%(质量)甲基环己烷的产物和另一个含 7.5%(质量)甲基环己烷的产物,二者均为脱除溶剂基准。将采用苯胺作为溶剂。采用如下所列的平衡数据和 Maloney - Schubert 法:(a)实现此分离必需的最小理论级数为多少?(b)最小萃取液回流比为多少?(c)如果该回流比为 7.0,需要多少理论级?

25℃和 1atm(101kPa)下正庚烷/甲基环己烷/苯胺系统的液-液平衡数据

烃类层		溶剂层	
MCH 的质量百分数,不含溶剂	磅苯胺/磅不含溶剂混合物	MCH 的质量百分数,不含溶剂	磅苯胺/磅不含溶剂混合物
0.0	0.0799	0.0	15.12
9.9	0.083 6	11.8	13.72
20.2	0.087	33.8	11.5
23.9	0.089 4	37.0	11.34
36.9	0.094	50.6	9.98
44.5	0.095 2	60.0	9.0
50.5	0.098 9	67.3	8.09
66.0	0.106 2	76.7	6.83
74.6	0.111 1	84.3	6.45
79.7	0.113 5	88.8	6.0
82.1	0.116	90.4	5.9
93.9	0.127 2	96.2	5.17
100.0	0.135	100.0	4.92

8.26　两种具有几乎相同沸点的液体 A 和 B 用 C 为溶剂通过液-液萃取进行分离。下列数据表示 95℃时两个液相的平衡。

平衡数据,%(质量)

萃取液层			萃余相层		
A,%	B,%	C,%	A,%	B,%	C,%
0	7.0	93.0	0	92.0	8.0
1.0	6.1	92.9	9.0	81.7	9.3
1.8	5.5	92.7	14.9	75.0	10.1
3.7	4.4	91.9	25.3	63.0	11.7
6.2	3.3	90.5	35.0	51.5	13.5
9.2	2.4	88.4	42.0	41.0	17.0
13.0	1.8	85.2	48.1	29.3	22.6
18.3	1.8	79.9	52.0	20.0	28.0
24.5	3.0	72.5	47.1	12.9	40.0
31.2	5.6	63.2		褶点	

[取自 McCabe and Smith, *Unit Operation of Chemical Engineering*, 4th ed., McGraw - Hill, New York, p.557(1985)]

确定为生产含 83%A 和 17%B(脱除溶剂基准)的萃取液及含 10%A 和 90%B(脱除溶剂基准)的萃余液产物,必须由萃取液产物返回的最小回流量。进料按脱除溶剂基准含 35%A 和 65%B,并为饱和萃余液。该萃余液是重液体。当以每磅萃取液产物(包括溶剂)的萃取液回流量为最小回流量的两倍时,确定为由相同进料生产相同的终端产物所需的进料两侧的理想级数目。对 1 000 lb 进料计算各股物流的质量(脱除溶剂基准)。利用等边三角形坐标、直角三角形坐标和脱除溶剂坐标求解本题。对本习题哪种方法最好?

8.27 用 Maloney - Schubert 图解法求解习题 8.20。

8.5 节

8.28 在混合沉降装置中用异丙醚为溶剂从浓度为 3%(质量)的低浓度水溶液中连续萃取乙酸。进料和溶剂流量分别为 12 400 和 24 000 lb/h。假定混合器的停留时间为 1.5min,而沉降器的处理能力为 4gal/(min · ft^2),估计:(a)混合器的直径和高度,假定 $H/D_T=1$,(b)混合器的搅拌功率,(c)沉降器的直径和长度,假定 $L/D_T=4$,和(d)以分计的沉降器停留时间。

8.29 可获得由六个混合-沉降装置组成的级联,每个装置由一个设有 20hp 的搅拌器,直径和高度均为 10ft 的混合器与一个直径为 10ft、长度为 40ft 的沉降器组成。如果将该级联用于本章引言中所述的乙酸萃取,估算每小时能处理的进料流量(磅)。

8.30 在 25℃下,在混合-沉降器连续级联中,用异丙醚从低浓度水溶液中萃取乙酸。在一个装置中采用下列条件:

	萃余相	萃取相
流量/($lb \cdot h^{-1}$)	21 000	52 000
密度/($lb \cdot ft^{-3}$)	63.5	45.3
黏度/cP	3.0	1.0

界面张力=13.5dyne/cm。如果萃余相是分散相,而混合器的停留时间为 2.5min,对混合器估计:(a)密闭挡板容器的直径,(b)平桨搅拌器的直径,(c)为达到完全和均匀的分散,搅拌器的最小转速,r/min,(d)最小转速时搅拌器所需的功率。

8.31 对习题 8.30 的条件,估算:(a)Sauter 平均液滴尺寸,(b)液滴尺寸范围,(c)两相液-液乳浊液的界面积。

8.32 对习题 8.30 和 8.31 中的条件,并补充下列数据,估算:(a)分散相传质系数,(b)连续相传质系数,(c)Murphree 分散相效率,(d)乙酸的萃取分率。

乙酸的扩散系数:萃余相中,$1.3\times10^{-9}\,m^2/s$ 和萃取相中,$2.0\times10^{-9}\,m^2/s$。

乙酸的分配系数:$C_D/C_C=2.7$

8.33 对涉及用甲苯从低浓度水溶液中萃取苯甲酸的例 8.4 的条件和结果,当在设有挡板的密闭容器内采用六桨平桨涡轮搅拌器并以萃取相为分散相时,根据提供的物性确定下列各项:(a) 为达到完全和均匀的分散,搅拌器的最小转速,(b)最小转速时搅拌器所需的功率,(c) Sauter 平均液滴直径,(d)界面积,(e)总传质系数,K_{OD},(f)总传质单元数,N_{OD},(g) Murphree 效率,E_{MD},(h)苯甲酸的萃取分率。液相物性是

	萃余相	萃取相
密度/($g \cdot cm^{-3}$)	0.995	0.860
黏度/cP	0.95	0.59
苯甲酸的扩散系数/($cm^2 \cdot s^{-1}$)	2.2×10^{-5}	1.5×10^{-5}

界面张力=22dyne/cm

苯甲酸的分配系数:$C_D/C_C=21$

8.34 对习题 8.28 和 8.30 的条件和结果,估算用异丙醚从水溶液中萃取乙酸的 RDC 的直径。

8.35 对习题 8.33 的条件,估算用甲苯从水溶液中萃取苯甲酸的 Karr 塔的直径。

8.36 估算在习题 8.34 的条件下操作的 RDC 塔的 HETS 值。

8.37 估算在习题 8.35 的条件下操作的 Karr 塔的 HETS 值。

第9章　多元多级分离计算的近似方法

虽然将在第10章中讨论的严格的计算机方法已可用于求解多元分离问题，但是用于各种目的的近似方法实际上仍被继续使用，包括初步设计、确定最优设计条件的参数研究，确定最优分离序列的合成研究和获得用于严格计算的初始近似。

在5.4节中曾讨论过用于吸收的Kremser法[1]和用于精馏的Edmister法[2]。本章将讨论广泛用于简单精馏初步设计和优化的另一种近似方法。这种方法通常称为Fenske-Underwood-Gilliland法或FUG法。此外，Kremser法将被推广应用于汽提和液-液萃取。虽然，如果物性不随组成而变，这些方法可相当方便地用手算完成，但计算机计算仍被优先采用，而且FGU法已被包括在大多数计算机辅助过程设计程序中。

9.0　本章教学目的

学习本章后，你应该能够：

- 对多元精馏选择两个关键组分、操作压力和冷凝器类型。
- 对精馏塔中两个关键组分的规定分离，用Fenske方程估算最小平衡级数和非关键组分的分布，用Underwood法估算最小回流比，用Gilliland关联式估算回流比大于最小回流比时的平衡级数及进料级位置。
- 用Kremser方程估算多元吸收、汽提和液-液萃取所需的平衡级。

9.1　Fenske-Underwood-Gilliland法

对图9.3所示的简单精馏塔，以方法的三个重要步骤的作者名字命名的经验的Fenske-Underwood-Gilliland算法如图9.1所示。该塔设有一分凝器或全凝器。由表5.4可知，采用全凝器时自由度数目为$2N+C+9$。在这种情况中，分凝器可视为一个理论级，下列变量通常被规定：

	规定数
进料流量	1
进料摩尔分率	$C-1$
进料温度①	1
进料压力①	1
绝热级(不包括再沸器)	$N-1$
级压(包括再沸器)	N
轻关键组分分离因子	1
重关键组分分离因子	1
进料级位置	1
回流比(最小回流比的倍数)	1
回流温度	1
绝热回流分流器	1
全凝器压力	1
回流分流器压力	1
	$2N+C+9$

对采用分凝器的塔可写出类似的规定。

9.1.1 两个关键组分的选择

对多组分进料,两个关键组分的规定和它们在馏出液和塔底产物间的分配可用多种方法完成。非关键组分分配的初步估计可能是相当困难的,需要图 9.1 所示的迭代计算。但是,通常只需两次迭代,迭代次数很少超过三次。

考虑图 9.2 中的多组分烃类进料。这种混合物为烷基化装置回收工段的典型进料[3]。组分按挥发度渐降的次序排列。采用包括脱异丁烷塔和脱丁烷塔的精馏塔序列将此混合物分离为图中所示的三种产物。在表 9.1 的案例 1 中,选择脱异丁烷塔为分离序列的第一个塔。因为对异丁烷循环物流中的正丁烷的允许量和正丁烷产物中的异丁烷允许量作了规定,所以异丁烷是轻关键组分,而正丁烷是重关键组分。这两个关键组分在挥发度排列中是相邻的。因为说明要在两个关键组分间进行相当清晰的分离,而非关键组分的挥发度与两种丁烷都有显著差别,所以作为初步估算,我们可假定非关键组分被完全分离。

① 进料温度和压力可能对应于离开前一个设备的已知物流状态。

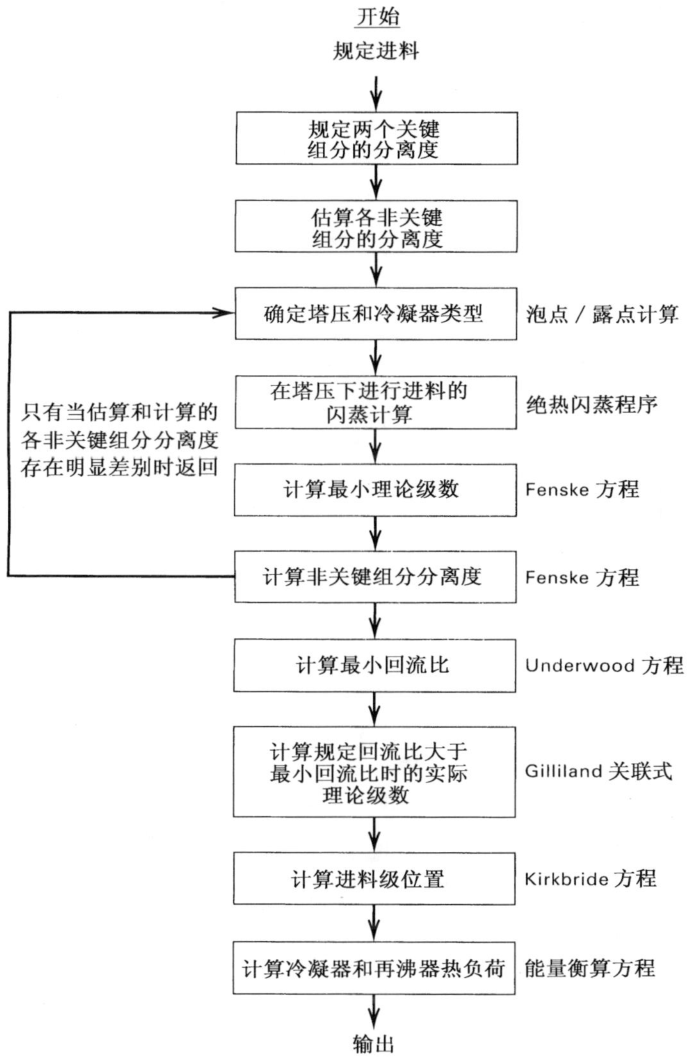

图 9.1　采用 FUG 法的多元精馏算法

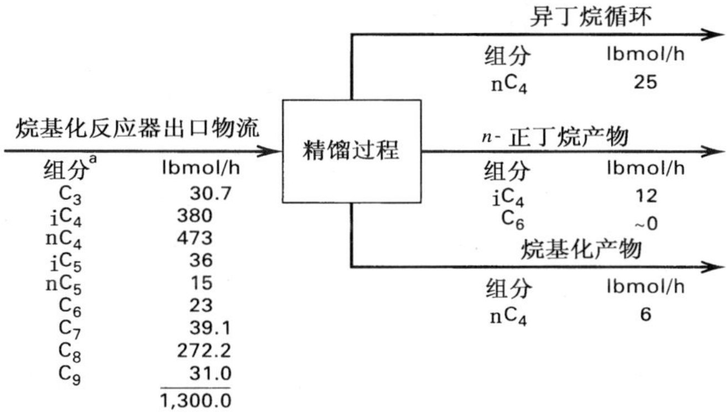

注：a: C_6, C_7, C_8, C_9 均作为正构烷轻。

图 9.2　烷基化反应器出口物流的分离规定

表 9.1　烷基化反应器出口物流关键组分分离因子的规定和非关键组分分离因子的初步估算

组分	进料/(lbmol·h^{-1})	案例 1，脱异丁烷塔为第一塔/(lbmol·h^{-1})		案例 2，脱丁烷塔为第一塔(iC_5为 HK)/(lbmol·h^{-1})		案例 2，脱丁烷塔为第一塔(C_6为 HK)/(lbmol·h^{-1})	
		馏出液	塔底产物	馏出液	塔底产物	馏出液	塔底产物
C_3	30.7	(30.7)	(0)	(30.7)	(0)	(30.7)	(0)
iC_4	380	368[a]	12[b]	(380)	(0)	(380)	(0)
nC_4	473	25[b]	448[a]	467[a]	6[b]	467[a]	6[b]
iC_5	36	(0)	(36)	13[b]	23[a]	(13)	(23)
nC_5	15	(0)	(15)	(1)	(14)	(1)	(14)
C_6	23	(0)	(23)	(0)	(23)	0.01[b]	22.99[a]
C_7	39.1	(0)	(39.1)	(0)	(39.1)	(0)	(39.1)
C_8	272.2	(0)	(272.2)	(0)	(272.2)	(0)	(272.2)
C_9	21.0	(0)	(21.0)	(0)	(21.0)	(0)	(21.0)
总计	1 300.0	423.7	876.3	891.7	408.3	891.71	408.29

a　根据物料衡算求得；

b　规定值。

(初步估算)

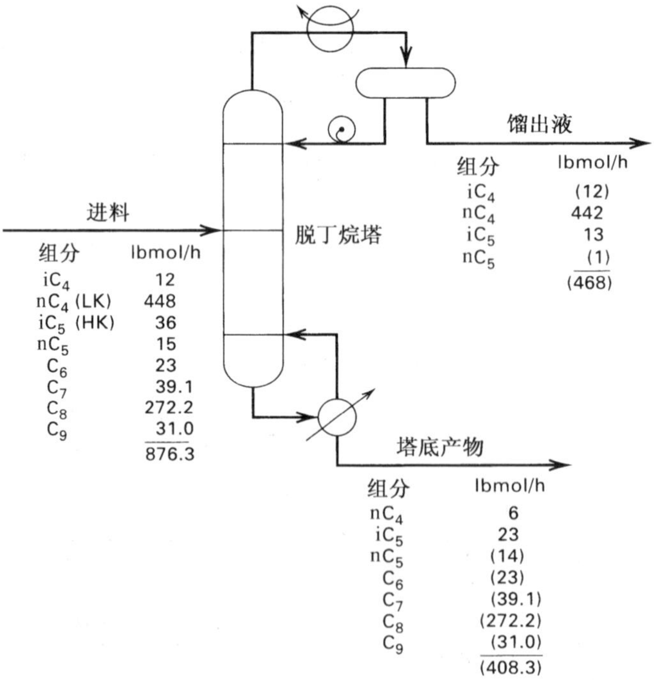

图 9.3　脱丁烷塔的规定

作为另一种选择，在案例 2 中，如果将脱丁烷塔设置为精馏序列的第一个塔，图 9.2 的规定要求选择丁烷为轻关键组分。但是，重关键组分的选择是不确定的，因为没有规定挥发度低于正丁烷的任何组分的回收率或纯度。脱丁烷塔的重关键组分可能为 iC_5、nC_5 或 C_6。最简单的方法是选择 iC_5，使两个关键组分依旧相邻。

例如，假定我们规定允许进料中 13 lbmol/h 的 iC_5 出现在馏出液中。因为 iC_5 没有被清晰分离，而 nC_5 的挥发度接近 iC_5，所以馏出液中 nC_5 的数量可能不能忽略。对案例 2 非关键组分分配的初步估算列于表 9.1 中。虽然，iC_4 可能也存在分布，但初步估算它在塔底产物中的量为零。

最后，在案例 3 中，我们选择 C_6 为脱丁烷塔的重关键组分，如表 9.1 所示，规定它在馏出液中的量为 0.01 lbmol/h。现在，iC_5 和 nC_5 在馏出液和塔底产物间的分配需要确定；作为初步估算，我们假定它们的分配与案例 2 相同。

实际上，脱异丁烷塔通常放在分离序列的第一个塔。在表 9.1 中，对案例 1 该塔的塔底产物成为脱丁烷塔的进料，对脱丁烷塔如果选择 nC_4 和 iC_5 为关键组分，那么脱丁烷塔的组分分离规定如图 9.3 所示，而非关键组分分离的初步估算表示在括号中。Bachelor[4]已对这种分离进行了讨论。因为 nC_4 和 C_8 占进料的 82.2%(mol)，而且二者的挥发度相差悬殊，所以馏出液和塔底产物间的温度差可能很大。而且，轻关键组分将被清晰分离，重关键组分则不能获得清晰分离。如后面将说明的，该案例对本节讨论的经验设计方法提供了相当严格的检验。

9.1.2　塔的操作压力

对初步设计，可用 7.2 节中讨论的，并如图 7.16 所示的方法确定塔的操作压力和冷凝器类型，在下面的例题中进行说明。利用已确定的塔的操作压力，可在估计的进料板压力下进行塔进料的绝热闪蒸计算以确定进料状态。

例 9.1

确定图 9.3 的脱丁烷塔的操作压力和冷凝器类型。

解

利用图 9.3 中估算的馏出液组成，我们以类似于例 4.2 的方式由式(4－12)迭代计算 120 ℉(48.9℃)下馏出液的泡点压力。计算给出回流罐的压力为 79psia。于是，预示应采用全凝器。考虑冷凝器压降为 2psia，塔顶压力为(79＋2)＝81 psia；再考虑全塔压降为 5psia，塔底压力为(81＋5)＝86 psia。假定进料板压力为塔顶、塔底压力的平均值，即 83.5psia。

Bachelor[4]设整个塔压力为 80 psia。他得到馏出液温度为 123 ℉。在 80 psia 下对塔底组成进行泡点计算给出 340 ℉。此温度对防止分解是足够低的。

脱丁烷塔的进料估计来自操作压力可能为 100 psia 或以上的脱异丁烷塔塔底。利用 4.4节中的方法，Bachelor[4]给出该进料绝热闪蒸到 80 psia 的结果如下所列。

	磅摩尔/小时	
组分	气相进料	液相进料
iC_4	3.3	8.7
nC_4	101.5	346.5
iC_5	4.6	31.4
nC_5	1.6	13.4
nC_6	1.3	21.7
nC_7	1.2	37.9

nC_8	3.2	269.0
nC_9	0.2	30.8
总计	116.9	759.4

闪蒸后进料的温度为 180 ℉(82.2℃)。由上述计算结果可知,进料汽化的摩尔分率为(116.9/ 876.3)=0.1334。

9.1.3 计算最小平衡级数的Fenske方程

对多组分混合物中两个关键组分的规定分离,容易导出对应于全回流条件所需的最小平衡级数的精确表示式。如图 9.4 所示,实际上这种状态可在塔内加入进料后,然后在不再进料也不抽出馏出液和塔底产物的条件下操作达到。为便于 Fenske 方程的推导,从塔底开始向上对各级进行编号。离开级 N 的全部蒸气冷凝后作为回流返回级 N。离开级 1 的全部液体汽化后作为蒸出蒸气返回级 1。对该塔的定态操作,输入再沸器的热量和由冷凝器输出的热量相等(假定没有热损失)。那么,通过物料衡算,相邻两级间的气相和液相物料具有相同的流量和组成,例如,$V_{N-1}=L_N$,$y_{i,N-1}=x_{i,N}$。但是,各级间的气相和液相流量将改变,除非恒摩尔流量的假定有效。

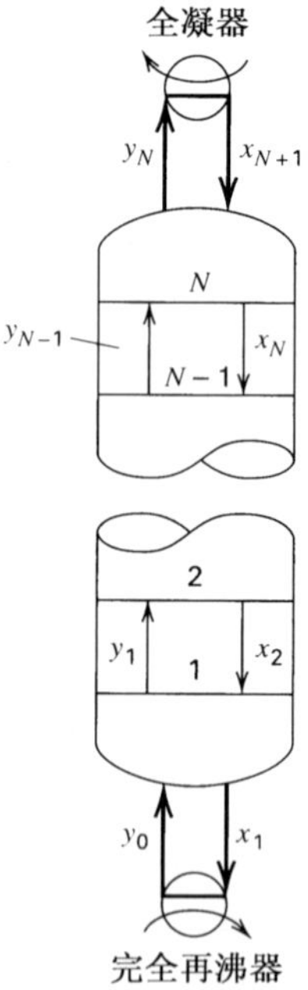

图 9.4 精馏塔的全回流操作

最小平衡级数精确方程的推导只涉及 K 值的定义和两级间的摩尔分率等式。对图 9.4 级 1 的组分 i,

$$y_{i,1}=K_{i,1}x_{i,1} \tag{9-1}$$

但对级间物流,有

$$y_{i,1}=x_{i,2} \tag{9-2}$$

将上两式结合，

$$x_{i,2}=K_{i,1}x_{i,1} \tag{9-3}$$

类似地，对级 2 有，

$$y_{i,2}=K_{i,2}x_{i,2} \tag{9-4}$$

将式(9－3)和式(9－4)相结合，我们有

$$y_{i,2}=K_{i,2}K_{i,1}x_{i,1} \tag{9-5}$$

可以方便地按这种方式将式(9－5)扩展给出

$$y_{i,N}=K_{i,N}K_{i,N-1}\cdots K_{i,2}K_{i,1}x_{i,1} \tag{9-6}$$

类似地，对组分 j 有

$$y_{j,N}=K_{j,N}K_{j,N-1}\cdots K_{j,2}K_{j,1}x_{j,1} \tag{9-7}$$

将式(9－6)和式(9－7)相结合，我们求得

$$\frac{y_{i,N}}{y_{j,N}}=\alpha_N\alpha_{N-1}\cdots\alpha_2\alpha_1\left(\frac{x_{i,1}}{x_{j,1}}\right) \tag{9-8}$$

或

$$\left(\frac{x_{i,N+1}}{x_{i,1}}\right)\left(\frac{x_{j,1}}{x_{j,N+1}}\right)=\prod_{k=1}^{N_{\min}}\alpha_k \tag{9-9}$$

式中 $\alpha_k=K_{i,k}/K_{j,k}$，为组分 i 和 j 间的相对挥发度。式(9－9)将任意两个组分 i 和 j 经过 N 个理论级的级联后的富集程度与这两个组分的相对挥发度相关联。虽然式(9－9)是精确的，但实际上此式很少应用，因为必须知道每一级的状态才能计算这一组相对挥发度。但是，如果假定相对挥发度为常数，则式(9－9)可简化为

$$\left(\frac{x_{i,N+1}}{x_{i,1}}\right)\left(\frac{x_{j,1}}{x_{j,N+1}}\right)=\alpha^N \tag{9-10}$$

或

$$N_{\min}=\frac{\log\{[(x_{i,N+1})/x_{i,1}][x_{j,1}/(x_{j,N+1})]\}}{\log\alpha_{i,j}} \tag{9-11}$$

式(9－11)是极其有用的。它被称为Fenske 方程[5]。当 i＝轻关键组分(LK)，而 j＝重关键组分(HK)时，非关键组分只通过它们对关键组分间的相对挥发度的影响(如果有)来影响最小平衡级数。

式(9－11)允许快速估算最小平衡级数。利用分别为 d 和 b 的组分在馏出液和塔底产物中的流量代替摩尔分率比的乘积①，并用塔顶级和塔底级相对挥发度的几何平均值代替相对挥发度的，可获得式(9－11)的一种更方便的形式。于是

$$N_{\min}=\frac{\log[(d_i/d_j)(b_j/b_i)]}{\log\alpha_m} \tag{9-12}$$

式中平均相对挥发度近似为

$$\alpha_m=[(\alpha_{i,j})_N(\alpha_{i,j})_1]^{1/2} \tag{9-13}$$

于是，最小平衡级数取决于两个关键组分的分离程度和它们的相对挥发度，而与进料相状态无关。将式(9－12)和式(9－13)相结合对两种最小级数是精确的。对一个级，这相当于平

① 即使对没有馏出液和塔底产物抽出的全回流条件，这种替代也是有效的。

衡闪蒸方程。实际上，精馏塔被设计用于相当于多达150个最小平衡级的分离。

除了当整个塔内相对挥发度有显著变化，和/或混合物形成非理想液体溶液的情况外，Fenske方程是相当可靠的。在那些情况中，如果与式(9-13)一起使用Fenske方程，应该特别小心，并且应遵循第10章中的严格计算。

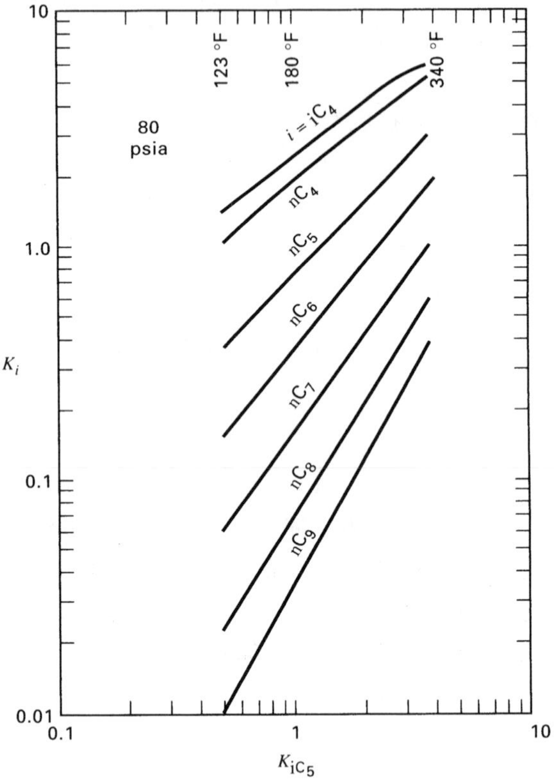

图 9.5　80psia 下烃类的理想 *K* 值

例 9.2

对图9.3所示并在例9.1中考虑的脱丁烷塔，用Fenske方程估算最小平衡级数。假定全塔操作压力均匀，为80 psia (552 kPa)，并利用如图9.5所示的由Bachelor[4]提供的理想K值。

解

两个关键组分为正丁烷和异戊烷。根据图9.3中估算的非关键组分的产物分布，馏出液和塔底产物的状态是

组分	$x_{N+1}=x_D$	$x_1=x_B$
iC_4	0.025 6	→0
nC_4(LK)	0.944 5	0.014 7
iC_5(HK)	0.027 8	0.056 3
nC_5	0.002 1	0.034 3
nC_6	→0	0.056 3
nC_7	→0	0.095 8

nC_8	→0	0.666 7
nC_9	→0	0.075 9
	1.000 0	1.000 0

由图9.5可得，在假定的塔顶温度123 ℉时，相对挥发度为

$$\alpha_{nC_4,nC_5}=1.03/0.495=2.08$$

在假定的塔底温度340 ℉时，相对挥发度为

$$\alpha_{nC_4,nC_5}=5.20/3.60=1.44$$

由式(9-13)得

$$\alpha_m=(2.08\times1.44)^{1/2}=1.73$$

注意$(d_i/d_j)=(x_{D_i}/x_{D_j})$和$(b_i/b_j)=(x_{B_i}/x_{B_j})$，式(9-12)变成

$$N_{min}=\frac{\log[(0.944\ 5/0.027\ 8)(0.056\ 3/0.014\ 7)]}{\log1.73}=8.88\ 级$$

9.1.4　全回流条件下非关键组分的分配

Fenske方程的应用不限于两个关键组分。一旦知道N_{min}，式(9-12)可用于计算所有非关键组分的摩尔流量d和b。这些数值为所用级数大于最小级数时的实际产物分布提供了一级近似。

令i=某非关键组分和j=重关键组分或标记为r的参考组分。那么，式(9-12)变成

$$\left(\frac{d_i}{b_i}\right)=\left(\frac{d_r}{b_r}\right)(\alpha_{i,r})_m^{N_{min}} \tag{9-14}$$

将$f_i=d_i+b_i$代入式(9-14)，给出

$$b_i=\frac{f_i}{1+(d_r/b_r)(\alpha_{i,r})_m^{min}} \tag{9-15}$$

或

$$d_i=\frac{f_i(d_r/b_r)(\alpha_{i,r})_m^{min}}{1+(d_r/b_r)(\alpha_{i,r})_m^{min}} \tag{9-16}$$

式(9-15)和式(9-16)给出Fenske方程预测的全回流条件下的非关键组分分配。

为精确计算，式(9-15)和式(9-16)应用于计算b_i和d_i中较小的那个。另一个的数量最好由总物料衡算求得。

例9.3

用Fenske方程估算例9.2条件下非关键组分的产物分布。

解

利用图9.5中的K值计算所有非关键组分对异戊烷的相对挥发度

α_{i,iC_5}

组分	123 ℉	340 ℉	几何平均值
iC_4	2.81	1.60	2.12
nC_5	0.737	0.819	0.777
nC_6	0.303	0.500	0.389

nC_7	0.123	0.278	0.185
nC_8	0.045 4	0.167	0.087 0
nC_9	0.019 8	0.108	0.046 3

根据例 9.2 得到的 $N_{min}=8.8$ 和上面的几何平均相对挥发度，可计算下面所列的相对于异戊烷的 $(\alpha_{i,r})_m^{N_{min}}$。

根据式(9-15)，利用图 9.3 中的进料流量规定作为 f_i，非关键组分 iC_4 的分配为

$$b_{iC_4}=\frac{12}{1+(13/23)\times 790}=0.026\ 8\ \text{lbmol/h}$$

$$d_{iC_4}=f_{iC_4}-b_{iC_4}=12-0.026\ 8=11.973\ 2\ \text{lbmol/h}$$

对其他非关键组分相似计算的结果列于下表：

组分	$(\alpha_{i,r})_m^{N_{min}}$	d_i	b_i
iC_4	790	11.973 2	0.026 8
nC_4	130	442.0	6.0
iC_5	1.00	13.0	23.0
nC_5	0.106	0.851	14.149
nC_6	0.000 228	0.002 97	22.997 03
nC_7	3.11×10^{-7}	6.87×10^{-6}	39.1
nC_8	3.83×10^{-10}	5.98×10^{-8}	272.2
nC_9	1.41×10^{-12}	2.48×10^{-11}	31.0
		467.8272	408.472 8

9.1.5 计算最小回流量的 Underwood 方程

最小回流量是根据两个关键组分的分离程度的规定确定的。最小回流量是有限的，并允许进料和产物抽出。但是，塔不能在此条件下操作，因为这与无限多级的要求相联系。

如图 7.12(a)所示，对最小回流条件下理想混合物的二元精馏，大多数级集中在跨越进料级的恒组成区内。在该区域内，所有气相和液相物流的组成与进料闪蒸获得的气相和液相组成基本相同。如图 9.6(a)所示，该区域组成一个夹点或无穷级点。如图 7.12(b)所示，如果非理想的相状态导致在精馏段内产生平衡曲线与操作线间的切点，那么如图 9.6(b)所示，夹点将发生在精馏段内。另一种可能是单个夹点可能存在于提馏段内。

Shiras、Hanson 和 Gibson[6]将多元系统分为存在一个夹点(类型 1)或两个夹点(类型 2)。对类型 1 的分离，进料中的所有组分都分布在馏出液和塔底产物中。那么，如图 9.6(c)所示，一个夹点跨越进料级。当精馏窄沸点混合物时，或当关键组分间的分离程度不清晰时，可能发生第一类分离。

对类型 2 的分离，一个或多个组分可能只出现在一个产物中。如果馏出液或塔底产物中不含有所有进料组分，可能出现如图 9.6(d)所示的两个偏离进料级的夹点。进料级和精馏段夹点之间的各级脱除馏出液中不出现的重组分。不出现在塔底产物中的轻组分则被进

料级和提馏段挟点之间的各级脱除。但是，如果所有进料组分均出现在塔底，那么如图 9.6(e)所示，提馏段挟点将移到进料级。

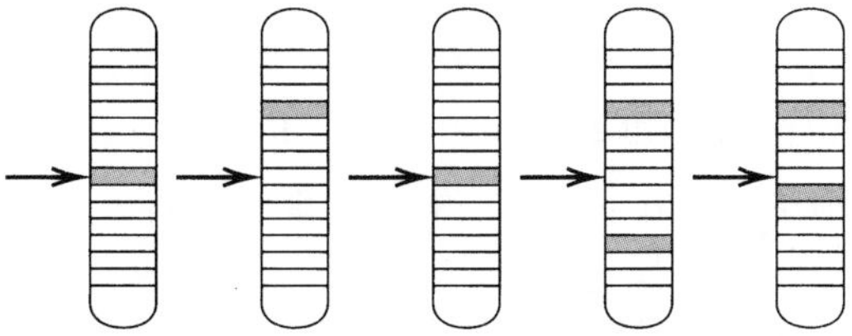

图 9.6　最小回流条件下挟点区的位置

(a) 二元系统；(b) 二元系统，非理想状态给出切点；(c)多元系统，所有组分为分布组分(类型 1)；(d) 多元系统，不是所有 LLK 和 HHK 组分都为分布组分(类型 2)；(e) 多元系统，所有 LLK 组分(如果有)为分布组分，但不是所有 HHK 组分都为分布组分(类型 2)。(LLK＝比轻关键组分更轻的组分；HHK＝比重关键组分更重的组分。)

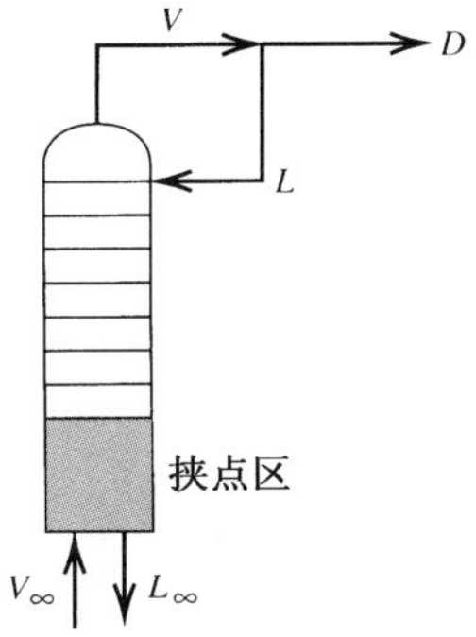

图 9.7　精馏段挟点区

考虑如图 9.7 所示的精馏段挟点位于或偏离进料级的一般情况。对所有级的组分物料衡算给出

$$y_{i,\infty}V_{\infty}=x_{i,\infty}L_{\infty}+x_{i,\mathrm{D}}D \tag{9-17}$$

所有级的总物料衡算为

$$V_{\infty}=L_{\infty}+D \tag{9-18}$$

因为两相组成在挟点区不发生变化，相平衡关系为

$$y_{i,\infty}=K_{i,\infty}x_{i,\infty} \tag{9-19}$$

将组分 i 和 j 的式(9－17)至式(9－19)相结合，消去 $y_{i,\infty}$、$y_{j,\infty}$ 和 V_{∞}；求解挟点处的内部回流比；并代入 $(\alpha_{i,j})_{\infty}=K_{i,\infty}/K_{j,\infty}$，我们有

$$\frac{L_{\infty}}{D}=\frac{[(x_{i,\mathrm{D}}/x_{i,\infty})-(\alpha_{i,j})_{\infty}(x_{j,\mathrm{D}}/x_{j,\infty})]}{(\alpha_{i,j})_{\infty}-1} \tag{9-20}$$

对类型 1 的分离，闪蒸后的进料组成和挟点组成是相同的①。因此，$x_{i,\infty}=x_{i,\mathrm{F}}$，而对轻关键组分(LK)和重关键组分(HK)的式(9－20)变成

① 假定进料既不过冷也不过热。

$$\frac{(L_\infty)_{\min}}{D}=\frac{(L_F/F)[(Dx_{LK,D}/L_F x_{LK,F})-(\alpha_{LK,HK})_F(Dx_{HK,D}/L_F x_{HK,F})]}{(\alpha_{LK,HK})_F-1} \tag{9-21}$$

此方程由 Underwood 提出[7]，而且利用通过两相区域之外的闪蒸计算得到的 L_F 和 $x_{i,F}$ 的虚拟值可用于过冷液体或过热蒸气进料。如同 Fenske 方程，式(9-21)也可用于关键组分以外的组分。因此，对规定的两关键组分的分离度，可通过将式(9-21)与用组分 i 代替轻关键组分得到的类似方程相结合给出下式，获得非关键组分的分配

$$\frac{Dx_{i,D}}{L_F x_{i,F}}=\left[\frac{(\alpha_{i,HK})_F-1}{(\alpha_{LK,HK})_F-1}\right]\left(\frac{Dx_{LK,D}}{L_F x_{LK,F}}\right)+\left[\frac{(\alpha_{LK,HK})_F-(\alpha_{i,HK})_F}{(\alpha_{LK,HK})_F-1}\right]\left(\frac{Dx_{HK,D}}{L_F x_{HK,F}}\right) \tag{9-22}$$

对类型 1 的分离，对所有非关键组分有

$$0<\left(\frac{Dx_{i,D}}{Fx_{i,F}}\right)<1$$

如果是这样，可通过精馏段的焓衡算由内部回流获得如下形式的外部回流比

$$\frac{(L_{\min})_{外部}}{D}=(R_{\min})_{外部}=\frac{(L_\infty)_{\min}(h_{V_\infty}-h_{L_\infty})+D(h_{V_\infty}-h_V)}{D(h_V-h_L)} \tag{9-23}$$

式中下标 V 和 L 分别指离开塔顶级的气相和回到塔顶级的外部液相回流。对恒摩尔流状态，

$$(R_{\min})_{外部}=(L_\infty)_{\min}/D$$

即使式(9-21)不成立时，上式也是有用的，因为如 Gilliland[8]所指出的，通过假定类型 1 分离计算的最小回流比等于或大于真正的最小值。这是因为在挟点区存在的分布非关键组分将增加分离的难度，于是将增加回流需求。

例 9.4

对例 9.2 的条件计算最小内部回流，假定为类型 1 分离。并校核此假定的有效性。

解

由图 9.5 知，进料温度 180 ℉下 nC_4(LK)和 iC_5(HK)间的相对挥发度为 1.93。进料液体流量和馏出液流量已在图 9.3 和例 9.1 中给出。由式(9-21)得

$$(L_\infty)_{\min}=\frac{759.4\times[(442/346.5)-1.93\times(13/31.4)]}{1.93-1}=389\ \text{lbmol/h}$$

进料中非关键组分的分配由式(9-22)确定。最可能出现分配的非关键组分是 nC_5，因为它的挥发度接近 iC_5(HK)。对 nC_5，利用图 9.5 的 K 值数据，我们有

$$\frac{Dx_{nC_5,D}}{L_F x_{nC_5,F}}=\frac{0.765-1}{1.93-1}\times\frac{442}{346.5}+\frac{1.93-0.765}{1.93-1}\times\frac{13}{31.4}=0.196\ 3$$

因此，馏出液中的 nC_5 为 $Dx_{nC_5,D}=0.196\ 3\times13.4=2.63$ lbmol/h。这小于总进料中 nC_5 的量。因此，nC_5 在馏出液和塔底产物间分配。但是，对其他非关键组分进行的类似计算，对其他重组分给出负的馏出液流量，而对 iC_4，馏出液中的流量大于总进料中的流量。于是，计算的回流量是不正确的。但是，如所预期的，它大于 Bachelor[4]报道的真实的内部值 298 lbmol/h。

对类型 2 的分离，式(9-17)到式(9-20)依旧适用。但是，式(9-20)不能直接用于计算内部最小回流比，因为对类型 2 的分离，$x_{i,\infty}$ 不是简单地与进料组成关联的。Underwood[9]发明了一种独创的方法克服了这一困难。对精馏段，他用下式定义量 Φ：

$$\sum \frac{(\alpha_{i,r})_\infty x_{i,\mathrm{D}}}{(\alpha_{i,r})_\infty - \Phi} = 1 + (R_\infty)_{\min} \qquad (9-24)$$

类似地，对提馏段，Underwood 用下式定义量 Φ'：

$$\sum \frac{(\alpha'_{i,r})_\infty x_{i,\mathrm{B}}}{(\alpha'_{i,r})_\infty - \Phi'} = 1 - (R'_\infty)_{\min} \qquad (9-25)$$

式中 $R'_\infty = L'_\infty / B$，而撇号指提馏段挟点区的状态。在推导过程中，Underwood 假定两个挟点区之间相对挥发度为常数，以及利用进料级和精馏段挟点间与进料级和提馏段挟点间的恒摩尔流假定将 $(R_\infty)_{\min}$ 和 $(R'_\infty)_{\min}$ 相关联。因此，

$$(L'_\infty)_{\min} - (L_\infty)_{\min} = qF \qquad (9-26)$$

利用这两个假定，Underwood 证明在式(9－24)和式(9－25)之间至少存在一个共同的根 θ（这里 $\theta = \Phi = \Phi'$）。

式(9－24)类似于由式(9－19)和关系式 $\alpha_{i,r} = K_i / K_r$ 导出的下列方程，

$$\sum_i \frac{(\alpha_{i,r})_\infty x_{i,\mathrm{D}}}{(\alpha_{i,r})_\infty - L_\infty / [V_\infty (K_r)_\infty]} = 1 + (R_\infty)_{\min} \qquad (9-27)$$

式中 $L_\infty / [V_\infty (K_r)_\infty]$ 称为精馏段挟点区内参考组分的吸收因子。虽然，Φ 类似于吸收因子，如 Shiras 等[6]所讨论的，Φ 的一个不同的根被用于求解 $(R_\infty)_{\min}$。

将式(9－24)和式(9－25)分别乘以 D 和 B，再将所得两式相加代替式(9－25)消去 $(R'_\infty)_{\min}$ 和 $(R_\infty)_{\min}$，再利用总组分物料衡算 $z_{i,\mathrm{F}} F = x_{i,\mathrm{D}} D + x_{i,\mathrm{B}} B$ 得到

$$\sum_i \frac{(\alpha_{i,r})_\infty z_{i,\mathrm{F}}}{(\alpha_{i,r})_\infty - \theta} = 1 - q \qquad (9-28)$$

式中 q 为由式(7－20)得到的进料的热状态，而 r 可方便的取为重关键组分 HK。当只需分配两个关键组分时，可迭代求解式(9－28)得到满足 $\alpha_{\mathrm{LK,HK}} > \theta > 1$ 的 θ。然后求解式(9－24)的如下修正形式获得 $(R_\infty)_{\min}$：

$$\sum_i \frac{(\alpha_{i,r})_\infty x_{i,\mathrm{D}}}{(\alpha_{i,r})_\infty - \theta} = 1 + (R_\infty)_{\min} \qquad (9-29)$$

如果怀疑任何非关键组分为分配组分，则 $x_{i,\mathrm{D}}$ 的估计值不能直接用于式(9－29)。当非关键组分是挥发度界于两个关键组分之间的中间组分时尤其如此。在这种情况中，求解式(9－28)获得 θ 的 m 个根，这里 m 比分配组分数小 1。而且，θ 的每个根均位于分配组分的两个相邻的相对挥发度之间。例如，在例 9.4 中，发现在最小回流比下 nC_5 为分配组分，但 nC_6 和更重的组分不是分配组分，iC_4 也不是分配组分。因此，θ 必有两个根

$$\alpha_{nC_4,iC_5} > \theta_1 > 1.0 > \theta_2 > \alpha_{nC_5,iC_5}$$

用这两个根，将式(9－29)写两次，然后联立求解得到 $(R_\infty)_{\min}$ 和未知量 $x_{nC_5,\mathrm{D}}$。当然，此解必须满足条件 $\sum x_{i,\mathrm{D}} = 1.0$。

利用已知的内部回流比 $(R_\infty)_{\min}$，可利用式(9－23)由焓衡算计算外部回流比。这需要精馏段挟点组成的知识。Underwood[9]证明利用式(9－17)给出的 $y_{i,\infty}$ 可得

$$y_{i,\infty} = \frac{\theta x_{i,\mathrm{D}}}{(R_\infty)_{\min} [(\alpha_{i,r})_\infty - \theta]} \qquad (9-30)$$

用于式(9－30)的 θ 是式(9－29)的根，并满足不等式

$$(\alpha_{\mathrm{HNK},r})_\infty > \theta > 0$$

式中 HNK 指在最小回流下馏出液中最重的非关键组分。这个根等于式(9－27)中的 $L_\infty /$

$[V_\infty(K_r)_\infty]$。对宽沸点进料，外部回流可能明显高于内部回流。Bachelor[4]曾引述了一个外部回流比内部回流高55%的案例。

对提馏段挟点组成，Underwood得到

$$x'_{i,\infty}=\frac{\theta x_{i,\mathrm{B}}}{[(R'_\infty)_{\min}+1][(\alpha_{i,r})_\infty-\theta]} \tag{9-31}$$

这里，θ是式(9-29)的根，并满足不等式

$$(\alpha_{\mathrm{HNK},r})_\infty>\theta>0$$

式中HNK指在最小回流下塔底产物中最重的非关键组分。

因为它们相对简单，Underwood的类型2分离的最小回流方程被广泛应用，但常常不考察非关键组分分配的可能性。此外，还常常做出$(R_\infty)_{\min}$等于外部回流比的假定。当相对挥发度为常数和两个挟点区域间恒摩尔流的假定不成立时，如例9.5所说明的，因为式(9-28)对q值的敏感性，由Underwood对类型2分离的方程计算得到的最小回流比数值可能略微有些误差。当Underwood假定似乎有效，并计算得到负的最小回流比时，这可能说明为获得规定的分离不需要精馏段。Underwood方程说明最小回流主要取决于进料状态和相对挥发度，而较少取决于两个关键组分的分离程度。对清晰分离甚至存在无限大的最小回流比。

Barnes、Hanson和King[10]提供了将Underwood法用于多进料精馏塔的推广形式。确定最小回流的精确的计算机方法也可获得[11]。对利用第10章中讨论的计算机方法进行实际回流条件下严格的精馏计算，最小回流比的知识是不重要的，但最小平衡级数却是非常有用的。

例9.5

假定为类型2分离，并利用相应的Underwood方程重做例9.2。校核Underwood假定的有效性。并计算外部回流比。

解

由例9.4的结果，假定唯一的分配非关键组分为正戊烷。假定进料温度180 ℉对计算挟点区的相对挥发度是合适的，由图9.3和图9.5获得下列数量：

组分 i	$z_{i,\mathrm{F}}$	$(\alpha_{i,\mathrm{HK}})_\infty$
iC_4	0.013 7	2.43
nC_4(LK)	0.511 3	1.93
iC_5(HK)	0.041 1	1.00
nC_5	0.017 1	0.765
nC_6	0.026 2	0.362
nC_7	0.044 6	0.164
nC_8	0.310 6	0.072 0
nC_9	0.035 4	0.036 2
	1.000 0	

假定进料的q为闪蒸后进料中的液相摩尔分率。由例9.1，$q=1-0.133\ 4=0.866\ 6$。利用式(9-28)，有

$$\frac{2.43\times0.0137}{2.43-\theta}+\frac{1.93\times0.5113}{1.93-\theta}+\frac{1.00\times0.0411}{1.00-\theta}+\frac{0.765\times0.0171}{0.765-\theta}+\frac{0.362\times0.0262}{0.362-\theta}$$

$$+\frac{1.164\times0.0446}{0.164-\theta}+\frac{0.072\times0.3106}{0.072-\theta}+\frac{0.0362\times0.0354}{0.0362-\theta}=1-0.8666$$

采用有界牛顿法求解此方程得到 θ 的满足下式

$$\alpha_{nC_4,iC_5}>\theta_1>\alpha_{iC_5,iC_5}>\theta_2>\alpha_{nC_5,iC_5}$$

即

$$1.93>\theta_1>1.0>\theta_2>0.765$$

的两个根：$\theta_1=1.04504$ 和 $\theta_2=0.78014$。因为 nC_4 和 iC_5 的馏出液流量被规定（分别为 442 和 13 lbmol/h），优先采用式（9-29）的如下形式：

$$\sum_i \frac{(\alpha_{i,r})_\infty(x_{i,D}D)}{(\alpha_{i,r})_\infty-\theta}=D+(L_\infty)_{\min} \tag{9-32}$$

约束条件为

$$\sum_i (x_{i,D}D)=D \tag{9-33}$$

假定对比 nC_5 重的组分，$x_{i,D}D$ 等于 0.0，而对 iC_4，$x_{i,D}D$ 等于 12 lbmol/h，我们发现这两个关系给出下列三个线性方程：

$$D+(L_\infty)_{\min}=\frac{2.43\times12}{2.43-1.04504}+\frac{1.93\times442}{1.93-1.04504}+\frac{1.00\times13}{1.00-1.04504}+\frac{0.765(x_{nC_5,D}D)}{0.765-1.04504}$$

$$D+(L_\infty)_{\min}=\frac{2.43\times12}{2.43-0.78014}+\frac{1.93\times442}{1.93-0.78014}+\frac{1.00\times13}{1.00-0.78014}+\frac{0.765(x_{nC_5,D}D)}{0.765-0.78014}$$

$$D=12+442+13+(x_{nC_5,D}D)$$

求解这三个方程给出

$$x_{nC_5}D=2.56\ \text{lbmol/h}$$
$$D=469.56\ \text{lbmol/h}$$
$$(L_\infty)_{\min}=219.8\ \text{lbmol/h}$$

nC_5 的馏出液流量非常接近如果假定为类型 1 分离的例 9.4 的计算结果 2.63。精馏段挟点区的内部最小回流则大大小于例 9.4 的计算值 389，而且也明显小于 Bachelor[4]报道的真实内部流值 298。值 219.8 与值 298 之间的偏差的主要原因是恒摩尔流的假定不成立。Bachelor 计算的挟点区的流量和温度如图 9.8 所示。两个挟点区之间的区域的平均温度为 152 ℉(66.7℃)，略微低于闪蒸后的进料温度。温度较高的进料会导致越过进料区的额外汽化。两个挟点区之间的区域 q 的实际值可由式（7-18）获得：

$$q_{\text{eff}}=\frac{L'_\infty-L_\infty}{F}=\frac{896.6-296.6}{876.3}=0.685$$

这明显小于根据闪蒸后的进料状态得到的 q 值 0.866 6。另一方面，152 ℉(66.7℃)时的 $\alpha_{LK,HK}$ 与 180 ℉时的数值却没有多大差别。如果用 q 等于 0.685 重做此例题，得到的 $(L_\infty)_{\min}$ 为 287.3 lbmol/h，仅比真实值 298 小 3.6%。遗憾的是，实际上此校正方法不能使用，因为不容易确定 q 的真实值。

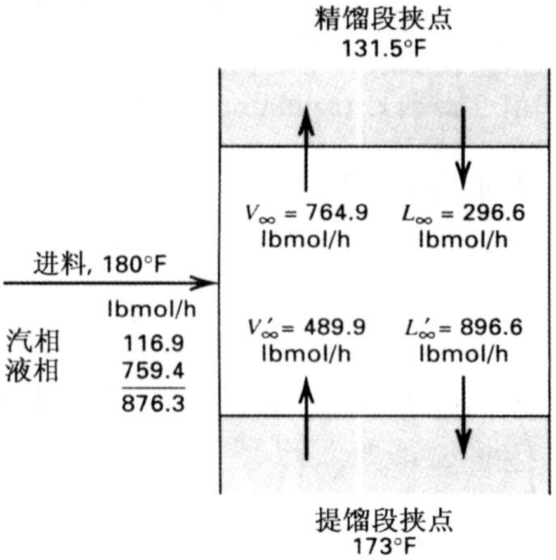

图 9.8　由 Bachelor 的计算得到的例 9.5 的挟点区状态

［取自 J. B. Bachelor, *Petroleum Refiner*, 36 (6), 161—170 (1957)］

为由式(9－23)计算外部回流比,必须由式(9－30)和式(9－17)计算精馏段挟点组成。用于式(9－30)的 θ 的根可由上面曾用的式(9－29)的形式获得。于是,

$$\frac{2.43\times12}{2.43-\theta}+\frac{1.93\times442}{1.93-\theta}+\frac{1.00\times13}{1.00-\theta}+\frac{0.756\times2.56}{0.756-\theta}=469.56+219.8$$

式中 $0.765>\theta>0$。解得 $\theta=0.580\ 3$。可由式(9－30)的如下形式获得液相挟点组成:

$$x_{i,\infty}=\frac{\theta(x_{i,\mathrm{D}}D)}{(L_\infty)_{\min}[(\alpha_{i,r})_\infty-\theta]}$$

其中 $(L_\infty)_{\min}=219.8$ lbmol/h。

对 iC_4,

$$x_{iC_4,\infty}=\frac{0.580\ 3\times12}{219.8\times(2.43-0.580\ 3)}=0.0171$$

将式(9－17)和式(9－18)结合得到,

$$y_{i,\infty}=\frac{x_{i,\infty}L_\infty+x_{i,\mathrm{D}}D}{L_\infty+D}$$

对 iC_4,

$$y_{iC_4,\infty}=\frac{0.017\ 1\times219.8+12}{219.8+469.56}=0.022\ 9$$

类似地,出现在馏出液中的其他组分的摩尔分率为

组分	$x_{i,\infty}$	$y_{i,\infty}$
iC_4	0.017 1	0.022 9
nC_4	0.864 5	0.916 8
iC_5	0.081 8	0.044 9
nC_5	0.036 6	0.015 4
	1.000 0	1.000 0

精馏段挟点温度可由对 $x_{i,\infty}$ 作泡点计算或对 $y_{i,\infty}$ 作露点计算获得。结果为 126 ℉。类似地,馏出液温度(泡点)和离开塔顶板的气相温度(露点)计算得到均约为 123 ℉。因为精馏

段挟点温度与馏出液温度非常接近，可预期$(R_{\infty})_{\min}$和$(R_{\min})_{外部}$将几乎相同。Bachelor[4]得到的外部回流量为 292 lbmol/h，与之相比，内部回流量为 298 lbmol/h。

9.1.6　用于确定实际回流比和理论级数的 Gilliland 关联式

为达到两个关键组分之间的分离规定，回流比和理论级数必须大于它们的最小值。实际回流比通常根据经济方面的考虑由最小回流比的某个倍数确定。然后，利用适当的分析或图解法，或如本节讨论的用经验方程确定相应的理论级数。但是，为什么不能作为最小理论级数的倍数规定理论级数和用相同的经验方程计算实际回流比，尚无合理的解释。如图 9.9 所示，根据 Fair 和 Bolles[12]的研究，$R/R_{\min}$的最优值约为 1.05。但是，接近最优值的条件主要在较大的$R/R_{\min}$范围内有相当大的扩展。实际上，需要许多级的超精馏塔通常在$R/R_{\min}$为 1.10 左右设计，而需要较少级数的分离则在$R/R_{\min}$为 1.50 左右设计。对中间情况，通常采用的经验规则是$R/R_{\min}$等于 1.30。

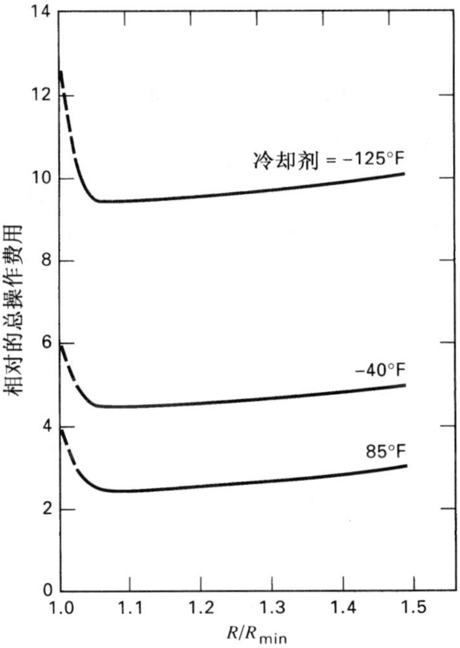

图 9.9　回流比对费用的影响

[取自 J. R. Fair and W. L. Bolles, *Chem. Eng.*, 75 (9), 156—178 (1968).]

假定相对挥发度为常数和恒摩尔流后，分离二元混合物所需的平衡级数取决于$z_{i,\mathrm{F}}$、$x_{i,\mathrm{D}}$、$x_{i,\mathrm{B}}$、q、R和α。由式(9－11)，对二元混合物，$N_{\min}$取决于$x_{i,\mathrm{D}}$、$x_{i,\mathrm{B}}$和α，而$R_{\min}$取决于$z_{i,\mathrm{F}}$、$x_{i,\mathrm{D}}$、q和α。于是，许多研究者假定如下形式的经验关联式

$$N=N\{N_{\min}[x_{i,\mathrm{D}},x_{i,\mathrm{B}},\alpha],R_{\min}[z_{i,\mathrm{F}},x_{i,\mathrm{D}},q,\alpha],R\}$$

而且，他们还假定对接近理想的多组分系统，即使其他进料变量和非关键组分的相对挥发度会影响$R_{\min}$的数值，也可能存在这样的关联式。

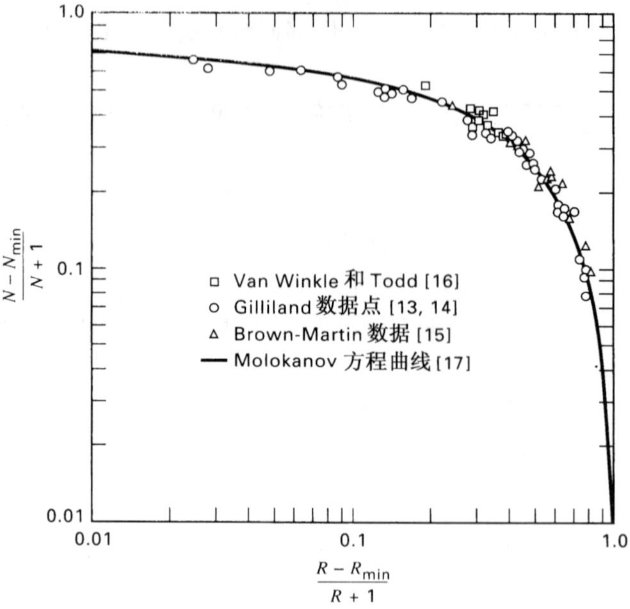

图 9.10 严格计算与 Gilliland 关联式的比较

这类关联式中最成功和最简单的是 Gilliland[13]提出，后来又由 Robinson 和 Gilliland [14]略微作了修改的关联式。该关联式如图 9.10 所示，图中以精确计算为基础的三组数据是 Gilliland[13]的原始数据以及 Brown 和 Martin[15]与 Van Winkle 和 Todd[16]的多组分数据点。这 61 个数据点包括如下范围：

1. 组分数：2 到 11
2. q：0.28 到 1.42
3. 压力：真空到 600 psig
4. α：1.11 到 4.05
5. R_{min}：0.53 到 9.09
6. N_{min}：3.4 到 60.3

通过这些数据所画的曲线代表 Molokanov 等[17]提出的方程：

$$Y=\frac{N-N_{min}}{N+1}=1-\exp\left[\left(\frac{1+54.4X}{11+117.2X}\right)\left(\frac{X-1}{X^{0.5}}\right)\right] \tag{9-34}$$

式中

$$X=\frac{R-R_{min}}{R+1}$$

该方程满足端点条件($Y=0, X=1$)和($Y=1, X=0$)。在 R/R_{min} 的数值接近最优值 1.3 时，图 9.10 预测 N/N_{min} 的最优比值约为 2。此 N 值包括一级部分再沸器和一级分凝器，如果有部分再沸器和/或分凝器。

Gilliland 关联式对设计变量的初步外推是非常有用的。虽然从未企图将 Gilliland 关联式用于最终设计，但在应用数字计算机前，曾将它用于设计许多多组分分离的精馏塔，但不能达到精确的逐级计算的效果。图 9.11 用线性坐标对 Gilliland 关联式重新作了标绘，由图可见 R 超过 R_{min} 的初始的少量增加导致 N 显著减小，但 R 的进一步增加对 N 的影响就小得多。图 9.11 中曲线的拐点正好对应于图 9.9 中 R/R_{min} 的最优值。

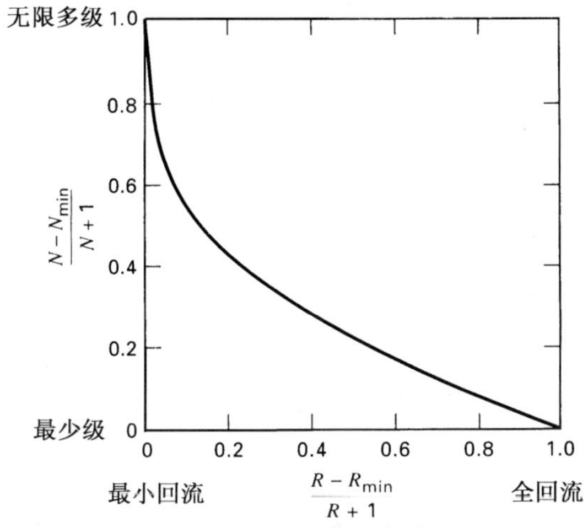

图 9.11　采用线性坐标的 Gilliland 关联式

Robinson 和 Gilliland [14]指出更精确的关联应利用包括进料状态 q 的参数。图 9.12 中利用取自 Guerreri[18]论文的苯-甲苯混合物清晰分离的数据点说明了这种影响。这些数据包括从过冷液体到过热蒸气的进料状态(q 等于 1.30 到 −0.7)，数据显示了需要的理论级随进料汽化率增加而减小的趋势。对具有低 q 值的进料，Gilliland 关联式似乎是偏保守的。Donnell 和 Cooper[19]指出，只有在两个关键组分的相对挥发度高或进料中易挥发组分含量低时，这种影响才是重要的。

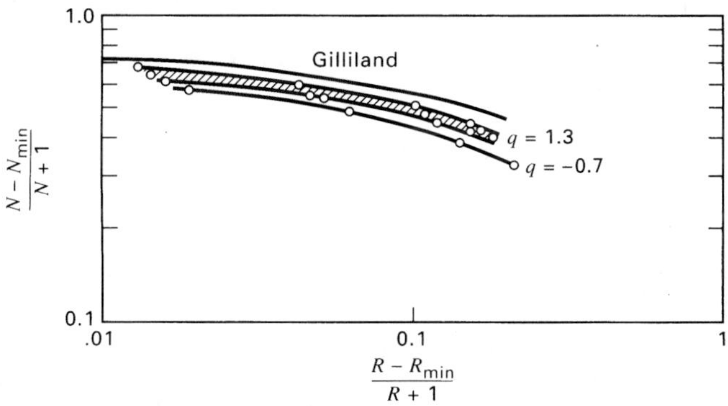

图 9.12　进料状态对 Gilliland 关联式的影响

[取自 G. Guerreri, *Hydrocarbon Processing*, 48 (8), 137—142 (1969)]

当提馏段比精馏段重要得多时，Gilliland 关联式可能发生严重问题。例如，Oliver[20]考虑了一个虚拟的二元案例，其规定条件为 $z_F=0.05$，$x_D=0.40$，$x_B=0.001$，$q=1$，$\alpha=5$，$R/R_{min}=1.20$，且为恒摩尔流。通过精确计算 $N=15.7$。由 Fenske 方程得 $N_{min}=4.04$。由 Underwood 方程得 $R_{min}=1.21$。由式(9-32)的 Gilliland 关联式得 $N=10.3$。这比精确值低 34%。Strangio 和 Treybal[21]对由忽略蒸出引起的这种限制作了进一步讨论，他们对这类情况提出了比较精确、但也比较繁琐的方法。

例 9.6

对外部回流为 379.6 lbmol/h(比 Bachelor 得到的最小回流比的精确值大 30%)，利用

Gilliland 关联式估计例 9.1、例 9.2 和例 9.5 中的脱丁烷塔需要的理论级。

解

由引用的例题,可利用例 9.5 得到的馏出液流量 469.56 lbmol/h 获得 $R_{\min}$ 和 $[(R-R_{\min})/(R+1)]$ 的数值。于是,$R=379.6/469.56=0.808$。利用 $N_{\min}=8.88$,

$$R_{\min}=0.479 \qquad \text{和} \qquad \frac{R-R_{\min}}{R+1}=X=0.182$$

由式(9-34)得,

$$\frac{N-N_{\min}}{N+1}=1-\exp\left[\left(\frac{1+54.4\times0.182}{11+117.2\times0.182}\right)\left(\frac{0.182-1}{0.182^{0.5}}\right)\right]=0.476$$

$$N=\frac{8.88+0.476}{1-0.476}=17.85$$

$$N-1=16.85$$

这里,$N-1$ 相当于考虑一个平衡级为再沸器,但全凝器不作为平衡级时塔内的平衡级数。

应该记住,如果不知道 $R_{\min}$ 的精确值,而采用由 Underwood 法得到的 $R_{\min}$ 的 1.3 倍作为 R 的数值,那么 R 将采用 292 lbmol/h。但这恰好是真实的最小回流量。因此,不可能实现要求的分离。

9.1.7 进料级位置

隐含在 Gilliland 关联式应用中的还有在精馏段和提馏段之间进行理论级最优分配的规定。如 Brown 和 Martin[15]所建议的,通过假定进料级以上的级数与进料级以下的级数之比与在全回流条件下直接将 Fenske 方程用于两个分离段确定的级数比相同,可确定最优进料级位置,这给出

$$\frac{N_R}{N_S}\approx\frac{(N_R)_{\min}}{(N_S)_{\min}}=\frac{\log[(x_{LK,D}/z_{LK,F})(z_{HK,F}/x_{HK,D})]\log[(\alpha_B\alpha_F)^{1/2}]}{\log[(z_{LK,F}/x_{LK,B})(x_{HK,B}/z_{HK,F})]\log[(\alpha_D\alpha_F)^{1/2}]} \tag{9-35}$$

遗憾的是,除了对相当对称的进料和分离,式(9-35)并不可靠。

相当满意的进料级近似位置可用 Kirkbride[22]经验方程确定:

$$\frac{N_R}{N_S}=\left[\left(\frac{z_{HK,F}}{z_{LK,F}}\right)\left(\frac{x_{LK,B}}{x_{HK,D}}\right)^2\left(\frac{B}{D}\right)\right]^{0.206} \tag{9-36}$$

前一节引用的 Oliver[20]的虚拟二元混合物问题为这两个方程提供了极端情况的检验。Oliver 的精确计算和利用式(9-35)与式(9-36)所作的计算提供了下列结果:

方法	N_R/N_S
精确	0.08276
Kirkbride(9-36)①	0.197 1
Fenske 比(9-35)②	0.640 8

虽然 Kirkbride 方程的结果也很不令人满意,但 Fenske 比法的结果则还要糟得多。

① 原文误为 Kirkbride(9-34)——译者注。

② 原文误为 Fenske 比(9-33)——译者注。

例 9.7

利用 Kirkbride 方程确定例 9.1 的脱丁烷塔的进料级位置，假定需要的平衡级数为 18.27。

解

假定例 9.3 中对全回流条件计算的产物分布是实际回流条件下馏出液和塔底产物组成的令人满意的近似。那么，

$$x_{nC_4,B}=\frac{6.0}{408.5}=0.0147 \qquad x_{iC_5,D}=\frac{13}{467.8}=0.0278$$

$$D=467.8\ \text{lbmol/h} \qquad B=408.5\ \text{lbmol/h}$$

由图 9.3 得

$$z_{nC_4,F}=448/876.3=0.5112$$

和

$$z_{iC_5,F}=36/876.3=0.0411$$

由式(9－36)得，

$$\frac{N_R}{N_S}=\left[\frac{0.0411}{0.5112}\times\left(\frac{0.0147}{0.0278}\right)^2\times\left(\frac{408.5}{467.8}\right)\right]^{0.206}=0.445$$

因此，$N_R=(0.445/1.445)\times18.27=5.63$ 级和 $N_S=18.27-5.63=12.64$ 级。

将估计的级数圆整，并考虑部分再沸器为一级，则进料以下为 12 级，进料以上为 6 级。

9.1.8　实际回流比下非关键组分的分配

对多组分混合物，在全回流条件下所有组分将以某种程度在馏出液和塔底产物间进行分配。但是，在最小回流条件下，将没有或只有几个非关键组分被进行分配。对脱丁烷塔的例子，这两种极限条件下的分配比如图 9.13 所示。对全回流条件，例 9.3 中由 Fenske 方程得到的结果在双对数坐标上标绘为一条直线。对最小回流条件，例 9.5 中由 Underwood 方程得到的结果如图中的虚线所示。

可以预期对实际回流条件产物分配曲线将位于两极限曲线之间。但是，如 Stupin 和 Lockhart[23]所指出的，精馏的产物分配是复杂的。一典型的结果如图 9.14 所示。对接近最小的回流比，产物分配(曲线 3)位于两种极限条件(曲线 1 和 4)之间。但是，对高回流比，非关键组分的分配(曲线 2)实际上可能位于两种极限之外，导致差的分离结果。

对图 9.14 中的产物分配性质，Stupin 和 Lockhart 提供了与图 9.10 中的 Gilliland 关联式一致的解释。随着由全回流开始逐渐减小回流比，但保持两关键组分的规定分离，开始时平衡级需求只是缓慢增加，但当趋近最小回流比时，平衡级需求将迅速增加。开始时，级数的增加不能恰当补偿大的回流减小。这导致非关键组分的分配变差。但是，当趋近最小回流比时，较小的回流减小将由平衡级数的大的增加获得充分补偿；非关键组分的分离将优于全回流条件下。假定在 1.3 倍最小回流比的接近最优的回流比下，非关键组分的的分配接近全回流条件下 Fenske 方程的估计，似乎是合理的。

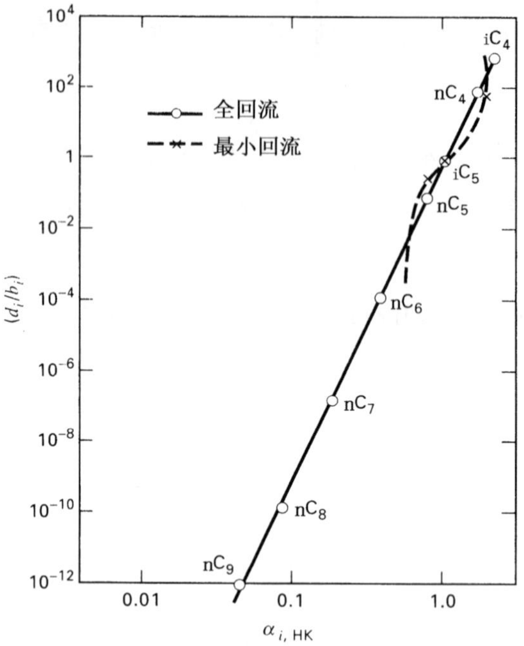

图 9.13 极限精馏操作条件下的组分分配比

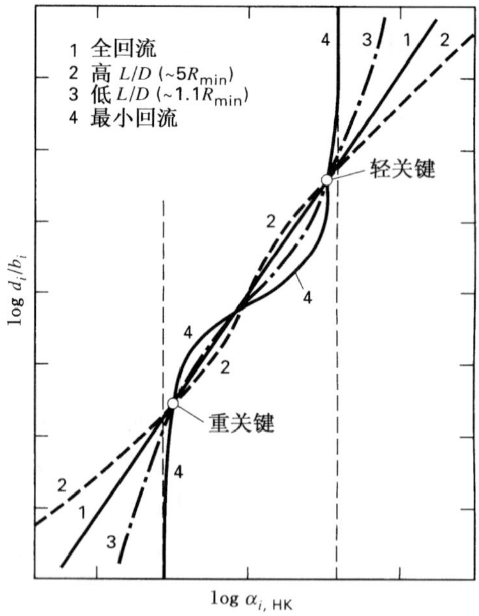

图 9.14 各种回流比下的组分分配比

9.2 Kremser 组合法

许多多组分分离设备是两个接触相呈逆流的级联。已经开发了多种近似计算方法将进、出级联的物流的组成与需要的平衡级数相关联。这些近似方法称为组合法，因为它们只提供级联中所有级总的处理，而不考虑各级温度、流量和组成的详细变化。在本节内考虑用于吸收、汽提和液-液萃取的单段级联。

Kremser[11]最先提出了组合法。他推导了多级逆流吸收塔的总组分物料衡算。Souders 和 Brown[24]、Horton 和 Franklin[25]及 Edmister[26]随后的论文对此法作了改进。在 5.4 节中已推导了 Kremser 方程并将它用于吸收。这里对汽提塔和液-液萃取塔说明这些方程的应用。Smith 和 Brinkley[27]提出的另一种处理方法重点为液-液分离。

9.2.1 汽提塔

进入汽提塔的气体通常为蒸气或惰性气体。当汽提剂不含任何一种进料液体组分，而且不存在于进料液体中，也不能在汽提塔内被吸收和冷凝时，唯一的传质方向是由液相到气相。那么，如式(5－51)所定义的有效汽提因子 S_e 的唯一数值需要借助式(5－49)和式(5－50)应用组合法。汽提塔的方程类似于吸收塔方程。

对优化的汽提，温度应高，而压力应低。但是，温度不应高到引起分解，而且只有在确实必要时才采用真空。对应于无限多级数的达到关键组分 K 的规定 ϕ_S 值的最小汽提剂流量，可设 $N=\infty$，由式(5－50)获得的方程估计，

$$(V_0)_{\min}=\frac{L_{N+1}}{K_K}(1-\phi_{S_K}) \tag{9-37}$$

该方程假定 $A_K<1$，以及被汽提的液体进料分率小。

例 9.8

用氮气从图 9.15 所示的液体物流中汽提二氧化硫和丁二烯(B3 和 B2)，使丁二烯砜(BS)产物中 SO_2 的含量小于 0.05％(mol)，丁二烯含量小于 0.5％(mol)。估计氮气流量和需要的平衡级数。

解

忽略 BS 被汽提的量，汽提后的液体必具有如下组分流量和对应的 ϕ_S 值：

组分	l_1，lbmol/h	$\phi_S=\frac{l_1}{l_{N+1}}$
SO_2	<0.0503	<0.00503
B3＋B2	<0.503	<0.0503
BS	100.0	—

热力学性质可根据低压下的理想溶液计算。对丁二烯砜，蒸气压由下式给出

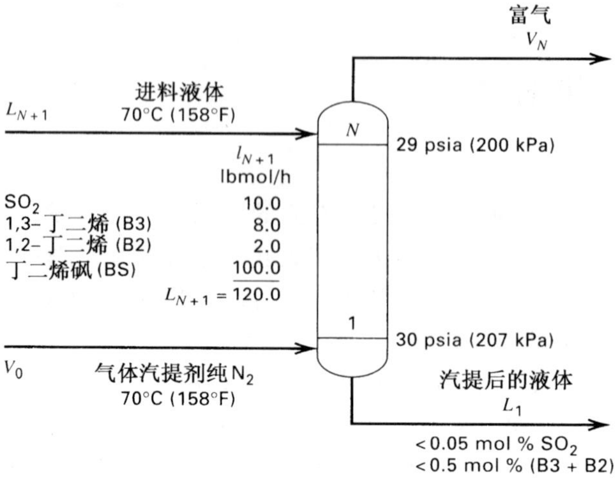

图 9.15　例 9.8 的汽提塔的规定条件

$$p_{BS}^s = \exp\left(17.30 - \frac{11.142}{T+459.67}\right)$$

式中 p_{BS}^s的单位为每平方英寸磅力，而 T 的单位为华氏温度。BS 的液相焓为

$$(h_L)_{BS} = 50T$$

式中$(h_L)_{BS}$的单位为每磅摩尔英热单位，而 T 的单位为华氏温度。

汽提剂进口流量 V_0 未规定。只要选定关键组分，无限多塔板时的最小流量可由式(9－37)计算。假定我们选择最重的被汽提组分 B2 要被汽提到规定程度。在 70℃时，B2 的蒸气压为 90.4 psia。由拉乌尔定律，当总压为 30 psia 时，

$$K_{B2} = \frac{90.4}{30} = 3.01$$

由式(9－37)，采用$(\phi_S)_{B2} = 0.0503$，我们有

$$(V_0)_{min} = \frac{120}{3.01} \times (1 - 0.0503) = 37.9 \text{ lbmol/h}$$

对此$(V_0)_{min}$值，现可用式(9－37)[①]确定 B3 和 SO_2 的 ϕ_S。对这两个组分，K 值分别为 4.53 和 6.95。由式(9－37)，在无限多级时利用 $V_0 = 37.9$ lbmol/h

$$(\phi_S)_{B3} = 1 - \frac{4.53 \times 37.9}{120} = -0.43$$

和

$$(\phi_S)_{SO_2} = 1 - \frac{6.95 \times 37.9}{120} = -1.19$$

这两个负值表示 B3 和 SO_2 被完全汽提。因此，汽提后液体中总丁二烯仅为 $0.0503 \times 2.0 = 0.1006$，与之相比规定值为 0.503。假定汽提后液体中的丁二烯全为 B2，可获得$(V_0)_{min}$的更好估计值。那么，$(\phi_S)_{B2} = 0.503/2 = 0.2515$，而由式(9－37)$(V_0)_{min}$为 29.9 lbmol/h。$(\phi_S)_{B3}$和$(\phi_S)_{SO_2}$依旧是负的。

汽提气体的实际进口流量必须大于最小值。为估计 V_0 对理论级需求的影响和非关键

① 原文误为式(9－42)——译者注。

组分的 ϕ_S，以 70℃和 30 psia 时的 K 值应用 Kremser 近似法，$L=L_{N+1}=120$ lbmol/h，和 $V=V_0$ 等于 29.9 lbmol/h 的一系列倍数。如果选定 N 值，并由式(5－51)确定 V 值，计算将大为简化，S 值可由图 5.9 获得。因为汽提后液体中将发现一定数量 B3，$(\phi_S)_{B2}$ 将保持在低于 0.2515。通过迭代计算，可选择一 $(\phi_S)_{B2}$，使 $(\phi_S)_{B2+B3}$ 满足例如为 0.05 的规定。对 10 个理论级，假定 B3 基本上被完全汽提，使 $(\phi_S)_{B2}\approx 0.25$，由图 5.9 得 $S_{B2}\approx 0.76$。由式(5－51)，

$$V=V_0=\frac{120\times 0.76}{3.01}=30.3\ \text{lbmol/h}$$

对 B3，由式(5－51)，

$$S_{B3}=\frac{4.53\times 30.3}{120}=1.143$$

由图 5.9，

$$(\phi_S)_{B3}=0.04$$

于是，

$$(\phi_S)_{B2+B3}=\frac{0.25\times 2+0.04\times 8}{10}=0.082$$

这明显高于 0.05 的规定。因此，用 $(\phi_S)_{B2}=0.09$ 重新计算并一直持续到获得规定的 $(\phi_S)_{B2+B3}$ 值。用这种方法，进行不同理论级数的计算获得如下收敛结果。

N	$V_0/(\text{lbmol}\cdot\text{h}^{-1})$	$V_0/(V_0)_{min}$	未汽提的分率				
			$(\phi_S)_{SO_2}$	$(\phi_S)_{B3}$	$(\phi_S)_{B2}$	$(\phi_S)_{B2+B3}$	$(\phi_S)_{BS}$
∞	29.9	1.00	0.0	0.0	0.251 5	0.050 3	0.996 0
10	33.4	1.134	0.000 5	0.017	0.18	0.050	0.995 5
5	45.4	1.518	0.005 0	0.029	0.117	0.040	0.994 0
3	94.3	3.154	0.005 0	0.016	0.045	0.022	0.987 4

这些结果表明对四个 N 值 SO_2 的规定也都能满足。

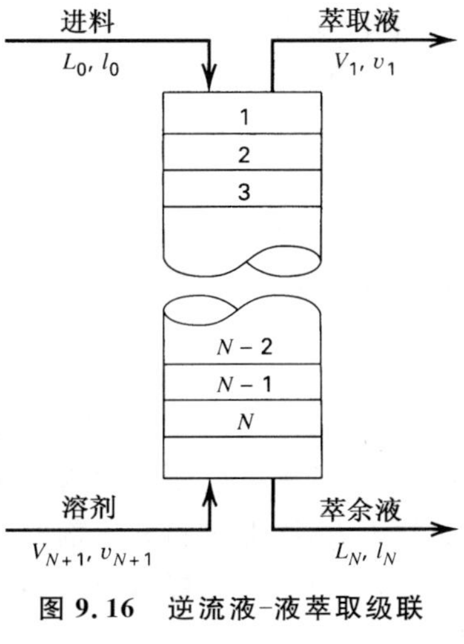

图 9.16　逆流液-液萃取级联

9.2.2 液-液萃取

图 9.16 为逆流萃取级联的示意图，由上往下对级进行编号，而溶剂 V_{N+1} 由底部进入。①可借助类似于吸收塔的方程，采用组合法进行计算。用分配系数代替 K 值：

$$K_{Di}=\frac{y_i}{x_i}=\frac{v_i/V}{l_i/L} \tag{9-38}$$

式中 y_i 为组分 i 在溶剂或萃取相中的摩尔分率，x_i 为在进料或萃余相中的摩尔分率。还有用萃取因子代替汽提因子，这里

$$E_i=\frac{K_{Di}V}{L} \tag{9-39}$$

E 的倒数为

$$U_i=\frac{1}{E_i}=\frac{L}{K_{Di}V} \tag{9-40}$$

对每个组分的工作方程为

$$v_1=v_{N+1}\phi_U+l_0(1-\phi_E) \tag{9-41}$$

$$l_N=l_0+v_{N+1}-v_1 \tag{9-42}$$

式中

$$\phi_U=\frac{U_e-1}{U_e^{N+1}-1} \tag{9-43}$$

$$\phi_E=\frac{E_e-1}{E_e^{N+1}-1} \tag{9-44}$$

对 Kremser 近似法，式(9-39)和式(9-40)中的 E_i 和 U_i 以进口状态的进料和溶剂为基准。但是，在液-液萃取中，V、L 和 K_D 的值在各级间可能有相当大的变化。因此需要一种更好的近似。参考图 9.16，这可利用由 Horton 和 Franklin[25]及 Edmister[26]提出的下列关系式实现，在这些关系式中采用基于级联两端的 V、L 和 K_D 的平均值的 E_i 和 U_i 的平均值。在例 9.9 中将应用这些关系式。

$$V_2=V_1\left(\frac{V_{N+1}}{V_1}\right)^{1/N} \tag{9-45}$$

$$L_1=L_0+V_2-V_1 \tag{9-46}$$

$$V_N=V_{N+1}\left(\frac{V_1}{V_{N+1}}\right)^{1/N} \tag{9-47}$$

$$E_e=[E_1(E_N+1)+0.25]^{1/2}-0.5 \tag{9-48}$$

$$U_e=[U_N(U_1+1)+0.25]^{1/2}-0.5 \tag{9-49}$$

如果需要，式(9-38)至式(9-49)可用质量单位而不用摩尔单位。通常不需要焓衡算方程，因为在绝热萃取器中温度变化通常不大，除非进料和溶剂的进口温度差别明显或混合热大。遗憾的是，对液-液萃取级联组合法并非总是可靠的，因为如第 2 章中所述，分配系数是活度系数之比，而活度系数可能随组成显著变化。因此，第 10 章的严格法被优先采用。

① 在立式萃取器中，如果溶剂密度大于进料，溶剂必须由顶部进入。

例 9.9

如图 9.17 所示，在 25℃下以二氯甲烷为溶剂利用逆流液-液萃取从水溶液中回收二甲基甲酰胺(DMF)。采用质量单位用组合法估算萃取液和萃余液的流量和组成。除 DMF 外，在预期的组成范围内其余组分的分配系数基本上为常数，以质量分率为基准其数值为

组分	K_{Di}
MC	40.2
FA	0.005
DMA	2.2
W	0.003

DMF 的分配系数取决于其在富水相中的浓度，如图 9.18 所示。

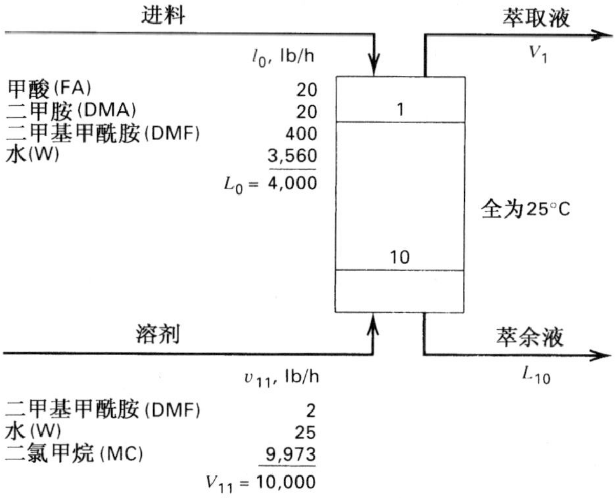

图 9.17　例 9.9 的萃取器的规定

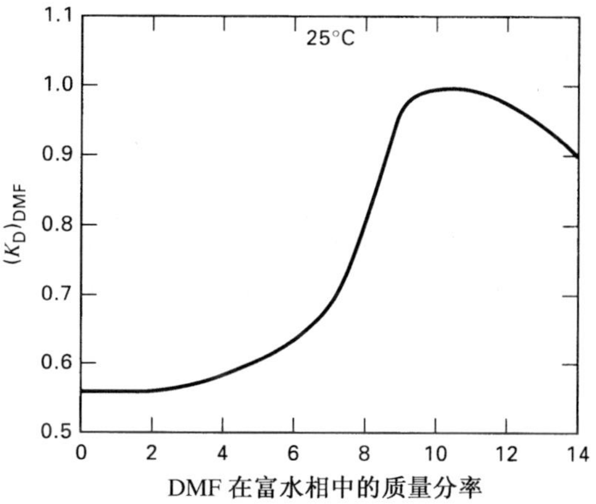

图 9.18　二甲基甲酰胺在水和二氯甲烷间的分配系数

解

虽然 Kremser 近似法可用于第一次试差计算，但将根据 K_D 值的数量级由猜测值假定下列数值。

组分	磅/小时			
	进料，l_0	溶剂，v_{11}	萃余液，l_{10}	萃取液，v_1
FA	20	0	20	0
DMA	20	0	0	20
DMF	400	2	2	400
W	3 560	25	3 560	25
MC	0	9 973	88	9 885
总计	4 000	10 000	3 670	10 330

根据式(9－45)至式(9－49)，我们有

$$V_2=10\ 330\times\left(\frac{10\ 000}{10\ 330}\right)^{1/10}=10\ 297\ \text{lb/h}$$

$$L_1=4\ 000+10\ 297-10\ 330=3\ 967\ \text{lb/h}$$

$$V_{10}=10\ 000\times\left(\frac{10\ 330}{10\ 000}\right)^{1/10}=10\ 033\ \text{lb/h}$$

由式(9－39)、式(9－40)、式(9－48)和式(9－49)，为了获得级1的$(K_D)_{DMF}$，假定L_1中DMF的质量分率为0.09，我们有

组分	E_1	E_{10}	U_1	U_{10}	E_e	U_e
FA	0.013	0.014	—	—	0.013	—
DMA	5.73	6.01	—	—	5.86	—
DMF	2.50	1.53	0.400	0.653	2.06	0.579
W	0.007 8	0.008 2	128	122	0.007 8	125
MC	—	—	0.009 6	0.009 1	—	0.009 1

由式(9－44)、式(9－43)、式(9－41)和式(9－42)，我们有

组分	ϕ_E	ϕ_U	磅/小时	
			萃余液，l_{10}	萃取液，v_1
FA	0.987 0	—	19.7	0.3
DMA	0.0	—	0.0	20.0
DMF	0.000 374	0.422	1.3	400.7
W	0.992 2	0.0	3 557.2	37.8
MC	—	0.990 9	90.8	9 882.2
			3 669.0	10 331.0

计算的总流量L_{10}和V_1与假定值几乎完全相等。因此不需要继续迭代。DMF的萃取程度非常高。用较小的溶剂量和/或较少的平衡级数进行另外的计算将是值得的。

9.3 本章小结

(1) 对理想或接近理想的多组分系统的简单精馏，Fenske－Underwood-Gilliland(FUG)法对级数和回流需求的初步估算是有用的。

(2) 根据进料中两个关键组分的规定分离比，理论的Fenske方程可用于确定全回流条

件下的最小平衡级数。理论的 Underwood 方程可用于确定无限多级数时的最小回流比。经验的 Gilliland 关联式将最小级数和最小回流比与实际回流比和实际平衡级数相关联。

（3）非关键组分分配和进料级位置的估计可分别用 Fenske 方程和 Kirkbride 方程完成。

（4）Underwood 方程受到比 Fenske 方程更多的限制，应用时必须小心。

（5）对规定的进料流量和平衡级数，Kremser 近似法可用于对简单的汽提塔和液-液萃取器进行组分回收率的近似估算。

参考文献

1. Kremser, A., *Natl. Petroleum News*, **22**(21). 43—49 (1930).
2. Edmister, W. C., *AIChE J.*, **3**,165—171 (1957).
3. Kobe, K. A., and J. J. Mcketta. JR., Eds. *Advances in Petroleum Chemistry and Refining*. Vol. 2, Interscience, New York, 315—355 (1959).
4. Bachelor, J. B., *Petroleum Refiner*, **36**(6), 161—170 (1957).
5. Fenske. MR., *Ind. Eng. Chem.*, **24**,482—485 (1932).
6. Shiras. R. N., D. N. Hanson, and C. H. Gibson. *Ind. Eng. Chem.*, **42**,871—876(1950).
7. Underwood, A. J. V., *Trans. Inst. Chem. Eng.*, **10**, 112—158 (1932).
8. Gilliland, E. R., *Ind. Eng. Chem.*, **32**,1101—1106 (1940).
9. Underwood, A. J. V., *J. Inst. Petrol*, **32**,614—326 (1946).
10. Barnes, F. J., D. N. Hanson, and C. J. King, *Ind. Eng. Chem.*, *Process Des. Dev.*, **11**, 136—140 (1972).
11. Tavana, M, and D. N. Hanson, *Ind. Eng. Chem.*, *Process Des. Dev.*, **18**,154—156(1979).
12. Fair, J. R., and W. L. Bolles, *Chem. Eng.*, **75**(9), 156—178 (1968).
13. Gilliland, E. R., *Ind. Eng. Chem.*, 32,1220—1223 (1940).
14. Robinson, C. S., and E. R. Gilliland, *Elements of Fractional Distillation*. 4th ed., McGraw - Hill, New York. pp. 347—350 (1950).
15. Brown, G. G., and H. Z. Martin. *Trans. AIChE.* **35**,679—708 (1939).
16. Van Winkle. M., and W. G. Todd. *Chem. Eng.*, **78**(21), 136—148(1971).
17. Molokanov, Y. K., T. P. Korablina. N. I. Mazurina, and G. A. Nikiforov, *Int. Chem. Eng.*, **12**(2). 209—212 (1972).
18. Guerreri, G., *Hydrocarbon Processing*. **48**(8), 137—142 (1969).
19. Donnell, J. W., and C. M. Cooper, *Chem. Eng.*, **57**, 121—124 (1950).
20. Oliver, E. D., *Diffusional Separation Processes: Theory, Design, and Evaluation*. John Wiley and Sons. New York. pp. 104—105 (1966).
21. Strangio, V. A., and R. E. Treybal. *Ind. Eng. Chem.*, *Process Des. Dev.*, **13**,279—285(1974).
22. Kirkeride, C. G., *Petroleum Refiner*. **23**(9), 87—102 (1944).
23. Stupin, W. J., and F. J. Lockhart. "The Distribution of Non - Key Components in Multicomponent Distillation." presented at the 61st Annual Meeting of the AIChE. Los Angeles, CA, December 1—5, 1968.

24. Souders, M., and G. G. Brown, *Ind. Eng. Chem.*, **24**,519—522 (1932).
25. Horton, G., and W. B. Franklin. *Ind. Eng. Chem.*, **32**, 1384—1388(1940).
26. Edmister, W. C., *Ind. Eng. Chem.*, **35**,837—839 (1943).
27. Smith, B. D., and W. K. Brinkley. *AIChE J.*, **6**,446—450 (1960).

习　　题

9.1 节

9.1 用精馏将可假定形成理想溶液的丙酸和正丁酸混合物分离成含 95%(mol)丙酸的馏出液和含 98%(mol)正丁酸的塔底产物。确定采用的冷凝器类型和精馏塔的操作压力。

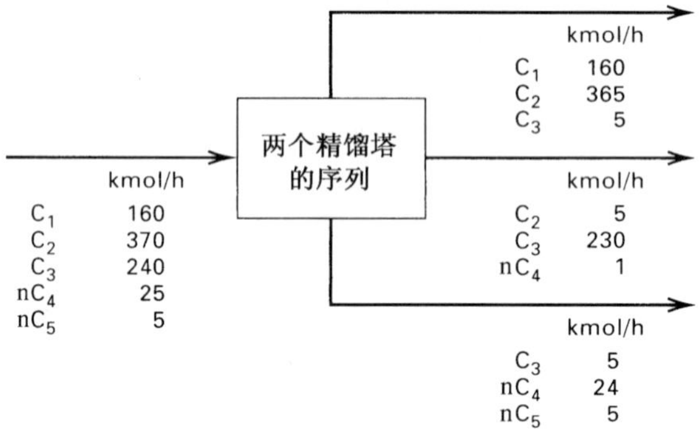

图 9.19　习题 9.2 的数据

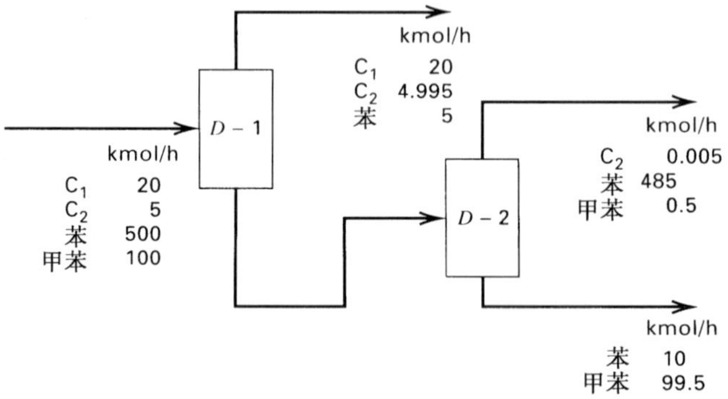

图 9.20　习题 9.3 的数据

9.2 两个精馏塔组成的序列被用于生产图 9.19 所示的产物。对下列方案确定每个塔的冷凝器类型和精馏塔操作压力：(a)直接分离序列(首先分离 C_2/C_3)和(b)间接分离序列(首先分离 C_3/nC_4)。利用由图 2.8 和 2.9 提供的 K 值。

9.3 对图 9.20 所示的两个精馏分离($D-1$ 和 $D-2$)中的每一个确定冷凝器的类型和精馏塔的操作压力。

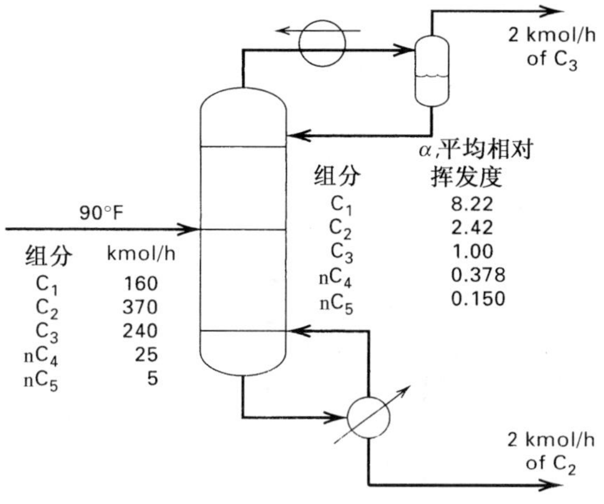

图 9.21　习题 9.4 的数据

9.4　设计一脱乙烷塔进行图 9.21 所示的分离。估算所需的平衡级数,假定它等于全回流条件下最小平衡级数的 2.5 倍。

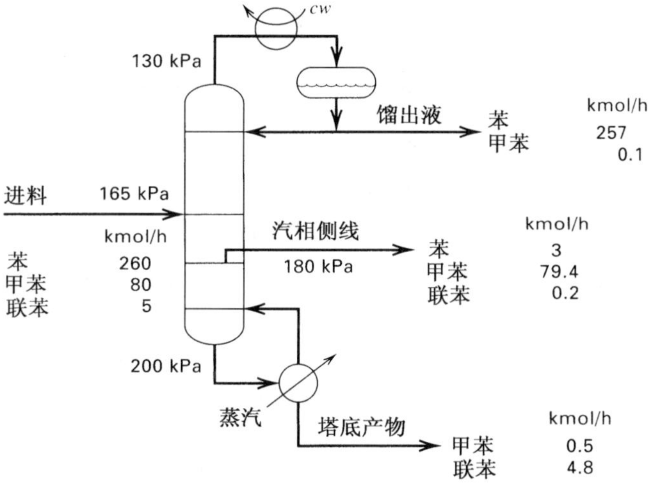

图 9.22　习题 9.5 的数据

9.5　对图 9.22 所示的复杂精馏操作,利用 Fenske 方程确定下列塔段所需的最小级数:(a)馏出液和进料间,(b)进料和侧线间,(c)侧线和塔底产物间。K 值可由拉乌尔定律获得。

9.6　在平均压力 130kPa 下将丙酮含量为 25%(mol)的丙酮(A)-水(W)混合物精馏分离为丙酮含量为 95%(mol)的馏出液和丙酮含量为 2%(mol)的塔底产物。无限稀释活度系数为

$$\gamma_A^{\infty}=8.12 \qquad \gamma_W^{\infty}=4.13$$

用 Fenske 方程计算所需的理论级数。将结果与 McCabe - Thiele 法的计算结果比较。对此分离 Fenske 方程是否可靠?

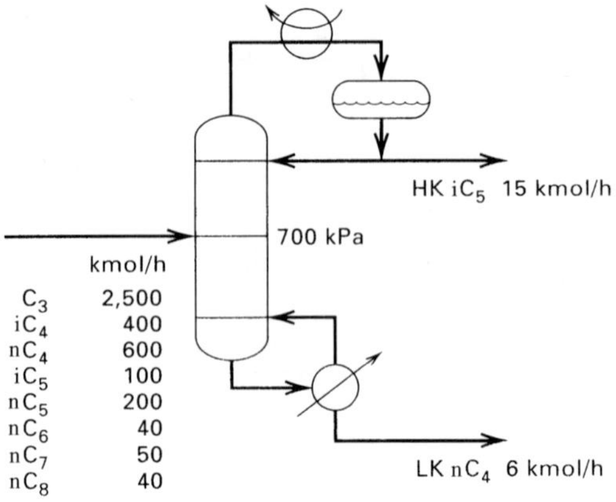

图 9.23 习题 9.7 的数据

9.7 对图 9.23 所示的精馏操作，利用 Fenske 方程计算最小平衡级数和非关键组分的分配，采用图 2.8和 2.9 提供的 K 值。

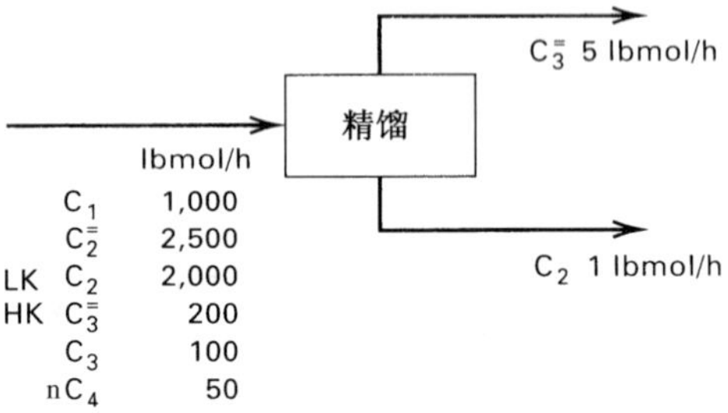

图 9.24 习题 9.8 的数据

9.8 对图 9.24 所示的精馏操作，确定冷凝器的类型和操作压力，计算最小平衡级数和非关键组分的分配。由图 2.8 和 2.9 获得 K 值。

9.9 对 250 psia 下的最小平衡级数 15，对 1 000 lbmol/h 含 3%(mol)C_2、20%(mol)C_3、37%(mol)nC_4、35%(mol)nC_5 和 5%(mol)nC_6 进料的精馏操作，作为馏出液流量的函数计算并标绘馏出液中 C_3 的百分回收率。由图 2.8 和 2.9 获得 K 值。

9.10 对用精馏将丙烯中含 30%(mol)丙烷的混合物分离成 99%(mol)丙烯和 98(mol)%丙烷的操作，对下列进料状态用 Underwood 方程估计最小外部回流比：(a)泡点液体，(b) 50%(mol)汽化，(c)露点蒸气。采用图 2.8 和 2.9 中的 K 值。

9.11 对习题 9.7 的条件，如果进料为塔压下的泡点液体，用 Underwood 方程计算最小外部回流比和最小回流比下的非关键组分分配。

9.12 对 100 psia 下等摩尔异丁烷/正丁烷泡点液体进料的精馏分离，计算和标绘作为产物百分纯度函数的最小外部回流比和最小平衡级数。馏出液中异丁烷的纯度与塔底产物中正丁烷的纯度相同。考虑百分纯度为 90%到 99.99%。讨论所得结果的意义。

9.13 采用 Fenske - Underwood - Gilliland 简捷法确定进行图 9.25 所示的精馏操作所需的回流比，如果 $N/N_{\min}=2.0$，平均相对挥发度=1.11，而进料为塔进料级压力下的泡点温度。假定在上挟点区外部回流等于内部回流。假定采用全凝器和部分再沸器。

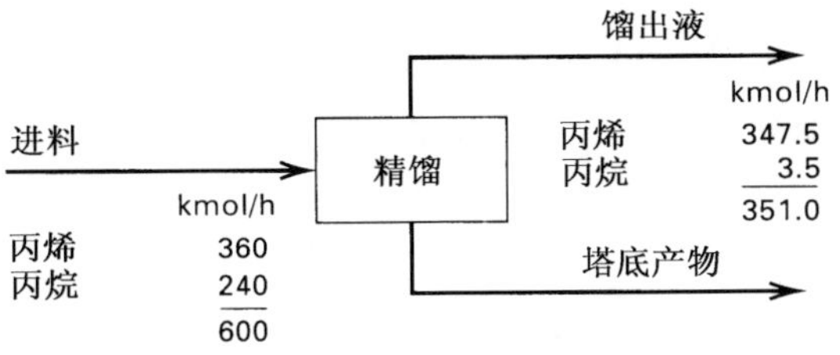

图 9.25　习题 9.13 的数据

9.14　由 62%(mol)对二氯苯和 38%(mol)邻二氯苯组成的进料在接近常压下用精馏分离成含 98%(mol)对位异构体的馏出液和含 96%(mol)邻位异构体的塔底产物。

如果采用全凝器和部分再沸器，$q=0.9$，平均相对挥发度$=1.154$，回流/最小回流$=1.15$，采用 Fenske - Underwood - Gilliland 法估算所需的理论级数。

9.15　解释对精馏段与提馏段级数比小的情况，Gilliland 关联式为什么可能给出错误的结果。

9.16　精馏塔的烃类进料为 300 psia 下的泡点液体，其摩尔分率组成为 $C_2=0.08$，$C_3=0.15$，$nC_4=0.20$，$nC_5=0.27$，$nC_6=0.20$ 和 $nC_7=0.10$。

(a) 对 nC_4 和 nC_5 之间的清晰分离，如果冷凝器出口温度为 120 ℉，确定塔压和冷凝器类型。

(b) 在全回流条件下，确定总共为 8 个理论级时的分离，规定塔底产物中 nC_4 的摩尔分率为 0.01。

(c) 对(b)中的分离确定最小回流比。

(d) 当 L/D 为 1.5 倍最小回流比时，用 Gilliland 关联式确定理论级数。

9.17　在 120 psia 下用常规精馏将下列液体混合物分离成含 92.5%(mol)nC_4 的馏出液和 82.0%(mol)iC_5 的塔底产物。

组分	lbmol/h
C_3	5
iC_4	15
nC_4	25
iC_5	20
nC_5	35
	100

(a) 用 Fenske 方程估计需要的最小平衡级数。由图 2.8 和 2.9 获得 K 值。

(b) 用 Fenske 方程确定馏出液和塔底产物间的非关键组分分配。

(c) 假定进料温度为泡点，用 Underwood 法估计最小回流比。

(d) 假定 $L/D=1.2(L/D)_{min}$，采用部分再沸器和全凝器，用 Gilliland 关联式需要的确定理论级数。

(e) 估算进料级位置。

9.18　考虑用精馏分离氯化反应器的出口物流回收 C_2H_5Cl。进料为 240 psia 塔压下的泡点液体，具有下列组成和该塔条件下的 K 值。

组分	摩尔分率	K
C_2H_4	0.05	5.1
HCl	0.05	3.8
C_2H_6	0.10	3.4
C_2H_5Cl	0.80	0.15

规定为：对 C_2H_5Cl $(x_D/x_B)=0.01$

对 C_2H_6 $(x_D/x_B)=75$

计算产物分配、最小理论级数、当回流比为 1.5 倍最小 L/D 时的理论级数，并确定进料级位置。该塔将采用分凝器和部分再沸器。

9.19 欲用精馏分离的每小时 100 kmol 的三组分泡点混合物具有如下组成：

组分	摩尔分率	相对挥发度
A	0.4	5
B	0.2	3
C	0.4	1

(a) 对馏出液流量 60kmol/h、五个理论级和全回流，用 Fenske 方程计算馏出液和塔底产物组成。

(b) 利用(a)中对组分 B 和 C 的分离，用 Underwood 方程确定最小回流比和最小蒸出比。

(c) 对 1.2 倍最小回流比的操作回流比，确定理论级数和进料级位置。

9.20 对习题 9.6 的条件，用下列方法确定精馏段和提馏段平衡级数之比：(a) Fenske 方程，(b) Kirkbride 方程，(c) McCabe－Thiele 法。并对结果进行讨论。

9.2 节

9.21 由类似式(5－46)和式(5－47)的方程出发，对两个级证明 $S_e=\sqrt{0.25+S_2(S_1+1)}-0.5$。

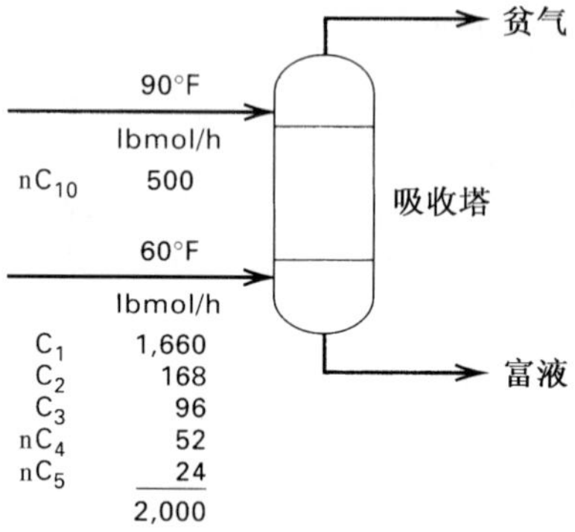

图 9.26 习题 9.22 的数据

9.22 对下列各综合条件，用 Kremser 组合法确定图 9.26 所示的吸收操作能达到的分离：(a)6 个平衡级和 75 psia 的操作压力，(b)3 个平衡级和 150psia 的操作压力，(c)6 个平衡级和 150 psia 的操作压力。

9.23 在操作压力为 4atm 的吸收塔内，用 500kmol/h 温度为 90 ℉ 的 nC_{10} 吸收 1000 kmol/h 温度为 70 ℉ 含 25%(mol)C_1、15%(mol)C_2、25%(mol)C_3、20%(mol)nC_4 和 15%(mol)nC_5 的富气。对下列条件，用 Kremser 组合法计算每个组分的百分吸收率：(a)4 个理论级，(b)10 个理论级，(c)30 个理论级。采用图 2.8 和 2.9 的 K 值。

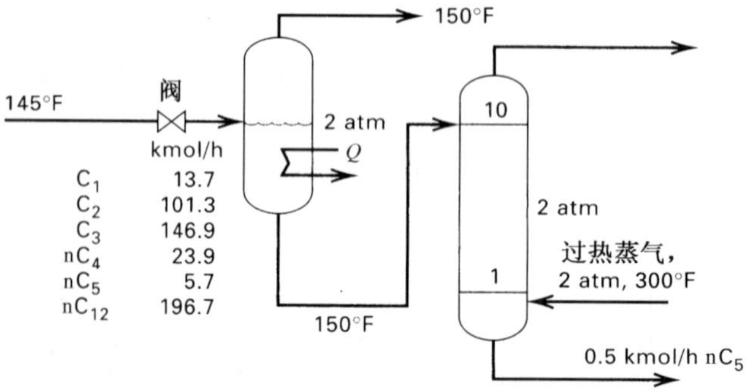

图 9.27 习题 9.24 的数据

9.24 对图 9.27 所示的闪蒸和汽提操作，如果汽提塔在 2atm 下操作，并具有 5 个平衡级，用 Kremser

组合法确定每小时需要多少千克摩尔蒸气。

9.25　在 50 psia 下操作并具有 3 个平衡级的汽提塔用于汽提流量为 1000 kmol/h、温度为 250 ℉的液体，液体摩尔组成如下：0.03% C_1、0.22% C_2、1.82% C_3、4.47% nC_4、8.59% nC_5 和 84.87% nC_{10}。汽提剂为 100 kmol/h 温度为 300 ℉、压力为 50 psia 的过热蒸气。利用 Kremser 组合法估算汽提后液体和富气的组成和流量。

9.26　在有 5 个平衡级的逆流液-液萃取器中，在 150℃ 下用 300 kmol/h 二甘醇（DEG）萃取 100 kmol/h苯（B）、甲苯（T）、正己烷（C_6）和正庚烷（C_7）组成的等摩尔混合物。用 Kremser 组合法估算萃取液和萃余液的流量和组成。以摩尔分率为单位，这些烃的分配系数基本上可假定为下列常数

组分	$K_{Di}=y$(溶剂相)$/x$(萃余相)
B	0.33
T	0.29
C_6	0.050
C_7	0.043

对二甘醇，假定 $K_D=30$。[E. D. Oliver, *Diffusional Separation Process*, John Wiley and Sons, New york, P. 432 (1966).]

9.27　天然气工厂中的一个再沸汽提塔被用于从图 9.28 所示的进料中主要脱除丙烷和更轻的组分。用 Kremser 组合法确定气相和液相产物的组成。

9.28　对图 9.29 所示的乙苯和二甲苯混合物进行精馏。假定可应用拉乌尔定律和道尔顿定律：

(a) 用 Fenske - Underwood - Gilliland 法估算当回流比与最小回流比之比值为 1.10 时所需的级数。用 Kirkbride 方程估算进料级位置。

(b) 由(a)关于回流量、级数和馏出液流量的结果，用 5.4 节的 Edmister 组合法预测馏出液和塔底产物组成，并将结果与规定进行比较。

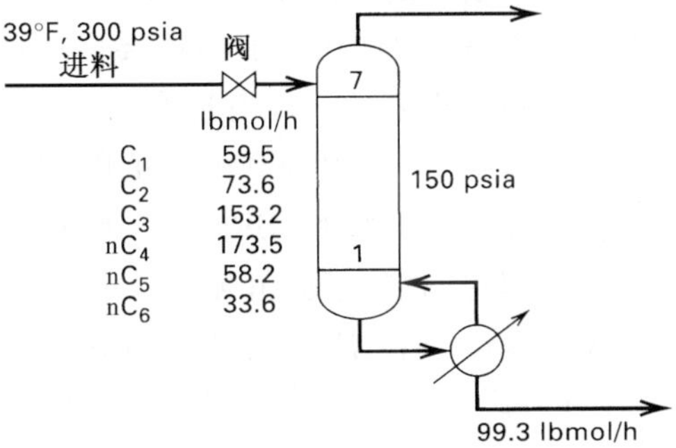

图 9.28　习题 9.27 的数据

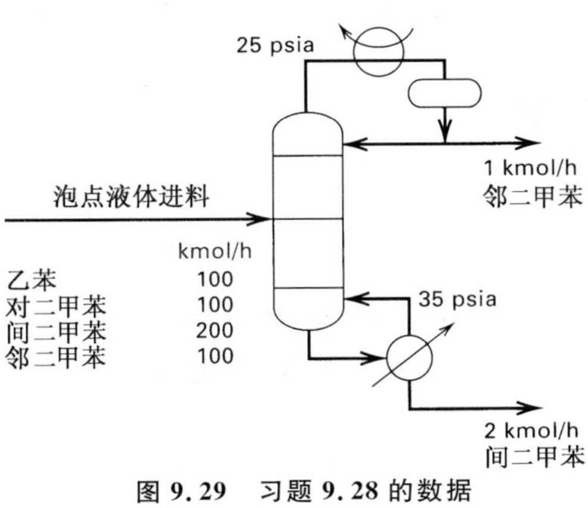

图 9.29　习题 9.28 的数据

第 10 章　基于平衡的多组分吸收、解吸、精馏和萃取计算方法

前几章已考虑了求解涉及平衡级的多组分分离问题的图解、经验和近似组合法。除了简单的情况，例如二元精馏，这些方法仅适用于初步的设计研究。进行多组分分离的多级设备的最终设计需要严格地确定每一级的温度、压力、物流流量和物流组成及传热速率。（但是，当多组分的物性或级效率未充分掌握时，不可能证明严格计算方法是正确的。）而这些变量是通过求解每一级的物料衡算、能量衡算和平衡关系来确定的。遗憾的是，这些关系式是强交联的非线性代数方程组。因此，求解过程是相当困难和繁复的。但是，一旦将这些方法编制成在高速数字计算机上使用的程序，就可相当快速地并几乎可作为常规工作来进行求解。这类程序不难获得，故已被广泛应用。本章讨论利用这类程序的求解方法，用于吸收、汽提、精馏和萃取的计算。对萃取、恒沸和反应精馏的应用将在第 11 章中讨论。

在 10.1 节中，本章由推导汽-液接触的通用平衡级数学模型开始。对逆流级联，得到的所有方程的汇总通常称为 MESH 方程。如 10.2 节中扼要讲述的，已经提出了许多求解这些方程的策略，本章将详细讨论其中最重要的。所有这些方法都将利用 10.3 节中讨论的求解三对角线矩阵方程的算法。当级联的进料含有窄沸点范围的组分时，泡点(BP)法是非常有效的。当组分涵盖宽挥发度范围时，流率加和(SR)法是更好的选择。BP 和 SR 法都是比较简单的，但限制用于理想和接近理想的混合物，并限于允许的规定。10.4 节和 10.5 节分别提出了更复杂的 Newton - Raphson(NR)法和内外层(Inside - Out)法，这些方法是求解非理想系统所需要的。这两种方法广泛用于各种过程模拟软件，如 ASPEN PLUS、CHEMCAD、HYSYS 和 PRO/Ⅱ，并提供了许多指定条件的选择方案。

10.0　本章教学目的

学完本章后，你应该能够：

- 写出多组分气(汽)-液级联中一个平衡级的 MESH 方程。
- 说明如何将平衡级组合形成可用于吸收、汽提、精馏和萃取的 N 个平衡级的逆流级联。
- 讨论求解 MESH 方程的不同方法和三对角线矩阵算法的应用。

- 借助模拟程序，利用泡点法、流率加和法、Newton－Raphson 法和内外层法严格求解逆流、多平衡级、多组分分离问题。

10.1　平衡级的理论模型

考虑由安排在逆流级联中的许多级组成的通用、连续、定态气-液或液-液分离器。假定：(1)每级均达到相平衡，(2)无化学反应发生，(3)气相中夹带的液滴和液相中吸留的气泡均可忽略。气(汽)-液分离器中平衡级 j 的一般示意图如图 10.1 所示，图中平衡级由上往下编号。如果用液相表示高密度液相，而用气相表示低密度液相，同样的示意图也可用于液-液分离器。

进入级 j 的可以为单相或两相进料，其摩尔流率为 F_j，组分 i 的摩尔总组成为 $z_{i,j}$，温度为 T_{F_j}，压力为 p_{F_j}，和相应的总摩尔焓为 h_{F_j}。假定进料压力等于或大于级压力 p_j。任何过量的进料压力(p_F-p_j)在绝热通过阀 F 后将减小为零。

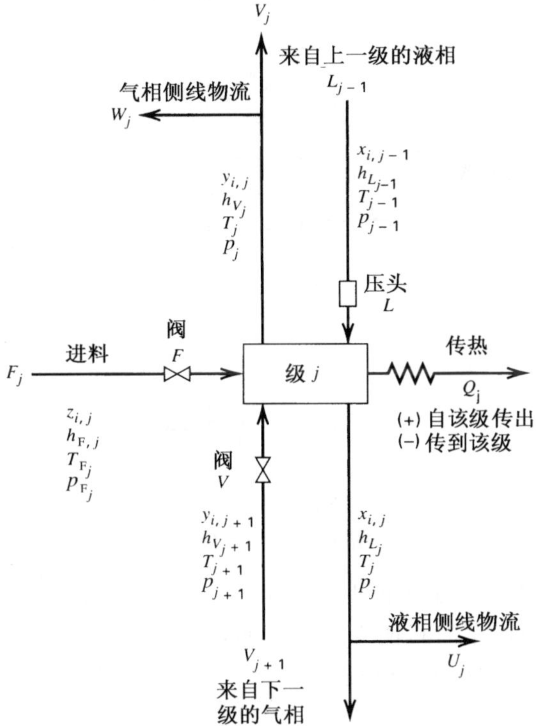

图 10.1　一般平衡级

进入级 j 的还可能有来自上方的 $j-1$ 级的级间液相物流，其摩尔流率为 L_{j-1}，以摩尔分率表示的组成为 $x_{i,j-1}$，焓为 $h_{L_{j-1}}$，温度为 T_{j-1}，压力为 p_{j-1}，此压力等于或小于级 j 的压力。来自 $j-1$ 级的液体的压力由于通过液层 L 的静压头变化而绝热增加。

类似地，来自下方的 $j+1$ 级的级间气相物流可进入级 j，其摩尔流率为 V_{j+1}，以摩尔分

率表示的组成为 $y_{i,j+1}$，焓为 $h_{V_{j+1}}$，温度为 T_{j+1}，压力为 p_{j+1}。任何过量压力($p_{j+1}-p_j$)在绝热通过阀 V 后将减小为零。

离开级 j 的是强度性质为 $y_{i,j}$、h_{V_j}、T_j 和 p_j 的气体。该物流可分成摩尔流量为 W_j 的气相侧线物流和进入 $j-1$ 级，摩尔流量为 V_j 的级间气相物流，或如果 $j=1$，则为作为产物离开分离器。离开级 j 的还有强度性质为 $x_{i,j}$、h_{L_j}、T_j 和 p_j，与气相(V_j+W_j)平衡的液体。该液相物流也可分成摩尔流量为 U_j 的液相侧线物流和进入 $j+1$ 级，摩尔流量为 L_j 的级间液相物流，或如果 $j=N$，则为作为产物离开多级分离器。

如图 1.8 所示，热量可以速率 Q_j 从级 j 传出(+)，或传入级 j(−)，以模拟级间冷却器、级间加热器、级间冷凝器、级间再沸器、冷凝器或再沸器。图 10.1 中的模型不允许考虑图 10.2 所示形式的中间换热。这类中间换热常用于有侧线物流的塔以使能量守恒和平衡塔的气相负荷。有些模拟软件能处理这类中间换热。

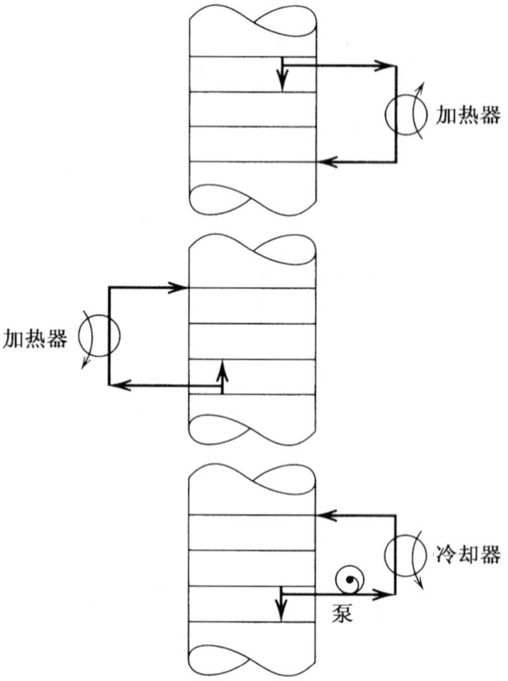

图 10.2 中间换热

与每个一般理论级相联系的是下列用图 10.1 中的各个有下标的变量表示的方程。但是，也可能使用图 10.1 中没有的其他变量。例如，可用组分流量代替摩尔分率，而侧线流量可用级间流量的分率表示。这些方程类似于 5.7 节①中的方程，通常模仿 Wang 和 Henke [1]称之为 MESH 方程。

(1) M 方程——每个组分的物料衡算(每级 C 个方程)：

$$M_{i,j}=L_{j-1}x_{x,j-1}+V_{j+1}y_{i,j+1}+F_jz_{i,j}-(L_j+U_j)x_{i,j}-(V_j+W_j)y_{i,j}=0 \quad (10-1)$$

(2) E 方程——每个组分的相平衡关系(每级 C 个方程)，由式(2−19)，

① 与 5.7 节中的处理方法不同，这里包括所有 C 个组分的物料衡算，但略去总物料衡算。还有分别规定但相等的两平衡相的温度和压力用该级的温度和压力代替。

$$E_{i,j}=y_{i,j}-K_{i,j}x_{i,j}=0 \tag{10-2}$$

式中 $K_{i,j}$ 是相平衡常数。

(3) S 方程——摩尔分率加和(每级两个方程)：

$$(S_y)_j=\sum_{j=1}^{C} y_{i,j}-1.0=0 \tag{10-3}$$

$$(S_x)_j=\sum_{j=1}^{C} x_{i,j}-1.0=0 \tag{10-4}$$

(4) H 方程——能量衡算(每级一个方程)：

$$H_j=L_{j-1}h_{L_{j-1}}+V_{j+1}h_{V_{j+1}}+F_jh_{F_j}-(L_j+U_j)h_{L_j}-(V_j+W_j)h_{V_j}-Q_j=0 \tag{10-5}$$

这里忽略动能和位能的变化。

可用总物料衡算方程代替式(10-3)或式(10-4)。将这两个方程与 $\sum_j z_{i,j}=1.0$ 结合，并将式(10-1)对 C 个组分再对级 1 到级 j 加和，给出

$$L_j=V_{j+1}+\sum_{m=1}^{j}(F_m-U_m-W_m)-V_1 \tag{10-6}$$

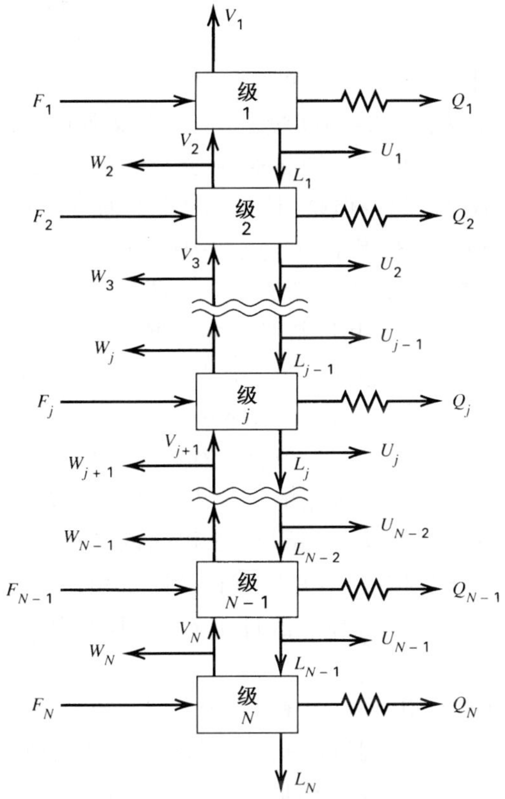

图 10.3　通用 N 级逆流级联

一般说来，$K_{i,j}=K_{i,j}\{T_j,p_j,x_j,y_j\}$，$h_{V_j}=h_{V_j}\{T_j,p_j,y_j\}$ 和 $h_{L_j}=h_{L_j}\{T_j,p_j,x_j\}$，式中 x_j 和 y_j 是离开级 j 的物流的组分摩尔分率向量。如果这些关系式不计入方程数，而这三个物性也不计入变量数，那么每个平衡级仅用 $2C+3$ 个 MESH 方程规定。如图 10.3 所示的由 N 级组成的逆流级联可用 $N(2C+3)$ 个方程表示，而变量数为 $[N(3C+10)+1]$。如果 N 和

所有 F_j、$z_{i,j}$、T_{F_j}、p_{F_j}、U_j、W_j 和 Q_j 被规定，那么由 $N(2C+3)$个联立代数方程表示的模型中有 $N(2C+3)$个未知(输出)变量，它们是所有 $x_{i,j}$、$y_{i,j}$、L_j、V_j 和 T_j，在这些方程中，M、E 和 H 方程是非线性的。如经常遇到的，如果规定其他变量，将对输出变量表作相应的替换。不管如何进行规定，结果总是一组必须用迭代方法求解的非线性代数方程。

10.2 数学解法的一般策略

文献中已出现多种多样求解非线性代数方程组的迭代解法。一般说来，这些方法利用与方程切断相结合的方程分隔和/或 Newton - Raphson 线性化技术，Myers 和 Seider[2]对这些方法作过详尽的描述。4.4 节中曾将方程切断法用于闪蒸计算。

早先，在前计算机时代求解方程(10 - 1)到式(10 - 5)或这些方程的等价形式的企图，导致了 1932 年 Lewis - Mathson[3]和 1933 年 Thiele - Gedds[4]以方程切断为基础的经典的逐级、逐方程计算法，这些方法可用于求解一股进料和两股产物的简单精馏塔。一般采用与组成无关的 K 值和组分焓。Thiele - Gedds 法曾用于计算处理表 5.4 中的情况Ⅱ的变量规定，在这种规定方式中，进料级以上和以下的平衡级数、回流比和馏出液流量被规定，而级温和级间气相(或液相)流量是迭代(切断)变量。虽然，在文献中报道了这种方法后的若干年内，这种方法曾被广泛用于手算，但当试图将这种方法编程用于数字计算机时，发现 Thiele - Gedds 法往往在数值上是不稳定的。但是，Holland[5]发展了一种称为θ法的改进的 Thiele - Gedds 法，这种方法以各种形式获得了相当成功的应用。

Lewis - Mathson 法也是一种方程切断法。它按照表 5.4 中的情况Ⅰ的变量规定，在规定两个关键组分的分离要求、回流比和进料级位置判据后，确定需要的级数。这种方法需要进行外层和内层迭代。外层回路的切断变量是产物中非关键组分的摩尔分率或流量。内层回路的切断变量是级间气相(或液相)流量。Lewis - Mathson 法曾被广泛用于手算，但当用数字计算机执行这种方法时也证实它在数值上往往是不稳定的。

胜过逐个方程的求解方法，在 1958 年的重大发展中，Amundson 和 Pontinen[6]证明对情况Ⅱ的变量规定，可采用与 Thiele - Gedds 法相同的切断变量，将 MESH 方程中的式(10 - 1)、式(10 - 2)和式(10 - 6)相结合，并用方程切断法由所有 N 级的联立线性方程组逐个组分进行求解。虽然，对于手算，这种方法过于繁复，但采用数字计算机求解这类方程组是轻而易举的。

在 1964 年的一项经典研究中，Friday 和 Smith[7]系统分析了求解 MESH 方程的多种切断方法。他们仔细考虑了每个方程输出变量的选择。他们证明没有一种切断方法能求解所有类型的问题。对进料只含有挥发度相似的组分(窄沸点情况)的分离器，推荐称为泡点(BP)法的修正的 Amundson - Pontinen 法。对含有挥发度相差悬殊(宽沸点情况)的组分的进料，证明 BP 法将遭遇失败，而建议采用流率加和(SR)法。对介于二者之间的情况，方程切断法可能无法收敛；对这种情况，Friday 和 Smith 指出必须采用 Newton - Raphson 法或将切断法与 Newton - Raphson 法相结合。1974 年 Boston 和 Sullivan[8]提出了一种求取 MESH 方程的解的可供选用的功能强大的方法。他们定义能量和挥发度参数，将这些参数用作主连续近似变量。每级的相流量和温度相结合的第三参数被用于主参数的迭代；于是，这种方法被命名为内外层法。当前的实际计算主要基于 BP 法、SR 法、Newton - Raphson 法和内外层法，本章将讨论所有这些方法。后两种方法应用最广，因为它们在规定变量的选择方面具有相当大的灵活性，而且通常能求解大多数问题。但是，BP 法或 SR 法的第一次迭代常被用于为 Newton - Raphson(NR)法和内外层法提供初值。

10.3　方程切断法

一般说来，现代方程切断法易于编程，计算快速，需要的计算机内存少。虽然它们的适用范围比经典的 Thiele - Gedds 法宽，但通常它们的应用限于规定变量的相同选择。于是，不能规定产物纯度、组分回收率、级间流量或级温。

10.3.1　三对角线矩阵算法

BP 和 SR 切断法成功的关键是当选择 V_j 和 T_j 为切断变量将 M 方程与其他方程切断时来自 M 方程式(10 - 1)修正形式的三对角矩阵，这使修正的 M 方程成为未知的液相摩尔分率的线性方程。如 Wang 和 Henke[1]所采用的，这些方程组，每个组分一组方程，可用 Thomas 提出的修正的高斯消去法高效、可靠地求解。将式(10 - 2)代入式(10 - 1)消去 y，再将式(10 - 6)代入式(10 - 1)消去 L，得到修正的 M 方程。于是计算 y 和 L 的方程被与其他方程分隔。每个组分和每级的所得的方程如下所列，式中 B、C 和 D 项略去了下标 i。

$$A_j x_{i,j-1} + B_j x_{x,j} + C_j x_{i,j+1} = D_j \tag{10-7}$$

式中

$$A_j = V_j + \sum_{m=1}^{j-1}(F_m - U_m - W_m) - V_1 \qquad 2 \leqslant j \leqslant N \tag{10-8}$$

$$B_j = -\left[V_{j+1} + \sum_{m=1}^{j-1}(F_m - U_m - W_m) - V_1 + U_j + (V_j + W_j)K_{i,j}\right] \qquad 1 \leqslant j \leqslant N \tag{10-9}$$

$$C_j = V_{j+1} K_{i,j+1} \qquad 1 \leqslant j \leqslant N-1 \tag{10-10}$$

$$D_j = -F_j z_{i,j} \qquad 1 \leqslant j \leqslant N \tag{10-11}$$

如图 10.3 所示，$x_{i,0}=0$，$V_{N+1}=0$，$W_1=0$ 和 $U_N=0$。如果将修正的 M 方程按组分分组，可通过将这些方程写成一系列独立的三对角矩阵方程将方程分隔，C 个组分中每个组分一个三对角矩阵方程，每个矩阵方程的输出变量为整个 N 级逆流级联的 x_i。

只要 K 值与组成无关，每个组分的常数 B_j 和 C_j 仅取决于切断变量 T 和 V。如果 K 值与组成有关，则可用前一次迭代的组成估算 K 值。

求解线性方程组式(10 - 12)的 Thomas 算法包括：从级 1 开始一直进行到级 N 的正向消去，最终分离解得 $x_{i,N}$；然后由 $x_{i,N-1}$ 开始反向替换求得其他 $x_{i,j}$ 的值。对五个级，该法开始、中间和结束的矩阵方程如图 10.4 所示。

$$
\begin{bmatrix}
B_1 & C_1 & 0 & 0 & 0 & \cdots & \cdots & & & \cdots & 0 \\
A_2 & B_2 & C_2 & 0 & 0 & \cdots & \cdots & & & \cdots & 0 \\
0 & A_3 & B_3 & C_3 & 0 & \cdots & \cdots & & & \cdots & 0 \\
\cdots & \cdots & & & & & & & & & \cdots \\
\cdots & & & & & & & & & & \cdots \\
\cdots & & & & & & & & & & \cdots \\
\cdots & & & & & & & & & & \cdots \\
\cdots & & & & & & & & & & \cdots \\
\cdots & & & & & & & & & & \cdots \\
0 & \cdots & & & \cdots & \cdots & 0 & A_{N-2} & B_{N-2} & C_{N-2} & 0 \\
0 & \cdots & & & \cdots & \cdots & 0 & 0 & A_{N-1} & B_{N-1} & C_{N-1} \\
0 & \cdots & & & \cdots & \cdots & 0 & 0 & 0 & A_N & B_N
\end{bmatrix}
\times
\begin{bmatrix}
x_{i,1} \\ x_{i,2} \\ x_{i,3} \\ \cdots \\ \cdots \\ \cdots \\ \cdots \\ \cdots \\ \cdots \\ x_{i,N-2} \\ x_{i,N-1} \\ x_{i,N}
\end{bmatrix}
=
\begin{bmatrix}
D_1 \\ D_2 \\ D_3 \\ \cdots \\ \cdots \\ \cdots \\ \cdots \\ \cdots \\ \cdots \\ D_{N-2} \\ D_{N-1} \\ D_N
\end{bmatrix}
\tag{10-12}
$$

$$
\begin{bmatrix}
B_1 & C_1 & 0 & 0 & 0 \\
A_2 & B_2 & C_2 & 0 & 0 \\
0 & A_3 & B_3 & C_3 & 0 \\
0 & 0 & A_4 & B_4 & C_4 \\
0 & 0 & 0 & A_5 & B_5
\end{bmatrix}
\cdot
\begin{bmatrix} x_1 \\ x_2 \\ x_3 \\ x_4 \\ x_5 \end{bmatrix}
=
\begin{bmatrix} D_1 \\ D_2 \\ D_3 \\ D_4 \\ D_5 \end{bmatrix}
$$

(a)

$$
\begin{bmatrix}
1 & p_1 & 0 & 0 & 0 \\
0 & 1 & p_2 & 0 & 0 \\
0 & 0 & 1 & p_3 & 0 \\
0 & 0 & 0 & 1 & p_4 \\
0 & 0 & 0 & 0 & 1
\end{bmatrix}
\cdot
\begin{bmatrix} x_1 \\ x_2 \\ x_3 \\ x_4 \\ x_5 \end{bmatrix}
=
\begin{bmatrix} q_1 \\ q_2 \\ q_3 \\ q_4 \\ q_5 \end{bmatrix}
$$

(b)

$$
\begin{bmatrix}
1 & 0 & 0 & 0 & 0 \\
0 & 1 & 0 & 0 & 0 \\
0 & 0 & 1 & 0 & 0 \\
0 & 0 & 0 & 1 & 0 \\
0 & 0 & 0 & 0 & 1
\end{bmatrix}
\cdot
\begin{bmatrix} x_1 \\ x_2 \\ x_3 \\ x_4 \\ x_5 \end{bmatrix}
=
\begin{bmatrix} r_1 \\ r_2 \\ r_3 \\ r_4 \\ r_5 \end{bmatrix}
$$

(c)

图 10.4 对五个平衡级,Thomas 算法中各步骤给定组分的修正 *M* 方程的系数矩阵(注意省略 *x* 的下标 *i*)

(a) 初始矩阵;(b) 正向消去后的矩阵;(c) 反向替换后的矩阵

Thomas 算法所用的方程如下所列:

对级 1,式(10-7)为 $B_1x_{i,1}+C_1x_{i,2}=D_1$,此式可用于由未知量 $x_{i,2}$ 求得 $x_{i,1}$,给出

$$x_{i,1}=\frac{D_1-C_1x_{i,2}}{B_1}$$

令

$$p_1=\frac{C_1}{B_1} \qquad 和 \qquad q_1=\frac{D_1}{B_1}$$

那么

$$x_{i,1}=q_1-p_1x_{i,2} \tag{10-13}$$

于是，矩阵中的系数变成 $B_1 \leftarrow 1$，$C_1 \leftarrow p_1$，和 $D_1 \leftarrow q_1$，这里←表示被替换。只需储存 p_1 和 q_1 的值。

对级 2，式(10-7)可与式(10-13)结合并求解 $x_{i,2}$，给出

$$x_{i,2}=\frac{D_2-A_2q_1}{B_2-A_2p_1}-\left(\frac{C_2}{B_2-A_2p_1}\right)x_{i,3}$$

令

$$q_2=\frac{D_2-A_2q_1}{B_2-A_2p_1} \qquad 和 \qquad p_2=\frac{C_2}{B_2-A_2p_1}$$

那么

$$x_{i,2}=q_2-p_2x_{i,3}$$

于是，$A_2 \leftarrow 0$，$B_2 \leftarrow 1$，$C_2 \leftarrow p_2$ 和 $D_2 \leftarrow q_2$。只需储存 p_2 和 q_2 的值。

一般说来，我们可定义

$$p_j=\frac{C_j}{B_j-A_jp_{j-1}} \tag{10-14}$$

$$q_j=\frac{D_j-A_jq_{j-1}}{B_j-A_jp_{j-1}} \tag{10-15}$$

那么

$$x_{i,j}=q_j-p_jx_{i,j+1} \tag{10-16}$$

有 $A_j \leftarrow 0$，$B_j \leftarrow 1$，$C_j \leftarrow p_j$，和 $D_j \leftarrow q_j$。只需储存 p_j 和 q_j 的值。于是，由级 1 开始，按 p_1、q_1、p_2、q_2、…、p_{N-1}、q_{N-1}、p_N、q_N 的次序递推计算 p_j 和 q_j。对级 N，式(10-16)分离出 $x_{i,N}$ 为

$$x_{i,N}=q_N \tag{10-17}$$

由式(10-16)以如下形式反向替换可递推逐个计算 x_i 的值

$$x_{i,j-1}=q_{j-1}-p_{j-1}x_{i,j}=r_{j-1} \tag{10-18}$$

式(10-18)对应于单位系数矩阵。

当用这种方式应用 Thomas 算法时，一般可避免计算机截断误差的累积，因为没有步骤会涉及几乎相等的两个量的减法。而且 $x_{i,j}$ 的计算值几乎总是正的。这种算法非常有效，而且如前面曾提及的，需要的计算机存储量非常小，因此优于矩阵求逆程序。对困难的情况，Boston 和 Sullivan[9]提供了修正的 Thomas 算法。对有大量平衡级的塔和某个塔段内组分的吸收因子小于 1，而另一塔段内组分的吸收因子大于 1 时，可能发生这种困难情况。

10.3.2　精馏计算的泡点(BP)法

通常，精馏涉及汽-液平衡常数(K 值)分布范围比较窄的组分。对这种情况，Friday 和 Smith[7]建议了一种特别有效的算法，并由 Wang 和 Henke[1]进行了详细开发。这种方法

称为泡点(BP)法,因为在每次迭代过程中用 4.4 节中讨论的泡点方程计算一组新的级温。在这种方法中,除修正的 M 方程外,所有方程被分隔再依此求解,修正的 M 方程则采用三对角矩阵法对每个组分分别求解。

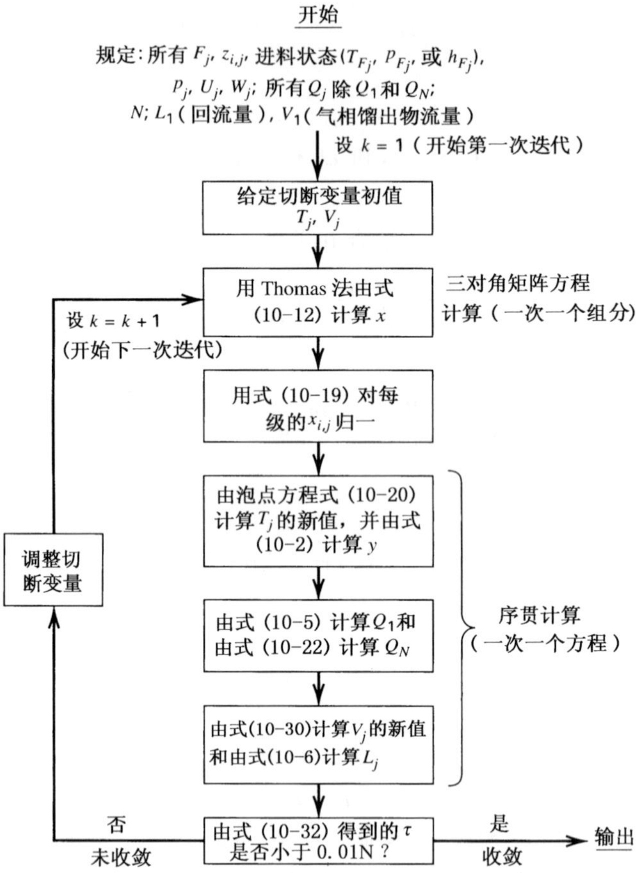

图 10.5　求解精馏问题的 Wang - Henke BP 算法

Wang - Henke 的 BP 算法如图 10.5 所示。可获得这种方法的 FORTRAN 计算机程序[10]。构成问题规定的有:所有进料的状态和位置、每级的压力、所有侧线物流的总流量(注意如果有液体馏出物,将其流量标记为 U_1)、除级 1(冷凝器)和级 N(再沸器)外所有级的传热量、总级数、外部泡点回流量和气相馏出物流量。一个样本求解问题的规定条件如图 10.6 所示。

为开始计算,假定切断变量的值。对大多数问题,根据恒摩尔级间流量假定,利用规定的回流比,馏出液、进料和侧线物流流量,确定一组 V_j 的初始值就足够了。计算或假定估计塔底产物的泡点温度和气相馏出物的露点温度,一般可为 T_j 提供一组适当的初值;或如果馏出物为液相则计算或假定泡点温度,或如果馏出物为混合相(气相和液相共存)则取露点和泡点之间的温度;然后假定温度逐级线性变化确定其他各级的温度。

为用 Thomas 法求解式(10 - 12)得到 x_i,需要 $K_{i,j}$ 值。当 $K_{i,j}$ 值与组成有关时,还需要所有 $x_{i,j}$ 和 $y_{i,j}$ 值的初始假定,除非对第一次迭代采用理想 K 值。一般说来,对每次迭代计算得到的每级的一组 $x_{i,j}$ 值不能满足式(10 - 4)的加和约束。虽然 Wang 和 Henke 没有提及,但建议用下式将计算的 $x_{i,j}$ 值作归一处理

$$(x_{i,j})_{归一} = \frac{x_{i,j}}{\sum_{j=1}^{C} x_{i,j}} \tag{10-19}$$

在迭代过程中，这些归一值被用于所有涉及 $x_{i,j}$ 的后续计算。

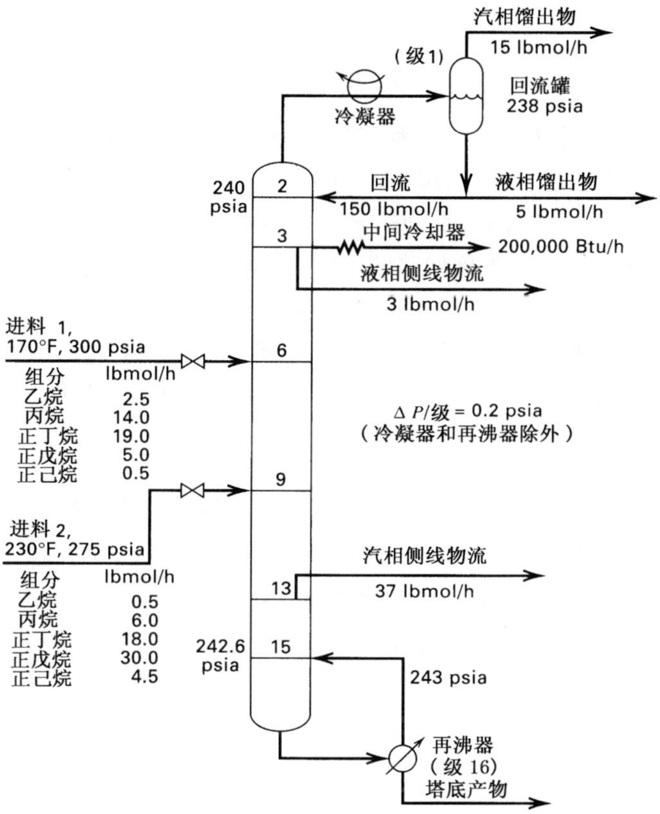

图 10.6　求解精馏问题的 Wang - Henke BP 算法的样本规定

由归一化的 $x_{i,j}$ 通过逐级计算泡点温度计算一组新的温度 T_j。Friday 和 Smith[7]证明对窄 K 值范围的混合物，因为温度对组成不敏感，由泡点计算确定级温是特别有效的。例如，在所有组分具有相同 K 值的极限情况，温度对应于 $K_{i,j}=1$ 的状态，而与 $x_{i,j}$ 值无关。但是，在另一种极端情况，确定级温的泡点计算可能对组成非常敏感。例如，考虑含有一个随温度变化很小的高 K 值的组分的二元混合物。第二个组分具有随温度迅速变化的低 K 值。400 psia 下的甲烷和正丁烷属于这类混合物。如下列结果所示，溶解在液相正丁烷中的少量甲烷对泡点温度的影响是非常大的。

甲烷的液相摩尔分率	泡点温度/℉
0.000	275
0.018	250
0.054	200
0.093	150

于是，当各组分具有比较窄的 K 值时，BP 法是最适用的。

必需的泡点方程可按第 4 章所述的方法将式(10 - 2)与式(10 - 3)结合消去 $y_{i,j}$ 获得，给出

$$\sum_{i=1}^{C} K_{i,j}x_{i,j}-1.0=0 \tag{10-20}$$

此式与 T_j 为非线性关系，必须迭代求解。Wang 和 Henke 宁愿采用 Muller 迭代法[11]，因为这种方法可靠，而且不需要计算导数。Muller 法需要 T_j 的三个初始假定值。对每个假定值，由下式计算 S_j 的值

$$S_j=\sum_{i=1}^{C} K_{i,j}x_{i,j}-1.0=0 \tag{10-21}$$

三组(T_j，S_j)被拟合成 S_j 对 T_j 的二次方程。然后，如式(10-20)所要求的，该二次方程被用于预测使 $S_j=0$ 的 T_j。再通过计算式(10-21)中的 S_j 检验此 T_j 值是否有效。再用三组最好的(T_j，S_j)重新进行二次拟合和检验，直到达到收敛容差，例如 $|T_j^{(n)}-T_j^{(n-1)}|/T_j^{(n)}\leqslant 0.0001$，$T$ 为绝对温度，而 n 为泡点计算的温度回路的迭代次数，或者也有人喜欢采用 $S_j\leqslant 0.0001C$。

利用 E 方程式(10-2)在计算级温的同时确定 $y_{i,j}$ 的值。利用同一组 $x_{i,j}$、T_j 和 $y_{i,j}$ 值计算离开一个级的每股液相和气相物流焓。因为 F_1、V_1、U_1、W_1 和 L_1 已规定，很容易由式(10-6)获得 V_2，而冷凝器热负荷，一个(+)量，可由式(10-5)获得。再沸器热负荷，一个(−)量，可由将所有级的式(10-5)相加确定，给出

$$Q_N=\sum_{j=1}^{N}(F_jh_{F_j}-U_jh_{L_j}-W_jh_{V_j})-\sum_{j=1}^{N-1}Q_j-V_1h_{V_1}-L_Nh_{L_N} \tag{10-22}$$

利用下列修正的能量衡算，计算一组新的 V_j 切断变量，修正的能量衡算可通过将式(10-5)和式(10-6)结合两次，消去 L_{j-1} 和 L_j 获得。整理后有

$$\alpha_jV_j+\beta_jV_{j+1}=\gamma_j \tag{10-23}$$

式中

$$\alpha_j=h_{L_{j-1}}-h_{V_j} \tag{10-24}$$

$$\beta_j=h_{V_{j+1}}-h_{L_j} \tag{10-25}$$

$$\gamma_j=\left[\sum_{m=1}^{j-1}(F_m-W_m-U_m)-V_1\right](h_{L_j}-h_{L_{j-1}})+F_j(h_{L_j}-h_{F_j})+W_j(h_{V_j}-h_{L_j})+Q_j \tag{10-26}$$

在最后一次计算获得的级温而不是开始这次迭代计算所用的级温下计算各项焓。从级 2 到级 $N-1$ 应用以三对角矩阵形式写出的式(10-23)：

$$\begin{bmatrix}\beta_2 & 0 & 0 & 0 & \cdots & & & 0\\ \alpha_3 & \beta_3 & 0 & 0 & \cdots & & & 0\\ 0 & \alpha_4 & \beta_4 & 0 & \cdots & & & 0\\ \cdots & \cdots & & & & & & \cdots\\ \cdots & & & & & & \cdots & \cdots\\ 0 & \cdots & 0 & \alpha_{N-3} & \beta_{N-3} & & 0 & 0\\ 0 & \cdots & 0 & 0 & \alpha_{N-2} & & \beta_{N-2} & 0\\ 0 & \cdots & 0 & 0 & 0 & & \alpha_{N-1} & \beta_{N-1}\end{bmatrix}\cdot\begin{bmatrix}V_3\\ V_4\\ V_5\\ \cdots\\ \cdots\\ V_{N-2}\\ V_{N-1}\\ V_N\end{bmatrix}=\begin{bmatrix}\gamma_2-\alpha_2V_2\\ \gamma_3\\ \gamma_4\\ \cdots\\ \cdots\\ \gamma_{N-3}\\ \gamma_{N-2}\\ \gamma_{N-1}\end{bmatrix} \tag{10-27}$$

由 V_2 已知的顶部开始，一次一个方程递推向下，可方便地求解矩阵方程式(10－27)。于是，

$$V_3=\frac{\gamma_2-\alpha_2 V_2}{\beta_2} \tag{10－28}$$

$$V_4=\frac{\gamma_3-\alpha_3 V_3}{\beta_3} \tag{10－29}$$

即通用算式为

$$V_j=\frac{\gamma_{j-1}-\alpha_{j-1} V_{j-1}}{\beta_{j-1}} \tag{10－30}$$

可依此类推。相应的液相流量可由式(10－6)求得。

当 $T_j^{(k)}$ 和 $V_j^{(k)}$ 值落入对应于 $T_j^{(k-1)}$ 和 $T_j^{(k-1)}$ 的预先确定的容差范围内时认为求解程序已经收敛，式中上标 k 为迭代次数。一种可能的收敛判据为

$$\sum_{j=1}^{N}\left[\frac{T_j^{(k)}-T_j^{(k-1)}}{T_j^{(k)}}\right]^2+\sum_{j=1}^{N}\left[\frac{V_j^{(k)}-V_j^{(k-1)}}{V_j^{(k)}}\right]^2\leqslant\varepsilon \tag{10－31}$$

式中 T 为绝对温度，而 ε 为某个预先确定的容差。但是，Wang 和 Henke 建议采用下列更简单的判据，这种判据仅根据两组连续迭代的 T_j 值。

$$\tau=\sum_{j=1}^{N}\left[T_j^{(k)}-T_j^{(k-1)}\right]^2\leqslant 0.01N \tag{10－32}$$

连续替换常用于迭代切断变量，即在迭代过程中分别由式(10－20)和式(10－30)产生的 T_j 和 V_j 值被直接用于开始进行下一次迭代。但是，经验表明在开始下一次迭代前往往需要调整产生的切断变量的数值。例如，对级温应设定上限和下限，级间流量的任何负值应改变为接近零的正值。此外，为防止迭代振荡，可采用阻尼限制一次迭代到下一次迭代间 T_j 和 V_j 值的变化幅度，例如不大于 10%。

例 10.1

对图 10.7 所示的精馏塔，向上进行一次 BP 法迭代，并由式(10－20)计算一组新的 T_j 值。采用与组成无关的 K 值。

解

利用总物料衡算

$$\text{馏出液}=U_1=F_3-L_5=100-50=50\ \text{lbmol/h}$$

那么

$$L_1=(L_1/U_1)U_1=2\times 50=100\ \text{lbmol/h}$$

利用全凝器的物料衡算

$$V_2=L_1+U_1=100+50=150\ \text{lbmol/h}$$

切断变量的初值为

级 j	$V_j/(\text{lbmol}\cdot\text{h}^{-1})$	$T_j/°\text{F}$
1	(据规定固定为 0)	65
2	(据规定固定为 150)	90
3	150	115
4	150	140
5	150	165

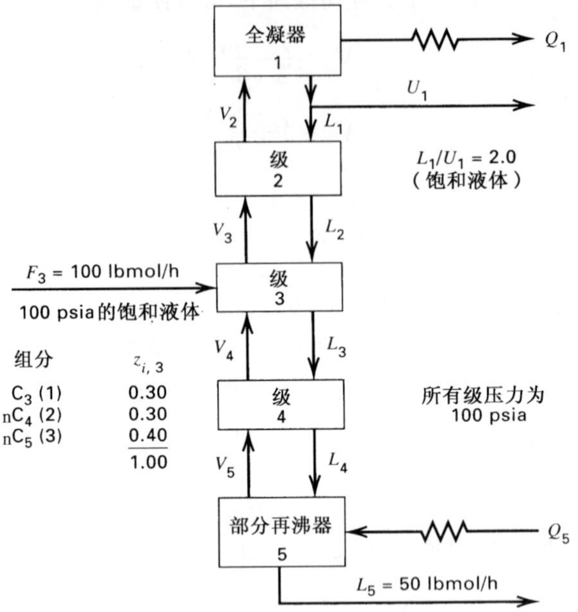

图 10.7　例 10.1 的精馏塔的规定条件

在 100 psia 压力下，假定级温下估算的 K 值为

级	$K_{i,j}$				
	1	2	3	4	5
C_3(1)	1.23	1.63	2.17	2.70	3.33
nC_4(2)	0.33	0.50	0.71	0.95	1.25
nC_5(3)	0.103	0.166	0.255	0.36	0.49

第一个组分 C_3 的矩阵方程式(10－12)推导如下。以 $V_1=0, W=0$，由式(10－8)，

$$A_j = V_j + \sum_{m=1}^{j-1}(F_m - U_m)$$

于是，$A_5 = V_5 + F_3 - U_1 = 150 + 100 - 50 = 200$ lbmol/h。

类似地有，$A_4=200$，$A_3=100$ 和 $A_2=100$，单位同上。

以 $V_1=0, W=0$，由式(10－9)，

$$B_j = -\left[V_{j+1} + \sum_{m=1}^{j-1}(F_m - U_m) + U_j + V_j K_{i,j}\right]$$

于是，$B_5 = -[F_3 - U_1 + V_5 K_{1,5}] = -[100 - 50 + 150 \times 3.33] = -549.5$ lbmol/h。

类似地有，$B_4=-605$，$B_3=-525.5$，$B_2=-344.5$ 和 $B_1=-150$，单位同上。

由式(10－10)，$C_j = V_{j+1}K_{1,j+1}$。于是，$C_1 = V_2 K_{1,2} = 150 \times 1.63 = 244.5$ lbmol/h。

类似地有，$C_2=325.5$，$C_3=405$ 和 $C_4=499.5$，单位同上。

由式(10－11)，$D_j = -F_j z_{1,j}$。于是，$D_3 = -100 \times 0.30 = -30$ lbmol/h。

类似地有，$D_1 = D_2 = D_4 = D_5 = 0$。

将上述数值代入式(10－7)给出

$$\begin{bmatrix} -150 & 244.5 & 0 & 0 & 0 \\ 100 & -344.5 & 325.5 & 0 & \\ 0 & 100 & -525.5 & 405 & 0 \\ & 0 & 200 & -605 & 499.5 \\ 0 & 0 & 0 & 200 & -549.5 \end{bmatrix} \begin{bmatrix} x_{1,1} \\ x_{1,2} \\ x_{1,3} \\ x_{1,4} \\ x_{1,5} \end{bmatrix} = \begin{bmatrix} 0 \\ 0 \\ -30 \\ 0 \\ 0 \end{bmatrix}$$

利用式(10－14)和式(10－15)，我们应用如下所列的 Thomas 算法的正向步骤。

$$p_1 = \frac{C_1}{B_1} = 244.5/(-150) = -1.630$$

$$q_1 = \frac{D_1}{B_1} = 0/(-150) = 0$$

$$p_2 = \frac{C_2}{B_2 - A_2 p_1} = \frac{325.5}{-344.5 - 100 \times (-1.630)} = -1.793$$

通过类似计算，正向消去运算后的矩阵方程为

$$\begin{bmatrix} 1 & -1.63 & 0 & 0 & 0 \\ 0 & 1 & -1.793 & 0 & 0 \\ 0 & 0 & 1 & -1.170 & 0 \\ 0 & 0 & 0 & 1 & -1.346 \\ 0 & 0 & 0 & 0 & 1 \end{bmatrix} \begin{bmatrix} x_{1,1} \\ x_{1,2} \\ x_{1,3} \\ x_{1,4} \\ x_{1,5} \end{bmatrix} = \begin{bmatrix} 0 \\ 0 \\ 0.0867 \\ 0.0467 \\ 0.0333 \end{bmatrix}$$

应用式(10－17)和式(10－18)的反向步骤给出

$$x_{1,5} = q_5 = 0.0333$$

$$x_{1,4} = q_4 - p_4 x_{1,5} = 0.0467 - (-1.346) \times 0.0333 = 0.0915$$

类似地有，

$$x_{1,3} = 0.1938, \quad x_{1,2} = 0.3475, \quad x_{1,1} = 0.5664$$

可以类似方法求解 nC_4 和 nC_5 的矩阵方程，给出

级	$x_{i,j}$				
	1	2	3	4	5
C_3	0.566 4	0.347 5	0.193 8	0.091 5	0.033 3
nC_4	0.191 0	0.382 0	0.448 3	0.485 7	0.409 0
nC_5	0.019 1	0.114 9	0.325 3	0.482 0	0.780 6
$\sum_j x_{i,j}$	0.776 5	0.844 4	0.967 4	1.059 2	1.229

将上述组成归一化后，可用式(10－20)迭代计算 100 psia 下的泡点温度，并与初始假定值进行比较，

级	$T^{(2)}$/℉	$T^{(1)}$/℉
1	66	65
2	94	90
3	131	115
4	154	140
5	184	165

BP 法的收敛速度是无法预测的，而且如例 10.2 所示，这可能几乎完全取决于 T_j 的初始

假定值。此外,高回流比的情况可能比低回流比更难收敛。Orbach 和 Crowe[12]叙述了一种普遍化的外推方法,当在至少四次连续的迭代过程中切断变量的值形成等比级数时,可根据切断变量的周期性调整加速收敛。

例 10.2

对例 5.4 给出的精馏塔规定,用 BP 法计算级温、级间气相和液相流量及组成、再沸器热负荷和冷凝器热负荷。

解

采用 Johansen 和 Seader[10]基于 Wang - Henke 法的计算机程序。在该程序中,每次迭代开始前不对切断变量进行调整,而收敛判据为式(10 - 32)。K 值和焓由烃类的关联式计算。需要的初始假定为前面对四个案例所示的馏出液和塔底温度。

下列结果说明馏出液和塔底温度的初始假定值对满足式(10 - 32)所需的迭代次数的显著影响。

案例	假定温度/℉		收敛所需的迭代次数
	馏出液	塔底	
1	11.5	164.9	29
2	0.0	200.0	5
3	20.0	180.0	12
4	50.0	150.0	19

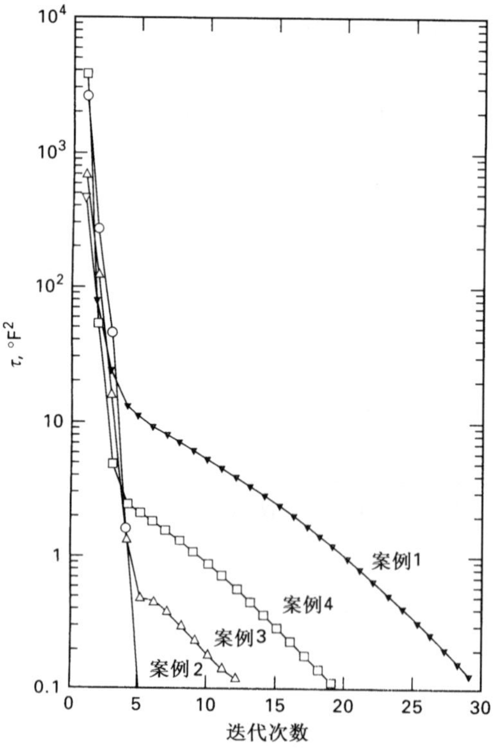

图 10.8　例 10.2 的收敛曲线

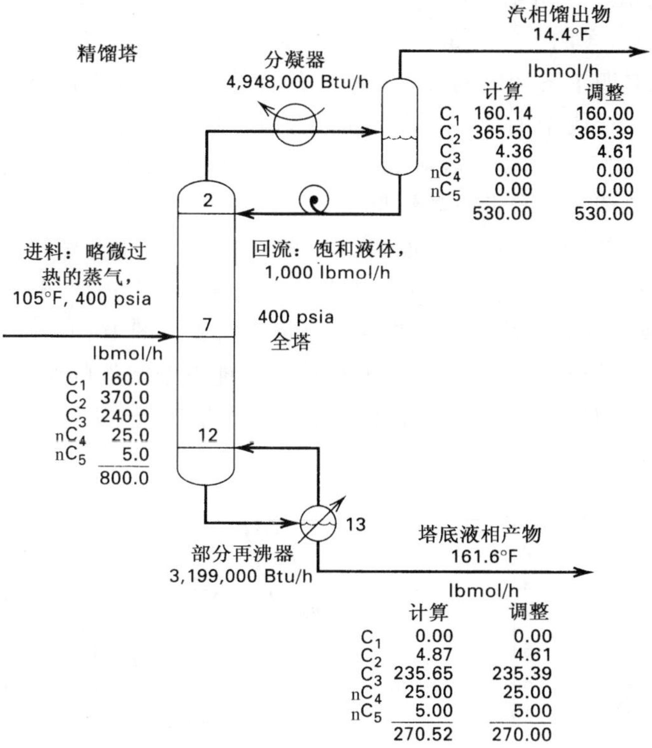

图 10.9　例 10.2 的规定和总结果

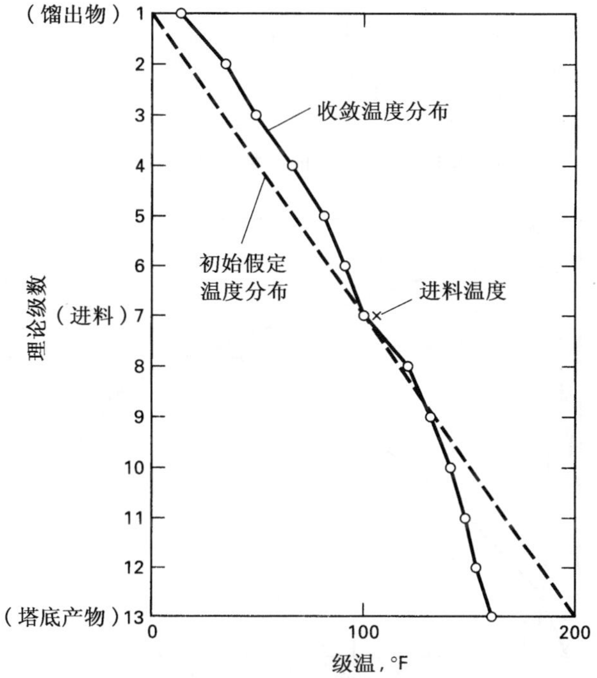

图 10.10　例 10.2 的收敛温度分布

案例 1 的终端温度在与精确值相差几度的范围内，而且是比其他三个案例更接近得多的估计值。尽管如此，案例 1 需要最多的迭代次数。图 10.8 是将由式(10－32)得到的 τ 作为迭代次数的函数对四个案例中的每一个所作的标绘。案例 2 迅速收敛达到判据 $\tau<0.13$。案例 1、3 和 4 在四次迭代中的前三次收敛迅速，但随后以较慢的速度向判据移动。案例 1 尤其如此，因此对案例 1 特别需要收敛加速方法。四个案例均不发生切断变量数值的振荡；这些变量的数值以单调方式趋近收敛结果。

取自案例 2 的收敛的总计算结果如图 10.9 所示。产物-组分流量与进料不完全符合物料衡算。因此，通过对计算值进行平均确定满足总物料衡算方程的调整值，这些调整值也包括在图 10.9 中。较小的 τ 的数值说明改善了总物料衡算。图 10.10 到图 10.13 是案例 2 计算结果的级温、级间流量和摩尔分率组成的标绘。其他三个案例的结果与案例 2 几乎相同。在图 10.10 中还包括初始假定的线性温度分布。除了塔底级，初始分布与收敛结果没有明显偏离，这是常见的现象。

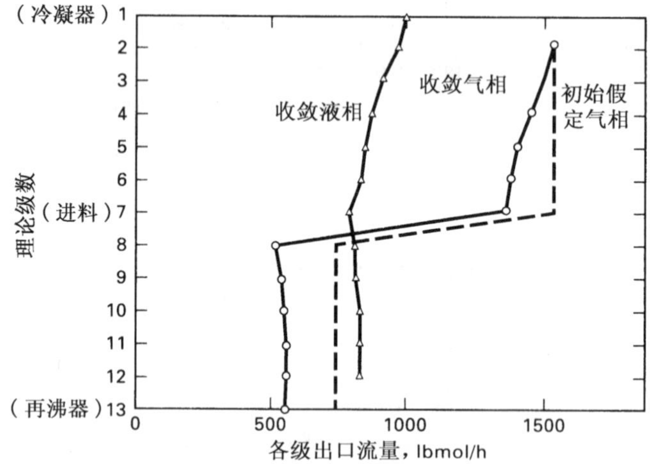

图 10.11　例 10.2 的收敛级间流量分布

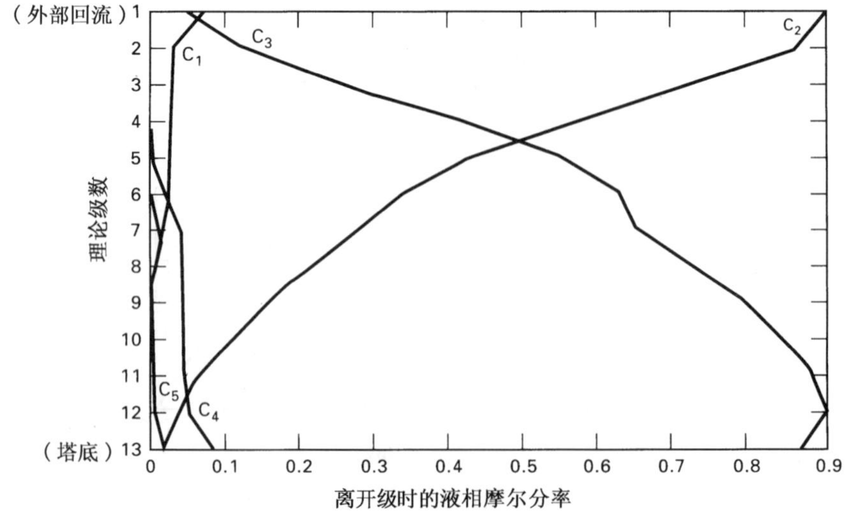

图 10.12　例 10.2 的收敛液相组成分布

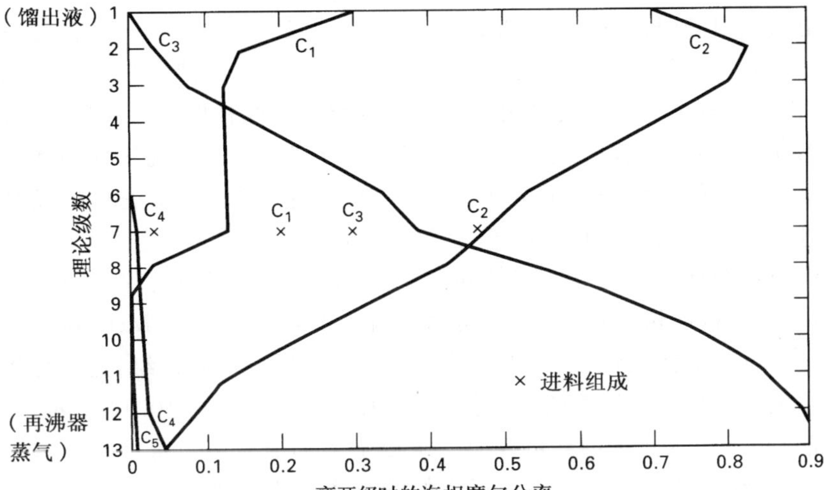

图 10.13　例 10.2 的收敛汽相组成分布

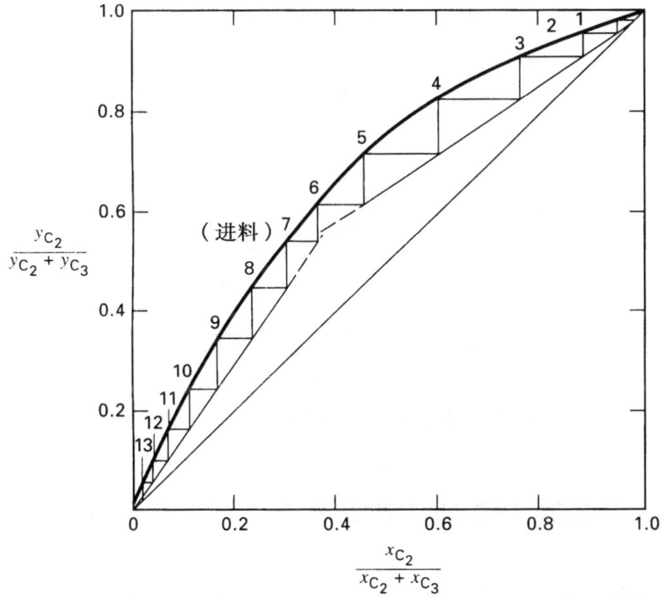

图 10.14　例 10.2 的修正的 McCabe－Thiele 图

在图 10.11 中可见精馏段不服从恒级间摩尔流量的假定。从塔顶级向进料级移动过程中液相和气相流量均逐渐减小。因为进料为接近露点的蒸气，所以在越过进料级时液相流量只有轻微改变。相应地，越过进料级后气相流量的减小量几乎等于进料流量。对本问题，提馏段的级间摩尔流量几乎为常数。但是，根据精馏段流量进行越过进料级的调整确定的提馏段流量的假定值比平均的收敛气相流量几乎高 33%。一种好得多的估计提馏段气相流量初值的方法是首先由根据规定的回流比确定的冷凝器热负荷计算再沸器热负荷，然后确定相应的离开部分再沸器的气相流量。

对本问题，是在 C_2 和 C_3 之间进行分离。于是，这两个组分可分别设定为轻关键组分

(LK)和重关键组分(HK)。于是 C_1 为比轻关键组分更轻的组分(LLK),而 nC_4 和 nC_5 为比重关键组分更重的组分(HHK)。这四类组分在图 10.12 和图 10.13 中表现为不同类型的组成分布曲线。除了进料区和塔的两端外,轻关键组分(C_2)的液相和气相摩尔分率从塔顶到塔底平滑、连续地减少。而重关键组分(C_3)的变化则与此相反。除靠近塔顶的区域外,甲烷(LLK)的摩尔分率在精馏段几乎保持不变。在进料区以下,甲烷从气相和液相物流中迅速消失。两个 HHK 的变化则与此相反。在图 10.13 中,可以看出进料组成略微不同于由下一级进入进料级的气相或离开进料级的气相的组成。

对馏出液流量和理论级数被规定的问题,规定能提供最高分离程度的进料级位置是困难的。但是,一旦获得严格计算的结果,可对关键组分绘制修正的 McCabe - Thiele 标绘以确定进料级是否位于最佳位置,或是否应该移动进料位置。对此标绘,轻关键组分的摩尔分率是按不计非关键组分基准计算的。对例 10.2 所得到的图如图 10.14 所示。由图可见,第 7 级以上的精馏段形成挟点区的趋势比第 7 级以下的提馏段更值得注意。这表明如果将进料级移动到第 6 级,关键组分间可能实现更好的分离。进料级位置对塔底产物中乙烷损失百分数的影响如图 10.15 所示。如图 10.14 所预见的,最佳进料级为第 6 级。

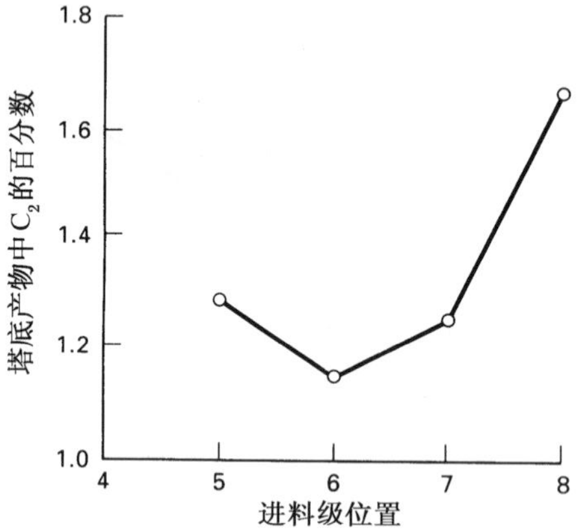

图 10.15　进料级位置对例 10.2 的分离的影响

10.3.3　吸收和汽提计算的流率加和法

存在于大多数吸收塔和汽提塔中的化学组分涵盖相当宽的挥发度。因此,求解 MESH 方程的 BP 法将不再能成功应用,因为用泡点计算确定的级温对液相组成太敏感,而级能量衡算对级温比对级间流量更敏感。在这种情况下,Friday 和 Smith[7]证明 Sujata[14]发明的一种算法可成功应用。这种算法称为流率加和(SR)法,通过与 Burningham 和 Otto[15]提出的修正的 M 方程的三对角矩阵形式相结合,SR 法获得了进一步的发展。

图 10.16 说明 Burningham - Otto 的 SR 法。能够获得这种方法的 FORTRAN 计算机程序[16]。构成问题规定的是:所有进料的状态和位置、每级的压力、每股侧线的总流量、每级的传热速率和总级数。

假定一组切断变量 T_j 和 V_j 的初值开始计算。对大多数问题,根据恒摩尔级间流量假定设定一组 V_j 值就足够了,利用规定的气相进料和气相侧线物流流量由吸收塔底开始向上计算。一般说来，可由假定的塔顶和塔底温度并假定按级线性变化导出 T_j 的一组适当的初值。

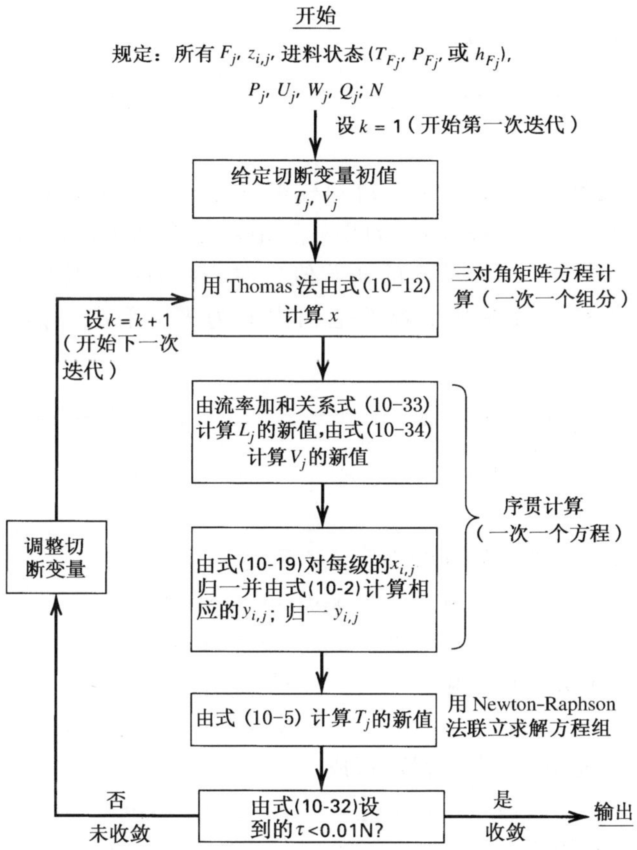

图 10.16　求解吸收/汽提的 **Burningham - Otto** 的 **SR** 算法

$x_{i,j}$ 的值可由用 Thomas 法求解式(10－12)获得。但是，获得的值不要在这一步骤作归一处理，而是直接用于用称为流率加和方程的式(10－4)产生 L_j 的新值：

$$L_j^{(k+1)} = L_j^{(k)} \sum_{i=1}^{C} x_{i,j} \tag{10－33}$$

式中 $L_j^{(k)}$ 的值是用式(10－6)由 $V_j^{(k)}$ 获得的。相应的 $V_j^{(k+1)}$ 的值则可由总物料衡算获得，总物料衡算式系将式(10－1)对所有 C 个组分累加，再将结果与式(10－3)和式(10－4)结合得到，而将结果从级 j 到 N 累加给出

$$V_j = L_{J-1} - L_N + \sum_{m=1}^{N} (F_m - W_m - U_m) \tag{10－34}$$

接着用式(10－19)计算 $x_{i,j}$ 的归一值。相应的 $y_{i,j}$ 值可用式(10－2)计算。

通过求解式(10－5)给出的 N 级的联立能量衡算方程组获得级温 T_j 的一组新值。这些温度被嵌入对应于未规定的气相和液相流率的比焓。因此，需采用迭代求解法，如 Newton－Raphson 法[10]。

在 Newton－Raphson 法中，变量 x_i 的联立非线性方程被写成零函数的形式：

$$f_i\{x_1,x_2,\cdots,x_n\}=0,\qquad i=1,2,\cdots,n \tag{10-35}$$

为 n 个变量提供用星号标记的初值，并将每个函数在这些初值附近展开为台劳级数，略去一阶导数之后的各项，给出

$$0=f_i\{x_1,x_2,\cdots,x_n\} \tag{10-36}$$

$$\approx f_i\{x_1^*,x_2^*,\cdots,x_n^*\}+\left.\frac{\partial f_i}{\partial x_1}\right|^*\Delta x_1+\left.\frac{\partial f_i}{\partial x_2}\right|^*\Delta x_2+\cdots+\left.\frac{\partial f_i}{\partial x_n}\right|^*\Delta x_n \tag{10-37}$$

式中 $\Delta x_j=x_j-x_j^*$。

方程(10-36)是线性的，可直接求解得到校正值 Δx_i。如果求得的校正值全部为零，则初始值是正确的，式(10-35)已被求解；如果校正值不是全部为零，则将校正值加到初始值上，产生一组将被用于式(10-36)的新的初始值。在一系列 r 次迭代中，重复上述过程，直到所有校正值，于是所有函数在某个容差范围内变为零。采用递推形式，式(10-36)和(10-37)为

$$\sum_{j=1}^{n}\left[\left(\frac{\partial f_i}{\partial x_j}\right)^{(r)}\Delta x_j^{(r)}\right]=-f_i^{(r)},\qquad i=1,2,\cdots,n \tag{10-38}$$

$$x_j^{(r+1)}=x_j^{(r)}+\Delta x_j^{(r)},\qquad j=1,2,\cdots,n \tag{10-39}$$

例 10.3

用 Newton - Raphson 法求解非线性联立方程组

$$x_1\ln x_2+x_2\exp(x_1)=\exp(1)$$

$$x_2\ln x_1+2x_1\exp(x_2)=2\exp(1)$$

要求 x_1 和 x_2 的偏差在 ± 0.001 之内。

解

采用式(10-35)的形式，两个方程可写成

$$f_1\{x_1,x_2\}=x_1\ln x_2+x_2\exp(x_1)-\exp(1)=0$$

$$f_2\{x_1,x_2\}=x_2\ln x_1+2x_1\exp(x_2)-2\exp(1)=0$$

由式(10-38)，这两个方程的线性递推形式为

$$\left(\frac{\partial f_1}{\partial x_1}\right)^{(r)}\Delta x_1^{(r)}+\left(\frac{\partial f_1}{\partial x_2}\right)^{(r)}\Delta x_2^{(r)}=-f_1^{(r)}$$

$$\left(\frac{\partial f_2}{\partial x_1}\right)^{(r)}\Delta x_1^{(r)}+\left(\frac{\partial f_2}{\partial x_2}\right)^{(r)}\Delta x_2^{(r)}=-f_2^{(r)}$$

采用行列式法可方便地得到这两个方程的解，给出

$$\Delta x_1^{(r)}=\frac{\left[f_2^{(r)}\left(\frac{\partial f_1}{\partial x_2}\right)^{(r)}-f_1^{(r)}\left(\frac{\partial f_2}{\partial x_2}\right)^{(r)}\right]}{D}$$

和

$$\Delta x_2^{(r)}=\frac{\left[f_1^{(r)}\left(\frac{\partial f_2}{\partial x_1}\right)^{(r)}-f_2^{(r)}\left(\frac{\partial f_1}{\partial x_1}\right)^{(r)}\right]}{D}$$

式中

$$D=\left(\frac{\partial f_1}{\partial x_1}\right)^{(r)}\left(\frac{\partial f_2}{\partial x_2}\right)^{(r)}-\left(\frac{\partial f_1}{\partial x_2}\right)^{(r)}\left(\frac{\partial f_2}{\partial x_1}\right)^{(r)}$$

而由方程得到的偏导数为

$$\left(\frac{\partial f_1}{\partial x_1}\right)^{(r)}=\ln(x_2^{(r)})+x_2^{(r)}\exp(x_1^{(r)})$$

$$\left(\frac{\partial f_2}{\partial x_1}\right)^{(r)}=\frac{x_2^{(r)}}{x_1^{(r)}}+2\exp(x_2^{(r)})$$

$$\left(\frac{\partial f_1}{\partial x_2}\right)^{(r)}=\frac{x_1^{(r)}}{x_2^{(r)}}+\exp(x_1^{(r)})$$

$$\left(\frac{\partial f_2}{\partial x_2}\right)^{(r)}=\ln(x_1^{(r)})+2x_1^{(r)}\exp(x_2^{(r)})$$

取 $x_1^{(1)}=2$ 和 $x_2^{(1)}=2$ 为初值。采用 Newton - Raphson 法可经六次迭代获得如下结果，$x_1=1.000\,0$ 和 $x_2=1.000\,0$ 对应于使 f_1 和 f_2 为零所需的值。

r	$x_1^{(r)}$	$x_2^{(r)}$	$f_1^{(r)}$	$f_2^{(r)}$	$(\partial f_1/\partial x_1)^{(r)}$	$(\partial f_1/\partial x_2)^{(r)}$	$(\partial f_2/\partial x_1)^{(r)}$	$(\partial f_2/\partial x_2)^{(r)}$	$\Delta x_1^{(r)}$	$\Delta x_2^{(r)}$
1	2.000 0	2.000 0	13.446 1	25.506 0	15.473 1	8.389 1	15.778 1	30.249 4	−0.574 3	−0.543 6
2	1.424 7	1.456 4	3.877 2	7.313 3	6.435 4	5.139 5	9.602 4	12.588 0	−0.354 4	−0.310 6
3	1.071 3	1.145 7	0.772 0	1.380 2	3.480 6	3.854 1	7.359 1	6.806 7	−0.013 8	−0.187 8
4	1.057 5	0.957 9	−0.005 9	0.129 0	2.714 9	3.983 0	6.118 3	5.567 9	−0.059 1	0.041 7
5	0.998 4	0.999 6	−0.005 7	−0.012 2	2.712 6	3.712 7	6.435 8	5.424 4	0.001 59	0.000 368
6	1.000 0	1.000 0	5.51×10^{-6}	2.86×10^{-6}	2.718 3	3.718 3	6.436 6	5.436 6	12.1×10^{-6}	-3.0×10^{-6}
7	1.000 0	1.000 0	0.0	-2×10^{-9}	2.718 3	3.718 3	6.436 6	5.436 6	—	—

当应用于求解能量方程式(10－5)获得 T_j 的一组新值时，Newton - Raphson 法的递推方程为

$$\left(\frac{\partial H_j}{\partial T_{j-1}}\right)^{(r)}\Delta T_{j-1}^{(r)}+\left(\frac{\partial H_j}{\partial T_j}\right)^{(r)}\Delta T_j^{(r)}+\left(\frac{\partial H_j}{\partial T_{j+1}}\right)^{(r)}\Delta T_{j+1}^{(r)}=-H_j^{(r)} \tag{10-40}$$

式中

$$\Delta T_j^{(r)}=T_j^{(r+1)}-T_j^{(r)} \tag{10-41}$$

$$\frac{\partial H_j}{\partial T_{j-1}}=L_{j-1}\frac{\partial h_{L_{j-1}}}{\partial T_{j-1}} \tag{10-42}$$

$$\frac{\partial H_j}{\partial T_j}=-(L_j+U_j)\frac{\partial h_{L_j}}{\partial T_j}-(V_j+W_j)\frac{\partial h_{V_j}}{\partial T_j} \tag{10-43}$$

$$\frac{\partial H_j}{\partial T_{j+1}}=V_{j+1}\frac{\partial h_{V_{j+1}}}{\partial T_{j+1}} \tag{10-44}$$

上述各偏导数取决于所用的焓关联式。例如，如果采用与组成无关的温度多项式方程，那么

$$h_{V_j}=\sum_{i=1}^{C}y_{i,j}(A_i+B_iT+C_iT^2) \tag{10-45}$$

$$h_{L_j}=\sum_{i=1}^{C}x_{i,j}(a_i+b_iT+c_iT^2) \tag{10-46}$$

而偏导数为

$$\frac{\partial h_{V_j}}{\partial T_j}=\sum_{i=1}^{C}y_{i,j}(B_i+2C_iT) \tag{10-47}$$

$$\frac{\partial h_{L_j}}{\partial T_j}=\sum_{i=1}^{C}x_{i,j}(b_i+2c_iT) \tag{10-48}$$

式(10－40)给出的 N 个方程形成 $\Delta T_j^{(r)}$ 的线性三对角矩阵方程。矩阵方程的形式与式

(10－12)相同，例如式中 $A_2=(\partial H_2/\partial T_1)^{(r)}$、$B_2=(\partial H_2/\partial T_2)^{(r)}$、$C_2=(\partial H_2/\partial T_3)^{(r)}$、$x_{1,2}\leftarrow\Delta T_2^{(r)}$ 和 $D_2=-H_2^{(r)}$。此偏导数矩阵称为Jacobian 校正矩阵。可用 Thomas 算法求解得到一组校正值 $\Delta T_j^{(r)}$。然后，可由下式确定 T_j 的新值

$$T_j^{(r+1)}=T_j^{(r)}+t\Delta T_j^{(r)} \tag{10-49}$$

式中 t 为标量衰减因子，当初值与真值不够接近时，该因子是有用的。一般说来，如同在式(10－39)中 t 被取为 1，但在每次迭代中可使下列函数平方和最小确定其最优值，

$$\sum_{j=1}^{N}[H_j^{(r+1)}]^2$$

当所有校正值 $\Delta T_j^{(r)}$ 趋近零时，可借助式(10－31)或式(10－32)的判据用所得到的 T_j 值确定是否已达到收敛。如果尚未达到收敛，在开始新的第 k 次迭代前，可如图 10.16 所示和前面关于 BP 法所讨论的调整 V_j 和 T_j 的数值。对流率加和法，通常可观察到快速收敛。

例 10.4

对图 5.11 给出的吸收塔规定条件，用严格的 SR 法计算级温及级间气相和液相流量和组成。

解

采用基于 Burningham－Otto 解法的 Shinohara 等的数字计算机程序[16]。塔顶和塔底温度的初始假定值分别为 90 ℉(32.2℃，液体进料温度)和 105 ℉(40.6℃，气体进料温度)。满足收敛判据式(10－32)的相应迭代次数为七次。各次迭代 τ 的数值如下所列。

迭代次数	$\tau/(℉)^2$
1	9 948
2	2 556
3	46.0
4	8.65
5	0.856
6	0.124
7	0.021 7

达到收敛后计算的总结果如图 10.17 所示。图中还包括满足总物料衡算方程的调整后的产物组分流量。图 10.18 到图 10.20 分别对级温、级间总流量和级间气相组分流量作了标绘。图 10.18 说明初始假定的线性温度分布存在很大误差。因为高吸收率，并伴有吸收导致的强放热，级温比两股进口物流的温度高得多。热量同时被气相和液相物流吸收。温度峰值基本上位于塔的中点。图 10.19 说明大部分吸收发生在两端各级。由图 10.20 可见在塔顶和塔底各级几乎不发生 C_1 和 C_2 的吸收。全塔均发生 C_3 的吸收，但主要在塔的两端。C_4 和 C_5 的吸收也在全塔进行，但 C_5 主要在气体刚与吸收油接触的塔底被吸收。

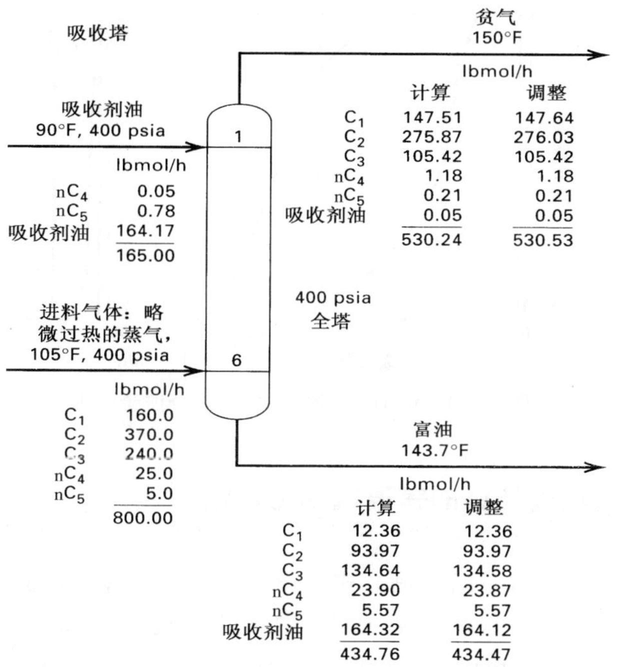

图 10.17　例 10.4 的规定和总结果

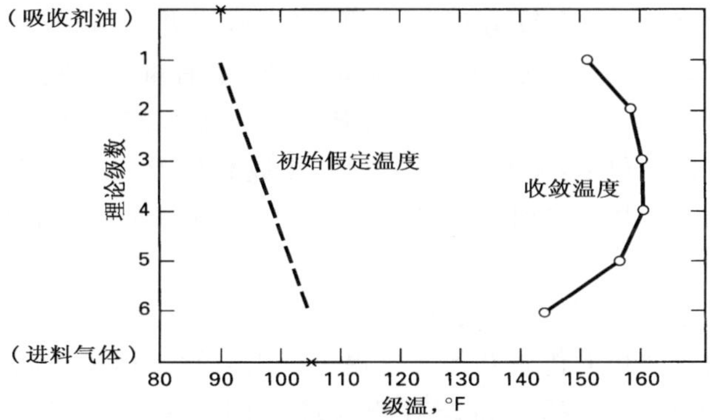

图 10.18　例 10.4 的收敛温度分布

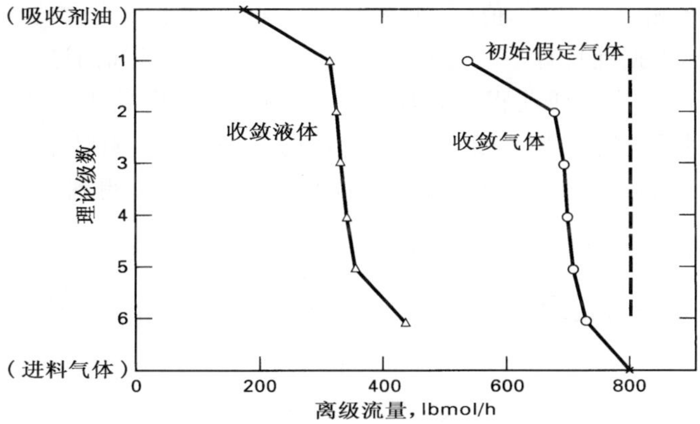

图 10.19　例 10.4 的收敛级间流量分布

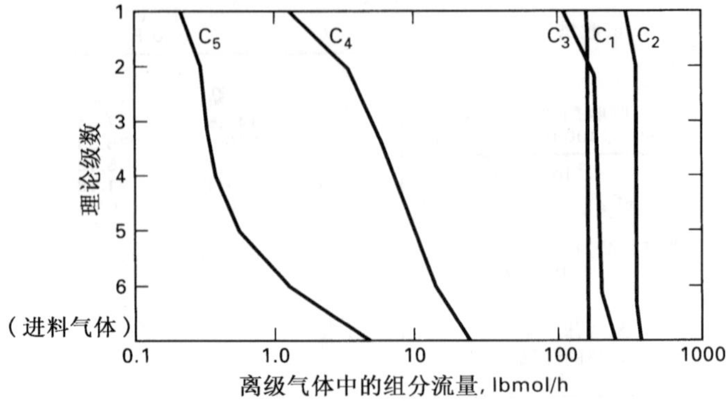

图 10.20　例 10.4 的收敛气相组分流量分布

10.3.4　液-液萃取计算的等温流率加和法

多级液-液萃取设备通常是以绝热方式操作的。当各股进口物流温度相同而混合热又可忽略时，操作是等温的。对这种情况，或当各级温度被规定时，如 Friday 和 Smith[7]所指出，并由 Tsuboka 和 Katayama[17]详细说明的，可采用流率加和法的简化的等温形式(ISR)。这种方法基于 10.1 节中提出的相同的平衡级模型。但是，当规定所有级温时，可由能量衡算计算 Q_j 的数值，能量衡算方程与其他方程分离，并可按照这里讨论的计算方法独立求解。在 ISR 法中，需特别注意各相组成可能对 K_{ij} 值有重大影响。

图 10.21 说明 Tsuboka - Katayama 的 ISR 算法。液相和气相符号分别对应萃余相和萃取相。该题的规定条件包括：所有进料的流量、组成和位置；各级温度(通常都相等)；任何侧线物流的总流量和总级数。各级压力不需规定，但可理解为大于相应级的泡点压力以防止汽化。

由于已规定各级温度，切断变量只有 V_j(萃取相流量)。初值可由假定进料中各组分完全分离并忽略溶剂到萃余相的传质获得。这提供了出口萃余相和萃取相流量的近似值。V_j 的中间值可由对 N 级线性内插获得。对侧线或中间进料，此算法必须进行修改。如图 10.21所表明的，在外层迭代回路重新设定切断变量。

对液-液萃取，各相组成对 K_D值(分配系数)的影响往往是相当大的。因此，最好也能提供 $x_{i,j}$ 和 $y_{i,j}$ 的初值，再据此计算 $K_{i,j}$ 的初值。$x_{i,j}$ 的初值可由已知的进料组成和假定的出口物流组成对各级进行线性内插获得。相应的 $y_{i,j}$ 的初值可用式(10 - 1)由物料衡算计算。$\gamma_{iL,j}$ 和 $\gamma_{iV,j}$ 的值可用适当的方程，如第 2 章中讨论的 Van Larr、NRTL、UNIQUAC 或 UNIFAC 方程确定。相应的 K_D 值可由与式(2 - 30)等价的下列方程得到。

$$K_{i,j}=\frac{\gamma_{iL,j}}{\gamma_{iV,j}} \tag{10-50}$$

用 10.3 节中的 Thomas 算法求解式(10 - 12)得到 $x_{i,j}$ 的一组新值。通过计算下式将新值与假定值进行比较

$$\tau_1=\sum_{j=1}^{N}\sum_{i=1}^{C}\left|x_{i,j}^{(r-1)}-x_{i,j}^{(r)}\right| \tag{10-51}$$

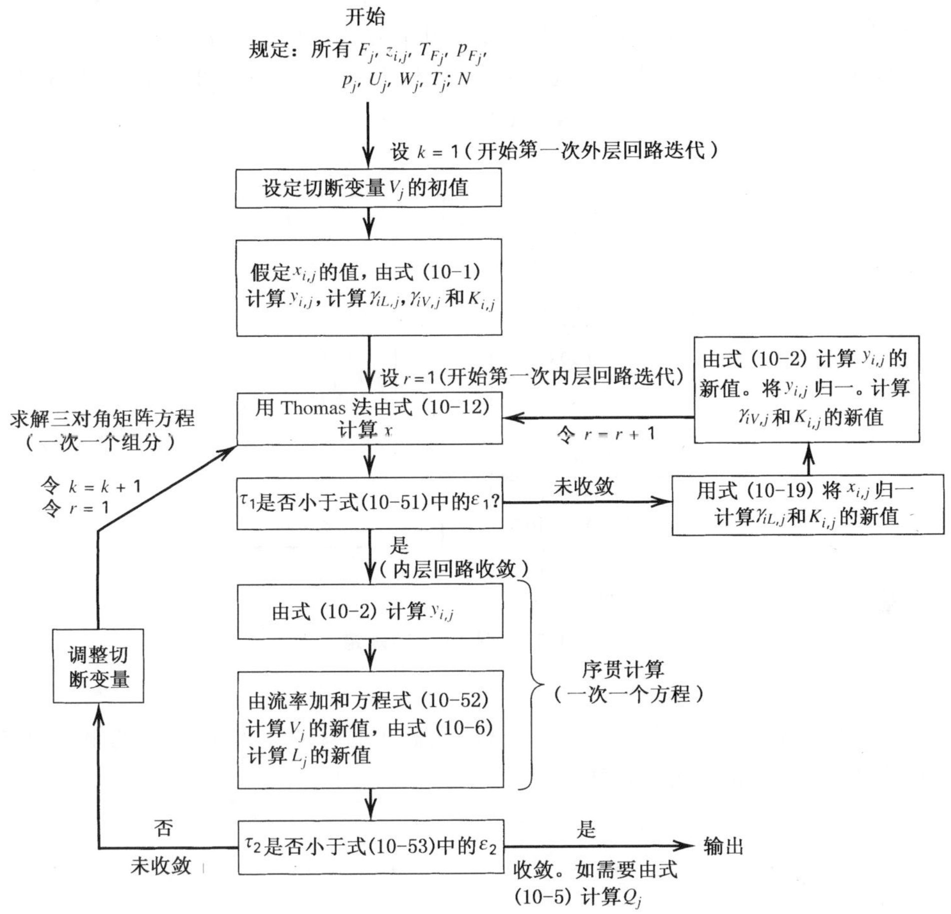

图 10.21 液-液萃取计算的 Tsuboka－Katayama 的 ISR 算法

式中 r 是内层回路的迭代次数。如果 $\tau_1>\varepsilon_1$，这里 ε_1 是收敛判据，例如可取为 $0.01NC$，那么内层回路被用于通过采用归一的 $x_{i,j}$ 和 $y_{i,j}$ 值计算 $\gamma_{iL,j}$ 和 $\gamma_{iV,j}$ 的新值来改善 $K_{i,j}$ 的值。

当内层回路收敛后，利用式(10－2)由 $x_{i,j}$ 的值计算 $y_{i,j}$ 的新值。然后用流率加和方程

$$V_j^{(k+1)}=V_j^{(k)}\sum_{i=1}^{C}y_{i,j} \tag{10-52}$$

计算切断变量 V_j 的一组新值。式中 k 是外层的迭代次数。相应的 $L_j^{(k+1)}$ 值由式(10－6)求得。

当

$$\tau_2=\sum_{j=1}^{N}\left(\frac{V_j^{(k)}-V_j^{(k-1)}}{V_j^{(k)}}\right)^2\leqslant\varepsilon_2 \tag{10-53}$$

时，外层回路收敛，上式中 ε_2 是收敛判据，例如可取为 $0.01N$。

在开始新的第 k 次迭代前，我们可如前面 BP 法中所讨论的，对 V_j 值进行调整。ISR 法通常收敛快速，但取决于 $K_{i,j}$ 对组成的依赖程度。

例 10.5

用常规精馏分离苯(B)和正庚烷(H)是困难的。在常压下二者的沸点相差 18.3℃。但

是，因为液相的非理想性，在苯浓度高时相对挥发度减小到小于1.15[18]。另一种可考虑的分离方法是用二甲基甲酰胺（DMF）和水的混合物作为溶剂的液-液萃取[19]。在20℃时，这种溶剂对苯的选择性远远超过正庚烷。对两种不同的溶剂组成，用严格的ISR法计算逆流液-液萃取级联，该级联有5个平衡级，如图10.22所示。

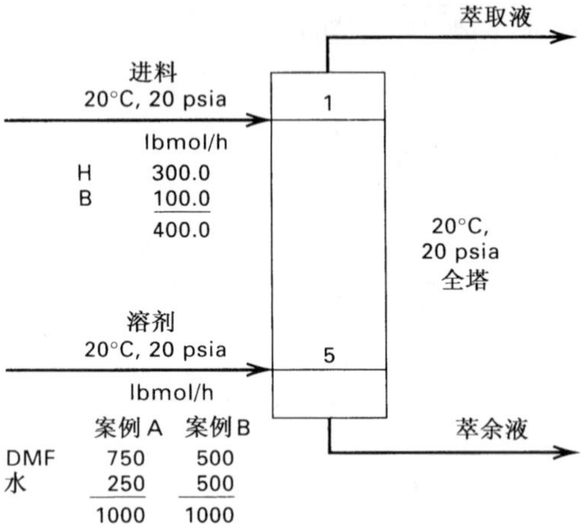

图 10.22 例 10.5 的规定

解

Cohen和Renon[20]用NRTL方程拟合了该四元系的实验相平衡数据。得到的式（2－92）和式（2－93）中的二元对参数为

二元对，ij	τ_{ij}	τ_{ji}	α_{ji}
DMF，H	2.036	1.910	0.25
水，H	7.038	4.806	0.15
B，H	1.196	－0.355	0.30
水，DMF	2.506	－2.218	0.253
B，DMF	－0.240	0.676	0.425
B，水	3.639	5.750	0.203

对案例A，根据完全分离和按级线性内插，V_j（萃取相）、$x_{i,j}$和$y_{i,j}$的估计值如下所列。

级	V_j	$x_{i,j}$				$y_{i,j}$			
		H	B	DMF	水	H	B	DMF	水
1	1 100	0.0	0.090 9	0.681 8	0.227 3	0.789 5	0.210 5	0.0	0.0
2	1 080	0.0	0.074 1	0.694 4	0.231 5	0.833 3	0.166 7	0.0	0.0
3	1 060	0.0	0.056 6	0.707 6	0.235 9	0.882 4	0.117 6	0.0	0.0
4	1 040	0.0	0.038 5	0.721 1	0.240 4	0.937 5	0.062 5	0.0	0.0
5	1 020	0.0	0.019 6	0.735 3	0.245 1	1.000 0	0.0	0.0	0.0

ISR法获得下列相应的级流量和组成的收敛解。

级	V_j	$x_{i,j}$				$y_{i,j}$			
		H	B	DMF	水	H	B	DMF	水
1	1 113.1	0.026 3	0.086 6	0.662 6	0.224 5	0.758 6	0.162 8	0.077 7	0.000 9
2	1 104.7	0.023 8	0.054 5	0.695 2	0.226 5	0.832 6	0.103 5	0.063 3	0.000 6
3	1 065.6	0.021 3	0.030 9	0.713 1	0.234 7	0.885 8	0.060 6	0.053 2	0.000 4
4	1 042.1	0.019 8	0.015 7	0.724 6	0.239 9	0.921 1	0.031 5	0.047 1	0.000 3
5	1 028.2	0.019 0	0.006 2	0.731 6	0.243 2	0.943 8	0.012 5	0.043 4	0.000 3

两个案例计算的产物组分流量为：

	萃取相，lbmol/h		萃余相，lbmol/h	
	案例 A	案例 B	案例 A	案例 B
H	29.3	5.6	270.7	294.4
B	96.4	43.0	3.6	57.0
DMF	737.5	485.8	12.5	14.2
水	249.9	499.7	0.1	5.0
总计	1 113.1	1 034.1	286.9	365.9

根据百分萃取率，结果为：

	案例 A	案例 B
进料中苯的萃取百分数	96.4	43.0
进料中正庚烷的萃取百分数	9.8	1.87
溶剂传递进入萃余相的百分数	1.26	1.45

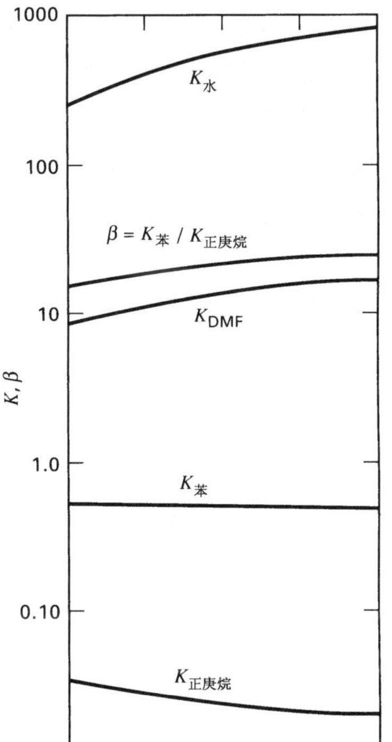

图 10.23　例 10.5 案例 A 的分配系数和相对选择性的变化

于是可见，含 75%DMF 的溶剂萃取的苯的百分数要高得多，但含 50%DMF 的溶剂对苯和正庚烷的选择性较好。

对案例 A,K 值和相对选择性的逐级变化如图 10.23 所示,图中相对选择性为 $\beta_{B,H}=K_B/K_H$。从级 5 到级 1,正庚烷的分配系数几乎增加了 1.75 倍,而苯的分配系数几乎保持不变。相对选择性几乎变化了 2 倍。

10.4 Newton - Raphson 法

对涉及强非理想液体混合物的分离及分离器的一段像吸收塔或汽提塔而另一段像精馏塔的情况(例如,再沸吸收塔),用于气-液接触的 BP 法和 SR 法很难或完全不能收敛。而且,BP 法和 SR 法通常只能应用于前述的非常有限的规定方式。能求解所有类型多组分、多级分离问题的更通用的方法通常系基于用 Newton - Raphson 法等联立校正(SC)法联立求解全部 MESH 方程或其组合。

为了推导采用 Newton - Raphson 法的 SC 法,必须对未知变量及包含这些变量的相应函数(MESH 方程)进行选择和排序。如 Goldstein 和 Stanfield[21]所指出的,对涉及许多组分但级数很少的问题,按类型对函数进行分组在计算方面是最有效的。另一方面,对涉及许多级但组分数很少的问题,按级对函数进行分组是最有效的。Naphtali[22]描述了这里所说的后一种分组法,并由 Naphtali 和 Sandholm[23]实现了这种分组解法。

Naphtali 和 Sandholm 的 SC 法将被详细推导,因为这种方法应用了 10.3 节中提出的有关切断法的许多数学技巧。Fredenslund、Gmehling 和 Rasmussen[24]提供了他们的算法的计算机程序。但是,该程序尚不具备可在商品化的计算辅助过程设计模拟软件中发现的执行 Newton - Raphson 法时问题规定的灵活性。

将再次使用图 10.1 和图 10.3 的平衡级模型。但是,不是同时求解 $N(2C+3)$个 MESH 方程,我们将把式(10 - 3)和式(10 - 4)与其他 MESH 方程结合消去 $2N$ 个变量,于是将问题简化为联立求解 $N(2C+1)$个方程。可首先将式(10 - 3)和式(10 - 4)分别乘以 V_j 和 L_j,给出

$$V_j=\sum_{i=1}^{C}v_{i,j} \tag{10 - 54}$$

$$L_j=\sum_{i=1}^{C}l_{i,j} \tag{10 - 55}$$

这里我们利用摩尔分率的定义

$$y_{i,j}=\frac{v_{i,j}}{V_j} \tag{10 - 56}$$

$$x_{i,j}=\frac{l_{i,j}}{L_j} \tag{10 - 57}$$

现将式(10 - 54)至式(10 - 57)代入式(10 - 1)、式(10 - 2)和式(10 - 5)消去 V_j、L_j、$x_{i,j}$ 和 $y_{i,j}$,而引入组分流量 $v_{i,j}$ 和 $l_{i,j}$。作为结果,获得下列 $N(2C+1)$个方程,式中 $s_j=U_j/L_j$ 和 $S_j=W_j/V_j$ 为无量纲侧线流量。

物料衡算

$$M_{i,j}=l_{i,j}(1+s_j)+v_{i,j}(1+S_j)-l_{i,j+1}-v_{i,j+1}-f_{i,j}=0 \tag{10-58}$$

相平衡

$$E_{i,j}=K_{i,j}l_{i,j}\frac{\sum_{\kappa=1}^{C}v_{\kappa,j}}{\sum_{\kappa=1}^{C}l_{\kappa,j}}-v_{i,j} \tag{10-59}$$

能量衡算

$$H_j=h_{L_j}(1+s_j)\sum_{i=1}^{C}l_{i,j}+h_{V_j}(1+S_j)\sum_{i=1}^{C}v_{i,j}-h_{L_{j-1}}\sum_{i=1}^{C}l_{i,j-1}$$
$$-h_{V_j+1}\sum_{i=1}^{C}v_{i,j+1}-h_{F_j}\sum_{i=1}^{C}f_{i,j}-Q_j=0 \tag{10-60}$$

式中 $f_{i,j}=F_j z_{i,j}$。

如果规定 N 和全部 $f_{i,j}$、T_{F_j}、p_{F_j}、p_j、s_j、S_j 和 Q_j，那么 M、E 和 H 函数是 $N(2C+1)$ 个未知(输出)变量 $v_{i,j}$、$l_{i,j}$ 和 T_j 的非线性函数，而 $i=1$ 到 C 和 $j=1$ 到 N。虽然还可采用其他规定和未知变量，但我们将首先考虑这组规定。

用 Newton - Raphson 迭代法联立求解方程式(10 - 58)、式(10 - 59)和式(10 - 60)，在 Newton - Raphson 法中完成输出变量组的连续替换，直到 M、E 和 H 函数趋近零的某个容差范围。在迭代过程中，这些函数的非零值称为偏差或误差。将函数和输出变量由塔顶到塔底按级分组。如下面将看到的，这将使偏导数的 Jacobian 矩阵产生分块三对角结构，以便应用 Thomas 算法的矩阵形式。令

$$\mathbf{X}=[\mathbf{X}_1,\mathbf{X}_2,\cdots,\mathbf{X}_j\cdots,\mathbf{X}_N]^{\mathrm{T}} \tag{10-61}$$

和

$$\mathbf{F}=[\mathbf{F}_1,\mathbf{F}_2,\cdots,\mathbf{F}_j\cdots,\mathbf{F}_N]^{\mathrm{T}} \tag{10-62}$$

式中 $\mathbf{X}_j$ 是级 j 按下列次序排列的输出变量向量

$$\mathbf{X}_j=[v_{1,j},v_{2,j},\cdots,v_{i,j},\cdots,v_{C,j},T_j,l_{1,j},l_{2,j},\cdots,l_{i,j},\cdots,l_{C,j}]^{\mathrm{T}} \tag{10-63}$$

$\mathbf{F}_j$ 是级 j 按下列次序排列的函数向量

$$\mathbf{F}_j=[H_j,M_{1,j},M_{2,j},\cdots,M_{i,j},\cdots,M_{C,j},E_{1,j},E_{2,j},\cdots,E_{i,j},\cdots,E_{C,j}]^{\mathrm{T}} \tag{10-64}$$

通过由式(10 - 38)求解输出变量的校正值 $\Delta\mathbf{X}$ 进行 Newton - Raphson 迭代，式(10 - 38)的矩阵形式为

$$\Delta\mathbf{X}^{(k)}=-\left[\left(\overline{\frac{\partial\mathbf{F}}{\partial\mathbf{X}}}\right)^{-1}\right]^{(k)}\mathbf{F}^{(k)} \tag{10-65}$$

根据下式用这些校正值计算输出变量的下一组近似值

$$\mathbf{X}^{(k+1)}=\mathbf{X}^{(k)}+t\Delta\mathbf{X}^{(k)} \tag{10-66}$$

量 $\overline{\partial\mathbf{F}/\partial\mathbf{X}}$ 为下列 Jacobian 矩阵或 $(N\times N)$ 阶所有函数对所有输出变量的偏导数的分块矩阵。

如同式(10 - 12)，Jacobian 矩阵具有分块三对角形式，因为级 j 的函数仅由级 $j-1$、级 j 和级 $j+1$ 的输出变量确定。式(10 - 67)①中每个 $\overline{\mathbf{A}}$、$\overline{\mathbf{B}}$ 和 $\overline{\mathbf{C}}$ 代表一个 $(2C+1)\times(2C+1)$ 阶偏导数子矩阵，其中输出变量和函数的排列分别由式(10 - 63)和式(10 - 64)给出。块 $\overline{\mathbf{A}}_j$、$\overline{\mathbf{B}}_j$ 和

① 原文误为式(15 - 67)——译者注。

$$\frac{\overline{\partial \mathbf{F}}}{\partial \mathbf{X}}=\begin{bmatrix} \overline{\mathbf{B}}_1 & \overline{\mathbf{C}}_1 & 0 & 0 & \cdot\cdot & & & 0 \\ \overline{\mathbf{A}}_2 & \overline{\mathbf{B}}_2 & \overline{\mathbf{C}}_2 & 0 & \cdot\cdot & & & 0 \\ 0 & \overline{\mathbf{A}}_3 & \overline{\mathbf{B}}_3 & \overline{\mathbf{C}}_3 & \cdot\cdot & & & 0 \\ \cdot\cdot & & & & & & & \cdot\cdot \\ \cdot\cdot & & & & & & & \cdot\cdot \\ 0 & \cdot\cdot & & & & & & 0 \\ 0 & \cdot\cdot & & & 0 & \overline{\mathbf{A}}_{N-1} & \overline{\mathbf{B}}_{N-1} & \overline{\mathbf{C}}_{N-1} \\ 0 & \cdot\cdot & & & 0 & 0 & \overline{\mathbf{A}}_N & \overline{\mathbf{B}}_N \end{bmatrix} \tag{10-67}$$

$\overline{\mathbf{C}}_j$ 分别对应于级 j 的函数对级 $j-1$、级 j 和级 $j+1$ 的输出变量的偏导数子矩阵。于是，利用式(10－58)、式(10－59)和式(10－60)，并仅对非零偏导数用＋，或用行或对角线字符串＋…＋，或用如下被相互连接的字符串包围的正方形或矩形块标记：

$$\begin{array}{ccc} + & \cdots\cdots & + \\ \vdots & & \vdots \\ + & \cdots\cdots & + \end{array}$$

我们发现这些块具有如下形式，式中用数值(－1 或 1)代替＋，如果该偏导数只有该数值的话。

$$\bar{\mathbf{A}}_j=\frac{\overline{\partial \mathbf{F}_j}}{\partial \mathbf{X}_{j-1}}=\text{函数}\ \begin{array}{c|ccc} \mathbf{F}_j \backslash \mathbf{X}_{j-1} & v_{1,j-1}\cdots v_{C,j-1} & T_{j-1} & l_{1,j-1}\cdots l_{C,j-1} \\ \hline H_j & & + & +\cdots\cdots+ \\ M_{1,j} & & & -1 \\ \vdots & & & \ddots \\ M_{C,j} & & & \qquad -1 \\ E_{1,j} & & & \\ \vdots & & & \\ E_{C,j} & & & \end{array} \tag{10-68}$$

（输出变量）

$$\bar{\mathbf{B}}_j=\frac{\overline{\partial \mathbf{F}_j}}{\partial \mathbf{X}_j}=\text{函数}\ \begin{array}{c|ccccc} \mathbf{F}_j \backslash \mathbf{X}_j & v_{1,j}\cdots & v_{C,j} & T_j & l_{1,j}\cdots & l_{C,j} \\ \hline H_j & + & \cdots\cdots & \cdots\cdots & \cdots\cdots & + \\ M_{1,j} & + & & & + & \\ \vdots & & \ddots & & & \ddots \\ M_{C,j} & & + & & & + \\ E_{1,j} & + & \cdots\cdots & \cdots\cdots & \cdots\cdots & + \\ \vdots & \vdots & & & & \vdots \\ E_{C,j} & + & \cdots\cdots & \cdots\cdots & \cdots\cdots & + \end{array} \tag{10-69}$$

（输出变量）

$$\bar{\mathbf{C}}_j = \frac{\overline{\partial \mathbf{F}_j}}{\partial \mathbf{X}_{j+1}} = \text{函数}\begin{array}{c} \\ H_j \\ M_{1,j} \\ \vdots \\ M_{C,j} \\ E_{1,j} \\ \vdots \\ E_{C,j} \end{array}\overset{\displaystyle \text{输出变量}}{\begin{array}{cccc} v_{1,j+1}\cdots v_{C,j+1} & T_{j+1} & l_{1,j+1}\cdots l_{C,j+1} \\ +\cdots\cdots + & & \\ -1 & & \\ \ddots & & \\ \quad -1 & & \\ & & \\ & & \\ & & \end{array}} \tag{10-70}$$

（矩阵左上角标注：行为 $\mathbf{F}_j$，列为 $\mathbf{X}_{j+1}$）

于是，式(10－65)由含 $N(2C+1)$ 个校正值 $\Delta\mathbf{X}$ 的 $N(2C+1)$ 个联立线性方程组成。例如，该方程组中的 $2C+2$ 个方程由将函数 H_2 式(10－60)对 $N(2C+1)$ 个输出变量展开为如同式(10－36)的台劳级数获得。在通常的截断涉及高于一阶的导数项后，结果如式(10－71)所示：

$$\begin{aligned}
&0(\Delta v_{1,1}+\cdots+\Delta v_{C,1})-\frac{\partial h_{L_1}}{\partial T_1}\sum_{i=1}^{C} l_{i,1}(\Delta T_1)\\
&-\left(\frac{\partial h_{L_1}}{\partial l_{1,1}}\sum_{i=1}^{C} l_{i,1}+h_{L_1}\right)\Delta l_{1,1}-\cdots\\
&-\left(\frac{\partial h_{L_1}}{\partial l_{C,1}}\sum_{i=1}^{C} l_{i,1}+h_{L_1}\right)\Delta l_{C,1}\\
&+\left[\left(\frac{\partial h_{V_2}}{\partial v_{1,2}}\right)(1+S_2)\sum_{i=1}^{C} v_{i,2}+h_{V_2}(1+S_2)\right]\Delta v_{1,2}+\cdots\\
&+\left[\left(\frac{\partial h_{V_2}}{\partial v_{C,2}}\right)(1+S_2)\sum_{i=1}^{C} v_{i,2}+h_{V_2}(1+S_2)\right]\Delta v_{C,2}\\
&+\left[\left(\frac{\partial h_{L_2}}{\partial T_2}\right)(1+s_2)\sum_{i=1}^{C} l_{i,2}+\left(\frac{\partial h_{V_2}}{\partial T_2}\right)(1+S_2)\sum_{i=1}^{C} v_{i,2}\right]\Delta T_2\\
&+\left[\left(\frac{\partial h_{L_2}}{\partial l_{1,2}}\right)(1+s_2)\sum_{i=1}^{C} l_{i,2}+h_{L_2}(1+s_2)\right]\Delta l_{1,2}+\cdots\\
&+\left[\left(\frac{\partial h_{L_2}}{\partial l_{C,2}}\right)(1+s_2)\sum_{i=1}^{C} l_{i,2}+h_{L_2}(1+s_2)\right]\Delta l_{C,2}\\
&-\left(\frac{\partial h_{V_3}}{\partial v_{1,3}}\sum_{i=1}^{C} v_{i,3}+h_{V_3}\right)\Delta v_{1,3}-\cdots\\
&-\left(\frac{\partial h_{V_3}}{\partial v_{C,3}}\sum_{i=1}^{C} v_{i,3}+h_{V_3}\right)\Delta v_{C,3}\\
&-\frac{\partial h_{V_3}}{\partial T_3}\sum_{i=1}^{C} v_{i,3}\Delta T_3+0(\Delta l_{1,3}+\cdots+\Delta l_{C,N})=-H_2
\end{aligned} \tag{10-71}$$

虽然式子很长，在计算机程序中像式(10－71)那样的式子还是不难处理的。

作为进一步说明的例子，可由式(10－71)得到 Jacobian 矩阵中第$(2C+2)$行和第$(C+3)$列的元素，为

$$\frac{\partial H_2}{\partial l_{2,1}}=-\frac{\partial h_{L_1}}{\partial l_{2,1}}\sum_{i=1}^{C}l_{i,1}+h_{L_1} \tag{10-72}$$

Naphtali 和 Sandholm[23]列出了所有偏导数。

焓和 K 值的偏导数取决于用于计算这些性质的特定关联式，而且有时可通过只将主要项包括在内进行简化。例如，假定用 Chao－Seader 关联式计算 K 值。一般说来，

$$K_{i,j}=K_{i,j}\left\{p_j,T_j,\frac{l_{i,j}}{\sum\limits_{\kappa=1}^{C}l_{\kappa,j}},\frac{v_{i,j}}{\sum\limits_{\kappa=1}^{C}v_{\kappa,j}}\right\}$$

利用输出变量，偏导数 $\partial K_{i,j}/\partial T_j$；$\partial K_{i,j}/\partial l_{i,j}$ 和 $\partial K_{i,j}/\partial v_{i,j}$ 全部存在，如果需要，可解析表示或数值估算。但是，对某些问题，包括在这三组偏导数中的第一和第二组中的各项可能是占主导地位的项，所以第三组偏导数可取为零。

例 10.6

由 Redlich－Kwong 状态方程导出$(\partial h_V/\partial T)$的表示式。

解

由式(2－53)，

$$h_V=\sum_{i=1}^{C}(y_ih_{iV}^{\circ})+RT\left[Z_V-1-\frac{3A}{2B}\left(1+\frac{B}{Z_V}\right)\right]$$

式中 h_{iV}°、Z_V、A 和 B 都是 T 的函数，分别由式(2－36)和式(2－46)至式(2－50)确定。于是，

$$\frac{\partial h_V}{\partial T}=\sum_{i=1}^{C}\left[y_i\left(\frac{\partial h_{iV}^{\circ}}{\partial T}\right)\right]+R\left[Z_V-1-\frac{3A}{2B}\ln\left(1+\frac{B}{Z_V}\right)\right]$$
$$+RT\left\{\left(\frac{\partial Z_V}{\partial T}\right)-\frac{3}{2}\left(\frac{\partial(A/B)}{\partial T}\right)\ln\left(1+\frac{B}{Z_V}\right)\right.$$
$$\left.-\frac{3A}{2B}\left[\frac{1}{Z_V}\left(\frac{\partial B}{\partial T}\right)-\frac{B}{Z_V^2}\left(\frac{\partial Z_V}{\partial T}\right)\right]\right\}$$

由式(2－36)和式(2－35)得，

$$\left(\frac{\partial h_{iV}^{\circ}}{\partial T}\right)=\sum_{k=0}^{4}(a_k)_iT^k=(C_{P_V}^{\circ})_i$$

由式(2－48)和表 2.5 得，

$$B=\frac{bp}{RT}\qquad 和\qquad b=\frac{0.086\ 64RT_c}{p_c}$$

于是，

$$\frac{\partial B}{\partial T}=-\frac{B}{T}$$

由式(2－47)到(2－50)和表 2.5 得，

$$\frac{A}{B}=\frac{a}{bRT}\qquad 和\qquad a=\frac{0.427\ 48R^2T_c^{2.5}}{p_cT^{0.5}}$$

于是，

$$\frac{\partial(A/B)}{\partial T}=-1.5\frac{A}{BT}$$

由式(2－46)得，

$$Z_V^3 - Z_V^2 + (A - B - B^2)Z_V - AB = 0$$

利用隐式差分，

$$3Z_V^2 \frac{\partial Z_V}{\partial T} - 2Z_V \frac{\partial Z_V}{\partial T} + (A - B - B^2)\frac{\partial Z_V}{\partial T} + \frac{Z_V}{T}(-2.5A + B + 2B^2) + \frac{3.5AB}{T} = 0$$

可简化为

$$\frac{\partial Z_V}{\partial T} = \frac{(Z_V/T)(2.5A - B - 2B^2) - 3.5AB/T}{3Z_V^2 - 2Z_V + (A - B - B^2)}$$

因为 Thomas 算法可用于式(10－67)的分块三对角结构，所以只有在需要时才计算偏导数子矩阵。式(10－65)的求解采用 10.3 节中式(10－13)至式(10－18)给出，并用图 10.4 表示的方案，其中$\overline{\mathbf{A}}_j$、$\overline{\mathbf{B}}_j$、$\overline{\mathbf{C}}_j$、$-\overline{\mathbf{F}}_j$ 和 $\Delta\mathbf{X}_j$ 分别对应变量于 A_j、B_j、C_j、D_j 和 x_j。但是 10.3 节中简单的乘法和除法运算必须分别改变为矩阵乘法和求逆运算。这些步骤如下所述：

由级 1 开始，$\overline{\mathbf{C}}_1 \leftarrow (\overline{\mathbf{B}}_1)^{-1}\overline{\mathbf{C}}_1$，$\mathbf{F}_1 \leftarrow (\overline{\mathbf{B}}_1)^{-1}\mathbf{F}_1$ 和$\overline{\mathbf{B}}_1 \leftarrow \boldsymbol{I}$(单位子矩阵)。只储存$\overline{\mathbf{C}}_1$ 和 $\mathbf{F}_1$。对由 2 到$(N-1)$级中的级 j，$\overline{\mathbf{C}}_j \leftarrow (\overline{\mathbf{B}}_j - \overline{\mathbf{A}}_j\overline{\mathbf{C}}_{j-1})^{-1}\overline{\mathbf{C}}_j$，$\overline{\mathbf{F}}_j \leftarrow (\overline{\mathbf{B}}_j - \overline{\mathbf{A}}_j\overline{\mathbf{C}}_{j-1})^{-1}(\mathbf{F}_j - \overline{\mathbf{A}}_j\mathbf{F}_{j-1})$。然后$\overline{\mathbf{A}}_j \leftarrow 0$，和$\overline{\mathbf{B}}_j \leftarrow \boldsymbol{I}$。对每级储存$\overline{\mathbf{C}}_j$ 和 $\mathbf{F}_j$。对最后一级，$\overline{\mathbf{F}}_N \leftarrow (\mathbf{B}_N - \mathbf{A}_N\mathbf{C}_{N-1})^{-1}(\mathbf{F}_N - \mathbf{A}_N\mathbf{F}_{N-1})$，$\overline{\mathbf{A}}_N \leftarrow 0$，和$\overline{\mathbf{B}}_N \leftarrow \boldsymbol{I}$。因此，$\Delta\mathbf{X}_N = -\mathbf{F}_N$。至此完成了正向步骤。利用 $\Delta\mathbf{X}_j = -\mathbf{F}_j \leftarrow (\mathbf{F}_j - \overline{\mathbf{C}}_j\mathbf{F}_{j+1})$ 通过连续反向替换求得其余 $\Delta\mathbf{X}$ 的值。可用下面的例题说明这种方法。

例 10.7

用 Thomas 算法的矩阵形式求解具有分块三对角结构的下列矩阵方程。

$$\left[\begin{array}{ccc|ccc|ccc} 1 & 2 & 1 & 2 & 2 & 1 & 0 & 0 & 0 \\ 2 & 1 & 1 & 2 & 1 & 0 & 0 & 0 & 0 \\ 1 & 2 & 2 & 1 & 2 & 0 & 0 & 0 & 0 \\ \hline 0 & 1 & 3 & 1 & 2 & 1 & 1 & 2 & 1 \\ 0 & 0 & 1 & 2 & 2 & 0 & 1 & 2 & 0 \\ 0 & 0 & 2 & 2 & 1 & 1 & 1 & 1 & 0 \\ \hline 0 & 0 & 0 & 0 & 1 & 2 & 2 & 1 & 1 \\ 0 & 0 & 0 & 0 & 0 & 2 & 1 & 1 & 1 \\ 0 & 0 & 0 & 0 & 0 & 1 & 2 & 1 & 2 \end{array}\right] \cdot \left[\begin{array}{c} \Delta x_1 \\ \Delta x_2 \\ \Delta x_3 \\ \hline \Delta x_4 \\ \Delta x_5 \\ \Delta x_6 \\ \hline \Delta x_7 \\ \Delta x_8 \\ \Delta x_9 \end{array}\right] = \left[\begin{array}{c} 9 \\ 7 \\ 8 \\ \hline 12 \\ 8 \\ 8 \\ \hline 7 \\ 5 \\ 6 \end{array}\right]$$

解

此矩阵方程具有如下形式

$$\begin{bmatrix} \overline{\mathbf{B}}_1 & \overline{\mathbf{C}}_1 & 0 \\ \overline{\mathbf{A}}_2 & \overline{\mathbf{B}}_2 & \overline{\mathbf{C}}_2 \\ 0 & \overline{\mathbf{A}}_3 & \overline{\mathbf{B}}_3 \end{bmatrix} \begin{bmatrix} \Delta\mathbf{X}_1 \\ \Delta\mathbf{X}_2 \\ \Delta\mathbf{X}_3 \end{bmatrix} = - \begin{bmatrix} \mathbf{F}_1 \\ \mathbf{F}_2 \\ \mathbf{F}_3 \end{bmatrix}$$

遵照上述方法，由第一分块行开始，

$$\overline{\mathbf{B}}_1 = \begin{bmatrix} 1 & 2 & 1 \\ 2 & 1 & 1 \\ 1 & 2 & 2 \end{bmatrix}, \quad \overline{\mathbf{C}}_1 = \begin{bmatrix} 2 & 2 & 1 \\ 2 & 1 & 0 \\ 1 & 2 & 0 \end{bmatrix}, \quad \mathbf{F}_1 = \begin{bmatrix} -9 \\ -7 \\ -8 \end{bmatrix}$$

通过标准的矩阵求逆运算

$$(\bar{\mathbf{B}}_1)^{-1}=\begin{bmatrix}0 & 2/3 & -1/3\\ 1 & -1/3 & -1/3\\ -1 & 0 & 1\end{bmatrix}$$

通过标准的矩阵乘法

$$(\bar{\mathbf{B}}_1)^{-1}(\bar{\mathbf{C}}_1)=\begin{bmatrix}1 & 0 & 0\\ 1 & 1 & 1\\ -1 & 0 & -1\end{bmatrix}$$

用上式代替$\bar{\mathbf{C}}_1$，以及

$$(\bar{\mathbf{B}}_1)^{-1}(\mathbf{F}_1)=\begin{bmatrix}-2\\ -4\\ 1\end{bmatrix}$$

用上式代替 $\mathbf{F}_1$，以及

$$\mathbf{I}=\begin{bmatrix}1 & 0 & 0\\ 0 & 1 & 0\\ 0 & 0 & 1\end{bmatrix}\text{代替}\bar{\mathbf{B}}_1$$

对第二分块行，

$$\bar{\mathbf{A}}_2=\begin{bmatrix}0 & 1 & 3\\ 0 & 0 & 1\\ 0 & 0 & 2\end{bmatrix},\qquad \bar{\mathbf{B}}_2=\begin{bmatrix}1 & 2 & 1\\ 2 & 2 & 0\\ 2 & 1 & 1\end{bmatrix},$$

$$\bar{\mathbf{C}}_2=\begin{bmatrix}1 & 2 & 1\\ 1 & 2 & 0\\ 1 & 1 & 0\end{bmatrix},\qquad \bar{\mathbf{F}}_2=\begin{bmatrix}-12\\ -8\\ -8\end{bmatrix}$$

通过矩阵乘法和减法

$$(\bar{\mathbf{B}}_2-\bar{\mathbf{A}}_2\,\bar{\mathbf{C}}_1)=\begin{bmatrix}3 & 1 & 3\\ 3 & 2 & 1\\ 4 & 1 & 3\end{bmatrix}$$

对上式求逆得到

$$(\bar{\mathbf{B}}_2-\bar{\mathbf{A}}_2\,\bar{\mathbf{C}}_1)^{-1}=\begin{bmatrix}-1 & 0 & 1\\ 1 & 3/5 & -6/5\\ 1 & -1/5 & -3/5\end{bmatrix}$$

通过乘法运算得到

$$(\bar{\mathbf{B}}_2-\bar{\mathbf{A}}_2\,\bar{\mathbf{C}}_1)^{-1}\bar{\mathbf{C}}_2=\begin{bmatrix}0 & -1 & -1\\ 2/5 & 2 & 1\\ 1/5 & 1 & 1\end{bmatrix}$$

用上式代替$\bar{\mathbf{C}}_2$。用类似方法，完成该行和第三分块行的其余步骤给出

$$\begin{bmatrix} \begin{bmatrix}1&0&0\\0&1&0\\0&0&1\end{bmatrix} & \begin{bmatrix}1&0&0\\1&1&1\\-1&0&-1\end{bmatrix} & \begin{bmatrix}0&0&0\\0&0&0\\0&0&0\end{bmatrix} \\ \begin{bmatrix}0&0&0\\0&0&0\\0&0&0\end{bmatrix} & \begin{bmatrix}1&0&0\\0&1&0\\0&0&1\end{bmatrix} & \begin{bmatrix}0&-1&-1\\2/5&2&1\\1/5&1&1\end{bmatrix} \\ \begin{bmatrix}0&0&0\\0&0&0\\0&0&0\end{bmatrix} & \begin{bmatrix}0&0&0\\0&0&0\\0&0&0\end{bmatrix} & \begin{bmatrix}1&0&0\\0&1&0\\0&0&1\end{bmatrix} \end{bmatrix} \cdot \begin{bmatrix}\Delta X_1\\\Delta X_2\\\Delta X_3\\\Delta X_4\\\Delta X_5\\\Delta X_6\\\Delta X_7\\\Delta X_8\\\Delta X_9\end{bmatrix} = -\begin{bmatrix}-2\\-4\\+1\\+1\\-22/5\\-16/5\\-1\\-1\\-1\end{bmatrix}$$

于是，$\Delta X_7=\Delta X_8=\Delta X_9=1$。

由第二分块行开始其余反向步骤，有

$$\bar{\mathbf{C}}_2=\begin{bmatrix}0&-1&-1\\2/5&2&1\\1/5&1&1\end{bmatrix},\qquad \mathbf{F}_2=\begin{bmatrix}1\\-22/5\\-16/5\end{bmatrix}$$

$$(\mathbf{F}_2-\bar{\mathbf{C}}_2\ \bar{\mathbf{F}}_3)=\begin{bmatrix}-1\\-1\\-1\end{bmatrix}$$

于是，$\Delta X_4=\Delta X_5=\Delta X_6=1$。类似地，对第一分块行，结果为

$$\Delta X_1=\Delta X_2=\Delta X_3=1$$

通常，需要规定除冷凝器热负荷和/或再沸器热负荷之外的某些塔顶和塔底级变量。(实际上，冷凝器和再沸器热负荷通常是相互影响的，所以不推荐规定二者的数值。)通过从联立方程组中取消热量衡算函数 H_1 和/或 H_N，并用取决于要求规定的偏差函数代替它们，其他变量的规定不难完成。对设有分凝器的塔的各种可供选择的规定方式的函数列于表10.1中。

如果需要，可对式(10－54)进行修改以允许计算实际级而不是理论级。那么必须规定 Murphree 气相级效率的数值。这些数值通过如下定义与气相组成关联

$$\eta_j=\frac{y_{i,j}-y_{i,j+1}}{K_{i,j}x_{i,j}-y_{i,j+1}} \tag{10－73}$$

利用组分流率，式(10－73)变成如下偏差函数，并用它代替式(10－59)。

表 10.1　H_1 和 H_N 的可供选择的函数

规　定	H_1 的替换项	H_N 的替换项
回流或再沸(蒸出)比，(L/D)或(V/B)	$\sum l_{i,1}-(L/D)\sum v_{i,1}=0$	$\sum v_{i,N}-(V/B)\sum l_{i,N}=0$
级温，T_D或 T_B	$T_1-T_D=0$	$T_N-T_B=0$
产物流量，D 或 B	$\sum v_{i,1}-D=0$	$\sum l_{i,N}-B=0$
产物中的组分流量，d_i或 b_i	$v_{i,1}-d_i=0$	$l_{i,N}-b_i=0$
产物中的组分摩尔分率，y_{iD} 或 x_{iB}	$v_{i,1}-\left(\sum v_{i,1}\right)y_{iD}=0$	$l_{i,N}-\left(\sum l_{i,N}\right)x_{iB}=0$

$$E_{i,j}=\frac{\eta_j K_{i,j} l_{i,j}\sum_{\kappa=1}^{C} v_{\kappa,j}}{\sum_{\kappa=1}^{C} l_{\kappa,j}}-v_{i,j}+\frac{(1-\eta_j)v_{i,j+1}\sum_{\kappa=1}^{C} v_{\kappa,j}}{\sum_{\kappa=1}^{C} v_{\kappa,j+1}} \tag{10-74}$$

如果需要过冷的全凝器，则必须规定过冷程度，如 Naphtali 和 Sandholm[23]所指出的，对过冷全凝器用表示回流和馏出液组成相同的函数代替式(10－59)或式(10－74)。

用于 Newton－Raphson 法的 Naphtali－Sandholm 实现的算法如图 10.24 所示。题中对条件的规定是相当灵活的。所有进料的压力、组成、流量和进料级位置必须规定。每股进料的热状态可由焓、温度和汽化摩尔分率给定。如果发现进料由两相组成，两相可送入同一级或将气相直接送入设定的进料级上面的一级。可通过规定塔顶和塔底数值设定各级压力和级效率。其余数值可由线性内插获得。除非规定 Q_j 和 T_j，中间级被缺省假定为绝热。气相和/或液相侧线可利用总流量或某个特定组分的流量规定，或用侧线流量和剩余并流到下一级的流量之比值规定。塔顶和塔底级的规定从 Q_1 和 Q_N 中选择和/或更常见的从表 10.1 所列的其他规定中选择。

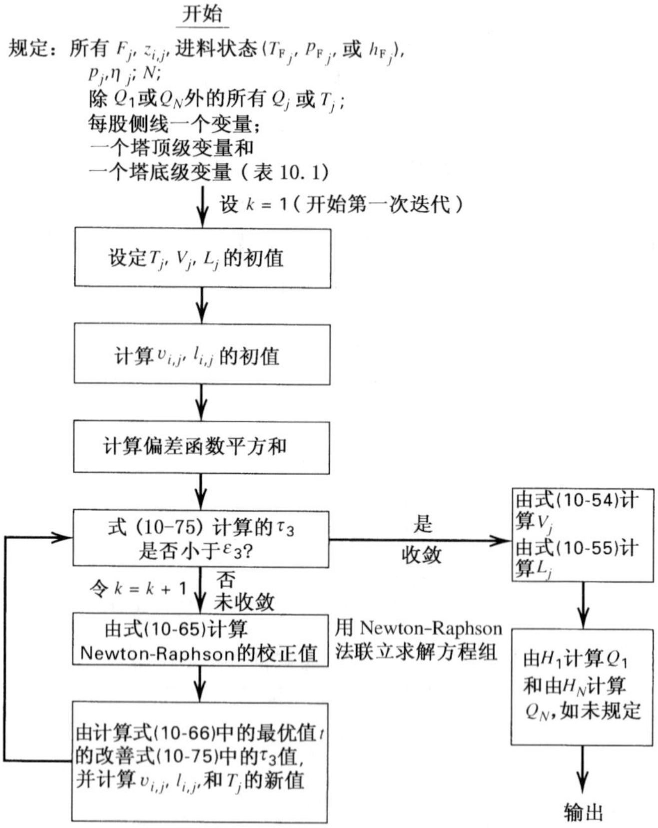

图 10.24　适用所有气(汽)-液分离器的 Naphtali－Sandholm 的 Newton－Raphson 算法

为了达到收敛，Newton－Raphson 法要求为所有输出变量提供适当的初值。并非要事先提供所有这些初值，如果已假定塔底和塔顶级，或一个或多个中间级的 T、V 和 L 的初值，我们可在此基础上产生其他输出变量的初值。通过给定的 T_j 值和计算的(V_j/L_j)值的线性内插，不难获得其余 T_j、V_j 和 L_j 的初值。然后可通过两种方法之一获得 $v_{i,j}$ 和 $l_{i,j}$ 的初值。

如果 K 值与组成无关，或可按此近似处理，一种方法可作为在 BP 法和 SR 法的第一次迭代中由式(10－12)和式(10－2)计算 $x_{i,j}$ 和相应的 $y_{i,j}$。通过在某种平均塔压下对组合进料进行闪蒸计算并采用近似塔顶和塔底产物比的 V/L 可获得更为粗略的估计值。假定得到的平衡气相和液相组成适用于每一级。第二种方法的有效性令人惊奇，但对困难的案例优先采用第一种方法。对这两种方法，都可用 $x_{i,j}$ 和 $y_{i,j}$ 值通过分别求解式(10－56)和式(10－57)获得 $l_{i,j}$ 和 $v_{i,j}$ 的初始组分流率。

根据所有输出变量的初值，计算偏差函数的平方和并与收敛判据比较

$$\tau_3=\sum_{j=1}^{N}\left\{(H_j)^2+\sum_{i=1}^{C}\left[(M_{i,j})^2+(E_{i,j})^2\right]\right\}\leqslant \varepsilon_3 \tag{10-75}$$

为使所有偏差函数的值具有相同数量级，必须用近似等于汽化潜热(例如，1 000 Btu/lbmol)的标量因子除以能量衡算函数 H_j。如果收敛判据由下式计算

$$\varepsilon_3=N(2C+1)\left(\sum_{j=1}^{N}F_j^2\right)\times 10^{-10} \tag{10-76}$$

得到的输出变量收敛值一般将精确到四位或四位以上有效数字。当采用式(10－76)时，大多数问题可在 10 次迭代以内收敛。

一般说来，在假定各输出变量等于初值的第一次迭代过程中，收敛判据远未满足。对每一次后续迭代，由式(10－65)计算 Newton－Raphson 校正值。这些校正值被直接加到输出变量的现值上得到输出变量的一组新值。作为另一种选择，可采用式(10－66)，式中 t 为非负的标量步长因子。在每次迭代中，对所有输出变量采用同一个 t 值。允许 t 值从略微大于零变化到 2，当 t 值适当时，可起阻尼或加速收敛的作用。对每次迭代，搜索最优的 t 值使式(10－75)给出的平方和为最小。一般说来，t 的最优值从第二次迭代时在 0 与 1 之间的初始值逐步变化到收敛判据将达到时的几乎等于或略大于 1。在每次迭代中寻找 t 的有效的最优化方法是 Fibonacci 搜索[25]。如果在设定范围内无法找到 t 的最优值，则可设 t 等于 1，或某个较小的值，并可允许平方和增大。一般说来，经过几次迭代后，每次迭代的平方和将逐渐减小。

如果式(10－66)的应用导致负的组分流量，Naphtali 和 Sandholm 推荐如下映射方程，它可将未知变量的值减小为接近零的非负值

$$X^{(k+1)}=X^{(k)}\exp\left[\frac{t\Delta X^{(k)}}{X^{(k)}}\right] \tag{10-77}$$

此外，还建议限制每次迭代的温度校正。

Naphtali－Sandholm SC 法容易推广到涉及两个液相的多级分离器(例如萃取)和三相共存的分离器，如 Block 和 Hegner[26]所说明的，以及相互联接的分离器，如 Hofeling 和 Seader [27]所说明的。

例 10.8

设计一再沸吸收器分离例 10.2 和例 10.4 的烃类气体进料。与例 10.4 组成相同的吸收剂油将进入塔顶级。图 10.25 提供了全部规定。770 lbmol/h(349 kmol/h)塔底产物对应两股进料中的 C_3 及比 C_3 重的组分的数量。于是，该塔被设计成一个脱乙烷塔。假定所有级效率为 100%，用 Newton－Raphson 法计算各级温度、级间气相和液相流量及组成和再沸器热负荷。将进料的分离程度与例 10.2 中常规精馏达到的分离程度进行比较。

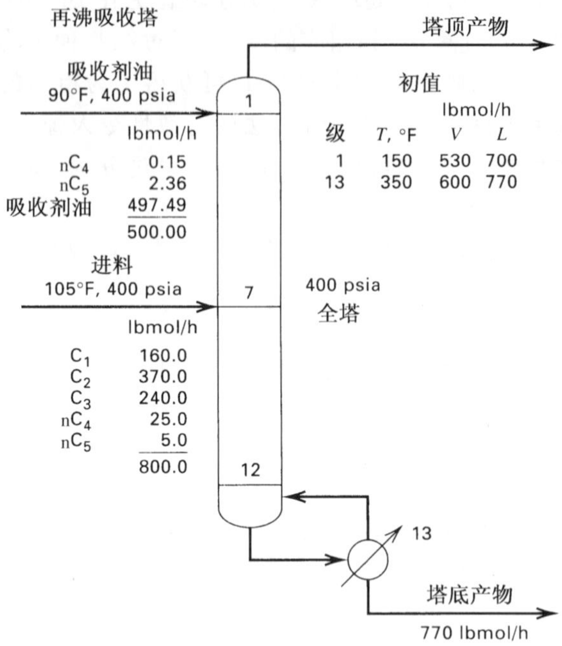

图 10.25　例 10.8 的规定

解

采用 Naphtali 和 Sandholm 法的数字计算机程序。假定 K 值和焓与组成无关，并可用以增量为 100 ℉的 0 到 400 ℉(−17.8℃到 204.4)的表列数据内插计算。

由式(10－76)得收敛判据为

$$\varepsilon_3=13\times(2\times6+1)(500+800)^2\times10^{-10}=2.856\times10^{-2}$$

图 10.26 所示为 169 个偏差函数的平方和在逐次迭代中的减少过程。为满足收敛判据需要七次迭代。初次迭代系根据对图 10.25 所示的初值的内插，并结合在 400 psia(2.76 MPa)压力下组合进料的闪蒸，计算得到的未知变量值。于是，对第一次迭代，计算得到如下摩尔分率组成，并假定它们适用于每一级。

组分	y	x
C_1	0.260 3	0.028 6
C_2	0.485 8	0.146 2
C_3	0.235 8	0.149 4
nC_4	0.014 3	0.022 1
nC_5	0.002 5	0.007 8
吸收剂油	0.000 3	0.645 9
	1.000 0	1.000 0

相应的偏差函数平方和 τ_3 为 2.865×10^7，是非常大的。后续迭代采用 Newton－Raphson 法。对第 2 次迭代，求得 t 的最优值为 0.34。但这仅导致平方和的略微减小。对第 3 次迭代，t 的最优值增大为 0.904，而平方和减小了一个数量级。对第 4 次及以后的迭代，t 对平

方和的影响如图 10.26 所示。在第 4 次迭代之后,每次迭代平方和至少减小两个数量级。还有,t 的最优值也被相当清晰地确定,相当接近数值 1。每次迭代均可获得 τ_3 的改善。

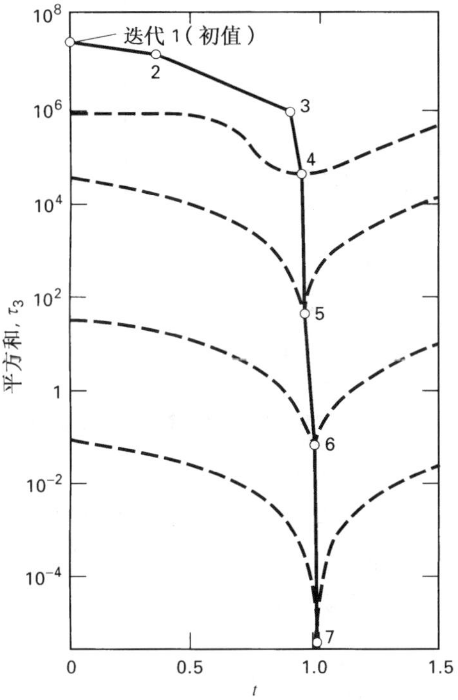

图 10.26　例 10.8 的收敛方式

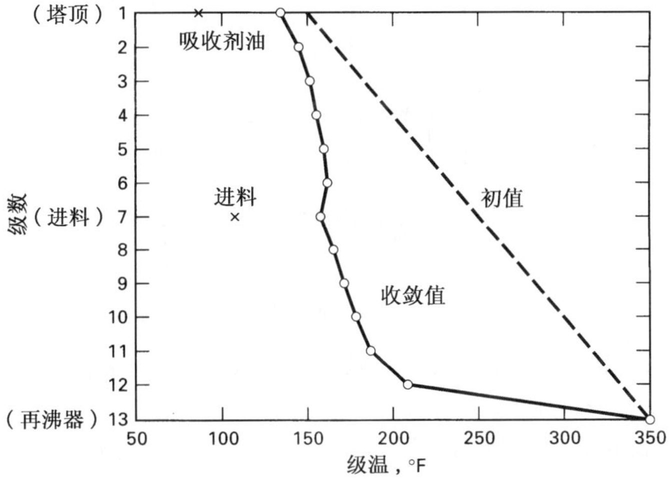

图 10.27　例 10.8 的收敛温度分布

在图 10.27 和图 10.28 中,收敛的温度和 V/L 分布与初始假定分布作了比较。在图 10.27 中,收敛温度与随级数线性分布的温度差别显著。在进料级以上,从塔顶往下温度逐渐升高,但升幅渐减。从级 6 到级 7 温度较低的进料导致温度略微下降。从级 7 到级 13 温度继续升高。特别剧烈的温升发生在塔底级到加入热量的再沸器之间。在图 10.28 中,

V/L分布与随级数线性分布的 V/L 差别显著。此比值的剧烈变化发生在塔顶、塔中和塔底。

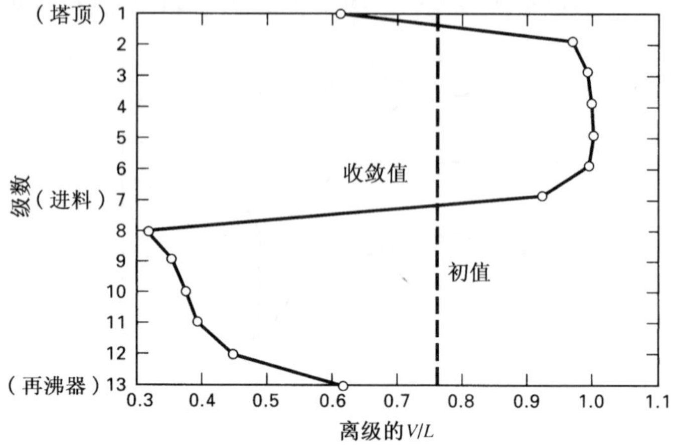

图 10.28　例 10.8 的收敛气-液流量比

两个关键组分(乙烷气体和丙烷液体)的组分流量分布如图 10.29 所示。初始猜测值和收敛值相差悬殊。除塔底外,丙烷液体分布是相当有规律的,在塔底因为再沸器中的汽化,发生丙烷流量的显著下降。乙烷流量的显著变化发生在塔顶,在塔顶进入的油吸收了相当数量的乙烷,而在进料级有大量的乙烷气体进入。

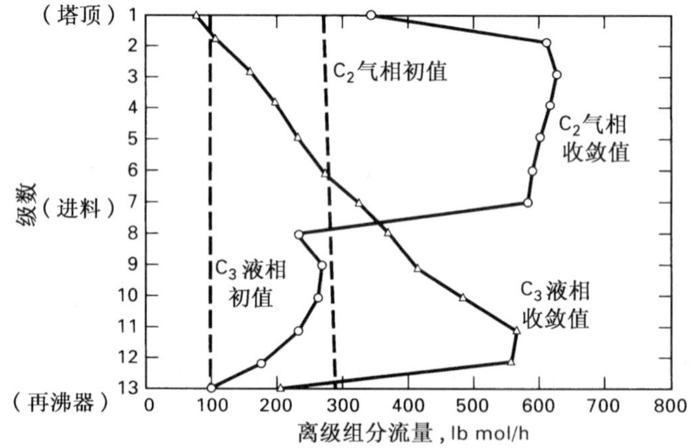

图 10.29　例 10.8 的收敛的关键组分流量

再沸器热负荷和塔顶与塔底组成的收敛值列于表 10.2。表中还包括用 Chao - Seader 方程和 Soave - Redlich - Kwong 方程计算的 K 值和焓代替与组成无关的表列性质内插值的另外两种解法的收敛结果。Soave - Redlich - Kwong 方程预测了两关键组分间较清晰的分离。此外,Soave - Redlich - Kwong 方程预测的塔底温度高得多,再沸器热负荷也大得多。如第 4 章中曾讨论过的,物性对平衡级计算的影响是明显的。

将本例用再沸吸收达到的分离与例 10.2 中对相同进料用如图 10.9 所示的常规精馏达到的分离进行比较是令人感兴趣的。对相同级数,常规精馏分离导致清晰得多的分离以及低得多的塔底温度和再沸器热负荷。但是,对塔顶冷凝器必须采用冷冻,而且回流量是吸收剂油流量的两倍。如果使吸收剂油流量等于回流量,计算给出的分离几乎与常规精馏一样清晰。但是,塔底温度和再沸器热负荷将分别增加到约 600 ℉(315.6℃)和 60 000 000 Btu/h (63.3 GJ/h)。

表 10.2　例 10.8 的产物组成和再沸器热负荷

	组成无关的表列性质	Chao - Seader 关联式	Soave - Redlich - Kwong 方程
塔顶组分流量/(lbmol · h^{-1})			
C_1	159.99	159.98	159.99
C_2	337.96	333.52	341.57
C_3	31.79	36.08	28.12
nC_4	0.04	0.06	0.04
nC_5	0.17	0.21	0.18
吸收剂油	0.05	0.15	0.10
总计	530.00	530.00	530.00
塔底组分流量/(lbmol · h^{-1})			
C_1	0.01	0.02	0.01
C_2	32.04	36.4	28.43
C_3	208.21	203.92	211.88
nC_4	25.11	25.09	25.11
nC_5	7.19	7.15	7.18
吸收剂油	497.44	497.34	497.39
总计	770.00	770.00	770.00
再沸器热负荷/(Btu · h^{-1})	11 350 000	10 980 000	15 640 000
塔底温度/℉	346.4	338.5	380.8

10.5　内外层法

在 10.3 节中讲述的泡点(BP)法和流率加和(SR)法及 10.4 节中讲述的 Newton - Raphson 法中,大部分计算工作量花费在计算 K 值、气相焓和液相焓上,尤其当采用严格的热力学性质模型(如 Soave - Redlich - Kwong 方程、Peng - Robinson 方程、Wilson 方程、NRTL 方程和 UNIQUAC 方程)时。如图 10.30(a)和 10.30(b)中所见,每次迭代都进行这种物性计算。而且,在每次迭代中都需要计算下列导数:(1)对 Newton - Raphson 法,上述三种热力学性质对温度和两相组成的偏导数;(2)BP 法中 K 值对温度的偏导数,除非用 Muller 计算泡点;(3)SR 法中气相和液相焓对温度的偏导数。

1974 年,Boston 和 Sullivan[28]提出了一种在设计定态多组分分离操作时为显著减少花费在热力学性质计算上的时间而设计的算法。如图 10.30(c)所示,采用两组热力学性质模型:(1)通常用于收敛内层回路计算的简化、近似经验模型;(2)较少用于外层回路的严格和复杂的模型。在内层回路总是用近似模型求解 MESH 方程。用于近似模型的经验方程中的参数则仅以较低的频率在外层回路中用严格模型更新。Boston - Sullivan 法的显著特征是这类内层和外层回路;因此将这类方法命名为内外层法。另一种较少使用的名称是双层法。

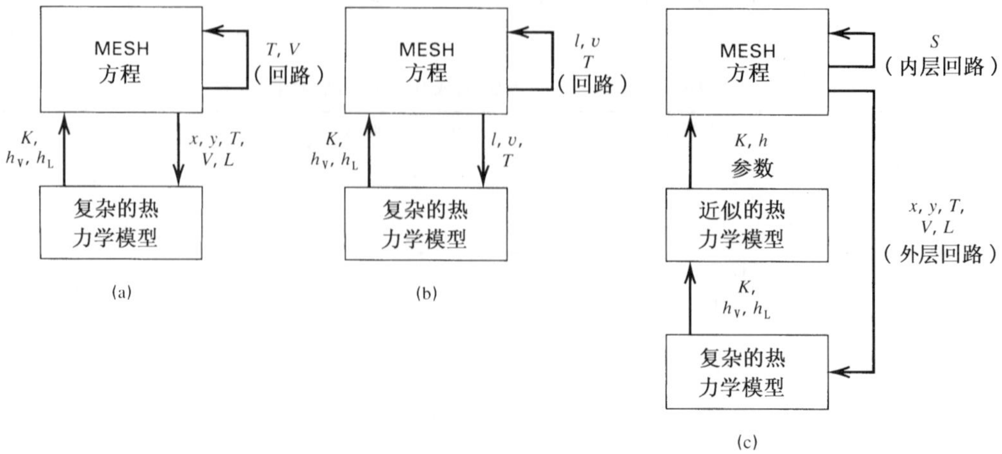

图 10.30　热力学性质关联式结合进入交互作用的回路

(a) BP 法和 SR 法；(b) Newton - Raphson 法；(c) 内外层法

如图 10.30 所示，区分内外层法的另一个差别是迭代变量的选择。对 Newton - Raphson 法，迭代变量是 $l_{i,j}$、$v_{i,j}$ 和 T_j。对 BP 法和 SR 法，选择的迭代变量是 $x_{i,j}$、$y_{i,j}$、T_j、L_j 和 V_j。对内外层法，外层回路的迭代变量是计算热力学性质的经验方程中的参数。内层迭代变量则与汽提因子 $S_{i,j}=K_{i,j}V_j/L_j$ 有关。

在 1974 年关于内外层法的原始表述中，这种方法的推导和应用限于表 5.4 中第Ⅱ类变量规定的烃类精馏（中等非理想系统），但可有多股进料、侧线和中间换热器。对这些应用，内外层法均表现出快速和稳定的特征。自 1974 年以来，在许多公开发表的论文[29、30、31、32、33、34]和模拟计算机程序的有专利权的实现方法中对此法作了扩充和改进。这些扩充允许内外层法应用于几乎所有类型的定态、多组分、多级气-液分离操作。在由 ASPEN 技术公司开发的 ASPEN PLUS 软件中称为 RADFRAC 和 MULTIFRAC 的计算机程序中的内外层法的广泛的实施方法中，这些应用包括：

(1) 吸收、汽提、再沸吸收、再沸汽提、萃取精馏和恒沸精馏；

(2) 三相（气-液-液）系统；

(3) 反应系统；

(4) 需要活度系数模型的强非理想系统；

(5) 分离装置相互连接的系统，包括中间换热、旁路和外部换热器；

(6) 窄沸点、宽沸点和哑铃型（主要为重组分和轻组分，几乎没有中间组分）的进料；

(7) 无水系统；

(8) 表 5.2 中规定回流比和产物流量的类型Ⅱ之外的各种规定方式（如规定产物纯度）；

(9) 采用 Murphree 级效率。

内外层法利用了迭代计算的下列特征：

(1) 组分相对挥发度的变化远小于组分 K 值；

(2) 汽化焓的变化小于两相焓；

(3) 组分汽提因子将各级温度及液相和气相流量的影响结合在一起。

内外层法的内层回路采用相对挥发度、能量和汽提因子，改善了稳定性并节省了计算时间。广泛应用的内外层法的实现方法是 Russell[31]的方法，本节将与 Jelinek[33]建议并验证的进一步改进一起阐述。

10.5.1 MESH 方程

与 BP 法、SR 法和 Newton - Raphson 法一样，将再次应用图 10.1 和图 10.3 中的平衡级模型。方程的形式类似于利用组分流量的 Newton - Raphson 法。但是，除此以外，将定义下列内层回路变量：

$$\alpha_{i,j}=K_{i,j}/K_{b,j} \tag{10-78}$$

$$S_{b,j}=K_{b,j}V_j/L_j \tag{10-79}$$

$$R_{\mathrm{L},j}=1+U_j/L_j \tag{10-80}$$

$$R_{\mathrm{V},j}=1+W_j/V_j \tag{10-81}$$

式中 K_b是基准或虚拟参考组分的 K 值，$S_{b,j}$是基准组分的汽提因子，$R_{\mathrm{L},j}$是液相抽出因子，$R_{\mathrm{V},j}$是气相抽出因子。对没有侧线物流的级，$R_{\mathrm{L},j}$和 $R_{\mathrm{V},j}$还原为 1。利用式(10 - 78)到式(10 - 81)定义的变量，式(10 - 54)到式(10 - 57)依旧适用，但 MESH 方程，式(10 - 58)到式(10 - 60)变成下列形式，其中式(10 - 83)来自利用式(10 - 80)到式(10 - 82)消去变量 V 和侧线物流比 s 和 S：

相平衡：

$$v_{i,j}=\alpha_{i,j}S_{b,j}l_{i,j},\qquad i=1\text{ 到 }C,j=1\text{ 到 }N \tag{10-82}$$

组分物料衡算：

$$l_{i,j-1}-(R_{\mathrm{L},j}+\alpha_{i,j}S_{b,j}R_{\mathrm{V},j})l_{i,j}+(\alpha_{i,j+1}S_{b,j})l_{i,j+1}=-f_{i,j},\qquad i=1\text{ 到 }C,j=1\text{ 到 }N \tag{10-83}$$

能量衡算：

$$H_j=h_{\mathrm{L}_j}R_{\mathrm{L}_j}L_j+h_{\mathrm{V}_j}R_{\mathrm{V}_j}V_j-h_{\mathrm{L}_{j-1}}L_{j-1}-h_{\mathrm{V}_{j+1}}V_{j+1}-h_{\mathrm{F}_j}F_j-Q_j=0,\qquad j=1\text{ 到 }N \tag{10-84}$$

式中 $S_{i,j}=\alpha_{i,j}S_{b,j}$。

此外，用于 Newton - Raphson 法的表 10.1 所示的各类偏差函数可加到 MESH 方程上以允许采用各种合理的产物规定。

10.5.2 严格和复杂的热力学性质模型

适用于图 10.30 的复杂的热力学模型包括第 2 章中讨论的各类模型，包括基于 $p-V-T$状态方程的模型(例如，Soave - Redlich - Kwong 方程和 Peng - Robinson 方程)与预测液相活度系数的基于自由能的模型(如 Wilson 方程、NRTL 方程和 UNIQUAC 方程)。利用这些模型产生近似的热力学性质模型中的参数。一般说来，严格的物性模型具有如下形式：

$$K_{i,j}=K_{i,j}(p_j,T_j,x_j,y_j) \tag{10-85}$$

$$h_{V_j}=h_{V_j}(p_j,T_j,y_j) \tag{10-86}$$

$$h_{L_j}=h_{L_j}(p_j,T_j,x_j) \tag{10-87}$$

10.5.3 近似的热力学性质模型

K 值

用于内外层法的近似模型被设计成能方便地计算级温和汽提因子。与 Boston 和 Sullivan[28]的模型及来自 Robinson 和 Gilliland[35]经典教科书的建议的原始模型仅略有差别的 Rossell[31]和 Jelinek[33]的近似 K 值模型为式(10－78)与下式的结合：

$$K_{b,j}=\exp(A_j-B_j/T_j) \tag{10-88}$$

进料中的任一组分或虚拟的参考组分均可选择作为基准组分 b,但优先采用后者。对这种情况,基准组分由采用如下形式的气相组成加权确定：

$$K_{b,j}=\exp\left(\sum_i w_{i,j}\ln K_{i,j}\right) \tag{10-89}$$

式中 $w_{i,j}$ 为下式给出的加权函数

$$w_{i,j}=\frac{y_{i,j}[\partial\ln K_{i,j}/\partial(1/T)]}{\sum_i y_{i,j}[\partial\ln K_{i,j}/\partial(1/T)]} \tag{10-90}$$

式(10－78)中唯一的 K_b 模型和 $\alpha_{i,j}$ 值对每一级 j 由严格模型确定的 $K_{i,j}$ 值导出。在塔顶级,基准组分将接近一种轻组分,而在塔底级,基准组分将接近一种重组分。式(10－90)中的偏导数可由严格模型用数值法或解析法求取。为确定式(10－88)中的 A_j 和 B_j 值,对每一级必须选择两个温度。例如,可选择两个相邻级 $j-1$ 和 $j+1$ 的估计温度或当前温度。这两个温度称为 T_1 和 T_2,并对每一级的基准组分 b 利用式(10－88)：

$$B=\frac{\ln(K_{bT_1}/K_{bT_2})}{\left(\frac{1}{T_2}-\frac{1}{T_1}\right)} \tag{10-91}$$

和

$$A=\ln K_{bT_1}+B/T_1 \tag{10-92}$$

如果涉及强非理想的液相溶液,建议如式(2－27)中将严格的 K 值分离为两部分。于是,

$$K_i=\gamma_{iL}(\phi_{iL}/\bar{\phi}_{iV}) \tag{10-93}$$

然后,$(\phi_{iL}/\bar{\phi}_{iV})$被用于确定 K_b,并如 Boston[30]所建议的,在参考温度 T^* 下,用如下线性函数对液相摩尔分率拟合每一级的 γ_{iL} 以获得近似估计值 γ_{iL}^*

$$\gamma_{iL}^*=a_i+b_ix_i \tag{10-94}$$

然后用 $\alpha_{i,j}\gamma_{iL}^*$ 代替 $\alpha_{i,j}$ 修正式(10－83),这里

$$\alpha_{i,j}=\frac{(\phi_{iL}/\bar{\phi}_{iV})_j}{K_{b,j}} \tag{10-95}$$

而不是式(10－78)给出的 $\alpha_{i,j}$。

焓

Boston 和 Sullivan[28]及 Rossell[31]采用相同的近似焓模型。Jelinek[33]没有应用近似焓模型,因为不能像证明采用近似的和严格的 K 值模型是合理的那样证明采用两种焓模型涉及的额外的复杂性总是合理的。

焓计算的基础与第 2 章中讨论的严格方程是相同的。于是，对任一相，由表 2.6 得，

$$h = h^{\circ}_{V} + (h - h^{\circ}_{V}) = h^{\circ}_{V} + \Delta H \tag{10-96}$$

式中 h°_{V} 是由多项式(2-35)和式(2-36)给出的理想气体焓，对 h_V 以气相组成为基准，对 h_L 则以液相组成为基准。ΔH 项为焓差，对气相，考虑压力的影响，$\Delta H_V = (h_V - h^{\circ}_{V})$，而对液相，如式(2-57)所指出的，考虑汽化焓和压力对气液两相的影响，$\Delta H_L = (h_L - h^{\circ}_{V})$。尤其重要的是汽化焓，它对 ΔH_L 具有决定性的影响。焓计算中花费时间的是两个焓差项，当采用状态方程时，这两项的计算是相当复杂的。因此，在近似的焓方程中，用两个线性函数代替严格的焓差，

$$\Delta H_{Vj} = c_j - d_j(T_j - T^*) \tag{10-97}$$

和

$$\Delta H_{Lj} = e_j - f_j(T_j - T^*) \tag{10-98}$$

上两式中焓差用单位质量焓计算，而不用单位摩尔焓，以及 T^* 为参考温度。参数 c、d、e 和 f 则在每次外层回路迭代中由严格模型估算。

10.5.4　内外层算法

Rossell[31]的内外层算法包括初始化方法、内层回路迭代和外层回路迭代。

初始化方法

在能够开始内层或外层回路计算前，必须对所有各级的 $x_{i,j}$、$y_{i,j}$、T_j、V_j 和 L_j 提供足够好的估计值。Boston 和 Sullivan[28]建议下列步骤：

(1) 规定理论级数、所有进料的状态、进料级位置和塔压分布；

(2) 规定每股产物(包括侧线物流)的抽出位置和每个换热器的位置；

(3) 提供每股产物和每个中间换热器的其他规定；

(4) 如果未作规定，估计每股产物的抽出流量，并估计每个 V_j 值。由总物料衡算方程式(10-6)估计 L_j 值；

(5) 通过将所有进料物流结合(组合进料)并确定平均塔压下的泡点和露点，估计初始温度分布 T_j。露点温度取为塔顶温度 T_1，而泡点温度取为塔底温度 T_N①，中间级温度通过线性内插估算。用于式(10-94)、式(10-97)和式(10-98)的参考温度 T^* 被设定等于 T_j；

(6) 在平均塔压和平均塔温下对组合进料进行等温闪蒸计算，得到的气相和液相组成 $x_{i,j}$ 和 $y_{i,j}$ 为每一级的估计组成；

(7) 利用步骤 1 到 6② 的初始估计值，采用选择的复杂热力学性质关联式在外层回路逐级确定 K 和 h 的近似模型的参数 A_j、B_j、$a_{i,j}$、$b_{i,j}$、c_j、d_j、e_j、f_j、$K_{b,j}$ 和 $\alpha_{i,j}$；

(8) 由式(10-79)、式 10-80)和式(10-81)计算 $S_{b,j}$、$R_{L,j}$ 和 $R_{V,j}$ 的初值。

内层回路计算步骤

如图 10.30(c)所示，内层回路计算的迭代步骤由步骤 7 所列外层回路的一组参数值开

① 此句似有误，同一组成的物料在相同压力下，露点温度高于泡点温度，因此在确定初始温度分布时应取露点温度为塔底温度，泡点温度为塔顶温度。——译者注。

② 原文误为步骤 1 到 7——译者注。

始，这组参数最初由线性化程序获得，以后则利用内层回路的结果由外层回路计算获得。

(9) 采用三对角矩阵算法，对 C 个组分中的每一个由式(10－83)组成的 N 个方程计算组分液相流量 $l_{i,j}$。

(10) 由式(10－82)计算组分气相流量 $v_{i,j}$。

(11) 分别用式(10－54)和式(10－55)由组分流量计算总流量 V_j 和 L_j 的修正值。

(12) 为计算级温 T_j 的修正值，由式(10－57)计算每一级的 x_i 值，然后将泡点方程式(4－21) $\sum_i K_i x_i = 1$ 和式(10－78)相结合计算 $K_{b,j}$ 的一组修正值，这给出

$$K_{b,j} = 1/\sum_{i=1}^{C}(\alpha_{i,j} x_{i,j}) \tag{10-99}$$

用这组新的 $K_{b,j}$ 值，用式(10－88)的如下形式计算级温的一组新值：

$$T_j = \frac{B_j}{A_j - \ln K_{b,j}} \tag{10-100}$$

在内层回路迭代的这一步，我们已获得了一组新的 $v_{i,j}$、$l_{i,j}$ 和 T_j 值，对估算的热力学性质，这组值满足组分物料衡算和相平衡方程。但是，这些值不满足能量衡算和规定方程，除非估计的基准组分汽提因子和产物抽出流量都是正确的。

(13) 选择内层回路迭代变量为

$$\ln S_{b,j} = \ln(K_{b,j} V_j / L_j) \tag{10-101}$$

结合任何其他迭代变量。对图 10.9 所示的简单精馏塔，不需要其他内层回路迭代变量。如果规定回流比(L/D)和塔底流量(B)代替两个热负荷，这是比较常见的情况，那么再添加采取偏差函数 D_1 和 D_2 形式的表 10.1 中的两个规定方程代替 H_1 和 H_N 的两个方程式(10－84)：

$$D_1 = L_1 - (L/D)V_1 = 0 \tag{10-102}$$

$$D_2 = L_N - B = 0 \tag{10-103}$$

对每股侧线物流，添加一个侧线物流抽出因子作为内层回路迭代变量，例如，$\ln(U_j/L_j)$ 和 $\ln(W_j/V_j)$，和一个关于纯度或某个其他变量的规定方程。

(14) 由式(10－96)到式(10－98)计算所有物流的焓。

(15) 除了由适当的 H_1 计算 Q_1 和由 H_N 计算 Q_N 外，用能量衡算方程式(10－84)和式(10－102)、式(10－103)等计算 H_j、D_1、D_2 等的归一化偏差。典型的归一化方法已在 10.4 节的 Newton－Raphson 法中讨论。

(16) 计算 H_j、D_1、D_2 等对式(10－101)中的各迭代变量的偏导数 Jacobian 矩阵。这可采用数值微分法通过每个迭代变量的连续扰动和步骤 9 到 15 的偏差函数的重复计算完成。

(17) 用 10.3 节中对 *SR* 法和 10.4 节中对 Newton－Raphson 法所讨论的 Newton－Raphson 迭代算法计算内层回路迭代变量的校正值。

(18) 用式(10－66)由迭代变量的原值和校正值之和计算迭代变量的新值，如果需要，采用阻尼减小归一化偏差函数的平方和。

(19) 检查平方和是否足够小。如是，进入下文所述的外层回路计算步骤。如否，利用迭代变量的最新值重复步骤 15 到 18。对于步骤 15 到 18 的任何一次后续循环计算，Rossell[31]采用 Broyden[36]的更新算法以避免反复计算 Jacobian 偏导数矩阵。而 Jelinek[33]推荐采用每次内层回路迭代都重新计算偏导数的标准 Newton－Raphson 法。

(20) 在步骤 15 到 19 收敛后，步骤 9 到 12 将产生一组改善的原始变量 $x_{i,j}$、$v_{i,j}$、$l_{i,j}$、T_j、

V_j和L_j。由式(10－56)可计算相应的$y_{i,j}$值。直到近似的热力学性质与严格模型计算的性质一致，才对这些变量的数值进行校正。将这些原始变量值输入外层回路计算，使近似模型和复杂模型不断达到更进一步的一致。

外层回路计算步骤

(21) 利用步骤 20 的原始变量值由复杂热力学模型计算相对挥发度和物流焓。如果它们与用于开始内层回路迭代的前一次的值相当一致，则外层和内层迭代均收敛，已求得问题的解。如果不一致，进行步骤 22。

(22) 如同初始化步骤 7 中，利用复杂模型逐级确定外层回路近似模型 K 和 h 参数的数值。

(23) 如同初始化步骤 8 中，计算 $S_{b,j}$、$R_{L,j}$和$R_{V,j}$的值。

(24) 重复步骤 9 到 20 的内层回路计算。

不能保证内外层法的收敛性。但是，对大多数问题此法是稳定和快速的。因为初始估计值差，导致塔内某些位置流量为负或零时，收敛可能遇到困难。为克服这种倾向，用有时称为基准汽提因子的标量乘数 S_b，乘以所有组分汽提因子，给出

$$S_{i,j}=S_b\,\alpha_{i,j}S_{b,j} \tag{10-104}$$

S_b值的初始选择应使初始化步骤的结果能给出全塔组分流量的合理分布。Russell 推荐 S_b 值只选一次，而 Boston 和 Sullivan 对每组新的 $S_{b,j}$值均计算一新的 S_b值。

对强非理想混合物，内外层法的应用可能变得相当困难。当遇到这种情况时，可优先采用 Newton－Raphson 法。如果 Newton－Raphson 法也不能收敛，Kister[37]阐述的松弛法或延拓法通常能成功收敛，但与内外层法能成功收敛的类似问题相比，计算时间可能会有数量级的增加。

例 10.9

对例 10.7 所示的精馏塔条件用内外层法获得一收敛解，热力学性质用 SRK 状态方程计算。

解

可用 Chemstations 公司的 CHEMCAD 过程模拟程序中的设备模块 TOWR(内外层法)求得计算机解。唯一的初始假定为冷凝器出口温度为 65 ℉和塔底产物温度为 165 ℉。计算得到进料泡点温度为 123.5 ℉。在初始化步骤中，T 的单位用°R，由 SRK 方程确定的式(10－88)中的常数 A 和 B 如下所列：

级	T/℉	A	B	K_b
1	65	6.870	3 708	0.821 9
2	95	6.962	4 031	0.737 4
3	118	7.080	4 356	0.634 1
4	142	7.039	4 466	0.678 5
5	165	6.998	4 576	0.720 5

式(10－97)和式(10－98)中的焓系数 c、d、e 和 f 这里未列入表内，但也可根据初始温度分布逐级计算。

在内层回路计算步骤中，用三对角矩阵法由式(10－83)计算组分流量。得到的塔底产

物流量与规定值 50 lbmol/h 略有偏离。但是，用式(10－104)中的基准汽提因子 S_b, 为 1.186 3修正组分汽提因子，塔底流量的误差减小为 0.73%。

来源于求解归一化能量衡算方程式(10－84)的初始内层回路误差仅为 0.046 24。两次内层回路迭代后此值减小为 0.000 401。

至此，在内外层法中修正的塔内温度和相组成分布可用于在外层回路中用复杂的 SRK 热力学模型计算更新近似的 K 和 h 常数。为获得满意的能量方程的收敛只需一次内层回路迭代。在外层回路中再次对 K 和 h 常数进行更新。在一次内层回路迭代后，发现近似的 K 和 h 值已足够接近全部收敛所达到的 SRK 方程的值。于是，总共只需要三次外层回路迭代和四次内层回路迭代。

为说明内外层法收敛本例的效率，三次外层回路迭代的结果被全部汇总在下表中：

外层回路迭代	级温/℉				
	T_1	T_2	T_3	T_4	T_5
初值	65	—	—	—	165
1	82.36	118.14	146.79	172.66	193.20
2	83.58	119.50	147.98	172.57	192.53
3	83.67	119.54	147.95	172.43	192.43
外层回路迭代	总液体流量/(lbmol·h^{-1})				
	L_1	L_2	L_3	L_4	L_5
规定	100	—	—	—	—
1	100.00	89.68	187.22	189.39	50.00
2	100.03	89.83	188.84	190.59	49.99
3	100.0	89.87	188.96	190.56	50.00

外层回路迭代	塔底产物组分流量/(lbmol·h^{-1})			
	C_3	nC_4	nC_5	L_5
1	0.687	12.045	37.268	50.000
2	0.947	12.314	36.697	49.985
3	0.955	12.363	36.683	50.001

由上表可见，仅一次外层回路迭代后，级温和总液体流量已很接近收敛解。但是，塔底产物组成，尤其是最轻的组分 C_3 在两次迭代后尚未接近收敛解。内外层法并非总能这样快地收敛，但由下表可见，这种方法通常是相当有效的。

习题	内层回路总迭代次数	外层回路迭代次数
习题 10.11	7	6
习题 10.25	6	3
习题 10.37	17	9
习题 10.41	16	5

在装有 2.4GHz 的奔腾 4 处理器的 PC 机上这四道习题的运算时间均小于 1 秒钟。

10.6　本章小结

（1）已经获得计算机求解多组分、多级吸收、汽提、精馏和液-液萃取的平衡级模型的严格方法。

（2）用于逆流级联的基于平衡的模型可用于多进料、气相侧线物流、液相侧线物流和中间换热器。于是，该模型几乎可处理任何类型的塔结构。

（3）模型方程包括组分物料衡算、总物料衡算、相平衡关系和能量衡算。

（4）通常可将部分或全部模型方程分组，于是可获得三对角矩阵方程，对这种方程可获得有效的求解方法。

（5）广泛用于迭代求解模型方程的方法有泡点（BP）法、流率加和（SR）法、Newton－Raphson 法和内外层法。

（6）BP 法通常限于涉及窄沸点进料混合物的精馏问题。

（7）SR 法通常限于涉及宽沸点进料混合物的吸收和汽提问题或用于萃取问题的 ISR 法。

（8）Newton－Raphson 法和内外层法被设计用于求解任何类型的进料混合物的任何类型塔结构。因为其计算效率，内外层法往往是选用的方法；但是，当涉及强非理想液体混合物时，这种方法可能不收敛，对这种情况应尝试速度较慢的 Newton－Raphson 法。这两种方法都允许相当灵活的问题规定。

（9）当 Newton－Raphson 法和内外层法都不能收敛时，可求助于速度慢得多的松弛法和延拓法。

参考文献

1. Wang, J. C., and G. E. Henke, *Hydrocarbon Processing* **45**(8), 155－163(1966).
2. Myers, A. L., and W. D. Seider, *Introduction to Chemical Engineering and Computer Calculations*, Prentice-Hall, Englewood Cliffs, NJ, 484－507(1976).
3. Lewis, W. K., and G. L. Matheson, *Ind. Eng. Chem.* **24**, 496－498(1932).
4. Thiele, W. E., and R. L. Geddes, *Ind. Eng. Chem.* **25**, 290(1933).
5. Holland, C. D., *Multicomponent Distillation*. Prentice-Hall, Englewood Cliffs, NJ(1963).
6. Amundson, N. R., and A. J. Pontinen, *Ind. Eng. Chem.* **50**, 730－736(1958).
7. Friday, J. R., and B. D. Smith, *AIChE J.* **10**, 698－707(1964).
8. Boston, J. F., and S. L. Sullivan, Jr., *Can. J. Chem. Eng.* **52**, 52－63(1974).
9. Boston, J. F., and S. L. Sullivan, Jr., *Can. J. Chem. Eng.* **50**, 663－669(1972).
10. Johanson, P. J., and J. D. Seader, *Stagewise Computations — Computer Programs for Chemical Engineering Education* (ed. by J. Christensen), Aztec Publishing, Austin, TX, pp. 349－389, A－16(1972).
11. Lapidus, L., *Digital Computation for Chemical Engineers*, McGraw-Hill, New York, pp. 308 － 309

(1962).
12. Orbach, O., and C. M. Crowe, *Can J. Chem. Eng.* **49**, 509—513(1971).
13. Scheibel, E. G., *Ind. Eng. Chem.* **38**, 397—399(1946).
14. Sujata, A. D., *Hydrocarbon Processing* **40**(12), 137—140(1961).
15. Burningham, D. W., and F. D. Otto, *Hydrocarbon Processing* **46**(10), 163—170(1967).
16. Shinohara, T., P. J. Johansen, and J. D. Seader, *Stagewise Computations — Computer Programs for Chemical Engineering Education*, J. Christensen, Ed., Aztec Publishing, Austin, TX, pp. 390—428, A-17 (1972).
17. Tsuboka, T., and T. Katayama, *J. Chem. Eng. Japan* **9**, 40—45(1976).
18. Hala, E., I. Wichterle, J. Polak, and T. Boublik, *Vapor-Liquid Equilibrium Data at Normal Pressures*, Pergamon, Oxford, p. 308(1965).
19. Steib, V. H., *J. Prakt. Chem.* **4**, Reihe, Bd. 28, 252—280(1965).
20. Cohen, G., and H. Renon, *Can. J. Chem. Eng.* **48**, 291—296(1970).
21. Goldstein, R. P., and R. B. Stanfield, *Ind. Eng. Chem., Process Des. Develop.* **9**, 78—84(1970).
22. Naphtali, L. M., "The distillation column as a large system," paper presented at the AIChE 56th National Meeting, San Francisco, May 16—19, 1965.
23. Naphtali, L. M., and D. P. Sandholm, *AIChE J.* **17**, 148—153(1971).
24. Fredenslund, A., J. Gmehling, and P. Rasmussen, *Vapor-Liquid Equilibria Using UNIFAC, A Group Contribution Method*. Elsevier, Amsterdam(1977).
25. Beveridge, G. S. G., and R. S. Schechter, *Optimization: Theory and Practice*, McGraw-Hill, New York, pp. 180—189(1970).
26. Block, U., and B. Hegner, *AIChE J.* **22**, 582—589(1976).
27. Hofeling, B., and J. D. Seader, *AIChE J.* **24**, 1131—1134(1978).
28. Boston, J. F., and S. L. Sullivan, JR., *Can. J. Chem. Engr.* **52**, 52—63(1974).
29. Boston, J. F., and H. I. Britt, *Comput. Chem. Engng.* **2**, 109—122(1978).
30. Boston, J. F., *ACS Symp. Ser.* No. 124, 135—151(1980).
31. Russell, R. A., *Chem. Eng.* **90**(20), 53—59(1983).
32. Trevino-Lozano, R. A., T. P. Kisala. and J. F. Boston, *Comput. Chem. Engng.* **8**, 105—115(1984).
33. Jelinek, J., *Comput. Chem. Engng.* **12**, 195—198(1988).
34. Venkataraman, S., W. K. Chan, and J. F. Boston, *Chem. Eng. Prog.* **86**(8), 45—54(1990).
35. Robinson, C. S., and E. R. Gilliland, *Elements of Fractional Distillation*, 4th edition, pp. 232—236. McGraw-Hill, New York(1950).
36. Broyden, C. G., *Math Comp.* **19**, 577—593(1965).
37. Kister, H. Z., *Distillation Design*, McGraw-Hill, Inc., New York(1992).

习　　题

本章的习题可以非常方便地分为两类：(1)能通过手算求解的；(2)最好用本章讲述的方法用计算机执行程序求解的。第一类习题按本章各节的编号排列。第二类习题在第一类习题之后再按分离器的类型排列。用于求解第二类习题的计算执行程序可在下列来源广泛的程序和模拟软件中找到：

Aspen 技术公司的 ASPEN PLUS；

Chemstations 公司的 CHEMCAD；

Aspen 技术公司的 HYSYS；

SimSci - Esscor 公司的 PRO/Ⅱ。

10.1 节

10.1　从数学上证明式(10 - 6)与式(10 - 1)、式(10 - 3)和式(10 - 4)不是相互独立的。

10.2　修改 MESH 方程以考虑夹带、死区和化学反应。

10.2 节

10.3　修改 MESH 方程式(10 - 1)到式(10 - 6)以考虑图 10.2 中所示并由 Bannon 和 Marple[*Chem. Eng. Prog.* 74(7), 41—45 (1978)]及 Huber[*Hydrocarbon Processing* 56(8), 121—125 (1977)]讨论的各种中间换热方式。结合这些方程获得类似于式(10 - 7)的修正的 M 方程。这些方程是否依旧能分隔成一系列 C 个三对角矩阵方程?

10.4　采用 Thomas 算法求解下列矩阵方程得到 x_1、x_2 和 x_3。

$$\begin{bmatrix} -160 & 200 & 0 \\ 50 & -350 & 180 \\ & 0 & -230 \end{bmatrix}\begin{bmatrix} x_1 \\ x_2 \\ x_3 \end{bmatrix} = \begin{bmatrix} 0 \\ -50 \\ 0 \end{bmatrix}$$

10.5　采用 Thomas 算法求解下列三对角矩阵方程得到 **x** 向量。

$$\begin{bmatrix} -6 & 3 & 0 & 0 & 0 \\ 3 & -4.5 & 3 & 0 & 0 \\ 0 & 1.5 & -7.5 & 3 & 0 \\ 0 & 0 & 4.5 & -7.5 & 3 \\ 0 & 0 & 0 & 4.5 & -4.5 \end{bmatrix}\begin{bmatrix} x_1 \\ x_2 \\ x_3 \\ x_4 \\ x_5 \end{bmatrix} = \begin{bmatrix} 0 \\ 0 \\ 100 \\ 0 \\ 0 \end{bmatrix}$$

10.3 节

10.6　在 Wang 和 Henke[1]论文的 162 页上，他们宣称他们的求解三对角矩阵方程得到液相摩尔分率的方法不涉及两个几乎相等的量的减法。证明或反驳这一结论。

10.7　用 $v_{i,j} = y_{i,j}V_j$ 作为变量代替液相摩尔分率导出类似于式(10 - 7)的方程。所得到的方程是否依旧能分隔成一系列 C 个三对角矩阵方程?

10.8　在 Wang - Henke 泡点法的计算机程序中，对有 100 级的精馏塔将不经济地留出 10 100 个存储单元用于组分物料衡算方程的三对角矩阵解法的四组索引系数。

$$A_j x_{i,j-1} + B_j x_{i,j} + C_j x_{i,j-1} - D_j = 0$$

如果按最有效的方法进行计算，确定所需的最小存储单元数。

10.9　用 Newton - Raphson 法求解联立非线性方程组：

$$x_1^2 + x_2^2 = 17$$

$$(8x_1)^{1/3} + x_2^{1/2} = 4$$

对 x_1 和 x_2，要求精度为 ± 0.001。假定初值为

(a) $x_1 = 2$, $x_2 = 5$；

(b) $x_1 = 4$, $x_2 = 5$；

(c) $x_1 = 1$, $x_2 = 1$；

(d) $x_1 = 8$, $x_2 = 1$。

10.10　用 Newton - Raphson 法求解联立非线性方程组：

$$\sin(\pi x_1 x_2) - \frac{x_2}{2} - x_1 = 0$$

$$\exp(2x_1)\left[1 - \frac{1}{4\pi}\right] + \exp(1)\left[\frac{1}{4\pi} - 1 - 2x_1 + x_2\right] = 0$$

对 x_1 和 x_2，要求精度为±0.001。假定初值为

(a) $x_1 = 0.4$，$x_2 = 0.9$；

(b) $x_1 = 0.6$，$x_2 = 0.9$；

(c) $x_1 = 1.0$，$x_2 = 1.0$。

10.11 每小时 1 000kg 摩尔由 60%(mol)甲醇、20%(mol)乙醇和 20%(mol)正丙醇的饱和液体混合物进入由三个平衡级、一个全凝器、一个部分再沸器组成，操作压力为 1atm 的精馏塔的中间一级。馏出液流量为 600 kmol/h，而外部回流量为 2 000 kmol/h 饱和液体。假定三组分形成理想溶液，所以可由蒸气压求得 K 值，并假定为恒摩尔流量，所以离开再沸器和每一级的气相流量为 2 600 kmol/h，用 BP 法完成一次迭代计算，包括获得一组新的 T_j 值。为开始进行迭代，以馏出液温度等于甲醇的常压沸点和塔底温度等于另两个组分常压沸点的算术平均值为基础，假定为线性温度分布。

10.4 节

10.12 采用 Thomas 算法求解下列具有分块三对角矩阵方程结构的 9 个线性联立方程。

$$x_2 + 2x_3 + 2x_4 + x_6 = 7$$
$$x_1 + x_3 + x_4 + 3x_5 = 6$$
$$x_1 + x_2 + x_3 + x_5 + x_6 = 6$$
$$x_4 + 2x_5 + x_6 + 2x_7 + 2x_8 + x_9 = 11$$
$$x_4 + x_5 + 2x_6 + 3x_7 + x_9 = 8$$
$$x_5 + x_6 + x_7 + 2x_8 + x_9 = 8$$
$$x_1 + 2x_2 + x_3 + x_4 + x_5 + 2x_6 + 3x_7 + x_8 = 13$$
$$x_2 + 2x_3 + 2x_4 + x_5 + x_6 + x_7 + x_8 + 3x_9 = 14$$
$$x_3 + x_4 + 2x_5 + x_6 + 2x_7 + x_8 + x_9 = 10$$

10.13 Naphtali 和 Sandholm 按级对 $N(2C+1)$ 个方程进行分组。反之，也可按类型(即能量衡算、组分衡算和相平衡关系)对这些方程进行分组。以三组分、三级为例说明得到的矩阵是否依然具有分块三对角结构。

10.14 Naphtali - Sandholm SC 法中需要物性的导数。对 Chao - Seader 关联式确定下列解析导数：

$$\frac{\partial K_{i,j}}{\partial T_j}, \frac{\partial K_{i,j}}{\partial v_{i,k}}, \frac{\partial K_{i,j}}{\partial l_{i,k}}$$

10.15 用于多组分、多级气-液分离的严格的部分 NR 法可设计为其复杂性介于一方面为 BP/SR 法和另一方面为 NR 法中间。该法的第一个主要步骤为利用通常的三对角矩阵算法求解修正的 M 方程得到液相摩尔分率。然后，在第二个主要步骤中，用 Newton - Raphson 法联立求解一组新的级温和离开一级的总气相流量。反复进行这两个步骤直到满足平方和判据。对这种部分 NR 法：

(a) 写出你想用于联立求解一组新的 T_j 和 V_j 的变址方程。

(b) 对未知量为 T_j 和 V_j 的两个变址方程，写出截断的台劳级数展开式，并导出所有偏导数的完整表达式，除物性对温度的导数可留置不顾。这些导数将取决于所选择的物性关联式。

(c) 对获得的线性方程进行排序，并将新变量 ΔT_j 和 ΔV_j 放入允许快速、有效求解的 Jacobian 矩阵。

10.16 改写式(10-58)到式(10-60)以允许采用 NR 法联立求解图 10.31 所示的两个互相连接的塔。来自 Newton - Raphson 法的矩阵方程是否依旧具有分块三对角结构？

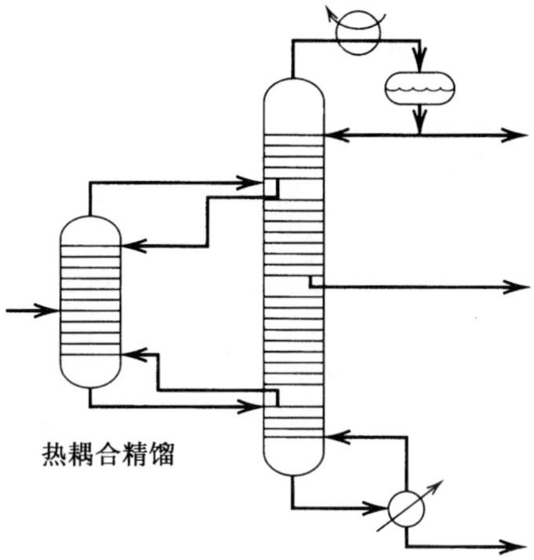

图 10.31　习题 10.15 的数据

10.17　式(10－63)中，变量排序为什么选择为 v、T、l？将次序改变为 l、v、T 将导致什么结果？式(10－64)中，方程排序为什么选择为 H、M、E？将次序改变为 E、M、H 将导致什么结果？

10.5 节

10.18　详细建议一种确定式(10－104)中标量乘子 S_b 的方法。

10.19　详细建议一种可用于确定内外层法中内层回路收敛的类似于式(10－75)的误差函数。

精馏问题

10.20　对下列精馏问题规定，计算产物组成、级温、级间气相和液相流量及组成、再沸器热负荷和冷凝器热负荷。

进料(250psia 和 213.9 ℉时的泡点液体)：

组分	lbmol/h
乙烷	3.0
丙烷	20.0
正丁烷	37.0
正戊烷	35.0
正己烷	5.0

塔压：250psia；

分凝器和部分再沸器；

馏出物流量：23.0lbmol/h；

回流量：150lbmol/h；

平衡级数(不包括冷凝器和再沸器)＝15；

进料在中间级进塔；

对 250psia 下的该系统，K 值和焓可用 Soave－Redlich－Kwong 方程计算。

10.21　确定习题 10.20 的最优进料级位置。

10.22　将习题 10.20 修改为从由塔底算起的第四级抽出流量为 37.0lbmol/h 的气相侧线物流。

10.23　将习题 10.20 修改为在由塔顶算起的第四级增加一热负荷为 200 000Btu/h 的中间冷凝器和由塔底算起的第四级增加一热负荷为 300 000Btu/h 的中间再沸器。

10.24 对除分凝器和部分再沸器外有 30 个平衡级及在 250psia 下操作的下列精馏塔，采用 Peng - Robinson 方程计算热力学物性，计算产物组成、级温、级间气相和液相流量及组成、再沸器热负荷和冷凝器热负荷。

进料(两股进料均为 250 psia 下的泡点液体)：

组分	每小时磅摩尔 进料 1 进入由塔底算起的第 15 级	 进料 2 进入由塔底算起的第 6 级
乙烷	1.5	0.5
丙烷	24.0	10.0
正丁烷	16.5	22.0
正戊烷	7.5	14.5
正己烷	0.5	3.0

馏出物流量=36.0 lbmol/h；

回流量=150.0 lbmol/h；

确定进料位置是否最优。

10.25 用 Chao - Seader 或 Grayson - Streed 关联式计算热力学物性，对图 10.32 中的精馏规定，计算产物组成、级温、级间气相和液相流量及组成、再沸器热负荷和冷凝器热负荷。将你的结果与 *Chemical Engineers' Handbook*，第六版，P13～43 到 P13～45 给出的结果进行比较。两种解为何不同？

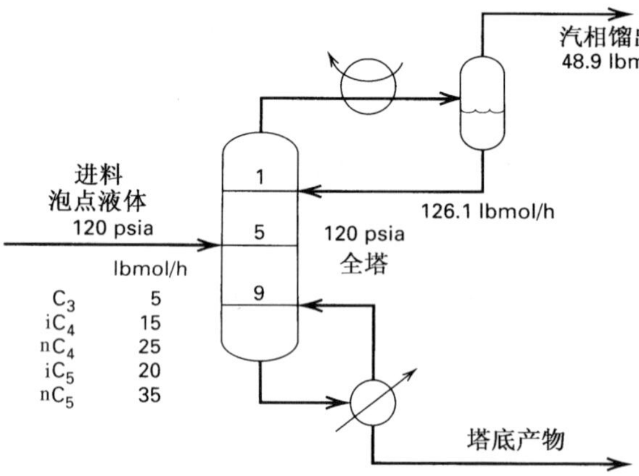

图 10.32 习题 10.25 的数据

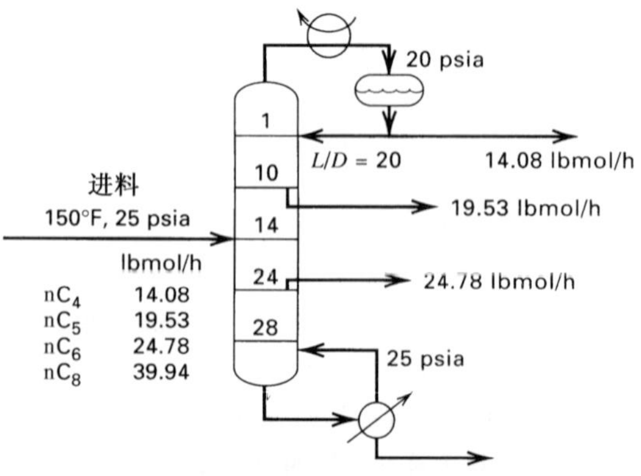

图 10.33 习题 10.27 的数据

10.26　用 UNIFAC 法计算 K 值，求解习题 10.11，并得到收敛解。

10.27　对图 10.33 中试图由一个精馏操作获得四股接近纯的产物的精馏规定，用 Peng - Robinson 方程计算热力学物性、产物组成、级温、级间气相和液相流量及组成、再沸器热负荷和冷凝器热负荷。回流是饱和液体。为何需要这么高的回流比？

10.28　重做习题 10.25，但用下列规定代替气相馏出物流量和回流量的规定：

馏出物中 nC_4 的回收率＝98％；

塔底产物中 iC_5 的回收率＝98％。

如果计算不能收敛，可能是因为级数少于最小级数。如是这样，增加级数、改变进料位置，然后重新计算直到收敛。

10.29　200 lbmol/h 压力为 125 psia 的饱和液体进料含 5％(mol)iC_4、20％(mol)nC_4、35％(mol)iC_5 和 40％(mol)nC_5。该进料在操作压力为 125 psia，设有全凝器和部分再沸器的塔内精馏。馏出液中含有进料中 95％的 nC_4，而塔底产物中含有进料中 95％的 iC_5。采用 SRK 方程计算热力学物性，确定适当的设计。用第 9 章中的 Fenske 方程估算的最小平衡级数的两倍应可提供合适的平衡级数。

10.30　设计一个在平均总压 315 psia 下操作的脱丙烷精馏塔将进料分离成具有下列流量的馏出液和塔底产物：

	lbmol/h		
	进料	馏出液	塔底产物
甲烷(C_1)	26	26	
乙烷(C_2)	9	9	
丙烷(C_3)	25	24.6	0.4
正丁烷(nC_4)	17	0.3	16.7
正戊烷(nC_5)	11		11
正己烷(nC_6)	12		12
总计	100	59.5	40.1

进料热状态为塔压下 66％(mol)进料为气相。再沸器和冷凝器可获得 315 psia 的蒸气和 65 ℉的冷却水。可取 2 psi 为塔总压降的一级近似。

(a) 该塔是否应采用全凝器？

(b) 进料温度为多少？进料温度、压力下各组分的 K 值和相对挥发度(以 C_3 为参考组分)为多少？

(c) 如果回流比为最小回流比的 1.3 倍，实际回流比为多少？精馏段和提馏段各需要多少理论级？

(d) 计算各组分的分离程度。如果回流比为 1.5，15 块理论板，在第 9 块板进料，分离将有何不同？

(e) 对小题(c)，计算每一级的温度和组成。进料板位置有何影响？如果采用回流比 1.5 和 15 块理论板，结果有何不同？

10.31　用常规精馏从联苯中分离甲苯。分离规定如下：

	lbmol/h		
	进料	馏出液	塔底产物
苯	3.4		
甲苯	84.6		2.1
联苯	5.1	1.0	

温度＝264 ℉；进料压力为 37.1 psia；

回流比＝1.3 倍最小回流比，用全凝器；

塔顶压力＝36 psia；塔底压力＝38.2 psia；

(a) 确定实际回流比和精馏段及提馏段的理论级数。

(b) 对 D/F 之比值为(3.4+82.5+1.0)/93.1,计算各组分的分离程度。将结果与上面的规定进行比较。

(c) 如果由(b)计算的组分分离程度不能满足规定分离,调节回流比使塔底产物中的甲苯达到规定流量。

10.32 用两个精馏塔将温度为 100 ℉、压力为 480 psia 的下列物流分离为下列产物。

组分	lbmol/h			
	进料	产物 1	产物 2	产物 3
H_2	1.5	1.5		
CH_4	19.3	19.2	0.1	
C_6H_6(苯)	262.8	1.3	258.1	3.4
C_7H_8(甲苯)	84.7		0.1	84.6
$C_{12}H_{10}$(联苯)	5.1			5.1

考察两种不同的精馏序列。在第一种序列中,CH_4 在第一个塔中脱除。在第二种序列中,甲苯在第一个塔中脱除。用下列方法对两种序列进行计算:估计两种序列需要的实际回流比和理论级数。规定回流比等于 1.3 倍最小回流比。调节塔压使获得的馏出液温度为 130 ℉;但是塔压绝不应低于 20 psia。规定采用全凝器,只有当甲烷从塔顶采出时才采用分凝器。

10.33 将丙烯-丙烷混合物分离为 99%(mol)丙烯和 95%(mol)丙烷的过程如图 10.34 所示。因为高产物纯度和低相对挥发度,可能需要 200 级。假定级效率为 100%和板间距为 24 英寸,因为单个塔太高,必须采用双塔串联。假定气相馏出物压力为 280 psia,压降为每级 0.1psi,通过冷凝器的压降为 2 psi。图中所示的级数和回流比仅为近似的。对图中所示级数,确定必需的回流比。密切注意确定适当的进料位置,以避免在相邻几级中未实现任何分离的挟点或接近挟点的状况。

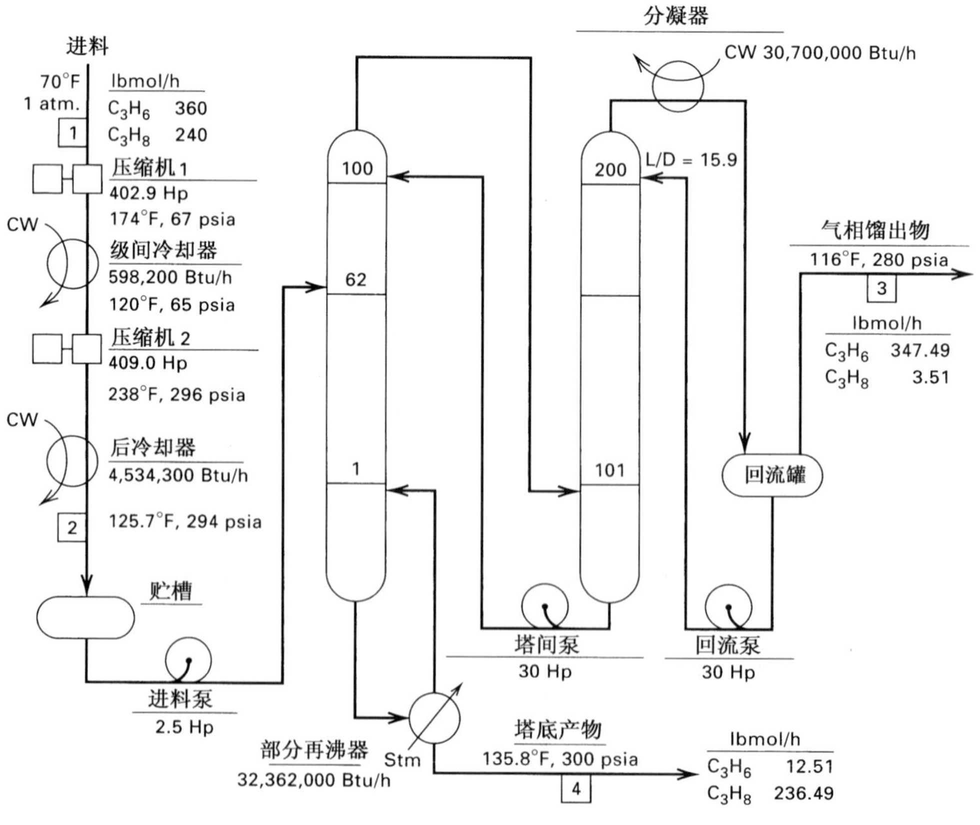

图 10.34 习题 10.33 的数据

10.34　所谓稳定塔是在炼油工业中当不适合采用一个或两个单级闪蒸器时,用于进行轻组分和重得多的组分间的比较容易的分离的精馏塔。图 10.35 所示的稳定塔的例子用于从苯、甲苯和二甲苯中分离 H_2、甲烷和乙烷。因为气相馏出物的纯度规定不易确定,所以该塔的计算可能比较困难。反之,更可能要求设计者提供一有 20 到 30 块塔板和采用水冷分凝器的塔提供温度为 100 ℉的回流,回流量应足以使塔底提供足够的蒸出量以满足塔底产物的纯度规定。要求更精确地设计该稳定塔。图中所示的理论级数仅可作为一级近似并可改变。尽量使塔底产物中甲烷和乙烷之和不超过 0.05%(mol),而气相馏出物温度约为 100 ℉。

可通过改变馏出物流量和回流比达到这些规定。这两个量的合理的初始估计值为 49.4 lbmol/h 和 2。假定板效率为 70%。

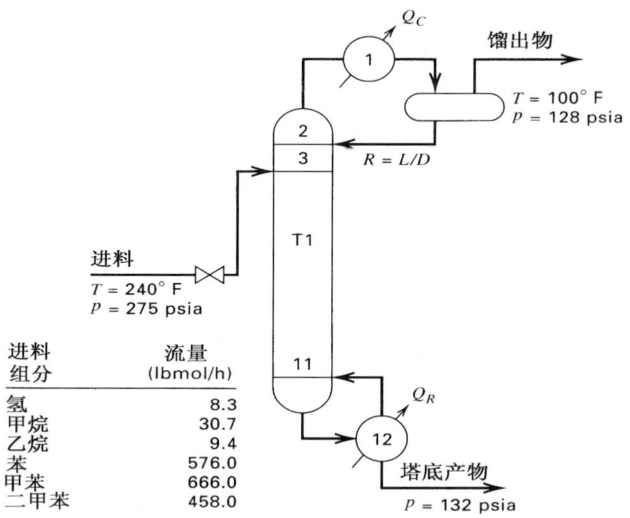

图 10.35　习题 10.34 的数据

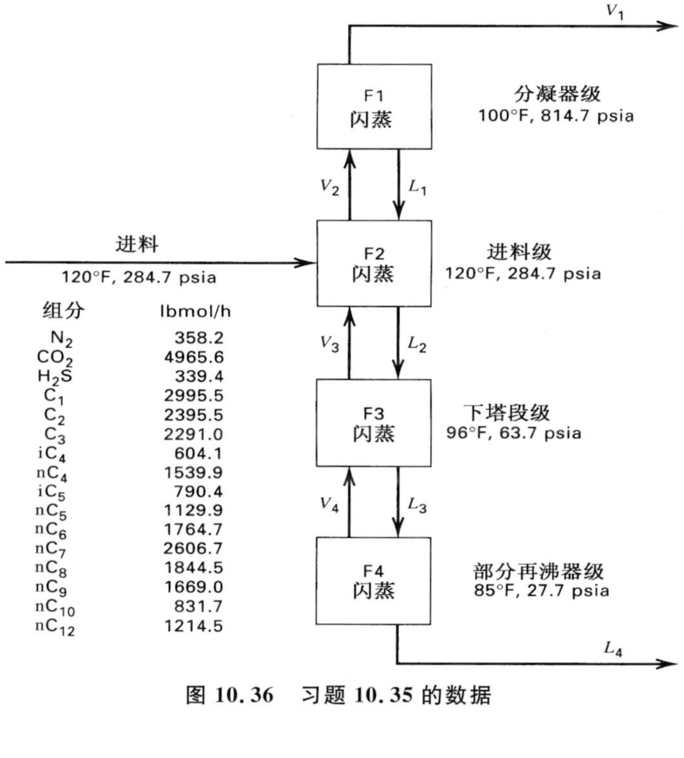

图 10.36　习题 10.35 的数据

10.35 由 Cavett[1] 提出并如图 10.36 所示的多重循环回路问题广泛用于检验切断、排序和收敛方法。此流程图等价于接近等温精馏的四个理论级(而非常规的等压精馏),该过程存在于 Gunther[2] 的专利中。流程图中未包括构成实际过程所必需的混合器、泵、阀门和换热器。对图中所示的规定条件,确定过程中所有物流的组分流量。

吸收塔和汽提塔问题

10.36 设计一个操作压力为 75 psia 的吸收塔,用来处理流量为 2 000 lbmol/h、温度为 60 ℉、组成如下所列的气体。

组分	摩尔分率
甲烷	0.830
乙烷	0.084
丙烷	0.048
正丁烷	0.026
正戊烷	0.012

吸收剂为油,可视为相对分子质量为 161 的纯组分。对下列条件,计算产物流量和组成、级温、级间气相和液相流量及组成。

	平衡级数	吸收剂进料流量	吸收剂进料温度
		lbmol/h	℉
(a)	6	500	90
(b)	12	500	90
(c)	6	1 000	90
(d)	6	500	60

10.37 对设有四个平衡级,规定条件如图 10.37 所示的吸收塔,计算产物流量和组成、级温、级间气相和液相流量及组成。假定油为 nC_{10}。

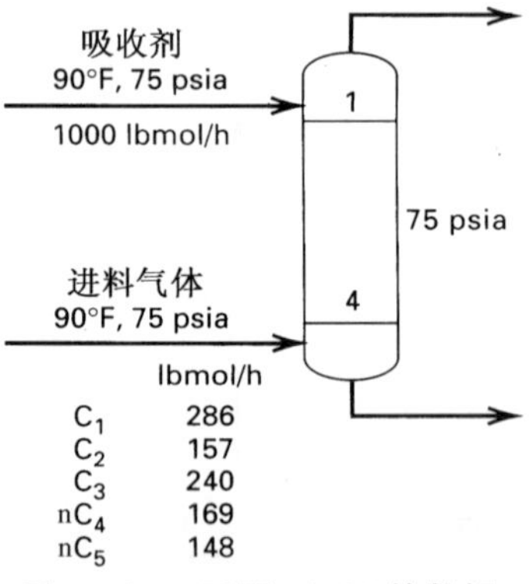

图 10.37 习题 10.37 的数据

10.38 在例 10.4 中,当油和气体通过吸收塔时,温度均显著升高。这限制了吸收率。用换热器从下列各级移走 500 000 Btu/h 热量,重新计算:

(a) 级 2;

---

① R. H. Cavett, *Proc. Am. Petrol. Inst.*, 43, 57 (1963)

② A. Gunther, U. S. Patent 3575077 (April 13, 1971)

(b) 级 3;

(c) 级 4;

(d) 级 5。

中间冷却器有何影响？中间冷却器的优先位置为哪一级？假定用冷却水时最低级温为 100 ℉，冷却器的热负荷应增加还是减少？假定吸收塔油为 nC_{12}。

10.39　对图 10.38 中的吸收塔，计算产物流量和组成、级温、级间气相和液相流量及组成。

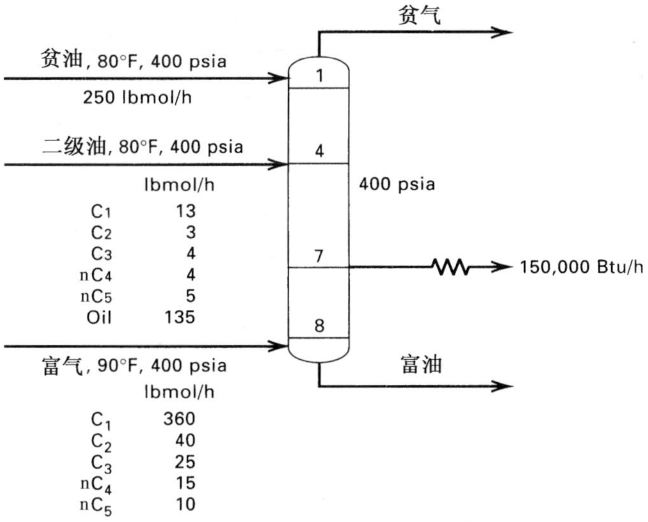

图 10.38　习题 10.39 的数据

10.40　对图 10.39 中的再沸吸收塔，确定产物流量和组成、级温、级间气相和液相流量及组成和再沸器热负荷。若没有中间再沸器，重新进行计算并比较两组结果。是否值得采用中间再沸器？是否应考虑采用塔顶段中间再沸器？

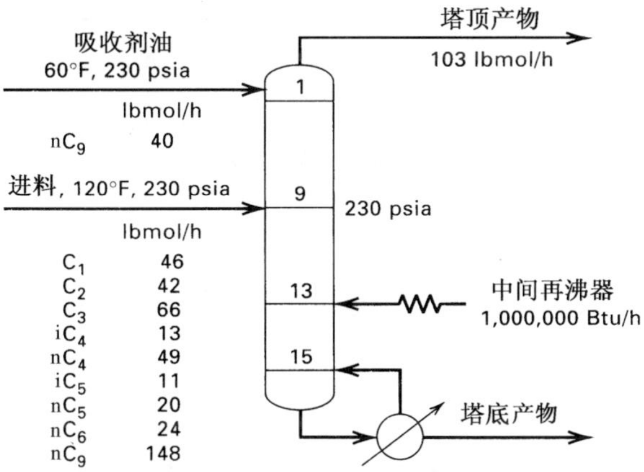

图 10.39　习题 10.40 的数据

10.41　对图 10.40 中的再沸汽提塔计算产物流量和组成、级温、级间气相和液相流量及组成和再沸器热负荷。

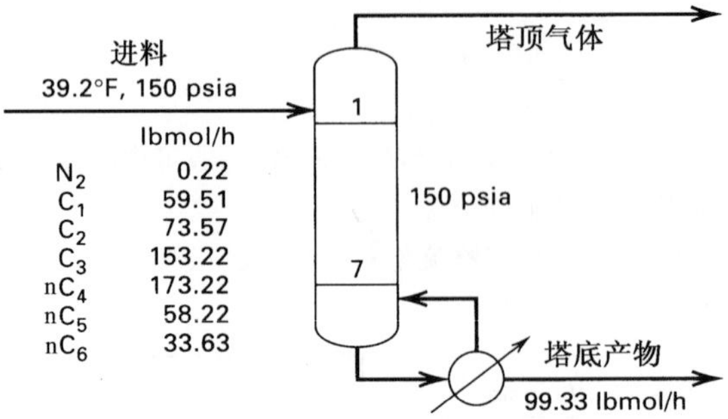

图 10.40　习题 10.41 的数据

液-液萃取问题

10.42　在 25℃下通过液-液萃取用甲醇分离环己烷和环戊烷。该系统的相平衡可用 NRTL 方程或 UNIQUAC 方程预测。对图 10.41 中的条件和下列平衡级数计算产物流量和组成及级间流量和组成：

(a) $N=1$ 个平衡级；

(b) $N=2$ 个平衡级；

(c) $N=5$ 个平衡级；

(d) $N=10$ 个平衡级。

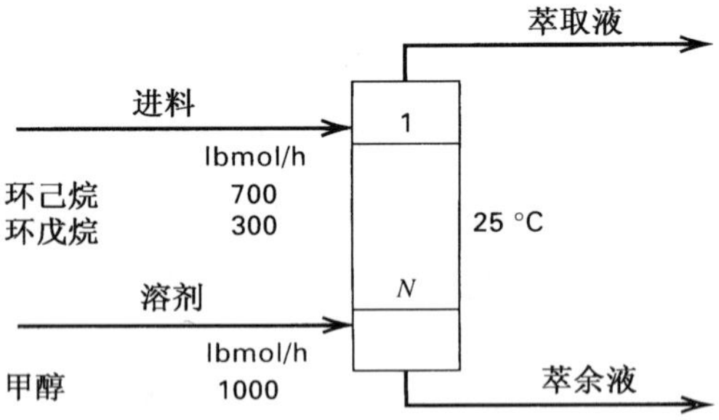

图 10.41　习题 10.42 的数据

10.43　图 8.1 中的液-液萃取器在 100 ℉和公称压力 15 psia 下操作。对图中所示的进料和溶剂流量，用 NRTL 方程计算活度系数，确定为萃取 99.5%的乙酸所需的平衡级数。NRTL 方程的常数如下所列：

1＝乙酸乙酯；

2＝水；

3＝乙酸。

I	J	B_{IJ}	B_{JI}	α_{IJ}
1	2	166.36	1 190.1	0.2
1	3	643.30	−702.57	0.2
2	3	−302.63	−1.683	0.2

将计算得到的萃余和萃取产物组成与图 8.1 进行比较。

第 11 章　特殊精馏和超临界萃取

当两种或两种以上组分的沸点差小于 50℃左右并形成非理想溶液时，相对挥发度可能小于 1.10。那么，常规精馏分离可能是不经济的，而如果形成恒沸物，常规精馏分离甚至是不可能的。在这种情况下，应该探索 Stichmair、Fair 和 Bravo[1]称为特殊精馏的下列技术：

(1) 萃取精馏：采用大量沸点较高的溶剂改变混合物的液相活度系数，从而使关键组分的相对挥发度变得更令人满意的一种分离方法。溶剂在进料板以上但比塔顶低几块板处进塔，当不形成恒沸物时溶剂从塔底排出。如果塔的进料是恒沸物，则溶剂会打破恒沸。还有，溶剂可能使挥发度逆转。

(2) 加盐精馏：萃取精馏的一种变异，在这种方法中，通过在塔顶回流中溶解可溶性的离子盐改变关键组分的相对挥发度。因为盐是不挥发的，它将保留在液相中随液相在塔内向下流动。

(3) 变压精馏：利用在两个不同压力下操作的塔组成的塔系来分离对压力敏感的恒沸物的方法。

(4) 均相恒沸精馏：通过加入夹带剂使之与一种或多种进料组分形成最低或最高恒沸物从而对混合物进行分离的方法。夹带剂可在接近塔顶处、进料板处或接近塔底处加入，取决于恒沸物从塔顶还是塔底除去。

(5) 非均相恒沸精馏：一种更有用的恒沸精馏方法，在这种方法中通过加入夹带剂来形成非均相最低恒沸物。恒沸物在塔顶冷凝系统中分裂成两个液相。一个液相作为回流返回塔，而另一个液相送到另一个分离步骤或为产物。

(6) 反应精馏：加入分离剂使之与一种或多种进料组分发生选择性的可逆反应的分离方法。反应产物随后从未反应的组分中馏出。然后使反应逆转回收分离剂和其他反应组分。反应精馏也可用于在同一设备内同时进行化学反应和多级精馏生产别的化学品。如果使用催化剂，有时称这种组合操作为催化精馏，这种方法特别适合受平衡限制的化学反应，因为能从反应物中连续分离一种或多种产物。

对多组分混合物的常规精馏，在第 10 章和第 12 章中讲述的可行精馏序列的确定、用严格法设计序列中的塔，和塔的操作条件的优化虽然是冗长的，但还是比较简单的。与此相反，确定和优化可行的特殊精馏序列则是困难得多的任务。尤其是，因为液相溶液的非理想性和/或规定可行分离的困难，特殊精馏的严格计算往往会遭遇失败。为了有效地减少失败的可能性，尤其对三元系统，由 Partin[2]提出，并由 Doherty 及其合作者和 Stichlmair 及其合作者(参考文献编号见后)作了很大发展的图解法，将在进行严格计算前为可行的特殊精馏序列的开发提供有价值的指导。本章将介绍这些图解法的原理，并将它们应用于特殊精馏。Doherty 和 Malone[94]、Stichlmair 和 Fair[95]及 Siirola 和 Barnicki[96]对特殊精馏作了详尽的讨论。

本章还包括讨论超临界萃取,因为强烈的非理想作用和在开发一个优化系统时需特别小心,这种分离技术与传统的液-液萃取有显著差别。本章讨论的原理和技术主要限于三元系统;特殊精馏和超临界萃取主要应用于这类系统,因为这两类操作费用昂贵,往往要求将多组分混合物首先用精馏或其他方法分离成二元或三元系统。

11.0 本章教学目的

学完本章后,你应该能够:

- 说明各种特殊精馏方法的工作原理及它们与常规精馏有何区别。
- 说明超临界流体萃取与液-液萃取有何区别。
- 描述什么是表示在三角形相图上的三元系统的残余曲线图和精馏曲线图。
- 说明如何绘制残余曲线图和精馏曲线图,以及在什么条件下二者是一致的。
- 说明在常规精馏和特殊三元精馏中残余曲线图如何限制可行产物组成区域。
- 列出对萃取精馏中有效溶剂的要求。
- 用模拟程序计算用萃取精馏进行的分离。
- 说明加盐精馏与萃取精馏有何区别。
- 说明如何用变压精馏分离二元恒沸混合物。
- 说明寻找允许利用均相恒沸精馏的夹带剂为什么是困难的。
- 用模拟程序和残余曲线图计算用均相恒沸精馏进行的分离。
- 列出用于非均相恒沸精馏的夹带剂的特性。
- 用模拟程序和残余曲线图及一条双结点线计算用非均相恒沸精馏进行的分离。
- 列出完成反应精馏的必要条件。
- 用模拟程序计算用反应精馏进行的分离。
- 说明为什么在临界区域物性会发生许多变化。
- 用模拟程序计算用超临界流体萃取进行的分离。

11.1 三角形相图的应用

当按平衡级方式在给定压力下用连续精馏分离一个二元混合物时,所有可能的平衡组成都将位于汽-液($y-x$)平衡曲线上。图 11.1 表示典型的用沸点最低组分 A 的摩尔分率表示的等压汽-液平衡曲线。在图 11.1(a)中,对不形成恒沸物的系统,馏出物和塔底产物的可能组成将覆盖从纯 B 到纯 A 的整个范围。温度虽然未表示在等压平衡曲线上,将从 A 的沸点变化到 B 的沸点。随着液相和气相组成由纯 B 变化到纯 A,温度将逐渐降低。

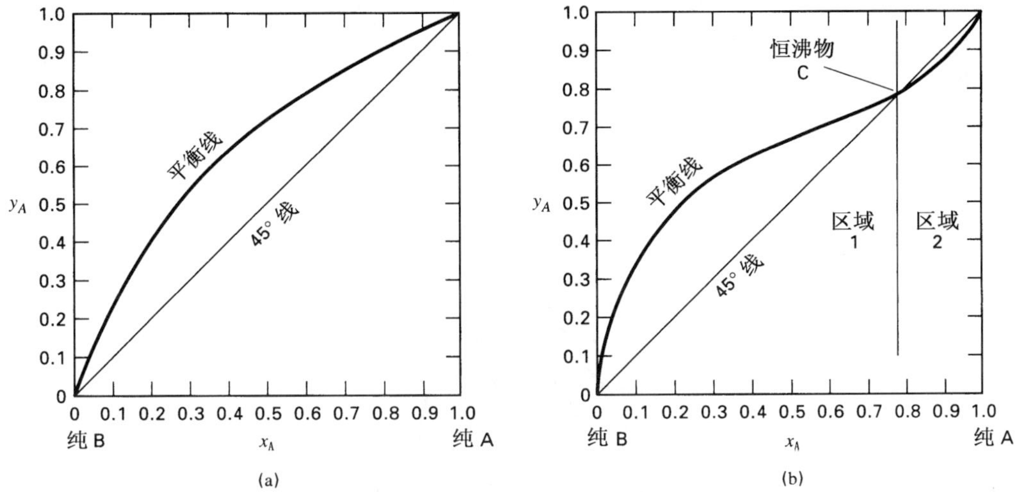

图 11.1　二元系统的汽-液平衡

(a) 不形成恒沸物的系统；(b) 恒沸系统

在图 11.1(b)中，在 C 点形成的低沸点恒沸物将标绘分成两个区域。对区域 1 中的精馏，馏出物和塔底产物组成只能由纯 B 变化到恒沸物 C，而在区域 2 中，则只能由纯 A 变化到恒沸物 C。对区域 1，如同图 4.6 的例子所示，随着组成由纯 B 变化到恒沸物 C，温度逐渐降低，而在图 4.6 中 B 为异丙醇，A 为异丙醚，而在 1atm 下最低恒沸物发生在含 78%(mol)异丙醚处，最低恒沸温度为 66℃。在区域 2 中，随着组成由纯 A 变化到恒沸物 C，温度也逐渐降低。于是，在 1atm 下操作的单个精馏塔不能将该混合物分离成两个接近纯的产物。取决于进料组成位于区域 1 还是区域 2，在最佳条件下，该塔也只能生产恒沸物 C 作为馏出物，而以纯 B 或纯 A 作为塔底产物。但是，所有可能的平衡组成依旧位于平衡曲线上。这些结果与第 4 章中讨论的 Gibbs 相律是一致的。由式(4－1)，对两个组分和两相，相律给出自由度为 2。于是，如果固定压力和温度，平衡气相和液相组成被固定。但是，如图 11.2 所示，对形成恒沸物的二元混合物而言，在一定的温度范围内，存在两种可能的溶液。观察到的特定溶液取决于两相的总组成。

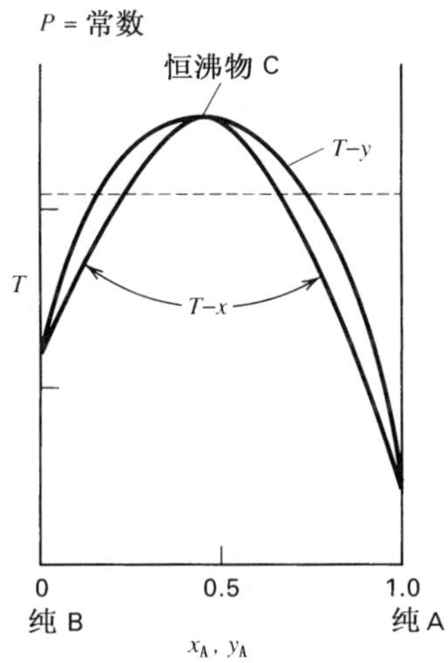

图 11.2　恒沸系统的多个平衡溶液

在三元系统的精馏中，因为 Gibbs 相律提供另一个自由度，可能的平衡组成不唯一地位于一条等压平衡曲线上。只有当温度、压力和一个组分在一相中的组成被固定时，其他组成才能确定。

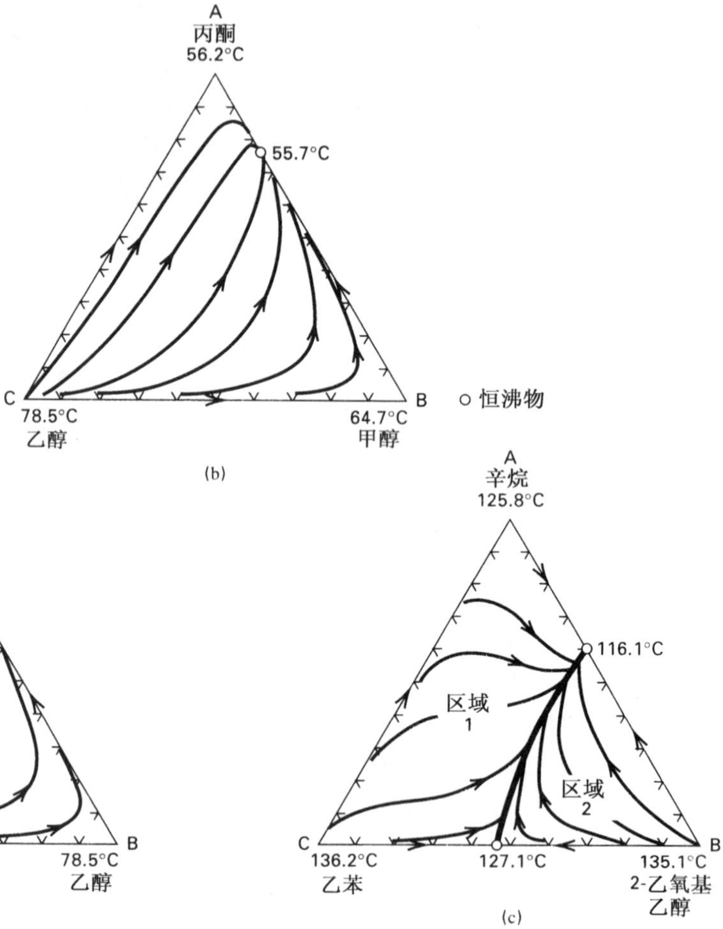

图 11.3　1atm 下三元系统的液相组成精馏曲线

(a) 不形成恒沸物的混合物；(b) 形成一个最低恒沸物的混合物；

(c) 形成两个最低恒沸物的混合物

如第 4 章和第 8 章中所讨论的，三元混合物的组成可表示在等边或直角三角形相图中，三角形的三个顶点代表纯组分。虽然，Stichlmair[3]证明固定压力下的汽-液相平衡可通过用三角形网格表示三个组分中两个组分的液相，再添加恒定平衡气相组成线进行标绘，但这种表示法很少采用。在开发可行分离过程时更有用的是只在三角形相图中标绘平衡液相组成。1atm 下，对三个不同的三元系统典型的这类标绘如图 11.3 所示，图中组成为摩尔分率。每张相图中的每条曲线为混合物精馏过程中存在的可能的平衡液相组成的轨迹，该轨迹由曲线上的任何一点开始。相图中还包括三个组分的沸点及它们的二元和/或三元恒沸物的沸点。图 11.3(a)为不形成恒沸物的醇类系统。如果对此三种醇的混合物进行精馏，类似于图 11.1(a)的二元系统，只有一个精馏区。因此，馏出液产物可能是接近纯的甲醇(A)，或塔底产物可能是接近纯的 1-丙醇(C)。但是,不能作为馏出液或塔底产物生产接近纯的中间沸点组分乙醇(B)。为将此三元混合物分离成三个组分,必须采用如图 11.4 所示的两个常规精馏塔组成的序列,在此序列中,进料、馏出液和塔底产物必位于三角形相图的一条直线(总物料衡算)上。于是,在图 11.4(a)的所谓直接序列中,进料 F 首先被分离成馏出液 A 与塔底产物 B 和 C;然后在第二个塔中将 B 和 C 分离。在图 11.4(b)的间接序列中,第一个塔产生馏出液 A 和 B 与塔底产物 C,然后在第二个塔中将 A 和 B 分离。

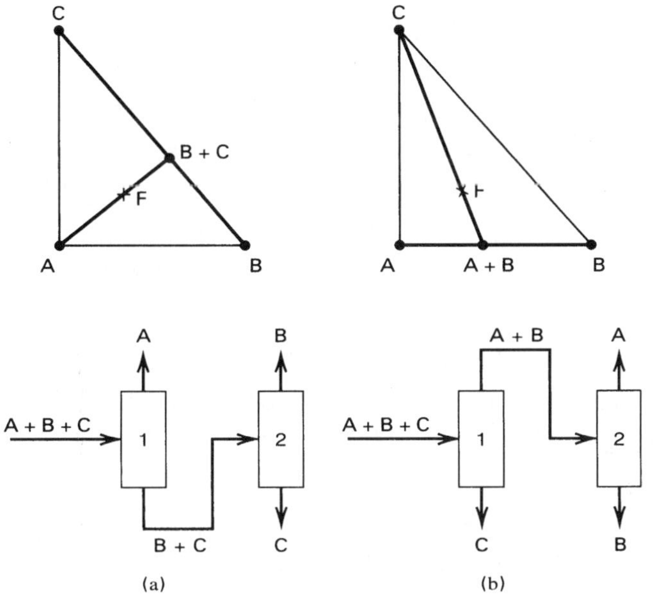

图 11.4 不形成恒沸物的三元混合物的精馏序列

(a) 直接序列;(b) 间接序列

当三元混合物形成一个恒沸物时,如同二元混合物,单个常规精馏塔的可能产物取决于进料组成。但是,与二元混合物的情况不同的是,对二元混合物如图 11.1(b)所示的两个精馏区是简单的和明确的,而对形成恒沸物的三元混合物,可能精馏区的确定是复杂的。首先考虑图 11.3(b)的丙酮(A)、甲醇(B)和乙醇(C)的例子,三组分按沸点升高的次序排列。1atm 下形成的唯一恒沸物是沸点较低的两个组分丙酮和甲醇的二元最低恒沸物,恒沸点为 55.7℃。该恒沸物含 78.4%(mol)丙酮。对这类系统,如后面将看到的,即使有一个恒沸物,但对三元混合物不存在精馏边界。于是,位于三角形相图内的进料组成,可分离成与直线(总物料衡算)一致的两个二元产物。即如果适当选择塔的分离条件,可避免三元馏出物或塔底产物。例如,在高回流比和大平衡级数条件下,下列五种进料组成都可产生丙酮和甲醇的最低恒沸物的塔顶馏出液和含甲醇和乙醇的塔底产物,即几乎没有或完全没有乙醇出现在馏出液中,以及几乎没有或完全没有丙酮出现在塔底产物中。

案例	进料:		馏出液:		塔底产物:	
	$x_{丙酮}$	$x_{甲醇}$	$x_{丙酮}$	$x_{甲醇}$	$x_{丙酮}$	$x_{甲醇}$
1	0.167 7	0.167 7	0.784 2	0.215 8	0.000 0	0.153 4
2	0.125 0	0.375 0	0.783 7	0.216 3	0.000 0	0.405 1
3	0.250 0	0.250 0	0.783 7	0.216 3	0.000 0	0.265 8
4	0.375 0	0.125 0	0.783 7	0.216 3	0.000 0	0.041 2
5	0.333 3	0.333 3	0.783 7	0.216 3	0.000 0	0.420 0

另一种方案是，可选择塔的分离规定为获得几乎为纯乙醇的塔底产物与丙酮和甲醇馏出液。不论对哪种分离，通过进料点的总物料衡算直线都可延伸到三角形的边界。

接着，考虑图 11.3(c)所示的正辛烷(A)、2-乙氧基乙醇(B)和乙苯(C)组成的三元混合物的更复杂的情况。A 和 B 形成恒沸点为 116.1℃的最低二元恒沸物，而 B 和 C 形成恒沸点为 127.1℃的最低二元恒沸物。这类系统的三角形相图被**精馏边界**(图中用粗黑线表示)分割为区域 1 和 2。连接进料到馏出液和塔底产物的物料衡算线不可能越过精馏边界，于是限制了该三元混合物常规精馏的可能产物。例如，具有区域 2 内进料组成的混合物，不可能产生乙苯，混合物中沸点最高的组分为塔底产物。它可能精馏产生 A－B 恒沸物的塔顶馏出液和 B－C 混合物的塔底产物，或塔底产物为 B，而馏出液为所有三个组分。如果进料组成位于图 11.3(c)中的区域 1，常规精馏可产生 A－B 恒沸物的塔顶馏出液和 A－C 混合物的塔底产物，或塔底产物为 C，而馏出液为 A 和 B 的混合物。于是，每个区域将产生独特的产物。

为进一步说明精馏边界对产物组成的限制，考虑由 15％(mol)A、70％(mol)B 和 15％(mol)C 组成的进料混合物的常规精馏。如果该混合物是图 11.3(a)或(b)的混合物，当进料按馏出物/塔底产物比为 85/15 分离时，获得的塔底产物为几乎纯的最高沸点组分 C。但是，如果混合物为图 11.3(c)的混合物，同样的进料分离比将导致塔底产物为几乎纯的次高沸点组分 B。

于是，当存在精馏边界时，三元混合物的产物不可能仅由各组分和恒沸物的沸点和规定的馏出物-塔底产物摩尔比进行预测。图 11.3 中的三元混合物的精馏边界和精馏曲线图可用下面两小节阐述的方法确定。

11.1.1 残余曲线图

考虑图 13.1 所示的简单 Rayleigh 间歇或微分精馏(没有塔板、填料或回流)。对三元混合物中的任一组分，式(13－1)给出假定由理想混合并处于泡点温度的蒸馏釜内的液体汽化时该组分的物料衡算，可写为

$$\frac{dx_i}{dt}=(y_i-x_i)\frac{dW}{W\,dt} \tag{11-1}$$

式中

x_i——釜内 W 摩尔完全混合的残余液体中组分 i 的摩尔分率；

y_i——与 x_i 平衡的气相(瞬时馏出物)中组分 i 的摩尔分率。

因为 W 随时间 t 而变化(减少)，所以可将 W 和 t 结合成一个变量。遵照 Doherty 和 Perkins[4]的处理方法，令该变量为 ξ，于是

$$\frac{dx_i}{d\xi}=x_i-y_i \tag{11-2}$$

将式(11-1)与式(11-2)相结合消去 $dx_i/(x_i-y_i)$：

$$\frac{d\xi}{dt}=-\frac{1}{W}\frac{dW}{dt} \tag{11-3}$$

令初始条件为 $t=0$ 时，$x=0$ 和 $W=W_0$。那么在时刻 t，式(11-3)求得的 ξ 为

$$\xi\{t\}=\ln[W_0/W\{t\}] \tag{11-4}$$

因为 $W\{t\}$ 随时间单调减小，所以 $\xi\{t\}$ 必定随时间单调增大，并被认为是一个无量纲的扭曲时间。于是，对三元混合物，假定不会形成第二液相，简单精馏过程可用下列微分-代数方程组(DAEs)模拟：

$$\frac{dx_i}{d\xi}=x_i-y_i,\qquad i=1,2 \tag{11-5}$$

$$\sum_{i=1}^{3} x_i=1 \tag{11-6}$$

$$y_i=K_i x_i,\qquad i=1,2,3 \tag{11-7}$$

和泡点温度方程：

$$\sum_{i=1}^{3} K_i x_i=1 \tag{11-8}$$

在一般情况下，$K_i=K_i\{T,p,x,y\}$。

于是，由七个方程组成的方程组中有九个变量：p、T、x_1、x_2、x_3、y_1、y_2、y_3 和 ξ。如果压力固定，后面七个变量，可作为 ξ 的函数，由式(11-5)到式(11-8)和规定的初始条件计算获得。计算可按 ξ 的正向或反向进行。当在三角形相图中进行标绘时，所得结果称为残余曲线，因为标绘所得为随时间变化的釜内液相的残余组成。对固定压力下的给定三元系统，残余曲线的集合为残余曲线图。一种简单但效率不高的计算残余曲线的方法用下面的例题说明。Doherty和 Perkins [4]及 Bossen、Jφgensen 和 Gani[5]提供了更好但也更费时间的方法。最后一种方法还适用于形成两个独立液相时，Pham 和 Doherty[6]的方法也适用于这种情况。

例 11.1

计算并标绘下列三元系统的部分残余曲线，该系统为 1atm 下的正丙醇(1)、异丙醇(2)和苯(3)，开始时为组成为 20%(mol)组分 1 和 2 及 60%(mol)组分 3 的泡点液体。K 值采用修正的拉乌尔定律(见表 2.3)计算，该定律包含由正规溶液理论[见式(2-64)]估算的作为组成和温度函数的液相活度系数。三个组分的常压沸点分别为 97.3℃、82.3℃和80.1℃。组分 1 和 3 形成的最低恒沸物的恒沸温度为 77.1℃，而组分 2 和 3 形成的最低恒沸物的恒沸温度为 71.7℃。

解

用 Taylor 和 Kooijman[7]的 ChemSep 程序，由式(11-7)和式(11-8)进行泡点计算得到 y 的初始值分别为 0.143 7、0.215 4 和 0.640 9，而初始温度为 79.07℃。

对无量纲时间 ξ 的规定增量，借助电子表格用欧拉法求解微分方程式(11-5)得到 x_1 和 x_2。x_3 可由式(11-6)获得。然后由式(11-7)和式(11-8)获得相应的 y 和 T 值。对 ξ 的下一个增量重复上述计算。于是，对组分 1，由式(11-5)得：

$$\begin{aligned}x_1^{(1)}&=x_1^{(0)}+(x_1^{(0)}-y_1^{(0)})\Delta\xi\\&=0.200\,0+(0.200\,0-0.143\,7)\times 0.1=0.205\,6\end{aligned}$$

式中上标(0)指初始值，而上标(1)指 ξ 的第一个增量后的值。$\Delta\xi$ 值取为 0.1 可给出合适的

精度，因为 x_1 的变化只有 2.7%。类似地有：

$$x_2^{(1)}=0.200\ 0+(0.200\ 0-0.215\ 4)\times 0.1=0.198\ 5$$

由式(11-6)：

$$x_3^{(1)}=1-x_1^{(1)}-x_2^{(1)}=1=0.205\ 6-0.198\ 5=0.595\ 9$$

用 ChemSep 程序，由式(11-7)和式(11-8)进行泡点计算得到

$$y^{(1)}=[0.147\ 4,0.213\ 4,0.639\ 2]^{T} \quad 和 \quad T^{(1)}=79.14℃$$

在 ξ 的正方向上继续进行上述计算直到 $\xi=1.0$。也可反向完成上述计算直到 $\xi=-1.0$。结果如下表所列，并将一条部分残余曲线标绘在图 11.5(a)中。为进行比较，Doherty[8]给出的该系统的完整的残余曲线图如图 11.5(b)的三角形相图所示。

ξ	x_1	x_2	y_1	y_2	T/℃
−1.0	0.151 5	0.217 3	0.111 2	0.236 7	78.67
−0.9	0.155 7	0.215 4	0.114 1	0.234 4	78.71
−0.8	0.160 0	0.213 5	0.117 1	0.232 2	78.75
−0.7	0.164 4	0.211 7	0.120 1	0.230 0	78.79
−0.6	0.169 0	0.209 9	0.123 2	0.227 8	78.83
−0.5	0.173 7	0.208 1	0.126 4	0.225 6	78.87
−0.4	0.178 6	0.206 4	0.129 7	0.223 5	78.91
−0.3	0.183 7	0.204 7	0.133 1	0.221 4	78.95
−0.2	0.188 9	0.203 1	0.136 5	0.219 4	79.00
−0.1	0.194 4	0.201 5	0.140 1	0.217 3	78.05
0.0	0.200 0	0.200 0	0.143 7	0.215 4	79.07
0.1	0.205 6	0.198 5	0.147 4	0.213 4	79.14
0.2	0.211 5	0.197 0	0.151 2	0.211 5	79.19
0.3	0.217 5	0.195 5	0.155 0	0.209 5	79.24
0.4	0.223 7	0.194 1	0.158 9	0.207 6	79.30
0.5	0.230 2	0.192 8	0.162 9	0.205 8	79.24
0.6	0.236 9	0.191 5	0.167 1	0.204 1	79.41
0.7	0.243 9	0.190 2	0.171 4	0.202 3	79.48
0.8	0.251 2	0.189 0	0.175 8	0.200 6	79.54
0.9	0.258 7	0.187 8	0.180 4	0.198 9	79.61
1.0	0.266 5	0.186 7	0.185 0	0.197 3	79.68

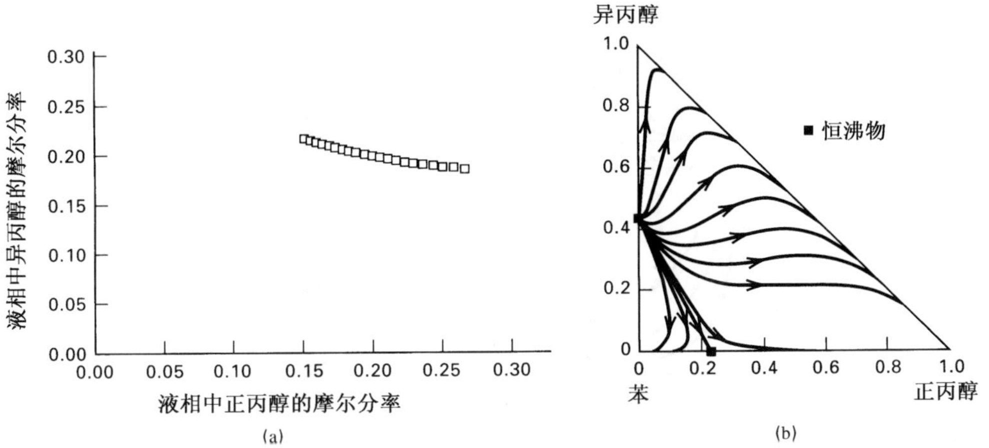

图 11.5　例 11.1 的 1atm 下的正丙醇-异丙醇-苯系统的残余曲线

(a) 计算部分残余曲线；(b) 残余曲线图

图 11.5(b)的残余曲线图说明残余曲线是带箭头的。这些曲线包括三角形相图的三条边。每条曲线上的箭头由沸点较低的组分或恒沸物指向沸点较高的组分或恒沸物。在图 11.5(b)中，三元混合物的残余曲线都由异丙醇–苯恒沸物(沸点最低，为 71.7℃)出发。一条残余曲线终结于另一个恒沸物(正丙醇–苯，具有较高的沸点，77.1℃)。这是一条特殊的残余曲线，称为简单精馏边界，因为它将三元相图分成两个独立的精馏区域。所有位于上部并向精馏边界右边延伸的残余曲线均终止于代表正丙醇的顶点。所有位于下部并向精馏边界左边延伸的残余曲线均偏转向代表苯的顶点，苯的沸点为 80.1℃，在第二精馏区域中是最高的。

在三角形相图上，所有代表纯组分的顶点和恒沸点，不管是如图 11.5(b)所示的在三角形边界上的二元恒沸物，还是在三角形内部的三元恒沸物，都是残余曲线的奇异点或固定点，因为 $dx/d\xi=0$。在这些点的邻域内，残余曲线的行为取决于式(11－5)的两个特征根。在纯组分的顶点上，两个特征根是相同的。而在每个恒沸点上，两个特征根是不同的。可能存在用图 11.6 中的三个类型组说明的三种情况：

情况 1：两个特征根均为负的。这是随着 ξ 趋近无穷大而到达的点。在给定精馏区域内，所有残余曲线的终点正是这种点。于是，这种点为在该区域内具有最高沸点的组分或恒沸物。这种点是稳定节点，因为它就像山谷的最低点，是在山谷中滚动的球将会找到的稳定位置。在图 11.6(b)中，稳定节点是纯正丙醇。

情况 2：两个特征根均为正的。这是给定精馏区域中所有残余曲线的起点。于是，它是给定区域内具有最低沸点的组分或恒沸物。该点是不稳定节点，因为它像山峰的顶点，球将由此点滚向稳定位置。在图 11.6(b)中，不稳定节点是异丙醇–苯恒沸物。

情况 3：一个特征根为正，而另一个特征根为负。三角形内的残余曲线先趋近该点，然后又离开该点，称为鞍点。对给定精馏区域中，这是所有沸点介于稳定节点和不稳定节点间的纯组分和恒沸物。在图 11.5(b)中，上部精馏区域一个鞍点位于代表异丙醇的顶点，而另一个鞍点位于正丙醇–苯恒沸物。

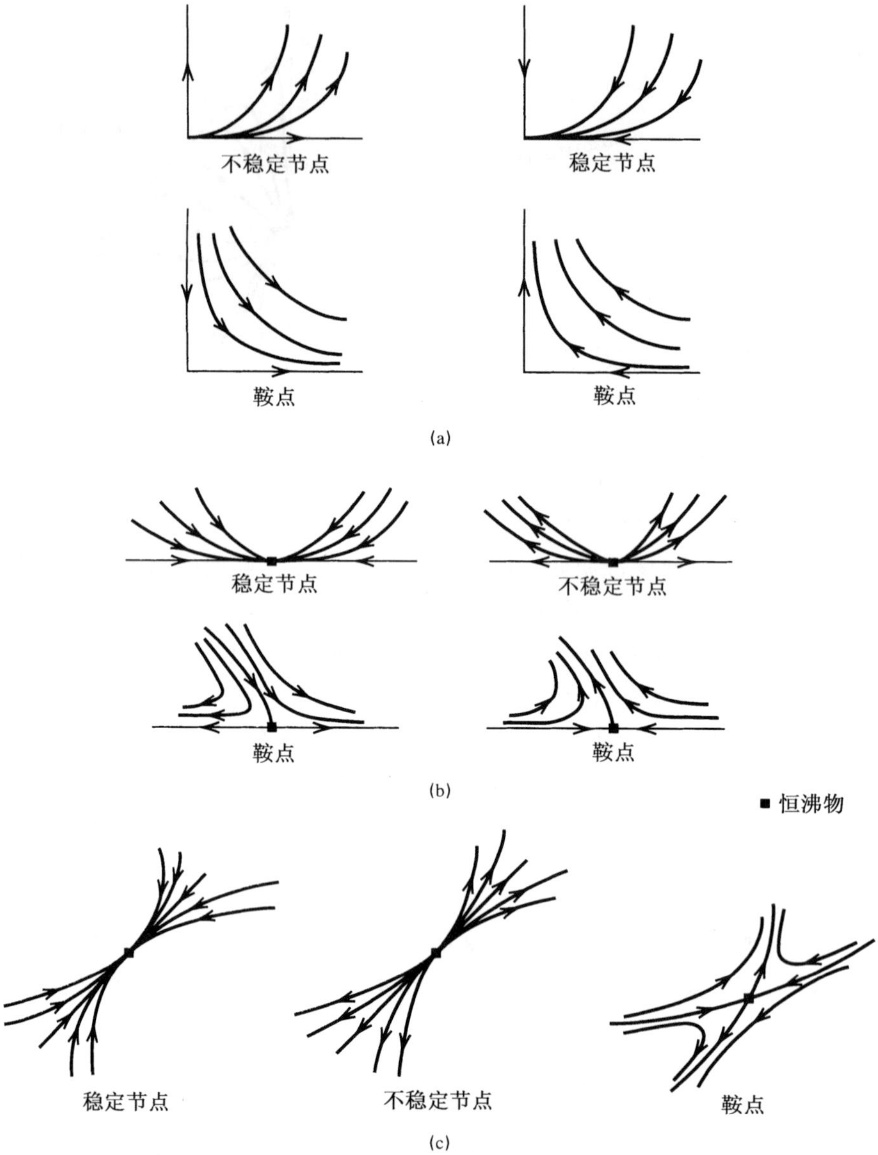

图 11.6　残余曲线类型

(a) 纯组分顶点附近；(b) 二元恒沸物附近；(c) 三元恒沸物附近

［经允许，取自 M. F. Doherty and G. A. Caldarola, *IEC Fundam.*, 24, 477 (1985)］

由例 11.1 可知，残余曲线图的计算显然需要相当大的工作量。但是，可用计算机辅助模拟程序，如 ASPEN PLUS[9]和 CHEMCAD 计算残余曲线图。另一种方法是如 Doherty 和 Perkins[10]及 Doherty[8]所开发的，将奇异点分为稳定节点、不稳定节点和鞍点，为根据纯组分沸点和恒沸物的沸点和组成，近似计算包括近似的精馏边界的残余曲线图提供了快速的方法。纯组分沸点可由手册和计算机辅助模拟程序的数据库方便地查得。广泛的二元恒沸物的清单可从 Horsley[11]和 Gmehling 等[12]的著作中查找。前者列出了 1 000 个以上二元恒沸物。后者包括涉及约 2 000 个化合物的 20 000 个以上系统的实验数据和关于特殊精馏系统选择的资料。三元恒沸物的清单无疑是相当不完整的。但是，对有实验数据的场合，Fidkowski、Malone 和 Doherty[13]已开发了利用热力学模型（如 Wilson、NRTL、UNIQUAC 和 UNIFAC）估算多组分混合物的所有均相恒沸物的同伦-延续法。Eckert 和 Kubicek[97]则提出了计算非均相恒沸物的扩充方法。

根据实验提供的证据，对三元混合物最多存在三个二元恒沸物和一个三元恒沸物，这一结论几乎没有例外。因此，下列约束条件适用于三元系统：

$$N_1+S_1=3 \tag{11-9}$$

$$N_2+S_2=B\leqslant 3 \tag{11-10}$$

$$N_3+S_3=1\text{ 或 }0 \tag{11-11}$$

这里 N 是稳定和不稳定节点数，S 是鞍点数，B 是二元恒沸物数，而下标是节点（稳定或不稳定）或鞍点处的组分数。于是，S_2 是二元恒沸物鞍点的数目。Doherty 和 Perkins[10]导出了 N 和 S 间的下列拓扑关系：

$$2N_3-2S_3+2N_2-B+N_1=2 \tag{11-12}$$

对没有三元恒沸物的图 11.5(b)的系统，我们知道 $N_1=2$，$N_2=1$，$N_3=0$，$S_1=1$，$S_2=1$，$S_3=0$，和 $B=2$。应用式(11-12)给出 $0-0+2-2+2=2$，而式(11-11)给出 $0+0=0$。于是，所有四个关系式都满足。

如 Foucher、Doherty 和 Malone[14]所详细阐述的，这些拓扑关系式对在三元相图上迅速绘制包括精馏边界的近似残余曲线示意图是特别有用的。这种方法包括九个步骤(0-8)，用取自他们的论文的虚拟例子对这些步骤进行说明，并表示在图 11.7 中。此法扼要说明于图 11.8。近似的残余曲线图通常用 1atm 下的数据导出。在对这些步骤进行描述时，组分指纯组分和恒沸物。

步骤 0　用纯组分、常压沸点温度标注三元相图。最好将三角形的顶角标注为低沸点组分(L)，以底部的右角标注为高沸点组分(H)，而以底部的左角标注为中间沸点组分(I)。标注二元和三元恒沸物的组成点并添加它们的常压沸点。这确定了 B 的数值。见图 11.7 的步骤 0，图中用方块标注了两个二元最低恒沸物、一个二元最高恒沸物和一个三元恒沸物。于是 $B=3$。

步骤 1　在三角形的各边上，对相邻组分按温度升高的方向画箭头。见图 11.7 的步骤 1，在三角形的各边上有六个组分，已添加六个箭头。

步骤 2　根据步骤 1 所画的箭头，利用图 11.6，对每个纯组分顶点确定奇异点的类型。这确定了 N_1 和 S_1 的数值。如果存在一个三元恒沸物，进入步骤 3；如果不存在三元恒沸物，进入步骤 5。见图 11.7 的步骤 2，L 是鞍点，因为一个箭头指向 L，而另一个箭头指离 L；H 是稳定节点，因为两个箭头都指向 H，而 I 也是鞍点。因此 $N_1=1$ 和 $S_1=2$。

步骤 3　**（对三元恒沸物）**　如果存在三元恒沸物，确定三元恒沸物奇异点的类型。如果(a) $N_1+B<4$，和/或(b)将纯组分鞍点排除在外时，三元恒沸物在所有组分中具有最高、次高、最低或次低沸点，该点是节点。否则该点是鞍点。这确定了 N_3 和 S_3 的数值。如果该点是节点，进入步骤 5；如果该点是鞍点，进入步骤 4。见图 11.7 的步骤 3，$N_1+B=1+3=4$。但是，排除 L 和 I，因为它们是鞍点，三元恒沸物具有次低的沸点。因此，该点是节点，而 $N_3=1$ 和 $S_3=0$。还需确定该节点的类型为稳定还是不稳定。

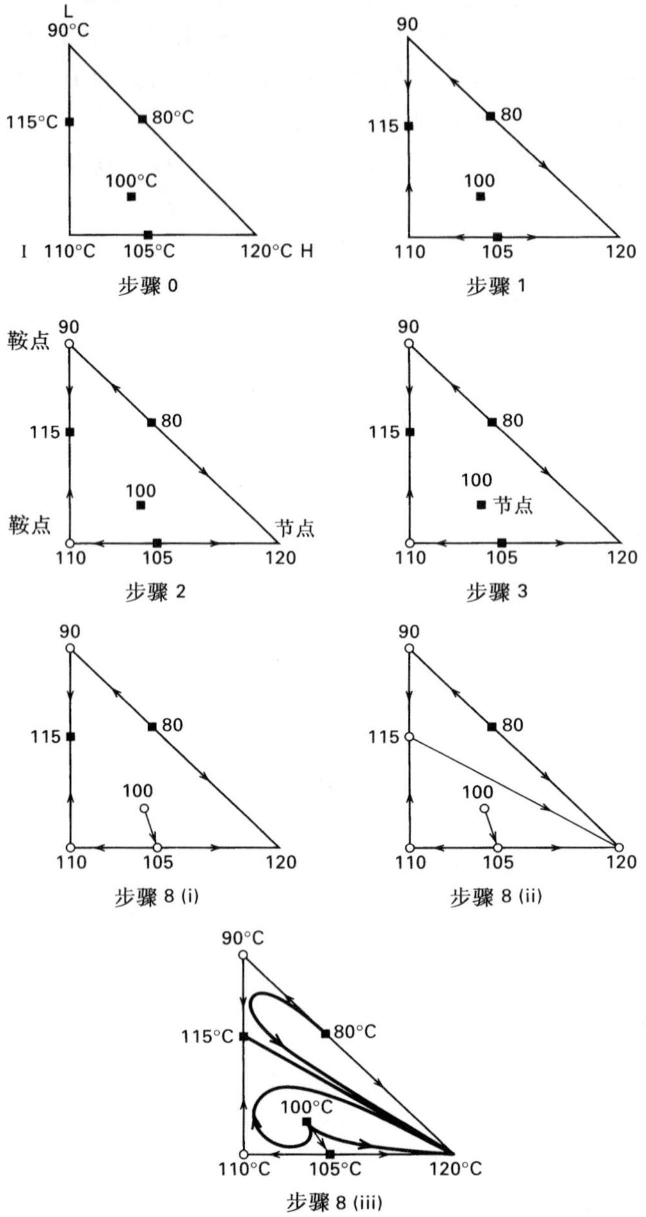

图 11.7　有两个二元最低恒沸物、一个二元最高恒沸物和一个三元恒沸物的虚拟系统的近似残余曲线图的逐步标绘

[经允许取自 E. R. Foucher, M. F. Doherty and M. F. Malone, *IEC Res*, 30, 764 (1991)]

步骤 4　(对三元鞍点)　用直线将三元鞍点与所有二元恒沸物和纯组分节点连接(但不与纯组分鞍点相连),并在各条直线上画指向温度升高方向的箭头。根据本步骤所画的箭头,利用图 11.6,对每个二元恒沸物确定奇异点的类型。这确定了 N_2 和 S_2 的数值。这些数值应符合式(11－10)和式(11－12)。这完成了近似的残余曲线图的绘制,不再需要更多的步骤。但是,如果 $N_1+B=6$,如 Foucher、Doherty 和 Malone[14]详细论述的,必须进行专门的检查。这一步骤不适合图 11.7 的例子，因为三元恒沸物不是鞍点。

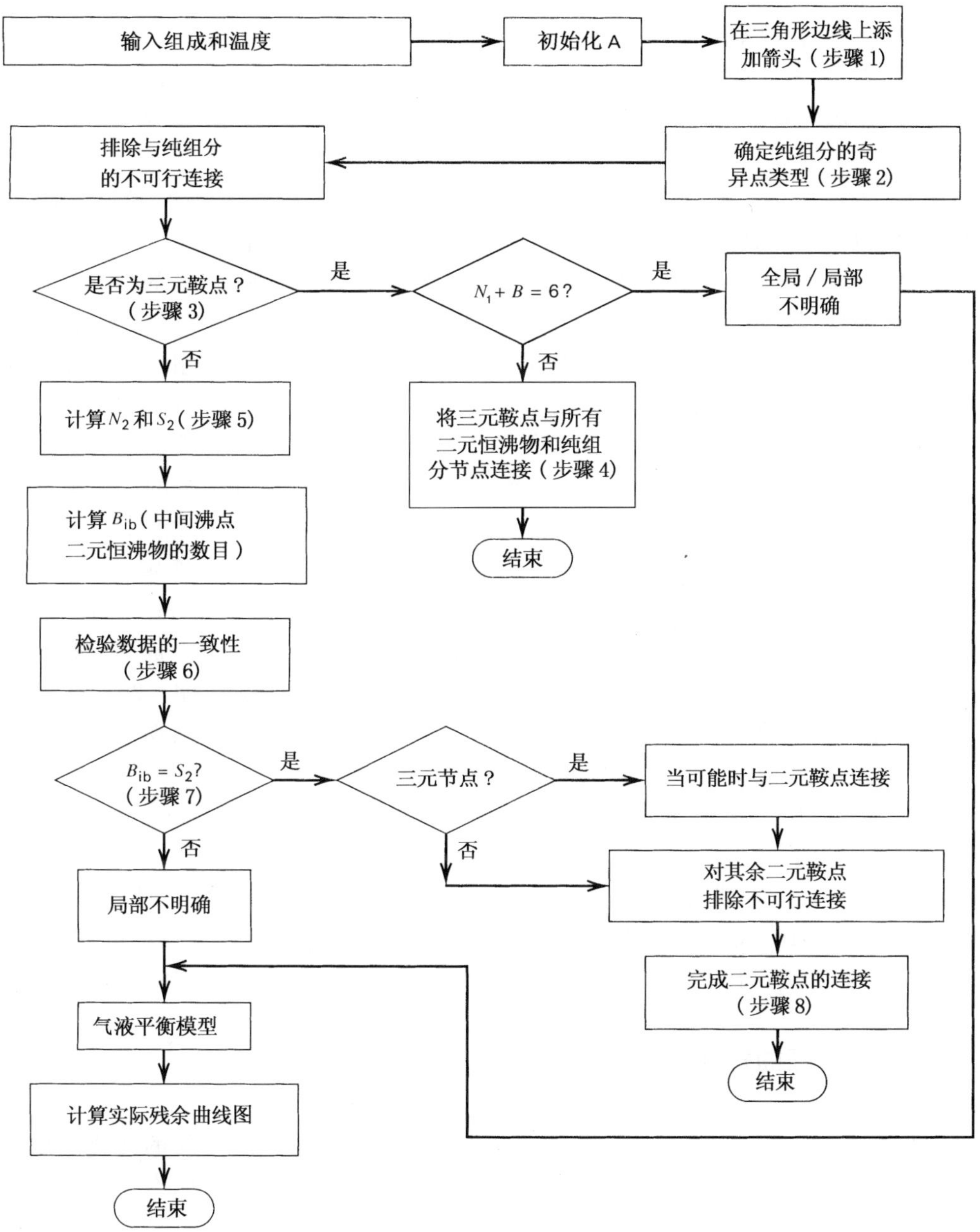

图 11.8　绘制近似残余曲线示意图算法的框图

[经允许取自 E. R. Foucher, M. F. Doherty and M. F. Malone, *IEC Res*, 30, 764 (1991)]

步骤 5　（对三元节点或无三元恒沸物）　由式(11－10)和式(11－12)，确定二元节点的数目 N_2 和二元鞍点的数目 S_2，这里可用式(11－12)求解 N_2，给出

$$N_2=(2-2N_3+2S_3+B-N_1)/2 \tag{11-13}$$

对图 11.7 的例子，$N_2=(2-2+0+3-1)/2=1$。由式(11－10)，$S_2=3-1=2$。

步骤 6　计算中间沸点的二元恒沸物(即不是最高或最低沸点组分)的数目(称为数目

B_{ib})。进行下列两项数据一致性检验:(a)减去 B_{ib} 的二元恒沸物数目 B 必须等于 N_2;(b)S_2 必须 $\leqslant B_{ib}$。对图 11.7 的例子,两项检验均满足,因为 $B_{ib}=2, B-B_{ib}=1, N_2=1$,和 $S_2=2$。如果这两项一致性检验不满足,一个或一个以上组分的沸点可能有错。

步骤 7 如果 $S_2 \neq B_{ib}$,本法不能确定唯一的残余曲线图结构,因此必须由式(11-5)到式(11-8)计算残余曲线图结构。如果 $S_2=B_{ib}$,存在唯一的结构,可在步骤 8 中完成残余曲线图。对图 11.7 的例子,$S_2=B_{ib}=2$;因此存在唯一的残余曲线图。

步骤 8 对一个三元节点或没有三元恒沸物的情况,在此最后步骤中,确定精馏边界(如果存在)并作为直线添加到三角形相图中,而且如果需要,在每个精馏区域中画上一条或多条有代表性的残余曲线。这一步骤适用于 $S_3=0, N_3=0$ 或 1 和 $S_2=B_{ib}$ 的情况。在所有情况下,精馏边界数等于二元鞍点数 S_2。每个二元鞍点必须连接到一个节点(纯组分、二元或三元恒沸物)。一个三元节点必须连接到至少一个二元鞍点。于是,纯组分节点不能连接到三元节点,而不稳定节点不能连接到稳定节点。通过确定每个二元鞍点的连接完成连接,使得(a)最低沸点的二元鞍点连接到沸点较低的不稳定节点,和(b)最高沸点的二元鞍点连接到沸点较高的稳定节点。最好先考虑与三元节点的连接,然后检查剩余的二元鞍点的可能连接。在图 11.7 的例子中,$S_2=2$,对这些鞍点,将 115℃ 的最高恒沸物标记为 L-I,而将 105℃的最低恒沸物标记为 I-H。因此,我们通过绘制两条连接线确定两条精馏边界。100℃的三元节点不能连接到 L-I,因为 100℃低于 115℃。但是如图 11.7 的步骤 8(i)所示,该三元节点可连接到 I-H,因为 100℃低于 105℃。这使该三元节点成为不稳定的。如图 11.7 的步骤 8(ii)所示,L—I 只能连接到 H,因为这是一节点(稳定)和 120℃高于 115℃。至此完成了连接。最后,如图 11.7 的步骤 8(iii)所示,在图中添加三条典型的但只是近似的残余曲线。这些曲线起始于不稳定节点,而终止于稳定节点。

残余曲线图被用于确定非理想三元系统的可行精馏序列。Matsuyama 和 Nishimura [15]证明刚才讨论的拓扑学约束限制可能残余曲线图数目约为 113。但是,Siirola 和 Barnicki[96]证明另有 12 种残余曲线图;全部 125 种残余曲线图称为精馏区域图(DRD)。Doherty 和 Caldarola[16]提供了 87 种至少含有一个最低二元恒沸物的残余曲线图的示意图。这些残余曲线图涵盖了工业应用中的大多数情况,因为最低恒沸物远比最高恒沸物常见。

11.1.2 精馏曲线图

残余曲线表示作为简单、一级间歇精馏结果的液相残余组成随时间的变化。这种曲线指向时间增加的方向,残余液相由沸点较低的状态变化到沸点较高的状态。三元相图上精馏的另一种表示方法是连续而非间歇精馏的精馏曲线。在恒定压力,通常为 1atm 下,这种曲线可非常方便地对全回流(无限大回流比)条件确定。从任何组成开始,可沿塔向下或向上进行计算。假定我们选择由标记为级 1 的级开始沿塔向上进行计算,并向上对各级进行编号。在平衡级 j 和 $j+1$ 间的任意位置,由第 7 章中用于二元混合物的 McCabe-Thiele 法或第 9 章中用于多组分系统的 Fenske 方程,都能使我们回想起这两级间气相和液相物流具有相同的组成。于是,

$$x_{i,j+1}=y_{i,j} \tag{11-14}$$

还有,离开同一级的液相和气相物流将处于平衡状态。于是,

$$y_{i,j}=K_{i,j}x_{i,j} \tag{11-15}$$

为计算固定压力下的精馏曲线，假定初始液相组成 $x_{i,1}$。该液相处于其泡点温度，泡点温度可由式(11－8)确定，该式还可给出与式(11－15)一致的平衡气相组成 $y_{i,1}$。根据式(11－14)级间液相物流组成 $x_{i,2}$ 等于 $y_{i,1}$。然后重复此计算过程获得 $x_{i,3}$ 和 $x_{i,4}$，并可依此类推。将对应于全回流条件下的操作线的液相组成序列标绘在三角形相图上。实际上，这种方法就是第 9 章中讨论的，为达到两个关键组分间的规定分离程度，Fenske 用于确定全回流操作时的最小平衡级数的方法。对二元混合物，精馏曲线类似于 McCabe－Thiele 图中的 45°线。下面说明精馏曲线的一部分的计算。

例 11.2

对与例 11.1 相同的起始条件，计算并标绘精馏曲线的一部分。

解

对组分 1、2 和 3，起始值 $x^{(1)}$ 分别为 0.200 0、0.200 0 和 0.600 0。由例 11.1，泡点计算给出温度为 79.07℃，而 $y^{(1)}$ 为 0.143 7、0.215 4 和 0.640 9。由式(11－14)知 $x^{(2)}$ 的值为 0.143 7、0.215 4 和 0.640 9。对此组成，泡点计算给出 $T^{(2)}=78.62$℃ 和 $y^{(2)}=0.1063$、0.236 0和 0.657 7。顺序计算结果被汇总于下表：

平衡级	x_1	x_2	y_1	y_2	T/℃
1	0.200 0	0.200 0	0.143 7	0.215 4	79.07
2	0.143 7	0.215 4	0.106 3	0.236 0	78.62
3	0.106 3	0.236 0	0.079 4	0.259 7	78.29
4	0.079 4	0.259 7	0.059 2	0.284 6	78.02
5	0.059 2	0.284 6	0.043 7	0.309 1	77.80

得到的精馏曲线标绘于图 11.9，图中的点代表平衡级，并用直线连接。

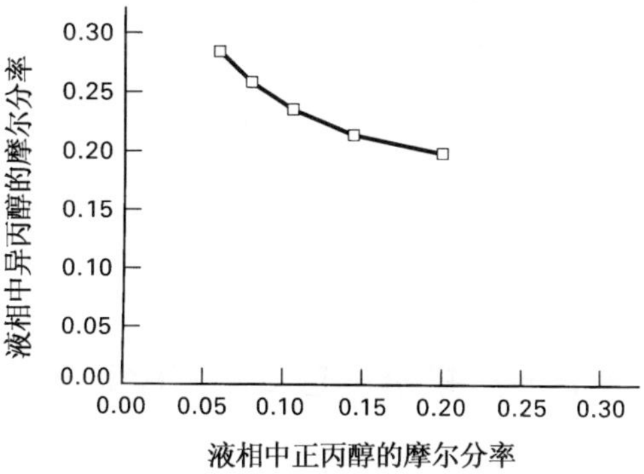

图 11.9　例 11.2 在 1atm 下计算的正丙醇-异丙醇-苯系统的精馏曲线

因为 Fidkowski、Doherty 和 Malone[17]指出的理由，精馏曲线的计算比残余曲线快速，而且能获得更好的近似。如果将在例 11.1 中必须数值求解的式(11－5)写成正向有限差分的形式，得到

$$(x_{i,j+1}-x_{i,j})/\Delta\xi=x_{i,j}-y_{i,j} \tag{11-16}$$

在例 11.1 中，$\Delta\xi$ 设为＋0.1 给出逐渐减小的 T 值。如果我们选择与例 11.2 中所用的方向

相同的后一种方向，但令 $\Delta\xi$ 等于 -1.0，那么式(11-16)变得与式(11-4)相同。于是，当利用 $\Delta\xi=-1.0$ 的粗疏的正向有限差分公式，残余曲线(真实的连续曲线)等于精馏曲线(通过各离散点画出的一条光滑曲线)。

包括精馏边界线的精馏曲线的集合为精馏曲线图，取自 Fidkowski 等的论文[17]的 1atm 下丙酮-氯仿-甲醇系统的精馏曲线图的例子如图 11.10 所示。该系统的液相活度系数用 Wilson 方程计算。图中虚线为精馏曲线；它们接近实线表示的残余曲线。该系统有两个最低二元恒沸物、一个最高二元恒沸物和一个三元鞍点恒沸物。图中显示存在四条精馏边界，为与前述步骤 4 一致，分别标记为 A、B、C 和 D。这些计算获得的确定四个精馏区域(1 到 4)的边界线都是曲线，而不是图 11.7 的示意图中近似表示的直线。

Stichlmair 及其同事[1,3,18]已将精馏曲线图广泛用于可行精馏序列的开发。在他们的图中，精馏曲线上的箭头指向沸点较低的组分，而不是如在残余曲线图中指向沸点较高的组分。

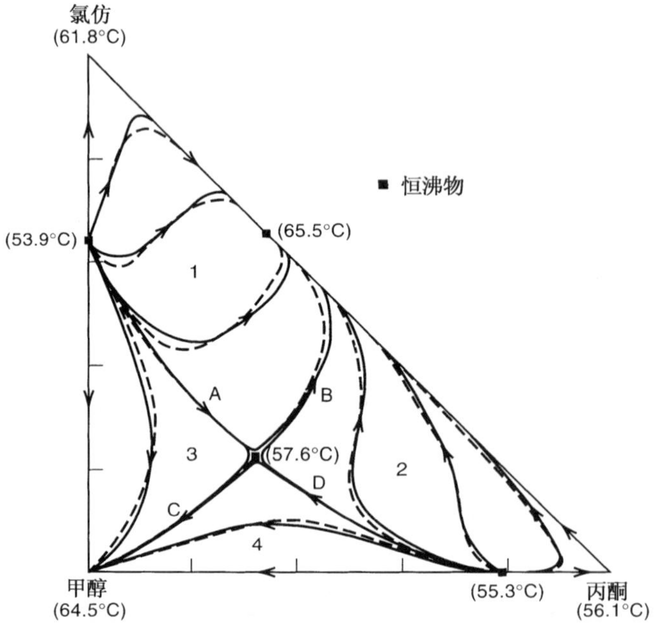

图 11.10　残余曲线与精馏曲线的比较

[经允许取自 Z. T. Fidkowski, M. F. Malone and M. F. Doherty, *AIChE J.*, 39, 1303 (1993)

11.1.3　全回流条件下的产物组成区间(蝶形领结区域)

如上所述，形成恒沸物的三元混合物的可能精馏区域不是显而易见的。幸运的是，可利用残余曲线图和精馏曲线图对非理想三元混合物精馏的可行产物组成的区域作初步估计。产物组成可通过在一种曲线图上添加一条全塔物料衡算线确定。首先考虑图 11.11(a)所示的比较简单的不形成恒沸物的三元系统，该图用三条曲线表示典型的等压残余曲线。假定该图与全回流条件下对应的精馏曲线图和有限但非常高的回流比下的图相同。假定在图 11.11(a)中标记为 F 的三元进料在等压和高回流比条件下操作的塔内连续精馏产生馏出液 D 和塔底产物 B。如第 4 章和第 8 章中所述，如果画一条连接馏出液和塔底产物组成的直线，为满足总物料衡算和组分物料衡算方程，该直线必定在某个中间点通过进料组成。该直线为**物料衡算线**，图 11.11(a)中有三条物料衡算线。对一条给定的物料衡算线，用空心方块表示的一组 D 和 B 组成点必位于相同的精馏曲线上。这导致物料衡算线与精馏曲线相交于两个点并成为精馏曲线的弦。

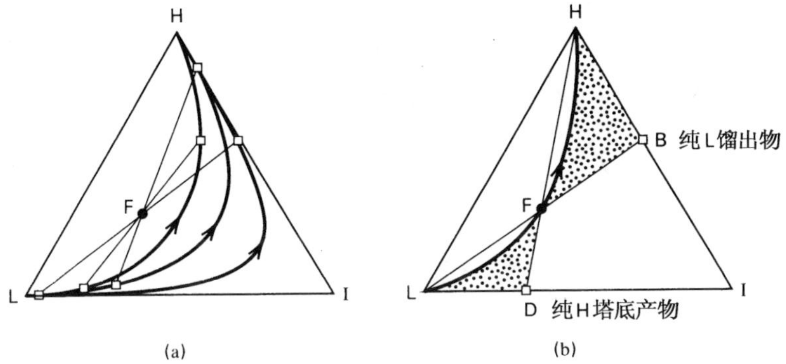

图 11.11　不形成恒沸物系统的产物组成区域

(a) 物料衡算线和精馏曲线；(b) 用阴影表示的产物组成区域

［经允许取自 S. Widagdo and W. D. Seider, *AIChE J.*, 42, 96—130 (1996)］

对这种不形成恒沸物的系统，极限的馏出液组成点为纯低沸点组分 L。如图 11.11(b)所示，从通过 F 的物料衡算线可见相应的塔底组成是几乎不含组分 L 的点 B。在另一极端情况，极限塔底组成点是纯高沸点组分 H。物料衡算线由该点开始，通过进料点 F，终止于点 D。这两条线和精馏曲线规定了阴影所示的产物组成区域。注意对给定的进料，因为馏出液和塔底产物必位于相同的精馏曲线上，阴影的可行区域位于通过进料点的精馏曲线的凸侧。因为其形状，可行产物组成区域称为**蝶形领结区域**。

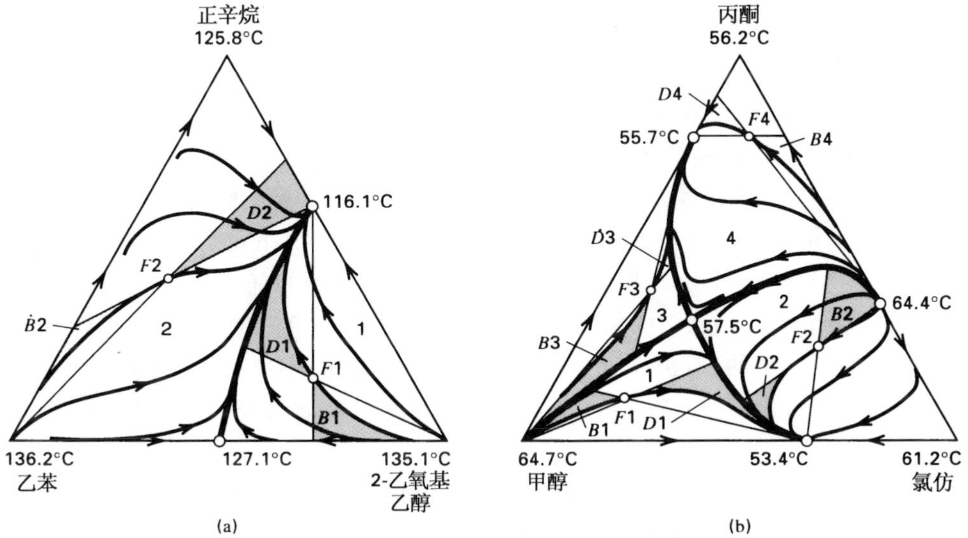

图 11.12　给定进料组成的产物组成区域

(a) 1atm 下有两个最低二元恒沸物的三元混合物；

(b) 1atm 下有三个二元恒沸物和一个三元恒沸物的三元混合物

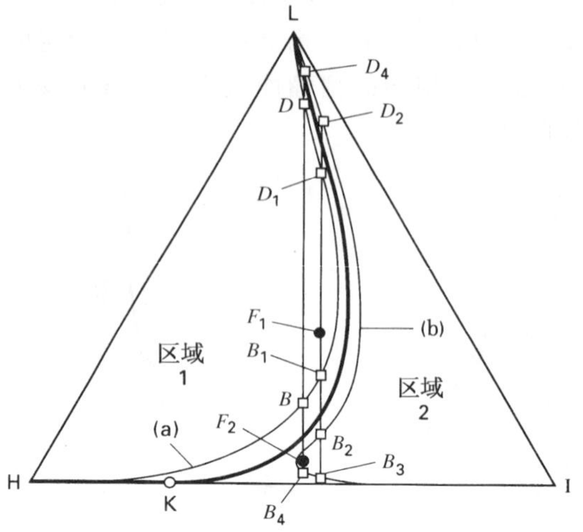

图 11.13　恒沸系统精馏边界的可穿越和不可穿越

[经允许取自 S. Widagdo and W. D. Seider, *AIChE J.*, 42, 96—130 (1996)]

对存在精馏边界的恒沸系统,对每个精馏区域均可发现可行产物组成区域。两个例子如图 11.12 所示。在图 11.12(a)所示的第一个例子中有两个由两个最低二元恒沸物导致的精馏区域。弯曲的精馏边界连接这两个最低恒沸物。在右下方的精馏区(1)中,沸点最低的组分是正辛烷-2-乙氧基乙醇的最低恒沸物,而沸点最高的组分是 2-乙氧基乙醇。因此,对进料 F_1,从对应于这两个组分的点画一条通过点 F_1 的直线到边界(精馏边界或三角形的边)。然后,在通过进料点的精馏曲线的外侧画阴影表示可行产物组成区域。结果为馏出液组成限于阴影区域 D_1,而塔底组成限于阴影区域 B_1。对给定的 D_1,B_1 必位于通过 D_1 和 F_1 的直线上。在全回流条件下,D_1 和 B_1 必位于相同的精馏曲线上。更复杂的有四个精馏区域的精馏曲线图如图 11.12(b)的丙酮-甲醇-氯仿系统所示,该系统有两个最低二元恒沸物、一个最高二元恒沸物和一个三元鞍点恒沸物。用与图 11.12(a)的区域 1 相同的方法确定的一个阴影蝶形领结区域表示每个精馏区域。对该系统,可行产物组成区域是受到高度限制的。

在图 11.12(a)左边的精馏区域 2 中可观察到复杂的情况。在该区域内,沸点最低组分是辛烷和 2-乙氧基乙醇的二元恒沸物,而沸点最高组分是乙苯。精馏区域 1 的复杂因素是进料 F_2 位于 S 形精馏曲线的拐点处或拐点附近。在这种情况下,如 Wahnschafft 等[20]所指出的,可行产物组成区域可位于通过该进料点的精馏曲线的任一侧。所示的某些精馏区域类似于 Stichlmair 等[1]确定的精馏区域,而 Wahnschafft 等[20]显示了该系统的其他精馏区域。如他们所指出的,对类似这样的情况,图 11.12(b)中所画类型的物料衡算线不限于可行区域。Hoffmaster 和 Hauan[98]提供了存在 S 形精馏曲线时确定广泛的产物可行区域的方法。

在图 11.11(b)、图 11.12(a)和图 11.12(b)中,如精馏边界所规定的,每个蝶形领结区域都限制了它的精馏区域。在所有情况中,物料衡算线上的进料、馏出液和塔底产物点均位于一个精馏区域内,而进料点位于馏出液和塔底产物点之间。物料衡算线不会穿越精馏边界线。是否永远如此呢?答案是否!在精馏边界线高度弯曲的状况下,它可能被物料衡算线穿越获得可行产物组成。即可能进料点位于精馏边界线的一侧,而馏出液和塔底产物点位于精馏边界线的另一侧。考虑图 11.13 中取自 Widagdo 和 Seider[19]论文的例子。高度弯曲的精馏边界线从 H－I 的最低恒沸物 K 延伸到纯组分 L。此线将三角形相图分隔为两个精馏区域，1 和 2。进料 F_1 可分离为位于精馏曲线(a)上的产物 D_1 和 B_1。在此案例中，物料衡算线和精馏曲线均位于精馏边界线的凸侧。但是，因为进料点 F_1 靠近高度弯曲的精馏边界线，所以 F_1 也可分离为位于边界线凹侧的区域 2 中的精馏曲线上的 D_2 和 B_2(或 B_3)。于是，物料衡算线从凸侧到凹侧穿越了边界。进料 F_2 可分离为 D_4 和 B_4，但不能分离为 D 和 B。在后一个案例，物料衡算线不能从凹侧到凸侧穿越边界。因为在物料衡算线上，点 F_2 不在 D 和 B 之间。图 11.13 的可行产物组成区域的确定留作本章最后的习题。Wahnschafft 等[20]提供了产物组成区域的详细论述。

11.2　萃取精馏

萃取精馏用于分离恒沸物和在值得重视的浓度范围内关键组分的相对挥发度小于约 1.1的其他混合物。如果进料是最低恒沸物，挥发度低于进料混合物中的关键组分的溶剂自进料级以上而在塔顶以下几块板处的某级加入，使得(1)溶剂存在于至塔底的向下流动的液体中，(2)被汽提和损失于塔顶蒸气的溶剂极少。如果进料是最高恒沸物，溶剂和进料一起进塔。进料中的各组分对溶剂必须有不同的亲和力，使溶剂可导致关键组分的相对挥发度增加到使分离变得可行和经济的程度。溶剂不应和进料中的任何组分形成恒沸物。一般说来，为达到此目的，溶剂与进料摩尔比的数量级为 1。萃取精馏塔的塔底产物被进一步分离回收溶剂供循环和完成进料分离。萃取精馏这一名称是 Dunn 等[21]用苯酚作为溶剂进行从链烷烃混合物中除去甲苯的工业分离时引入的。

表 11.1　萃取精馏的某些工业应用

进料混合物中的关键组分	溶　　剂	进料混合物中的关键组分	溶　　剂
丙酮-甲醇	苯胺、乙二醇、水	异丁烷-丁烯-1	糠醛
苯-环己烷	苯胺	异戊二烯-戊烷	乙腈、糠醛
丁二烯-丁烷	丙酮	异戊二烯-戊烯	丙酮
丁二烯-丁烯-1	糠醛	甲醇-二溴甲烷	溴化乙烯
丁烷-丁烯	丙酮	硝酸-水	硫酸
丁烯-异戊二烯	二甲基甲酰胺	正丁烷-丁烯-2s	糠醛
异丙苯-苯酚	磷酸酯	丙烷-丙烯	丙烯腈
环己烷-庚烷	苯胺、苯酚	吡啶-水	双酚
环己酮-苯酚	己二酸二酯	四氢呋喃-水	二甲基甲酰胺、丙二醇
乙醇-水	丙三醇、乙二醇	甲苯-庚烷	苯胺、苯酚
盐酸-水	硫酸		

表 11.1 列出了萃取精馏的许多工业应用。考虑丙酮-甲醇系统的案例。在 1atm 下，丙酮(nbp＝56.2℃)和甲醇(nbp＝64.7℃)形成含 80％(mol)丙酮、恒沸点为 55.7℃的恒沸物。用 UNIFAC 程序预测 1atm 下该系统的汽-液平衡。恒沸点估算为 55.2℃，含 77.2％(mol)丙酮。在甲醇被无限稀释时，丙酮(A)对甲醇(M)的相对挥发度 $\alpha_{A,M}$ 预测为 0.74，而甲醇的

液相活度系数为1.88。在丙酮被无限稀释时，丙酮(A)对甲醇(M)的相对挥发度 $\alpha_{A,M}$ 预测为2.48，而丙酮的液相活度系数也为1.88。对该系统，水是一种可能的溶剂，因为在1atm下：(1)水不会与丙酮和/或甲醇形成二元或三元恒沸物；(2)水在较高温度(100℃)下沸腾。用UNIFAC模型由ASPEN PLUS计算得到的标有从恒沸物指向纯水的箭头的残余曲线图如图11.14所示，由图可见不存在精馏边界。如Doherty和Caldarola[16]所论述的，这是一种选择萃取精馏过程的理想情况。他们的对这类系统的残余曲线示意图(标注为100)作为附图包括在图11.14中。

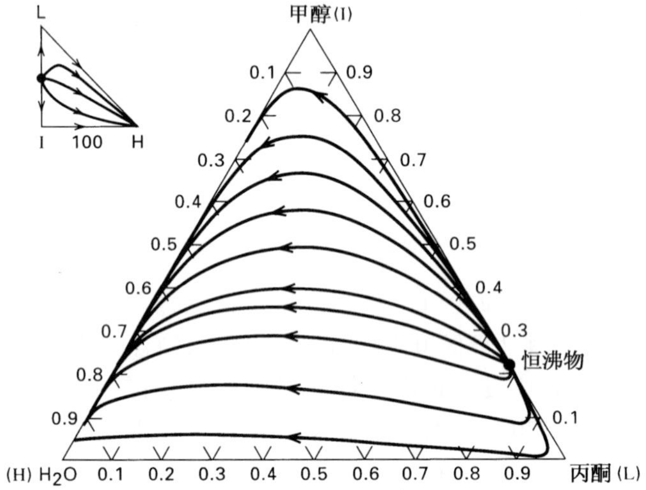

图11.14　1atm下丙酮-甲醇-水系统的残余曲线图

当存在相当数量的溶剂时，由UNIFAC方程估算给出下列丙酮、甲醇和水系统在1atm下的分离因子。

%(mol)水	相对挥发度，$\alpha_{A,M}$			无限稀释条件下的液相活度系数	
	富甲醇	富丙酮	等摩尔	丙酮	甲醇
40	2.48	2.57	2.03	2.12	0.70
50	2.56	2.86	2.29	2.41	0.72

于是，相当数量水的存在提高了丙酮的液相活度系数，而降低了甲醇的液相活度系数，致使在整个丙酮和甲醇浓度范围内，丙酮对甲醇的相对挥发度至少可达到2.0。这使得用萃取精馏获得丙酮馏出液和甲醇与水塔底产物成为可能。而且，丙酮对水和甲醇对水的相对挥发度平均分别为4.5和2.0。于是，防止相当数量的水出现在馏出液中，及在后续操作中用常规精馏分离甲醇和水都比较容易实现。

例11.3

用水作为溶剂，通过萃取精馏在1atm下分离流量为40mol/s，由75%(mol)丙酮和25%(mol)甲醇组成的泡点混合物，生产丙酮含量不低于95%(mol)的丙酮产物和甲醇含量不低于98%(mol)的甲醇产物，水按纯度至少为99.9%(mol)循环使用。采用在常规精馏后紧接萃取精馏，再用常规精馏回收溶剂的传统分离序列进行初步过程设计，而图11.15所示的为另一个系统。

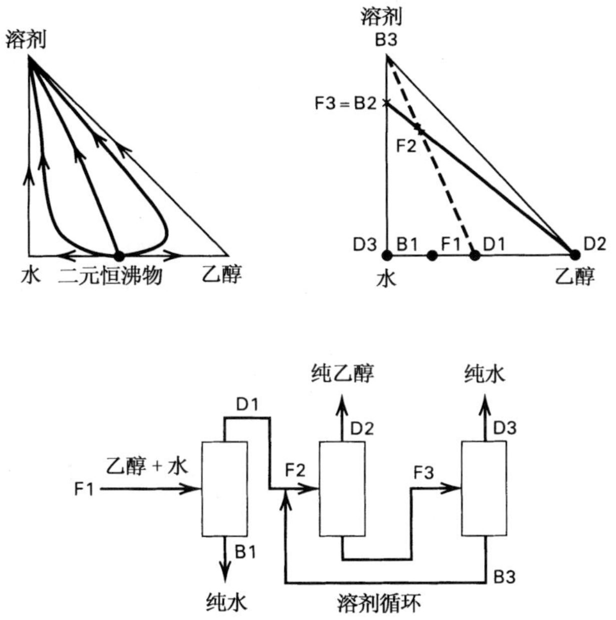

图 11.15　萃取精馏的精馏序列

［经允许取自 M. F. Doherty and G. A. Caldarola，*IEC Fundam.*，24，479（1985）］

解

在第一个塔内，用常规精馏对丙酮和甲醇进料混合物进行部分分离，该塔的馏出液组成接近二元恒沸物。塔底产物为几乎纯的丙酮或甲醇，取决于进料中的丙酮含量大于还是小于 80%(mol)。但是，在本例中进料组成已接近恒沸组成；因此，第一个塔可省略。

因此，丙酮-甲醇进料送入第二个塔，该塔为设有全凝器和部分再沸器的萃取精馏塔，生产丙酮含量至少为 95%(mol)的馏出液。为在第三个塔中达到甲醇的纯度要求，丙酮的回收率必须高于 99%。萃取精馏塔的塔底产物被泵送到第三塔，在该塔中用常规精馏分离甲醇和水达到规定的纯度。

利用 ChemSep 和 ChemCAD 程序进行计算，活度系数采用 UNIFAC 法。改变平衡级数、进料级位置、溶剂进入级位置、溶剂流量和回流比，直到达到满意的设计。最终得到的物料和能量衡算汇总于表 11.2。

对萃取精馏塔，溶剂水的合适流量为 60 mol/s。采用 28 块理论板，50℃的溶剂在由塔顶计算的第 6 块板进入，进料在由塔顶计算的第 12 块板进入，而回流比为 4，达到的馏出液组成为 96.5%(mol)丙酮。杂质主要为水。丙酮的回收率为 99.5%。对此操作，采用有 60 块筛板，板间距为 2ft，直径为 6ft 的塔是合适的。液相组成分布如图 11.16 所示。在溶剂进入级以下的所有级上，水(溶剂)的摩尔分率至少为 0.35 是足够的。实际萃取精馏操作的精馏曲线图如图 11.17 所示，图中对气相和液相曲线都作了标绘。箭头由塔底指向塔顶。

对常规精馏塔，采用 16 个理论级，泡点进料的进料级位置为第 11 级，为达到 98.1%(mol)甲醇馏出液纯度和适合循环利用的 99.9%(mol)塔底产物水的纯度，回流比 2 是适当的。图 11.18 中的 McCabe - Thiele 图表示各理论级的位置。进料级位置是优化确定的。补充水量小于 1.5mol/s。塔径为 2.5ft，对此操作装填 48ft 直径为 50mm 的鲍尔环是合适的。

表 11.2　例 11.3 的萃取精馏过程的物料和能量衡算

物料衡算						
组分	流量/(mol·s^{-1})					
	塔 2 进料	塔 2 溶剂	塔 2 馏出液	塔 2 塔底产物	塔 3 馏出液	塔 3 塔底产物
丙酮	30	0	29.86	0.14	0.14	0.0
甲醇	10	0	0.016	9.984	9.926	0.058
水	0	60	1.35	58.65	0.06	58.59
总计	40	60	31.226	68.774	10.126	58.648
能量衡算						
		塔 1	塔 2			
冷凝器热负荷/MW		4.71	1.07			
再沸器热负荷/MW		4.90	1.12			

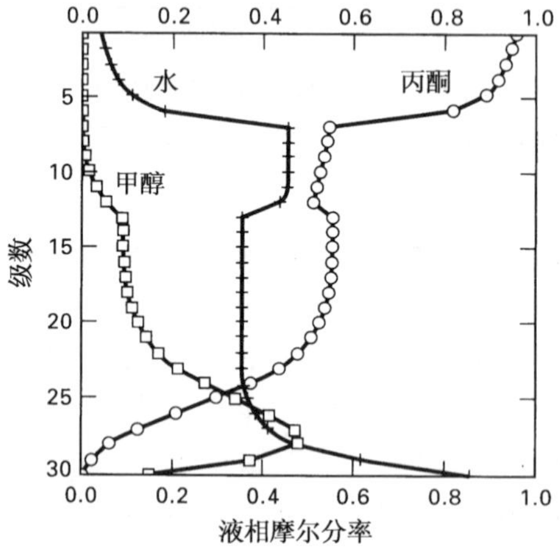

图 11.16　例 11.3 的萃取精馏塔的液相组成分布

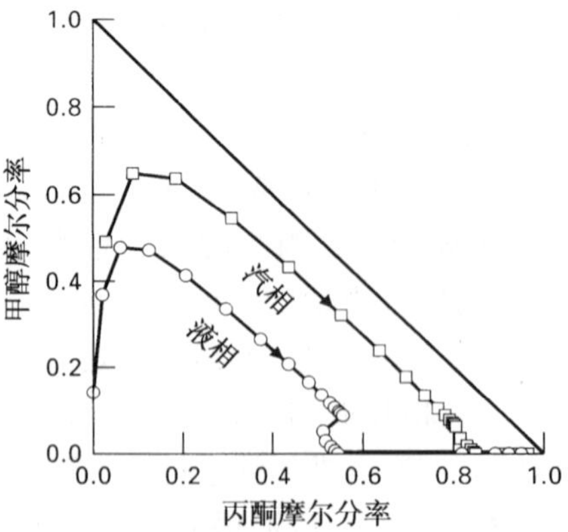

图 11.17　例 11.3 的精馏曲线图;数据点代表各理论级

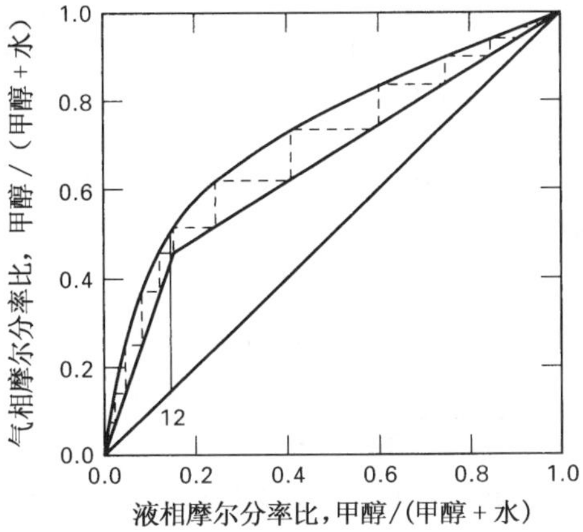

图 11.18　例 11.3 中甲醇-水的 McCabe - Thiele 图

例 11.3 萃取精馏塔设计中一个令人遗憾的方面是由水的沸点较低引起的。采用溶剂进料位置为由塔顶开始计算的第 6 级，将有 1.35mol/s（溶剂水的 2.25%）的水从液体汽提进入馏出物。表 11.1 中所列的另外两种沸点较高的溶剂苯胺（nbp＝184℃）或乙二醇（nbp＝198℃）可大大降低溶剂的汽提量。其他可能在萃取精馏中用于分离丙酮和甲醇的溶剂包括甲乙酮（MEK）和乙醇。MEK 的作用方式与水相反：MEK 使甲醇的挥发度大于丙酮。于是，甲醇成为萃取精馏塔的馏出物，而在下一个塔中分离丙酮和 MEK。

在选择萃取精馏的溶剂时，要考虑许多因素，包括来源、费用、腐蚀性、蒸气压、热稳定性、汽化热、反应性、毒性、被分离组分在溶剂中的无限稀释活度系数和回收循环利用是否方便。此外，溶剂应该不会形成恒沸物。初始筛选系根据测定或预测的无限稀释活度系数。Berg[22]曾详细讨论萃取和恒沸精馏中分离剂的选择。他指出所有成功用于萃取精馏的溶剂都是强氢键的液体，例如（1）形成强氢键三维网络的水、氨基醇、酰胺和苯酚，和（2）由同时含有活性氢原子和供电子原子（氧、氮和氟）的分子组成的醇、酸、苯酚和胺。一般说来，找到能经济地分离具有相同功能团的组分的合适溶剂是非常困难甚至不可能的。

如下面的例题所说明的，萃取精馏还被用于分离形成最高恒沸物的二元混合物。

例 11.4

1atm 和 64.43℃下，丙酮（nbp＝56.16℃）和氯仿（nbp＝61.10℃）形成含 37.8%（mol）丙酮的最高均相恒沸物。于是，在 1atm 下它们不能用常规精馏分离。但是，有人建议用苯（nbp＝80.24℃）作为溶剂在图 11.19 所示的二塔序列中用萃取精馏分离它们。苯不会与进料组分形成恒沸物。

在第一个塔中，与循环溶剂混合的进料精馏产生含 99%（mol）丙酮的馏出液。塔底产物送往第二个塔，在第二塔中 99%（mol）的氯仿作为馏出液采出，而富含苯的塔底产物循环返回第一塔的进口，并补充少量苯。如果新鲜进料流量为 21.885 8 mol/s，含 54.83%（mol）丙酮，其余为氯仿。采用第一塔的组合进料中每摩尔丙酮＋氯仿 3.166 7 摩尔苯的比率，设计一可行的二塔系统。两个塔均在 1atm 的公称压力下操作，设全凝器和部分再沸器，回流为饱和液体。用 UNIFAC 法估算活度系数。进入进料板前，第一塔的组合进料被加热到泡点。

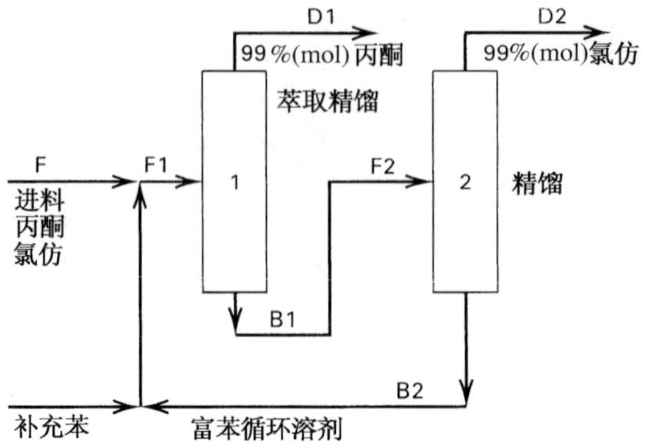

图 11.19　例 11.4 中的丙酮和氯仿分离过程

解

1atm 下丙酮-氯仿-苯三元系的残余曲线如图 11.20 所示。唯一的恒沸物是由丙酮和氯仿形成的恒沸物。一条弯曲的精馏边界线从恒沸物延伸到代表纯苯的顶点，将该相图分为两个精馏区。第一个塔在精馏区 1 中操作，生产几乎为纯的丙酮，而第二塔则在上部的精馏区 2 操作。

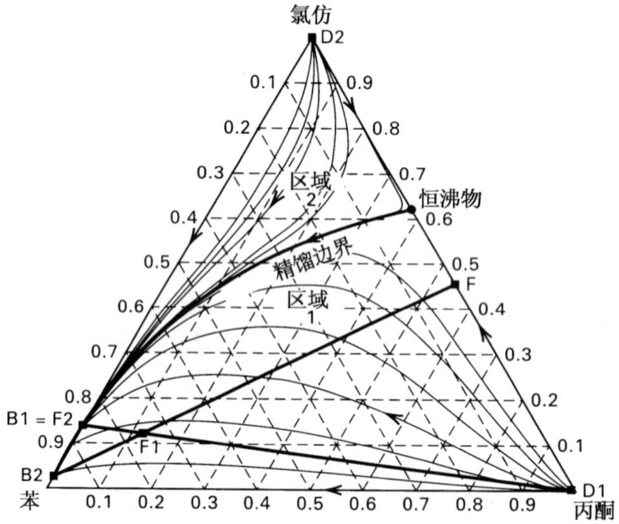

图 11.20　例 11.4 的残余曲线图

Fidkowski、Doherty 和 Malone[17]对该三元系作了详尽研究。根据他们的研究并利用 ChemCAD 过程模拟软件完成的设计汇总在表 11.3 中。第一塔有 65 个理论级，组合进料在塔顶开始计算的第 30 级进入。回流比为 10，以高于 99.95%的丙酮回收率，可达到丙酮馏出液的纯度要求。第二塔有 50 个理论级，进料在塔顶开始计算的第 30 级进入，回流比为 11.783，给出要求的氯仿馏出液纯度，但其回收率只有 82.23%。但是，这并不是一个严重的问题，因为留在塔底产物中的氯仿将与苯一起返回塔 1，结果氯仿的总回收率可达98.9%。苯补充流量为 0.114 1 mol/s。进料、馏出液和塔底产物组成已被标注在图 11.20 中。

表 11.3　例 11.4 的均相恒沸精馏过程的物料和能量衡算

物料衡算,流量为 mol/s						
组分	F	F_1	D_1	$B_1=F_2$	D_2	B_2
丙酮	12.000 0	12.000 0	11.994 8	0.005 2	0.005 2	0.000 0
氯仿	9.885 8	12.000 0	0.104 6	11.895 4	9.781 2	2.114 2
苯	0.000 0	76.000 0	0.020 7	75.979 3	0.093 4	75.885 9
能量衡算						
热负荷/($kcal \cdot h^{-1}$)		塔 1	塔 2			
冷凝器		950 000	891 600			
再沸器		958 000	1 102 000			

11.3　加盐精馏

例 11.3 中用水作为丙酮和甲醇萃取精馏的溶剂有两个缺点:为适当改变相对挥发度需要大量的水,和即使溶剂在塔顶板以下几块板进入,仍有相当数量的水被汽提进入馏出液使丙酮的纯度降低到 96.5%(mol)。通过采用无机盐水溶液作为溶剂可降低水的蒸气压,于是能提高丙酮馏出液的纯度。例如,Othmer[23]1927 年的专利应用讲述了氯化钙溶液的应用。在水中具有高溶解度的氯化钙不仅降低了水的挥发度,而且对甲醇具有强烈的亲和力。于是,丙酮对甲醇的相对挥发度被进一步增大。为将盐水溶液循环返回萃取精馏塔,可方便地采取在后续精馏步骤中将盐水溶液与甲醇分离。溶解的盐类的蒸气压非常小,只要避免夹带就不会进入气相。Van Raymbeke[24]提出的一个更早的专利讲述了采用氯化钙、氯化锌或碳酸钾的甘油溶液分离乙醇和水的萃取精馏。

不用含有溶解的盐类的溶剂,而在液相回流入塔前将盐溶解其中,可将盐作为固体或熔融体直接加入塔内。Cook 和 Furter[25]在直径 4in.,用乙酸钾分离乙醇和水的有 12 块板的泡罩塔内用实验证明了这种技术。在低于饱和浓度而介于 5 到 10%(mol)的盐浓度下,可获得几乎为纯的乙醇馏出液。通过蒸发和结晶从塔底水溶液中回收必须能溶于回流的盐类。

加盐精馏伴有几个可能的问题。首先是腐蚀问题,尤其对氯化物水溶液,这可能需要不锈钢或更耐腐蚀的材料。如 Cook 和 Furter[25]曾指出的,将盐加入和溶解在回流中也可能遇到许多问题。因为回流中富含较易挥发的组分,盐在回流中的溶解度往往较低,而在难挥发组分中盐往往非常容易溶解。因此,固体盐必须按恒定速率计量加入。盐的加料方式必须避免架桥和防止蒸气进入,这可能导致由冷凝引起的堵塞。盐必须能迅速溶解。回流必须保持在沸点附近,以避免已溶解的盐在管道内沉淀。在塔内,溶解的盐可能增加发泡的可能性,这需要加入消泡剂和/或增大塔径。对盐在塔内结晶的可能性也已予以某种关注。但是,难挥发组分(例如水)的浓度沿塔向下将逐渐增加。于是,沿塔向下盐的溶解度将逐渐增大,而其浓度将基本保持恒定。因此,由于在塔内形成固体而导致堵塞的可能性是不大的。

Johnson 和 Furter[26]观察到醇的水溶液中的盐析和盐溶,如图 11.21 的汽-液平衡数据所示:在(a)中硝酸钠盐析甲醇,但在(b)中氯化汞盐溶甲醇。如图 11.21(c)所示,甚至低浓度的乙酸钾也能消除乙醇-水的恒沸物。从 1930 年到 1965 年在德国和巴西将混合乙酸钾和乙酸钠用于乙醇和水的分离。

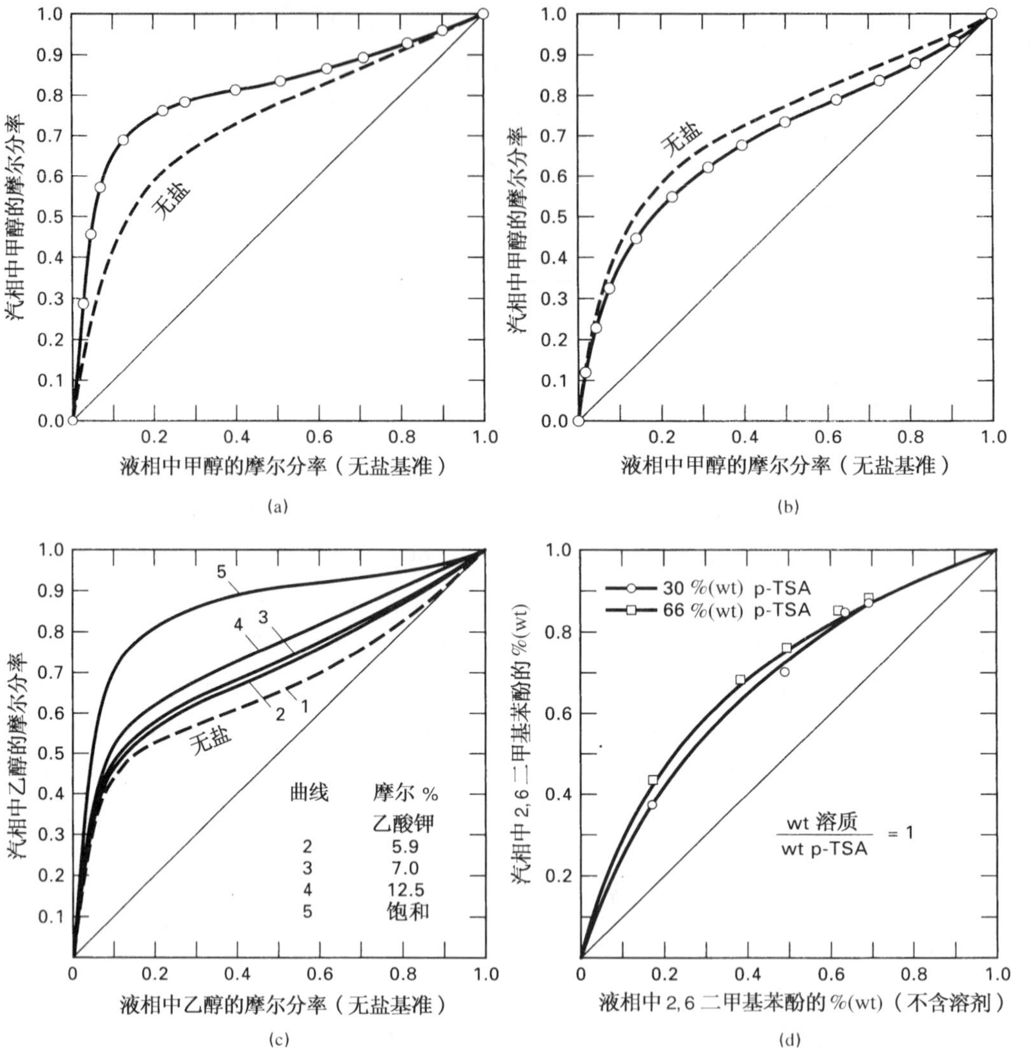

图 11.21 1atm 下溶解的盐对汽-液平衡的影响

(a) 用饱和硝酸钠水溶液时甲醇的盐析；(b) 用饱和氯化汞水溶液时甲醇的盐溶；

(c) 盐浓度对乙醇-水平衡的影响；(d) 对甲基苯磺酸(*p*-TSA)对 2,6 二甲基苯酚-对甲基苯酚相平衡的影响

[经允许取自 A. I. Johnson and W. F. Furter, *Can. J. Chem. Eng.*, 43, 356—358 (1965)]

Johnson 和 Furter[27]、Furter 和 Cook[28]及 Furter[29,30]提供了用无机盐进行萃取精馏的全面概述，包括对气-液平衡的影响。Kumar[31] 提供了预测无机盐对气-液平衡影响的方法的概述。Llano - Restrepo 和 Aguilar - Arias[99]提出了将 Newton - Raphson 法用于乙醇-水-氯化钙系统的塔的模拟结果，而 Fu[100]将此法用于乙醇-水-乙二醇-乙酸钾系统，他证明其模拟结果与工业塔的测定值能令人满意地进行比较。

加盐精馏还可通过采用一类称为**水溶促进剂**的有机盐用于分离对溶解的无机盐只有小容量的有机化合物的分离。典型的水溶促进盐是甲苯、二甲苯和甲基异丙基苯磺酸的碱金属和碱土金属盐以及苯甲酸、硫氰酸和水杨酸的碱金属盐。例如，Mahapatra、Gaikar 和

Sharma[32]证明，如图 11.21(d)所示，在 2,6 二甲基苯酚-对甲基苯酚的混合物中加入 30%(质量)和 66%(质量)的对甲基苯磺酸，在 1atm 下可使相对挥发度由接近 1 增加到 3。如 Agarwal 和 Gaikar[33]所指出的，水溶促进剂也可用于强化液-液萃取分离。

11.4 变压精馏

当二元恒沸物会在某个压力下消失，或在某个适当的压力范围内其组成会改变 5%(mol)或以上时，应考虑采用在不同压力下串联操作的两个不使用溶剂的塔。这种过程称为**变压精馏**或**双塔精馏**。Knapp 和 Doherty[34]列出了主要取自 Horseley[11]的数据集的 36 种对压力敏感的二元恒沸物。压力对两种最低恒沸物的温度和组成的影响如图 11.22 所示。乙醇-水恒沸物中乙醇的摩尔分率从 760 托下的 0.8943 增加到 90 托下的 0.983 5。虽然没有表示在图 11.22(b)中，当压力低于 70 托时恒沸物将最终消失。在图 11.22(b)中可看到，对乙醇-苯系统恒沸组成随压力的变化要剧烈得多，该系统在 44.8%(mol)乙醇和 1atm 下形成最低恒沸物。首先被 Lewis[35]在 1928 年的一项专利中注意到的变压精馏的应用包括四氢呋喃-水的最低恒沸物和盐酸-水与甲酸-水的最高恒沸物的分离。

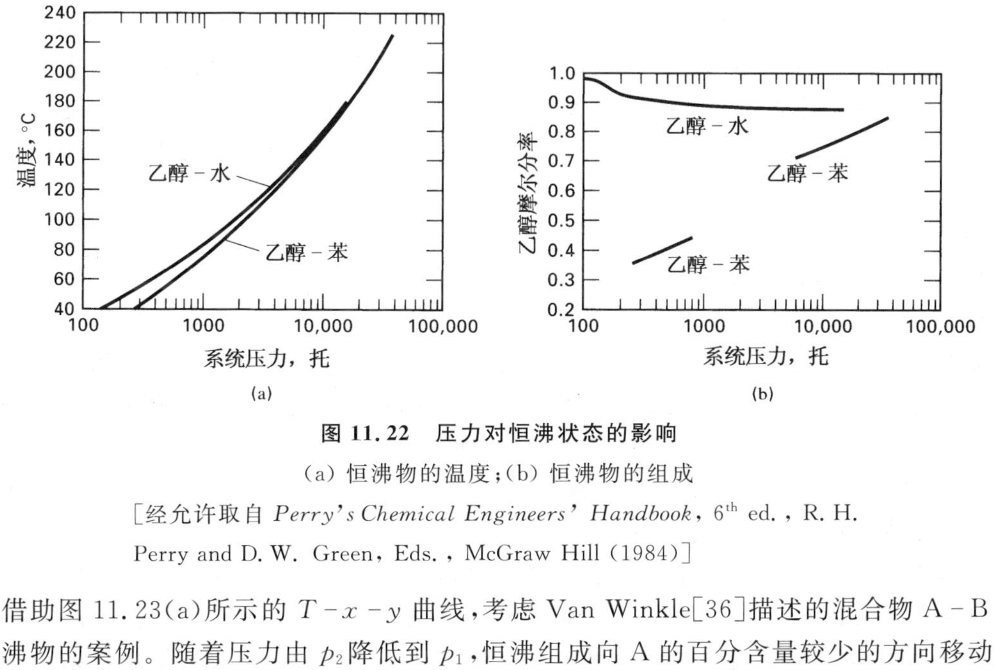

图 11.22 压力对恒沸状态的影响

(a) 恒沸物的温度；(b) 恒沸物的组成

[经允许取自 *Perry's Chemical Engineers' Handbook*, 6th ed., R. H. Perry and D. W. Green, Eds., McGraw Hill (1984)]

借助图 11.23(a)所示的 $T-x-y$ 曲线，考虑 Van Winkle[36]描述的混合物 A－B 的最低恒沸物的案例。随着压力由 p_2 降低到 p_1，恒沸组成向 A 的百分含量较少的方向移动。一种可操作的变压精馏序列如图 11.23(b)所示。在较低压力 p_1 下操作的塔 1 的总进料 F_1 是 A 的浓度高于恒沸组成的新鲜进料 F 和其组成接近 p_2 下的恒沸组成的循环馏出液 D_2 之和。D_2 中 A 的浓度和 F_1 中 A 的浓度均高于恒沸组成。离开塔 1 的塔底产物 B_1 几乎为纯 A。A 的浓度略高于恒沸组成，但低于 p_2 下的恒沸组成的馏出液 D_1 进入塔 2，塔 2 的塔底产物 B_2 几乎为纯 B。Robinson 和 Gilliland[37]提供了分离乙醇和水的例子，在该案例中新鲜进料中乙醇的含量低于恒沸组成。对该案例,产物依旧由塔底提供,但第一个塔得到的是几乎纯的 B,而由第二个塔获得 A。

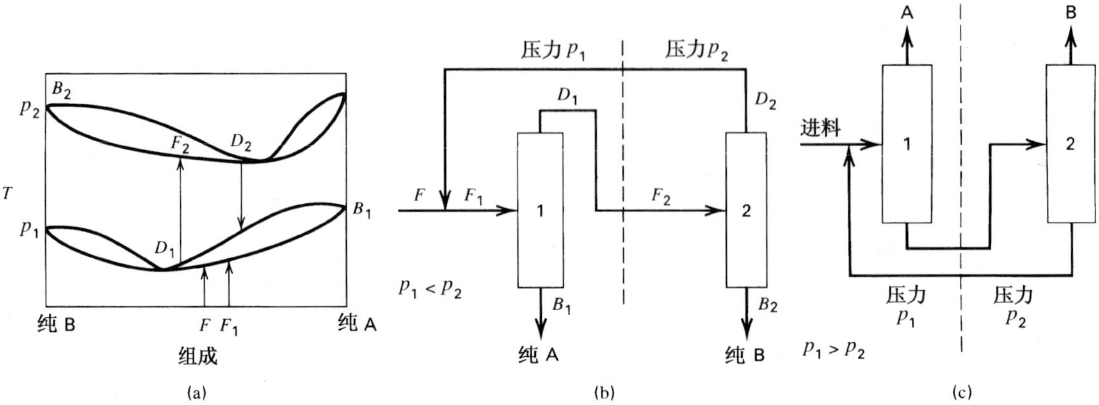

图 11.23　变压精馏

(a) 最低恒沸物在压力 p_1 和 p_2 下的 $T-x-y$ 曲线;

(b) 最低恒沸物的精馏序列;(c) 最高恒沸物的精馏序列

变压精馏也可用于分离不太常见的最高二元恒沸物。分离序列如图 11.23(c)所示,此时两个产物均作为馏出液而不是塔底产物抽出。在这种情况下,随压力降低恒沸组成变得富含 A。A 的浓度高于较高压力下的恒沸组成的新鲜进料首先在较高压力 p_1 下操作的塔 1 中精馏,生产几乎为纯 A 的馏出液和 A 的浓度略高于较高压力下恒沸组成的塔底产物。该塔底产物作为在较低压力 p_2 下操作的塔 2 的进料,在此压力下恒沸物中 A 的浓度高于该塔的进料。因此,馏出液几乎为纯 B,而循环的塔 2 的塔底产物中 A 的浓度略低于较低压力下恒沸组成。

对所有变压精馏塔系,循环比是设计中的一个重要因素,它取决于两个塔压下恒沸物的组成差。下面的例题说明循环物流的计算及其重要性。

例 11.5

每秒 90mol,温度为 101.3kPa 压力下的泡点温度,按 mol 计由 2/3 乙醇和 1/3 苯组成的混合物,被分离为 99%(mol)的乙醇和 99%(mol)的苯。因为该混合物在 760 托压力下形成组成为 44.8%(mol)乙醇,温度为 68℃的最低恒沸物,不能采用常规精馏。如果压力降低为 200 托,如图 11.22(b)所示,恒沸组成变为 36%(mol)乙醇,恒沸温度为 35℃。这种变化幅度使变压精馏成为一种候选方案。

采用图 11.23(b)所示的精馏序列。令第一塔在塔顶压力 30kPa(225 托)下操作。因为进料组成高于该塔压力下的恒沸组成,馏出液组成将接近塔顶压力下的最低恒沸物,而浓度为 99%(mol)的乙醇可从塔底抽出。馏出液被送往在塔顶压力 106kPa 下操作第二塔。该塔进料中乙醇含量高于第二塔压力下的恒沸物。因此,馏出液组成将接近塔顶压力下的最低恒沸物,而浓度为 99%(mol)的苯可作为塔底产物抽出。馏出液循环返回第一塔。对此分离过程设计一变压精馏系统。

解

对在真空条件下操作的第一塔,回流罐和再沸器压力分别设为 26kPa 和 40kPa。对在略高于环境压力下操作的第二塔，回流罐和再沸器压力分别设为 101.3kPa 和 120kPa。塔底组成规定为要求的纯度。第一塔的馏出液组成设为 37%(mol)乙醇，略高于 30 kPa 下的恒沸组成。第二塔的馏出液组成设为 44%(mol)乙醇，略低于 106 kPa 下的恒沸组成。利用这些组成规定，乙醇和苯的物料衡算给出下列以每秒摩尔表示的物流流量。

组分	F	D_2	F_1	B_1	D_1	B_2
乙醇	60.0	67.3	127.3	59.7	67.6	0.3
苯	30.0	85.6	115.6	0.6	115.0	29.4
总计	90.0	152.9	242.9	60.3	182.6	29.7

可见循环流量 D_2 约比新鲜进料流量 F 大 10%。①

采用全凝器和部分再沸器，用 ChemSep 程序对两塔进行平衡级计算。对塔 1，为确定新鲜进料和循环物流的最优进料位置进行多次运算，采用适当的回流比以避免任何接近挟点的状况。选定的设计采用 7 块理论板(不包括部分再沸器)，温度为 68℃的循环物流在自塔顶往下计算的第三板进塔，而新鲜进料在自塔顶往下计算的第五板进塔。回流比 0.5 已足以达到分离规定。得到的液相组成分布如图 11.24(a)所示，由图可见已按要求消除了组成挟点。图 11.24(b)给出塔 1 的 McCabe - Thiele 图，图中三条操作线明显可见，并指出了最优进料位置。因为有恒沸物，操作线和平衡曲线均在 45°线以下。冷凝器热负荷为 9.88MW，而再沸器热负荷为 8.85MW。塔底温度为 56℃。用 ChemCAD 程序确定该塔的尺寸，采用板间距为 24 in. 的筛板，堰高为 1 in.，以尽量减小压降。计算得到的直径为 3.2m (10.5ft)。预测的板效率约为 47%，故需要的实际板数等于 15。

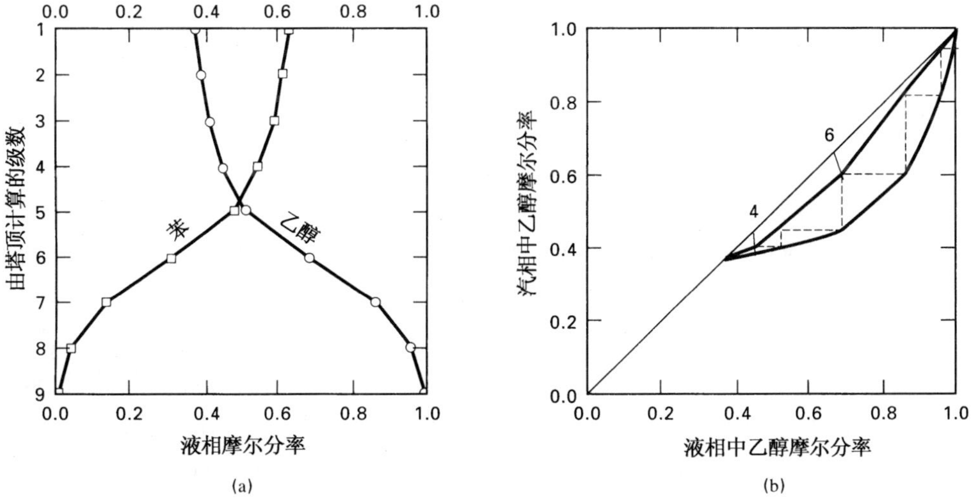

图 11.24 例 11.5 中变压精馏系统塔 1 的计算结果

(a) 液相组成分布；(b) McCabe - Thiele 图

对塔 2 的设计，采用类似的方法确定最优进料板、总板数和回流比。选定的设计采用只有 3 块理论板(不包括部分再沸器)的回流汽提塔。仅为 25.5 mol/s 的回流量即可达到产物规定，

① 此句似有误，照表中数据循环流量 D_2 约比新鲜进料流量 F 大 60% ——译者注。

汽提塔内的大部分液体流量来自进料。得到的液相组成分布如图 11.25(a)所示，由图可见不存在明显的组成挟点。图 11.25(b)给出塔 2 的 McCabe - Thiele 图，图中指出了最优进料位置。冷凝器热负荷为 6.12MW，而再沸器热负荷为 7.07MW。塔底温度为 84℃。对与塔 1 相同的条件确定该塔的尺寸，结果为塔径 2.44m(8ft)。50%的板效率导致实际板数为 6 块。

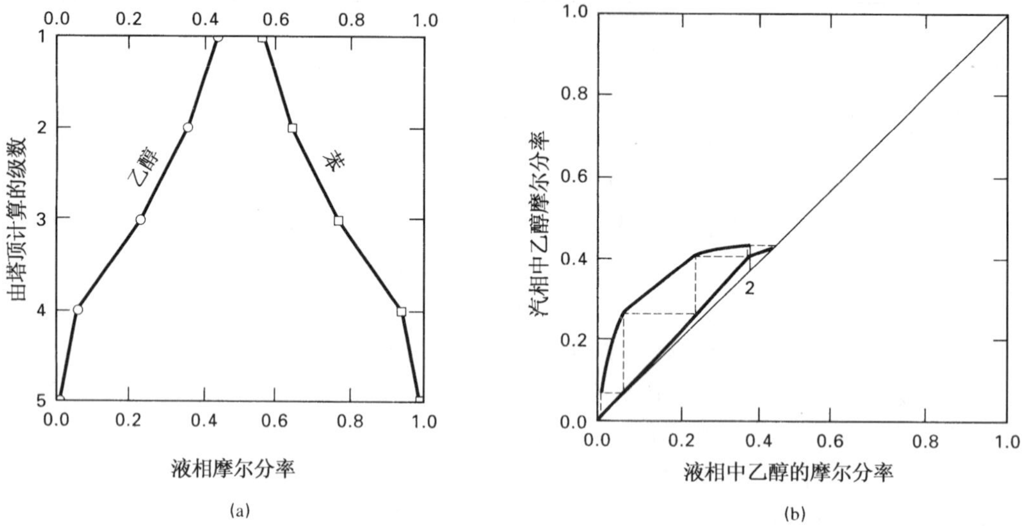

图 11.25　例 11.5 中变压精馏系统塔 2 的计算结果

(a) 液相组成分布；(b) McCabe - Thiele 图

11.5　均相恒沸精馏

如前所述，可利用沸点高于(较难挥发)进料中各组分，且不会与任何进料组分形成恒沸物的溶剂，通过萃取精馏对恒沸物进行分离。作为另一种选择，也可利用不受这些限制的夹带剂，通过均相恒沸精馏实现这种分离。类似萃取精馏，均相恒沸精馏也可采用两个或三个精馏塔的序列。另一种选择方案是，该序列为包括精馏以外的分离操作，如液-液萃取的混合系统。

为使均相恒沸精馏成为可行的分离方法，可能的夹带剂必须满足哪些条件，已成为许多研究人员的课题，包括 Doherty 和 Caldarola[16]、Stichmair、Fair 和 Bravo[1]、Foucher、Doherty 和 Malone[14]、Stichlmair 和 Herguijuela[18]、Fidkowski、Malone 和 Doherty[13]、Wahnschafft 和 Westerberg[38]及 Laroche、Bekiaris、Andersen 和 Morari[39]。如果假定残余曲线图中的精馏边界(如果存在精馏边界)为直线或不能穿越，Doherty 和 Caldarola 的条件适用。这些条件系基于如下规则：可能的夹带剂 E、要分离的两个组分 A 和 B 或任何产物恒沸物必须位于残余曲线图中的同一精馏区域内。于是，精馏边界不能连接到 A - B 恒沸物。而且，A 或 B，但不是二者同时，必须为鞍点。如图 11.26 中(a)、(b)、(c)、(d)和(e)所说明的，适合包括均相恒沸精馏和常规精馏的序列的残余曲线图可分为五类。每一类的图均包括适合的残余曲线图和用于分离 A 和 B 与循环利用夹带剂的分离塔的序列。对所有类型，残余曲线图均按 Doherty 和 Caldarola[16]的方式绘制，最低沸点组分 L 在三角形的上顶角；中间沸点组分 I 在三角形的左下顶角；而最高沸点组分 H 在三角形的右下顶角。组分 A 是二元混合物中沸点较低的组分，B 为沸点较高的组分。对前三种类型，A 和 B 形成最低恒沸物；对后两种，它们形成最高恒沸物。

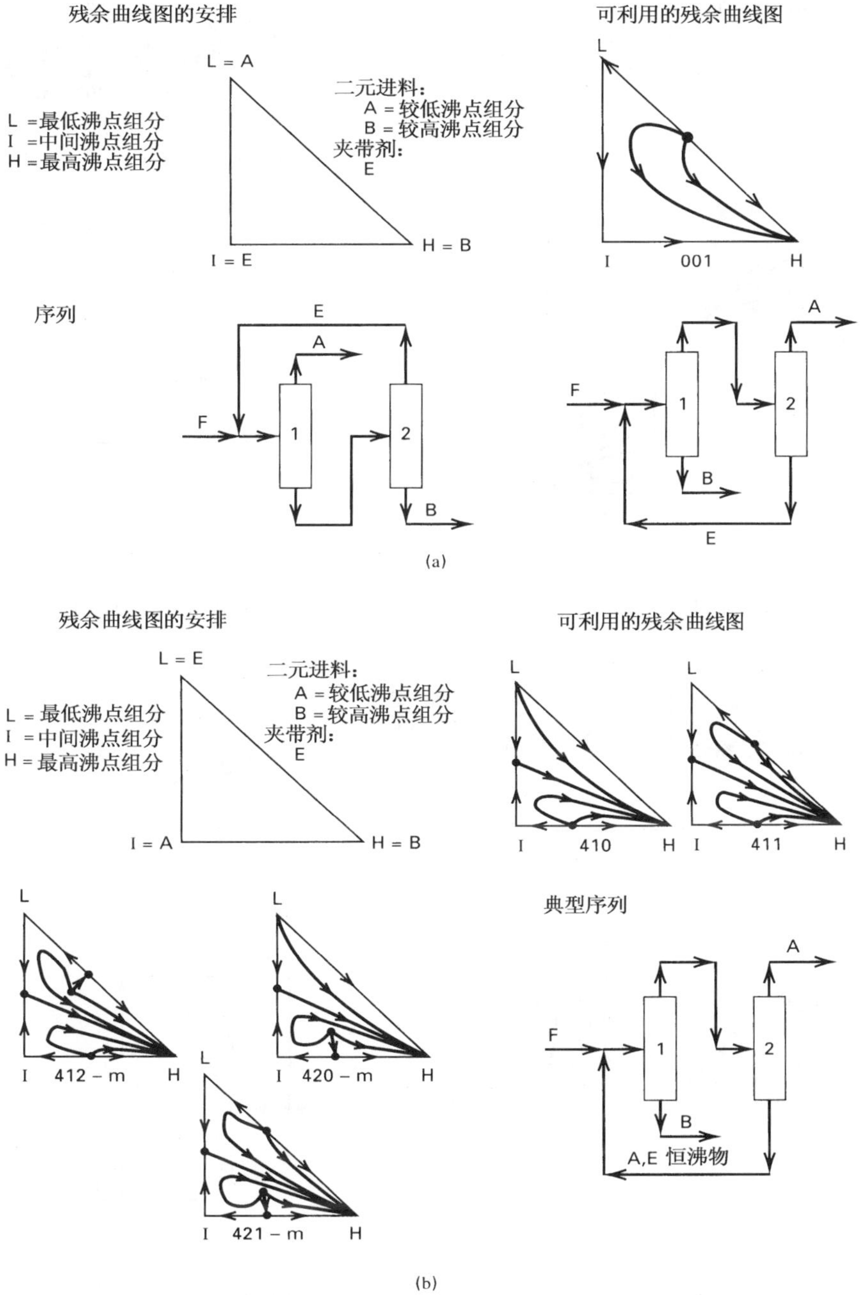

图 11.26　均相恒沸精馏的残余曲线图和精馏序列

(a) 类型 1：A 和 B 形成最低恒沸物，I ＝ E，E 不形成恒沸物；

(b) 类型 2：A 和 B 形成最低恒沸物，L＝ E，E 与 A 形成最高恒沸物

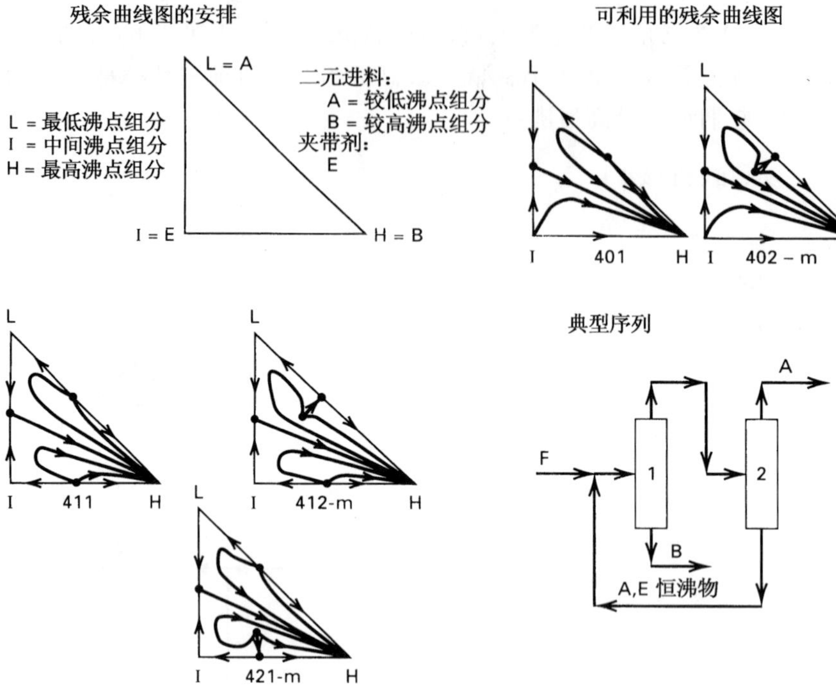

(c)

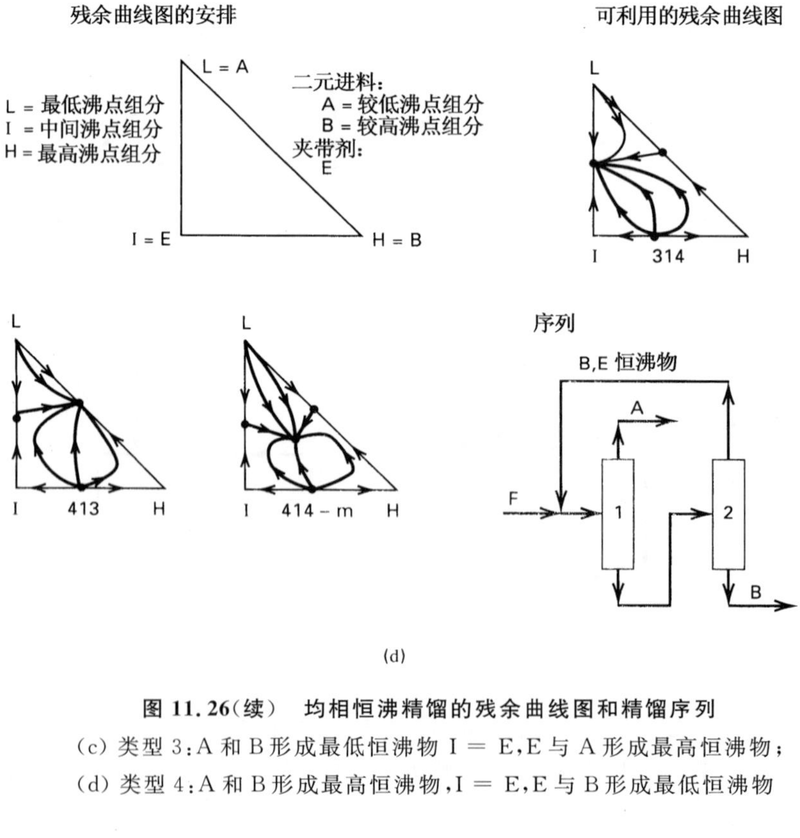

(d)

图 11.26(续)　均相恒沸精馏的残余曲线图和精馏序列

(c) 类型 3:A 和 B 形成最低恒沸物 I = E,E 与 A 形成最高恒沸物;

(d) 类型 4:A 和 B 形成最高恒沸物,I = E,E 与 B 形成最低恒沸物

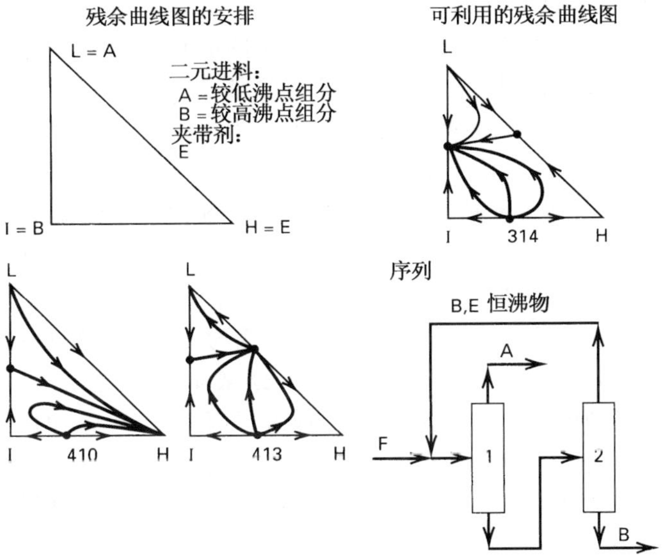

(e)

图 11.26(续)　均相恒沸精馏的残余曲线图和精馏序列

(e) 类型 5:A 和 B 形成最高恒沸物,H = E,E 与 B 形成最低恒沸物

在类型 1 中,中间沸点组分 I 是 E,它不与 A 和/或 B 形成恒沸物。如图 11.26(a)所示,这种情况类似于萃取精馏,不涉及精馏边界。图中所示有两种分离序列,二者均假定作为塔 1 进料的 A 和 B 的新鲜进料 F 接近恒沸组成。于是,该进料可能是来自用于由 A 和 B 的原始混合物生产恒沸物的前一个塔的馏出液。不论是塔 1 的塔底产物进入塔 2 的直接序列,还是塔 1 的塔顶产物进入塔 2 的间接序列,均可采用。在第一种序列中,夹带剂作为塔 2 的馏出液回收并循环返回塔 1。在第二种序列中,夹带剂作为塔 2 的塔底产物回收并循环返回塔 1。虽然图中所示的两种序列均将夹带剂与新鲜进料混合再进入塔 1,但新鲜进料和循环的夹带剂也可在不同的塔板进塔,以增强分离。

在类型 2 中,低沸点组分 L 是 E,它与 A 形成最高恒沸物。夹带剂 E 也可与 B 形成最低恒沸物,和/或形成三元最低恒沸物(不稳定节点)。于是,可采用图 11.26(b)所示的五种残余曲线中的任何一种。在所有五种情况中,均存在由 A - E 的最高恒沸物指向高沸点组分 B 的精馏边界。可行的间接或直接序列限于为纯组分 A、B 的顶角和 A - E 的二元恒沸物为顶点的子三角形。图 11.26(b)中包括一个间接序列的例子。在此案例中,A - E 的恒沸物由塔 2 的塔底循环返回塔 1。作为另一种选择,如图 11.26(c)所示的类型 3,A 和 E 可交换,使 A 成为低沸点组分,而 E 成为中间沸点组分,再与 A 形成最高恒沸物。适用于类型 3 的所有序列也限于与类型 2 相同的子三角形。

分别由图 11.26 中(d)和(e)所示的类型 4 和 5 类似于类型 2 和 3。但是,A 和 B 现在形成最高恒沸物。在类型 4 中,夹带剂为与 B 形成最低恒沸物的中间沸点组分。夹带剂 E 也可与 A 形成最高恒沸物,和/或形成三元最高恒沸物(稳定节点)。可行序列限于由顶角 A、B 和 B - E 恒沸物构成的子三角形。在图中所示的序列中,为 B 和 E 的恒沸物的塔 2 的馏出液与塔 1 的新鲜进料混合,塔 1 生产为纯 A 的馏出液。塔 1 的塔底产物具有当它进入塔 2 时能生产塔底产物为纯 B 的组成。虽然图中只表示了直接序列,但间接序列也可采用。作为另一种选择,对如图 11.26(e)所示的类型 5,B 和 E 可互相交换使 E 成为高沸点组分。图中所示的序列,与图 11.26(d)所示的序列相同,塔 1 的塔底产物依旧具有当它进入塔 2 时能生产塔底产物为纯 B 的组成。其他方面的条件和序列与类型 4 相同。

图 11.26 中的虚拟三元系统的精馏边界均表示为直线。当精馏边界为曲线时,它可能被穿越,只要馏出液和塔底产物位于精馏边界的同一侧。

为涉及均相恒沸精馏和常规精馏的序列寻找夹带剂往往是困难的。但是,恒沸精馏也可与精馏以外的分离操作结合成混合序列。在这种情况下,对夹带剂和所得到的残余曲线图的某些限制可能不适用。例如,用丙酮作为夹带剂分离沸点非常接近并形成最低恒沸物的苯-环己烷系统就突破了只有精馏的序列的限制,因为此三元系统只包括两个二元最低恒沸物。但是,可利用图 11.27 所示的序列实现这一分离,该序列包括:(1)用丙酮为夹带剂的均相恒沸精馏生产几乎为纯苯的塔底产物和组成接近丙酮和环己烷的二元最低恒沸物的馏出液;(2)用水对该馏出液进行液-液萃取,给出几乎为纯环己烷的萃余液和含丙酮与水的萃取液;(3)对萃取液进行常规精馏回收丙酮并循环使用。如下面的例题所说明的,恒沸精馏依旧将受到产物组成区域的限制。

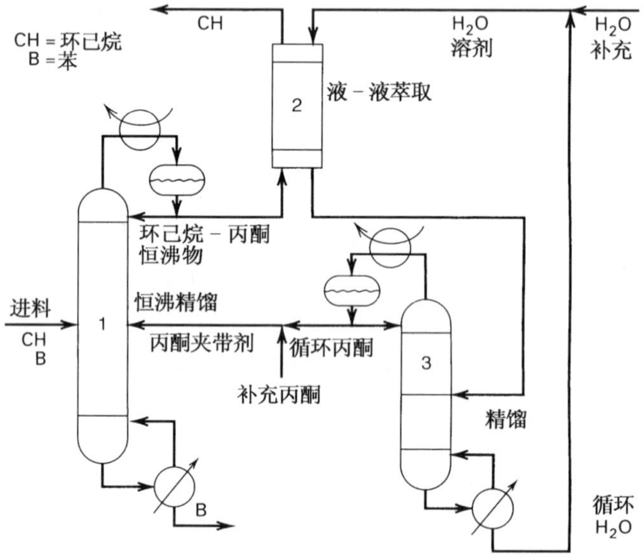

图 11.27 用丙酮夹带剂由均相恒沸精馏分离环己烷和苯的分离序列

[经允许取自 *Perry's Chemical Engineers' Handbook*, 6th ed., R. H. Perry and D. W. Green, Eds., McGraw Hill (1984)]

例 11.6

苯(nbp=80.13℃)和环己烷(nbp=80.64℃)在 1atm 和 77.4℃下形成含 54.2%(mol)苯的最低均相恒沸物。于是,在 1atm 下不能用常规精馏对它们进行分离。为此,建议在图 11.27 所示的分离序列中用丙酮作为夹带剂对它们进行分离。确定可行的丙酮对进料的加入比例,以能作为塔底产物获得接近纯的苯。丙酮(nbp=56.14℃)与环己烷(但不与苯)在 1atm 和53.4℃下形成含 74.6%(mol)丙酮的最低均相恒沸物。1atm 下的残余曲线图如图 11.28 所示。

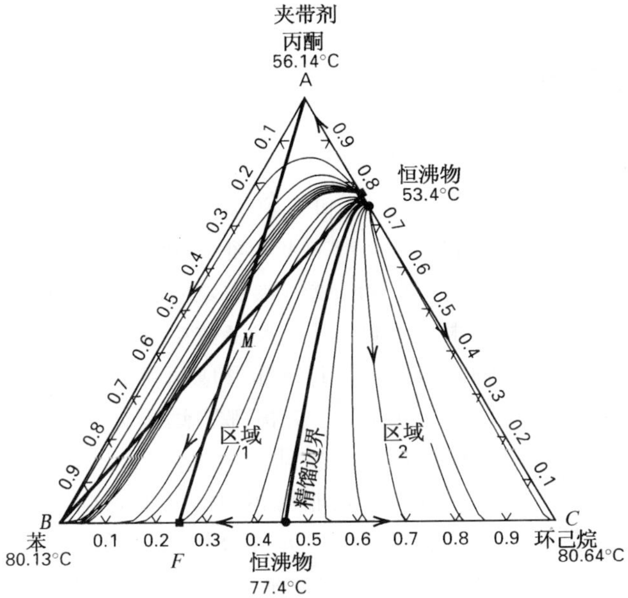

图 11.28　例 11.6 的残余曲线图

解

残余曲线图显示了一条略有弯曲的连接两个恒沸物的精馏边界，并将此图分成两个精馏区：1 和 2。在图 11.28 中，新鲜进料用标注为 F 的实心方块表示。如果从 F 到纯丙酮顶角画一直线，新鲜进料和丙酮夹带剂的混合物必位于精馏区 1 内该直线上的某处。假定 100 mol/h 的新鲜进料将与相等流量的夹带剂混合。混合点 M 将位于连接 F 和 A 的直线的中点。如果由表示苯的顶角开始画一条通过 M 的直线并延长到连接丙酮顶角与环己烷顶角的三角形的边，该线没有与分隔两个精馏区的精馏边界相交，而完全位于精馏区 1 中。于是，分离为几乎为纯苯的塔底产物和主要含丙酮和环己烷的馏出液是可能的。利用 ASPEN PLUS 过程模拟软件对在 1atm 下操作，理论级数为 38，设有全凝器和部分再沸器，回流比为 4，塔底产物流量为 75kmol/h（与该塔进料中苯的流量相等），而泡点混合进料从塔顶向下计算的第 19 级进入的塔进行计算，可证实这一点。得到的产物流量作为案例 3 列于表 11.4 中，由表可见塔底产物的苯含量为 99.8%（mol），苯的回收率也为 99.8%。较高的 125 kmol/h 的夹带剂流量作为案例 4 列于表 11.4 中，也能成功达到塔底产物苯的高纯度和高回收率。但是，如果只用 75 kmol/h（案例 2）或 50 kmol/h（案例 1）夹带剂，因为精馏边界的限制不能获得几乎为纯苯的塔底产物。

表 11.4　丙酮夹带剂流量对例 11.6 中均相恒沸精馏过程产物苯的纯度的影响

案　例	丙酮流量/(kmol · h^{-1})	塔底产物苯的纯度/%
1	50	88.69
2	75	94.21
3	100	99.781
4	125	99.779

11.6 非均相恒沸精馏

基于均相恒沸精馏的精馏序列要求 A 和 B 必须位于与 E 构成的残余曲线图中的同一精馏区域，这种限制往往使寻找可行的夹带剂变得很困难——即使能找到的话。图 11.26(a)中类型 1 的残余曲线图要求夹带剂不形成恒沸物，还要是中间沸点组分，其他两个组分则形成最低恒沸物。这种系统是很罕见的，因为大多数中间沸点的夹带剂将与形成恒沸物的其他两个组分之一形成恒沸物，或与两个组分都形成恒沸物。图 11.26 中的其他四种类型都要求至少形成一个最高恒沸物。但是，这类恒沸物远不如最低恒沸物普遍。这导致基于均相恒沸精馏的精馏序列的工业应用颇为少见。

发现了工业上应用广泛的另一种技术是非均相恒沸精馏，这种技术利用形成二元和/或三元非均相恒沸物的夹带剂分离沸点接近的二元混合物和最低二元恒沸物。如 4.3 节中所讨论的，非均相恒沸物是涉及一个以上液相的系统。液相总组成等于气相组成。于是，三相具有不同的组成。塔顶气相接近非均相恒沸物的组成。当冷凝时，在冷凝器下游的倾析器内形成两个液相。在倾析器内分离后，大部分或全部富夹带剂的液相作为回流返回塔内，而大部分或全部另一相液体送到下一个塔作进一步分离。因为这两个液相通常位于残余曲线图的不同精馏区域，将克服对基于均相恒沸精馏的精馏序列通常遇到的限制。于是，在非均相恒沸精馏中，要进行分离的组分不需要位于同一精馏区域内。

非均相恒沸精馏已被实际应用了将近一个世纪，开始为间歇操作，随后为连续操作。两种最广泛的应用是(1)用苯或其他许多夹带剂之一分离乙醇和水的最低恒沸物，和(2)用乙酸乙酯或其他许多夹带剂之一分离沸点接近的乙酸和水的混合物。Widagdo 和 Seider[19]引用的其他应用包括用异丙醚进行异丙醇脱水、用二仲丁醚进行仲丁醇脱水、用异亚丙基丙酮进行氯仿脱水、用甲苯进行甲酸脱水和用甲苯进行乙酸脱水。此外，油槽船运输的原料，如苯乙烯和苯的脱水也是其重要应用。

考虑用非均相恒沸精馏进行乙醇和水的恒沸物的分离。两种应用最广的夹带剂是苯和二乙醚。其他许多夹带剂也是可行的，包括后面的例 11.7 中说明的正戊烷和环己烷。1902 年 Young[40]讨论了用苯作为夹带剂进行乙醇间歇脱水，这或许是非均相恒沸精馏的第一个应用。1928 年 Keyes[41]获得了一项关于连续过程的专利，并在 1929 年的一篇论文[42]中作了讨论。Bekiaris、Meski 和 Morari[43]采用 UNIQUAC 方程(参数由 ASPEN PLUS 提供)计算液相活度系数，对 1atm 下的乙醇(E)-水(W)-苯(B)系统计算的残余曲线图如图 11.29 所示。叠加在残余曲线图上的是用以表示两液相区边界的粗虚线的双结点曲线。E、W 和 B 的常压沸点分别为 78.4℃、100℃和 80.1℃。UNIQUAC 方程预测在 78.2℃和 10%(mol)W 时由 E 和 W，及在 67.7℃和 44.6%(mol)E 时由 E 和 B 会分别形成均相最低恒沸物 AZ1 和 AZ2。并预测在 69.3℃时 W 和 B 会形成非均相最低恒沸物 AZ3，其气相组成含 29.8%(mol)W。两液相的总组成与气相相同，但每个液相几乎为纯组分。预测富 B 的液相含 0.55%(mol)W，而富 W 的液相仅含 0.061%(mol)B。预测三元最低非均相恒沸物 AZ4 的恒沸点为 64.1℃，气相组成为 27.5%(mol)E、53.1%(mol)B 和 19.4%(mol)W。

三元恒沸物的两个液相的总组成与气相组成相同，但通过 AZ4 点的细虚连接线表明富苯液相含 18.4%(mol)E、79.0%(mol)B 和 2.6%(mol)W，而富水液相含 43.9%(mol)E、6.3%(mol)B 和 49.8%(mol)W。

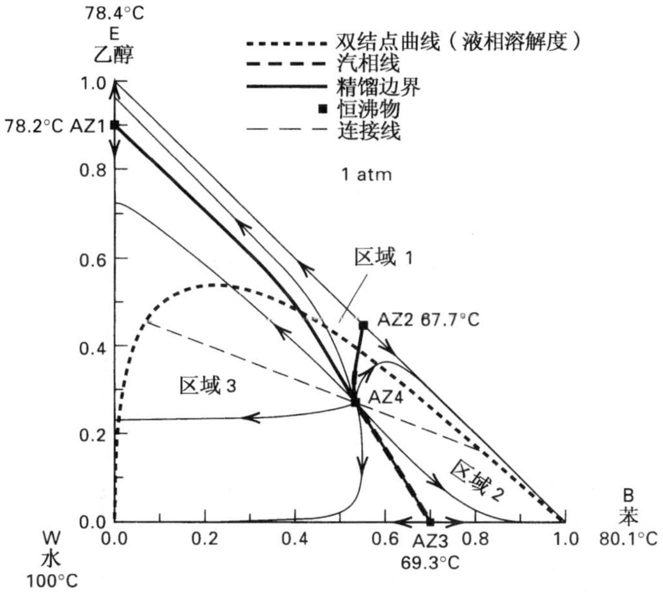

图 11.29　1atm 下乙醇-水-苯系统的残余曲线图

在图 11.29 中，残余曲线图被三条用粗实线表示的精馏边界分成三个精馏区，每条精馏边界都由三元恒沸物延伸到一个二元恒沸物。每个精馏区含有一个纯组分。因为三元恒沸物是沸点最低的恒沸物，所以它是不稳定节点。因为三个二元恒沸物的沸点都低于三个纯组分的沸点，所以二元恒沸物为鞍点，而纯组分为稳定节点。因此，所有残余曲线均开始于三元恒沸物，而终止于代表纯组分的顶点。液-液溶解度用粗虚线表示。但该曲线不同于通常的三元溶解度曲线，因为它针对等压条件，而非等温条件。叠加在分隔精馏区 2 和 3 的精馏边界上的是表示与两个液相平衡的气相组成的粗虚线。对特定气相组成的两个平衡液相组成由通过该气相组成而终止于液相溶解度曲线的直连接线的两个端点获得。图 11.29 中唯一的连接线是通过三元恒沸物的虚线。可以添加代表其他温度的其他连接线；但是在大多数非均相恒沸精馏中，试图限制在冷凝器下游的倾析器中才形成两个液相，冷凝器中的组成接近三元恒沸物。

图 11.29 清楚说明通过 AZ4 的连接线如何穿越精馏边界在倾析器内形成两个液相。这种相分裂以下列方式应用于用苯进行乙醇脱水的恒沸精馏塔的典型操作中。该塔被处理成一个不设冷凝器的塔，主进料在塔顶以下几块板进入，而富苯液相回流被作为第二进料。两进料混合后的组成位于精馏区 1 中。于是，由残余曲线的方向可知，该塔的产物可能是几乎为纯乙醇的塔底产物和接近三元恒沸物组成的塔顶蒸气。当塔顶蒸气冷凝后，发生相分裂给出位于精馏区 3 的富水相和位于精馏区 2 的富夹带剂相。于是，如果将富水相送往再沸汽提塔，则残余曲线表明可产生几乎为纯水的塔底产物和富乙醇的塔顶产物，塔顶产物循环返回倾析器。当位于精馏区 2 的富夹带剂相加入位于精馏区 1 的主进料后，总组成位于精馏区 1。

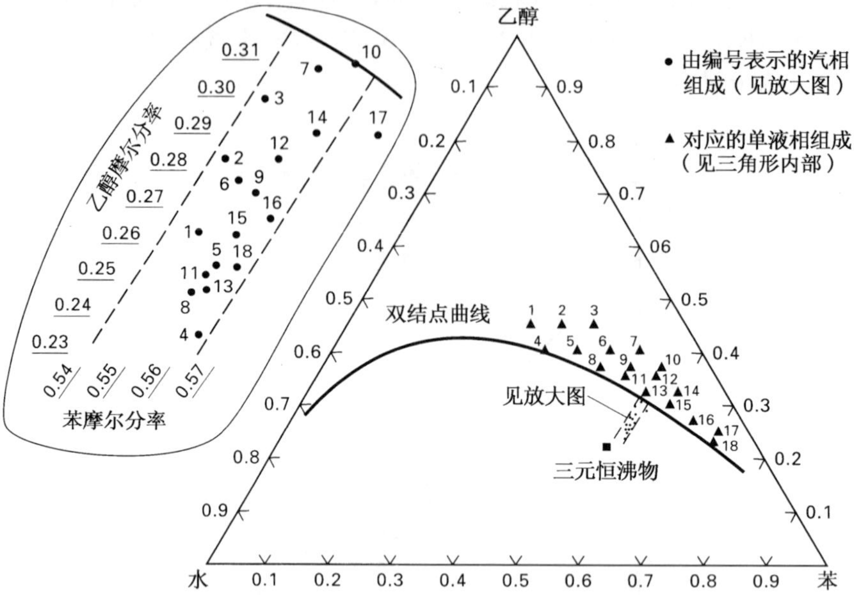

图 11.30　不与两个液相平衡的塔顶汽相组成

［经允许取自 J. Prokopakis and W. D. Seider, *AIChE J.*, 29, 49—60 (1993)］

优先选择将两个液相的形成限制在倾析器内。为避免在恒沸精馏塔的塔顶板形成两个液相，离开塔顶板的气相组成必须是平衡液相组成位于图 11.29 中双结点曲线和三角形底边包围的两液相区之外。如 Prokopakis 和 Seider[44]的综合研究所表明的，在冷凝时会形成两个液相，但只与塔顶板的一个液相平衡的气相组成限于如图 11.30 所示的非常小的窗口内。而且，只能通过在富夹带剂液相回流中加入一部分富水液相或一部分在倾析器中分离前的冷凝蒸气，才能达到该窗口。

已提出用于非均相恒沸精馏的各种塔序列。这些塔序列中，取自 Ryan 和 Doherty[45]的研究的三种只利用精馏的序列如图 11.31 所示。最常见的为三塔序列，在这种序列中，低浓度的乙醇水溶液首先在塔 1 中预浓缩获得几乎为纯水的塔底产物和组成接近二元恒沸物的塔顶产物。后者被送入恒沸精馏塔塔 2，在该塔中几乎纯的乙醇作为塔底产物回收，而塔的回流为来自倾析器的大部分或全部富夹带剂液相。含有乙醇和少量夹带剂的富水液相送入夹带剂回收塔，该塔为具有精馏段和提馏段的精馏塔或汽提塔。该回收塔的馏出液循环返回恒沸精馏塔。另一种选择方案是，塔 3 的馏出液循环返回倾析器。如图 11.31 中的全部三种序列所示，来自倾析器的两个液相的一部分都可返回恒沸精馏塔或进入序列中的下一个塔，以控制恒沸精馏塔塔顶板上的相分裂。

图 11.31(b)所示为四塔精馏序列。其中第一塔与图 11.31(a)的三塔序列的第一塔相同。第二塔为恒沸精馏塔，其进料为塔 1 的乙醇和水的接近恒沸物的馏出液和来自塔 4 的具有大体相同组成的循环馏出液。塔 3 的目的是作为馏出液从离开倾析器的富水液相中脱除夹带剂并循环返回倾析器。在理想情况下，该馏出液的组成与离开塔 2 的气相馏出物组成相同。塔 3 的塔底产物在塔 4 中被分离为几乎为纯水的塔底产物和接近乙醇-水恒沸物的馏出液，因此可将该馏出液循环进入塔 2。Pham 和 Doherty[46]的研究发现，四塔序列没有超越三塔序列的优点。

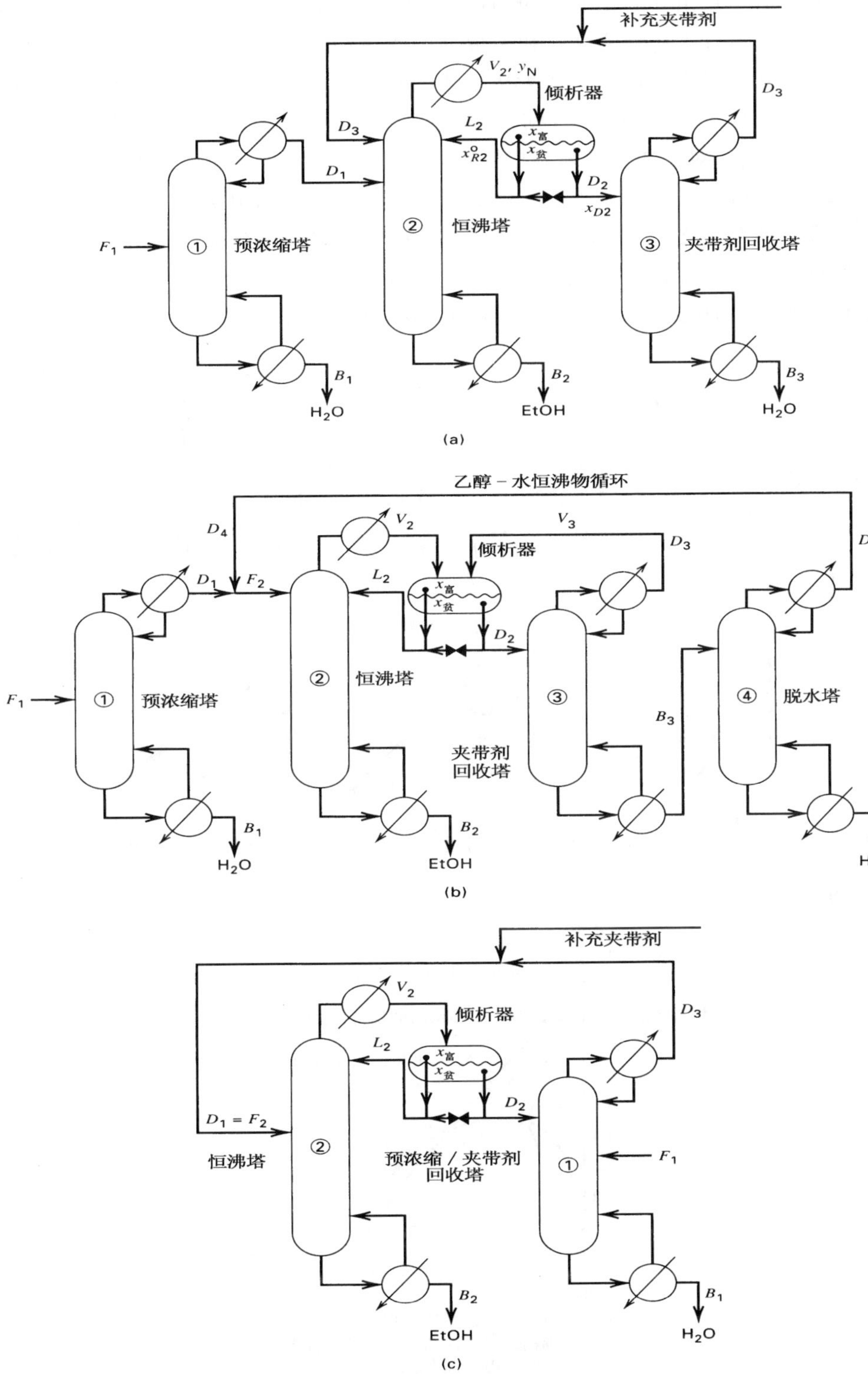

图 11.31　非均相恒沸精馏序列

(a)三塔序列；(b) 四塔序列；(c) 二塔序列

［经允许取自 P. J. Ryan and M. F. Doherty，*AIChE J.*，35，1592－1601 (1989)］

由 Lynn 提出，并由 Ryan 和 Doherty[45]作了描述的一种新颖的两塔序列如图 11.31(c)所示。进料进入将预浓缩塔和夹带剂回收塔结合为一体的塔 2。该塔的馏出液为恒沸精馏塔的进料。塔 1 的塔底产物为接近纯的乙醇，而塔 2 产生几乎为纯水的塔底产物。对乙醇浓度非常低的进料，Ryan 和 Doherty 发现与三塔序列相比，两塔序列的投资费用较低，但操作费用较高。对乙醇浓度较高的进料，这两种序列在经济上是不相上下的。

图 11.29 的乙醇-苯-水残余曲线图仅为可导致包含非均相恒沸精馏的可行精馏序列的多种不同的残余曲线图之一。Pham 和 Doherty[46]注意到，可行夹带剂可在三组分的某一部分组成区域内导致相分裂，但不会导致进料中的两个组分位于不同精馏区域。图 11.32 所示为七种此类图，图中点画线为液-液溶解度(双结点)曲线。

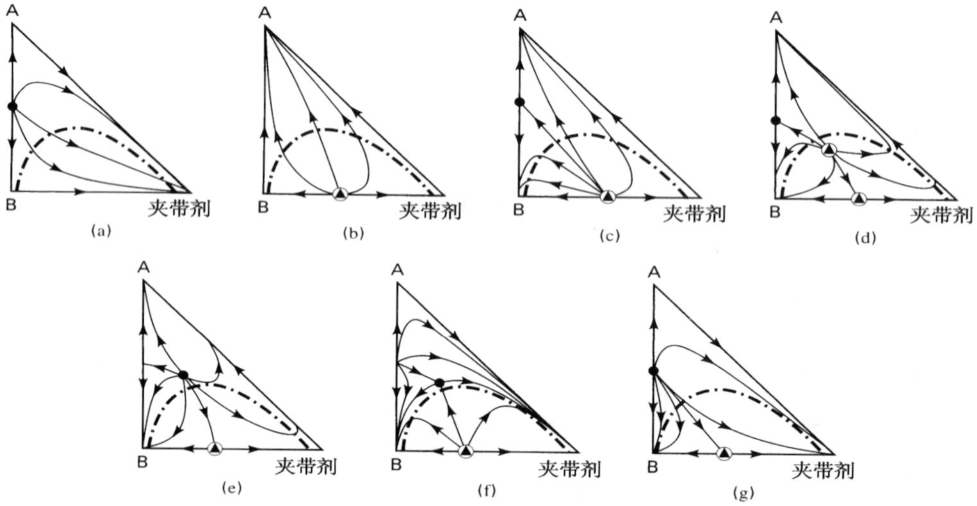

图 11.32　导致可行精馏序列的用于非均相恒沸精馏的残余曲线图

[经允许取自 H. N. Pham and M. F. Doherty, *Chem. Eng. Sci.*, 45, 1845—1854 (1990)]

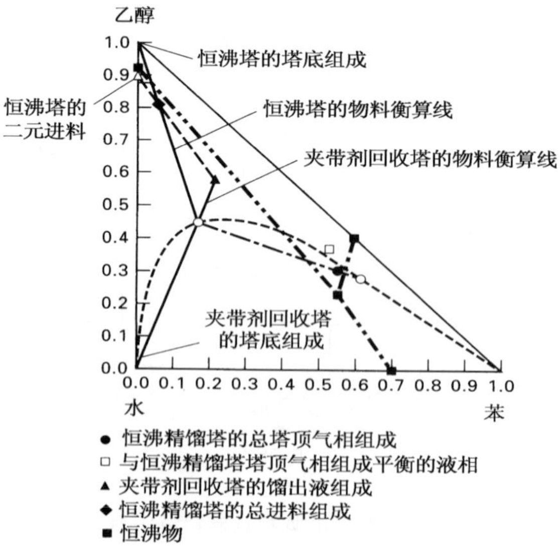

图 11.33　图 11.31(a)的三塔序列的物料衡算线

[经允许取自 P. J. Ryan and M. F. Doherty, *AIChE J.*, 35, 1592—1601 (1989)]

用第 10 章中讲述的方法使非均相恒沸精馏塔的严格计算收敛可能是极其困难的，尤其当企图使整个序列收敛时。为进行计算，最好通过物料衡算利用残余曲线图确定每个塔的进料和产物的流量和组成使各塔解耦。这种方法可用图 11.33 中的三塔序列说明，图中点画线分隔三个精馏区域，而虚线为液-液溶解度曲线，其余各线为物料衡算线。即使这样，计算可能还是非常敏感的，因为液相的非理想性和可能的相分裂，这导致可能必须采用功能更强大的方法。用于最困难问题的最成功的方法有 Ryan 和 Doherty[45]的边值逐板法、Kovach 和 Seider[47]的同型继续法以及 Swartz 和 Stewart[48]的配置法。

11.6.1　解的多重性

令化学工程师感兴趣的各类操作的数学模型的解并非总是唯一的。至少从 1922 年之后，就已知道连续搅拌釜式反应器(CSTR)存在多重定态解，并由许多化学反应工程的教科书作了详尽阐述。定态分离问题中解的多重性的存在是比较新的发现。Gani 和 JΦgensen [49]定义了以下三类多重性，在精馏模拟中，每一种都可能在某些条件下发生：

(1) 输出多重性，在这种情况下，规定所有输入变量，发现对输出变量集存在一组以上的解。例如，对精馏塔，进料状态、级数、进料级位置、馏出液流量、回流比、冷凝器和再沸器类型及塔压分布均可被规定，但可发现两组或两组以上产物组成及组成沿塔分布。

(2) 输入多重性，在这种情况下，一个或多个输出变量被规定，而对未知的输入变量可求得多重解。

(3) 内部状态多重性，在这种情况下，对相同的输入和输出变量，可求得多种内部状态或分布。

这里尤其令人感兴趣的是恒沸精馏的输出多重性，这是由 Shewchuk[50]在 1974 年首先发现的。用不同的初值，他发现用苯的乙醇脱水非均相恒沸精馏过程的两个定态解。在对同一系统的更详细的研究中，Magnussen、Michelsen 和 Fredenslund[51]相当困难地在相当窄的塔顶进料乙醇流量范围内发现了三个定态解，其中两个是稳定解。在实际操作的装置中不可能达到不稳定解。当用戊烷作为夹带剂时，也发现了类似的多重性。两个稳定解之一预测的塔底乙醇产物纯度比另一个稳定解高得多。于是，从实用的观点看来，当存在一个以上定态解时，获得所有稳定解是具有重要意义的。许多后续研究，有些是相互矛盾的，表明多重解通常仅存在于非常窄的馏出液或塔底产物流量规定范围内，但可能存在于相当宽的回流比范围内，只要塔内有足够多的级数。对有 40 块塔板的乙醇-水-苯非均相恒沸精馏塔，Kovach 和 Seider[47]发现的五个多重解的组成分布如图 11.34 所示。这些分布的变化是非常大的。还有，当存在多重解时，确定它们的位置是具有重要意义的。遗憾的是，利用目前的定态计算机过程设计和模拟程序寻找多重解还会遇到许多困难，因为(1)即使对一个解恒沸精馏塔也不易收敛，(2)多重解可能仅存在于非常有限的范围内，(3)在这些程序里，可能只能通过组成分布的初值设定才能发现多重解，(4)活度系数关联式和参数的选择可能是至关重要的。因此，只有当采用更先进的方法，如延拓和分枝分析时才能获得最好的结果。Kovach 和 Seider[47]、Widagdo 和 Seider[19]、Bekiaris、Meski、Radu 和 Morari[52]以及 Bekiaris、Meski 和 Morari 讲述并应用了这些方法。最后两篇论文并提供了均相和非均相恒沸精馏为什么会存在多重解的原因。

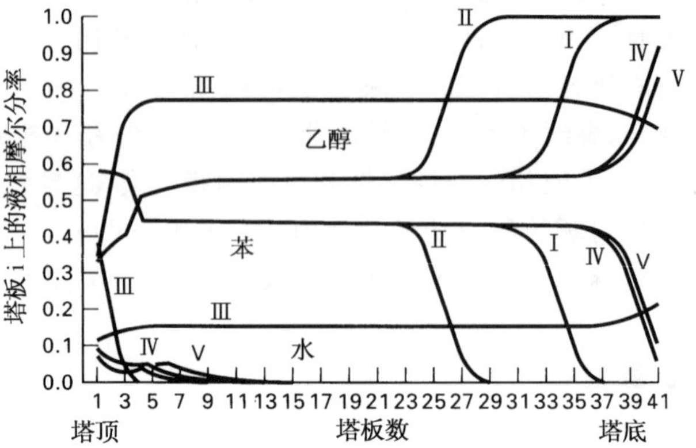

图 11.34 非均相精馏操作的五重解

[经允许取自 J. W. kovach and W. D. Seider, *Computer Chem. Engng.*, 11, 593 (1987)]

例 11.7

Black 和 Ditsler[53]及 Black、Golding 和 Ditsler[54]的设计和经济研究表明正戊烷对乙醇脱水是一种优良的夹带剂。与苯相似,正戊烷与乙醇和水形成非均相三元最低恒沸物。设计一分离系统,用正戊烷为夹带剂,对流量为 16.817 6 kmol/h,组成为 80.937%(mol)乙醇和 19.063%(mol)水的混合物进行脱水,生产浓度为 99.5%(mol)的乙醇和乙醇与正戊烷总量低于 100 ppm(质量)的水,进料液体的温度和压力分别为 344.3K 和 333kPa。

解

该系统的非均相恒沸精馏过程已由 Black[55]作了广泛的研究,他建议采用图 11.35 所示的两塔工艺流程图。该过程由一个有 18 个平衡级设有全凝器和部分再沸器的非均相恒沸精馏塔(C-1)、一个倾析器(D-1)、一个有 4 个平衡级的汽提塔(C-2)和一个冷凝 C-2 的塔顶蒸气的冷凝器(E-1)组成。每个再沸器相当于增加了一个平衡级。塔 C-1 在塔底压力 344.6kPa 下操作,塔压降为 13.1kPa。塔 C-2 在塔底压力 308.9kPa 下操作,塔压降为 3.0kPa。这些压力允许冷凝器采用冷却水。纯度规定对塔底产物设定。进料在由塔顶开始计算的级 3 进入 C-1。乙醇产物由 C-1 的塔底抽出。未表示在图 11.35 中的少量正戊烷补充物流自塔顶开始计算的级 2 进入 C-1。C-1 的塔顶蒸气被冷凝再送往 D-1,在其中形成富正戊烷液相和富水液相。富正戊烷相作为回流返回 C-1,富水相送往 C-2,该水相被汽提脱除戊烷和乙醇,产生的符合规定纯度的水为塔底产物。20%冷凝后的 C-2 的塔顶蒸气返回 D-1。为保证在倾析器中而不在 C-1 的各塔板上形成两个液相,其余 80%冷凝后的 C-2 的塔顶蒸气与 D-1 的富戊烷相混合用作 C-1 的补充回流。本问题的各项规定包括在图 11.35 中。

非均相恒沸精馏塔设计的一个非常重要的步骤是选择适当的方法预测液相活度系数和确定二元交互作用参数。后者通常涉及所有二元对的汽-液(LVE)和液-液(LLE)平衡实验数据的回归。如果能获得有关数据,三元数据也可包括在这种回归中。遗憾的是,对大多数活度系数预测方法,同时拟合 VLE 和 LLE 数据是困难的。因此,对 VLE 重要的恒沸塔和对 LLE 重要的倾析器往往采用不同的二元交互作用参数。已经发现对乙醇-水-苯系统特别需要如此。但是,对本案例,应用 Black[56]的修正的 Van Laar 方程,采用一组二元交互作用参数似乎是足够精确的。Black、Golding 和 Ditsler[54]列出了这些二元交互作用参数。

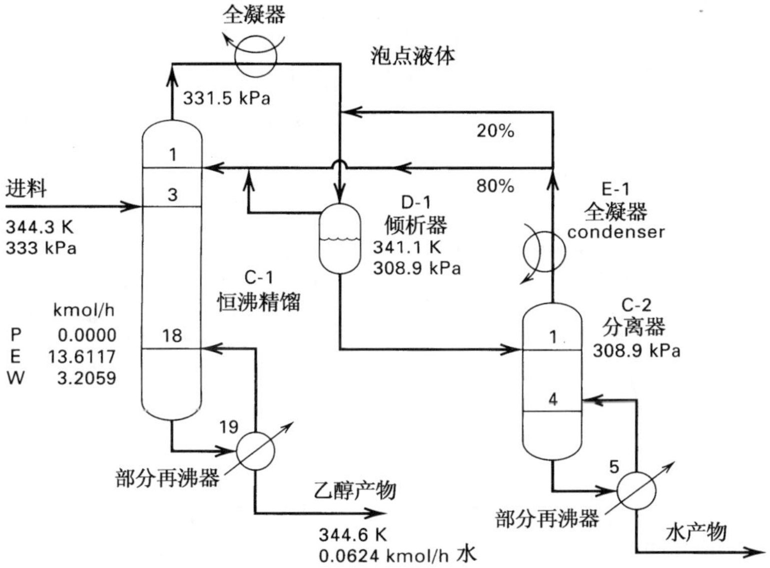

图 11.35　例 11.7 的工艺流程图

[经允许取自 *Perry's Chemical Engineers' Handbook*，6th ed.，R. H. Perry and D. W. Green，Eds.，McGraw Hill，New York (1984)]

借助模拟科学(SimSci)公司的过程模拟程序进行计算，采用严格精馏程序模拟两个塔，而利用三相闪蒸程序模拟倾析器。因为除了非常小的补充量外，夹带剂在系统内部循环，所以必须为倾析器的组合进料提供合适的组分流量初值。当单位采用 kmol/h 时，这些初值为正戊烷 25.0、乙醇 3.0 和水 7.5。收敛的物料衡算由表 11.5 给出，由表可见产物规定被满足，以及约有 22.6 kmol/h 的正戊烷通过恒沸精馏塔的塔顶板循环。计算得到的塔 C－1 的冷凝器和再沸器热负荷分别为 1 116.5 MJ/h 和 1 135.0 MJ/h。塔 C－2 的再沸器热负荷为 486 MJ/h，而冷凝器 E－1 的热负荷为 438 MJ/h。

表 11.5　例 11.7 的收敛物料衡算

物流	流量/($kmol \cdot h^{-1}$)			
	正戊烷	乙醇	水	总计
C－1 进料	0.000 0	13.611 7	3.205 9	16.817 6
C－1 塔顶产物	22.556 5	2.129 8	10.726 9	35.413 2
C－1 塔底产物	0.000 0	13.611 7	0.062 4	13.674 1
C－1 回流	22.556 5	2.129 8	7.583 4	32.269 7
D－1 富正戊烷	22.550 0	1.063 7	0.112 9	23.726 6
D－1 富水	0.008 1	1.332 6	12.481 6	13.822 3
C－2 塔顶产物	0.008 1	1.332 6	9.338 1	10.678 8
C－2 塔底产物	0.000 0	0.000 0	3.143 5	3.143 5

因为组成对液相活度系数的显著影响，恒沸塔的塔内分布往往显示急剧升降。在图 11.36(a)到(c)中，塔 C－1 的级温、气相和液相流量及液相组成从再沸器(级 19)到级 13 只有轻微变化。在这一区域内，液相为高于 99%(mol)的乙醇，至于正戊烷的浓度则由塔底的

可以忽略的浓度慢慢积累到级 13 的略低于 0.02%(mol)。由级 13 到级 8,液相中的正戊烷浓度非常迅速地增加到 53.8%(mol)。在同一区域内,温度由 385.6K 急剧降低到348.4K。继续由级 8 上升到进料级级 3,最显著的变化是液相中水的摩尔分率。在级 3 前后,所有变量都发生相当剧烈的变化。正戊烷浓度对水与乙醇相对挥发度的影响,及水浓度对正戊烷与乙醇相对挥发度的影响如图 11.36(d)所示,整个塔内每一组二元对相对挥发度的变化幅度约为 10 倍。

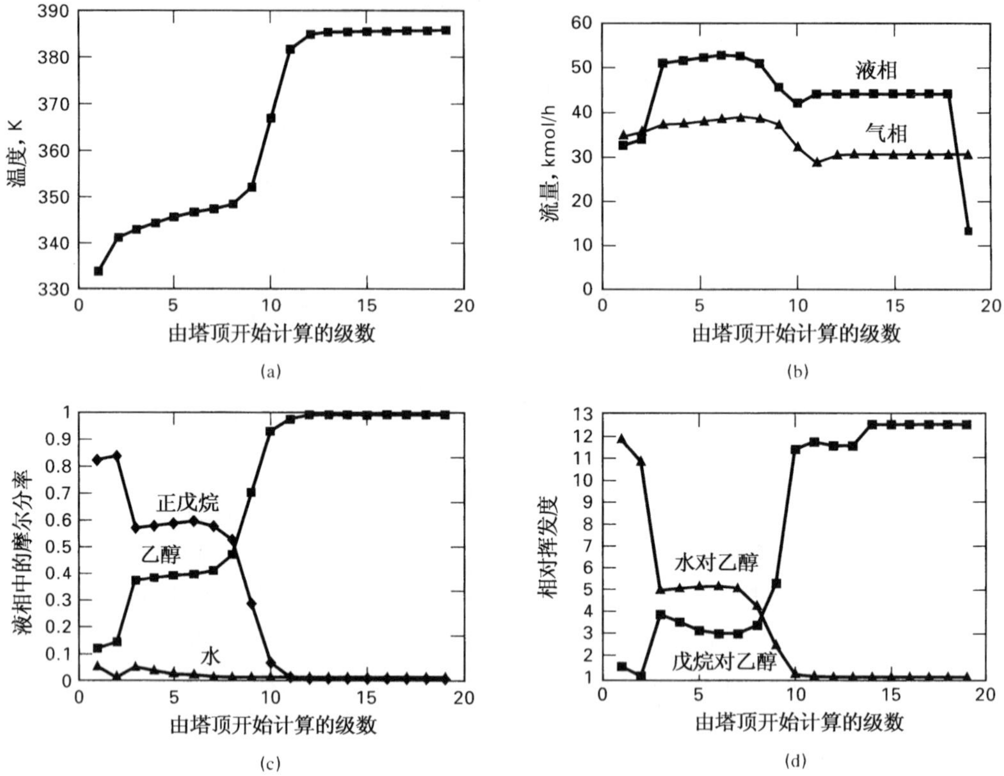

图 11.36　例 11.7 的恒沸精馏塔的结果

(a) 温度分布;(b) 气相和液相流量分布;(c) 液相组成分布;(d) 相对挥发度分布

在两个塔内均不发生相分裂,但在倾析器内会形成和分离为两个组成截然不同的液相。数量几乎为重相两倍的轻相为 95%(mol)的正戊烷,至于重相为 99%(mol)的水。这截然不同的组成是因为 C-1 的塔顶蒸气中只有少量乙醇。因为汽提塔 C-2 的进料为高浓度的水,液相中乙醇和正戊烷浓度迅速降低到 ppm 级。汽提塔 C-2 中的温度、气相流量和液相流量几乎分别保持在 408K、15.6 kmol/h 和 12.4 kmol/h。因为在 C-2 中的低乙醇浓度条件下乙醇对水的高相对挥发度(约为 9),乙醇摩尔分率几乎每个平衡级减小一个数量级。正戊烷对水的极大的相对挥发度(约为 1 000)导致只需两级即可将正戊烷全部汽提出来。

11.7　反应精馏

反应精馏即同时发生的反应和精馏。化学反应通常发生在液相中或与液相接触的固体催化剂表面。如 Terrill、Sylvestre 和 Doherty[57]所阐述的，反应精馏的通常应用为分离沸点接近或形成恒沸物的组分 A 和 B，在这些情况下反应夹带剂 E 被引入精馏塔。如果 A 是低沸点组分，优先选用沸点高于 B 的 E，E 能选择性地和可逆地与 B 反应生成沸点也高于 A 且不会与 A、B 或 E 形成恒沸物的产物 C。组分 A 作为馏出物从精馏塔中脱除，而组分 B 和 C 与过量的 E 作为塔底产物排出。在一独立的精馏步骤中，从组分 C 中回收组分 B 和 E，在该步骤中反应逆转，C 完全反应转化为 B 和 E；B 作为馏出液采出，而 E 作为塔底产物采出并循环返回第一个塔。Terrill、Sylvestre 和 Doherty[57]讨论了反应夹带剂用于分离常压沸点差仅为 0.8℃，导致相对挥发度仅为 1.029 的对二甲苯和间二甲苯。采用常规精馏是不现实的，例如为由等摩尔进料生产纯度为 99%(mol)的产物，需要 500 个以上的理论级。利用间二甲苯与反应夹带剂，如伴有三氯化铝固体催化剂的叔丁苯或溶解在异丙苯中的螯合间二甲苯钠的反应，需要的级数可大为减少。

与精馏中反应夹带剂的使用密切相关的是在工业上已发现广泛应用的吸收中反应吸收剂的使用。例如，通过用单乙醇胺和二乙醇胺的碱性水溶液吸收脱除天然气中的硫化氢和二氧化碳使酸性天然气净化。发生的快速可逆反应形成了可溶性盐，如碳酸盐、碳酸氢盐、硫化物和硫醇。离开吸收塔的富液送往再沸汽提塔，在那里反应在高温下逆转使胺溶液作为塔底产物再生，并将酸性气体作为塔顶气体送出。

反应精馏的第二种应用涉及考虑在精馏过程中发生的不希望的反应。例如，Robinson 和 Gilliland[58]提出了一个涉及从 C_7 烃类中分离环戊二烯的过程。在精馏过程中，环戊二烯发生二聚。较易挥发的环戊二烯作为馏出物从塔顶采出，但塔下部的少量二聚物将与 C_7 烃类一起由塔底产出。作为一种可供选择的方案，可使环戊二烯二聚，以便于通过精馏与混合物中的其他组分分离。然后作为塔底产物将二环戊二烯从精馏塔中脱除。但是，在精馏过程中还必须考虑可能发生解聚产生环戊二烯，该组分将出现在馏出液中。

反应精馏的最令人感兴趣的应用和本节中唯一予以详细考虑的案例涉及在一个精馏装置中将化学反应和精馏分离相互结合。此概念似乎是由 Backhaus 首先宣布的，自 1921 年起他获得了一系列在精馏塔内进行酯化反应的专利[59]。Leyes 和 Othmer[60]通过对硫酸催化剂存在下乙酸和过量正丁醇反应生产乙酸丁酯和水的酯化过程的实验研究，证实了在一个容器内连续、同时进行化学反应和精馏的概念。当符合下列条件时，应考虑用这类反应精馏代替采用分开的反应器和精馏装置：

(1) 化学反应发生在含或不含均相催化剂的液相中或液相与固体催化剂的界面上。

(2) 对反应和精馏，可行的温度和压力是相同的，即反应速率和精馏速率的数量级是相同的。

(3) 反应是受平衡限制的，以至如果脱除一种或多种生成的产物，将驱使反应进行完全；于是，不需要为达到高转化率而使一种反应物大大过量。当因为形成恒沸物而使过量反应物的回收变得困难时，这是特别有利的。对不可逆反应，在反应器中使反应进行完全，然后在精馏塔内分离产物将更经济。一般说来，对超临界状态、气相反应和发生在高温、高压下的反应，和/或涉及固体反应物或产物的反应，反应精馏是没有吸引力的。

当采用反应精馏时，对精馏塔的构造必须予以仔细考虑。重要因素有进料和产物出料级、当反应热效应显著时需要中间冷却器和中间加热器的可能性，和获得要求的液相停留时间的方法。如Belck[61]和其他研究者所阐明的，在下列理想情况下，对两组分、三组分和四组分系统，能够不需要额外的精馏就获得需要的产物。

情况1：反应A↔R或A↔2R，这里R的挥发度比A高。在这种情况下，只需要再沸精馏段。纯A被加入塔的再沸器，在再沸器中发生全部或大部分反应。生成R并将它汽化，通过精馏塔进行提纯。将离塔的塔顶蒸气冷凝，一部分冷凝液作为回流返回塔。化学反应也可能发生在塔内。如果A和R形成最高恒沸物，只要在定态条件下再沸器中R的摩尔分率大于恒沸组成，这种结构依旧适用。

情况2：反应A↔R或2A↔R，这里A具有较低沸点或较高挥发度。在这种情况下，只需要提馏段。纯液体A进料由塔顶进入，向下流动通过塔，反应产生R。该塔设有全凝器和部分再沸器。没有产物从塔顶抽出。产物R从再沸器抽出。这种结构需要仔细考察，因为在塔内某个位置可能达到化学平衡，而如果允许在该位置以下继续进行反应，可能发生逆反应。

情况3：反应2A↔R＋S或A＋B↔R＋S，这里A和B为挥发度介于R和S之间的组分，而R具有最高的挥发度。在这种情况下，进料自常规精馏塔中间塔段的某个位置进入，R作为馏出液抽出，而S作为塔底产物抽出。如果B的挥发度比A低，那么B可在高于A的进料位置处单独进塔。

反应精馏的工业应用包括以下几类：

（1）乙酸和乙醇酯化生产乙酸乙酯和水。

（2）如Masamoto和Matsuzaki[62]所论述的，利用固体酸催化剂，甲醛和甲醇反应生产甲缩醛和水。

（3）如Agreda和Partin[63]的专利及Agreda、Partin和Heise[64]的论文所述，利用硫酸催化剂，乙酸和甲醇酯化生产乙酸甲酯和水。

（4）如Smith[65－67]提出专利，并由DeGarmo、Parulekar和Pinjala[68]作了进一步发展，采用固态强酸离子交换树脂催化剂，由异丁烯和甲醇反应生产甲基叔丁基醚(MTBE)。

反应精馏的第一个广泛研究的案例是乙酸(A)和乙醇(B)酯化生产乙酸乙酯(R)和水(S)。这些组分的常压沸点分别为118.1、78.4、77.1和100℃。此外，B和S会在78.2℃形成含10.57%(mol)S的二元最低均相恒沸物①，B和R会在71.8℃形成含46%(mol)B的二元最低均相恒沸物。R和S会在70.4℃形成含24%(mol)S的二元最低非均相恒沸物，而B、R和S会在70.3℃形成含12.4%(mol)B和60.1%(mol)R的三元最低恒沸物。于是，该系统是非常复杂并具有强非理想性。已公开发表了许多实验和数值计算研究，Chang和Seader[69]引用了其中许多研究结果，并以同型继续法为基础开发了功能强大的反应精馏计算程序。最近，又由Venkataraman、Chan和Boston[70]及Simandl和Svecek[71]报道了

① 原文误为形成含10.57%(mol)B的二元最低均相恒沸物——译者注。

利用计算机辅助过程设计程序的计算方法。通过同时拟合汽-液平衡和液相化学平衡，Kang、Lee 和 Lee[72]获得了 UNIQUAC 方程的二元交互作用参数。

在所有计算方法中，必须在每一级的组分物料衡算中加入反应速率项。例如，在 Chang 和 Seader[69]的推导中，用于 Newton - Raphson 法的式(10 - 58)被修改成包括液相的反应速率源项，并假定每一级的液相是完全混合的：

$$M_{i,j} = l_{i,j}(1+s_j) + v_{i,j}(1+S_j) - l_{i,j-1} - v_{i,j+1} - f_{i,j} - (V_{\mathrm{LH}})_j \sum_{n=1}^{NRX} \nu_{i,n} r_{j,n} \qquad i = 1,\cdots,C \tag{11-17}$$

式中

$(V_{\mathrm{LH}})_j$——级 j 的体积液相持有量；

$\nu_{i,n}$——反应 n 中组分 i 的化学计量系数，按习惯产物为正，反应物为负；

$r_{j,n}$——级 j 上反应 n 的反应速率，以单位时间、单位液相体积参考反应物摩尔数的增加表示；

NRX——可逆和不可逆化学反应数。

通常，每个反应的速率用液相摩尔浓度的幂函数形式表示(在下列方程中，省略下标 n)：

$$r_j = \sum_{p=1}^{2} k_p \prod_{q=1}^{NRC} c_{j,q}^m = \sum_{p=1}^{2} A_p \exp\left(-\frac{E_p}{RT_j}\right) \prod_{q=1}^{NRC} c_{j,q}^m \tag{11-18}$$

式中

$c_{j,q}$——级 j 上组分 q 的浓度；

k_p——第 p 项的反应速率常数，这里 $p=1$ 指正反应，而 $p=2$ 指逆反应，k_1 为正，而 k_2 为负；

m——浓度的幂指数；

NRC——幂函数表示式中的组分数；

A_p——指前(频率)因子；

E_p——活化能。

利用式(11 - 17)和式(11 - 18)，反应可被处理成不可逆($k_2=0$)、可逆(k_2 为负且不等于零)，或处于平衡状态。对单个可逆反应的情况，最后一种情况可采用每一级上有非常大的持液量，或将两个频率因子 A_1 和 A_2 都乘以相同的大数，于是大大增加了正反应和逆反应的速率，但化学平衡常数依旧保持正确的数值。对平衡反应，重要的是由正反应的幂函数表示式和反应的化学计量学导出逆反应的幂函数表示式，使它们与化学反应平衡常数保持一致。当采用板式塔时，一级的体积持液量取决于塔板的活动鼓泡面积、由堰高决定的塔板上的泡沫层高度和泡沫层中的液体体积分率。这些因素已在第 6 章中有关压降计算的一节中考虑。一般说来，降液管中的液体量不包括在体积持液量的估计中。当需要大持液量时，优先采用泡罩塔，因为它不会发生漏液。当化学反应在再沸器中进行时，可提供大持液量。下面的例题说明乙酸和乙醇酯化生产乙酸乙酯和水的计算方法。在此例题中，假定在每一级上单个可逆化学反应都达到化学平衡。在后面的一道例题中，没有达到化学平衡，需对持液量进行估算，并需估算塔径。

例 11.8

有 13 个理论级和全凝器及部分再沸器的反应精馏塔用于在 1atm 下生产乙酸乙酯(R)。

90 lbmol/h 乙酸(A)的饱和液体进料在塔顶往下计算的级 2 进入,而 100 lbmol/h 由 90%(mol)乙醇(B)和 10%(mol)水(S)(接近恒沸组成)组成的饱和液体在塔顶往下计算的级 9 进入。于是,乙酸和乙醇的数量符合酯化反应的化学计量比。其他规定条件为回流比为 10,馏出液流量为 90 lbmol/h,即所要求的完全转化时生成乙酸乙酯(低沸点组分)的数量。Izarraraz、Bentzen、Anthony 和 Holland[73]提供的动力学数据可用速率方程表示为:

$$r=k_1c_Ac_B-k_2c_Rc_S$$

而 $k_1=29\ 000\exp(-14\ 300/RT)$ L/(mol · min),T 为开氏温度,而 $k_2=7\ 380\exp(-14\ 300/RT)$ L/(mol · min),T 为开氏温度。因为正反应和逆反应的活化能相同,所以化学平衡常数与温度无关,并等于 $k_1/k_2=3.93$。假定每个理论级均达到化学平衡。于是,对每个理论级均规定非常大的持液量。根据 Kang、Lee 和 Lee[72]的论文,用于预测液相活度系数的所有六个二元对的 UNIQUAC 方程的二元交互作用参数如下所列:

二元对中的组分,$i-j$	二元交互作用参数	
	$u_{i,j}/R$,K	$u_{j,i}/R$,K
乙酸-乙醇	268.54	−255.62
乙酸-水	398.51	−255.84
乙酸-乙酸乙酯	−112.33	219.41
乙醇-水	−126.91	467.04
乙醇-乙酸乙酯	−173.91	500.68
水-乙酸乙酯	−36.81	638.60

还要考虑乙酸的气相交联,并对每级校核形成两个液相的可能性。计算馏出液和塔底产物组成,并确定液相组成和反应速率分布。

解

利用 ChemCAD 计算机辅助过程模拟程序的 SCDS 模型(Newton - Raphson 法)进行计算,全凝器被作为第一级。提供的唯一的初值是馏出液和塔底产物温度分别为 163 ℉和 198 ℉。计算收敛需要 17 次迭代。如下列馏出液和塔底产物数据所示,未实现完全转化为乙酸乙酯:

组　　分	产物流量/(lbmol · h^{-1})	
	馏出液	塔底产物
乙酸乙酯	49.52	6.39
乙醇	31.02	3.07
水	6.73	59.18
乙酸	2.73	31.36
总计	90.00	100.00

全部四个组分都出现在两个产物中。生成乙酸乙酯的总转化率为 62.1%,88.6%乙酸乙酯进入馏出液。馏出液中 55%(mol)为乙酸酯,而塔底产物中 59.2%(mol)为水。当进料位置改变时,这些组成只有很小变化。未能达到高转化率和高纯度产物的两个重要因素是:(1)四元混合物的强非理想性,并伴有许多恒沸物;(2)在某些级上发生逆反应的可能。前者的影响如图 11.37(a)所示,图中可见在塔顶段乙酸乙酯与水及乙醇与水的相对挥发度不大于

1.25,使分离变得困难。液相摩尔分率分布如图 11.37(b)所示,图中可见两进料级之间的塔段尽管发生酯化反应,但组成变化缓慢。在图 11.37(c)中,反应速率分布相当不正常。在上进料级(现为级 3)以上,逆反应占主导地位。由该进料级往下到第二进料级(现为级 10),正反应占主导地位,但主要发生在上进料级中。对级 11－13,又是逆反应占主导地位,而在级 14 和 15(再沸器)中,又是正反应占主导地位。正反应的最大量发生在级 3 和级 15。即使将级数增加到 60,反应仍限制在级 25 到 35,馏出液仍含有相当数量的乙醇,而塔底产物仍含有大量乙酸。对本例题,要达到高转化率和高产物纯度,反应精馏方案的开发遇到了严峻的挑战。

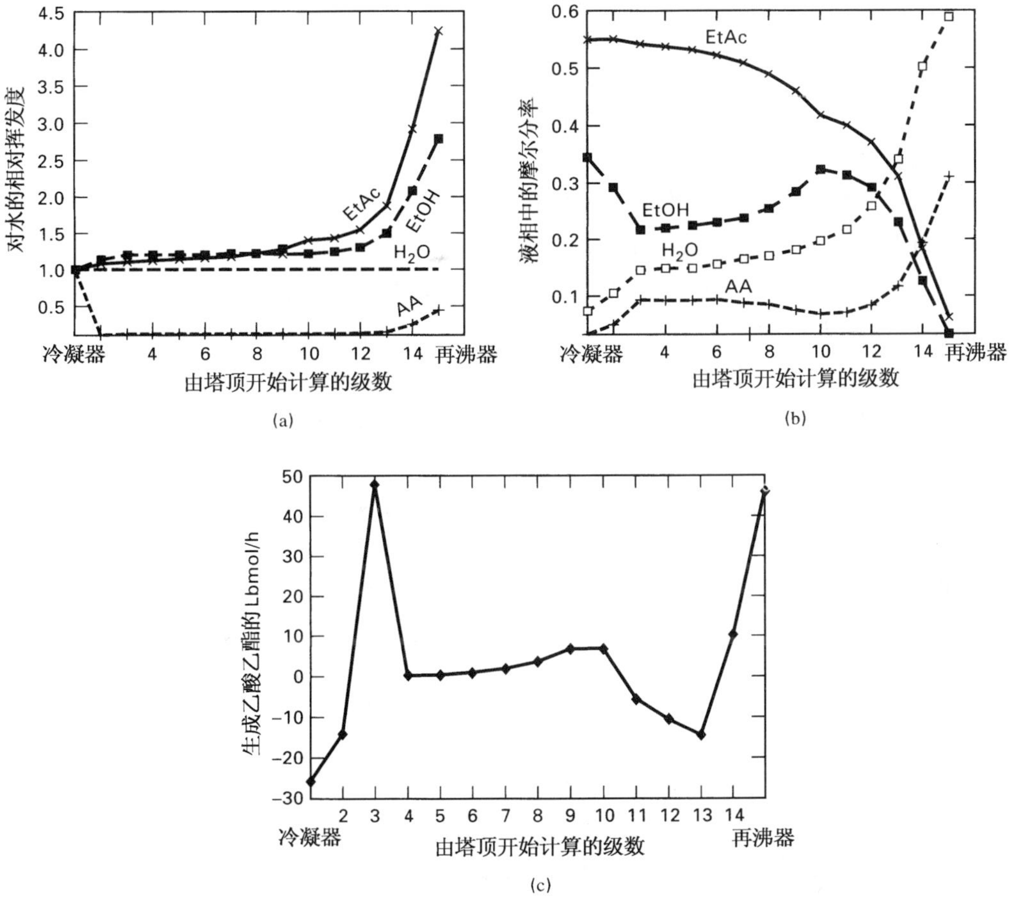

图 11.37　例 11.8 的反应精馏的各种分布

(a) 相对挥发度分布;(b) 液相摩尔分率分布;(c) 反应速率分布

例 11.9

利用取自 Rehfinger 和 Hoffmann 论文[74]的存在正丁烯(NB)时由甲醇(MeOH)和异丁烯(IB)生成 MTBE 的热力学和动力学数据,Jacobs 和 Krishna[75]及 Nijhuis、Kerkhof 和 Mak[76]借助 ASPEN PLUS 模拟软件对催化反应精馏进行了计算,当改变甲醇进料级时,多个解具有相差悬殊的异丁烯转化率。Hauan、Hertzberg 和 Lien[77]对这些解提出了解释。

对下列条件计算一个收敛解,考虑反应动力学,但假定每一级都处于汽-液平衡。该精馏塔设有全凝器、部分再沸器和15个塔内平衡级,操作压力为11bar。级从塔顶开始计数,当采用过程模拟软件时,全凝器编号为级1,即使它不是一个平衡级。由195.44 mol/sIB和353.56 mol/sNB组成的混合丁烯作为350K和11bar下的气体自级11进入。甲醇流量为215.5 mol/s,作为320K和11bar下的液体自级10进入。回流比为7,而塔底产物流量为197 mol/s。仅对级4到级11(总共8级)提供催化剂,每级催化剂数量为204.1kg。催化剂为强酸型离子交换树脂,每千克催化剂有4.9当量酸基团。于是,每级酸基团当量数为1 000,或8级酸基团当量数为8 000。用ASPEN PLUS的RADFRAC模型计算产物组成和塔内分布。

解

考虑的唯一化学反应为

$$\mathrm{IB+MeOH \rightleftharpoons MTBE}$$

NB为惰性组分。

对正反应,利用摩尔分率浓度而不是活度(活度系数与摩尔分率的乘积)的速率方程,如Rehfinger和Hoffmann[74]所给出的为:

$$r_{正}=3.67\times10^{12}\exp(-92\ 440/RT)x_{\mathrm{IB}}x_{\mathrm{MeOH}} \tag{1}$$

相应的逆反应速率方程为

$$r_{逆}=2.67\times10^{17}\exp(-134\ 454/RT)x_{\mathrm{MTBE}}/x_{\mathrm{MeOH}}^2 \tag{2}$$

式中r的单位为每秒每酸基团当量摩尔数,$R=8.314$ J/(mol·K),T为开氏温度,而x_i为摩尔分率。

用Redlich-Kwong状态方程估算气相逸度,而用UNIQUAC方程估算液相活度系数。UNIQUAC方程的二元交互作用参数如下所列,其中非常重要的是通过假定具有与IB相同的参数及两种丁烯形成理想溶液将系统中的惰性组分NB包括在内。参数被确定如下,其中所有$a_{ij}=0$。

$$T_{ij}=\exp\left(-\frac{u_{ij}-u_{ji}}{RT}\right)=\exp\left(a_{ij}+\frac{b_{ij}}{T}\right) \tag{3}$$

二元对中的组分,$i-j$	二元交互作用参数	
	$b_{i,j}$,K	$b_{j,i}$,K
MeOH-IB	35.38	−706.34
MeOH-MTBE	88.04	−468.76
IB-MTBE	−52.2	24.63
MeOH-NB	35.38	−706.34
NB-MTBE	−52.2	24.63

提供的唯一初值为级1和17的温度分别为350K和420K;离开级17的液相摩尔分率对MeOH为0.05,对MTBE为0.95;离开级17的气相摩尔分率对MeOH为0.125,对MTBE为0.875。版本10.1的ASPEN PLUS输入数据如表11.6所列。级1和17的收敛温度分别为347K和420K。收敛产物流量如下所列:

组　　分	产物流量/(mol·s^{-1})	
	馏出液	塔底产物
MeOH	28.32	0.31
IB	7.27	1.31
NB	344.9	8.64
MTBE	0.12	186.74
总计	380.63	197.00

表 11.6　例 11.9 的 ASPEN PLUS 输入数据

```
TITLE 'mtbe'
IN-UNITS MET VOLUME-FLOW='CUM/HR' ENTHALPY-FLO='MMKCAL/HR'  &
        HEAT-TRANS-C='KCAL/HR-SQM-K' PRESSURE=BAR TEMPERATURE=C  &
        VOLUME=CUM DELTA-T=C HEAD=METER MOLE-DENSITY='KMOL/CUM'  &
        MASS-DENSITY='KG/CUM' MOLE-ENTHALP='KCAL/MOL'  &
        MASS-ENTHALP='KCAL/KG' HEAT=MMKCAL MOLE-CONC='MOL/L'  &
        PDROP=BAR
DEF-STREAMS CONVEN ALL
DATABANKS PURECOMP  /  AQUEOUS  /  SOLIDS  /  INORGANIC  /  &
        NOASPENPCD
PROP-SOURCES PURECOMP  /  AQUEOUS  /  SOLIDS  /  INORGANIC
COMPONENTS
    MEOH CH4O MEOH  /
    IB C4H8-5 IB /
    NB C4H8-1 NB /
    MTBE C5H12O-D2 MTBE
FLOWSHEET
    BLOCK B1 IN=1 2 OUT=3 4
PROPERTIES SYSOP11
PROP-REPLACE SYSOP11 UNIQ-RK
    PROP PHILMX PHILMX11
    PROP HLMX HLMX11
    PROP GLMX GLMX11
    PROP SLMX SLMX11
    PROP MUVMX MUVMX02
    PROP MULMX MULMX02
    PROP KVMX KVMX02
    PROP DV DV01
PROP-DATA UNIQ-1
    IN-UNITS MET VOLUME-FLOW='CUM/HR' ENTHALPY-FLO='MMKCAL/HR'  &
        HEAT-TRANS-C='KCAL/HR-SQM-K' PRESSURE=BAR TEMPERATURE=K  &
        VOLUME=CUM DELTA-T=C HEAD=METER MOLE-DENSITY ='KMOL/CUM'  &
        MASS-DENSITY='KG/CUM' MOLE-ENTHALP='KCAL/MOL'  &
        MASS-ENTHALP='KCAL/KG' HEAT=MMKCAL MOLE-CONC='MOL/L'  &
        PDROP=BAR
    PROP-LIST UNIQ
    BPVAL MEOH IB 0.0 35.38 0.0 0.0 0.0 1000.000
        BPVAL IB MEOH 0.0 -706.34 0.0 0.0 0.0 1000.000
        BPVAL MEOH MTBE 0.0 88.04 0.0 0.0 0.0 1000.000
        BPVAL MTBE MEOH 0.0 -468.76 0.0 0.0 0.0 1000.000
        BPVAL IB MTBE 0.0 -52.2 0.0 0.0 0.0 1000.000
        BPVAL MTBE IB 0.0 24.63 0.0 0.0 0.0 1000.000
        BPVAL MEOH NB 0.0 35.38 0.0 0.0 0.0 1000.000
```

（续表）

```
    BPVAL NB MEOH 0.0 -706.34 0.0 0.0 0.0 1000.000
    BPVAL NB MTBE 0.0 -52.2 0.0 0.0 0.0 1000.000
    BPVAL MTBE NB 0.0 24.63 0.0 0.0 0.0 1000.000
PROP-SET VLE PHIMX GAMMA PL SUBSTREAM=MIXED PHASE=V L
PROP-SET VLLE PHMIX GAMMA PL SUBSTREAM=MIXED PHASE=V L1 L2
STREAM 1
    SUBSTREAM MIXED TEMP=320 <K> PRES=11 NPHASE=1 PHASE=L
    MOLE-FLOW MEOH 215.5 <MOL/SEC> / IB 0. <MOL/SEC> / NB &
        0. <MOL/SEC> / MTBE 0. <MOL/SEC>
STREAM 2
    SUBSTREAM MIXED TEMP=350 <K> PRES=11 NPHASE=1
    MOLE-FLOW MEOH 0. <MOL/SEC> / IB 195.44 <MOL/SEC> / NB &
        353.56 <MOL/SEC> / MTBE 0. <MOL/SEC>
BLOCK B1 RADFRAC
    PARAM NSTAGE=17 MAXOL=50 MAXIL=50 ILMETH=NEWTON
    FEEDS 1 10 / 2 11 ON-STAGE
    PRODUCTS 3 1 L / 4 17 L
    P-SPEC 1 11
    COL-SPECS DP-COL=0 MOLE-RDV=0 MOLE-B=197 <MOL/SEC> MOLE-RR=7
    REAC-STAGES 4 11 r-1
    HOLD-UP 4 11 MASS-LHLDP=8000
    T-EST 1 350 <K> / 17 420 <K>
    X-EST 17 MEOH .05 / 17 MTBE .95
    Y-EST 17 MEOH .125 / 17 MTBE .875
    TRAY-REPORT TRAY-OPTION=ALL-TRAYS PROPERTIES=VLE VLLE
STREAM-REPOR PROPERTIES=VLE VLLE
REACTIONS R-1 REAC-DIST
    REAC-DATA 1 KINETIC CBASIS=MOLEFRAC
    REAC-DATA 2 KINETIC CBASIS=MOLEFRAC
    RATE-CON 1 PRE-EXP=3.67E12 ACT-ENERGY=92400 <KJ/KMOL>
    RATE-CON 2 PRE-EXP=2.67E17 ACT-ENERGY=134454 <KJ/KMOL>
    STOIC 1 MEOH -1 / IB -1 / NB 0 / MTBE 1
    STOIC 2 MTBE -1 / NB 0 / MEOH 1 / IB 1
    POWLAW-EXP 1 MEOH -1 / IB 1 / NB 0 / MTBE 0
    POWLAW-EXP 2 MTBE 1 / NB 0. / MEOH -2 / IB 0
  ;
  ;
  ;
```

反应精馏的组合进料按摩尔计，甲醇含量比 IB 过量 10.3%。因此，IB 是限制反应物，而前述产物分布说明 95.6%的 IB，即 186.86mol/s 反应生成 MTBE。塔底产物中 MTBE 的纯度为 94.8%。塔底产物中仅发现 2.4%惰性的 NB 和 1.1%未反应的 MeOH。计算得到的冷凝器和再沸器热负荷分别为 53.2 和 40.4MW。

为获得收敛解需要七次迭代。塔内各种分布如图 11.38 所示。图 11.38(a)说明大部分反应发生在 348.6 到 353K 的狭窄温度范围内。可通过调节塔压改变反应温度。图 11.38(b)说明两进料级以上的塔段的气相流量变化小于 11%，因为只有较小的温度变化。但在两进料级以下的塔段，温度从 353K 迅速升高到 420K，引起气相流量降低约 20%。在图11.38(c)中，液相组成表明从塔顶级到级 13，NB 在液相中占主导地位，于是大大降低了反应推动力。在级 11 以下，因为温度升高，随着其他组分摩尔分率的减小，液相迅速变得富含 MTBE。在反应区以上的塔段内，随着向塔顶移动，MTBE 的摩尔分率迅速减小。这些变化主要由于 MTBE 与其他三个组分的 K 值存在显著差异。MTBE 与其他任一组分的相对挥发度在塔顶的约 0.24 到塔底的约 0.35 范围内。液相的非理想性主要影响 MeOH，其液相活度系数从级 5 的高达 10 变到级 17 的只有 2.6。这导致 MeOH 主要与 NB 一起留在馏出液中，而不是与 MTBE 一起留在塔底产物中。反应速率分布如图 11.38(d)所示，由图可见在反应段的每一级上都是正反应占主导地位。但是，56%的反应发生在 MeOH 进料级级 10。反应量最少的为级 11。

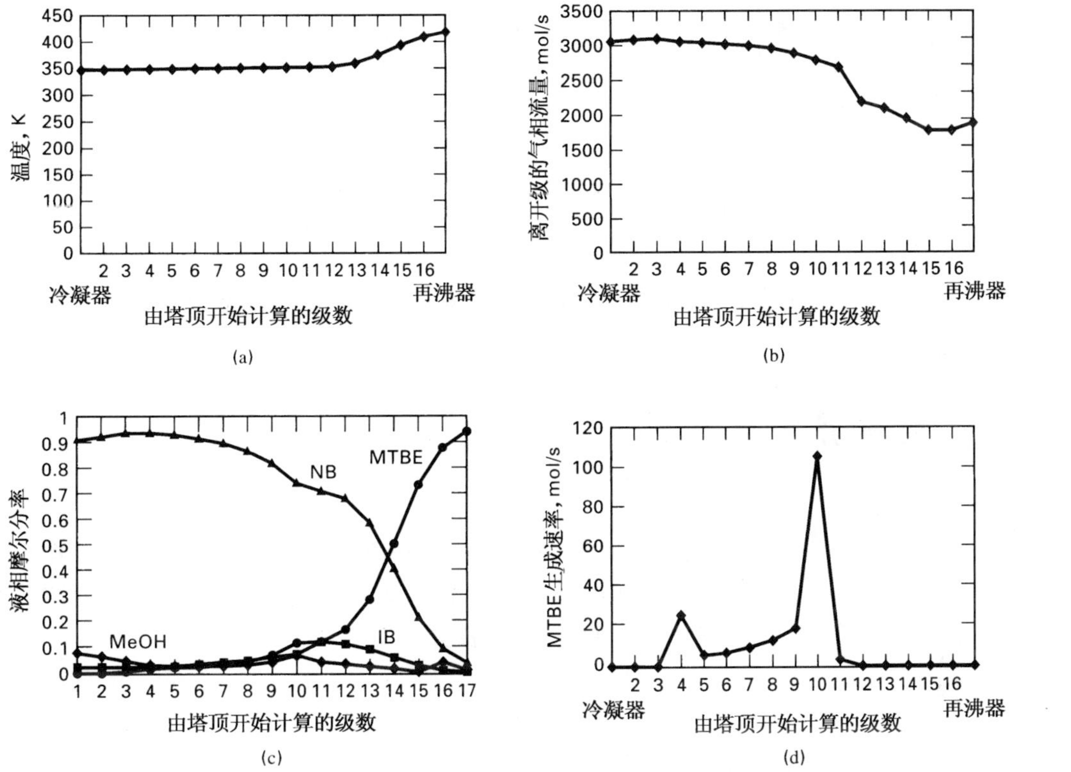

图 11.38　例 11.9 中反应精馏的各种分布

(a) 温度分布；(b) 气相流量分布；(c) 液相摩尔分率分布；(d) 反应速率分布

如前所述，文献指出 IB 生成 MTBE 的百分转化率将随 MeOH 进料位置而变。而且，MeOH 进料位置从级 8 到级 11 的范围内，低转化率和高转化率的解均可通过计算获得。这被表示在图 11.39 中，图中高转化率的解主要在 90%以上的范围内，而低转化率的解全部小于 10%。但是，如果速率方程采用活度而不是摩尔分率，低转化率解可能较高，因为 MeOH 的活度系数大。图 11.39 的结果是由 MeOH 在级 2 进料开始计算的。运算得到的分布作为 MeOH 在级 3 进料的初值。以相似方式进行后续计算，每次 MeOH 进料级下移一级，而以上一次计算的结果作为初值。直到 MeOH 进料级下降到级 12 前，都获得高转化率解，当 MeOH 进料级为级 12 时，转化率突然急剧减小。进一步将 MeOH 进料级下降到级 16，也获得低转化率解。但是，当由级 12 开始，将 MeOH 进料级位置的改变方向逆转时，直到进料级上升到级 9，均获得低转化率解，当进料级位置为级 9 时，转化率将突跃回高转化率。

Huss 等[101]通过数学模拟与实验测定的比较，对用于乙酸和甲醇生成乙酸甲酯和水的酸催化反应的反应精馏过程，包括甲醇脱水副反应的影响，进行了详细研究。他们结合相平衡，考虑了有限反应速率和化学平衡。结果包括考虑回流比限制和解的多重性（多重定态）。

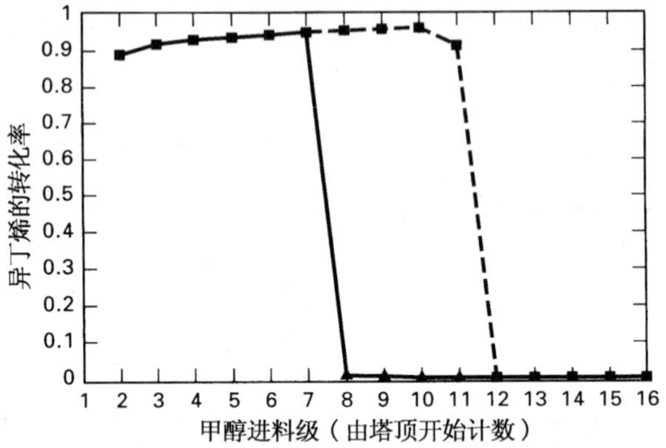

图 11.39　MeOH 进料级位置对 IB 生成 MTBE 转化率的影响

11.8　超临界流体萃取

从液体或固体混合物中萃取溶质，分别如第 8 章和第 16 章中所述，通常伴有在远低于溶剂的临界温度和压力的条件下利用液体溶剂。在萃取步骤之后，溶剂和溶解的溶质经后续分离步骤，如精馏，回收供循环利用的溶剂，并提纯溶质。

1879 年，Hannay 和 Hogarth[78]报道，在 $T>T_c=516$K 和 $p>p_c=65$atm 的超临界状态下，可用作为稠密气体的乙醇溶解固体碘化钾。可通过降低压力将该碘化物从乙醇中沉淀出来。该过程后来被称为超临界流体萃取、超临界气体萃取、超临界萃取（SCE）、稠密气体萃取、或精馏萃取（destraction，精馏和萃取的结合）。到 20 世纪 40 年代，如 Williams[79]所记述的，开始在专利和技术文献中出现建议的 SCE 的实际应用。图 11.40 表示 CO_2的超临界流体区域，该组分的临界点为 304.2K 和 73.83bar。

在临界点附近，压缩气体的溶剂功能可能要经受许多变化。例如，如图 11.41 所示，考虑 298K 时对碘氯苯（pICB）在 2 到 8MPa 乙烯中的溶解度。该温度是乙烯临界温度（283K）的 1.05 倍，而压力范围跨越了乙烯的临界压力（5.1MPa）。在 298K 时，pICB 是蒸气压为 0.1 托的固体（熔点=330K）。在 2MPa 下，如果 pICB 与乙烯形成理想气体溶液，气体中与纯固体 pICB 平衡的 pICB 摩尔分率极低，约为 6.7×10^{-6}，或浓度为 0.001 46g/L。由图 11.41可见，实验浓度为 0.015g/L，因为气体非理想性的影响，这比上述数值大一个数量级。如果将压力由 2MPa 增加到接近临界压力的约 5MPa（增加 2.5 倍），pICB 的平衡浓度约增加 10 倍达到 0.15g/L。在 8MPa 时，在 40 g/L 处浓度曲线开始变平，这比根据理想气体蒸气压的预测值约高 2 700 倍。正是在接近临界状态时溶剂中溶质溶解度的急剧增加使 SCE 引起人们的兴趣。

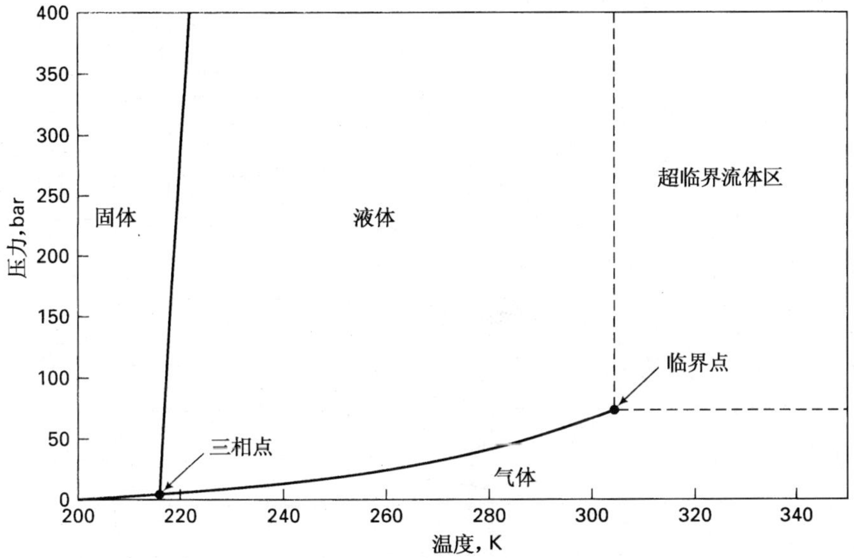

图 11.40　CO_2的超临界流体区域

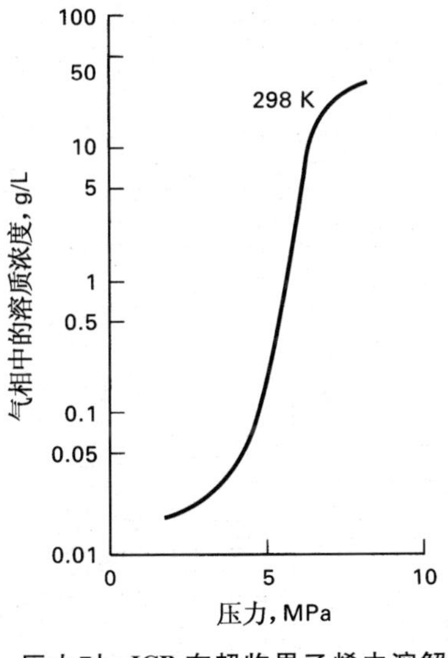

图 11.41　压力对 pICB 在超临界乙烯中溶解度的影响

溶剂的能力为什么会有如此巨大的增加？解释在于溶剂密度发生变化的同时，溶质溶解度增加。乙烯的压焓图如图 11.42 所示，图中包括作为参数的比容，密度可作为比容的倒数确定。各变量和参数的范围均跨越乙烯的临界点。在 298K，乙烯密度与 pICB 溶解度的关系如下所列：

压力/MPa	乙烯密度/$(g \cdot L^{-1})$	pICB 溶解度/$(g \cdot L^{-1})$
2	25.8	0.015
5	95	0.15
8	267	40

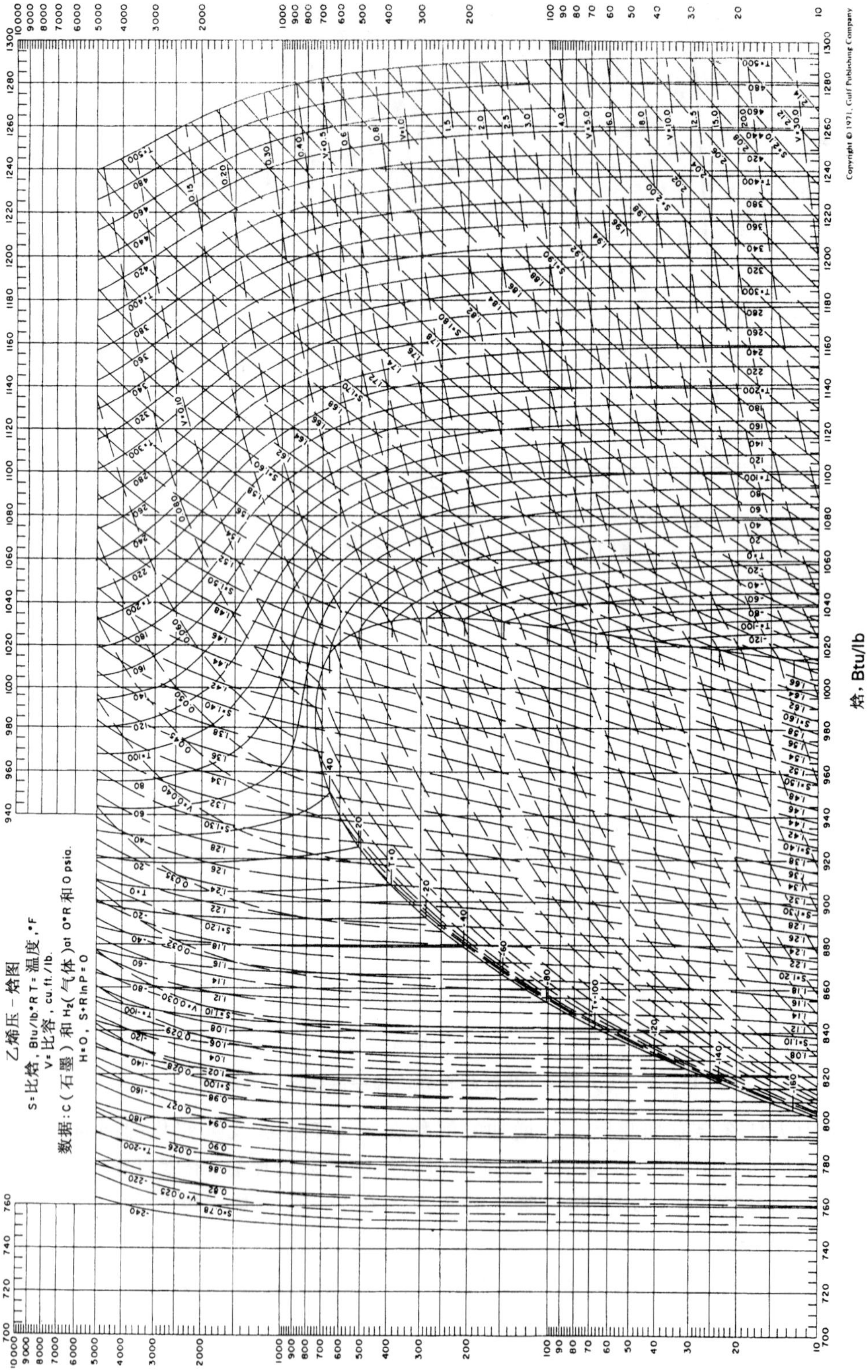

图 11.42 乙烯的压焓图

［经允许复制自 K.E. Starling, "Fluid Thermodynamic Properties for Light Petroleum System," Gulf Publishing, Houston (1973)］

虽然在整个压力范围内随着乙烯密度的增加 pICB 溶解度的增加远离 1∶1 的对应关系，但二者之间还是存在有意义的关联。随着压力增加，溶剂分子的更紧密充填使它们能包围和捕获溶质分子。在对比温度为 1.01 到 1.12 的范围内，这种现象是非常明显和有用的。

超临界区域内的另外两种作用对 SCE 也是有利的。我们可回想起在环境压力下的气体中溶质的分子扩散系数约比液体中高出 4 个数量级。对接近临界状态的流体，溶质分子的扩散系数通常比常规液体高出 1 到 2 个数量级，于是导致溶剂相中的传质阻力低于预期。此外，超临界流体的黏度比常规液体约低 1 个数量级。

关于将 SCE 作为精馏、特殊精馏和液-液萃取的可能替代方案，已有人发表了许多专利、提出了各种建议，并进行了广泛的实验研究。但是，一般说来，当上述其他技术可行时，SCE 通常无法在经济上与它们竞争，因为为达到接近临界压力，溶剂压缩往往需要高昂的代价。

对于萃取固体或液体混合物中的少量非挥发性的溶质，SCE 可能是最有利的。Williams[79]及 McHugh 和 Krukonis[80]曾举例说明这类应用。

溶剂选择取决于进料混合物的组成。如果只有要被萃取的化合物在潜在溶剂中是可溶的，那么高溶解度是关键因素。但是，如果需要的溶质之外的化合物在潜在溶剂也是可溶的，那么溶剂的选择性将与溶解度同样重要。许多轻气体和其他低分子量的化合物，包括下面所列的组分，已作为用于 SCE 的溶剂受到注意：

溶剂	临界温度/K	临界压力/MPa	临界密度/(kg · m^{-3})
甲烷	192	4.60	162
乙烯	283	5.03	218
二氧化碳	304	7.38	468
乙烷	305	4.88	203
丙烯	365	4.62	233
丙烷	370	4.24	217
氨	406	11.3	235
水	647	22.0	322

对临界温度低于 373K 的各种溶剂已有人进行了充分的研究。一种特别吸引人的溶剂是二氧化碳，尤其在用于从天然产物，如食物中萃取不需要的、有价值的化合物或热敏性化合物时，这种溶剂具有适中的临界压力、高临界密度和接近环境温度的临界温度。二氧化碳还具有下列优点：不可燃、无腐蚀性、低浓度时无毒、易得、价格低廉和安全。而且，超临界二氧化碳具有比较低的黏度和比较高的分子扩散系数。通常只需降低萃取压力即可实现二氧化碳与溶质的分离。据 Williams[79]报道，超临界二氧化碳已用于从咖啡豆中萃取咖啡因，从啤酒中萃取酒花油，从胡椒中萃取胡椒碱，从辣椒中萃取辣椒碱，从肉豆蔻中萃取豆蔻油，以及从烟草中萃取尼古丁。

二氧化碳并非对所有可能的应用都是合适的溶剂。McHugh 和 Krukonis[81]引述了 20 世纪 70 年代的能源危机，这导致了乙醇和水节能分离的重要研究。用二氧化碳作为溶剂的 SCE 并未达到打破乙醇-水恒沸物的主要目标，因为虽然超临界二氧化碳具有溶解乙醇的无限能力，但水也会以相当大的数量被溶解。根据 Takishima、Saiki、Arai 和 Satio[82]的实验数据，308.2K 和 10.08MPa 下乙醇-水-二氧化碳三元系的液体-超临界流体相图如图 11.43 所示。对二氧化碳，上述温度、压力条件相当于 $T_r=1.014$ 和 $p_r=1.336$。水和二氧化碳的二元混合物存在两相；富水相约含 2%(mol)二氧化碳，富二氧化碳相约含 1%(mol)水。乙醇和二氧化碳是完全互溶的。乙醇含量在 40%(mol)以上的三元混合物是完全互溶的。如果在图 11.43 所示的条件下用二氧化碳萃取例如含 85%(mol)乙醇和 15%(mol)水的混合物，在此组成点和纯二氧化碳点之间所画的混合线似乎不会进入两相区。即使水和乙醇都完全溶解在二氧化碳中所需的溶剂量可以忽略，而在此温度和压力条件下也不可能实现任何分离。作为另一种可供选择的方案，考虑来自发酵反应器的含 10%(质量)[4.17%(mol)]乙醇的乙醇-水培养液。如果用超临界二氧化碳萃取该混合物，如下面的例题说说明的，不会发生完全溶解，因而可实现乙醇与水的一定程度的分离。通过采用共溶剂如丙三醇，还可增强这种分离，如 Inomata、Kondo、Ari 和 Saito[83]所指出的，共溶剂改善了选择性。

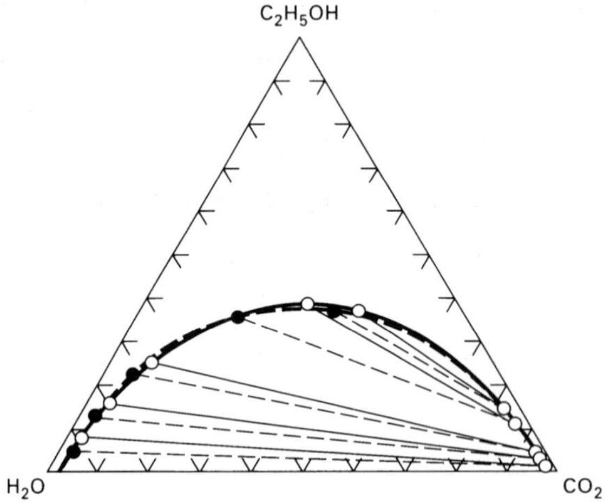

图 11.43　308～313.2K 和 10.1～10.34MPa 下 $CO_2-C_2H_5OH-H_2O$ 的液-液平衡

当用 CO_2 作为溶剂时，必须回收和循环利用。McHugh 和 Krukonis[81]讨论了三种方案，并如图 11.44 所示。在表示乙醇和水的分离的第一种方案中，乙醇-水进料作为液体泵送进入萃取塔，在塔内与超临界二氧化碳接触。在塔底离开萃取塔的萃余液富含水，并被送往装置的另一部分进行进一步处理。在塔顶离开萃取塔的萃取液物流含有大部分二氧化碳、部分乙醇和少量水，通过一阀门膨胀到较低压力。在阀下游的闪蒸罐内，收集乙醇-水冷凝液，而富 CO_2 的气体通过压缩机循环返回萃取塔。但是，除非通过阀使压力大大降低，这会导致高的压缩费用，将只有少量乙醇被冷凝。

由 Filippi 和 Vivian[84]提出的回收 CO_2 的第二种方案如图 11.44(b)所示。用高压精馏塔代替闪蒸罐，该塔在略低于萃取塔的压力下操作，产生富 CO_2 的馏出物和富乙醇的塔底产物。馏出物被压缩再通过再沸器循环返回萃取塔。萃余液和馏出物均被闪蒸以回收溶解的 CO_2。虽然这种方案比第一种复杂，但适用面更广。

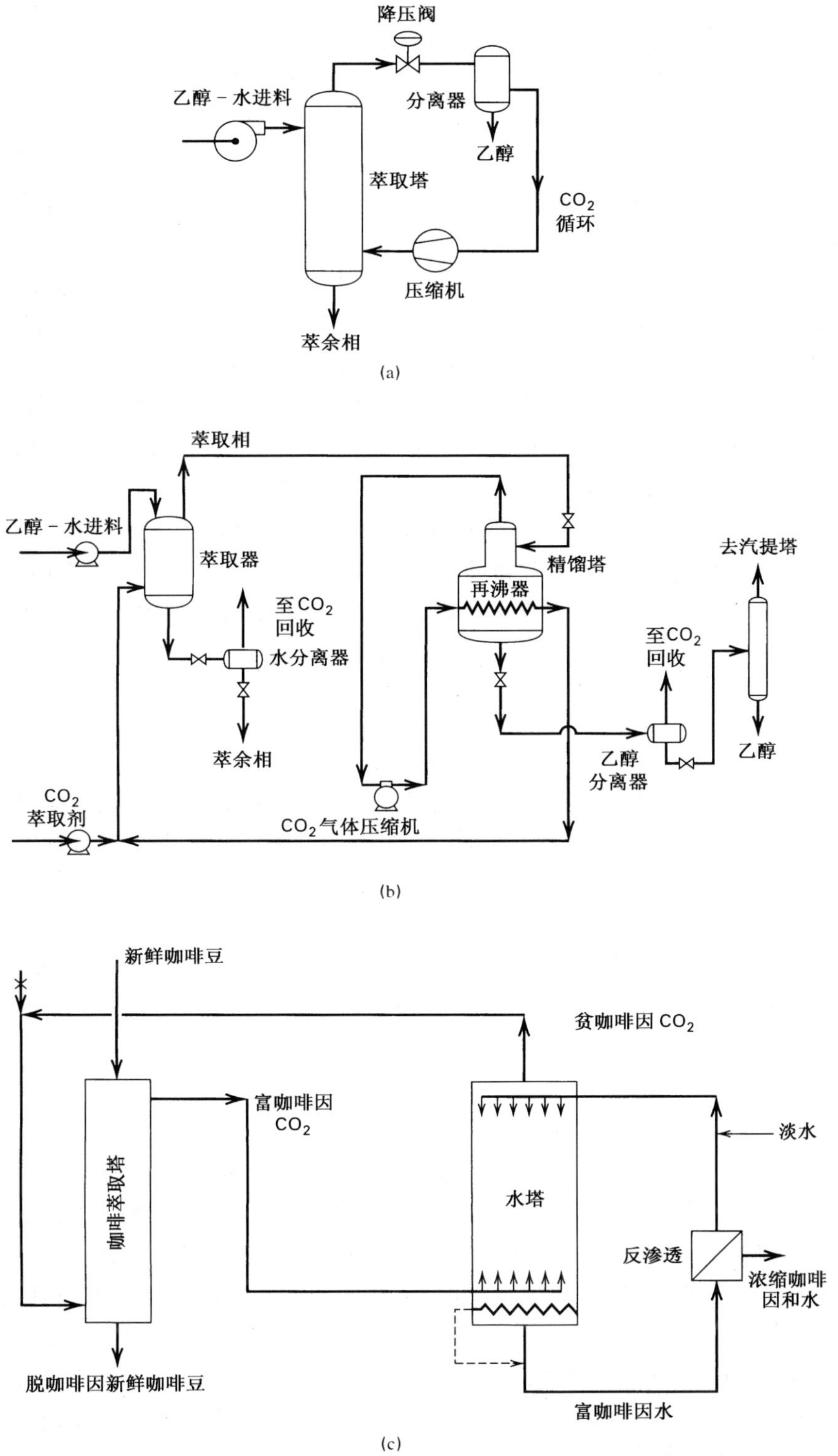

图 11.44　超临界萃取过程中 CO_2 的回收技术

(a)降压;(b) 高压精馏;(c) 用水高压吸收

Katz 等[85]提出的用于从咖啡豆中除去咖啡因的第三种 CO_2 回收方案如图 11.44(c) 所示。在萃取塔内新鲜咖啡豆与超临界 CO_2 混合萃取咖啡因。萃取液被送到第二萃取塔，在该塔内用水萃取咖啡因。该塔的富 CO_2 的萃余液通过压缩机(图中未画出)循环返回第一萃取塔，萃取咖啡因后的咖啡豆从第一萃取塔塔底排出送往焙烧塔。离开第二萃取塔的富咖啡因水送往反渗透装置，在该装置内将水纯化，再通过泵(图中未画出)循环返回水塔。所有三个分离步骤都在高压下进行。离开反渗透装置的浓咖啡因-水混合物送往结晶器生产咖啡因结晶。

为达到要求的萃取程度，逆流接触器中通常需要多个平衡级。确定所需级数的主要问题是估算液体-超临界流体的相平衡常数。通常采用如 Soave - Redlich - Kwong(SRK)方程和 Peng - Robinson(PR)方程之类的立方型状态方程法，但这些方程有两个缺点。首先，在溶剂的临界区域，这些方程的精度降低；其次，如果进料中含有会形成非理想液体混合物的极性组分，必须采用在状态方程法和活度系数法之间提供校正途径的适当的混合规则，如 Wong 和 Sandler[86]混合规则。

如 2.5 节中所讨论的，对纯组分 SRK 和 PR 方程均含有两个由临界常数计算的参数 a 和 b。通过由纯组分的参数计算混合物的 a_m 和 b_m 的混合规则，SRK 和 PR 方程可推广应用于液体和气体混合物。由 van der Waals 提出的最简单的混合规则为：

$$a_m = \sum_{i=1}^{C}\sum_{j=1}^{C} x_i x_j a_{ij} \tag{11-19}$$

$$b_m = \sum_{i=1}^{C}\sum_{j=1}^{C} x_i x_j b_{ij} \tag{11-20}$$

式中 x 是气相或液相混合物中各组分的摩尔分率。虽然，这两个混合规则在形式上是相同的，但下列 a_{ij} 和 b_{ij} 的结合规则却是不同的，前者为几何平均，而后者为算术平均：

$$a_{ij} = (a_i a_j)^{1/2} \tag{11-21}$$

$$b_{ij} = (b_i + b_j)/2 \tag{11-22}$$

如 Sandler、Orbey 和 Lee[87]所指出的，式(11 - 19)到式(11 - 22)对临界温度和/或分子大小差别不是很大的烃类和轻气体的非极性混合物通常是合适的。分子大小差和/或中等程度的极性可用下列修正的结合规则处理：

$$a_{ij} = (a_i a_j)^{1/2}(1 - k_{ij}) \tag{11-23}$$

$$b_{ij} = [(b_i + b_j)/2](1 - l_{ij}) \tag{11-24}$$

式中 k_{ij} 和 l_{ij} 是由汽-液平衡和密度的实验数据回归计算的二元作用参数。后一个参数往往被设为零。当混合物含有烃类与 CO_2、H_2S、N_2 和 CO 时，Knapp 等[88]列表提供了适用于 SRK 和 PR 方程的 k_{ij} 的数值。在 Shibata 和 Sandler[89]的研究中，利用 410.9K 时 30bar 到 70bar 压力范围内氮-正丁烷非极性二元系的相平衡和相密度实验数据，利用式(11 - 19)和式(11 - 20)与式(11 - 23)和式(11 - 24)，及用于 PR 方程的 $k_{ij} = -0.164$ 和 $l_{ij} = -0.233$，除临界区域外，均获得了相当令人满意的预测。对氮-环己烷、二氧化碳-正丁烷和二氧化碳-环己烷等二元系，以及氮-二氧化碳-正丁烷和氮-二氧化碳-环己烷等三元系，也获得了类似的与实验数据一致的预测结果。

对高压和含有一个或多个强极性组分的混合物，上述规则是不适当的，而且在这类情况中，似乎必须将状态方程法与活度系数法相结合来处理液相的强非理想性。以 Wong 和

Sandler[86]的混合规则为理论基础的下列方程实现了立方型状态方程与自由能或活度系数方程间的这种联系。例如，如果采用 PR 状态方程和 NRTL 活度系数方程，Wong 和 Sandler 混合规则导致下列计算用于 PR 方程的 a_m 和 b_m 的表示式：

$$a_m = RTQD/(1-D) \tag{11-25}$$

$$b_m = Q/(1-D) \tag{11-26}$$

式中

$$Q = \sum_{i=1}^{C}\sum_{j=1}^{C} x_i x_j \left(b - \frac{a}{RT}\right)_{ij} \tag{11-27}$$

$$D = \sum_{i=1}^{C} x_i \frac{a_i}{b_i RT} + \frac{G^{ex}(x_i)}{\sigma RT} \tag{11-28}$$

$$\left(b - \frac{a}{RT}\right)_{ij} = \frac{1}{2}\left[\left(b_i - \frac{a_i}{RT}\right) + \left(b_j - \frac{a_j}{RT}\right)\right](1 - k_{ij}) \tag{11-29}$$

$$\sigma = \frac{1}{\sqrt{2}}[\ln(\sqrt{2} - 1)] \tag{11-30}$$

$$\frac{G^{ex}}{RT} = \sum_{i=1}^{C} x_i \left(\frac{\sum_{j=1}^{C} x_j \tau_{ji} g_{ji}}{\sum_{k=1}^{C} x_k g_{ki}}\right) \tag{11-31}$$

$$g_{ij} = \exp(-\alpha_{ij}\tau_{ij}) \tag{11-32}$$

并有 $a_{ij} = a_{ji}$。

由式(11-25)到式(11-32)可见，对采用 NRTL 方程的二元系，有四个可调节的二元交互作用参数(BIPs)：k_{ij}、α_{ij}、τ_{ij} 和 τ_{ji}。在感兴趣的温度和压力范围内，这四个参数最好由二元对的 VLE、LLE 和/或 VLLE 实验数据回归获得。这些参数可用于预测三元和更多元混合物的相平衡。但是，Wong、Orbey 和 Sandler[90]指出，当后三个参数的数值已知时，即使这些参数是在接近环境温度和压力的条件下，由如 Gmehling 和 Onken[91]的实验数据汇编获得的，可假定这些参数不随温度而变，并将它们直接用于以合理的精度预测至少温度可达 200℃、压力可达 200bar 条件下的相平衡。而且，由实验数据回归获得 k_{ij} 的数值也是不必要的，因为 Wong、Orbey 和 Sandler 证明可通过选择其数值使由状态方程计算的过量 Gibbs 自由能与由活度系数方程计算的过量 Gibbs 自由能匹配，由其他三个参数确定 k_{ij} 的数值。于是，Wong - Sandler 混合规则可方便地用于超临界萃取的条件。

另一种适用于广泛的压力、温度、分子大小和极性范围的相平衡预测方法是 Skjold - JΦgensen的基团贡献状态方程(GC - EOS)。这种方法将 van der Waals 状态方程、Carnahan - Starling 硬球表示式、NRTL 活度系数方程和基团贡献原理相结合，已被成功用于超临界萃取的条件。当无法获得确定所有二元交互作用参数所需的二元数据时，GC - EOS法特别有用。

当能获得实测的 K 值时，或当 Wong - Sandler 混合规则或 GC - EOS 法可应用时，如下面的例题所说明的，可用常规的计算机程序进行超临界萃取的平衡级计算。

例 11.10

在相当于五个平衡级的逆流萃取塔内，用流量为 3mol/s，温度和压力分别为 305K 和 9.86 MPa 的二氧化碳萃取流量为 1mol/s 含 10%(质量)乙醇的水溶液。确定出口萃取相和萃余相的流量和组成。

解

取自 Colussi、Fermeglia、Gallo 和 Kikic[93]论文的本问题用 ChemCAD 过程模拟软件的塔扩展模型求解，在温度和压力均为常数的条件下，组成变化足够小，所以可假定 K 值为常数。下列 K 值取自 Colussi 等的论文，他们的计算采用 GC－EOS 法，而 K 值被定义为萃取相摩尔分率除以萃余相摩尔分率，与实验数据相当一致。

组分	K 值
CO_2	34.5
乙醇	0.115
水	0.005 75

计算得到乙醇的百分萃取率为 33.6%，而萃取相为纯度为 69%(质量)的乙醇(不含溶剂基准)，萃余相为 93%(质量)的水(不含溶剂基准)。计算所得各级流量和组分摩尔分率如表 11.7所列，表中各级由进料端开始编号。

表 11.7　计算所得例 11.10 的流量和组成分布

离开物流	级 1		级 2		级 3		级 4		级 5	
	萃取相摩尔分率	萃余相摩尔分率	萃取相摩尔分率	萃余相摩尔分率	萃取相摩尔分率	萃余相摩尔分率	萃取相摩尔分率	萃余相摩尔分率	萃取相摩尔分率	萃余相摩尔分率
二氧化碳	0.989 99	0.028 70	0.990 02	0.028 70	0.990 12	0.028 70	0.990 43	0.028 70	0.991 38	0.028 74
乙醇	0.004 66	0.040 53	0.004 63	0.040 23	0.004 52	0.039 29	0.004 19	0.036 45	0.003 19	0.027 75
水	0.005 35	0.930 77	0.005 35	0.931 07	0.005 36	0.932 01	0.005 38	0.934 85	0.005 43	0.943 51
总流量/($gmol \cdot s^{-1}$)	3.001 3	1.029 8	3.031 1	1.029 4	3.030 8	1.028 5	3.029 8	1.025 5	3.026 8	1.998 7

11.9　本章小结

(1) 当常规精馏分离不经济或不可能时，考虑采用萃取精馏、加盐精馏、变压精馏、均相恒沸精馏、非均相恒沸精馏和反应精馏等特殊精馏技术。反应精馏也可用于在同一设备内同时进行化学反应和精馏分离。

(2) 对三元系统，三角形相图上的组成标绘对寻找可行的分离是非常有用的，特别在形成二元和三元恒沸物时。利用这种图可方便地跟踪称为残余曲线或精馏曲线的精馏途径。这些曲线可能被精馏边界限制于三角形相图上的某个区域。全回流条件下的可行产物组成也可方便地确定。

(3) 利用在接近塔顶进入的低挥发度溶剂的萃取精馏被广泛用于分离恒沸物和沸点非常接近的混合物。需优先考虑的是，溶剂不应与进料中的任何组分形成恒沸物。

(4) 当将某些盐加到溶剂中时将降低溶剂的挥发度而增大要被分离的两个组分的相对挥发度。在这种称为加盐精馏的过程中，盐溶解于溶剂或作为固体或熔融体加入回流。

(5) 当在某个压力下能使恒沸物消失时，可采用两个在不同压力下操作的塔的变压精馏分离恒沸混合物。如果不能使恒沸物消失，只要在适当的压力范围内能使恒沸组成变化5%(mol)以上，仍可采用这种技术。

(6) 在均相恒沸精馏中，将夹带剂加入通常位于进料级以上的某一级。夹带剂与一个或一个以上进料组分形成的最低或最高恒沸物分别从塔顶或塔底除去。遗憾的是，由于精馏边界的限制，这种技术对难分离混合物的可能应用比较罕见。

(7) 更常见和有用的技术是非均相恒沸精馏，在这种技术中夹带剂与一个或一个以上进料组分形成非均相最低恒沸物。在冷凝时，塔顶蒸气分裂为富有机相和富水相。通过一个液相作为回流返回，而另一个液相作为馏出液送去进行进一步加工，分离恒沸物。

(8) 应用日益增长的反应或催化精馏是在同一容器内将化学反应和精馏相结合的操作。为了实现这种过程，必须能在相同的压力和温度范围内完成反应和相分离，而且最好反应物和产物位于不同的相中，使受平衡限制的反应能进行到完全。

(9) 因为溶剂的密度和黏度、溶质的扩散系数和溶质在溶剂中的溶解度具有较有利的数值，可利用温度和压力恰在临界点以上的超临界流体溶剂进行液-液或固-液萃取。一种具有吸引力的超临界溶剂为二氧化碳，尤其对从天然产物中萃取某些化合物。

参考文献

1. Stichimair, J. , J. R. Fair, and J. L. Bravo, *Chem. Eng. Progress*, **85**(1), 63—69(1989).
2. Partin, L. R. , *Chem. Eng. Progress*, **89**(1), 43—48(1993).
3. Stichlmair, J. , "Distillation and Rectification." in *Ullmann's Encyclopedia of Industrial Chemistry*. 5th ed. , VCH Verlagsgesellschaft Weinheim Vol, B3, pp. 4—1 to 4—94, (1998).
4. Doherty, M. F. , and J. D. Perkins, *Chem. Eng. Sci.* , **33**, 281—301(1978).
5. Bossen, B. S. , S. B. Jørgensen, and R. Gani, *Ind. Eng. Chem. Res.* , **32**, 620—633(1993).
6. Pham, H. N. and M. F. Doherty, *Chem. Eng. Sci.* , **45**, 1837—1843(1990).
7. Taylor, R. , and H. A. Koouman, *CACHE News*, *No.* **41**, 13—19(1995).
8. Doherty, M. F. , *Chem. Eng. Sci.* , **46**, 1885—1889 (1985).
9. Aspen plus, "What's New in Release 9," Aspen Technology, Cambridge, MA (1994).
10. Doherty, M. F. , and J. D. Perkins, *Chem. Eng. Sci.* , **34**, 1401—1414(1979).
11. Horsley, L. H. , "Azeotropic Data Ⅲ," in *Advances in Chemistry Series*. American Chemical Society, Washington, D. C. , Vol. 116 (1973).
12. Gmehling, J. , J. Menke, J. Krakzyk, and K. Fischer, *Azeotropic Data*, 2nd edition in 3 volumes, Wiley-VCH, Weinheim, Germany (2004).
13. Fidkowski, Z. T. , M. F. Malone, and M. F. Doherty, *Computers Chem. Engng.* , **17**, 1141—1155 (1993).
14. Foucher, E. R. , M. F. Doherty, and M. F. Malone, *Ind. Eng. Chem. Res.* , **30**, 760—772 (1991) and **30**, 2364 (1991).
15. Matsuyama, H. , and H. J. Nishimura, J. *Chem. Eng. Japan*, **10**, 181(1977).
16. Doherty, M. F. , and G. A. Caldarola, *Ind. Eng. Chem. Fundam.* , **24**, 474—485 (1985).
17. Fidkowski, Z. T. , M. F. Doherty, and M. F. Malone, *AIChE J.* , **39**, 1303—1321 (1993).
18. Stichlmair, J. G. , and J. -R. Herguijuela, *AIChE J.* , **38**, 1523—1535(1992).

19. Widagdo, S., and W. D. Seider, *AIChE J.*, **42**, 96—130 (1996).

20. Wahnschafft, O. M., J. W. Koehler, E. Blass, and A. W. Westerberg, *Ind. Eng. Chem. Res.*, **31**, 2345—2362 (1992).

21. Dunn, C. L., R. W. Millar, G. J. Pierotti R. N. Shiras, and M. Souders, Jr., *Trans. AIChE*, **41**, 631—644 (1945).

22. Berg, L., *Chem. Eng. Progress*, **65**(9), 52—57 (1969).

23. Othmer, D. F., *AIChE Symp. Series.* **235** (79), 90—117 (1983).

24. Van Raymbeke, U. S. Patent 1,474,216 (1922).

25. Cook, R. A., and W. F. Furter, *Can. J. Chem. Eng.*, **46**, 119—123(1968).

26. Johnson, A. I., and W. F. Furter, *Can. J. Chem. Eng.*, **43**, 356—358(1965).

27. Johnson, A. I., and W. F. Furter, *Can. J. Chem. Eng.*, **38**, 78—87 (1960).

28. Furter, W. F, and R. A. Cook, *Int. J. Heat Mass Transfer*, **10**, 23—36(1967).

29. Furter, W. F., *Can. J. Chem. Eng.*, **55**, 229—239 (1977).

30. Furter, W. F., *Chem. Eng. Common.*, **116**, 35 (1992).

31. Kumar, A., *Sep. Sci. and Tech.*, **28**, 1799—1818 (1993).

32. Mahapatra, A., V. G. Gaikar, and M. M. Sharma, *Sep. Sci. and Tech.*, **23**, 429—436(1988).

33. Agarwal, M., and V. G. Gaikar, *Sep. Technol.*, **2**, 79—84 (1992).

34. Knapp, J. P., and M. F. Doherty, *Ind. Eng. Chem. Res.*, **31**, 346—357(1992).

35. Lewis, W. K., U. S. Patent 1,676,700 (1928).

36. Van Winkle, M., *Distillation.* McGraw-Hill, New York (1967).

37. Robinson, C. S., and E. R. Gilliland, *Elements of Fractional Distillation.* 4th ed., McGraw-Hill, New York (1950).

38. Wahnschafft, O. M., and A. W. Westerberg, *Ind. Eng. Chem. Res.*, **32**, 1108(1993).

39. Laroche, L., N. Bekiaris, H. W. Andersen, and M. Morari, *AIChE J.*, **38**, 1309(1992).

40. Young, S., *J. Chem. Soc. Trans.*, **81**, 707—717(1902).

41. Keyes, D. B., U. S. Patent 1,676,735 (1928).

42. Keyes, D. B., *Ind. Eng. Chem.*, **21**, 998—1001 (1929).

43. Bekiaris, N., G. A. Meski, and M. Morari, *Ind. Eng. Chem. Res.*, **35**, 207—217(1996).

44. Prokopakis, G. J., and W. D. Seider, *AIChE J.*, **29**, 49—60 (1983).

45. Ryan, P. J., and M. F. Doherty, *AIChE J.*, **35**, 1592—1601 (1989).

46. Pham, H. N., and M. F. Doherty, *Chem. Eng. Sci.*, **45**, 1845—1854(1990).

47. Kovach, Ⅲ, J. W., and W. D. Seider. *Computers and Chem. Engng.*, **11**, 593(1987).

48. Swartz, C. L. E., and W. E. Stewart, *AIChE J.*, **33**, 1977—1985 (1987).

49. Gani, R., and S. B. Jørgensen, *Computers Chem. Engng.*, **18**, Suppl., 555(1994).

50. Shewchuk, C. F., "Computation of Multiple Distillation Towers," Ph. D. Thesis, University of Cambridge (1974).

51. Magnussen, T., M. L. Michelsen, and A. Fredenslund, *Inst. Chem. Eng. Symp. Series No.* 56, *Third International Symp. on Distillation*, Rugby, England (1979).

52. Bekiaris, N., G. A. Meski, C. M. Radu, and M. Morari, *Ind. Eng. Chem. Res.*, **32**, 2023—2038 (1993).

53. Black, C., and D. E. Ditsler, *Advances in Chemistry Series*, ACS, Washington, D. C., Vol. 115, pp. 1—15 (1972).

54. Black, C., R. A. Golding, and D. E. Ditsler, *Advances in Chemistry Series*, ACS, Washington, D. C., Vol. 115, pp. 64—92 (1972).

55. Black, C., *Chem. Eng. Progress*, **76** (9), 78—85 (1980).
56. Black, C., *Ind. Eng. Chem.*, **50**, 403—412 (1958).
57. Terrill, D. L., L. F. Sylvestre, and M. F. Doherty, *Ind. Eng. Chem. Proc. Des. Develop.*, **24**, 1062—1071 (1985).
58. Robinson, C. S., and E. R. Gilliland. *Elements of Fractional Distillation*, 4th ed., McGraw-Hill, New York (1950).
59. Backhaus, A. A., U. S. Patent 1,400,849 (1921).
60. Leyes, C. E., and D. F. Othmer, *Trans. AIChE*, **41**, 157—196(1945).
61. Belck. L. H., *AIChE J.*, **1**, 467—470 (1955).
62. Masamoto, J., and K. Matsuzaki, *J. Chem. Eng. Japan.* **27**, 1—5 (1994).
63. Agreda. V. H., and L. R. Partin, U. S. Patent 4,435,595 (March 6, 1984).
64. Agreda, V. H., L. R. Partin, and W. H. Heise, *Chem. Eng. Prog.*, **86**(2), 40—46 (1990).
65. Smith, L. A., U. S. Patent 4,307,254 (Dec. 22, 1981).
66. Smith, L. A., U. S. Patent 4,443,559 (April 17, 1984).
67. Smith, L. A., U. S. Patent 4.978,807 (Dec. 18, 1990).
68. Degarmo, J. L., V. N. Parulekar. and V. Pinmla, *Chem. Eng. Prog.*, **88** (3). 43—50 (1992).
69. Chang, Y. A., and J. D. Seader. *Computers Chem. Engng.*, **12**, 1243—1255(1988).
70. Venkataraman, S., W. K. Chan, and J. F. Boston, *Chem. Eng. Progress*, **86** (8), 45—54 (1990).
71. Simandl, J., and W. Y. Svrcek. *Computers Chem. Engng.*, **15**, 337—348(1991).
72. Kang, Y. W., Y. Y. Lee, and W. K. Lee, J. *Chem. Eng. Japan.* **25**, 649—655(1992).
73. Izarraraz, A., G. W. Bentzen, R. G. Anthony, and C. D. Holland, *Hydrocarbon Processing*, **59** (6), 195 (1980).
74. Rehfinger, A., and U. Hoffmann, *Chem. Eng. Sci.*, **45**, 1605—1617(1990).
75. Jacobs, R., and R. Krishna, *Ind. Eng. Chem. Res.*, **32**, 1706—1709(1993).
76. Nuhuis, S. A., F. P. J. M. Kerkhof, and N. S. Mak, *Ind. Eng. Chem. Res.*, **32**, 2767—2774 (1993).
77. Hauan, S., T. Hertzberg, and K. M. Lien, *Ind. Eng. Chem. Res.*, **34**, 987—991 (1995).
78. Hannay, J. B., and J. Hogarth, *Proc. Roy. Sac. (London) Sec. A*, 29, 324(1879).
79. Williams, D. F., *Chem. Eng. Sci.*, **36**, 1769—1788 (1981).
80. Mchugh, M, and V. Krukonis, *Supercritical Fluid Extraction—Principles and Practice*, Butterworths, Boston (1986).
81. Mchugh, M., and V. Krukonis, *Supercritical Fluid Extraction—Principles and Practice*, 2nd ed., Butterworth-Heinemann, Boston(1994).
82. Takishima, S., A. Saiki, K. Arai, and S. Saito, *J. Chem. Eng. Japan.* **19**, 48—56(1986).
83. Inomata, H., A. Kondo, K. Arai, and S. Saito, *J. Chem. Eng. Japan*, **23**, 199—207 (1990).
84. de Fillipi, R. P., and J. E. Vivian, U. S. Patent **4**, 349,415(1982).
85. Katz, S. N., J. E. Spence, M. J. O'Brian, R. H. Skiff, G. J. Vogel, and R. Prasad, U. S. Patent 4,911, 941 (1990).
86. Wong, D. S. H., and S. I. Sandler, *AIChE J.*, **38**, 671—680 (1992).
87. Sandler, S. I., H. Orbey, and B-I. Lee, in *Models for Thermodynamic and Phase Equilibria Calculations*, S. I. Sandler, Ed., Marcel Dekker, New York, pp. 87—186 (1994).
88. Knapp, H., R. Doring, L. Oellrich, U. Plocker, and J. M. Prausnitz, *Vapor-Liquid Equilibria for Mixtures of Low Boiling Substances*, Chem. Data Ser., Vol. Ⅵ, DECHEMA, pp. 771—793 (1982).
89. Shibata, S. K., and S. I. Sandler, *Ind. Eng. Chem. Res.*, **28**, 1896—1898(1989).

90. Wong, D. S. H., H. Orbey, and S. I. Sandler, *Ind. Eng. Chem. Res.*, **31**, 2033—2039(1992).
91. Gmehling, J., and U. Onken, *Vapor-Liquid Equilibrium Data Compilation*, DECHEMA Data Series. DECHEMA, Frankfurt (1977).
92. Skjold-Jørgensen, S., *Ind. Eng. Chem. Res.*, **27**, 110—118 (1988).
93. Colossi, I. E., M. Fermeglia, V. Gallo, and I. Kikic, *Computers Chem. Engng.*, **16**, 211—224 (1992).
94. Doherty, M. F., and M. F. Malone, *Conceptual Design of Distillation Systems*, McGraw-Hill, New York (2001).
95. Stichlmair, J. G., and J. R. Fair, *Distillation Principles and Practices*, Wiley-VCH, New York (1998).
96. Siirola, J. J., and S. D. Barnicki, in *Perry's Chemical Engineers' Handbook*, Seventh Edition, Perry, R. H., and D. W. Green, eds., McGraw-Hill, New York, pp. 13—54 to 13—85 (1997).
97. Eckert, E., and M. Kubicek, *Computers Chem. Eng.*, **21**, 347—350(1997).
98. Hoffmaster, W. R., and S. Hauan, *AIChE J.*, **48**, 2545—2556 (2002).
99. Llano-Restrepo, M., and J. Aguilar-Arias, *Computers Chem. Engng.*, **27**, 527—549 (2003).
100. Fu, J., *AIChE J.*, **42**, 3364—3372(1996).

习　　题

11.1 节

11.1　对 1atm 下的正己烷-甲醇-乙酸甲酯三元系统，可在合适的文献中查到所有二元和三元恒沸物，在直角三角形相图上绘制近似的残余曲线示意图，并指出精馏边界。对每个恒沸物和纯组分确定为稳定节点、不稳定节点还是鞍点。

11.2　对与习题 11.1 相同的三元系统，从组成为 20%(mol)正己烷、60%(mol)甲醇和 20%(mol)乙酸甲酯的泡点液体出发，利用过程模拟软件用 UNIFAC 方程计算 1atm 下的一段残余曲线。

11.3　对与习题 11.2 相同的条件，利用过程模拟软件用 UNIFAC 方程计算 1atm 下的一段精馏曲线。

11.4　对 1atm 下的丙酮-苯-正庚烷三元系统，可在合适的文献中查到所有二元和三元恒沸物，在等边三角形相图上绘制近似的精馏曲线示意图，并指出精馏边界。对每个恒沸物和纯组分确定为稳定节点、不稳定节点还是鞍点。

11.5　对与习题 11.4 相同的三元系统，从组成为 20%(mol)丙酮、60%(mol)苯和 20%(mol)正庚烷的泡点液体出发，利用过程模拟软件用 UNIFAC 方程计算 1atm 下的一段残余曲线。

11.6　对与习题 11.5 相同的条件，利用过程模拟软件用 UNIFAC 方程计算 1atm 下的一段精馏曲线。

11.7　对图 11.13 中的系统，采用进料 F_1，确定各可行组成区域。

11.8　对图 11.10 中的系统，如果进料组成为 50%(mol)氯仿、25%(mol)甲醇和 25%(mol)丙酮，确定各可行组成区域。

11.2 节

11.9　用乙醇作为溶剂，重做例题 11.3。

11.10　用甲乙酮(MEK)作为溶剂，重做例题 11.3。

11.11　用甲苯作为溶剂，重做例题 11.4。

11.12　用流量为 1 200 lbmol/h、温度为 220 ℉的苯酚为溶剂，用操作压力为 20 psia 的萃取精馏分离温度为 200 ℉、压力为 20 psia、流量为 400 lbmol/h 的等摩尔的正庚烷和甲苯混合物。为了以少量的溶剂损失获得合理的产物纯度，设计一个适当的两塔系统。

11.4 节

11.13 重做例题 11.5，但进料为流量为 100 mol/s 的 55%(mol)乙醇和 45%(mol)苯的混合物。

11.14 确定用变压精馏分离流量为 100 mol/s 的 20%(mol)乙醇和 80%(mol)苯的混合物的可行性。如可行，设计该系统。

11.15 设计一个变压精馏系统，用流量为 100 mol/s 含 30%(mol)乙醇的水溶液来生产 99.8%(mol)的乙醇。

11.5 节

11.16 在例 11.6 中，在由以丙酮为夹带剂的均相恒沸精馏开始的分离序列中分离苯和环己烷的混合物。用甲醇为夹带剂能否实现同样的分离？如果不能，为什么不能？[参考文献：Ratliff, R. A., and W. B. Strobel, *Petro. Refiner*, 33(5) 151 (1954)]

11.17 设计一个分离序列，将 100 mol/s 甲苯和二甲基己烷的等摩尔混合物分离为接近纯组分的产物。该分离序列中包括一个用甲醇为夹带剂的均相恒沸精馏塔，确定该塔的可行设计。[参考文献：Benedict, M., and L. C. Rubin, *Trans. AIChE*, 41, 353－392 (1945)]

11.18 将流量为 16 500 kg/h 含 55%(质量)乙酸甲酯和 45%(质量)甲醇的混合物，分离成含 99.5%(质量)乙酸甲酯和 99%(质量)甲醇的产物。有人建议可采用一个均相恒沸精馏塔和一个常规精馏塔组成的分离序列实现此分离。可能的夹带剂为正己烷、环己烷和甲苯。确定该分离序列的可行性。如果可行，编制一个过程设计。如果不可行，建议一个替代方案，并证明其可行性。

11.6 节

11.19 设计一个三塔精馏序列，采用以苯为夹带剂的非均相恒沸精馏，将 150mol/s、1atm 下的乙醇和水的恒沸混合物分离为几乎为纯的乙醇和几乎为纯的水。

11.20 设计一个三塔精馏序列，采用以苯为夹带剂的非均相恒沸精馏，将 120mol/s、1atm 下的异丙醇和水的恒沸混合物分离为几乎为纯的异丙醇和几乎为纯的水。[参考文献：Pham, H. N., P. J. Ryan, and M. F. Doherty, *AIChE J.*, 35, 1585－1591 (1989)]

11.21 设计一个两塔精馏序列，将 1 000 kmol/h 含 20%(mol)乙酸的水溶液分离为几乎为纯的乙酸和几乎为纯的水。第一塔应采用以乙酸正丙酯为夹带剂的非均相恒沸精馏塔。

11.7 节

11.22 对甲醇进料级位置的整个范围重做例 11.9。将你得到的异丁烯转化率与图 11.39 所示的数值进行比较。

11.23 重做习题 11.22，但在反应速率方程中采用活度而不是摩尔分率。结果有何不同？试解释之。

11.24 重做习题 11.22，但假定用催化剂的各级均达到化学平衡。结果与图 11.39 有何不同？试解释之。

11.8 节

11.25 重做例 11.10，但采用 10 个平衡级而不是 5 个。这一改变有何影响？

11.26 超临界萃取的一种重要应用是从多孔天然物料的颗粒中脱除溶质。这种应用包括从咖啡豆中萃取咖啡因和从姜中萃取姜油。当采用 CO_2 作为溶剂时，发现萃取速率与 CO_2 通过颗粒的流量无关，但与颗粒大小有关。开发一个与这些实验观测一致的合适的萃取速率数学模型。模型中哪些参数必须由实验确定？

11.27 Cygnarowicz 和 Seider[*Biotechnol. Prog.* 6, 82－91 (1990)]采用 Skjold－Jϕgensen 的 GC－

EOS 法估算相平衡，提出了用二氧化碳从水中萃取 β 胡萝卜素的超临界萃取的过程设计。采用 Wong - Sandle 混合规则的 Peng - Robinson 状态方程，对他们的设计条件重新进行计算。如何对两个设计进行比较？

11.28 Cygnarowicz 和 Seider[*Ind. Eng. Chem. Res.*, 28,1497—1503 (1989)]采用 Skjold - Jϕgensen 的 GC - EOS 法估算相平衡，提出了用二氧化碳从水中萃取丙酮的超临界萃取的过程设计。采用 Wong - Sandle 混合规则的 Peng - Robinson 状态方程，对他们的设计条件重新进行计算。如何对两个设计进行比较？

第 12 章　基于速率的精馏模型

第 10 章包含以组分物料衡算、能量衡算和热力学关联式及相平衡判据为基础的，逆流、定态、多组分、多级精馏、吸收、汽提和液-液萃取的严格的基于平衡的模型。这些模型在第 11 章中被推广到超临界萃取和特殊精馏，包括萃取精馏、恒沸精馏和反应精馏。1893 年 Sorel[1]首先发表了基于平衡的模型的基本方程。他的方程由包括全凝器和再沸器的平衡级（理论板）的塔顶段和塔底段的组分物料衡算以及相应的包括热损失的能量衡算组成，对小型的实验室塔，热损失是一个必须考虑的重要因素，但对绝热的工业塔，则不必考虑。Sorel 采用相平衡数据图而不是方程。因为 Sorel 模型的复杂性，一直没有获得广泛应用，直到 1921 年，先由 Ponchon，然后由 Savarit 采用焓浓图将这种图解方法用于二元系统。1925 年，McCabe 和 Thiele 提出了一种简单得多但不太严格的图解法，他们假定除进料级和侧线抽出级外，各平衡级间的汽相和液相摩尔流量恒定，于是取消了能量衡算。这称为恒摩尔流量假定。当适用时，在第 7 章中详细讨论的 McCabe - Thiele 法直至今天仍被用于二元精馏，因为这种方法对各级两相组成的变化能提供有价值的了解。

因为 Sorel 的有些方程是非线性的，所以不可能获得代数解，除非作出某些简化假定。这方面的一项值得注意的成就是由 Smoker[2]在 1938 年作出的，对二元混合物的精馏，他不仅假定恒摩尔流，而且假定两组分的相对挥发度为常数。Smoker 的方程对涉及窄沸点二元混合物的超精馏至今依旧有用，对这种情况其假定是有效的。自 1932 年起，开发了两种获得 Sorel 多组分精馏模型一般解的迭代数值方法。Thiele - Geddes 法[3]需要规定平衡级数、进料级位置、回流比和馏出液流量，而计算馏出液和塔底产物间形成的组分分布。Lewis - Matheson 法[4]对规定的回流比和两个关键组分的分离要求计算需要的平衡级数和进料位置。20 世纪 60 年代以前，这两种方法曾被广泛用于单进料、多组分精馏的模拟和设计。

20 世纪 50 年代后期和 60 年代初，借助数字计算机采用 Thiele - Geddes 法和 Lewis - Matheson 法进行计算的努力获得了有限的成功。当 1958 年 Amundson 及其合作者开始采用矩阵代数方法时，平衡级计算发生了真正的突破。这导致了许多以稀疏矩阵代数为基础的求解 Sorel 的基于平衡的模型的成功的计算机辅助算法。这些模型中最重要的已在第 10 章中提及。今天，对各种塔结构和规定，计算机辅助设计和模拟程序已采用多种多样的求解 Sorel 的基于平衡的模型的严格的迭代数值解法。虽然迭代计算有时不能收敛，但这些方法依旧被广泛应用，并变得日益灵活和功能强大。

第 10 章和第 11 章中提出的方法均假定每一级的热量传递和组分质量传递达到平衡。除了各级间温度变化剧烈时外，离开同一级的汽相和液相温度相等的假定通常是可以接受的。但是，在大多数工业应用中，离开的两相的组成达到平衡的假定是不合理的。一般说来，不能用热力学 K 值将离开汽相的摩尔分率与离开液相的摩尔分率相联系。为克服基于平衡模型的这种限制，Lewis[5]在1922年建议采用总级效率将理论级转化为实际级。遗憾的是，实验数据表明这种效率将随应用场合，在5%到120%的范围内变化，对大直径、单液相通过的塔板上的精馏，因为错流效应可达到高效率值，至于采用高黏度、大分子量吸收剂的吸收塔内将发生较低的效率值。

自从1925年Murphree[6]提出Murphree汽相板效率$(E_{MV})_{i,j}$的概念以来，一种优先采用的考虑传质的不平衡性的方法是将Murphree汽相板效率直接与Sorel模型相结合代替以K值定义为依据的平衡方程。于是，方程

$$K_{i,j}=y_{i,j}/x_{i,j} \tag{12-1}$$

式中i指组分，j指级，被下式代替

$$(E_{MV})_{i,j}=(y_{i,j}-y_{i,j+1})/(y_{i,j}^{*}-y_{i,j+1}) \tag{12-2}$$

这里由塔顶开始对各级进行编号。

于是，效率为汽相摩尔分率的实际变化与如果达到平衡将发生的变化之比值。平衡值$y_{i,j}^{*}$由式(12-1)计算，将式(12-1)代入式(12-2)给出

$$(E_{MV})_{i,j}=(y_{i,j}-y_{i,j+1})/(K_{i,j}x_{i,j}-y_{i,j+1}) \tag{12-3}$$

式(12-2)和式(12-3)包括下列假定：

(1) 进入和离开塔板的汽相和液相物流浓度均匀；

(2) 流过塔板的全部液体完全混合；

(3) 汽相以活塞流状态通过液体；

(4) 忽略液相中的传质阻力。

采用经验关联式的Murphree效率的应用已证明适用于二元和窄沸点、理想和接近理想的多组分汽-液混合物。但已认识到对一般的多组分汽-液混合物，Murphree效率是无效的。Murphree自己就曾明确指出，对多组分混合物和低效率的场合，他提出的概念是无效的。他甚至指出不应以理论板作为三元混合物计算的基础。

当将基于平衡的模型用于多组分混合物时，会发生许多问题。E_{MV}的数值因组分而异，并可能逐级变化。但是，对每一级，必须确定独立的E_{MV}的数目，以强制汽相中各摩尔分率之和为1。这导致了E_{MV}为负值的可能性。二元混合物的情况与此相反，对二元混合物E_{MV}总是正的，而且两个组分的E_{MV}相同。当采用Murphree汽相效率时，假定离开的汽相和液相温度相等并等于离开液相的泡点温度。因为汽相不与液相平衡，所以汽相温度不对应于露点温度。在数学上，甚至汽相温度对应于低于其露点温度的数值也是可能的，但在物理上这是不可能的。

可由实验数据或关联式获得E_{MV}的数值。但是，这些数值更可能是Murphree汽相点效率(而不是板效率)。点效率仅适用于塔板上液体中的某一特定位置。为了将这些点效率转化为板效率，如Seader[8]所阐述的，必须按照Lewis[7]的方式假定汽相和液相流动模型。但是，如果汽相和液相均为完全混合，则点效率等于板效率。

Walter和Sherwood[9]发现实验测定的板效率覆盖范围极宽：用丙三醇水溶液吸收二氧化碳，或从吸收液中汽提二氧化碳，板效率为0.65%到4.2%；用油吸收烯烃，板效率为4.7%到24%；对氨的吸收、空气的增湿和乙醇精馏，板效率可达69%到92%。

1957年，Toor[10]指出，因为组分浓度梯度间的耦联，三元混合物中的扩散比二元混合物复杂得多，尤其当各组分分子的大小、形状和极性存在显著差别时。Toor还指出，除了由

通常的费克浓度推动力引起的扩散，浓度梯度间的耦联可能导致下列结果：(1)与推动力方向相反的扩散(逆向扩散)；(2)即使存在浓度推动力，却不发生扩散(扩散壁垒)，(3)零推动力下的扩散(渗透扩散)。Toor 和 Burchard[11]进行的理论计算预测了在多组分系统中 E_{MV}为负值的可能性，但对二元系统，E_{MV}的数值限制在 0 到 100%范围内。

1977 年，Krishna 等[12]推广了 Toor 和 Burchard 的理论工作，并指出当某个组分(称为 A)的汽相摩尔分率推动力比混合物中的其他组分小时，A 的传递速率将受其他组分的控制，导致 A 的 E_{MV}为负无穷大到正无穷大间的任何数值。他们通过乙醇-叔丁醇-水系统的实验证实了这种理论预测，得到的叔丁醇的 E_{MV}从－2 978%到＋527%。此外，乙醇和水的 E_{MV}有时也会有显著差别。

文献中定义的另外两种板效率为：由 McAdams 首先提及的 Holland 的蒸发效率和 Hausen 板效率，这种板效率取消了 E_{MV}中的离开板的液体处于泡点温度的假定。前者不能识别 Toor 现象，但可以不归因于特定组分的方式变化。后者似乎比 E_{MV}优越，但要复杂得多，因为不便使用，所以未获广泛应用。

虽然，用级效率修正的基于平衡的模型适用于二元混合物和接近理想的多组分混合物中的主要组分，但是对更一般的情况，这种模型是无效的，开发基于传递或速率的更符合实际的非平衡模型一直是研究人员追求的目标。1977 年，Waggoner 和 Loud[13]开发了一种限于接近理想的、窄沸点多组分系统的基于速率的传质模型。但是，模型中未包括能量传递方程(因为对窄沸点混合物，可非常接近热平衡)，而且也未考虑各组分传质速率间的耦联。

1979 年，Krishna 和 Standart[14]证明了将严格的多组分传质和传热理论应用于质量、热量同时传递计算的可能性。Taylor 和 Krishna[15]进一步发展了此理论。1985 年，Krishnamurthy 和 Taylor[16]将该理论发展成第一代可用于板式和填料精馏塔及其他连续、逆流、汽-液分离操作的基于速率的计算机辅助模型。这种模型采用第 3 章中讨论的传质的双膜理论，并假定在两相界面上达到相平衡，该模型还提供了板式塔内每块板上汽相和液相流型的选择，包括活塞流和完全混合流。虽然，该模型不需要板效率或 HETP 的数值，但是需要所采用的特定类型的塔板或填料的传质和传热系数关联式。1994 年，Taylor、Kooijman 和 Hung[17]对该模型作了如下推广：(1)汽相中夹带液滴和液相中气泡吸留的影响；(2)塔内压力分布的估算；(3)互联物流；(4)填料塔内的轴向分散。此外，不同于 1985 年的模型，该模型需要用户规定塔板的几何结构或填料尺寸，1994 年版的模型还包括设计模式，可根据规定的液泛分率或压降估算塔的直径。几种计算机程序，包括 Aspen 技术公司的 RATEFRAC[18]、3.1 版的 ChemSep[19]和 CHEMCAD 可执行基于速率的模型。

12.0　本章教学目的

学完本章后，你应该能够：

- 写出模拟非平衡汽-液级的方程，该模型假定只有在两相界面上达到平衡。
- 说明多组分传质中的组分耦联作用。
- 说明引导程序(bootstrap)问题，及在精馏中如何处理该问题。

- 引用可获得的基于速率计算所需的估算传质系数和界面积的方法。
- 说明用于基于速率的计算的两种理想汽-液流动模式的差别。
- 对多组分、多级、汽-液分离问题，利用模拟程序进行基于速率的计算。

12.1　基于速率的模型

由一块塔板、一组塔板或一段填料组成的一个非平衡级的示意图如图 12.1 所示。进入压力为 p_j 的级 j 的进料是摩尔流量为 F_j^{L} 的液体和摩尔流量为 F_j^{V} 的气体；组分 i 的摩尔流量分别为 $f_{j,j}^{\mathrm{L}}$ 和 $f_{j,j}^{\mathrm{V}}$；物流摩尔焓分别为 H_j^{LF} 和 H_j^{VF}。传出（＋）或传入（－）该级的液相和/或汽相的热量分别是 Q_j^{V} 和 Q_j^{L}。还有从上一级流到该级的是摩尔流量为 L_{j-1}、温度和压力分别为 T_{j-1} 和 p_{j-1} 的液体，其摩尔焓为 H_{j-1}^{L}，而组分摩尔分率为 $x_{i,j-1}$；从下一级进入该级的是摩尔流量为 V_{j+1}、温度和压力分别为 T_{j+1} 和 p_{j+1} 的气体，其摩尔焓为 H_{j+1}^{V}，而组分摩尔分率为 $y_{i,j+1}$。在该级内，通过相界面发生的组分传质的摩尔速率为 $N_{i,j}$，从汽相传递到液相为（＋），反之为（－），而通过相界面发生的传热速率为 e_j，从汽相传递到液相为（＋），反之为（－）。离开该级的是温度和压力分别为 T_j^{L} 和 p_j^{L} 的液体，其摩尔焓为 H_j^{L}；以及温度和压力分别为 T_j^{V} 和 p_j^{V} 的气体，其摩尔焓为 H_j^{V}。离开该级的液体中分率为 r_j^{L} 的部分可作为液相侧线抽出，摩尔流量为 U_j，剩下的部分摩尔流量为 L_j 进入下一级或出塔。离开该级的气体中分率为 r_j^{V} 的部分可作为汽相侧线抽出，摩尔流量为 W_j，剩下的部分摩尔流量为 V_j 进入上一级或出塔。如果需要，还可在模型中加进夹带、吸留、互联（interlink）物流、第二个不互溶的液相和化学反应。

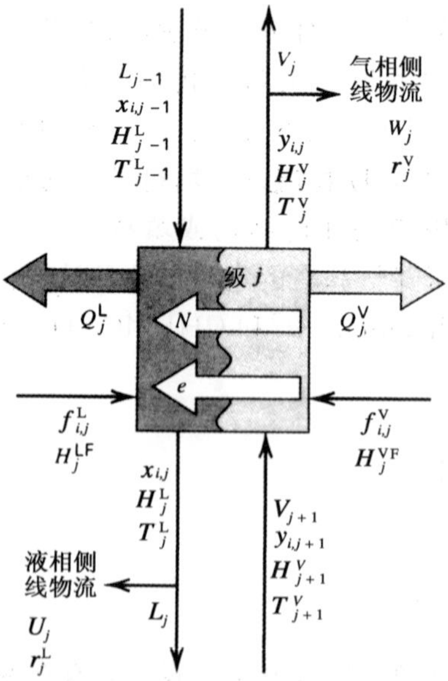

图 12.1　用于基于速率法的非平衡级

回顾第 10 章中的平衡级模型每级采用 $2C+3$ 个 MESH 方程：

C 个组分物料衡算方程

C 个相平衡关系方程

2 个摩尔分率加和方程

1 个能量衡算方程

在基于速率的模型中，用对每一级中的每个相的单独的衡算代替每个平衡级的物料和能量衡算，现在一级可能是一块塔板、一组塔板或一段填料。采用残差函数的形式，方程如下所列，残差在方程左边，当计算收敛时残差函数为零。当计算尚未收敛时，残差可用于确定收敛的接近程度。

液相组分物料衡算：

$$M_{i,j}^{\mathrm{L}} \equiv (1+r_j^{\mathrm{L}})L_j x_{i,j} - L_{j-1}x_{i,j-1} - f_{i,j}^{\mathrm{L}} - N_{i,j}^{\mathrm{L}} = 0, \qquad i=1,2,\cdots,C \tag{12-4}$$

汽相组分物料衡算：

$$M_{i,j}^{\mathrm{V}} \equiv (1+r_j^{\mathrm{V}})V_j y_{i,j} - V_{j+1}y_{i,j+1} - f_{i,j}^{\mathrm{V}} + N_{i,j}^{\mathrm{V}} = 0, \qquad i=1,2,\cdots,C \tag{12-5}$$

液相能量衡算：

$$E_j^{\mathrm{L}} \equiv (1+r_j^{\mathrm{L}})L_j H_j^{\mathrm{L}} - L_{j-1}H_{j-1}^{\mathrm{L}} - \left(\sum_{i=1}^{C} f_{i,j}^{\mathrm{L}}\right)H_j^{\mathrm{LF}} - Q_j^{\mathrm{L}} - e_j^{\mathrm{L}} = 0 \tag{12-6}$$

汽相能量衡算：

$$E_j^{\mathrm{V}} \equiv (1+r_j^{\mathrm{V}})V_j H_j^{\mathrm{V}} - V_{j+1}H_{j+1}^{\mathrm{V}} - \left(\sum_{i=1}^{C} f_{i,j}^{\mathrm{V}}\right)H_j^{\mathrm{VF}} - Q_j^{\mathrm{V}} + e_j^{\mathrm{V}} = 0 \tag{12-7}$$

这里在相界面 I 处

$$E_j^{\mathrm{I}} = e_j^{\mathrm{V}} - e_j^{\mathrm{L}} = 0 \tag{12-8}$$

式(12-4)和式(12-5)与组分传质速率耦联：

$$R_{i,j}^{\mathrm{L}} \equiv N_{i,j} - N_{i,j}^{\mathrm{L}} = 0, \qquad i=1,2,\cdots,C-1 \tag{12-9}$$

$$R_{i,j}^{\mathrm{V}} \equiv N_{i,j} - N_{i,j}^{\mathrm{V}} = 0, \qquad i=1,2,\cdots,C-1 \tag{12-10}$$

在汽-液界面上，服从每一相的摩尔分率加和方程：

$$S_j^{\mathrm{LI}} = \sum_{i=1}^{C} x_{i,j}^{\mathrm{I}} - 1 = 0 \tag{12-11}$$

$$S_j^{\mathrm{VI}} = \sum_{i=1}^{C} y_{i,j}^{\mathrm{I}} - 1 = 0 \tag{12-12}$$

计算级压降的流体力学方程由下式给出

$$H_j = p_{j+1} - p_j - (\Delta p_j) = 0, \qquad j=1,2,3,\cdots,N-1 \tag{12-13}$$

这里假定该级处于力平衡，所以

$$p_j^{\mathrm{L}} = p_j^{\mathrm{V}} = p_j \tag{12-14}$$

而 Δp_j 是 $j+1$ 级到 j 级的汽相压降。式(12-13)是随选的。如第 6 章中所述，只有在需要由流体力学计算一级或多级的压力时，才将它包括在方程组内。假定每个组分只在相界面上达到相平衡：

$$Q_{i,j}^{\mathrm{L}} \equiv K_{i,j}x_{i,j}^{\mathrm{I}} - y_{i,j}^{\mathrm{I}} = 0, \qquad i=1,2,\cdots,C \tag{12-15}$$

因为在式(12-9)和式(12-10)中只写出 $C-1$ 个组分传质速率方程，所以可在方程组内加上利用总传质速率 $N_{\mathrm{T},j}$ 的总相物料衡算方程：

$$M_{\mathrm{T},j}^{\mathrm{L}} \equiv (1+r_j^{\mathrm{L}})L_j - L_{j-1} - \sum_{i=1}^{C} f_{i,j}^{\mathrm{L}} - N_{\mathrm{T},j} = 0 \tag{12-16}$$

$$M_{\mathrm{T},j}^{\mathrm{V}} \equiv (1+r_j^{\mathrm{V}})V_j - V_{j+1} - \sum_{i=1}^{C} f_{i,j}^{\mathrm{V}} + N_{\mathrm{T},j} = 0 \tag{12-17}$$

式中

$$N_{\mathrm{T},j} = \sum_{i=1}^{C} N_{i,j} \tag{12-18}$$

式(12-4)、式(12-5)、式(12-9)、式(12-10)、式(12-16)、式(12-17)和式(12-18)含有可由扩散贡献和主体流动(对流)贡献估算的组分物料衡算项。前者系取决于界面积、平均摩尔分率推动力和通过二元对系数考虑组分耦联作用的传质系数。根据泡罩塔板、筛板、浮阀塔板、乱堆填料和规整填料的实验数据关联式,可用经验方程估计界面积和二元传质系数。扩散的平均摩尔分率推动力取决于假定的汽相和液相流型。最简单的情况是汽相和液相均为理想混合流动,可用于模拟小直径的板式塔。汽相和液相呈逆流活塞流则可用于模拟无轴向分散的填料塔。

式(12-6)到式(12-8)含有传热速率项。传热速率可由对流贡献和焓流贡献估算,前者取决于界面积、平均温度推动力和对流传热系数,对汽相由 Chilton - Colburn 类似率估算对流传热系数,而对液相则由渗透理论估算对流传热系数。

式(12-15)中的 K 值则可由与用于平衡级模型的相同的状态方程和活度系数模型估算。塔板和填料段的压降可用第 6 章中讨论的适当的关联式估算。

对每个非平衡级,称为 MERSHQ 方程的独立方程总数为 $5C+5$,如表 12.1 所列。将这些方程用于 N 级,即 $N_{\mathrm{E}}=N(5C+5)$个方程包含表 12.2 所列的 $7NC+14N+1$ 个变量。自由度数为

$$N_{\mathrm{D}} = N_{\mathrm{V}} - N_{\mathrm{E}} = (7NC+14N+1) - (5NC+5N) = 2NC+9N+1$$

表 12.1 基于速率模型的独立方程汇总

方程	方程数
$M_{i,j}^{\mathrm{L}}$	C
$M_{i,j}^{\mathrm{V}}$	C
$M_{\mathrm{T},j}^{\mathrm{L}}$	1
$M_{\mathrm{T},j}^{\mathrm{V}}$	1
E_j^{L}	1
E_j^{V}	1
E_j^{I}	1
$R_{i,j}^{\mathrm{L}}$	$C-1$
$R_{i,j}^{\mathrm{V}}$	$C-1$
S_j^{LI}	1
S_j^{VI}	1
H_j	(随选)
$Q_{i,j}^{\mathrm{I}}$	C
总计	$5C+5$

如果规定表 12.2 中的变量类型 1 到 7、10、14 和 16 到 18，则总共有 $2NC+9N+1$ 个变量的数值被设定，而自由度全部被利用。那么在 $5C+5$ 个方程中的 $5C+5$ 独立变量为

$$x_{i,j}、y_{i,j}、x^{I}_{i,j}、y^{I}_{i,j}、N_{i,j}、T^{L}_{j}、T^{V}_{j}、T^{I}_{j}、L_{j} \text{ 和 } V_{j}$$

这些是可由方程计算得到的变量。物性 $K^{I}_{i,j}$、H^{LF}_{j}、H^{VF}_{j}、H^{L}_{j} 和 H^{V}_{j} 利用其余独立变量由热力学关联式计算。传递速率 $N^{L}_{i,j}$、$N^{V}_{i,j}$、e^{L}_{j} 和 e^{V}_{j} 利用其余独立变量由传递关联式和某些物性计算。各级压力利用其余独立变量由压降 Δp_j、级的几何特征、流体力学方程和某些物性计算。

表 12.2　基于速率模型的变量清单

变量类型	变　量	变　量　数
1	级数，N	1
2	$f^{L}_{i,j}$	NC
3	$f^{V}_{i,j}$	NC
4	T^{LF}_{j}	N
5	T^{VF}_{j}	N
6	p^{LF}_{j}	N
7	p^{VF}_{j}	N
8	L_j	N
9	$x_{i,j}$	NC
10	r^{L}_{j}	N
11	T^{L}_{j}	N
12	V_j	N
13	$y_{i,j}$	NC
14	r^{V}_{j}	N
15	T^{V}_{j}	N
16	p_j	N
17	Q^{L}_{j}	N
18	Q^{V}_{j}	N
19	$x^{I}_{i,j}$	NC
20	$y^{I}_{i,j}$	NC
21	T^{I}_{j}	N
22	$N_{i,j}$	NC
总　计		$N_V=7NC+14N+1$

对精馏塔，优先选择规定 $Q^{L}_{1}=0$ 和 $Q^{V}_{N}=0$。在这种情况下，不规定 Q^{V}_{1}（冷凝器中汽相释放出的传热速率）和 Q^{L}_{N}（再沸器中传递到液相的传热速率），但与此相反，对采用分凝器的塔而言，规定 L_1（回流量）和 L_N（塔底物流量），有时将这称为常规精馏塔的标准规定。但是，对绝热吸收塔和绝热汽提塔，所有 Q^{L}_{j} 和 Q^{V}_{j} 都设定为零，不用其他规定代替。

12.2　热力学性质和传递速率表示式

基于速率的模型使用与基于平衡的模型相同的 K 值和焓关联式。但是，K 值仅用于塔

板上和填料中汽相和液相间的平衡界面上。一般说来,K 值关联式,不论是根据状态方程还是活度系数模型,均为相界面的温度和组成及塔板压力的函数。焓则仅根据离开塔板的两相的状态计算。对基于平衡的模型,汽相处于其露点温度,而液相处于其泡点温度,而且二者是相等的,即为该级的温度。对基于速率的模型,液相是过冷的,而汽相是过热的。

焓,尤其是 K 值的精度对基于平衡的模型是至关重要的。对基于速率的模型,还需要精确预测传热速率,以及尤其重要的传质速率。这些速率取决于传递系数、相界面积和推动力。重要的是传质速率要通过二元对系数考虑组分耦联的影响。

在塔板上或填料段内,通过汽膜和液膜的组分传质速率的一般形式分别如下面两式所示,两式均包括扩散和对流(主体流动)的贡献:

$$N_{i,j}^{V}=a_j^{I}J_{i,j}^{V}+y_{i,j}N_{T,j} \tag{12-19}$$

和

$$N_{i,j}^{L}=a_j^{I}J_{i,j}^{L}+x_{i,j}N_{T,j} \tag{12-20}$$

式中 a_j^I 是该级的总界面积,而 $J_{i,j}^P$ 是相对于摩尔平均速度的摩尔扩散通量,其中 P 表示相(V 或 L)。对二元混合物,如第 3 章中所讨论的,这些通量可用传质系数表示为

$$J_i^{V}=c_t^{V}k_i^{V}(y_i^{V}-y_i^{I})_{avg} \tag{12-21}$$

和

$$J_i^{L}=c_t^{L}k_i^{L}(x_i^{I}-x_i^{L})_{avg} \tag{12-22}$$

式中 c_t^P 是总摩尔浓度,k_i^P 是基于摩尔分率推动力的二元对传质系数,而式(12-21)和式(12-22)中的最后一项是该级的平均摩尔分率推动力。质量传递的正方向假定为从汽相到液相。由摩尔扩散通量的定义:

$$\sum_{i=1}^{C}J_i=0 \tag{12-23}$$

于是,对二元系统(1,2),$J_1=-J_2$。

如 Taylor 和 Krishna[15]曾详细论述的,因为组分间的耦联作用,多组分传质一般说来要比二元系统复杂得多。例如,对三元系统(1,2,3),根据 Taylor 和 Krishna[15]的论述,前两个组分的通量为

$$J_1^{V}=c_t^{V}\kappa_{11}^{V}(y_1^{V}-y_1^{I})_{avg}+c_t^{V}\kappa_{12}^{V}(y_2-y_2^{I})_{avg} \tag{12-24}$$

$$J_2^{V}=c_t^{V}\kappa_{21}^{V}(y_1^{V}-y_1^{I})_{avg}+c_t^{V}\kappa_{22}^{V}(y_2-y_2^{I})_{avg} \tag{12-25}$$

第三组分的通量不是独立的,可由式(12-23)求得:

$$J_3^{V}=-J_1^{V}-J_2^{V} \tag{12-26}$$

在这些方程中,二元对系数 κ^P 是与下面描述的逆速率函数有关的复杂函数,称为二元混合物的 Maxwell-Stefan 传质系数。

对一般的多组分系统(1,2,…,C),前 $C-1$ 个组分的独立通量可以矩阵方程形式表示为

$$\boldsymbol{J}^{V}=c_t^{V}[\boldsymbol{\kappa}^{V}](\boldsymbol{y}^{V}-\boldsymbol{y}^{I})_{avg} \tag{12-27}$$

$$\boldsymbol{J}^{L}=c_t^{L}[\boldsymbol{\kappa}^{L}](\boldsymbol{x}^{I}-\boldsymbol{x}^{L})_{avg} \tag{12-28}$$

上两式中 J^P、$(y^V-y^I)_{avg}$ 和 $(x^I-x^L)_{avg}$ 是维数为 $C-1$ 的列向量,而 $[\kappa^P]$ 是维数为 $(C-1)\times(C-1)$ 的方阵。如下一节将讨论的,确定平均摩尔分率推动力的方法取决于汽相和液相的流型。

处理多组分扩散的最基本理论是 Maxwell 和 Stefan 在 1866 到 1871 年间应用理想气体的动力学理论提出的 Maxwell－Stefan 理论。可用定义为扩散项倒数的速率系数 $\boldsymbol{B}$ 非常方便地表示他们的理论[15]。类似地，用由 Krishna 和 Standart[14]定义的传质系数的倒数 $\boldsymbol{R}$ 确定$[\boldsymbol{\kappa}^{P}]$也是很方便的。对理想气体溶液：

$$[\boldsymbol{\kappa}^{V}]=[\boldsymbol{R}^{V}]^{-1} \tag{12-29}$$

对非理想液体溶液：

$$[\boldsymbol{\kappa}^{L}]=[\boldsymbol{R}^{L}]^{-1}[\boldsymbol{\Gamma}^{L}] \tag{12-30}$$

式中 $\boldsymbol{R}^{P}$的元素可用摩尔分率 z_i 表示为：

$$R_{ii}^{P}=\frac{z_i}{k_{iC}^{P}}+\sum_{k=1,k\neq i}^{C}\frac{z_k}{k_{ik}^{P}} \tag{12-31}$$

$$R_{ij}^{P}=-z_i\left(\frac{1}{k_{ij}^{P}}-\frac{1}{k_{iC}^{P}}\right) \tag{12-32}$$

这里 j 指第 j 个组分，而不是指第 j 级，而 k 的数值是由实验数据关联式获得的二元对的传质系数。

对四组分汽相系统，将式(12－27)与式(12－29)结合给出

$$\begin{bmatrix} J_1^V \\ J_2^V \\ J_3^V \end{bmatrix}=c_t^V\begin{bmatrix} R_{11}^V & R_{12}^V & R_{13}^V \\ R_{21}^V & R_{22}^V & R_{23}^V \\ R_{31}^V & R_{32}^V & R_{33}^V \end{bmatrix}^{-1}\begin{bmatrix} (y_1^V-y_1^I)_{avg} \\ (y_2^V-y_2^I)_{avg} \\ (y_3^V-y_3^I)_{avg} \end{bmatrix} \tag{12-33}$$

并有

$$J_4^V=-(J_1^V+J_2^V+J_3^V) \tag{12-34}$$

以及，如由式(12－32)和式(12－33)分别得到：

$$R_{11}^V=\frac{y_1}{k_{14}^V}+\frac{y_2}{k_{12}^V}+\frac{y_3}{k_{13}^V}+\frac{y_4}{k_{14}^V} \tag{12-35}$$

$$R_{12}^V=-y_1\left(\frac{1}{k_{12}^V}-\frac{1}{k_{14}^V}\right) \tag{12-36}$$

式(12－30)中的$[\Gamma^L]$是校正非理想性的$(C-1)\times(C-1)$维热力学因子矩阵，对于液相这种校正往往是必要的。当采用活度系数模型时：

$$\Gamma_{ij}^{L}=\delta_{ij}+x_i\left(\frac{\partial \ln\gamma_i}{\partial x_i}\right)_{T,p,x_k,k\neq j=1,\cdots,C-1} \tag{12-37}$$

对非理想气体，可将$[\Gamma^V]$项包括在式(12－29)中，但很少必须这样。无论对汽相还是液相，如果采用状态方程，可以用混合物逸度系数$\bar{\phi}_i$ 代替 γ_i 重写式(12－37)。δ_{ij} 项是 Kronecker δ 函数，当 $i=j$ 时为 1，否则为 0。因为通常接受的扩散的基本推动力是化学位梯度而不是摩尔分率或浓度梯度，所以需要热力学因子。

当传质通量由中等到高时，式(12－29)和式(12－30)中需要有另外的校正项来校正组成分布的扭曲。Taylor 和 Krishna[15]对这种可能对结果有重大影响的校正作了详细讨论。下面的例题说明根据式(12－19)到式(12－30)对低传质通量所作的计算。

例 12.1

本例类似于 Taylor 和 Krishna[15]著作中 283 页上的例 11.5.1。在操作压力为 14.7psia、直径为 5.5ft、堰高为 2in. 的精馏分离丙酮(1)、甲醇(2)和水(3)的筛板塔内，由基于速率的三元精馏计算，对级 n 得到下列结果。假定汽相和液相均为完全混合。

组分	y_n	y_{n+1}	y_n^{I}	K_n^{I}	x_n
1	0.297 1	0.170 0	0.352 1	2.759 1	0.145 9
2	0.463 1	0.429 0	0.467 7	1.225	0.386 5
3	0.239 8	0.401 0	0.180 2	0.367 3	0.467 6
	1.000 0	1.000 0	1.000 0		1.000 0

用 6.6 节中的 Chan - Fair 关联式计算得到的汽相二元传质系数和相界面积的乘积如下所列，单位为 lbmol/(h・单位摩尔分率)：

$$k_{12}=k_{21}=1\ 955;k_{13}=k_{31}=2\ 407;k_{23}=k_{32}=2\ 797$$

(a) 计算摩尔扩散速率；

(b) 计算传质速率；

(c) 计算 Murphree 汽相板效率。

解

因为提供的是速率而不是通量，所以本节导出的方程要与速率而不是通量一起使用。

(a) 由式(12 - 31)和式(12 - 32)计算倒数速率函数 $\boldsymbol{R}$，假定线性摩尔分率梯度，使 z_i 可用 $(y_i+y_i^{\mathrm{I}})/2$ 代替。

于是：

$$z_1=(0.297\ 1+0.352\ 1)/2=0.324\ 6$$

$$z_2=(0.463\ 1+0.467\ 7)/2=0.465\ 4$$

$$z_3=(0.239\ 8+0.180\ 2)/2=0.210\ 0$$

$$R_{11}^{\mathrm{V}}=\frac{z_1}{k_{13}}+\frac{z_2}{k_{12}}+\frac{z_3}{k_{13}}=\frac{0.324\ 6}{2\ 407}+\frac{0.465\ 4}{1\ 955}+\frac{0.210\ 0}{2\ 407}=0.000\ 460$$

$$R_{22}^{\mathrm{V}}=\frac{z_2}{k_{23}}+\frac{z_1}{k_{21}}+\frac{z_3}{k_{23}}=\frac{0.465\ 4}{2\ 797}+\frac{0.324\ 6}{1\ 955}+\frac{0.210\ 0}{2\ 797}=0.000\ 408$$

$$R_{12}^{\mathrm{V}}=-z_1\left(\frac{1}{k_{12}}-\frac{1}{k_{13}}\right)=-0.324\ 6\times\left(\frac{1}{1\ 955}-\frac{1}{2\ 407}\right)=-0.000\ 031\ 2$$

$$R_{21}^{\mathrm{V}}=-z_2\left(\frac{1}{k_{21}}-\frac{1}{k_{23}}\right)=-0.465\ 4\times\left(\frac{1}{1\ 955}-\frac{1}{2\ 797}\right)=-0.000\ 071\ 7$$

于是，采用矩阵形式：$[\boldsymbol{R}^{\mathrm{V}}]=\begin{bmatrix}0.000\ 460 & -0.000\ 031\ 2\\ -0.000\ 071\ 7 & 0.000\ 408\end{bmatrix}$

根据式(12 - 29)，通过矩阵求逆：

$$[\boldsymbol{\kappa}^{\mathrm{V}}]=[\boldsymbol{R}^{\mathrm{V}}]^{-1}=\begin{bmatrix}2\ 200 & 168.2\\ 386.6 & 2\ 480\end{bmatrix}$$

因为上述 2×2 矩阵的非对角线项比对角线项小得多，所以本例的耦联作用不强。

由式(12 - 27)：

$$\begin{bmatrix}J_1^{\mathrm{V}}\\ J_2^{\mathrm{V}}\end{bmatrix}=\begin{bmatrix}\kappa_{11}^{\mathrm{V}} & \kappa_{12}^{\mathrm{V}}\\ \kappa_{21}^{\mathrm{V}} & \kappa_{22}^{\mathrm{V}}\end{bmatrix}\begin{bmatrix}(y_1-y_1^{\mathrm{I}})\\ (y_2-y_2^{\mathrm{I}})\end{bmatrix}$$

$$\begin{aligned}J_1^{\mathrm{V}}&=\kappa_{11}^{\mathrm{V}}(y_1-y_1^{\mathrm{I}})+\kappa_{12}^{\mathrm{V}}(y_2-y_2^{\mathrm{I}})\\&=2\ 200\times(0.297\ 1-0.352\ 1)+168.2\times(0.463\ 1-0.467\ 7)\\&=-121.8\ \mathrm{lbmol/h}\end{aligned}$$

$$J_2^{\mathrm{V}}=\kappa_{21}^{\mathrm{V}}(y_1-y_1^{\mathrm{I}})+\kappa_{22}^{\mathrm{V}}(y_2-y_2^{\mathrm{I}})$$

$$=386.6\times(0.2971-0.3521)+2480\times(0.4631-0.4677)$$
$$=-32.7\ \text{lbmol/h}$$

由式(12-23)：

$$J_3^V=-J_1^V-J_2^V=121.8+32.7=154.5\ \text{lbmol/h}$$

(b) 由式(12-19)，但用扩散和传质速率而不是通量：

$$N_1^V=J_1^V+z_1N_T^V=-121.8+0.3246N_T^V \tag{1}$$

类似地有：

$$N_2^V=-32.7+0.4654N_T^V \tag{2}$$

$$N_3^V=154.5+0.2100N_T^V \tag{3}$$

为确定组分传质速率，必须知道该板的总传质速率 N_T^V。已知传质速率 J 后确定 N_T^V 的问题称为引导问题(见 Taylor 和 Krishna[15]著作中 145 页)。在伴有扩散的化学反应中，可由化学计量学确定 N_T。在精馏中，N_T 由能量衡算确定，能量衡算给出通过该板时汽相摩尔流量的变化。对恒摩尔流假定，$N_T=0$。在本例中，此假定不适用，变化为

$$N_T=V_{n+1}-V_n=-54\ \text{lbmol/h}$$

由式(1)、式(2)、式(3)：

$$N_1^V=-121.8+0.3246\times(-54)=-139.4\ \text{lbmol/h}$$
$$N_2^V=-32.7+0.4654\times(-54)=-57.8\ \text{lbmol/h}$$
$$N_3^V=154.5+0.2100\times(-54)^{①}=143.2\ \text{lbmol/h}$$

(c) 由式(12-3)求得 Murphree 汽相板效率的近似值，用界面条件下的 K 值：

$$E_{MV_i}=(y_{i,n}-y_{i,n+1})/(K_{i,n}^Ix_{i,n}-y_{i,n+1}) \tag{4}$$

由式(4)：

$$E_{MV_1}=\frac{0.2971-0.1700}{2.759\times0.1459-0.1700}=0.547$$

$$E_{MV_2}=\frac{0.4631-0.4290}{1.225\times0.3865-0.4290}=0.767$$

$$E_{MV_3}=\frac{0.2398-0.4010}{0.3673\times0.4676-0.4010}=0.703$$

通过某一级的气膜和液膜的传热速率的一般形式分别为

$$e_j^V=a_j^Ih^V(T^V-T^I)+\sum_{i=1}^{C}N_{i,j}^V\overline{H}_{i,j}^V \tag{12-38}$$

$$e_j^L=a_j^Ih^L(T^I-T^L)+\sum_{i=1}^{C}N_{i,j}^L\overline{H}_{i,j}^L \tag{12-39}$$

式中 $\overline{H}_{i,j}^P$ 为级 j 中组分 i 的偏摩尔焓，h^P 为对流传热系数。式(12-38)和式(12-39)的右边第二项考虑由质量传递引起的焓传递。温度 T^V 和 T^L 为离开该级的温度，不论如何假定汽相和液相流型。

---

① 原文误为 $N_3^V=-154.4+0.2100\times(-54)$——译者注。

12.3 估算传递系数和界面面积的方法

式(12-31)和式(12-32)需要二元对传质系数。在大多数基于速率的模型的应用中，这些系数由不同接触设备的实验数据的经验关联式估算。

如6.6节中所讨论的，对板式塔，应用最广泛的关联式是泡罩塔板的AIChE法[20]、筛板的Chan和Fair关联式[24]和Glitsch V-1浮阀板的Scheffe和Weiland关联式[36]。其他重要的关联式有泡罩塔板的Harris关联式[21]和Hughmark关联式[22]；以及筛板的Zuiderweg关联式[23]、Chen和Chuang关联式[25]、Taylor和Krishna关联式[15]与Young和Stewart关联式[37,38]。

某些传质关联式分别用定义如下的传质单元数N_V和N_L表示：

$$N_V \equiv k^V a h_f / u_s \tag{12-40}$$

$$N_L \equiv k^L a h_f z / (Q_L / W) \tag{12-41}$$

式中

a——界面积/板上泡沫层体积；

h_f——泡沫层高度；

u_s——以塔板鼓泡面积为基准的表观气速；

z——通过塔板鼓泡区的液体流道长度；

Q_L——液体体积流量；

W——溢流堰长度。

塔板界面积a^I与a由下式关联

$$a^I = a h_f A_b \tag{12-42}$$

式中　A_b——鼓泡面积。

于是，k^P和a^I都可由利用N_V和N_L的关联式求得。

对乱堆(散装)填料，传质系数和界面积密度(面积/填料体积)的经验关联式已由Onda、Takeuchi和Okumoto[26]与Bravo和Fair[27]发表。对规整填料，可获得Bravo、Rocha和Fair的用于丝网填料[28]和各种规整填料的经验关联式[29]。Billet和Schultes[30]根据50种以上的试验系统和70种以上不同填料的3 500个实验点提出的半理论关联式需要五个填料参数，既可用于乱堆填料，也可用于规整填料。已在6.8节中讨论了此关联式。

气膜传热系数通常由第3章中讲述的传热和传质间的Chilton-Colburn类似律估算。于是，

$$h^V = k^V \rho^V c_p^V (N_{Le})^{2/3} \tag{12-43}$$

式中

$$N_{Le} = \left(\frac{N_{Sc}}{N_{Pr}}\right) \tag{12-44}$$

对液膜，优先采用渗透模型，这里有

$$h^L = k^L \rho^L c_p^L (N_{Le})^{1/2} \tag{12-45}$$

Spagnolo 等[39]提供了更详细的传热模型，尤其对筛板塔。

12.4　汽相和液相流动模型

对一个级最简单的流动模型对应于汽相完全混合和液相完全混合的假定。在这种条件下，式(12－27)和式(12－28)中的传质推动力简化为

$$(y^V - y^L)_{avg} = (y^V - y^I) \tag{12-46}$$

$$(x^I - x^L)_{avg} = (x^I - x^L) \tag{12-47}$$

式中 y^V 和 x^L 是离开该级的摩尔分率。这类流动模型只适用于短液体流道的板式塔。

汽相和/或液相的活塞流模型假定这些相以没有混合的方式移动通过泡沫层。这种流动模型要求对整个泡沫层积分传质速率。Kooijman 和 Taylor[31]提出了一种近似积分方法，他们假定恒定的传质系数和界面组成。得到的平均摩尔分率推动力表示式与式(12－46)和式(12－47)相同，除了采用位于每个方程右边的利用 N^V 或 N^L 表示的校正因子外。对板式塔，活塞流模型比完全混合流动模型更精确，活塞流模型还可用于填料塔。

如 6.5 节中所讨论的，完全混合模型和活塞流模型是 Lewis[7]提出的可将 Murphree 汽相点效率转化为 Murphree 汽相板效率的两种流动模型。这两种模型代表两种极端情况。Fair、Null 和 Bolles[32]推荐了一种利用湍流 Peclet 数的更接近实际的部分混合或分散模型，Peclet 数的数值可覆盖很宽的范围。这种模型在两种极端情况间提供了过渡区。

对反应精馏，基于速率的多室(或混合池)模型被证明是有用的。在这种模型中，假定塔板上的液体通过几个(可能为 4 或 5 个)串联的完全混合室水平流过塔板。在可在 v4.3 版的 ChemSep 程序中调用的 Higler、Krishna 和 Taylor 模型[40]中，假定每一小室中的汽相也是完全混合的。如果需要，每块板上的小室也可在垂直方向上重叠。于是，一块板的模型可能有 5×5 个小室排列组成，完全混合室的总数为 25 个。Higler、Krishna 和 Taylor 假定离开最顶上的各小室的汽相物流在分流进入下一块板的各小室前被收集和混合。Pyhalahti 和 Jakobsson[41]的基于速率的多室模型只考虑水平方向上的一组小室，但离开一块塔板上的各小室的汽相物流在进入下一块板的各小室前可以混合，也可以不混合，而如图 6.21 所示，各板间液体的流动方向相反。

12.5　计算方法

如 12.1 节所指出的，当忽略压降方程时，图 12.1 的基于速率模型每块板的单个小室要求解的方程数为 $5C+5$①，如表 12.1 所列。这些方程包含列于表 12.2 的变量。方程中的其他参数可由这些变量计算。当变量数减去方程数，全塔的自由度数为 $2NC+9N+1$。如果

① 原文误为 $N(5C+5)$——译者注。

规定总级数和包括进料位置的全塔各进料的状态($2NC+4N+1$ 个变量),那么采用表 12.2 的变量标识,剩余的自由度数为 $5N$。基于速率模型的计算机程序通常需要用户规定这 $2NC+4N+1$ 个变量。在选择剩余的 $5N$ 个自由度时为用户提供的灵活性的程度,取决于特定的基于速率模型的计算机算法,广泛使用的三种算法是:(1)Taylor 和 H. A. Kooijman 的 ChemSep v4.3 版;(2)位于麻萨诸塞州剑桥的 Aspen 技术公司的 ASPEN PLUS 第 12 版中的 RATEFRAC;(3)CHEMCAD 5.4 版。这些算法都提供了各种热力学和传递性质关联式。

在剩余的 $5N$ 个规定的选择方面,这些程序都提供了相当大的灵活性。基础的 $5N$ 个规定为

$$r_j^{\mathrm{L}} \text{ 或 } U_j, r_j^{\mathrm{V}} \text{ 或 } W_j, p_j, Q_j^{\mathrm{L}} \text{ 和 } Q_j^{\mathrm{V}}$$

但是,如下所述,可对这些规定进行替换。

12.5.1 ChemSep 程序

ChemSep 程序适用于塔板或高度较小的填料(段)的传递方程。冷凝器和再沸器级视为平衡级。规定选项包括:

(1) r_j^{L} 和 r_j^{V}:对每一级,液相或汽相侧线可规定为(a) 侧线流量或(b) 侧线流量与到下一级的剩余流体流量之比,即图 12.1 中的 $r_j^{\mathrm{L}}=U_j/L_j$ 或 $r_j^{\mathrm{V}}=W_j/V_j$。

(2) p_j:有四种选择:

(a) 冷凝器(如有)压力和恒定的但塔内各级不同的压力及再沸器(如有)压力。

(b) 冷凝器(如有)压力、塔顶压力和塔底压力(塔底级或再沸器,如有)。塔顶和塔底之间各级压力通过线性内插确定。

(c) 冷凝器(如有)压力、塔顶压力和规定的每级压降,求取其余各级的压力。

(d) 冷凝器(如有)压力、塔顶压力和由水力学关联式通过 ChemSep 估算的各级压降。

(3) Q_j^{L} 和 Q_j^{V}:除冷凝器和再沸器(如有)外,必须规定各级的加热器和冷却器的热负荷。此外,可将塔的热损失规定为平均分配于各级的热损失。当设有冷凝器时(全凝不过冷、全凝过冷和分凝),用下列规定之一代替冷凝器热负荷:(a)摩尔回流比;(b)冷凝液温度;(c)馏出液摩尔流量;(d)摩尔回流量;(e)馏出液的组分摩尔流量;(f)馏出液中某组分的摩尔分率;(g)所有进料中的某组分在馏出液中的回收率;(h)馏出液占所有进料的摩尔分率;(i)馏出液某两个组分的摩尔比。

对于精馏,常用的规定是摩尔回流比。

当有再沸器(部分再沸、全沸蒸气产物、全沸过热蒸气产物)时,可用类似于上述冷凝器的下列规定选项代替再沸器热负荷:(a)摩尔蒸出比;(b)再沸器温度;(c)塔底产物摩尔流量;(d)再沸蒸气(蒸出)摩尔流量;(e))塔底产物的组分摩尔流量;(f)塔底产物中某组分的摩尔分率;(g)所有进料中的某组分在塔底产物中的回收率;(h)塔底产物占所有进料的摩尔分率;(i)塔底产物中某两个组分的摩尔比。对于精馏,常用的规定是塔底产物摩尔流量,如未规定,必须对此变量进行估计。

前述可选规定的数目是相当大的。此外,ChemSep 还提供了可代替冷凝器和/或再沸器热负荷的“灵活”规定。这些是以字符串形式提供的高级规定,包括某些允许变量的数值和/

或利用五个算术运算符(+、-、*、/和乘方)的这些变量的组合。这类变量包括任一级的级变量(L、V、x、y 和 T)和界面变量(x^{I}、y^{I}和 T^{I}),流量可采用摩尔或质量单位。

某些选项和高级选项的使用必须非常小心,因为其数值规定不当可能导致不能收敛。例如,对于级数固定的简单精馏塔,级数可能小于为达到规定馏出液和塔底产物纯度所需的最小级数。由标准的一对塔顶和塔底规定条件——例如回流比和对应于要求的馏出液流量的塔底产物摩尔流量——来开始进行模拟计算通常是明智的。这类规定几乎肯定能收敛,除非在塔内某些位置级间液相或汽相流量趋近于零。对计算结果的研究将为了解采用其他选项时可能存在的限制提供有价值的信息。

基于速率模型的方程,有些是线性的,有些是非线性的,可用类似于第 10 章中所述 Naphtali 和 Sandholm 提出的求解基于平衡模型的牛顿法求解。于是,按级对变量和方程进行分组,使 Jocobian 矩阵具有分块三对角形式。但是需求解的方程数为每级 $5C+6$ 个或 $5C+5$ 个,取决于各级上的压力是计算得到的还是规定的,而与之相比,对基于平衡模型,求解的方程数仅为 $2C+1$ 个。

传递系数和压降的计算需要塔径和塔内构件的尺寸。这些可为规定的(模拟型)或需计算的(设计型)。对后一种情况,为内构件选用默认的尺寸,而对板式塔或填料塔,根据液泛速度的规定百分数计算塔径,或对填料塔根据单位填料高度的规定压降计算塔径。

对设计型计算,每次迭代的计算时间约为模拟型计算的两倍,模拟型计算需要的时间通常少于基于平衡模型的两倍。设计型计算所需的迭代次数可能为基于平衡模型的两到三倍。总而言之,与基于平衡模型相比,设计型计算的总计算时间的增加不会超过一个数量级。利用目前的快速工作站或个人电脑,基于速率模型的设计型计算所需的时间通常少于 1 分钟。

与 Naphtali - Sandholm 法相似,基于速率模型主要利用 Jocobian 矩阵中的解析偏导数,并需要所有变量的初值。这些初值可利用 Powers 等[33]的方法由 ChemSep 程序自动产生。在 Powers 等的方法中,采用恒摩尔流和线性温度分布等通常采用的假定。各级摩尔分率的初值通过利用理想 K 值的几次泡点法迭代计算产生,随后将这些摩尔分率用于第一次迭代计算和非理想 K 值的计算。初始界面摩尔分率设定等于估算的主体值,而初始传质速率被任意设定为$\pm 10^{-3}$ kmol/h,符号取决于该组分的 K 值。

为防止振荡和加速迭代收敛,可限制每次迭代中某些变量的校正量。默认值对温度为 10K,对流量为 50%。当摩尔分率的校正量导致其数值超出可行域 0 到 1 时,缺省的校正量是达到极限值的步长的一半。对非常难解的问题,可采用 Powers 等[33]所描述的同伦-延续法促进收敛。

牛顿法的收敛可如同 Naphtali - Sandholm 法由各函数的残差值确定,或由各变量的校正值确定。ChemSep 采用两种判据,并当下列判据之一满足时结束迭代:

$$\left[\sum_{j=1}^{N}\sum_{k=1}^{N_j} f_{k,j}^2\right]^{1/2} < \varepsilon \tag{12-48}$$

$$\sum_{j=1}^{N}\sum_{k=1}^{N_j} \left|\Delta X_{k,j}\right| / X_{k,j} < \varepsilon \tag{12-49}$$

式中

$f_{k,j}$——表 12.1 中的残差;

N——级数;

N_j——第 j 级的方程数；

$X_{k,j}$——表 12.2 中的未知量；

ε——缺省值为 10^{-4} 的小数。

不同于 Naphtali - Sandholm 法，这些残差不进行标度变换。因此，往往首先满足第二种判据。

由收敛解的结果，对板式塔往往需用式(12 - 3)逐板逐组分计算 Murphree 汽相板效率，而对填料塔则计算 HETP。

ChemSep 还可对液-液萃取进行基于速率的计算。

例 12.2

1atm 下不能用常规精馏分离正庚烷和甲苯的混合物。因此，采用以甲乙酮为溶剂的特殊精馏方案。作为初步设计研究的一部分，对表 12.3 所列的规定条件，用 ChemSep 的基于速率模型设计一个筛板塔。

解

通过 ChemSep 的菜单输入表 12.3 所列的规定条件，并执行该程序。在 PC 机上短短几秒内经 8 次迭代就得到收敛解。所有变量的初值由程序产生。

表 12.3　例 12.2 的规定条件

输出饱和液体的全凝器
部分再沸器
冷凝器出口压力＝14.7 psia
冷凝器进口压力＝15.0 psia
回流比＝1.5
塔底产物流量＝45 lbmol/h
总塔板数＝20
进入由塔顶开始计算的第 10 板的进料 1：
55 lbmol/h 正庚烷
45 lbmol/h 甲苯
100 lbmol/h 甲乙酮(MEK)
20 psia 下的饱和液体
进入由塔顶开始计算的第 15 板的进料 2：
100 lbmol/h 甲乙酮(MEK)
20 psia 下的饱和液体
UNIFAC 模型计算液相活度系数
Chan - Fair 关联式计算传质系数
汽相为活塞流
液相为全混流
液泛速度的 85%
板间距＝0.5m (19.7 in.)
溢流堰高＝2 in.

预测的分离结果如下所列：

组分	馏出液/(lbmol · h^{-1})	塔底产物/(lbmol · h^{-1})
正庚烷	54.87	0.13
甲苯	0.45	44.55
甲乙酮	199.68	0.32

预测的塔内压力、液相温度、总汽相和液相流量、组分汽相和液相摩尔分率、组分传质速

率和 Murphree 汽相板效率的分布如图 12.2 所示，图中各级从塔顶到塔底进行编号，级 2 到 21 为筛板。计算所得的 Murphree 板效率汇总于下：

组分	Murphree 板效率	
	范　围	中　值
正庚烷	0.52～1.10	0.73
甲苯	0.70～0.79	0.79
甲乙酮	−3.23～1.14	0.76

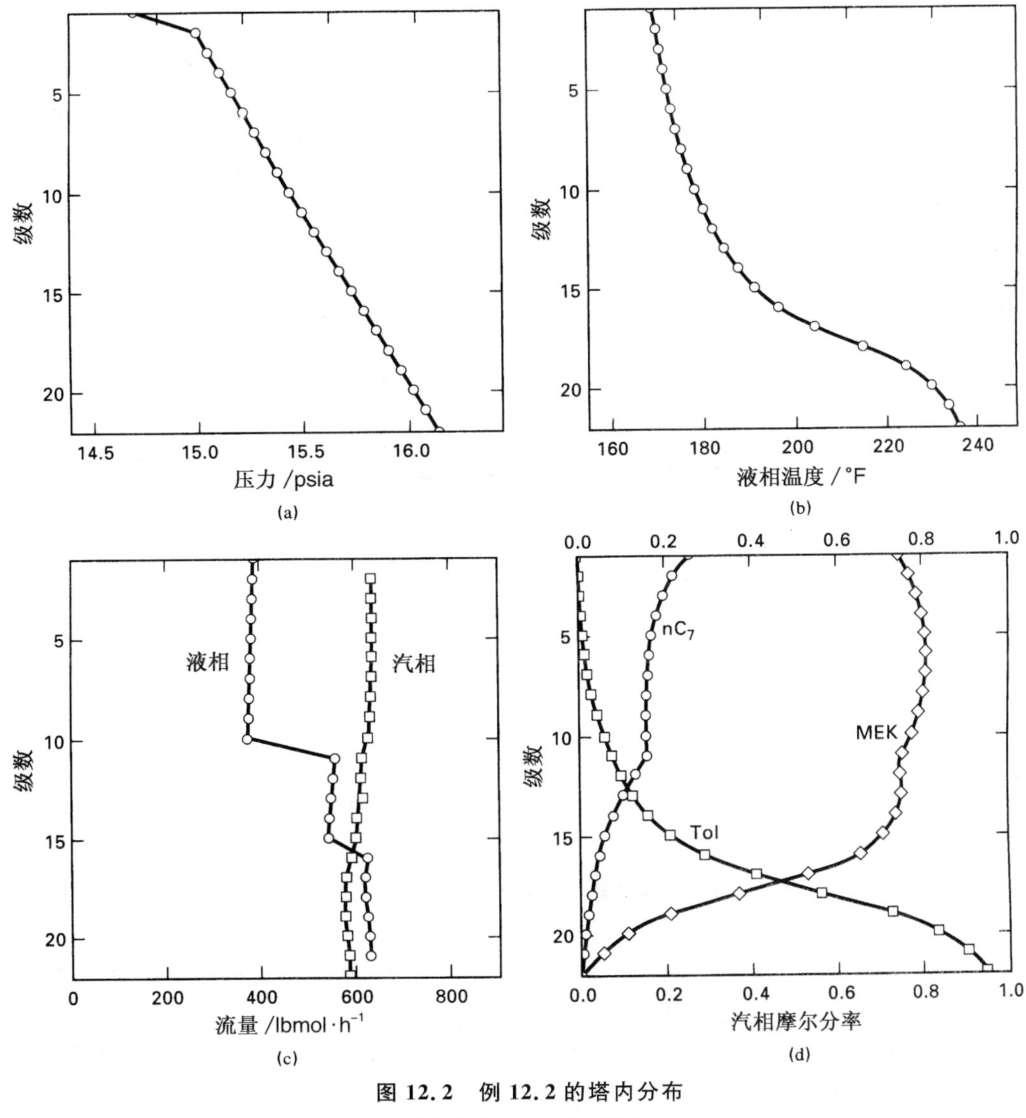

图 12.2　例 12.2 的塔内分布

(a) 压力分布；(b) 液相温度分布

(c) 汽相和液相流量分布；(d) 汽相摩尔分率分布

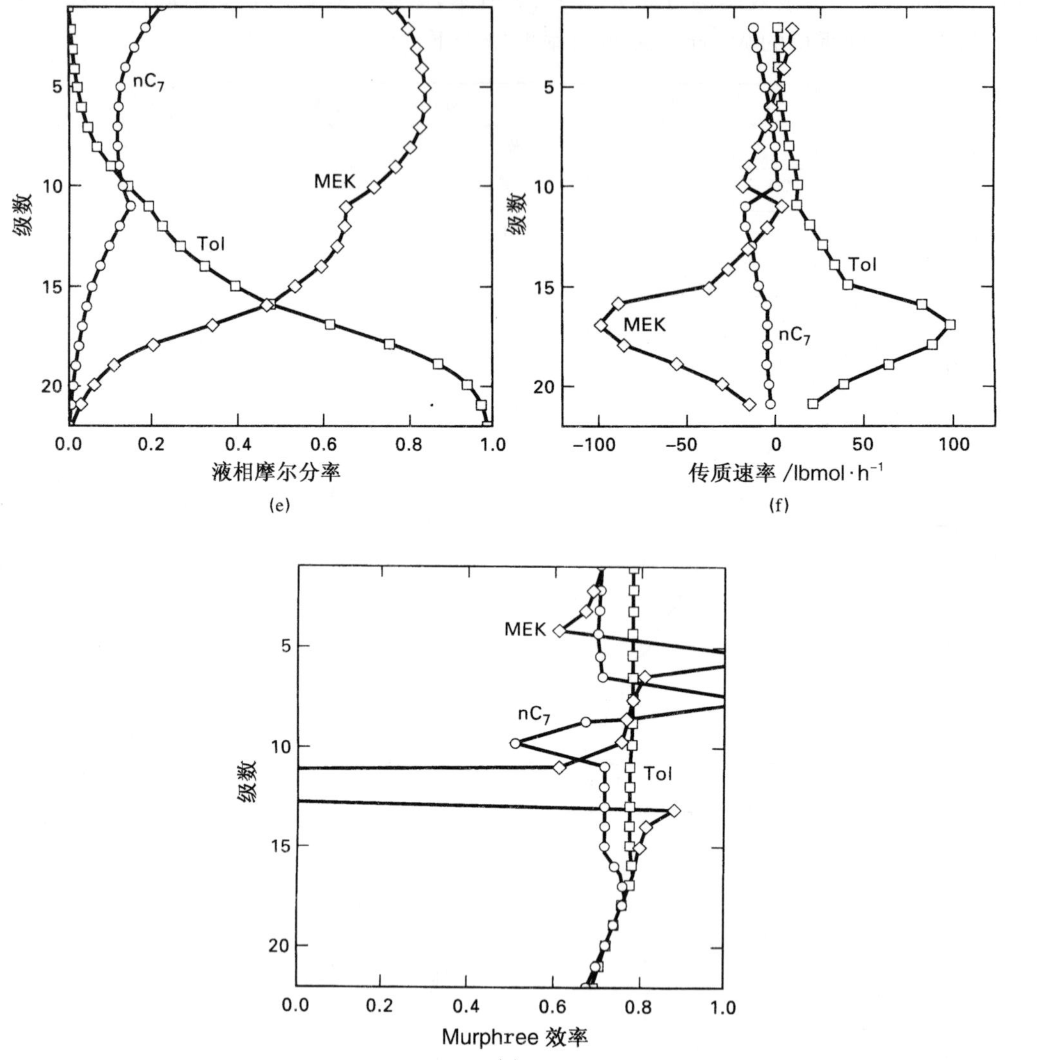

图 12.2(续)　例 12.2 的塔内分布

(e) 液相摩尔分率分布;(f) 传质速率分布;(g) Murphree 汽相板效率

根据经验,中间值似乎是合理的,对此基于速率的方法可予信任。20 块板约相当于 15 个平衡级。

为确定尺寸,将该塔分为三段:上部进料之上的 9 块板、从上部进料到下部进料之间的 5 块板和下部进料以下的 6 块板。计算得到的塔径分别为 1.75m (5.74ft)、1.74m (5.71ft)和 1.83m (6.00ft)。于是,合理的选择为采用 1.83m (6.00ft)直径的塔。预测每块塔板的平均压降为 0.06psi。计算得到的热负荷如下所列:

冷凝器:2.544MW (8 680 000 Btu/h)

再沸器:2.482MW (8 470 000 Btu/h)

例 12.3

对装填 Flexipac 2 规整填料、以液泛速度的 75%操作的填料塔,重新解例 12.2。填料高度如下所列：

塔　　段	填料高度/ft
上部进料以上	13
上部和下部进料之间	6.5
下部进料以下	6.5

解

每 6.5ft 填料分为 50 段进行模拟。因为段数多，汽相和液相均假定为全混流。牛顿法不能使计算收敛，所以选择同伦-延续选项。经过 26 次迭代在 75 秒内达到收敛。略微优于例 12.2 的预测分离结果如下所列：

组　　分	馏出液/($lbmol \cdot h^{-1}$)	塔底产物/($lbmol \cdot h^{-1}$)
正庚烷	54.88	0.12
甲苯	0.40	44.60
甲乙酮	199.72	0.28

HETP 的分布标绘如图 12.3 所示。对正庚烷、甲苯和甲乙酮，中间值分别为约 0.55m (21.7in.)、0.45m (17.7in.)和 0.5m (19.7in.)。甲乙酮的 HETP 看来分布较宽。

从塔顶往下的三个塔段的预测塔径为 1.65、1.75 和 1.85m，与筛板塔的预测塔径非常接近。

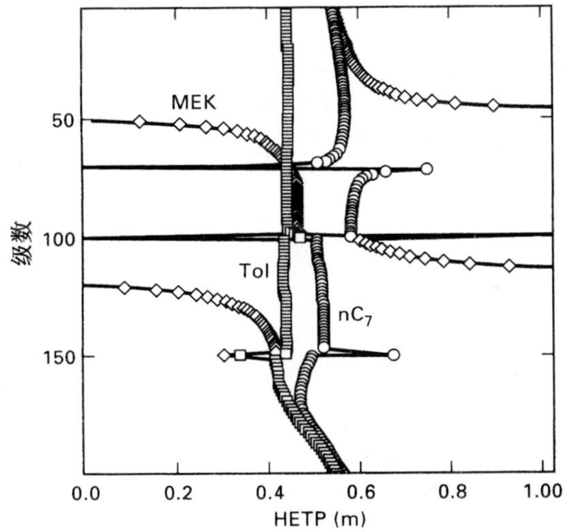

图 12.3　例 12.3 的塔的 HETP 分布

12.5.2　RATEFRAC 程序

Aspen 技术公司的 RATEFRAC 程序设计成可模拟用于反应精馏的塔。最新版本的 ChemSep 也可模拟反应精馏。对 RATEFRAC，反应可基于平衡或基于动力学，并包括电解质之间的反应。对动力学控制的反应，可选择插入幂函数方程或用户提供的速率方程的

FORTRAN 子程序。对基于平衡的反应，用户可提供作为温度函数的平衡常数，或由 RATEFRAC 根据储存在数据库中的自由能数据计算反应平衡常数。用户可规定发生反应的相。必须提供侧线物流的流量和塔压分布。对中间冷却器和中间再沸器必须规定热负荷。核算模式的标准规定是回流比和塔底产物流量。但是，在设计模式中可对这类规定进行处置以达到下列任何一种替代规定：

(a) 某个组分或一组组分在产物或内部物流中的纯度；

(b) 某个组分或一组组分在产物物流中的回收率；

(c) 某个组分或一组组分在产物或内部物流中的流量；

(d) 产物或内部汽相和液相物流的温度；

(e) 冷凝器或再沸器的热负荷；

(f) 产物或内部物流的某个物性的数值；

(g) 任何两股产物或内部物流的物性的比值或差值，这两股物流的相态可以相同也可不同。

对泡罩板、浮阀板、筛板和乱堆填料，传质系数已插入 RATEFRAC。用户可提供他们自己的计算传递系数和界面积的 FORTRAN 子程序。采用牛顿法使计算收敛。

表 12.4 例 12.4 的规定条件

塔顶压力＝182psia	
塔底压力＝185psia	
溢流堰高＝2in.	
每块板上液体完全混合	
每块板上气体完全混合	
AIChE 关联式计算二元传质系数和界面积	
Chilton－Colburn 类似律计算传热系数	
Chao－Seader 关联式计算 K 值	
123 ℉和 184 psia 的气体进料	
组分	lbmol/h
氢	218
氮	87
甲烷	136
乙烷	139
丙烷	118
异丁烷	6
正丁烷	2
异戊烷	43
正己烷	14
正庚烷	4
总计	767
100 ℉和 182 psia 的液体吸收剂进料	
组分	lbmol/h
正十二烷	165
正十三烷	165

例 12.4

用 RATEFRAC 预测在表 12.4 所列的条件下操作的、直径为 3.5ft、有 20 块泡罩板的吸收塔的各种塔内分布。

解

没有提供变量的初估值。程序在个人电脑上运算，各变量的初估值由 RATEFRAC 提供。在初始化步骤后，总共需要 5 次迭代。包括编译、联结和执行的总计算时间约为 60 秒。对产物物流获得如下结果：

组　分	贫气/(lbmol · h^{-1})	富油/(lbmol · h^{-1})
氢	216.6	1.4
氮	86.1	0.9
甲烷	131.4	4.6
乙烷	120.0	19.0
丙烷	73.4	44.6
异丁烷	1.1	4.9
正丁烷	0.0	2.0
异戊烷	0.0	43.0
正己烷	0.0	14.0
正庚烷	0.0	4.0
正十二烷	0.0	165.0
正十三烷	0.0	165.0
总计	628.6	468.4

反算的 Murphree 汽相板效率如下所列：

组　分	E_{MV}	
	范　围	中　值
氢	−1.25～1.21	0.43
氮	−0.51～3.25	0.41
甲烷	−0.13～0.87	0.41
乙烷	−0.03～1.02	0.30
丙烷	−1.89～2.71	0.33
异丁烷	−6.51～1.16	0.42
正丁烷	−0.75～5.65	0.50
异戊烷	−3.17～1.15	0.57
正己烷	0.63～1.38	0.63
正庚烷	0.64～0.88	0.64
正十二烷	−2.92～1.01	0.42
正十三烷	−5.04～0.97	0.42

可见各组分和各级之间效率变化很大。对吸收塔的模拟和设计，基于速率模型显然比基于平衡模型优越。

随着化学工程师对质量传递和热量传递原理的了解逐渐增加，以及改进的塔板和填料传质和传热系数关联式的开发，基于速率模型的应用正日益增加。为获得最可靠的结果，这类模型还将得益于汽相和液相流动模型的更接近实际的选择。为增加采用这类模型的信心，需要将基于速率模型与工业操作数据进行更多的比较。Taylor、Kooijman 和 Woodman [34]及 Kooijman 和 Taylor[31]提供了某些新近的比较。Ovejero 等[35]提供的与采用已知界面积的球形和圆柱形填料的填料塔的精馏数据的比较，表明对三个二元系和两个三元系都有令人满意的一致。

12.6 本章小结

（1）20世纪80年代后期以来，多组分、多级汽液分离操作的基于速率模型已变得便于应用。对接近理想系统以外的所有系统，这类模型可能优于基于平衡模型。

（2）基于速率模型将与处理多组分传质中的组分耦联作用的严格方法相结合。

（3）因为对两个相需要分别进行衡算，基于速率模型的方程数比基于平衡模型多。此外，基于速率模型还受塔内构件几何形状的影响。各种关联式被用于预测传质速率和传热速率。并将塔板和填料的流体力学结合进基于速率模型，使它能预测塔内压力分布。假定在相界面上达到平衡。

（4）与基于平衡模型相比，基于速率模型增加的计算时间一般不超过一个数量级。

（5）ChemSep和RATEFRAC基于速率模型的计算机程序为用户规定提供了相当大的灵活性，这导致缺乏经验的用户稍不注意就会规定不可能实现的条件。因此，最好由标准规定条件开始模拟研究。

参考文献

1. Sorel, Ernest, *La rectification de I' alcool*, Paris (1893).
2. Smoker, E. H., *Trans. AIChE.* **34**,165 (1938).
3. Thiele, E. W., and R. L. Geddes, *Ind. Eng. Chem.*, **25**, 290 (1933).
4. Lewis. W. K., and G. L. Matheson, *Ind. Eng. Chem.*, **24**, 496—498 (1932).
5. Lewis, W. K., *Ind. Eng. Chem.*, **14**,492 (1922).
6. Murphree, E. V., *Ind. Eng. Chem.*, **17**,747—750,960—964 (1925).
7. Lewis. W. K., *Ind. Eng. Chem.*, **28**,399 (1936).
8. Seader, J. D., *Chem. Eng. Prog.*, **85** (10), 41—49 (1989).
9. Walter, J. F., and T. K. Sherwood, *Ind. Eng. Chem.*, **33**, 493—501 (1941).
10. Toor. H. L., *AIChE J.*, **3**,198 (1957).
11. Toor, H. L., and J. K. Burchard, *AIChE J*, **6**,202 (1960).
12. Krishna, R., H. F. Martinez, R. Sreedhar, and G. L. Standart, *Trans. I. Chem. E.*, **55**, 178 (1977).
13. Waggoner, R. C., and G. D. Loud, *Comput. Chem. Engng.*, **1**, 49(1977).
14. Krishna, R., and G. L. Standart, *Chem. Eng. Comm.*, **3**,201 (1979).
15. Taylor, R., and R. Krishna, *Multicomponent Mass Transfer*, John Wiley and Sons, New York (1993).
16. Krishnamurthy, R., and R. Taylor, *AIChE J.*, **31**,449,456 (1985).
17. Taylor, R., H. A. Kooijman, and J.-S. Hung, *Comput. Chem. Engng.*, **18**,205—217(1994).

18. *ASPEN PLUS Reference Manual—Volume* 1, Aspen Technology, Cambridge, MA (1994).
19. Taylor, R., and H. A. Kooijman, *CACHE News*, No. **41**, 13—19 (1995).
20. AIChE, *Bubble-Tray Design Manual*, New York (1958).
21. Harris, I. J., *British Chem. Engng.*, **10**(6), 377 (1965).
22. Hughmark, G. A., *Chem. Eng. Progress*, **61**(7), 97—100 (1965).
23. Zuiderweg, F. J., *Chem Eng. Sci.*, **37**, 1441 (1982).
24. Chan, H., and J. R. Fair, *Ind. Eng. Chem. Process Des. Dev.*, **23**, 814—827(1984).
25. Chen. G. X., and K. T. Chuang, *Ind. Eng. Chem. Res.*, **32**, 701—708 (1993).
26. Onda, K., H. Takeuchi, and Y. J. Okumoto. J. *Chem. Eng. Japan*, **1**, 56—62(1968).
27. Bravo, J. L., and J. R. Fair, *Ind. Eng. Chem. Process Des. Devel*, **21**, 162—170(1982).
28. Bravo, J. L., J. A. Rocha, and J. R. Fair, *Hydrocarbon Processing*, **64**(1), 56—60(1985).
29. Bravo, J. L., J. A. Rocha, and J. R. Fair, *I. Chem. E. Symp. Ser.*, No. 128, A489—A507(1992).
30. Billet, R., and M. Schultes, *I. Chem. E. Symp. Ser.*, No. 128, B129 (1992).
31. Kooijman, H. A., and R. Taylor, *Chem. Eng. J.*, **57**(2), 177—188 (1995).
32. Fair, J. R., H. R. Null, and W. L. Bolles, *Ind. Eng. Chem. Process Des. Dev.*, **22**, 53—58 (1983).
33. Powers, M. F., D. J. Vickery, A. Arehole, and R. Taylor, *Comput. Chem. Engng.*, **12**, 1229—1241 (1988).
34. Taylor, R., H. A. Kooijman, and MR. Woodman, *I. Chem. E. Symp. Ser.*, No. 128, A415—A427 (1992).
35. Ovejero, G., R. Van Grieken, L. Rodriguez, and J. L. Valverde *Sep Sci. Tech.*, **29**, 1805—1821 (1994).
36. Scheffe, R. D., and R. H. Weiland, *Ind. Eng. Chem. Res.*, **26**, 228—236(1987).
37. Young, T. C., and W. E. Stewart, *AIChE J.*, **38**, 592—602 with errata on p. 1302(1993).
38. Young, T. C., and W. E. Stewart, *AIChE J.*, **41**, 1319—1320 (1995).
39. Spagnolo, D. A., E. L. Plaice, H. J. Neuburg. and K. T. Chuang, *Can. J. Chem. Eng.*, **66**, 367—376 (1988).
40. Higlbr, A., R. Krishna, and R. Taylor, *AIChE J.*, **45**, 2357—2370 (1999).
41. Pyhalahti, A., and K. Jakobsson, *Ind. Eng. Chem. Res.*, **42**, 6188—6195 (2003).

习　　题

12.1 节

12.1　修改式(12－4)到式(12－18)的基于速率模型，将夹带和吸留的影响包括在模型中。

12.2　修改式(12－4)到式(12－18)的基于速率模型，将下列条件下的液相化学反应包括在模型中：

(a) 化学平衡；

(b) 动力学速率方程。

12.3　说明如何减少基于速率模型的方程数。这样做值得吗？

12.2 节

12.4　对假定汽、液两相均为完全混合的筛板塔内的丙酮(1)、甲醇(2)和水(3)三元系，在 14.7 psia 压力下，由基于速率的计算获得级 n 的如下结果。

组分	y_n	y_{n+1}	y_n^{I}	K_n^{I}	x_n
1	0.491 3	0.410 6	0.529 1	1.507	0.368 3
2	0.420 3	0.438 9	0.407 0	0.900	0.448 7
3	0.088 4	0.150 5	0.063 9	0.324 7	0.183 0

由 Chan - Fair 关联式计算得到的汽相二元传质系数与界面积的乘积如下所列，单位为 lbmol/（h·单位摩尔分率）

$$k_{12}=k_{21}=1\ 750$$
$$k_{13}=k_{31}=2\ 154$$
$$k_{23}=k_{32}=2\ 503$$

计算的汽相流量为 $V_n=1\ 200$ lbmol/h 和 $V_{n+1}=1\ 164$ lbmol/h。确定：

(a) 组分摩尔扩散速率；

(b) 传质速率；

(c) Murphree 汽相板效率。

12.5 对五组分系统，写出扩充的表示 $\boldsymbol{R}^{\mathrm{P}}$ 的方程式(12 - 31)和式(12 - 32)。

12.6 重新进行例 12.1 的计算，但采用 1＝甲醇、2＝水和 3＝丙酮。结果有何不同？如果没有不同，为什么？用数学证明你的结论。

12.3 节

12.7 比较并讨论可获得的估算板式塔的二元对的传质系数的各种关联式的优点和缺点。

12.8 比较并讨论可获得的估算乱堆填料塔和规整填料塔的二元对的传质系数的各种关联式的优点和缺点。

12.4 节

12.9 讨论如何可将 Fair、Null 和 Bolles 法[32]用于模拟基于速率模型中的流动模型。摩尔分率推动力如何计算？

12.5 节

12.10 1atm 下由 100 kmol/h 甲醇、50 kmol/h 异丙醇和 100kmol/h 水组成的泡点混合物进入有 40 块筛板和全凝器与部分再沸器的塔中由塔顶开始计算的第 25 块塔板，该塔在 1atm 的公称压力下操作。如果回流比为 5，而塔底产物流量为 150 kmol/h，并采用 UNIFAC 法估算 K 值，用 Chan - Fair 关联式估算传质，确定能达到的分离程度。假定每块板上两相均为完全混合，并以液泛速度的约 80%操作。

12.11 用水作为萃取精馏溶剂，在 1atm 的公称压力下操作的筛板塔用于分离丙酮和甲醇的混合物。该塔有 40 块塔板及全凝器与部分再沸器。由 50 kmol/h 丙酮和 150 kmol/h 甲醇组成的 60℃和 1atm 下的进料由从塔顶开始计算的第 35 块塔板进入，50 kmol/h 温度和压力分别为 65℃和 1atm 的水由从塔顶开始计算的第 5 块塔板进入。确定回流比为 10 和塔底产物流量为 200 kmol/h 时的分离程度。用 UNIFAC 法估算 K 值，而用 AIChE 法估算传质。假定每块板上液相为完全混合，汽相为活塞流，并以液泛速度的约 80%操作。并确定为达到相同的分离所需的平衡级数目(最接近的整数级)。

12.12 重做习题 12.10，如果塔内装填 2in. 的不锈钢鲍尔环，在进料板以上装填 25ft 填料，在进料板以下装填 15ft 填料。确保计算采用数目足够的填料分段。

12.13 重做习题 12.10，如果在进料板以上装填 25ft、在进料板以下装填 15ft 规整填料。确保计算采用数目足够的填料分段。

12.14 对分别为下列数值的液泛速度百分数、溢流堰高和开孔面积的各种组合条件，求解习题 12.10：

40%、60%和 80%

1in.、2in. 和 3in.

6%、10%和 14%

12.15　习题 7.40 讨论的空气分离系统的上塔有 48 块筛板，在 131.7 kPa 公称压力下操作。80K 和 131.7 kPa 的进料由塔顶板进入，进料流量为 1 349 lbmol/h，组成为 97.868%(mol)氮、0.365%(mol)氩和 1.767%(mol)氧。第二股进料由塔顶开始计算的第 12 块塔板进入，温度和压力分别为 83K 和 131.7 kPa，流量为 1 832 lbmol/h，组成为 59.7%(mol)氮、1.47%(mol)氩和 38.83%(mol)氧。该塔没有冷凝器，但有一个分流再沸器。离开塔顶板的汽相馏出物流量为 2 487 lbmol/h，其余产物由塔底离开，50%(mol)为蒸气，50%(mol)为液体。假定形成理想溶液。确定液泛速度的百分数对分离程度和氧的 Murphree 汽相板效率中值的影响。

12.16　采用 1.4atm 和与主进料相同温度的下列富苯酚溶剂，通过萃取精馏对 1.4atm 下的下列泡点有机液体混合物进行精馏分离：

组分	进料/(kmol·h^{-1})	溶剂/(kmol·h^{-1})
甲醇	50	0
正己烷	20	0
正庚烷	180	0
甲苯	150	0
苯酚	0	800

该塔有 30 块筛板及全凝器和部分再沸器。溶剂和进料分别在由塔顶开始计算的第 5 块和第 15 块塔板进入。冷凝器压力为 1.1atm；塔顶板压力为 1.2atm，而塔底压力为 1.4atm。回流比为 5，而塔底产物流量为 960 kmol/h。热力学性质对液体用 UNIFAC 法估算，对气体用 SRK 方程估算。Antoine 方程可用于蒸气压计算。采用 ChemSep 程序的非平衡模型对此分离过程进行计算。假定汽相和液相均为完全混合，塔板以液泛速度的 75%操作。规定用 Chan - Fair 关联式计算传质系数。此外，由逐板计算结果确定每个组分的平均 Murphree 汽相板效率(删除似乎与大多数数值明显不同的数值)。通过改变进料和溶剂的进料位置，尝试改善分离的清晰度。你可以如何提高分离的清晰度？尽可能多地列出你的改进点。

12.17　设计一泡罩板塔从 4 atm 的富气中吸收 40%的丙烷。对进料富气和吸收剂油的规定如下所列：

	吸收剂油	富气
流量/(kmol·s^{-1})	11.0	11.0
温度/℃	32	62
压力/atm	4	4
摩尔分率：		
甲烷	0	0.286
乙烷	0	0.157
丙烷	0	0.240
正丁烷	0.02	0.169
正戊烷	0.05	0.148
正十二烷	0.93	0

(a) 确定需要的平衡级数和各组分的分离度；

(b) 确定需要的实际级数和各组分的分离度及 Murphree 汽相板效率；

(c) 比较并讨论基于平衡和基于速率的计算结果，你将得出什么结论？

12.18　在筛板塔内精馏甲醇、乙醇和水的三元混合物，获得水含量不超过 0.01%(mol)的馏出液。塔的进料条件如下所列：

流量/(kmol·h^{-1})	142.46
压力/atm	1.3
温度/K	316
摩尔分率：	
甲醇	0.653 6
乙醇	0.035 1
水	0.311 3

对馏出液流量 93.10 kmol/h、回流比 1.2、冷凝器出口压力 1.0atm 和塔顶板压力 1.1atm，用 UNIFAC 法计算活度系数，确定：

(a) 如果在最优位置进料，需要的平衡级数和相应的分离度；

(b) 如果该塔在 85%液泛速度下操作，且在最优位置进料，需要的实际级数。将分离度与(a)进行比较。此外，计算各组分的 Murphree 汽相板效率。对两种计算方法，你可得出什么结论？

12.19 对用 2in.不锈钢鲍尔环的填料塔，重做习题 12.18。

12.20 要求在公称压力为 1atm 的筛板塔内用吸收剂油从气体物流中吸收 96%的苯。进料条件如下所列：

	气 体	液 体
流量/(kmol·s^{-1})	0.0148 7	0.005
压力/atm	1.0	1.0
温度/K	300	300
组成，摩尔分率：		
氮	0.750 5	0
氧	0.199 5	0
苯	0.050 0	0.005
正十三烷(C_{13})	0	0.995

塔板几何尺寸如下所列：

板间距/m	0.5
溢流堰高/m	0.05
孔径/m	0.003
板厚/m	0.002

确定以 80%液泛速度操作时的塔径，需要的实际塔板数，和对板上汽相和液相可能的流型组合下苯的 Murphree 汽相板效率分布。对此习题，能否用基于平衡法获得可靠的解决方案？

第13章　间歇精馏

在间歇分离操作中，进料混合物被加入设备，然后抽出一种或多种产物。一个熟悉的例子是图13.1所示的实验室精馏，图中将液体混合物加入蒸馏釜、甑或烧瓶，然后用火焰或电热罩加热到沸腾。连续排出生成的蒸气，再冷凝产生馏出液。

釜内物料和馏出液均随时间而变，所以不存在定态。随着精馏的进行，釜内温度不断上升，而留在精馏釜内的沸点较低组分的相对数量逐渐减少。

在下列情况中，间歇操作可能具有优越性：

(1) 设备处理能力太小，不能以有实际意义的速率连续操作。

(2) 因为季节需要，必须用同一装置精馏不同原料，生产不同产物。

(3) 需要用一套精馏装置生产几种新产品供潜在的客户评价。

(4) 上游过程以间歇方式操作，精馏的进料组成随时间或批次而变。

(5) 进料含有固体或会生成可能堵塞或污染连续精馏塔的固体、焦油或树脂状的物料。

13.0　本章教学目的

学完本章后，你应该能够：

- 列出用于推导间歇精馏的最简单形式(微分精馏)的Rayleigh方程的各项假定。
- 对二元微分精馏，用作图法或代数法计算作为时间函数的间歇釜温度、残液组成、瞬时馏出液组成和平均馏出液组成。
- 在平衡级、不考虑持液量和恒定回流比或变回流比以保持恒定馏出液组成的条件下，用改进的McCabe－Thiele法计算二元间歇精馏的残液和馏出液组成。
- 说明考虑持液量的重要性。
- 借助模拟软件用简捷法和严格的平衡级法进行包括为获得规定产物而安排的操作步骤的多组分、多级间歇精馏计算。
- 应用优化控制原理优化间歇精馏。

13.1 微分精馏

如 Load 和 Rayleigh[1]所论述的，间歇精馏的最简单情况是涉及采用图 13.1 所示装置的微分精馏。这种操作没有回流；在任何瞬间，假定离开蒸馏釜的组成为 y_D的蒸气均与完全混合的釜内液体平衡。对完全冷凝，$y_D = x_D$。于是，只有一个平衡级，蒸馏釜。这种装置可用于分离宽沸点混合物。对随时间 t 变化的各变量采用下列符号，假定所有组成均指多组分混合物中的特定组分。

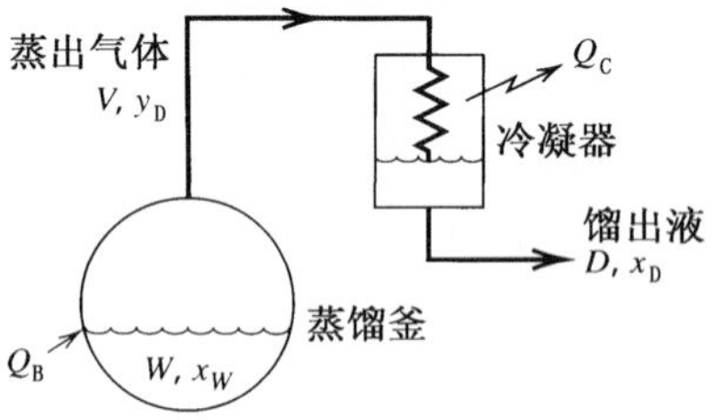

图 13.1 微分(Rayleigh)精馏

D——瞬时馏出液流量，mol/h；

$y = y_D = x_D$——瞬时馏出液组成，摩尔分率；

W——留在釜内的液体摩尔数；

$x = x_W$——留在釜内的液体组成，摩尔分率；

0——表示 $t=0$ 的下标。

对混合物中的任何组分：

$$\text{瞬时的产出速率} = D y_D$$

$$\text{釜内该组分消失的瞬时速率} = -\frac{\mathrm{d}}{\mathrm{d}t}(W x_W) = -W\frac{\mathrm{d}x_W}{\mathrm{d}t} - x_W\frac{\mathrm{d}W}{\mathrm{d}t}$$

因此，馏出液流量和釜内液体消失速率取决于热量加入蒸馏釜的速率。任何瞬间的物料衡算为：

$$\frac{\mathrm{d}}{\mathrm{d}t}(W x_W) = W\frac{\mathrm{d}x_W}{\mathrm{d}t} + x_W\frac{\mathrm{d}W}{\mathrm{d}t} = -D y_D \tag{13-1}$$

乘以 $\mathrm{d}t$：

$$W\mathrm{d}x_W + x_W\mathrm{d}W = y_D(-D\mathrm{d}t) = y_D\mathrm{d}W$$

因为由总物料衡算 $-D\mathrm{d}t = \mathrm{d}W$。分离变量并由初始加料条件 W_0和 x_{W_0}起进行积分

$$\int_{x_{W_0}}^{x_W}\frac{\mathrm{d}x_W}{y_D - x_W} = \int_{W_0}^{W}\frac{\mathrm{d}W}{W} = \ln\left(\frac{W}{W_0}\right) \tag{13-2}$$

这就是著名的 Rayleigh 方程，它被首先用于宽沸点混合物，如 $HCl\text{-}H_2O$、$H_2SO_4\text{-}H_2O$、$NH_3\text{-}H_2O$的分离。没有回流，假定 y_D和 x_W处于平衡状态，式(13-2)简化为

$$\int_{x_0}^{x}\frac{\mathrm{d}x}{y - x} = \ln\left(\frac{W}{W_0}\right) \tag{13-3}$$

上式中用 x_0 代替 x_{W0}。

只有当压力为常数、蒸馏釜中温度变化较小（窄沸点混合物）且 K 值与组成无关时，式(13－3)才能方便地积分。这时 $y=Kx$，式中 K 近似为常数，而式(13－3)变成

$$\ln\left(\frac{W}{W_0}\right)=\frac{1}{K-1}\ln\left(\frac{x}{x_0}\right) \tag{13-4}$$

对二元混合物，如果代以假定为常数的相对挥发度 α，将式(4－8)代入式(13－3)，然后进行积分并化简，得出

$$\ln\left(\frac{W_0}{W}\right)=\frac{1}{\alpha-1}\left[\ln\left(\frac{x_0}{x}\right)+\alpha\ln\left(\frac{1-x}{1-x_0}\right)\right] \tag{13-5}$$

如果平衡关系 $y=f\{x\}$ 采用图形或表格形式，式(13－3)的积分可采用图解积分或数值积分。最终留在蒸馏釜内的液体通常称为残液。

下面三个例题说明 Rayleigh 方程对二元混合物的某些应用。

例 13.1

在间歇蒸馏釜内装入 100 kmol 由 50%(mol)苯和 50%(mol)甲苯组成的二元混合物。作为时间的函数标绘下列各项：(a) 蒸馏釜温度；(b) 瞬时汽相组成；(c) 蒸馏釜组成；(d) 总馏出液平均组成。假定蒸出速率恒定为 10kmol/h，而 101.3kPa(1atm)压力下相对挥发度为常数 2.41。

解

初始时刻 $W_0=100$ kmol，$x_0=0.5$。由 0.5 开始，取步长 0.05 求解式(13－5)得到不同 x 值的 W，并由 $t=(W_0-W)/10$ 确定相应的时间，得到下列表格：

t/h	2.12	3.75	5.04	6.08	6.94	7.66	8.28	8.83	9.35
W/(kmol)	78.85	62.51	49.59	39.16	30.59	23.38	17.19	11.69	6.52
$x=x_0$	0.45	0.40	0.35	0.30	0.25	0.20	0.15	0.10	0.05

对 α 为常数的平衡关系，可由式(4－8)求得瞬时汽相组成 $y=2.41x/(1+1.41x)$。整个时间区间 0 到 t 内 y_D 和 x_D 的平均值可通过将总组分衡算和总物料衡算相结合，使时间 t 的 x 和 W 相联系，得出

$$(x_D)_{avg}=(y_D)_{avg}=\frac{W_0x_0-Wx}{W_0-W} \tag{13-6}$$

利用式(13－6)比最后积分馏出液组成要简单得多。

要获得釜内温度，必须利用表 13.1 提供的 101.3kPa 下苯-甲苯的 $T-x-y$ 实验数据。作为时间函数的温度和组成如图 13.2 所示。

表 13.1　101.3 kPa 下苯-甲苯的汽-液平衡数据

x_B	y_B	T/℃	x_B	y_B	T/℃
0.100	0.208	105.3	0.600	0.791	89.7
0.200	0.372	101.5	0.700	0.857	87.3
0.300	0.507	98.0	0.800	0.912	85.0
0.400	0.612	95.1	0.900	0.959	82.7
0.500	0.713	92.3	0.950	0.980	81.4

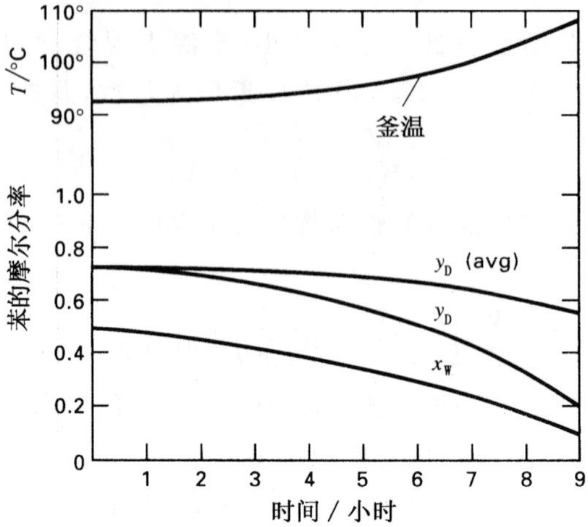

图 13.2　例 13.1 的精馏过程

例 13.2

不采用相对挥发度为常数 2.41 的这一条件，而利用表 13.1 提供的 101.3kPa 下苯-甲苯的汽-液平衡数据，重新解例 13.1，用式(13－3)而不是式(13－5)通过图解或数值积分求解本问题。

解

可通过以 $x_0=0.5$ 为下限标绘 $1/(y-x)$ 对 x，由图解积分求解式(13－3)。利用表13.1中作为 x 函数的 y，采用苯的摩尔分率的各标绘点如下所列：

x	0.5	0.4	0.3	0.2	0.1
$\dfrac{1}{y-x}$	4.695	4.717	4.831	5.814	9.259

由 $x_0=0.5$ 到给定 x 值，在标绘曲线以下的面积等于 $\ln(W/W_0)$，然后可由 $W_0=100$ kmol 计算 W。在 $x=0.5$ 到 0.3 的区域内，$1/(y-x)$ 的值仅略有变化。因此，采用梯形规则的数值积分可方便地进行：

$x=0.4$：

$$\ln\left(\frac{W}{W_0}\right)=\int_{0.5}^{0.4}\frac{dx}{y-x}\approx\Delta x\left[\frac{1}{y-x}\right]_{avg}$$

$$=(0.4-0.5)\times\frac{4.695+4.717}{2}=-0.4706$$

$$W/W_0=0.625, W=0.625\times100=62.5\ \text{kmol}$$①

$x=0.3$：

$$\ln\left(\frac{W}{W_0}\right)=\int_{0.5}^{0.3}\frac{dx}{y-x}\approx\Delta x\left[\frac{1}{y-x}\right]_{avg}$$

$$=(0.3-0.5)\times\frac{4.695+4.717}{2}=-0.948$$

① 原文误为 $W=-0.625\times100=62.5$kmol——译者注。

$$W/W_0=0.388, W=0.388\times 100=38.8\ \text{kmol}$$

这两个数值与例 13.1 的结果相当一致。从 $x_0=0.5$ 到 $x=0.1$[①] 的图解积分给出 $W=10.7$，这比采用恒定相对挥发度的例 13.1 的结果小约 10%。

Rayleigh 方程式(13-1)可用于多组分混合物中的任何两个组分 i 和 j。于是，如果令 M_i 为蒸馏釜内组分 i 的摩尔数

$$\frac{\mathrm{d}M_i}{\mathrm{d}t}=\frac{\mathrm{d}}{\mathrm{d}t}(Wx_{\mathrm{W}i})=-Dy_{\mathrm{D}i}$$

那么

$$\mathrm{d}M_i/\mathrm{d}M_j=y_{\mathrm{D}i}/y_{\mathrm{D}j} \tag{13-7}$$

对 $\alpha_{i,j}=y_{\mathrm{D}i}x_{\mathrm{W}i}/y_{\mathrm{D}j}x_{\mathrm{W}j}$，式(13-7)变成

$$\mathrm{d}M_i/\mathrm{d}M_j=\alpha_{i,j}(x_{\mathrm{W}i}/x_{\mathrm{W}j}) \tag{13-8}$$

对 i 和 j，将 $M_i=Wx_{\mathrm{W}i}$ 代入式(13 8)，得出

$$\mathrm{d}M_i/M_i=\alpha_{i,j}\mathrm{d}M_j/M_j \tag{13-9}$$

从初始装料状态开始积分，得出

$$\ln(M_i/M_{i0})=\alpha_{i,j}\ln(M_j/M_{j0}) \tag{13-10}$$

如下面的例题所示，式(13-10)可用于确定相对挥发度对 Rayleigh 精馏所能达到的分离程度的影响。

例 13.3

简单间歇蒸馏的装料为 A 和 B 的等摩尔二元混合物。对 $\alpha_{\mathrm{A,B}}$ 为 2、5、10、100 和 1 000，及 50% 的 A 的汽化率，确定 B 的百分汽化率及总馏出液中 B 的摩尔分率。

解

对 $\alpha_{\mathrm{A,B}}=2$ 和 $M_{\mathrm{A}}/M_{\mathrm{A0}}=1-0.5=0.5$，式(13-10)给出

$$M_{\mathrm{B}}/M_{\mathrm{B0}}=(M_{\mathrm{A}}/M_{\mathrm{A0}})^{1/\alpha_{\mathrm{A,B}}}=(0.5)^{0.5}=0.707\ 1$$

B 的百分汽化率 $=(1-0.707\ 1)\times 100=29.29\%$。

对 200 摩尔装料，馏出液中两组分的量为 $D_{\mathrm{A}}=0.5\times 0.5\times 200=50\text{mol}$ 和 $D_{\mathrm{B}}=0.292\ 9\times 0.5\times 200=29.29\text{mol}$，

$$\text{总馏出液中 B 的摩尔分率}=\frac{29.29}{50+29.29}=0.369\ 4$$

对其他 $\alpha_{\mathrm{A,B}}$ 值进行类似计算，得出下列结果：

$\alpha_{\mathrm{A,B}}$	B 的%汽化率	总馏出液中 B 的摩尔分率
2	29.29	0.369 4
5	12.94	0.205 7
10	6.70	0.118 2
100	0.69	0.013 6
1 000	0.07	0.001 4

这些结果表明只有当 $\alpha_{\mathrm{A,B}}\geqslant 100$ 时，50% 的 A 汽化率才能达到 A 和 B 之间的清晰分离。而且，达到的纯度将取决于 A 的百分汽化率。对 $\alpha_{\mathrm{A,B}}=100$，如果 90% 的 A 被汽化，总馏出液

① 原文误为从 $x_0=0.4$ 到 $x=0.1$——译者注。

中B的摩尔分率将由0.013 6增大到0.024 7。因此，如本章下一节所详细讨论和阐明的，通常以下列方式进行轻关键组分(LK)和重关键组分(HK)的二元间歇精馏分离：

(1) 生产馏出液LK馏分，直到总馏出液中的杂质HK达到限制量。

(2) 继续进行间歇精馏生产不纯的LK的中间馏分，直到釜内液体中的杂质LK达到限制量。

(3) 从蒸馏釜内排出富HK的馏分。

(4) 将中间馏分循环返回下一批操作的装料。

对要求的LK馏分和HK馏分纯度，中间馏分所占的数量随LK－HK相对挥发度的减小而增加。

13.2 恒定回流和变馏出液组成的二元间歇精馏

为达到清晰分离和/或减少中间馏分的数量，如图13.3中的间歇精馏塔所示，设置位于精馏釜上方的板式塔或填料塔，并采用向塔内回流的操作方式。对一定直径的塔，摩尔汽相蒸出速率通常固定在塔的液泛点以下的某个安全值。间歇精馏塔通常采用两种操作方式，因为这两种方式容易进行模拟。第一种方式在恒定回流量或回流比(馏出液流量也为常数)下操作，而第二种方式在恒定馏出液组成下操作。对于前者，馏出液组成随时间而变；而对于后者，回流比或馏出液流量随时间而变。前一种方式最容易实现，因为容易获得响应快速的流量传感器。对第二种方式，响应快速的组成传感器就不那么容易获得。在这里称为优化控制方式的第三种操作方式中，回流比(或馏出液流量)均随时间而变，使馏出液数量为最大、操作时间为最短或利润为最大。现在讨论第一种操作方式，然后讨论第二种操作方式。到本章结尾处再讨论优化控制。

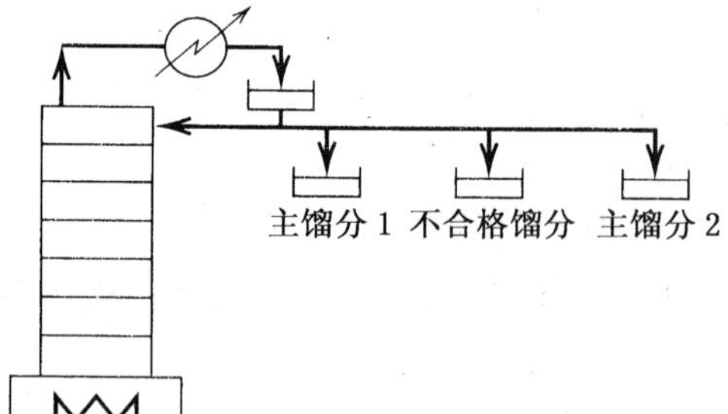

图13.3 间歇精馏

如果回流比R或馏出液流量被固定，瞬时馏出液和塔釜组成都将随时间而变。对全凝器，忽略冷凝器和塔内气、液相持有量，每一级均达到相平衡，以及摩尔流量恒定，对$y_D=x_D$，式(13－2)依旧适用。借助McCabe－Thiele图，可用Smoker和Rose法[2]方便地进行二元系统的这类间歇精馏的分析。

开始时，图13.3的精馏塔的塔釜内轻关键组分的浓度为装料浓度x_{W0}，在图13.4的

McCabe－Thiele 图中此值给定为 0.43。如果有两块理论板，可通过画出斜率为 $L/V=R/(R+1)$ 的操作线求得时间 0 的初始馏出液组成 x_{D0}，使得从 x_{W0} 到图 13.4 中的 $x=y$ 线之间通过画阶梯确定的平衡级数正好为 2。在此后的任意时间，例如时间 1，当塔釜浓度为 $x_W<x_{W0}$ 时，馏出液瞬时浓度为 x_D。于是，可通过试差确定随时间而变的一系列 x_D 点、L/V 和级数则保持不变。

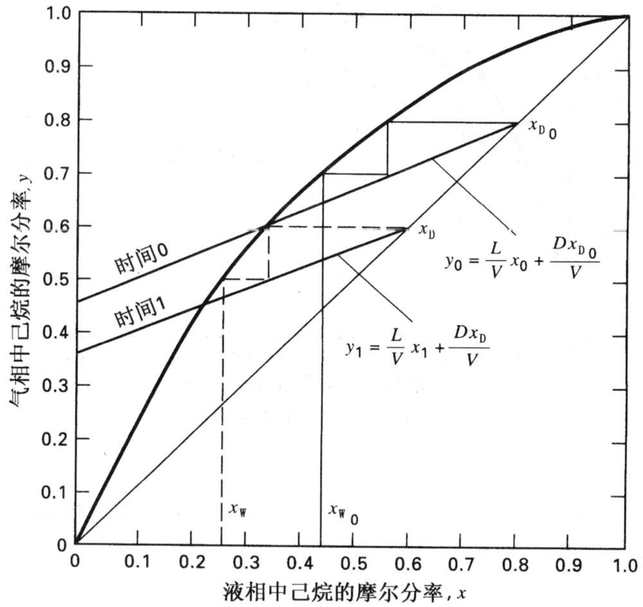

图 13.4 固定 L/V 和两个平衡级的间歇二元精馏

因为 y_D 和 x_W 之间的关系取决于液-气比、理论级数和相平衡关系，式(13－2)不能解析积分。但是，对一系列具有相同斜率的操作线，可利用由 McCabe－Thiele 图得到的成对的 x_W 和 $y_D=x_D$ 进行图解积分。

在恒定回流比和忽略塔和冷凝器内的气、液相持有量的条件下，间歇精馏所需的时间 t 可根据恒定的蒸出速率由总物料衡算计算，Block[3]根据恒定回流比的操作策略提供了下列方程：

$$t=\frac{W_0-W_t}{V\left(1-\frac{L}{V}\right)}=\frac{R+1}{V}(W_0-W_t) \tag{13-11}$$

在精馏开始时瞬时馏出液纯度高于规定，而在运行结束时瞬时馏出液纯度低于规定。通过总物料衡算，到时间 t 累计馏出液中轻关键组分的平均摩尔分率为

$$x_{\mathrm{Davg}}=\frac{W_0x_0-W_tx_{Wt}}{W_0-W_t} \tag{13-12}$$

例 13.4

在有 3 个理论级的间歇精馏塔(第一级为精馏釜)内装入 100kmol 由 20%(mol)正己烷和 80%(mol)正辛烷组成的混合物。在恒定回流比 1($L/V=0.5$)下，如果要求的平均产物组成为 70%(mol)nC_6，必须蒸出多少摩尔装料？塔压下的相平衡曲线如图 13.5 所示。如果蒸出速率为 10mol/h，计算精馏时间。

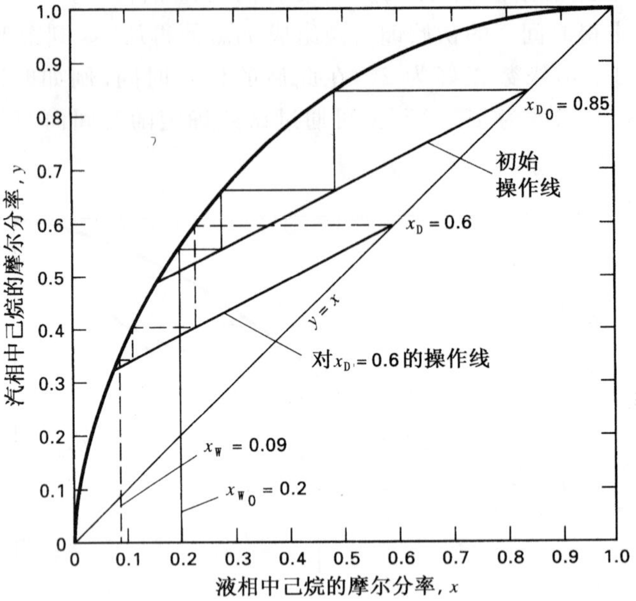

图 13.5 例 13.4 的解

解

如图 13.5 所示，对 $x_{W0}=0.20$ 和 $x_W=0.09$，通过前述试差法确定一系列操作线和相应的值 x_W。然后可获得下表：

$y_D=x_D$	0.85	0.60	0.5	0.35	0.3
x_W	0.2	0.09	0.07	0.05	0.035
$\frac{1}{y_D-x_W}$	1.54	1.96	2.33	3.33	3.77

图解积分如图 13.6 所示。例如，假定 x_W的最终值=0.1，式(13-2)的积分给出

$$\ln\frac{100}{W}=\int_{0.1}^{0.2}\frac{dx_W}{y_D-x_W}=0.162$$

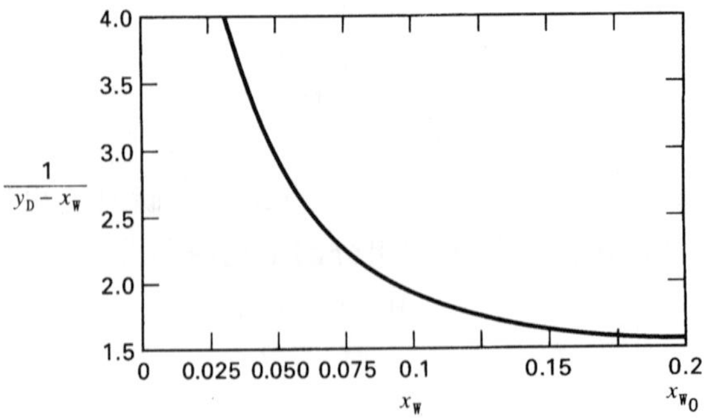

图 13.6 例 13.4 的图解积分

因此，

$$W=85 \text{ 和 } D=15$$

由式(13-12)

$$(x_D)_{avg}=\frac{100\times 0.20-85\times 0.1}{100-85}=0.77$$

$(x_D)_{avg}$高于要求值 0.70；因此必须选择另一个 x_W 的最终值。通过试差，求得正确解为 $x_W=0.06$，与 $D=22$ 和 $W=78$，相应的积分值为 0.25。

由式(13-11)，精馏时间为 $t=\frac{1+1}{10}\times(100-78)=4.4\text{h}$。

当采用 Rayleigh 微分精馏时，图 13.5 说明不能获得 70%(mol)正己烷的馏出液，因为初始馏出液只含有 56%(mol)正己烷。

13.3　恒定馏出液组成和变回流的二元间歇精馏

上述恒定回流比的操作策略是简单的和易于执行的。对小型间歇精馏系统，它可能也是费用最低的操作策略。13.8 节中将讨论的一种更优化的操作策略是保持恒定的摩尔汽相流量，但不断改变回流比以达到满足规定纯度的恒定馏出液组成。这种策略需要比较复杂的控制系统，包括馏出液的组成传感器(或适当的替代设施)，可能只有对大型间歇精馏系统，这种操作策略才是合理的。Ellerbe[5]还描述了间歇精馏塔的其他操作方法。

如 Bogart[4]所描述和例 13.5 所说明的，恒定馏出液组成操作策略的计算也可借助 McCabe-Thiele 图完成。Bogart 法假定持液量可忽略和恒定摩尔流量。在 x_D 为常数的条件下，通过重新排列式(13-12)进行任何时间 t 轻关键组分的总物料衡算，得到作为 x_W 函数的 W。

$$W=W_0\left[\frac{x_D-x_{W0}}{x_D-x_W}\right] \tag{13-13}$$

为求取随时间变化的 W 和 x_W，将式(13-13)对 t 微分得出

$$\frac{dW}{dt}=W_0\frac{(x_D-x_{W0})dx_W}{(x_D-x_W)^2dt} \tag{13-14}$$

对恒定摩尔流量，馏出液流量由装料的消失速率给出，或

$$-\frac{dW}{dt}=(V-L)=\frac{dD}{dt} \tag{13-15}$$

这里，D 为馏出液的累计量，而不是馏出液流量。将式(13-15)代入式(13-14)并积分：

$$t=\frac{W_0(x_D-x_{W0})}{V}\int_{x_{W_t}}^{x_{W0}}\frac{dx_W}{(1-L/V)(x_D-x_W)^2} \tag{13-16}$$

对固定的 W_0、x_{W0}、x_D、V 和平衡级数，用 McCabe-Thiele 图对初始组成 x_{W0} 和最终组成 x_W 之间的一系列塔釜组成确定 L/V 的数值。然后利用这些数值，通过图解或数值积分，由式(13-16)确定精馏时间，即达到任何一个塔釜组成中间值的时间。可通过假定 x_W 的最终值对应全回流条件估算需要的理论级数。在精馏进行过程中，瞬时馏出液流量将按式(13-15)变化，这可用 L/V 表示为

$$\frac{dD}{dt}=V(1-L/V) \tag{13-17}$$

例 13.5

在有 3 个理论级的间歇精馏塔(再沸器和两块平衡板)内装入 100 kmol 由 50%(mol)正己烷和 50%(mol)正辛烷组成的液体。通过不断调节回流比保持馏出液中己烷摩尔分率为 0.9,同时保持馏出液流量为 20 kmol/h。在累计馏出液量达到 20 kmol 的 1 小时后,回流比应为多少?理论上,必须在什么时候停止收集馏出液馏分?假定塔板上的持液量可忽略和摩尔流量恒定。

解

当累计馏出液量=20 kmol 时,$W=80$ kmol,而蒸馏釜内用轻关键组分摩尔分率表示的残液组成由整理后的式(13-13)给出:

$$x_W=\frac{Wx_D-W_0(x_D-x_{W0})}{W}=\frac{0.9\times80-100\times(0.9-0.5)}{80}=0.4$$

对 $y_D=0.9$,画阶梯确定为三个平衡级的一系列不同斜率 $L/V=R/(R+1)$ 的操作线被用于确定相应的塔釜残液组成。通过试差,对 $x_W=0.4$ 求得图 13.7 中的直线 1,相应的 $L/V=0.22$。回流比$=(L/V)/[1-(L/V)]=0.282$。

根据图 13.7 中的虚线,在可能的最大回流比 $L/V=1$(全回流)时,$x_W=0.06$。通过物料衡算,给出相应的时间为 $0.06\times(100-20t)=50-20t\times0.9$。解得 $t=2.62$h。

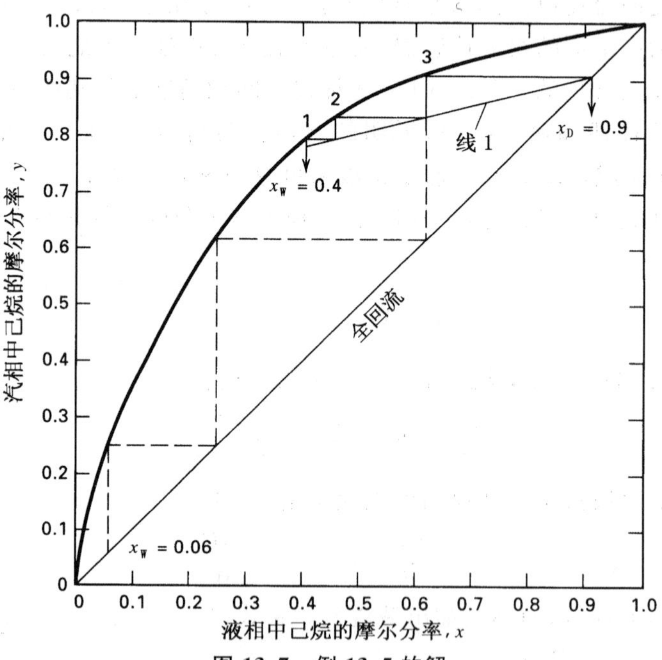

图 13.7　例 13.5 的解

13.4　间歇提馏和复杂间歇精馏

如图 13.8 所示,间歇提馏塔由进料槽、板式或填料提馏塔和再沸器组成。初始物料加入进料槽而不是再沸器。储槽中的混合物由塔顶进入,而塔底馏分从再沸器采出。间歇提馏塔用于脱除少量挥发性杂质。对二元混合物，可应用 McCabe - Thiele 图解法，而 13.2 节和 13.3 节中讲述的图解法经修改后可跟踪进料槽内物料组成随时间的变化，并求得塔底馏分的瞬时和平均组成。

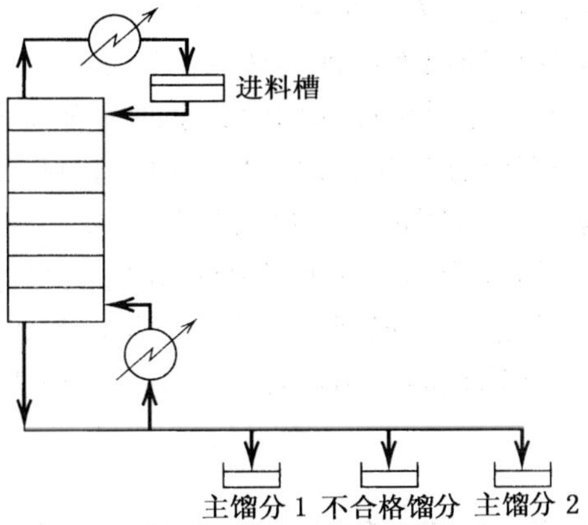

图 13.8　间歇提馏塔

Hasebe 等[6]描述的具有相当大操作灵活性的复杂间歇精馏装置如图 13.9 所示。进料槽内的物料在适当位置进塔。再沸器和冷凝器内物料持有量保持尽可能少。从冷凝器和/或再沸器抽出产物或中间馏分。此外，如果需要使进料储槽内的组成接近进料位置处的液体组成，进料位置的塔内液体可循环返回进料槽。

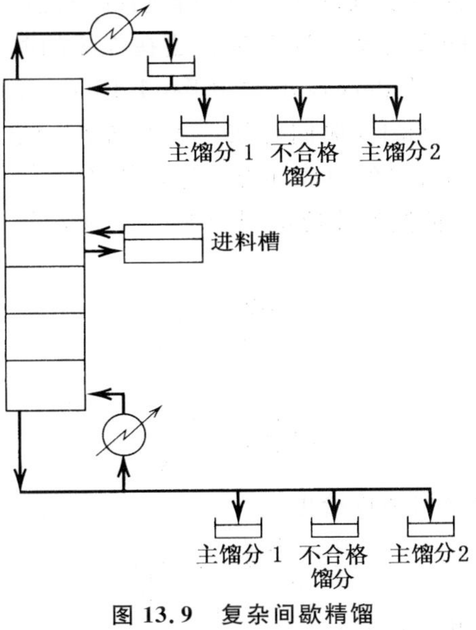

图 13.9　复杂间歇精馏

13.5　持液量的影响

除了高压状态外，因为汽相的摩尔密度小，在间歇精馏过程中精馏塔内的汽相持有量可忽略不计。但是，当塔内持液量与初始装料量的摩尔比达到几个百分数时，塔板上及冷凝和回流系统内的持液量可能具有重要影响。当装料含有一种或多种低浓度的待分离组分时，尤其如此。一般说来，板式塔中持液量的影响比填料塔大，因为填料塔的持液量小。对这两种塔，持液量都可用第 6 章中讲述的方法估算。

间歇精馏塔通常在开始抽出馏出产物前的初始阶段在全回流条件下操作。在此初始阶段内，塔内持液量逐步增加，并趋近对精馏周期的其余时间合适的某恒定值。因为全回流下的浓度分布，釜内剩余装料中轻组分的初始浓度低于初始装料。在持液量高时，这将导致初始纯度和分离程度低于根据忽略持液量的方法估算的结果。持液量可能使产物馏分减少，增加循环的中间馏分和残液量，并会增加一批次的操作时间和总能量输入。虽然过去曾有人开发过预测持液量影响的近似方法，但现在认为由于持液量影响的复杂性，最好还是采用将在 13.7 节中讲述的严格的计算机间歇精馏算法逐个案例地研究其影响。

13.6 恒定回流多元间歇精馏的简捷算法

13.2 节和 13.3 节中提出的间歇精馏求解方法只能用于恒摩尔流和忽略汽相和液相持有量假定下的二元混合物。Diwekar 和 Madhaven[7]在相同的假定条件下，对恒定馏出液组成和恒定回流比两种情况提出了处理多组分混合物的简捷法，而 Sundaram 和 Evans[8]也提出了恒定回流比条件下的简捷法。这两种方法在连续的时间步长上，采用第 9 章中讲述的用于连续精馏的 Fenske - Underwood－Gilliland(FUG)简捷法，从而避免了繁琐的汽相和液相组成的逐级计算。实际上，他们是按一系列连续定态精馏处理间歇精馏。如在 FUG 法中，这些方法不对中间各级的组成和温度进行估算。

Sundaram 和 Evans[8]将他们的简捷法用于图 13.3 所示的精馏塔。对恒定馏出液流量 D 的总物料衡算给出

$$-\frac{dW}{dt}=D \tag{13-18}$$

因此，

$$-\frac{dW}{dt}=\frac{V}{1+R} \tag{13-19}$$

对任一组分 i，整个塔的瞬时摩尔衡算给出

$$\frac{d(x_{Wi}W)}{dt}=x_{Di}\frac{dW}{dt} \tag{13-20}$$

将式(13 - 20)的左边展开并解得 dx_{Wi}：

$$dx_{Wi}=(x_{Di}-x_{W_i})\frac{dW}{W} \tag{13-21}$$

以有限差分形式，采用欧拉法，使式(13 - 19)和式(13 - 21)分别变为：

$$W^{(k+1)}=W^{(k)}-\left(\frac{V}{1+R}\right)\Delta t \tag{13-22}$$

$$x_{Wi}^{(k+1)}=x_{Wi}^{(k)}+(x_{Di}^{(k)}-x_{Wi}^{(k)})\left[\frac{W^{(k+1)}-W^{(k)}}{W^{(k)}}\right] \tag{13-23}$$

式中 k 为时间增量指数。对给定的 Δt 时间增量,由式(13-22)计算 $W^{(k+1)}$,然后由式(13-23)计算每个组分的 $x_{Wi}^{(k+1)}$。但是,式(13-23)需要 $x_{Di}^{(k)}$ 的数值。

计算从 $k=0$ 开始。塔釜的初始装料为 $W^{(0)}$。$x_{Wi}^{(0)}$ 的值等于初始装料的摩尔分率。$x_{Di}^{(0)}$ 的值取决于间歇精馏所用的开车方法。如果如 13.5 节中所述,采用全回流操作的开车方法,而且塔和冷凝器的持液量可忽略,那么可用第 9 章中的 Fenske 方程计算给定 $x_{Wi}^{(0)}$ 的 $x_{Di}^{(0)}$ 值。对给定的平衡级数 N:

$$N=\frac{\log\left[\left(\frac{x_{Di}}{x_{Wi}}\right)\left(\frac{x_{Wr}}{x_{Dr}}\right)\right]}{\log\alpha_{i,r}} \tag{13-24}$$

解得

$$x_{Di}=x_{Wi}\left(\frac{x_{Dr}}{x_{Wr}}\right)\alpha_{i,r}^{N} \tag{13-25}$$

式中 r 是随选的混合物中的参考组分,可选为挥发度最低的组分。因为

$$\sum_{i=1}^{C} x_{Di}=1.0 \tag{13-26}$$

将式(13-25)代入式(13-26),得出

$$x_{Dr}=\frac{x_{Wr}}{\sum_{i=1}^{C} x_{Wi}\alpha_{i,r}^{N}} \tag{13-27}$$

可由式(13-27)计算初始馏出物组成 $x_{Dr}^{(0)}$。然后再由式(13-25)计算其余的 $x_{Di}^{(0)}$。

利用初始的 $x_{Di}^{(0)}$ 值,在由式(13-22)计算 $W^{(1)}$ 后,可由式(13-23)计算 $x_{Wi}^{(1)}$。为对 $k>0$ 计算下一组 $x_{Wi}^{(k+1)}$,需要 $k>0$ 时的 $x_{Di}^{(k)}$ 的值。这可应用 FUG 法获得。如果用 $N_{\min}<N$ 代替 N,并有 $i=\text{LK}$ 和 $r=\text{HK}$,那么在间歇精馏过程中式(13-24)适用。但是,$N_{\min}$ 可由 Gilliland 关联式与 N 相关联。由 Eduljee[9]提出的用于这种关联的一个简便的,但只是近似的方程为

$$\frac{N-N_{\min}}{N+1}=0.75\left[1-\left(\frac{R-R_{\min}}{R+1}\right)^{0.5668}\right] \tag{13-28}$$

最小回流比 $R_{\min}$ 的估计由第 9 章中的第 1 类 Underwood 方程给出,该方程假定装料中的所有组分均在两个产物之间分配。于是:

$$R_{\min}=\frac{\left(\frac{x_{DLK}}{x_{WLK}}\right)-\alpha_{LK,HK}\left(\frac{x_{DHK}}{x_{WHK}}\right)}{\alpha_{LK,HK}-1} \tag{13-29}$$

如果有一个或几个组分不是分布组分,则应采用第 2 类 Underwood 方程。Sundaram 和 Evans 仅对 LK 和 HK 分别等于混合物中的最轻组分 1 和最重组分 C 应用式(13-29)。

如果将 $i=1$、$r=C$ 和 $N=N_{\min}$ 的式(13-25)和 $r=C$ 的式(13-27)代入 LK=1 和 HK=C 的式(13-29),结果为

$$R_{\min}=\frac{\alpha_{1,C}^{N_{\min}}-\alpha_{1,C}}{(\alpha_{1,C}-1)\sum_{i=1}^{C} x_{Wi}\alpha_{i,C}^{N_{\min}}} \tag{13-30}$$

对 N 和 R 的规定值,可用迭代法联立求解式(13-28)和式(13-30)得到 $R_{\min}$ 和 $N_{\min}$。然后用 $N=N_{\min}$ 由式(13-27)计算 x_{DC} 的值,再由式(13-25)计算其他 x_{Di} 的值。$N_{\min}$ 和 $R_{\min}$ 的

值随时间而变。

Sundaram 和 Evans 的方法包括计算 $x_{Di}^{(k)}$ 的内层回路和计算 $W^{(k+1)}$ 与 $x_{Wi}^{(k+1)}$ 的外层回路。因为式(13－28)和式(13－30)的非线性性质，内层回路需要迭代。而因为式(13－22)和式(13－23)为线性的，所以外层回路可直接计算。这种方法的应用由下面的例题说明，题中相对挥发度假定为常数。

例 13.6

在 $N=3$(包括再沸器)、$R=10$ 和 $V=110$ kmol/h 的间歇精馏塔中精馏装料量为 100 kmol、组成为 $x_A^{(0)}=0.33$、$x_B^{(0)}=0.33$ 和 $x_C^{(0)}=0.34$ 的 A、B 和 C 的三元混合物。对开车阶段后 2 小时的操作过程计算作为时间函数的塔釜、瞬时馏出液和馏出液储槽内物料组成的变化，在开车过程中在全回流条件下达到定态操作。采用 $\alpha_{AC}=2.0$ 和 $\alpha_{BC}=1.5$，忽略塔内的持液量。

解

以 $D=V/(1+R)=110/(1+10)=10$ kmol/h 应用 Sundaram 和 Evans 的方法。因此，蒸出全部装料将需要 10 小时。

开车阶段：

以 C 作为参考组分 r，由式(13－27)

$$x_{DC}^{(0)}=\frac{0.34}{0.33\times2^3+0.33\times1.5^3+0.34\times1^3}=0.0831$$

由式(13－25)

$$x_{DA}^{(0)}=0.33\times\left(\frac{0.0831}{0.34}\right)\times2^3=0.6449$$

和

$$x_{DB}^{(0)}=0.33\times\left(\frac{0.0831}{0.34}\right)\times1.5^3=0.2720$$

取时间增量为 0.5h。

外层回路，$t=0.5$h 时：

由式(13－22)，

$$W^{(1)}=100-\left(\frac{110}{1+10}\right)\times0.5=95\ \text{kmol}$$

设 $k=0$，由式(13－23)

$$x_{WA}^{(0)}=0.33+(0.6449-0.33)\times\left(\frac{95-100}{100}\right)=0.3143$$

$$x_{WB}^{(0)}=0.33+(0.2720-0.33)\times\left(\frac{95-100}{100}\right)=0.3329$$

$$x_{WC}^{(0)}=0.34+(0.0831-0.34)\times\left(\frac{95-100}{100}\right)=0.3528$$

内层回路，$t=0.5$h 时：

由式(13－28)

$$\frac{3-N_{\min}}{3+1}=0.75\times\left[1-\left(\frac{10-R_{\min}}{10+1}\right)^{0.5668}\right]$$

解得 $R_{\min}$，

$$R_{min}=10-1.5835N_{min}^{1.7343} \tag{1}$$

此方程适用于所有时间 t 值。

由式(10-30)，

$$R_{min}=\frac{2^{N_{min}}-2}{(2-1)\times[0.3143\times(2)^{N_{min}}+0.3329\times(1.5)^{N_{min}}+0.3528\times(1)^{N_{min}}]} \tag{2}$$

联立求解式(1)和式(2)得到 R_{min} 和 N_{min}。可通过数值法或图解法进行求解，求解方法包括直接迭代法、牛顿法或用电子表格以 R_{min} 对 N_{min} 标绘每个方程，再确定它们的交点。结果为 $R_{min}=1.2829$ 和 $N_{min}=2.6294$。

以 $N=2.6294$，由式(13-27)

$$x_{DC}^{(1)}=0.3528/[0.3134\times2^{2.6294}+0.3329\times1.5^{2.6294}+0.3528]=0.1081$$

由式(13-25)：

$$x_{DA}=0.3134\times\left(\frac{0.1081}{0.3528}\right)\times2^{2.6294}=0.5959$$

$$x_{DB}=0.3329\times\left(\frac{0.1081}{0.3528}\right)\times1.5^{2.6294}=0.2962$$

依此进行类似计算给出表 13.2 中的结果。

表 13.2　例 13.6 的结果

时间/h	W/kmol	x_W			N_{min}	R_{min}	x_D			累积馏出液的 x		
		A	B	C			A	B	C	A	B	C
0.0	100	0.330 0	0.330 0	0.340 0	—	—	0.644 9	0.272 0	0.083 1	—	—	—
0.5	95	0.314 5	0.332 9	0.352 8	2.629 4	1.282 9	0.595 7	0.296 2	0.108 1	0.628 3	0.274 9	0.098 6
1.0	90	0.299 5	0.334 8	0.365 7	2.629 4	1.309 2	0.580 3	0.304 8	0.114 9	0.604 5	0.286 8	0.108 7
1.5	85	0.283 9	0.336 5	0.379 6	2.619 9	1.338 5	0.563 3	0.314 2	0.122 5	0.591 2	0.283 2	0.115 6
2.0	80	0.267 5	0.337 8	0.394 7	2.614 3	1.370 9	0.544 6	0.324 2	0.131 2	0.580 0	0.298 8	0.121 2

13.7　多元间歇精馏的逐板算法

对最终设计研究或多组分间歇精馏的模拟，需要完整的逐级温度、流量和组成分布。这类计算是繁复的，但可利用两种依赖计算机的方法之一方便地完成。这两种方法基于精馏模型的相同的微分-代数方程组，差别在于求解方程组的方法。

13.7.1　严格模型

Meadows[10]根据平衡级、每一级的汽相和液相为完全混合、每一级和冷凝器系统的汽相持有量可忽略，而液相持有量 M 为常数及塔内各级绝热的假定，推导了第一个严格的多组分间歇精馏模型。Distefano[11]扩展了这种模型，并开发了依赖计算机的求解模型方程组的方法。Boston 等[12]提出了一种更有效的求解方程组的方法。为更快速地进行计算，Galindez 和 Fredenslund[13]开发了一种拟定态解法，在这种方法里每一级都利用第 10 章中讨论的用于连续精馏的联立校正法或内外层法。

Distefano 模型以图 13.10 所示的多组分间歇精馏操作为基础。设备由部分再沸器、有 N 个平衡级或相当数量的填料的塔和设有回流罐的冷凝器组成。设备还包括与需要的塔顶产物和中间馏分数相等的储槽或储罐,但未在图 13.10 中画出。当产物纯度规定不能由连续的馏出物馏分满足时,中间(废物或不合格)馏分是必需的。离开塔顶级 1 的汽相被全部冷凝再通过回流罐。首先,对定态、固定塔顶蒸气流量达到全回流状态。根据塔和冷凝系统内的持液量,全回流条件下再沸器内的液体数量和组成将在某种程度上不同于原始进料。

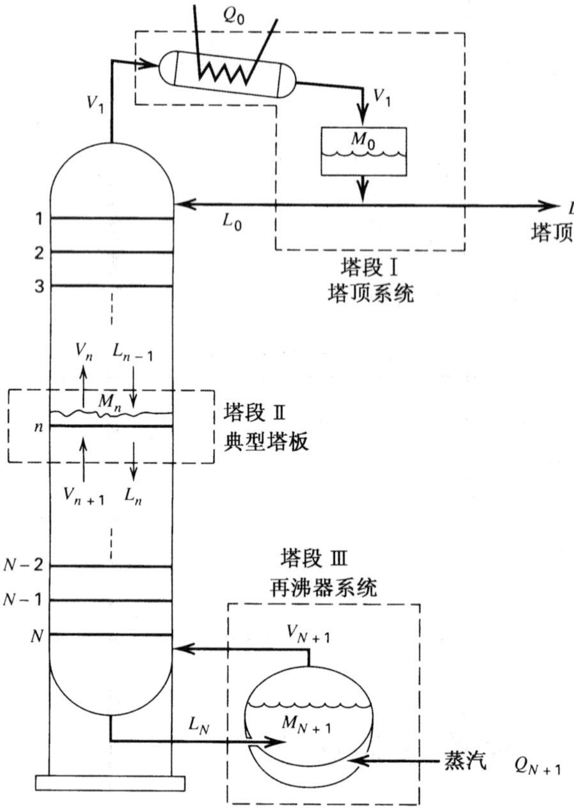

图 13.10 多组分间歇精馏操作

[经允许取自 G. P. Distefano, *AIChE J.*, 140, 190 (1968)]

由 $t=0$ 开始,从回流罐抽出馏出液,并以恒定流量送往储槽,同时设定回流比。调节再沸器的传热速率以维持塔顶蒸气的摩尔流量。如对塔顶冷凝系统所说明的,导出塔顶冷凝系统、塔内各级和再沸器的模型方程。对图 13.10 中的塔段 I,组分物料衡算、总物料衡算和能量衡算分别为

$$V_1 y_{i,1} - L_0 x_{i,0} - D x_{i,\mathrm{D}} = \frac{\mathrm{d}(M_0 x_{i,0})}{\mathrm{d}t} \tag{13-31}$$

$$V_1 - L_0 - D = \frac{\mathrm{d}M_0}{\mathrm{d}t} \tag{13-32}$$

$$V_1 h_{\mathrm{V1}} - (L_0 + D) h_{\mathrm{L0}} = Q_0 + \frac{\mathrm{d}(M_0 h_{\mathrm{L0}})}{\mathrm{d}t} \tag{13-33}$$

上述各式中的导数项是假定为完全混合的持液量的累积项。还有对该塔的级 1 的相平衡关系：

$$y_{i,1}=K_{i,1}x_{i,1} \tag{13-34}$$

将式(13－31)到式(13－34)结合获得工作方程，以液相组成表示的修正的组分物料衡算方程，以及将式(13－22)与式(13－33)结合获得不包含 $\mathrm{d}M_0/\mathrm{d}t$ 的修正的能量衡算方程。对图 13.10 中的塔段Ⅱ和塔段Ⅲ，可以类似方式导出模型方程。得到的 $t=0$ 以后的工作方程如下所列，下列各式中 i 指组分，j 指级，而 M 为摩尔持液量。

(1) 塔顶冷凝系统、塔内各级和再沸器的组分摩尔衡算方程分别为：

$$\frac{\mathrm{d}x_{i,0}}{\mathrm{d}t}=-\left[\frac{L_0+D+\dfrac{\mathrm{d}M_0}{\mathrm{d}t}}{M_0}\right]x_{i,0}+\left[\frac{V_1K_{i,1}}{M_0}\right]x_{i,1} \qquad i=1\text{ 到 }C \tag{13-35}$$

$$\frac{\mathrm{d}x_{i,j}}{\mathrm{d}t}=\left[\frac{L_{j-1}}{M_j}\right]x_{i,j-1}-\left[\frac{L_j+K_{i,j}V_j+\dfrac{\mathrm{d}M_j}{\mathrm{d}t}}{M_j}\right]x_{i,j}+\left[\frac{K_{i,j+1}V_{j+1}}{M_j}\right]x_{i,j+1} \tag{13-36}$$

$$i=1\text{ 到 }C,\ j=1\text{ 到 }N$$

$$\frac{\mathrm{d}x_{i,N+1}}{\mathrm{d}t}=\left(\frac{L_N}{M_{N+1}}\right)x_{i,N}-\left[\frac{V_{N+1}K_{i,N+1}+\dfrac{\mathrm{d}M_{N+1}}{\mathrm{d}t}}{M_{N+1}}\right]x_{i,N+1} \qquad i=1\text{ 到 }C \tag{13-37}$$

式中 $L_0=RD$。

(2) 塔顶冷凝系统、塔内各级的总摩尔衡算方程分别为：

$$V_1=D(R+1)+\frac{\mathrm{d}M_0}{\mathrm{d}t} \tag{13-38}$$

$$L_j=V_{j+1}+L_{j-1}-V_j-\frac{\mathrm{d}M_j}{\mathrm{d}t} \qquad j=1\text{ 到 }N \tag{13-39}$$

(3) 塔顶冷凝系统、塔内各级和再沸器的焓衡算方程分别为：

$$Q_0=V_1(h_{\mathrm{V}_1}-h_{\mathrm{L}_0})-M_0\frac{\mathrm{d}h_{\mathrm{L}_0}}{\mathrm{d}t} \tag{13-40}$$

$$V_{j+1}=\frac{1}{(h_{\mathrm{V}_{j+1}}-h_{\mathrm{L}_j})}\times\left[V_j(h_{\mathrm{V}_j}-h_{\mathrm{L}_j})-L_{j-1}(h_{\mathrm{L}_{j-1}}-h_{\mathrm{L}_j})+M_j\frac{\mathrm{d}h_{\mathrm{L}_j}}{\mathrm{d}t}\right] \tag{13-41}$$

$$j=1\text{ 到 }N$$

$$Q_{N+1}=V_{N+1}(h_{\mathrm{V}_{N+1}}-h_{\mathrm{L}_{N+1}})-L_N(h_{\mathrm{L}_N}-h_{\mathrm{L}_{N+1}})+M_{N+1}\left(\frac{\mathrm{d}h_{\mathrm{L}_{N+1}}}{\mathrm{d}t}\right) \tag{13-42}$$

(4) 塔内各级和再沸器的相平衡方程：

$$y_{i,j}=K_{i,j}x_{i,j} \qquad i=1\text{ 到 }C,\ j=1\text{ 到 }N+1 \tag{13-43}$$

(5) 塔内各级和再沸器的摩尔分率加和方程：

$$\sum_{i=1}^{C}y_{i,j}=\sum_{i=1}^{C}K_{i,j}x_{i,j}=1.0 \qquad j=1\text{ 到 }N+1 \tag{13-44}$$

(6) 以恒定体积持有量 G_j 为基准，冷凝系统和塔内各级的摩尔持液量分别为：

$$M_0=G_0\rho_0 \tag{13-45}$$

$$M_j=G_j\rho_j \qquad j=1\text{ 到 }N \tag{13-46}$$

式中 ρ 为液体摩尔密度。

(7) 再沸器中摩尔持液量的变化为

$$M_{N+1}=M_{N+1}^{0}-\sum_{j=0}^{N}M_j-\int_0^t D\mathrm{d}t \tag{13-47}$$

式中 M_{N+1}^{0} 为再沸器的初始装料量。

式(13－35)到式(13－47)组成了常微分方程和代数方程组(DAEs)的初值问题。方程总数为$(2CN+3C+4N+7)$。如果变量 N、D、$R=L_0/D$、M_{N+1}^{0} 和 G_j 被规定，并且可获得计算液相密度、汽相与液相焓和 K 值的关联式，分布如下的未知变量数与方程数相等。

$x_{i,j}$	$CN+2C$
$y_{i,j}$	$CN+C$
L_j	N
V_j	$N+1$
T_j	$N+2$
M_j	$N+2$
Q_0	1
$Q_{N+1,j}$	1
	$2CN+3C+4N+7$

$t=0$ 时上列所有变量的初值可由仅取决于 N、M_{N+1}^{0}、x_{N+1}^{0}、G_j 和 V_1 的数值的定态全回流计算获得。

式(13－35)到式(13－42)包括 $x_{i,j}$、M_j 和 $h_{L,j}$ 的一阶导数。除 M_{N+1} 外，后两个变量的导数可以足够的精度由上一时间步长内的变化增量近似。如果如常见的采用高回流比，M_{N+1} 的导数也可用相同的方法近似。于是，只剩下 $C(N+2)$ 个用于组分物料衡算的常微分方程(ODEs)以 $x_{i,j}$ 作为因变量进行积分。

13.7.2 严格积分方法

非线性方程式(13－35)到式(13－37)不能用解析法积分。Distefano[11]在对 11 种不同的按时间步进的数值积分方法进行研究的基础上，提出了一种求解这些方程的方法。特别关注的问题是使快速而精确地积分这些方程变得困难的截断误差和稳定性。这类 ODEs 或 DAEs 系统构成了下面将讨论的所谓刚性方程组。

局部截断误差来源于每一时间步长 ODEs 右边函数的近似计算。这些误差可能很小，但它们会被传递到后续的时间步长，导致总的截断误差大到不能接受的程度。随着截断误差增大，计算所得的因变量的有效数字位数将逐渐减少。可通过减小时间步长减小截断误差。

稳定性问题要严重得多。当发生不稳定时，因变量的计算值将因有效数字位数完全丧失，而变得非常不精确。直到满足取决于数值方法的时间步长判据，减小时间步长才能消除不稳定性。即使此时，还需进一步减小时间步长以防止因变量发生振荡。

可通过比较显式欧拉法和隐式欧拉法得到的结果方便地说明稳定性和截断误差问题，

如 Davis 和 Riggs[16]所论述的，这两种方法均具有一阶精度。

考虑非线性一阶常微分方程：

$$\frac{dy}{dt}=f\{t,y\}=ay^2te^y \tag{13-48}$$

对函数 $y\{t\}$，初值为 $y\{t_0\}=y_0$。显式(向前)欧拉法用一系列离散形式近似式(13－48)：

$$\frac{y_{k+1}-y_k}{\Delta t}=ay_k^2t_ke^{y_k} \tag{13-49}$$

式中 Δt 为时间步长，k 为序列指数。在当前时间步长的起点估算函数 $f\{t, y\}$。为求解 y_{k+1} 给出递推方程：

$$y_{k+1}=y_k+ay_k^2t_ke^{y_k}\Delta t \tag{13-50}$$

不论式(13－48)中 $f\{t, y\}$ 的性质，都可由上一时间步长的结果，用递推方程显式求得 y_{k+1}。但是，如下文将讨论的，这一优点将被为避免不稳定性和振荡对 Δt 的大小所加的限制所抵消。

隐式(向后)欧拉法也采用一系列离散形式近似式(13－48)，但在在当前时间步长的终点估算函数 $f\{t, y\}$。于是：

$$\frac{y_{k+1}-y_k}{\Delta t}=ay_{k+1}^2t_{k+1}e^{y_{k+1}} \tag{13-51}$$

因为函数 $f\{t, y\}$ 对 y 是非线性的，所以不能通过显式求解式(13－51)得到 y_{k+1}。这一缺点可被对 Δt 的选择的无条件的稳定性抵消。但是步长太大可能导致无法接受的截断误差。

当将显式欧拉法用于间歇精馏的式(13－35)到式(13－47)时，如下面的例题所说明的，可根据式(13－35)到式(13－37)的 Jacobian 矩阵的最大特征值的绝对值 $|\lambda|_{max}$ 进行估计。为防止不稳定性，$\Delta t_{max}\leqslant 2/|\lambda|_{max}$。为防止振荡，$\Delta t_{max}\leqslant 1/|\lambda|_{max}$。在下面的间歇精馏例题中，对显式欧拉法和隐式欧拉法的应用作了比较。

例 13.7

在由持液量 M_0 为 0.10 kmol 的全凝器、持液量 M_1 为 0.01 kmol 的一个平衡级和再沸器组成的间歇精馏塔内，在 15 psia 压力下精馏装料量为 100 kmol 的正己烷(A)和正庚烷(B)的等摩尔混合物。初始时刻系统达到如下全回流条件，离开全凝器的为饱和液体：

级	T/℉	x_A	K_A	K_B	M/kmol
冷凝器	162.6	0.859 35	—	—	0.1
板，1	168.7	0.709 30	1.212	0.483 8	0.01
再沸器，2	178.6	0.499 62	1.420	0.581 0	99.89

精馏由回流量 L_0 为 10kmol/h，馏出液流量 D 为 10kmol/h 开始($t=0$)。计算 $t=0.05$h (3min)时精馏塔三个位置的正己烷和正庚烷摩尔分率，假定在此短延续时间内为恒摩尔流和恒定 K 值。采用显式和隐式欧拉法确定时间步长 Δt 选择的影响。

解

根据恒摩尔流假定：

$$V_1=V_2=20\ \text{kmol/h} \quad 和 \quad L_0=L_1=10\ \text{kmol/h}$$

利用上面所给的 K 值和持液量，设所有 $dM_j/dt=0$，式(13－35)到式(13－37)变为

冷凝器

$$\frac{\mathrm{d}x_{\mathrm{A},0}}{\mathrm{d}t}=-200x_{\mathrm{A},0}+242.4x_{\mathrm{A},1} \tag{1}$$

$$\frac{\mathrm{d}x_{\mathrm{B},0}}{\mathrm{d}t}=-200x_{\mathrm{B},0}+96.76x_{\mathrm{B},1} \tag{2}$$

塔板

$$\frac{\mathrm{d}x_{\mathrm{A},1}}{\mathrm{d}t}=1\,000x_{\mathrm{A},0}-3\,424x_{\mathrm{A},1}+2\,840x_{\mathrm{A},2} \tag{3}$$

$$\frac{\mathrm{d}x_{\mathrm{B},1}}{\mathrm{d}t}=1\,000x_{\mathrm{B},0}-1\,967x_{\mathrm{B},1}+1\,162x_{\mathrm{B},2} \tag{4}$$

再沸器

$$\frac{\mathrm{d}x_{\mathrm{A},2}}{\mathrm{d}t}=\left(\frac{10}{M_2}\right)x_{\mathrm{A},1}-\left(\frac{28.40}{M_2}\right)x_{\mathrm{A},2} \tag{5}$$

$$\frac{\mathrm{d}x_{\mathrm{B},2}}{\mathrm{d}t}=\left(\frac{10}{M_2}\right)x_{\mathrm{B},1}-\left(\frac{11.62}{M_2}\right)x_{\mathrm{B},2} \tag{6}$$

式中

$$M_2(t=t)=M_2(t=0)-(V_2-V_1)t$$

即

$$M_2=99.89-10t \tag{7}$$

式(1)到(6)可按组分分成下列两个矩阵方程：

组分 A

$$\begin{bmatrix}-200 & 242.2 & 0\\ 1\,000 & -3\,424 & 2\,840\\ 0 & 10/M_2 & -28.40/M_2\end{bmatrix}\begin{bmatrix}x_{\mathrm{A},0}\\ x_{\mathrm{A},1}\\ x_{\mathrm{A},2}\end{bmatrix}=\begin{bmatrix}\mathrm{d}x_{\mathrm{A},0}/\mathrm{d}t\\ \mathrm{d}x_{\mathrm{A},1}/\mathrm{d}t\\ \mathrm{d}x_{\mathrm{A},2}/\mathrm{d}t\end{bmatrix} \tag{8}$$

组分 B

$$\begin{bmatrix}-200 & 96.76 & 0\\ 1\,000 & -1\,976 & 1\,160\\ 0 & 10/M_2 & -11.62/M_2\end{bmatrix}\begin{bmatrix}x_{\mathrm{B},0}\\ x_{\mathrm{B},1}\\ x_{\mathrm{B},2}\end{bmatrix}=\begin{bmatrix}\mathrm{d}x_{\mathrm{B},0}/\mathrm{d}t\\ \mathrm{d}x_{\mathrm{B},1}/\mathrm{d}t\\ \mathrm{d}x_{\mathrm{B},2}/\mathrm{d}t\end{bmatrix} \tag{9}$$

虽然式(8)和式(9)看起来不耦联，但实际上它们是耦联的，因为在每一时间步长由此两式解得的 $x_{\mathrm{A},j}+x_{\mathrm{B},j}$ 不等于 1。因此，在每一时间步长必须将摩尔分率归一强制使其和为 1。可利用多种计算机程序，如 MathCad、Mathematica、MATLAB 或 Maple 求得 Jacobian 矩阵式(8)和式(9)的初始特征值，采用 $M_2=99.89$ kmol，其值如下所列：

	组分 A	组分 B
λ_0	−126.54	−146.86
λ_1	−3 497.6	−2 020.2
λ_2	−0.155 72	−0.037 89

可见 $|\lambda|_{\max}=3\,497.6$。于是，对显式欧拉法，选择

$$\Delta t\leqslant 1/3\,497.6=0.000\,286$$

可防止不稳定和振荡。如果选择 $\Delta t=0.000\,25$h(略小于判据)，为达到 $t=0.05$h(3min)将取 0.05/0.000 25=200 个时间步长。虽然对隐式欧拉法没有这种限制，但 Δt 太大可能导致不可接受的截断误差。

显式欧拉法

根据 Distefano[11]的分析，采用显式欧拉法时最大积分步长几乎总要受到稳定性考虑的限制，而截断误差通常较小。假定对本例也是如此，采用 $\Delta t=0.000\ 25\text{h}$，将式(8)、式(9)和计算 M_2 的式(7)转化为式(13-50)的形式，借助电子表格程序得到下列结果(每隔40个步长给出结果)。

时间/h	归一后正己烷在液相中的摩尔分率			归一后正庚烷在液相中的摩尔分率		
	馏出液	塔板	塔釜	馏出液	塔板	塔釜
0.01	0.818 3	0.627 1	0.499 3	0.181 7	0.372 9	0.500 7
0.02	0.807 3	0.621 9	0.499 1	0.192 7	0.378 1	0.500 9
0.03	0.804 4	0.620 55	0.498 8	0.195 6	0.379 5	0.501 2
0.04	0.803 6	0.619 9	0.498 5	0.196 4	0.380 1	0.501 5
0.05	0.803 2	0.619 5	0.498 2	0.196 8	0.380 5	0.501 8

为说明不稳定性的影响，时间步长0.001h(前面所用步长的四倍)在达到延续时间0.005h的最初五个时间步长内给出下列不稳定的结果。表中还包括0.01h的数值，供与上表的结果进行比较。

时间/h	归一后正己烷在液相中的摩尔分率			归一后正庚烷在液相中的摩尔分率		
	馏出液	塔板	塔釜	馏出液	塔板	塔釜
0.000	0.859 35	0.709 3	0.499 62	0.140 65	0.290 7	0.500 38
0.001	0.859 361	0.559 074	0.499 599	0.140 639	0.440 926	0.500 401
0.002	0.841 368	0.757 53	0.499 563	0.158 632	0.242 47	0.500 437
0.003	0.852 426	0.007 55	0.499 552	0.147 574	0.992 45	0.500 448
0.004	0.809 963	0.884 925	0.499 488	0.190 037	0.115 075	0.500 512
0.005	0.874 085	1.154 283	0.499 546	0.125 914	−0.154 28	0.500 454
0.01	1.006 504	0.999 254	0.493 573	−0.006 5	0.000 746	0.506 427

如果将时间步长再增大10倍变成0.01h，将得到糟糕得多的结果，如下表所示，在 $t=0.01\text{h}$ 时，摩尔分率将出现很大的负值。

时间/h	归一后正己烷在液相中的摩尔分率			归一后正庚烷在液相中的摩尔分率		
	馏出液	塔板	塔釜	馏出液	塔板	塔釜
0.00	0.859 35	0.709 3	0.499 62	0.140 65	0.290 7	0.500 38
0.01	0.859 456	−0.796 51	0.499 41	0.140 544	1.796 512	0.500 59
0.02	2.335 879	2.144 666	0.497 691	−1.335 88	−1.144 67	0.502 309
0.03	1.284 101	1.450 481	0.534 454	−0.284 1	−0.450 48	0.465 546
0.04	1.145 285	1.212 662	8.953 73	−0.145 29	−0.212 66	−7.953 73
0.05	1.077 21	1.110 06	1.191 919	−0.077 21	−0.110 06	−0.191 92

隐式欧拉法

如果将式(8)和式(9)转化为如式(13-51)的隐式方程，可对每个组分将它们安排成线性的三对角方程组。例如，塔板上组分A的方程变成

$$(1\ 000\Delta t)x_{\text{A},0}^{(k+1)}-(1+3\ 424\Delta t)x_{\text{A},1}^{(k+1)})+(2\ 840\Delta t)x_{\text{A},2}^{(k+1)}=-x_{\text{A},1}^{(k)}$$

可采用迭代循环参考法，由三对角矩阵算法或电子表格程序求解两个三对角方程组。对隐式欧拉法，时间步长 Δt 的选择不受稳定性考虑的限制。但是，Δt 太大可能导致无法接受的截断误差。对多种不同的 Δt 选择，在 $t=0.05\text{h}$ 时归一后的组分A的摩尔分率如下所列，所有 Δt 均大于前面采用显式欧拉法时为获得稳定而且没有振荡的解所用的0.000 25h。表中

还包括 $\Delta t=0.000\ 25\text{h}$ 时显式欧拉法的结果以供比较。

时间＝0.05h

$\Delta t/\text{h}$	归一后正己烷在液相中的摩尔分率		
	馏出液	塔板	塔釜
显式欧拉法			
0.000 25	0.803 2	0.619 5	0.498 2
隐式欧拉法			
0.000 5	0.804 2	0.621 0	0.498 2
0.001	0.804 2	0.621 0	0.498 2
0.005	0.804 5	0.621 1	0.498 2
0.01	0.804 9	0.621 3	0.498 2
0.05	0.811 6	0.624 8	0.498 2

上述结果说明，当隐式欧拉法采用的时间步长为显式欧拉法的 $\Delta t_{\max}$ 的 200 倍时，仍可获得可接受的结果。

在积分间歇精馏方程时还会发生另一个严重的计算问题。因为塔板上和冷凝器内的持液量很小，相应的液相摩尔分率值 $x_{i,j}$ 对各种变化将会快速作出反应。反之，再沸器（塔釜）则具有很大的持液量。因此，为计算精确，通常要求时间步长很小，导致整个精馏系统的响应非常迟缓。具有这种特征的常微分方程组构成所谓刚性系统。如 Carnahan 和 Wilkes [17]所论述的，显式解法必须在整个时间周期内采用很小的时间步长，即使在该时间周期内的大部分时间因变量的变化可能相当缓慢。因此，最好利用 Gear[14]和其他研究人员开发的一种专门的隐式积分方法，这种方法已包含在名为 ODEPACK 的不受版权限制的软件包内。Gear 型算法通过采用多步、变阶和变步长的隐式技术力求兼顾精确、稳定和计算效率。

刚性程度通常所用的尺度是特征值比 $|\lambda|_{\max}/|\lambda|_{\min}$，其中 λ 值为常微分方程组的 Jacobian矩阵的特征值。对式(13－35)到式(13－37)的 Jacobian 矩阵，可用 Varga[18]论述的 Gerschgorin 循环原理估计特征值比。绝对值最大的特征值对应于具有最大 K 值的组分和具有最小摩尔持液量的塔板。当将 Gerschgorin 原理用于基于式(13－36)的 Jacobian 矩阵的某一行时：

$$|\lambda|_{\max}\leqslant\left[\left(\frac{L_{j-1}}{M_j}\right)+\left(\frac{L_j+K_{i,j}V_j}{M_j}\right)+\left(\frac{K_{i,j+1}V_{j+1}}{M_j}\right)\right]\approx 2\left[\frac{L_j+K_{i,j}V_j}{M_j}\right] \tag{13－52}$$

式中 i 为挥发度最大的组分，而 j 为摩尔持液量最小的级。绝对值最小的特征值总是对应于再沸器的 Jacobian 矩阵的某一行。于是，由式(13－37)：

$$|\lambda|_{\min}\leqslant\left[\left(\frac{L_N}{M_{N+1}}\right)+\left(\frac{V_{N+1}K_{i,N+1}}{M_{N+1}}\right)\right]\approx\left[\frac{L_N+K_{i,N+1}V_{N+1}}{M_{N+1}}\right] \tag{13－53}$$

式中 i 为挥发度最小的组分，而 $N+1$ 为再沸器级。再沸器持液量的最大值是 M_{N+1}^0。刚性比 SR 为

$$SR=\frac{|\lambda|_{\max}}{|\lambda|_{\min}}\approx 2\left(\frac{L+K_{最轻}V}{L+K_{最重}V}\right)\left(\frac{M_{N+1}^0}{M_{塔板}}\right) \tag{13－54}$$

由式(13－54)可见，刚性比不仅取决于塔板和再沸器初始摩尔持液量的差别，而且取决于塔釜装料中最轻和最重组分 K 值的差别。

Davis[15]指出 $SR=20$ 为非刚性，$SR=1\ 000$ 为刚性，$SR=1\ 000\ 000$ 为非常强的刚性。对例 13.7 的条件，利用式(13－54)：

$$SR \approx 2 \times \left(\frac{10+1.212\times 20}{10+0.581\times 20}\right)\times\left(\frac{100}{0.01}\right)=31\ 700$$

这满足刚性问题的判据。为求解式(13－35)到式(13－46)，Distefano[11]算法的修正如下所述：

初始化

(1) 根据汽相和液相摩尔流量 V_j^0 和 L_j^0 确定全回流条件。V_{N+1}^0 是要求的蒸出速率，或 L_0^0 是基于要求的馏出液流量，而回流比使 $L_0^0=D(R+1)$。

(2) 在 $t=0$ 时，将 L_0^0 减少为馏出液抽出量，但维持全回流条件下确定或规定的蒸出速率。这涉及用 L_j^0-D 代替所有 L_j^0。另外，所有变量的初值为全回流条件下确定的值。

时间步长

(3) 在式(13－35)到式(13－37)中，用总物料衡算方程代替液相持液量的导数：

$$\frac{\mathrm{d}M_j}{\mathrm{d}t}=V_{j+1}+L_{j-1}-V_j-L_j$$

用适当的隐式积分方法和时间步长求解得到的方程获得液相摩尔分率。如果每一级上的液相摩尔分率之和不为 1，则对液相摩尔分率进行归一。

(4) 分别由式(13－44)和式(13－43)计算一组新的级温和相应的汽相摩尔分率。

(5) 由式(13－45)和式(13－46)计算液相密度和持液量，及液相和汽相焓。然后用向前差分近似确定焓和持液量对时间的导数。

(6) 由式(13－38)、式(13－39)和式(13－41)计算一组新的液相和汽相摩尔流量。

(7) 由式(13－47)计算新的再沸器摩尔持液量。

(8) 由式(13－40)和式(13－42)计算冷凝器和再沸器的传热速率。

迭代完成操作

(9) 对其余时间步长重复步骤 3 到 8，直至完成规定操作。规定操作可能是馏出液的要求数量、在累积馏出液中某特定组分的要求摩尔分率等。

新操作

(10) 将累积馏出液卸入储槽，改变操作条件，再重复步骤 2 到 9。完成最后操作后结束计算。

上述方法限于窄沸点进料和图 13.10 所示的简单塔结构。专为对付刚性问题而设计的一种更灵活和有效的方法是 Boston 等[12]提出的方法，他们的方法利用第 10 章中对连续精馏讨论的内外层法的修正形式，对窄沸点到宽沸点进料，甚至非理想液体混合物均可处理。此外，Boston 等的方法还能计算多进料、侧线物流、塔板传热、汽相馏出物，并且在操作规定方面具有相当大的灵活性。

例 13.8

在由再沸器、设有 5 个理论级的塔体、全凝器、回流罐和三个馏出液储槽组成的间歇精馏塔内精馏 100kmol 温度为 60℃，压力为 1atm，组成为 30%(mol)丙酮、30%(mol)甲醇和 40%(mol)水的装料。冷凝器-回流罐的摩尔持液量为 5kmol，每级的摩尔持液量为 1kmol。假定全塔压力恒定为 1atm。发生下列四个事件，每个事件的再沸器热负荷均为 10^6cal/h：

事件 1：建立全回流条件。

事件 2：以回流比 3 进行精馏，直到第一个储槽中累积馏出液的纯度降低为 73%(mol)。

事件 3：以回流比 3 进行精馏，第二个储槽接受 21 分钟馏出液。

事件 4：以回流比 3 进行精馏，第三个储槽接受 27 分钟馏出液。

确定每一事件结束时储槽和塔的状态。采用 Wilson 方程计算 K 值。

解

下列结果是用 ChemShare 公司的 DESIGNII/Batch 程序获得的。刚性比 SR 可根据事件 1 结束时的全回流状态由式(13－54)计算。该状态如下所列：

事件 1：全回流状态：

级	T/℃	L/(kmol·h^{-1})	液相摩尔分率		
			丙酮	甲醇	水
冷凝器	55.6	138.9	0.770	0.223	0.007
1	55.6	138.6	0.761	0.227	0.012
2	55.7	138.0	0.747	0.235	0.018
3	55.9	137.0	0.722	0.247	0.031
4	56.2	134.8	0.673	0.269	0.058
5	57.3	128.7	0.560	0.306	0.134
再沸器	62.2	—	0.252	0.307	0.441

留在塔釜内的物料为 100－5－5×1＝90kmol。最易挥发的组分为丙酮，它在塔底级的 K 值为 1.203。最难挥发的组分为水，相应的 K 值为 0.428。刚度比为

$$SR \approx 2 \times \frac{128.7 + 1.203 \times 134.8}{128.7 + 0.428 \times 134.8} \times \frac{90}{1} = 281$$

于是，本问题并不是刚性很强的。采用时间步长为 0.06min。

事件 2

计算得到完成事件 2 所需的时间为 57.5 分钟。储槽 1 中累积的馏出液为 32.0kmol，组成为 73.0%(mol)丙酮、26.0%(mol)甲醇和 1.0%(mol)水。留在再沸器中的液体为 58.0kmol，组成为 2.8%(mol)丙酮、30.0%(mol)甲醇和 67.2%(mol)水。

事件 3

完成本事件的时间规定为 21 min。储槽 2 中累积的馏出液为 11.3kmol，组成为 47.2%(mol)丙酮、51.8%(mol)甲醇和 1.0%(mol)水。此中间馏分循环加入下一批装料。

事件 4

规定时间 27 min 结束时，储槽 3 中累积的馏出液为 13.8kmol，组成为 8.3%(mol)丙酮、86.2%(mol)甲醇和 5.5%(mol)水。留在塔釜中的 32.9kmol 物料的组成为 0.0%(mol)丙酮、0.4%(mol)甲醇和 99.6%(mol)水。

13.7.3 快速求解法

作为刚性微分方程组积分的另一种选择，可采用 Galindez 和 Fredenslund[13]的拟定态法。用一连串数目有限的短时间[通常为 0.05h (3min)]的连续定态模拟瞬态。将考虑持液量，但问题的刚性将是不重要的。结果可与严格积分法相比。

考虑图 13.11(a)所示的间歇精馏塔内摩尔持液量为 M_j 的某中间理论级 j。利用组分流量，而不是摩尔分率的组分 i 的物料衡算为

$$l_{i,j}+v_{i,j}-l_{i,j-1}-v_{i,j+1}+\frac{\mathrm{d}(M_j x_{i,j})}{\mathrm{d}t}=0 \tag{13-55}$$

假定摩尔持液量为常数。还有，假定在短时间间距 $\mathrm{d}t=\Delta t=t_{k+1}-t_k$ 内，式(13 - 55)前四项

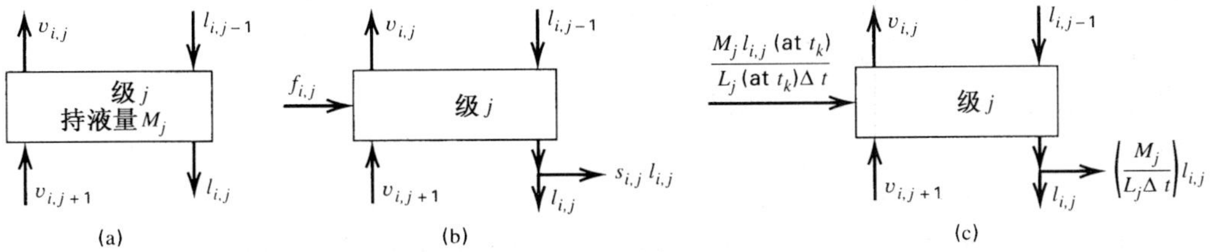

图 13.11　间歇精馏塔内持液量的模拟

(a) 间歇精馏塔内持有液体的级；(b) 连续精馏塔内的级；(c) 连续精馏塔内间歇持液的模拟

给出的组分流量保持在对应于时间 t_{k+1} 的数值不变。式(13 - 55)的组分持有项为

$$\frac{\mathrm{d}(M_j x_{i,j})}{\mathrm{d}t}=M_j\left[\frac{x_{i,j}\{t_{k+1}\}-x_{i,j}\{t_k\}}{\Delta t}\right] \tag{13-56}$$

但是，$x_{i,j}=l_{i,j}/L_j$。因此，式(13 - 56)可重写为

$$\frac{\mathrm{d}(M_j x_{i,j})}{\mathrm{d}t}=\frac{M_j l_{i,j}}{L_j\Delta t}-\frac{M_j l_{i,j}\{t_k\}}{L_j\{t_k\}\Delta t} \tag{13-57}$$

如果将式(13 - 57)代入式(13 - 55)，并将组分流率 $l_{i,j}$ 项合并：

$$l_{i,j}\left(1+\frac{M_j}{L_j\Delta t}\right)+v_{i,j}-l_{i,j-1}-v_{i,j+1}=\frac{M_j l_{i,j}\{t_k\}}{L_j\{t_k\}\Delta t}\text{①} \tag{13-58}$$

如果将非定态(间歇)精馏的式(13 - 58)与定态(连续)精馏的式(10 - 58)进行比较，我们将看到式(13 - 58)中的 $M_j/(L_j\Delta t)$ 项对应于式(10 - 58)中的液相侧线项，或 $M_j/\Delta t$ 对应于液相侧线流量。我们还可看到式(13 - 58)中的 $M_j l_{i,j}\{t_k\}/(L_j\{t_k\}\Delta t)$ 对应于式(10 - 58)中的组分进料流量。这种类似已表示在图 13.11 的(b)和(c)中。于是，单位时间内组分持有量的变化，式(13 - 56)中的 $\mathrm{d}(M_j x_{i,j})/\mathrm{d}t$ 可解释为短有限时间差内进入该级的组分进料流量与离开该级的液相侧线中该组分的流量之差。类似地，该级的能量衡算中焓的持有量可解释为短有限时间差内输入该级的热量与离开该级的液相侧线中输出的焓之差。总结果是与第 10 章中联立校正法和内外层法的方程相同的定态方程组。因此，在执行 Chemstation 公司的 Batch Column 计算机模型时，可对每一时间步长采用这两种方法中的任一种求解组分物料衡算、相平衡和能量衡算方程组。用于开始每一时间步长的计算的初值是前一时间步长结束时的值。因为对每一时间步长，各变量通常只有很小的变化，在几次迭代后，Newton - Raphson 法或内外层法通常即可达到收敛。

例 13.9

在由再沸器、10 个平衡级、回流罐和 3 个馏出液储槽组成的间歇精馏塔内精馏 100 lbmol组成为 25%(mol)苯、50%(mol)一氯苯(MCB)和 25%(mol)邻二氯苯(DCB)的装料。冷凝器一回流罐的持液量为常数 0.20 ft^3，塔内每级的持液量为 0.02 ft^3。再沸器和回流罐的压力分别为 17.5 psia 和 14.7 psia，塔内压力从塔顶的 15.6 psia 到塔底的 17 psia 呈线性

① 原文误为 $l_{i,j}\left(1+\frac{M_j}{L_j\Delta t}\right)+v_{i,j}-l_{i,j-1}-v_{i,j+1}-\frac{M_j l_{i,j}\{t_k\}}{L_j\{t_k\}\Delta t}$——译者注。

分布。在全回流条件下初始化后，物料在下列三个操作步骤中进行间歇精馏，每一步骤的蒸出速率为 200 lbmol/h，回流比为 3。于是，馏出液流量为 50 lbmol/h。

操作步骤 1：当瞬时馏出液中苯的摩尔分率降低到低于 0.100 时结束。

操作步骤 2：当馏出液中 MCB 的摩尔分率降低到低于 0.40 时结束。

操作步骤 3：当再沸器中 DCB 的摩尔分率上升到高于 0.98 时结束。

假定理想溶液和理想气体定律适用。

解

此问题具有相当强的刚性，其刚性比约为 15 000。对三个操作步骤中的每一步采用时间增量 0.005 h，用在 Batch Column 计算机模型中执行的 Galindez 和 Fredenslund[13]的拟定态解法。虽然 Galindez 和 Fredenslund 的方法通常可采用 0.05 h 的步长，但本问题中馏出液流量对装料的高比例必须采用较小的 Δt。计算结果如表 13.3 所列，由表可见操作步骤 1 和 3 获得的累积馏分中，苯和 DCB 的纯度都不高。操作步骤 2 获得的 MCB 馏分纯度达到 95%(mol)。步骤 3 后留在再沸器中的残液为纯度相当高的 DCB。所有步骤中作为总累积馏出液函数的瞬时馏出液组成的标绘如图 13.12 所示。在间歇精馏过程中的某些时刻，摩尔分率会发生非常迅速的变化，这说明获得比较纯的馏分或许是可能的。这种标绘对获得几乎为纯的馏分的操作时间方案是有用的。例如，假定需要富含 B、MCB 和 DCB 的各种馏分。由图 13.12 可见，可采出约 18 lbmol 的初始富苯馏分，随后采出 18 lbmol 的循环利用的中间馏分。然后可采出约 34 lbmol 的富 MCB 馏分，随后再采出 8 lbmol 的第二中间馏分，再沸器中剩下 22 bmol 的富 DCB 的残液。对这一系列操作步骤，蒸出速率均为 200 lbmol/h，回流比均为 3。以 0.005 h 的时间步长，用 Batch Column 计算机模型计算的每个累积馏分的结果如表 13.4 所列。由表可见，三个产物馏分的纯度均高于 98%(mol)。但是约占初始装料四分之一的(18+8)=26 lbmol 的中间馏分必须循环利用。可通过增大回流比和/或增加理论级数进一步提高产物纯度或减少循环中间馏分的数量。

表 13.3　例 13.9 中每一操作步骤结束时的结果

	操作步骤		
	1	2	3
操作时间/h	0.605	0.805	0.055
时间增量数	121	161	11
累积馏出液：			
总 lbmol	33.65	41.96	2.73
摩尔分率：			
B	0.731	0.009	0.000
MCB	0.269	0.950	0.257
DCB	0.000	0.041	0.743
再沸器持液量			
总 lbmol	66.13	24.19	21.46
摩尔分率：			
B	0.006	0.000	0.000
MCB	0.616	0.044	0.018
DCB	0.378	0.956	0.982
总热负荷/10^6 Btu			
冷凝器	1.95	2.65	0.19
再沸器	2.08	2.63	0.18

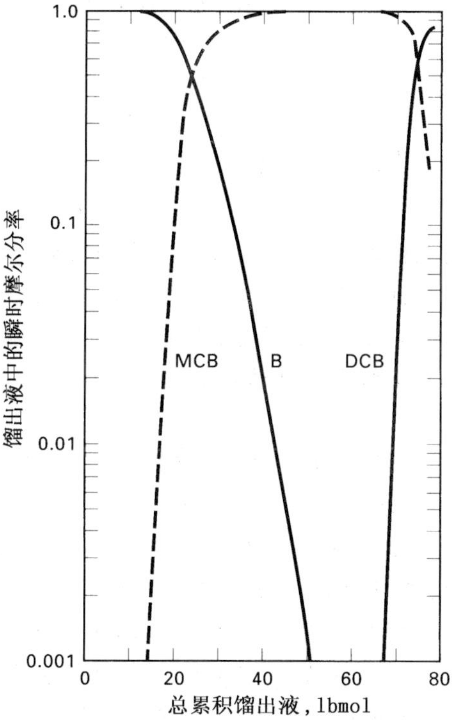

图 13.12　例 13.9 的瞬时馏出液组成分布

[经允许取自 *Perry's Chemical Engineers' Handbook*, 6th ed.,
R. H. Perry and D. W. Green, Eds., McGraw Hill, New York (1984)]

表 13.4　例 13.9 中操作时间方案的结果

馏　分	数量/lbmol	组成,摩尔分率		
		B	MCB	DCB
富苯	18	0.993	0.007	0.000
中间馏分 1	18	0.374	0.626	0.000
富 MCB	34	0.006	0.994	0.000
中间馏分 2	8	0.000	0.536	0.464
富 DCB	22	0.000	0.018	0.982
总计	100			

13.8　优 化 控 制

如 Luyben[19]所论述的，间歇精馏过程的设计可能是复杂的。必须考虑两个方面：(1)要获得的产物；(2)所采用的控制方法。基本设计参数是塔板数、蒸馏釜的初始装料量、蒸出速率和作为时间函数的回流比。即使为二元进料，可能也必须采出三个产物：富挥发度最高组分的馏出液、富挥发度最低组分的残液和含有两种组分的中间(不合格或废)馏分。如果进料为三元系统，除两个馏出液馏分和残液外，可能还必须有一个或两个不合格馏分。

13.8.1 不合格馏分

首先考虑下面例题中的二元混合物的间歇精馏。

例 13.10

希望在设有全凝器的间歇精馏塔中在 1atm 下精馏 100kmol 正己烷（C6）和正庚烷（C7）的等摩尔混合物。要求生产两种产物，一种含 95%（mol）C6，而另一种含 95%（mol）C7。忽略持液量并假定蒸出速率为 100 kmol/h。假定该塔以恒定回流比操作。于是，馏出液组成将随时间而变。确定合适的平衡级数和回流比对不合格馏分数量的影响。

解

为确定平衡级数，根据由 SRK 状态方程计算的 K 值，以图 13.4 和图 13.5 的方式利用 McCabe - Thiele 图。对全回流条件（$y=x$，45°线），要由含 50%（mol）C6 的初始进料获得 95%（mol）C6 的最小级数为 3.1，其中一级为再沸器。对有限回流比下的操作，假定采用最小级数的两倍，即 5 块平衡板加再沸器，总共 6 个平衡级。

现在计算不同回流比下获得的产物。对每种情况，第一个产物为含 95%（mol）C6 的累积馏出液。此时，如果残液中 C7 含量低于 95%（mol），那么在第二个步骤中，采出第二个累积馏出液（不合格馏分），直到残液达到要求的 C7 浓度。回流比始终保持恒定。结果（见表 13.5）可由包括在 CHEMCAD 模拟程序中的 Chemstation 公司的 Batch Column 计算机模型获得。对完全分离（通过物料衡算），C6 和 C7 产物必须都为 50kmol 纯度为 95%（mol）的产物。由表 13.5 可见，这可在 9.54 的恒定回流比下实现，操作时间为 5.27 小时。

表 13.5 C6 - C7 混合物的间歇精馏

	案例 1	案例 2	案例 3	案例 4	案例 5
回流比	2	3	4	8	9.54
C6 产物/kmol	15.1	36.0	42.4	49.2	50.0
C7 产物/kmol	34.4	40.7	44.3	49.2	50.0
不合格馏分/kmol	50.5	23.3	13.3	1.6	0.0
不合格馏分中 C6 的摩尔分率	0.67	0.59	0.57	0.54	无不合格馏分
总操作时间/小时	1.97	2.37	2.78	4.57	5.27

对较低回流比，数量随回流比减小而增加的不合格馏分是必需的。如果进料量比蒸馏釜的容量大得多，可通过连串装料对进料进行精馏。那么，一批装料的不合格馏分可由下一批装料循环利用。在这种方式中，每批装料由新鲜进料与循环利用的不合格馏分混合组成。如 Luyben[19]所论述的，不合格馏分的组成通常与进料没有很大差别。这也可由表 13.5 证明。如果本例中的级数增大到 6 以上，那么消除不合格馏分的回流比可以减小。例如，如果采用 10 个平衡级，该回流比将由 9.54 减小到 6 左右。

如 Luyben[19]所论述，并如下面的例题所说明的，三元混合物间歇精馏的不合格馏分策略要复杂得多。

例 13.11

希望在设有全凝器的间歇精馏塔中在 1atm 下精馏 150 kmol 由 C6、C7 和正辛烷（C8）

组成的等摩尔三元混合物。希望生产三种产物：95%(mol)C6 和 90%(mol)C7 的馏出液及 95%(mol)C8 的残液。忽略持液量并假定蒸出速率为 100 kmol/h。假定该塔被控制在恒定回流比下操作。于是，馏出液组成将随时间而变。假定该塔有 5 个平衡级和一个再沸器构成，总共为 6 个平衡级。确定回流比对不合格馏分数量的影响。

解

本三元混合物例子的困难是寻找能满足中间组分 C7 的纯度规定的操作条件。这种困难在于终结第二馏分的规定，除非采用高回流比，否则第二馏分将是不合格馏分。例如，假定回流比恒定为 4，并打算在瞬时馏出液达到 90%(mol)C7 终止第二馏分。遗憾的是，计算机模拟表明只能达到 88%(mol)C7。因此，应尝试更高的回流比，如 8。此外，当储槽内累积馏分中 C8 的摩尔分率达到 0.09 时，终结第三馏分(C7 产物)，而在残液中 C8 的摩尔分率达到要求纯度 0.95 时终止第二个不合格馏分。注意没有直接针对 C7 产物的规定。相反，上述操作策略假定了 90%(mol)C7 的要求纯度将由含 9%(mol)C8 和 1%(mol)C6 实现。如表 13.6 和图 13.13 所示，对回流比 8 差不多可实现能接受的结果，在表 13.6 和图 13.13 中要求的 C7 馏分纯度为 89.8%(mol)。但是，对回流比 8，这些结果可能并不对应第一个不合格馏分的最优终止规定。而且，通过对回流比进行小的调节，消除第二个不合格馏分或许是可能的。这两个考虑是习题 13.29 的主题。

许多研究人员，包括 Mayur、May、和 Jackson[20]，Luyben[19]，Quintero - Marmol 和 Luyben[21]，Farhat 等[22]，Mujtaba 和 Macchietto[23]，Diehl 等[24]和 Robinson[25]都对不合格(废)馏分及其循环利用进行了研究。

表 13.6　C6 - C7 - C8 混合物的间歇精馏

	案例 1	案例 2
回流比	4	8
C6 产物/kmol	35.85	46.70
第一不合格馏分：		
数量/kmol	42.16	16.67
C6 的摩尔分率	0.373	0.316
C7 的摩尔分率	0.602	0.672
C7 产物		
数量/kmol		35.44
C6 的摩尔分率		0.011
C7 的摩尔分率	0.877(max)	0.898
第二不合格馏分：		
数量/kmol		4.38
C6 的摩尔分率		0.000
C7 的摩尔分率		0.523
C8 产物/kmol		46.82
总操作时间/h		8.48

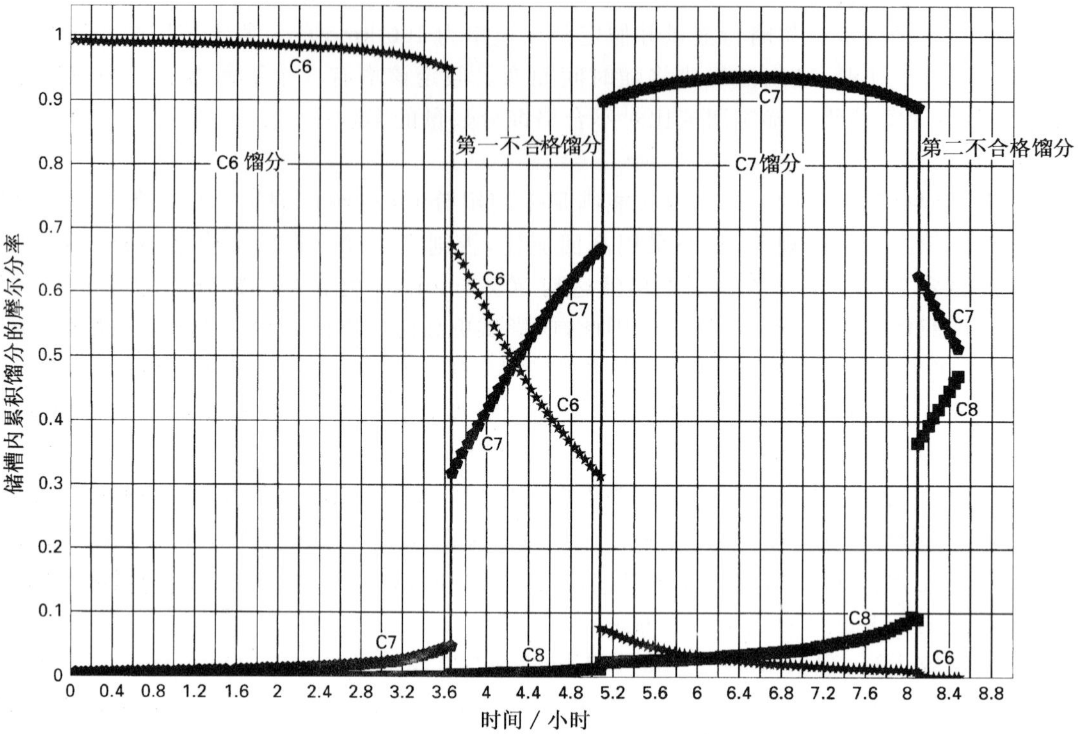

图 13.13　例 13.11 中有两个不合格馏分的三元间歇精馏

13.8.2　通过改变回流比实现优化控制

已对恒定蒸出速率条件下控制间歇精馏的两种方法作了讨论。在 13.2 节中，馏出液流量保持不变，在蒸出速率恒定的条件下，这等同于回流比保持不变。这导致瞬时馏出液和累积馏出液组成的变化。这种控制方法比较简单，因此在实践中被广泛采用。在 13.3 节中，瞬时馏出液和累积馏出液组成保持不变。这需要改变回流比，同时改变馏出液流量。这虽然不如恒定回流比法简单，但可利用快速响应的组成(或代用物性)传感器实现恒定馏出液组成的控制方法。

在(1)回流比保持不变，(2)馏出液组成保持不变，或(3)某种其他方法中，哪种是间歇精馏的最优控制方法呢？利用模拟程序对前两种方法进行比较是相当简单的。但是，结果将取决于优化的目标。当规定累积馏出液组成和/或残液组成时，Diwekar[26]研究了下列三种目标：

(1) 给定时间内累积馏出液量达到最大；

(2) 获得给定数量的累积馏出液所需时间最短；

(3) 利润最大化。

在下面的例题中，就前两个目标，对前两种控制方法进行了比较。

例 13.12

在恒定馏出液组成的条件下重做例 13.10，并就馏出液数量和操作时间两个方面，与恒定回流比为 4 时例 13.10 的结果进行比较。

解

对例 13.10，由表 13.5 可知，对回流比为 4 的第一操作步骤中累积馏出液为数量为42.4 kmol 的 95%(mol)C6。获得该馏分所需的时间为 1.98 小时(表 13.5 中未列出)。利用模拟程序，恒定组成操作的操作规定如同例 13.10，为 100 kmol/h 蒸出速率，而恒定的瞬时馏出液组成为 95%(mol)C6。对馏出液量为最大的目标，第一馏分的停止时间，如同例 13.10 为 1.98 小时。获得的馏出液数量为 43.5 kmol，比恒定回流比操作高 2.6%。对恒定组成控制，回流比随时间的变化如图 13.14 所示，图中还表示了恒定回流比为 4 的操作。初始回流比为 1.7；回流比先逐渐增加，在临近结束时则快速上升。在 1 小时时，回流比为 4，而在 1.98小时时，回流比为 15.4。对恒定组成控制，42.4 kmol 的累积馏出液在 1.835 小时时获得，与之相比，对恒定回流比控制，时间为 1.98 小时。于是，恒定组成控制依然较优，时间约减少 8%。

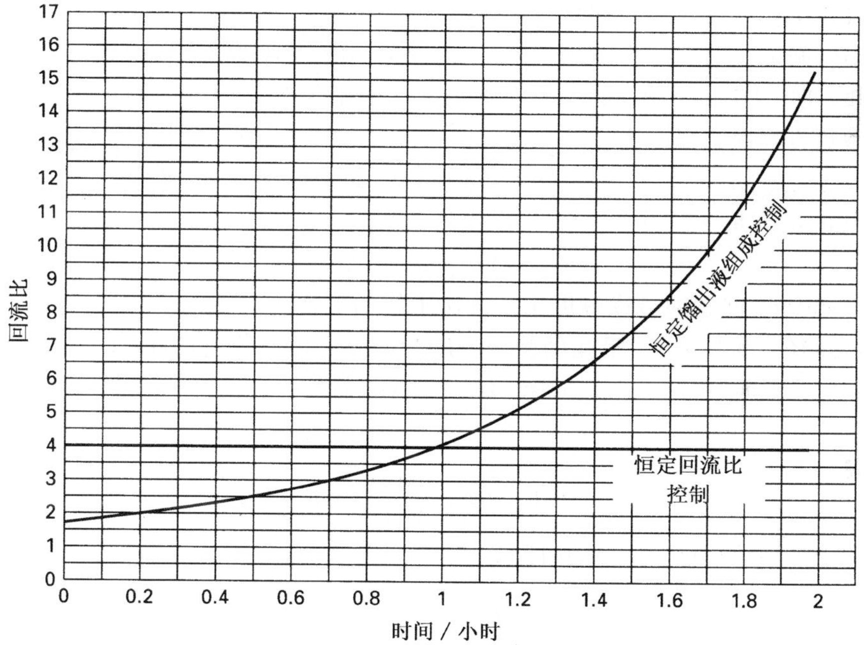

图 13.14　例 13.12 中恒定组成控制下的二元间歇精馏

由 Converse 和 Gross[27]、Coward[28、29]和 Robinson[30]对二元系统所作的研究，Robinson[30]及 Mayur 和 Jackson[31]对三元系统所作的研究，及 Diwekar 等[32]对多组分系统所作的研究都证明通过采用优化回流比策略可进一步增加馏出液数量或缩短操作时间及使利润最大化。通常，这种优化回流比策略介于恒定回流比和例 13.12 的图 13.14 所示的恒定组成控制之间。一般说来，优化回流比控制曲线的上升不如恒定馏出液组成控制陡峭，对比较困难的分离，在节省馏出液、时间或资金方面的效果最高。对比较容易的分离，可能不能判断恒定馏出液组成控制或优化回流比控制优于比较简单的恒定回流比控制。

对复杂操作，确定最优回流比策略需要有与解决简单操作问题完全不同的方法，这涉及寻找最优离散值或使某些代数函数的目标值为最大或最小的一组数值。例如，在第 7 章中，如图 7.22 所示，通过将年度费用对回流比 R 进行标绘，并确定曲线的最小值位置，确定连续精馏操作的最优回流比数值。求得的最优值约为 1.24，这对应 $R/R_{\min}=1.1$。在本节将对间歇精馏讨论如何确定作为时间函数的最优回流比 $R\{t\}$，这将用微分或积分方程进行模拟，而不是采用代数方程。这类问题需要包括变分法、Pontryagin 的极大值原理、Bellman 的动态规划和非线性规划等优化控制方法。Diwekar[33]详细描述了这些方法。俄罗斯和美国数学家对这些方法所作的发展对各空间计划的成功具有重要意义。

为对这些优化控制方法之一进行说明，考虑经典的 Johann Bernoulli 的Brachistochtone（希腊文，意为"最短时间"）问题，这是最早的变分问题之一，许多著名数学家，包括 Johann 和 Jacob Bernoulli、Gottfried Leibnitz、Guillaume de L'Hospital 和 Isaac Newton 对这个问题的研究是变分法发展的起点，Weinstock[34]对这一主题作了详细考虑。一个颗粒，如一个小圆珠位于 $x-y$ 平面上的$(x_1,\ y_1)$点，x 轴为向右延伸的横轴，而 y 轴为向下延伸的纵轴。该问题为当颗粒只受重力作用向下移动时，寻找在最短时间内到达终点$(x_2,\ y_2)$的无摩擦途径 $y=f\{x\}$。从点 1 到点 2 的某些可能途径如图 13.15 所示，包括直线、圆弧和由两段相连的直线组成的折线（较陡的直线后接较平坦的直线）。距离最短的是直线，但 Galileo Galilei 指出时间最短的途径为圆弧。但是，前面提到的其他数学家证明解也包括在图 13.15 中的摆线弧，如图 13.16 所示，摆线为沿直线滚动的半径为 a 的圆的圆周上某一点的轨迹。摆线可以参数方程形式表示为

$$x=a\ (\theta-\sin\theta)\text{和 }y=a(1-\cos\theta) \tag{13-59}$$

消去 θ，摆线的笛卡儿方程为

$$x=a\cos^{-1}(1-y/a)-(2ay-y^2)^{0.5} \tag{13-60}$$

此 Brachistochtone 问题的最优解可用变分法求解如下。

令沿该途径的弧长为 s。沿弧的微分长度为微分三角形的弦长，即

$$ds=[(dy)^2+(dx)^2]^{0.5} \tag{13-61}$$

或

$$ds=dx\sqrt{\left(\frac{dy}{dx}\right)^2+1} \tag{13-62}$$

颗粒由点 1(P_1)移动到点 2(P_2)的时间 t_{12} 为

$$t_{12}=\int_{P_1}^{P_2}\frac{ds}{v} \tag{13-63}$$

式中 v 为颗粒速度。根据能量守恒，随着颗粒下降，其动能将随势能的减少而增加。于是，如果 m 为颗粒质量，g 为重力加速度，速度随下降距离增长而增大：

$$\frac{1}{2}mv^2=mgy \tag{13-64}$$

解得 v，

$$v=\sqrt{2gy} \tag{13-65}$$

将式(13-62)和式(13-65)代入式(13-63)，给出

$$t_{12}=\int_{P_1}^{P_2}\sqrt{\frac{\left(\frac{dy}{dx}\right)^2+1}{2gy}}\,dx=\int_{P_1}^{P_2}\sqrt{\frac{1+(y')^2}{2gy}}\,dx \tag{13-66}$$

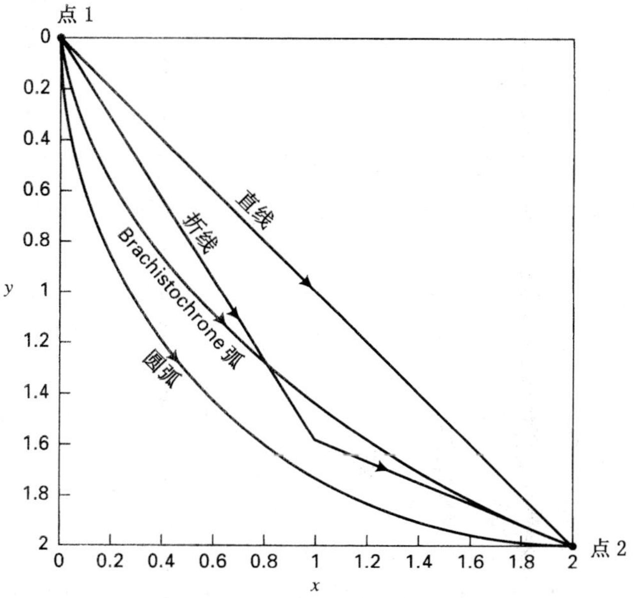

图 13.15　两点间的无摩擦途径

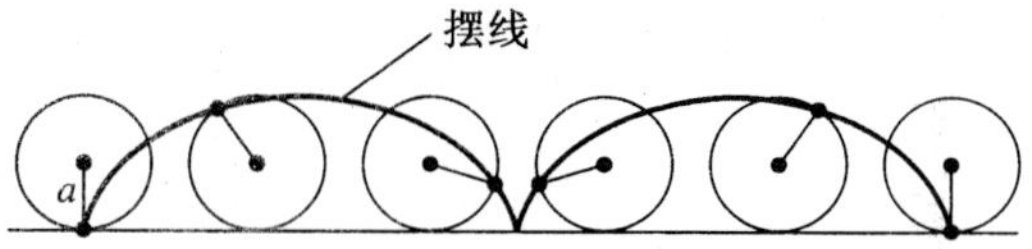

图 13.16　由半径为 a 的圆产生摆线

式中 $y'=\mathrm{d}y/\mathrm{d}x$。于是，需最小化的函数为

$$f=\sqrt{\frac{1+(y')^2}{2gy}} \tag{13-67}$$

式(13-67)具有可用变分法求解的问题的如下通用形式：
最小化积分，

$$I=\int_1^2 f(x,y\{x\},y'\{x\})\mathrm{d}x \tag{13-68}$$

Weinstock 证明式(13-68)的解的必要条件是如下 Euler-Lagrange 方程：

$$\frac{\partial f}{\partial y}-\frac{\mathrm{d}}{\mathrm{d}x}\left(\frac{\partial f}{\partial y'}\right)=0 \tag{13-69}$$

式(13-69)有来源于下列假定的两种特殊情况：

(1) 如果 f 显式独立于 y，那么

$$\frac{\partial f}{\partial y'}=C_1 \tag{13-70}$$

(2) 如果 f 显式独立于 x，那么

$$y'\left(\frac{\partial f}{\partial y'}\right)-f=C_2 \tag{13-71}$$

式(13-67)的 Brachistochtone 函数是显然独立于 x 的，所以式(13-71)适用，并可给出

$$(y')^2[1+(y')^2]^{-\frac{1}{2}}(2gy)^{-\frac{1}{2}}-[1+(y')^2]^{\frac{1}{2}}(2gy)^{-\frac{1}{2}}=C_2 \tag{13-72}$$

可简化为

$$\left[1+\left(\frac{\mathrm{d}y}{\mathrm{d}x}\right)^2\right]y=\frac{1}{2gC_2^2}=2a \tag{13-73}$$

如果点 1 位于 $x=0$，$y=0$，式(13－73)的解为式(13－60)，即摆线的弧。

与图 13.15 中的其他途径相比，摆线弧途径将快多少呢？如果点 2 取为 $x=2\text{ft}$ 和 $y=2\text{ft}$，那么有 $g=32.17\text{ft/s}^2$，用式(13－66)计算的从点 1 移动到点 2 的时间如下所列，可见摆线弧所需时间略短于圆弧：

图 13.15 中的途径	所需时间/秒
直线	0.498
折线	0.472
半径＝2ft 的圆弧	0.460
$a=1.145\ 836$ 的摆线	0.455

用变分法确定间歇精馏的最优回流比控制策略可以类似于上述 Brachistochtone 问题的方式完成。例如，用有 N 个平衡级的塔，对固定的蒸出速率 V，要求获得给定数量和组成的累积馏出液，如果需要求取使时间 t 为最短的回流比 R 的途径，需最小化的积分如下所示，式中用残液变量 W 代替馏出液变量，其余变量依旧：

$$t=\int_{x_{W0}}^{x_W}\frac{W}{V}\left(\frac{R+1}{y_N-x_W}\right)\mathrm{d}x_W \tag{13-74}$$

13.9 本章小结

(1) 相当于将由沸腾液体上升的蒸气冷凝的间歇精馏的最简单情况称为微分精馏或 Rayleigh 精馏。假定离开液体表面的蒸气与液体平衡。随着精馏的进行，液体和蒸气的组成连续变化。对给定汽化速率，可计算作为时间的函数的瞬时汽相和液相组成。

(2) 间歇精馏系统由再沸器、位于再沸器上方的板式塔或填料塔、冷凝器、回流罐和一个或多个馏出液储槽组成。

(3) 对二元系统，间歇精馏塔通常以恒定回流比或恒定馏出液组成操作。无论对哪种情况，如果假定为恒摩尔流，并忽略塔板(或填料)、冷凝器和回流罐的持液量，都可用 McCabe－Thiele图跟踪精馏过程。

(4) 间歇提馏塔用于从装料中脱除少量杂质。为获得灵活性，可采用同时包括精馏段和提馏段的复杂间歇精馏。

(5) 塔板(或填料)、冷凝器和回流罐的持液量可影响间歇精馏过程和馏出液馏分的数量和组成。持液量影响的复杂性使得对特定案例最好用严格计算确定这种影响。

(6) 对忽略除再沸器外的持液量的多组分间歇精馏，以在一系列时间区间内连续采用 Fenske－Underwood－Gilliland(FUG)法为基础的 Sundaram 和 Evans 的简捷法可用于获得作为时间函数的近似的馏出液和塔釜物料的组成和数量。

(7) 对精确和详细的多组分间歇精馏计算，应该采用由 Boston 等执行的 Distefano 模型。该模型考虑了持液量并允许采用一系列操作步骤以生产多种馏出液馏分。该模型由代数方程和常微分方程组成，当方程为刚性时，最好用 Gear 型隐式积分法求解。Distefano 模型也可用 Galindez 和 Fredenslund 法求解，这种方法采用短时间间距的一系列连续定态模拟非定态间歇过程，而各定态过程可用第 10 章的 Newton - Raphson 法或内外层法求解。

(8) 间歇精馏的两个困难方面是：(1)为生产需要的产物确定一组最优操作步骤；(2)将采用的最优控制方法。涉及必须设置不合格或废馏分的第一个问题通过用模拟程序进行计算研究解决，需要考虑最优回流量策略的第二个问题用优化控制法解决。

参考文献

1. Rayleigh. J. W. S. , *Phil. Mag. and J. Sci.* , Series 6. **4** (23). 521—537 (1902).
2. Smoker, E. H. , and A. Rose, *Trans. AIChE*. **36**,285—293 (1940).
3. Block, B. , *Chem. Eng.* , **68** (3), 87—98 (1961).
4. Bogart, M. J. P. , *Trans. AIChE*, **33**,139—152 (1937).
5. Ellerbe, R. W. , *Chem. Eng.* , **80** (12), 110—116(1973).
6. Hasbe, S. , B. B. Abdul Aziz, I. Hashimoto, and T. Watanabe, *Proc. IFAC Workshop*, *London. Sept.* 7—8, 1992. p. 177.
7. Diwekar, U. M. , and K. P. Madhaven, *Ind, Eng. Chem. Res.* , **30**, 713—721 (1991).
8. Sundaram, S. , and L. B. Evans, *Ind. Eng. Chem. Res.* , **32**, 511—518 (1993).
9. Eduljee, H. E. , *Hydrocarbon Processing*, **56** (9). 120—122 (1975).
10. Meadows, E. L. , *Chem. Eng. Progr. Symp. Ser. No.* 46. 59,48—55 (1963).
11. Distefano, G. P. , *AIChE J.* , **14**,190—199 (1968).
12. Boston, J. F. , H. I. Britt, S. Jirapongphan, and V. B. Shah, in *Foundations of Computer-Aided Chemical Process Design*. Vol. Ⅱ. AlChE, R. H. S. Man and W. D. Seider, Eds. , pp. 203—237 (1981).
13. Galindez, H. , and A. Fredenslund, *Comput. Chem. Eng.* , **12**, 281—288(1988).
14. Gear, C. W. , *Numerical Initial Value Problems in Ordinary Differential Equations*. Prentice-Hall. Englewood Cliffs, NJ (1971).
15. Davis, M. E. , *Numerical Methods and Modeling for Chemical Engineers*, John Wiley and Sons. New York (1984).
16. Riggs, J. B. , *An Introduction to Numerical Methods for Chemical Engineers*, Texas Tech. Univ. Press, Lubbock, TX (1988).
17. Carnahan, B. , and J. O. Wilkes, "Numerical solution of differential equations—an overview," in *Foundations of Computer-Aided Chemical Process Design*, R. S. H. Mah and W. D. Seider. Eds. , Engineering Foundation. New York. Vol 1. pp. 225—340 (1981).
18. Varga, R. S. , *Matrix Iterative Analysis*. Prentice-Hall. Englewood Cliffs, NJ (1962).
19. Luyben, W. L. , *Ind. Eng. Chem. Res.* , **27**,642—647 (1988).
20. Mayur, D. N. , R. A. May, and R. Jackson. *Chem. Eng. Journal*. **1**, 15—21 (1970).
21. Quintero-Marmol. E. , and W. L. Luyben. *Ind. Eng. Chem. Res.* , **29**, 1915—1921 (1990).
22. Farhat, S. , M. Czernicki, L. Pibouleau. and S. Domenech, *AIChE J.* , **36**,1349—1360 (1990).

23. MUJTABA, I. M., and S. MACCHIETTO, *Comput. Chem. Eng.*, **16**, S273－S280(1992).

24. DIEHL, M., A. SCHAFER, H. G. BOCK, J. P. SCHLODER, and D. B. LEINEWEBER, *AIChE J.*, **48**, 2869－2874 (2002).

25. ROBINSON, E. R., *Chem. Eng. Journal.* **2**, 135－136 (1971).

26. DIWEKAR, U. M., *Batch Distillation—Simulation, Optimal Design and Control*, Taylor & Francis, Washington. D. C. (1995).

27. CONVERSE, A. O., and G. D. GROSS. *Ind. Eng. Chem. Fundamentals.* **2**, 217－221 (1963).

28. COWARD, I., *Chem. Eng. Science.* **22**, 503－516 (1967).

29. COWARD, I., *Chem. Eng. Science.* **22**, 1881－1884 (1967).

30. ROBINSON, E. R., I. COWARD. *Chem. Eng. Science.* **24**, 1661－1668 (1969).

31. MAYUR, D. N., and R. JACKSON. *Chem. Eng. Journal*, **2**, 150－163 (1971).

32. DIWEKAR, U. M., R. K. MALIK, and K. P. MADHAVAN, *Comput. Chem. Eng.*, **11**, 629－637(1987).

33. DIWEKAR, U. M., *Introduction to Applied Optimization*, Kluwer Academic Publishers (2003).

34. WEINSTOCK, R., *Calculus of Variations*. McGraw-Hill Book Co., Inc., New York (1952).

习　　题

13.1 节

13.1(a)　一瓶纯正庚烷被偶然倒进了工业实验室中的一罐纯甲苯中。一位几乎没有化学背景的实验室工作人员建议因为庚烷的沸点比甲苯低，可采用如下提纯方法：

将混合物[2%(mol)正庚烷]倒入简单蒸馏釜。在 1atm 下使混合物沸腾，再使蒸气冷凝，直到正庚烷被汽化除去。由蒸馏釜中的残液获得纯甲苯。

作为化学工程师的你，立即认识到这种提纯方法不会成功。用表示不同数量的液体被蒸馏出来后留在釜中的物料的组成曲线说明你的结论。在蒸馏出 50%(质量)原始物料后，残液由什么组成？累积馏出液又由什么组成？

(b)　当一半正庚烷被蒸出时，累积馏出液和残液由什么组成？原始物料已被蒸出多少质量百分数？

1atm 下的汽-液平衡数据[*Ind. Eng. Chem.*, 42, 2912 (1949)]如下表所列：

正庚烷摩尔分率			
液相	汽相	液相	汽相
0.025	0.048	0.448	0.541
0.062	0.107	0.455	0.540
0.129	0.205	0.497	0.577
0.185	0.275	0.568	0.637
0.235	0.333	0.580	0.647
0.250	0.349	0.692	0.742
0.286	0.396	0.843	0.864
0.354	0.454	0.950	0.948
0.412	0.504	0.975	0.976

13.2 用简单间歇精馏在 1atm 下精馏 40%(mol)的异丙醇水溶液，直到 70%(mol)的装料汽化(平衡数据在习题 7.33 中给出)。留在蒸馏釜内的残液和收集的馏出液分别是什么组成？

13.3 甲苯中含 30%(mol)苯的进料用间歇操作进行蒸馏。生产平均组成为 45%(mol)苯的产物。计算残液数量，假定 $\alpha=2.5$ 和 $W_0=100$。

13.4 在大气压下对 250lb 含 70%(mol)苯和 30%(mol)甲苯的装料进行间歇微分精馏。确定蒸出 1/3原始装料后馏出液和残液的组成。假定混合物形成理想溶液，可用拉乌尔定律和道尔顿定律计算蒸气压数据。

13.5 在 1atm 下，用三种不同条件对含 60%(mol)苯和 40%(mol)甲苯的混合物进行间歇微分精馏：

(1) 到馏出液含 70%(mol)苯；

(2) 到进料的 40%(mol)被蒸出；

(3) 到进料中 60%(mol)的苯在汽相中蒸出。

利用 $\alpha=2.43$，对上述三种条件确定：

(a) 100mol 进料馏出液的摩尔数；

(b) 馏出液和残液的组成。

13.6 水中含 15%(mol)苯酚的混合物在 260 托压力下进行间歇精馏。当总馏出液中含 98%(mol)水时，塔釜中还剩余的原始进料的分率为多少？残液浓度为多少？

260 托下的汽-液平衡数据为[*Ind. Eng. Chem.*, 17, 199 (1925)]：

x,%(质量)(H_2O)：

1.54	4.95	6.87	7.73	19.63	28.44	39.73	82.99	
89.9	593.38	95.74						

y,%(质量)(H_2O)：

41.10	79.72	82.79	84.45	89.91	89.91	91.05	91.15	91.86
92.77	94.19	95.64						

13.7 一蒸馏釜内装有 25 mol 苯的摩尔分率为 0.35 的苯和甲苯的混合物。以 7mol/h 的速率提供相同组成的进料，而加热速率可进行调节使釜内液体保持恒定。没有液体离开塔釜，而 $\alpha=2.5$。在馏出液组成降低到 0.45 摩尔分率苯之前需经过多长时间？

13.8 由再沸器和全凝器组成的精馏系统(无塔)用于从微量不挥发物料中分离 A 和 B。再沸器最初装有 20lbmol 含 30%(mol)A 的进料。以 10lbmol/h 的速率向再沸器进料，而加热速率可进行调节使再沸器内液体总量保持在 20lbmol。不从塔釜抽出残液。计算塔顶产物组成降低到 40%(mol)A 所需的时间。相对挥发度可假定为常数 2.5。

13.2 节

13.9 对采用回流比 $L/V=0.9$，有两个平衡级的塔进行间歇精馏的情况，重做习题 13.2。

13.10 假定在有三个平衡级的塔内以 $L/V=0.6$ 进行操作，重做习题 13.3。

13.11 将 1kg 摩尔苯和甲苯的等摩尔混合物加入有 3 个平衡级(包括再沸器)的间歇精馏塔。液体回流温度为泡点，而 $L/D=4$。当瞬时产物组成为 55%(mol)苯时，产物的平均组成和数量为多少？忽略持液量，并假定 $\alpha=2.5$。

13.12 谷物发酵产生水中乙醇含量为 3.3%(mol)的混合物。如果在 1atm 下用简单间歇精馏蒸馏出该混合物的 20%(mol)，计算并标绘作为蒸出物料摩尔百分数的函数的瞬时汽相组成。如果采用有 3 个平衡级(包括再沸器)有回流的塔，可由间歇精馏生产的乙醇的最高纯度为多少？

平衡数据在习题 7.29 中提供。

13.3 节

13.13　在 101kPa 下用间歇精馏分离丙酮含量为 0.5 摩尔分率的丙酮-乙醇混合物。

101kPa 下的汽-液平衡数据如下所列：

	丙酮摩尔分率									
y	0.16	0.25	0.42	0.51	0.60	0.67	0.72	0.79	0.87	0.93
x	0.05	0.10	0.20	0.30	0.40	0.50	0.60	0.70	0.80	0.90

(a) 假定 L/D 为 1.5 倍最小回流比，如果要求当残液含有 0.1 摩尔分率丙酮时馏出液组成为 0.9 摩尔分率丙酮，该塔应有多少平衡级？

(b) 假定该塔有 8 个平衡级，而回流比连续改变以使塔顶产物组成恒定在 0.9 摩尔分率丙酮。将回流比对塔釜组成和塔釜内残液量进行标绘。

(c) 现在假定在恒定回流比（和产物组成变化）条件下进行同样的精馏。我们希望残液含 0.1 摩尔分率丙酮，而（平均）产物含 0.9 摩尔分率丙酮。计算产生的总汽相量，哪种操作方式能量效率更高？你能否建议一种恒定回流比和恒定馏出液组成以外的操作方式使设备和/或操作费用更节省？

13.14　1atm 下在以恒定馏出液组成和恒定汽相蒸出速率方式操作的间歇精馏塔内分离总量为 2 000 加仑的含 70%(mol)乙醇，比重为 0.871 的水溶液，获得含 85%(mol)乙醇的馏出液产物和含 3%(质量)乙醇的残液。如果要在 24 小时内完成此任务，其中 4 小时用于装料、开车、卸料和清洗。确定：(a)该塔需要的理论板数；(b)当釜内乙醇浓度为 25%(mol)时的回流比；(c)当釜内乙醇浓度为 15%(mol)时，以 lbmol/h 表示的瞬时馏出液流量；(d)馏出液产物的 lbmol 数；(e)残液的 lbmol 数。

汽-液平衡数据在习题 7.29 中提供。

13.15　在 101.3kPa 压力下，以 100kmol/h 蒸出速率对 1 000kmol 水中乙醇含量为 20%(mol)的物料进行间歇精馏。如果该塔有 6 个理论级，通过改变回流比使馏出液组成保持在乙醇含量为 80%(mol)，确定：(a) 残液中乙醇摩尔分率达到 0.05 所需的时间；(b) 当达到(a)中的状态时，获得的馏出液的 kmol 数；(c) 精馏过程中的最小和最大回流比；(d) 精馏过程中馏出液流量 kmol/h 的变化。假定恒摩尔流，持液量可忽略，而汽-液平衡数据由习题 7.29 获得。

13.16　在由全凝器、有 7 个理论级的塔和部分再沸器组成的间歇精馏塔内，分离 500 lbmol 组成为 48.8%(mol)A 和 51.2%(mol)B 的混合物，相对挥发度 $\alpha_{A,B}=2.0$。改变回流比使馏出液组成保持在含 95%(mol)A。该塔可以摩尔汽相蒸出速率 213.5 lbmol/h 令人满意地操作。当釜内 A 的摩尔分率降低到 0.192 时停止精馏操作。确定：(a) 该精馏操作需要的时间；(b) 产生的馏出液总量。

13.4 节

13.17　利用图 13.8 的设备排列，提出类似于 13.2 节中的计算二元间歇提馏操作的方法。

13.18　在有 3 个平衡级（一级为再沸器）的提馏塔的进料槽（见图 13.8）中加入 100kmol 正辛烷中含 10%(mol)正己烷的混合物。蒸出速率为 30kmol/h。如果采用恒定蒸出比$(V/L)=0.5$，确定 2 小时操作结束时的瞬时塔釜组成和累积塔底产物组成。

13.19　利用图 13.9 的设备排列，提出类似于 13.2 节中的计算复杂二元间歇精馏操作的方法。

13.5 节

13.20　对具有适当的塔内持液量的间歇精馏塔：

(a) 假定在精馏开始前达到全回流状态，为什么加入蒸馏釜的物料中轻组分的浓度高于精馏开始前釜内的轻组分浓度？

(b) 为什么分离比零持液量困难？

13.21　对有适当塔内持液量的间歇精馏塔，为什么塔板组成的变化比忽略持液量的塔慢，以及为什么分离程度能获得改善？

13.22　根据习题 13.20 和 13.21 的结论，为什么难以预测持液量的影响？

13.6 节

13.23　用 Sundaram 和 Evans 的简捷法求解例 13.7，但采用冷凝器和各级持液量为零。

13.24　在包括再沸器有 4 个理论级的间歇精馏塔内精馏 100kmol 相对挥发度 $\alpha_{A,B}=2.0$ 和 $\alpha_{A,C}=4$ 的 A、B 和 C 的等摩尔混合物。如果持液量可以忽略，对 $R=5$ 和 $V=100$ kmol/h，用简捷法估算在达到全回流状态的开车阶段后塔釜和瞬时馏出液组成随时间的变化。

13.25　在总共有 3 个理论级，以回流比 10，汽相蒸出速率为 100 kmol/h 操作的间歇精馏塔内分离 200kmol 相对挥发度 $\alpha_{A,C}=2.0$ 和 $\alpha_{B,C}=1.5$，组成为 40%(mol) A、50%(mol) B 和 10%(mol) C 的混合物。持液量可以忽略。对达到全回流状态的开车阶段后的第一个小时，用简捷法估算瞬时馏出液和塔底组成随时间的变化。

13.7 节

13.26　1atm 下在由部分再沸器、塔和全凝器组成的间歇精馏塔内，以恒定蒸出速率 50 lbmol/h 和恒定回流比 5 精馏 100 lbmol 组成为 35%(mol) 正己烷、35%(mol) 正庚烷和 30%(mol) 正辛烷的物料。在精馏开始前，建立全回流状态。然后，采用三个操作步骤获得富正己烷馏分、用于循环的中间馏分、富正庚烷馏分和富正辛烷残液：

步骤 1：当累积馏出液纯度降低到 95%(mol) 正己烷时停止。

步骤 2：将步骤 1 生产的富正己烷馏分排放到储槽，然后重新开始精馏直到瞬时馏出液组成达到 80%(mol) 正庚烷。

步骤 3：将步骤 2 生产的中间馏分排放到储槽，然后重新开始精馏直到累积馏出液组成达到 4%(mol) 正辛烷。

对热力学性质，假定为理想溶液并服从理想气体定律。

考虑在两个不同的塔内进行此精馏过程，每个塔均有 10 个理论级和持液量为 1.0 lbmol 的冷凝器-回流罐。对每个塔，用适当的间歇精馏计算机程序确定四股产物的组成和数量(单位为 lbmol)。

塔 1：总持液量为 8 lbmol 的板式塔。

塔 2：总持液量为 2 lbmol 的填料塔。

讨论两个塔持液量的影响。结果是否为你所预期的？

13.27　在设有部分再沸器、持液量为 1.0 ft^3 的全凝器和相当于 8 个理论级、持液量为 0.8 ft^3 的塔体的间歇精馏塔内，对 100 lbmol 含 10%(mol) 丙烷、30%(mol) 正丁烷、10%(mol) 正戊烷，其余为正己烷的烃类混合物进行分离。冷凝器压力为 5.0 psia，而塔的压降为 2.0 psi。如下所列的精馏操作策略设计成生产 98%(mol) 丙烷、99.8%(mol) 正丁烷的馏分和 99%(mol) 正己烷的残余馏分，以及两个中间馏分，其中之一可能为比较富含正戊烷的馏分。所有五个操作步骤均以 40 lbmol/h 的汽相蒸出速率进行。采用适当的间歇精馏计算机程序确定每股馏分的数量和组成。

步骤	回流比	停止判据
1	5	储槽中丙烷浓度为 98%
2	20	瞬时馏出液中正丁烷浓度为 95%
3	25	储槽中正丁烷浓度为 99.8%
4	15	瞬时馏出液中正戊烷浓度为 80%
5	25	蒸馏釜内正己烷浓度为 99%

请就你可以如何改变操作步骤以获得更多的产物馏分和较少的中间馏分提出建议。

13.28　在由全凝器、有 10 个理论级的塔体和部分再沸器组成的间歇精馏塔内精馏 100 lbmol 含苯

(B)、氯苯(MCB)和邻二氯苯(DCB)的装料。在达到全回流操作后,第一个操作步骤由蒸出量 200 lbmol/h 和回流比 3 开始。在 0.6h 后,该塔的顶部 3 级存在下列状态:

	塔顶级	级 2	级 3
温度/℉	267.7	271.2	272.5
$V/(\text{lbmol}\cdot\text{h}^{-1})$	206.1	209.0	209.5
$L/(\text{lbmol}\cdot\text{h}^{-1})$	157.5	158.0	158.1
M/lbmol	0.010 92	0.010 88	0.010 87

汽相摩尔分率:

B	0.099 4	0.044 9	0.033 1
MCB	0.900 6	0.955 1	0.966 9
DCB	0.000 0	0.000 0	0.000 0

液相摩尔分率:

B	0.027 6	0.012 1	0.008 84
MCB	0.972 4	0.987 9	0.991 04
DCB	0.000 0	0.000 0	0.000 12

此外,在 0.6h 时再沸器和冷凝器持液量分别为 66.4 和 0.111 3 lbmol。

对苯,用 Δt 为 0.01h 的显式欧拉法,用前列数据由式(13-36)和式(13-39)估算离开第二级的液相中苯的摩尔分率。如果结果不合理,根据稳定性和刚性考虑说明为什么。

13.29 100kmol 由 30%(mol)甲醇、30%(mol)乙醇和 40%(mol)正丙醇① 组成的混合物在 120kPa 压力下加入由部分再沸器、相当于 10 个平衡级的塔体和全凝器组成的间歇精馏塔。在达到全回流状态后,该塔开始包括两个操作步骤的操作序列,每个步骤延续 15 个小时,馏出液流量为 2kmol/h,回流比为 10。于是,两个累积馏出液馏分的摩尔数等于进料中甲醇和乙醇的摩尔数。忽略冷凝器和塔的持液量。塔的压降为 8kPa,而通过冷凝器的压降为 2kPa。用 UNIFAC 法计算液相活度系数,利用过程模拟程序确定三个馏分的摩尔分率组成和数量(单位为 kmol)。

13.30 对下列修改后的条件重做习题 13.29。增加第三个操作步骤。对所有三个操作步骤,采用与习题 13.29 相同的馏出液流量和回流量。三个步骤的延续时间如下所列:步骤 1,13 小时;步骤 2,4 小时;步骤 3,13 小时。步骤 2 的馏出液为不合格馏分。确定四个馏分的摩尔分率组成和数量(单位为 kmol)。

13.31 100 kmol 由 45%(mol)丙酮、30%(mol)氯仿和 25%(mol)苯组成的混合物在 101.3kPa 压力下加入由部分再沸器、相当于 10 个平衡级的塔体和全凝器组成的间歇精馏塔。在达到全回流状态后,该塔开始包括两个操作步骤的操作序列,馏出液流量为 2kmol/h,回流比为 10。延续时间对步骤 1 为 13.3 小时,对步骤 2 为 24.2 小时。忽略冷凝器和塔的压降和持液量。用 UNIFAC 法计算液相活度系数,利用过程模拟程序确定三个馏分的摩尔分率组成和数量(单位为 kmol)。

13.8 节

13.32 利用间歇精馏模拟程序,对 13.8 节中的 C6-C7-C8 三元系的例题作如下修改:

(a) 将回流比增加到 8 以上,消除第二个不合格馏分。

(b) 改变第二步骤的结束规定,减少第一个不合格馏分的数量,而又不会违反所有三个产物的规定。

① 原文误为 50%(mol)正丙醇——译者注。

第三篇　采用阻挡物(膜)和固体介质的分离

近年来,采用阻挡物(膜)和固体介质实施分离的工业应用得到快速增长,这是因为在选择性膜和吸附剂的生产方面得到长足进展。第 14 章对通过膜的传质速率以及已得到较广泛应用的连续膜分离操作计算方法进行了讨论,这些膜分离操作用于分离气体和液体原料,包括气体渗透、反渗透、渗析、电渗析、膜蒸发(又称渗透蒸发)、超过滤和微过滤。第 15 章论述采用固体介质的吸附、离子交换和层析等分离操作。在吸附平衡和多孔吸附剂中的传质速率讨论后,接着论述处理液体和气体原料的间歇和连续吸附设备的计算方法,这里包括固定床、变压吸附和模拟移动床吸附设备。

第 14 章　膜　分　离

在膜分离过程中，含有两个以上组分的混合物原料被半透膜部分地分离，原料中的一个或几个组分比另一个或一些组分更快地通过半透膜。最普通的膜分离过程示于图 14.1 中，在此原料混合物被分离成渗余物（原料中未透过膜的部分，即被保留下来的部分）和渗透物（原料中透过膜的部分）。虽然原料、渗余物和渗透物通常是液体或气体，但它们也可以是固体。阻挡物最常用的是非多孔性的聚合物薄膜，但也可以是多孔性的聚合物、陶瓷或金属材料膜甚至可以是液膜或气膜，膜必须是不溶解和不破碎或开裂的。图 14.1 中所示的选用的清扫物是液体或气体，用来帮助渗透物的移开。许多重要的工业应用的膜分离操作列于表 1.2 和表 14.1 中。

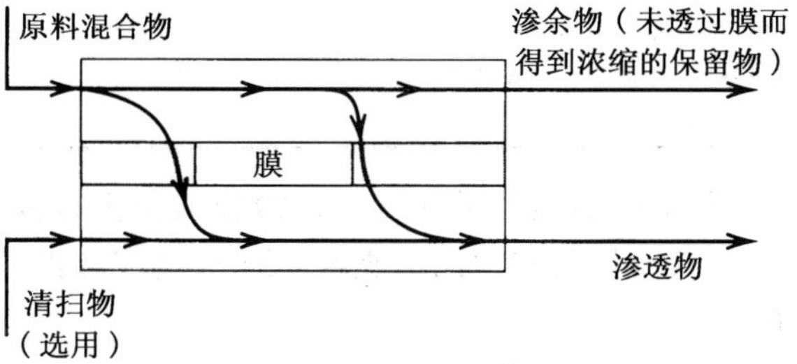

图 14.1　普通的膜分离过程

表 14.1　膜分离过程的工业应用

1. 反渗透：
有咸味水的淡化（脱盐）
脱除多种杂质的废水处理
地表水和地下水的处理
食品浓缩
从啤酒和葡萄酒中脱除酒精
2. 渗析：
从硫酸中分离硫酸镍
人工肾（移除代谢废物、过量体液和恢复血液的电解质平衡）
3. 电渗析：
从海水生产食盐
浓缩反渗透得到的盐水
电镀废水的处理
脱除干酪乳清的矿物质

（续 表）

半导体工业用的超纯水
4. 微过滤：
药物的灭菌
饮料的净化和生物杀菌
抗生素的净化
从液体中分离哺乳动物细胞
5. 超过滤：
制干酪前牛奶的预浓缩
果汁的净化
从发酵培养液中回收疫苗和抗生素
为造纸工业的硫酸盐浆黑液脱色
6. 膜蒸发：
乙醇-水恒沸物脱水
有机溶剂脱水
从水中脱除有机物
7. 气体渗透：
从甲烷和其他烃类中脱除 CO_2 或 H_2
合成气中 H_2/CO 比率的调整
将空气分离成富氮或富氧气流
氦的回收
从沼气中回收甲烷
8. 液膜分离：
从黏胶纤维工业的废水中回收锌
从电镀液中回收镍

在膜分离操作中：(1)两个产品通常是互溶的；(2)分离介质通常是半透膜；(3)通常难以达到清晰分离。因此，膜分离操作与较常用的吸收、脱吸、蒸馏和液-液萃取等分离操作在上述两个或三个方面不同。

虽然作为分离介质的膜已知有百余年[1]，但大规模的应用还是近 50 年的事。在 20 世纪 40 年代，碳氟化合物膜用于从 $^{238}UF_6$ 中分离 $^{235}UF_6$[2]；在 20 世纪 60 年代中期，采用醋酸纤维素膜的反渗透第一次用于海水淡化生产饮用水(含溶解固体小于 500ppm(质量)的饮用水)[3]，同在 60 年代接着开发了工业用的超过滤膜；1979 年孟山都化学公司引入了聚砜中空纤维膜用来分离某些气体混合物，例如从含有氢和二氧化碳的气流中富集它们[4]；应用膜蒸发实现乙醇脱水的工业化开始于 20 世纪 80 年代后期，乳化液膜大规模应用于从废水中脱除金属和有机物同样得到实施。

用膜分离代替较常用的分离操作具有节省能耗的潜力，这种替代需要大尺寸高传质速率、无缺陷和使用寿命长的膜，并能制作成具有高比表面积的紧凑又经济的组件。

14.0 本章教学目的

学完本章后，你应能：

- 应用膜、原料、清扫物、渗余物和渗透物解释膜分离过程。

- 列举八类工业应用的膜分离过程。
- 讨论工业用聚合物膜材料。
- 区分膜的传质参数渗透率和渗透系数间的差别，并解释它们与传质系数间的关系。
- 描述四种膜的形式。
- 描述六种膜组件。
- 解释通过膜的传质机理。
- 推导液体和气体混合物的溶解-扩散模型的传质速率方程。
- 解释膜组件中四种流行的、理想化的流动方式。
- 解释膜组件循环级联的用途和优缺点。
- 解释浓差极化。
- 计算渗析和电渗析的传质速率。
- 解释渗透现象和如何能够实现反渗透。
- 计算反渗透的传质速率。
- 计算气体渗透的传质速率。
- 计算膜蒸发的传质速率。
- 计算超过滤和微过滤的传质速率。

14.0.1 工业应用实例

膜分离的一个常见的大规模应用是氢和甲烷的分离。第二次世界大战期间需要大量甲苯生产炸药 TNT(三硝基甲苯)，战后石油炼制工业需要为甲苯寻找其他市场。一个潜在的市场是甲苯作为生产苯的原料，而苯是尼龙、二甲苯和许多其他化学品(包括聚酯)的前体。甲苯原料在 950 ℉高温和大于 500 psia 压力下进入绝热反应器，经催化歧化转变为苯和二甲苯混合物，其主反应是

$$2C_7H_8 \longrightarrow C_6H_6 + C_8H_{10}\text{(异构体)}$$

为了抑制焦炭的生成而污染催化剂，反应器的原料必须含有相当数量的氢，其分压至少大于 215 psia，可惜的是氢参加了甲苯的加氢烷基化生成苯和甲烷的副反应：

$$C_7H_8 + H_2 \longrightarrow C_6H_6 + CH_4$$

补加的氢通常不是纯的，可能含有 15%(mol)甲烷和 5%(mol)乙烷。因此，典型的反应器排出物中含有 H_2，CH_4，C_2H_6，C_6H_6，未反应的 C_7H_8 和 C_8H_{10} 异构体。该过程的反应段如图 14.2 所示，该排出物在 465 psia 下被冷却和部分冷凝到 100 ℉。在此条件下 C_2H_6 和 C_6H_6 在闪蒸罐中得到了相当好的分离，于是，离开闪蒸罐的蒸气中绝大部分是 H_2，CH_4 和 C_2H_6，而绝大部分的芳烃随液流离开。由于闪蒸罐排出的蒸气中含有大量氢，将它循环回反应器是重要的，而不应将它送到火炬或作燃料用。然而，如果将此蒸气全部循环，甲烷和乙烷将在循环回路中积累，因为没有其他出路。在可用于气体渗透分离氢和甲烷的膜开发前，该蒸气的一部分通常从生产过程放空，如图 14.2(a)所示，这就为甲烷和乙烷提供了出路。1979 年随着合适的膜引入，使得图 14.2(b)所示的膜分离器应用成为可能。

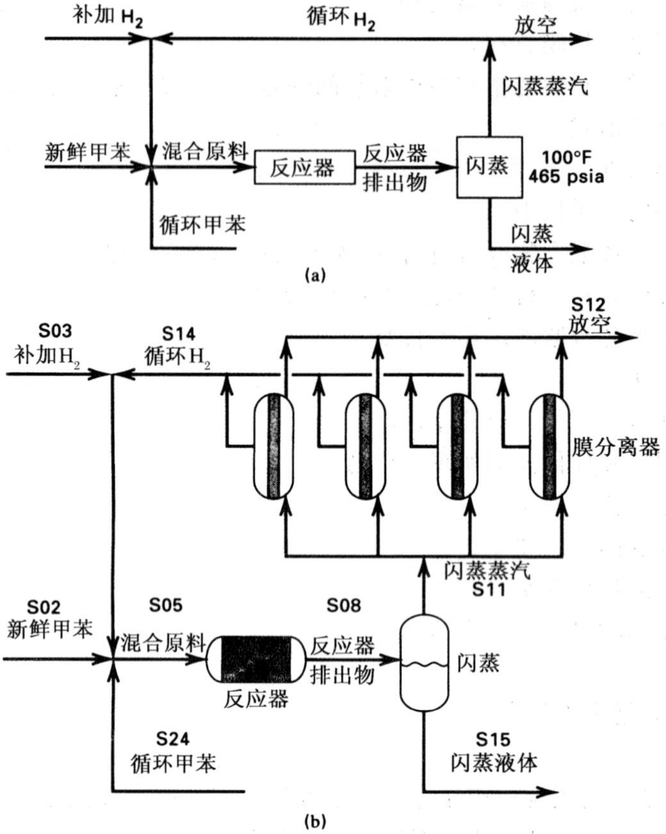

图 14.2　甲苯歧化制取苯和二甲苯异构体过程的反应部分

(a) 无蒸汽分离步骤；(b) 带膜分离步骤(注：换热器、压缩机和泵在图中未标明)

表 14.2　甲苯歧化装置中的膜分离过程的物料衡算

图 14.2(b)反应部分中的物流流率单位是 lbmol/h。

组分	S02	S03	S24	S14	S05	S08	S15	S11	S12
氢		269.0		1 685.1	1 954.1	1 890.6	18.3	1 872.3	187.2
甲烷		50.5		98.8	149.3	212.8	19.7	193.1	94.3
乙烷		16.8			16.8	16.8	5.4	11.4	11.4
苯			13.1		13.1	576.6	571.8	4.8	4.8
甲苯	1 069.4		1 333.0		2 402.4	1 338.9	1 334.7	4.2	4.2
邻-二甲苯			8.0		8.0	508.0	507.4	0.6	0.6
总计	1 069.4	336.3	1 354.1	1 783.9	4 543.7	4 543.7	2 457.4	2 086.3	302.4

表 14.2 是图 14.2(b)所示的反应段的定态物料衡算，该装置的设计新鲜甲苯原料处理量是 7750 桶/操作日(1 桶＝42 加仑)。气体渗透膜系统分离闪蒸产生的蒸气(物流编号 S11)，产生富氢渗透物(循环氢 S14)和富甲烷渗余物(放空 S12)。进入膜分离系统的闪蒸气含氢 89.74%(mol)和甲烷 9.26%(mol)，不用清扫物，渗透物中含氢升至 94.46%(mol)，渗余物中甲烷浓度升至 31.18%(mol)，渗透物中氢的回收率为 90%，所以闪蒸气中的 10%氢经放空损失掉了。闪蒸气在进入膜分离系统前，先在 450 psia 压力下至少加热(加热器未画出)到 200 ℉(渗余物的露点温度)，这是因为原料气经过膜分离器后，渗余物中的氢含量减

少，渗余物中含有更多的较重组分，如果不预先加热，将在膜分离器中发生不希望产生的冷凝。离开膜分离器的渗余物与加热后进入分离器的闪蒸气几乎是同样的温度和压力，而渗透物的压力要低得多，约 50 psia。温度因膨胀关系比 200 ℉低一些。

膜是用芳香族聚酰胺制的，与原料接触一侧是 0.3 微米厚的无孔层，其背面是厚得多的多孔支撑层，它使得膜具有足够强度承受两侧压差 450－50＝400 psi。如此大的压差是为了迫使氢透过无孔膜，它是螺旋卷式的膜组件，氢透过膜的速率为每平方英尺膜表面积 40 scfh [scfh＝标准(60 ℉和 1 atm)ft^3/h]。从表 14.2 的物料平衡得知，氢透过膜的总量是

$$(1\ 685.1\ \text{lbmol/h})\times(379\ \text{scf/lbmol})=639\ 000\ \text{scfh}$$

因此，所需的膜表面积是 639 000/40＝16 000 ft^2。膜被组装进压力容器组件中，每个组件 4 000 ft^2，所以需用 4 个并联组件，如图 14.2(b)所示。此应用中的膜分离器的一个缺点是需要循环氢压缩机，使其压力提高到反应器入口压力。与蒸馏通常消耗热能不同，气体渗透消耗的是压缩气体的轴功。

膜分离是一种新兴的单元操作，有关表 14.2 中列举过程的有效的膜材料和组装方面的开发仍在不断取得重大进展，对于更广范围的混合物采用阻挡物(膜)的其他新分离方法还正在研究和开发，发现应用正覆盖着更广的温度范围和膜材料的类型。膜分离过程已经在许多工业部门得到应用，例如，饮料、化学、奶制品、电子、环境、食品、医药、造纸、石化、石油、制药和纺织等工业，这些应用中的某些已列于表 1.2 和表 14.2 中。与其他分离设备相比，膜分离器更加紧凑、较少投资密度与更加容易操作、控制和维护，然而，它结构上通常是组件式的，对于大规模的应用需要采用许多并联单元，这与更常用的分离操作恰巧相反，它们是随装置规模变大而设计出更大的设备。

达到有效和经济的膜分离过程的关键是膜和它被组装成组件的形式。希望膜具有的特性是：(1)好的渗透性；(2)高的选择性；(3)对过程环境的化学和机械适应性；(4)好的稳定性、不受污染和合理的使用寿命；(5)加工和组装的可控性；(6)承受膜两侧巨大压差的能力。膜分离过程的研究和开发主要是发现合适的膜材料及其加工方法。

本章讨论膜材料的类型、膜组件、通过膜材料和组件的传递理论及从实验数据进行膜分离器的放大，重点在渗析、电渗析、反渗透、气体渗透、膜蒸发和超过滤，但是，许多理论原理也适用于正在形成但尚未工业化的分离过程，例如，膜蒸馏、膜气体吸收、膜脱吸、膜溶剂萃取、渗透萃取(Perstraction)和强化传递(Facilitated Transport)，这些均未在此讨论。在美国能源部的研究报告中 Baker 等[5]以及 Ho 和 Sirkar[6]新近主编的手册的许多撰稿者详细地论述了工业膜分离系统的现状及关于改善现有的应用和使新的应用成为可能的研究方向，Baker[49]所著《膜技术和应用》(*Membrane Technology and Applications*)一书对理论和应用作了详尽的论述。

14.1 膜材料

几乎所有的工业用膜材料都来自天然的或合成的聚合物(高分子)，天然膜材料包括木材、橡胶和纤维素，从 1930 年以来，已开发并工业化生产了许多种合成聚合物。单体聚合生

产合成聚合物，聚合有缩聚（分步反应）、加聚（键合反应）和两种不同单体的共聚，所得聚合物分为：(1)线型长链结构，如线型聚乙烯；(2)支链型结构，如聚丁二烯；(3)三维高度交联型结构，如酚醛树脂；(4)中等交联型结构，如丁基合成橡胶。线型链结构聚合物通常随温度升高而塑性增加，常溶于有机溶剂，被称为热塑性聚合物。另一极端是高度交联型结构，它不会明显软化，不溶于绝大多数有机溶剂，被称为热固性聚合物。在聚合物制膜应用中更感兴趣的是按聚合物分子排列或结构的分类。在低温（典型的是 100℃以下）下理想化的聚合物可以分为玻璃态和结晶态，前者显现易碎的玻璃状态，缺乏任何晶体结构（即无定形）；后者是脆而坚硬的晶体结构。如果玻璃态聚合物的温度升高到玻璃化温度 T_g，聚合物开始变得有弹性(Rubbery)；如果温度进一步升高达融化温度 T_m（又称黏流温度——译注），聚合物开始融化（变为黏流态——译注），但是热固性聚合物从不融化。许多聚合物中既有无定形区，又有晶体区，结晶度在 5%到 95%之间的某些聚合物可能具有 T_g和 T_m两个温度。用玻璃态聚合物制的膜可以在低于或高于 T_g下操作，而用晶体聚合物制的膜必须在低于 T_m的温度下操作。表 14.3 中列出了数种天然和合成聚合物的重复单元及 T_g和/或 T_m值，这些聚合物中包括结晶态的、玻璃态的和高弹态的结构，已由它们加工成膜。三醋酸纤维素是纤维素和醋酐反应得到的产品，纤维素是世界上最易得到的天然有机原料，纤维素的重复单元与表 14.3 中的三醋酸纤维素示明的一样，除了醋酸基（Ac，即 CH_3CO）被 H 替代以外，典型的纤维素中的单元重复数（聚合度）为 1 000 到 1 500，而在三醋酸纤维素中的重复数约 300，部分乙酰化产品是醋酸纤维素和双醋酸纤维素，常常是两种或三种醋酸纤维素的混合物，三醋酸纤维素是高度晶态的，具有均匀高品质和疏水性。

聚异戊二烯（天然橡胶）至少从 200 套不同装置生产，而许多橡胶生产国家在远东，与表 14.3 中列举的聚合物相比，它的玻璃化温度很低，天然橡胶的聚合度约 3 000 到 40 000，在冷天它变得刚硬，但当炎热时，它是软黏而易变形，它会慢慢地结晶，这与温度有关。为了提高橡胶的强度、弹性和稳定性，采用橡胶硫化过程使其交联，但仍允许聚合物键的局部无限制的运动。

芳香族聚酰胺是高熔点晶体聚合物，具有较长期的热稳定性和比脂肪族聚酰胺（例如尼龙）更高的抗溶剂能力，有些芳香族聚酰胺易于加工成纤维、薄膜和薄片，示于表 14.3 中的聚酰胺结构是 Kevlar 的，这是杜邦公司的商品名。

聚碳酸酯以其链中存在—OCOO—基团为特点，主要是无定形结构，表 14.3 中所示的是芳香族形式的聚碳酸酯，脂肪族聚碳酸酯也存在。聚碳酸酯与绝大多数无定形聚合物不同的是，它在温度低于 T_g时具有延展性和韧性，由于它是热塑性的，所以可以挤压成各种形状，包括纤维和薄片。

聚酰亚胺以存在芳香环和含氮并附加氧的杂环为特点，表 14.3 中所示的结构仅是许多种中间的一种，它是坚韧的无定形聚合物，具有高的耐热性和很好的耐磨性，可以加工成多种形状，包括纤维、薄片和膜。

聚苯乙烯是线型无定形高纯度的聚合物，表 14.3 中所示的结构具有约 1 000 个重复单元，在高于相对较低的玻璃化温度 T_g（取决于相对分子质量）时，它变成为黏流态，易于用挤压或喷射成型，像其他许多聚合物一样，它可以经退火处理（加热后缓慢冷却）转变为晶体结构聚合物，其黏流温度为 240℃。苯乙烯可以与其他许多有机单体共聚，包括与丙烯腈和丁二烯共聚生成 ABS 共聚物。

表 14.3　常用于制膜的聚合物

聚合物	结构类型	代表性的重复单元	玻璃化温度/℃	熔融温度/℃
三乙酸纤维素	结晶态	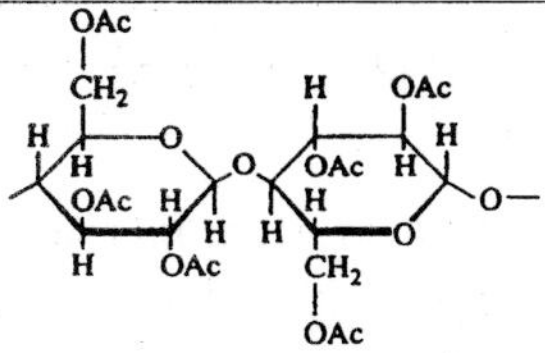		**300**
聚异戊二烯（天然橡胶）	高弹态	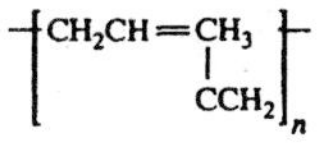	**−70**	
芳香族聚酰胺	结晶态	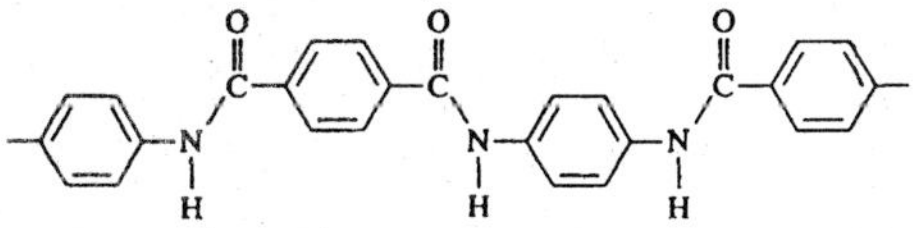		**275**
聚碳酸酯	玻璃态	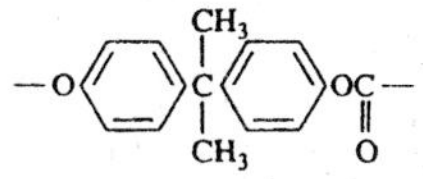	**150**	
聚酰亚胺	玻璃态	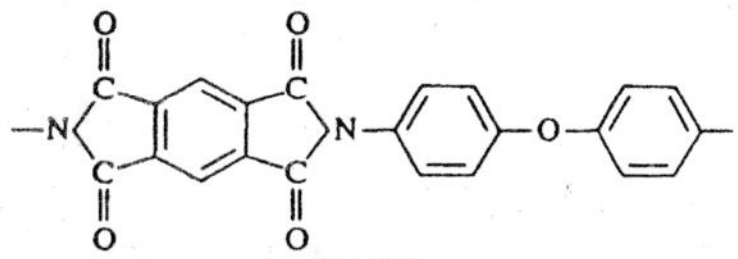	**310−365**	
聚苯乙烯	玻璃态	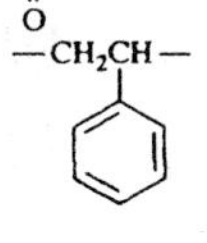	**74−110**	
聚砜	玻璃态	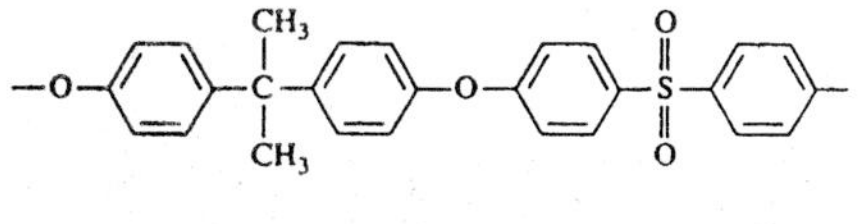	**190**	
聚四氟乙烯（特氟纶）	结晶态	$-CF_2-CF_2-$		**327**

聚砜是 **1966** 年引入的、相对较新的合成聚合物，表 **14.3** 中所示的结构仅是许多种中间的一种，其结构中全都含有 SO_2 基团，所以具有高强度，它易于被拉丝成中空纤维。

聚四氟乙烯是直链型高结晶度的聚合物，其聚合度很高，数量级约 **100 000**，因此具有相当高的强度，并具有优良的热稳定性，可以被加工成薄片、膜和管材。

为了有效地分离化学组分的混合物，聚合物膜必须具有高渗透性和对于待分离的两个组分间的高渗透比。给定组分扩散通过给定厚度膜的渗透系数类似于传质系数，即该组分在膜两侧单位推动力（浓度、分压等）作用下经单位膜横截面积的流率。组分 i 穿越膜的摩尔速率是

$$N_i=\left(\frac{P_{M_i}}{l_M}\right)(\text{推动力})=\overline{P}_{M_i}(\text{推动力}) \tag{14-1}$$

式中 $\overline{P}_{M_i}$ 是渗透系数，被定义成渗透率 P_{M_i} 对膜厚度 l_M 之比。

聚合物可以用致密或多微孔来表征其特性，对于致密的无定形膜，微观尺度的孔可能存

在,但它们的直径一般小于几个埃(Å),所以绝大部分(如果不是全部的话)扩散组分必须先溶解于聚合物,再经聚合物分子链片段间扩散通过。对于玻璃态聚合物,扩散可能很困难,但选择性十分高。如果聚合物是部分晶体结构,扩散几乎只经无定形区通过,结晶区域存在减小了扩散面积和扩散的路径。

微孔膜包含有相互连接的微孔,此孔虽小(**0.001～10**μm,即 **10～100 000**Å 数量级),但比起被传递的分子大小来还是大的,这些微孔的形成采用各种专利技术,Baker 等[**5**]对其中的某些技术作了描述,这种技术对于制作非对称微孔结晶态膜特别有用。微孔膜对小分子的渗透率是高的,但选择性低,然而,当膜分离原料中有比微孔大些和小些的分子时,分子可以按照其大小达到完善的分离。

因此,对于小分子的分离看来存在一个两难的选择,我们能够得到高的渗透率或高的分离因子,但不能两者兼得。解决这个两难选择问题的开始起源于 **1963** 年,Loeb 和 Sourirajan[**7**]采用新颖的铸膜技术制成了醋酸纤维素的非对称型膜,如图 **14.3** 所示,此膜由厚度 **0.1～1.0**μm 的致密表皮层(被称为选择性渗透层)和厚得多的微孔支撑层构成,组分透过膜的速率由很薄的选择性渗透表皮层控制。由式(**14-1**)可见,即使渗透率 P_M因没有微孔而相当低,组分 i 的渗透系数却可以因 l_M很小而相当高。当 P_M在各种分子间存在大的差别时,采用非对称型膜仍可以得到高的渗透系数和高的选择性。

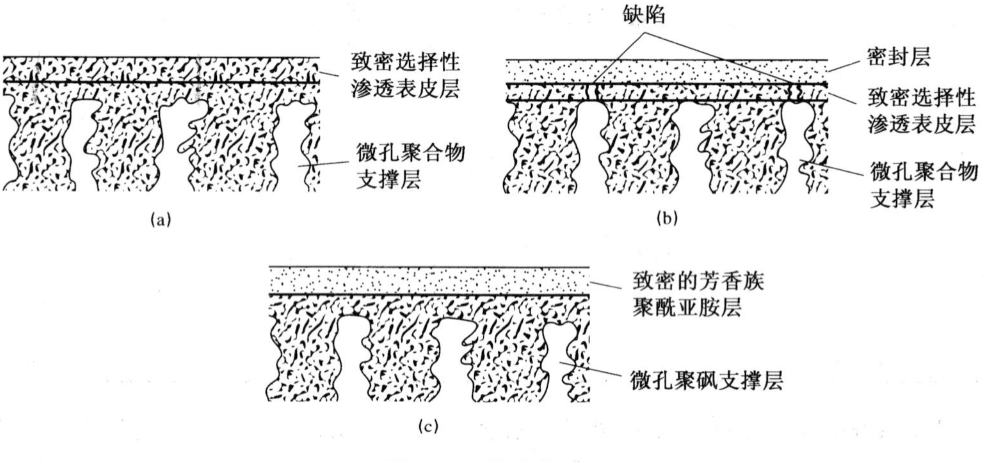

图 14.3 聚合物膜

(a) 非对称型;(b) 已堵缝的非对称型;(c) 典型的薄皮复合膜

如果非对称型膜的选择性渗透表皮层存在一点小缺陷或针孔,这将导致它对气体混合物分离的失效。对于非对称型聚砜膜的缺陷问题的实用解决方法由孟山都公司的 Henis 和 Tripodi[8]于 1980 年申请了专利,他们在表皮层表面涂一薄层硅胶,再用抽真空方法将其拉入缺陷中,所得到的膜有时被称为已堵缝膜,如图 14.3(b)所示。

1977 年另一个 Wrasidlo[9]的专利引入了薄皮复合膜,作为另一种非对称型膜,第一次应用的膜如图 14.3(c)所示,它是在较厚的聚砜微孔支撑层上生成一层非常薄的致密膜,其厚度仅 250～500Å。今天,非对称型膜和薄皮复合膜两者均能由多种聚合物用多种技术制得。

聚合物膜一般只能用于温度 200℃以下和分离化学上惰性的混合物,当需要操作在高温下和/或分离化学上活性的混合物时，可以采用无机材料制成的膜。它们主要是微孔陶瓷、金属和碳膜。致密金属膜，例如钯致密膜，它能允许像氢和氦这样的小分子选择性地扩散通过。

无机膜的某些例子是：(1)非对称型微孔 α-矾土管，其内表面孔径 40～100Å，外表面孔径为 100 000Å；(2)微孔玻璃管，其孔可能或未被其他氧化物或三氯甲基硅烷的聚合-热裂解产物充填；(3)具有孔径 3～5Å 极微孔的二氧化硅中空纤维；(4)包裹仅几微米厚的钯金属致密膜的多孔陶瓷、玻璃或聚合物材料；(5)烧结金属；(6)被热裂解的碳；(7)烧结碳上的氧化锆。为了分离气体混合物需要极微细孔(孔径<10Å)，较大微孔(>50Å)对于从含小分子溶液中分离大分子或固体粒子是合适的。

例 14.1

开发了厚 2μm 具有孔径小于 10Å 微孔的二氧化硅-玻璃膜，它被用在 500 ℉下从 CO 中分离 H_2，该膜对于氢和一氧化碳的渗透率的实验数据分别是 200 000 和 700 barrer，“barrer”是气体渗透中的常用单位，其定义是

$$1\ \text{barrer}=10^{-10}\text{cm}^3(\text{STP})\cdot\text{cm}/(\text{cm}^2\cdot\text{s}\cdot\text{cmHg})$$

式中 $\text{cm}^3(\text{STP})/(\text{cm}^2\cdot\text{s})$是基于标准状态(0℃和 1 atm)的扩散组分通过膜的体积速率，cm 是膜厚度，cmHg 是扩散组分通过膜的分压推动力。

barrer 单位是取 R. M. Barrer 的姓，他发表了关于膜中扩散性质的一篇早期论文[10]，随后又出版了被广为引述的《固体中和通过固体的扩散》(*Diffusion in and through Solids*)的专著[11]。

如果 H_2和 CO 通过膜的分压推动力分别是 240 psi 和 80 psi，试计算通过膜的速率 $\text{kmol}/(\text{m}^2\cdot\text{s})$，并将此速率与本章开头讨论的工业应用中氢的数值比较。

解

在 0℃和 1 atm 下，1 kmol 气体具有 $22.42\times10^6\ \text{cm}^3$。还有厚度 $2\mu\text{m}=2\times10^{-4}\ \text{cm}$，$1\text{cmHg}\Delta p=0.193\ 4$ psi，因此，应用式(14-1)得

$$N_{H_2}=\frac{200\ 000\times10^{-10}\times(240/0.193\ 4)\times10^4}{22.42\times10^6\times2\times10^{-4}}=0.055\ 4\ \frac{\text{kmol}}{\text{m}^2\cdot\text{s}}$$

$$N_{CO}=\frac{700\times10^{-10}\times(80/0.193\ 4)\times10^4}{22.42\times10^6\times2\times10^{-4}}=0.000\ 065\ \frac{\text{kmol}}{\text{m}^2\cdot\text{s}}$$

在本章开头讨论的应用中，聚合物膜 H_2的速率是

$$\frac{1\ 685.1\times1/2.205}{16\ 000\times0.304\ 8^2\times3\ 600}=0.000\ 143\ \frac{\text{kmol}}{\text{m}^2\cdot\text{s}}$$

因此，H_2通过超微孔玻璃膜的速率大于通过致密聚合物膜的 100 倍。通过不同膜的摩尔速率差别如此之大是相当普遍的。

以下是将 barrer 单位转换成 SI 制和美国工程单位的转换因子：

$$1.00\ \text{barrer}=10^{-10}\frac{\text{cm}^3(\text{STP})\cdot\text{cm}}{\text{cm}^2\cdot\text{s}\cdot\text{cmHg}}$$

将 barrer 单位的数值乘 3.348×10^{-19}得到以$(\text{kmol}\cdot\text{m})/(\text{m}^2\cdot\text{s}\cdot\text{Pa})$为单位的值。

将 barrer 单位的数值乘 5.584×10^{-12}得到以$(\text{lbmol}\cdot\text{ft})/(\text{ft}^2\cdot\text{h}\cdot\text{psia})$为单位的值。

14.2 膜组件

在前一节中论述的非对称膜和薄皮复合膜的聚合物材料适用于图 14.4(a)、(b)和(c)所示的三种形式中的一种或多种，薄片的典型尺寸是 1 m×1 m，厚度是 200μm，其中致密表皮层或致密薄皮层厚度为 500～5 000Å；管状膜的典型尺寸是直径 0.5～5.0 cm 和长度达 6 m，致密薄层可以在内壁，如图 4.14(b)所示，也可以在外壁，管子的多孔支撑部分是玻璃纤维、多孔金属或其他合适的多孔材料。20 世纪 60 年代 Mahon[11,12]首先报道了直径非常细的中空纤维，典型的尺寸是：内径 42μm，外径 85μm，长 0.8 m，致密层厚度 0.1～1.0μm，示于图 14.4(c)的中空纤维提供了单位体积大的膜表面积。无机氧化物膜的蜂窝状集成单元示于图 14.4(d)，六角形和圆形横截面的单元都有[14]，圆形流道的典型尺寸是：直径 0.3～0.6 cm，膜层厚度 20～40 mm，在图 14.4(d)的六角形单元中有 19 根 0.85 m 长的流道，支撑主体和薄膜层均是多孔的，但后者的孔径可以非常细，直至小到 40Å。基于超细技术的膜尚处于研究阶段。

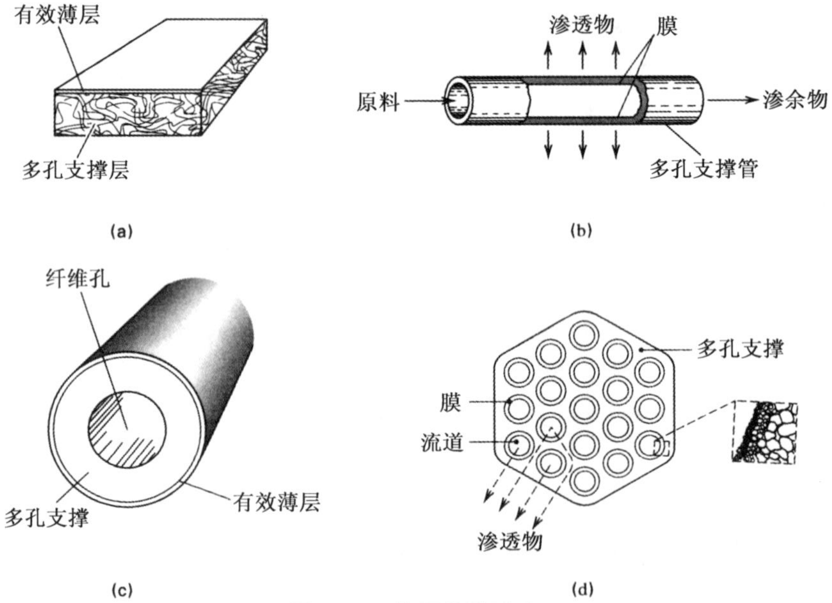

图 14.4　常用的膜形式

(a) 非对称型或薄皮复合膜片；(b) 管型；(c) 中空纤维；(d) 膜的集成单元

图 14.4 所示的各种形状的膜被组装成为既紧凑又经济的组件，如图 14.5 所示。用于板框结构的膜片可以是圆形、正方形或矩形的，膜片用支撑板隔开并构成渗透物流道，在图 14.5(a)中，原料咸水流过一叠膜片中的每一片表面，纯水是渗透物产品，渗余物是浓缩了的盐水。膜片可以加工成图 14.5(b)所示的螺旋卷组件，它由被隔板隔开的两层膜片分别构成原料和渗透物流道的构件绕中心打有孔的收集管盘绕形成组件，再装入压力容器中制成。

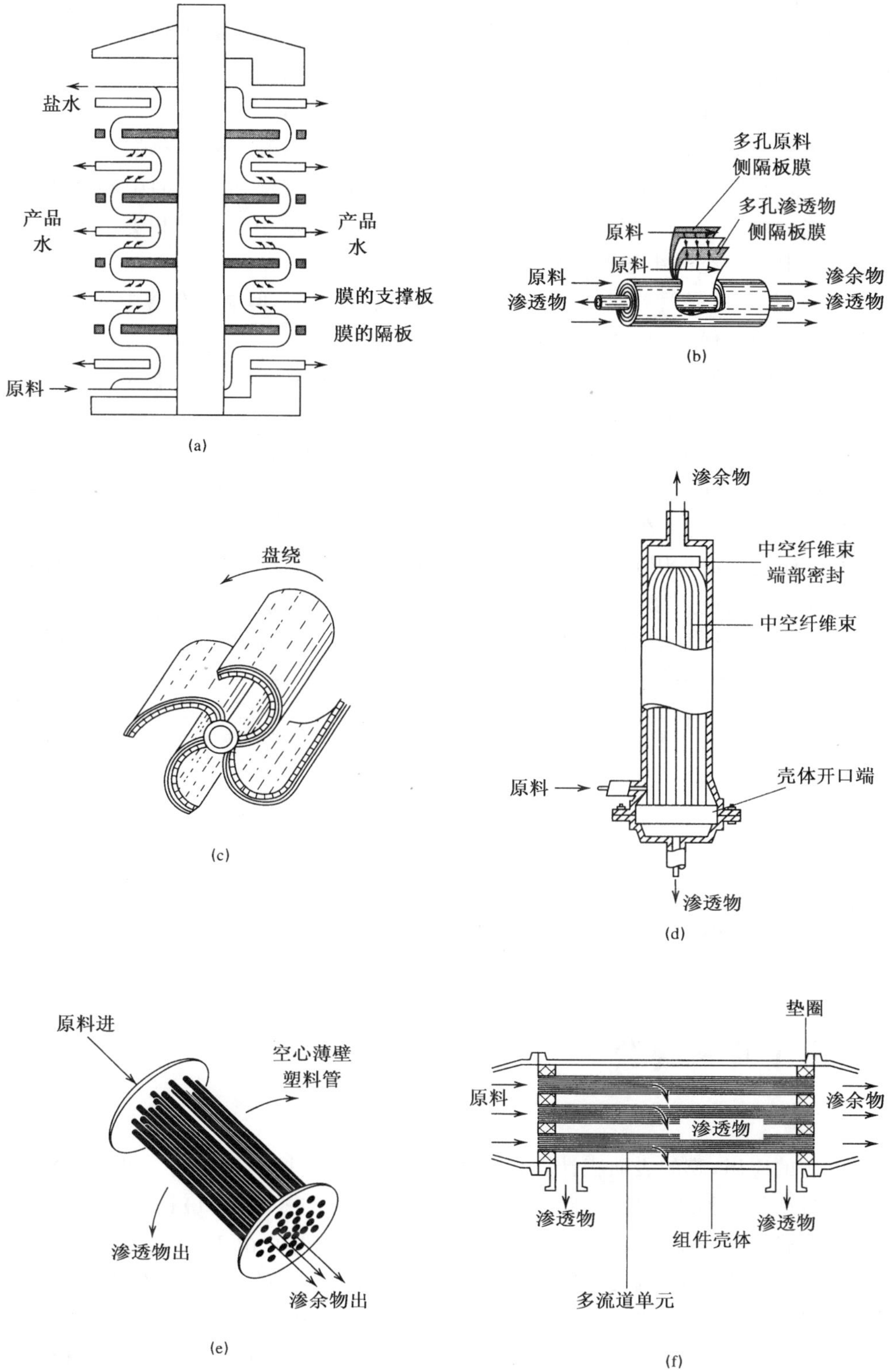

图 14.5 常用的膜组件

(a) 板框式;(b) 螺旋卷;(c) 四片螺旋卷;(d) 中空纤维;(e) 管式;(f) 集成单元

原料轴向进入由多孔隔板隔开的两层膜间的流道，透过膜的渗透物沿螺旋通道流向中心收集管，再向两端轴向流出中心管成为渗透物产品。一台典型的螺旋卷直径 0.1～0.3 m 和长 3 m，六台同样的组件常串联排列。图 14.5(c)所示的四片构件盘绕的螺旋卷改进型能使渗透物的压降减小，因为在同样膜面积条件下渗透物流经的路程短。

用于气体渗透分离的中空纤维组件示于图 14.5(d)，它与管壳式换热器相似，压力液体从壳的一端进入壳程，越过纤维流到另一端，渗透物通过纤维壁到纤维的中心流道，典型的纤维束一端被封死，另一端用环氧树脂插入管板。一台工业用组件可以是 1 m 长和直径 0.1～0.25 m，其中中空纤维达百万根。

图 14.5(e)所示的是管式组件，它也与管壳式换热器相似，但原料在管中流过，渗透物透过管壁进入组件的壳程，一台组件可以包含多达 30 根管子。

图 14.5(f)所示的是集成单元组件，每个壳体中可以包含 1～37 个集成单元，原料流经圆形流道，渗透物透过膜和多孔支撑层进入各单元间的敞开区间。

表 14.4 是图 14.5 中所示的四种组件的特性比较，填充密度是单位组件体积中具有的膜表面积，显然，中空纤维组件在这方面明显占优。虽然板框式组件价高和具有中等填充密度，除了气体渗透外它几乎在各种膜分离中得到应用，它还是唯一一种在膜蒸发中得到广泛应用的组件。螺旋卷组件因其价低和具有一定的抗污染能力，普遍地用在绝大多数应用中。管式组件仅用于小的应用场合或当需要高的抗污染能力和/或要求易于清洗的场合。中空纤维组件价低并具有很高的填充密度，普遍地用于不会产生污染或不需要清洗的场合。

	板框式	螺旋卷	管式	中空纤维
填充密度/($m^2 \cdot m^{-3}$)	30～500	200～800	30～200	500～9 000
抗污染能力	好	中等	很好	差
清洗方便性	好	良好	很好	差
相对价格	高	低	高	低
主要应用	D,RO,PV,UF,MF	D,RO,GP,UF,MF	RO,UF	D,RO,GP,UF

注:D 渗析;RO 反渗透;GP 气体渗透;PV 膜蒸发;UF 超过滤;MF 微过滤。

14.3 膜中传递现象

对于给定的应用，膜的表面积计算是以所选膜的实验数据为基础的。虽然，渗透可以借助于本节中讨论的一种或几种机理发生，但这些机理全都与式(14-1)相符，式(14-1)可以是渗透系数形式或渗透率形式，而后一种形式用得更广。然而，由于推动力和渗透率或渗透系数与传递机理密切相关，因此，了解膜中传递的性质是重要的，这正是本节的主题。它们在渗析、反渗透、气体渗透、膜蒸发、超过滤和微过滤中的应用将在后续章节中讨论。

膜可以是大孔的、微孔的和致密(无孔)的，但仅微孔膜或密致膜具有渗透选择性。当膜两侧需要相当大的压差以达到合适的生产能力时，大孔膜则被广泛用作微孔膜和致密膜的支撑。通过微孔膜传递的理论基础比通过致密膜的要发展得更完善些，所以首先讨论多孔膜中的传递，涉及主体流动、液体扩散及气体扩散。随后是无孔（致密）膜的传递，这包括液体混合物的溶解-扩散和气体混合物的溶解-扩散。关于膜的任一侧流体膜的外部传质阻力将在适当场合处理。注意到因为膜中孔的大小存在广泛的分布区间，因此多孔和无孔间的区分并不总是清楚的，此区分只能根据通过膜中孔的扩散和通过膜中固体无定形区域的扩散两者的相对渗透率而定。

14.3.1　多孔膜

液体和气体分子通过多孔膜的传递机理描绘于图 14.6(a)、(b)和(c)中。如果孔的直径相对于分子直径是大的并在膜两侧存在压差，将发生通过孔的主体或对流流动，如图 14.6(a)所示，这样的流动一般是不希望发生的，因为它没有渗透选择性，所以对原料中的组分不存在分离作用。如果膜两侧各个组分存在着逸度、活度、化学位、浓度或分压差，但是膜两侧的压力是一样的，所以不会引起主体流动，而组分通过孔的渗透选择性扩散将发生，导致图 14.6(b)所示的分离作用。如果孔的大小与原料混合物中至少有些组分的分子大小同一数量级，这些组分的扩散受到图 14.6(c)所示的限制（阻挡），这将有利于分离，比孔大的分子通过孔的扩散完全受阻，这种特殊情况正是迫切期望的，它被称为按照大小截留或筛分作用。对于气体扩散存在着另一种特殊情况，那里孔的大小和/或压力（典型的是真空）是这样的，以至于气体分子平均自由程大于孔径，导致努森扩散的发生，此时扩散与相对分子质量有关。

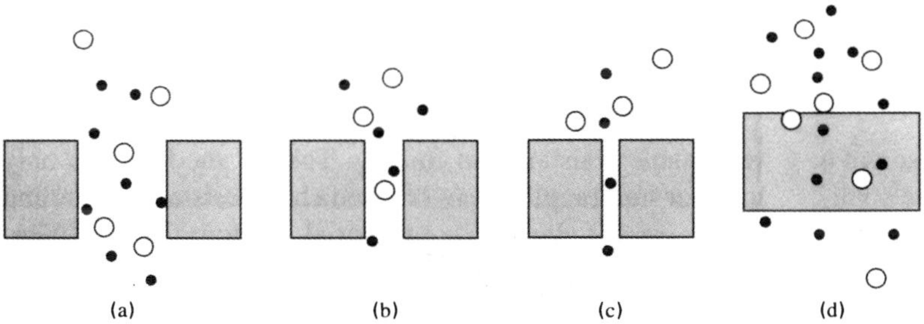

图 14.6　膜中传递机理（向下流动）

(a) 通过孔的主体流动；(b) 通过孔的扩散；

(c) 通过孔的受限制扩散；(d) 通过致密膜的溶解-扩散

14.3.2　主体流动

主体流动是通过超过滤和微过滤多孔膜传递的主要机理，此处分离主要靠筛分作用实现。考虑因压差造成的流体通过理想化的直圆柱形孔的主体流动，如果流体以层流方式流动（$N_{Re}=Dv\rho/\mu<2\,100$），在小直径孔中流体几乎总是以这种方式流动的，流动速度 v 由哈根-泊谡叶方程[15]给出，速度与通过膜的压降成正比：

$$v=\frac{D^2}{32\mu L}(p_0-p_L) \tag{14-2}$$

式中 D 是孔径，它足够大，能让所有分子通过。μ 是流体黏度，L 是孔的长度。上式是在假定整个孔道中速度随半径成抛物线分布，流体是牛顿型的，对于气体其分子的平均自由程与孔径相比是小的。如果与流动垂直方向上的单位膜横截面积上具有 n 个这样的孔，则膜的空隙度（空隙分率）为

$$\varepsilon = n\pi D^2/4 \tag{14-3}$$

于是，流体通过膜的表观主体流动速度（质量速度）N 为

$$N = v\rho\varepsilon = \frac{\varepsilon\rho D^2}{32\mu l_M}(p_0 - p_L) = \frac{n\pi\rho D^4}{128\mu l_M}(p_0 - p_L) \tag{14-4}$$

式中 l_M 是膜厚度，ρ 和 μ 是流体物性。

在实际的膜中，孔不是圆柱形和直的，因此需要对式(14-4)修正，Carman 和 Kozeny 对此作了修正，作为 Ergun[16]方程的推广，式(14-2)中的孔径近似地用水力直径代替：

$$d_H = 4\left(\frac{\text{供流动用的体积}}{\text{孔的总表面积}}\right) = \frac{4\left(\dfrac{\text{孔的总体积}}{\text{膜体积}}\right)}{\left(\dfrac{\text{孔的总表面积}}{\text{膜体积}}\right)} = \frac{4\varepsilon}{a} \tag{14-5}$$

式中膜体积中包括了孔体积。比表面积 a_v 是单位膜本身体积（不包括孔体积）中具有的孔表面积，即

$$a_v = a/(1-\varepsilon) \tag{14-6}$$

孔道长度大于膜厚度，可以用 $l_M\tau$ 表示，τ 被称为曲折度，$\tau>1$。将式(14-5)，式(14-6)和曲折度代入式(14-4)得

$$N = \frac{\rho\varepsilon^3(p_0 - p_L)}{2(1-\varepsilon)^2\tau a_v^2\mu l_M} \tag{14-7}$$

利用主体流动渗透率，式(14-7)变成

$$N = \frac{P_M}{l_M}(p_0 - p_L) \tag{14-8}$$

式中

$$P_M = \frac{\rho\varepsilon^3}{2(1-\varepsilon)^2\tau a_v^2\mu} \tag{14-9}$$

τ 的典型数值约 2.5，而 a_v 与孔的平均直径成反比，其值变化范围很大。

式(14-7)可以同半理论的 Ergun[16]方程相比，该方程是对流体通过填充床流动的实验数据的最好拟合：

$$\frac{p_0 - p_L}{l_M} = \frac{150\mu v_0(1-\varepsilon)^2}{D_p^2\varepsilon^3} + \frac{1.75\rho v_0^2(1-\varepsilon)}{D_p\varepsilon^3} \tag{14-10}$$

式中 D_p 是平均颗粒直径，v_0 是流体通过膜的表观速度，v_0/ε 是孔道中的实际流速。式(14-10)右侧第一项适用于层流流动区且常被称为 Darcy 方程，第二项则适用于湍流区。对于球形颗粒，其比表面积是

$$a_v = \pi D_p^2/(\pi D_p^3/6) \quad \text{或} \quad D_p = 6/a_v \tag{14-11}$$

将式(14-11)代入式(14-10)，且仅对于层流区，经重新整理成主体流动形式得

$$N = \frac{\rho\varepsilon^3(p_0 - p_L)}{(150/36)(1-\varepsilon)^2 a_v^2\mu l_M} \tag{14-12}$$

将上式与(14-7)比较可得，式(14-12)中的(150/36)对应于式(14-7)中的 2τ，显然 τ 值为

2.08，这看来是合理的。因此，当孔道不是直圆柱形时，式(14－12)适用于近似计算流体通过多孔膜的压降。对于气体流动，式中密度可以取上下游膜面处密度的算术平均值。

例 14.2

希望水以 200 $m^3/(m^2 \cdot day)$ 的速率通过被支撑的聚丙烯膜，表皮层膜的厚度 0.003 cm，空隙率 35%，可以认为孔是直径 0.2 μm 的均匀直圆柱形孔。如果膜下游的压力是150 kPa，试估算膜上游一侧所需的压力，通过支撑层的压降可忽略。

解

采用 SI 制，式(14－4)适用：

$$N/\rho = 200/(24)(3\ 600) = 0.002\ 32 m^3/(m^2 \cdot s), \varepsilon = 0.35$$

$$D_p = 0.2 \times 10^{-6} m, l_M = 0.000\ 03 m$$

$$p_L = 150 kPa = 150\ 000 Pa, \mu = 0.001 Pa \cdot s$$

由式(14－4)，

$$\begin{aligned} p_0 &= p_L + \frac{32\mu l_M (N/\rho)}{\varepsilon D_p^2} \\ &= 150\ 000 + \frac{32 \times 0.001 \times 0.000\ 03 \times 0.002\ 32}{0.35 \times (0.2 \times 10^{-6})^2} \\ &= 309\ 000\ Pa \quad 或 \quad 309 kPa \end{aligned}$$

14.3.3 孔中液体扩散

考虑流体原料中的组分通过膜中孔道到清扫流体中的扩散，此时膜两侧总压相等，但存在组分的浓度差。在这样的情况下，因压差引起的通过膜的主体流动不存在，如果组分以不同的速率扩散，则可以实现分离。如果原料混合物是由溶剂和溶质 i 组成，则每个溶质通过膜的速率可由费克定律的修正形式得到：

$$N_i = \frac{D_{ei}}{l_M}(c_{i0} - c_{iL}) \tag{14-13}$$

式中 D_{ei} 是有效扩散系数，c_i 是膜的两表面处孔道中液体组分 i 的浓度。通常有效扩散系数由下式给出：

$$D_{ei} = \frac{\varepsilon D_i}{\tau} K_{ri} \tag{14-14}$$

式中 D_i 是溶质 i 在溶液中的普通扩散系数，ε 是膜中孔道的体积分率，τ 是曲折度，K_{ri} 是一个受限因子，是计及扩散溶质同孔壁碰撞对扩散干扰的孔径影响，这在溶质分子直径 d_m 对孔径 d_p 之比超过 0.01 时需加以考虑。Beck 和 Schultz[17]提出以下受限因子的近似式：

$$K_r = \left[1 - \frac{d_m}{d_p}\right]^4, (d_m/d_p) \leqslant 1 \tag{14-15}$$

当$(d_m/d_p)=0.01$ 时，由式(14－15)得 $K_r=0.96$，而当$(d_m/d_p)=0.3$ 时，$K_r=0.24$，当 $d_m > d_p$时，则 $K_r=0$，表示溶质不可能扩散通过孔，这是图 14.6(c)所示的筛分作用。将如下面的例题所示，液体通过微孔膜的速率是非常小的，因为有效扩散系数很小。

当溶质分子不受筛分作用限制时，有效的选择性比率可以定义如下：

$$S_{i,j}=\frac{D_i K_{ri}}{D_j K_{rj}} \tag{14-16}$$

当溶质的分子量差别相当大，且一个或多个分子直径接近于孔径时，此比率因扩散受限制而增大。下例将示明这一点。

例 14.3

Beck 和 Schultz[18]测量了水溶液中尿素和几种不同糖扩散通过微孔石英膜的有效扩散系数，为了得到近乎直又均匀的椭圆孔，该膜是特制的。根据该膜和两种溶质的下列数据，计算此两种溶质在 25℃时扩散通过膜的速率 g/(cm² · s)。假设在膜两侧的水溶液是足够稀的，以至可以忽略多组分扩散的影响。

膜：

材料	多孔石英
厚度，μm	4.24
平均孔径，Å	88.8
曲折度，τ	1.1
空隙率，ε	0.023 3

溶质（在 25℃水溶液中）：

溶质	M_w	$D_i\times10^6\,cm^2/s$	分子直径	g/cm³	
			d_m，Å	c_{i0}	c_{iL}
1 尿素	60	13.8	5.28	0.000 5	0.000 1
2 β-糊精	1 135	3.22	17.96	0.000 3	0.000 01

解

由式(14－15)和式(14－14)分别计算受限因子和有效扩散系数。对于尿素(1)：

$$K_{r1}=\left[1-\left(\frac{5.28}{88.8}\right)\right]^4=0.783$$

$$D_{e1}=\frac{0.023\,3\times(13.8\times10^{-6})\times0.783}{1.1}=2.29\times10^{-7}\,cm^2/s$$

对于糊精(2)：

$$K_{r2}=\left[1-\left(\frac{17.96}{88.8}\right)\right]^4=0.405$$

$$D_{e2}=\frac{0.023\,3\times(3.32\times10^{-6})\times0.405}{1.1}=2.78\times10^{-8}\,cm^2/s$$

由于分子大小差异很大，两个有效扩散系数要差一个数量级。由式(14－16)计算选择性

$$S_{1,2}=\frac{13.8\times10^{-6}\times0.783}{3.22\times10^{-6}\times0.405}=8.3$$

用式(14－13)计算通过膜的速率，需注意给定的浓度是在膜两个表面处的，膜两侧溶液的主体浓度不同于膜表面处的浓度，此浓度取决于与膜两表面邻接的边界层或膜的外部传质阻力大小。

对于尿素：

$$N_1=\frac{(2.29\times10^{-7})(0.000\,5-0.000\,1)}{4.24\times10^{-4}}=2.16\times10^{-7}\ g/(cm^2\cdot s)$$

对于糊精：

$$N_2=\frac{(2.768\times10^{-8})(0.0003-0.0001)}{4.24\times10^{-4}}=1.90\times10^{-8}\ \mathrm{g/(cm^2\cdot s)}$$

14.3.4　气体扩散

当多孔膜两侧的混合物是气体时，组分的扩散速率可以再次用费克定律表示，假设膜两侧的压力和温度相等，混合物服从理想气体定律，则式(14－13)可以用分压推动力改写成：

$$N_i=\frac{D_{ei}c_M}{pl_M}(p_{i0}-p_{iL})=\frac{D_{ei}}{RTl_M}(p_{i0}-p_{iL}) \tag{14－17}$$

式中 c_M是气体混合物的总浓度，根据理想气体定律它为 p/RT。

气体通过孔道的扩散可能是如同液体那样的普通扩散和/或串联着努森扩散(当孔径很小和/或总压低时)，在努森流动方式时，碰撞主要发生在气体分子与孔壁之间，而不是气体分子之间，在没有主体流动或受限扩散发生时，对气体式(14－14)被修改为：

$$D_{ei}=\frac{\varepsilon}{\tau}\left[\frac{1}{(1/D_i)+(1/D_{K_i})}\right] \tag{14－18}$$

式中 D_{K_i}是努森扩散系数，将气体分子运动论应用于孔径为 d_p的圆柱形直孔得到

$$D_{K_i}=\frac{d_p\,\bar{v}_i}{3} \tag{14－19}$$

式中$\bar{v}_i$ 是分子平均速度，由下式给出：

$$\bar{v}_i=(8RT/\pi M_i)^{1/2} \tag{14－20}$$

式中 M 是相对分子质量。将式(14－19)和式(14－20)结合得：

$$D_{K_i}=4\,850d_p(T/M_i)^{1/2} \tag{14－21}$$

式中 D_K的单位是 $\mathrm{cm^2/s}$，d_p的单位是 cm，T 的单位是 K。当努森流动占主导地位时，正如在膜的微孔中经常发生的，基于组分 A 和 B 的渗透率比的选择性由式(14－1)、式(14－17)、式(14－18)和式(14－21)结合得出：

$$\frac{P_{M_A}}{P_{M_B}}=\left(\frac{M_B}{M_A}\right)^{1/2} \tag{14－22}$$

除非气体组分的分子量差别相当大，由式(14－22)给出的渗透率比不大。在低到中等压力下用多孔膜进行气体分离，为了使主体流动最小而使膜两侧压力相等几乎总是不切实际的，这将如下面的例题所示。然而，值得指出，对 UF_6的两种异构体的分离，美国政府是用努森扩散实现的，它们的渗透率比只有 1.004 3，在田纳西州的 Oak Ridge 应用了数千级和许多英亩膜面积的大规模装置完成。

例 14.4

氢和乙烷的气体混合物应用复合膜进行部分分离，该膜具有 1μm 厚的表皮多孔膜，其平均孔径 20A 和空隙率 30%，孔道曲折度可取 1.5，膜两侧的压力和温度分别是 10 atm 和 100℃。试估算两组分在膜中的渗透率。

解

由式(14－1)、式(14－17)和式(14－18)，用单位为 gmol·cm/(cm²·s·atm)的渗透率

可以表示为

$$P_{M_i}=\frac{\varepsilon}{RT\tau}\left[\frac{1}{(1/D_i)+(1/D_{K_i})}\right]$$

式中 $\varepsilon=0.30$，$R=82.06\ cm^3\cdot atm/(mol\cdot K)$，$T=373\ K$，$\tau=1.5$。

100℃时普通扩散系数 $D_H=D_E=D_{H,E}=0.86/p\ cm^2/s$，$p$ 的单位是 atm。因此，10 atm 下的 $D_H=D_E=0.086\ cm^2/s$。努森扩散系数由式(14-21)计算，其中孔径 d_p 等于 20×10^{-8} cm。

$$D_{K_H}=4\,850\times20\times10^{-8}\times(373/2.016)^{1/2}=0.013\,2cm^2/s$$

$$D_{K_E}=4\,850\times20\times10^{-8}\times(373/30.07)^{1/2}=0.003\,42cm^2/s$$

对于这里的两个组分受努森扩散控制。

对于氢：

$$\frac{1}{(1/D_H)+(1/D_{K_H})}=0.011\,4cm^2/s$$

对于乙烷：

$$\frac{1}{(1/D_E)+(1/D_{K_E})}=0.003\,29cm^2/s$$

$$P_{M_H}=\frac{0.30\times0.011\,4}{82.06\times373\times1.5}=7.45\times10^{-8}\frac{mol\cdot cm}{cm^2\cdot s\cdot atm}$$

$$P_{M_E}=\frac{0.30\times0.003\,29}{82.06\times373\times1.5}=2.15\times10^{-8}\frac{mol\cdot cm}{cm^2\cdot s\cdot atm}$$

采用例 14.1 中定义的 Barrer 单位，并注意到

76cmHg=1atm 并且 22 400cm³(STP)相当于 1mol，

$$P_{M_H}=\frac{7.45\times10^{-8}\times22\,400}{10^{-10}\times76}=220\,000\text{Barrer}$$

$$P_{M_E}=\frac{2.15\times10^{-8}\times22\,400}{10^{-10}\times76}=63\,400\text{Barrer}$$

14.3.5 无孔膜

组分通过无孔(致密)固体膜的传递是反渗透(液体)、气体渗透(气体)和膜蒸发(液体和气体)等膜分离器的主要机理，如图 14.6(d)所示，这是个气体或液体吸收到膜的上游侧表面、扩散通过固体膜和在下游膜表面脱吸的过程。

液体的扩散系数比气体的小几个数量级，溶质在固体中的扩散系数比在液体中的又要小几个数量级，因此，在气体中的扩散系数和在固体中的差异十分巨大。例如，在 1 atm 和 25℃时，水的扩散系数(cm^2/s)值如下：

空气中的水蒸气	0.25
乙醇液体中的水	1.2×10^{-5}
溶解于醋酸纤维素固体中的水	1×10^{-8}

正如预料中的那样，小分子在固体中的扩散系数要比大分子的大些，例如，从聚合物手册[19]中查得 25℃时几种组分在低密度聚乙烯中的扩散系数是

氦	6.8×10^{-6}
氢	0.474×10^{-6}
氮	0.320×10^{-6}
丙烷	0.0322×10^{-6}

不管用于分离气体或液体混合物的膜是否是无孔膜，Lonsdale，Merten 和 Riley[20]的溶解-扩散模型是最经常被用来分析实验渗透率数据和设计膜分离器的，该模型对于通过固体的扩散是以费克定律为基础的，无孔膜以 $c_{i0}-c_{i1}$ 为推动力，如图 14.7(b)所示，此浓度是溶解于膜中的溶质浓度，它与膜表面邻接的流体中的溶质浓度或分压有关，并假定在流体-膜表面处流体和膜材料中的溶质间达到热力学平衡。这个假定被 Motanedian 等[21]用轻质气体通过致密醋酸纤维膜的渗透实验证实，它们的实验操作压力达 90 atm。

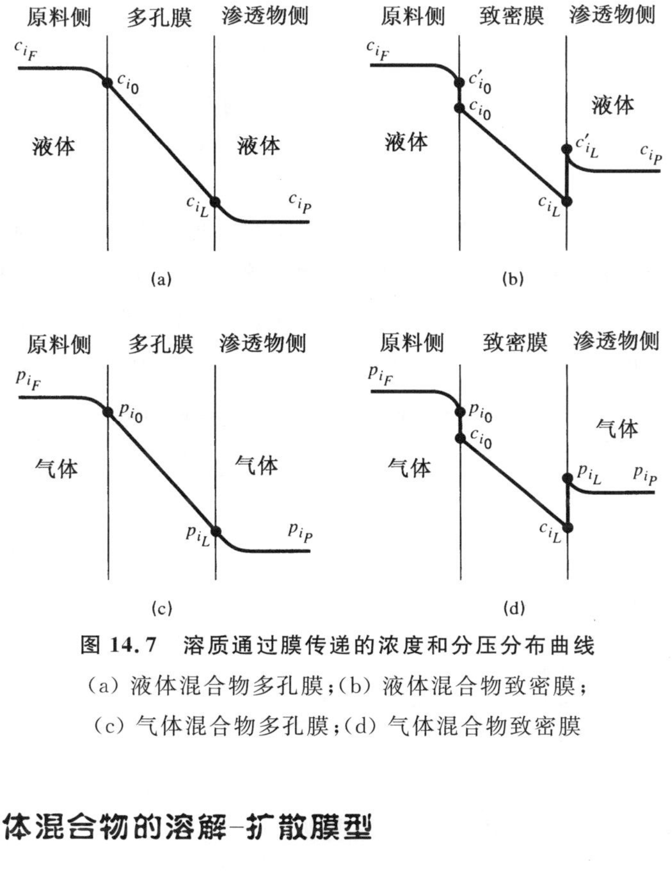

图 14.7　溶质通过膜传递的浓度和分压分布曲线

(a) 液体混合物多孔膜；(b) 液体混合物致密膜；

(c) 气体混合物多孔膜；(d) 气体混合物致密膜

14.3.6　液体混合物的溶解-扩散膜型

图 14.7(a)和 14.7(b)分别示明了液体混合物采用多孔和无孔膜分离时的典型溶质浓度分布曲线，这些图中包含了通过膜时的浓度降低以及可能是膜两侧流体边界层或膜的传质阻力引起的浓度降低。对于前面章节讨论的多孔膜，浓度分布曲线从原料液主体到渗透液主体是连续的，因为液体从膜的一侧到另一侧是连续存在的，在邻接膜表面处料液中的溶质浓度与刚巧在孔的进口处的溶质浓度是同样的 c_{i0}。对于图 14.7(b)中的无孔膜情况可不一样，在邻接膜表面处料液中的溶质浓度是 c'_{i0}，而在邻接上游料液的膜表面处膜内的溶质浓度是 c_{i0}，一般 c_{i0} 比 c'_{i0} 小相当值，且两者由热力学平衡的分配系数 K_i 关联，由下式定义

$$K_{i0}=c_{i0}/c'_{i0} \tag{14-23}$$

与此相似，在另一侧：

$$K_{iL}=c_{iL}/c'_{iL} \tag{14-24}$$

对图 14.7(b)的无孔膜应用费克定律得

$$N_i=\frac{D_i}{l_M}(c_{i0}-c_{iL}) \tag{14-25}$$

式中 D_i是溶质在膜材料中的扩散系数。如果分配系数与浓度无关，则 $K_{i0}=K_{i1}=K_i$，将式(14－23)、式(14－24)与式(14－25)结合，得到速率式是：

$$N_i=\frac{K_iD_i}{l_M}(c'_{i0}-c'_{iL}) \tag{14-26}$$

如果膜两侧流体边界层或膜的传质阻力可以忽略：

$$N_i=\frac{K_iD_i}{l_M}(c_{iF}-c_{iP}) \tag{14-27}$$

式(14－26)和式(14－27)中的 K_iD_i是溶解-扩散膜型的渗透率 P_M，K_i计及溶质在膜中的溶解度，D_i则计及通过膜的扩散。由于 D_i通常很小，所以膜材料能提供大的 K_i值和/或小的膜厚度是重要的。

D_i和 K_i两者，也即 P_{Mi}取决于溶质和膜，当溶质溶解进聚合物膜中时，膜将膨胀而使 D_i和 K_i两者增大。影响 D_i和 K_i，也即 P_{Mi}的聚合物其他因素列于表 14.5 中，而影响最大的单一因素是聚合物的化学结构。由于与许多因素有关，所以重要的是得到感兴趣的膜和原料混合物的渗透率实验值。外部传质阻力的影响将在本节近末尾部分讨论。

表 14.5 影响致密膜中溶质渗透率的因素

影响因素	导致渗透率的值
聚合物密度	低
结晶度	低
交联程度	低
硫化程度	低
增塑剂数量	高
填充剂数量	低
溶质对聚合物的化学亲和性(溶解度)	高

14.3.7 气体混合物的溶解-扩散膜型

图 14.7(c)和 14.7(d)分别示明了气体混合物采用多孔和无孔膜分离时的典型溶质浓度分布曲线，图中还包括了外部边界层或膜的传质阻力的影响。对于多孔膜，显示出一条连续的分压分布曲线；对于无孔膜，示明了膜中浓度分布曲线，这里的溶质是溶解于膜中的。对于通过膜的传递，由式(14－25)表示的费克定律仍适用，假设在两侧流体-膜界面处达到热力学平衡，费克定律中的浓度可以同邻近膜表面处的分压用亨利定律关联，这是对膜应用最方便的线性关联式：

$$H_{i0}=c_{i0}/p_{i0} \tag{14-28}$$

和

$$H_{iL}=c_{iL}/p_{iL} \tag{14-29}$$

如果假设 H_i 与总压无关，且膜两面的温度一样，则：

$$H_{i0}=H_{iL}=H_i \tag{14-30}$$

将式(14－25)、式(14－28)、式(14－29)和式(14－30)结合，得到如下速率式

$$N_i=\frac{H_iD_i}{l_M}(p_{i0}-p_{iL}) \tag{14-31}$$

如果外部传质阻力可以忽略，则 $p_{iF}=p_{i0}$ 和 $p_{iL}=p_{iP}$，于是

$$N_i=\frac{H_iD_i}{l_M}(p_{iF}-p_{iP})=\frac{P_{Mi}}{l_M}(p_{iF}-p_{iP}) \tag{14-32}$$

式中

$$P_{Mi}=H_iD_i \tag{14-33}$$

因此，渗透率取决于气体组分在膜中的溶解度和在膜材料中的扩散系数，仅能靠利用非常薄的膜和原料侧的高压才能得到可以接受的传递速率。影响气体组分在聚合物膜中的渗透率因素列于表14.5中，轻质气体不会与聚合物发生作用或引起膜的膨胀，所以轻质气体(渗入的)聚合物组合的特性易由实验确定。通常溶解度和扩散系数两者是测定的，在聚合物手册[19]中刊载有大量数据表格，25℃下的代表性数据列于表14.6中，通常随着气体组分分子量的增加扩散系数减小而溶解度增加，这使得高选择性的得到相当困难。在约50℃温度区间内，温度对溶解度和扩散系数两者的影响可用阿累尼乌斯方程表示，例如：

$$D=D_0\mathrm{e}^{-E_D/RT} \tag{14-34}$$

通常温度对溶解度的适度影响有可能是正向的，也可能是反向的，但温度的升高能引起扩散系数相当程度的增加，这将相应地增大渗透率。聚合物中扩散的典型活化能 E_D 值为15～60 kJ/mol。

对于高弹态聚合物亨利定律的应用已被相当普遍地接受，特别是对于低分子量组分的渗透，但对于玻璃态聚合物亨利定律则不太正确，对此已有另外一些理论提出，其中最主要的双重模式模型(Dualmode Model)由Barrer及其合作者[22—24]首先提出的，是他们对乙基纤维素中的吸着和扩散深入研究的结果。在该模型中，渗透剂的吸着是由聚合物链中的普通溶解而发生，此可以用亨利定律和由Langmuir吸着进入玻璃态聚合物链间的孔或站点来描述。当下游压力与上游压力相比被忽略时，费克定律的渗透率由下式给出：

$$P_{Mi}=H_iD_i+\frac{D_{Li}ab}{1+bp} \tag{14-35}$$

式中第二项表述的是Langmuir吸着，D_{Li} 是Langmuir吸着组分的扩散系数，p 是渗透压，a 和 b 分别表示吸着站点的能力和亲和性的Langmuir常数。

Koros和Paul[25]发现，双重模式理论能正确地表示 CO_2 在聚对苯二甲酸乙二醇酯中于玻璃化温度(约85℃)下的吸着数据，在玻璃化温度以上，高弹态聚合物服从亨利定律。Langmuir模式的扩散机理已由Barrer[26]建议。

理想的致密聚合物膜应具有渗透剂分子的高渗透系数 P_{Mi}/l_M 和待分离组分间的高分离因子(选择性)，分离因子与蒸馏中的相对挥发度相似：

$$\alpha_{A,B}=\frac{(y_A/x_A)}{(y_B/x_B)} \tag{14-36}$$

式中 y_i 是离开膜的渗透物中的摩尔分率，与图 14.7(d)中的分压 p_{ip} 相对应，而 x_i 是膜的原料一侧渗余物中的摩尔分率，与图 14.7(d)中的分压 p_{iF} 相对应，与蒸馏不一样的是 y_i 和 x_i 不成平衡。

表 14.6 聚合物中的气体渗透系数

	气体组分					
	H_2	O_2	N_2	CO	CO_2	CH_4
低密度聚乙烯：						
$D\times10^6$	0.474	0.46	0.32	0.332	0.372	0.192
$H\times10^6$	1.58	0.472	0.228	0.336	2.54	1.13
$P_M\times10^{13}$	7.4	2.2	0.73	1.1	9.5	2.2
聚甲基丙烯酸乙酯：						
$D\times10^6$	—	0.106	0.030 1	—	0.033 6	—
$H\times10^6$	—	0.839	0.565	—	11.3	—
$P_M\times10^{13}$	—	0.889	0.170	—	3.79	—
聚氯乙烯：						
$D\times10^6$	0.5	0.012	0.003 8	—	0.002 5	0.001 3
$H\times10^6$	0.26	0.29	0.23	—	4.7	1.7
$P_M\times10^{13}$	1.3	0.034	0.008 9	—	0.12	0.021
丁基橡胶：						
$D\times10^6$	1.52	0.081	0.045	—	0.057 8	—
$H\times10^6$	0.355	1.20	0.543	—	6.71	—
$P_M\times10^{13}$	5.43	0.977	0.243	—	3.89	—

注：单位：D cm^2/s；H $cm^3(STP)/(cm^3\cdot Pa)$；P_M $cm^3(STP)\cdot cm/(cm^2\cdot s\cdot Pa)$。

对于组分 A 和 B 组成的二元气体混合物分离，如果外部边界层或膜的传质阻力不计，则传递速率由式(14-32)给出：

$$N_A=\frac{H_A D_A}{l_M}(p_{A_F}-p_{A_P})=\frac{H_A D_A}{l_M}(x_A p_F-y_A p_P) \tag{14-37}$$

$$N_B=\frac{H_B D_B}{l_M}(p_{B_F}-p_{B_P})=\frac{H_B D_B}{l_M}(x_B p_F-y_B p_P) \tag{14-38}$$

当不用清扫气时，N_A 对 N_B 的比率确定了渗透物的组成，即是渗透气体的 y_A 对 y_B 之比，于是

$$\frac{N_A}{N_B}=\frac{y_A}{y_B}=\frac{H_A D_A(x_A p_F-y_A p_P)}{H_B D_B(x_B p_F-y_B p_P)} \tag{14-39}$$

如果下游(渗透物)压力 p_P 相比于上游压力 p_F 可被忽略，则 $y_A p_P \ll x_A p_F$ 和 $y_B p_P \ll x_B p_F$，式(14-39)可经重新整理并与式(14-36)结合得到理想分离因子：

$$\alpha^*_{A,B}=\frac{H_A D_A}{H_B D_B}=\frac{P_{M_A}}{P_{M_B}} \tag{14-40}$$

由上式可见，高的分离因子可以通过高的溶解度比、高的扩散系数比或两者而得到，分离因子与传递现象和热力学平衡有关。

当下游压力不能被忽略时，式(14-39)可以重新整理得到 $\alpha_{A,B}$ 的表示式，它包含压力比 $r=p_P/p_F$ 和膜的原料侧或渗余物侧 A 的摩尔分率，将式(14-36)，式(14-40)和 r 的定义与式(14-39)结合得：

$$\alpha_{A,B}=\alpha^*_{A,B}\left[\frac{(x_B/y_B)-r\alpha_{A,B}}{(x_B/y_B)-r}\right] \tag{14-41}$$

由于 $y_A+y_B=1$，可以将 x_B的恒等式代入(14－41)：

$$x_B=x_By_A+x_By_B$$

得出

$$\alpha_{A,B}=\alpha^*_{A,B}\left[\frac{x_B\left(\dfrac{y_A}{y_B}+1\right)-r\alpha_{A,B}}{x_B\left(\dfrac{y_A}{y_B}+1\right)-r}\right] \tag{14-42}$$

如果将式(14－36)与式(14－42)结合并以 $1-x_A$代替 x_B，则可以得到分离因子的算式：

$$\alpha_{A,B}=\alpha^*_{A,B}\left[\frac{x_A(\alpha_{A,B}-1)+1-r\alpha_{A,B}}{(x_A(\alpha_{A,B}-1)+1-r}\right] \tag{14-43}$$

式(14－43)是 $\alpha_{A,B}$的隐函数式，包含压力比 r 和 x_A，将此式整理成两次方方程形式容易解出 $\alpha_{A,B}$。在 $r=0$ 的极端情况，式(14－43)简约成式(14－40)，此时 $\alpha_{A,B}=\alpha^*_{A,B}=(P_{MA}/P_{MB})$。许多研究人员报道了 $\alpha^*_{A,B}$的数据，例如，在摘自《膜手册》[6]的表 14.7 中，列出了数种二元对在 35℃时用高弹态聚二甲基硅氧烷(PDMS)和玻璃态双酚聚碳酸酯(PC)的数据，对于高弹态聚合物，渗透率是高的，但分离因子却是低的，对于玻璃态聚合物情况恰好相反。对于给定的原料组成，分离因子给定了可能达到的分离程度的极限。

	PDMS，硅氧烷高弹态聚合物膜	PC，聚碳酸酯玻璃态聚合物膜
P_{MHe}，Barrer	561	14
α^*_{He,CH_4}	0.41	50
α^*_{He,C_2H_4}	0.15	33.7
P_{MCO_2}，Barrer	4 550	6.5
$\alpha^*_{CO_2,CH_4}$	3.37	23.2
$\alpha^*_{CO_2,C_2H_4}$	1.19	14.6
P_{MO_2}，Barrer	933	1.48
$\alpha^*_{O_2,N_2}$	2.12	5.12

例 14.5

空气可以应用多种致密聚合物膜的气体渗透分离成富氮和富氧物流，在各种场合氧都是更容易透过膜。总流量为 20 000 scfm(标准 ft^3/min)的空气在送到 150 psia 和 78 ℉的膜分离器前，先经压缩、冷却和去除湿含量和压缩机油的处理。假设空气含氮 79%(mol)和氧 21%(mol)，采用低密度聚乙烯薄皮复合膜，其溶解度和扩散系数已列于表 14.6 中。如果表皮层膜的厚度是 0.2 μm，试作为切割分率 θ(被渗透原料的分率)函数计算物料平衡和所需膜面积 ft^2。假设渗透物侧压力为 15 psia，膜两侧物料完全混合，以至于两侧组成各自均匀，渗透物侧等于离开的组成，忽略膜的外部压降和传质阻力。评价膜作这种合理分离的现实性。

解

假设标准态是 0℃和 1atm(359 ft^3/lbmol)，

$$n_F=\text{原料流率}=\frac{20\ 000}{359}\times 60=3\ 343\ \text{lbmol/h}$$

令 $A=O_2$，$B=N_2$，对于低密度聚乙烯膜，由表 14.6 和式(14－33)得：

$$P_{M_B}=H_BD_B=0.288\times10^{-6}\times0.32\times10^{-6}$$
$$=0.073\times10^{-12}\ cm^3(STP)\cdot cm/(cm^2\cdot s\cdot Pa)$$

或以美国工程制计算：

$$P_{M_B}=\frac{0.073\times10^{-12}\times2.54\times12\times3\ 600\times101\ 300}{22\ 400\times454\times14.7}$$
$$=5.43\times10^{-12}\frac{lbmol\cdot ft}{ft^2\cdot h\cdot psia}$$

与此类似，对于氧：$P_{M_A}=16.2\times10^{-12}lbmol\cdot ft/(ft^2\cdot h\cdot psia)$

根据膜厚 $0.2\mu m=0.66\times10^{-6}ft$ 算得渗透系数：

由式(14－1)，　$\overline{P}_{M_i}=P_{M_i}/l_M$

$$\overline{P}_{M_B}=5.43\times10^{-12}/(0.66\times10^{-6})$$
$$=8.23\times10^{-6}lbmol/(ft^2\cdot h\cdot psia)$$
$$\overline{P}_{M_A}=16.2\times10^{-12}/(0.66\times10^{-6})$$
$$=24.55\times10^{-6}lbmol/(ft^2\cdot h\cdot psia)$$

物料衡算方程

对于 N_2：

$$x_{F_B}n_F=y_{P_B}n_P+x_{R_B}n_R \tag{1}$$

式中 n=流率 lbmol/h，标 F，P 和 R 分别表示原料、渗透物和渗余物。令

$$\theta=切割分率=n_P/n_F,$$

则　$$1-\theta=n_R/n_F$$

注意到如果原料中的各个组分具有有限的渗透率，故切割分率介于 0 到 1 之间。对于切割分率等于 1 的情况，原料中的所有组分都成为渗透物，则无任何分离作用。

将 θ 的定义代入式(1)得：

$$x_{R_B}=\frac{x_{F_B}-y_{F_B}\theta}{1-\theta}=\frac{0.79-y_{F_B}\theta}{1-\theta} \tag{2}$$

与此类似，对于 O_2：

$$x_{R_A}=\frac{0.21-y_{F_A}\theta}{1-\theta} \tag{3}$$

由于假设膜两侧流体是全混，所以分离因子中的组成就是渗余物和渗透物的。从分离因子的定义式(14－36)得

$$\alpha_{A,B}=\frac{y_{P_A}/x_{R_A}}{(1-y_{P_A})/(1-x_{R_A})} \tag{4}$$

传递方程

由于假设全混，组分的分压均等于排出的，于是组分 A 和 B 通过面积 A_M 膜的传递速率可以写成

$$N_B=y_{P_B}n_P=A_M\ \overline{P}_{M_B}(x_{R_B}P_R-y_{P_B}P_P) \tag{5}$$
$$N_A=y_{P_A}n_P=A_M\ \overline{P}_{M_A}(x_{R_A}P_R-y_{P_A}P_P) \tag{6}$$

式中 A_M 是与 n_P 的流动方向垂直的膜面积。式(6)对式(5)的比值等于 $y_{PA}/\ y_{PB}$，接着着手对式(14－43)进行计算，该式中

$$r = p_P / p_R = 15/150 = 0.1$$

和

$$\alpha^*_{A,B} = \alpha_{O_2,N_2} = \bar{P}_{M_{O_2}} / \bar{P}_{M_{N_2}} = (24.55 \times 10^{-6}) / (8.23 \times 10^{-6}) = 2.98$$

由式(14-43)：

$$\alpha_{A,B} = \alpha = 2.98 \left[\frac{x_{R_A}(\alpha - 1) + 1 - 0.1\alpha}{x_{R_A}(\alpha - 1) + 1 - 0.1} \right] \tag{7}$$

式(3)，(4)和(7)中有四个未知量 x_{RA}，y_{PA}，θ 和 $\alpha_{A,B} = \alpha$。变量 θ 之值在 0 到 1 之间，所以在此界限中选取 θ 值，其余三个变量则按如下方式计算：将式(3)，(4)和(7)结合消去 α 和 x_{RA}，从导得的非线性方程解 y_{PA}，接着由式(3)算 x_{RA} 和(4)算 α，再由式(6)解出膜面积 A_M。另外，这三个方程可以用像 Matgcad，Matlab 或 polymath 等计算机程序联列解，得到了下列结果：

θ	x_{R_A}	y_{P_A}	$\alpha_{A,B}$	A_{M,ft^2}
0.01	0.208	0.406	2.602	22 000
0.2	0.174	0.353	2.587	462 000
0.4	0.146	0.306	2.574	961 000
0.6	0.124	0.267	2.563	1 488 000
0.8	0.108	0.236	2.555	2 035 000
0.99	0.095	0.211	2.548	2 567 000

注意到分离因子几乎保持常数，变化仅 2%，其值约理想值的 86%。渗透物中氧的最大浓度[40.6%(mol)]在最小渗透物量($\theta = 0.01$)时发生；渗余物中氮的最大浓度[90.5%(mol)]发生在最大渗透物量($\theta = 0.99$)时。如果渗余物等于原料的 60%(mol)($\theta = 0.4$)，渗余物中氮的浓度仅从 79%升高到 85.4%，而且所需的膜面积非常大，所以低密度聚乙烯膜是很不实用的。为了得到适宜的分离，譬如说当 $\theta = 0.6$ 时，渗余物中氮的浓度达 95%(mol)，建议膜组件中应用理想分离因子 5 且氧更容易透过的膜，在此组件中渗透物和渗余物间成错流或逆流方式流动，各自不发生返混。为得到更高纯度，应考虑采用两级或更多级的级联，这些将在接下来的两节中讨论。

4.3.8 流动方式模型

在例 14.5 中，假设膜两侧全混，示于图 14.8 中的其他三种理想流动方式受到了相当注意，全都假设无返混，这可以同换热器设计中用的流动方式相比，这些流动方式是(b)逆流，(c)并流和(d)错流。对于给定的切割分率 θ，流动方式能显著地影响分离程度和膜面积。对于(b)到(d)的流动方式，膜的原料或渗余物侧的流体沿着并平行于上游膜表面流动；对于逆流和并流流动，在膜下游侧的给定位置处渗透物流体由刚巧通过该位置处膜的流体和流到该位置的渗透物流体组成；对于错流流动，没有沿膜表面的渗透物流体流动，渗透物流体仅是刚巧通过给定位置处膜的流体。对于给定几何形状的膜组件，应该假设那一种理想流动方式并不总是清楚的，这对于图 14.5(b)所示的螺旋卷组件尤其是如此。如果渗透流率高，则从膜下游侧来的流体可以连续作垂直膜表面的流动，直至与前面表面流来的主体渗透物流混合。这种情况视作理想错流流动方式可能合适。中空纤维组件可能被设计成接近理想逆流、并流或错流流动方式，示于图 14.5(d)的中空纤维组件接近于逆流流动方式。

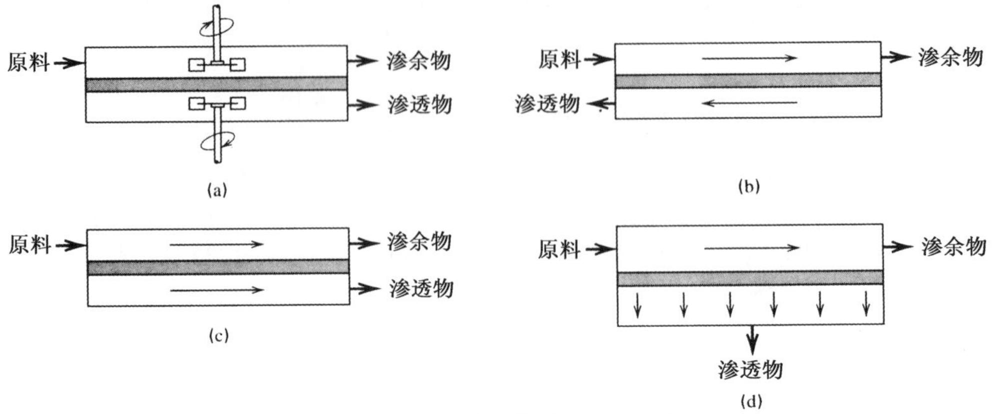

图 14.8　膜组件中的理想流动方式

(a) 全混；(b) 逆流；(c) 并流；(d) 错流

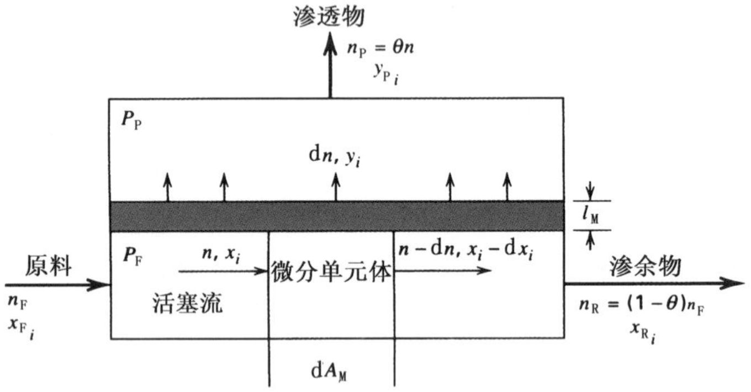

图 14.9　膜组件的错流模型

Walawender 和 Stern[27]提出了对图 14.8 所示的全部四种流动方式的解法，此解法假设恒定的压力比 r 和恒定的理想分离因子 $\alpha^*_{A,B}$ 及二元原料。对于全混(如例 14.5 所示)和错流方式可能得到严格分析解，但对于逆流和并流方式则需要采用数值解。在此对由 Naylor 和 Backer[28]提出的、对错流的简化近似分析解进行介绍。

考虑图 14.9 所示的错流方式膜组件，原料以无纵向返混的活塞流方式穿越上游膜表面，假设压力比 $r=p_P/p_F$ 和理想分离因子 $\alpha^*_{A,B}$ 是常数，膜外部边界层或膜的传质阻力可以忽略，微分单元处的渗余物和渗透物的局部摩尔分率分别是 x_i 和 y_i，渗透摩尔速率为 dn/dA_M。此外，局部分离因子由局部的 x_A，r 和 $\alpha^*_{A,B}$ 用式(14-43)计算。用 y_A，x_A 和 r 表示的渗透物局部组成的另一个表示式由式(14-36)和式(14-41)结合得到，

$$\frac{y_A}{1-y_A}=\alpha^*_{A,B}\left[\frac{x_A-ry_A}{(1-x_A)-r(1-y_A)}\right] \tag{14-44}$$

围绕微分单元体对 A 进行物料衡算得

$$y_A dn=d(nx_A)=x_A dn+n dx_A \tag{14-45}$$

或

$$\frac{dn}{n}=\frac{dx_A}{y_A-x_A}$$

该式与微分间歇蒸馏的 Rayleigh 方程一样。如果将式(14－36)与式(14－45)结合消去 y_A 得

$$\frac{dn}{n}=\left[\frac{1+(\alpha-1)x_A}{x_A(\alpha-1)(1-x_A)}\right]dx_A \tag{14-46}$$

式中 $\alpha=\alpha_{A,B}$。

从例 14.5 的解中注意到，$\alpha=\alpha_{A,B}$在整个切割分率 θ 区间基本上接近常数，对于压力比 r 小的情况通常是这样。如果假设式(14－46)中的 $\alpha=\alpha_{A,B}$是常数，对该式从微元的中间位置到最终渗余物积分，也即从 n 到 n_R 和从 x_A 到 x_{RA} 积分得出：

$$n=n_R\left[\left(\frac{x_A}{x_{R_A}}\right)^{\left(\frac{1}{\alpha-1}\right)}\left(\frac{1-x_{R_A}}{1-x_A}\right)^{\left(\frac{\alpha}{\alpha-1}\right)}\right] \tag{14-47}$$

最终渗透物中 A 的摩尔分率和总的膜表面积可由式(14－44)到式(14－46)解得的值积分得出：

$$y_{P_A}=\int_{x_{F_A}}^{x_{R_A}} y_A dn/\theta n_F \tag{14-48}$$

将式(14－48)与式(14－46)、式(14－47)和 α 的定义结合，可以将对 n 的积分变换成对 x_A 的积分，积分得到

$$y_{P_A}=x_{R_A}^{\left(\frac{1}{1-\alpha}\right)}\left(\frac{1-\theta}{\theta}\right)\times\left[(1-x_{R_A})^{\left(\frac{\alpha}{\alpha-1}\right)}\left(\frac{x_{F_A}}{1-x_{F_A}}\right)^{\left(\frac{\alpha}{\alpha-1}\right)}-x_{R_A}^{\left(\frac{\alpha}{\alpha-1}\right)}\right] \tag{14-49}$$

式中 $\alpha=\alpha_{A,B}$可以用 $x_A=x_{FA}$从式(14－43)估算。

A 通过膜的微分传质速率为

$$y_A dn=\frac{P_{M_A}dA_M}{l_M}(x_A p_F-y_A p_P) \tag{14-50}$$

由此积分可以得出总的膜面积

$$A_M=\int_{x_{R_A}}^{x_{F_A}}\frac{l_M y_A dn}{P_{M_A}(x_A p_F-y_A p_P)} \tag{14-51}$$

错流模型的应用将于下例示明。

例 14.6

对于例 14.5 的条件，计算螺旋卷组件的排出组成，该组件可用错流模型近似。

解

从例 14.5 得：$\alpha^*_{A,B}=2.98$；$r=0.1$；$x_{FA}=0.21$。

取 $x_A=x_{FA}$，由式(14－43)得 $\alpha_{A,B}=2.60$。

对氧(A)进行组件的总物料衡算得

$$x_{F_A}n_F=x_{R_A}(1-\theta)n_F y_{P_A}\theta n_F \text{ 或 } x_{R_A}=\frac{(x_{F_A}-y_{P_A}\theta)}{(1-\theta)} \tag{1}$$

应用如 Mathcad，Matlab 或 Polymath 等计算机程序联列解式(1)和式(14－49)得到如下结果：

θ	x_{R_A}	x_{P_A}	级 α_S
0.01	0.208	0.407	2.61
0.2	0.168	0.378	3.01
0.4	0.122	0.342	3.74

0.6	0.073 3	0.301	5.44
0.8	0.027 4	0.256	12.2
0.99	0.000 241	0.212	1 120

将这些结果与例 14.5 的比较，发现错流的渗透物含更多氧，渗余物则含更多氮，所以，对于给定的切割分率 θ，错流比全混更加有效，这也是在预料之中的。

在上表中还包括算得的级分离因子 α_S，它由该级的排出渗透物和渗余物的摩尔分率按下式定义：

$$(\alpha_{A,B})_S=\alpha_S=\frac{(y_{P_A}/x_{R_A})}{(1-y_{P_A})/(1-x_{R_A})} \tag{2}$$

联系到本例的理想分离因子 $\alpha^*_{A,B}$是 2.98。还有，如果式(2)应用于全混的例 14.5，可以得到 $\theta=0.01$ 时的 $\alpha_S=2.603$，随着 θ 的增加 α_S缓慢下降，直至 $\theta=0.99$ 时的 $\alpha_S=2.548$。所以，对于全混，在所有 θ 值时 $\alpha_S<\alpha^*$。对于错流，情况并非这样，从上表可见，当 $\theta>0.2$ 时，$\alpha_S<\alpha^*$（似应 $\alpha_S>\alpha^*$——译注），随 θ 的增加 α_S增大；当 $\theta=0.6$ 时，α_S几乎是 α^* 的两倍。

采用并流和逆流流动方式的膜组件，它们对二元原料分离程度的计算需要解常微分方程，这些方程的推导和求解用的 FORTRAN 源程序已由 Walawender 和 Stern[27]给出，于 $\alpha^*=5$ 和 $r=0.2$ 条件下的空气[含氧 20.9%(mol)]分离的代表性的解示于图 14.10。对于给定的切割分率 θ，可见最好的分离由逆流流动方式达到，并流曲线位于错流和全混曲线之间，易于计算的错流方式可以认为是膜组件性能的合适而保守的估计。二元混合物的全混方式已由 Stern 等[29]推广到多元混合物，他们提出了迭代计算步骤。至于错流和逆流方式，也提供了由式(2)定义的级分离因子可能显著大于 α^* 的可能性。

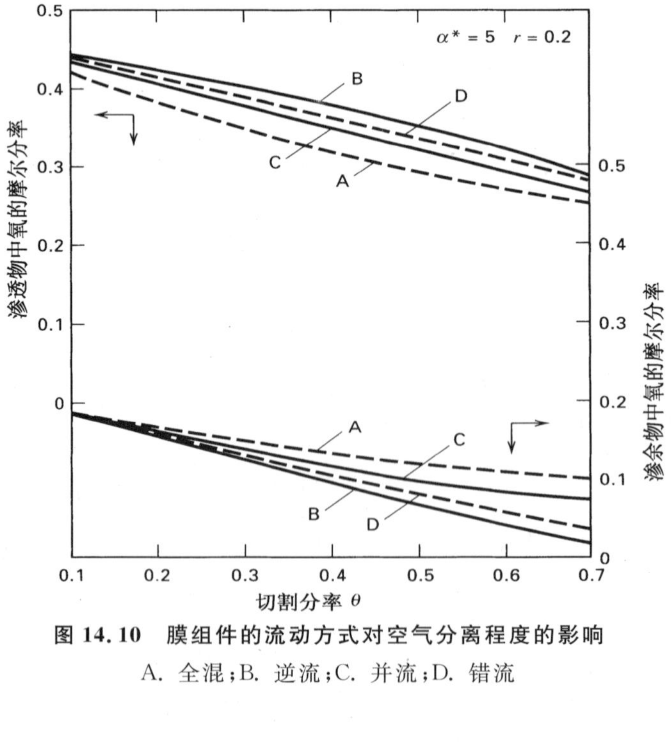

图 14.10 膜组件的流动方式对空气分离程度的影响

A. 全混；B. 逆流；C. 并流；D. 错流

14.3.9 级联

单个膜组件，或并联配置的多个膜组件中的各组件，或没有物流循环的串联配置中的组件构成了单级膜分离过程，单级对原料混合物所能达到的分离程度是有限的，这点已在前面示明，其分离程度取决于分离因子 α。反过来，此分离因子由组件中的流动方式、渗透率比（理想分离因子）、切割分率 θ 和通过膜的传质推动力等决定。为了达到比单级可能达到的更高的分离程度，可以采用逆流膜分离级联（如在蒸馏、吸收、脱吸和液-液萃取中采用的那样）或由膜分离和其他分离操作（例如蒸馏或吸收）耦合成的复合过程。膜分离级联已在节 5.5 中作了简要讨论，在此将进行更详细的讨论，并用例题示明。

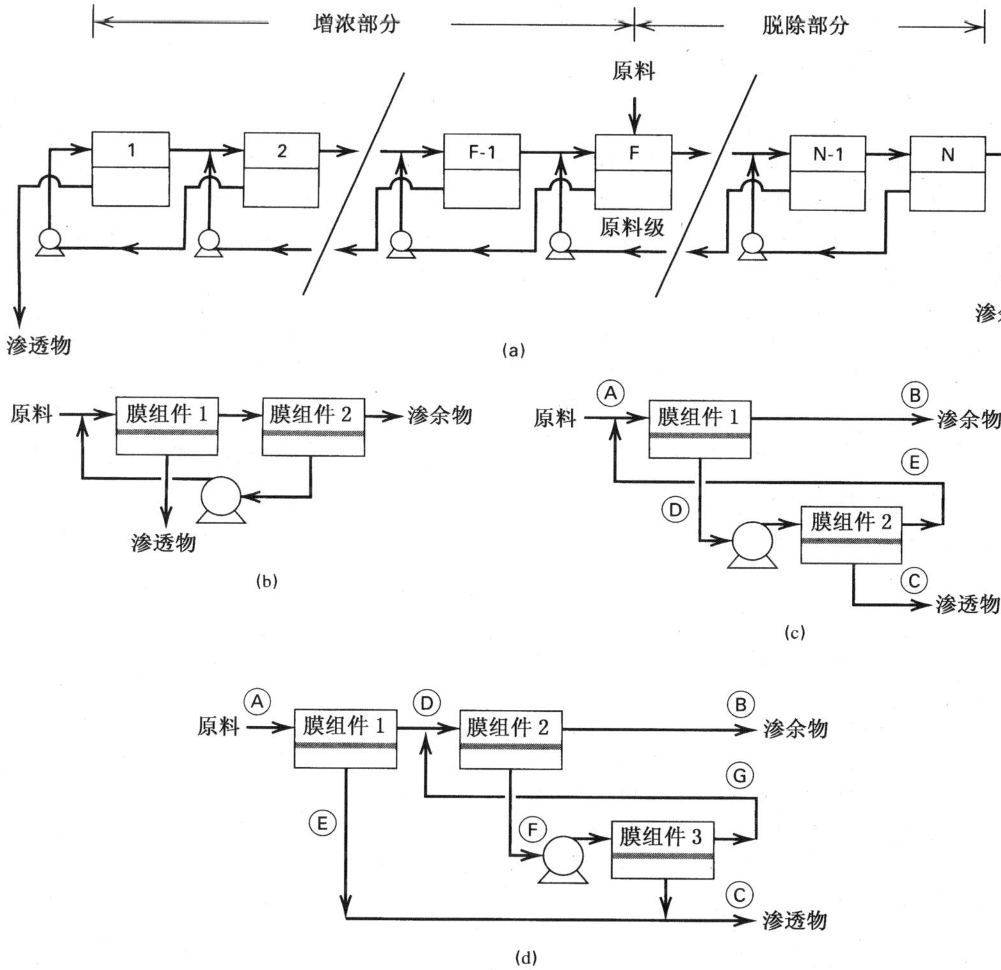

图 14.11 膜分离器的逆流循环级联

(a) 多级单元；(b) 两级脱除级联；(c) 两级增浓级联；(d) 带有前置膜分离级的两级增浓级联

与蒸馏塔类似的膜分离逆流循环级联示于图 14.11(a)，原料进入位于级联中部附近的原料级 F，在增浓部分渗透物中的高渗透率组分得到增浓，而渗余物中的低渗透率组分则在脱除部分得到增浓，最终渗透物从级 1 排出，而最终渗余物则从级 N 离开。作为级联，影响原料分离程度的另外因素是级数和循环比(渗透物循环流率/渗透物产品流率),如 Hwang 和 Kammermeyer[30]指出的,最好控制每级的切割分率和回流流率,使得进入每级的两股物流具有相同组成,例如,离开级 1 而进入级 2 的渗余物组成与离开级 3 而进入级 2 的渗透物组成相等。这与级联的熵增最小相对应,所以热力学第二定律效率最高,这样的级联被认为是理想级联。Hwang 和 Kammermeyer[30]讨论了级联的计算方法,他们利用前面部分讨论的单级计算方法,该方法与组件中的流动方式有关,计算最好用计算机程序执行,但对于二元混合物的结果可以方便地在 McCabe - Thiele 类型的相图上表示,该图用离开每级渗透物的摩尔分率 y_i 对离开同一级的渗余物的摩尔分率 x_i 进行标绘。对于膜分离级联,平衡曲线变成由级的分离因子 α_S 得出的选择性曲线。

在图 14.11 中,膜的原料侧,即上游侧的压降是被忽略的,因此,仅渗透物需要泵(如果是液体)或压缩机(如果是气体)输送到下一级。在气体渗透操作中,压缩费用相当高,所以气体渗透级联的级数通常两或三级,其最普通的结构示于图 14.11(b)、(c)、(d)中。与单级相比,两级脱除级联的设计是为了得到更纯的渗余物,而得到更纯的渗透物是两级增浓级联的目标。当原料中更易透过组分的浓度低、所希望的渗透物纯度高、分离因子低和/或更易透过组分的回收率高是希望的时,增加图 11.14(d)中所示的前置膜分离级是有吸引力的。Spillman[31]给出一个增浓级联的应用例子,它应用醋酸纤维素膜的螺旋卷组件从天然气(假设是甲烷)中脱除二氧化碳,该组件近似为错流流动方式,理想分离因子 $\alpha^*_{CO_2,CH_4}$ 是 21。对于单级(未示于图 14.11 中)、两级增浓级联[图 14.11(c)]和带有前置级的两级增浓级联[图 14.11(d)]的计算机计算结果列于表 14.8 中,二氧化碳以比甲烷更快的速度通过膜。对于这三个案例,原料均是甲烷中含 CO_2 7%(mol)的混合物,压力为 850 psig (约 865 psia),流量为 2×10^7 scfd,渗余物中含 98%(mol)甲烷。对于每一级膜的下游,即渗透物侧的压力是 10 psig(约 25 psia)。对于所有三个案例,在表 14.8 中物流 A 是原料,物流 B 是最终渗余物,物流 C 是最终渗透物,案例 1 达到 90.2%的甲烷回收率,案例 2 增加到 98.7%,案例 3 达到居中回收率 94.6%。下列的分离因子是从表 14.8 中给出的数据计算得到的:

案例	膜分离级的 α_S		
	1	2	3
1	28	—	—
2	28	57	—
3	20	19	44

还可以计算案例 2 和 3 级联的总分离因子 α_C,其值分别是 210 和 51。

表 14.8　应用膜级联进行 $CO_2$①和 CH_4 的分离

案例 1:单个膜分离级:	物　流		
	A 原料	B 渗余物	C 渗透物
组成(%mol)			
CH_4	93.0	98.0	63.4
CO_2	70.0	2.0	36.6
流量(MM SCFD)	20.0	17.11	2.89
压力(psig)	850	835	10

① 原文误为 N_2——译者注。

（续 表）

案例 2:两级增浓级联[图 14.11(c)]:

	物流				
	A	B	C	D	E
组成(%mol)					
CH_4	93.0	98.0	18.9	63.4	93.0
CO_2	7.0	2.0	81.1	36.6	7.0
流量(MM SCFD)	20.00	18.74	1.26	3.16	1.90
压力(psig)	850	835	10	10	850

案例 3:带前置级的两级增浓级联[图 14.11(d)]:

	物流						
	A	B	C	D	E	F	G
组成(%mol)							
CH_4	93.0	98.0	49.2	96.1	56.1	72.1	93.0
CO_2	7.0	2.0	50.8	3.9	43.9	27.9	7.0
流量(MM SCFD)	20.00	17.95	2.05	19.39	1.62	1.44	1.01
压力(psig)	850	835	10	840	10	10	850

14.3.10　外部传质阻力

至此全部的传质阻力假设都是与膜有关的，因此，假设膜的上游和下游表面处的流体浓度等于膜的相关一侧的主体浓度。当膜的外部传质阻力不能忽略时，在邻接膜表面处的边界层或膜中存在浓度或分压梯度，如图 14.7 中四种情况所示。对于给定的主体流体浓度，这些阻力的存在减小了通过膜的传质推动力，并因此减小了渗透速率。

一般说来，气体渗透的溶解-扩散机理相比于邻接膜表面的边界层或膜中的扩散低得多，所以外部的传质阻力被忽略，使图 14.7(d)中的 $p_{iF}=p_{i0}$ 和 $p_{iP}=p_{iL}$。由于液体边界层或膜中的扩散可能是低的，包含液体的膜过程(例如渗析、反渗透和膜蒸发)中的浓差极化不能被忽略，在反渗透中特别需要考虑浓差极化的影响，此时此影响将减小水的渗透速率和增大盐的渗透速率，使饮用水的制取更加困难。

考虑图 14.7(a)所示的膜分离过程，其中用多孔膜处理液体，假设组分穿过膜厚度时传质面积不发生变化，定态时渗透组分 i 的传质需克服以下三项阻力，传质速率为

$$N_i=k_{iF}(c_{iF}-c_{i0})=\frac{D_{ei}}{l_M}(c_{i0}-c_{iL})=k_{iP}(c_{iL}-c_{iP})$$

式中 D_{ei} 由式(14－14)给出。

如果将这三个方程结合起来消去中间浓度 c_{i0} 和 c_{iL}，得到

$$N_i=\frac{c_{iF}-c_{iP}}{\dfrac{1}{k_{iF}}+\dfrac{l_M}{D_{ei}}+\dfrac{1}{k_{iP}}} \tag{14-52}$$

现考虑图 14.7(b)所示的膜分离过程，其中用致密(无孔)膜处理液体，采用溶解-扩散机理处理通过膜的传质，正如式(14－26)给出的，对于恒定传质面积定态时包括三项阻力的传质速率式是：

$$N_i=k_{iF}(c_{iF}-c'_{i0})=\frac{K_iD_i}{l_M}(c'_{i0}-c'_{iL})=k_{iP}(c'_{iL}-c'_{iP})$$

将这三式结合消去中间浓度 c'_{i0} 和 c'_{iL} 得

$$N_i=\frac{c_{iF}-c_{iP}}{\dfrac{1}{k_{iF}}+\dfrac{l_M}{K_iD_i}+\dfrac{1}{k_{iP}}} \tag{14-53}$$

式(14－52)和式(14－53)中的 k_{iF} 和 k_{iP} 分别是原料侧和渗透物侧边界层或膜的传质系数，方程右侧分母中的三项是传质速率的阻力。通常，传质系数取决于流体性质、流道的几何特性和流型(湍流或层流)，层流时存在长的进口区间，那里的传质系数随距膜的流道进口处距离 L 而变。传质系数的计算因两流体间的传质而引起速度变化而复杂化。式(14－52)和式(14－53)中的膜阻力分别是 l_M/D_{ei} 和 $l_m/(K_iD_i)$，它们可以分别代之以 l_M/P_{Mi} 或 $1/\overline{P}_{Mi}$。

流道中流动的典型传质系数可以从普通的膜理论经验关联式[32]得到：

$$N_{Sh}=k_id_H/D_i=aN_{Re}^bN_{Sc}^{0.33}(d_H/L)^d \tag{14-54}$$

式中

$$N_{Re}=d_Hv\rho/\mu$$
$$N_{Sc}=\mu/(\rho D_i)$$
$$d_H=\text{水力直径}$$
$$v=\text{速度}$$

常数 a,b 和 d 给出于下：

流型	流道几何形状	d_H	a	b	d
湍流($N_{Re}>10\ 000$)	圆管	D	0.023	0.8	0
	矩形流道	$2hw/(h+w)$	0.023	0.8	0
层流($N_{Re}<2\ 100$)	圆管	D	1.86	0.33	0.33
	矩形流道	$2hw/(h+w)$	1.62	0.33	0.33

其中

w＝流道宽度；

h＝流道高度；

L＝流道长度。

例 14.7

溶质 A 在溶剂 B 中的稀溶液通过管式膜分离器，原料在管内流过。在某个位置，原料侧和渗透物侧的溶质浓度分别是 5.0×10^{-2} 和 $1.5\times10^{-2}\,\mathrm{kmol/m^3}$，溶质 A 的膜渗透系数由膜的供应商给出为 $7.5\times10^{-5}\,\mathrm{m/s}$。如果管内的雷诺数是 15 000，原料侧溶质的希密特数是 500 和扩散系数是 $6.5\times10^{-5}\,\mathrm{cm^2/s}$，管道内径是 0.5 cm。如果膜的渗透物侧的传质阻力被忽略，计算溶质通过膜的传质速率。

解

溶质的传质速率由渗透系数形式的方程(14－52)或式(14－53)计算：

$$N_A=\frac{c_{A_F}-c_{A_P}}{\dfrac{1}{k_{A_F}}+\dfrac{1}{\overline{P}_{M_A}}+0}$$

$$c_{A_F} - c_{A_P} = 5\times10^{-2} - 1.5\times10^{-2} = 3.5\times10^{-2}\ \text{kmol/m}^3 \tag{1}$$

$$\overline{P}_{M_A} = 7.3\times10^{-5}\,\text{m/s}$$

由于 $N_{Re}>10\ 000$，对于管内湍流流动由式(14－54)得：

$$k_{A_F} = 0.023\,\frac{D_A}{D}N_{Re}^{0.8}N_{Sc}^{0.33}$$

$$=0.023\times\left(\frac{6.5\times10^{-5}}{0.5}\right)\times(15\ 000)^{0.8}\times(500)^{0.33}$$

$$=0.051\text{cm/s 或 } 5.1\times10^{-4}\,\text{m/s}$$

由式(1)

$$N_A = \frac{3.5\times10^{-2}}{\dfrac{1}{5.1\times10^{-4}}+\dfrac{1}{7.3\times10^{-5}}} = 2.24\times10^{-6}\,\text{kmol/(s}\cdot\text{m}^2)$$

膜阻力占整个传质阻力的分率是

$$\frac{\dfrac{1}{7.3\times10^{-5}}}{\dfrac{1}{5.1\times10^{-4}}+\dfrac{1}{7.3\times10^{-5}}} = 0.875 \text{ 或 } 87.5\%$$

14.3.11　浓差极化和结垢

当电解产生气体时，它们集聚在电解槽的电极及其周围，使得电流降低，这种现象被称为极化。一个类似的现象发生在膜分离操作中，当膜能允许 A 分子通过而相对地不允许通过 B 分子时，于是，B 分子被主体流动带到膜的上游侧表面产生集聚，造成它在“极化层”中浓度增加，当它因扩散而返回原料-渗余物主体的量与随主体流动带到该层的量相等时，极化层中 B 的浓度达到平衡。

浓差极化在压力推动的膜分离操作中最普遍，例如反渗透和超过滤中，它将降低 A 分子通过膜的速率，如果 B 的浓度在膜表面附近达到它的溶解度极限时，浓差极化的影响特别严重，可能形成胶体沉积，导致在膜表面和膜孔中结垢，进而降低 A 的速率。通常在 A 的高速率时浓差极化和结垢最严重，它的影响例子和对它简化的理论处理将在反渗透和超过滤部分讨论。

14.4　渗析和电渗析

在图 14.12 所示的渗析膜分离过程中，压力为 p_1 的原料液含有溶剂、A 类溶质、B 类溶质和/或不溶解的分散状胶体粒子，同样溶剂的清扫液在膜的另一侧于压力 p_2 下加入，膜是这样的微孔膜，在浓度推动力下能允许 A 类溶质通过，B 类溶质是比 A 类溶质分子大的较大分子，它们难以通过甚至完全不能通过。这种 A 类和 B 类溶质通过膜的传递被称为渗析，胶体粒子则不能通过膜，在压力 $p_1=p_2$ 时，溶剂沿浓度推动力的反方向通过膜，这种溶剂的传递被称为渗透，当 p_1 升高超过 p_2 时，溶剂的渗透能减少直至消失。渗析单元(渗析器)的产物是含有溶剂、A类溶质和少量B类溶质的渗出液(渗透物)以及含有溶剂、剩余的A类和B类溶质及胶体粒子的渗析液(渗余物)。理论上渗析单元能在A类溶质与B类溶质和胶体粒子间实现完善的分离，然而，实际上仅有A类溶质的一部分在渗出液中得到回收，即使B类溶质完全不通过膜也是这样。

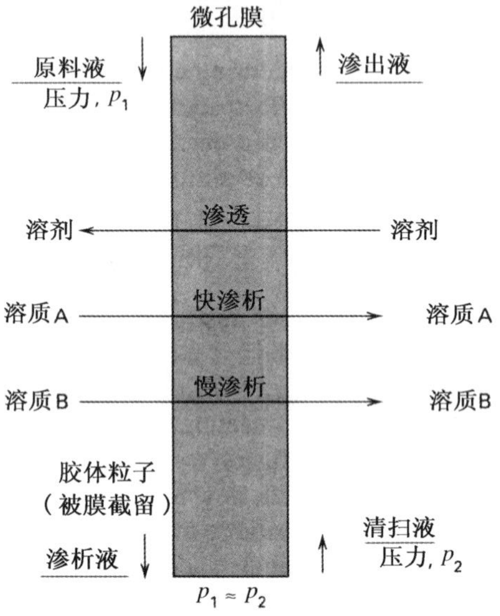

图 14.12 渗析

作为一个例子，利用渗析从硫酸盐的水溶液中回收硫酸，Chamberlin 和 Vromem[33]报道了如下结果：

	进入物流		排出物流	
	原料	清扫液	渗析液	渗出液
流率/gph	400	400	420	380
H_2SO_4，g/L	350	0	125	235
$CuSO_4$，g/L(当作 Cu)	30	0	26	2
$NiSO_4$，g/L(当作 Ni)	45	0	43	0

可见在渗出液中回收了64%的 H_2SO_4，其中仅含6% $CuSO_4$ 和几乎不含 $NiSO_4$。

渗析与其他利用别的推动力分离液体混合物的膜分离过程密切相关，其中包括：(1)反渗透，取决于依靠压差实现溶质和/或溶剂通过膜的传递；(2)电渗析和电渗透，取决于依靠电位差分别实现溶质和溶剂的传递；(3)热渗透，取决于依靠温度差实现溶质和溶剂通过膜的传递。

当那些主要透过溶质的浓度差大、且它们与其他溶质和/或胶体粒子的渗透率差别也大时，渗析具有吸引力。虽然渗析由于Graham[34]于1861年的工作早就被认识，但它的应用不能与反渗透和气体渗透相比，然而，渗析还是在不少分离中得到了应用，这包括：(1)从被半纤维素污染了的含17%～20%(质量)碱性黏胶液中产生出含NaOH 9%～10%(质量)的渗出液以回收 NaOH;(2)回收被金属离子污染了的铬酸、盐酸和氢氟酸;(3)从含有硫酸镍的水溶液中回收硫酸;(4)为了生产低酒精含量啤酒,从啤酒中移除酒精;(5)从用过的不锈钢酸洗液中回收硝酸和氢氟酸;(6)从有机酸中移除无机酸;(7)从聚合物中移除低分子量的污染物;(8)药物提纯。血液渗析(透析)是很重要的应用,需从血液中移除尿素、肌氨酸、尿酸、磷酸盐和氯化物,而不移除必需的高分子化合物和血细胞,此渗析器被称为人工肾。

用于渗析的微孔膜材料是亲水性的,包括纤维素、醋酸纤维素、各种抗酸的乙烯共聚物、聚砜和聚甲基丙烯酸甲酯等,典型的膜厚小于 50μm,微孔孔径 15 到 100Å。最普通的膜组件是板框式的和中空纤维的。如图 14.23 所示的紧凑式中空纤维血液透析器得到了广泛应用,典型的组件具有数千根中空纤维,其壁厚为 20~30μm,长度为 10~30 cm。渗析膜可以是薄的,因为膜两侧的压力基本相等。

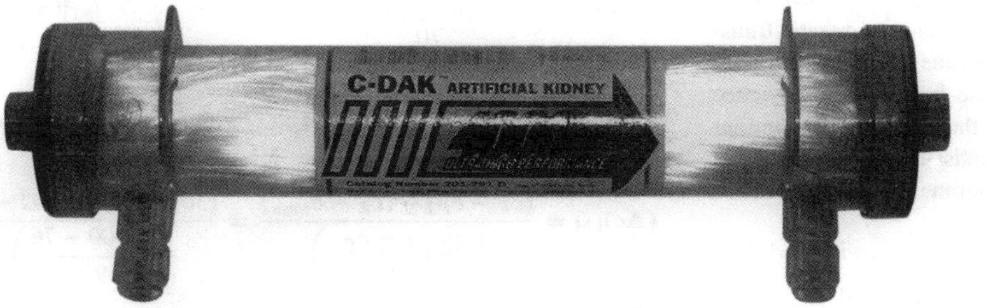

图 14.13 人工肾

在渗析器中的某个微元,溶质通过渗析膜的传质速率为

$$dn_i = K_i(c_{iF} - c_{iP})dA_M \tag{14-55}$$

式中 K_i 是总传质系数,它由式(14-52)用渗透率形式表示的个别系数给出:

$$\frac{1}{K_i} = \frac{1}{k_{iF}} + \frac{l_M}{P_{Mi}} + \frac{1}{k_{iP}} \tag{14-56}$$

考虑组件中的流动方式、主体浓度梯度和式(14-56)中的各个传质系数,通过对式(14-55)的积分可以确定膜面积。

用于水溶液的最老的膜材料之一是玻璃纸,它的渗透率由式(14-14)给出,$P_M = D_{ei}$ 或 $\overline{P}_{Mi} \cdot l_M$。在溶液存在时,玻璃纸将膨胀到其厚度达干时的一倍,l_M 该用湿的厚度。工业用玻璃纸的式(14-13)到式(14-15)中的参数典型值如下:

湿厚度 $= l_M = 0.004$ 到 0.008 cm;

空隙率 $= \varepsilon = 0.45$ 到 0.60;

曲折度 $= \tau = 3$ 到 5;

孔径 $= D = 30$ 到 50Å。

如果溶质同膜材料间不会发生作用,式(14-14)中的扩散系数 D_{ei} 是普通分子扩散系数,仅取决于溶质和溶剂的性质。然而当膜—溶质间发生任何一种相互作用(包括共价、离子和氢键;物理吸附和化学吸着及膜聚合物的柔性变化),膜将对于溶质的扩散系数产生显著影响,因此,建议采用实际过程用的流体对 $\overline{P}_M$ 进行实验测定。

虽然溶剂(例如水)的传递通常与溶质的传递方向相反,但它可以用费克定律描述,比较常用的做法是测量溶剂的速率,并报告被称为水的传递数(Water-Transport Number)的结果，水的传递数是水的速率对溶质速率之比，其负值表明溶剂与溶质的传递方向相同。膜可能与溶剂产生作用，甚至屏蔽溶剂的传递，理想情况是水的传递数为小于+1.0的小数目。理想的实验渗析器是个间歇操作槽，膜的两侧设有变速搅拌器，以至于式(14－56)中的外部传质阻力项 $1/k_{iF}$ 和 $1/k_{iP}$ 可以忽略，这可能需要搅拌速度大于2 000 rpm。

常用的渗析器是图14.5(a)所示的板框式，然而渗析用的框是垂直放置的，一个典型单元可以有100块0.75×0.75 m的方框，间距0.6 cm，相当于56 m^2 膜面积，硫酸的渗析速率可能是5 lb/(day·ft^2)。较新开发的渗析器是采用中空纤维，它的内径200μm和壁厚16μm，填装成长28 cm像换热器那样的组件，其体积相当于板框式的十分之一，共有22.5 m^2 膜面积。

板框式渗析器中的流动方式接近逆流，由于总流率变化小和典型情况下的溶质浓度低，一般假定恒定的总传质系数和采用对数平均浓度推动力估算溶质的传递速率，于是由式(14－55)得：

$$n_i = K_i A_M (\Delta c_i)_{LM} \tag{14-57}$$

式中 K_i 由式(14－56)给出。此方法应用在下面的例题中。

例 14.8

一台逆流流动方式的板框式渗析器的大小将被确定。要求处理含硫酸300 kg/m^3 与少量铜和镍硫酸盐的水溶液0.78 m^3/h，清扫水的流量为1.0 m^3/h，希望在25℃时酸的回收率为30%。从防酸乙烯基膜的间歇实验测得，在没有外部传质阻力下酸的渗透系数是0.025 cm/min和水的传递数+1.5，铜和镍的硫酸盐通过膜的传递可以忽略。对于这些流量，板框式渗析器的经验表明流型是层流和组合的外部液体膜传质系数将是0.020 cm/min。试确定所需的膜面积 m^2。

解

$$原料中\ m_{H_2SO_4} = 0.78 \times 300 = 234\text{kg/h}$$

$$被传递的\ m_{H_2SO_4} = 0.3 \times 234 = 70\text{kg/h}$$

$$传递到渗析液中的\ m_{H_2O} = 1.5 \times 70 = 105\text{kg/h}$$

$$加入的清扫量\ m_{H_2O} = 1.0 \times 1\,000 = 1\,000\text{kg/h}$$

$$离开的\ m_P = 1\,000 - 105 + 70 = 965\text{kg/h}$$

对于混合物的密度，假定硫酸水溶液可以从Perry主编的化学工程师手册中适当表格查得：

$$\rho_F = 1\,175\text{kg/m}^3 \quad \rho_R = 1\,114\text{kg/m}^3 \quad \rho_P = 1\,045\text{kg/m}^3$$

$$m_F = 0.78 \times 1\,175 = 917\text{kg/h}$$

$$离开的\ m_R = 917 + 105 - 70 = 952\text{kg/h}$$

硫酸的浓度：

$$c_F = 300\text{kg/m}^3 \quad c_{wash} = 0\text{kg/m}^3$$

$$c_R = \frac{234-70}{952} \times 1\,114 = 192\text{kg/m}^3$$

$$c_P = \frac{70}{965} \times 1\,045 = 76\text{kg/m}^3$$

原料和清扫水间的硫酸逆流对数平均推动力：

$$(\Delta c)_{LM}=\frac{(c_F-c_P)-(c_R-c_{wash})}{\ln\left(\frac{c_F-c_P}{c_R-c_{wash}}\right)}=\frac{(300-76)-(192-0)}{\ln\left(\frac{300-76}{192-0}\right)}=208\mathrm{kg/m^3}$$

在膜组件中，推动力几乎是常数，仅从 224 变到 192 kg/m^3。

由式(14 - 56)

$$k_{H_2SO_4}=\frac{1}{\frac{1}{\overline{P}_M}+\left(\frac{1}{k}\right)_{组合}}=\frac{1}{\frac{1}{0.025}+\frac{1}{0.020}}$$

$$=0.011\ 1\mathrm{cm/min}\ 或\ 0.006\ 7\mathrm{m/h}$$

用质量单位代替摩尔单位，由式(14 - 57)

$$A_M=\frac{m_{H_2SO_4}}{K_{H_2SO_4}(\Delta c_{H_2SO_4})_{LM}}=\frac{70}{0.006\ 7\times 208}=50\mathrm{m^2}$$

14.4.1 电渗析

在 20 世纪早期电渗析作为渗析的改进而开始应用，增加了电极和直流电以增加电解质溶液中的渗析速率，然而从 20 世纪 40 年代起，电渗析才发展成了一种膜分离操作，它与渗析在许多方面不一样。今天，已认为电渗析是一种分离电解质水溶液原料的电解过程，应用电场和离子交换膜将原料液分离成浓缩了的盐水和淡(脱盐)水。一个典型的电渗析过程示于图 14.14，两种类型的四片离子交换膜交错串联排列，阳离子交换膜(C)带负电荷，吸引和允许通过阳离子，而阻止阴离子通过。阴离子交换膜(A)则带正电荷，吸引和允许通过阴离子。两类离子交换膜均不透水。操作的净结果是，在室 2 和 4 中两种离子得到浓缩并由此排出浓缩盐水，室 3 中则被脱除离子并由此得到脱盐(淡)水。各室压力相等，两端室 1 和 5 中分别设置阳极和阴极，直流电压加到阳极和阴极(例如用电池或直流发电机)上引起电流流动，电子沿金属导线从阳极流到阴极，再依靠离子移动从阴极返回阳极通过电解槽。两块电极是化学上不带电的金属，阳极典型的是不锈钢，阴极典型的是包裹白金的钽、铌或钛，所以，电极既不被氧化也不被还原。

但是，在两块电极必须各自发生一半反应，典型的情况是，最容易氧化的物质在阳极发生氧化反应，而最容易还原的物质在阴极被还原。对于惰性的电极，在阴极因一半反应使水减少：

$$2H_2O+2e^-\longrightarrow 2OH^-+H_{2(g)},E^0=-0.828\mathrm{V}$$

在阳极一半氧化反应是：

$$H_2O\longrightarrow 2e^-+\frac{1}{2}O_{2(g)}+2H^+,E^0=-1.23\mathrm{V}$$

或如有氯离子存在：

$$2Cl^-\longrightarrow 2e^-+Cl_{2(g)},E^0=-1.360\mathrm{V}$$

此处，电极电位是 25℃下 1 摩尔离子溶液和气体产品分压为 1 atm 时的标准值，非标准态的 E^0 值可用 Nernst 方程校正。

相应的电池总反应是：

$$3H_2O\longrightarrow H_{2(g)}+\frac{1}{2}O_{2(g)}+2H^++2OH^-$$

或

$$2H_2O+2Cl^- \longrightarrow 2OH^- + H_{2(g)} + Cl_{2(g)},E^0_{cell} = -2.058V$$

第一种情况的净反应是：

$$H_2O \longrightarrow H_{2(g)} + \frac{1}{2}O_{2(g)},E^0_{cell} = -2.188V$$

经室1和5循环的电极清洗溶液是典型的酸性溶液，去中和在室1中生成的OH离子和防止像$CaCO_3$和$Mg(OH)_2$等化合物的沉淀。

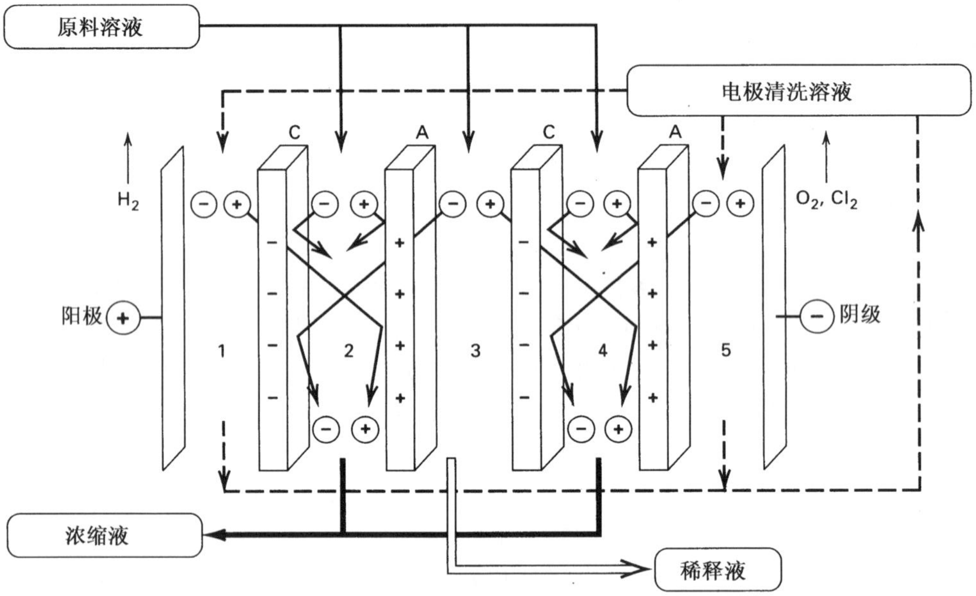

图 14.14　电渗析过程示意图

C. 阳离子交换膜；A. 阴离子交换膜

［摘自 W. S. W. Ho and K. K. Sirkar. editors，“Membrane Handbook”. Van Nostrand Reinhold. New York(1992).］

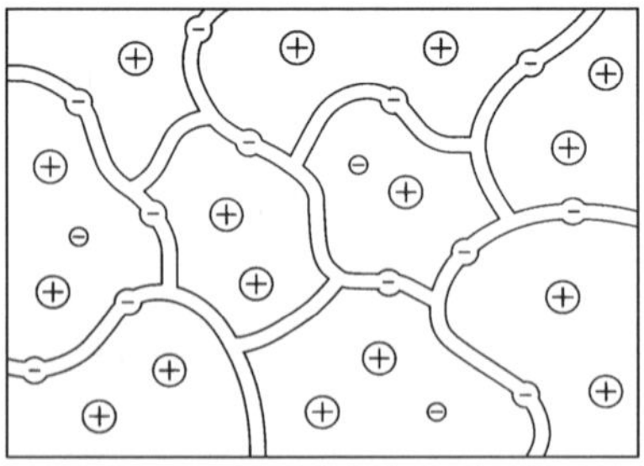

图 14.15　阳离子交换膜

［摘自 H. Strathmann，*Sep. and Purif*，*Methods*，14(1)，41－66(1985).］

最广泛使用的电渗析离子交换膜由Juda和McRae[35]于1950年首先报道，它们是(1)阳离子交换膜，含有连接于聚合物母体上的带负电荷的基团；(2)阴离子交换膜，含有连接于聚合物母体上的带正电荷的基团。前者示意地图示于图 14.15，它含有固定的阴离子、可移动的阳离子（被称为反离子）和可移动的阴离子（被称为同名离子）。可移动阴离子几乎完全被聚合物母体因电荷排斥作用而排斥，这被称为 Donnan 效应，如完全排斥，则仅有阳离子能通过该膜，实际上排斥大于 90%。

典型的阳离子交换膜由与二乙烯基苯交联的聚苯乙烯经磺化处理而得，在其中产生了固定的磺酸阴离子基团 $-SO_3^-$。一个同样聚合物的阴离子交换膜含有季胺基团 $-NH_3^+$。膜厚 0.2～0.5 mm，并用网加强以提供机械稳定性，平板膜含有 30%～50%水分和孔径小到不允许水传递的微孔网络。

膜对（cell pair or unit cell）由一张阳离子交换膜和一张阴离子交换膜构成，虽然图 14.14所示的电渗析系统只有两个膜对，但工业用电渗析系统是个大膜堆按板框式结构构成，根据 Applegate[2]和《膜手册》[6]报道，它可以包含 100 到 600 个膜对。在一个膜堆中，每张 0.4 到 1.5 m^2表面积的膜用 0.5 到 2 mm 的分隔垫片隔开。加到电解槽的总电压包括（1）已在前面讨论过的电极电位；（2）由于在两个电极生成气体的过电压；（3）克服每室中电解液的欧姆电阻所需的电压；（4）克服每个膜电阻所需的电压；（5）克服浓差极化效应所需的电压，浓差极化是由于邻近膜表面的电解质溶液中的传质阻力而引起。对于大膜堆，后三项的电压增量占主导地位，且与电流密度（流过膜堆单位膜表面的安培数）有关。一个膜对的典型电压降为 0.5～1.5 V，电流密度是 5～50 mA/cm^2，所以一个具有 400 张 1 m^2表面积膜（200 个膜对）的大膜堆在电流 100 A 时需要 200 V。典型情况下，咸水的 50%～90%能转变为饮用水，此得率与浓缩咸水的循环有关。

对于给定的膜表面积，随着电流密度的增加浓差极化效应增强。对于单张阳离子交换膜这个效应的示意图示于图 14.16，图中 c_m表示膜中的阳离子浓度，c_b是电解液主体中的阳离子浓度，上角标 c 和 d 分别代表浓缩侧和稀释侧，当 c_m^d 达到 0 时，电流密度达到了最大极限值，电解槽典型的操作电流密度是极限值的 80%，极限电流密度由实验确定，相应的电解槽电压或电阻也由实验确定。

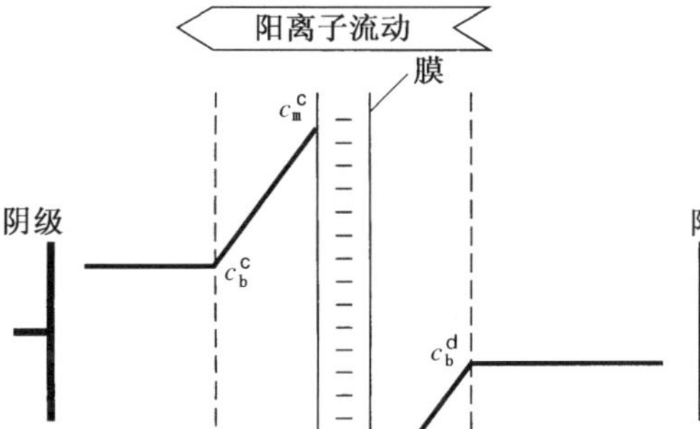

图 14.16　阳离子交换膜的浓差极化效应

[获准引自 H. Strathmann, *Sep. and Purif, Methods*, 14(1), 41－66(1985).]

膜堆两端电极生成气体量受电解的法拉第定律控制，电解过程中一个法拉第电量（96 520库仑）在阴极还原和在阳极氧化一个当量氧化和还原介质，这相应于通过导线从阳极到阴极传递 6.023×10^{23}（阿佛加德罗常数）个电子。通常为了在电解过程生成相当量的气体需消耗极大电量。

如 Applegate[2]所讨论的，在电渗析过程的设计或操作中，膜面积和所需电量是更重要的，膜面积从电流密度计算，而不是从渗透率和传质阻力计算，根据法拉第定律：

$$A_M=\frac{FQ\Delta c}{i\xi} \tag{14-58}$$

式中：

A_M＝全部膜对的总面积，m^2；

F＝法拉第常数(96 520 amp·s/当量)；

Q＝稀释液(饮用水)体积流量 m^3/s；

Δc＝原料侧和稀释液侧间的离子浓度差，当量/m^3；

i＝膜对的电流密度，amp/m^2，通常约 i_{max} 的 80%；

ξ＝电流效率<1.00。

电流效率是计及这些事实的，即并非全部电流均是有效地用来传输所选的离子，这是因为 Donnan 排斥效应小于 100%；水也有一点透过膜以及电流多方面的泄漏等。

能量消耗为

$$P=IE \tag{14-59}$$

式中 P＝功率，W；I＝通过膜堆的电流；E＝加于膜堆的电压。

流过的电流由式(14－58)整理得到：

$$I=\frac{FQ\Delta c}{n\xi} \tag{14-60}$$

式中 n 是膜对数。

电渗析的主要应用是含盐 500 到 5 000 ppm(mg/L)的咸水，含盐量低于此范围用离子交换比较经济，高于此范围到 50 000 ppm 宜用反渗透。然而，电渗析不能生产含固量非常低的水，否则稀释液的电阻太大。电渗析的其他应用有：从电极清洗水中回收镍和铜，乳酪乳清、果汁、酒、牛奶和蔗糖蜜的去离子以及从有机化合物的盐类回收有机化合物等。由阳离子交换膜和阴离子交换膜背对背叠成的双极膜可以用来从硫酸钠溶液生产硫酸和氢氧化钠。

例 14.9

估算下述电渗析过程所需的膜面积和电能。该过程将 24 000 m^3/day 的咸水含盐量由 1 500 mg/L 降到 300 mg/L，转化率 50%。假设每片膜的表面积是 0.5 m^2，每个膜堆具有 300 个膜对，适宜的电流密度为 5 mA/cm^2，电流效率为 0.8(80%)。

解

$F=96\ 520$A/当量

$Q=24\ 000\times0.5/(24\times3\ 600)=0.139m^3/s$

$M_{W\ NaCl}=58.5,\ i=5mA/cm^2=50A/m^2$

$\Delta c=(1\ 500-300)/58.5=20.5$mmol/L 或 $20.5mol/m^3=20.5$ 当量/m^3

$$A_M=\frac{1\times96\ 520\times0.139\times20.5}{50\times0.8}=6\ 876m^2$$

具有 300 膜对的膜堆，其总的膜面积＝0.5×300＝150 m^2。所需并列的膜堆数＝6 876/150＝46。

由式(14－60)得出电流

$$I=\frac{96\ 500\times 0.139\times 20.5}{300\times 0.8}$$

$$=1\ 146\text{A 或 } I/\text{堆}=1\ 446/46=25\text{A}/\text{堆}$$

为了得出电功率，需要知道每个膜对的平均电压降，假设此值是 1V，对于 300 个膜对由式(14－59)得：

$$P=1\ 146\times 1\times 300=344\ 000\text{W}=344\text{kW}$$

还需要输送原料、浓缩液和电极清洗液泵的电能。

估算原料在电极电解(比如说电解成氢气和氧气)的量是有益的。由前面提到的电极处一半反应得知，每个电子有半个水分子电解，也即每个法拉第电荷电解 0.5 mol 水。

1 146 安培＝1 146 库仑/s 或 1 146×3 600×24＝99 010 000 库仑/day 或 99 010 000/96 520＝1 026 法拉第/day。所以电解水量 0.5×1 026＝513 mol/day。

原料流量是 12 000 m^3/day，或

$$\frac{12\ 000\times 10^6}{18}=6.7\times 10^8\text{mol/day}$$

因此，电解的水量是可以忽略的。

14.5　反渗透

“Osmosis”(渗透)源于希腊词“Push”，意思为溶剂(例如水)的通过，即溶剂(A)比溶质 B(例如无机离子)更容易通过膜。有关渗透的第一个纪录是由 Nollet 于 1748 年给出，他用水、乙醇和动物膀胱膜做了实验。渗透的一些重要概念用图 14.17 例子示明，那里全部溶液为 25℃，在初始状态中，约含盐 3.5%(质量)和 101.3 kPa 下的海水位于膜的左侧，同样压力下的纯水则位于膜的右侧，致密膜能透水，但不透溶解盐。由于渗透作用，水从右侧透到左侧海水中，引起溶解盐的稀释。当达到图 14.17(b)所示的平衡状态，仍有一些纯水留在右侧，被稀释了的海水留在左侧，现在左侧压力 p_1 大于右侧压力 p_2，其间差 π 被称为渗透压。

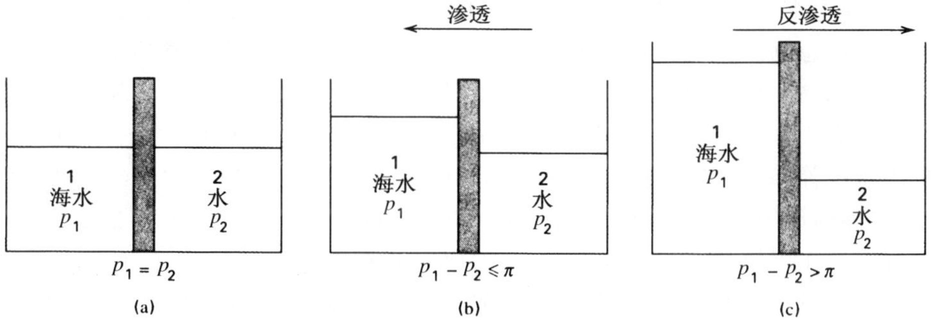

图 14.17　渗透和反渗透现象

(a) 初始状态；(b) 渗透后平衡态；(c) 反渗透

渗透过程不能用作分离过程，因为溶剂沿错误的方向传递，导致混合而不是分离。然

而，溶剂通过膜的传递方向可以反过来，如图 14.17(c)所示，将左侧压力 p_1 增加到大于渗透压和右侧压力之和，即 $p_1-p_2>\pi$，此时，海水中的水向纯水中传递，海水中溶解盐的浓度变得更浓，这种现象被称为反渗透，它可以被用来从溶质-溶剂混合物中部分地移除溶剂。将如后面讨论表明的，开发反渗透分离过程的一个重要因素是原料混合物的渗透压 π，通常 π 与溶质浓度成正比(以后将对此作更详细的讨论)，纯水的 $\pi=0$。

如图 14.18 所示的反渗透(RO)膜分离过程中，原料是高压 p_1 下的液体，它含有溶剂(例如水)和溶质(例如无机盐，或许还有胶体粒子)，不需要用清扫液，但膜的另一侧需保持低得多的压力 p_2。应用选择性透过溶剂的致密膜(例如醋酸纤维素膜或芳香族聚酰胺膜)，为了能够承受大的压力差，膜必须足够厚，于是应用非对称型膜或薄皮复合膜(在厚的支撑层上覆盖一层薄的密致表皮层)。反渗透的产物是几乎纯溶剂的渗透物和被脱除溶剂后原料的渗余物，但在溶剂和溶质之间不可能实现完全分离，因为只能是原料中的部分溶剂传递到渗透物中。

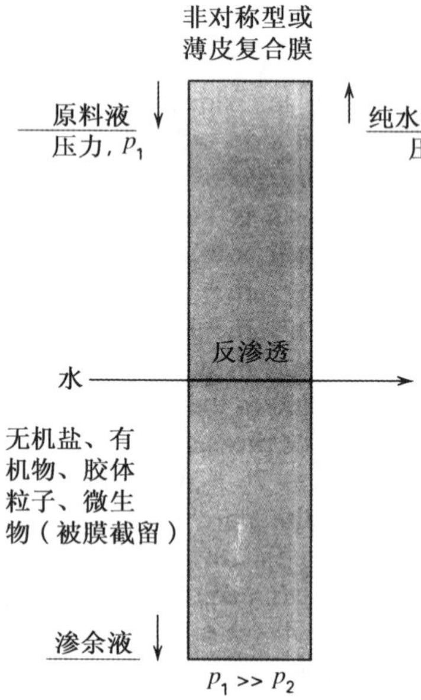

图 14.18　反渗透

反渗透用于海水、咸味水和废水的脱盐和纯化。1980 年以前，多级闪蒸是水中脱盐的主要过程，1990 年情况剧变，RO 成为新建的主要过程。使这种从热驱动过程变为更经济的压力驱动过程的急剧变化成为可能的是，Loeb 和 Sourirajan[7]开发成功了非对称型膜，此膜允许加压水以高速率通过膜，而阻止了溶解盐、有机化合物、胶体粒子和微生物通过膜。今天全世界已有 1 000 套以上 RO 脱盐装置每天正在生产 750 000 000 加仑饮用水。

根据 Baker 等[5]的报道，用于水脱盐的 RO 主要是螺旋卷和中空纤维组件，采用三醋酸纤维素、二醋酸纤维素和芳香族聚酰胺膜材料制作的膜。醋酸纤维素易遭受到生物侵袭，酸性和碱性水解作用使其变回纤维素，为此需要对原料水进行氯气消毒，控制 pH 在 4.5～7.5 范围内。芳香族聚酰胺在 pH 4～11 范围内不会遭受生物侵袭和水解，但会受氯气侵袭。对于含盐小于 0.5%(质量)的咸味水脱盐，如果结垢不严重，采用醋酸纤维素或芳香族聚酰胺纤维的高充填密度的中空纤维组件，由于渗透压相当低(<50 psia)，原料压力可以小于 250 psia，通过膜的速率能高达 20 gal/(ft^2 · day)。

与从水中脱盐生产饮用水相比，反渗透的其他应用通常规模较小，这里有：(1)为了移除重金属离子、不能生物降解的物质和其他有商业价值的物质而进行的废水处理；(2)电镀过程的清洗水处理，为了得到金属离子浓缩物和可以再利用作清洗水的渗透物；(3)从纸浆和造纸过程排出物中分离亚硫酸盐和重亚硫酸盐；(4)染色过程中的废水处理；(5)从食品加工装置(例如乳糖、乳酸、蔗糖和淀粉)废水中回收有食用价值的物品；(6)城市污水处理以清除无机盐、低分子量的有机物、病毒和细菌；(7)某些食品(例如咖啡、汤料、茶、牛奶、橘子汁和番茄汁)的脱水；(8)氨基酸和生物碱的浓缩。为了能与其他过程竞争，用于这些应用中的膜必须具有化学的、机械的和热的稳定性。

对于所有分离液体原料的膜过程，必须考虑三项传质阻力：膜阻力和膜两侧流体膜或边界层的阻力，如果渗透物是纯溶剂，则膜的渗透物一侧不存在流体膜阻力。

虽然水通过致密膜的传递推动力是膜中和膜两侧的浓度或活度差，但实用中通常应用基于渗透压的推动力。考虑图 14.17(c)所示的反渗透过程，在热力学平衡时，溶剂在膜两侧的逸度(化学位)必须相等，因此，

$$f_A^{(1)} = f_A^{(2)} \tag{14-61}$$

从表 2.2 中的定义，采用活度将式(14-61)重写为：

$$a_A^{(1)} f_A^0\{T, p_1\} = a_A^{(2)} f_A^0\{T, p_2\} \tag{14-62}$$

对于纯溶剂 A，$a_A^{(2)}=1$；对于海水，$a_A^{(1)}=x_A^{(1)}\gamma_A^{(1)}$。代入式(14-62)得

$$f_A^0\{T, p_2\} = x_A^{(1)}\gamma_A^{(1)} f_A^0\{T, p_1\} \tag{14-63}$$

纯组分标准态逸度 f^0 随压力增加而增大，所以，如果 $x_A^{(1)}\gamma_A^{(1)}<1$，则由式(14-63)得到 $p_1>p_2$。在图 14.17(b)中，压力差 p_1-p_2 用流体静力学压头表示，此差值能从实验观察到，它被定义为渗透压 π。

为了建立 π 与溶剂或溶质浓度间的关联，采用波因丁校正式(2-28)，该式适用于不可压缩液体，其比容为 v_A，得出

$$f_A^0\{T, p_2\} = f_A^0\{T, p_1\}\exp\left[\frac{v_{A_L}(p_2-p_1)}{RT}\right] \tag{14-64}$$

将式(14-63)代入式(14-64)得

$$\pi = p_1 - p_2 = -\frac{RT}{v_{A_L}}\ln(x_A^{(1)}\gamma_A^{(1)}) \tag{14-65}$$

因此，渗透压是一个热力学参数，可用来代替活度。

对于稀的溶质混合物，在膜的原料或渗余物一侧，$\gamma_A^{(1)}=1$，且 $x_A^{(1)}=1-x_B^{(1)}$ 和 $\ln(1-x_B^{(1)})\approx -x_B^{(1)}$。代到式(14-65)得

$$\pi = p_1 - p_2 = RTx_B^{(1)}/v_{A_L} \tag{14-66}$$

最后，由于 $x_B^{(1)}\approx n_B/n_A$，$n_A v_{A_L}=V$ 及 $n_B/V=c_B$，式(14-66)变为

$$\pi = RTc_B \tag{14-67}$$

此式在习题 1.8 中被引用过。为了海水反渗透的应用，Applegate[12]建议了下列近似式

$$\pi = 1.12T\sum \overline{m}_i \tag{14-68}$$

式中 π 单位是 psia，T 是 K，$\sum \overline{m}_i$ 是所有溶液中溶解的离子和非离子物质的摩尔浓度加和，mol/L。估算 π 的更严格的表示式是由 Stoughton 和 Lietzke[38]提出的。

一般情况下，当膜两侧均含溶质的反渗透发生时，则在平衡时，$(p_1-\pi_1)=(p_2-\pi_2)$。因此，按照 Merten[37]的讨论，溶剂通过膜传递的推动力是 $\Delta p-\Delta\pi$，传质速率是

$$N_{H_2O}=\frac{P_{M_{H_2O}}}{l_M}(\Delta p-\Delta\pi) \tag{14-69}$$

式中

Δp＝膜两侧的压力差＝$p_{原料}-p_{渗透物}$

$\Delta\pi$＝膜两侧的渗透压之差＝$\pi_{原料}-\pi_{渗透物}$

通常 $\pi_{渗透物}\approx 0$，因为渗透物几乎是纯溶剂。

由式(14－26)①给出的溶质(例如盐)速率式是以膜中浓度差为推动力的，应该与膜两侧的 Δp 无关，相应地，Δp 越高，渗透液水越纯。此外，盐的速率可以用盐的通过率 *SP*(Salt Passage)方便地表示，*SP* 的定义是

$$SP=(c_{盐})_{渗透液}/(c_{盐})_{料液} \tag{14-70}$$

SP 值随 Δp 增加而减小。脱盐率 *SR*(Salt Rejection)由 $SR=1-SP$ 给出。

对于 25℃含 NaCl 1 500 mg/L 的咸味水，由式(14－68)得出 π＝17.1 psia；对于 25℃含 NaCl 35 000 mg/L 的海水，式(14－68)给出 π＝385 psia，而 Stoughton 和 Lietzke[38]给出 368 psia。由式(14－69)得知，Δp 必须大于 $\Delta\pi$ 才能发生反渗透过程，对于咸味水用 RO 脱盐，典型的 Δp 值是 400～600 psia，而对于海水，则是 800～1 000 psia。

用作 RO 单元的原料水中可能含有多种潜在的污染物，它们需要在原料通到膜单元前被清除掉，否则，污染物将对操作起不良影响，缩短膜的使用寿命。悬浮固体和颗粒状物可用筛分或过滤除去，胶体粒子可以被絮凝和过滤而清除，会结垢的盐类需经酸化或水的软化处理，有机生物需用氯和臭氧处理，其他有机污染物用吸附或氧化法除去。

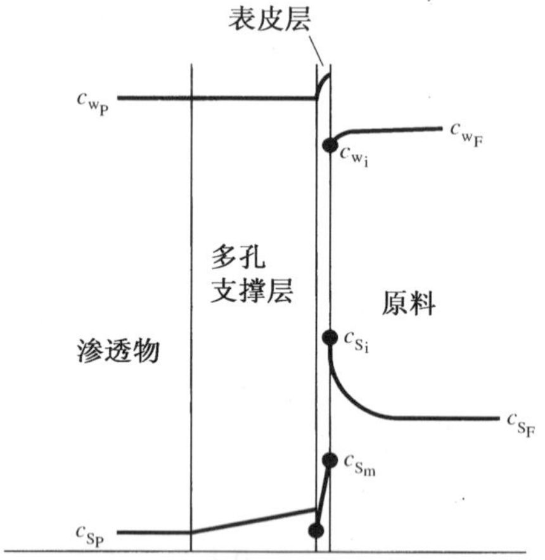

图 14.19 反渗透中的浓差极化效应

浓差极化在反渗透膜的原料侧特别重要，其影响示明于图 14.19 中，其中画有典型的水和盐的浓度 c_W 和 c_S。因为高压，原料侧水的活度要比渗透物侧近乎纯水的活度高一点，这就为水透过膜的传递提供了必要的推动力，水的流率借助主体流动带着盐一起流向膜，但是由于盐不能够通过膜，在邻接膜表面处液体中的盐浓度 c_{Si} 高于原料主体中的浓度 c_{SF}，这个

① 应是(14－25)——译者注。

浓度差引起盐从膜表面返回原料主体的扩散传质，此返回速率取决于原料侧边界层或膜的传质系数，此传质系数越低，c_{Si} 值越高。c_{Si} 值是重要的，因为它给定了渗透压值，由式(14－69)可见，这将影响水的传质推动力。

考虑带有盐反方向扩散的水的定态传递过程，对膜的上游侧表面处盐的物料衡算得

$$N_{H_2O}c_{SF}(SR)=k_S(c_S-c_{SF}) \tag{14-71}$$

解得

$$c_{Si}=c_{SF}\left(1+\frac{N_{H_2O}(SR)}{k_S}\right)$$

k_S 值由式(14－54)估算。正如预料到的，对于高的水速率和低的 k_S，浓差极化影响变得更显著。

采用下面浓差极化因子 Γ 的定义，可以推导浓差极化重要性的定量估计。由式(14－7)[①]得：

$$\Gamma\equiv\frac{c_{Si}-c_{SF}}{c_{SF}}=\frac{N_{H_2O}(SR)}{k_S} \tag{14-72}$$

典型的 SR 值在 0.97 到 0.995 之间。如果 Γ 大于 0.2(譬如说)，浓差极化的影响可能是显著的，为了减小 Γ 值应该考虑改变设计。

原料侧的压降也是重要的，从式(14－69)可见，因为它将引起水传递推动力的减小。鉴于所用的螺旋卷和中空纤维组件几何形状的复杂性，此压降最好由实验数据估计，螺旋卷组件和中空纤维组件原料侧压降分别在 43 到 85 和 1.4 到 4.3 psi[6]范围内。

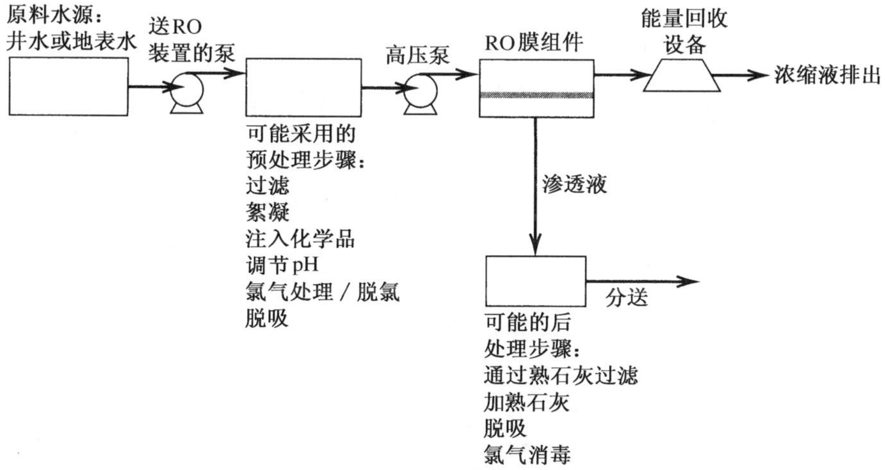

图 14.20　反渗透过程

进行水脱盐的典型反渗透过程示意图示于图 14.20，原料水源可以是井水或地表水，它被泵送通过一系列预处理步骤以确保膜能有长的使用寿命，其中 pH 的调整特别重要。被预处理过的水用高压泵加到由螺旋卷或中空纤维类型的反渗透组件构成的并串联网络，离开膜分离系统的浓缩液处于比进口压力低 10%～15%的高压下，它被排送到能量回收透平，这样可以减少过程的净能量消耗 25%～40%，浓缩液则降到适当的低压，渗透液可能是 99.95%的纯水，约占原料水量的 50%，在它供饮用前还需经过一系列的后处理步骤。

① 应是(14－71)——译者注。

例 14.10

在螺旋卷膜组件的某个位置，原料侧主体的条件是25℃、1 000 psia和含NaCl 1.8%（质量），而在渗透液侧主体的条件是25℃、50 psia和含NaCl 0.05%（质量），对于所用的特定膜，其水和盐的渗透系数分别是 1.1×10^{-5} g/(cm^3·s·atm)和 16×10^{-6} cm/s。如果膜两侧的传质阻力可以忽略，计算水和盐的速率 g/(ft^2·day)。如果 $k_S=0.005$ cm/s，估算浓差极化因子。

解

主体盐浓度近似是

$$c_{SF}=\frac{1.8\times1\ 000}{58.5\times98.2}=0.313\text{mol/L}\qquad \text{原料侧}$$

$$c_{SF}=\frac{0.05\times1\ 000}{58.5\times99.95}=0.008\ 55\text{mol/L}\qquad \text{渗透物侧}$$

对于水传递，用式(14-68)算渗透压，并注意每个溶解盐分子给出两个离子：

$$\Delta p=(1\ 000-50)/14.7=64.6\text{atm}$$

$$\pi_{\text{原料侧}}=1.12\times298\times2\times0.313=209\text{psia}=14.2\text{atm}$$

$$\pi_{\text{渗透物侧}}=1.12\times298\times2\times0.008\ 55=5.7\text{psia}=0.4\text{atm}$$

$$\Delta p-\Delta\pi=64.6-(14.2-0.4)=50.8\text{atm}$$

$$P_{M_{H_2O}}/l_M=1.1\times10^{-5}\text{g/(cm}^2\cdot\text{s}\cdot\text{atm)}$$

由式(14-69)得

$$N_{H_2O}=1.1\times10^{-5}\times50.8=0.000\ 559\text{g/(cm}^2\cdot\text{s)}$$

或

$$\frac{0.000\ 559\times3\ 600\times24}{454\times8.33\times1.076\times10^{-3}}=11.9\text{gal/(ft}^2\cdot\text{day)}$$

对于盐传递：

$$\Delta c=0.313-0.008\ 55=0.304\text{mol/L}\quad\text{或}\quad0.000\ 304\ \text{mol/cm}^3$$

$$P_{M_{NaCl}}/l_M=16\times10^{-6}\text{cm/s}$$

由式(14-26)得

$$N_{NaCl}=16\times10^{-6}\times0.000\ 304=4.86\times10^{-9}\text{mol/(cm}^2\cdot\text{s)}$$

或

$$\frac{4.86\times10^{-9}\times3\ 600\times24\times58.5}{1.076\times10^{-3}}=22.8\text{g/(ft}^2\cdot\text{day)}$$

由上述结果可见，盐的速率比水的速率低得多。

为了估算浓差极化因子，首先将水通过膜的速率单位转换到与盐的传质系数 k_S 同样的单位，即 cm/s：

$$N_{H_2O}=\frac{0.000\ 559}{1.00}=0.000\ 559\text{cm/s}$$

由式(14-70)，盐的通过率是

$$SP=0.008\ 55/0.313=0.027$$

于是，脱盐率 $=SR=1-0.027=0.973$

由式(14-72)，浓差极化因子是

$$\Gamma=\frac{0.000\ 559\times0.972}{0.005}=0.11$$

所以这里的浓差极化是不显著的。

14.6　气体渗透

在图 14.21 所示的气体渗透(GP)中，处于高压 p_1 下的原料气含有某些低分子量($M_W <$ 50)的组分，它们需要与少量高相对分子质量的组分分离。通常不用清扫气，但在膜的另一侧需保持低得多的压力 p_2，经常接近常压。膜常用致密膜，有时也用多孔膜，它需对原料气中的某些低相对分子质量组分具有选择性的透过能力，例如图 14.21 中的组分 A。如果膜是致密的，这些组分被膜表面吸收，再借助一种或多种机理传递通过膜，所以，膜的选择透过能力取决于膜的吸收和膜的传递速率。各种机理一般都采用溶解-扩散模型式(14-32)，应用分压或逸度推动力来建立方程。产物是富含组分 A 的渗透物和富含组分 B 的渗余物，一般不可能达到几乎完全的分离，如果膜是微孔的，例如在高温应用中，孔的大小极其重要，因为需要拦截组分 B 的通过，否则，除非 A 和 B 的相对分子质量差别相当大，只能得到不大的分离，这如结合努森扩散讨论得到的式(14-22)所示。

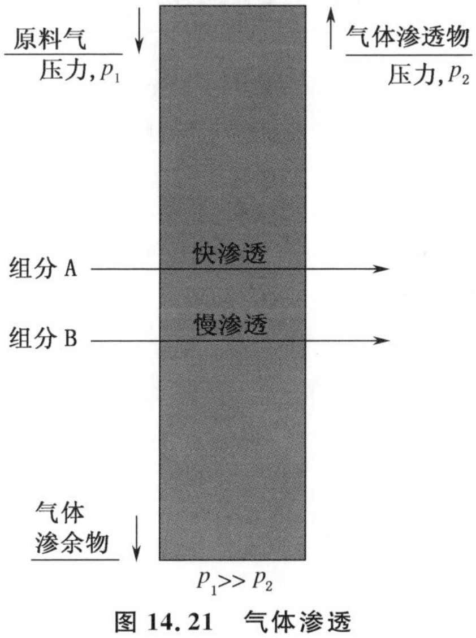

图 14.21　气体渗透

从 20 世纪 80 年代早期起，采用致密聚合物膜的 GP 应用显著增加，其中包括：(1)从甲烷中分离氢；(2)合成气中 H_2 对 CO 比率的调整；(3)从空气制取富氧；(4)从空气制取富氮；(5)清除 CO_2；(6)天然气和空气的干燥；(7)移除氦；(8)清除空气中的有机溶剂。

气体渗透必须与低温蒸馏、吸收和变压吸附进行竞争，Spillman 和 Sherwin[39]提出气体渗透的一些优点，它们是低投资、易安装、易操作、无转动部件、高的过程适应性、低的重量和空间需求及低的环境影响，此外，如果原料气已处于这样的高压下，不再需要压缩机，那就不需要能量消耗。

自 1986 年起，发展得最快的 GP 应用是空气分离，所用膜的 O_2 对 N_2 的分离因子是 3～7，但是工业规模应用的产品纯度限于含 N_2 95%～99.5%渗余物和含 O_2 30%～45%的渗透物，因此，GP 空气分离最大量的应用是生产氮而不是氧。

对于氢的回收，气体渗透在与其他分离过程的竞争中也明显占优，由于氢的分离因子相当高，例如，氢通过典型的密致聚合物膜的渗透速率是氮的 30 倍多。一个典型的 GP 过程，对于含氢 60%的原料气可以达到氢的回收率 95%和纯度 90%的氢。

GP 的早期应用采用的是醋酸纤维素和聚砜的致密(无孔)膜，现还占主要地位，虽然还有聚酰亚胺、聚酰胺、聚碳酸酯、聚醚亚酰胺(polyetherimide)、磺化聚砜、特氟纶(Teflon)、聚苯乙烯和硅橡胶等在温度至少 70℃的应用中被采用。虽然板框式和管式组件可以用于气体渗透，但是气体渗透的大规模应用中几乎都采用螺旋卷或中空纤维组件，因为它们的填充密度高。工业用气体渗透组件可以由 20 多家供应商处购得。典型的原料侧压力为 300～500 psia，但也有高达 1 650 psia 的。典型的炼厂应用处理原料气流量为 2×10^7 scfd，但已见高达 3×10^8 scfd 处理量的报道[40]。当原料气中含有可凝性组分时，则可能需要在进入膜分离系统前进行预热，以防止它们在变为富含高的分子量渗余物时凝结在膜上。对于聚合物膜不能适应的高温应用场合，可以用玻璃、碳和无机氧化物膜，但它们的选择性有限。

表 14.9 轻质气体在玻璃态和高弹态聚合物中的扩散系数和溶解度

渗透组分	$D\times10^{11}$ m²/s	$S\times10^4$ gmol/(m³·Pa)	P_M/barrer
聚乙烯基三甲基硅烷(玻璃态聚合物)			
He	470	0.18	250
Ne	87	0.26	66
Ar	5.1	1.95	30
Kr	1.5	6.22	29
Xe	0.29	20.6	18
Rn	0.07	69.6	15
H_2	160	0.54	250
O_2	7.6	1.58	37
N_2	3.8	0.84	9
CO_2	4.0	13.6	160
CO	3.7	1.28	14
CH_4	1.9	3.93	22
C_2H_6	0.12	30.2	10
C_3H_8	0.01	98.1	2.8
C_4H_{10}	0.001	347	1.2
C_2H_4	0.23	17.8	12
C_3H_6	0.038	77.6	9
C_4H_8(l)	0.005 2	293	4.5
C_2H_2	0.58	16.8	32
C_3H_4(m)	0.17	138.1	70
C_4H_6(e)	0.053	318.5	50
C_3H_4(a)	0.15	186.5	83
C_4H_6(b)	0.03	226.1	20

(续表)

渗透组分	$D\times10^{11}\,m^2/s$	$S\times10^4\,gmol/(m^3\cdot Pa)$	P_M/barrer
聚异戊二烯(高弹态聚合物)			
He	213	0.06	35
Ne	77.4	0.08	18
Ar	14.6	0.58	25
Kr	7.2	1.78	25
Xe	2.7	5.68	45
Rn	1.2	18.7	64
H_2	109	0.17	54
O_2	18.4	0.47	26
N_2	12.2	0.26	10
CO_2	12.6	3.80	140
CO	12.1	0.38	14
CH_4	8.0	1.14	27
C_2H_6	3.3	8.13	79
C_3H_8	1.6	25.4	123
C_4H_{10}	1.5	86.4	390
C_2H_4	4.3	4.84	62
C_3H_6	2.7	20.3	163
C_4H_8(l)	1.5	73.3	333
C_2H_2	5.7	4.64	80
C_3H_4(m)	4.1	35.3	433
C_4H_6(e)	2.9	79.6	690
C_3H_4(a)	4.5	47.4	640
C_4H_6(b)	3.4	40.0	410

注:m. 丙炔; e. 丁炔; a. 丙二烯; b. 丁二烯。

对于致密膜,外部传质阻力或浓差极化影响一般是被忽略的,采用分压作为推动力的式(14-32)可以用来计算组分通过膜的传递速率。如前面有关组件中流动方式部分的讨论示明的,合适的分压推动力与流动方式有关。前面讨论的各种级联形式被用来提高分离程度。预测气体在玻璃态和高弹态均聚物、无规共聚物和嵌段共聚物(Block Copolymer)中的渗透率方法的开发正在取得进展,Teplyakov 和 Meares[41]提出了一个关联式,能预测 23 种不同气体于 25℃下在 30 种聚合物中的扩散系数和溶解度,对于玻璃态聚乙烯基三甲基硅烷(PVTMS)和高弹态聚异戊二烯的预测值列于表 14.9 中,典型的 D 和 S 与实验值的符合程度分别是±20%和±30%。

气体渗透分离器声称对原料流量、组成和膜性能的降低相当不敏感[42],这一点将在下面的例题中测试。

例 14.11

膜分离器的原料气含 90% H_2(H)和 10% CH_4(M),于 500 psia 下以 500 lbmol/h 加到分离器。基于分压推动力的渗透系数是

$$\overline{P}_{M_H}=3.43\times10^{-4}\,\text{lbmol/(h}\cdot\text{ft}^2\cdot\text{psi)}$$

和

$$\overline{P}_{M_M}=5.55\times10^{-5}\text{ lbmol/(h}\cdot\text{ft}^2\cdot\text{psi)}$$

分离器中的流动方式是：渗透物侧是全混，原料侧是活塞流。渗透物侧压力保持 20 psia，原料侧压降忽略。

(a) 如果氢的 90%传递到渗透物侧，计算膜面积和渗透物纯度。

(b) 采用(a)部分中算得的膜面积，

(1) 如果原料流量增加 10%，

(2) 原料中氢含量降到 85%，

(3) 膜面积中的 25%失效，

分别计算渗透物纯度和氢的回收率。

解

下列一些方程适用于本例的各个部分：

组分物料衡算：

$$n_F=n_{iR}+n_{iP}\qquad i=H,M \tag{1,2}$$

道尔顿分压定律：

$$p_k=p_{H_k}+p_{M_k},\qquad k=F,R,p \tag{3,4,5}$$

分压-摩尔间的关系式：

$$p_{H_k}=P_k n_{H_k}/(n_{H_k}+n_{M_k}),\qquad k=F,R,p \tag{6,7,8}$$

应用式(14－32)计算溶解—扩散传递速率，假设对数平均分压推动力是基于膜下游侧排出渗透物的分压计算的，因为该侧被假定为全混的：

$$n_{iP}=\overline{P}_{M_i}A_M\left[\frac{p_{iF}-p_{iR}}{\ln\left(\dfrac{p_{iF}-p_{iP}}{p_{iR}-p_{iP}}\right)}\right],\quad i=H,M \tag{9,10}$$

这样我们建立了 10 个方程式含下列 18 个变量和的系统：

$$\begin{matrix} A_M & n_{H_f} & n_{M_f} & p_F & p_R & p_P \\ \overline{P}_{M_H} & n_{H_R} & n_{M_R} & p_{H_F} & p_{H_R} & p_{H_P} \\ \overline{P}_{M_M} & n_{H_P} & n_{M_P} & p_{M_F} & p_{M_R} & p_{M_P} \end{matrix}$$

因此，必须指定 8 个变量。对于本例的各个部分，以下 5 个变量均被指定：

$\overline{P}_{MH}$和$\overline{P}_{MM}$已在上面给出

$p_F=500$ psia　$p_R=500$ psia　$p_P=20$ psia

对于每一个部分，必须各自指定另外三个变量。

(a)

$$n_{H_F}=0.9\times500=450\text{ lbmol/h}$$

$$n_{M_F}=0.1\times500=50\text{ lbmol/h}$$

$$n_{H_P}=0.9\times450=405\text{ lbmol/h}$$

应用如 MathCad，Matlab 或 Polymath 的计算机程序解上列 10 个方程，得到

$A_M=3\ 370\text{ ft}^2$

$n_{M_P}=20.0$ lbmol/h　$n_{H_R}=45.0$ lbmol/h　$n_{M_R}=30.0$ lbmol/h

$p_{H_F}=450$ psia　$p_{M_F}=50$ psia　$p_{H_R}=300$ psia

$p_{M_R}=200$ psia　$p_{H_P}=19.06$ psia　$p_{M_P}=0.94$ psia

(b) 对方程(1)到(10),应用类似的方式进行计算,对于部分(1)、(2)和(3)所得的结果如下:

	部分		
	(1)	(2)	(3)
指定的:			
n_{H_F},lbmol/h	495	425	450
n_{M_F},lbmol/h	55	75	50
A_M,ft^2	3 370	3 370	2 528
计算值 lbmol/h:			
n_{H_P}	424.2	369.6	338.4
n_{M_P}	18.2	25.9	11.5
n_{H_R}	70.8	55.4	111.6
n_{M_R}	36.8	49.1	38.5
计算值 psia:			
p_{H_F}	450	425	450
p_{M_F}	50	75	50
p_{H_R}	329	265	372
p_{M_R}	171	235	128
p_{H_P}	19.18	18.69	19.34
p_{M_P}	0.82	1.31	0.66

从上面的计算结果,算出了下面结果:

	部分			
	(a)	(b1)	(b2)	(b3)
渗透物中 H_2的%(mol)	95.3	95.9	93.5	96.7
渗透物中 H_2的回收率%	90.0	85.7	87.0	75.2

从这些结果可见,当原料流率增加 10%(b1 部分),氢的回收率约下降 5%,但渗透物的纯度仍保持;当原料中含氢从 90%降到 85%(b2 部分),氢的回收率约下降 3%,渗透物的纯度约下降 2%;当膜面积 25%失效时(b3 部分),氢的回收率约下降 15%,但渗透物的纯度反而提高约 1%。总之,氢的回收率和纯度百分率的变化小于原料流量、原料组成和膜面积的变化值,所以,气体渗透分离器对于操作条件的变化的不敏感性得到了证实。

14.7　膜蒸发(渗透蒸发)

如图 14.22 所示,膜蒸发(PV)与渗析、反渗透和气体渗透不同,其膜的一侧相态与另一侧的相态不一样，加到膜组件的原料是处于压力 p_1 下的液体混合物（例如乙醇和水的恒沸物），压力 p_1 一般是常压或是足够高的压力，这是为了保持原料在剥离组分 A 和 B 而变成渗余物产品时仍保持液态。所用复合膜对组分 A 具有选择性，而组分 B 只有有限的渗透率，密致的膜表皮与液体侧接触，渗余物中组分 B 得到增浓。在膜的另一侧一般不用清扫流体，但是压力 p_2 需保持或低于渗透物的露点压力，使渗透物成汽态，p_2 经常是真空。汽化可能发生在膜的下游表面附近，所以可以认为膜操作于两相区，如图 14.22 所示，一个是液相区，另一个则是气相区。此外，气相可以仅存在于膜的渗透物一侧区域。渗透物中组分 A 得到增浓。组分 A 和 B 的渗透率取决于它们各自在膜中的溶解度和通过膜的扩散速率，一般它们的溶解将引起膜的溶胀。

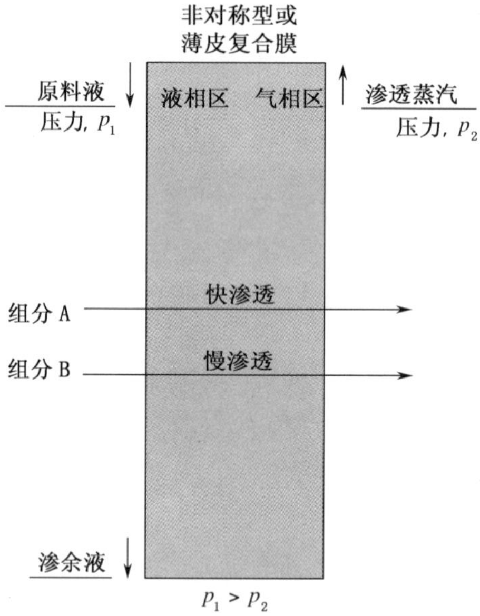

图 14.22　膜蒸发

膜蒸发一词由选择性渗透和蒸发两词合成，Kober[43]于 1917 年第一个报道了此操作，他研究了几种用于从白蛋白/甲苯溶液中脱水的技术，虽然 Binning 等[44]在 1961 年已示明了 PV 的经济潜力，但它的工业应用却推迟到了 20 世纪 70 年代中期，直至合适的膜材料得到时。现下其主要的工业应用包括：(1)乙醇脱水；(2)其他有机醇、酮和酯的脱水；(3)从水中移除有机物。有机物的分离，例如苯-环己烷混合物的分离正受到许多关注。

膜蒸发最好用于分离主要渗透组分的稀溶液原料，由于原料混合物的显热提供了渗透组分汽化热，如果原料富含渗透组分，就需要许多膜分离级，而每一级仅生产少量渗透物，级间渗余物需要再加热。即使仅单个膜分离级已够了，原料在进入膜组件前可能需要被加热。

已有许多膜蒸发分离流程被建议，其中较重要的三个示于图 14.23 中，集合蒸馏和膜蒸发的复合过程示于图 14.23(a)，它用来从含乙醇 60%（质量）的原料生产乙醇纯度为 99.5%（质量）的产品。原料加入常压蒸馏塔，塔底产物近乎纯水，塔顶馏出物乙醇含量为 95%（质量），此浓度受到乙醇在其与水的恒沸物中浓度 95.6%（质量）的限制。馏出物送到膜蒸发操作，得到含 25%（质量）乙醇的渗透物和含 99.5%（质量）乙醇的渗余物，渗透蒸气在真空下冷凝后循环回到蒸馏塔。真空用真空泵维持。与带有 45°参考线的蒸馏汽-液平衡曲线相比较，膜蒸发膜可分离性与蒸馏的显著差异已于图 14.24 中示明，该图摘自 Wesslein 等[45]的论文，对于膜蒸发，用聚乙烯醇(PVA)膜于 15 托真空和 60℃下原料液的组成(横坐标)和渗透汽的组成(纵坐标)标绘，对于该膜不存在乙醇纯度的限制，对于含乙醇超过 90%(质量)的原料分离因子很高。

二氯乙烯脱水的膜蒸发过程示于图 14.23(b)，原料液为被水分饱和[0.2%(质量)]的二氯乙烯，它在 0.7 atm 下预热到 90℃后送往 PVA 膜系统，得到几乎纯净(<10 ppm H_2O)的 DCE 渗余物和真空状态下含 DCE 50%(质量)的渗透汽，渗透汽冷凝后成两个液相，分离后富含 DCE 的一相循环回到膜系统，富含水的一相送去空气脱吸塔、水蒸气汽提塔、吸附单元或憎水膜蒸发膜系统去脱除残余的 DCE。

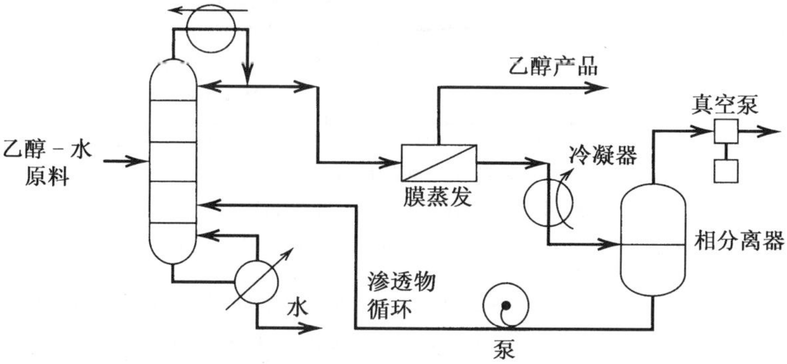

(a)

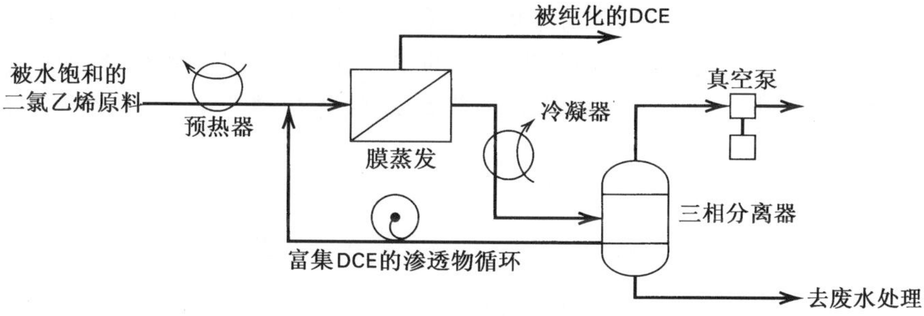

(b)

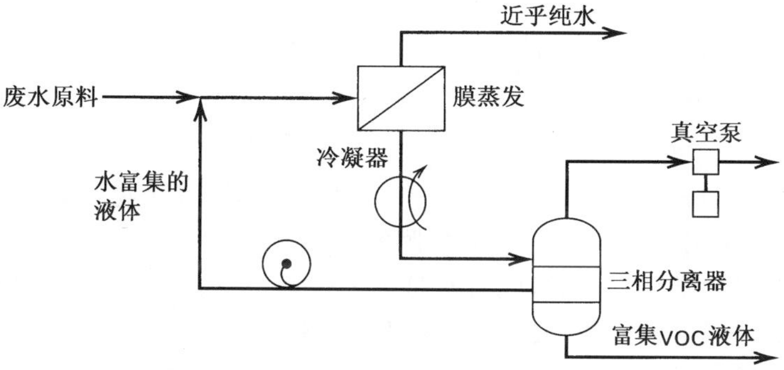

(c)

图 14.23 膜蒸发过程

(a) 乙醇脱水的复合系统；(b) 二氯乙烯脱水；(c) 从废水中脱除挥发性有机物(VOCs)

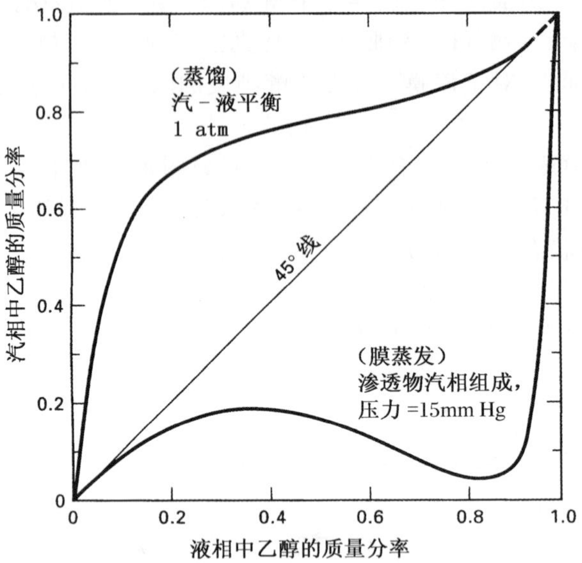

图 14.24　乙醇-水可分离性的比较

[摘自 M. Wesslein et al., *J Membrane Sci.*, 51, 169(1990).]

膜蒸发可用来从废水中清除挥发性有机物 VOCs，例如甲苯和三氯乙烯，采用硅橡胶的中空纤维组件，其流程如图 14.23(c)所示，其渗余物几乎是纯水（<5 ppb VOCs），渗透物冷凝后得：(1)富含水相循环回膜系统；(2)近乎纯净的 VOC 相。

膜蒸发组件可以结合换热进行操作，也可以利用原料液的显热作为汽化热进行绝热操作。考虑由组分 A 和 B 组成的二元液体混合物的绝热膜蒸发，假设纯组分的比热容是常数和忽略混合热，取焓的基准温度 T_0，利用质量流率 m、液体比热容 c_P 和汽化热 ΔH^{vap} 的热量衡算得：

$$\begin{aligned}(m_{A_F}c_{P_A}+m_{B_F}c_{P_B})(T_F-T_0)\\ =[(m_{A_F}-m_{A_P})c_{P_A}+(m_{B_F}-m_{B_P})c_{P_B}](T_R-T_0)\\ +(m_{A_P}c_{P_A}+m_{B_P}c_{P_B})(T_P-T_0)+m_{A_P}\Delta H_A^{vap}\\ +m_{B_P}\Delta H_B^{vap}\end{aligned} \tag{14-73}$$

式中汽化热是温度 T_P 下的值，在项目合并后，式(14-73)简化为

$$\begin{aligned}(m_{A_F}c_{P_A}+m_{B_F}c_{P_B})(T_F-T_R)\\ =(m_{A_P}c_{P_A}+m_{B_P}c_{P_B})\times(T_P-T_R)+(m_{A_P}\Delta H_A^{vap}+m_{B_P}\Delta H_B^{vap})\end{aligned} \tag{14-74}$$

渗透物温度 T_P 是其冷凝器上游真空下的渗透物露点温度，渗余物温度由式(14-74)计算。

在 PV 的工业应用中，当存在有机物时，膜的选择是关键性的。对于水的渗透宜用亲水膜，例如，对于乙醇脱水常用三层膜，此时水是主要渗透组分，支撑层是多孔聚酯膜，它是在多孔聚丙烯腈或聚砜膜上铸成的，最后一层提供分离作用的密致层是聚乙烯醇膜，其厚度为 0.1μm，这样的复合结合了化学的和热的稳定性与适当的渗透率。当渗透物是有机物时，宜用憎水膜，例如硅橡胶和特氟纶。

工业用 PV 组件几乎全是板框式的，因为所用的垫圈材料需能抗有机溶剂和提供蒸发换热与高温操作，这种形式易于实现。然而，在从废水中除去有机物(VOCs)的应用中，已显

现出了采用中空纤维组件的相当兴趣，因为原料一般是清洁的，且在低压下操作，膜的污染和损坏可以是小的，导致膜的使用寿命达 2～4 年。

对膜蒸发中渗透组分通过膜的传递已有多种模型提出，它们均以溶解—扩散模型为基础，全都假定上游液体和上游膜表面间达到了平衡，同样下游蒸气和膜的下游侧表面也达到了平衡，通过膜的传递服从费克定律，以渗透组分在膜中的浓度梯度为推动力，但是由于相变化和原料溶液的非理想影响，膜蒸发没有像渗析的式(14－55)和气体渗透的式(14－32)那样简单的方程可用。

一个特别方便的 PV 模型由 Wijmans 和 Baker[46]提出，他们的表示式采用蒸气分压差作为渗透推动力。由于膜的两侧压力低，气相服从理想气体定律，因此，在上游膜表面(1)渗透组分 i 的活度可以表示为

$$a_i^{(1)}=f_i^{(1)}/f_i^{(0)}=p_i^{(1)}/p_i^{s(1)} \tag{14-75}$$

式中 p_i^s 是在原料温度下的蒸气压。膜上游侧的液体一般是非理想的，于是由表 2.2 得：

$$a_i^{(1)}=\gamma_i^{(1)}x_i^{(1)} \tag{14-76}$$

将式(14－75)和式(14－76)结合得：

$$p_i^{(1)}=\gamma_i^{(1)}x_i^{(1)}p_i^{s(1)} \tag{14-77}$$

在膜的下游蒸气侧(2)，分压是

$$p_i^{(2)}=y_i^{(2)}p_P^{(2)} \tag{14-78}$$

所以推动力可以被表示为$(\gamma_i^{(1)}x_i^{(1)}p_i^{s(1)}-y_i^{(2)}p_P^{(2)})$。

相应的渗透组分速率在删去不必要的下标后得：

$$N_i=\frac{P_{M_i}}{l_M}(\gamma_i x_i p_i^s-y_i p_P) \tag{14-79}$$

或

$$N_i=\bar{P}_{M_i}(\gamma_i x_i p_i^s-y_i p_P) \tag{14-80}$$

式中 γ_i 和 x_i 是原料侧液体的，p_i^s 是原料侧温度下的蒸气压，y_i 是渗透蒸气的摩尔分率，p_P 是渗透物的总压。

与气体渗透的渗透率 p_M 主要取决于渗透组分、聚合物和温度不一样，膜蒸发的渗透率另外还取决于膜中渗透组分的浓度，该浓度可能足够大而引起膜的溶胀，对扩散发生交叉影响。对于二元系，在给定原料温度和渗透物压力的条件下，最好从实验数据反算，并将渗透速率与原料组成进行关联。由于这些非理想性的影响，选择性与原料浓度和渗透物压力密切相关，在某种情况下可能引起选择性的倒转，如下例所示。

例 14.12

Wesslein 等提供了以下的膜蒸发实验数据，原料是 60℃下的乙醇(1)和水(2)的混合液，渗透物压力为 76 mmHg，采用的是工业用聚乙烯醇(PVA)膜：

乙醇%(质量)		总的渗透速率
原料	渗透物	$kg/m^2 \cdot h$
8.8	10.0	2.48
17.0	16.5	2.43
26.8	21.5	2.18

36.4	23.0	1.73
49.0	22.5	1.46
60.2	17.5	0.92
68.8	13.0	0.58
75.8	9.0	0.40

60℃时乙醇和水的蒸气压分别是 352 和 149 mmHg。

60℃乙醇-水系统的液相活度系数可以用下面的范拉尔方程计算：

$$\ln\gamma_1 = 1.6276\left[\frac{0.9232x_2}{1.6276x_1 + 0.9232x_2}\right]^2$$

$$\ln\gamma_2 = 0.9232\left[\frac{1.6276x_1}{1.6276x_1 + 0.9232x_2}\right]^2$$

试由式(14－80)计算水和乙醇的渗透系数。

解

对于前两列数据，利用乙醇和水的相对分子质量 46.07 和 18.02 分别计算原料混合物(x_i)和渗透物的摩尔分率(y_i)，

$$x_1 = \frac{0.088/46.07}{\dfrac{0.088}{46.07} + \dfrac{(1.0-0.088)}{18.02}} = 0.0364$$

$$x_2 = 1.0 - 0.0364 = 0.9636$$

$$y_1 = \frac{0.10/46.07}{\dfrac{0.10}{46.07} + \dfrac{0.90}{18.02}} = 0.0416$$

$$y_2 = 1.0 - 0.0416 = 0.9584$$

原料混合物的活度系数为

$$\gamma_1 = \exp\left\{1.6276\left[\frac{0.9232\times0.9636}{1.6276\times0.0364 + 0.9232\times0.9636}\right]^2\right\} = 4.182$$

$$\gamma_2 = \exp\left\{0.9232\left[\frac{1.6276\times0.0364}{1.6276\times0.0364 + 0.9232\times0.9636}\right]^2\right\} = 1.004$$

由总的质量速率算出组分的摩尔速率，

$$N_1 = \frac{2.48\times0.10}{46.07} = 0.00538\ \frac{\text{kmol}}{\text{h}\cdot\text{m}^2}$$

$$N_2 = \frac{2.48\times0.90}{18.02} = 0.1239\ \frac{\text{kmol}}{\text{h}\cdot\text{m}^2}$$

由式(14－80)计算渗透系数

$$\overline{P}_{M_1} = \frac{0.00538}{4.182\times0.0364\times352 - 0.0416\times76} = 0.000107\ \frac{\text{kmol}}{\text{h}\cdot\text{m}^2\cdot\text{mmHg}}$$

$$\overline{P}_{M_2} = \frac{0.1239}{2.004\times(1.0-0.0364)\times149 - (1.0-0.0416)\times76} = 0.001739\ \frac{\text{kmol}}{\text{h}\cdot\text{m}^2\cdot\text{mmHg}}$$

按照类似的方式对原料的其他条件算得的结果列于下表：

乙醇%(质量)		原料中的活度系数		渗透系数 kmol/h · m² · mmHg	
原料	渗透物	乙醇	水	乙醇	水
8.8	10.0	4.182	1.004	1.07×10^{-4}	1.74×10^{-3}
17.0	16.5	3.489	1.014	1.02×10^{-4}	1.62×10^{-3}
26.8	21.5	2.823	1.038	8.69×10^{-5}	1.43×10^{-3}
36.4	23.0	2.309	1.077	6.14×10^{-5}	1.17×10^{-3}
49.0	22.5	1.802	1.158	4.31×10^{-5}	1.10×10^{-3}
60.2	17.5	1.477	1.272	1.87×10^{-5}	8.61×10^{-4}
68.8	13.0	1.292	1.399	7.93×10^{-6}	6.98×10^{-4}
75.8	9.0	1.177	1.539	3.47×10^{-6}	6.75×10^{-4}

PVA 膜是亲水性的，因此，随着原料液中乙醇浓度的增加，被膜吸着的原料液减少，导致聚合物的溶胀程度减小。前面的结果表明，随着溶胀程度的减小，乙醇的渗透系数减小得比水的快，导致水的选择性提高。水的选择性可以定义成

$$\alpha_{2,1}=\frac{(100-w_1)_P/(w_1)_P}{(100-w_1)_F/(w_1)_F}$$

式中 w_1 是乙醇的质量分率。对于原料液中乙醇的浓度为 8.8% 和 75.8%(质量)的情况，相应的水的选择性分别是 0.868(乙醇具有更好的选择性)和 31.7(水具有更好的选择性)。

14.8　超过滤

考虑一股含有溶解的和悬浮的溶质的水流，所含溶质有如细菌和血细胞的悬浮颗粒、溶解的大分子(例如蛋白质和糖类)和溶解的小分子(例如盐)。从溶液中分离这些溶质往往是需要的，如前面部分讨论的，反渗透广泛用于海水纯化，一部分水透过膜，余下的渗余物(浓缩液)包含了绝大部分盐和一些水。对于含有上列溶质的溶液，超过滤和微过滤(下一节讨论)以表 14.10 所列的方式更广泛地被采用。

表 14.10　反渗透与超过滤和微过滤的比较

	微过滤	超过滤	反渗透
典型的膜材料	醋酸纤维素、聚砜、陶瓷	醋酸纤维素、聚酰胺、聚砜	醋酸纤维素、芳香族聚酰亚胺
孔径/Å	100 000～200	200～10	10～1
孔径/μm	10～0.02	0.02～0.001	0.001～0.000 1
膜的压降/psi	1～10	10～100	100～1 000
渗透物	水＋溶解分子	水＋小分子	水
渗余物(浓缩液)	水＋大的悬浮颗粒	水＋大分子	水＋溶质

对于反渗透、微过滤和超过滤，压差是推动力，膜对溶剂具有选择性透过能力。微过滤和超过滤主要依据溶质大小的拦截作用实现分离，微过滤拦截下微米级颗粒，超过滤的超微孔膜则拦截下亚微米级颗粒。超过滤拦截的溶质分子量典型的在 300～500 000 范围，包括

生物分子、聚合物、糖类和胶体粒子。超过滤膜的特性用名义的分子量切割(MWCO)表示，其定义是膜至少截留下 90%($\sigma \geqslant 0.9$)的最小球形溶质的分子量，绝大部分工业用膜材料操作在 1 000≤MWCO≤100 000 区域。截留率 σ 用膜两侧浓度 c_{iP}(渗透物)和 c_{iR}(渗余物)来定义：

$$\sigma_i = 1 - \frac{c_{iP}}{c_{iR}} \tag{14-81}$$

对于超过滤膜的截留率曲线由实验建立，两根普通的曲线示于图 14.25，当然高敏切割是希望的，但更为典型的是低敏切割曲线，因为要生产窄孔径分布的膜是困难的。

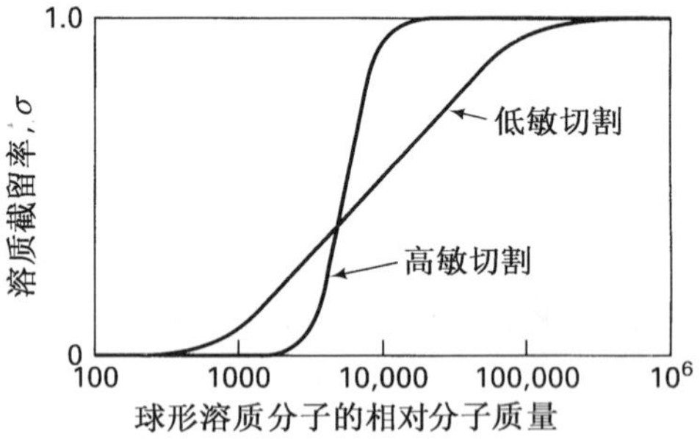

图 14.25　相对分子质量切割曲线

溶剂通过超过滤膜的速率取决于膜两侧的压差、膜两侧的流量和温度，且与溶质浓度密切相关，如图 14.26 蛋白质为溶质的实验数据所示，通常在广泛的浓度范围内，速率是溶质浓度对数的函数。此外，对于给定的原料，速率可以与浓缩因子 CF 关联，它由原料和渗余物的体积流量定义如下：

$$CF = \frac{Q_F}{Q_R} \tag{14-82}$$

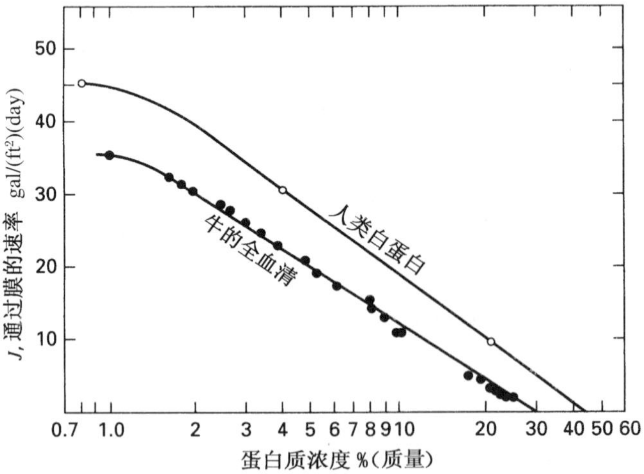

图 14.26　溶质浓度对溶剂通过膜速率的影响

节 14.3 中描述的浓差极化能借助两种机理引起超过滤渗透速率下降：首先，在上游膜面处溶质浓度的增大增加了渗余物侧的渗透压，由于超过滤膜的推动力与反渗透的相同，即如式(14-69)所示，随着渗余物侧渗透压的增大推动力减小。一般说来，超过滤中渗透压的影响仅当浓差极化发生时变得重要，因为没有浓差极化时渗余物中大尺寸分子仅在溶质的摩尔分率中占很小一点，因此，由式(14－68)近似可见它对渗透压的贡献也很小。其次，更为普遍接受的机理是认为渗透速率变为(至少部分地变为)依赖于膜的渗余物侧边界层或膜及任何凝胶层的传质阻力。

超过滤中浓差极化的影响在低压、低溶质浓度和渗余物侧大的流速时是小的，此时，渗透速率受跨越膜的压力控制，速率与其成线性地增加。然而，随着跨越膜的压力或溶质浓度的增加或流速的减小，将到达这样一点，从此此线性关系不再保持，渗透速率将达到一个渐近的极限值，该值受膜的渗余物侧的传质控制。在生成厚的凝胶层的极端情况下，该凝胶层可以成为渗透速率的唯一控制因素。Cheryan[50]及 Zeman 和 Zydney[51]提出了预计此极限渗透速率的理论。

凝胶层的固化、溶质在上游膜表面的吸附和/或溶质在膜孔中的沉积引起超过滤中的结垢，与浓差极化不一样，结垢与时间有关，且结垢可以用周期性的清洗(例如，反向冲洗或化学处理)而反转，但有些结垢是不可逆的，导致最终需要调换膜，Zeman 和 Zydney[51]给出了膜清洗的处理方法。

14.8.1 过程结构

超过滤过程通常以下列四种结构或组合中的一种进行：(1)分批式超过滤；(2)连续排放和进料的超过滤；(3)分批式的重过滤；(4)连续排放和进料的重过滤。

分批式超过滤

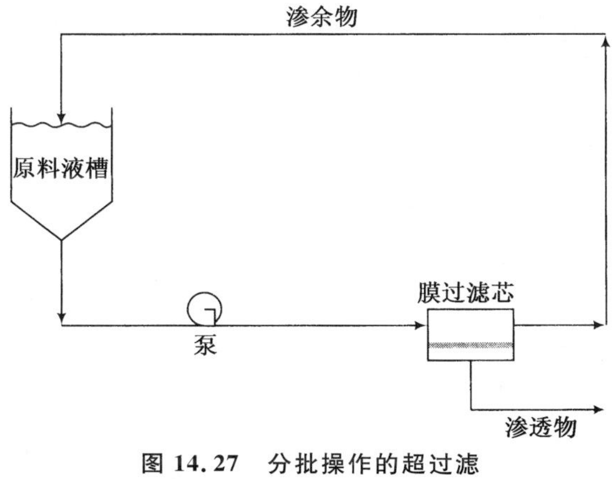

图 14.27 分批操作的超过滤

分批式结构示于图 14.27，图中超过滤膜由许多并联的膜过滤芯构成，开始时原料液槽中充满一批体积为 V_F 和溶质浓度为 c_F 的原料溶液，溶液泵送通过膜过滤芯，所得渗透物被连续地排出，但渗余物(浓缩液)通常以高的体积流量 Q 循环返回原料液槽，高流量是为了使结垢最少。渗余物中的溶质浓度随时间而增加，因为溶剂(通常是水)选择性地通过超过滤膜。随着时间的推移，系统中保留下来的溶液体积 $V\{t\}$ 减少，此时渗余物的溶质浓度 $c_R\{t\}$ 增高，当达到希望的渗余物中溶质浓度 c_R 时，该批操作结束，此时原料槽和相连接的设备中存有最终的渗余物，它们可以转移到其他的储槽中。在系统清理后，开始另一批原料的加工。一批原料加工所需的时间取决于膜面积 A 和渗透物通过膜的速率 J，此速率随着时间的增加而减小，因为它与膜的上游侧的溶质浓度（随时间而增加）密切相关，如图 14.26 所示。

假设一批原料含有全部截留的溶质和仅部分截留的溶质，如上面讨论的，透过速率与浓缩因子 CF 的对数成正比，对于图 14.27 所示的分批操作，浓缩因子是时间的函数，定义为

$$CF=\frac{V_{\mathrm{F}}}{\text{渗余的 }V\{t\}} \tag{14-83}$$

对于分批过程的平均速率 J_{avg} 可以近似地表示为

$$J_{\mathrm{avg}}=J\{c_{\mathrm{F}}\}-0.33[J\{c_{\mathrm{F}}\}-J\{c_{\mathrm{R}}\}] \tag{14-84}$$

式中 $J\{c_{\mathrm{F}}\}$ 和 $J\{c_{\mathrm{R}}\}$ 之值从图 14.26 所示那样的实验数据得到。所需的膜面积是分批操作时间 t 的函数，由下式给出：

$$A=\frac{V_{\mathrm{P}}}{tJ_{\mathrm{avg}}}=\frac{V_{\mathrm{F}}-V_{\mathrm{R}}}{tJ_{\mathrm{avg}}} \tag{14-85}$$

为了得到溶质的物料衡算式，需注意到截留体积中的溶质浓度是截留体积减少和通过膜的溶质数量两者的函数，与气体渗透的式(14-45)和间歇蒸馏的式(13-2)类似，对于通过膜微分体积的溶质 i 的物料衡算式是

$$\frac{\mathrm{d}V}{V}=\frac{\mathrm{d}c_{i_{\mathrm{R}}}}{c_{i_{\mathrm{P}}}-c_{i_{\mathrm{R}}}} \tag{14-86}$$

与截留率 σ_i 的定义式(14-81)结合得

$$\frac{\mathrm{d}V}{V}=-\frac{\mathrm{d}c_{i_{\mathrm{R}}}}{\sigma_i c_{i_{\mathrm{R}}}} \tag{14-87}$$

从初始原料到最终渗余物积分上式得到渗余物中溶质浓度的方程，它是截留体积的函数，如果式中截留体积是最终渗余物的体积，则溶质浓度是最终渗余物体积的溶质浓度：

$$c_{i_{\mathrm{R}}}=c_{i_{\mathrm{F}}}\left(\frac{V_{\mathrm{F}}}{V_{\mathrm{R}}}\right)^{\sigma_i}=c_{i_{\mathrm{F}}}(CF)^{\sigma_i} \tag{14-88}$$

定义溶质 i 的收率 Y_i 为截留在渗余物中原料中的溶质量，则从式(14-88)得到它的算式：

$$Y_i=\frac{c_{i_{\mathrm{R}}}V_{\mathrm{R}}}{c_{i_{\mathrm{F}}}V_{\mathrm{F}}}=\left(\frac{V_{\mathrm{F}}}{V_{\mathrm{R}}}\right)^{\sigma_i}\left(\frac{V_{\mathrm{R}}}{V_{\mathrm{F}}}\right)=\left(\frac{V_{\mathrm{F}}}{V_{\mathrm{R}}}\right)^{\sigma_i-1}=CF^{\sigma_i-1} \tag{14-89}$$

式(14-81)到式(14-89)的应用将在下面分批操作超过滤的例题中示明。

例 14.13

一批 1 000 L 的水溶液原料采用聚砜膜的分批超过滤处理，溶质浓度和测得的截留率数据如下：

溶质	分子类型	M_{W}	浓度 c, g/L	截留率 σ
白蛋白	球形	67 000	10	1.00
细胞色素 C	球形	13 000	10	0.70
葡聚糖	线形	100 000	10	0.05

注意到葡聚糖分子量最大，但是截留率却最低，这是因为它是线型分子，而不是球形分子。最终渗余物体积将是 200 L，这要经过 4 小时分批操作后达到。于是由式(14-82)得 $CF=1\,000/200=5$。从实验测得：在 $CF=1$ 时速率为 30 L/(m^2·h)，在 $CF=5$ 时为 10 L/(m^2·h)。试计算最终渗余物中溶质浓度、每种溶质的得率和膜面积。忽略溶质密度的变

化。

解

从式(14－84)计算平均速率＝30－0.33×(30－10)＝23.4 L/(m^2·h)，总的渗透体积＝1 000－200＝800 L。从式(14－84)对 t＝4 h 计算

$$A=\frac{800}{4\times 23.4}=8.55\text{m}^2$$

应用式(14－89)和式(14－88)计算收率和最终渗余物中每个溶质组分的浓度，得：

溶质	最终渗余物中的浓度 g/L	收率%
白蛋白	50.0	100.0
细胞色素 C	30.9	61.7
葡聚糖	10.8	21.7

由上列结果可见，虽然葡聚糖的截留率很低，但是它在最终渗余物中的浓度和得率并不趋于零。

当加工生物材料时，分批式超过滤可能存在缺点，渗余物的循环可能损害蛋白质和细胞，还有，如果分批停留时间过长，可能发生过分的细菌繁殖，此时，大规模过程中广泛采用连续式超过滤更合适。

连续进料和排放的超过滤

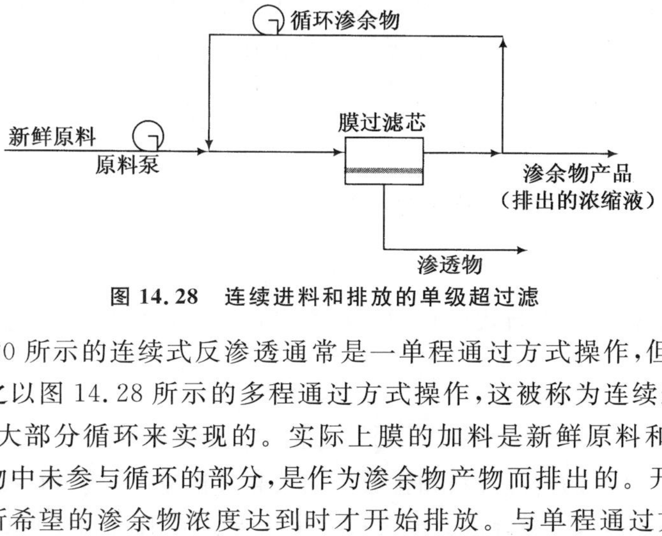

图 14.28 连续进料和排放的单级超过滤

虽然如图 14.20 所示的连续式反渗透通常是一单程通过方式操作，但连续式超过滤很少这样操作，而代之以图 14.28 所示的多程通过方式操作，这被称为连续进料和排放方式，它是通过渗余物的大部分循环来实现的。实际上膜的加料是新鲜原料和循环渗余物的总和，排放的是渗余物中未参与循环的部分，是作为渗余物产物而排出的。开车时全部渗余物都进行循环，直到所希望的渗余物浓度达到时才开始排放。与单程通过方式(无渗余物循环)相比，连续进料和排放方式的优缺点由 Cheryan[50]及更详细地由 Zeman 和 Zydney[51]作了论述。单程通过方式一般不适用于超过滤，由于其主要产品是浓缩液而不是渗透物(如反渗透的)，且为了得到适当浓缩的溶质需要高的渗透物得率。由式(14－82)定义的浓缩因子典型值是 10，这将导致单程通过方式超过滤需要很长的膜路径或很大的膜面积。然而，连续进料和排放方式的一个缺点是，因为高的循环比，渗余物侧的溶质浓度是其最高值，从图 14.26 可见，这将导致最低速率，从而使所需膜面积将大于分批式所需值。为抵消此不利影响，连续进料和排放方式常分成多级，图 14.29 所示为四级，图中每级排放的渗余物送回前面一级，而每级的渗透物都收集起来作为最终混合渗透物。这样安排的结果，与单

级连续进料和排放系统相比，除最末一级外各级都可以得到较低的渗余物浓度和较高的速率，从而只需要较小的总膜面积。实际上，三到四级的连续进料和排放系统通常是最佳的。

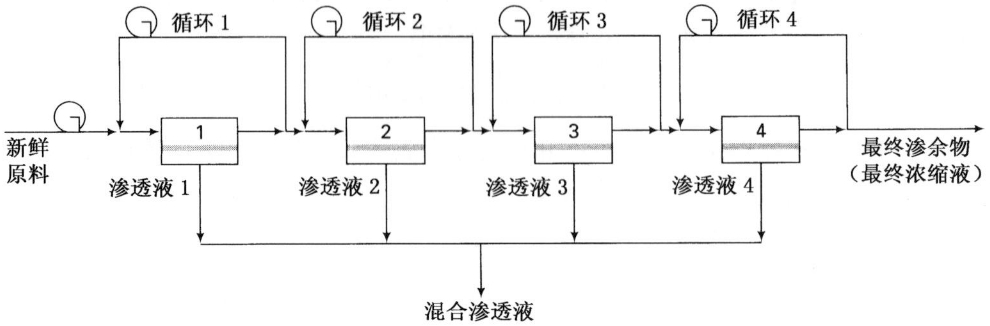

图 14.29　多级连续进料和排放的超过滤

对于连续进料和排放的单级超过滤系统，利用体积流量和浓度的物料衡算方程为

总物料衡算：

$$Q_F = Q_R + Q_P \tag{14-90}$$

溶质的总物料衡算：

$$c_{i_F} Q_F = c_{i_R} Q_R + c_{i_P} Q_P \tag{14-91}$$

如果循环速率足够高，则流过膜的上游侧物流的浓度将是渗余物的。如果将式(14－90)和式(14－91)与式(14－81)和式(14－82)结合，且级中的截留率或浓缩因子是常数，并以渗余物为基础，则下列方程适用于计算渗余物中溶质浓度：

$$c_{i_R} = c_{i_F}\left[\frac{CF}{CF(1-\sigma_i)+\sigma_i}\right] \tag{14-92}$$

由式(14－85)给出的膜面积对于连续过程为

$$A = \frac{Q_P}{J\{\mathrm{at}CF\}} \tag{14-93}$$

由式(14－89)中的得率定义与式(14－82)和式(14－92)相结合，得出连续过程的溶质得率方程：

$$Y_i = \frac{c_{i_R} Q_R}{c_{i_F} Q_F} = \frac{1}{CF(1-\sigma_i)+\sigma_i} \tag{14-94}$$

对于示于图 14.29 的连续进料和排放的四级超过滤系统，式(14－90)到式(14－94)适用于它的每一级，通常认为最合适的多级系统其各级具有相同的膜面积，这样可以减少维护费用。将于例 14.14 中描述和示明的计算具有迭代计算的性质，在外层计算中设定每级的膜面积，而在内层计算中则设定总的浓缩参数。

重过滤(diafiltration)

如图 14.26 所示，当希望得到高的溶质分离程度时，速率则可能降到相当低的值。为了克服低速率问题又需要连续地从难渗透或不渗透的溶质中移除能渗透的溶质时，常常应用重过滤，它采用向渗余物中加入溶剂(通常是水)接着再过滤的办法，加入溶剂冲淡了渗余物，从而提高了速率。于是，超过滤用来达到溶质的某个极限浓度，随后用重过滤去进一步提高溶质的分离程度。最终的渗余物中被截留溶质的浓度可能不是很高，但其中仅含有比较少的可渗透溶质。

重过滤以超过滤同样的方式，即分批式及连续进料和排放式(其中还包括多级)操作，加入的溶剂数量或流量是可变的，当初步计算时，可以取其值等于重过滤所得的渗透物量。

考虑分批式重过滤，从前一步得到的渗余物加入原料槽供重过滤和循环，在膜单元的开车阶段不排除渗透物，随后稀释溶剂以连续的方式加入在全混状态下的原料槽，其流量等于渗透物排放的流量，这种操作有时称之为分批加料或半连续操作。如果循环流量很高，在膜单元中膜的每一侧的溶质的浓度各自均匀，所以，任何瞬间膜的截留率由式(14－81)给出，式中的浓度将随时改变。令 c_i＝循环渗余物中的瞬间溶质浓度，最初在溶剂加入前，其值是加入重过滤系统的原料浓度 c_{i_F}；c_{i_P}＝离开膜单元的渗透物中的瞬间溶质浓度，于是，式(14－81)成为

$$\sigma_i = 1 - \frac{c_{i_P}}{c_i} \tag{14-95}$$

在原料槽中保持恒定的加入稀释溶剂前的体积 V_F 时，对于溶质的瞬间物料衡算可知，原料槽中溶质减少的数量等于溶质呈现在渗透物中的量，但是渗透物的流量 Q_P 等于溶剂加入的流量 $Q_S = \mathrm{d}V_S/\mathrm{d}t$，溶质的物料衡算给出

$$-V_F \frac{\mathrm{d}c_i}{\mathrm{d}t} = c_{i_P} Q_P = c_{i_P} \frac{\mathrm{d}V_S}{\mathrm{d}t} \tag{14-96}$$

结合式(14－95)和式(14－96)并消去 c_{i_P}，给出到最终渗余物浓度的整个重过滤期间的积分形式，

$$\int_{c_{i_F}}^{c_{i_R}} \frac{\mathrm{d}c_i}{c_i} = -\frac{(1-\sigma_i)}{V_F} \int_0^{V_{S_{\mathrm{total}}}} \mathrm{d}V_S \tag{14-97}$$

积分得到最终渗余物浓度的计算式：

$$c_{i_R} = c_{i_F} \exp\left[-\frac{V_{S_{\mathrm{total}}}}{V_F} (1-\sigma_i) \right] \tag{14-98}$$

连续重过滤的计算与连续超过滤的相似，将于例 14.14 中示明。

超过滤的一个主要工业应用是从脱脂牛奶生产蛋白质浓缩液的过程。脱脂牛奶凝结后能制取两种产品：(1)被称为凝乳的稠厚沉淀物，它富含被称为酪蛋白的磷蛋白，被用来制取奶酪、塑料、涂料和黏胶；(2)乳清，即渗余的稀薄液体。100 磅脱脂牛奶大约可以产生 10 磅凝乳和 90 磅乳清。典型的乳清以质量基准表示含有 93.35％水、0.6％纯正蛋白质(TP，相对分子质量约在 10 000 到 200 000 范围)、0.3％的非蛋白质氮化合物(NPN)、4.9％乳糖[一种经验的分子式为 $C_{12}H_{22}O_{11}$，相对分子质量 342 和常温下在水中溶解度约 10％(质量)的糖]、0.2％乳酸($C_3H_6O_3$，相对分子质量 90，易溶于水)、0.6％灰分(钙、钠、磷和钾的无机盐，相对分子质量 20～100)和 0.05％白脱脂肪。

蛋白质是大分子，由一系列氨基酸组成，它们的分子中含有氨基和羧酸基团。蛋白质消化后成为氨基酸的来源，氨基酸可以分成营养上必需的和非必需的，营养上非必需的氨基酸健康身体能从代谢了的食物合成得到，必需的氨基酸则不能由身体合成，而必须摄入。蛋白质中的氨基酸是健康的基本构件，用来修补体细胞、生成和修补肌肉和骨骼、调节新陈代谢过程及提供能量。

以纯正蛋白质的质量为基准，乳清中的蛋白质含有 β 乳球蛋白(50％～55％)、α 乳球蛋

白(20%～25%)、免疫球蛋白(10%～15%)、牛血清白蛋白(5%～10%)及少量糖多肽、乳铁蛋白、乳过氧化物酶和溶菌酶,这八种蛋白质中的前五种是下列全部八种必需氨基酸的极好来源:异亮氨酸、亮氨酸、赖氨酸、甲硫氨酸、苯丙氨酸、苏氨酸、色氨酸和缬氨酸,乳清中的蛋白质的大约 35%(质量)提供氨基酸。非蛋白质的氮化物包括氨、肌氨酸、肌氨酸酐、尿素和尿酸,它们的分子量在 17～168 之间。

为了从乳清得到干的蛋白质浓缩物,应用多种工业过程,绝大多数包含有超过滤,它依据由分子量和分子形状决定的截留作用实现分离。按照分离目的,乳清中的化合物可以分为五类:(1)纯正蛋白质和白脱脂肪;(2)非蛋白质的氮化物;(3)乳糖;(4)乳酸和灰分;(5)水。一个典型的过程如图 14.30 所示,乳清泵送到超过滤部分Ⅰ,此处排出的渗余物(浓缩液)包含乳清中的全部蛋白质,乳清原料中的其他组分主要随渗透物离开。渗余物在蒸发器中进一步浓缩,随后经喷雾干燥得到乳清蛋白质浓缩物。渗透物泵送到超过滤部分Ⅱ,此处截留余下的全部乳糖,此渗余物在蒸发器中进一步浓缩后,由喷雾干燥生产出富含乳糖的浓缩物;渗透物则送去进行废水处理。该过程生产出的乳清蛋白质浓缩物中含有的乳糖量对数百万个人来说太高,这些人由于被怀疑消化功能失调而被诊断为“不耐乳糖”,这包括嗳气、腹胀和腹泻。为了生产含 90%～97%(质量)蛋白质和几乎不含乳糖或脂肪的、被称为“精制乳清蛋白质”(Whey protein isolate),需对图 14.30 的过程增加另外的超过滤部分。下面的例题以“2001 AIChE National Student Design Competition”(美国化学工程师协会 2001 年全国学生设计大赛)提供的信息为基础,包括为生产蛋白质浓缩物的超过滤部分的过程设计。

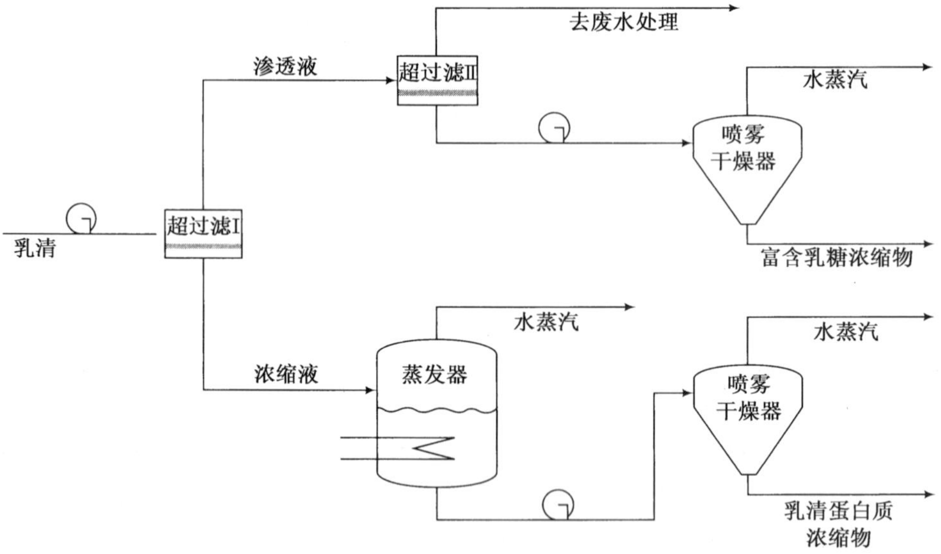

图 14.30 乳清生产蛋白质和乳糖浓缩物的过程

例 14.14

一套奶酪装置生产 1 000 000 lb/day 乳清副产品,它被进一步加工以制得含混合 TP(纯正蛋白质)和 NPN(非蛋白质的氮化物)85%(质量)的干粉。生产过程包含三个部分:(1)连续进料和排放的四级超过滤,以制得浓度 55%(质量,干基)的浓缩液;(2)连续四级重过滤,以制得浓度 75%(质量,干基)的浓缩液;(3)分批式单级重过滤,以制得浓度 85%(质量,干基)的最终浓缩液,每批操作时间 4 小时。当浓度超过 55%(质量)时必须使用重过滤,因为从超过滤得到的渗余物浓度超过此值时变得太黏了。各个部分均采用 Koch 膜系统的 PM10 号超过滤中空纤维膜滤芯,它的直径 3 in.、长 40 in. 和拥有膜面积 26.5 ft^2,每台售价 $200.00,每台滤芯的循环流量为 23 gal/min。部分 1 和 2 的每级的滤芯数目相同,每台滤芯的进口压力是 30 psig,错流通过膜的压降为 15 psia,渗透物的压力是 5 psig。在这些条件下对乳清实验测得通过膜的速率,并得出以浓缩因子表示的如下关联式:

$$\text{通过膜的速率 gal/(ft}^2\cdot\text{day)}=27.9-5.3\ln(CF) \tag{1}$$

式中任意一级的 CF 均是参照部分 1 的新鲜原料来定义的,即 $CF_n=F_{\text{部分1}}/R_n$。

乳清的组成和测得的膜的溶质截留率 σ 列于下表:

组分	乳清的%(质量)	乳清中的流量 lb/day	溶质截留率 σ
水	93.35	933 500	—
纯正蛋白质 TP	0.6	6 000	0.970
非蛋白质的氮化物 NPN	0.3	3 000	0.320
乳糖	4.9	49 000	0.085
灰分	0.8	8 000	0.115
白脱脂肪	0.05	500	1.000

由截留率 σ 的数值可见,膜分离在选择性地移除低分子量的溶质乳糖和灰分的同时增加了 TP 的浓度。乳清及全部渗余液和渗透液的密度可以假定是 8.5 lb/gal。连续操作过程每天操作 20 小时,每天余下的 4 小时用于自动清洗,为了清除积聚在膜上的污垢和杀死在 20 小时操作期间黏附在设备表面的微生物。试对于每个部分计算:

(1) 操作的组分物料衡算 lb/day,包括重过滤操作用的稀释水。

(2) 在中间产物和最终 85%(质量)浓缩物中,从乳清制得的 TP 和 NPN 的回收百分率。

(3) 膜过滤芯数。

另外,对于部分 1 作连续单级计算,将计算结果与四级的结果比较,讨论四级相对于单级的优缺点。

解

指定的超过滤-重过滤过程的流程图示于图 14.31,物流流量已示于图中。

为达到 55%(质量)的 TP+NPN 浓度而进行的部分 1 单级连续超过滤

首先对部分 1 中应用图 14.28 所示的连续进料和排放操作的单级超过滤进行计算,为此假设浓缩因子 CF 之值为 10,用物料衡算从乳清流量 F_1=1 000 000 lb/day 计算渗余物(浓缩液)R_1 和渗透物 P_1 的流量。根据这类超过滤的 CF 定义,$R_1=F_1/CF$=1 000 000/10 =100 000,于是 $P_1=F_1-R_1$=900 000 lb/day。其次,应用质量流量的得率方程(14-94)计算浓缩液中各组分的流量,例如,对于 TP,

$$(m_{\mathrm{TP}})_{R_1}=\frac{(m_{\mathrm{TP}})_{F_1}}{CF(1-\sigma)+\sigma}$$

$$=\frac{6\ 000}{10\times(1-0.97)+0.97}=4\ 724\ \text{lb/day}$$

按照类似的方式计算浓缩物 R_1 中其他组分的流量,结果如下表所列,其中水的流量即为差值。

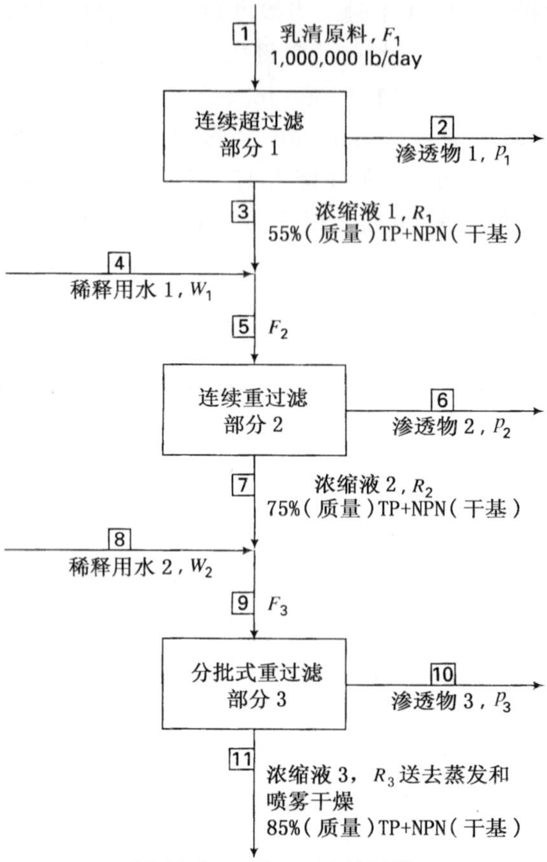

图 14.31　例 14.14 的过程

在假设 $CF=10$ 时，部分 1 单级连续超过滤的浓缩液

组　　分	浓缩液 R_1 中溶质浓度① c_1，%（质量）	浓缩液中组分流量 lb/day
水	88.157	88 157
纯正蛋白质 TP	4.724	4 724
非蛋白质的氮化物 NPN	0.421	421
乳糖	5.306	5 306
灰分	0.892	892
白脱脂肪	0.500	500
总计	100.000	100 000

从上表得知，浓缩液中 TP＋NPN 的干基重量百分数是（4724＋421）/（100 000－88 157）＝0.434 4 或 43.44%（质量，干基），小于目标值 55%（质量，干基），因此，假设值 $CF=10$ 太低。如果采用电子数据表进行计算，可以用它的 Solver 函数找到与目标值 55%（质量，干基）相应的 CF 值，所得结果是 $CF=24.995$，由此算得下表：

① 原文的译文是"浓缩液中 %（质量），c_1，lb/day"——译者注。

在正确值 $CF=24.995$ 时，部分 1 单级连续超过滤的浓缩液

组　　分	浓缩液 R_1 中溶质浓度① c_1，%(质量)	浓缩液中组分流量 lb/day
水	88.372	33 409
纯正蛋白质 TP	8.713	3 491
非蛋白质的氮化物 NPN	0.433	174
乳糖	5.335	2 238
灰分	0.899	360
白脱脂肪	1.248	500
总计	100.000	40 072

浓缩液中 TP＋NPN 的质量分数是(3 491＋174)/(40 072－33 409)＝0.55 或 55%(质量，干基)，等于指定值。

计算 TP＋NPN 的得率也是有意义的，它是

$$(3\ 491+174)/(6\ 000+3\ 000)=0.407\ 2 \text{ 或 } 40.72\%$$

此单级的膜面积由式(14－93)计算。渗透物流量是 $P_1=F_1-R_1=1\ 000\ 000-40\ 072=959\ 928$ lb/day 或 959 928/8.5＝112 933 gal/day。对于一天 20 小时的操作，体积渗透物流量＝112 933/20＝5 647 gal/h。对于计算得到的 CF，由式(1)计算

$$\begin{aligned}\text{通过膜的速率}&=27.9-5.3\ln(CF)=27.9-5.3\times\ln(24.955)\\&=10.85\text{gal/(ft}^2\cdot\text{day) 或 } 10.85/24=0.452\text{gal/(ft}^2\cdot\text{h)}\end{aligned}$$

于是，由式(14－93)计算膜面积＝5 647/0.452＝12 490 ft^2。每个过滤芯拥有 26.5 ft^2 膜面积，所以需要 12 490/26.5＝471 个过滤芯并联。以每天 20 小时操作，总的新鲜原料流量是

$$\frac{1\ 000\ 000}{8.5\times 20}=5\ 882 \text{ gal/h}$$

加到每个过滤芯的新鲜原料流量是

$$\frac{5\ 882}{60\times 471}=0.208 \text{ gal/min/过滤芯}$$

为了增加百分得率和减少过滤芯的数目，一个多级超过滤部分是需要的，在本例题的说明中，指定的是四级串联，其计算如下。

为达到 55%(质量)的 TP＋NPN 浓度而进行的部分 1 四级连续超过滤

以下的计算步骤是以图 14.29 中四级的每级具有相同膜面积为基础的，计算采用双层试差(嵌套迭代)算法，最好应用电子数据表的 Solver 函数执行。

假设每级的膜面积。由于单级计算得到膜面积接近 12 500 ft^2，现采用四级，四级的面积必然比此值小。首先，设定总膜面积为 8 000 ft^2，即每级 $A=2\ 000$ ft^2。其次，采用迭代计算求取总的浓缩因子$\overline{CF}$，要能从它可以计算出加到第一级的新鲜原料流量＝5 882 gal/h(前面计算得到的)。此计算应用电子数据表从第四级开始反向算到第一级，应用下面的方程，式中 J_n是以小时计的通过膜的速率＝式(1)结果/24，式(1)的结果是根据 F_1 和 R_n 算得的 CF 算出。对于级 4，CF_4假设等于$\overline{CF}$，$R_4=F_1/CF_4$。依次反算到级 1：

$$P_n=AJ_n,\quad R_{n-1}=P_n+R_n,\quad CF_{n-1}=F_1/R_{n-1}$$

当到达级 1 计算 P_1时，新鲜原料流量 $F_1=P_1+R_1$。如果 F_1不等于 5 882 gal/h，需要重新假

① 原文的译文是“浓缩液中 %(质量)，c_1，lb/day”——译者注。

设$\overline{CF}$新值，直至算得 F_1 的正确值。此迭代计算可以用电子数据表的 Solver 函数执行。假设对于设定值 $A=2\ 000\ ft^2$ 的$\overline{CF}=20$，得到如下的计算结果，其中流量单位是 gal/h：

$\overline{CF}$	R_4	P_4	R_3	P_3	R_2	P_2	R_1	P_1	F_1
20	294	1 002	1 296	1 657	2 953	2 021	4 974	2 250	7 224
61.2	96.2	508	604	1 320	1 924	1 831	3 755	2 127	5 882

表中所列结果是 $F_1=7\ 224$ gal/h，太大，采用电子数据表的 Solver 函数算得$\overline{CF}=61.2$，可以从此值算得正确的 F_1 和下列 CF_n 和 J_n 值：

$\overline{CF}$	CF_4	J_4	CF_3	J_3	CF_2	J_2	CF_1	J_1
61.2	61.2	0.254	9.735	0.660	3.057	0.916	1.566	1.063

然而，设定的每级膜面积可能不正确。为校核此值，采用前面单级相似的算法，用电子数据表从级 1 开始逐级算到级 4，对于每级 $A=2\ 000\ ft^2$ 和$\overline{CF}=61.2$ 的确当结果是：

级	1	2	3	4
该级渗余物中 TP+NPN 的%(质量，干基)	17.47	25.64	44.96	74.16

由于级 4 排出的渗余物中 TP+NPN 的干基质量百分数是 74.16%，高于指定值 55%(质量，干基)，因此必须对另一个每级膜面积重新计算。对于每个假定的每级膜面积，有一个相应的$\overline{CF}$值，由此得出正确的新鲜原料流量。以下式用电子数据表算得的 A 和$\overline{CF}$ 的迭代结果：

每级的膜面积 A，ft^2	正确新鲜原料流量的$\overline{CF}$	最终渗余液中 TP+NPN%(质量，干基)
2 000	61.2	74.16
1 750	26.9	63.22
1 700	22.5	60.26
1 650	18.8	57.14
1 600	15.7	53.95
1 617	16.65	55.00

这些结果表明，对于各级等膜面积的四级连续超过滤系统，为了从级 4 排出的渗余液(浓缩液)中含 TP+NPN 浓度为期望值 55%(质量，干基)，其相应的各级膜面积 $A=1\ 617\ ft^2$ 和总的浓缩因子$\overline{CF}=16.65$。从这些结果所作的物料衡算列于下表，物料衡算包括从四个超过滤级中得到的混合渗透物和离开级 4 算出的渗余物(浓缩液)含 TP+NPN 55%(质量，干基)，此渗余物是为了提高其浓度达 75%(质量，干基)所用的连续重过滤的原料。

从部分 1 的四级连续超过滤得到的浓缩液和混合渗透液

[该超过滤部分的$\overline{CF}=16.65$，每级膜面积 $A=1\ 617\ ft^2$，其浓缩液符合 55%(质量)的指定值]

组分	乳清流量，lb/day	浓缩液流量，lb/day	混合渗透液流量，lb/day
水	933 500	49 897	883 603
纯正蛋白质 TP	6 000	5 245	755
非蛋白质的氮化物 NPN	3 000	353	2 647
乳糖	49 000	3 476	45 524
灰分	8 000	603	7 397
白脱脂肪	500	500	0
总计	1 000 000	60 074	939 926

对于超过滤部分 1，每级所需的过滤芯数目＝1 717/26.5＝61 台，或四级总过滤芯数为 244 台。浓缩液中 TP＋NPN 的百分得率＝(5 245＋353)/(6 000＋3 000)×100%＝62.20%，相应的单级超过滤部分 1 的结果是：过滤芯数为 471 台，百分得率 40.72%。比较此两个数值显然可见，四级系统更合适。最终的经济分析还需要计入四级系统所需的额外管道和仪表费用。

为达到 75%(质量)的 TP＋NPN 浓度而进行的部分 2 四级连续重过滤

以下的计算步骤是以与图 14.29 相似的流程图中四级的每级具有相同膜面积为基础的，仅有的差别是向每级的原料加入了稀释水。对于连续多级重过滤系统的计算需要对单变量，即加入的稀释水量进行迭代计算，以使 TP＋NPN 含量达到指定的 75%(质量，干基)，此计算可以用电子数据表和它的函数 Solver 方便地进行。

对于重过滤的每一级，所加水的流量 W_n 是一样的，都等于 W，进而，使每一级的渗透物流量 P_n 等于所加水的流量 W，因此，第一级的进料流量 F_1 和后续三级的 R_{n-1}（即在加入水和循环物流前）全都等于送到下一级的渗余物（浓缩液）R_n，所以，各级的渗余物流量都一样，即 $F_1=R_n$。这样简化导致各级的浓缩因子相同，均是 $\overline{CF}$：

$$\overline{CF}=\frac{W+F_1}{F_1} \tag{2}$$

对于 n 级连续重过滤系统，溶质组分 i 在最后一级排放的浓缩液中的流量可以由一个方程给出，该方程由对各级依次应用式(14－94)得出，此时令加到级 2，3 和 4 的原料中的溶质流量等于各自前一级的渗余物中溶质的流量：

$$(m_i)_{R_n}=(m_i)_{F_1}\left[\frac{1}{\overline{CF}(1-\sigma_i)+\sigma_i}\right]^n \tag{3}$$

式中 $(m_i)_{F_1}$ 是离开部分 1 的浓缩液中溶质组分的流量，已在上表中给出，溶质的截留率 σ_i 已在本例题的说明部分给出。式(2)和(3)采用电子数据表计算，对每一级所加水的流量 W 需假设，$\overline{CF}$ 则从式(2)算得，每个溶质的 $(m_i)_{R_n}$ 由式(3)计算，于是可以算出 TP＋NPN 的重量百分率（干基）。如果算得的值不等于指定值 75%(质量)，则重新假设 W 新值。例如，假设 W 等于原料流量 F_1 的一半，即 60 074/2＝30 037 lb/day，然后由式(2)[①] 得 $\overline{CF}$＝(30 037＋60 074)/60 074＝1.50，对于 TP 由式(3)得：

$$(m_{TP})_{R_4}=5\ 245\times\left[\frac{1}{1.50\times(1-0.97)+0.97}\right]^4=4\ 942\ \text{lb/day}$$

对其余组分重复同样的计算，但从部分 2 级 4 排放的浓缩液中的水流量需如此确定，使得总的浓缩液流量等于原料流量 60 074 lb/day。随后 TP＋NPN 在浓缩液中的浓度算得为 78.2%(质量)，高于指定值 75%(质量)。利用函数 Solver 算得每级的正确水流量是 23 332 lb/day，四级的总加水量为 93 328 lb/day，相应的 $\overline{CF}$＝1.388。所得最终物料衡算列于下表，物料衡算包括从四个重过滤级中得到的混合渗透物和离开级 4 算出的渗余物（浓缩液）含 TP＋NPN 75%(质量，干基)，此渗余物将是为了提高其浓度达 85%(质量，干基)所用的分批式重过滤的原料。

---

① 原文误为(1)——译者注。

从部分 2 的四级连续重过滤得到的浓缩液和混合渗透液

［该重过滤部分的每级加水量为 23 332 lb/day，其浓缩液符合 75%（质量）的指定值］

组分	部分 2 的进料流量，lb/day	浓缩液流量，lb/day	混合渗透液流量，lb/day
水	49 897	53 214	90 011
纯正蛋白质 TP	5 245	5 007	238
非蛋白质的氮化物 NPN	353	138	215
乳糖	3 476	1 030	2 446
灰分	603	185	418
白脱脂肪	500	500	0
总计	60 074	60 074	93 328

从这些数据算得此重过滤部分的 TP＋NPN 的得率是(5 007＋138)/(5 234＋353)×100%＝91.91%，至此总的得率是 0.919 1×0.622 0×100%＝57.17%。每级通过膜的速率由式(1)计算，但式中的 CF 是加入该过程的乳清原料流量对各该级的渗余物流量之比，这对于重过滤的四级与对超过滤部分 1 的最后一级是一样的。对于重过滤的级 4，CF＝1 000 000/60 074＝16.65，由式(1)得到通过膜的速率是 0.541 5 gal/(h·ft^2)。对于每级的渗透物的体积流量＝93 328/(20×4×8.5)＝137 gal/h。每级所需的膜面积＝137/0.541 5＝253 ft^2 和所需的过滤芯数＝253/26.5＝9.5≈10 台，四个重过滤级共需 40 台过滤芯。

这些连续四级重过滤系统的结果可以与单级连续重过滤的结果比较，该结果是以相似的方式算得，单级所需的加水流量是 167 200 gal/day(四级系统是 93 328)和 TP＋NPN 的总得率 55%(四级系统是 57%)。

为达到 85%(质量)的 TP＋NPN 浓度而进行的部分 3 单级分批式重过滤

对于最终的膜分离部分，单级分批式重过滤采用最多 4 个小时的分批操作时间。进行分批操作的一般方法是，开初先用原料(部分 2 得到的浓缩液)充满原料液槽，随后在 4 个小时期间连续加水以保持槽中的液位。使用高的循环流量使渗余物中溶质的浓度保持常数，应用每天浓缩液原料中溶质组分 i 的流量，浓缩液中溶质 i 的流量由质量流量形式的式(14－98)给出[①]：

$$(m_i)_R=(m_i)_F\exp\left[-\frac{W}{F}(1-\sigma_i)\right] \tag{4}$$

式中 W 和 F 分别是 4 个小时期间加入的总水量和加工的原料量。为了达到 85%(质量)的目标，从原料中移除乳糖特别重要，例如，设想我们选择每天的加水量等于每天从部分 2 来的原料量，所以 $W/F=1$。从上表得知，原料中含有乳糖 1 030 lb/day，乳糖的截留率 σ＝0.085，代入式(4)得到

$$(m_{乳糖})_R=1\,030\exp[-1(1-0.085)]=413\ \text{lb/day}$$

在离开部分 3 的浓缩液中其他组分的流量以相似的方式算出，由此可以计算 TP＋NPN 的质量百分率(干基)。如果应用电子数据表，函数 Solver 可以用来确定达到 85%(质量)所需的加水量。以这种方式求得的加水量是 80 520 lb/day。

下面的物料衡算包括从分批式重过滤级得到的渗透物和算得的离开部分 3 的渗余物(浓缩液)含 TP＋NPN 85%(质量，干基)。

---

① 原文似乎有误，译者作了改动。

从部分 3 中单级分批式重过滤得到的浓缩液和渗透液
[该重过滤部分的加水量为 80 520 lb/day，其浓缩液符合 85%(质量)的指定值]

组分	部分 3 的进料流量，lb/day	浓缩液流量，lb/day	渗透液流量，lb/day
水	53 214	54 351	79 383
纯正蛋白质 TP	5 007	4 810	197
非蛋白质的氮化物 NPN	138	55	83
乳糖	1 030	302	728
灰分	185	56	129
白脱脂肪	500	500	0
总计	60 074	60 074	80 520

由上表得知部分 3 的 TP＋NPN 得率是(4 810＋55)/(5 007＋138)×100%＝94.56%，从乳清原料制得 TP＋NPN 的总得率是(4 810＋55)/(9 000)×100%＝54.06 %。

如同部分 2 中的一样，通过膜的速率是 0.541 5 gal/(h・ft^2)，在 4 个小时分批操作期间的渗透物的体积流量＝80 520/(4×8.5)＝2 368 gal/h，因此，所需的膜面积＝2 368/0.541 5＝4 373 ft^2，部分 3 需要的过滤芯数是 4 373/26.5＝165 台。

14.9　微过滤

如表 14.10 中所示，微过滤是一种压力推动的多孔膜分离过程，用来截留大小低达 0.02μm的物体，但更经常的是大小 0.1～10μm 的物体，它们可能包括大的胶体粒子、小的固体颗粒、血细胞、酵母、细菌和微生物细胞以及很大的可溶分子。

微过滤的膜结构包括筛网过滤器膜和深层过滤器膜，前者的截留物积聚于膜表面，后者在膜内部的收缩处拦住截留物。Porter 在 Schweitzer 主编的手册[52]中指出，深层过滤器膜有：(1) 相对厚的高空隙率(85%～90%)纤维素酯浇铸膜，它具有敞开曲折孔道的海绵状结构；(2)薄的低空隙率(公称 10%)聚酯或聚碳酸酯核径迹(Track - etch)膜，它具有孔径分布窄的直圆柱形孔筛网状结构，其分割较清晰，导致高的分离因子，例如，Nuclepore™2 型膜能够分离雄性决定精子(Male - determining Sperm)和雌性决定精子。如表 14.11 中示明，Nuclepore™膜的孔径从 0.03 到 8.0μm，在膜两侧压差 10 psi 和 70 ℉时，水透过膜的速率在 0.006 到 144 gal/(min・ft^2)范围。

微过滤应用图 14.32 所示的两种不同模式，终端(轴向)微过滤模式(DEF)适用于稀溶液的分批式或半连续式过滤，全部溶剂在压力推动下通过膜，与通常的固-液浆料的过滤方式类似。随着时间的推移，因为截留的物料积聚在膜表面或膜内部，为保持预期的速率所需的压力必须增加或发生通过膜速率的下降。因此，DEF 可以以恒压、恒速率或两者结合的方式操作。有一种结合的方式是，先采用恒速率操作直至达到某个极限压力，接着改用恒压操作直至达到最小速率，这是个能改善得率的优秀策略。

表 14.11 Nuclepore™核径迹微过滤膜的典型特性

指定孔径 μm	孔径范围 μm	公称孔密度 孔/cm^2	公称膜厚度 μm	在 10lb/in^2 ΔP 和 70°F下的典型速率 水 gal/(min)(ft^2)
8.0	6.9～8.0	1×10^5	8.0	144.0
5.0	4.3～5.0	4×10^5	8.6	148.0
3.0	2.5～3.0	2×10^6	11.0	121.0
1.0	0.8～1.0	2×10^7	11.5	67.5
0.8	0.64～0.80	3×10^7	11.6	48.3
0.6	0.48～0.60	3×10^7	11.6	16.3
0.4	0.32～0.40	1×10^8	11.6	17.0
0.2	0.16～0.20	3×10^8	12.0	3.1
0.1	0.08～0.10	3×10^8	5.3	1.9
0.08	0.064～0.080	3×10^8	5.4	0.37
0.05	0.040～0.050	6×10^8	5.4	1.12
0.03	0.024～0.030	6×10^8	5.4	0.006

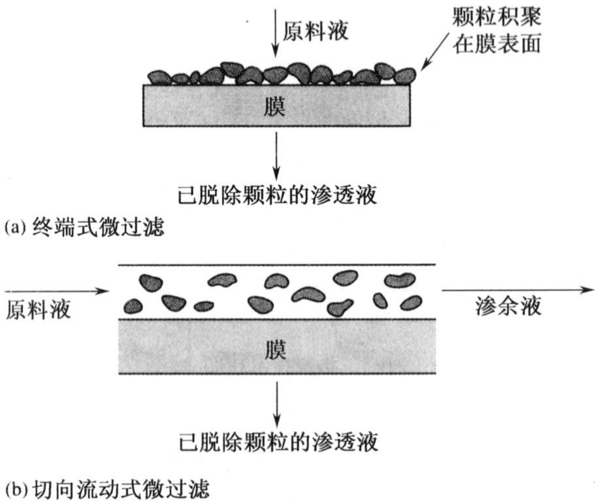

图 14.32 超过滤的普通操作模式

在切向流(错流)微过滤模式(TFF)中,原料液沿膜表面流动,仅其中的部分溶剂通过膜,该模式更适用于大规模连续微过滤。理想情况是已截留的物料被渗余物流带离微过滤器,切向流模式通常伴有大量渗余物循环,与连续进料和排放的超过滤相似,原料一渗余物侧平行于膜表面的切向流速度的典型值是 3～25 ft/s。切向流模式几乎唯一地用于反渗透和超过滤。这已于节 14.5 和节 14.8 中作了讨论。改善切向流过滤(TFF)的有意义的工作使其演变成高性能切向流过滤(HPTFF),用于分离大分子组分,在 Van Reis 等[53]的研究中,应用 HPTFF 分离分子量接近的蛋白质,在得率和提纯因子方面得到显著改善,在那里对膜孔尺寸分布、膜化学(膜材料与溶质间的静电作用)、为控制溶液 pH 以得到适当的静电位而使用的溶液缓冲剂、流体动力学(包括错流速度和膜两侧的压力)和级数进行了最佳化。

微过滤的膜组件主要是 DEF 的板框式和 TFF 的褶皱式,后者将已褶皱的膜包卷在通透的芯管上。许多组件形式是廉价和一次性使用的,一个典型的一次性使用的过滤芯直径

2.5 in.，长 10 in.，具有膜面积 3 ft^2，过滤芯中可以包括一个用来除去大颗粒的预过滤器，使多孔微过滤膜用于所需要的分离，从而延长过滤芯的使用寿命。与 TFF 相比，DEF 具有投资低、操作费用高和操作简单的特点，它特别适用于稀溶液，而 TFF 则宜用于浓溶液。

用于计算超过滤的那些方程同样适用于计算 TFF 微过滤，这包括分批式、连续进料和排放式及重过滤操作模式的。计算 DEF 微过滤的方程是那些用于普通固-液浆料过滤（常被称为滤饼过滤）的方程，它们的推导于下：此处仅考虑膜的阻力和截留于膜表面的滤饼（颗粒层）阻力，在膜内部的任何沉淀物都被忽略，如同微过滤中渗透压总是被忽略一样，由于溶质都是大分子量的。

在任一瞬间，体积渗透速率 J 是

$$J=\frac{1}{A_M}\frac{dV}{dt}=\frac{\Delta p}{\mu(R_m+R_c)} \tag{14-99}$$

式中

Δp——穿过滤饼和膜的压降；

μ——渗透液黏度；

R_m 和 R_c——分别为膜和滤饼对渗透液的阻力；

V——渗透液体积；

A_M——膜面积。

假设膜的阻力是常数，滤饼可以作为颗粒填充床，对此可以应用图 6.37 所示的 Ergun 关联式，在典型的流过滤饼的低雷诺数区间，压降由 Kozeny - Carman 方程控制，滤饼阻力为

$$R_c=\frac{150l_c(1-\varepsilon_c)^2}{D_P^2\varepsilon_c^3}=K_1\frac{l_c(1-\varepsilon_c)^2}{\varepsilon_c^3} \tag{14-100}$$

式中

l_c——滤饼厚度，随时间增加；

ε_c——滤饼空隙率；

D_P——滤饼中颗粒的有效直径；

K_1——特定过滤系统的实验常数。

原料中将被截留成滤饼的固体物料 m_c 为

$$m_c=c_FV=\rho_c(1-\varepsilon_c)A_Ml_c \tag{14-101}$$

式中 c_F＝单位体积原料液中固体物料量。

将式(14 - 101)代入式(14 - 100)消去 l_c，在将所得的 R_c 方程代入式(14 - 99)得

$$J=\frac{1}{A_M}\frac{dV}{dt}=\frac{\Delta p}{\mu\left[R_m+K_1\dfrac{c_FV(1-\varepsilon_c)}{\rho_cA_M\varepsilon_c^3}\right]}=\frac{\Delta p}{\mu\left[R_m+K_2\dfrac{c_FV}{A_M}\right]} \tag{14-102}$$

式中 K_2——特定过滤系统的实验常数。

14.9.1 恒速率操作

对于恒定渗透速率 J 和相应的恒定渗透物体积流量的操作，由于滤饼的增厚，压降将随时增大。式(14 - 102)中的 $dV/dt=V/t$，在 $t=0$ 时 $V=0$，压降随时间的变化由下式给出：

$$\Delta p = J\mu[R_m + K_2 c_F J t] \tag{14-103}$$

开始时，压降仅取决于膜阻力，即 $\Delta p = J\mu R_m$，此后因滤并厚度增加而随时间线性变化。

14.9.2 恒压操作

对于恒压降操作，渗透物流量和相应的渗透速率将随时间而减小，因为滤饼的厚度随时间而增加。对于这种操作，将式(14-102)积分：

$$\int_0^V \left[R_m + K_2 \frac{c_F V}{A_M}\right] dV = \frac{A_M \Delta p}{\mu}\int_0^t dt \tag{14-104}$$

式(14-104)积分得：

$$R_m V + \frac{K_2 c_F V^2}{2A_M} = \frac{A_M \Delta p t}{\mu} \tag{14-105}$$

式(14-105)是 V 的两次方程，解得的正根是：

$$V = -\frac{R_m A_M}{K_2 c_F} + \frac{A_M}{K_2 c_F}\left[R_m^2 + \frac{2K_2 c_F \Delta p t}{\mu}\right]^{\frac{1}{2}} \tag{14-106}$$

对式(14-106)微分得到渗透速率

$$\frac{1}{A_M}\frac{dV}{dt} = J = \frac{\Delta p}{\mu}\left[R_m^2 + \frac{2K_2 c_F \Delta p t}{\mu}\right]^{-\frac{1}{2}} \tag{14-107}$$

14.9.3 组合操作

如前面提到的，采用组合操作能改善得率，组合操作中(1)在第一阶段采用恒速率操作，直至压降极限值。接着(2)第二阶段进行恒压操作，直至达到最小速率为止。令 V_{CF} = 在用时 t_{CF} 的第一阶段中得到的渗透液体积，由于是恒渗透速率，

$$V_{CF} = J A_M t_{CF} \tag{14-108}$$

令 Δp_{UL} = 通过滤并和膜的压降上限。于是对于恒压操作的第二阶段式(14-104)变为

$$\int_{V_{CF}}^V \left[R_m + K_2 \frac{c_F V}{A_M}\right] dV = \frac{A_M \Delta p_{UL}}{\mu}\int_{t_{CF}}^t dt \tag{14-109}$$

上式积分得到 V 的二次方程，求解此方程得到 V 的正根：

$$V = -\frac{R_m A_M}{K_2 c_F} + \left[\frac{A_M^2 R_m^2}{K_2^2 c_F^2} + \frac{2A_M}{K_2 c_F} \times \left(R_m V_{CF} + \frac{K_2 c_F V_{CF}^2}{2A_M} + \frac{A_M \Delta p_{UL}(t - t_{CF})}{\mu}\right)\right]^{\frac{1}{2}} \tag{14-110}$$

此处 $V - V_{CF}$ 为时间从 t_{CF} 到 t 的第二阶段中得到的渗透物体积。

将式(14-102)中左端渗透速率定义和中间部分用到式(14-110)得到以下渗透速率式，由此式可见，在第二阶段，渗透物速率随时间而减小。

$$J = \frac{A_M \Delta p_{UL}}{K_2 c_F \mu}\left[\frac{A_M^2 R_m^2}{K_2^2 c_F^2} + \frac{2A_M}{K_2 c_F} \times \left(R_m V_{CF} + \frac{K_2 c_F V_{CF}^2}{2A_M} + \frac{A_M \Delta p_{UL}(t - t_{CF})}{\mu}\right)\right]^{-\frac{1}{2}} \tag{14-111}$$

组合操作的上述方程的应用将于下例中示明。

例 14.15

需对含蛋白质浓度 4.3g/L 的稀释脱脂奶进行微过滤，采用醋酸纤维素膜作了实验，该膜的平均孔径为 0.45μm，膜面积是 17.3 cm^2。对于恒定渗透液流量 15 mL/min 的第一阶段操作，通过滤饼和膜的压降在 400 秒内从 0.3 psia 增加到 20 psia，渗透液的黏度是 1 cP。如果操作继续进入恒定压降上限的第二阶段操作，直至渗透液流量降到 5 mL/min 时为止。计算需要增加的时间，并分别标绘渗透液体积 mL 和渗透速率 mL/(cm^2 · min)与时间 s 间的关系曲线。

解

采用 SI 制，$c_F=4.3\ kg/m^3$，$A_M=0.001\ 73\ m^2$，第一阶段的体积流量$=0.25\times10^{-6}\ m^3/s$，在 $t=0$ 时，$p=2\ 068$ Pa，在 $t=400$ s 时，$p=137\ 900$ Pa，$\mu=0.001$Pa · s。根据第一阶段的实验数据，计算 R_m 和 K_2 于下：

从式(14 - 103)得

$$R_m=\frac{(t=0\text{ 时的 }\Delta p)}{J\mu}=\frac{2\ 068}{\left(\dfrac{0.25\times10^{-6}}{0.001\ 73}\right)\times0.001}$$

$$=1.43\times10^{10}\,m^{-1}$$

在 $t=400$ s 时

$$K_2=\frac{\Delta p-J\mu R_m}{J^2\mu c_F t}=\frac{\Delta p-(\Delta p\text{ 在 }t=0)}{J^2\mu c_F t}$$

$$=\frac{6\ 895\times(20-0.3)}{\left(\dfrac{0.25\times10^{-6}}{0.001\ 73}\right)^2\times0.001\times4.3\times400}=3.78\times10^{12}\,m/kg$$

假设 R_m 和 K_2 值在第二阶段不变，在第二阶段末，渗透速率$=J=(5mL/min)/(17.3\ cm^2)=0.289\ ml/(min\cdot cm^2)=4.82\times10^{-5}\,m/s$。

由式(14 - 111)解得 $t=2\ 025$ s，渗透液体积和渗透速率对时间的标绘示于图 14.33 和图 14.34 中，它们的数据是应用电子数据表求解第二阶段的时间函数式(14 - 110)和式(14 - 111)得到的。

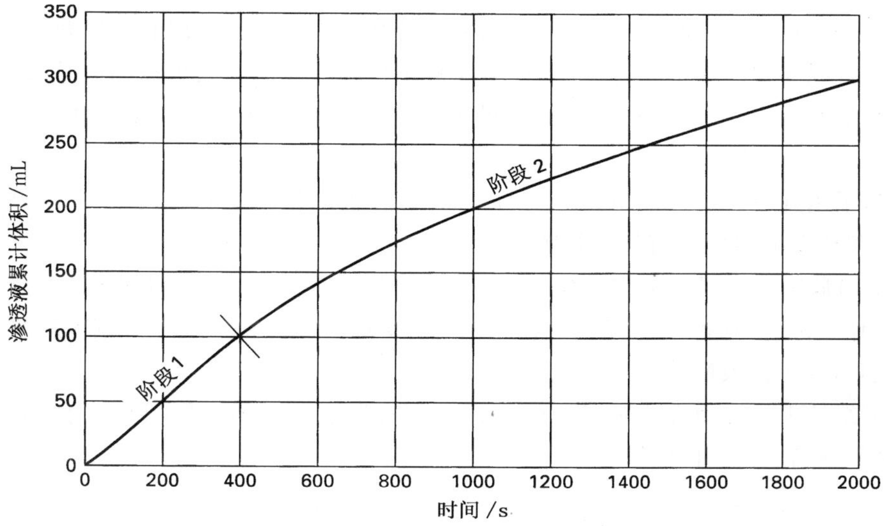

图 14.33　例 14.15 的渗透液累计体积

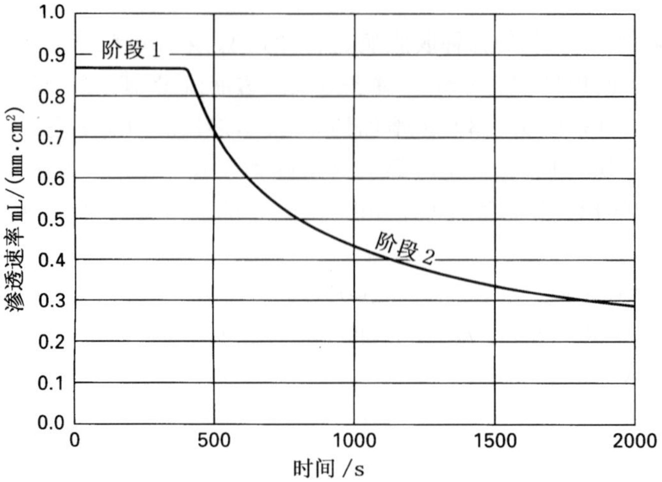

图 14.34　例 14.15 的瞬间渗透速率

14.10　本章小结

(1) 液体和气体混合物用膜进行分离是一种新兴的分离操作，其应用从 20 世纪 80 年代开始加速扩展，其产物是渗余物和渗透物。

(2) 有效又经济的膜分离过程的关键是膜，它必须具有好的渗透性、高的选择性、稳定性、不受污染和长的使用寿命(两年以上)。

(3) 已工业化的膜分离过程包括渗析、电渗析、反渗透、气体渗透、膜蒸发、超过滤和微过滤。

(4) 工业分离过程采用的膜大都是天然的或合成的玻璃态或高弹态聚合物，然而，对于 200℃以上高温并会发生化学反应的混合物的膜分离操作，陶瓷、金属和碳膜获得了应用。

(5) 为得到高的渗透率和选择性，宜用致密无孔膜。为了达到机械的完整性，0.1～1.0 mm① 厚度的致密膜作为表皮层与厚得多的非对称型膜结合在一起或作为薄皮成为复合膜的一部分。

(6) 为了达到单位单元体积具有大的膜面积，膜被制作成螺旋卷或中空纤维组件，板框式、管式和集成单元组件只有较小的膜面积。

(7) 通过膜的渗透可依靠多种机理发生，对于微孔膜，这包括主体流动(无选择性)、液体扩散、气体扩散、努森扩散、受限扩散(包括筛分)和表面扩散；对于无孔膜，通常假定是溶解-扩散机理，这里涉及吸收、扩散和脱吸步骤。

(8) 膜组件中的流动方式对于总的渗透流率有明显的影响，理论已得到开发的理想化流型有全混、逆流、并流和错流。

---

① 此处应是 0.1～1.0μm——译者注。

(9) 为了克服单个膜组件级的分离限制,膜组件可以配置成串联和/或并联级联。

(10) 在气体渗透中,膜两侧边界层或膜的传质阻力通常被忽略,然而,对于液体混合物的膜分离,外部传质的影响和浓差极化可能是重要的。

(11) 对于大多数膜分离器,组分通过膜的传质速率可以表示成两项的乘积:浓度、分压、逸度或活度推动力,和渗透系数$\overline{P}_{Mi}$,后者是渗透率 P_M对膜厚度 l_M的比值。

(12) 在液体混合物的渗析操作中,应用微孔膜使类型 A 的小分子溶质与溶剂和类型 B 的大分子溶质得到分离,传质推动力是膜两面的浓度差,溶剂的传递可以借助调节膜两侧的压差等于渗透压来减到最小。

(13) 在电渗析中,应用相间串联排列的阳离子交换膜和阴离子交换膜,并对外端阳极和阴极加以直流电压,使电解液得到浓缩。

(14) 在反渗透中,液体混合物中的溶剂选择性地传递通过致密膜,应用此方法可使海水脱盐,溶剂传递通过膜的推动力是逸度差,它通常以 $\Delta p - \Delta\pi$ 表示,此处 π 是渗透压。

(15) 在气体渗透中,气体混合物因各组分透过致密膜的速率不同而得到分离,每个组分的传质推动力是它在膜两侧的分压差 Δp_i,特定气体组分的渗透系数和渗透率两者取决于膜对它的吸收率(通常即是亨利常数)和通过膜的扩散系数,因此,$P_{Mi} = H_i D_i$。

(16) 在膜蒸发中,应用致密膜并在膜的渗透物一侧抽真空使渗透物汽化,从而实现液体混合物的分离,推动力可以近似用作为逸度差的($\gamma_i x_i p_i^S - y_{iP} p_P$)表示,由于膜的溶胀,渗透率可以变化很大。

(17) 微过滤和超过滤与反渗透相似,均是以压力推动的操作,它们应用微孔膜截留大分子和颗粒,允许水或其他低分子量的分子通过。微过滤截留物料的直径典型值在 0.02~10μm 区间,而超过滤截留的直径范围为 0.001~0.02μm。

参考文献

1. Lonsdale, H. K. , *J. Membrane Sci.* , **10**,81 (1982).
2. Applegate. L. E. , *Chem. Eng.* , **91**(12). 64—89 (1984).
3. Havens, G. G. , and D. B. Guy. *Chem. Eng. Progress Symp. Series.* **64**(90), 299 (1968).
4. Bollinger. W. A. , D. L. Maclean, and R. S. Narayan, *Chem. Eng. Progress*, **78**(10), 27—32 (1982).
5. Baker. R. W. , E. L. Cussler. W. Eykamp. W. J. Koros. R. L. Riley, and H. Strathmann, *Membrane Separation Systems—A Research and Development Needs Assessment*, Report DE 90 — 011770, Department of Commerce, NTIS. Springfield. VA (1990).
6. Ho. W. S. W. , and K. K. Sirkar, Eds. , *Membrane Handbook*. Van Nostrand Reinhold. New York (1992).
7. Loeb, S. , and S. Sourirajan, Advances in Chemistry Series. Vol. 38. *Saline Water Conversion* Ⅱ (1963).
8. Henis, J. M. S. , and M. K. Tripodi. U. S. Patent 4,230,463 (1980).
9. Wrasidlo, W. J. , U. S. Patent 3,951,815 (1977).
10. Barrer, R. M. , *J. Chem. Soc.* , 378—386(1934).
11. Barrer, R. M. , *Diffusion in and through Solids*. Cambridge Press, London (1951).

12. Mahon. H. I. , U. S. Patent 3,228,876(1966).
13. Mahon. H. I. ,U. S. Patent 3,228,877 (1966).
14. Hsieh, H. P. , R. R. Bhave, and H. L. Fleming, *J. Membrane Sci.* , **39**, 221—241 (1988).
15. Bird. R. B. , W. E. Stewart, and E. N. Lightfoot, *Transport Phenomena*, John Wiley and Sons. New York. pp. 42—47 (I960).
16. Ergun. S. , *Chem. Eng. Progress*, **48**,89—94(1952).
17. Beck, R. E. , and J. S. Schultz. *Science.* **170**,1302—1305 (1970).
18. Beck, R. E. , and J. S. Schultz. *Biochim. Biophys. Acta.* **255**, 273 (1972).
19. Brandrup. J. , and E. H. Immergut, Eds. , *Polymer Handbook*, 3rd ed. , John Wiley and Sons. New York (1989).
20. Lonsdale, H. K. , U. Merten, and R. L. Riley, *J. Applied Polym. Sci.* , **9**,1341—1362(1965).
21. Motamedian. S. , W. Pusch. G. Sendelbach. T. -M. Tak, and T. Tanioka, *Proceedings of the* 1990 *International Congress on Membranes and Membrane Processes*. Chicago. Vol. II. pp. 841—843.
22. Barrer. R. M. , J. A. Barrie, and J. Slater. *J. Polym. Sci.* , **23**, 315—329(1957).
23. Barrer. R. M. , and J. A. Barrie, *J. Polym. Sci.* , **23**, 331—344 (1957).
24. Barrer, R. M. , J. A. Barrie, and J. Slater, *J. Polym. Sci.* , **27**, 177—197(1958).
25. Koros, W. J. , and D. R. Paul. *J. Polym. Sci.* , *Polym. Physics Edition*, **16**,1947—1963 (1978).
26. Barrer. R. M. , *J. Membrane Sci.* , **18**, 25—35 (1984).
27. Walawender, W. P. , and S. A. Stern. *Separation Sci.* , **7**, 553—584 (1972).
28. Naylor. R. W. ,and P. O. Backer. *AIChE J.* , **1**,95—99(1955)
29. Stern. S A. , T. F. Sinclair. P. J. Gareis, N. P. Vahldieck. and P. H. Mohr, *Ind. Eng. Chem.* , **57**(2). 49—60 (1965).
30. Hwang. S. -T. , and K. L. Kammermeyer. *Membranes in Separations*. Wiley-Interscience. New York, pp. 324—338 (1975).
31. Spillman. R. W. , *Chem. Eng. Progress*, **85**(1),41—62 (1989).
32. Strathmann, H. , "Membrane and Membrane Separation Processes." in Vol. A16. *Ullmann's Encyclopedia of Industrial Chemistry*. VCH. FRG. p. 237(1990).
33. Chamberlin. N. S. , and B. H. Vromen. *Chem Engr.* **66**(9). 117—122 (1959).
34. Graham, T. , *Phil. Trans. Roy. Soc. London*, **151**, 183—224 (1861).
35. Juda W. , and W. A. Mcrae. *J. Amer. Chem. Soc.* , **72**, 1044(1950).
36. Strathmann, H. , *Sep. and Purif. Methods*, **14**(1). 41—66(1985).
37. Merten. U. , *Ind. Eng. Chem. Fundamentals.* **2**,229—232 (1963).
38. Stoughton, R. W. , and M. H. Lietzke. *J. Chem. Eng. Data.* **10**, 254—260(1965).
39. Spillman, R. W. , and M. B. Sherwin, *Chemtech.* 378—384 (June 1990).
40. Scheil, W. J. , and C. D. Houston. *Chem. Eng. Progress*, **78**(10), 33—37(1982).
41. Teplyakov. V. , and P. Meares. *Gas Sep. and Purif.* , **4**,66—74 (1990).
42. Rosentweig. M. D. , *Chem. Eng.* , **88**(24), 62—66 (1981).
43. Kober. P. A. ,*J. Am. Chem. Soc.* , **39**,944—948 (1917).
44. Binning, R. C. , R. J. Lee, J. F. Jennings, and E. C. Martin, *Ind. Eng. Chem.* , **53**,45—50(1961).
45. Wesslein, M. , A. Heintz, and R. N. Lichtenthaler. *J. Membrane Sci.* , **51**,169(1990).
46. Wumans, J. G. , and R. W. Baker. *J. Membrane Sci.* , **79**, 101—113 (1993).
47. Rautenbach, R. , and R. Albrecht. *Membrane Processes*, John Wiley and Sons. New York (1989).
48. Rao. M. B. , and S. Sircar, *J. Membrane Sci.* , **85**, 253—264 (1993).

49. Baker. R., *Membrane Technology and Applications*. 2nd ed., John Wiley & Sons, New York (2004).
50. Cheryan, M., *Ultrafiltration Handbook*. Technomic Publishing Co., Lancaster. PA (1986).
51. Zeman. L. J., and A. L. Zydney. *Microfiltration and Ultrafiltration. Principles and Applications*. Marcel Dekker. Inc., New York (1996).
52. Schweitzer. P. A., *Handbook of Separation Techniques for Chemical Engineers*. 2nd ed., Section 2.1 by M. C. Porter. McGraw-Hill Book Co., New York (1988).
53. Van Reis. R. et al., *Biotechnology and Bioengineering*, **56**(1), October 5, 1997.

习 题

节 14.1

14.1 尽可能全面地说明膜分离与下列操作的不同：

(a) 吸收和脱吸；

(b) 蒸馏；

(c) 液-液萃取；

(d) 萃取蒸馏。

14.2 对于本章开头部分讨论的工业应用，计算氢和甲烷在膜中的渗透率。

14.3 已开发了分离氮和甲烷的新的非对称型聚亚酰胺聚合物膜，它在 30℃时对氮和甲烷的渗透系数分别为 50 000 barrer/cm 和 10 000 barrer/cm。如果用此新膜去实行图 14.35 所示的分离，试确定所需的膜表面积(m^2)和渗透物中甲烷的流率(kmol/h)。计算采用进入原料的和排出渗余物的分压的算术平均值与膜的渗透物侧渗透物出口处的分压差作为扩散通过膜的推动力。

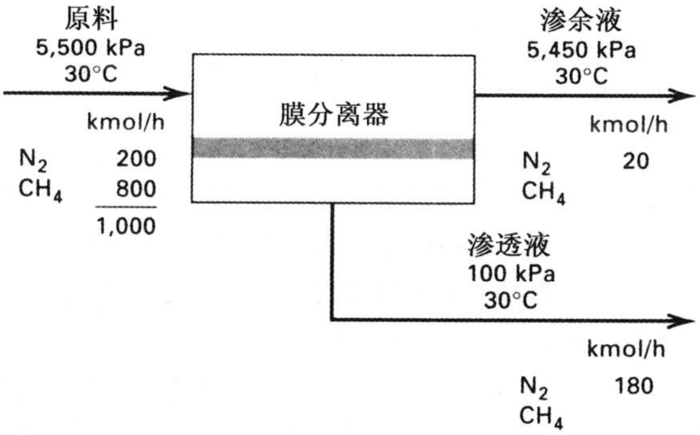

图 14.35 习题 14.3 的数据

节 14.2

14.4 一台中空纤维膜组件具有 4 000 ft^2 的膜表面积(以纤维的内径计)，每根纤维的尺寸为：42μm 内径×85μm 外径×1.2 m 长。试确定：

(a) 组件中中空纤维根数；

(b) 组件的直径，假设纤维以中心间距 120μm 的正方形排列；

(c) 单位组件体积具有的膜表面积(充填密度)m^2/m^3。将计算结果与表 14.4 中的值进行比较。

14.5 一台由平板膜材料制成的典型的螺旋卷膜组件直径 0.3 m 和长 3 m，如果充填密度(膜表面积/

单位组件体积)是 500 m^2/m^3，确定螺旋形膜的中心间距①，假设中心集液管直径是 1 cm。

14.6 一个图 14.4(d)所示的膜集成单元含有 19 个流道，其内径 0.5 cm 和长 0.85 m，如果有九个这样的单元设置于图 14.5 所示那样的圆柱形组件中，试确定下列合理的数值：

(a) 组件体积 (m^3)；

(b) 充填密度 (m^2/m^3)。将算得的数值与表 14.4 中其他膜组件的数值进行比较。

节 14.3

14.7 70℃的水将通过多孔聚乙烯膜，该膜具有平均孔径 0.3μm 微孔，空隙率为 25%，孔的曲折度为 1.3，膜的下游和上游侧的压力分别是 125 kPa 和 500 kPa。试计算水通过膜的速率 $m^3/(m^2 \cdot day)$。

14.8 平均孔径为 40Å 的多孔玻璃膜被用来分离 25℃的轻质气体，在操作条件下努森扩散占主导地位，膜的下游压力为 15 psia，而上游压力不大于 120 psia。该膜采用纯氦气进行过标定，得到在操作压力范围下的恒定渗透率是 117 000 barrer。用 CO_2 在操作压力区域作的实验测定得到渗透率是 68 000 barrer。

假设氦成努森流动，预测 CO_2 的渗透率。此值是否与实验值相符？如果不符，试解释之。参考资料：Kammermeyer, K. and L. O. Rutz, C. E. P. Symp. Ser. ,55(24),163－169(1959)。

14.9 在节 14.3 中未作讨论或在图 14.6 中未示明的两种气体组分通过多孔膜的机理是：(1)气体混合物中的某些组分在孔中部分冷凝而与其他组分分开，随之冷凝的分子传递通过孔道；(2)气体混合物中的某些组分在孔的表面被选择性地吸附，随之靠表面扩散穿越孔道。特别是 Rao 和 Sircar[48]已发现，后一个机理对于低压气流中氢和烃类的分离提供了潜在的有吸引力的途径。在多孔碳膜中，它具有孔径为 4～15Å 的连续孔，当烃类被选择性吸附时，膜中仅有很小空间供氢作努森扩散。

膜的典型厚度不超过 5μm，五种纯组分及其混合物在 295.1 K 时的渗透率测定值如下：

组分	渗透率/barrer		混合物中的%(mol)
	纯气体时	在混合物中	
H_2	130	1.2	41.0
CH_4	660	1.3	20.2
C_2H_6	850	7.7	9.5
C_3H_8	290	25.4	9.4
$nC_4 10_{10}$	155	112.3	19.9
			100.0

一股上列组成的炼厂废气混合物将采用该多孔碳膜进行处理，该气流的压力为 1.2 atm，渗透物一侧应用清扫气，以至于该侧原料气中各组分的分压接近于零。当膜的上游压力侧的组成是原料气组成时，试确定渗透气的组成(脱清扫气基准)。解释纯气体和气体混合物中组分的渗透率实测值间差异如此大的原因。

14.10 一股气体混合物由丙烯 60%(mol)和丙烷 40%(mol)组成，于 25℃和 300 psia 条件下以 100 lbmol/h 流率进入分离器，该分离器采用厚度为 0.1μm 的聚乙烯基三甲基硅烷膜(其渗透率见表 14.9)，所用螺旋卷组件的渗透物侧压力为 15 psia。试对下列流动方式以分割分率(渗透物占原料的分率)函数形式计算物料平衡和膜面积：

(a) 全混；

(b) 错流。

14.11 对示于图 14.12 的两级脱除级联和两级增浓级联分别重复习题 14.10(a)的计算，但对每种情况仅选一个合适的分割分率，使得最终渗余物为 40 lbmol/h。

14.12 对例 14.7 作下列改变后，重复该例的计算：

管侧雷诺数＝25 000；

① 此处似应为相邻圈间的径向间距——译者注。

管内径=0.4 cm；

渗透物侧的传质系数=0.06 cm/s；

试分析浓差极化的重要性。

节 14.4

14.13 一股20℃流量为100 gal/h的过程水溶液，含有Na_2SO_4 8%（质量）和高分子量物质（A）6%（质量）。该溶液在连续逆流渗析器中处理，所用的清扫水流量与该溶液的相同，渗析用膜是多孔玻璃纸，其空隙率为50%，湿的膜厚度=0.005 1 cm，曲折度=4.1，孔径=31Å。被分离的分子具有下列性质：

	Na_2SO_4	A
相对分子质量	142	1 000
分子直径 Å	5.5	15.0
扩散系数 $cm^2/s\times10^5$	0.77	0.25

计算当仅有10%的A通过膜时所需的膜面积（m^2），假设水不通过膜。渗析液中Na_2SO_4的回收百分率是多少？采用对数平均浓度传质推动力，假设膜的每一侧的传质阻力占Na_2SO_4和A的总传质阻力的25%。

14.14 一台渗析器用于分离流量为300 L/h的水溶液，该溶液中含有0.1 mol/L NaCl和0.2 mol/L HCl。应用所用的微孔膜做的实验室试验得到式（14-57）中的总传质系数K_i如下，采用的是对数平均浓度推动力：

	K_i，cm/min
水	0.002 5
NaCl	0.021
HCl	0.055

确定当HCl的90%，95%和98%传递到渗析液中时所需的膜面积m^2，并对这三种情况进行完整的以kmol/h为基准的物料衡算。所用的清扫液流量是300 L/h。

14.15 流量为86 000 gal/day的含盐水溶液用电渗析脱盐，要求含盐量从3 000 ppm降到400 ppm，转化率40%。电渗析过程采用四级，每级由150个膜对组成的三台膜堆构成，每级的脱盐分率相同，预期的电流效率为90%，第一级采用的电压为220 V，每个膜对具有1 160 cm^2的面积。计算第一级的电流密度（mA/cm^2）、电流A和所需功率（kW）。参考资料：Mason, E. A. and T. K. Kirkham, C. E. P. Symp. Ser., 55(24), 173-189(1959)。

节 14.5

14.16 一套反渗透装置用来处理20℃海水30 000 000 gal/day，海水中含溶解固体3.5%（质量），要求生产含溶解固体500 ppm的饮用水10 000 000 gal/day，相应的盐水含溶解固体为5.25%（质量）。原料侧压力为2 000 psia，而渗透物侧压力为50 psia，所用的单级螺旋卷膜组件中的流动方式近似为错流，如果总的膜面积是2 000 000 ft^2，计算水和盐的渗透系数。

14.17 设计一个处理原料流量100 gal/min的反渗透过程，建议了三套设计方案，其中差别在于从原料中取得饮用水的回收率：

设计方案1：四个并联单元构成的单级，回收率50%；

设计方案2：依次处理渗余液的两级（并联的四个单元跟着并联的两个单元）；

设计方案3：依次处理渗余液的三级（并联的四个单元跟着并联的两个单元，再跟着一个单元）。

试绘制三个设计方案的流程图，并确定方案2和方案3的饮用水回收率。

14.18 造纸生产过程中有一个制浆步骤，它使木片分解成为纤维素和木质素，在制硫酸盐浆过程中，应用一种被称为白色液体的浆料水溶液，其中溶解有如硫化钠和氢氧化钠的无机化学品，在移除纸浆（主要是纤维素)后，余下的是一种被称为淡的(硫酸盐)黑色液体(KBL)，它将被再生以回收白色液体供循环使用。在常规的过程中，含溶解固体 15%(质量)的 KBL 经多效蒸发浓缩到 45%～70%(质量)浓度。已有人提议，可以应用反渗透执行初步浓缩[或许到 25%(质量)]，较高的浓度将因很高的渗透压而可能不合适，估计 180 ℉时含 25%(质量)固体的溶液的渗透压为 1 700 psia，其他条件的渗透压可以用式(14－68)推算，此时采用质量百分率代替摩尔浓度①。

已建议用示于图 14.36 的两级 RO 过程对 180 ℉流量为 1 000 lb/h 的原料进行初步浓缩，第一级的原料压力为 1 756 psia，制取含固体 0.4%(质量)的渗透液；第二级的原料压力为 518 psia，制得含溶解固体 300 ppm 的水和含固体 2.6%(质量)的渗余液。此两级渗透液侧的压力均为 15 psia，。可以用式(14－69)计算膜面积，此时对水的渗透系数可取 0.013 4 lb/(ft^2 · h · psia)，并采用原料侧活塞流的算术平均渗透压。试完成过程的物料衡算和计算每级所需的膜面积。(参考资料：Gottschlich，D. E. and D. L. Roberts，Final Report DE91004710，SRI International，Menlo Park，CA，Setp. 28，1990。)

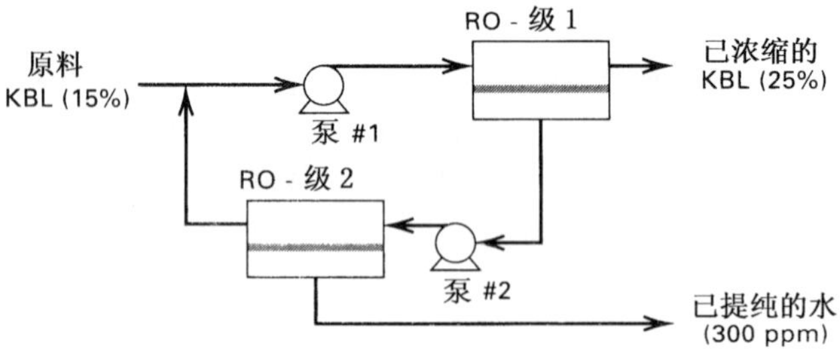

图 14.36　习题 14.18 的数据

节 14.6

14.19　气体渗透可以用来从低压空气中回收有机化合物(VOCs)，需采用对于 VOCs 具有高度选择性的膜材料。在一个典型的应用中，含 0.5%(mol)丙酮的空气以 1 500 scfm(0℃，1 atm)流量加入 40℃和 1.2 atm 的螺旋卷膜组件系统，渗透物一侧采用液环真空泵建立起 4 cm Hg 压力。采用具有厚度 2μm 表皮层的硅橡胶复合膜，它对于空气和丙酮的渗透率分别是 4 和 20 000 barrer。

如果渗余物含 0.05%(mol)丙酮，渗透物含 5%(mol)丙酮，确定所需的膜面积(m^2)，假设膜组件中错流方式流动。(参考资料：(1) Peinemann，K.-V.，J. M. Mohr，and R. W. Baker，C. E. P. Symp. Series，82(250)，19—26(1986)；(2) Baker，R. W.，N. Yoshioka，J. M. Mohr，and A. J. Khan，J. Membrane Sci.，31，259—271(1987)。)

14.20　空气分离成氮和氧是被广泛应用的过程，当空气处理量为 100～5 000 t/day 时采用深度冷冻蒸馏最经济，20～50 t/day 时则用变压吸附更经济，而对于 10 t/day 以下的小用户，气体渗透获得了用武之地，此时单级既能生产富氧空气[40%(mol)氧]，又能生产 98%(mol)纯度的氮气。现希望采用气体渗透生产 5 t/day(2 000 lb/t)含氧 40%(mol)的富氧空气和氮[理想的纯度 90%(mol)]，假设原料侧和渗透物侧压力分别是 500 psia 和 20 psia，两家能提供膜组件的公司提供了下列数据：

	公司 A	公司 B
组件类型	中空纤维	螺旋卷
氧的 $\overline{P}_M$，barrer/μm	15	35
$\overline{P}_{MO_2}/\overline{P}_{MN_2}$	3.5	1.9

确定每家公司组件所需的膜面积，假设这两种膜组件中的流动方式近似为错流。

① 似应将质量百分率换算成摩尔浓度——译者注。

14.21　为了开发一个膜过程，一项联合风险投资已进行了数年，该过程用来从高压酸性天然气中分离 CO_2 和 H_2S。典型的原料和产品条件是：

	原料气	管道气
压力 psia	1 000	980
组成 %(mol)		
CH_4	70	97.96
H_2S	10	0.04
CO_2	20	2.00

为符合这些条件，确立了下列膜材料的要求：

	选择性
CO_2—CH_4	50
H_2S—CH_4	50

此处选择性是渗透率之比。

$$P_{MCO_2}=13.3 \text{ barrer}$$

膜的表皮层厚度预期是 0.5μm。

试通过计算示明在单级中采用具有这些特性膜的适当膜面积是否能生产出符合管道气条件的产物，假设原料气的流量是 10×10^3 scfm(0℃，1 atm)，组件中成错流。

(参考资料：Stam，H.，in Future Industrial Prospects of Membrane Processes，L. Cecille and J. C. Toussaint，Eds.，Elsevier Applied Science，London，pp. 135－152(1989)。)

节 14.7

14.22　膜蒸发将被用来从水中分离乙酸乙酯(EA)，30℃和 20 psia 下的原料水中含有 2.0%(质量)的 EA，原料液的流量为 100 000 gal/day。螺旋卷膜组件采用厚度 1μm 的聚二甲基硅烷表皮致密膜，其中流动方式接近错流。渗透物压力 3 mmHg。测得在这些条件下膜的总渗透速率是 1.0 L/(m^2·h)，由式(14－36)定义的 EA 对水的分离因子是 100。希望得到含 0.2%(质量)EA 的渗余物，相应的渗透物含 45.7%(质量)EA。试确定所需的膜面积(m^2)和原料的温度降落。(参考资料：Blume，I.，J. G. Wijans and R. W. Baker，J. Memberane Sci.，49，253－286(1990)。)

14.23　对于温度为 60℃含乙醇 17.0%(质量)的水溶液原料和渗透物压力 15.2 mmHg 的膜蒸发，得到含乙醇 12%(质量)的渗透物，Wesslein 等[45]测定了的总渗透速率为 1.6 kg/(m^2·h)，其他条件给出在例 14.12 中。试计算在这些条件下乙醇和水的渗透系数，并计算水的选择性。

14.24　常压蒸馏不可能分离苯(B)和环己烷(C)，因为存在含苯 54.5%(mol)的最低恒沸物。然而，以糠醛为溶剂的萃取蒸馏能进行分离。对于等摩尔原料，可以生产纯度分别为 98%和 99%(mol)的苯和环己烷产品。另外，正如 Rautenbach 和 Albrecht[47]所讨论的，采用对苯具有选择性的聚乙烯膜的三级膜蒸发过程受到了注意。考虑此过程的第二级，其 75℃含 B 57.5%(质量)的原料流量是 9 905 kg/h，渗余物含苯 16.4%(质量)和温度 67.5℃，渗透物则含苯 88.2%(质量)和温度 27.5℃，总的质量渗透速率是 1.43 kg/(m^2·h)，苯的选择性是 8。试计算渗余物和渗透物的流量 kg/h 及所需的膜表面积(m^2)。

节 14.8

14.25　根据例题 14.14 的问题说明，如果仅用两级代替四级，仅对部分 1 计算组分物料衡算 lb/day、最终浓缩液中 TP 和 NPN 占乳清中的回收百分率(百分得率)以及计算所需的过滤芯数。

14.26　根据例题 14.14 的问题说明，设计一个四级重过滤部分，它以部分 1 来的 55%(质量)浓缩液为原料,生产出 85%(质量)的浓缩液,这样就可以免去部分 3。

节 14.9

14.27 应用例 14.15 的 DEF 式微过滤的膜和原料条件以及算得的 R_m 和 K_2,计算和标绘作为时间函数的渗透速率和累计渗透液体积。假设组合式操作的第一阶段以恒渗透液流量 10 mL/min 操作,直至达到上限压降 25 psia,接着进行第二阶段保持此压降的恒压操作,直至渗透液流量降到最低极限值 5 mL/min 为止。

第 15 章　吸附、离子交换和色谱(层析)

吸附、离子交换和色谱是吸着操作,在操作中流体相中某些被称为溶质的组分被选择性地向悬浮于容器中不溶解的坚硬颗粒或塔中的填料传递。吸着(sorption)是由 J. W. McBain [Phil. Mag. ,**18**,916－935(1909)]引入的一个普通词,它包含向固体或液体的表面和/或主体内部选择性的传递的含义,因此,气体组分进入液体的吸收和流体组分向无孔膜内部的渗透也是吸着操作。在普通的吸着过程中,被吸着的溶质被称为吸着质,进行吸着的介质则被称为吸着剂。

在图 15.1(a)所示的吸附过程中,气体或液体中的分子、原子或离子扩散到固体表面,它们在此与固体表面结合或靠微弱的分子力停留下来,被吸附的溶质被称为吸附质,固体物则被称为吸附剂。为了使单位体积具有很大的吸附表面积,采用具有相互连接的小孔的、高孔隙率的固体颗粒,此时吸附的主体发生在孔道中。

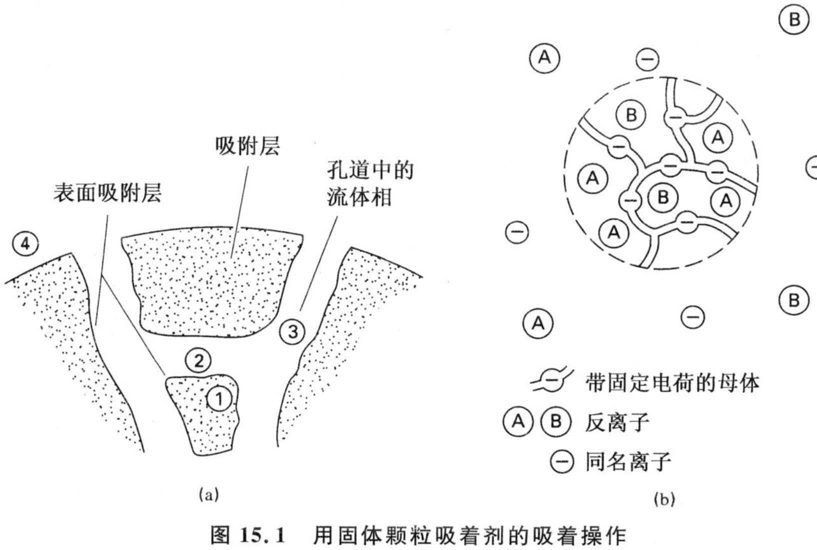

图 15.1　用固体颗粒吸着剂的吸着操作

(a) 吸附;(b) 离子交换

在图 15.1(b)所示的离子交换过程中,在液体溶液(通常是水溶液)中的正电荷离子(阳离子)或负电荷离子(阴离子)与固体离子交换树脂中具有同样电荷的不一样的可置换离子交换,离子交换树脂中还包含固定不动又不溶解并被永久束缚住的反电荷的同名离子,因此,交换的离子可以是阳离子或阴离子。用离子交换进行水的软化需用阳离子交换树脂,此时发生如下的钙离子与钠离子交换的反应:

$$Ca_{aq}^{2+} + 2NaR_{(s)} \rightleftharpoons CaR_{2(s)} + 2Na_{aq}^{+}$$

式中 R 是离子交换树脂中的剩余物料。离子交换是可逆的，并未引起固体离子交换树脂结构的永久性变化，所以，离子交换树脂可以被一再利用，除非受到液体原料中的有机化合物污染，黏附在交换点及树脂内部。离子交换的概念可以扩展到从水中基本上除去所有的无机盐，这是个去矿物化或去离子化的两步过程，在第一步中，阳离子交换树脂进行氢离子与钙、镁和钠等一类的离子交换；在第二步中，阴离子交换树脂进行羟基离子与硫酸盐、硝酸盐、氯化物和重碳酸盐等电离得到的强酸根或弱酸根离子的交换，进入水中的氢离子和羟基离子结合成水。阳离子交换树脂和阴离子交换树脂通常分别用硫酸和氢氧化钠进行再生。

在色谱中，吸着剂可以是固体吸附剂、在固体颗粒载体孔中容留的不溶解又不挥发的液体吸收剂或离子交换树脂，无论用那种吸着剂，待分离的各溶质跟随惰性洗提流体以不同速率通过色谱，这是因为反复发生着吸着和脱吸的循环。

在吸附和离子交换期间，固体分离剂被从流体相传递过来的分子、原子或离子饱和或接近饱和，为了回收吸着质和吸着剂，可以再利用，需脱吸吸着物使吸着剂再生，为此，这两种分离操作以循环方式进行。在色谱中，还原同时发生，只是在分离器的不同位置发生而已。

根据吸附组分在原料流体中的浓度，吸附过程可以分为提纯和主体分离两类，虽然这里没有明确的分界浓度，Keller[1]建议此浓度是 10%（质量）。吸附的早期应用均属提纯，例如，为了改善水的味道用木炭对水作吸附处理是众所周知达一个世纪的事了，应用骨炭或其他物质对液体溶液进行吸附脱色至少已有长达 500 年的应用历史，活性炭的气体吸附第一个由 C. W. Scheele 于 1773 年作了描述。应用气体吸附进行主体分离的工业应用始于 20 世纪 20 年代早期，但直至 60 年代，此类应用并未逐步增加，随着 Milton[2]发明的具有高吸附选择性的合成分子筛沸石及 Skarstrom[3]开发出的变压吸附，使得固定床循环操作的气体吸附过程能实现有效操作，此类应用才得到发展。跟随着 Broughton 和 Gerhold[4]发明的吸附分离模拟移动床，工业规模液体混合物的主体分离也始于 20 世纪 60 年代。

离子交换应用的日期至少要追溯到 Moses 那个时代，他带领他的信徒离开埃及进入荒野，他们应用木料处理 Marah 的苦水[Exodus 15:23－26]。在古埃及，亚里士多德发现当含盐的水渗滤过某些沙地后含盐量将减少。Thompson 和 Way 两人对离子交换的系统研究结果于 1850 年发表，他们在离子的存在被发现前试验了土壤中的阳离子交换。

离子交换的第一个较重要的应用发生在大约 100 年前，这是除去造成硬水的离子（例如钙离子）的水处理，最初用的离子交换剂是含二氧化硅的多孔天然矿沸石，在 1935 年，人工合成的、不溶解的离子交换聚合物树脂成功引入，如今它们在水的软化和去离子应用中占据着主导地位，但天然的和合成的沸石仍有应用。

自从 1903 年俄罗斯植物学家 M. S. Tswett[5]发明色谱以来，它作为实验分析和制备技术得到了广泛应用，Tswett 用它分离溶解于二硫化碳中的叶子萃取物，它是结构相似的黄色和绿色叶绿体色素混合物，他让此萃取物溶液通过填充着白垩颗粒的填充塔，结果色素按照颜色分开。因此，色谱（chromatography）这个词是由希腊词“chroma”和“graph”合并而成，前者意谓“颜色”，后者则为“写”。色谱引发了液体、特别是气体混合物的实验室化学分析的革命性变化，然而，由 Bonmati 等[6]和 Bernard 等[7]描述的大规模工业应用在 20 世纪 80 年代前尚未开始。

15.0　本章教学目的

在学完本章后,你应能:

- 列举多孔吸附剂的主要类型和它们最重要的特性。
- 解释为什么区区几克的吸附剂能有一个足球场大小的吸附面积。
- 区别化学吸附与物理吸附。
- 解释离子交换树脂是如何工作的。
- 列举用于色谱的吸着剂的类型。
- 比较用于关联单组分吸附平衡的三个主要表示式(被称为等温方程)。
- 列举溶质吸附中的各步骤及哪一步可能是吸附速率的控制步骤。
- 估算吸附的外部和内部速率。
- 描述关于流体中含有的被吸附溶质与吸附剂接触的主要模型。
- 说明吸附剂再生的主要方法。
- 用淤浆吸附的任一主要模型计算容器的大小或停留时间。
- 列举和解释理想固定床吸附的假设和解释传质区域宽度的概念。
- 解释固定床吸附中的透过概念。
- 计算固定床吸附的床高、床径和循环时间。
- 计算模拟移动床操作的分离。
- 进行离子交换循环的设计计算。
- 计算色谱中的矩形和高斯分布脉冲。

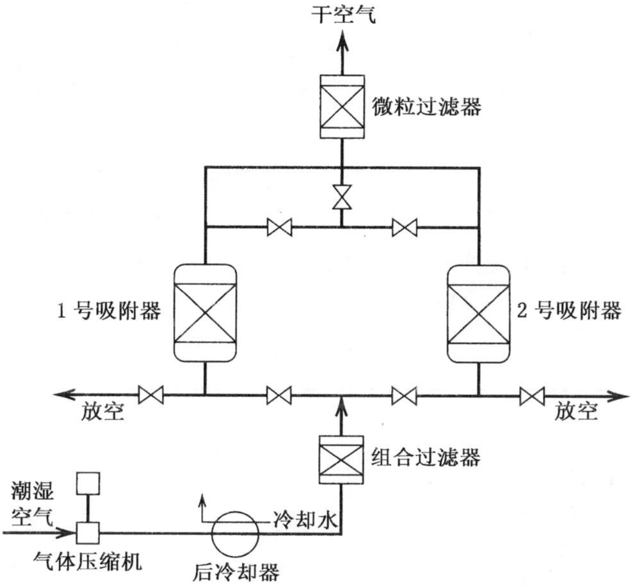

图 15.2　空气脱湿的变压吸附流程

15.0.1 工业应用实例

空气去湿和空气分离成氮和氧是气体变压吸附过程的主要应用。White 和 Barkley[8]描述了一个压缩空气去湿的小单元，如图 15.2 所示，它具有两座固定床吸附器（塔），每座塔塔径为 12.06 cm，充填有直径 3.3 mm 的美国铝公司 F－200 活性氧化铝小球 11.5 kg，相应的床层高度为 1.27 m，床层的外部空隙率为 0.442，活性氧化铝小球的堆积密度为 769 kg/m^3。

上述单元以 10 分钟一个循环进行操作，其中 5 分钟用于从空气中吸附水蒸气，5 分钟进行再生，再生包括减压、水蒸气放空和 30 秒升压步骤。当一座塔在吸附时，另一座塔则在再生。在吸附（干燥）阶段，21℃和 653.3 kPa（6.45 atm）的空气以 1.327 kg/min 的流量进入床层底部，由下向上通过床层，其压降为 2.386 kPa。空气在系统压力下的露点温度从 11.2℃经吸附后降到－61℃。在 270 秒放空期间，大约离开一座塔的干空气的三分之一直接用到另一座塔，作为吸附剂再生用的向下流动放空，放空在压力 141.3 kPa 下排放。采用与进入空气流向成逆流的放空流动，可以达到水蒸气脱附的最高程度。

示于图 15.2 中的其他设备有空气压缩机、后冷却器、用于床层从循环中的一个步骤变换到另一个步骤的管路和阀门、清除进入空气中的气溶胶用的组合过滤器及用于从排出干空气中除去吸附剂细粉的微粒过滤器。如果干空气仅需低至中等压力，可以设置空气透平来回收干空气减压释放出来的能量。

在一个循环中的 5 分钟吸附期间，吸附剂的吸水能力不能被超出。在本例中，空气中的含水量从 1.27×10^{-3} kg H_2O/kg 空气降到 9.95×10^{-5} kg H_2O/kg 空气的很低值，为了达到这样低的排出水蒸气含量，在吸附期间仅用吸附剂吸附能力（容量）的小部分，吸附大多发生在 1.27 m 床高中的前 0.2 m 区域。

采用吸附进行气体和液体混合物的主体分离是个正在显现的分离操作，具有更好选择性的新吸附剂和更有效的操作循环开发方面正在取得重要的进展，此外，注意力正直接指向复合系统，此种系统包含膜和其他类型的分离操作。本章讨论的三种吸着操作已经找到了许多应用，其中的一些已列于表 15.1 中，该表取自 Rousseau[9]的列表，应用涉及到的组分分子量范围很广。

本章讨论吸着剂，包括它们对于将从溶液中清除的溶质的平衡、筛分、传递和动力学性质；进行循环操作的技术以及设备结构和设计，平衡级模型和速率膜型两者均作了展开讨论。虽然重点在吸附，但离子交换和色谱的基本原理也作了论述，三种吸着操作的进一步论述已由 Rousseau[9]和 Ruthven 给出。

表 15.1 吸着操作的工业应用

1. 吸附
气体提纯：
从排放物流中清除有机物
从排放物流中清除 SO_2
从气流中清除硫化物
从空气和其他气流中清除水蒸气
从空气中清除溶剂和气味

(续 表)

从 N_2 中清除 NO_x
从天然气中清除 CO_2
气相主体分离:
N_2/O_2
H_2O/乙醇
丙酮/排放物流
C_2H_4/排放物流
正构链烷烃/异构链烷烃、芳烃
CO, CH_4, CO_2, N_2, A, NH_3/H_2
液体提纯:
从有机溶液中清除 H_2O
从 H_2O 中清除有机物
从有机溶液中清除硫化物
溶液脱色
液相主体分离:
正构链烷烃/异构链烷烃
正构链烷烃/烯烃
对二甲苯/其他 C_8 芳烃
对-或间-甲基异丙基苯/其他甲基异丙基苯异构体
对-或间-甲酚/其他甲酚异构体
果糖/葡萄糖、多聚糖
2. 离子交换
水的软化
水的脱矿物化
水的脱盐
蔗糖溶液脱色
从酸性浸出溶液中回收铀
从发酵培养液中回收抗生素
从发酵培养液中回收维生素
3. 色谱
糖类分离
芳香成分的分离
C_4～C_{10} 正构和异构链烷烃的分离

15.1　吸着剂

为了适应工业应用,吸着剂应具有:(1)高选择性,能实现清晰分离;(2)高的吸着能力,能使所需的吸着剂量最少;(3)优良的动力学和传递性质,能快速吸着;(4)化学稳定性和热稳定性,包括在接触的流体中极低的溶解度,能保持吸着剂的数量和性质;(5)硬度和机械强度,能防止破碎和磨损;(6)自由流动的倾向,能方便容器的充填和出空;(7)高的抗污染能力，能获得长的应用寿命；(8)无促进不希望的化学反应的倾向；(9)再生能力，尤其当工业原料中含有微量的高分子组分，而这些组分被强力吸着而难以脱吸时；(10)相对低的价格。

15.1.1 吸附剂

绝大多数固体都能从空气和液体中吸附物质，但是，仅少数固体具有足够的选择性和吸附容量(能力)，使它们能成为工业吸附剂的合格候选者。大的比表面积(单位体积具有的面积)是相当重要的因素，它需用能生成微孔结构固体的吸附剂生产技术才能达到。根据国际纯化学和应用化学联盟(IUPAC)的定义，孔径＜20 Å 为微孔，在 20～500 Å 为中孔，＞500 Å(50 nm)则为大孔。典型的工业用吸附剂可以是颗粒、圆球、圆柱形颗粒、薄片和/或大小在 50 μm～1.2 cm 范围的粉末，它们具有 300～1 200 m^2/g 的比表面积，因此，仅仅几克吸附剂就能具有足球场那么大(120×53.3 码或 5 350 m^2)的表面积！具有平均孔径 10～100Å、孔隙率为 30%～85%的颗粒才有可能具有如此大的面积。

为进行定量分析，考虑直径为 d_p 和长为 L 的圆柱形直孔，它的表面积对体积之比为

$$S/V=\pi d_p L/(\pi d_p^2 L/4)=4/d_p \tag{15-1}$$

如果颗粒的孔隙率为 ε_p 和密度为 ρ_p，则单位质量吸附剂具有的比表面积 S_g 为

$$S_g=4\varepsilon_p/\rho_p d_p \tag{15-2}$$

因此，如果 ε_p 是 0.5，ρ_p 是 1 $g/cm^3=1\times10^6\ g/m^3$，$d_p$ 是 20 Å(2×10^{-10} m)，代入式(15-2)计算得 $S_g=1\ 000\ m^2/g$，这是个合乎需要的数值。

根据流体分子与固体分子间的作用力类型，吸附可以分为物理吸附(范德华吸附)和化学吸附(活性吸附 Activated Adsorption)。当固体分子与气体分子间的相互吸引力大于气体本身分子之间的相互吸引力时，发生气体物理吸附，实际上，这种吸附与冷凝相像，是个放热过程，吸附伴随着释放热量，吸附热可以大于或小于汽化热，这随吸附程度而变。物理吸附可能是单分子层的，也可能是两分子、三分子或多分子层的，其发生很快，如果是单分子层的，它也是可逆的；如果是多分子层，例如毛细管中被充满，则可能发生滞后现象。吸附质密度是液体的数量级，而不是蒸气的数量级。当物理吸附发生时，开始是单分子层的，随后变成多分子层，如果孔径接近分子直径，则发生毛细管冷凝，孔中被吸附质充满，相应地，多孔吸附剂的最大吸附能力与孔的体积关系更密切，而不是表面积。然而，当温度高于气体的临界温度时，吸附被限于单分子层的。

与物理吸附不一样，化学吸附包含吸附剂和吸附质之间的化学键生成而成单分子层吸附，通常释放出比汽化热大得多的热量。气体化学吸附一般仅在温度超过 200℃时发生，可能是慢又不可逆的。工业吸附剂依赖于物理吸附，催化则依赖于化学吸附。

液体吸附是更难以实验测定和描述的现象。当流体是气体时，实验用纯气体或混合物进行，有限空间内被吸附的气体量可以从测定总压的下降来确定。当流体是液体时，没有这么简单的确定纯液体被吸附程度的方法，因此，实验只能用液体混合物(包括稀溶液)来进行。当多孔吸附剂颗粒沉浸在液体混合物中时，如果孔径相对于液体分子足够大，孔中将充满液体，达到平衡时，由于液体混合物中不同分子间存在着物理吸附程度的差异，孔道中液体的组成与吸附剂颗粒周围液体主体的组成是不一样的。观察到的放热效应被称为润湿热(Heat of wetting)，它比气体的吸附热要小得多。对于气体，给定溶质的平衡吸附量随其浓度的增加而增加，随温度的升高而减小。液体吸附也可能是化学吸附。

表 15.2　工业用多孔吸附剂的典型性质

吸附剂	性质	孔径 d_p/Å	颗粒孔隙率 ε_p	颗粒密度 ρ_p /$(g \cdot cm^{-3})$	比表面积 S_p /$(m^2 \cdot g^{-1})$	25℃下 4.6 mmHg 水蒸气的吸附容量%(质量,干基)
活性氧化铝	亲水、无定形	10～75	0.50	1.25	320	7
硅胶:						
小孔	亲水/疏水,	22～26	0.47	1.09	750～850	11
大孔	无定形	100～150	0.71	0.62	300～350	—
活性炭:						
小孔	疏水,	10～25	0.4～0.6	0.5～0.9	400～1 200	1
大孔	无定形	>30	—	0.6～0.8	200～600	—
碳分子筛	疏水	2～10	—	0.98	400	—
分子筛沸石	极性-亲水、晶体	3～10	0.2～0.5	1.4	600～700	20～25
聚合物吸附剂	—	40～25	0.4～0.55	—	80～700	—

表 15.2 中列举了六种获得应用的主要固体吸附剂,表中列有吸附剂的性质和代表性的数值,所列性质有平均孔径 d_p、颗粒孔隙率(内部空间占有的分率)ε_p、颗粒密度 ρ_p 和比表面积 S_p,此外,对于某些吸附剂,还列有从 25℃空气中吸附具有分压 4.6 mmHg 水蒸气的吸附容量,这些数据取自 Rousseau[9]文献。表中未列入比孔隙体积 V_p,它可以从其他性质计算:

$$V_p = \varepsilon_p / \rho_p \tag{15-3}$$

另外未列入表中、但当吸附剂用于固定床中时有意义的性质是床层主体密度 ρ_b 和床层空隙率 ε_b(外部空隙率),它们有下列关系式:

$$\varepsilon_b = 1 - \frac{\rho_b}{\rho_p} \tag{15-4}$$

另外,真实固体密度(又称晶体密度)ρ_s 可以从类似的关系计算:

$$\varepsilon_p = 1 - \frac{\rho_p}{\rho_s} \tag{15-5}$$

吸附剂的比表面积 S_g 测定采用氮气吸附的公认的 BET(Brunauer, Emmett 和 Teller[11])方法,典型的 BET 设备在氮气的沸点(−195.8℃)温度下操作,测定几个不同总压(在 5 到至少 250 mmHg 真空度之间)下纯氮与几克吸附剂达到物理吸附平衡时被吸附的氮气体积。Brunauer, Emmett 和 Teller 导出了一个理论方程,用于模型化允许多分子吸附层生成的吸附,进而他们假定仅形成单分子吸附层期间的吸附热(ΔH_{ads})是常数,且随后生成的吸附层热效应一起等于冷凝热(ΔH_{cond})。BET 方程为

$$\frac{p}{v(p_0 - p)} = \frac{1}{v_m c} + \frac{(c-1)}{v_m c}\left(\frac{p}{p_0}\right) \tag{15-6}$$

式中:p ——总压;

p_0——测试温度下吸附质的蒸气压;

v ——被吸附气体的标准态(STP,即 0℃和 760 mmHg)体积;

v_m——成单分子层吸附所吸附的气体的标准态(STP,即 0℃和 760 mmHg)体积;

c ——与吸附热有关的常数$\approx \exp[(\Delta H_{cond} - \Delta H_{ads})/RT]$。

将实验数据 v 作为 p 的函数进行标绘，由式(15－6)可见，$p/[v(p-p_0)]$与 p/p_0数据点可用直线拟合，由此直线的斜率和截距可以确定 v_m和 c。S_g值由下式计算：

$$S_g = \frac{\alpha v_m N_A}{V} \tag{15-7}$$

式中：N_A——阿伏伽德罗常数$=6.023\times10^{23}$分子数/mol；

V——标准状态下的摩尔体积$=22\ 400\ cm^3/mol$。

系数 α 是被吸附的单个分子覆盖的面积。如果假定球形分子成紧密的两维排立，则投影面积是：

$$\alpha = 1.091\left(\frac{M}{N_A \rho_L}\right)^{2/3} \tag{15-8}$$

式中：M——吸附质的相对分子质量；

ρ_L——吸附质密度 g/cm^3，当作实验温度下的液体。

虽然 BET 表面积可能并不总是代表用于特定分子吸附的表面积，但 BET 实验具有重复性和被广泛地用于吸附剂的特性评定。

比孔隙体积是每克吸附剂具有的孔隙体积(cm^3孔隙体积/g 吸附剂)，少量吸附剂质量 m_p的比孔隙体积用测定这些吸附剂排挤的氦体积 V_{He}和水银体积 V_{Hg}来确定。氦不会被吸附，但能充满孔隙体积；常压下水银不能进入孔隙，这是因为它的不利的表面张力和接触角的缘故。所以，比孔隙体积 V_p可以用下式计算：

$$V_p = (V_{Hg} - V_{He})/m_p \tag{15-9}$$

颗粒密度由下式给出：

$$\rho_p = \frac{m_p}{V_{Hg}} \tag{15-10}$$

真实固体密度则由下式得到：

$$\rho_s = \frac{m_p}{V_{He}} \tag{15-11}$$

于是颗粒的孔隙率用式(15－3)或式(15－5)算得。

孔隙体积于整个孔道大小区间的分布对吸附有重要意义，对于大直径孔道(>100Å)，此分布用水银孔度计测定；对于直径 15～250Å 的孔道用氮气脱附方法测定；对于直径<15Å的孔道，采用适用于不同直径分子的分子筛测定。在水银孔度计中，水银渗入孔道的程度作为所用静压的函数来测定。对圆形直孔轴向作水银和吸附剂表面之间的压力和表面张力的力平衡得：

$$d_p = \frac{4\sigma_1 \cos\theta}{p} \tag{15-12}$$

对于水银，式中 σ_1＝表面张力＝0.48 N/m；θ＝接触角＝140°。将这些数值代入式(15－12)得：

$$d_p(\text{Å}) = \frac{21.6\times10^5}{p(\text{psia})} \tag{15-13}$$

所以，要迫使水银进入 100 Å 的孔道中，需要 21 600 psia 的很高压力。

用于测定具有更重要意义的 15～250 Å 孔径区间的孔大小分布的氮气脱附方法是上述用于测定比表面积的 BET 方法的推广。当压力增高超过 600 mmHg 时，多分子层吸附膜达到了在孔上架桥的程度，导致毛细管冷凝，在 $p/p_0=1$ 时，整个孔道被氮充满。随后分步降低压力，氮气从大的孔道开始选择性地脱附。由于孔径对于孔道中冷凝相蒸气压的影响发生的这种脱附选择性由 Kelvin 方程给出：

$$p_p^s = p^s \exp\left(-\frac{4\sigma v_L \cos\theta}{RTd_p}\right) \tag{15-14}$$

式中：p_p^s ——孔道中液体的蒸气压；

p^s ——平面上液体的正常蒸气压；

σ ——孔道中液体的表面张力；

v_L ——孔道中液体的摩尔体积。

因此，孔道中凝液相的蒸气压比平面上的正常蒸气压小，d_p 对 p_p^s 的影响可能是显著的，例如，液氮在 -195.8℃时，$p^s=760$ 托，$\sigma=0.008\ 27$ N/m，$\theta=0$ 和 $v_L=34.7\ cm^3/mol$，由式(15　14)得

$$d_p(\text{Å}) = 17.9/\ln(p^s/p_p^s) \tag{15-15}$$

对于 $d_p=30$Å，由式(15－15)算得 $p_p^s=418$ 托，蒸气压减小接近 50%；对于 200Å 的孔道，蒸气压减小约 10%。在总压 418 托时，仅孔径小于 30Å 的孔道中充满液氮。为了更精确地应用 Kelvin 方程，需要对吸附层厚度进行校正，Satterfield[12]对于此校正的应用作了详细讨论，对于单分子层吸附，液氮层厚度约 0.354 nm，相应的式(15－6)中的 p/p_0 在 0.05～0.10 之间；在 p/p_0 等于 0.60 和 0.90 时，相应的吸附层厚度分别是 0.75 和 1.22 nm。吸附层厚度的校正采用从式(15－14)和式(15－15)中的 d_p 减去两倍膜厚度的办法。

例 15.1

利用表 15.2 中的数据确定硅胶(小孔型)中孔道的体积分率，该孔在水蒸气分压 4.6 mmHg 和 25℃条件下被吸附的水蒸气充满。在这些条件下，分压比蒸气压 23.75 mmHg 低得多。此外，如果被吸附水分子的面积由式(15－8)给出，硅胶的比表面积是 830 m^2/g，确定被吸附的水量是否大于与单分子吸附层相当的数量。

解

取 1 g 硅胶颗粒作为计算基准。从式(15－3)和表 15.2 中的数据得：$V_p=0.47/1.09=0.431\ cm^3/g$，所以，1 g 吸附剂具有 0.431 cm^3 的孔隙体积。从表 15.2 中的吸附容量值，算得被吸附的水量$=0.11/(1+0.11)=0.099\ 1$ g。假设被吸附水的密度是 1 g/cm^3，吸附水的体积$=0.099\ 1\ cm^3$。被水充满的孔道分率$=0.099\ 1/0.431=0.230$，1 g 吸附剂的表面积$=830\ m^2$。由式(15－8)得

$$\alpha = 1.091\times\left(\frac{18.02}{6.023\times10^{23}\times1.0}\right)^{2/3} = 10.51\times10^{-16}\ cm^2/\text{分子}$$

$$\text{被吸附的水分子数} = \frac{0.099\ 1\times6.023\times10^{23}}{18.02} = 3.31\times10^{21}\text{个。}$$

$$\text{在 830 m}^2\text{表面成单分子层吸附所需分子数} = \frac{830\times100^2}{10.51\times10^{-16}} = 7.90\times10^{21}$$

因此，被吸附的水仅形成 3.31/7.90 或 42%单分子层。

四种最广泛使用的吸附剂以其工业应用的程度为序排列，它们是炭(活性的和分子筛)、分子筛沸石、硅胶和活性氧化铝。在表 15.2 中，活性氧化铝 Al_2O_3 包括活性铝矾土是由含水的胶态氢氧化铝脱水制得，它具有适中的高比表面积，其水分吸附容量足够使干燥气体的

湿含量小于 1 ppm，由于它具有很好的亲水性，被广泛用于气体和液体的脱水。

硅胶 SiO_2 由胶态硅土制得，它具有大的表面积及对于水和极性化合物好的亲和性，相关的硅酸盐吸附剂有硅酸镁、硅酸钙、各种白土、Fuller 氏土和硅藻土，硅胶很能清除水分，小孔和大孔型都行。

活性炭生产过程包含多种原料的部分氧化，原料中包括椰子壳、果核、木材、煤、褐煤、泥煤、石油残渣和骨头等。由于活性炭是疏水性的又有大的比表面积，它特别适用于吸附非极性的或弱极性的分子。活性炭颗粒中的大孔有助于转移分子到微孔。有两种等级工业用产品生产，大孔型适用于液体类应用，小孔型则适用于气体吸附。如表 15.2 所示，活性炭是比较疏水性的，具有大的比表面积，因此，它广泛应用于含有非极性和弱极性有机化合物的气体和液体混合物的提纯和分离中，它对这些有机化合物具有比水更强的吸附能力。此外，由于活性炭上的吸附的结合力低，所以吸附热低，易于再生。

分子筛碳(MSC)与活性炭不一样，活性炭的孔径从 10Å 起，而分子筛碳具有的孔径要小得多，在 2～10Å 之间，这就有可能从空气中分离氮。在它的一个制造过程中，小孔是靠在活性炭的孔口沉积焦炭而形成的。

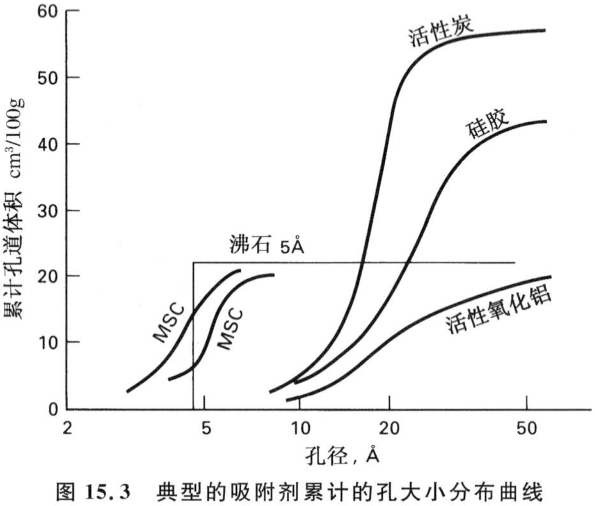

图 15.3　典型的吸附剂累计的孔大小分布曲线

绝大多数工业用吸附剂具有图 15.3 所示的孔径范围，图中累计孔隙体积对孔径标绘。分子筛沸石是此图的例外，它是硅酸铝和碱性或碱土阳离子元素（例如 Na，K，Mg 和 Ca）的无机聚合物，其单晶胞的通用化学计量式是

$$M_{x/m}[(AlO_2)_x(SiO_2)_y]_z H_2O$$

式中 M 是化合价为 m 的阳离子，z 是每个单晶胞中的水分子数，x 和 y 是两个整数，且 $y/x \geqslant 1$，阳离子与 AlO_2 基团电荷平衡，每个 AlO_2 具有负电荷 -1。为了活化沸石，采用升高温度或抽真空将水分子除去，这将留下剩余原子三维相互连接的完整性，每个构成有六个相等窗孔的笼状结构，孔的大小在 3.8～10Å 范围，此大小与阳离子和晶体结构有关，这些孔就如筛孔，它允许小分子进入晶体的笼中，而较大的分子将被截留。由于所有的孔具有同样的大小，所以，相比于其他类型的吸附剂，分子筛沸石的选择性高。最常用的五种分子筛沸石的性质和应用给于表 15.3 中，该表摘自 Ruthven[13]的论文。沸石的分离作用不仅根据分子的大小和形状，还与极性有关，所以，它们也能够分离同样大小的分子。有些沸石是圆孔，而

另一些是椭圆孔，沸石的吸附实际上是晶体笼格的选择性和可逆的充填，所以表面积不是个贴切因素。虽然天然沸石矿物的发现已知是早在 200 多年前的事，但分子筛沸石是由 Milton[2]第一个合成的，他应用化学性质活泼的材料在 25～100℃下合成。

表 15.3　某些分子筛沸石的性质和应用

名称	阳离子	单元晶胞分子式	孔径 Å	典型的应用
3A	K^+	$K_{12}[(AlO_2)_{12}(SiO_2)_{12}]$	2.9	反应气体的干燥
4A	Na^+	$Na_{12}[(AlO_2)_{12}(SiO_2)_{12}]$	3.8	H_2O,CO_2 清除，空分
5A	Ca^{2+}	$Ca_5Na_2[(AlO_2)_{12}(SiO_2)_{12}]$	4.4	空分，链烷烃分离
10X	Ca^{2+}	$Ca_{43}[(AlO_2)_{86}(SiO_2)_{106}]$	8.0	空分
13X	Na^+	$Na_{86}[(AlO_2)_{86}(SiO_2)_{86}]$	8.4	硫醇清除

A 型沸石的单元晶胞结构示于图 15.4(a)中，这是个二氧化硅和氧化铝四面体的三维结构，每个四面体由被硅原子或铝原子包围的四个氧原子形成。氧和硅原子分别具有两个负电荷和四个正电荷，导致形成在四个方向上均匀的四面体。三价铝引起铝的四面体带负电，加入阳离子达到电荷平衡。在图 15.4(a)中，一个四面体的八面体具有六个面是清楚的，每个面有一个接近圆形的窗孔。X 型沸石示于图 15.4(b)，这个单元晶胞结构导致大的窗孔。Barrer[4]和 Breck[15]的专著论述了沸石的许多重要方面。

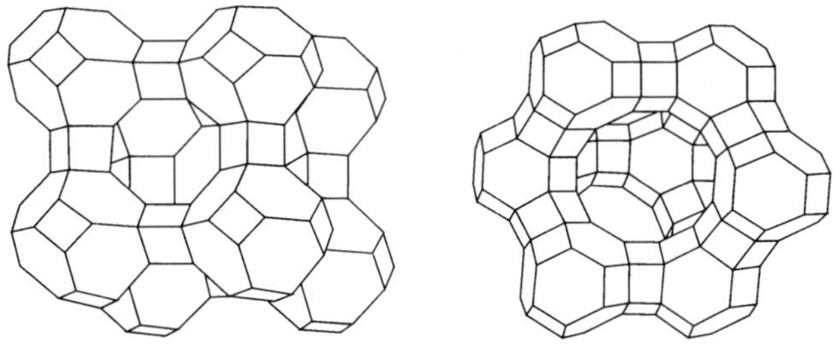

(a)　　(b)

图 15.4　分子筛沸石的线形结构

(a) A 型单元晶胞；(b) X 型单元晶胞

聚合物吸附剂具有较少的工业重要性，它们典型的是直径 0.5 mm 的球形颗粒，由直径 10^{-4}mm 的微球制成。苯乙烯和二乙烯基苯的聚合产品用于从水溶液中吸附非极性有机物；丙烯酸酯的聚合产品适用于吸附极性溶质。它们采用有机溶剂浸取的方法再生。

15.1.2　离子交换树脂

第一个离子交换树脂是自然界中发现的无机硅酸铝(沸石)，19 世纪 50 年代在实验室中它被用于肥料中的铵离子与土壤中的钙离子间的交换，利用沸石进行工业用水的软化约在 1910 年引入，但是沸石在无机酸存在时是不稳定的。当 Adams 和 Holmes[16]于 1935 年用苯酚和乙醛缩聚制得第一个有机聚合物离子交换树脂时，上述的不稳定问题得到了解决。取决于酚基团的性质，离子交换树脂或包含磺酸基团($-SO_3^-$)，或包含胺基团($-NH_3^+$)，用来与阳离子或阴离子进行可逆的交换。今天，最广泛应用的离子交换树脂是由苯乙烯或丙烯酸类单体聚合成的合成有机聚合物树脂，D'Alelio 在美国专利 2366007(Dec. 26，1944)中对此作了描述。

离子交换树脂通常是球形或颗粒状固体凝胶，它们具有：(1)三维聚合物网络结构；(2)附着在网络上的离子功能基团；(3)反离子；(4)溶剂。强酸性阳离子交换树脂和强碱性阴离子交换树脂在整个 pH 范围都完全离解，它们以由苯乙烯与交联介质二乙烯基苯共聚生成的三维交联结构的聚合物为基础，此三维交联结构如图 15.5(a)所示，交联程度受二乙烯基苯量对乙苯量之比率控制。弱酸性阳离子交换树脂有时是以丙烯酸和甲基丙烯酸的共聚物为基础，如图 15.5(b)所示。这两种交联共聚物在有机溶剂存在时，将发生溶胀和失去离子交换性质。

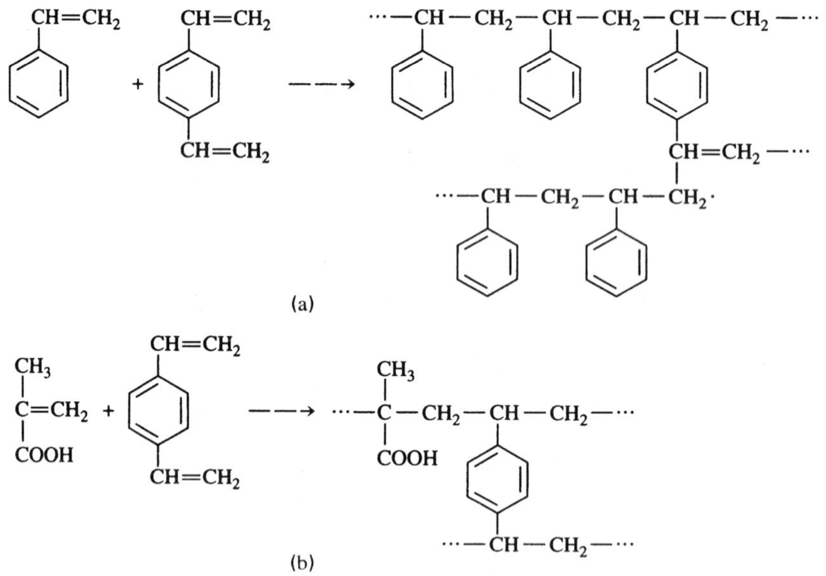

图 15.5　离子交换树脂

(a) 由苯乙烯和二乙烯基苯制取的树脂；(b) 由丙烯酸和甲基丙烯酸制取的树脂

为了转变共聚物成为水中溶胀并有离子交换性质，将共聚物与各种化学品反应，使离子功能基团加到聚合物网络上。例如，如果对苯乙烯和二乙烯基苯共聚物进行磺化，如图 15.6(a)所示，得到一种如图 15.6(b)所示的阳离子交换树脂，其中加入了永久附着或固定在聚合物网络上的基团($-SO_3^-$)，制得一个具有负电荷母体和可交换的移动正电荷氢离子(阳离子)树脂。此氢离子能以一个当量基础同其他阳离子(如 Na^+，Ca^{2+}，K^+ 或 Mg^{2+})交换，以维持聚合物的电中性，例如，两个氢离子与一个钙离子交换。可以交换的离子被称为反离子，其中有离子正在发生交换的液体中还含有异电荷的其他离子，像 NaCl 溶液中的 Cl^-，此时 Na^+ 正在进行交换，这些其他离子被称为同名离子。被处理的液体经常是水，它能一定程度溶解在树脂中而引起树脂溶胀，其他一些溶剂，例如乙醇，也能溶解在树脂中。如果对苯乙烯-二乙烯基苯共聚物进行氯甲基化，将制得被胺化的强碱性阴离子交换树脂，如图 15.6(c)所示，它能将 Cl^- 离子与其他离子(如 OH^-，HCO_3^-，SO_4^{2-} 和 NO_3^-)进行交换。

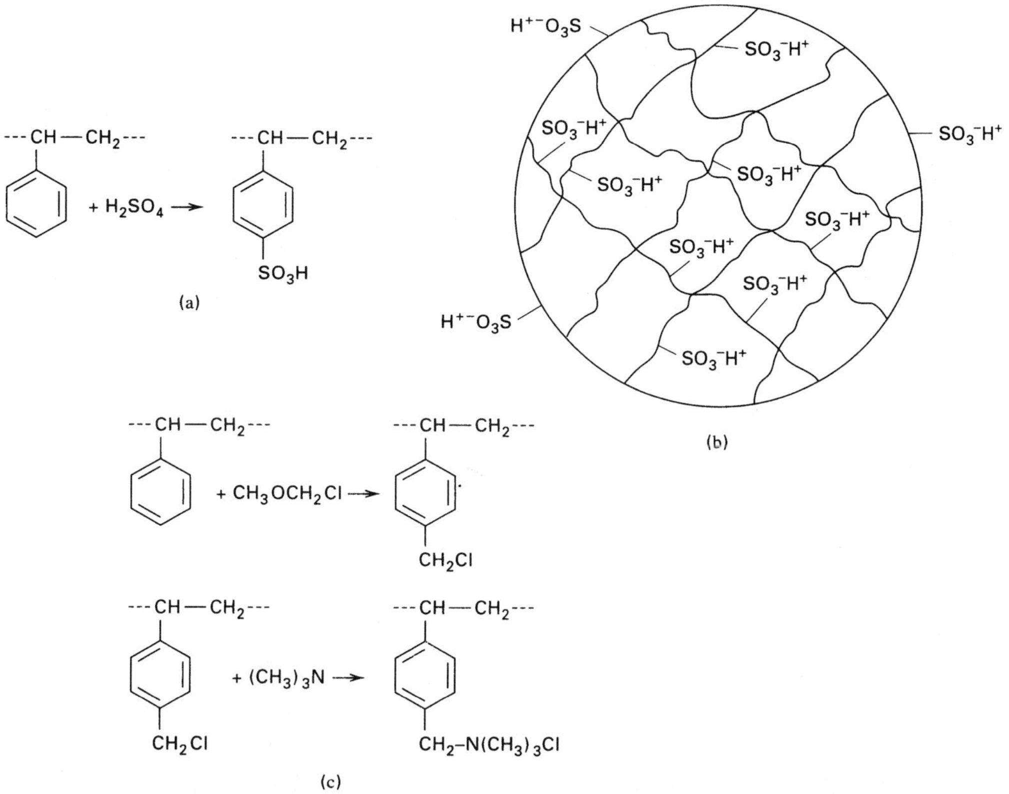

图 15.6　向树脂中引入离子功能基团

(a) 阳离子交换树脂的磺化;(b) 阳离子交换树脂中的固定和移动离子;

(c) 阴离子交换树脂的氯甲基化和胺化

能得到氢、钠和氯化物形式的工业用离子交换树脂,它们的商品名称是 Amberlite, Duolite, Dowex, Ionac 和 Purolite,其典型的是直径 40 μm～1.2 mm 的球形颗粒。当这些颗粒被水饱和时,颗粒中典型的含水量为 40%～65%,被水溶胀后的颗粒密度是 1.1～1.5 g/cm^3,当充填到床层中时,床层的主体密度是 0.56～0.96 g/cm^3,相应的床层空隙率为 0.35～0.40。

强酸阳离子或强碱阴离子交换树脂的最大交换容量是根据其中可移动电荷的当量数由化学计量关系确定,于是,1 mol H^+ 是一个当量,而一个 mol Ca^{2+} 是两个当量。交换容量一般以 eq(当量)/kg 干树脂或 eq/L 湿树脂表示,湿树脂的容量与给定树脂的含水量和溶胀程度有关,而干树脂的容量是一定的。对于苯乙烯和二乙烯基苯的共聚物,最大容量是基于树脂中每个苯环上接有一个磺酸基团的假设而确定。

例 15.2

一个工业用离子交换树脂由 88%(质量)苯乙烯和 12%(质量)二乙烯基苯共聚制得,试确定其最大离子交换容量 eq/kg 干树脂(eq/kg=meq/kg)。

解

取计算基准:100 g 磺化前的树脂。

	M	g	gmol
苯乙烯	104.14	88	0.845
二乙烯基苯	130.18	12	0.092
		100	0.937

因此,在每个苯环的一个位置上磺化需要 0.937 mol 硫酸,结果在每个苯环上接上一个磺酸基团并分割出一个水分子。加入 0.937 当量磺酸基团的质量=0.937×81.07=76 g,已磺化树脂的总干质量=100+76=176 g。最大的离子交换容量为

$$\frac{0.937}{(176/1\ 000)}=5.3\ \text{eq/kg(干基)}$$

由苯乙烯和二乙烯基苯共聚物制得的树脂,其最大交换容量与交联程度有关,实际数值为 3.9(高交联程度)到 5.5(低交联程度)。虽然交联程度低的干容量大,但是,正如 Dorfner [18]所讨论的,几乎每个其他性质,包括湿容量和选择性,均因交联而得到改善。

15.1.3 色谱的吸着剂

色谱的吸着剂(被称为固定相)有许多种形式和化学组成,这是因为色谱以多种方式应用着。图 15.7 所示为分析色谱系统的分类,该图取自 Sewell 和 Clarke[19]专著。待分离的混合物可以是液相(液相色谱)或气相(气相色谱),在它们注入夹带流体后形成移动相。通常混合物初始是液相,但被夹带气体汽化又不分解,形成了气体混合物的移动相。夹带气体必须是惰性的,不会与吸着剂和原料组分相互作用;夹带液体(溶剂)可能会相互作用,必须细心选择。

固定相吸着剂可能是固体、承载于或键合于固体上的液体或凝胶,对于多孔固体吸附剂,分离的机理和模式就是吸附,如果希望是离子交换机理,采用合成聚合物的离子交换树脂。可以采用聚合凝胶或微孔固体,利用筛分(截留)机理实施分离。唯一采用承载于或键合于固体的液体吸着剂的色谱,其分离机理是液体吸收,也被称作分离的分配模式或分配色谱。对于移动液相,固定相的液体可能被脱吸或溶解,因此,化学键合固定相液体到固体支撑的方法得到了开发。

所有吸着剂可以用于柱中,在内径>1 mm 的柱中,吸着剂是颗粒状;在内径<0.5 mm 的毛细管柱中,吸着剂就是内壁或涂在壁上的涂层。如果毛细管内壁涂的是液体,此柱被称为涂壁敞开管型(WCOT)柱;如果涂的是加有液体吸着剂的粉末层,此柱被称为支承涂布敞开管型(SCOT)柱;如果壁上仅涂布多孔吸附剂,此柱被称为多孔层敞开管型(PLOT)柱。

每种吸着剂都可以用于玻璃的、塑料的或铝的平板用作薄层(平板)色谱,或用于纤维素材料用作纸色谱。如果用泵而不是靠重力迫使液体移动相通过填充柱,此称为高性能液相色谱(HPCL)。

色谱中最常用的两种吸附剂是多孔氧化铝和多孔硅胶,重要性较低的是碳、氧化镁和各种碳酸盐。氧化铝是极性吸附剂,适宜于微极性的或中等极性的化合物的分离,极性较强的化合物更能被吸附剂选择性地保留,因此最后一个从柱中洗提出去。此外,氧化铝是个碱性吸附剂,更能保留酸性化合物。硅胶极性比氧化铝小,并是酸性吸附剂,更能保留碱性化合物,例如胺。碳是非极性的固定相,对于大的非极性分子具有最大的吸引力。

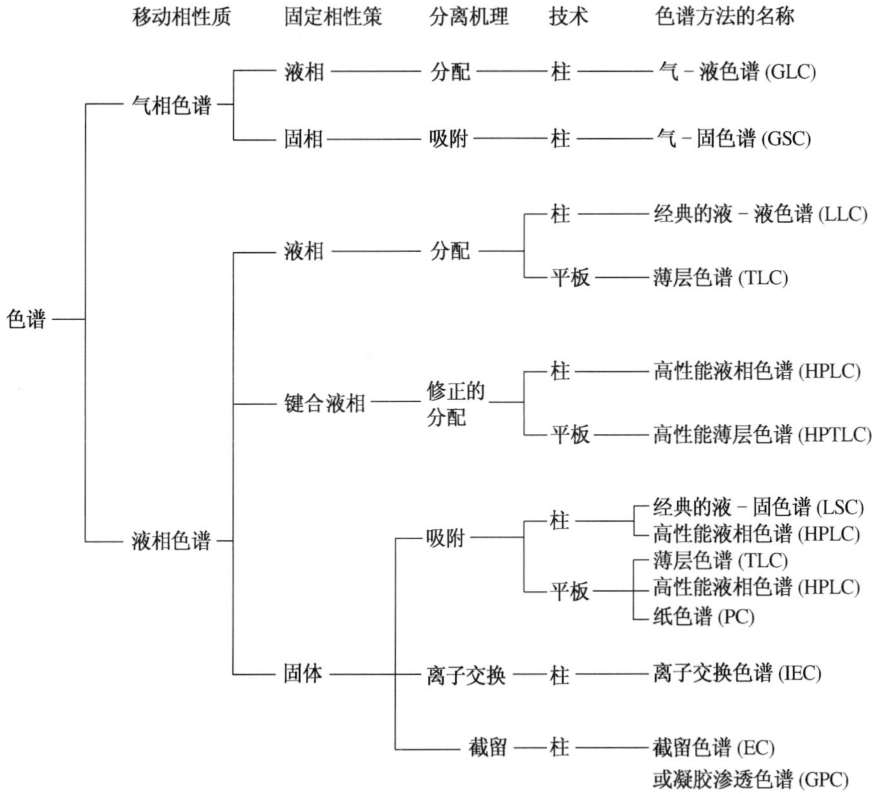

图 15.7　分析色谱系统分类

[获准引自 P. A. Sewell and B. Clarke, *Chromatographic Separations*, John Wiley and Sons, New York(1987).]

相比于根据同系物各自编号的分离,吸附剂类吸着剂更适用于依据化学类型(例如烯烃、酯、酸、醛、醇)进行的分离,对于同系物分离,分配色谱更合适,其中惰性固体支承(常用硅胶)上涂布液相,当是气相色谱时,涂布的液体必须是不挥发性的;当是液相色谱时,固定液相必须在移动相中不溶解,由于这一点难以达到,固定液相常与固相支承键合,键合相的一个例子是二氧化硅与氯硅烷的反应产物。如图 15.8 所示,单功能和双功能的硅烷都可以利用,图中 R 是甲基 CH_3,R′是碳氢化合物链(C_6, C_8或 C_{18}),其终端的 CH_3基团被极性集团置换,例如—CN 或—NH_2。如果得到的固定相比移动相极性更强,这被称为常态(Normal - phase)色谱,反之,被称为反态(Reverse - phase)色谱。

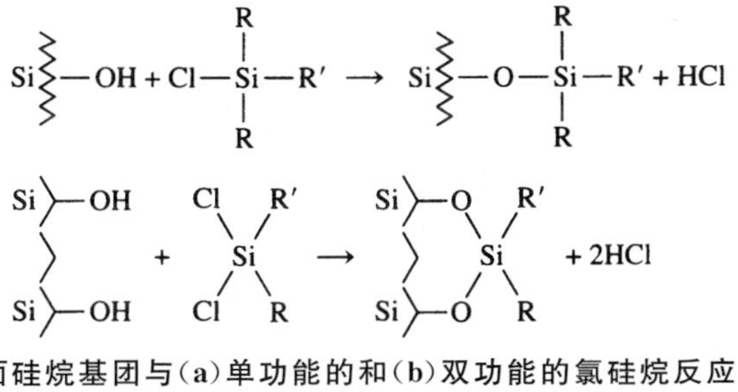

图 15.8　表面硅烷基团与(a)单功能的和(b)双功能的氯硅烷反应生成的键合相

在液相色谱中，移动相中的溶质从柱中被洗提出去的次序也受移动相的夹带溶剂影响，这是指此溶剂极性与溶质以及和所用吸附剂的极性配合情况（较弱极性溶质用较强极性吸附剂和较强极性溶质用较弱极性吸附剂）的匹配。

例 15.3

对于下列每种混合物的分离，从图 15.7 中选择一种合适的色谱模式：(a) O_2，CO，CO_2 和 SO_2 的气体混合物；(b) 蒽、菲、芘和䓛的汽化混合物；(c) 含有 Ca^{2+} 和 Ba^{2+} 的水溶液。

解

(a) 选用气-固色谱，即气体移动相和固体吸附剂固定相。

(b) 选用分配或气-液色谱，即气体移动相和涂布在固定固体上的键合液体。

(c) 选用离子交换色谱，即液体为移动相和聚合物树脂颗粒为固定相。

15.2 平　　衡

在吸附中，溶质在流体和固体表面间分布的动态相平衡被建立，此平衡通常采用以下的溶质浓度计量方法来表示：(1)流体中吸附质的浓度（如果流体是液体）或分压（如果流体是气体）；(2)被吸附在吸附剂上的溶质比吸附量，表示为单位吸附剂质量或单位吸附剂 BET 表面积上的吸附质质量、摩尔或体积。与气-液和液-液平衡不同，那里的理论常常是用于计算相间分布的，特别是气-液平衡的 K 值方程，而对于流-固吸附平衡的计算尚未开发出可以接受的理论，此时，对于特定的溶质或溶质混合物和/或溶剂及感兴趣的实际固体吸附剂样品，必须得到实测的平衡数据。如果是在恒定温度下于某个流体浓度范围内测得的，将吸附剂上的溶质比吸附量对流体中溶质的浓度或分压进行标绘，得到吸附等温曲线。此平衡等温曲线给出了溶质被吸附的极限程度，这是指在一组给定条件下、一定化学组成和几何形状的特定吸附剂从给定的流体混合物中对该溶质的吸附。溶质被吸附的速率也是需要考虑的重要因素，这将在节 15.3 中讨论。

15.2.1 纯气体吸附

对于纯气体吸附，实测等温线的形状被 Brunauer 等[20]分为五类，如图 15.9 所示，Brunauer[21]对此作了相当详细的讨论。类型 Ⅰ 是最简单的等温线，与单分子层吸附相对应，这以最大吸附量为特征，这类等温线适用于吸附温度高于其临界温度的气体吸附。类型 Ⅱ 等温线与 BET 表面上的多分子层吸附相关，吸附温度低于气体的临界温度，压力略低于气体的饱和蒸气压，其第一层的吸附热大于后继吸附层的吸附热，假定每层吸附热等于冷凝（汽化）热。类型 Ⅰ 和 Ⅱ 是希望的等温线，显示出强的吸附作用。

图 15.9 中类型 Ⅲ 等温线具有凸面性质，因其除高压外吸附量均低，是不希望的等温线类型。按照 BET 的理论，它与多分子层吸附相对应，其第一层的吸附热小于后继吸附层的吸附热。幸运的是这类等温线少有发现，碘蒸气被硅胶的吸附是这类等温线的一个例子。在极端情况下，随第一层的吸附热趋近于零，吸附推迟到逼近饱和蒸气压时才发生。

在 BET 方程的推导中,假设能够吸附无限的分子层,因此,此方程排除了毛细管冷凝的可能性。在 BET 方程后,Brunauer 等[20]在推导中,吸附层数受孔径限制,毛细管冷凝假定在 Kelvin 方程(15-14)算出的减小了的蒸气压下发生,导出的方程相当复杂,但可以预测图 15.9 中吸附等温线类型Ⅳ和Ⅴ。由图中可见,最大吸附量在达到饱和蒸气压前发生。类型Ⅳ是类型Ⅱ的毛细管冷凝的变形,类型Ⅴ则是类型Ⅲ的毛细管冷凝的变形。

如图 15.9 所示,等温线类型Ⅳ和Ⅴ的多层吸附区域存在滞后现象,滞后圈的向上分支表示多层吸附和毛细管冷凝同时发生,而滞后圈的向下分支表示仅发生毛细管冷凝。当存在强的吸附作用的杂质时,滞后现象可能发生在整个等温线区域,所以纯气体吸附的测定需要有清洁的吸附孔表面,为此通常采用预抽真空的办法。

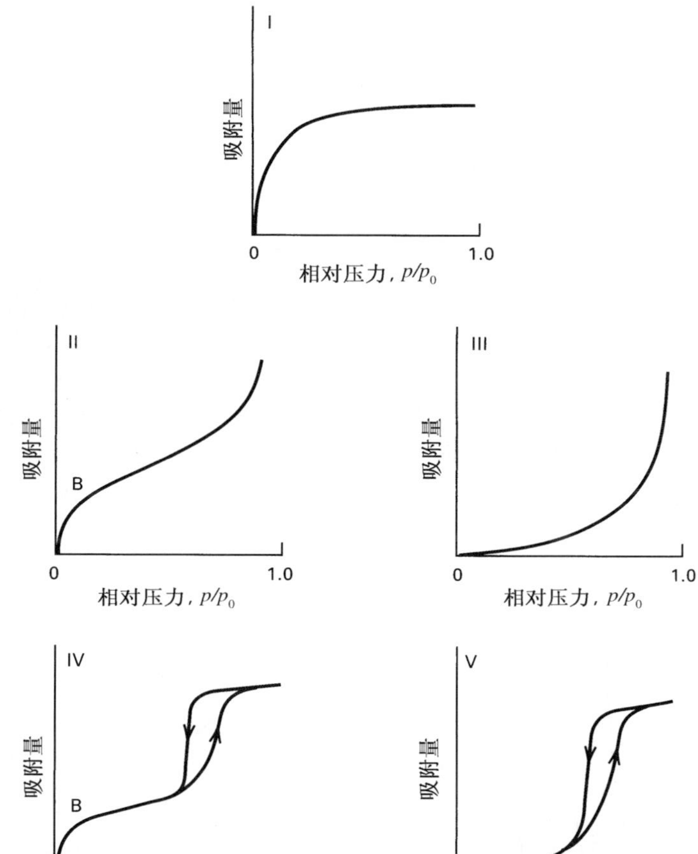

图 15.9　吸附等温线的 Brunauer 分的五种类型(p/p_0 = 总压/蒸气压)

图 15.10 所示为 Titoff[22]的木炭吸附氨气的物理吸附数据,Brunauer[21]对此进行了讨论。图 15.10(a)的五条吸附等温线覆盖的压力范围从真空到近乎 800 mmHg 和温度范围从 −23.5～151.5℃。氨的沸点和临界温度分别是 −33.3℃和 132.4℃。对于最低温度的等温线,每克木炭吸附的氨体积达 160 cm^3(STP),相当于 0.12g NH_3/g 木炭。五条等温线均是类型Ⅰ的,当吸附量低($<$ 25cm^3/g)时,等温线近乎线性,服从亨利定律的形式,称为线性等温线,表示成

$$q=kp \tag{15-16}$$

式中 q 是平衡比吸附量或单位吸附剂质量吸附的溶质量(比吸附量),k 是与温度有关的经验常数,p 是气相中组分的分压。随着温度的升高吸附量减小,由于这是放热过程的吕查德里原理决定,将同样的数据交错标绘成图 15.10(b)所示的吸附等压线,使得温度的影响表示得更清楚,图 15.10(b)中采用绝对温度。表示实验数据的第三种方法是吸附等比容线,也是用交错标绘得到,如图 15.10(c)所示,代表恒定吸附体积的这些曲线与蒸气压标绘相似,对于它们的吸附 Clausius - Clapeyron 方程形式为

$$\frac{\mathrm{d}\ln p}{\mathrm{d}T}=\frac{-\Delta H_{\mathrm{ads}}}{RT^2} \tag{15-17}$$

或

$$\frac{\mathrm{d}\log p}{\mathrm{d}(1/T)}=\frac{-\Delta H_{\mathrm{ads}}}{2.303RT} \tag{15-18}$$

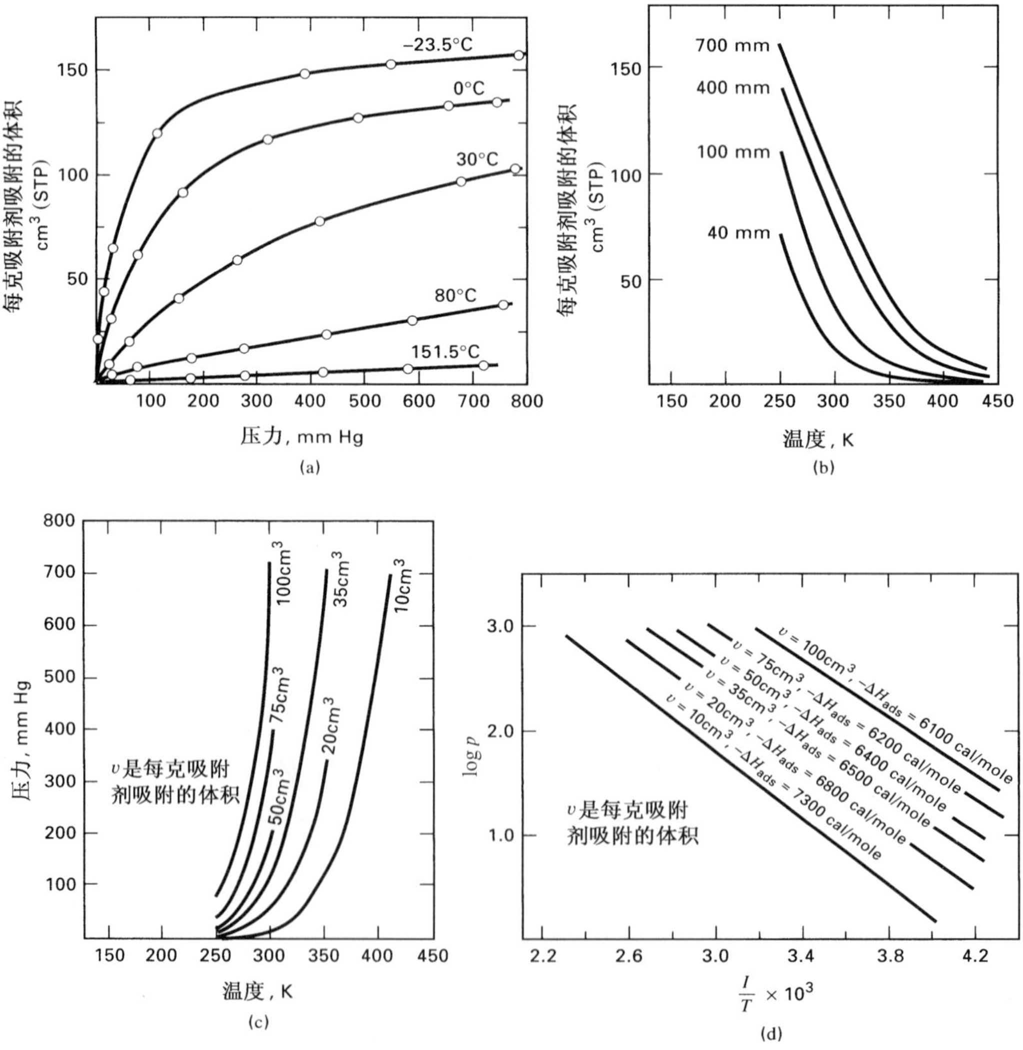

图 15.10 NH_3 在木炭上的吸附平衡数据的不同表示方法

(a) 吸附等温线;(b) 吸附等压线;(c) 吸附等比容线;(d) 等比容吸附热

[获准取自 S. Brunauer, *The Adsorption of Gases and Vapors*. Vol. Ⅰ, Princeton University Press(1943).]

适用于确定吸附热,由于是放热效应,吸附热 ΔH_{ads} 是负的。所得结果示于图 15.10(d),从此图中可见,$-\Delta H_{ads}$ 起初是 7 300 cal/mol,但随着吸附量的增加而减小,在 100 g/cm^3 时减到 6 100 cal/mol,此值可以同氨的汽化热比较,30℃时的汽化热为 4 600 cal/mol。

18 种纯气体和许多种固体吸附剂的吸附等温实验数据由 Valenzuela 和 Myers[23]作了汇总和分析,数据示明,对于给定的纯气体、在指定温度下的吸附等温数据随吸附剂的改变变化相当大,图 15.11 中所示的是狭窄温度区间 25～30℃内的纯丙烷蒸气,压力达约 101.3 kPa。最高的比吸附量是 Columbia G 级活性炭的,而最低的是 Norton Z-900H 分子筛沸石的,Columbia G 级活性炭的比吸附量大约是 Cabot 黑珍珠活性炭的两倍。

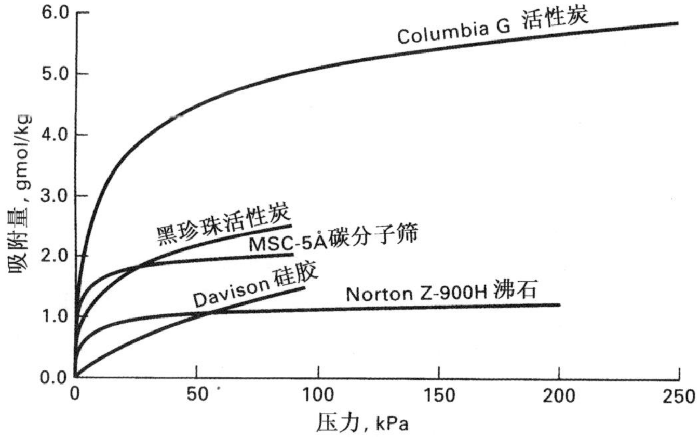

图 15.11 298～303K 丙烷蒸气的吸附等温线

由 Valenzuela 和 Myers[23]汇总的文献数据还表明,对于给定的吸附剂,比吸附量与气体种类密切相关,这一点示明于表 15.4 中,该表取自 Ray 和 Box[24]的 Columbia L 活性炭数据,这些数据是 38℃和 97.9～100 kPa 狭窄压力区间内的,表中还包括沸点和临界温度。正如可以预料的,被吸附的量近似与组分的挥发度成相反的次序。

表 15.4 纯气体在 20～40 目 Columbia L 活性炭上于 30℃和 ∽1 atm 下的平衡吸附量比较(S_g=1 152 m^2/g)

纯气体	q,mol/kg	T_b,℉	T_c,℉
H_2	0.024 1	−423.0	−399.8
N_2	0.292	−320.4	−232.4
CO	0.374	−313.6	−220.0
CH_4	0.870	−258.7	−116.6
CO_2	1.64	−109.3	87.9
C_2H_2	2.67	−119	95.3
C_2H_4	2.88	−154.6	48.6
C_2H_6	3.41	−127.5	90.1
C_3H_6	4.54	−53.9	196.9
C_3H_8	4.34	−43.7	216.0

对于纯气体实测等温数据的关联是许多已出版的论文和书籍的课题,正如 Yang[25]所综述的,此种关联有从经验的到理论的。为了实际应用,经典的 Freundlich 和 Langmuir 方程还是最主要的,因为它简单,又能关联图 15.9 中类型 I 的等温曲线。

Freundlich 等温方程

根据 Mantell[27]的说法，被称为 Freundlich 的方程是由 Boedecker 和 Van Bemmelen 更早提出的，这是个压力的非线性经验方程

$$q=kp^{1/n} \tag{15-19}$$

式中 k 和 n 是与温度有关的常数，通常 n 在 1 到 5 之间，当 $n=1$ 时，式(15－19)简化成亨利定律方程(15－16)。实测的 $q-p$ 等温数据可以应用非线性的曲线拟合计算机程序拟合出式(15－19)，或者将式(15－19)转变成如下线性形式，再用图解法或线性规划程序确定常数：

$$\log q=\log k+(1/n)\log p \tag{15-20}$$

如果采用图解法，将数据按照 $\log q$ 对 $\log p$ 标绘，作出通过数据点的最佳直线，其斜率为 $(1/n)$，截距为 k。一般 k 随温度升高而减小，而 n 却随温度升高而增大，在高温时，k 值趋近于 1。正如 Brunauer[21]讨论的，式(15－19)是在不均匀的整个表面具有不均匀的吸附热分布假设下导出。

Langmuir 等温方程

Langmuir 方程仅适用于类型Ⅰ等温线，它是根据化学吸附假定，由简单的质量作用动力学导出的。假设吸附剂的孔表面是均匀的(ΔH_{ads}＝常数)，被吸附的分子之间的作用力忽略，令 θ 代表吸附剂表面被吸附了的分子覆盖的分率，因此，$(1-\theta)$ 是裸露表面的分率，于是，净的吸附流率是裸露表面的吸附流率与已被覆盖表面的脱附流率之差：

$$\mathrm{d}q/\mathrm{d}t=k_a p(1-\theta)-k_d\theta \tag{15-21}$$

平衡时，$\mathrm{d}q/\mathrm{d}t=0$，由式(15－21)得

$$\theta=\frac{Kp}{1+Kp} \tag{15-22}$$

式中 K 是吸附平衡常数($=k_a/k_d$)，此处

$$\theta=q/q_m \tag{15-23}$$

式中 q_m 是最大的比吸附量，与吸附剂表面被气体全部覆盖相对应，因此，Langmuir 等温线仅适用于单分子层吸附。将式(15－23)与式(15－22)结合，得到了 Langmuir 等温方程：

$$q=\frac{Kq_m p}{1+Kp} \tag{15-24}$$

在低压下，如果 $Kp\ll 1$，式(15－24)简化成线性亨利定律形式(15－16)，而在高压时，如果 $Kp\gg 1$，$q=q_m$。在中等压力时，式(15－24)是压力的非线性方程。虽然，Langmuir 的最初设想是为化学吸附的，但式(15－24)被广泛地用于处理物理吸附的数据。

式(15－24)中的 K 和 q_m 被处理成经验常数，它们可以直接用非线性方程拟合实验数据得出，或者采用下列的线性形式，由数值解法或图解法得出：

$$\frac{p}{q}=\frac{1}{q_m K}+\frac{p}{q_m} \tag{15-25}$$

通过 p/q 对 p 标绘的数据点画出最佳直线，由式(15－25)得知其斜率是 $(1/q_m)$ 和截距是 $1/(q_m K)$。如果理论是合理的，K 应该随温度急剧变化，而 q_m 应该不变，因为它是通过 v_m 由式(15－7)与吸附剂的比表面积 S_q 关联。应指出，Langmuir 方程预计 q 的渐近极限值是在高压时出现的，而 Freundlich 的等温方程却不是这样的。

其他吸附等温方程

Valenzuela 和 Myers[23]拟合纯气体吸附等温线为更复杂的三参数方程：

(1) Toth 方程：

$$q=\frac{mp}{(b+p^t)^{1/t}} \tag{15-26}$$

式中 m，b 和 t 对于给定的吸附质-吸附剂系统和温度是常数。

(2) Honig 和 Reyerson(被称为 UNILAN)方程：

$$q=\frac{n}{2s}\ln\left[\frac{c+pe^s}{c+pe^{-s}}\right] \tag{15-27}$$

式中 n，s 和 c 对于给定的吸附质-吸附剂系统和温度是常数。Toth 和 UNILAN 方程分别在 $t=1$ 和 $s=0$ 时简化为 Langmuir 等温方程。

例 15.4

于 296 K 时纯甲烷气体被活性炭(Calgon 公司的 PCB)吸附的下列实测平衡数据由 Kitter 和 Yang[Ind. Eng. Chem. Res., **26**,1679—1686(1987)]得到：

q,cm^3(STP) CH_4/g 碳	45.5	91.5	113	121	125	126	126
$P=p$,psia	40	165	350	545	760	910	970

试用(1) Freundlich 等温方程和(2)Langmuir 等温方程拟合这些数据，哪一个方程能提供更好的拟合？

解

采用这两个方程的线性形式，可以用电子数据表或其他计算机程序执行线性回归求得有关常数。

(1) 由式(15-20)，得出 $\log k=1.213$，$k=16.34$

$$1/n=0.310\ 1 \text{ 和 } n=3.225$$

于是，Freundlich 方程为 $q=16.34p^{0.310\ 1}$。

(2) 由式(15-25)，得出 $1/q_m=0.007\ 301$，$q_m=137.0$

$$1/(q_m K)=0.568\ 2 \text{ 和 } K=0.012\ 85$$

于是，Langmuir 方程为 $q=\frac{1.760p}{1+0.012\ 85p}$。

从此两个等温方程算得的预测值如下：

p,psia	q,cm^3(STP) CH_4/g 碳		
	实测值	Freundlich	Langmuir
40	45.5	51.3	46.5
165	91.5	79.6	93.1
350	113	101	112
545	121	115	120
760	125	128	124
910	126	135	126
970	126	138	127

对于本例，用 Langmuir 等温方程拟合这些数据明显地优于 Freundlich 等温方程，平均

百分偏差分别是 1.01%和 8.64%。Langmuir 等温方程拟合较好的原因之一是，这些数据存在着 q 值在最高压力时趋近极限值的趋势。

气体混合物和扩展的等温方程

物理吸附的工业应用涉及的是混合物而不是纯气体，如果气体混合物中的各个组分除了组分 A 之外，它们的吸附可以被忽略时，那末，A 的吸附可以用它的纯气体吸附等温线和分压进行计算；如果混合物中两个和两个以上的组分被明显吸附，则情况相当复杂，实测数据表明，一个组分对其他组分的吸附可能起到增强、减弱和无干扰的影响，则取决被吸附分子间的相互作用。一个简单的理论处理由 Markham 和 Benton[29]提出，是 Langmuir 方程的扩展，他们忽略分子间的相互作用，仅考虑因其他组分的吸附造成组分 A 吸附的裸露表面积的减少。考虑两组分 A 和 B 的气体混合物，令 θ_A＝被 A 覆盖的表面分率和 θ_B＝被 B 覆盖的表面分率，则$(1-\theta_A-\theta_B)$＝裸露表面的分率，在平衡时：

$$(k_A)_a p_A(1-\theta_A-\theta_B)=(k_A)_d\theta_A \tag{15-28}$$

$$(k_B)_a p_B(1-\theta_A-\theta_B)=(k_B)_d\theta_B \tag{15-29}$$

解此联立方程组，再将所得结果与各组分的式(15-23)结合得到：

$$q_A=\frac{(q_A)_m K_A p_A}{1+K_A p_A+K_B p_B} \tag{15-30}$$

$$q_B=\frac{(q_B)_m K_B p_B}{1+K_A p_A+K_B p_B} \tag{15-31}$$

式中$(q_i)_m$是组分 i 覆盖整个表面时的最大吸附量。式(15-30)和式(15-31)容易推广到 j 个组分混合物的吸附：

$$q_i=\frac{(q_i)_m K_i p_i}{1+\sum_j K_j p_j} \tag{15-32}$$

如 Yon 和 Turnock[30]示明的，采用相似的方式，Freundlich 方程可以同 Langmuir 方程结合得到下面气体混合物的扩展关联：

$$q_i=\frac{(q_i)_0 k_i p_i^{1/n_i}}{1+\sum_j k_j p_j^{1/n_j}} \tag{15-33}$$

式中$(q_i)_0$是最大比吸附量，可能与单分子层的$(q_i)_m$不同。用式(15-33)表示分子筛吸附非极性的多组分混合物的数据相当好，遗憾的是，Broughton 示明扩展的 Langmuir 方程不具有热力学的一致性，扩展的 Langmuir - Freundlich 方程同样有此问题，为此，式(15-32)和式(15-33)常被认为是非化学计量关系的等温方程。然而，在实际应用中因其简单常成为所选的等温方程，特别是扩展的 Langmuir 和 Freundlich 方程常被认为是恒定选择性平衡(Constant - Selectivity - Equilibrium)方程，因为由它们预计的多组分混合物中的每对组分 i,j 的分离因子(选择性)$\alpha_{i,j}$ 在给定温度下是常数，并与混合物的组成无关。例如，式(15-32)给出

$$\alpha_{i,j}=\frac{q_i/q_j}{p_i/p_j}=\frac{(q_i)_m K_i}{(q_j)_m K_j}$$

就如多组分(三个或更多个组分)气-液和液-液相平衡那样，二元和多元气-固吸附平衡的实测数据相比于纯气体数据是少又欠准确。Valenzuela 和 Myers[23]的手册中包含有 9 份出版的研究资料中 29 个二元系的气体混合物吸附的实测数据，还有有关纯气体的吸附等温

线,他们还描述了以 Myers 和 Prausnitz[32]的理想吸附溶液(ISA)理论为基础的多元混合物的 Toth 和 UNILAN 方程的应用。与吸附量显函数的扩展 Langmuir 方程(15-32)不同,ISA 理论虽然更正确,但它不是吸附量的显函数式,需要用迭代解步骤。另外的对于更多组分(三元和/或更多元)的 5Å 分子筛吸附的实测数据由 Miller, Knaebel 和 Ikels[33]给出,活性炭吸附的则由 Ritter 和 Yang[34]给出,Yang[25]对有关气体混合物的现有理论进行了讨论,并将这些理论与活性炭和分子筛吸附的混合物数据作了比较,对于分子筛吸附的数据是最难关联的,采用 Ruthven 和 Wong[35]的简化统计热力学模型(SSTM)给出了最好的结果。

例 15.5

例 15.4 中引述过的 Ritter 和 Yang 的实验研究工作,还包含有纯 CO 和 CH_4 以及 CH_4(A)和 CO(B)二元混合物的吸附等温线数据。对于纯气体,Ritter 和 Yang 给出了温度 296K～480 K 区间内的 Langmuir 方程的两个常数的关联式。294 K 时的这些常数如下:

	q_m, cm^3(STP)/g	K, psi^{-1}
CH_4	133.4	0.013 70
CO	126.1	0.006 24

利用这些常数,用扩展的 Langmuir 方程预测含 69.6%(mol) CH_4 和 30.4%(mol) CO 的气相混合物在 294 K 和总压 364.3 psia 条件下 CH_4 和 CO 的比吸附体积(STP),并将预测结果与 Ritter 和 Yang 的下列实测数据比较:

总的吸附体积 cm^3(STP)/g	114.1
吸附质总的摩尔分率:	
CH_4	0.867
CO	0.133

解

$$p_A = y_A p = 0.696 \times 364.3 = 253.5 \text{ psia}$$
$$p_B = y_B p = 0.304 \times 364.3 = 110.8 \text{ psia}$$

由式(15-30):

$$q_A = \frac{133.4 \times 0.0137 \times 253.5}{1 + 0.0137 \times 253.5 + 0.00624 \times 110.8} = 89.7 \text{cm}^3\text{(STP)/g}$$

$$q_B = \frac{126.1 \times 0.00624 \times 110.8}{1 + 0.0137 \times 253.5 + 0.00624 \times 110.8} = 16.9 \text{cm}^3\text{(STP)/g}$$

总的吸附量 $= q = q_A + q_B = 89.7 + 16.9 = 106.6$ cm^3(STP)/g,比实测值小 6.6%。估算的吸附质中的摩尔分率是 $x_A = q_A/q = 89.7/106.6 = 0.841$ 和 $x_B = 1 - 0.841 = 0.159$。这些摩尔分率值与实测值之差为 0.026。对于本例,扩展的 Langmuir 方程给出了合理的结果。

15.2.2　液体吸附

当多孔吸附剂颗粒浸没在纯气体中时,孔中被气体充满,气体被吸附的量可以由总压的降低值确定。对于液体,总压不会改变,没有那样的简单方法可以用来确定纯液体的吸附量。如果是二元均相混合液,习惯上指定一个组分是溶质(1),另一个则为溶剂(2),假设与多孔固体接触的液体其主体组成的改变完全归结于溶质的吸附造成，这就是默认不发生溶剂的吸附。如果液体混合物是溶质的稀溶液，这样假定无大碍，然而，如果实测数据覆盖整个浓度区域，因溶质和溶剂的区分是任意的，正如 Kipling[36]讨论的，所得的吸附等温线可能出现与纯气体或气体混合物的不一样的奇怪形状。为了示明这点，令

n^0——与吸附剂接触的二元液体混合物的总摩尔数；

m——吸附剂质量；

x_1^0——与吸附剂接触前混合物中溶质的摩尔分率；

x_1——与吸附剂接触达平衡后溶液主体中溶质的摩尔分率；

q_1^e——单位质量吸附剂吸附的溶质表观摩尔数。

假设不发生溶剂吸附，并且液体混合物的总摩尔数变化可以忽略，溶质的物料衡算给出

$$q_1^e = \frac{n^0(x_1^0 - x_1)}{m} \tag{15-34}$$

如果数据是在恒定温度下对整个浓度区域测得的，利用式(15－34)对其进行处理，并如吸附等温线那样标绘，则所得的曲线并不是如预期的图 15.12(a)类型的，而是图 15.12(b)和(c)类型的，在图 15.12(c)中显示负的吸附(量)发生。这种等温线，如 Kinpling[36]所建议的，或许最好称之为组成等温线(Composite Isotherm)或浓度变化的等温线。同样，式(15－34)中的比吸附量 q_1^e 宜更贴切地称为表面超额量(Surface Excess)。

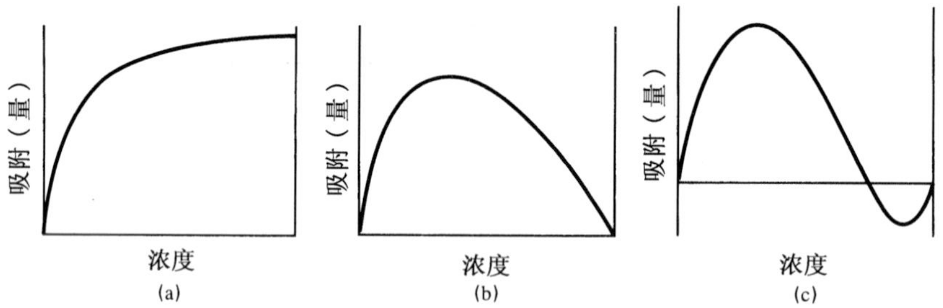

图 15.12　典型的液体吸附的浓度变化等温线

在怎样的条件下才会得出图 15.12(b)和(c)类型的组成等温线？这用图 15.13 中的几个例子来示明，图中示有各种类型的溶质(A)和溶剂(B)假设的吸附等温线以及所得的组成等温线。于是，当溶剂不会被吸收时，如图 15.13(a)所示，组成等温线未出现负吸附，在图 15.13 中的其他各种情况，均得出负的表面超额量。

Valenzuela 和 Myers[23]汇集了 25 中二元混合物的平衡吸附文献数据，25 种混合物中除了一种例外外，全都具有图 15.12(b)和(c)类型的组成等温线，例外的是环己烷-正庚烷混合物与硅胶吸附剂，该系统的表面超额量在组成 $x_1 = 0.041 - 0.911$ 区间大都是负的(0 ± 0.05 mmol/g)。他们还汇集了刊有 354 组二元混合物数据、25 组三元混合物数据和三组更多元混合物数据的文献资料。

当二元混合物的数据仅用于稀浓度区时，溶剂的吸附量(如果有的话)可以当作常数，吸附总量的变化完全可以归结到溶质量的变化，此时，吸附等温线是图 15.12(a)的类型，这与纯气体的吸附等温线相似，此时，一般采用 Freundlich 方程的浓度形式(15－19)和Langmuir 方程式(15－24)来拟合数据：

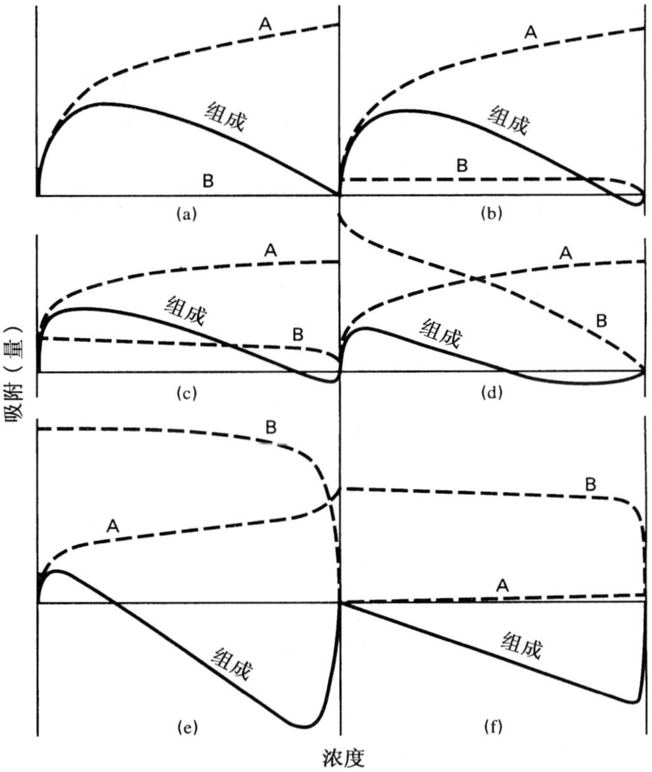

图 15.13　二元液体吸附的各种组成等温线的起源

[获准取自 J. J. Kipling, *Adsorption from solutions of Non-electrolytes*, Academic Press, London(1965).]

$$q = kc^{1/n} \tag{15-35}$$

$$q = \frac{Kq_{\mathrm{m}}c}{1+Kc} \tag{15-36}$$

符合上述情况的候选系统有:少量有机物溶解在水中和少量水溶解在烃类中。对于含有两个或多个溶质的稀液体混合物系统,多组分吸附可以用扩展的 Langmuir 方程的浓度形式(15-32),该式以单个溶质的实测数据得出的常数 q_{m} 和 K 为基础。然而,当怀疑稀的溶质与溶质之间发生相互作用时,就需要从多元系的实测数据导出常数。如气体混合物那样,式(15-32)的浓度形式也能预测多元混合物中每对组分的恒定选择性。

例 15.6

水中少量的 VOCs 可以用吸附方法清除。一股含少量丙酮(1)和丙腈(2)的水溶液将用活性炭处理,单溶质的平衡数据可从 Radke 和 Prausnitz[37]论文中找到,对它们已用 Freundlich 和 Langmuir 等温方程式(15-35)和式(15-36)拟合得到如下结果,其平均偏差也列于下表,溶质的浓度达 50 mmol/L:

水中的丙酮(25℃):		q 的绝对平均偏差%	水中的丙腈(25℃):		q 的绝对平均偏差%
$q_1 = 0.141c_1^{0.597}$	(1)	14.2	$q_2 = 0.138c_2^{0.658}$	(3)	10.2
$q_1 = \dfrac{0.190c_1}{1+0.146c_1}$	(2)	27.3	$q_2 = \dfrac{0.173c_2}{1+0.0961c_2}$	(4)	26.2

表中：q_i——被吸附溶质的数量，mmol/g；

c_i——水溶液中的溶质浓度，mmol/L。

利用单溶质的结果，用扩展的 Langmuir 等温方程预测双溶质水溶液系统的平衡吸附，该水溶液含有丙酮和丙腈分别为 40 和 34.4 mmol/L，用同样的吸附剂于 25℃吸附。将预测结果与 Radke 和 Prausnitz[37]中的下列实测数据进行比较：

$$q_1=0.715\text{mmol/g},\ q_2=0.822\text{mmol/g},\ q_{\text{total}}=1.537\text{mmol/g}$$

解

液相扩展的 Langmuir 等温方程从式(15-32)得：

$$q_i=\frac{(q_i)_{\text{m}}K_ic_i}{1+\sum\limits_j K_jc_j} \tag{5}$$

由式(2)，$(q_1)_{\text{m}}=0.190/0.146=1.301\text{mmol/g}$

由式(4)，$(q_2)_{\text{m}}=0.173/0.096\ 1=1.800\text{mmol/g}$

由式(5)：

$$q_1=\frac{1.301\times0.146\times40}{1+0.146\times40+0.096\ 1\times34.4}=0.749\text{mmol/g}$$

$$q_2=\frac{1.800\times0.096\ 1\times34.4}{1+0.146\times40+0.096\ 1\times34.4}=0.587\text{mmol/g}$$

$$q_{\text{total}}=1.336\text{mmol/g}$$

与实测值比较得到 q_1，q_2 和 q_{total} 的百分偏差分别为 4.8%，−28.6%和−13.1%。Radke 和 Prausnitz 应用 IAS 理论得到了与实测值更符合的结果。可以预料，式(15-33)的浓度形式也会给出更好的结果，但需要对每个单溶质数据分别用下列 Langmuir-Freundlich 方程的浓度形式重新拟合：

$$q=\frac{q_0kc^{1/n}}{1+kc^{1/n}} \tag{6}$$

15.2.3 离子交换平衡

离子交换与吸附不同，此时一种吸着质(反离子)与溶质离子进行交换，此交换受可逆化学反应式计量关系的控制，所以，离子交换树脂对一种反离子的选择性优于另一种的选择性如同离子交换树脂的交换容量一样重要，相应地，对于离子交换用质量作用定律去得到平衡比率，而不是用像 Langmuir 或 Freundlich 方程那样的吸着等温方程去拟合数据得到。

如 Anderson[38]讨论的，有两个情况是重要的：在第一种情况中，初始存在于离子交换树脂中的反离子与酸或碱中的反离子进行交换，例如：

$$Na^+_{(aq)}+OH^-_{(aq)}+HR_{(s)}\longleftrightarrow NaR_{(s)}+H_2O_{(l)}$$

注意到离开离子交换树脂的氢离子立刻同水溶液中的氢氧基离子反应生成水，在反应式右侧不留下离子，相应地，离子交换将持续进行下去，直至水溶液中的钠离子耗尽或离子交换树脂中的氢离子耗尽为止。

在比第一种情况更普遍的第二种情况中，从离子交换树脂中来的反离子保持离子状态传递进入流体相，例如，反离子 A 和 B 的交换可以用下列反应式表示：

$$A^{n\pm}_{(l)} + nBR_{(s)} \leftrightarrow AR_{n_{(s)}} + nB^{\pm}_{(l)} \tag{15-37}$$

式中 A 和 B 必须同为阳离子(正电荷)或阴离子(负离子),在此情况的平衡时,可以根据质量作用定律定义一个习用的化学平衡常数:

$$K_{A,B} = \frac{q^n_{AR} c^n_{B^\pm}}{q^n_{BR} c^n_{A^\pm}} \tag{15-38}$$

式中 c_i 和 q_i 分别代表液相和离子交换树脂相中的摩尔浓度,常数 $K_{A,B}$ 并不是严格的热力学平衡常数,因为式(15-38)是用浓度写的,而不是活度。虽然可以包括进活度系数对式(15-8)进行修正,但一般采用此处所示的形式,$K_{A,B}$ 被称为离子 A 进入离子交换树脂并与 B 交换的摩尔选择性系数。对于离子交换树脂相的浓度是离子交换树脂的单位质量或单位床层体积中的当量数;对于液体溶液中的浓度是单位体积溶液中的当量数。对于给定对的反离子和特定的树脂(具有给定的交联度),稀液体溶液的 $K_{A,B}$ 可以合理地当作常数。

当交换的两个反离子具有相同电荷时,式(15-38)可以简化成仅用 A 在液体溶液中的和在离子交换树脂中的平衡浓度表示的简单方程。由于式(15-37),反离子在液体溶液中和在树脂中的当量总浓度 C 和 Q 分别在交换过程中保持常数,相应地:

$$c_i = Cx_i / z_i \tag{15-39}$$

$$q_i = Qy_i / z_i \tag{15-40}$$

式中 x_i 和 y_i 是 A 和 B 的当量分率而不是摩尔分率,于是

$$x_A + x_B = 1 \tag{15-41}$$

$$y_A + y_B = 1 \tag{15-42}$$

z_i 为反离子 i 的化合价。结合式(15-38)至式(15-42)得:

$$K_{A,B} = \frac{y_A(1-x_A)}{x_A(1-y_A)} \tag{15-43}$$

因此在平衡时,x_A 和 y_A 与总当量浓度 C 和 Q 无关,但这对于两个反离子的电荷不等(例如 Ca^{2+} 和 Na^+)的情况并不成立。对一般情况的推导可得:

$$K_{A,B} = \left(\frac{C}{Q}\right)^{n-1} \frac{y_A(1-x_A)^n}{x_A(1-y_A)^n} \tag{15-44}$$

对于不等电荷的反离子,可见其 $K_{A,B}$ 与比值 C/Q 和电荷比 n 有关。

当特定离子交换树脂的特定二元反离子系统的 $K_{A,B}$ 没有实测数据时,Anderson[38]修正的 Bonner 和 Smith[39]方法,可以用于筛选目的或初步的计算。在此方法中,摩尔选择性系数为

$$K_{i,j} = K_i / K_j \tag{15-45}$$

式中相对摩尔选择性 K_i 和 K_j 的数值列于表 15.5 和表 15.6 中,表 15.5 是采用 8% 交联的强酸树脂时阳离子的值,表 15.6 是采用强碱树脂时阴离子的值。对于此两表中的 K 值,C 和 Q 的单位分别为 eq/L 溶液和 eq/L 已被水溶胀的树脂床层主体体积。

一个典型的被磺化处理过的苯乙烯-二乙烯基类型的阳离子交换树脂,例如被 Bauman 和 Eichhorn[40]及 Bauman、Skidmore 和 Osmun[41]所描述的 Dowex 50 树脂,具有可交换离子容量是 5±0.1 meq/g 干树脂,当装运时,吸入水分的树脂可能含水 41.4%(质量),于是,潮湿树脂的容量是 5(58.6/100)=2.9 meq/g 湿树脂。如果排净水的潮湿树脂床层的主体密度为 0.83 g/cm^3,则树脂床层的容量为 2.4 eq/L。

表 15.5　采用 8% 交联的强酸树脂时阳离子的相对摩尔选择性

Li^+	1.0	Zn^{2+}	3.5
H^+	1.3	Co^{2+}	3.7
Na^+	2.0	Cu^{2+}	3.8
NH_4^+	2.6	Cd^{2+}	3.9
K^+	2.9	Be^{2+}	4.0
Rb^+	3.2	Mn^{2+}	4.1
Cs^+	3.3	Ni^+	3.9
Ag^+	8.5	Ca^{2+}	5.2
UO_2^{2+}	2.5	Sr^{2+}	6.5
Mn^{2+}	3.3	Pb^{2+}	9.9
		Ba^{2+}	11.5

表 15.6　采用强碱树脂时阴离子的相对摩尔选择性的近似值

I^-	8	OH^-（Type Ⅱ）	0.65
NO_3^-	4	HCO_3^-	0.4
Br^-	3	CH_3COO^-	0.2
HSO_4^-	1.6	F^-	0.1
NO_2^-	1.3	OH^-（Type Ⅰ）	0.05～0.07
CN^-	1.3	SO_4^{2-}	0.15
Cl^-	1.0	CO_3^{2-}	0.03
BrO_3^-	1.0	HPO_4^{2-}	0.01

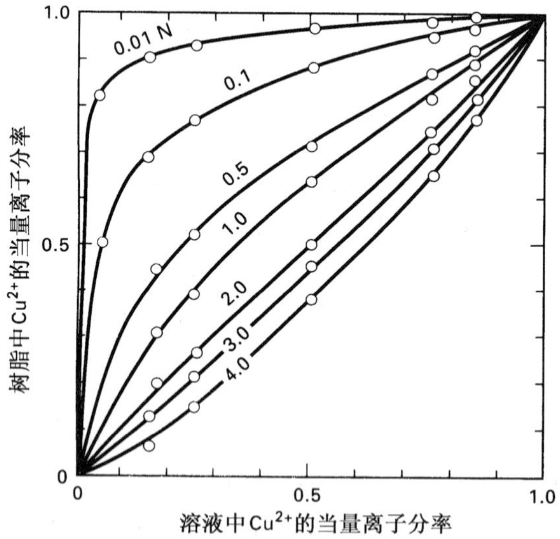

图 15.14　Cu^{2+} 和 Na^+ 在 Dowex 50－X8 树脂进行离子交换时的等温线，以溶液主体的总摩尔浓度为参数

［获准取自 A. L. Myers and S Byington，*Ion Exchange Science and Technology*，M. Mijhoff，Boaton(1986)］

如同其他分离过程那样，不计交换离子化合价的分离因子 $S_{A,B}$ 可以对一个平衡级定义，

对于二元系,应用当量离子分率:

$$S_{A,B}=\frac{y_A(1-x_A)}{x_A(1-y_A)} \tag{15-46}$$

该式与式(15-43)相同。采用 Dowex 80 阳离子交换树脂于常温和广泛的溶液总摩尔浓度范围下 Cu^{2+} 和 Na^+ 间交换(不等电荷反离子)的实验数据示于图 15.14,图中采用 y_A 和 x_A 值表示,该图取自 Subba Rao 和 David[42]的论文。在低总溶液浓度时,树脂对铜离子具有高的选择性,而在高总溶液浓度时,选择性反过来稍微有利于钠离子。Selke 和 Bliss[43,44]应用同样的树脂进行 Ca^{2+} 和 H^+ 的交换时观察到了同样的趋势。此选择性的敏感性在取自 Myers 和 Byington[45]的图 15.15 中被清楚地示明,图中分离因子 S_{Cu^{2+},Na^+} 按照式(15-46)用图 15.14 的数据算得,它的自然对数被作为当量离子分率 $x_{Cu^{2+}}$ 的函数进行标绘,在 Cu^{2+} 的稀溶液区,S_{Cu^{2+},Na^+} 从总浓度 4N 时的 0.5 左右升到 0.01N 时的 60 左右。采用式(15-44)在 $n=2$ 时算得的 K_{Cu^{2+},Na^+} 相应变化仅从 0.6 变到 2.2 左右。

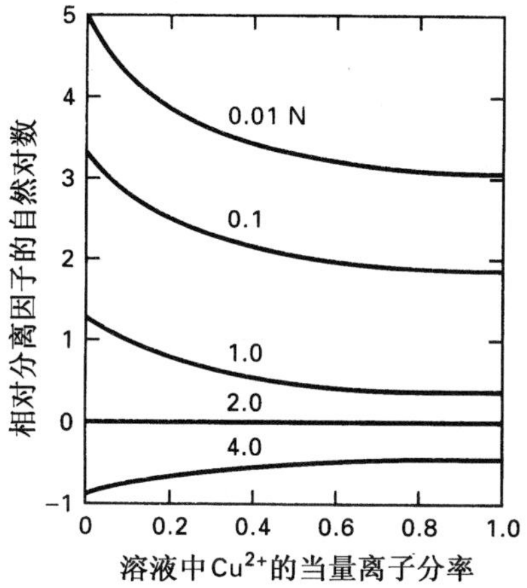

图 15.15 Cu^{2+} 和 Na^+ 在 Dowex 50-X8 树脂进行离子交换时的相对分离因子作为溶液主体总摩尔浓度函数的标绘

[获准取自 A. L. Myers and S Byington, *Ion Exchange Science and Technology*, M. Mijhoff, Boaton(1986)]

例 15.7

一个与例 15.2 所用的离子交换树脂相似的树脂 Amberlite IR-120 具有最大的离子交换容量为 4.90 meq/g 干树脂,它被用于从含 0.009 75-M $CuSO_4$(19.5 meq Cu^{2+}/L 溶液)的废水中移除两价铜离子,球形颗粒树脂粒径从 0.2 mm 到刚超过 1.2 mm,平衡离子交换反应是两价与一价交换类型的:

$$Cu^{2+}_{(aq)}+2HR_{(s)} \longleftrightarrow CuR_{2(s)}+2H^+_{(aq)}$$

在离子交换过程中,水溶液和树脂中的阳离子毫当量数保持不变。

Selke 和 Bliss[43,44]的实测表明,常温时的图 15.14 中的平衡曲线类型与水溶液的总当量浓度密切相关,在总当量浓度 19.5 meq/L 溶液时的平衡数据如下:

溶液中 c,meq Cu^{2+}/L	0.022	0.786	4.49	10.3
树脂中 q,meq Cu^{2+}/g	0.66	3.26	4.55	4.65

这些等温线数据是高度非线性的。

(a) 利用上列数据计算每个 Cu^{2+} 的 c 值时的摩尔选择性系数 K，并将计算结果与利用表 15.5 数据由式(15－45)算得的值进行比较。

(b) 计算 10 L 含 20 meq Cu^{2+}/L 的溶液与含 4.9 meq H^+/g 干树脂的 50 g 干树脂进行离子交换达平衡时已交换的 Cu^{2+} 的毫当量数。

解

(a) Selke 和 Bliss 没有给出以 eq/L 床层体积表示的树脂容量 Q 值，假设此值为 2.3，由式(15－44)得：

$$K_{Cu^{2+},H^+}=\left(\frac{C}{Q}\right)\frac{y_{Cu^{2+}}(1-x_{Cu^{2+}})^2}{x_{Cu^{2+}}(1-y_{Cu^{2+}})^2}$$

式中 $$(C/Q)=0.019\ 5/2.3=0.008\ 5$$

$$x_{Cu^{2+}}=c_{Cu^{2+}}/19.5 \text{ 和 } y_{Cu^{2+}}=q_{Cu^{2+}}/4.9$$

利用上面给出的 Selke 和 Bliss 的 c 和 q 值：

q，meq Cu^{2+}/g	$x_{Cu^{2+}}$	$y_{Cu^{2+}}$	K_{Cu^{2+},H^+}
0.66	0.001 13	0.135	1.35
3.26	0.040 3	0.665	1.15
4.55	0.230	0.929	4.04
4.65	0.528	0.949	1.30

K 的平均值等于 2。将表 15.5 的数值代入式(15－45)得

$$K_{Cu^{2+},H^+}=3.8/1.3=2.9$$

此值大一些。

(b) 假设 $K_{Cu^{2+},H^+}=2.0$ 和 $Q=2.3$ eq/L，总的溶液浓度 C 是 0.02 eq/L，式(5－44)变成

$$2.0=\left(\frac{0.02}{2.3}\right)\frac{y_{Cu^{2+}}(1-x_{Cu^{2+}})^2}{x_{Cu^{2+}}(1-y_{Cu^{2+}})^2} \tag{1}$$

起初溶液含两价铜离子的当量数＝0.02×10＝0.2 当量，$x_{Cu^{2+}}=1.0$，令 a＝铜交换的当量数，那么，在平衡时由物料衡算得：

$$x_{Cu^{2+}}=\frac{0.02-(a/10)}{0.02} \tag{2}$$

$$y_{Cu^{2+}}=\frac{(a/50)}{0.004\ 9} \tag{3}$$

将式(2)和式(3)代入式(1)中得：

$$2.0=0.008\ 7\times\frac{\left[\dfrac{(a/50)}{0.004\ 9}\right]\left[1-\dfrac{0.02-(a/10)}{0.02}\right]^2}{\left[\dfrac{0.02-(a/10)}{0.02}\right]\left[1-\dfrac{(a/50)}{0.004\ 9}\right]^2} \tag{4}$$

从非线性方程式(4)解得交换的 Cu 当量数 $a=0.188\ 7$ 当量。于是，0.188 7/(0.02×10)＝0.944，或 94.4%的铜离子进行了交换。

15.2.4 色谱平衡

如节 15.1 中讨论过的，色谱分离中包含许多种吸着机理，包括多孔固体上的吸附、支承

或键合在固体上的液体吸收或萃取以及合成树脂中的离子交换，因此平衡时的方程取决于吸着机理，例如式(15－19)、式(15－24)、式(15－32)和式(15－33)适用于气体吸附；式(15－35)和式(15－36)适用于液体吸附；式(6－17)到式(6－20)适用于液体吸收；式(8－1)适用于液体萃取；以及式(15－38)、式(15－43)和式(15－44)适用于离子交换。

当平衡(分布或分配)常数被定义为

$$K_i = q_i / c_i \tag{15-47}$$

时，式中 q 是固定相中的浓度，c 是移动相中的浓度，具有最大平衡常数的溶质以比最小[①]平衡常数的溶质较慢的速率从色谱柱中洗提出去。

15.3　动力学和传递

溶质在吸附剂表面的吸附需要经过如下步骤：

(1) 外部传质(相间传质)，溶质依靠对流从流体主体通过薄膜或边界层到达吸附剂的外表面。

(2) 内部传质(相内传质)，溶质依靠孔道中的扩散从吸附剂的外表面到达内部多孔结构的内表面。

(3) 溶质沿孔道表面的表面扩散。

(4) 溶质在孔道表面的吸附。

对于化学吸附还包含键的生成，动力学第四步的速率可能是慢的，甚至是控制步骤；然而，对于物理吸附，第四步几乎总是瞬时的，它仅取决于分子对于多孔表面的碰撞频率和取向，因此，在此仅需要考虑前三步。

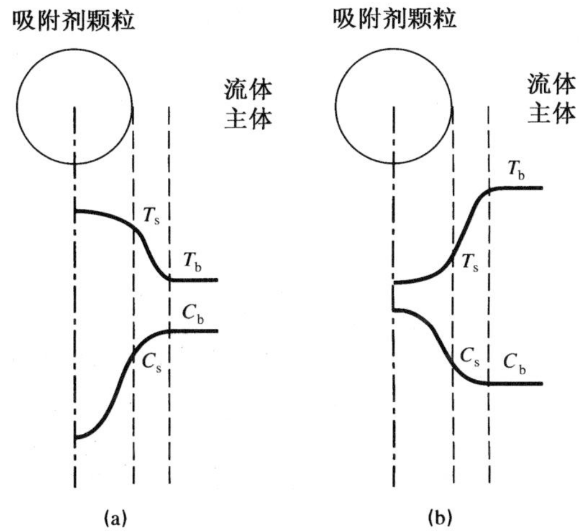

图 15.16　被流体包围的多孔吸附剂颗粒的溶质浓度和温度分布

(a) 吸附；(b) 脱附

① 似应较小——译者注。

在吸附剂的再生期间，上述四步倒过来，其中物理脱附是瞬时的。吸附和脱附总是和热量传递相伴，因为有吸附热的放出和脱附热的吸入。虽然外部传质局限于对流机理，但与颗粒外表面间的外部传热不仅因通过床层中每个颗粒周围的膜或边界层的对流传热而发生，当流体是气体时它也因颗粒间的热辐射而发生，还因相邻颗粒的接触点的热传导而进行。传热的传导和辐射机理在颗粒内部也可能存在，再加上孔道中流体的对流传热。

在吸附剂颗粒的固定床中，溶质的浓度和温度随时间和位置连续变化。对于吸附和脱附过程中给定颗粒在特定瞬间的温度和流体中溶质浓度的分布分别示于图 15.16(a)和(b)中，图中下标 b 和 s 分别代表流体主体和颗粒外表面。流体的浓度梯度一般在颗粒内部最陡，而温度梯度通常在颗粒周围的流体膜或边界层中最陡，所以，传热的主要阻力虽然通常存在于颗粒外部，但传质的主要阻力通常却存在于吸附剂颗粒的内部。图 15.16 中的四个梯度全在其末端趋近于一个渐近值。

15.3.1 外部传递

吸附过程中吸附剂颗粒外表面与其周围流体主体间的对流传质和传热速率分别为

$$n_i=\frac{\mathrm{d}N_i}{\mathrm{d}t}=k_c A\left(c_{\mathrm{b}_i}-c_{\mathrm{s}_i}\right) \tag{15-48}$$

$$q=\frac{\mathrm{d}Q}{\mathrm{d}t}=hA(T_{\mathrm{s}}-T_{\mathrm{b}}) \tag{15-49}$$

对于被无限静止流体包围的球形颗粒，其间的传质和传热系数是它们各自的最小值。假设一个半径 R_{p} 和直径 $D_{\mathrm{p}}=2R_{\mathrm{p}}$ 的不溶解的固体球形颗粒悬浮在无限的流体介质中，在定态下颗粒被加热，所以其表面温度是恒定值 T_{s}，流体介质绝对静止(不能自由地对流)，热辐射可以忽略，所以，通过流体的传热仅能依靠热传导。流体的导热系数 k 是常数，离开颗粒很远处温度是 T_{b}，流体的导热傅里叶第二定律以球形坐标表示为

$$\frac{\mathrm{d}}{\mathrm{d}r}\left(kr^2\frac{\mathrm{d}T}{\mathrm{d}r}\right)=0 \tag{15-50}$$

式中 $r\geqslant R_{\mathrm{p}}$，$r$ 是距离颗粒中心的径向距离。边界条件是

$$T\{r=R_{\mathrm{p}}\}=T_{\mathrm{s}} \tag{15-51}$$

$$T\{r=\infty\}=T_{\mathrm{b}} \tag{15-52}$$

如将式(15-50)对 r 积分两次，得

$$T=-\frac{C_1}{r}+C_2 \tag{15-53}$$

将边界条件式(15-51)和式(15-52)代入，得到流体中温度分布的表示式：

$$\frac{T-T_{\mathrm{b}}}{T_{\mathrm{s}}-T_{\mathrm{b}}}=\frac{R_{\mathrm{b}}}{r},r\geqslant R_{\mathrm{p}} \tag{15-54}$$

颗粒外表面处的传热速率由用于邻近颗粒的流体的导热傅里叶第一定律得出：

$$\left.\frac{q}{A}\right|_{r=R_{\mathrm{p}}}=-k\left.\frac{\mathrm{d}T}{\mathrm{d}r}\right|_{r=R_{\mathrm{p}}} \tag{15-55}$$

由式(15-54)：

$$\left.\frac{\mathrm{d}T}{\mathrm{d}r}\right|_{r=R_{\mathrm{p}}}=-\frac{(T_{\mathrm{s}}-T_{\mathrm{b}})}{R_{\mathrm{p}}} \tag{15-56}$$

颗粒外表面处的传热速率也可以应用牛顿冷却定律得出：

$$\left.\frac{q}{A}\right|_{r=R_p}=h(T_s-T_b) \tag{15-57}$$

结合式(15－55)至式(15－57)得：

$$h=k/R_p \tag{15-58}$$

此式改写成努塞尔特数的形式，得：

$$N_{Nu}=hD_p/k=2 \tag{15-59}$$

对流传质应用扩散的费克定律作类似的推导可得：

$$N_{Sh_i}=k_{c_i}D_p/D_i=2 \tag{15-60}$$

式中 D_i是混合物中组分 i 的扩散系数。

当流体流过单个颗粒时，对流在从式(15－59)和式(15－60)算得的传质和传热系数上增加了各自的对流值，进而，传递系数现将沿颗粒的周边发生变化，在流体第一个碰撞颗粒处其值最大。实测的传递系数通常是整个颗粒表面的平均值。典型的关联式是由 Ranz 和 Marshall[46,47]提出的，是努塞尔特数和休伍德数的关联式，前者可以高达 30，后者到 160：

$$N_{Nu}=2+0.60N_{Re}^{1/2}N_{Pr}^{1/3} \tag{15-61}$$

$$N_{Sh_i}=2+0.60N_{Re}^{1/2}N_{Sc_i}^{1/3} \tag{15-62}$$

式中：

N_{Pr}——普朗德数$=c_p\mu/k$；

N_{Sci}——希密特数$=\mu/\rho D_i$；

N_{Re}——雷诺数$=D_pG/\mu$。

全部物性均取流体膜或边界层的平均温度时的值。当流体质量速度等于零时，式(15－61)和式(5－62)分别简约为式(15－59)和式(15－60)。

当颗粒充填到床层中后，流体的流型受到了限制，单个颗粒的关联式不能够用来计算床层中诸颗粒的平均外部传递系数。然而，Ranz[48]表明，对于球形颗粒填充床的外部传递数据可以用与式(15－61)和式(15－62)同样形式的方程关联，但是，从 Gamson，Thodos 和 Hougen[49]开始，大多数较早的研究者开发了 Chilton 和 Colburn 的 j 因子形式的方程：

$$j_D=(N_{St_M})(N_{Sc})^{2/3}=f\{N_{Re}\} \tag{15-63}$$

$$j_H=(N_{St})(N_{Pr})^{2/3}=f\{N_{Re}\} \tag{15-64}$$

式中

$$N_{St_M}=k_c\rho/G \text{ 和 } N_{St}=h/c_pG$$

式中，不同的雷诺数函数适用于不同的区域，已采用过多种形式的雷诺数，包括 D_pG/μ 和试图考虑进床层的空隙率ε_b的 $D_pG/\varepsilon_b\mu$，其中 G 是基于空床横截面积的表观质量速度，而 G/ε_b(较大数值)是通过床层空隙的有效质量速度。这类方程式中值得注意的有 Sen Gupta 和 Thodos[51]，Petrovic 和 Thodos[52]以及 Dwivedi 和 Upadhay[53]的方程。

Wakao 和 Funazkri[54]较新的研究重新对 37 组以前发表的传质数据进行了分析，采用对轴向分散的休伍德数校正，最终的关联式仍回到式(15－62)的形式，即

$$N_{Sh_i}=\frac{k_{c_i}D_p}{D_i}=2+1.1\left(\frac{D_pG}{\mu}\right)^{0.6}\left(\frac{\mu}{\rho D_i}\right)^{1/3} \tag{15-65}$$

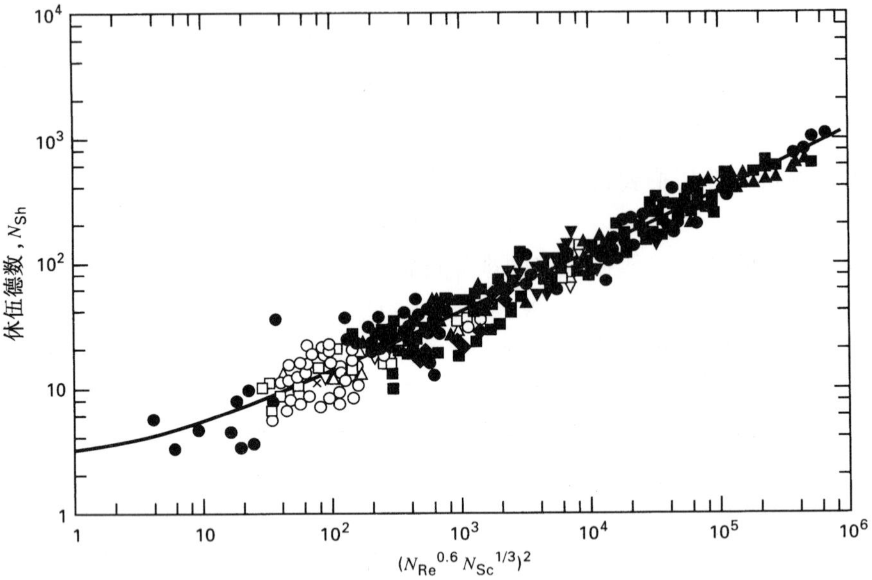

图 15.17　填充床中外部传质的休伍德数的实测数据关联

[获准取自 N. Wakao and T. Funakri, *Chem. Eng. Sci.*, 33, 1375(1978).]

此关联式与 12 组气相和 11 组液相的数据比较示于图 15.17 中，这些数据覆盖希密特数 0.6～70 600、雷诺数 3～10 000 和颗粒直径 0.6～17.1 mm 的范围，颗粒形状包括球形、短的圆柱体、薄片和细颗粒。根据类似律，相应的流体与填充床中颗粒间的对流传热方程式是：

$$N_{Nu}=\frac{hD_p}{k}=2+1.1\left(\frac{D_pG}{\mu}\right)^{0.6}\left(\frac{c_p\mu}{k}\right)^{1/3} \tag{15-66}$$

当式(15－65)和式(15－66)用于非球形颗粒的填充床时，D_p是当量球形颗粒直径，下面是关于用颗粒的几何特性计算当量直径的建议，这些建议可以用直径 D 等于长度 L 的短圆柱体的计算作对比。

(1) D_p——具有同样外表面积的球体直径：

$$\pi D_p^2=\pi DL+\pi D^2/2 \text{ 和 } D_p=(DL+D^2/2)^{0.5}=1.225D$$

(2) D_p——具有同样体积的球体直径：

$$\pi D_p^3/6=\pi D^2L/4 \text{ 和 } D_p=(3D^2L/2)^{1/3}=1.145D$$

(3) D_p——4 倍水力半径 r_H，对于填充床，

$$4r_H=6/a_v$$

式中 a_v——颗粒外表面积/颗粒体积。

因此，

$$a_v=\frac{\pi DL+\pi D^2/2}{\pi D^2L/4}=\frac{6}{D} \text{ 和 } D_p=4r_H=\frac{6D}{6}=1.0D$$

水力半径概念的应用相当于在雷诺数中用 $\psi D'_p$ 代替 D_p，此处 ψ 是球形度，D'_p 由建议 2 给出；球形度的定义是：

$$\psi=\frac{\text{和颗粒具有同样体积的球体表面积}}{\text{颗粒的表面积}}$$

对于 $D=L$ 的圆柱，

$$\psi=\frac{\pi D_p^2}{\pi DL+2\left(\frac{\pi D^2}{4}\right)}=\frac{\pi(1.145D)^2}{\frac{3}{2}\pi D^2}=0.874$$

以及 $\psi D'_p=0.874\times1.145D=D$(圆柱体直径)

建议 2 和 3 被广泛地采用，建议 3 被方便地用于具有不规则表面的粉碎所得的颗粒，但这些颗粒没有哪一维是显著的长或短，也即在形状上是等方向性的，此时如 Kunii 和 Levenspiel[55]讨论指出的，取 D'_p作为颗粒的大小，球形度近似取 0.65。

例 15.8

氮气流中的丙酮蒸气用活性炭固定床中的吸附除去，在床层中的某个位置压力为 136 kPa，气流主体温度为 297 K，丙酮的主体摩尔分率为 0.05，试估算丙酮从气体到颗粒的外部传质系数和颗粒到气流的外部传热系数。另外一些数据如下：

平均颗粒直径＝0.004 m，气体的表观摩尔速率＝0.003 52 kmol/(m^2·s)。

解

由于温度和浓度仅知道气体主体的值，而在颗粒外表面处的数值并不知道，所以采用气体主体条件下物性。从 ChemCAD 过程模拟程序系统得到式(15－65)和式(15－66)的有关物性如下：

黏度 $\mu=0.000\,016\,5$ Pa·s[kg/(m·s)]，密度 $\rho=1.627$ kg/m^3，导热系数 $k=0.024\,0$ W·m/s＝0.024×10^{-3}kJ/(m·K·s)，定压摩尔比热容＝31.45 kJ/(kmol·K)，相对分子质量＝M＝29.52，于是比热容 $c_p=31.45/29.52=1.065$ kJ/(kg·K)。

另外一些参数是：

气体的质量速度 $G=0.003\,25\times29.52=0.103\,9$ kg/(m^2·s)，假设球形度 ψ 为 0.65，因此，$D_p=0.65\times0.000\,4=0.002\,6$ m。丙酮在 297 K 和 136 kPa 条件下于氮气中的扩散系数 D_i与组成无关，近似取 0.085×$10^{-4}$$m^2$/s。

$$N_{Re}=D_pG/\mu=0.002\,6\times0.103\,9/0.000\,016\,5=16.4$$

$$N_{Sc}=\mu/\rho D_i=0.000\,016\,5/(1.627\times0.000\,008\,5)=1.19$$

$$N_{Pr}=c_p\mu/k=1.065\times0.000\,016\,5/0.000\,024=0.73$$

由式(15－65)得

$$N_{Sh}=2+1.1\times(16.4)^{0.6}(1.19)^{1/3}=8.24$$

此值位于图 15.17 关联的数据范围内，所以丙酮的传质系数是

$$k_{c_i}=N_{Sh}(D_i/D_p)=8.24\times(0.000\,008\,5/0.002\,6)=0.027\text{m/s}=0.088\text{ft/s}$$

由式(15－66)得

$$N_{Nu}=2+1.1\times(16.4)^{0.6}(0.73)^{1/3}=7.31$$

$$h=N_{Nu}(k/D_p)=7.31\times(0.024\,0/0.002\,6)$$

$$=67.5\ \text{W/(m}^2\cdot\text{k)或 }11.9\ \text{Btu/(h}\cdot\text{ft}^2\cdot{}^\circ\text{F)}$$

15.3.2　内部传递

多孔吸附剂颗粒具有足够大的有效导热系数，以至于颗粒内的温度梯度通常可以忽略，

但是,颗粒内部(内相)的传质必须要考虑。孔道内的传质机理就是 14.3 节中讨论的多孔膜中的那些,虽然在膜中,传递是通过膜的,而在吸着应用中,在吸着期间是进入颗粒内部的传递,在脱附中是从颗粒内部向外传递。

在吸附或脱吸期间多孔粒子内部传递的数学模型与多孔催化剂颗粒内的催化反应膜型十分相似。第一个多孔膜型是 Thiele[56]膜型,他考虑在一端封闭的单个圆柱形直孔道表面发生的等温一级不可逆反应。Thiele 的处理方法被 Wheeler[57]推广应用到多孔球形颗粒,对于吸着情况他采用了有效扩散系数。

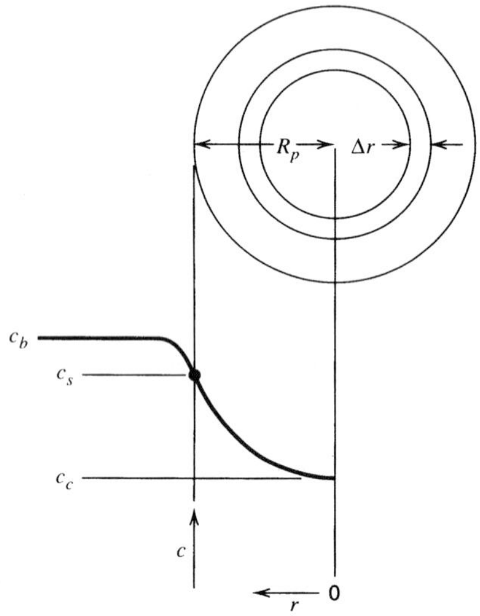

图 15.18　吸附剂颗粒中典型的溶质浓度分布

考虑图 15.18 所示的多孔球形颗粒,图中流体浓度 c 是溶质的,对于厚度 Δr 的球形壳体进行单位时间内的摩尔或质量的物料衡算,包括溶质扩散进入半径 $r+\Delta r$ 处的壳面、壳体内的吸附和扩散离开半径 r 处壳面项,应用费克第一定律得:

$$4\pi(r+\Delta r)^2 D_e \frac{\partial c}{\partial r}\bigg|_{r+\Delta r} = 4\pi r^2 \Delta r \frac{\partial q}{\partial t} + 4\pi r^2 D_e \frac{\partial c}{\partial r}\bigg|_{r} \tag{15-67}$$

此式除以 $4\pi\Delta r$,并令 $\Delta r \to 0$,经归纳整理后得:

$$D_e\left(\frac{\partial^2 c}{\partial r^2} + \frac{2}{r}\frac{\partial c}{\partial r}\right) = \frac{\partial q}{\partial t} \tag{15-68}$$

式中变量 q 是单位球粒体积吸附的溶质量。有效扩散系数 D_e 是用于整个球壳表面的,即使只有表面的 50%左右对孔道扩散是有用的。对于孔道中的液相扩散,有效扩散系数由式(14-14)给出,此式中包含球粒中孔的体积分率、溶质在孔道中的流体中的分子扩散系数、孔道的曲折度和对相当大的分子可能需要的受限因子。对于孔道中的气相扩散,有效扩散系数由式(14-18)给出,该式考虑到了很细孔径和/或低的总压时发生努森扩散(扩散系数 D_K)的可能性。虽然式(14-14)和式(14-18)严格说来只适用于等分子反向扩散,但它们可以作为流体中溶质分子稀少时发生的单向扩散的近似。式(14-18)中没有直接给予考虑的扩散机理是表面扩散机理,该时由于沿孔壁存在吸附质(被吸附的溶质)的浓度梯度而发生沿孔壁表面的扩散。

通过孔道中流体的分子扩散费克第一定律可以写成

$$n_i = -D_i A(\mathrm{d}c_i/\mathrm{d}x) \qquad (15-69)$$

式中 n 是组分 i 流体在垂直于横截面积 A 的 x 方向由普通扩散导致的摩尔速率，其扩散系数为 D_i 和浓度为 c_i(单位体积中的摩尔数)。如 Schneider 和 Smith[58]建议的，修正的费克第一定律适用于表面扩散，所以

$$(n_i)_s = -(D_i)_s b\mathrm{d}(c_i)_s/\mathrm{d}x \qquad (15-70)$$

式中 b 是表面的周长，$(c_i)_s$ 是吸附质的表面浓度(单位表面积上的摩尔数)，$(D_i)_s$ 是由式(5－70)定义的表面扩散系数。

为了方便起见，式(15－70)将按如下所示步骤转变成式(15－69)形式，以至于扩散的两个机理可以结合进单一的传递速率式。式(15－69)的速率形式是：

$$N_i = n_i/A = -D_i(\mathrm{d}c_i/\mathrm{d}x) \qquad (15-71)$$

在式(15－70)两侧各除以孔的横截面积，再为了将表面浓度 $(c_i)_s$(mol/单位表面积)转换成浓度 q(mol/g 吸附剂)，利用(孔道表面积/孔隙体积)乘以吸附剂颗粒密度的倒数再乘以颗粒的孔隙率所得的乘积去乘式的两侧，得到了式(15－70)相应的速率形式：

$$(N_i)_s = -(D_i)_s \frac{\rho_p}{\varepsilon_p}\left(\frac{\mathrm{d}q_i}{\mathrm{d}x}\right) \qquad (15-72)$$

假设符合亨利定律的线性吸附关系

$$q_i = K_i c_i \qquad (15-73)$$

将式(15－73)代入式(15－72)，再将所得结果与式(15－71)相加，得到总的速率式为：

$$N_i = -\left[D_i + (D_i)_s \frac{\rho_p K_i}{\varepsilon_p}\right]\frac{\mathrm{d}c_i}{\mathrm{d}x} \qquad (15-74)$$

采用用于式(15－68)中的有效扩散系数得：

$$D_e = \frac{\varepsilon_p}{\tau}\left\{\left[\frac{1}{(1/D_i)+(1/D_K)}\right] + (D_i)_s \frac{\rho_p K_i}{\varepsilon_p}\right\} \qquad (15-75)$$

应用式(15－75)时需当心，因为如 Riekert[59]的讨论所指出的，孔隙体积扩散的曲折度与表面扩散的曲折度并非必然相同。

根据 Sladek，Gilliland 和 Baddour[60]的研究，轻质气体物理吸附的表面扩散系数的典型值在 5×10^{-3} 到 $10^{-6}\,\mathrm{cm^2/s}$ 之间，较大值对应于小的微分吸附热场合。对于非极性吸附剂的表面扩散系数($\mathrm{cm^2/s}$)可用关联式估算[60]，

$$D_s = 1.6\times10^{-2}\exp[-0.45(-\Delta H_{ads})/mRT] \qquad (15-76)$$

式中 m 对于像碳那样的导热吸附剂取 2，对于绝热吸附剂取 1。

例 15.9

粒径 1.0 mm 的多孔硅胶其平均孔径 11Å 和曲折度 3.35，具有颗粒密度 1.13 g/cm³ 和孔隙率 0.486，它被用于从氦气中吸附丙烷，在 100℃时孔道中的扩散由努森和表面扩散控制，试估算有效扩散系数。微分吸附热等于－5 900 cal/mol，100℃时的吸附常数(线性等温式的)等于 19 cm³/g。

解

丙烷的努森扩散系数用式(14－21)计算，$D_k = 4\,850\times22\times10^{-8}\times(373/44.06)^{1/2} = 3.7\times10^{-3}\,\mathrm{cm^2/s}$。取 $m=1$，由式(15－76)得 $D_s = 1.6\times10^{-2}\exp[(-0.45\times5\,900)/(1\times1.987\times373)] = 4.45\times10^{-4}\,\mathrm{cm^2/s}$。

由式(15-75)简化得

$$
\begin{aligned}
D_e &= \frac{\varepsilon_p}{\tau}D_k + \frac{\rho_p K}{\tau}D_s \\
&= \frac{0.486}{3.35}\times(3.17\times10^{-3}) + \frac{1.13\times19}{3.35}\times(4.45\times10^{-4}) \\
&= 0.46\times10^{-3} + 2.85\times10^{-3} \\
&= 3.31\times10^{-3}\ \mathrm{cm^2/s}
\end{aligned}
$$

Schneider 和 Smith 的实验给出有效扩散系数 $D_e = 1.22\times10^{-3}\ \mathrm{cm^2/s}$，其中表面扩散的贡献为 0.88×10^{-3}，因此，估算的表面扩散的贡献高了 3 倍。在任一场合中，表面扩散贡献所占的分率都是大的，Kapoor, Yang 和 Wong[61]对表面扩散作了详细的评述。

15.3.3 离子交换和色谱中的传质

如 Helfferich[62]讨论指出的，离子交换中存在两项主要传质阻力：第一项是离子交换树脂颗粒周围流体膜或边界层的外部传质阻力；第二项是树脂颗粒的内部扩散阻力。其中之一或两者可能是速率的控制项，无论那种情况，树脂颗粒的直径是一个重要因素。一般说来，在非常低的交换离子浓度（例如低于 0.01 N）时，外部膜扩散是控制项，而在高浓度（例如高于 1.0 N）时是内部传质（颗粒内扩散）成为控制项。已经观察到大的分离因子[由式(15-46)定义的]倾向于外部传质控制，二价离子通过树脂颗粒的扩散明显慢于一价离子的，通常交换离子与树脂间的化学反应不是速率的决定步骤。

流体流过离子交换树脂颗粒的固定床的外部传质系数同样用式(15-65)估算，该式是用于吸附固定床的。对于内部传质，习惯上假设离子交换树脂颗粒是单一拟均相的和在给定温度下扩散离子的扩散系数是常数。在这些条件下可以应用式(15-68)，式中 D_e 是由实验测定的扩散系数，通常，此扩散系数取决于：(1)离子的大小和电荷，较小的一价离子扩散最快；(2)树脂交联度和溶胀，溶胀和小的交联度有利于得到较大的扩散系数；(3)温度。

离子交换树脂中的扩散系数最基本的测定采用离子的同位素进行，测得的自身扩散(self-diffusion)系数与离子浓度无关。对于 Na^+，Zn^{2+} 和 Y^{3+} 在温度 0.2 和 25℃下、于经过磺化作用的苯乙烯-二乙烯基苯阳离子交换树脂中的自身扩散系数，由 Soldano[63]测得的典型值示于图 15.19 中。重新回顾一下小分子的典型扩散系数数量级如下：

在气相中 $0.1\ \mathrm{cm^2/s}$

在液相中 $1\times10^{-5}\ \mathrm{cm^2/s}$

在聚合物中 $1\times10^{-7}\ \mathrm{cm^2/s}$

从图 15.19 可见，扩散系数与树脂交联度和离子的电荷密切相关，其值比液相中的扩散系数低许多，特别对于两价和三价离子，它们的数值甚至小于小分子在聚合物中的值。

对于色谱传质关系式的建立不需要新的基本原理，当应用填充床时，可以用式(15-65)和式(15-66)确定外部传递系数；如果应用涂布的平板或内壁涂布的圆管，第 3 章中讨论的各自类型的关联式可以利用。在有些情况中，存在一定长度的进口区，特别在层流时，此区中的传递系数随轴向位置而变，随长度的增加其值减小，最终趋近一个渐近值。对于吸着剂的内扩散，费克第二定律适用，式中的有效扩散系数与本节较前面部分讨论的一些因素有关。

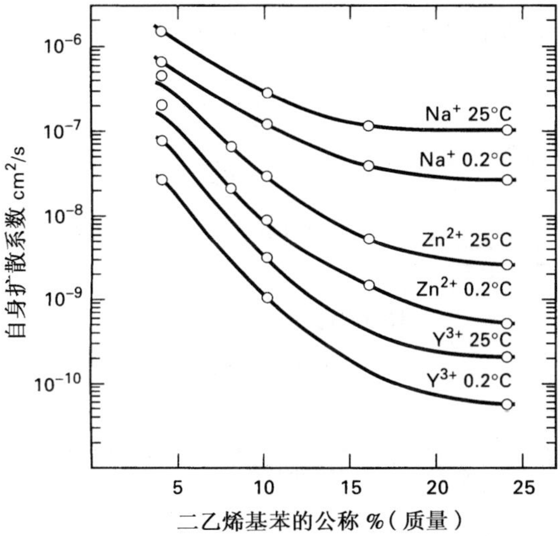

图 15.19　阳离子在树脂中的自身扩散系数与二乙烯基苯树脂交联度的函数关系

[获准取自 B. A. Soldano, *Ann. NY Acad. Sci.*, 57, 116(1953).]

15.4　吸着系统

工业的吸着分离操作采用多种设备结构和操作过程，这里的变化主要是由于吸着剂颗粒的大小涉及广泛区域以及在绝大多数应用中吸着剂需要再生。

15.4.1　吸附操作

对于吸附操作，最常用的设备结构和操作步骤列于表 15.7 中，为了进行分析，所列装置可以分属于三种操作模式，见图 15.20。图 15.20(a)所示的搅拌槽用于液相的分批操作，向液相槽中加入如活性炭的细粉状(典型的粒径小于 1 mm)吸附剂，形成浆料，如具有良好的搅拌和细小颗粒，从液相主体到吸附剂颗粒外表面传质的外部传质阻力是小的；对于小的吸附剂颗粒，颗粒孔道中的内部传质阻力也是小的，相应地，吸附速率是快的。浆料在良好混合的搅拌槽中所需的停留时间由达到平衡多快而决定。这种操作模式的主要应用是从水中移除非常少量的溶解物和相当大的分子，例如着色介质。这种浆料吸附系统也被称为接触过滤(contact filtration)，也可以连续操作。

用于固定床的周期性间歇操作图解示于图 15.20(b)，它被广泛地用于液体和气体原料，吸附剂颗粒的大小范围是 0.05～1.2 cm，随颗粒大小增加，床层压降减小，但溶质的传递速率将随着颗粒尺寸减小而增加，最佳颗粒尺寸主要由这两个因素决定。为了避免在吸附操作中出现床层摇晃或流化，液体或气体原料通常是向下流动的。为了从水中清除少量溶解的烃类，失效的吸附剂需从设备中移出去进行高温下的再活化或被抛弃。固定床吸附又称渗滤，它用于从水中清除溶解的有机物。对于气体的纯化或主体分离，吸附剂几乎总是在通常的位置采用表 15.7 列举的五种方法中的一种进行再生。

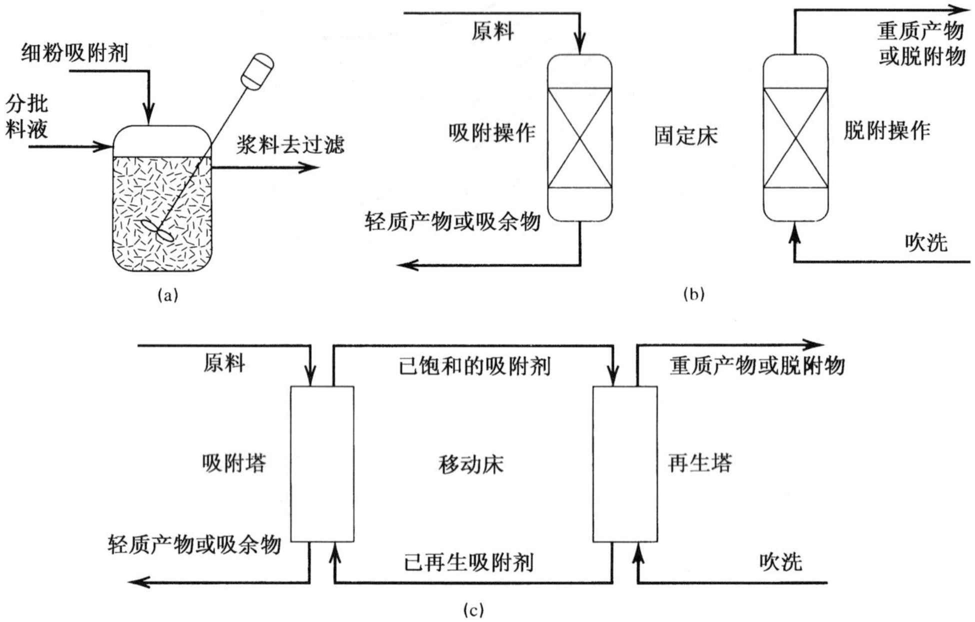

图 15.20　吸附的接触模式

(a) 搅拌槽，浆料操作；(b) 周期性间歇操作的固定床；(c) 连续逆流操作

表 15.7　常用的吸附操作工业方法

原料相态	接触设备	吸附剂再生方法	主要应用
液相	搅拌槽中浆料	吸附剂被丢弃	纯化
液相	固定床	热再生	纯化
液相	模拟移动床	吹洗置换	主体分离
气相	固定床	变温(TSA)	纯化
气相	流化床-移动床组合	变温(TSA)	纯化
气相	固定床	变换惰性吹洗	纯化
气相	固定床	变压(PSA)	主体分离
气相	固定床	变真空(VSA)	主体分离
气相	固定床	吹洗置换	主体分离

在变温吸附操作(TSA)中，吸附剂周期性的再生采用在比吸附操作期间的温度高的温度下脱附的方法，这已示于图 5.21 中。床层温度的升高采用：(1)用设置于床层中的加热盘管加热，接着抽到适当真空；(2)较常用的方法是采用惰性不会吸附的热的吹洗气体，例如水蒸气直接加热，脱附后在开始周期性的吸附前，床层需冷却。由于加热和冷却需要时间，典型的 TSA 周期是以小时到天计，因此，如果床层中吸附剂量是合适的，TSA 仅对小流率吸附纯化是实用的。代替固定床的应用，可以用图 15.22 所示的过程，即用流化床进行吸附和

用移动床进行脱附,此时用的吸附剂颗粒必须耐磨。在吸附段设有筛板,原料气从下向上通过筛孔使吸附剂颗粒流化,流化的固体颗粒就像液体流过塔板进入降液管,流到下面一块塔板。从吸附段来的固体颗粒流到移动床的脱附段,它们首先通过预热管,再流过脱附管,此两组管子用水蒸气间接加热,水蒸气还用于脱附管内的脱附。移动床,而不是塔板上的流化床,用于脱附段,因为脱附用的水蒸气不足以引起固体流化。在设备底部,夹带气体带着已再生的固体颗粒沿气体升举管线升至设备顶部,在此颗粒沉降到塔板上,重复循环的吸附部分。Keller 指出,此过程的结构于 1977 年发布,全世界有 50 余套装置用于从空气中移除少量溶剂。TSA 的其他应用有从气流中移除湿含量、CO_2 和污染物等。

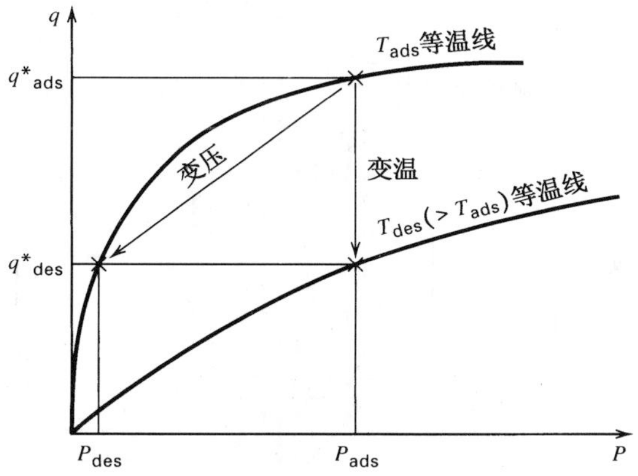

图 15.21　变压和变温吸附的示意表示

在变换惰性吹洗的再生中,脱附在吸附同样的温度和压力下进行,由于用的吹洗气体是不会被吸附(惰性)或很少被吸附的。此方法仅适用于溶质是弱吸附又易脱附而很少或没有价值的场合,吹洗气体必须是廉价的,所以它没有必要在循环前进行净化。

在图 15.21 所示的变压吸附(PSA)循环中,吸附在加压下进行,而脱附则在常压附近进行,它被用于主体分离,因为床层能快速加压和减压,所以一个周期的时间可以以分秒计。由于操作周期短,要求床层不大,即使原料气的相当部分被吸附也如此。如果在常压附近吸附,于真空下脱附,这种循环被称之为变真空吸附(VSA)。VSA 和 PSA 广泛用于空气的主体分离,如果采用沸石吸附剂,平衡能很快建立,氮被优先吸附,未被吸附的高压气体产物是含少量氮的氧氩混合物;如果用碳分子筛吸附剂,发现氧在颗粒中的扩散比氮要快约 25 倍,结果是吸附的选择性由传质控制,氧更易吸附,所得高压产物是近乎纯净的氮气。在上述两种操作中,低压下脱附的被吸附气体是相当不纯的。对于空气分离,大装置采用 VSA,因为它比 PSA 效率高;小装置常用 PSA,因为此循环较简单。

在吹洗置换(置换脱附)循环中,脱附阶段中采用具有更强吸附力的吹洗气去置换已吸附的组分,因此,需要另外步骤用于回收吹洗气。吹洗置换循环仅当 TSA, PSA 和 VSA 因压力或温度的限制而不能使用时才使用,它的一个应用例子是,采用 5Å 分子筛吸附使中等分子量的直链烷烃(C_{10}～C_{18})从带支链的烷烃和环烷烃混合物中分离,氨被用作吹洗气,因为用闪蒸的方法它易于同链烷烃分开。

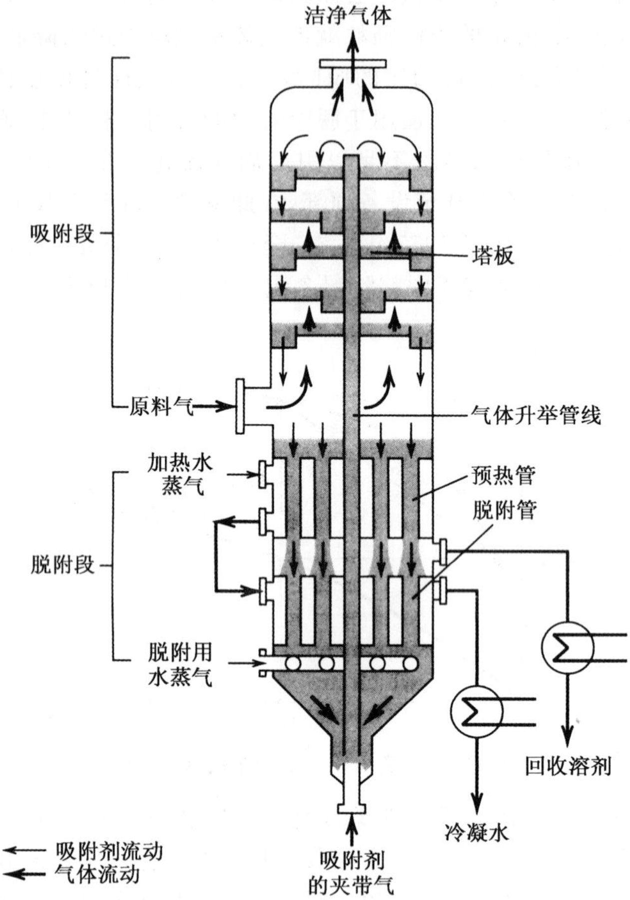

图 15.22 流化床吸附和移动床脱附的 Purasiv 过程

[获准取自 G. E. Keller,"Separations: New Directions for an Old Field."
AIChE Monograph Series, 83(7)(1987).]

大多数吸附的工业应用采用固定床,该床在吸附和脱附操作间循环,因此,在床层中给定位置的组成、温度和/或压力随时间而变化。作为选择,一个图 15.20(c)所示的连续逆流吸附操作可能是期望的,此操作中给定点的上述变量不会发生变化,Ruthven 和 Ching[65]对该操作作了详细讨论,这种操作方案实施的主要困难是,为了实现定态操作需要使固体吸附剂像移动床那样的循环。逆流吸附和脱吸的第一个工业应用是移动床超吸附过程,该过程采用活性炭从炼厂中的多种气流中回收轻质烃类,Berg[66]对此作了讨论。由于吸附剂的磨损问题、当原料气流中有较重烃类存在时吸附剂的再生困难以及经济上比不过蒸馏,所以仅建了几套装置,具有更好耐磨性的和能用于更困难分离的更新的吸附剂受到了移动床装置的注意。

一个成功的替代逆流系统是模拟移动床系统,用于液体混合物分离的工业应用,如图 15.23 所示,这是个包含有两座蒸馏塔的复合系统,一般称之为 UOP Sorbex 过程。如 Broughton[67]描述的,在一座塔中设置有静止床层,塔上具有许多(或许是 12 个)原料液进入和排出的位置,借助旋转阀(RV)移动原料进入、脱附剂进入、吸附物排出和吸余物排出的位置,靠液体的向下流动模拟固体的逆流运动。对于图 15.23 所示的阀门位置,位置 2(加入脱附剂)、5(排出吸附物)、9(加入原料)和 12(排出吸余物)是正在操作的,其余各编号管线是关闭的,然而,液体靠泵在塔内向下流动和在塔外返回塔顶也在循环着。理论上,在塔上可以设想具有无限多进入和排出位置,旋转阀则可以设想连续地改变四个操作位置,但由于这是不切实际的,只能采用有限的位置,旋转阀则作周期性的改变。在图 15.23 中,当阀转动到下一个位置时,管线编号 3,6,10 和 1 变为操作的,于是,吸余物的排出位置从床层底部变到了床层顶部,这结果意味着床层没有顶部或底部。如 Gembicki 等[68]讨论的,在 1962—1989 年期间已建了 78 座 Sorbex 类型的工业应用装置,用于如下主体分离:从 C_8 芳烃中分离对二甲苯;从支链和环烷烃中分离正构链烷烃;从甲基异丙基苯(或甲酚)异构体中分离对或间二甲苯及从葡萄糖和多聚糖中分离果糖。Humphrey 和 Keller[101]引述了 100 套 Sorbex类型的工业装置和 50 多种不同的示例分离。

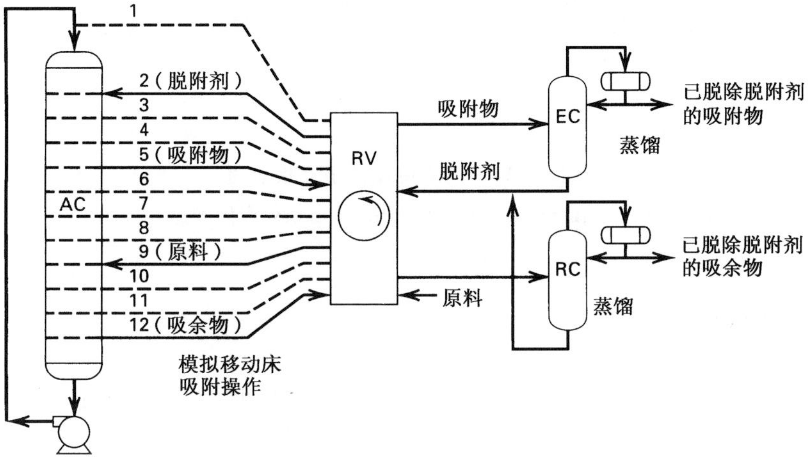

图 15.23 用于主体分离的 Sorbex 复合模拟移动床过程

AC:吸附剂塔;RV:旋转阀;EC:吸附物塔;RC:吸余物塔

[获准取自 D. B. Broughton. *Chem*,*Eng*. ,*Progress*. 64(8),60—65(1968).]

15.4.2 离子交换

离子交换采用示于图 15.20 中吸附的同样操作模式,虽然周期性操作的固定床用得最普遍,但搅拌槽在分批接触中得到了应用,此时再附带上过滤器,在达到平衡条件后用来分离溶液和树脂,为了避免树脂磨损搅拌是适中的,但又需足以使树脂全都悬浮起来。为了提高树脂的利用率和达到高的离子交换反应效率,在连续逆流接触器的开发上作了许多工作,其中的两类装置示于图 15.24。Higgins 接触器[69]是以移动床的模式操作,它利用间歇式水力脉冲去移动接触段(离子交换在此进行)床层的某个增量部分向上、拐弯和降入反洗区域,再下降通过再生段、向上经过冲洗段又回到接触段而重复循环;液体则与树脂成逆流移动。Himsley 接触器[70]中设置许多塔板,各块塔板上的树脂颗粒被向上流动的液体流化,周期性的反向流动移动某个树脂增量逐板向下移动,塔底树脂分批升举到洗涤塔,随之进入再生塔,再返回到离子交换塔顶重新使用。

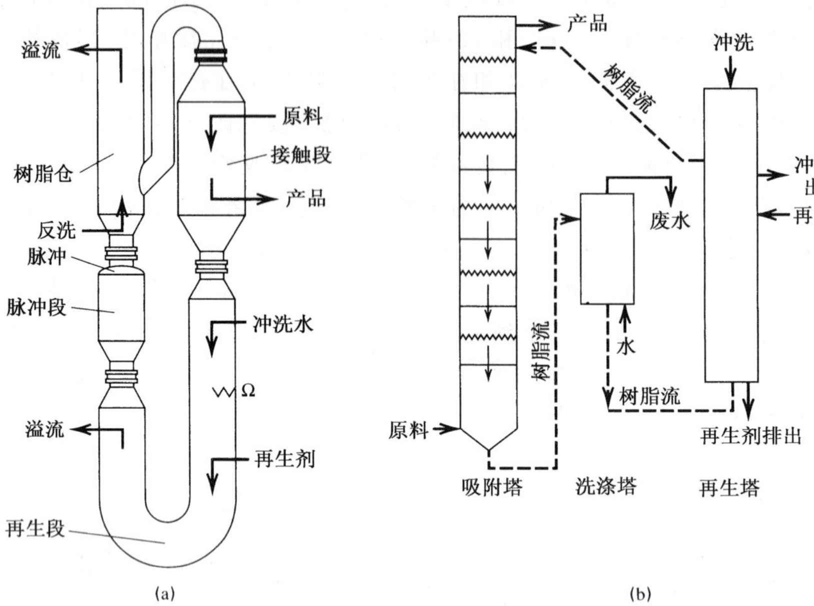

图 15.24　连续逆流离子交换装置

(a) Higgins 移动床过程；(b) Himsley 流化床过程

15.4.3　色谱

如 Ganetsos 和 Barker[71]在其著作中讨论的，色谱大规模工业应用的操作模式主要有两种。

第一种瞬变模式是最普通的，它是分析色谱的放大，被称为大规模间歇式(或洗提)色谱，已有直径 4.6 m 和床层高度达 12 m 的报道。如图 15.25 所示和 Wankat 在 Roussean[9]主编的手册第 14 章中讨论的，一种循环溶剂或夹带气体连续地加到吸着剂填充塔，原料混合物和循环物料以脉冲方式由注射器加入塔中，根据计时器或检测仪(未示于图中)将塔中流出物送到不同的分离器(冷凝器、蒸发器、蒸馏塔等)，每种分离器用于从夹带流体中分离原料中的特定组分。在夹带流体循环到塔之前，需经过另外的净化步骤。分离器 1 并不生产产品，因为它处理的脉冲流出物中含有夹带流体和两种以上原料组分，在此将原料组分回收后循环回塔中。所以，如果设计和操作得当，间歇式色谱的操作有点像间歇蒸馏塔，生产出原料中每个组分的近乎纯的切割和不合格的切割供循环。图 15.25 所示的系统是为分离二元系而设计的，譬如说，再加三座分离器就可以将五元原料分离成五个近乎纯的产品。

大规模色谱的第二种主要类型是逆流流动或已在吸附中讨论过的模拟移动床模式，这种模式更加有效也更加复杂，它只能将混合物分离成两股产物。第三种模式是连续错流(或回转)色谱，它首先由 Martin[72]构想，已于图 15.26 中作了示意性图解。环形填充床围绕其轴缓慢地旋转，在通过原料进口点之后，洗提剂(溶剂或夹带气)于整个床层顶部横截面均匀地加入，原料和洗提剂两者均连续地加入并向下流动和跟着床层回转。由于吸着剂对原料中各个组分的选择性不同，每个组分与吸着剂接触的时间各不相同，所以每个组分走着不同的螺旋轨道,原则上,多组分原料能够被连续地分离成近乎纯的组分,当然接着需要从每个洗提出的分割中分离出夹带流体。直径达 12 in. 的单元已成功地实现糖类、蛋白质和金属元素的分离。

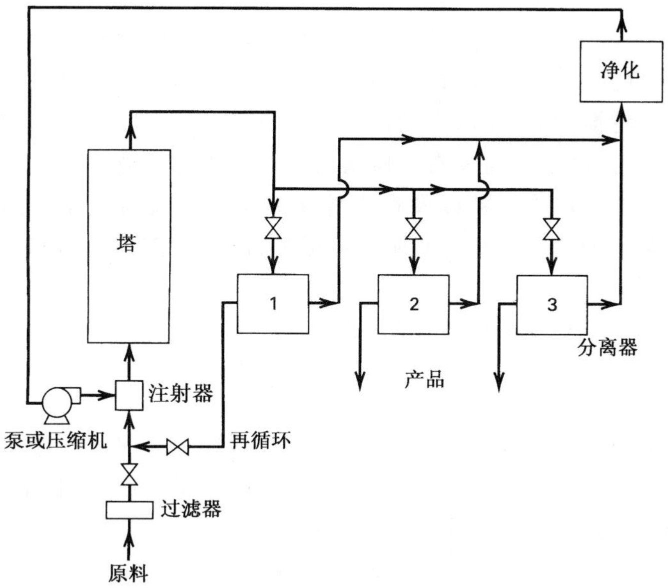

图 15.25　大规模的分批式洗提色谱过程

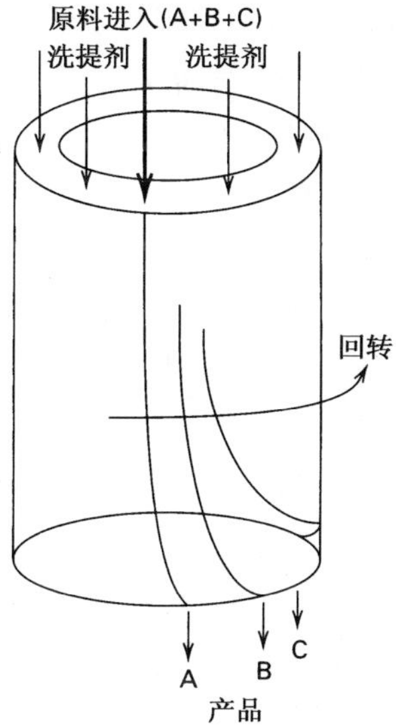

图 15.26　回转错流环形色谱

15.4.4　浆料吸附(接触过滤)

搅拌槽中液体吸附的三种模式是受到关注的:第一种是分批模式,此时一批原料与一批吸附剂接触一段时间，接着从槽中排出浆料，再经过滤将固体和液体分离；第二种是连续模式，此时液体和吸附剂连续地加入搅拌槽并连续地排出；在第三种半间歇或半连续模式中，液体连续地加入搅拌槽并连续地排出，液体与槽中接触区的吸附剂接触，吸附剂直至失效时停用。接下来将开发这三种模式中的每一个的模型，并随之配以它们的应用例题。在全部模型中，均假设浆料被湍流区的搅拌完全混合形成吸附剂的流化床，完全混合靠采用以下措施来趋近：液体的深度为一到两个槽径、四片垂直壁面的挡板和垂直轴上设置一到两个船用螺旋桨或倾斜叶片叶轮搅拌器，在适当的搅拌转速下，轴向流动使颗粒达到完全悬浮。为了实现半连续操作，在悬浮区上部需要有一层清液区以供液体排放。

由于在浆料吸附中采用小颗粒以及在搅拌浆料中小颗粒与液体间的相对速度低（小颗粒倾向于随液体一起运动），所以假设吸附速率受外部传质，而不是内部传质控制。

分批模式

溶质的吸附速率由于受外部传质控制，故是

$$-\frac{\mathrm{d}c}{\mathrm{d}t}=k_{\mathrm{L}}a(c-c^{*}) \tag{15-77}$$

式中 c 是液相主体中的溶质浓度，c^{*} 是与吸附剂上比吸附量 q 平衡的浓度，k_{L} 是外部液相传质系数，a 是单位液体体积具有的吸附剂外表面积。从原料浓度 c_{F} 开始，在时刻 t 时的瞬时浓度 c 可以通过物料衡算与瞬时的比吸附量 q 建立关系：

$$c_{\mathrm{F}}Q=cQ+qS \tag{15-78}$$

此处假设吸附剂起初未吸附溶质，Q 是液体体积（对于稀的原料，假设它是常数），S 是吸附剂的质量。平衡浓度 c^{*} 由合适的吸附等温方程（线性、Langmuir 或 Freundlich 等温方程）给出，例如，Freundlich 方程（15－35）重新整理得到

$$c^{*}=(q/k)^{n} \tag{15-79}$$

为了求解时间函数 c 和 q 的方程系统，且在 $t=0$ 时 $c=c_{\mathrm{F}}$，将式（15－78）与平衡的等温方程［例如式（15－79）］结合以消去 q，所得方程再与式（15－77）结合消去 c^{*} 得到 c 对 t 的常微分（ODE）方程，此方程用分析的或数值的方法积分得出 c，然后从式（15－78）算得 q。

如果平衡用线性等温方程表示：

$$c^{*}=q/k \tag{15-80}$$

积分的分析解为

$$c=\frac{c_{\mathrm{F}}}{\beta}[\exp(-k_{\mathrm{L}}a\beta t)+\alpha] \tag{15-81}$$

式中

$$\beta=1+\frac{Q}{Sk} \tag{15-82}$$

$$\alpha=\frac{Q}{Sk} \tag{15-83}$$

当接触时间趋向无限大，吸附达到平衡，对于线性等温线由式（15－81）或结合 $c=c^{*}$ 的式（15－78）和式（15－80）：

$$c\{t=\infty\}=c_{\mathrm{F}}\alpha/\beta \tag{15-84}$$

连续模式

当液体和固体都连续通过完全混合的搅拌槽时，式（15－77）可以变换成代数方程，因为

此时整个槽中的浓度 c 如同全混反应槽一样等于出口浓度 c_{out}，于是根据槽中的停留时间 t_{res} 可以得出：

$$\frac{c_F - c_{out}}{t_{res}} = k_L a(c_{out} - c^*) \tag{15-85}$$

或重新整理得：

$$c_{out} = \frac{c_F + k_L a t_{res} c^*}{1 + k_L a t_{res}} \tag{15-86}$$

式(15－78)变成：

$$c_F Q = c_{out} Q + q_{out} S \tag{15-87}$$

式中 Q 和 S 现在是流量，c^* 和 q_{out} 间由适当的吸附等温方程关联。

对于线性等温方程，式(15－80)变为 $c^* = q_{out}/k$，将它与式(15－87)和式(15－86)结合消去 c^* 和 q_{out} 得：

$$c_{out} = c_F \left(\frac{1+\gamma\alpha}{1+\gamma+\gamma\alpha}\right) \tag{15-88}$$

式中 α 由式(15－83)给出，γ 为

$$\gamma = k_L a t_{res} \tag{15-89}$$

相应的 q_{out} 由式(15－87)重排给出：

$$q_{out} = \frac{Q(c_F - c_{out})}{S} \tag{15-90}$$

对于非线性吸附等温方程，例如式(15－35)或式(15－36)、式(15－85)和式(15－87)与等温方程结合，但可能得不到 q_{out} 的显函数式，在这种情况下就需要数值解，如下面例 15.10 所示。

半连续模式

最难建立模型的是半连续模式，此时吸附剂停留在槽中，但原料液以一定的流量连续进出此槽，浓度 c 和比吸附量 q 都随时间而变化。全混时，出口浓度由式(15－86)给出，其中的 t_{res} 是液体在吸附剂悬浮区的停留时间，c^* 通过适当的等温方程与悬浮颗粒的 q 相关联。分批式固体的 q 变化由式(15－77)给出，重新用 q 的变化而不是 c 的变化改写此式得：

$$S\frac{dq}{dt} = k_L a(c_{out} - c^*) t_{tes} Q \tag{15-91}$$

对于半连续模式，式中的 S 是一批悬浮吸附剂的质量，Q 是恒定的液体体积流量。

式(15－91)和式(15－86)两式中都含有 c^*，它可以通过选定适当的吸附等温方程用瞬间 q 的函数代替，所得的两个方程再结合消去 c_{out} 导得 q 的常微分(ODE)方程，再用分析的或数值的方法积分得到是 t 函数的 q，接着由式(15－86)和吸附等温方程得到是 t 函数的 c_{out}，c_{out} 对时间积分得出 c_{out} 的时间平均值。这些计算步骤将于下例示明，对于线性等温线，它的推导留作为习题。

例 15.10

含 0.010 mol/L 酚的水溶液用活性炭处理，要求酚的含量降到 0.000 57 mol/L。从例 4.12 得到吸附平衡数据用 Freundlich 方程恰当拟合的结果是：

$$q = 2.16c^{1/4.35} \tag{1}$$

或 $$c^* = (q/2.16)^{4.35} \tag{2}$$

式中 q 和 c 的单位分别是 mmol/g 和 mmol/L。转换成 mol/kg 和 kmol/m^3，式(2)变为：

$$c^* = (q/0.010\ 57)^{4.35} \tag{3}$$

考虑浆料吸附所有的三种模式。由例 4.12 得到最少吸附剂用量是 5 g/L 溶液。用粒径 1.5 mm 的吸附剂颗粒在良好混合的搅拌槽中进行的实验室试验证明，吸附速率受外部传质控制，相应的传质系数 $k_L = k_c = 5\times10^{-5}$ m/s。颗粒的表面积是 5 m^2/kg。

(a) 应用最少吸附剂用量的两倍吸附剂在搅拌槽中以分批模式操作，计算酚含量降到指定值所需的时间 min。

(b) 应用最少吸附剂用量的两倍吸附剂在搅拌槽中以连续模式操作，计算在搅拌槽中所需的停留时间 min，与(a)中的结果比较会是怎样？

(c) 以 1 000 kg 活性炭、10 m^3/h 液体流量和液体停留时间是(b)中算得的 1.5 倍进行半连续模式操作，确定得到液体产物的组成为指定的酚含量所需的时间。所得结果是否合理或需要改变给定条件？

解

(a) 分批模式：

$$S/Q = 2\times5 = 10\ \text{g/L} = 10\ \text{kg/m}^3$$

$$k_L a = 5\times10^{-5}\times5\times10 = 2.5\times10^{-3}\ \text{s}^{-1}$$

$$c_F = 0.010\ \text{mol/L} = 0.010\ \text{kmol/m}^3$$

由式(15－78)得

$$q = \frac{c_F - c}{S/Q} = \frac{0.010 - c}{10} \tag{4}$$

将式(4)代入式(3)得

$$c^* = \left(\frac{0.10 - c}{0.105\ 7}\right)^{4.35} \tag{5}$$

将式(5)代入式(15－77)得

$$-\frac{dc}{dt} = 2.5\times10^{-3}\times\left[c - \left(\frac{0.010 - c}{0.105\ 7}\right)^{4.35}\right] \tag{6}$$

此处，当 $t=0$ 时，$c = c_F = 0.010$ kmol/m^3，需要确定得到 $c = 0.000\ 57$ kmol/m^3 所需的 t，对式(6)采用数值解得到 $t = 1\ 140\text{s} = 19$ min。

(b) 连续模式：

采用式(15－85)，式中各变量之值与(a)中确定值相同和 $c_{out} = 0.000\ 57$ kmol/m^3，于是

$$t_{res} = \frac{c_F - c_{out}}{k_L a(c_{out} - c^*)}$$

式中 c^* 据 $q = q_{out}$ 由式(3)确定，而 q_{out} 由式(15－87)得到，所以

$$t_{res} = \frac{0.010 - 0.000\ 57}{2.5\times10^{-3}\times\left[0.000\ 57 - \left(\frac{0.010 - 0.000\ 57}{0.105\ 7}\right)^{4.35}\right]}$$

$$= 6\ 950\text{s 或 } 1.93\text{h}$$

此停留时间比分批模式的 1 140 s 长得多。在分批模式中，外部传质的浓度推动力由起初的 $(c - c^*) = c_F = 0.010$ kmol/m^3，逐渐减小到在 $t = 1\ 140$ s 时的最终小得多的数值：

$$(c-c^*)=c_{\text{final}}-\left(\frac{0.010-c_{\text{final}}}{0.105\ 7}\right)^{4.35}=0.000\ 543\text{kmol/m}^3$$

对于槽中全混的连续模式,外部传质的浓度推动力始终是分批模式的最终值 0.000 543 kmol/m^3。

(c) 半连续模式:

采用式(15-91),且

$$S=1\ 000\text{kg},\quad c_F=0.010\ \text{kmol/m}^3$$

$$Q=10\text{m}^3/\text{h},\quad t_{\text{res}}=10\ 425\text{s},\quad k_La=2.5\times10^{-3}\text{s}^{-1}$$

c^* 由式(3)给出,c_{out}则由式(15-86)给出。结合式(15-91)、式(3)和式(15-86)消去 c^* 和 c_{out}并简化得:

$$\frac{dq}{dt}=\left(\frac{\gamma}{1+\gamma}\right)\frac{Q}{S}\left[c_F-\left(\frac{q}{0.010\ 57}\right)^{4.35}\right] \tag{7}$$

式中 γ 由式(15-89)给出,t 是吸附剂停留在槽中的时间。对于 γ,Q/S 和 c_F之值分别等于 26.06,0.01 $\text{m}^3/(\text{h}\cdot\text{kg})$和 0.010 kmol/m^3,式(7)成为

$$\frac{dq}{dt}=0.009\ 63\left[0.010-\left(\frac{q}{0.010\ 57}\right)^{4.35}\right] \tag{8}$$

式中 t 和 q 的单位分别为小时和 kmol。式(8)采用数值积分,从 $t=0$ 时 $q=0$ 开始,得到作为 t 函数的 q 值列于表 15.8 中,表中还包含由式(15-86)和由式(3)结合消去 c^* 后算得的 c_{out}:

$$c_{\text{out}}=\frac{c_F+\gamma(q/0.010\ 57)^{4.35}}{1+\gamma}=\frac{0.010+26.06(q/0.010\ 57)^{4.35}}{27.06}$$

表 15.8 例 15.10(c)半连续模式的结果

时间 t,h	q,kmol/kg	kmol/m³	
		c_{out}	c_{cum}
0.0	0.0	0.000 370	0.000 370
5.0	0.000 481	0.000 371	0.000 370
10.0	0.000 962	0.000 398	0.000 375
15.0	0.001 440	0.000 535	0.000 401
15.7	0.001 506	0.000 570	0.000 407
20.0	0.001 905	0.000 928	0.000 476
21.0	0.001 995	0.001 052	0.000 501
22.0	0.002 084	0.001 195	0.000 529
23.0	0.002 172	0.001 356	0.000 561
23.2	0.002 189	0.001 390	0.000 568
23.3	0.002 197	0.001 407	0.000 572

表 15.8 中还包含有累计浓度值 c_{cum},对于所有积存在容器中的、在 $t=0$ 到 $t=t$ 期间排出液体的累计(平均)浓度由 c_{out}对时间的积分得出:$c_{\text{cum}}=\frac{1}{t}\int_0^t c_{\text{out}}\,dt$ 。

从表 15.8 的结果可见,在前 10 个小时比吸附量 q 几乎随时间线性增加,而排出液体的瞬时浓度 c_{out}几乎保持常数。在 $t=15.7$ h 时,c_{out}已经增加到指定值 0.000 57 kmol/m^3,但 c_{cum}仅是 0.000 407 kmol/m^3,因此操作还可以继续,最终在 $t=23.2$ 与 23.3 小时间 c_{out}达到

0.000 57 $kmol/m^3$，此时操作必须停止。在操作期间，槽中保留有 1 000 kg 或 2 m^3 的吸附剂，而液体的停留时间几乎是 3 小时，所以槽中保留的液体为 10×3＝30 m^3，于是槽中固体占有的体积百分率是 6.7，这是恰当的。如果槽中保留的吸附剂质量增至 2 000 kg，固体占有率几乎是 12%(体积)，操作时间可以增长到 46.5 小时。

15.4.5 固定床吸附(渗滤)

在浆料吸附的连续或半连续模式中，从槽中排出的液体中始终含有未被吸附的溶质。如果采用固定床，就有可能得到几乎不含溶质的液体或气体流出物，直至床层中的吸附剂趋于饱和。固定床经常用于气体净化和主体分离。

考虑含有被吸附组分(溶质)的流体向下通过吸附剂的固定床，如果：(1)外部和内部的传质阻力很小；(2)流体成活塞流；(3)轴向分散被忽略；(4)吸附剂最初不含吸附质；(5)一开始就进行等温吸附，随后流体和吸附剂之间瞬间达到局部平衡，这将导致如图 15.27 所示的被称之为化学计量关系前缘(Stoichiometric Front)的冲击波形，突然变化的浓度前缘移动着通过床层，这是理想的(局部平衡)固定床吸附。在前缘的上游吸附剂被吸附质饱和，这部分流体主体的溶质浓度就是原料的浓度 c_F，吸附剂的比吸附量 q_F 是与 c_F 平衡之值。前缘上游部分的床层长度(高度)和重量分别是 LES 和 WES，此处 ES 的含义是平衡部分，被称为平衡区。

在化学计量关系前缘上游区吸附剂已失效，而在其下游区和排出流体中，流体中的溶质浓度是零，吸附剂仍未吸附吸附质，床层这部分的长度和重量分别是 LUB 和 WUB，此处 UB 的含义是未使用的床层。

在经过一段被称为化学计量关系时间后，化学计量关系波前缘到达床层末端，排出流体中溶质浓度突然升高到进入浓度 c_F，不可能再有进一步的吸附，吸附操作被终止，这一点被称为透过点，化学计量关系波前缘变成理想的透过曲线。

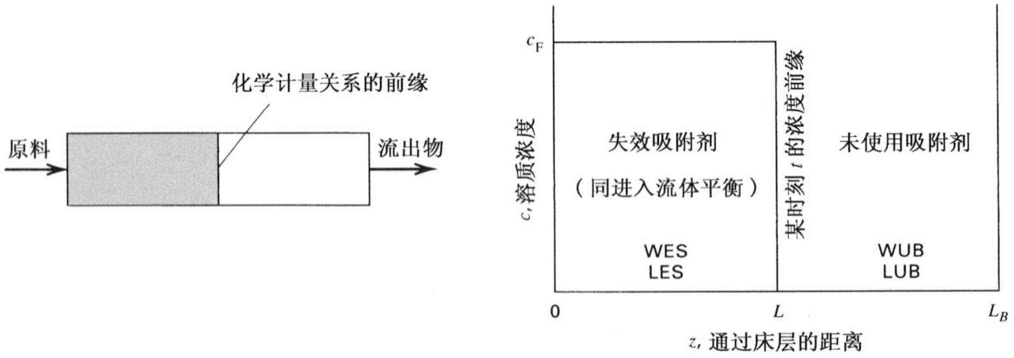

图 15.27 理想固定床吸附的化学计量关系(平衡)浓度前缘

对于理想的固定床吸附，图 15.27 中的浓度波前缘 L 的位置是时间的函数，它只能用物料衡算和吸附平衡的考虑来得到。于是在平衡时，在同原料平衡的比吸附量被 $q_F=f\{c_F\}$ 指定，此处 $f\{c_F\}$ 由适当的吸附等温方程给出。在透过发生前对吸附质进行物料衡算：进料中的溶质＝吸附质，相应地

$$Q_F c_F t_{ideal} = q_F S L_{ideal} / L_B \tag{15-92}$$

式中 Q_F 是原料的体积流量，c_F 是原料中的溶质浓度，t_{ideal} 是理想的前缘达到 $L_{ideal} < L_B$ 所需的时间，q_F 是吸附剂同原料浓度平衡时单位吸附剂质量吸附的吸附质量，S 是床层中吸附剂的总质量，L_B 是床层总长度。

$$L_{ideal} = \text{LES} = \left(\frac{Q_F c_F t_{ideal}}{q_F S}\right) L_B \tag{15-93}$$

$$\text{LUB} = L_B - \text{LES} \tag{15-94}$$

$$\text{WES} = S\left(\frac{\text{LES}}{L_B}\right) \tag{15-95}$$

$$\text{WUB} = S - \text{WES} \tag{15-96}$$

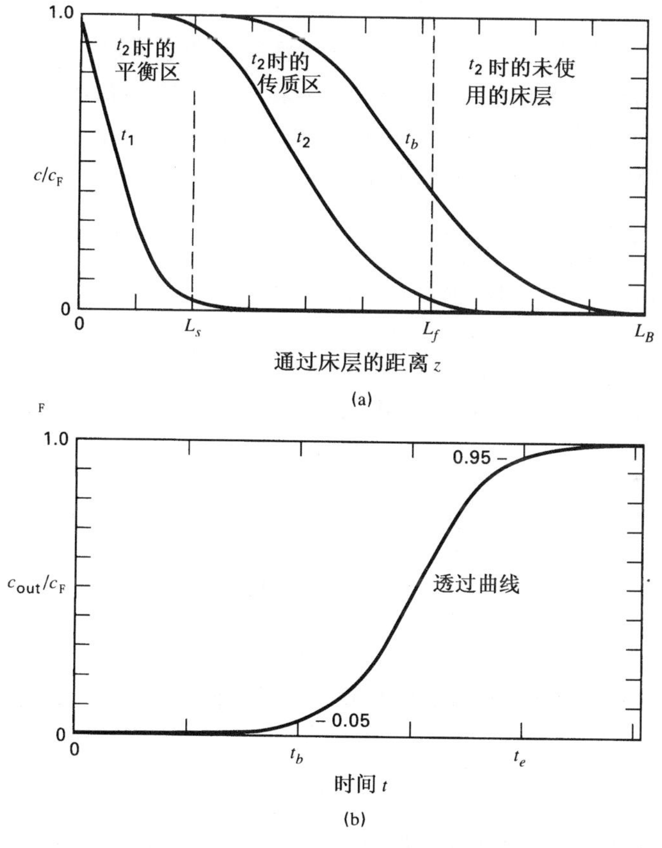

图 15.28　传质对固定床吸附器中的溶质浓度波形前缘的影响

(a) 浓度-距离分布线；(b) 透过曲线

在实际固定床吸附器中，导出式(15-92)的假设不再有效，内部传质阻力和有时候的外部传质阻力是个有限值；轴向分散是明显的，特别是在低流量和浅床层时，这些因素将引发图 15.28 所示那样的宽浓度前缘。在图 15.28(a)中所示的是作为通过床层距离函数的典型的流体溶质浓度分布，图中包含有三个以时间增大次序排列的 t_1，t_2 和 t_b 时刻的分布，此时间从原料开始流入床层时算起。在 t_1 时刻，床层中不存在吸附剂饱和的区域；在 t_2 时刻床层中已有 L_S 床深的区域近乎饱和，在 L_f 床深处床层还是近乎清洁的，床深大于 L_f 处的吸附剂还未使用，床层中从 L_s 到 L_f 的区域被称为时刻 t_2 的传质区 MTZ，传质发生在此区域。由于确定 MTZ 在何处开始和结束是困难的，我们可以取 $c/c_F=0.05$ 处为 L_f 和 $c/c_F=0.95$ 处为 L_S。从时刻 t_2 到时刻 t_b，S 形前缘通过床层。在 t_b 时刻，MTZ 的最前点刚巧到达床层末端，此被称为透过点。此式不用 $c/c_F=0.05$ 判据，而是用流出流体中能够检测到的最小溶质浓度或允许的最大溶质浓度作为透过浓度。

透过曲线的陡度决定了吸附剂床层容量的利用程度，因此曲线的形状对确定吸附床层的长度很重要。对于具有化学计量关系波前缘的理想状况，式(15-92)适用，在透过发生前全部床层均可以利用。随着透过曲线宽度和相应的浓度分布 MTZ 宽度的增加，能够利用的床层容量越来越小。图 15.28(a)中所示的浓度分布陡度随时间而变化的事实将使情况进一步复杂化，分布陡度的变化按如下的方式取决于吸附等温线的形状，DeVault[73]对此作了讨论。

假设：(1)流体以恒定的实际（间隙）速度 u 成活塞流通过床层；(2)流体主体中的溶质与吸附质瞬间达到平衡；(3)无轴向分散；(4)等温条件。床层起初不是不含吸附质和/或在 $t=0$时开始加到床层中的原料组成不是恒定的。表观流体速度是 $\varepsilon_b u$。在微分增量时段 dt 中对流体通过微分床层长度 dz 进行溶质物料衡算得：

$$\varepsilon_b u A_b c|_z=\varepsilon_b u A_b c|_{z+\Delta z}+\varepsilon_b A_b \Delta z\frac{\partial c}{\partial t}+(1-\varepsilon_b)A_b\Delta z\frac{\partial q}{\partial t} \tag{15-97}$$

此式两端除以 Δz 并取 $\Delta z\to 0$ 的极限得：

$$\frac{\partial c}{\partial t}+u\frac{\partial c}{\partial z}+\frac{(1-\varepsilon_b)}{\varepsilon_b}\frac{\partial q}{\partial t}=0 \tag{15-98}$$

式中 q 是单位吸附剂颗粒体积的吸附量，由适当的吸附等温方程给出。根据链规则：

$$\frac{\partial q}{\partial t}=\frac{\partial q}{\partial c}\frac{\partial c}{\partial t} \tag{15-99}$$

双曲线的偏微分方程式(15-98)给出 $c=f\{z,t\}$，于是，根据隐函数的偏导数规则得：

$$u_c=\left(\frac{\partial z}{\partial t}\right)_c=-\frac{\left(\dfrac{\partial c}{\partial t}\right)}{\left(\dfrac{\partial c}{\partial z}\right)} \tag{15-100}$$

式中 u_c是在浓度恒定时浓度波前缘的速度 $\partial z/\partial t$。结合式(15-98)到式(15-100)得：

$$u_c=\frac{u}{1+\left(\dfrac{1-\varepsilon_b}{\varepsilon_b}\right)\dfrac{dq}{dc}} \tag{15-101}$$

该式可以根据空隙流体速度 u 和吸附等温线的斜率 dq/dc 算出溶质浓度波前缘的速度，如果 dq/dc 是常数，浓度波前缘的速度也是常数。

浓度波前缘以速度 u_c通过床层，通常此速度比空隙气速低得多，例如，设 $\varepsilon_b=0.5$ 和吸附平衡等温线的方程为 $q=5\ 000c$，则 $dq/dc=5\ 000$，于是由式(15-100)得 $u_c/u=0.000\ 2$。如果空隙气速是 3 ft/s，浓度波前缘的速度仅 0.000 6 ft/s。如果床层高度 6 ft，则浓度波前缘通过此床层需要 2.78 h。如果吸附等温线是曲线，则较高浓度区域的浓度波前缘移动的速度与较低浓度区域的浓度波前缘移动的速度不同，所以，对于线性吸附等温线[图 15.29(a)中的曲线 A]，此时的 MTZ 的宽度和波的形状保持恒定；对于有利的Freundlich或 Langmuir 类型的等温线[图 15.29(a)中的曲线 B]，高浓度区的波前缘移动比低浓度区的波前缘快，于是波前缘随时间增大而变陡，直至发展成恒定的波前缘(CPF)，如图 15.29(b)所示；对于比较少见的不利的等温线类型[图 15.29(a)中的曲线 C]，此时低浓度区的波前缘移动得快，波前缘将随时间的推移而变宽。

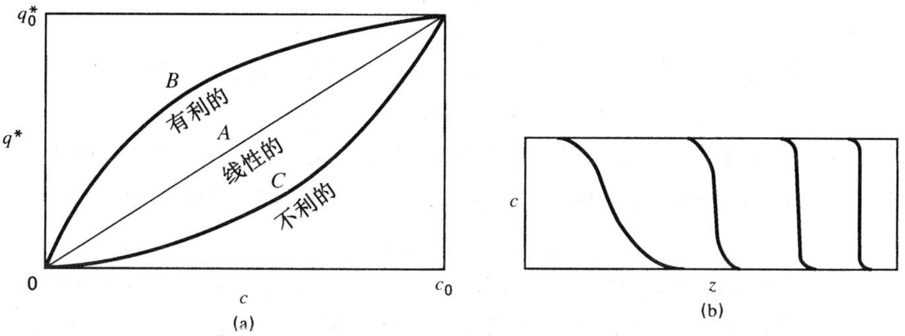

图 15.29　等温线形状对浓度波前缘陡度的影响

(a) 等温线形状；(b) 由有利的吸附等温线引起浓度波前缘自身变陡

对于外部和内部传质阻力均具有一定值和轴向分散不能忽略的一般情况，预测浓度分布和透过曲线的方法是许多研究的课题。如我们将看到的，当传质阻力是一个因素时，此时浓度前缘的发展与刚才讨论的平衡前缘的发展相当不同，Ruthven[10]对于许多简化情况的解作了详细的讨论。控制动力学行为的偏微分方程(PDE)是式(15－98)的修正式：

$$-D_L\frac{\partial^2 c}{\partial z^2}+\frac{\partial(uc)}{\partial z}+\frac{\partial c}{\partial t}+\frac{(1-\varepsilon_b)}{\varepsilon_b}\frac{\partial \bar{q}}{\partial t}=0 \tag{15-102}$$

式中第一项是用涡流扩散系数 D_L 考虑轴向分散的，第二项是计及流体速度的轴向变化的，第四项是以单位质量吸附剂的体积平均吸附质量$\bar{q}$ 为基础的，因此该项是用整个吸附剂颗粒的吸附速率的平均计及由于内部传质阻力造成 q 在整个颗粒中的变化的。球形颗粒的体积平均比吸附质量$\bar{q}$ 由下式给出：

$$\bar{q}=\left(\frac{3}{R_p^3}\right)\int_0^{R_p} r^2 q\,\mathrm{d}r \tag{15-103}$$

式中 R_p是球形吸附剂颗粒的半径。

式(15－102)给出了作为时间和床层中位置函数的溶质在流体主体中的浓度，式(15－68)则给出了吸附剂颗粒孔道中流体的溶质浓度，这两个方程被下列的颗粒表面处的连续性方程结合在一起：

$$D_e\left(\frac{\partial c}{\partial r}\right)_{R_p}=k_c(c-c_{R_p}) \tag{15-104}$$

式中 k_c是外部传质系数，D_e是在节 15.3 中讨论过的颗粒中的有效扩散系数。式(15－102)，式(15－103)，式(15－68)和式(15－104)的联列解是一个艰难的任务，可以采用由Glueckauf[74,75]建立的线性推动力(LDF)模型避免进行联列解，Yang[25]和 Ruthven[10]对此作了详细讨论。广泛用于固定床的模拟和设计的此模型是以下面关系式为基础的，它用来代替式(15－68)和式(15－104)：

$$\frac{\partial \bar{q}}{\partial t}=k(q^*-\bar{q})=kK(c-c^*) \tag{15-105}$$

式中 q^* 是与流体主体中溶质浓度 c 成平衡的比吸附质容量；c^* 是与平均比吸附量$\bar{q}$ 成平衡

的浓度；k 是总传质系数，它包含了外部和内部传质阻力；K 是线性吸附等温方程 $q=Kc$ 中的吸附平衡常数。

对于因子 kK 的一个合适的关联式是

$$\frac{1}{kK}=\frac{R_p}{3k_c}+\frac{R_p^2}{15D_e} \tag{15-106}$$

此处 RHS 的第一项代表外部传质阻力 $k_c a_v$，因为球形颗粒的比表面积 a_v 为

$$4\pi R_p^2/[(4/3)\pi R_p^3]=3/R_p$$

式(15－106)中的第二项代表内部传质阻力，它首先由 Glueckauf[75]提出，它可以在假设吸附质比吸附量的抛物线分布的基础上导出，如 Lias 等[76]所作那样。令

$$q=a_0+a_1r+a_2r^2 \tag{15-107}$$

式中常数 a_i 取决于时间和床层中位置，但与 r 无关。由于在 $r=0$ 处 $\partial q/\partial r=0$（对称的条件），所以 $a_1=0$。假设有效扩散系数与浓度无关，将由颗粒表面扩散进入颗粒内部的费克第一定律与颗粒内部吸附质积累的速率相等得：

$$\frac{\partial \bar{q}}{\partial t}=D_e a_v\left.\frac{\partial q}{\partial r}\right|_{r=R_p}=\frac{3D_e}{R_p}\left.\frac{\partial q}{\partial r}\right|_{r=R_p} \tag{15-108}$$

在颗粒表面，由式(15－107)得：

$$qR_p=a_0+a_2R_p^2 \tag{15-109}$$

将 $a_1=0$ 的式(15－107)代入式(15－103)积分得：

$$\bar{q}=a_0+\frac{3}{5}a_2R_p^2 \tag{15-110}$$

结合式(15－109)和式(15－110)消去 a_0 得：

$$a_2=\frac{5}{2R_p^2}(q_{R_p}-\bar{q}) \tag{15-111}$$

由式(15－107)得：

$$\left.\frac{\partial q}{\partial r}\right|_{r=R_p}=2a_2R_p \tag{15-112}$$

结合式(15－110)、式(15－111)和式(15－108)得：

$$\frac{\partial \bar{q}}{\partial t}=\frac{15D_e}{R_p^2}(q_{R_p}-\bar{q}) \tag{15-113}$$

比较式(15－105)和式(15－113)可见，内部传质阻力由式(15－106)的第二项给出。

在忽略轴向分散和恒定流速假定下，采用 LDF 模型对式(15－102)简化后的方程，Ruthven[10]对其分析解作了归纳，Klinkenberg[77]则对此进行了详细讨论。此分析解首先由 Anzelius[78]基于流体与床深 z 的填充床间加热或冷却问题的类似得出用 Bessel 函数表示的解，一个有用的近似解是 Klinkenberg 的解：

$$\frac{c}{c_F}\approx\frac{1}{2}\left[1+\mathrm{erf}\left(\sqrt{\tau}-\sqrt{\xi}+\frac{1}{8\sqrt{\tau}}+\frac{1}{8\sqrt{\xi}}\right)\right] \tag{15-114}$$

式中

$$\xi=\frac{kKz}{u}\left(\frac{1-\varepsilon_b}{\varepsilon_b}\right)=\text{无量纲距离坐标} \tag{15-115}$$

$$\tau=k\left(t-\frac{z}{u}\right)=\text{经置换校正的无量纲时间} \tag{15-116}$$

$$\mathrm{erf}(-x)=-\mathrm{erf}(x) \tag{15-117}$$

$$\mathrm{erf}(x)=\frac{2}{\sqrt{\pi}}\int_0^x \mathrm{e}^{-\eta^2}\mathrm{d}\eta \tag{15-118}$$

式中 ξ 和 τ 是由 z 和 t 变换得出的坐标,用它们可以使得解更简洁些。当 $\xi>2.0$ 时式(15-114)的误差<0.6%。erf(x)是包含在绝大多数电子数据表中的一个函数,在 $x=0$ 处其值等于零,当 $x>2.0$ 时其值趋近于 1.0,此处 x 是虚构的变量。

Klinkenberg[79]还包含有与平均吸附剂比吸附量成平衡的溶质浓度分布的下列近似解:

$$\frac{c^*}{c_\mathrm{F}}=\frac{\bar{q}}{q_\mathrm{F}^*}\approx\frac{1}{2}\left[1+\mathrm{erf}\left(\sqrt{\tau}-\sqrt{\xi}-\frac{1}{8\sqrt{\tau}}-\frac{1}{8\sqrt{\xi}}\right)\right] \tag{15-119}$$

式中 $c^*=\bar{q}/K$ 和 $c^*/c_\mathrm{F}=\bar{q}/q_\mathrm{F}^*$,此处 q_F^* 是与 c_F 成平衡的比吸附量。

例 15.11

一股 70 ℉和 1 atm 的空气中含有 0.9%(mol)苯,以 23.6 lb/min 的流量进入固定床吸附塔。该塔内径 2 ft 和床高 6 ft,床中充填 4×6 筛孔硅胶(SG)颗粒 735 lb,颗粒有效直径 0.26 cm,外部(床层)空隙率为 0.5。在感兴趣的条件下对苯的等温吸附进行了实验测定,得到了感兴趣浓度区间的如下线性平衡关系:

$$q=Kc^*=5\ 120c^* \tag{1}$$

式中

q——每 ft^3 硅胶颗粒吸附的苯的 lb 数;

c^*——气体中苯的平衡浓度 lb 苯/ft^3 气体。

模拟直径 2 ft 床层条件的传质实验已经进行,得到了拟合成如下线性推动力(LDF)膜型的方程:

$$\frac{\partial\bar{q}}{\partial t}=0.206K(c-c^*) \tag{2}$$

式中时间 t 的单位为分。常数 $k=0.206\ \mathrm{min}^{-1}$,它包括了气膜和吸附剂孔道中的传质阻力,后一个阻力是主要的。

采用 Klinkenberg[77]的近似浓度分布方程,计算一组透过曲线和确定排出气流中苯的浓度升至进入浓度的 5%时所需的时间,假设等温和等压操作。将计算得到的时间与采用平衡膜型预计的时间进行比较。

解

对于平衡模型,床层被进入浓度的苯完全饱和。

进入气体的 $M_\mathrm{w}=0.009\times78+0.991\times29=29.44$

进入气体的密度 $=1\times29.44/(0.730\times530)=0.076\ \mathrm{lb/ft^3}$

气体的流量 $=23.6/0.0761=310\ \mathrm{ft^3/min}$

进入气体中苯的流量 $=\dfrac{23.6}{29.44}\times0.009\times78=0.562\ \mathrm{lb/min}$

或

$$c_\mathrm{F}=\frac{0.562}{310}\times0.001\ 81\ \text{苯}/\mathrm{ft}^3\ \text{气体}$$

由式(1)

$$q=5\ 120\times 0.001\ 81=9.27\ \frac{\text{lb 苯}}{\text{ft}^3\ \text{SG}}$$

$$\text{平衡时吸附苯的总量}=\frac{9.27\times 3.14\times 2^2\times 6\times 0.5}{4}=87.3\ \text{lb}$$

$$\text{操作时间}=\frac{87.3}{0.562}=155\ \text{min}$$

对于考虑外部和内部传质阻力的实际操作,由式(15－115)和式(15－116)得:

$$\xi=\frac{0.206\times 5\ 120z}{u}\left(\frac{1-0.5}{0.5}\right)=1\ 055\ z/u$$

$$u=\text{空隙速度}=\frac{310}{0.5\times\left(\frac{3.14\times 2^2}{4}\right)}=197\ \text{ft/min} \tag{3}$$

$$\xi=\frac{1\ 055}{197}z=5.36\ z$$

式中 z 的单位是 ft。

当 z＝床层高度＝6 ft 时,$\xi=32.2$ 和 $\tau=0.206\left(t-\frac{z}{197}\right)$ (4)

式中 t 的单位是分,对 $t=155$ min(理想时间)和 $z=6$ ft(床层高度),由式(4),$\tau=32$。

为此,由式(15－114)计算的透过曲线需在 τ 和 ξ 值不大于 32 的范围,例如,当 $\xi=32.2$(床层的排出端)和 $\tau=30$(相当于 $t=145.7$ min)时,苯在排出气体中的浓度由式(15－114)算得:

$$\begin{aligned}\frac{c}{c_F}&=\frac{1}{2}\left[1+\text{erf}\left(30^{0.5}-32.2^{0.5}+\frac{1}{8\times(30)^{0.5}}+\frac{1}{8\times(32.2)^{0.5}}\right)\right]\\&=\frac{1}{2}[1+\text{erf}(-0.152\ 4)]=\frac{1}{2}\text{erfc}(0.152\ 4)\\&=0.414\ 7\ \text{或}\ 41.47\%\end{aligned}$$

此值远远超过排出气体的指定值 $c/c_F=0.05$ 或 5%。所以,床层的操作时间要比理想时间 155 min 低相当值。图 15.30 所示的透过曲线由式(15－114)算得,它以参数无量纲距离 ξ 分别为 2,5,10,15,20,25,30,32.2(相应于床层的排出端)时对整个 τ 变化范围进行计算的,对于 $c/c_F=0.05$ 和 $\xi=32.2$,由图可得 τ 约 20(计算值为 19.9)。

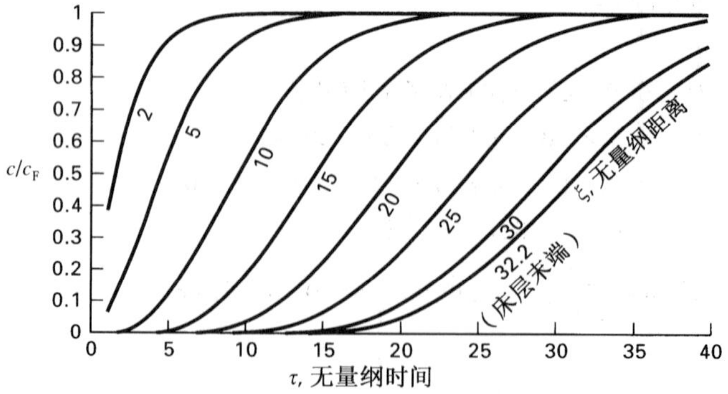

图 15.30　例 15.11 的气体浓度透过曲线

对于 $z=6$ ft，由式(4)算得透过时间 $t=\frac{20}{0.206}+\frac{6}{197}=97.1$ min，仅是理想时间的 62.3%。

利用图 15.30 或式(15-114)能求得 $\tau=20$ 时于床层各个位置的苯的主体浓度，所得结果如下：

ξ	z, ft	c/c_F
2	0.373	1.000 00
5	0.932	0.999 48
10	1.863	0.974 28
15	2.795	0.824 46
20	3.727	0.531 51
25	4.658	0.250 91
30	5.590	0.088 57
32.2	6.000	0.051 58

我们还可以由 $q=5\ 120c$ 和式(15-119)计算在 $\tau=20$ 时于床中各个位置处的吸附剂的比吸附量，最大的比吸附量与 c_F 对应，所以，$q_{max}=9.28$ lb 苯/ft^3 SG。固体吸附剂的比吸附量的透过曲线绘制于图 15.31 中，正如预料的，这些曲线是图 15.30 中那些在 $\tau=20$ 时曲线向右的移位。

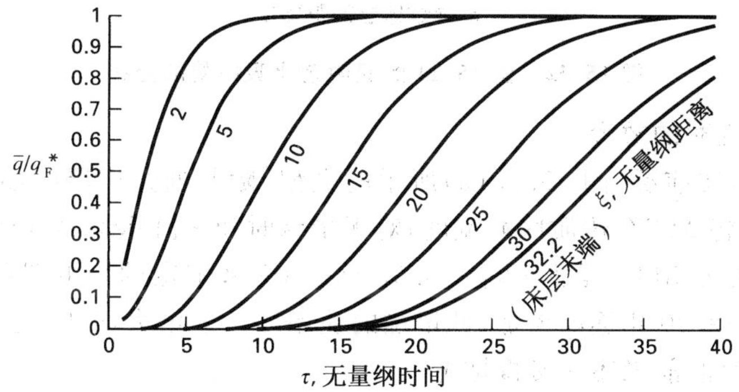

图 15.31　例 15.11 的吸附剂比吸附量的透过曲线

ξ	z, ft	$\frac{c^*}{c_F}=\frac{\bar{q}}{q_F^*}$	$\bar{q}, \frac{\text{lb 苯}}{\text{ft}^3\text{SG}}$
2	0.373	0.999 98	9.28
5	0.932	0.998 83	9.27
10	1.863	0.960 54	8.91
15	2.795	0.777 02	7.21
20	3.727	0.468 49	4.35
25	4.658	0.205 71	1.909
30	5.590	0.067 69	0.628
32.2	6.000	0.038 27	0.355

上表中的 $\bar{q}$ 值标绘于图 15.32 中，并对其在整个 6 ft 床层积分得到床层比吸附量的平均值：

$$\bar{q}_{\text{avg}} = \int_0^6 \bar{q} \mathrm{d}z / 6$$

结果是 5.72 lb 苯/ft^3SG,此值是基于进口苯浓度的最大比吸附量的 61.6%。

如果床层高度增至五倍,即 30 ft,ξ=161,则理想操作时间为 780 min 或 13 h。如前那样考虑传质影响后,则达到透过的无量纲操作时间可以算得 τ=132,或由式(4)计算透过时间

$$t = \frac{132}{0.206} + \frac{30}{197} = 641 \text{ min}$$

此值是理想时间的 82.2%,这表明床层的利用率明显增大。

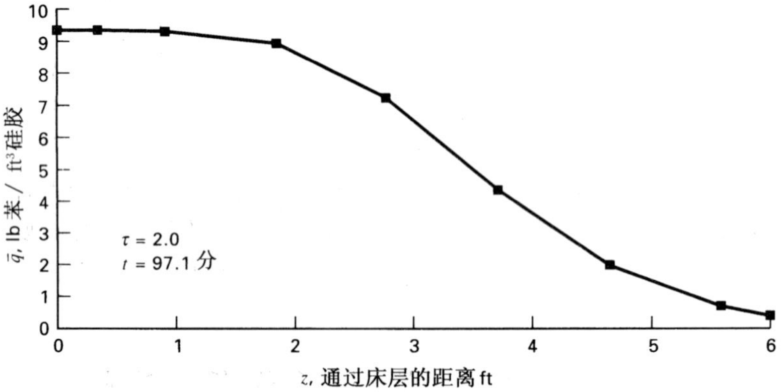

图 15.32　例 15.11 的吸附剂比吸附量的分布

波前缘型式恒定时的放大

在例 15.11 中,波前缘[图 15.28(a)所示的类型]随其通过床层时逐渐变宽,这已于图 15.33 中示明,此图将 MTZ(传质区域宽度)对无量纲时间 τ 值标绘,直至波前缘透过 6 ft 床层时的对应值 20,此处 MTZ 是据 c/c_F=0.95 到 0.05 来确定的。由图可见,MTZ 从 τ=6(约 2 ft 处)起直至 τ=20 止逐渐增加,此增加的速率随 τ 值增大而变慢。然而,对于较深的床层,发现 τ=100 时波前缘还在慢慢增宽。

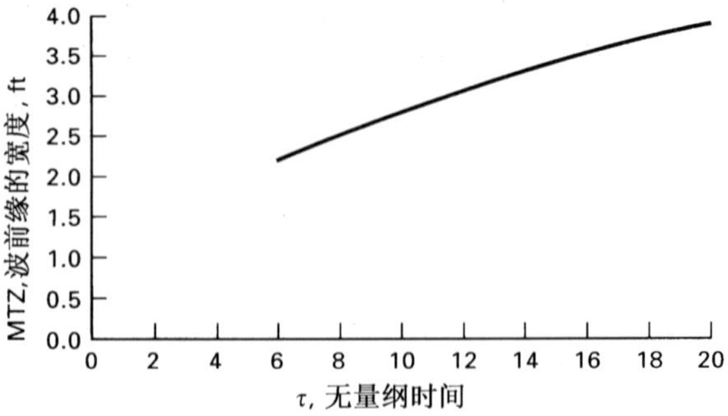

图 15.33　例 15.11 中的波前缘变宽

例 15.11 中示明的波前缘连续变宽对于线性的吸附等温线[图 15.29(a)中的曲线 A]是典型的,对于不利的等温线[图 15.29(a)中的曲线 C],其波前缘也是连续变宽,但当吸附等温线是有利的 Langmuir 或 Freundlich 类型[图 15.29(a)中的曲线 B]时,波前缘变宽将很快

消失，而发展成渐近的或恒定的波前缘型式(CPF)，对于这种波前缘，MTZ 变成常数，c/c_F 曲线和$\bar{q}/q^*$ 曲线变成一致。

达到 CPF 所需要的床层深度取决于吸附等温线的非线性程度和吸附动力学的重要程度，Cooney 和 Lightfoot[80]给出了渐近的波前缘解存在的数学证明，他们的研究中还考虑了轴向分散。开始时由于传质阻力和/或轴向分散的影响波前缘变宽，最终由于有利等温线的相反影响[如图 15.29(b)所示]起作用而达到渐近的波前缘型式。对于恒定的波前缘型式，Sircar 和 Kumar[81]给出了一些分析解，Cooney[82]给出了一个快速近似方法，当有传质和平衡参数时用来估算浓度分布和透过曲线，并用 Freundlich 和 Langmuir 等温方程作了示例。

当恒定的波前缘型式假定有效时，可以应用小规模实验室试验得到的透过曲线确定实用规模的床层长度。Collins[83]对这个被广泛应用的技术在提纯应用中的使用作了说明，吸附剂床层认为由两部分加和而成，这与前面讨论过的理想的固定床吸附类似，所以，总的床层长度是理想固定床吸附器的长度 LES 与被称为 LUB 的额外长度之加和，此额外长度取决于观察到的 MTZ 宽度和该区中 c/c_F的分布形状。所需的床层总长为

$$L_B = \mathrm{LES} + \mathrm{LUB} \tag{15-120}$$

对于理想的固定床吸附器，其 MTZ=0，故不需要 LUB，此时如果 $L_B > \mathrm{LES}$，则 LUB 是未被利用的床层长度。然而当 MTZ 存在时，那就必须要有 LUB，它被称为未被利用床层的当量长度。为了从实验得到的透过曲线确定采用同样原料组成和表观气速的工业规模吸附器的 LUB，对于一个 CPF，其前缘是这样确定的，以至于在图 15.34 中的面积 A 等于面积 B，于是：

$$\mathrm{LUB} = \text{理想的波前缘速度} \times (t_s - t_b) = \frac{L_e}{t_s}(t_s - t_b) \tag{15-121}$$

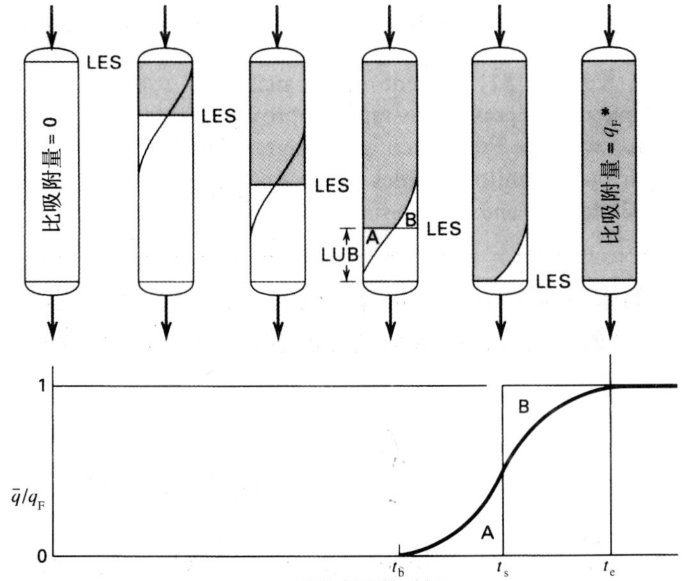

图 15.34　从实验室测定确定床层长度

式中 L_e是实验床层的长度。对于理想情况，对直径为 D 的圆柱形床层的溶质物料衡算得：

$$c_F Q_F t = q_F \rho_b \pi \frac{D^2}{4}(\mathrm{LES}) \tag{15-122}$$

式中 t 是透过时间，由此可以确定 LES。

代替图 15.34 中等面积办法确定化学计量关系前缘位置的方法，LUB 可以从实验的透过曲线数据算出 t_s的方法确定：

$$t_s = \int_0^{t_e}\left(1-\frac{c}{c_F}\right)dt \tag{15-123}$$

如果在图 15.34 中 t_s位于 t_e和 t_b的当中，以至于面积 B 下的实验透过曲线的形状等于面积 A 上的曲线的，那么 LUB＝MTZ/2，即传质区域宽度的一半。在没有实验透过曲线数据时，MTZ 的保守估计值是 4 ft。

例 15.12

Collins[8]提供了 4Å 分子筛固定床中从氮气中清除水蒸气的下列吸附实验数据：

床深＝0.88 ft，温度＝83 ℉（忽略温度的变化），压力＝86 psia（忽略压力降），G＝气体进入的摩尔速率＝29.6 lbmol/(h·ft^2)，进入时水蒸气含量＝1 440 ppm（以体积计），初始的吸附剂吸附量＝1 lb/100 lb 分子筛，床层的主体密度＝44.5 lb/ft^3。对于进入气体的湿含量 c_F，平衡比吸附量 q_F＝0.186 lb 水/lb 固体。

c_{exit}，ppm（以体积计）	时间 h	c_{exit}，ppm（以体积计）	时间 h
<1	0～9.0	650	10.8
1	9.0	808	11.0
4	9.2	980	11.25
9	9.4	1 115	11.5
33	9.6	1 235	11.75
80	9.8	1 330	12.0
142	10.0	1 410	12.5
238	10.2	1 440	12.8
365	10.4	1 440	13.0
498	10.6		

试确定工业装置所需的床层高度，该装置的操作温度、压力及气体进入的质量速率和湿含量与实验的相同，要求得到的排出气体中水蒸气含量不大于 9 ppm（以体积计），采用的透过时间为 20 h。

解

$$c_F = \frac{1\,440 \times 18}{10^6} = 0.025\,92 \text{ lb } H_2O/\text{lbmol } N_2$$

$$G = \frac{Q_F}{\pi D^2/4} = 29.6 \text{ lbmol } N_2/(\text{h}\cdot\text{ft}^2)\text{床层横截面积}$$

床层的初始湿含量＝0.01 lb H_2O/lb 固体

由式(15－122)得

$$\text{LES}=\frac{0.02592\times29.6\times20}{(0.186-0.01)\times44.5}=1.96\ \text{ft}$$

从实验数据用积分方法得出 LUB：

取　　$t_e=12.8\text{h}(1\,440\text{ppm})$ 和 $t_b=9.4\text{h}(9\text{ppm})$

对透过曲线数据进行数值积分，由式(15－123)得：$t_s=10.93$ h。

由式(15－121)得

$$\text{LUB}=\left(\frac{10.93-9.40}{10.93}\right)\times0.88=0.12\ \text{ft}$$

由式(15－120)得：

$$L_B=1.96+0.12=2.08\text{ft 或床层的利率用}=\frac{1.96}{2.08}\times100\%=94.2\%$$

此外，还可以进行如下的近似计算：令透过开始的时刻 t_b 是最终 ppm 的 5%处，或 0.05×1 440＝72 ppm 处。由实验数据得知与此对应的时刻 $t_b=9.76$ h；令透过终结的时刻 t_e 是最终 ppm 的 95%处，或 0.95×1 440＝1 370 ppm 处，与此相应的时刻 $t_e=12.25$ h。令 t_s 为上述两个时刻间的中点，或(9.76＋12.25)/2＝11 h。理想的波前缘速度＝$L_e/t_s=0.88/11=0.088$ ft/h。由式(15－121)得：LUB＝0.08(11－9.76)＝0.1 ft，也即 MTZ＝0.2 ft 和 $L_B=1.96+0.1=2.06$ ft。

15.4.6　变温吸附

一个最简单结构的变温吸附(TSA)是在两台周期性操作的、并联的固定床中进行，如图 15.20(b)所示，当一个床层在常温附近 $T_1=T_{ads}$ 下正在进行吸附溶质时，另一个床层在较高温度 $T_2=T_{des}$ 下脱附吸附质进行再生，对于流体中给定的溶质浓度，因在较高温度下平衡的吸附质比吸附量要小得多，如图 15.21 所示。虽然脱附步骤可以不采用吹洗气体仅简单地靠吸附质的汽化来完成，但在冷却床层时会发生一些溶质蒸气的再吸附，所以，最好采用吹洗气体移除脱附的吸附质。脱附温度是高的，但不能高到引起吸附剂变质。变温吸附(TSA)最适宜于清除流体原料中含有的低浓度杂质，此时几乎可以实现等温吸附和脱附。一个理想的循环包含四步：(1)在 T_1 下吸附直至透过；(2)加热床层至温度 T_2；(3)在 T_2 下脱附到低的吸附质比吸附量；(4)冷却床层到温度 T_1。实际的循环并非等温操作，而是步骤 2 和 3 结合成循环的再生部分，采用经预热的吹洗气体同时进行床层的加热和脱附，直至排出气体的温度与吹洗气体进入的温度相近；如 Ruthven[10]详细讨论的，步骤(1)和(4)也可能结合，因为热的波浪超前于 MTZ 的前缘，因此，吸附基本上在流体原料的温度下进行。

床层的加热和冷却步骤不可能立刻完成，因为床层的导热系数相对较低。虽然可以用包围床层的夹套或沉浸于床层中的盘管进行间接传热，但是采用预热或预冷的吹洗流体更容易实现床层的温度变化，如图 15.35 所示。吹洗流体可以是部分原料或排出物，或是某种其他流体，吹洗流体也可以用于脱附步骤。当吸附质是有价值又易冷凝的时，吹洗流体可以是不凝性气体；当吸附质是有价值、不易冷凝且基本不溶于水时，吹洗流体可以用水蒸气，接下来需进行水蒸气冷凝和吸附质分离；当吸附质没有价值时，燃料和/或空气可以用作吹洗流体，接着进行焚烧。通常，用于再生步骤的吹洗流体量远小于吸附步骤中送入的原料量。在图 15.35 中，流体原料是气体，失效的床层用经预热的原料气进行加热和再生，此气流再经冷却得以冷凝出脱附得到的吸附质。

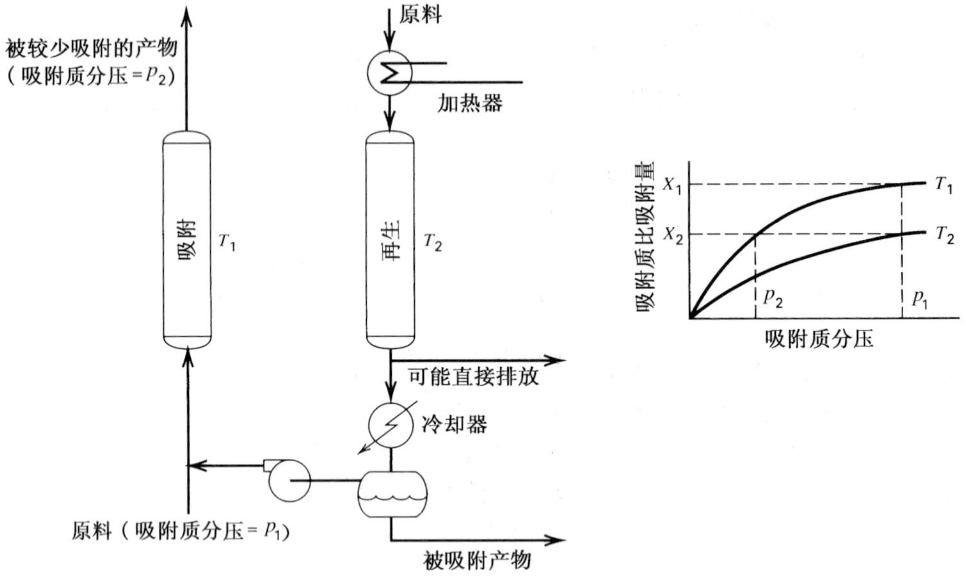

图 15.35　变温吸附循环

由于加热和冷却床层需要时间，TSA 循环的周期是长的，通常需要以小时或天数计。循环周期越长，所需的床层长度越大，在吸附步骤中床层的利用百分率越高。然而，对于给定的循环周期，当 MTZ 宽度占床高的相当部分时，以至于床层的能力利用相当差，此时对于吸附步骤应该考虑串联两个床层作领先-调整-床层（lead - trim - bed）的配置：当领先床层失效时，它被切换至再生操作；就在此时，调整床层中已有一个占据床层相当部分的 MTZ，它将转变为领先床层，并有一个已再生的床层成为调整床层。在这种配置中，仅完全失效的床层被切换至再生操作，所以总共有三个床层被应用。如果原料流的流率很高，对于吸附和再生可能均需要床层的并联。

通常吸附步骤中使原料流体向下流动通过床层，而脱附的流动方向可以向下或向上，但是，通常愿意采用向上的逆流方向，因为它更加有效。考虑图 15.36 所示的与吸附成逆流的吸附量前缘的次序，虽然图中所示的床层是水平的，但事实上它必须是垂直设置的，原料流体的向下流动即是从左端进入和从右端离开。在 $t=0$ 时发生透过，吸附量分布如顶部所示，那里 MTZ 看来占了床层的 25%左右。如果用来再生的吹洗流体也向下流动（从左部进入），则全部吸附质都将移动通过床层中未被利用过的部分，所以，某些脱附的吸附质将在床层中未被利用的部分发生再吸附，然后再第二次脱附。如果采用逆流再生，则床层中未被利用的部分永远不会与脱附的吸附质接触，在逆流再生步骤中吸附量的分布逐渐变化，如图 16.36 中的一系列时刻所示。在吹洗气进入的床层右端首先脱附，在再生结束时，剩余的吸附量可能全等于 0，或更加可能的是如图 15.36 底部所示的有一定值的不均匀分布。如果是后者，被称为吸附量增量（Delta loading）的有效的循环吸附能力示于图 15.37 中。

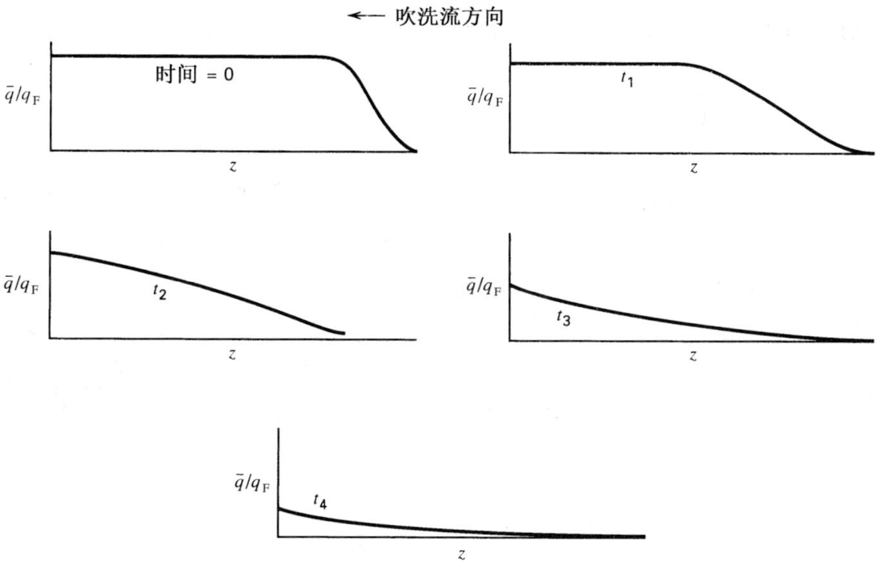

图 15.36　逆流再生期间吸附量分布的次序

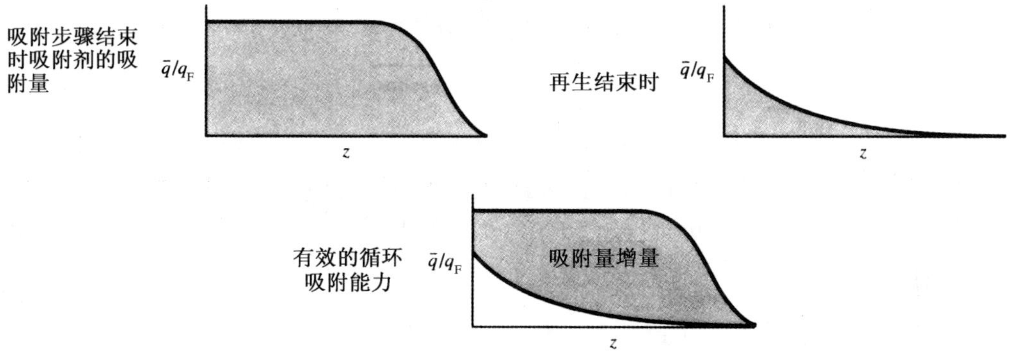

图 15.37　再生步骤的吸附量增量

脱附期间的浓度和吸附量分布的计算仅能用式(15－114)和式(15－119)近似，因为脱附开始时的吸附量是不均匀的。按下列方式应用 Wong 和 Neidzwiecki[84]的步骤可以得到脱附阶段的数值解，虽然他们的方法是为吸附阶段开发的，但是易将它用于脱附阶段。在没有轴向分散和恒定流体速度时，式(15－102)和式(15－105)改写成：

$$u\frac{\partial\phi}{\partial z}+\frac{\partial\phi}{\partial t}+\left(\frac{1-\varepsilon_b}{\varepsilon_b}\right)kK(\phi-\psi)=0 \tag{15-123}$$

$$\frac{\partial\psi}{\partial t}=k(\phi-\psi) \tag{15-124}$$

式中

$$\phi=c/c_F \tag{15-125}$$

$$\psi=\bar{q}/q_F^* \tag{15-126}$$

以及 c_F 和 q_F^* 是吸附步骤开始时的值。边界条件如下：

在 $t=0$：$\phi=\phi\{z\}$在吸附阶段结束时；

$\psi=\psi\{z\}$在吸附阶段结束时。

此处，对于逆流脱附，最好令 z 从床层底部开始（记为 z'），沿着吹洗气流的方向增加。因此，式（15－123）中的 u 是正的。

在 $z'=0$：$\phi=0$（进入的吹洗气中不含溶质）

$\psi=0$

独立变量 z 和 t 的偏微分方程采用网格化方法（MOL）可以转换成独立变量 t 的常微分方程组（ODEs），此网格化方法如 Riskoverts[85]讨论的、Rothe 于 1930 年首先应用于抛物线型偏微分方程（PDEs）的转化，随后用于椭圆和双曲线型的 PDEs 转换，Schiesser[86]对 MOL 作了详细推导。网格化是对于 ODEs 的位置变量 z'的。为了得到 ODEs 组，z'被分成 N 个增量或作 $N+1$ 个网格点，通常采用均分方法，对于许多问题，采用 20 个增量已足够。令 i 为 z'的网格点编号，从吹洗气进入端起，并对 $\partial\phi/\partial z'$离散化，式（15－123）和式（15－124）变为

$$\frac{d\phi_i}{di}=-u\left(\frac{\Delta\phi}{\Delta z'}\right)_i-\left(\frac{1-\varepsilon_b}{\varepsilon_b}\right)kK(\phi_i-\psi_i),\qquad i=1,N+1 \tag{15-127}$$

$$\frac{d\psi_i}{dt}=k(\phi_i-\psi_i),\qquad i=1,N+1 \tag{15-128}$$

式中 ϕ_i和 ψ_i的初始条件（$t=0$）已给于上面。在能进行式（15－127）和式（15－128）的积分前，需给（$\Delta\phi/\Delta z'$）提供适当近似。对于此处吸附和脱附的双曲线型移动前缘问题，通常用简单的中心差分

$$\left(\frac{\Delta\phi}{\Delta z'}\right)_i\approx\frac{\phi_{i+1}-\phi_{i-1}}{2\Delta z'}$$

是不合适的，Wong 和 Niedzwiecki[87]发现五点有偏逆风有限差分近似（Five-point，bised，upwind，finite-diffence approximation）很有效，此近似从泰勒级数分析导得，重点在移动前缘的逆风条件。在一个内部网格点：

$$\left(\frac{\Delta\phi}{\Delta z'}\right)_i\approx\frac{1}{12\Delta z'}[-\phi_{i-3}+6\phi_{i-2}-18\phi_{i-1}+10\phi_i+3\phi_{i+1}] \tag{15-129}$$

注意在方括号中 ϕ 因子前的系数加和等于 0。在最终网格点 $N+1$，即吹洗气排出处，用下式代替式（15－129）：

$$\left(\frac{\Delta\phi}{\Delta z'}\right)_{N+1}\approx\frac{1}{12\Delta z'}[3\phi_{N-3}-16\phi_{N-2}+36\phi_{N-1}-48\phi_N+25\phi_{N+1}] \tag{15-130}$$

对于最初三个节点，用下列近似式代替式（15－129）：

$$\left(\frac{\Delta\phi}{\Delta z'}\right)_1\approx\frac{1}{12\Delta z'}[-25\phi_1+48\phi_2-36\phi_3+16\phi_4-3\phi_5] \tag{15-131}$$

$$\left(\frac{\Delta\phi}{\Delta z'}\right)_2\approx\frac{1}{12\Delta z'}[-3\phi_1-10\phi_2+18\phi_3-6\phi_4+\phi_5] \tag{15-132}$$

$$\left(\frac{\Delta\phi}{\Delta z'}\right)_3\approx\frac{1}{12\Delta z'}[\phi_1-8\phi_2+0\phi_3+8\phi_4-\phi_5] \tag{15-133}$$

然而，由于 ϕ_1值（$z'=1$ 处）由边界条件给出，式（15－131）是不需要的。

式（15－127）至式（15－133）再加上 ϕ_1和 ψ_1的边界条件构成了一个初值问题的 $2N$ ODEs 方程组，时间作为独立变量。然而，在不同的轴向位置处的 ϕ_i和 ψ_i值随时间变化的速率差异甚大，例如，在吸附前缘的图 15.36 中，如将床层的长度 L 分成 20 个等宽度的增量，

从吹洗气进入端的右端开始，我们看见吹洗气排出端的初始 ψ_{21} 全然没有变化，而 ψ_5 却变化甚快；在接近脱附阶段结束时，ψ_{21} 变化甚快，而 ψ_5 的变化却不快。对 ϕ_i 也是这样的变化情况。这种响应类型被称为病态(Stiffness)，Schiesser[87]和 Press 等[88]在数值方法中对此作了阐述。如果试图用简单的欧拉或龙格-库塔法积分此 ODEs，则不仅会遇到截断误差问题，而且 ϕ_i 和 ψ_i 值将随时间变化呈现不稳定，在大到不可能的正值与负值之间震荡，即使将床层长度分成大于 20 的增量和采用非常小的时间步长，不稳定问题仍是经常发生。

对于病态 ODEs 组的积分采用首先由 Gear[89]开发的变阶数/变步长的隐函数方法最有效，这些方法已包含在广泛采用的软件包 ODEPACK 中，Byrne 和 Hindmarsh[90]对它们作了阐述。病态问题在第 13 章中也作了讨论。

例 15.13

在例 15.11 中，应用 6 ft 床高的固定床中的硅胶从 70 ℉和 1 atm 的空气中吸附苯，对于 $\phi=0.05$ 的规定透过在接近 97.1 min 时发生。此时，床层中 $\phi=c/c_F$ 和 $\psi=\bar{q}/q_F^*$ 之值的分布如下，此处 z' 是从吸附阶段床层的排出端反向测定的，这些结果是用刚才阐述的数值解方法用于吸附阶段所得，它们与给予例 15.11 中的 klinkenberg 的近似分析解相当符合。

z',ft	$\phi=c/c_F$	$\psi=\bar{q}/q_F^*$
0	0.052 27	0.038 91
0.3	0.077 85	0.059 13
0.6	0.113 14	0.087 76
0.9	0.160 08	0.126 90
1.2	0.220 17	0.178 50
1.5	0.293 94	0.243 87
1.8	0.380 42	0.323 10
2.1	0.476 78	0.414 59
2.4	0.578 25	0.514 69
2.7	0.678 61	0.617 86
3.0	0.771 08	0.717 28
3.3	0.849 69	0.806 03
3.6	0.910 57	0.878 58
3.9	0.952 81	0.932 07
4.2	0.978 48	0.966 90
4.5	0.991 72	0.986 36
4.8	0.997 31	0.995.31
5.1	0.999 21	0.998 57
5.4	0.999 87	0.999 60
5.7	1.000 00	1.000 00
6.0	1.000 00	1.000 00

如果床层用 1 atm 和 145 ℉的纯空气等温再生，在加热期间苯的脱附被忽略，试确定在 15，30 和 60 分时在脱附纯空气的空隙速度为(a)197 ft/min 和(b)98.5 ft/min 时的吸附量 $\bar{q}$ 分布。在 1 atm 和 145 ℉下的吸附等温方程为

$$q=1\ 000c^* \tag{1}$$

式中各变量单位与例 15.11 中的相同，该式的平衡吸附量约是 70 ℉时的 20%。假设 k 值不

变，仍是例 15.11 中的 0.206。

解

本题采用 MOL 求解，对于 z' 的 20 个增量，应用 ODEPACK 的子程序 LSODE 对 ODEs 进行积分，用户需提供 FORTRAN MAIN 程序和子程序 FEX，这些已列于表 15.9 中，子程序 FEX 是由式(15－127)至式(15－130)以及式(15－132)至式(15－133)给出的导数函数。程序 LSODE 包含有编写此两个程序的详细说明。注意到表 15.9 中的程序实际上包括了吸附和脱附两步，脱附的条件是以空隙速度 197 ft/min 进行 30 min。

对于所有条件计算所得的吸附量分布绘于图 15.38(a)和(b)中，它们的空隙速度分别是 197 ft/min 和 98.5 ft/min，图中 z 是离开吸附阶段原料进入床层端的距离，图中这些曲线与示于图 15.30 中的曲线相似。对于空隙速度 197 ft/min 的情况，脱附在 60 分钟内已近乎完全，床层中苯的吸附量已不到 1%。如果采用此空隙速度，则将能有 97.1－60＝37.1 min 时间用于脱附前后的床层加热和冷却。对于空隙速度 97.1 ft/min 的情况，脱附 60 分钟后床层约有 5%的苯吸附量，这也许是可以接受的，但是此结果将导致吸附阶段花费稍长一点时间，因为初始床层不是洁净的。需经过几个循环才能达到定态循环，这个进展情况将于下一节变压吸附中进行考虑。

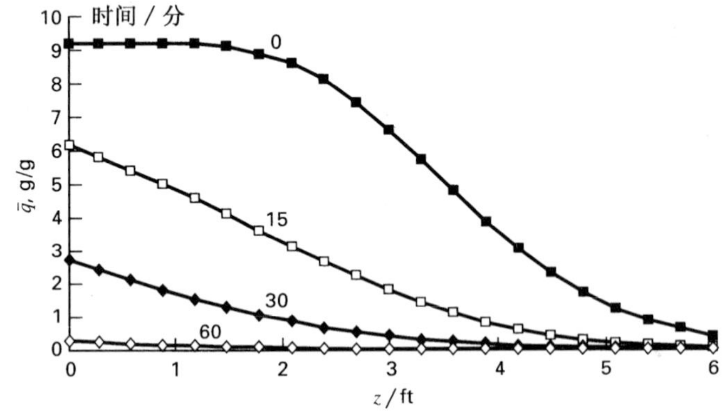

(a)

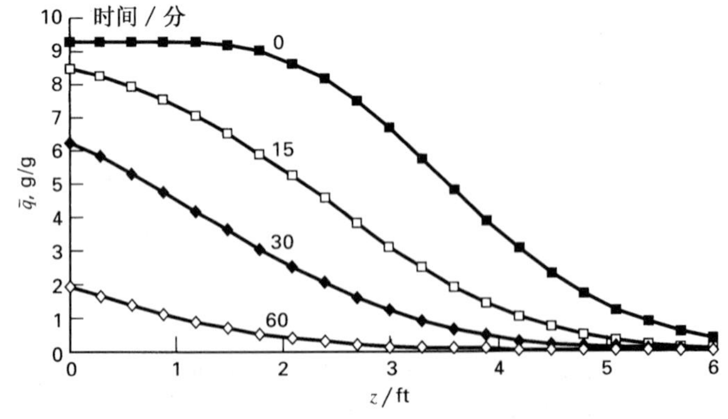

(b)

图 15.38　例 15.13 的再生阶段的吸附量分布

(a) 再生空气的空隙速度＝197 ft/min；(b) 再生空气的空隙气速 98.5 ft/min

表 15.9　例 15.13 的 FORTRAN 计算机程序

```
      PROGRAM tsa
      IMPLICIT DOUBLE PRECISION(A-H, O-Z)
      EXTERNAL FEX
      DIMENSION C(40),ATOL(60),RWORK(4162),IWORK(90),CH(40),DL(40)
      COMMON CF,VEL,AK,A(20)
      open (unit=3,file='n1.out')
      write(3,*)'desorption velocity=197ft/min, desorption time=30min'
      NEQ=60
      CF0=0.00181
      CF1=0.0
      TCA=97.1
      NUMCYCLE=1
      MXSTEP=2000
      DO 55 I=1,20
 55   C(I)=0.0

      DO 56 I=21,40
      C(I)=0.0
 56   CONTINUE

      T=0.D0
      TOUT=0.0
      ITOL=2
      RTOL=1.D-6
      DO 57 I=1, 60
      ATOL(I)=1.0 D-12
 57   CONTINUE

      ITASK=1
      ISTATE=1
      IOPT=1
      IWORK(6)=2000
      LRW=4162
      LIW=90
      MF=22

        CF=CF0
        C0=CF
        AK=5120.
        Q0=AK*C0

        CALL LSODE(FEX,NEQ,C,T,TOUT,ITOL,RTOL,ATOL,ITASK,ISTATE,
     1  IOPT,RWORK,LRW,IWORK,LIW,JEX,MF)
        WRITE(3,*)'CONDITIONS AT THE BEGINNING '
        WRITE(3,*)'TIME(SEC)=',TOUT
        WRITE(3,*)'CONC. GAS PHASE'
        WRITE(3,*)C0, (C(I),I=1,20)
        WRITE(3,*)'LODING gm/gm'
        WRITE(3,*)Q0,(C(I),I=21,40)
        write(3,128)
128     format(///)
       C0DL=1.0
       Q0DL=1.0
       DO 989 I=1,20
       DL(I)=C(I)/C0
       DL(I+20)=C(I+20)/Q0
989    CONTINUE
        WRITE(3,*)'DIMENSIONLESS CONDITIONS AT THE BEGINNING'
        WRITE(3,*)'TIME(SEC)=',TOUT
        WRITE(3,*)'DIMENSIONLESS GAS CONCENTRATION C/CF'
        WRITE(3,*)C0DL, (DL(I),I=1,20)
        WRITE(3,*)'DIMENSIONLESS LOADING Q/Q0'
        WRITE(3,*)Q0DL, (DL(I),I=21,40)
      write(3,129)
```

(待续)

表 15.9(续)

```
129     format(////////)
        DO 1000 KK=1,NUMCYCLE
C------------------------------------------------------------------------
C------------ADSORPTION STEP---------------------------------------------
C------------------------------------------------------------------------
        T=0.0

        CF=CF0
        C0=CF
        AK=5120.
        Q0=AK*C0

        VEL=197.0
        ISTATE=1
        TOUT= 97.1

        CALL LSODE(FEX,NEQ,C,T.TOUT,ITOL,RTOL,ATOL,ITASK,ISTATE,
     1  IOPT,RWORK,LRW,IWORK,LIW,JEX,MF)
        IF(KK.EQ.1)GOTO18
        IF((KK/25)*25.NE.KK)GOTO81
 18      WRITE(3,*)'CONDITIONS AT THE END OF ADSORPTION STEP'
         WRITE(3,*)'STEP TIME(SEC)=',TOUT
         WRITE(3,*)'CONC. OF GAS PHASE'
         WRITE(3,*)C0,(C(I),I=1,20)
         WRITE(3,*)'LOADING gm/gm'
         WRITE(3,*)Q0,(C(I),I=21,40)
         WRITE(3,741)
 741     FORMAT(///)
         C0DL=1.0
         Q0DL=1.0
         DO 990 I=1,20
         DL(I)=C(I)/C0
         DL(I+20)=C(I+20)/Q0
 990     CONTINUE
          WRITE(3,*)'DIMENSIONLESS CONDITIONS AT THE END OF ADSORPTION'
          WRITE(3,*)'STEP TIME(SEC)=',TOUT
          WRITE(3,*)'DIMENSIONLESS GAS CONCENTRATION C/CF'
          WRITE(3,*)C0DL,(DL(I),I=1,20)
          WRITE(3,*'DIMENSIONLESS LOADING Q/Q0'
          WRITE(3,*)Q0DL,(DL(I),I=21,40)
          WRITE(3,238)
238       FORMAT(////////)
C------------------------------------------------------------------------
C-------DESORPTION BY TEMPERATURE SWING----------------------------------
C------------------------------------------------------------------------
81      T=0.0
        VEL=197.0
        TOUT=30.0
        ISTATE=1

        CF=CF1
        C0=CF
        AK=1000.0
        Q0=AK*C0

        DO 91 I=1,40
        CH(I)=C(I)
91      CONTINUE

        DO 92 I=1,19
        C(I)=CH(20-I)
92      CONTINUE
        C(20)=CF0

        DO 95 I=1,19
```

(待续)

表 15.9(续)

```
95        C(20+I)=CH(40-I)
          C(40)=CF0*5120.
          CALL LSODE (FEX,NEQ,C,T,TOUT,ITOL,RTOL,ATOL,ITASK,
     1    ISTATE,IOPT,RWORK,LRW,IWORK,LIW,JEX,MF)

          DO 93 I=1,40
          CH(I)=C(I)
93        CONTINUE

          DO 94 I=1,19
          C(I)=CH(20-I)
          C(20+I)=CH(40-I)
94        CONTINUE
          C0=C(20)
          Q0=C(40)
          C(20)=CF1
          C(40)=1000.*CF1
          IF(KK.EQ.1)GOTO38
          IF((KK/25)*25.NE.KK)GOTO1000
38        WRITE(3,*)'CONDITIONS AT THE END OF DESORPTION '
          WRITE(3,*)'STEP TIME(SEC)=',TOUT
          WRITE(3,*)'CONC. OF GAS PHASE '
          WRITE(3,*)C0,(C(I),I=1,20)
          WRITE(3,*)'LOADING gm/gm'
          WRITE(3,*)Q0,(C(I),I=21,40)
          WRITE(3,264)
264       FORMAT (///)
           C0DL=C0/CF0
           Q0DL=Q0/(CF0*5210.)
           DO 991 I=1,20
           DL(I)=C(I)/CF0
           DL(I+20)=C(I+20)/(CF0*5120.)
991        CONTINUE
            WRITE(3,*)'DIMENSIONLESS CONDITIONS AT THE END OF DESORPTION'
            WRITE(3,*)'STEP TIME(SEC)=',TOUT
            WRITE(3,*)'DIMENSIONLESS GAS CONCENTRATION C/CF'
            WRITE(3,*)C0DL,(DL(I),I=1,20)
            WRITE(3,*)'DIMENSIONLESS LOADING Q/Q0'
            WRITE(3,*)Q0DL,(DL(I),I=21,40)
            WRITE(3,365)
365        FORMAT(////////)
1000      CONTINUE

 C------------------------------------------------------------------------
 C------------------------------------------------------------------------
 C------------------------------------------------------------------------
          WRITE(3,60)IWORK(11),IWORK(12),IWORK(13)
  60      FORMAT(/12H NO. STEPS =,I4,11H NO. F-S =,I4,11H NO. J-S =,I4)
          STOP
  80      WRITE(3,90)ISTATE
  90      FORMAT(///22H ERROR HALT.. ISTATE =,I3)
          close(unit=3)
          STOP
          END
 C------------------------------------------------------------------------
          SUBROUTINE FEX (NEQ,T,C,CDOT)
          IMPLICIT DOUBLE PRECISION(A-H,O-Z)
          DIMENSION C(40), CDOT(40)
          COMMON CF,VEL,AK,A(20)
          E=0.5
          C0=CF
          Q0=AK*C0
          DZ=6.0/20.0       !FT
```

(待续)

表 15.9(续)

```
      AA=-VEL
      BB=-(1.0-E)/E

      R4FDX=1./(12.*DZ)
      A(1)=R4FDX*
   1  (-3.*C0-10.*C(1)+18.*C(2)-6.*C(3)+1.*C(4))

      A(2)=R4FDX*
   1  (1.*C0-8.*C(1)+0.*C(2)+8.*C(3)-1.*C(4))

      A(3)=R4FDX*
   1  (-1.*C0+6.*C(1)-18.*C(2)+10.*C(3)+3.0*C(4))

      DO 455 I=4,19
      A(I)=R4FDX*
   1  (-1.*C(I-3)+6.*C(I-2)-18.*C(I-1)+10.*C(I)+3.*C(I+1))
455   CONTINUE
      A(20)=R4FDX*
   1  (3.*C(16)-16.*C(17)+36.*C(18)-48.*C(19)+25.*C(20))

      DO 676 I=1,20
      CDOT(20+I)=0.206*(AK*C(I)-C(20+I))
      CDOT(I)=AA*A(I)+BB*CDOT(20+I)
676   CONTINUE

      RETURN
      END
```

15.4.7 变压吸附

变压吸附(PSA)和变真空吸附(VSA)的最简单结构是两座并联的固定床,它们如图15.39所示成周期性操作。与 TSA 不同,那里是用热的手段实现分离,PSA 和 VSA 利用机械功来增加压力或生成真空,当一个床层在一个压力下进行吸附时,另一个床层在较低压力下脱附,如图 15.21 所示。与 TSA 可以用于纯化气体或液体不同,PSA 和 VSA 仅能用于气体,因为压力的变化对于液体的平衡吸附量的影响甚小或没有影响。PSA 最初仅用于纯化,就如采用"无热干燥剂(heatless drier)"从空气中清除水分,这本是 C. W. Skarstrom 于 1960 年发明采用 TSA 实现的,然而,在 20 世纪 70 年代早期 PSA 用到了主体分离,例如空气的部分分离以生产氮气或氧气以及从气流中清除杂质或污染物,PSA 也可以用于回收蒸汽,如 Ritter 和 Yang[91]所讨论和示明的。两床操作的 Skarstrom 循环中的典型的操作步骤次序示于图 15.40 中,每个床层操作在下列两个持续时间相等的半循环中的某一个:(1)加压接着吸附;(2)降压接着吹洗。原料气用于加压,而排出产品的一部分用于吹洗,所以,在图15.40中当床层 1 中发生吸附时,离开床层 1 的气体中的一部分流到床层 2 用于吹洗,在该床中它以与吸附阶段的原料气成逆流的方向流动。在每个床层的吸附阶段,当水分从空气中清除后得到了干燥空气产品。在图 15.40 中,用于吸附和吹洗阶段的时间不到整个循环时间的 50%,在许多 PSA 的工业应用中,这两个阶段将花费总循环时间的更大分率,因为加压和降压能够快速完成，所以，PSA 和 VSA 的循环时间是短的，典型的是以秒到分来计算，因此，一台小的床层能具有相当大的处理量。利用图 15.39 中的阀门，整个循环次序能够被程序控制而自动操作，如图 15.39 所示那样，一些阀门开启而另一些阀门关闭时，使得床层 1 在吸附而床层 2 在吹洗；在第二个半循环中，阀门的开关状况和床层的操作都作了切换。

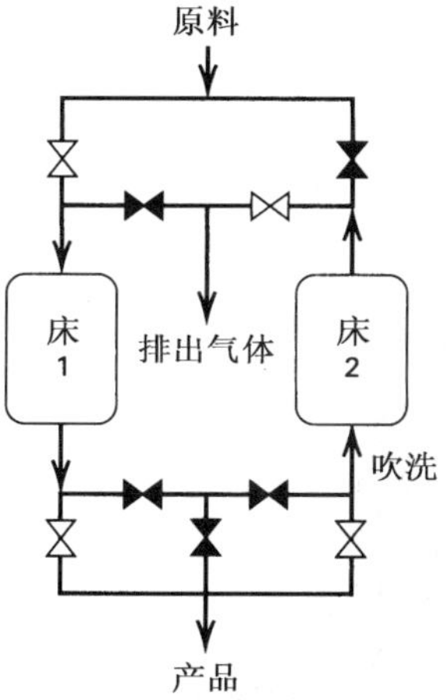

图 15.39　变压吸附循环

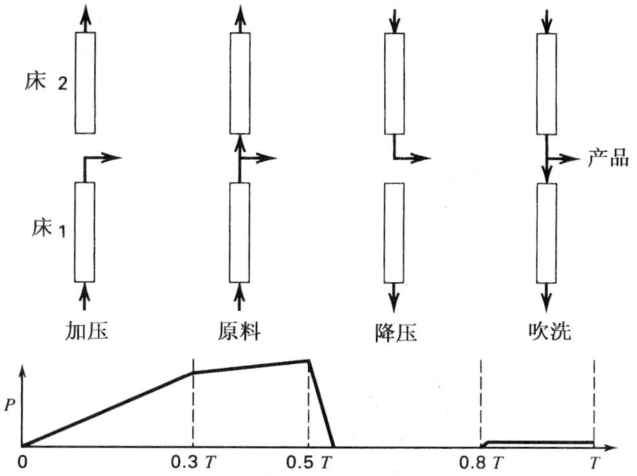

图 15.40　PSA 中循环步骤的次序

自从 Skarstrom 循环引入后，为了提高产品纯度、产品回收率、吸附剂的生产能力和能量效率而作了许多改进，Yang[25] 和 Ruthven，Farooq 和 Knaebel[92] 对此进行了讨论，在这些改进中采用了：(1)三个、四个或更多床层；(2)一个压力均衡步骤，使两个床层压力均等，接下来一个床层进行吹洗，而另一个则进行吸附；(3)保护床层的预处理，清除能被强力吸附的组分，否则可能干扰其他组分的分离；(4)采用能被强力吸附的气体进行吹洗；(5)如果较长的循环时间会引起吸附期间温度不希望的升高或脱附期间温度不希望的降低，采用很短的循环时间去趋近等温操作。

PSA 和 VSA 的分离受吸附平衡或吸附动力学控制，后者归因于向吸附剂颗粒的外部传质和/或内部传质。这两种类型的控制在工业应用中都是重要的，对于用沸石分离空气，氮比氧和氩更易被吸附，此时吸附平衡是控制因素，对于含氧 21% 和氩 1% 的空气，能够生产纯度 96% 的氧。当采用碳分子筛时，氧和氮具有几乎同样的吸附等温线，但是氧的有效扩散系数比氮的大得多，因此，可以生产纯度很高(>99%)氮。

对于由平衡控制和动力学控制的两种情况的 PSA 和 VSA 循环已被成功地模型化，此模型和计算步骤与 TSA 采用的相似。模型对于循环的最佳化特别有用，在 PSA 和 TSA 中确定循环的定态是特别重要的。在 TSA 中，脱附步骤之后再生的床层通常是洁净的，因此，循环的定态在一个循环中就相当接近。但在 PSA 和 VSA 中情况却经常不是这样，完全的再生很少达到或需要的，而仅需要达到循环的定态，由此在吸附阶段得到的产品具有所希望的纯度，在循环定态时，在吸附后和脱附后的吸附量之间的差异等于原料中的溶质量。从洁净的床层开始，对于固定的循环时间，达到循环的定态可能需要经过数十次或数百次循环。作为一个例子，考虑 Mutasim 和 Bowen[93] 的一个研究，该研究采用 5Å 分子筛从氮气中脱除乙烷和二氧化碳，在常温下分别于 4 bar 和 1bar 下各自吸附和脱附 3 分钟，床层长度 0.25 m。图 15.41(a)和(b)

所示的是计算得到的每次吸附阶段结束时乙烷的吸附量分布和气体浓度分布的发展过程，计算从洁净床层开始的，在第一循环结束时，超过 0.11 m 的床层仍然是洁净的，在第 10 次循环结束时，已几乎达到了循环的定态，洁净的床层仅仅存在于十分接近于床层的末端，第 10 次循环结束时的乙烷吸附量的实验数据点与数学模型计算得到的分布相当吻合。

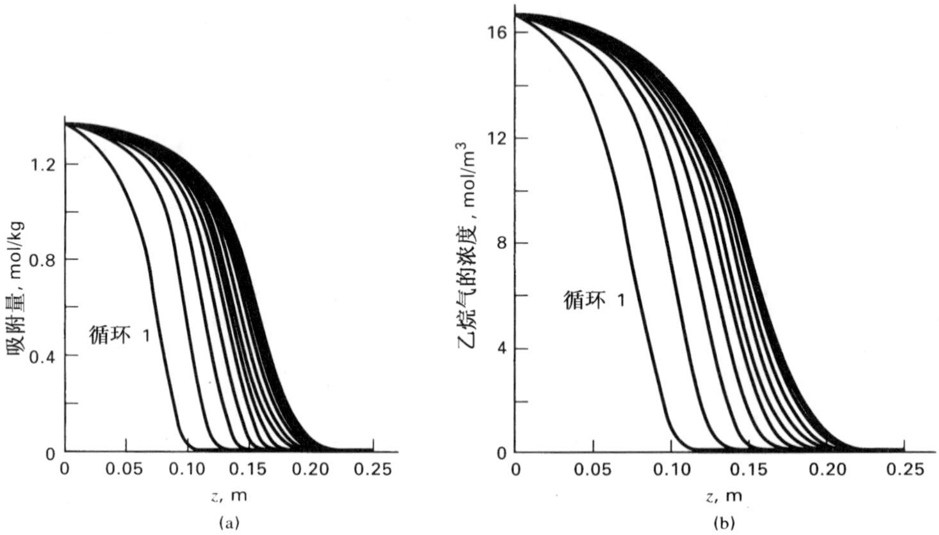

图 15.41　循环的定态分布的发展

(a) 头 11 次循环的吸附量分布；(b) 乙烷气在头 16 次循环中的浓度分布

PSA 和 VSA 的模型化应用 TSA 的相同方程进行，但是轴向分散忽略和等温操作的假设可以放松。对于每次循环，加压和降压步骤通常被忽略，吸附和脱附的初始条件分别是上一循环的脱附和吸附步骤的最终条件，这将在下面的例题中示明。计算可以用 Aspen Engineering Suite 的 Aspen Adsim 进行。

例 15.14

Ritter 和 Yang[91]进行了 PSA 应用的实验和理论研究，他们采用 PSA 从空气中回收二甲基甲基膦酸盐(DMMP)蒸气。从洁净的床层开始，对于下列的数据和操作条件，采用带有适合于病态方程的积分法的网格化方法估计床层的浓度和吸附量分布、从原料气得到基本上纯净空气的回收率以及第三循环中脱附阶段排出气体中的 DMMP 的平均摩尔分率。

原料气条件：

在 294 K 和 3.06 atm 下的干空气中含有 236 ppm(以体积计)DMMP。

吸附剂：

BPL 活性炭，每个床层中充填 5.25 g，平均粒径 0.07 cm，床层空隙率 0.43。

床层尺寸：内径 1.1 cm，床高 1.8 cm。

$$\text{Langmuir 吸附等温方程：}q=\frac{48\ 360 p_{\mathrm{DMMP}}}{1+98\ 700 p_{\mathrm{DMMP}}}$$

式中 q 的单位是 g/g，p 的单位是 atm。

总传质系数：$k=5\times10^{-3}\ \mathrm{s}^{-1}$

循环条件(全都在 294K)：

(1) 用纯空气加压从 p_L 到 p_H 所用时间可以忽略。

(2) 在 $p_H=3.06$ atm 下对原料气进行吸收 20min，u=空隙速度=10.465 cm/s。

(3) 从压力 p_H 降压到 p_L 所用的时间可以忽略，没有从吸附剂或床层空隙中损失掉 DMMP。

(4) 在 $p_L=1.07$atm 下用产品气体(纯空气)脱附 20 min，空隙气速相应于产品气体离开吸附步骤时的 41.6%。

解

本例可以应用例 15.13 中采用的同样方程和数值解技术求解，但需注意此处 q 的单位不同并用 Langmuir 等温方程代替了亨利定律。如果在第一次脱附步骤后的床层不是洁净的，那么第二次和第三次循环的结果将与第一次的不同。结果在此未提供，但在习题 15.30 的计算中需要此结果。

15.4.8　连续逆流吸附系统

在前面的小节中，对示于图 15.20(a)和(b)中吸附的浆料模式和固定床模式进行了讨论，虽然这些是吸附操作习用的模式，但图 15.20(c)所示的第三种操作模式，即连续逆流操作却具有重要的优点，如同换热器一样，因为吸附塔和其他的分离级联中的逆流流动使得平均传递推动力达到最大，在吸附操作中，这就增加了吸附剂的使用效率。

在图 15.20(c)中，液体或气体混合物得到分离，固体吸附剂颗粒则移动通过系统，然而，如 Ruthven 和 Ching[65]及 Wankat[98]详细讨论的，逆流操作的优点也可以被模拟移动床(SMB)操作达到，其一套被广泛应用的装置示于图 15.23 中，此处吸附剂颗粒在床层中固定不动。在本小节中将讨论示于图 15.20(c)的连续逆流系统，而在下一小节将论述 SMB，此两种操作类型均可以用于提纯或主体分离。

适用于提纯的 McCabe - Thiele 和 Kremser 方法

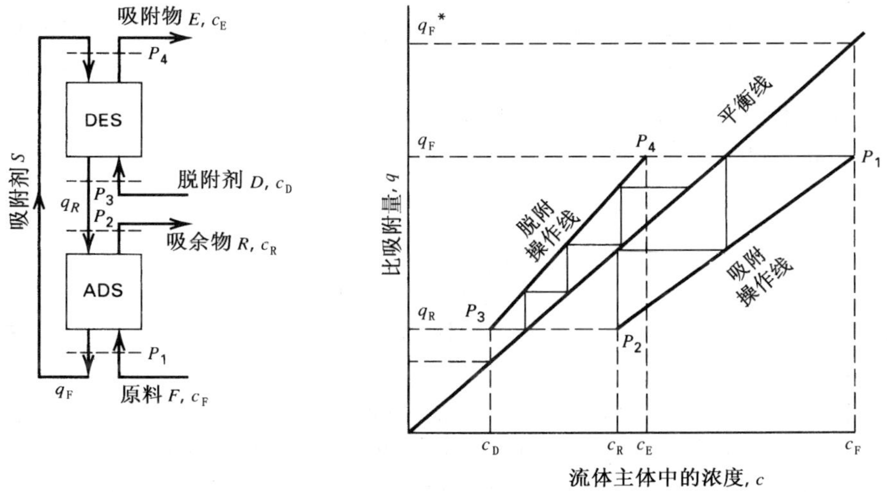

图 15.42　连续逆流吸附-脱附系统

(a) 系统部分和物流条件；(b) McCabe - Thiele 图解

考虑含溶质稀少的二元混合物，它将应用示于图 15.42(a)中的连续逆流系统类型的吸附操作清除溶质，且仅有溶质被吸附。溶质浓度为 c_F 的原料 F 在平面 P_1 处进入吸附段 ADS，从平面 P_1 离开的吸附剂 S 具有溶质的比吸附量 q_F。被称为吸余物的已提纯的原料中溶质浓度为 c_R，它在平面 P_2 处离开吸附段，与从床层顶部进入的、溶质比吸附量为 q_R 的吸附剂成逆流。在平面 P_3 处，被称为脱附剂的吹洗气流 D 含有溶质浓度为 c_D，它从脱附段 DES 的底部进入，吸附剂则从此处离开进入吸附段。假设脱附剂不被吸附，它作为吸附物(extract) E 于平面 P_4 处从脱附操作段离开，其中含有的溶质浓度为 c_E，在此平面处循环的吸附剂进入脱附床完成循环。

如果是溶质含量稀少的系统以及溶质和原料溶剂的吸附等温线与它和吹洗流体的是一样的，且系统在恒定温度和压力下操作，则溶质的 McCabe - Thiele 图解如图 15.42(b)所示那样，图中操作线和平衡线是直线，因为这是稀溶质系统。注意到传质的合适方向需要吸附操作线和脱附操作线分别位于平衡线的下面和上面，这三条线由下面这些方程表示：

吸附操作线：

$$q=\frac{F}{S}(c-c_F)+q_F \qquad (15-134)$$

脱附操作线：

$$q=\frac{D}{S}(c-c_D)+q_R \qquad (15-135)$$

平衡线：

$$q=K_C \qquad (15-136)$$

式中 F，S 和 D 是脱溶质的质量流量，所有的溶质浓度是单位脱溶质的夹带物的。

在图 15.42(b)中，随着进入脱附剂(吹洗流体)中溶质浓度 c_D 趋近于 0 和排出吸余物中的溶质浓度 c_R 趋近于 0，为了避免大量级数，必须选择吸附剂和脱附剂的流率，以至于

$$\frac{F}{S}<K<\frac{D}{S}$$

因此，由于需要比原料 F 更多的吹洗流体 D，该系统只有在吹洗流体价廉时才有经济意义。从图 15.42(b)中的平衡线和操作线，应用在 McCabe - Thiele 图上划梯级得到吸附段和脱附段的平衡级数分别是 2 和 3.3。当平衡线和操作线是如图 15.42(b)所示的直线时，可以采用 Kremser 代数法而不用 McCabe - Thiele 图解法，在节 6.4 中讨论的 Kremser 方程写成如下的吸附和脱附段的端点形式：

$$N_t=\frac{\ln\left[\dfrac{c_1-q_1/K}{c_2-q_2/K}\right]}{\ln\left[\dfrac{c_1-c_2}{q_1/K-q_2/K}\right]} \qquad (15-137)$$

式中 1 和 2 表示一个段的相对的两个端点，例如图 15.42(a)中的平面 1 和 2，但它们的选定须符合 $q_1>q_2$。

如果两段的操作条件(例如温度)可以改变，使得脱附平衡线的位置可以低于吸附平衡的，这种情况如图 15.43 所示，可以采用提高脱附的温度或在气体吸附操作时降低脱附压力的办法达到。此时如图 15.43 所示，F/S 可以大于 D/S。将吸余物的一部分用于床层 2

(DES)时，净的吸余物产品是 $F-D$①。注意到在这种情况下两条操作线必然相交于点(q_R, c_R)，采用调整比例 D/F 办法，可以使此交点逐渐移向原点，以至于可以达到任意希望的吸余物纯度 c_R，但是必须使用更多的理论级，也即更深的床层。

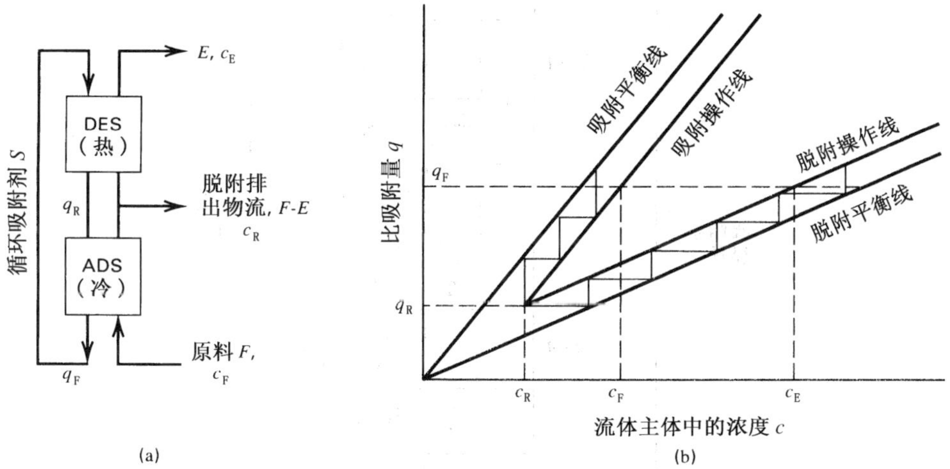

图 15.43　变温连续逆流吸附系统

(a) 系统部分和物流条件；(b) McCabe - Thiele 图解

对于吸附段或脱附段的理论级数 N_t，相应的床层高度 L 由下式确定：

$$L=N_t(\text{HETP}) \tag{15-138}$$

HETP 之值取决于传质阻力和轴向分散，它必须由实验测定得到。对于大直径床层，HETP 的典型值在 0.5～1.5 ft 之间[97,98]。

适用于主体分离的 McCabe - Thiele 方法

用于二元混合物主体分离的连续逆流吸附-脱附过程示于图 15.44，原料由较易吸附的组分 A 和较难吸附的组分 B 构成，过程则包含四个段（或称区间），它们从塔底起向上编号。吸附剂 S 循环通过系统，在向下通过四个段时优先吸附 A，而余下 B 则优先向上通过。为了系统具有灵活性，采用变温吸附，段Ⅱ和Ⅲ于较低温度或常温下操作，而段Ⅰ和Ⅳ于升高的温度下操作，原料 F 于段Ⅱ和Ⅲ之间进入，向上通过段Ⅲ，在此 A 在相对低的温度下优先被吸附，B 富集的产品 R 从段Ⅲ和Ⅳ之间排出。在较高温度的段Ⅳ中剩余 A 和 B 被脱附，随后从该处离开的流体循环到段Ⅰ。主要吸附有组分 A 的吸附剂从段Ⅲ向下进入段Ⅱ、随后进入段Ⅰ，在此处组分 A 被脱附产生 A 富集的产品，它从段Ⅰ和Ⅱ之间排出。该系统类似于倒置的蒸馏塔，其顶上两段起提馏作用，得以生产较难吸附组分富集的产品，而底下两段起精馏作用，得以生产较易吸附组分富集的产品。一套与图 15.44 相似安排的装置用于超吸附移动床过程[66]，用来从乙烷和更重的烃类中分离氢气和甲烷，除了段Ⅳ是较冷外，段Ⅰ采用水蒸气脱附，离开段Ⅳ的气体用于升举吸附剂从段Ⅰ到段Ⅳ。此外，为了给图15.44所示系统增加灵活性，可以对顶上两段和底下两段设置各自的吸附剂循环回路。

① 与图 15.42(a)对照，此处 D 应是用于床层 2 的部分吸余物流量，图 15.43(a)中的净吸余物产量应是 $F-D$。——译者注。

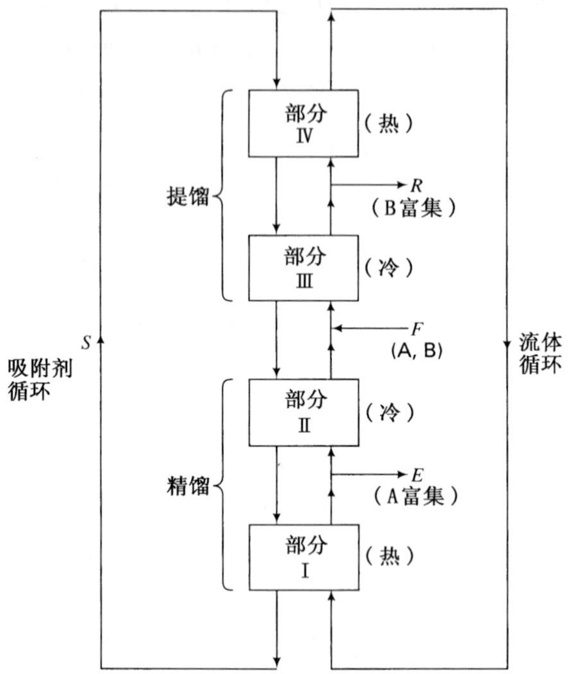

图 15.44　用于主体分离的连续逆流系统

例 15.15

温度 80 ℉和压力 1 atm 的空气相对湿度为 65%，它以 100 lb(干基)/min 流量在连续逆流移动床吸附装置中于等温和等压下去湿至相对湿度 10%。吸附剂是粒径在 1.24～2.0 mm 内的干硅胶(SG)，在感兴趣的水蒸气分压范围内，吸附等温线由 Eagleton 和 Bliss[94] 测定得到：

$$q_{H_2O}=29c_{H_2O} \tag{1}$$

式中浓度单位为 lb H_2O/lb 干空气，比吸附量单位为 lb H_2O/lb 干硅胶。如果采用硅胶的流量是最小值的 1.5 倍，确定所需的理论级数。

解

对于相对湿度 65%和 10%的相应湿含量，从湿度表中查得它们分别是0.014 3和 0.002 2 lb H_2O/lb 干空气。

在本例中，图 15.42(b)适用于吸附段，在此图中利用下列命名：

$$F=100\ \text{lb/min},\quad c_F=0.0143\ \text{lb}\ H_2O/\text{lb 干空气}$$

$$c_R=0.0022\ \text{lb}\ H_2O/\text{lb 干空气，和}\ q_R=0$$

q_F值取决于吸附剂的流量 S，它是最小值的 1.5 倍。在最小吸附剂流量时，排出的吸附剂与进入气体成平衡，因此，由式(1)：$q_F^*=29\times0.0143=0.415$ lb H_2O/lb 干硅胶。被吸附的水蒸气量是 $F(c_F-c_R)=100\times(0.0143-0.0022)=1.21$ lb/min。因此：$S_{min}=\dfrac{1.21}{0.415}=$ 2.92 lb干硅胶/min，如果采用 1.5 倍最小值的硅胶：$S=1.5S_{min}=1.5\times2.92=4.38$ lb 干硅胶/min。根据物料衡算：$q_F=\dfrac{1.21}{4.38}=0.276$ lb H_2O/lb 干硅胶。应用式(15-137)，代入式

(1)中的 $K=29$ 及令 F 在平面 1 处和 R 在平面 2 处：

$$N_t=\frac{\ln\left[\frac{0.0143-0.276/29}{0.0022-0}\right]}{\ln\left[\frac{0.0143-0.0022}{0.276/29-0}\right]}=3.2 \text{ 级}$$

15.4.9　模拟移动床系统

连续逆流移动床系统常称为“真实移动床”(TMB)系统，它存在着操作困难，这包括吸附剂颗粒的磨损、颗粒向下流动时不能达到活塞流和流体通过移动床时的沟流。另一可选择的是示于图 15.23 中的一套装置，即连续逆流操作可以采用含有一系列固定床的塔和周期性移动物流进入和离开塔的位置来模拟。模拟移动床(SMB)系统得到了广泛的工业应用，用于石化、食品、生化、医药和精细化工等工业部门。譬如说组分 A 和 B，当用脱附剂(又称稀释剂或洗提剂)D 帮助分离时，在有些场合 D 的性质是这样的，就像 A 和 B，它能被吸附，于是它能从吸附剂的空隙中置换 A 或 B，而 A 或 B 也能置换 D，此时常采用 SMB 吸附和蒸馏的复合系统，如图 15.23 所示，在该系统中，在 SMB 后由蒸馏塔得到脱除 D 的吸附物 A 和脱除 D 的吸余物 B，回收到的 D 循环回到 SMB。在另外一些场合，D 是原料中一个不能吸附的组分，它仅简单地作为 A 和 B 分离的夹带剂和脱附介质。例如，葡萄糖和果糖的水溶液通常用 SMB 分离成葡萄糖水溶液的吸附物和果糖水溶液的吸余物，它们可能就是最终产品。在文献中，模拟移动床操作常被归入色谱分离，而不是吸附分离。

一个 SMB 可以被处理成逆流段(或区间)联(cascade of sections)，而不是级联，那里物流的进入或排出点与各段结合，正如 Zang 和 wankat[99]所讨论的，生产两个产品的 2、3 或 4 个段的系统和生产三个产品的 9 个段系统在文献中有描述，示于图 15.45(a)中的四个段系统是最普通的工业化设计，Kim 和 Wankat[100]更新的建议设计采用 12 到 32 个段以分离四元混合物。

模拟移动床的操作最好通过研究示于图 15.45 中的四段系统和它相应的组成分布来了解，图 15.45(a)的示意图示明了一个 TMB 系统，固体吸附剂 S 向下通过四段密相床层成封闭循环，而图 15.45(b)表示了一个真实的 SMB 系统，它由分成 12 个固定床次段的四段构成，每个次段用矩形代表，流体的进出口按图示的圆圈周期性地移动。图 15.45(a)中的段有时称为区间，图 15.45(b)中的固定床次段常被称为床层，有时称为塔。在图 15.45(a)相当的 TMB 场合中，所含原料组分 A 和 B 及脱附剂 D 的组成变化着的流体向上通过正在向下移动的吸附剂床层，从段Ⅳ顶端离开的、D 富集的流体循环到段Ⅰ。二元 A 和 B 混合物的流体原料在段Ⅱ和Ⅲ之间进入，组分 A 比 D 更易吸附，而 D 比 B 又更易吸附，希望的结果是 A 与 B 几乎完全分离，然而相当数量的 D 会出现在 B 富集的吸余物和 A 富集的吸附物两股产物中，因此需要补加 D 到循环流体中。

图 15.45(a)中的四段的每一段各自起着不同的基本作用，如图 15.45(a)中示明的，对于 D 以及 A 和 B 被吸附的场合下面将详细讨论。一个典型的组分组成分布示于图 15.45(c)中。

段Ⅰ:脱附 A。进入的 S 含有被吸附的 A 和 D，理想的情况是进入的流体近乎纯 D，离开的 S 含有被吸附的 D，离开的流体是 A 和 D，它的一部分作为 A 富集的吸附物排出。

段Ⅱ:脱附 B。进入的 S 含有被吸附的 A、B 和 D,进入的流体是 A 和 D,离开的 S 含有被吸附的 A 和 D,离开的流体是 A、B 和 D。

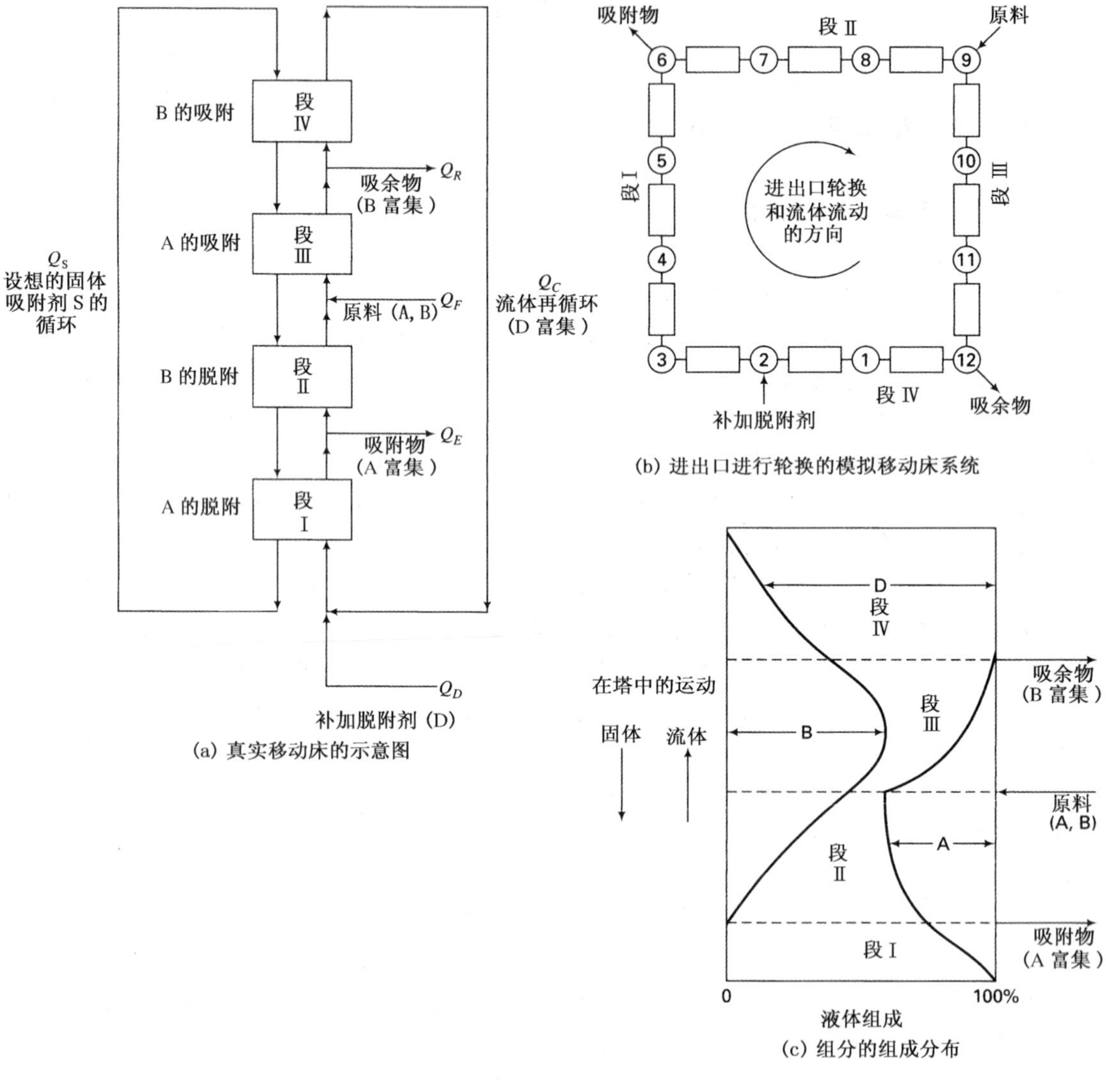

图 15.45 四段系统

段Ⅲ:吸附 A。进入的 S 含有被吸附的 B 和 D,进入的流体是从段Ⅱ来的 A、B 和 D 及新鲜原料的 A 和 B,离开的 S 含有被吸附的 A、B 和 D,离开的流体是 B 和 D,它的一部分作为 B 富集的吸余物排出。

段Ⅳ:吸附 B。进入的 S 含有被吸附的 D,进入的流体是 B 和 D,离开的 S 含有被吸附的 B 和 D,理想的情况是离开的流体近乎是纯 D。

应用图 15.45(a)中的 TMB,其达到的定态分离相当接近于用 SMB 达到的定态分离,SMB 的工业 Sorbex 系统示于图 15.23 中,它的简化表示示于图 15.45(b)中。从此两个图可见,四个段具有 12 个供流体原料进入或流体产品排出的接口,由图 15.45b 清楚可见,接口将每个段分成次段:段Ⅰ分成 4 个次段;段Ⅱ分成 3 个;段 Ⅲ 3 个;段 Ⅳ 2 个。随着每个段被分成更多次段(相应地增加更多进出口),SMB 系统更加接近于相应的 TMB 达到的分离。在图 15.45(b)中仅接口 2,6,9 和 12 开启,在一个时间增量(称为变换时间或接口变换时间 t^*)后,这些接口关闭,而 3,7,10 和 1 接口开启。按照这样的方式,接口以图所示的方向依次关闭和开启,采用周期性地沿流体流动方向每次移动原料和产品一个接口位置,固体吸附剂在段中作相反方向的移动得到模拟。由于物流在段间加入和排出,因此四个段中每段的流量是不同的,在图 15.23 中示有一台位于 SMB 底部用于控制流体流量的泵,虽然段经受切换,但泵却不切换,因此,泵需要程序控制四个不同流量,此值由泵当前与那一段连接来确定。

为了设计和分析 SMB 系统开发了许多模型,其中包括:(1)应用 McCabe - Thiele 类型分析的 TMB 平衡级模型;(2)TMB 局部吸附平衡模型;(3)TMB 速率模型;(4)SMB 速率模型。前面三个模型假设流体和固体吸附剂的定态连续逆流流动,用 TMB 近似 SMB 操作。SMB 速率模型适用于开车时的过渡操作、向循环定态的趋近和停车。四种处理方法中最简单的是 TMB 平衡级模型,但它难以应用于非线性吸附平衡等温线的多元系统;TMB 局部吸附平衡模型虽然忽略了轴向分散和流体-颗粒间传质的影响,但已证明它对确定 SMB 多段中的合理流量是有用的,因为,对于大多数的应用,SMB 的行为主要由吸附平衡决定的,对于线性吸附等温线,Wankat[102]成功地应用此方法到处理含稀少溶质原料的、具有 32 段的 SMB 系统中。求解多元系(包括已增浓的混合物和非线性吸附等温线)TMB 局部吸附平衡模型的方法已经有许多研究者提出,其中有:Storti 等[103]方法,他们将 Rhee,Aris 和 Amundson[104]适用于单段的工作推广到广泛应用的四段单元;Mazzotti 等[105]的多元系方法。对于最终设计宜采用速率模型,这些模型考虑到了床层中的轴向分散、颗粒-流体间的传质阻力和非线性的吸附等温线,在 Aspen Engineering Suite 的 Aspen Chromatography(色谱)中有这些模型的程序,既有 TMB 定态操作的,又有 SMB 动态操作的。接着将讨论局部吸附平衡模型和速率模型,并有示例,其中的两个应用 Aspen Chromatography 求解。提供的方程是四段单元的,但很容易推广到更多段。

定态局部吸附平衡 TMB 模型

TMB 模型描述连续定态流体与固体吸附剂成逆流流动的多组分吸附,图 15.46 所示的是多段系统中的单个段,其床层高度为 Z,模型作了下列假设:

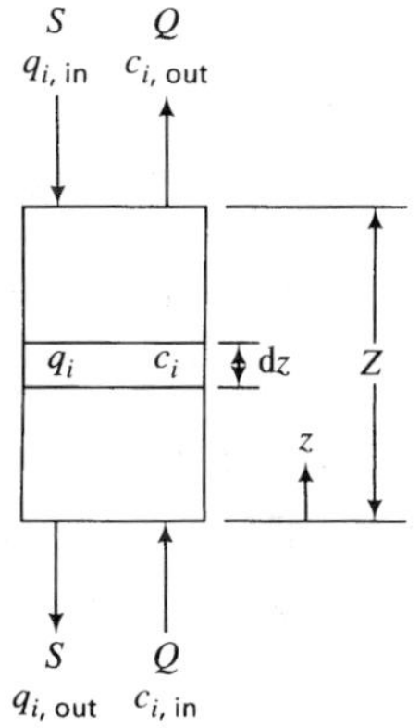

图 15.46　单段的 TMB 局部吸附平衡模型

- 两相均是一维活塞流，不存在沟流。
- 恒定的体积流量，对于液体是 Q、固体是 Q_S。
- 恒定的固体床层的外部空隙率 ε_b。
- 忽略轴向分散和颗粒-流体间的传质阻力。
- 液相主体的溶质浓度 c_i 与固体的比吸附量 q_i 间成局部吸附平衡。
- 等温和等压条件。

对于微分床层厚度 dz，组分 i 在其中发生两相间的传递，由它的物料衡算得：

$$Q\frac{dc_i}{dz}-S\frac{dq_i}{dz}=0 \tag{15-138}$$

边界条件是

$$z=0, c_i=c_{i,\text{in}} \quad 和 \quad z=Z, q_i=q_{i,\text{in}}$$

式(15－138)的解取决于平衡吸附等温线。典型的情况是，流体是溶质的稀溶液且线性(亨利定律)等温方程 $q_i=K_ic_i$ 适用，此处 q_i 是以颗粒的体积为基础的，所以 K_i 是无量纲的。对于液体混合物的主体分离，此时原料组分和脱附剂的浓度是不小的，则由例(15.6)采用的、恒定选择性形式的非线性扩展的 Langmuir 平衡吸附等温方程适用：

$$q_i=\frac{(q_i)_m K_i c_i}{1+\sum\limits_j K_j c_j} \tag{15-139}$$

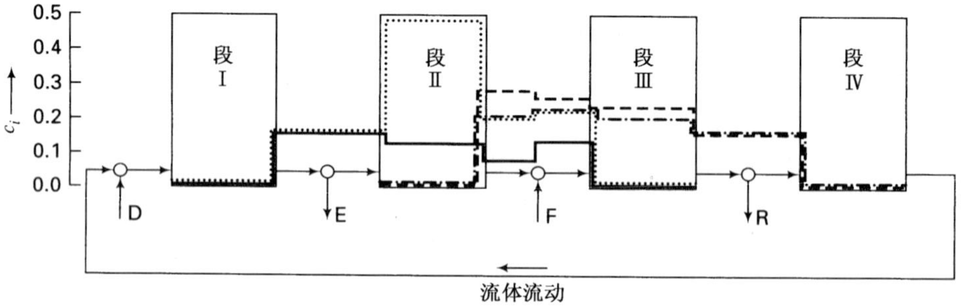

组分		吸附的相对选择性
1	—·—·—·	1.00
2	- - - - -	1.12
3	············	2.86
4	———	5.71
5	（未示明）	1.90

图 15.47　四段单元中局部吸附平衡的典型溶质浓度分布

在上述的任一情况中，Ghee，Aris 和 Amundson[104]的解当推广到多段时，如由 Storti 等[103]所作的，预测得每段中恒定的组分浓度，但在每段的一端或两端边界出现不连续性。一个四个溶质系统(1，2，3 和 4)的典型浓度分布示于图 15.47，图中一组恒定浓度的矩形驻波(像脉冲波)在每段的液相中存在，脱附剂(组分 5)的浓度分布未在图中示明。注意到四个溶质的浓度，此局部平衡的假设在段 Ⅰ 和段 Ⅳ 中是忽略的，因为在此两段中仅有脱附剂存在。

局部平衡理论的用处在于，可以近似确定为达到两个溶质的完善分离在 TMB 的每段中所需的固体吸附剂和流体的流量。该方法首先由 Ruthven 和 Ching[106]开发，并由 Zhong

和 Guiochon[107]作了扩展,局部吸附平衡理论用于最简单的场合,即用于含有稀少双溶质 A 和 B 的原料时,方法的说明变得容易,该两个溶质将实现完善分离。假设稀释剂 D 不会被吸附和由亨利定律控制吸附平衡,且 $K_A > K_B$(即 A 更易被吸附)。首先对每段 j 定义一组流量比,如

$$m_j = \frac{Q_j}{Q_s} = \frac{\text{流体相的体积流量}}{\text{固体颗粒相的体积流量}} \tag{15-140}$$

对于局部吸附平衡条件,下面完全分离的必要和充分的条件适用于各段:

$$K_A < m_{\text{I}} < \infty \tag{15-141}$$

$$K_B < m_{\text{II}} < K_A \tag{15-142}$$

$$K_B < m_{\text{III}} < K_A \tag{15-143}$$

$$0 < m_{\text{IV}} < K_B \tag{15-144}$$

约束条件式(15-142)确保在段Ⅰ中组分 A 和 B 的净流量是正的(向上流动);约束条件式(15-144)确保在段Ⅳ中组分 A 和 B 的净流量是负的(向下流动);约束条件式(15-142)和条件式(15-143)是最重要的,因为它们确保分离是清晰的,它们引起在两个中间段Ⅱ和Ⅲ中 A 和 B 的净流量分别是负的(向下流动)和正的(向上流动)。不等式约束条件式(15-141)至条件式(15-144)可以变换成等式约束条件式,对于式中安全容限 β 将作简短讨论。

$$Q_{\text{I}}/Q_S = K_A\beta \tag{15-145}$$

$$(Q_{\text{I}} - Q_E)/Q_S = K_B\beta \tag{15-146}$$

$$(Q_{\text{I}} - Q_E + Q_F)/Q_S = K_A/\beta \tag{15-147}$$

$$(Q_{\text{I}} - Q_E + Q_F - Q_R)/Q_S = K_B/\beta \tag{15-148}$$

用消去 Q_{I} 解式(15-145)至式(15-148)给出:

$$Q_S = \frac{Q_F}{K_A/\beta - K_B\beta} \tag{15-149}$$

$$Q_E = Q_S(K_A - K_B)\beta \tag{15-150}$$

$$Q_R = Q_S(K_A - K_B)/\beta \tag{15-151}$$

再应用式(15-145),

$$Q_{\text{I}} = Q_C + Q_D = Q_S K_A \beta \tag{15-152}$$

因此

$$Q_C = Q_S K_A \beta - Q_D \tag{15-153}$$

式中 Q_C 是在补加脱附剂前的流体循环流量。由总物料衡算得:

$$Q_D = Q_E + Q_R - Q_F \tag{15-154}$$

关于在不等式约束条件式(15-142)和条件式(15-143)中的流量比 m_{II} 和 m_{III} 的限制,可以采用 Storti 等[107]的三角形方法方便地表示,如图 15.48 中所示,如果 m_{II} 和 m_{III} 的值在三角形区域中选择,可能实现完善分离。然而,如果 $m_{\text{II}} < K_B$,在吸附物中将出现一些 B;如果 $m_{\text{III}} > K_A$,在吸余物中将出现一些 A;如果 $m_{\text{II}} < K_B$ 和 $m_{\text{III}} > K_A$,吸附物中将含有一些 B 和吸余物中将含有一些 A。

式(15-145)至式(15-151)中的安全容限 β 的允许区间由不等式约束条件式(15-142)和条件式(15-143)确定,令

$$\gamma_{i,j}=\frac{m_j}{K_i}=\frac{Q_j}{Q_S K_i} \tag{15-155}$$

在段Ⅱ中，我们需要 $\gamma_{A,II}>1$ 和 $\gamma_{B,II}<1$。假设四段中的 β 相等，利用安全容限 β 我们可以由式(15－155)得到相应的等式 $Q_{II}/Q_S=K_A/\beta$ 和 $Q_{II}/Q_S=K_B\beta$，令此两个等式相等得到安全容限 $\beta=\sqrt{K_A/K_B}$，这是完善分离的 β 最大值，其最小值是 1.0。当 β 超过此最大值时，某些段将出现流体的流量负值；当 β 小于 1.0 时，将不可能达到完善分离。随着 β 值从其最小值向最大值增加，各段中的流体流量通常成指数关系增大，因此，操作流量一般采用 β 接近于但又略高于 1.0 之值，例如 1.05(除非已超过最大值)来估算。注意到当分离因子 K_A/K_B 趋近 1.0 时，不仅仅分离变得更加困难，而且 β 的允许区间变得更小，在图 15.48 所示的三角形方法中，三角形的左上角相应于 $\beta=1$，而当 $m_{II}=m_{III}$ 时发生 β 的最大值，它落在 45°线的 K_A 和 K_B 间。将上述估算二元系操作流量的步骤向恒定选择性的 Langmuir 吸附等温方程和更复杂的吸附等温方程情况的推广已有 Mazzotti 等[109]给出，向多元系的推广也由他们[105]给出。对于非线性吸附等温方程，图 15.48 中的直角三角形被变为具有一边或多边成为曲线的形状。

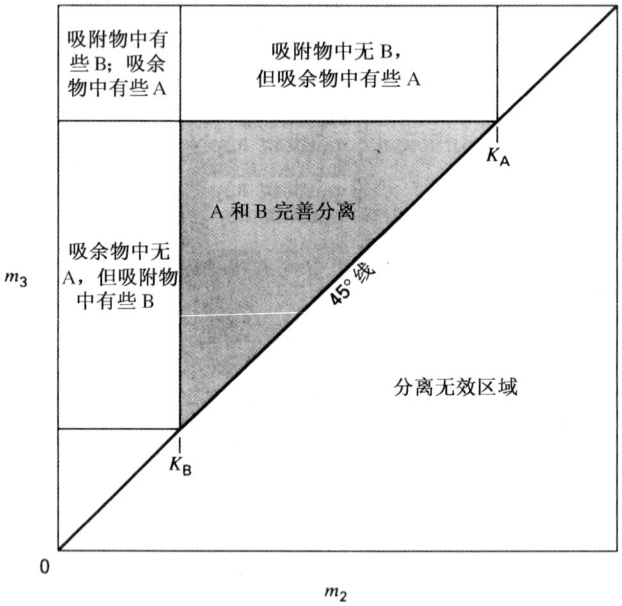

图 15.48 确定流量比的必需数值的三角形方法

例 15.16

在四段 SMB 单元中从葡萄糖(B)中分离果糖(A)，流量 1.667 mL/min 的原料水溶液中含有 0.467 g A/min、0.583 g B/min 和 0.994 g 水/min，对于吸附剂及预料的浓度和操作温度条件，亨利定律适用，对于流体浓度单位 g/mL 和比吸附量单位 g/mL 吸附剂颗粒，相应的常数 $K_A=0.610$ 和 $K_B=0.351$。假定水不会被吸附。估算用 TMB 实施从葡萄糖中完善分离果糖的操作流量 mL/min。注意吸附物中将含有果糖，吸余物中将含葡萄糖。SMB 操作结果的转换将在例 15.17 中进行。

解

式(15-149)至式(15-154)适用。β 的最小值是 1.0，而最大值是 $\sqrt{K_A/K_B}=\sqrt{0.610/0.351}=1.32$。计算应用电子数据表最方便，参照图 15.45 的 TMB 情况，对于 β=1.0、1.05、1.20 的结果是：

	体积流量 mL/min		
	β=1.0	β=1.05	β=1.20
原料 Q_F	1.667	1.667	1.667
固体颗粒 Q_S	6.436	7.848	19.132
吸附物 Q_E	1.667	2.134	5.946
吸余物 Q_R	1.667	1.936	4.129
循环量 Q_C	2.259	2.624	5.596
补加脱附剂 Q_D	1.667	2.403	8.408
Q_{I}	3.926	5.027	14.004
Q_{II}	2.259	2.893	8.058
Q_{III}	3.926	4.560	9.725
Q_{IV}	2.259	2.624	5.596

注意到最低值的各段流体流量 Q_{I} 到 Q_{IV} 是与 β=1.0 对应的，在 β=1.2 时，各段的流体流量和吸附剂颗粒的流量要高得多，最浓的产品(吸附物和吸余物)和最小的脱附剂补加流量也与最低的 β 值对应。

TMB 定态模型

此模型假设等温等压下的活塞流和每一段 j(j=1 到 4)中恒定的流体速度条件，它需要对每个组分 i(i=1 到 C)建立下列方程，此处每段在 $z=0$(流体在此进入)处开始，于 $z=L_j$ 处结束。与前面的局部吸附平衡模型不同，该模型考虑了轴向分散和流体-颗粒间的传质。

(1) 流体相主体 f 的质量衡算方程[与式(15-102)相似]：

$$-DL_j\frac{\mathrm{d}^2c_{i,j}}{\mathrm{d}z^2}+u_{f_j}\frac{\mathrm{d}c_{i,j}}{\mathrm{d}z}+\frac{(1-\varepsilon_b)}{\varepsilon_b}J_{i,j}=0 \tag{15-156}$$

式中第一项是考虑轴向分散的，J_i 是流体相主体与固体孔道中吸附质间的传质速率，u_f 是空隙流体速度，此处对于横截面积 A_b 的吸附剂床层

$$u_{f_j}=\frac{Q_j}{\varepsilon_bA_b} \tag{15-157}$$

(2) 固相上的吸附质质量衡算方程：

$$u_s\frac{\mathrm{d}\bar{q}_{i,j}}{\mathrm{d}z}-J_{i,j}=0 \tag{15-158}$$

式中 u_s 是固体移动速度，即

$$u_s=\frac{Q_s}{(1-\varepsilon_b)A_b} \tag{15-159}$$

(3) 流体向固体的传质[与式(15-105)相似]：

$$J_{i,j}=k_{i,j}(q_{i,j}^*-\bar{q}_{i,j}) \tag{15-160}$$

(4) 吸附等温方程[例如多组分扩展的 Langmuir 方程式(15-139)]：

$$q_{i,j}^*=f\{\text{全部 } c_{i,j}\} \tag{15-161}$$

这是个包含 4C 个两阶 ODEs 和 4C 个一阶 ODEs 以及传质速率和吸附平衡代数方程的系

统，需要 $12C$ 个边界条件，即每段 $3C$ 个边界条件。

在每一段的进口处（$z=0$），需要一个考虑轴向分散的边界条件，这已在文献中{例如 Danckwerts[110]}有广泛的讨论，最常用的是：

$$u_{f_j}(c_{i,j,0}-c_{i,j})=-\varepsilon_b D_{L_j}\frac{dc_{i,j}}{dz} \tag{15-162}$$

式中 $c_{i,j,0}$ 是进入（$z=0$）段 j 的流体中组分 i 的浓度。

为了从一段到另一段移动时流体主体浓度和吸附质比吸附量的连续性，下面的边界条件适用于相邻段边界：

在有吸附物排出的段Ⅰ和段Ⅱ边界：

$$c_{i,\mathrm{I},z=L_j}=c_{i,\mathrm{II},z=0} \tag{15-163}$$

$$q_{i,\mathrm{I},z=L_j}=q_{i,\mathrm{II},z=0} \tag{15-164}$$

在有吸余物排出的段Ⅲ和段Ⅳ边界：

$$c_{i,\mathrm{III},z=L_j}=c_{i,\mathrm{IV},z=0} \tag{15-165}$$

$$q_{i,\mathrm{III},z=L_j}=q_{i,\mathrm{IV},z=0} \tag{15-166}$$

在有原料进入的段Ⅱ和段Ⅲ边界：

$$c_{i,\mathrm{III},z=0}=\frac{Q_{\mathrm{II}}}{Q_{\mathrm{III}}}c_{i,\mathrm{II},z=L_{\mathrm{II}}}+\frac{Q_{\mathrm{F}}}{Q_{\mathrm{III}}}c_{i,\mathrm{F}} \tag{15-167}$$

$$q_{i,\mathrm{II},z=L_j}=q_{i,\mathrm{III},z=0} \tag{15-168}$$

在有补加脱附剂进入的段Ⅳ和段Ⅰ边界：

$$c_{i,\mathrm{I},z=0}=\frac{Q_{\mathrm{IV}}}{Q_{\mathrm{I}}}c_{i,\mathrm{IV},z=L_{\mathrm{II}}}+\frac{Q_{\mathrm{D}}}{Q_{\mathrm{I}}}c_{i,\mathrm{D}} \tag{15-169}$$

$$q_{i,\mathrm{IV},z=L_j}=q_{i,\mathrm{I},z=0} \tag{15-170}$$

此处，从一段到另一段流体的体积流量发生的变化需符合：

$$Q_{\mathrm{I}}=Q_{\mathrm{IV}}+Q_{\mathrm{D}} \tag{15-171}$$

$$Q_{\mathrm{II}}=Q_{\mathrm{I}}-Q_{\mathrm{E}} \tag{15-172}$$

$$Q_{\mathrm{III}}=Q_{\mathrm{II}}+Q_{\mathrm{F}} \tag{15-173}$$

$$Q_{\mathrm{IV}}=Q_{\mathrm{III}}-Q_{\mathrm{E}} \tag{15-174}$$

值得指出的是，对于 SMB 固体颗粒并不向下流动通过单元，而是保持在床层中不动。为了得到同样的流体与固体颗粒相之间真实的速度差，在 SMB 中向上的流体速度必须等于 TMB 中的流体向上移动的真实速度与固体颗粒相的向下移动速度之和，因此，由式（15-157）和式（15-159）得：

$$(Q_j)_{\mathrm{SMB}}=(Q_j)_{\mathrm{TMB}}+\left(\frac{\varepsilon_b}{1-\varepsilon_b}\right)(Q_{\mathrm{S}})_{\mathrm{TMB}} \tag{15-175}$$

如 Constantinides 和 Mostoufi[111]讨论指出的，TMB 模型可以由许多技术求解，其中可优先考虑采用牛顿射击方法（Newton shooting method）。定态 TMB 模型的应用例题在下一小节处理 SMB 动态模型后给出。

SMB 动态模型

此模型方程的建立采用 TMB 定态模型的同样假设，方程式中的变化在于允许计入操作时间 t 和利用相对于静止固体颗粒的流体速度，此外，方程式必须对图 15.45(b)所示的相邻接口间的每个床层次段（也被称作为塔）k 来写，仅修正的方程是：

(1) 流体相主体 f 的质量衡算方程[与式(15－102)相似]：

$$\frac{\partial c_{i,k}}{\partial t}-D_{L_j}\frac{\partial^2 c_{i,k}}{\partial z^2}+u_{f_k}\frac{\partial c_{i,k}}{\partial z}+\frac{(1-\varepsilon_b)}{\varepsilon_b}J_{i,k}=0 \tag{15-176}$$

(2) 固相上的吸附质质量衡算方程：

$$\frac{\partial \bar{q}_{i,k}}{\partial t}-J_{i,k}=0 \tag{15-177}$$

此处 SMB 操作的空隙流体速度与在特定位置的 TMB 操作的空隙流体速度间有以下关系

$$(u_f)_{SMB}=(u_f)_{TMB}+|(u_s)|_{TMB} \tag{15-178}$$

SMB 模型和 TMB 模型由关联 TMB 中的固体速度与接口切换时间 t^* 和相邻接口间的床层高度 L_k 间的方程进一步关联：

$$u_s=\frac{L_k}{t^*} \tag{15-179}$$

TMB 模型的边界条件适用于 SMB 模型，整个吸附剂床层中流体浓度 $c_{i,j}$ 和吸附质比吸附量 $\bar{q}_{i,j}$ 的初始条件是需要的，例如，在 $t=0$ 时，$c_{i,k}=0$ 和 $\bar{q}_{i,k}=0$。

包含 PDEs(偏微分方程)而不是 ODEs(常微分方程)的 SMB 模型求解比定态 TMB 的求解困难得多，因为它包含有移动的浓度前缘。在 Aspen Chromatography 中，动态 SMB 方程采用使 PDEs 的一阶和二阶空间项离散化方法求解，离散化得出维数大的 ODEs 和代数方程组，这是个 DAE(微分代数方程)系统。已有许多离散化或差分的方法提出。SMB 模型每一个完整循环得出不同的结果，最终导致循环的定态。研究表明，如果每段的床层次段数至少是四个和循环数 10 次以上，则定态 TMB 的结果与 SMB 的结果十分接近，所以，如果仅对定态结果感兴趣，最好采用比较简单的定态 TMB 模型。

全部四个模型均适用于气体或液体混合物，而后者(SMB 速率膜型——译注)在工业分离中应用最广。不管用于 SMB 设计的是哪个模型(动态 SMB 或定态 TMB)，需要的基本信息是：

(1) 原料的流量和组成(A 和 B 二元或多元)。

(2) 适当的吸附剂 S 和脱附剂 D 的选择。

(3) 名义的床层操作温度 T 和压力 p。

(4) 各个组分合适的吸附等温方程，需得知在床层操作条件下的各常数。

(5) 分离要求，可以是纯度(去脱附剂基的)和吸附物中最易吸附组分的要求的回收率。

不是一开始就知道，但在计算能进行前需要知道的是：

(6) 吸附塔的总床层高度和内径。

(7) 塔中吸附剂的数量。

(8) 脱附剂的循环流量。

(9) 吸附物和吸余物的流量。

(10) 流体主体和吸附剂上吸附质层之间的溶质传递的总传质系数。

(11) 轴向分散的涡流扩散系数。

(12) 进出口接口间距。

关于(6)、(10)和(11)项初值的某些指导有时提供在相似的分离操作的专利中，例如采用对二乙基苯作为脱附剂的二甲苯混合物的分离，Minceva 和 Rodrigues[112]建议：

- 分子筛沸石吸附剂，其球形颗粒粒径 d_p 在 0.25 mm 到 1.0 mm 之间，颗粒密度 ρ_p 为 1.39 g/cm^3。
- 操作温度在 140℃和 185℃之间，操作压力需保持物料为液相。
- 液体的空隙速度 u_f 在 0.4 cm/s 到 1.2 cm/s 之间。
- 具有 8 到 24 次段（床层）的四段单元。
- 每个次段的床高 L_k 从 40 cm 到 120 cm。
- 溶质在流体主体和吸附剂上吸附质层之间传递的总传质系数 $k_{i,j}$ 用式（15－106）估计。
- 轴向扩散系数 D_{Lj} 采用彼克列数定义：

$$N_{Pe}=\frac{u_f(\text{特性长度})}{D_L} \tag{15-180}$$

已用的特性长度有床深或颗粒直径，对于 TMB 和 SMB 最广应用的是床深，相应的彼克列数在 1 000～2 000 之间。

例 15.17

利用例 15.16 的果糖-葡萄糖分离对于 $\beta=1.05$ 的结果，应用 Aspen Chromatography 的定态 TMB 模型估算如下实验室规模的 SMB 单元得到的产品组成：

段数＝4；

每段（塔）中的次段（床层）数＝2；

所有床层的直径＝2.54 cm；

所有床层的高度＝10 cm；

床层空隙率＝0.40；

粒径＝500 μm(0.5 mm)；

A 和 B 的总传质系数＝10 mm^{-1}；

彼克列数足够大，以至于轴向分散可以忽略。

解

为了应用 Aspen Chromatography，TMB 的循环液体流量必须利用式（15－175）转换到 SMB 的，固体颗粒的流量也必须利用式（15－179）变换成接口的切换时间。利用例 15.16 中 $\beta=1.05$ 的结果，由式（15－175）得：

$$(Q_C)_{SMB}=2.624+\left(\frac{0.40}{1-0.40}\right)\times 7.848=7.856\ \text{mL/min}$$

在 SMB 的段Ⅰ中总液体流量是：

$$(Q_I)_{SMB}=(Q_C)_{SMB}+Q_D=7.856+2.403=10.259\ \text{mL/min}$$

这是 SMB 中的最大流量，计算其相应的空隙流体速度是有意义的，由式（15－157）得：

$$(u_{f_I})_{SMB}=\frac{(Q_I)_{SMB}}{\varepsilon_b A_b}=\frac{10.259}{0.40\times\left[\frac{3.14\times(2.54)^2}{4}\right]}=5.06\ \text{cm/min}=0.084\ 4\ \text{cm/s}$$

这个流体速度是低的，但它符合所希望的床径对粒径之比 2.54/0.05＝49。譬如说，为了增加流体速度到 0.4 cm/s，床径将减小到 1.17 cm，得出床径对粒径之比为 23，这仍然是可以接受的。

固体颗粒在每个床层中的实际速度由式（15－159）得：

$$u_s=\frac{Q_S}{(1-\varepsilon_b)A_b}=\frac{7.848}{(1-0.40)\times\left[\frac{3.14\times(2.54)^2}{4}\right]}=2.58\ \text{cm/min}$$

对于次段床层高度 L 等于 10 cm 的接口切换时间由式(15－179)算得：

$$t^*=\frac{L}{u_s}=\frac{10}{2.58}=3.88\ \text{min}$$

从 Aspen Chromatography 对定态 TMB 算得的结果如下：

	原料	脱附剂	吸附物	吸余物
流量　mL/min	1.667	2.403	2.134	1.936
浓度　g/L：				
果糖	280.0	0.0	211.6	12.7
葡萄糖	350.0	0.0	8.4	295.3
水	596.0	996.0	861.7	795.8
脱水基准的摩尔分率：				
果糖	0.444		0.962	0.040
葡萄糖	0.556		0.038	0.960

从表中数据可见，在果糖和葡萄糖之间达到了相当清晰的分离。在习题 15.39 中，研究试图改善分离的清晰度而做输入数据的修改。

例 15.18

Minceva 和 Rodrigues[112]考虑在四段 SMB 中进行从 C_8 芳烃液体混合物中分离对二甲苯的工业规模分离，以流量 1450 L/min 进入单元的原料组成列于下表中，该表中还包括了本例的结果。所用吸附剂是分子筛沸石，其颗粒密度是 1.39 g/cm^3，粒径为 0.092 cm，由此颗粒充填的床层的外部空隙率是 0.39。所用脱附剂是对二乙基苯(PDEB)。参照图 15.45，在段Ⅰ到段Ⅳ中的次段数分别是 6，9，6 和 3，每个次段床层的高度为 1.135 m，床径为4.117 m。操作在 180℃和高于 12 bar 的压力(足以防止汽化)下操作，在这些条件下，扩展的 Langmuir 吸附等温方程(15－139)关联了吸附平衡，得到了下列常数。注意这是个恒定选择性的等温方程，因此，相对于对二乙基苯的选择性列于表中。

组分	q_m，mg/g	K，cm^3/mg	选择性
对二甲苯	130.3	1.065 8	0.996 9
对二乙基苯	107.7	1.293 5	1.000 0
乙苯	130.3	0.306 7	0.268 9
间二甲苯	130.3	0.229 9	0.215 0
邻二甲苯	130.3	0.188 4	0.176 2

注意脱附剂并不具有最希望的平衡吸附性质，因为它的选择性不在原料中的 C_8 组分和对二甲苯的中间。取式(15－160)中的吸附剂和流体主体间的总传质系数对每个组分均为 2 min^{-1}，对于轴向分散，假设特性长度为床高的式(15－180)中的彼克列数为 700。

应用 Aspen Chromatography 的 TMB 模型作为 SMB 的近似，确定下列操作条件下吸附物和吸余物的定态流量和组成以及四段中的组成分布：

吸附物流量＝1 650 L/min；

吸余物流量＝2 690 L/min；

在补加入 DPEB 前的循环流量$(Q_C)_{SMB}=5\ 395$ L/min；

接口切换间隔 $t^*=1.15$ min。

解

由总物料衡算计算 DPEB 的补加流量

$$Q_D=Q_E+Q_R-Q_F=1\ 650+2\ 690-1\ 450=2\ 890 \text{ L/min}$$

对于 1.135 m 床高，从式(15-179)根据切换时间计算

$$u_s=1.135/1.15=0.987 \text{ m/min}=98.7 \text{ cm/min}$$

吸附剂床层截面积 $A_b=3.14\times4.117^2/4=13.31\text{ m}^2$

在 TMB 中的固体颗粒体积流量由式(15-159)计算

$$Q_S=u_s(1-\varepsilon)A_b=0.987(1-0.39)\times13.31=8.014\text{ m}^3/\text{min}=8\ 014 \text{ L/min}$$

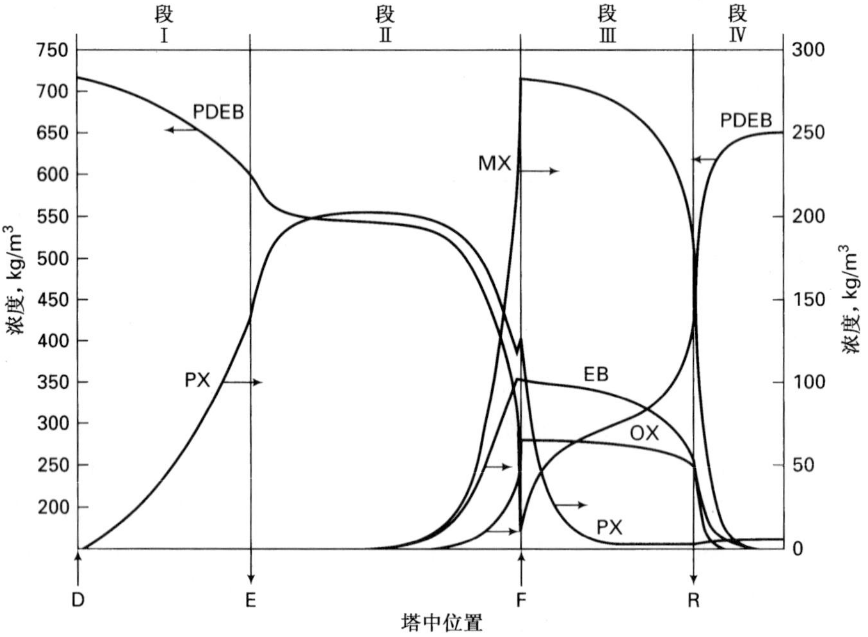

图 15.49 例 15.18 的 SMB 的液体中的浓度分布

在四段中的液体流量如下，那里$(Q_j)_{SMB}$和$(Q_j)_{TMB}$两者均列入，前者由物料衡算算得，后者由式(15-175)算得。例如

$$(Q_I)_{SMB}=(Q_C)_{SMB}+Q_D=5\ 395+2\ 890=8\ 285 \text{ L/min}$$

$$(Q_I)_{TMB}=(Q_I)_{SMB}-[0.39/(1-0.39)]Q_S$$

$$=8\ 285-0.639\times8\ 014=3\ 164 \text{ L/min}$$

图 14.45 中的段	$(Q_j)_{SMB}$, L/min	$(Q_j)_{TMB}$, L/min
Ⅰ	8 285	3 164
Ⅱ	6 635	1 514
Ⅲ	8 085	2 964
Ⅳ	5 395	274

以 SMB 为基础的 Aspen Chromatography 的定态 TMB 计算结果是：

组分的%(质量)	原料	脱附剂	吸附物	吸余物
乙苯	14.0	0.0	0.00	7.63
间二甲苯	49.7	0.0	0.00	27.09
邻二甲苯	12.7	0.0	0.00	6.92
对二乙基苯	0.0	100.0	80.79	57.85
对二甲苯	23.6	0.0	19.21	0.51

可见对二甲苯和原料中的其他组分间实现了清晰的分离，但是吸附物和吸余物中均含有相当数量的脱附剂 PDEB，两股产物中的脱附剂需用示于图 15.23 中的复合 SMB 蒸馏过程加以回收。用 Aspen Chromatography 计算得到的四段中的浓度分布示于图 15.49 中，它们与简单的局部吸附平衡模型预测的平直分布(参见图 15.47——译注)不同，特别是段Ⅰ和段Ⅲ中的分布。预测得到的循环脱附剂基本上是纯的 PDEB。

15.4.10　离子交换循环

虽然离子交换有着广泛的应用领域，但是采用胶体树脂进行水的软化一直是其主要应用。一般采用固定床，按照以下四步周期性操作：(1)交换(loading)；(2)置换；(3)再生；(4)洗涤。在交换步骤中从水中移除的溶质离子主要是 Ca^{2+} 和 Mg^{2+}，它们在原料溶液向下流过床层时被树脂吸附，而 Na^+ 以同一当量数从树脂传向水中。如果传质是快的，溶液和树脂在床层中各点成平衡，对于两价离子(例如 Ca^{2+})与一价离子(例如 Na^+)的交换，平衡表示式为式(15－44)，式中 A 是两价离子。如果 $(Q/C)^{n-1}K_{A,B} \gg 1$，对于两价离子的平衡是很有利的[参阅图 15.29(a)]，导致图 15.29(b)中所示的前缘自身变陡类型。在这类常见的状况中，离子交换可以应用吸附的简单化学计量关系或冲击波前缘理论(并假设活塞流)确当地近似。随着前缘向下通过床层，前缘后面或上游处的树脂与原料的组成成平衡；前缘的前面或下游，水中基本上没有两价离子，当前缘到达床层末端时发生透过。

设想原料中仅有阳离子 Na^+ 和 Ca^{2+}，于是由式(15－44)得：

$$K_{Ca^{2+},Na^+}\left(\frac{Q}{C}\right)=\frac{y_{Ca^{2+}}(1-x_{Ca^{2+}})}{x_{Ca^{2+}}(1-y_{Ca^{2+}})} \tag{15-181}$$

式中 Q 是树脂中两种离子的总浓度[eq(当量数)/L 床层湿树脂]，C 是溶液中两种离子的总浓度(eq/L 溶液)。一个摩尔 Na^+ 是一个当量，而一个摩尔 Ca^{2+} 是两个当量。变量 y_i 和 x_i 是当量(而不是摩尔)分率。应用式(15－45)从表 15.5 中的数据计算摩尔选择性因子

$$K_{Ca^{2+},Na^+}=5.2/2.0=2.6$$

对于在水软化期间的交换步骤，Q 和 C 之值保持常数，因此，对于原料中给定的当量分率 $x_{Ca^{2+}}$，由式(15－181)解得平衡的 $y_{Ca^{2+}}$。对于给定的床层体积，应用物料衡算计算交换步骤的时间 t_L。交换波前缘速度是 $u_L=L/t_L$，此处 L 是床层高度。交换波前缘的前面和后面的当量分率示于图 15.50(a)，原料溶液的表观质量速率典型值约 15 gal/(h・ft^2)，但此值可以高许多，只是将产生较大的压降。

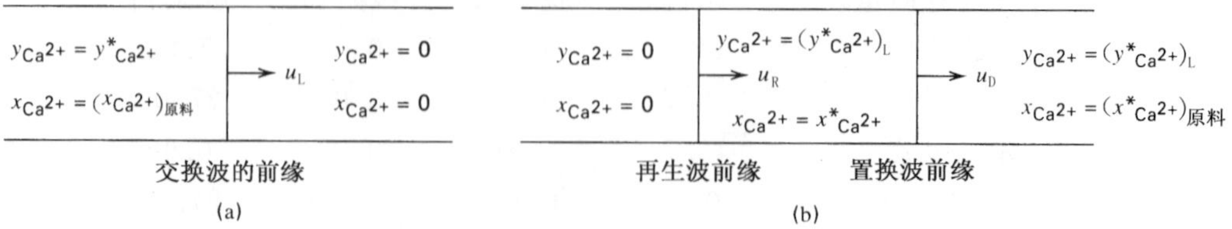

图 15.50　周期操作固定床中的离子交换

(a) 交换步骤;(b) 置换和再生步骤

在交换步骤结束时,床层的空隙中充满原料溶液,它们必须从床层中置换出去。这最好用再生溶液来做,此溶液一般是向上通过床层的浓盐溶液,因此,置换和再生步骤是结合在一起的,接着置换步骤,发生 Ca^{2+} 从树脂颗粒向再生溶液的传质,而同一当量数的 Na^+ 从溶液传到树脂。为了平衡有利于用 Na^+ 的再生,必须 $(Q/C)K_{Ca^{2+},Na^+} \ll 1$,这与交换步骤的恰好相反,这样在再生期间波前缘相当快地变陡成冲击波样。这个目标可以利用饱和食盐溶液给出大的 C 值而得以满足。

在置换和再生期间,两个浓度波移动通过床层,第一个是置换波前缘;第二个则是再生波前缘。对于活塞流和忽略传质阻力时,树脂和溶液在床层中的所有位置成平衡,再次应用式(15－181)求解平衡当量分率,这被示于图 15.50(b)中的置换和再生步骤中。置换的时间 t_D 由置换期间流体的空隙速度 u_D 确定:

$$t_D = L/u_D \tag{15-182}$$

再生的时间 t_R 由物料衡算确定,由此得到再生波前缘的速度是 $u_R = L/t_R$,通常再生溶液的质量速率小于原料溶液的。循环将由水置换床层孔隙中的盐溶液而完成。循环的计算将用下例示明。

例 15.19

含有 500 ppm(以质量计)碳酸镁和 50 ppm NaCl 的硬水在 25℃时于已有的胶体树脂固定床中进行软化,该树脂的阳离子容量为 2.3 eq/L 床层体积,该床层的直径为 8.5 ft 和层高为 10 ft,湿树脂床层的空隙率是 0.38。在交换期间推荐的速率是 15 gal/(min・ft²);在置换、再生和洗涤期间,速率降至 1.5 gal/(min・ft²)。置换和再生溶液是 NaCl 的饱和溶液[26%(质量)]。试确定:(a) 进料溶液的流量 L/min;(b) 直至透过的交换时间 h;(c) 交换波前缘的速度 cm/min;(d) 再生溶液的流量 L/min;(e) 置换时间 h;(f) 再生增加的时间 h;(g) 再生波前缘速度 cm/min;(h) 一次循环用的再生溶液数量 L;(i) 洗涤时间 h。

解

$MgCO_3$ 的相对分子质量　$M = 83.43$

原料中 $MgCO_3$ 的浓度 $= \dfrac{500 \times 1\,000}{83.43 \times 1\,000\,000} = 0.006$ mol/L 或 0.012 eq/L

NaCl 的 $M = 58.45$

原料中 NaCl 的浓度 $= \dfrac{500 \times 1\,000}{58.45 \times 1\,000\,000} = 0.000\,855$ mol/L 或 eq/L

(a) 床层的横截面积 $= 3.14 \times (8.5)^2/4 = 56.7$ ft²

　原料溶液的流量 $= 15 \times 56.7 = 851$ gpm 或 3 291 L/min

(b) 在交换波后面:

$$x_{Ca^{2+}}=\frac{0.012}{0.012+0.000\ 855}=0.933\ 5$$

由于没有原料中 NaCl 的交换：$C=0.012$ eq/L 和 $Q=2.3$ eq/L

由表 15.5 得：

$$K_{Mg^{2+},Na^{+}}=3.3/2=1.65$$

对于 Mg^{2+} 代替 Ca^{2+} 离子作为交换离子，且 $x_{Mg^{2+}}$ =原料中之值[由图 15.50(a)得知]，由式(15－181)得：

$$1.65\times\frac{2.3}{0.012}=\frac{(y^{*}_{Mg^{2+}})(1-0.933\ 5)}{0.933\ 5(1-y^{*}_{Mg^{2+}})}$$

解得 $y^{*}_{Mg^{2+}}=0.999\ 8$，所以树脂中的钠离子几乎完全被置换了。

床层体积＝56.7×10＝567 ft^3 或 16 060 L

床层的总容量＝2.3×16 060＝36 940 eq

被树脂吸附的 $Mg^{2+}=0.999\ 8\times36\ 940=36\ 930$ eq

进入床层的原料溶液中 $Mg^{2+}=0.012\times3\ 219=3\ 863$ eq/min

$$t_L=\frac{36\ 930}{38.36}=956\ \text{min 或 }15.9\ \text{h}$$

(c) $u_L=L/t_L=10/956=0.010\ 46$ ft/min 或 0.139 cm/min

(d) 再生溶液的流量＝1.5/15×3 219＝321.9 L/min

(e) 置换时间＝以流量 321.9 L/min 的再生溶液置换空隙中液体所需的时间

$$\text{空隙体积}=0.38\times16\ 060=6\ 103\ \text{L 和 }t_D=\frac{6\ 103}{321.9}=19\ \text{min}$$

(f) 从佩利主编的化学工程师手册查得 25 ℃ 时 26 %(质量) NaCl 溶液的密度＝1.194 43 g/cm^3

$$\text{再生溶液中 }Na^{+}\text{ 的流量}=\frac{321.9\times1\ 000\times1.194\ 43\times0.26}{58.45}=1\ 710\ \text{eq/min}$$

再生溶液中 NaCl 的浓度 $c_R=1\ 710/321.9=5.31$ eq/L

注意图 15.49 中的条件，由式(15－181)得：

$$\frac{Q}{c_R}K_{Mg^{2+},Na^{+}}=1.65\times\frac{2.3}{5.31}=0.715$$

此值小于 1，但小得不多，因此，再生波前缘不会快速变陡，但此处还是假设为脉冲波样前缘。由式(15－181)得：

$$0.715=\frac{0.099\ 98\times(1-x^{*}_{Mg^{2+}})}{x^{*}_{Mg^{2+}}(1-0.999\ 8)}$$

解得 $x^{*}_{Mg^{2+}}=0.999\ 8$

所以，在再生波的下游且是置换波的上游区域中的液体仅含很少钠离子。

15.4.11　色谱分离

多元混合物要分离成多于两股产品时，通常需要多于一套分离设备，例如，如果四元混合物(A,B,C,D)应用蒸馏方法分离成纯产品，三座板式塔系列是最经常采用的。如果以挥发度下降的次序排列是 A,B,C 和 D,第一座塔则可能生产近乎纯 A 的馏出物;第二座塔得到近乎纯 B 的馏出物;而第三座塔的馏出物近乎纯 C 和塔底产物近乎纯 D。根据每座塔分割的选择,四种其他的系列是可能的。

色谱是少有的分离技术之一,它能够在一套设备中将多元混合物分离成近乎纯的组分,通常其柱中充填适当的吸着剂,分离的程度取决于柱的长度和各个组分与吸着剂亲和性的差异。

作为一个例子,考虑三元混合物 A,B 和 C,它们以对吸着剂 S 的亲和性减小的次序排列。如果分离希望用吸附方法实现,那么 A 是最容易被吸附的,一股不足以使吸附剂满负荷的原料混合物的脉冲从填充色谱柱的一端(原料端)注入,所得三组分的初始浓度分布示于图 15.51(a),图中床层的绝大部分吸附剂保持洁净。一股作为载体的气体或与吸附剂几乎没有亲和性的液体的洗提剂现连续地从床层的原料端加入床层,引起三个组分脱附,其中 C 最容易脱附。然而,随着被脱附的组分由洗提剂带着流向床层中的洁净区域时,各组分相继被重新吸附和脱附,产生了图 15.51(b)所示的三个波。由于对吸附剂亲和性的差异,三个波开始时是相当重叠的,逐渐重叠部分减少[图 15.51(c)],只要色谱柱足够长,最终各个波被完全分开,如图 15.51(d)和 15.51(e)所示,此时,各个组分相继在不同时刻从柱中排出。在图 15.51(e)中,除 A 外其余组分已全部排出。随着分开的波排出,在每个组分的波下的面积与移动通过填充柱的组分质量成正比。

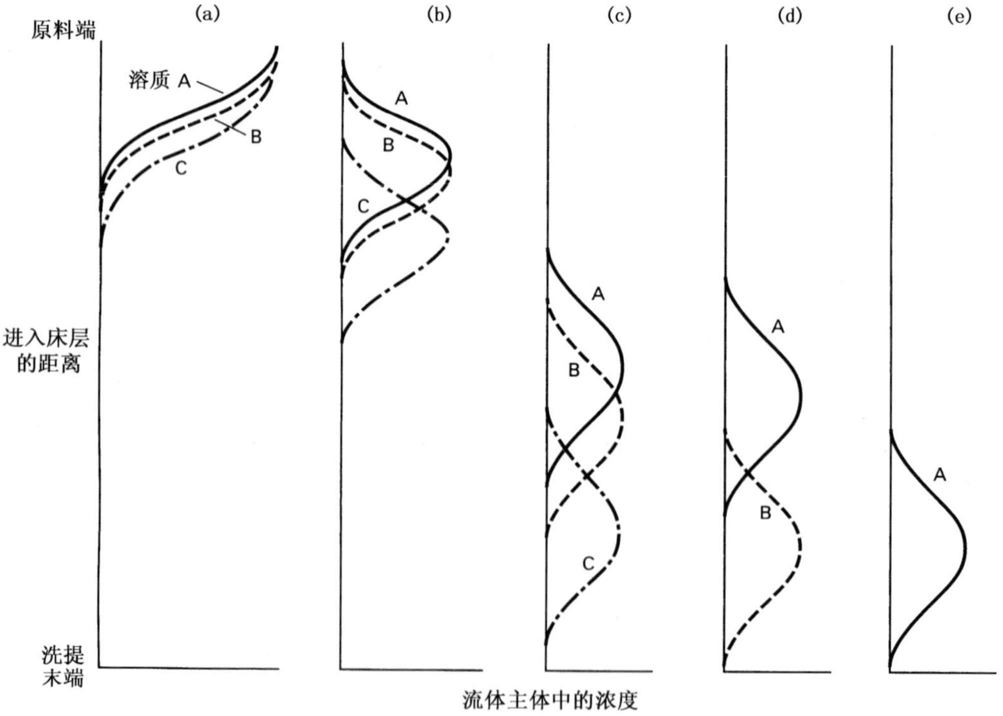

图 15.51 分离期间色谱柱中浓度波的移动

在此仅讨论分批过程的色谱,此时原料以脉冲的方式注入洗提的夹带气体或液体中,随后与吸着剂接触。各个原料组分都对吸着剂具有亲和性,但是洗提剂没有。这一类色谱有时被称为间歇的或洗提的色谱。如 Ruthven[10]所指出的,更广义的色谱是指涉及流动流体和固体吸附剂(或支承在固体上的液体吸收剂)之间组分分配的任何分离操作,前面讨论的模拟移动床(SMB)系统,它应用的循环脱附剂也可能涉及分配,可以认为它是一种色谱过程。

线性等温方程的平衡脉冲波理论

色谱的一个简单而有用的波理论是以等温、活塞流、忽略轴向分散和各处局部平衡为基础的,当该理论用于吸附开发时,导致示于图 15.27 的化学计量关系波前缘;当用于溶质以脉冲方式注入柱中的色谱时,导致示于图 15.52(a)的脉冲波,而不是波前缘结果。对于化学计量关系(平衡)波,脉冲是矩形波,而不是示于图 15.51(c)中的高斯分布那样的波。当轴向分散发生时、传质阻力重要时、流体速度沿径向发生变化时和/或溶质的脉冲不是矩形波时,就会得到高斯分布那样的波。

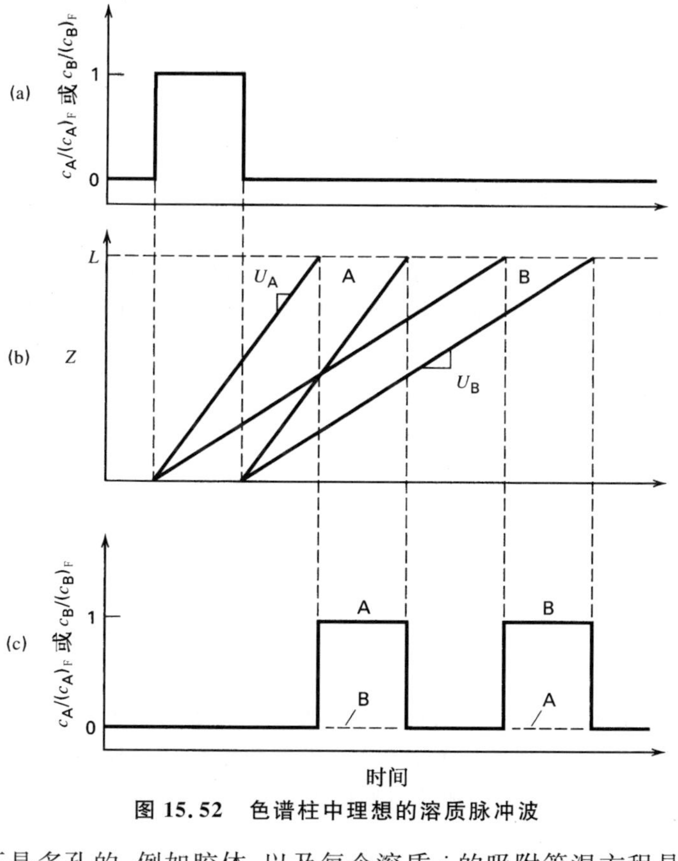

图 15.52　色谱柱中理想的溶质脉冲波

如果吸附剂不是多孔的,例如胶体,以及每个溶质 i 的吸附等温方程是线性的($q=Kc$),则式(15-101)适用,利用流体空隙速度求得的各个组分的波速度 u_i 给出如下:

$$u_i=\frac{u}{1+\dfrac{1-\varepsilon_b}{\varepsilon_b}K_i} \tag{15-183}$$

此式用于原料脉冲的前缘和尾缘以产生被 Wankat[95]广泛应用的溶质移动图。当洗提剂中溶质稀少时,以至于吸附平衡常数与组成无关,仅取决于温度,式(15-183)独立地适用于多元混合物中的每个组分。对于容易(强力地)吸附的溶质,例如图 15.52(b)中的 B,平衡常数 K 是大的,所以上式分母中的第二项是主要的,以至于溶质通过床层的移动比洗提剂的慢得多;对于较不易(弱)吸附的溶质,例如图 15.52(b)中的 A,平衡常数是小的,所以上式中的分母不会比 1 大许多,对于这样的溶质,它的移动速度不会明显地小于洗提剂的速度。

在图 15.52(b)中,脉冲波的前缘和尾缘的波速度是常数,$u_A > u_B$。对于每个溶质,脉冲移动通过长度为 L 的柱所需的时间是 $t_i = L/u_i$,A 的脉冲波达到柱子末端所需的时间小于 B 脉冲波所需的。在图 15.52(c)中,产品的浓度比 c_A/c_{AF} 和 c_B/c_{BF} 作为时间的函数示于床层的末端,这些产品波的宽度与原料脉冲的宽度是一样的,如下面的例题所示明的。这个线性等温方程的简单平衡脉冲波理论可以用来近似估算色谱柱中可能达到的分离,不幸的是,当计算所需的柱长时,由于脉冲的变宽(如下例所示)此处估算结果不是保守的。

例 15.20

一股含葡萄糖(G)、蔗糖(S)和果糖(F)各 3 g/cm^3 的水溶液在色谱柱中分离,该柱中充填钙型的离子交换树脂。在预期的浓度范围,各组分的吸着等温方程是线性的和独立的,即 $q_i = K_i c_i$,式中 q_i 的单位是 g 吸着剂/100 cm^3 树脂①,c_i 是 g 溶质/100 cm^3 溶液。由实验得:

溶质	K	溶质	K
葡萄糖	0.26	果糖	0.66
蔗糖	0.40		

表观溶液速度是 0.031 cm/s 和床层空隙率是 0.39,如果一个原料以 500 秒脉冲(t_p)接着用纯水洗提,并假设吸着平衡,为了分离这三种溶质需要采用多长柱子?在第一个脉冲注入后隔多长时间才能注入第二个脉冲?

解

空隙溶液速度 = 0.031/0.39 = 0.079 5 cm/s

由式(15-183)计算葡萄糖的波速度:

$$u_G = \frac{0.0795}{1 + \left(\frac{1-0.39}{0.39}\right) \times 0.26} = 0.0565 \text{ cm/s}$$

类似地,

$$u_S = 0.0489 \text{ cm/s 和 } u_F = 0.0391 \text{ cm/s}$$

波速度的最小差别在葡萄糖和蔗糖之间,因此,这两个波之间的分离决定了柱的长度。假设平衡,最小的柱长度相应于这样的时间,在该时刻葡萄糖脉冲波尾缘和蔗糖脉冲波的前缘一起离开柱子,因此,如果 t_p 是第一个脉冲逗留的时间,L 是填充的床层长度:

$$t_p + \frac{L}{u_G} = \frac{L}{u_S} \tag{1}$$

因此

$$500 + \frac{L}{0.0565} = \frac{L}{0.0489}$$

解得填充的床层长度 $L = 182$ cm。葡萄糖刚巧离开柱子在

① 似应 g 溶质/100 cm^3 树脂——译者注。

$$500+\frac{182}{0.0565}=3\ 718\ \text{s}$$

在 3 718 秒时柱中三个波前缘的位置示于图 15.53 中。

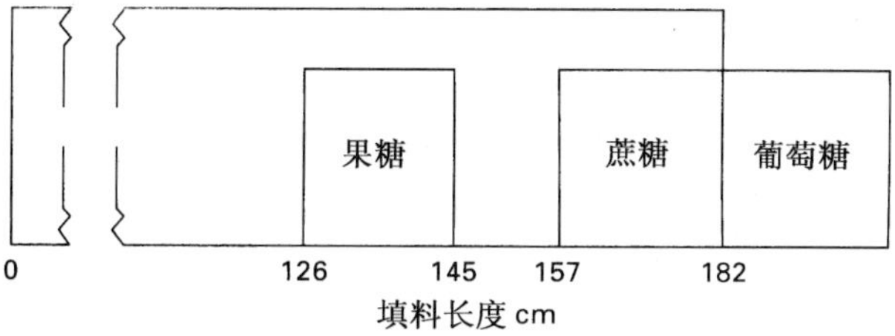

图 15.53　在 3 718 s 时例 15.20 的第一溶质脉冲波的位置

第二个原料脉冲开始注入的时间是这样确定的,使得第一个果糖脉冲波的尾缘刚好离开柱子时,葡萄糖的第二脉冲波也恰好开始离开柱子。对于果糖,这个时间是 500+182/0.039 1=5 155 s,葡萄糖波前缘通过柱子的时间是 182/0.056 5=3 220 s。因此,第二个原料脉冲开始注入的时间是在 5 155−3 220=1 935 s。这样就确定了如下的理想循环:原料脉冲注入 500 s;洗提 1 435 s;原料脉冲注入 500 s;洗提 1 435 s;等等。在实际情况中,那里需要考虑传质阻力,如下面的例题所示,柱子需要更长些。

具有线性等温方程的速率色谱模型的分析解

洗提剂中的溶质浓度作为时间函数的标绘是一幅色谱图,当传质阻力、轴向分散和其他非理想现象未忽略时,色谱图中的溶质浓度将不会呈现矩形波,而将成为图 15.51 中的波形。Carta[96]开发了色谱对于周期性注入原料矩形脉冲响应的分析解,他考虑进了具有独立线性吸附等温方程的溶质混合物的传质阻力,对于 LDF(线性推动力)近似的 Carta 解可以用来确定必需的填充床层的长度和对于原料混合物色谱分离时的原料脉冲周期。

对于原料混合物中的每个溶质,在忽略轴向分散和假定流体通过填充床空隙中的速度恒定的条件下式(15-102)被简化成:

$$\frac{\partial c_i}{\partial t}+u\frac{c_i}{\partial z}+\frac{(1-\varepsilon_b)}{\varepsilon_b}\frac{\partial \bar{q}_i}{\partial t}=0 \tag{15-184}$$

线性推动力近似式(15-105)、线性等温方程和总传质阻力的式(15-106)被假定适用于每个溶质,对于周期性的原料矩形脉冲,原料脉冲持续 T_F、每个接着持续洗提周期 t_E 的边界条件是对于每个溶质浓度 $c_i\{z,t\}$ 的:

初始条件:

$$\text{在 } t=0 \text{ 时},c_i\{z,0\}=0 \tag{15-185}$$

原料脉冲:

$$\begin{gathered}\text{在 } z=0 \text{ 处},c_i\{0,t\}=\{c_i\}_F\\ \text{对于}(j-1)(t_F+t_E)<t<j(t_F+t_E)-t_E\end{gathered} \tag{15-186}$$

洗提周期:

$$\begin{gathered}\text{在 } z=0 \text{ 处},c_i\{0,t\}=0\\ \text{对于 } j(t_F+t_E)-t_E<t<j(t_F+t_E)\end{gathered} \tag{15-187}$$

此处 $j=1,2,3,\cdots$是计及原料和洗提脉冲周期性性质的指标,因此,对于 $j=1$,原料脉冲发

生在 $t=0$ 到 $t=t_F$ 期间，洗提脉冲则发生在 t_F 到 t_F+t_E 期间。

由式(15－184)、式(15－105)和式(15－106)构成的线性系统具有式(15－185)至式(15－187)条件方程，Carta 应用拉普拉斯变换方法对它们求解，得到应用无量纲参数的如下级数解，它适用于原料脉冲中的每个溶质：

$$X=\frac{r_F}{2r}+\frac{2}{\pi}\sum_{m=1}^{\infty}\left[\frac{1}{m}\exp\left(-\frac{m^2 n_f}{m^2+r^2}\right)\sin\left(\frac{m\pi r_F}{2r}\right)\times\cos\left(\frac{m\theta_f}{r}-\frac{m\pi r_F}{2r}-\frac{m\beta n_f}{r}-\frac{mrn_f}{m^2+r^2}\right)\right] \tag{15－188}$$

式中

$$X=c/c_F \tag{15－189}$$

$$r=\frac{k}{2\pi K}(t_F+t_E) \tag{15－190}$$

$$r_F=\frac{k}{\pi K}t_F \tag{15－191}$$

$$n_f=\frac{(1-\varepsilon_b)kz}{\varepsilon_b u} \tag{15－192}$$

$$\theta_f=\frac{kt}{K} \tag{15－193}$$

$$\beta=\frac{\varepsilon_b}{(1-\varepsilon_b)K} \tag{15－194}$$

$$K=q/c \tag{15－195}$$

及

$$k=\frac{1}{\frac{R_p}{3k_c}+\frac{R_p^2}{15D_e}} \tag{15－196}$$

当非线性的吸附等温方程，例如 Freundlich 方程式(15－35)、Lanumuir 方程式(15－36)或它们用到多元混合物的扩展[如式(15－32)或式(15－33)的浓度形式]是必须时，Carta 的分析解不适用，然而，采用五点有偏逆风有限差分近似的线性化方法(已在前面的变温吸附节讨论)能得到数值解。

例 15.21

利用 Carta 的方程计算具有充填床层长度 182 cm 和下面性质以及例 15.20 中所列条件的色谱图，是否波峰明显重叠？

性质	葡萄糖	蔗糖	果糖
K	0.26	0.40	0.66
D_e，cm²/s	1.1×10^{-8}	1.8×10^{-8}	2.8×10^{-8}
k_c，cm/s	5.0×10^{-3}	5.0×10^{-3}	5.0×10^{-3}

$\varepsilon_b=0.39$，$R_p=0.002\,5$ cm，$u=0.079\,5$ cm/s，$z=182$ cm，$t_E=2\,000$ s，$t_F=500$ s

解

由式(5－148)至式(15－152)[①]计算的无量纲参数和 k 值列于下表：

---

① 似应式(15－190)到式(15－194)——译者注。

	葡萄糖	蔗糖	果糖
r	40.22	42.66	40.06
r_F	16.09	17.07	16.03
n_f	94.13	153.6	238.0
θ_f	0.101 1 t	0.107 2 t	0.100 7 t
β	2.459	1.598	0.968 7
k, s^{-1}	0.026 3	0.042 9	0.066 5

表中 t 的单位是秒。

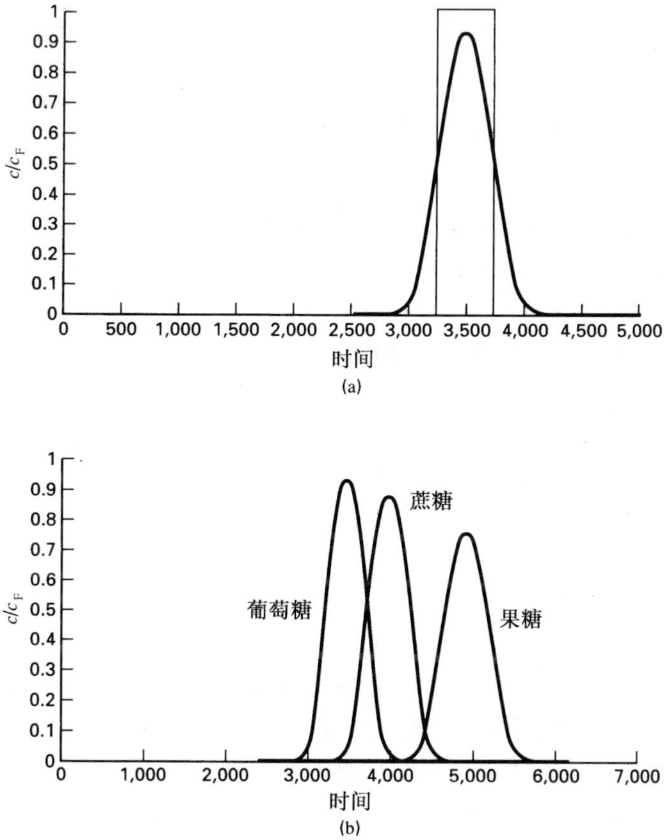

图 15.54　例 15.21 算得的色谱图

(a) 果糖的理想和非理想波比较;(b) 非理想洗提剂算得的色谱图

在基于平衡的波时间的附近取的时间和上述参数,应用式(15－188)计算 $X=c/c_F$ 之值,算得的葡萄糖色谱图示于图 15.54(a),与例 15.20 中由式(15－183)确定的平衡矩形波(用细实线[①]表示)作了比较,两个波形曲线下的面积应是一样的,基于平衡的波呈现在传质速率波时间的中间。

在图 15.54(b)中,对于三个碳水化合物的完整的计算色谱图作了标绘,可见传质的影响造成波峰明显地重叠,为了得到清晰分割,必须加长柱的长度或减小原料脉冲的时间 t_F。

① 原文是虚线,与图不符——译者注。

15.5 本章小结

(1) 吸着是个通称的术语，是指一个溶质从液体和气体主体向固体或液体的表面和/或主体内部的选择性传递，因此，吸着包括吸附和吸收，被吸着的溶质通常被称为吸着质。

(2) 对于工业应用，吸着剂应该具有高的选择性、高的容量、快的传递速率、稳定性、强度和能再生的能力。吸附剂应具有小的孔道，从而它的单位体积具有大的表面积。

(3) 纯气体和气体混合物的物理吸附是容易测定的，而纯液体和液体混合物的吸附则不容易测定。

(4) 获得最广泛工业应用的吸附剂是炭(活性炭和分子筛)、分子筛沸石、硅胶和活性氧化铝。

(5) 最广泛应用的离子交换树脂是能被水溶胀的固相胶体树脂，它们以苯乙烯和交联介质，例如二乙烯基苯的共聚物为基础，可以是阳离子或阴离子交换树脂。离子以当量为基础进行化学计量关系的交换，例如 Ca^{2+} 与 $2Na^{+}$ 交换。

(6) 色谱分离的吸着剂典型的是固体吸附剂和支承在或交联于惰性固体或胶体上的液体吸收剂。

(7) 最普遍使用的气体和液体的吸附等温方程是亨利定律(线性等温方程)、Freundlich 等温方程和 Langmuir 等温方程。后者在低浓度区趋近于线性等温方程，在高浓度时的渐近值代表最大的表面覆盖。对于混合物，Freundlich 和 Langmuir 等温方程扩展形式是常用的。

(8) 最常用的离子交换平衡是用基于质量作用定律的平衡常数表示。由于色谱中通常是稀浓度的，线性平衡等温方程是被通常采用的。

(9) 对于物理吸附，在溶质到达吸附表面时吸附速率几乎是瞬时的，因此，仅需要考虑外部和内部的传质阻力。外部传质系数通常从 Chilton - Colburn j-因子类型的经验关联式得到；内部传质一般以采用有效扩散系数的修正费克第一定律为基础，有效扩散系数与颗粒空隙度、孔道曲折度、主体分子扩散系数和表面扩散系数有关。离子交换树脂胶体中的扩散系数与交联度密切相关。

(10) 多种类型的吸附系统被应用着，这包括各种操作方式的浆料吸附、固定床吸附和模拟连续逆流吸附。当吸附剂需要再生时，系统必须周期性的操作。对于固定床，最常用的循环是变温吸附(TSA)和变压吸附(PSA)。离子交换几乎总是包含采用置换流体的再生步骤。在色谱分离中，吸附和再生在同一柱中发生。

(11) 对于所有吸附操作系统的设计和操作，吸附等温方程是最重要的，由于它关联了平衡时流体中溶质的浓度与溶质作为吸附质在吸附剂内和/或吸附剂上的比吸附量。总吸附速率最常用线性推动力(LDF)模型的形式表示，此处推动力是主体浓度和与比吸附量成平衡的浓度间的差，LDF 式中的系数是吸附总传质系数和面积的结合。

(12) 在理想的固定床操作中，假设在流动流体和静止床层间的溶质-吸附质平衡在各处都建立了，对于活塞流和轴向分散忽略时，得到了一个清晰的浓度前缘像冲击波(化学计量关系前缘)那样移动通过床层,在前缘的上游吸附剂已同原料混合物平衡而失效,而前缘的下游吸附剂是洁净的。典型的化学计量关系前缘移动通过床层的速度比原料流体的空隙速度低得多。浓度前缘达到床层末端的时间是透过时间。

(13) 当考虑传质影响时,浓度前缘将变宽成 S 形曲线,以至于在透过时仅吸附剂的一部分是充分吸附的。当传质系数和吸附等温方程已知时,这些曲线可以用 Klinkenberg 方程算出。作为选择,由于有利的吸附平衡,当实验的浓度前缘呈现恒定型式时,工业规模吸附床可以直接从实验的透过数据用 Collins 方法放大。

(14) 变温吸附(TSA)可以用于从气体和液体混合物中清除低浓度的溶质,典型的吸附在常温下进行,而脱附在较高的温度下进行。由于吸附和脱附步骤间的加热和冷却不是瞬时的,TSA 的循环时间是长的,典型的是以小时或天来计算的。从已部分地吸附的床层开始的脱附步骤,可以应用,网格化方法,采用病态积分算法进行数值解计算。

(15) 变压吸附(PSA)用于分离空气和浓缩含氢物流,吸附在较高压力或常压下进行,而脱附在常压或真空下发生,后者常被称为变真空吸附(VSA)。由于压力的变化能快速进行,PSA 的循环时间是短的,典型的是以秒或分来计算的。一般床层不需要完全地再生。当这种情况存在和循环被设定时,可能需要经过多次循环才能趋近循环的定态操作。

(16) 虽然用移动床进行的连续逆流吸附实际上难以成功地实现,但是 SMB 系统变得普遍起来,特别是用于稀水溶液中溶质的分离和液体的主体分离。SMB 系统的设计需要对微分-代数方程系统求解,SMB 系统的设计步骤开发已得到高度的重视。

(17) 离子交换操作的设计计算是以交换和再生步骤的平衡假设为基础的。

(18) 在色谱中,原料周期性地脉冲注入由吸着剂充填的柱中,在原料脉冲之间,洗提剂通过柱子引起较不易吸附的溶质以比其他溶质更快的速度通过柱子。如果柱子足够长,多元混合物原料能够被完全分离,溶质一个接着一个从柱中被洗提出去。在不存在传质阻力时,矩形原料脉冲被分离成各个溶质的独立的矩形波,它们的距离-时间曲线易于确立。当传质阻力重要时,矩形波变成高斯分布形波,此波能用 Carta 的分析解预计,只是需要吸附等温方程是线性的和轴向分散可以忽略。

参考文献

1. Keller, G. E. II, in *Industrial Gas Separations*, T. E. Whyte, Jr., C. M. Yon, and E. H. Wagner, eds., ACS Symposium Scries No. 223. American Chemical Society, Washington. D. C., p. 145(1983).
2. Milton, R. M., U. S. Patents 2,882,243 and 2,882,244 (1959).
3. Skarstrom, C. W., U. S. Patent 2,944,627 (1960).
4. Broughton, D. B., and C. G. GERHOLD, U. S. Patent 2,985,589 (May 23, 1961).
5. Ettre, L. S., and A. ZLATKIS, Eds., 75 *Years of Chromatography—A Historical Dialog*, Elsevier, Amsterdam (1979).
6. Bonmati, R. G., G. Chapelet-Letourneux, and J. R. Margulis. *Chem. Engr.*, **87** (6), 70—72 (1980).
7. Bernard, J. R., J. P. Gourlia, and M. J. Guttierrez, *Chem. Engr.*, **88** (10). 92—95 (1981).
8. White, D. H., JR., and P. G. BARKLEY. *Chem. Eng. Progress*, **85** (1) 25—33(1989).

9. Rousseau, R. W., Ed., *Handbook of Separation Process Technology*, Wiley-Interscience. New York (1987).

10. Ruthven, D. M., *Principles of Adsorption and Adsorption Processes*. John Wiley and Sons, New York (1984).

11. Brunauer, S., P. H. Emmett, and E. Teller, *J. Am. Chem. Soc.*, **60**, 309(1938).

12. Satterfield. C. N., *Heterogeneous Catalysis in Practice*. McGraw-Hill, New York (1980).

13. Ruthven, D. M., in *Kirk-Othmer Encyclopedia of Chemical Technology*. Vol. 1. 4th ed., Wiley-Interscience. New York (1991).

14. Barrer, R. M., *Zeolites and Clay Minerals as Sorbents and Molecular Sieves*. Academic Press, New York (1978).

15. Breck. D. W., *Zeolite Molecular Sieves*. John Wiley and Sons, New York (1974).

16. Adams, B. A., and E. L. Holmes, *J. Soc. Chem. Ind.*, **54**, 1—6T (1935).

17. McWilliams, J. D., *Chem. Engr.*, **85** (12). 80—84 (1978).

18. Dorfner. K., *Ion Exchangers. Properties and Applications*. 3rd ed., Ann Arbor Science. Ann Arbor. MI (1971).

19. Sewell. P. A., and B. Clarke, *Chromatographic Separations*, John Wiley and Sons. New York (1987).

20. Brunauer, S., L. S. Deming, W. E. Deming, and E. Teller. *J. Am. Chem. Soc.*, **62**, 1723—1732 (1940).

21. Brunauer. S., *The Adsorption of Gases and Vapors*. Vol. 1. *Physical Adsorption*, Princeton University Press (1943).

22. Titoff, A., *Z. Phys. Chem.*, **74**, 641 (1910).

23. Valenzuela, D. P., and A. L. Myers. *Adsorption Equilibrium Data Handbook*, Prentice-Hall. Englewood Cliffs. NJ (1989).

24. Ray, G. C., and E. O. Box, Jr., *Ind. Eng. Chem.*, **42**, 1315—1318(1950).

25. Yang, R. T., *Gas Separation by Adsorption Processes*, Butterworths, Boston (1987).

26. Freundlich, H., *Z. Phys. Chem.*, **73**, 385—423(1910).

27. Mantell, C. L., *Adsorption*, 2nd ed., McGraw-Hill. New York, p. 25 (1951).

28. Langmuir, J., *J. Am. Chem. Soc.*, **37**, 1139—1167 (1915).

29. Markham, E. C., and A. F. Benton, *J. Am. Chem. Soc.*, **53**, 497—507 (1931).

30. Yon, C. M., and P. H. Turnock, *AIChE Symp. Series*. **67**(117). 75—83 (1971).

31. Broughton, D. B., *Ind. Eng. Chem.*, **40**, 1506—1508 (1948).

32. Myers, A. L., and J. M. Prausnitz, *AIChE J.*, **11**, 121—127 (1965).

33. Miller, G. W., K. S. Knaebel, and K. G. IKELS, *AIChE J.*, **33**, 194—201 (1987).

34. Ritter, J. A., and R. T. Yang. *Ind. Eng. Chem. Res.*, **26**, 1679—1686 (1987).

35. Ruthven, D. M., and F. Wong, *Ind. Eng. Chem. Fundam.*, **24**, 27—32 (1985).

36. Kipling, J. J., *Adsorption from Solutions of Nonetectrolytes*, Academic Press, London (1965).

37. Radke, C. J., and J. M. Prausnitz, *AIChE J.*, **18**, 761—768 (1972).

38. Anderson, R. E., "Ion-Exchange Separations," in *Handbook of Separation Techniques for Chemical Engineers*. 2nd ed., P. A. Schweitzer. Ed., McGraw-Hill. New York (1988).

39. Bonner, O. D., and L. L. Smith, *J. Phys. Chem.*, **61**, 326—329(1957).

40. Bauman, W. C., and J. Eichhorn, *J. Am. Chem. Soc.*, **69**, 2830—2836 (1947).

41. Bauman, W. C., J. R. Skidmore, and R. H. Osmun, *Ind. Eng. Chem.*, **40**, 1350—1355(1948).

42. Subba Rao, H. C., and M. M. David. *AIChE Journal*, **3**, 187—190 (1957).

43. Selke, W. A., and H. Bliss, *Chem. Eng. Prog.*, **46**, 509—516 (1950).

44. Selke, W. A., and H. Bliss, *Chem. Eng. Prog.*, **47**, 529—533 (1951).
45. Myers, A. L., and S. Byington, in *Ion Exchange: Science and Technology*, A. E. Rodrigues. Ed., Martinus Nijhoff, Boston, pp. 119—145.
46. Ranz, W. E., and W. R. Marshall, Jr., *Chem. Eng. Prog.*, **48**, 141—146(1952).
47. Ranz, W. E., and W. R. Marshall, Jr., *Chem. Eng. Prog.*, **48**, 173—180 (1952).
48. Ranz, W. E., *Chem Eng. Prog.*, **48**. 247—253(1952).
49. Gamson, B. W., G. Thodos, and O. A. Hougen. *Trans. AIChE*, **39**, 1—35(1943).
50. Chilton, T. H., and A. P. Colburn, *Ind. Eng. Chem.*, **26**. 1183—1187(1934).
51. Sen Gupta, A., and G. Thodos, *AIChE J.*, **9**, 751—754 (1963).
52. Petrovic, L. J., and G. Thodos, *Ind. Eng. Chem. Fundamentals*, **7**, 274—280(1968).
53. Dwivedi, P. N., and S. N. Upadhay, *Ind. Eng. Chem. Process Des. Dev.*, **16**, 157—165(1977).
54. Wakao, N., and T. Funazkri, *Chem. Eng. Sci.*, **33**, 1375—1384 (1978).
55. Kunii, D., and O. Levenspiel, *Fluidization Engineering*. 2nd ed., Butterworth-Heinemann. Boston, Chap. 3 (1991).
56. Thele, E. W., *Ind. Eng. Chem.*, **31**, 916—920(1939).
57. Wheeler, A., *Advances in Catalysis*. Vol. 3. Academic Press. New York, pp. 149—327(1951).
58. Schneider, P., and J. M. Smith, *AIChE J.*, **14**, 886—895(1968).
59. Riekert, L., *AIChE J.*, **31**, 863—864(1985).
60. Sladek, K. J., E. R. Gilliland, and R. F. Baddour, *Ind. Eng. Chem. Fundam.*, **13**, 100—103 (1974).
61. Kapoor, A., R. T. Yang, and C. Wong, "Surface Diffusion," *Cotalyst Reviews*. **31**, 129—214(1989).
62. Helfferich, F., *Ion Exchange*. McGRaw-Hill, New York (1962).
63. Soldano, B. A., *Ann. NY Acad. Sci.*, **57**, 116—124 (1953).
64. Keller, G. E., "Separations: New Directions for an Old Field," *AIChE Monograph Series*, **83**(17) (1987).
65. Ruthven, D. M., and C. B. Ching. *Chem. Eng. Sci.*, **44**, 1011—1038 (1989).
66. Berg, C., *Trans. AIChE*, **42**, 665—680 (1946).
67. Broughton, D. B., *Chem. Eng. Progress.*, **64**(8), 60—65(1968).
68. Gembicki, S. A., A. R. Oroskar, and J. A. Johnson, in *Encyclopedia of Chemical Technology*. 4th ed. Vol 1. John Wiley, New York, pp. 573—600 (1991).
69. Higgins, I. R., and J. T. Roberts, *Chem. Engr. Prog. Symp. Ser.*, **50** (14), 87—92 (1954).
70. Himsley, A., Canadian Patent 980,467 (Dec. 23, 1975).
71. Ganetsos, G., and P. E. Barker. Ed., *Preparative and Production Scale Chromatography*. Marcel Dekker, New York (1993).
72. Martin, A. J. P., *Disc. Faraday Soc.*, **7**, 332(1949).
73. Devault, D., *J. Am. Chem. Soc.*, **65**, 532—540 (1943).
74. Glueckauf, E., *Trans. Faraday Soc.*, **51**, 1540—1551 (1955).
75. Glueckauf, E. and J. E. Coates. *J. Chem. Soc*, **13**15—1321 (1947)
76. Liaw, C. H., J. S. P. Wang. R. A. Greenkorn, and K. C. Chao. *AIChE J.*, **25**, 376—381 (1979).
77. Klinkenberg, A., *Ind. Eng. Chem.* **46**, 2285—2289 (1954).
78. Anzelius, A., Z., *Angew. Math u. Mech.*, **6**, 291—294 (1926).
79. Klinkenberg, A., *Ind. Eng. Chem.*, **40**, 1992—1994 (1948).
80. Cooney, D. O., and E. N. Lightfoot. *IEC Fundamentals*, **4**, 233—236 (1965).
81. Sircar, S., and K. Kumar. *Ind. Eng. Chem. Process Des. Dev.*, **22**. 271—280(1983).

82. Cooney, D. O. , *Chem. Eng. Comm*, **91**, 1—9 (1990)

83. Collins, J. J. , *Chem. Eng. Prog. Symp. Ser* **63**. (74), 31—35 (1967).

84. Wong, Y. W. , and J. L. Niedzwiecki. *AIChE Symposium Series*. **78**(219), 120—127(1982).

85. Liskovets, O. A. , *Differential Equations* (a translation of *Differentsial'nye Uravneniya*) **1**, 1308—1323(1965).

86. Schiesser, W. E. , *The Numerical Method of Lines Integration of Partial Differential Equations*, Academic Press. San Diego (1 991).

87. Schiesser, W. E. , *Computational Mathematics in Engineering and Applied Science*. CRC Press, Boca Raton. FL(I994).

88. Press, W. H. , S. A. Teukolsky. W. T. Vetterling, and B. P. Flanner. *Numerical Recipes in FORTRAN*. 2nd ed , Cambridge University Press. Cambridge(1992).

89. Gear, C. W. , *Numerical Initial Value Problems in Ordinary Differential Equations*, Prentice-Hill. Englewood Cliffs. NJ(1971).

90. Byrne, G. D. , and A. C. Hindmarsh. *J. Comput. Phys.* , **70**, 1—62 (1987).

91. Ritter, J. A. , and R. T. Yang. *Ind. Eng. Chem. Res.* , **30**, 1023—1032 (1991).

92. Ruthven, D. M. , S. Farooq. and K. S. Knaebel, *Pressure-Swing Adsorption*, VCH, New York(1994).

93. Mutasim, Z. Z. , and J. H. Bowen, *Trans I. Chem. E*, **69**, Part A. 108～118(March 1991).

94. Eagleton, L. C. , and H. Bliss. *Chem. Eng. Progress*, **49**, 543—548 (1953).

95. Wankat, P. C. , *Rate-Controlled Separations*. Elsevier Applied Science. New York (1990).

96. Carta, G. , *Chem. Eng. Sci.* , **43**, 2877—2883 (1988).

97. Wankat, P. C. , *Large-Scale Adsorption and Chromatography*. Vols. l and II, CRC Press, Inc. , Boca Raton (1986).

98. Broughton, D. B. , R. W. Neuzil. J. M, Pharis, and C. S. Brearby. *Chem. Eng. Prog.* , **66**(9), 70—75 (1970).

99. Zang, Y. , and P. C. Wankat. *Ind. Eng. Chem. Res.* , **41**, 5283—5289 (2002).

100. Kim, J. K. , and P. C. Wankat. *Ind. Eng. Chem. Res.* , **43**, 1071—1080 (2004).

101. Humphrey, J. L. , and G. E. Keller II, *Separation Process Technology*. McGraw-Hill. New York (1997).

102. Wanikat, P. C. , *Ind. Eng. Chem. Res.* , **40**, 6185—6193 (2001).

103. Storti, G. , M. Masi, S. Carra. and M. Morbidelli. *Chem. Eng. Sci.* **44**, 1329(1989).

104. Rhee, H. -K. , R. Aris, and N. R. Amundson. *Phil. Trans. Royal Soc. London. Series A*. **269**(No. 1194). 187—215 (Feb. 5. 1971).

105. Mazzotti, M. , G. Storti, and M. Morbidelli. *AIChE Journal*. **40**, 1825—1842(1994).

106. Ruthven, D. M. , and C. B. Ching. *Chem. Eng. Sci.* , **44**, 1011—1038 (1989).

107. Zhong, G. , and G. Guiochon, *Chem. Eng. Sci.* , **51**, 4307—4319(1996).

108. Storti, G. , M. , Mazzotti, M. Morbidelli, and S. Carra, *AIChE Journal*, **39**, 471—492(1993).

109. Mazzotti, M. , G. Storti, and M. Morbidelli, *J. Chromatography* A, **769**, 3—24(1997).

110. Danckwerts, P. V. , *Chem. Eng. Sci.* , **2**, 1(1953).

111. Constantinides, A. , and N. Mostoufi, *Numerical Methods for Chemical Engineers with MATLAB Application*, Prentice Hall PTR, Upper Saume Piver, NJ(1999).

112. Minceva, M. and A. E. Rodrigues, *Ind. Eng. Chem. Res.* , **41**, 3454—3461(2002).

习　题

节 15.1

15.1　活性氧化铝具有 BET 表面积 310 m^2/g、颗粒孔隙率 0.48 和颗粒密度 1.30 g/cm^3，试确定：(a) 比孔隙体积 cm^3/g；(b) 真实的固体密度 g/cm^3；(c) 由式(15-2)确定孔道的近似直径。

15.2　日本供应商提供两种类型的炭分子筛：

	A 型	B 型
空隙体积 cm^3/g	0.18	0.38
平均孔径	5Å	2.0 μm

估算每种类型的表面积。

15.3　小孔型硅胶的代表性性质如下：孔径 = 24Å；颗粒孔隙率＝0.47；颗粒密度＝1.09 g/cm^3 和比表面积＝800 m^2/g。

(a) 这些数据是否合理一致？

(b) 如果在 25℃和 6 mmHg 水蒸气分压下对水蒸气的吸附容量(能力)是吸附剂质量的 18%，试问被吸附了单分子层的多大分率？

15.4　下列数据是从－195.8℃下的氮-硅胶吸附平衡的 BET 装置中得到，试估算硅胶的比表面积(m^2/g)。此数值与表 15.7 中的数据比较的情况如何？

N_2 的分压/托	每克硅胶(SG)吸附的氮气体积/cm^3(0℃，1atm)
6.0	6.1
24.8	12.7
140.3	17.0
230.3	19.7
285.1	21.5
320.3	23.0
430	27.7
505	33.5

15.5　试估算由 8%二乙烯基苯和 92%乙苯共聚制得的离子交换树脂的最大离子交换容量(能力)。

节 15.2

15.6　Shen 和 Smith[Ind. Eng. Chem. Fundam.，**7**，100－105(1968)]测定了四种不同温度下纯苯蒸气在硅胶上的平衡吸附等温方程，此硅胶具有下列性质：表面积＝832 m^2/g，孔隙体积＝0.43 cm^3/g，颗粒密度＝1.13 g/cm^3，平均孔径＝22Å。

吸附数据如下：

苯的分压 atm	被吸附的 moles/g 硅胶 $\times 10^5$			
	70℃	90℃	110℃	130℃
5.0×10^{-4}	14.0	6.7	2.6	1.13
1.0×10^{-3}	22.0	11.2	4.5	2.0
2.0×10^{-3}	34.0	18.0	7.8	3.9
5.0×10^{-3}	68.0	33.0	17.0	8.6
1.0×10^{-2}	88.0	51.0	27.0	16.0
2.0×10^{-2}	—	78.0	42.0	26.0

(a) 对于每个温度的数据，采用(1)线性的，(2)Freundlich 和(3)Langmuir 等温方程进行最佳拟合，如果有的话，哪一个等温方程拟合数据会相当好？

(b) 提供的数据是否小于单分子层吸附的？

(c) 从数据估算吸附热。将此数据与苯的汽化(冷凝)热比较情况如何？

15.7 丙烷和丙烯的分离用蒸馏完成，但是所需的板数大于 100 和回流比大于 10。为此有许多课题在研究吸附分离，Jarvelin 和 Fair[Ind. Eng. Chem. Reserch，**32**，2201－2207(1993)]测定了三种不同分子筛(ZMSs)和活性炭在 25℃时的吸附平衡数据，此数据用 Langmuir 等温方程拟合得到下列结果：

吸附剂	吸附质	q_m	K
ZMS 4A	C_3	0.226	9.770
	C_3^{2-}	2.092	95.096
ZMS 5A	C_3	1.919	100.223
	C_3^{2-}	2.436	147.260
ZMS 13X	C_3	2.130	55.412
	C_3^{2-}	2.680	100.000
活性炭	C_3	4.239	58.458
	C_3^{2-}	4.889	34.915

表中 q 和 q_m 的单位是 mmol/g，p 的单位是 bar。

(a) 哪个组分最易被上述每一种吸附剂吸附的？

(b) 哪种吸附剂具有最大的吸附容量？

(c) 哪种吸附剂具有最大的选择性？

(d) 基于平衡的考虑，哪种吸附剂用于这里的分离最好？

15.8 Ruthven 和 Kaul[Ind. Eng. Chem. Res.，**32**，2047－2052(1993)]测定了一系列芳烃蒸气在一定的温度和压力范围内的吸附等温方程，所用吸附剂是被恰当定义的 NaX 沸石晶体。对于 1,2,3,5-四甲基苯在 547 K 时采用真空微量天平得到下列平衡数据：

q/%(质量)	7.0	9.1	10.3	10.8	11.1	11.5
p/托	0.012	0.027	0.043	0.070	0.094	0.147

采用线性的、Freundlich 和 Langmuir 等温方程对上列数据进行最佳拟合，采用的单位是 q mol/g，压力 atm，哪一个等温方程给出最佳拟合？

15.9 Lewis，Gilliland，Chertow 和 Hoffman [J. Am. Chem. Soc.，**72**，1153－1157(1950)]测定了纯丙烷、纯丙烯和它们的二元混合物在活性炭和硅胶上的吸附平衡。活性炭的吸附容量大，但选择性差；硅胶的选择性高，但吸附容量低。对于硅胶(751 m^2/g)在 25℃时得到如下纯组分的数据：

丙烷		丙烷	
p/托	q/(mmol · g^{-1})	p/托	q/(mmol · g^{-1})
11.1	0.056 4	34.2	0.373 8
25.0	0.125 2	71.4	0.722 7
43.5	0.198 0	91.6	0.747 2
71.4	0.298 6	194.3	1.129
100.0	0.385 0	198.3	1.168
158.9	0.544 1	271.5	1.401
227.5	0.702 0	353.2	1.562
304.2	0.843	550.7	1.918
387.0	1.010	555.2	1.928
468.0	1.138	760.6	2.184
569.0	1.288		
677.8	1.434		
755.0	1.562		

下列混合物的数据是在 25℃时测得，压力范围为 752～773 托：

总压/托	被吸附混合物的/(mmol · g^{-1})	y_{C_3} 气相中的摩尔分率	x_{C_3} 吸附质中的摩尔分率
769.2	2.197	0.244 5	0.107 8
760.9	2.013	0.299	0.257 6
767.8	2.052	0.404 0	0.295 6
761.0	2.041	0.530	0.281 6
753.6	1.963	0.533 3	0.365 5
766.3	1.967	0.535 6	0.312 0
754.0	1.974	0.614 0	0.359 1
753.6	1.851	0.622 0	0.555 0
754.0	1.701	0.625 2	0.700 7
760.0	1.686	0.748 0	0.723
—	2.180	0.671	0.096
760.0	1.993	0.896 4	0.253
760.0	1.426	0.921	0.401

(a) 采用 Freundlich 和 Langmuir 等温方程拟合纯组分的数据，哪一个方程拟合得最好？哪一个组分最容易被吸附？

(b) 利用(a)中的 Langmuir 拟合结果，应用扩展的 Langmuir 方程式(15－32)预测二元混合物的吸附，预算的结果合适吗？

(c) 不管纯组分的数据，采用扩展的 Langmuir 方程式(15－32)拟合二元混合物数据，此拟合是否比(b)中得到的好？

(d) 不管纯组分的数据，采用扩展的 Langmuir－Freundlich 方程式(15－33)拟合二元混合物数据，此拟合是否合适？此拟合是否比(c)中的好？

(e) 对于二元混合物数据，对于每个条件计算相对选择性，

$$\alpha_{C_3,C_3^{2-}} = y_{C_3}(1-x_{C_3})/[x_{C_3}(1-y_{C_3})]$$

这里的 α 变化是否大？或假设 α 为常数是否合理？

15.10 在例 15.6 中，利用纯组分的液相吸附数据，应用扩展的 Langmuir 等温方程预测两个溶质的数据点。为了得到扩展的 Langmuir－Freundlich 等温方程形式

$$q_i = \frac{(q_0)_i k_i c_i^{1/n_i}}{1+\sum_j k_j c_j^{1/n_j}} \tag{1}$$

的最佳拟合，利用下列的混合物的数据。25℃时丙酮(1)和丙腈(2)二元混合物在活性炭(1000 m^2/g)上的吸附数据如下：

溶液浓度/($mol \cdot L^{-1}$)		比吸附量/($mmol \cdot g^{-1}$)	
c_1	c_2	q_1	q_2
5.52E−5	7.46E−5	0.019 2	0.019 9
6.14E−5	7.71E−5	0.019 1	0.019 8
1.06E−4	1.35E−4	0.030 8	0.032 0
1.12E−4	1.46E−4	0.030 7	0.031 9
3.03E−4	2.32E−3	0.037 8	0.263
3.17E−4	2.34E−3	0.037 8	0.264
3.25E−4	3.89E−4	0.064 4	0.067 2
1.42E−3	1.58E−3	0.161	0.169
1.42E−3	1.61E−3	0.161	0.169
1.43E−3	1.60E−3	0.161	0.169
2.09E−3	3.84E−4	0.250	0.039 0
2.17E−3	3.85E−4	0.251	0.039 2
4.99E−3	5.24E−3	0.291	0.307
5.06E−3	5.31E−3	0.288	0.305
7.41E−3	2.42E−2	0.237	0.900
7.52E−3	2.47E−2	0.236	0.896
2.79E−2	7.59E−3	0.802	0.251
4.00E−2	3.44E−2	0.715	0.822
4.02E−2	3.42E−2	0.717	0.834

15.11 Sircar 和 Myers [J. Phys. Chem., **74**, 2828-2835(1970)]测定了环已烷(1)和乙醇(2)二元混合物在30℃时于活性炭上的液相吸附数据，假定乙醇不会被吸附，他们应用式(15-34)得出了下列结果：

x_1	q_1^e/($mmol \cdot g^{-1}$)	x_1	q_1^e/($mmol \cdot g^{-1}$)
0.042	0.295	0.440	0.065
0.051	0.485	0.470	0.000
0.072	0.517	0.521	−0.129
0.148	0.586	0.537	−0.362
0.160	0.669	0.610	−0.643
0.213	0.661	0.756	−1.230
0.216	0.583	0.848	−1.310
0.249	0.595	0.893	−1.180
0.286	0.532	0.920	−1.230
0.341	0.383	0.953	−0.996
0.391	0.192	0.974	−0.470

(a) 将 q_1^e 对 x_1标绘，解释曲线的形状。

(b) 在什么浓度区域能用 Freundlich 等温方程拟合数据？作出拟合。

15.12　在工业过程中从水中吸附移除少量甲苯和从甲苯中移除少量水是重要的，活性炭对于从水中除去可溶解的有机化合物(SOCs)特别有效；活性氧化铝对于从甲苯中除去可溶解的水是有效的。对于下面两组 25℃时的平衡数据中的每一组采用 Langmuir 和 Freundlich 等温方程拟合，对于每组数据，哪一个等温方程可提供更好的拟合？可以用线性等温方程吗？

甲苯(在水中)-活性炭		水(在甲苯中)-活性氧化铝	
$c/(mg \cdot L^{-1})$	$q/(mg \cdot g^{-1})$	c/ppm(以质量计)	$q/[g \cdot (100g)^{-1}]$
0.01	12.5	25	1.9
0.02	17.1	50	3.1
0.05	23.5	75	4.2
0.1	30.3	100	5.1
0.2	39.2	150	6.5
0.5	54.5	200	8.2
1	90.1	250	9.5
2	70.2	300	10.9
5	125.5	350	12.1
10	165	400	13.3

15.13　推导式(15-44)，并应用此方程解决下列问题。应用 1 L 强碱型树脂上的氯离子交换从 60 L 水中除去硫酸盐离子，该树脂的相对摩尔选择性如表 15.6 中所列，它的离子交换容量为 1.2 eq/L 树脂。待处理水中含有硫酸盐离子浓度 0.018 eq/L 和氯化物离子浓度 0.002 eq/L，在离子交换平衡达到后，接着移去处理过的水，树脂用含 NaCl 10%(质量)的水溶液 30 L 进行再生。

(a) 写出离子交换反应；

(b) 确定 $K_{SO_4^{2-},Cl^-}$ 之值；

(c) 计算初始离子交换步骤的平衡浓度 $c_{SO_4^{2-}}$，c_{Cl^-}，$q_{SO_4^{2-}}$ 和 q_{Cl^-} (eq/L)；

(d) 计算再生溶液的 Cl^- 的浓度 eq/L；

(e) 计算一当再生达到平衡时的 $c_{SO_4^{2-}}$，c_{Cl^-}，$q_{SO_4^{2-}}$ 和 q_{Cl^-}；

(f) 分离是否具有充分的选择性？

15.14　Gable 和 Stroebel [J. Phys. Chem.，**60**，513-517(1956)]应用含 8%二乙烯基苯交联的 Dowex 50 树脂用 Na 离子与甲醇中的银离子交换，发现选择性系数随树脂中的 Na^+ 的当量分率有如下变化：

x_{Na^+}	0.1	0.3	0.5	0.7	0.9
K_{Ag^+,Na^+}	11.2	11.9	12.3	14.1	17.0

如果树脂的湿容量是 2.5 eq/L，且树脂初始被 Na^+ 饱和，含 Ag^+ 0.05 $mol \cdot L^{-1}$ 的 50 L 甲醇用 1 L 湿树脂处理，计算平衡当量分率。

15.15　离子排斥是一个过程，它应用离子交换树脂从极性溶剂(通常是水)中含有的离子类物质中分离非离子的有机化合物。树脂首先用溶液中的同样离子预饱和，因此消除了离子交换，然而在极性溶剂存在时，树脂因吸收溶剂而发生明显的溶胀。实验表明，非离子的溶质将在树脂外的溶液和树脂内的溶液之间分布，而离子仅能够交换。

一批 1 000 kg 原料溶液含有 6%(质量)NaCl、35%(质量)甘油和 47%(质量)水，为了回收 75%的甘油，该溶液应用被水预先湿透后的钠型的 Dowex-50 离子交换树脂处理。Asher 和 Simpson [J. Phys. Chem.，**60**，518-521(1956)]报道了下列甘油分配系数的数据，分配系数的定义是，

$$K_d=\frac{\text{在树脂内溶液中的质量分率}}{\text{在树脂外溶液中的质量分率}}$$

树脂外溶液中甘油的质量分率	K_d	
	6%(质量)NaCl	12%(质量)NaCl
0.10	0.75	0.91
0.20	0.80	0.93
0.30	0.83	0.95
0.40	0.85	0.97

如果预先湿透的树脂含水 40%(质量),确定所需的树脂数量 kg(干基)。

节 15.3

15.16 空气流中的苯蒸气用充填 4×6 筛孔硅胶颗粒的固定床吸附,该床层的外部空隙率是 0.5,床层内径为 2 ft,空气流率是 25 lb/min(脱除苯基准)。在床层中某一位置的压力和温度分别是 1 atm 和 70 ℉,苯在气流主体中的摩尔分率是 0.005,试估算气体-颗粒间的外部传质和传热系数。

15.17 空气流中的水蒸气应用充填 Alcoa F-200 的活性氧化铝颗粒的固定床吸附,该床直径 3.3 mm,床层外部空隙率是 0.442,在床层中某一位置的压力和温度分别是 653.3 kPa 和 21℃,空气的流率是 1.327 kg/min,它的露点温度是 11.2℃。试估算气体-颗粒间的外部传质和传热系数。

15.18 对于例 15.8 的条件,估算丙酮蒸气在活性炭孔道中的有效扩散系数,有关的性质如下:颗粒密度=0.85 g/cm^3,颗粒的孔隙率=0.48,平均孔径=25Å 和曲折度=2.75。

考虑主体和努森扩散,但忽略表面扩散。

15.19 对于习题 15.16 的条件,估算苯蒸气在硅胶孔道中的有效扩散系数。有关的性质如下:颗粒密度=1.15 g/cm^3,颗粒的孔隙率=0.48,平均孔径=30Å 和曲折度=3.2。

考虑全部扩散机理。吸附平衡常数给出在例 15.11 中,吸附的微分热为-11 000 cal/mol。

15.20 对于习题 15.17 的条件,估算水蒸气在活性氧化铝孔道中的有效扩散系数,有关的性质如下:颗粒密度=1.38 g/cm^3,颗粒的孔隙率=0.52,平均孔径 = 60Å 和曲折度=2.3。

除表面扩散外考虑全部扩散机理。

节 15.4

15.21 如 Stenzel [Chem. Eng. Prog., **89**(4), 36-43(1993)]讨论的,应用由烟煤制得的活性炭吸附可溶解的有机化合物以净化地表和地下水是一项已得到证明的技术,较少溶解的有机化合物,例如有机溶剂和芳烃溶剂的氯化物是更容易被吸附的。含三氯乙烯(TCE)3.3 g/L 的水采用活性炭处理,以得到仅含 0.01 mgTCE/L 的排出物。25℃ TCE 在活性炭上的吸附平衡数据由以下的 Freundlich 方程关联:

$$q=67c^{0.564} \tag{1}$$

式中 q=mgTCE/g 活性炭和 c=mgTCE/L 溶液。

TCE 采用粉状活性炭的浆料吸附除去,该粉状活性炭的平均粒径为 1.5 mm。在没有关于传质速率任何实验数据的情况下,假设小颗粒的吸附速率由外部传质控制,其相应的休伍德数为 30。颗粒的表面积是 5 m^2/kg,TCE 在 25℃ 水中的分子扩散系数可以由 Wilke-Chang 方程式确定。

(a) 确定所需最少的吸附剂量;

(b) 采用最少用量的两倍吸附剂作分批操作,确定 TCE 含量减少到希望值所需的时间;

(c) 采用最少用量的两倍吸附剂作连续操作,确定所需的停留时间;

(d) 对于原料流率 50 gpm 和液体停留时间等于(c)中算得值的 1.5 倍时的半连续操作,确定活性炭的数量,以得到槽中合适的体积百分率和不少于 10 倍液体停留时间的运转时间。

15.22 对于水中含苯(B)0.324 mg/L 和邻二甲苯(X) 0.630 mg/L 的原料,重复习题 15.21 的计算。

这样的低浓度下,25℃的吸附等温方程基本上是相互独立的,它们由下面式子给出:

$$q_B = 32c_B^{0.428} \quad (1)$$

$$q_X = 125c_X^{0.333} \quad (2)$$

要求料液中 SOCs 的含量每个减到 0.002 mg/L。

15.23 对于水中含氯仿 0.223 mg/L 的原料,重复习题 15.21 的计算。要求料液中氯仿的含量减到 0.010 mg/L。25℃时的吸附等温方程由下式给出:

$$q = 10c^{0.564} \quad (1)$$

15.24 三座固定床吸附塔各自充填 10 000 lb 活性炭颗粒(ρ_b = 30 lb/ft^3),它们用来处理含有 1,2-二氯乙烷(D)4.6 mg/L 的水,水的流量是 250 gpm,要求处理后的 1,2-二氯乙烷浓度低于 0.001 mg/L。每座活性炭床层的床高等于其直径的两倍,两座塔串联设置,所以当床层 1(前置床层)被进料浓度的 D 饱和时,该床层被移开,此时部分地饱和(取决于 MTZ 的宽度)的床层 2(尾部床层)变为前置床层,以前闲置着的床层 3 取代床层 2 的位置。已离线的床层 1 中失效的活性炭移除,充以新鲜的活性炭,失效的活性炭作焚烧处理。D 的平衡吸附等温方程为 $q=8c^{0.57}$,式中 q 的单位是 mg/g,c 是 mg/L。一当循环建立,一座床层中的活性炭经多少时间需要调换?允许前置床层达到饱和吸附量的最宽 MTZ 是多少?

15.25 习题 15.24 中的串联设置的固定床吸附塔用来处理含苯(B)0.185 mg/L 和邻二甲苯(X)0.583 mg/L 的水,然而由于两个溶质具有明显不同的透过时间,可能需要多于两座的操作床层进行串联。吸附等温方程被给于习题 15.22 中,那里 q 单位是 mg/g,c 是 mg/L。从实验测定估计传质区域宽度 MTZ_B = 2.5 ft 和 MTZ_X = 4.8 ft。一旦循环建立,一座床层中的活性炭经多少时间需要调换?

15.26 相对湿度 80%、80 ℉和 1 atm 的空气以表观气速 100 ft/min 通过 5 ft 高的床层,该床层充填 2.8 mm 直径的球形硅胶颗粒(ρ_b = 39 lb/ft^3)。80 ℉时的吸附平衡等温方程为:

$$q_{H_2O} = 15.9p_{H_2O} \quad (1)$$

式中 q 的单位是 lb H_2O/lb 硅胶,p 是 atm。总传质系数可以由式(15－106)估算,需用的有效扩散系数为 0.05 cm^2/s,k_c 由式(15－65)估算。利用 Klinkenberg 的近似浓度分布方程,计算一组透过曲线,并确定排出空气中的湿度达 0.000 9 lbH_2O/lb 干空气时的时间,假设等温和等压操作。与平衡模型的透过时间进行比较。在透过时,传质区域的宽度近似是多少?透过时床层的平均比吸附量是多少?

15.27 一列四个 55 加仑的活性炭滤毒罐用于减少硝化甘油(NG)的含量,要求使流量为 400 gph 的废水中 NG 的含量从 2 000 ppm(以质量计)减少到 1 ppm 以下。每个滤毒罐直径为 2 ft,充填活性炭(ρ_b = 32 lb/ft^3)200 lb,并设有液流分布器以促进通过活性炭床层的活塞流。从第一个滤毒罐排出的物流受到监控,以至于它的 NG 含量达到 1 ppm 界限时,此滤毒罐从列中移开,一个新鲜的滤毒罐加到此列的末端,失效的活性炭与煤混合用作该过程进行处的燃煤发电装置的燃料。利用以下的中试数据,估算每个月需要用多少个滤毒罐和滤毒罐的费用(每个滤毒罐 700 $)。

中试数据:

实验采用工业过程中用的 55 加仑滤毒罐,水的流量=10 gpm,原料中 NG 的含量=1 020 ppm(以质量计)。透过关联式:

$t_B = 3.90L - 2.05$,式中 t_B 是达 1 ppm 极限的透过时间 h,L 是活性炭床层深度 ft。

15.28 含乙酸乙酯(EA)0.5%(mol)但不含水蒸气的空气以流量 12 000 scfm(60 ℉,1 atm)经充填活性炭的固定床吸附塔处理以除去乙酸乙酯,所用活性炭颗粒的当量直径 0.011 ft,它们接着将用 230 ℉的水蒸气进行脱附。根据下面的数据确定活性炭床层的直径和高度,假设吸附在 100 ℉和 1 atm 下进行,采用表观气速 60 ft/min 时的透过时间为 8 h。如果床层的高径比不合理,你将建议在设计基础中改变什么?

EA 的吸附等温方程数据(100 ℉):

p^{EA},atm	q,lb EA/lb C	p^{EA},atm	q,lb EA/lb C
0.000 2	0.125	0.002 0	0.227
0.000 5	0.164	0.005 0	0.270
0.001 0	0.195	0.010 0	0.304

以表观速度 60 ft/min 通过 2 ft 干床层的空气中,EA 于 100 ℉和 1 atm 下的透过数据:

排出物流中 EA 的摩尔分率	时间/min	排出物流中 EA 的摩尔分率	时间/min
0.000 05	60	0.001 00	95
0.000 10	66	0.002 50	120
0.000 25	75	0.004 75	160
0.000 50	84		

15.29 在例 15.11 和 15.13 中,苯在 6 ft 高的硅胶床层中于 70 ℉下从空气中被吸附,随后用 145 ℉的空气脱附。如果床高变为 30 ft,对于吸附步骤在 641 min 时透过得到了下列数据:

z,ft	$\phi=c/c_F$	$\psi=\bar{q}/q_F^*$	z,ft	$\phi=c/c_F$	$\psi=\bar{q}/q_F^*$
0—12	1.000	1.000	22	0.825	0.808
13	1.000	1.000	23	0.722	0.701
14	1.000	1.000	24	0.599	0.575
15	1.000	1.000	25	0.468	0.444
16	0.999	0.999	26	0.343	0.321
17	0.997	0.997	27	0.235	0.217
18	0.992	0.990	28	0.150	0.137
19	0.978	0.975	29	0.090	0.081
20	0.951	0.944	30	0.050	0.044
21	0.901	0.890			

如果床层用 1 atm 和 145 ℉的纯空气等温再生,且苯在加热期间的脱附被忽略,此纯空气的空隙速度是 98.5 ft/min,确定苯从床层中足以移除 90%时的比吸附量$\bar{q}$的分布。k 和 K 的值给于例 15.13 中。

15.30 应用五点有偏逆风有限差分近似的线性化方法和病态积分器,对于例 15.14 中的数据和设计基础执行 PSA 循环趋近循环定态的计算,计算从(a)洁净床层和(b)被料液饱和的床层开始,算得的两个循环定态是否基本上一样?

15.31 对于 $p_L=0.12$ atm 和与脱附阶段使用吸附步骤得到的气体产品的 45%相应的空隙气速,求解例 15.14。

15.32 对于用 PSA 分离空气,O_2 和 N_2 两者的吸附都必须考虑。试对此情况开发一个模型,该模型考虑进两个组分的物料衡算、总物料衡算、两个组分的传质速率和两个扩展的 Langmuir 等温方程,两个主要步骤中的每一步都可以是等温和等压的,试问你建立的偏微分方程组(PDE)是否仍能用带有病态积分器的线性化方法求解?如果能,列出求解的步骤。

15.33 两个基于吸附的分离过程没有在本章中讨论,因为它们缺乏有意义的工业应用,它们是:(1)参数泵,是由 R. H. Wilheim 于 20 世纪 60 年代早期首先设想的;(2)循环区域吸附,是由 R. L. Pigford 和他的同事在 20 世纪 60 年代后期发明的。Sweed 于 1984 年[AIChE Symp. Series, **80**(233),44－53(1984)]对于此两个过程的现状和特性作了评价。试详细描述这些过程的每一个,两者中的任一个能否用于气体和液体吸附?

15.34 含有丙烷 55%(mol)和丙烯 45%(mol)的气体混合物将被分离成含丙烷 10%和 90%的产品,分离采用于 25℃和 1 atm 下操作的连续逆流吸附系统,吸附剂是硅胶,其平衡数据给出于习题 15.9 中。应用 McCabe - Thiele 方法确定:(a) 如果使用最小流量的 1.2 倍,于 25℃和 1 atm 下的每 1 000 m^3 原料气所需的吸附剂量①;(b) 所需的理论级数。

15.35　除了改变原料含有 400ppm(以质量计)$CaCl_2$ 和 50 ppm NaCl 这一条件之外,重新计算例 15.19。

15.36　已用柠檬酸钠缓冲液调整到 pH 为 3.4 的水溶液含有谷氨酸、氨基乙酸和缬氨酸各 20 mol/m^3,它将在充填钠型 Dowex 50W - X8 树脂深达 470 mm 的色谱柱中分离,此树脂直径 0.07 mm,充填床层的空隙率为 0.374,平衡数据如例 15.20 中那样服从亨利定律,其无量纲常数 K 由 Takahashi 和 Goto [J. Chem. Eng. Japan, **24**, 121 - 123(1991)]确定:

溶质	K	溶质	K
谷氨酸	1.18	缬氨酸	2.64
氨基乙酸	1.74		

溶液的表观速度是 0.025 cm/s。试应用平衡理论确定能实现完善分离的进料脉冲持续时间,在第二个脉冲可以开始前洗提步骤必须持续多长?

15.37　采用 Carta 的方程式去计及传质影响,重复习题 15.36 的计算,有关的有效扩散系数如下:

溶质	D_e, cm^2/s	溶质	D_e, cm^2/s
谷氨酸	1.94×10^{-7}	缬氨酸	3.58×10^{-7}
氨基乙酸	4.07×10^{-7}		

假设 $k_c=1.5\times10^{-3}$ cm/s,确定能达到所希望的分离的原料脉冲和洗提的循环周期。

15.38　甲醇和水质量百分比为 60/40 的混合物中含有少量 3 苯基-1-丙醇(A)和 2-苯基乙醇(B)原料,被加入实验四段 SMB 设备中进行 A 和 B 的分离。原料流量是 0.16 ml/min,其中 A 浓度为 0.091 g/L 和 B 0.115 g/L。脱附剂是质量百分比为 60/40 的甲醇和水混合物。对于此稀溶液原料和脱附剂,亨利定律适用,相应的常数 $K_A=2.36$ 和 $K_B=1.40$。假设甲醇和水都不会被吸附,吸附剂床层的外部空隙率 ε_b 是 0.572,采用的切换时间为 10 分钟,试应用定态局部组成② TMB 模型并取 $\beta=1.15$,对 A 和 B 的完善分离估计吸附物、吸余物、脱附剂和固体颗粒的体积流量初始值。转换 TMB 的循环流量值到 SMB 之值和计算四段中每一段中的最终得到的液体体积流量。

15.39　在例 15.17 的 TMB 定态运营中,利用了例 15.16 中采用定态局部平衡 TMB 模型和 $\beta=1.05$ 得到的结果,利用它们是为建立达到果糖和葡萄糖间完善分离时的吸余物、吸附物、补加脱附剂、循环物和固体颗粒的流量。虽然分离并不完善,但还是相当好。如果在例 15.17 中总传质系数趋于无限大,会得到怎样的结果?

① 原文是流量——译者注。
② 似应局部平衡——译者注。

第四篇　涉及固相的分离

第16、17和18章阐述固相中的一种或多种组分要经历进入或离开流体相的传质的分离操作。第16章讨论物料从固体到液体溶剂的选择性浸取，这种操作在食品工业中被广泛应用。从液体中结晶和从蒸气中凝华将在第17章讨论，在该中还包括往往先于结晶进行的蒸发。生产无机晶体的溶液结晶和生产有机晶体的熔融结晶均将予以考虑。第18章系关于固体的干燥和工业上所用的种种设备，其中还包括有关湿度测定的一节。

第 16 章　浸取和洗涤

浸取，有时称为固-液（或液-固）萃取，涉及用液体溶剂除去固体物料中的某些可溶性组分（溶质或浸取物）。溶质从固体扩散进入周围的溶剂。被提取的固体组分或不溶性固体或二者都可能是有价值的产品。浸取操作被广泛用于冶金、天然产品和食品工业。在冶金工业中，浸取可能涉及固体和溶剂的氧化反应或还原反应。浸取所用的设备可以间歇、半连续或连续方式操作。离开浸取级的流出物为基本上不含固体的液体，称为溢流，而湿固体称为底流。为降低底流中液体部分的溶质浓度，浸取常伴有两个或多个逆流的洗涤级。该组合过程产生一股最终溢流，称为萃取液，它含有某些溶剂和大部分溶质；而最终的底流，称为被萃取或被浸取的固体，被几乎纯的残存溶剂润湿。在理想情况下，可溶固体与不溶固体完全分离，但溶剂分布于两种产品中。必须对萃取液和浸取后的固体进行另外的处理，从而回收溶剂以供循环利用。

浸取的某些工业应用包括：(1)用硫酸从矿石中提取铜；(2)用氰化钠从矿石中回收金；(3)用热水从甜菜中提取蔗糖；(4)用水从树皮中萃取丹宁酸；(5)用超临界 CO_2 从绿色咖啡豆中提取咖啡因。

16.0　本章教学目的

学完本章后，你应该能够：

- 描述用于间歇和连续浸取的设备。
- 说明浸取和洗涤的差别。
- 列举理想的平衡浸取或洗涤级的假定。
- 对于恒定的底流液固比或变底流比，对于连续逆流浸取和洗涤系统，计算溶质回收率。
- 将基于速率的浸取应用于食品加工。
- 开发并将基于速率的缩核模型用于反应矿物加工。

16.0.1　工业实例

作为浸取的一个实例，如 Othmer 和 Agarwal[1]所描述的，考虑在中试规模的逆流、多级浸取装置中用工业己烷溶剂从大豆中萃取植物油。虽然，食用油可从许多不同的农田和森林作物萃取，包括椰子、棉籽、棕榈、花生、葡萄籽、大豆和葵花籽，但食用油含量最高的是大豆。1979—1980 年世界大豆油产量为 1 400 万吨。取自大豆的食用油富含多不饱和脂肪。如 Perry 和 Green[2]曾论述的，当种子和豆类的油含量高时，可在称为压榨的过程中通过挤压固体回收部分油。对于大豆，每磅干无油基固体的油含量通常小于 0.30 磅，因为利用浸取可达到较高的油产量，所以浸取是比压榨更为理想的技术。

加入萃取器前，大豆被去壳、清洗、破碎和压成薄片。通常，干净的大豆含 8%(质量)水分和 20%(质量)油。干的无油基大豆的颗粒相对密度约为 1.425，而油的相对密度约为 0.907，25℃时的黏度为 50cP。大约有 50%的压片体积被油、水分和空气占据。可以期望将整颗大豆，而不是压片加入萃取器，溶剂通过分子扩散均匀地进入大豆进行浸取，然后油通过溶剂进行扩散离开大豆。如果是这样，可用费克第二定律模拟大豆内的传质过程。但是，King、Katz 和 Brier[3]的实验发现，虽然在均匀的多孔性无机固体，如多孔陶土板内用溶剂萃取油，遵循分子扩散的费克定律，但从大豆中萃取油却不服从费克定律，这大概是因为复杂的大豆内部结构所致。而且，Othmer 和 Agarwal[1]发现，用整颗的和仔细切割成两半的大豆时，扩散也是极其缓慢的。在与己烷接触 168 小时后，在整颗大豆中萃出的有机油少于 0.08%，而半颗大豆的萃出量少于 0.19%。对于直径约为 5 mm 的颗粒，其扩散如此缓慢，可能是由于油存在于不溶性的细胞壁内，油需要借助温和的渗透压差通过细胞壁。

通过将大豆压成 0.005～0.02 in. 的薄片大大增加了油的萃取程度和速率。压片过程使细胞壁破裂，使油和溶剂的接触变得容易。以三氯乙烯[3]或正己烷为溶剂，用直径为 0.03到 0.24 in. 的薄片，能在 100 分钟内萃出大约 90%的油。用于大豆浸取的工业溶剂，对油应具有高溶解度以减少溶剂需求量，应具有高挥发性，以便于通过蒸发或精馏从油中回收溶剂；应是不可燃的，以消除火灾和爆炸的危险；还应低价、易得、化学稳定、低毒，并能与廉价的结构材料兼容，以减轻或消除腐蚀。虽然，在许多方面，尤其是在不可燃性方面，三氯乙烯是一种理想的溶剂，但因为其高毒性，现在被认为是一种非常危险的化学品。占优势的溶剂是工业己烷(主要为正己烷)，它存在火灾危险，但毒性低。

Othmer 和 Agarwal 所用的中试浸取装置，称为 Kennedy 萃取器，如图 16.1 所示。大豆在低端连续进入，在逆流盆式级联中被己烷溶剂萃取。薄片和溶剂被搅拌，底流被缓慢旋转的桨叶和刮刀推移向上，从一个盆进入后一个盆，而溢流则从一个盆到一个盆地向下移动。桨叶上打有孔，当桨叶把固体提升到盆内液面上方时可使固体中的液体漏掉。级联中含有所需数目的盆；Othmer 和 Agarwal 采用了 15 个盆。

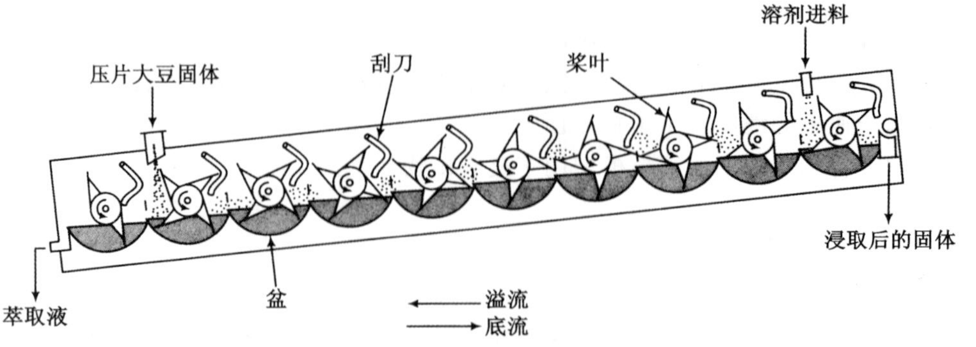

图 16.1　用于从大豆中浸取油的 Kennedy 萃取器

平均厚度为 0.012 in. 的薄片，平均含水量为 10.67% (质量)，含油量为 0.267 5 g/g 干无油薄片，薄片以流量 6.375 lb/h 连续进入 Kennedy 萃取器。溶剂流量为 10.844 lb/h。浸取在周围环境条件下进行。11 小时后达到定态操作，送出称为溶剂混合油的萃取液，流量为 7.313 lb/h，含油量为 15.35%（质量）。浸取后的固体含 0.0151 g 油/g 干无油薄片。于是，94.4%的油被浸出。每个盆中的停留时间为 3 分钟，总停留时间为 45 分钟。利用这些数据，可对油和溶剂进行质量衡算校核，并可估算浸取后固体中的液固比。这些计算留作习题。

16.1 浸取设备

为了获得合理的浸取时间，要被浸取的固体进入萃取设备前通常必须进行预处理。例如，如前面对大豆所述的，种子和豆类要去壳、破碎和压片。当植物和动物材料不能压片时，可将它们切成薄片，如用水浸取糖分前对甜菜所作的处理。在这种情况中，细胞壁大多被完整无损地保留，以减少不需要的物料，如胶体和蛋白的浸取。金属矿石被破碎和磨细成小颗粒，因为小区域的可浸取物料可能被比较难渗透的不溶性物料所包围。当不溶性物料是石英时，浸取可能是极其缓慢的。Van Arsdale[4]引证了用硫酸水溶液浸取铜矿石时颗粒大小对实际浸取所需时间的非常重要的影响。对直径为 150 mm、6mm 和小于 0.25mm 的颗粒，浸取时间分别大致为 5 年、5 天和 5 小时。当要被浸取的固体含有高百分数的溶质时，预处理可能是不需要的，因为在浸取进行过程中，在颗粒表面上可能发生不溶性物质残余骨架的解体。当整个固体都可溶时，浸取可能是快速的，这导致只需一级萃取，称为溶解。

用于固-液萃取的工业设备被设计成间歇式或连续处理式。固体和溶剂的接触方式或为溶剂渗流通过固体床层，或为固体浸泡在溶剂中，并搅拌固-液混合物。当采用浸泡时，逆流多级操作是常见的。对于渗流，分级或微分接触设备均可采用。对其特定应用，萃取器必须是高效的，以尽可能减少溶剂的需求，因为溶剂的回收往往是代价高昂的。

16.1.1 间歇萃取器

当要被浸取的固体以细颗粒形式存在时，或许其直径小于 0.1 mm，间歇浸取可以方便地在搅拌容器中进行。一种简单的结构形式是如图 16.2(a)所示的 Pachuca 槽[5]，它被广泛用于冶金工业。该槽是用木材、水泥或如钢材之类的金属建造的高圆筒形容器，容器衬有惰性的如铅一类抗腐蚀材料。溶剂和固体被放在槽内，而搅拌可用空气提升实现，使气泡进入与槽同轴的循环管的底部，引起固-液悬浮物的向上流动和循环。在搅拌过程中，空气连续进入和离开容器。当达到所要求的浸取程度时，停止搅拌，让固体在底部沉淀为淤泥，并利用空气的帮助从底部排出淤泥。浮在表面的萃取液利用虹吸从槽顶排出。搅拌也可用桨式搅拌器实现，或采用安装在通气管内的螺旋桨，按某种方式使固-液悬浮物向上流动和循环，就像 Pachuca 槽中所发生的。

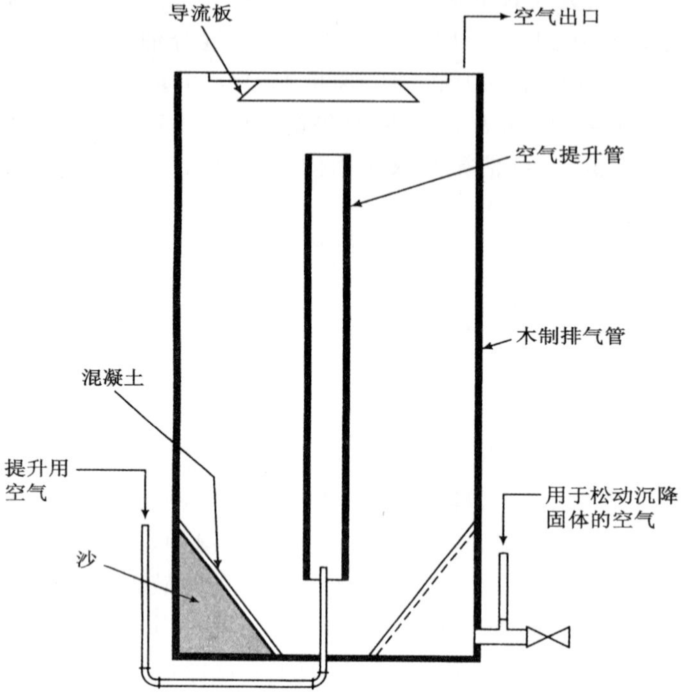

(a)

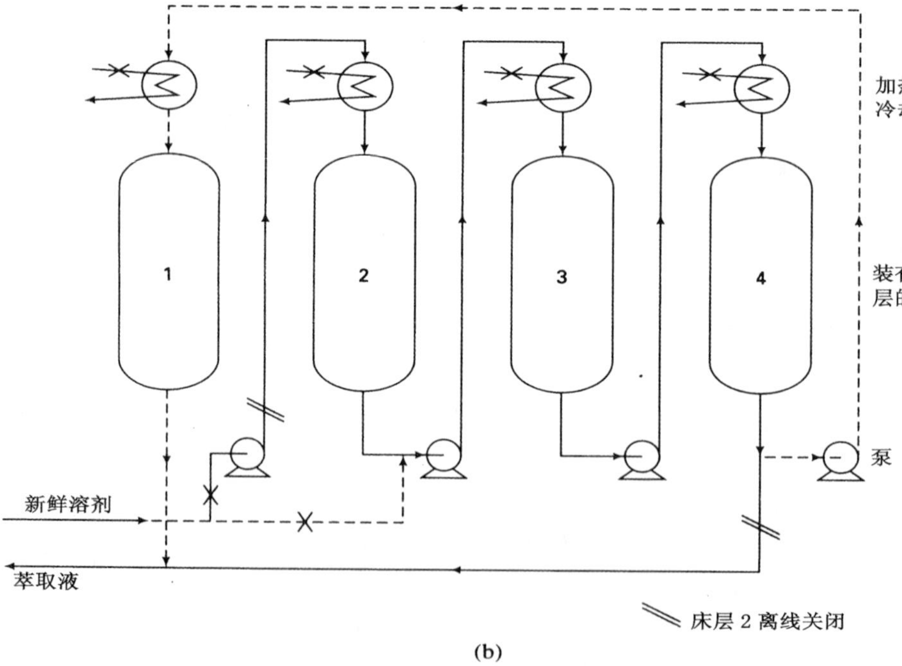

(b)

图 16.2(a) 用于小颗粒间歇浸取的 Pachuca 槽

[经允许取自 *Handbook of Separation Techniques for Chemical Engineers*, 2nd ed, P. A. Schweitzer, Editor in chief, McGraw-Hill, New York (1988)]

(b) 用于大颗粒渗流浸取的 Shanks 逆流多级间歇串联系统

[经允许取自 C. J. King, *Separation Processes*, 2nd ed, McGraw-Hill, New York (1980)]

当固体太粗，不容易通过搅拌悬浮在浸泡的溶剂中时，可采用渗滤技术。再次采用高的圆筒形容器。将要浸取的固体倒入容器，接着进行溶剂向下通过固体床层的渗滤，类似固定床吸附。为了达到溶剂中高溶质浓度，几个串联容器可按 James Shanks 在 1841 年发明的多级间歇逆流浸取技术进行排列，通常称为采用 Shanks 系统的萃取组。这种技术可用于从木材或树皮中提取丹宁酸，从甜菜中提取糖分，以及从咖啡、茶叶、香料中提取水溶性物质。一种典型的容器排列如图 16.2(b)所示，图中容器 1 表示为退出运行的，用于腾空和重装固体。溶剂进入容器 2，向下流动通过该容器内的固体进行渗滤，然后再通过容器 3 和 4 进行渗滤，最后的萃取液由容器 4 离开。容器 2 中的固体首先完成萃取。当这种情况发生时，使容器 2 退出运行，腾空和重装固体，而将容器 1 投入运行。现在，新鲜溶剂首先通过容器 3，接着通过容器 4 和 1。按这种方式，新鲜溶剂总是与已被浸取了最长时间的固体接触，于是可实现逆流接触的优点。在容器之间设置换热器，以便调节液相的温度，而泵可用于在容器之间输送液体。这种萃取组中包含容器的数目没有限制。虽然 Shanks 系统对固体是间歇式的，但对溶剂和萃取液系统是连续的。

16.1.2　Espresso 咖啡机

一种广泛使用的间歇浸取机是 espresso 咖啡机。虽然从咖啡豆制取饮料最早是在公元前约 1100 年的阿拉伯半岛，但是直到许多世纪以后生产高质量咖啡的，称为 espresso(意味着特地为您快速单独制备一杯咖啡，并打算立刻饮用的术语)的方法和机器才被发明。1822 年在法国出现了 espresso 咖啡机的原型，而最初的商品化 espresso 咖啡机则是 1905 年在意大利制造的。到 20 世纪 90 年代，espresso 咖啡机在世界许多国家普遍使用，每年制备的咖啡达数十亿杯。今天，咖啡，尤其是 espresso 已成为仅次于石油的世界性商品。

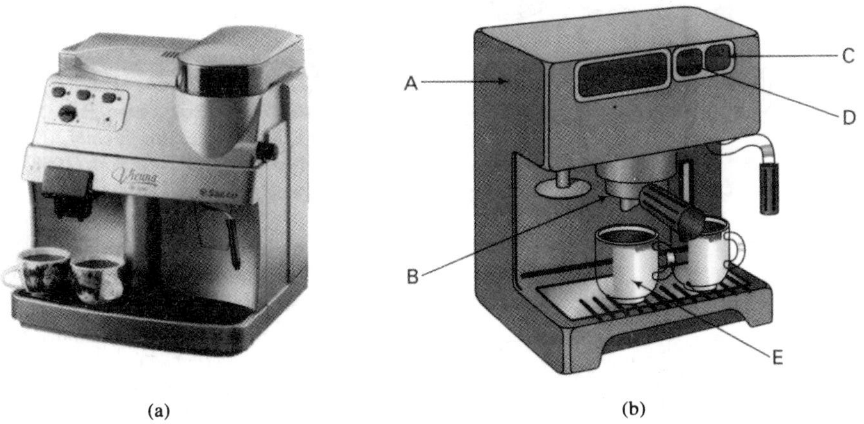

(a)　　　(b)

图 16.3　(a) 消费者用 espresso 咖啡机；(b) 操作

(A) 压力容器；

(B) 装磨碎咖啡的过滤室口；

(C) 开关，内置压力指示器；

(D) 用于蒸煮 espresso 咖啡的螺线管阀；

(E) 浸取储存液注入杯子，espresso 咖啡

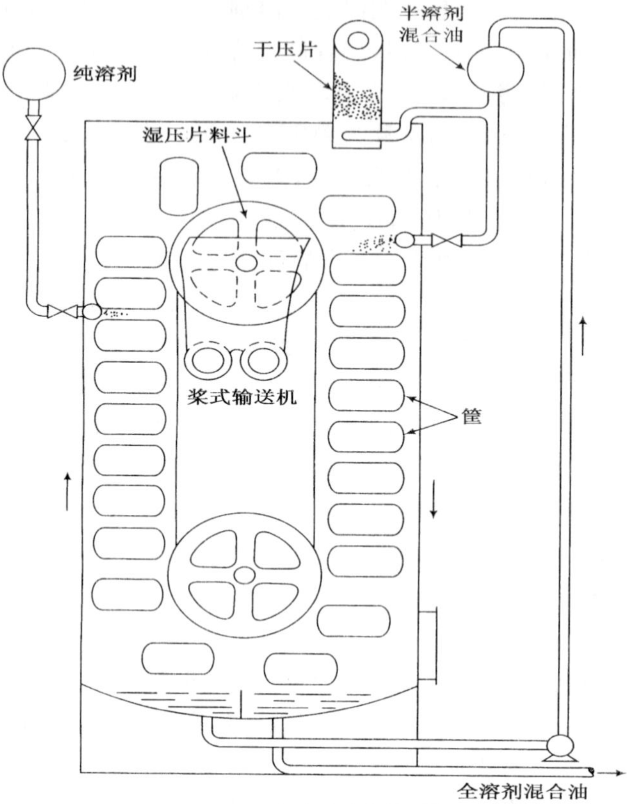

(a) Bollman 立式移动管输送萃取器

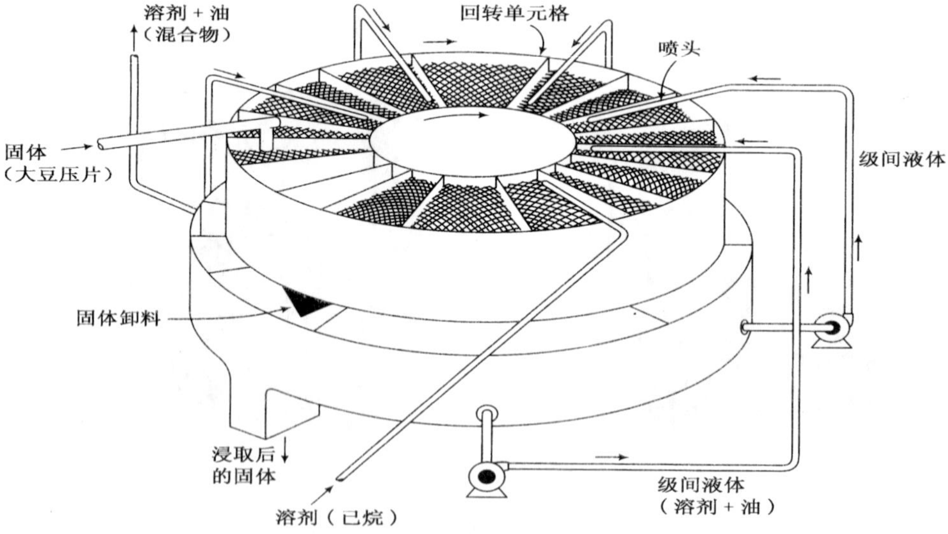

(b) Rotocel 萃取器

图 16.4　连续浸取设备

[经允许复制自 *Handbook of Separation Techniques for Chemical Engineers*, 2nd ed, P. A. Schweitzer, Editor in chief, McGraw Hill, New York (1988)]

[经允许复制自 R. E. Treybal, *Mass Transfer Operations*, 3rd ed, McGraw Hill, New York (1980)]

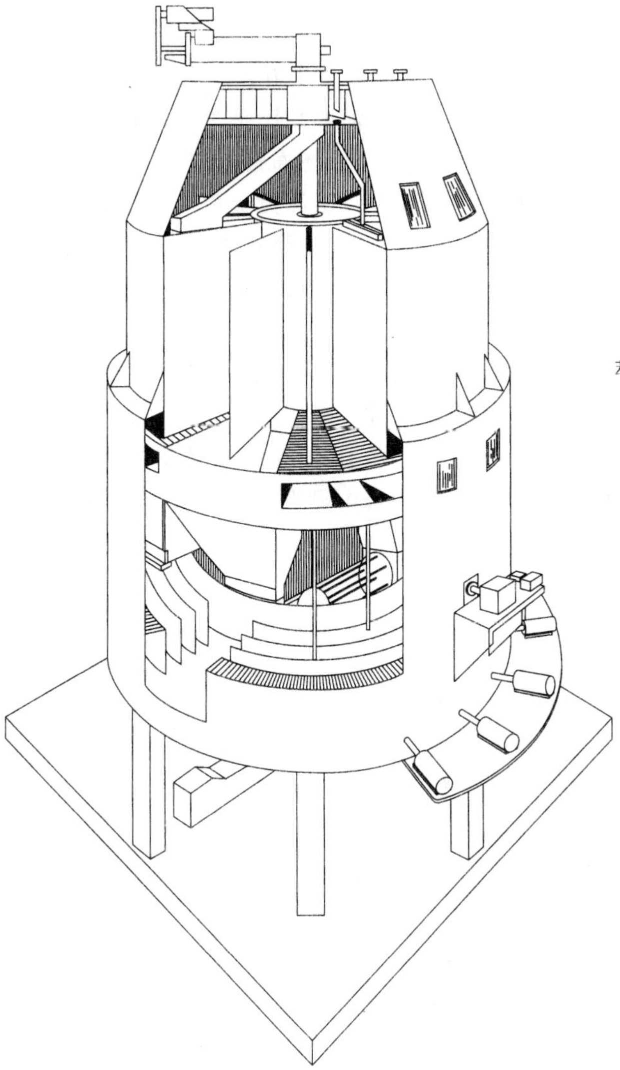

(c) French 静止筐式萃取器

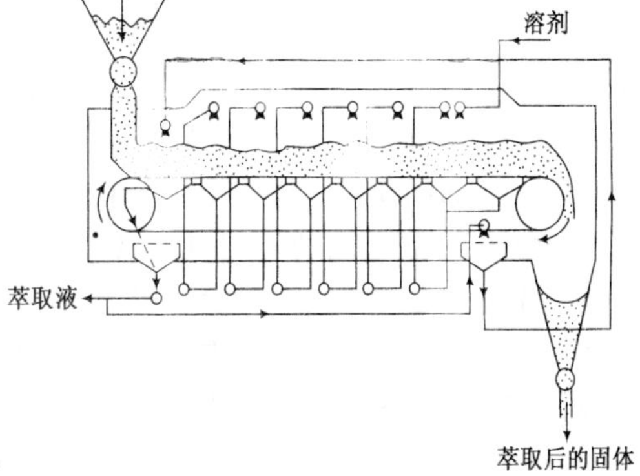

(d) 连续穿孔带式萃取器

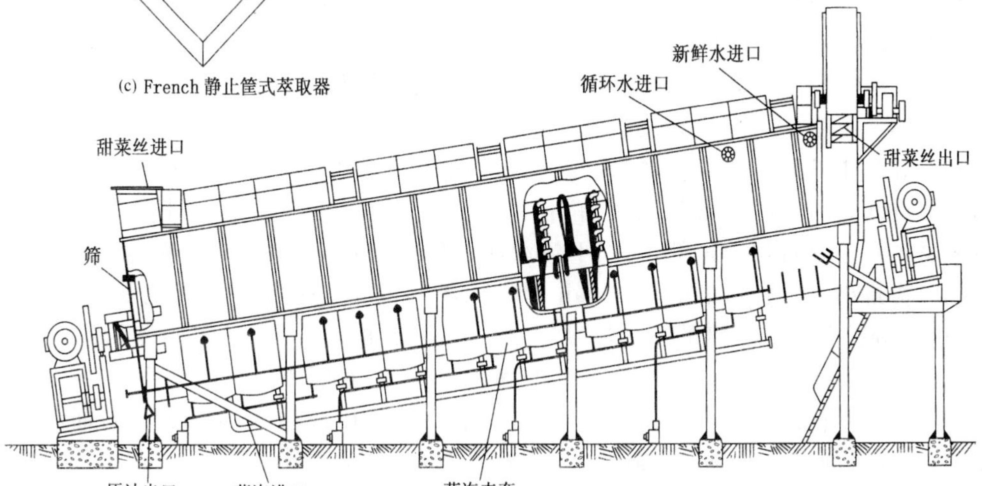

(e) D. D. S. 双螺旋倾斜萃取器

图 16.4　连续浸取设备(续)

典型的消费者用 espresso 咖啡机的照片如图 16.3(a)所示，而比较简单的帮助理解其操作的示意图如图 16.3(b)所示。在此机器中，7～9g 咖啡豆用特殊的研磨温升最小的凿纹磨磨碎成颗粒大小为 250～750μm 的粉末。粉末作为一薄层放在过滤器室中并被夯实以增加其均匀度。水被泵升压至 9 到 15 大气压，并迅速加热至 88℃～92℃。需要高压是为了使热水迅速加压浸泡进入颗粒内部，使萃取能迅速进行。在 20～30s 内，热水渗滤通过咖啡粉床层产生 45 mL 的一小杯咖啡。该杯咖啡具有温热的蜂蜜般的黏度，顶部有一层深黄金色的黏稠乳状泡沫(“crema”)。典型的机器生产两小杯咖啡，可将它们加入水、牛奶或其他液体，混合制成各种饮料，包括 Americano、Breve、Cappuccino、Latte、Lungo、Macchiato、Mocha 或 Ristretto。

研磨和浸取之间的短时间间隔、浸取过程的短停留时间、非常小的咖啡颗粒尺寸以及浸取过程中受控制的温度和压力，这些因素相互配合使具有令人愉快的香味的化合物被最大限度地浸出，而尽量减少伴有苦味的化合物，如奎宁和咖啡因的浸出。而且，乳状泡沫挡住了芳香气味，防止它散逸到周围的空气中。抬起杠杆或按下按钮，espresso 浓咖啡被制作出来，芳香四溢，沁人心脾。在文献中已报道了许多 espresso 咖啡制作的实验研究，如 Andueza *et al*. [16、17、18]的论文。

16.1.3 连续萃取器

当要进行大规模浸取时，最好采用固体和液体都能连续流动的萃取设备。如 Schwartzberg [6]所论述的，市场上可买到多种有专利权的这类设备，尤其是应用于食品工业的这类设备。某些被更广泛研讨的萃取器的示意图如图 16.4 所示。这些设备的主要差别在于固体通过设备的输送方式和设备提供的固-液混合物的搅拌程度。

根据 Schwartzberg 的论述，因为固相和液相间接触效率低、短路和细粉夹带等各种限制，文献中描述的几种萃取器已经过时或不再被经常采用。这包括 Hildebrand、Detrex、Anderson、Allis Chalmers 和 Bonotto 萃取器。上述用于从大豆中萃取植物油的 Kennedy 萃取器在某些应用中可能也存在效率低的问题，但它依旧被应用并可在市场上买到。

图 16.4(a)所示的 Bollman 立式移动筐输送萃取器已被广泛用于从压成薄片的种子和豆类中萃取植物油。底部穿孔的筐由电动机驱动的链传动绕垂直循环回路运动。溶剂逐筐通过固体向下渗滤。当筐到达萃取器顶部时，翻转倒出萃取后的固体，并添加新鲜固体。液体与上升筐中的固体逆流接触，而与下降筐中的固体并流接触。新鲜溶剂在接近上升行程的顶部进入，并作为“半溶剂混合油”收集在底部的集存槽的左侧。半溶剂混合油从左侧集存槽泵送到下降行程的顶部，再向下流动进入集存槽右侧，然后作为称为“全溶剂混合油”的最终产物排出。一种典型的 Bollman 萃取器高 14m，每个筐装的固体的深度约为 0.5m。据 Coulson 等[7]的论文，筐的运动速度很慢，大约每小时转一圈，所以固体的停留时间约为 60 分钟。每个筐约装有 350kg 压成薄片的固体。于是，对图 16.4(a)所示的有 23 个筐的萃取器，每天大约可处理 200 000kg 固体。加入萃取器的压成薄片的固体和溶剂质量流量大体相等，而全溶剂混合油不含固体，油含量大约为 25%(质量)。

另一种广泛用于压成薄片的种子和豆类的连续萃取器是如图 16.4(b)所示的 Rotocel 萃取器。在这种类似于行李传送带并可方便地模拟 Shanks 系统的装置中，在水平平面上称为单元室的用壁面分隔的扇形被电动机缓慢转动。装有固体并在底部开有用于排放溶剂的孔的单元室相继通过固体进料区、一系列溶剂喷嘴和最终喷嘴与排放区，以及固体卸料区。新鲜溶剂被提供给位于最终喷嘴和排放区下方的单元室，从排放区收集排出的液体再泵送到位于前面的单元室。前面单元室的排放液再被收集并泵送到更前面的单元室，如此循序进行。用这种方法达到固体和液体的逆流接触。萃取后的固体通常含 25%～30%（质量）的溶剂。通常，Rotocel 萃取器的直径为 3.4～11.3 m，高度为 6.4～7.3 m，床层深度为 1.8～3.0 m。其加工量可达3×10^6 kg/天压成薄片的大豆。单元室的数目可变，而停留时间也可随转速的变化而变化。Rotocel 萃取器的一种广泛应用的变形是图 16.4(c)所示的 French 静止筐萃取器，其大小和处理能力与 Rotocel 萃取器几乎相同，但其扇形单元室是静止的。作为替代，固体进料管和卸料区是旋转的，并周期性地切换溶剂进料和排放接口。于是，减轻了运动部件的重量。

图 16.4(d)所示的连续穿孔带式萃取器广泛用于加工甘蔗、甜菜、含油种子和苹果（生产苹果汁）。进料固体由漏斗加入缓慢移动的、连续而且不分隔的穿孔带上，穿孔带在一端由装有发动机的链齿轮驱动。带上固体的高度由进料漏斗出口的挡板控制。带的速度可自动调节以保持要求的固体深度。萃取后的固体在带的末端用刮刀卸入出口漏斗。侧面的墙防止固体落到带的侧面。带的下面是收集溶剂的分隔室。新鲜溶剂由带的卸料端开始以逆流方式在固体上方和分隔室上方喷洒，可多达 17 程。床层深度在 0.8～2.6 m 之间。装置长度为 7～37 m，带宽为 0.5～9.5 m，处理量可达 7 000 000 kg/天甘蔗或甜菜。

图 16.4(e)所示的 D. D. S. (De Danske Sukke-fabriker)双螺旋倾斜萃取器是一种非常通用的装置。虽然这种装置主要用于甜菜的萃取，但它也可非常成功地用于其他食品原料，包括甘蔗、压成薄片的种子和豆类、苹果、梨子、葡萄、樱桃、生姜、胡萝卜、鱼粉、咖啡和茶叶。反向旋转的金属带状螺旋是倾斜的，使它们能推动固体在平行的圆筒形槽内上升。萃取液通过螺旋表面向下流动，达到与固体微分逆流接触。一种新颖的特征是一根螺旋的转速略快，而另一根螺旋的转速略慢，导致周期性地压榨固体。这种装置的直径为 2～3.7 m，长度为 21～27 m，处理量已达到 3 000 000 kg/天甜菜丝（长薄片）。

16.1.4　连续逆流洗涤

当因为处理非常容易溶解的小颗粒浸取变得非常迅速时，或当浸取已完成时，或当由于化学反应在溶液中形成固体时，通常对固体进行逆流洗涤以降低附着于固体上的液体中的溶质浓度。这可在一系列**重力增稠器**或称为**旋液分离器**的离心增稠器中完成，这些增稠器按图 16.5 所示的底流和溢流组成的逆流流程排列，有时称为连续逆流倾析系统。一种典型的连续重力增稠器的细节如图 16.6(a)所示。增稠器的组合进料由进料固体或来自相邻增稠器的底流与新鲜溶剂或来自相邻增稠器的溢流组成。该增稠器有三重功能。首先，它必须将液体和固体完全混合使液体中的溶质浓度均匀。增稠器还必须能产生不含固体的溢流和尽可能高的固含量的底流。增稠器由大直径的浅储槽和平底或略呈锥形的底部组成。组合进料在靠近中心处通过进料槽进入进料井。由于固体颗粒密度大于液体，在重力作用下，固体颗粒发生沉降。大体上，固体向下运动，而液体向上运动。围绕储槽内的上方圆周，清液经溢流槽或堰连续排出。沉降到储槽底部的固体被缓慢旋转的由电动机驱动的耙子向中心移动到稠淤浆排放口。已建造了直径达 100 m、高度为 3.5 m 的增稠器。在大型增稠器中耙子的转速约为 2 r/min。

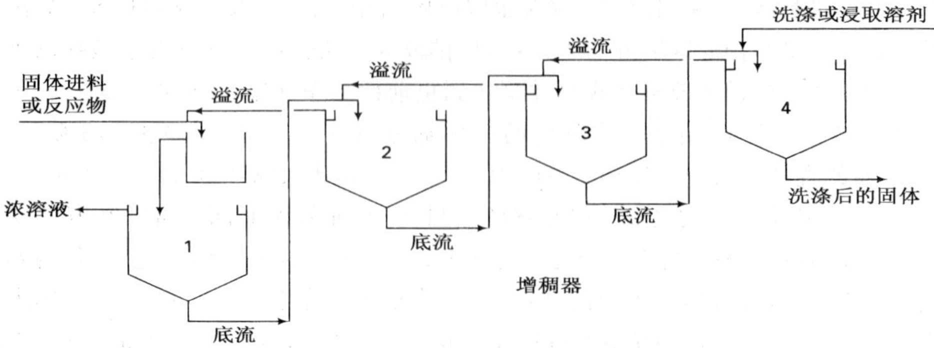

图 16.5　利用增稠器的连续逆流洗涤系统

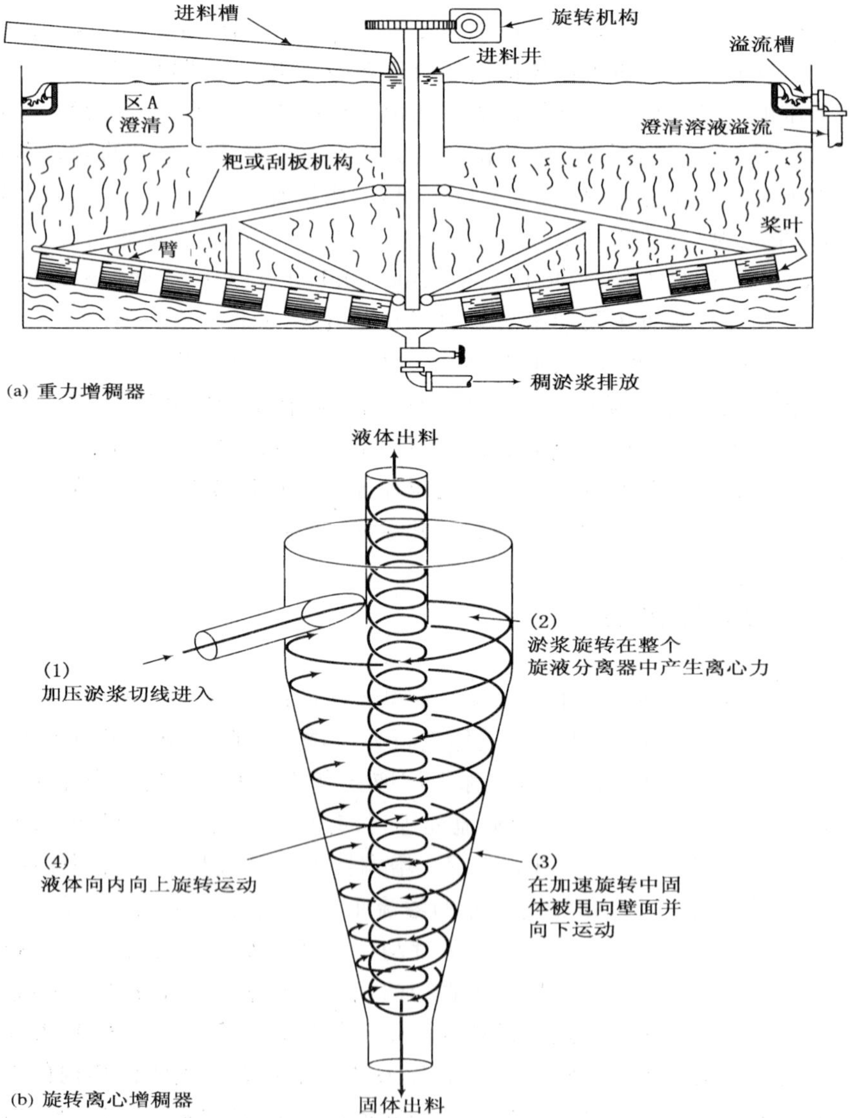

(a) 重力增稠器

(b) 旋转离心增稠器

图 16.6　增稠器

[经允许复制自 *Handbook of Separation Techniques for Chemical Engineers*, 2nd ed, P. A. Schweitzer, Editor in chief, McGraw Hill, New York (1988)]

重力增稠器中固体和液体的停留时间往往较长(几分钟或几小时),因而当涉及小颗粒时能为传质和混合提供足够的停留时间。当不需要长停留时间,也不要求溢流完全不含固体时,应考虑采用图 16.6(b)所示的旋液分离器。加压的进料淤浆切向进入装置,由离心力产生向下的旋转运动。密度较高的悬浮固体优先趋近向下延伸时呈锥形的器壁,并在旋液分离器底部排出增稠的淤浆。而液体随着旋涡被强制向内向上运动,从由旋液分离器封闭的顶部向下延伸到进料口以下的旋涡探测器管排出。

16.2 浸取和洗涤的平衡级模型

最简单的连续逆流浸取和洗涤系统的模型如图 16.7 所示,该模型假定固体进料由能完全溶解于溶剂的溶质和不溶于溶剂的惰性物质或载体组成。而且,浸取速率很快,在一个浸取级中即可完成浸取,随后是一个或多个串联的洗涤级,以降低附着于底流固体上的液体中的溶质浓度。假定所有溢流都不含固体。在图 16.7 中:

S——惰性固体的质量流量,这在各级中为常数;

V——进入溶剂或溢流液体(溶剂加溶质)的质量流量,各级之间是变化的;

L——底流液体(溶剂加溶质)的质量流量,各级之间是变化的;

y——溢流液体中溶质的质量分数;

x——底流液体中溶质的质量分数。

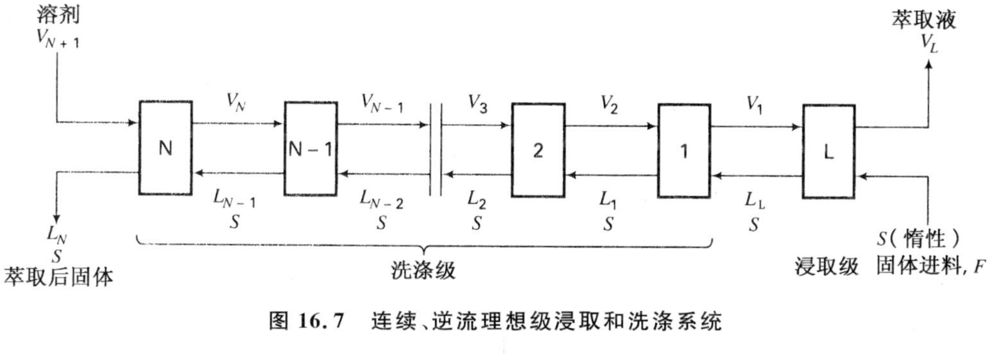

图 16.7　连续、逆流理想级浸取和洗涤系统

作为另一种选择,V 和 L 可指不含溶质的溶剂的质量流量,Y 和 X 可分别用于表示溢流液体和底流液体中溶质与溶剂的质量比,也可采用摩尔或体积流量。

Baker[8]将理想浸取或洗涤级定义为:

(1) 进入该级的所有固体溶质完全溶解在该级的液体中(假定液相有足够的溶剂)。

(2) 该级内液体组成是完全均匀的,包括惰性固体微孔内的液体。

(3) 溶质不会吸附在惰性固体表面上。

(4) 离开每一级的底流中惰性固体因含有液体,所以是湿的,使液体中的溶剂(或总液体)与惰性固体的质量比在各级中恒定不变。

(5) 因为(2),溢流中的溶质浓度等于底流液体中的溶质浓度,这等价于平衡假定。

(6) 溢流中不含固体。

(7) 在级内溶剂不汽化、吸附或结晶。

对图 16.7 中的连续、逆流理想多级浸取系统，溶质和总液体的物料衡算可用于求解各类问题，包括：(1)为达到规定的洗涤程度，所需理想级数目的确定；(2)对规定的理想级数目和规定的洗涤程度，洗涤效果的确定。根据问题的性质，可优先采用代数法或图解法。对大多数问题，如下面的例题说明的，最好将浸取级和洗涤级分开考虑。

例 16.1

流量 F 为 150 kg/h 的细颗粒固体进料，含 1/3 水溶性的 Na_2CO_3 和 2/3 不溶性的碱灰，此进料在 30℃下在二级逆流系统中用流量为 400 kg/h 的水浸取和洗涤。浸取级由可将淤浆排放到增稠器的搅拌容器组成。洗涤级由第二个增稠器组成。实验表明每个增稠器的淤泥底流中每 kg 不溶性碱灰含 2kg 液体(水和碳酸钠)。假定为理想级。

(a) 计算在最终萃取液中碳酸钠的百分回收率；

(b) 如果增添第三级，计算增加的碳酸钠回收量。

解

30℃时碳酸钠在水中的溶解度为 38.8 kg/100 kg 水。因此，有足够的水溶解碳酸钠。参考图 16.7：

(a) $N=1$(L 是浸取级)

$S=\frac{2}{3}\times 150=100$ kg/h 不溶性碱灰

进料固体中的 $Na_2CO_3=\frac{1}{3}\times 150=50$ kg/h

$V_2=$进料溶剂$=400$ kg/h

$L_L= L_1=2S=200$ kg/h

利用级 1 和级 L 的总液体物料衡算，

$V_1=V_2+L_L-L_1=400+200-200=400$ kg/h

$V_L=V_1+50-L_L=400+50-200=250$ kg/h

对洗涤级 1 作 Na_2CO_3 的物料衡算：

$$x_L L_L=y_1 V_1+x_1 L_1 \tag{1}$$

$$200x_L=400y_1+200x_1 \tag{2}$$

但由上述理想级的假定(5)，$y_1=x_1$。

将式(1)和式(2)相结合，

$$x_L=3x_1 \tag{3}$$

对浸取级 L 作 Na_2CO_3 的物料衡算：

$$y_1 V_1+50=x_L L_L+y_L V_L \tag{4}$$

$$400y_1+50=200x_L+250y_L \tag{5}$$

但，仍有 $y_1=x_1$ 和 $y_L=x_L$ (6)

将式(4)、式(5)和式(6)相结合，

$$x_1=1.125x_L-0.125 \tag{7}$$

将式(3)和式(7)相结合，求得

$x_L=0.158$

因此，$y_L=0.158$

由式(7)

$$x_1=0.0526$$

$$Na_2CO_3\text{的回收率}=\frac{y_L V_L}{50}=\frac{0.158\times 250}{50}$$

$$=0.79 \text{ 或 } 79\%$$

(b) $N=2$ 洗涤级

$V_3=400$ kg/h

$L_L=L_1=L_2=2S=200$ kg/h

$V_2=V_1=400$ kg/h

$V_L=250$ kg/h

对级 2 作 Na_2CO_3 的物料衡算：

$x_1L_1=y_2V_2+x_2L_2$

$200x_1=400y_2+200x_2$　　(8)

但是，$y_2=x_2$　　(9)

将式(8)和式(9)相结合，

$x_1=3x_2$　　(10)

对级 1 作 Na_2CO_3 的物料衡算：

$y_2V_2+x_LL_L=x_1L_1+y_1V_1$

$400y_2+200x_L=200x_1+400y_1$　　(11)

但是，$y_2=x_2$　　(12)

$y_1=x_1$　　(13)

将式(11)、式(12)和式(13)相结合，

$x_L=3x_1-2x_2$　　(14)

对浸取级 L 作 Na_2CO_3 的物料衡算：

这与(a)中的式(7)相同。

求解式(10)、式(14)和式(7)，这些方程都是线性的，

$x_L=0.1795$

$y_L=0.1795$

$x_1=0.0769$

$x_2=0.0256$

$$Na_2CO_3\text{的回收率}=\frac{y_L V_L}{50}=\frac{0.1795\times 250}{50}$$

$$=0.898 \text{ 或 } 89.8\%$$

由(a)，对二级 Na_2CO_3 的回收量为 $0.158\times 250=39.5$ kg/h

对三级 Na_2CO_3 的回收量为 $0.1795\times 250=44.9$ kg/h

用三级多回收 $44.9-39.5=5.4$ kg Na_2CO_3/h。

对本例，应用 McCabe - Thiele 型的图解法是困难的，因为只有操作线的斜率是已知的，而操作线的两个端点均不知道。

例 16.2

Baker[8]提出了可应用 McCabe－Thiele 图解法的如下问题。在图 16.7 所示的连续、逆流接触系统中，用煤油浸取对上蜡纸进行脱蜡处理，处理量为每天 2 吨(4 000 lb)含 25％(质量)可溶性蜡和 75％(质量)不溶性纸浆的上蜡纸。在浸取级 L 中蜡将被煤油完全溶解。后续的各洗涤级用于使离开最后一级 N 时附着于纸浆上的液体中的蜡含量降低到 0.2 lb 蜡/100 lb 纸浆。进入系统的煤油由溶剂回收系统循环使用，其中含 0.05 lb 蜡/100 lb 煤油。最终的萃取液含 5 lb 蜡/100 lb 煤油。实验表明每一级的底流将含 2 lb 煤油/lb 不溶性纸浆。确定所需的洗涤级数目，不包括浸取级。

解

参考图 16.7 并将本节开始时定义的术语用于以质量比为基准的浓度和以不含溶质为基准的流量的情况，可应用下列物料衡算方程：

溶质(蜡)的总物料衡算：

$$0.25\times4\,000+\frac{0.05}{100}V_{N+1}=\frac{5}{100}V_{\rm L}+\frac{0.2}{100}\times0.75\times4\,000$$

或

$$0.05V_{\rm L}-0.000\,5V_{N+1}=994 \tag{1}$$

溶剂(煤油)的总物料衡算：

$$V_{N+1}=V_{\rm L}+2\times0.75\times4\,000$$

或

$$V_{N+1}=V_{\rm L}+6\,000 \tag{2}$$

求解式(1)和式(2)

$$V_{N+1}=\text{进料溶剂中的煤油}=26\,140\ \text{lb/天}$$

$$V_{\rm L}=\text{出料萃取液中的煤油}=20\,140\ \text{lb/天}$$

于是，最终底流中煤油含量为 26 140－20 140＝6 000 lb/天。并有，

$$X_N=\left(\frac{0.2}{100}\times0.75\times4\,000\right)/6\,000$$

$$=0.001\ \text{lb 蜡/lb 最终底流中的煤油}$$

现可对浸取级进行物料衡算。

煤油的物料衡算：

$$V_1=V_{\rm L}+2\times0.75\times4\,000$$

于是，

$$V_1=20\,140+6\,000=26\,140\ \text{lb/天}$$

蜡的物料衡算：

$$26\,140Y_1+0.25\times4\,000=\frac{5}{100}\times20\,140+X_{\rm L}\times2\times0.75\times4\,000 \tag{3}$$

但是

$$X_{\rm L}=Y_{\rm L}=0.05\ \text{lb 蜡/100lb 煤油} \tag{4}$$

将式(4)代入式(3)解得，

$$Y_1=0.011\,74\ \text{lb 蜡/100lb 煤油}$$

现在我们已获得位于洗涤级联两端的端点(溶质组成)。参考图 16.7，

$$Y_{N+1}=0.0005 \text{ 和 } X_N=0.001 \text{ lb 蜡/100lb 煤油}$$

$$Y_1=0.01174 \text{ 和 } X_L=0.05 \text{ lb 蜡/100lb 煤油}$$

而且，对洗涤段，底流与溢流中煤油的质量比为常数

$$\frac{L_{n-1}}{V_n}=\frac{2\times0.75\times4\,000}{26\,140}=0.229\,5$$

因此，在 Y 对 X 的 McCabe - Thiele 标绘中操作线是一条通过两个端点的直线，斜率为 0.229 5。这对应于方程 $Y=0.229\,5X+0.000\,270\,5$ 给出的直线。平衡线就是 $Y=X$。此操作线和平衡线被标绘在图 16.8 中。可以由操作线的任一端点画阶梯求取理想洗涤级，图中由 N 级开始求取。由图可见，需要的理想洗涤级数略小于三级。

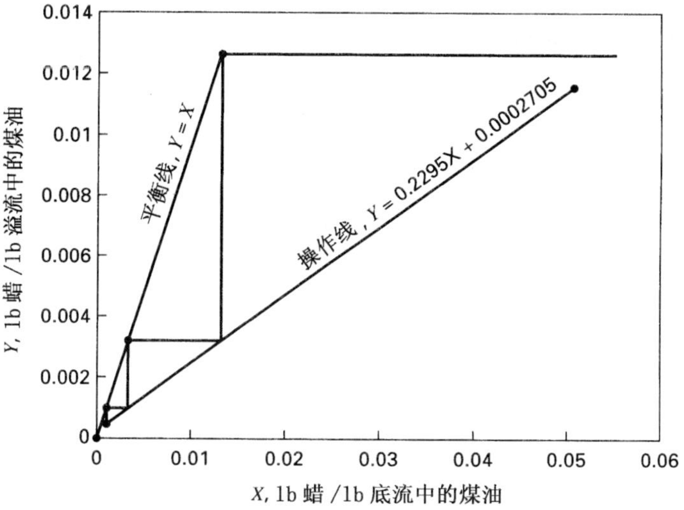

图 16.8　例 16.2 的 McCabe - Thiele 图

16.2.1　McCabe - Smith 代数法

由图 16.8 可见，很难通过画阶梯精确确定洗涤级的数目。在应用 Baker[8]的上述理想级模型时，可采用 McCabe 和 Smith[9]根据第 5 章中的 Kremser 方程导出的更精确的代数方法。这里用以质量分数表示的溶质浓度导出这种方法，但最终的方程也可用质量比表示。

将式(5 - 48)、式(5 - 50)、式(5 - 51)和式(5 - 54)相结合，

$$y_{N+1}=y_1\left(\frac{1-A^{N+1}}{1-A}\right)-y_0^*A\left(\frac{1-A^N}{1-A}\right) \tag{16-1}$$

式中 N＝理想洗涤级数和

$$y_0^*=Kx_0=Kx_L=y_L \tag{16-2}$$

对洗涤，

$$K=y/x=1\text{，因此，}A=L/KV=L/V$$

通过收集 A^{N+1} 和 A 中的各项，式(16 - 1)可写成：

$$A^{N+1}(y_1-y_L)=A(y_{N+1}-y_L)+(y_1-y_{N+1}) \tag{16-3}$$

此方程可通过写出所有洗涤级的总溶质衡算进行简化：

$$y_{N+1}V_{N+1}+x_LL_L=y_1V_1+x_NL_N \tag{16-4}$$

但是，对理想洗涤级，因为

$$V_{N+1}=V_1,\ L_L=L_N,\ A=L/V$$

式(16-4)可简化为

$$y_{N+1}=y_1+Ax_N-Ax_L \tag{16-5}$$

但 $y_L=x_L$。因此，式(16-5)可写成

$$(y_1-y_{N+1})=A(y_L-x_N) \tag{16-6}$$

将式(16-3)和式(16-6)相结合并整理得出

$$A^N=\frac{y_{N+1}-x_N}{y_1-y_L} \tag{16-7}$$

用 $A=L/V$ 求解式(16-7)得到 N

$$N=\frac{\log\left(\dfrac{x_N-y_{N+1}}{y_L-y_1}\right)}{\log(L/V)} \tag{16-8}$$

分母的对数项中的变量可用两个端点的变量表示，给出

$$\frac{L}{V}=\left(\frac{y_1-y_{N+1}}{x_L-x_N}\right)=\left(\frac{y_1-y_{N+1}}{y_L-x_N}\right) \tag{16-9}$$

将式(16-8)和式(16-9)相结合，

$$N=\frac{\log\left(\dfrac{y_N-y_{N+1}}{y_L-y_1}\right)}{\log\left(\dfrac{y_1-y_{N+1}}{y_L-x_N}\right)} \tag{16-10}$$

当用总(溶剂加溶质)液体给出恒定底流液体时，直接采用式(16-8)或式(16-9)，式中 L 和 V 是总液体流量。当底流液体仅由溶剂给出时。式(16-8)和式(16-9)中的溶质分数 x 和 y 被溶质质量比 X 和 Y 代替，而 L 和 V 是不含溶质的溶剂的液体流量。

例 16.3

对例 16.2 的条件，用 McCabe - Smith 方程求解理想、连续、逆流洗涤级的数目。

解

由题述和例 16.2 中的总物料衡算和浸取级计算，

$$Y_{N+1}=0.000\,5$$

$$X_N=0.001$$

$$Y_2=0.011\,74$$

$$Y_L=X_L=0.05$$

$$L/V=0.229\,5$$

从式(16-8)的质量比形式，理想浸取级的数目为

$$N=\frac{\log\left(\dfrac{0.001-0.000\,5}{0.05-0.011\,74}\right)}{\log(0.229\,5)}=2.95$$

如果采用式(16-10)，将得到相同的结果。

当浸取速率缓慢时，可能需要几个浸取级，在这类过程中洗涤的影响将减小。这用下例说明。

例 16.4

在例 16.1(b)中，假定浸取在一级内完成，再用两个附加级提供洗涤。萃取液中溶质 Na_2CO_3 的回收率为 89.8%。假定 1/2 碳酸钠在第一级内浸取，而剩余的 1/2 碳酸钠在第二级内浸取，只用最后一级作为洗涤级，重新计算此例。为了方便，各级编号如图 16.9 所示，该图包括给定的或容易计算的流量。

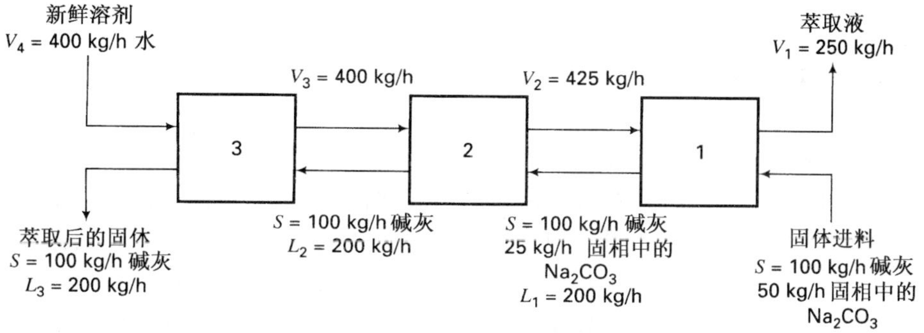

图 16.9　例 16.4 的浸取和洗涤系统

解

第三级 Na_2CO_3 的物料衡算：

$$x_2L_2=y_3V_3+x_3L_3$$

$$200x_2=400y_3+200x_3 \tag{1}$$

但，

$$y_3=x_3 \tag{2}$$

将式(1)和式(2)相结合。

$$x_2=3x_3 \tag{3}$$

第二级 Na_2CO_3 的物料衡算：

$$y_3V_3+x_1L_1=x_2L_2+y_2V_2$$

$$400y_3+200x_1+25=200x_2+425y_2 \tag{4}$$

但，

$$y_2=x_2 \tag{5}$$

将式(2)、式(4)和式(5)相结合。

$$x_1=3.125x_2-2x_3-0.125 \tag{6}$$

第一级 Na_2CO_3 的物料衡算：

$$y_2V_2+50=x_1L_1+y_1V_1+25$$

$$425y_2+50=200x_1+250y_1+25 \tag{7}$$

但，

$$y_1=x_1 \tag{8}$$

将式(5)、式(7)和式(8)相结合。

$$x_2=1.059x_1-0.0588 \tag{9}$$

求解式(3)、式(6)和式(9)，

$$x_1=y_1=1.1681$$

$$x_2=0.1192$$
$$x_3=0.0397$$

回收率为

$$Na_2CO_3=\frac{y_1V_1}{50}=\frac{0.1681\times250}{50}=0.841 \text{ 或 } 84.1\%$$

这比浸取在一级内完成的例 16.1(b)低约 6%。

16.2.2 可变底流

在前面的例 16.1 到例 16.4 中，各级底流中液体与固体的比例假定是不变的。Ravenscroft [10]用乙醚从颗粒状大比目鱼肝中萃取油的实验表明在 0.04～0.64 gal 油/gal 液体范围内，随液体中油浓度上升底流中液固比显著增加。在浸取实验中，可经2～3分钟搅拌达到平衡，但实际上搅拌时间采用 10 分钟。萃取后的鱼肝可在 30 分钟内沉降，然后将澄清的溶液（溢流）倾析，留下底流。Ravenscroft 将变底流效应归因于随油浓度增加液体黏度和密度的明显增加。当密度和黏度均无明显变化时，Othmer 和 Agarwal[1]的实验数据表明影响底流中液固比的主要因素是固体的比表面积。当底流流量变化时，McCabe - Thiele 图中的操作线将为曲线而非直线。如下面的例题说明的，可通过计算两个任意的中间点确定曲率。

例 16.5

从 10 000 lb/h 颗粒状大比目鱼肝中萃取油，以不含油的鱼肝为基准，每磅鱼肝含 0.043 gal 可萃取的油。要求在一个逆流萃取系统中用不含油的乙醚作为溶剂萃取 95%的油。假定油和乙醚体积可相加，而浸取将在一级中完成。虽然 Ravenscroft 的实验底流数据有点分散，但可利用下列平滑后的数据预测底流流量：

gal 油/gal 液体	gal 保留液体/lb 不含油的鱼肝
0.00	0.035
0.10	0.042
0.20	0.049
0.30	0.058
0.40	0.069
0.50	0.083
0.60	0.100
0.70	0.132

确定所需的理想级数目。

解

首先确定溶剂流量：

进料鱼肝中的油＝10 000×0.043＝430 gal 液体/h；

萃取液中的油＝430×0.95＝408.5 gal/h；

萃取后鱼肝的底流中的油＝430－408.5＝21.5 gal/h。

通过迭代程序确定萃取后鱼肝的最终底流中乙醚的流量。

假定 0.10 gal 油/gal 液体：

由上述表列数据，有 0.042 gal 液体/lb 不含油的鱼肝，

因此，有 $0.042\times10\,000=420$ gal 液体/h 和 $0.10\times420=42$ gal/h 油，这高于上述要求值 21.5 gal/h。

假定 0.05 gal 油/gal 液体：

对上述表列数据进行线性内插得出 0.038 5 gal 液体/lb 不含油的鱼肝。

因此，有 $0.038\,5\times10\,000=385$ gal 液体/h，

$0.05\times385=19.3$ gal/h 油，这又太低了，

通过内插，有 0.055 gal 油/gal 液体和 0.038 9 gal 液体/lb 不含油的鱼肝。

因此，最终底流含 $0.038\,9\times10\,000-21.5=367.5$ gal 乙醚/h，

最终萃取液含 408.5 gal 油/h，油的体积百分数的给定值为 65%。

因此，最终萃取液含

$$\frac{0.35}{0.65}\times408.5=220 \text{ gal 乙醚/h}$$

溶剂进料中乙醚量 $=220+367.5=587.5$ gal/h

总物料衡算为

	溶剂进料	鱼肝进料	最终萃取液	最终底流
不含油的鱼肝/($lb\cdot h^{-1}$)	0	10 000	0	10 000
乙醚/($gal\cdot h^{-1}$)	587.5	0	220	367.5
油/($gal\cdot h^{-1}$)	0	430	408.5	21.5

理想浸取级：

参考图 16.7，离开浸取级的底流 L 将含有与最终萃取液浓度相同的油。该浓度规定为 0.65 gal 油/gal 液体。由上述表列数据，经过线性内插，gal 保留液体/ lb 不含油鱼肝 $=0.116$。

因此，令 x_i 和 y_i = 体积分数

$$L_L=0.116\times10\,000=1\,160 \text{ gal 液体}$$

$$x_L=0.65 \text{ gal 油/gal 液体}$$

浸取级中油的物料衡算：

$$y_1V_1+430=x_LL_L+408.5$$

或

$$y_1V_1=0.65\times1\,160+408.5-430=732.5 \text{ gal 油}$$

浸取级中乙醚的物料衡算：

$$(1-y_1)V_1=0.35\times1\,160+220=626 \text{ gal 乙醚/h}$$

$$y_1=\frac{732.5}{732.5+626}=0.539 \text{ gal 油/gal 液体}$$

现在已获得洗涤级操作线的端点：

级 N	级 1
$y_{N+1}=0$	$y_1=0.539$
$x_N=0.055$	$x_L=0.65$

这两点和直平衡线 $y=x$ 标绘在图 16.10 的 McCabe - Thiele 图中。因为底流是变化的，所以不能用直线连接操作线的两个端点。

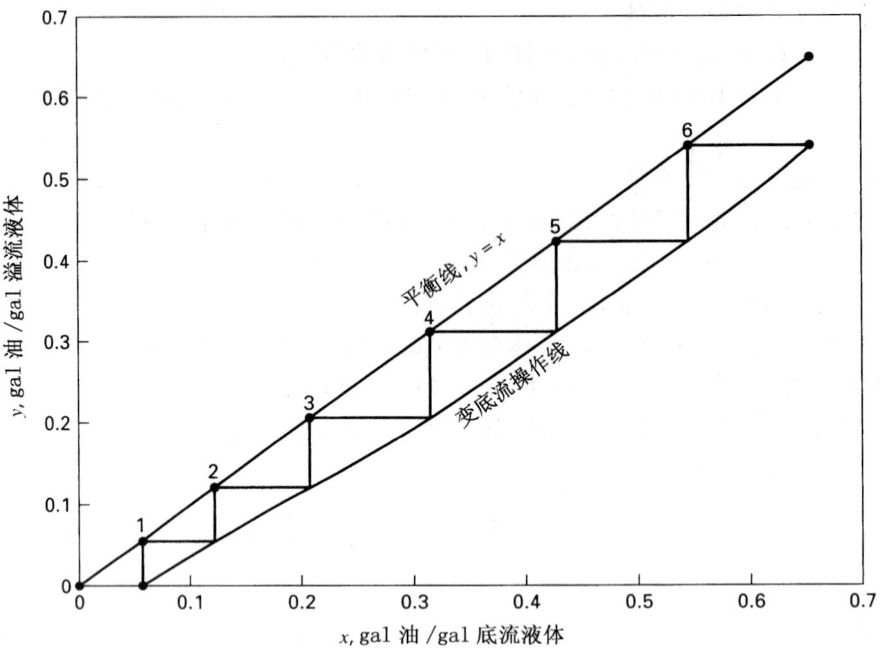

图 16.10　例 16.5 的 McCabe - Thiele 图

计算操作线的中间点

用油和总液体物料衡算，对 $x_n=0.30$ 和 0.50 的 y_{n+1} 值。可由溶剂进料端到任意级 n 进行物料衡算。

对 $x_n=0.30$，用上述表列数据给出 0.058 gal 液体/ lb 不含油的鱼肝

油物料衡算：

$$0.3\times 10\ 000\times 0.058=y_{n+1}V_{n+1}+21.5 \tag{1}$$

总液体物料衡算：

$$10\ 000\times 0.058+587.5=V_{n+1}+(367.5+21.5) \tag{2}$$

求解式(1)和式(2)

$$V_{n+1}=778.5\ \text{gal/h}$$

$$y_{n+1}=0.196\ \text{gal 油/gal 液体}$$

对 $x_n=0.50$ 和 0.083 gal 液体/ lb 不含油的鱼肝

油物料衡算：

$$0.5\times 10\ 000\times 0.083=y_{n+1}V_{n+1}+21.5 \tag{3}$$

总液体物料衡算：

$$10\ 000\times 0.083+587.5=V_{n+1}+(367.5+21.5) \tag{4}$$

求解式(3)和式(4)

$$V_{n+1}=1\ 028.5\ \text{gal/h}$$

$$y_{n+1}=0.383\ \text{gal 油/gal 液体}$$

当标绘这两组 x_n 和 y_{n+1} 后，得到如图 16.10 的操作曲线。可通过画阶梯确定总洗涤级数几乎恰好为 6。加上浸取级，得出总理想级数为 7。

16.3　基于速率的浸取模型

浸取涉及溶质从固体内部到液体溶剂或萃取液主体的传递。可通过考虑两个步骤(串联)模拟该过程:(1)溶质通过固体的分子扩散;(2)溶质通过固体外的溶剂或萃取液的对流或涡流扩散。只有在溶剂渗透进入固体成为滞留液体后,通过固体的分子扩散的实际速率才能实现,除非溶剂开始时就存在于固体中。然后溶质溶解在液体中并以适当的速度扩散到固体表面,并以网格形式留下不溶性的固体和所有难溶的物料。如果固体和外部溶剂间存在相对运动,与固体中的传质阻力相比,液相传质阻力可以忽略,而整个浸取过程可用通过固体的扩散模拟。

16.3.1　食品加工

Schwartzberg 和 Chao[11]对公开发表的以薄片、圆柱和球形存在的食品物料的浸取的实验和理论研究作了总结,包括提出了有效扩散系数的汇编。至于多孔固体吸附剂中的液体和气体的扩散,扩散系数可表示为滞留流体相中的真实分子扩散系数,或通过包括有时称为榨渣的不溶固体网格和滞留液体的整个固体的有效扩散系数。当采用有效扩散系数 D_e 时,费克定律适用,浓度推动力取为单位固体颗粒体积的溶质浓度 X_i。于是,如果 r 为扩散方向,对溶质 i 费克第一定律为

$$n_i = -D_e A\left(\frac{\partial X_i}{\partial r}\right) \tag{16-11}$$

对 r 方向有效扩散系数为常数时,费克第二定律为

$$\frac{\partial X_i}{\partial r} = \frac{D_e}{r^{v-1}}\frac{\partial}{\partial r}\left[r^{v-1}D_e\frac{\partial X_i}{\partial r}\right] \tag{16-12}$$

这里通过与式(3-69)、式(3-70)和式(3-71)比较,可知对矩形、圆柱和球形坐标 v 分别为 1、2 和 3。

通过固体外部溶剂的传质速率,如同式(3-105),可用传质系数和溶剂或萃取液中的溶质浓度 Y_i 表示,下式中下标 s 和 b 分别表示固-液界面和液相主体:

$$n_i = k_c A[(Y_i)_s - (Y_i)_b] \tag{16-13}$$

在固体外表面的固-液界面上,式(16-11)和式(16-13)相等:

$$-D_e\left(\frac{\partial X_i}{\partial r}\right) = k_c[(Y_i)_s - (Y_i)_b] \tag{16-14}$$

令

$m = Y_i/X_i$

a=固体的特征尺寸,例如圆柱或球形颗粒的半径或薄片的半厚度　　(16-15)

将式(16-14)和式(16-15)相结合,将结果表示为无量纲形式

$$-\left[\frac{\partial\left(\dfrac{Y_i}{(Y_i)_s - (Y_i)_b}\right)}{\partial(r/a)}\right] = \left(\frac{mk_c a}{D_e}\right) \tag{16-16}$$

式(16－16)右边的无量纲数称为传质 Biot 数：

$$(N_{Bi})_{M}=\frac{mk_{c}a}{D_{e}} \tag{16-17}$$

这类似于更常见的传热 Biot 数：

$$(N_{Bi})=\frac{ha}{k} \tag{16-18}$$

Biot 数是内部(固体)和外部(流体)传递阻力比的定量尺度。在 3.3 节中，对初始浓度均匀的情况，即固体内部的溶质有 $X_0=c_0$，对不同几何形状给出了式(16－12)的瞬态解。在时间 $t=0$，固体-流体界面上固体内的溶质浓度突然变为并保持在 $X_s=c_s$。给出的解为

几何形状	浓度分布	界面上的传质速率	固体内的平均浓度
半无穷大	式(3－75)	式(3－78)	—
有限厚度厚板	式(3－80)，式(3－81)和图 3.8	式(3－82)	式(3－85)和图 3.9
无限长圆柱	图 3.10	—	图 3.9
球	图 3.11	—	图 3.9

这些解适用于传质 Biot 数为无穷大，流体相的阻力可忽略的情况，并有 $(Y_i)_b=(Y_i)_s$。

如上所述，对无穷大 Biot 数，作为时间函数的溶质浓度分布由图 3.8 给出，而固体中的平均溶质浓度由图 3.9 给出。在这些解的标绘中，采用无量纲时间、传质傅里叶数，其中

$$(N_{For})_{M}=\frac{D_{e}t}{a^{2}} \tag{16-19}$$

而 a 为平板或薄片的半厚度。当内部传质阻力可忽略时，不过在食品浸取中几乎不可能出现这种情况，由下列方程给出固体内均匀浓度的解，该式的推导被留作习题：

$$\frac{X_i-\dfrac{(Y_i)_b}{m}}{(X_i)_o-\dfrac{(Y_i)_b}{m}}=\exp\left(\frac{-k_c tm}{a}\right) \tag{16-20}$$

当 $(N_{Bi})_M>200$ 时，外部(流体)传质阻力可忽略，而图 3.8 和图 3.9 适用。当 $(N_{Bi})_M<0.001$ 时，内部(固体)传质阻力可忽略，而式(16－20)适用。而当 $(N_{Bi})_M$ 界于这两个极端值之间时，两种阻力都必须考虑。对一般情况的解已由 Schwartzberg 和 Chao[11]提供。

固体中溶质有效扩散系数的确定是复杂的，因为它取决于滞留溶剂中溶质的体积分数和浓度、温度、扩散通道的曲折因子以及溶质被榨渣的吸附程度。当用水作为溶剂时，各种食品中溶质有效扩散系数的数值已由 Schwartzberg 和 Chao[11]列成表格。当细胞壁坚硬(例如甘蔗和咖啡)时，蔗糖的典型数值为 0.5 到 $1.0\times10^{-6}\,cm^2/s$。当细胞壁柔软(例如甜菜、马铃薯、苹果、芹菜和洋葱)时，数值较高，为 $1.5\sim4.5\times10^{-6}\,cm^2/s$。当溶质为盐(例如，NaCl 和 KCl)时，有效扩散系数大约高 4 倍。如前所述，压成薄片的种子中油的扩散不服从费克定律。尽管如此，如果用费克定律确定有效扩散系数，发现其数值随时间有显著的减小。例如，Karnofsky[12]用正己烷从大豆、棉籽和亚麻籽浸取油的数据给出在整个浸取过程中有效扩散系数几乎减小 1 个数量级。其他食品在某些条件下也表现出相同的趋势。通常，扩散系数不是常数，而随着平板和薄片厚度及溶质浓度而变。Schwartzberg[11]讨论了这类效应的可能原因。

固体薄片可处理成厚度有限的薄片，四侧的传质可忽略。对这种情况，可用式(3－85)或图 3.9 由浸取实验数据确定有效扩散系数或预测浸取速率。在式(3－85)中，$E_{avg_{s\ lub}}$ 为趋近萃取平衡的未完成分数，其数值随时间减小。如图 3.9 所见，以及如式(3－85)所显示的，当$(N_{Fo})_M > 0.10$ 时，级数解转化为误差小于 2%的只有一项的无穷级数，由下列方程给出

$$E_{avg_{s\ lub}} = \frac{8}{\pi^2}\exp\left(-\frac{(N_{Fo})_M\pi^2}{4}\right)$$

或

$$\ln E_{avg_{s\ lub}} = \ln(8/\pi^2) - \frac{\pi^2}{4}(N_{Fo})_M \tag{16-21}$$

于是，如果费克定律适用，而扩散系数为常数，以 $\log E_{avg_{s\ lub}}$ 对时间标绘实验数据应产生一条斜率为负数的直线，如下面的例题所说明的，可根据斜率确定有效扩散系数。

例 16.6

用水从甜菜中萃取蔗糖的工业过程，由通过甜菜的扩散控制。Yang 和 Brier[13]进行了甜菜的扩散实验，甜菜被切成厚 0.0383 in.、宽 0.25 in.，长 0.5～1.0 in. 的甜菜丝。通常，甜菜含 16%(质量)蔗糖、74%(质量)水和 10%(质量)不溶性的纤维。实验在 65～80℃内进行，溶剂水的用量为 1.0～1.2 lb/lb 新鲜甜菜丝。对温度 80℃和 1.2 lb/lb 新鲜甜菜丝的溶剂水用量，得下列平滑后的数据：

E_{avg}	t/min	E_{avg}	t/min
1.0	0	0.050	40
0.39	10	0.025	50
0.19	20	0.013 5	60
0.10	30		

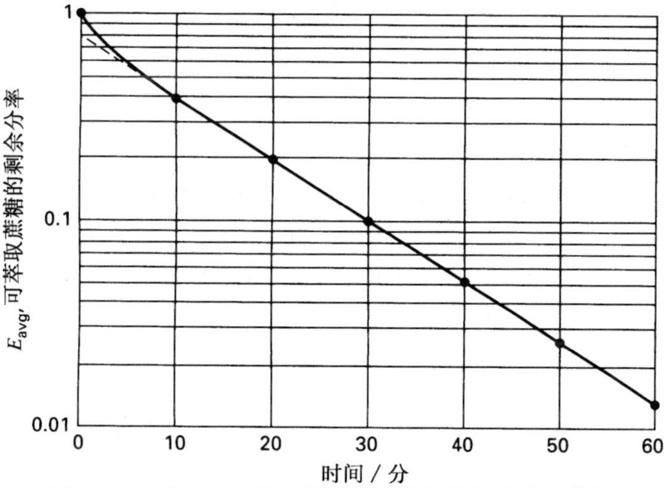

图 16.11　例 16.6 用水从甜菜中浸取蔗糖的实验数据

这些数据被标绘在图 16.11 中，由图可见，在 10～60 min 内，一条直线可通过这些数据。由直线的斜率，利用式(16－19)和式(16－21)，

$$\frac{\pi^2}{4}\left(\frac{D_e}{a^2}\right) = 0.001\,13\ \text{sec}^{-1}$$

因为 a = 半厚度 $=\frac{0.038\ 3}{2}\times 2.54=4.86\times 10^{-2}\text{ cm}$

所以，

$$D_e=\frac{0.001\ 13\times(4.86\times 10^{-2})^2\times 4}{3.14^2}=1.1\times 10^{-6}\text{ cm}^2/\text{s}$$

对连续逆流萃取器，可用式(16－21)近似确定浸取固体所需的时间。该时间利用 $E=E_{avg}$ 由下式给出

$$t=\int_{E_{in}}^{E_{out}}\frac{dE}{\left(\frac{dE}{dt}\right)} \tag{16－22}$$

如果溶质扩散系数为常数，除小的时间值外，可通过微分式(16－21)并将结果相结合消去时间 t，给出(dE/dt)：

$$\frac{dE}{dt}=-\frac{\pi^2 D_e E}{4a^2} \tag{16－23}$$

将式(16－23)代入式(16－22)，然后积分得出

$$t=\frac{4a^2}{\pi^2 D_e}\ln\left(\frac{E_{in}}{E_{out}}\right) \tag{16－24}$$

当溶质扩散系数不为常数时(这种情况更常见)，作为时间函数的 E 的实验标绘可用于直接获得式(16－22)所用的(dE/dt)的数值，如 Yang 和 Brier[13]所述，式(16－22)可采用图解或数值积分。

例 16.7

10 000 lb/h 甜菜中含 16%(质量)蔗糖、74%(质量)水和 10%(质量)不溶性的纤维，在连续逆流萃取器中在 80℃下用 12 000 lb/h 水浸取蔗糖。如果 98%的蔗糖被萃取出来，而不发生水的净质量传递。确定甜菜的停留时间，单位为分钟。假定甜菜被切成厚度 1mm 的甜菜丝，而蔗糖的有效扩散系数采用例 16.6 中计算所得的数值。

解

通过物料衡算，萃取后的甜菜含有

0.02×0.16×10 000＝32 lb 蔗糖/h

0.74×10 000＝7 400 lb 水/h

0.10×10 000＝1 000 lb 不溶性纤维/h

总计＝8 432 lb/h

于是，

$$X_{out}=32/8\ 432=0.003\ 8\text{ lb/lb}$$

$$X_{in}=1\ 600/10\ 000=0.160\text{ lb/lb}$$

这里 X 以质量分率为基准表示。

在甜菜进口端，

$$E_m=\frac{0.16-(Y/m)_{\text{出口萃取液}}}{0.16-(Y/m)_{\text{出口萃取液}}}=1.0$$

在甜菜出口端，$(Y/m)_{\text{溶剂进口}}=0$

因此，

$$E_{out}=\frac{0.0038}{1.0}=0.0038$$

由式(16－24)得

$$t=\frac{4\left(\frac{0.1}{2}\right)^2}{(3.14)^2\times(1.1\times10^{-6})}\ln\left(\frac{1.0}{0.0038}\right)=5140\ \text{s}=85.6\ \text{min}$$

16.3.2　矿物加工

浸取可用于从低品质的矿石中回收有价值的金属。浸取过程通过矿石中的反应组分与浸取液体中的组分反应，产生能溶于液体的金属离子完成。一般说来，反应可写成

$$A_{(l)}+bB_{(s)}\longrightarrow 产物 \tag{16-25}$$

从矿石中脱除反应物 B，在固体颗粒内留下孔道，使反应物 A 扩散进入颗粒内部与反应物 B 接触。

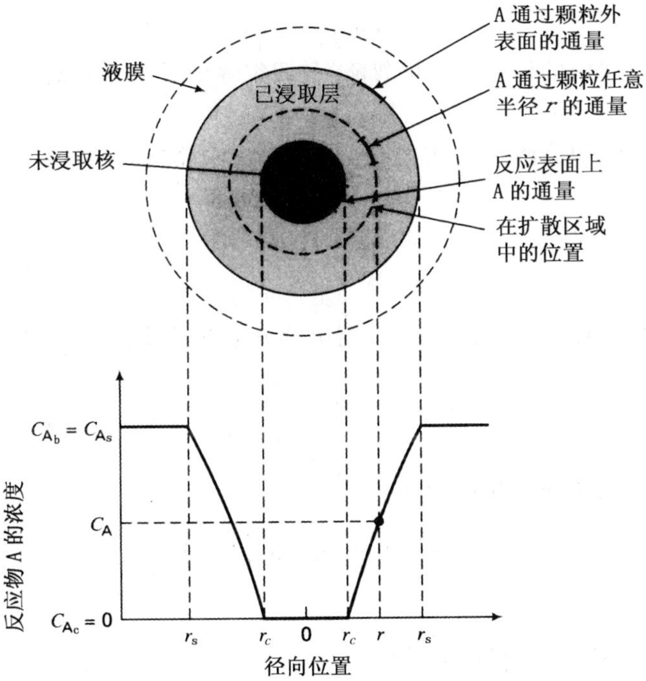

图 16.12　当通过已浸取壳层为控制步骤时的缩核模型

图 16.12 表示进行浸取的矿物颗粒。随着过程进行，外层逐渐形成多孔的浸取后的壳层，剩下未浸取的核。涉及的步骤为：

(1) 反应物 A 从液相主体到颗粒外表面的传质；

(2) 反应物 A 通过浸取后的壳层的孔道扩散；

(3) 在浸取后的壳层和未浸取的核之间的界面上的化学反应；

(4) 反应产物逆向通过浸取后的壳层的孔道扩散；

(5) 反应产物进入包围颗粒的液相主体的逆向传质。

因为未浸取核的直径随时间收缩，这种过程的数学模型于 1955 年被 Yagi 和 Kunii[14]

首先用于气-固燃烧反应，然后在 1974 年被 Roman、Benner 和 Becker[15]推广应用于液-固浸取，这种模型称为缩核模型。虽然，上述五个步骤中的任何一步或几步都可能控制该过程，但浸取速率往往是由步骤 2 控制的。因此，虽然已开发了适用于各种可能情况的通用模型，这里讨论的浸取模型是根据假定步骤 2 为控制步骤导出的。

参考图 16.12，假定在 r_c 处反应界面移动速度 $\mathrm{d}r_c/\mathrm{d}t$ 相对于式(16－25)中的反应物 A 通过浸取后多孔壳层的扩散速度是足够小的。这称为拟定态假定。虽然此假定对气-固系统是有效的，但对这里讨论的液-固系统不太令人满意。此假定的重要性在于它允许我们忽略作为时间函数的随壳层厚度增加反应物 A 在浸取后壳层中的积累，结果使模型可用常微分方程表示，而不需采用偏微分方程。于是，反应物 A 通过浸取后的多孔壳层的扩散速率由费克第二定律式(3－71)给出，忽略左边项，并用有效扩散系数代替分子扩散系数：

$$\frac{D_e}{r^2}\frac{\mathrm{d}}{\mathrm{d}r}\left(r^2\frac{\mathrm{d}c_A}{\mathrm{d}r}\right)=0 \qquad (16-26)$$

边界条件为：

$$r=r_s\text{处} \qquad c_A=c_{A_s}=c_{A_b}$$
$$r=r_c\text{处} \qquad c_A=0$$

因为假定液膜或边界层内的传质阻力可忽略，和假定界面反应为瞬时的和完全的，这些边界条件适用。

如果将式(16－26)积分两次，并应用上述边界条件，简化后的结果为

$$c_A=c_{A_b}\left[\frac{1-\dfrac{r_c}{r}}{1-\dfrac{r_c}{r_s}}\right] \qquad (16-27)$$

为得到 r_c 和时间 t 的关系，求取式(16－27)对 r 的导数并计算 $r=r_c$ 处的导数值：

$$\left.\frac{\mathrm{d}c_A}{\mathrm{d}r}\right|_{r=r_c}=\frac{c_{A_b}}{r_c\left(1-\dfrac{r_c}{r_s}\right)} \qquad (16-28)$$

$r=r_c$ 处的扩散速率由费克第一定律给出：

$$n_A=\frac{\mathrm{d}N_A}{\mathrm{d}t}=-4\pi r_c^2 D_e\left(\frac{\mathrm{d}c_A}{\mathrm{d}r}\right)_{r=r_s} \qquad (16-29)$$

式中 N_A＝A 的摩尔数。

将式(16－28)与式(16－29)相结合，

$$-\frac{\mathrm{d}N_A}{\mathrm{d}t}=\frac{4\pi r_c D_e c_{A_b}}{\left(1-\dfrac{r_c}{r_s}\right)} \qquad (16-30)$$

利用化学计量关系，由式(16－25)得，

$$-\frac{\mathrm{d}N_A}{\mathrm{d}t}=\frac{1}{b}\frac{\mathrm{d}N_B}{\mathrm{d}t} \qquad (16-31)$$

由物料衡算

$$-\frac{\mathrm{d}N_B}{\mathrm{d}t}=\frac{\rho_B}{M_B}\frac{\mathrm{d}}{\mathrm{d}t}\left(\frac{4}{3}\pi r_c^3\right)=\frac{4\pi r_c^2\rho_B}{M_B}\frac{\mathrm{d}r_c}{\mathrm{d}t} \qquad (16-32)$$

式中

ρ_B——单位固体颗粒体积反应物 B 的初始质量；

M_B——B 的相对分子质量。

将式(16－30)和式(16－32)相结合，

$$\frac{-\rho_B}{M_B}\left(\frac{1}{r_c}-\frac{1}{r_s}\right)r_c^2\,\mathrm{d}r_c=bD_e c_{A_b}\,\mathrm{d}t \tag{16-33}$$

积分式(16－33)并应用边界条件

$$t=0\text{ 时 }r_c=r_s$$

给出

$$t=\frac{\rho_B r_s^2}{6D_e bM_B c_{A_b}}\left[1-3\left(\frac{r_c}{r_s}\right)^2+2\left(\frac{r_c}{r_s}\right)^3\right] \tag{16-34}$$

对完全浸取，$r_c=0$[①]，式(6－34)变为

$$t=\frac{\rho_B r_s^2}{6D_e bM_B c_{A_b}} \tag{16-35}$$

例 16.8

用 0.5M 的 H_2SO_4浸取含 2%(质量)CuO 的铜矿石。反应为

$$\frac{1}{2}CuO_{(s)}+H^+_{(aq)}\longrightarrow\frac{1}{2}Cu^{2+}_{(aq)}+\frac{1}{2}H_2O_{(aq)} \tag{1}$$

浸取过程由氢离子通过已浸取的壳层控制。已由实验室试验确定氢离子的有效扩散系数 D_e为 $0.6\times10^{-6}cm^2/s$。矿石的比重为 2.7。矿石颗粒直径为 10mm，估计浸取 98%的铜所需的时间，假定 CuO 在整个颗粒内均匀分布。另外，通过孔道中的液体所含氢离子数量与和 CuO 反应的氢离子数量的比较，检验拟定态假定的有效性。

解

如果 98%的氧化铜被浸取，那么 r_c对应于 2%颗粒体积。于是，

$$\frac{4}{3}\pi r_c^3=(0.02)\frac{4}{3}\pi r_s^3$$

或

$r_c=(0.02)^{1/3}r_s=(0.02)^{1/3}\times0.5=0.136$ cm

$\rho_B=0.02\times2.7=0.054\ g/cm^3$＝矿石中 CuO 的密度

$M_B=79.6$＝CuO 的相对分子质量

由式(16－25)和式(1)知 $b=0.5$。

对 0.5M 的 H_2SO_4，$c_{H_b}^+=\frac{2\times0.5}{1\,000}=0.001\ mol/cm^3$。

对 $r_c/r_s=0.136/0.500=0.272$，由式(16－34)得

$$t=\frac{0.054\times0.5^2}{6\times0.6\times10^{-6}\times0.5\times79.6\times0.001}(1-3\times0.272^2+2\times0.272^3)$$
$$=77\,000\ s=21.4h$$

现在，检验拟定态假定的有效性。

CuO 的密度为 $6.4\ g/cm^3$。

---

① 原文误为 $r_s=0$——译者注。

100 g 铜矿石的体积为 100/2.7=37.0 cm^3。

在这些铜矿石中 CuO 占据的体积为

0.02×100/6.4=0.313 cm^3 或颗粒体积的 0.845%

一颗颗粒的体积$=\frac{4}{3}\pi r_s^3=\frac{4}{3}\times 3.14\times 0.5^3=0.523\ cm^3$

一颗颗粒中作为矿石的 CuO 的体积=0.008 45×0.523=0.004 4 cm^3

根据保持恒定的主体浓度，孔道中 H^+ 的摩尔数：

$$0.001\times 0.004\ 4=4.4\times 10^{-6}\ mol$$

以 mol 为单位，浸取一颗颗粒中 98% 的 CuO 的数值为

$$\frac{0.98\times 0.02\times 2.7\times 0.523}{79.6}=3.5\times 10^{-4}\ mol$$

反应需要 7.0×10^{-4} mol H^+。

因为此数值比保存在孔道中 H^+ 的估计值约大 2 个数量级，所以拟定态假定是合理的。

16.4 本章小结

(1) 浸取类似于液-液萃取，除了溶质最初存在于固体中。浸取广泛应用于从食品和矿物中脱除溶质。

(2) 当浸取速度快时，它可在一级内完成。但浸取后的固体将保留含有溶质的表面附着液体。为了在萃取液中回收大部分溶质，在逆流流程安排中需增加一级或多级洗涤级。

(3) 因为固体中的扩散系数很小，大多数固体的浸取可能是很慢的。因此，常需通过破碎、研磨、压片、切片减小固体的尺寸。

(4) 可获得间歇或连续加工的工业浸取设备。通过渗滤或浸渍使固体和溶剂接触。大型、连续、逆流萃取器加工食品固体的能力可达 7 000 000 kg/天。

(5) 大流量浸取后固体的洗涤通常在增稠器中进行，增稠器被设计成能产生澄清的液体溢流和浓缩的固体底流。当能否获得澄清的溢流不重要时，可用旋液分离器代替增稠器。

(6) 当浸取快速和为获得高溶质回收率需要洗涤时，对连续、逆流系统广泛采用平衡级模型。模型假定离开某级的溢流中的溶质浓度等于保留在离开该级的底流固体中的液体的溶质浓度。

(7) 当各级底流中的液固比为常数时，平衡级模型可采用修正的 Kremser 法代数求解，或用修正的 McCabe－Thiele 法图解求解。如果底流中的液固比是变化的，可采用操作线为曲线的图解法。

(8) 当浸取缓慢时，如对食品固体或低品质矿石，必须以速率为基础进行浸取计算。在某些情况下，因为复杂的膜和纤维结构，食品固体中溶质的扩散不遵循费克定律。

(9) 采用反应浸取的低品质矿石的浸取可采用拟定态假定，方便地用缩核模型进行计算。

参考文献

1. Othmer, D. F., and J. C. Agarwal, *Chem. Eng. Progress.*, **51**, 372—373 (1955).
2. Perry, R. H., and D. W. Green, Ed., *Perry's Chemical Engineers' Handbook*, 6th ed., McGraw-Hill, New York (1984), Section 19.
3. King, C. O., D. J. Katz, and J. C. Brier, *Trans. AIChE*, **40**, 533—537 (1944).
4. Van Arsdale, G. D., *Hydrometallurgy of Base Metals*, McGraw-Hill. New York (1953).
5. Lamont, A. G. W., *Can. J. Chem. Eng.*, **36**, 153 (1958).
6. Schwartzberg, H. G., *Chem. Eng.*, *Progress*, **76** (4), 67—85 (1980).
7. Coulson, J. M., J. F. Richardson, J. R. Backhurst, and J. H. Harker, *Chemical Engineering*, Vol. 2, 4th ed., Pergamon Press, Oxford (1991).
8. Baker, E. M., *Trans. AIChE.*, **32**, 62—72 (1936).
9. McCabe, W. L., and J. C. Smith, *Unit Operations of Chemical Engineering*, 604—608, McGraw-Hill, New York (1956).
10. Ravenscroft, E. A., *Ind. Eng. Chem.*, **28**, 851—855 (1936).
11. Schwartzberg, H. G., and R. Y. Chao, *Food Tech.*, **36** (2), 73—86 (1982).
12. Karnofsky, G., *J. Am. Oil. Chem. Soc.*, **26**, 564—569 (1949).
13. Yang, H. H., and J. C. Brier, *AIChE J.*, **4**, 453—459 (1958).
14. Yagi, S., and D. Kunii, "Fifth Symposium (International) on Combustion," Reinhold, New York, pp. 231—244(1955).
15. Roman, R. J., B. R. Benner, and G. W. Becker, *Trans. Soc. Mining Engineering of AIME*, **256**, 247—256 (1974).
16. Andueza, S., L. Maeztu, B. Dean, M. P. De Pena, J. Pello, and C. Cid, *J. Agric. Food Chem.*, **50**, 7426—7431(2002).
17. Andueza, S., L. Maeztu, L. Pascual, C. Ibanez, M. P. De Pena, and C. Cid, *J. Sci. Food Agric.*, **83**, 240—248(2003).
18. Andueza, S., M. P. De Pena, and C. Cid, *J. Agric, Food Chem*, **51**, 7034—7039(2003).

习　　题

16.1 节

16.1　利用在本章开头摘要叙述的由 Othmer 和 Agarwal 提供的大豆萃取中试装置数据，假定水气保留在压片中，校核萃取器中油和正己烷的物料衡算，并计算离开萃取器的浸取后固体中液体油与压片的质量比。

16.2 节

16.2　基本上不溶于水的碳酸钡，由含 120 000 kg 水/天和 40 000 kg 硫化钡/天的水溶液和符合化学计量比的固体碳酸钠沉淀制取。反应还产生水溶性的硫化钠副产物。该过程将在 5 个增稠器组成的连续、逆流系统中进行。反应将全部在固体碳酸钠和硫化钡水溶液和来自第二级增稠器的溢流作为加料的第一增稠器中进行。足够的淡水进入最后一级增稠器，使第一级增稠器的溢流含 10%(质量)的硫化钠，假定每级增稠器的底流中按重量计每份碳酸钡含两份水。

(a) 画出过程的草图，并标明所有给定的信息；

(b) 确定每天需要的碳酸钠数量(kg)和反应生成的碳酸钡和硫化钠数量(kg)；

(c) 确定每天需要的淡水数量(kg)，离开各级增稠器的底流的液体中硫化钠的质量百分数，和干燥后留存在碳酸钡产品中的硫化钠数量(kg/天)。

16.3 碳酸钙沉淀可由碳酸钠水溶液和氧化钙反应生产。副产物是氢氧化钠水溶液。倾析后，离开沉淀槽的淤浆含 5%(质量)碳酸钙和 0.1%(质量)氢氧化钠，其余为水。流量为 10^5 lb/h 的这种淤浆进入二级连续、逆流洗涤系统，用 20 000 lb/h 淡水洗涤。每个增稠器的底流含 20%(质量)固体。确定萃取液中氢氧化钠的百分回收率和干燥的碳酸钙产品中氢氧化钠的质量百分含量。根据计算，是否值得增加第三级洗涤器。

16.4 从含硫化锌的矿石中回收锌。矿石首先进行煅烧生成氧化锌，然后用硫酸水溶液浸取生成水溶性的硫酸锌和称为脉石的不溶于水的无价值的残渣。20 000 kg/h 倾析后的淤浆含 5%(质量)水、10%(质量)硫酸锌，其余为脉石。在连续、逆流洗涤系统中，用水洗涤淤浆产生称为浓溶液的萃取液，水中含 10%(质量)硫酸锌，回收率为 98%。假定按质量计，每个洗涤级的底流每份脉石含两份水(不计硫酸锌)。确定所需的级数。

16.5 50 000 kg/h 含 20%(质量)油的大豆压片在由一个理想浸取级和三个理想洗涤级组成的逆流系统中用等流量的正己烷浸取油。实验表明每级的底流含 0.8kg 液体/kg 大豆(无油基准)。

(a) 确定最终萃取液中油的百分回收率；

(b) 如果浸取需要四级中的三级，使这三级中的每一级发生三分之一浸取，后面只设一级真正的洗涤级，确定最终萃取液中油的百分回收率。

16.6 每小时 100 吨含 20%(质量) Na_2CO_3，其余为不溶性固体的进料在连续、逆流系统中用水浸取和洗涤。假定浸取将在一个理想级内完成。要求获得的最终萃取液含 15%(质量)溶质，溶质回收率为 98%。每级的底流含 0.5lb 溶液/lb 不溶性固体。确定需要的理想洗涤级数目。

16.7 二氧化钛是涂料中最常用的白色颜料，它可由钛矿金红石氯化生成 $TiCl_4$，再氧化生成 TiO_2 生产。为提纯不溶性的二氧化钛，它在连续、逆流增稠器系统中用水洗涤除去可溶性杂质。通过洗涤每小时生产 200 000 kg 纯度为 99.9%(质量)的二氧化钛，然后进行过滤和干燥。进料含 50%(质量)二氧化钛、20%(质量)可溶性盐和 30%(质量)水。洗涤液是纯水，质量流量与进料相等。

(a) 如果每级的底流为 0.4kg 溶液/kg TiO_2，确定需要的洗涤级数目；

(b) 如果如下所列，底流中溶液保留量是变化的，确定需要的洗涤级数目。

溶质浓度，kg 溶质/kg 溶液	溶液保留量，kg 溶液/kg TiO_2
0.0	0.30
0.2	0.34
0.4	0.38
0.6	0.42

16.3 节

16.8 推导式(16-20)，假定 $(Y_i)_b$、k_c、m 和 a 为常数，以及 $(X_i)_a$ 在固体中是均匀的。

16.9 推导式(16-24)。

16.10 Othmer 和 Agarwal[1]有关 80 ℉下用不含油的正己烷从大豆中间歇浸取油的数据如下所列：

时间/min	大豆中的含油量,g/g 干无油大豆
0	0.203
0.5	0.155 9
1	0.135 9
2	0.119 0
4	0.098 1
7	0.077 5
12	0.059 1
20	0.041 97
35	0.030 55
60	0.023 88
120	0.021 07

确定这些数据与油在大豆内的有效扩散系数为常数的假定是否一致。

16.11 估计 80℃时,在无限稀释条件下蔗糖在水中的分子扩散系数。注意 25℃时的数值为 0.54×10^{-5} cm^2/s。说明你获得的数值不同于例 16.6 中有效扩散系数数值的原因。

16.12 在连续、逆流萃取器中,在 25℃下萃取平均直径为 2 mm 的磨碎咖啡颗粒内的蔗糖。蔗糖在颗粒内的扩散系数确定约为 1.0×10^{-6} cm^2/s。估计浸取 95%的蔗糖需几分钟。对球形颗粒,当 $N_{FO_M}>1.0$,

$$E_{ave}=\frac{6}{\pi^2}\exp\left(\frac{-\pi^2 D_e t}{a^2}\right)$$

16.13 对例 16.8 中的条件,在 0.5 mm 到 50 mm 范围内确定颗粒尺寸对浸取时间的影响。

16.14 对例 16.8 中的条件,在 50%到 100%范围内确定铜的回收率对浸取时间的影响。

16.15 重做例 16.8,除了改为矿石含 3%(质量)Cu_2O。

16.16 对缩核模型,如果浸取速率由对反应物 A 的浓度为一级的化学反应控制,推导下式

$$t=\frac{\rho_B r_s}{bM_B k C_{Ab}}\left(1-\frac{r_c}{r_s}\right)$$

式中 k 为一级速率常数。

第 17 章　结晶、凝华和蒸发

结晶是在均相液体中形成晶体颗粒的固-液分离过程。理想情况下，晶体是以高产率获得的具有所需的形状并具有相当均匀及所要求尺寸的纯化合物。结晶是已知的最古老的分离操作之一，通过蒸发从水中回收作为食盐晶体的氯化钠可追溯到古代。即使在今天，最常见的应用是从各种无机盐的水溶液中结晶，表 17.1 给出了这类应用的简略清单。所有这些应用称为**溶液结晶**，因为无机盐显然是结晶的溶质，而水是留在液相中的溶剂。适用溶液结晶的系统的相图为溶解度曲线，如图 17.1(a)所示，并已在第 4 章中进行了描述。

表 17.1　从水溶液中回收的某些无机盐

化学名	分子式	俗称	晶系
氯化铵	NH_4Cl	磠砂	立方
硫酸铵	$(NH_4)_2SO_4$	硫铵石	斜方
氯化钡	$BaCl_2 \cdot 2H_2O$		单斜
碳酸钙	$CaCO_3$	方解石	菱形
硫酸铜	$CuSO_4 \cdot 5H_2O$	蓝矾	三斜
硫酸镁	$MgSO_4 \cdot 7H_2O$	泻盐	斜方
氯化镁	$MgCl_2 \cdot 6H_2O$	水氯镁石	单斜
硫酸镍	$NiSO_4 \cdot 6H_2O$	单镍盐	四角
氯化钾	KCl	氯化物	立方
硝酸钾	KNO_3	硝石	六角
硫酸钾	K_2SO_4	单钾芒硝	斜方
硝酸银	$AgNO_3$		斜方
氯酸钠	$NaClO_3$		立方
氯化钠	$NaCl$	食盐	立方
硝酸钠	$NaNO_3$	智利硝石	菱形
硫酸钠	Na_2SO_4	芒硝	单斜
硫代硫酸钠	$Na_2S_2O_3$	海波	单斜
硫酸锌	$ZnSO_4$	白矾	斜方

对有机晶体的形成，有机溶剂，例如乙酸、乙酸乙酯、甲醇、乙醇、丙酮、乙醚、氯化烃、苯和石油馏分可能是优先选择，但当这些溶剂有毒，或因低闪点和宽爆炸限范围而易燃时，其使用必须小心。

对水溶液或有机溶液，结晶由冷却溶液、蒸发溶剂，或二者的结合而实现。在某些情况下，两种或多种溶剂的混合物可能是最佳的，这类例子包括水和低级醇，以及正构烷烃和氯化烃。还有，第二溶剂的加入有时用于减小溶质的溶解度。当水作为附加溶剂时，过程称为水析；当将有机溶剂加入盐的水溶液时，过程称为盐析。对这两种添加溶剂的情况，可能发生称为沉淀的快速结晶，导致生成大量非常小的晶体。当两种反应溶液的一种产物是低溶解度的固体时，也会发生沉淀。例如，当硝酸银的水溶液与氯化钠混合时，不溶性的氯化银将沉淀，而留下主要含可溶性硝酸钠的水溶液。

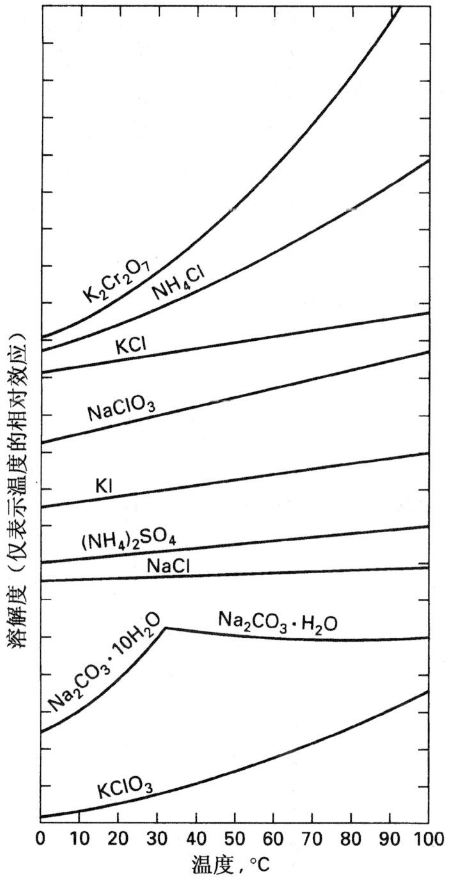

(a) 适用于溶液结晶的水溶液系统

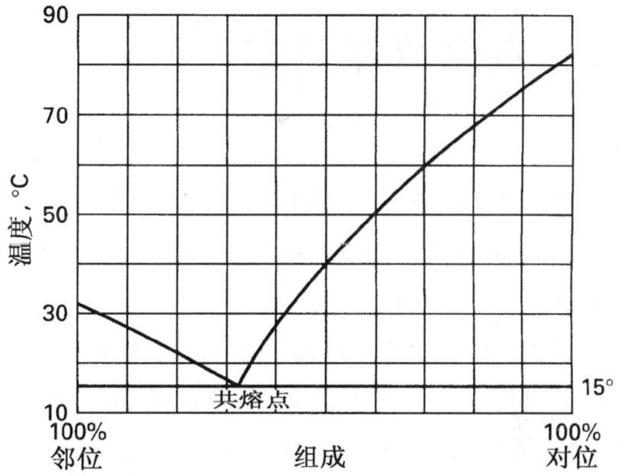

(b) 适用于熔融结晶形成共熔物的邻和对氯硝基苯系统

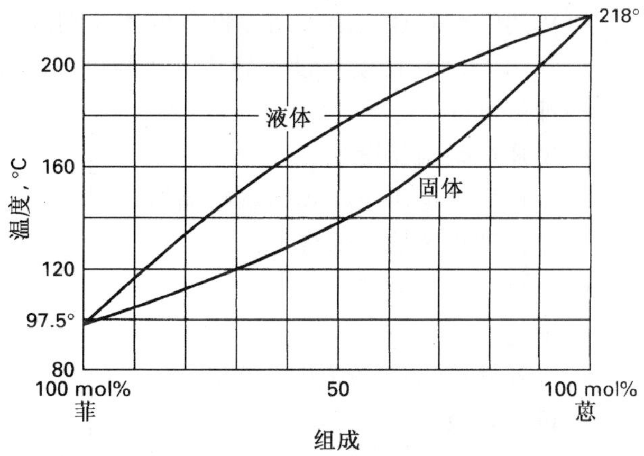

(c) 适用于分熔结晶的固体溶液系统

图 17.1　不同类型的溶解度曲线

［经允许，从 *Handbook of Separation Techniques for Chemical Engineers*，2nd ed.，P. A. Schweitzer，Editor in Chief，McGraw Hill，New York（1988）复制］

当均相二元溶液的两个组分具有相差不大的熔点（凝固点）时，这种溶液称为熔融物。如图 17.1(b)所示，如果熔融物的相图显示出共熔点，在称为熔融结晶的步骤中，根据熔融物的组成在共熔点的左侧还是右侧，可能获得一种组分或另一种组分的纯晶体。但是，如图 17.1(c)所示，如果形成固体溶液，为获得接近纯晶体的产物，需要一种称为部分熔融结晶的反复熔融和凝固步骤的过程。采用一种称为区域熔炼或区域精制的技术可达到较高的纯度。形成最低共熔物的二元有机物系统的例子包括间二甲苯-对二甲苯和苯-萘。形成固体溶液的萘-β 萘酚和萘-β 萘胺的二元系统是不常见的。

结晶也可由气相混合物发生，将这种过程称为凝华更加适当。许多化合物，包括邻苯二甲酸酐和安息香酸采用这种方法生产。当两种或多种化合物倾向于凝华时,部分凝华过程可用于获得接近纯的产物。

化合物从稀水溶液中结晶往往需借助在称为效的一个或多个容器中的蒸发使溶液浓缩才能进行,然后通过离心分离或过滤从生成的称为稠液的淤浆中部分分离和洗涤晶体。再通过干燥使晶体达到规定的湿含量完成此过程。

17.0 本章教学目的

学完本章后,你应该能够:

- 描述不同类型的结晶。
- 说明晶体如何生长。
- 说明如何测定、列表和标绘晶体大小分布。
- 说明结晶过程中过饱和的重要性。
- 晶体的初次和二次成核的区别。
- 利用传质理论确定晶体生长速率。
- 描述间歇和连续溶液结晶设备的主要型式。
- 利用 MSMPR 模型设计导流管挡板(DTB)型连续、真空、蒸发结晶器。
- 理解沉淀。
- 描述熔融结晶设备。
- 将传质理论用于降膜熔融结晶器。
- 应用理想区域熔炼模型。
- 区分结晶和凝华。
- 描述蒸发设备。
- 推导并应用理想蒸发器模型。
- 设计多效蒸发系统。

17.0.1 工业实例

考虑水溶液中 $MgSO_4 \cdot 7H_2O$(泻盐)的结晶。1atm 下 $MgSO_4 \cdot H_2O$ 系统的固-液相图如图 17.2 所示。取决于温度,可能存在四种不同的 $MgSO_4$ 的水合物:$MgSO_4 \cdot H_2O$、$MgSO_4 \cdot 6H_2O$、$MgSO_4 \cdot 7H_2O$ 和 $MgSO_4 \cdot 12H_2O$。而且,最后一种水合物能与冰形成最低共熔物。为获得通常需要的七水合物,必须在 36 ℉到 118 ℉(点 b 到点 c)之间结晶。在此范围内,$MgSO_4$ 的溶解度(无水或不含水基准)从 21%(质量)几乎线性增加到 33%(质量)。

在 1atm 和 70 ℉下由 10%(质量)的水溶液生产 4 205 lb/h(干基)$MgSO_4 \cdot 7H_2O$ 晶体的代表性工业过程如图 17.3 所示。该溶液首先在顺流进料的双效蒸发系统中浓缩,然后与自旋液分离器和离心分离机返回的循环母液混合。含 31.0%(质量) $MgSO_4$ 的 14 326 lb/h 的组合进料在 1atm 和 120 ℉下进入用 316 不锈钢制造的蒸发、真空结晶器,其细节如图 17.4 所示。

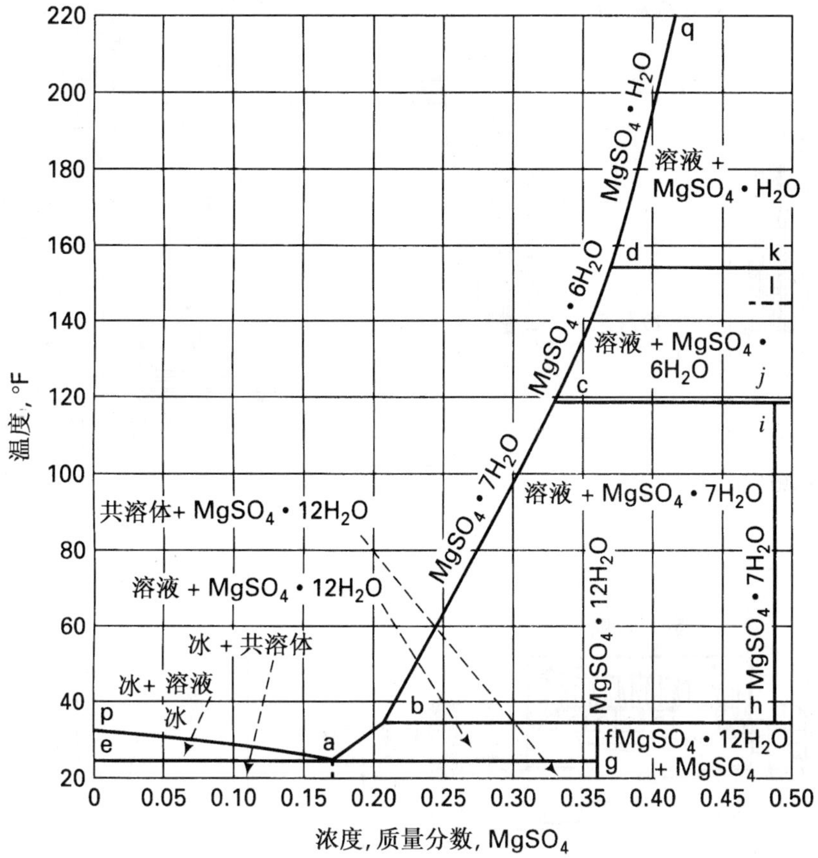

图 17.2　1atm 下 $MgSO_4 \cdot nH_2O$ 系统的固-液相图

[经允许，从 W. L. McCabe, J. C. Smith, and P. Harriott, *Unit Operations of Chemical Engineering*, 5th ed., McGraw Hill, New York (1993)复制]

该结晶器利用 6 000 gpm 稠液的内部循环向上通过装有 3Hp 船用螺旋桨型搅拌器使稠液接近理想混合。母液在裙形挡板外侧向下流动过程中与晶体分离，用 10Hp 的不锈钢泵使母液以 625 gpm 的流量外部循环通过 300 ft^2 不锈钢板框换热器，通过冷凝 2 185 lb/h、20 psig的蒸汽，该换热器将 2 052 000 Btu/hr 的热量传递给溶液，提供在结晶器内蒸发2 311 lb/h 水所需的能量并造成过饱和。

离开结晶器顶部的蒸气与常压冷凝器内的冷却水直接接触而被冷凝，附设在冷凝器上的喷射泵将结晶器的蒸气空间抽到 0.867 psia 的真空度。105 ℉下的产物稠液由 7 810 lb/h浓度为 30.6%(质量) $MgSO_4$ 的饱和母液和 4 205 lb/h 晶体组成。这相当于按重量计稠液含 35%晶体，而按体积计含 30.2%晶体，因为晶体密度为 1.68g/cm^3，而母液密度为 1.35 g/cm^3。105 ℉的饱和母液的沸点升高为 8 ℉。于是，离开结晶器的蒸气将过热 8 ℉。稠液在结晶器中的停留时间为 4 小时，这足以产生如下晶体大小分布：

20 目筛上料 35%(质量)

40 目筛上料 80%(质量)

100 目筛上料 99%(质量)

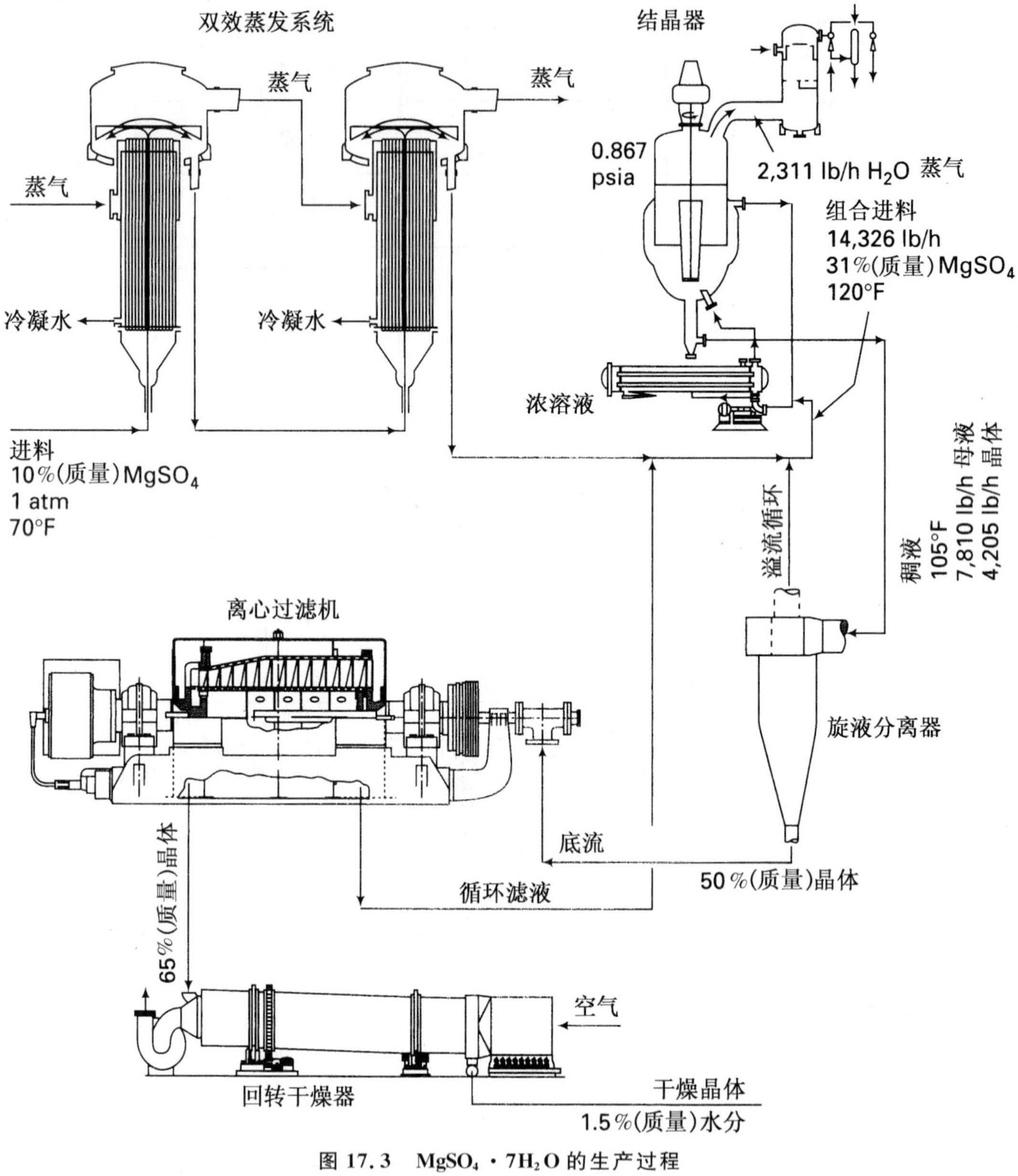

图 17.3 $MgSO_4 \cdot 7H_2O$ 的生产过程

用于该代表性过程的结晶器高 30 ft，蒸气空间直径 $5\frac{1}{2}$ ft，和稠液空间直径 10 ft。在旋液分离器中稠液被增浓到含 50%(质量)晶体，从旋液分离器溢流的母液循环返回结晶器，而底流的淤浆送往连续离心机，在那里淤浆被进一步增稠到含 65%(质量)晶体并进行洗涤。离心机滤出的母液也循环返回结晶器。而离心机的滤饼被送往连续直接加热回转干燥器将晶体中的湿含量减少到 1.5%(质量)。

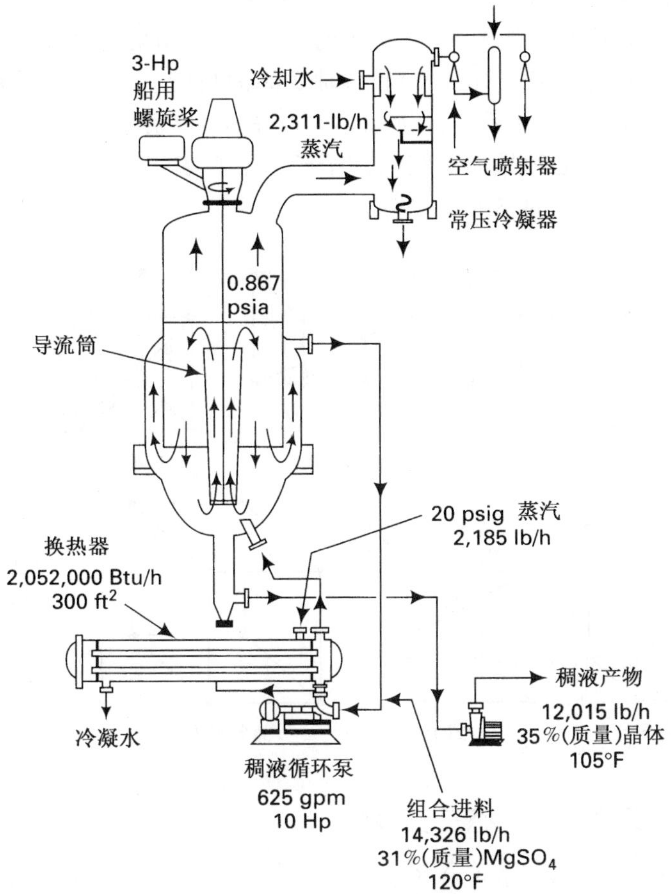

图 17.4　生产 $MgSO_4 \cdot 7H_2O$ 的结晶器

17.1　晶体几何学

在固体中，分子、原子或离子的运动主要限制为固定位置周围的振动。如果固体为无定型的，这些位置不按有规律的或晶格的方式排列；如果固体为晶体，那么这些位置将按有规律的或晶格的方式排列。无定型固体是各向同性的，于是物理性质与测定的方向无关；而晶体则是各向异性的，除非该晶体为立方结构。

在晶体生长时，如不受器壁、别的晶体等其他表面干扰，晶体将形成具有平整侧面和清晰转角的多面体。晶体的形状绝不会是球形。虽然指定化合物的两种晶体可能表现出相当不同的大小和形状，但它们总会有某些共同的地方，这称为恒定界面角定律，由 Hauy 在 1784 年提出。该定律指出指定物质的所有晶体的对应面之间的角度是恒定的，即使这些晶体的大小和各面的生长不同(称为**结晶习性**)。界面角和晶格尺寸可用 X 射线结晶学精确测定。

如 Mullin[1]曾讨论的，早期的研究发现晶体由许多单元组成，其中每一个的形状都与较大的晶体相似。这引出了作为有规则排列的点(分子、原子或离子)空间晶格的概念，如果在任意两个点之间画一条直线，并向两个方向延伸，该直线将通过具有相同间距的其他晶格点。1848 年 Bravais 证明只有如图 17.5 所示的 14 种空间晶格是可能的。根据三个相互垂直的坐标轴关于它们的相对长度(a、b、c)和各轴之间的角度(α、β、γ)的对称性，这 14 种晶格可分成表 17.2 所列的七种晶体系统。例如，立方(正规的)系统包括简单立方晶格、体心立方晶格和面心立方晶格。七种晶体系统的例子已包括在表 17.1 中。包括在该表中的五种钠盐形成了七种晶体系统中的三种。

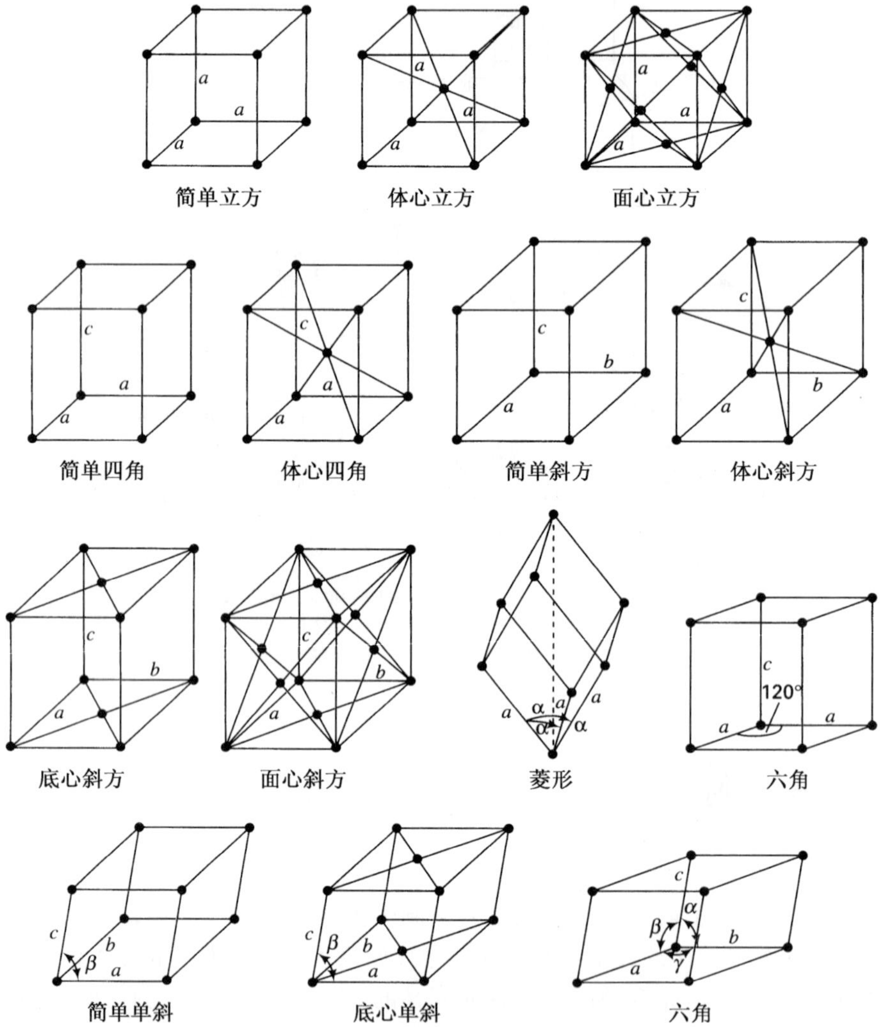

图 17.5 Bravais 的 14 种空间晶格

当各面以不同速率生长时，尤其当某一方向的生长受到阻碍而使各方向的生长速率明显不同时，指定物质的实际晶体和指定晶体系统可能表现出非常不同的外观，以致会由于另一方向的过度生长而形成平面或针形。例如，属于斜方晶系的硫酸钾可能采取图 17.6 中所示的任何一种形状(结晶习性)，包括平面、针形和棱柱。当需要特定结晶习性的产物晶体时，为找寻要求的加工条件，可能必须进行实验研究。结晶习性的修正常常通过往溶液里故意添加杂质来实现。

表 17.2　七种晶体系统

晶体系统	空间晶格	轴长度	轴之间的角度
立方(正规)	简单立方 体心立方 面心立方	$a=b=c$	$\alpha=\beta=\gamma=90°$
四角	正方棱柱 体心正方棱柱	$a=b<c$	$\alpha=\beta=\gamma=90°$
斜方	简单斜方 体心斜方 底心斜方 面心斜方	$a\neq b\neq c$	$\alpha=\beta=\gamma=90°$
单斜	简单单斜 底心单斜	$a\neq b\neq c$	$\alpha=\beta=90°$ $\gamma\neq 90°$
菱形(三角形)	菱形	$a=b=c$	$\alpha=\beta=\gamma\neq 90°$
六角	六角	部门 $a=b\neq c$	$\alpha=\beta=90°$ $\gamma\neq 120°$
三斜	三斜	$a\neq b\neq c$	$\alpha\neq\beta\neq\gamma\neq 90°$

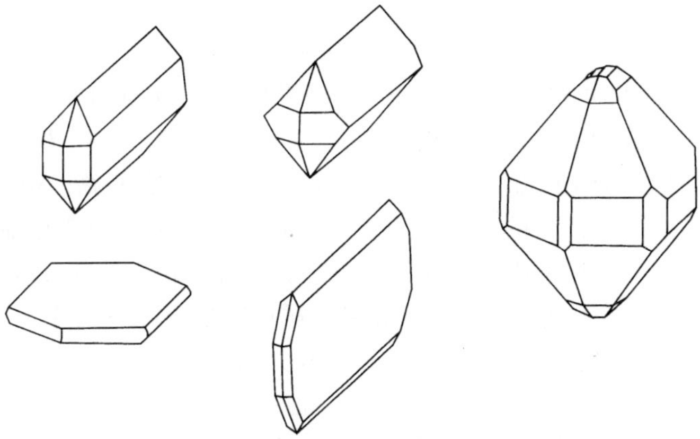

图 17.6　斜方晶系的硫酸钾晶体的某些结晶习性

17.1.1　晶体大小分布

离开结晶器的典型稠液存在晶体大小和形状的分布。利用平均晶体大小和晶体大小分布来描述一批晶体(或通常所说的颗粒)的特征是非常需要的。这往往通过定义某种特征晶体尺度完成。但是,如图 17.6 所示,某些晶体形状可能需要两个特征尺度,而对其他晶体形状则一个尺度就足够了。这个问题的一种解决方法特别适用于关联有关颗粒传递速率,这种方法采用球形度将不规则形状的颗粒与球形相联系,定义为

$$\psi=\frac{\text{与颗粒相同体积的球的表面积}}{\text{颗粒的表面积}} \tag{17-1}$$

对球 $\psi=1$,而对所有其他形状的颗粒 $\psi<1$。对直径为 D_p 的球形颗粒,表面积 s_p 对体积 v_p 的比值为

$$(s_p/v_p)_{球}=(\pi D_p^2)/(\pi D_p^3)/6=6/D_p$$

因此，式(17－1)变为

$$\psi=\frac{6}{D_p}\left(\frac{v_p}{s_p}\right)_{\text{颗粒}} \tag{17-2}$$

例 17.1

估计每边长度为 a 的立方体的球形度。

解

$$v_{\text{立方体}}=a^3$$

$$s_{\text{立方体}}=6a^2$$

由式(17－2)

$$\psi=\frac{6}{D_p}\left(\frac{a^3}{6a^2}\right)=\frac{a}{D_p}$$

因为球和立方体的体积必须相等

$$\pi D_p^3/6=a^3$$

解得

$$D_p=1.214a$$

那么，

$$\psi=a/1.214a=0.806$$

最常用的测定颗粒尺寸的方法与它们适用的颗粒尺寸范围如表 17.3 所列。因为不规则的晶体形状，不同方法给出的结果可能相差高达 50%，应该不致令人感到惊奇。晶体大小分布通常用由较早的泰勒标准筛衍生的美国（或英国）标准线网筛[ASME EII (1989)]确定。美国标准以称为 18 号筛目的 1 平方毫米(1mm＝1 000μm)的开孔筛为基础，因为这种筛每英寸开孔数为 18 个。标准筛目列于表 17.4，表中每种较小的筛孔与前一种筛孔相差的因子约为$(2)^{1/4}$。利用一叠依此排列的筛，应用机械摇动进行筛分操作。

当用线网筛确定晶体大小分布时，晶体尺寸取为晶体刚通过的筛孔对应的尺寸。但是，因为晶体形状的不规则，这只应被看成名义值。如图 17.7 所示，对平板和针形尤其如此。

称为筛分分析的颗粒大小分布数据以表格的形式表示，由此表格可进行微分标绘和累计标绘，通常以质量分率为基准。考虑 Graber 和 Taboada[2]对 $Na_2SO_4 \cdot 10H_2O$(芒硝)晶体提出的下列实验室筛分分析数据，该晶体在 18℃下在理想混合的实验室冷却结晶器中生长获得，平均停留时间为 37.2 min。所用的最小的筛为 140 目，通过该筛的颗粒被保留在盘上。

表 17.3　测定颗粒尺寸的方法

方　　法	尺寸范围/微米
编织线筛	32～5 600
尖角沙嘴电传感器	1～200
重力沉降	1～50
光学显微镜	0.5～150
激光散射	0.04～2 000
离心沉降	0.01～5
电子显微镜	0.001～5

表 17.4　美国标准筛 ASME EII

筛目编号	方孔尺寸		
	in.	mm	μm
3－1/2	0.220	5.60	5 600
4	0.187	4.75	4 750
5	0.157	4.00	4 000
6	0.132	3.35	3 350
7	0.110	2.80	2 800
8	0.092 9	2.36	2 360
10	0.078 7	2.00	2 000
12	0.066 9	1.70	1 700
14	0.055 1	1.40	1 400
16	0.046 5	1.18	1 180
18	0.039 4	1.000	1 000
20	0.033 5	0.850	850
25	0.028 0	0.710	710
30	0.023 6	0.600	600
35	0.019 7	0.500	500
40	0.016 7	0.425	425
45	0.014 0	0.355	355
50	0.011 8	0.300	300
60	0.009 84	0.250	250
70	0.008 35	0.212	212
80	0.007 09	0.180	180
100	0.005 91	0.150	150
120	0.004 92	0.125	125
140	0.004 17	0.106	106
170	0.003 54	0.090	90
200	0.002 95	0.075	75
230	0.002 48	0.063	63
270	0.002 09	0.053	53
325	0.001 77	0.045	45
400	0.001 50	0.038	38
450	0.001 26	0.032	32

筛目号	孔径 D_p/mm	留存在筛上的质量/g	留存的质量%
14	1.400	0.00	0.00
16	1.180	9.12	1.86
18	1.000	32.12	6.54
20	0.850	39.82	8.11
30	0.600	235.42	47.95
40	0.425	89.14	18.15

50	0.300	54.42	11.08
70	0.212	22.02	4.48
100	0.150	7.22	1.47
140	0.106	1.22	0.25
盘	—	0.50	0.11
		491.00	100.00

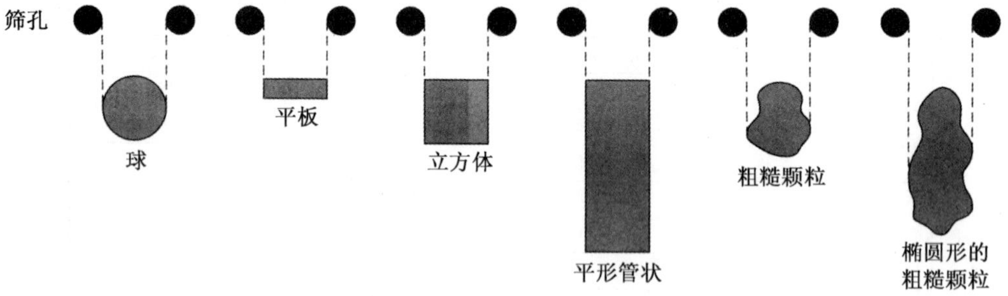

图 17.7　刚好通过同一筛孔的不同颗粒形状

17.1.2　微分筛分分析

微分筛分分析由确定通过一个筛但不能通过下一个筛的每个质量分率的算术平均孔径获得。于是，从上表的数据，质量分率为 0.018 6 的筛分通过孔径为 1.400 mm 的筛，但不能通过孔径为 1.180 mm 的筛。这两种筛孔的平均值为 1.290 mm，这取为该质量分率的名义颗粒尺寸。用这种方法计算如下微分分析，下表中标记−14+16 表示通过 14 目筛而留存在 16 目筛上的颗粒。

筛目范围	$\overline{D}_p$，平均颗粒尺寸/mm	质量分率，x_i
−14+16	1.290	0.018 6
−16+18	1.090	0.065 4
−18+20	0.925	0.081 1
−20+30	0.725	0.479 5
−30+40	0.513	0.181 5
−40+50	0.363	0.110 8
−50+70	0.256	0.044 8
−70+100	0.181	0.014 7
−100+140	0.128	0.002 5
−140+(170)	0.098	0.001 1
		1.000 0

微分筛分分析的标绘如图 17.8 所示，(a)为 $x-y$ 标绘，而(b)为条形图。如果覆盖的筛孔范围很宽，对这些变量最好采用对数坐标。

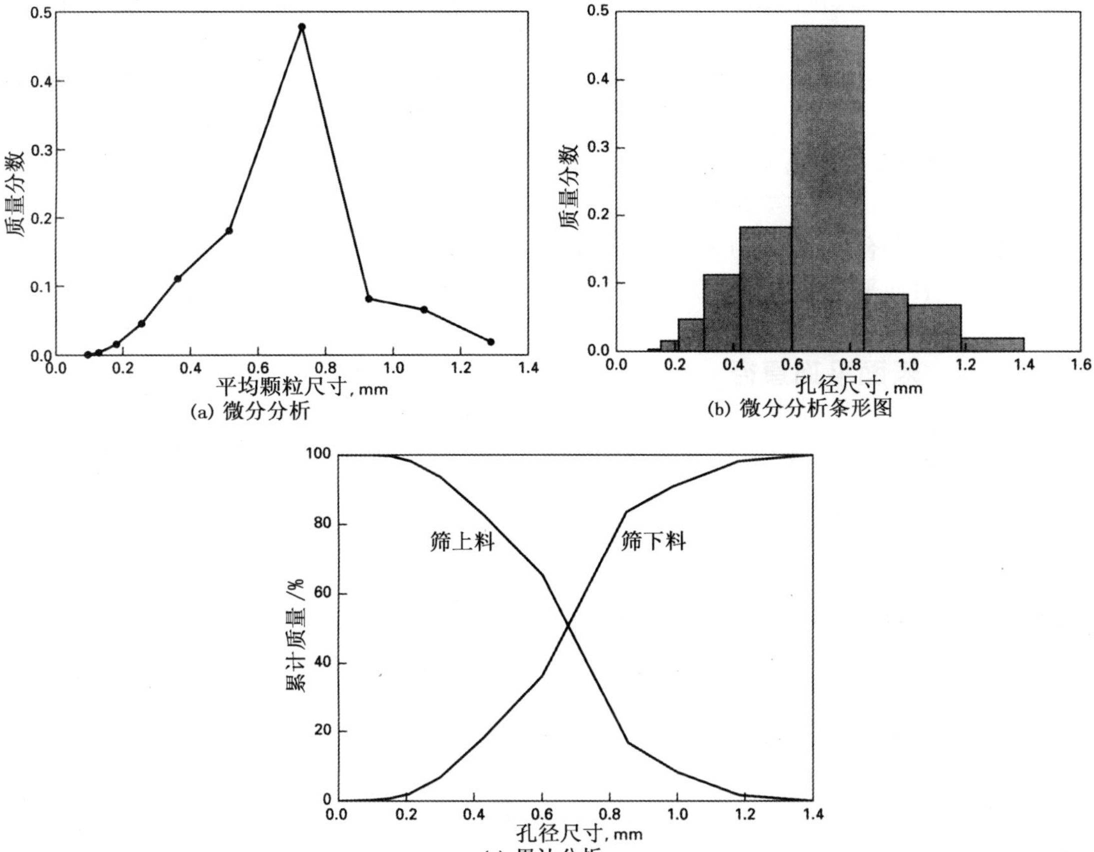

(a) 微分分析　(b) 微分分析条形图

(c) 累计分析

图 17.8　Graber 和 Taboada[2]数据的筛分标绘

17.1.3　累计筛分分析

筛分分析也可标绘成作为筛孔尺寸函数的筛上料或筛下料(这更常用)的累计质量百分数。对上述 Graber 和 Taboada[2]的数据,两种累计筛分分析如下所列

孔径 D_p/mm	筛下料累计%(质量)	筛上料累计%(质量)
1.400	100.00	0.00
1.180	98.14	1.86
1.000	91.60	8.40
0.850	83.49	16.51
0.600	35.54	64.46
0.425	17.39	82.61
0.300	6.31	93.69
0.212	1.83	98.17
0.150	0.36	99.64
0.106	0.11	99.89

因为 0.11%(质量)的物料通过 0.106 mm 的筛孔但留存在盘上，所以无法表明这些留存的颗粒的尺寸，筛下料和筛上料的累计%(质量)不能分别取为 0 和 100%。

上述累计筛分分析标绘在图 17.8(c)中。两条曲线互成镜像，并在颗粒尺寸的中值相交，尺寸中值指大于此值的颗粒为 50%(质量)，小于此值的颗粒也为 50%(质量)。与微分标绘一样，如果覆盖的筛孔范围大，最好采用对数坐标。如果数据点的可感知分率在 10%以下，对累计%(质量)也最好采用对数坐标。

取决于应用场合，在实践中采用多种不同的由筛分分析导出的平均颗粒尺寸。其中，最有用的是：(1)表面平均直径；(2)质量平均直径；(3)算术平均直径；(4)体积平均直径。

17.1.4 表面平均直径

球形或其他形状颗粒的比表面积(面积/质量)定义为

$$A_w = s_p/m_p = s_p/v_p\rho_p \tag{17-3}$$

将式(17-2)和式(17-3)相结合

$$A_w = 6/\psi\rho_p D_p \tag{17-4}$$

由筛分分析得到对 n 个质量分率 x_i，每种筛分的平均孔径为$\overline{D}_p$，由下式给出总比表面积

$$A_w = \sum_{i=1}^{n} \frac{6x_i}{\psi\rho_p \overline{D}_{pi}} = \frac{6}{\psi\rho_p} \sum \frac{x_i}{\overline{D}_{pi}} \tag{17-5}$$

表面平均直径由下式定义为：

$$A_w = \frac{6}{\psi\rho_p \overline{D}_s} \tag{17-6}$$

将式(17-5)和式(17-6)相结合

$$\overline{D}_s = \frac{1}{\sum\limits_{i=1}^{n} \frac{x_i}{\overline{D}_{pi}}} \tag{17-7}$$

上式可用于由筛分分析来确定$\overline{D}_s$。此平均直径有时称为 Sauter 平均直径和体积-表面平均直径。它常用于与颗粒有关的表面摩擦、传热和传质计算。

17.1.5 质量平均直径

质量平均直径定义为

$$\overline{D}_W = \sum_{i=1}^{n} x_i \overline{D}_{pi} \tag{17-8}$$

17.1.6 算术平均直径

算术平均直径利用每个尺寸范围的颗粒数量 N_i定义：

$$\overline{D}_N = \frac{\sum\limits_{i=1}^{n} N_i \overline{D}_{pi}}{\sum N_i} \tag{17-9}$$

颗粒数量可用下式与颗粒质量分率关联

$$x_i = \frac{\text{平均直径为}\overline{D}_{pi}\text{的颗粒质量}}{\text{总质量}} = \frac{N_i f_v (\overline{D}_{pi})^3 \rho_p}{M_t} \tag{17-10}$$

式中

f_v＝由 $v_p = f_v \overline{D}_{pi}^3$ 定义的体积形状因子　　(17－11)

M_t＝总质量

对球形颗粒，$f_v = \pi/6$。

如果由式(17－10)求取 N_i，再代入式(17－9)，得到

$$\overline{D}_N = \frac{\sum_{i=1}^{n}\left(\frac{x_i}{\overline{D}_{pi}^2}\right)}{\sum_{i=1}^{n}\left(\frac{x_i}{\overline{D}_{pi}^3}\right)} \tag{17-12}$$

17.1.7　体积平均直径

体积平均直径 $\overline{D}_V$ 定义为

$$(f_v \overline{D}_V^3)\sum_{i=1}^{n} N_i = \sum_{i=1}^{n}(f_v \overline{D}_{pi}^3) N_i \tag{17-13}$$

对恒定的 f_v 值求解式(17－13) 得到 $\overline{D}_V$

$$\overline{D}_V = \frac{\sum_{i=1}^{n} N_i \overline{D}_{pi}^3}{\sum_{i=1}^{n} N_i} \tag{17-14}$$

相应的利用 x_i 而不是 N_i 的关系式可由式(17－14) 和式(17－10) 获得，给出

$$\overline{D}_V = \left(\frac{1}{\sum \frac{x_i}{\overline{D}_{pi}^3}}\right)^{1/3} \tag{17-15}$$

例 17.2

利用上述 Graber 和 Taboada 的筛分数据，计算四种平均直径。

解

因为数据用重量（质量）分率给出，应用式(17－7)、式(17－8)、式(17－12)和式(17－15)。

$\overline{D}_p$，mm	x	$x/\overline{D}_p$	$x\overline{D}_p$	$x/\overline{D}_p^2$	$x/\overline{D}_p^3$
1.290	0.018 6	0.014 4	0.024 0	0.011 2	0.008 7
1.090	0.065 4	0.060 0	0.071 3	0.055 0	0.050 5
0.925	0.081 1	0.087 7	0.075 0	0.094 8	0.102 5
0.725	0.479 5	0.661 4	0.347 6	0.912 2	1.258 3

0.513	0.181 5	0.353 8	0.093 1	0.689 7	1.344 4
0.363	0.110 8	0.305 2	0.040 2	0.840 9	2.316 4
0.256	0.044 8	0.175 0	0.011 5	0.683 6	2.670 3
0.181	0.014 7	0.081 2	0.002 7	0.448 7	2.479 0
0.128	0.002 5	0.019 5	0.000 3	0.152 6	1.192 1
0.098	0.001 1	0.011 2	0.000 1	0.114 5	1.168 7
	1.000 0	1.769 5	0.665 8	4.003 2	12.590 9

由式(17-7)，

$$\overline{D}_s=\frac{1}{1.7695}=0.565\ \text{mm}$$

由式(17-8)，

$$\overline{D}_W=0.666\ \text{mm}$$

由式(17-12)，

$$\overline{D}_N=\frac{4.0032}{12.5909}=0.318\ \text{mm}$$

由式(17-13)，

$$\overline{D}_V=\left(\frac{1}{12.5909}\right)^{1/3}=0.430\ \text{mm}$$

于是可见，各种平均直径存在显著差别。

17.2 热力学考虑

17.2.1 溶解度和物料衡算

结晶操作中用到的重要热力学性质包括熔点、熔化热、溶解度、结晶热、溶解热、转变热和过饱和。对水和无机及有机化合物的二元系，Mullin[1]提出了作为温度函数的溶解度和在无限稀释条件和室温(约 18℃～25℃)下的溶解热数据表。对表 17.1 中的无机盐在水中的数据列于表 17.5 中，表中溶解度数据按无水合基准给出。

可以看到溶解度变化范围很宽，由 Na_2SO_4(作为十水化合物)在 0℃时低至4.8 g/100g 水到 $AgNO_3$在 100℃时高达 952 g/100g 水。对 KNO_3，在温度由 0℃上升到 100℃时，溶解度增加 18.6 倍。

无机化合物的溶解度甚至可能比上述的 Na_2SO_4还低得多。这类化合物通常被认为是微溶或难溶或几乎不溶的。这类化合物的溶解度通常用离子浓度表示为溶度积 K_c。几种化合物的溶度积数据列于表 17.6。例如，考虑 $Al(OH)_3$，这是一种难溶化合物，18℃时溶度积 $K_c=1.1\times10^{-15}$，并按如下方程溶解

$$Al(OH)_{3(s)} \rightleftharpoons Al^{3+}_{(aq)} + 3OH^{-}_{(aq)}$$

根据质量作用定律，适用于溶解的称为溶度积的平衡常数由下式给出

$$K_c = \frac{(c_{Al^{3+}})(c_{OH^-})}{a_{Al(OH)_3}} = (c_{Al^{3+}})(c_{OH^-}) = 1.1 \times 10^{-15}$$

式中 $Al(OH)_3$ 固体的活度取为 1.0。因为根据化学计量关系有

$$(c_{OH^-}) = 3(c_{Al^{3+}}) \text{和} K_c = (c_{Al^{3+}})^4 \times 3^3 = 1.1 \times 10^{-15}$$

那么，

$$(c_{Al^{3+}}) = c_{\text{溶解的}Al(OH)_3} = 8 \times 10^{-5}\,\text{gmol/L}$$

这是非常低的浓度。

对较难溶的化合物，称为 K_a 的平衡常数可用离子活度或活度系数更严格地表示：

$$K_a = \frac{(a_{Al^{3+}})(a_{OH^-})^3}{a_{Al(OH)_3}} = (\gamma_{Al^{3+}})(c_{Al^{3+}})(\gamma_{OH^-})^3(c_{OH^-})^3$$

一般说来，对 $c < 1 \times 10^{-3}$ gmol/L，$\gamma \approx 1.0$。当 c 超过 1×10^{-3} gmol/L 时，γ 减小，但也可能在通过一极小值后重新上升。Mullin[1]提出了 25℃时可溶性无机化合物在相当宽的浓度范围内的活度系数数据。

虽然大多数无机化合物的溶解度随温度升高而增加，但少数常见化合物在一定温度范围内表现出所谓负或逆溶解度，在这种情况中溶解度随温度升高而减小。这类化合物是所谓硬盐，包括无水 Na_2SO_4 和 $CaSO_4$。

表 17.5　某些无机化合物在水中的溶解度和无限稀释状态下的溶解热
（溶解热正值为吸热）

化合物	稳定水合物的溶解热(室温) kcal/ mol 化合物	溶解度(无水合物基准)g/100g,在 T℃								室温下的稳定水合物
		0	10	20	30	40	60	80	100	
NH_4Cl	+3.8	29.7	33.4	37.2	41.4	45.8	55.2	65.6	77.3	0
$(NH_4)_2SO_4$	+1.5	71.0	73.0	75.4	78.0	81.0	88.0	95.3	103.3	0
$BaCl_2$	+4.5	31.6	33.2	35.7	38.2	40.7	46.4	52.4	58.3	2
$CuSO_4$	+2.86	14.3	17.4	20.7	25.0	28.5	40.0	55.0	75.4	5
$MgSO_4$	+3.18	22.3	27.8	33.5	39.6	44.8	55.3	56.0	50.0	7
$MgCl_2$	−3.1	52.8	53.5	54.5	56.0	57.5	61.0	66.0	73.0	6
$NiSO_4$	+4.2	26	32	37	43	47	55	63	—	7
KCl	+4.4	27.6	31.0	34.0	37.0	40.0	45.5	51.1	56.7	0
KNO_3	+8.6	13.3	20.9	31.6	45.8	63.9	110	169	247	0
K_2SO_4	+6.3	7.4	9.3	11.1	13.1	14.9	18.3	21.4	24.2	0
$AgNO_3$	+5.4	122	170	222	300	376	525	669	952	0
$NaClO_3$	+5.4	80	89	101	113	126	155	189	233	0
NaCl	+0.93	35.6	35.7	35.8	36.1	36.4	37.1	38.1	39.8	0
$NaNO_3$	+5.0	72	78	85	92	98	—	133	163	0
Na_2SO_4	+18.7	4.8	9.0	19.4	40.8	48.8	45.3	43.7	42.5	10
$Na_2S_2O_3$	+11.4	52	61	70	84	103	207	250	266	5
Na_3PO_4	+15.0	1.5	4	11	20	31	55	81	108	12

表 17.6　某些难溶无机化合物的浓度溶度积

化合物	T,℃	K_c
Ag_2CO_3	25	6.15×10^{-12}
$AgCl$	25	1.56×10^{-10}
$Al(OH)_3$	15	4×10^{-13}
$Al(OH)_3$	18	1.1×10^{-13}
$BaSO_4$	18	0.87×10^{-10}
$CaCO_3$	15	0.99×10^{-8}
$CaSO_4$	10	1.95×10^{-4}
$CuSO_4$	16～18	2×10^{-47}
$Fe(OH)_3$	18	1.1×10^{-36}
$MgCO_3$	12	2.6×10^{-5}
ZnS	18	1.2×10^{-23}

当发生从一种稳定的水合物到另一种水合物的相转变时，溶解度曲线可能发生相当大的变化。例如，在表 17.5 中，$Na_2SO_4\cdot10H_2O$ 从 0℃到 32.4℃左右是稳定的。在此温度范围内溶解度从 4.8 g(无水合基准)迅速增加到 49.5 g/100gH_2O。从 32.4℃到 100℃，稳定形式是 Na_2SO_4，其溶解度从 49.5 g 慢慢减少到 42.5 g/100gH_2O。在图 17.2 的 $MgSO_4$-水系统的相图中，四种形式的水合物中每一种的溶解度-温度曲线的斜率都显然不同。

为确定下列问题，某种溶质在一种特定溶剂中的溶解度特性至今仍是最重要的性质：(1)产生结晶的最佳方法；(2)晶体生长的难易。对在环境温度以上溶解度随温度降低而迅速减小的化合物，只有冷却结晶是有吸引力的。表 17.5 中的大多数化合物不属这种情况。对 NaCl，因为当温度从 100℃降低到 0℃时溶解度仅减小约 10%，所以冷却结晶是不适合的。对大多数可溶性无机化合物，蒸发后再冷却是优先采用的方法。

具有非常低的溶解度的固体化合物，可用两种可溶性化合物反应生产。例如，表 17.6 中的固体 $Al(OH)_3$ 可用下列反应制备

$$AlCl_{3(aq)}+3NaOH_{(aq)}\rightleftharpoons Al(OH)_{3(ppt)}+3NaCl_{(aq)}$$

但是，该反应速度极快，以致只能生成称为沉淀的非常细的晶体，没有简单的方法能使它们生长成大晶体。

例 17.3

来自蒸发系统的浓溶液系流量为 4 466 lb/h，浓度为 37.75%(质量)的 $MgSO_4$ 溶液，温度为 170 ℉，压力为 20 psig，它与 85 ℉和 20 psig、流量为 9 860 lb/h 的 $MgSO_4$ 饱和循环滤液混合，并送往在 85 ℉和 0.58 psig 气相空间压力下操作的真空结晶器，产生水蒸气及含 20.8%(质量)晶体和 79.2%(质量)饱和溶液的稠液。稠液被送往过滤机，而滤液如上所述进行循环。以 lb/h 为单位计算水的蒸发量，以吨/天为单位计算晶体的最大产量(干基，2 000 lb/吨)。

解

对 85 ℉的饱和溶液，由表 17.5 知 $MgSO_4$ 的质量分率为 28%。因此，循环滤液中的 $MgSO_4$ 为 9 860×0.28=2 760 lb/h。对混合步骤进行物料衡算

组分	lb/h		
	进料	循环滤液	结晶器进料
$MgSO_4$	1 686	2 760	4 446
H_2O	2 780	7 100	9 880
总计	4 466	9 860	14 326

利用 $MgSO_4$ 的物料衡算可方便地进行结晶器的物料衡算。由图 17.2 可知，稠液为 20.8%（质量）的 $MgSO_4 \cdot 7H_2O$ 晶体和 79.2%（质量）浓度为 28%（质量）的 $MgSO_4$ 水溶液。因为 $MgSO_4$ 和 $MgSO_4 \cdot 7H_2O$ 的相对分子质量分别为 120.4 和 246.4，晶体中 $MgSO_4$ 的质量分率为 120.4/246.4=0.4886。因此，由 $MgSO_4$ 的物料衡算

$$4\,446=0.28L+0.488\,6S \tag{1}$$

式中　L——液体量，lb/h；

S——晶体量，lb/h。

还有，

$$S=0.208(S+L) \tag{2}$$

联立求解式(1)和式(2)

$$S=2\,856\ \text{lb/h}$$

$$L=10\,876\ \text{lb/h}$$

由结晶器的总物料衡算

$$F=V+L+S$$

式中 F=总进料量，而 V=蒸发量。因此

$$14\,326=V+10\,876+2\,856$$

解得，

$$V=594\ \text{lb/h}$$

采用表格形式的解为

组分	结晶器的 lb/h			
	进料	蒸气	液体	晶体
$MgSO_{4(aq)}$	4 446	0	3 045	0
$MgSO_4 \cdot 7H_2O_{(s)}$	0	0	0	2 856
H_2O	9 880	594	7 831	0
总计	14 326	594	10 876	2 856

晶体的最大产量为

$$\frac{2\,856}{2\,000}\times 24=34.3\ 吨/天$$

表 17.7　某些有机化合物在水中的溶解度和熔点

化合物	熔点/℃	温度 T(℃)下的溶解度/[g·100g$(H_2O)^{-1}$]							
		0	10	20	30	40	60	80	100
己二酸	153	0.8	1.0	1.9	3.0	5.0	18	70	160
苯甲酸	122	0.17	0.20	0.29	0.40	0.56	1.16	2.72	5.88
反丁烯二酸	287	0.23	0.35	0.50	0.72	1.1	2.3	5.2	9.8
顺丁烯二酸	130	39.3	50	70	90	115	178	283	—
乙二酸	189	3.5	6.0	9.5	14.5	21.6	44.3	84.4	—
邻苯二甲酸	208	0.23	0.36	0.56	0.8	1.2	2.8	6.3	18.0
丁二酸	183	2.8	4.4	6.9	10.5	16.2	35.8	70.8	127
蔗糖	d	179	190	204	219	238	287	362	487
尿素	133	67	85	105	135	165	250	400	730
尿酸	d	0.002	0.004	0.006	0.009	0.012	0.023	0.039	0.062

许多有机化合物，尤其是具有中等熔点（125℃～225℃）的有机酸也是溶于水的。表17.7提供了某些数据，由表可见，随着温度的升高溶解度往往有显著的增加。例如，当温度由0℃升高到100℃时，邻苯二甲酸的溶解度由非常低的0.56g/100g H_2O 增加到18.0 g/100g H_2O。

例 17.4

从初始温度为100℃的水溶液中结晶乙二酸。要以二水合物使95%的乙二酸结晶必须将溶液冷却到什么温度？

解

假定以100g水为基准。由表17.7可知，100℃时溶解的乙二酸量为84.4 g。

要结晶的量＝0.95×84.4＝80.2 g

留在溶液中的乙二酸量＝84.4－80.2＝4.2 g

乙二酸的相对分子质量＝90.0

水的相对分子质量＝18.0

水合两个水的水量$=\frac{2\times 18}{90.0}=0.4$ gH_2O/g 乙二酸

因此晶体中的水量＝0.4×80.2＝32.1g H_2O

留存的液体水＝100－32.1＝67.9g

最终溶解度必须为$\frac{4.2}{67.9}\times 100=6.19$ g/100gH_2O

由表17.7，经线性内插，温度＝10.6℃。

17.2.2 焓衡算

当溶解度随温度升高而增加的无水固体化合物等温溶解于水或其他溶剂时，溶液必须吸收热量。在无限多溶剂中每摩尔化合物的吸热量随温度而变，并被称为无限稀释溶解热（ΔH_{sol}^{∞}）。例如，在表17.5中可看到从0℃到100℃无水NaCl的溶解度缓慢增加。与此相对应，表17.5中的无限稀释溶解热在室温下为中等吸热（＋）。与此相反，无水KNO_3的溶解度随温度升高比较迅速的增加，导致较高的溶解吸热量。对形成水合物的化合物，无限稀释溶解热对无水形式的该化合物可能为负的（放热），但当由反应形成较高程度的水合物时，无限稀释溶解热的负值较小，并往往可能成为正的：

$$A\cdot H_2O_{(s)}\longrightarrow A_{(aq)}+nH_2O$$

例如，18℃时$MgSO_4$的四种水合物的下列无限稀释溶解热（单位为kJ/mol）显然说明了这种效应：

$MgSO_4$	－88.3
$MgSO_4\cdot H_2O$	－58.6
$MgSO_4\cdot 6H_2O$	－2.3
$MgSO_4\cdot 7H_2O$	＋13.3

许多水合和无水化合物的溶解热列于表17.5。

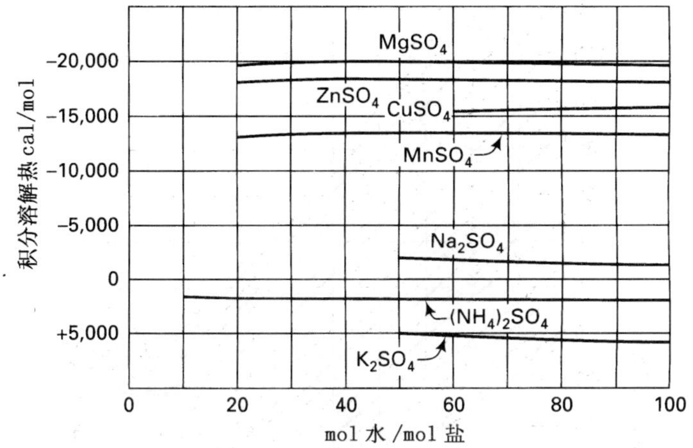

图 17.9　25℃时硫酸盐在水中的积分溶解热

当固体化合物在溶剂中继续溶解时，如图 17.9 所示的溶解热(现在称为积分溶解热)将作为浓度的函数而有所变化。饱和溶液的溶解热与结晶热数值相等，但符号相反。饱和时的积分溶解热与无限稀释溶解热之差为稀释热：

$$\Delta H_{\text{sol}}^{\text{sat}} - \Delta H_{\text{sol}}^{\infty} = \Delta H_{\text{dil}}.$$

并有

$$\Delta H_{\text{sol}}^{\text{sat}} = -\Delta H_{\text{crys}}$$

如图 17.9 所表明的，稀释热是比较小的；因此通常采用

$$\Delta H_{\text{crys}} \approx -\Delta H_{\text{sol}}^{\infty}$$

结晶器的能量衡算是复杂的，因为它不仅涉及积分溶解热和/或结晶热，而且涉及溶质和溶剂的比热容及溶剂的蒸发热。如果可获得包括溶解度和相平衡数据的该系统的焓-质量分率图，则容易进行计算。Mullin[1]列出了 11 个已完成这种图的二元水溶液系统。$MgSO_4$-H_2O系统的图如图 17.10 所示。焓数据是点 p 的 32 ℉时的纯液体水(与 American Engineering Units 中的蒸汽表一致)和 32 ℉时的固体 $MgSO_4$(未表示在图 17.10 中)。

图 17.10 的焓-质量分率图中的点 a 到 l、n、p、和 q 对应于图 17.2 的相图中的各相同点。在图 17.10 中，在曲线 $pabcdq$ 以上区域中的各等温线属于未饱和的 $MgSO_4$ 溶液的焓。这些等温线的平直表示稀释热几乎可以忽略。在此不含固体的区域里，在 110 ℉时 30%(质量)的 $MgSO_4$ 水溶液的比热容含量为－31Btu/lb 溶液。

在图 17.2 和图 17.10 中，在溶解度曲线 $pabcdq$ 以下的区域，在平衡时存在以下各相：

区域	温度范围/℉	相
pae	25～32	冰和 $MgSO_4$ 水溶液
ea	25	冰和共熔混合物
ag	25	共熔混合物和 $MgSO_4 \cdot 12H_2O$
$abfg$	25～37.5	饱和溶液和 $MgSO_4 \cdot 12H_2O$
$bcih$	37.5～118.8	饱和溶液和 $MgSO_4 \cdot 7H_2O$
$cdlj$	118.8～154.4	饱和溶液和 $MgSO_4 \cdot 6H_2O$
$dqrk$	154.4－	饱和溶液和 $MgSO_4 \cdot H_2O$

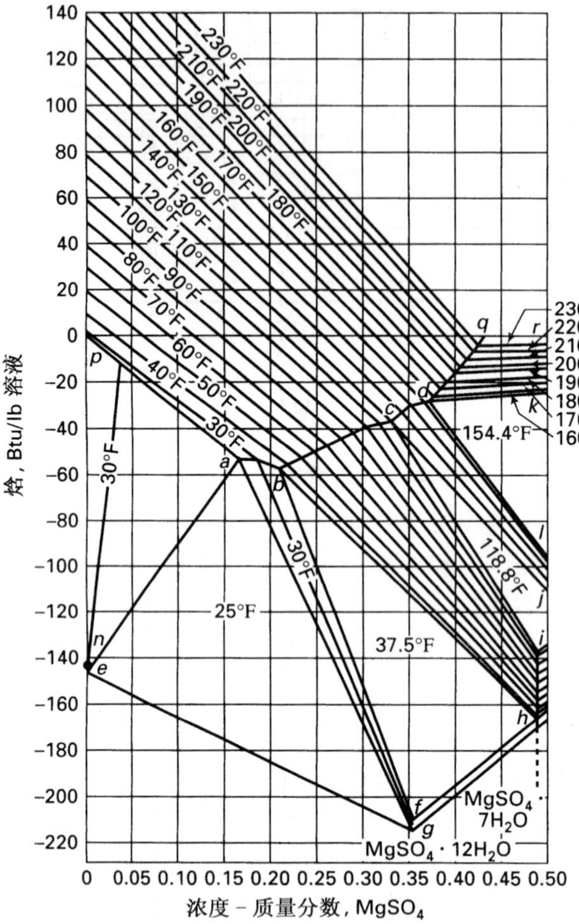

图 17.10 1atm 下 $MgSO_4-H_2O$ 系统的焓-浓度图

纯冰存在于点 e，在图 17.10 中该点的比热容含量为－147Btu/lb，这是水在 32 ℉时的结晶热。如果将 30％(质量)的 $MgSO_4$ 水溶液从 110 ℉冷却到 70 ℉，平衡稠液由含 26％(质量)$MgSO_4$ 的饱和溶液和由 70 ℉连接线的端点确定的 $MgSO_4 \cdot 7H_2O$[含 49％(质量)$MgSO_4$]组成，70 ℉连接线系由溶解度曲线 bc 延伸到 $MgSO_4 \cdot 7H_2O$ 固体线 ih。两个平衡相的相对数量可由 $MgSO_4$ 衡算计算。以 100 lb 混合物为基准，令 S 为晶体的磅数，A 为饱和水溶液的磅数。于是，$MgSO_4$ 衡算为

$$0.30\times 100=0.49S+0.26A$$

式中

$$100=S+A$$

解得 $S=17.4$ lb 和 $A=82.6$ lb。70 ℉时混合物的焓为－65 Btu/lb，这相当于溶液和晶体的焓分别为－46 和－155 Btu/lb。

例 17.5

对例 17.3 中的条件，计算加入结晶器的热量(单位 Btu/lb)。

解

结晶器的总能量衡算给出

$$m_{进料}H_{进料}+Q_{in}=m_{蒸汽}H_{蒸汽}+m_{液体}H_{液体}+m_{晶体}H_{晶体} \tag{1}$$

式中液体指稠液的饱和液体部分。

从例 17.3 的解，进料由两股物流组成：

$$m_{进料1}=4\ 466\ \text{lb/h}\ 170\ ℉含37.75\%(质量)MgSO_4的溶液$$

$$m_{进料2}=9\ 860\ \text{lb/h}\ 85\ ℉含28.0\%(质量)MgSO_4的溶液$$

由图 17.10，

$$H_{进料1}=-20\ \text{Btu/lb}$$

$$H_{进料2}=-43\ \text{Btu/lb}$$

因此，

$$m_{进料}H_{进料}=4\ 466\times(-20)+9\ 680\times(-43)=-513\ 000\ \text{Btu/h}$$

$$在85\ ℉和0.58\text{psig}, m_{蒸汽}=594\ \text{lb/h}$$

蒸汽焓未出现在图 17.10 中，但可利用蒸汽焓表，因为它们基于相同的数据(即 32 ℉的液态水)。

因此，由蒸汽表得 $H_{蒸汽}=1\ 099$ Btu/lb 和

$$m_{蒸汽}H_{蒸汽}=594\times1\ 099=653\ 000\ \text{Btu/lb}$$

液体加晶体可作为稠液一起处理。从例 17.3 的解，

$$m_{液体}+m_{晶体}=m_{稠液}=10\ 876+2\ 856$$

$$=13\ 732\ \text{lb/h}\ 85\ ℉含32.4\%(质量)的MgSO_4的溶液$$

由图 17.10，

$$H_{稠液}=-67\ \text{Btu/lb}$$

和

$$m_{稠液}H_{稠液}=13\ 732\times(-67)=-920\ 000\ \text{Btu/h}^{①}$$

由式(1)

$$Q_{in}=653\ 000-920\ 000-(-513\ 000)=246\ 000\ \text{Btu/h}$$

在没有焓-质量分率图时，如下例所说明的，如果能获得或能估算结晶热和溶液的比热容数据，而稀释热可忽略，仍可以适当的精度进行能量衡算。

例 17.6

某冷却结晶器的进料为 1 000 lb/h 的温度为 120 ℉、浓度为 32.5%(质量)的 $MgSO_4$ 水溶液。该溶液被冷却到 70 ℉形成七水合物。估算移热速率，单位为 Btu/h。

解

物料衡算

由图 17.2 知 120 ℉的进料不含晶体，但 70 ℉的稠液由七水合物晶体和 $MgSO_4$ 浓度为 26%(质量)的母液组成。用例 17.3 的方法进行物料衡算，得到如下结果：

	lb/h		
	进料	母液	晶体
H_2O	675	530	0
$MgSO_4$	325	186	0
$MgSO_4\cdot7H_2O$	0	0	284
总计	1 000	716	284

① 原文误为 −920 000 Btu/lb——译者注。

采取先将进料从 120 ℉冷却到 70 ℉，再在 70 ℉下结晶的热力学途径。根据 Hougen、Watson和 Ragatz 的专著[3]，在上述温度范围内进料的比热容近似为常数 0.72 Btu/(lb・℉)。因此，为将进料冷却到 70 ℉必须移走的热量为

$$1000 \times 0.72 \times (120-70) = 36\ 000 \text{ Btu/h}$$

对本节前面提出的数据，结晶热可取为无限稀释溶解热的负数：

$$-13.3 \text{ kJ/mol 七水合物}$$

或

$$-23.2 \text{ Btu/lb 七水合物}$$

因此，在结晶生成七水合物过程中必须移走的热量为

$$284 \times 23.2 = 6\ 600 \text{ Btu/h}$$

总移热量为 36 000+6 600=42 600 Btu/h。

如果按例 17.5 的方法用图 17.10 求解本例，结果为 44 900 Btu/h，比上述结果高出 5.4%。

17.3 动力学和传递考虑

结晶是包括三个步骤的复杂现象：成核、溶质向晶体表面的传质、溶质结合进晶体的晶格结构中。这些现象被总称为结晶动力学。实验数据表明三个步骤的推动力都是过饱和。

17.3.1 过饱和

前节讨论的溶解度性质适用于尺寸较大，肉眼能看见的晶体，即直径大于 20μm 的晶体。当晶体尺寸小于此直径时，溶解度显著增加，如果将溶液缓慢冷却并不加搅拌，可能形成过饱和溶液。图 17.11 说明了以 Miers 和 Isaac[4]1907 年的工作为基础的这种现象，图中正常的溶解度曲线 c_s用实线表示。非常细的晶体的溶解度可能落入亚稳区，表示亚稳区的亚稳极限溶解度曲线 c_m用虚线表示。

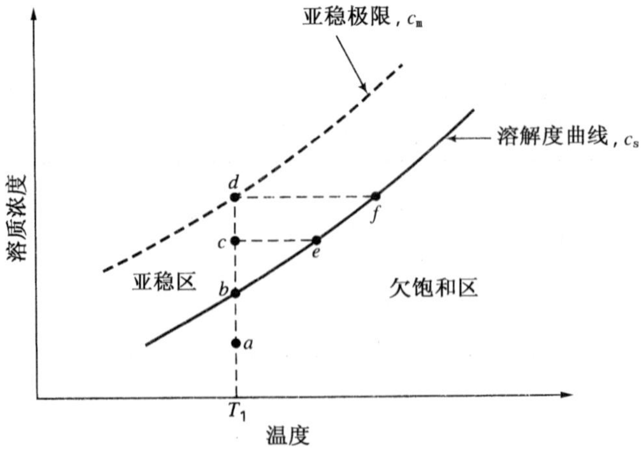

图 17.11 有代表性的溶解度-超溶解度图

考虑图 17.11 中由垂直线给定的温度为 T_1 的溶液。如果浓度在点 a，溶液为欠饱和且所有尺寸的晶体均溶解。在点 b，饱和溶液和晶体间存在肉眼可观察到的平衡。在点 c 所处的亚稳区内，晶体能够生长，但不能成核。如果没有晶体存在，将不会有晶体形成。对此浓度，溶解度曲线上的点 e 的温度与在亚温区中的点 c 的温度之差为过饱和温差，其数值可能在 2 ℉左右。过饱和度 $\Delta c = c - c_s$ 是点 c 和点 b 间的浓度差。

在点 d，发生肉眼可观察到的非常细的晶体的成核。点 f 和点 d 间的温差是过饱和温差的极限。极限过饱和度为 $\Delta c_{\text{limit}} = c_m - c_s$。

Kelvin 方程（也称为 Gibbs - Thompson - Ostwald 方程）提供了溶解度与晶体尺寸间的定量关系：

$$\ln\left(\frac{c}{c_s}\right) = \frac{4v_s\sigma_{s,L}}{vRTD_p} \tag{17-16}$$

式中 v_s ——晶体的摩尔体积；

$\sigma_{s,L}$ ——表面张力；

v ——离子数/溶质分子；

c/c_s ——过饱和度 $=S$。

表面张力（也称为表面能）测定值的范围从易溶化合物的 0.001 J/m² 到难溶化合物的 0.170 J/m²。

可以预期，采用更通用形式的式（17 - 16）适用于液滴直径对蒸气压和在另一液相中的溶解度的影响。

相对过饱和度 s 通常定义为

$$s = \frac{c - c_s}{c_s} = \frac{c}{c_s} - 1 = S - 1 \tag{17-17}$$

实际上，s 通常小于 0.02 或 2%。对这么小的数值，$\ln(c/c_s)$ 可用 s 代替，误差不会超过 1%。

例 17.7

确定晶体直径对 KCl 在 25℃的水中的溶解度的影响。

解

根据表 17.5，经内插，$c_s = 35.5$ g/100gH_2O。

因为 KCl 离解为 K^+ 和 Cl^-，$v=2$。

KCl 的分子量 $=74.6$。

KCl 晶体的密度 $=1\ 980$ kg/m³。

$$v_s = \frac{74.6}{1\ 980} = 0.037\ 6\ \text{m}^3/\text{kmol}$$

$$T = 298\text{K}$$

$$R = 8\ 314\ \text{J/(kmol} \cdot \text{K)}$$

由 Mullin[1]的著作的 200 页，

$$\sigma_{s,L} = 0.028\ \text{J/m}^2$$

由式（17 - 16），

$$c = c_s \exp\left(\frac{4v_s\sigma_{s,L}}{vRTD_p}\right)$$

$$=35.5\exp\left(\frac{4\times 0.0376\times 0.028}{2\times 8314\times 298D_p}\right)(D_p \text{ 的单位为 m})\text{或} \quad (1)$$

$$=35.5\exp(0.00085/D_p)(D_p \text{ 的单位为 } \mu\text{m})$$

$D_p/\mu m$	c/c_s	$c/[gKCl\cdot(100gH_2O)^{-1}]$
0.01	1.088 7	38.65
0.10	1.008 5	35.80
1.00	1.000 85	35.53
10.00	1.000 085	35.50
100.00	1.000 008 5	35.50

17.3.2 成核

为确定结晶器的体积或稠液在结晶器中的停留时间，必须知道或估算晶体的成核（诞生）速率和它们的生长速率。成核和生长的相对速率是非常重要的，因为它们将决定晶体的大小和大小分布。根据过饱和溶液中是否存在结晶表面或含有晶体，成核可能为一次成核或二次成核。一次成核需要高的过饱和度，而且是发生沉淀的主要机理。一次成核理论已充分发展，而且还被用于饱和蒸气中液滴的冷凝和初始液相中第二液相液滴的形成。但是，二次成核是工业结晶器中的主要成核机理，在工业结晶器中存在结晶表面，并要求大晶体。

一次成核

一次成核可以为均相的或非均相的。前者发生在不存在外来物质如灰尘的过饱和溶液中。溶液中的分子首先结合形成可分离或生长的晶簇。如果晶簇长到足够大，并采取晶格结构的外部特征，就成为晶胚。进一步生长可导致稳定的晶核，对通常的过饱和度其尺寸将超过式(17－16)给出的数值。

如 Nielsen[5]所讨论的，均相成核速率由经典的化学动力学和式(17－16)给出。最终表示式为

$$B^{\circ}=A\exp\left[\frac{-16\pi v_s^2\sigma_{s,L}^3 N_a}{3v^2(RT)^3\left[\ln\left(\frac{c}{c_s}\right)\right]^2}\right] \quad (17-18)$$

式中 B°——均相一次成核速率，晶核数/($cm^3\cdot s$)；

A——频率因子；

N_a——阿伏伽德罗常数$=6.023\times10^{26}$分子/kmol。

理论上，$A=10^{30}$晶核数/($cm^3\cdot s$)；但由于不可避免地存在外来物质，实测值一般不同于此值。于是，式(17－18)也可用于非均相一次成核，这时 A 由实验测定，并且与理论值可能有几个数量级的差别。经常引用的数值为 10^{25}。

如下面的例题所说明的，一次成核速率对式(17－17)定义的过饱和度 S 是极其敏感的。

例 17.8

利用例 17.7 的数据，估计相对过饱和度对 25℃的水溶液中 KCl 的均相一次成核速率的影响。采用对应于 c/c_s 为 2.0、1.5 和 1.1 的 s 值。

解

对 $c/c_s=2.0$，$\ln(c/c_s)=0.693$。利用例 17.7 的数据，由式(17－18)

$$B^\circ=10^{30}\exp\left[\frac{-16\times3.14\times0.0376^2\times0.028^3\times6.022\times10^{26}}{3\times2^2\times8315^3\times298^3\times0.693^2}\right]$$

$$=2.23\times10^{25}\text{个晶核}/(\text{cm}^3\cdot\text{s})$$

以相同方法对其他 c/c_s 值进行计算，得到下列结果：

c/c_s	B°，晶核数/($cm^3\cdot s$)
2.0	2.23×10^{25}
1.5	2.60×10^{16}
1.0	0

因为对中等到高溶解度溶质(如表 17.5 和表 17.7 所列的溶质)的结晶，高过饱和度数值($c/c_s>1.02$)基本上是不可能的，这些溶质的一次成核不可能发生。但是，对较难溶解的溶质(如表 17.6 所列的溶质)，高过饱和度数值 c/c_s 可由导致非常细的颗粒的迅速沉淀的离子反应迅速产生。如果采用 $A=10^{25}$，导得 B° 为 10^5。

二次成核

工业结晶器中的成核主要由已存在于过饱和溶液中的晶体引起的二次成核发生。可通过下列途径发生二次成核：(1)扫除晶核的通过晶体表面的流体剪切；(2)晶体的相互碰撞；(3)晶体与结晶器壁或搅拌桨等金属表面的碰撞。被称为接触成核的后两种机理是最常见的，因为它们能在工业应用中通常遇到的低相对过饱和度下发生。

在缺乏有关二次成核的复杂现象的理论时，关联许多实验数据的下列经验幂律函数被广泛应用：

$$B^\circ=k_Ns^bM_T^jN^r \tag{17-19}$$

式中　M_T——单位体积稠液的晶体质量；

　　N——搅拌速率(例如，叶轮的 r/min)。

常数 k_N、b、j 和 r 对所研究的系统由实验数据确定，如下面关于结晶器模型的章节中将讨论的。

17.3.3　晶体生长

1897 年，Noyes 和 Whitney[6]以晶体-溶液界面上的平衡为基础提出了晶体生长的传质理论。于是，他们提出

$$dm/dt=k_cA(c-c_s) \tag{17-20}$$

式中　dm/dt——晶体表面的质量沉积的速率；

　　A——晶体的表面积；

　　k_c——传质系数；

　　c——过饱和溶液主体的溶质质量浓度；

　　c_s——饱和溶液的溶质质量浓度。

Nernst[7]提出邻近晶体表面存在一静止的溶液薄膜，存在通过该薄膜的溶质分子扩散。于是，$k_c=D/\delta$，这里 D=扩散系数，而 δ=薄膜厚度，并假定 δ 由取决于搅拌程度的溶液通过晶

体表面的速度确定。

Miers[8]对 Noyes 和 Whitney 的理论提出了挑战，他通过实验证明与氯酸钠晶体接触的水溶液在晶体-溶液界面上不是饱和的，而是过饱和的。如 Valeton[9]所描述的，这一发现导致晶体生长的称为扩散-反应理论的两步理论。第一步发生的是溶质从溶液主体到晶体-溶液界面的传质，可用式(17－20)的修正形式描述：

$$\mathrm{d}m/\mathrm{d}t = k_c A(c - c_i) \tag{17-21}$$

式中 c_i为界面上的过饱和浓度。在第二步中，假定在晶体-溶液界面上发生一级反应，在反应过程中溶质分子被结合进晶格结构。于是，对此动力学步骤，

$$\mathrm{d}m/\mathrm{d}t = k_i A(c_i - c_s) \tag{17-22}$$

将式(17－21)与式(17－22)相结合，消去 c_i，得到

$$\mathrm{d}m/\mathrm{d}t = \frac{A(c - c_s)}{1/k_c + 1/k_i} \tag{17-23a}$$

通常，如图 17.12 所示，k_c将取决于溶液的速度。在低速时，生长速率由第一步控制。第二步可能是重要的，尤其当溶液通过晶体表面的速度高，使 k_c大于 k_i时。在吸附过程中，动力学步骤很少是重要的。在结晶的逆过程溶解中，这也是不重要的。

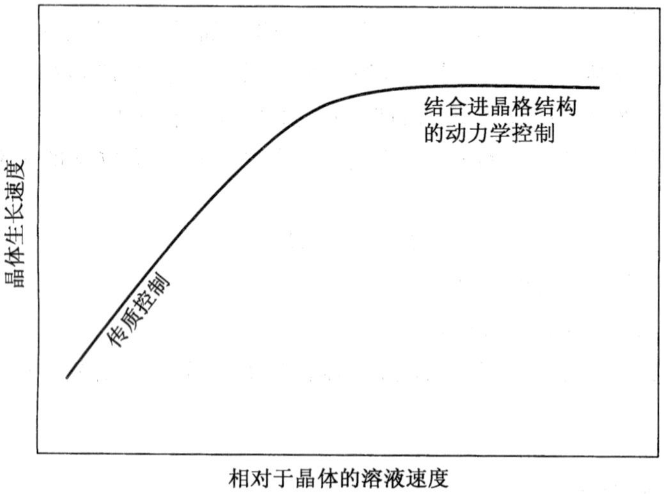

图 17.12　溶液通过晶体表面的速度对晶体生长速率的影响

第一步的传质系数 k_c与结晶过程无关，可由第 3 章和第 15 章中描述的通用的流体-固体颗粒传质系数关联式估算。动力学系数 k_i是结晶过程特有的。如 Myerson[10]所述，已对此动力学步骤提出了多种理论。一种重要的理论是 Burton、Cabrera 和 Frank[11]的理论，如图 17.13 所示，他们的理论以由螺旋错位开始的螺旋形生长为基础，并已被利用扫描电镜的某些实验研究所证实。错位是晶体结构的一种缺陷。螺旋错位理论预测在低过饱和度时生长速率正比于$(c_i - c_s)^2$，而在高过饱和度时正比于$(c_i - c_s)$。遗憾的是，这种理论未能提供预测 k_i的方法。因此，式(17－23a)通常采用由可获得的关联式估计的 k_c，而 k_i由实验数据反算。

虽然晶体不可能作为球形生长，但让我们导出一个球形晶体的直径增加速率的方程。利用总系数重写式(17－23a)，

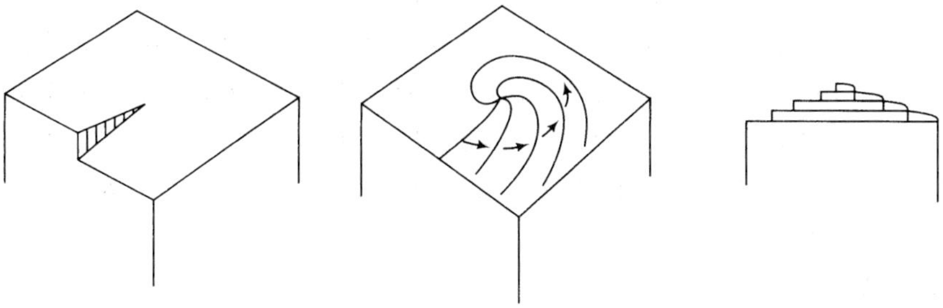

图 17.13　晶体生长的螺旋错位机理

$$dm/dt = K_c A(c - c_s) \tag{17-23b}$$

因为　$A = \pi D_p^2$　和　$m = \frac{\pi D_p^3}{6}\rho$

式(17-23b)变成

$$\frac{dD_p}{dt} = \frac{2K_c(c - c_s)}{\rho} = \frac{2K_c \Delta c}{\rho} \tag{17-24}$$

如果生长速率由假定与 D_p 无关的 k_i 控制，那么

$$\frac{\Delta D_p}{\Delta t} = \frac{2k_i \Delta c}{\rho} \tag{17-25}$$

而对恒定的过饱和度，晶体大小的增加与时间成正比。如果在低速下生长速率由 k_c 控制，那么由式(15-60)，

$$K_c = k_c = 2D/D_p \tag{17-26}$$

式中 D 为溶质的扩散系数。

将式(17-26)代入式(17-24)给出

$$\frac{dD_p}{dt} = \frac{4D(\Delta c)}{D_p \rho} \tag{17-27}$$

由 D_{p0} 积分到 D_p 给出

$$\frac{D_p^2 - D_{p0}^2}{2} = \frac{4D(\Delta c)}{\rho} t \tag{17-28}$$

如果 $D_{p0} \ll D_p$，式(17-28)简化为

$$D_p = \left(\frac{8D(\Delta c)t}{\rho}\right)^{1/2} \tag{17-29}$$

在这种情况下，晶体直径的增加随时间而变慢。

在仍由 k_c 控制的较高的溶液速度下，利用式(15-26)导致

$$K_c = k_c = C_1/D_p^{1/2} \tag{17-30}$$

在这种情况下，晶体直径的增加也随时间而减慢，但不如式(17-29)预测的那么迅速。假定晶体生长速率由 k_i 控制是常见的，于是，晶体生长速率与晶体大小无关，因此不随时间变化。此假定将用于本章的后一节中开发一个有用的结晶器模型。

例 17.9

$MgSO_4$ 的七水合物以间歇方式由加晶种的水溶液中结晶。采用低过饱和度避免一次成

核，并采用温和的搅拌以尽量减少二次成核。结晶器的温度维持在35℃，在此温度下$MgSO_4$在水中的溶解度为30%（质量）。在结晶器内加入3 000 lb该温度下的饱和溶液。并在此溶液中加入2 lb直径为50 μm的七水合物晶种。在真空条件下并利用换热器操作该结晶器过程中，将保持每克溶液0.01克七水合物的过饱和度，结晶热将从溶液中逐渐蒸发水。根据这些假定和下面所列的数据，如果最终晶体尺寸为400 μm，解答下列各题。

(a) 以磅为单位的晶体产量；

(b) 晶体的数目；

(c) 必须蒸发的水量，单位为磅；

(d) 产物稠液的密度，单位为每磅溶液磅晶体；

(e) 如果操作过程中稠液占据的体积为结晶器体积的50%，以加仑计的结晶器体积；

(f) 结晶器压力，单位为psia，及沸点升高，单位为℉；

(g) 晶体生长到最终尺寸的时间，单位为分钟；

(h) 传热量，单位为Btu；

(i) 确定晶体生长由传质控制，还是表面反应（结合进入晶格）控制，或二者都重要。

假设条件和数据

(1) 不存在一次或二次成核。

(2) 35℃时30%（质量）$MgSO_4$的水溶液的性质：

密度＝1.34 g/cm^3；

黏度＝8 cP；

$MgSO_4$的扩散系数＝1.10×10^{-5} cm^2/s。

(3) 晶体的密度＝1.68 g/cm^3。

(4) 晶体的形状近似为球形。

(5) 包括传质和表面反应二者影响的平均晶面生长速率＝0.00 5 mm/min。

(6) 溶液通过晶体表面的速度＝5 cm/s。

解

相对分子质量：

$MgSO_4$	120.5
$MgSO_4\cdot 7H_2O$	246.6
H_2O	18.02

初始装料：

900 lb aq $MgSO_4$

2 100 lb H_2O

3 000 lb

+2lb $MgSO_4\cdot 7H_2O$ 晶种

(a) 晶体从50 μm生长到400 μm：

$$产量=2\times\left(\frac{400}{50}\right)^3=1\ 024\ \text{lb}\ MgSO_4\cdot 7H_2O$$

(b) 以晶种为基准，晶体数目$=\dfrac{晶种质量}{质量/晶种}$

$$=\frac{2\times 454}{1.68\times\left(\frac{3.14}{6}\right)(50\times 10^{-4})^3}$$

$$=8.26\times 10^6\text{，式中质量/晶种}=\rho_p V_p=\rho\frac{\pi D_p^3}{6}$$

(c) 结晶的七水合物的磅数=1 024−2=1 022 lb

水合物中的 $H_2O=1\,022\times\left(\frac{246.6-120.5}{246.6}\right)=523$ lb

晶体中的 $MgSO_4=1\,022-523=499$ lb

留在溶液中的 $MgSO_4=900-499=401$ lb

留在溶液中的 $H_2O=401\times\left(\frac{70}{30}\right)=936$ lb

蒸发掉的水=2 100−523−936=641 lb

(d) 最终母液=936+401=1 337 lb

稠液密度 $=\frac{1\,024}{1\,337}=0.766\left(\frac{\text{lb 晶体}}{\text{lb 母液}}\right)$

(e) 最初，对 1.0 g/ cm^3 应用因子 8.33 lb/gal，

溶液体积 $=\frac{3\,000}{8.33\times 1.34}=269$ gal

最后，溶液体积 $=\frac{1\,337}{8.33\times 1.34}=120$ gal

晶体体积 $=\frac{1\,024}{8.33\times 1.68}=73$ gal

总体积=193 gal

因此，结晶开始前的初始条件将决定体积。

结晶器体积 $=\frac{269}{0.5}=538$ gal

(f) 用适用于母液的拉乌尔定律计算 H_2O 的分压：

lbmol $MgSO_4=\frac{401}{120.5}=3.33$

lbmol $H_2O=\frac{936}{18.02}=51.95$

总计=55.28 lbmol

$x_{H_2O}=\frac{51.95}{55.28}=0.94$

在 35℃=95 ℉，$p_{H_2O}^s=0.813\,5$ psia

因此，$p_{H_2O}=x_{H_2O}p_{H_2O}^s=0.94\times 0.813\,5=0.766$ psia

这对应于饱和温度 93 ℉。

因此，沸点升高=2 ℉。

(g) 生长速率=0.005 mm/min。

因此，直径以 0.01 mm/min 的速率生长。

直径必须由 50 μm=0.05 mm 生长到 0.40 mm。

$$时间=\frac{0.40-0.05}{0.01}=35\ \text{min}$$

(h) 焓衡算：

$$FH_F+Q=VH_V+MH_M \tag{1}$$

假定装料温度为 35℃=95 ℉；那么，由图 17.10，$H_F=-40$ Btu/lb。

由蒸汽表，$H_V=1\ 102.2+0.9$（考虑沸点升高）$=1\ 103.1$ Btu/lb。

稠液中 $MgSO_4$ 的质量分数 $=\frac{499+401+1}{3\ 000+2-641}=\frac{901}{2\ 361}=0.38$

由图 17.10，$H_M=-90$ Btu/lb。

由式(1)，$Q=641\times1\ 103.1+2\ 361\times(-90)-3\ 002\times(-40)$

$=615\ 000$ Btu＝传递进结晶器的热量

(i) 假定为传质控制，采用晶体的摩尔数 n 和摩尔浓度 c。

式(17-21)的摩尔形式为

$$\frac{dn}{dt}=4\pi r^2k_c(\Delta c) \tag{2}$$

式中 r 是晶体半径

$$n=\frac{4}{3}\pi r^3\rho_M，采用摩尔密度$$

因此，

$$\frac{dn}{dt}=4\pi r^2\rho_M\frac{dr}{dt} \tag{3}$$

令式(2)等于式(3)， $4\pi r^2k_c(\Delta c)=4\pi r^2\rho_M\frac{dr}{dt}$

$$\frac{dr}{dt}=\frac{k_c\Delta c}{\rho_M} \tag{4}$$

由式(15-62)，$N_{Sh}=\frac{k_cD_p}{D}=\frac{2k_cr}{D}=2+0.6(N_{Re})^{1/2}(N_{Sc})^{1/3}$

对 $r=25\mu$m，

$$N_{Re}=\frac{D_pv\rho}{\mu}=\frac{50\times10^{-6}\times100\times5\times1.34}{0.08}=0.42$$

$$N_{Sc}=\frac{\mu}{\rho D}=\frac{0.08}{1.34\times1.10\times10^{-5}}=5\ 340$$

$$N_{Sh}=2+0.6\times(0.42)^{1/2}(5\ 430)^{1/3}=2+6.8=8.8=\frac{2k_cr}{D}$$

$$k_c=\frac{8.8\times1.1\times10^{-5}}{2\times25\times10^{-4}}=0.019\ \text{cm/s}$$

对 $r=\frac{400}{2}=200\ \mu$m，

$$N_{Re}=0.42\times\frac{400}{50}=3.36$$

$$N_{Sh}=2+0.6\times3.36^{1/2}\times5\ 430^{1/3}=2+19.3=21.3$$

$$k_c=\frac{21.3\times1.1\times10^{-5}}{2\times200\times10^{-4}}=0.006\ \text{cm/s}$$

于是，当晶体尺寸由 25 μm 变成 200 μm 时，k_c 约减小为原来的 $\frac{1}{3}$。

根据给定的过饱和度每克溶液 0.01 克晶体假定 Δc，

$$\Delta c = \frac{0.01 \times 1.34}{246.6} = 54.3 \times 10^{-6} \frac{\text{mol}}{\text{cm}^3}$$

$$\text{晶体的 } \rho_M = \frac{1.68}{246.6} = 6.81 \times 10^{-3} \frac{\text{mol}}{\text{cm}^3}$$

由式(4)，$\frac{dr}{dt} = k_c \frac{54.3 \times 10^{-6}}{6.81 \times 10^{-3}} = 0.008 k_c$

对 k_c 的最低值 0.006 cm/s

$$\frac{dr}{dt} = 0.008 \times 0.006 = 48 \times 10^{-6} \text{ cm/s}$$

或

$$480 \times 10^{-6} \times 60 = 0.029 \text{ mm/min}$$

但这比晶体生长速率快 6 倍。因此，晶体生长主要由表面反应控制。

17.4 溶液结晶设备

在 17.5 节讨论结晶器模型之前，描述一下广泛使用的溶液结晶设备是有益的。这种设备可按表 17.8 所述的三个方面进行分类。

表 17.8　溶液结晶设备的分类

操作方式	达到过饱和的方法	为达到要求的晶体生长的结晶器特征
间歇	冷却	搅拌或无搅拌
连续	蒸发	设挡板或不设挡板
		循环液体或循环稠液
		分粒或不分粒
		控制或不控制
		冷却夹套或冷却蛇管

虽然工业设备可采用间歇操作或连续操作，但通常优先选择后者。达到过饱和的方法的选择很大程度上取决于温度对溶解度的影响。由表 17.5 中的数据可见，许多无机化合物在接近周围环境温度范围内，例如 10℃～40℃，溶解度的变化很小，可能不足以采用冷却方法。对 $MgCl_2$ 和 NaCl 肯定属于这种情况。对 KNO_3 和 Na_2SO_4，采用冷却结晶可能是可行的。大多数工业结晶器采用蒸发方法，或将冷却和蒸发相结合。让鼓泡空气通过稠液可实现带搅拌的直接冷却和蒸发。

为生产具有要求的大小分布的晶体，必须非常注意结晶器设计特征的选择。采用机械搅拌可导致在较短时间内生产出较细、较均匀且具有较高纯度的晶体。使用垂直挡板可促进更均匀的混合。结晶区和过饱和区之间的循环可控制过饱和度和均匀度。在液体循环设计中，只有母液循环，而在稠液循环设计中，母液和晶体一起循环。循环可限制在结晶容器内部或包括通过外部换热器的泵送。在分粒结晶器中，较小的晶体与较大的晶体分离并留在结晶区内进一步生长，或从该区域除去重新溶解。在有控制的设计中，控制过饱和度以避免不需要的成核。冷却结晶器可采用设夹套或内部蛇管的容器，优先采用后者，因为容易从结晶表面清除晶体。

已经开发了多种多样的具有专利权的工业结晶器设计。Myerson[10]和 Mullin[1]对其中多种结晶器作了描述。这里只讲述四种比较常用的溶液结晶器。这些结晶器的设计足以说明可在其他许多设计中发现的大多数特征。

17.4.1 循环间歇结晶器

虽然间歇结晶器可不用搅拌或循环进行操作，将热溶液直接加入敞口容器，将溶液保持在容器中通过自然对流进行冷却，但这样得到的晶体可能会大到不合要求且晶体间相互连结，因为夹带母液而降低纯度，而且很难从容器中取出。因此，如果结晶操作需要的产物为晶体，具有类似图 17.4 所示的两种间歇结晶器之一的更精巧结构的结晶器将被优先采用。在具有外部循环的设计中，采用高稠液速度使稠液通过换热器的管子以较小的传热推动力获得适当的传热速率，并尽可能减少在换热器管子表面形成晶体。当溶解度-温度曲线支配冷却结晶时，这种设计也可用于连续结晶器。

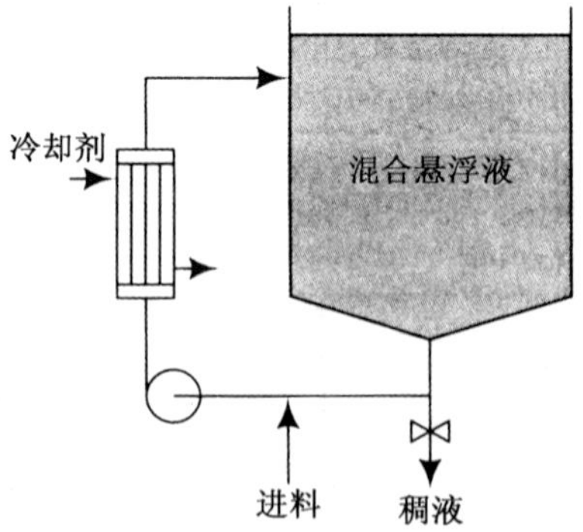

(a) 通过外部冷却换热器的稠液循环

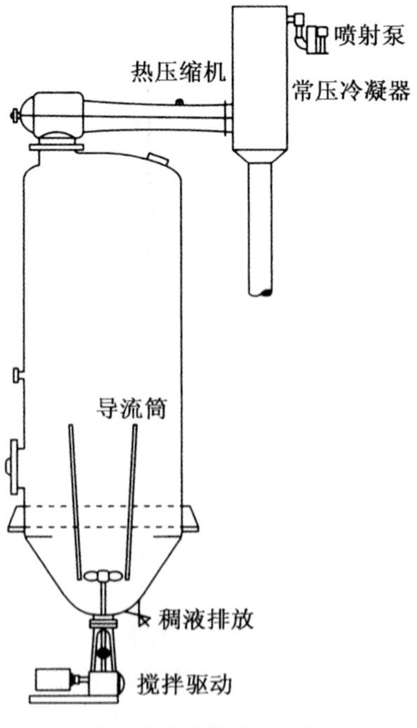

(b) 有导流筒的内部循环

图 17.14 循环间歇冷却结晶器

在图 17.14(b)中，在由通过水冷却冷凝器的二级蒸汽喷射系统造成的真空条件下利用蒸发完成结晶。稠液借助叶轮通过导流筒进行内部循环。蒸发所用的能量由热进料提供。典型的操作周期，包括将物料加入容器、结晶和排出稠液，可能在 2 到 8 小时。

17.4.2　连续冷却结晶器

图 17.15 是被称为 Swenson－Walker 连续冷却结晶器的典型的刮板式表面结晶器的简图，Seavoy 和 Caldwell[12]对这种结晶器作了详尽描述。进料通过一个半圆柱形的流槽，通常为 1m 宽×(3～12 m)长。流槽设有冷却夹套和低速(3～10 r/min)螺带式搅拌输送器刮槽壁以防止晶体在槽壁上生长，并通过温和的搅拌促进晶体生长。标准尺寸的装置可相互联结。结晶过程将由由于内部稠液造成的较大的传热阻力导致的相当慢的热量传递控制。以稠液和冷却剂之间的对数平均温差为基准，测定的典型的总传热系数仅为 10～25 Btu/(h・ft^2・℉)[57～142 W/(m^2・K)]。对中等尺寸并大小均匀的 Na_3PO_4・$12H_2O$ 和 Na_2SO_4・$10H_2O$ 晶体，日产量已经可达到 20 吨。随着温度下降，这两种盐的溶解度都有显著减小，使冷却结晶器成为可行的选择。

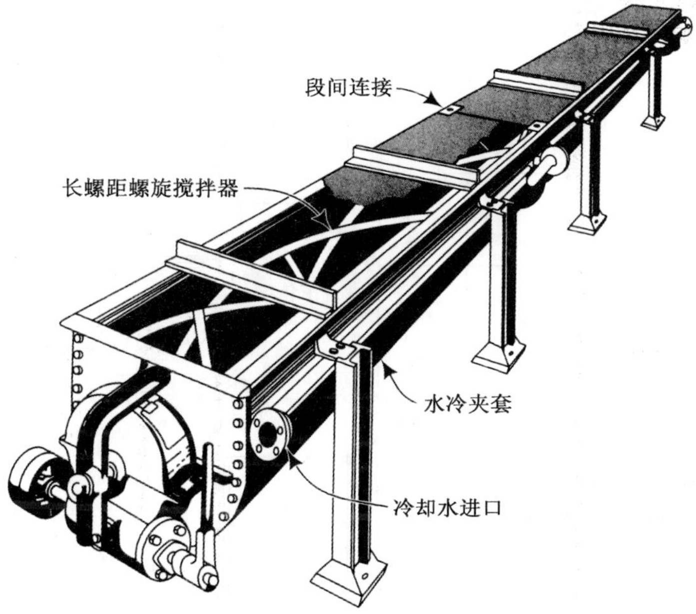

图 17.15　Swenson－Walker 连续冷却结晶器

例 17.10

例 17.6 的冷却结晶器是有表面刮板的装置，每英尺结晶器流动长度的冷却面积为 3 ft^2。将由逆流流动的冷冻水提供冷却，冷冻水进入夹套的温度为 60 ℉，而离开温度为 85 ℉。总传热系数 U 预期为 20 Btu/(h・ft^2・℉)。问该结晶器需要多长？

解

从例 17.6，利用图 17.10，要求的加热速率为 44 900 Btu/h。传热的对数平均温度推动力为

$$\Delta T_{LM}=\frac{(120-85)-(70-60)}{\ln\left(\dfrac{120-85}{70-60}\right)}=20\ ℉$$

传热面积为

$$A=\frac{Q}{U\Delta T_{\mathrm{LM}}}=\frac{44\ 900}{20\times 20}=112\ \mathrm{ft}^2$$

结晶器长度＝112/3＝37 ft。

17.4.3 连续真空蒸发结晶器

已有人开发了多种多样的连续真空蒸发结晶器的设计。一种特别成功并被广泛应用的这类结晶器的设计是 Newman 和 Bennett[13]描述的 Swenson 导流筒挡板(DTB)结晶器，这种结晶器的几种变形之一如图 17.16 所示。在这种结晶器的主体中，在真空条件下在沸腾表面上发生汽化，沸腾表面位于导流筒上方几英寸，导流筒向下延伸到离结晶器主体底部几英寸处。

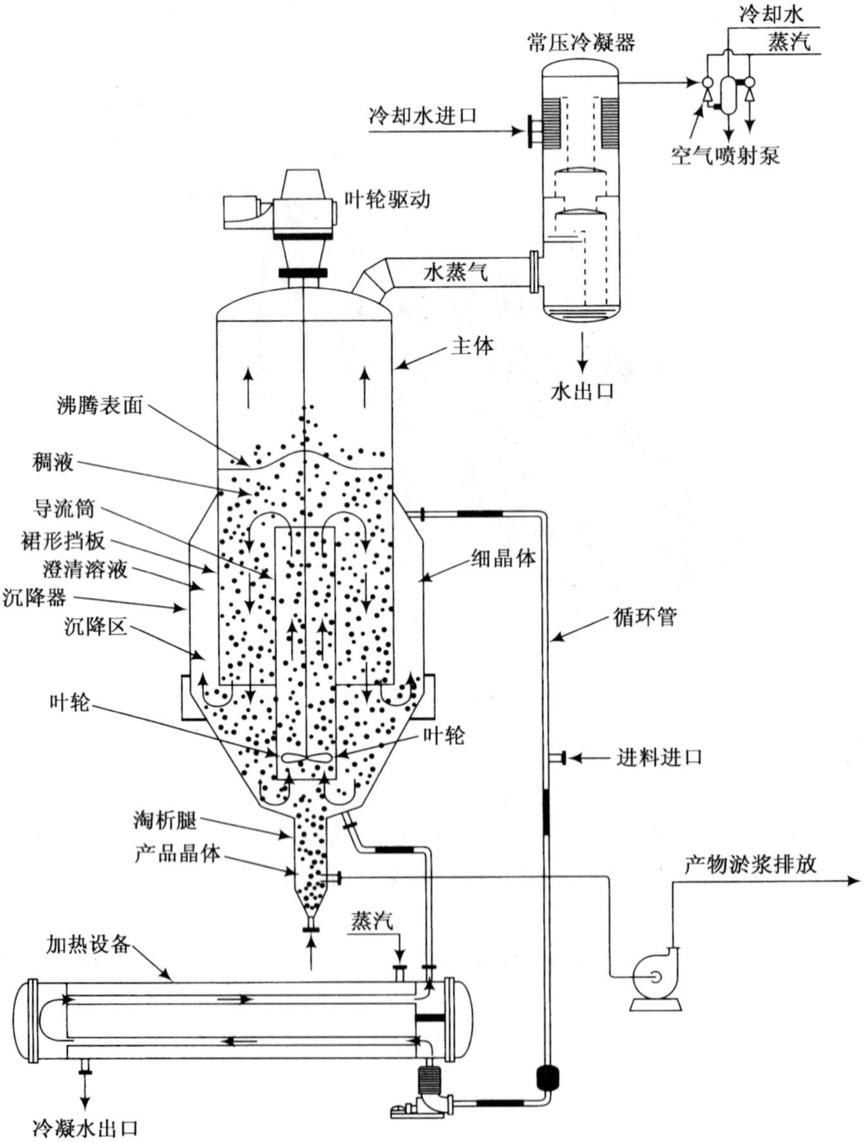

图 17.16 Swenson 导流筒挡板(DTB)结晶器

靠近底部，在导流筒内有一低速旋转的叶轮使稠液通过导流筒向上流动，在较低程度的过冷并没有任何激烈的闪蒸动作条件下流向沸腾表面。于是，壁面上的成核和晶体集结被减至最少。在导流筒周围是一环形空间，稠液在此空间内向下流动再重新进入导流筒。环形空间外壁是被环形沉降区包围的裙形挡板，沉降区外壁是结晶器壁。向下流动通过第一环形空间的稠液的一部分（或为 10%）转向并向外、向上流动通过沉降区，在沉降区内较大的晶体沉降，剩下含细晶体的母液流进循环管，在那里与进料混合，通过泵向上流动，然后通过换热器。循环溶液被加热升高温度提供进料预热和随后的蒸发所需的能量，并使较细的晶体溶解。循环稠液恰好在导流筒底部下方重新进入结晶器主体。晶体大小的进一步分级可通过设置淘析腿完成，如图 17.16 所示，淘析腿位于结晶器主体的底部。在这种情况中，产物稠液通过管道由位于保存最大晶体的淘析腿底部附近的喷嘴抽出。另一种方法是，从导流筒周围环形区间下部抽出产物稠液。

17.5　MSMPR 结晶模型

由于 DTB 结晶器的普遍应用，Randoloph[14]提出的一个用于设计和分析的数学模型是相当有用的，而且现在可在某些连续定态计算机辅助模拟程序的过程设备模型库中找到。该模型称为混合悬浮，混合产物脱除（MSMPR）模型，系根据下列假定：

（1）连续定态流动，定态操作；

（2）稠液理想混合；

（3）无晶体分级；

（4）全部稠液均匀的过饱和程度；

（5）晶体生长速率与晶体大小无关；

（6）进料中不含晶体，但开始时可加入晶种；

（7）没有晶体破裂；

（8）均匀的温度；

（9）产物稠液中的母液与晶体处于平衡状态；

（10）成核速率恒定、均匀，并系由于晶体接触引起的二次成核；

（11）结晶器内晶体大小分布（CSD）均匀并等于稠液中的晶体大小分布；

（12）所有晶体具有相同的形状。

对模型的修正考虑：(1) 由于沉降、淘析和细晶体溶解导致的晶体分级；(2) 由 Randolph 和 Larson[15]论述的可变生长速率。MSMPR 模型的核心部分是由晶体人口衡算进行的晶体大小分布（CSD）的估算，这实际上是由导流筒中叶轮的转速和外部循环速率决定的。在小型实验室结晶器中比较容易进行实验，这种结晶器可近似采用 MSMPR 模型，并能提供某些用于大型工业结晶器设计所必需的有关晶体成核速率和生长速率的数据。

17.5.1 晶体人口衡算

晶体人口衡算考虑稠液中的所有晶体，并结合物料衡算使 CSD 的确定成为可能。令 L=某种特定的晶体尺寸(例如根据筛分分析)，N=结晶器稠液中尺寸小于等于 L 的晶体的累计数，和 V_{ML}=结晶器稠液中母液的体积。以这些变量为基础的筛下晶体累计数的典型标绘如图 17.17 所示，图中在给定的 L 点曲线斜率 n 为单位设备体积，单位尺寸晶体的数目，由下式给出

$$n=\frac{d(N/V_{ML})}{dL}=\frac{1}{V_{ML}}\frac{dN}{dL} \tag{17-31}$$

如图 17.17 所示，n 的极限由 $L=0$ 处的 n° 变化到最大晶体尺寸 $L=L_T$ 的 0。在 MSMPR 模型中，图 17.17 的累计标绘与时间和稠液中的位置无关。实际上，此标绘为产物稠液中晶体的数字累计 CSD。

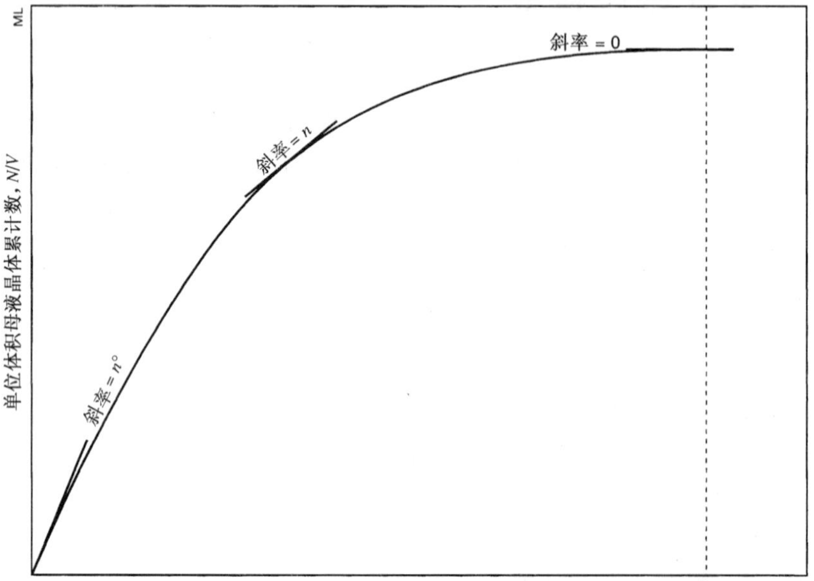

图 17.17　典型的累计数字筛下料分布

对恒定的与晶体尺寸无关的晶体生长速率，$G=dL/dt$，或

$$\Delta L=G\Delta t \tag{17-32}$$

和

$$L=Gt_L \tag{17-33}$$

式中 t_L=尺寸为 L 的晶体在结晶器稠液中的停留时间。式(17-32)称为 McCabe 的 ΔL 定律[16]，McCabe 发现该定律能令人满意地关联 KCl 和 $CuSO_4 \cdot 5H_2O$ 晶体生长的实验数据。虽然 McCabe 的实验是在小型实验室结晶器中在理想条件下进行的，但即使对远离理想条件的工业结晶过程，他获得的 ΔL 定律也可适用。

由式(17-31)，$dN=nV_{ML}dL$=在尺寸范围 dL 内的晶体数。现在在时间间隔 Δt 内每单

位体积排出($\Delta n\mathrm{d}L$)个晶体。因为稠液的理想混合假定，

$$\frac{\text{排出晶体数}}{\text{排出母液体积}}=\frac{\text{晶体数}}{\text{结晶器中的母液体积}}$$

因此，

$$\frac{\text{排出晶体数}}{\text{结晶器中的晶体数}}=\frac{\text{排出母液体积}}{\text{结晶器中的母液体积}}$$

或

$$\frac{\Delta n\mathrm{d}L}{n\mathrm{d}L}=-\frac{\Delta n}{n}=\frac{Q_{\mathrm{ML}}\Delta t}{V_{\mathrm{ML}}} \tag{17-34}$$

式中 Q_{ML}＝排出产物稠液中的母液体积流量和 V_{ML}＝结晶器中的母液体积。将式(17－32)与式(17－34)相结合并取极限，

$$-\frac{\mathrm{d}n}{\mathrm{d}L}=\frac{Q_{\mathrm{ML}}n}{GV_{\mathrm{ML}}} \tag{17-35}$$

这是下列更通用的瞬态人口衡算方程的简化形式，人口衡算方程考虑了进料中的晶体和不均匀的生长速率，但假定结晶器中母液体积恒定：

$$\frac{\partial n}{\partial t}+\frac{\partial(nG)}{\partial L}+\frac{(Q_{\mathrm{ML}})_{\mathrm{out}}n}{V_{\mathrm{ML}}}-\frac{(Q_{\mathrm{ML}})_{\mathrm{in}}n_{\mathrm{in}}}{V_{\mathrm{ML}}}=0 \tag{17-36}$$

结晶器中母液的滞留时间为 $\tau=V_{\mathrm{ML}}/Q_{\mathrm{ML}}$。因此，式(17－35)可写为

$$-\frac{\mathrm{d}n}{n}=\frac{\mathrm{d}L}{G\tau} \tag{17-37}$$

如果将式(17－37)对恒定生长速率和停留时间积分，我们得到

$$n=n^{\circ}\exp(-L/G\tau) \tag{17-38}$$

此方程是确定晶体人口、晶体大小或长度、晶体表面积和晶体体积或质量的分布曲线的出发点。

例如，为获得晶体人口，单位母液体积中小于尺寸 L 的晶体数量为

$$N/V_{\mathrm{ML}}=\int_0^L n\mathrm{d}L \tag{17-39}$$

单位母液体积中晶体总数为

$$N_{\mathrm{T}}/V_{\mathrm{ML}}=\int_0^L n\mathrm{d}L \tag{17-40}$$

将式(17－38)与式(17－40)相结合，尺寸小于 L 的晶体的累计数量作为总数的分率为

$$x_n=\frac{\int_0^L n^{\circ}\mathrm{e}^{-L/G\tau}\mathrm{d}L}{\int_0^{\infty} n^{\circ}\mathrm{e}^{-L/G\tau}\mathrm{d}L}=1-\exp(-L/G\tau) \tag{17-41}$$

或如果定义无量纲晶体尺寸为

$$z=L/G\tau \tag{17-42}$$

那么，

$$x_n=1-\mathrm{e}^{-z} \tag{17-43}$$

如图 17.18(a)所示的式(17－43)的标绘称为累计分布或累计晶体人口。对给定的 z 值，x_n 是具有较小 z 值的晶体的分率。令人感兴趣的还有如图 17.18(b)所示的由式(17－43)得到的相应的 $\mathrm{d}x_n/\mathrm{d}z$ 的微分标绘，

$$\frac{\mathrm{d}x_n}{\mathrm{d}z}=\mathrm{e}^{-z} \tag{17-44}$$

该微分标绘给出在 z 的给定区间内的晶体的分率。可看到，在 z 值较小时，分率较大，而在 z 值较大时，分率较小。

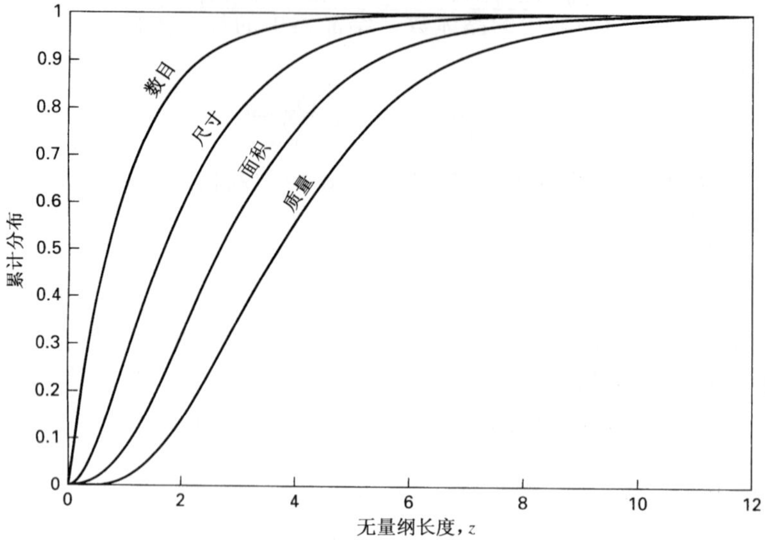

(a) 累计分布

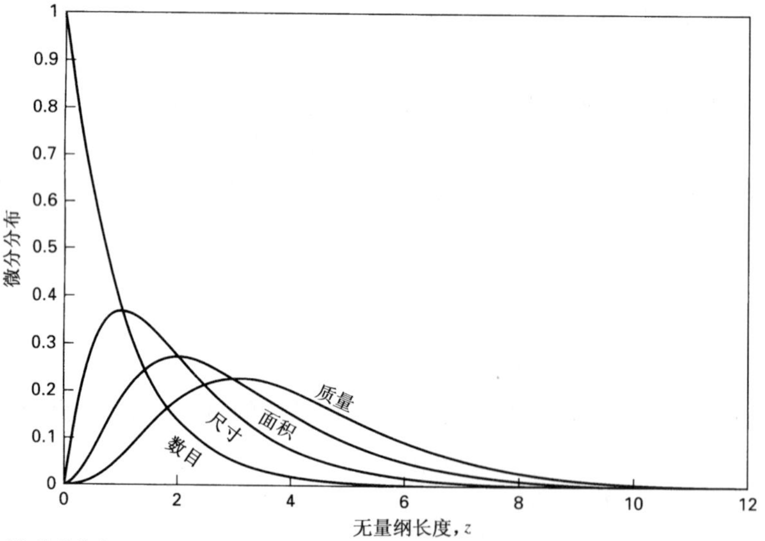

(b) 微分分布

图 17.18 MSMPR 预测的晶体大小分布

在图 17.18(a)和(b)中，表示了四种不同分布的标绘。由统计学可知，式(17-41)为多种矩方程之一，对关系式 $n=f(z)$，给出矩方程为

$$x_k=\frac{\int_0^z nz^k\mathrm{d}z}{\int_0^\infty nz^k\mathrm{d}z} \tag{17-45}$$

式中，k 为矩的阶数。于是，式(17－43)可由设定 $k=0$ 得到，所以为分布的零阶矩。对这种矩和相应的一阶矩(长度或尺寸)、二阶矩(面积)和三阶矩(体积)汇总在表 17.9 中。而相应的累计和微分标绘如图 17.18 所示。

表 17.9　对恒定生长速率晶体分布各阶矩的累计和微分标绘

矩	分布基准	累计	微分
零阶	数目	$x_n=1-e^{-z}$	$dx_n/dz=e^{-z}$
一阶	尺寸或长度	$x_L=1-(1+z)e^{-z}$	$dx_L/dz=ze^{-z}$
二阶	面积	$x_a=1-(1+z+\frac{z^2}{2})e^{-z}$	$dx_a/dz=\frac{z^2}{2}e^{-z}$
三阶	体积或质量	$x_m=1-(1+z+\frac{z^2}{2}+\frac{z^3}{6})e^{-z}$	$dx_m/dz=\frac{z^3}{6}e^{-z}$

在结晶器的设计和操作中，特别感兴趣的是采用体积或质量分布的占主导地位的晶体尺寸 L_{dp}。这对应于微分质量分布的峰值，可推导如下：由表 17.9，

$$dx_m/dz=\frac{z^3}{6}e^{-z} \tag{17-46}$$

在峰值处

$$\frac{d\left(\frac{dx_m}{dz}\right)}{dz}=0=\frac{3z^2e^{-z}}{6}-\frac{z^3e^{-z}}{6} \tag{17-47}$$

求解式(17－47)得到 z，

$$z=3=\frac{L}{G\tau} \tag{17-48}$$

因此，

$$L_{dp}=3G\tau \tag{17-49}$$

利用表 17.9 中的微分表示式进行类似推导表明利用晶体数、晶体尺寸和晶体表面积表示的最稠密的尺寸分别为 0、$G\tau$ 和 $2G\tau$。如果 L_{dp} 被选定，可用式(17－41)和式(17－43)估算累计和微分筛分分析。

要利用表 17.9 中的分布，需要 G 和 τ 的数值。生长速率取决于过饱和度和搅拌程度。停留时间取决于结晶器的设计和操作。知道 B° 和 n° 也是有用的，它们被关联如下：

$$\frac{1}{V_{ML}}\frac{dN}{dt}=\frac{1}{V_{ML}}\frac{dN}{dL}\left(\frac{dL}{dt}\right) \tag{17-50}$$

$$\lim_{L\to 0}\frac{1}{V_{ML}}\frac{dN}{dt}=B^\circ$$

$$\frac{dL}{dt}=G$$

$$\lim_{L\to 0}\frac{1}{V_{ML}}\frac{dN}{dL}=n^\circ$$

因此，

$$B^\circ=Gn^\circ \tag{17-51}$$

将式(17－51)与式(17－38)相结合，

$$n=\frac{B^\circ}{G}\exp(-L/G\tau) \tag{17-52}$$

如下面的例题所说明的，当 MSMPR 模型适用时，借助实验数据，此方程可用于获得一组给定操作条件下的成核和生长速率数值。操作条件对 B°的影响可用式(17－19)给出的经验的幂律函数表示。但是，因为生长速率可能正比于相对过饱和度 s，升高了指数，式(17－19)可改写为

$$B^{\circ}=k_N{}'G^iM_T^jN^r \tag{17-53}$$

遗憾的是，$k_N{}'$可能对设备大小敏感，因此如 Zumstein 和 Rousseau[17]指出的，最好由工业结晶器的数据确定。i、j 和 r 可由小规模的实验确定。

根据 MSMPR 模型结晶操作所需的成核速率是由占主导地位的晶体尺寸决定的。由式(17－40)和式(17－38)，

$$n_c = N_T/V_{\mathrm{ML}} = \int_0^{\infty} n\mathrm{d}L = n^{\circ}\tau G\int_0^{\infty}\mathrm{e}^{-z}\mathrm{d}z = n^{\circ}\tau G \tag{17-54}$$

单位体积母液的晶体质量为

$$m_c = \int_0^{\infty} m_{\mathrm{p}} n\mathrm{d}L \tag{17-55}$$

式中 m_{p}为颗粒质量，由下式给出

$$m_{\mathrm{p}}=f_{\mathrm{v}}L^3\rho_{\mathrm{p}} \tag{17-56}$$

式中 f_{v}由式(17－11)定义。

将式(17－55)、式(17－56)与式(17－38)相结合，然后积分给出

$$m_c=6f_{\mathrm{v}}\rho_{\mathrm{p}}n^{\circ}(G\tau)^4 \tag{17-57}$$

将式(17－54)与式(17－57)相结合，单位质量晶体的晶体数为

$$\frac{n_c}{m_c}=\frac{1}{6f_{\mathrm{v}}\rho_{\mathrm{p}}(G\tau)^3} \tag{17-58}$$

将式(17－48)与式(17－58)相结合，

$$\frac{n_c}{m_c}=\frac{9}{2f_{\mathrm{v}}\rho_{\mathrm{p}}L_{\mathrm{pd}}^3} \tag{17-59}$$

或相应的要求的成核速率为

$$B^{\circ}=\frac{n_cC}{m_cV_{\mathrm{ML}}}=\frac{9C}{2f_{\mathrm{v}}\rho_{\mathrm{p}}V_{\mathrm{ML}}L_{\mathrm{pd}}^3} \tag{17-60}$$

式中 C＝晶体的质量产量。

例 17.11

一台 DTB 型的连续、真空蒸发结晶器用于生产 $Al_2(SO_4)_3\cdot 18H_2O$($\rho_{\mathrm{p}}=105$ lb/ft^3)，产量为 2 000 lb/h。每 ft^{3}稠液含 0.15 ft^{3}晶体，稠液在结晶器中的停留时间为 2 h。以质量为基准，要求占主导地位的晶体尺寸为 0.417 mm。用 MSMPR 模型估算：

(a) 要求的晶体生长速率，单位为 ft/h；

(b) 要求的成核速率，单位为晶核数/(h・ft^3)结晶器中的母液；

(c) 每小时产生的晶体数；

(d) 以质量或体积为基准估算的晶体产物的累计和微分筛分分析。

并说明对运行中的结晶器如何达到要求的生长和成核速率。

解

(a) 由式(17－48)，

$$G=\frac{L_{\mathrm{pd}}}{3\tau}=\frac{0.417/304.8}{3\times 2}=2.28\times 10^{-4}\ \mathrm{ft/h}$$

(b) 需要的结晶器中的母液体积。

生产的晶体体积 $=\frac{2\ 000}{105}=19.1\ \mathrm{ft^3/h}$①

结晶器中的晶体体积 $=19.1\times 2=38.2\ \mathrm{ft^3}$

结晶器中的稠液体积 $=\frac{38.2}{0.15}=255\ \mathrm{ft^3}$

结晶器中的母液体积 $=V_{\mathrm{ML}}=255-38.2=217\ \mathrm{ft^3}$

由式(17-60),假定 $f_{\mathrm{v}}=0.5$,

$$B^{\circ}=\frac{9\times 2\ 000}{2\times 0.5\times 105\times 207\times (0.417/304.8)^3}=3.1\times 10^8\ \frac{\text{个晶核}}{\mathrm{h\cdot ft^3}}$$

(c) 生产的晶体数 $=3.1\times 10^8\times 217=6.7\times 10^{10}/\mathrm{h}$

(d) $z=\frac{L}{G\tau}=\frac{L}{2.28\times 10^{-4}\times 2}=2.2\times 10^3\ L$,ft 或 $7.19\ L$,mm

由表 17.9,

$$x_{\mathrm{m}}=1-\left(1+z+\frac{z^2}{2}+\frac{z^3}{6}\right)\mathrm{e}^{-z} \tag{1}$$

$$\frac{\mathrm{d}x_{\mathrm{m}}}{\mathrm{d}z}=\frac{z^3}{6}\mathrm{e}^{-z} \tag{2}$$

借助电子表格,用式(1)和式(2)计算老式泰勒筛目尺寸,对累计和微分筛分分析得到如下结果:

泰勒筛目	孔/mm	无量纲长度,z	累计筛分分析/%	微分筛分分析/%
8	2.357	16.96	100.00	0.00
10	1.667	11.99	99.77	0.18
14	1.179	8.48	96.95	2.11
20	0.833	5.99	84.82	8.95
28	0.589	4.24	61.16	18.31
35	0.417	3.00	35.20	22.40
48	0.295	2.12	16.50	19.05
65	0.208	1.50	6.54	12.53
100	0.147	1.06	2.29	6.87
150	0.104	0.75	0.73	3.31
200	0.074	0.33	0.22	1.46

累计和微分筛分分析的标绘如图 17.19 所示。

① 原文误为 $19.1\ \mathrm{ft^3h}$——译者注。

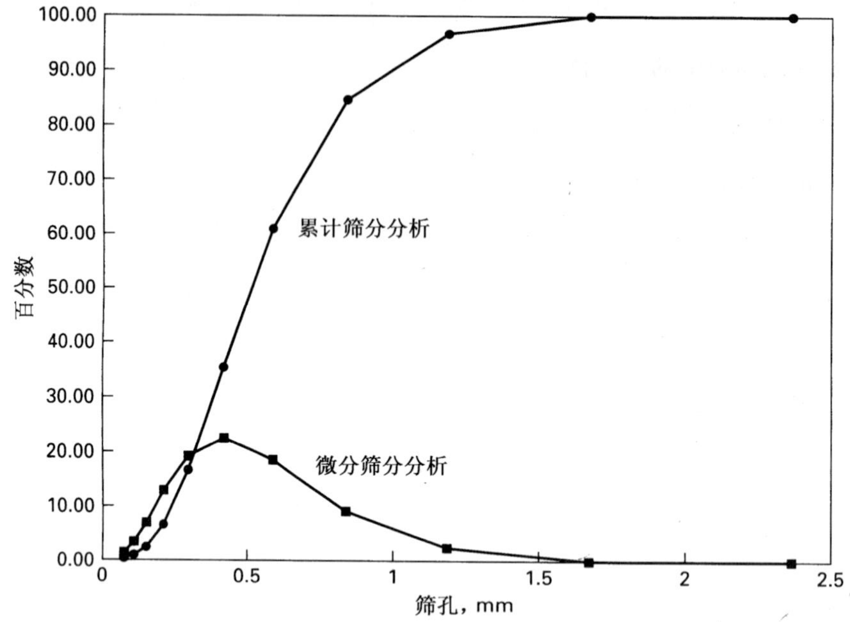

图 17.19 预测的例 17.11 的累计和微分筛分分析

过饱和度对生长和成核速率都有影响。生长速率可能还受晶体与母液间的相对速度的影响。成核速率还受搅拌程度的影响。采用 DTB 结晶器，可对搅拌转速和稠液通过外部换热器的循环速度进行调节，达到要求的晶体生长和成核速率。

17.6 沉　　淀

当含有中等或高溶解度的溶质的溶液通过冷却或部分蒸发使溶质浓度明显超过其溶解度而部分结晶时，如上所述，发生的是溶液结晶。过饱和度小，避免了一次成核，且晶体生长缓慢。如果过程在控制条件下进行，可生长得到适当大小和符合要求的晶体。在许多方面，沉淀过程与溶液结晶正好相反。如 Nielsen[18]指出的，沉淀涉及的溶质只是微溶的。沉淀的形成可通过改变溶液的 pH 值、溶剂浓度、溶液温度而实现，或非常普遍的，往溶液中加入反应物，导致反应生成另一种几乎不溶于最终的溶液的化合物。后一种过程通常称为反应结晶。反应产生的过饱和度是非常大的，导致了高度的一次成核。虽然，随着过饱和度的减少会发生某些生长，但沉淀一般是由非常细的自然结晶的颗粒组成的，并且常会发生聚集和凝聚。聚集是大量晶体比较弱地结合在一起。接着可能发生凝聚，牢固地结合在一起。由沉淀生产的典型化合物是表 17.6 中所列的难溶化合物。沉淀可被认为是快速结晶。

在沉淀中，颗粒大小与式(17－16)所示的 Kelvin 方程确定的溶解度有关。但是，对有溶液中的离子反应形成的沉淀，用$(\pi/K_c)^{1/v}$代替过饱和比 $S=c/c_s$，式中 π＝该反应的离子浓度积，K_c＝(平衡)溶度积，v＝形成沉淀化合物的阳离子和阴离子之和。于是，对 15℃时的氢氧化铝，

$$\pi=(c_{Al}^{3+})(c_{OH}^{-})^3$$

利用表 17.6 中给出的 K_c 和 $v=1+3=4$。Kelvin 方程在沉淀中具有重要作用，因为成核可能是由于均相一次成核。

在沉淀中过饱和度是非常重要的因素。当将反应物加入溶液中形成难溶化合物时，可导致非常高的过饱和度，这取决于混合前反应物和溶液中的离子浓度。例如，考虑由含 Ba^{2+} 离子的反应物水溶液和硫酸水溶液形成 $BaSO_4$ 沉淀。

由表 17.6，18℃ 时 $BaSO_4$ 的溶度积为 0.87×10^{-10}。取自 Nielsen[19]著作的图 17.20(a)是硫酸根离子浓度与钡离子浓度的标绘，两个浓度均为刚混合尚未沉淀前的数值，以过饱和比 S 的等高线标绘。虚线指活度系数等于 1.0 的理想情况(浓度=活度)，而且没有 Ba^{2+} 和 SO_4^{2-} 的配和物生成。实曲线则考虑了与理想情况的偏离。注意可能存在非常大的过饱和比。例如，如果溶液中 SO_4^{2-} 浓度为 0.01mol/L 和 Ba^{2+} 离子为 4.7×10^{-4} mol/L，则过饱和比为 100。

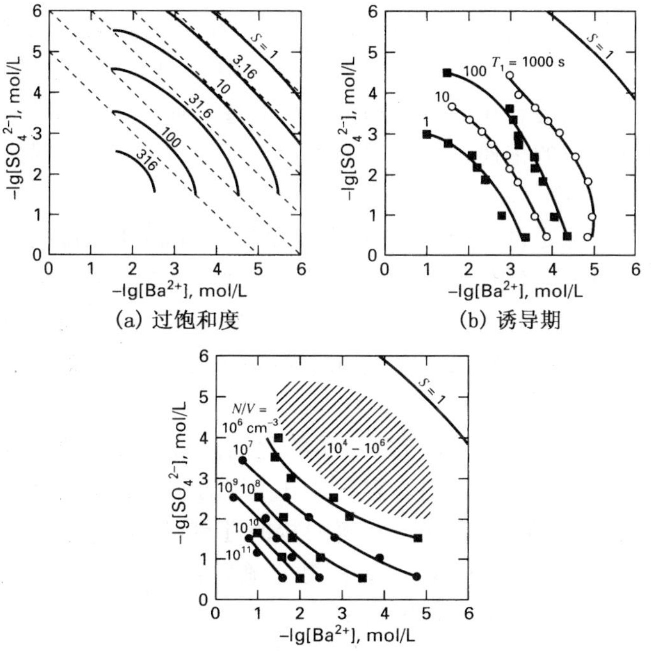

(a) 过饱和度　(b) 诱导期　(c) 形成颗粒数

图 17.20 $BaSO_4$ 沉淀图

通常，因为非常小的颗粒的缓慢生长，沉淀不会随着大过饱和度的发生而立即发生。但在称为诱导期的一定时间 T_1 后，肉眼可观察到的沉淀开始了。如图 17.20(b)所示，这段时间强烈依赖于初始离子浓度，以及通过与图 17.20(a)的叠合可见，还依赖于过饱和比。例如，当过饱和比约为 300 时，诱导期只有 1 秒钟，而当过饱和比约为 10 时，诱导期将超过 1 分钟。

如图 17.20(c)所示，单位体积溶液形成的颗粒数 N/V 也强烈依赖于阳离子和阴离子的初始浓度，因此，在高离子浓度时也依赖于过饱和比。常可观察到最小的单位体积颗粒数和最大的颗粒尺寸。对 $BaSO_4$，最大尺寸发生在过饱和比约为 300 时。形成颗粒的数目还依赖于颗粒生长速率，而生长速率由离子到颗粒表面的传质和/或离子结合进入晶体结构(表

面反应)控制。沉淀过程中的颗粒生长速率遵循下列规律之一,这些规律体现了与相对过饱和度 $S=1-s$ 的不同关系:

线性

$$G=k_1 s \tag{17-61}$$

抛物线

$$G=k_2 s^2 \tag{17-62}$$

指数

$$G=k_3 f\{s\} \tag{17-63}$$

常用于 $G>10$ nm 的线性规律可能是由于传质控制或表面吸附控制,温度对后者有较大影响。G 可能小于 10nm 的抛物线规律适用于螺旋错位控制生长。指数规律中的 $f\{s\}$ 可能包括复杂的指数、对数和/或幂律函数,对应于表面成核生长控制。后两种机理可能平行发生。Nielsen [20]为许多电解质提供了三种不同的速率规律的速率常数。当生长快速时,可能由于夹带而导致可溶性电解质的共沉淀,于是使获得纯度高的沉淀产物变得困难。

因为沉淀是在相当大的过饱和度下形成的,所以生成的颗粒形状可能远离对应于取决于颗粒表面积和表面张力的最小 Gibbs 能的形状。但是如果允许沉淀和母液老化,那么如 Nielsen [20]所论述的,沉淀颗粒的尺寸和形状可通过下列方法趋近平衡:(1)细颗粒的絮凝和烧结;(2)离子越过表面的传递;(3)通过溶解和再沉淀达到成熟。成熟导致释放出共沉淀物,于是提高了沉淀的纯度。

沉淀过程中在来源充足的条件下生成的细颗粒具有通过颗粒间的碰撞现象成簇的倾向,这被用不同的名称称为聚集、凝聚和絮凝。当每立方厘米的颗粒数超过 10^7 时,称为凝聚物,这类晶簇是常见的。对 $BaSO_4$,图 17.20(a)和图 17.20(c)说明这种聚集可能需要非常大的初始过饱和比。主要在颗粒尺寸在 1μm 到 50μm 之间时,聚集是重要的。

例 17.12

Fichett 和 Tarbell[21]研究了将硫酸钠和氯化钡溶液相互混合时叶轮转速对硫酸钡的连续沉淀获得的晶体尺寸分布的影响。容积为 1.8L 的结晶器假定为理想混合。在他们的第 15 次实验中,他们采用按化学计量比溶解的盐的进料,给出氯化钠浓度为 0.15mol/L,而停留时间为 38s。利用 MSMPR 模型,由两组数据确定:

(a) n°,晶核数密度,晶核数/(μm · L);

(b) G,线性生长速率,μm/s;

(c) B°,成核速率,晶核数/(L · s);

(d) 平均晶体长度,μm;

(e) n_c,晶体数/母液体积,晶体数/m³。

尺寸/μm	ln$n$,晶体数密度 ln (μm⁻¹ · L⁻¹)	
	950 r/min,0.361 J/(s · kg 进料)	400 r/min,0.028 J/(s · kg 进料)
7	22.07	23.45
9	21.66	22.75
11	21.35	22.08
13	20.97	21.36
15	20.77	20.75

（续表）

尺寸/μm	lnn，晶体数密度 ln（$\mu m^{-1}L^{-1}$）	
	950 r/min，0.361 J/（s · kg 进料）	400 r/min，0.028 J/（s · kg 进料）
17	20.41	20.14
19	20.04	19.57
21	19.77	18.94
23	19.48	18.43
25	19.09	17.75
27	18.85	
29	18.49	
31	18.11	
33	17.87	

解

（a）由式（17－38），如果将每组数据拟合为

$$\ln n = \ln n^{\circ} - L/G\tau \quad (1)$$

最优直线获得 $\ln n^{\circ}$ 的截距和 $-1/G\tau$ 的斜率，由此可确定 $\tau=38s$ 的 n° 和 G。利用电子表格，950 r/min 的结果为

截距＝23.31，斜率＝－0.160 1

因此，$n^{\circ}=\exp(23.31)=1.11\times10^{10}$ 晶体/（μm · L）

（b）$G=1/(38\times0.160\ 1)=0.164\mu m/s$

（c）由式（17－51）计算成核速率：

$$B^{\circ}=Gn^{\circ}=0.164\times(1.11\times10^{10})=1.82\times10^{9}\ \text{晶核}/(L\cdot s)$$

（d）平均颗粒直径由最大 dx_L/dz 值的 z 确定，由表 17.9 知为 ze^{-z}，

$$d\frac{(ze^{-z})}{dz}=e^{-z}-ze^{-z}=0$$

因此，由式（17－42）得 $z=1=L_{mean}/G\tau$，

$$L_{mean}=G\tau=0.164\times38=6.23\mu m$$

（e）单位体积母液的晶体数由式（17－54）给出，

$$n_c=n^{\circ}\tau G=B^{\circ}\tau=1.82\times10^{9}\times38$$
$$=6.92\times10^{10}\ \text{晶体}/L=6.92\times10^{13}\ \text{晶体}/m^3$$①

（f）用类似的方法，对转速 400 r/min 得到下列结果：

截距＝25.53，斜率＝－0.313

$$n^{\circ}=1.22\times10^{11}\ \text{晶体}/(\mu m\cdot L)$$

$$G=0.084\ 1\mu m/s$$

$$B^{\circ}=1.03\times10^{10}\ \text{晶核}/(L\cdot s)$$

$$L_{mean}=3.20\mu m$$

$$n_c=3.91\times10^{14}\ \text{晶体}/m^3$$②

比较两组结果可看到较高的搅拌转速提供较大的平均晶体尺寸，较高的生长速率和较

① 原文误为 6.92×10^{7} 晶体/m^3——译者注。

② 原文误为 3.91×10^{8} 晶体/m^3——译者注。

低的成核速率。

17.7 熔融结晶

溶液结晶指溶质从溶剂中的结晶。最常进行的是溶解了无机盐的水溶液。水-盐系统的相平衡图，如图 17.2，通常包括的温度范围从共溶温度（低于 0℃）到高于冰的熔点的温度，但不会超过 200℃。因为无机盐的熔点远高于 200℃，所以纯盐的熔点不包括在相图中。

对有机化合物的混合物，情况完全不同。Matsuoka 等[22]的分析发现，常见有机化合物中 70%的熔点在 0℃到 200℃之间。对这类化合物的二元混合物，相平衡图通常将包括两种化合物的熔点。典型的相图如图 17.1 所示。在图 17.1(b)中，如果进料组成低于以对硝基氯苯为基准的共熔组成，那么可形成邻硝基氯苯晶体；反之则可形成纯对硝基氯苯。例外的是共熔组成。共熔形成体系由能在晶格中互相替代的化合物组成。于是，共熔混合物由两个不同的固相组成。将液相区与两个固-液区分开的两根溶解度曲线有时称为凝固点曲线，而液相区内的混合物称为熔融体。

不太常见的是如图 17.1(c)对菲蒽体系所示的固相溶液形成系统。这类系统由结构非常相似的化合物组成，这些化合物在晶格中能互相替代，在很宽的组成范围内形成两种化合物的单一固相。对于这类系统，混合物能够结晶。液-固相图与气-液相图相似，图中凝固点曲线和熔点曲线分别代替了露点曲线和泡点曲线。凝固点曲线以上的液相区内的混合物称为熔融体。两条曲线之间的区域内的混合物分成液相和固相，二者都不是纯的。

共熔形成体系或固体溶液形成体系的熔融体的结晶称为熔融结晶。虽然理论上，共熔形成体系的熔融结晶类似于这类体系的溶液结晶，能产生纯晶体，但是单级工业结晶器的结晶产物因为 Wilcox[23]详细论述的理由，不能满足纯度要求。在这种情况中，反复熔融和结晶可能是必需的。对共熔形成体系，要生产高纯度的晶体，多级操作是必需的。

有机混合物的分离最常用的方法是精馏。但是，如果精馏遇到下列情况：(1)需要超过 100 个理论级；(2)不能生产满足规定（例如纯度和色泽）的产品；(3)引起进料组分的分解；(4)要求极端的温度或压力条件（如真空），应考虑其他分离方法。按照 Wynn[24]的意见，如果要分离的化合物为：(1)二基取代苯、二苯基烷烃、苯某酮、仲或叔芳香胺或脂肪胺、异氰酸酯、稠环化合物、杂环化合物和分子量小于 150 的羧酸；(2)熔点温度在 0℃到 160℃之间；(3)需要非常高纯度的产品；(4)实验室试验产生了清晰定义的固相，可由此固相通畅地排出液体，那么在复合过程中应考虑用熔融结晶作为替代精馏的候选方案。

17.7.1 熔融结晶设备

如同溶液结晶，对熔融结晶也提出了多种多样的结晶器设计。这里仅讨论应用较广的某些工业装置。Myerson[10]提供了熔融结晶器的详尽讨论。在所有情况中，结晶均通过冷却混合物实现。

用于熔融结晶的两种主要方法是通过逐步凝固实现的悬浮结晶和积层结晶。在前一种中，通过过冷加有晶种的进料熔融体使具有要求的大小分布的晶体在悬浮液中缓慢生长。对后一种，通过结晶层提供过冷，不控制尺寸的晶体在冷却表面上迅速生长。在悬浮结晶中，剩余的熔融体必须利用离心分离、过滤和/或沉降与晶体分离。在积层结晶中，剩余的熔融体从固体层排出，然后将晶体层熔融。

图 17.21 所示为用于悬浮结晶的二级刮板壁面结晶器。冷却介质被用于控制两个刮板壁面装置的表面温度，使晶体生长，然后用螺旋将晶体刮落。熔融体-晶体混合物通过熟化容器进行循环。典型系统的两个刮板壁面装置长 3.6 m，总传热面积为 3.85 m^2。螺旋用 10 kW 的电动机驱动。

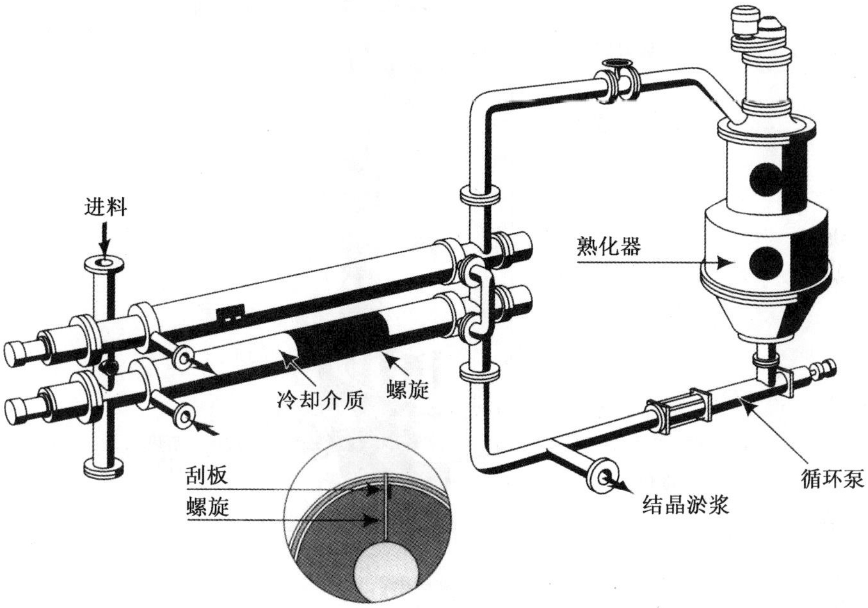

图 17.21　二级刮板壁面熔融结晶器

熔融结晶的比较重要的工业应用是如图 17.22 所示的 Sulzer 兄弟有限公司开发的降膜结晶器。该设备对以高产量（>10 000 吨/年）生产高纯度（>99.9%）晶体特别有用。一对大型设备，每个直径为 4 m，设有 1 100 根 12 m 高的管子，以典型的晶体层生长速率1 in./h，可生产 100 000 吨/年非常纯的晶体。进料熔融体作为薄膜在管内向下流动，因为冷却剂在管外对管壁进行冷却，通过逐步凝固形成和生长晶体层。当达到预先设定的通常为 5～20 mm的晶体层厚度时，停止进料熔融体的流动。现在对管子略微进行加温引起部分熔融，这称为发汗，可除去黏附于晶体层上的杂质。接着将剩余的高纯度晶体层全部熔化。在初始结晶阶段，与结晶速率相比，熔融以高速循环进行，这可导致温度和熔融体组成沿管长均匀。冷却剂也可与降膜一样沿管子外壁向下流动。

考虑降膜结晶器中的凝固步骤。典型的温度分布如图 17.23 所示。熔融体自管子顶部进入，呈膜状沿内壁向下流动。温度低于熔融体凝固点的冷却剂也自管子顶部进入，呈膜状沿外壁向下流动。热量由熔融体传递给冷却剂，导致熔融体在管内壁形成晶体层。随着熔融体和冷却剂沿管向下流动，温度分别逐渐降低和升高。晶体层的厚度随时间增加，熔化潜热由晶体-熔融体界面传递给冷却剂。

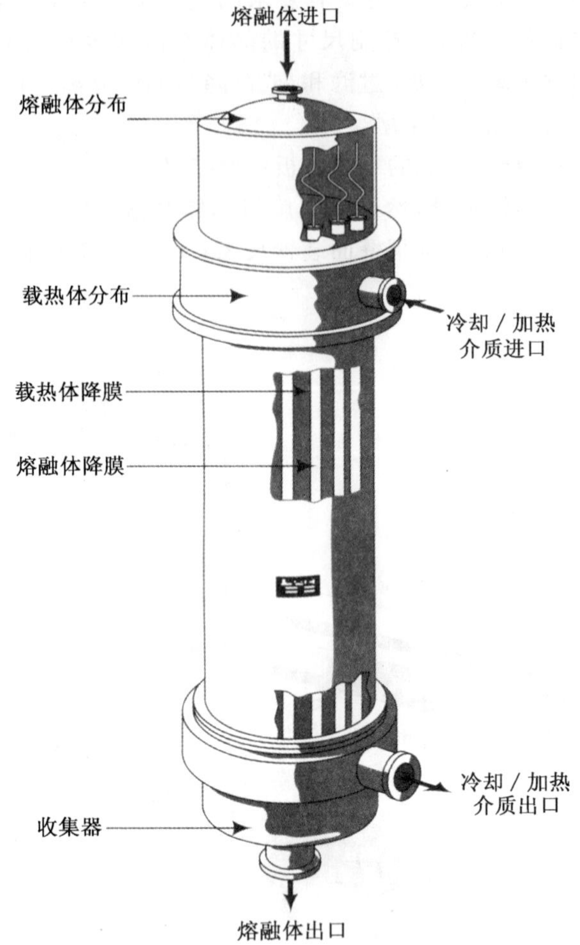

图 17.22　Sulzer 降膜熔融结晶器

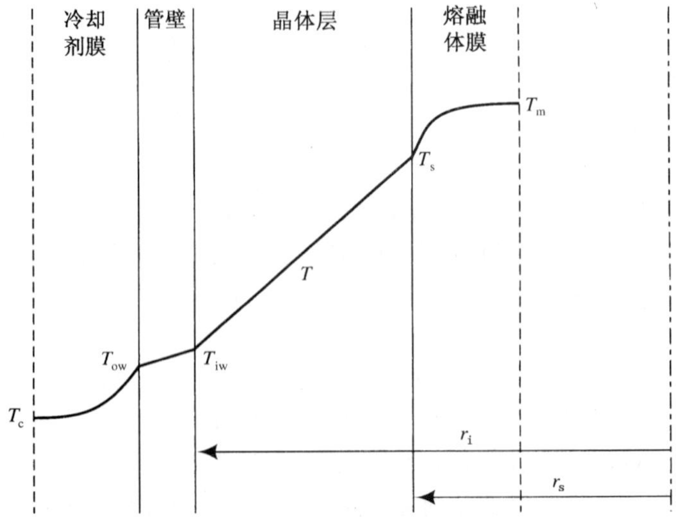

图 17.23　沿管长某垂直位置处熔融结晶降膜内的温度分布

对共熔形成二元熔融体，只有一种组分将结晶，虽然少量的另一种组分可能夹带在晶体层内，尤其当晶体形成速率太快时。晶体层和熔融体的界面温度可假定为对应于溶解度曲线上饱和熔融体的平衡温度。如果结晶组分从熔融体膜到相界面的传质是快速的，那么界面温度将与垂直位置上熔融体薄膜的组成对应。而且，如果与晶体层相比，冷却剂膜、管壁和熔融体膜的热阻均可忽略，而且如果晶体层和金属壁的热容均可忽略，那么可导出如下晶体膜厚度随时间增加的速率的简单模型。

在一特定垂直位置，$T_s \approx T_m$，熔点，和 $T_{iw} \approx T_c$，冷却剂主体温度。凝固释放热量的速率 ΔH_f 等于通过晶体层的热传导速率。于是，对平壁，参考图 17.23，溶化热等于通过晶体层的热传导速率，给出

$$\Delta H_f \frac{dm}{dt} = -A\rho_c(\Delta H_f)\frac{dr_s}{dt} = \frac{k_c A(T_m - T_c)}{r_i - r_s} \tag{17-64}$$

初始条件为 $t=0$ 时 $r_s - r_i$。积分式(17-64)给出

$$\frac{(r_i - r_s)^2}{2} = \frac{k_c(T_m - T_c)t}{\rho_c \Delta H_f} \tag{17-65}$$

或晶体层厚度为

$$(r_i - r_s) = \sqrt{\frac{2k_c(T_m - T_c)t}{\rho_c \Delta H_f}} \tag{17-66}$$

对圆管壁类似的推导给出

$$\frac{1}{4}(r_i^2 - r_s^2) - \frac{r_s^2}{2}\ln\left(\frac{r_i}{r_s}\right) = \frac{k_c(T_m - T_c)t}{\rho_c \Delta H_f} \tag{17-67}$$

式中，r_i 为管子内半径。如可预期的，当 r_s 的值趋近 r_i 的值时，式(17-67)左边的数值趋近式(17-65)左边的数值。对平壁，式(17-66)表明晶体层随时间的平方根生长。于是，对给定的一段时间，在该段时间的前一半内的生长为总生长的 $1/\sqrt{2}=70.7\%$。对于圆管，如果生长由壁面到半径的一半，那么生长的 67.9% 发生在时间段的前一半，并产生晶体层的 75.2%。对该生长厚度圆管所需的时间仅为平壁的 80%。于是，采用简单得多的平壁情况的式(17-66)将获得保守的结果。

在降膜结晶器操作过程中，熔融体膜的温度随熔融体向下流动而降低，因为热量由熔融体传给温度较低的晶体层。根据早先的假定，任何高度熔融体的温度将是溶解度曲线上对应于该高度的熔融体组成的温度。如果我们：(1)假定与溶化潜热相比，熔融层冷却的显热可忽略；(2)忽略晶体层和管壁中的任何显热存储；(3)忽略管壁、晶体层和熔融体层中的纵向传导；(4)假定冷却剂温度恒定，我们可将式(17-66)与物料衡算相结合，确定随着沿管内壁的流动结晶组分的消耗。这被留作习题，结果将给出作为时间和垂直位置函数的晶体层厚度。

例 17.13

处于饱和温度的 80%萘和 20%苯的溶融体进入降膜结晶器，结晶器冷却剂进口温度为 15℃。估算内径 8 cm 的管子顶部晶体层厚度达到 2 cm 所需的时间。

解

由图 17.24，通过外推熔融体的饱和温度为 62℃。因此，萘将会结晶，有

$$T_m - T_c = (62-15)\times 1.8 = 84.6\ ^\circ\mathrm{F}$$

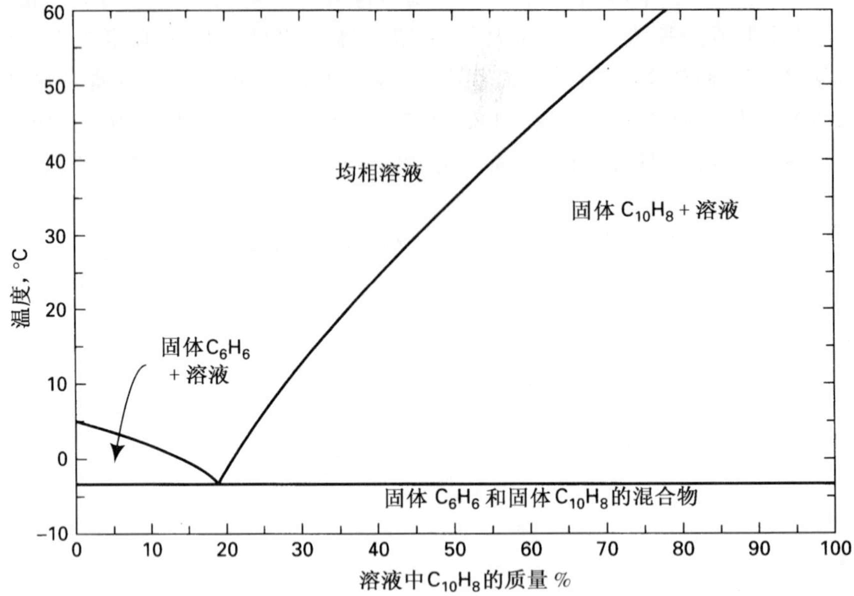

图 17.24　萘-苯体系的固-液相图

$$r_i = 8/2 = 4\ \text{cm} = 0.131\ \text{ft}$$

$$r_s = 4 - 2 = 2\ \text{cm} = 0.0655\ \text{cm}$$

根据下列萘的性质，可用式(17－67)进行估算：

$$\rho_c = 71.4\ \text{lb/ft}^3$$

$$k_c = 0.17\ \text{Btu/(h} \cdot \text{ft} \cdot {}^\circ\text{F)}$$

$$\Delta H_f = 63.9\ \text{Btu/lb}$$

由式(17－67)求得时间 t，

$$t = \frac{71.4 \times 63.9}{0.17 \times 86.4} \times \left[\frac{1}{4} \times (0.131^2 - 0.0655^2) - \frac{0.655^2}{2} \ln\left(\frac{0.131}{0.0655}\right)\right]$$

$$= 0.549\ \text{h}$$

17.8　区域熔炼

当熔融体由如图 17.1(c)所示的形成固体溶液的两种组分组成时，处于平衡状态的液相和固相都将含有一定数量的两种组分，类似于早先讨论的气(汽)-液平衡。因此，为获得高纯度的产品需要多级结晶。为实现这一目标，尤其当为达到非常高的纯度要将杂质除去时，一种特别有用的技术是由 Pfann[25,26]开发、并由 Zief 和 Wilcox[27]作了进一步讨论的区域熔炼。

当以间歇方式完成时，区域熔炼技术如图 17.25 所示。由一块不纯的晶体板块开始，与板块长度相比很薄的熔融区从一端到另一端缓慢移动(对有机混合物典型的速度为 1cm/h)通过板块，通常使板块固定而采用移动热源，偶尔也有使板块移动通过固定热源。射频

(RF)诱导加热是特别方便的，并能导致熔融体内的混合。板块可水平或垂直排列，但优先采用后一种排列，因为这可利用晶体和熔融体之间的密度差。区域熔炼可用于接近相平衡图任一端的组成区域。例如，对图 17.1(c)中的菲(P)和蒽(A)二元混合物，区域熔炼可用于从 P 中除去少量 A，或从 A 中除去少量 P。

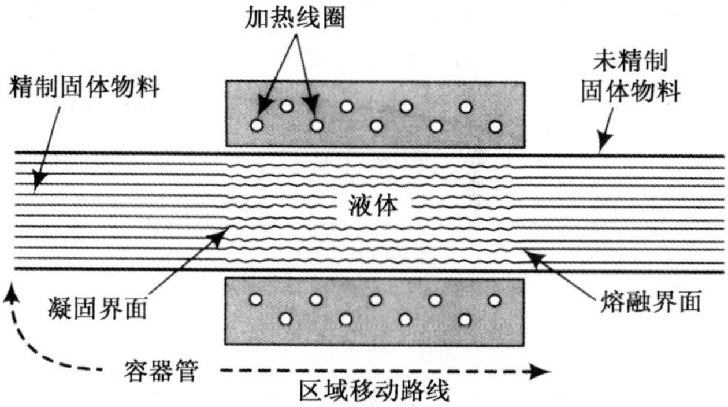

图 17.25　区域熔炼

[经允许复制自 *Perry's Chemical Engineers' Handbook*, *6th ed.*, R. H. Perry, D. W. Green, and J. O. Maloney, eds., McGraw-Hill, New York (1984)]

固-液平衡分配系数 K 可用类似于液-液平衡的方式定义。于是，

$$K_i = \frac{\text{固相中杂质 } i \text{ 的浓度}}{\text{熔融相中杂质 } i \text{ 的浓度}} \tag{17-68}$$

例如，如果浓度用摩尔分率表示，而杂质为图 17.1(c)的系统中的蒽，那么在 120℃时，$K_i = 0.30/0.12 = 2.50$。200℃时，以菲为杂质 $K_i = 0.1/0.28 = 0.393$。于是，K_i 可能大于 1，也可能小于 1。大于 1 时，杂质使熔点升高，而且杂质浓缩在固相中；小于 1 时，杂质使熔点降低，而且杂质浓缩在熔融相中。但是，当 K_i 趋近 1 时，用区域熔炼提纯变得非常困难。

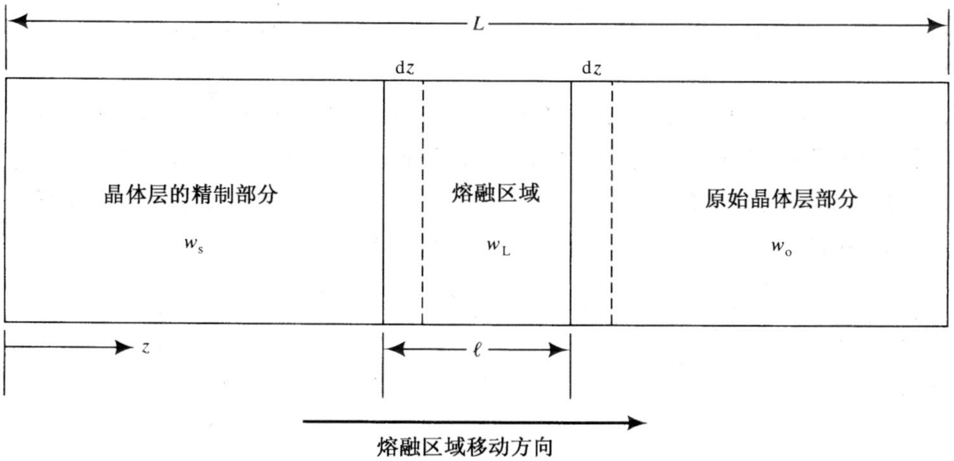

图 17.26　理想的区域熔炼模型

在组成区间的端点附近，固相和液相平衡曲线接近于直线，因此 K_i 值变为常数。在此组成范围内，容易导出方程，该方程用来预测在移动的熔融区域上游的固相中的杂质浓度，该杂质浓度为在熔融区域移动方向上的晶体层距离的函数。图 17.26 说明区域熔炼过程中

熔融区域的位置。图中表示熔融区域移动了距离 dz。假定:(1)在宽度为 l 的熔融区域内,杂质浓度 w_L(质量分率)理想混合;(2)在固相内不存在杂质的扩散;(3)杂质的初始浓度是均匀的,为 w_o;(4)熔融区域中的杂质浓度与熔融区域上游固相中的杂质浓度处于相平衡状态。当熔融区域移动距离 dz 时杂质的物料衡算由下式表示

(加入熔融区域的杂质质量)-(从熔融区域除去的杂质质量)

=(熔融区域中增加的杂质质量)

于是,

$$w_o\rho_c A_c \mathrm{d}z - w_s\rho_c A_c \mathrm{d}z = \rho_L A_c l \mathrm{d}w_L \tag{17-69}$$

由式(17-68),令

$$K = w_s/w_L \tag{17-70}$$

因此,

$$\mathrm{d}w_L = \mathrm{d}w_s/K \tag{17-71}$$

将式(17-69)到式(17-71)相结合,消去 w_L 并假定 $\rho_L=\rho_c$,得到

$$\frac{K}{l} = \int_0^z \mathrm{d}z = \int_{Kw_o}^{w_s} \frac{\mathrm{d}w_s}{w_o - w_s} \tag{17-72}$$

对

$$z/l=0 \text{ 到 } \qquad z/l=\frac{L}{l}-1$$

进行积分给出

$$\frac{w_s}{w_o} = 1-(1-K)\exp(-Kz/l) \tag{17-73}$$

例 17.14

对含 1%(质量)菲和 99%(质量)蒽的晶体层进行区域熔炼,熔融区宽度等于晶体层长度的 0.1($l/L=0.1$)。菲在低浓度组成区域的分配系数为 0.36。确定当熔融体到达晶体层长度的最后 10%时,即区域熔炼结束时以质量分率表示的菲的浓度分布。

解

由图 17.1(c)和 K 值可知,菲优先分配于熔融相。因此,随熔融区沿晶体层移动,菲将由晶体层的上游部分向熔融区迁移。当熔融区的前沿到达晶体层的终端时,已迁移的所有菲将以均匀的浓度存在于熔融层内,等于 $w_s\{z/l=0.9\}/K$。假定该熔融区立即凝固以保持此均匀组成。由式(17-73),和 $K=0.36$ 及 $w_o=0.01$,

$$w_s = 0.01\times[1-0.64\exp(-0.36z/l)] \tag{1}$$

对 z/l 等于 0 到 9 计算式(1)给出

z/l	w_s	z/l	w_s
0	0.003 6	5	0.008 9
1	0.005 5	6	0.009 3
2	0.006 9	7	0.009 5
3	0.007 8	8	0.009 6
4	0.008 5	9	0.009 7

在熔融区内，$w_L = w_s/K = 0.0097/0.36 = 0.0269$。预测分布的标绘如图 17.27 所示。为进一步精炼蒽，再进行一次区域熔炼能使更多的杂质迁入熔融区。但第一次之后的各次熔炼，式(17-73)不再有效，因为在每次附加的熔炼开始时 w_o 不是均匀的。例如，在第二次熔炼开始时 w_o 变成图 17.27 中的 w_s。对附加的熔炼，必须用数值法求解式(17-72)的如下微分方程形式。

$$\frac{dw_s}{dz} = \frac{K}{l}(w_o - w_s) \tag{17-74}$$

式中 $w_o = w_o\{z=z\}$，来自前一次熔炼所得到的 w_s，和 $w_s\{z=0\} = Kw_o\{z=0\}$。

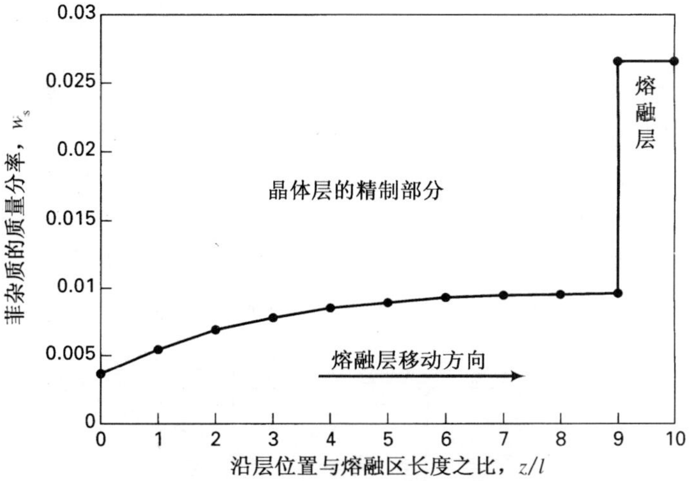

图 17.27　例 17.14 的预测杂质分布

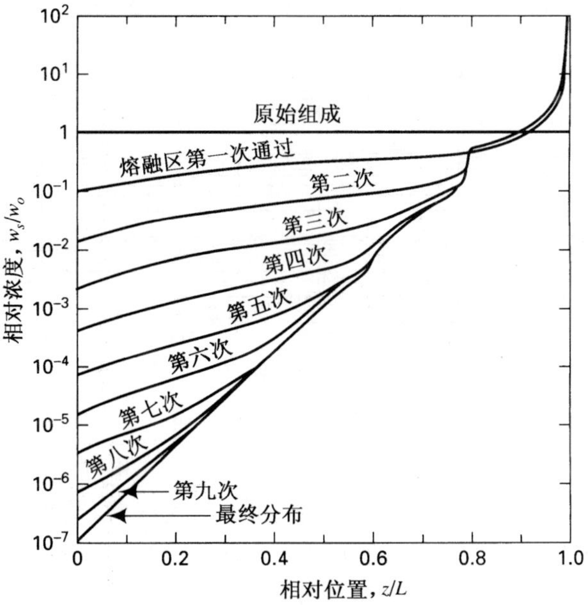

图 17.28　多次区域熔炼的浓度分布

典型的多次区域熔炼的杂质浓度分布如图 17.28 所示，此图根据 Burris，Stockman 和

Dillon[28]对 $K=0.1$ 和熔融区宽度为晶体层长度的 20%($l/L=0.2$)的案例所作的计算绘制。但是,在他们的计算中,当加热器移出晶体层时允许将熔融区减小为零,导致 $z/L=0.8$ 到 1.0 时陡峭的梯度。由图可看到经九次熔炼后达到的最终杂质分布。如 Herington[29]所观察到的,达到最终分布所需的熔炼次数近似为 $2(L/l)+1$。在本例中,如果取最终晶体层中纯度较高的一端,可获得高纯度的晶体产品。

17.9 凝　　华

当由气相而不是液体溶液或熔融体发生结晶时,这种操作称为凝华。逆向操作,即固体直接汽化为蒸气,是升华。为理解这类不经过液相的相变如何发生,考虑图 17.29 所示的萘的相图。与大多数在熔点时蒸气压远小于 1atm 的化合物一样,熔点温度与三相点温度的差别在几分之一摄氏度的范围内。在三相点温度 80.2℃以下,对应于蒸气压 7.8 托,不管压力如何,萘不可能以液相存在。在 80.2℃以下,只要压力大于所处温度下萘的蒸气压,萘将以固体存在。但是,如果压力降到低于蒸气压,固体萘将直接升华为气体。

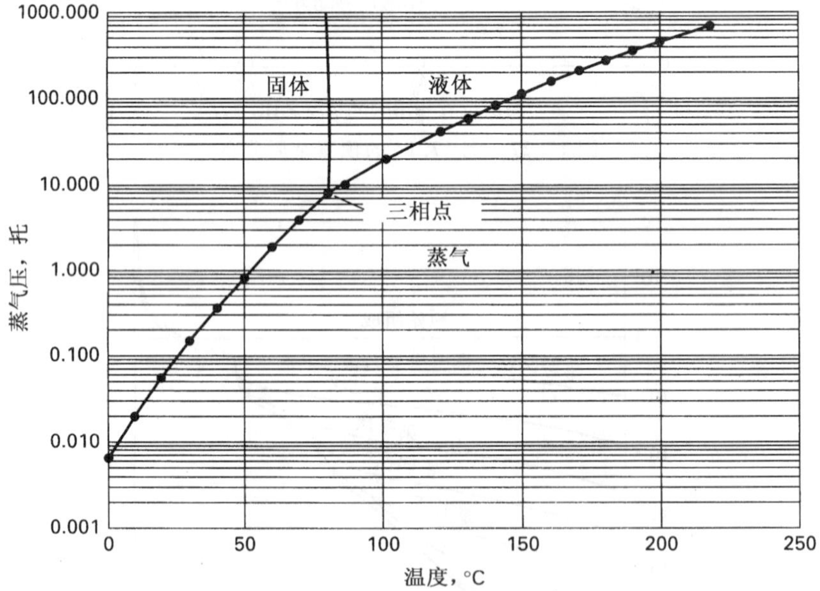

图 17.29　萘的蒸气压

如果萘与有时称为夹带剂的不凝性惰性气体在低于三相点温度 80.2℃的温度下以理想气体混合物存在,当气相中萘的分压增加到超过其蒸气压时,将发生萘变成结晶固体的凝华。例如,考虑氮气中含 5%(mol)萘的气体混合物,而温度为 70℃,总压为 40 托。萘的分压为 $0.05\times40=2$ 托。由图 17.29 可见,此分压小于蒸气压 3.8 托。如果增加总压,当总压达到 $3.8/0.05=76$ 托时,凝华将开始。另一种方案是,如果总压保持在 40 托,但降低温度,凝华将在 61℃时开始发生,这时萘的蒸气压为 2 托。除非夹带了氮气,否则萘晶体将是纯的。

最常见的凝华是当温度低于 0℃时，空气中的水蒸气冷凝形成雪晶体。当温度高于 −40℃时，通过在直径为 $10^{-5} \sim 10^{-2}$ mm 的细无机颗粒上的均相成核形成雪的晶体。当雪的晶体在空气中降落时，它们将成簇变成雪花。冰的熔点与水的三相点的差别小于 0.01℃，而对应的蒸气压仅为 4.6 托。

如 Nord[30]与 Kudela 和 Sampson[31]所论述的，许多化合物适合用凝华提纯，或许还要先进行升华。一般说来，这些化合物在常温常压下为固体，在中等操作温度下固体的蒸气压大于 5μmHg 柱。这些化合物列于表 17.10。为获得接近纯的固体化合物或基质上的纯固体膜，凝华的主要应用包括不溶于水的有机化合物从惰性组分混合物中结晶和金属的不挥发气体沉积。

凝华几乎总是在接近恒定的压力下通过冷却气体混合物实现。如 Holden 和 Bryant [32]所论述的，可用下列任何一种技术达到冷却：

(1) 气体通过在其表面上形成晶体的固体传出热量；

(2) 加入能汽化的液体进行急冷；

(3) 加入冷的不凝性气体进行急冷；

(4) 气体混合物通过喷嘴膨胀。

表 17.10　适合用凝华提纯的化合物

氯化铝	三氧化钼
蒽	萘
邻氨基苯甲酸	β萘酚
蒽醌	邻苯二甲酸酐
苯并蒽醌	邻苯二甲酰亚胺
苯甲酸	1,2,3-苯三酚
钙	邻羟基苯甲酸
樟脑	硫
氯化铬	对苯二酸
氰尿酰氯	四氯化钛
氯化铁	5-甲基 2-异丙基苯酚
四氯化铪	六氟化铀
碘	四氯化锆
锰	

第一种技术被广泛应用，缺点是必须通过刮削或熔融从传热表面上除去晶体。较少应用的第二种技术必须采用一种升华物不溶于其中的液体。如果采用过量的水，这种技术将产生晶体和不会汽化的液体的淤浆。第三种技术也被广泛应用，它产生干的晶体，有时称为雪。第四种技术很少采用，因为必须的冷却程度可能要求喷嘴上游的高压或喷嘴下游的真空。

在第三种技术中产生的雪晶体的数量、尺寸和形状取决于成核、晶体生长和集聚的相对速率。如由雪花晶体经常看到的，往往会发生树枝状的生长，产生如图 17.30 所示的不希望的晶体形状。主干快速生长，第一分枝以较慢的速度生长，第二分枝以更慢的速度生长。如果树枝状的晶体能在气体中悬浮足够长的时间，那么各分枝间的空间将被填满，产生比较符合要求的密集的形状。

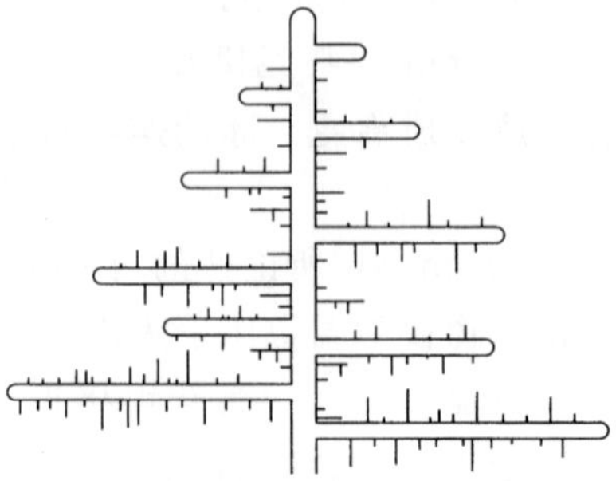

图 17.30 晶体的树枝状生长

17.9.1 换热器中的凝华

这种技术在工业上用于从气体混合物中回收许多有机化合物，包括蒽、顺丁烯二酸酐、萘、邻苯二甲酸酐和邻羟基苯甲酸。晶体沉积在管子的外壁，而冷却剂通过管内流动。如果凝华速率由通过沉积的晶体层的热传导控制，那么时间与沉积给定厚度的晶体层的关系可用类似于 17.8 节中降膜熔融结晶器的方法推导。除了晶体层由圆管外半径 r_o向外生长，而不是由式(17－67)的内半径 r_i向内生长，类似于式(17－67)的结果为

$$t=\frac{\rho_c \Delta H_s}{k_c(T_g-T_c)}\left[\frac{r_s^2}{2}\ln\left(\frac{r_s}{r_o}\right)-\frac{1}{4}(r_s^2-r_o^2)\right] \tag{17-75}$$

式中 r_s是晶体层-气体界面的半径。式(17－75)忽略了与气体冷却有关的所有显热。如果显热不能忽略，那么必须将它加在式(17－75)的升华热 ΔH_s中。如果气相传热阻力可忽略，那么式(17－75)中的温度 T_g对应于凝华溶质的分压等于其蒸气压的温度。Singh 和 Tawney[33]提供了包括显热校正的式(17－75)的详尽推导。

例 17.15

为从气体物流中回收 100 kg/h 萘(N)，确定换热器型凝华装置的尺寸，在过程操作条件下其他组分均为不凝性的。换热器管子长 1m，外径 2.5cm。管间距应使 N 最多能积累到 1.25cm。进入装置的气体压力为 800 托，温度为 80℃，N 的摩尔分率为 0.009 5。冷却剂是冷却水，由管内部流过，与气体成逆流。冷却水的进出口温度分别为 25℃和 45℃。如果气体离开的温度为 60℃，确定需要的管子数目和达到最大厚度所需的时间。

解

假定物性为

气体的 c_p＝0.26 cal/(g·℃)；

萘的相对分子质量＝128.2；

固体萘的 k_c＝1.5 cal/(h·cm·℃)；

萘的 ΔH_s＝115 cal/g；

固体萘的 ρ_c＝1.025 g/cm^3。

当达到 N 的最大厚度时，如果厚度均匀，每根管子凝华的量

$$m=\pi(r_s^2-r_o^2)L\rho_c$$

$$=3.14\times[(1.25+1.25)^2-1.25^2]\times100\times1.025$$
$$=1\ 510\text{g}=1.51\text{kg}$$

进口气体 N 分压为 $0.009\ 5\times800=7.6$ 托。由图 17.29 可知，此分压下的饱和温度为 79.7℃。这恰好略低于进口气体的温度 80℃，而进口气体温度低于三相点温度。因此，N 将作为固体冷凝。在出口气体温度 60℃下，N 的蒸气压为 1.8 托。假定在出口处达到饱和且不存在压降，出口气体中 N 的摩尔分率为 $1.8/800=0.002\ 25$。于是，每摩尔进口气体，将冷凝 0.007 3 摩尔 N。如果假定气体为氮和 N，那么气体混合物的质量与冷凝的 N 的质量之比值 M_r 为

$$M_r=\frac{28\times0.990\ 5+128.2\times0.009\ 5}{128.2\times0.007\ 3}=30.94$$

显热加熔化热为

$$M_r c_{pg}(T_{in}-T_{out})_g+\Delta H_s -30.94\times0.26\times(80-60)+115$$
$$=276\ \text{cal/g}$$

于是，对本例，由于经历凝华的化合物的摩尔分率非常低，显热影响不可忽视。由式(17-75)，采用通过固体 N 的温度推动力为 35℃，达到 N 的最大厚度的时间为

$$t=\frac{1.025\times276}{1.5\times35}\times\left[\frac{(2.5)^2}{2}\ln\left(\frac{2.5}{1.25}\right)-\frac{1}{4}\times(2.5^2-1.25^2)\right]$$
$$=5.37\ \text{h}$$

需要的管子数为

$$\frac{100\times5.37}{1.51}=356$$

17.10　蒸　　发

溶质从水溶液中发生结晶前，通常要使溶质浓度接近溶解度曲线。这可由在蒸发器中蒸发溶剂来实现。这种装置也用于浓缩溶液，即使随后不发生溶质的结晶，例如氢氧化钠溶液的浓缩。当形成的蒸气基本上为纯的时，在气相中没有传质阻力。当对液相施加搅拌时，液相中的传质足够快，所以溶剂的蒸发速率由通常为发生冷凝的蒸汽到溶液的传热速率确定。

蒸发器的差别在于结构和液相的搅拌程度。图 17.31 为五种应用非常广泛的连续流动蒸发器的示意图。它们的主要特征如下所述：

(a) **水平管蒸发器**。该装置由一水平圆筒形容器组成，下部为水平管束，蒸汽在管内冷凝，溶液在管外沸腾浓缩。产生的蒸气由溶液表面离开。搅拌仅由形成的气泡的运动提供。因此，这类装置只适用于不会在传热表面上结垢的低黏度溶液。

(b) **短立管蒸发器**。该装置显著不同于水平管蒸发器。管束被垂直安排，溶液在管内，蒸汽在管外冷凝。管内的沸腾导致溶液的循环，于是提供了附加的搅拌，因此传热系数较高。尽管如此，这类蒸发器仍不适合高黏度溶液。

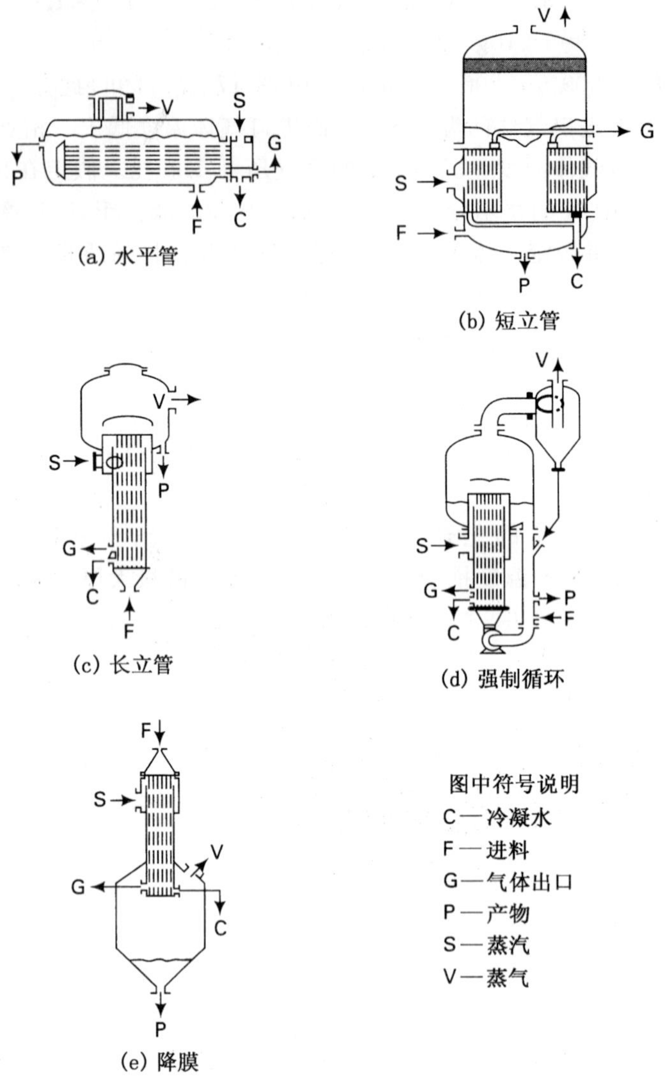

图 17.31　常用蒸发器类型

[经允许复制自 *Perry's Chemical Engineers' Handbook*，*6th edition*，R. H. Perry，D. W. Green，and J. O. Maloney，eds.，McGraw-Hill，New York (1984)]

（c）长立管蒸发器。如图 17.31(c)所示，利用加长的立管并提供汽-液分离室，可达到较高的管内液体进入速度，于是，可达到较高的传热系数。

（d）强制循环蒸发器。为处理高黏度溶液，用泵强制溶液向上通过较短的管子。

（e）降膜蒸发器。这种装置广泛用于浓缩像果汁一类的热敏性溶液。溶液由顶部进入，作为薄膜由管的内壁流下。浓缩液和产生的蒸气在底部分离。

对给定的蒸发器气相空间压力，如果没有溶质溶解在水中，但含有少量不溶性的胶状物料，那么水溶液的沸腾温度将与纯水相同。如果溶质是可溶性的，那么沸点将比纯水沸点高某一称为溶液沸点升高的数值。如果像通常情况，溶质几乎或完全不具有蒸气压，那么蒸发器压力等于溶液中水的分压。那么，根据修正的拉乌尔定律，

$$p = p_{H_2O} = \gamma_{H_2O} x_{H_2O} p^s_{H_2O} \tag{17-76}$$

于是，对给定的 p 和 x_{H_2O}，只要 γ_{H_2O} 能估算，可确定温度以提供要求的 $p^s_{H_2O}$。对稀溶液，γ_{H_2O} 接近 1.0。对浓溶液，γ_{H_2O} 可由 Reid、Prausnitz 和 Poling[34]论述的电解质溶液的关联式估算。

作为另一种选择方案，可利用Dühring 线图估算，如果对特定的溶质能获得这种图。对氢氧化钠水溶液，这种图如图 17.32 所示。图中适用于不同 NaOH 质量分率的各直线服从 Dühring 规则，该规则指出随着压力升高，溶液沸点温度和纯溶剂沸点温度均线性升高。水中其他溶质的诺谟图如图 17.33 所示。下面的例题说明图 17.32 和图 17.33 及式(17-76)的应用。

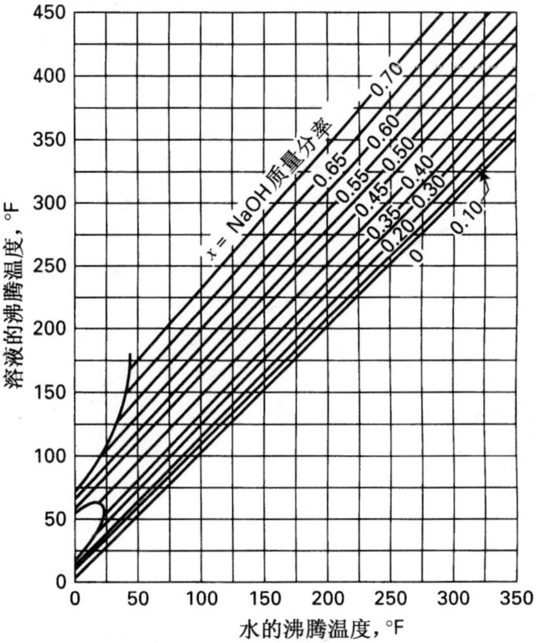

图 17.32　氢氧化钠水溶液的 Dühring 图

[经允许复制自 W. L. McCabe, J. C. Smith and P. Harriott, *Unit Operations of Chemical Engineering*, 6th edition, McGraw-Hill, New York(1993)]

例 17.16

在 6 psia 压力下蒸发 NaOH 水溶液。如果溶液 NaOH 含量为 35%(质量)。试确定

(a) 溶液的沸点。

(b) 沸点升高。

(c) 由式(17-76)确定水的活度系数。

解

由蒸汽表可知，170 ℉时纯水的蒸气压为 6 psia。

(a) 由 Dühring 线图图 17.32 得知，该溶液的沸点为 207 ℉。

(b) 沸点升高为：

$$207 - 170 = 37\ ℉$$

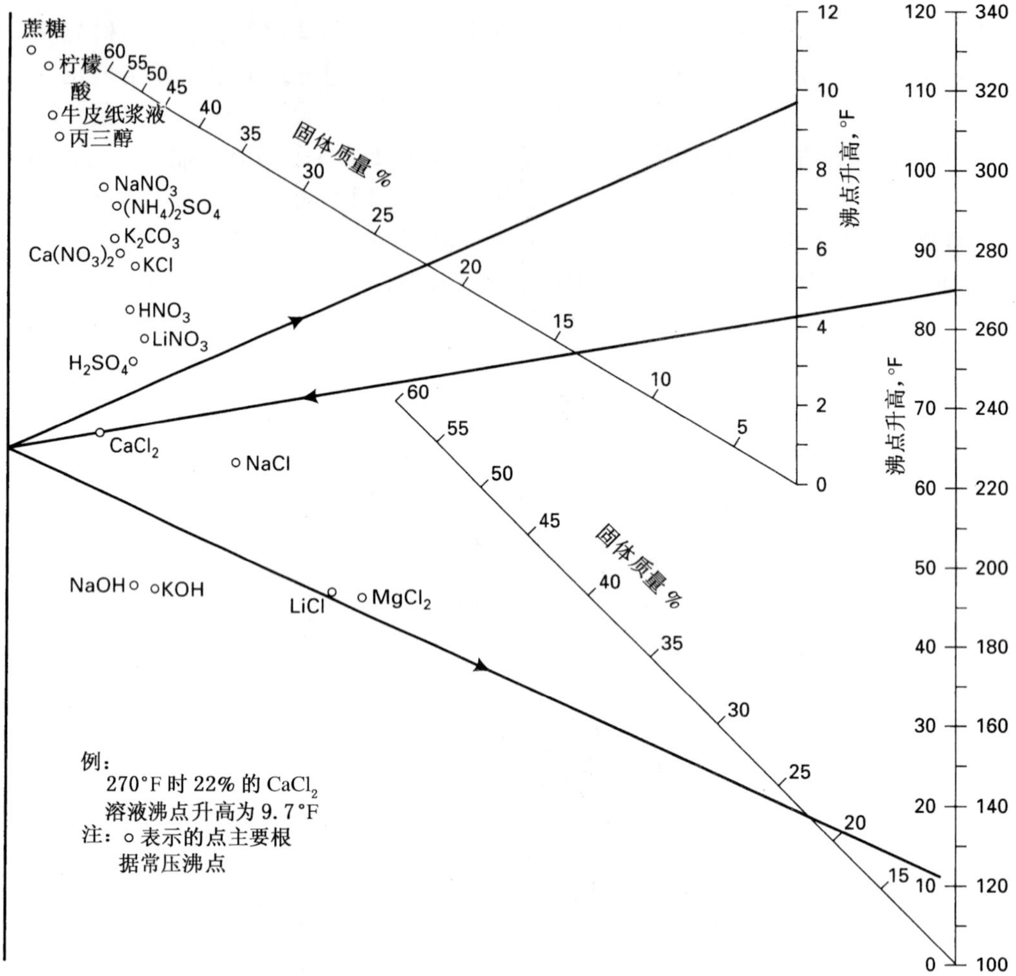

图 17.33 水溶液沸点升高的诺谟图

[经允许复制自 *Perry's Chemical Engineers' Handbook*，6th edition，R. H. Perry，D. W. Green，and J. O. Maloney，eds.，McGraw-Hill，New York (1984)]

另一种计算方法利用图 17.33，画一条通过 NaOH 的直线，而溶液(沸点)温度为 207 ℉。将该直线向左延伸直到与最左边的垂直线相交。然后由交点画一条较低的通过标识为固体质量百分数 35%(质量%NaOH)的斜线。第二条线延伸到与右边的垂直线相交。在此交点处读得沸点升高为 36 ℉，这接近 Dühring 图得到的 37 ℉。

(c) 当 NaOH 完全离解时，溶液中水的摩尔分率为：

$$x_{H_2O}=\frac{0.65/18}{0.65/18+2\times0.35/40}=0.674$$

207 ℉时纯水的蒸气压为 13.3 psia。由式(17－76)得

$$\gamma_{H_2O}=\frac{6}{0.674\times13.3}=0.67$$

17.10.1　蒸发器模型

下列数学模型广泛用于进行物料衡算、能量衡算和传热速率计算，以确定在连续流动、定态条件下操作的蒸发器的尺寸。该模型以图 17.34 的示意图为基础。温度为 T_f，溶质质量分率为 w_f 的稀溶液以质量流量 m_f 进入蒸发器。加热介质，例如温度和压力分别为 T_s 和 p_s 的饱和蒸汽，进入换热器管的流量为 m_s。饱和冷凝液以相同温度和压力离开换热器。传递至蒸发器中溶液的传热速率 Q 导致蒸发器中溶液在温度 T_e 下部分汽化，产生温度为 T_v，流量为 m_v 的蒸汽。温度为 T_p，溶质质量分率为 w_p 的浓溶液以质量流量 m_p 离开蒸发器。换热器的换热面积为 A，而根据此传热面积确定的总传热系数为 U。

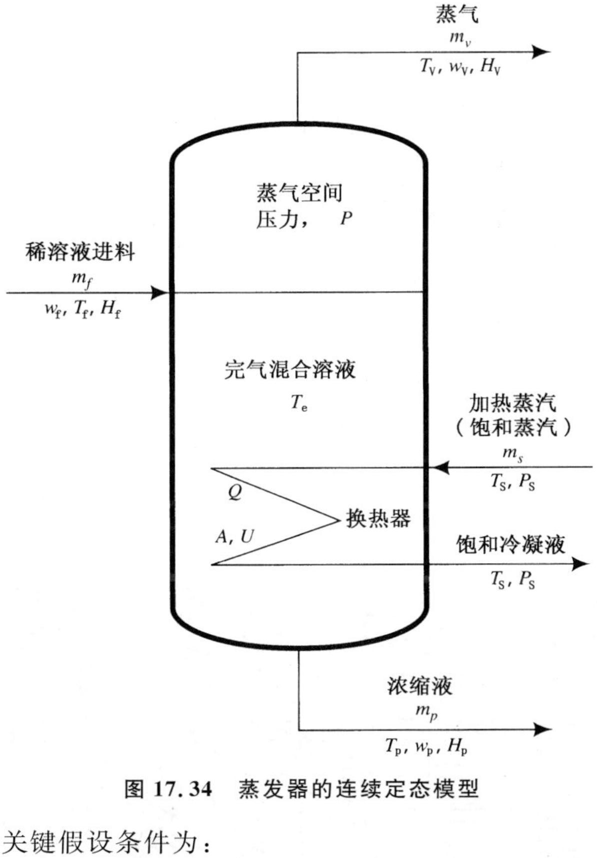

图 17.34　蒸发器的连续定态模型

导出数学模型的关键假设条件为：

(1) 溶液只含有一种挥发组分，例如水；

(2) 只有温度为 T_s 的加热蒸汽的潜热用于加热和汽化蒸发器中的溶液；

(3) 发生在换热器表面上的沸腾作用搅拌蒸发器中的溶液，足以达到理想混合。因此，蒸发器中溶液的温度等于出口浓溶液的温度。于是，$T_e=T_p$。并有 $T_v=T_p$；

(4) 因为假定 2 和 3，换热的总温度推动力 $\Delta T=T_s-T_p$；

(5) ΔT 足够高，足以产生核状沸腾，但又不会高到导致膜状沸腾；

(6) 出口蒸气温度 $T_v=T_p=T_e$，对应于考虑了溶液沸点升高的蒸发器气相空间的压力 p，除非溶质为少量不溶性的颗粒，如胶体物质；

(7) 蒸发器不存在热损失。

根据上述假设,数学模型如下所列:

总物料衡算:

$$m_f = m_p + m_s \tag{17-77}$$

溶质物料衡算:

$$w_f m_f = w_p m_p \tag{17-78}$$

溶液的能量(焓)衡算:

$$Q = m_v H_v + m_p H_p - m_f H_f \tag{17-79}$$

式中　　H=单位质量的焓

加热蒸汽的能量(焓)衡算:

$$Q = m_s \Delta H^{vap} \tag{17-80}$$

传热速率:

$$Q = UA(T_s - T_p) \tag{17-81}$$

用于求解这五个方程的程序取决于问题的规定。下列例题仅为一种说明。如果能获得该溶质-溶剂系统的焓浓图,能量衡算方程的求解可大为简化。对 NaOH -水系统的这种图在图 17.35 中提供。在该图中,水的焓数据是 32 ℉时的纯液体。对 NaOH,数据是 20℃(68 ℉)水中无限稀释状态下的 NaOH。图 17.35 和图 17.32 的 Dühring 曲线图都是由 McCabe[35] 首先绘制的。

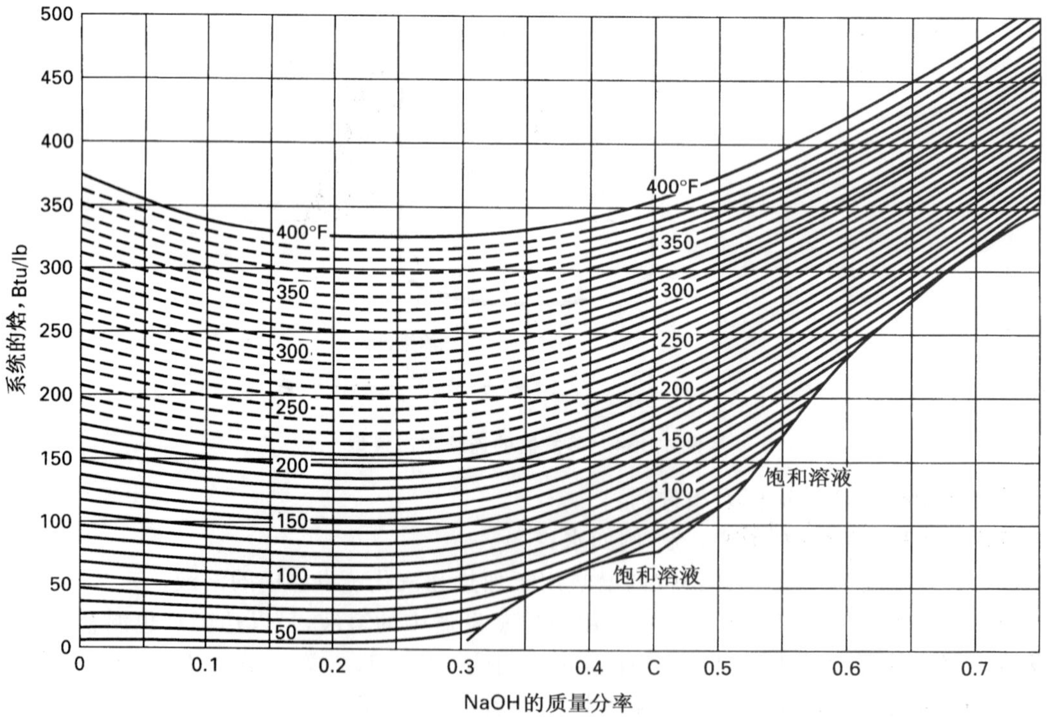

图 17.35　氢氧化钠-水系统的焓-浓图

[经允许复制自 W. L. McCabe, J. C. Smith and P. Harriott, *Unit Operations of Chemical Engineeing*, 6th ed., McGraw-Hill, New York (1993)]

例 17.17

一现有的强制循环蒸发器用 3 atm 表压(大气压为 1 atm)的蒸汽将浓度为 44%(质量)的 NaOH 溶液浓缩到浓度为 65%(质量)的 NaOH 溶液。进料温度为 40℃,而蒸发器气相空间的压力为 2.0 psia。蒸发器的换热面积为 232 m^2。给定条件下总传热系数估计为 2 000 $W/(m^2 \cdot ℃)$。进料溶液的密度为 1 450 kg/m^3。忽略蒸发器的热损失。试确定:

(a) 蒸发过程中蒸发器中溶液的温度(℃);

(b) 加热蒸汽的需要量(kg/h);

(c) 可送进蒸发器的进料溶液流量(m^3/ h);

(d) 离开蒸发器的浓 NaOH 溶液流量(kg/h);

(e) 蒸发速率(kg/h)。

解

(a) 2.0 psia 压力下纯水的沸点为 126 ℉。由图 17.32 可知,浓度为 65%(质量)的 NaOH 溶液沸点为 240 ℉或 116℃。沸点升高高达 114 ℉。

(b) 采用美国工程单位制,

$$A=232/0.0929=2\,497\ \text{ft}^2$$

$$U=2\,000/5.674=352.5\ \text{Btu/(h}\cdot\text{ft}^2\cdot{}^\circ\text{F)}$$

$$T_s=291\ {}^\circ\text{F},对\ 4\text{atm}\ 的饱和蒸汽$$

传热推动力为

$$\Delta T=T_s-T_p=291-240=51\ {}^\circ\text{F}$$

由式(17-81)得到

$$Q=UA\Delta T=352.5\times2\,497\times51=44\,900\,000\ \text{Btu/h}$$

291 ℉时蒸汽的蒸发热为 917 Btu/lb。

由式(17-80)得到

$$m_s=Q/\Delta H^{vap}=44\,900\,000/917=48\,950\ \text{lb/h}$$

或

$$m_s=48\,950\times0.4536=22\,200\ \text{kg/h}$$ ①

应该注意的是热通量为 44 900 000/2 597=18 000 $Btu/(h\cdot ft^2)$。此热通量安全地处于核状沸腾区域。

(c) 利用 NaOH 溶液的图 17.35 和水蒸气表,根据式(17-79),溶液的能量衡算如下所述,其中汽化的水为 240 ℉和 2.0 psia 下的过热蒸气,而 $m_v=m_f-m_p$:44 900 000=$(m_f-m_p)\times1\,168+m_p\times340-m_f\times115$ (1)

由式(17-78),

$$0.44m_f=0.65m_p \tag{2}$$

将式(2)代入式(1)消去 m_p,得到

$$m_f=\frac{44\,900\,000}{\left(1-\frac{0.44}{0.65}\right)\times1\,168+\left[\frac{0.44}{0.65}\times340-115\right]}$$

① 原文误为 $Q=48\,950\times0.4536=22\,000$ kg/h——译者注。

$=91\ 170\ \text{lb/h}$

或

$$m_f = 91\ 170 \times 0.453\ 6 = 41\ 350\ \text{kg/h}$$

(d)由式(2)

$$m_p = \frac{0.44}{0.65} \times 41\ 350 = 27\ 990\ \text{kg/h}$$

(e)

$$m_v = m_f - m_p = 41\ 350 - 27\ 990 = 13\ 360\ \text{kg/h}$$

17.10.2 多效蒸发系统

当正在冷凝的蒸汽用于蒸发水溶液中的水时，温度较高的正在冷凝的蒸汽的冷凝热小于较低温度的正在沸腾的水的汽化热。因此，每千克加热蒸汽冷凝产生的蒸汽少于 1 千克。此比值称为经济性。在例 17.17 中，经济性为 13 360/22 200＝0.602 或 60.2％。因此，为减少蒸汽需求量，提高经济性，可采用如图 17.36 所示的称为效的一系列蒸发器。通过以不同的压力来操作各效，于是各效具有不同的沸腾温度，使得在一效中产生的蒸汽可以在另一效中冷凝并提供热量，这将提高经济性。

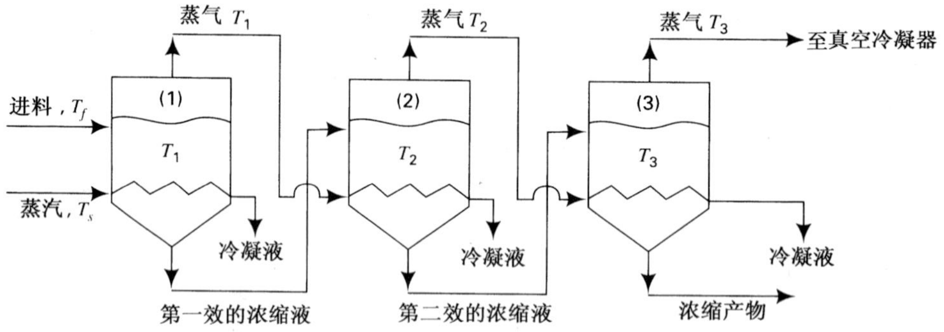

(a) 顺流加料三效蒸发器

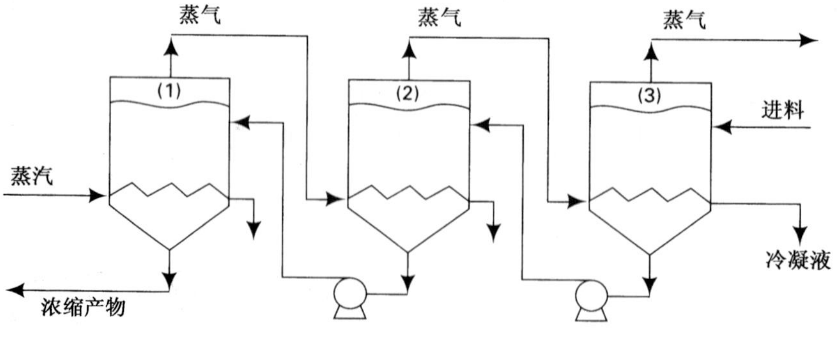

(b) 逆流加料三效蒸发器

图 17.36　多效蒸发系统

在图 17.36(a)中，称为顺流加料三效蒸发系统每效的蒸发量近似为总蒸发量的三分之一。新鲜进料溶液和蒸气均由在压力 p_1 下操作的第一效进入。第一效的浓缩液被送到第二效。第一效产生的蒸气也被送到第二效，在那里冷凝，放出冷凝热并引起溶液额外的蒸发。为实现第二效中的传热推动力，第二效的压力 p_2 比第一效低。在第三效中重复这种步骤。对三效蒸发，进入第一效的蒸气流量大约为只采用一效时所需蒸气流量的三分之一。但是，三效中每一效的温度推动力大约也仅为采用单效时的三分之一。因此，在三效系统中三个蒸发器的每一个的传热面积几乎与单效系统中的一个蒸发器相同。因此，年度加热蒸气费用的节省必须用额外的设备投资费用来补偿。

当新鲜进料的温度明显低于对应于第一效压力的饱和温度时，需要采用如图 17.36(b) 所示的逆流加料操作。冷的新鲜进料被送入在最低压力下操作，因而温度最低的为第三效。与顺流进料系统不同，需要用泵将浓缩液由一效送往下一效，因为 $p_1 > p_2 > p_3$。但是，不同于气体压缩机，输送液体的泵并不是高费用的项目。

多效蒸发器系统的计算涉及与单效系统相同类型的物料衡算、能量衡算和热量传递方程。这些方程通常需用迭代方法求解，尤其当发生沸点升高时。特定的迭代程序取决于问题的规定。下面的例题说明一种典型的程序。

例 17.18

流量为 44 090 lb/h 含有 8%(质量)胶体的水溶液要在一个采用顺流进料的三效蒸发器系统中浓缩到含有 45%(质量)的胶体。进入第一效的进料温度为 125 ℉，而第三效在蒸气空间压力 1.94 psia 下操作。压力为 29.3 psia 的新鲜饱和蒸汽用于第一效的加热。胶体的比热容可假定为 0.48 Btu/(lb・℉)。总传热系数估计如下：

效	$U/[\text{Btu}\cdot(\text{h}\cdot\text{ft}^2\cdot{}^\circ\text{F})^{-1}]$
1	350
2	420
3	490

如果三效中每一效的传热面积相等。试确定：

前两效的蒸发温度 T_1 和 T_2；

加热蒸汽的流量 m_s；

离开三效的溶液流量 m_1、m_2 和 m_3。

解

总共有七个未知量：$A(A_1=A_2=A_3)$，T_1、T_2、m_s、m_1、m_2 和 m_3。因此，需要七个独立方程。因为溶质是胶体(不溶性的)，所以不会发生沸点升高。

增加三个额外的未知量可使问题的求解变得方便，因此需增加三个独立方程，使方程总数达到十个。增加的未知量为三效的传热量 Q_1、Q_2 和 Q_3。与式(17-78)到式(17-81)类似的 10 个方程为

总胶体质量衡算

$$w_f m_f = w_3 m_3 \tag{1}$$

溶液的能量衡算

$$Q_1 = (m_f - m_1) H_{v1} + m_1 H_1 - m_f H_f \tag{2}$$

$$Q_2 = (m_1 - m_2) H_{v2} + m_2 H_2 - m_1 H_1 \tag{3}$$

$$Q_3 = (m_2 - m_3)H_{v3} + m_3 H_3 - m_2 H_2 \tag{4}$$

蒸汽的能量衡算

$$Q_1 = m_s \Delta H_s^{vap} \tag{5}$$

$$Q_2 = (m_f - m_1)\Delta H_2^{vap} \tag{6}$$

$$Q_3 = (m_1 - m_2)\Delta H_3^{vap} \tag{7}$$

传热速率

$$Q_1 = U_1 A_1 (T_s - T_1) = U_1 A_1 \Delta T_1 \tag{8}$$

$$Q_2 = U_2 A_2 (T_1 - T_2) = U_2 A_2 \Delta T_2 \tag{9}$$

$$Q_3 = U_3 A_3 (T_2 - T_3) = U_3 A_3 \Delta T_3 \tag{10}$$

由式(1)得，

$$m_3 = (w_f/w_3)m_f = (0.08/0.45) \times 44\ 090 = 7\ 838\ \text{lb/h}$$

并有进料中的胶体流量为 0.08×44 090=3 527 lb/h。

各效溶液温度的初始估算：

由于不存在沸点升高，第三效中溶液的温度为规定压力 1.94 psia 下水的饱和温度，即 125 ℉。进入第一效的加热蒸汽温度为 29.3 psia 下的饱和温度 249 ℉。于是，如果只用一效，传热的温度推动力 ΔT 为 249－125＝124 ℉。由于不存在沸点升高，三效的 ΔT_s之和必为一效的此数值。于是，

$$\Delta T_1 + \Delta T_2 + \Delta T_3 = 124\ ℉ \tag{11}$$

作为一级近似，利用式(8)～(10)，假定 ΔT_s反比于 U_1、U_2和 U_3的给定值。于是，

$$\Delta T_1 = \frac{U_3}{U_1}\Delta T_3 \tag{12}$$

$$\Delta T_2 = \frac{U_3}{U_2}\Delta T_3 \tag{13}$$

求解式(11)、式(12)和式(13)，得到

$$\Delta T_1 = 48.6\ ℉$$

$$\Delta T_2 = 40.6\ ℉$$

$$\Delta T_3 = 34.8\ ℉$$

$$T_1 = T_s - \Delta T_1 = 249 - 48.6 = 200.4\ ℉$$

$$T_2 = T_1 - \Delta T_2 = 200.4 - 40.6 = 159.8\ ℉$$

$$T_3 = T_2 - \Delta T_3 = 159.8 - 34.8 = 125\ ℉$$

m_1和 m_2的初始估算

三效的总蒸发速率为 $m_f - m_3$＝44 090－7 838＝ 36 252 lb/h。作为一级近似，假定每效产生的蒸气量相等。那么，

$$m_f - m_1 = 36\ 252/3 = 12\ 084\ \text{lb/h}$$

$$m_1 = 44\ 090 - 12\ 084 = 32\ 006\ \text{lb/h}$$

$$m_2 = 32\ 006 - 12\ 084 = 19\ 922\ \text{lb/h}$$

$$m_3 = 19\ 922 - 12\ 084 = 7\ 838\ \text{lb/h}$$

相应的胶体质量分率估算值为

$$w_1 = 3\ 527/32\ 006 = 0.110$$

$$w_2 = 3\ 527/19\ 922 = 0.177$$

$$w_3 = 3\ 527/7\ 838 = 0.450\text{(给定)}$$

为获得 T_1、T_2、m_1 和 m_2 的正确值及 A、m_s、Q_1、Q_2 和 Q_3 的数值，余下的计算系迭代计算。这些计算最好利用电子表格完成。每次迭代由下列步骤组成：

步骤 1

将式(2)到式(7)结合消去 Q_1、Q_2 和 Q_3。利用 T_1、T_2、T_3、w_1 和 w_2 的近似值，计算最终方程的比焓，再求解这些方程得到 m_s、m_1 和 m_2 的新的近似值。再计算 w_1 和 w_2 相应的近似值。

对第一次迭代，焓值为

$$\Delta H_s^{vap} = 946.2\ \text{Btu/lb}$$

$$\Delta H_2^{vap} = 977.6\ \text{Btu/lb}$$

$$\Delta H_3^{vap} = 1\ 002.6\ \text{Btu/lb}$$

$$H_{v_1} = 1\ 146\ \text{Btu/lb}$$

$$H_{v_2} = 1\ 130\ \text{Btu/lb}$$

$$H_{v_3} = 1\ 116\ \text{Btu/lb}$$

$$H_f = 0.92 \times 92.9 + 0.08 \times 0.48 \times (125 - 32) = 89.0\ \text{Btu/lb}$$

$$H_1 = 0.89 \times 168.4 \times + 0.110 \times 0.48 \times (200.4 - 32) = 158.8\ \text{Btu/lb}$$

$$H_2 = 0.823 \times 127.7 + 0.177 \times 0.48 \times (159.8 - 32) = 116.0\ \text{Btu/lb}$$

$$H_3 = 0.55 \times 92.9 + 0.45 \times 0.48 \times (125 - 32) = 71.2\ \text{Btu/lb}$$

如将这些焓值代入组合的能量衡算，得到下列方程：

$$m_s = 49\ 290 - 1.043 m_1 \tag{14}$$

$$44\ 090 = 1.994 m_1 - 1.037 m_2 \tag{15}$$

$$8\ 168 = 1.997 m_2 - m_1 \tag{16}$$

求解式(14)、式(15)和式(16)，

$$m_s = 15\ 070\ \text{lb/h}$$

$$m_1 = 32\ 770\ \text{lb/h}$$

$$m_2 = 20\ 500\ \text{lb/h}$$

相应的胶体质量分率为

$$w_1 = 0.108$$

$$w_2 = 0.172$$

可能会注意到 m_1、m_2、w_1 和 w_2 的数值接近第一次的近似值。这是常见的情形。

步骤 2

利用步骤 1 中计算求得的数值，由式(5)、式(6)和式(7)确定 Q 的数值；而 A 的数值由式(8)、式(9)和式(10)确定。

$$Q_1 = 15\ 070 \times 946.2 = 14\ 260\ 000\ \text{Btu/h}$$

$$Q_2 = (44\ 090 - 32\ 770) \times 977.6 = 11\ 070\ 000\ \text{Btu/h}$$

$$Q_3 = (32\ 770 - 20\ 500) \times 1\ 002.6 = 12\ 400\ 000\ \text{Btu/h}$$

$$A_1 = \frac{14\ 260\ 000}{350 \times 48.6} = 838\ \text{ft}^2$$

$$A_2=\frac{11\ 070\ 000}{420\times 40.6}=649\ \text{ft}^2$$

$$A_3=\frac{12\ 400\ 000}{490\times 34.8}=727\ \text{ft}^2$$

步骤 3

因为三个蒸发器的面积不相等，计算它们的算术平均传热面积，并由式(8)、式(9)和式(10)计算一组新的 ΔT 推动力。将这些数值归一化，使其和等于总 ΔT(在本例中为124 ℉)。由 ΔT 的数值计算 T_1 和 T_2。

$$A_{\text{avg}}=\frac{838+649+727}{3}=738\ \text{ft}^2$$

$$\Delta T_1=\frac{14\ 260\ 000}{350\times 738}=55.2\ ℉$$

$$\Delta T_2=\frac{11\ 070\ 000}{420\times 738}=35.7\ ℉$$

$$\Delta T_3=\frac{12\ 400\ 000}{490\times 738}=34.3\ ℉$$

这些数值相加为 125.2 ℉。因此，将它们归一化为

$$\Delta T_1=55.2\times(124/125.2)=54.7\ ℉$$

$$\Delta T_2=35.7\times(124/125.2)=35.3\ ℉$$

$$\Delta T_3=34.3\times(124/125.2)=34.0\ ℉$$

$$T_1=249-54.7=194.3\ ℉$$

$$T_2=194.3-35.3=159.0\ ℉$$

利用步骤 3 得到的 T_1 和 T_2 的新值重复步骤 1 到 3，并由步骤 1 计算 w_1 和 w_2 的新值。迭代一直进行到这些未知量的数值不再发生显著变化，而且 $A_1=A_2=A_3$。本例的后续迭代留作习题。根据第一次迭代的结果，三效系统的经济性为

$$\frac{44\ 090-7\ 838}{15\ 070}=2.14\qquad \text{即 } 241\%$$

17.10.3 蒸发器总传热系数

在蒸发器中，总传热系数 U 主要取决于蒸汽侧的冷凝传热系数、溶液侧的传热系数和溶液侧的污垢阻力。换热器管金属壁的传导阻力通常是可以忽略的。蒸汽冷凝通常为膜状，而不是滴状。当沸腾发生在换热器管表面上时，将处于核状沸腾区域，而不是膜状沸腾区域。当没有管表面的沸腾时，通过溶液的强制对流进行传热。膜状冷凝、核状沸腾和水溶液的强制对流的局部传热系数都是比较大的，数量级均为 1 000 Btu/(h·ft^2·℉)[5 700 W/(m^2·K)]。于是，总传热系数应为此值的一半左右。但是，当存在污垢时，总传热系数可能远小于此值。取自 Geankoplis[36]的专著的表 17.11 列出了不同类型的蒸发器的总传热系数。强制循环蒸发器的传热系数较大，主要是因为管内液体的高速流动大大减轻了污垢的生成。

表 17.11　蒸发器中典型的传热系数

蒸发器类型	U	
	Btu/(h·ft²·℉)	W/(m²·K)
横管	200～500	1 100～2 800
短立管	200～500	1 100～2 800
长立管	200～700	1 100～3 900
强制循环	400～2 000	2 300～11 300

17.11　本章小结

(1) 结晶涉及由均相流体中形成固体晶体颗粒。但是，如果流体为气体，过程通常称为凝华。

(2) 在晶体固体中，与无定形固体相反，分子、原子和/或离子按有规律的晶格方式排列。当晶体生长不受干扰时，它们形成具有平坦侧面和清晰棱角的多面体。虽然，晶体的各面可能以不同速率生长，这称为结晶习性，但恒定界面角定律限制相应面之间的夹角为常数。晶体只能形成包括 14 种不同的空间晶格的七种不同的晶体体系。因为结晶习性，给定的晶体系统可能具有不同的形状，如平板、针形或棱柱，但不会是球形。

(3) 晶体大小分布可用微分或累计分析来确定和表示，这两种分布可互相转换，由一种求得另一种。多种不同的平均颗粒尺寸可由晶体大小分布数据导出。

(4) 最重要的用于结晶计算的热力学性质为熔点、溶解度、熔化热、结晶热、溶解热、转变热和过饱和度。无机盐在水中的溶解度可在很宽的范围内变化，从可忽略的数值到浓度超过 50%(质量)。许多盐以水合物形式结晶，稳定水合物中水分子的数目取决于温度。难溶化合物的溶解度通常用溶度积表示。如能获得，相图和焓-浓图对进行物料和能量衡算是极其有用的。

(5) 比肉眼能看到的尺度更小的晶体($<20\mu m$)其溶解度高于通常的表列数据。给定大小晶体的过饱和比为小尺寸晶体的实际溶解度与肉眼能看到的较大晶体的溶解度之比值。晶体的成核和生长推动力为过饱和度。

(6) 需要高过饱和度的一次成核发生在没有结晶表面的系统中，可为均相，也可为非均相。二次成核发生在存在结晶表面时。晶体生长涉及溶质到达晶体表面的质量传递，及随后的溶质结合进入晶格结构。

(7) 用于溶液结晶的设备可按操作方式(间歇或连续)、达到过饱和的方法(冷却或蒸发)和达到要求的晶体生长的特征(如搅拌、挡板、循环和分级)进行分类。最重要的是温度对溶解度的影响。三类应用最广的溶液结晶设备是：①具有外部或内部循环的间歇结晶器；②连续、冷却结晶器；③连续、真空、蒸发结晶器。

(8) MSMPR 结晶模型广泛用于模拟常用的连续、真空、蒸发导流筒挡板结晶器。该模型的某些假设是稠液理想混合、无晶体分级、全部稠液具有均匀的过饱和度、晶体生长速率与晶体大小无关、进料中不含晶体、无晶体破裂、温度均匀、产物稠液中母液和晶体达到平衡，由晶体接触引起的二次成核具有均匀的成核速率；均匀的晶体大小分布和所有晶体具有相同的形状。

(9) 对特定的结晶器进料、稠液密度、稠液停留时间和占主导地位的晶体尺寸，MSMPR模型可预测需要的成核速率和晶体生长速率，单位时间产生的晶体数和晶体大小分布。

(10) 导致非常细的晶体的沉淀由只有非常小的溶解度的溶质发生。沉淀往往由加入两种可溶性的盐溶液的反应结晶产生，生成一种可溶性盐和一种不溶性盐。不同于在低过饱和度下发生的溶液结晶，沉淀在会生成非常细的晶体的非常高的过饱和度下发生。

(11) 当混合物中的两种组分能在适当温度下熔融时（例如某种有机化合物的混合物），可用熔融结晶分离这些组分。如果这些组分形成共熔混合物，那么可生成其中一种组分的纯晶体。如果这些组分形成固体溶液，要达到高纯度需重复应用熔融和结晶步骤。

(12) 对熔融结晶已提出多种多样的结晶器设计。两种主要方法是悬浮结晶和成层结晶。特别重要的是降膜结晶器，当组分形成共熔混合物时，这种结晶器可满足高产量设计和操作。对形成固体溶液的组分，由 Pfann 开发的区域熔炼技术可用于生产纯度很高的化合物。

(13) 许多化合物可用凝华提纯，或许随后再采用升华。几乎总是在恒定压力下冷却气体混合物实现凝华。可采用传热、可汽化的液体的急冷、或低温不凝性气体的急冷实现冷却。

(14) 蒸发可在溶液结晶前用于浓缩溶液。常用的蒸发器包括横管蒸发器、短立管蒸发器、长立管蒸发器、强制循环蒸发器和降膜蒸发器。对给定蒸发压力，溶质的存在可能引起沸点升高。

(15) 最广泛应用的蒸发器模型假定被蒸发的液体是理想混合的，使蒸发器内的温度和溶质浓度均匀分布并与出口状况相同。

(16) 蒸发器的经济性定义为被蒸发的水分与需要的加热蒸汽的质量比。通过采用多效蒸发器可提高经济性，多效蒸发器在不同的压力下操作，使一效产生的蒸汽可用作下一效的加热蒸汽。被蒸发的溶液可以顺流、逆流或二者结合的方式通过各效。

(17) 蒸发器通常在使溶液处于核状沸腾区间内操作。总传热系数通常较高，因为一侧发生沸腾，而另一侧发生冷凝。

参考文献

1. MULLIN, J. W., *Crystallization*, 3rd ed., Butterworth-Heinemann, Boston (1993).
2. GRABER, S., T. A., and M. E., TABOADA, M, *Chem. Eng. Ed.*, **25**, 102—105 (1991).
3. HOUGEN, O. A., K. M. WATSON, and R. H., RAGATZ, *Chemical Process Principles, Part I, Material and Energy Balances*, 2nd ed., John Wiley & Sons (1954).
4. MIERS, H. A., and F. ISAAC, *Proc. Roy. Soc.*, **A79**, 322—351 (1907).
5. NIELSEN, A. E., *Kinetics of Precipitation*, Pergamon Press, New York (1964).
6. NOYES, A. A., and W. R. WHITNEY, *J. Am. Chem. Soc.*, **19**, 930—934 (1897).
7. NERNST, W., *Zeit. für Physik. Chem.*, **47**, 52—55 (1904).
8. MIERS, H. A., *Phil. Trans.*, **A202**, 492—515 (1904).
9. VALETON, J. J. P., *Zeit. für Kristallographie*, **59**, 483 (1924).

10. Myerson, A. S., Ed., *Handbook of Industrial Crystallization*, Butterworth-Heinemann, Boston (1993).
11. Burton, W. K., N. Cabrera, and F. C. Frank. *Phil. Trans.*, **A243**, 299—358(1951).
12. Seavoy, G. E., and H. B. Caldwell, *Ind. Eng. Chem.*, **32**, 627—636 (1940).
13. Newman, H. H., and R. C. Bennett, *Chem. Eng. Prog.*, **55** (3), 65—70 (1959).
14. Randolph, A. D., *AIChE Journal*, **11**,424—430(1965).
15. Randolph, A. D., and M. A. Larson, *Theory of Particulate Processes*, 2nd ed., Academic Press, New York (1988).
16. McCabe, W. L., *Ind. Eng. Chem.* **21**,30—33 and 112—19 (1929).
17. Zumstein, R. C., and R. W. Rousseau, *AIChE Symp. Ser.*, **83** (253),130(1987).
18. Nielsen, A. E., *Kinetics of Precipitation*, Pergamon Press, Oxford, England (1964).
19. Nielsen, A. E., Chapter 27 in *Treatise on Analytical Chemistry*, *Part I*, Volume 3, 2nd ed., Editors I. M. Kolthoff and P. J. Elving, John Wiley & Sons, New York (1983).
20. Nielsen, A. E., *J. Crys. Gr.*, **67**,289—310 (1984).
21. Fitchett, D. E., and J. M. Tarbell, *AIChE J.*, **36**, 511—522 (1990).
22. Matsuoka, M., M. Ohishi, A. Sumitani, and K. Ohori, World Congress Ⅲ of Chemical Engineers, Tokyo, Sept. 21—325, 1986, pp. 980—983.
23. Wilcox, W. R., *Ind. Eng. Chem.*, **60** (3), 13—23 (1968).
24. Wynn, N., *Chemical Engineering*, **98** (7) 149—154 (1991).
25. Pfann, W. G., *Trans. AIME.*, **194**,747 (1952).
26. Pfann, W. G., *Zone Melting*, 2nd ed., John Wiley and Sons, New York (1966).
27. Zief, M., and W. R. Wilcox, *Fractional Solidification*, Marcel Dekker, New York (1967).
28. Burris, JR., L., C. H. Stockman, and I. G. DILLON, *Trans. AIME*, **203**, 1017(1955).
29. Herington, E. F. G., *Zone Melting of Organic Compounds*, John Wiley & Sons. New York (1963).
30. Nord, M., *Chem. Eng.*, **58** (9). 157—166 (1951).
31. Kudela, L., and M. J. Sampson, *Chem. Eng.*, **93** (12), 93—98 (1986).
32. Holden, C. A., and H. S. Bryant, *Sep. Sci.*, **4**(1), 1—13 (1969).
33. Singh, N. M., and R. K. Tawney, *Ind. J. Tech.*, **9**,445—447 (1971).
34. Poling, B. E., J. M. Prausnitz, and J. P. O'Connell, *The Properties of Gases and Liquids*. 5th ed., McGraw-Hill Book Co., New York (2001), p. 8.191.
35. McCabe, W. L., *Trans. AIChE*, **31**,129—164 (1935).
36. Geankoplis, C. J., *Transport Processes and Unit Operations*, 3rd ed., Prentice Hall, Englewood Cliffs, NJ (1993).

习　题

17.1 节

17.1 估算下列简单颗粒形状的球形度：

(a) 高度 H 等于 5 倍直径 D 的针形圆柱；

(b) 边长分别为 a、$2a$ 和 $3a$ 的矩形棱柱。

17.2 直径为 D,厚度为 t 的圆形平板球形度为 0.594。问 t 与 D 的比值为多少?

17.3 对一批海波(硫代硫酸钠)的实验室筛分分析数据如下所列。利用电子表格绘制这些数据的微分和累计筛下料标绘。

U.S.筛目	筛上截留质量/克
6	0.0
8	8.8
12	21.3
16	138.2
20	211.6
30	161.7
40	81.6
50	44.1
70	28.7
100	13.2
140	9.6
170	8.8
230	7.4
	735.0

进行标绘时,确定应优先采用算术标绘、半对数标绘还是对数标绘。

17.4 由根据对给定颗粒大小范围内计数而不是称重的颗粒大小分布来推导表面平均和质量平均直径的表示式,令 N_i 为平均直径 $\overline{D}_{pi}$ 的给定大小范围内的颗粒数。

17.5 利用习题 17.3 的筛分分析数据,用电子表格计算表面平均、质量平均和体积平均晶体直径,假定所有颗粒具有相同的球形度和体积形状因子。

17.6 已开发了一种生产完美的硅胶球的沉淀过程。每个颗粒都非常小,以至几乎不能用肉眼辨别。已利用光学显微镜对颗粒大小分布进行了测量,结果如下表所列。在电子表格程序中应用这些数据:

(a) 进行微分和累计颗粒大小分析。

(b) 确定:

(1) 表面平均直径;

(2) 算术平均直径;

(3) 质量平均直径;

(4) 体积平均直径。

硅胶球的颗粒大小分布

颗粒大小区间/μm	颗粒数
1.0～1.4	2
1.4～2.0	5
2.0～2.8	14
2.8～4.0	60
4.0～5.6	100
5.6～8.0	190
8.0～12.0	250

12.0～16.0	160
16.0～22.0	110
22.0～30.0	70
30.0～42.0	28
42.0～60.0	10
60.0～84.0	1
总计	1 000

17.7　取自工业结晶器的芒硝样品的筛分分析数据如下所列，结晶器中的晶体可假设具有均匀的球形度和体积形状因子。

U.S.筛目	筛上截留质量/克
14	0.0
16	0.9
18	25.4
20	111.2
25	113.9
30	225.9
35	171.7
40	116.5
45	55.1
50	31.5
60	8.7
70	10.5
80	4.4
	875.7

利用电子表格确定(单位为微米)：

(a) 微分分析的标绘；

(b) 累计筛上料分析标绘；

(c) 累计筛下料分析标绘；

(d) 表面平均直径；

(e) 质量平均直径；

(f) 算术平均直径；

(g) 体积平均直径。

17.2 节

17.8　1 000 克水与 50 克 Ag_2CO_3 和 100 克 AgCl 混合。在 25℃下达到平衡时，计算 Ag^+、Cl^- 和 CO_3^{2-} 离子的浓度(单位为摩尔/升)及固相中 Ag_2CO_3 和 AgCl 的克数。

17.9　5 000 lb/h、温度为 80℃的$(NH_4)_2SO_4$饱和水溶液被冷却到 30℃。达到平衡时，形成多少晶体(lb/h)? 如果在冷却过程中蒸发掉 50%的水，形成的晶体又为多少?

17.10　7 500 lb/h、温度为 100℃、浓度为 50%(质量)的 $FeCl_3$ 水溶液被冷却到 20℃。100℃时 $FeCl_3$ 的溶解度为 540g/100g 水。20℃时溶解度为 91.8g/100g 水，而 $FeCl_3$ 的晶体为六水合物。在 20℃下达到平衡时，确定生成的晶体数量(lb/h)。

17.11 由一蒸发系统得到的浓缩液为 5 870 lb/h、温度为 180 ℉、压力为 25 psia，浓度为 35%(质量)的 $MgSO_4$ 水溶液。将它与 10 500 lb/h 温度为 80 ℉，压力为 25 psia 的饱和 $MgSO_4$ 循环滤液混合。混合物送往真空结晶器，结晶器的操作温度为 85 ℉，气相空间的压力为 0.58 psia，而稠液含 25%(质量)晶体和 75%(质量)饱和溶液。确定蒸发水量(lb/h)和最大晶体生产速率(吨/天，干基，1 吨＝2 000 磅)。

17.12 从温度为 100℃，饱和度为 90%的水溶液中结晶尿素。如果 90%的尿素以无水形式结晶和溶液最终温度为 30℃，必须蒸发多少(分数)水？

17.13 在例 17.3 和例 17.5 中，如图 17.16 所示，由稠液循环通过外部换热器向结晶器输入热量。如果改为向进料输入热量，确定新的进料温度。应优先选择哪种加热方式？

17.14 对习题 17.11 的条件，确定必须向系统输入热量的速率。

17.15 对例 17.4 的条件，计算为将溶液从 100℃冷却到 10.6℃所必需的移热量，单位为 cal/100g 水。

17.3 节

17.16 根据下列数据，对于(1)KCl(见例 17.7)，一种可溶性无机盐；(2)$BaSO_4$，一种几乎不溶的无机盐；(3)蔗糖，一种非常易溶的有机化合物，比较晶体尺寸的大小对在 25℃的水中的溶解度的影响。

对硫酸钡，$\sigma_{s,L}=0.13\ J/m^2$；

对蔗糖，$\sigma_{s,L}=0.01\ J/m^2$。

由所得结果你可得出什么结论？

17.17 要求生长直径为 0.5 μm 的蔗糖晶体($M_w=342$ 和 $\rho_c=1\ 590\ kg/m^3$)，如果 $\sigma_{s,L}=0.01\ J/m^2$，试确定过饱和比 S。

17.18 Kelvin 方程，式(17－16)预测当晶体直径减小为零时溶解度将增加为无穷大。但是，根据 L. Harbury[*J. Phys. Chem.*, 50,190－199 (1946)]对几种无机盐在水中的溶解度所作的测定，表明溶解度曲线存在一最大值，而当晶体尺寸减小为零时溶解度将趋近零。Harbury 的解释是晶体的表面能不仅取决于表面张力，而且还取决于由下式给出的表面电荷

$$2q^2 v_s/\pi\kappa RTD_p^4$$

式中 q——晶体上的电荷；

κ——介电常数。

请修改式(17－16)以计入电荷的影响。确保你修改后的式子能预测最大值。

17.19 利用下列数据，比较在 1.005 到 1.02 范围内过饱和度对 25℃水溶液中 $AgNO_3$、$NaNO_3$ 和 KNO_3 的一次均相成核的影响。

	$AgNO_3$	$NaNO_3$	KNO_3
晶体密度/(g·cm⁻³)	4.35	2.26	2.11
界面张力/(J·m⁻²)	0.002 5	0.001 5	0.003 0

17.20 估算相对过饱和度对 25℃水溶液中 $BaSO_4$ 一次均相成核的影响。如果

晶体密度＝4.50 g/ cm³；

界面张力＝0.12 J/m²。

17.21 如果溶液通过晶体表面的速度由 5 cm/s 减小为 1 cm/s，重新求解例 17.9 的(g)和(i)。

17.4 节

17.22 冷却结晶器的进料为流量为 2 000 kg/h，温度为 40℃，浓度为 30%(质量)的 Na_2SO_4 水溶液。该溶液被冷却到 50%的溶质将作为十水合物结晶的温度。如果总传热系数可达到 15 Btu/(h·ft²·℉)，估算所需的传热面积(m²)。假定水溶液的比热容恒定为 0.80cal/(g·℃)。用于冷却的冷冻水与发生结晶的溶液逆流流动，进入结晶器的温度为 10℃，并以足以提供至少为 10℃的对数平均推动力的温度离开结

晶器。

17.23 将在冷却结晶器内通过冷却每小时结晶 2 吨磷酸钠十二水合物($Na_3PO_4 \cdot 12H_2O$)，进料水溶液为 40℃的饱和溶液，而出料温度为 20℃。用于冷却的冷冻水呈逆流流动，进入结晶器的温度为 10℃，而出口温度为 25℃。预期的总传热系数为 20 Btu/(h・ft^2・℉)。溶液的平均比热容为 0.80 cal/(g・℃)。估算：

(a) 每小时的进料流量(吨，=2 000 lb)。

(b) 传热面积(ft^2)。

(c) 如果每个长度为 10 ft 的结晶器单元有 30 ft^2 传热面积，需要的结晶器单元数。

17.5 节

17.24 100℃的饱和 $BaCl_2$ 水溶液以 10 000 kg/h 的流量进入可用 MSMPR 模型模拟的结晶器。但是，结晶时的蒸发量可忽略。离开结晶器的稠液为 20℃，含二水合物晶体。结晶器体积(不计气相空间)为 2.0m^3。根据实验室研究，晶体生长速率基本上为常数，为 4.0×10^{-7} m/s。利用下列数据，确定：

(a) 稠液产物中的晶体量(kg/h)；

(b) 大多数晶体的尺寸(mm)；

(c) 尺寸在美国标准 20 目到 25 目之间的晶体的质量分率。

数据：

二水合物晶体的密度=3.097 g/cm^3；

20℃的饱和 $BaCl_2$ 水溶液的密度=1.29 g/cm^3。

17.25 可用 MSMPR 模型模拟的连续结晶器的进料为 5 000 kg/h 浓度为 40%(质量)的乙酸钠水溶液。将形成三水合物的单斜晶体。结晶器内的压力和相关的换热器的换热面积将使进料中 20%的水在 40℃的结晶器温度下被蒸发。晶体生长速率 G 为 0.000 2 m/h，而所需的大多数晶体的尺寸 L_{pd} 为 20 目。

确定：

(a) 出口稠液中的晶体量(kg/h)；

(b) 出口稠液中的母液量(kg/h)；

(c) 结晶器中稠液的体积(m^3)，如果

晶体的密度=1.45g/cm^3；

母液的密度=1.20g/cm^3。

溶解度数据：

T/℃	溶解度/[g 乙酸钠・(100g H_2O)$^{-1}$]
30	54.5
40	65.5
60	139

17.26 设计一个 MSMPR 型结晶器，用来生产 2 000 lb/h 七水硫酸镁晶体，大多数晶体的尺寸为 35 目。稠液将含有 15%(体积)的晶体。结晶器的温度将为 50℃，停留时间将为 2 h。晶体和母液密度分别为 1.68和 1.32 g/cm^3。试确定：

(a) 用每小时立方英尺表示的出口流量：

晶体；

母液；

稠液。

(b) 用加仑表示的结晶器体积，如果气相空间等于稠液空间。

(c) 用英尺表示的结晶器的近似尺寸，如果结晶器为高度等于两倍直径的圆筒。

(d) 要求的晶体生长速率，以每小时英尺表示。

(e) 要求的成核速率，以每立方英尺母液每小时晶核数表示。

(f) 每小时产生的晶体数。

(g) 范围为美国标准 $3\frac{1}{2}$ 目到 200 目的筛分分析表，给出预测的产物晶体的累计百分数和微分百分数的筛分分析。

(h) 标绘用克表示的预测筛分分析。

17.6 节

17.27 参考例 17.12。在运转 15 中 Fitchett 和 Tarbell 还测定了转速为 200 r/min 时晶体的数密度，对此次运转，数据可拟合成如下方程

$$\ln n = 26.3 - 0.407L \quad (1)$$

式中 n——晶体的数密度；

L——晶体尺寸，μm。

利用 MSMPR 模型，在与例 17.12 相同的装置中，确定：

(a) n°；

(b) G；

(c) B°；

(d) 平均晶体长度；

(e) n_c；

(f) 你的结果与例 17.12 中的结果是否一致？

(g) 利用你的结果与例 17.12 的结果，预测如果没有搅拌时的生长速率和平均晶体长度。

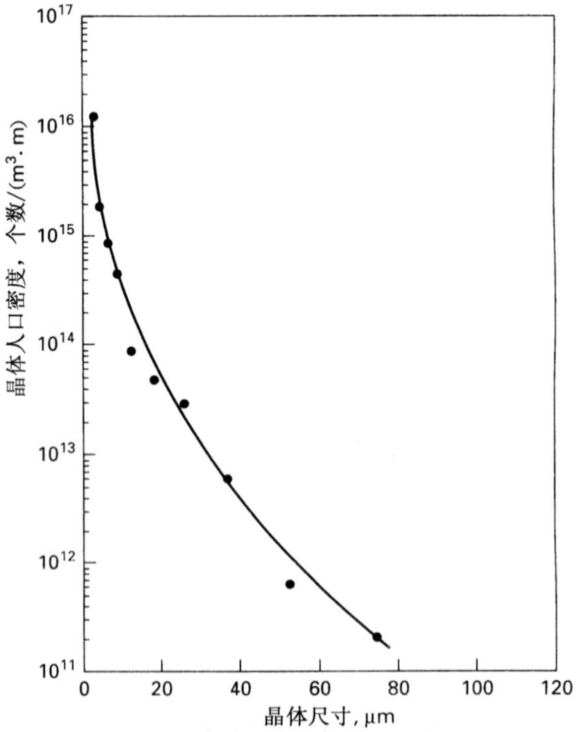

图 17.37 习题 17.28 中 $CaCO_3$ 的人口密度

17.28 Tai 和 Chen[*AIChE J.*, 41, 68－77 (1995)]研究了 MSMPR 结晶器中通过将碳酸钠和氯化钙

水溶液混合导致的碳酸钙沉淀过程，通过 pH 控制，使 $CaCO_3$ 的形态为方解石，而不是文石或球霰石。在温度为 30℃，pH 值为 8.65，转速为 800 r/min，停留时间为 100 min 的条件下进行的运转 S－2 中，晶体的人口密度数据如图 17.37 所示。因为此数据的标绘不是直线，所以不能用式(17－38)拟合。

(a) 导出拟合上述数据的经验方程，并通过回归分析确定方程中的常数。

(b) 能否根据上述数据确定成核速率和生长速率？如能，如何确定？

17.29　Tsuge 和 Matsuo[“Crystallization as a Separation Process,” *ACS Symposium Series* 438, edited by Myerson and Toyokura, ACS, Washington, DC (1990), pp. 344－354]在 1 升的 MSMPR 结晶器中研究了通过 $MgCl_2$ 和 $Ca(OH)_2$ 的水溶液的反应产生 $Mg(OH)_2$ 沉淀，操作条件为转速 450 r/min 和温度 25℃。应用扫描电镜(SEM)测定了晶体尺寸，并用计数器作了分析。晶体尺寸被取为最大长度。当假设停留时间为 5min 时，晶体大小分布的典型标绘如图 17.38 所示。如式(17－38)所示，假设晶体数正比于 $\exp(-L/G\tau)$，确定：

(a) 生长速率；

(b) 成核速率；

(c) 大多数晶体的尺寸。

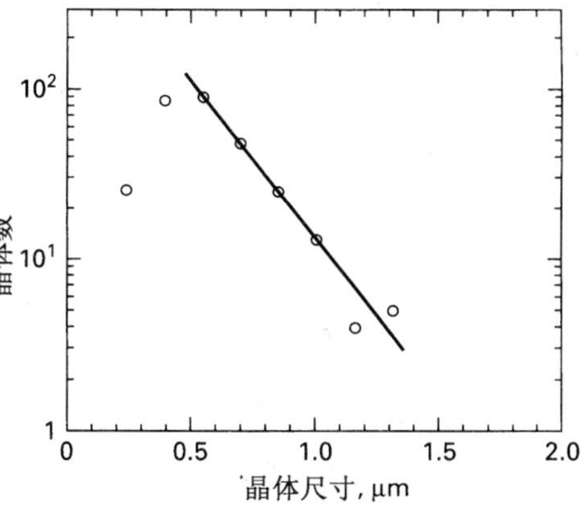

图 17.38　习题 17.29 中 $Mg(OH)_2$ 的晶体大小分布

17.7 节

17.30　进入降膜式结晶器顶部的进料是由 60%(质量)萘和 40%(质量)苯组成的处于饱和状态的熔融体。如果冷却剂自顶部进入的温度为 10℃，试确定作为时间函数的最高达 2cm 的晶体层厚度。所需的物性已在例 17.13 中给出。

17.31　对二氯苯的熔点为 53℃，而邻二氯苯的熔点为－17.6℃。它们形成邻位异构体含量为 87.5%(质量)的共熔物的熔点为－23℃。这两种异构体的常压沸点相差约 5℃。含 80%(质量)对位异构体的混合物在饱和温度 43℃进入降膜式结晶器顶部，而冷却剂自顶部进入的温度为 15℃。如果采用内径为 8cm 的管子，确定在管子顶端晶体层厚度达到 2cm 所需的时间。哪种异构体将结晶？所需的物性，除晶体热导率外，均在 *Perry's Chemical Engineers' Handbook* 中给出，两种异构体的晶体热导率均被假设为 0.15 Btu/(h・ft・℉)。

17.32　推导式(17－67)。

17.8 节

17.33　推导一次通过或部分通过区域熔炼后，特定晶体层长度 z_2-z_1 内平均杂质浓度的下列表示式。

$$w_{avg}=w_o\left\{\frac{l(1-K)}{K(z_2-z_1)}\left[\exp(-z_2K/l)-\exp(-z_1K/l)+1\right]\right\} \tag{1}$$

利用例 17.14 的结果，对于 $z_1=0$ 和 $z_2/l=9$，计算 w_{avg}。

17.34 在例 17.14 中，在第一次通过到达 $z/l=9$ 后，将最后 20%晶体层除去。由习题 17.33 的式(1)计算剩余的晶体层中杂质的平均浓度。

17.35 一根由 98%(质量)Al 和 2%(质量)Fe 杂质组成的棒进行一次通过的区域熔炼。杂质的固-液平衡分配系数为 0.29。如果 $z/l=10$ 和熔炼后的棒在 $z_2=0.75z$ 处切除，由习题 17.33 的式(1)计算 Fe 的浓度分布和平均浓度。

17.9 节

17.36 为从含 0.8%(mol)苯甲酸(BA)和 99.2%(mol)N_2的气体物流中回收 200 kg/h BA，确定换热器型凝华装置的尺寸。进入装置的气体压力为 780 托，温度为 130℃，离开时没有压降，而温度为 80℃。冷却剂为进口温度为 40℃，出口温度为 90℃的冷却水，与气体逆流流动。换热器管子为例 17.15 中所用的类型。

苯甲酸的某些物性在习题 17.37 中给出。此外，

固体苯甲酸的 $k_c=1.4$ cal/(h · cm · ℃)；

固体苯甲酸的 $\rho_c=1.316$ g/cm^3。

试确定所需的管数和达到苯甲酸的最大厚度 1.25cm 所需的时间。

17.37 利用 Vitovec、Smolik 和 Kugler[*Coll. Czech. Chem. Commun.*, 42, 1108－1117 (1977)]描述的新方法通过主体凝华由 N_2中结晶苯甲酸。气体含 6.4%(mol)苯甲酸，其余为 N_2，流量为 3 m^3/h，压力为 1atm，温度比露点高 10℃。气体通过蒸发 150 cm^3/h 温度为 25℃的喷雾水直接冷却。然后气体被 1atm 的急冷氮气分两步进一步冷却：

步骤	急冷气流量/(m^3 · h^{-1})	急冷气温度/℃
1	1.5	105
2	2.0	25

急冷气由容器的多孔壁面进入，以防止在容器壁上结晶。根据下列苯甲酸的物性数据，确定气体的最终温度和苯甲酸晶体的产率分数，假定出口气体处于平衡状态。

熔点＝122.4℃；

固体和气体的比热容＝0.32 cal/(g · ℃)；

升华热＝134 cal/g 。

蒸气压：

T/℃	蒸气压/托
96	1
105	1.7
119.5	5
132.1	10
146.7	20
162.6	40
172.8	60

蒸气压数据可用 Antoine 方程外推到更低的温度。

17.38 推导式(17－75)。

17.10 节

17.39　每小时 50 000 磅温度为 120 ℉，浓度为 20%（质量）的 NaOH 水溶液进入在压力 3.7 psia 下操作的蒸发器，在蒸发器内溶液被浓缩到含 40%（质量）NaOH 水溶液。加热介质为温度比苛性钠溶液出口温度高 40 ℉的饱和蒸汽。确定：

(a) 溶液的沸点升高；

(b) 饱和加热蒸汽的温度和压力；

(c) 蒸发速率；

(d) 传热速率；

(e) 加热蒸汽流量；

(f) 蒸汽经济性；

(g) 传热面积，如果 U=300 Btu/(h・ft^2・℉)。

17.40　用 115 psia 的饱和蒸汽通过蒸发将 30 000 lb/h 浓度为 10%（质量），温度为 100 ℉的 NaOH 水溶液浓缩到 50%（质量）。

(a) 如果采用 U=400 Btu/(h・ft^2・℉)，气相空间压力为 4 in. Hg 的单效蒸发器，确定传热面积和蒸汽经济性。

(b) 如果采用顺流的双效蒸发器，而 U_1=450 Btu/(h・ft^2・℉)，U_2=350 Btu/(h・ft^2・℉)，及第二效的气相空间压力为 4 in. Hg，假定两效的传热面积相等，确定传热面积和蒸汽经济性。

17.41　压力为 14.7 psia，温度为 70 ℉的 10%（质量）的 $MgSO_4$ 水溶液被送进顺流进料的双效蒸发器系统，流量为 16 860 lb/h，要浓缩到含 30%（质量）$MgSO_4$ 水溶液。第二效的压力为 2.20 psia。加热介质为 230 ℉的饱和蒸汽。估计的传热系数对第一效为 400 Btu/(h・ft^2・℉)，对第二效为 250 Btu/(h・ft^2・℉)。如果两效的传热面积相同，沸点升高可忽略，确定：

(a) 第一效的压力；

(b) 第一效的蒸发量占总蒸发量的百分数；

(c) 各效的传热面积；

(d) 蒸汽经济性。

第 18 章 固体干燥

干燥包括从固体、溶液、淤浆和浆料中除去湿分(水或其他挥发性化合物)以获得固体产物,经过干燥后的这种固体产物往往是准备包装的最终产物。在干燥器的进料中,湿分可能是液体、溶液中的溶质或固体。在前两种情况中,湿分被蒸发,在后一种情况中,湿分被升华。如第 4 章中所讨论的,干燥这一术语也被用于气体混合物,通过冷却从不凝性气体中除去可凝性蒸气;以及在第 6 章和第 16 章中所讨论的,利用吸附从液体或气体中除去湿分。本章仅讨论可提供各种尺寸和形状的固体产物的干燥操作。

干燥广泛用于各种工业过程。在这些应用中包括从下列物料中除去湿分:(1)无机盐和有机化合物晶体颗粒,使它们能自由流动;(2)包括食品的各种生物材料,由于没有水微生物不能生存而防止腐败;(3)药品;(4)洗涤剂;(5)木材、纸张和纤维产品;(6)染料;(7)固体催化剂;(8)牛奶;(9)薄膜及涂料。

干燥可能是代价高昂的,尤其是当需蒸发大量高汽化潜热的水分时。因此,在干燥前尽可能用各种机械方法,如压榨,重力、真空或加压过滤,沉降,及用离心方法除去水分是具有重要意义的。

因为干燥涉及湿分的蒸发或升华,所以必须将热量传递给正在干燥的物料。最常用于干燥的传热方式是:(1)与物料接触的热气体的对流传热;(2)与物料接触的热固体表面的传导传热;(3)来自热气体或热表面的辐射传热;(4)介电或微波加热在物料内部产生的热量。这些不同的传热方式在某些时候都可能具有优越性,取决于要除去的水分在固体表面和/或固体内部。

在固体干燥中具有重要意义的是蒸发湿分的温度。当应用第一种方式,而且湿分是连续的液膜或能由固体内部迅速供应到表面时,蒸发速率是与固体性质无关的,而且可由气体到表面的对流传热速率控制。那么,蒸发表面的温度是提供干燥器绝热操作的气体的湿球温度。如果用辐射传热补充对流传热,那么蒸发表面的温度高于气体的湿球温度。在不与对流加热气体接触,即当采用后三种加热方式且不存在吹扫气体时,使干燥器以非绝热方式操作,那么蒸发湿分的温度是干燥器压力下的泡点温度。在蒸发器中,如果湿分中含有溶解的不挥发物质,那么泡点温度将升高。

18.0 本章教学目的

学完本章后,你应该能够:

- 描述两种常用的干燥方式。
- 评论工业干燥设备。
- 利用湿度图确定干燥温度。
- 区分绝热饱和温度和湿球温度。
- 说明固体的平衡湿含量。
- 描述直接加热干燥中的四个不同阶段。
- 计算不同阶段的干燥速率。
- 应用几类常用干燥器的模型。

18.0.1 工业实例

作为干燥的工业应用的一个实例,考虑连续生产 69 530 lb/d 含水量为 0.015 lbH_2O/lb 干燥固体的 $MgSO_4 \cdot 7H_2O$ 结晶固体。如图 18.1 所示的干燥器的进料由连续真空回转过滤机的滤饼组成。该滤饼温度为 85 ℉,按湿基计算含 20.5%(质量)水分。因为晶体较粗,当部分干燥后能自由流动,且不会黏结,采用由一略微倾斜的回转圆筒组成的直接加热回转干燥器。滤饼进料由一倾斜的震动滑道进入干燥器的高端。绝对湿度为 0.002 lbH_2O/lb 干空气,温度为 250 ℉的常压加热空气在干燥器的另一端进入,流量为 37 770 lb/h。为了使湿晶体和热空气接触良好,干燥器内设有延伸到整个筒体长度的纵向刮板。随着筒体旋转,刮板提升固体达到其休止角,然后洒落通过与固体的净轴向流动方向成逆流的热空气。干燥固体于 113 ℉通过回转阀卸入螺旋输送机。经过与湿固体的接触,空气被冷却到 155 ℉,增湿到绝对湿度为 0.020 4 lbH_2O/lb 干空气,在干燥器的另一端排出,湿空气用排风扇排入周围大气。

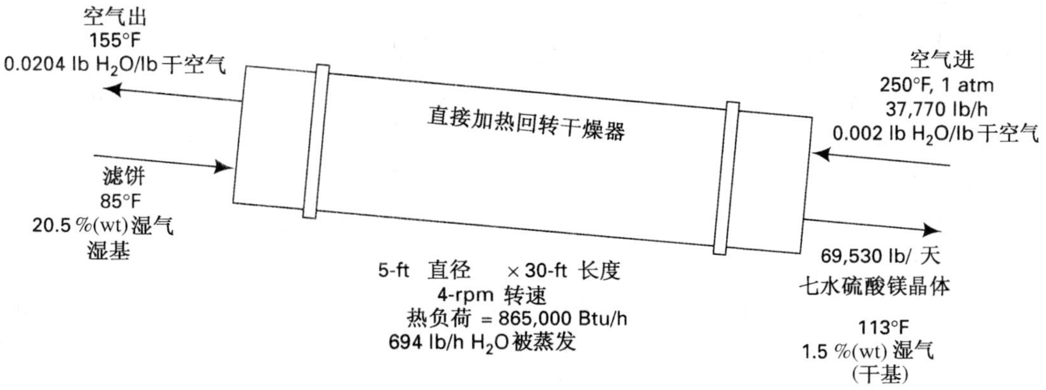

图 18.1 七水硫酸镁滤饼的干燥过程

热空气可以使得每小时蒸发 694 lb 水。蒸发大多发生在 94.5 ℉左右,这是分别为 95.5 ℉和 93.5 ℉的进出口空气湿球温度的平均值。此外,热空气必须将固体由 85 ℉加热到 113 ℉,并将蒸发的水分加热到 155 ℉。由气体到固体对流传热的总速率 Q 为 865 000 Btu/h。此数值忽略了筒体到周围环境的热损失和由热气体或设有刮板的筒体的内表面到固体的热辐射。

在总热负荷中，蒸发水分约需其中的83%，而其余17%供给显热。因此，足够精确的对数平均温度推动力可以根据下面的假设来确定：气体-湿固体界面的温度恒定并等于平均空气湿球温度94.5 ℉。于是，

$$\Delta T_{LM}=\frac{(250-94.5)-(155-94.5)}{\ln\left(\frac{250-94.5}{155-94.5}\right)}=100.6\ ℉$$

对直接加热回转干燥器，用总体积传热系数 Ua 描述其对流传热的特性是方便的，对于本例，Ua 为14.6 Btu/(h·ft^3·℉)。由 $Q=UaV\Delta T_{LM}$，确定需要的圆筒体积 V 为590 ft^3。该干燥器的直径为5 ft，这给出进入热空气的表观速度为9.56 ft/s，此速度足够低，可防止出口空气中夹带固体颗粒。圆筒长度为30 ft。在通过干燥器移动时，堆密度为62 lb干固体/ ft^{3}的固体占据干燥器8%的体积，而停留时间为1小时。筒体转速为4 r/min。

18.1 干燥设备

多种不同形态的物料被送入干燥设备，包括固体、浆料、薄片、薄膜、淤浆和液体。没有一种装置能处理这么广泛的各种物料。因此，人们已开发了多种多样不同形式的工业干燥器。这些干燥器可用多种方法分类，或许最重要的是进行干燥的物料的操作方式。当干燥固体的产量小于500 lb/h时，通常采用间歇操作，而当产量大于2 000 lb/h时，则优先采用连续操作。在以上实例中，产量为2 900 lb/h，因而选择连续干燥操作。

第二种分类方法是蒸发湿分所用的供热方式。如上所述，直接加热（也称为绝热或对流）干燥器中物料与热气体接触，热气体不仅提供加热物料和蒸发湿分所需的能量，而且将湿分吹走。当采用连续操作模式时，热气体与被干燥的物料可采取逆流、并流或错流流动。逆流流动是最有效的构型，但如果被干燥的物料是热敏性的，可能需采用并流流动。

间接加热（也称为非绝热）干燥器通过传导和/或辐射由热源间接向物料提供热量。也可利用介电、射频或微波加热在物料内部产生能量。间接加热干燥器也可减压操作，以降低湿分蒸发的温度。吹扫气不是必需的，但也可提供吹扫气帮助除去湿分。一般说来，间接加热干燥器比直接加热干燥器费用更高。因此，只有在物料是热敏性的或晶体会破碎形成灰尘或细粉的场合，才采用间接加热干燥器。

干燥器的第三种分类方法是被干燥物料的搅拌程度。在某些干燥器中，物料是静止的。与此相反的极端情况是流化床干燥器。搅拌提高了向物料传递热量的速率，但是如果搅拌太剧烈，可能导致晶体破裂和形成粉尘。在连续干燥器中，如果物料易黏结，搅拌可能是必需的。

下文仅对应用较广的几种工业干燥器进行阐述。更全面的论述见 *Handbook of Industrial Drying*[1]。*Perry's Chemical Engineers' Handbook*[2]和Walas[3]的著作提供了各种类型的干燥器的广泛的性能数据。首先讨论间歇干燥器，然后讨论连续干燥器。

18.1.1　间歇操作

间歇干燥设备包括:(1)盘架式(也称为柜式、厢式或架式);(2)搅动式干燥器。同时,这两类干燥器均包括上述多种传热和搅拌方式,可处理多种类型的湿固体物料,例如淤浆、滤饼和颗粒物料。

盘架式干燥器

最古老和最简单的干燥器为图 18.2 所示的盘架式干燥器,在处理产量小的多种产物时这种干燥器特别有用,其干燥时间由几小时到几天。在尺寸为 30×30×3 in.可移动的浅盘内被干燥物料典型的装料深度为 0.5～4 in.,这些盘以 3 in.的间距叠放在柜内的架子上或可借助轮子推进干燥室的小车上。如果湿固体为颗粒状,或被加工成形为具有适当空隙率的饼状、针状或小球状,盘底可设开孔或采用筛网,使加热气体能向下通过物料(称为通过式循环),如图 18.2(b)所示。不然,盘底为无孔的,热气体通常以 3～30 ft/s 的速度通过盘的敞口表面(称为错流式循环),如图 18.2(a)所示。

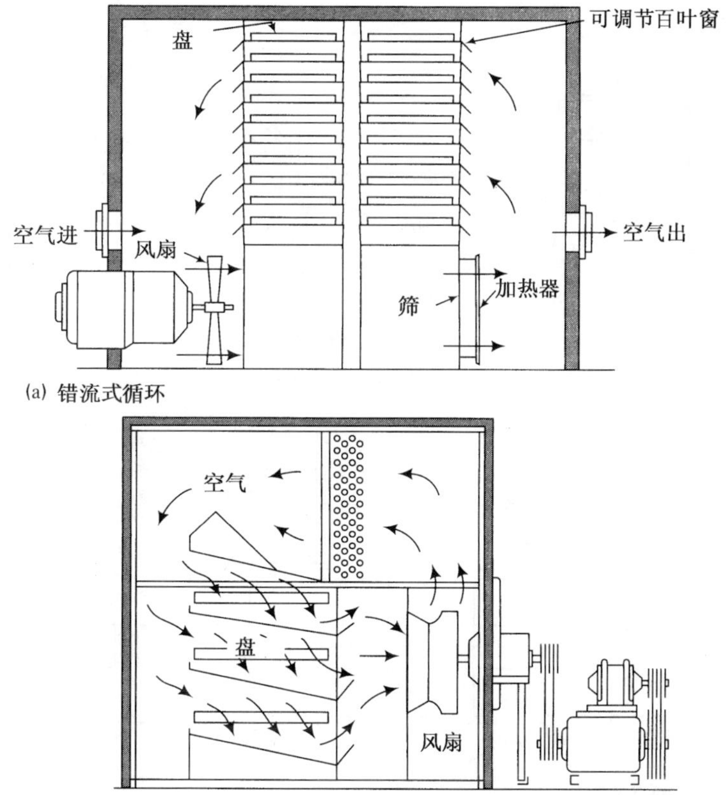

图 18.2　盘架式干燥器

虽然每次通过物料可都用新鲜热气体,但让气体循环,使排放和补充气量为循环气量的 5%～50%,以便将湿度维持在适当的水平,几乎总能达到更经济的效果。通常用蒸汽在管内冷凝的环形翅片管换热器中加热气体。如果被蒸发的湿分为水,那么蒸汽的需要量可能在 1.5～7.5lb 蒸汽/lb 蒸发的水之间。在盘架式干燥器内设置挡板是重要的，以促使热气体均匀通过各个盘，达到均匀干燥的目的。

盘架式干燥器也可在真空状态下操作和采用间接加热。在一种构型中，将盘放置在输送将被冷凝的蒸汽的起换热器作用的空心架子上。由放置盘子的架子顶部到盘的传导和直接来自位于盘上方的架子底部的辐射传递热量。直接加热错流式循环盘架式干燥器的典型性能数据列于表 18.1。

搅动式干燥器

如 Van't Land[4]和 Uhl 与 Root[5]所论述的，当存在下列情况之一时，对间歇干燥来说，可能需要有搅动的或许还是在减压条件下的间接加热：(1)物料在干燥过程中被氧化，或变成有爆炸性的，或变成粉尘；(2)湿分是贵重的，或有毒的，或可燃的，或有爆炸性的；(3)如果不进行搅动，物料会聚集或凝固；(4)产物最高温度低于约 30℃。在大多数应用中，传热速率由带夹套的容器内壁的接触阻力和进入待干燥固体的传导控制。可采用各种加热流体，包括热水、蒸汽、道氏载热体、热油和熔盐。

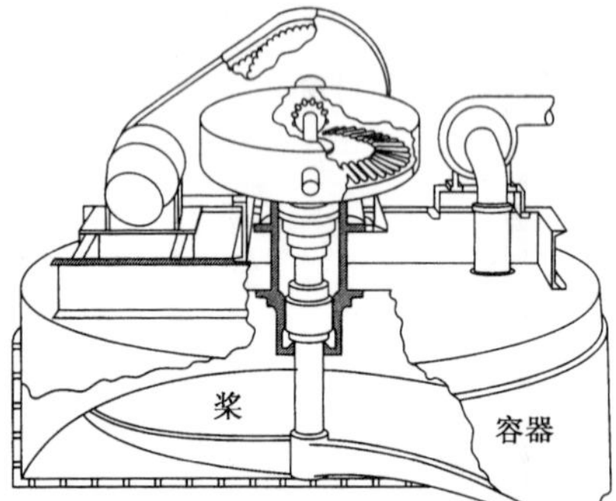

(a) 常压盘式干燥器

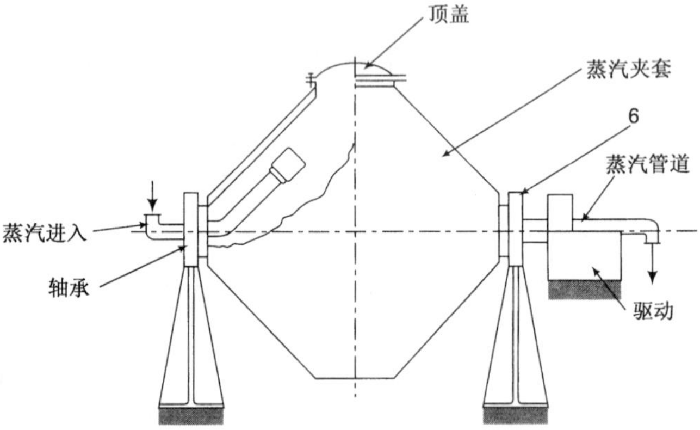

(b) 旋转双锥真空干燥器

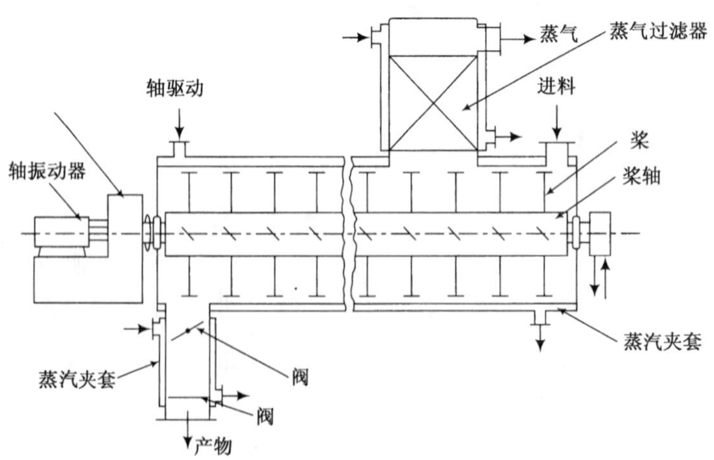

(c) 浆式搅拌圆筒干燥器

图 18.3 搅动式干燥器

[经允许复制自 *Perry's Chemical Engineers' Handbook*，6th ed.，R. H. Perry，D. W. Green，and J. O. Maloney，eds.，McGraw-Hill，New York (1984)]

表 18.1　直接加热错流式循环盘架式干燥器的性能数据

物料	阿斯匹林基颗粒	白垩	滤饼
盘数	20	72	80
面积/盘,ft^2	3.5	15.7	3.5
总装料量,lb 湿	56	1 800	2 800
装料深度,in.	0.5	2.0	1.0
初始湿分%含量	15	46	70
最终湿分%含量	0.5	2	1
最高空气温度,℉	122	180	200
干燥时间,h	14	4.5	4.5

当只有条件(3)适用时,可应用如图 18.3(a)所示的常压搅拌盘式干燥器,尤其当进料为液体、淤浆或糊状物料时。这种干燥器由一个带夹套的平底薄层(2～3 ft 高)容器组成,设有以 2～20 r/min 旋转并刮削内壁的桨式搅拌器,以防止结块。典型装置的直径为 3～10 ft,处理能力高达 1 000 加仑,而传热表面为 15 到 300 ft^2。当利用蒸汽作为夹套内的加热介质时,总传热系数为 5～75 Btu/(h · ft^2 · ℉)。待干燥的物料约占据容器体积的三分之二。在干燥过程中,搅拌强度可变化。例如,对稀薄的液体进料,搅拌强度可由开始时非常低变到非常高,如果形成了黏性的糊状物料,然后在开始形成颗粒状固体的最终产物时,再变为中等强度的搅拌。通常干燥需要几个小时。还可选用能在减压条件下操作的装置。

当上述四种条件的任一种或全部适用,但只需要适度的搅拌时,可采用如图 18.3(b)所示的夹套旋转双锥(也称为转鼓)真空干燥器。也可采用 V 形转鼓。圆锥形状方便干燥产物的卸料,但不能防止在内壁上结块。双锥的体积在 0.13～16 m^3,传热表面积为 1～56 m^2。内部的管子或平板可提供额外的传热表面。进料占据高达 70%的体积。当操作压力为 10 托,用 2 atm 的蒸汽加热,典型的水蒸发速率为 1 lb/(h · ft^2)传热表面。

当上述四种条件的任一种或全部适用时,应用更广的搅拌干燥器是如图 18.3(c)所示的带式或桨式搅拌水平圆筒干燥器。圆筒设有夹套,并是静止的。带或桨提供搅拌并能刮削内壁以防止固体结块。如 Uhl 与 Root[5]所论述的,圆筒直径最大可达 6 ft,长度可达 40 ft。搅拌器能在很宽的速度范围内旋转,已有报道的数值为 4～140 r/min,导致总传热系数的范围为 5～35 Btu/(h · ft^2 · ℉)。进料通常占据圆筒体积的 20%～70%,干燥时间为 4 小时到 16 小时。在这类干燥器的更先进的型号中,如 McCormick[6]所讨论的,设置 1 根或 2 根平行的旋转轴与静止的结块破碎栅相互啮合可扩大应用范围。桨上也可开孔以提供额外的传热表面。这类干燥器也可用连续方式操作。

18.1.2 连续操作

有各种各样连续操作的工业干燥设备可供选用。下面的阐述涵盖了大多数广泛应用的类型,按湿物料的性质来组织:(1)颗粒状,晶体,纤维状固体,滤饼,挤出料和糊状料;(2)液体和淤浆;(3)平板和薄膜。此外,还将阐述红外线、微波和冷冻干燥。

洞道式干燥器

最简单、应用最广、可能也是最古老的连续干燥器是洞道式干燥器,这种干燥器适用于任何可放在盘内又不会形成粉尘的物料。盘被叠放在有轮的小车上,小车依次通过洞道,盘内物料与错流式循环的热气体接触。如图 18.4 所示，热气体与移动的小车呈逆流或并流流动。也可采取更复杂的流动形式。在干燥物料的小车从卸料端离开洞道时，装有湿物料的小车从进料端进入。整个干燥操作并不是真正连续的，因为必须在洞道外将湿物料手工装入盘内，并将干物料从盘内卸下。盘的间距和尺寸及热气体速度与间歇盘式干燥器相同。典型的洞道长度为 100ft，可容纳 15 辆小车。

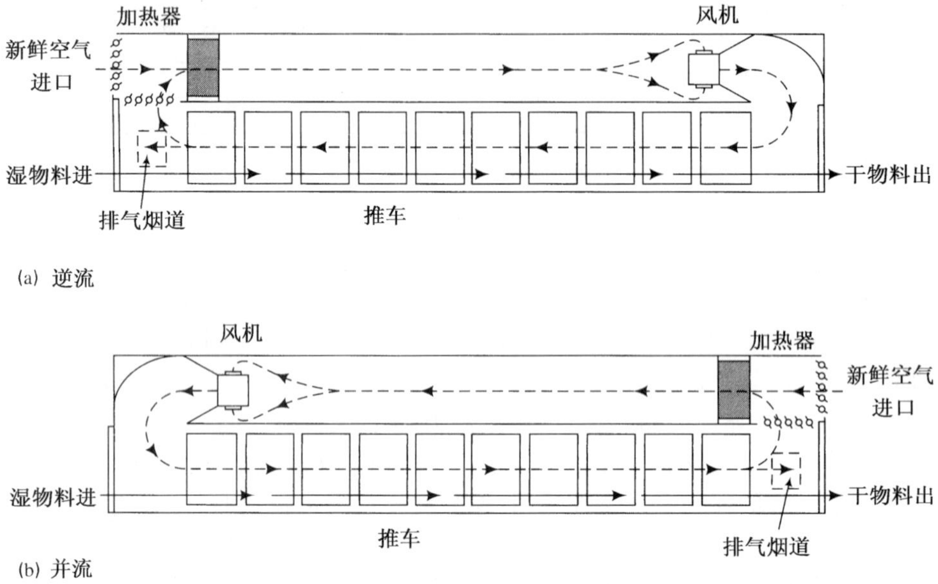

图 18.4　洞道式干燥器

带式干燥器

将固体物料薄层置于带式输送机上输送能实现真正的连续操作，而热气体在物料上方通过。首尾相连的环形带用装铰链的开槽金属板，或更理想的用薄金属带制成，这种干燥器对淤浆、浆料和黏性物料是理想的。带宽可达 1.5 m，厚度为 1 mm。

更常见的是图 18.5(a)所示的筛网或穿孔带输送干燥器，采用加热气体循环向上和/或向下通过移动的能穿透的湿物料层，湿物料厚度为 1 到 6in.。图 18.5(b)所示为多段干燥器，每段设有排风扇和气体加热蛇管，各段串联排列，每段设有长 150 ft，宽 6 ft 的输送带，可以约 1 ft/min 的速度提供长达 2 小时的干燥时间。为了具有穿透性，湿物料必须是颗粒状的。如果不是颗粒状的，物料可通过划线、造粒、挤出、成团、切片或搓球等方法预先成形。颗粒尺寸通常为 30 目～2 英寸。热气体通过颗粒床层的表观速度通常为 0.5～1.5 m/s，最大床层压降为 50 mm 水柱。加热气体通常由翅片管换热器内蒸汽冷凝传递热量提供，温度范围为 50℃～180℃，但利用其他方法温度可高达 325℃。连续通过式循环输送干燥器已用于脱除各种物料中的湿分，表 18.2 列出了其中部分物料，表中还包括括号内在必要时采用的预先成形方法。

在穿孔带输送干燥器的典型应用中，长度为 50 ft，带宽为 75 in.，每小时生产湿含量为 0.005 lbH_2O/lb 碳酸盐的碳酸钙 1 800 lb，进料为湿含量 1.5 lbH_2O/lb 碳酸盐、直径 6 mm 的挤出料，停留时间为 40 min，采用被 160 psig 的蒸汽加热到 320 ℉的空气作为加热介质，空气以表观速度 2.7 ft/s 通过挤出料。加热蒸汽消耗量为 1.75 lb/lb 蒸发的 H_2O。

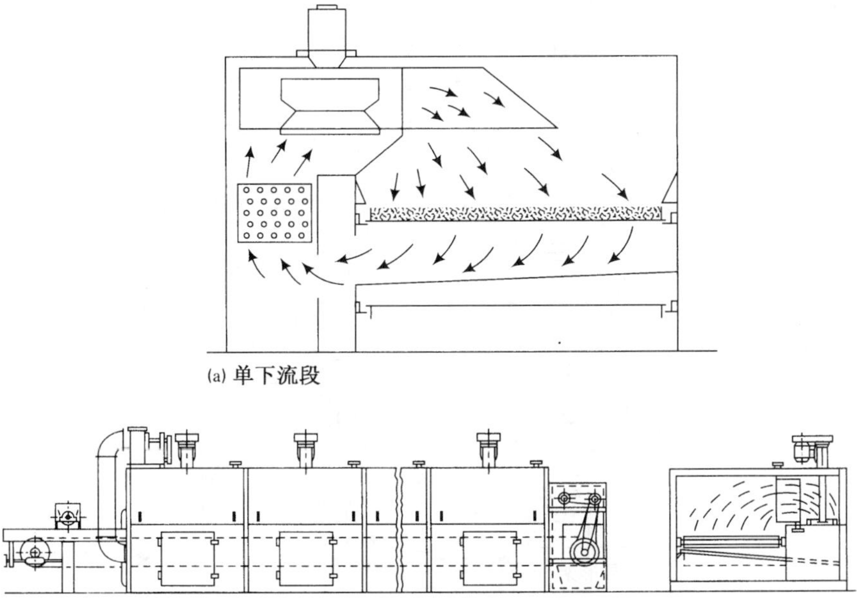

(a) 单下流段

(b) 多段

图 18.5　穿孔带输送干燥器

表 18.2　通过式循环输送干燥器中干燥的物料

氢氧化铝(过滤机上获取)	碳酸镁(挤出物)
硬脂酸铝(挤出物)	氧化汞(挤出物)
石棉纤维	氢氧化镍(挤出物)
早餐食品	聚丙烯腈(挤出物)
碳酸钙(挤出物)	人造丝原料和废料
醋酸纤维素(颗粒状)	锯末
木炭(坯块状)	擦垢毛织品
玉米淀粉	硅胶
棉绒	皂片
冰晶石(颗粒状)	纯碱
染料中间体(颗粒状)	淀粉(过滤机上获取)
氟石	硫黄(挤出物)
凝胶(挤出物)	合成橡胶(坯块状)
高岭土(颗粒状)	木薯粉
砷酸铅(颗粒状)	二氧化钛(挤出物)
锌钡白(挤出物)	硬脂酸锌(挤出物)

涡轮盘塔式干燥器

当房屋面积有限,但有净空高度时,对能够自由流动、无粉尘的颗粒固体的快速干燥,图 18.6 所示的涡轮盘或旋转架干燥器可能是合适的选择。中心轴以最高为 1 r/min 的转速缓慢转动逐个叠放的环形架,当顶部的环形架转到进料孔下方时,湿进料从塔顶加料到环形架上。在完成一圈转动时,静止的刮刷将物料刮落,物料通过径向槽落到下一层环形架上,再用静止的匀平器将物料分布为厚度均匀的料层。在每层环形架上重复这种过程,直到干燥后的物料从装置底部卸出。涡轮风扇也安装在中心轴上,提供以 2～8 ft/s 的速度通过环形架和位于装置外圆周的加热部件的热空气错流式循环。位于装置底部的各环形架用作固体冷却区。因为固体通过热空气洒落并在环形架间重新分布,与错流静止盘式干燥器相比,干燥时间可缩短。典型的涡轮盘塔式干燥器高度为 2～20 m,直径为 2～11 m,可设置多达 58

个环形架，提供的架面积为 5.5～1675 m^2。

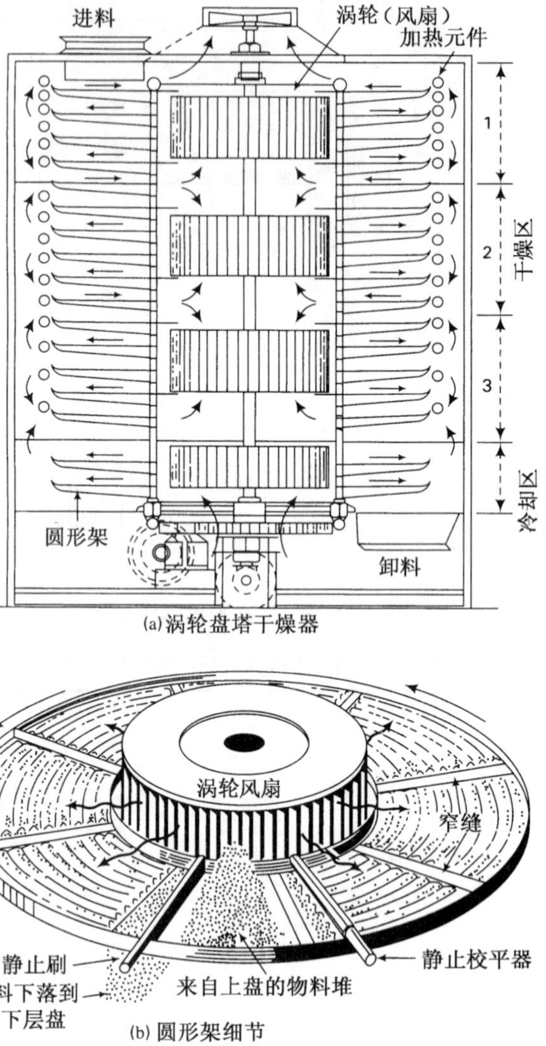

图 18.6　旋转架干燥器

以环形架面积为基准，实测的总传热系数为 30～120 J/(m^2·s·K)，在某些情况下，给出的湿分蒸发速率可与通过式循环带式输送干燥器相比。能在涡轮盘塔式干燥器中成功处理的物料包括高氯酸钙、氯化钙、氯化钠、抗生素、抗氧化剂和水溶性聚合物。当必须避免产物污染和湿固体含有水以外的挥发物时，这种装置特别有用。已被引用的资料中这种装置处理能力可高达 24 000 lb/h 干燥产物。

直接加热旋转干燥器

一种广泛用于蒸发粒度较小的能自由流动的粒状、结晶和压片固体中的水分的干燥器是直接加热旋转干燥器，尤其当可容许固体的破裂时。如图 18.7(a)所示，这种干燥器由一个与水平面略微倾斜的回转圆筒外壳组成，倾斜度小于 8cm/m。湿固体在高端通过斜道进入，而干固体则从低端卸出。热气体(热空气、烟道气或过热蒸气)通常与固体逆流流动，但对热敏性固体也可采用并流流动。对并流流动，圆筒可能不需倾斜，因为气体将帮助固体移动到卸料端。为增强气体到固体的传热速率，可获得几种不同设计的安装在回转圆筒内部的纵向提升螺旋片，其中两种如图 18.7(b)所示，在圆筒旋转过程中螺旋片提升固体，然后将它们洒落通过热气体。通常固体占据圆筒体积的 10%～18%，停留时间为 5min～2h。获得的水分蒸发速率为 5～50kg/(h・m^3)干燥器体积。可设置气体鼓风机推动或抽拉气体通过干燥器，如果物料易形成明显的粉尘，以采用抽风机为宜。安装在圆筒外壁的振动器有时被用于防止固体黏结在圆筒内壁上。市场上可购得的旋转干燥器尺寸范围很大，直径从 1 到 20ft，长度 4～150ft。表观气速可能受粉尘夹带限制，通常在 0.5～10 ft/s 范围内。在直接加热旋转干燥器中可干燥各种物料，表 18.3 列出了其中的一部分。

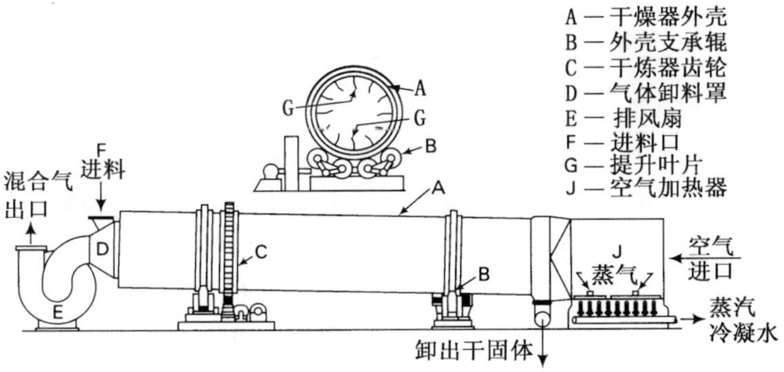

(a) 回转干燥器

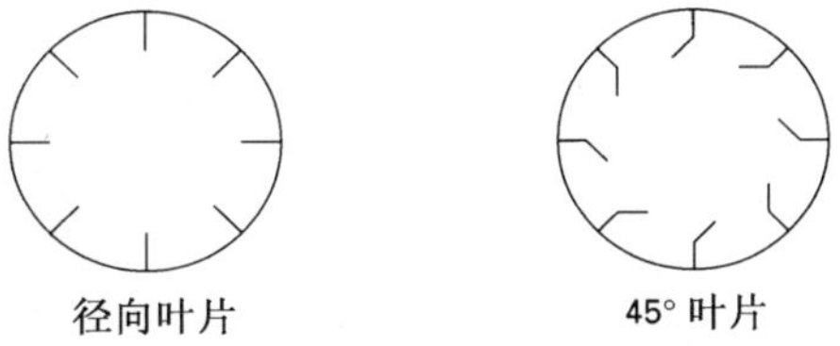

(b) 提升叶片

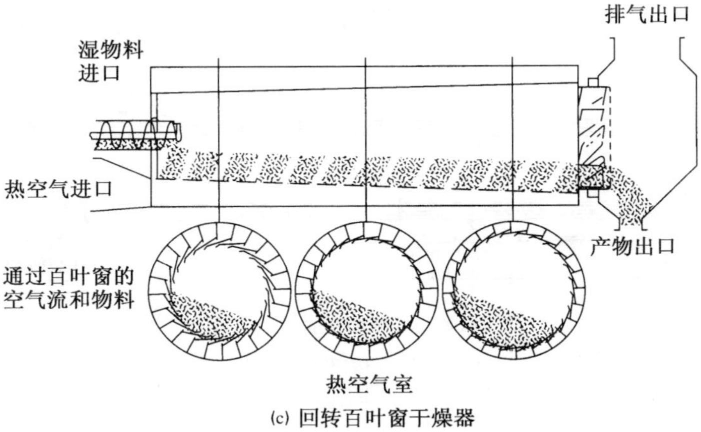

(c) 回转百叶窗干燥器

图 18.7　直接加热回转干燥器

[经允许复制自 W. L. McCabe, J. C. Smith, and P. Harriott, *Unit Operations of Chemical Engineering*, 5th ed., McGraw Hill, New York (1993)]

[经允许复制自 *Perry's Chemical Engineers' Handbook*, 6th edition, R. H. Perry, D. W. Green, and J. O. Maloney, eds., McGraw-Hill, New York (1984)]

表 18.3 在直接加热回转干燥器内干燥的物料

硝酸铝颗粒	沙
硫酸铵	氯化钠
鼓风炉炉渣	硫酸钠
碳酸钙	石料
铸铁粉	苯乙烯
醋酸纤维素	甜菜肉
铜	尿素晶体
氟石	尿素颗粒
钛铁矿	乙烯基树脂
草酸	锌浓缩物

回转百叶窗式干燥器

如图 18.7(c)所示的回转百叶窗式干燥器中实现的通过式循环作用可进一步提高回转圆筒内由热气体到固体的传热速率。双层壁为热气体提供了环形通道,热气体先通过百叶窗,再通过旋转的固体床层。因为气体通过床层可能有显著压降,所以常同时使用进口和出口鼓风机维持内部压力接近大气压。这类干燥器的直径为 3～12 ft,长度为 9～36 ft,文献已报道的水蒸发速率高达 12 300 lb/h。回转百叶窗式干燥器可用于处理粗粒、能自由流动、无粉尘的粒状固体。

间接加热蒸汽管回转干燥器

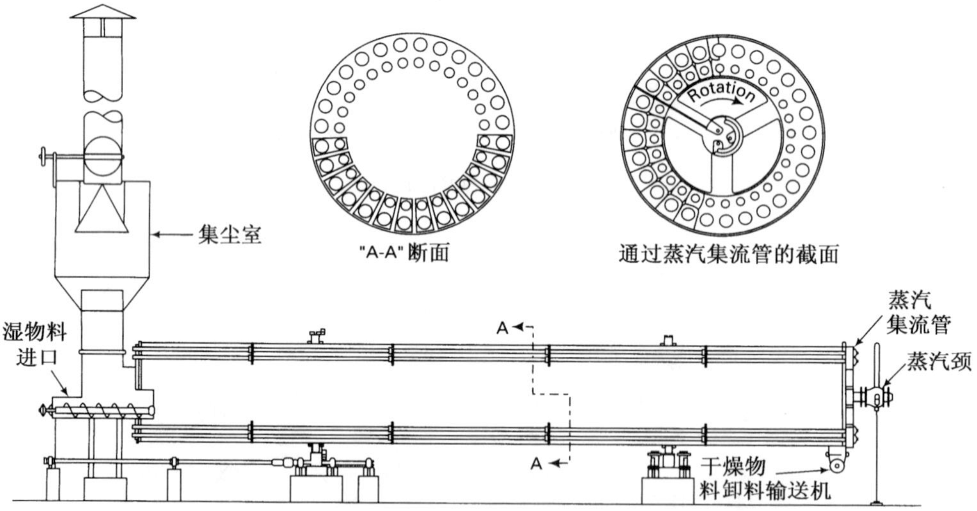

图 18.8 间接加热蒸汽管回转干燥器

[经允许复制自 *Perry's Chemical Engineers' Handbook*, 6th ed., R. H. Perry, D. W. Green, and J. O. Maloney, eds., McGraw-Hill, New York (1984)]

当物料具有以下特征时:(1)能自由流动的颗粒、晶体或压片;(2)湿分为水或有机溶剂;(3)会由空气或烟道气造成不希望的破裂,形成粉尘或污染,常选用间接加热蒸汽管回转干燥器。如图 18.8 所示的一种这类干燥器,由同心设置两排纵向的带或不带翅片的管子的回转圆筒组成,管子内部通过发生冷凝的蒸汽并随圆筒旋转。湿固体通过斜道或利用螺旋输送机自圆筒的一端进入。管子将对固体提供温和的提升作用。与管子的高温表面适当接触干燥后的产物从另一端卸出。湿分（水或溶剂）在沸点温度左右蒸发，但可用少量惰性气体进行吹扫。蒸汽通过中心旋转的进口集流管进入加热管。冷凝水排入收集环。采用无翅片管时，如果固体占据干燥器体积的 10%～20%，以管表面积为基准的总传热系数为 30～85 J/(m^2 • s • K)。蒸汽管回转干燥器的直径为 3～8 ft，长度为 15～80 ft，设有一排或两排管子，每排有 14 到 90 根直径为 2.5～4.5 in. 的管子。最大的干燥器设有单排 90 根管子。转速为 3～6 r/min。能成功干燥的物料包括无机晶体、硅胶、云母、浮选的浓缩物、颜料滤饼、沉淀碳酸钙、蒸酒器的谷物、酿酒器的谷物、柑橘浆、醋酸纤维素、淀粉和高湿含量的有机化合物。

螺旋输送干燥器

不像旋转干燥器那样常用的是如图 18.9 所示的螺旋输送干燥器，它由一个支撑中空螺旋的槽或圆筒组成，蒸汽从中空螺旋内部通过，并冷凝提供干燥被输送物料所需的热量。设有夹套的槽或圆筒可提供额外的热量传递。可干燥各种物料，包括淤浆、溶液和充满溶剂的固体。沸腾的水分可随惰性气体排出。标准的输送干燥器直径达 3ft，长度为 20ft。通过安排多个装置串联可提供更长的干燥时间，一个装置放在另一个装置上面，以节省占地面积。最后一个装置可能是冷却器。总传热系数可与间接加热蒸汽管回转干燥器相比，但可能略低一些。主要应用包括从固体中脱除溶剂和干燥细颗粒和易黏结的物料。

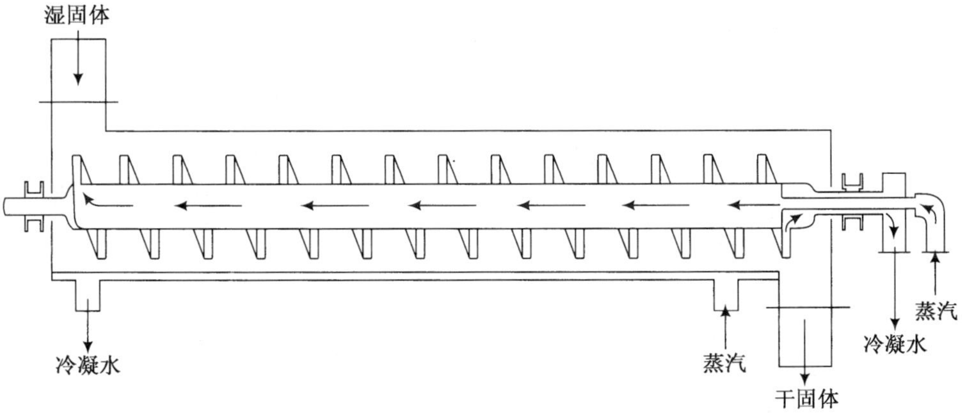

图 18.9　螺旋输送干燥器

流化床干燥器

能自由流动的湿颗粒可以几分钟的停留时间在流化床干燥器内与热气体接触进行连续干燥，这种装置如图 18.10(a)所示。这种干燥器由一圆筒形或矩形的流化室组成，湿颗粒由料仓经星形阀或螺旋输送器进入流化室，热气体通过加热器进入床层下方的增压室，再通过多孔分布板进入流化室使颗粒流化。热气体向上通过床层，传递使水分蒸发的热量，再由流化室顶部吹出，进入旋风分离器除去粉尘。固体在热气体的作用下在床层内循环，但最终通过溢流管排出流化室，溢流管也被用于确定流化床高度。

在低气速时，固体不会发生流化，而是形成固定床，气体通过床层向上流动，由于颗粒的摩擦和曳力，气体压力将降低。随着气速增加，通过床层的压降也将增加，直到达到最低流化速度，这时压降等于垂直于流动方向的单位横截面积上的固体重量。进一步提高气速将引起床层膨胀，而气体压降仅略有增加或完全不增加。通常，流化床干燥器按两倍最低流化速度设计。最低流化速度主要取决于颗粒尺寸和密度及气体密度和黏度。流化床干燥器的表观速度一般在 0.5～5.0 ft/s 范围内，这能提供稳定的鼓泡流态化。过高的气速可能导致不希望的大气泡通过床层的腾涌。

为通过分布板和床层的压降提供足够气体压力的鼓风机的投资和操作费用可能是可观的。因此，干燥所要求的固体停留时间可由浅床层高度和大流化室横截面积达到。典型的流化床高度为 0.5～3 ft，流化室直径为 3～10 ft。但是，流化室高度必须大于流化床高度，因为在流化床上表面以上至少需提供 6 ft 的自由抛掷高度，使较大的粉尘颗粒能沉降返回床层，而不会被气体夹带进入旋风分离器。

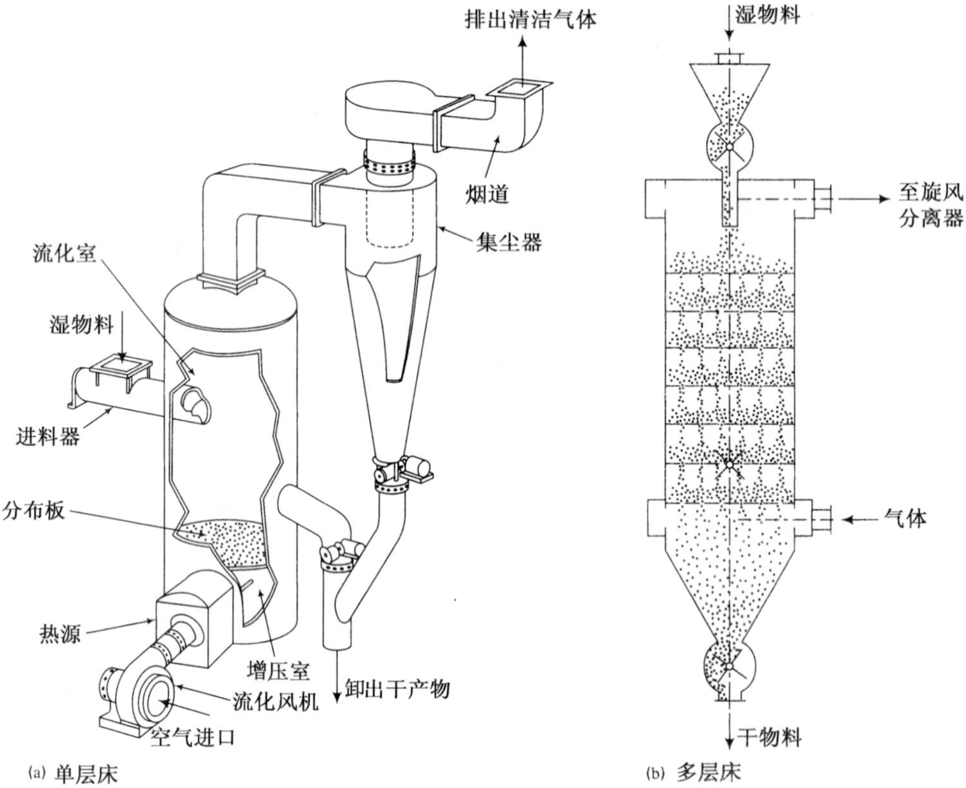

图 18.10　流化床干燥器

［经允许复制自 W. L. McCabe, J. C. Smith, and P. Harriott, *Unit Operations of Chemical Engineering*, 5th ed., McGraw Hill, New York (1993)］

因为强烈的混合，流化床中气体和固体的温度相等而且均匀，等于排出气体和固体的温度。但是，床层中颗粒的停留时间存在显著的分布。一部分颗粒由物料进口短路到达卸料管，停留时间短，干燥机会少。另一部分颗粒逗留的时间远长于完全干燥所需的停留时间。于是，产物固体中不均匀的湿含量可能不能满足产品规格。当最终湿含量是重要指标时，采用如图 18.10(b)所示的设计更精巧的多层流化床干燥器使停留时间均匀可能是明智的。可在流化床干燥器中成功干燥的物料包括煤炭、沙、石灰石、铁矿石、黏土颗粒、颗粒肥料、颗粒干燥剂、盐、过硼酸钠和聚氯乙烯(PVC)。用于煤炭和铁矿石的大型流化床干燥器产量超过 50 万磅干物料/小时。

喷动床干燥器

当能自由流动的湿颗粒直径大于 1mm，但尺寸均匀、密度小时，如各种谷物的干燥，图 18.11 所示的喷动床干燥器将是适当的选择，尤其当要求的干燥时间仅为几分钟时。高速热气流从干燥室底部，夹带颗粒向上流动，通过导流筒，在导流筒以上气体流动的横截面积在一个锥形段内明显增大，导致气速降低，颗粒被上升气流释放，进入环形的下降区域。部分循环固体由锥形段的卸料管卸出。气体通过床层上方的自由抛掷区后，从容器顶部排出。对谷物的干燥，出口气体中夹带的粉尘是微不足道的。

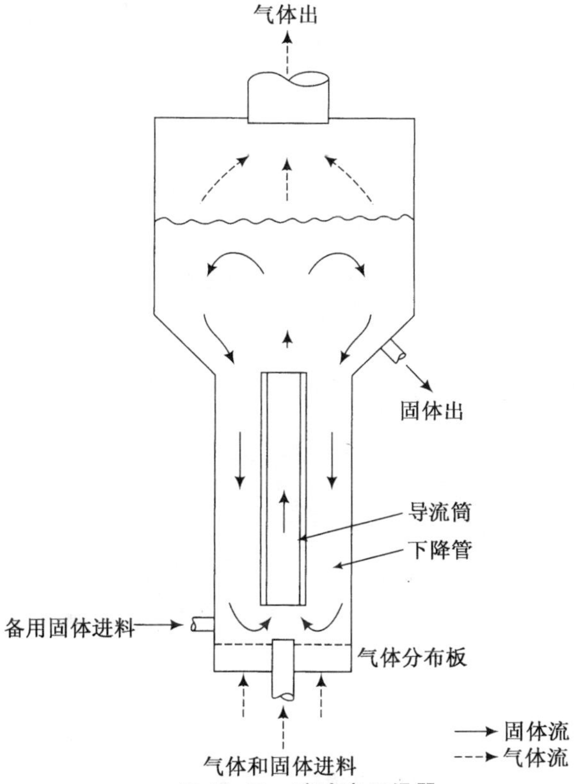

图 18.11　喷动床干燥器

气流输送(闪急)干燥器

当只有表面水分必须从可用粉碎机、磨粉机或其他破碎设备破碎成颗粒的物料中蒸发时，气流输送(气流提升或闪急)干燥器被广泛使用，当物料为热敏性、可氧化、易爆、易燃和/或非腐蚀性时，尤其需要这种设备。常见的气流输送干燥器如图 18.12 所示。湿固体进入桨式输送混合器，再落入锤磨机将固体粉碎。空气由排风扇通过加热炉送入锤磨机，将已粉碎的固体吹出并进一步分散为离散颗粒，以高速气流在管道内向上输送，在管道内发生大量干燥。通常，按体积计气流中的固体持有量小于 2%。颗粒-气体混合物在旋风分离器中分离，固体从旋风分离器卸出。因为颗粒在干燥管内以几乎与气体相同的速度向上运动，所以停留时间小于 5 秒。如果需要额外的停留时间，可将离开旋风分离器的固体部分循环达到 30 秒的停留时间。固体循环对黏性和糊状物料的粉碎也是有益的。粉碎固体的粒度通常为－300～－30 目。如果颗粒是晶体或易碎的，它们可能发生过度的破裂。气流输送速度通常为 10～30 m/s，通常比要输送出粉碎机的最大颗粒的终端(自由落体)速度高约 3 m/s。

因为存在颗粒停留时间分布，产物颗粒中的剩余水分分布可能较宽。但是，表面干燥是快速的，因为可采用高达 1 500 ℉的进口气体温度。尽管如此，因为(1)颗粒与气体并流；(2)气体温度将显著降低；(3)颗粒停留时间短和水分蒸发不完全，颗粒温度不会高于约 200 ℉。

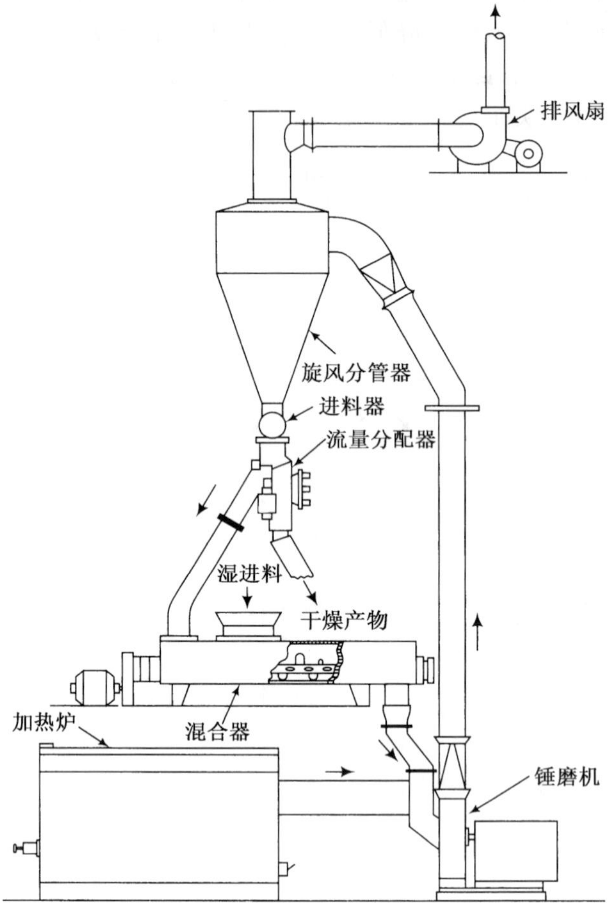

图 18.12　气流输送(闪急)干燥器

[经允许复制自 W. L. McCabe, J. C. Smith, and P. Harriott, *Unit Operations of Chemical Engineering*, 5th ed., McGraw Hill, New York (1993)]

大型快速干燥器由直径为 1m，高度为 12m 的气流输送干燥管提供，蒸发量达到 20 000 lb 水/h。与其他多种干燥器相比，气流输送干燥器的占地面积小，可用于干燥滤饼、离心机滤饼和淤浆、鲜酵母块、淀粉、石膏、果肉、硫酸铜、黏土、煤炭、鸡粪、脂肪酸、聚苯乙烯小球、硫酸铵和乌洛托品。

喷雾干燥器

当含水量超过 50%(质量)的溶液、淤浆或可泵送的糊状物料以超过 1 000 lb/h 的进料速率进行干燥时，应考虑喷雾干燥器。多种多样的喷雾干燥器构型之一如图 18.13(a)所示。干燥室通常设有锥形底部，其顶端直径可能与干燥室高度接近相等。进料被泵送到干燥室顶部的中心，在那里用下列三种喷雾器之一分散成尺度为 2～2 000 μm 的液滴或颗粒：(1)单流体压力喷嘴；(2)气流喷嘴；(3)离心盘或喷雾轮。热气体在用加热炉或换热器加热后进入干燥室,使喷雾进料中水分迅速汽化。气流与固体主要采用并流。干燥后的固体与气体在干燥室内被部分分离,随后用旋风分离器从气体中除去粉尘,或如图 18.13(a)所示,一起送入旋风分离器、袋滤器或其他气-固分离设备。气体可用鼓风机吹或抽通过装置。

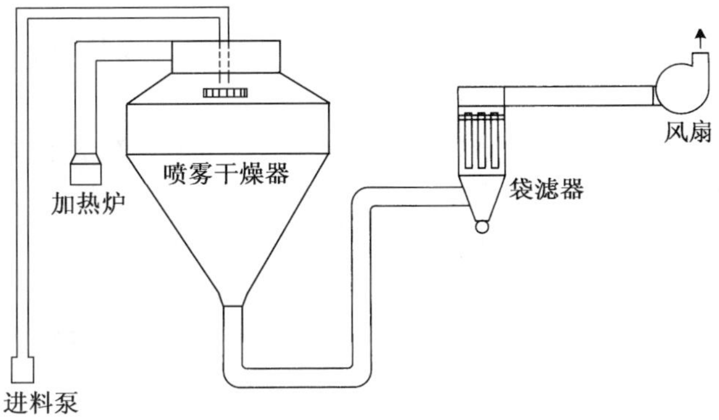

(a) 过程系统

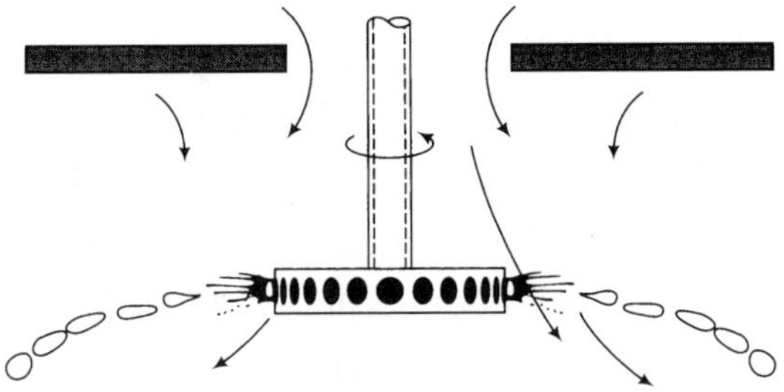

(b) 离心盘喷雾器

图 18.13　喷雾干燥器

在许多方面,喷雾干燥器的操作条件与气流输送干燥器相似,因为颗粒小,进入气体的温度可能很高,颗粒停留时间短、主要除去表面水分,和可处理热敏性物料。但是,喷雾干燥器的独有特征是,对某些物料如染料、食品和洗衣粉,它能够从溶液生产具有相当均匀尺寸的圆形多孔性颗粒,这些颗粒能在后续应用或民用用途中迅速溶解或反应。虽然,如果只除去表面水分,颗粒停留时间小于 5s,但是对内部水分的附加蒸发,可提供长达 30 s 的停留时间。喷雾干燥是唯一的能将部分或全部下列序贯操作结合为一种紧凑操作的过程:蒸发、结晶或沉淀、过滤或离心分离、破碎、分级及干燥。

喷雾干燥器的最重要的部件是喷雾器。三类喷雾器各有优点和缺点,因此对特定应用,喷雾器的选择不是一件简单的任务。气流(双流体)喷嘴使空气、蒸汽或其他气体以最高为 100 psig 的较低压力撞击进料,但对于高产量这类喷嘴不是很有效。因此,这类喷嘴只能在中试装置和产量小的工业装置中找到用武之地。例外是纤维状物料、稠的糊状物料、某些滤饼和聚合物溶液的分散,因为具有高喷雾气-液比,可产生最细的颗粒。

孔径为 0.012~0.15 in. 的加压(单流体)喷嘴为实现进料物流的破碎,需要 300~4 000 psig 的溶液进口压力。这类喷嘴可产生范围最窄的液滴尺寸,但在三类喷嘴中产生的液滴尺寸是最大的,而在大直径的喷雾干燥器中则需要多个喷嘴。还有对某些进料,喷嘴孔的磨损和堵塞可能成为问题。因为喷雾大多是向下的,干燥室比较细长,高径比为 4~5。

图 18.13(b)所示的离心盘式(喷雾轮)喷嘴处理溶液或淤浆,产生进料薄片,再在径向以高产量产生小液滴。但是,盘式是直径最大的喷嘴,因此需要最大直径的干燥室,以防止颗粒在黏性状态下撞击干燥室壁。在小装置中离心盘的直径为几英寸,而在非常大的装置中,盘直径可达 32 英寸。盘的转速为 3 000～50 000 r/min,但给定的盘能在宽的进料流量和转速范围内操作,而进料压力的变化或压力喷嘴孔的扩大或其他故障不会对颗粒大小分布产生显著影响。

工业应用的喷雾干燥器的直径颇大,常见的为 8～30 ft。在装有离心盘式喷雾器,直径和高度均为 18 ft 的喷雾干燥器中,当进料为含 7%(质量)溶解固体的水溶液,而 600 ℉空气的流量为每分钟 11 000 ft^3 时,蒸发量高达 2 600 lb/h。更大的喷雾干燥器的蒸发量可达 15 000 lb/h。下列物料的溶液、淤浆和糊状物可采用喷雾干燥:洗衣粉、血浆、牛奶、蛋、淀粉、发酵粉、硫酸锌、木质素、氢氧化铝、硅胶、氯化镁、硫酸镁、硫酸铝、尿素树脂、硫酸钠、咖啡萃取物、单宁萃取物、颜料、茶叶、马铃薯汁、聚合物树脂和陶土。

转鼓干燥器

大约 100 年前,在 20 世纪 20 年代喷雾干燥器被引入用于牛奶和洗衣粉溶液的干燥前,转鼓干燥器也被引入通过间接加热处理溶液、淤浆和糊状物料。第一种这样的干燥器是如图 18.14(a)所示的双转鼓干燥器,这种干燥器现在仍是适应性最强并被广泛应用的转鼓干燥器。它由两个同样尺寸(直径 1～5 ft,长度 1.5～12 ft)并排安装的金属圆筒形鼓组成。一个鼓是可移动的,使两个鼓之间的最小距离(鼓隙)可进行调节。转鼓在内部由压力高达 12 atm 的蒸汽冷凝加热。要干燥的进料在顶部从可运行两个转鼓长度的穿孔管,或可像钟摆一样从鼓的一端摆动到另一端的进料管进入。如图所示,两个转鼓在顶部反向旋转,导致物料在转鼓的高温表面上形成紧贴的膜或涂层,其厚度可由鼓隙控制。当转鼓转动时,热量由转鼓表面传递到涂层,使之干燥。如果湿分是水,它作为蒸汽存在,通过安装在鼓上方的蒸气罩。如果湿分是溶剂或如果固体是可变成粉末的,可能将为干燥器设置密封罩。当涂层覆盖整个圆周的约四分之三时,用沿转鼓轴向安装的刮刀将它刮落。干燥后的物料作为表面粉末、薄片或更常见的厚度通常为 1～3 mm 切片落下,进入输送机。通过调节:(1)转鼓转速,通常为 1～30 r/min;(2)转鼓表面温度,通常比转鼓内部的冷凝蒸汽温度低几度;(3)进料温度;(4)涂层厚度,可控制干燥后物料的湿含量。干燥时间为 3～20 s。由 Walas [3]提供的性能数据表明,对湿含量为 10%～90%(质量)的物料,双转鼓干燥器的处理能力为 1～60 kg 干燥物料/(h·m^2)转鼓表面积。

对有效的转鼓干燥器,涂层必须黏附于镀铬的转鼓表面。当需要时,也可采用其他转鼓和进料系统安排。例如,图 18.14(b)所示的具有顶部进料的双转鼓干燥器不受转鼓间距的影响,因为转鼓在顶部旋转时互相脱离。可能形成厚得多的涂层,并可处理对紧靠着的转鼓可能产生划痕或其他损伤的无机物晶体之类的物料。为改善物料黏附于转鼓的可能性,如图 18.14(c)所示,进料可飞溅到双转鼓干燥器的表面。

对可能在双转鼓干燥器表面引起不适当的压力而且黏度很大的溶液或糊状物料,可采用单转鼓干燥器。如图 18.14(d)所示,当应用敷贴辊筒的顶部进料时,可采用涂层。如果干燥多孔产物(例如麦乳精)或物料是热敏性的,如图 18.14(e)所示,单转鼓干燥器或双转鼓干燥器可密封,以便抽真空降低水分的沸点。

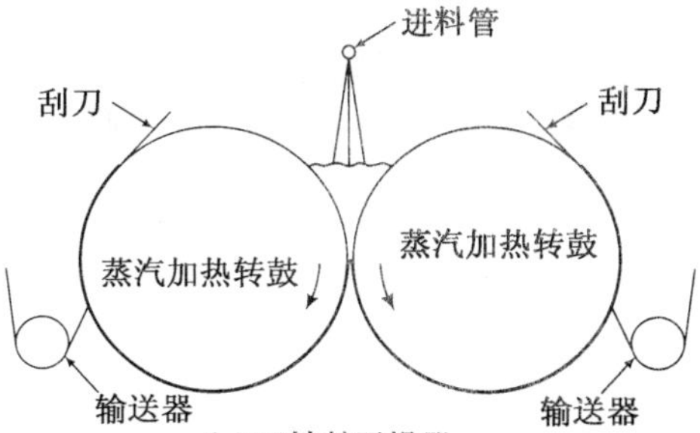

(a) 双转鼓干燥器

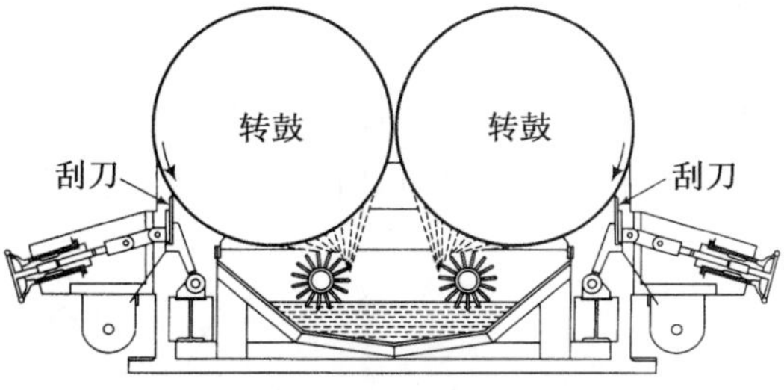

(c) 飞溅进料双转鼓干燥器

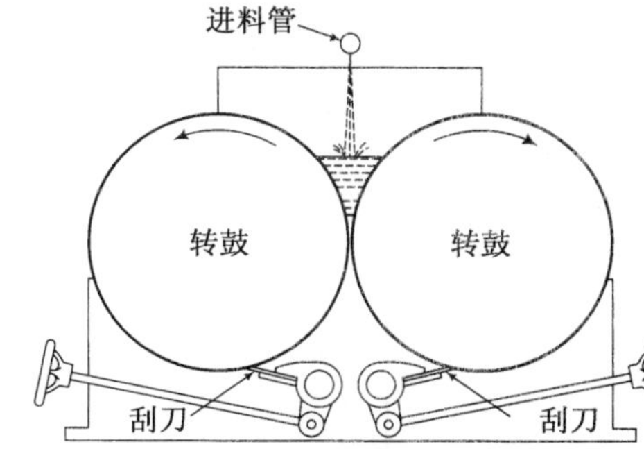

(b) 顶部进料双转鼓干燥器

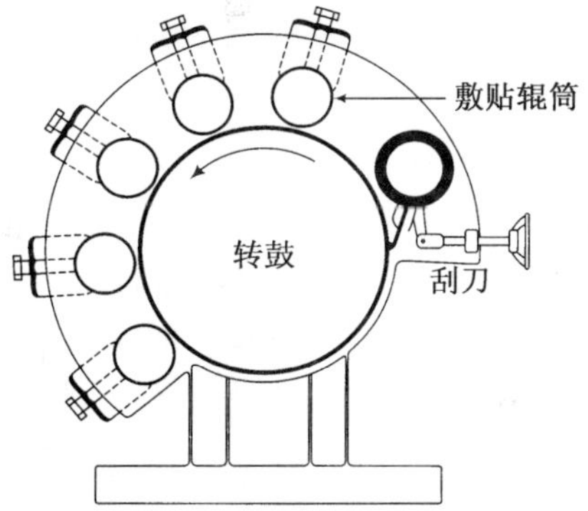

(d) 涂板进料的单转鼓干燥器

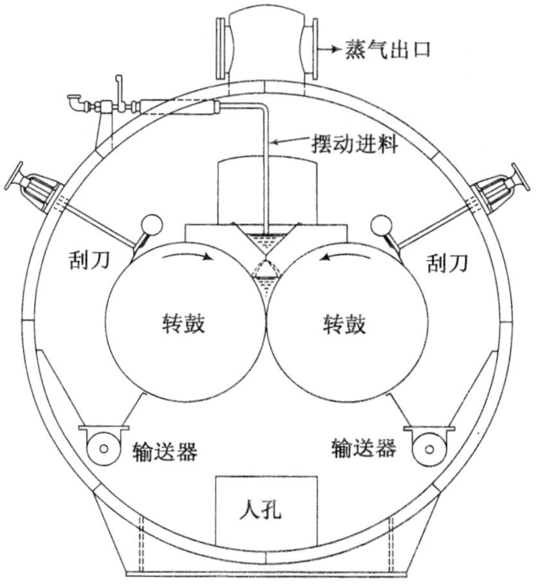

(e) 真空双转鼓干燥器

图 18.14　转鼓干燥器

转鼓干燥器被用于干燥各种各样的物料，包括淀粉溶液、啤酒酵母、马铃薯、脱脂牛奶、麦乳精、咖啡、单宁萃取物和植物胶；$Mg(OH)_2$、$Fe(OH)_2$ 和 $CaCO_3$ 淤浆；乙酸钠、Na_2SO_4、Na_2HPO_4、$CrSO_4$ 和各种有机化合物。但是，转鼓干燥器的许多应用现在已可用喷雾干燥器处理。转鼓干燥器属于热圆筒干燥器的一种。具有多个串联或并联圆筒的装置被用于以大约 10 kg/(h · m^2)的蒸发速率干燥编织纤维的连续薄板和纸浆。

红外线干燥

在直接加热干燥器中，由热气体到湿物料的对流传热常被来自包围物料的热表面的热辐射补充。但辐射传热的贡献通常是微不足道的，往往被忽略不计。但是，对某些薄膜、薄板和涂层的干燥，利用热辐射作为主要热源具有突出的优越性。

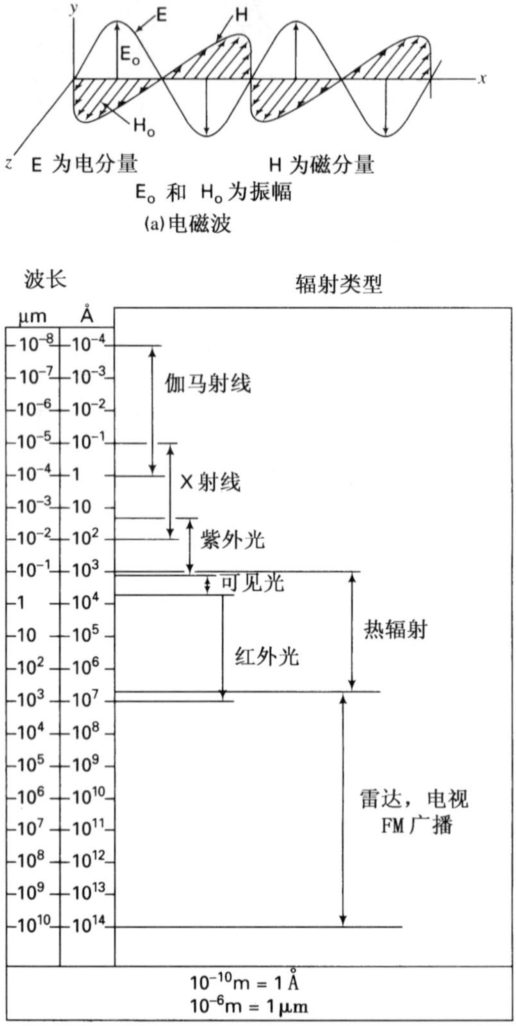

(a)电磁波

(b)电磁波谱

图 18.15 辐射

所有物质均释放作为电子振动和跃迁的结果的辐射能。对气体和透明的固体与液体，可由整个物体体积发出辐射。对不透明的固体与液体，内部辐射被相邻的分子迅速吸收，使得辐射的净能量传递仅由表面发出。对固体的干燥而言，最重要的辐射传热是由不透明的热表面通过不吸收的气体或真空到被干燥的物料的辐射传热。这种传递可视为离散的光子(量子)的传播和/或电磁波的传播，如图 18.15(a)所示，电磁波由相互垂直的振动的电场和磁场组成，并沿辐射传递的方向传播。如图 18.15(b)的电磁光谱所示，辐射的波长 λ 取决于辐射产生的方式，波长覆盖范围极宽，从伽马射线的 $10^{-8}\,\mu m$ 到无线电长波的 $10^{10}\,\mu m$。不管波长为多少，在特定介质中辐射波均以光速 c 传播，在真空中此速度为 2.998×10^8 m/s。因此，在波的频率 v 和波长 λ 间存在如下关系：

$$v=c/\lambda \tag{18-1}$$

频率通常用 Hz 表示，为周期数/秒。波所传递的能量取决于频率，利用光子的能量 E 可表示为

$$E=hv \tag{18-2}$$

式中 h 为普朗克常数，等于 $6.626\ 08\times10^{-34}$ J·s。

固体的不透明表面能由于其温度而发射红外线辐射。这类辐射是不可见的，而且如图 18.15(b)所示，其波长范围为 0.75～100 μm。如果发射辐射的表面是发射的辐射量最大的所谓黑体 b，那么此辐射量将分布在一个取决于温度的波长范围内，如普朗克分布所确定的，利用单位表面积发出的辐射热，此辐射量分布为

$$E_{\lambda,\mathrm{b}}=C_1/\{\lambda^5[\exp(C_2/\lambda T)-1]\} \tag{18-3}$$

式中 $E_{\lambda,\mathrm{b}}$ 的单位为 W/(m^2·μm)，$C_1=3.742\times10^8$，$C_2=1.439\times10^4$，T 的单位为 K，而 λ 的单位为 μm。在整个波长范围内积分式(18-3)，结果为 Stefan-Boltzmann 方程

$$E_{\mathrm{b}}=\sigma T^4 \tag{18-4}$$

式中 $\sigma=5.670\ 51\times10^{-8}$ W/(m^2·K^4)，而 T 的单位为 K。于是，随着红外线热源温度的升高，传热速率将呈指数增加。

表面温度 600K～2 500K 内的红外辐射热源是电加热的金属外壳棒、石英管和石英灯，以及陶瓷密封的燃烧器。当辐射能到达被干燥的物料时，通常在表面被吸收，再通过传导由表面传递进入内部。在这方面，向表面的红外辐射传热非常像向表面的对流传热。但是，如果物料的有效导热系数低，表面温度可能升高达到不希望的数值，尤其当采用高温红外辐射源时。因此，采用红外线干燥必须小心。兴趣日益增长的应用包括纸张、涂料、珐琅、油墨、片状胶和纺织品。连续红外干燥器比间歇红外干燥器更常用。

介电和微波干燥

与红外线干燥相反，介电和微波干燥涉及图 18.15(b)中电磁光谱的低频、长波端，此端属于无线电波和微波。对非导电物料，热量不是在表面被吸收，而是会在整个物料中产生，这减少了物料内部传导热量的需求，于是使这类干燥具有与众不同的特点。而且，可在非常宽的范围内控制物料中的能量耗散。超越各种传统干燥方法的其他优点是：(1)因为能量耗散主要发生在湿分中而不是干燥器其他部分的固体基质中，故能量利用更有效；(2)在低温下操作，于是避免了高的表面温度；(3)干燥更迅速。对预热物料和除去最后的微量内部湿分，介电和微波干燥特别适用。介电干燥频率限于 1～150 MHz 内，而微波干燥采用的频率从 300 MHz～300 GHz。但是，如 Mujumdar[1]所论述的，按照国际协议大多数微波干燥仅在 915MHz 和 2 450 MHz 下进行。

介电和微波干燥设备由能量发生器和能量应用器组成。主要能源为普通的 50～60Hz 的交流电。发生器用于将此频率提高到高得多的上述频率。负栅极三极真空管被用于介电系统，而磁电管或速调管被用于微波系统。介电能通常被各种类型和形状的电极应用，要被干燥的物料放在电极之间。微波系统往往采用中空的矩形金属波导管。

介电干燥用于干燥块状物料，如木材、陶瓷单柱、泡沫橡胶、早餐谷物食品、喂狗的硬饼干、梳打饼干、饼干和小甜饼，以及胶片、涂层与其他物料，如纸张、油墨、黏合剂、纺织品和青霉素，在这些场合必须避免高的表面温度。微波系统用于干燥干面食、洋葱、海藻、球棒、马

铃薯薄片、药品、陶瓷过滤器和砂铸模。

冷冻干燥

在冷冻干燥(也称为冻干法)中，首先通过冷却使进料中的水分冻结，然后通过传导、对流和/或辐射使冻结水分升华。因为被干燥物料的结构和性质几乎不为冷冻干燥所改变，所以这种方法在工业上广泛用于生物制品、药品和食品的干燥。冷冻干燥的产物是多孔的和不收缩的。当食品用冷冻干燥脱水后，再储存在干燥的惰性气体中，几乎可以无限期地避免变质，而且可以通过重新水化几乎完全恢复原来的状态供食用。冷冻干燥最初的重要应用是第二次世界大战期间血浆的保存。

当湿分为水时，如果是自由水，物料必须至少冷却到0℃使水冻结，而如果水溶解在物料中，甚至需冷却到更低的温度。大多数冷冻干燥在物料处于－10℃或更低温度下进行。在此温度下，冰的蒸气压仅为2托。因此，冷冻干燥必须在高真空条件下进行。进料通常为片状或颗粒状。在这两种情况下，升华所需的热量必须在控制条件下由热源传递到物料，使水分不会达到熔点。在某些情况下，必须不超过可能更低的称为烧焦点的温度，以避免破坏物料。在可能需花费20小时的干燥过程中，因为在多孔的冷冻干燥层和冷冻物料间产生界面并逐渐向物料内部退缩，传热阻力将逐步增大。多孔结构的热阻大于冷冻物料。

对少量生物制品和药品，冷冻干燥通常以间歇方式在真空厢的盘子上进行，在冷冻步骤后进行干燥步骤。升华的冰在位于厢内与盘相邻的冷金属板上或相邻的单独容器内凝华。在升华过程中，通常通过传导由盘底或侧面传递热量，传热面还包括加热流体，如负压蒸汽通过的蛇管。对数量大的食品，往往采用如图18.16所示的连续冷冻干燥，装有预先冷冻的物料的盘子在固定的加热辊筒上通过两端设有真空锁的洞道。对颗粒物料，干燥时间可能少于1小时。小颗粒的连续冷冻干燥也可在流化床内快速完成，在这种设备内升华所需的热量通过对流和辐射提供。但是，产生的颗粒搅拌可能导致破裂和产生粉尘。在某些情况下，冷冻干燥可利用红外和微波加热。冷冻干燥被用于升华除去海产食品、肉类、蔬菜、水果、咖啡、浓饮料、药品、血浆和生物制品中的水分。

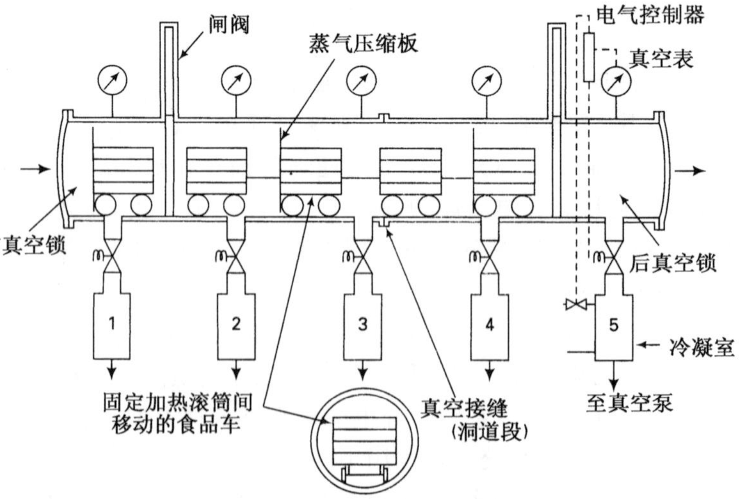

图 18.16　洞道式冷冻干燥器

18.2　湿度测定法

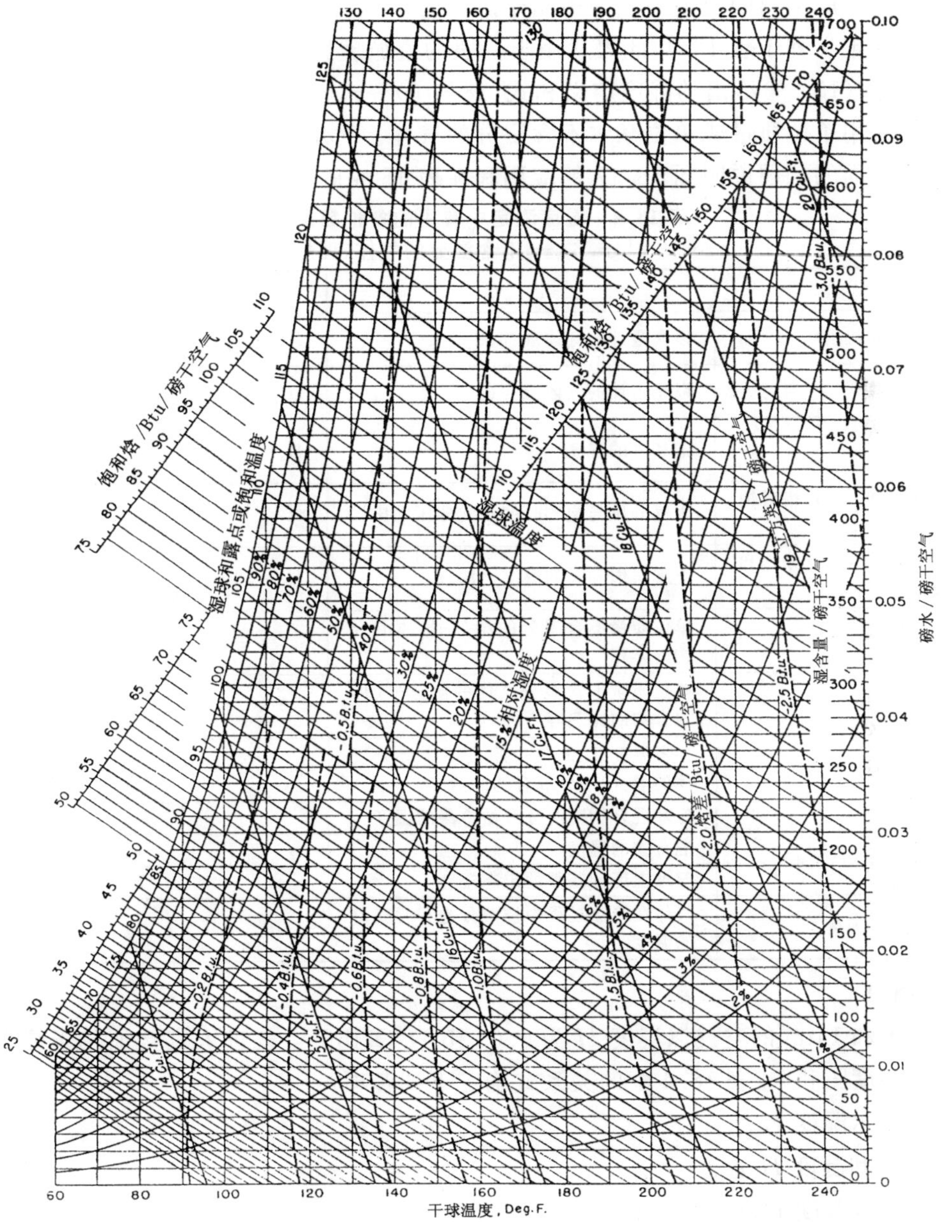

图 18.17　1atm 下空气-水的湿度图

对要从湿固体中蒸发的湿分,必须加热到固体中湿分的蒸气压超过与湿固体接触的气体中湿分分压的温度。在间接加热干燥器中,几乎或完全没有用于带走以蒸气形式存在的湿分的气体,只要湿分是固体表面的游离液体,湿分分压趋近总压,而蒸发温度趋近操作压力下湿分的沸点。如果湿分界面退缩进入固体内部，为使蒸发所需的热量由固-气界面传递到液-气界面，固-气界面上的温度必须高于沸点。此外，如果湿含量降低到湿分全部被固体吸收的数值以下，此吸收湿分的蒸气压将低于纯蒸气压，于是需要更高的温度才能使这些水分蒸发。在直接加热干燥器中，也可能发生类似的情况，除了湿分发生蒸发的温度与气体的湿含量有关。利用湿度图可非常便捷的完成用于干燥的与湿分-气体混合物性质有关的计算。

图 18.17 所给出的典型曲线图适用于总压为 1atm 的空气-水蒸气混合物。该图中包括的各种性质定义列于表 18.4，此表适用于一般的遵循理想气体定律的湿分-气体混合物。式(18－5)～式(18－9)给出的湿度定义和式(18－10)～式(18－12)给出的湿体积、湿比热容和焓的定义采用单位质量或单位摩尔不含湿分的气体。对水蒸气-空气而言，采用干空气这一术语。用下面的例题说明图 18.17 的应用和在表 18.4 的各关系式中该图的基准。

表 18.4　湿度测定中有用的各种数量的定义

A——湿分，B——不含湿分的气体，理想气体状态

数　量	定　义	关系式
绝对质量湿度	以质量计的气体湿含量	$H=\frac{M_A p_A}{M_B(p-p_A)}$　(18－5)
摩尔湿度	以摩尔计的气体湿含量	$H_m=\frac{p_A}{p-p_A}$　(18－6)
饱和湿度	饱和时的湿度	$H_s=\frac{M_A p_A^s}{M_B(p-p_A^s)}$　(18－7)
相对湿度(百分相对饱和度)	水气分压与饱和时的水气分压之比	$H_R=100\%\times\frac{p_A}{p_A^s}$　(18－8)
百分比湿度(百分饱和度)	湿度与饱和时的湿度之比	$H_P=100\%\times\frac{H}{H_s}$　(18－9)
湿体积	单位质量不含湿分的湿分-气体混合物的体积	$v_H=\frac{RT}{P}\left(\frac{1}{M_B}+\frac{H}{M_A}\right)$　(18－10)
湿比热容	单位质量不含湿分气体的湿分-气体混合物的比热容	$c_s=(c_p)_B+(c_p)_A H$　(18－11)
总焓	参考温度 T_0 的单位质量不含湿分气体的湿分-气体混合物的焓	$H=c_s(T-T_0)+\Delta H_0^{vap}H$　(18－12)
露点温度	冷却混合物时湿分开始冷凝的温度	T_{dew}
干球温度	混合物的温度	T_d
湿球温度	湿球温度计获得的定态温度	T_w
绝热饱和温度	气体在绝热过程中被湿分饱和时获得的温度	T_s

例 18.1

131 ℉和 1atm 的空气以湿度 H 为 0.03 lb H_2O/lb干空气进入直接加热干燥器。由图 18.17 的湿度图和/或表 18.4 中的关系式确定下列各项：

(a) 摩尔湿度 H_m；

(b) 饱和湿度 H_s；

(c) 相对湿度 H_R；

(d) 百分数湿度 H_P；

(e) 湿体积 v_H；

(f) 湿比热容 c_s；

(g) 焓 H。

解

131 ℉时水的蒸气压为 118 托=0.155 atm。A 为 H_2O,B 为空气,而 $H=0.03$ lb H_2O/lb 干空气。

(a) $H_m=\frac{M_B}{M_A}H=\frac{M_{air}}{M_{H_2O}}H=\frac{28.97}{18.02}\times 0.03=0.048\ \frac{\text{lbmolH}_2\text{O}}{\text{lbmol 干空气}}$

(b) 由式(18-7),

$$H_s=\frac{18.02}{28.97}\times\frac{0.155}{1-0.155}=0.114\ \frac{\text{lbH}_2\text{O}}{\text{lb 空气}}$$

(c) 将式(18-6)重新整理

$$p_{H_2O}=\frac{pH_m}{1+H_m}=\frac{1\times 0.048}{1+0.048}=0.0458\ \text{atm}$$

由式(18-8),

$$H_R=100\times\frac{0.0458}{0.155}=29.5\%$$

由图 18.17 可获得相同结果。

(d) 由式(18-9),

$$H_P=100\times\frac{0.03}{0.114}=26.3\%$$

(e) 由式(18-10),对 $R=0.730\ \frac{\text{atm}\cdot\text{ft}^3}{\text{lbmol}\cdot{}^\circ\text{R}}$,$T=131+460=591{}^\circ\text{R}$

$$v_H=\frac{0.730\times 591}{1}\times\left(\frac{1}{28.97}+\frac{0.03}{18.02}\right)=15.6\ \text{ft}^3/\text{lb 干空气}$$

这与图 18.17 一致。

(f) 由式(18-11),利用

$$c_{p(\text{空气})}=0.24\ \text{Btu/(lb}\cdot\text{℉)}$$
$$c_{p(\text{蒸汽})}=0.45\ \text{Btu/(lb}\cdot\text{℉)}$$
$$c_s=0.24+0.45\times 0.03=0.254\ \frac{\text{Btu}}{\text{lb 干空气}}$$

(g) 式(18-12)假定焓数据指空气为气体,而水为液体。取 $T_0=32$ ℉和 $\Delta H_0^{vap}=1075$ Btu/lb,式(18-12)给出

$$H=0.254\times(131-32)+1075\times 0.03=57.4\ \text{Btu/lb 干空气}$$

例 18.2

在从固体中蒸发苯的干燥器的某一位置,50 ℉和 1.2atm 的氮气对苯的相对湿度为 35%。确定:

(a) 苯的分压,如果 50 ℉时苯的蒸气压=45.6 托;

(b) 氮-苯混合物的湿度;

(c) 混合物的相对湿度;

(d) 混合物的百分湿度。

解

$$H_R=35\%,p=1.2\ \text{atm}=912\ \text{托}$$

A 为苯,B 为 N_2

$$M_A=78.1, M_B=28, p^s_{苯}=45.6 \text{ 托}$$

(a) 由式(18-8), $p_{苯}=\frac{p^s_{苯} H_R}{100}=\frac{45.6\times35}{100}=16$ 托

(b) 由式(18-5), $H=\frac{78.1}{28}\times\frac{16}{912-16}=0.050\ \frac{\text{lb 苯}}{\text{lb 干氮气}}$

(c) 由式(18-7), $H_s=\frac{78.1}{28}\times\frac{45.6}{912-45.6}=0.147\ \frac{\text{lb 苯}}{\text{lb 干氮气}}$

(d) 由式(18-9), $H_p=100\times\frac{0.050}{0.147}=34\%$

18.2.1 湿球温度

一般说来,直接加热干燥器中湿分蒸发温度的确定是复杂的,而且从干燥器进口到出口此温度是变化的。但是,当干燥器等压、绝热操作时,如果由热气体对流传热提供湿分蒸发的所有能量,并且不需要将湿固体加热到蒸发温度的能量,那么下列简化的传热和传质方程将导出在连续定态条件下操作的干燥器中某特定位置,或间歇操作干燥器中某特定时间点的蒸发温度的表示式。

因为进一步假定被蒸发的湿气是游离液体,在固体表面表现出其全部蒸气压,此蒸发温度称为湿球温度 T_w,因为此温度可用在水银球上覆盖被要蒸发的湿气饱和的吸液芯的温度计测定,如图 18.18(a)所示,测定时让大量部分饱和的气体通过吸液芯。

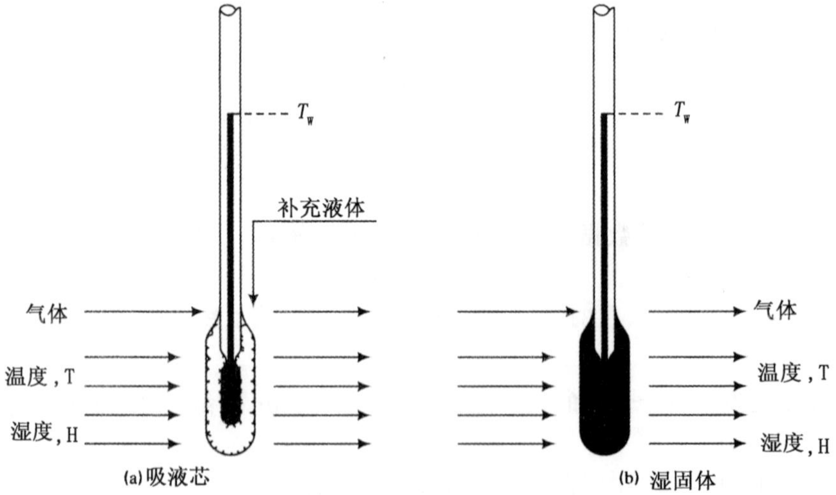

图 18.18 湿球温度

[经允许,从 W. L. McCabe, J. C. Smith, and P. Harriott, *Unit Operations of Chemical Engineering*, 5th ed., McGraw Hill, New York (1993)复制]

参考图 18.18(b),图中用数量增加的湿固体代替吸液芯。假定传热面积=传质面积=A。在定态条件下,由气体到湿固体的对流传热速率由牛顿冷却定律给出:

$$Q=h(T-T_w)A \tag{18-13}$$

由固体的湿表面 A 蒸发的湿分的摩尔传质速率为

$$n_A = \frac{k_y(y_{Aw} - y_A)A}{(1 - y_A)_{LM}} \tag{18-14}$$

对被蒸发并加热到气体温度的湿分的焓衡算结合传热和传质，给出

$$Q = n_A M_A [\Delta H_w^{vap} + (c_{pA})(T - T_w)] \tag{18-15}$$

为获得利用 T 和 H 之间的简化关系式，假定在气相主体中和湿固体-气体界面上气体中湿分的摩尔分数很小。那么，式(18－14)中主体流动的影响变为 $(1 - y_A)_{LM} \to 1.0$。再由式(18－5)用 $y_A P$ 代替 p_A 并求解 y_A，得到

$$y_A = \frac{HM_A}{\dfrac{1}{M_B} + \dfrac{H}{M_A}} \approx \frac{HM_B}{M_A} \tag{18-16}$$

此外，假定式(18－15)中的潜热效应远大于显热效应。那么，

$$\Delta H_w^{vap} + (c_p)_A (T - T_w) \approx \Delta H_w^{vap} \tag{18-17}$$

在作出所有这些假定后，将式(18－13)至式(18－16)相结合，得到

$$T_w = T - \frac{k_y M_B \Delta H_w^{vap}}{h}(H_w - H) \tag{18-18}$$

假定 Chilton－Colburn 的传质和传热类似律适用。那么由式(3－165)和式(3－228)，

$$\frac{k_y M}{G} N_{Sc}^{2/3} = \frac{h}{c_p G} N_{Pr}^{2/3} \tag{18-19}$$

如果 $M \approx M_B$，式(18－19)简化为

$$\frac{k_y M_B}{h} = \frac{1}{(c_p)_B}\left(\frac{1}{N_{Le}}\right)^{2/3} \tag{18-20}$$

式中　N_{Le}——路易斯数 $= N_{Sc}/N_{Pr}$。　(18－21)

路易斯数的倒数有时被称为 Luikov 数 N_{Lu}。将式(18－20)代入式(18－18)给出

$$T_w = T - \frac{\Delta H_w^{vap}}{c_p}\left(\frac{1}{N_{Le}}\right)^{2/3}(H_w - H) \tag{18-22}$$

在定义湿球温度的式(18－18)或式(18－22)中，重要的是注意 H_w 是指温度 T_w 时的饱和湿度。

巧合的是，对空气-水蒸气系统在 25℃时 $(N_{Le})^{2/3}$ 接近 1.0(实际上为 0.901)。如取自 Keey 的专著[7]的表 18.5 所列，对空气-有机蒸气系统 $(N_{Le})^{2/3}$ 比 1.0 大得多①。如将在下一节中说明的，$(N_{Le})^{2/3}$ 的数值对直接加热干燥器中湿分蒸发温度随位置或时间的变化有重要影响。

表 18.5　25℃时液体蒸发进入空气的路易斯数

液体	N_{Le}	$(N_{Le})^{2/3}$＝湿度比	液体	N_{Le}	$(N_{Le})^{2/3}$＝湿度比
苯	2.44	1.812	间二甲苯	3.18	2.165
四氯化碳	2.67	1.923	甲醇	1.37	1.233
氯仿	3.08	2.114	丙醇	1.85	1.506
乙酸乙酯	2.58	1.880	甲苯	2.64	1.908
四氯乙烯	3.05	2.101	水	0.855	0.901

① 原文误为比 1.0 小得多——译者注。

18.2.2 绝热饱和温度

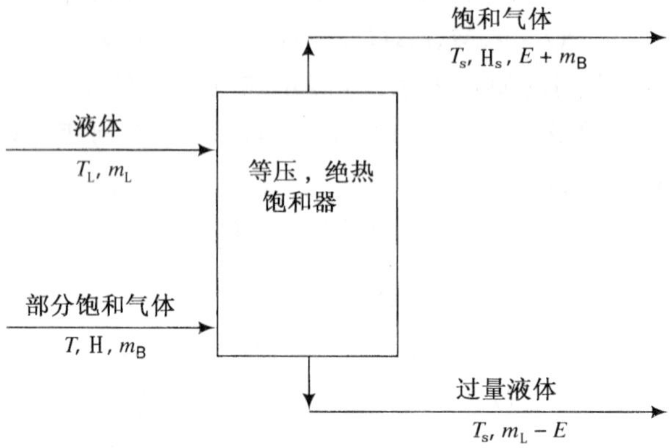

图 18.19 气体被液体绝热饱和

为了确定干燥过程中湿固体的湿球温度随干燥器中的位置或时间的可能变化，必须考虑因为向湿固体的传热和来自湿固体的湿分的传质导致的气体冷却产生的气体温度和湿度的变化。气体温度和湿度间的一种简化关系式可通过考虑气体被作为纯液体的过量湿分绝热饱和导出。参考图 18.19 中的系统，温度为 T，湿度为 H，而质量流量为 m_B 的部分饱和气体，与温度为 T_L，质量流量为 m_L 的液体一起进入等压、绝热室，在该室中部分液体(E/m_L)汽化使气体饱和。气体和过量液体在温度 T_s 下离开该室时处于平衡。利用式(18－12)对气相进行焓衡算，但参考温度采用 $T_0=T_s$(为简化此衡算)，得出

$$\begin{aligned}&m_L(c_{p_A})_L(T_L-T_s)+m_B[c_{s_{in}}(T-T_s)+\Delta H_s^{vap}H]\\&=m_B[c_{s_{out}}(T_s-T_s)+\Delta H_s^{vap}H_s]+(m_L-E)(c_{p_A})_L(T_s-T_s)\end{aligned} \tag{18-23}$$

假定将液体由 T_L 加热到 T_s 所需的显热可忽略。那么，式(18－23)简化为计算绝热饱和温度的方程：

$$T_s=T-\frac{\Delta H_s^{vap}}{(c_s)_{in}}(H_s-H) \tag{18-24}$$

如果忽略液体的显热，式(18－24)也可用于分别确定居于 T 和 T_s 之间的温度及居于 H 和 H_s 之间的湿度。如果将式(18－24)与式(18－18)进行比较，可以发现如果 h/k_yM_B 等于 $(c_s)_{in}$，则湿球温度与绝热饱和温度相等。对空气-水系统，如 Lewis[8]所证明的，并参考路易斯关系式，几乎正好属于这种情况，有

$$\frac{h}{k_yM_B}\approx 0.216\ \text{Btu/(lb}\cdot{}^\circ\text{F)}$$

与之相比，$c_s\approx 0.24$ Btu/(lb・℉)。但是，通常向湿固体的少量辐射传热将补充对流传热。如果用(h_c+h_r)代替湿度比中的 h，那么校正后的湿度比与低湿度时的湿比热容几乎一致。因此，对空气-水系统，湿球温度可视为与绝热饱和温度相等，而在湿度图上只用一族曲线表示这两个温度。由式(18－24)可见，这些线的斜率的负值为 $\Delta H_s^{vap}/(c_s)_{in}$。下面的例题说明如何用图 18.17 确定气体(干球)温度、湿球温度和湿度间的关系。此例题还将说明式(18－24)的应用。

例 18.3

对例 18.1 的条件，利用(a)湿度图和(b)式(18－24)，试确定湿球温度，假定它等于绝热饱和温度。

解

(a) 在图 18.17 中，标绘点 $T=T_d=131$ ℉和 $H=0.03$ lbH$_2$O/lb 干空气。该点恰好位于 95 ℉的绝热饱和温度线上方，约为 96.5 ℉。

(b) 因为 ΔH_s^{vap} 和 H_s 未知，要由式(18－24)确定 $T_w=T_s$，涉及迭代计算。

假定

$$T_s=95\ ℉$$

由蒸汽表得 $\Delta H_s^{vap}=1\,039.8\ \text{Btu/lb}$

由例 18.1 得 $(c_s)_{in}=0.254\ \text{Btu/lb}$

$$p_A^s=42.2\ \text{托}=\text{水的蒸气压}$$

由式(18－7)，

$$H_s=\frac{18.02}{28.97}\times\left(\frac{42.2}{760-42.2}\right)=0.036\,6\ \frac{\text{lbH}_2\text{O}}{\text{lb 干空气}}$$

由式(18－24)，

$$T_s=131-\frac{1\,039.8}{0.254}\times(0.036\,6-0.03)=104\ ℉$$

假定

$$T_s=97\ ℉$$

$$\Delta H_s^{vap}=1\,038.7\ \text{Btu/lb}$$

$$p_A^s=45\ \text{托}$$

$$H_s=\frac{18.02}{28.97}\times\left(\frac{45}{760-45}\right)=0.039\,1\ \frac{\text{lbH}_2\text{O}}{\text{lb 干空气}}$$

$$T_s=131-\frac{1\,038.7}{0.254}\times(0.039\,1-0.03)=94\ ℉$$

由此可见，迭代计算是非常敏感的。通过内插，T_s与由图 18.17 读得的数值 96.5 ℉几乎一致。

对空气-水之外的系统，路易斯关系式不适用，通常可通过将湿度比定义为 $h/(k_y c_s M_B)$指出这一事实。利用 Chilton－Colburn 类似律，对几个系统该比值的计算值被包括在表 18.5 中。将式(18－18)定义的湿球温度和式(18－24)定义的绝热饱和温度进行比较，可注意到因为对表 18.5 中的所有空气-有机蒸气系统湿度比的倒数小于 1，这些系统绝热饱和线的斜率将小于湿度线。这种情况的一个例子是图 18.20 所示的 1atm 下空气-甲苯系统的湿度图。该图的应用由下例说明。

例 18.4

1atm 下用空气干燥被甲苯润湿的固体。在某一位置空气温度为 140 ℉，相对湿度为 10%。试确定湿度、绝热饱和温度和湿球温度。

解

由图 18.20 可见，在垂直的温度线和百分相对湿度曲线的交点，湿度为 0.062 lb 甲苯/lb 干空气。

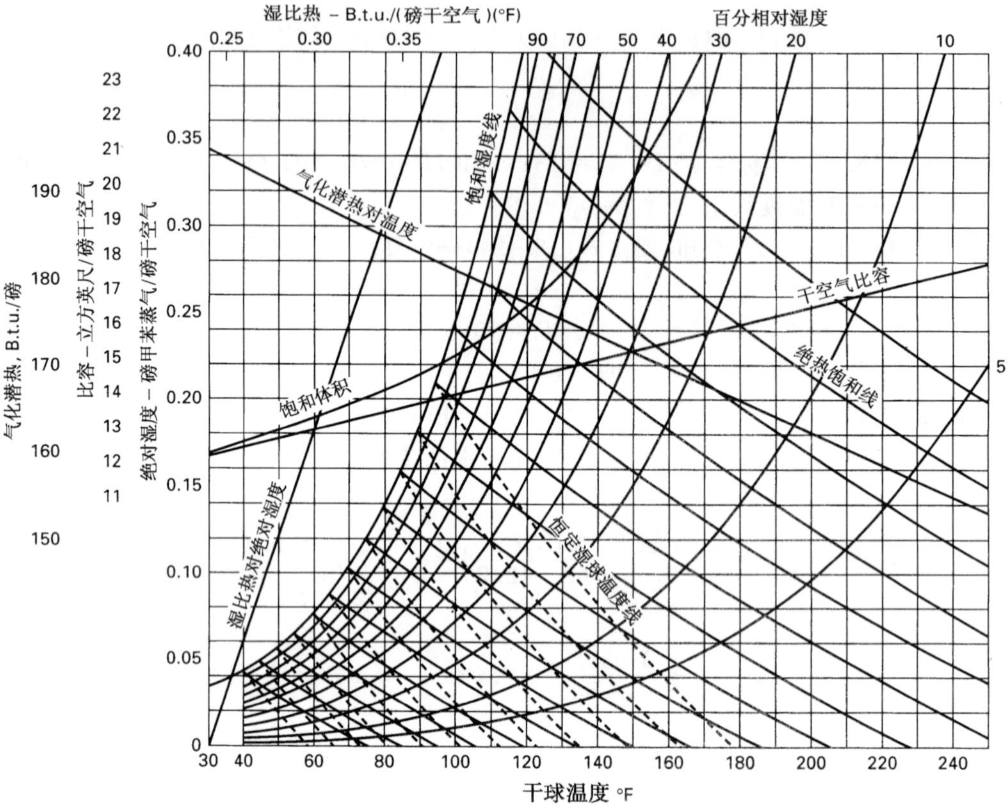

图 18.20　1atm 下空气-甲苯系统的湿度图

[经允许复制自 *Perry's Chemical Engineers' Handbook*, 6th edition, R. H. Perry, D. W. Green, and J. O. Maloney, eds., McGraw-Hill, New York (1984)]

然后由该交点到饱和湿度线内插的绝热饱和线得到 $T_s=83$ ℉。

然后由该交点到饱和湿度线内插的湿球线得到 $T_w=92$ ℉。

于是，湿球温度高于绝热饱和温度。在下一节中将看到，这会造成在干燥被有机湿分润湿的固体的过程中可用的传热推动力降低。

18.2.3　湿分蒸发温度

绝热饱和温度和湿球温度概念的结合可用于在脱除湿固体的表面湿分时，跟踪气体温度和湿分蒸发(固体)温度 T_v 随位置或时间的变化。跟踪能达到的精度取决于这两个概念的假定的有效程度。如果湿分是水，T_v 将为常数并等于气体的 T_w。如果湿分是与表 18.5 中的有机化合物性质相似的有机化合物，T_v 将依旧等于 T_w，但如下所示，将不是常数，此温度将随气体温度的降低而降低。

令 T_0 和 H_0 为用于在一个绝热、直接加热干燥器中干燥湿固体的气体的虚拟进口条件。在干燥器中的任一位置，气体状态由式(18-24)给出为

$$T_0-T_g=\frac{\Delta H_s^{vap}}{(c_s)_0}(H_g-H_0) \tag{18-25}$$

在任何位置假定拟定态传递状况，气体-液体湿分界面状态 T_v和 H_v可用式(18－18)的下列形式关联：

$$T_v - T_g = \frac{k_y M_B \Delta H_s^{vap}}{h}(H_s - H_v) \tag{18-26}$$

对连续干燥器，不论气体和湿固体为逆流还是并流，式(18－26)均适用。可将式(18－25)和式(18－26)结合，得出

$$\frac{T_v - T_g}{T_0 - T_g} = \left(\frac{k_y M_B (c_s)_0}{h}\right)\left(\frac{H_g - H_v}{H_g - H_0}\right) \tag{18-27}$$

式(18－27)右边的系数为湿度比的倒数。对空气-水系统，此比值可假定为 1.0，给出

$$\frac{T_v - T_g}{T_0 - T_g} = \frac{H_g - H_v}{H_g - H_0} \tag{18-28}$$

现假定与初始或进口气体接触的湿固体处于气体的湿球温度 T_w。

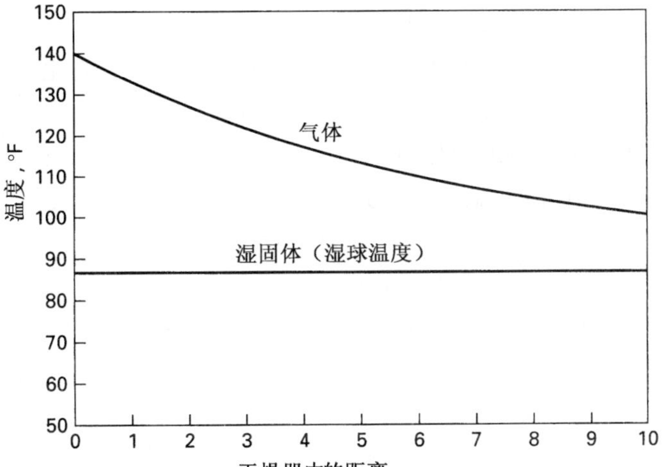

(a) 水为湿分

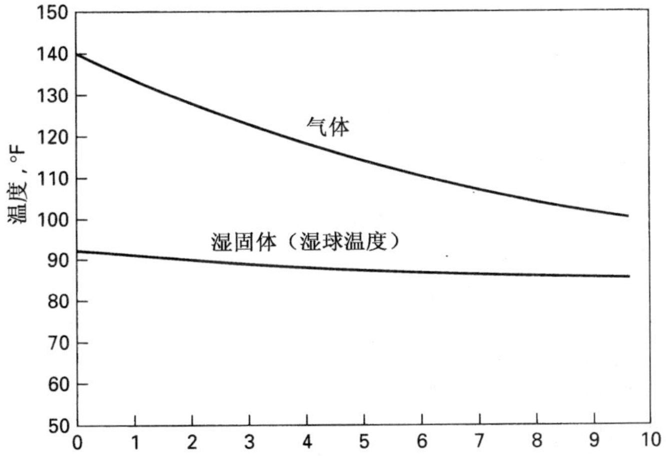

(b) 甲苯为湿分

图 18.21　例 18.5 的干燥器的温度分布

那么，在该位置

$$\frac{T_w - T_g}{T_0 - T_g} = \frac{H_g - H_v}{H_g - H_0} \tag{18-29}$$

但是，因为 T_0 是固定的，不管 T_g 的数值为多少，T_v 的数值必须保持在 T_w。与湿固体移动方向无关的这一结果为下面的例 18.5 的结果和图 18.21 中的空气-水系统和空气-甲苯系统所证实。

在一般情况中，式(18－27)适用。假定湿固体被间歇干燥，或在连续干燥器中与气体成并流，而且其初始温度等于气体的湿球温度。因为湿度比的倒数小于 1.0，如下面的例题所示，现在 T_w 将随 T_g 的降低而降低。

例 18.5

140 ℉和 1atm 的空气以下列相对湿度进入连续、绝热、直接加热干燥器，出口温度为 100 ℉。湿固体以进口气体的湿球温度并流进入干燥器。当 T_g 按下式的指数关系降低时，

$$T_g - T_s = (T_0 - T_s)\exp(-0.137\,7z) \tag{1}$$

试确定并标绘湿分蒸发温度 T_v 作为通过干燥器的距离的函数的变化情况。上式中 z 为通过干燥器的距离，进口温度以℉表示。进口气体的相对湿度为：

(a) 进口气体中水的相对湿度 H_R 为 12.5%；

(b) 进口气体中甲苯的相对湿度 H_R 为 10%。

解

$$T_0 = 140\ ℉, H_R = 12.5\%$$

(a) 由图 18.17 知 $H_0 = 0.015$ lbH_2O/lb 干空气。$T_w = 86.5\ ℉ = T_s$。当气体冷却时，其湿度将沿绝热饱和线变化。

利用式(1)和图 18.17，

z/ft	T_g/℉	$H_g / \frac{\text{lb}H_2O}{\text{lb 干空气}}$
0	140.0	0.015
2	127.1	0.018
4	117.3	0.020
6	109.9	0.022
8	104.3	0.023 5
10	100.0	0.024 5

仅对下列条件式(18－28)被满足

$$T_v = T_w = 86.5\ ℉$$

$$H_v = H_w = 0.027\,5\ \text{lb}H_2O/\text{lb 干空气}$$

例如，取 $T_g = 109.9$ ℉，$H_g = 0.022$ lbH_2O/lb 干空气。利用式(18－28)，取 T_v 值为 80 ℉和 90 ℉，计算温度和湿度比：

T_v/℉	$H_v / \frac{\text{lb}H_2O}{\text{lb 干空气}}$	$\frac{T_v - T_g}{T_0 - T_g}$	$\frac{H_g - H_v}{H_g - H_0}$
86.5	0.027 5	−0.777	−0.786

80.0	0.022 3	−0.993	−0.043
90.0	0.031 0	−0.661	−1.300

(b) 由图 18.20 知，对 $T_0=140$ ℉，$H_R=10\%$，$H_0=0.062$ lb 甲苯/lb 干空气

进口空气的 $T_w=92$ ℉，$T_s=83$ ℉

由表 18.5[①] 得 1/(湿度比)＝1/1.908＝0.524。

由式(18－27)得，$\dfrac{T_v-T_g}{140-T_g}=0.524\left(\dfrac{H_g-H_v}{H_g-0.062}\right)$ (2)

由式(1)得，$T_g=T_v+(140-T_v)\exp(-0.137\,7z)$ (3)

对每个 T_g 值，迭代求解式(2)得 T_v，式(2)中 H_v 为 T_v 时的饱和湿度，可由图 18.20 确定。例如，对 $T_g=115.9$ ℉，沿绝热饱和线确定 $H_v=0.095$，式(2)变成：

$$\frac{T_v-115.9}{140-115.9}=0.524\left(\frac{0.095-H_v}{0.095-0.062}\right)$$

或

$$T_v=115.9+382.7(0.095-H_v) \quad (4)$$

此方程可通过假定 T_v，确定 H_v，再计算 T_v 迭代求解。

假定的 T_v/℉	由图 18.20 得到的 H_v/lb 甲苯/lb 干空气	由式(4)求得的 T_v/℉
90	0.180	83.4
88	0.173	86.0
87	0.165	89.0

内插得到 $T_v=87.5$ ℉。

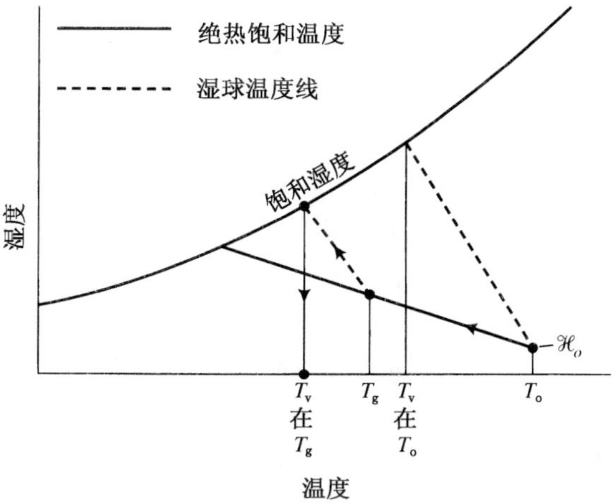

图 18.22　一般蒸气-湿分混合物的绝热干燥途径

此结果也可利用图 18.22 所示的作图法由图 18.20 图解获得，结果基本上一致。对其他 T_g 值的计算得出

① 原文误为表 18.4——译者注。

T_g/°F	T_v/°F
140.0	92.0
126.3	90.0
115.9	87.5
107.9	86.5
100.0	85.5

由式(3)计算得到下列 z 值

T_g/°F	z/ft
140.0	0.0
126.3	2.3
115.9	4.5
107.9	6.7
100.0	9.6

于是,如上所述,图 18.21(b)标绘的湿分蒸发温度随气体温度降低而降低。

18.3 固体的平衡湿含量

如 Faust 等[9]所论述的,湿固体可按其干燥特性分为以下两类:

(1) 湿分存在于颗粒间的孔道内的粒状或结晶固体。这类固体主要为无机物料,例如粉碎后的岩石、沙、催化剂、二氧化钛、硫酸锌和磷酸钠。在干燥过程中,这类固体不受湿分脱除影响,所以干燥条件和干燥速率的选择对干燥产物的最终性质和外观没有重要影响。这类物料可迅速干燥达到很低的湿含量。

(2) 湿分溶解或捕集在纤维或非常细的孔道内的纤维状、无定形或胶体状物料。这类物料主要为有机固体,包括树木、植物、蔬菜和动物物料,例如木材、皮革、肥皂、鸡蛋、胶水、谷物、淀粉、棉花和羊毛。湿分脱除将对这些物料产生重大影响,在干燥后它们往往会收缩,而在润湿后则会膨胀。对这类物料,后一阶段的干燥可能是缓慢的。如果表面干燥速率太快,湿分和温度的梯度可能导致龟裂、翘曲、表面硬化和/或开裂。因此,干燥条件的选择是非常重要的。只有在采用低湿度的气体时,干燥才能达到低湿含量。

在直接加热干燥过程中,尤其对第二类固体,能从固体中脱除的湿分的程度是有限的,这是因为受到取决于包括温度、压力和气体湿度等几个因素的平衡湿含量的限制。即使干燥条件产生了完全干燥的固体,当固体随后暴露在具有不同的湿度条件的空气中时仍可能导致吸收湿分。

为描述和应用平衡湿含量,人们已定义了许多术语。借助虚拟的平衡等温线,这些术语被表示在图 18.23 中。湿含量 X 表示每 100 质量单位的完全干燥固体中湿分的质量数。这是最常用的表示固体湿含量的方法,相当于以干固体为基准的质量百分数湿含量。这类似于湿度的表示方法，在干燥计算中最便于应用，因为在干燥过程中完全干燥的固体和完全干燥的气体的数量保持不变，而湿分由固体传递到气体。以湿固体为基准的质量百分数湿含量 W 不太常用。这两种湿含量可用下列两式关联

$$X=\frac{100W}{100-W} \tag{18-30}$$

或

$$W=\frac{100X}{100+X} \tag{18-31}$$

以体积为基准的湿含量很少使用，因为第二类湿固体的体积在干燥过程中会收缩。还有，湿含量几乎从不以摩尔基准表示，因为干固体的相对分子质量可能是未知的。

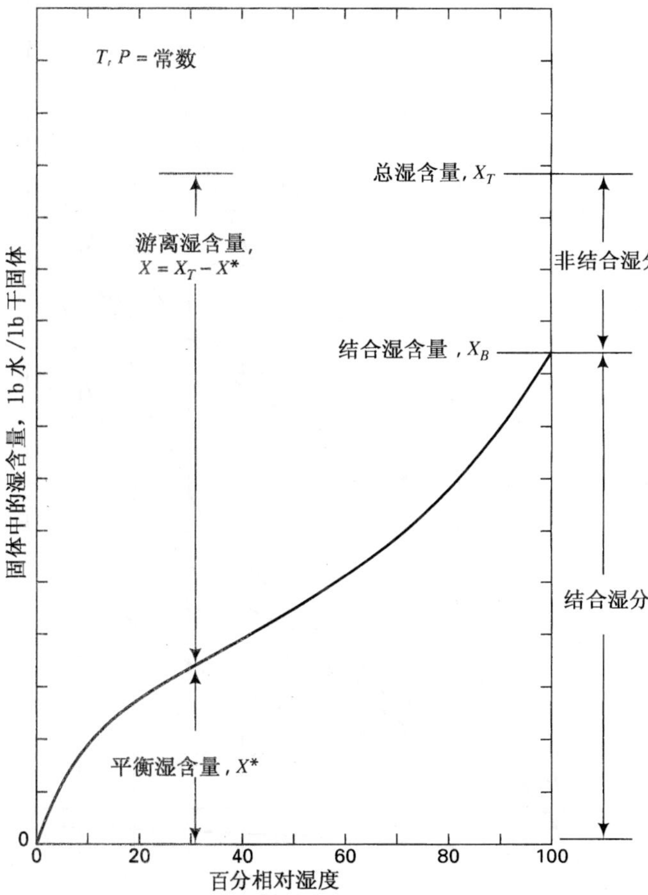

图 18.23　典型的平衡湿含量等温线

在图 18.23 中，对给定的温度和压力，用相对湿度 H_R 对典型的第二类固体标绘平衡湿含量 X^* 1，相对湿度的极限为 100%。在某些情况下，采用以饱和湿度 H_s1 为极限的湿度 H。在 H_R=100%时，平衡湿含量被称为结合水 X_B。如果湿固体的总湿含量 X_T 大于 X_B，超过部分 X_T-X_B 称为非结合水。在小于 100%的中等相对湿度时，X_T 超过平衡湿含量的部分，即 X_T-X^* 称为游离湿含量。

在饱和气体中，在干燥过程中只有非结合水能被脱除。对部分饱和的气体，只有游离水

能被脱除。但如果 $H_R=0$，只要提供足够的时间，可将全部固体干燥到完全干燥状态。可能含有结合水的固体物料为吸湿固体。结合水表现出的蒸气压小于正常的蒸气压。毛细管物料，例如木材中的结合水含量常称为纤维饱和点。

几种第二类物料在 25℃和 1atm 下的平衡湿含量等温线如图 18.24 所示。在 H_R值低，如小于 10％时，水分作为单分子吸附层结合在固体表面上。这种结合水分也可能存在于第一类固体上。在中等 H_R 值，如 20％～60％时，在单层上可能继续积累为多分子层。在高 H_R值，如大于 60％时，水分可能储存于微孔（例如，半径<1μm）中，根据 Kelvin 方程式（15－14）这可能导致蒸气压降低。在毛细管物料，如树木和植物中，部分水分渗透性地储存于被细胞壁的半渗透膜包围的纤维中。

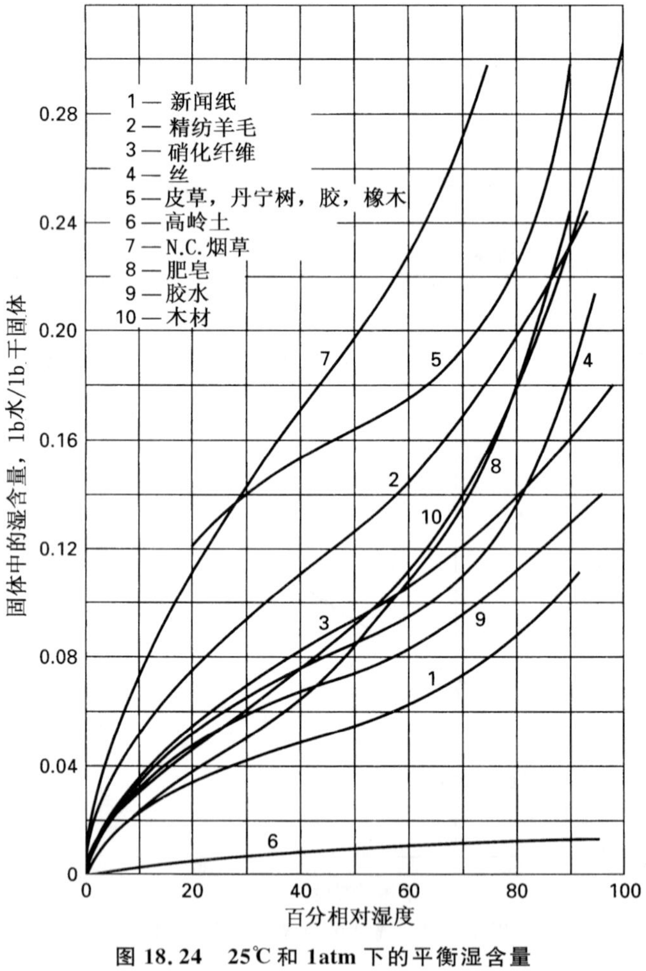

图 18.24　25℃和 1atm 下的平衡湿含量

温度对平衡湿含量具有重要影响，一个实例如图 18.25 中 96 ℉～302 ℉温度范围内的棉花所示。在 H_R为 20％时，平衡湿含量由 0.037 lbH_2O/lb 干棉花减少为 0.012 lbH_2O/lb 干棉花。如图 18.26 的亚硫酸盐纸浆的实验结果所示，平衡湿含量等温线的实验测定因明显的滞后作用而变得复杂。吸附和脱附曲线分别通过润湿固体和干燥固体获得。干燥实验中测定的平衡湿含量总是略高，尤其在百分相对湿度为 30％～80％。根据 Luikov[10]的意见，滞后作用可能由于下列原因之一：(1)没有达到真正的平衡；(2)毛细管中蒸发和冷凝的不可逆性。对后一种原因，可能的解释如图 18.26 所示，水分存在于有颈缩的毛细管中。对干燥(脱附)过程，毛细管中的水分含量高于润湿(吸附)过程。于是，对给定的相对湿度，干燥过程测定的平衡湿含量将低于润湿过程。

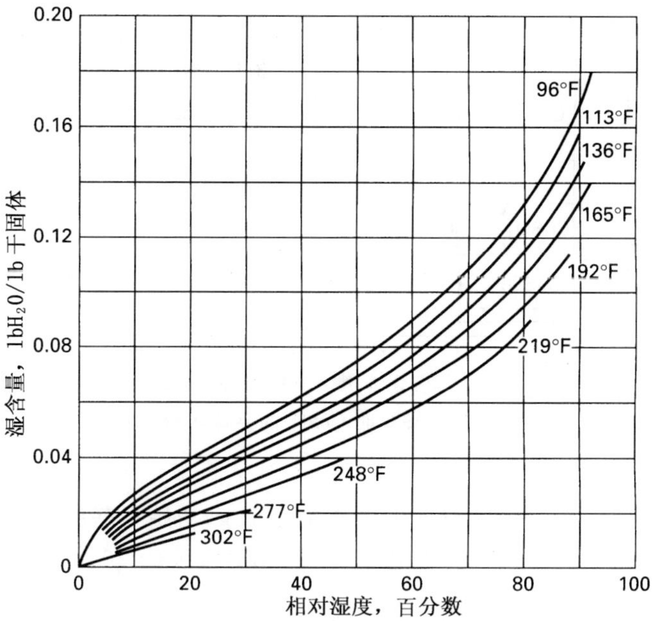

图 18.25 1atm 下温度对原棉平衡湿含量的影响

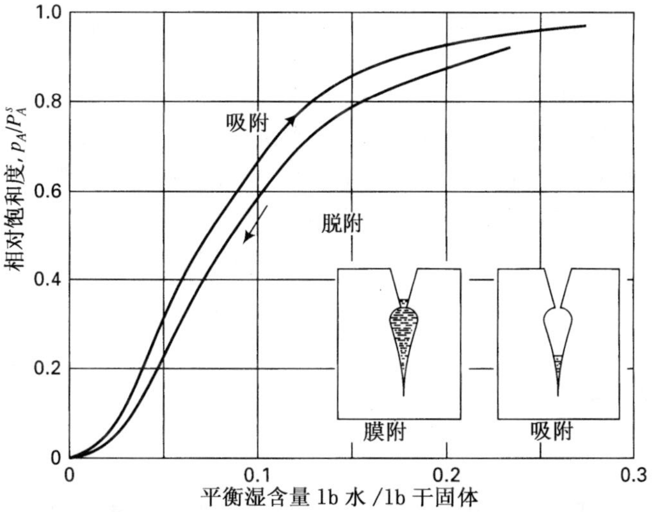

图 18.26 滞后作用对亚硫酸盐纸浆平衡湿含量的影响

结合水分可定义为由化学方式保持的水分，如无机晶体中的水合水。这是一个结合水溶解于固体中的例子。这种水分的蒸气压将大大低于真实的蒸气压。对形成一种或多种水合物的无机盐，产物的水合形态不仅取决于温度，而且取决于与固体接触的气体的相对湿度。后者对 $CuSO_4$ 结晶的影响，利用水的分压表示在图 18.27 中。在 25℃时，稳定的水合物

是 $CuSO_4 \cdot 5H_2O$。但是，如果水的分压在 5.6 到 7.8 托之间，倾向于形成三水合物。从 5.6 到 0.8 托，优先生成一水合物。而在 0.8 托以下，$CuSO_4$ 晶体是完全不含水的。

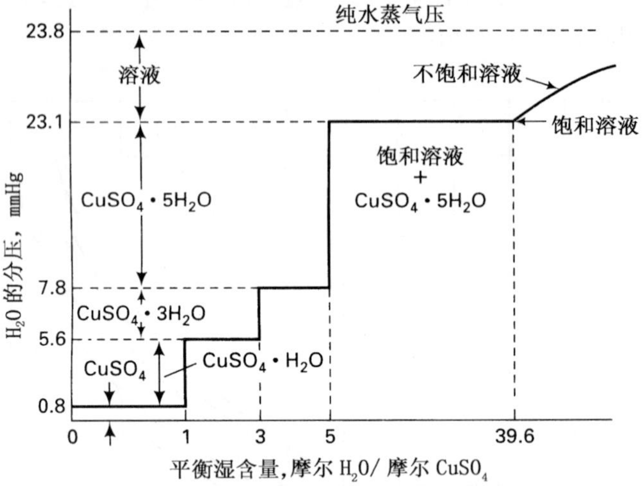

图 18.27　25℃ 时 $CuSO_4$ 的平衡水分含量

例 18.6

在 1atm 的洞道式干燥器中用空气干燥质量为 1kg，初始干基湿含量为 20.2%（质量）的块状硼酸洗衣皂。在极限状态下，洗衣皂与 25℃、相对湿度为 20% 的空气达到平衡，确定每块洗衣皂蒸发的水分。

解

可重排式(18-30)求得洗衣皂的湿基湿含量：

$$W=\frac{100X}{100+X}=\frac{100\times 20.2}{100+20.2}=16.8\%\text{（质量）}$$

初始水分质量 $=0.168\times 1.0=0.168$ kg H_2O

初始干洗衣皂质量 $=1-0.168=0.832$ kg 干洗衣皂

由图 18.24 可知，对洗衣皂，$H_R=0.20$ 时，$X^*=0.037$

最终水分质量 $=0.037\times 0.832=0.031$ kg

蒸发的水分 $=0.168-0.031=0.137$ kg H_2O / kg 洗衣皂块

18.4　干燥阶段

不论哪一类固体在干燥过程中，平均湿含量 X 作为时间 t 的函数而减少，对直接加热干燥器中固定的气体状态，Sherwood[11, 12]的实验观察显示如图 18.28 所示的 X 与 t 的一般关系，只要暴露的固体表面最初被可观察到的水分覆盖。如果将此曲线对时间进行微分，再乘以干固体质量和湿固体与气体接触界面积的比值，就可进行干燥速率通量 R 的标绘，

$$R=\frac{\mathrm{d}m_{\mathrm{v}}}{A\mathrm{d}t}=-\frac{m_{\mathrm{s}}}{A}\frac{\mathrm{d}X}{\mathrm{d}t} \tag{18-32}$$

式中　m_v——蒸发水分的质量；

　　　m_s——完全干燥固体的质量。

R 作为湿含量的函数，如图 18.28(b)所示。在上述两种标绘中，最终平衡湿含量为 X^*。虽然两种标绘都显示了四个干燥阶段，但在干燥速率标绘中，这些阶段的区别更加明显。对某些湿物料和/或某些热气体状态，可能观察到的干燥阶段少于四个。在由 A 到 B 的阶段中，湿固体被预热到暴露表面的温度等于气体的湿球温度。随着表面温度的升高，部分水分以不断增加的速率在此预热阶段中被蒸发。

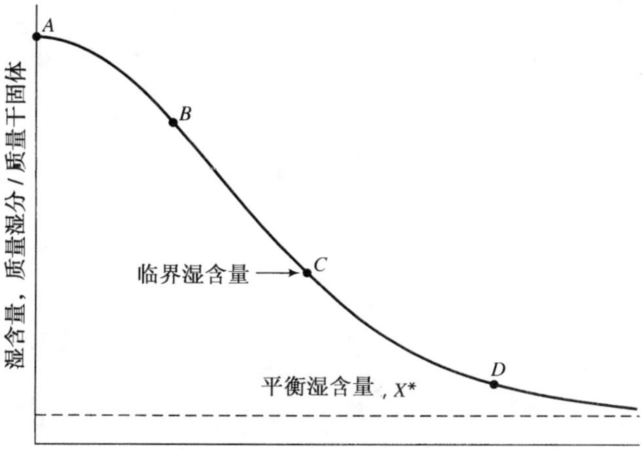

(a)湿含量

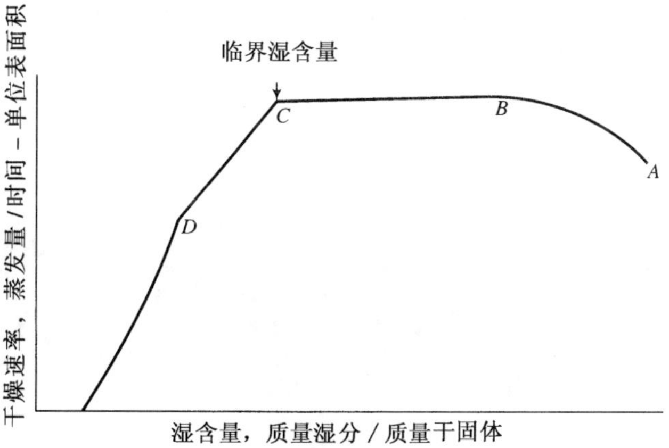

(b)干燥速率

图 18.28　恒定干燥条件的干燥曲线

在预热阶段结束时，如果湿固体具有第一类物料的颗粒特征，横截面具有图 18.29(a)的外观，暴露表面依旧被水分薄膜覆盖。第二类湿固体的暴露表面则被游离水分覆盖。在由 B 到 C 的阶段中，干燥速率变为常数，只要游离水分依旧覆盖暴露表面，此阶段将一直延续。

表面水分可能是覆盖表面的原始水分的一部分，也可能是对第一类湿固体由毛细作用带到表面的水分，或对第二类湿固体由液相扩散输送到表面的水分。不论是哪种情况，干燥速率均由湿固体的暴露表面和气相主体间的外部传质和传热控制。由湿固体内部到暴露表面的水分迁移不是速率控制因素。这一阶段称为恒速干燥阶段。该阶段终止于称为临界湿

含量的点 C。当在搅拌条件下干燥第一类湿固体时，例如在直接加热的回转干燥器、流化床干燥器、快速干燥器，或搅拌间歇干燥器中，这使所有颗粒表面与气体直接接触，恒速干燥阶段可一直延续到湿含量达 X^*。

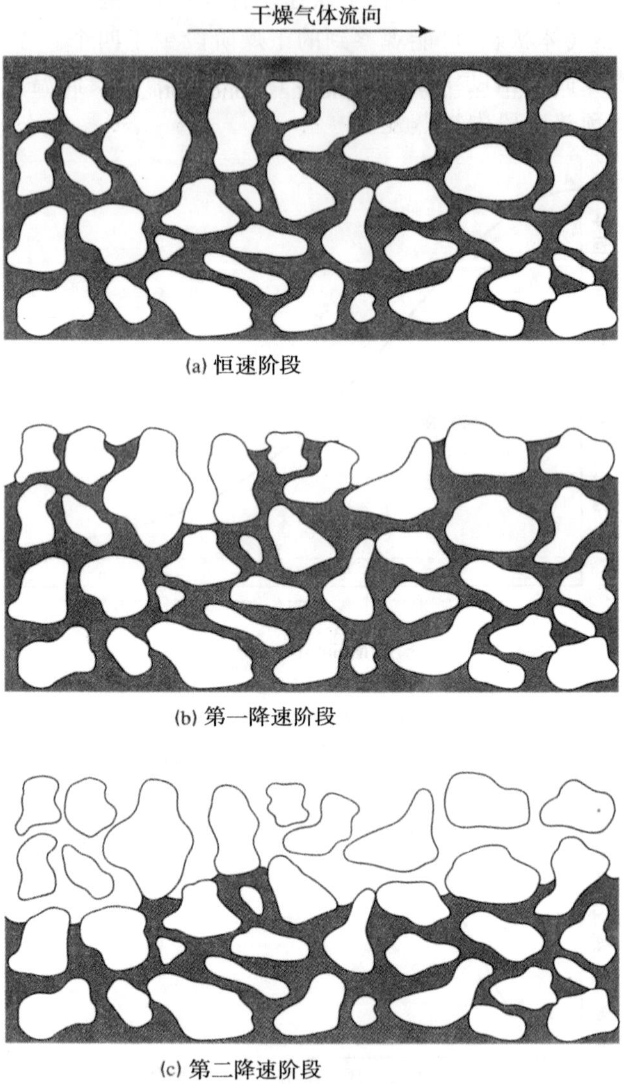

图 18.29　颗粒固体的干燥阶段

在由 C 到 D 的阶段开始时，水分恰好能覆盖暴露表面。从这时开始直到到达 D 点，如图 18.29(b)所示，表面趋向干燥状态，因为通过扩散或毛细作用将液体输送到暴露表面的速率已不够快。在这一阶段中，如果热传导足够快，暴露表面的温度保持在湿球温度，但用于传质的暴露表面将减小。因此，干燥速率随平均湿含量减小线性减小。这一阶段称为第一降速干燥阶段。对第二类湿固体，这一阶段并非总能观察到。

在由 C 到 D 的阶段中，第一类湿固体孔内的液体开始由暴露表面退缩。在由 D 到 E 的最后阶段中，如图 18.29(c)所示，蒸发发生在孔内的液体表面上，该处的温度为湿球温度。但是，在这一阶段中固体的暴露表面的温度升高趋近气体的干球温度。在这一称为第二降速干燥阶段的阶段中，对第一类湿固体干燥速率可能由蒸气扩散控制，而对第二类湿固体干燥速率可能由液体扩散控制。干燥速率随湿含量减少以指数函数减小。

18.4.1　恒速干燥阶段

在直接加热设备中，干燥包括从气体到湿固体表面再到内部的热量传递和水分从湿固体内部到表面再到气体的质量传递。在恒速干燥阶段，干燥速率由边界层或与固体的外部润湿表面接触的气相薄膜的阻力决定。假定湿固体的温度均匀，所以对流传热阻力也只存在于气相中。那么，根据下述传统的但简化的传递关系式，忽略热辐射、主体流动对传质的影响和蒸发的湿分的显热的影响，湿分的蒸发速率以对流传热或传质为基础：

$$\frac{dm_v}{dt}=\frac{h(T_g-T_i)}{\Delta H_i^{vap}}=M_A k_y(y_i-y_g)A \tag{18-33}$$

式中下标 i 表示在固体表面上的气体。

如上一节所讨论的，在这些条件下表面处于湿球温度 T_w。虽然，干燥速率计算可以传质为基础运用式(18－33)，但当气体为空气，而湿分为水时，更常见的是应用式(18－33)的传热关系式，因为对此系统可获得湿度图、湿球温度和绝热饱和温度的计算式，而且对流传热速率的关联式比传质关联式更容易获得，即使通常可利用传递过程的类似率由一个导出另一个。将式(18－32)与式(18－33)相结合，恒速干燥阶段的干燥速率通量 R_C 变为

$$R_C=\frac{h(T_g-T_w)}{\Delta H_w^{vap}} \tag{18-34}$$

而将式(18－16)、式(18－32)与式(18－33)相结合，可得到较少应用的相应的传质形式：

$$R_C=M_B k_y(H_w-H_d) \tag{18-35}$$

式中下标 d 和 w 分别表示气体的干球和湿球状态。

对某些干燥器，优先考虑采用由下式定义的体积传热系数(ha)

$$\frac{dm_v}{dt}=\frac{(ha)(T_g-T_i)V}{\Delta H_w^{vap}} \tag{18-36}$$

式中　a——单位体积干燥器中湿固体的外表面积；

　　V——干燥器体积。

那么，在恒速干燥阶段单位体积干燥器的干燥速率为

$$(R_C)_V=\frac{(ha)(T_d-T_w)}{\Delta H_w^{vap}} \tag{18-37}$$

在第 3 章中对几种几何形状讨论了估计相间传热系数的方程。Mujumbar[1]的专著汇总了对干燥计算特别有用的经验方程。当气体为空气时，某些有代表性的方程列于表 18.6 中。表中，在式(1)中 G 为流道内通过湿固体表面空气的质量速度。在式(2)中 G 为空气撞击在湿固体表面的质量速度。在式(3)到式(8)中，d_p 为颗粒直径，G 为表观质量速度。

Marshall 和 Hougen[13]证明了湿固体的暴露表面积在干燥操作中的值得注意的影响，并在下面两个处理间歇干燥的例题中作了说明。在例 18.7 中，错流式循环间歇盘式干燥被用于干燥滤饼厚片。在例 18.8 中，先挤出滤饼中的水分，然后采用通过式循环干燥。二者在恒速干燥阶段的干燥时间的差别十分明显。

表 18.6　用于干燥器的相间传热系数的经验方程

(h 的单位为 $W/(m^2 \cdot K)$,G 单位为 $kg/(h \cdot m^2)$, d_p单位为 m)

几何形状	方程	
平板,平行流	$h=0.0204G^{0.8}$ ($T_d=45\sim150℃$,$G=2450\sim29300$)	(1)
平板,垂直撞击流	$h=1.17G^{0.37}$($G=2450\sim29300$)	(2)
填充床,通过式循环	$h=0.151G^{0.59}/d_p^{0.41}$($N_{Re}>350$)	(3)
	$h=0.214G^{0.49}/d_p^{0.51}$($N_{Re}<350$)	(4)
流化床	$N_{Nu}=0.0133N_{Re}^{1.6}$ ($0<N_{Re}<80$)	(5)
气流输送	$N_{Nu}=0.316N_{Re}^{0.8}$ ($8<N_{Re}<500$)	(6)
喷雾干燥中的液滴	$N_{Nu}=2+1.05N_{Re}^{0.5}N_{Pr}^{1/3}N_{Gu}^{0.175}$ ($N_{Re}<1000$)	(7)
喷动床	$N_{Nu}=0.0005N_{Re_s}^{1.46}(u/u_s)^{1/3}$	(8)

$N_{Re}=d_pG/\mu$

$N_{Nu}=hd_p/k$

$N_{Pr}=c_p\mu/k$

$N_{Re_s}=d_pG_s/\mu$

G_s ——初始喷动的质量速度

u ——速度

u_s ——初始喷动速度

N_{Gu}——以绝对温度计算的$(T_d-T_w)/T_d$

d_p ——颗粒尺寸①

c_p ——气体比热容

μ ——气体黏度

k ——气体导热系数

例 18.7

放在盘内的碳酸钙滤饼将采用错流式循环从顶部表面干燥。每个盘的高度为 2.5 cm,面积为 1.5 m²,装满 73 kg 干基湿含量为 30%的滤饼。加热介质为 1 atm 和 170 ℉的空气,其湿度为 10%。空气通过湿固体的平均速度为 4 m/s。如果预热阶段可以忽略,试估算达到实验确定的干基临界湿含量(恒速阶段的终点)10%所需的时间(小时)。

解

湿滤饼中的 $H_2O=\left(\frac{30}{130}\right)\times73=16.8$ kg

达到干基临界湿含量 X_c时滤饼中的 $H_2O=0.10\times(73-16.8)=5.6$ kg

m_v=蒸发的 $H_2O=16.8-5.6$②$=11.2$ kg

对恒速干燥阶段,式(18-33)的传热形式适用,积分给出

$$t_c=\frac{m_v\Delta H_w^{vap}}{h(T_d-T_w)A} \tag{1}$$

式中 t_c为达到临界湿含量的时间。

① 原文误为颗粒位置——译者注。

② 原文误为 45.6——译者注。

由湿度图 18.17 得,

$$T_w = 100\ ^\circ\text{F}\ 和\ H = 0.026\ \frac{\text{lbH}_2\text{O}}{\text{lb}\ 干空气}$$

$$T_d = 170\ ^\circ\text{F} = 76.7^\circ\text{C}$$

$$T_d - T_w = 170 - 100 = 70\ ^\circ\text{F} = 38.9^\circ\text{C}$$

在 $T_w = 100\ ^\circ\text{F}$ 时,$\Delta H_w^{vap} = 1\ 037.2\ \text{Btu/lb} = 2\ 413\ \text{kJ/kg}$

$$G = u_{avg}\rho$$

由式(18-10)和表 18.4 得,

$$v_H = 0.730 \times (170 + 460) \times \left(\frac{1}{28.97} + \frac{0.026}{18.02}\right) = 16.5\text{ft}^3/\text{lb}\ 干空气$$

或

$$16.5/(1+0.026) = 16.1\ \text{ft}^3/\text{lb}\ 湿空气 = 1.004\text{m}^3/\text{kg}\ 湿空气 = 1/\rho$$

$$G = 4/1.004 = 3.98\ \text{kg}/(\text{m}^2 \cdot \text{s}) = 14\ 300\ \text{kg}/(\text{m}^2 \cdot \text{h})$$

$$A = 1.5\ \text{m}^2$$

由表 18.6 知,对允许范围内的 T_d 和 G,式(1)适用于湍流。

$$h = 0.020\ 4 \times 14\ 300^{0.8} = 43\ \text{W}/(\text{m}^2 \cdot \text{K}) = 43\ \text{J}/(\text{s} \cdot \text{m}^2 \cdot \text{K})$$

利用 SI 制单位,由式(1)得

$$t_c = \frac{11.2 \times 2\ 413 \times 1\ 000}{43 \times 38.9 \times 1.5} = 10\ 800\ \text{s} = 2.99\ \text{h}$$

例 18.8

例 18.7 中的滤饼被挤压成直径为 1/4 in.,长度为 1/2 in. 的圆柱形,构成横截面积为 1.5 m^2,高度为 5 cm 的床层,床层的外部空隙率为 50%。温度为 170 ℉、相对湿度为 10% 的空气以表观速度 2 m/s(平均空隙速度为 4 m/s)通过床层。如果预热阶段可忽略,试估算达到临界湿含量所需的时间(小时),并将此时间与例 18.7 的结果进行比较。

解

与例 18.7 中的盘相比,对相同的横截面积,床层高度为两倍。因此,对 50% 的空隙率,床层中的湿固体数量相同。于是,如同例 18.7,

$$m_{湿滤饼} = 73\text{kg},\ m_v = 11.2\ \text{kg}\ 蒸发的\ \text{H}_2\text{O}$$

还有

$$\Delta H_w^{vap} = 2\ 413\ \text{kJ/kg},\ T_d - T_w = 38.9^\circ\text{C}$$

假定挤出物料的密度等于滤饼密度

$$\rho_{滤饼} = \frac{73}{1.5 \times \frac{2.5}{100}} = 1\ 950\ \text{kg/m}^3$$

$$一块挤出物料的体积 = \pi D^2 L/4 = \frac{3.14 \times 0.25^2 \times 0.5}{4}$$

$$= 0.024\ 5\ \text{in.}^3 = 4.01 \times 10^{-7}\ \text{m}^3$$

$$挤出物料的的数目 = 1.5 \times \frac{2.5}{100} \times 0.5/(4.01 \times 10^{-7}) = 46\ 800$$

$$表面积/挤出物料 = \pi DL + \pi D^2/2$$

$$=3.14\times\left(0.25\times0.50\times\frac{0.25^2}{2}\right)$$

$$=0.49\ \text{in}^2.=0.000\ 316\text{m}^2$$

$$A=46\ 800\times0.000\ 316=14.8\ \text{m}^2$$

于是，传递面积为例 18.7 的 14.8/1.5＝9.9 倍。由表 18.6 可知，根据 N_{Re} 的数值，可用式(3)或式(4)估算 h。根据例 18.7，但采用错流速度的 50％作为表观床层速度，

$$G=3.98/2=1.96\ \text{kg}/(\text{m}^2\cdot\text{s})$$

对 $N_{Re}>350$，式(3)和式(4)参考了 Gamson、Thodos 和 Hougen 的工作[14]，对 $N_{Re}<350$，参考了 Wilke 和 Hougen 的工作[15]。对两个关联式，d_p 取与颗粒具有相同表面积的球的直径。对本例的挤出物料

$$\pi d_p^2=\frac{\pi D^2}{2}+2\pi D^2=2.5\pi D^2$$

求解上式，

$$d_p=D\sqrt{2.5}=0.25\sqrt{2.5}=0.395\ \text{in.}=0.010\ \text{m}$$

$$\mu\approx0.02\ \text{cP}=2\times10^{-5}\ \text{kg}/(\text{m}\cdot\text{s})$$

$$N_{Re}=\frac{d_pG}{\mu}=\frac{0.010\times1.96}{2\times10^{-5}}=980$$

因此，应采用式(3)和

$$h=0.151\times(14\ 300/2)^{0.59}/(0.010)^{0.41}=188\ \text{J}/(\text{s}\cdot\text{m}^2\cdot\text{K})$$

此 h 为例 18.7 的 188/43＝4.4 倍。由上例中的式(1)

$$t_c=\frac{11.2\times2\ 413\times1\ 000}{188\times38.9\times14.8}=250\ \text{s}=4.16\ \text{min}$$

本例和上例说明错流式循环干燥可能要花几小时，而通过式循环干燥可能只需几分钟。

18.4.2 降速干燥阶段

当恒速阶段的干燥速率高和/或内部水分传递到表面的距离长时，最终水分可能不能足够快地传递到表面以维持恒定的干燥速率。那么，将发生进入降速阶段的转变。在例 18.7 和例 18.8 中，由式(18－34)，恒定的干燥速率分别为

$$R_c=\frac{43\times38.9\times3\ 600}{2\ 413\times1\ 000}=2.50\ \text{kg}/(\text{h}\cdot\text{m}^2)$$

和

$$R_c=\frac{188\times38.9\times3\ 600}{2\ 413\times1\ 000}=10.9\ \text{kg}/(\text{h}\cdot\text{m}^2)$$

但是，在例 18.7 中，水分可能必须传递长达 25 mm 的距离才能到达暴露表面，而在例 18.8 中这个距离仅为 3.2 mm。因此，作为一级近似，可以预期这两个例子的临界湿含量可能是不同的。干基 10％的数值是由通过式循环干燥实验获得的。

在干燥过程中，当水分从湿固体内部输送到表面时，在湿固体内部将形成水分分布。如 Hougen、McCauley 和 Marshall[16]所论述的，这种分布的形状取决于水分运动的性质。如果是第一类湿固体，例如用于涂料的颜料、矿物、黏土、土壤和沙，水分既不以溶液形式存在，也不保

持在纤维中，而是作为游离水分存在于粉末或颗粒固体的孔隙内，或者是纺织品、纸张、木材和皮革中纤维饱和点以上的水分，那么水分运动是由毛细作用而发生。对第二类湿固体，内部水分是结合水，如在黏土、淀粉、面粉、纺织品、纸张和木材干燥的最后阶段蒸发的水分，或是溶解水分，如肥皂、胶水、凝胶和糊状物中的水分。这类水分通过液体扩散迁移到表面。水分也可通过重力、外压而迁移，以及当存在温度梯度时通过蒸发-冷凝顺序迁移。此外，在间接加热干燥器中，当加热和汽化发生在相对的表面上时，还可能发生蒸气通过固体的扩散。

典型的毛细管流动水分分布如图 18.30(a)所示。该分布在暴露表面附近是向上凹的，而在相对的表面附近则是向下凹的，在这两段分布曲线之间存在一个拐点。对借助扩散的水分流动，分部如图 18.30(b)所示，整个分布都是向上凸的。如果扩散系数与湿含量无关，则为图中的实线。如果像通常的情况，由于收缩，扩散系数随湿含量减小而减小，则为图中的虚线。

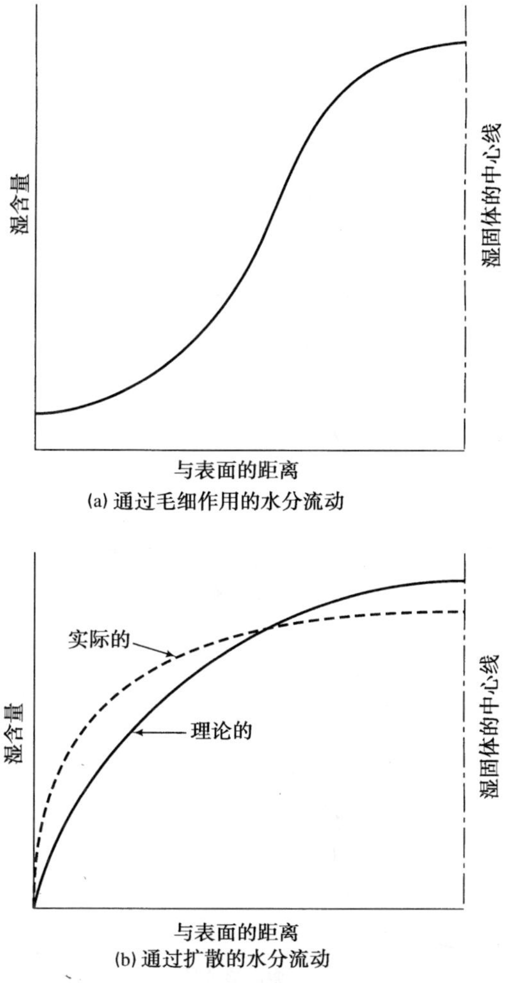

图 18.30　干燥过程中湿固体内的水分分布

[经允许，从 W. L. McCabe, J. C. Smith, and P. Harriott, *Unit Operations of Chemical Engineering*, 5th ed., McGraw Hill, New York (1993)复制]

在降速干燥阶段中，毛细管流动和扩散的理想化理论可用于估算干燥速率。作为选择之一，可采用忽略水分运动机理的纯粹的经验方法，即以对特定干燥条件下作为平均湿含量的函数实验测定的干燥速率为根据进行估算。首先考察经验方法。

经验方法

经验方法忽略预热阶段，通常可用于图 18.31(a)(情形 1)形式的实验数据，但修改后也可用于图 18.31(b)(情形 2)和图 18.31(c)(情形 3)形式的数据。在这些标绘中，横坐标是如图 18.23 所示的特定干燥条件的游离水分含量 $X=X_T-X^*$①。这允许将三种标绘都延伸到原点。但是，对某种给定的应用，可能不能将全部游离水分都脱除。

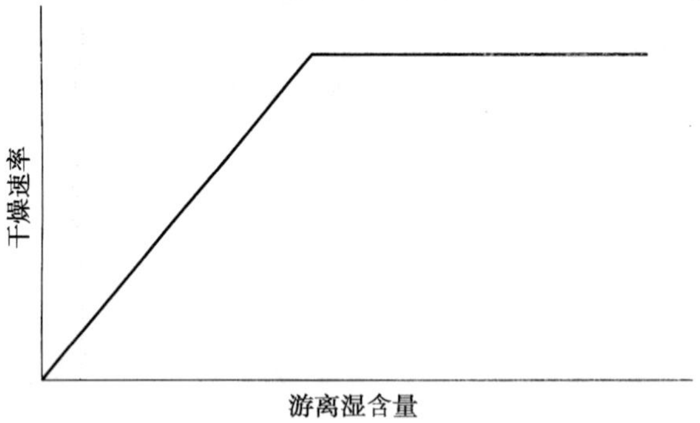

(a) 经验情形 1

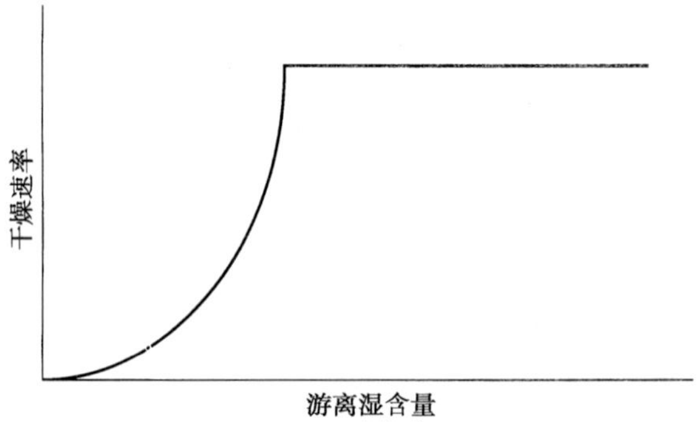

(b) 经验情形 2

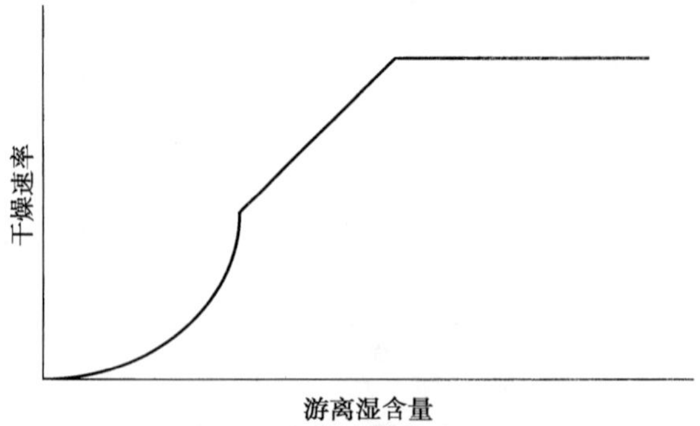

(c) 经验情形 3

图 18.31　干燥速率曲线

---

① 原文误为 $X=X_T-X$——译者注。

由式(18－32)，

$$\int \mathrm{d}t = -\frac{m_s}{A}\int \frac{\mathrm{d}X}{R} \tag{18-38}$$

对恒速阶段，并忽略预热阶段，$R=R_c=$常数。由 $t=0$ 的初始游离水分含量 X_0开始，可通过积分式(18－38)获得达到临界游离水分含量 X_c的时间 $t=t_c$：

$$t_c=\frac{m_s(X_0-X_c)}{AR_c} \tag{18-39}$$

对降速阶段的情况 1[图 18.31(a)]，干燥速率与 X 呈线性关系，其终点为原点，因此

$$R=R_cX/X_c \tag{18-40}$$

将式(18－40)代入式(18－38)，并将 t 由 t_c积分到 $t>0$，将 X 由 X_c积分到 $X>0$，给出下列降速阶段干燥时间 t_f的表示式：

$$t_f=t-t_c=\frac{m_s X_c}{AR_c}\ln\left(\frac{X_c}{X}\right)=\frac{m_s X_c}{AR_c}\ln\left(\frac{R_c}{R}\right) \tag{18-41}$$

总干燥时间 t_T为式(18－39)和式(18－41)之和：

$$t_T=t_c+t_f=\frac{m_s}{AR_c}\left[(X_0-X_c)+X_c\ln\left(\frac{X_c}{X}\right)\right] \tag{18-42}$$

例 18.9

Marshall 和 Hougen[13]发表了在横截面积为 1 ft^2，高度为 1 in. 的床层内采用通过式循环干燥 $\frac{5}{16}$ in. ZnO 挤出料的实验数据，所用空气的 $T_d=158$ ℉和 $T_w=100$ ℉，流量为 340 ft^3/min。数据表明恒速阶段由 $X_0=33\%$到 $X_c=13\%$，而 $R_c=1.42$ $\mathrm{lbH_2O/(h\cdot lb)}$完全干燥固体，然后为近似为图 18.31(a)的情况 1 的降速阶段。计算恒速阶段的干燥时间，及在降速阶段中使游离水分含量 X 降低到 1%的附加时间。

解

在式(18－38)中，干燥速率 R 对应于单位时间、单位湿物料暴露面积蒸发的水分质量。在本例中，干燥速率不是按单位面积给出的，而是按与暴露面积有某种关系的单位质量完全干燥固体给出的。可利用 $R'=RA/m_s$，将式(18－38)和式(18－42)分别重写为

$$\int \mathrm{d}t = -\int \frac{\mathrm{d}X}{R'} \tag{1}$$

和

$$t_T=t_c+t_f=\frac{1}{R'_c}\left[(X_0-X_c)+X_c\ln\left(\frac{X_c}{X}\right)\right] \tag{2}$$

由式(2)，仅对恒速阶段，

$$t_c=\frac{1}{1.42}\times(0.33-0.13)=0.141\ \mathrm{h}=8.45\ \mathrm{min}$$

由式(2)，仅对降速阶段，

$$t_f=\frac{1}{1.42}\times\left[0.13\ln\left(\frac{0.13}{0.01}\right)\right]=0.235\ \mathrm{h}=14.09\ \mathrm{min}$$

忽略预热阶段的总干燥时间为

$$t_T=t_c+t_f=8.45+14.09=22.5\ \mathrm{min}$$

对情况 2[图 18.31(b)]，降速阶段的 R 可用抛物线函数表示。

$$R=aX+bX^2 \tag{18-43}$$

参数 a 和 b 可由式(18-43)拟合实验干燥速率数据获得，并服从约束 $X=X_c$ 时 $R=R_c$。如果将式(18-43)代入式(18-38)，并由 $X=X_c$ 开始，将结果对降速阶段积分到 X 的某个最终值 X_f 和相应的 R_f，求得降速阶段的时间为

$$t_f=t-t_c=\frac{m_s}{aA}\ln\left[\frac{X_c(a+bX_f)}{X_f(a+bX_c)}\right]=\frac{m_s}{aA}\ln\left[\frac{X_c^2R_f}{X_f^2R_c}\right] \tag{18-44}$$

例 18.10

直径为 1/4 in. 的不吸湿的渗碳化合物球形颗粒的通过式循环干燥的实验数据表明从 $X_0=30\%$ 到 $X_c=21\%$ 的恒定干燥速率为 1.9 lbH_2O/(h·lb)干固体，然后由降速干燥达到 $X_f=4\%$，用式(18-43)拟合 X 得到 $a=3.23$ 和 $b=27.7$[二者的单位均为 lbH_2O/(h·lb)干固体]，用单位为 lbH_2O/(h·lb)干固体的 R' 代替 R。计算降速干燥阶段的时间。注意 a 和 b 的值满足 $X_c=0.21$ 时 $R'_c=1.9$ 的约束条件。

解

对给定单位的 R'，式(18-44)变成

$$t_f=\frac{1}{a}\ln\left[\frac{X_c(a+bX_f)}{X_f(a+bX_c)}\right] \tag{1}$$

于是，

$$t_f=\frac{1}{3.23}\ln\left(\frac{0.21}{0.04}\times\frac{3.23+27.7\times0.04}{3.23+27.7\times0.21}\right)=0.286\ \text{h}=17.1\ \text{min}$$

对情况 3[图 18.31(c)]，降速干燥阶段由两个子段构成。在第一子段有线性关系，

$$R=\alpha X+\beta \tag{18-45}$$

约束条件为 X_{c1} 处 $R=R_{c1}$，和 X_{c2} 处 $R=R_{c2}$。在第二子段，式(18-44)适用，但约束条件为 X_{c2} 处 $R=R_{c2}$。

例 18.11

Sherwood[12]用 $T_d=39.8$℃和 $T_w=23.5$℃，错流式循环速度为 1 m/s 的空气从两边干燥 $CaCO_3$ 稠膏体块，膏体块的厚度为 3.18 cm，横截面积为 6.6 cm^2，表面干燥的实验数据表明干燥类型属于图 18.31(c)所示的复杂情况，并有如下常数：

恒速阶段：

$$X_0=10.8\%$$

$$X_{c1}=8.3\%$$

$$R_{c1}=0.053\ \text{g}\ H_2O/(\text{h}\cdot\text{cm}^2)$$

第一降速阶段：

$$X_{c2}=3.7\%$$

$$R_{c2}=0.038\ \text{g}\ H_2O/(\text{h}\cdot\text{cm}^2)$$

第二降速阶段：

$$R=29.03X^2-0.048X \tag{1}$$

试确定相同尺寸的料块在相同干燥条件下的干燥时间，但由 $X_0=0.14$ 干燥到 $X=0.01$，并忽略预热阶段。假定料块初始质量为 46.4g。从两面进行干燥。

解

恒速阶段：

$$X_0=0.14,\ X_{c1}=0.083,\qquad R_{c1}=0.053\ \text{g}\ H_2O/(\text{h}\cdot\text{cm}^2)$$

$$m_s=46.4\times\left(\frac{1}{1.14}\right)=40.7\ \text{g 干固体}$$

$$A=2\times 6.6=13.2\ \text{cm}^2$$

由式(18－39)，

$$t_c=\frac{40.7\times(0.14-0.083)}{13.2\times 0.053}=3.32\text{h}$$

第一降速阶段：

在这一阶段，R 为具有两个端点($R_{c1}=0.053$，$X_{c1}=0.083$)和($R_{c2}=0.038$，$X_{c2}=0.073$)的直线。这给出式(18　45)为

$$R=0.0259+0.326X \tag{2}$$

将式(2)代入式(18－38)并积分，得出

$$t_{f1}=-\frac{m_s}{A}\int_{X_{c1}}^{X_{c2}}\frac{dX}{0.0259+0.326X}$$

$$=\frac{m_s}{A}\frac{1}{0.326}\ln\left(\frac{0.0259+0.326X_{c1}}{0.0259+0.326X_{c2}}\right)$$

$$=\frac{m_s}{A}\frac{1}{0.326}\ln\frac{R_{c1}}{R_{c2}}$$

$$=\frac{40.7}{13.2\times 0.326}\ln\frac{0.053}{0.038}=3.15\ \text{h}$$

第二降速阶段：

这一阶段由 $X_{c2}=0.037$ 延续到 $X=0.022$，将由式(1)表示的 R 用于式(18－43)，$a=-0.048$和 $b=29.03$。

由式(18－44)得，

$$t_{f2}=\frac{40.7}{-0.048\times 13.2}\ln\left[\frac{0.037\times(-0.048+29.03\times 0.022)}{0.022\times(-0.048+29.03\times 0.037)}\right]$$

$$=2.08\ \text{h}$$

总干燥时间为

$$t_T=3.32+3.15+2.08=8.6\ \text{h}$$

对形状不同于图 18.31 的干燥速率曲线，从任何 X_0 到任何 X 的干燥时间可由式(18－38)或例 18.9 中的式(1)的数值积分或图解积分确定，这将在下面的例题中说明。

例 18.12

Marshall 和 Hougen[13]发表了通过式循环干燥人造丝废料的下列实验数据。如果 $X_0=100\%$，而最终的 $X=10\%$，确定干燥时间。假定所有水分都是游离水分。

$X/\text{lb}H_2O/\text{lb}$ 干固体	$R'/\dfrac{\text{lb}H_2O}{\text{h}\cdot\text{lb 干固体}}$
1.40	24
1.00	24

0.75	24
0.73	21
0.70	18
0.65	15.3
0.55	13
0.475	12.3
0.44	12.2
0.40	11
0.20	5.5
0	0

解

上述数据被标绘在图 18.32 中，可由图中看到不同的干燥速率阶段，但两个降速阶段的次序与图 18.31(c)中相反。利用电子表格对例 18.9 中的式(1)进行数值积分，得到如下干燥时间，注意在 $X=0.10$ 时 $R'=2.75\ \text{lbH}_2\text{O}/(\text{h}\cdot\text{lb})$ 干固体，在 $X_{c1}=0.75$ 时 $R_{c1}=24$，在 $X_{c2}=0.44$ 时 $R_{c2}=12.2$。

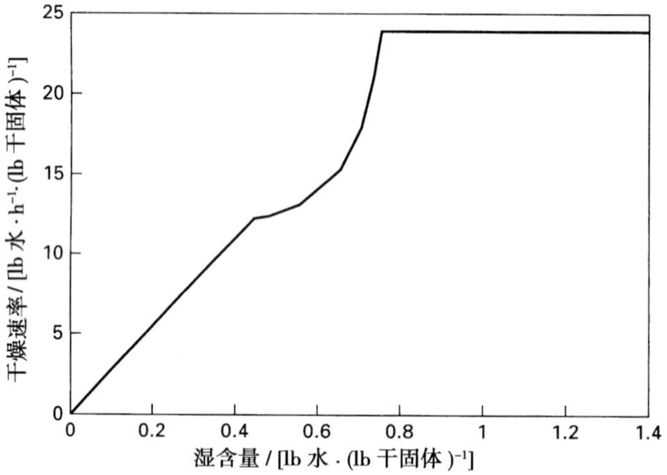

图 18.32　人造丝废料通过式循环干燥的实验数据

$t_c=0.027\ \text{h}=1.63\ \text{min}$

$t_{f1}=1.28\ \text{min}$

$t_{f2}=3.21\ \text{min}$

$t_T=1.63+1.28+3.21=6.12\ \text{min}$

液体扩散理论

在前一节中用于确定降速阶段干燥时间的经验方法限于实验干燥速率曲线已确定的特殊情况。在 18.3 节中讨论的特别适用于第二类无孔湿固体的一种更通用的方法，是利用费克扩散定律。一旦根据特定湿固体的实验数据确定湿分的扩散系数，就可对特定尺寸和形状的湿固体及干燥条件，用费克定律来预测降速阶段的干燥速率和湿分分布。

液体在固体中扩散的数学描述，可利用现成的固体中瞬态热传导的许多解的类似方便地获得，如 Carslaw 和 Jaeger[17]已汇总了瞬态热传导的解，并在 3.3 节中作了讨论。当与两个底面的面积相比，侧面面积很小或侧面已被密封以防止湿分逸出时，下列两个解对处于降速阶段的块状物料的干燥尤其具有重要意义。如同在热传导计算中，当两个底面之一被密封，只有一个底面暴露于气体时，这些方程也可适用：

情形 1：湿固体内初始湿分均匀分布，而且湿分在气相中的传质阻力可忽略。

情形 2：湿固体初始湿分呈抛物线分布，而且湿分在气相中的传质阻力可忽略。

虽然这里仅对侧面被密封的块状物料导出这两种情形的方程，但在 Carslaw 和 Jaeger [17]的专著中也可获得球形和侧面被密封的圆柱形物料的解。当块状和圆柱形物料的侧面未被密封时，可应用 3.3 节中讨论的 Newman 法[18]。

情形 1　这种情况适用于缓慢干燥的物料，对这类物料干燥速率由达到暴露表面的水分内部扩散控制。如果初始时刻湿固体表面没有液膜，而且外部传质阻力可忽略，将会发生这种情况，此时没有恒速干燥阶段。另一种情况是，湿固体可以有表面液膜，但在由气相传质控制的恒速干燥阶段中使这层液膜蒸发时，没有水分扩散到固体表面，而在这层液膜完全蒸发后，在降速阶段传质阻力完全由于内部扩散。

厚度为 $2a$ 的块状物料如图 3.7(a)所示，图中位于 $x=\pm c$ 和 $y=\pm b$ 的各侧面被密封，以阻断质量传递。在 z 方向的水分内部扩散只能向位于 $z=\pm a$ 的暴露底面进行。另一种情况是，块状物料的厚度可为 a，而 $z=0$ 处的底面被密封以阻断质量传递。初始时刻不考虑任何表面液膜，整个物料块的水分是均匀的，为 X_0。在降速阶段开始时 $t=0$，暴露的底面达到平衡湿含量 X^*。对恒定的水分扩散系数 D_{AB}，如 3.3 节中讨论的，费克第二定律适用：

$$\frac{\partial X}{\partial t}=D_{AB}\frac{\partial^2 X}{\partial x^2} \tag{18-46}$$

在区间 $-a\leqslant z\leqslant a$ 内，对 $t\geqslant 0$，边界条件为

$$\text{对 } -a<z<a\text{，在 } t=0 \text{ 时，} X=X^*$$

和

$$\text{对 } t\geqslant 0\text{，在 } z=\pm a \text{ 处，} X=X^*$$

如 3.3 节中讨论的，在上述边界条件下，式(18 - 46)的解为作为时间函数的湿分分布，Sherwood [11]首先建议将此解用于干燥，此解利用未完成的游离湿分变化，式(3 - 80)的修正形式如下：

$$E=\frac{X-X^*}{X_0-X^*}=\frac{4}{\pi}\sum_{n=0}^{\infty}\frac{(-1)^n}{(2n+1)}\times\exp\left[-\frac{\pi^2(2n+1)^2}{4}\left(\frac{D_{AB}t}{a^2}\right)\right]\cos\left[\frac{\pi(2n+1)}{2}\left(\frac{z}{a}\right)\right] \tag{18-47}$$

于是，E 为两个无量纲数组，扩散傅里叶数 $D_{AB}t/a^2$ 和位置比 z/a 的函数。在图 3.8 中，此解用两个无量纲数组标绘$(1-E)$。

一个底面的传质速率也由第 3 章中的式(3 - 82)提供，以单位时间、单位面积蒸发的水分质量表示的干燥速率为

$$R=\frac{2D_{AB}(X_0-X^*)\rho_s}{a}\times\sum_{n=0}^{\infty}\exp\left[-\frac{\pi^2(2n+1)^2}{4}\left(\frac{D_{AB}t}{a^2}\right)\right] \tag{18-48}$$

式中 ρ_s——干固体质量/块状物料体积。

干燥过程中块状物料的平均湿含量也具有重要意义。这在第3章中已由式(3-85)导出，

$$E_{avg}=\frac{X_{avg}-X^*}{X_0-X^*}=\frac{8}{\pi^2}\sum_{n=0}^{\infty}\frac{1}{(2n+1)^2}\exp\left[-\frac{\pi^2(2n+1)^2}{4}\left(\frac{D_{AB}t}{a^2}\right)\right] \tag{18-49}$$

式(18-47)至式(18-49)可用于根据实验数据确定水分的扩散系数 D_{AB}，然后如下面的例题说明的，此数值可用于估算其他条件的干燥速率。但是，进行这种计算必须小心，因为如 Sherwood[11]研究肥皂块的干燥所证明的，扩散系数往往不是常数，而会因为收缩和/或表面硬化而随着湿含量的减少而减小。在这种情况下，式(18-46)必须采用数值求解。

例 18.13

一块长 15.2 cm、宽 15.2 cm、厚 1.9 cm 的白杨木，除两个底面以外的各侧面用防水水泥密封，在采用 1 m/s 流速的错流式循环的洞道式干燥器中，通过两个底面用空气进行干燥。初始干基湿含量为 39.7%。湿木料的初始总质量为 264 g，在干燥过程中不会发生收缩。水分扩散方向垂直于木材的纹理。已获得作为时间函数的平均湿含量的下列实验数据。数据中包括根据式(14-49)给出的定义计算的 E_{avg} 和 t/a^2 的数值，这里 $a=0.5\times1.9=0.95$ cm。

t,h	X_{avg}/[gH_2O·(g 干木材)$^{-1}$]	t/a^2/(h·cm^{-2})	E_{avg}
0.36	0.362	0.40	0.900
0.90	0.328	1.00	0.800
1.53	0.303	1.70	0.730
1.94	0.291	2.15	0.694
2.89	0.267	3.20	0.626
3.47	0.255	3.85	0.591
4.02	0.245	4.45	0.562
4.92	0.230	5.45	0.520
5.82	0.218	6.45	0.483
6.95	0.204	7.70	0.443
8.03	0.192	8.90	0.409
8.98	0.183	9.95	0.382

试利用上述数据通过式(14-49)的非线性回归确定扩散系数的平均值，并利用此数值来确定由 $X_0=45\%$ 到 $X=10\%$ 的干燥时间，如果对长 72 in.、宽 12 in.、厚 1 in. 的白杨木 $X^*=6\%$，可忽略各侧面的传质，并假定干燥均发生在降速阶段而且气相阻力可忽略。

解

$$m_s=264\times\left(\frac{1}{1+0.397}\right)=189 \text{ g 干木料}$$

$$\text{两底面的 } A=2\times15.2^2=462 \text{ cm}^2$$

在任何时刻，由式(18-38)得，

$$R=-\frac{m_s}{A}\frac{dX_{avg}}{dt} \tag{1}$$

由数据的标绘，作为 X_{avg} 函数的 R 的近似值可计算得到，如下所列

$R/[\text{g H}_2\text{O}\cdot(\text{h}\cdot\text{cm}^2)^{-1}]$	$X_{avg}/[\text{g H}_2\text{O}\cdot(\text{g 干木料})^{-1}]$
0.026 22	0.345
0.015 73	0.315
0.012 58	0.297
0.010 19	0.279
0.008 47	0.261
0.007 60	0.250
0.006 61	0.238
0.005 82	0.224
0.005 03	0.211
0.004 46	0.198
0.004 04	0.187

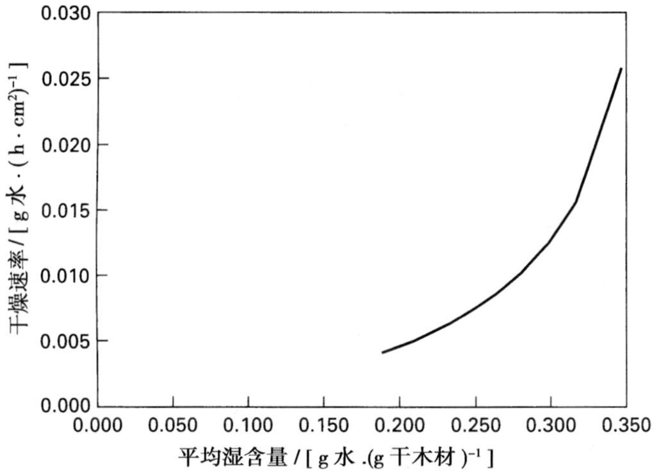

图 18.33　白杨木干燥的实验数据

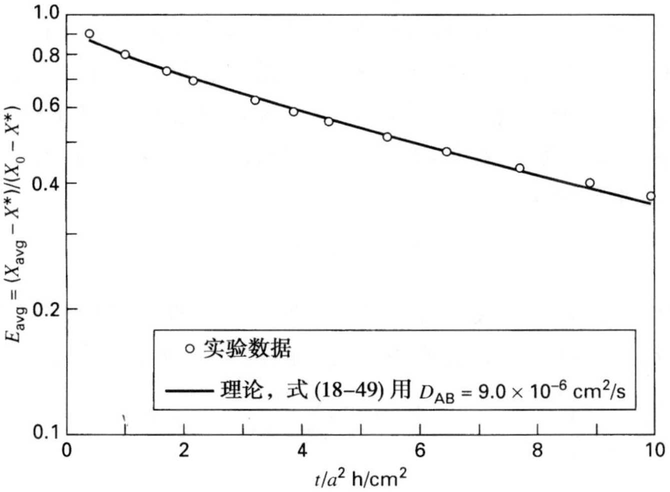

图 18.34　白杨木干燥实验数据用扩散理论的最佳拟合

这些结果被标绘在图 18.33 中，由图可见干燥似乎全部发生在降速阶段。于是，这些数据与情形 1 的扩散理论一致。

为确定平均水分扩散系数，用电子表格绘制 E_{avg} 对 t/a^2 的半对数标绘，如图 18.34 所示。然后，用电子表格对不同的水分扩散系数来计算式(18－49)，直到根据 E_{avg} 的数据点和由式(18－49)计算的 E_{avg} 值之差的误差平方和(ESS)最小，获得对数据的最佳拟合。最佳拟合发现对 $D_{AB}=9.0\times10^{-6}\ cm^2/s$，ESS＝0.001 669。式(18－49)的最佳拟合也被标绘在图 18.34 中。可注意到对 $N_{Fo_M}>0.1$，式(18－49)的无穷级数中只有第一项是重要的，因此如图18.34 中的理论线所示，当 $t/a^2>3.2\ h/cm^2$ 时，式(18－49)在半对数标绘中趋近直线。

为确定 72 in. ×12 in. ×1 in. 的白杨木的干燥时间，假定干燥全部在扩散控制的降速阶段进行，而侧面的传质可忽略。并进一步假定干燥时间足够长，所以 $N_{Fo_M}>0.1$。那么如上所述，式(18－49)简化为

$$\ln\left(\frac{X_{avg}-X^*}{X_0-X^*}\right)=\ln\left(\frac{8}{\pi^2}\right)-\frac{\pi^2}{4}\ln\left(\frac{D_{AB}t}{a^2}\right) \tag{2}$$

求解式(2)得到($D_{AB}t/a^2$)，

$$N_{Fo_M}=\frac{D_{AB}t}{a^2}=\frac{4}{\pi^2}\ln\left[\frac{8}{\pi^2}\left(\frac{X_0-X^*}{X_{avg}-X^*}\right)\right] \tag{3}$$

$$X_{avg}=0.10,X_0=0.45,X^*=0.06$$

由式(3)

$$N_{Fo_M}=\frac{4}{(3.14)^2}\ln\left[\frac{8}{(3.14)^2}\times\left(\frac{0.45-0.06}{0.10-0.06}\right)\right]=0.839$$

因为 $N_{Fo_M}>0.1$，式(2)和式(3)有效。

$$a=0.5\ \text{in.}=1.27\ \text{cm}$$

由上述实验数据获得的 $D_{AB}=9.0\times10^{-6}\ cm^2/s$

$$t=\frac{a^2N_{Fo_M}}{D_{AB}}=\frac{1.27^2\times0.839}{9.0\times10^{-6}\times3\,600}=41.8\ \text{h}$$

情形 2　当液体扩散控制时，恒速阶段在降速阶段之前，如前所述，恒速阶段的干燥速率由外部气相传质确定，但固体内部湿分迁移的扩散阻力将导致在固体内部建立湿分分布。如 Sherwood[19]和 Gilliland 与 Sherwood[20]所指的，这种湿分分布接近抛物线分布。

对图 3.7(a)所示的块状物料，式(18－46)给出的费克第二定律依然适用，对 $-a<z<a$，在 $t=0$ 时，$X=X_0$。但是，在恒速干燥阶段，物料-气体界面的边界条件由情况 1 改变为对 $t\geqslant0$，在 $z=0$ 处，$\partial X/\partial z=0$ 和对 $t\geqslant0$，在 $z=\pm a$ 处，$R_c=-D_{AB}\rho_s(\partial X/\partial z)$。后一个边界条件可更方便地表示为如下形式

$$\frac{\partial X}{\partial z}=-\frac{R_c}{\rho_s D_{AB}} \tag{18-50}$$

此式右边项在恒速干燥阶段为常数。这类似于热传导中的恒定热通量边界条件。Walker 等[21]为这种情况提供的恒速干燥阶段中作为时间函数的湿分分布为

$$X=X_0-\frac{R_c a}{D_{AB}\rho_s}\left\{\frac{1}{2}\left(\frac{z}{a}\right)^2-\frac{1}{6}+\frac{D_{AB}t}{a^2}-\frac{2}{\pi^2}\sum_{m=1}^{\infty}\frac{(-1)^m}{m^2}\exp\left[-m^2\pi^2\left(\frac{D_{AB}t}{a^2}\right)\right]\cos\left(\frac{\pi mz}{a}\right)\right\} \tag{18-51}$$

当 $D_{AB}\ t/z^2$ 数值小时，无穷级数项将是重要的，所以收敛非常慢。

在恒速干燥阶段，任何时刻物料中的平均湿含量定义为

$$X_{avg}=\frac{1}{a}\int_0^a X\mathrm{d}z \tag{18-52}$$

如果将式(18－51)的 X 代入式(18－52)，然后积分，结果为

$$(X_0-X_{avg})\frac{D_{AB}\rho_s}{R_c a}=\frac{D_{AB}t}{a^2}=N_{Fo_M} \tag{18-53}$$

由式(18－51)可见，恒速干燥阶段的通用湿分分布 $(X_0-X)D_{AB}\rho_s/(R_c a)$ 是无量纲位置比 z/a 和 N_{Fo_M} 的函数，这里后者等于式(18－53)给出的通用平均湿含量。图 18.35(a)提供了六个不同位置比的式(18－51)的标绘。

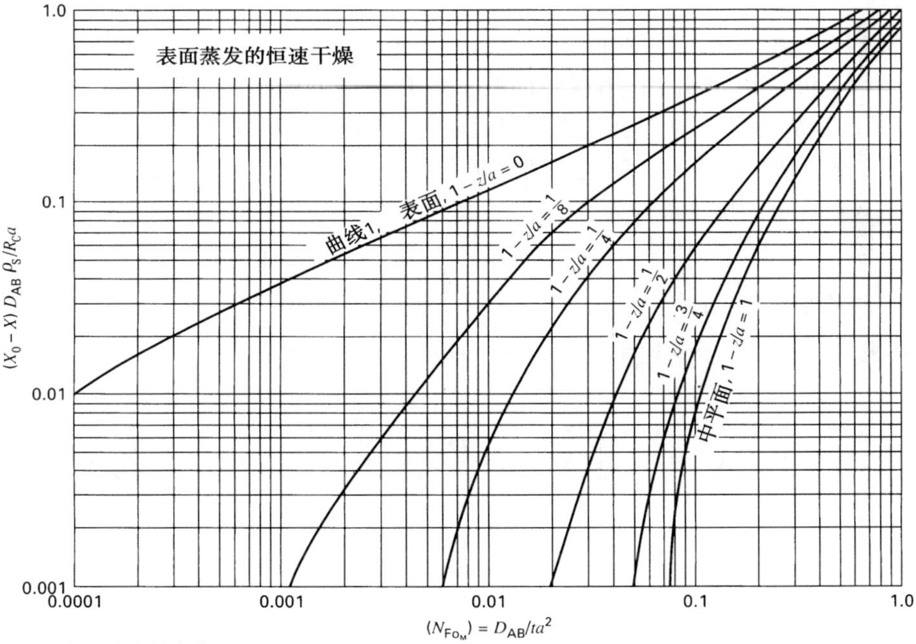

(a) 湿含量分布的变化

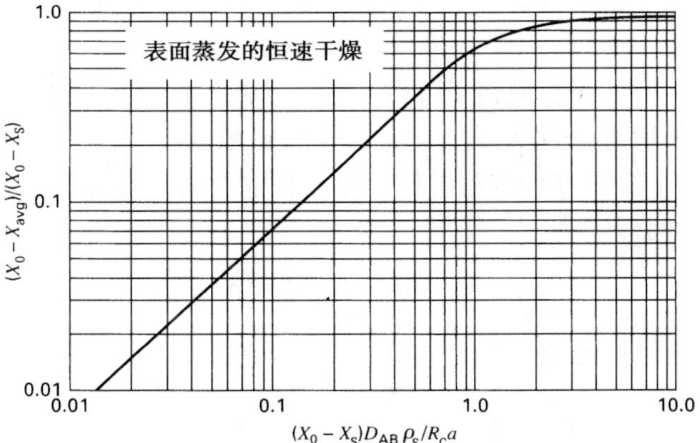

(b) 表面湿度的变化

图 18.35 当固体内部存在扩散时恒速干燥阶段中湿分浓度的变化

[经允许复制自 W. H. Walker, W. L. Lewis, W. H. McAdams and E. R. Gilliland, *Principles of Chemical Engineering*, 3rd ed., McGraw Hill, New York (1937)]

式(18－51)系基于假定在恒速干燥阶段，液体扩散能以足够高的速率将湿分输送到表面以维持恒定的湿分蒸发速率。如上所述，恒速阶段结束和降速阶段开始时的湿含量称为临界湿含量 X_c。在用于降速阶段的经验方法中，对将进行计算的特定条件，必须由实验获知 X_c，因为对给定的物料 X_c 也不是常数，而是取决于许多其他因素，包括湿分扩散系数、料块厚度、初始和平衡湿含量，以及所有在恒速干燥阶段会影响湿分蒸发通量的因素。式(18－51)的一个非常有用的方面是它能用于预测 X_c。这种预测的基础是当表面湿含量达到对应于周围气体条件的平衡湿含量时，降速阶段将开始。如 Walker 等[21]所描述的，通过以图 18.35(b)所示的形式，对表面湿含量 X_s 重新标绘 18.35(a)中的曲线 1 的延伸部分，即可方便地完成这种预测。下面的例题说明图 18.35(b)的应用和预测的几个变量对 X_c 的数值的影响。

例 18.14

Sherwood 和 Gilliland[20]用制砖的黏土混合物所做的实验表明，对某些干燥条件，湿分分布满意地服从情况 2 的扩散理论。仅在三组不同条件下由两个底面干燥黏土块，利用图 18.35(b)预测临界湿含量。对这三组实验均有 $X_0=0.30$，$X^*=0.05$，$\rho_s=1.6\ g/cm^3$，和 $D_{AB}=0.3\ cm^2/h$。其他条件为

	组 1	组 2	组 3
a，黏土块的半厚度/cm	0.5	0.5	1.0
R_c，恒速干燥阶段的干燥速率/[g·(cm^2·h)$^{-1}$]	0.2	0.4	0.2

解

对组 1，采用 $X_s=X^*=0.05$，$(X_0-X_s)\dfrac{D_{AB}\rho_s}{R_c a}=(0.30-0.05)\times\dfrac{0.3\times1.6}{0.2\times0.5}=1.20$

由图 18.35(b)，
$$\frac{X_0-X_{avg}}{X_0-X_s}=0.7$$
解得，
$$X_{avg}=X_c=0.25-0.7\times(0.25-0.05)=0.11$$
用类似方法，对组 2，$X_c=0.16$

对组 3，$X_c=0.16$

上述结果表明，将恒速干燥阶段的干燥速率加倍或将黏土块厚度加倍都会大大提高临界湿含量。

对足够长的时间，对应于扩散傅里叶数 $N_{Fo_M}=D_{AB}t/a^2>0.5$，式(18－51)中的无穷级数项趋近零，在料块中的所有位置 X 成为 z 的抛物线函数。

抛物线分布的一个简单方程可利用料块表面和中平面的湿含量由式(18－51)导出。在表面 $z=\pm a$ 处，长时间形式为

$$X_0-X_s=\frac{R_c a}{D_{AB}\rho_s}\left[\frac{1}{3}+N_{FO_M}\right] \tag{18-54}$$

类似地，在中平面 $z=0$ 处，令 $X=X_m$，则有

$$X_0-X_m=\frac{R_c a}{D_{AB}\rho_s}\left[-\frac{1}{6}+N_{FO_M}\right] \tag{18-55}$$

将式(18－51)、式(18－54)和式(18－55)相结合，无量纲湿含量分布变为

$$\frac{X_m-X}{X_m-X_s}=\left(\frac{z}{a}\right)^2 \tag{18-56}$$

例 18.15

对例 18.14 的条件，确定恒速干燥阶段的干燥时间，及在此阶段结束时是否将趋近抛物线湿含量分布。

解

由式(18-39)，

$$t_c=\frac{m_s(X_0-X_c)}{AR_c} \tag{1}$$

对料块半厚度 a，

$$m_s=\rho_s aA \tag{2}$$

将式(1)和式(2)相结合，

$$t_c=\frac{\rho_s a}{R_c}(X_0-X_c) \tag{3}$$

对例 18.14 中的组 1

$$t_c=\frac{1.6\times0.5}{0.2}\times(0.30-0.11)=0.76\ \text{h}$$

$$N_{Fo_M}=\frac{D_{AB}t_c}{a^2}=\frac{0.30\times0.76}{0.5^2}=0.91$$

因为 $N_{Fo_M}>0.5$，所以会趋近抛物线分布。用类似的方法获得组 2 和组 3 的结果：

	组 2	组 3
t_c/h	0.28	1.12
N_{Fo_M}	0.34	0.34
是否趋近抛物线分布	否	否

对组 2 和组 3，不会趋近抛物线分布。但是，由式(18-51)确定的表面和中平面的 X_0-X 的绝对误差分别仅为 1.1%和 4.3%。

降速阶段所需的额外干燥时间的近似理论估算可由 Walker 等[21]的如下推导获得。在恒速阶段结束时，湿分借助费克扩散迁移到料块表面再在表面上蒸发的速率等于料块内平均湿含量的降低。于是，

$$R=-\frac{\rho_s aA}{A}\frac{dX_{avg}}{dt}=-D_{AB}\rho_s\left.\frac{dX}{dz}\right|_s \tag{18-57}$$

由式(18-56)的抛物线湿分分布，在表面 $z=+a$ 处，

$$-\left.\frac{dX}{dz}\right|_{z=+a}=\frac{2}{a}(X_m-X_s) \tag{18-58}$$

但是，还需要将此式由用 X_m 表示转化为用 X_{avg} 表示。为完成这种转化，可将式(18-56)代入定义 X_{avg} 的式(18-52)，再积分给出

$$X_{avg}=\frac{2}{3}X_m+\frac{1}{3}X_s \tag{18-59}$$

上式可重写为

$$X_m-X_s=\frac{3}{2}(X_{avg}-X_s) \tag{18-60}$$

将式(18-60)代入式(18-58)，再将结果代入式(18-57)，给出

$$R=-a\rho_s\frac{dX_{avg}}{dt}=\frac{3D_{AB}\rho_s}{a}(X_{avg}-X_s) \tag{18-61}$$

如上所述，以 $X_s=X^*$ 假定降速阶段开始。如果在降速阶段保持抛物线湿分分布，以及如果 $X_s=X^*$ 保持为常数，那么在降速阶段式(18-61)适用，而且将获得图 18.31(a)所示的直线型降速阶段。从降速阶段的起点 $X_{avg}=X_c$ 开始积分式(18-61)，给出

$$t_f=\frac{a^2}{3D_{AB}}\ln\left[\frac{X_c-X^*}{X_{avg}-X^*}\right] \tag{18-62}$$

于是，可预见降速阶段的延续时间将与料块半厚度的平方成正比，而与湿分的液体扩散系数成反比。当料块厚而且 D_{AB} 小时，式(18-62)对无孔物料，如木材、黏土和肥皂能给出适当的预测。但是，当 X 和/或温度对 D_{AB} 有显著影响时，可能发生严重的偏差。在这种情况中，可采用 D_{AB} 的平均值，以获得一个近似结果。对各种用水润湿的固体中湿分的液体扩散系数的实验平均值的汇总见 Mujumdar[1]专著第 4 章中的列表。

例 18.16

Gilliland 和 Sherwood[20]获得了在恒速和降速两个阶段中，从两个底面用对流直接加热空气来干燥质量为 193.9 g(完全干)、尺寸为 7×7×2.54 cm 的用水润湿的砖坯黏土混合物的干燥数据。对 $X_0=0.273$，$X^*=0.03$，到 $X_c=0.165$ 的恒速阶段的干燥速率为0.157 g/(h·cm²)。通过两个底面的空气速度为 15.2 m/s，而 $T_d=25$℃和 $T_w=17$℃。在降速阶段中，实验平均黏土块湿含量如下所列：

从恒速阶段起点开始计算的时间/分钟	X_{avg}
67	0.165(临界值)
87	0.145
102	0.134
119	0.124
138	0.114
162	0.106
183	0.099
205	0.095
216	0.090

在恒速阶段结束时，证明湿分分布非常接近抛物线分布。由其他实验得到 $D_{AB}=0.72\times10^{-4}$ cm²/s。

用式(18-62)预测降速阶段中的 X_{avg}，并将预测值和实验值进行比较。

解

求解式(18-62)得出

$$X_{avg}=X^*+(X_c-X^*)\exp(-3D_{AB}t_f/a^2) \tag{1}$$

式中 t_f 为由降速阶段开始计算的时间。

对 $t_f=87-67=20$ min，由式(1)

$$X_{avg}=0.03+(0.165-0.03)\times\exp[-3\times0.72\times10^{-4}\times20\times60/1.27^2]=0.145$$ ①

对其他时间计算给出如下结果：

t_f，由降速阶段开始计算的时间/min	实验值 X_{avg}	预测值 X_{avg}
0	0.165	0.165
20	0.145	0.145
35	0.134	0.132
52	0.124	0.119
71	0.114	0.106
95	0.106	0.093
116	0.099	0.083
138	0.095	0.075
149	0.090	0.071

由 X_{avg} 的预测值和实验值的比较可看出，随着时间增加偏差逐渐增大。如果将 D_{AB} 的值减小为 $0.53\times10^{-4}\,cm^2/s$，将获得更一致的结果，而 ESS 将由 0.001 3 减小为 0.000 154②。

毛细管迁移理论

对 18.3 节中讨论的第一类湿固体，水分作为游离水分储存在粉末和颗粒固体的空隙内。水分由内部向表面的迁移可能借助空隙中的毛细作用而发生，而且这种作用可能是与重力反方向的。

使液体分子保持在一起的力是黏着力。此外，液体分子还可被黏性力吸引在固体表面。于是，玻璃管内的水往往会沿管壁爬升，直到黏性力与液体的重力相互平衡。对小直径的毛细管以垂直方向部分浸入液体容器的理想情况，液体将在管内上升到超过容器内的液面的高度。在达到平衡时，该高度 h 为

$$h=2\sigma/\rho_L gr \tag{18-63}$$

式中 σ 为表面张力，r 为毛细管的半径。此式说明毛细管半径越小，毛细管作用越大。与引起水分由高浓度区域向低浓度区域迁移由扩散造成的质量传递不同，湿分将向最高的毛细管区域迁移，而不管浓度如何。

对湿固体组成的颗粒床层中的毛细管迁移现象，多变的颗粒尺寸和形状使得推导用渗透性和毛细管现象预测降速阶段的干燥速率的便于应用的理论变得极为困难。但是，Keey[7,23]和 Ceaglske 与 Kiesling[22]已提供了令人感兴趣的阐述和理想化的理论。对实际计算，尽管有了上述理想化的理论，通常似乎均采用包含由实验确定的有效扩散系数的扩散理论。一般说来，这些扩散系数低于用于湿分在无孔物料中的真实扩散的扩散系数。某些数值包括在 Mujumdar[1]专著第 4 章的列表中。例如，水分在沙粒床中有效扩散系数的范围为 $1.0\times10^{-2}\sim8.0\times10^{-4}\,m^2/s$。

---

① 原文误为 $0.145\,cm^2/s$——译者注。

② 原文误为由 0.001 3 减小为 $0.000\ 154\,cm^4/s^2$——译者注。

18.5 干燥器模型

在前几节中，已提出和讨论了估算干燥速率和湿分分布的各种通用数学模型，及其在错流式循环或通过式循环的间歇盘式干燥器中的应用。多年来对许多连续干燥器人们已开发了各种更专门的模型。在本节中，将讨论三类连续干燥器的模型：(1)通过式循环带式干燥器；(2)直接加热回转干燥器；(3)流化床干燥器。其他模型在 Genskow[24] 编的“干燥技术”专号和 Mujumdar[1]的专著中有论述。

18.5.1 直接加热干燥器的物料和能量衡算

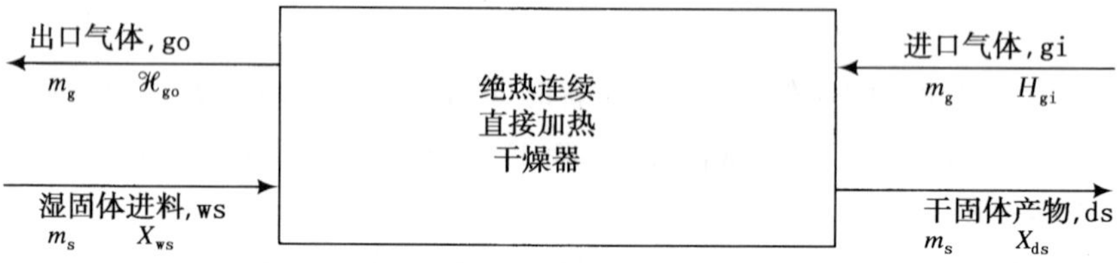

图 18.36 连续直接加热干燥器的通用构型

考虑图 18.36 所示的连续直接加热干燥器的一般情况。虽然图中所示为逆流流动，但下文讨论的能量衡算同样适用于其他流型，例如并流和错流。假定干燥器是完全绝缘的，所以为绝热操作。随着固体被干燥，湿分传递到气相。再进一步假定没有固体被气体夹带，以及动能和位能的变化可忽略。干固体流量 m_s 和干气体流量 m_g 不随干燥的进行而变化。因此，湿分的定态物料衡算由下式给出

$$X_{ws}m_s + H_{gi}m_g = X_{ds}m_s + H_{go}m_g \tag{18-64}$$

湿分的蒸发量 m_v 可通过整理式(18-64)得出

$$m_v = m_s(X_{ws} - X_{ds}) = m_g(H_{go} - H_{gi}) \tag{18-65}$$

式中各下标为 ws——湿固体；ds——干固体；gi——进口气体；go——出口气体。

可利用焓或比热容和汽化热写出定态能量衡算。不管用哪种方法，分别处理干气体、干固体和湿分(液体和气体)都是方便的，并假定为理想混合物。当利用焓时，定态能量衡算如下所示，式中下标 s、g 和 m 分别指干固体、干气体和湿分：

$$\begin{aligned} &m_s(H_s)_{ws} + X_{ws}m_s(H_m)_{ws} + m_g(H_g)_g + H_{gi}m_g(H_m)_{gi} \\ &= m_s(H_s)_{ds} + X_{ds}m_s(H_m)_{ds} + m_g(H_g)_{go} + H_{go}m_g(H_m)_{go} \end{aligned} \tag{18-66}$$

将式(18-66)中的各项整理为

$$\begin{aligned} &m_s[(H_s)_{ds} - (H_s)_{ws} + X_{ds}(H_m)_{ds} - X_{ws}(H_m)_{ws}] \\ &= m_g[(H_g)_{gi} - (H_g)_{go} + H_{gi}(H_m)_{gi} - H_{go}(H_m)_{go}] \end{aligned} \tag{18-67}$$

可用任何方便的参考温度确定式中的各项焓。

当系统为空气、水和固体时，由比热容计算固体和空气的焓，而由蒸气表获得湿分的焓

可获得式(16－67)的一种更便于应用的形式。通常,固体的比热容在感兴趣的温度范围内几乎为常数,而在 25℃(78 ℉)到 400℃(752 ℉)范围内,干空气的比热容的增加不到 3%,所以采用常数 0.242 Btu/(lb・℉)导致的误差可忽略不计。如果计算水的焓的参考温度取为 T_0(在使用蒸汽表时通常为 0℃或 32 ℉),式(18－67)可改写为

$$m_s[(c_p)_s(T_{ds}-T_{ws})+X_{ds}(H_{H_2O})_{ds}-X_{ws}(H_{H_2O})_{ws}]$$
$$=m_g[(c_p)_{air}(T_{gi}-T_{go})+H_{gi}(H_{H_2O})_{gi}-H_{go}(H_{H_2O})_{go}] \quad (18-68)$$

将水的焓代之以液体水和蒸汽的比热容及汽化热可使空气-水-固体系统的能量衡算进一步简化。在 25℃(78 ℉)到 100℃(212 ℉)范围内,液体水和蒸汽的比热容均几乎不变,分别为 1 Btu/(lb・℉)和 0.477 Btu/(lb・℉)。在上述温度范围内,水的汽化热由 1 049.8 Btu/lb 减小为 970.3 Btu/lb,变化幅度为 8%左右。将式(18－65)与式(18－68)结合,在标记为 T_v 的湿分-汽化温度下取一水汽化的热力学途径,简化后的能量衡算为

$$Q=m_s\{(c_p)_s(T_{ds}-T_{ws})+X_{ws}(c_p)_{H_2O(l)}(T_v-T_{ws})$$
$$+X_{ds}(c_p)_{H_2O(l)}(T_{ds}-T_v)+(X_{ws}-X_{ds})[\Delta H_v^{vap}+(c_p)_{H_2O(g)}(T_{go}-T_v)]\}$$
$$=m_g\{[(c_p)_{air}+H_{gi}(c_p)_{H_2O(v)}](T_{gi}-T_{go})\} \quad (18-69)$$

如下面的例题所说明的,对确定为干燥给定流量的湿固体所需的气体流量,式(18－64)到式(18－68)都是有用的。从气体到固体所需的传热速率 Q 也是确定干燥器尺寸所感兴趣的。如上所述,传热速率等于式(18－69)的左边或右边。在一般情况下,

$$Q=m_g\{(H_g)_{gi}-(H_g)_{go}+H_{gi}[(H_m)_{gi}-(H_m)_{go}]\}$$
$$=m_s\{(H_s)_{ds}-(H_s)_{ws}+X_{ds}(H_m)_{ds}-X_{ws}(H_m)_{ws}$$
$$+m_g[(H_m)_{go}(H_{go}-H_{gi})]\} \quad (18-70)$$

例 18.17

连续并流直接加热干燥器用于干燥泻盐(七水硫酸镁)晶体。干燥器的进料为回转真空过滤机的滤饼,由 2 854 lb/h 的晶体(干基)和 25.8%(质量)的水分组成,温度为 85 ℉,压力为 14.7 psia。进入干燥器的空气压力为 14.7 psia,干球和湿球温度分别为 250 ℉和 170 ℉。干燥后固体的最终湿含量为 1.5%(质量)(干基),为防止水合物分解,温度绝不能高于 118 ℉(见图 17.2)。试确定:

(a) 水分蒸发速率;

(b) 空气出口温度;

(c) 传热速率;

(d) 空气进口流量;

在 70 ℉～120 ℉温度范围内,泻盐的平均比热容为 0.361 Btu/(lb・℉)。

解

$m_s=2\ 854$ lb/h, $X_{ws}=0.258$, $X_{ds}=0.015$

$T_{ws}=85$ ℉, $T_{ds}=118$ ℉, $T_{gi}=250$ ℉, $T_v=117$ ℉

由图 18.17 知,对 $T_{db}=250$ ℉和 $T_{wb}=117$ ℉, $H_{gi}\doteq 0.004\ 5$

(a) 由式(18－65)得

$$m_v=2\ 854\times(0.258-0.015)=694 \text{ lb/h}$$

(b) 因为干燥器并流操作,气体出口温度必须高于取为 118 ℉的干固体出口温度。T_{go}

的最优值由干燥操作的费用优化得到。T_{go}的适当数值可利用类似于第 6 章中提出的传质单元数的传热单元数估算。对于整个干燥器中大部分位置固体温度为 T_v 的干燥器中的传热，传热单元数定义为

$$N_T = \ln\left[\frac{T_{gi} - T_v}{T_{go} - T_v}\right] \tag{1}$$

N_T的经济值通常在 1.0～2.5 范围内。现假定为 2.0。由式(1)，

$$2.0 = \ln\left[\frac{250 - 117}{T_{go} - 117}\right]$$

解得 $T_{go} = 135$ ℉

(c) 利用固体物流的条件，可由式(18－69)求得传热速率。

$$\begin{aligned}Q &= 2\,854\{0.361\times(118-85)+0.258\times1\times(117-85)+0.015\times1\times(118-117)\\&\quad+(0.258-0.015)\times[1\,027.5+0.447\times(135-117)]\}\\&=2\,854\times(11.9+8.3+0.02+249.7+2.0)\\&=2\,854\times271.9=776\,000\ \text{Btu/h}\end{aligned}$$

应注意在 117 ℉下蒸发 694 lb/h 水分所需的热量占总热负荷的(249.7/271.9)×100%＝91.8%。

(d) 利用上述 Q 值，进口空气流量可用式(18－69)右边求得

$$m_g = \frac{776\,000}{0.242+0.040\,5\times0.447\times(250-135)} = 25\,490\ \text{lb/h}$$

包括水分的总进口空气量为

$$25\,940\times(1+0.040\,5) = 27\,000\ \text{lb/h}$$

18.5.2 全循环带式干燥器

考虑图 18.37(a)所示的连续双区全循环带式干燥器。湿固体颗粒床层被连续输送进入区域 1，在该区域中与向上流动通过床层的热气体接触。因为在通过床层的过程中气体温度逐渐降低，所以温度推动力逐渐减小，使靠近移动床底部的固体的湿含量的下降比顶部固体快。为获得具有比较均匀的湿含量的干燥固体，通过区域 2 的气体流动方向相反。

根据 Thygeson 和 Grossmann[25]的工作，利用图 18.37(b)中的坐标系，区域 1 的数学模型可推导如下。此模型基于下列假设条件：

(1) 进入区域 1 的湿固体具有均匀的干基湿含量 X_0。

(2) 气体按活塞流向上通过移动床，没有垂直方向的传质(即没有轴向分散)。

(3) 干燥发生在恒速阶段，由气体到固体颗粒表面的传热速率控制，固体颗粒表面温度为绝热饱和温度。

(4) 与潜热的影响相比，显热的影响可忽略。

(5) 床层的空隙率是均匀的和恒定的，不会发生固体颗粒的混合。

(6) 以均匀的线速度 S 输送固体。

根据这些假定，气体温度随离开床层底部的距离 z 的增加而降低，但与固体输送方向上的距离 x 无关，即 $T=T\{z\}$。但是，固体的湿含量在 z 和 x 两个方向上均变化，即 $X=X\{z,x\}$而在气体温度较高的床层底部附近湿含量降低较快。

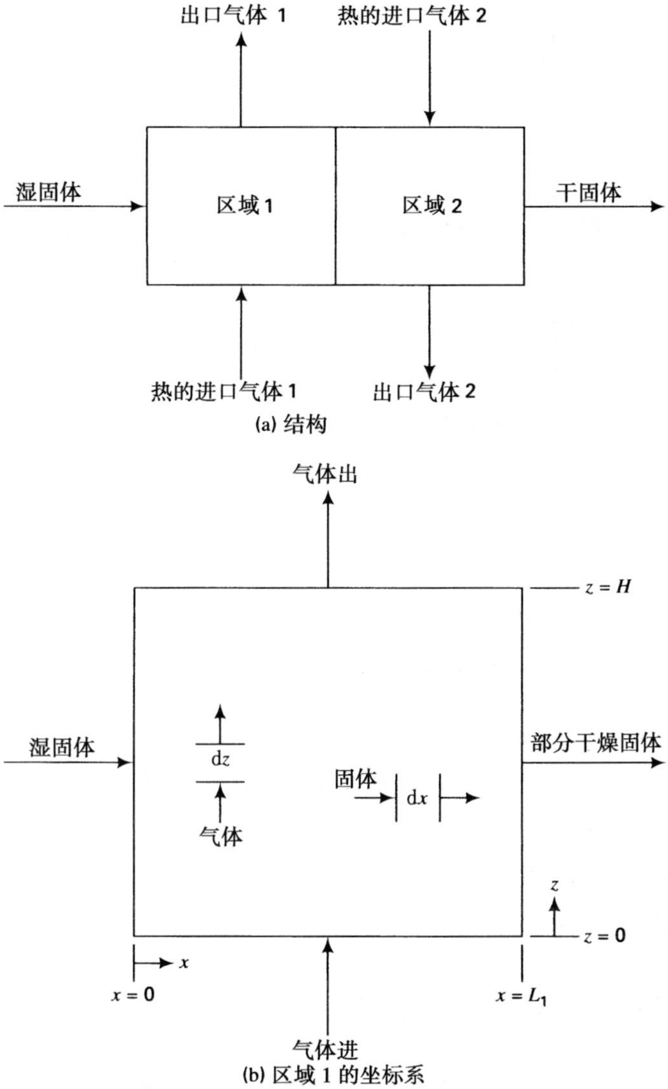

图 18.37　连续双区全循环带式干燥器

区域 1　由于不存在固体的混合，对区域 1 在任何垂直位置 z 处固体中水分的物料衡算由下式给出

$$\frac{\mathrm{d}X_1}{\mathrm{d}t}=S\,\frac{\mathrm{d}X_1}{\mathrm{d}x}=-\frac{(ha)(T_1-T_v)}{\Delta H_v^{\mathrm{vap}}(\rho_b)_{\mathrm{ds}}} \tag{18-71}$$

式中 a 为单位体积床层内固体颗粒的表面积，T_1 为区域 1 中气相主体温度，其数值取决于 z，而 $(\rho_b)_{\mathrm{ds}}$ 为干固体的堆积密度。初始条件为 $x=0$ 处 $X_1=X_0$。

任何位置 x 处的气相能量衡算由下式给出

$$\rho_g(c_p)_g u_s\,\frac{\mathrm{d}T_1}{\mathrm{d}z}=-(ha)(T_1-T_v) \tag{18-72}$$

式中 ρ_g 为气体密度，而 u_s 为气体通过床层的表观速度。初始条件为 $z=0$ 处 $T_1=T_{gi}$。

式(18－71)与式(18－72)相关，而式(18－72)则独立于式(18－71)。因此，可分离变量

再积分式(18-72)得到

$$T_1=T_v+(T_{gi}-T_v)\exp\left(-\frac{haz}{\rho_g(c_p)_g u_s}\right) \tag{18-73}$$

在床层顶端 $z=H$ 处，

$$T_{go_1}=T_v+(T_{gi}-T_v)\exp\left(-\frac{haH}{\rho_g(c_p)_g u_s}\right) \tag{18-74}$$

现在可将式(18-71)与式(18-73)结合消去 T_1，再分离变量并积分求解。结果为

$$\frac{X_1}{X_0}=1-\frac{xha(T_{gi}-T_v)\exp\left(-\frac{haz}{\rho_g(c_p)_g u_s}\right)}{S\Delta H_v^{vap}(\rho_b)_{ds}} \tag{18-75}$$

用 L_1 代替 x 得到 $x=L_1$ 处的湿含量 $(X_1)_{L_1}$。

如果需要，$x=L_1$ 处的 X_{avg} 可由积分确定

$$X_{avg}=\int_0^H (X_1)_{L_1}\,dz \tag{18-76}$$

区域 2 在区域 2，用 X_2 和 T_2 代替 X_1 和 T_1，式(81—71)依旧适用，但初始条件 X_0 为当 $x=L_1$ 时由式(18-75)得到的 $(X_1)_{L_1}$，其数值为 z 的函数。用 T_2 代替 T_1 后，式(18-72)也依旧适用，但初始条件为 $z=H$ 处 $T_2=T_{gi}$。积分后得到的方程为

$$T_2=T_v+(T_{gi}-T_v)\exp\left(-\frac{ha(H-z)}{\rho_g(c_p)_g u_s}\right) \tag{18-77}$$

由式(18-74)给出 T_{go_2}，这里用 T_{go_2} 代替 T_{go_1}，并有

$$\frac{X_2}{(X_1)_{L_1}}=1-\frac{xha(T_{gi}-T_v)\exp\left(-\frac{ha(H-z)}{\rho_g(c_p)_g u_s}\right)}{S\Delta H_v^{vap}(\rho_b)_{ds}} \tag{18-78}$$

式中 $(X_1)_{L_1}$ 是对 $x=L_1$ 和式(18-78)中的 z 由式(18-75)得到的值。式(18-78)中的 x 为距区域 2 的起点的距离。在任何 z 位置处 $(X_2)_{L_2}$ 的数值可令 $x=L_2$ 由式(18-78)获得。然后用 $(X_2)_{L_2}$ 代替 $(X_1)_{L_1}$ 可由式(18-76)获得离开区域 2 的整个移动床高度内的平均湿含量。下面的例题说明上述各关系式的应用。

例 18.18

用全循环的带式干燥器连续干燥例 18.8 中的挤压后的碳酸钙滤饼。干燥器宽 6 ft，带速为 1 ft/min。干燥器由两个区域组成，每个长 12 ft。进入两个区域的空气温度均为 170 ℉，相对湿度均为 10%，向上流动通过第一区域的移动床，而向下流动通过第二区域，表观速度为 2 m/s。带上床层的高度为 2 in.。试预测每个区域末端沿高度的湿含量分布和区域 2 末端的平均湿含量。假定所有干燥发生在恒速阶段并忽略预热阶段。

解

由例 18.7 和例 18.8 的数据，

$X_0=0.30$

$(\rho_b)_{ds}=\frac{1.00}{1.30}\times 1\,950=1\,500\ \text{kg/m}^3$

$\varepsilon_b=0.50$

$T_v=37.8\ ℃=311\ \text{K}$，$T_{gi}=76.7\ ℃=350\ \text{K}$

$\Delta H_v^{vap}=2\,413\ \text{kJ/kg}$

由例 18.8 的挤出料面积和体积，

$$a=\frac{3.16\times10^{-4}\times0.5}{4.01\times10^{-7}}=395\ \mathrm{m^2/\ m^3}\text{床层}$$

由例 18.8 知，对 $u_s=2$ m/s，$h=0.188$[kJ/(s · m² · K)][①]。

$(c_p)_g=1.09$ kJ/(kg · K)，1atm 时的 $\rho_g=0.942$ kg/ m³，$S=1$ ft/min = 0.005 08 m/s。垂直于移动方向的移动床横截面积为 6×2/12=1 ft²=0.092 9 m²。对带速 1 ft/min=0.305 m/min，固体的体积流量为 0.092 9×0.305=0.028 3 m³/min。质量流量为 0.028 3×1 500=42.5 kg/min(干基)。

区域 1

$$H=0.167\ \mathrm{ft}=0.0508\ \mathrm{m}$$
$$L_1=12\ \mathrm{ft}=3.66\ \mathrm{m}$$

由式(18-74)离开该床层的气体温度为

$$T_{go_1}=37.8+(76.7-37.8)\exp\left(-\frac{0.188\times395\times0.0508}{0.942\times1.09\times2}\right)$$
$$=44℃=317\mathrm{K}$$

由式(18-75)获得 $x=L_1$ 处的湿含量分布。对 $z=0$，

$$X_1=0.30\times\left[1-\frac{3.66\times0.188\times395\times(76.7-37.8)}{0.00508\times2413\times1500}\right]=0.127$$

对其他 z 值，用电子表格进行计算，获得下列数值

z/m	$(X_1)_{L_1}$
0	0.127
0.012 7	0.191
0.025 4	0.231
0.038 1	0.257
0.050 8	0.273

区域 2　现在空气反向流过进一步干燥固体，并使湿含量分布均匀。将区域 1 中相应 z 的$(X_1)_{L_1}$代入作为 X_0。借助电子表格用式(18-78)获得 $L_2=3.66$ m，即两个区域总长度=24 ft=7.32 m 处的如下湿含量分布

z/m	$(X_2)_{L_2}$
0	0.116
0.012 7	0.163
0.025 4	0.178
0.038 1	0.163
0.050 8	0.116

获得了均匀得多的水分分布。对区域 2，由式(18-76)，借助电子表格用数值积分得到

① 原文误为 $h=0.188$(kJ/s · m² · K²)——译者注。

$(X_2)_{avg}=0.155$。

18.5.3 直接加热回转干燥器

如 Mujumdar[1]的专著中 Kelly 所论述的，设计一台将规定流量的固体进料由初始湿含量 X_{ws} 干燥到最终湿含量 X_{ds} 的图 18.7 所示的直接加热回转干燥器，这涉及许多因素的选择和决定，包括加热气体进口和出口条件，干燥器圆筒的倾斜度和回转速度，抄板的数量和类型、加热气体的流速和流动方向、干燥器圆筒的直径和长度。作为干燥器圆筒体积的百分数的固体持有量和固体停留时间也是具有重要意义的。

理想情况下，工业规模的直接加热回转干燥器应该根据实验室装置中获得的中试数据放大。但是，如果不能获得用于实验的有代表性的湿固体样品，可以在中试规模和工业规模的干燥器中的几种物料的试验结果为基础，下列步骤和模型对初步设计是有用的。

热气体与固体可为逆流或并流。一般说来，对湿度大的黏性和不吸湿的固体采用并流，并采用高进口气体温度。对低到中等进口气体温度，优先采用逆流，在这种情况下热效率成为一个考虑因素。在固体不会发生热降解、熔融或升华时，可采用高达 1000 ℉左右的进口气体温度。如例 18.17 中所讨论的，气体出口温度主要由经济因素确定，该例中的式(1)可在 N_T 为 1.5～2.5 的范围内应用。允许的气体速度有干燥后固体颗粒的起尘特性决定，并且可能随颗粒大小分布和颗粒密度有很大的变化。某些典型的气体速度如下所列：

物料	颗粒密度，$\rho_p/(\mathrm{lb\cdot ft^{-3}})$	平均颗粒尺寸，$d_p/\mu m$	允许气体速度，$u_{all}/(\mathrm{ft\cdot s^{-1}})$
塑料颗粒	69	920	3.5
硝酸铝	104	900	4.5
沙	164	110	1.0
沙	164	215	2.0
沙	164	510	5.0
锯末	27.5	640	1.0

采用适当的允许气体速度 u_{all}，在干燥器的气体出口端气体质量流量为 $(m_g)_{exit}$，而在此端的气体密度为 $(\rho_g)_{exit}$，可利用连续性方程估计干燥器直径 D

$$D=\left[\frac{4(m_g)_{exit}}{\pi u_{all}(\rho_g)_{exit}}\right]^{0.5} \tag{18-79}$$

干燥器中固体的停留时间 θ 和固体占有的体积分数 V_H 可用下式关联

$$\theta=\frac{LV_H}{F_V} \tag{18-80}$$

式中 L 为干燥器圆筒的长度，而 F_V 为固体体积速度/单位横截面积·单位时间。包括气速影响的持有量的一种保守估计，可将式(18-80)与参考文献[2]中的关系式相结合得到：

$$V_H=\frac{0.23F_V}{SN^{0.9}D}\pm 0.6\,\frac{G(5/d_p^{0.5})}{\rho_p} \tag{18-81}$$

式中 F_V——ft^3 固体/(ft^2 横截面积・h)；

S ——干燥器圆筒倾斜度，ft/ft；

N ——干燥器圆筒转速，r/min；

D ——干燥器直径，ft；

G ——气体表观质量速度，lb/(h・ft^2)；

d_p ——质量平均颗粒尺寸，μm。

第二项前的加号(+)对应能增加持有量的逆流，而减号(−)则对应并流。式(18-81)适用于装设有凸缘的抄板的干燥器，但限于气体速度小于 3.5 ft/s。由 Matchett 和 Sheikh [26] 改进的，但更复杂的模型适用的气速达到 10 ft/s。最优固体持有量在干燥器体积的 10%～18%范围内，使抄板装满固体，并能在每一次旋转中将所有或大部分固体洒落。

当处于恒速干燥阶段时，干燥速率可由气体到处于湿球温度的湿固体表面的传热速率决定，可采用体积传热系数(ha)，它被定义为

$$Q=(ha)V\Delta T_{LM} \tag{18-82}$$

式中 V——干燥器圆筒体积$=\pi D^2L/4$；

$$\Delta T_{LM}——\frac{(T_g)_{in}-(T_g)_{out}}{\ln\left[\frac{(T_g)_{in}-T_v}{(T_g)_{out}-T_v}\right]} \tag{18-83}$$

ha——基于干燥器圆筒体积的体积传热系数，由 McCormick[27]的经验关联式给出，当加热气体为空气时：

$$ha=KG^{0.67}/D \tag{18-84}$$

式中 ha 的单位为 Btu/(h・ft^3・℉)；

G 的单位为 lb/(h・ft^2)；

D 的单位为 ft。

对以圆筒圆周速度 1.0～1.25ft/s 操作，而每圈的抄板长度为 2.4～3.0D 的干燥器，参考文献[2]推荐的 K 的数值为 0.5。当能获得中试装置数据时，可利用式(18-84)放大到更大的直径和不同的 G 值，式中 K 的数值由中试装置数据确定。

可以预期体积传热系数 ha 的关联式应考虑颗粒直径，因为固体将被提升和洒落在气体中。但是，固体作为一定厚度的帘幕洒落，而气体穿过这些帘幕。于是帘幕内部的颗粒不能充分暴露于气体，有效传热面积更可能是由帘幕面积决定的。尽管如此，式(18-84)只考虑了许多可能的变量中的两个，而且与干燥器直径的反比关系也未得到实验数据的充分支持。一种更令人满意，也更复杂的传热模型是由 Langrish、Bahu 和 Reay[29]作了修改的 Schofield和 Glikin[28]的模型。该模型将 h 和 a 分开处理。

例 18.19

湿含量为 15%(质量)(干基)的硝酸铝进入直接加热回转干燥器，进料量为 700 lb/min(干基)，进料温度为 70 ℉。温度为 250 ℉、压力为 1atm、湿度为 0.02 lbH_2O/lb 的干空气在进料端进入干燥器，与固体并流通过干燥器。固体的最终湿含量为 1%(质量)(干基)。可以假定干燥全部发生在恒速阶段。试对干燥器的直径和长度作一初步估算，假定对这类干燥器可获得的资料有：(1)直径为 1～5 ft 时，增量为 0.5 ft；直径为 5～20 ft 时，增量为 1.0 ft；(2)长度为 5～20 ft，增量为 5 ft。

解

由湿度图(图 18.17)可得 $T_{wb}=107\ ^\circ F$。假定干燥全部发生在此固体温度下。适当的空气出口温度可由例 18.17 的(1)估算,假定 $N_T=1.5$。由方程得,

$$1.5=\ln\left[\frac{250-107}{T_{go}-107}\right]$$

解得 $$T_{go}=140\ ^\circ F$$

假定固体出口温度 $=T_{ds}=135\ ^\circ F$

传热速率

$m_s=700\times60=42\ 000$ lb/h 固体(干基)

$(c_p)_s=0.4$ Btu/(lb · °F)

$T_{ws}=70\ ^\circ F$

$X_{ws}=0.15$

$T_v=T_{wb}=107\ ^\circ F$

$X_{ds}=0.01$

$\Delta H_v^{vap}=1\ 033$ Btu/lb

由式(18-65),$m_v=42\ 000\times(0.15-0.01)=5\ 880$ lb/h 蒸发的 H_2O

由式(18-69),$Q=42\ 000\times\{0.4\times(135-70)+0.15\times1\times(107-70)+0.01\times1\times(135-70)$
$+(0.15-0.01)[1\ 033+0.447\times(140-107)]\}=7\ 510\ 000$ Btu/h

空气流量

$$m_g=\frac{7\ 510\ 000}{(0.242+0.02\times0.447)\times(250-135)}=260\ 000\ \text{lb/h 进入的干空气}$$

干燥器直径

假定干燥器出口端的允许气速为 4.5 ft/s

$$(m_g)_{exit}=260\ 000(1+0.02)+5\ 880=271\ 000\ \text{lb/h 总气体}$$

$$(\rho_g)_{exit}=\frac{pM}{RT_{go}}$$

$$M=\frac{271\ 000}{\dfrac{260\ 000}{29}+\dfrac{11\ 000}{18}}=28.3$$

$$(\rho_g)_{exit}=\frac{1\times28.3}{0.730\times600}=0.064\ 6\ \text{lb/ft}^3$$

由式(18-79)

$$D=\left(\frac{4\times271\ 000}{3.14\times4.5\times3\ 600\times0.064\ 6}\right)^{0.5}=18\ \text{ft}$$

干燥器长度

$$G=G_{exit}=\frac{271\ 000\times4}{3.14\times18^2}=1\ 070\ \text{lb/(h · ft}^2\text{ · °F)}$$

由式(18-84)

$$ha=0.5\times1\ 070^{0.67}/18=3\ \text{Btu/(h · ft}^3\text{ · °F)}$$

忽略湿固体加热到 107 °F 和干固体加热到 135 °F 的阶段,由式(18-83)得

$$\Delta T_{LM}=\frac{250-140}{\ln\left(\frac{250-107}{140-107}\right)}=75\ ^\circ F$$

由式(18－82)

$$V=\frac{7\ 510\ 000}{3\times 75}=33\ 400\ ft^3$$

横截面积$=3.14\times 18^2/4=254\ ft^2$

$$L=\frac{33\ 400}{254}=130\ ft$$

18.5.4　流化床干燥器

如图 18.38 所示，考虑当气体通过固体颗粒床层时床层的行为。在气速很低时，床层保持固定不动。当气速很高时，床层将消失，因为当气速超过颗粒的终端沉降速度时，颗粒被气流输送离开床层。在中等气速时，床层将膨胀，但颗粒不会被气体带出。这种床层称为流化床，因为固体床层具有某些流体的特征。当气速达到刚好使所有颗粒被气体悬浮的值时流态化开始。当气速进一步增大时，床层膨胀并可观察到气泡上升通过床层。这一流化区域称为鼓泡流态化，对大多数流态化操作，包括干燥，这是最期望的区域。如果气速进一步增大，最终将发生向腾涌流态化的转变，这时气泡聚结合并扩大到接近床层所在容器的直径。

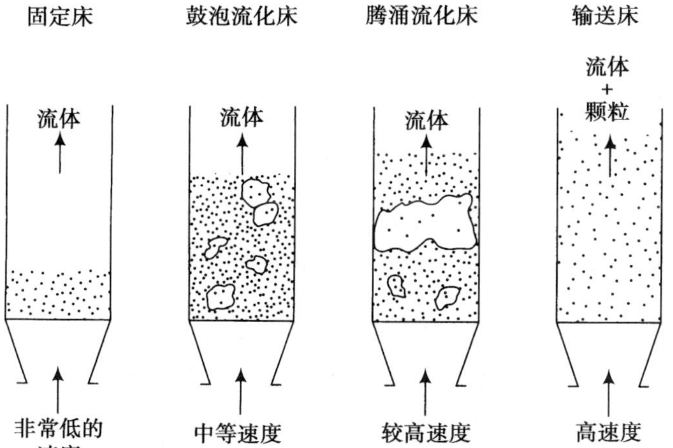

图 18.38　气体使颗粒床层流态化的各种状态

在发生流化前，床层内的固体固定不动，气体通过床层的压降 Δp_b 可用第 6 章和第 14 章中讨论过的 Ergen 方程[30]预测：

$$\frac{\Delta p_b}{L_b}=150\ \frac{(1-\varepsilon_b)^2}{\varepsilon_b^3}\ \frac{\mu u_s}{(\phi_s d_p)^2}+1.75\ \frac{(1-\varepsilon_b)}{\varepsilon_b^3}\ \frac{\rho_s u_s^2}{\phi_s d_p} \tag{18－85}$$

式中 L_b 为床层高度，u_s 为气体表观速度，ϕ_s 为颗粒球形度。在低颗粒雷诺数下存在层流流动时右边第一项是占主导地位的，而在存在湍流流动的高颗粒雷诺数下时右边第二项是占主导地位的。

当向上流动的气体作用于颗粒的曳力等于颗粒重量(考虑被排开的气体)时,流态化突然发生:

$$\begin{pmatrix}\text{通过床层}\\ \text{的 }\Delta p\end{pmatrix}\begin{pmatrix}\text{床层的}\\ \text{横截面积}\end{pmatrix}=(\text{床层体积})\times\begin{pmatrix}\text{固体颗粒}\\ \text{体积分数}\end{pmatrix}\left[\begin{pmatrix}\text{固体颗}\\ \text{粒密度}\end{pmatrix}-\begin{pmatrix}\text{被排开的}\\ \text{气体密度}\end{pmatrix}\right]$$

于是,

$$\Delta p_b A_b = A_b L_b(1-\varepsilon_b)[(\rho_p-\rho_g)g] \tag{18-86}$$

联立求解式(18-85)和式(18-86)可得到最小气体流化表观速度 u_{mf}。对 $N_{Re,p}=d_p u_{mf}\rho_g/\mu<20$,湍流对式(18-85)的贡献可忽略,结果为

$$u_{mf}=\frac{d_p^2(\rho_p-\rho_s)g}{150\mu}\left(\frac{\varepsilon_b^3\phi_s^2}{1-\varepsilon_b}\right) \tag{18-87}$$

对鼓泡流化区域内理想的操作,表观气体速度 $u_s=2u_{mf}$ 是合理的选择。在此速度下,床层约膨胀 10%,通过床层的压降则不会增加。在此区域内,固体颗粒被充分混合,而床层温度是均匀的。因此,如果流化床对固体颗粒连续定态操作,而不是间歇操作,颗粒将具有如连续搅拌釜式反应器(CSTR)中的流体的停留时间分布,部分颗粒将只在干燥器中停留很短的时间,其湿含量几乎没有减少。而另一部分颗粒则会在干燥器中停留很长的时间,并可能在离开干燥器前达到平衡。于是,干燥后的固体将具有湿含量分布。在间歇流态化过程中情况正好相反,所有颗粒的停留时间相同,因此将获得均匀的最终湿含量。这是一个重要的区别,因为连续流化床干燥器通常是根据小型间歇流化床干燥器中获得的数据放大的。因此,重要的是获得间歇干燥时间与连续干燥时间之间的关系。

离开连续定态条件下操作的理想混合容器的出口物流的停留时间分布由 Fogler[31]给出为

$$E\{t\}=\exp(-t/\tau)/\tau \tag{18-88}$$

式中 τ 为平均停留时间,而 $E\{t\}$ 定义为使 $E\{t\}\mathrm{d}t$=出口流中停留时间在 t 到 $t+\mathrm{d}t$ 之间的物料的分率。于是,$\int_0^{t_1}E\{t\}\mathrm{d}t$ =出口流中停留时间小于 t_1 的分率。例如,如果颗粒平均停留时间为 10 min,那么 63.2%的颗粒的停留时间将短于 10 min。如果颗粒小而且多孔,致使干燥全部发生在恒速阶段,而 θ 是完全干燥所需的时间,那么

$$\frac{X}{X_0}=1-\frac{t}{\theta},t\leqslant\theta \tag{18-89}$$

离开流化床的干燥后固体的平均湿含量可将下式从 0 积分到 θ 获得,因为对 $t>\theta$,$X=0$。

$$\overline{X}_{ds}=\int_0^{\theta}XE\{t\}\mathrm{d}t=\int_0^{\theta}X_0\left(1-\frac{t}{\theta}\right)E\{t\}\mathrm{d}t \tag{18-90}$$

将式(18-88)与式(18-90)相结合并积分给出

$$\overline{X}_{ds}=X_0\left[1-\frac{1-\exp(-\theta/\tau)}{\theta/\tau}\right] \tag{18-91}$$

如果颗粒是无孔的,也没有表面水分,致使干燥全部发生在降速阶段,可应用扩散理论,用如下经验指数关系表示作为时间函数的湿含量:

$$\frac{X}{X_0}=\exp(-Bt) \tag{18-92}$$

在这种情况中,将式(18-92)与式(18-90)相结合,并由 $t=0$ 积分到 $t=\infty$,给出

$$\overline{X}_{ds}=1/(1+B\tau) \tag{18-93}$$

为放大到大型工业干燥器，θ 和 B 的数值必须由在相同条件下操作的实验室间歇流化床干燥器进行的实验确定。

例 18.20

在床层上方稀相区域的操作压力为 1atm 的连续流化床干燥器中将 10 000 lb/h 温度为 70 ℉、湿含量为 20%（干基）的湿沙干燥到湿含量为 5%（干基）。沙的粒度分布很窄，平均颗粒尺寸为 500 μm，而球形度 ϕ_s 为 0.67。颗粒密度为 2.6 g/cm³。当沙是干的时候，沙的床层空隙率 ε_b 为 0.55。进入床层的流化空气温度为 1 000 ℉，湿度为 0.01 lbH_2O/lb 干空气。绝热饱和温度估计为 145 ℉。间歇中试装置用等于两倍最低流化速度的速度进行试验，试验表明干燥发生在恒速阶段，用相同条件的空气和 145 ℉的床层温度，全部水分可在 8 分钟内除去。试确定大型连续装置的床层高度和直径。

解

$$d_p = 500\ \mu m = 0.050\ 0\ cm$$

传热速率

$$(c_p)_s = 0.20\ Btu/(lb \cdot ℉)$$
$$m_s = 10\ 000/(1+0.2) = 8\ 300\ lb/h\ 干沙$$
$$T_v = 145\ ℉ = T_{go} = T_{ds}$$
$$\Delta H_v^{vap} = 1.011\ Btu/lb$$
$$T_{ws} = 70\ ℉$$

由式(18-69)，

$$Q = 8\ 330 \times [0.20 \times (145-70) + 0.20 \times 1 \times (145-70) + (0.20-0.05) \times 1\ 011]$$
$$= 1\ 510\ 000\ Btu/h$$

空气流量

$$m_g = \frac{1\ 510\ 000}{(0.242) + 0.01 \times 0.447 \times (1\ 000-145)} = 7\ 170\ lb/h\ 干空气$$

由式(18-65)，

$$m_v = 8\ 330 \times (0.20-0.05) = 1\ 250\ lb/h\ 蒸发的水分$$
$$H_{go} = \frac{7\ 170 \times 0.01 + 1\ 250}{7\ 170} = 0.184\ lbH_2O/lb\ 干空气$$
$$出口气体总流量 = 7\ 170(1+0.184) = 8\ 500\ lb/h$$

最小流化速度

$$出口气体的相对分子质量\quad M = \frac{8\ 500}{\dfrac{7\ 170}{29} + \dfrac{1\ 330}{18}} = 26.5$$

$$(\rho_g)_{exit} = \frac{pM}{RT_g} = \frac{1 \times 26.5}{0.730 \times 605} = 0.060\ lb/ft^3 = 0.000\ 96\ g/cm^3$$
$$\mu = 0.048\ lb/(ft \cdot h) = 0.000\ 20\ g/(cm \cdot s)$$

对小颗粒，假定流速为 u_{mf} 时为层流流动，所以式(18-87)适用，但要校核 $N_{Re,p}$ 是否小于 20，采用 cgs 单位制，

$$u_{mf} = \frac{(0.050\ 0)^2 \times (2.6-0.000\ 96) \times 980 \times (0.55)^3 \times (0.67)^2}{150 \times 0.000\ 20 \times (1-0.55)} = 35.3\ cm/s$$

$$N_{Re,p}=\frac{d_p u_{mf}\rho_g}{\mu}=\frac{0.050\ 00\times35.3\times0.000\ 96}{0.000\ 20}=8.5$$

因为 $N_{Re,p}<20$，所以式(18－87)确实适用。

采用实际表观气速为 $2\times35.3=70.6$ cm/s＝8 340 ft/h

床层直径

式(18－79)适用：

$$D=\left[\frac{4\times8\ 500}{3.14\times8\ 340\times0.060}\right]^{0.5}=4.7\text{ ft}$$

床层密度

固定床密度＝$\rho_s(1-\varepsilon_b)=2.6\times(1-0.55)\times62.4=73.0$ lb/ ft^3

假定在 $u=2u_{mf}$ 下流化时床层膨胀 10％：

$$\rho_b=\frac{73.0}{1.10}=66\text{ lb/ ft}^3\text{（干基）}$$

平均颗粒停留时间

对间歇干燥器中的恒速干燥，所有颗粒具有相同的停留时间。由中试数据知完全干燥需要 $\theta=8$ min。

对大型连续操作，可以 $\overline{X}_{ds}=0.05$，$X_0=0.20$ 应用式(18－91)，于是，

$$0.05=0.20\left[1-\frac{1-\exp\left(-\frac{8}{\tau}\right)}{(8/\tau)}\right]$$

求解此非线性方程得颗粒平均停留时间 $\tau=13.2$ min。而在间歇干燥器中将物料干燥到湿含量为 5％只需停留时间

$$\frac{0.20-0.05}{0.20-0.0}\times8=6\text{ min}$$

因此，连续装置需要的停留时间增加 1 倍以上。

床层高度

为达到停留时间 13.2 min＝0.22 h，膨胀床层的体积必须为

$$V_b=\frac{m_s\tau}{\rho_b}=\frac{8\ 330\times0.22}{66}=27.8\text{ ft}^3$$

$$H_b=\frac{V_b}{\pi D^2/4}=\frac{27.8\times4}{3.14\times4.7^2}=1.6\text{ ft}$$

18.6 本章小结

(1) 在本章中，干燥指从湿固体、溶液、淤浆和糊状物料中除去湿分。湿分可以为水或某种别的挥发性液体。

(2) 两种最常见的干燥模式是由热气体直接传热和由热壁面间接传热。热气体通常为空气，但也可能是燃烧气体、蒸汽、氮气或其他惰性气体。

(3) 工业干燥设备可按操作(间歇或连续)、传热模式(直接或间接)和被干燥物料的搅

拌程度进行分类。间歇干燥器包括盘式干燥器和搅拌干燥器。连续干燥器包括洞道干燥器、带式干燥器、涡轮盘塔式干燥器、回转干燥器、螺旋输送干燥器、流化床干燥器、喷动床干燥器、气流输送干燥器、喷雾干燥器和转鼓干燥器。干燥也可用红外线辐射、介电和微波辐射完成，以及用冷冻干燥在冷冻状态下完成。

(4) 在进行干燥计算时，处理空气-水混合物和其他气体-湿分混合物性质的湿度是有用的。对确定表面湿分蒸发温度，湿度曲线图是特别有用的。

(5) 由于巧合，空气-水系统的绝热饱和温度和湿球温度几乎相同。于是，表面水分在湿球温度下蒸发，这大大简化了干燥计算。

(6) 大多数固体归属于两类固体中的一种。在颗粒间的敞开孔道内储有湿分的粒状或结晶固体可干燥达到非常低的湿含量。在纤维或非常细的孔道内溶解湿分或捕集湿分的纤维状、无定形或胶状物料只有用低湿度的气体才能干燥到低湿含量。第二类物料表现出明显的取决于与物料接触的气体的温度、压力和湿度的平衡湿含量。

(7) 对干燥计算，固体和气体的湿含量分别以完全干的固体和完全干的气体为基准。当气体被湿分饱和时，与气体接触的物料的结合湿含量是平衡湿含量。过量湿含量称为非结合湿含量。当气体未饱和时，超过平衡湿含量的过量湿含量称为游离湿含量。含有结合湿分的固体物料是吸湿的。结合湿分可能是化学结合，如结晶水。

(8) 直接加热干燥往往分四个阶段。第一阶段是伴有温度升高和少量湿分蒸发的预热阶段。随后是在湿球温度下蒸发表面湿分的恒速阶段。湿分可能原来就在表面上，或通过扩散或毛细管作用迅速输送到表面上。第三阶段是干燥速率随时间线性下降的降速阶段，温度略有变化。当干燥速率随时间按指数函数下降而且温度上升时为第四阶段。

(9) 恒速阶段的干燥速率由气体到固体表面的传热控制。对各种不同类型的直接加热干燥器，已可采用各种有关传热速率的经验表示式。

(10) 降速阶段的干燥速率可利用由实验数据获得的经验表示式确定。当湿分的扩散系数能获得或测定时，也可应用扩散理论。

(11) 对直接加热干燥器模型，可用物料和能量衡算确定气体到湿固体的传热速率及气体流量。

(12) 全循环的两区带式干燥器的一种有用的模型考虑了床层垂直方向和带移动方向的固体湿含量变化。

(13) 初步确定直接加热回转干燥器尺寸的模型以采用体积传热系数为基础，假定气体通过帘幕状洒落的固体。

(14) 当在鼓泡流化区域内操作时，确定大型流化床干燥器尺寸的模型以干燥器内固体理想混合的假定为基础。计算方法涉及从间歇操作的实验室流化床干燥器获得干燥时间数据，并对大型干燥器中预期的固体颗粒停留时间分布校正这些数据。

参 考 文 献

1. *Handbook of Industrial Drying*, 2nd ed., A. S. Mujumdar, ed., Marcel Dekker, New York (1995).

2. *Perry's Chemical Engineers' Handbook* 7th ed., R. H. Perry, D. W. Green, and J. O. Maloney, eds., McGraw-Hill, New York (1997).
3. Wialas, S. M., *Chemical Process Equipment*, Butterworths. Boston (1988).
4. van't Land, C. M., *Indusrial Drying Equipment*, Marcel Dekker, New York (1991).
5. Uhl, V. W., and W. L. Root, *Chem. Eng. Progress.* **58**,37—44 (1962).
6. McCormick, P. Y., in *Encyclopedia of Chemical Technology*, 4th ed., Vol. 8, John Wiley & Sons, New York (1993), pp. 475—519.
7. Keey, R. B., *Introduction to Industrial Drying Operations*, Pergamon Press, Oxford (1978).
8. Lewis, W. K., *Mech. Eng.*, **44**,445—446 (1922).
9. Faust, A. S., L. A. Wenzel, C. W. Clump, L. Maus, and L. B. Anderson, *Principles of Unit Operations*, John Wiley & Sons, New York (1960).
10. Luikov, A. V., *Heat and Mass Transfer in Capillary-Porous Bodies*, Pergamon Press, London (1966).
11. Sherwood, T. K., *Ind. Eng. Chem.*, **21**,12—16 (1929).
12. Sherwood, T. K., *Ind. Eng. Chem.*, **21**,976—980 (1929).
13. Marshall, W. R., JR., and O. A. Hougen, *Trans. AIChE*, **38**,91—121 (1942).
14. Gamson, B. W., G. Thodos, and O. A. Houoen, *Trans. AIChE*, **39**, 1—35 (1943).
15. Wilke, C. R., and O. A. Hougen, *Trans. AIChE*, **41**, 445—451 (1945).
16. Hougen, O. A., H. J. Mccauley, and W. R. Marshall, Jr., *Trans. AIChE*, **36**,183—209 (1940).
17. Carslaw, H. S., and J. C. Jaeger, *Heat Conduction in Solids*, 2nd ed., Oxford University Press, London (1959).
18. Newman, A. B., *Trans. AIChE*, **27**,310—333 (1931).
19. Sherwood, T. K., *Ind. Eng. Chem.*, **24**,307—310 (1932).
20. Gilliland, E. R., and T. K. Sherwood, *Ind. Eng. Chem.*, **25**, 1134—1136(1933).
21. Walker, W. H., W. K. Lewis, W. H. Mcadams, and E. R. Gilliland. *Principles of Chemical Engineering*, 3rd ed., McGraw-Hill, New York (1937).
22. Ceaglske, N. H., and F. C. Kiesling, *Trans. AIChE*, **36**, 211—225 (1940).
23. Keey, R. B., *Drying Principles and Practice*, Pergamon Press, Oxford (1972).
24. Genskow, L. R., ed., *Scale-Up of Dryers in Drying Technology*, **12** (1,2), 1—416(1994).
25. Thygeson, J. R. Jr., and E. D. Grossmann, *AIChE Journal*, **16**, 749—754(1970).
26. Matchett, A. J., and M. S. Sheikh, *Trans. Inst. Chem. Engrs.*, **68**, Part A, 139—148 (1990).
27. Mccormick, P. Y., *Chem. Eng. Progress*, **58** (6), 57—61 (1962).
28. Schofield, F. R., and P. G. Glikin, *Trans. Inst. Chem. Engrs.*, **40**, 183—190(1962).
29. Langrish, T. A. G., R. E. Bahu, and D. Reay, *Trans. Inst. Chem. Engrs.*, **69**, Part A, 417—424 (1991).
30. Ergun, S., *Chem. Eng. Progr.*, **48**, (2), 89—94 (1952).
31. Fogler, H. S., *Elements of Chemical Reaction Engineering*, 3rd ed., Prentice-Hall, Upper Saddle River, NJ (1999).

习　题

18.1 节(对本节习题鼓励利用互联网)

18.1　在连续直接加热干燥器中除去平均颗粒大小为 0.5 mm 的 NaCl 晶体的表面水分，干燥过程中颗粒大小没有显著变化。问适合采用哪一类干燥器？气体进口温度可为多高？

18.2　选择间歇干燥器干燥 100 kg/h 平均颗粒大小为 350 μm 的有毒的热敏性（最高允许温度为 50℃）物料。问哪一类干燥器比较合适？

18.3　一种稀薄的牛奶状液体要被干燥生产细粉。问适合采用哪一类连续直接加热干燥器？物料不应加热超过 200℃。

18.4　间歇或连续干燥器的选择很大程度上取决于进料状态、被干燥物料的热敏性和干燥后产物的形态。对下列情况，问各适合采用哪一类间歇和连续干燥器？

(a) 必须保持块状的热敏性糊状物料。

(b) 能挤出的热敏性糊状物料。

(c) 热敏性淤浆。

(d) 生产薄片的稀薄液体。

(e) 木片。

(f) 陶片。

(g) 热敏性无机晶体，干燥器内保持颗粒尺寸，只除去表面水分。

(h) 生产橘子粉的橘子汁。

18.5　利用太阳能干燥和保存鱼、水果、肉、植物、种子和木材已有几个世纪。问这种干燥有什么优点和缺点？干燥这些物料可采用哪些其他干燥器？你将选择哪种干燥器干燥豆类？

18.6　流化床干燥器被用于干燥各种蔬菜，包括马铃薯颗粒、豌豆、胡萝卜块和洋葱片。对这些物料这种干燥器有什么优点？

18.7　可在一个由三个阶段组成的过程中用牛奶生产奶粉：(1)在降膜蒸发器中将牛奶蒸发成水含量低于 50%（质量）的黏稠液体；(2)采用喷雾干燥使水含量降低到 7%（质量）；(3)流化干燥使水含量降低到 3.5%（质量）。试说明这种三阶段过程优于只采用喷雾干燥的一步过程的原因。

18.8　在干燥药品时必须严格避免损坏。而且，这类产品往往是用非水溶剂，如乙醇、甲醇、丙酮等生产的。试说明为什么采用氮气的密闭循环喷雾干燥常常是干燥器的恰当选择。

18.9　纸张是用悬浮在水中的纤维制造的。过程由排放悬浮液中的水达到水-纤维比为 6∶1，再通过压榨使水-纤维比达到 2∶1。然后，可采用哪种干燥器将连续的纸张干燥到 8%（质量）（干基）的平衡湿含量？

18.10　绿色木材含水量为 40%～110%（质量）（干基），在使用前必须干燥到恰好低于处于最终环境时的平衡湿含量。此湿含量通常在 6%～15%（质量）（干基）范围内。问干燥木材为什么是重要的，以及为避免扭曲、开裂和龟裂，最佳干燥方法是哪种？

18.11　在运输、制坯、焦化、汽化、碳化或燃烧前，通常要将湿煤干燥到湿含量低于 20%（质量）（干基）。问哪种直接加热干燥器适合进行煤的干燥？能否采用喷动床干燥器？如果用空气做加热介质，是否存在燃烧和爆炸危险？可否用过热蒸气作为加热介质？

18.12　干燥被广泛用于从涂膜的片状物料上除去溶剂，这类物料包括涂膜的纸张和纸板、涂膜的塑料薄膜和带子（例如感光胶片和录音磁带）以及涂膜金属板。涂料可能是水基的或其他溶剂基的，也使用固体涂料。典型的湿涂层厚度为 0.1 mm。通常要在干燥速率随时间按指数函数降低的降速阶段花费许多时间。问对这类涂膜片状物料的干燥，适合采用哪种干燥器？红外线干燥器是否为一种可能的选择？为什么？

18.13　许多聚合物，包括聚氯乙烯、聚苯乙烯和聚甲基丙烯酸甲酯采用悬浮聚合或乳液聚合生产，在这些过程中聚合反应的产物被高度分散为溶剂或水润湿的小圆珠。对大规模生产，直接加热干燥器往往采用空气、惰性气体或过热蒸气作为加热介质。对这类干燥操作，为什么普遍选择回转干燥器、流化床干燥器和喷动床干燥器？

18.14 与空气相比，用过热蒸气作为加热介质有什么优点和缺点？为什么对木材的干燥用过热蒸气可能优于用空气？

18.2 节

18.15 直接加热干燥器将用空气操作，空气进口温度为 250 ℉，压力为 1 atm，湿球温度为 105 ℉。试用湿度图和/或表 18.3 中的各关系式确定下列各项：

(a) 湿度；

(b) 摩尔湿度；

(c) 百分湿度；

(d) 相对湿度；

(e) 饱和湿度；

(f) 湿体积；

(g) 湿比热容；

(h) 焓；

(i) 绝热饱和温度；

(j) 空气中水的摩尔分数。

18.16 1 atm、200 ℉、相对湿度为 15%的空气进入直接加热干燥器。试由湿度图和/或表 18.3 中的各关系式确定下列各项：

(a) 湿球温度；

(b) 绝热饱和温度；

(c) 湿度；

(d) 百分湿度；

(e) 饱和湿度；

(f) 湿体积；

(g) 湿比热容；

(h) 焓；

(i) 空气中水的分压。

18.17 如果空气压力为 1.5 atm 而不是 1.0 atm，重做例 18.1。

18.18 用氮气从固体中蒸发正己烷。在干燥器中某一点，气体温度为 70 ℉，压力为 1.1 atm，对正己烷的相对湿度为 25%。试确定：

(a) 该点正己烷的分压；

(b) 氮气-正己烷混合物的湿度；

(c) 氮气-正己烷混合物的百分湿度；

(d) 气体中正己烷的摩尔分数。

18.19 在用空气蒸发固体中的甲苯的干燥器中的某个位置，空气温度为 180 ℉，压力为 1 atm，相对湿度为 15%。试确定湿度、绝热饱和温度、湿球温度和湿度比。

18.20 对只含水分、进口空气温度为 180 ℉、压力为 1 atm、相对湿度为 15%、出口温度为 120 ℉等条件，请重做例 18.5。此外，请标绘整个干燥器的温度分布。

18.21 进入干燥器的空气为 1 000 ℉，湿度为 0.01 kgH_2O/kg 干空气。试确定湿球温度，如果空气压力分别为

(a) 1 atm；

(b) 0.8 atm；

(c) 1.2 atm。

18.22 用循环空气在操作压力为1atm的两段干燥系统中干燥纸张。第一段干燥器的空气进口温度为180 ℉,且空气被水分绝热饱和。空气进入第二段干燥器前在换热器中再加热到174 ℉,并将空气绝热增湿到相对湿度为80%。接着用第三个加热器在返回第一干燥器前将空气加热到180 ℉。

(a) 画出该系统的过程流程图,并标注上所有给定数据。

(b) 确定每个干燥器中每磅循环空气蒸发的水量(磅)。

(c) 确定第二换热器中每磅循环空气冷凝的水量(磅)。

18.23 循环返回干燥器前,96 ℉、1 atm、相对湿度为70%的空气被减湿到相对湿度为10%。可用的冷却水温度为50 ℉。试确定完成减湿的方法,画出你的过程的加标注的流程图,并计算每磅循环干空气需要的冷却水量(磅)。

18.3节

18.24 初始总水分含量为40%(质量)的硝化纤维在操作压力为1 atm的洞道干燥器的盘中干燥。如果纤维与25℃、相对湿度为30%的空气达到平衡,试确定每千克全干纤维蒸发的水分(千克)。纤维的平衡水分含量由图18.24给出。

18.25 图18.24中的湿木材从初始总水分含量50%(质量)缓慢干燥到与25℃,相对湿度为40%的空气平衡的湿含量。试确定:

(a) 干燥前湿木材中的非结合水分,单位为lb水分/lb全干木材;

(b) 干燥前湿木材中的结合水分,单位为lb水分/lb全干木材;

(c) 对最终的干燥后的木材而言,干燥前湿木材中的游离水分,单位为lb水分/lb全干木材;

(d) 每磅完全干燥的木材蒸发的水分(磅)。

18.26 50磅总湿含量为20%(干基)的棉布挂在有4 000 ft^3压力为1atm的空气的密闭房间内。开始时,空气温度为100 ℉,而湿球温度为69 ℉。如果将空气温度保持在100 ℉,并且既不让新鲜空气进入,也不将房内的空气排出,那么空气将与湿棉布达到平衡,试确定此时棉布的湿含量和空气的相对湿度。假定100 ℉时棉布的平衡湿含量与图18.24所示的25℃下的胶水相同。忽略空气压力增加的影响,但要计算最终的空气压力。

18.4节

18.27 初始总湿含量为95%(干基),而干密度为43.7 lb/ft^3的原棉在错流式盘式干燥器中间歇干燥到最终湿含量10%(干基)。底部绝缘的盘每个高3 cm,面积为1.5 m^2,全部装满原棉。加热介质为160 ℉、1 atm、相对湿度为30%的空气,以质量速度500 lb/(h·ft^2)掠过盘子顶部的表面。图18.25给出了棉花的平衡湿含量等温线。实验证明在给定条件下,临界湿含量将为0.4 lb水分/lb全干棉花,而根据游离湿含量,降速干燥阶段将如图18.31(a)的类型。试确定:

(a) 如果干燥器有16个盘子,每批可干燥多少磅原棉(湿基);

(b) 恒速阶段的干燥时间;

(c) 降速阶段的干燥时间;

(d) 总干燥时间,如果预热阶段时间为1h。

18.28 全干密度为1 600 kg/m^3的滤饼块在长1 m、宽0.5 m、深3 cm的盘内从初始游离湿含量110%(干基)间歇干燥到最终游离湿含量5%(干基)。干燥仅在顶部表面进行。干燥用空气的状态为1 atm、160℃和湿球温度60℃。空气掠过盘子的速度为3.5 m/s。在上述条件下的实验表明临界游离湿含量为70%(干基),而根据游离湿含量,降速干燥阶段将如图18.31(b)的类型。试确定:

(a) 恒速阶段的干燥时间;

(b) 降速阶段的干燥时间。

18.29 习题18.28中的滤饼被挤压成直径为1/4 in.、长为3/8 in.的圆柱体,然后放入高6 cm、长

1 m、宽 0.5 m、有空气吹过的盘中。外部空隙率为 50%。如果与习题 18.28 状态相同的空气的表观速度为 1.75 m/s，试确定：

(a) 恒速阶段的干燥时间；

(b) 降速阶段的干燥时间。

18.30 如果花 5 h 干燥盘内的湿固体，利用恒定状态的空气使湿含量由 36%降低到 8%。附加的实验给出临界和平衡湿含量分别为 15%和 5%。如果预热阶段的时间可忽略，而降速干燥阶段将如图 18.31(a)的类型，试对相同的条件确定：如果初始湿含量为 40%、且要求最终湿含量为 7%的干燥时间。所有湿含量均为干基。

18.31 设计一个采用空气错流的洞道干燥器干燥放在长 1.5 m、宽 1.2 m、深 25 cm 的盘内的湿固体。干燥将从两个底面进行。初始总湿含量为 116%（干基），而要求的最终平均总湿含量为 10%（干基）。空气的状态为 90 ℉、1 atm 和相对湿度 15%。在相同条件下获得下列实验室数据：

平衡湿含量

相对湿度/%	10	20	30	40	50	60	70	90
湿含量/%(干基)	3.0	3.2	4.1	4.8	5.4	6.1	7.2	10.7

干燥试验		干燥试验	
时间/min	湿含量/%(干基)	时间/min	湿含量/%(干基)
0	116	362	31.4
36	106	415	28.6
125	81	465	24.8
194	61.8	506	22.8
211	57.4	601	15.4
242	49.6	635	13.5
277	42.8	785	11.4
313	37.1	822	10.2

如果空气状态改为 125 ℉和相对湿度 20%，试确定将相同物料由湿含量 110%干燥降低到 10%的总干燥时间。假定临界湿含量不变，而干燥速率正比于空气的干球温度与湿球温度之差值。所有湿含量均为干基。

18.32 一块尺寸为 15.15×14.8×0.75 cm 的铁杉木从两个底面进行干燥，由初始总湿含量 90%降低到最终平均总湿含量 10%，干燥全部在扩散控制的降速阶段进行。实验测得水分的扩散系数为 1.7×10^{-6} cm^2/s。估算采用全干空气的干燥时间。所有湿含量均为干基。

18.33 Gilliland 和 Sherwood[20]获得了水润湿的尺寸为 15.15×14.8×0.75 cm 的铁杉木的干燥数据，只有两个最大的底面暴露于用于干燥的空气，空气温度为 25℃，通过木料底面的速度为 3.7 m/s，空气的湿球温度和压力分别为 17℃和 1 atm。已知下列作为时间函数的木材平均湿含量（干基）的数据。试利用这些数据确定情形 1 还是情形 2 适合于固体内水分的扩散。如果情形 1 适用，试确定有效扩散系数。如果情形 2 适用，试确定：

(a) 单位为 $g/(h\cdot cm^2)$ 的恒速阶段干燥速率，假定木材密度为 0.5 g/cm^3（干基）以及在干燥过程中不会发生收缩。

(b) 临界湿含量。

(c) 预测降速阶段开始时的抛物线湿含量分布。

(d) 降速阶段的有扩散系数。

此外，试对每种情形描述可由实验数据确定的其他特征，并说明如何确定。

平均湿含量		平均湿含量	
时间/h	湿含量/%(干基)	时间/h	湿含量/%(干基)
0	127	9	41.8
1	112	10	38.5
2	96.8	12	30.8
3	83.5	14	26.4
4	73.6	16	20.9
5	64.9	18	16.5
6	57.2	20	14.3
7	51.7	22	12.1
8	46.1	∞	6.6

18.34　当降速阶段由液体扩散的情形 1 控制时，干燥时间可由例 18.13 中的式(3)确定。试利用该式导出干燥速率方程来证明干燥速率与固体厚度的平方成反比。如果降速阶段由毛细管运动控制，可通过假定水分由固体内部到表面的迁移为层流来导出干燥速率方程，以证明干燥速率随平均游离湿含量线性变化。如果是这样，试导出降速阶段的干燥速率和干燥时间方程，证明干燥速率仅与固体厚度成反比。并概括能用于确定给定物料内为扩散还是毛细管流动控制的实验步骤。

18.35　在错流式盘式干燥器内，恒速阶段的方程忽略辐射并假定盘底隔热，所以仅通过气体到发生蒸发的固体表面的对流发生传热。在这些条件下，当湿分是水时，蒸发在气体的湿球温度下进行。在实际的盘式干燥器内，盘底不是隔热的，至蒸发表面的传热还可通过气体到盘底的对流，再通过盘底和湿固体的传导进行。对考虑至盘底的对流和由盘底开始的传导传递热量的情况，导出类似式(18-34)的方程。但是，盘底的传导阻力可忽略。试将你的方程与传质方程式(18-35)相结合，来证明蒸发将在高于气体湿球温度的温度下进行。由盘底表面到下一层盘子的辐射传热对蒸发温度有何影响？

18.5 节

18.36　洞道干燥器用于干燥 30 lb/h(干基)原棉，逆流流动的空气流量为 1 800 lb/h(干基)。原棉进口温度为 70 ℉，湿含量为 100%(干基)，而出口温度和湿含量分别为 150 ℉和 10%(干基)。空气进口温度为 200 ℉，压力为 1 atm，相对湿度为 10%。干棉的比热容可取为恒定值 0.35 Btu/(lb·℉)。试计算：

(a) 水分蒸发速率；

(b) 空气出口温度；

(c) 传热速率。

18.37　温度为 70 ℉、浓度为 25%(质量)的咖啡水溶液，用进口温度为 450 ℉、压力为 1atm、湿度为 0.01 lb/lb(干基)、而出口温度为 200 ℉的空气，喷雾干燥到最终湿含量 5%(干基)。试假设一个合理的咖啡的比热容，计算：

(a) 以 lb 干空气/lb 咖啡溶液表示的空气流量；

(b) 蒸发温度；

(c) 以 Btu/lb 咖啡溶液表示的传热速率。

18.38　7 000 lb/h 的温度为 15℃、压力为 1atm、湿度为 27%(干基)的湿磨碎黏土颗粒进入一个闪急干燥器，在干燥器内用进口温度为 525℃的并流空气干燥到湿含量 5%(干基)。干燥后的固体以空气的湿球温度 50℃排出，而空气的出口温度为 75℃。试假设一个合理的黏土的比热容，计算：

(a) 以 lb/h 表示的空气流量；

(b) 水分蒸发速率；

(c) 以 Btu/h 表示的传热速率。

18.39 5 000 lb/h 的温度为 30℃、压力为 1 atm、湿度为 30%(干基)的异酞酸晶体进入一个间接加热的蒸汽管回转干燥器，在干燥器内用在管内冷凝的压力为 25 psig (大气压 14 psia) 的蒸汽干燥到湿含量 2%(干基)。蒸发在 100℃下进行，这也是晶体的出口温度。异酞酸的比热容可取为 0.2 cal/(g·℃)。试确定：

(a) 湿分蒸发速率；

(b) 传热速率；

(c) 以 lb/h 表示的蒸气需要量。

18.40 对例 18.8 和例 18.18 中的挤出滤饼进行干燥，除了将采用每个长 8 ft 的三个干燥区、第一和第三干燥区为向上流动、第二干燥区为向下流外，其余条件与例 18.18 相同。试预测在每区末端沿高度的湿含量分布和最终的平均湿含量。

18.41 如果挤出料直径为 3/8 in.，长度为 1/2 in.，重新计算例 18.18。将你的结果与例 18.18 的结果进行比较，并作评论。

18.42 一个直径为 6 ft、长度为 60 ft 的直接加热逆流回转干燥器可用于将温度为 70 ℉、压力为 1 atm、湿含量为 30%(干基)的二氧化钛干燥到湿含量为 2%(干基)。现有可用的温度为 400 ℉、湿度为 0.015 lb/lb干空气的热空气。实验表明 500 lb/(h·ft^2)的空气质量速度不会导致严重的粉尘。固体二氧化钛的比热容为 0.165 Btu/(lb·℉)，其真密度为 240 lb/ft^3。试确定：

(a) 以 lb/h 表示的合理的干二氧化钛产量；

(b) 以 Btu/h 表示的传热速率；

(c) 以 lb/h 表示的适当的空气流量(干基)；

(d) 合理的空气和固体的出口温度。

18.43 试确定用于干燥 5 000 kg/h(干基)的直径接近 1 mm 的球形聚合物颗粒的流化床干燥器的尺寸。颗粒进入干燥器的温度为 25℃，湿含量为 80%(干基)。干燥介质为进口温度为 250℃的蒸汽。床层上方稀相空间压力为 1 atm。为获得鼓泡流态化，流化速度将取两倍的最低流化速度。床层温度、出口固体温度和出口蒸汽温度均可假定为 100℃。颗粒被干燥到湿含量为 10%(干基)。流化开始前的床层空隙率为 0.47。干聚合物的比热容为 1.15 kJ/(kg·K)，而密度为 1 500 kg/m^3。间歇流化实验表明干燥将发生在降速阶段，并由服从式(18-92)的扩散控制，将在 150 s 内蒸发 50%的水分。床层膨胀率预计为 20%左右。试确定干燥器直径、平均颗粒停留时间和膨胀后的床层高度。干燥器的尺寸是否合理？如不合理，为使其尺寸合理，操作应做哪些改变？此外，计算过热蒸汽进口流量和必需的传热速率。

索　　引

D

E

F